国家出版基金项目
NATIONAL PUBLICATION FOUNDATION

中国高等植物

· 修订版 ·

HIGHER PLANTS OF CHINA
· Revised Edition ·

主 编

EDITORS−IN−CHIEF

傅立国　陈潭清　郎楷永　洪　涛　林　祁　李　勇
FU LIKUO, CHEN TANQING, LANG KAIYUNG, HONG TAO, LIN QI AND LI YONG

青岛出版社
QINGDAO PUBLISHING HOUSE

资助出版

国家林业局野生动植物保护与自然保护区管理司

深圳市人民政府城市管理办公室

中华人民共和国濒危物种进出口管理办公室

Publication Sponsored by

Department of Wildlife Conservation and Nature Reserve Management, State Forestry
Administration, People's Republic of China

Urban Management Department of Shenzhen Municipal People's Government

The Endangered Species Import & Export Management Office of People's Republic
of China

中国高等植物

·修订版·

HIGHER PLANTS OF CHINA
·Revised Edition·

主 编
EDITORS–IN–CHIEF

傅立国　陈潭清　郎楷永　洪　涛　林　祁　李　勇
FU LIKUO, CHEN TANQING, LANG KAIYUNG, HONG TAO, LIN QI AND LI YONG

第一卷

VOLUME
01

编 辑
EDITORS

吴鹏程　贾 渝　张 力
WU PENGCHENG, JIA YU AND ZHANG LI

青岛出版社
QINGDAO PUBLISHING HOUSE

图书在版编目(CIP)数据

中国高等植物／傅立国主编.-修订本.-青岛：青岛出版社，2012.11
ISBN 978-7-5436-8904-6

Ⅰ.中…
Ⅱ.傅…
Ⅲ.高等植物-中国
Ⅳ.Q949.4

中国版本图书馆 CIP 数据核字（2012）第268889号

书　　名	中国高等植物（修订版）
TITLE	**HIGHER PLANTS OF CHINA　REVISED EDITION**
主　　编	傅立国　陈潭清　郎楷永　洪　涛　林　祁　李　勇
Editors-in-Chief	Fu Likuo, Chen Tanqing, Lang Kaiyung, Hong Tao, Lin Qi and Li Yong
出版发行	青岛出版社（中国青岛市海尔路182号，266061）
Publisher	Qingdao Publishing House (Haier Rd. 182, Qingdao, P. R. China)
责任编辑	高继民　张　潇　E-mail: gaojimin @ sina. com
装帧设计	乔　峰　管　辉
排版制图	北京美光制版有限公司
印刷承制	山东临沂新华印刷物流集团有限责任公司
出版日期	2012年11月第1版　2012年11月第1次印刷
开　　本	16开（889×1194毫米）
印　　张	700
插　　页	644
书　　号	ISBN 978- 7-5436-8904-6
定　　价	8000.00元人民币（全一套）

编校质量、盗版监督服务电话　4006532017　0532-68068670
青岛版图书售后如发现质量问题，请寄回青岛出版社出版印务部调换。
电话　（0532）68068629

中国高等植物（修订版）

主编单位	中国科学院植物研究所				
	深圳仙湖植物园				
主　　编	傅立国	陈潭清	郎楷永	洪　涛	林　祁	李　勇
副 主 编	傅德志	李沛琼	覃海宁	张宪春	张明理	贾　渝
	杨亲二	李　楠				
编　　委	(按姓氏笔画排列)	王文采	王印政	包伯坚	石　铸
	朱格麟	吉占和	向巧萍	邢公侠	林　祁	林尤兴
	陈心启	陈艺林	陈书坤	陈守良	陈伟球	陈潭清
	应俊生	李沛琼	李秉滔	李　楠	李　勇	李锡文
	吴珍兰	吴德邻	吴鹏程	何廷农	谷粹芝	张永田
	张宏达	张宪春	张明理	陆玲娣	杨汉碧	杨亲二
	郎楷永	胡启明	罗献瑞	洪　涛	洪德元	高继民
	梁松筠	贾　渝	黄普华	覃海宁	傅立国	傅德志
	鲁德全	潘开玉	黎兴江			
责任编辑	高继民	张　潇				

中国高等植物（修订版）第一卷

编　　辑	吴鹏程	贾　渝	张　力			
编著者	黎兴江	高　谦	胡人亮	臧　穆	吴鹏程	张满祥
	林邦娟	李植华	王幼芳	汪楣芝	贾　渝	曹　同
	张　力	李登科	郭水良	苏美灵	吴玉环	王文和
	李　微	张大成	于　晶	娄玉霞	左本荣	张娇娇
	安　丽	孙　军	施春雷			
责任编辑	高继民	张　潇				

HIGHER PLANTS OF CHINA REVISED EDITION

Principal Responsible Institutions

Institute of Botany, Chinese Academy of Sciences

Shenzhen Fairy Lake Botanical Garden

Editors-in-Chief Fu Likuo, Chen Tanqing, Lang Kaiyung, Hong Tao, Lin Qi and Li Yong

Vice Editors-in-Chief Fu Dezhi, Li Peichun, Qin Haining, Zhang Xianchun, Zhang Mingli, Jia Yu, Yang Qiner and Li Nan

Editorial Board (alphabetically arranged) Bao Bojian, Chang Hungta, Chang Yongtian, Chen Shouling, Chen Shukun, Chen Singchi, Chen Tanqing, Chen Weichiu, Chen Yiling, Chu Gelin, Fu Dezhi, Fu Likuo, Gao Jimin, He Tingnung, Hong Deyuang, Hong Tao, Hu Chiming, Huang Puhwa, Jia Yu, Ku Tsuechih, Lang Kaiyung, Lee Shinchiang, Li Hsiwen, Li Nan, Li Peichun, Li Pingtao, Li Yong, Liang Songjun, Lin Qi, Lin Youxing, Lo Hsienshui, Lu Dequan, Lu Lingti, Pan Kaiyu, Qin Haining, Shih Chu, Shing Kunghsia, Tsi Zhanhuo, Wang Wentsai, Wang Yingzheng, Wu Pancheng, Wu Telin, Wu Zhenlan, Xiang Qiaoping, Yang Hanpi, Yang Qiner, Ying Tsunshen, Zhang Mingli and Zhang Xianchun

Responsible Editors Gao Jimin and Zhang Xiao

HIGHER PLANTS OF CHINA REVISED EDITION Volume 1

Editors Wu Pengcheng, Jia Yu and Zhang Li

Authors An Li, Cao Tong, Gao Qian, Guo Shuiliang, Hu Renliang, Jia Yu, Li Dengke, Li Wei, Li Xingjiang, Li Zhihua, Lin Bangjuan, Lou Yuxia, Shi Chunlei, Su Meiling, Sun Jun, Yu Jing, Wang Meizhi, Wang Wenhe, Wang Youfang, Wu Pengcheng, Wu Yuhuan, Zhang Jiaojiao, Zhang Dacheng, Zhang Li, Zang Mu, Zhang Manxiang and Zuo Benrong

Responsible Editors Gao Jimin and Zhang Xiao

前言

我国地处欧亚大陆东南部，东南濒临太平洋，西北深处欧亚大陆腹地，西南与南亚次大陆接壤，面积960万平方公里，地势西高东低，西南部有世界最高的青藏高原，山峦重迭，河流交错，湖泊众多，拥有渤海、黄海、东海及南海四大海域，南北相距5500公里，跨越温带、亚热带及热带，地貌、土壤及自然条件复杂多样，具有适宜众多生物物种生存和繁衍的各种生境。在中生代至新生代第三纪气候温暖，第四纪冰期时未受北方大陆冰川覆盖，自第三纪以来气候比较稳定，导致我国植物物种极为丰富，仅高等植物（苔藓、蕨类、裸子及被子植物）约3万种，在不同地带组成各种植被类型。

中国植物学工作者经过几代人的艰苦工作，80多年来在全国各地采集了约1700万份标本，保存在各省、自治区、直辖市植物标本馆（室）中，为植物分类学研究工作奠定了坚实的基础。近40年来，经过三代植物分类学家的共同奋斗，编著了三部中国植物分类学巨著——《中国高等植物图鉴》（以下简称《图鉴》）、《中国植物志》（以下简称《植物志》）和《Flora of China》。

当今，在全球保护植物物种多样性与合理开发、持续利用野生植物资源的大好形势下，为满足我国农、林、工、牧、医药、环保、科研、教育等部门广大科技人员和基层工作者对植物分类的需求，决定编著一部科、属齐全，种数较多，中名、拉丁名考证正确，简明、实用，图文并茂的中国植物分类学新著——《中国高等植物》。全书记载约2万种植物，收载森林、植被及园林中的常见种，有经济或科研价值的物种，分布在两省区以上或毗邻国家分布较广而在我国仅在某周边省区有分布的物种，每个属的代表种，以及常见引种栽培的外来种。全书分十四卷出版，苔藓、蕨类及裸子植物用《中国苔藓志》及《中国植物志》（第二至七卷）系统，被子植物各科按 Cronquist

系统排列。第一卷：苔藓植物，第二卷：蕨类植物，第三卷：包括裸子植物及被子植物木兰科至杜仲科，第四卷：榆科至藤黄科，第五卷：杜英科至岩梅科，第六卷：山榄科至蔷薇科，第七卷：含羞草科至毒鼠子科，第八卷：黄杨科至伞形科，第九卷：马钱科至唇形科，第十卷：透骨草科至假牛繁缕科，第十一卷：忍冬科至菊科，第十二卷：花蔺科至禾本科，第十三卷：黑三棱科至兰科，第十四卷：第一卷至第十三卷中名、拉丁名索引。各科有分属检索表，各属有分种检索表。每种植物均有中名，少数种有常用别名；有拉丁名及原始文献，若拉丁名为组合名称，则列出基名及其文献，凡《图鉴》或《植物志》所用拉丁学名与现用名不一致，或两书中的名称已被归并或为错误鉴定均予列出，并在其拉丁名后注明《图鉴》或《植物志》的卷号及页码；每种植物有形态、分布、生境的记述，有些种还记述其主要用途；每种植物均有形态图和县级地理分布图（外来种及附录种除外），形态图除新绘图和使用《图鉴》等原图外，还抄绘了已出版的志书或期刊上的图，均注有原绘图人姓名或引自书刊名称。有些植物还附有彩片。

　　本书是中国植物分类学家和绘图同志通力合作的智慧结晶，参加编研工作的专家190余位，并得到所在单位领导的支持。在收集、补充每种植物的具体分布资料的工作中，得到了各省、区专家及标本馆同志们的大力帮助，谨此表示衷心的感谢。

　　由于编审工作任务繁重，出版时间紧迫，特别是全国植物标本数据库尚未建立，首次绘制的每种植物分布图中难免有所遗误，不足之处，衷心欢迎海内外读者批评指正。

本书编委会

2011 年 10 月

FOREWORD

China, with an area of 9 600 000 km^2, is situated in the southeastern part of the continent of Eurasia, facing the Pacific Ocean to the southeast, penetrating deep into the Eurasia heartland to the northwest, and connecting with the South Asian Subcontinent to the southwest. It ranges continuously through temperate, subtropical, and tropical regions and is about 5 500 km across from the north to the south. It has very diverse natural habitats, such as complicated mountainous regions, abundant river systems and lakes, and four major sea areas, namely the Bohai Sea, the Yellow Sea, the North China Sea, and the South China Sea. With the Qinghai-Tibet Plateau, the highest in the world, located in the southwest, the country is high in the west and descends gradually eastwards forming many favorable habitats for a rich number of living organisms. From the Mesozoic to the Tertiary Period in the Cenozoic, the climate is warm in China and has been relatively stable since then partially due to the fact that the country was not covered by the northern continental glaciers in the Quaternary Period. As a result, China has a rich flora with about 30 thousand species of higher plants (bryophytes, pteridophytes, gymnosperms, and angiosperms), forming verious types of vegetations in different areas.

Over the past 80 years, generations of Chinese botanists have collected nationwide about 17 million specimens, which are preserved in provincial and other local herbaria and have laid a solid foundation for plant taxonomic researches in China. During the past 40 years, three monumental taxonomic publications, namely ***Iconographia Cormophytorum Sinicorum (ICS), Flora Reipublicae Popularis Sinicae (FRPS)***, and ***Flora of China*** have been completed or established through the continued efforts of three generations' Chinese plant taxonomists.

The ***Higher Plants of China***, consisting of 14 volumes, is to meet the great needs of a broad scope of researchers worldwide to study Chinese plant conservation, biodiversity, development and sustainable use of natural botanical resource. The work is treating about 20 thousand species representing all the currently recognized plant families and genera in China. The selection of species are determined by their commonness in the wild or under cultivation and their scientific and economic values. They are often distributed in more than two provinces or autonomous regions or are sometimes found in only one province or autonomous region, but are common in neighboring countries. Representative species for each genus, including those introduced and naturalized ones, are often included, The systematic arrangements for bryophytes, pteridophytes, and gymnosperms follow the *Flora Bryophytorum Sinicorum (FBS)* and the *FRPS* (Vol. 2-7), and that for angiosperms follows Cronquist's system. The contens of the volumes are as follows: Vol. 1. Bryophyta; Vol. 2. Pteridophyta; Vol. 3. Gymnospermae and Angiospermae (Magnoliaceae-Eucommiaceae); Vol. 4. Ulmaceae-Clusiaceae; Vol. 5. Elaeocarpaceae-Diapensiaceae; Vol. 6. Sapotaceae-Rosaceae; Vol. 7. Mimosaceae-Dichapetalaceae; Vol. 8. Buxaceae-Apiaceae; Vol. 9. Loganiaceae-Lamiaceae; Vol. 10. Phrymaceae-Theligonaceae; Vol. 11. Caprifoliaceae-Asteraceae; Vol. 12. Butomaceae-Poaceae; Vol. 13. Sparganiaceae-Orchidaceae; and Vol.14. Index to Chinese and scientific names. Keys to the genera and to species are provided. For each species, its standard and sometimes other commonly used Chinese name, its scientific name with reference, and a basionym with reference when applicable are provided. Scientific names accepted in the *ICS* and the *FRPS* are also provided with reference of page numbers in these works when they are treated as synonyms or as misidentified names. Each speciesis illustrated sometimes in color with brief descriptions of morphology, distribution, habitat, and sometimes uses and each is accompanied (except for exotic species) by a distribution map to the county level. Illustrators, photographers, and references when applicable for the illustrations are acknowledged.

This *Higher Plants of China* is an accumulated work of more than 190 Chinese plant taxonomists from many institutions nationwide, Many others from every provincial and other local herbaria have helped with collecting and verifying data especially for the distribution information. Those who have contributed to the work are highly appreciated.

The Editorial Committee
October 2011

第一卷 苔藓植物门
Volume 1 BRYOPHYTA

科　　次

1. 藻苔科 TAKAKIACEAE
(汪楣芝)

植物体茎叶分化，直立，纤细，柔弱，绿色或黄绿色，略透明，一般高1–2厘米，稀少分枝；密集丛生；地下茎多匍匐，常交织生长，无假根。叶螺旋状着生于茎上，一般(2–) 3–4指状深裂，常裂至叶基部；叶裂瓣圆柱形，中部横截面常有6–20个表皮细胞。叶基部和地下茎上常具成簇的粘液细胞。雌雄异株。精子器圆柱形或椭圆状棒形，裸露，生于枝条顶端。雌苞叶不明显分化，颈卵器于叶腋处丛生或散生。孢蒴长梭形，成熟时1侧斜向不完全纵裂，呈明显扭曲状。孢蒴与蒴柄同时发育。孢蒴内有孢子，无弹丝。染色体数目n=4或5。

1属，分布温带、热带和亚热带高寒山地。我国有分布。

藻苔属 Takakia Hatt. et Inoue

属的特征同科。

2种，生温热山区或亚热带高寒山地。我国有2种。

1.茎、叶细胞薄壁；叶裂瓣横切面中央为1-2个大形细胞 ·········· 1. 藻苔 T. lepidozioides
1.茎、叶细胞壁明显加厚；叶裂瓣横切面中央有多数细胞·········· 2. 角叶藻苔 T. ceratophylla

1. 藻苔 图 1

Takakia lepidozioides Hatt. et Inoue, Journ. Hattori Bot. Lab. 19:137.1958.

植物体茎叶分化，直立，纤细，柔弱，一般高1–2厘米。叶于茎上呈螺旋状排列，(2–) 3–4指状深裂；裂瓣细长圆柱形，由大形薄壁细胞构成，中部横截面表皮常有6–10个细胞，中央仅1–3个细胞。雌雄异株。孢蒴长梭形，成熟时1侧斜向不完全纵裂，明显扭曲，具蒴柄。孢子四分体，表面具弯曲的粗糙脊状纹；无弹丝。染色体数目 n=4。

产西藏察隅和波密，生于3600–3800米的灌丛林地。尼泊尔、印度尼西亚婆罗洲、日本及北美西北部沿海岛屿有分布。

1. 植物体(×4)，2-4. 叶片(×25)，5. 叶裂瓣尖部(×100)，6-7. 叶裂瓣横切面(×150)，8.茎横切面的一部分(×150)。

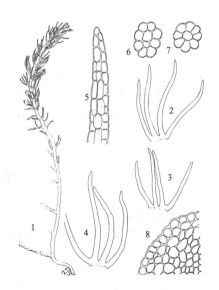

图 1 藻苔（引自《中国苔藓志》）

2. 角叶藻苔 图 2

Takakia ceratophylla (Mitt.) Grolle, Oesterr. Bot. Zeitschr. 110 (4): 444. 1963.

Lepidozia ceratophylla Mitt., Journ. Linn. Soc. Bot. 5: 103. 1861.

植物体直立，纤细，一般高1–2厘米。叶不规则螺旋状着生茎上，一般(2–) 3–4指状深裂至叶基部；叶裂瓣圆柱形，细胞较小，胞壁明显加厚，中部横切面表皮细胞常超过15个，中间细胞常超过10个。孢蒴长

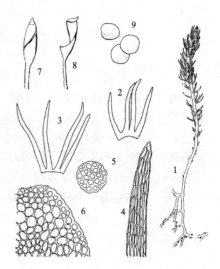

梭形，成熟时一侧斜向不完全纵裂，呈明显扭曲状，具蒴柄。孢蒴内无弹丝。孢子四分体形，表面具不规则的粗疣。染色体数目n=5。

产云南和西藏，生高山林地、灌丛下岩壁和林下。印度北部及北美洲阿留申群岛有分布。

1. 植物体（×3），2-3. 叶片（×25），4. 叶裂瓣尖部（×80），5. 叶裂瓣横切面（×120），6. 茎横切面的一部分（×120），7-8. 孢蒴（×10），9. 孢子（×300）。

图 2 角叶藻苔（引自《中国苔藓志》）

2. 裸蒴苔科 HAPLOMITRIACEAE

（高 谦 李 微）

植物体直立，具横茎，柔弱，鲜绿色或淡绿色，疏横展生长。茎高0.5–2.5毫米，上部不分枝，或有短枝，直径0.4–0.6毫米；无皮部和中轴分化。叶片长椭圆形或卵圆形；叶边有缺刻或波纹。腹叶小。叶细胞六边形，薄壁。精子器黄色或橙黄色，着生于茎顶端。颈卵器2至多个，受精后颈卵器基部发育形成短筒状蒴帽。蒴柄直径25–35个细胞。孢蒴褐色，短柱状椭圆形，成熟后一侧纵裂。弹丝两列螺纹加厚。染色体数：n=9。

1属，产热带和亚热带山区。我国有分布。

裸蒴苔属（美苔属）Haplomitrium Nees

属的特征同科。

约7种，热带和亚热带低海拔地区生长。我国有2种。

1. 植物体粗短；叶扁椭圆形，长度短于宽度 ···1. 裸蒴苔 H. blumii
1. 植物体纤长；叶长椭圆形，长度长于宽宽 ·····································2. 圆叶裸蒴苔 H. mnioides

1. 裸蒴苔   图 3

Haplomitrium blumii (Nees) Schust., Journ. Hattori Bot. Lab. 26: 225. 1963.

Monoclea blumei Nees, Enum. Pl. Crypt. Javae. 1：2. 1830.

植物体粗大，绿色或淡绿色，柔弱，直立或倾立。茎上部不分枝，无假根。叶三列着生，椭圆形，长度短于宽度，腹叶等形或较小。叶细胞六边形，薄壁，叶中部细胞宽30–50微米，长30–60微

米，叶基部细胞厚2-3层。颈卵器和精子器生于茎顶端，裸露。

产台湾及海南，生于林下、溪边或路旁湿土上。日本及南美洲有分布。

1.雄株(×1.5)，2-4.叶(×3.5)，5.叶近基部的横切面(×65)。

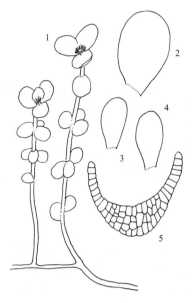

图 3 裸蒴苔（马　平、吴鹏程绘）

2. 圆叶裸蒴苔

图 4 彩片1

Haplomitrium mnioides (Lindb.) Schust., Journ. Hattori Bot. Lab. 26: 225. 1963.

Rhopalanthus mnioides Lindb., Hedwigia 14: 130. 1825.

体形纤长，肉质，淡绿色或鲜绿色，散生。匍匐茎横生，白色，

呈根状，无假根，无叶，有弱的中轴分化；支茎直立或倾斜，不分枝，高1-3厘米。叶片呈三列着生，侧叶两列较大，腹叶较小，横生茎上，圆形或椭圆形，长度大于宽度，干时皱缩；叶边全缘，有波纹。叶细胞六边形，薄壁，单层。雌雄异株。雄株顶端集生多个精子器，隔丝棒状。雌株顶端裸露生颈卵器；雌苞叶与茎叶同形，仅略大。蒴帽圆筒形，白色。蒴柄长，无色透明。孢蒴长椭圆形，褐色，成熟后纵裂。孢子淡黄色。弹丝2列螺纹加厚。

产福建、四川和云南，生于温暖地区的湿土或腐木上。日本有分布。

1.雌株(×2)，2.侧叶(×4)，3.腹叶(×4)，4.叶尖部细胞(×100)，5.叶近基部的横切面(×100)。

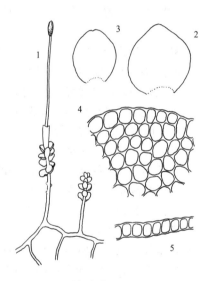

图 4 圆叶裸蒴苔（马　平、吴鹏程绘）

3. 剪叶苔科 HERBERTACEAE
（高　谦　李　微）

植物体硬挺，形小至中等大小，褐绿色至深红褐色。茎倾立或直立，不规则分枝或由茎腹面生出。叶横生或近于横生，两裂或不对称两裂，裂瓣全缘或近于全缘，披针形、三角形或三角状披针形，常向一侧偏曲。腹叶与侧叶相似，较小，裂瓣常直立。叶细胞常不规则加厚。雄苞顶生或间生，或生于短侧枝上，每个苞叶具2个精子器。雌苞顶生。蒴萼卵形，具3脊，口部分瓣或具毛状齿。孢蒴球形，成熟后多瓣开裂。

3属，多热带山区分布，稀温带分布。我国有1属。

剪叶苔属 Herbertus S. Gray

植物体倾立或直立，有时匍匐。茎硬挺，皮部由2-4层厚壁细胞组成。枝叶蔽前式排列，多两裂，稀3裂，裂瓣渐尖，狭三角形至披针形，常呈镰刀状偏曲，叶边全缘。腹叶与侧叶相似，略小。叶细胞强烈加厚，叶基部中央细胞长方形，成带状假肋（vitta），可长达叶尖部。雌雄异株。雄苞叶常4-8对。雌苞叶常大于枝叶，与枝叶近似，开裂深；内雌苞叶包被蒴萼，边缘常具齿。孢蒴球形，常4瓣或多瓣开裂；蒴壁4-7层。孢子直径约为弹丝宽度的2-2.5倍。

约80种，主要分布热带地区。我国有25种。

1. 叶裂瓣短粗角型，叶长宽相等或长度不超过宽度的两倍。
  2. 叶假肋短或不明显，叶裂瓣阔披针形或椭圆状狭卵形 ·············· 1. 卵叶剪叶苔 H. herpocladioides
  2. 叶假肋明显，叶裂瓣三角状披针形。
    3. 叶裂瓣间呈钝角形，基部卵形，长宽相等或宽度略大于长度。
      4. 叶基部边缘有多数齿和粘液疣 ·············· 2. 短叶剪叶苔 H. sendtneri
      4. 叶基部边缘平滑或有粗齿，稀有无柄粘液疣 ·············· 13. 细指剪叶苔 H. kurzii
    3. 叶裂瓣间呈锐角形，基部阔卵形，宽度大于长度。
      5. 叶裂瓣长披针形，基部收缩 ·············· 12. 樱井剪叶苔 H. sakuraii
      5. 叶裂瓣短三角形，基部不收缩 ·············· 14. 德氏剪叶苔 H. delavayii
1. 叶裂瓣细长角型，叶长度为宽度的2倍以上。
  6. 叶裂瓣细长，两裂达叶片长度的3/4-4/5以上，先端毛尖长4-6个细胞。
    7. 叶开裂3/4，单列细胞毛尖长1-3细胞 ·············· 15. 鞭枝剪叶苔 H. mastigophoroides
    7. 叶开裂达3/5-4/5，单列细胞毛尖长4-7个细胞 ·············· 16. 狭叶剪叶苔 H. angustissimus
  6. 叶裂瓣相对较短，两裂达叶片长度的2/3-3/4以下，先端具1-3个细胞。
    8. 叶裂瓣间呈锐角形。
      9. 叶细胞具粗疣，两裂达3/5 ·············· 10. 格氏剪叶苔 H. giraldianus
      9. 叶细胞平滑或具细疣，两裂达3/4。
        10. 叶裂瓣镰刀形弯曲，基部细胞壁不规则加厚 ·············· 11. 爪哇剪叶苔 H. javanicus
        10. 叶裂瓣直立或波曲，基部细胞壁三角体不明显 ·············· 4. 南亚剪叶苔 H. ceylanicus
    8. 叶裂瓣间呈钝角形。
      11. 叶1/2开裂，基部长方形，与裂瓣近于等长 ·············· 17. 高氏剪叶苔 H. gaochienii
      11. 叶2/3-4/5开裂，基部方形或短长方形，约为裂瓣长度的1/3-1/5。
        12. 叶裂瓣狭披针形，易断裂。
          13. 植物体细弱；叶长约30毫米，裂瓣狭披针形，先端易脆折 ·············· 7. 纤细剪叶苔 H. fragilis

13. 植物体粗壮；叶长约70毫米，裂瓣阔披针形，有时断裂 ························· 8. **多枝剪叶苔 H. ramosus**
12. 叶裂瓣阔披针形，不易断裂。
  14. 叶和腹叶基部长宽相等或宽度大于长度。
    15. 叶开裂达3/5，裂瓣与基部连接处有时收缩，有时波曲，全缘，稀有粘液疣 ···············
    ·· 3. **长角剪叶苔 H. dicranus**
    15. 叶开裂达4/5，裂瓣与基部连接处不收缩，边缘有齿，有粘液疣 ········· 9. **剪叶苔 H. aduncus**
  14. 叶和腹叶基部长度大于宽度。
    16. 假肋弱，细胞短小，长度为宽度的1倍以下 ···················· 5. **长茎剪叶苔 H. parisii**
    16. 假肋强，细胞长方形，长度为宽度的1.5倍以上 ··············· 6. **长肋剪叶苔 H. longifissus**

1. 卵叶剪叶苔   图 5

Herbertus herpocladioides Scott. et Miller, Bryologist 62: 116. 1959.

体形中等大小，长4–7厘米，褐色或黄褐色，丛生或与其它苔藓植物混生。茎倾立，直径约0.3毫米，稀分枝；腹面有分枝。叶片横生于茎上，卵圆形，先端开裂达1/2，长1.0–1.1毫米，宽0.6–0.7毫米，裂瓣阔卵圆形，腹面裂瓣稍小；假肋不明显，略凹，假肋细胞长度为宽度的2–4倍；叶基边缘具少数疣，生于齿的末端。叶背部边缘细胞等轴型，胞壁薄，三角体大。

腹叶与侧叶相似，略小。

产云南和西藏，生于海拔3200–4000米林下岩石上。美国夏威夷群岛有分布。

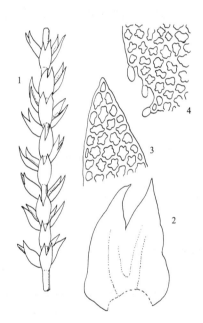

图 5 卵叶剪叶苔（马 平、吴鹏程绘）

1. 植物体的一部分(腹面观，×22)，2. 叶(×30)，3. 叶尖部细胞(×120)，4. 叶基部边缘细胞(×120)。

2. 短叶剪叶苔   图 6

Herbertus sendtneri (Nees) Evans, Bull. Torrey Bot. Club 44: 212. 1917.
Schisma sendtneri Nees, Naturg. Eur. Laberm. 3: 525. 1838.

体形略大，黄绿色或褐绿色，长6–10厘米，丛集生长。茎直径约0.2毫米。叶密覆瓦状贴生，阔卵形，长达1.5毫米，两裂达叶长度的1/2，裂瓣三角形，渐尖，有时背瓣稍大；基部扁长方形，边缘有无柄粘液疣，与裂瓣相连处不收缩；假肋弱，中止于裂瓣中下部；叶

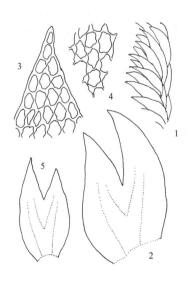

图 6 短叶剪叶苔（吴鹏程绘）

基边缘细胞宽20-25微米，长25-50微米，壁薄，有大三角体，角质层平滑。腹叶与茎叶相似，仅较小。雌雄异株。雄苞叶4-6对。雌苞顶生。

产四川、云南和西藏，生于1000-4000米的林下岩石上。欧洲有分布。

1. 植物体的一部分(×6), 2. 叶(×12), 3. 叶尖部细胞(×160), 4. 叶基部近边缘细胞(×160), 5. 腹叶(×12)。

3. 长角剪叶苔　　　　　　　　　　　图 7 彩片2

Herbertus dicranus (Tayl.) Miller, Journ. Hattori Bot. Lab. 28: 306. 1965.

Sendtnera dicrana Tayl. ex Gott., Lindenb. et Nees, Syn. Hepat. 239. 1845.

植物体稍粗至中等大小，黄褐色至深褐色。茎长达10厘米，直径0.3毫米，分枝常从腹面伸出。叶偏曲，长1.6-2.0毫米，宽0.5-0.6毫米，1/2-3/5两裂，裂瓣披针形，略弯曲，先端渐尖；基部卵形，全缘或具不规则疏齿，齿先端具粘液疣；假肋基部明显内凹，基部细胞长60-80微米，宽15-18微米，长达裂片中上部。叶细胞薄壁，三角体呈球状加厚。腹叶与侧叶同形，较小。

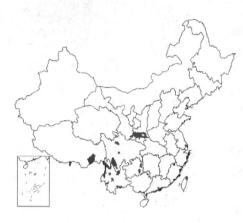

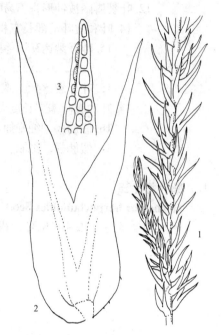

图 7 长角剪叶苔（马 平、吴鹏程绘）

产陕西、台湾、福建、广西、贵州、四川、云南和西藏，生于海拔1960-4300米林下岩面或树干上。喜马拉雅地区有分布。

1. 植物体的一部分，示具鞭状枝(×12), 2. 叶(×27), 3. 叶尖部细胞(×120)。

4. 南亚剪叶苔　　　　　　　　　　　图 8

Herbertus ceylanicus (St.) Miller, Journ. Hattori Bot. Lab. 28: 308. 1965.

Schisma ceylanicum St., Sp. Hepat. 4: 22. 1909.

植物体细小，褐绿色或黄褐色，丛集生长。茎长达4厘米，直径约0.15毫米，分枝多，鞭状枝生有小形叶。叶长椭圆形，长1.0-1.3毫米，宽0.5-0.6毫米，深两裂达3/4，裂瓣间呈锐角形，裂瓣阔披针形，渐呈短锐尖，尖部1-2个单列细胞，基部呈肾形，基部边缘近于平滑或有无柄粘液疣；假肋在叶基中部分叉，直达裂瓣中上部终止。叶下部边细胞宽约16微米，长18微米，胞壁厚，三角体不明显，角质层平滑。腹叶与茎叶相似。雌雄异

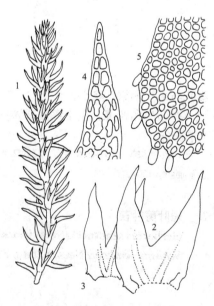

图 8 南亚剪叶苔（马 平、吴鹏程绘）

株。雄苞间生，雄苞叶3-5对。

产四川和云南，林下石生。印度及斯里兰卡有分布。

1. 植物体的一部分(×10), 2. 茎叶(×27), 3. 茎腹叶(×27), 4. 叶尖部细胞(×120), 5. 叶基部边缘细胞(×120)。

5. 长茎剪叶苔 图 9

Herbertus parisii (St.) Miller, Journ. Hattori Bot. Lab. 28: 309. 1965.

Schisma parisii St., Sp. Hepat. 6: 361. 1922.

体形细长，红褐色或黄褐色，有细长分枝，丛生。茎长达15厘米，直径约0.3毫米，不规则分枝，细枝呈鞭状。叶密生，长约1.7-2.0毫米，宽0.6-0.8毫米，3/5两裂，裂瓣间呈钝角形，裂瓣阔披针形，渐呈锐短尖，具2-3个单列细胞锐尖，基部卵形，长宽相等或长度略大于宽度；叶边内卷或有波纹，基部有带小柄的粘液疣；假肋弱，自叶基中部分叉，在裂瓣中部终止。

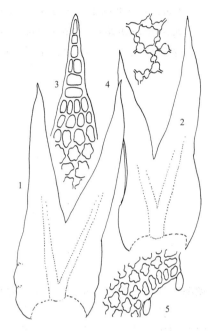

叶边下部细胞宽约16微米，长21微米，胞壁薄，有大三角体，角质层平滑。腹叶与茎叶同形，略小。

产广西、云南和西藏，生于高山灌丛树枝上。新喀里多尼亚有分布。

图 9 长茎剪叶苔（马 平、吴鹏程绘）

1. 叶(×27)，2. 腹叶(×27)，3. 叶尖部细胞(×120)，4. 叶基部细胞(×120)，5. 叶基部边缘细胞(×120)。

6. 长肋剪叶苔 图 10

Herbertus longifissus St., Hedwigia 34: 44. 1895.

体形中等大小，黄褐色或褐色。茎长达3厘米，直径0.2毫米，具鞭状枝。叶片覆瓦状排列，呈镰刀状偏曲，略下延，长2-2.5毫米，宽0.7-0.9毫米，约2/3两裂，裂瓣间呈锐角，裂瓣披针形，先端渐尖，基部阔卵形或圆耳状；叶边具不规则齿，齿先端有粘液疣；假肋基部略内凹，细胞长60-90微米，宽23-25微米，在叶基中部分叉，至裂瓣先端中止。叶边细胞长26-27微米，宽25-27微米，

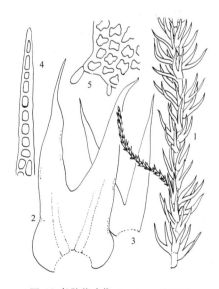

胞壁平滑，具不规则加厚和三角体。腹叶与侧叶同形，对称，裂瓣间开度较大。

产四川和云南，生于海拔1860-3500米林下树干或石上。日本、泰国、喜马拉雅地区及夏威夷有分布。

图 10 长肋剪叶苔（马 平、吴鹏程绘）

1. 植物体的一部分，示具鞭状枝(×10)，2. 茎叶(×25)，3. 枝腹叶(×25)，4. 叶尖部细胞(×120)，5. 叶基部边缘细胞(×120)。

7. 纤细剪叶苔

图 11

Herbertus fragilis (St.) Herz., Ann. Bryol. 12: 80. 1937.

Schisma fragilis St., Sp. Hepat. 6: 359. 1922.

植物体黄棕色，细弱，干时易碎。茎长达3厘米，直径约1毫米，不规则分枝，常具纤细小叶型鞭状枝。叶长矩形，潮湿时伸展，长1–1.5毫米，宽0.3–0.4毫米，叶上部略弯曲，1/2–2/3两裂，裂瓣间开阔，裂瓣狭披针形，基部方形至卵形；叶边有时具角状突起和有柄的粘液疣；假肋狭窄，内凹，由基部开始分叉，至裂瓣中部。叶边细胞宽约20微米，长22微米，胞壁薄，具疣，常具三角体。腹叶与侧叶同形，对称。

产黑龙江、安徽、浙江、江西、贵州、四川和云南，生于海拔810–3750米林下树干或岩石上。印度北部及不丹有分布。

1. 植物体的一部分(×10)，2-3.叶(×25)，4.叶基部边缘细胞(×120)。

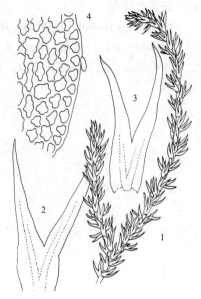

图 11 纤细剪叶苔（马 平、吴鹏程绘）

8. 多枝剪叶苔

图 12

Herbertus ramosus (St.) Miller, Journ. Hattori Bot Lab. 28: 314. 1965.

Schisma ramosum St., Sp. Hepat. 4: 23. 1909.

植物体中等大小，褐色或红褐色。茎长达7厘米，直径0.2毫米，腹面具鞭状枝。叶长2.6–3.0毫米，宽0.9–1.0毫米，向一侧弯曲，干燥时多脆而硬，基部下延，2/3两裂，裂瓣线形，略弯曲，裂瓣间呈钝角；基部卵圆形，叶边具不规则齿，有粘液疣；假肋较宽，内凹，基部细胞长60–80微米，宽20–22微米，由叶基分叉，达裂片中下方；叶边细胞宽10–12微米，长20–25

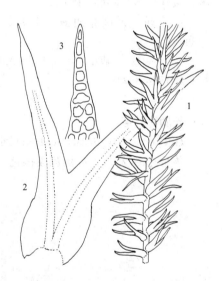

图 12 多枝剪叶苔（马 平、吴鹏程绘）

产福建、四川、云南和西藏，林下树干生。喜马拉雅地区有分布。

1.植物体的一部分(×10)，2.叶(×25)，3.叶尖部细胞(×120)。

微米，具疣，壁薄，三角体大，直径大于细胞腔。腹叶与侧叶相似，略小。

9. 剪叶苔

图 13

Herbertus aduncus (Dicks.) Gray, Nat. Arr. Brit. Pl. 1: 105. 1821.

Jungermannia adunca Dicks., Pl. Crypt. Brit. Fasc. 3: 12. 1793.

植物体交织生长，黄褐色。主茎横展，长达10厘米，直径2毫米；分枝直立，延伸呈鞭状。叶蔽前式覆瓦状，两裂达3/4–4/5，基部呈方

圆盘状，叶边平滑或具粘液疣，叶裂瓣上部倾立或呈镰刀状；假肋明显，达叶上部，长1–1.6毫米，宽4–6毫米。叶边细胞宽约16–17微

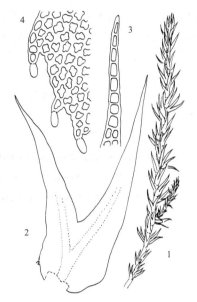

米，长17微米；假肋基部细胞长40–50微米，宽16–20微米，胞壁厚，强烈角偶加厚。腹叶与茎叶相似，稍小，裂瓣多直立或倾立。雌雄异株。雄苞间生，雄苞叶4–6对，基部呈囊状。雌苞顶生；蒴萼卵形。孢蒴6–8瓣开裂。孢子褐色，有细疣。弹丝2列螺纹加厚。

产黑龙江、吉林、辽宁、陕西、台湾、福建、江西、广西、贵州、四川、云南和西藏，生林下树干或石

上。日本、欧洲及北美洲有分布。

1. 植物体的一部分（×10），2. 叶（×25），3. 叶尖部细胞（×120），4. 叶基部边缘细胞（×120）。

图 13 剪叶苔（马 平、吴鹏程绘）

10. 格氏剪叶苔 图 14

Herbertus giraldianus (St.) Nichols., Symb. Sin. 5: 27. 1930.

Schisma giraldiana St., Sp. Hepat. 4: 22. 1909.

体形小或中等大小，浅褐色，长3–6厘米。茎直径约0.2毫米，通常无鞭状枝。叶稀疏排列，湿时偏曲，横生茎上，基部下延，长1–1.4毫米，宽0.5–0.6毫米，1/2–3/5两裂，裂瓣间狭窄，裂片狭长，先端渐尖；假肋基部细胞长45–60微米，宽20微米，基部1/3处开始分叉，达裂片中部。叶边缘细胞宽15–16微米，长20–21微米，胞壁薄，明显具细疣，三角体大。腹叶与侧

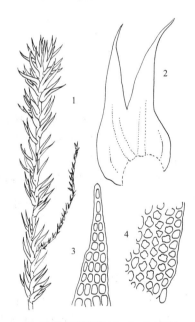

叶相似，基部略圆，裂片弯曲较小。

中国特有，产陕西、福建和云南，生于高山林下岩面或土上。

1. 植物体的一部分，示具鞭状枝（×12），2. 叶（×15），3. 叶尖部细胞（×110），4. 叶基部边缘细胞（×110）。

图 14 格氏剪叶苔（马 平、吴鹏程绘）

11. 爪哇剪叶苔 图 15

Herbertus javanicus (St.) Miller, Journ. Hattori Bot. Lab. 28: 319. 1965.

Schisma javanica St., Sp. Hepat. 4: 26. 1909.

体形稍粗，红褐色，具多数短小渐尖的匍匐鞭状枝。茎长达8厘米，直径3.5毫米。叶强烈弯曲呈镰刀状，长2–2.3毫米，宽0.9–1毫米，2/3两裂，裂瓣间呈锐角，裂片披针形，基部膨大，呈圆肾形；叶边近于全缘或具无柄的粘液疣。假肋细弱，在叶基中部分叉，向上达裂片中

部。叶边细胞宽约17微米，长22微米，基部假肋细胞长60–90微米，宽
16–20微米，壁厚，三角体大。腹叶较小，近于两侧对称。

产广西、四川和云南，生高山灌丛下，常附生于枝干或岩面。印度
尼西亚有分布。

1. 植物体的一部分，示具鞭状枝(×12)，2. 叶(×20)，3. 叶基部边缘细胞(×120)。

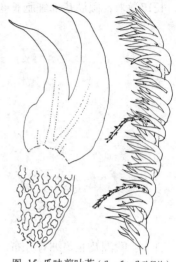

图 15 爪哇剪叶苔（马 平、吴鹏程绘）

12. 樱井剪叶苔 图 16

Herbertus sakuraii (Warnst.) Milller, Journ. Hattori Bot. Lab. 3: 6. 1947.

Schisma sakuraii Warnst., Hedwigia 57: 69. 1915.

体形稍粗，干时深褐色或暗褐色，湿时略呈红褐色。茎长3–5厘米，稀仅1厘米，直径0.2毫米，分枝短。叶覆瓦状排列，基部抱茎，近于不下延，长1–1.5毫米，宽0.6–0.7毫米，两侧近对称，略偏曲呈镰刀形，1/2两裂，裂瓣间呈狭锐角或略呈钝角，裂片上部渐尖；基部近圆形或阔卵形，与裂片相接处内凹；叶边平滑，稀具无柄粘液疣；假肋沟状内凹，于近基部分叉，达叶片2/3处，基部细胞长50–60微米，宽16–18微米。叶边缘细胞长22微米，宽16–18微米，表面略具细疣，胞壁三角体加厚。腹叶与侧叶近似。

产江西、广西、四川、云南和西藏，生于海拔1600–4000米林下岩石或树干上。日本及加拿大有分布。

1. 植物体的一部分(×12)，2. 叶(×25)，3. 腹叶(×25)，4. 叶尖部细胞(×120)，5. 叶基部边缘细胞(×120)。

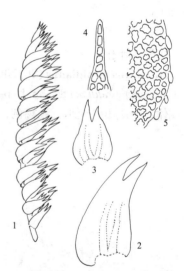

图 16 樱井剪叶苔（马 平、吴鹏程绘）

13. 细指剪叶苔 图 17

Herbertus kurzii (St.) Chopra, Journ. Indian Bot. Soc. 22: 247. 1943.

Schisma kurzii St., Sp. Hepat. 4: 24. 1909.

植物体细弱或中等大小，长约8厘米，脆弱，暗褐色，长分枝着生于腹面。叶覆瓦状排列，长1.2–1.6毫米，宽0.6–1毫米，1/2–2/3两裂，背侧裂片平直，腹侧裂片弯曲，基部下延；假肋略内凹，基部细胞长40–50微米，宽0.7–1.0微米，于近基部分叉，长达裂片1/2–1/3处；叶边缘细胞宽11–13微

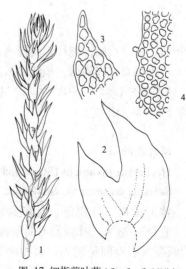

图 17 细指剪叶苔（马 平、吴鹏程绘）

米，长15–17微米，平滑或具细疣，胞壁薄，具三角体。腹叶与侧叶近似，较小，裂片弯曲。

产福建、四川、云南和西藏，生于海拔700–4760米林下高山灌丛、树生或石生。喜马拉雅地区有分布。

14. 德氏剪叶苔 图 18

Herbertus delavayii St., Hedwigia 34: 43. 1895.

植物体深褐色，分枝短小细弱，呈鞭状，有时具芽条。茎匍匐，长达8厘米，直径2毫米。叶覆瓦状排列，阔卵形，斜抱茎，1/2–2/3两裂，长1.5–1.6毫米，宽0.9–1.0毫米，基部呈肾形；叶边具不规则粗齿，具粘液细胞较大的齿略向下弯曲；假肋明显，内凹，在叶基部分叉，长达裂瓣中部。叶边细胞长约17微米，宽17微米，基部假肋细胞长约60微米，宽20微米，壁厚，具大三角体。腹叶与侧叶相似，较小。雌雄异株。雄苞间生，雄苞叶4–6对，红褐色。

中国特有，产福建、四川、云南和西藏，生于林下岩石上。

1. 植物体的一部分(×10)，2. 叶(×25)，3. 叶尖部细胞(×120)，4. 叶基部边缘细胞(×120)。

图 18 德氏剪叶苔（马 平、吴鹏程绘）

1. 植物体的一部分，示具鞭状枝(×10)，2. 茎叶(×30)，3. 叶尖部细胞(×130)，4.叶基部边缘细胞(×180)。

15. 鞭枝剪叶苔 图 19

Herbertus mastigophoroides Miller, Journ. Hattori Bot. Lab. 28: 324. 1965.

植物体中等大小，深红褐色或黄褐色。茎长达9厘米，直径约2毫米，具多数生小叶的鞭状枝。叶密覆瓦状排列，长2.3–3.0毫米，宽0.8–1.0毫米，斜生于茎上，湿时镰刀形偏斜，干时直立偏斜，基部下延，上部2/3–3/4两裂，裂瓣间开阔，裂片狭披针形，略弯曲，基部长卵形；叶边具不规则齿，常具无柄或短柄的粘液细胞；假肋狭窄，略内凹，黄色，在近基部分叉，延伸至叶片顶部。叶基部细胞长60–75微米，宽25–27微米，具细疣，胞壁具小三角体。腹叶与侧叶同形，横生，反卷，裂口基部略圆钝。

产贵州和西藏，林下石生或树干生。印度北部有分布。

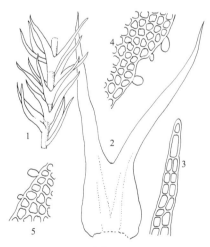

图 19 鞭枝剪叶苔（马 平、吴鹏程绘）

1. 植物体的一部分(×10)，2. 叶(×30)，3. 叶尖部细胞(×180)，4-5. 叶基部边缘细胞(×180)。

16. 狭叶剪叶苔

图 20

Herbertus angustissimus (Herz.) Miller, Journ. Hattori Bot. Lab. 28: 326. 1965.

Schisma angustissima Herz., Ann. Bryol. 5: 71. 1932.

体形中等大小，黄褐色。茎略呈红色，长达10厘米，直径约0.2毫米；分枝从腹面生出，着生退化叶。叶稀疏着生，干燥时基部扭曲，潮湿时偏曲伸展，长3.5–4.0毫米，宽0.5–0.6毫米，3/4–4/5两裂，裂瓣间呈锐角，裂片狭披针形，基部呈卵状长方形，上部边缘波曲，下部边缘具齿，齿先端生有粘液疣。假肋基部扁平，在叶基中部向上分叉，细胞长40–60微米，宽20–25微米。叶边缘细胞长20–35微米，宽17–22微米，具大三角体，直径达细胞腔的1/3。腹叶与侧叶同形，较小。雌雄异株。

产四川和云南，林下树干生。菲律宾有分布。

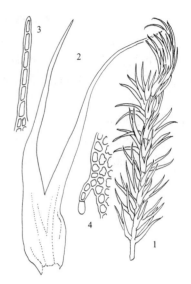

图 20 狭叶剪叶苔（马 平、吴鹏程绘）

1. 植物体的一部分(×10)，2. 叶(×20)，3. 叶尖部细胞(×120)，4. 叶基部边缘细胞(×120)。

17. 高氏剪叶苔

图 21

Herbertus gaochienii Fu in Gao, Flora Bryophyt. Sin. 9: 38. 2003.

体形中等至大形，长约20厘米。茎直径0.5毫米，暗棕色或红棕色，腹面具分枝。叶细长，横生茎上，长1.0–1.2毫米，宽约0.2毫米，1/2–3/5两裂，基部呈长方形，长为宽的2倍以上；裂片长披针形，先端略弯曲；叶基边缘平滑，稀具齿。假肋于叶基部分叉，达叶裂瓣上部，基部细胞长45–60微米，宽5–7微米，假肋不内凹或略内凹。叶边细胞长20–22微米，宽20–21微米，不规则球状加厚，约为细胞腔的1/2。腹叶与侧叶近似，略小。雌雄异株。蒴萼生于枝顶。

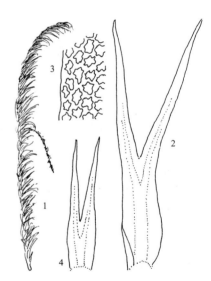

图 21 高氏剪叶苔（吴鹏程绘）

中国特有，产广西和四川，生于海拔2800–3200米林下石壁上。

1. 植物体的一部分，示具鞭状枝(×5)，2. 叶(×18)，3. 叶基部边缘细胞(×110)，4. 腹叶(×18)。

4. 拟复叉苔科 PSEUDOLEPICOLEACEAE

（高 谦 李 微）

植物体毛绒状，疏松丛集生长。茎匍匐或倾立，不规则分枝，皮部不分化。叶片3–4裂达基部，裂瓣线形或狭披针形；叶边全缘或具毛。叶细胞狭长方形，壁薄或加厚，有油体。腹叶略小，或异形。假根生于腹叶基部。雌雄同株或异株。雄苞着生茎、枝先端。雌苞顶生；雌苞叶与茎叶同形，4–5裂。蒴柄横切面中央4个细胞，周围8个细胞，细胞壁略加厚。孢子小，为弹丝直径的2倍。

约5属，温带和热带地区分布。中国产3属。

1. 叶在茎上横生，3–4裂达基部，裂瓣线形或狭披针形，叶边平滑；腹叶3–4裂；蒴壁厚2层细胞；蒴萼口部收缩。
  2. 蒴萼上部钝三角形，口部具长毛；雌苞叶多裂，边缘具毛；叶裂瓣单列细胞，边缘平滑；蒴柄横切面中央4个细胞，周围8个细胞 ·························· 1. **睫毛苔属 Blepharostoma**
  2. 蒴萼上部渐收缩呈圆形，4–5裂；雌苞叶4裂，边缘平滑；叶裂瓣多列细胞，边缘有毛；蒴柄横切面中央及周围均为多细胞 ·························· 2. **拟复叉苔属 Pesudolepicolea**
1. 叶在茎上斜生或近横生，3–4裂达叶长度的1/4–3/4，裂瓣三角形或披针形，渐尖，边缘有长短不等的纤毛；腹叶两裂，边缘具毛；蒴壁厚4–5层细胞；蒴萼口部宽阔·························· 3. **裂片苔属 Temnoma**

1. 睫毛苔属 Blepharostoma Dum.

植物体纤细，淡绿色，略透明。茎直立或倾立，不规则分枝；枝长短不等。叶三列，侧叶大，腹叶稍小，2–4裂达基部，裂瓣均为单列细胞。叶细胞长方形。雌雄异株。雌苞生于茎顶端；雌苞叶深裂呈毛状。蒴萼圆筒形，口部开阔，有多数纤毛。

2种，湿润温暖林地分布。我国有2种。

1. 植物体略大，长0.5–1厘米；叶细胞长度为宽度的3倍 ·················· 1. **睫毛苔 B. trichophyllum**
1. 植物体细小，长5毫米；叶细胞长度为宽度的2倍 ·················· 2. **小睫毛苔 B. minus**

1. 睫毛苔　　　　　　　　　　　　图 22

Blepharostoma trichophyllum (Linn.) Dum., Rec. d' Observ. 18. 1855.

Jungermannia trichophyllum Linn., Sp. Pl. 1135. 1753.

植物体纤细，柔弱，淡绿色，略透明。茎直立或倾立，长0.5–1厘米，不规则分枝；假根散生于茎和枝上。叶三列，侧叶3–4深裂达叶片基部，裂瓣纤毛状，为单列长方形细胞，基部宽4–6个细胞；腹叶2–3裂，与侧叶同形，基部宽2–3个细胞。雌雄异株或同株。雄苞顶生或间生。雌苞生于茎或枝顶端；雌苞叶大于茎叶。蒴萼长圆筒形，有3–4条

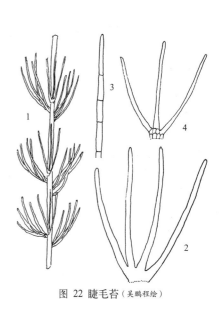

图 22 睫毛苔（吴鹏程绘）

纵褶。口部有不规则毛状裂片。孢蒴卵形，褐色，成熟后4瓣纵裂。孢子有细疣。弹丝具2列螺纹。

产吉林、福建、江西、四川、云南和西藏，生于高山或平原林下，多见于腐木、湿土石表面，常与其它苔藓形成群落。朝鲜、俄罗斯、欧洲及北美洲有分布。

1. 植物体的一部分(腹面观，×20)，2. 叶(×60)，3. 叶裂瓣的一部分(×90)，4. 腹叶(×40)。

2. 小睫毛苔   图 23

Blepharostoma minus Horik., Hikobia 1: 100. 1951.

体形极纤细，淡绿色，略透明。茎匍匐或倾立，长达5毫米，不规则分枝；假根少，散生于茎和枝上。叶三列，茎枝下部叶小，向上渐大；侧叶3-4裂达基部。腹叶2裂，裂瓣为单列细胞。叶细胞长方形，宽7-9微米，长20-28微米。雌雄同株或异株。雌苞生于茎顶端。蒴萼长圆筒形，上部有3条纵褶，口部具多数纤毛。孢蒴椭圆形，成熟后4瓣纵裂。

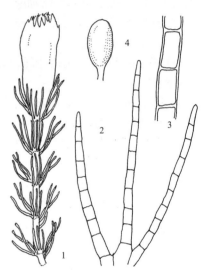

产陕西、广西、四川、云南和西藏，生于平原或山区较干燥环境，多见于腐木、树干或岩石表面，常与其它苔藓形成群落。日本有分布。

1. 雌株(腹面观，×32)，2. 叶(×160)，3. 叶裂瓣的一部分(×350)，4. 孢蒴(×32)。

图 23 小睫毛苔 (吴鹏程绘)

2. 拟复叉苔属 **Pseudolepicolea** Fulf. et Tayl.

植物体中等大小，黄绿色或黄褐色。茎直立或倾立，不规则分枝。叶片横生，呈四瓣深裂；叶边全缘。腹叶较小。假根少，通常生于腹叶基部。叶细胞长方形，平滑，裂瓣基部宽4-6（9）个细胞。雌雄异株。雄苞叶1-2对，基部膨大呈囊状；精子器无隔丝。雌苞顶生；雌苞叶与茎叶相似。蒴萼长椭圆形，上部具3-5条纵褶，口部有短毛。孢蒴椭圆状卵形；蒴壁厚2层细胞。孢子有细疣，直径14-18微米。弹丝具2列螺纹加厚。

3-4种，多热带、亚热带地区分布。我国1种。

南亚拟复叉苔   图 24

Pseudolepicolea trollii (Herz.) Grolle et Ando, Hikobia 3: 177. 1963.

Blepharostoma trollii Herz., Ann. Bryol. 12: 80. fig. 4: g–i. 1939.

体形中等大小，褐绿色或暗绿色，密集生长。茎直立或倾立，高0.8-1.3厘米，硬挺，密被叶片；不规则分枝；茎表皮有1-2层厚壁细胞，无中轴分化。假根极少，或缺失。叶片三列，近于横生，分裂呈4瓣，裂瓣披针形，基部宽4-6个细胞，先端为1-2个单列细胞。叶细胞长方形，厚壁，长40-50微米，宽12-15微米，基部细胞短。雌雄异株。

产云南，生于山区溪谷岩缝或岩面。印度北部有分布。

1. 植物体成丛生长的状态(×1)，2. 植物体的一部分(腹面观，×35)，3. 叶(×75)，4. 叶基部细胞(×300)。

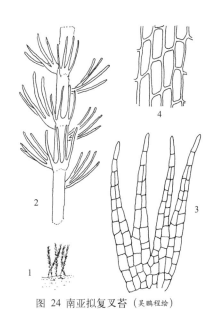

图 24 南亚拟复叉苔（吴鹏程绘）

3. 裂片苔属 Temnoma Mitt.

植物体柔弱。茎不规则分枝，横切面髓部细胞略大于皮部细胞，表皮细胞具细疣。叶三列，多瓣开裂，并再分裂。叶细胞四至六边形，胞壁略厚。多雌雄异株。

12种，多分布南美洲和南太平洋岛屿。我国有1种。

多毛裂片苔   图 25

Temnoma setigerum (Lindenb.) Schust., Nova Hedwigia 5: 35. 1963.

Jungermannia setigera Lindenb. in Gott., Lindenb. et Nees., Syn. Hepat. 131. 1844.

体形柔弱，红褐色，有光泽，常与其它苔藓形成群落。茎匍匐或上部倾立，长达4厘米，不规则分枝；茎、枝表面细胞长方形，宽15–20微米，长50–70微米；茎横切面直径6–8个细胞，内外细胞同形或髓部细胞略大于皮部细胞，表皮细胞厚壁，具细疣，褐色。假根无色。叶3列，覆瓦状蔽前式，斜列，近圆形，宽度大于长度，叶边2–4浅裂，边缘具2–8个细胞长毛，常再分裂，两侧近基部毛较短，长

1–3个细胞；腹叶稍小，离生，多2裂达叶中部，两侧边缘具2–6个细胞长毛状刺。叶细胞4–6边形，基部细胞稍大，宽16–20微米，长16–25微米，胞壁略厚。雌雄异株。

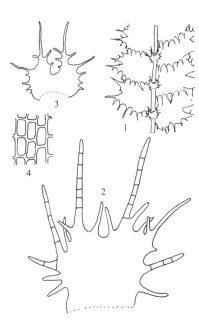

图 25 多毛裂片苔（马 平、吴鹏程绘）

产台湾和四川，生于树干基部，常与羽苔混生。菲律宾及印度尼西亚有分布。

1.植物体的一部分(腹面观，×28)，2.叶(×105)，3.腹叶(×105)，4.叶中部细胞(×210)。

5. 毛叶苔科 PTILIDIACEAE

(高　谦　吴玉环)

植物体毛绒状，淡黄绿色或褐绿色，疏松丛集生长。茎匍匐或先端上倾，不规则羽状分枝，分枝长短不等；茎横切面圆形，中部细胞大。叶覆瓦状蔽前式，内凹，2–3(4) 裂，深达叶长度的1/2–1/3；叶边有分枝或不分枝的多细胞的长纤毛。叶细胞壁不等厚，三角体明显，表面平滑。有油体。腹叶大，圆形或长椭圆形，2(4)瓣裂，边缘具分枝或不分枝长纤毛。雌苞生于主茎或分枝顶端，或生于短侧枝上。精子器柄单列细胞。孢蒴长椭圆形，成熟时四瓣开裂。孢子直径为弹丝直径的4倍。

1属，多温带分布。中国产1属。

毛叶苔属 Ptilidium Nees

多褐绿色，具光泽，疏松丛集生长。茎匍匐，1–3回羽状分枝，分枝生于侧叶与腹叶间；枝长短不一，先端不呈尾尖状；茎横切面圆形，皮部2–3 (4)层厚壁细胞。假根无或有时着生于腹叶基部。叶片蔽前式横生于茎上，2–3 (5)瓣深裂，边缘具1–2列多细胞长毛。叶细胞壁不等加厚，壁孔明显，三角体明显膨大；表面平滑；油体球形、卵形或短棒形。腹叶横生，半圆形，两裂，边缘有长毛。雌雄异株。雄株植物体细小，分枝多，每个雄苞叶具1个精子器。雌苞生于茎顶端，蒴萼短筒形或长椭圆形。孢蒴成熟后四瓣开裂；蒴壁厚4 (5)层细胞。蒴柄细胞大，薄壁，柔嫩，直径10–14个细胞，透明。孢子细粒状，外壁粗糙。

5种，北半球分布。中国产2种。

1. 植物体粗大，长2–8厘米；叶片2–3裂达叶长度的1/3–1/2；裂瓣基部宽15–20个细胞，边缘具疏短毛；叶细胞宽20–25微米，长24–40微米 ·· **1. 毛叶苔 P. ciliare**
1. 植物体纤细，长1–2 厘米；叶片2–3裂达叶长度的3/4；裂瓣基部宽4–10个细胞，边缘具密长纤毛；叶细胞宽24–32微米，长38–60 微米 ··· **2. 深裂毛叶苔 P. pulcherrimum**

1.　毛叶苔

图 26 彩片3

Ptilidium ciliare (Linn.) Hampe, Prodr. Fl. Hercyn. 76. 1836.

Jungermannia ciliare Linn., Sp. Pl. 1, 2: 1134. 1753.

植物体粗大，黄绿色或褐绿色，有时红褐色，具光泽，疏松生长。

茎先端上倾，1–2回规则羽状分枝，长2–8 厘米，连叶宽2–3 厘米；假根透明。叶3列，侧叶3–4瓣深裂，基部宽15–20个细胞；叶边具多数毛状突起。叶细胞圆卵形，宽20–25微米，长24–40微米，胞壁不等厚，有明显壁孔，角隅加厚。腹叶小，2–4裂，叶边具多数纤毛。雌雄异株。雄株常单独成丛生长，体形小，分枝较多。雌苞生于主茎或主枝先端。蒴萼短柱形或长椭圆形，口部有三条深褶，有短毛。孢蒴卵圆形，红棕色，成熟时四瓣开

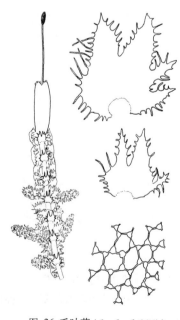

图 26 毛叶苔（马　平、吴鹏程绘）

裂。弹丝2列螺纹加厚。孢子有细密疣。

产黑龙江、吉林和内蒙古，生于落叶松、白桦或泥炭藓丛中，多见于腐殖质层、湿石或树干基部，少见于腐木上。北半球广布。

1. 雌株(×3)，2. 茎叶(×15)，3. 叶中部细胞(×150)，4. 腹叶(×10)。

2. 深裂毛叶苔

图 27

Ptilidium pulcherrimum (Web.) Hampe, Prodr. Fl. Hercyn. 76. 1836.

Jungermannia pulcherrima Web., Spic. Fl. Goetting. 150. 1778.

褐绿色或黄绿色，有时具黄铜色光泽。茎多匍匐，红褐色，长达2厘米，1–2 (3)回不规则羽状分枝；主茎和枝先端常内曲。叶密生，3–4瓣深裂，基部宽4–10个细胞；叶边具不规则长纤毛。叶中部细胞宽24–32微米，长38–60微米，胞壁不等厚，角隅加厚成球状，壁孔明显。雌雄异株。蒴萼短筒形或长椭圆形，口部收缩，具短毛，上部有三条纵褶。孢蒴长椭圆形，成熟后四瓣裂。孢子红褐色，长25–27微米，具细密疣。弹丝具2列红褐色螺纹加厚，直径6微米。

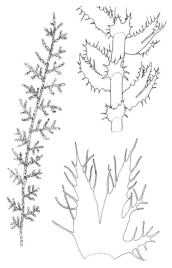

图 27 深裂毛叶苔（马 平、吴鹏程绘）

产内蒙古、陕西、云南和西藏，生于高寒地区或低山较干燥的林下，多见于树基或岩石上。北半球广布。

1. 植物体(×1)，2. 枝的一部分(腹面观，×15)，3. 叶(×32)。

6. 复叉苔科 LEPICOLEACEAE
（高　谦　李　微）

　　植物体中等大小，黄褐色或带红色。叶片3–4裂达叶长度的1/2；腹叶与茎叶同形，2–4裂，叶边多全缘或基部有小裂瓣。无蒴萼。

　　2属，多热带地区分布。中国有2属。

1. 叶片2次分裂达叶长度的1/2，裂片呈披针形，两侧基部无小裂瓣；腹叶2次分裂，深裂达1/2–2/3，裂片披针形 ·· 1. 复叉苔属 Lepicolea

1. 叶片3裂达叶长度的1/2，裂片呈三角形，两侧基部有细裂瓣；腹叶2裂，开裂达1/2，裂片三角形 ·················· ·· 2. 须苔属 Mastigophora

1. 复叉苔属 Lepicolea Dum.

　　植物体长5–8厘米，黄绿色、褐绿色至淡绿色，羽状分枝或不规则分枝，具鞭状枝。叶片2次分裂，裂片披针形。叶细胞厚壁，三角体大，呈球状。

　　约20种，热带和亚热带分布。中国有2种。

暖地复叉苔　　　　　　　　　　　　　　　　　　图 28

Lepicolea scolopendra (Hook.) Dum., Rec. d`Observ. 3 :20. 1835.

Jungermannia scolopendra Hook., Musci Exot. 1, tab. 40. 1818.

　　体形中等大小，挺硬，黄绿色或褐绿色，稀灰黄色。茎长达 8厘米，不规则或规则羽状分枝；分枝短，常弯曲，渐尖。叶片覆瓦状排列，长方形，相互贴生，2次分裂达叶长度的2/3，裂瓣狭披针形；腹叶大，与侧叶近似，形小，2次分裂达叶长度的2/3，先端锐尖。叶上部细胞长六边形，长约36微米，宽约18微米，三角体极明显，呈球状，叶下部细胞较上部长，长约54微米，宽约18微米，三角体大，有壁孔。雌雄异株。

　　产台湾，热带雨林下石生或树干生。新西兰、塔斯马尼亚、太平洋岛屿及亚洲热带有分布。

　　1. 植物体的一部分(腹面观，×12)，2-3.叶(×50)，4. 腹叶(×50)。

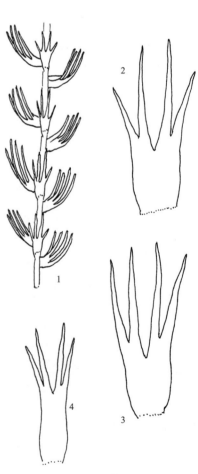

图 28 暖地复叉苔（吴鹏程绘）

2. 须苔属 Mastigophora Nees

植物体疏松集生长，褐绿色，具光泽。茎匍匐，前端上倾，叉状分枝，枝和茎先端渐细呈尾尖状。叶片覆瓦状蔽前式排列，斜生，通常不等形3裂，前缘有刺状齿。腹叶小，通常2裂，裂瓣边缘均具齿。叶细胞圆六边形，角部加厚呈球状。雌雄异株。蒴萼生于短侧枝先端，上部有褶，口部有齿。雄苞着生短侧枝上，雄苞叶先端2–3裂。孢蒴球形。

约10种，热带山地分布。中国有2种。

须苔   图 29

Mastigophora woodsii (Hook.) Nees, Naturg. Eur. Leberm. 3: 95. 1838.

Jungermannia woodsii Hook., Brit. Jungermannia tab. 66. 1814.

植物体疏松生长，黄绿色至红褐色。茎长0.5–1厘米，直立或匍匐，先端上倾；不分枝或叉状分枝，分枝先端呈鞭状。茎叶稀疏生长，枝叶密生；叶2–3瓣深裂，裂瓣阔三角形；叶边平滑或前缘具粗齿。腹叶小，2/3深两裂，叶边常有粗齿。叶细胞圆六边形，胞壁三角体大，呈球状，有明显壁孔。油体圆形或椭圆形，每个细胞含5–8个。

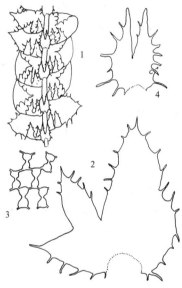

图 29 须苔（马 平、吴鹏程绘）

产云南，生于海拔2000–3800米林下湿土和石上，常与其它苔藓混生成群落。喜马拉雅地区、日本及欧洲有分布。

1. 植物体的一部分(腹面观，×8)，2. 叶(×16)，3. 叶中部细胞(×170)，4. 腹叶(×16)。

7. 绒苔科 TRICHOCOLEACEAE
（于　晶　曹　同）

植物体外观呈绒毛状，交织成片生长。茎匍匐或上部倾立，1–3回羽状分枝。叶蔽前式排列，多2–5深裂，裂瓣边缘具细长纤毛。叶细胞长方形，薄壁。雌雄异株。无蒴萼，具粗大茎鞘。孢蒴卵圆形，蒴壁由多层细胞组成，内层细胞壁球状加厚。

1属，温热湿润林地分布。我国有分布。

绒苔属 Trichocolea Dum.

体形柔弱，黄绿色或灰绿色，交织呈片状生长。茎匍匐或先端上倾，2–3回羽状分枝。叶3列，侧叶4–5深裂至近基部，裂瓣不规则，边缘具毛状突起；腹叶与侧叶近于同形，明显小于侧叶。叶细胞长方形，薄壁，透明。雌雄异株。雌苞生于茎或分枝顶端，颈卵器受精后由茎端膨大形成短柱形的茎鞘。孢蒴长卵圆形，蒴壁由6–8层细胞组成；外壁细胞形大，薄壁，内层细胞壁不规则球状加厚。孢子小，球形。弹丝两列螺纹加厚。

10多种，热带、亚热带山地分布。我国有2种。

1. 植物体粗壮；茎横切面直径20–30个细胞；密羽状分枝；叶基部高2–3（4）个细胞 ·········· 1. 绒苔 **T. tomentella**
1. 植物体细弱；茎横切面直径11–13个细胞；稀羽状分枝；叶基部高4–6个细胞 ············ 2. 台湾绒苔 **T. merrillana**

1.　绒苔　　　　　　　　　　　　　　　图 30 彩片4

Trichocolea tomentella (Ehrh.) Dum., Comm. Bot. 113. 1822.

Jungermannia tomentella Ehrh., Hannover Mag. 21: 277. 1783.

植物体黄绿色或灰绿色，相互交织生长。茎匍匐，长3–8厘米，不规则羽状分枝或2–3回羽状分枝；茎横切面15–20个细胞，侧叶4裂至近基部，基部高2–4个细胞，裂瓣边缘具单列细胞组成的多数纤毛。叶细胞长方形，宽13–26微米，长39–46微米，薄壁，透明。腹叶与侧叶近于同形，形小。雌雄异株。茎鞘粗大，长圆筒形，外密被长纤毛。孢蒴长椭圆形，棕褐色；蒴壁厚

（4）6–8层细胞，外层细胞大形，薄壁，透明。孢子球形，红褐色，直径（13）15–20微米。弹丝两列螺纹加厚。

产陕西、浙江、福建、江西、湖南、海南、贵州、四川、云南和西藏，生于高山潮湿岩面或湿土上，有时生于腐木上。广泛分布于北

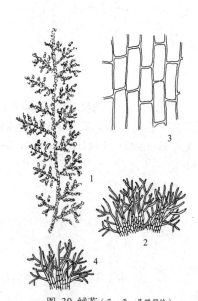

图 30 绒苔（马　平、吴鹏程绘）

半球温带地区、太平洋诸岛屿及澳大利亚。

1. 植物体(×1)，2. 叶(×30)，3. 叶基部细胞(×130)，4. 腹叶(×30)。

2.　台湾绒苔　　　　　　　　　　图 31

Trichocolea merrillana St., Hepat. 6: 374. 1923.

植物体细弱，稀疏交织丛集生长，黄绿色，无光泽。茎匍匐，长

1.5–4厘米，具稀疏不规则短分枝；横切面直径10–12个细胞，由大形

薄细胞组成。侧叶不规则（4）5深裂，基部高4-6个细胞，裂瓣再分裂成多数纤毛，纤毛细长，由5-10个单列细胞组成。腹叶与侧叶近似，一般4裂达2/3处，边缘具纤毛。叶细胞长方形，薄壁。孢子体未见。

产陕西、台湾、云南和西藏，生于林下土坡或高山路边岩面薄土。泰国、菲律宾及印度尼西亚有分布。

1. 植物体(×1)，2. 叶(×105)，3. 腹叶(×105)。

图 31 台湾绒苔（马 平、吴鹏程绘）

8. 多囊苔科 LEPIDOLAENACEAE

（于 晶 曹 同）

植物体密集生长。主茎匍匐，支茎分枝多倾立。叶片覆瓦状蔽前式排列；侧叶卵形或深2裂；叶边平滑或具纤毛，后缘基部卷曲呈囊状。叶细胞薄壁，三角体略加厚。蒴被发达。孢蒴圆卵形，蒴壁多层细胞，内层薄壁，不具环状加厚。

2属，亚洲东部亚热带山区分布。我国有2属。

1. 侧叶后缘基部不卷呈囊；叶背面有纤毛·····················1. 新绒苔属 Neotrichocolia
1. 侧叶后缘基部卷曲呈囊；叶背面平滑······················2. 囊绒苔属 Trichocoleopsis

1. 新绒苔属 Neotrichocolea Hatt.

植物体绒毛状，深绿色或黄绿色，密交织生长。茎匍匐或倾立，长4-8厘米，3-4回羽状分枝，有少数鳞毛。茎叶不规则2-3裂，深裂达1/2；叶边具长毛；枝叶2-3裂，近基部具与叶边垂直的长椭圆形囊；叶背面纤毛长1-3细胞。叶细胞长方形，薄壁，三角体略加厚。腹叶2-4深瓣裂。雌雄异株。雌苞顶生，蒴被短筒形，外面被纤毛。孢蒴短柱形，褐色，成熟后4瓣纵裂。孢子球形，直径38-43微米，表面具细纹。

单种属，亚洲东部特有。我国有分布。

新绒苔 图 32

Neotrichocolea bissetii (Mitt.) Hatt., Journ. Hattori Bot. Lab. 2: 10. 1947.

Mastigophora bissetii Mitt., Trans. Linn. Soc. London 2 (3): 200. 1891.

种的特征同属。

产浙江、安徽和福建，生于流水沟边腐木或石上。日本有分布。

1. 植物体(×1)，2. 茎叶(背面观，×18)，3. 枝叶(腹面观，×5)，4. 叶中部细胞(背面观，×180)，5. 枝叶基部的囊(×25)。

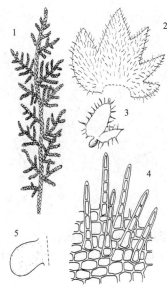

图 32 新绒苔（马 平、吴鹏程绘）

2. 囊绒苔属 Trichocoleopsis Okam.

植物体黄绿色或褐色，密交织生长。茎匍匐，1-2回羽状分枝，上部倾立。叶蔽前式排列，深两裂达2/5-1/2，裂瓣边缘平滑或具长纤毛，叶后缘内卷呈囊。叶细胞薄壁，三角体略加厚。腹叶明显小于侧叶。雌雄同株。雌苞生于茎或分枝先端；蒴被发达，短筒形，被长纤毛。孢蒴卵圆形，蒴壁厚4-6层细胞，外层细胞壁球状加厚，内层细胞壁薄，易脱落。孢子大，球形，直径48-55微米。弹丝两列螺纹加厚。

2种，亚洲东部林地生长。我国有分布。

1. 叶边具多数长纤毛 ·· 1. 囊绒苔 **T. sacculata**
1. 叶边平滑或仅具1-3纤毛 ························· 2. 秦岭囊绒苔 **T. tsinlingensis**

1. 囊绒苔 图 33

Trichocoleopsis sacculata (Mitt.) Okam., Bot. Mag. Tokyo 25: 159. 1911.

Blephalozia sacculata Mitt., Trans. Linn. Soc. London 2 (3): 200. 1891.

黄绿色，交织成片生长。茎匍匐横展，长2-4厘米，1-2回规则羽状分枝。叶三列，侧叶深两裂至2/5-1/2；叶边具多数纤毛。腹叶小，两裂至1/2处。茎叶和枝叶后缘有由叶内卷形成的囊。叶细胞薄壁，具三角体。雌雄异株。蒴被发育良好，长圆筒形，外密被纤毛。孢蒴椭圆形，褐色，成熟时四瓣开裂。孢蒴壁由4-6层细胞组成，外层细胞壁呈不规则球状加厚，内层细胞薄壁。孢子大，球形，直径40-50微米，表面具细疣。弹丝两列螺纹

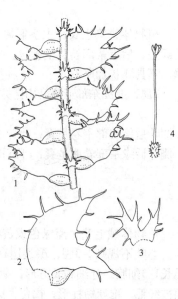

图 33 囊绒苔（马 平、吴鹏程绘）

加厚。

产于安徽、台湾、福建、四川和云南，生于阴湿林下腐木或岩面薄土上。日本、朝鲜及缅甸有分布。

　　1. 植物体的一部分(腹面观，×15)，2. 叶(腹面观，×20)，3. 腹叶(×20)，4. 开裂的孢蒴、蒴柄及蒴被(×3)。

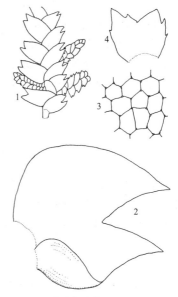

2. 秦岭囊绒苔　　　　　　　　　　　　　图 34

Trichocoleopsis tsinlingensis Chen ex M. X. Zhang, Acta Yunnanica Bot. 4(2): 171. 1982.

植物体黄绿色。茎匍匐，长2-3厘米，1-2回规则羽状分枝。叶稀疏蔽前式排列，侧叶两裂至2/3-1/2处；叶边平滑，或具1-3纤毛。腹叶小于侧叶。茎叶和枝叶后缘均有内卷的囊。叶细胞薄壁，具三角体。雌雄异株。蒴被粗大，长圆筒形，外密被纤毛。孢蒴椭圆形，褐色，成熟时四瓣开裂。蒴壁由4层细胞组成，外层细胞壁不规则球状加厚，内层细胞壁薄，易于脱落。孢子球形，直径约16微米，具细疣。弹丝两列螺纹加厚。

图 34 秦岭囊绒苔 (马　平、吴鹏程绘)

中国特有，产陕西、福建和云南，生于山区阴湿石壁或腐木上。

　　1. 植物体的一部分(背面观，×10)，2. 叶(腹面观，×20)，3. 叶中部细胞(×110)，4. 腹叶(×15)。

9. 指叶苔科 LEPIDOZIACEAE
（高　谦　李　微）

　　植物体直立或匍匐，淡绿色、褐绿色，有时红褐色，常疏松平展生长。茎长数毫米至80毫米以上，连叶宽0.3-6毫米；不规则1-3回分枝，侧枝为耳叶苔型；腹面具鞭状枝；茎横切面表皮细胞大，内部细胞小。假根常生于腹叶基部或鞭状枝上。茎叶和腹叶形状近似，有的属 (Zoopsis) 退化为几个细胞，正常的茎叶多斜列着生，少数横生，先端3-4瓣裂，少数属种深裂，裂瓣全缘；腹叶通常较大，横生茎上，先端常有裂瓣和齿，少数退化为2-4个细胞。叶细胞壁薄或稍加厚，三角体小或大或呈球状加厚；表面平滑或有细疣。雌雄异株或同株。雄苞生于短侧枝上，雄苞叶基部膨大，每1雄苞叶具1-2个精子器。雌苞生于腹面短枝上，雌苞叶大于茎叶，内雌苞叶先端常成细瓣或裂瓣，边缘有毛。蒴萼长棒状或锤纺形，口部渐收缩，具毛，上部有褶或平滑。孢蒴卵圆形，成熟后4瓣裂，蒴壁2-5层细胞。弹丝直径1-1.5微米，具两列螺纹。孢子有疣。

　　约23属，多分布热带地区。我国有5属。

1. 植物体绿色，不透明；茎横切面椭圆形或圆形；叶和腹叶大，均为多细胞构成。

　　2. 植物体叉状分枝；叶尖常2-3浅裂，裂瓣呈三角形。

　　3. 叶尖常浅两裂；腹叶具3裂瓣；无鞭状枝，分枝生于腹叶侧面·························· 1. **细鞭苔属 Acromastigum**
　　3. 叶尖常浅三裂；腹叶不开裂，或有粗齿；鞭状枝常生于腹叶叶腋·················· 2. **鞭苔属 Bazzania**
　2. 植物体羽状分枝；叶尖深裂呈3-4瓣，裂瓣披针形或指形。
　　4. 茎规则或不规则1-2回羽状分枝；叶片指状裂瓣几乎达基部·························· 3. **细指苔属 Kurzia**
　　4. 茎不规则羽状分枝；叶片指状裂瓣不达基部，呈掌状·························· 4. **指叶苔属 Lepidozia**
1. 植物体透明；茎横切面扁平；叶和腹叶细小，仅1-2个细胞·························· 5. **虫叶苔属 Zoopsis**

1. 细鞭苔属 **Acromastigum** Evans

　　体形纤细，疏松交织生长。叶覆瓦状蔽前式排列，多宽卵形，深两裂成不等两裂瓣，先端钝；叶边全缘。叶细胞方形至多边形，胞壁多等厚，平滑。腹叶多扁方形，与茎直径近于等宽，上部常1/3-1/2深裂成三瓣。
　　约28种，多分布东南亚热带地区。我国1种。

细鞭苔　　　　　　　　　　　　　　　　　　　　　图 35

Acromastigum divaricatum (Nees) Evans ex Reimers, Hedwigia 73: 142. 1933.

Jungermannia divaricata Nees, Hepat. Javan. 60: 1830.

植物体纤细，硬挺，长1.5-2厘米，连叶宽0.1毫米，黄绿色至褐绿色，丛集生长。茎匍匐，直径约84微米，横切面圆形，直径4-5个细胞，皮部细胞大，内部细胞显著形小；不规则叉状疏分枝；腹面鞭状枝具小叶。叶片覆瓦状蔽前式排列，斜列，阔卵形，长0.15-0.2毫米，宽0.12-0.15毫米，1/2-2/3两裂成卵形和条形两瓣，先端钝。叶中部细胞宽8-13微米，长10-14微

米，方形或六边形，厚壁，无三角体，平滑。腹叶小，与茎等宽，方形或扁方形，宽度大于长度，3裂深达1/3-1/2，裂瓣长3-5个细胞，基部宽2-3个细胞；鞭枝叶鳞片状。
　　产台湾和海南，生于林下腐木上。菲律宾及印度尼西亚有分布。

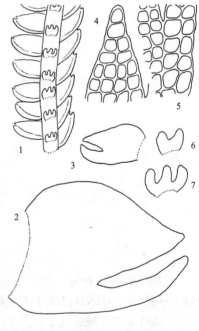

　　1. 植物体的一部分(腹面观，×75)，2. 茎叶(×510)，3. 枝叶(×235)，4. 叶尖部细胞(×150)，5. 叶基部细胞(×150)，6. 枝腹叶(×170)，7. 茎腹叶(×170)。

图 35 细鞭苔（马 平、吴鹏程绘）

2. 鞭苔属 **Bazzania** S. Gray

　　植物体纤细或粗壮，亮绿色或黄绿色，有时褐色，有光泽或无光泽，平铺交织生长或疏松丛集生长，常与其他苔藓形成群落。茎匍匐，有时先端上倾；横切面细胞分化小，常厚壁。分枝一般呈叉状；腹面鞭状枝细长，无叶或有小叶，常生假根。叶多覆瓦状排列，基部斜列，卵状长方形、卵状三角形或舌状长方形，有时先端内曲或平展，通常先端具2-3齿，稀圆钝或具不规则齿；叶边全缘或有齿。叶细胞方形或六边形，稀中下部细胞分化；三角体小或呈球形；表面平滑或有疣；油体多2-8个。腹叶透明或不透明，多宽于茎，少数种基部

下延；叶边多有齿或裂瓣，有时边缘有透明细胞。雌雄异株。雌、雄苞生于短侧枝上。雄苞具4–6对苞叶。蒴萼长圆筒形，先端收缩，口部有毛状齿。孢蒴卵圆形。成熟后开裂成四瓣。弹丝细长，具2列螺纹加厚。孢子褐色，具疣。

约300种，多热带和亚热带分布。中国有32种。

1. 腹叶细胞透明。
  2. 腹叶宽度大于长度。
    3. 腹叶边缘细胞胞壁与内部细胞壁近于等厚；叶片覆瓦状常向上斜展·············· 4. 阿萨密鞭苔 **B. assamica**
    3. 腹叶边缘细胞胞壁明显厚于其它细胞壁；叶片覆瓦状平展，或稍下垂······· 7. 喜马拉雅鞭苔 **B. himalayana**
  2. 腹叶长宽相等或长度大于宽度。
    4. 腹叶长宽近于相等。
      5. 叶细胞表面常具扁平粗疣··· 13. 深绿鞭苔 **B. semiopacea**
      5. 叶细胞表面常具疣或条纹。
        6. 叶片近基部有数列大形细胞····································· 19. 条胞鞭苔 **B. vittata**
        6. 叶片细胞无分化。
          7. 植物体小，纤细；叶细胞表面具密疣··················· 10. 疣叶鞭苔 **B. mayebarae**
          7. 植物体大，粗壮；叶细胞表面平滑····················· 16. 三裂鞭苔 **B. tridens**
    4. 腹叶长度大于宽度。
      8. 植物体细弱，长1–3厘米······································ 1. 白叶鞭苔 **B. albifolia**
      8. 植物体较粗大，长4–8厘米·································· 11. 白边鞭苔 **B. oshimensis**
1. 腹叶细胞不透明。
  9. 叶片短三角形。
    10. 叶细胞壁具三角体及中部球状加厚····················· 12. 弯叶鞭苔 **B. pearsonii**
    10. 叶细胞壁具三角体，无胞壁中部球状加厚。
      11. 腹叶宽度为茎直径的5倍，上部边缘有圆缺刻············· 8. 瓦叶鞭苔 **B. imbricata**
      11. 腹叶宽度为茎直径的2倍，上部边缘通常有3–4个钝齿······· 15. 三齿鞭苔 **B. tricrenata**
  9. 叶片卵形、长椭圆形或舌形。
    12. 叶尖具2裂瓣。
      13. 叶细胞平滑··· 5. 双齿鞭苔 **B. bidentula**
      13. 叶细胞具疣·· 14. 锡金鞭苔 **B. sikkimensis**
    12. 叶尖具3裂瓣。
      14. 腹叶基部有裂瓣·· 3. 基裂鞭苔 **B. appendiculata**
      14. 腹叶基部无裂瓣。
        15. 叶细胞胞壁不具中部球状加厚························· 2. 狭叶鞭苔 **B. angustifolia**
        15. 叶细胞具三角体及胞壁中部球状加厚。
          16. 叶长椭圆形或舌形。
            17. 腹叶易脱落······································· 6. 裸茎鞭苔 **B. denudata**
            17. 腹叶不易脱落。
              18. 茎连叶宽2–3毫米，腹叶常与1或2侧叶相连········· 9. 日本鞭苔 **B. japonica**
              18. 茎连叶宽4–6毫米，腹叶不与侧叶相连············· 17. 鞭苔 **B. trilobata**
          16. 叶卵圆形··· 18. 越南鞭苔 **B. vietnamica**

1. 白叶鞭苔 图 36

Bazzania albifolia Horik., Journ. Sc. Hiroshima Univ. ser. b. div. 2, 2: 198. 1934.

体形中等大小，长达1.5–3厘米，连叶宽2–3毫米，亮绿色，密集生长。茎匍匐，直径0.2–0.23毫米，横切面椭圆形，皮部细胞小，内部细胞大，均厚壁，叉状分枝；鞭枝少而短。叶片密覆瓦状排列，蔽前式，平展，长舌形，稍呈镰刀形弯曲，长1–1.1毫米，先端宽0.25–0.3毫米，基部宽0.45–0.5毫米，先端截形，具3个锐或钝三角形齿，前缘弧形。叶尖部细胞长17.5–25微米，宽15–25微米，中部细胞长25–42.5微米，宽20–25微米，基部细胞长30–52.5微米，宽22.5–30微米，三角体大，球状，细胞壁厚。腹叶密覆瓦状，宽约为茎直径的2倍，长方圆形，或阔卵形，先端圆钝，平滑或具2–3个钝齿，侧面边缘全缘或呈波状，透明。

产台湾和西藏，生于林下土上。印度及缅甸有分布。

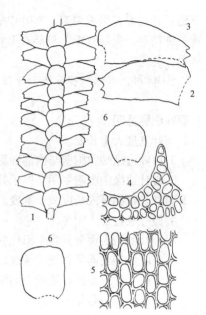

图 36 白叶鞭苔（马　平绘）

1. 植物体（腹面观，×9），2-3. 叶（×22），4. 叶尖部细胞（×150），5. 叶中部细胞（×150），6. 腹叶（×22）。

2. 狭叶鞭苔 图 37

Bazzania angustifolia Horik., Journ. Sc. Hiroshima Univ. ser. b. div. 2, 2: 198. 1934.

植物体纤长，长达6（9）厘米，连叶宽2毫米，黄绿色至褐绿色。茎匍匐，直径约0.2毫米，叉状分枝；鞭状枝多而长。叶片覆瓦状排列，狭长舌形，外展，与茎近于呈90度角，长0.9–1.1毫米，先端宽0.15–0.22毫米，基部宽0.35–0.4毫米，前缘略呈镰刀形弯曲，先端具三个锐齿；叶尖部细胞长17.5–27.5微米，宽15–25微米，中部细胞长20–37.5微米，宽20–27.5微米，叶基部细胞长27.5–37.5微米，宽17.5–30微米，三角体大，表面平滑。腹叶宽约为茎直径的2倍，圆形或圆方形，边缘和先端有毛状齿，细胞壁厚，三角体小。

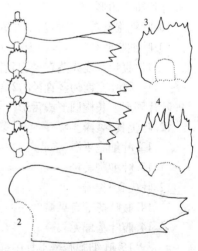

图 37 狭叶鞭苔（吴鹏程绘）

产台湾和云南，生于海拔2550–3300米林下树干上。越南有分布。

1. 植物体的一部分（腹面观，×12），2. 茎叶（×18），3-4. 腹叶（×20）。

3. 基裂鞭苔 图 38

Bazzania appendiculata (Mitt.) Hatt. in Hara, Fl. E. Himalaya 505. 1966.

Mastigobryum appendiculatum Mitt., Journ. Proc. Linn. Soc. Lonndon 5: 105. 1861.

植物体长2–4厘米，连叶宽3–4

毫米，黄绿色至褐绿色，匍匐生长。茎直径0.3-0.4毫米，分枝少，鞭

状枝多，长8-12毫米。叶片覆瓦状蔽前式，与茎成直角展出，干时内曲，长卵形，长1.5-2毫米，基部宽1-1.3毫米，先端宽0.5-0.6毫米，具3个三角形齿，前缘呈弧形，基部呈耳状，后缘较平直，基部常有裂片。叶尖部细胞长20微米，宽10-15微米，中部细胞长32-46微米，宽20-25微米，胞壁厚，三角体大，基部细胞约长57微米，宽32微米，表面具疣。腹叶覆瓦状排列，宽约为茎直径的3倍，圆形，长宽近于相等，边缘有不规则缺刻，基部耳状，具细裂片，表面具疣。

产广西和云南，多生于林下树干上。印度、尼泊尔、不丹、缅甸及泰国有分布。

1. 植物体的一部分(腹面观，×10)，2. 茎叶(×15)，3. 叶中部细胞(×320)，4. 腹叶(×20)。

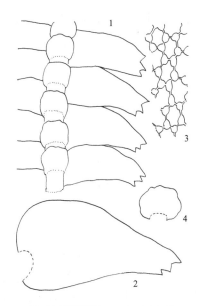

图 38 基裂鞭苔（马 平、吴鹏程绘）

4. 阿萨密鞭苔   图 39

Bazzania assamica (St.) Hatt., Journ. Hattori Bot. Lab. 2: 15. 1947.

Mastigobryum assamica St., Hedwigia 24: 216, pl. l, f. 2. 1885.

植物体中等大小，长达3厘米，连叶宽1.5-2毫米，亮绿色至褐

绿色，匍匐伸展。茎直径0.2-0.3毫米，叉状枝和腹面鞭状枝均较少。叶覆瓦状蔽前式排列，约呈45度角展出，长圆卵形，略呈镰刀形弯曲，长1-1.2毫米，基部宽约0.7毫米，先端宽0.3-0.4毫米，有3个不规则锐齿；叶边平滑。叶尖部细胞长17-25微米，中部细胞长22-40微米，宽20-28微米，壁薄，三角体大，基部细胞近方形，长38-50微米，表面平滑。腹叶略宽于茎直径，近肾形，宽度明显大于长度，叶边全缘，略内卷，基部常收缩，有几列暗色细胞，其他细胞均透明。

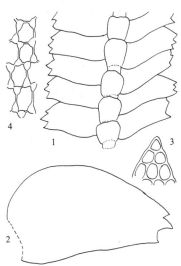

图 39 阿萨密鞭苔（马 平、吴鹏程绘）

产广西和云南，生于林下或林边岩面薄土上。印度及缅甸有分布。

1. 植物体的一部分(腹面观，×38)，2. 茎叶(×70)，3. 叶尖部细胞(×210)，4. 叶中部细胞(×320)。

5. 双齿鞭苔   图 40 彩片5

Bazzania bidentula (St.) St., Sp. Hepat. 3: 425. 1909.

Pleuroschisma bidentulum St., Mem. Soc. Nat. Math. Cherbourg 29: 222. 1894.

植物体形细小，长约2厘米，连叶宽1-1.5毫米，淡黄绿色，小片交织生长。茎匍匐，亮绿色，横切

面呈椭圆形，直径0.15–0.2毫米；叉状分枝，鞭状枝少，假根少，多生于腹叶基部。叶覆瓦状蔽前式，与茎成直角向外伸展，常叶片脱落而裸露，长椭圆形，长0.40–0.60毫米，宽0.25–0.4毫米，先端圆钝或稍有小尖头，具2齿或无齿，不内曲；前缘基部稍呈弧状。叶尖部细胞长17.5–25微米，宽12.5–20微米，壁厚，中部细胞长17.5–30微米，宽15–25微米，基部细胞长32–37微米，宽25–27微米，胞壁中等厚，三角体小，表面平滑；油体球形或长椭圆形，每个细胞4–8个。腹叶宽度为茎直径的2–3倍，圆方形，基部略收缩，先端截形，有波状钝齿，两侧平滑，不透明。

产黑龙江、吉林、贵州、四川、云南和西藏，生于林下腐木或树干基部。日本及朝鲜有分布。

1. 植物体的一部分（腹面观，×14），2. 茎叶（×26），3. 叶中部细胞（×230），4. 腹叶（×26）。

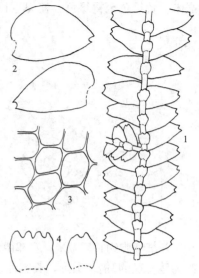

图40 双齿鞭苔（马 平、吴鹏程绘）

6.　裸茎鞭苔　　　　　　　　　　　　　　　图 41

Bazzania denudata (Torrey) Trev., Mem. R. Istit. Lombardo Ser. 3, 4: 414. 1877.

Mastigobryum denudatum Torrey in Gott. et al., Syn. Hepat. 216. 1845.

植物体中等大小，长1–3厘米，连叶宽1.5–2.5毫米，油绿色或褐绿色。茎匍匐，直径0.2–0.25毫米；横切面椭圆形，内部细胞壁稍薄，叉状分枝，鞭状枝少。叶片密覆瓦状排列，蔽前式，平展，干时稍内曲，短圆长方形或短舌形，长0.8–1.2毫米，先端宽0.25–0.4毫米，基部宽0.8–1.0毫米，先端截形，具不规则的3个锐尖或钝齿，前缘呈弧形。叶尖部细胞长17.5–25微米，宽15–22.5微米，中部细胞长25–37.5微米，宽17.5–37.5微米，基部细胞长30–42.5微米，宽20–25微米，胞壁厚，三角体大或小，表面平滑；每个细胞具6–13个长椭圆形油体。腹叶横生茎上，方圆形，先端圆

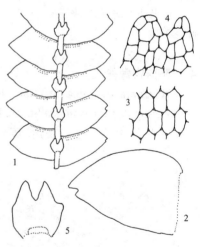

图 41 裸茎鞭苔（吴鹏程绘）

钝，有不规则的4–5齿，侧面边缘全缘或有钝齿。

产黑龙江、吉林、湖南和西藏，生于林下树干基部、腐木，稀石生。日本、朝鲜及北美洲有分布。

1. 植物体的一部分（腹面观，×25），2. 茎叶（×45），3.叶中部细胞（×180），4. 茎叶尖部细胞（×180），5. 腹叶（×58）。

7.　喜马拉雅鞭苔　　　　　　　　图 42 彩片6

Bazzania himalayana (Mitt.) Schiffn., Oester. Bot. Zeitschrift. 4: 6. 1899.

Mastigobryum himalayana Mitt., Journ. Proc. Linn. Soc. 5: 105. 1861.

体形较大，长2–6.5厘米，连叶宽2–4毫米，黄绿色或暗绿色，平

展生长。茎直径0.2-0.4毫米；分枝少，鞭状枝细长。叶卵状舌形，平展或略斜展，干燥时内曲，长1-1.8毫米，基部宽0.5-1.0毫米，先端宽0.3-0.5毫米，具3个粗齿，前缘基部呈弧形。叶尖部细胞长20-28微米，宽18-24微米，中部细胞长22-44微米，宽20-28微米，壁厚，三角体大，基部细胞长36-50微米，宽28-35微米；表面平滑。腹叶肾形，宽度大于长度，略宽于茎的直径；边缘有不规则齿突，基部有几列厚壁细胞，其余叶细胞薄壁，透明，无三角体。

产广西、贵州和西藏，生于林下岩面薄土或林地。不丹、印度及菲律宾有分布。

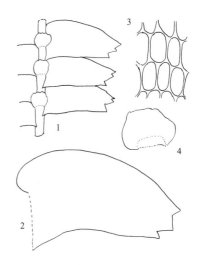

图 42 喜马拉雅鞭苔（马 平、吴鹏程绘）

　　1. 植物体的一部分（腹面观，×8），2. 茎叶（×20），3. 叶中部细胞（×280），4. 腹叶（×27）。

8. 瓦叶鞭苔　　　　　　　　　　　图 43

Bazzania imbricata (Mitt.) Hatt. in Hara, Fl. E. Himalaya 505. 1966.

Mastigobryum imbricatum Mitt., Journ. Proc. Linn. Soc. London 5: 104. 1861.

　　体形中等大小，长1-3厘米，连叶宽1-1.5毫米，易脆裂，淡褐色至褐色，有时带紫红色。茎直径0.12-0.15毫米；不分枝或稀分枝，鞭状枝多数。叶蔽前式覆瓦状排列，卵状三角形，长0.5-1毫米，基部宽0.4-0.7毫米，先端明显变狭，具2-3个锐齿，有时无齿，前缘略呈弧形。叶尖部细胞长12-17微米，宽10-15微米，中部细胞长15-25微米，宽12-22微米，壁厚，三

角体大，基部细胞长26-40微米，宽18-25微米，表面平滑。腹叶多变，通常为茎直径的2-5倍，宽肾形或肾形，边缘平滑或有圆缺刻，细胞壁

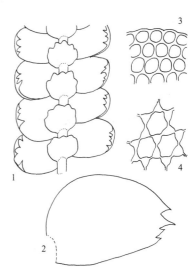

图 43 瓦叶鞭苔（马 平、吴鹏程绘）

厚，有大三角体，不透明。

　　产海南和云南，生于林下岩面薄土，有时生树干基部。不丹、尼泊尔及印度有分布。

　　1.植物体的一部分（腹面观，×25），2.茎叶（×75），3.叶尖部细胞（×210），4.叶基部细胞（×210）。

9. 日本鞭苔　　　　　　　　　　图 44 彩片7

Bazzania japonica (S. Lac.) Lindb., Acta Soc. Sc. Fenn. 10: 224. 1872.

Mastigobryum japonicum S. Lac. in Miquel., Ann. Acta Soc. Sc. Fenn. 10: 224. 1872.

　　植物体中等大小，长达6厘米，连叶宽2-3毫米，亮绿色，成小片

状生长。茎匍匐，红褐色，直径0.2-0.3毫米，先端倾立；叉状分枝，枝先端有时向腹面弯曲；茎横切面呈椭圆形，皮部2-3层为小

形厚壁细胞。叶略呈镰刀形弯曲，长椭圆形，斜展，前缘呈弧形，长1.1–1.8毫米，基部宽0.8–1.1毫米，近尖部宽0.4–0.5毫米，先端平截，具3锐齿。叶尖部细胞14–24微米，中部细胞长24–32微米，宽21–25微米，近基部细胞长40–50微米，宽25–30微米，胞壁厚，三角体大，表面平滑。腹叶圆方形，宽约为茎直径的2倍，上部背仰，先端有不规则齿，基部变窄，两侧边缘稍背曲。

产安徽、浙江、福建、湖南、广东、海南、广西、贵州和云南，生于林下或路边岩面薄土上，有时生树干基部。日本、越南、泰国及印度尼西亚有分布。

1. 植物体的一部分(腹面观，×12)，2. 茎叶(×36)，3. 叶尖部细胞(×210)，4. 叶基部细胞(×210)，5-6. 腹叶(×12)。

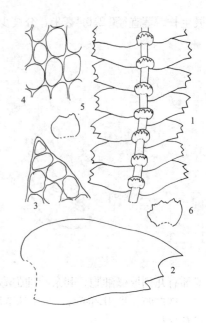

图 44 日本鞭苔（马 平、吴鹏程绘）

10. 疣叶鞭苔 图 45

Bazzania mayebarae Hatt., Journ. Hattori Bot. Lab. 19: 91. 1958.

体形细小，长达2厘米，连叶宽0.7–0.8毫米，油绿色，疏小片状生长。茎匍匐，直径0.1–0.13毫米，横切面皮部细胞约15个，内部细胞较小；不分枝或稀叉状分枝；鞭状枝短。叶长卵形，两侧近于对称，干燥时内曲，长0.38–0.48毫米，基部宽0.3–0.35毫米，前缘基部圆形，先端渐狭，先端钝头或具2个钝齿；叶尖部细胞长10–20微米，中部细胞长20–30微米，基部细胞长27–50微米，三角体明显，厚壁，表面有透明疣。腹叶横生，常贴茎，圆形或方圆形，长宽相等，直径0.2–0.27毫米，先端截形或圆钝，有时有钝齿，叶边全缘，或稍呈波形，细胞薄壁，透明，方形或长方形，无三角体；油体圆形或长椭圆形，每个细胞8–12个。

产广西、四川、云南和西藏，生于海拔2800–3900米山区岩面薄土

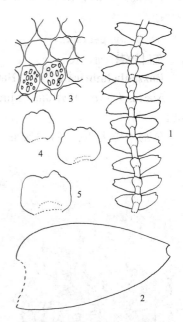

图 45 疣叶鞭苔（马 平、吴鹏程绘）

或湿土上。日本有分布。

1. 植物体的一部分(腹面观，×15)，2. 茎叶(×75)，3. 叶中部细胞(×320)，4-5. 腹叶(×40)。

11. 白边鞭苔 图 46 彩片8

Bazzania oshimensis (St.) Horik., Journ. Sc. Hiroshima Univ. ser. b, div. 2, 2: 197. 1938.

Mastigobryum oshimensis St., Sp. Hepat. 3: 466. 1908.

植物体形大，长达7厘米，连叶宽3–4.7毫米，黄绿色或褐绿色。茎匍匐，先端有时上倾，直径

0.4–0.5毫米，叉状分枝；鞭状枝多数；假根少，多生于鞭状枝先端。

叶长椭圆形，尖部向下弯曲，长2.1–2.3毫米，先端宽0.4–0.45毫米，基部宽1.1–1.3毫米，前缘基部呈弧形，先端三裂瓣呈三角形。叶尖部细胞12–25微米，近似方形，厚壁，中部细胞长40–50微米，宽18–22微米，基部细胞长47.5–80微米，宽33–48微米，长方形，壁薄，三角体大；表面平滑。腹叶方形或长方形，透明，长宽近于相等，细胞壁薄，透明。

产福建、湖南、海南、广西、贵州、四川和云南，生于林下树干基部或岩面薄土上。日本、泰国、印度及斯里兰卡有分布。

1. 植物体的一部分(腹面观，×12)，2. 茎叶(×23)，3. 枝叶(×23)，4-5. 腹叶(×10)。

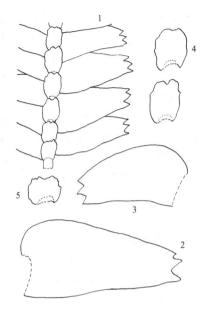

图 46 白边鞭苔（马 平、吴鹏程绘）

12. 弯叶鞭苔

图 47

Bazzania pearsonii St., Hedwigia 32: 212. 1893.

植物体纤细，长3–8厘米，连叶宽1–1.5毫米，亮绿色或淡褐色，干燥时易碎。茎匍匐，直径0.25–0.3毫米，不分枝或先端叉状分枝；假根少。叶三角状卵形，稍呈镰刀形弯曲，两侧不对称，长1–1.2毫米，先端宽0.18–0.2毫米，中部宽0.45–0.5毫米，基部宽0.7–0.8毫米，前缘呈弧形弯曲，后缘平直或稍弯曲，先端渐狭，具2–3个不等形的齿。叶尖部细胞长17.5–25微米，中部细胞长20–25微米，宽13–17.5微米，基部细胞长27.5–40微米，宽20–27.5微米；胞壁薄，具大形三角体，表面平滑。腹叶小，宽度约为茎直径的2倍，卵圆形，叶边稍卷曲，长宽近于相等，先端圆钝，叶边全缘。

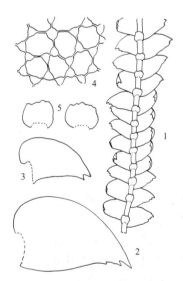

图 47 弯叶鞭苔（马 平、吴鹏程绘）

产湖南、海南、广西、云南和西藏，生于山区林下岩面薄土或树干基部。日本、斯里兰卡、泰国及欧洲有分布。

1. 植物体的一部分(腹面观，×18)，2. 茎叶(×36)，3. 枝叶(×36)，4. 叶中部细胞(×230)，5. 腹叶(×32)。

13. 深绿鞭苔

图 48

Bazzania semiopacea Kitag., Journ. Hattori Bot. Lab. 30: 261, f. 5. 1967.

体形小，长达1.5厘米，连叶宽1–1.2毫米，深绿色或褐绿色，平展交织生长。茎匍匐，直径0.14–0.16毫米，疏叉状分枝；鞭状枝少而短，

长约4毫米；假根少，生于鞭状枝或腹叶基部。叶密或疏覆瓦状排列，呈70–80度角展出，长舌形，不呈镰刀形弯曲，长0.6–0.8毫米，基部宽0.3–0.4毫米，先端圆钝或具2–3钝齿，前缘基部半弧形。叶尖部细胞长12–22微米，宽10–20微米，叶中部细胞长25–30微米，宽18–24微米，基部细胞长25–36微米，宽18–25微米；胞壁薄，具三角体，表面被密疣；油体椭圆形，每个细胞含3–6个。腹叶圆方形，宽度略大于长度，横生于茎上，叶边全缘，细胞壁薄，透明。

产福建和云南，生于常绿阔叶林下树干上。泰国北部有分布。

1. 植物体(腹面观，×20)，2. 茎叶(×30)，3. 枝叶(×30)，4. 叶中部细胞(×198)，5. 腹叶(×30)。

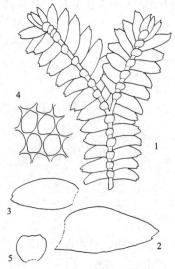

图48 深绿鞭苔（马 平、吴鹏程绘）

14. 锡金鞭苔
图 49

Bazzania sikkimensis (St.) Herz., Ann. Bryol. 12: 78. 1938.

Mastigobryum sikkimense St., Sp. Hepat. 3: 434. 1908.

植物体小，长1.5–2厘米，连叶宽2–2.5毫米，黄绿色。茎直径0.3毫米；分枝少，鞭状枝多数，长0.5–1厘米。叶平展，卵形，长0.9–1毫米，基部宽0.4–0.6毫米，先端宽0.2–0.3毫米，常具2个三角形锐齿，稀3个齿，前缘和后缘平滑，均呈弧形。叶尖部细胞长12–26微米，宽12–20微米，中部细胞长20–27微米，宽16–25微米，壁厚，三角体小，基部细胞长约64微米；

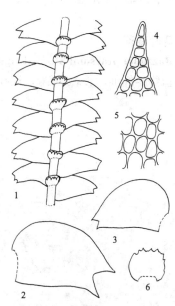

表面具疣。腹叶椭圆形，略宽于茎，两侧边缘平滑，先端有粗齿，背仰；表面有粗疣。

产四川、云南和西藏，生于林下腐木或土壤上，有时石生。尼泊尔、不丹、印度及菲律宾有分布。

1. 植物体的一部分(腹面观，×16)，2. 茎叶(×22)，3. 枝叶(×22)，4. 叶尖部细胞(×140)，5. 叶中部细胞(×140)，6. 腹叶(×22)。

图 49 锡金鞭苔（马 平、吴鹏程绘）

15. 三齿鞭苔
图 50

Bazzania tricrenata (Whalenb.) Trev., Mem. R. Istit. Lombardo ser. 3(4): 415. 1877.

Jungermannia tricrenata Whalenb., Fl. Carpath. 364. 1814.

体形细长，长3–8厘米，亮绿色至褐绿色，小片状生长。茎平展或先端上倾，直径约2.5毫米；分枝少，与茎呈锐角；茎横切面直径约10个细胞，皮部细胞和内部细胞同形。叶卵状三角形，略呈镰刀形弯曲，长1–1.5毫米，宽0.15–0.2毫米，干燥时先端内曲，基部斜生茎上，后缘基部下延，前缘基部呈半圆形，先端狭，具2–3个齿。叶尖部细胞长12.5–17.5微米，中部细胞长12.5–20微米，基部细胞长17.5–30微米，宽

15–20微米，胞壁略厚，三角体大，表面平滑；油体圆形或长椭圆形，每个细胞含3–5个。腹叶大，宽度约为茎直径的2倍，圆方形，先端边缘有4个短齿，两侧基部边缘平直或略下延。

产台湾、四川、云南和西藏，生于山区林下酸性岩石表面、树干基部或腐木上。日本、亚洲北部、欧洲及北美洲有分布。

　　1. 植物体的一部分（腹面观，×16），2–3. 茎叶（2. ×32，3. ×20），4. 叶尖部细胞（×150），5. 叶中部细胞（×230），6–7. 腹叶（×20）。

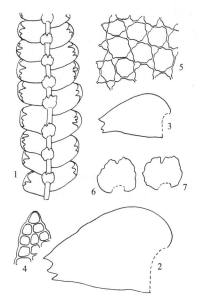

图 50 三齿鞭苔（马　平、吴鹏程绘）

16. 三裂鞭苔
图 51 彩片9

Bazzania tridens (Reinw., Bl. et Nees) Trev., Mem. R. Istit. Lombardo ser. 3(4): 415. 1877.

Jungermannia tridens Reinw., Bl. et Nees, Nova Acta Acad. Caes. Leop.–Carol. 12: 228. 1824.

植物体中等大小，长1.5–3.5厘米，连叶宽2–3毫米，黄绿色至褐绿色，匍匐成片生长。茎直径0.2–0.3毫米，具不规则叉状分枝和鞭状枝。叶卵形或长椭圆形，稍呈镰刀形弯曲，前后相接，平展或略斜展，干时略向腹面弯曲，长1–1.8毫米，基部宽0.4–0.9毫米，前端宽0.3–0.6毫米，先端具3个三角形锐齿。叶尖部细胞长15–20微米，宽12–18微米，中部细胞长15–37微米，

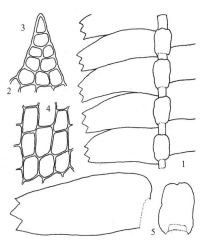

宽13–25微米，壁厚，三角体不明显或小，表面有疣。腹叶贴茎生长，宽约为茎直径的两倍，近方形，全缘，或先端具三角形钝齿，除基部有几列暗色细胞外，均透明，薄壁，无三角体。

产吉林、江苏、福建、江西、湖南、广西、贵州、四川、云南和西藏，生于林下或路边湿石或泥土上。广布于亚洲南部及东部温热地区。

　　1. 植物体的一部分（腹面观，×20），2. 茎叶（×30），3. 叶尖部细胞（×270），4. 叶中部细胞（×270），5. 腹叶（×22）。

图 51 三裂鞭苔（吴鹏程绘）

17. 鞭苔
图 52

Bazzania trilobata (Linn.) S. Gray, Nat. Arr. Brit. Pl. 1: 704. 1821.

Jungermannia trilobata Linn., Sp. Pl. 1133. 1753.

体形较粗大，长4–8厘米，连叶宽3.5–6毫米，淡褐色。茎匍匐，先端上倾，直径0.4–0.5毫米；横切面呈椭圆形，皮部有几层小形厚壁细胞；叉状分枝，先端有时内曲，腹面有多数鞭状枝。叶三角状椭圆形，近于平展，先端有时下弯，前缘弧形，长0.9–1毫米，上部宽0.25–0.3毫米，基部宽0.8–0.9毫米，先端平截或圆钝，有三锐齿。叶中部细胞长32.5–40微米，宽22.5–32.5微米，基部细胞长50–62.5微米，宽29.5–40微米，胞壁具三角体；表面近于平滑；油体球形，每个细胞含5–10个。腹

叶圆方形,多贴生,宽度约茎直径的2倍,先端有不规则4–5齿,两侧边缘平滑或有齿;边缘细胞透明。

产安徽、福建、湖南、四川和云南,生林下岩面薄土和腐木上。日本及北半球温寒带有分布。

1. 植物体的一部分(腹面观,×20),2. 茎叶(×30),3. 叶尖部细胞(×450),4. 叶中部细胞(×270),5. 腹叶(×22)。

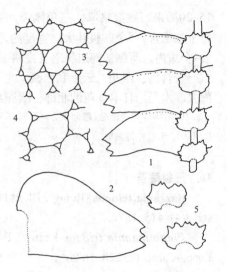

图 52 鞭苔(吴鹏程绘)

18. 越南鞭苔 图 53

Bazzania vietnamica Pócs, Journ. Hattori Bot. Lab. 32: 90. 1969.

体形较粗大,长8–10厘米,连叶宽3–4厘米,褐绿色至黑褐色,平展。茎匍匐,直径0.3–0.35毫米;茎横切面近圆形,皮部1–2层小细胞厚壁;具叉状分枝,鞭状枝长。叶密覆瓦状排列,平展,舌形,呈镰刀形弯曲,先端下弯,前缘基部呈弧形,有透明小叶耳,长2–2.5毫米,基部宽1–1.2毫米,先端宽0.3–0.4毫米,尖部平截,具三锐齿。叶中部细胞长27.5–35微米,宽17.5–22.5微米,基部细胞长42.5–62.5微米,宽30–40微米,三角体大,呈球状。腹叶圆方形,上部背仰,长宽相等,基部略收缩,先端平截,有波状粗齿,两侧边缘不平直。

产海南和广西,生于林下树干基部。越南有分布。

1. 植物体的一部分(腹面观,×11),2. 茎叶(×28),3. 叶尖部细胞(×110),4. 叶中部细胞(×165),5-7. 腹叶(×12)。

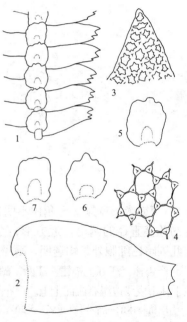

图 53 越南鞭苔(吴鹏程绘)

19. 条胞鞭苔 图 54

Bazzania vittata (Gott., Lindenb. et Nees) Trev., Mem. R. Istit. Lombardo Ser. 3. 4:414.1877.

Mastigobryum vittatum Gott., Lindenb. et Nees, Syn. Hepat. 216.1845.

植物体形小,长达2厘米,连叶宽1.0–1.5毫米,亮绿色或褐绿色,小片状生长。茎匍匐,直径0.13–0.15毫米;横切面椭圆形,皮部具一层大细胞,内部细胞小;叉状分枝,鞭状枝少;假根生腹叶基部。叶长椭圆形或短舌形,前缘近于半圆弧形,不呈镰刀形弯曲,后缘平直,长0.5–0.65毫米,基部宽0.3–0.4毫米,先端0.1–0.12毫米,尖部平截,具2–3短齿或不规则缺刻;叶基部细胞长37.5–50微米,宽15–20微米,前缘叶边细胞与叶尖部细胞等大,近后缘有3–4列长椭圆形细胞,胞壁厚,三角体不明显,表面平滑。腹叶圆方形,宽度为茎直径的1.5–2倍,长宽相等或长大于宽,先端平截或圆钝,具3–4细齿或不规则齿,两侧边缘平滑或波曲状;胞壁薄,透明。

产台湾和广东,生于林下树干基部。亚洲热带地区有分布。

1-2. 植物体的一部分(1. 腹面观，×22；2. 背面观，×22)，3. 茎叶(×30)，4. 叶尖部细胞(×235)，5. 叶基部细胞(×235)，6. 腹叶(×30)。

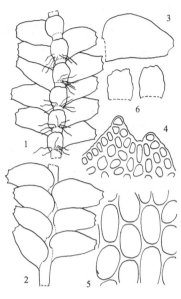

图 54 条胞鞭苔（马 平绘）

3. 细指苔属 **Kurzia** Martens

植物体纤细，淡绿色、绿色或褐绿色，常与其它苔藓形成群落。茎匍匐，或先端上倾，规则或不规则1-2回羽状分枝；枝短，侧枝常着生茎顶端，茎、枝腹面中部有时产生分枝，呈鞭枝状；茎横切面呈圆形，皮部细胞大，厚壁，中部细胞小，薄壁。叶平展或弯曲，3-4(5)瓣深裂，叶基部宽3-15个细胞。叶细胞方形、长方圆形，或六边形，表面平滑或有细疣，壁厚，无三角体；无油体。腹叶较小，两侧对称或不对称，2-4瓣裂，有时裂瓣长1-2个细胞。雌雄异株。雄苞生于短枝上；雄苞叶2-6对。雌苞生于短枝上；雌苞叶2-4瓣裂，裂瓣边缘有齿或长毛。蒴萼长纺锤形，口部收缩，有长纤毛。孢蒴卵形，黑褐色。孢子被疣。

约34种，热带和亚热带分布。我国有5种。

1. 茎的横切面皮部细胞5-7个；叶裂瓣先端锐尖 ⋯⋯⋯⋯⋯⋯⋯⋯⋯ 1. **南亚细指苔 K. gonyotricha**
1. 茎的横切面皮部细胞8-12个；叶裂瓣先端钝头。
  2. 叶裂瓣常不相等，长4-5个细胞，基部宽1-2个细胞；叶边平滑 ⋯⋯⋯⋯⋯ 2. **牧野细指苔 K. makinoana**
  2. 叶裂瓣近于相等，长6-8个细胞，基部宽2-4个细胞；叶边有时具细齿 ⋯⋯ 3. **刺毛细指苔 K. pauciflora**

1. 南亚细指苔

图 55

Kurzia gonyotricha (S. Lac.) Grolle., Rev. Bryol. Lichenol. 32: 167. 1963.

Lepidozia gonyotricha S. Lac., Naderi. Kruidk. Archiv, 3: 521. 1851.

植物体纤小，长4-7毫米，绿色或淡绿色，常与其他苔藓植物形成群落。茎匍匐，先端上仰；横切面皮部具6-7个大细胞，壁厚，中部细胞小，薄壁，直径4-5个细胞；叉状分枝。叶片横生，3-4瓣裂达基部，裂瓣由3-4个单列细胞组成，尖部内曲。叶中部细胞长30-50微米，宽4-5微米，基部和上部细胞短，壁薄，表面平滑。腹叶纤小，通常2裂达基部。雌雄异株。雌苞生于短侧枝上，外雌苞叶2-3裂，边缘有粗齿，内雌苞叶较大，先端有长毛。蒴萼纺锤形，先端收缩，口部有长纤毛，

长可达9个细胞。

产福建、湖南、广东、海南和广西，生于林下岩面薄土或腐木上。日本、马来西亚、印度尼西亚及菲律宾有分布。

1. 植物体的一部分(腹面观，×60)，2. 叶(×130)，3. 腹叶(×190)，4. 幼嫩雌苞(×60)。

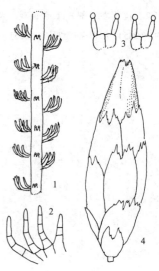

图 55 南亚细指苔（吴鹏程绘）

2. 牧野细指苔 图 56

Kurzia makinoana (St.) Grolle, Rev. Bryol. Lichenol. 32: 176. 1963.

Lepidozia makinoana St., Bull. Herb. Boiss. 5: 94. 1897.

体形细小，长5–15毫米，绿色、暗绿色至褐绿色。茎匍匐，先端上倾；横切面直径5–6个细胞，皮部细胞厚壁，内部细胞形小，薄壁；不规则1–2回分枝，分枝渐细呈鞭状；假根生于腹叶基部。叶直立或内曲，3–5瓣深裂，裂瓣不等大，背侧大，腹侧小而不对称。叶细胞长11–18微米，宽10–11微米，厚壁，无三角体，表面有细疣或平滑。腹叶较小，不对称三角形或方形，3–4瓣深裂，裂瓣不等形。雌雄异株。雌苞生于短侧枝上；雌苞叶大于营养叶，卵形，先端不规则2–3裂，边缘有长齿。蒴萼长纺锤形，长1.8–2毫米，口部收缩，具纤毛。雄苞生于短侧枝上。孢子黄褐色，直径约15微米，有细疣。弹丝具两列螺纹加厚。

产浙江、广西和四川，生于海拔250–2800米的林下岩面薄土、树干基部和腐木上。日本有分布。

1. 植物体(×1)，2. 植物体的一部分(腹面观，×60)，3. 叶(×230)，4. 叶裂瓣基部细胞(×265)。

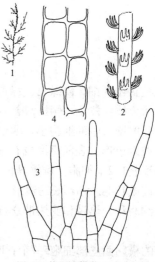

图 56 牧野细指苔（吴鹏程绘）

3. 刺毛细指苔 图 57

Kurzia pauciflora (Dicks.) Grolle, Rev. Bryol. Lichenol. 22: 175. 1963.

Jungermannia pauciflora Dicks., Pl. Cryopt. Brit. 2: 15, pl. 5, fig. 9. 1790.

体形细小，柔弱，长达5–12毫米，连叶宽0.2–0.3毫米，亮绿色，或老时带褐绿色。茎匍匐；横切面近圆形，皮部细胞厚壁，内部细胞薄壁，5–6层；分枝呈不规则羽状，常无腹面鞭状枝。叶横生，上部内曲，3–4瓣深裂，裂瓣基部宽2–3(4)个细胞，有时边缘

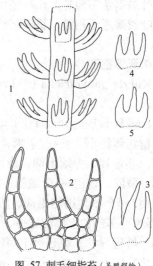

图 57 刺毛细指苔（吴鹏程绘）

具细齿。叶细胞长方或长不规则形，中部细胞长16–24微米，宽12–18微米，壁薄，表面平滑。腹叶与茎叶近似，3–4裂达基部。雌雄异株。雄苞生于短侧枝上；雄苞叶2–5对，覆瓦状排列。雌苞生于短侧枝上；雌苞叶2–3裂，边缘有长纤毛。蒴萼纺锤形，口部有毛状齿。孢子直径10–13微米，有细疣。

产台湾和福建，生于山区林下或泥炭沼泽地，多混生于其它藓类中。欧洲及北美洲有分布。

1. 植物体的一部分（腹面观，×60），2-3. 叶（2. ×240；3. ×100），4-5. 腹叶（×100）。

4. 指叶苔属 Lepidozia Dum.

体形中等大小，连叶宽0.5–3毫米，黄绿色或淡黄绿色，有时呈绿色，疏松丛集生长，茎匍匐或倾立；茎横切面呈圆形或椭圆形，皮部细胞18–24个，壁厚，髓部细胞小，薄壁或与皮细胞相同；不规则羽状分枝，腹面分枝，细长鞭状。假根生于鞭状枝上或腹叶基部。叶片斜生，先端常3–4裂，裂瓣通常三角形，直立或内曲，腹叶裂瓣短。叶细胞多无三角体，厚壁，有油体。雌雄同株或异株。雄苞生于短侧枝上；雄苞叶一般3–6对。雌苞生于腹面短枝上；内雌苞叶先端具齿或纤毛。蒴萼棒槌形或长纺锤形，先端收缩，口部边缘有齿或短毛，有3–5纵褶。孢蒴卵圆形，蒴壁3–5层细胞。孢子褐色，有细疣。

约300种，多分布世界热带地区。我国有13种。

1. 植物体纤细；茎叶不相互贴生；腹叶宽度小于茎直径。
 2. 叶裂瓣长达叶片长度的1/2–3/4。
  3. 叶裂瓣长5–6个细胞，基部宽2个细胞 ·························· **1. 东亚指叶苔 L. fauriana**
  3. 叶裂瓣长6–7个细胞，基部宽2–3个细胞 ······················ **3. 硬指叶苔 L. vitrea**
 2. 叶裂瓣长度为叶长度的1/3或不及1/3 ·························· **2. 细指叶苔 L. trichodes**
1. 植物体粗壮；茎叶相互贴生；腹叶宽度与茎直径近似或稍宽。
 4. 腹叶宽度为茎直径的2–3倍 ··································· **4. 丝形指叶苔 L. filamentosa**
 4. 腹叶与茎直径等宽或略宽。
  6. 叶中部裂瓣基部宽4–8个细胞 ······························ **5. 指叶苔 L. reptans**
  6. 叶中部裂瓣基部宽8–14个细胞。
   7. 叶中部裂瓣高11–20个细胞，基部宽8–12个细胞。
    8. 叶中部裂瓣高15–20个细胞，腹叶有波纹 ················ **6. 大指叶苔 L. robusta**
    8. 叶中部裂瓣高11–13个细胞，腹叶无波纹 ············ **7. 圆钝指叶苔 L. subtransversa**
   7. 叶中部裂瓣高3–4个细胞，基部宽1–2个细胞 ·········· **8. 瓦氏指叶苔 L. wallichiana**

1. 东亚指叶苔   图 58

Lepidozia fauriana St., Sp. Hepat. 3: 631. 1908.

体形细长，长4–10厘米，绿色或黄绿色，疏生。茎匍匐或倾立，直径0.5–0.6毫米，横切面呈椭圆形；不规则羽状分枝，枝长1–3厘米。叶片宽度约为茎直径的1/2，方形，长0.4–0.42毫米，基部宽0.4毫米，先端4裂；裂瓣狭3角形，内曲，基部高4–5个细胞，叶中部细胞长30–45微米，宽30–40微米，细胞壁略加厚，无三角体，表面平滑。枝叶平展，倾立，1/3–1/2三瓣裂。腹叶小，方形或扁方形，4裂达1/3–1/2；裂瓣长1–2个细胞，基部宽1–2个细胞。

产福建、湖南、广东、海南、广西、云南和西藏，生于林下岩面薄土或沙质土上，有时生于腐木上。日本有分布。

1. 植物体的一部分(腹面观,×25),2-3. 叶(×100),4. 叶尖部细胞(×210),5. 叶基部细胞(×210),6-7. 腹叶(×100)。

2. 细指叶苔

图 59 彩片10

Lepidozia trichodes (Reinw., Bl. et Nees) Nees in Gott., Lindenb. et Nees., Syn. Hepat. 203. 1845.

Jungermannia trichodes Reinw., Bl. et Nees, Nova Acta Acad. Caes. Leop.–Carol. 12: 199. 1824.

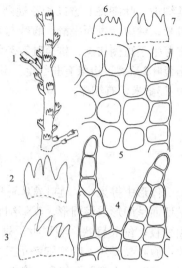

图 58 东亚指叶苔(马 平绘)

体形纤细,长4–5厘米,褐色或黑褐色。茎直立或倾立,直径0.2–0.25毫米粗,规则羽状分枝;分枝单一或叉状分枝。叶贴茎生长,或倾立,长约0.3毫米,宽0.2毫米,先端4裂,裂瓣长3–5细胞,基部宽2个细胞,壁厚,无三角体,表面具疣。枝叶与茎叶近于同形。腹叶方形,长宽近于相等,宽度约为茎直经的1/2,先端4裂,裂片长2–5个细胞。

产台湾和广西,生于林下树干基部。马来西亚、菲律宾、印度尼西亚及泰国有分布。

1. 茎的一部分(腹面观,×15),2. 枝的一部分(腹面观,×15),3. 叶(×100),4. 叶上部细胞(×150),5. 叶尖部细胞,示表面县密疣(×300),6. 腹叶(×100)。

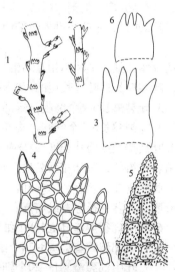

图 59 细指叶苔(马 平绘)

3. 硬指叶苔

图 60 彩片11

Lepidozia vitrea St., Bull. Herb. Boiss. 5: 96. 1897.

植物体细长,长1–4厘米,淡绿色至黄绿色,有时褐绿色,疏松或密生。茎倾立或匍匐生长;横切面呈椭圆形;不规则羽状分枝;假根生于分枝或生殖枝基部。叶片离生,倾立,近方形,长约0.3–0.5毫米,先端4裂达叶长度的1/2,裂瓣狭三角形,略内曲,高4–5个细胞,基部宽2–3个细胞。叶中部细胞长30–50微米,近方形,胞壁薄,无三角体,表面平滑。枝叶长方形,上部3裂达叶长度的1/3,内曲。腹叶较小,与侧叶近于同形。雌雄异

株。雌苞生于短侧枝上;雌苞叶卵形,先端3–4裂,叶边具齿。

产浙江、台湾和福建,生于林下岩面薄土或树干基部,有时也生于腐木上。日本及朝鲜有分布。

1. 植物体的一部分(腹面观,×20),2-3. 叶(×170)。

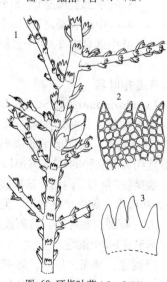

图 60 硬指叶苔(马 平绘)

4. 丝形指叶苔 图 61

Lepidozia filamentosa (Lehm. et Lindenb.) Lindenb. in Gott., Lindenb. et Nees, Syn. Hepat. 206. 1845.

Jungermannia filamentosa Lehm. et Lindenb. in Lehm., Stirp. Rugil. 6: 29. 1834.

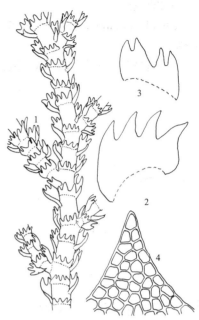

图 61 丝形指叶苔 (马 平绘)

体形纤细，长2-6厘米，淡绿色或黄绿色，疏生或与其它苔藓形成群落。茎匍匐，横切面直径0.4-0.6毫米，皮部细胞大，直径25个细胞；羽状或不规则羽状分枝，先端渐细呈鞭状；腹面分枝呈鞭状。假根少，生于鞭状枝先端或茎下部。叶片离生或覆瓦状排列，不规则方形或扁方形，长0.6-0.8毫米，中部宽约0.8毫米，前缘基部呈弧形；先端4裂达叶长度的1/2-2/3，裂瓣三角形，先端锐头，基部宽8-14个细胞，背侧裂瓣较大。叶中部细胞长25-32微米，宽20-25微米，胞壁稍厚，三角体小或无，表面平滑。腹叶形状同茎叶，4裂达叶长度的2/5；裂瓣呈舌形或披针形，多内曲，基部宽6-7个细胞。

产四川、云南和西藏，生于山区林下岩面薄土或腐木上。日本、朝鲜及北美洲有分布。

1. 植物体的一部分(腹面观，×23)，2. 茎叶(×70)，3. 枝叶(×70)，4. 叶尖部细胞(×220)。

5. 指叶苔 图 62 彩片12

Lepidozia reptans (Linn.) Dum., Rec. d' Obs: 19. 1835.

Jungermannia reptans Linn., Sp. Pl. 1: 1133.

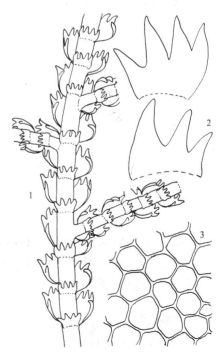

图 62 指叶苔 (马 平绘)

植物体中等大小，长1-3厘米，淡绿色或褐绿色。茎匍匐，或先端上仰，直径0.2-0.35毫米；横切面椭圆形；羽状分枝。叶斜列着生，近方形，内凹，前缘基部半圆形，上部3-4裂达叶长度的1/3-1/2，裂瓣三角形，先端锐，内曲，基部宽4-8个细胞。叶中部细胞长22-28微米，六边形，胞壁中等厚，无三角体，表面平滑；每个细胞含10-25个卵形油体。枝叶稍小。腹叶离生，4裂达叶长度的1/4-2/5，裂瓣短，内曲，先端较钝。

产黑龙江、吉林、辽宁、内蒙古、河北、河南、山西、陕西、山东、安徽、福建、江西、湖北、湖南、贵州、四川、云南和西藏，生于林下腐木或枯枝上，有时生于树干基部。日本、朝鲜、亚洲北部、欧洲及北美洲有分布。

1. 植物体的一部分(腹面观，×23)，2. 叶(×70)，3. 叶尖部细胞(×220)。

6. 大指叶苔

图 63

Lepidozia robusta St., Mem. Soc. Sc. Nat. Math. Cherbourg 29: 217. 1894.

体形稍粗，长可达8厘米，绿色或黄绿色，密生。茎直立或倾立，直径0.6毫米；分枝少，小枝渐呈细尖。叶片相互贴生，近方形或肾形，内凹，长约0.65毫米，上部宽0.65毫米，下部宽约1.2毫米，上部4裂达叶片长度的1/3-1/2；裂瓣三角形，先端钝，长达20个细胞，基部宽10-12个细胞；叶边有粗齿。叶近基部细胞长27-36微米，宽25-27微米，胞壁薄，无三角体，表面平滑。腹叶长约0.4毫米，宽约0.9毫米，4裂，裂瓣狭三角形，先端钝，基部宽约7个细胞。

产广东、四川、云南和西藏，生于林下腐木或树基。不丹及印度北部有分布。

1. 植物体的一部分(腹面观，×15)，2-3. 叶(×50)，4. 叶尖部细胞(×135)，5. 腹叶(×50)。

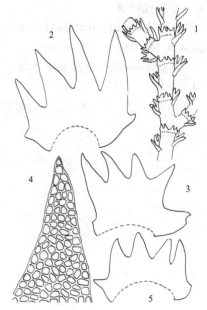

图 63 大指叶苔（马 平绘）

7. 圆钝指叶苔

图 64

Lepidozia subtransversa St., Bull. Herb. Boiss. 5: 95. 1897.

体形稍粗，长3-8厘米，淡绿色或苍绿色，疏生或密生。茎匍匐，直径0.4-0.6毫米；羽状分枝，分枝不呈鞭状。叶片相互贴生，斜生，方形，内凹，长0.8毫米，基部宽0.8毫米，中部宽约1毫米，上部4裂；裂瓣三角形，渐向上呈锐尖，长11-13个细胞，基部宽8-12个细胞。叶中部细胞长27-36微米，宽18-27微米，胞壁厚，无三角体，表面平滑。腹叶形状与侧叶近似，圆方形，4裂；裂瓣内曲。枝叶和枝腹叶均与茎叶和茎腹叶相似。

产吉林和四川，生于海拔1240-4000米的林下腐木、岩面薄土或腐殖质土上。日本及朝鲜有分布。

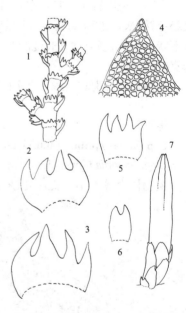

图 64 圆钝指叶苔（马 平绘）

1. 植物体的一部分(腹面观，×15)，2-3. 茎叶(×50)，4. 叶尖部细胞(×135)，5. 茎腹叶(×50)，6. 枝腹叶(×50)，7. 雌苞(×15)。

8. 瓦氏指叶苔

图 65

Lepidozia wallichiana Gott. in Gott., Lindenb. et Nees., Syn. Hepat. 20. 1945.

植物体纤小，长1-2厘米，淡绿色或绿色，小片生长，多与其他苔藓形成群落。茎匍匐，先端倾

立，横切面呈椭圆形，皮部有一层大细胞，约11-12个，内部为小形细胞；不规则羽状分枝；鞭状枝常缺失。假根少，多见于枝端或腹叶基部。叶片相互贴生，长方形或方形，斜列，长0.15-0.22毫米，宽0.15-0.3毫米，上部4裂；裂瓣狭三角形或披针形，长3-4个细胞，基部宽1-2个细胞。叶中部细胞长40-56微米，宽28-40微米，胞壁厚，表面平滑。枝叶小于茎叶，方形或长方形，长0.06-0.10毫米，宽0.1-0.12毫米，2-4裂达叶长度的1/3。枝腹叶小，裂瓣长1-2个细胞。

产海南和广西，生于林下腐木或岩面薄土上。日本、尼泊尔、印度、斯里兰卡及印度尼西亚有分布。

1.植物体的一部分(腹面观，×20)，2.茎叶(×70)，3.叶中部细胞(×170)，4.腹叶(×170)。

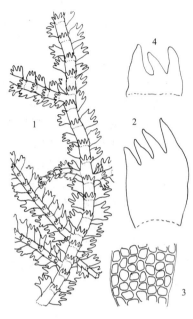

图 65 瓦氏指叶苔（马 平绘）

5. 虫叶苔属 **Zoopsis** Hook. f. et Taylor

植物体柔弱，灰白色。茎皮部为几个大细胞，中央有几个小细胞，叶由1-2个小细胞形成。雌苞生于短侧枝上。雌苞叶大，2裂。蒴萼纺锤形，上部有褶。

7种，分布于旧热带地区。我国有1种。

东亚虫叶苔

图 66

Zoopsis liukiuensis Horik., Journ. Sc. Hiroshima Univ. ser. b. div 2, 1: 65. 1931 and 2: 176. 1934.

植物体柔弱，灰白色，半透明，长约5毫米，附着基质呈散生群落。茎匍匐，叉状分枝；横切面背腹扁平，皮部背面和侧面有4个大细胞，腹面有两个小细胞，中部有4-5个大细胞。假根生于茎腹面。叶由4个大小不等细胞构成，通常基部两个方圆形或圆形大细胞，上部两个扁圆形细胞；胞壁薄，表面平滑。腹叶疏生，纤小，由4-5个细胞构成，基部两个细胞相连或分离，先端细胞圆形。雌苞生于短侧枝上；雌苞叶大，5-25个细胞，两裂达叶中部。蒴萼卵状纺锤形，上部有3条褶，口部有毛状齿。

产浙江、台湾和海南，生于林下腐木或树干基部。日本、菲律宾、印度尼西亚、新几内亚、新喀里多尼亚及澳大利亚有分布。

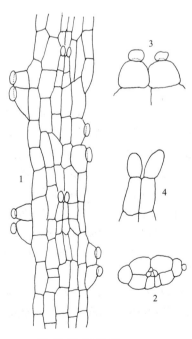

图 66 东亚虫叶苔（吴鹏程绘）

1. 植物体的一部分(腹面观，×55)，2. 茎的横切面(×55)，3. 叶(×220)，4. 腹叶(×220)。

10. 护蒴苔科 CALYPOGEIACEAE

（曹　同　左本荣）

体形小至中等大小，绿色或褐绿色，疏松生长，常与其他苔藓植物形成小片群落。茎柔弱，横切面皮部细胞与髓部细胞同形，有时皮部细胞略小，壁稍加厚；稀疏分枝。侧叶斜列于茎上，蔽前式排列，近于与茎平行，卵形、椭圆形、狭长椭圆形或钝三角形，一般基部至中部宽阔，向上渐窄，先端圆钝或浅2裂；叶边全缘。腹叶大，形状多变，圆形至2-4瓣裂，基部中央细胞厚2-3层；假根着生腹叶基部。叶细胞通常形大，薄壁，或有三角体。油体球形或长椭圆形，每个细胞具3-10个油体。雌雄同株或异株。雄枝短，生于茎腹面；雄苞穗状。雄苞叶膨起，上部2-3裂，每个雄苞叶中有1-3个精子器。雌苞在卵细胞受精后在雌枝先端迅速膨大。蒴囊长椭圆形或短筒形，外部有假根或鳞叶。孢蒴圆柱形或近椭圆形，黑色，成熟后4裂至基部。蒴壁两层，外层为8-6列长方形细胞，壁厚，有时不规则球状加厚；内层细胞壁呈环状加厚。孢子球形，直径9-16微米。弹丝具2（3）列螺纹，直径7-12微米。

3属，多分布温带和亚热带山区。我国有3属。

1. 叶细胞表面平滑，无疣；侧叶先端多两裂。
　2. 植物体色深，绿色或褐绿色，不透明；叶细胞壁三角体大；油体大而多，粗粒状，不透明；角质层粗糙具疣；孢蒴裂瓣长椭圆形，长度不超过宽度的3倍，不扭曲，外层细胞壁球状不连续增厚；假根生于腹叶基部和茎上 ··1. **假护蒴苔属 Metacalypogeia**
　2. 植物体色淡，苍白绿色或灰绿色，透明；叶细胞壁薄，三角体无或不明显；油体小而少，常透明；表面平滑或具疣；孢蒴裂瓣披针形，长度为宽度的2-3倍，扭曲，外层细胞壁连续球状加厚；假根仅生于腹叶基部 ··2. **护蒴苔属 Calypogeia**
1. 叶细胞表面粗糙，明显具疣；侧叶先端全缘································3. **疣护蒴苔属 Mnioloma**

1. 假护蒴苔属 Metacalypogeia (Hatt.) Inoue

植物体深绿色或褐绿色，匍匐，常与其他苔藓形成群丛。茎单一或稀疏分枝。叶疏生或覆瓦状蔽前式排列，三角状卵形，先端钝尖或浅两裂；叶边全缘。腹叶圆形或肾形，横生茎上，全缘，先端平截或微凹。假根多，无色，生于腹叶基部，有时散生于茎上。叶细胞因充满叶绿体和油体而不透明，胞壁略加厚，常呈黄褐色，三角体明显；表面粗糙，具细疣。油体大，淡褐色，由多数细粒组成，每个细胞含10-20个。雌雄异株。雄苞小，由腹叶叶腋伸出，具4-8对雄苞叶。精子器单生。蒴囊黄褐色，长椭圆形，表面有毛状假根。蒴柄长，横切面直径8个细胞。孢蒴长椭圆形，黑褐色，成熟时四瓣开裂；裂瓣长椭圆形，不扭曲，长度约为宽度的3倍；胞壁由2层细胞组成，外层细胞壁具球状加厚，内层细胞壁常具环状加厚。孢子褐色，直径13-17微米。弹丝直径8-10微米，具两列螺纹加厚。

5种，分布北半球温带至北极地带。我国2种。

1. 假根着生腹叶基部及茎上；侧叶扁平，不内凹；腹叶圆形或长椭圆形································1. **假护蒴苔 M. cordifolia**
1. 假根多生于腹叶基部；侧叶强烈内凹；腹叶肾形································2. **疏叶假护蒴苔 M. alternifolia**

1. 假护蒴苔　　　　　　　　　　图 67

Metacalypogeia cordifolia (St.) Inoue, Journ. Hattori Bot. Lab. 21: 233. 1959.

Calypogeia cordifolia St., Sp. Hepat. 3: 393. 1908.

植物体淡褐色，长1-2厘米，连叶宽2-3毫米，匍匐生长，常与其他苔藓组成小片群落。茎单一或稀疏分枝；横切面背腹扁平，椭圆形，皮层细胞与中部细胞同形，薄壁。假根着生腹叶基部及茎上。侧叶覆瓦状蔽前式排列，卵状三角形至椭圆状三角形，斜出，扁平，最宽处在中部，向上先端圆钝，浅裂成两齿。叶细胞圆4–6边形，具多数油体而呈黄褐色，壁厚，具明显三角体；叶尖部细胞长25–36微米，宽24–32微米，中部细胞长27–31微米，宽36–42微米，表面具细疣。油体较大，每个细胞10–20个。腹叶圆形或长椭圆

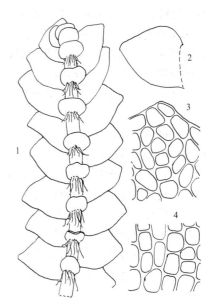

形，略背曲，宽度约为茎直径的2倍，先端全缘或略具缺刻。蒴囊生于腹面短侧枝上，长椭圆形，具假根。

产黑龙江和吉林，生于林下或林边腐木上。日本及朝鲜有分布。

1.植物体(腹面观，×16)，2.叶(×22)，3.叶尖部细胞(×125)，4.叶基部细胞(×125)。

图 67 假护蒴苔（马 平绘）

2. 疏叶假护蒴苔

图 68

Metacalypogeia alternifolia (Gott., Lindenb. et Nees) Grolle, Oesterr. Bot. Zeitsch. 111: 185. 1964.

Mastigobryum alternifolium Nees, Syn. Hepat. 216. 1845.

体形小，黄褐色或深褐色，匍匐生长。茎单一不分枝，长1–1.5厘米，宽1–2毫米；横切面皮部1–2层细胞与髓部细胞同形，壁略增厚。假根多生于腹叶基部。侧叶疏生或相接呈蔽前式覆瓦状排列，长卵形至卵状三角形，强烈内凹，先端圆钝或锐尖，有时略内凹呈两裂。叶细胞薄壁，黄褐色，三角体大，胞壁中部球状加厚，叶尖部细胞长23–27微米，宽21–25微米，中部细

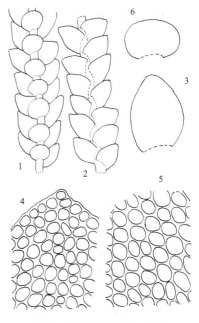

胞长27–31微米，宽33–42微米，表面具细疣。油体大，球形或椭圆形，每个细胞含7–12个。腹叶形大，肾形，相互贴生或分离，宽度为长度的1.5–2倍，为茎直径的3倍以上，先端圆钝或微凹，全缘。

产四川、云南和西藏，生于海拔2900米左右的高山地区石壁、林下腐木及树干基部。日本有分布。

图 68 疏叶假护蒴苔（马 平绘）

1-2. 植物体的一部分(1. 腹面观，×10；2. 背面观，×10)，3. 叶(×21)，4. 叶尖部细胞(×250)，5. 叶基部细胞(×250)，6. 腹叶(×21)。

2. 护蒴苔属 Calypogeia Raddi

体形纤细，扁平，灰绿色或绿色，略透明。茎匍匐，直径0.8–4.5毫米，单一或具少数不规则分枝。假根生于腹叶基部。侧叶斜列于茎上，覆瓦状蔽前式排列，椭圆形或椭圆状三角形，先端圆钝，尖锐，或具两钝

齿。腹叶较大，近圆形或长椭圆形，全缘，或1/4–1/2两裂，裂瓣外侧常具小齿。叶细胞4–6 边形，薄壁，三角体无或不明显。每个细胞含10–20 个油体。雌雄同株或异株。蒴囊长椭圆形。孢蒴短柱形，成熟时纵向开裂，裂瓣披针形，扭曲。孢蒴壁两层细胞，外层细胞壁连续球状加厚，内层细胞壁螺纹球状加厚。孢子圆球形。弹丝两列螺纹加厚。芽胞椭圆形，含1–2个细胞，多生于茎枝先端。

90余种，温带和亚热带山区分布。我国约10种。

1. 腹叶圆钝，先端微凹 ··· 3. **钝叶护蒴苔 C. nessiana**
1. 腹叶先端浅或深两裂。
  2. 腹叶裂瓣外侧具钝齿或锐齿，呈4裂瓣状。
    3. 腹叶甚小，裂瓣外侧具长锐齿，呈披针形 ·································· 1.**刺叶护蒴苔 C. arguta**
    3. 腹叶大，裂瓣外侧具粗钝齿，不呈披针形 ····························· 5. **护蒴苔 C. fissia**
  2. 腹叶裂瓣全缘，呈两裂瓣状。
    4. 腹叶宽度为茎直径的2–3 倍，1/3两裂 ······························· 2. **芽胞护蒴苔 C. muelleriana**
    4. 腹叶略宽于茎，1/4–1/2两裂 ··· 4. **三角叶护蒴苔 C. trichomanis**

1. 刺叶护蒴苔 图 69 彩片13

Calypogeia arguta Ness et Mont. in Nees, Eur. Leberm. 3: 24. 1838.

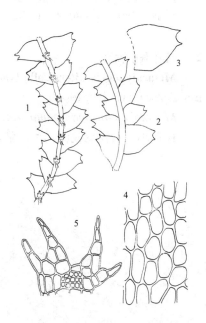

体形细小，灰绿色，透明。茎匍匐，长约1厘米，具稀疏分枝，有时具鞭状枝。假根多而长，着生腹叶基部。叶离生或稀疏相接，长卵形，基部沿茎长下延，先端稍窄，具2锐齿，齿由2–3个细胞组成。腹叶小，与茎直径等宽，1/2两裂，裂瓣两侧具小披针形裂片。叶细胞形大，薄壁，多边形，中部细胞长70–80微米，宽40–42微米，表面具细疣。每个细胞具2–5个圆形或椭圆形油体。

产辽宁、山东、江苏、浙江、福建、湖北、湖南、广东、海南、广西、贵州和云南，生土面或石面。日本、欧洲及北美洲有分布。

图 69 刺叶护蒴苔（马 平绘）

1-2. 植物体的一部分(1. 腹面观，×16；2. 背面观，×16) 3. 叶(×22)，4. 叶中部细胞(×250)，5. 腹叶(×165)。

2. 芽胞护蒴苔 图 70

Calypogeia mülleriana (Schiffn.) K. Müll. , Beih. Bot. Centrabl. 10: 217. 1921.

Kantia mülleriana Schiffn., Dotos 1900 (7): 344. 1900.

植物体小，淡灰绿色，平卧生长，多与其他苔藓形成群落。茎具不规则分枝。叶覆瓦状蔽前式排列，阔卵形，近基部处最宽，先端渐尖，圆钝，有时浅两裂。腹叶大，椭圆形，宽度为茎直径的2–3 倍，先端两裂至1/3处，裂瓣全缘或有钝齿状突起。叶细胞5–6边形，薄壁，无三角

体，尖部细胞宽25–30 微米，中部细胞宽32–44微米，长42–52 微米。油体无色透明，椭圆形，由小油滴聚集而成。雌雄异株。雌苞生于腹叶叶腋。孢蒴圆柱形，成熟时纵裂。芽胞黄绿色，椭圆形，由1–2 个细胞组成，常生于茎顶。

产吉林、 浙江、福建、 广西和四川，生于土面或林下腐殖质上。日本、欧洲及北美洲有分布。

1. 植物体的一部分(腹面观，×15)，2. 叶(×22)，3. 叶中部细胞(×180)，4-5. 腹叶(×28)，6. 蒴柄横切面(腹面观，×52)。

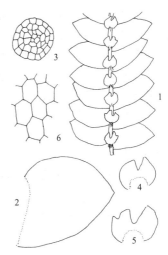

图 70 芽胞护蒴苔（马 平、吴鹏程绘）

3. 钝叶护蒴苔　　　　　　　　　　　　　　　图 71

Calypogeia nessiana (Mass. et Carest.) K. Müll. ex Loeske, Abh. Bot. Ver. Brandenburg 47: 320. 1905.

Kantia trichomanis var. *nessiana* Mass. et Carest., Nuovo Giorn. Bot. Ital. 12: 351. 1880.

植物体灰绿色，平卧生长。茎长1–2 厘米，具稀疏分枝。叶蔽前式密覆瓦状排列，阔卵形，长度与宽度近于相等，先端圆钝。腹叶大，圆肾形，宽度为茎直径的2–3 倍，全缘或先端略内凹。叶细胞平滑，叶边一列细胞长方形，宽23–26 微米， 长31–37 微米，薄壁。每个细胞具6–8个圆形或椭圆形油体。

产黑龙江、吉林、辽宁、内蒙古、安徽、浙江、台湾和四川，生于亚高山针

叶林下腐质或腐木上。日本、蒙古、俄罗斯、欧洲及北美洲有分布。

1. 植物体的一部分(腹面观，×9)，2. 叶(×27)，3. 叶中部细胞(×240)，4-5. 腹叶(×10)。

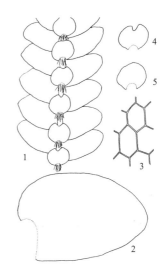

图 71 钝叶护蒴苔（吴鹏程绘）

4. 三角叶护蒴苔　　　　　　　　　　　　　　图 72

Calypogeia trichomanis (Linn.) Corda in Sturm., Fl. Germ. 19: 38. 1829.
Mnium trichomanis Linn. in Richt., Codex Bot. Linn. 1045. 1840.

平卧生长，淡绿色。茎具少数分枝。叶多斜生，阔心脏形，宽度约为长度的1/3，基部宽，向上渐圆钝，稀具缺刻。腹叶与茎同宽或略宽于茎，阔椭圆形，先端两裂达叶长度的1/4–1/2，裂瓣三角形；叶边全缘。假根少。叶细胞4–6边形，薄壁，角部不加厚，尖部细胞22微米×27微米，

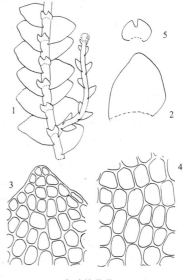

图 72 三角叶护蒴苔（马 平绘）

中部细胞33–42×44–50 微米。油体淡青色，长椭圆形，每个细胞含3–7个，由较细油滴聚集而成。雌雄异株。雄苞穗状。雌苞生于腹叶叶腋，颈卵器受精后向土中伸展形成蒴囊。孢蒴裂瓣长度为宽度的7–9倍，外层宽8–16个细胞，厚壁，内层宽14–16个细胞，具环状加厚。孢子直径12–16微米。弹丝9–10微米。

产吉林、江苏、安徽、浙江、福建、台湾、湖南、广西、四川、云南和西藏，生于岩面薄土或腐木上。日本、俄罗斯（远东地区）、欧洲及北美洲有分布。

1. 植物体的一部分(腹面观，×20)，2. 叶(×34)，3. 叶尖部细胞(×100)，4. 叶中部细胞(×100)，5. 腹叶(×50)。

5. 护蒴苔   图 73

Calypogeia fissa (Linn.) Raddi, Mem. Sc. Ital. Sci. Modena 18: 44. 1820.

Mnium fissum Linn. in Richt., Consp. Bot. Linn. 1045. 1840.

植物体平展，灰白色或淡绿色。茎长1–2 厘米，单一或具不规则分枝。侧叶蔽前式覆瓦状排列，斜生，长卵形或近卵形，稍内凹，先端较窄，具短而窄的双齿，齿长3个细胞，基部略下延。叶细胞近方形至六边形，壁薄，角隅不加厚，叶边细胞直径28–30微米，尖部细胞30–34微米，中部细胞40–44微米。油体黄绿色，每个细胞含15–20个。

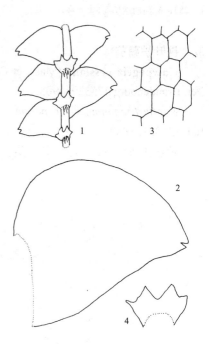

产湖南、贵州、四川和云南，生于海拔1500米左右土面或石壁。日本、欧洲及北美洲有分布。

1. 植物体的一部分(腹面观，×12)，2. 叶(×20)，3. 叶中部细胞(×110)，4. 腹叶(×18)。

图 73 护蒴苔（马 平、吴鹏程绘）

3. 疣护蒴苔属 **Mnioloma** Herzog

体形扁平，褐色，不透明。茎匍匐，由一层外壁细胞和多数髓部细胞组成；具不规则分枝，分枝由腹叶叶腋间产生。侧叶蔽前式斜列，扁平，先端圆钝或具小尖，不开裂。腹叶尖部微凹。叶细胞表面具密疣，叶边细胞较长，常形成分化边缘。油体细小粒状。蒴囊长椭圆形。未见芽胞。

约12种，多见于中南美洲，少数种分布泛热带和太平洋地区，我国有1种。

疣护蒴苔   图 74

Mnioloma fuscum (Lehm.) Schust., Fragm. Flor. Geobot. 44 (2): 848. 1995.

Jungermannia fusca Lehm., Linnaea 4: 360. 1829.

植物体扁平，褐绿色至褐色，不透明，长1.5–2.0厘米，连叶宽1.0–1.5毫米，匍匐生于腐木上。茎横切面椭圆形，直径4–6个细胞，具弱分化的髓部细胞；分枝多，由腹叶叶腋间生出。具稀疏假根。叶贴生或近覆瓦状蔽前式排列，阔卵形至长椭圆形，长约0.5–0.6毫米，宽0.3–0.4毫米，斜展，先端圆钝，全缘或微凹；叶边全缘。腹叶阔卵形，宽度大于长度，与茎等宽或略宽于茎，全缘或有细齿，尖部微凹。叶细胞圆形或近圆形，胞壁略加厚，三角体明显，有时胞壁中部具球状加厚，尖部

细胞长24–28微米，宽24–30微米，基部细胞长35–70微米，宽30–40微米，叶边细胞多长方形，表面具密疣。油体微粒状。雌雄异株。雄苞穗状，生于腹叶叶腋短枝上。雄苞叶3–5对。蒴囊下垂，长椭圆形。

产台湾，生于腐木上。泛热带和太平洋地区广布。

1.雌株(背面观，×5)，2.植物体的一部分(腹面观，×9)，3.叶(×18)，4.叶尖部细胞(×40)，5.叶中部细胞(×150)，6-7.腹叶(×18)。

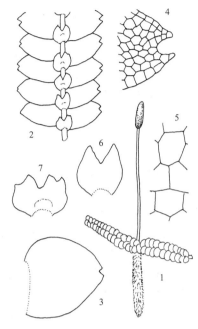

图 74 疣护蒴苔（吴鹏程绘）

11. 裂叶苔科 LOPHOZIACEAE

（曹　同　孙　军　娄玉霞）

植物体形小或中等大小，柔弱或硬挺，匍匐或倾立，稀直立；分枝多侧生；假根散生于茎腹面，密集或稀疏。叶交互排列，斜生至横生，先端2–4裂，少数种类具不规则裂瓣，稀全缘。腹叶明显或仅存于雌苞腹面，或完全缺失，深2裂或呈披针形。叶细胞形态变化较大，从等轴形到长轴形，细胞壁薄或不规则加厚，三角体明显或无。多数种类具芽孢。雌雄异株，稀同株。蒴萼长椭圆形，表面具纵褶，口部常收缩。雌苞叶与茎叶相似，分离或相连。雄苞生于侧枝的顶端或雌苞的下方。孢蒴卵状球形，成熟时瓣裂；蒴壁2–5层细胞。孢子小，表面具细密疣，弹丝两列缧纹加厚。

11属，多温带和亚热带地区分布。我国有8属。

1. 叶片全缘 ··· 8. 兜叶苔属 Denotarisia
1. 叶片先端多开裂。
　2. 叶先端多2裂。
　　3. 叶后强烈背卷 ··· 1. 卷叶苔属 Anastrepta
　　3. 叶边不强烈背卷。
　　　4. 植物体较柔软；叶片不强烈内凹 ····································· 4. 裂叶苔属 Lophozia
　　　4. 植物体硬挺；叶片明显内凹或呈对折状 ························· 6. 挺叶苔属 Anastrophyllum
　2. 叶先端多3–4裂。
　　5. 植物体校大；叶多3裂。

　　6. 植物体无腹叶 ·· 3. 三瓣苔属 Tritomaria
　　6. 植物体具腹叶。
　　　　7. 叶片开裂较浅，不及叶长度的1/2，两裂瓣近于对称 ·············· 2. 细裂瓣苔属 Barbilophozia
　　　　7. 叶片开裂深达叶长度的4/5，两侧明显不对称，背瓣远大于腹瓣 ·········· 7. 广萼苔属 Chandonanthus
　　5. 植物体细小；叶深4裂 ·· 5. 小广萼苔属 Tetralophozia

1. 卷叶苔属 Anastrepta (Lindb.) Schiffn.

　　体形中等大小，棕绿色至深棕色，较硬挺，密生成垫状或散生于其它苔藓之间。茎匍匐或直立，先端倾立，长1.5–4厘米，连叶宽1.5–2.2毫米；分枝少；腹面生有无色假根。茎横切面皮部细胞扁平，髓部细胞大。叶阔卵圆形至卵状心形，密集或疏松蔽后式，斜列，基部略下延，先端浅裂，裂瓣尖端圆钝。腹叶缺失，或仅在茎尖呈毛状或披针形。叶细胞圆六边形，直径16–25微米，平滑，有大或小的三角体；油体小。雌雄异株。雄苞叶形状与叶近似，但背部膨大，具齿。雌苞顶生。雌苞叶具齿。蒴萼倒卵形，约有6条浅纵褶，口部收缩，具1–2细胞的齿突。孢蒴卵形或椭圆形，壁厚5层细胞。孢子直径约10微米，表面具细密疣。弹丝两列螺纹加厚。芽胞1–2细胞，红棕色，呈多角状。

　　单种属，热带至温带生长。我国有分布。

卷叶苔

Anastrepta orcadensis (Hook.) Schiffn., Nat. Pfl. 1 (3): 85. 1893.

Jungermannia orcadensis Hook., Brid. Jungerm. Tab. 71. 1815.

图 75

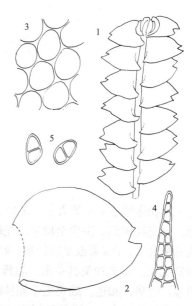

　　种的形态特征同属。
　　产台湾、四川、云南和西藏，生于高山针叶林中潮湿的岩石上，腐木、树干或树基部。日本、印度、南亚地区、北美洲及欧洲有分布。

　　1. 植物体的一部分(背面观，×12)，2. 叶(×15)，3. 叶中部细胞(×410)，4. 腹叶(×410)，5. 芽胞(×430)。

图 75 卷叶苔(马 平、吴鹏程绘)

2. 细裂瓣苔属 Barbilophozia Loeske

　　植物体中等大小或较粗，黄褐色至鲜绿色，丛集生或散生于其它藓类植物间。茎匍匐，先端上倾；分枝叉状，稀少。假根无色或略带浅黄色。侧叶2–5裂，多3–4裂，裂瓣常呈三角形，斜生或近于横生，蔽后式，后缘常有毛状突起。腹叶较大，披针形，深两裂，至线形，基部具毛状突起。叶细胞规则多边形，基部细胞略大，稍呈长方形，壁薄，三角体不明显；每个细胞具3–10个油体。雌雄异株。雌苞顶生或间生。雌苞叶裂瓣不规则，先端有锐尖。蒴萼卵形或球形，上部有深纵褶，口部收缩，边缘有齿突。孢蒴圆球形，蒴壁3–4层细胞，内层壁具半环状加厚。芽胞多角形，1–2个细胞。

　　约11种，多温带分布。我国有7种。

1. 叶近横生，侧叶多3瓣裂，内凹；叶裂瓣无细尖或短尖；叶前缘纤毛细胞近方形或叶边全缘……………………………………………………………………………………………………… 1. **纤枝细裂瓣苔 B. attenuata**

1. 叶斜生于茎上，侧叶多4瓣裂，平展或略内凹；叶裂瓣具细尖或短尖，叶前缘纤毛具长细胞或叶边全缘。

  2. 叶近方形；叶裂瓣具急尖或渐尖；叶前缘无纤毛；腹叶缺失或发育不全…………… 2. **细裂瓣苔 B. barbata**

  2. 叶近菱形；叶裂瓣顶端具细尖或短尖；叶前缘具长细胞纤毛；有腹叶。

    3. 植物体粗壮，长4–10厘米，宽3–5毫米；叶裂瓣尖端具单列细胞长尖；芽胞稀少……………………………………………………………………………………………… 3. **阔叶细裂瓣苔 B. lycopodioides**

    3. 植物体中等大小，长2–5厘米，宽1.5–3毫米；叶裂瓣尖端具单列细胞短尖，嫩叶上常具芽胞 ……………………………………………………………………………………………… 4. **狭基细裂瓣苔 B. hatcheri**

1. 纤枝细裂瓣苔 图 76

Barbilophozia attenuata (Mart.) Loeske, Verh. Bot. Ver. Brandenburg 49: 37. 1907.

Jungermannia guinguedentata Huds. f. *attenuata* Mart., Fl. Crypt. Erlang.: 177. 1817.

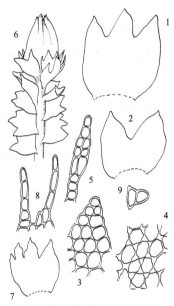

图 76 纤枝细裂瓣苔（马　平、吴鹏程绘）

植物体形小，连叶宽约1.5毫米，黄棕色或油绿色，散生或成松散的垫状，有时与其它苔藓混生。茎匍匐，先端上倾，长约2厘米，分枝稀少，有时从腹面生出鞭状枝；茎横切面圆形，皮部细胞小，壁厚，髓部细胞大，透明，壁薄。腹面生有假根。侧叶多三裂，裂瓣近于相等，裂口深达叶长度的1/3，裂瓣三角形，渐尖；腹叶常缺失。叶细胞方六边形，胞壁略厚，

三角体不明显；尖部细胞直径14–17微米，中下部细胞15–23微米，每个细胞内有4–7个椭圆状油体。芽胞生于鞭状枝的末端，淡绿色或黄绿色，三角形、多角形或长椭圆形，由两个细胞组成。雌雄异株。蒴萼长椭圆形，中上部具深纵褶，口部收缩，具多细胞纤毛。

产黑龙江、吉林、内蒙古、陕西、甘肃、新疆、台湾和四川，生高山和亚高山地区林下腐木、河谷潮湿岩面薄土上。日本、俄罗斯、欧洲及北美洲有分布。

1–2. 叶（×30），3. 叶尖部细胞（×160），4. 叶中部细胞（×160），5. 腹叶（×230），6. 雌枝（背面观，×12），7. 雌苞叶（×10），8. 蒴萼口部细胞（×230），9. 芽胞（×250）。

2. 细裂瓣苔 图 77

Barbilophozia barbata (Schmid.) Loeske, Verh. Bot. Ver. Brandenburg 49: 37. 1907.

Jungermannia barbata Schmid., Diss. Jungermannia 20. 1760.

体形稍大，鲜绿色或黄绿色，丛集生长或散生于其它藓类植物间。茎匍匐，先端略上倾，长3–10厘米，连叶宽近5毫米，单一或具稀少叉状分枝；茎横切面近圆形，皮部和髓部细胞分化不明显。假根无色，短而密集。侧叶斜生茎上，近方形，长0.5–0.8毫米，宽0.4–0.6毫米，先端多4瓣浅裂，裂口深达叶片长度的1/5–1/4，裂瓣三角形。腹叶仅在

茎尖生长，1/2深两裂；叶边具少数齿。叶细胞多边形，宽约25微米，长约35微米，基部细胞较大，胞壁等厚，三角体不明显。雌雄异株或同株异苞。雄苞叶呈穗状。雌苞顶生；雌苞叶3-5裂，深裂达叶长度的1/3-1/2。蒴萼长椭圆形，上部具深纵褶，口部收缩，边缘有小齿突。孢蒴卵球形，壁厚4层细胞。弹丝直径8微米。孢子直径约15微米，表面具细密疣。芽胞多角形，红褐色，由2个细胞组成。

产黑龙江、吉林、内蒙古、河北、陕西、新疆和四川，生高山湿岩面、树基或夹杂在其它藓丛中。广泛分布于北半球各大洲的寒温高山地区。

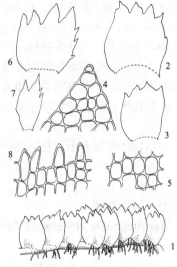

1. 植物体的一部分(侧面观，×14)，2-3. 叶(×25)，4. 叶尖部细胞(×210)，5. 叶中部细胞(×210)，6. 雌苞叶(×25)，7. 雌苞腹叶(×25)，8. 蒴萼口部细胞(×230)。

图 77 细裂瓣苔 (马 平、吴鹏程绘)

3. 阔叶细裂瓣苔　　　　　　　　图 78

Barbilophozia lycopodioides (Wallr.) Loeske, Verh. Bot. Ver. Brandenburg 49: 37. 1907.

Jungermannia lycopodioides Wallr., Comp. Fl. Germ. 3: 76. 1831.

植物体较大，淡绿色或黄绿色，散生或成松散的垫状，常与其它藓类生成群落。茎匍匐，先端上倾，单一，稀叉状分枝，长3-8厘米，连叶宽达5毫米；茎横切面椭圆形，皮部与髓部细胞分化明显。侧叶覆瓦状排列，斜生于茎上，先端4瓣浅裂，裂瓣阔三角形，具单列细胞长尖，前缘有多细胞毛状突起。腹叶深两裂，裂口深达叶长度的2/3，裂瓣狭三角形，边缘有单列细胞长纤毛。叶细胞圆多边形，壁薄，中部细胞直径20-30微米，先端和边缘细胞略小，基部细胞略大，三角体不明显；表面平滑。油体椭圆形。雌雄异株。雄苞生于植株间。雌苞顶生。蒴萼长椭圆形，上部有纵褶；口部收缩，边缘有1-2个细胞的短齿。孢蒴椭圆形。孢子黄褐色，直径约12微米。弹丝具两列螺旋状加厚。芽胞多角形，红棕色，1-2个细胞。

产黑龙江、陕西和西藏，生山区林下或灌丛中的岩面薄土上，偶生腐木上。日本、俄罗斯（西伯利亚）、欧洲、北美洲及格陵兰岛有分布。

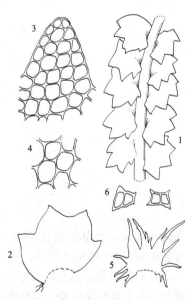

图 78 阔叶细裂瓣苔 (马 平、吴鹏程绘)

1. 植物体的一部分(背面观，×10)，2. 叶(×25)，3. 叶尖部细胞(×50)，4. 叶基部细胞(×250)，5. 腹叶(×35)，6. 芽胞(×430)。

4. 狭基细裂瓣苔　　　　　　　　图 79

Barbilophozia hatcheri (Evans) Loeske, Verh. Bot. Ver. Brandenburg 49: 37. 1907.

Jungermannia hatcheri Evans, Bull. Torrey Bot. Cl. 25: 417. 1898.

体形中等或稍大，黄绿色至红棕色，交织成松散的片状。茎匍匐，先端上倾，长2-4厘米，连叶宽1.5-2.5毫米；分枝少或无分枝；茎横切面扁圆形，直径约0.3-0.5毫米。腹面密生假根，短而无色。侧叶近方形，斜列，先端4瓣浅裂，裂瓣阔三角形，顶端具1-2细胞短尖，后缘具多细胞纤毛。腹叶1/3-

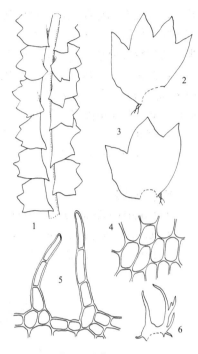

1/2两裂，裂瓣狭三角形，先端细毛状。叶细胞圆方形至多边形，中部细胞直径18-25微米，尖部和边缘细胞略小，基部细胞略大；壁均匀加厚，三角体小而明显，表面具疣。芽胞常生于茎尖，红棕色，多角形，由1-2个细胞构成。雌雄异株。蒴萼卵状柱形，上部具纵褶，边缘具齿。孢子直径约15微米，外壁具细疣。弹丝短而弯曲，密集两列螺纹状加厚。

产台湾和云南，生高山岩面或湿地边土上。日本、俄罗斯（西伯利亚）、欧洲、北美洲、格陵兰岛、南极及北极地区有分布。

1. 植物体的一部分（背面观，×10），2-3.叶（×20），4.叶中部细胞（×210），5.叶基部边缘细胞（×210），6.腹叶（×20）。

图 79 狭基细裂瓣苔（马 平、吴鹏程绘）

3. 三瓣苔属 Tritomaria Schiffn. ex Loeske

匍匐，先端上倾或倾立，浅绿色、黄绿色或红棕色；分枝稀少，无鞭状枝。茎横切面近圆形，细胞分化明显，腹面细胞常与真菌共生而明显小于背面细胞。假根密生。侧叶近横生，常偏向一侧，内凹，前缘基部略下延，先端常三浅裂，稀2-4裂，背侧裂瓣小，腹面裂瓣渐大。腹叶缺失。雌雄异株。雌苞顶生。雌苞叶3-4裂，裂瓣常等大，有时裂瓣边缘有齿。蒴萼长卵形，上部有褶，口部有毛或齿。孢蒴球形，蒴壁3-5层细胞。芽胞长椭圆形或多角形，多由2个细胞构成。

约9种，多温带分布。我国有3种。

1. 叶肾形或阔卵形，长度大于宽度，先端裂瓣小；叶细胞三角体不明显；常具芽胞·············· 1. 三瓣苔 T. exsecta
1. 叶方形，宽度大于长度或长宽近于相等，先端裂瓣大；叶细胞三角体明显；芽胞稀少或缺失··········
·· 2. 密叶三瓣苔 T. quinquedentata

1. 三瓣苔   图 80

Tritomaria exsecta (Schmid.) Loeske, Hedwigia 49: 13. 1909.

Jungermannia exsecta Schmid. ex Schrad., Syst. Samml. Krypt. Gew. (2): 5. 1797.

体形小到中等大小，淡黄绿色或黄褐色。茎较短，先端上倾，长1.5-2.0厘米，连叶宽约1.5毫米；分枝稀少；茎横切面圆形，背腹面细胞明显分化，有时腹面细胞呈浅紫红色；腹面生有大量无色或浅棕色假根。叶疏松或密斜生，覆瓦状交互排列，背仰，略内凹，略抱茎，卵圆形至长卵圆形，尖部不等三裂，背侧瓣小。芽胞多2个细胞，椭圆形，红褐色。叶细胞圆四边形或多边形，直径12-20微米，壁平滑，三角体不明显。每细胞具3-5个油体。雌雄异株。蒴萼长椭圆形，多露于雌苞

叶外，表面有明显深纵褶，口部略收缩，边缘有4-9细胞的单列纤毛。雄苞叶基部膨起。孢蒴卵状球形，蒴壁由3层细胞构成。弹丝直径约8微米，两列螺纹加厚。孢子直径9-12微米，表面具细密疣。

产黑龙江、吉林、台湾、四川、云南和西藏，多生于高山或亚高山地区潮湿的岩面薄土及岩缝中。喜马拉雅地区、日本、俄罗斯（西伯利亚）、欧洲及北美洲有分布。

1. 植物体的一部分(侧面观，×30)，2. 叶(×35)，3. 叶尖部(×35)，4. 叶中部细胞(×290)，5. 雌苞(腹面观，×15)，6. 芽孢(×240)。

2. 密叶三瓣苔
图 81

Tritomaria quinquedentata (Huds.) Buch., Men. Sco. F. Fl. Finn. 8: 290. 1932.
Jungermannia quinquedentata Huds., Fl. Angl. 433. 1762.

植物体稍粗壮，绿色或黄棕色。茎尖部倾立，长2-5厘米，连叶宽1.8-2.5毫米，分枝稀疏；横切面近圆形，细胞明显分化，腹面细胞有时与真菌共生而成红棕色；假根密集，无色或浅棕色。侧叶密覆瓦状排列，斜生，略内凹，先端3浅裂，裂瓣阔三角形，背侧瓣小，向腹侧渐增大，尖部锐尖或渐尖。叶细胞圆多边形，直径20-25微米，叶边细胞和尖部细胞略小，基部细胞略大；胞壁薄，三角体大。表面具浅条纹、细密疣或近圆形疣。油体球形或椭圆形，每个细胞含4-10个。芽胞稀少，多角形，黄棕色，1-2细胞。雌雄异株。蒴萼长卵形，表面有明显纵褶，口部收缩，边缘有齿突。雌苞叶与茎叶相似，3-5深裂。雄苞叶4-20对。孢蒴椭圆形。弹丝直径6-7微米。孢子直径12-15微米，表面具细密疣。

产黑龙江、吉林、内蒙古和陕西，常生于高山或亚高山地区潮湿的岩面薄土或沙质土上。日本、俄罗斯（西伯利亚）、欧洲、北美洲及格陵兰岛有分布。

1. 植物体的一部分(背面观，×12)，2. 叶(×18)，3. 叶中部细胞(×310)，4. 雌苞(腹面观，×15)，5. 蒴萼口部细胞(×150)。

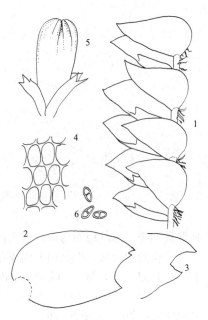

图 80 三瓣苔（马　平、吴鹏程绘）

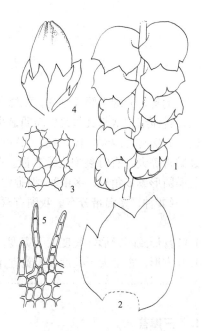

图 81 密叶三瓣苔（马　平、吴鹏程绘）

4. 裂叶苔属 **Lophozia** (Dum.) Dum.

体形小或中等大小，柔弱或稍硬挺，绿色或红棕色，密或疏丛集。茎匍匐，先端倾立；横切面细胞不分化或背腹明显分化，以及皮部与髓部的分化；不分枝或叉状分枝。侧叶斜生或近横生，平展或强内凹，先端常2裂，稀3-4裂；深裂达叶长度的1/10-1/2，裂瓣等大或腹侧瓣略大；叶边全缘或具齿。腹叶披针形或深裂，稀腹叶缺失，或仅生于嫩枝上。叶细胞三角体明显或缺失，表面平滑或具疣。油体均一或呈聚合状。雌雄异株或同株异苞。雄苞多顶生或着生雌苞下部。雌苞多顶生；雌苞叶略大于茎叶，2-5裂。蒴萼长椭圆形或短柱形，平滑或上部有褶，口部边缘具齿。孢蒴球形或椭圆形。孢子约为弹丝直径的2倍。芽胞常存，角状或椭圆形，由

1–2个细胞构成。

　　约50种，温带和亚热带山区分布。我国有22种。

1. 植物体具腹叶，至少在发育完整的茎上存在。
　　2. 腹叶明显，披针形，全缘，或基部稀具齿 ····················· 4.小裂叶苔 L. collaris
　　2. 腹叶变化较大，边缘具多细胞长齿或具2–3裂瓣。
　　　　3. 裂瓣先端钝；蒴萼平滑 ···················· 3. 方叶裂叶苔 L. bantriensis
　　　　3. 裂瓣先端近于呈椭圆形；蒴萼具纵褶 ·················· 8. 秃瓣裂叶苔 L. obtusa
1. 植物体无腹叶。
　　4. 侧叶2至多数不规则开裂，裂瓣边缘具多数刺状突起。
　　　　5. 植物体较小，柔弱，侧叶2–3裂 ·················· 6. 皱叶裂叶苔 L. incisa
　　　　5. 植物体较大，直挺，侧叶不规则开裂 ·················· 9. 刺叶裂叶苔 L. setosa
　　4. 侧叶多2裂，稀3裂，裂瓣全缘或对折。
　　　　6. 植物体柔弱，易脆裂，侧叶背侧裂瓣远小于腹侧裂瓣，两瓣对折 ········· 5. 波叶裂叶苔 L. cornuta
　　　　6. 植物体较韧，侧叶背侧瓣小于腹侧瓣或近于相等，略内凹。
　　　　　　7. 茎横切面细胞无明显分化 ·················· 7. 玉山裂叶苔 L. morrisoncola
　　　　　　7. 茎横切面细胞有背腹面或皮部和髓部的分化。
　　　　　　　　8. 雌雄同株；叶细胞壁薄，无三角体或三角体不明显 ········· 11. 阔瓣裂叶苔 L. excisa
　　　　　　　　8. 雌雄异株；叶细胞壁具三角体。
　　　　　　　　　　9. 叶片近方形，长宽近于相等或长度小于宽度 ········· 10. 圆叶裂叶苔 L. wenzelii
　　　　　　　　　　9. 叶片近长方形，长度大于宽度。
　　　　　　　　　　　　10. 叶细胞三角体大；油体数多 ········· 1. 倾立裂叶苔 L. ascendens
　　　　　　　　　　　　10. 叶细胞三角体明显，但不大；油体数少 ········· 2. 囊苞裂叶苔 L. ventricosa

1.　倾立裂叶苔　　　　　　　　　　　　　　　图 82

Lophozia ascendens (Warnst.) Schust., Bryologist 55: 180. 1952.

Sphenolobus ascendens Warnst., Hedwigia 57: 63. 1915.

体形小，淡绿色或暗绿色，略具光泽。茎匍匐，先端倾立，分枝稀疏；茎背面细胞透明，腹面细胞红褐色；假根多，生于茎腹面，无色或略带浅棕色。叶长卵形，长0.8–1毫米，宽0.5–0.65毫米，近覆瓦状排列，斜生茎上，先端1/5–1/4两裂，裂瓣三角形，等大，渐尖。腹叶缺失。叶细胞圆多边形，中部细胞宽20–25微米，长25–30微米，尖部边缘细胞略小，基部细胞略长；胞壁薄，略透明，三角体大而明显，表面具不明显条状疣。油体球形或椭圆形，芽胞多黄绿色，生于叶尖，1–2个细胞，多角形。雌雄异株。雄苞叶略大于茎叶，表面明显具疣。雌苞顶生；雌苞叶大，3–4深裂。蒴萼长卵形，具纵褶，口部收缩，边缘具不整齐裂瓣。

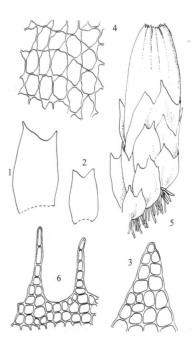

图 82 倾立裂叶苔（马　平、吴鹏程绘）

产吉林、云南和西藏，生潮湿腐木或腐殖质上。日本、欧洲及北美洲有分布。

1-2. 叶(×32)，3. 叶尖部细胞(×210)，4. 叶中部细胞(×210)，5. 雌枝(腹面观，×15)，6. 蒴萼口部细胞(×150)。

2. 囊苞裂叶苔

图 83

Lophozia ventricosa (Dicks.) Dum., Recueil Observ. Jungerm. 17. 1835.

Jungermannia ventricosa Dicks., Pl. Crypt. Brit. 2: 14. 1790.

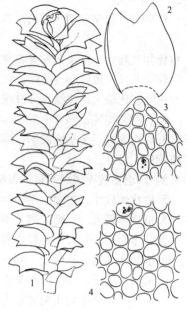

图 83 囊苞裂叶苔（马 平绘）

体形中等大小，亮绿色或暗绿色。茎匍匐，先端上倾，长约2厘米，连叶宽1.5-2.6毫米，分枝少；茎横切面近圆形，背腹面分化明显。假根丰富，无色或浅褐色。叶疏生，近覆瓦状排列，向两侧伸展，略背仰，斜生于茎上，圆方形，长度大于宽度，先端1/4-1/3两裂，裂瓣三角形，近等大，尖部钝尖或锐尖。无腹叶。叶细胞圆多边形，薄壁，透明，三角体小而明显，中上部细胞直径20-25微米，基部细胞略大；表面无疣。每个细胞约含15个油体。芽胞黄绿色，多角形，由两个细胞构成。雌雄异株。雄苞叶覆瓦状排列，4-7对。雌苞顶生；雌苞叶2-3裂，裂瓣三角形。蒴萼长卵形，上部具纵褶，口部收缩，边缘有1-2个细胞的齿突。孢蒴卵圆形。孢子黄褐色，表面具细密疣。弹丝两列螺纹加厚。

产吉林、辽宁、内蒙古和四川，生山区林下潮湿的岩面或土壤上，稀见于腐木上。日本、俄罗斯（西伯利亚）、欧洲和北美洲有分布。

1. 植物体(背面观，×20)，2. 叶(×40)，3. 叶尖部细胞(×100)，4. 叶中下部细胞(×100)。

3. 方叶裂叶苔

图 84

Lophozia bantriensis (Hook.) St., Sp. Hepat. 2: 133. 1906.

Jungermannia bantriensis Hook., Brit. Jungermannia Tab. 41. 1813.

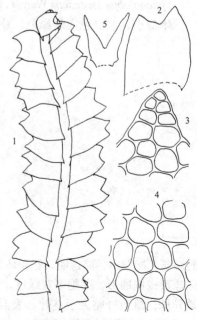

图 84 方叶裂叶苔（马 平绘）

体形较大，暗绿色。茎匍匐，先端上倾，单一或分枝；茎横切面圆形，细胞分化不明显。腹面假根密集。侧叶覆瓦状排列，斜列，长圆方形，前缘基部略下延，先端1/4两裂，裂瓣近于等大，尖部钝或锐尖。腹叶披针形或2裂，边缘有齿。叶细胞多边形，壁薄，三角体小；表面具疣。油体大，椭圆形，每个细胞含2-4个。雌雄异株。雌苞顶生；雌苞叶与侧叶同形，全缘；雌苞腹叶大。蒴萼长卵形，无褶，口部收缩成喙状，边缘有毛状突起。孢子红棕色，直径12-15微米，表面具疣。

产吉林和甘肃，生山区潮湿岩面和土上。俄罗斯（西伯利亚）、欧洲、北美洲、格陵兰岛及冰岛有分布。

1.植物体（背面观，×24），2.叶（×52），3.叶尖部细胞（×600），4.叶中下部细胞（×600），5.腹叶（×52）。

4. 小裂叶苔 图 85

Lophozia collaris (Mart.) Dum., Recueil Observ. Jungerm. 17. 1835.

Jungermannia quinquelentata Huds. var. *collaris* Mart., Fl. Crypt. Erlang. 177. 1817.

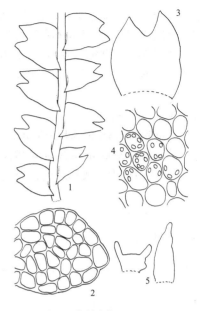

图 85 小裂叶苔（马 平绘）

体形小或中等大小，黄绿色或鲜绿色，密集生长。茎匍匐；横切面近圆形，细胞无明显分化。假根多，无色，多生于茎上部。侧叶覆瓦状排列，斜生茎上，斜方形，基部宽阔，前缘基部略下延，先端1/4两裂，裂瓣渐尖或圆三角形。腹叶小而明显，披针形，稀2裂，具钝齿。叶细胞圆多边形，壁薄，三角体小，表面平滑。油体椭圆形，每个细胞含3-8个。雌雄异株。雄苞顶生或生于茎枝中部。雌苞顶生；雌苞叶大，与侧叶同形，稀先端多裂。蒴萼梨形或短柱形，无褶，口部收缩有毛状突起。孢子表面具疣。

产黑龙江、吉林和云南，生林下溪边湿土、湿岩面或腐木上。欧洲及北美洲有分布。

1. 植物体的一部分（背面观，×14），2. 茎的横切面（×200），3. 叶（×20），4. 叶中部细胞（×200），5. 腹叶（×150）。

5. 波叶裂叶苔 图 86

Lophozia cornuta (St.) Hatt., Bull. Tokyo Sci. Mus. 11: 35. 1944.

Schistochila cornuta St., Sp. Hepat. 4: 84. 1909.

植物体中等大小，柔弱，鲜绿色或深绿色，散生或疏丛生。茎匍匐；横切面长椭圆形，细胞有分化。假根密集，无色或略带浅褐色。叶覆瓦状排列，近于横展，两侧基部均下延，先端向外斜展；叶常对折；背面瓣明显小于腹面的瓣，相接处形成脊，叶边具多数不规则齿，常呈强烈波状。腹叶缺失。叶细胞圆方形或长方形，壁薄，三角体不明显或无；表面平滑。

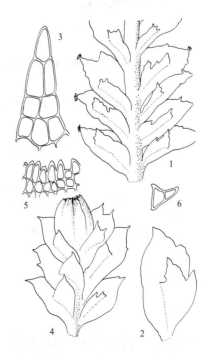

图 86 波叶裂叶苔（马 平、吴鹏程绘）

油体多数，球形。芽胞多角形，生于叶裂瓣尖部，绿色，由2个细胞构成。雌雄异株。蒴萼卵形，上部具深纵褶，口部边缘具圆齿。孢蒴壁由4-5层细胞构成，外层细胞壁具球状加厚。孢子黄褐色，表面具细密疣。弹丝红棕色，两列螺纹状加厚，直径约8微米。

产吉林、台湾、云南和西藏，生山区潮湿岩面、树干和腐木上。日本、朝鲜及俄罗斯（萨哈林岛）有分布。

1. 植物体的一部分，示叶尖具芽孢（背面观，×10），2. 叶（背面观，×12），3. 叶尖部细胞（×305），4. 雌枝（背面观，×20），5. 蒴萼口部细胞（×170），6. 芽孢（×350）。

6. 皱叶裂叶苔　　　　　　　　　　　　　　　图 87

Lophozia incisa (Schrad.) Dum., Recueil Observ. Jungerm. 17. 1835.

Jungermannia incisa Schrad., Syst. Samml. Krypt. Gewachse. 2: 5. 1796.

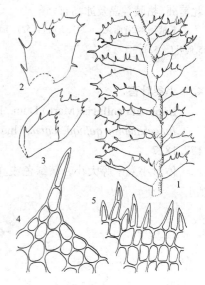

图 87 皱叶裂叶苔（马　平、吴鹏程绘）

体形中等大小或形较大，柔弱，浅绿色或蓝绿色，疏生或密集生长。茎匍匐，疏叉状分枝；横切面扁圆形，细胞分化。假根密生，无色或略带褐色。叶在茎下部疏松，向上成覆瓦状排列，近长方形，内凹，平展，后缘基部斜生，前缘基部平展，干时强烈收缩，先端2裂，稀3-4裂，裂片不等大；叶边具皱褶，并有多数由1-6细胞组成的齿。无腹叶。叶细胞圆方形，中部细胞宽35-50微米，长50-60微米，三角体小而明显；表面平滑。油体数多，球形。雌雄异株。蒴萼顶生，长椭圆形或梨形，中上部具深纵褶，口部具由1-3个细胞组成的纤毛。孢蒴卵状球形，红棕色。孢子褐绿色，具细密疣。弹丝两列螺纹加厚。芽孢灰绿色，多角形，由1-2个细胞构成。

产吉林、陕西、台湾、四川、云南和西藏，生腐木、树基腐殖质或湿岩面。喜马拉雅地区、日本、朝鲜、俄罗斯（西伯利亚）、格陵兰、欧洲及北美洲有分布。

1. 植物体的一部分（背面观，×10），2-3. 叶（×10），4. 叶边缘细胞（×180），5. 蒴萼口部细胞（×180）。

7. 玉山裂叶苔　　　　　　　　　　　　　　图 88

Lophozia morrisoncola Horik., Journ. Sci. Hiroshima Univ., ser. B, div. 2,2: 150.1934。

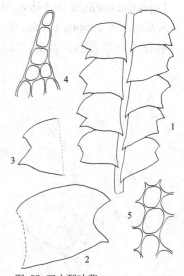

图 88 玉山裂叶苔（马　平、吴鹏程绘）

体形小，易碎，淡绿色或浅棕色，稀疏交织生长。茎匍匐；横切面近圆形，细胞无明显分化。腹面假根丰富，略带黄色。叶阔卵形，两侧不对称，疏生或前后相接，斜生于茎上，向两侧平展，前缘基部略下延；先端两裂，裂瓣不等大，渐尖至锐尖，常具1-3个细胞的长尖，裂瓣间呈新月形。腹叶缺失。叶细胞圆方形，中部细胞宽25-30微米，长35-45微米，壁薄，三角体大而明显，表面具稀疏不明显条状疣。

中国特有，产台湾、四川和云南，生高山地区潮湿岩面。

1. 植物体的一部分（背面观，×12），2. 叶（×15），3. 叶片尖部（×15），4. 叶尖部细胞（×148），5. 叶中部细胞（148）。

8. 秃瓣裂叶苔
图 89

Lophozia obtusa (Lindb.) Evans, Proc. Washington Acad. Sci. 2: 303. 1900.

Jungermannia obtusa Lindb., Musc. Scand.: 7. 1879.

植物体中等大小，黄绿色或绿色，交织生长。茎匍匐，先端倾立，下部暗绿色，分枝稀少；横切面近圆形，细胞分化明显。腹面着生有多数假根。侧叶斜列茎上，长约0.5毫米，宽约0.75毫米，内凹，先端2裂，裂瓣阔三角形，尖部圆钝，背侧裂瓣常较小。腹叶多发育不全，有时呈披针形或2裂。叶细胞圆六边形，壁薄，三角体小或不明显，中部细胞宽18-25微米，长20-28微米，表面具条状疣。油体球形，直径2-3微米，数多。雌雄异株。雄苞叶10-20对。雌苞顶生；雌苞叶略大，2-4裂，边缘有波纹；雌苞腹叶有不规则齿。蒴萼球形或棒形，上部有纵褶，口部略收缩，边缘有短齿。孢子直径11-14微米。芽胞少，淡绿色，多角形，多为单个细胞。

产黑龙江、吉林、内蒙古和陕西，生潮湿林下土上或岩面，常杂

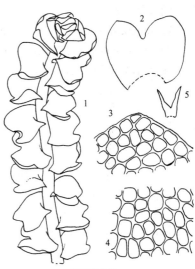

图 89 秃瓣裂叶苔（马 平绘）

生于其它苔藓植物间。日本、俄罗斯、冰岛、欧洲及北美洲有分布。

　　1. 植物体（背面观，×24），2. 叶（×50），3. 叶尖部细胞（×270），4. 叶中部细胞（×270），5. 腹叶（×50）。

9. 刺叶裂叶苔
图 90

Lophozia setosa (Mitt.) St., Sp. Hepat. 2: 151. 1906.

Jungermannia setosa Mitt., Journ. Proc. Linn. Soc. Bot. 5: 92. 1860.

植物体形大，黄绿色，硬挺，易碎，交织生长。茎匍匐，先端略倾立，分枝较密；茎横切面圆形，细胞略有分化。假根密生茎腹面，长而无色。叶形不规则，密集着生茎上，两侧基部略下延，具皱褶；叶具4-6个大小不等的裂瓣及单细胞或多细胞齿。腹叶缺失。叶细胞圆方形至长椭圆形，有时形状不规则，中部细胞宽25-35微米，长30-45微米，叶边细胞和尖部细胞略小，基部细胞大，胞壁薄，三角体小而明显，表面平滑。油体椭圆形，直径3-5微米，每个细胞含4-8个。

产吉林、云南和西藏，生高海拔地区湿岩面薄土上。印度及尼泊尔有分布。

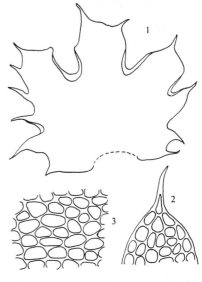

图 90 刺叶裂叶苔（马 平绘）

　　1. 叶（×14），2. 叶尖部细胞（×140），3. 叶中下部细胞（×140）。

10. 圆叶裂叶苔　　　　　　　　　　　　　　图 91

Lophozia wenzelii (Nees) St., Sp. Hepat. 2: 135. 1906.

Jungermannia wenzelii Nees, Naturgesch. Eur. Leberm. 2: 6, 58. 1836.

体形小至中等大小，绿色或黄绿色，密集或疏松生长。茎匍匐，先端上倾，稀疏叉状分枝；横切面圆形或近圆形，背腹面分化明显。假根无色。叶阔卵形，长宽近于相等，前缘基部近横生，后缘基部斜展，先端两裂，裂瓣呈阔三角形，近于相等，尖部钝或近锐尖，深裂达叶长度的1/5-1/4。叶细胞圆方形，中部细胞宽15-20微米，长18-25微米，壁薄，稀红褐色，三角体小而明显，表面平滑。油体近球形，直径约4-6微米，每个细胞含4-8个。无腹叶。雌雄异株，雌苞顶生，雌苞叶2-3裂。蒴萼卵状圆柱形，口部具纵褶，边缘具细齿。孢子暗褐色，直径12-15微米。芽胞黄绿色，1-2细胞，多角形。

产黑龙江、吉林、台湾、四川和云南，生高山潮湿沙质土面及湿岩面。日本、俄罗斯（西伯利亚和萨哈林岛）、格陵兰岛、欧洲及北美洲

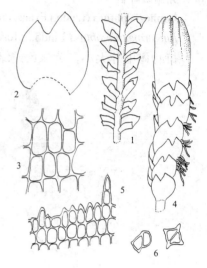

图 91 圆叶裂叶苔（马　平、吴鹏程绘）

有分布。

1. 植物体的一部分（腹面观，×12），2. 叶（×18），3. 叶基部细胞（×180），4. 雌枝（腹观面，×15），5. 蒴萼口部细胞（×210），6. 芽孢（×220）

11. 阔瓣裂叶苔　　　　　　　　　　　　　　图 92

Lophozia excisa (Dicks.) Dum., Rec. d'Observ. Jungerm. 17. 1835.

Jungermannia excisa Dicks., Pl. Crypt. Brit. 3: 11. 1793.

体形小或中等大小，柔弱，灰绿色或暗绿色，疏生或丛生。茎匍匐，分枝少；茎横切面近圆形或椭圆形，背腹面细胞分化。腹面生有多数假根。叶密生，阔卵形，斜生于茎上，长0.75-0.85毫米，宽0.5-0.7毫米，先端2-3裂，1/4两裂，裂瓣先端锐尖或圆钝。腹叶缺失。叶细胞多边形，中部细胞宽20-25微米，长23-27微米，壁薄，三角体小或不明显，表面平滑。油体椭圆形，直径4-8微米，每个细胞含10-20个。芽胞多角形或星形，红褐色，由1-2个细胞组成。雌雄同株。雌苞顶生。蒴萼卵状圆柱形，上部具纵褶，口部边缘具细齿或长齿。孢子红褐色，直径14-16微米，表面具细密疣。弹丝直径8微米，两列螺旋状加厚。

产黑龙江、吉林、内蒙古、河北、山西、陕西、新疆和四川，生山区林下潮湿的岩石表面或腐殖质上。日本、俄罗斯（西伯利亚）、欧

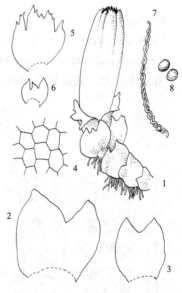

图 92 阔瓣裂叶苔（马　平、吴鹏程绘）

洲、北美洲、南美洲、南极洲、格陵兰岛及新西兰有分布。

1.雌株（侧面观，×20），2-3.叶（×35），4.叶中部细胞（×210），5.雌苞叶（×20），6.雌苞腹叶（×20），7.弹丝（×350），8.孢子（×350）。

5. 小广萼苔属 **Tetralophozia** (Schust.) Schjakov

植物体细小，挺硬。茎直立，单一或稀疏分枝。假根稀少或无。侧叶深四裂，密集横生于茎上，裂片近于等大，深裂达叶片长度的2/3以上，基部具多个单列细胞或多细胞齿。叶细胞小，壁略加厚，三角体明显或不明显。腹叶大，深两裂，叶边具单细胞齿。雌雄异株。蒴萼大，口部收缩，边缘具纤毛。孢蒴卵形，蒴壁由多层细胞构成。孢子红棕色，14–15微米。弹丝直径8–9微米。

3种，亚洲南部高山地区分布。我国有1种。

纤细小广萼苔
图 93

Tetralophozia filiformis (St.) Urmi., Journ. Bryol. 2: 394. 1983.

Chandonanthus filiformis St., Sp. Hepat. 3: 644. 1909.

植物体细小，黄棕色或红棕色，成疏松大片生长。茎直立，单一不分枝或具稀少分枝，分枝从叶腋处伸出，硬挺，易脆折；横切面圆形，细胞分化明显。假根稀少或无。侧叶深四裂，深裂达叶长度2/3以上，裂片近等大，叶边略背卷，基部具多个单列细胞或多细胞齿。叶细胞圆多边形至不规则形，尖部细胞壁平滑，中部和基部细胞壁不规则增厚，三角体明显或不明显。每个细胞具2–4个油体。腹叶大，深两裂，叶边缘具多个单细胞齿。雌雄异株。蒴萼卵形，口部收缩，边缘具纤毛。雌苞叶与侧叶近似，浅裂，裂瓣尖锐。孢蒴卵形，壁由多层细胞构成。孢子红棕色，14–15微米。弹丝直径8–9微米。

产台湾、四川、云南和西藏，生高海拔林下枯木、石面和冷杉树干上。印度北部、尼泊尔及印度尼西亚有分布。

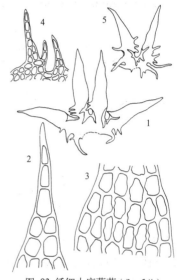

图 93 纤细小广萼苔（马 平绘）

1. 叶（×20），2. 叶尖部细胞（×270），3. 叶中部细胞（×270），4. 叶基部边缘细胞，示具不规则纤毛（×165），5. 腹叶（×20）。

6. 挺叶苔属 **Anastrophyllum** (Spruce) St.

植物体形小或稍大，硬挺，红棕色至黑褐色，无光泽。茎匍匐，先端倾立或直立，横切面分化成小而厚壁细胞构成的皮部和大而壁薄细胞的髓部；分枝侧生于叶腋或茎腹面。侧叶斜生于茎上，背仰，略抱茎，先端略凹或两裂，有时深裂达叶长度2/3。腹叶缺失。叶细胞壁不等加厚，三角体明显，有时形大。油体少，粗粒状聚合。雌雄异株，或混生同株。雌苞叶2–5裂，边缘一般有齿。蒴萼上部有纵褶，口部边缘有不规则齿。芽胞由1–2个细胞构成。孢子圆球形，10–12微米。

约95种，多温带分布，少数种见于亚热带山区。我国有9种。

1. 叶抱茎，先端1/3深两裂。
　2. 植物体细小；叶细胞三角体不明显·······························1. 小挺叶苔 A. minutum
　2. 植物体形大；叶细胞三角体明显·······························2. 抱茎挺叶苔 A. assimile
1. 叶内凹，先端浅两裂或略内凹。
　3. 叶三角形，长度大于宽度或长宽近于相等·····················3. 挺叶苔 A. donianum

3. 叶不呈三角形, 长度小于宽度或长宽近于相等。
 4. 叶不呈蚌壳形, 长宽近于相等; 叶细胞壁三角体明显。
  5. 叶片兜形, 先端浅凹 ·································· 4. 高山挺叶苔 A. joergensenii
  5. 叶片不呈兜形, 先端明显两裂 ···················· 5. 密叶挺叶苔 A. michauxii
 4. 叶片蚌壳形, 长度小于宽度; 叶细胞壁三角体不明显 ············ 6. 石生挺叶苔 A. saxicola

1. 小挺叶苔

图 94 彩片14

Anastrophyllum minutum (Schreb.) Schust., Amer. Middl. Nat. 42: 576. 1949.

Jungermannia minuta Schreb. in Cranz, Fortsetz. Hist. Groenland: 285. 1770.

体形细小, 硬挺, 黄棕色或棕褐色, 密集或稀疏生长。茎匍匐, 先端上倾, 分枝常从叶腋处伸出; 茎横切面近圆形, 皮部和髓部细胞略有分化。腹面着生无色假根。叶近方形, 略背仰, 先端两裂, 裂瓣近于等大, 尖部具1-4个单列细胞。叶细胞圆方形或圆形, 直径16-20微米, 胞壁等厚或略不规则增厚, 三角体不明显, 表面平滑或具不明显疣。每细胞具3-5个油体。雌雄异株。蒴萼椭圆形, 口部收缩, 具裂瓣, 纵褶明显。孢蒴球形。孢子表面有细疣, 直径12-15微米。芽胞生于枝端, 多角形, 红褐色, 由两个细胞构成。

产黑龙江、吉林、内蒙古、台湾、福建、四川、云南和西藏, 生高山或山区林下土面、岩面薄土或树干上, 偶生于腐木。喜马拉雅地区、日本、亚洲东南部、俄罗斯 (西伯利亚)、欧洲、北美洲、南部非洲及

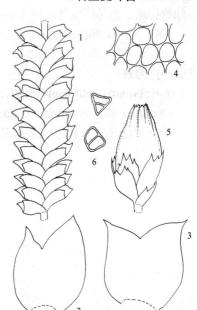

图 94 小挺叶苔 (马 平、吴鹏程绘)

新几内亚有分布。

1. 植物体的一部分 (×20), 2-3. 叶 (×65), 4. 叶中部细胞 (×400), 5. 雌苞 (×50), 6. 芽胞 (×630)。

2. 抱茎挺叶苔

图 95

Anastrophyllum assimile (Mitt.) St., Hedwigia 32: 140. 1893.

Jungermannia assimilis Mitt., Journ. Proc. Linn. Soc. 5: 93. 1860.

体形中等大小, 略硬挺, 黄褐色或黑褐色, 密集生长。茎尖端上倾, 分枝稀少, 常由叶腋处伸出, 有时可见鞭状枝从茎腹面中央生出;

茎横切面圆形, 细胞分化明显。腹面假根稀少, 无色或略带红褐色。叶卵形或方形, 宽约0.5-0.7毫米, 长约1毫米, 内凹, 先端两裂, 裂瓣间呈锐角或直角, 裂瓣狭三角形, 腹瓣略大于背瓣。叶细胞不规则多边形或长方形, 直径14-30微米, 尖部细胞略小, 基部细胞略大, 细

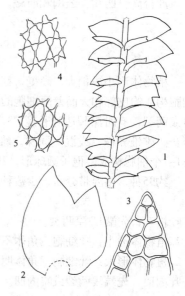

图 95 抱茎挺叶苔 (马 平、吴鹏程绘)

胞壁不等厚，三角体明显。芽胞多角形，红褐色，由两个细胞组成。雌雄异株。雌苞顶生。蒴萼椭圆形，有纵褶，口部收缩，具单列细胞齿。

产黑龙江、吉林、江西、四川、云南和西藏，生高山林下石面、树干或腐木上。日本、朝鲜、尼泊尔、印度、印度尼西亚（加里曼丹）、欧洲及北美洲有分布。

1. 植物体的一部分（×20），2. 叶（×48），3. 叶尖部细胞（×630），4. 叶中部细胞（×430），5. 叶基部细胞（×380）。

3. 挺叶苔 图 96

Anastrophyllum donianum (Hook.) St., Hedwigia 32: 140. 1893.

Jungermannia doniana Hook., Brit. Jungermannia 1: 39. 1813.

体形稍大，硬挺，红褐色，稀疏生长。茎匍匐，先端倾立，分枝稀少，常从叶腋处伸出，稀茎腹面中央长出鞭状枝；茎横切面椭圆形，皮部和髓部明显分化。假根稀少，无色。叶狭三角形，长约1.2毫米，宽约0.7毫米，先端渐尖，浅凹，基部抱茎，背仰；边缘强烈内曲。叶边缘细胞和中上部细胞不规则等轴形，基部细胞呈长轴形，约长14–50微米；胞壁不规则球状加

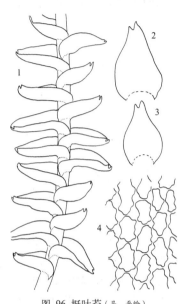

图 96 挺叶苔（马 平绘）

厚，红褐色，三角体膨大。油体约2–4微米，每个细胞3–6，表面粗糙。腹叶缺失。雌雄异株。蒴萼口部收缩，具纤毛。

产四川、云南和西藏，生于海拔3000米以上山地的岩面薄土、土坡和杜鹃灌丛下。印度北部、欧洲及北美洲（阿拉斯加）有分布。

1. 植物体的一部分（×6），2-3. 叶（×9），4. 叶中部细胞（×220）。

4. 高山挺叶苔 图 97

Anastrophyllum joergensenii Schiffn., Hedwigia 49: 396. 1910.

体形中等大小，挺硬，暗棕色或红褐色，稀疏丛生于其它苔藓间。茎倾立，分枝稀少，长约2厘米，连叶宽约1.5毫米；横切面近圆形，细胞分化明显。腹面有时可见假根。叶脆弱易碎，近横生于茎上，长三角形，背仰，基部强烈内凹，先端阔，浅裂，裂瓣间近半圆形。叶细胞形状不规则，从等轴形至长方形，直径约16–50微米，尖部和上部边缘细胞较小，基部细胞较

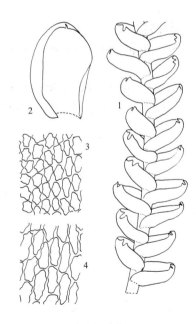

图 97 高山挺叶苔（马 平绘）

大，胞壁不规则球状加厚，三角体大而明显，黄褐色；表面粗糙。

产四川、云南和西藏，生于海拔2000米以上的高山岩面或杜鹃丛下。

尼泊尔、印度北部及欧洲有分布。

1. 植物体的一部分（×13），2. 叶（×17），3. 叶中部细胞（×210），4. 叶基部细胞（×210）。

5. 密叶挺叶苔   图 98

Anastrophyllum michauxii (Web.) Buch., Mem. Soc . F. FL. Fennica 8: 289. 1932.

Jungermannia michauxii Web., Hist. Musc. Hepat. Prodr.: 76. 1815.

植物体中等大小，硬挺，褐绿色或浅棕色，密集或稀疏生长。茎近直立，分枝常从茎腹面中央伸出；横切面圆形，细胞分化明显。假根稀疏，无色。叶平展，向背侧倾斜，阔卵形或卵状方形，先端两裂，深裂达叶长度的1/4，裂瓣近于等大，阔三角形，尖部圆钝或尖锐，背瓣基部明显下延。叶细胞不规则多边形或长方形，中部细胞宽12–16微米，长17–22微米，尖部细胞略小，基部细胞长方形；胞壁明显不规则增厚，三角体膨大；表面具疣。芽胞红棕色，多角形，由2个细胞组成。雌雄异株。蒴萼顶生，长圆筒形，近口部收缩，具褶，边缘具齿或小裂瓣。

产陕西、台湾、四川和云南，生高海拔山地潮湿岩面或腐木上。日本、欧洲及北美洲有分布。

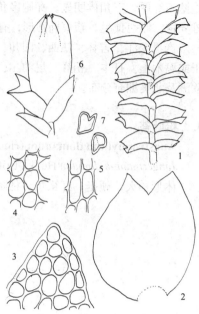

图 98 密叶挺叶苔（马 平、吴鹏程绘）

1. 植物体的一部分（×15），2. 叶（×65），3. 叶尖部细胞（×240），4. 叶中部细胞（×240），5. 叶基部细胞（×240），6. 雌苞（×15），7 芽胞（×350）。

6. 石生挺叶苔   图 99

Anastrophyllum saxicola (Schrad.) Schust., Amer. Middl. Nat. 45 (1): 71. 1951.

Jungermannia saxicola Schrad., Syst. Samml. Crypt. Gew. (2): 4. 1797.

体形较大，硬挺，褐绿色或黄褐色，丛生。茎先端上倾，单一或分枝稀少，分枝常从叶腋处伸出；横切面近圆形，细胞分化明显。腹面有稀少假根。叶近圆形，背仰；腹面斜生，宽大于长，明显内凹，先端1/2–1/3两裂，裂瓣阔三角形，腹瓣大于背瓣。叶细胞圆方形至长方形，直径约16–24微米，排列整齐，角部略加厚，叶基部细胞三角体明显。无芽胞。雌雄异株。雌苞顶生，雌苞叶与营养叶等大或略大，具2–5不规则裂瓣，边缘有不规则齿。蒴萼长椭圆形，具宽纵褶，口部收缩，边缘有细裂瓣。孢蒴卵形，蒴壁厚3层细胞。

产黑龙江、吉林和辽宁，生林下土面或岩面薄土上。日本、俄罗斯（远东地区及西伯利亚）、欧洲及北美洲有分布。

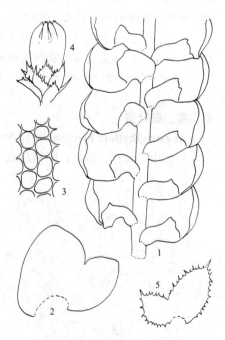

图 99 石生挺叶苔（马 平、吴鹏程绘）

1. 植物体的一部分（×18），2. 叶（×18），3. 叶中部细胞（×305），4. 雌苞（×15），5. 雌苞叶（×12）。

7. 广萼苔属 Chandonanthus Mitt.

植物体较粗，硬挺，黄褐色至褐色。茎匍匐，先端上倾，单一或有分枝，鞭状枝有时着生于侧叶叶腋或茎腹面。假根生于茎腹面。叶蔽后式覆瓦状排列，近于横生，深（2）3–4裂，深裂达叶长度2/3以上，裂瓣披针形或狭披针形，略背仰；叶边全缘或具齿，裂瓣不等大。腹叶大，深2裂。叶细胞壁不规则加厚，具明显三角体。油体近球形，每个细胞含2–6个。雌雄异株。蒴萼长卵形，具明显深纵褶，口部收缩，边缘具纤毛。

约11种，多热带、亚热带山区分布。中国有2种。

1. 叶边除基部外全缘 ·· 1. 全缘广萼苔 C. birmensis
1. 叶边具不规则齿 ·· 2. 齿边广萼苔 C. hirtellus

1. 全缘广萼苔

图 100 彩片15

Chandonanthus birmensis St., Sp. Hepat. 3: 643. 1909.

体形稍大，浅暗绿色或黄棕色，干时较硬挺，易碎，密集生长。茎匍匐，先端倾立；鞭状枝有时从茎腹面生出；茎横切面近圆形，细胞分化明显。茎腹面假根无色。侧叶近横生，深三裂，裂瓣长三角形，背侧瓣最大，向腹面渐趋小；裂瓣中上部全缘，基部两侧有1（2）–3（5）粗齿；叶边背曲。腹叶深两裂，裂瓣三角形，基部两侧有2–3粗齿。叶细胞不规则多边形，直径16–25微米，细胞壁不规则加厚，三角体明显。每个细胞具3–4个球状油体。雌雄异株。蒴萼长卵形，上部具深纵褶，口部收缩，边缘具多细胞纤毛。

产辽宁、浙江、台湾、福建、江西、广东、香港、广西、贵州、四川、云南和西藏，生山地林下湿土、石面薄土、树干或腐木上。喜马拉雅地区、印度、印度尼西亚及马达加斯加有分布。

图 100 全缘广萼苔（马 平绘）

1. 植物体的一部分（腹面观，×8），2–3. 叶（×16），4. 叶尖部细胞（×220），5. 叶中部细胞（×220），6. 腹叶（×16）。

2. 齿边广萼苔

图 101 彩片16

Chandonanthus hirtellus (Web.) Mitt., Journ. Proc. Linn. Soc. London 22: 321. 1887.

Jungermannia hirtella Web., Hist. Musc. Hepat. Prodr. 50. 1815.

体形稍大，硬挺，黄色至黄褐色，散生或与其它苔藓成丛生长。茎匍匐，先端倾立，分枝少；茎横切面椭圆形，细胞分化明显。假根少，生于茎腹面。侧叶斜列至近横生，深三裂，长三角形，不等大，裂瓣边缘背曲；叶边具多个多细胞长齿。腹叶深两裂，裂瓣等大，边缘具多数多细胞长齿。叶细胞形状不规则，尖部细胞略小，多边形，中部细胞大，不规则长方形，胞壁明显不规则增厚，三角体显著，表面具疣。雌雄异株。蒴萼长卵形，上部具深纵褶，口部收缩，具纤毛。

产陕西、安徽、浙江、台湾、福建、江西、湖南、广西、贵州、四川、云南和西藏，生山地林下的土面、岩面薄土、树干或腐木上。亚洲东南部、热带非洲、马达加斯加及澳大利亚等地有分布。

　　1. 植物体的一部分（腹面观，×10），2. 叶（×17），3. 叶的背瓣（×20）4. 叶中部细胞（×250），5. 腹叶（×20）。

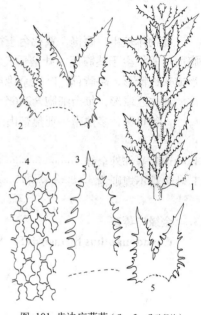

图 101 齿边广萼苔（马 平、吴鹏程绘）

8. 兜叶苔属 Denotarisia Grolle

　　植物体形较大，浅褐色，常与其它苔藓混生。茎匍匐，先端倾立，无光泽；分枝稀少，常有鞭状枝从腹面中央伸出；茎横切面圆形，皮部和髓部细胞分化明显。叶阔卵圆形，边缘内曲，抱茎，基部一侧下延；叶边全缘。腹叶常缺失，有时在茎尖腹面可见由单列细胞组成的片状结构。叶细胞等轴形，约长20–30微米，基部细胞略长，胞壁不规则加厚，三角体明显，中央具放射壁；表面粗糙。雌雄异株。雄苞侧生。雌苞常生于新枝的顶端。蒴萼长卵形，上部具5–6条纵褶，口部边缘具单列细胞构成的纤毛。

　　单种属，生热带地区。我国有分布。

兜叶苔　　　　　　　　　　　　　　　　　　图 102

Denotarisia linguifolia (Gott.) Grolle, Feddes Repert. 82: 6. 1971.

Jungermannia linguifolia Gott., Mexik. Leverm. :86. 1863.

　　种的形态特征同属。

　　产台湾，生腐木上。印度尼西亚、巴布亚新几内亚、索罗门群岛、夏威夷、新西兰及伊朗西部有分布。

　　1. 植物体的一部分（×24），2. 叶（×40），3. 叶中部细胞（×640）。

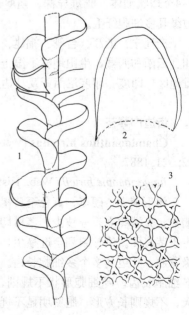

图 102 兜叶苔（马 平绘）

12. 叶苔科 JUNGERMANNIACEAE
（高　谦　李　微）

植物体细小至中等大小，绿色、黄绿色、暗绿色或红褐色。茎直立、倾立或匍匐，侧枝由茎腹面产生，少数种有鞭状枝。假根散生于茎腹面，或叶基部，或叶腹面，有时假根呈束状沿茎下垂，无色或淡褐色或紫色。侧叶蔽后式，全缘或少数先端微凹，稀浅两裂，斜列或近于横生，前缘基部常下延。腹叶多缺失，如存在则呈舌形或三角状披针形，稀2裂。叶细胞方形或圆六角形，壁厚或胞壁三角体大或呈球状，或不明显，少数具疣；油体少至多数，球形、椭圆形或长条形。雌雄同株或异株或有序同苞。雄苞顶生或间生，雄苞叶2–3对。雌苞顶生或生于短侧枝上；雌苞叶多大于侧叶，同形或略异形。蒴萼多长或短圆柱形、卵形、梨形或纺锤形，平滑或上部有纵褶，部分种茎先端膨大呈蒴囊。蒴萼生于蒴囊上。孢蒴通常圆形或长椭圆形，黑色，成熟时四瓣裂，蒴壁细胞多层，外层细胞壁球状加厚。蒴柄由多数细胞构成。弹丝多为2列螺纹加厚，稀1或3–4列螺纹加厚。孢子褐色或红褐色，具细疣，直径10–20微米。

11属，多温带生长，少数分布热带和亚热带山区。我国有8属。

1. 腹叶缺失；雌苞亦无腹叶。
　2. 蒴萼口部无毛。
　　3. 叶细胞深绿色，不透明；树生，东亚特产 ·· 1. 服部苔属 Hattoria
　　3. 叶细胞不呈深绿色，或为深绿色而较透明；土生或石生，稀腐木生，广布世界各地。
　　　4. 叶三角形或圆形，渐尖，叶面或茎表面厚，有疣状突起 ················· 2. 疣叶苔属 Horikawaiella
　　　4. 叶圆形或舌形，先端圆钝，叶面和茎表面壁薄，无疣状突起 ············· 4. 叶苔属 Jungermannia
　2. 蒴萼口部有毛 ··· 7. 大叶苔属 Scaphophyllum
1. 腹叶存在，常较小或在老茎部分消失；雌苞腹叶长存。
　5. 蒴萼口部收缩，蒴萼极短或仅具蒴囊。
　　6. 腹叶小或常消失；雌苞叶和雌苞腹叶边缘有齿或毛；蒴萼圆棒形至圆柱形，口部具细毛；蒴壁4–5层细胞 ··· 3. 圆叶苔属 Jamesoniella
　　6. 腹叶长存或具残痕；雌苞叶和雌苞腹叶无纤毛和齿；具蒴囊，蒴萼近圆形，口部具细圆齿或突起；蒴壁2层细胞。
　　　7. 叶肾形或圆形，稀先端微裂；腹叶狭披针形或三角形，不开裂；蒴萼生于直立的蒴囊上，或隐生于雌苞叶 ··· 5. 被蒴苔属 Nardia
　　　7. 叶卵形或长方形，全缘；腹叶2裂，边缘有齿或平滑；蒴萼缺失，常具蒴囊 ·· 6. 假苞苔属 Notoscyphus
　5. 蒴萼口部开阔，呈背腹扁平形 ·· 8. 小萼苔属 Mylia

1. 服部苔属 Hattoria Schust.

植物体中等大小，长1–2厘米，连叶宽0.8–1.0毫米，黄绿色，常带淡紫红色。茎匍匐，上部倾立，分枝生于茎腹面。假根少，无色。叶片覆瓦状排列，前后相接，近横生，内凹，宽0.8–1.1毫米，长0.6–0.8毫米。叶边细胞透明，10–18微米，胞壁不规则加厚，淡褐色，三角体大；每个细胞含2–4个油体。雌雄异株。雄苞叶3–4对，呈瓢形，每个雄苞叶中有1个精子器。蒴萼长椭圆状卵形，高出于雌苞叶，上部渐收缩，有4–5条浅褶。蒴囊不发育。雌苞叶1对，大于茎叶，半球形或瓢形，全缘。

1种，亚洲温湿山区生长。我国有分布。

服部苔   图 103

Hattoria yakushimense (Horik.) Schust., Rev. Bryol. Lichenol. 30: 70. 1961.

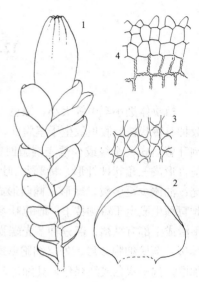

Anastrophyllum yakushimense Horik., Journ. Sc. Hiroshima Univ. ser. b. div. 2, 2: 149. 1934.

种的描述同属。

产福建、云南和西藏，生于开阔地的树干基部或岩面薄土上。日本有分布。

1. 雌株(背面观，×10)，2. 叶(×24)，3. 叶中部细胞(×155)，4. 蒴萼口部细胞(×155)。

图 103 服部苔（马 平、吴鹏程绘）

2. 疣叶苔属 Horikawaella Hatt. et Amak.

体形中等大小至小形，多密集生长。茎长1–3厘米；横切面髓部细胞薄壁；表面具细疣。茎叶三角状心脏形，下延，叶先端圆钝。叶细胞壁薄，具大三角体，表面具多数粗疣。雌雄异株。雄苞顶生或间生。雌苞顶生。蒴萼半隐生，纺缍形，具4条纵褶。雌苞叶1–2对。孢蒴成熟后4瓣开裂。孢子直径约20微米。弹丝2列螺纹加厚。

3种，亚洲温带地区分布。我国有1种。

圆叶疣叶苔   图 104

Horikawaella rotundifolia Gao et Yi, Acta Phytotax. Sinica 36 (3): 284. 1998.

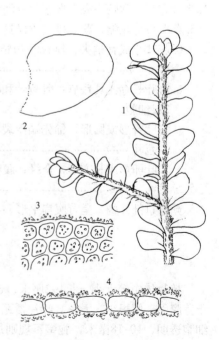

植物体稍粗，长1.5–3厘米，连叶宽2–3毫米，褐绿色，干时黑褐色，丛集生长。茎直立或倾立，单一或叉状分枝，直径0.28–0.3毫米，表面被疣。假根散生茎上，向腹面伸出或束状下垂，浅褐色。叶片卵形，疏生，上部背仰，前缘基部略下延；叶边略内卷。叶边细胞六边形，宽28–32微米，长32–36微米，中部细胞与叶边细胞近似，基部细胞略大，宽32–36微米，长36–45微米，三角体小，表面具不规则细疣。雌雄异株。雄株稍细弱；雄苞顶生，雄苞叶2–3对。

特产云南，生于高寒地区土地上。

1. 植物体(背面观，×7)，2. 叶(×18)，3. 叶边缘细胞(×200)，4. 叶横切面的一部分(×320)。

图 104 圆叶疣叶苔（马 平、吴鹏程绘）

3. 圆叶苔属 Jamesoniella (Spruce) Carring

体形较粗大，绿色或褐绿色，平展，呈小片状生长。茎先端上倾。叶蔽后式，斜列，圆形、卵形或肾形；叶边全缘。叶细胞规则或不规则六边形，壁薄，三角体不明显或呈球状加厚，平滑。腹叶在茎上常退失。雌雄异株。蒴萼长圆筒形或杯形，上部有3–6条纵褶，口部有齿或长毛，多高出于雌苞叶。雌苞叶形大，外雌苞叶开裂，边缘有齿，内雌苞叶边缘有齿。雄株小；雄苞叶基部有1–2齿，每一雄苞叶含1个精子器。孢子黑褐色。弹丝有2列螺纹加厚。

约40余种，多分布于南半球热带。我国有4种。

1. 叶片长卵形，长度大于宽度；蒴萼长圆柱形 ·································· 1. 圆叶苔 J. autumnalis
1. 叶片卵形或阔卵形，长宽相等或宽度大于长度；蒴萼短圆卵形或梨形。
  2. 叶片平展，表面具疣 ··· 2. 东亚圆叶苔 J. nipponica
  2. 叶片平展或有波纹，表面平滑 ·· 3. 波叶圆叶苔 J. undulifolia

1. 圆叶苔　　　　　　　　　　　　图 105

Jamesoniella autumnalis (DC.) St., Sp. Hepat. 2: 92. 1901.

Jungermannia autumnalis DC., Fl. France Suppl. 202. 1815.

体形稍大，长2–4厘米，绿色或褐绿色，密集生长。茎匍匐，先端上倾，直径约0.2毫米；不分枝，或在雌苞下部分枝。假根生于茎腹面，散生。叶片覆瓦状斜列，阔卵形或圆方形，基部下延，上部背仰。叶细胞圆形或长椭圆形，叶边上部细胞宽19–20微米，长19–23微米，中部细胞长约28微米，宽24–26微米，叶基部细胞略长大，均薄壁，三角体明显。腹叶在茎中下部缺

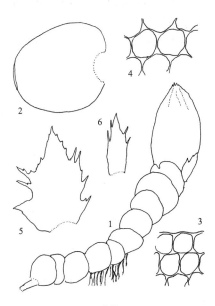

图 105　圆叶苔（吴鹏程绘）

1. 雌株（侧面观，×6），2. 叶（×18），3. 叶尖部细胞（×190），4. 叶中部细胞（×190），5. 雌苞叶（×15），6. 雌苞腹叶（×15）。

失。雌雄异株。雄株较细小，常单独成小群丛，雄苞顶生或生于植株中间。雄苞叶3–6对，圆形。雌苞叶3对，卵形，内雌苞叶先端开裂成毛状或齿状，或深裂成瓣，外雌苞叶侧面或基部具2–3个齿。蒴萼长圆柱形，直立，先端收缩成小口，口部有单列细胞长毛。孢蒴长卵形，黑褐色。孢子球形，具细疣，直径12微米。弹丝2列螺纹加厚。

产黑龙江、吉林、山西和云南，生于林地或腐木上。日本、俄罗斯、欧洲及北美洲有分布。

2. 东亚圆叶苔　　　　　　　　　　图 106

Jamesoniella nipponica Hatt., Journ. Jap. Bot. 19: 350. 1943.

植物体较大，长达3厘米，褐绿色，密集生长。茎匍匐，先端上倾，连叶片宽2.4–2.9毫米；横切直径约0.3毫米。雌苞基部常分枝。假根生于叶基部，常无色透明。叶片覆瓦状着生，斜列，椭圆形，后缘基部稍下延，长1.2–1.3毫米，宽1–1.1毫米。叶尖部细胞长24–26微米，宽

18–22微米，中部细胞长26–34微米，宽24–26微米，基部细胞长30–36微米，宽22–24微米，薄壁，三角体明显，呈球状，表面有疣。腹叶在茎上退化或由几个细胞构成，线形。雌雄异株。外雌苞叶大，边缘浅裂或有不规则齿；内雌苞叶小，边缘有细裂片，雌苞腹叶小，三角形，2–3裂，常与内雌苞叶基部相连。蒴萼大，高出于雌苞叶，倒卵形，先端具5–7条纵褶，口部收缩，具纤毛。雄苞生于茎中间，雄苞叶多对。

产甘肃、安徽、浙江、台湾、湖北、湖南、贵州、四川和云南，生林边或路边土上。日本及印度尼西亚有分布。

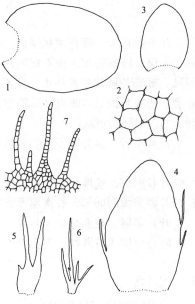

1. 叶(×21)，2. 叶中部细胞(×140)，3. 腹叶(×21)，4. 雌苞叶(×21)，5-6. 雌苞腹叶(×21)，7. 蒴萼口部细胞(×38)。

图 106 东亚圆叶苔（吴鹏程绘）

3. 波叶圆叶苔 图 107

Jamesoniella undulifolia (Nees) K. Müll., Eur. Leberm. 2: 758. 1916.

Jungermannia schraderi var. *undulifolia* Nees, Naturg. Eur. Leberm. 1: 306. 1833.

植物体绿色，中等大小，密生。茎匍匐，先端倾立，不分枝，或雌苞基部腹面分枝。假根疏生于茎上。叶片覆瓦状斜列，圆形，叶边有明显波纹。叶细胞圆六边形，上部边缘细胞长20–25微米，中部细胞长30–32微米，薄壁，三角体明显，不透明。腹叶小，狭披针形。雌雄异株。雌苞顶生或侧生于短枝上；雌苞叶阔卵形，宽度大于长度；内雌苞叶先端常具不规则裂片。

蒴萼隐生于雌苞叶中，仅上部露裸，圆球形，口部开阔，边缘有短毛状齿。

产黑龙江、吉林、辽宁、安徽、浙江、福建、江西、云南和西藏，生于林下或林边，常与其他苔藓形成群丛。欧洲及北美洲有分布。

1. 雌株(侧面观，×8)，2. 茎的横切面(×10)，3. 叶边细胞(×150)，4. 蒴萼口部(×16)。

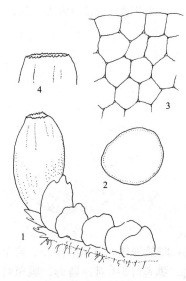

图 107 波叶圆叶苔（吴鹏程绘）

4. 叶苔属 Jungermannia Linn.

植物体多变异，绿色，黄绿色，有时呈红色，直立或倾立，丛集生长。茎具不规则分枝，直径10–15个细胞，稀茎腹面有鞭状枝。假根散生，或呈束状沿茎下垂，无色或老时褐色，或呈紫红色。叶敝后式，侧叶一般为卵形、圆形、肾形或长舌形，多不对称，斜列，离生或覆瓦状排列，叶边平滑；叶面有时有波纹。腹叶缺失，有时仅有残痕。叶细胞薄壁，三角体明显或不明显。油体常存，形状各异。雌雄异株或异苞同株。雄苞叶排列成穗状，基部膨起。雌苞顶生，稀侧生；蒴萼棒槌形或纺锤形，或圆形，有褶或无褶。孢蒴圆形或卵形，成熟时四瓣开裂。蒴柄细长。孢子直径10–24微米，有细疣。弹丝2列螺纹加厚。

约117种，温带地区分布，少数种生长热带和亚热带山区。中国有64种。

1. 蒴萼上部突收缩呈小喙；雌苞叶生于蒴萼基部，无蒴囊。
　2. 蒴萼短圆柱形，无褶。
　　3. 植物体大，通常长4-6厘米；雌雄有序同苞，或有时雌雄同株，常具蒴萼；无性枝和无性芽胞多缺失……
　　　　…………………………………………………………………………………………… 3. 光萼叶苔 J. leiantha
　　3. 植物体较小，通常长1-3厘米；雌雄异株，常无蒴萼；多有无性枝和无性芽胞 …… 4. 狭叶叶苔 J. subulata
　2. 蒴萼梨形、卵形或棒槌形，上部有3-5条褶。
　　4. 植物体直立或倾立；假根长，呈束状沿茎下垂。
　　　5. 假根散生于叶背面或蒴萼上。
　　　　6. 叶边无狭卷边 ……………………………………………………………… 24. 热带叶苔 J. ariadne
　　　　6. 叶边有狭卷边 ……………………………………………………………… 25. 束根叶苔 J. clavellata
　　　5. 假根生于叶基和茎上。
　　　　7. 叶片圆形，长宽相等，基部明显收缩 ………………………………… 23. 抱茎叶苔 J. appressifolia
　　　　7. 叶片扁肾形，宽度大于长度，基部不明显收缩 ……………………… 26. 圆萼叶苔 J. confertissima
　　4. 植物体倾立或匍匐；假根短，不呈束状沿茎下垂。
　　　8. 植物体纤细；叶片小，疏生 …………………………………………… 30. 拟圆柱萼叶苔 J. pseudocyclops
　　　8. 植物体不纤细；叶片大，常邻接着生。
　　　　9. 叶片近横生，或略斜生，两侧角部下延较长；蒴萼上部无明显褶 ………… 27. 圆柱萼叶苔 J. cyclops
　　　　9. 叶片斜生，前缘基部下延；蒴萼上部有褶。
　　　　　10. 蒴萼口部有短喙。
　　　　　　11. 植物体雌雄同株；叶边不分化。
　　　　　　　12. 植物体长0.5-1厘米 …………………………………………… 31. 小叶叶苔 J. pusilla
　　　　　　　12. 植物体长1-1.5厘米 ………………………………………… 33. 球萼叶苔 J. sphaerocarpa
　　　　　　11. 植物体雌雄异株；叶边分化或不分化。
　　　　　　　13. 蒴萼梭形，上部有3-4条纵褶，明显高出于雌苞叶 …………… 28. 梭萼叶苔 J. fusiformis
　　　　　　　13. 蒴萼梨形或短棒槌形，上部有4-5条纵褶，约1/2高出于雌苞叶 … 32. 梨萼叶苔 J. pyriflora
　　　　　10. 蒴萼口部无短喙 ………………………………………………… 29. 大萼叶苔 J. macrocarpa
1. 蒴萼上部渐收缩，不呈喙状；雌苞叶生于蒴萼中下部或基部，蒴囊发育或缺失。
　14. 蒴囊缺失，圆卵形至短柱形；蒴萼外壁细胞与叶细胞相似。
　　15. 植物体小，长0.3-3厘米，叶片心脏形，长宽近于相等，基部着生处狭 ……… 1. 深绿叶苔 J. atrovirens
　　15. 植物体大，长2-5厘米，叶片宽心脏形，宽大于长，基部着生处宽 ……… 2. 长萼叶苔 J. exsertifolia
　14. 蒴囊发育，卵形、纺锤形或棒槌形；蒴萼外壁细胞长轴形，壁厚。
　　16.植物体直立或倾立；茎腹面常有束状下垂假根。
　　　17. 植物体长达3厘米以上，连叶宽2-3毫米；蒴囊近于不发育。
　　　　18. 植物体纤柔；蒴萼中上部有疣 ……………………………………… 11. 黎氏叶苔 J. lixingjiangii
　　　　18. 植物体硬挺；蒴萼中上部无疣 ……………………………………… 18. 垂根叶苔 J. radicellosa
　　　17. 植物体长度不及3厘米，连叶宽约2毫米；蒴囊发育良好，约为蒴萼长度的1/3-1/2。
　　　　19. 植物体假根多，生于蒴萼外壁或叶片背面，沿茎腹面下垂。
　　　　　20.叶片圆形；蒴萼短纺锤形，口部无毛，仅有齿突 ………………… 8. 变色叶苔 J. hasskarliana
　　　　　20.叶片三角形或短舌形，先端圆钝；蒴萼长纺锤形，口部具单细胞长毛 …………
　　　　　　…………………………………………………………………………………… 22. 臧氏叶苔 J. zangmuii
　　　　19. 植物体假根相对较少，生于叶基部或茎腹面，多沿茎下垂。
　　　　　21.叶细胞壁三角体大，呈球状；壁胞表面平滑 ………………………… 6. 直立叶苔 J. erecta
　　　　　21.叶细胞壁三角体小，不呈球状，胞壁表面有条纹 ………………… 21. 长褶叶苔 J. virgata

16. 植物体直立或匍匐；茎腹面无明显束状下垂假根。

  22. 叶片抱茎着生，与茎着生处呈弧形；叶片通常长度大于宽度。

    23. 植物体长2.5–5厘米，连叶宽3–4毫米。

      24. 叶片卵圆形。

        25. 植物体雌雄同株异苞；每个细胞含3–5(6)个油体 ············ 12. **倒卵叶叶苔 J. obovata**

        25. 植物体雌雄异株；每个细胞含6–10个油体 ············ 13. **羽叶叶苔 J. plagiochiloides**

      24. 叶片圆形。

        26. 植物体硬挺，常具鞭状枝；叶片常内凹 ············ 7. **鞭枝叶苔 J. flagellata**

        26. 植物体柔弱，不具鞭状枝。叶片常背仰 ············ 19. **卷苞叶苔 J. torticalyx**

    23. 植物体长1–2.5厘米，连叶宽1–3毫米。

      27. 叶片圆形 ············ 14. **溪石叶苔 J. rotundata**

      27. 叶片卵形。

        28. 叶中部细胞壁三角体明显，呈钝三角形。

          29. 植物体长1厘米，连叶宽2–3毫米；油体圆形，每个细胞含4–6个... 10. **褐绿叶苔 J. infusca**

          29. 植物体长1.5厘米，连叶宽3–3.5毫米；油体长椭圆形，每个细胞含2–4个 ············

          ············ 16. **石生叶苔 J. rupicola**

        28. 叶中部细胞壁三角体小，呈锐三角形 ············ 17. **拟卵叶叶苔 J. subelliptica**

  22. 叶片横生或斜生，与茎着生处不呈弧形；叶片长度不大于宽度。

    30. 植物体枝条先端常具无性芽胞 ············ 15. **红丛叶苔 J. rubripunctata**

    30. 植物体无性芽胞多缺失。

      31. 叶长椭圆形或舌形，表面有明显粗疣 ············ 5. **偏叶叶苔 J. comata**

      31. 叶圆形或卵形，表面平滑。

        32. 植物体长度不及1厘米；叶片半圆形，宽度明显大于长度；假根无色或褐色 ············

        ············ 9. **透明叶苔 J. hyalina**

        32. 植物体长1–1.5厘米；叶片阔圆形或舌形，长宽相等；假根无色或粉红色 ············

        ············ 20. **截叶叶苔 J. truncata**

1.　深绿叶苔

图 108

Jungermannia atrovirens Dum., Syll. Jungermannia 51. 1831.

Aplozia atrovirens (Dum.) Dum., Bull. Soc. Reoy. Bot. Belgique 13: 63. 1874.

植物体形多变，长0.5–4厘米，连叶宽0.5–5毫米，黄绿色至暗绿色，片状生长。茎匍匐至倾立，绿色或黄绿色，直径约0.3毫米；不分枝或叉状分枝，分枝生于茎侧面、腹面或雌苞基部。假根多，在茎腹面伸出，无色或浅褐色。叶片长椭圆形，先端圆钝，斜列，后缘基部略下延。叶边细胞方形或短长方形，宽15–22微米，长22–30微米，叶中部细胞长六边形，宽

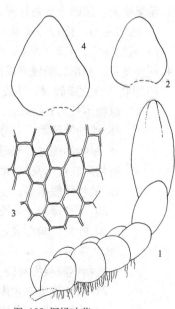

图 108 深绿叶苔（马　平、吴鹏程绘）

18–30微米，长22–40微米，基部细胞宽28–40微米，长50–80微米，胞壁薄，三角体小或不明显，表面平滑，每个细胞含2–3个油体，纺锤形或球形。雌雄异株。雄株细小。蒴萼顶生，长棒形或圆柱形，先端有4–5条纵褶，渐收缩呈喙状。雌苞叶1对，与茎叶同形或稍大于茎叶。孢蒴球形，四瓣纵裂。孢子褐色，直径11–18微米。

产黑龙江、吉林、辽宁、云南和西藏，生于林地或岩面薄土上。日本、欧洲及北美洲有分布。

1. 雌株(侧面观，×22)，2. 叶(×30)，3. 叶中部细胞(×420)，4. 雌苞叶(×25)。

2. 长萼叶苔　　　　　　　　　　　　　　　图 109

Jungermannia exsertifolia St., Sp. Hepat. 6: 86. 1927.

Solenostoma exsertifolia (St.) Amak., Journ. Jap. Bot. 32: 41. 1957.

体形中等大小，长2–4厘米，连叶宽2–3毫米，黄绿色至褐绿色，

小片状生长。茎匍匐或上倾，直径0.3–0.4毫米，不分枝或腹面分枝。假根少，无色。叶斜列，阔卵形，长1–2毫米，宽1.5–2.1毫米。叶边细胞近方形，长17–20微米，中部细胞宽26–30微米，长28–38微米，近基部细胞宽26–30微米，长44–76微米，胞壁薄，黄绿色，无三角体，基部细胞表面有长条纹，每个细胞含2–3个油体。雌雄异株。雄苞间生；雄苞叶4–6对。蒴萼高出于雌苞叶，长棒形，上部有3–4条褶，口部有齿突，雌苞叶1对，与茎叶同形。

产辽宁、浙江和云南，生于阔叶林或针阔混交林下，岩面薄土或树基部。北半球广布。

1. 雌株的一部分(背面观，×10)，2. 叶(×14)，3. 叶尖部细胞(×260)，4. 叶中部细胞(×260)。

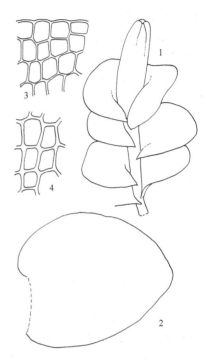

图 109 长萼叶苔(马　平、吴鹏程绘)

3. 光萼叶苔　　　　　　　　　　　　　　　图 110

Jungermannia leiantha Grolle, Taxon 15: 187. 1966.

体形中等大小，长0.8–2厘米，连叶宽1.5–2毫米，深绿色或褐绿色，交织生长。茎匍匐，直径0.15–0.2毫米。假根淡褐色，透明，密生于腹面。叶片斜生，舌形，先端圆钝，长1.05–1.20毫米，中部宽0.97–1.00毫米，后缘基部略下延。叶中部细胞长29–47微米，叶边细胞长29–39微米，胞薄壁，有明显三角体。油体大，椭圆形或圆形，透明或带褐色，多含5–8个。雌雄

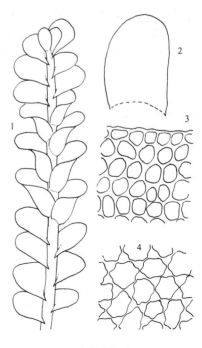

图 110 光萼叶苔(马　平绘)

混生同株或异株。雄苞叶5-6对，生于雌苞下方或雄株上。雌苞生于茎顶端或侧枝先端。蒴萼圆柱形，无褶。雌苞叶与茎叶同形，基部呈兜形。弹丝2列螺纹加厚。

产黑龙江、辽宁、江苏、浙江、江西、湖南、贵州、四川和西藏，生于林下树干基部或腐木上，有时生于湿岩面薄土上。欧洲及北美洲有

分布。

1. 雄株(背面观，×11) 2.叶(×15)，3.叶边缘细胞(×110)，4.叶中部细胞(×110)。

4. 狭叶叶苔　　　　　　　　　　图 111

Jungermannia subulata Evans, Trans. Connext. Acad. Arts Sci. 9: 258. Tab. 23, 4. 1892.

植物体长1-3厘米，连叶宽1-2毫米，绿色或黄绿色，有时带微红色，小片状生长。茎匍匐至倾立，单一或分枝，在不育株的先端常呈鞭状；枝端和小叶边着生红色、无性芽胞。假根多，生于茎腹面，无色或淡褐色。叶疏斜列，卵形或长椭圆形，或舌形，后缘基部沿茎下延，长1.5-2.5毫米，宽1.5-1.8毫米，先端圆钝。叶边细胞宽18-22微米，长18-30微米，中部细胞宽28-30微米，长36-50微米，近基部细胞宽20-30微米，长36-56微米，胞壁薄，三角体明显，常呈球状，表面平滑。油体球形或长椭圆形，每个细胞含6-10个。无性芽胞由单细胞构成，卵圆形。雌雄异株。雄苞间生。蒴萼有时高出雌苞叶，棒槌形，长2-3毫米，上部突收缩呈小喙，上部无疣或具短褶。无蒴囊。孢子球形，褐色，直径10-13微米。

产黑龙江、云南和西藏，生于林下腐木或岩面薄土。日本有分布。

1. 雌株(背面观，×11)，2. 叶(×15)，3. 叶中部细胞(×210)，4. 叶基部细胞(×210)。

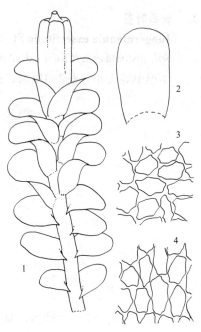

图 111 狭叶叶苔（马　平绘）

5. 偏叶叶苔　　　　　　　　　　图 112

Jungermannia comata Nees, Hepat. Jav. 78. 1830.

体形中等大小，长1.5-2厘米，连叶宽2-4毫米，淡绿色，小片状生长。茎单一或具分枝，先端上倾。假根多数，玫瑰红色，沿茎呈束状下延。叶长舌形，长1-1.6毫米，宽0.8-1.2毫米，先端圆钝。叶边细胞长1.5-22微米，中部细胞长25-43微米，宽22-30微米，基部细胞长35-50微米，宽22-30微米，

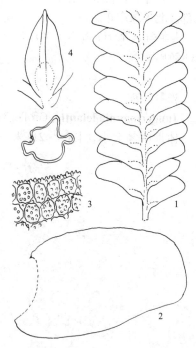

图 112 偏叶叶苔（马　平、吴鹏程绘）

壁薄，三角体大，表面具多疣；每个细胞含油体2-4个。雌雄异株。雄苞顶生或间生。蒴萼略高出于雌苞叶，具3-5条褶，渐趋窄，口部有指状细胞。

产吉林、辽宁、安徽、福建、湖南、广东、海南、广西、贵州、四川、云南和西藏，生于砂质土上、阴湿岩面或腐木上。朝鲜、日本、印度、菲律宾、印度尼西亚及非洲有分布。

1. 植物体的一部分（背面观，×10），2. 叶（×24），3. 叶边细胞（×260）4. 蒴萼（×12），5. 蒴萼横切面（×15）。

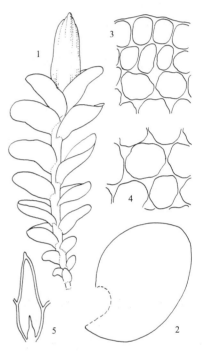

图 113 直立叶苔（马 平、吴鹏程绘）

6. 直立叶苔　　　　　　　　　图 113

Jungermannia erecta (Amak.) Amak., Journ. Hattori Bot. Lab. 22: 13. 1960.

Plectocolea erecta Amak., Journ. Hattori Bot. Lab. 42: 397. 1957.

植物体长1-1.5厘米，连叶宽0.4-1（1.9）毫米，淡绿色或褐绿色，密集生长。茎直立，干燥时挺硬，直径约0.2毫米；不规则分枝。假根多，呈束状沿茎下垂。叶稀疏覆瓦状横生于茎上，三角状舌形或椭圆形，内凹，长0.12-0.67毫米，宽0.75-1.5毫米。叶细胞不规则六边形，近边缘细胞宽18-24微米，长18-33微米，壁厚，三角体不明显，中部细胞宽18-30微米，长23-38微米，三角体明显。油体大，圆形或椭圆形。雌雄异株。雄苞间生。雌苞顶生；蒴萼梭形，先端突出于雌苞叶，上部有3-5条纵褶，口部具不规则的齿。孢蒴球形。

产吉林、辽宁、福建、四川和云南，生于林下或林边湿石或湿土上。日本有分布。

1. 雌株（背面观，×12），2. 叶（×26），3. 叶尖部细胞（×220），4. 叶中部细胞（×220）。

7. 鞭枝叶苔　　　　　　　　　图 114

Jungermannia flagellata (Hatt.) Amak., Journ. Hattori Bot. Lab. 22: 16. 1960.

Plectocolea flagellata Hatt., Journ. Hattori Bot. Lab. 3: 12. 1950.

体形中等大小，长1-1.5厘米，连叶宽2-3毫米，黄绿色，常带红色，密集生长。茎硬挺；分枝呈鞭状，着生茎腹面。假根少，紫红色，散生于茎上。叶相互接近或疏覆瓦状排列，圆形或圆卵形，斜展，长15-18毫米，宽1.4-1.6毫米。叶边细胞长22-30微米，宽15-22微米，

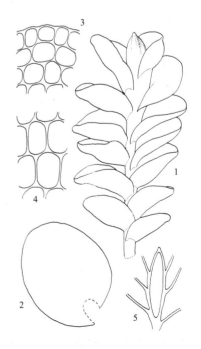

图 114 鞭枝叶苔（马 平、吴鹏程绘）

中部细胞长40–58微米，宽30–36微米，基部细胞长50–65微米，宽30–36微米，壁薄，三角体小，表面平滑或有小疣。油体大，球形或椭圆形，每个细胞含1–3个。雌雄异株。蒴萼常隐生雌苞叶内，纺锤形，有纵褶，口部收缩呈喙状。蒴囊上具雌苞叶1–2对，大于茎叶。

产广西、云南和西藏，生于河岸湿土上。日本有分布。

1.雌株（背面观，×8），2.叶（×16），3.叶尖部细胞（×180），4.叶中部细胞（180），5.雌苞纵切面（×6）。

8. 变色叶苔 图 115

Jungermannia hasskarliana (Nees) St., Sp. Hepat. 2: 76. 1910.

Alicularia hasskarliana Nees, Syn. Hepat. 12. 1844.

植物体长1–2厘米，连叶宽1毫米，黄绿色，常呈紫红色。茎直径0.3–0.4毫米，直立，单一。假根多，黄绿色或紫红色，由叶背面沿茎成束下延。叶圆形，长0.7–1毫米，宽0.9–1.2毫米，后缘基部下延。叶边细胞宽23–30微米，长26–32微米，中部细胞宽26–31微米，长46–80微米，基部细胞宽27–33微米，长50–90微米，壁薄，三角体大，表面平滑。油体圆形，由多数油滴聚集形成。雌雄异株。雄株顶生，雄苞叶8对，基部囊状。雌苞叶与茎叶相似。蒴萼纺锤形，长2.5毫米，宽1毫米，上部有4或多个褶，口部收缩。蒴囊与蒴萼等长。

产福建和云南，生于山地沟边湿土上。印度、缅甸、马来群岛、斯里兰卡、菲律宾、巴布亚新几内亚及澳大利亚有分布。

1.植物体（×7.5）2.叶（×16），3.叶边细胞（×105），4.叶中部细胞（×105）。

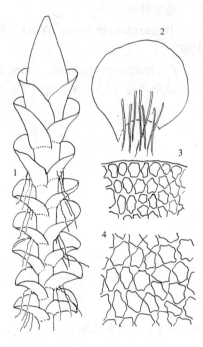

图 115 变色叶苔（马 平绘）

9. 透明叶苔 图 116

Jungermannia hyalina Lyell in Hook., Brit. Jungermannia Pl. 63. 1814.

植物体中等大小，长0.8–1.5厘米，连叶宽1.2–1.6毫米，淡黄绿色，略透明，呈小簇状生长。茎倾立，或匍匐，单一，直径约0.2毫米。假根多数，无色或淡褐色。叶卵形或半圆形，直展，基部不下延或稍呈波状下延，长0.8–1.3毫米，宽0.8–1.5毫米。叶边缘细胞长25–30微米，宽15–22微米，基部细胞长43–60微米，宽30–42微米，壁薄，三角体大。油体长椭圆形，每个细胞含3–6个。雌雄异株。雄苞顶生；雄苞叶5对。蒴萼纺锤形，具4–6条褶，口部具细圆齿。蒴囊直立，与蒴萼等长；雌苞叶1–2对，与茎

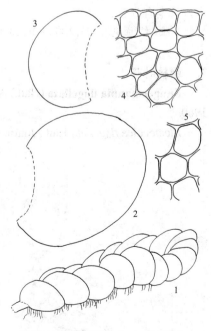

图 116 透明叶苔（马 平、吴鹏程绘）

叶相似。

产辽宁、山东、浙江、福建、海南、广西、贵州、四川和云南，生于阔叶林或针阔混交林下湿土或湿石上。北美洲有分布。

1. 植物体(侧面观，×15)，2-3. 叶(2. ×30，3. ×18)，4. 叶尖部细胞(×195)，5. 叶中部细胞(×195)。

10. 褐绿叶苔   图 117

Jungermannia infusca (Mitt.) St., Sp. Hepat. 2: 74. 1901.

Plectocolea infusca Mitt., Trans. Linn. Soc. London 2: 196. 1891.

植物体中等大小，长0.5–1厘米，连叶宽1–2毫米，绿色或黄绿色，有时褐色，丛生。茎单一，先端上升。假根多数，淡紫红色或无色，散生。叶斜列着生，卵圆形，长1.2–1.7毫米，宽1.3–1.6毫米，后缘基部略下延，先端圆钝形或截形；叶边缘有时内卷。叶边细胞长20–30微米，宽15–25微米，中部细胞长32–40微米，宽30–32微米，基部细胞长40–60微米，宽25–30微米，壁薄，三角体大，表面平滑。油体圆形、卵形或椭圆形4–6个，近于充满整个细胞腔，雌雄异株。雄苞顶生；雄苞叶5–8对。蒴萼卵状椭圆形，约有6条褶，口部收缩，具小齿。蒴囊与蒴萼近于等长。

产吉林、安徽、浙江、贵州和云南，生于山区林下湿土上。日本有分布。

1. 植物体的一部分(背面观，×10)，2. 叶(×26)，3. 叶中部细胞(×195)，4. 雌苞(背面观，×18)，5. 雌苞的纵切面(×18)。

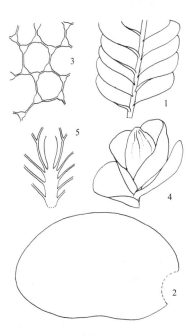

图 117 褐绿叶苔 (马　平、吴鹏程绘)

11. 黎氏叶苔   图 118

Jungermannia lixingjiangii Gao et Bai, Philippine Sci. 38: 128. 2001.

体形柔弱，长1–4厘米，绿色或褐绿色，有时呈红色。茎直立或先端上倾，直径约0.4毫米，不分枝。假根少，不呈束状。叶柔弱，近圆形，斜列茎上，后缘基部略下延，长0.21毫米，宽0.28毫米。叶边细胞宽22–24微米，长22–28微米，叶基部细胞宽28–30微米，长32–42微米，胞壁薄，三角体不明显，平滑。雌雄异株。雄苞顶生或间生；雄苞叶3–8对。蒴萼大，顶生。

蒴囊发育弱，长棒状，具5–6条棱，棱上具粗疣，口部有突起。

产福建和云南，生于林下土上。

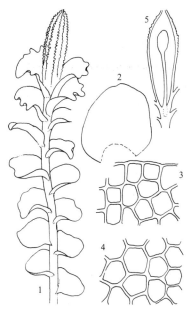

图 118 黎氏叶苔 (马　平绘)

1. 雌株(背面观，×11)，2. 叶(×12)，3. 叶边细胞(×310)，4. 叶中部细胞(×310)，5. 雌苞纵切面(×15)。

12. 倒卵叶叶苔 图 119

Jungermannia obovata Nees, Natury. Eur. Leberm. 1: 332. 1833.

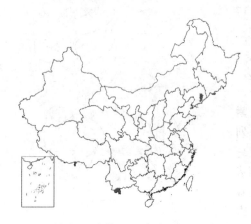

疏松丛生或小片状生长，深绿色或带褐色，有时暗紫褐色，长2-5厘米，宽1-2毫米，在强光下呈黑绿色。茎先端倾立或直立；分枝生于叶腋。假根多，多具色泽，常生于叶片基部。叶斜列，后缘基部延伸，基部狭，中部宽，先端圆钝，略内凹；叶边全缘。叶细胞大，薄壁，近叶边细胞长19-30微米，中部细胞宽24-28微米，长30-35微米，基部细胞宽35-38微米，长47-60微米。油体小，长椭圆形，每个细胞含3-5（6）个。雌雄同株异苞。雄苞间生，雄苞叶通常2-3对。雌苞顶生；雌苞叶短阔，基部内凹，先端背仰。蒴萼上部高出于雌苞叶，具4-6条纵褶，口部具齿。蒴囊与蒴萼相等。孢蒴椭圆形。弹丝2列螺纹加厚。孢子具细疣。

产吉林、辽宁、安徽、云南和西藏，生于阔叶林下湿土上。欧洲及北美洲有分布。

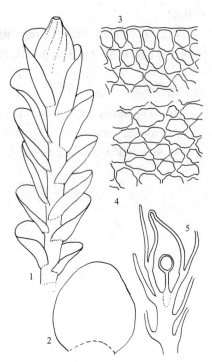

图 119 倒卵叶叶苔（马 平绘）

1. 雌株（背面观，×11），2. 叶（×15），3. 叶边细胞（×230），4. 叶中部细胞（×230），5. 雌苞纵切面（×11）。

13. 羽叶叶苔 图 120

Jungermannia plagiochiloides Amak., Journ. Hattori Bot. Lab. 22: 25. f. 20. 1960.

植物体稍大，长达3厘米，连叶宽3-4毫米，油绿色或绿色，丛集生长。茎直立或倾立，褐色，直径0.4-0.5毫米；不分枝。假根密生，淡紫红色，沿茎下垂。叶片斜列，卵形或长椭圆形，后缘基部下延，长1.5-2毫米，宽1.2-1.8毫米，上部卷曲。叶边细胞宽14-19微米，长20-24微米，壁厚，近基部细胞宽30-36微米，长50-80微米，壁薄，三角体小，表面平滑；油体多，每个细胞含5-10个，球形或长椭圆形。雌雄异株。雄苞间生；雄苞叶5-10对。雌苞叶大，波状皱缩。蒴萼梭形，高出于雌苞叶1/2，有时具不规则4-5条纵褶，口小。蒴囊短，直立。

产福建、湖南、海南和云南，生于湿石或腐木上。日本有分布。

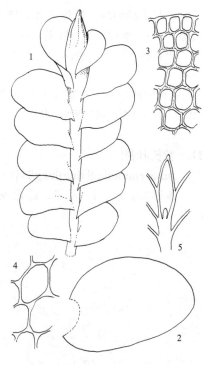

图 120 羽叶叶苔（马 平、吴鹏程绘）

1. 雌株（背面观，×8），2. 叶（×14），3. 叶尖部细胞（×180），4. 叶中部细胞（×180），5. 雌苞纵切面（×6）。

14. 溪石叶苔　　　　　　　　　图 121

Jungermannia rotundata (Amak.) Amak, Journ. Hattori Bot. Lab. 22: 73. 1960.

Solenostoma rodundatum Amak., Journ. Jap. Bot. 31: 50. 1956.

体形较小，长0.5–1厘米，连叶宽1–2毫米，鲜绿色，丛集生长。

茎直径0.2–0.3毫米，直立，单一，鞭状枝生于茎腹面叶腋。假根多数，紫红色或无色，沿茎下延。叶近横生，圆形或卵形，两侧基部不下延，长0.8–1.4毫米，宽0.9–1.5毫米。叶边细胞长16–30微米，宽16–22微米，基部细胞长36–65微米，宽22–36微米，薄壁，三角体小或不明显，表面平滑。油体小，圆形或椭圆形，由多数颗粒组成，每个细胞含2–3个。雌雄同株异苞。雄苞顶生，雄苞叶3–4对。蒴萼高出于雌苞叶，纺锤形，长1–2毫米，直径0.5–1毫米，具褶，口部具喙。蒴囊为蒴萼的1/2。

产海南、四川、云南和西藏，生于山区岩面薄土或湿土上。日本有分布。

1. 雌株(侧面观，×22)，2. 叶(×45)，3. 叶边细胞(×260)，4. 叶中部细胞(×260)。

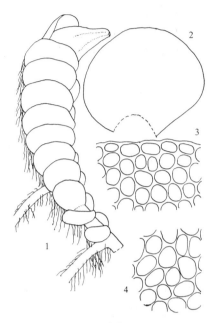

图 121 溪石叶苔（马　平绘）

15. 红丛叶苔　　　　　　　　　图 122

Jungermannia rubripunctata (Hatt.) Amak., Journ. Hattori Bot. Lab. 22: 35. 1960.

Plectocolea rubripunctata Hatt., Journ. Hattori Bot. Lab. 3: 41. 1950.

体形小，长0.5–0.7厘米，连叶宽0.7–1.2毫米，淡绿色，常成红色，小片状生长。茎直立，直径约0.2毫米，具直的鞭状枝。芽胞圆形，单个细胞，多着生鞭状枝的顶端或叶边，紫红色。假根长，散生，紫红色。叶近横生，宽卵形或圆形，长0.6–0.9毫米，宽0.6–1微米。叶边细胞长22–40微米，宽22–35微米，中部细胞长36–60微米，宽27–35微米，基部细胞长40–70微米，

宽22–35微米，壁薄或等厚，三角体小或缺失。雌雄异株。雄苞顶生，雄苞叶约9对。蒴萼顶生，纺锤形，具3条褶，蒴口有细圆齿。

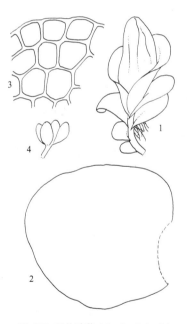

图 122 红丛叶苔（马　平、吴鹏程绘）

产福建、湖南、广西和云南，生林下湿地或湿石上。日本有分布。

1. 雌株(背面观，×12)，2. 叶(×42)，3. 叶边细胞(×180)，4. 开裂的孢蒴(×10)。

16. 石生叶苔 图 123

Jungermânnia rupicola Amak., Journ. Hattori Bot. Lab. 22: 23. 1960.

植物体小，长0.5–1.2（2）厘米，连叶宽3.5毫米，绿色，有时带红色，干燥时有光泽。茎匍匐，直径0.2–0.4毫米，褐色，稀分枝，先端上升或倾立。假根多数，散生，紫红色。叶舌形，上部较密，斜生，仅基部略内凹，长1.7毫米，宽0.7–1.5毫米，先端钝或平截。叶细胞圆六边形，近边缘细胞宽15–19微米，长18–25微米，中部细胞宽24–38微米，长28–40微米，基部细胞宽28–41微米，长47–56微米，薄壁，三角体小，稀形大。雌雄异株。雄苞侧生或顶生，雄苞叶6至多对。蒴萼高出于雌苞叶，长达1.5毫米，有3–5条褶，蒴口小。孢蒴球形，黑褐色。弹丝具2列螺纹加厚。

产吉林、辽宁和西藏，生于山区林下湿石上。日本、菲律宾、印度尼西亚及印度有分布。

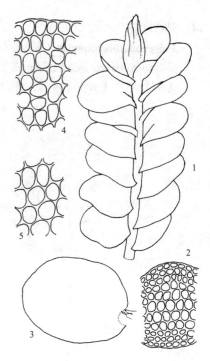

图 123 石生叶苔（马 平、吴鹏程绘）

1. 雌株(背面观，×12)，2. 茎横切面的一部分(×75)，3. 叶(×27)，4. 叶尖部细胞(×320)，5. 叶中部细胞(×320)。

17. 拟卵叶叶苔 图 124

Jungermannia subelliptica (Lindb.) Levier, Bull. Soc. Bot. Ital. 19. 211. 1905.

Nardia subelliptica Lindb., Meddwi. Soc. Fl. Fennica 4: 182. 1883.

体形细小，绿色至褐绿色，少数带浅紫色，长0.5–1.2（1.8）厘米，连叶宽0.6–1.0（1.8）毫米。茎弯曲，直径0.4–1.0毫米，横切面细胞近同形，仅皮部细胞略小，壁稍厚；分枝少。叶斜列，阔纺锤形或卵圆形，后缘基部略下延，上部背仰，基部收缩，先端圆钝，略内凹。叶细胞六边形，薄壁，角部不加厚或具小三角体，近边缘细胞长19–25微米，基部细胞宽19–33微米，长36–47微米。雌雄同株异苞，或有序同苞。雄苞叶通常3–4对，横生茎上，先端圆钝，略背仰。雌苞叶直立或倾立，基部宽，上部常具波纹。蒴萼短，上部有褶，口部常呈喙状，有齿突。蒴囊与蒴萼等长。孢蒴圆形或略呈长椭圆形。蒴柄16个细胞。弹丝直径约8微米，具2列螺纹加厚。孢子12–14微米，红褐色，具疣。

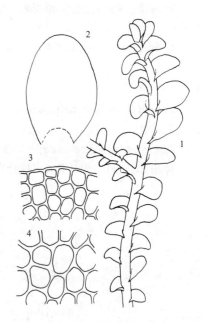

图 124 拟卵叶叶苔（马 平绘）

产黑龙江和吉林，生于红松林或鱼鳞松下沙质湿土或溪边湿石上。欧洲及北美洲有分布。

1. 植物体的一部分(背面观，×5)，2. 叶(×10)，3. 叶边细胞(×160)，4. 叶基部细胞(×160)。

18. 垂根叶苔

图 125

Jungermannia radicellosa (Mitt.) St., Sp. Hepat. 2: 75. 1901.

Solenostoma radicellosum Mitt., Journ. Linn. Soc. Bot. 8: 156. 1865.

细长，长1–4厘米，连叶宽1–4毫米，淡绿色或褐色，松散生长。

茎绿色或褐色，直径0.2–0.3毫米，直立或倾立，单一。假根多，无色，着生在叶背面，沿茎下延成束状。叶斜卵形，后缘基部下延，长1–1.2毫米，宽1.2–1.5毫米。叶边细胞长18–32微米，宽15–29微米，中部细胞宽26–33微米，长42–50微米，基部细胞宽33–35微米，长69–90微米，壁薄，三角体小或缺，表面平滑。油体椭圆形或圆形，散生。雌雄异株。雄苞顶生；雄苞叶8对。蒴萼纺锤形，长2.4–3毫米，直径1毫米，上部有4或多条褶，口部收缩，具粗齿。蒴囊不发育或略发育；雌苞叶1对，与茎叶同形。

产台湾、四川、云南和西藏，生于林下或路边湿土或湿石上。印度、斯里兰卡、日本及巴布亚新几内亚有分布。

1. 雌株的一部分(背面观，×8)，2. 叶(×10)，3. 叶尖部细胞(×240)，4. 叶中部细胞(×240)，5. 蒴萼口部细胞(×155)。

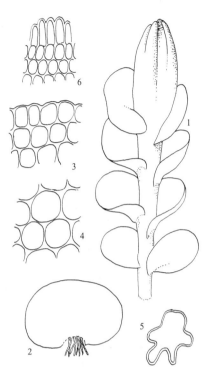

图 125 垂根叶苔（马 平、吴鹏程绘）

19. 卷苞叶苔

图 126

Jungermannia torticalyx St., Sp. Hepat. 6: 94. 1917.

Plectocolea toricalyx (St.) Hatt., Bull. Tokyo Sci. Musc. 11: 38. 1944.

植物体形大，长1.5–3（4）厘米，宽2毫米，绿色，丛集生长。茎

直立，先端上升，直径0.2–0.3毫米，不分枝或在雌苞下分枝。假根着生叶基部，沿茎下延成束状，淡紫红色。叶近横生，圆形或肾形，后缘基部稍下延，长0.7–2毫米，宽1.5–2.6微米，先端圆钝，叶边稍背仰。叶边细胞宽14–24微米，长24–30微米，基部细胞宽37–50微米，长60–80微米，壁薄，三角体小，油体长椭圆形，每个细胞含2–5个。雌雄异株。雄苞顶生，雄苞叶与侧叶相似。蒴萼纺锤形，长3毫米，直径1.2毫米，具不规则褶，口部具不规则齿。蒴囊与蒴萼等长。雌苞叶小，直立，上部边缘背卷。

产辽宁、福建和云南，生于林下溪边湿土和湿石上。日本有分布。

1. 植物体的一部分(背面观，×8)，2. 叶(×9)，3. 叶边细胞(×105)，4. 叶中部细

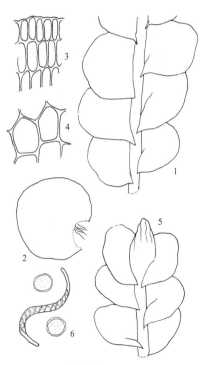

图 126 卷苞叶苔（马 平、吴鹏程绘）

胞(×210)，5. 雌苞(背面观，×8)，6. 孢子和弹丝(×210)。

20. 截叶叶苔
图 127 彩片17

Jungermannia truncata Nees, Hepat. Jav. 29. 1830.

植物体长1–1.5厘米，连叶宽0.8–2毫米，淡黄褐色，稀紫红色，丛集生长。茎单一或有分枝，分枝产生于蒴萼下部。假根多数，散生，浅褐色，稀紫红色，着生于茎基部。叶斜列，圆方形、卵形或卵状舌形，稀舌形，长0.7–1.3毫米，宽0.6–1.4毫米，前端平截或圆钝，后缘基部下延。叶边细胞长18–25微米，宽12–25微米，基部细胞长30–60微米，宽20–30微米，薄壁，表面具条状疣，三角体小或大。雌雄异株。雄株顶生；雄苞叶4–10对。蒴萼短，卵形或纺锤形，具3个不规则纵褶，蒴口收缩，边缘有时具纤毛。雌苞叶1对，大于茎叶。

产辽宁、山东、江苏、浙江、福建、江西、湖南、海南、广西、贵州、四川、云南和西藏，生于林下、路边岩石或土壤上。尼泊尔、印度、泰国及印度尼西亚有分布。

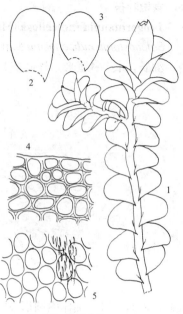

图 127 截叶叶苔（马 平绘）

1. 雌株（背面观，×7.5），2-3. 叶（×10），4. 叶边细胞（×140），5. 叶中部细胞（×140）。

21. 长褶叶苔
图 128

Jungermannia virgata (Mitt.) St., Sp. Hepat. 2: 66. 1901.

Plectocolea virgata Mitt., Trans. Linn. Soc. London 2, 3: 107. 1891.

体形中等大小，长1–2厘米，连叶宽1.5–1.7毫米，淡绿色，常带红色。茎单一，稀分枝，先端上倾，基部常有鞭状枝。假根红褐色，束状，沿茎下垂。叶卵形，近横生，长0.9–1.5毫米，宽0.9–1.4毫米。叶边细胞长14–20微米，中部细胞宽18–24微米，长22–35微米，基部细胞长30–48微米，宽24微米，壁薄，三角体明显。每个细胞含油体1–4个，球形。雌雄异株。雄苞顶生或间生，雄苞叶8–12对。蒴萼顶生，纺锤形，高出于雌苞叶，具3条

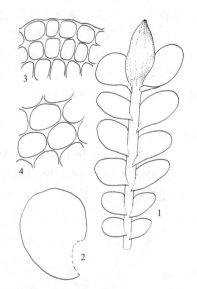

图 128 长褶叶苔（马 平、吴鹏程绘）

褶，口部收缩呈喙状。

产广西和云南，生于林下阴湿岩石或土壤上。日本及朝鲜有分布。

1. 雌株（背面观，×10），2. 叶（×15），3. 叶尖部细胞（×240），4. 叶中部细胞（×240）。

22. 臧氏叶苔
图 129

Jungermannia zangmuii Gao et Bai, Philippine Sci. 38: 134. 2001.

柔弱，长达1厘米，连叶宽约1.5毫米，黄绿色，有时深绿色，透明。茎匍匐，上部倾立，直径约0.35毫米，黄绿色，不分枝。假根散生

于蒴囊或叶片背面，浅褐色或略带红色，不呈束状沿茎下延。叶片疏生或相接，斜列，椭圆形，透明，

后缘基部下延，长约0.65毫米，宽0.35毫米。叶边细胞宽56–78微米，长66–110微米，基部细胞宽55–88微米，长110–140微米，壁薄，三角体小或不明显，平滑。雌雄异株。雌苞顶生；雌苞叶明显大于茎叶。蒴萼高出于雌苞叶，纺锤形，先端有单细胞长毛。蒴囊发达，近于与蒴萼等长，外壁具多数假根。

中国特有，产贵州和云南，生于林下或路边具土石上。

1. 雌株(×7.5)，2. 叶(×17)，3. 叶边细胞(×160)，4. 叶中部细胞(×160)，5. 雌苞纵切面(×15)。

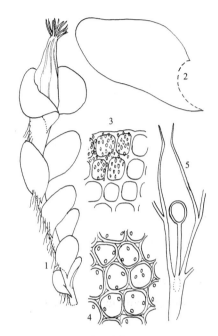

图 129 臧氏叶苔（马　平绘）

23. 抱茎叶苔　圆叶管口苔　　　　图 130

Jungermannia appressifolia Mitt., Journ. Proc. Linn. Soc London 5: 91. 1861.

体形细长，长1–2厘米，连叶宽1–1.8毫米，黄绿色或褐绿色，小片状生长。茎直径0.3–0.4毫米，直立，常在雌苞下分枝。假根多生于茎基部，无色或褐色。叶疏生或相互贴生，圆形或肾形，长0.8–1.3毫米，宽1.2–1.8毫米，两侧基部下延，干燥时贴于茎上。叶边细胞长15–23微米，基部细胞长32–50微米，宽22–30微米，壁薄，三角体明显，表面平滑。油体圆形或卵形，每个细胞含3–5个。雌雄异株。雄苞顶生；雄苞叶8–10对。蒴萼梨形，高于雌苞叶，上部有4–5条纵褶。蒴萼口部收缩，有齿突。雌苞叶1对，与茎叶相似。

产安徽、台湾和云南，生于阔叶林下湿土或岩面薄土。日本、尼泊尔、印度、马来西亚及巴布亚新几内亚有分布。

1. 植物体的一部分(侧面观，×20)，2-3. 叶(2. ×38，3. ×20)，4. 叶尖部细胞(×265)，5. 叶中部细胞(×265)。

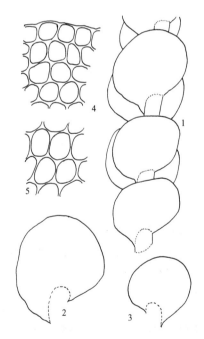

图 130 抱茎叶苔（马　平、吴鹏程绘）

24. 热带叶苔　　　　图 131

Jungermannia ariadne Tayl. ex Lehm., Nov. Stirp. Pugillus 8: 9. 1844.
Haplozia ariadne (Tayl.) Herz., Mitt. Inst. Bot. Hamburg 7: 187. 1931.

植物体长2.5–3厘米，连叶宽1.5–2毫米，黄绿色，常带红色，丛集生长。茎直径0.3–0.5毫米，直立，不分枝或在蒴萼下分枝。假根多数，

散生在叶和蒴萼背面，沿茎下延，紫红色。叶圆形，斜展，基部内凹，长1–1.1毫米，宽1.1–1.3毫米。叶边细胞长16–22微米，中部细胞

长27–33微米，宽22–30微米，基部细胞长27–43微米，宽22–35微米，壁薄，三角体明显，表面平滑。雌雄异株。雄苞顶生或间生；雄苞叶12对。蒴萼椭圆形，具3–5条纵褶。蒴萼口部有短喙。

产海南、云南和西藏，生于湿土或岩面薄土上。缅甸、马来西亚、新加坡、印度尼西亚及巴布亚新几内亚有分布。

1. 雌株(背面观，×12)，2. 叶(×15)，3. 叶边细胞(×110)，4. 叶中部细胞(×110)。

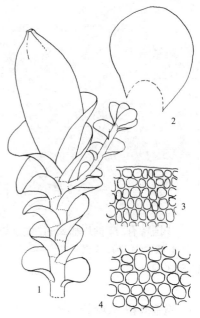

图 131 热带叶苔（马 平绘）

25. 束根叶苔 图 132

Jungermannia clavellata (Mitt. ex St.) Amak., Journ. Hattori Bot. Lab. 22: 69. 1960.

Solenostoma clavellatum Mitt. ex St., Sp. Hepat. 2: 53. 1901.

体形中等大小，长1–3厘米，连叶宽1–1.8毫米，黄色至橄榄绿色，

有时褐绿色。茎直径0.2–0.4毫米，直立或倾立，不规则分枝，稀雌苞基部分枝。假根多，着生在叶片和蒴萼上。叶圆形或近圆肾形，前缘基部下延，叶边背卷，长0.9–1.2毫米，宽1.1–1.5毫米。叶边细胞长15–22微米，基部细胞宽30–36微米，长43–55微米，壁薄，具三角体，表面平滑。油体圆形或

椭圆形，每个细胞含3–5（10）个。雌雄异株。蒴萼高出于雌苞叶，短柱形或梨形，上部有4–5条不规则纵褶，口部具短喙。

产云南和西藏，生于山区湿土或岩面薄土上。尼泊尔、印度及日本有分布。

1. 雌株的一部分(×11)，2-3. 叶、示腹面着生多数假根(2. ×24，3. ×18)，4. 叶中部细胞(×230)，5. 蒴萼口部细胞(×90)。

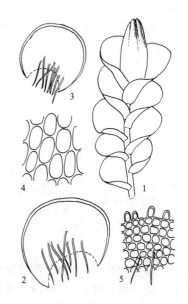

图 132 束根叶苔（马 平、吴鹏程绘）

26. 圆萼叶苔 图 133

Jungermannia confertissima Nees, Naturg. Eur. Leberm. 1: 227. 1833.

体形细小，长1–1.2厘米，连叶宽1.2–1.5毫米，黄绿色或褐绿色，密集生长。茎直径达0.5毫米，稀分枝。假根多，常呈束状沿茎下垂。叶片圆形，长0.7–0.8毫米，宽0.9–1毫米，内凹，斜列，后缘基部下延。叶边细胞长25–30微米，宽15–25微米，中部细胞长25–30微米，宽

18–25微米，基部细胞长25–28微米，壁薄，三角体小或无。雌雄有序同株。雄苞生于雌苞下部；雄苞叶2–3对。蒴萼高出于雌苞叶。孢子约20微米，黄绿色，近于平滑。

产吉林、四川和西藏，生于林下土上或岩面薄土上。克什米尔地区有分布。

1. 雌株(背面观，×19)，2. 叶(×23)，3. 叶边细胞(×210)，4. 叶中部细胞(×210)。

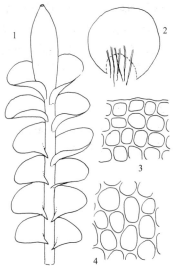

图 133 圆萼叶苔（马 平绘）

27. 圆柱萼叶苔　　　图 134

Jungermannia cyclops Hatt., Journ. Hattori Bot. Lab. 3:5. f. 12 and 13a. f. 1950.

体形中等大小，连叶宽约2毫米，褐绿色至黑绿色，小片状丛生。茎直立，挺硬，褐绿色，直径约0.3毫米，单一不分枝或在雌苞下分枝。假根少，紫红色，生于茎上。叶近横生，圆形，两侧基部均下延，背侧较长，长1.2–1毫米。叶边缘细胞长15–25微米，宽约17微米，基部细胞长36–45微米，宽22–34微米，胞壁薄，有明显的三角体，表面平滑。每个细胞含有1–2个油体。雌雄异株。雄株细弱；雄苞间生，雄苞叶5–6对。蒴萼高出于雌苞叶，长棒槌形，上部有4条褶，口部具短喙。

产湖南、广西、贵州和四川，生于高山石壁间。日本有分布。

1. 雌株(背面观，×8)，2. 茎的横切面(×65)，3. 叶(×28)，4. 叶尖部细胞(×210)，5. 叶中部细胞(×210)。

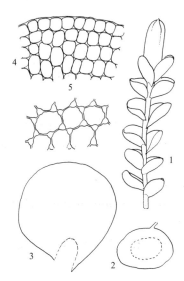

图 134 圆柱萼叶苔（马 平、吴鹏程绘）

28. 梭萼叶苔　　　图 135

Jungermannia fusiformis (St.) St., Sp. Hepat. 2: 77. 1901.

Nardia fusiformis St., Bul1. Herb. Boiss. 5: 99.1897.

体形中等大小，长1–1.8厘米，连叶宽1.5–2毫米，苍白色或浅绿色，常呈红色，小片状生。茎先端上倾，稀蒴萼下分枝。假根少，无色。叶斜展或近横生，卵形或圆形，略下延，长0.9–1.5毫米，宽1–1.5毫米。叶边细胞大于内侧细胞，长45–60微米，宽33–50微米，壁等厚，三角体小而明显，基部细胞长45–70微米，宽30–43微米，壁薄，三角体明显。油体圆形或卵

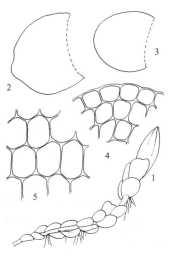

图 135 梭萼叶苔（马 平、吴鹏程绘）

形，每个细胞含1–4个。雌雄异株。雄苞顶生或间生，雄苞叶多对。蒴萼纺锤形，具3–4条纵褶，口部突收缩成喙。

产云南和西藏，生于灌丛下石上或土上。朝鲜及日本有分布。

1. 雌株(背面观 ×6)，2-3. 叶(×8)，4. 叶边细胞(×180)，5. 叶中部细胞(×180)。

29. 大萼叶苔　　　　　　　　　　　　图 136

Jungermannia macrocarpa St., Sp. Hepat. 6: 87. 1917.

植物体长1–2厘米，连叶宽1.2–2.4毫米，淡黄绿色，有时带红色，丛集生长。茎直径0.3毫米，

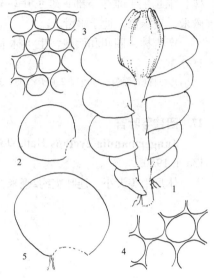

图 136 大萼叶苔 (马　平、吴鹏程绘)

单一，稀有短分枝。假根多数，淡黄色或淡紫色。叶椭圆形，斜生，基部宽，长0.9–1.4毫米，宽1–1.8毫米。叶边细胞长22–35微米，中部细胞长30–45微米，宽24–30微米，基部细胞长38–55微米，宽32–40微米，壁薄，三角体小而明显，表面平滑。雌雄异株。雄苞间生；雄苞叶3–4对。蒴萼卵形，高出于雌苞叶，具4条褶，蒴口有短喙。

产四川、云南和西藏，生于林下或路边土壤或岩面薄土上。尼泊尔、印度北部及孟加拉有分布。

1. 雌株(背面观，×18)，2. 叶(×18)，3. 叶中部边缘细胞(×180)，4. 叶中部细胞(×180)，5. 雌苞叶(×37)。

30. 拟圆柱萼叶苔　　　　　　　　　　图 137

Jungermannia pseudocyclops Inoue, Bull. Nat. Sci. Mus. Tokyo 9: 37. 1966.

植物体长1–2厘米，连叶宽1–1.5毫米，黄绿色，密集生长。茎匍匐，先端上倾，常在蒴萼下分枝。假根多数，淡黄色，散生茎腹面。叶近横生，斜展，圆卵形，长0.6–0.9毫米，宽0.6–0.8毫米。叶边细胞长14–16微米，宽9–12微米，基部细胞长22–38微米，宽16–25微米，三角体小。油体长椭圆形，每个细胞含2–5个。雌雄异株。蒴萼高出，梨形，具短喙。

产台湾、四川和云南，生于山区湿石上或土上。印度及印度尼西亚有分布。

1. 雌株(背面观，×15)，2. 植物体的一部分(腹面观，×15)，3. 叶(×32)，4. 叶中部细胞(×160)。

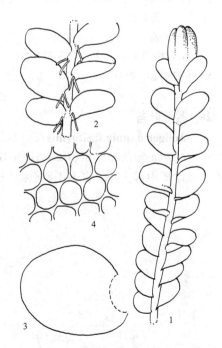

图 137 拟圆柱萼叶苔 (马　平、吴鹏程绘)

31. 小叶叶苔

图 138

Jungermannia pusilla Linn., Sp. Pl. 2: 1136. 1753.

体形小，长0.5–1厘米，连叶宽0.5–0.8毫米，褐绿色。茎倾立或直立，不分枝或在雌苞下分枝，直径0.3毫米。假根多，浅褐色，有时呈微红色，沿茎腹面呈束下垂。叶圆形，斜列，后缘基部略下延。叶边细胞长28–36微米，长32–44微米，近基部细胞宽24–28微米，长44–80微米，壁薄，三角体明显；表面平滑。油体大，不透明，每个细胞含1–2个。雌雄同株。雄苞生于雌苞下方，雄苞叶1–2对。蒴萼倒卵形，长0.6–0.8毫米，直径0.6毫米，口部突收缩呈小喙状，具齿突，上部有3–4条浅褶。

产四川和云南，生于林下岩面薄土。日本、欧洲及北美洲有分布。

1. 雌株(背面观，×12)，2-3. 叶(×16)，4. 叶边细胞(×210)，5. 叶中部细胞(×210)。

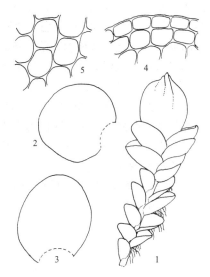

图 138 小叶叶苔 (马 平、吴鹏程绘)

32. 梨萼叶苔

图 139

Jungermannia pyriflora St., Sp. Hepat. 6: 90. 1917.

植物体长1厘米，连叶宽1.4–2.0毫米，黄绿色或褐绿色，有时呈紫红色，小片状生长。茎直径0.2–0.3毫米，直立，稀分枝。假根多无色。叶斜展，圆形，长0.7–1毫米，宽1–1.3毫米；叶边细胞长15–22微米，宽15–17微米，中部细胞长17–25微米，基部细胞长36–49微米，宽22–24微米，壁薄，三角体明显，表面平滑。油体圆形或椭圆形，每个细胞含2–6(10)个。雌雄异株。雄苞顶生或间生，雄苞叶多对，略小于营养叶。蒴萼梨形，上部有4–5条褶，口部收缩呈喙状。

产吉林、云南和西藏，生于山区林下或路边土上或岩石上。日本、朝鲜及北美洲有分布。

1. 植物体的一部分(背面观，×18)，2. 叶(×21)，3. 叶尖部细胞(×210)，4. 叶中部细胞(×210)，5. 雌苞(背面观，×14)。

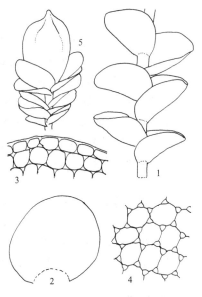

图 139 梨萼叶苔 (马 平、吴鹏程绘)

33. 球萼叶苔

图 140

Jungermannia sphaerocarpa Hook., Brit. Jungermannia tab. 74. 1815.

疏生，有时与其他苔藓共生，长1–1.5厘米，连叶宽2毫米，绿色

或褐绿色。茎直径约0.2毫米，倾立或直立，叉状分枝，偶在蒴萼下分枝；假根多，无色或带红紫色。叶相互贴生，或疏生，斜列，圆形，后缘基部沿茎下延。叶细胞薄壁，角部略加厚，边缘细胞宽15-21微米，长20-22微米，基部细胞宽18-30微米，长19-38微米。油体椭圆形或纺锤形，每个细胞含4（6）-9（12），透明。雌雄同株异苞。雄苞叶常生于蒴萼下方，3-4对。蒴萼高出雌苞叶，梨形或圆形，上部有4条纵褶，口部具喙，有齿突。弹丝2列螺纹加厚。孢子有细疣。直径16-20微米。

产吉林、辽宁和福建，生于林下土上。日本、俄罗斯、印度北部、欧洲及北美洲有分布。

1. 雌株(背面观，×18)，2. 叶（×25），3. 叶边细胞（×260），4. 叶中部细胞（×260），5. 雌苞纵切面（×15）。

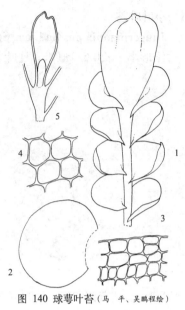

图 140 球萼叶苔（马 平、吴鹏程绘）

5. 被蒴苔属 **Nardia** S. Gray

体形多变，一般体形较小，绿色或暗绿色，片状生长，土生。茎匍匐，不规则分枝，先端常倾立，连叶宽1-2.5毫米。叶片3列；侧叶圆形或肾形，在茎基部常疏生，渐上密集，斜生，蔽后式，后缘基部略下延，先端圆钝，或有缺刻。叶细胞六边形，壁薄，三角体大或不明显，少数种有细疣。油体大，每个细胞含2-3个。腹叶小，狭披针形，仅几列细胞。雌雄异株或有序同株。雄苞生于株间；雄苞叶2-3对。蒴囊生于顶端，筒形，稀在茎腹面形成囊状。雌苞叶2-3对。蒴萼短，常与雌苞叶等长或略高出，蒴口大；边缘有4-5裂瓣。孢蒴圆形或卵形，成熟时4裂达基部。孢子直径9-24微米。弹丝2-4列螺纹加厚。

约160种，主要分布温带地区，少数种类生长热带、亚热带山区。中国有5种。

1.叶片先端全缘；蒴囊膨大，多不垂倾；蒴萼较大，明显。
  2. 植物体较小，长度在2.5厘米以下；叶片不贴茎；腹叶较大 ············ 1. 南亚被蒴苔 N. assamica
  2. 植物体较大，长达4厘米；叶片贴茎；腹叶小三角形 ············ 2. 扁叶被蒴苔 N. compressa
1.叶片先端常有缺刻；蒴囊膨大，倾垂；蒴萼较短或不明显 ············ 3. 东亚被蒴苔 N. japonica

1. 南亚被蒴苔 图 141

Nardia assamica (Mitt.) Amak., Journ. Hattori Bot. Lab. 26: 23. 1963.

Jungermannia assamica Mitt., Journ. Proc. Linn. Soc. London 5: 90. 1961.

体形较小，平展，绿色至褐绿色。茎先端上倾，长1-2厘米，连叶宽0.5-1毫米；常不分枝。假根疏生，无色。叶斜列茎上，心脏形、肾形至卵圆形，先端圆钝，略反曲。叶边细胞较小，中部细胞略大，基部细胞较大，近六边形，壁薄，三角体缺或不明显，表面平滑或具细疣；油体小。腹叶较大，阔三角形，倾立，先端钝，生于侧叶基部。雌雄异株。雄苞顶生；雄苞叶约10对。蒴萼较大，略高出于雌苞叶，纺锤形，口部收缩，有5-6条纵褶；蒴囊直立，与蒴萼同长。孢蒴卵形。孢子直径14-15微米。弹丝2列螺纹加厚，直径约7微米。

产辽宁、江苏、安徽、浙江、福建、江西、贵州、四川和云南，生

于平原或亚高山土上或石面。喜马拉雅地区有分布。

　　1. 植物体的一部分(腹面观，×45)，2. 植物体的一部分(侧面观，×45)，3. 叶(×55)
4. 叶中部细胞(×210)。

2. 扁叶被蒴苔　　　　　　　　　　　　图 142

Nardia compressa (Hook.) S. Gray, Nat. Arr. Brit. Pl. 1: 694. 1821.

Jungermannia compressa Hook., Brit. Jungermannia 58. 1816.

植物体较大，深绿色，或红褐绿色。茎直径0.5毫米，匍匐，长达4厘米，连叶宽1.5毫米，先端倾立；在生殖苞下常具2-3条分枝；假根常生于茎腹面。叶相互贴生，肾形，斜列，长1.3-1.5毫米，宽2.0-2.3毫米。叶边细胞较小，宽12-19微米，长15-25微米，中部细胞宽22-35微米，长35-42微米，下部细胞较大，壁薄，平滑，三角体明显；油体少，每个细胞1个，圆形或椭圆形。腹叶近舌形，先端钝。雌雄异株。雄苞常具3-4对苞叶。雌苞叶与侧叶相似，较宽；雌苞顶生。蒴囊较短，近于包被于雌苞叶中。

　　产江西、四川和云南，生于山区林下湿土上。日本、亚洲北部、北美洲及欧洲有分布。

　　1. 植物体的一部分(侧面观，×10)，2. 叶(×13)，3. 叶尖部细胞(×210)，4. 叶中部细胞(×210)，5. 腹叶(×42)。

3. 东亚被蒴苔　　　　　　　　　　　　图 143

Nardia japonica St., Bull. Herb. Boiss. 5: 101. 1897.

体形小，油绿色或褐绿色，小片生长。茎长达1厘米，连叶宽0.7-0.8毫米，直径0.2-0.3毫米，不分枝，先端上倾；假根疏生，无色。叶斜列，阔卵形，内凹，有时背仰，先端浅2裂，裂瓣阔三角形，具钝尖。叶边细胞长25-33微米，宽20-30微米，中部细胞长30-40微米，宽25-30微米，基部较大，壁薄，三角体明显，表面平滑；油体圆形，每个细胞含2-4个。腹叶三角形，先端钝。雌雄异株。雌苞间生；雄苞叶2-3对，大于茎叶。

　　产湖南和云南，生于山区湿土或湿石上。日本有分布。

　　1. 雄枝(腹面观 ×12)，2. 雌枝(腹面观，×12)，3. 叶(×98)，4. 叶尖部细胞(×180)，5. 叶中部细胞(×180)。

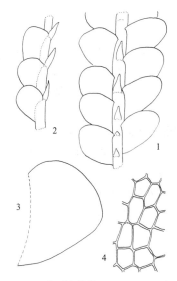

图 141 南亚被蒴苔（马　平、吴鹏程绘）

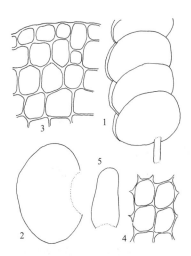

图 142 扁叶被蒴苔（吴鹏程绘）

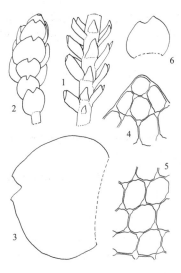

图 143 东亚被蒴苔（马　平、吴鹏程绘）

6. 假苞苔属 Notoscyphus Mitt.

植物体分枝产生于茎腹面；腹叶2裂。卵细胞受精后茎顶端膨大形成肉质半球形蒴囊。雌苞叶着生蒴囊上，叶边波状或先端开裂。不形成蒴萼。

7种，主要分布热带地区。我国有3种。

黄色假苞苔 黄色杯囊苔　　　　　　　　图 144 彩片18

Notoscyphus lutescens (Lehm. et Lindenb.) Mitt., Flora Vitiens. 407. 1871.

Jungermannia lutescens Lehm. et Lindenb., Pugillus. 4: 16. 1832.

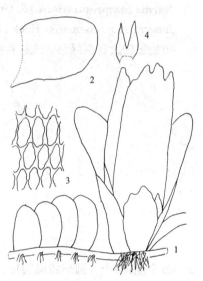

体形中等大小，黄绿色，长5–15毫米。茎直径0.12–0.14毫米，皮部细胞大，厚壁，中部细胞小，薄壁。叶平展，阔舌形，长0.5–0.7毫米，宽0.47–0.57毫米。叶细胞椭圆形，厚壁，三角体明显，有细疣；腹叶大，1/2深两裂，两侧有1–2齿。雌雄异株。雄苞顶生或间生；雄苞叶4至多对。雌苞叶1–2对，上部边缘不规则波曲或有不规则裂片。蒴囊顶生，半球形，肉质，密被假根。

图 144 黄色假苞苔（吴鹏程绘）

上。印度及日本有分布。

1.雌株(侧面观，×22)，2.叶(×22) 3. 叶中部细胞(×13)，4.腹叶(×30)。

产浙江、福建、湖南、海南、广西和云南，生于山区林下岩面薄土

7. 大叶苔属 Scaphohyllum Inoue

体形中等大小，长4–6厘米，连叶宽6毫米，油绿色或褐绿色，丛生。茎直立或倾立，直径0.6毫米；不分枝或少分枝，分枝生于茎腹面，先端常内曲。假根多，透明或淡红色。叶卵形，内凹，斜列，先端圆钝，后缘基部下延，长达4毫米，宽约2.5毫米；叶边背卷，全缘。叶边细胞长25–27微米，中部细胞宽26–28微米，长28–30微米，近基部细胞宽25–28微米，长28–80微米，壁薄，三角体明显，表面有疣。雌雄异株。雄苞叶与茎叶同形，稍小。蒴萼顶生，圆柱形，外壁有疣或短毛，上部有4–5条浅纵褶，具小口，口部有齿突。

我国特有。单种属。

大叶苔　　　　　　　　　　　　　　　图 145 彩片19

Scaphophyllum speciosum (Horik.) Inoue, Journ. Jap. Bot. 41: 266. 1966.

Anastrophyllum speciosum Horik., Journ. Sci. Hiroshima Univ. ser. b. div. 2, 2: 181. 1934.

种的特征同属。

中国特有，产台湾、云南和西藏，生于林下土上。

1.雌株，孢蒴已开裂(×3)，2.叶(×9)，3.叶中部细胞(×110)，4.叶横切面的一部分(×110)，5.雌苞的纵切面(×13)。

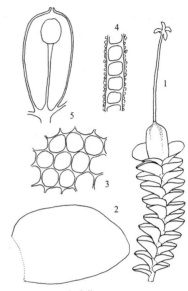

图 145 大叶苔（马 平、吴鹏程绘）

8. 小萼苔属 **Mylia** S. Gray

密集或疏松丛生，浅黄绿色至黄绿色。茎匍匐，长达10厘米，宽3-4毫米，不规则分枝，有时分枝出自蒴萼腹面。叶3列，侧叶长方形或长椭圆形，先端圆钝，斜列，上下叶相接或离生，基部不下延；叶边全缘。腹叶狭披针形，常被密假根。叶细胞薄壁或厚壁，通常具三角体，表面具细疣或平滑。油体较大，长梭形，每个细胞含5-12个。雌雄异株。雌苞生于茎顶端，雌苞叶与侧叶同形或略大。蒴萼长椭圆形或扁平卵形，口部平滑或有短毛。雄株较纤细；雄苞生于茎、枝中部；雄苞叶莲瓣形，1-2对。孢蒴球形，蒴壁厚3-5层细胞。蒴柄高出蒴萼口部。孢子直径15-20微米。弹丝具2列螺纹加厚。

约50种，主要分布温带地区，少数种类见于热带。我国有3种。

1. 植物体较细小；叶片和蒴萼不被疣 ·· 1. **裸萼小萼苔 M. nuda**
1. 植物体稍粗；叶片和蒴萼均具疣 ·· 2. **疣萼小萼苔 M. verrucosa**

1. 裸萼小萼苔   图 146

Mylia nuda Inoue et Yang, Bull. Nat. Sci. Mus. 9: 34. 1966.

植物体平展，绿色或褐绿色。茎直径约0.5毫米，在雌苞下部分枝。叶圆方形或圆形，平展，基部膨起，后缘背卷，有时前缘基部下延；叶边全缘或常由细胞突出呈齿。叶中部细胞长43-52微米，宽约50微米，壁薄，有大三角体，油体小，叶中部细胞含5-15个，球形或长椭圆形。腹叶披针形，宽约3个细胞长4-6个细胞，基部有数条无色假根。雌雄异株。

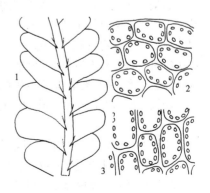

图 146 裸萼小萼苔（马 平绘）

雄苞顶生或间生；每个雄苞叶有4–7个精子器。雌苞顶生，具1–2对雌苞叶。蒴萼较大，口部狭窄，平截，有不整齐毛状突起。

产台湾、福建和云南，生于林下腐木上。日本有分布。

1. 植物体的一部分(背面观，×7)，2.叶边细胞(×140)，3.叶基部细胞(×140)。

2. 疣萼小萼苔 图 147

Mylia verrucosa Lindb., Acta Soc. Sci. Fenn. 10: 236. 1872.

植物体小片密生，浅黄绿色或褐黄绿色，有时先端具紫红色。茎匍匐，长2–3厘米，连叶宽约3毫米；横切面扁圆形，细胞分化不明显，皮部细胞略小；常在蒴萼下部有1–2分枝。叶蔽后式密覆瓦状排列，斜展，长方形或长椭圆形，有时阔舌形，后缘基部下延，背曲；叶边平滑。叶细胞近于六边形，薄壁，三角体明显，表面有细疣。油体椭圆形，或球形，每个细胞含12–23个。腹叶狭披针形，基部宽2–3个细胞，多隐于假根中。雌雄异株。雄苞生于茎顶或间生；雄苞叶4–6对。雌苞顶生；雌苞叶与侧叶同形，略大。蒴萼长椭圆形，下部淡红色，有粗疣，口部扁平，有短毛。蒴柄长约2.5厘米。孢蒴长椭圆形。孢子有细疣，直径17–20微米。弹丝直径10微米，具2列螺纹加厚。

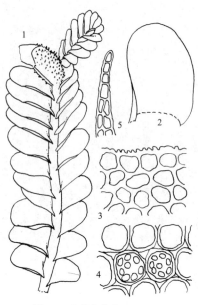

图 147 疣萼小萼苔（马　平绘）

产吉林、辽宁、河北和台湾，生于林下土上或岩面薄土，稀见于腐木和树干基部。日本及俄罗斯远东地区有分布。

1. 植物体(背面观，×6)，2.叶(×16)，3.叶边细胞(×150)，4.叶中部细胞(×205)，5.腋叶(×105)。

13. 全萼苔科 GYMNOMITRIACEAE

(吴玉环　高　谦)

密集成丛生长，灰色、褐色或紫色。茎直立、匍匐或倾立，单一或有分枝，枝纤细；假根散生茎上，无色或浅褐色。叶交替横生茎上，覆瓦状排列，圆形或宽卵形，内凹，顶端两裂，基部不下延。叶细胞小，尖部细胞近圆形，近基部细胞长，胞壁厚；每个细胞含2–4个油体，球形至卵形。腹叶常缺失。雌雄同株或异株。雄苞叶数对，每个雄苞叶具1–3个精子器。雌苞顶生；蒴萼常缺失或存在，如存在时，其雌苞叶基部合生。孢蒴球形或近球形，4瓣裂至基部。孢子球形，红色至黑褐色，常具疣。弹丝2–4列螺纹加厚。

10属，广布非洲东部、欧洲、北美洲、亚洲中部及北部。中国有4属。

1.叶细胞不异形，均具油体；蒴萼缺失或退化，不高出于雌苞叶，短筒形。
　2.蒴萼缺失，蒴囊退化；叶边或叶尖细胞常无叶绿体和油体。
　　3.叶片直立，紧贴茎上；叶边或叶尖部细胞无色，无叶绿体和油体；分枝腋生，为侧面间生型 ……………
……
………………………………………………………………… 1. 全萼苔属 Gymnomitrion

3.叶片明显分离 (茎裸露)，伸展；叶细胞壁褐色，具油体，不透明；分枝为背面间生型 ·····················
······················ 3. 类钱袋苔属 Apomarsupella

2.蒴萼明显，但不发达，不高出于雌苞叶；蒴囊发育，常与蒴萼等长；叶细胞均具叶绿体和油体 ·····················
····················· 2. 钱袋苔属 Marsupella

1.叶细胞异形，大部分细胞无油体，有些细胞具单个大油体充满整个细胞腔；蒴萼明显，高出于雌苞叶，囊状
····················· 4. 湿生苔属 Eremonotus

1. 全萼苔属 **Gymnomitrion** Corda

植物体小至中等大小，银灰色或红褐色，密集成片生长。茎直立，多分枝；具匍匐枝。叶两列，横列，多呈紧密覆瓦状，强烈内凹，基部不下延，两裂不及叶长度的1/2，两瓣相等，钝或急尖，或叶不开裂；叶边全缘或具齿，常透明。腹叶缺失或仅有退化痕迹。芽胞缺失。雌雄异株，稀同株。雄苞叶数对，膨起。雌苞着生枝顶，雌苞叶大，内雌苞叶小，常具齿，雌苞腹叶缺失。蒴萼缺失或发育不全。孢蒴球形，蒴壁2(3)层细胞，胞壁具球状加厚。弹丝2–4列螺纹加厚。

约15种，多分布北极、欧洲、亚洲北部、北美洲及非洲。我国有7种。

中华全萼苔 图 148

Gymnomitrion sinense K. Müll., Rev. Bryol. Lichenol. 20：176. 1951.

体形小，红褐色或棕色，丛集生长。茎长0.5–1 毫米，连叶宽0.20–0.25 毫米，匍匐或直立；分枝多；假根少，无色或略带紫色。叶横向着生，紧密覆瓦状排列，阔卵形，长约0.4–0.5 毫米，宽约0.3 毫米，内凹，叶边具狭窄透明的分化边缘。叶边细胞不规则突出呈细齿状，上部浅裂，裂瓣三角形，渐尖，叶尖部细胞圆形或圆多角形，基部细胞直径10–12(–14) 微米，胞壁厚，三角体不明显；叶边细胞宽9–13微米，长15–21(–24) 微米，壁薄，无色透明；表面平滑。雌雄异株。雄苞叶2–3对。孢蒴球形，直径约0.3 毫米。

产云南和西藏，生高山地区。尼泊尔有分布。

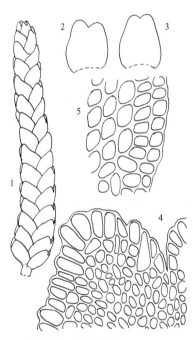

图 148 中华全萼苔（马 平绘）

1.植物体(×20)，2-3.叶(×30)，4.叶尖部细胞(×300)，5.叶颈部细胞(×300)。

2. 钱袋苔属 **Marsupella** Dum.

植物体小至中等大小，柔弱或硬挺，褐绿色、褐色或黑紫色，常带红色，稀疏或密集生长。茎直立或匍匐。叶横展或斜生，疏松或紧密覆瓦状排列，内凹或对折，两裂，裂瓣相等或不等，尖端圆钝或急尖；叶边全缘，雄苞顶生或间生。雌苞顶生；雌苞叶数对，内雌叶常相连；蒴萼常存。蒴壁2 (3) 层细胞。弹丝2–4列螺纹加厚。

约40多种，多分布亚洲北部、欧洲及北美洲。我国有8种。

1.叶片圆形或近方形；叶细胞壁三角体不明显；蒴萼发育。

  2.叶边波状；裂瓣急尖 ··· 1. 东亚钱袋苔 M. yakushimensis

  2.叶边不呈波状；裂瓣圆钝 ··· 2. 缺刻钱袋苔 M. emarginata

1.叶片卵形或长椭圆形；叶细胞壁三角体明显；蒴萼缺失或退化。

  3.假根无色；弹丝2列螺纹加厚 ··· 3. 锐裂钱袋苔 M. commutata

  3.假根紫色或褐色；弹丝3–4列螺纹加厚 ································· 4. 高山钱袋苔 **M. alpina**

1. 东亚钱袋苔 图 149

Marsupella yakushimensis (Horik.) Hatt., Bull. Tokyo Sci. Mus. 11：80. 1944.

Sphenolobus yakushimensis Horik., Journ. Sci. Hiroshima Univ. ser. B, div. 2, 2: 156. 1934.

植物体形大，长可达3厘米以上，连叶宽2毫米，榄绿色或褐绿色，密集丛生。茎倾立，直径0.2毫米；稀疏分枝；假根稀少，无色。叶覆瓦状，长0.8–0.9毫米，宽0.85–0.9毫米，先端两裂达叶长度的1/3–1/2，略背仰，对折，裂瓣阔三角形，近于相等，急尖，极少圆钝，裂瓣间狭；叶边波状，背曲。叶细胞圆多角形，顶端细胞宽7.5–10微米，长7.5–12.5微米，中部细胞宽10–15微米，长12.5–17.5微米，基部细胞宽12.5–17.5微米，长21.5–27.5微米，胞壁厚，三角体不明显，表面平滑。雌雄异株。雄苞间生，雄苞叶2–4对。雌苞顶生；雌苞叶稍大于茎叶。蒴萼口部具细齿。孢蒴红褐色，蒴壁两层细胞。孢子直径10–12微米，平滑。弹丝直径8–10微米，2列螺纹加厚。

产吉林、安徽、江西、广西、四川和西藏，高山地区岩石表面或苔原湿土生。日本有分布。

1. 植物体的一部分（×15），2. 叶（×35），3. 叶尖部细胞（×210），4. 叶中部细胞（×210），5. 叶基部细胞（×210）。

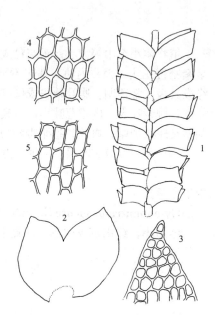

图 149 东亚钱袋苔（马 平、吴鹏程绘）

2. 缺刻钱袋苔 图 150

Marsupella emarginata (Ehrh.) Dum., Comm. Bot. 114. 1822.

Jungermannia emarginata Ehrh., Beitr. Naturk. 3: 80. 1788.

体形多变异，绿色或红褐色，丛生。茎直立，硬挺，单一或稀少分枝，常具鞭状枝，长 2–5 厘米，直径 0.23–0.3 毫米；假根少，多分布于鞭状枝和茎基部。叶覆瓦状排列，长 0.55–0.85 毫米，宽 0.7–0.96 毫米，长宽相等或宽大于长，最宽处在叶片中部以下，上部浅两裂，裂瓣三角形，顶端钝；叶边稍背卷。叶边细胞近方形，直径11–13 微米，中部细胞圆六边形，直径18–23 微米，中部以下细胞宽17–22 微米，长

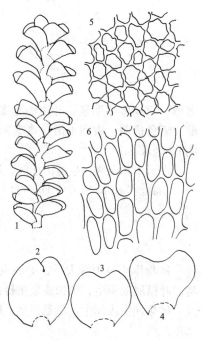

图 150 缺刻钱袋苔（马 平绘）

22–32微米，胞壁薄，具明显三角体及胞壁中部球状加厚，基部细胞宽17–22微米，长38–55 微米，胞壁厚；每个细胞具2–3个油体。雌雄异株。雄苞叶3–5对。背卷。雌苞叶大。蒴萼明显。孢蒴球形，蒴壁3(2)层细胞，外层细胞壁具球状加厚，内层细胞壁具半环状加厚。孢子褐色，直径11–13 微米，有细疣。弹丝直径10 微米，2列螺纹加厚。

产吉林、辽宁、安徽、浙江、福建、云南和西藏，高山地区湿石生。日本、朝鲜及欧洲有分布。

1. 植物体(×14)，2-4. 叶(×33)，5. 叶中部细胞(×140)，6. 叶基部细胞(×140)。

3. 锐裂钱袋苔 图 151

Marsupella commutata (Limpr.) Bernet, Cat. Hepat. Suisse :29. 1888.

Sarcoscyphus commutatus Limpr., Jahresb. Schles. Ges. Bal. Kult. 5: 314. 1880.

黑褐色或红棕色，密集或松散成丛生长。茎长 1–1.5 厘米，连叶宽0.7 毫米，葡匐或直立，稀疏分枝；假根少，无色或略有色泽。叶斜折合状着生，卵形，长0.75–1.2 毫米，宽0.5–1 毫米，上部两裂成相等的背腹两瓣，先端尖或圆钝，两裂瓣间呈锐角；叶边全缘，略背卷。叶细胞圆方形，叶尖部细胞直径9–10 微米，中部细胞宽9–12微米，长12–20 微米，叶基中部细胞长方形，宽10–15微米，长15–25 微米；胞壁，具三角体及中部球状加厚，表面具疣。雌雄异株。雄苞顶生，雄苞叶数对，常大于侧叶。雌苞顶生；雌苞叶大，基部不相连。蒴萼缺失。孢蒴球形，红褐色，直径0.3 毫米，蒴壁两层细胞。孢子红褐色，具细疣，直径 9 微米，弹丝2列螺纹加厚。

产吉林、广西、云南和西藏，高山地区岩面或岩面沙土生。日本、欧洲及北美洲有分布。

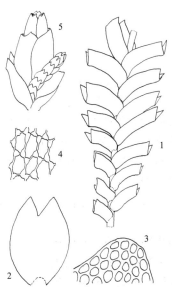

图 151 锐裂钱袋苔（马 平、吴鹏程绘）

1. 植物体的一部分(×24)，2. 叶(×32)，3. 叶尖部细胞(×260)，4. 叶中部细胞(×260)，5. 雄枝(×20)。

4. 高山钱袋苔 图 152

Marsupella alpina (Gottsche ex Husn.) Bernet, Cat. Hepat. Suisse :29. 1888.

Sarcoscyphus alpinus Gottsche ex Husn., Hepat. Gall. 13. 1875.

植物体中等大小，橄榄绿、红褐色至黑褐色，具暗色光泽，密集丛生。茎高 1.5–3 厘米，直径0.16 毫米，近直立或葡匐，单一或具少量长分枝及鞭状枝；假根多，稍带紫色。叶斜生，疏生或疏松覆瓦状排列，卵圆形，长 0.6–0.7 毫米，宽 0.5–0.6 毫米，先端浅裂，裂瓣卵状三角

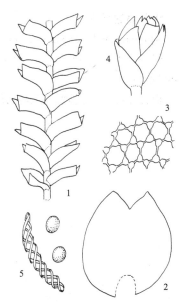

图 152 高山钱袋苔（马 平、吴鹏程绘）

形，多渐尖，稀圆钝，裂角尖锐，基部贴茎，下延；叶边全缘，平展。叶细胞卵圆形，顶端细胞直径8微米，中部细胞宽8–12微米，长15–17微米，基部细胞宽10–13微米，长16–25微米，胞壁薄，三角体大；表面平滑。雌雄异株。雌苞叶大于茎叶，直立；蒴萼发育不全。孢蒴红褐色，球形，直径 0.4 毫米。孢子直径 10 微米，平滑。弹丝直径 10 微米，3–4列螺纹加厚。

产福建和云南，生于高山地区林下腐木或岩石上。日本、欧洲及北美洲有分布。

1. 植物体的一部分(×21)，2. 叶(×42)，3. 叶中部细胞(×330)，4. 枝尖部(×15)，5. 孢子和弹丝(×380)。

3. 类钱袋苔属 Apomarsupella Schust.

植物体直立，黑色、深青色或深棕黑色，干燥时具光泽。茎长 2–5 厘米，分枝常为背面间生型；横切面皮部细胞较小；假根无或极少，着生叶腋。叶片紧密贴生或稍呈覆瓦状排列，长椭圆形或卵形，稀倒卵形，基部成鞘状，两侧均下延，不对称或上部2裂，裂片圆钝或具钝尖，三角形或卵状三角形；叶边强烈背卷。叶边细胞直径10–12微米，叶片中部细胞 宽12–14微米，长15–25 微米，基部细胞宽14–16微米，长 (24)28–38(43) 微米。腹叶缺失。雌雄异株。雄苞叶与茎叶近似。雌苞直立，外雌苞叶似茎叶，稍大，内雌苞叶具1–2 (3) 较小的裂瓣或浅裂的裂瓣。

5种，多温带地区分布。中国有4种。

1. 茎皮部细胞表面具密疣 ·· 1. 疣茎类钱袋苔 A. crystallocaulon
1. 茎皮部细胞表面不具疣。
 2. 叶片细胞具密疣，疣大 ·· 2. 粗疣类钱袋苔 A. vernocosa
 2. 叶片细胞不具疣 ·· 3. 类钱袋苔 A. revoluta

1. 疣茎类钱袋苔 图 153

Apomarsupella crystallocaulon (Grolle) Vana, Bryobrothera 5：227. 1999.

Marsupella crystallocaulon Grolle, Ergebn. Forsch. Unternehm. Nepal Himalaya 1: 281. 1966.

植物体红色，挺硬。茎具稀疏分枝，间生；横切面细胞近于等轴，胞壁不加厚，皮部细胞表面密被透明疣。叶疏生，卵状心脏形，扁平，浅两裂，裂片钝或略尖锐，内曲；叶边稍背卷，基部多下延。叶细胞六角形，近顶端细胞直径10–15微米，近基部细胞直径20–25(–30)微米，胞壁薄，三角体明显；表面无疣。雌雄异株。

产云南和西藏，高山石

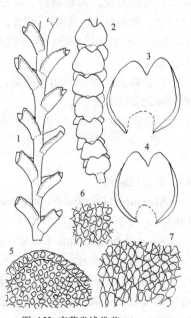

图 153 疣茎类钱袋苔（马 平绘）

生。尼泊尔有分布。

1-2. 植物体的一部分(1. 背面观，×14；2. 侧面观，×14)，3-4. 叶(×35)，5. 叶尖部细胞(×140)，6. 叶中部细胞(×140)，7. 叶基部细胞(×140)。

2. 粗疣类钱袋苔

图 154

Apomarsupella verrucosa (Nichols.) Vana, Bryobrothera 5：227. 1999.

Gymnomitrion verrucosum Nichols. in Handel–Mazzetti, Symb. Sin. 5: 10. 1930.

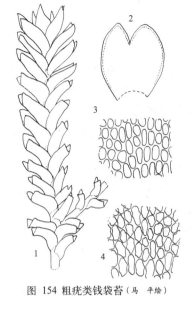

体形大，黄色或棕色，密集丛生。叶片直立或平展，宽卵形，内凹，两侧近于对称，长5.5–6.5厘米，宽3.9–5.0厘米，1/3两裂，裂片宽卵状三角形，近于尖锐或略钝；叶边稍背卷。叶尖部细胞无色，近尖部细胞直径7–11微米，中部细胞长11.5–20微米，宽7–11微米，基部细胞长10–25微米，宽8–11微米；胞壁较厚，具三角体；表面具密疣，基部细胞的疣较长。雌雄异株。蒴萼缺失。孢蒴圆球形。孢子淡红色或淡棕色，直径12–15微

图 154 粗疣类钱袋苔（马 平绘）

米，具疣。弹丝2列螺纹加厚，直径 6.5–7.5 微米。

产云南和西藏，高山地区岩石生。尼泊尔有分布。

1. 植物体(×13)，2. 叶(×20)，3. 叶中部细胞(×140)，4. 叶基部细胞(×140)。

3. 类钱袋苔

图 155

Apomarsupella revoluta (Nees) Schust., Journ. Hattori Bot. Lab. 80：85. 1996.

Sarcoscypnus revolutus Nees, Naturg. Eur. Leberm. 2: 419. 1836.

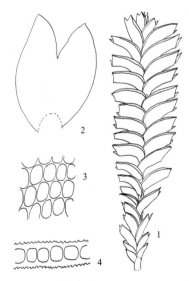

体形中等大小，紫红色、紫褐色至黑褐色，紧密或疏丛生。茎长1–2厘米，倾立或直立，具分枝和鞭状枝；假根散生，无色。叶横生，椭圆形，长0.8–1毫米，宽0.7–0.8毫米，基部窄，抱茎，先端背仰，1/3–1/2两裂，裂瓣先端急尖或稍钝，下部微凹；叶边背卷，叶细胞近圆多角形，尖部细胞直径9微米，中部细胞宽10–12微米，长13–16微米，基部细胞宽10–12微米，长20–37微米，胞壁不等加厚，三角体大；表面平滑或具粗疣。雌雄异株。雌苞叶大于茎叶。孢蒴球形，蒴壁3层细胞。蒴柄长1.1毫米，直径0.15毫米。孢子红褐色，直径10–12微米，有细疣，弹丝2列螺纹加厚。

图 155 类钱袋苔（马 平、吴鹏程绘）

产台湾、广西、四川、云南和西藏，生高山地区岩石和岩面薄土

上。喜马拉雅地区、日本、欧洲、格陵兰、北美洲及大洋洲有分布。

1. 植物体(×28)，2. 叶(×30)，3. 叶中部细胞(×210)，4. 叶横切面的一部分(×210)。

4. 湿生苔属 Eremonotus Lindb. et Kaal. ex Pears.

体形小，黄褐色，丛生。茎直立，长4-12毫米，连叶宽约0.6毫米，分枝产生于叶腋；茎横切面直径6-7层细胞；假根散生于茎上，无色或浅褐色。叶近方形，宽约0.6毫米，基部不下延，1/2两裂，两瓣对折，裂瓣急尖至渐尖，不等大，叶边全缘。叶尖部细胞宽9微米，长12微米，中部细胞宽10微米，长12-16微米，胞壁等厚，角部不加厚。腹叶缺失。雌雄异株。雄苞叶呈穗状。雌苞侧生或顶生；雌苞叶与营养叶同形，略大，裂瓣先端钝；雌苞腹叶缺失。蒴萼高出于雌苞叶，背腹扁阔，口部具2-3个细胞构成的毛状齿。孢蒴阔卵形，蒴壁2层细胞。孢子直径12-14微米，平滑。弹丝直径7-8微米。

单种属，温带地区生长。我国有分布。

湿生苔

图 156

Eremonotus myriocarpus (Carr.) Lindb. et Kaal. ex Pears., Hepat. Brit. Isles :201. 1902.

Jungermannia myriocarpa Carr., Trans. Bot. Sco. Edinb. 466. 1879.

种的特征同属。

产黑龙江、吉林、内蒙古、四川和西藏，生高寒山区湿石或腐木上。日本及欧洲有分布。

1. 雌株(腹面观，×13)，2-3. 叶(×13)，4. 叶尖部细胞(×170)，5. 叶中部细胞(×170)，6. 蒴萼口部细胞(×170)。

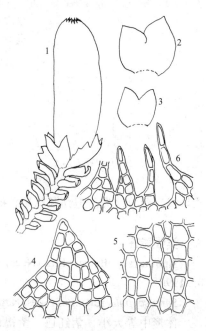

图 156 湿生苔（马 平绘）

14. 小袋苔科 BALANTIOPSACEAE

（高　谦　吴玉环）

体形中等大小，绿色或淡绿色，有时黄绿色或带粉红色，丛集生长。茎匍匐或倾立，不分枝或少分枝；分枝生于腹叶和侧叶叶腋；茎横切面皮部1-2层黄色略厚壁细胞，中部细胞大而薄壁。叶片3列；侧叶内凹，不对称或稍对称，先端2-3裂；叶边平滑或具齿。腹叶多较大，两侧对称，先端两裂，具齿或平滑。叶中下部细胞通常长方形。雌雄异株。雄苞顶生，生于茎或主枝上；雄苞叶4-8对，呈穗状。雌苞叶和雌苞腹叶均较大，内曲。蒴萼小。蒴囊大，长棒状。孢蒴短圆柱形，成熟后4瓣开裂，螺旋状卷曲。

6属，湿热山区岩面或湿土生。中国仅1属。

直蒴苔属 Isotachis Mitt.

淡绿色、淡红色至暗红色，有时呈紫红色，簇状生长或散生于其它苔藓丛中。茎匍匐或倾立，不分枝或叉状不规则分枝；茎横切面皮部1-2层黄绿色小形厚壁细胞，中部为无色透明大形薄壁细胞；假根无色，生于腹叶基部，呈束状。叶三列，蔽前式，横展，2裂或2-4不等裂，裂瓣三角形；边缘有齿或具毛状齿，稀平滑。叶中上部细胞四-六边形，基部细胞长六边形，长为宽的2-6倍；叶边细胞多不规则长方形，胞壁薄，无三角体或不明显，表面平滑或具细条状疣。腹叶离生或密生，或背仰，先端2-4裂，裂瓣边缘有齿。雌雄异株。雄苞生于茎或主枝先端或中间；雄苞叶数对。雌苞生于茎或主枝先端；雌苞叶和雌苞腹叶大。蒴萼不发育，残存于蒴囊先端。孢蒴卵状圆柱形，成熟时四瓣开裂。蒴壁3层细胞。弹丝褐色，2列螺纹加厚。孢子褐色，平滑。

30种，主要分布热带和亚热带地区。中国有3种。

东亚直蒴苔　　　　　　　　　图 157

Isotachis japonica St., Sp. Hepat. 3: 652. 1909.

植物体形多变，淡褐色，有时带红色，丛生。茎匍匐，直立或倾立，长4-10厘米，连叶宽3毫米；不分枝或少分枝，分枝着生于腹叶叶腋；茎横切面直径14-18个细胞，皮部1-2层厚壁细胞，中部具大形薄壁细胞；假根少，生于腹叶基部。叶片3列，侧叶蔽前式，斜卵形，斜展，前缘弯曲，有多数不规则齿，后缘弧形，多平滑或具钝齿，长1.8-2.0毫米，宽1.6-1.8毫米，先端浅两裂，裂瓣三角形，有时具三角形粗齿。中上部细胞六边形，宽20-30微米，长20-45微米，中下部细胞长六边形，长80-92微米，宽20-24微米，近基部细胞渐长，壁薄或略加厚，无三角体，表面平滑或有条状疣。腹叶卵形或圆形，对称，相互贴生，或上部背仰，深裂或浅裂，裂瓣三角形，边缘具粗齿。雌雄异株。雄苞生于茎顶端，雄苞叶多对。雌苞顶生，雌苞叶及雌苞腹叶与茎叶相似，大于茎叶和茎腹叶。

产台湾、广西和云南，生岩面薄土或湿土上。日本及菲律宾有分布。

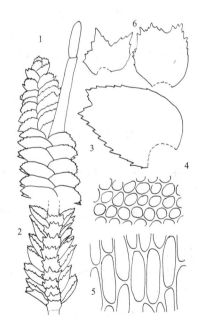

图 157 东亚直蒴苔（马　平绘）

1. 雌枝（背面观，×5），2. 植物体的一部分（腹面观，×5），3. 叶（×12），4. 叶中部细胞（×150），5. 叶基部细胞（×150），6. 腹叶（×12）。

15. 合叶苔科 SCAPANIACEAE

（曹　同　于　晶　左本荣）

植物体小形至略粗大，黄绿色、褐色或红褐色，有时呈紫红色。主茎匍匐，分枝倾立或直立。茎横切面皮层1-4（5）层为小形厚壁细胞，髓部为大形薄壁细胞。分枝通常产生于叶腋间，稀从叶背面基部或茎腹面生出。假根多，疏生。叶明显两列，蔽前式斜生或横生于茎上，不等深两裂，多呈折合状，背瓣小于腹瓣，背面突出成脊；叶边具齿或全缘。无腹叶。叶细胞多厚壁，有或无三角体，表面平滑或具疣；油体明显，每个细胞2-12个。无性芽胞常见于茎上部叶先端，多由1-2个细胞组成。雌雄异株，稀雌雄有序同苞或同株异苞。雄苞叶与茎叶相似，精子器生于雄苞叶叶腋，每个苞叶2-4个。雌苞叶一般与茎叶同形，大而边缘具粗齿。蒴萼生于茎顶端端，多背腹扁平，口部宽阔，平截，具齿突，少数口部收缩，有纵褶。孢蒴圆形或椭圆形，褐色，成熟后四瓣开裂至基部；蒴壁厚，由3-7层细胞构成，外层细胞壁具球状加厚。孢子直径11-20微米，具细疣。弹丝通常具2列螺纹加厚。

6属，多温带地区分布。我国有4属。

1. 叶背瓣明显小于腹瓣或近于等大，先端不开裂；腹瓣平直，不呈囊状。
　2. 叶鞘状抱茎，舌形至狭长卵形，脊部一般不向背面突起；蒴萼口部收缩，具纵褶，不或略背腹扁平。
　　3. 植物体粗壮，高达7厘米；叶腹瓣基部沿茎下延；叶细胞大，具明显三角体，胞壁中部常具球状加厚；芽胞多具2-4个细胞 ·· **1. 褶萼苔属 Macrodiplophyllum**
　　3. 植物体较小，高1-2厘米；叶腹瓣基部不沿茎下延；叶细胞小，三角体小；芽胞1-2个细胞 ·················
　　　··· **2. 折叶苔属 Diplophyllum**
　2. 叶不呈鞘状抱茎，卵形至卵圆形，脊部多突起；蒴萼多口部宽平，无纵褶，强烈背腹扁平 ·················
　　　····································· **3. 合叶苔属 Scapania**
1. 叶背瓣明显大于腹瓣，先端浅2裂；腹瓣强烈膨起呈囊状 ····························· **4. 侧囊苔属 Delavayella**

1. 褶萼苔属 Macrodiplophyllum (Buch) Perss.

体形粗大，长达7厘米，稀疏丛生。茎具少数分枝，横切面皮部细胞3-4层，厚壁，细胞腔小。叶呈对折状抱茎，腹瓣大于背瓣；背瓣舌形或长卵形；叶边平直，全缘或有齿突；腹瓣长舌形至长卵形，基部沿茎下沿。叶细胞多边形，三角体明显，胞壁中部球状加厚。蒴萼长卵形，口部收缩，纵褶长达基部，不呈背腹扁平。芽胞由2-4个细胞组成。

3种，分布太平洋北部沿岸。我国1种。

褶萼苔　　　　　　　　　　　　　图 158

Macrodiplophyllum plicatum (Lindb.) Press., Svansk. Bot. Tidskr. 43: 507. 1949.

Diplophyllum plicatum Lindb., Acta Soc. Sci. Fennica 10:235. 1872.

植物体粗壮，绿色至深褐色，硬挺，稀疏丛生。茎长2-7厘米，连叶宽2.5-4毫米，单一或稀疏分枝，直立或向上倾立；横切面皮部细胞3-4层，胞壁强烈加厚，内部细胞大，壁薄；假根少而长。叶明显两列，折合状抱茎，背瓣舌形，长度为腹瓣的2/3，先端钝；腹瓣长舌形，基部沿茎略下延；叶边全缘或上部边缘有稀疏单细胞齿。叶细胞4-6边形，近边缘细胞10-15微米，薄壁；中部细胞20-25微米，基部细胞长30-50微米，

胞壁强烈球状加厚，三角体大。雌雄异株。雄苞穗状，侧生。蒴萼长圆柱形，背腹不扁平，向上收缩，有多数深纵褶，口部有不规则毛状齿。芽胞由2-4个细胞组成。

产黑龙江、吉林、陕西、四川和云南，生于高山岩面薄土或石壁。日本、朝鲜、俄罗斯（西伯利亚和远东地区）及北美洲（阿拉斯加）有分布。

1. 雌株(背面观，×5)，2-3. 叶(×20)，4. 叶尖部细胞(×400)，5. 叶中部细胞(×400)。

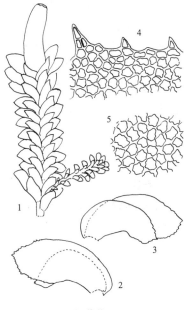

图 158 褶萼苔（马　平绘）

2. 折叶苔属 Diplophyllum Dum.

体形较小，绿色或褐绿色，硬挺，疏松丛生于岩面或土上。茎长1-2厘米，稀疏分枝；横切面皮部细胞小，厚壁，1-4层，内部细胞大，薄壁。叶呈折合状，抱茎或斜生于茎上，背瓣小，腹瓣大，舌形至狭长卵形，脊部较短；叶边全缘或有单细胞齿突。无腹叶。叶中上部细胞4至多边形，近基部细胞长，壁薄或加厚，三角体大小不一，胞壁中部有时呈球状加厚。芽胞由2-4个细胞组成。雌雄多异株。蒴萼生于茎顶端，长圆筒形或椭圆形，一般不呈背腹扁平，向上收缩，具多条深纵褶，口部有齿突。孢蒴椭圆形，蒴壁通常厚4层细胞。孢子球形，直径约11-15微米，表面具不规则网格状纹饰。弹丝两列螺纹加厚。

约30种，主要分布北半球。中国有5种。

1.叶腹瓣具明显由数列长方形细胞组成的假肋 ┄┄┄┄┄┄┄┄┄┄┄┄┄┄┄┄┄┄ 1. 折叶苔 D. albicans
1.叶腹瓣无假肋。
　　2.叶腹瓣先端具一明显单细胞刺状小尖 ┄┄┄┄┄┄┄┄┄┄┄┄┄ 2. 尖瓣折叶苔 D. apiculatum
　　2.叶腹瓣先端钝或具齿状突起，无刺状尖。
　　　　3.叶短阔，长椭圆至倒卵形，腹瓣宽度为长度的1/2-4/5，先端圆钝 ┄┄┄┄┄ 3. 钝瓣折叶苔 D. obtusifolium
　　　　3.叶狭长，舌形，腹瓣宽度为长度的近1/2，先端钝或具齿突 ┄┄┄┄┄ 4 鳞叶折叶苔 D. taxifolium

1. 折叶苔

图 159

Diplophyllum albicans (Linn.) Dum., Rec. d'Obs. 16. 1835.

Jungermannia albicans Linn., Sp. Pl. 2: 1133. 1753.

植物体高1-4厘米，连叶宽2-3毫米，黄绿色至深绿色，有时褐色。茎单一或稀疏分枝，横切面皮部由2-4（5）层、褐色小形厚壁细胞组成，髓部细胞大，壁薄；假根稀少，无色。叶近于斜抱茎，不下延，折合状，裂瓣不等大，中部具4-6列长方形细胞构成的假肋；叶边上部有细齿，先端钝，有时有小齿突。背瓣椭圆形或舌形，为腹瓣长度的

1/2–1/3；腹瓣平展，与背瓣同形。叶边细胞约8微米，中部假肋两侧细胞12–17微米；假肋细胞长12–60微米，宽约17微米；胞壁等厚，三角体不明显，表面近于平滑。雌雄异株。蒴萼顶生，卵形，背腹略扁平，口部收缩，具纵褶。芽胞生于裂瓣先端，黄褐色，多角形，为单个细胞。

产黑龙江、吉林和台湾，生于石面或地上。日本、朝鲜、俄罗斯（西伯利亚）、欧洲及北美洲有分布。

1. 雌株（背面观，×9），2. 叶（背面观，×30），3. 叶中部细胞（×210），4. 蒴萼横切面（×24）。

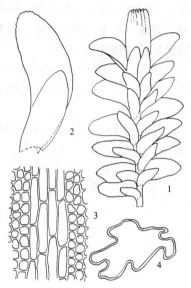

2. 尖瓣折叶苔　　　　　　　图 160

Diplophyllum apiculatum Evans, Bot. Gaz.: 372. 1902.

体形小，黄绿色，有时褐色，长0.5–1厘米，连叶宽1.1–1.5毫米。

茎直径约0.2毫米，单一或稀疏分枝，分枝从叶腋处伸出；横切面皮部和髓部细胞略有区别，皮部细胞2层，稍小，壁略增厚；髓部细胞大，薄壁；假根稀少，透明，带褐色。叶折合状，横生于茎上，相互贴生，背瓣椭圆形，斜列，上部呈狭三角形，先端具1–2个细胞的小尖，边缘平滑或具不规则细齿；腹瓣舌形，平列，上部呈狭三角形，多具1–2细胞的刺突，叶边具少数不规则细齿；背腹瓣基部均不下延；脊部为腹瓣长度的1/4–1/6。叶边3–5列细胞近方形，10–14微米，胞壁强烈加厚，形成不明显分化边；中部细胞宽10–16微米，长18–24微米；基部细胞宽12–15微米，长32–36微米，三角体不明显，表面平滑或中部细胞具疣。雌雄同株。雄苞常生于主茎上，具2–4个雄苞叶。蒴萼多见于雄苞下部短枝上，高出于雌苞叶，长卵形，背腹略扁平，中部以上具4–6条纵褶，口部收缩，具1–3个细胞形成的齿。孢蒴卵形，红褐色。芽胞常见，绿色，1–2个细胞，多棱角形。

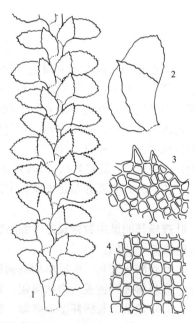

图 159 折叶苔（马 平、吴鹏程绘）

产安徽、浙江、贵州和云南，生于潮湿岩面。北美洲有分布。

1. 植物体的一部分（背面观，×20），2. 叶（背面观，×30），3. 叶尖部细胞（×270），4. 叶中部细胞（×270）。

图 160 尖瓣折叶苔（马 平绘）

3. 钝瓣折叶苔　　　　　　　图 161

Diplophyllum obtusifolium (Hook.) Dum., Rec. d' Obs. 16. 1835.

Jungermannia obtusifolia Hook., Brit. Jungermannia tab. 26. 1812.

平匍生长，先端上倾，淡绿色或黄绿色，长约1厘米，连叶宽2毫米。茎直径约0.2毫米，单一或分枝，横切面皮部细胞1–2层，较小，胞壁强烈加厚；髓部细胞大，薄壁；假根多簇生，着生于茎上部。叶折合状，相互贴生，基部不下延，脊部为腹瓣长度的1/3。背瓣椭圆形、

长椭圆形至倒卵形，先端圆钝，全缘或具细齿；腹瓣斜展，倒卵形至舌形，宽度为长度的0.6-0.8倍，最宽处在叶中部或中部以上，先端圆钝；叶边具细齿。叶细胞小，沿叶边细胞直径8-10微米，基部细胞宽8-12微米，长17-50微米，胞壁薄或略加厚，无三角体，表面具疣。雌雄有序同苞。雄苞常见于雌苞下方，雄苞叶3-5对。蒴萼顶生，高出于雌苞叶，卵形至长椭圆形，背腹不扁平或略扁平，上部具6-8条纵褶，口部收缩，具1-3个细胞组成的齿突。孢子9-12微米，表面具疣。弹丝直径7-8微米。芽胞由单个细胞构成。

产陕西、甘肃、台湾、江西、贵州和云南，生于沙土上。日本、俄罗斯、欧洲及北美洲有分布。

1. 雌株(背面观，×12)，2. 茎叶(背面观，×28)，3. 枝叶(背面观，×28)，4. 叶尖部细胞(×270)，5.叶基部细胞(×270)，6.蒴萼横切面(×25)。

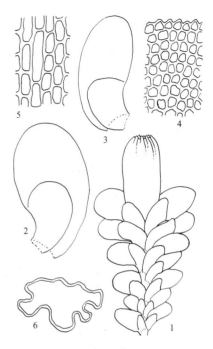

图 161 钝瓣折叶苔（马 平、吴鹏程绘）

4. 鳞叶折叶苔　　　　　　　　　　图 162

Diplophyllum taxifolium (Wahlenb.) Dum., Rec. d'Obs. 16. 1835.

Jungermannia taxifolia Wahlenb., Fl. Lappon.: 389. 1812.

植物体较小，黄绿色至绿色，有时褐色，长1-2厘米，连叶宽1.5-2毫米。茎单一或稀疏分枝，横切面皮部细胞2层，厚壁，髓部细胞大，薄壁；假根稀少。叶抱茎，横展，基部不下延；脊部为腹瓣长度的1/3-1/4，背瓣小，舌形，为腹瓣长度的1/2-2/3；腹瓣舌形，斜生或平展；先端钝或具小尖，叶边平滑或具不规则单细胞齿突。叶边细胞8-10微米，中部细胞宽8-14微米，

长12-17微米，近方形；基部细胞长方形，宽8-14微米，长17-50微米；胞壁不加厚，三角体不明显；表面具密疣。雌雄异株。雄苞叶6-8对，穗状。蒴萼长卵形，高出于雌苞叶，背腹不扁平，具6-8条纵褶，口部小，具齿突。芽胞生于茎上部叶裂瓣先端，由2个细胞构成。

产黑龙江、吉林、辽宁、福建、江西、湖南和四川，生于石面或地上。日本、朝鲜、俄罗斯（西伯利亚）、欧洲及北美洲有分布。

1. 植物体的一部分(背面观，×12)，2. 叶(背面观，×72)，3.叶尖部细胞(×270)，4.叶基部细胞(×270)，5.蒴萼横切面(×25)。

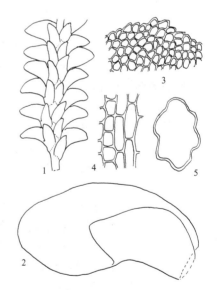

图 162 鳞叶折叶苔（马 平、吴鹏程绘）

3. 合叶苔属 Scapania (Dum.) Dum.

匍匐片状生长，先端倾立或直立，形体大小多变化。茎单一或具稀疏侧枝；横切面皮部由1-4（5）层小形厚壁细胞构成；髓部细胞大，薄壁。叶深两裂，呈折合状，裂瓣不等大，背瓣多小于腹瓣，圆方形至卵圆形，宽度一般为长度的1/2或等长，横展，基部有时沿茎下延；腹瓣较大，舌形、卵形至宽卵形，稀呈长椭圆形，多斜生于茎上，基部常下延；叶边多具齿，少数平滑。叶细胞壁多有三角体，有时胞壁中部加厚呈球状；表面

平滑或具疣。无腹叶。雌雄异株。雄苞间生。雌苞叶与侧叶相似，但较大。蒴萼多背腹扁平，无纵褶，口部平截形，平滑或具齿突。孢蒴卵形至长卵形，壁厚，3-7层，外壁具球状加厚，最内层细胞壁多具螺纹加厚。孢子表面平滑或具细疣。弹丝2列螺纹状加厚。芽胞常见，卵形至纺锤形，有时具棱角，由1-2个细胞组成。

　　110余种，主要分布温带或热带高山地区。我国有48种。

1. 植物体细小，高一般不超过1厘米（稀达1.5厘米）；叶片脊部长，为腹瓣长度的1/2-1/3；叶边平滑或具疏齿。
　　2. 叶边平滑；叶细胞具细疣 ··· 1. 多胞合叶苔 S. apiculata
　　2. 叶边上部具疏齿；叶细胞平滑 ··· 4. 短合叶苔 S. curta
1. 植物体中等大小至粗壮，高1-10厘米；叶片脊部短，稀较长；叶边具齿或长纤毛。
　　3. 叶脊部短或不及腹瓣长度的1/5。
　　　　4. 叶细胞表面具粗疣。
　　　　　　5. 叶背腹瓣近于等大，向腹面强烈内凹 ·································· 8. 克氏合叶苔 S. karl-mülleri
　　　　　　5. 叶背瓣明显小于腹瓣，平展或略内凹，有时向一侧偏斜。
　　　　　　　　6. 叶向一侧强烈偏斜，脊部甚短；叶边齿突不呈毛状 ·········· 19. 圆叶合叶苔 S. rotundifolia
　　　　　　　　6. 叶贴茎着生或平展，具短脊部，约为腹瓣长度的1/10；叶边齿突呈纤毛状 ···············
　　　　　　　　　　 ··· 11. 离瓣合叶苔 S. nimbosa
　　　　4. 叶细胞表面平滑。
　　　　　　7. 叶背瓣基部不沿茎下延 ··· 13. 分瓣合叶苔 S. ornithopoides
　　　　　　7. 叶背瓣基部沿茎下延 ·· 10. 尼泊尔合叶苔 S. nepalensis
　　3. 叶脊部较长，为腹瓣长度的1/5-3/4，稀为1/2-1/3。
　　　　8. 背腹瓣近于等大。
　　　　　　9. 叶细胞表面具粗密疣；裂瓣仅先端或上部具疏齿 ···················· 6. 秦岭合叶苔 S. hians
　　　　　　9. 叶细胞平滑或略粗糙；裂瓣边缘均具单细胞细齿 ················ 16. 细齿合叶苔 S. parvidens
　　　　8. 背瓣明显小于腹瓣。
　　　　　　10. 叶腋间具假鳞毛 ·· 2. 腋毛合叶苔 S. bolanderi
　　　　　　10. 叶腑间无假鳞毛。
　　　　　　　　11. 叶边缘齿常透明，细长，呈纤毛状。
　　　　　　　　　　12. 叶边缘齿稀少，一般不超过20个；蒴萼圆筒形，膨大，口部收缩具纵褶 ···············
　　　　　　　　　　 ··· 12. 东亚合叶苔 S. orientalis
　　　　　　　　　　12. 叶边缘齿密集，一般多于25个；蒴萼背腹扁平，口部平截，平滑无褶。
　　　　　　　　　　　　13. 叶边缘具规则密集单细胞纤毛；芽胞2个细胞 ··········· 3. 刺边合叶苔 S. ciliata
　　　　　　　　　　　　13. 叶边缘具不规则多细胞长齿；芽胞1个细胞 ··········· 18. 弯瓣合叶苔 S. parvitexta
　　　　　　　　11. 叶边全缘或具短钝齿，不呈纤毛状。
　　　　　　　　　　14. 叶细胞表面具粗疣。
　　　　　　　　　　　　15. 叶边具单细胞齿 ··· 22. 粗疣合叶苔 S. verrucosa
　　　　　　　　　　　　15. 叶边具多细胞粗齿 ··· 9. 柯氏合叶苔 S. koponenii
　　　　　　　　　　14. 叶细胞表面平滑或具细疣。
　　　　　　　　　　　　16. 叶边缘具多细胞不规则粗齿。
　　　　　　　　　　　　　　17. 叶脊部较长，为腹瓣长度的1/2，叶仅上部具不规则齿 ········· 5.格氏合叶苔 S. griffithii
　　　　　　　　　　　　　　17. 叶脊部较短，为腹瓣长度的1/3，叶中上部具不规则粗齿 ····· 20. 斯氏合叶苔 S. stephanii
　　　　　　　　　　　　16. 叶边全缘或具单细胞细齿。
　　　　　　　　　　　　　　18. 生沼泽或水湿处；植物体较粗壮。
　　　　　　　　　　　　　　　　19. 叶脊部较长，平直，约为腹瓣长度的1/2；背腹瓣较窄，近肾形 ·····························

1. 多胞合叶苔

图 163

Scapania apiculata Spruce, Ann. Mag. Nat. Hist. 2, 4: 106. 1849.

体形小，长仅2–5毫米，黄绿色，常着生腐木上。茎单一或稀分枝，直立或先端上倾；横切面皮部2层褐色厚壁小细胞，内部细胞大，薄壁；假根多数。叶相接或覆瓦状排列，分背瓣和腹瓣，脊部为腹瓣长度的2/3–3/4，背瓣约为腹瓣长度的2/3，方舌形，渐尖；腹瓣长卵状舌形；叶边全缘，先端常具小尖。叶细胞较大，圆多边形；三角体大，胞壁明显加厚呈球状；尖部细胞18–20微米，中部细胞宽18–22微米，长25–27微米，表面具疣。油体小，每个细胞5–8个。雌雄异株。蒴萼顶生，背腹面强烈扁平，口部宽阔，平截形，平滑或具短齿突。芽胞常见于鞭状枝的叶片尖部，红褐色，圆方形，单个细胞。

产黑龙江、吉林、湖南、贵州和西藏，生于山区林下潮湿腐木上，稀生岩面薄土。日本、朝鲜、俄罗斯（西伯利亚）、欧洲及北美洲有分布。

1. 雌株的一部分（背面观，×15），2-3.叶（×20），4.叶尖部细胞（×200），5.叶中部细胞（×200）。

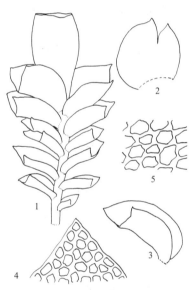

图 163 多胞合叶苔（马　平绘）

2. 腋毛合叶苔

图 164

Scapania bolanderi Aust., Proc. Acad. Nat. Sci. Philadelphia 21: 281. 1870 "1869".

体形中等大小，长1–5厘米，绿色至黄绿色，有时呈褐绿色。茎单一或不规则分枝；横切面皮部2–4层红褐色小形厚壁细胞，髓部细胞大，薄壁。叶相接或密集覆瓦状排列，叶腋间有分叉假鳞毛；叶不等两裂，背瓣小，脊部短，仅为腹瓣长度的1/5左右，略呈弓形弯曲；腹

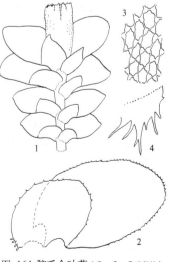

图 164 腋毛合叶苔（马　平、吴鹏程绘）

瓣卵形至舌状卵形，基部近于不下延；叶边具不规则粗齿，长1–4个细胞，基部宽1–3个细胞，基部齿常呈纤毛状；叶细胞角部加厚，具明显三角体；尖部细胞直径12–17微米，中部细胞宽12–17微米，长17–20微米，基部细胞宽12–20微米，长30–40微米，表面平滑。雌雄异株。蒴萼顶生，长椭圆形，背腹扁平，口部具不规则裂瓣。芽胞椭圆形，由2个细胞组成。

产安徽、浙江、台湾、福建、江西、广西、贵州、四川、云南和西藏，生于海拔 1670~2800米的林下岩石或岩面薄土上，稀树干生。日本及北美洲有分布。

1. 雌株的一部分(背面观，×7)，2. 叶(背面观，×15)，3. 叶中部细胞(×310)，4. 叶基部边缘的纤毛(×80)。

3. 刺边合叶苔

图 165 彩片20

Scapania ciliata S. Lac. in Miquel, Ann. Mus. Bot. Lugd.–Bot. 3: 209. 1867.

植物体丛集生长，高2–4厘米，连叶宽3–4毫米，绿色或黄绿色，有时带褐色。茎单一或叉状分枝，直立或先端上倾；横切面皮部和中部细胞异形，皮部为3–4层褐色小形厚壁细胞，髓部细胞大，薄壁；假根少，无色。叶离生或相接，不等2/3两裂，呈折合状；脊部约为腹瓣长度的1/3，平直或略弯曲；背瓣基部越茎，略下延，腹瓣近于横展，卵形，先端圆钝，为背瓣的2–2.5倍，基部长下延，叶边具透明刺状齿，单个（稀2个）细胞；叶边细胞13–15微米，中部细胞圆方形至圆多边形，16–21微米，基部细胞宽约18微米，长30–40微米，具中等大小的三角体；表面具密疣。雌雄异株。蒴萼长筒形，背腹面扁平，平滑无褶，口部阔截形，具密长纤毛状齿，齿长1–4个单列细胞。芽胞椭圆形，2个细胞。

产陕西、江苏、安徽、浙江、台湾、福建、江西、湖南、广东、广西、贵州、四川、云南和西藏，生于潮湿岩石、林地或腐木上。日本、

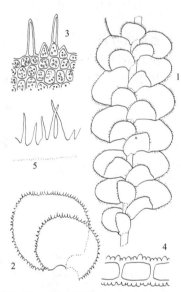

图 165 刺边合叶苔（马 平、吴鹏程绘）

朝鲜及喜马拉雅地区有分布。

1. 植物体的一部分(背面观，×6)，2. 叶(×12)，3. 叶边细胞(×170)，4. 叶横切面的一部分(×350)，5. 蒴萼口部的纤毛(×170)。

4. 短合叶苔

图 166

Scapania curta (Mart.) Dum., Rec. d' Obs. 14. 1835.

Jungermannia curta Mart., Fl. Crypt. Erlang.: 148. 1817.

植物体较小，淡绿色，长1–1.5厘米，连叶宽1.5–2.5毫米。茎横切面皮部1层细胞，稀2层，为小形厚壁细胞，髓部细胞大，薄壁。叶离生或密覆瓦状排列，不等两裂，脊部略呈弓形，约为腹瓣长度的1/2，腹瓣倒卵形，基部不下延，尖部圆钝，全缘或上部具稀疏单细胞小齿，有时先端具小尖；背瓣与腹瓣同形，约为腹瓣的1/2，先端常有小齿。叶边具1–2（3）列胞壁等厚的厚壁细胞，直径18–20微米，形成明显的边

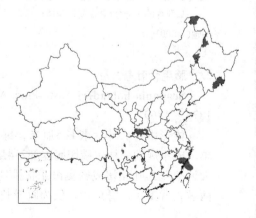

缘；中部细胞薄壁，角部略加厚，直径20–24微米，基部细胞18–22微米，表面平滑或具细疣。油体较小，圆球形至卵状球形，每个细胞含2–4个。雌雄异株。蒴萼圆筒形，一般背腹扁平，无皱折，口部具1–3个细胞的长齿突。芽胞椭圆形，由2个细胞组成。

产黑龙江、吉林、陕西、安徽、浙江、台湾、江西、贵州、四川、云南和西藏，多生于岩面薄土或土上。日本、朝鲜、俄罗斯（西伯利亚和远东地区）、欧洲及北美洲有分布。

1. 雌株的一部分(背面观，×12)，2. 茎叶(背面观，×20)，3. 枝叶(背面观，×20)，4. 叶边细胞(×105)，5. 叶中部细胞(×105)，6. 蒴萼口部细胞(×105)。

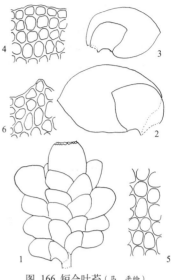

图 166 短合叶苔（马 平绘）

5. 格氏合叶苔　　　　　　　　　　图 167

Scapania griffithii Schiffn., Österr. Bot. Zeit. 49: 204. 1899.

植物体黄褐绿色，长1–2.5厘米，连叶宽约2毫米。茎挺硬，黑褐色。

叶斜展，覆瓦状排列，不等两裂；脊瓣为腹瓣长度的1/2，平直或略弯曲，基部不下延。腹瓣近于横展，卵形至倒卵形，基部不下延或略下延，先端钝，常具小尖，上部边缘具不规则细齿，齿多为数个细胞组成；先端钝或具小尖；叶边近于平滑或上部具细齿。叶细胞壁薄，三角体不明显，近边缘细胞长11–16微米，宽10–14微米，中部细胞宽13–16微米，长16–24微米，近基部细胞宽10–16微米，长32–48微米，表面平滑。蒴萼长椭圆形，背腹扁平，口部平截，具钝细齿。芽胞常见于茎尖部叶片边缘，长1–2个细胞。

产台湾、江西、四川和云南，生于潮湿崖壁或砂石上。不丹有分布。

1. 植物体的一部分(背面观，×17)，2-3. 叶(×20)，4. 叶边细胞(×220)，5. 叶中部细胞(×220)。

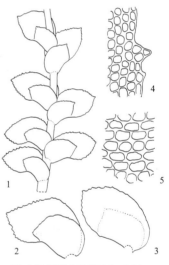

图 167 格氏合叶苔（马 平绘）

6. 秦岭合叶苔　　　　　　　　　　图 168

Scapania hians St. ex K. Müll. (Freib.), Bull. Herb. Boiss. 2, 1: 614. 1901.

体形中等大小，褐绿色，挺硬，常混生于其它藓类中。茎长1–2厘米，单一，黑色。叶密生，约1/4两裂，背腹瓣近于等大，脊部较长；背瓣宽卵形，基部越茎，不沿茎下延，上部渐尖；叶边全缘或先端具齿。腹瓣圆卵形，渐尖，先端具

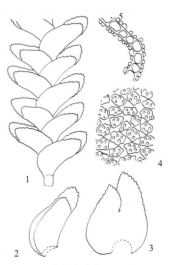

图 168 秦岭合叶苔（马 平绘）

疏齿或全缘。叶细胞厚壁，角部明显加厚，叶边细胞多边形，直径10–13微米，中部细胞多边形，15–26微米；表面具粗疣。

中国特有，产陕西、四川和云南，生于石面。

1. 植物体的一部分（背面观，×17），2-3. 叶（×30），4. 叶中部细胞（×200），5. 叶横切面的一部分（×200）。

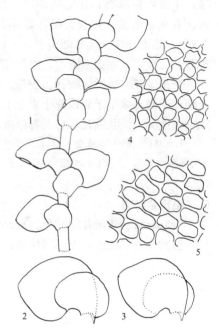

7. 湿生合叶苔 图 169

Scapania irrigua (Nees) Nees, Rec. Obs. Jungerm.: 14. 1835.

Jungermannia irrigua Nees, Naturgesch. Eur. Leberm. 1: 175, 193. 1833.

植物体中等大小，长1–5厘米，褐绿色或黄绿色，常与湿生藓类混生于沼泽地或水湿处。茎单一或具少数分枝；横切面皮部和髓部细胞异形，皮部具1–2层褐色小形厚壁细胞，髓部细胞大，薄壁，透明。叶疏生或相互贴生，不等两裂至叶长度的1/2–3/5；脊部较长，约为腹瓣长度的1/2，略呈弧形弯曲。背瓣肾形，先端圆钝或渐尖，基部不下延，多越茎；叶边全缘或上部具齿突。腹瓣约为背瓣的2倍，长方形或长肾形，基部不下延或略下延；叶边先端圆钝或渐尖，全缘或仅上部具少数单细胞齿突。叶细胞透明，胞壁角部加厚，具明显三角体；叶边细胞近圆形，直径18微米，中部细胞宽17–22微米，长约24微米，基部细胞长方形，宽16–25微米，长31–34微米；表面具细疣；油体较小，每个细胞3–5个。雌雄异株。蒴萼顶生，长筒形，背腹扁平，有时上部稍有褶，口部截形，具齿突。芽

图 169 湿生合叶苔（马　平绘）

胞黄绿色，1–2个细胞。

产黑龙江、吉林和内蒙古，生于沼泽地，常与水湿藓类混生成群落。日本、俄罗斯（西伯利亚和远东地区）、欧洲及北美洲有分布。

1. 植物体的一部分（背面观，×27），2-3. 叶（×45），4. 叶中部细胞（×320），5. 叶基部细胞（×320）。

8. 克氏合叶苔 图 170

Scapania karl–mülleri Grolle, Ergebm. Forsch. Univ. Nepal. Himal. 1: 270. 1966.

体形粗壮，黄褐色，高达5–7厘米，连叶宽约2.0毫米，密集生长。茎单一或稀疏分枝，直立或先端上倾。叶相接排列，近于等形两裂至近基部，强内凹；脊部极短，仅为腹瓣长度的1/8–1/10，呈弧形弯曲；背瓣略小于腹瓣或近于等大，近半圆形，宽1.5毫米，基部越茎，先端圆钝，强内凹；叶边具长纤毛状齿，齿由1–2(3)个细胞组成。叶细胞不规则圆形，近

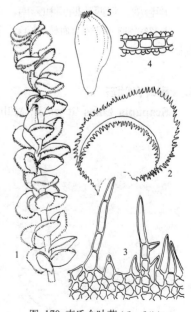

图 170 克氏合叶苔（马　平绘）

叶边细胞直径11-14微米，中部细胞14-17微米，三角体明显，表面具粗疣。 雌雄异株。蒴萼长筒形，背腹不扁平，向上收缩，具纵褶，口部具不规则纤毛状齿突。

产云南和西藏，生于海拔3560-4150米的高山石上或杜鹃灌丛林地。尼泊尔有分布。

1. 植物体(背面观，×7)，2.叶(背面观，×16)，3.叶边细胞(×220)，4.叶横切面的一部分(×220)，5.蒴萼(×16)。

9. 柯氏合叶苔

图 171 彩片21

Scapania koponenii Potemkin, Ann. Bot. Fennici 37: 41. 2000.

植物体中等大小，高1-2厘米，黄绿色，有时略带红色，丛集生长。茎直立或先端上倾，常具分枝，横切面皮部和髓部细胞异形，皮部3-4层为红褐色小形厚壁细胞，髓部细胞大，透明，薄壁；假根长，疏生。叶相接或覆瓦状排列，1/2两裂；脊部约为腹瓣长度的1/2，平直或略弯曲。背瓣小，卵形或近肾形，先端钝或具小尖，越茎，不下延；叶上部边缘具齿。腹瓣约为背瓣的2倍，卵形，先端钝，稀具尖，基部沿茎下延；叶边具不规则齿，长1-3个细胞，基部宽1-2个细胞。叶边细胞圆方形，厚壁，11-14微米，中部细胞宽13-15微米，长18-21微米，基部细胞宽15微米，长26-30微米；胞壁角部具三角体，表面具明显粗疣。雌雄异株。蒴萼卵形，背腹扁平，口部具宽短的齿突或纤毛。芽胞生于上部叶的先端，椭圆形，多2个细胞，稀单细胞。

中国特有，产浙江、福建、湖南、广东、贵州、四川和云南，生于岩石面或土壁。

1. 植物体(背面观，×28)，2.叶(背面观，×68)，3.叶中部细胞(×300)，4.叶基部细胞(×300)。

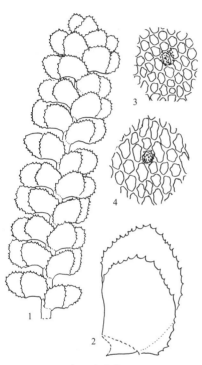

图 171 柯氏合叶苔（马 平绘）

10. 尼泊尔合叶苔

图 172 彩片22

Scapania nepalensis Gott., Lindenb. et Nees, Syn. Hepat. 71. 1844.

密集丛生或混生于其他苔藓之中，褐色，长2-5厘米。茎细弱，单一或分枝；假根半透明，密集生长。叶疏生，明显不等两裂至叶基部，脊部短；裂瓣不等大。背瓣长方形，先端钝，基部越茎，沿茎下延，边缘具毛状长齿。腹瓣约为背瓣的3倍，卵形，先端钝，基部沿茎下延；叶边具毛状齿，为单个细胞。叶细胞小，角部加厚，先端细胞

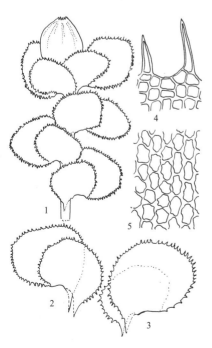

图 172 尼泊尔合叶苔（马 平绘）

仅6微米，中部细胞宽约8微米，长约12微米，基部细胞宽约8微米，长约20微米；表面平滑。雌雄异株。蒴萼梨形，具皱折，背腹不扁平，口部小裂片具毛状齿。芽胞生于叶裂瓣先端，淡棕紫色，卵形，通常2个细胞。

产贵州、四川、云南和西藏，生于林下潮湿岩石上或山顶树干基

部。印度北部及尼泊尔有分布。

1.雌株的一部分(背面观，×13)，2-3.叶(×18)，4.叶边细胞(×210)，5.叶中部细胞(×210)。

11. 离瓣合叶苔 图 173

Scapania nimbosa Tayl. ex Lehm., Pug. Plant. 6. 1844.

植物体粗壮，高3–10厘米，宽7–8毫米，红褐色，常混生于其它藓类中。茎单一或分枝；假根稀少。叶在茎上相互贴生，向上呈覆瓦状，两裂至叶近基部，脊部甚短，呈弧形，约为腹瓣长度的1/15–1/10。叶背腹瓣近于等大；叶边具疏纤毛状齿，可多达近20个，齿长1–2个细胞，基部宽2个细胞；背瓣近于横生，卵形，先端具小尖或齿突，基部越茎，不下延；腹瓣与背瓣相等或略大，卵形，渐尖，基部不下延或略下延。叶细胞近圆形，角部强烈加厚，黄褐色，叶尖部细胞10–12微米，中部细胞15微米，基部细胞宽约10微米，长约30微米，表面具粗疣。

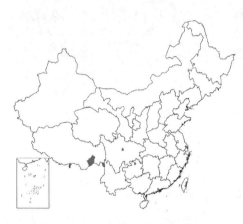

产台湾、贵州、四川、云南和西藏，生于阴湿岩石面，常混生于其它苔藓中。印度北部、尼泊尔、苏格兰及挪威有分布。

1.植物体的一部分(背面观，×10)，2.叶(背面观，×15)，3.叶边细胞(×150)，4.叶中部细胞(×150)。

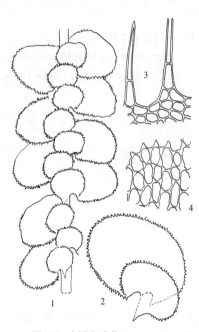

图 173 离瓣合叶苔（马 平绘）

12. 东亚合叶苔 图 174

Scapania orientalis St. ex K. Müll. (Freib.), Bull. Herb. Boiss. 2, 1: 606. 1901.

体形细弱，黄绿色，长1–3厘米，密丛集生。茎单一或具分枝。叶斜向排列，不等两裂，抱茎，脊部约为腹瓣长度的1/3。背瓣小，钝卵形或长方形，越茎生长，先端尖锐，基部沿茎下延；叶边具稀疏单细胞长齿。腹瓣约为背瓣的2倍，尖卵形，叶边具稀疏毛状齿，齿尖锐，单个细胞。叶细胞角部加厚，上部细胞直径约10微米，中部细胞宽约20微米，长约25微

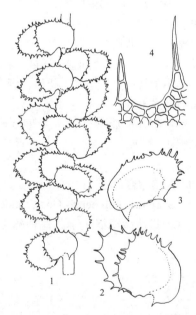

图 174 东亚合叶苔（马 平绘）

米，表面粗糙。雌雄异株。蒴萼棍棒形，不呈背腹扁平，具纵褶，口部略收缩，具长纤毛状齿。芽胞卵形，由2个细胞组成。

产贵州、四川和云南，生于海拔3000–4500米的山地岩面。印度有分布。

1. 植物体的一部分（背面观，×12），2-3. 叶（×10），4. 叶边细胞（×220）。

13. 分瓣合叶苔

图 175

Scapania ornithopoides (With.) Waddell, Hepat. Brit. Isl. 219. 1900.

Jungermannia ornithopoides With., Bot. Arr. Veg. Great Britain 2: 695. 1776.

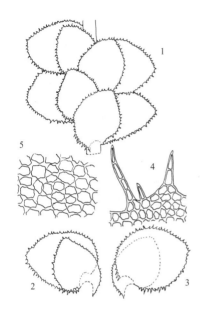

图 175 分瓣合叶苔（马 平绘）

大形至中等大小，褐绿色至褐色，长2–4厘米，丛生。茎单一或顶部具少数分枝，横切面皮部和髓部细胞明显异形，皮部具3–4层褐色小形厚壁细胞，髓部细胞大，薄壁；假根无色，疏生。叶相互贴生或覆瓦状排列，深两裂至叶片近基部，脊部短。背腹瓣分离，腹瓣大，长卵形至卵形，基部沿茎下延；边缘具1–2个细胞的齿，近基部齿呈纤毛状，长4–6个细胞，稀分叉。背瓣近心形，宽度约为长度的1–1.2倍，先端钝或渐尖，基部越茎，不下延或略下延；腹瓣大，为背瓣的2–2.5倍。叶细胞角部强烈加厚，桔黄色；叶边细胞近圆形，直径14–17微米，中部细胞不规则长方形，宽约14微米，长约26微米，基部细胞宽约14微米，长26–34微米；表面平滑或具不明显疣。芽胞椭圆形，深褐色，2个细胞。

产浙江、台湾、福建、湖南、贵州、四川、云南和西藏，生于岩面或树干上。日本、印度、不丹、菲律宾、夏威夷岛、欧洲西北部及美国（阿拉斯加）有分布。

1. 植物体的一部分（背面观，×10），2-3. 叶（×12），4. 叶边细胞（×180），5. 叶中部细胞（×220）。

14. 沼生合叶苔

图 176

Scapania paludicola Loeske et K. Müll. in Rabenhorst, Krypt. Fl. Deutsch. 6 (2): 425. 1915.

植物体粗大，长达5–8厘米，绿色或黄绿色，下部略带褐色，丛集生长或与其它藓类混生于沼泽地中。茎常单一，横切面皮部和髓部细胞异形，皮部为2层小形厚壁细胞，髓部细胞大，薄壁。叶密集，覆瓦状排列，不等3/4–4/5两裂；脊部较短，为腹瓣长度的1/5–1/4，弧形弯曲；背瓣心形或肾形，渐尖，尖部常向茎，基部越茎，不下延；叶边全缘或具单细胞齿。腹瓣约为背瓣的1.5–2倍，阔心脏形或圆心脏形，先端常具小尖，基部略下延；叶边平滑或具疏单细胞齿突。叶细胞薄壁，角部具三角体；近边缘细胞直径15–17微米，中部细胞20–25微米，圆方形或圆多边形；基部细胞圆长方形，宽

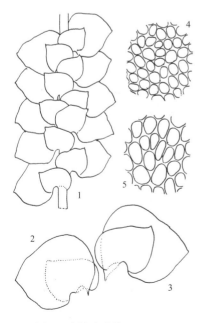

图 176 沼生合叶苔（马 平绘）

25–30微米，长40–45微米；表面具细疣。油体较小，椭圆形或球形，每个细胞5–10个。蒴萼背腹扁平，口部平截，具短毛状齿。芽胞生于叶裂瓣先端，褐绿色，椭圆形，单细胞。

产黑龙江和内蒙古，生于沼泽地，常与泥炭藓（*Sphagnum*）等藓类混生成群落。日本、俄罗斯（西伯利亚和远东）、欧洲及北美洲有分布。

1. 植物体的一部分（背面观，×27），2-3.叶（×42），4.叶中部细胞（×320），5.叶基部细胞（×320）。

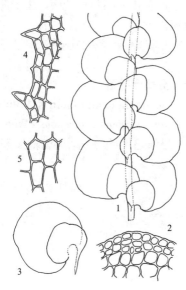

15. 大合叶苔　　　　　　　　　图 177

Scapania paludosa (K. Müll. (Freib.)) K. Müll. (Freib.), Mitt. Bad. Bot. Vereins n. 182–183: 287. 1902.

Scapania undulata (Linn.) Dum. var. *paludosa* K. Müll. (Freib.), Beih. 1, Bot. Centralbl. 10: 220. 1901.

水生或湿生苔类，体形粗，长达6–10厘米，绿色至黄绿色，下部渐呈褐色。茎直立或倾立，横切面皮部2–3层小形厚壁细胞，髓部细胞大，壁薄。叶疏生，不等1/5–1/3两裂；脊部为腹瓣长度的1/5–1/3，呈弧形弯曲。腹瓣近于圆形，基部沿茎长下延，先端圆钝；叶边全缘或具单细胞疏齿。背瓣为腹瓣的1/2，阔心脏形或肾形，基部越茎，沿茎下延；叶边全缘或有疏齿。叶细胞薄壁，三角体不明显，叶边细胞近方形，直径约15微米，中部细胞圆多边形，20–25微米，基部细胞长椭圆形，宽约20微米，长45微米；表面近于平滑或具细疣。雌雄异株。蒴萼背腹扁平，口部平

图 177 大合叶苔（吴鹏程绘）

截，全缘或具齿突。芽胞稀见。

产黑龙江、吉林和内蒙古，生于沼泽地或林下水湿处，有时见于潮湿土面或岩面薄土上，日本、朝鲜、俄罗斯（西伯利亚）、欧洲及北美洲有分布。

1. 植物体的一部分（背面观，×5），2. 茎横切面的一部分（×180），3. 叶（背面观，×7），4. 叶边细胞（×160），5. 叶中部细胞（×145）。

16. 细齿合叶苔　　　　　　　　图 178

Scapania parvidens St., Hedwigia 44: 15. 1904.

植物体形小，长0.5–1厘米，连叶宽1–1.5毫米，绿色或黄绿色。茎单一或稀疏分枝，先端倾立；横切面皮部2–3层小形厚壁细胞，髓部细胞大，薄壁。叶密覆瓦状排列，近于等形两裂至2/3开裂；脊部长，平直，为腹瓣长度的1/2左右。腹瓣倒卵形，叶边背曲，基部不下延，宽度为长度的3/4或等宽，先端圆钝；叶边具细齿，多单个细胞。背瓣略小于腹瓣，长卵形，基部不

图 178 细齿合叶苔（马 平、吴鹏程绘）

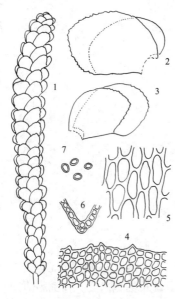

下延，先端圆钝；上部边缘具细齿。叶细胞圆四边形，上部细胞直径7–10微米，中部细胞12–15微米，基部细胞宽约15微米，长约30微米，壁略加厚，三角体不明显；表面平滑或有时具细疣。雌雄异株。蒴萼长圆筒形，背腹强烈扁平，上部平截，常向背面弯曲，口部具细齿。芽胞稀见，绿色，卵形至椭圆形，单个细胞。

产吉林、辽宁、安徽、浙江、台湾、广西、四川和云南，生于花

岗岩或火山灰岩石面上。日本有分布。

1. 植物体(背面观，×12)，2–3. 叶(×38)，4. 叶边细胞(×180)，5. 叶基细胞(×210)，6. 叶横切面的一部分(×180)，7. 芽胞(×150)。

17. 小合叶苔　　　　　　　　图 179

Scapania parvifolia Warnst., Hedwigia 63: 78. 1921.

体形较小，长1–2厘米，连叶宽2–3毫米，黄绿色，小片状丛生。茎通常不分枝；横切面皮部为2层厚壁细胞，髓部细胞大，薄壁。叶密生或相接排列，不等2/3–3/4两裂；脊部短，约为腹瓣长度的1/3–1/4，平直或略呈弓形弯曲。腹瓣长舌形，渐尖，长度约为宽度的2倍，基部不下延；叶边全缘或上部具齿，有时先端具锐尖。背瓣约为腹瓣的1/2，阔卵状舌形，向基部渐

窄，不沿茎下延；叶边近于平滑，先端常有锐齿。叶边2–4列细胞小于中部细胞，直径14–16微米，形成由厚壁细胞组成不明显分化的边缘；中部细胞圆多边形，15–20微米，角部略加厚；基部细胞短长方形，具细疣。油体较大，每个细胞含2–5个。雌雄异株。蒴萼长筒形，背腹扁平，口部较阔，无齿。芽胞鲜绿色，长椭圆形，由2个细胞组成。

产黑龙江、吉林、辽宁、内蒙古、陕西、新疆、安徽、云南和西藏，多生于岩面薄土或土上，稀腐木生。日本、俄罗斯(西伯利亚及远

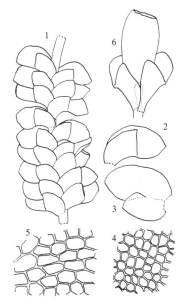

图 179 小合叶苔(马　平绘)

东)、欧洲及北美洲有分布。

1. 植物体的一部分(背面观，×25)，2–3. 叶(×32)，4. 叶中部细胞(×340)，5. 叶基部细胞(×340)，6. 雌苞(背面观，×25)。

18. 弯瓣合叶苔　　　　　　　图 180

Scapania parvitexta St., Bull. Herb. Boiss. 5: 107. 1897.

体形中等大小，长1–3厘米，黄绿色。茎单一，稀叉状分枝，先端上倾；横切面皮部由3–5层小形厚壁细胞组成，髓部细胞大，薄壁。假根无色，疏生。叶密覆瓦状排列，不等2/5–3/5两裂；脊部为腹瓣长度的1/3–1/2，略弯曲。腹瓣卵形至倒卵形，前缘呈拱形至圆弧形，基部略下延，先端圆钝，有时具小尖；叶边密生不规则齿，由1–4个细胞组成。背瓣越茎，长方形至

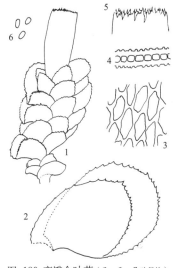

图 180 弯瓣合叶苔(马　平、吴鹏程绘)

倒卵形，基部不下延，略小于腹瓣，先端圆钝或稀具小尖；叶边具不规则齿。叶边细胞8–10微米，中部细胞宽12–15微米，长17–20微米，基部细胞宽12–15微米，长20–34微米，胞壁等厚，三角体不明显至中等大小；表面密具疣。雌雄异株。蒴萼顶生。长圆筒形，背腹强烈扁平，口部平截，具多数小裂瓣和齿突。芽胞绿色或带红色，椭圆形，单个细胞。

产辽宁、安徽、浙江、台湾、福建、江西、广西、贵州、四川、云

南和西藏，生于花岗岩石或灌丛林下岩面薄土上，有时见于树干或腐木上。日本有分布。

1.雌株(背面观，×10)，2.叶(背面观，×30)，3.叶基部细胞(×230)，4.叶横切面的一部分(×150)，5.蒴萼口部(×12)，6.芽胞(×140)。

19. 圆叶合叶苔

图 181 彩片23

Scapania rotundifolia Nichols., Symb. Sin. 5: 31. 1930.

植物体褐绿色，挺硬，多岩面生。茎长1–5厘米，暗棕色，稀疏分枝；假根稀少。茎叶相互贴生，常向一侧偏斜，不等两裂至基部；无脊部。背瓣与茎平行着生，圆形，先端钝，具少数齿，基部不下延。腹瓣约为背瓣的3倍，近圆形，先端钝或稀稍尖，向背面弯曲，基部下延，中部以上边缘具1–2细胞的透明齿。叶上部细胞15微米，三角体小；中部细胞25微米，三角体较大；基部细胞长约25微米，宽约50微米，三角体明显；表面具疣。

产四川、云南和西藏，生于海拔2400–3000米阴暗岩面。尼泊尔有分布。

1.植物体(背面观，×20)，2.叶(背面观，×32)，3.叶中部细胞(×310)。

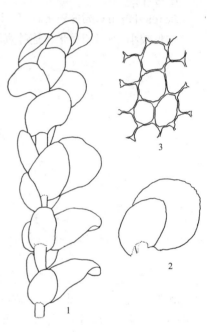

图 181 圆叶合叶苔（引自《中国植物志要》）

20. 斯氏合叶苔

图 182

Scapania stephanii K. Müll., Nova Acta Acad. Caes. Leop.–Carol. German. Nat. Cur. 83: 273. 1905.

体形小至中等大小，绿色至褐绿色，有时略带红褐色，长1–2厘米。茎直立或倾立，单一或稀疏分枝；横切面皮部2–3层为小形厚壁细胞，髓部细胞大，薄壁；假根稀疏。叶离生或相互贴生，不等1/3两裂，脊部较短，为腹瓣长度的1/3–1/2，略呈弓形弯曲。腹瓣卵形至阔卵形，宽度为长度的1/2–3/5，基部略下延，先端钝或具小尖；叶边具不规则粗齿，齿长1–3

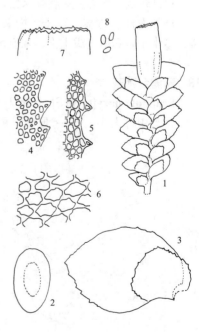

图 182 斯氏合叶苔（马　平、吴鹏程绘）

（4）个细胞，基部宽1–2（3）个细胞。背瓣长方形或卵形，明显小于腹瓣，基部不下延，先端钝或锐尖；叶边具不规则多细胞齿。叶尖和近边缘细胞圆方形，8–12微米，壁等厚，具中等大小三角体；中部细胞近方形，14–17微米，基部细胞稍长，宽约14微米，长26–34微米；表面平滑或具细疣。雌雄异株。蒴萼顶生，长圆筒形，背腹扁平，口部具齿突。芽胞绿色，1个细胞。

产辽宁、山东、安徽、浙江、台湾、福建、江西、湖南、广西、贵

州、四川、云南和西藏，生于岩石或土面，有时见于腐木或树干上。日本、朝鲜及尼泊尔有分布。

1. 雌株（背面观，×12），2. 茎的横切面（×180），3. 叶（背面观，×25），4–5. 叶边细胞（×140），6. 叶基部细胞（×195），7. 蒴萼口部（×15），8. 芽胞（×150）。

21. 波瓣合叶苔 图 183

Scapania undulata (Linn.) Dum., Rec. d' Obs. 14. 1835.

Jungermannia undulata Linn., Sp. Pl. 2: 1132. 1753.

体形多变，绿色或黄绿色，常略带粉红色，长2–10厘米，连叶宽2–4毫米。茎单一或分枝；横切面皮部3层褐色小形厚壁细胞，髓部细胞形大，壁薄。叶疏生或覆瓦状排列，1/3–1/2两裂；脊部为腹瓣长度的1/3–1/2，平直或弧形弯曲。腹瓣阔卵形或阔倒卵形，基部渐窄，沿茎明显下延，先端圆钝；叶边常略波形，全缘或具小齿突。背瓣卵状长方形或近方形，约为腹瓣的

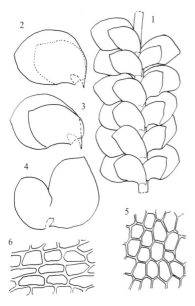

图 183 波瓣合叶苔（马 平绘）

1/2，基部一般不下延，先端圆钝，稀略尖；叶边全缘或具细齿。叶细胞壁薄或略加厚，三角体不明显，叶边细胞宽约15微米，长约17微米，基部细胞宽20–30微米，长40微米；表面近于平滑。每个细胞具2–6个油体。雌雄异株。蒴萼长圆筒形，背腹扁平，口部平滑或具细齿。芽胞卵形至椭圆形，多2个细胞。

产黑龙江、内蒙古、陕西、安徽、浙江、台湾、福建、江西、湖南、广西、四川和西藏，生于溪沟或溪边潮湿岩面。日本、朝鲜、俄罗

斯（西伯利亚）、欧洲及北美洲有分布。

1. 植物体的一部分（背面观，×15），2–4. 叶（×30），5. 叶中部细胞（×340），6. 叶基部细胞（×340）。

22. 粗疣合叶苔 图 184

Scapania verrucosa Heeg, Rev. Bryol. 20: 81. 1893.

植物体小形至中等大小，黄绿色至绿色，有时带红色。茎单一或稀疏分枝，长1–3厘米；横切面皮部和髓部细胞明显异形，皮部3–4层为红褐色小形厚壁细胞，髓部细胞薄壁。叶相接或覆瓦状排列，近于斜生，不等两裂，呈折合状；脊部为腹瓣长度的1/3–1/2，略弯曲。背瓣小，宽卵形，基部越茎，不下延，先端钝或具小尖，叶边具疏细齿。腹瓣约为背瓣的2倍，卵形，基部沿茎下延。叶中上部细胞近圆方形，壁厚，具三角体，近边缘细胞10–12微米，基部细胞长方形；表面具密粗疣。雌雄异株。蒴萼长卵形，背腹强烈扁平，平滑无褶，口部宽截形，具齿突。芽胞生于裂瓣先端，红褐色，多棱角形，2个细胞。

产吉林、河北、陕西、甘肃、安徽、浙江、福建、江西、广西、

贵州、四川、云南和西藏，生于岩石或腐倒木上。日本、喜马拉雅地区（克什米尔）及欧洲有分布。

1. 植物体的一部分(背面观，×10)，2-3. 叶(×20)，4. 叶中部细胞(×160)，5. 叶基部细胞(×160)。

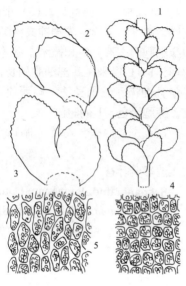

图 184 粗疣合叶苔（马 平绘）

4. 侧囊苔属 Delavayella St.

植物体柔弱，黄绿色至褐绿色，略具光泽，稀疏丛集生长。茎长1—2厘米，具疏分枝，假根生于茎基部。叶2列，蔽前式覆瓦状排列，镰刀状卵三角形，先端狭窄，浅2裂，具粗齿，齿由多数细胞组成；叶全缘或具小齿突，一侧边缘常向腹面弯曲，基部下延；腹瓣强烈膨起呈囊状，卵圆形。无腹叶。叶中上部细胞圆形至圆多边形，薄壁，三角体小，但明显；叶基部细胞长椭圆形至长多边形，具三角体；表面具疣。雌雄异株。雄苞从叶基侧面生长。雌苞生于茎顶。雌苞叶明显大于茎叶，长卵形，先端裂成2瓣，裂瓣披针形，有粗齿。蒴萼大，圆柱形，背腹略扁平，口部不规则浅裂或有齿突。茎和分枝先端常见细长鞭状枝。

1种，主要分布喜马拉雅地区。我国有分布。

侧囊苔　　　　　　　　　　　　　　　　　　图 185

Delavayella serrata St., Mem. Soc. Nat. Sci. Nat. Cherbourg. 29: 211. 1894.

种的形态特征同属。

产四川和云南，生于高山地区或山沟内树干或朽木上。不丹、尼泊尔及印度北部有分布。

1. 植物体的一部分(背面观，×45)，2. 叶(×70)，3. 叶尖部细胞(×540)，4. 叶横切面的一部分(×540)。

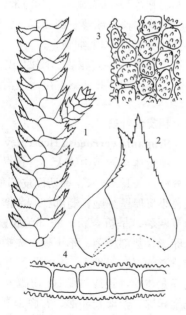

图 185 侧囊苔（马 平绘）

16. 地萼苔科 GEOCALYCACEAE

(高　谦　吴玉环)

　　植物体大小多异，苍白色或暗褐绿色，具光泽，呈单独小群落或与其它苔藓混生。茎匍匐，横切面皮部细胞不分化；分枝多顶生，生殖枝侧生；假根散生于茎枝腹面，或生于腹叶基部。叶斜生于茎上，蔽后式覆瓦状排列，先端两裂或具齿。叶细胞薄壁，表面平滑，具细疣或粗疣；油体球形或长椭圆形，一般每个细胞含2–15(25)个。腹叶两裂，或浅两裂，两侧具齿，稀呈舌形，基部两侧或一侧与侧叶基部相连。雄枝侧生，雄苞叶数对，囊状。雌苞顶生或生于短侧枝上，雌苞叶分化或不分化，仅少数属具隔丝，有的发育为蒴囊，有的转变为茎顶倾垂蒴囊。蒴柄长，由多个同形细胞构成。孢蒴卵形或长椭圆形，成熟后4瓣裂达基部；蒴壁厚4–5(8)层细胞。孢子小，直径8–22微米。弹丝2列螺纹加厚，直径为孢子直径的1/2–1/4。无性芽胞多生于叶先端边缘，2至多个细胞，椭圆形或不规则形。

　　约20属。多温带、亚热带地区分布。我国有5属。

1. 蒴萼不发育或发育弱，具蒴囊，蒴壁2层细胞；腹叶深2裂；假根生于茎腹面。
　　2. 叶细胞具疣，叶较不透明 ·· **1. 拟囊萼苔属 Saccogynidium**
　　2. 叶细胞平滑，叶较透明 ·· **3. 地囊苔属 Geocalyx**
1. 蒴萼发育，无蒴囊，蒴壁4–5(6)层细胞；腹叶多齿；假根生于腹叶基部。
　　3. 蒴萼口部扁平、宽阔，不等3裂 ·· **2. 薄萼苔属 Leptoscyphus**
　　3. 蒴萼口部不扁平、宽阔，3裂或多裂瓣。
　　　　4. 雌苞生于侧短枝上；腹叶与侧叶相连 ·· **4. 异萼苔属 Heteroscyphus**
　　　　4. 雌苞生于茎或长枝先端；腹叶不与侧叶基部相连，或仅一侧与侧叶相连 ·········· **5. 裂萼苔属 Chiloscyphus**

1. 拟囊萼苔属 Saccogynidium Grolle

　　植物体较细小，小片状生长或与其它苔藓植物形成群落。茎不分枝或分枝从叶腋腹面产生。叶不开裂或先端微凹，覆瓦状蔽后式着生，前缘基部沿茎下延，叶基部两侧常不相连生。叶细胞六边形，具粗疣或细疣，近先端细胞平滑；每个细胞中含8–20个油体。腹叶深两裂至近基部，基部边缘具齿。雌雄异株。雌枝和雄枝着生腹叶叶腋。雄苞叶小，囊状，淡红色。蒴囊短柱形。雌苞叶数对；无蒴萼。孢蒴卵形，蒴壁2层细胞。

　　约10种，多热带分布。我国有3种。

1. 叶先端圆钝或斜截形，平滑或具1–2不规则短齿 ·· **1. 挺叶拟囊萼苔 S. rigidulum**
1. 叶先端截形，具2–4(5)不规则长齿 ·· **2. 刺叶拟囊萼苔 S. irregularispinosum**

1.　挺叶拟囊萼苔　　　　　　　　　　　　　图 186

Saccogynidium rigidulum (Nees) Grolle, Journ. Hattori Bot. Lab. 23: 52. 1961.

Jungermannia rigidula Nees, Enum. Pl. Crypt. Jav. 30. 1830.

　　绿色或褐碌色，长2–4厘米，连叶宽2–2.5毫米，分枝少，匍匐伸展，常与其它苔藓形成群落。叶斜覆瓦状着生，长矩形或舌形，后缘基部沿茎下延，稀两侧叶基部相连，先端不对称，具2钝齿。叶上部细胞长35–42微米，宽30–36微米，基部细胞长45–55微米，宽40–45微米，三角体明显，表面具密疣。腹叶宽度为茎直径的2–3倍，深两裂，两侧中下部具不规则齿。雌雄异株。雄苞生于短侧枝上，穗状。雌苞生于短侧枝上；雌苞叶先端2裂，边缘具齿。蒴囊棒状，下垂，表面具假根。

产台湾和福建，生潮湿林中树干上。菲律宾、印度尼西亚、新喀里多尼亚、美拉尼西亚及巴布亚新几内亚有分布。

1. 植物体的一部分（腹面观，×14），2. 叶尖部细胞（×220），3. 叶中部细胞（×220），4. 蒴囊着生植物体的腹面（×14）。

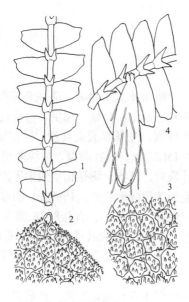

图 186 挺叶拟囊萼苔（马　平绘）

2. 刺叶拟囊萼苔　图 187

Saccogynidium irregularispinosum C. Gao, T. Cao et M.-J. Lai, Bryologist 104 (1)：126. 2001.

体形小，油绿色或褐绿色，有时淡绿色，长0.8–1.5厘米，连叶宽1.2–2.0毫米，匍匐伸展。茎不规则分枝，直径约0.5毫米，褐绿色；横切面细胞不分化，皮部细胞具细疣。叶疏覆瓦状排列，斜生，长方圆形，长0.3–0.38毫米，宽0.24–0.30毫米，先端平截，具2–4(5)粗齿。后缘基部不沿茎下延，两侧叶的前缘基部不相连，不透明或透明。叶细胞近于等轴型，上部细胞20–24 微米，中部细胞20–28 微米，基部细胞长六边形，无三角体，表面具细密疣，齿先端1–2个细胞平滑。腹叶近于与茎等宽，两裂近于达基部；裂瓣上部为单列细胞，基部两侧平滑或具齿。雌雄异株。雌苞生于短侧枝上。雌苞叶先端两裂，边缘具不规则齿。颈卵器受精后发育成下垂的蒴囊。

中国特有，产台湾和西藏，生潮湿多雨的林下地面。

1-2. 植物体的一部分（1. 腹面观，×14；2. 示腹面着生一幼嫩蒴囊，×14），3. 叶尖部细胞（×220），4. 叶中部细胞（×220）。

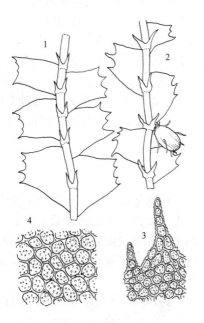

图 187 刺叶拟囊萼苔（马　平绘）

2. 薄萼苔属 **Leptoscyphus** Mitt.

体形中等大小，鲜绿色或黄绿色，有时呈褐色，常与其它苔藓形成群落。茎匍匐，褐绿色，不规则分枝，分枝多产生于茎腹面；横切面细胞无分化。假根呈束状，生于腹叶基部。叶密或疏覆瓦状蔽后式排列，近圆形或长卵形，两侧对称或不对称，先端圆钝或2–3裂，前缘平滑，基部斜列，后缘基部常与腹叶相连。叶细胞六边形，下部细胞长六边形或近于长方形，三角体大或不明显，表面平滑；油体棱形或椭圆形。腹叶与茎近于等宽，两裂达中下部，裂瓣呈三角形，两侧平滑或具钝齿。雌雄异株。雄苞顶生或由于植株继续生长而成间生，或生于腹面短枝上，雌苞生于短侧枝上。雌苞叶大于茎叶，蒴萼长椭圆形，具3纵褶，口部3裂，平滑或具齿。

孢蒴卵形，蒴壁2–4层细胞。孢子球形，具细疣，褐色。弹丝2列螺纹加厚。

约20种，主要分布热带地区，稀见于温带。我国有1种。

四川薄萼苔
图 188

Leptoscyphus sichuanensis C. Gao et Y.-H. Wu, Fl. Bryophyt. Sinica 10: 148. 2006.

植物体中等大小，柔弱，绿色或褐绿色，基部色深，丛集生长。茎匍匐，长3–4厘米，连叶宽3–4毫米，不规则分枝。茎横切面直径8–10个细胞，不分化，无或具小三角体。叶片平展或先端内曲，覆瓦状蔽后式斜列，圆形，基部宽，长1.2–1.5毫米，宽1–1.2毫米，先端圆钝，前缘稍呈弧形，基部下延，后缘弧形；叶边全缘。叶细胞近六边形，基部细胞宽30–41微米，长32–45微米，壁薄，具大三角体，表面平滑。腹叶小，与茎近于等宽，长方形，近1/2两裂，两侧边缘平滑或具钝齿，一侧与侧叶相连，基部生褐色假根。雌雄异株。雌苞生于短侧枝上，雌苞叶1–2对，圆形，大于茎叶，先端不规则开裂，雌苞腹叶两裂或不规则深裂。蒴萼长椭圆形，高出于雌苞叶，口部三瓣裂。孢蒴卵形，褐色，成熟后四裂达基部，蒴壁4层细胞。孢子球形，直径14–16微米，具细疣。弹丝2列螺纹加厚。

中国特有，产四川，生灌丛下湿沙石上。

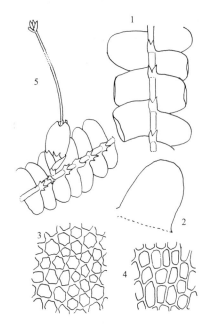

图 188 四川薄萼苔（马 平绘）

1. 植物体的一部分（腹面观，×14），
2. 叶与相连的腹叶（×16），3. 叶中部细胞（×180），4. 叶基部细胞（×180），5. 植物体与开裂的孢蒴（×10）。

3. 地囊苔属 Geocalyx Nees

植物体匍匐。叶密覆瓦状蔽后式排列，先端浅裂。腹叶小，深两裂。雌雄同株异苞。雌雄苞均生于短侧枝上。蒴囊棒状。

约7种，分布温带和亚热带地区。中国有1种。

狭叶地囊苔
图 189

Geocalyx lancistipulus (St.) Hatt., Journ. Jap. Bot. 28：234. 1953.

Lophocolea lancistipulus St., Sp. Hepat. 6：281. 1922.

植物体中等大小，淡绿色至深绿色，常与其它苔藓形成群落。茎匍匐，长1–2.5厘米，连叶宽2–3毫米，分枝少，间生型，产生于茎腹面。假根束状，生于腹叶基部。叶覆瓦状蔽后式排列，长卵形或长方形，两裂达叶长度的1/4–1/3，后缘强圆弧形，前缘弧形；叶边平滑。叶细胞近六边形，基部细胞稍长大，壁薄，三角体小或缺失，表面具细疣；油体小，球形或稍呈椭圆形。腹叶小，与茎近于等宽，3/5–4/5两裂，两侧平滑或具齿。芽胞生于鞭状枝先端或叶尖。雌雄同株。雄苞生于茎腹面短枝上。雌苞生于茎腹面假根间的短枝上。雌苞叶三角形，颈卵器受精后发育成长圆柱形蒴囊，外被多数假根。蒴柄粗，由多数无

分化细胞组成。孢蒴卵形或球形，成熟后四瓣开裂。孢子直径12–13 微米。弹丝直径8–9 微米，具2列螺纹加厚。

产吉林、浙江、四川和云南，生于林下腐木、腐殖土或湿土上，有时见于湿石土。日本有分布。

　　1. 植物体的一部分，示腹面着生雌雄苞(×12)，2. 枝尖着生芽孢(×12)，3. 叶中部细胞(×320)，4. 芽孢(×320)。

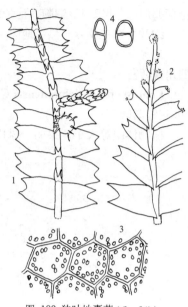

图 189 狭叶地囊苔（马　平绘）

4. 异萼苔属 Heteroscyphus Schiffn.

体形差异较大，淡绿色或黄绿色，有时暗绿色。茎不规则分枝，分枝生于茎腹面叶腋；茎横切面细胞不分化。假根散生或生于腹叶基部。叶斜生，多前缘基部下延，先端两裂或具齿，基部一侧或两侧与腹叶相连。叶细胞薄壁，三角体大，稀不明显，表面平滑；油体少。腹叶大，两裂或不规则深裂。雌苞生于短枝上。雄苞生于短侧枝上；短枝上仅具雌雄苞叶。

约50余种，亚热带和温带分布。我国有14种。

1. 茎叶全缘；腹叶宽于茎直径。
　　2. 植物体稍粗；腹叶具粗齿或先端微凹 ·· 1. 柔叶异萼苔 H. tener
　　2. 植物体柔弱；腹叶多波曲 ··· 2. 脆叶异萼苔 H. flaccidus
1. 茎叶先端两裂或具齿；腹叶与茎直径等宽或宽于茎。
　　3. 叶先端具多个细齿或不规则粗齿，叶边弧形弯曲。
　　　　4. 叶先端圆钝，具2–10个细齿。
　　　　　　5. 植物体常不透明；叶先端具4–10个齿，齿由2–8个细胞组成 ·········· 3. 四齿异萼苔 H. argutus
　　　　　　5. 植物体常较透明；叶先端具2–4个齿，齿由1–3个细胞组成 ·········· 4. 南亚异萼苔 H. zollingeri
　　　　4. 叶先端平截，具3–5个粗齿 ··· 7. 平叶异萼苔 H. planus
　　3. 叶先端两侧具齿，叶边较平直。
　　　　6. 叶片长方形，先端两侧角部具齿 ······································· 5. 双齿异萼苔 H. coalitus
　　　　6. 叶片卵形或短长方形，先端两裂 ···································· 6. 叉齿异萼苔 H. lophocoleoides

1.　柔叶异萼苔　　　　　　　　　　　　　　　　　　　　图 190

Heteroscyphus tener (St.) Schiffn., Österr. Bot. Zeitschr. 60: 172. 1910.

Chiloscyphus tener St., Sp. Hepat. 3: 205. 1910.

植物体稍粗，黄绿色或褐绿色，密生于其它苔藓群落中。茎匍匐或先端上倾，长1.0–2.0厘米，连叶宽3–4 毫米；不分枝或稀疏分枝。假根呈束状生于腹叶基部。茎叶平展，近椭圆形，长2.0–2.2 毫米，宽约2 毫米，内凹，先端圆钝，后缘弧形，前缘圆弧形，基部与腹叶相连；叶边全缘。叶细胞多边形，中上部细胞直径55–65 微米，中下部细胞直径55–88 微米，基部细胞略长，胞壁薄，三角体明显。腹叶大，上下相互贴生，近圆形，先端圆钝或略内凹，全缘，两侧基部与侧叶相连。

产广西、四川和云南，生于林下或路边湿土或岩石上。日本及喜马拉雅地区有分布。

1. 植物体的一部分（腹面观，×10），2. 植物体的一部分（侧面观，×10），3. 叶中部细胞（×140），4. 叶边细胞（×140）。

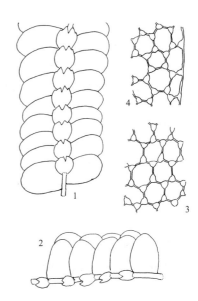

图 190 柔叶异萼苔（马　平、吴鹏程绘）

2. 脆叶异萼苔 图 191

Heteroscyphus flaccidus (Mitt.) Engel et Schust., Nova Hedwigia 39：385. 1984.

Lophocolea flaccida Mitt., Journ. Proc. Linn. Soc. Bot. 5：99. 1861.

体形稍粗，柔弱，易脆折，黄绿色或褐绿色，有光泽，疏生。茎匍匐，长2–5厘米，连叶宽1.5–2.5毫米，黄绿色，不规则疏分枝。假根呈束状生于腹叶基部。叶圆卵形，长2毫米，长宽近于相等，后缘基部与腹叶相连，先端钝或稀锐；叶边具3–7个齿，波曲。叶细胞圆六边形，上部细胞直径25–27微米，近基部细胞宽25–30微米，长40–54微米，壁薄，具大三角体，表面平滑。腹叶阔心脏形，长1.5–2毫米，上下相互贴生，略呈覆瓦状，两侧基部与侧叶相连，先端开裂，边缘有时具钝齿。雌雄异株。雄苞生于短侧枝上。精子器柄单列细胞。

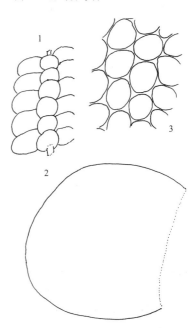

图 191 脆叶异萼苔（马　平、吴鹏程绘）

产黑龙江、山西、安徽、广西、四川和云南，生于林下岩面或地上。印度北部有分布。

1. 植物体的一部分（腹面观，×5），2. 叶（×20），3. 叶中部细胞（×190）。

3. 四齿异萼苔 图 192 彩片24

Heteroscyphus argutus (Reinw., Bl. et Nees) Schiffn., Österr. Bot. Zeitschr. 60：172. 1910.

Jungermannia arguta Reinw., Bl. et Nees, Nova Acta Aca. Caes. Leop. 12：206. 1825.

淡绿色或黄绿色，长2–3厘米，连叶宽1.5–2.5毫米。叶蔽后式斜列，长方圆形，先端平截或圆钝，具4–10小齿；叶边全缘。叶细胞近

六边形，尖部细胞18–20微米，中部细胞20–22微米，壁薄或厚，无三角体，不透明，表面平滑。腹叶小，深两裂，两侧近基部具2粗齿，多与侧叶相连。雌雄异株。雌苞生于短侧枝上；雌苞叶卵状披针形，2–3瓣裂，边缘具不规则齿。蒴萼具3条纵褶，背部有时开裂，边缘3裂，具刺状长齿。

产江苏、浙江、台湾、福建、江西、湖南、广东、海南、广西、贵州、四川、云南和西藏，生于海拔200–2800米的林下树干、腐木或湿土上。日本、菲律宾、印度尼西亚、澳大利亚及非洲有分布。

1. 植物体的一部分(腹面观，×7)，2. 叶(×10)，3. 叶尖部细胞(×140)，4. 叶中部细胞(×140)，5. 腹叶(×14)。

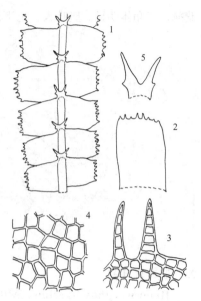

图 192 四齿异萼苔（马 平绘）

4. 南亚异萼苔　　　　　　　　图 193 彩片25

Heteroscyphus zollingeri (Gott.) Schiffn., Österr. Bot. Zeitschr. 60：171. 1910.

Chiloscyphus zollingeri Gott., Natuurk. Tijdschr. Nederl Ind. 4：574. 1854.

体形较大，长4–5厘米，连叶宽3–4毫米，淡绿色，常与其它苔藓形成群落。茎绿色，分枝少，或不分枝。假根生于腹叶基部。叶方圆形或近于卵圆形，先端圆钝，具1–3短齿，稀平滑或具3–4小齿。叶细胞六边形，薄壁，上部细胞长25–40微米，宽20–30微米，中部细胞长25–42微米，宽25–36微米，表面平滑。腹叶小，深两裂，裂瓣披针形，两侧基部与侧叶相连，分别具单齿。雌雄异株。雌雄苞生于短侧枝上。雄苞呈穗状。雌苞叶卵状披针形，2–3裂，裂瓣披针形，具刺状齿；雌苞腹叶离生。蒴萼具3脊，背部脊开裂，口部开阔，具刺状齿。

产陕西、甘肃、河南、江苏、安徽、浙江、台湾、福建、湖北、湖南、海南、广西、贵州、四川、云南和西藏，生于潮湿树干基部、腐木或林地。马来西亚、菲律宾、印度尼西亚及巴布亚新几内亚有分布。

1. 植物体的一部分(腹面观，×5)，2-3. 叶(×8)，4. 叶尖部细胞(×80)，5. 叶中部细胞(×80)。

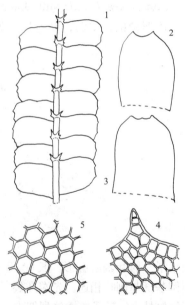

图 193 南亚异萼苔（马 平绘）

5. 双齿异萼苔　　　　　　　　图 194 彩片26

Heteroscyphus coalitus (Hook.) Schiffn., Österr. Bot. Zeitschr. 60：172. 1910.

Jungermannia coalita Hook., Mus. Ex. 2：123. 1820.

体形中等大小，油绿色或黄绿色，基部褐绿色，长4–6厘米，连叶宽2–3毫米，常与其它苔藓形成群落。叶长方形，先端平截，两角突出呈齿状；叶边全缘。叶细胞六角形，薄壁，无三角体，长27–40

(-60) 微米，宽25-30 (-35) 微米，表面平滑。腹叶宽度为茎直径的2-3倍，扁方形，先端具4-6齿，两侧与侧叶相连。雌雄异株。雌雄苞生于短侧枝上。雄苞穗状。雌苞叶小，具不规则齿。蒴萼长约2毫米，口部阔，具毛状齿。

产河南、江苏、浙江、台湾、福建、湖南、广东、海南、广西、贵州、四川、云南和西藏，生于林下或平原湿岩石或腐木上，有时生于树上。日本、菲律宾、印度尼西亚、澳大利亚及巴布亚新几内亚有分布。

1. 植物体的一部分(腹面观，×5)，2-3. 叶(×15)，4. 叶尖部细胞(×130)，5. 叶中部细胞(×150)，6. 腹叶(×30)。

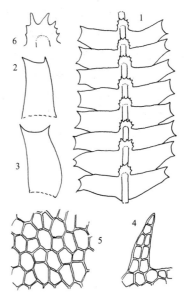

图 194 双齿异萼苔 (马 平绘)

6. 叉齿异萼苔　　　　　　　　　图 195

Heteroscyphus lophocoleoides Hatt., Bull. Tokyo Sci. Mus. 11：45. 1944.

植物体纤细，黄绿色或绿色。茎匍匐，长1.0-1.5厘米，连叶宽1.5-2.0毫米，分枝少。假根生于腹叶基部。叶方舌形，长0.9-1.1毫米，宽0.8-1.0毫米，两侧边缘略呈弧形，先端浅两裂，裂瓣宽三角形，具锐尖。叶上部细胞直径22-27微米，中下部细胞长30-40微米，宽25-35微米，胞壁薄，三角体小而明显。腹叶稍宽于茎，阔卵形，先端1/2两裂，裂瓣外侧

各具1齿。雌雄异株。雌苞生于短侧枝上。雌苞叶大于茎叶，不规则开裂，叶边具不规则齿。蒴萼长2.0-2.2毫米，中部宽1-1.2毫米，横切面不呈三角形，口部三裂，裂瓣三角形，边缘具不规则毛状齿。

产河北、台湾、贵州、四川和云南，生于路边土壁、溪边土上或岩面薄土。日本有分布。

1. 植物体的一部分(背面观，×10)，2. 叶(×20)，3. 叶尖部细胞(×150)，4. 叶中部细胞(×150)，5-6. 腹叶(×20)。

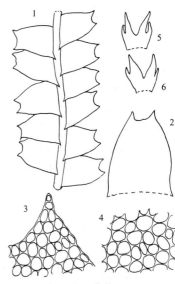

图 195 叉齿异萼苔 (马 平绘)

7. 平叶异萼苔　　　　　图 196 彩片27

Heteroscyphus planus (Mitt.) Schiffn., Österr. Bot. Zeitschr. 60：171. 1910.

Chiloscyphus planus Mitt., Journ. Linn. Soc. Bot. 8：157. 1865.

植物体稍粗，绿色或黄绿色，疏生于其它苔藓群落中。茎匍匐，长2-4 (5) 厘米，连叶宽2-3.5毫米；分枝少，产生于茎腹面。假根着生腹叶基部。侧叶略呈覆瓦状排列，长方形，斜生茎上，先端具2-5齿；叶边全缘。叶细胞近六边形，上部细胞直径12-18微米，基部细胞20-27微米，胞壁略厚，三角体不明显，表面平滑。腹叶近于与茎直径等宽，阔长方形，上部1/3-1/2两裂，裂瓣披针形，两侧各具一齿，基部一侧与

侧叶相连。雌雄异株。雌雄苞均生于茎腹面短侧枝上。雌苞叶大,先端具不规则裂片,边缘具不规则齿。孢蒴球形,蒴壁具4–5层细胞。孢子球形,直径15–18微米,表面粗糙。弹丝具2列螺纹加厚。

产吉林、江苏、安徽、台湾、福建、江西、湖南、广东、海南、广西、贵州、四川、云南和西藏,生于海拔600–2500米的林下树干、腐木或岩面薄土上。日本有分布。

1. 植物体的一部分(腹面观,×8),2. 叶(×12),3. 叶中部细胞(×200),4. 腹叶(×10)。

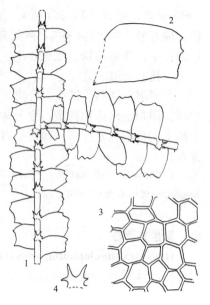

图 196 平叶异萼苔(马 平绘)

5. 裂萼苔属 Chiloscyphus Corda

植物体绿色或黄绿色,匍匐生长。茎具侧生分枝,分枝着生于叶腋。假根束状,生腹叶基部。叶蔽后式,相接或覆瓦状排列,长方形或近方形,先端钝圆或两裂,具齿突。叶细胞近于等轴型,壁薄,多具大三角体,稀不明显,表面平滑或具疣。腹叶为茎直径1–2倍,多深两裂,裂瓣披针形,外侧多具一小齿,基部不与侧叶相连或仅一侧与侧叶相连。雌雄同株,稀异株。雌雄苞一般生于主茎或长分枝顶端。雌苞叶大于茎叶,先端具裂瓣和不规则齿突。蒴萼大,长筒形,具宽口部,横切面呈三棱形,口部常具3裂瓣,裂瓣具纤毛状齿。孢蒴球形或卵圆形。孢子圆球形,具疣。弹丝2列螺纹加厚。

约300种,热带至温带地区分布。我国有16种。

1. 叶两侧边缘无齿。
　2. 叶先端圆钝或略凹,稀两裂。
　　3. 叶先端圆钝。
　　　4. 腹叶1/2–2/3两裂,两侧各具一锐齿 ······················· 1. 裂萼苔 C. polyanthus
　　　4. 腹叶1/2两裂,一侧具齿或平滑 ····················· 2. 全缘裂萼苔 C. integristipulus
　　3. 叶先端圆钝,微凹或两裂 ······························· 3. 异叶裂萼苔 C. profundus
　2. 叶先端两裂,裂瓣三角形。
　　5. 叶先端常具芽胞 ··································· 4. 芽胞裂萼苔 C. minor
　　5. 叶先端多不具芽胞。
　　　6. 植物体雌雄同株 ······························· 5. 尖叶裂萼苔 C. cuspidatus
　　　6. 植物体雌雄异株 ······························· 6. 双齿裂萼苔 C. latifolius
1. 叶两侧边缘具由1–3个细胞组成的齿 ····················· 7. 锐刺裂萼苔 C. muricatus

1. 裂萼苔　　　　　　　　　　　　　　　　　　　　　　　图 197

Chiloscyphus polyanthus (Linn.) Corda, Opiz, Beitr. Natuf. 1：651. 1826.
Jungermannia polyanthos Linn., Sp. Pl. 1, 2：1131. 1753.

体形中等大小,绿色、黄绿色或淡绿色,丛生。茎匍匐或先端上

倾，长2–5厘米，连叶宽1.3毫米，具疏生分枝。假根少。侧叶蔽后式

排列，斜列茎上，圆方形或长方形，内凹，先端圆钝或微凹。叶中部细胞近方形或短长方形，宽25–33微米，长30–35微米，基部细胞略长，胞壁薄，无三角体，表面平滑；每个细胞具2–3个油体。腹叶与茎直径等宽或略宽于茎，1/2–2/3两裂，裂片两侧各具一长齿。雌雄同株。雄苞叶8–15对，基部膨大成囊

状。雌苞生于叶腋短侧枝上。蒴萼短圆筒形，口部三裂，边缘平滑。孢子圆球形，直径12–18微米。弹丝2列螺纹加厚。

产黑龙江、吉林、辽宁、河南、陕西、甘肃、山东、福建、江西、湖北、贵州、四川、云南和西藏，生于林下或路边土上、岩面、树干或腐木上。北半球广布。

1. 植物体的一部分(侧面观，×7)，2. 植物体的一部分(背面观，×7)，3–4. 叶(×12)，5. 叶中部细胞(×200)，6. 腹叶(×12)。

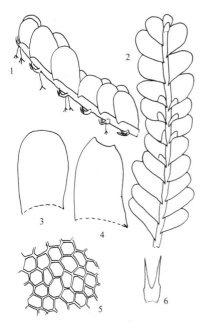

图 197 裂萼苔 （马 平绘）

2. 全缘裂萼苔　　　　　图 198

Chiloscyphus integristipulus (St.) Engel et Schust., Nova Hedwigia 39：417. 1984.

Lophocolea integristipula St., Sp. Hepat. 3：121. 1906.

植物体粗大，挺硬，绿色或黄绿色，常与其它苔藓形成群落。茎

匍匐，有时先端上倾，长4–8(–10)厘米，连叶宽1.5–2毫米；不分枝或不规则分枝。假根多，束状，着生腹叶基部。叶斜生茎上，卵圆形或圆方形，长宽近于相等，长0.7–0.8毫米，宽0.6–0.8毫米，先端圆钝或近于平截；叶边平滑。叶上部细胞长20–32微米，宽10–14微米，中部细胞长25–32微米，宽

20–30微米，基部细胞略大，薄壁，具小三角体，表面平滑；油体球形或椭圆形，每个细胞8–12个。腹叶与茎直径等宽，近方形，或长略大于宽，1/2两裂，裂瓣三角形，具锐尖，两侧平滑或一侧具钝齿。雌雄同株。雄苞生于蒴萼下部短枝上，雄苞叶4–6对。雌苞生于茎顶端，基部常具1–2个新生枝。蒴萼长约2毫米，基部膨起，具三个脊，裂瓣先端具钝齿。孢蒴球形。孢子球形，具细疣，直径10–13微米，黄褐色。弹丝2列螺纹加厚。

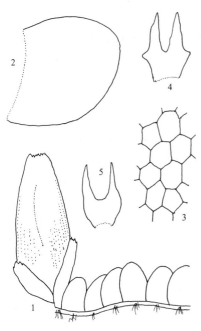

图 198 全缘裂萼苔 （吴鹏程绘）

产吉林、辽宁、陕西、福建、湖南、广西、四川、云南和西藏，生于林下湿土、岩石或腐木上。北半球广布。

1. 雌株(侧面观，×10)，2. 叶(×22)，3. 叶中部细胞(×160)，4–5. 腹叶(×18)。

3. **异叶裂萼苔**　　　　　　　　　　　　　　　　　　图 199

Chiloscyphus profundus (Nees) Engel et Schust., Nova Hedwigia 39：386. 1984.

Lophocolea profunda Nees, Naturg. Eur. Leberm. 2：346. 1836.

体形细小，绿色或黄绿色。茎匍匐，长1-1.5厘米，连叶宽1.5-2毫米，不分枝或具少数分枝。假根呈束状，生于腹叶基部，无色。叶通常异形，近方形或舌形，长0.8-1毫米，宽0.6-0.8毫米，下部叶先端两裂，上部叶先端圆钝或平截；叶边平滑，后缘基部稍下延。叶细胞近六边形，上部和叶边细胞长24-30微米，宽18-20微米，中部细胞长30-50微米，宽30-35微米，

壁薄，三角体小或缺失，表面平滑。腹叶与茎等宽或略宽于茎，方形或长方形，2/3两裂，两侧各具一齿或仅一侧具齿。雌雄同株。雄苞生于蒴萼下部，雄苞叶3-4对。雌苞腹叶大于茎腹叶，1/2两裂，叶边全缘或具齿。蒴萼高出于雌苞叶，口部三裂，具弱齿。孢蒴球形，褐色。孢子球形，直径9-10微米，具细网纹。弹丝2列螺纹加厚。

产黑龙江、吉林、辽宁、内蒙古、河北、河南、福建、贵州、四川、云南和西藏，生于林中腐木、树干基部、岩面或湿土上。日本、

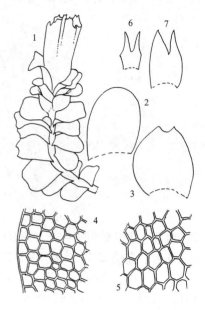

图 199 异叶裂萼苔（马　平绘）

朝鲜、俄罗斯、欧洲及北美洲有分布。

1.雌株(背面观,×5),2-3.叶(×10),4.叶尖部细胞(×190),5.叶中部细胞(×190),6-7.腹叶(×14)。

4　**芽胞裂萼苔**　　　　　　　　　　　　　　　　　　图 200

Chiloscyphus minor (Nees) Engel et Schust., Nova Hedwigia 39：385. 1984.

Lophocolea minor Nees, Naturg. Eur. Leberm. 2：330. 1836.

体形细小，绿色或黄绿色，密集生长。茎匍匐，长0.5-1厘米，连叶宽1-1.5毫米，单一或稀分枝。假根生于腹叶基部。侧叶离生或相接，长椭圆形或长方形，1/4-1/3两裂，稀圆钝，裂瓣渐尖。叶细胞多边形，中上部细胞直径20-25微米，基部细胞略长大，薄壁，无三角体，表面平滑；油体近球形，每个细胞4-10个。腹叶略宽于茎，长方形，深两裂。雌雄异株。雄

株细小，雄苞多见于主茎顶端，小穗状。雌苞生于主茎或侧枝先端；雌苞叶略大，阔卵形。蒴萼长三棱形，口部具3裂瓣，边缘具不规则粗齿。芽胞球形，单细胞，常着生叶尖部。

产黑龙江、吉林、辽宁、河北、山西、新疆、山东、台湾、福建、

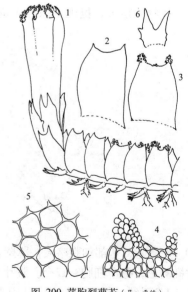

图 200 芽胞裂萼苔（马　平绘）

江西、湖南、广西、贵州、四川、云南和西藏，生于林下、路边泥上、岩石、树干或腐木上。北半球

广布。

1. 雌株（侧面观，×10），2. 叶（×12），3. 叶、尖部着生许多芽孢（×12），4. 叶尖部细胞，示密生有芽孢（×200），5. 叶尖部细胞（×400），6 腹叶（×12）。

5. 尖叶裂萼苔　　　　　　　　　　　　图 201

Chiloscyphus cuspidatus (Nees) Engel et Schust., Nova Hedwigia 39：385. 1984.

Lophocolea bidentata var. *cuspidata* Nees, Naturg. Eur. Leberm. 2：227. 1836.

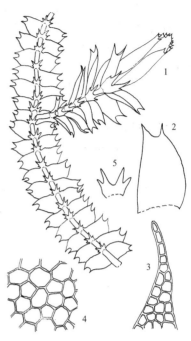

图 201 尖叶裂萼苔（马　平绘）

植物体中等大小，淡绿色或褐绿色，密丛集生长。茎匍匐或先端上倾，长1–1.5厘米，连叶宽2–3毫米，具侧生长分枝。假根无色，生于腹叶基部。叶长卵形至近方形，前缘基部略下延，长1–1.3毫米，宽0.7–0.8毫米，约1/3两裂，裂瓣细长，尖锐；叶边全缘。叶中上部细胞近圆方形，直径25–30微米，基部细胞40–50微米，胞壁薄，三角体缺失或不明显，表面平滑。

腹叶约为茎直径的2倍，2/3两裂，裂瓣长三角形，外侧各具1长齿。雌雄同株。雄苞稀见于侧枝顶端，雄苞叶10–16。雌苞生于茎侧枝顶端；雌苞叶卵形或长卵形，略大于茎叶。蒴萼三棱形，口部具3深裂瓣，边缘具不规则毛状齿。孢蒴球形，黑褐色，蒴壁由5–6层细胞组成。孢子球形，表面具疣。弹丝2列螺纹加厚，直径6–7微米。

产吉林、河北、山西、甘肃、台湾、湖北、贵州、四川、云南和西藏，生于林下树干、腐木或湿岩石上。印度、欧洲、北美洲及非洲有分布。

1. 雌株（腹面观，×4），2. 叶（×10），3. 叶尖部细胞（×110），4. 叶中部细胞（×110），5. 腹叶（×10）。

6. 双齿裂萼苔　　　　　　　　　　　　图 202

Chiloscyphus latifolius (Nees) Engel et Schust., Nova Hedwigia 39：345. 1984.

Lophocolea latifolia Nees, Naturg. Eur. Leberm. 2：334. 1936.

体形小，淡绿色或黄绿色，略透明。茎长1–2厘米，连叶宽1–2毫米，具少数分枝。假根生于腹叶基部。叶阔肾状卵形，两侧不对称，基部宽，上部明显变窄，两裂，裂瓣三角形，长1–6个细胞，基部宽3–6个细胞，后侧裂瓣略小；两侧叶边略呈弧形，全缘。叶细胞近于等轴型，中上部细胞直径30–40微米，基部细胞略长，透明，薄壁，表面平滑。腹叶略宽于茎直径，基部一侧与侧

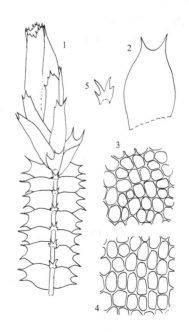

图 202 双齿裂萼苔（马　平绘）

叶相连，先端深两裂，裂瓣尖锐，两侧各具一齿。雌雄异株。雄苞侧生于特化短枝上。雌苞生于主茎或长枝顶端，基部无新生枝。雌苞叶长卵形，先端浅两裂，全缘或具单齿。蒴萼长筒形，口部具3裂瓣，边缘具锐齿。

产吉林、台湾、湖南、贵州、四川、云南和西藏，生于树干、腐木

或岩石上。马来西亚及巴布亚新几内亚有分布。

1.雌株(腹面观，×5)，2.叶(×30)，3.叶中部细胞(×180)，4.叶基部细胞(×180)，5.腹叶(×30)。

7. 锐刺裂萼苔   图 203

Chiloscyphus muricatus (Lehm.) Engel et Schust., Nova Hedwigia 39：385. 1984.

Jungermannia muricata Lehm., Linnaea 4：363. 1829.

植物体形小，细弱，淡绿色或黄绿色，常与其它苔藓形成群落。

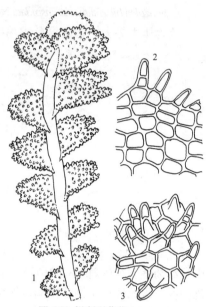

茎匍匐，长0.8–2厘米，连叶宽0.8–1毫米，不规则分枝或不分枝。假根呈束状，生于腹叶基部。叶卵形或长椭圆形，两侧近于对称，内凹，先端内曲，浅两裂，裂瓣间呈锐角形，裂瓣三角形，两瓣不等大；叶边和叶面具2–3(4)细胞的锐尖。叶细胞圆多边形，中部细胞宽10–16微米，长15–20微米，基部细胞稍大，壁薄，三角体小或缺失，不透明。腹叶方形或长方形，1/2–2/3深两裂，裂瓣狭披针形，两侧各具1–3齿，基部一侧与茎叶相连。雌雄同株。雄苞生于短侧枝或侧枝中部。雌苞生于主茎或侧长枝顶端；雌苞叶长椭圆形，先端2–3裂。蒴萼圆柱形，口部宽阔，上部三裂，裂瓣三角形，或多瓣裂，外壁和口部均密被1–2(3)细胞的锐齿。

产台湾、广西和云南，生于灌丛树干上。印度尼西亚、新几内亚、

图 203 锐刺裂萼苔（马 平绘）

澳大利亚、新西兰、南美洲及北美洲有分布。

1.植物体的一部分(背面观，×15)，2.叶边细胞(×310)，3.叶中部细胞(×310)。

17. 羽苔科 PLAGIOCHILACEAE

(苏美灵　高　谦　吴玉环)

植物体形小至稍大，绿色、黄绿色或褐绿色，疏生或密集生长。茎匍匐、倾立或直立；不规则分枝、羽状分枝或不规则叉状分枝，自叶基生长或间生型；茎横切面圆形或椭圆形，皮部细胞厚壁，2-3 (4) 层，髓部细胞多层，薄壁，透明；假根散生于茎上。叶片2列，蔽后式排列，披针形、卵形、肾形、舌形或旗形，后缘基部多下延，稍内卷，平直或弯曲，前缘多呈弧形，背卷，基部常不下延，先端圆形或平截形，稀锐尖；叶边全缘、具齿或深裂。叶细胞六角形或蠕虫形，基部细胞常长方形或成假肋；胞壁多样，有或无三角体，表面平滑或具疣。腹叶退失或仅有细胞残痕。雌雄异株。雄株较小，雄苞顶生、间生或侧生；雄苞叶3-10对。雌苞叶分化，较茎叶大，多齿。蒴萼钟形、三角形、倒卵形或长筒形，背腹面平滑或有翼，口部具两瓣，平截或弧形，平滑或具锐齿。孢蒴圆球形，成熟后4瓣深裂。

6属，分布世界各地，以热带地区为主。中国有4属。

1. 植物体匍匐；假根生于茎腹面。
　2. 叶卵形；叶细胞壁三角体明显；一般不具无性芽胞 ·························· **1. 平叶苔属 Pedinophyllum**
　2. 叶三角形；叶细胞壁无三角体或三角体不明显；无性芽胞数多 ·················· **4. 黄羽苔属 Xenochila**
1. 植物体直立或倾立；假根生于茎基部。
　3. 植物体形态多样；叶片互生 ······································ **2. 羽苔属 Plagiochila**
　3. 植物体形小；叶片对生 ······································ **3. 对羽苔属 Plagiochilion**

1. 平叶苔属 Pedinophyllum (Lindb.) Lindb.

植物体柔弱，绿色或褐绿色，密集生长。茎匍匐或仅先端上倾；横切面细胞不分化；假根生在茎腹面或茎基部。叶卵形或椭圆形；叶细胞三角体明显。腹叶小或缺失，或仅有残痕。

约5种，主要分布温带地区。中国有2种。

1. 植物体直立或倾立；假根生于茎基部；蒴萼较大，口部平截，全缘或稀具齿；每个叶细胞具10个以上油体 ··
　·································· **1. 平叶苔 P. truncatum**
1. 植物体匍匐；假根生于茎腹面；蒴萼较小，口部呈弧形，具齿；每个叶细胞具4-8个油体 ··················
　·································· **2. 广口平叶苔 P. interruptum**

1.　平叶苔

图 204

Pedinophyllum truncatum (St.) Inoue, Journ. Hattori Bot. Lab. 23：35. 1960.

Clasmatocolea truncata St., Bull. Herb. Boiss. 5：87. 1897.

绿色或褐绿色，有时黄绿色，密集生长。茎长1-1.5厘米，连叶宽2-3毫米；茎的细胞不分化，分枝少；假根生于茎腹面。叶片覆瓦状蔽后式排列，卵圆形，先端圆钝；叶边全缘或具1-2小齿，后缘基部稍下延。叶中部细胞六边形，表面平滑；油体圆形或椭圆形，通常每个细胞含10个以上。腹叶缺失或仅在茎、枝先端有发育不全的残痕。雌雄同株。雄苞生于短侧枝上。雌苞生于茎先端，常在腹面着生1-2条新枝。蒴萼卵形，先端平截，平滑或具齿突。

产黑龙江、辽宁和河北，生于高山灌丛下湿石、树干及腐木上。日本及朝鲜有分布。

1. 雄株的一部分(背面观，×13)，2. 雌株(背面观，×13)，3-4. 叶(×10)，5. 叶中部细胞(×150)，6. 叶基部细胞(×150)。

2. 广口平叶苔　　　　　　　　　图 205

Pedinophyllum interruptum (Nees) Kaal., Nyt Mag. Naturvidensk. 33：190. 1893.

Jungermannia interrupta Nees, Naturg. Eur. Leberm. 1：105. 1833.

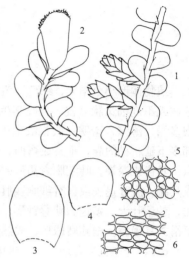

图 204 平叶苔（马　平绘）

体形柔弱，褐绿色或褐色，密集成片生长。茎长1.5–4厘米，连叶宽2–3.5毫米，匍匐，先端上倾，不规则分枝；横切面细胞无分化；假根生于茎腹面。叶中部细胞宽约20微米，长30微米，叶边和先端细胞近于方形，三角体小或无；表面平滑；每个细胞含4–8个油体，椭圆形或球形。腹叶线形，单列细胞或分叉。雌雄异株。蒴萼口部具齿。孢蒴卵形，暗褐色。

孢子球形，褐色，直径12–15微米。弹丝具2列螺纹加厚。

产吉林、辽宁和内蒙古，生于山区林下湿石或腐木上。俄罗斯及欧洲有分布。

1. 植物体(背面观，×3)，2. 叶(×7)，3. 叶中部细胞(×320)。

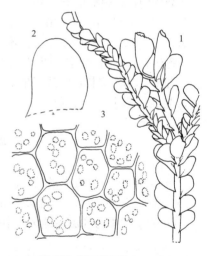

图 205 广口平叶苔（马　平绘）

2. 羽苔属　**Plagiochila** (Dum.) Dum.

植物体形多样，绿色至褐绿色，具光泽或无光泽，疏或密生。茎倾立或直立，常在蒴萼下分生1–2新枝；横切面圆形或椭圆形，多褐色，皮部细胞厚壁，髓部细胞六边形，薄壁；假根多生于茎基部，多无色。叶疏生或覆瓦状排列，方形、长方形或圆形，斜列，后缘基部多下延；叶边平滑、具不规则齿或长毛。叶细胞六边形或基部细胞长六边形，薄壁或厚壁，无三角体或胞壁具球状加厚；表面平滑，稀具疣。腹叶缺失或具残痕。雌雄同株或异株。雌苞顶生或生于侧枝先端。蒴萼多种形态，通常口部扁平。孢蒴卵圆形，成熟时4瓣深裂至基部。弹丝2列螺纹加厚。

约170种，全世界广布，以热带分布为主。我国有80种。

1.叶细胞蠕虫形 ·· 1. **大蠕形羽苔 P. peculiaris**
1.叶细胞非蠕虫形。
　　2.叶前缘基部具囊 ··· 2. **刀叶羽苔 P. bantamensis**
　　2.叶前缘基部无囊。

3. 叶基部具假肋。

  4. 茎表面具乳头状突起。

    5. 植物体长1–1.2厘米；叶宽卵圆形；叶边具8–10齿；蒴萼钟形 ·········· 3. 刺边羽苔 **P. aspericaulis**

    5. 植物体长可达6厘米；叶长卵圆形；叶边具10多个齿；蒴萼长筒形 ····· 4. 疣茎羽苔 **P. caulimammillosa**

  4. 茎表面平滑或具鳞毛。

    6. 植物体宽1.0–2.6毫米。

      7. 叶片多完整；茎表面无鳞毛或有鳞毛。

        8. 叶片长卵圆形；叶细胞壁三角体大 ······························· 5. 小叶羽苔 **P. devexa**

        8. 叶片长椭圆形；叶细胞壁三角体小。

          9. 茎叶的后缘具鳞毛；叶细胞壁三角体细小 ················· 12. 臧氏羽苔 **P. zangii**

          9. 茎叶的后缘无鳞毛；叶细胞壁无三角体 ················· 13. 短羽苔 **P. zonata**

      7. 叶片常残缺；茎表面无鳞毛 ······························· 11. 短齿羽苔 **P. vexans**

    6. 植物体宽约5.2毫米。

      10. 叶细胞壁薄，具三角体。

        11. 叶假肋明显；茎腹面具多数假根；无鞭状枝。

          12. 茎腹面假根稀少 ······························· 7. 古氏羽苔 **P. grollei**

          12. 茎腹面及侧面密被假根 ····················· 10. 延叶羽苔 **P. semidecurrens**

        11. 叶假肋不明显；茎腹面具少数假根；有鞭状枝。

          13. 主茎具鳞毛；叶前缘基部下延 ················· 6. 密鳞羽苔 **P. durelii**

          13. 主茎平滑；叶前缘基部不下延 ··············· 9. 拟波氏羽苔 **P. pseudopoeltii**

      10. 叶细胞壁稍厚，无三角体 ····················· 8. 多齿羽苔 **P. perserrata**

3. 叶基部无假肋。

  14. 植物体羽状分枝，顶生型。

    15. 主茎叶宽0.4–0.5毫米，长0.7–0.9毫米；叶先端具 2–3齿 ·········· 14. 羽状羽苔 **P. dendroides**

    15. 主茎叶宽1–1.2毫米，长2– 2.3毫米，叶先端具(3)4–6齿。

      16. 主茎无鳞毛 ································· 15. 羽枝羽苔 **P. fruticosa**

      16. 主茎密被鳞毛 ····························· 16. 美姿羽苔 **P. pulcherrima**

  14. 植物体不呈羽状分枝，分枝顶生或间生型。

    17. 植物体叶片易脱落或碎裂；蒴萼钟形。

      18. 植物体长1–2厘米，宽小于3毫米；叶片疏生，后缘基部多不下延或下延。

        19. 叶后缘基部下延，叶细胞壁三角体无或小。

          20. 叶长椭圆形，两或三裂，易碎 ··············· 17. 脆叶羽苔 **P. debilis**

          20. 叶圆卵形，浅两裂，或易碎 ··············· 18. 落叶羽苔 **P. defolians**

        19. 叶后缘基部稍下延或不下延；叶细胞壁三角体大。

          21. 植物体宽1.0–1.3毫米；叶片易脱落，多深两裂；叶细胞壁三角体大 ···········

                                                 19. 纤幼羽苔 **P. exigua**

          21. 植物体宽1.3–1.6毫米；叶片不易脱落，浅两裂；叶细胞壁三角体细小 ···········

                                             20. 鸽尾羽苔 **P. ghatiensis**

      18. 植物体长3厘米以上，宽2.5毫米；叶片相互贴生或密生，后缘基部长下延。

        22. 叶片长椭圆形，叶前缘无齿或具2齿，叶尖两裂。

          23. 叶长1.3–1.4毫米，宽0.3–0.6毫米，两裂至叶长度的1/5 ····· 21. 福氏羽苔 **P. fordiana**

          23. 叶长1.9–2.2毫米，宽0.7–0.8毫米，两裂至叶长度的1/5–1/3 ······ 22. 裂叶羽苔 **P. furcifolia**

        22. 叶片三角状圆形，前缘有角或具锐齿，叶尖平截 ··············· 23. 圆头羽苔 **P. parvifolia**

17. 植物体叶片不脱落或碎裂；蒴萼钟形或筒形。
  24. 叶片狭长方形、舌形或剑形。
    25. 叶片狭长方形；叶尖具齿。
      26. 植物体有光泽；叶细胞壁三角体细小；蒴萼钟形 ·················· 24. 狭叶羽苔 P. trabeculata
      26. 植物体无光泽；叶细胞壁三角体中等至大形；蒴萼短筒形或长筒形·········· 25. 朱氏羽苔 P. zhuensis
    25. 叶片椭圆形；叶边具齿。
      27. 植物体深褐色；叶细胞三角体大。
        28. 叶边齿在叶后缘；蒴萼卵形或长椭圆形 ·················· 26. 树形羽苔 P. arbuscula
        28. 叶边齿仅限于叶尖；蒴萼钟形或倒卵形 ·················· 27. 长叶羽苔 P. flexuosa
      27. 植物体褐绿色；叶细胞三角体小 ·················· 28. 刺叶羽苔 P. sciophila
  24. 叶片椭圆形、舌形、圆形或肾形。
    29. 叶片强烈背卷，紧贴茎上，心形或肾形。
      30. 叶边具齿。
        31. 叶细胞壁厚；无三角体 ·················· 29. 秦岭羽苔 P. biondiana
        31. 叶细胞壁薄；三角体中等或形大。
          32. 叶片宽圆形 ·················· 30. 圆叶羽苔 P. duthiana
          32. 叶片椭圆形。
            33. 叶片后缘强烈内卷，基部下延；茎具鳞毛 ·················· 31. 波氏羽苔 P. poeltii
            33. 叶片后缘稍内卷，基部稍下延；茎无鳞毛 ·················· 33. 王氏羽苔 P. wangii
      30. 叶边全缘 ·················· 32. 反叶羽苔 P. recurvata
    29. 叶片不内卷，平展，椭圆形至宽圆形。
      34. 植物体宽3.2毫米；叶椭圆形，尖部两裂。
        35. 叶细胞壁无三角体 ·················· 35. 树生羽苔 P. corticola
        35. 叶细胞壁三角体中等至形大。
          36. 蒴萼长筒形 ·················· 34. 陈氏羽苔 P. chenii
          36. 蒴萼钟形或短筒形。
            37. 叶片长度为宽度的1–1.8倍；叶边具(2)5–9齿 ·················· 36. 纤细羽苔 P. gracilis
            37. 叶片长度为宽度的2–2.3倍；叶边具5–7齿 ·················· 37. 粗齿羽苔 P. pseudofirma
      34. 植物体宽8毫米；叶宽圆形，尖部不开裂。
        38. 叶边具齿；叶细胞壁厚；茎不分枝。
          39. 茎具鳞毛；叶倒三角形，长度为宽度的1.6–1.9倍；常具无性芽胞
              ·················· 38. 细齿羽苔 P. denticulata
          39. 茎无鳞毛；叶卵圆形，长度为宽度的1.2–1.7倍；无性芽胞缺失 ··················
              ·················· 39. 尖齿羽苔 P. pseudorenitens
        38. 叶边具锐齿；叶细胞壁薄；茎多分枝。
          40. 植物体多分枝，多顶生型；常具无性芽胞；蒴萼钟形。
            41. 叶边具齿；无鳞毛或具鳞毛。
              42. 茎具鳞毛 ·················· 42. 加萨羽苔 P. khasiana
              42. 茎无鳞毛。
                43. 植物体多分枝。
                  44. 植物体叉状分枝或1–2回羽状分枝 ·················· 41. 容氏羽苔 P. junghuhniana
                44. 植物体不规则分枝。
                  45. 植物体宽 3.0–6.0毫米；腹叶基部不背卷。

46. 叶边具(5)7–12(15) 齿；长度为宽度的1.5倍 ························· 43. 尼泊尔羽苔 **P. nepalensis**

46. 叶边具16–22齿；长度为宽度的1.4–1.9倍 ························· 44. 沙拉羽苔 **P. salacensis**

45. 植物体宽 2.3–2.8毫米；腹叶基部常背卷 ························· 40. 埃氏羽苔 **P. akiyamae**

43. 植物体多不分枝 ························· 46. 韦氏羽苔 **P. wightii**

41. 叶边近于全缘；无鳞毛 ························· 45. 上海羽苔 **P. shanghaica**

40. 植物体少分枝，间生型；芽胞少；蒴萼钟形或椭圆形。

47. 叶宽圆卵形；叶边具7–14齿；蒴萼长筒形或钟形。

48. 茎尖端叶片常脱落，未见鞭状枝；叶细胞壁无三角体；蒴萼钟形 ························· 47. 峨眉羽苔 **P. emeiensis**

48. 茎尖端叶片宿存，多具鞭状枝；叶细胞壁三角体中等或形大；蒴萼筒形或钟形 ·························
··························48. 四川羽苔 **P. sichuanensis**

47. 叶长椭圆形或宽圆形；叶边具多齿；蒴萼长筒形。

49. 叶片宽圆形，长度为宽度的2倍以下；叶细胞三角体中等，稀形大。

50. 植物体柔弱；叶后缘稍背卷，每一叶具20–54齿；叶细胞壁三角体小或中等。

51. 植物体宽4.5–8.5毫米 ························· 51. 大叶羽苔 **P. elegans**

51. 植物体宽2.5–5毫米。

52. 叶边缘齿长 (2)–3–7个细胞；后缘稍内卷。

53. 叶椭圆形，后缘全缘或具锐齿，基部多宽大；叶细胞三角体细小。

54. 叶片相互贴生或疏生。

55. 叶片相互贴生或疏生，长度为宽度的1.5–2倍 ························· 49. 中华羽苔 **P. chinensis**

55. 叶片相互贴生，长度为宽度 的1.2–1.3倍 ·························54. 卵叶羽苔 **P. ovalifolia**

54. 叶片密生 ························· 55. 密齿羽苔 **P. porelloides**

53. 叶宽圆形，后缘近于全缘，基部不宽大；叶细胞三角体明显 ·························
························· 53. 齿萼羽苔 **P. hakkodensis**

52. 叶边缘齿长 1–3 (4) 个细胞；后缘内卷 ························· 50. 德氏羽苔 **P. delavayi**

50. 植物体粗壮；叶后缘稍背卷，每一叶具26–30齿；叶细胞壁三角体大 ·························
························· 52. 裸茎羽苔 **P. gymnoclada**

49. 叶片长椭圆形，长度为宽度2倍；叶细胞三角体大 ························· 56. 疏叶羽苔 **P. secretifolia**

---

1. 大蠕形羽苔　　　　　　　　图 206

Plagiochila peculiaris Schiffn., Denkschr. Kaiserl. Akad. Wiss., Math.–Naturwiss. Kl. 70：118. 1990.

体形大，具光泽。茎单一，稀有分枝，长4–6厘米，宽4.5毫米；横切面直径0.33毫米，皮部细胞3–4层，壁甚厚，髓部细胞壁稍厚。叶密覆盖茎背面及腹面，三角状卵圆形，长1.9–2.2毫米，宽1.78–2.14毫米，后缘强烈内卷，先端平截，基部明显宽大，略下延；叶边具细齿，后缘齿长2–3个细胞，其余锐齿长4–5个细胞，宽2–3个细胞。叶尖部细胞长20–24微米，宽16–24微米，中部细胞宽14–20微米，长40–60微

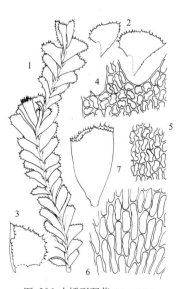

图 206 大蠕形羽苔（马　平绘）

米，基部细胞宽16–20微米，长60–80微米，细胞蠕虫形，三角体大，胞壁中部球状加厚。腹叶缺失。雌苞顶生；雌苞叶大于茎叶，近圆形。蒴萼筒形，脊部无翼，口部近于平截，具短毛状齿，长3–4个细胞。

产浙江、台湾、福建、江西、广东、海南和云南，生于海拔600–2200米的湿石或树干上。日本、不丹、印度、尼泊尔、泰国、越南及印度尼西亚有分布。

1. 雌株(背面观，×7)，2-3. 叶(×12)，4. 叶尖部细胞(×140)，5. 叶中部细胞(×140)，6. 叶基部细胞(×140)，7. 蒴萼(×20)。

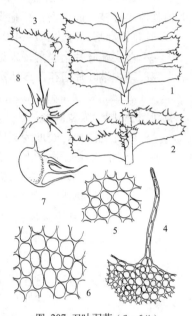

图 207 刀叶羽苔（马 平绘）

2. 刀叶羽苔 毛囊羽苔 图 207

Plagiochila bantamensis (Reinw., Bl. et Nees) Mont. in d'Orbigny, Voy. Amér. Mérid. 7, Bot. 2：82. 1839.

Jungermannia bantamensis Reinw., Bl. et Nees, Nova Acta Phys.– Med. Acad. Caes. Leop.– Garol. Nat. Cur. 12：235. 1825.

体形粗大，褐绿色。茎分枝少，长6–8厘米，连叶宽3.8–5.0毫米，由横茎向上倾立；横切面直径约10个细胞，皮部细胞2层，壁厚；假根少。叶密生，平展，长椭圆形，长2.6–3.5毫米，宽1.20毫米，后缘内卷，基部稍下延，前缘不下延，基部卷曲成囊状，边缘具长齿；叶边密具长锐齿，每个齿具5–6个细胞。叶尖部细胞宽16–30微米，长20–30微米，基部细胞宽20–40(30)微米，长30–40微米；壁薄，三角体细小，表面平滑。腹叶大，长椭圆形，长0.7毫米，宽1.42毫米，1/2两裂，边缘具长锐齿。茎腹面具鳞毛。雌苞顶生，具1–3侧枝。雌苞叶大于茎叶，多齿。蒴萼筒形，口部略呈弓形，具短齿。

产海南和云南，生于海拔300–1500米的树干上。日本、柬埔寨、马来西亚、斯里兰卡、印度尼西亚、菲律宾、尼科巴群岛及美拉尼西亚有分布。

1-2. 植物体的一部分(1. 背面观，×10；2. 腹面观，×10)，3. 叶(×10)，4. 叶边细胞(×140)，5. 叶中部细胞(×140)，6. 叶基部细胞(×140)，7. 叶前缘基部的囊(×50)，8. 腹叶(×50)。

3. 刺边羽苔 图 208

Plagiochila aspericaulis Grolle et M.L. So，Syst. Bot. 24：307. 1999.

植物体形小，交织成小片。茎长1.0–1.2厘米，宽1.5–1.6毫米，褐色，分枝少；茎表面具一层浅棕色透明乳突细胞，20–25微米，24–30微米，具长1–3个细胞的鳞毛，茎横切面直径10–16个细胞，皮部细胞2–3层。叶后缘内卷，长0.7–0.9毫米，宽0.6–0.7毫米，基部下延，全缘，前缘基部具密齿。叶

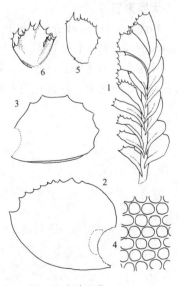

图 208 刺边羽苔（马 平绘）

尖部细胞长16–20微米，宽10–16微米，中部细胞长10–20微米，假肋细胞宽16–21微米，长36–40 (45)微米，胞壁薄，三角体中等大小；表面平滑。 腹叶退失。雄苞顶生，雄苞叶14–21对，密生，具齿。雌苞顶生。雌苞叶大于茎叶，具密齿。蒴萼钟形，长1.4毫米，宽1.2毫米，背脊具狭翼，口部具齿。

4. 疣茎羽苔 图 209

Plagiochila caulimammillosa Grolle et M.L. So, Journ. Bryol. 20：42. 1998.

体形中等大小。茎长5–6厘米，宽2.8–3.2毫米，淡褐色或深褐色，分枝少，茎表面具一层浅棕色透明乳突状细胞；鳞毛稀疏，长1–3个细胞；茎横切面直径10–16个细胞，皮部细胞2–3层，中部细胞长24–30微米，宽16–30微米；假根少。叶贴生，近茎基部较疏生，后缘强烈内卷，长2毫米，宽 1.3–1.5毫米；后缘基部下延，全缘，前缘背卷，基部不下延，具密短齿，先端圆形；叶边具10–15个细齿，齿长1个细胞，宽 2–4个细胞。叶尖部细胞长16–24微米，中部细胞宽16–20(24)微米，长20–24(30)微米，假肋细胞宽20–24 (30)微米，长60–80(100)微米，胞壁薄，三角体大；表面平滑。腹叶退失。雌苞顶生，具1–2新生侧枝，雌苞叶大。蒴萼长筒形，口部具18–20个锐齿，背脊基部1/3具狭翼。

中国特有，产云南和西藏，生于海拔3700–4000米的杉树干上。

5. 小叶羽苔 图 210

Plagiochila devexa St., Bull. Herb. Boiss. 2,3：340. 1903.

植物体小，淡褐色。茎分枝少，长1–3厘米，连叶宽2.38毫米；茎横切面直径约13–14个细胞，皮部细胞3层，壁厚，髓部细胞壁薄；假根少。叶卵圆形，长0.95–1.19毫米，宽 0.83–1.07毫米，后缘内卷，基部下延，叶先端宽圆形，前缘弧形，不下延；叶边具10–11个齿，齿长 8–10个细胞。叶尖部及中部细胞长16–24微米，假肋细胞宽20–24微米，长50–56 (60)微米，胞壁稍厚，三角体大，表面平滑。腹叶退失。雌苞顶生；雌苞叶

产云南和西藏，生于海拔4760米的树林下。尼泊尔有分布。

1. 植物体的一部分(背面观，×10)，2-3. 叶(×35)，4. 叶中部细胞(×140)，5. 雌苞叶(×14)，6. 蒴萼(×14)。

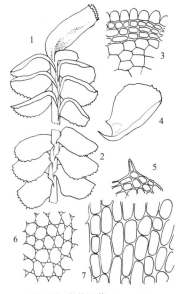

图 209 疣茎羽苔（马 平绘）

1. 雌枝(腹面观，×10)，2. 植物体的一部分(背面观，×10)，3. 茎横切面的一部分(×140)，4. 叶(×14)，5. 叶尖部细胞(×140)，6. 叶中部细胞(×140)，7. 叶基部细胞(×140)。

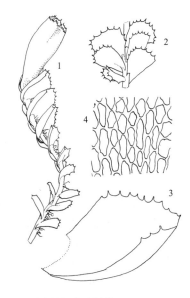

图 210 小叶羽苔（马 平绘）

与茎叶同形。蒴萼卵圆形，1/2开裂，口部具锐齿。

产安徽、云南和西藏，生于海拔3700–4000米的岩石、枯枝及树干上。不丹、尼泊尔、印度北部及斯里兰卡有分布。

1. 雌株(×10)，2. 植物体的一部分(腹面观，×14)，3. 叶(×35)，4. 叶基部细胞(×210)。

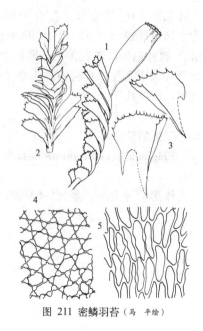

6. 密鳞羽苔　　　　　　　　　　　　　　图 211

Plagiochila durelii Schiffn., Österr. Bot. Zeitschr. 49：131. 1899.

形大，长4–5厘米，宽4.25毫米，淡褐色，交织成小片。茎分枝多，中部有向下生粗鞭状枝及假根；茎横切面直径15–16个细胞，皮部细胞2层，厚壁，髓部细胞厚壁；鳞毛密生。叶近于疏生，平展，长卵形，长2.61毫米，宽19毫米，后缘稍内卷，基部下延，前缘弧形，叶边具22–28个齿，齿长4–6个细胞。叶尖部细胞宽约10微米，长50微米，叶边细胞宽16–20微米，

图 211 密鳞羽苔（马　平绘）

长20–24微米，假肋细胞宽16–20微米，长40–80微米；胞壁厚，三角体中等大，表面平滑，腹叶退失。

产安徽、浙江、台湾、福建、广西、贵州、四川、云南和西藏，生于海拔1500–4000米的石面、枯木及树干上。泰国及越南有分布。

1. 雌株(侧面观，×16)，2. 雄枝(背面观，×10)，3. 叶(×14)，4. 叶中部细胞(×210)，5. 叶基部细胞(×210)。

7. 古氏羽苔　　　　　　　　　　　　　　图 212

Plagiochila grollei Inoue, Bull. Nat. Sci. Mus., Tokyo 8：384. 1965.

植物体中等大小。茎长3–5厘米，宽2.6–3.3毫米，单一，稀分枝；横切面直径16–20个细胞，皮部细胞3–4层，壁厚，中部细胞薄壁。叶片相互贴生，椭圆形，内卷，长1.3–1.5毫米，宽0.6–0.8毫米，叶边具9–18个尖齿，齿长3–6个细胞，基部宽2–3个细胞。叶边细胞及中部细胞长20–25微米，假肋细胞宽23–30微米，长70–80(90)微米，胞壁薄，具三角体。腹叶退失。雄苞间生，雄苞叶4–6对。雌苞顶生。蒴萼长筒形，口部平截。

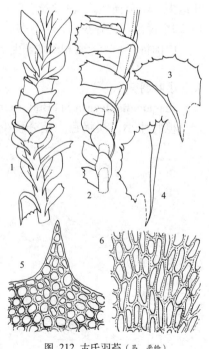

产云南和西藏，生于海拔1800–3200米的树干或湿地上。尼泊尔、不丹、孟加拉国及越南有分布。

1. 雄株(背面观，×10)，2. 植物体的一部分(侧面观，×10)，3-4. 叶(×14)，5. 叶尖部细胞(×140)，6. 叶基部细胞(×140)。

图 212 古氏羽苔（马　平绘）

8. 多齿羽苔

图 213

Plagiochila perserrata Herz. in Handel–Mazzetti, Symb. Sin. 5；19. 1930.

体形粗壮，褐色，略具光泽。茎长5-7厘米，连叶宽48毫米，分枝多，间生型；茎横切面直径约22个细胞，皮部细胞 3 层，壁甚厚，髓部细胞壁稍厚；假根少。叶片覆瓦状，椭圆形，斜生，长2.4-2.85毫米，宽 1.3-1.85毫米，后缘弧形，强烈内卷，基部下延，覆及茎背面，前缘稍弯曲，下延，叶先端渐尖；叶边具25-30个长齿，齿长4-6细胞。叶边细胞近六角形，长12-20(30)微米，假肋细胞长方形，宽20-24微米，长40-60(70)微米，胞壁稍厚，无三角体，表面平滑。腹叶退失。雌雄异株。雄苞顶生或间生；雄苞叶7对，基部膨大。雌苞顶生，具一新生侧枝；雌苞叶大于茎叶，宽圆形，具密锐齿。蒴萼长筒形，背脊基部具狭翼，口部稍弯曲，具细齿。

产福建、广东、四川、云南和西藏，生于海拔1500-3500 米的湿地面、枯木及树基上。不丹、尼泊尔及印度尼西亚有分布。

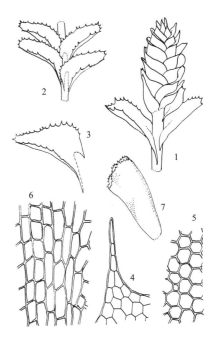

图 213 多齿羽苔（马 平绘）

1. 雄枝(背面观，×10)，2. 植物体的一部分(腹面观，×10)，3. 叶(×14)，4. 叶尖部细胞(×140)，5. 叶中部细胞(×140)，6. 叶基部细胞(×140)，7. 蒴萼(×14)。

9. 拟波氏羽苔

图 214

Plagiochila pseudopoeltii Inoue, Bull. Nat. Sci. Mus., Tokyo 8：382. 1965.

体形中等大小，无光泽。茎长3-4厘米，连叶宽3.5-4.8毫米，分枝少；茎皮部细胞3层，壁厚，髓部细胞12-14层，壁薄，无三角体；假根少。叶片疏生，宽圆形，长1.5-1.8毫米，宽1.2-1.5毫米，叶边具6-17个细齿，齿长2-3(5) 个细胞，基部宽2-3个细胞。叶尖部细胞宽10-16微米，长30-40微米，中部细胞宽20-24微米，长25-30微米，假助细胞宽16-20微米，长60-80(110)微米，胞壁三角体强烈加厚。雄苞顶生；雄苞叶4-6对。雌苞顶生，具2新生侧枝；雌苞叶长椭圆形。蒴萼短筒形，口部平截，具3-5个细胞的长齿，基部宽2-3个细胞。

产云南和西藏，生于海拔3500-4030米的林下及树干上。印度、尼

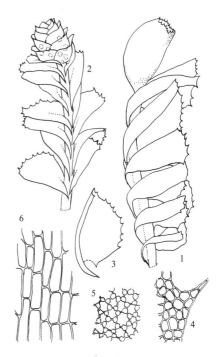

图 214 拟波氏羽苔（马 平绘）

泊尔及菲律宾有分布。

1. 雌株(侧面观，×10)，2. 雄株(背面观，×10)，3. 叶(×14)，4. 叶边细胞(×140)，5. 叶中部细胞(×140)，6. 叶基部细胞(×140)。

10. 延叶羽苔 图 215

Plagiochila semidecurrens (Lehm. et Lindenb.) Lindenb., Sp. Hepat. 5：142. 1843.

Jungermannia semidecurrens Lehm. et Lindenb. in Lehm., Nov. Stirp. Pug. 4：21. 1832.

植物体中等大小或大形, 深褐色。茎分枝少, 长3–5厘米, 连叶宽3–4毫米, 横切面直径16–18个细胞, 皮部细胞3–4层, 壁厚, 髓部细胞壁薄; 假根多, 密布于茎。叶长椭圆形, 长1.4–2毫米, 宽1.4–1.5毫米, 叶先端渐尖, 后缘内卷, 基部明显下延, 前缘背卷; 叶边具密齿, 齿长2–4个细胞, 基部宽1–2个细胞。叶尖部细胞宽10–16微米, 长24–36微米, 中部细胞长16–20 (24)微米, 假肋细胞宽20–30微米, 长56–80 (100)微米; 胞壁厚, 具大三角体。腹叶退失。雄苞间生; 雄苞叶9–10对, 边缘具细齿。雌苞顶生, 具一新生侧枝; 雌苞叶较茎叶稍长。蒴萼倒卵形, 口部稍弯曲, 具锐齿, 齿长2个细胞, 基部宽1–2个细胞。

产安徽、浙江、台湾、福建、江西、广东、广西、贵州、四川、云南和西藏, 生于海拔2200–4500米的树干、土面及石上。日本、朝鲜、

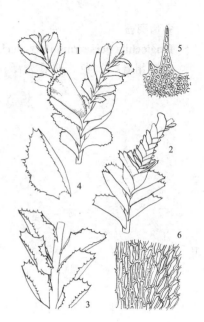

图 215 延叶羽苔 (马 平绘)

尼泊尔、不丹、斯里兰卡、泰国、菲律宾及北太平洋有分布。

1.雌株(背面观, ×7), 2.雄枝(背面观, ×7), 3. 植物体的一部分(腹面观, ×7), 4. 叶(×14), 5.叶尖部细胞(×140), 6. 叶基部细胞(×140)。

11. 短齿羽苔 图 216

Plagiochila vexans Schiffn. ex St., Sp. Hepat. 6：237. 1921.

体形小, 褐绿色。茎长1.5–2厘米, 宽1–1.2厘米, 分枝少; 茎横切面直径约18个细胞, 皮部细胞 2–3层, 壁厚, 髓部细胞长24–30微米,

宽16–20微米, 壁薄。叶片易碎, 阔圆形, 长1.0–1.1毫米, 宽0.83–1.0毫米, 后缘内卷, 基部不下延, 叶先端圆形; 叶边具5–9细齿, 齿长1–2个细胞。叶尖部细胞长约16微米, 宽14微米, 叶边细胞长10–14微米, 中部细胞长12–14微米, 宽10–12微米, 假肋细胞宽14–20微米, 长50–60微米, 胞壁稍

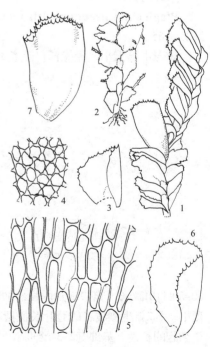

厚, 三角体小; 表面平滑。腹叶退失。无性繁殖常藉落叶进行。雌苞顶生, 具 1–2新生侧枝。蒴萼长卵形, 长2–2.6毫米, 宽1.2毫米, 口部平截, 具锐齿。

产安徽、台湾、福建、广西、贵州和四川, 生于海拔700–1500米的

图 216 短齿羽苔 (马 平绘)

枯木、石面及树干上。日本、尼泊尔及孟加拉国有分布。

　　1. 雌株(×10)；2. 植物体的一部分，示着生有无性芽条(腹面观，×10)，3. 叶(×14)，4. 叶中部细胞(×140)，5. 叶基部细胞(×210)，6. 雌苞叶(×14)，7. 蒴萼(×14)。

12. 臧氏羽苔 图 217

Plagiochila zangii Grolle et M.L. So, Bryologist 100：467. 1998.

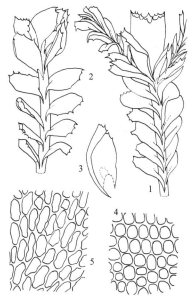

体形细小，成丛生长。茎长2–2.5毫米，宽1.8–2毫米，浅褐色至深褐色，略具光泽；分枝少；茎横切面直径10–12个细胞，皮部细胞3层，壁厚，髓部细胞薄壁，三角体小。叶片疏生至相互贴生，椭圆形，斜列，长1.1–1.2毫米，宽0.6–0.9毫米；后缘强烈内卷，基部长下延，先端近于平截，前缘强内卷，基部下延；叶边具5–6个锐齿。叶尖部细胞 宽10–12微米，长

12–24微米，中部细胞长10–20 (24)微米，宽10–16 (20)微米，假肋细胞宽16–18微米，长24–30 (40)微米，胞壁薄，三角体小；表面平滑。腹叶退失。雄苞间生，短穗状；雄苞叶4–6对，基部膨起，叶边全缘或具细齿。雌苞顶生，具2新生侧枝；雌苞叶大。蒴萼倒卵形，背脊下半部具狭翼，口部具14–16个长齿，齿长4–5个细胞。

图 217 臧氏羽苔(马 平绘)

中国特有，产四川、云南和西藏，生于海拔3400–3750米的树干上。

　　1. 雌株(背面观，×10)，2. 植物体的一部分(背面观，×14) 3. 叶(×14)，4. 叶中部细胞(×210)，5. 叶基部细胞(×210)。

13. 短羽苔 图 218

Plagiochila zonata St., Mem. Soc. Sci. Nat. Cherbourg 29：225. 1894.

植物体形小，褐绿色，略具光泽。茎长1.5–2厘米，连叶宽2–4毫米；分枝少，间生型；茎横切面直径约18个细胞，皮部细胞3层，壁厚，髓部细胞壁薄。叶片密覆瓦状，向侧面偏曲，椭圆形，长0.95–1.19毫米，宽0.83–0.86毫米，后缘强烈内卷，基部长下延，全缘，前缘弧形，基部不下延，具5–6个细齿，叶先端圆形，具2–3个短齿，齿长1–3个细胞，叶尖部细胞长8–16

微米，中部细胞宽10–16微米，长20–24微米，假肋细胞宽16–20微米，长40–60微米，胞壁稍厚，无三角体；表面平滑。腹叶退失。雄株较细小；雄苞间生，雄苞叶4–6对，边缘具数个锐齿。雌苞顶生；雌苞叶近圆形。蒴萼倒三角形至倒卵形，背面脊部具狭翼，口部呈弧形，具密齿，齿长7–10个细胞，基部宽4–5个细胞。

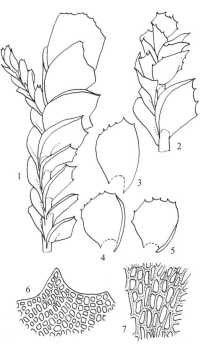

图 218 短羽苔(马 平绘)

产四川和云南，生于海拔3800–4000米的树干上。不丹及印度北部有分布。

1-2. 植物体的一部分(侧面侧，×10)，3-5. 叶(×14)，6. 叶尖部细胞(×140)，7. 叶基部细胞(×140)。

14. 羽状羽苔

图 219

Plagiochila dendroides (Nees) Lindenb., Sp. Hepat. 5：146. 1843.

Jungermannia dendroides Nees, Enum. Pl. Crypt. Jav. 77. 1830.

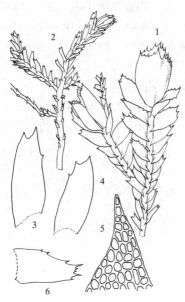

图 219 羽状羽苔 (马 平绘)

体形中等大小，紧密或疏成片生长，硬挺，黄绿色。茎长2–5厘米，连叶宽1.5–1.66毫米，深褐色；树形分枝，顶枝有时成鞭枝状；茎横切面直径约12个细胞，皮部细胞3–4层，壁厚，髓部细胞壁薄。叶疏生，狭长椭圆形，长0.57–0.76毫米，宽0.28–0.40毫米，后缘略平直，基部稍下延，无齿，前缘稍呈弧形，基部不下延，先端略圆钝；叶边具2–3齿。叶尖部细胞长16–20微米，基部细胞宽12–20微米，长20–24 (30)微米，胞壁稍厚，三角体小；表面平滑。腹叶退失。雄苞顶生或间生；雄苞叶6–12对。雌苞顶生，具1–3新生侧枝；雌苞叶具4–6齿。蒴萼短筒形，脊部具狭翼，口部具锐齿。

产台湾、广东、海南、云南和西藏，生于海拔700–2200米的枯枝及树干上。日本、朝鲜、马来西亚、菲律宾及印度尼西亚有分布。

1. 雌株(背面观，×10)，2. 植物体的一部分(×10)，3-4. 叶(×40)，5. 叶尖部细胞(×210)，6. 雌苞叶(×14)。

15. 羽枝羽苔

图 220 彩片28

Plagiochila fruticosa Mitt., Journ. Proc. Linn. Soc. Bot. 5：94. "1861" 1860.

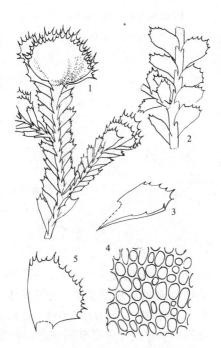

体形中等大小，硬挺，淡褐绿色，略有光泽。茎直立，长2–3厘米，连叶宽2–3毫米，直径约0.4毫米；树状分枝，无假根；茎横切面直径约15个细胞，皮部细胞3层，中部细胞薄壁；无鳞毛，具鞭状枝。茎叶疏生，长椭圆形至矩形，长0.95–1.42毫米，宽0.71–0.88毫米，后缘稍呈弧形，基部略下延，叶边尖部具3–6粗齿。叶尖部细胞宽10–16微米，长10–20微米，中部细胞宽16–20微米，长40–50微米，胞壁稍厚，三角体明显；表面平滑。腹叶宽4–5个细胞，长5–7个细胞。雄苞具12对雄苞叶，每一苞叶具8–10个齿。雌苞顶生，具1–2新生侧枝。雌苞叶长椭圆形，具8–10个长

图 220 羽枝羽苔 (马 平绘)

齿。蒴萼杯形，扁平，口部具18–20个锐齿。

产浙江、台湾、福建、广东、云南和西藏，生于海拔380–2200米的树干、湿石及枯树上。日本、尼泊尔、印度、不丹、越南、泰国及菲律宾有分布。

1. 雌株(背面观，×10)，2. 植物体的一部分(腹面观，×10)，3. 叶(×14)，4. 叶中部细胞(×210)，5. 雌苞叶(×14)。

16. 美姿羽苔
图 221

Plagiochila pulcherrima Horik., Journ. Sci. Hiroshima Univ. ser. B, div. 2, 1：63. 1931.

植物体中等大小，树状分枝，硬挺，黄绿色至淡褐色。茎长5–7厘米，连叶宽2–3毫米，直径约0.4–0.5毫米；鞭状枝生于主茎基部，假根棕色；茎密布鳞毛，鳞毛长1–4个细胞。叶疏生，长0.95–1.0毫米，宽0.52–0.54毫米，后缘内卷，具1–3个齿，基部下延，前缘稍呈弧形，具5–7个齿。叶尖部细胞宽10–20微米，长20–30微米，基部细胞宽20–24微米，长36–40微米，胞壁薄，三角

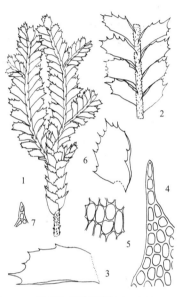

体明显；表面平滑。腹叶常退失。雄苞具6对苞叶，有疏齿。雌苞顶生，雌苞叶与枝叶同形，尖部具粗齿。蒴萼钟形，口部具锐齿。

产浙江、台湾、福建、江西、湖南、广东、海南、广西、贵州、四川和云南，生于海拔100–2300米的湿土、树基、树干、枯枝及石面。日本、越南、泰国及菲律宾有分布。

图 221 美姿羽苔（马 平绘）

1. 雄株(背面观，×10)，2. 植物体的一部分(腹面观，×16)，3. 叶(×22)，4. 叶尖部细胞(×210)，5. 叶基部细胞(×210)，6. 雌苞叶(×14)，7. 鳞毛(×120)。

17. 脆叶羽苔
图 222

Plagiochila debilis Mitt., Journ. Proc. Linn. Soc. Bot. 5：97. 1860, "1861".

体形细小，成片生长。茎长1.5–2厘米，宽1.2–1.5 (2.6)毫米。稍具光泽，分枝少；茎横切面0.2–0.25毫米，皮部细胞2层，壁稍厚，中部细胞壁薄。叶疏生，易碎，长椭圆形，2–3深裂，长1.5–1.5毫米，宽0.6–0.7毫米，后缘稍卷，基部下延，前缘基部宽，不下延。枝叶两裂。叶边细胞宽20–24(30)微米，长24–30微米，中部及基部细胞长30–36微米，宽20–24(30)微米，胞

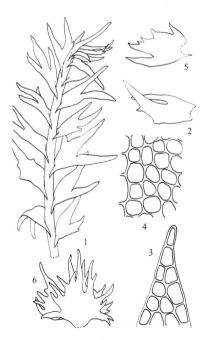

壁薄，无三角体；表面平滑。腹叶退失。雄苞间生；雄苞叶4–5对。雌苞顶生，具1–2新生侧枝；雌苞叶具4–5粗齿。蒴萼钟形，口部具长齿。

图 222 脆叶羽苔（马 平绘）

弹丝长200–250微米，孢子直径20×26–28微米。

产四川、云南和西藏，生于海拔1450–4000 米的石面、树干及枯枝上。不丹、尼泊尔及印度北部有分布。

18. 落叶羽苔　　　　　　　　　　　　　　　　　图 223

Plagiochila defolians Grolle et M.L. So, Syst. Bot. 23：459. 1999.

体形纤细。茎长2–3毫米，宽1.9–2.3毫米，由横茎生出；分枝少；茎横切面皮部细胞2–3层，壁稍厚，中部细胞壁薄。叶片疏生，易脱落，长椭圆形，长0.8–1.2毫米，0.6–0.8毫米，后缘稍弯，基部下延，叶尖圆钝，前缘基部宽大，不下延；叶边具5–7(10)个齿，齿长2–4(6)个细胞，宽2–4个细胞。叶边细胞宽15–22微米，长20–22微米，中部细胞及基部细胞稍长，胞壁薄，三角体细小；表面平滑。腹叶退失。雄苞间生；雄苞叶2–3对。雌苞顶生；雌苞叶与茎叶同形。蒴萼钟形，背脊具宽翼，口部具锐齿。

产云南和西藏，生于海拔2200–2800 米的树干上。日本有分布。

1. 雌株(背面观，×10)，2. 植物体的一部分(腹面观，×10)，3. 茎横切面的一部分(×135)，4-5.叶(×30)，6.蒴萼(×14)。

1. 植物体的一部分(背面观，×10)，2. 叶(×14)，3. 叶尖部细胞(×210)，4. 叶中部细胞(×210)，5. 雌苞叶(×14)，6. 蒴萼(×14)。

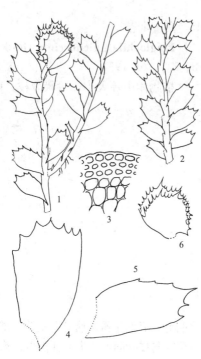

图 223 落叶羽苔（马　平绘）

19. 纤幼羽苔　　　　　　　　　　　　　　　　　图 224

Plagiochila exigua (Tayl.) Tayl., London Journ. Bot. 5: 264. 1846.

Jungermannia exigua Tayl., Trans. Bot. Soc. Edinburgh. l: 179. 1844，"1843".

体形纤细，深褐色，成片生长。茎分枝少，长1–1.5厘米，宽1.1毫米；茎横切面直径8个细胞，分化不明显，皮部细胞1–2层，壁稍厚，中部细胞胞壁较薄；茎腹面多假根。叶片疏生，长0.3–0.4毫米，平展，深两裂至叶长度的1/3或1/2，裂片顶端渐尖，后缘平直，基部不下延，前缘稍弯曲，基部不下延；叶边中部有时具一锐齿。叶尖部细胞宽约14微米，长22微米，基部细胞宽16–20微米，长20–30微米，胞壁薄，三角体明显；表面平滑。腹叶退失。藉落叶进行无性生殖。雌苞顶生，具1–2新生侧枝。蒴萼钟形，口部宽。

产四川、云南和西藏，生于海拔500–3460米的石面及树干上。世界

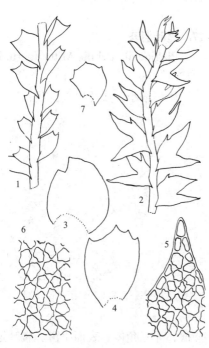

图 224 纤幼羽苔（马　平绘）

广布。

1-2. 植物体的一部分(1. 背面观，×20；2. 背面观，×28)，3-4. 叶(×60)，5. 叶尖部细胞(×210)，6. 叶基部细胞(×210)。

20. 鸽尾羽苔
图 225

Plagiochila ghatiensis St., Sp. Hepat. 6：159. 1918.

植物体纤细，柔弱。茎分枝间生型，淡褐色，长1-1.5厘米，宽1.3-1.42毫米，常与其它苔藓混生，倾立；茎横切面直径8-9层细胞，皮部细胞2层，壁稍厚，中部细胞稍大，壁薄；假根多，生于茎中部至基部。叶片疏生，长椭圆形，长0.54-0.66毫米，宽0.35-0.42毫米，常脱落，叶尖三裂至叶长度的1/4或1/5，后缘稍弯，基部下延。叶边细胞宽16-18微米，长20-24(30)微米，基部细胞宽16-20微米，长24-30微米，胞壁薄，三角体细小或不明显；表面平滑。腹叶退失。雄苞顶生或间生；雄苞叶6-7对。雌苞顶生。蒴萼钟形。

产云南和西藏，生于海拔2000-3400米的树干及林下。印度及斯里

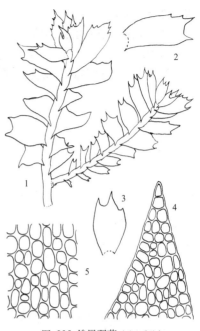

图 225 鸽尾羽苔（马 平绘）

兰卡有分布。

1. 植物体的一部分(背面观，×14)，2-3. 叶(×20)，4. 叶尖部细胞(×210)，5. 叶基部细胞(×210)。

21. 福氏羽苔
图 226 彩片29

Plagiochila fordiana St., Bull. Herb. Boiss. 2,3：104. 1902.

体形中等大小，淡绿色，稀疏成片生长。茎柔弱，倾立；有分枝；茎横切面直径15个细胞，皮部细胞2-3层，壁厚，中部细胞壁薄或略厚；茎基部有棕色假根。叶疏生，狭长矩形，近于平展，易脱落，长1-1.7毫米，宽0.4-0.6毫米；后缘与前缘近于平行，后缘略呈弧形，基部不下延，叶先端两裂，前缘稍下延，具1-3细齿。叶尖部细胞宽17-25微米，长20-30微米，中部细胞宽20-28微米，长约30微米，胞壁稍厚，三角体明显；表面平滑。腹叶常退化，长2个细胞，宽2-3个细胞。雄苞顶生；雄苞叶3-5对。雌苞顶生，具1-2新生侧枝；雌苞叶具8-14个齿。蒴萼钟形，脊无翼，口部具锐齿。

产福建、广东、海南和云南，生于海拔500米左右的湿石面或树干上。日本、印度、越南及泰国有分布。

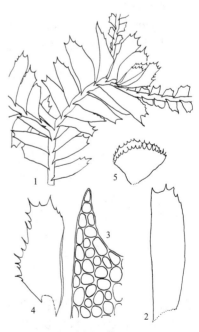

图 226 福氏羽苔（马 平绘）

1.雌株(背面观，×10)，2.叶(×30)，3. 叶尖部细胞(×210)，4. 雌苞叶(×14)，5. 蒴萼(×20)。

22. 裂叶羽苔

图 227

Plagiochila furcifolia Mitt., Trans. Linn. Soc. London Bot. ser 2, 3: 194. 1891.

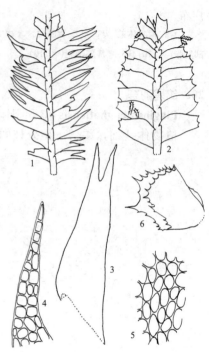

深绿色，由横茎向上倾立。茎长7–8厘米，宽3.8毫米，叉状分枝；茎横切面直径12个细胞，皮部细胞2–3层，壁稍厚，中部细胞壁稍厚。叶片易落，覆瓦状或疏生，长椭圆形，斜列，基部宽阔，长1.9–2.14毫米，宽0.54–0.76毫米，后缘略内卷，基部稍下延，前缘基部不下延，稍弯曲，尖部明显深两裂达叶长度的1/5或1/3，裂瓣间狭窄，裂片渐尖；叶边全缘；表面平滑。腹叶退失。雌苞顶生；雌苞叶两裂，叶边具细齿。蒴萼钟形，背脊中部具狭翼，口部具粗齿。

产浙江、福建、湖南、海南、贵州和云南，生于海拔450–1000米的石面或树皮上。日本及越南有分布。

1-2. 植物体的一部分(腹面观，×10)，3.叶(×20)，4.叶尖部细胞(×140)，5.叶基部细胞(×140)，6.蒴萼(×14)。

图 227 裂叶羽苔（马 平绘）

23. 圆头羽苔

图 228

Plagiochila parvifolia Lindenb., Sp. Hepat. 1:28. 1839.

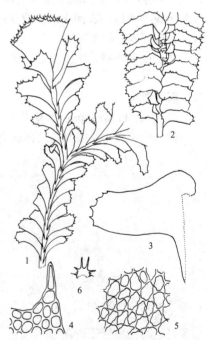

体形中等大小，深绿色。茎长6–8厘米，连叶宽3.8–4.2毫米，倾立或向下弯曲，叉状分枝；茎横切面直径14个细胞，皮部细胞3层，胞壁明显加厚，中部细胞壁稍厚。叶片常脱落，三角状长椭圆形，长1.6–2.0毫米，基部宽1.3–1.5毫米，后缘强烈内卷，基部长下延，覆盖茎背面，前缘基部略下延，基部明显宽大，尖部平截；叶边尖部及后缘具短齿，齿长 2–4个细胞。叶尖部细胞宽16–20微米，长16–24微米，基部细胞宽20–30微米，长30–36微米，胞壁薄，三角体大；表面平滑。腹叶多变异，通常1/3–1/2两裂，叶边具细齿。雌苞顶生，具1–2新生侧枝；雌苞叶稍大于茎叶。蒴萼钟形，背脊具翼，口部具锐齿。

产安徽、浙江、台湾、福建、湖南、广东、四川、云南和西藏，生于海拔200–1800米的林下石面、枯枝或树干上。日本、朝鲜、缅甸、越南、泰国、斯里兰卡、菲律宾及印度尼西亚有分布。

1. 雌株(背面观，×10)，2.植物体的一部分(腹面观，×10)，3.叶(×18)，4.叶尖部细胞(×140)，5.叶基部细胞(×140)，6.腹叶(×10)。

图 228 圆头羽苔（马 平绘）

24. 狭叶羽苔

图 229

Plagiochila trabeculata St., Bull. Herb. Boiss. 2, 2：103. 1902.

体形细小，柔弱，淡绿色，疏片状生长。茎多单一，偶有分枝，

长2–3厘米，宽3–4 (5)毫米；无假根；茎横切面直径12–14个细胞，皮部细胞1–2层，胞壁明显加厚，中部细胞壁略厚。叶疏生或相邻，狭长椭圆形，长1.5–2毫米，宽0.4–0.5 (0.8)毫米，稍斜展，后缘基部略下延，具1–4锐齿，叶尖部近两裂，具多个尖齿；前缘稍呈弧形，基部不下延，具1–4个锐齿。叶尖部细胞长23–30微米，宽16–20微米，基部细胞长20–36 (44)微米，宽20–25 (30)微米，胞壁中部稍厚，三角体不明显或细小；表面平滑。腹叶缺失。雌苞顶生，具1新生侧枝。雌苞叶大于茎叶，圆卵形；多具锐齿。蒴萼钟形，口部具长锐齿。

产浙江、福建、江西、广东、海南、广西、贵州、云南和西藏，生于海拔400–3000米的石面、林下、溪旁或树干上。日本、尼泊尔、泰国、菲律宾及印度尼西亚有分布。

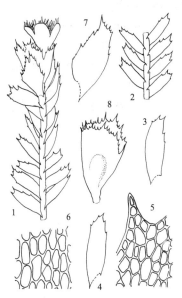

图 229 狭叶羽苔（马 平绘）

1. 雌株(背面观，×10)，2. 植物体的一部分(腹面观，×10)，3–4. 叶(×14)，5. 叶尖部细胞(×210)，6. 叶基部细胞(×210)，7. 雌苞叶(×14)，8. 蒴萼(×14)。

25. 朱氏羽苔

图 230

Plagiochila zhuensis Grolle et M. L. So, Bryologist 102：200. 1999.

形小，茎长3–5厘米，宽2.6–3.3毫米，分枝少；茎皮部细胞2–3层，

壁厚，中部细胞6–7层，壁厚。叶片疏生，长1.3–1.4毫米，宽0.5–0.7 (0.9)毫米，后缘基部下延，尖部两裂，前缘有时具1–2锐齿，齿长1–5个细胞，宽1–2个细胞，基部不下延。叶边细胞及中部细胞宽20–24微米，长25–30微米，基部细胞宽30–35微米，长30–40微米，胞壁薄，三角体大；表面平滑。腹叶退失。雄苞间生；雄苞叶4–6对。雌苞顶生，具1–3新生侧枝，雌苞叶具10–12齿。蒴萼长筒形，口部近于平截，具密齿。

中国特有，产广东和广西，生于海拔1800米左右的石面及树干上。

1. 雌株(背面观，×10)，2. 植物体的一部分(腹面观，×10)，3. 雌苞叶(×20) 4.叶

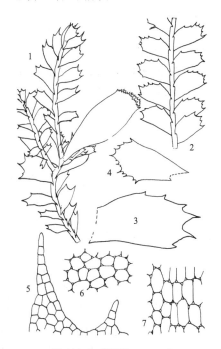

图 230 朱氏羽苔（马 平绘）

(×20)，5. 叶尖部细胞(×140)，6. 叶中部细胞(×140)，7. 叶基部细胞(×140)。

26. 树形羽苔

图 231

Plagiochila arbuscula (Brid. ex Lehm. et Lindenb.) Lindenb., Sp. Hepat. 1：23. 1839.

Jungermannia arbuscula Brid. ex Lehm. et Lindenb. in Lehm., Nov. Stirp. Pugillus 4：63. 1832.

形大，褐绿色。长4–6厘米，连叶宽3毫米，倾立或下垂，多成片生长，茎多分枝，成扇形；横切面直径约20个细胞，皮部细胞4层，壁厚，中部细胞壁稍厚；假根少。叶相互贴生，宽卵形或长椭圆形，斜列，长1.6–1.8毫米，宽0.95–1.07毫米；后缘稍内卷，全缘，基部略下延，前缘弧形，基部宽大，不下延，具5–8个锐齿，叶先端平截，具2–4个锐齿。枝叶狭长椭圆形，较小。叶尖部细胞宽20–24微米，长36–40微米，胞壁薄，褐色，三角体大；表面平滑。无腹叶。雄苞间生；雄苞叶5–7对。雌苞顶生，具1–2新生侧枝。蒴萼卵形，口部平截，具锐齿。

中国特有，产台湾、广东、海南和云南，生于海拔100–1500米的树干或树枝上。

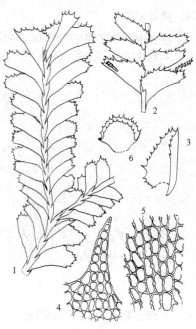

图 231 树形羽苔（马　平绘）

1. 雌株（背面观，×10），2. 植物体的一部分（腹面观 ×10），3. 叶（×14），4. 叶尖部细胞（×140），5. 叶基部细胞（×140），6. 蒴萼（×14）。

27. 长叶羽苔

图 232

Plagiochila flexuosa Mitt., Journ. Proc. Linn. Soc. Bot. 5：94. 1860, "1861".

植物体中等大小，硬挺，深褐色，略具光泽。茎长5厘米，分枝少；

横切面直径约13个细胞，皮部细胞3–4层，壁厚，中部细胞壁薄；无假根。叶片近于疏生，长卵形至披针形，长2.21–2.38毫米，后缘略弯曲，基部稍下延，尖部具4–5个锐齿，前缘弧形，基部不下延，具2–3个细齿。叶尖部细胞宽30–36微米，长46–50微米，胞壁稍厚，褐色，三角体大；表面平滑。腹叶退失。雄苞间生；雄苞叶6–10对。雌苞顶生，具1新生侧枝。蒴萼钟形，长度与宽度为1.7–2.8毫米，口部宽阔，具锐齿。

产安徽、浙江、台湾、福建、广东、海南、广西、四川和云南，生于海拔400–2300米湿石面、树干或枯木上。日本、不丹、印度、尼泊尔、越南、泰国及斯里兰卡有分布。

1. 植物体的一部分（背面观，×10），2. 雄枝（背面观，×10），3. 叶（×14），4. 叶尖

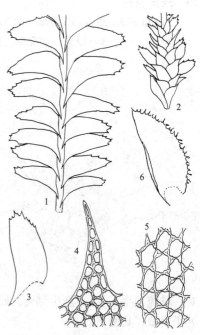

图 232 长叶羽苔（马　平绘）

部细胞（×140），5. 叶基部细胞（×140），6. 雌苞叶（×10）。

28. 刺叶羽苔

图 233

Plagiochila sciophila Nees ex Lindenb., Sp. Hepat. 100. 1840.

体形中等大小，淡褐绿色，柔弱。茎长2厘米，连叶宽3.57毫米，倾立，有时具分枝；茎横切面直径12–14个细胞，皮部细胞2–4层，壁稍厚，中部细胞薄壁；假根少。叶片贴生或疏生，长椭圆形，长1.42–1.66毫米，宽0.9–1.07毫米；叶先端具2个长齿，基部稍下延，后缘稍呈弧形；叶边具6–10个齿，齿具5–7个单列细胞。叶尖部细胞宽30–36微米，长30–40微米，中部细胞三角体细小；表面平滑。腹叶退失或细小。雄苞间生，具5对雄苞叶。雌苞顶生于茎；雌苞叶大于茎叶，多齿。蒴萼钟形，口部弧形，具不规则齿。

产江苏、浙江、台湾、福建、江西、湖南、广东、海南、广西、贵州、四川、云南和西藏，生于海拔200–2000米的石面、树干、树基、枯木或叶附生。日本、朝鲜、不丹、尼泊尔、印度、巴基斯坦、越南、泰国、菲律宾及美拉尼西亚有分布。

1. 植物体的一部分(背面观，×10)，2. 雄枝(背面观，×10)，3. 叶(×25)，4. 叶尖

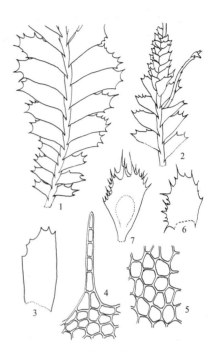

图 233 刺叶羽苔（马 平绘）

部细胞(×140)，5. 叶基部细胞(×140)，6. 雌苞叶(×14)，7. 蒴萼(×14)。

29. 秦岭羽苔

图 234

Plagiochila biondiana C. Massal., Mem. Accad. Agric. Verona, ser. 3, 73 (2)：15. 1897.

体形中等大小。茎长3–5厘米，连叶宽2.7毫米，分枝少，具鞭状枝；茎皮部细胞3–4层，壁厚，中部细胞13–15层；假根稀疏。叶密生，近于圆形，长1.3–14毫米，宽0.8–1.5毫米，后缘基部下延，内卷，前缘基部不下延；叶边全缘或具细齿，齿长1–2细胞，基部宽1–2细胞。叶边细胞及中部细胞长10–16微米，基部细胞宽20–24微米，长20–30微米，胞壁厚，无三角体；表面平滑。腹叶退失。雌苞顶生，无新生侧枝。蒴萼钟形，脊部无翼，口部平截。

中国特有，产陕西、四川和西藏，生于海拔4300米左右的树干上。

1. 雌株(×10)，2. 植物体(侧面观，×14)，3-4. 叶(×14)，5. 叶尖部细胞(×120)，6. 叶中部细胞(×120)，7. 叶基部细胞(×120)。

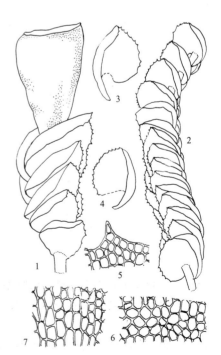

图 234 秦岭羽苔（马 平绘）

30. 圆叶羽苔 图 235

Plagiochila duthiana St., Bull. Herb. Boiss. 2, 3：527. 1903.

体形细小或中等大小，黄绿色或淡褐色，稀疏交织生长。茎长2–3厘米，连叶宽2.6毫米，分枝少；茎皮部细胞2层，壁厚，中部细胞6层，壁薄；假根稀疏。叶相互贴生，阔圆形，斜列，后缘基部下延，内卷，前缘基部稍宽下延；叶边全缘或具7–9细齿，齿长1–2细胞。叶边细胞长16–20微米，基部细胞长20–36微米，壁薄，三角体大；表面平滑。腹叶退失。雄苞间

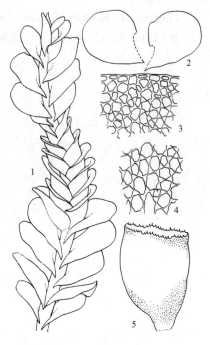

生，无新生侧枝；雄苞叶4–10对。雌苞顶生，具1新生侧枝，雌苞叶大于茎叶。蒴萼钟形，口部平截，具密齿，齿长1–3细胞。

产黑龙江、吉林、陕西、四川、云南和西藏，生于海拔1000–5000米的石面、树基或树根上。日本、印度、巴基斯坦、不丹及尼泊尔有分布。

1. 雄株(背面观，×10)，2. 叶(×14)，3. 叶尖部细胞(×140)，4. 叶基部细胞(×140)，5. 蒴萼(×14)。

图 235 圆叶羽苔（马 平绘）

31. 波氏羽苔 图 236

Plagiochila poeltii Inoue et Grolle in Grolle, Trans. Brit. Bryol. Soc. 4: 656. 1964.

植物体中等大小。茎长5–6厘米，宽2.0–2.2毫米；分枝少；茎皮部细胞2–3层，壁厚，中部细胞10–12层，壁稍厚；假根密生。叶片贴生，卵圆形，斜展，长1.1–1.2毫米，宽0.5–0.8毫米，后缘强烈背卷，基部下延，前缘稍呈弧形；叶边具0–5 (8)个齿，齿长1–5个细胞，基部宽2–3个细胞。叶边细胞宽16–20微米，长24–30微米，中部细胞长24–30微米，基部细胞宽30微米，长30–40微米，胞壁

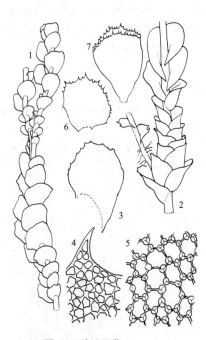

图 236 波氏羽苔（马 平绘）

1. 植物体(侧面观，×10)，2. 雄枝(背面观，×10)，3. 叶(×25)，4. 叶边细胞(×140)，5. 叶中部细胞(×250)，6. 雌苞叶(×14)，7. 蒴萼(×14)。

稍厚，三角体大；表面平滑。腹叶退失。雄苞顶生或间生；雄苞叶3–5对。雌苞顶生，具1–2新生侧枝；雌苞叶大。蒴萼钟形，脊具狭翼，口部平截，具细齿。

产四川和西藏，生于海拔3000–5100 米的林下树基和树干上。尼泊尔及印度有分布。

32. 反叶羽苔

图 237

Plagiochila recurvata (Nichols.) Grolle, Trans. Brit. Bryol. Soc. 4: 654. 1964.

Jamesoniella carringtoni (Balf.) Schiffn. var. *recurvata* Nichols, Symb. Sinica 5: 13. 1930.

丛集生长，黄棕色或红色，具光泽，硬挺。茎长6厘米，宽1.4–1.5毫米；分枝少；茎横切面直径11–13个细胞，皮部细胞3层，壁甚厚，中部细胞稍大；假根稀疏。叶密贴生，肾圆形，长0.7–0.9毫米，宽0.9–1.1毫米，后缘基部下延，具1长纤毛，前缘不下延；叶边近全缘，叶边细胞长20–24微米，宽16–20微米，基部细胞宽24–30微米，长36–40微米，胞壁三角体明显，具中部球状加厚；表面平滑。腹叶退失。雌苞顶生，具1–2新生侧枝；雌苞叶与茎叶同形。蒴萼脊部有翼。

产云南和西藏，生于海拔3000–4800米的林地湿石面。不丹、印度及尼泊尔有分布。

1. 雌株(侧面观，×10)，2. 植物体的一部分(背面观，×10)，3. 叶(×18)，4. 叶边细胞(×180)，5. 叶基部细胞(×180)。

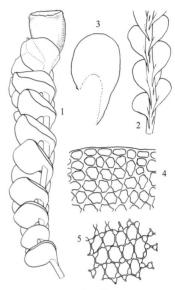

图 237 反叶羽苔（马 平绘）

33. 王氏羽苔

图 238

Plagiochila wangii Inoue, Journ. Jap. Bot. 37：187. 1962.

体形细小，长2–3厘米，连叶宽2.14毫米，红褐色。茎分枝少；横切面0.2毫米，皮部细胞2层，壁厚，中部细胞8–12层，壁薄；假根多。叶片近于贴生，长卵形，长1.07–1.3毫米，宽0.8–1.19毫米，后缘内卷，基部下延，全缘，叶尖部具3–5锐齿，前缘弧形，不下延，略宽阔，具1–3锐齿。叶尖部细胞宽16–20 (24)微米，长20–24微米，基部细胞宽24–30微米，长36–40 (44)微米，胞壁薄，三角体明显；表面平滑。腹叶退失。雄苞间生，雄苞叶2–3对。

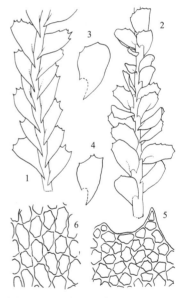

图 238 王氏羽苔（马 平绘）

中国特有，产台湾和云南，生于海拔2990米左右的树干上。

1. 植物体的一部分(背面观，×10)，2. 雄株(腹面观，×10)，3-4. 叶(×14)，5. 叶尖部细胞(×210)，6. 叶基部细胞(×210)。

34. 陈氏羽苔

图 239

Plagiochila chenii Grolle et M. L. So, Syst. Bot. 25: 6. 2000.

植物体中等大小，黄褐色，无横茎，稀疏成片生长。茎长2–5厘米，连叶宽2.4–2.6毫米，稀分枝；茎横切面直径14–18个细胞，皮部细胞3–4层，壁甚厚，中部细胞壁薄；假根稀疏。叶片疏生，易碎，长0.9–1.2毫米，宽0.6–0.7毫米，后

缘略卷，基部稍下延，前缘稍呈弧形；叶边具3–4 (6) 个齿，齿长3–7个细胞，宽2–6个细胞。叶中部细胞宽30–34微米，长30–40微米，基部细胞宽约30微米，长50–60微米，胞壁稍厚，三角体大；表面平滑。腹叶退失。雄苞间生，具1–2新生侧枝；雄苞叶4–5对。雌苞顶生，具1–2新生侧枝；雌苞叶具3–5粗齿。蒴萼长筒形，口部稍呈弧形，具钝齿。

中国特有，产安徽和贵州，生于海拔1800米左右的树干上。

1. 雌株(背面观，×10)，2. 植物体的一部分(腹面观，×10)，3–4. 叶(×20)，5. 叶中部细胞(×210)，6. 蒴萼口部细胞(×210)。

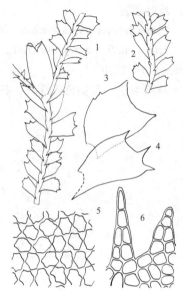

图 239 陈氏羽苔（马 平绘）

35. 树生羽苔

图 240

Plagiochila corticola St., Mém. Soc. Sci. Nat. Cherbourg 29: 224. 1894.

体形极纤细，浅褐色，成小片生长。茎长约2厘米，连叶宽1.19毫米；分枝少；茎横切面直径8个细胞，无明显分化，壁薄；假根少，生于茎基部。叶疏生，椭圆形，长0.59–0.66毫米，宽0.26–0.3毫米；叶先端浅两裂，后缘平直，基部稍下延，全缘，前缘近于平直，不下延，具1–3锐齿。叶尖部细胞长16–20微米，基部细胞稍大，宽16–20微米，长24–30微米，胞壁

薄，无三角体；表面平滑。腹叶缺失。雄苞间生；雄苞叶具5–6个尖齿。雌苞顶生，具1–2 (3) 新生侧枝；雌苞叶稍大于茎叶。蒴萼钟形，背脊部具翼，口部宽，具长齿。孢蒴卵圆形。孢子直径20–26微米。

产福建、广西、四川、云南和西藏，生于海拔2000–3800米的林下树干、枯木或石上。尼泊尔、不丹及印度有分布。

1. 雌株(背面观，×10)，2. 植物体的一部分(×10)，3. 叶(×14)，4. 叶尖部细胞

图 240 树生羽苔（马 平绘）

(×140)，5. 叶中部细胞(×210)，6. 叶基部细胞(×210)，7. 雌苞叶(×14)，8. 蒴萼(×14)。

36. 纤细羽苔

图 241

Plagiochila gracilis Lindenb. et Gott. in Gott., Lindenb. et Nees, Syn. Hepat. 632. 1847.

纤细，淡褐色。稀疏成片生长。茎略有分枝，稍具光泽，长2厘米，宽1.78毫米；茎横切面直径12个细胞，皮部细胞2–3层，壁厚，中部细胞壁稍厚，假根多，生于茎腹面。叶疏生，长卵形，长0.66–0.78

毫米，宽0.35–0.5毫米，后缘稍内卷，基部下延，全缘，前缘基部不下延，稍呈弧形，具3–4齿，叶尖端具2齿。叶尖部细胞长20–24微米，基部细胞宽36–40微米，长

40–48微米，胞壁薄，三角体明显；表面平滑。腹叶退失。雄苞间生；雄苞叶4对。雌苞顶生，具1–2新生侧枝；雌苞叶稍大于茎叶。蒴萼短筒形，脊部具狭翼，口部呈弧形，具齿，齿长2–5个细胞，基部宽2–4个细胞。

产安徽、台湾、贵州、四川、云南和西藏，生于海拔2000–3800米的湿石面。日本、朝鲜、印度、尼泊尔、不丹、泰国、斯里兰卡、菲律宾、印度尼西亚及加拿大有分布。

1. 雌株(背面观，×10)，2. 植物体的一部分(腹面观，×10)，3. 叶(×20)，4. 叶尖部细胞(×210)，5. 叶基部细胞(×210)。

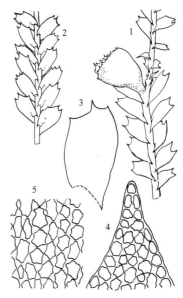

图 241 纤细羽苔（马 平绘）

37. 粗齿羽苔 　　　　　　　　　　　图 242

Plagiochila pseudofirma Herz. in Handel–Mazzetti, Symb. Sin. 5: 17. 1930.

植物体形小，淡褐色，略具光泽。茎长3.5厘米，连叶宽1.9–2.02毫米；分枝少；无横茎；茎横切面直径约20个细胞，皮部细胞3层，壁厚，假根多生于茎腹面。叶疏生，长椭圆形，长1.42–1.5毫米，宽0.35–0.71毫米；前缘与后缘近于平直，后缘基部下延，叶尖部具2–3个长齿，前缘略弯曲，具1–2个锐齿。叶尖部细胞长20–24微米，宽16–20微米，基部细胞宽约20微米，长40微米，胞壁稍厚，三角体大；表面平滑。腹叶退失。雌苞顶生，具1–2新生侧枝；雌苞叶卵圆形，大于茎叶。蒴萼倒卵形，口部近于平截，具疏齿，齿长3个细胞，胞壁甚厚。

产四川、云南和西藏，生于海拔2500–3500米的枯枝或树干上。不丹、印度及尼泊尔有分布。

1. 雌株的一部分(背面观，×10)，2. 雄株的一部分(背面观，×10)，3. 茎横切面的

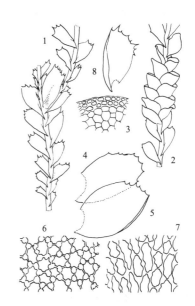

图 242 粗齿羽苔（马 平绘）

一部分(×140)，4–5. 叶(×25)，6. 叶中部细胞(×210)，7. 叶基部细胞(×210)，8. 雌苞叶(×14)。

38. 细齿羽苔 　　　　　　　　　　　图 243

Plagiochila denticulata Mitt., Journ. Proc. Linn. Bot. Soc. 5: 95. 1860, "1861".

体形细小，柔弱，稀疏成片生长。茎单一，淡绿色，长4厘米，宽3–3.5毫米；茎横切面直径约12个细胞，皮部细胞2–3层，壁稍厚，中部细胞薄壁；假根稀疏。叶疏生，卵形，长1.7–2毫米，宽0.55–

0.76毫米，平展，后缘略内卷，基部稍下延，密被纤毛，前缘稍呈弧形，基部稍宽，下延。叶尖部细胞宽16–20微米，长24–28微米，基部细胞宽21–25微米，长

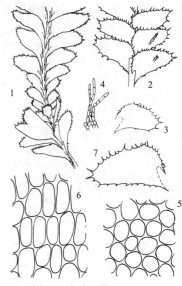

37-42微米，胞壁薄，具三角体；表面平滑。腹叶退失。雄苞具4-5个苞叶，密覆瓦状，先端具尖齿。雌苞顶生，具1新生侧枝。蒴萼长筒形，脊部平滑。

产四川和云南，生于海拔1000-2400米的树林内石上。印度、尼泊尔及泰国有分布。

1.雌株的一部分(背面观 ×10)，2.植物体的一部分(腹面观，×10)，3-4.叶(×14)，5.叶中部细胞(×210)，6.叶基部细胞(×210)，7.腹叶(×140)。

图 243 细齿羽苔（马 平绘）

39. 尖齿羽苔 图 244

Plagiochila pseudorenitens Schiffn., Österr. Bot. Zeitschr. 49: 132. 1899.

植物体形小，柔弱，淡褐色。茎直立，单一，长2-3厘米，宽3.75毫米；茎横切面直径约10个细胞，皮部细胞2-3层，胞壁明显加厚，中部细胞壁薄；假根稀疏。叶相互贴生，卵圆形，长1.6-2.3毫米，宽0.9-1.2毫米，近于平展，后缘内卷，基部稍下延，前缘基部不下延；叶边仅前缘及叶尖具长锐齿。叶尖部细胞宽8-10微米，长16-24微米，中部细胞宽13-17微米，长40-60微米，胞壁薄，三角体明显；表面平滑。腹叶缺失。雌苞顶生或间生，具一新生侧枝；雌苞叶长卵形，齿较多，长1.19毫米，宽0.95毫米。蒴萼圆筒形，脊部平滑。

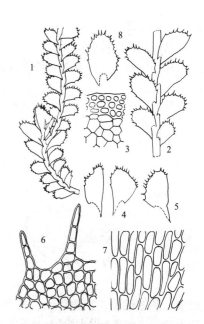

图 244 尖齿羽苔（马 平绘）

产广西和云南，生于海拔2400米左右的树干。印度、尼泊尔及越南有分布。

1.雌株的一部分(背面观，×10)，2.植物体的一部分(腹面观，×10)，3.茎横切面的一部分(×140)，4-5.叶(×14)，6.叶尖部细胞(×210)，7.叶基部细胞(×210)，8.雌苞叶(×14)。

40. 埃氏羽苔 图 245

Plagiochila akiyamae Inoue, Bull. Nat. Sci. Mus., Tokyo, ser. B, 12: 73. 1986.

体形中等大小，淡褐色。茎长5-6厘米，连叶宽2.5-2.8毫米，具横茎；分枝多，顶生型及间生型；茎横切面直径17-19个细胞，皮部细胞2层，壁厚，中部细胞薄壁。叶片相互贴生，长卵形，长0.8-1.2 (1.5)毫

米，宽0.8–0.9毫米，后缘稍内卷，基部下延，前缘弧形；叶边具4–9个齿，齿长2–4个细胞，宽2–3个细胞。叶边细胞及中部细胞长15–20 (25)微米，基部细胞宽16–20 (30)微米，长20–25 (30)微米，胞壁薄，三角体中等大小；表面平滑。腹叶退失。雄苞间生，雄苞叶6–7对。雌苞顶生或间生，具1–2新生侧枝；雌苞叶大于茎叶，具多齿。蒴萼钟形，口部具长齿。

产海南、广西和云南，附生于海拔200–1000米的树枝或树叶上。菲律宾及马来西亚有分布。

1. 雌株的一部分(背面观，×10)，2. 植物体的一部分(腹面观，×10)，3. 叶(×14)，4. 叶尖部细胞(×210)，5. 叶中部细胞(×210)，6. 雌苞叶(×14)。

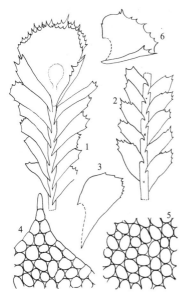

图 245 埃氏羽苔（马 平绘）

41. 容氏羽苔　　　图 246

Plagiochila junghuhniana S. Lac. in Dozy, Ned. Kruidk. Arch. 3: 416. 1855.

植物体中等大小。茎叉状分枝，分枝顶生型，无横茎，长4–5厘米，宽3.0–3.3毫米；茎横切面皮部细胞2–3层，厚壁；假根多着生茎基部。叶片相互贴生，长卵形，长1.4–1.6毫米，宽0.7–0.9毫米，后缘平直，基部下延，叶尖部两裂，前缘稍呈弧形；叶边具3–9个齿，齿长4–5个细胞，宽2–3个细胞。叶边细胞长24–26微米，中部细胞及基部细胞宽20–24微米，长36–40微米，胞壁薄，三角体细小；表面平滑。腹叶退失。无性芽胞常见。雌苞顶生，具1–2新生侧枝；雌苞叶密具齿。蒴萼钟形，脊部具翼，口部具长尖锐齿。齿长5–12 (18)个细胞，宽3–5个细胞。

产台湾、福建和海南，生于海拔700米以上枯树或树干上。越南、泰国、菲律宾及印度尼西亚有分布。

1-2 植物体的一部分(背面观，×10；2. 腹面观×10)，3. 叶(×14)、4. 叶尖部细胞(×140)，5. 叶中部细胞(×140)，6. 雌苞叶(×14)，7. 蒴萼(×14)。

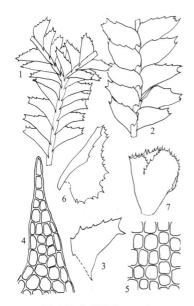

图 246 容氏羽苔（马 平绘）

42. 加萨羽苔　　　图 247

Plagiochila khasiana Mitt., Journ. Proc. Linn. Soc. Bot. 5: 95. 1860, "1861".

体形大，褐绿色。茎分枝少，成小片生长。茎长6–7厘米，连叶宽4.6–5.98毫米；横切面直径20个细胞，皮部细胞3–4层，壁厚；假根少。叶长椭圆形，长2.19–2.73毫米，宽1.11–1.66毫米，先端渐尖，后缘稍内卷，基部长下延，前缘稍呈弧形，基部宽阔，略下延；叶边具10多个尖齿。叶尖部细胞宽16–20 (24)微米，长20–24 (30)微米，基部细胞宽24–28微米，长44–50 (60)微米，胞壁稍厚，三角体中等大小；表面平滑。腹叶退失。芽胞长方形，生于叶腹面。雌苞顶生；雌苞叶圆卵形。

蒴萼圆钟形，口部呈弧形，具长锐齿。

产台湾、广东和云南，生于海拔1500–2000米的树干上。印度、不丹、尼泊尔、泰国及斯里兰卡有分布。

1-2.植物体的一部分(1.腹面观，×7；2.背面观，×7)，3.叶(×14)，4.叶边细胞(×140)，5.叶基部细胞(×140)，6.雌苞叶(×14)，7.蒴萼(×14)。

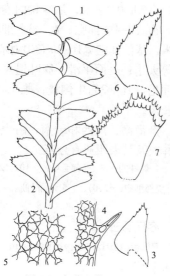

图 247 加萨羽苔（马　平绘）

43. 尼泊尔羽苔　　　　　　　　　　图 248

Plagiochila nepalensis Lindenb., Sp. Hepat.2-4: 93. 1840.

植物体稍大，褐绿色，略具光泽。茎长8–10厘米，宽3.4毫米，下部分枝多，间生型，顶部分枝呈顶生型；茎横切面直径16个细胞，皮部细胞2-3层，壁厚，中部细胞薄壁；假根少。叶贴生或疏生，卵圆形至长椭圆形，斜列，顶端平截或呈圆形，长1.54–1.66毫米，宽1.42毫米；后缘稍内卷，全缘，基部略下延，前缘弧形，具3–6个锐齿，基部略宽，叶尖部具4个尖齿。叶尖部细胞宽24–30微米，长44–56微米，基部细胞宽20–30微米，长44–56微米，胞壁稍厚，三角体大；表面平滑。腹叶退失。雄苞间生；雄苞叶6对。雌苞顶生，具1–2新生侧枝。雌苞叶大于茎叶，多齿。蒴萼钟形，背面脊部翼宽阔，腹面脊部翼狭小，口部宽阔，边缘具2–8个锐齿。

产陕西、浙江、台湾、湖北、贵州、四川、云南和西藏，生于海拔1300–2600米的林地石面、枯枝或树干上。日本、不丹、印度、尼泊尔、缅甸、越南、泰国及菲律宾有分布。

1.雌株（背面观，×14），2.植物体的一部分(腹面观，×14)，3-4.叶(×14)，5.叶尖部细胞(×140)，6.叶中部细胞(×140)，7.叶基部细胞(×140)，8.雌苞叶(×14)，9 芽条(×14)。

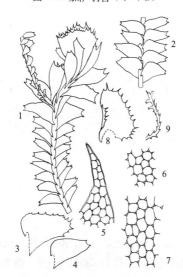

图 248 尼泊尔羽苔（马　平绘）

44. 沙拉羽苔　　　　　　　　　　图 249

Plagiochila salacensis Gott., Natuurk. Tidjschr. Nederl. Ind. 4: 576. 1853.

大形，黄褐色，无光泽。茎长6–8厘米，连叶宽4.5–5.2毫米；具横茎；分枝顶生型；茎横切面直径约15个细胞，皮部细胞3-4层，壁甚厚，中部细胞壁稍厚。叶密生，狭卵圆形，长2.1–2.4毫米，宽1.1–1.5毫米，后缘基部下延，略卷曲，尖部近于平截，前缘基部宽大，略下延；叶边具16–22

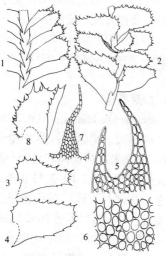

图 249 沙拉羽苔（马　平绘）

个齿，齿长4–12个细胞，基部宽 (1)–4个细胞。叶边细胞及中部细胞宽20–22微米，长24–36微米，基部细胞宽21–24微米，长30–42微米，胞壁稍厚，三角体大；表面平滑。腹叶退失。常具无性芽胞。雄苞顶生；雄苞叶5–6对。雌苞顶生，具1–2新生侧枝。雌苞叶与茎叶同形。蒴萼钟形，脊部具狭翼，口部波曲，具毛状齿，齿长6–16个细胞，宽4–6 (10)个细胞。

产广西和云南，生于海拔500–1200米的树干上。印度、泰国、菲

律宾及印度尼西亚有分布。

1-2. 植物体的一部分(1. 背面观，×7；2. 腹面观，×7)，3-4. 叶(×14)，5. 叶尖部细胞(×140)，6. 叶中部细胞(×210)，7. 蒴萼口部细胞(×32)，8. 雌苞叶(×14)。

45　上海羽苔　　　　　　　　　　图 250

Plagiochila shanghaica St., Sp. Hepat. 6: 216. 1921.

体形中等大小，柔弱，深灰绿色，无光泽。茎长4–6厘米，宽3–6毫米；分枝少，顶生型；茎皮部细胞3–4层，壁厚，中部细胞14–16层，壁薄，假根少。叶疏生或贴生，卵圆形，长1.9–2.1毫米，宽1.4–1.6毫米，后缘基部下延，稍内卷，前缘弧形，基部稍下延；叶边全缘或具1–2细齿。叶边细胞宽15–20微米，长24–30微米，中部细胞及基部细胞宽21–24微米，长35–42

微米，胞壁薄，三角体小；表面平滑。腹叶退失。雄苞间生；雄苞叶4–6对。雌苞顶生，具1–2新生侧枝。雌苞叶与茎叶同形。蒴萼钟形，脊部具狭翼，口部具密齿，齿长1–3个细胞，基部宽1–2个细胞。

产江苏、广西和贵州，生于海拔50–2060米的石面、树干或湿土上。日本有分布。

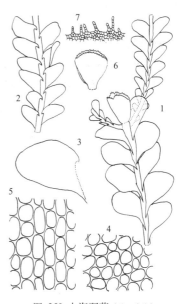

图 250 上海羽苔（马　平绘）

1. 雌株(背面观，×10)，2. 植物体的一部分(腹面观，×10)，3. 叶(×20)，4. 叶中部细胞(×210)，5. 叶基部细胞(×210)，6. 蒴萼(×10)，7. 蒴萼口部细胞(×50)

46.　韦氏羽苔　　　　　　　　　　图 251

Plagiochila wightii Nees ex Lindenb., Sp. Hepat. 43. 1840.

植物体中等大小，柔弱，淡绿色。茎长2.5–5厘米，宽3.4–4.0毫米；具横茎，密被假根；分枝少，顶生型或间生型；茎横切面直径12–16个细胞，皮部细胞2–3层，壁薄，中部细胞壁厚。叶密生，易碎，卵圆形，长1.3–1.6 (2.2)毫米，宽1.1–1.3毫米，后缘内卷，基部稍下延，前缘稍弯曲，基部宽大；叶边具10–17 (20)个齿，齿长1–4 (6)个细胞，宽2–4个细胞。叶边细胞约宽

10微米，长10–15微米，中部细胞及基部细胞宽20–24微米，长36–38(54)微米，胞壁薄，三角体小；表面平滑。腹叶退失。多具无性芽胞。雄苞

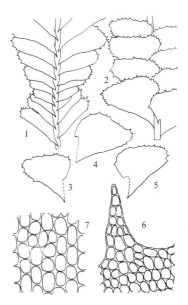

图 251 韦氏羽苔（马　平绘）

顶生，雄苞叶4-6对。雌苞顶生，无新生侧枝；雌苞叶大于茎叶。蒴萼钟形，口部具锐齿，齿长5-7个细胞，宽2-3个细胞。

产广西、四川和云南，生于海拔2000-3000米的树干或岩面。印度有分布。

1-2. 植物体的一部分(1. 背面观，×10；腹面观，×10)，3-5. 叶(×14)，6. 叶尖部细胞(×210)，7. 叶基部细胞(×210)。

47. 峨眉羽苔 图 252

Plagiochila emeiensis Grolle et M. L. So, Bryologist 101: 282. 1998.

淡绿色，无光泽。茎长2.5-3 (-5)厘米，连叶宽2.2毫米，具横茎；分枝少，间生型；茎皮部细胞2-3层，壁稍厚，中部细胞9-11层，假根多。叶密生，椭圆形或近方形，长1.1-1.3毫米，宽0.6-0.8毫米，枝叶后缘稍内卷，基部下延，叶尖浅两裂，前缘弧形；叶边具3-5 (7)个齿，齿长5-10个细胞，宽4-6个细胞。叶边细胞宽20-24微米，长30-34微米，中部细胞及基部细胞宽16-20微米，长36-40 (44)微米，胞壁薄，无三角体；表面平滑。腹叶退失。落叶常长成新植株。雄苞顶生或间生；雄苞叶4-5对。雌苞顶生，具2新生侧枝。蒴萼脊部具狭翼，口部具锐齿，齿长8-10个细胞，宽4-5

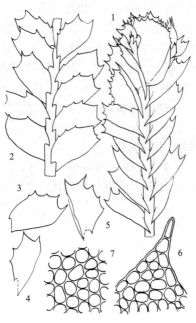

图 252 峨眉羽苔（马 平绘）

个细胞。

中国特有，产四川和云南，生于2400-4000米的石上。

1. 雌株(背面观，×10)，2. 植物体的一部分(腹面观，×10)，3-5. 叶(×14)，6. 叶尖部细胞(×210)，7. 叶中部细胞(×210)。

48. 四川羽苔 图 253

Plagiochila sichuanensis Grolle et M. L. So, Bryologist 101: 284. 1998.

褐色，稍具光泽。茎长3-4厘米，宽2.3-4.2毫米；具横茎，分枝少，间生型，鞭状枝由茎基部生出；茎皮部细胞3层，厚壁，中部细胞壁稍厚；假根分布于茎腹部。叶稍密生，椭圆形，长1.2-1.4毫米，宽0.8-1.2毫米，后缘基部下延，尖部圆钝，具2-3锐齿，齿长2-3 (3) 个细胞。叶边细胞宽20-24微米，长(20)24-30微米，中部细胞及基部细胞宽30-35微米，长30-40 (50)微米，胞壁稍厚，三角体大；表面平滑。腹叶退失。雄苞顶生；雄苞叶4-6对。雌苞顶生，具1-2新生侧枝。蒴萼筒形，脊部具狭翼，口部平截，具钝齿。弹丝长250微米，孢子宽约30微米，长约42微米。

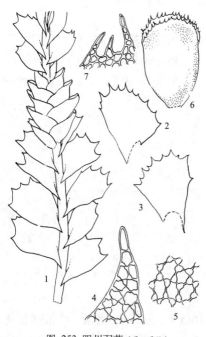

图 253 四川羽苔（马 平绘）

中国特有，产贵州、四川和西藏，生于海拔3000米左右的石面。

1. 雄株(背面观，×10)，2-3. 叶(×14)，4. 叶尖部细胞(×140)，5. 叶中部细胞(×140)，6. 蒴萼(×14)，7. 蒴萼口部细胞(×140)。

49. 中华羽苔　　　　　　　　图 254

Plagiochila chinensis St., Mém. Soc. Sci. Nat. Cherbourg 29: 223. 1894.

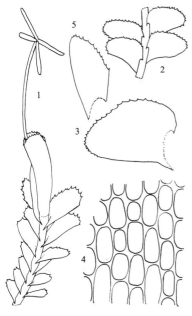

图 254 中华羽苔（马　平绘）

植物体中等大小，坚挺，浅绿色，常与其他苔藓混生。茎长3-4厘米，宽2.3-2.6毫米；分枝间生型；茎横切面直径约20个细胞，皮部细胞3层，壁厚，中部细胞薄壁；假根少。叶近于疏生或稍贴生，长卵形，长1.19-1.3毫米，宽0.71-0.88毫米，平展或斜伸，后缘稍弯曲，基部下延，叶先端渐尖，前缘呈弧形；叶边具7-9个锐齿，齿较长，由1-4个单列细胞组成。

叶边细胞宽16-20 (24)微米，长20-24 (30)微米，基部细胞宽16-24微米，长20-24 (36)微米，胞壁稍厚，三角体明显；表面平滑。腹叶两裂，长4-5个细胞。雄苞顶生；雄苞叶5-7对。雌苞顶生，具1-2新生侧枝。雌苞叶较茎叶大两倍。蒴萼长梨形，口部近于平截，具长锐齿，由4-7个细胞组成。

产河北、陕西、浙江、台湾、湖南、贵州、四川、云南和西藏，生于海拔1000-4000米的林地石面或树干上。不丹、尼泊尔、印度、巴基斯坦、越南及泰国有分布。

1. 雌株(背面观，×10)，2. 植物体的一部分(腹面观，×10)，3. 叶(×24)，4. 叶基部细胞(×210)，5. 雌苞叶(×14)。

50. 德氏羽苔　　　　　　　　图 255

Plagiochila delavayi St., Mém. Soc. Sci. Nat. Cherbourg 29: 224. 1894.

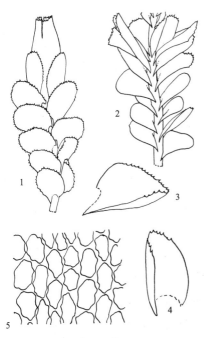

图 255 德氏羽苔（马　平绘）

植物体坚挺，褐色。茎分枝少，长3-4厘米，连叶宽2.14毫米；茎横切面18-20个细胞，皮部细胞2层，壁厚，中部细胞薄壁；假根稀疏。叶疏生或相互贴生，圆形或卵圆形，长1.19-1.3毫米，宽1.07-1.38毫米，后缘内卷，基部稍下延，前缘弧形；叶边缘密具齿，齿长1-2个细胞。叶边细胞宽16-20微米，长16-24微米，叶基部细胞宽24-30微米，长30-36 (40)微米，胞壁

稍厚，三角体大；表面平滑。腹叶退失。雌苞顶生，具1-2新生侧枝；雌苞叶约为茎叶的两倍。蒴萼口部近于平截，具密齿。

产陕西、四川、云南和西藏，生于海拔3100-5000米的林下湿地、树根、石面或树干上。尼泊尔有分布。

1. 雌株一部分(腹面观，×7)，2. 植物体的一部分(背面观，×7)，3-4. 叶(×20)，5. 叶基部细胞(×210)。

51. 大叶羽苔 图 256

Plagiochila elegans Mitt., Journ. Proc. Linn. Soc. Bot. 5: 97. 1860, "1861".

植物体大形，柔软，淡绿色或褐绿色，稍具光泽，常与其他苔藓混生。茎长6–9厘米，宽8.25毫米，分枝间生型；茎16层细胞，皮部细胞3层，壁稍厚，中部细胞壁薄；假根少。叶片近于膜质，覆瓦状排列，宽卵圆形，平展，长3.3毫米，宽3.09毫米，后缘稍弯曲，内卷，基部下延，前缘弧形，基部宽大，先端渐尖；叶边具细密齿，齿长3–4个细胞，基部宽1–2个细胞。

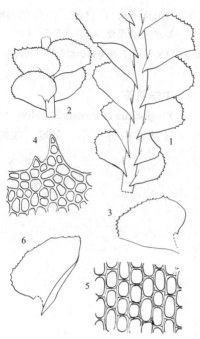

图 256 大叶羽苔（马　平绘）

叶边细胞宽24–30微米，长36–40微米，中部细胞六角形，长30–40 (44)微米，基部细胞宽36–40微米，长70–80微米，胞壁厚；表面平滑。腹叶细小。雄苞顶生或间生，具新生侧枝；雄苞叶4–8对。雌苞顶生，具1新生侧枝。蒴萼长筒形，口部近于平截，具密齿。

浙江、台湾、四川、云南和西藏，生于海拔1600–2400米的林地、枯枝或石面。不丹、尼泊尔及印度有分布。

1-2. 植物体的一部分(1. 背面观，×7；2. 腹面观，×7)、3. 叶(×14)，4. 叶尖部细胞(×240)，5. 叶基部细胞(×240)，6. 雌苞叶(×14)。

52. 裸茎羽苔 图 257

Plagiochila gymnoclada S. Lac., Ned. Kruidk. Arch. 4: 93. 1856.

植物体形大，浅褐色或深褐色，具光泽，坚挺，成片生长。茎长4–6厘米，连叶宽4.28–5.2毫米，具横茎；分枝少。茎横切面直径12–14个细胞，皮部细胞2–3层，壁厚，中部细胞薄壁；假根少。叶片稀呈覆瓦状，宽卵圆形，平展，长2.6毫米，宽2.02毫米；后缘弯曲，基部稍下延，前缘呈弧形，基部宽，稍下延；叶边具22–25个齿，齿含7–8个细胞，叶边细胞长24–30微米，宽20–24微米，基部细胞宽16–20微米，长40–50微米，胞壁较厚，三角体大；表面平滑。腹叶退失。雌苞顶生，具1–2新生侧枝；雌苞叶椭圆形，叶边具锐齿。蒴萼近筒形，口部稍波曲，具长尖齿，长6个细胞。

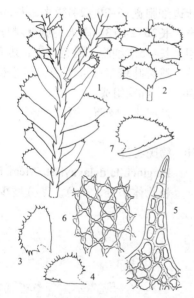

图 257 裸茎羽苔（马　平绘）

产福建、广西、四川和云南，生于海拔1600–3000米的石面、枯枝、树根或树干上。印度尼西亚、马来西亚、新喀里多尼亚、巴布亚新几内亚及菲律宾有分布。

1. 雌株的一部分(背面观，×7)，2. 植物体的一部分(腹面观，×7)，3-4. 叶(×14)，5. 叶边细胞(×140)，6. 叶基部细胞(×140)，7. 雌苞叶(×14)。

53. 齿萼羽苔

图 258

Plagiochila hakkodensis St., Bull. Herb. Boiss. 5: 103. 1897.

体形中等大小，褐绿色，常与其它苔藓混生。茎多单一，长3厘米，连叶宽4.28毫米；茎15层细胞，皮部细胞2层，壁稍厚，中部细胞薄壁。叶近于疏生或相互贴生，阔圆形，平展，长1.17–2.07毫米，宽1.42–2.07毫米，后缘稍下延，前缘弧形，尖部圆钝；叶边具约20个齿。叶边细胞宽16–20微米，长20–24微米，叶基部细胞长30–40微米，胞壁稍厚，三角体大；表面平滑。腹叶长披针形或退失。雄苞间生，雄苞叶4–5对，具3–5齿。雌苞顶生，具1新生侧枝；雌苞叶大于茎叶。蒴萼短筒形，口部具密齿，齿长3–7个细胞，宽2–4个细胞。

产内蒙古、陕西、浙江、湖北和四川，生于海拔800–3000米的石隙或树干上。日本及朝鲜有分布。

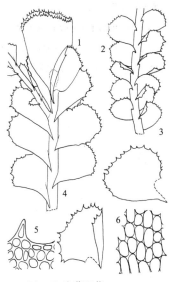

图 258 齿萼羽苔（马 平绘）

1. 雌株的一部分(背面观，×10)，2. 植物体的一部分(腹面观，×10)，3-4. 叶(×14)，5. 叶尖部细胞(×140)，6. 叶基部细胞(×140)。

54. 卵叶羽苔

图 259

Plagiochila ovalifolia Mitt., Trans. Linn. Soc. London Bot., ser. 2, 3: 193. 1891.

植物体褐绿色，常与其他苔藓混生。茎长3–4厘米，宽4.28毫米，分枝间生型；茎横切面直径16–18个细胞，皮部细胞2–3层，壁稍厚，中部细胞薄壁；假根少，生于茎基部。叶密覆瓦状排列，卵圆形或长卵形，长2.07–2.38毫米，宽1.85–1.9毫米；后缘稍内卷，基部下延，前缘呈弧形，基部宽阔，稍下延，先端圆钝或渐尖；叶边具30–40个细齿，齿长3–4个细胞。叶边细胞宽16–20 (24)微米，长16–26 (30)微米，基部细胞宽30–36微米，长36–40微米，胞壁薄，三角体小；表面平滑。腹叶退失。雌苞顶生，具1–2新生侧枝，雌苞叶与茎叶近于同形。

产吉林、辽宁、内蒙古、河北、山西、陕西、新疆、安徽、浙江、台湾、江西、湖北、湖南、广西、贵州、四川、云南和西藏，生于海拔200–4000米的湿石面或土上。日本、朝鲜及菲律宾有分布。

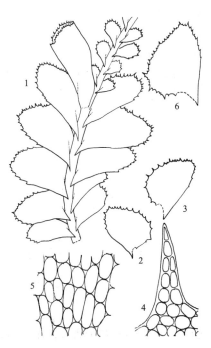

图 259 卵叶羽苔（马 平绘）

1. 雌株的一部分(背面观，×10)，2-3. 叶(×14)，4. 叶边细胞(×140)，5. 叶基部细胞(×140)，6. 雌苞叶(×14)。

55. 密齿羽苔

图 260

Plagiochila porelloides (Torrey ex Nees) Lindenb., Sp. Hepat. 61. 1841.

Jungermannia porelloides Torrey ex Nees, Naturg. Eur. Leberm. 1: 169. 1833.

体形中等大小，灰绿色。茎长1-3厘米，连叶宽3-4.3毫米，分枝间生型；茎横切面皮部细胞2-3层，壁厚，中部细胞薄壁；假根稀疏。叶片密生，宽圆卵形，长1.5-1.8毫米，宽1.4-1.6毫米，后缘内卷，基部略下延，前缘稍弯，基部宽阔，稍下延；叶边具密细齿。叶边细胞长20-25微米，中部细胞宽20-30微米，长25-30微米，基部细胞宽25-30微米，长50-56微米，胞壁薄，三角体小；表面平滑。腹叶退失。雄苞顶生或间生，雄苞叶4-5对。雌苞顶生，具1-2新生侧枝；雌苞叶与茎叶同形。蒴萼短筒形或长筒形，口部具密齿。

产黑龙江、吉林、新疆、青海和四川，生于海拔600-3900米的石面、枯木或湿土上。日本、朝鲜、欧洲及北美洲有分布。

1. 雌株(背面观，×10)，2. 植物体的一部分(腹面观，×10)，3. 叶(×14)，4. 叶边细胞(×140)，5. 叶基部细胞(×140)，6. 雌苞叶(×14)。

图 260 密齿羽苔（马 平绘）

56. 疏叶羽苔

图 261 彩片30

Plagiochila secretifolia Mitt., Journ. Proc. Linn. Soc. Bot. 5: 98. 1860, "1861".

植物体中等大小，坚挺，淡褐色，略具光泽，成片生长。茎长4-5厘米，连叶宽4.5-5.2毫米，茎约18层细胞，皮部细胞3层，中部细胞薄壁；假根密生。叶片疏生，圆舌形，长2.36-2.61毫米，宽0.8毫米，基部宽0.47毫米，斜列，后缘强内卷，基部略下延，先端渐尖，前缘平直；叶边具7-11个齿。叶边细胞宽16-20 (24)微米，长20-24 (28)微米，基部细胞宽20-24微米，长50-60 (70)微米，胞壁薄，三角体明显；表面平滑。腹叶退失。雄苞间生；雄苞叶5对。雌苞顶生；雌苞叶大于茎叶，具密齿。蒴萼长筒形，口部近于平截，具锐齿，齿长1-3或3-8个细胞，宽3-4个细胞。

产台湾、广西、云南和西藏，生于海拔2200-2700米的石面或湿土上。印度、不丹、尼泊尔、越南及泰国有分布。

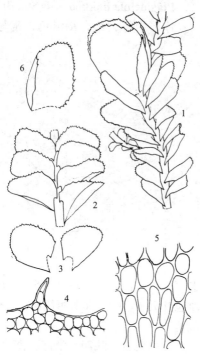

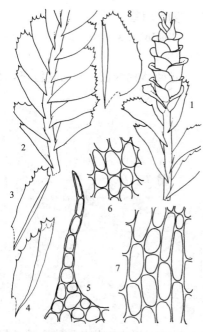

图 261 疏叶羽苔（马 平绘）

1. 雄枝(背面观，×10)，2. 植物体的一部分(背面观，×10)，3-4.叶(×14)，5. 叶边细胞(×210)，6. 叶中部细胞(×210)，7. 叶基部细胞(×210)，8. 雌苞叶(×14)。

3. 对羽苔属 Plagiochilion Hatt.

植物体绿色或淡绿色,常杂生于其他苔藓中。茎倾立,叉状分枝;茎横切面皮部2-4层棕色厚壁细胞,中部为大形薄壁细胞;假根无色,生于茎腹面基部。叶片对生,圆形,后缘基部多成对相连。雌雄异株。雄苞顶生或间生。蒴萼梨形,口部具不规则齿。孢子球形,具细疣。

约10余种,热带、亚热带山地分布。中国有4种。

1. 茎叶边缘有不规则齿 ··· 1. 稀齿对羽苔 P. mayebarae
1. 茎叶边缘平滑 ·· 2. 褐色对羽苔 P. braunianus

1. 稀齿对羽苔   图 262

Plagiochilion mayebarae Hatt., Journ. Hattori Lab. Bot. 3: 39. 1950.

植物体黄绿色或棕色。茎长2-5厘米,连叶宽1.5-2毫米,倾立或直立;横切面直径0.22毫米;多具鞭状枝。叶相互贴生,圆形,斜列,基部不下延;叶先端边缘常具1-6个钝齿或全缘。叶边缘细胞及尖部细胞宽7-12微米,长12-18微米,胞壁加厚,中部细胞壁薄,长15-24微米,三角体小,基部细胞壁三角体明显。雌雄异株。雄苞间生;雄苞叶6-8对。雌苞生于枝端,雌苞叶圆形,边缘具规则齿。蒴萼钟状,口部具不规则齿。

产广西、贵州、四川和西藏,生于林下树干、岩面薄土或腐殖层上。日本及印度有分布。

1. 雌株(侧面观, ×10), 2. 植物体的一部分(背面观, ×10), 3. 叶(×20), 4. 叶中部细胞(×240), 5. 叶基部细胞(×240), 6. 雌苞叶(×20)。

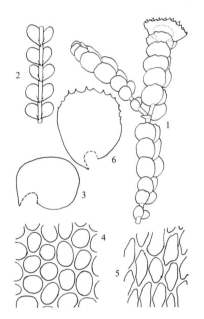

图 262 稀齿对羽苔(马 平绘)

2. 褐色对羽苔   图 263

Plagiochilion braunianus (Nees) Hatt., Biosphaera 1: 7. 1947.

Jungermannia brauniana Nees, Enum. P1. Crypt. Jav. 80. 1830.

黄棕色或棕色。茎长2-4厘米,连叶宽1-1.5毫米,不分枝或具少数鞭状枝;茎横切面直径10-12个细胞。叶相互贴生,近圆形或肾形,基部不下延,长1-1.1毫米,宽1.1-1.5毫米;叶边全缘。叶尖部细胞和边缘细胞长18-30微米,宽15-25微米,胞壁厚,三角体呈球状,中部细胞长

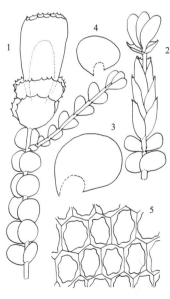

图 263 褐色对羽苔(马 平绘)

24-32微米，宽约23微米，三角体大。雌雄异株。雄株细弱；雄苞叶12对，全缘。雌苞顶生；雌苞叶近圆形或阔卵形，叶边齿不规则。蒴萼圆柱形，高出雌苞叶，口部截形或略呈弓形，具不规则齿。

产江西、广西、贵州和四川，生于山区林下岩面薄土或腐殖层上，稀生于岩面。喜马拉雅地区、菲律宾、印度尼西亚、新几内亚及新喀里多尼亚有分布。

1. 雌株(侧面观，×15)，2. 萌枝(×15)，3. 茎叶(×21)，4. 枝叶(×21)，5. 叶中部细胞(×320)。

4. 黄羽苔属 Xenochila Schust.

体形较小，绿色或淡绿色。茎匍匐，具少数叉状分枝，具鞭状枝；假根生于茎腹面。叶密集覆瓦状蔽后式排列，三角形。叶细胞三角体缺失或不明显。无腹叶。无性芽胞多着生于鞭状枝先端。

2种，主要分布于喜马拉雅地区。中国有1种。

黄羽苔　　　　　　　　　　　　　　　图 264

Xenochila integrifolia (Mitt.) Inoue, Bull. Nat. Sci. Mus. Tokyo 6: 373. 1963.

Plagiochila integrifolia Mitt., Journ. Linn. Soc. London 5: 96. 1861.

植物体小，绿色或淡绿色。茎匍匐，先端上倾，长约1厘米，连叶宽2-3毫米；枝少，叉状分枝；茎横切面直径15个细胞；假根束状生于茎腹面。叶三角形，后缘背卷，基部下延；叶边全缘。叶细胞不规则六边形，中部细胞20-50微米，细胞壁薄，无三角体；表面平滑；油体小，长椭圆形，每个细胞含10-26个，直径约4-10微米。腹叶缺失。雌雄异株。芽胞生于鞭状枝先端，近卵圆形，由多个细胞组成。

产贵州、四川和云南，生于林下树干或树枝上，有时生于岩面薄土上。日本、朝鲜及喜马拉雅地区有分布。

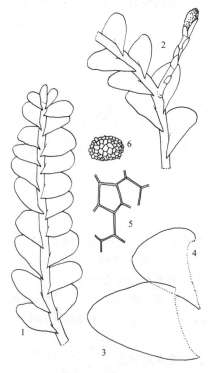

1. 植物体(背面观，×8)，2. 植物体的一部分和枝，示顶端密生芽胞(背面观，×8)，3-4. 叶(×38)，5. 叶中部细胞(×205)，6. 芽胞(×105)。

图 264 黄羽苔（马　平绘）

18. 阿氏苔科 ARNELLIACEAE

（高　谦　吴玉环）

植物体形小，黄绿色或褐绿色，有时灰绿色，常与其它苔藓混生。茎匍匐，不分枝或在蒴囊基部生枝；假根多，生于茎腹面，呈散生或束状。叶片一般2列，有时具小形腹叶，仅生于茎、枝先端；侧叶蔽后式，圆形或卵形，背面观呈对生状，基部抱茎，后缘基部下延；叶边全缘，稀具小齿。叶细胞薄壁，六边形或长六边形，无三角体或具小三角体，表面平滑或具细疣；油体小，每个细胞含6-10个，球形或卵形。蒴萼存在或缺失（假萼苔属）。蒴囊半球形或棒形，生于茎腹面。孢蒴球形或短柱形，蒴壁具两层细胞。精子器球形，柄1-2列细胞。芽胞少见。

3属，热带、亚热带山区分布。中国有2属。

1. 蒴囊为直蒴苔型，有时呈*Tylimanthus*型；蒴帽在蒴囊的上端，半球形，成熟时达假蒴萼口部；孢蒴球形，裂瓣近卵形 ·· 1. 横叶苔属 **Southbya**
1. 蒴囊为护蒴苔型；蒴帽在假蒴萼的下端，圆筒状，成熟时不达蒴囊口部；孢蒴圆筒状，裂瓣线形 ··············· ··· 2.对叶苔属 **Gongylanthus**

1. 横叶苔属 Southbya Spruce

植物体小，淡绿色或碧绿色，常与其它苔藓混生。茎匍匐，多不分枝，长0.8-2厘米；茎横切面细胞不分化；假根多，生于茎腹面，散生或束状。叶呈对生状，蔽后式，卵圆形或斜卵形，后缘基部下延，斜列茎上；叶边平滑。叶边有2-3列长方形细胞，中部细胞近于六边形，透明或不透明，胞壁薄，无三角体；表面平滑或具疣。腹叶缺失。雄苞间生；雄苞叶3-5对。雌苞生于茎先端；雌苞叶略大于茎叶。蒴萼缺失。卵细胞受精后，茎先端向下发育形成棒状蒴囊，胚体在底部发育形成孢子体，孢蒴短柱形，成熟后伸出蒴囊外，开裂成四瓣，蒴壁两层细胞。孢子具细疣，弹丝2列螺纹加厚。

约12种，多分布热带湿润山区。中国有1种。

圆叶横叶苔　　　　　　　　　　　图 265

Southbya gollanii St., Sp. Hepat. 3: 37. 1906.

体形小，淡绿色，干燥时脆弱，常与其它苔藓混生。茎匍匐，长约8毫米，连叶宽约1.5毫米，不分枝；茎横切面直径约10个细胞，背面平，腹面凸出呈半圆形，细胞无分化；假根生于茎腹面。叶片蔽后式，呈对生状，密集，斜列，宽卵形，后缘弧形，基部下延，与对侧叶基部相连，基部不收缩；叶边平滑，具狭卷边。叶细胞长六边形或圆六边形，中上部细胞宽30-35微米，长35-40 (50)微米，叶边细胞狭长，宽20-24微米，长75-100微米，透明，薄壁，无三角体；表面具疣。雌雄异株。雄苞

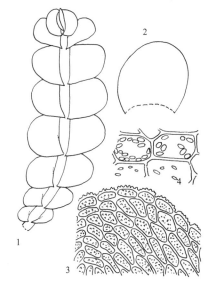

图 265 圆叶横叶苔（马　平绘）

间生；雄苞叶3–6对。雌苞生于茎顶端；雌苞叶稍大于茎叶，卵细胞受精后，茎先端向基质延伸成棒状蒴囊。

产云南，生于土上。尼泊尔有分布。

1. 植物体(背面观, ×20), 2. 叶(×25),
3. 叶尖部细胞(×300), 4. 叶中部细胞
(×300)。

2. 对叶苔属 Gongylanthus Nees

植物体中小形，淡绿色或褐绿色。叶片近对生。叶细胞薄壁，平滑或具疣。无腹叶。无蒴萼，受精后形成假蒴萼，向腹面生长。孢蒴圆柱形，成熟后四瓣裂。孢子具细疣。弹丝具2列螺纹加厚。

约14种，多分布热带地区。中国有1种。

喜马拉雅对叶苔

Gongylanthus himalayensis Grolle, Ergebn. Forsch. Unternehm. Nepal Himalaya 1: 287. 1966.

淡绿色或碧绿色，常与其他苔藓混生。茎匍匐，多不分枝，长0.8–2厘米；横切面细胞不分化；假根多，生于茎腹面，散生或束状。叶片蔽后式，对生，卵圆形或斜卵形，后缘基部下延，斜列，叶边平滑。叶细胞边缘2–3列长方形细胞，中部细胞近六边形，透明或不透明，薄壁，无三角体；表面平滑或具疣。腹叶缺失。雄苞间生；雄苞叶3–5对。雌苞生于茎先端，雌苞叶略大于茎叶。蒴萼缺失。蒴囊棒状。孢蒴成熟后高出于蒴囊，短柱形，成熟后四瓣裂，蒴壁两层细胞。孢子具细疣，弹丝2列螺纹加厚。

产云南，生于海拔3250米的碱性土壤上。喜马拉雅地区有分布。

19. 顶苞苔科 ACROBOLBACEAE

（高　谦　吴玉环）

　　植物体茎叶分化，中等大小，黄色、淡绿色或暗绿色。茎长1–3厘米，匍匐或倾立，常具分枝，有时具鞭状枝；茎横切面细胞不分化；假根生于茎腹面，有时生于叶边缘。叶片卵形，覆瓦状排列，近于与茎平行着生，深两裂，裂瓣不等大或近于等大，稀3裂或全缘，有时不规则开裂。叶细胞大，薄壁，常具大三角体；表面平滑；油体大。腹叶缺失或仅具残痕。雌苞顶生，蒴囊杯状，无蒴萼，雌苞叶与茎叶相似，齿多。雄苞间生，穗状。

　　6属，多分部于南半球。我国有2属。

1. 叶片两裂达叶长度的1/3–1/2；叶边具长假根 ················· 1. **顶苞苔属 Acrobolbus**
1. 叶片先端不深裂；叶边具不规则长齿 ················· 2. **囊蒴苔属 Marsupidium**

1. 顶苞苔属 Acrobolbus Nees

　　体形细长，绿色或黄绿色，匍匐或先端倾立。茎细胞不分化；假根多，生于茎腹面或叶边。叶卵形，斜列，多不等形两裂。叶细胞大，油体明显。雌雄异株。雌苞顶生；卵细胞受精后形成假蒴苞，向腹面生长。孢蒴壁具4–5层细胞。

　　约23种，多分布热带和亚热带地区。中国有1种。

钝角顶苞苔　　　　　　　　　　　　　　　图 266

Acrobolbus ciliatus (Mitt.) Schiffn., Nat. Pfl.–fam. 1(3): 86.1893.

Gymnantha ciliata Mitt., Proc. Linn. Soc. London 5: 100. 1861.

　　体形中等大小，淡绿色或灰绿色，有时带黄色，常与其它苔藓混生。茎细弱，长2.5–3.0厘米，连叶宽1.5–2.0毫米，不分枝或稀侧生分枝；茎横切面呈圆形，直径11–14个细胞，细胞不分化；假根疏生。叶长椭圆形或方圆形，斜列，长0.7–1毫米，宽0.6–0.95毫米，2–3开裂达叶长度的1/3–2/5，两瓣不等大，腹瓣常大于背瓣，先端钝或圆钝；叶边全缘，常具单细胞

毛状假根。叶细胞薄壁，四至六边形，叶上部细胞32–34微米，中部细胞宽25–32微米，长30–40微米，基部细胞宽24–32微米，长约40微米，三角体小而明显；表面具细疣；油体大，圆形或椭圆形，棕灰色，不透明。腹叶缺失，或仅茎尖具几个细胞大小的腹叶。雄苞间生，苞叶1–5对。雌苞顶生，受精后茎先端膨大呈蒴囊。

　　产台湾、四川、云南和西藏，生于石灰岩地区湿岩面或腐殖质上。印度北部、尼泊尔、日本、巴布亚新几内亚及北美洲东部有分布。

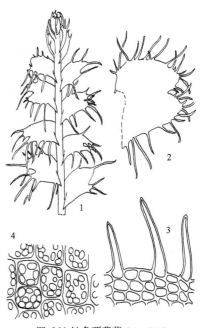

图 266 钝角顶苞苔（马　平绘）

　　1. 植物体的一部分(背面观，×7)，2. 叶(×15)，3. 叶边细胞(×140)，4. 叶中部细胞(×330)。

2. 囊萌苔属 Marsupidium Mitt.

体形小，柔弱，绿色或黄绿色，树生或土生，常与其它苔藓形成群落。茎匍匐或先端上倾；不规则分枝。叶片2列，蔽后式斜列，不分裂或2(3-4)瓣开裂，裂瓣先端具长毛。叶细胞具大三角体，表面平滑或具粗疣。腹叶缺失。雌雄同株或异株。雌苞顶生，受精后茎先端膨大，形成萌囊，萌囊短，倾立，表面密生假根。雄苞具数对雄苞叶。

15种，多热带地区分布。中国有1种。

囊萌苔

图 267

Marsupidium knightii Mitt. in J. D. Hook., Handb. New Zealand Fl. 753. 1867.

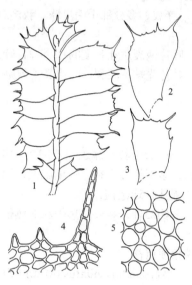

体形小至中等大小，细弱，绿色或黄绿色，有时淡绿色，常与其它苔藓形成群落。茎匍匐或先端上倾，长0.8-1.5厘米，连叶宽约2毫米，直径约0.27毫米；不分枝或不规则分枝，枝短；假根少。叶片蔽后式贴生或疏生，两列，圆方形，后缘基部沿茎下延，先端常平截，具2至4裂瓣，裂瓣常具多细胞毛状尖，长2-3毫米，宽约2毫米。叶细胞圆六边形，上部细胞宽32微

图 267 囊萌苔（马　平绘）

米，长35微米，中部细胞宽32微米，长33微米，近于等轴型，近基部细胞宽36微米，长55微米，三角体明显，表面平滑。

产台湾和云南，生于林下树干或腐木上。琉球群岛、新西兰及澳大利亚有分布。

1. 植物体的一部分（背面观，×7），2-3. 叶（×11），4. 叶边细胞（×220），5. 叶中部细胞（×280）

20. 兔耳苔科 ANTHELIACEAE

（高 谦 李 微）

植物体密集生长。茎具密短枝，硬挺；横切面皮部细胞厚壁；假根多交织。叶细胞薄壁，无油体。蒴萼短，有纵褶。

1属，多温带地区生长。我国有分布。

兔耳苔属 Anthelia Dum.

密集丛生，倾立，褐绿色，有光泽。茎短，横切面细胞同形，皮部细胞厚壁，中部细胞薄壁；分枝密集。叶密覆瓦状，长椭圆形，近横生，1/2–2/3两裂，基部常具2–3层细胞。叶细胞薄壁或厚壁，无油体。腹叶大，近于与侧叶同形。颈卵器顶生。蒴萼卵圆形，有多条纵褶，口部具多个裂瓣。蒴柄短。

3种，生长高寒地区。我国有2种。

兔耳苔

图 268

Anthelia julacea (Linn.) Dum., Rec. d'obs. 18. 1835.

Jungermannia julacea Linn., Sp. Pl. 1135. 1753.

体形纤细，褐绿色，无光泽，丛集生长。茎长1–4厘米，倾立或匍匐；不规则分枝；假根稀，棕色，着生于茎腹面。叶阔卵形，密集覆瓦状排列，略向背面突起，2/3–3/4两裂，裂瓣卵状三角形或阔披针形，渐尖；叶边全缘，或尖部具细齿。叶细胞长多边形或长方形，厚壁。腹叶与侧叶近于同形。雌雄同株同苞。雌苞生于茎枝先端，雌苞叶大，与侧叶同形。蒴萼阔卵形，有纵褶，隐生于雌苞叶中。孢蒴卵形，成熟时4瓣纵裂。孢子卵状球形，表面粗糙。弹丝2列螺纹加厚，黄色。

产云南，生于海拔890–3200米高寒地区沙质裸地。亚洲北部、欧洲及北美洲有分布。

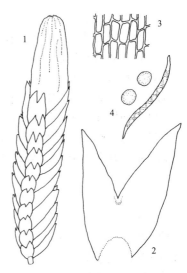

图 268 兔耳苔（吴鹏程绘）

1. 雌株(腹面观，×15)，2. 叶(×50)，3. 叶基部细胞(×270)，4. 孢子和弹丝(×335)。

21. 大萼苔科 CEPHALOZIACEAE

（高　谦　李　微）

植物体细小，黄绿色或淡绿色，有时透明。茎匍匐生长，先端倾立，皮部有一层大细胞，内部细胞小，薄壁或厚壁；不规则分枝。叶3列，腹叶小或缺失；侧叶2列，斜列茎上，先端2裂，全缘。叶细胞薄壁或厚壁，无色，稀稍呈黄色；油体小或缺失。雌雄同株。雌苞生于茎腹面短枝或茎顶端。蒴萼长筒形，上部有3条纵褶。蒴柄粗，横切面表皮细胞8个，内部细胞4个。孢蒴卵圆形，蒴壁2层细胞。弹丝具2列螺纹。芽胞生于茎顶端，1–2个细胞，黄绿色。

14属，多温带分布。中国有8属。

1. 茎圆形；叶不相互贴生。
  2. 侧叶长椭圆形或卵形，先端两裂。
    3. 植物体有腹叶。
      4. 腹叶与茎直径等宽或大于茎。
        5. 植物体有鞭状枝；叶细胞长方形，薄壁 ························· 1. **湿地苔属 Hygrobiella**
        5. 植物体无鞭状枝；叶细胞方形，厚壁 ························· 2. **侧枝苔属 Pleuroclada**
      4. 腹叶宽度小于茎直径 ························· 3. **钝叶苔属 Cladopodiella**
    3. 植物体无腹叶或仅有残余腹叶。
      6. 叶片腹瓣不膨起 ························· 4. **大萼苔属 Cephalozia**
      6. 叶片腹瓣强烈膨起 ························· 5. **拳叶苔属 Nowellia**
  2. 侧叶圆形或卵形，全缘或先端微凹。
    7. 叶细胞壁薄，无三角体；雌苞生于茎顶端 ························· 6. **管萼苔属 Alobiellopsis**
    7. 叶细胞壁厚，三角体明显；雌苞生于茎腹面短侧枝上 ········· 7. **裂齿苔属 Odontoschisma**
1. 茎扁平形；叶在茎中下部常相互贴生 ························· 8. **塔叶苔属 Schiffneria**

1. 湿地苔属 Hygrobiella Spruce

植物体细小，绿色或褐绿色。叶片裂瓣不等大。叶细胞长多边形，薄壁，透明，腹叶大，与侧叶同形，与茎直径等宽或宽于茎。

约10种，分布热带或温带地区。我国有1种。

湿地苔　　　　　　　　　　　　　　　　　　　　　　图 269

Hygrobiella laxifolia (Hook.) Spruce, On Cephalozia 74. 1882.

Jungermannia laxifolia Hook., Brit. Jungermannia Pl. 59. 1816.

体形细小，暗绿色或油绿色，有时带黑色，光强时呈红褐色。茎长5–15毫米，连叶宽0.5–8毫米，先端上仰或倾立；分枝少，不育枝先端常呈鞭状；茎横切面皮部为大形薄壁细胞，内部为小形薄壁细胞。假根稀少，紫红色，多生于鞭状枝上。叶片3列，常疏生，近横生，长椭圆形；先端浅两裂，裂瓣三角形，叶边常内曲。叶细胞狭长六边形，薄壁，透明，无三角体，表面平滑。腹叶与侧叶同形，仅稍狭短。雌雄异株。雌雄生殖苞均顶生。雌苞叶与侧叶同形，稍长大。蒴萼圆筒形，口部稍收缩，有细齿。雄苞叶5–7对，小穗状，下部强烈膨起。孢子直径

约20微米，近平滑，红褐色。

产云南，生于山区溪边湿石上。日本、朝鲜、欧洲及北美洲有分布。

1. 雌株(腹面观，×10)，2. 植物体的一部分(腹面观，×17)，3. 叶(×25)，4. 叶中部细胞(×160)，5. 腹叶(×25)，6. 雌苞叶(×25)，7. 蒴萼口部细胞(×160)。

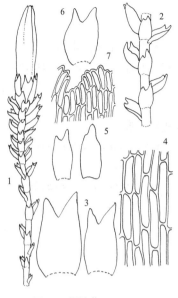

图 269 湿地苔（马 平绘）

2. 侧枝苔属 **Pleuroclada** Spruce

植物体短小，淡绿色，透明，无鞭状枝。叶3列，腹叶大，与茎等宽。侧叶细胞大，透明，六边形。约3种，温带地区分布。我国有1种。

侧枝苔   图 270

Pleuroclada albescens (Hook.) Spruce, On Cephalozia 78. 1882.

Jungermannia albescens Hook., Brit. Jungermannia tab. 72. 1815.

植物体短小，淡绿色，常与其他苔类形成群落。茎长5–10毫米，连叶宽0.6–0.8毫米；横切面直径0.2–0.3毫米，皮部细胞大，薄壁，内部细胞小，厚壁；不规则分枝，无鞭状枝。假根生于茎枝基部。叶3列，常不相互贴生，近横生，圆形，强烈内凹，先端两裂达1/3，裂瓣三角形，内曲。叶细胞六边形，薄壁，无三角体，表面平滑。腹叶舌形，与茎直径等宽或小于茎，基部有时有一小齿。雌雄异株。雄苞叶狭长椭圆形。雌苞顶生，雌苞叶大于侧叶，2–3裂。蒴萼长圆筒形，有3条纵沟，口部有细齿。孢子直径3–15微米。

产辽宁和广西，生于山区岩面或湿土上。日本、欧洲及北美洲有分布。

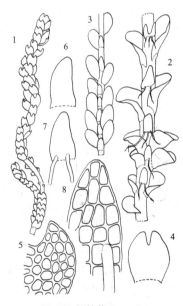

图 270 侧枝苔（马 平绘）

1. 植物体(×11)，2. 植物体的一部分(腹面观，×30)，3. 枝的一部分(腹面观，×30)，4. 叶(×30)，5. 叶的一部分(×210)，6-7. 腹叶(×30)，8. 腹叶细胞(×210)。

3. 钝叶苔属 Cladopodiella Buch

植物体纤细，淡绿色，半透明。茎具腹面分枝；横切面皮部细胞与内部细胞同形。叶片斜生，圆形，浅两裂；腹叶小，披针形，有时2裂。叶细胞大，胞壁薄，透明。芽胞1–2个细胞，多角形。

2种，温带分布。中国有1种。

角胞钝叶苔　　　　　　　　　　　　　　　　　　　图 271

Cladopodiella francisci (Hook.) Buch, Jorgensen, Bergens Mus. Skrift. 16: 274. 1934.

Jungermannia francisci Hook., Brit. Jungem. tab. 49. 1813.

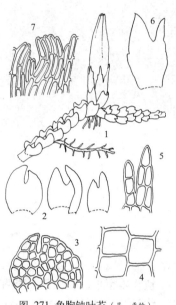

图 271 角胞钝叶苔（马　平绘）

植物体细小，淡绿色，有时橙绿色。茎匍匐生长，上部倾立，不规则分枝，长3–8毫米，宽约0.3毫米；先端常呈鞭状，具小叶和假根；横切面皮部细胞较大，与内部细胞同形。叶片密生茎中部；假根少。叶3列；侧叶覆瓦状蔽前式排列，紧密，斜列，圆形或阔椭圆形，强烈内凹，上部2裂，裂瓣先端钝三角形，内曲，2瓣尖部相接。叶细胞4–6边形，薄壁，中部细胞20–25微米，膨起，透明。腹叶小，披针形，或先端2裂。雌雄异株。雄苞生于茎腹面短枝上，雄苞叶4–6对，先端1/3两裂。雌苞生于茎腹面侧枝上；雌苞叶大，上部2–3裂，全缘或有不规则粗齿。蒴萼长筒形，具3–4条纵沟，口部无齿和毛，仅有长方形细胞。孢子被细疣，直径10–15微米。芽胞生于茎枝顶端，多角形，含1–2个细胞。

产西藏，生于山区湿地或溪边湿地上。欧洲及北美洲有分布。

1. 雌株(×17), 2. 叶(×25), 3. 叶细胞(×110), 4. 叶中部细胞(×210), 5. 雌苞叶尖部细胞(×160), 6. 雌苞叶(×25), 7. 蒴萼口部细胞(×160)。

4. 大萼苔属 Cephalozia (Dum.) Dum.

植物体细小或中等大小，有时透明，浅黄绿色或鲜绿色，老时呈黄褐色。茎匍匐生长，生殖枝常分化，具背腹分化；横切面皮部细胞较大，壁薄，略透明，杂生多数小形厚壁细胞。侧叶疏生，不呈覆瓦状排列，有时宽于茎直径，斜列，卵形或圆形，平展或内凹，一般先端2裂，裂瓣锐或钝，一侧基部常下延。叶细胞多薄壁，形大，三角体常小或缺失。有油体，形态多样。腹叶存在时，常着生雌苞或雄苞腹面。无性芽胞小，卵圆形或长椭圆形，1–2个细胞，生于茎、枝顶端或叶尖。雌雄同株或异株，少数杂株。雌苞生于长枝或短侧枝上；雌苞叶一般大于侧叶，裂瓣边缘常具粗齿，有时分裂成3–4个细胞裂瓣；雌苞腹叶大，与雌苞叶同形。蒴萼大，高出于雌苞叶，长椭圆形或短柱形，口部有毛状突起，有1–3纵长褶。蒴柄长，透明或白色，横切面周围8个细胞，中部4个细胞。孢蒴圆形或椭圆形。孢子直径一般8–15(18)微米，有细疣，直径与弹丝等宽。弹丝具2列螺纹加厚。

150余种，温带分布。中国有11种。

1. 雌雄同株。
　2. 叶裂瓣先端钝，裂瓣间锐角大于45°；叶细胞壁厚，黄色 ……………………………… **1. 钝瓣大萼苔 C. ambigua**

2. 叶裂瓣先端锐，裂瓣间呈锐角或圆钝，小于45°；叶细胞壁薄，无色 ················ 2. **大萼苔 C. bicuspidata**
1. 雌雄异株。

   3. 叶裂瓣尖部内曲，呈钳形 ·········· 5. **月瓣大萼苔 C. lunulifolia**
   3. 叶裂瓣尖部不内曲，斜出或直立。

      4. 叶细胞厚壁或略厚壁，黄色。

         5. 叶浅裂，裂瓣间约呈45° ·········· 3. **曲枝大萼苔 C. catenulata**
         5. 叶1/2–1/3开裂，裂瓣间呈25–45° ·········· 6. **短瓣大萼苔 C. macounii**
      4. 叶细胞薄壁，无色，透明 ·········· 4. **毛口大萼苔 C. lacinulata**

1. 钝瓣大萼苔 图 272

Cephalozia ambigua Massal., Malphighia 21: 310. 1901.

腐木生小形苔类，浅绿色。茎匍匐，密集时先端倾立，仅长0.3–0.5厘米，具直立枝和匍匐枝，有稀疏假根；横切面直径4–6个细胞，皮层细胞长方形。叶片近于横生，圆形，1/3–1/2两裂，裂瓣间大于45°，裂瓣先端圆钝或具尖。腹叶有时存在，披针形或两裂。叶细胞壁略加厚，黄色，中部细胞宽15–19微米，长17–21微米。雌雄同株。雌苞叶2–3浅裂，裂瓣渐尖，全缘。蒴萼具3条纵褶，口部边缘具齿突。孢子直径13–16微米。弹丝长约10微米。芽胞球形，单细胞。

产辽宁、河北、山西、山东和湖南，生于针叶林或阔叶林下湿倒林上。亚洲北部、欧洲及北美洲有分布。

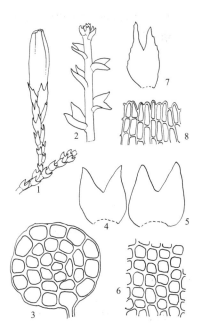

图 272 钝瓣大萼苔（马 平绘）

1. 雌株（×25），2. 枝的一部分（×40），3. 茎的横切面（×220），4-5. 叶（×50），6. 叶中部细胞（×150），7. 雌苞叶（×40），8. 蒴萼口部细胞（×110）。

2. 大萼苔 图 273

Cephalozia bicuspidata (Linn.) Dum., Rec. d'Obs. 18. 1835.

Jungermannia bicuspidata Linn., Sp. Pl. 1132. 1753.

植物体多密集丛生，绿色或褐绿色。茎匍匐或倾立；横切面直径5–6个细胞，皮部有12–16个大形细胞。叶片近于横生，圆形，2裂，裂瓣呈披针形，渐尖，尖端长1–2个细胞，裂瓣间小于45°。叶细胞大，六边形，薄壁，中部细胞宽30–40微米，长33–52微米。腹叶缺失。雌雄同株。雌苞具腹

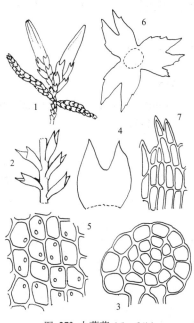

图 273 大萼苔（马 平绘）

叶，有不规则裂瓣和齿，生于茎腹面侧枝上。蒴萼长柱形，有3条长纵褶，口部具1-2细胞构成的齿。孢子直径12-15微米。弹丝长约12微米。芽胞椭圆形或球形，壁薄，直径23-28微米。

产黑龙江、吉林、辽宁、四川和云南，生于平原或低山林地腐木和岩面薄土。日本、俄罗斯、欧洲及北美洲有分布。

1. 雌株的一部分(×20)，2. 枝的一部分(×40)，3. 茎的横切面(×420)，4. 茎叶(×75)，5. 叶中部细胞(×220)，6. 雌苞叶(×80)，7. 蒴萼口部细胞(×160)。

3. 曲枝大萼苔　　　　图 274

Cephalozia catenulata (Hueb.) Lindb., Acta Soc. Sci. Fennicae 10: 262. 1872.

Jungermannia catenulata Hueb., Hepat. Germ. 169. 1834.

植物体较小，淡绿色，长达1厘米，连叶宽0.5毫米，具分枝。茎横切面直径7个细胞，皮部具10-12个大形薄壁细胞。叶疏生，斜列，阔卵形，不下延，基部宽8-12个细胞，浅两裂，裂瓣直立，渐尖，裂瓣间小于45°，基部宽3-4个细胞，尖部具1-2细胞。叶细胞5-6角形，壁略厚，中部细胞宽19-24微米，长24-30微米，基部细胞宽约25微米，长33微米。雌雄异株。雌苞生于茎腹面短枝上。雌苞叶和雌苞腹叶边缘有粗齿。蒴萼长柱形，单层细胞，有3条纵长褶，口部收缩，有长裂片，毛状突起长5-6个细胞。孢子直径9-10微米。芽胞椭圆形，黄绿色，直径14-18微米，单细胞，薄壁。

产吉林、山西、湖南、广西、贵州、四川和西藏，多见于山区林下或沟谷溪流两岸的腐木上，有时也见于土上。亚洲北部、欧洲及北美洲

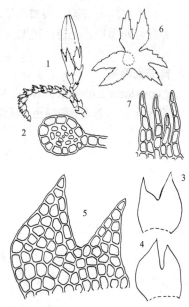

图 274 曲枝大萼苔（马　平绘）

有分布。

1. 雌株(×25)，2. 茎的横切面(×280)，3-4. 叶(×60)，5. 叶(×160)，6. 雌苞叶(×40)，7. 蒴萼口部细胞(×110)。

4. 毛口大萼苔　　　　图 275

Cephalozia lacinulata (Jack. ex Gott. et Rabenh.) Spruce, On Cephalozia 45. 1882.

Jungermannia lacinulata Jack. ex Gott. et Rabenh., Hepat. Eur. [Exicc.] Nr. 624. 1877.

植物体纤细，黄绿色。茎匍匐，具分枝，横切面直径5-6个细胞，背面扁平，腹面凸出，表皮有11-12个大形细胞，髓部8-11个小形细胞。叶片斜列，椭圆形，1/2-2/3两裂，两裂瓣间呈45°或小于45°，基部宽4-6个细胞，裂瓣披针形，直立或略向内弯曲，尖部具1-2个

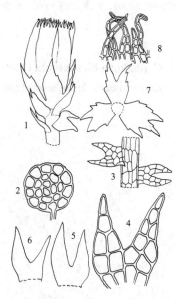

图 275 毛口大萼苔（马　平绘）

细胞。叶细胞薄壁，透明，中部细胞宽19–28微米，长28–38微米。雌雄异株；雌苞生于茎腹面短枝上；蒴萼具3条深纵褶，口部具长裂片，有2–3个细胞的长毛。芽胞椭圆形至三角形，1–2个细胞，薄壁。

产黑龙江、吉林、辽宁、广西、四川和云南，生于山区林下腐木上。俄罗斯、欧洲及北美洲有分布。

5. 月瓣大萼苔　　　　　　　　图 276

Cephalozia lunulifolia (Dum.) Dum., Rec. d' Obser. 18. 183.

Jungermannia lunulifolia Dum., Syl1. Jungermannia Eur. 61. 1831.

丛生，绿色或褐绿色，有时与其他苔藓形成群丛。茎匍匐，先端上仰，不规则分枝；横切面直径6–7个细胞，表皮细胞大，长方形，薄壁，11–16个，中间细胞小，厚壁，18–20个。叶片斜列或近于纵列，圆形，1/3两裂，裂瓣间约呈25°，裂瓣尖部向内弯曲，基部宽7–15个细胞。叶细胞薄壁，中部细胞宽24微米，长29–40微米。雌雄异株。雌苞生于茎腹面短枝上；雌苞叶2–3裂达中部，呈披针形，渐尖，全缘，有时外侧具一长齿。蒴萼基部2–4层细胞，口部细胞排列成指状。孢子直径8–12微米。芽胞圆形或阔卵形，或三角形。

产黑龙江、吉林、湖南、云南和西藏，常生于针阔混交林下的腐木或湿岩面。俄罗斯、欧洲及北美洲有分布。

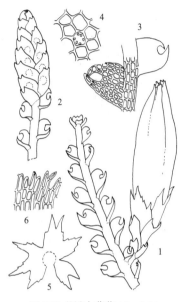

1. 雌苞(×40), 2. 茎的横切面(×145), 3. 叶着生茎上时的状态(×40), 4-6. 叶(×160), 7. 雌苞叶(×40), 8. 蒴萼口部细胞(×110)。

图 276 月瓣大萼苔（马 平绘）

1. 雌株(×37), 2. 雄枝(×37), 3. 叶和茎的一部分(×75), 4. 叶中部细胞(×160), 5. 雌苞叶(×37), 6. 蒴萼口部细胞(×160)。

6. 短瓣大萼苔　　　　　　　　图 277

Cephalozia macounii (Aust.) Aust., Hepat. Bor. Amer. 14. 1873.

Jungermannia macounii Aust., Proc. Acad. Nat. Sci. Phila. 21: 222. 1870.

体形较小，淡绿色，外观似睫毛苔。茎匍匐，不规则分枝，连叶宽约0.2–0.3毫米，茎横切面直径4个细胞，表皮细胞大，10–11个，内部细胞小，8–10个，内外细胞近于相等。叶片斜列，宽6–7个细胞，2/3两裂，两裂瓣间约呈45°，直展，裂瓣基部宽3–4个细胞，裂瓣先端2–3个细胞。叶细胞壁略加厚，中部细胞宽12（20）–15（22）微米，长16（22）–20（27）微米。雌雄

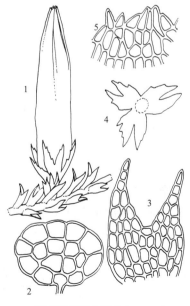

图 277 短瓣大萼苔（马 平绘）

异株。雌苞生于短或长枝上。雌苞叶2裂,叶边有齿突或刺状齿。蒴萼长椭圆形,有3条纵长褶,口部有1-2个细胞形成的齿突。

产黑龙江、吉林、辽宁、福建、湖南、广西、贵州、四川、云南和西藏,生于林下腐木或沼泽地塔头上。俄罗斯、欧洲及北美洲有分布。

1. 雌株(×40),2. 茎的横切面(×160), 3. 叶(×140),4. 雌苞叶(×40),5. 蒴萼口部细胞(×160)。

5. 拳叶苔属 Nowellia Mitt.

植物体黄绿色或棕绿色,平展或交织生长。茎长达1-2厘米;不规则分枝。叶2列,先端2裂,叶边多内卷,腹瓣强烈膨起呈囊状,基部狭窄。雌苞生于茎腹面短枝上。蒴萼长筒形,口部有长刺。雄苞生于茎腹面;雄苞叶多对,呈穗状。

约16种,温带和亚热带地区分布。中国有2种。

1. 植物体棕绿色,稀黄绿色;叶多不开裂,先端圆钝 ·························· 1. **无毛拳叶苔 N. aciliata**
1. 植物体黄绿色,稀棕绿色;叶上部多深裂,呈两披针形毛尖 ·················· 2. **拳叶苔 N. curvifolia**

1. 无毛拳叶苔
图 278

Nowellia aciliata (Chen et Wu) Mizut., Hikobia 11: 469. 1994.

Nowellia curvifolia (Dicks.) Mitt. var. *aciliata* Chen et Wu, Obser. Fl. Hwangshan. 6. 1965.

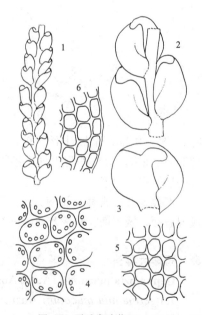

体形纤细,棕绿色或带红色,有时黄褐色,有光泽,平展。茎长达2厘米,不规则稀疏分枝。叶片2列,覆瓦状蔽前式排列,卵圆形,强烈膨起;叶边全缘,先端不开裂或略内凹,腹瓣多膨起呈囊状。叶细胞六边形,或多圆六角形,厚壁,平滑,近基部细胞长方形。雌雄异株;雄苞着生于短侧枝上。雄苞叶多对,排列成穗状。雌苞生于茎腹面短侧枝上;雌苞叶边缘有齿。

图 278 无毛拳叶苔 (马 平绘)

叶边缘有齿。

中国特有,产安徽、浙江和广西,生于林下岩面薄土上。

1. 植物体的一部分(腹面观,×25),2. 叶和茎的一部分(腹面观,×35),3. 叶(×40), 4. 叶中部细胞(×720),5. 叶中部细胞(×240),6. 叶基部细胞(×240)。

2. 拳叶苔
图 279

Nowellia curvifolia (Dicks.) Mitt., Godm. Nat. Hist. Azores 321. 1870.

Jungermannia curvifolia Dicks., Pl. Cryp. Fasc. 2: 15. 1790.

植物体纤细,黄绿色或紫红色,略具光泽。茎匍匐,长1-2厘米,连叶宽2毫米;不规则稀疏分枝。假根少,无色。叶2列,覆瓦状蔽前式排列,近卵圆形,上部2裂,强烈内卷,裂瓣三角形,具毛状尖,腹瓣基部强烈膨起;叶边全缘。叶细胞方形或多边形,壁厚,平滑,基部细

胞长方形。雌雄异株。雄苞呈穗状。雌苞生于茎腹面短枝上；雌苞叶2裂，腹瓣不内卷，呈囊状，边缘有不规则齿。蒴萼圆锥形，具纵长沟，口部有1—2个细胞的齿。孢子红褐色，直径8—9微米。弹丝长8—9微米，具2列螺纹。芽胞球形，单细胞，黄绿色。

产黑龙江、吉林、安徽、福建、湖南、广西、贵州、四川、云南和西藏，生于山区林下腐木或岩面薄土上。北半球广布。

1. 雌株（×25），2. 茎的横切面（×210），3. 叶（×45），4. 叶尖部细胞（×160），5. 叶中部细胞（×160），6. 雌苞叶（×30）7. 蒴萼口部细胞（×75）。

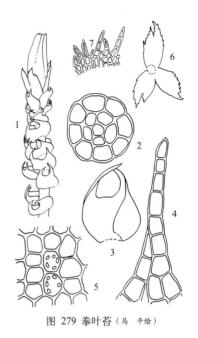

图 279 拳叶苔（马 平绘）

6. 管萼苔属 Alobiellopsis Schust.

植物体细小。叶圆形，先端圆钝或微凹；叶细胞薄壁，等轴形，两面均强烈膨起，胞壁无三角体，表面平滑。雌苞生于茎顶端。雌苞叶2裂。

7种，主要分布热带地区。中国有1种。

管萼苔 图 280

Alobiellopsis parvifolia (St.) Schust., Bull. Nat. Sci. Mus. Tokyo 12(3): 679. 1969.

Alobiella parvifolia St., Sp. Hepat. 3: 325. 1908.

植物体细小，淡绿色或紫红绿色。茎长3—7毫米，葡匐，先端倾立；稀少分枝。叶3列，腹叶常退失，或仅见于雌苞中。侧叶斜列，蔽前式密集排列，圆形，或先端微凹；叶边波状。叶细胞薄壁，等轴形，中部细胞直径44—60微米，胞壁无三角体，表面平滑。雌雄异株。雌苞生于茎先端，雌苞叶和雌苞腹叶先端2裂。蒴萼圆筒形，上部具3条纵褶，口部平截，平滑。雄苞顶生，具数对苞叶。

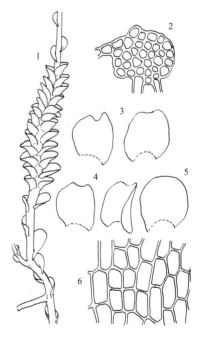

产浙江和云南，生于低洼地湿土或岩面薄土。日本有分布。

1. 植物体的一部分（×15），2. 茎的横切面（×155），3-5. 叶（×20），6. 叶中部细胞（×205）。

图 280 管萼苔（马 平绘）

7. 裂齿苔属 Odontoschisma (Dum.) Dum.

绿色或红褐色，平展。茎常具腹面鞭状枝、匍匐枝和芽条；假根散生于腹面。叶3列，侧叶斜列，蔽后式，圆形或阔卵形，不下延，叶边全缘。腹叶退化，或仅在生殖枝上存在。叶细胞厚壁，三角体明显或呈球状。雌苞生于茎腹面短枝上；雌苞叶2–3对，蒴萼长筒形或长椭圆形，上部有3–4条纵褶，口部有齿或毛。孢蒴卵形，褐色，成熟后4裂瓣。雄苞生于茎腹面侧枝上；雄苞叶上部2裂，基部强烈膨起。

约50种，热带至温带分布。中国有3种。

1. 植物体纤细；叶细胞壁三角体小，有疣 ························· **1. 粗疣裂齿苔 O. grosseverrucosum**
1. 植物体略粗；叶细胞壁三角体大，不规则加厚 ·················· **2. 湿生裂齿苔 O. sphagzi**

1. 粗疣裂齿苔   图 281

Odontoschisma grosseverrucosum St., Sp. Hepat. 3: 377. 1906–1909.

植物体纤细，淡绿色或褐绿色，无光泽。茎匍匐，长达1.5厘米；

不规则分枝，腹面常有鞭状枝；假根散生于腹面。叶片3列，侧叶蔽后式斜列，卵形，基部略狭；叶边全缘，内曲。叶细胞方形或六边形，三角体不呈球状，中部细胞直径10–20微米，胞壁表面有疣。腹叶退化或仅存于生殖枝上。雌雄异株。

产台湾和广西，生于山区林下岩面薄土或腐木上。

日本及泰国有分布。

图 281 粗疣裂齿苔（马 平绘）

1. 植物体的一部分(背面观，×15)，2-3.叶(×30)，4.叶尖部细胞(×210)，5.叶中部细胞(×210)，6.叶中部细胞(×410)。

2. 湿生裂齿苔   图 282

Odontoschisma sphagni (Dicks.) Dum., Rec. d' Observ. 19. 1835.

Jungermannia sphagni Dicks., Fasc. Pl. Crypt. Brit. 1: 6. 1785.

植物体相对较大，绿色或红褐色，无光泽。茎匍匐或上部倾立，

长达5厘米，腹面生假根及多数鞭状枝。叶3列，侧叶覆瓦状蔽后式，卵形或阔卵形；叶边全缘，先端圆形；叶边明显内曲。腹叶退化，仅存于生殖枝上，先端2裂。叶细胞多边形或圆形，三角体明显，中部细胞直径26–30微米，表面有细疣。雌雄异株。雌苞和雄苞均着

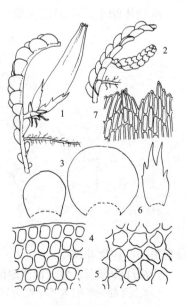

图 282 湿生裂齿苔（马 平绘）

生腹面短枝上。雌苞具2-3对苞叶，雌苞叶上部2至多瓣裂，雌苞腹叶2-3裂。蒴萼长棒状，口部有密毛状齿。孢蒴卵形，褐色，成熟后4瓣裂。

产四川和广西，生于林下岩面或腐木上。欧洲及北美洲有分布。

1. 雌株(×10)，2. 雄株(×10)，3. 叶(×30)，4. 叶尖部细胞(×220)，5. 叶中部细胞(×220)，6. 腹叶(×15)，7. 蒴萼口部细胞(×155)。

8. 塔叶苔属 Schiffneria St.

植物体扁平交织生长，带状，淡绿色，半透明。叶片2列形，为单层细胞。雌雄异株。雌雄苞均由茎腹面伸出，呈短枝状。

2种，亚洲分布。中国有1种。

塔叶苔

图 283

Schiffneria hyalina St., Oest. Bot. Zeitschr. 1. 1984.

植物体扁平，带状，淡绿色，具弱光泽。茎长2-3厘米，连叶宽3毫米，分枝生于茎腹面。假根无色，散生茎腹面。叶2列，覆瓦状蔽后式排列，半圆形，先端圆钝或平截，基部相连；叶边全缘，有时具波纹。叶细胞方形、长方形或多边形，薄壁，直径60-100微米，透明、平滑。无腹叶。雌雄异株；雌雄苞均生于茎腹面的雌雄短枝上。

产四川、云南和西藏，生于温热地区林下腐木上。日本及泰国有分布。

1. 雄株(×7)，2. 叶边细胞(×110)，3. 雌苞(×7)，4. 雌苞叶(×25)，5. 蒴萼口部细胞(×110)，6. 孢子(×)。

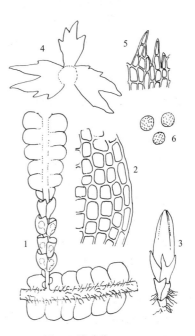

图 283 塔叶苔（马 平绘）

22. 拟大萼苔科 CEPHALOZIELLACEAE

（高 谦 李 微）

体形细小，通常仅长数毫米，宽约0.1-0.4毫米，多次不规则分枝，平展或交织生长，淡绿色或带红色。茎横切面圆形或扁圆形，皮部细胞与髓部细胞相似；腹面或侧面分枝。假根常散生于茎腹面。叶片3列，腹叶常退失或仅存于生殖枝上；侧叶2列，两裂成等大的背腹瓣或稍有差异，基部一侧略下延；叶边平滑或具细齿，稀呈刺状齿。叶细胞六边形，多薄壁，三角体不明显或缺失。雌雄同株异苞。雌雄苞叶两裂，全缘或有齿。蒴萼生于茎顶或短侧枝先端，长筒形，上部具4-5纵褶，口部宽，边缘有长方形细胞，孢蒴椭圆形或短圆柱形，黑褐色，成熟后四瓣裂。蒴柄具4列细胞，中间有1列细胞。弹丝具2列螺纹加厚。芽胞生于茎顶或叶尖，椭圆形或多角形，1–2个细胞。

　　7属，多温带分布，少数见于热带和亚热带地区。我国有2属。

1. 植物体长不及1厘米；茎横切面直径15个细胞以下；雌苞叶有齿或毛状齿 ·············· 1. 拟大萼苔属 Cephaloziella
1. 植物体长1–1.5厘米；茎横切面直径20个细胞以上；雌苞叶全缘 ······················· 2. 柱萼苔属 Cylindrocolea

1. 拟大萼苔属 Cephaloziella (Spruce) Schiffn.

　　植物体细小，绿色或带红色，平匍生长。茎先端上倾，不规则分枝，分枝常出自茎腹面；茎横切面细胞无分化。叶片3列，腹叶常不发育或形小；侧叶2列，1/3–1/2两裂，背瓣略小；叶边全缘或有细齿。叶细胞圆六边形，直径15–30微米；油体小，球形，直径2–3微米。雌雄同株。雄雌苞均生于茎顶或短侧枝上。雌苞叶分化，全缘或有齿。蒴萼长筒形，上部有4–5条纵褶，口部宽阔，有齿。孢蒴椭圆形或短圆柱形，成熟后4瓣裂。孢子与弹丝数相同。芽胞生于茎枝先端或叶尖，1–2个细胞。

　　约80余种，广泛分布世界各地。我国有8种。

1. 叶细胞有疣或乳头。
　　2. 叶边有齿；叶细胞有粗疣 ··· 1. 小叶拟大萼苔 C. microphylla
　　2. 叶边平滑；叶细胞有细疣 ··· 2. 鳞叶拟大萼苔 C. kiaeri
1. 叶细胞平滑。
　　3. 叶边缘有粗齿或细齿。
　　　　4. 叶边有齿突或粗齿，1/2–2/3两裂 ··· 3. 粗齿拟大萼苔 C. dentata
　　　　4. 叶边平滑或有齿突，1/2两裂 ·· 4. 短萼拟大萼苔 C. breviperianthia
　　3. 叶边缘平滑或波曲。
　　　　5. 植物体红色或红褐色 ··· 5. 红色拟大萼苔 C. rubella
　　　　5. 植物体绿色或暗绿色 ··· 6. 挺枝拟大萼苔 C. divaricata

1. 小叶拟大萼苔

图 284

Cephaloziella microphylla (St.) Douin, Mem. Soc. Bot. France 20: 59. 1920.

Cephalozia microphylla St., Sp. Hepat. 3: 343. 1908.

　　植物纤细，绿色，无光泽，交织成片生长。茎匍匐，上部常上倾，长达5毫米，不规则分枝，枝常出于茎腹面，鞭状。叶3列；腹叶常退失；侧叶2列，茎叶疏生，长0.3–0.5毫米，深两裂，背瓣小于腹瓣，裂瓣三角形，上部渐尖；叶边有粗齿。叶细胞小，方形或多边形，直径8–10微米，三角体不明显，表面有粗疣。雌雄同株。雄苞着生茎顶端或中部；雄苞叶数对，呈小穗状。雌苞通常生于短侧枝上。蒴萼圆柱形，有4–5条纵褶，口部截形，边缘有长指状细胞。孢蒴卵形，成熟后4瓣裂。无性芽胞绿色，2个细胞，着生枝端或叶先端。

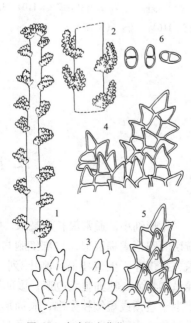

图 284 小叶拟大萼苔（马 平绘）

产福建、湖南和广西，生于山区林下树基或湿土上。日本、印度北部及泰国有分布。

1. 植物体的一部分（侧面观，×150），2. 茎的一部分（×200），3. 叶（×270），4-5. 叶尖部细胞（×270），6. 芽孢（×270）

2. 鳞叶拟大萼苔 图 285

Cephaloziella kiaeri (Aust.) Douin, Mem. Bot. Soc. France 29: 68. 1920.

Jungermannia kiaeri Aust., Bull. Torrey Bot. Cl. 6: 18. 1875.

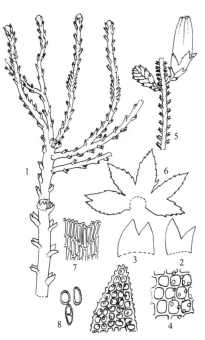

图 285 鳞叶拟大萼苔（马 平绘）

体形纤细，绿色或褐绿色，小片状生长。茎直立，长0.8–1.5厘米，直径0.22–0.27毫米；横切面皮部细胞厚壁，浅黄褐色；分枝少；假根少，无色。叶片3列，腹叶退失或仅见于雌苞；侧叶疏生，长方圆形，1/2两裂，两瓣等大，基部不下延，略呈褶合状，长85–130微米，宽90–130微米；叶边全缘或波状。叶尖部细胞直径6–10微米，中部和基部细胞宽12–20微米，长12–25微米，胞壁薄，褐色，三角体不明显；表面有细疣。雌雄同株异苞。雄苞叶多对。雌苞生于短侧枝上；雌苞叶大于茎叶，直立。蒴萼圆柱形，上部有5条纵褶。孢子红褐色，直径12–14微米，有细疣。弹丝直径6–10微米，具2列螺纹加厚。芽胞生于茎枝先端，黄褐色，1–2个细胞，圆形或椭圆形。

产辽宁、湖南和云南，生于林边或溪边湿石上。日本、欧洲及北美洲有分布。

1. 植物体（×40），2. 叶（×50），3. 叶尖部细胞（×100），4. 叶中部细胞（×100），5. 雌株（×20），6. 雌苞叶（×50），7. 蒴萼口部细胞（×100），8. 芽孢（×100）。

3. 粗齿拟大萼苔 图 286

Cephaloziella dentata (Raddi) K. Muell. in Rabenhorst, Krypt. Fl. ed. 2, 6 (2): 198. 1913.

Jungermannia dentata Raddi, Mem. Math. Fis. Soc. Ital. Sci. Modena 18: 32. (1820) 1818.

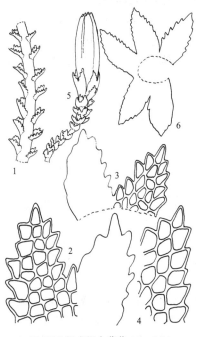

图 286 粗齿拟大萼苔（马 平绘）

植物体细小，绿色或黄绿色，交织丛生。茎匍匐，上部倾立，不分枝或稀分枝。假根生于茎腹面，无色。叶3列；腹叶在不育枝上明显，1–3裂或不开裂，边缘有齿；侧叶圆形，2裂达中部，裂瓣三角形，锐尖，边缘有齿，基部通常宽6–10个细胞，叶尖部细胞厚壁，透明，方形或不规则多边形，宽14–16微米，长16–18微米，表面平滑。油体球形，每个细胞含4–6个，直

径3–4微米。雌雄异株；雌苞顶生，雌苞叶2裂达中部，与侧叶同形，大于侧叶，边缘有不规则齿。芽胞1–2个细胞，多角形，有粗疣。

产江西和湖南，生于海拔600–1500米山区土上或岩面薄土上。欧洲有分布。

4. 短萼拟大萼苔 图 287

Cephaloziella breviperianthia Gao, Fl. Hepat. Chinae Bor.–Or. 131. 1981.

植物体细弱，绿色或褐绿色，小群落。茎长达6毫米，连叶0.5毫米宽，不分枝或稀分枝；直径33微米，横切面8个细胞。假根稀少。叶片3列；侧叶倾立，2裂达1/2以上，边缘具不规则齿状突起。叶细胞六边形，叶中部细胞宽15–24微米，长24–28微米，叶尖部细胞宽10–12微米，长12–19微米。腹叶阔披针形。雌雄同株。雌苞顶生；苞叶与腹叶相连，上部2裂，边缘有不规则齿。雄苞着生于短枝上。蒴萼短柱状，有5条纵褶，口部细胞指状，齿突为单细胞。孢子体未见。

我国特有，产黑龙江和吉林，生于山区林下湿岩面。

1-2. 植物体的一部分(×50)，3-6. 叶(3. ×160, 4-6. ×120)，7. 雌枝(×50)，8. 雌苞叶(×50)，9. 蒴萼口部细胞(×140)。

5. 红色拟大萼苔 图 288

Cephaloziella rubella (Nees) Warnst., Fl. Brandenburg 1: 231. 1902.

Jungermannia rubella Nees, Nat. Eur. Lab. 2: 336. 1836.

植物体平展，红色或红褐色。茎具分枝；茎细胞厚壁，宽10–14微米，长25–37微米；横切面的表皮细胞11–14个，细胞壁略加厚，髓部细胞薄壁。叶3列；腹叶退失；侧叶直立着生，两裂达1/2–2/3，裂瓣宽披针形，裂瓣基部宽4–6个细胞，长5–6个细胞，叶边全缘；叶细胞长10–14微米，宽10–11微米，角部略加厚。雌雄同株，稀异株。雌苞生于茎顶端，雌苞叶5–6瓣裂，裂瓣上部具粗齿。雄苞叶全缘或有少数齿。蒴萼短柱形；口部细胞厚壁，宽7–10微米，长23–35微米。孢子直径7–10微米。芽胞椭圆形，2个细胞，平滑。

产黑龙江、吉林、辽宁、贵州、四川和云南，生于林区腐木或岩面薄土。日本、俄罗斯（远东地区）、欧洲及北美洲有分布。

1. 雌株(×30)，2. 植物体尖部，着生有芽胞(×30)，3. 茎的横切面(×100)，4-5. 叶(×120)，6. 叶尖部细胞(×100)，7. 叶中部细胞(×100)，8. 芽胞(×210)。

1. 植物体的一部分(侧面观，×25)，2-3. 叶(×160)，4. 叶细胞(×160)，5. 雌株(×25)，6. 雌苞叶(×40)。

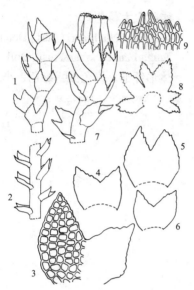

图 287 短萼拟大萼苔（马 平绘）

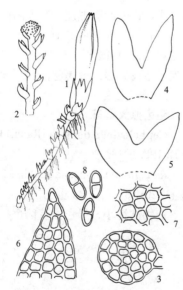

图 288 红色拟大萼苔（马 平绘）

6. 挺枝大萼苔　　　　　　　　　　　　　　图 289

Cephaloziella divaricata (Sm.) Schiffn., Lotos 341. 1800.

Jungermannia divaricata Sm., Engl. Bot. 10: 719. 1800.

植物纤细，绿色或暗绿色，丛生。茎具分枝；茎细胞长方形，宽

12–14微米，长23–30微米。叶片3列；腹叶退失，或仅见于不育枝或苞叶中。侧叶排列稀疏，直立，长方形，两裂达1/2，裂瓣渐尖，三角形，全缘，基部宽5–10个细胞，长6–10个细胞；叶细胞薄壁，角部不加厚，宽9–11微米，长11–19微米，表面平滑。腹叶阔披针形或先端两裂。雌雄异株。雌苞生于茎顶端；雌苞叶基部相连，上部裂片具齿。蒴萼狭长筒形，口部具由不规则大形厚壁细胞构成的齿。孢子平滑，7–8微米。芽胞红褐色，椭圆形，2个细胞，薄壁，宽10–15微米，长15–23微米。

产黑龙江和山东，生于山区林下腐木上或岩面薄土。亚洲北部、欧洲及北美洲有分布。

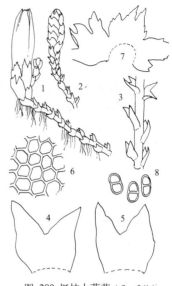

图 289 挺枝大萼苔（马　平绘）

1. 雌株（×45），2. 雄株（×45），3. 枝的一部分（×70），4-5. 叶（×120），6. 叶中部细胞（×210），7. 雌苞叶（×75），8. 芽胞（×160）。

2. 柱萼苔属 **Cylindrocolea** Inoue

植物体深绿色或黄绿色，交织生长。茎匍匐，上部倾立或上仰，不规则分枝，分枝生于茎腹面，枝先端常呈鞭状；茎横切面直径达20个细胞，圆形。无假根。腹叶缺失；侧叶2列，横生，1/3–1/2深两裂，背瓣略小；叶边全缘。叶细胞圆六边形，厚壁，三角体不明显。油体小，每个细胞2–4个，球形。雌雄同株。雄苞生于雌苞下方，雄苞叶3–6对。雌苞生于茎顶端；雌苞叶2裂，雌苞腹叶略小，苞叶基部相连；叶边全缘。蒴萼长筒形，上部具3–5纵褶。孢蒴椭圆形，黑褐色，成熟后四裂。孢子球形，有细疣。

单种属，亚洲东部山区生长。我国有分布。

柱萼苔　　　　　　　　　　　　　图 290　彩片31

Cylindrocolea recurvifolia (St.) Inoue, Journ. Jap. 47: 348. 1972.

Cephalozia recurvifolia St., Sp. Hepat. 3: 327. 1903.

形态特征同属。

产台湾、福建和湖南，生于常绿阔叶林或落叶阔叶林下湿石上。日本有分布。

1. 雌株（×15），2. 茎的横切面（×120），3-6. 叶（×15），7. 雌苞叶（×22），8. 蒴萼口部细胞（×120）。

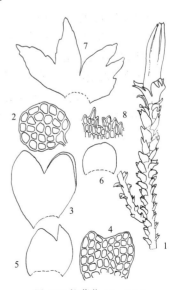

图 290 柱萼苔（马　平绘）

23. 甲克苔科 JACKIELLACEAE

（高 谦 李 微）

体形中等大小。茎匍匐，先端上倾，腹面分枝。叶蔽后式，卵形或心脏形。叶细胞六边形，胞壁厚薄不等，三角体明显，油体大。雌枝和雄枝短，生于茎腹面。受精后雌苞发育成筒状假蒴萼。蒴柄粗，直径6个细胞。芽胞缺失或发育。

1属，热带、亚热带地区生长。我国有分布。

甲克苔属 Jackiella Schiffn.

属的特征同科。

约7种，湿热地区分布。我国有2种。

爪哇甲克苔

图 291

Jackiella javanica Schiffn., Denkschr. Kais. Akad. Wien 70: 217. 1900.

植物体小，丛生，苍绿色或黄绿色。茎匍匐，先端上倾，长0.5-20厘米，直径约1毫米；分枝少，由茎腹面伸出；假根生于叶基腹面。叶片蔽后式排列，阔心脏形或阔卵状三角形，斜列，后缘基部下延，前缘基部呈耳状，先端圆钝；叶边全缘，略内曲。叶细胞圆六边形，中部细胞宽18-30微米，长20-35微米，基部细胞略长；胞壁厚，三角体大；表面平滑。腹叶小，仅由几列细胞构成。雌雄异株。雄穗发生于腹面短侧枝。雌苞生于腹面短侧枝上，受精后发育成筒状蒴囊。孢子体成熟后高出蒴囊。孢蒴长椭圆形，成熟4瓣裂。孢子小，直径6-8微米。弹丝2列螺纹加厚。

产台湾和云南，生于热带和亚热带湿石上，常与其它苔藓形成群落。日本、泰国、斯里兰卡及新几内亚有分布。

1.雌株(侧面观，×7)，2.雄株(腹面观，×15)，3.茎的横切面(×120)，4.叶(×20)，5.叶中部细胞(×310)。

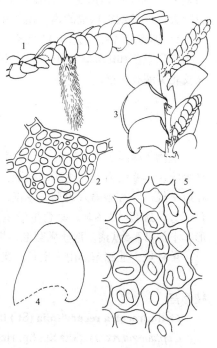

图 291 爪哇甲克苔（马 平绘）

24. 隐蒴苔科 ADELANTHACEAE

（高　谦　李　微）

体形中等大小，绿色或淡绿色，疏生或生于其他藓丛中。茎匍匐；有假根；茎上部稀疏被叶，倾立，茎后缘裸露无叶，不分枝或叉状分枝，先端叶小而细，鞭状；茎横切面表皮 1–3 层透明薄壁细胞，内部 2–3 层褐色厚壁细胞，中部为大形透明薄壁细胞。叶片圆形或长椭圆形，略内凹；叶边有齿，稀全缘。叶中部细胞宽 15–30 微米，长 18–32 微米，基部细胞长方形，三角体小或无，表面平滑。腹叶小或缺失。雌雄异株。精子器单生。无蒴萼。

2 属，亚热带和热带山区分布。中国有 1 属。

短萼苔属 **Wettsteinia** Schiffn.

属的特征同科。

4 种，温热山地生长。中国有 2 种。

圆叶短萼苔

图 292

Wettsteinia rotundifolia (Horik.) Grolle, Journ. Hattori Bot. Lab. 28: 100. 1965

Adelanthus rotundifolius Horik., Journ. Sci. Hiroshima Univ. ser. b. div. 2, 2 (2): 181. 1934.

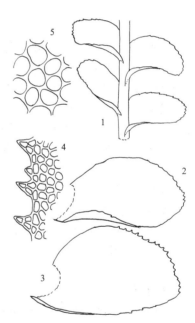

图 292 圆叶短萼苔（马　平绘）

1. 植物体的一部分（背面观 ×10），2-3. 叶（×20），4. 叶尖部细胞（×150），5. 叶中部细胞（×240）。

植物体长 1–1.6 厘米，连叶宽约 2.5 毫米，淡绿色或黄绿色，柔弱，稀疏丛集生长。茎直径约 0.4 毫米，略弯曲，叉状分枝，有带小叶鞭状枝，鞭状枝上有假根。叶近心脏形，基部着生处窄，内凹，斜列，长 1.8–2.0 毫米，宽 1.6–2.0 毫米，叶后缘基部强烈内曲，叶边有多数细齿，呈波状或齿突状。叶边细胞小，宽 18 微米，长 23 微米，中部细胞宽 20–26 微米，长 24–30 微米，基部细胞宽 24–28 微米，长 26–60 微米；胞壁薄，三角体小而明显；表面平滑。

我国特有，产台湾和西藏，生阴湿土上。

25. 歧舌苔科 SCHISTOCHILACEAE

(高　谦　吴玉环)

植物体中等大小或大形，绿色或红褐色，有时黄绿色，具强光泽，常与其它苔藓形成群落，或单独簇状生长。茎匍匐，扁平形，长达10 (20)厘米，连叶宽2–6 (8)毫米；不分枝或少分枝；假根散生于茎枝腹面，紫红色。茎上或叶腋有时具鳞毛。叶覆瓦状排列，蔽前式，横生茎上，长椭圆形，基部收缩，先端圆钝或锐尖，叶背瓣与叶片腹瓣相连处的脊部和尖部延伸呈翅状，先端平截；叶边全缘或具毛状齿。叶细胞薄壁或厚壁，三角体小或呈球状加厚；表面平滑或具疣。腹叶小或缺失。雌雄异株。雌苞生于茎先端，形成蒴囊。雌苞叶分化或不分化。蒴柄基部常具带色长毛，成熟后高出于蒴囊，孢蒴短柱形，四裂达基部，蒴壁3–4层细胞。

3属，多分布于热带地区。中国有2属。

1. 腹叶缺失，或发育不全，仅几个细胞 ·· 1. 狭瓣苔属 Gottschea
1. 腹叶常存，发育良好，呈叶状 ·· 2. 歧舌苔属 Schistochila

1. 狭瓣苔属 Gottschea Nees ex Mont.

体形中等大小或大形，扁平，绿色、黄绿色或油绿色，密集生长。茎匍匐，长4–7厘米，不分枝或叉状分枝；茎横切面圆形或椭圆形；假根生于茎腹面，淡紫红色。叶片密覆瓦状蔽后式，长卵形或长椭圆形，先端圆钝或渐尖，叶边全缘或具短钝齿；背瓣小，约为叶片长度的1/2–2/3，先端锐尖或平截，前缘平滑或具齿突。叶细胞六边形，薄壁或稍厚壁，具三角体，表面平滑。腹叶缺失。有时具鳞毛，分裂呈丝状。雌雄异株。雌雄苞顶生。颈卵器受精后发育成茎鞘。具芽胞或芽胞缺失。

约46种，多分布于南半球热带地区。我国有4种。

1. 叶边具齿或粗齿。
　　2. 叶背瓣近方形，先端平截 ·· 1. 狭瓣苔 G. aligera
　　2. 叶背瓣椭圆状卵形，渐上呈锐尖 ·· 2. 菲律宾狭瓣苔 G. philippinensis
1. 叶边全缘或具小突起 ·· 3. 全缘狭瓣苔 G. nuda

1.　狭瓣苔　　　　　　　　　　　　　图 293

Gottschea aligera (Nees et Blume) Nees, Syn. Hepat. 17. 1847.

Jungermannia aligera Nees et Blume, Nova Acta. Acad. Leop.–Caes. 11(1): 135. 1823.

体形粗大，黄绿色，疏片状生长。茎匍匐，长4–7厘米，连叶宽约1厘米，油绿色，不分枝或稀叉状分枝；茎横切面圆形，皮部单层厚壁细胞，髓部细胞不分化；假根紫红色，散生于茎枝腹面。叶狭长椭圆形，先端钝或具小尖头，长5–7.2毫米，宽2–2.4毫米；背瓣卵状椭圆

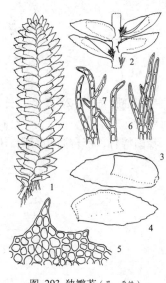

图 293 狭瓣苔（马　平绘）

形，长约为腹瓣的 2/3，长 4–4.4 毫米，宽约 2 毫米，先端平截，具不规则钝齿，角部尖锐；叶边具不规则 1–2 个细胞的钝齿。叶上部细胞直径 40–45 微米，基部细胞宽约 36 微米，长约 72 微米，三角体大，呈球状。腹叶缺失。鳞毛生于叶腋中，丝状。雌雄异株。蒴萼大，被有鳞片。雌苞叶与茎叶同形。孢蒴狭长椭圆形。

产台湾和海南，生林下阴湿腐木或树干基部。印度、泰国、马来西亚、菲律宾、印度尼西亚、斯里兰卡及巴布亚新几内亚有分布。

1. 植物体(背面观，×1)，2. 植物体的一部分，示叶基部密生鳞毛(×2)，3-4. 叶(×6)，5. 叶尖部细胞(×160)，6-7. 鳞毛(×90)。

2. 菲律宾狭瓣苔　　　　　　　　图 294

Gottschea philippinensis Mont., Ann. Sci. Nat. Bot.ser. 2, 19: 224. 1843.

植物体大，扁平，柔弱，暗绿色或黄绿色，簇状生长。茎倾立或匍匐，长 4–7 厘米，连叶宽 1–1.2 厘米，稀分枝。叶 2 列，覆瓦状蔽后式，长椭圆形或阔披针形，长 4.5–7.5 毫米，宽 1.5–2.0 毫米，先端钝，具不规则短粗齿；叶边中下部平滑，基部常具鳞毛。叶细胞近于六边形，中上部细胞宽约 34 微米，长约 36 微米，基部细胞宽约 35 微米，长约 70 微米，三角体大，表面平滑。

背瓣约为叶片长度的 1/2，先端锐，前缘呈弧形，中下部宽，基部收缩，边缘平滑或具疏短齿。腹叶缺失。

产台湾和海南，生林下树枝或树干，有时见于岩面。菲律宾及印度尼西亚有分布。

1. 植物体(背面观，×1)，2. 植物体的一部分(腹面观 ×2)，3. 叶(×3)，4. 叶尖部细胞(×105)，5. 叶边细胞(×105)，6. 鳞毛(×90)。

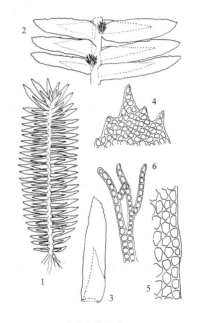

图 294 菲律宾狭瓣苔（马　平绘）

3. 全缘狭瓣苔　　　　　　　　图 295

Gottschea nuda (Horik.) Grolle et Zijlstra, Taxon 33: 89. 1984.

Schistochila nuda Horik., Journ. Sci. Hiroshima Univ. ser. B, div. 2, 2: 215. 1934.

体形中等大小，绿色或黄绿色，老枝褐色。茎匍匐，长 3–4 厘米，连叶宽约 6 毫米；不分枝或叉状分枝；茎横切面直径约 0.5 毫米，圆形，皮部单层厚壁细胞，髓部细胞不分化；假根密，生于茎腹面，紫红色。叶片蔽后式，长卵形，长约 2.8 毫米，宽约 2 毫米，先端圆钝，前沿弧形弯曲；

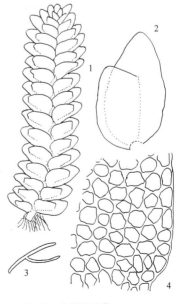

图 295 全缘狭瓣苔（马　平绘）

叶边近于平滑，或仅具不规则细胞突起。背瓣长卵形，基部收缩，着生处狭窄，长约 2.2 毫米，宽约 1.4 毫米，先端平截，角部圆钝。叶上部细胞直径约 26 微米，中部细胞宽约 33 微米，长约 41 微米，基部细胞宽约 30，长约 56 微米，三角体呈球状。无腹叶。

产台湾和云南，生混交林下老树干上。日本及菲律宾有分布。

1. 植物体(背面观，×1.5)，2. 叶(背面观 ×6)，3. 叶的横切面(×40)，4. 叶基部细胞(×150)。

2. 歧舌苔属 Schistochila Dum.

植物体粗大，淡绿色，少数褐绿色，柔弱，常与其它苔藓成群落。茎匍匐，叉状分枝或侧生分枝；横切面呈圆形，皮部厚壁褐色细胞，髓部薄壁细胞呈褐绿色；常具鳞毛；假根淡紫红色，生于茎腹面。叶密覆瓦状排列，狭卵形或长椭圆形，渐成锐尖或圆钝头，上部边缘具长刺状齿，中下部平滑或具长刺或毛状齿；背瓣约为叶长度的 2/3，多具长齿或锐齿。叶细胞大，近于六边形，基部长方形，胞壁三角体不明显或呈球状，表面平滑或有疣。腹叶浅两裂或不明显，边缘具长刺状齿。雌雄异株。雄苞顶生，雄苞叶数对，与茎叶相似。雌苞顶生，茎先端发育成纵长筒状肉质蒴囊。孢蒴卵形或短圆柱形，成熟后伸出蒴囊，四裂达基部。弹丝线形，2 列螺纹加厚。孢子具疣。无性芽胞生于背瓣先端。

约 20 种，热带和亚热带山区树干生长。中国有 3 种。

阔叶歧舌苔

图 296 彩片32

Schistochila blumei (Nees) Trev., Mem. Real. Istit. Lombard. Sci. Mat. Nat. ser. 3, 4: 392. 1877.

Jungermannia blumei Nees, Nova Acta Acad. Leop.–Carol. 11(1): 136. 1823.

体形中等大小，黄色或黄绿色，常与其它苔藓形成群落。茎匍匐贴生基质，长 5–8 (10) 厘米，不分枝或稀分枝，有鳞毛；假根散生于茎腹面，淡紫红色。叶近于横生，长椭圆形，扁平，具钝或锐尖，长 4–5 (7) 毫米，宽 2–3 毫米；叶边上部具粗齿，前沿基部齿少，后沿基部齿长；背瓣小于腹瓣，约为叶长度的 2/3，略呈弧形，先端斜截形，具长齿，近基部具毛状齿。叶上部细胞长六边形，宽 24–27 微米，长 32–36 微米，基部细胞略长，宽 24–27 微米，长 56–72 微米，三角体大。腹叶常存，圆形或卵圆形，先端深两裂，边缘具长纤毛。雌雄异株。雌苞顶生，蒴囊长圆筒形，外被多数雌苞叶，雌苞腹叶大。孢蒴长椭圆形。

产台湾，生热带和亚热带林下腐木或树干上。泰国、菲律宾、印度

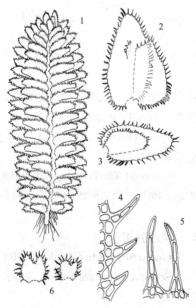

图 296 阔叶歧舌苔 (马 平绘)

尼西亚、马来西亚及巴布亚新几内亚有分布。

1. 植物体(背面观，×1)，2-3. 叶(×4)，4-5. 叶边细胞(×105)，6. 腹叶(×4)。

26. 扁萼苔科 RADULACEAE

(高　谦　吴玉环)

植物体细小至中等大小，黄绿色、橄绿色或红褐色，扁平贴生基质。茎长 0.5–10 厘米，不规则羽状分枝或两歧分枝，分枝短，斜出自叶片基部；茎横切面皮部细胞不分化或稍小于髓部细胞；假根束生于腹瓣中央。叶 2 列，蔽前式，疏生或密集覆瓦状，平展或斜展，背瓣平展或内凹，卵形或长卵形，先端圆钝或具短尖；基部不下延或稍下延；叶边全缘。腹瓣约为背瓣的 1/3–1/4，斜伸或横展，少数直立着生，卵形、长方形、舌形或三角形，常膨起呈囊状，先端圆钝或具圆钝头，或具小尖；脊部平直或略呈弧形，与茎呈 50º–90º 角。叶细胞近于六边形，壁薄或厚，具三角体或无三角体，稀胞壁中部球状加厚，表面平滑，稀具细疣；每个细胞有 1–3 个油体。雌雄异株，稀雌雄同株。雄苞顶生或间生于分枝上，雄苞叶 2–20 对，呈穗状。雌苞生于茎或枝顶端，稀生于短侧枝上，具 1–2 对雌苞叶。蒴萼扁平喇叭形，口部平截，平滑。

1 属，主要分布热带地区。中国有分布。

扁萼苔属　Radula Dum.

体形小至中等大小，暗黄绿色至黄绿色，有时褐绿色，树生、石生或叶附生，常与其它苔藓植物形成群落。茎匍匐，叉状分枝、不规则羽状分枝，或 1–2 回羽状分枝；茎横切面卵形或椭圆形，细胞分化或不分化，分化时皮部细胞形小或厚壁，常褐色，中部细胞大或厚壁，淡色，不分化时均为薄壁或厚壁细胞，有或无三角体；假根束生于叶腹瓣中央。叶蔽前式，相互贴生或覆瓦状排列，背瓣阔卵形或卵状椭圆形，略内凹或平展，先端圆钝，稀锐尖；叶边全缘。腹瓣斜方形、菱形或楔形，稀基部具小叶耳。叶细胞六边形，薄壁或厚壁，无三角体或具小三角体，稀具大三角体，或胞壁中部球状加厚；每个细胞具 1–3 个油体。无性芽胞扁圆形，着生叶边或叶腹面。雌雄异株或稀雌雄同株。雄苞柔荑花序状，侧生或间生，通常由 4–10 对雄苞叶组成。雌苞生于茎顶端或主枝顶端，基部具 1–2 新生枝，少数生于短侧枝上。雌苞叶 1–2 对。蒴萼喇叭形，先端扁平，口部平滑或具波曲。孢蒴卵状球形，成熟时四瓣开裂，蒴壁厚 2 层细胞。孢子球形，具细疣。弹丝 2(3) 列螺纹加厚。

约 100 种，多热带分布，少数种见于温带。中国有 41 种。

1. 植物体中等大小，长 2–5 厘米；叶背瓣先端锐尖，叶边具齿；雌苞具 1–4 对雌苞叶。
  2. 叶背瓣边缘无芽胞。
    3. 叶背瓣与茎呈直角，叶边上部平滑或具齿突；叶基部略下延 ·········· 1. 美丽扁萼苔 R. amoena
    3. 叶背瓣向上斜展，不与茎呈直角，叶边全缘；叶基部不下延 ·········· 3. 尖瓣扁萼苔 R. apiculata
  2. 叶背瓣边缘具盘状芽胞 ······································ 2. 尖叶扁萼苔 R. kojana
1. 植物体小形至稍大，长 1(2)–8(10) 厘米；叶背瓣先端圆钝，叶边平滑；雌苞具 1 对雌苞叶。
  4. 雌苞生于短侧枝上，基部无萌枝；茎横切面直径 8–18 个细胞，皮部细胞小而厚壁，髓部细胞大而薄壁。
    5. 植物体 1 回羽状分枝，无小叶型枝；叶腹瓣长椭圆形、卵形或卵状三角形，基部弧形，向外伸展或略越茎 ································ 26. 直瓣扁萼苔　R. perrottetii
    5. 植物体 2 回羽状分枝，2 回羽枝为小叶型枝；叶腹瓣近于圆形，基部明显耳状，明显越茎 ··········
    ·· 27. 中华扁萼苔　R.chinensis
  4. 雌苞生于茎或主枝顶端，基部常具 1–2 萌枝；茎横切面直径 5–12 个细胞，皮部细胞与髓部细胞分化不明显。
    6. 雌苞生于短侧枝上，基部具短萌枝；茎横切面皮部与中部细胞同形，薄壁，胞壁无三角体 ··········
    ·· 25. 长枝扁萼苔　R. aquilegia
    6. 雌苞生于茎或主枝顶端，基部具长萌枝；茎横切面皮部与中部细胞常异形，胞壁具三角体。

7. 植物体较小，茎具正常发育枝和无叶小枝；叶腹瓣约为背瓣的1/2或1/2以上，膨起，脊部呈弧形..........
....**24. 大瓣扁萼苔 R. cavifolia**

7. 植物体中等大小或形大，茎上无小枝；叶腹瓣不及背瓣的1/2。

　8. 植物体具小叶状短枝 ....**19. 台湾扁萼苔 R. formosa**

　8. 植物体无小叶状短枝。

　　9. 植物体多叶附生；蒴萼长筒形；叶细胞厚壁，无三角体；常具芽胞。

　　　10. 叶脊部略膨起；假根基部略隆起。

　　　　11. 叶腹瓣斜方形，稀舌形 ....**21. 尖舌扁萼苔 R. acuminata**

　　　　11. 叶腹瓣狭三角形、舌形或菱形 ....**22. 阿萨密扁萼苔 R. assamica**

　　　10. 叶脊部强烈膨起；假根基部隆起 ....**23. 细茎扁萼苔 R. tjibodaensis**

　　9. 植物体为树干、树枝或岩面生；蒴萼扁筒形；叶细胞薄壁，常具三角体；无芽胞。

　　　12. 叶腹瓣先端突向外扭；叶细胞薄壁，具三角体和胞壁中部球状加厚......................................
....**20. 反叶扁萼苔 R. retroflexa**

　　　12. 叶腹瓣先端不向外扭；叶细胞薄壁或厚壁，具三角体或无三角体，无胞壁中部球状加厚。

　　　　13. 叶腹瓣基部不覆茎，无叶耳 ....**17. 圆瓣扁萼苔 R. inouei**

　　　　13. 叶腹瓣基部常覆茎，具大或小叶耳。

　　　　　14. 植物体雌雄同株 ....**5. 扁萼苔 R. camplanata**

　　　　　14. 植物体雌雄异株。

　　　　　　15. 叶背瓣易开裂。

　　　　　　　16. 植物体长3–7毫米，连叶宽1.0–1.2毫米。

　　　　　　　　17. 叶背瓣圆方形，约覆盖茎宽度的1/2；茎横切面直径约7个细胞；叶细胞壁无三角体 ....**7. 南亚扁萼苔 R. onraedtii**

　　　　　　　　17. 叶背瓣长方形，基部略覆盖茎；茎横切面直径6个细胞；叶细胞壁具明显三角体 ....**14. 热带扁萼苔 R. madagascariensis**

　　　　　　　16. 植物体长8–20毫米，连叶宽1.3–1.7毫米。

　　　　　　　　18. 茎横切面直径7–8个细胞；叶无芽胞和幼体 ....**6. 断叶扁萼苔 R. caduca**

　　　　　　　　18. 茎横切面直径5–6个细胞；叶背瓣边缘具多数星状芽胞及发育幼体 ....
....**8. 星胞扁萼苔 R. stellatogemmipara**

　　　　　　15. 叶背瓣不易开裂。

　　　　　　　19. 叶腹瓣具短尖或长钝尖。

　　　　　　　　20. 叶背瓣边缘具芽胞 ....**11. 林氏扁萼苔 R. lindenbergiana**

　　　　　　　　20. 叶背瓣边缘无芽胞。

　　　　　　　　　21. 茎连叶宽1.9–2.1毫米；叶腹瓣近于长方形，背瓣细胞具细疣 ....
....**18. 厚角扁萼苔 R. okamurana**

　　　　　　　　　21. 茎连叶宽1.5–1.6毫米；叶腹瓣近于菱形，背瓣细胞平滑 ....
....**13. 迈氏扁萼苔 R. meyeri**

　　　　　　　19. 叶腹瓣先端圆钝。

　　　　　　　　22. 叶腹瓣约覆盖茎宽度的1/2以上。

　　　　　　　　　23. 叶腹瓣具明显狭卷边 ....**15. 多萼扁萼苔 R. multiflora**

　　　　　　　　　23. 叶腹瓣边缘不卷曲。

　　　　　　　　　　24. 叶腹瓣脊部明显膨起，外沿向前延伸 .....**4. 婆罗洲扁萼苔 R. borneensis**

　　　　　　　　　　24. 叶腹瓣脊部不膨起或稍膨起，外沿不延伸。

25. 叶腹瓣近基部膨起呈囊状；叶背瓣卵形、镰刀形或阔卵形 .... 9. **镰叶扁萼苔 R. falcata**

25. 叶腹瓣近基部不呈囊状；叶背瓣椭圆状卵形或近于菱形 .... 12. **爪哇扁萼苔 R. javanica**

22. 叶腹瓣约覆盖茎宽度的1/2以下。

26. 叶腹瓣近于扁平，方圆形，外沿圆钝，脊部平直或稍呈弧形 .... 10. **日本扁萼苔 R. japonica**

26. 叶腹瓣脊部膨起，长椭圆形，外沿近于平截，脊部呈弧形 .... 16. **树生扁萼苔 R. obscura**

1. 美丽扁萼苔   图 297

Radula amoena Herz., Mitt. Inst. Bot. Hamburg 7: 192. 1931.

体形较大或中等大小，柔弱，油绿色或淡褐色，小片状生长。茎扁平伸展，长 30–50 毫米，连叶宽 2–2.5 毫米，不规则羽状分枝，分枝长 3–8 毫米，斜展；茎横切面直径约 8–9 个细胞，皮部细胞黄色，厚壁，髓部细胞薄壁。叶疏覆瓦状排列，卵圆形，内凹，长 1–1.2 毫米，宽 0.9–1.1 毫米，先端圆钝，具小尖，前缘基部覆盖茎直径的 1/3–1/2；叶边全缘或具细齿。叶细胞六边形或近长方形，叶边细胞近长方形，中部细胞稍大，长 16–23 微米，宽 13–17 微米；基部细胞长 28–36 微米，宽 16–21 微米，薄壁，无三角体，平滑。腹瓣近菱形或方形，约为背瓣长度的 1/3，先端圆钝，外沿平直或稍弧形弯曲，前沿弧形，基部约覆盖茎直径的 1/3；脊部与茎呈 30–40°。

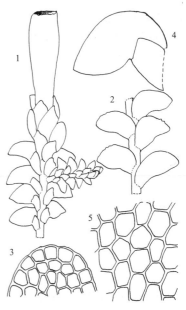

图 297 美丽扁萼苔（马 平绘）

产福建、湖南、贵州、四川和云南，生于林下树干上，稀与其它苔藓混生。印度尼西亚及巴布亚新几内亚有分布。

1. 雌株的一部分（腹面观，×12），2. 植物体的一部分（背面观，×12），3. 茎横切面的一部分（×205），4. 叶（腹面观，×24），5. 叶基部细胞（×180）。

2. 尖叶扁萼苔   图 298

Radula kojana St., Bull. Herb. Boiss. 5: 105. 1897.

植物体中等大小，黄褐色或亮绿色，稀疏片状生长。茎长 10–25 毫米，连叶宽 1–1.3 毫米，不规则羽状分枝，分枝斜出，长 4–8 毫米；茎横切面直径 7–9 个细胞，皮部和髓部细胞同形，胞壁薄，无三角体。叶密或疏覆瓦状排列，椭圆形，长 0.6–0.7 毫米，宽 0.4–0.5 毫米，具短锐尖，有时内曲，前缘基部覆茎直径的 3/4；后缘中部内凹。叶边细胞长 10–13

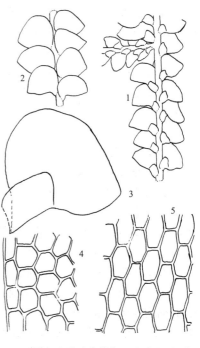

图 298 尖叶扁萼苔（马 平绘）

微米，宽8–10微米；中部细胞长15–18微米，宽10–13微米；基部细胞长20–24微米，宽13–17微米，薄壁，无三角体；平滑。腹瓣近方形，略膨起，约为背瓣长度的1/3–1/2，先端钝，前沿平截或略呈弧形，基部覆盖茎直径的1/5；脊部与茎呈55–60°角，长0.2–0.3毫米。雌雄异株。雄苞生于侧枝顶端，具3–5对雄苞叶，雄苞叶背瓣椭圆形，内曲，具短尖。蒴萼扁长筒形，长约4毫米，口部平滑。

产安徽、台湾、福建、江西、湖南、海南、广西和四川，生于土壤、树基或腐木上，有时也生于岩面薄土。朝鲜、日本及菲律宾有分布。

1–2. 植物体的一部分(1.腹面观，×8；2.背面观，×8)，3. 叶(腹面观，×30)，4. 叶边细胞(×240)，5. 叶基部细胞(×240)。

3. 尖瓣扁萼苔　　　图 299

Radula apiculata S. Lac. ex St., Hedwigia 23: 150. 1884.

植物体中等大小，淡黄色或亮绿色。茎匍匐，长5–15(20)毫米，连叶宽1.1–1.3毫米，不规则分枝或羽状分枝，分枝斜出，长达5毫米，直径约0.1毫米，连叶宽达1毫米；茎横切面直径8–11个细胞，皮部细胞淡黄色，与髓部细胞同形，薄壁，角部不加厚。叶卵圆形，具短锐尖，长0.5–0.6毫米，宽0.4–0.5毫米；叶边全缘或具不规则波状齿，前缘基部弧形，覆盖茎直径的3/4–4/5。

叶细胞不规则六边形，叶边细胞长方形，长12–17微米，宽8–13微米；中部细胞长16–22微米，宽14–17微米；基部细胞稍大，长35–43微米，宽16–17微米，薄壁，三角体小或不明显；平滑。腹瓣近于方形，外沿平截或略呈弧形，基部约覆盖茎直径的1/2；脊部与茎约呈50°，略呈弧形。雌雄同株。雄苞生于侧短枝上，紫红色，雄苞叶3–6对。蒴萼生于茎或短枝先端，单生或双生，长约3毫米，口部平滑。雌苞叶1对，近于卵圆形，叶边具疏齿，先端锐尖，长约1.3毫米，脊部内凹。

产安徽、台湾、福建、江西、湖南、广西、贵州和四川，生于林地岩面薄土。泰国及菲律宾有分布。

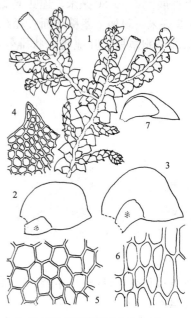

图 299　尖瓣扁萼苔（马 平绘）

1. 雌株(腹面观，×8)，2–3.(腹面观，×20)，4. 叶尖部细胞(×60)，5. 叶中部细胞(×150)，6. 叶基部细胞(×150)，7. 雌苞叶(×10)。

4. 婆罗洲扁萼苔　　　图 300

Radula borneensis St., Sp. Hepat. 4: 209. 1910.

植物体中等大小，稍硬，亮绿色或褐绿色。茎长3–5(6)厘米，连叶宽2–3毫米，不规则羽状分枝，分枝向上斜出，长0.2–1厘米；茎横切面直径10–12个细胞，皮部和髓部细胞相似，皮部细胞稍小，褐色，具大三角体。叶覆瓦状蔽前式，斜出，卵形，略内凹，长1.1–1.2毫米，中部宽1–1.2毫米，叶边稍内卷，先端圆钝，基部略覆茎。叶边细胞长10–13微米，宽6–9微米；中部细胞长17–21微米，宽14–17微米；基部细胞长大，长30–37微米，宽10–15微米，壁厚，三角体小或缺失，平滑。腹瓣近方形，约为背瓣长度的1/2–2/3，先端圆钝，外沿平直，略向前延伸，前沿基部常覆盖茎直径的1/2–3/4，着生处有时弯曲；脊

部与茎约呈 40º。雌雄异株。雄苞顶生或间生于短侧枝上。雄苞叶 4–7 对, 呈穗状。雌苞顶生或生于短侧枝上, 具 1–2 略大于茎叶的雌苞叶。蒴萼扁长喇叭形, 长 2–3 毫米, 口部波状。

产福建和海南, 生于林下树干或树枝上。越南及印度尼西亚有分布。

1. 雌株的一部分(腹面观, ×5), 2-3. 叶(腹面观, ×12), 4. 叶边细胞(×160), 5. 叶中部细胞(×160), 6. 雌苞叶(×12)。

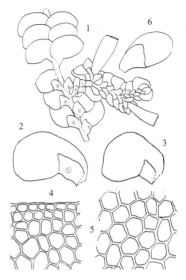

图 300 婆罗洲扁萼苔(马 平绘)

5. 扁萼苔   图 301

Radula complanata (Linn.) Dum., Syll. Jungerm. Eur. 38. 1831.

Jungermannia complanata Linn., Sp. Pl. 1, 2: 1133. 1753.

体形小, 黄绿色。茎长 4–10 毫米, 连叶宽 1.8–2 毫米, 具不规则羽状分枝, 分枝斜出, 一般长 2–3 毫米; 茎横切面直径 6 个细胞, 皮部和髓部细胞同形, 薄壁, 具小三角体。叶疏或密覆瓦状排列, 卵圆形, 近于平展或略内凹, 长 0.8–0.9 毫米, 宽 0.6–0.8 毫米, 先端圆钝, 内曲或平展, 叶基弧形, 完全覆盖茎。芽胞小, 生于叶边。叶边细胞长 10–12 微米, 宽 6–10 微米; 中部细胞

长 17–20 微米, 宽 10–15 微米; 基部细胞长 19–22 微米, 宽 13–16 微米, 薄壁, 具小三角体, 平滑。腹瓣大, 方形或近于方形, 贴生于背瓣, 约为背瓣长度的 1/2, 先端钝或平截, 与茎平行, 前沿基部弧形, 常覆盖茎直径的 1/3–1/2, 脊部向前延伸, 与茎约呈 80º, 平直或略弯。雌雄杂株。雄苞常生于雌苞下方, 雄苞叶 2–4 对。雌苞生于茎顶端, 常具 1 对雌苞叶, 雌苞叶背瓣常为卵圆形, 先端圆钝, 腹瓣常较短, 脊部多呈弧形。蒴萼扁筒形, 长 1.2–1.5 毫米, 中部宽约 0.9 毫米, 口部大, 平滑。

产黑龙江、吉林、辽宁、内蒙古、甘肃、青海、新疆、福建、江西、湖北、湖南、四川和云南, 生于林内树干或树枝上。北半球广布。

1. 雌株(腹面观, ×11), 2. 叶(腹面观, ×45), 3. 叶中部细胞(×240), 4. 雌苞叶(×18)。

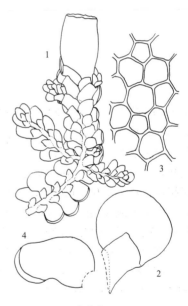

图 301 扁萼苔(马 平绘)

6. 断叶扁萼苔   图 302

Radula caduca Yamada, Journ. Hattori Bot. Lab. 45: 255. 1979.

体形中等大小, 亮绿色或黄褐色。茎长 5–16 毫米, 连叶宽 1.5–1.7 毫米, 不规则羽状分枝, 分枝斜出, 长 2–4 毫米, 连叶宽约 1.1 毫米; 茎横切面直径 8–9 个细胞, 皮部细胞褐色, 略小于髓部细胞, 胞壁均薄, 有明显三角体。叶横展, 狭卵圆形, 常碎裂, 稍内凹, 长 0.7–0.8 毫米, 宽 0.5–0.6 毫米, 先端圆钝, 近于平展, 前缘基部覆茎。叶边细胞长 11–13 微米, 宽 7–10 微米; 中部细胞长 21–27 微米, 宽 14–18 微米; 基部细胞长 26–32 微米, 宽 16–18 微米, 薄壁, 三角体大; 表面具密疣。

腹瓣近方形，长 0.3–0.4 毫米，宽约 0.3 毫米，先端钝或有小尖，外沿稍向内凹，前沿基部弧形，覆盖茎直径的 3/4，脊部膨起，与茎约呈 50° 斜展。假根基部突起，有少数淡褐色假根。

产福建、海南、贵州和云南，生于树皮上。泰国有分布。

1. 植物体（腹面观，×8），2. 叶（腹面观，×12），3. 叶边细胞（×120），4. 叶中部细胞（×120)），5. 雌苞叶（腹面观，×12）。

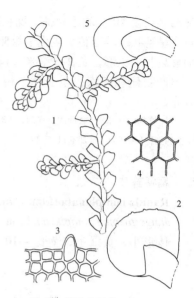

图 302 断叶扁萼苔（马 平绘）

7. 南亚扁萼苔 　　　　　　　　　　图 303

Radula onraedtii Yamada, Misc. Bryol. Lichnol. 8 (6): 113. 1979.

植物体形小，柔弱，易碎，黄褐色或褐绿色。茎匍匐，长 3–5(7) 毫米，连叶宽 1–1.2 毫米，规则羽状分枝，斜出，长 1.0–1.5 毫米；茎横切面直径 7 个细胞，皮部细胞淡褐色，髓部及皮部细胞均薄壁，具小三角体。叶疏或密覆瓦状排列，卵形或椭圆形，有时近圆形，长 0.6–0.7 毫米，宽 0.4–0.6 毫米，先端圆钝，叶边平滑，常内曲，前缘基部圆钝，覆茎，着生处平直。叶边细胞

长 16–18 微米，宽 15–16 微米；中部细胞长 18–24 微米，宽 15–17 微米；基部细胞稍大，长 20–26 微米，宽 15–26 微米，薄壁，三角体小或不明显，表面平滑。腹瓣近方形，约为背瓣长度的 1/3–1/2，长 0.2–0.3 微米，宽 0.2–0.23 微米，先端钝头，覆盖茎直径的 1/3，外沿略内凹，脊部弓形，膨起，与茎约呈 60°。雌雄异株。雄苞生于分枝或茎中间。雄苞叶 2–4 对。雌苞生于茎或枝顶端，基部常有分枝，雌苞叶 1 对，背瓣常断离。蒴萼长扁平喇叭形，边缘平滑或呈波形。

产台湾和海南，生树干上。斯里兰卡及泰国有分布。

1. 雌株的一部分（腹面观，×8），2. 雄苞（×10），3-4. 叶（腹面观，×15），5. 叶中部细胞（×160），6. 叶基部细胞（×160），7. 雌苞叶（×15）。

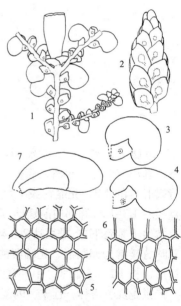

图 303 南亚扁萼苔（马 平绘）

8. 星苞扁萼苔 　　　　　　　　　　图 304

Radula stellatogemmipara C. Gao et Y.-H. Wu, Nova Hedwigia 80 (1,2): 237. 2005.

体形小或中等大小，柔弱，黄绿色或褐色，贴树皮生长。茎匍匐，长 0.8–2 厘米，连叶宽 1–1.1 毫米，叉状分枝或羽状分枝；枝长 0.4–0.8(1) 厘米，连叶宽 0.9–1 毫米；茎横切面直径 5–6 个细胞，皮部细胞淡褐色，厚壁，与髓部细胞同形，胞壁薄，具明显三角体。叶片覆瓦状蔽前式排列，卵形或阔卵形，有时近圆形，内凹，叶边内曲，长 0.1–0.15 毫米，宽 0.15–0.2 毫米。叶近边缘细胞 10–15 微米；中部细胞 18–22 × 15–22 微米；近基部细胞 18–22 × 15–22 微米，壁薄，具三角体。腹瓣近方形，约为背瓣长度的 1/3–1/2，外沿略向前突。雌雄异株。雄苞生于茎或枝中部。

雄苞叶 2–4 对，膨大，背瓣小三角形，精子器单生。雌苞生于茎或枝顶端，基部常具分枝。雌苞叶 1 对，长椭圆形，易断离。蒴萼狭喇叭形，长约 4.5 毫米，中部宽 1.1 毫米，口部平滑或波状。叶边着生多数星形芽胞，芽胞直接发育成幼株。

中国特有，产福建和广西，生于林下树皮上。

1. 雌枝(腹面观，×20)，2. 雄枝(腹面观，×20)，3. 茎的横切面(×105)，4. 叶边细胞，示生长的芽孢(×160)，5. 叶边着生的幼体(×90)。

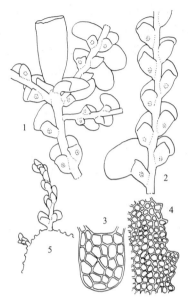

图 304 星苞扁萼苔（马 平绘）

9. 镰叶扁萼苔 图 305

Radula falcata St., Hedwigia 23: 115. 1884.

植物体小或中等大小，亮绿色或黄绿色。茎匍匐，长 2–3 厘米，连叶宽 2–3 毫米，规则密羽状分枝，分枝斜出，长 3–7 毫米，连叶宽 1–1.5 毫米；茎横切面直径 10–12 个细胞，皮部细胞淡褐色，稍小于髓部细胞，壁厚，具大三角体。叶密覆瓦状蔽前式排列，卵形，内凹，多呈镰刀弯曲，长 1–1.2 毫米，中部宽 0.7–0.8 毫米，先端圆钝，内曲，前缘弧形弯曲，基部耳状，稍覆盖茎。叶边细胞六角形，长 10–13 微米，宽 10–12 微米；中部细胞稍长，长 17–20 微米，宽 15–18 微米；基部细胞长 28–32 微米，宽 15–18 微米，薄壁，无三角体，平滑。腹瓣近方形，约为背瓣的 1/2，长 0.6–0.7 毫米，宽 0.5–0.6 毫米，先端圆钝，前沿稍平直或呈弧形，常内曲，基部覆盖茎直径的 1/2–2/3，外沿平直，脊部略膨起，呈弓形。

产海南和广西，生于树干或湿岩石上。印度尼西亚、菲律宾及巴布亚新几内亚有分布。

1. 植物体的一部分(腹面观，×10)，2. 叶(腹面观，×20)，3. 叶边细胞(×160)，4. 叶中部细胞(×160)。

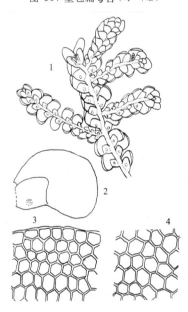

图 305 镰叶扁萼苔（马 平绘）

10. 日本扁萼苔 图 306

Radula japonica Gott. ex St., Hedwigia 23: 152. 1884.

体形中等大小，挺硬、亮绿色，稍带褐色。茎长 0.5–2 毫米，连叶宽 1.4–1.5 毫米，分枝横展或斜出，长 2–5 毫米，连叶宽 0.1–0.9 毫米；茎横切面直径 6 个细胞，皮部细胞常褐色，略小于髓部细胞，有小或稍大的三角体。叶密或疏覆瓦排列，卵形，长 0.6–0.7 毫米，宽 0.5–0.6 毫米，稍向背面膨起，前缘基部覆盖部分茎。叶边细胞长 6–10 微米，宽 5–7 微米；中部细胞长 16–18 微米，宽 11–16 微米；基部细胞长 23–26 微米，宽 11–17 微米，薄壁，三角体小，表面平滑。腹瓣方形，约为背瓣长度的 1/2，先端圆形，外沿与前沿边均平直，基部约覆盖茎直径的 1/3–1/2，脊部稍膨起，与茎成 70º，长 0.3–0.4 毫米，不下延。雌雄异株。

雄苞顶生或间生，具3-8对雄苞叶。雌苞生于茎枝顶端，具2对雌苞叶，雌苞叶背瓣卵圆形，先端圆钝，腹瓣长方形，先端圆钝，脊部弯曲。蒴萼短扁筒形，长1.5-1.8毫米，中部宽1-1.2毫米，具两裂瓣。

产辽宁、湖南、广东、海南、广西和西藏，生于树干、树枝或岩石上。朝鲜及日本有分布。

1. 植物体(腹面观，×8)，2-3. 叶(腹面观，×15)，4. 叶中部细胞(×160)。

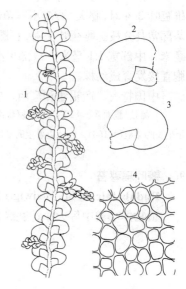

图 306 日本扁萼苔（马 平绘）

11. 林氏扁萼苔　　　　　　　　　　　图 307

Radula lindenbergiana Gott. ex Hartm. f., Handb. Skand. Fl. (ed. 9) 2: 98. 1864.

体形中等大小，淡黄绿色或黄褐色。茎长5-15毫米，连叶宽1.6-1.8毫米，不规则羽状分枝，枝条斜展，长1-4毫米；茎横切面直径8-9个细胞，皮部细胞与髓部细胞同形，薄壁，具小三角体。叶密或疏覆瓦状排列，先端圆钝，不内曲，前缘基部覆盖茎。叶边细胞长16-18微米，宽11-14微米；中部细胞长25-28微米，宽15-18微米；基部细胞长37-41微米，宽15-18微米，薄壁，三角体小，表面平滑。腹瓣方形，为背瓣长度的1/2-2/3，长0.4-0.5毫米，宽0.3-0.35毫米，外沿平直，前沿基部覆盖茎直径的1/2-3/4，脊部与茎呈45°-60°，稍呈弧形或平直。雌雄异株。雄苞生于短侧枝上。雄苞叶3-5对。雌苞生于茎顶端，具1对雌苞叶，雌苞叶背瓣长椭圆形，先端圆钝，脊部平直或内凹。蒴萼扁筒形，长约2.3毫米，口部浅两裂，平滑。芽胞盘状，生于叶片先端边缘，稀缺失。

产吉林、河北、陕西、安徽、浙江、福建、江西、湖南、广西、贵州、四川、云南和西藏，生于树干，树枝或岩石上。北半球温带广布。

1. 植物体(腹面观，×8)，2. 叶，示边缘密生芽胞(腹面观，×12)，3. 叶中部细胞(×160)，4. 叶基部细胞(×160)。

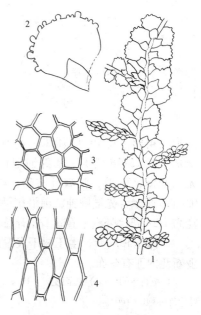

图 307 林氏扁萼苔（马 平绘）

12. 爪哇扁萼苔　　　　　　　　　　　图 308

Radula javanica Gott. in Gott., Lindenb. et Nees, Syn. Hepat. 257. 1845.

体形中等大小，黄绿色或黄褐绿色。茎长2-5厘米，连叶宽2.5-2.7毫米，不规则羽状分枝，分枝斜出，长0.5-2厘米；茎横切面直径10-12个细胞，皮部细胞带褐色，常小于髓部细胞，胞壁薄，具三角体。叶有时早落，覆瓦状或稀疏覆瓦状排列，长卵形，略内凹，长1.2-1.3毫米，宽0.8-0.9毫米，先端圆钝，前缘弧形，基部覆茎；后缘略内凹，或呈弧形。叶边细胞长10-13微米，宽8-10微米；中部细胞长16-20微米，宽10-20微米；基部细胞长23-30微米，宽15-18微米，薄壁，三角体小，表面平滑。腹瓣近方形或阔菱形，约为背瓣长度的1/3，先

端钝，外沿平直，前沿基部覆盖茎直径的 1/2–3/4，脊部稍膨起，与茎成 50–60°，不下延。雌雄异株。雄苞生于短侧枝上，雄苞叶 5–15 对。雌苞生于茎或枝顶，蒴萼扁筒形，长 3.3–3.5 毫米，宽 1–1.2 毫米，口部 2 裂。

产福建、广东、广西、海南和云南，生树干、树枝或岩石上。亚洲南部热带和亚热带地区广泛分布。

1. 雌株(腹面观，×8)，2. 叶(腹面观，×18)，3. 叶中部细胞(×180)，4. 雌苞叶(腹面观，×18)。

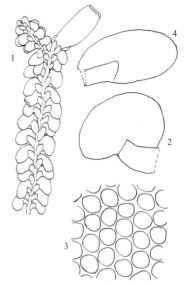

图 308 爪哇扁萼苔（马 平绘）

13. 迈氏扁萼苔
图 309

Radula meyeri St., Hedwigia 27: 62. 1888.

体形中等大小，黄褐色。茎长 2–3 厘米，连叶宽 1.5–1.6 毫米，多规则羽状分枝，分枝斜出，长 2–5 毫米；茎横切面直径 7 个细胞，皮部细胞和髓部细胞等大，薄壁，皮部细胞淡黄色。叶覆瓦状排列，宽卵形，内凹，长 0.7–0.8 毫米，宽 0.6–0.7 毫米，先端圆钝，前缘基部常覆盖茎直径的 2/3。叶边细胞长 10–15 微米，宽 8–10 微米；中部细胞长 16–22 微米，宽 13–15 微米；基部细胞长 26–28 微米，宽 12–14 微米，壁薄，无三角体，表面平滑。腹瓣近菱形，约为背瓣长度的 1/2，先端有小尖，前沿基部覆盖茎直径的 1/3–1/2，脊部膨起与茎成 40°，多呈弧形。雌雄异株。雄苞生于枝顶或间生，雄苞叶 1 对。雌苞顶生于茎或枝顶，具 2 新生枝。蒴萼长筒形，长 2–2.2 毫米，中部宽 0.8 毫米，口部平截。

产海南和云南，生树干上。泰国、菲律宾及印度尼西亚有分布。

1. 雌株(腹面观，×12)，2. 叶(腹面观，×12)，3. 叶边细胞(×310)，4. 叶中部细胞(×310)，5. 雌苞叶(×12)。

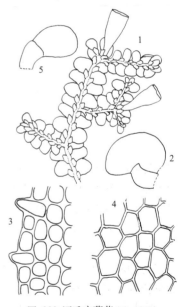

图 309 迈氏扁萼苔（马 平绘）

14. 热带扁萼苔
图 310

Radula madagascariensis Gott., Abhandl. Naturwis. Vereine (Bremen) 7: 349. 1882.

植物体形小，黄褐色。茎长 1–10(–15) 毫米，连叶宽 0.9–1.1 毫米，不规则羽状分枝，分枝斜出，长 1–3 毫米；茎横切面直径约 6 个细胞，皮部细胞淡褐色，内外细胞等大，厚壁，髓部细胞三角体较大。叶覆瓦状排列，常脆弱和上部易脱落，弯卵形，长 0.4–0.5 毫米，宽约 0.4 毫米，先端圆钝，有时边缘有假根，前缘基部覆盖茎直径的 1/2–1/3，后缘内凹。叶边细胞长 8–10 微米，宽 7–9 微米；中部细胞长 14–17 微米，宽 13–16 微米；基部细胞长 15–20 微米，宽 14–16 微米，薄壁，三角体明显，表面有小疣状突起。腹瓣近长方形，约为背瓣长度的 2/3，先端狭钝或有

小尖，外沿平直，前沿直或呈弧形，基部稍覆盖茎，脊部与茎成 60° 角，弧形，不下延，雌雄异株。雄苞顶生或间生于短枝上，具 3–4 对雄苞叶。雌苞生于茎顶端。雌苞叶背瓣狭长卵形，先端圆钝，腹瓣卵形，先端钝，脊部呈弧形。蒴萼扁筒形，长约 2.3 毫米，中部宽 0.6 毫米，口部平截，略呈波状。

产福建和广西，生树干或岩石上。尼泊尔、印度、菲律宾及印度尼西亚有分布。

1. 雌株的一部分(腹面观，×11)，2. 叶(腹面观，×18)，3. 叶中部细胞(×300)，4. 雌苞叶(腹面观，×18)。

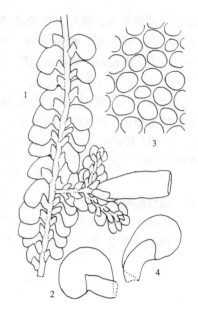

图 310 热带扁萼苔（马　平绘）

15. 多萼扁萼苔　　　　　　　　　　图 311

Radula multiflora Gott. ex Schiffn., Gazelle Eped. 4: 20. 1890.

植物体形中等大小，硬挺，亮绿色或暗褐色。茎长 2–5 厘米，连叶宽 2.1–2.3 毫米，不规则羽状分枝，分枝斜出，长 5–10 毫米；茎横切面直径约 13 个细胞，皮部细胞淡褐色，小于髓部细胞，薄壁，三角体大。叶覆瓦状，弯卵形，斜出，略内凹，长 0.9–1.1 毫米，宽 0.7–0.8 毫米，先端圆钝，前缘基部覆茎。叶边细胞长 8–13 微米，宽 6–10 微米；中部细胞长 15–18 微米，宽 13–16 微米；基部细胞长 27–31 微米，宽 16–19 微米，薄壁，三角体不明显，表面平滑。腹瓣相互贴生，近方形，斜出，约为背瓣长度的 1/2，先端圆钝，前沿弧形，着生处斜形，脊部膨起，外沿与茎约成 40°。雌雄异株。雄苞生于枝顶，具 10–14 对雄苞叶。雌苞生于枝顶，基部具 2 新生枝。雌苞叶背瓣狭卵形。蒴萼扁筒形，口部收缩，平截，长 2–2.5 毫米。

产海南和广西，树干生。泰国、菲律宾、印度尼西亚、巴布亚新几内亚及新喀里多尼亚有分布。

1. 雌株(腹面观，×8)，2. 雄枝(腹面观，×8)，3. 叶边细胞(×180)，4. 叶中部细胞(×180)，5. 叶基部细胞(×180)。

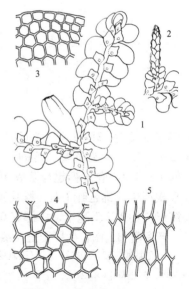

图 311 多萼扁萼苔（马　平绘）

16. 树生扁萼苔　　　　　　　　　　图 312

Radula obscura Mitt., Journ. Proc. Linn. Soc. London 5: 107. 1861.

植物体中等大小，黄褐色。茎长 1.5–2.5 毫米，连叶宽 1.5–1.7 毫米，不规则羽状分枝，分枝斜出，枝长 3–8 毫米；茎横切面直径 5–6 个细胞，皮部和髓部细胞薄壁或壁稍厚，三角体大，皮部细胞淡褐色。叶疏覆瓦状排列，横展，斜卵圆形，稍内凹，常脱落，长 0.7–0.8 毫米，宽 0.5–0.6 毫米，先端圆，近于平展，前缘基部覆茎，后缘深内凹。叶边细胞长 14–19 微米，宽 10–15 微米；中部细胞长 16–18 微米，宽 13–17 微米；基部细胞长 22–30 微米，宽 13–17 微米，薄壁，三角体明显，表面平滑。

腹瓣近方形，约为背瓣长度的 1/2，先端钝，外沿平直，前沿弧形，基部覆盖茎直径的 1/5–1/4，脊部弧形膨起，与茎成 65°。雌雄异株。雄苞生于茎顶或侧生于短枝顶，雄苞叶 3–4 对。雌苞顶生或生于侧枝顶端，具 2 新生枝。雌苞叶卵圆形，先端圆钝。蒴萼扁筒形，长约 2 毫米，口部有弱浅波状，具背或腹纵长褶。

产广东、海南和四川，生树干、树枝上或岩石上。印度、尼泊尔、泰国、印度尼西亚及菲律宾有分布。

1. 雌株(腹面观，×7)，2. 叶(腹面观，×20)，3. 叶中部细胞(×180)，4. 叶基部细胞(×180)，5. 雌苞叶(腹面观，×20)。

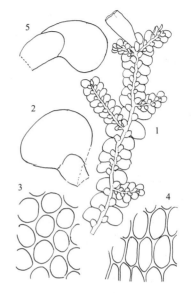

图 312 树生扁萼苔（马 平绘）

17. 圆瓣扁萼苔
图 313

Radula inouei Yamada, Journ. Hattori Bot. Lab. 45: 262. 1979.

体形中等大小，硬挺，黄褐色，密集呈小片生长。茎不规则羽状分枝，分枝斜出，长 2–4 毫米，直径约 0.08 毫米，连叶宽 1 毫米；茎横切面直径 6 个细胞，皮部细胞小，褐色，髓部细胞大于皮部细胞，均薄壁，三角体大。叶稀覆瓦状，横展，阔卵形，内凹，常脆弱，长 0.8–0.9 毫米，宽 0.5–0.7 毫米，先端圆钝，常内曲，前缘基部稍覆茎。叶边细胞长 6–8 微米，宽 4–6 微米；中部细胞长 15–17 微米，宽 11–13 微米；基部细胞长 19–21 微米，宽 10 微米，壁薄，具明显三角体，表面具密疣。腹瓣卵形，约为背瓣长度的 1/2，先端圆钝，外沿弧形，有 1–2 列透明细胞，前沿基部不覆茎，脊部与茎呈 70–80°，弧形。雌雄同株或常为雌雄异苞。雄苞常生于雌苞下部，具 2–3 对雄苞叶。雌苞顶生，雌苞叶卵形。蒴萼扁筒形，长约 3 毫米，中部直径约 1 毫米，口部常呈两瓣状，微波曲。

我国特有，产台湾和广西，生于树干。

1. 雌株(腹面观，×5)，2. 叶(腹面观，×12)，3. 叶中部细胞(×120)。

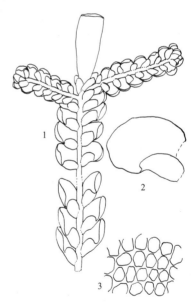

图 313 圆瓣扁萼苔（马 平绘）

18. 厚角扁萼苔
图 314

Radula okamurana St., Sp. Hepat. 4: 209. 1910.

植物体中等大小，深绿色。茎长 5–20 毫米，连叶宽 1.9–2.1 毫米，不规则羽状分枝，分枝斜出，长 2–4 毫米，连叶宽 1.8–2 毫米；茎横切面直径 6 个细胞，皮部和髓部细胞等大，薄壁，有三角体，皮部细胞淡褐色。叶密覆瓦状排列，斜出，阔卵形，稍内凹，长 0.9–1 毫米，宽 0.7–0.9 毫米，先端圆钝，前缘基部覆茎。叶边细胞长 14–16 微米，宽 12–14 微米；中部细胞长 23–25 微米，宽 21–22 微米；基部细胞长 25–32 微米，宽 20–23 微米，薄壁，具明显三角体和胞壁中部加厚，表面具细疣。腹瓣近方形，约为背瓣长度的 1/2，膨起，前沿略呈弧形，基部覆盖茎直径

的 1/3，脊部与茎成 70–80°，略成弧形。雌雄异株。雌苞顶生于短枝，常具两对雌苞叶。蒴萼扁平，短筒形，长 1.4–1.6 毫米，中部宽 0.8–0.9 毫米，口部截形，稍波曲。

产福建和广西，树干生。日本有分布。

1. 雌株(腹面观，×5)，2. 叶(腹面观，×8)，3. 叶中部细胞(×180)，4. 叶基部细胞(×180)，5. 雌苞叶(×8)。

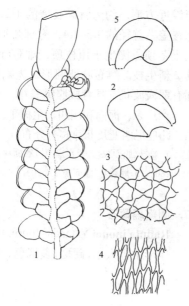

图 314 厚角扁萼苔（马 平绘）

19. 台湾扁萼苔

图 315

Radula formosa (Meissn. ex Spreng.) Nees in Gott., Lindenb. et Nees, Syn. Hepat. 258. 1845.

Jungermannia formosa Meissn. ex Spreng. in Linn., Syst.Veg. 4 (2): 325. 1827.

植物体中等大小，黄褐色。茎长 1–3 厘米，连叶宽 2.5–2.7 毫米，不规则羽状分枝，分枝斜出，长 2–6 毫米，小枝长 0.3–0.9 毫米，常具 2–9 对小叶；茎横切面直径 5–6 个细胞，皮部细胞淡褐色，与髓部细胞同大，薄壁，具明显三角体。叶密覆瓦状排列，横出，阔卵形，先端内曲，长 1.2–1.3 毫米，宽 0.8–0.9 毫米，前缘基部覆茎。叶边细胞长 12–13 微米，宽 11–12 微米；中部细胞长 15–18 微米，宽 14–16 微米；基部细胞长 29–32 微米，宽 13–15 微米，壁薄，三角体形大，表面平滑。腹瓣近方形，约为背瓣长度的 3/4–4/5，先端狭圆钝，常内曲，外沿稍呈弧形弯曲，前沿弧形，边内曲，基部稍覆盖茎，脊部与茎呈 50°，弧形。雌雄异株。雄苞生于侧枝上，穗状，具 4–7 对雄苞叶。雌苞生于茎枝顶端，基部具一对新生枝，具 2 对雌苞叶。雌苞叶背瓣长卵形，先端内曲，腹瓣近方形，先端钝。蒴萼扁筒形，长约 2.5 毫米，中部宽 1 毫米，口部 2 裂。

产台湾和海南，生树干或树枝上。日本、泰国、印度尼西亚、菲律宾、新西兰及非洲有分布。

1. 植物体的一部分，示具雌苞及多数雄苞(腹面观，×8)，2. 雄枝(×50)，3-4. 叶(×12)，5. 叶边细胞(×240)，6. 叶中部细胞(×240)。

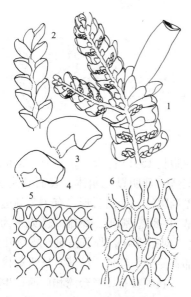

图 315 台湾扁萼苔（马 平绘）

20. 反叶扁萼苔

图 316

Radula retroflexa Tayl., London Journ. Bot. 5: 378. 1846.

体形中等大小，淡黄褐色。茎长 1.5–2.5 厘米，连叶宽 1.7–1.8 毫米，不规则羽状分枝，分枝少，斜出，长 2–7 毫米；茎横切面直径 6–7 个细胞，皮部和髓部细胞薄壁，无三角体。叶疏生或稀覆瓦状排列，横展，易脱落，斜卵圆形，长 0.8–0.8 毫米，宽 0.5–0.6 毫米，先端钝，叶边常有假根，前缘基部覆盖茎直径的 1/2–3/4。叶边细胞的外壁厚约为其他细胞的两倍，长 14–16 毫米，宽 13–16 微米；中部细胞长 28–30 微米，宽 15–18 微米；

基部细胞长 28–32 微米，宽 18–20 微米，具三角体，表面平滑。腹瓣长菱形，为背瓣长度的 1/2，先端钝或渐尖，与茎平行，外沿中部常内凹，前沿弧形，基部覆盖茎直径的 1/2，脊部与茎成 30°，稍呈弧形。雌雄异株。雄苞生于侧枝顶，雄苞叶 3–20 对。雌苞生于茎和枝顶，基部具二新生枝，雌苞叶背瓣狭长椭圆形，腹瓣长椭圆形，为背瓣的 1/2。蒴萼扁筒形，长 2.4 毫米，中部宽约 1 毫米，口部平直。

产台湾、福建、海南、广西和云南，生树干或岩石上。日本、印度尼西亚及菲律宾有分布。

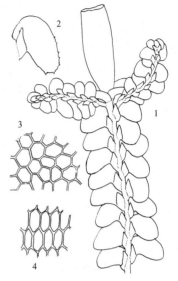

1. 雌株(腹面观，×9)，2. 叶(腹面观，×12)，3. 叶中部细胞(×180)，4. 叶基部细胞(×180)。

图 316 反叶扁萼苔（马　平绘）

21. 尖舌扁萼苔　　　　　　　　　图 317

Radula acuminata St., Sp. Hepat. 4: 230. 1910.

植物体中等大小，脆弱，亮绿色或黄褐色。茎长 0.3–1.5 厘米，连叶宽 1.5–1.6 毫米，不规则羽状分枝，枝斜出，长 3–7 毫米；茎横切面直径 4 个细胞，皮部细胞淡黄色，内外细胞同大，薄壁，具小三角体。叶横展，狭长卵形，常内凹，长 0.7–0.8 毫米，宽 0.6–0.7 毫米，先端狭圆钝，前缘基部稍覆茎。叶边细胞长 5–6 微米，宽 10–12 微米；中部细胞长 13–15 微米，宽 15–20 微米；基部细胞长 25–33 微米，宽 14–18 微米，薄壁，表面平滑。腹瓣近方形，约为背瓣长度的 1/2，先端常具小尖，外沿平直或稍呈弧形，前沿弧形，基部不覆茎，脊部与茎呈 40–50°；假根成丛着生腹瓣腹面中央。雌雄异株。雄苞着生于茎枝顶端或间生，雄苞叶 4–20 对。雌苞生茎或枝顶，有 2 新生枝。雌苞叶背瓣长卵形，脊部呈弧形。蒴萼扁长喇叭形，长约 2 毫米，中部宽约 0.5 毫米，口部宽阔。芽胞盘形，生于背瓣腹面。

产福建和四川，生叶面、树干和岩石上。日本、越南、印度、菲律宾及印度尼西亚有分布。

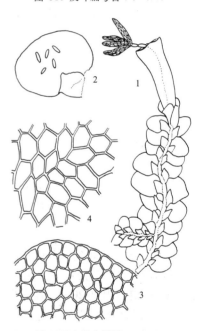

图 317 尖舌扁萼苔（马　平绘）

1. 雌株(腹面观，×11)，2. 叶，示着生多数芽胞(腹面观，×18)，3. 叶尖部细胞(×180)，4. 叶基部细胞(×180)。

22. 阿萨密扁萼苔　　　　　　　　图 318

Radula assamica St., Hedwigia 25: 151. 1884.

体形小，柔弱，亮绿色或黄褐色。茎长 5–7 毫米，连叶宽 1.5–1.7 毫米，不规则羽状分枝，分枝斜出，长 1–3 毫米；茎横切面直径 4 个细胞，皮部细胞淡黄色，内外细胞同形，壁薄，具小三角体。叶覆瓦状排列，卵圆形，长 0.7–0.8 毫米，宽 0.6–0.7 毫米，先端圆钝，平展，前缘基部覆茎。叶边细胞长 8–10 微米，宽 5–8 微米；中部细胞长 18–22 微米，宽

12–17 微米；基部细胞长 25–32 微米，宽 17–22 微米，薄壁，三角体不明显，表面平滑。腹瓣三角状舌形或长椭圆形，为背瓣长度的 1/2，先端圆钝，外沿截形或稍呈弧形弯曲，前沿平直或弧形，基部不覆茎，脊部不膨起，与茎呈 50°；假根呈束状，淡褐色。雌雄异株。雄苞生于侧枝顶端，有 8–16 对雄苞叶。雌苞生于茎或枝顶，具 2 新生枝。雌苞叶腹瓣为背瓣的 2/5，长卵圆形，先端圆钝。蒴萼长扁喇叭形，长约 0.5 毫米，中部宽 0.5 毫米，口部宽。芽胞盘形，生于背瓣的后缘。

产福建和云南，生于其他植物叶面。缅甸、印度、斯里兰卡及泰国有分布。

1. 雌株的一部分(腹面观，×10)，2. 雄枝(腹面观，×10)，3-4. 叶(腹面观，×18)，5. 叶尖部细胞(×180)，6. 叶基部细胞(×180)。

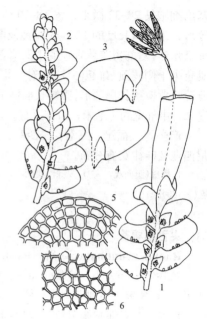

图 318 阿萨密扁萼苔（马 平绘）

23. 细茎扁萼苔 图 319

Radula tjibodensis Goebel, Ann. Jard. Bot. Buitenzorg 7: 533. 1888.

植物体中等大小，黄色或亮绿色。茎长 5–10 毫米，连叶宽 1.5–1.6 毫米，不规则羽状分枝，枝斜出，枝长 1–4 毫米；茎横切面直径 5 个细胞，皮部细胞淡褐色，大于中部细胞，内外细胞均薄壁，三角体小。叶覆瓦状排列，横展，狭卵形，略内凹，长 0.7–0.8 毫米，宽 0.5–0.6 毫米，先端狭圆钝，常内曲，前缘基部覆茎。叶边细胞长 10–15 微米，宽 7–10 微米；中部细胞长 16–22 微米，宽 13–18 微米；基部细胞长 30–35 微米，宽 13–17 微米，薄壁，具小三角体，表面

平滑。腹瓣近方形，约为背瓣长度的 1/3–1/2，先端狭钝，外沿平直或内凹，前沿常具褶或弯曲，基部不覆茎，脊部膨起。雌雄异株。雄苞生于茎或枝顶，雄苞叶 3–20 对。雌苞生于茎顶，具 2 新生枝。雌苞叶覆瓦状，狭卵形，先端圆钝，腹瓣长椭圆形，先端圆钝。蒴萼喇叭形，长 3 毫米，中部宽约 3 毫米，口部微波状。芽胞生于叶背瓣边缘。

产福建、四川和云南，生叶面。印度、越南、泰国、印度尼西亚及菲律宾有分布。

1. 雌株(腹面观，×8)，2. 雄株(腹面观，×8)，3. 叶(腹面观，×10)，4. 叶中部细胞(×160)，5. 叶基部细胞(×160)，6-7. 雌苞叶(×10)。

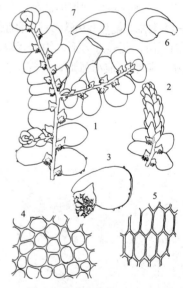

图 319 细茎扁萼苔（马 平绘）

24. 大瓣扁萼苔 图 320

Radula cavifolia Hampe in Gott., Lindenb. et Nees, Syn. Hepat. 259. 1845.

植物体小，绿色或暗绿色。茎长 3–6(9) 毫米，连叶宽 0.6–0.8 毫米，分枝少，分枝斜出，通常长 1–3 毫米，小分枝长仅 0.1–0.2 毫米；茎横切面直径 5–6 个细胞，皮部细胞淡褐色，近于与髓部细胞等大，薄壁，具大三角体。叶疏覆瓦状排列，近圆形，长 0.3–0.4 毫米，宽 0.3–0.35

毫米，先端圆钝，前缘基部稍呈耳状，覆茎。叶边细胞长 10–11 微米，宽 6–7 微米；中部细胞长 13–18 微米，宽 11–13 微米；基部细胞长 13–19 微米，宽 11–13 微米，薄壁，三角体中等大小，表面平滑。腹瓣形大，约为背瓣长度的 5/6，外沿短，内凹，前沿弧形，基部不覆茎，脊部弓形，与茎呈 60–70°。雌雄异株。雄苞生于分枝顶端或中间，雄苞叶 4–5 对。雌苞生于茎顶，雌苞叶 1 对，长卵形，先端圆钝，腹瓣近长方形。蒴萼扁喇叭形，长约 1.7 毫米，中部宽约 0.5 毫米，口部平截。

产安徽、浙江、台湾、江西、广西、贵州、四川和云南，生树干或岩石上。朝鲜、日本、越南、印度尼西亚及菲律宾有分布。

1. 雌株(腹面观，×8)，2-4. 叶(腹面观，×15)，5. 叶尖部细胞(×300)，6. 叶中部细胞(×300)。

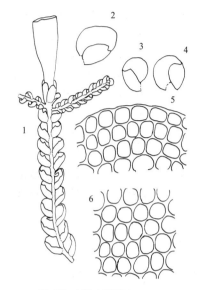

图 320 大瓣扁萼苔（马 平绘）

25. 长枝扁萼苔 图 321

Radula aquilegia (Hook. f. et Tayl.) Gott., Lindenb. et Nees, Syn. Hepat. 260. 1845.

Jungermannia aquilegia Hook. f. et Tayl., London Journ. Bot. 3: 291. 1844.

体形中等大小，黄褐色或黄绿色。茎长 10–25 毫米，直径约 0.2 毫米，连叶宽 2–2.2 毫米，不规则密羽状分枝，分枝斜出，长 5–8 毫米；茎横切面直径 7–8 个细胞，皮部与髓部细胞同形，薄壁，无三角体。叶疏生或稀疏覆瓦排列，横展，卵圆形，长 1–1.1 毫米，宽 0.7–0.8 毫米，先端钝，前缘基部弧形，常覆盖茎直径的 1/2 或 3/4。叶边细胞长 10–12 微米，宽 10 微米；中部细胞长 17–20 微米，

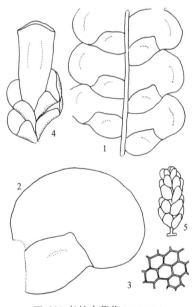

图 321 长枝扁萼苔（吴鹏程绘）

宽 12–15 微米，壁薄，无三角体；基部细胞长 17–25 微米，宽 15–17 微米，表面平滑。腹瓣近于方形，约为背瓣长度的 1/2，外沿平直，前沿平直或稍内凹，基部弧形，覆盖茎直径的 1/3–1/2，脊部稍凸起，与茎呈 50–60°，略下延。雌雄异株。雄苞穗状，生于短侧枝上，雄苞叶 4–8 对。雌苞生于短侧枝上，雌苞叶 1 对，长卵形，腹瓣短小。蒴萼扁椭圆形，长约 3 毫米，宽约 1 毫米，近于上下等宽，口部平滑或波曲。

产黑龙江、吉林和辽宁，生树干或岩面薄土。朝鲜及日本有分布。

1.植物体的一部分(腹面观，×18)，2.叶(腹面观，×36)，3.叶中部细胞(×130)，4.雌苞(腹面观，×8)，5.雄枝(腹面观，×8)。

26. 直瓣扁萼苔 图 322

Radula perrottetii Gott. ex St., Hedwigia 23: 154. 1884.

体形大，稍硬，褐色或暗褐色。茎长 5–10 厘米，连叶宽 2.8–3.1 毫米，不规则疏羽状分枝，分枝斜出，枝长达 5 厘米；茎横切面直径 11–13 个细胞，皮部细胞褐色，厚壁，明显小于髓部细胞，髓部细胞薄壁，具大

三角体。叶疏覆瓦状排列或互不相接，横展，卵形或狭卵形，内凹，长
1.3–1.5 毫米，宽 1.1–1.2 毫米，先端圆钝，前缘基部稍覆茎。叶边细胞
长 10–12 微米，宽 9–10 微米；中部细胞长 16–19 微米，宽 13–14 微米；
基部细胞长 19–30 微米，宽 13–16 微米，薄壁，具大三角体，表面平
滑。腹瓣相互贴生或不相接，圆三角形，覆茎或稍越茎，约为背瓣长度
的 1/2，先端钝，基部半圆形，外沿与前沿均弧形，有或无耳，着生处短，
斜生或近于横生，脊部不膨起，与茎呈 40–50°。雌雄异株。雄苞侧生，
雄苞叶 4–8 对。雌苞生于短侧枝上，具 2–3 对发育不全的叶，无新生枝，
雌苞叶狭卵形，先端圆钝，腹瓣卵形，脊部弯曲。蒴萼短扁筒形，具纵褶，
长约 2.3 毫米，中部宽约 1.4 毫米，口部平截。

产福建和西藏，生树干和岩石或腐木上。日本、泰国及印度尼西亚
有分布。

　　1. 植物体的一部分，示具雄枝(腹面观，×8)，2. 雌株的一部分(腹面观，×8)，3. 叶(腹
面观，×12)，4. 叶中部细胞(×300)，5. 叶基部细胞(×300)。

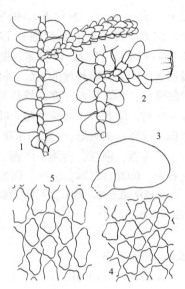

图 322 直瓣扁萼苔 (马　平绘)

27. 中华扁萼苔　　　　　　　　　　　图 323

Radula chinensis St., Sp. Hepat. 4: 164. 1910.

体形大，常为暗黄绿色或绿褐色。茎长 2.5–5.5 厘米，连叶宽 2.7–3.0
毫米，不规则羽状分枝，分枝长 0.5–2 厘米，连叶宽 2–2.5 毫米，小叶
型枝短；茎横切面直径 10–11
个细胞，皮部 2–3 层小细胞，
壁厚，红褐色，髓部细胞大，
薄壁，具小三角体。叶疏覆
瓦状排列或不相接，常脱落，
三角状卵形，长 1.3–1.5 毫米，
宽约 1.3 毫米，上部近三角形，
不内曲，常有狭卷边和小波
状褶，前缘基部越茎，呈圆
耳状。叶边细胞长 10–13 微
米，宽 9–12 微米；中部细胞
长 15–25 微米，宽 15–18 微米；

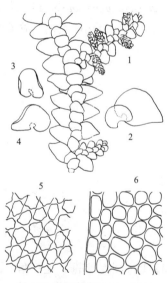

图 323 中华扁萼苔 (马　平绘)

基部细胞长 22–33 微米，宽 15–20 微米，壁薄，具大三角体，表面平滑。
腹瓣大，略呈覆瓦状贴生，近圆形，越茎，约为背瓣长度的 1/2，多具卷边，
基部有大耳，着生处短，脊部与茎呈 60°。

产安徽、四川和云南，生石灰岩石上。日本有分布。

　　1. 植物体的一部分，示具雄苞(腹面观，
×12)，2. 叶(腹面观，×40)，3-4. 叶的腹瓣
(×40)，5. 叶中部细胞(×300)，6. 叶边细胞
(×300)。

27. 紫叶苔科 PLEUROZIACEAE

(高　谦　吴玉环)

植物体形粗，紫红色或红褐色，有时灰绿色，叉状分枝。叶片腹瓣常呈管状，背瓣大，先端圆钝或具齿。蒴萼生于短侧枝上，长圆筒形，口部平滑。

2属，生于热带和亚热带地区。我国有2属。

1.叶短卵形或阔卵形，先端圆钝 .... 1. **紫叶苔属 Pleurozia**
1.叶卵形或狭卵形，先端具两齿 .... 2. **拟紫叶苔属 Eopleurozia**

1. **紫叶苔属 Pleurozia** Dum.

植物体粗，灰绿色至紫红色。叶片两裂，腹瓣呈囊状，背瓣大，内凹，呈瓢形。叶细胞具三角体及胞壁中部球状加厚；油体球形。蒴萼长筒形或长椭圆形，口部平滑。

20余种，热带山地分布。中国约3种。

大紫叶苔　　　　　　　　　　　　　　　图 324 彩片33

Pleurozia gigantea (Web.) Lindb. in Lindb. et Lackstroem, Hepat. Scoand. Exsicc. n. 5. 1874.

Jungermannia gigantea Web., Hist. Musc. Hepat. Prodr. 57. 1815.

植物体粗大，淡绿色或黄绿色，有时带紫色，小簇状生。茎长 6–10 厘米，连叶宽 5–6 毫米；分枝少，叶排列紧密，卵状三角形，背瓣大，稍内凹，渐尖，先端有不规则齿，叶边狭内曲，波状，具齿，腹瓣小，狭长卵形，基部约为背瓣宽度的 1/4–1/5，常呈囊状。中上部叶细胞近六边形，直径 25–27 微米，三角体大，胞壁中部球状加厚，基部细胞狭长方形，宽 16–20 微米，长 45–72 微米，三角体大，胞壁中部强烈加厚；表面平滑。雌雄同株。雄苞生于短侧枝上，雄苞叶 8–12 对，先端具齿。雌苞顶生，雌苞叶大于茎叶，强烈内凹，包被蒴萼。蒴萼大，狭纺锤形，上部具 10 条褶，口部收缩，具短齿。孢蒴卵形。蒴柄短。孢子褐色，直径约 40 微米。

产海南，生于热带雨林树干上。马来西亚、印度尼西亚及非洲有分布。

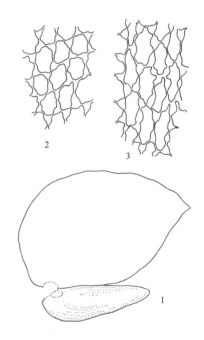

图 324 大紫叶苔 (吴鹏程绘)

1.叶(×16), 2.叶中部细胞(×305), 3. 叶基部细胞(×305)。

2. 拟紫叶苔属 Eopleurozia Schust.

2 种，亚热带地区生长。中国有 1 种。

拟紫叶苔 拟大紫叶苔　　　　　　　　　　　　　图 325

Eopleurozia gigenteoides (Horik.) Inoue, Illus. Jap. Hepat. 2: 181. 1976.

Pleurozia gigenteoides Horik., Journ. Sci. Hiroshima Univ. ser. B, div. 2, 2: 229. 1934.

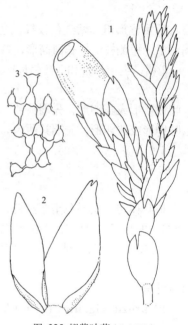

植物体挺硬，黄绿色，有时带紫红色，略具光泽，疏松或簇状生长。茎长达 4 厘米，连叶宽 4 毫米，密集成束分枝。叶密覆瓦状蔽前式排列，斜展，强烈内凹，两裂达叶长度的 1/2；背瓣狭卵形，渐尖，先端具两齿，叶边全缘，稍内卷；腹瓣狭卵形或阔披针形，边缘内卷呈筒形，基部宽阔，抱茎。叶细胞六边圆形，胞壁具三角体及中部球状加厚。无腹叶。雌雄异株。蒴萼圆

筒形，长达 3 毫米，成熟时有纵褶，口部平滑。孢蒴球形，成熟时四裂。蒴柄短，仅露出蒴萼口部。

产海南，生于热带山区林地腐木或岩石上。日本有分布。

图 325 拟紫叶苔（吴鹏程绘）

1. 雌株（腹面观，×8），2. 叶（×12），3. 叶中部细胞（×330）。

28. 光萼苔科 PORELLACEAE

（贾　渝）

植物体中等大小至大形，绿色、褐色或棕色，常具光泽，多扁平交织生长。主茎匍匐、硬挺，横切面皮部具 2–3 层厚壁细胞；1–3 回羽状分枝，分枝由侧叶基部伸出。假根成束着生于腹叶基部。叶 3 列。侧叶 2 列，紧密蔽前式覆瓦状排列，分背腹两瓣；背瓣大于腹瓣，卵形或卵状披针形，平展或内凹，全缘或具齿，先端钝圆、急尖或渐尖；腹瓣与茎近于平行着生，舌形，平展或边缘卷曲，全缘，具齿或毛状齿，与背瓣连接处形成短脊部。腹叶小，阔舌形，平展或上部背卷，两侧基部常沿茎下延，全缘、具齿或卷曲成囊。叶细胞圆形、卵形或多边形，稀背面具疣，胞壁三角体明显或不明显；油体微小，数多。雌雄异株。雌苞生短枝顶端。蒴萼背腹扁平，上部有纵褶，口部宽阔或收缩，边缘具齿。孢蒴球形或卵形，成熟后不规则开裂，蒴壁 2–4 层细胞，胞壁无加厚。

3 属，多分布于湿热地区，亦见于温带。中国有 3 属。

1. 腹叶基部两侧边缘卷曲呈囊；叶细胞背腹面具单个大圆疣 ·················· **2. 耳坠苔属 Ascidiota**
1. 腹叶基部两侧边缘不卷曲呈囊；叶细胞平滑无疣。
　2. 侧叶平展或有浅波纹，不呈波状卷曲；侧叶、腹叶和雌苞腹叶边缘多具齿 ·················· **1. 光萼苔属 Porella**
　2. 侧叶强烈波状卷曲；侧叶、腹叶和雌苞腹叶全缘 ·················· **3. 多瓣苔属 Macvicaria**

1. 光萼苔属 *Porella* Linn.

植物体多大形，绿色、黄绿色或棕黄色，具光泽，一般呈扁平交织生长。茎匍匐，规则或不规则 2–3 回羽状分枝；横切面皮部具 2–3 层厚壁细胞；假根成束状生于腹叶基部。叶 3 列。侧叶 2 列，密蔽前式覆瓦状排列，分背腹两瓣，背瓣大于腹瓣，卵形或长卵形，平展或稍有波纹，或略内凹，先端圆钝，急尖或渐尖；叶边卷曲或平展，全缘或具齿；腹瓣小，舌形，边缘常卷曲，稀平展，全缘或具齿，基部多沿茎下延。腹叶阔舌形，尖部圆钝，或浅两裂，边缘背卷或平展，具齿或全缘，基部两侧沿茎下延。叶细胞圆形，卵形或六边形，三角体明显或不明显；油体微小，多数。雌雄异株。雌苞生于短侧枝上。蒴萼多背腹扁平卵形，上部具弱纵褶，口部扁宽，常具齿或纤毛。孢蒴球形或卵形，成熟时 4 瓣裂，并不规则开裂成多数裂瓣。

约 80 种，亚热带、温带地区分布。中国约有 50 种。

1. 叶尖部宽阔、圆钝；叶边全缘。
  2. 叶平展。
    3. 腹瓣狭舌形，长度不及背瓣宽度的1/2；腹瓣及腹叶基部略下延 ·················· 1. 光萼苔 **P. pinnata**
    3. 腹瓣阔舌形，长度约为背瓣宽度的1/2；腹瓣及腹叶基部长下延 ·················· 5. 中华光萼苔 **P. chinensis**
  2. 叶边多内卷或内曲。
    4. 叶背瓣阔圆卵形；背瓣和腹叶边缘近于全背卷 ·················· 2. 钝叶光萼苔 **P. obtusata**
    4. 叶背瓣长椭圆形；背瓣和腹叶边缘部分背卷。
      5. 植物体较小；叶尖和腹叶尖部均内卷，基部边缘具不规则齿 ·················· 3. 细光萼苔 **P. gracillima**
      5. 植物体较大；叶尖和腹叶尖部平展，基部全缘 ·················· 4. 亮叶光萼苔 **P. nitens**
1. 叶尖部趋狭或呈锐尖，稀开裂；叶边平滑，或具不规则齿及毛状齿。
  6. 叶具锐尖，稀具毛状齿。
    7. 植物体质厚，具明显光泽。
      8. 侧叶与腹叶边密被毛状齿。
        9. 叶卵状椭圆形，具长锐尖；腹叶和腹瓣均呈阔舌形 ·················· 11. 毛边光萼苔 **P. perrottetiana**
        9. 叶卵圆形，具圆钝尖部；腹叶和腹瓣均呈圆卵形 ··················
        ·················· 11(附). 齿叶毛边光萼苔 **P. perrottetiana** var. **ciliatodentata**
      8. 侧叶与腹叶边全缘，或仅尖部或基部具齿。
        10. 叶锐尖；叶边全缘；腹瓣与腹叶基部下延，一般无齿 ·················· 9. 密叶光萼苔 **P. densifolia**
        10. 叶尖部具少数粗齿；腹瓣与腹叶基部下延部分具齿 ··················
        ·················· 9(附). 长叶密叶光萼苔 **P. densifolia** subsp. **appendicalata**
    7. 植物体质薄，光泽不明显。
      11. 腹叶全缘；腹瓣多斜生 ·················· 7. 丛生光萼苔 **P. caespitans**
      11. 腹叶上部浅裂；腹瓣与茎平行 ·················· 7(附). 日本丛生光萼苔 **P. caespitans** var. **nipponica**
  6. 叶尖圆钝，尖部具齿或毛状齿。
    12. 腹叶和腹瓣边密被毛状齿 ·················· 6. 长叶光萼苔 **P. longifolia**
    12. 腹叶和腹瓣边仅尖部或基部具不规则齿。
      13. 腹叶与腹瓣尖部具多数齿 ·················· 8. 尖叶光萼苔 **P. acutifolia**
      13. 腹叶仅尖部具双齿；腹瓣全缘 ·················· 10. 多齿光萼苔 **P. campylophylla**

1. 光萼苔 图 326

Porella pinnata Linn., Sp. Pl. 1106. 1753.

植物体中等大小，稀疏平展生长，绿色或黄绿色，具暗光泽。茎匍匐，不规则 2 回羽状分枝，顶端稍倾立，连叶宽 2.2–2.5 毫米。叶 3 列；

侧叶 2 列，稀疏覆瓦状排列；侧叶背瓣大于腹瓣，圆卵形，长 1.4–1.5 毫米，宽 1.0–1.1 毫米，平展，先

端钝圆；叶边平滑；腹瓣狭小，长舌形，长 0.4–0.5 毫米，宽 0.2–0.3 毫米，平展，叶边平滑，基部不对称，不下延或稍下延，顶端圆钝。叶细胞圆形或六边形，上部细胞 15.9–21.3 微米，中部 18.6–23.9 微米，薄壁，三角体小，油体微小。腹叶疏生，宽舌形，长 0.5–0.6 毫米，宽 0.3–0.4 毫米，边缘平滑，基部稍下延。雌雄异株。蒴萼近圆形，背腹扁平。

产甘肃和西藏，多生于岩石石缝中。欧洲及北美洲有分布。

1. 植物体的一部分(腹面观，×12)，2. 茎叶(腹面观，×16)，3. 叶背瓣中部细胞(×295)，4. 雌苞(腹面观，×10)，5. 蒴萼横切面的一部分(×95)。

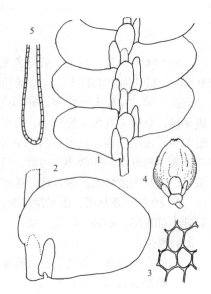

图 326 光萼苔(吴鹏程绘)

2. 钝叶光萼苔 图 327

Porella obtusata (Tayl.) Trev., Mem. Real. Istit. Lombardo Sci. Mat. Nat. ser. 3, 4: 497. 1877.

Jungermannia obtusata Tayl., Journ. Bot. 80. 1845.

体形中等至大形，黄绿色或棕黄色，略具光泽，密平展生长。茎匍匐，长 2–8 厘米，连叶宽 2.0–3.0 毫米，规则 1–2 回羽状分枝。叶 3 列，紧密覆瓦状排列；侧叶背瓣卵圆形，长 2.0–2.5 毫米，宽 1.5–1.7 毫米，顶端圆钝，强烈内卷；叶边全缘；腹瓣斜展，阔卵形，长 1.5–2.0 毫米，宽 0.5–0.8 毫米，边缘平滑，基部内侧沿茎宽条状下延，顶端边缘强烈背卷。叶细胞圆形或卵形，上部细胞 15.6–26.6 毫米，中下部细胞较大，三角体趋大，基部常呈球状加厚，油体微小。茎腹叶与茎腹瓣近于等大，卵形或长卵形，长 1.6–1.8 毫米，宽 1.2–1.4 毫米，全缘，顶端强烈背卷，基部沿茎条状下延。雌雄异株。蒴萼扁平圆卵形，口部宽阔，具不规则齿。

产广西、四川和云南，多着生林内石上。喜马拉雅地区、日本、印度及欧洲有分布。

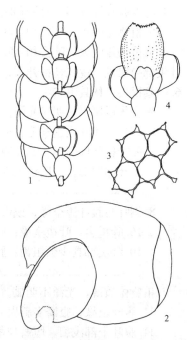

图 327 钝叶光萼苔(吴鹏程绘)

1. 植物体的一部分(腹面观，×5)，2. 茎叶(腹面观，×22)，3. 叶背瓣中部细胞(×320)，4. 雌苞(腹面观，×5)。

3. 细光萼苔 图 328

Porella gracillima Mitt., Trans. Linn. Soc. London Ser. 2,3: 202. 1891.

体形较小，黄绿色或棕黄色，下部呈褐色，具暗光泽，平展交织生长。茎匍匐，1–2 回规则羽状分枝，长 1.5–6 厘米，连叶宽 0.8–1.3 毫米。叶 3 列；侧叶背瓣卵形或长卵形，长 1.4–1.7 毫米，宽 1.0–1.2 毫米，顶端圆钝，强烈内卷；叶边平滑；腹

瓣斜倾，舌形，长 0.9–1.1 毫米，宽 0.4–0.5 毫米，上部全缘，背卷，基部沿茎条状下延，下延部分具不规则锐齿。叶细胞圆形或六边形，上部细胞 10.6–18.6 微米，向下细胞渐趋大，薄壁，三角体小，油体微小。茎腹叶卵形或长卵形，长 1.3–1.5 毫米，宽 0.5–0.6 毫米，全缘，顶端钝圆，常背卷，基部两侧沿茎条状下延。雌雄异株。

产陕西、甘肃、湖北、四川和西藏，生于海拔 2000 米左右林内树干。喜马拉雅地区、日本、朝鲜及俄罗斯远东地区有分布。

1. 植物体的一部分（腹面观，×48），2. 茎叶（腹面观，×56），3. 叶背瓣边缘细胞（×340），4. 叶背瓣中部细胞（×340），5. 茎腹叶（×145）。

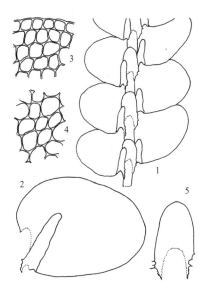

图 328 细光萼苔（吴鹏程绘）

4. 亮叶光萼苔　　　　　图 329 彩片34

Porella nitens (St.) Hatt. in Hara, Fl. E. Himalaya: 525. 1966.

Madotheca nitens St., Mem. Soc. Sci. Nat. Math. Cherbourg 29: 220. 1894.

体形较大，黄绿色或棕黄色，稍具光泽，密平展生长。茎匍匐，2回规则羽状分枝，长 3–9 厘米，连叶宽 2–3.5 毫米。叶 3 列；侧叶疏松覆瓦状排列，与茎呈 75°–85° 角展出，背瓣长椭圆形或长圆舌形，长 1.5–2.2 毫米，宽 0.7–1.1 毫米，稍内凹，后缘具狭卷边，顶端圆钝，干燥时内卷，潮湿时平展，叶边全缘；腹瓣与茎呈 10°–20° 角倾立，上部向茎内曲，狭舌形，长 1.3–1.4 毫

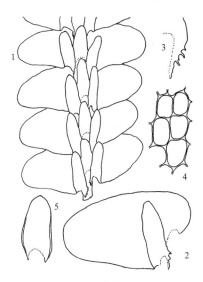

图 329 亮叶光萼苔（吴鹏程绘）

产四川和西藏，多生于针叶林树干基部。尼泊尔及印度有分布。

1. 植物体的一部分（腹面观，×15），2. 茎叶（腹面观，×30），3. 叶背瓣基部（×45），4. 叶背瓣中部细胞（×295），5. 茎腹叶（×30）。

米，宽 0.4–0.5 毫米，叶边全缘，顶端圆钝，平展，基部下延较短。叶细胞圆形，叶边细胞较小，厚壁，上部细胞长 15.9–23.9 微米，渐向下细胞趋大，三角体大而明显。茎腹叶覆瓦状排列，紧贴于茎，长椭圆状舌形，长 1.3–1.5 毫米，宽 0.5–0.6 毫米，叶边平滑，中下部背卷，顶端圆钝，基部两侧沿茎下延，下延部分边缘平滑或稍具波状齿。

5. 中华光萼苔　　　　　图 330

Porella chinensis (St.) Hatt., Journ. Hattori Bot. Lab. 30: 131. 1967.

Madotheca chinensis St., Mem. Soc. Sci. Nat. Math. Cherbourg 29: 218. 1894.

植物体中等大小至大形，深绿色、黄绿色或棕黄色，具暗光泽。茎

匍匐，2–3 回密羽状分枝，长 2–8 厘米，连叶宽 2.5–4.0 毫米。叶 3 列；侧叶紧密覆瓦状排列；背瓣卵形或阔卵形，长 1.2–2.5 毫米。宽

0.7–2.0 毫米，叶边全缘，常具浅波纹，先端圆钝或微尖，叶边基部有时具不规则疏齿；腹瓣与茎平行或稍倾立，舌形，长 0.7–2.2 毫米，叶边平滑或基部具不规则疏齿，狭背卷或强烈背卷，基部一侧沿茎条状下延。叶细胞圆形，薄壁，三角体小，上部细胞 18.6–21.3 微米，宽 29.3–37.2 微米，渐向下细胞趋大。茎腹叶疏生，阔舌形，长 0.9–2.2 毫米，叶边平滑或有时基部具不规则疏齿，平展或背卷，顶端钝圆，常强烈背卷，基部沿茎条状下延。雌苞着生短枝上。雌苞叶 2 对；蒴萼扁平圆卵形。

产陕西、甘肃、湖北、贵州、四川、云南和西藏，生于高海拔林区树干。喜马拉雅地区有分布。

1. 植物体的一部分(腹面观，×30)，2. 茎叶(腹面观，×60)，3. 叶背瓣中部细胞 (×195)，4. 雌苞(腹面观，×8)。

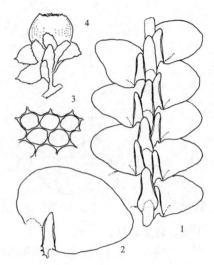

图 330 中华光萼苔 (吴鹏程绘)

6. 长叶光萼苔   图 331

Porella longifolia (St.) Hatt., Journ. Hattori Bot. Lab. 32: 351. 1969.

Madotheca longifolia St., Sp. Hepat. 4: 305. 1910.

植物体较大，黄绿色，稀疏成片生长。茎匍匐，先端稍倾立，硬挺，1–2 回疏羽状分枝，分枝斜展，长 4–8 厘米，连叶宽 4.5–5.5 毫米。叶 3 列；侧叶疏松覆瓦状排列，与茎呈 80°–85° 展出；背瓣长舌形，长 2.5–3.0 毫米。宽 1.2–1.4 毫米，叶边平展，顶端具 3–6 个锐齿；腹瓣与茎平行伸展或稍斜立，狭舌形，长 1.3–1.4 毫米，宽 0.4–0.5 毫米，叶边具密或疏锐齿或毛状齿，基部稍下延。叶细胞圆形或卵形，上部细胞 21.3–31.9 微米，渐向基部细胞壁常具球状加厚。茎腹叶覆瓦状紧贴于茎，长椭圆形，长 1.3–1.4 毫米，宽 0.5–0.6 毫米，两侧边缘较平直，顶端钝或平截，边缘密具锐齿或毛

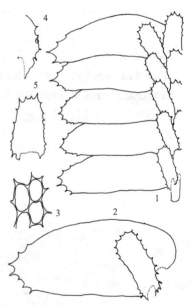

图 331 长叶光萼苔 (吴鹏程绘)

状齿，基部下延较短。

产广西、云南和西藏，生于阴湿林内树干。印度尼西亚有分布。

1. 植物体的一部分(腹面观，×12)，2. 茎叶(腹面观，×16)，3. 叶背瓣中部细胞(×225)，4. 叶背瓣基部(×32)，5. 茎腹叶(×16)。

7. 丛生光萼苔   图 332

Porella caespitans (St.) Hatt., Journ. Hattori Bot. Lab. 33: 50. 1970.

Madotheca caespitans St., Mem. Soc. Sci. Nat. Math. Cherbourg 29: 218. 1894.

植物体中等大小，黄绿色或棕黄色，密集交织成小片状生长。茎匍匐，先端稍倾立，密 2 回羽状分枝，分枝斜展，长 3–6 厘米，连叶宽 2.5–3 毫米。叶 3 列；侧叶紧密覆瓦状排

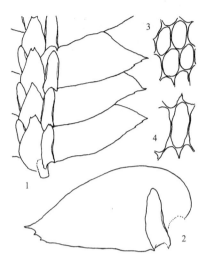

列；背瓣卵形，长 1.4–1.6 毫米。宽 0.8–1.1 毫米，后缘常内卷，顶端急尖，具小尖，叶边有时尖部具 1–4 个钝齿；腹瓣斜展，长舌形，长 0.5–0.6 毫米，宽 0.2–0.3 毫米，全缘，平展，有时边缘狭背卷，顶端钝，基部沿茎下延。叶细胞圆形或圆方形，上部细胞 10.6–16.0 微米，渐向基部细胞趋大，壁薄，中部及基部细胞胞壁具明显三角体。茎腹叶紧贴于茎，舌形，长 0.8–0.9 毫米，宽 0.4–0.5 毫米，顶端钝或平截，基部沿茎下延，下延部分边缘平滑。蒴萼钟形，腹面具 1 个膨起的脊，背面具 2 个不明显脊，口部扁宽，边缘具不规则齿。孢蒴球形，成熟时开裂成 4 瓣。孢子黄绿色，具细疣，直径 26.6–29.3 微米。弹丝细长，直径 7.9–10.6 微米，长 210–450 微米，具 2 列螺纹状加厚。

产陕西、甘肃、湖北、广西、贵州、四川、云南和西藏，生于温暖湿润林区内岩壁和树干。喜马拉雅地区、日本、朝鲜及印度有分布。

[附] **日本丛生光萼苔 Porella caespitans** var. **nipponica** Hatt., Journ. Hattori Bot. Lab. 33: 57. 1970. 与模式变种的区别：腹叶上部浅裂；腹瓣与

图 332 丛生光萼苔（吴鹏程绘）

茎平行。产甘肃、广西和云南，生林内阴湿岩壁。日本、朝鲜、尼泊尔、印度及菲律宾有分布。

1. 植物体的一部分（腹面观，×20），2. 茎叶（腹面观，×30），3. 叶背瓣中部细胞（×260），4. 叶背瓣基部细胞（×260）。

8. 尖瓣光萼苔
图 333

Porella acutifolia (Lehm. et Lindenb.) Trev., Mem. Real. Istit. Lombardo Sci. Mat. Nat. Ser. 3, 4: 408. 1877.

Madotheca acutifolia Lehm. et Lindenb. in Lehm., Pugill. Pl. 7: 8. 1838.

体形较大，黄绿色或棕色，无光泽，密集交织成片生长。茎匍匐伸展，先端稍倾立，1–2 回羽状分枝，长 4–8 厘米，连叶宽 4–5 毫米。叶 3 列；侧叶覆瓦状排列；背瓣长椭圆形，长 3–3.4 毫米，宽 1.8–2.3 毫米，后缘常内卷，先端渐尖，具毛状尖，叶边尖部具 1–5 个锐齿；腹瓣稍斜展，舌形，长 2–2.5 毫米，宽 0.7–1.0 毫米，顶端钝，急尖或斜截形，两侧叶边平直，或有时具钝齿，基部沿茎一侧下延，下延部分具不规则齿。叶细胞圆形或卵形，边缘细胞小，厚壁，中部细胞长 23.9–34.6 微米，宽 18.6–23.9 微米，中部以下细胞壁渐加厚，三角体大，常有球状加厚。茎腹叶狭卵状三角形，长 1.7–2.4 毫米，两侧叶边平滑，顶端急尖，具锐齿，或平截，有时具 1–2 个钝齿，或呈尖齿状，基部两侧沿茎呈波状下延。

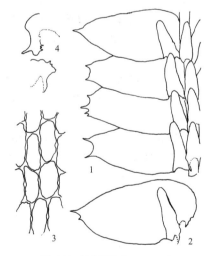

图 333 尖瓣光萼苔（吴鹏程绘）

产陕西、四川、云南和西藏，生于林内树干和岩面。日本、印度、印度尼西亚及菲律宾有分布。

1. 植物体的一部分（腹面观，×32），2. 茎叶（腹面观，×32），3. 茎叶背瓣中部细胞（×400），4. 茎叶背瓣基部（×96）。

9. 密叶光萼苔 图 334

Porella densifolia (St.) Hatt., Journ. Jap. Bot. 20: 109. 1944.

Madotheca densifolia St., Mem. Soc. Sci. Nat. Math. Cherbourg 29: 209. 1894.

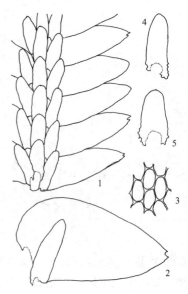

图 334 密叶光萼苔（吴鹏程绘）

体形粗大，深绿色或棕色，密集相互交织成疏松片状生长。茎匍匐，先端稍倾立，不规则羽状分枝，长4-9厘米，连叶宽4.5-5.5毫米。叶3列；侧叶密覆瓦状排列；背瓣斜展，长卵形，长2.5-3.0毫米，宽1.5-1.8毫米，后缘边狭内卷，顶端急尖或渐尖，叶边尖部常具1-2个粗锐齿，腹瓣斜立，长舌形，长1.5-1.8毫米，宽0.7-0.9毫米，两侧边平直，顶端钝圆，基部沿茎一侧下延，具裂片状齿。叶细胞圆形或卵圆形，上部细胞18.6-26.6微米，向下细胞渐趋大，壁薄或稍加厚，中上部细胞壁三角体小，基部细胞三角体大。茎腹叶覆瓦状紧贴于茎，长圆卵形，长1.5-1.8微米，宽1.2-1.4微米，叶缘平展，全缘，顶端钝圆，基部沿茎两侧下延，下延部分具深裂片状齿。

产陕西、安徽、浙江、四川、云南和西藏，生于湿热山区林内树干和阴岩面。日本、朝鲜及越南有分布。

[附] **长叶密叶光萼苔 Porella densifolia** subsp. **appendiculata** (Steph.) Hatt., Journ. Hattori Bot. Lab. 32: 343. 1969.—Madotheca appendiculata Steph., Sp. Hepat. 4: 301. 1910. 与模式亚种的区别：叶尖部具少数粗齿；腹瓣与腹叶基部下延部分具齿。产浙江、福建、四川、云南和西藏。尼泊尔及印度有分布。

1. 植物体的一部分（腹面观，×14），2. 茎叶（腹面观，×25），3. 茎叶背瓣中部细胞（×225），4. 茎叶腹瓣（×13），5. 茎腹叶（×13）。

10. 多齿光萼苔 图 335

Porella campylophylla (Lehm. et Lindenb.) Trev., Mem. Real. Istit. Lombardo Sci. Mat. Nat. Ser. 3, 4: 408. 1877.

Jungermannia campylophylla Lehm. et Lindenb., Nov. Stirp. Pug. 6: 40. 1834.

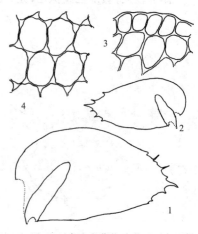

图 335 多齿光萼苔（吴鹏程绘）

植物体中等至大形，黄绿色或棕黄色，密集平展交织生长。茎匍匐，先端稍倾立，稀疏羽状分枝，长3-6厘米，连叶宽3.5-4.5毫米。叶3列；侧叶近于平展，长椭圆形，长2.5-3.0毫米，宽1.6-1.9毫米，后缘呈波状卷曲，中上部边缘密生锐齿；腹瓣近于与茎平列，狭长舌形，长1.4-2.0毫米，宽0.5-0.8毫米，顶端圆钝，有时具1-5个细齿，基部一侧沿茎长下延，下延部边缘常狭背卷。叶细胞圆形，上部细胞18.6-29.3微米，渐向下细胞趋大，

厚壁，三角体明显。茎腹叶长圆卵形，长1.6-2.1毫米，宽0.8-1.5毫米，顶端略凹，常具2个钝齿至多数细

齿，基部边缘狭背卷，两侧沿茎长下延。

产陕西、广西、四川、云南和西藏，多生于海拔 1000 米左右林内树干。印度及尼泊尔有分布。

1. 茎叶(腹面观，×24)，2. 枝叶(腹面观，×16)，3. 茎叶背瓣边缘细胞(×350)，4. 茎叶背瓣中部细胞(×350)。

11. 毛边光萼苔 图 336 彩片35

Porella perrottetiana (Mont.) Trev., Mem. Real. Istit. Lombardo Sci. Mat. Nat. ser. 3, 4: 408. 1877.

Madotheca perrottetiana Mont., Ann. Sci. Nat. ser. 2, 17: 15. 1942.

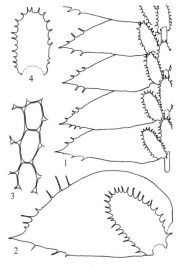

图 336 毛边光萼苔(吴鹏程绘)

体形粗大，黄绿色或棕黄色，稍具光泽，扁平交织呈大片生长。茎匍匐，先端稍倾立，不规则疏羽状分枝，长 7–20 厘米，连叶宽 6–7 毫米。侧叶疏松覆瓦状排列；背瓣稍斜展，长卵形或卵状披针形，前缘圆弧形，后缘近于平直，长 4.0–4.5 毫米，宽 1.8–2.3 毫米，先端锐尖，基部着生处宽阔；叶边前缘和尖部多密生长 5–20 个细胞的毛状齿；腹瓣稍斜倾，长舌形，长 2.0–2.4

毫米，宽 0.6–0.7 毫米，尖部圆钝，边缘密被长毛状齿，基部沿茎一侧稍下延。叶细胞圆形，上部细胞长 26.6–34.6 微米，宽 21.2–29.3 微米，渐向基部细胞趋大，薄壁，三角体小到中等大小。茎腹叶紧贴于茎，长舌形，长 1.8–2.3 毫米，宽 0.9–1.1 毫米，尖部圆钝，基部两侧稍下延，叶边密生毛状齿。雌雄异株。雄苞呈穗状，顶生小枝上。雌苞杯状，口部平截，具纤毛。

产广西、贵州、四川、云南和西藏，生于林内树干或阴湿石壁上。日本、朝鲜、尼泊尔、不丹、缅甸、菲律宾、斯里兰卡及印度有分布。

[附] 齿叶毛边光萼苔 **Porella perrottetiana** (Mont.) Trev. var. **ciliatodentata** (Chen et Wu) Hatt., Journ. Hattori Bot. Lab. 30: 144. 1967.—*Porella ciliatodentata* Chen et Wu in Hsu, Observ. Florul. Hwangshanicam 8, fig. 2. 1965. 与模式变种的区别：叶卵圆形，具圆钝尖部；腹瓣和腹叶均呈圆卵形。产安徽、贵州和四川，生于阴湿岩面。日本、朝鲜、老挝、缅甸、菲律宾、尼泊尔、斯里兰卡及印度有分布。

1. 植物体的一部分(腹面观，×15)，2. 茎叶(腹面观，×30)，3. 茎叶背瓣中部细胞(×245)，4. 茎腹叶(×30)。

2. 耳坠苔属 Ascidiota Mass.

植物体稍硬挺，深绿色或深棕色，略具光泽，疏松交织成片生长。茎匍匐或顶端稍倾立，不规则羽状分枝，枝短。叶 3 列；侧叶 2 列，紧密覆瓦状蔽前式排列，背瓣椭圆形或长卵形，内凹，前缘宽圆弧形，先端圆钝，内曲，后缘基部常卷曲成囊，叶边密被透明毛状齿；腹瓣狭卵形，基部与背瓣相连成一短脊部，边缘密生毛状齿，基部边缘卷曲成囊。叶细胞圆形或椭圆形，胞壁具明显三角体，背腹面均具单个粗圆疣。腹叶圆形，边缘具多数毛状齿，基部两侧边缘卷曲成囊。雌雄异株。

仅 1 种和 1 变种，温带或高海拔山区分布。中国有 1 种。

耳坠苔 图 337

Ascidiota blepharophylla Mass., Nuovo Giorn. Bot. Ital. n. ser. 5 (2): 255. 1898.

植物体稍粗，深绿色或深棕色，无光泽，一般疏松交织成片。茎长

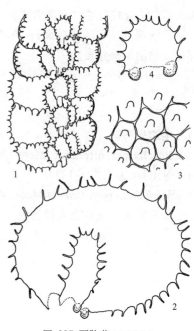

可达 10 厘米，不规则 1-2 回羽状分枝，枝长 8-10 毫米，连叶宽 1.8-2.5 毫米，尖端圆钝。侧叶紧密覆瓦状排列；背瓣卵形或阔椭圆形，长 1.2 毫米，宽 0.9 毫米；先端内曲，后缘基部卷曲成小囊；叶边密生透明毛状齿，腹瓣狭卵形，尖部常内曲，长 0.8-1.0 毫米，宽 0.4-0.5 毫米，边缘密生毛状齿，基部边缘卷曲成小囊。叶细胞圆形或卵形，上部细胞 15.9-21.3 微米，宽 13.3-18.6 微米，渐向基部细胞趋大，胞壁具明显三角体，背腹面均具单个大圆疣。腹叶近圆形，长 1.0-1.2 毫米，宽 0.9-1.1 毫米，边缘密生透明毛状齿，基部两侧卷曲成小囊，不下延。

中国特有，产陕西和云南，生于树干。

1. 植物体的一部分(腹面观，×8)，2. 茎叶(腹面观，×22)，3. 茎叶背瓣中部细胞(×230)，4. 茎腹叶(×22)。

图 337 耳坠苔（吴鹏程绘）

3. 多瓣苔属 Macvicaria Nichols.

植物体柔弱，淡绿色，密集交织生长。茎匍匐，横切面椭圆形，皮部具 1-3 层小形厚壁细胞；不规则分枝。叶 3 列；侧叶 2 列，密而不贴生排列，背瓣圆卵形，前缘宽圆弧形，后缘近平直或弧形，尖部狭而圆钝，叶边全缘，强烈波曲；腹瓣长舌形，全缘，与背瓣相连处脊部短，呈弧形，基部沿茎一侧下延不明显。叶细胞圆形至多角形，薄壁，三角体小。腹叶阔舌形，大于腹瓣，叶边全缘，呈强波纹状，尖部背仰，基部两侧沿茎呈条状下延。雌雄异株。雌苞生于短枝两侧。蒴萼梨形，口部收缩，口部边缘具不规则细齿。孢蒴卵形，成熟时不规则开裂为 6-12 瓣。孢子大，褐色，表面呈 6-7 个网格状，具细疣。弹丝单列螺纹加厚。

1 种，亚洲东部低海拔山区生长。中国有分布。

多瓣苔 图 338

Macvicaria ulophylla (St.) Hatt., Journ. Hattori Bot. Lab. 5: 81. 1951.

Madotheca ulophylla St., Bull. Herb. Boissier 5: 97. 1897.

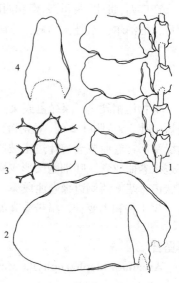

植物体暗绿色，茎长约 4 厘米，不规则分枝。叶背瓣卵形，长约 2.5 毫米，叶边全缘，强烈波曲；腹瓣宽舌形，顶端钝，全缘，基部沿茎一侧稍下延。叶细胞圆形至六角形，薄壁，直径约 20-30 微米，三角体小。腹叶阔卵形，约 2 倍宽于茎，顶端圆钝，全缘，强烈波曲，基部两侧沿茎条状下延。雌

图 338 多瓣苔（吴鹏程绘）

苞叶与茎叶近似，雌苞腹叶形大。

产内蒙古、安徽、浙江、台湾、四川和云南，生于林内阴湿树干。日本及朝鲜有分布。

1. 植物体的一部分(腹面观，×13)，2. 茎叶(腹面观，×24)，3. 茎叶背瓣中部细胞(×230)，4. 茎腹叶(×24)。

29. 耳叶苔科 FRULLANIACEAE

（张　力）

植物体纤细或粗大，褐绿色、深黑色或红褐色，紧贴基质或悬垂附生，多生于树干、树枝或岩面。茎规则或不规则羽状分枝。叶 3 列，侧叶与腹叶异形。侧叶 2 列，覆瓦状蔽前式排列，分背瓣和腹瓣；背瓣大，内凹，多圆形、卵圆形或椭圆形，尖部多圆钝，偶具锐尖，叶边全缘，稀具毛状齿，叶基具叶耳或缺失。叶细胞圆形或椭圆形，胞壁等厚，或具中部球状加厚，三角体明显或缺失，油体球形或椭圆形，稀具散生或成列油胞；腹瓣小，盔形、圆筒形或片状；副体常见，由数个至十余个细胞组成，多为丝状，偶呈片状。腹叶楔形、圆形或椭圆形，全缘或 2 裂，基部有时下延，稀具叶耳。雌雄异株或同株。蒴萼卵形或倒梨形，蒴壁厚二层细胞，脊部多膨起，平滑、具疣或小片状突起，喙短小。孢子球形，表面具颗粒状疣。

4 属，多分布热带和亚热带地区。我国有 2 属。

1. 侧叶全缘或具钝尖，无毛状齿 ·················· 1. 耳叶苔属 Frullania
1. 侧叶边缘具毛状齿 ·················· 2. 毛耳苔属 Jubula

1. 耳叶苔属 Frullania Raddi

体形纤细、柔弱或稍粗大，褐绿色、深黑色或红褐色，多具光泽，习生于树干、树枝或岩面，稀叶面附生，或悬垂。茎规则或不规则 1–2 回羽状分枝。叶 3 列，侧叶与腹叶异形。侧叶 2 列，覆瓦状蔽前式排列；侧叶分背瓣和腹瓣；背瓣多圆形、卵圆形或椭圆形，尖部多圆钝，偶具钝尖，叶基稀呈耳状；叶边全缘。叶细胞圆形或椭圆形，胞壁常具球状加厚或等厚，三角体有或缺，油体球形或椭圆形；少数种类具油胞，位于叶片近基部，散生或成列生长。腹瓣盔形、圆筒形、细长筒形或呈片状；副体常见，体形小，由数个至十余个细胞组成，多为丝状，偶为片状，位于腹瓣基部。腹叶楔形、圆形或椭圆形，全缘或上部浅 2 裂，基部不下延或略下延，有时具叶耳。雌雄异株或同株。蒴萼卵形或倒梨形，脊 3–5 个，多膨起，平滑，具疣或小片状突起，喙短小。孢子球形。

约 300 多种，我国近 70 种。

1. 腹瓣兜形、盔形或圆球形，宽度大于或等于长度。
　2. 腹叶全缘或上部略凹。
　　3. 腹叶基部两侧下延。
　　　4. 附体片状 ·················· 1. 密叶耳叶苔 F. siamensis
　　　4. 附体丝状。
　　　　5. 腹叶长度大于宽度 ·················· 2. 云南耳叶苔 F. yunnanensis

　　5. 腹叶宽度大于长度 ··· 3. 顶脊耳叶苔 F. physantha
　3. 腹叶基部两侧不下延。
　　6. 腹叶基部平展 ·· 4. 圆叶耳叶苔 F. inouei
　　6. 腹叶基部波状 ·· 5. 达乌里耳叶苔 F. davurica
2. 腹叶上部2裂。
　7. 侧叶湿润时背仰 ·· 6. 皱叶耳叶苔 F. ericoides
　7. 侧叶湿润时向腹面卷曲或平展。
　　8. 腹叶裂瓣具齿 ·· 7. 盔瓣耳叶苔 F. muscicola
　　8. 腹叶裂瓣全缘。
　　　9. 腹叶基部不下延。
　　　　10. 腹叶两侧边缘强烈背卷 ··· 8. 西南耳叶苔 F. consociata
　　　　10. 腹叶两侧边缘平展。
　　　　　11. 腹叶长宽度近于相等。
　　　　　　12. 植物体较小，茎连叶宽0.6–1.0毫米 ······················ 9. 陈氏耳叶苔 F. chenii
　　　　　　12. 植物体较大，茎连叶宽1.3–1.5毫米 ··················· 10. 陕西耳叶苔 F. schensiana
　　　　　11. 腹叶宽度大于长度。
　　　　　　13. 腹瓣喙状尖明显 ·· 11. 湖南耳叶苔 F. hunanensis
　　　　　　13. 腹瓣喙状尖不明显 ·· 12. 钝喙耳叶苔 F. taradakensis
　　　9. 腹叶基部两侧下延。
　　　　14. 腹叶上部2裂约为叶长度约1/8 ····································· 13. 淡色耳叶苔 F. pallide–virens
　　　　14. 腹叶上部2裂达叶长度的1/5–1/6。
　　　　　15. 侧叶仅前缘基部下延 ·· 14. 尼泊尔耳叶苔 F. nepalensis
　　　　　15. 侧叶两侧基部均下延。
　　　　　　16. 腹叶基部明显下延 ·· 15. 心叶耳叶苔 F. giraldiana
　　　　　　16. 腹叶基部不下延或略下延 ····································· 16. 暗绿耳叶苔 F. fuscovirens
1. 腹瓣圆筒形，长度大于宽度。
　17. 侧叶具油胞。
　　18. 油胞位于背瓣基部 ·· 17. 油胞耳叶苔 F. trichodes
　　18. 油胞散生或呈1–2列位于背瓣中央。
　　　19. 油胞呈1–2列 ·· 18. 列胞耳叶苔 F. moniliata
　　　19. 油胞呈1–2列，稀有散生油胞 ·· 19. 欧耳叶苔 F. tamarisci
　17. 侧叶不具油胞。
　　20. 背瓣先端圆钝 ·· 20. 短萼耳叶苔 F. motoyana
　　20. 背瓣先端渐尖或急尖。
　　　21. 腹叶基部两侧下延 ·· 21. 齿叶耳叶苔 F. serrata
　　　21. 腹叶基部两侧不下延 ··· 22. 尖叶耳叶苔 F. apiculata

1.　密叶耳叶苔　　　　　　　　　　　　图 339 彩片36

Frullania siamensis Kitag., Thaith. et Hatt., Journ. Hattori Bot. Lab. 43: 452. 1977.

　　体形稍大，红棕色。茎 1–2 回羽状分枝，长 3–5 厘米，连叶宽 1.4–1.7 毫米，茎直径 0.1–0.2 毫米。侧叶紧密覆瓦状蔽前式排列；卵圆形或椭圆形，长 1.1–1.3 毫米，宽 0.7–1.8 毫米，先端圆钝，前缘基部具大叶耳，后缘基部不下延；叶边尖部常内曲。叶中部细胞长椭圆形，长 18–24 微米，宽 12–16 微米，胞壁波曲，三角体明显。腹瓣兜形，长 0.3 毫米，宽 0.2 毫米，与茎着生约呈 15 度

角，具向下弯的短喙状尖；副体片状，基部宽 4–5 个细胞，尖端 2–3 个单列细胞。腹叶椭圆形，全缘，长 0.5–0.8 毫米，宽 0.4–0.7 毫米，基部有时稍收窄，具纵褶，基部两侧呈耳状下延，先端明显背卷。

产广西、四川和云南中高海拔地区，多树干附生。泰国有分布。

1. 植物体的一部分（腹面观，×8），2. 叶的背瓣（×15），3. 叶尖部细胞（×198），4. 叶中部细胞（×198），5. 叶的腹瓣（×37），6. 腹叶（×15）。

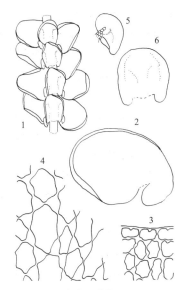

图 339 密叶耳叶苔（马　平绘）

2. 云南耳叶苔

图 340 彩片37

Frullania yunnanensis St., Hedwigia 33: 161. 1894.

植物体中等大小，红棕色。茎 1–2 回羽状分枝，长 2–5 厘米，连叶宽 1.3 毫米，茎直径 0.1 毫米。侧叶椭圆形，前端边缘内卷，长 1.2–1.4 毫米，宽 1.0–1.2 毫米，先端圆钝，前缘基部呈明显耳状，越茎覆盖，后缘基部不下延。叶中部细胞长椭圆形，长 20–25 微米，宽 15–20 微米，壁孔明显。腹瓣兜形，长 0.4 毫米，宽 0.2 毫米；副体丝状，基部宽 2 个细胞，长 5–7 个细胞。

腹叶椭圆形，长 0.6–0.9 毫米，宽 0.6–0.8 毫米，基部有时略收窄，全缘或有时具小尖头，先端明显背卷，与茎连接处近于平直，叶基两侧略下延。雌雄异株。蒴萼长椭圆形，具 3 个脊，脊部平滑。偶在背瓣边缘产生无性芽胞。

产台湾、福建、广东、四川、云南和西藏，多树干附生。尼泊尔、不丹、印度及泰国有分布。

1. 植物体的一部分（腹面观，×11），2. 叶的背瓣（×15），3. 叶尖部细胞（×210），4. 叶中部细胞（×210），5. 叶的腹瓣（×37），6. 雌枝（腹面观，×11）。

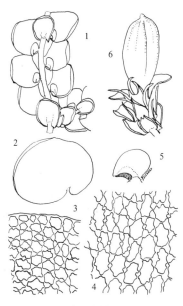

图 340 云南耳叶苔（马　平绘）

3. 顶脊耳叶苔

图 341 彩片38

Frullania physantha Mitt., Journ. Proc. Linn. Soc. Bot. 5: 121. 1861.

体形稍大，浅黄色至深褐色，密集交织生长。茎不规则羽状分枝，长 1–3 厘米，连叶宽 1.6–2.2 毫米；茎直径宽 0.2 毫米。侧叶阔椭圆形，长 1.5–1.8 毫米，宽 1.1–1.3 毫米，内凹，顶端圆形，常内卷，全缘，基部两侧不对称，

前缘基部呈耳状，后缘基部圆钝。叶中部细胞圆形或卵形，长 15–20 微米，宽 12–15 微米，胞壁球状加厚，三角体明显。腹瓣贴茎着生，长 0.3 毫米，宽 0.3 毫米，盔形，具向下弯曲的短喙；副体丝状，长 3–5 个细胞。腹叶覆瓦状排列，近阔圆形，长 0.7–0.9 毫米，宽 0.8–1.1 毫米，顶端钝圆，边缘常背卷，基部两侧圆形抱茎。雌雄异株。蒴萼大，近球形，长 3 毫米，直径 2.5 毫米，顶端具 5 个脊，脊部平滑。

产湖南、四川、云南和西藏，生于中高海拔林下树干和树枝。不丹、尼泊尔、印度及越南有分布。

1. 植物体的一部分，示具雌苞(腹面观，×8)，2. 叶的背瓣(×15)，3. 叶尖部细胞(×150)，4. 叶中部细胞(×150)，5. 叶的腹瓣，示具副体(×37)。

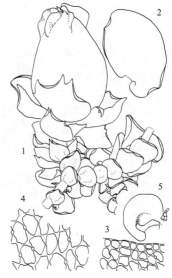

图 341 顶脊耳叶苔（马 平绘）

4. 圆叶耳叶苔　　　　　　　　图 342

Frullania inouei Hatt., Bull. Natn. Sc. Mus. [Tokyo] Ser. B. 6 (1): 36. 1980.

体形中等大小，深棕色或浅棕色，密集平展交织生长。茎不规则羽状分枝，长 2–4 厘米，连叶宽 1.2–1.5 毫米；茎直径 0.1–0.2 毫米。侧叶宽卵形，长 1.1–1.3 毫米，宽 0.9–1.0 毫米，内凹，顶端圆形，常内卷，基部两侧下延呈明显圆耳形；叶边平滑。叶中部细胞卵圆形，长 25–40 微米，宽 20–30 微米，胞壁波曲，具球状加厚，三角体大。腹瓣紧贴茎着生，长 0.3 毫米，宽 0.2 毫米，

近圆形，具向下略弯曲的喙；副体丝状，长 5–6 个细胞。腹叶疏生，长 0.7–0.8 毫米，宽 0.8–0.1 毫米，紧贴于茎，圆形或扁圆形，顶端圆弧形，略内凹，基部不下延。

中国特有，产台湾、四川和云南，多为石生。

1. 植物体的一部分，示具雌苞(腹面观，×8)，2. 叶的背瓣(×15)，3. 叶尖部细胞(×150)，4. 叶中部细胞(×150)，5. 叶的腹瓣，示具副体(×37)。

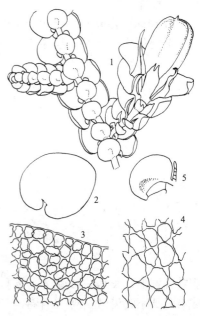

图 342 圆叶耳叶苔（马 平绘）

5. 达乌里耳叶苔　　　　　　　图 343 彩片39

Frullania davurica Hampe in Gott. et al., Syn. Hepat. 422. 1845.

植物体形大，红棕色，密集成片。茎规则羽状分枝，长 4–8 厘米，连叶宽 1.5–1.8 毫米；茎直径宽 0.2 毫米。侧叶圆形或卵圆形，长 1.0–1.2 毫米，宽 0.8–1.0 毫米，先端圆钝，前缘基部耳状，后缘基部圆钝。叶中部细胞圆形或椭圆形，长 15–22 微米，宽 10–15 微米，三角体明显。腹瓣兜形，长 0.2–0.3 毫米，宽 0.3–0.4 毫米，具短喙；副体小，丝状，长 4–5 个细胞。腹叶圆形或宽圆形，长 0.5–0.8 毫米，宽 0.5–1.0 毫米，顶端略凹陷，与茎连接处呈拱形，基部多少呈波状，不下延或略下延。

产吉林、内蒙古、河南、陕西、甘肃、山东、安徽、台湾、江西、

湖南、广西、贵州、四川、云南和西藏,多为附生。朝鲜、日本及俄罗斯(西伯利亚)有分布。

1. 植物体的一部分,示具雌苞和开裂的孢蒴(腹面观, ×8), 2. 叶的背瓣(×15), 3. 叶尖部细胞(×150), 4. 叶中部细胞(×150), 5. 叶的腹瓣,示具副体(×37)。

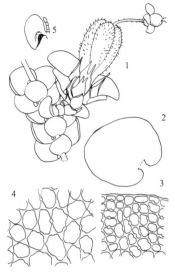

图 343 达乌里耳叶苔(马 平绘)

6. 皱叶耳叶苔　　　　　　图 344 彩片40

Frullania ericoides (Nees) Mont., Ann. Sci. Nat. Bot. Ser. 2 (12): 51. 1839.

Jungermannia ericoides Nees ex Mart., Fl. Bras. 1: 346. 1833.

植物体红棕色至棕绿色,扁平匍匐生长。茎稀疏羽状分枝,长 2–3 毫米,连叶宽 1.0–1.2 毫米;茎直径 0.1 毫米。侧叶覆瓦状排列,湿润时前缘背仰,圆卵形至椭圆形,长 0.9–1.1 毫米,宽 0.8–1.0 毫米,先端圆钝,边缘偶具无性芽胞,基部两侧多呈圆耳状。叶中部细胞近圆形,长 18–30 微米,宽 18–28 微米,厚壁,三角体明显。腹瓣多兜形,口部宽阔,平截,长 0.3 毫米,宽 0.15 毫米;副体丝状,长 4–5 个细胞,顶端细胞狭长,透明,长 70–90 微米。腹叶圆形,长 0.52 毫米,宽 0.5 毫米,先端浅两裂,裂瓣呈三角形,裂瓣间呈 5–10 度角,叶缘偶有锯齿。

产甘肃、山东、江苏、台湾、湖南、广东、香港、海南、广西、四川、云南和西藏,多为附生。日本、朝鲜、印度北部、印度尼西亚、菲律宾、新几内亚、新喀里多尼亚、澳大利亚、美洲及非洲有分布。

1. 植物体的一部分(腹面观, ×8), 2-3. 叶(腹面观, ×15), 4. 叶尖部细胞(×150), 5. 叶中部细胞(×150), 6. 叶的腹瓣,示具副体(×37), 7-8. 腹叶(×15), 9. 雌苞(腹面观, ×8)。

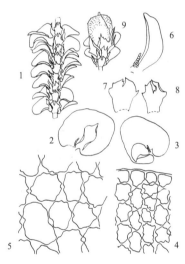

图 344 皱叶耳叶苔(马 平绘)

7. 盔瓣耳叶苔　　　　　　图 345 彩片41

Frullania muscicola St., Hedwigia 33: 146. 1894.

植物体形小,浅褐色至深棕色,呈片状紧贴基质着生。茎不规则羽状分枝至二回羽状分枝,长 1–2 厘米,连叶宽 1.1 毫米;茎直径 0.25 毫米。侧叶阔卵圆形或长椭圆形,长 0.5–0.7 毫米,宽 0.5–0.6 毫米,前缘基部呈耳状,后缘基部不下延。叶中部细胞圆形,长 18–22 微米,宽 16–18 微米;每个细胞具

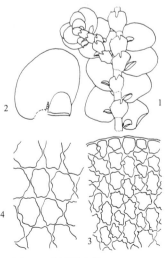

图 345 盔瓣耳叶苔(马 平绘)

4–6个油体，纺锤形。腹瓣兜形或呈片状，长0.2–0.25毫米，宽0.2毫米；副体丝状，长4–5个细胞。腹叶倒楔形，长0.2–0.4毫米，宽0.3–0.38毫米，上部两裂，裂瓣两侧各有1–2个齿，与茎连接处近平列，基部不下延。

产黑龙江、吉林、内蒙古、陕西、山东、江苏、安徽、浙江、台湾、福建、湖北、湖南、广东、香港、澳门、贵州、四川、云南和西藏，多岩面或树干附生。蒙古、日本、印度及俄罗斯有分布。

1. 植物体的一部分(腹面观，×15)，2. 叶(腹面观，×22)，3. 叶尖部细胞(×150)，4. 叶中部细胞(×150)。

8.　西南耳叶苔　　　　　　　　　　图346

Frullania consociata St., Sp. Hepat. 4: 461. 1910.

植物体中等大小，浅黄色。茎不规则二回羽状分枝，长1.5—2.5厘米，连叶宽1.1–1.3毫米；茎直径约0.15毫米。侧叶卵圆形，长0.9–1.1毫米，宽0.8–1.0毫米，内凹，先端圆钝，常向腹面卷曲，基部两侧不对称，前缘强烈下延，基部呈圆耳形，后缘基部不下延；叶边全缘。叶中部细胞长椭圆形，长20–35微米，宽15–20微米，胞壁波曲，三角体明显。腹瓣贴茎着生，长0.2–0.3毫米，

宽0.2毫米，兜形；副体小，丝状，4–5个细胞。腹叶倒卵形，两侧边缘强烈背卷，长0.7–0.9毫米，宽0.5–0.6毫米，上部约1/6浅裂，裂瓣三角形，裂片间窄，顶端内弯，基部不下延。

中国特有，产甘肃、贵州和云南、生于林下腐木或岩面上。

1. 植物体的一部分，示具雌苞(腹面观，×16)，2. 叶的背瓣(×22)，3. 叶尖部细胞(×210)，4. 叶中部细胞(×210)，5. 叶基部细胞(×210)。

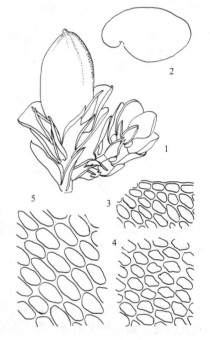

图 346 西南耳叶苔（马　平绘）

9.　陈氏耳叶苔　　　　　　　　　　图 347

Frullania chenii Hatt. et Lin, Journ. Jap. Bot. 60 (4): 106. 1985.

体形小至中等大小，浅黄色至棕黑色。茎不规则羽状分枝，长2–3厘米，连叶宽0.6–1.0毫米；茎直径0.1毫米。侧叶卵形，长0.8–0.9毫米，宽0.5–0.7毫米，内凹，顶端圆钝，向腹面卷曲，两侧不对称，前缘基部下延呈圆耳形，后缘不下延；叶边全缘。叶中部细胞卵圆形，长30–40微米，宽20–30微米，壁厚，波曲，三角体大。腹瓣紧贴茎着生，近圆形，长0.2毫米，宽0.2毫米，具向下弯曲的喙；副体小，线形，长约3–4个细胞。腹叶近圆

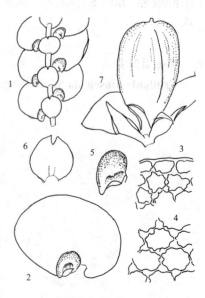

图 347 陈氏耳叶苔（吴鹏程绘）

形，长 0.5–07 毫米，宽 0.5–0.6 毫米，边缘略背卷，顶端 1/5–1/6 浅两裂，呈狭角，裂瓣三角形，顶端急尖，基部近于不下延。雌雄异株。蒴萼 1/3 隐生于雌苞叶中，长 2.5 毫米，直径 1.3 毫米，具 3 个脊，脊部平滑，顶端具极短的喙或缺失。

中国特有，产陕西及云南，生于树干或岩壁。

1. 植物体的一部分（腹面观，×15），2. 茎叶（腹面观，×30），3. 叶尖部细胞（×410），4. 叶中部细胞（×410），5. 叶的腹瓣（×28），6. 茎腹叶（×30），7. 雌苞（腹面观，×15）。

10. 陕西耳叶苔   图 348

Frullania schensiana Mass., Mem. Acad. Agr. Art. Comm. Verona Ser. 3, 73 (2): 40. 1897.

植物体中等大小，红棕色，密集平铺生长。茎不规则 1–2 回羽状分枝，长 3–5 厘米，连叶宽 1.3–1.5 毫米；茎直径 0.2 毫米。侧叶卵形，长 1–1.2 毫米，宽 0.7–0.8 毫米，内凹，顶端圆钝，向腹面卷曲，前缘基部明显呈圆耳状，后缘短而平直，不下延；叶边全缘。叶中部细胞卵形，长 15–25 微米，宽 13–17 微米，壁弯曲；具球状加厚，三角体明显。腹瓣紧贴茎着生，近圆形，长 0.25–0.3

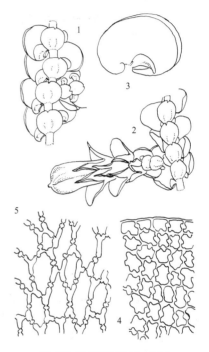

毫米，宽 0.35–0.4 毫米，口部向下弯；副体线形，长 4–5 个细胞。腹叶近圆形，长 0.4–0.5 毫米，宽 0.5–0.6 毫米，全缘，顶端 1/5–1/6 两裂，裂瓣间较狭，裂瓣钝尖，基部近横生。

产内蒙古、陕西、安徽、台湾、江西、湖南、四川、云南和西藏，多生于石面和树干。朝鲜、日本、尼泊尔、印度北部、不丹及泰国有分布。

1. 植物体的一部分（腹面观，×8），2. 雌枝（腹面观，×8），3. 叶（腹面观，×15），4. 叶尖部细胞（×210），5. 叶基部细胞（×210）。

图 348 陕西耳叶苔（马 平绘）

11. 湖南耳叶苔   图 349 彩片42

Frullania hunanensis Hatt., Journ. Hattori Bot. Lab. 49: 150. 1981.

植物体形大，深绿色，扁平成片。茎不规则羽状分枝，长 2–3 厘米，连叶宽 1.2–1.6 毫米；茎直径 0.1 毫米。侧叶卵圆形，长 0.7–0.8 毫米，宽 0.5–0.6 毫米，先端圆钝，前缘基部呈圆耳状，后缘基部不下延。叶中部细胞卵圆形，长 15–21 微米，宽 10–14 微米；胞壁波曲，球状加厚，三角体大。腹瓣兜形，长 0.2 毫米，宽 0.4 毫米，喙状尖向下弯曲；副体片状，基部为 2–3 列细胞，渐向顶

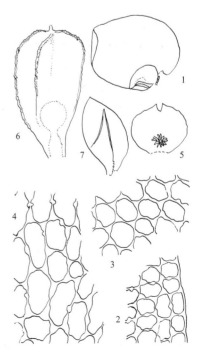

图 349 湖南耳叶苔（马 平绘）

端成一列细胞，长 7–9 个细胞。腹叶扁圆形，长 0.2–0.3 毫米，宽 0.3–0.4 毫米，上部浅两裂，达腹叶长度的 1/6–1/7，叶边平滑，与茎连接处呈浅弧形，基部不下延。

中国特有，产湖南、广东、海南和广西，生于树干或树枝上。

1. 叶（腹面观，×14），2. 叶尖部细胞（×270），3. 叶中部细胞（×270），4. 叶基部细胞（×270），5. 腹叶（×14），6. 蒴萼（×14），7. 雌苞叶（×14）。

12. 钝喙耳叶苔　　　　　　　　　　图 350

Frullania taradakensis St., Sp. Hepat. 4: 352. 1910.

体形中等大小，浅棕色，密集平铺生长。茎不规则羽状分枝，长 2–3 厘米，连叶宽 0.9–1.1 毫米；茎直径 0.1 毫米。侧叶宽卵形，长 0.6–0.8 毫米，宽 0.5 毫米，内凹，顶端圆钝，常内卷，基部两侧不对称，前缘基部呈大圆耳状，后缘基部小耳状；叶边全缘。叶中部细胞圆形或卵形，长 20–25 微米，宽 12–17 微米，胞壁平直或球状加厚，渐向基部三角体趋大。腹瓣紧贴茎着生，长 0.2 毫米，宽 0.2 毫米，盔形，具向下弯曲的短喙；副体丝状，长 3–4 个细胞。腹叶稍外倾，长 0.3–0.4 毫米，宽 0.4–0.5 毫米，圆肾形，顶端 1/5–1/6 两裂，裂瓣三角形，顶端钝或急尖，基部近横生。

产黑龙江、吉林、辽宁、内蒙古、陕西、甘肃、浙江和云南，生于林下岩面或树干上。朝鲜及日本有分布。

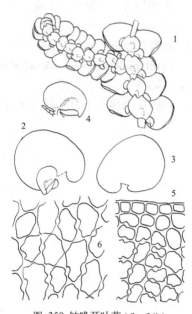

图 350 钝喙耳叶苔（马　平绘）

1. 植物体的一部分（腹面观，×8），2-3. 叶（×15），4. 叶的腹瓣（×37），5. 叶尖部细胞（×210），6. 叶中部细胞（×210）。

13. 淡色耳叶苔　　　　　　　　　　图 351

Frullania pallide–virens St., Sp. Hepat. 4: 454. 1910.

体形较大，红棕色，密集平铺生长。茎不规则 1–2 回羽状分枝，长 5–8 厘米，连叶宽 2.0–2.6 毫米；茎直径 0.2–0.3 毫米。侧叶疏松覆瓦状排列，阔卵圆形，长 1.2–1.6 毫米，宽 1.2–1.4 毫米，内凹，顶端宽圆钝，常内卷，前缘和后缘基部均呈圆耳状，两侧近于对称；叶边全缘。叶中部细胞卵形或长卵形，长 18–25 微米，宽 15–18 微米，胞壁波曲，球状加厚，三角体明显。腹瓣紧贴茎着生，常被腹叶覆盖，兜形，长 0.2–0.3 毫米，宽 0.2–0.3 毫米，尖部向下弯曲呈喙状；副体丝状，长 3–4 个细胞。腹叶疏生或覆瓦状贴生，长 1.0–1.5 毫米，宽 1.2–1.7 毫米，圆心脏形，平展，上部 1/8 两裂，裂角圆钝，裂瓣三角形，具钝或锐尖，基部两侧呈耳状抱茎。

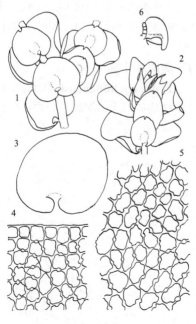

图 351 淡色耳叶苔（马　平绘）

产广西、贵州和云南，生于林下树上。尼泊尔有分布。

1-2. 植物体的一部分(腹面观，×10)，3. 叶的背瓣(×15)，4. 叶尖细胞(×150)，5. 叶中部及基部细胞(×150)，6. 叶的腹瓣，示具副体(×37)。

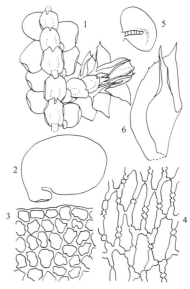

14. 尼泊尔耳叶苔 图 352 彩片43

Frullania nepalensis (Spreng.) Lehm. et Lindenb., Nov. Minus Cogn. Strip. Pugillus 4: 19. 1832.

Jungermannia nepalensis Spreng., Syst. Veg. 4: 324. 1827.

植物体形稍大，青绿色至橙红色。茎规则疏二回羽状分枝，长6–9厘米，连叶宽1–14毫米；茎直径0.12–0.16毫米。侧叶多长椭圆形，长1.0–1.3毫米，宽0.7–0.8毫米，前缘基部叶耳覆盖及茎和对侧叶片，后缘基部不下延。叶中部细胞长矩形，长18–25微米，宽10–13微米，壁孔和三角体明显。腹瓣兜形，长0.2–0.3毫米，宽0.3–0.4毫米；副体丝状，长4–6个细胞。腹叶圆形或宽圆形，长0.5–0.7毫米，宽0.5–0.65毫米，上部约1/8两裂，裂口小，纵向皱褶明显，与茎连接处接近平直，基部两侧明显呈耳状。

图 352 尼泊尔耳叶苔（马 平绘）

产陕西、山东、安徽、浙江、台湾、福建、湖南、广东、香港、广西、贵州、四川、云南和西藏，多为树干或树枝附生。日本、菲律宾、印度尼西亚及新几内亚有分布。

1. 植物体的一部分，示具雌苞(腹面观，×10)，2. 叶的背瓣(×15)，3. 叶尖部细胞(×210)，4. 叶基部细胞(×210)，5. 叶的腹瓣(×15)，6. 雌苞叶(×15)。

15. 心叶耳叶苔 图 353

Frullania giraldiana Mass., Mem. Acad. Agr. Art. Comm. Verona ser. 3, 73 (2): 41. 1897.

植物体中等大小，深棕色。茎1–2回羽状分枝，长2–5厘米，连叶宽1.0–1.3毫米；茎直径0.1–0.2毫米。侧叶圆形至椭圆形，长1.0–1.2毫米，宽0.8–0.9毫米，先端圆钝，前缘及后缘基部明显呈大圆耳状，两侧近于对称。叶中部细胞卵圆形，长15–22微米，宽10–15微米，壁厚而呈波状，具球状加厚。腹瓣兜形，长0.35毫米，宽0.25毫米；副体丝状，长4–6个细胞。腹叶卵圆形，长0.5–0.8毫米，宽0.4–0.7毫米，先端开裂，裂口大，约为叶长度的1/5，裂瓣呈三角形，基部呈明显耳状下延。

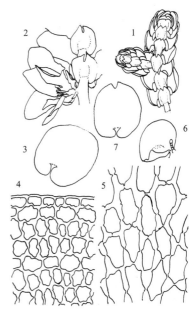

图 353 心叶耳叶苔（马 平绘）

产陕西、台湾、四川、云南和西藏，多为附生。尼泊尔及不丹有分布。

1-2. 植物体的一部分(腹面观，1. ×10，2. ×8)，3. 叶的背瓣(×15)，4. 叶尖部细胞(×210)，5. 叶基部细胞(×210)，6. 叶的腹瓣(×37)，7. 腹叶(×15)。

16. 暗绿耳叶苔

图 354

Frullania fuscovirens St., Sp. Hepat. 4:401. 1910.

植物体形细小，红棕色，平展交织生长。茎不规则羽状分枝，长 1.5–2.5 厘米，连叶宽 1.5–2.0 毫米；茎直径 0.2 毫米。侧叶疏松覆瓦状排列，宽卵形，长 1.1–1.3 毫米，宽 0.8–0.9 毫米，内凹，顶端圆钝，常内卷，前缘和后缘基部呈圆弧形，基部两侧近于对称；叶边全缘。叶中部细胞卵圆形，长 25–35 微米，宽 20–25 微米，壁薄，三角体极明显。腹瓣紧贴茎着生，长 0.2–0.3 毫米，宽 0.15–0.2 毫米，呈不对称盔形或圆球形，口部具向下弯曲的喙状尖；副体丝状，长 3–5 个细胞。腹叶圆形，长 0.4–0.7 毫米，宽 0.4–0.7 毫米，上部 1/5–1/6 两裂，裂瓣间呈宽角，裂瓣三角形，基部两侧稍下延或不下延。

产浙江、广东、海南、广西、四川和云南，多生于树干上。朝鲜有分布。

1. 植物体的一部分(腹面观，×8)，2-3. 叶的背瓣(×15)，4. 叶尖部细胞(×210)，5. 叶基部细胞(×210)，6. 叶的腹瓣(×37)，7-8. 腹叶(×15)。

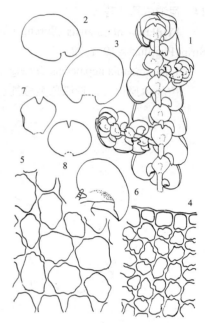

图 354 暗绿耳叶苔（马 平绘）

17. 油胞耳叶苔

图 355

Frullania trichodes Mitt., Bonplandia 10: 19. 1862.

体形纤细，黄棕色至红棕色，悬垂生长。茎疏羽状分枝，长 3–5 厘米，连叶宽 0.5–0.7 毫米；茎直径 0.1 毫米。叶疏松排列，背瓣长卵圆形或阔三角形，长 0.5 毫米，宽 0.4 毫米，先端宽钝尖，前缘基部略呈半圆形下延，后缘基部不下延。叶中部细胞长椭圆形，长 16–22 微米，宽 6–10 微米；基部有 6–12 个大形红棕色油胞。腹瓣圆筒形，长 0.15–0.2 毫米，宽 0.06 毫米；副体丝状，长 3–5 个细胞，顶端细胞狭长、透明。腹叶长方形，长 0.3–0.4 毫米，宽 0.2 毫米，上部两裂，裂片间开阔，裂瓣呈三角形，与茎连接处平直，不下延。

产台湾、广东、香港、海南和云南，多附生树干。日本、印度尼西亚、新几内亚及太平洋岛屿有分布。

1. 植物体下垂时的生态(×0.5)，2. 植物体的一部分(腹面观，×35)，3. 茎叶(腹面观，×60)，4. 叶基部细胞，示具油胞(×125)，5. 腹叶(×60)，6. 雌苞叶(腹面观，×32)。

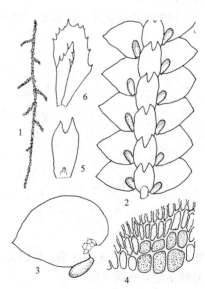

图 355 油胞耳叶苔（吴鹏程绘）

18. 列胞耳叶苔 图 356

Frullania moniliata (Reinw., Bl. et Nees) Mont., Ann. Sci. Nat. Bot., Sér. 2, 18: 13. 1842.

Jungermannia moniliata Reinw., Bl. et Nees, Nova Acta Phys.–Med. Acad. Caes. Leop.–Carol. Nat. Cur. 12: 224. 1825.

植物体中等大小，浅绿色、淡黄色至红棕色，片状着生。茎不规则 1 回，稀 2 回羽状分枝，长 2–4 厘米，连叶宽 0.8–1.2 毫米；茎直径 0.1–0.12 毫米。侧叶卵圆形或圆形，长 0.5–0.6 毫米，宽 0.4–0.5 毫米，先端具宽尖，偶圆钝，前缘基部呈耳状，叶中部细胞椭圆形，长 15–25 微米，宽 15–20 微米，多厚壁，三角体有或无；基部常具单列油胞。腹瓣圆筒形，稀呈片状，长 0.2–2.5

毫米，宽 0.1 毫米；副体丝状，长 3–4 个细胞。腹叶圆形至椭圆形，长 0.4–0.5 毫米，宽 0.4 毫米，上部约 1/5 两裂，基部不下延。

产黑龙江、陕西、山东、安徽、浙江、台湾、福建、江西、湖北、湖南、广东、香港、海南、广西、贵州、四川、云南和西藏，多附生岩壁或树干。

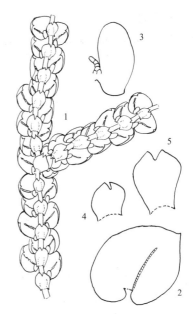

图 356 列胞耳叶苔（马 平绘）

日本、朝鲜及俄罗斯远东地区有分布。

1. 植物体的一部分（腹面观，×8），2. 叶的背瓣（×21），3. 叶的腹瓣，示具副体（×37），4-5. 腹叶（×21）。

19. 欧耳叶苔 图 357

Frullania tamarisci (Linn.) Dum., Rec. Obs. Jungerm. Tournay 13. 1835.

Jungermannia tamarisci Linn., Sp. Pl. Edn. 1, 2: 1134. 1753.

体形小到中等大小，红棕色，密集平展交织生长。茎规则 1–2 回羽状分枝，长 2–3 厘米，连叶宽 1.2–1.4 毫米；茎直径 0.1 毫米。侧叶阔卵形，两侧不对称，长 0.9–1.2 毫米，宽 0.7–0.8 毫米，内凹，先端锐尖，常强烈内卷，基部两侧略下延。叶中部细胞卵形或长椭圆形，长 15–24 微米，宽 10–16 微米，中央具 1–2 列油胞或散生油胞，胞壁平直，强烈加厚，三角体大。

腹瓣远离茎着生，长 0.2–0.3 毫米，宽 0.1 毫米，长盔形或圆筒形；副体基部 1–2 个细胞，长 4–5 个细胞。腹叶疏生，宽卵形，长 0.5 毫米，宽 0.55 毫米，顶端 1/4 两裂，裂瓣间呈钝角，裂瓣三角形，急尖或钝，基部两侧下延或平截，中部以上边缘强烈背卷。

产陕西、山东、江苏、安徽、浙江、台湾、湖北、香港、四川和云南，多树干附生。喜马拉雅地区、日本、马来西亚、俄罗斯（西伯利亚）、

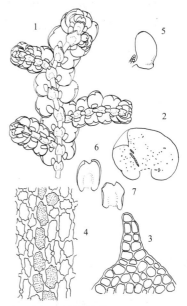

图 357 欧耳叶苔（马 平绘）

欧洲及北美洲有分布。

1. 植物体的一部分（腹面观，×8），2. 叶的背瓣（×15），3. 叶尖部细胞（×150），4. 叶基部细胞（×150），5. 叶的腹瓣（×37），6-7. 腹叶（×15）。

20. 短萼耳叶苔　　　　　　　　　图 358

Frullania motoyana St., Sp. Hepat. 4: 646. 1911.

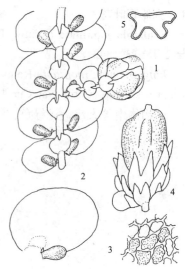

体形细小，棕黑色，紧贴基质呈片状着生。茎 1–2 回规则羽状分枝，长 1–2 厘米，连叶宽 0.6–0.8 毫米；茎直径 0.1 毫米。侧叶圆形，长 0.4–0.5 毫米，宽 0.3–0.4 毫米，先端圆钝，前缘及后缘基部不下延。叶中部细胞圆形或椭圆形，长 12–20 微米，宽 11–15 微米，胞壁波曲，具球状加厚，三角体大。腹瓣疏生，圆筒形，长 0.15–0.2 毫米，宽 0.08 毫米；副体丝状，

基部两列细胞，长 5–6 个细胞。腹叶小，椭圆形，长 0.14–0.2 毫米，宽 0.1 毫米，上部 1/3 至 1/2 两裂，裂瓣三角形，边缘平滑，基部平截。

产台湾、福建、广东、香港、海南、广西和云南，多生于石面。日本有分布。

图 358 短萼耳叶苔（吴鹏程绘）

　　1. 植物体的一部分，示右侧具雄苞（腹面观，×30），2. 叶（腹面观，×50），3. 叶基部细胞，示具油胞（×125），4. 雌苞（腹面观，×25），5. 蒴萼横切面（×25）。

21. 齿叶耳叶苔　　　　　　　　　图 359

Frullania serrata Gott. in Gott. et al., Syn. Hepat. 453. 1845.

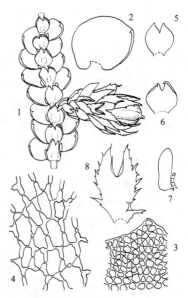

植物体中等大小，浅黄色。茎 2 回规则羽状分枝，长 2–4 厘米，连叶宽 0.7–1.1 毫米；茎直径 0.1–0.2 毫米。侧叶卵形或近阔卵状三角形，长 0.7–1.2 毫米，宽 0.6–1.1 毫米，先端渐尖，前缘宽圆弧形，基部呈圆耳状，后缘呈弧形，不下延。叶中部细胞椭圆形，长 12–20 微米，宽 8–14 微米，壁厚，三角体明显。腹瓣圆筒形，长 0.2–0.3 毫米，宽 0.1 毫米，副体丝状，长 3–5 个细胞。

图 359 齿叶耳叶苔（马　平绘）

腹叶近于呈心脏形，长 0.5–0.8 毫米，宽 0.4–0.6 毫米，上部 2/5–1/2 深裂，裂瓣间宽大，先端叶缘背卷，与茎连接部分近平直。

产台湾、海南和云南，多附生。广布于热带亚洲、太平洋岛屿、大洋洲及非洲。

　　1. 植物体的一部分，示具雌苞（腹面观，×8），2. 叶的背瓣（×15），3. 叶尖部细胞（×150），4. 叶基部细胞（×150），5–6. 腹叶（×15），7. 叶的腹瓣，示具副体（×37），8. 雌苞腹叶（×15）。

22. 尖叶耳叶苔　　　　　　　　　图 360

Frullania apiculata (Reinw., Bl. et Nees) Dum., Rec. d' Obs. Jungerm. Tournay 13. 1835.

植物体细长，棕色或深棕色。茎不规则 1—2 回羽状分枝，长 3–7 厘米，连叶宽 1.1–1.6 毫米；茎直径 0.2 毫米。侧叶近卵形，长 1.2–1.5 毫米，宽 0.9–1.1 毫米，内凹，顶端急尖，常内卷，基部两侧不对称，前缘略下延，后缘不下延；叶边全缘。叶中部细胞长卵形或圆形，长 12–20 微米，

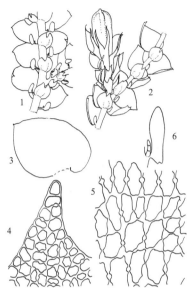

宽 10–15 微米，厚壁，具球状加厚.腹瓣与茎近于平行着生，细筒形，长 0.3 毫米，宽 0.1 毫米，顶端圆钝；副体丝状，由 3–4 个单列细胞组成。腹叶疏生，长 0.6–0.8 毫米，宽 0.5–0.7 毫米，卵形，上部 1/3 两裂，裂瓣间狭，裂瓣三角形，顶端急尖，基部近于平截。

产安徽、湖南、广东、香港、海南和云南，多附生。热带亚洲、太平洋岛屿、大洋洲及非洲有分布。

1-2. 植物体的一部分，示右侧具雌苞(腹面观，×8)，3. 叶的背瓣(×15)，4. 叶尖部细胞(×210)，5. 叶基部细胞(×210)，6. 叶的腹瓣，示具副体(×37)。

图 360 尖叶耳叶苔(马 平绘)

2. 毛耳苔属 **Jubula** Dum.

植物体形小至中等大小，浅绿色至褐绿色，茎规则或不规则 1–2 回羽状分枝。叶 3 列，侧叶与腹叶异形，覆瓦状蔽前式排列；侧叶分背瓣和腹瓣；背瓣大，平展或内凹，卵形或椭圆形，顶端急尖或渐尖，叶基不下延；叶边有毛状齿。叶细胞圆形或椭圆形，胞壁常球状加厚或等厚，三角体有或缺失；叶细胞内含多数球形或椭圆形油体。腹瓣盔形或圆球形，与茎近于平行排列；副体有或无，一般由几个细胞组成，丝状，着生腹瓣基部。腹叶近圆形或椭圆形，上部两裂，全缘或两侧边缘具毛状齿，基部多略下延。雌雄同株。蒴萼球形或倒卵形，具 3 个脊，脊部平滑，喙短小。

4 种。我国有 4 种。

日本毛耳苔　　　　　　　　　　图 361

Jubula japonica St., Bull. Herb. Boissier 5: 92. 1897.

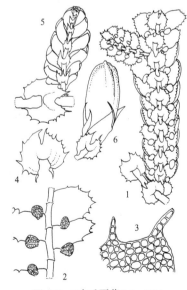

植物体中等大小，深绿色，疏松平展交织生长。茎不规则 1–2 回羽状分枝，长 2–4 厘米，连叶宽 1.0–1.6 毫米；茎直径 0.2 毫米。侧叶卵形或卵圆形，长 0.6–0.8 毫米，宽 0.5–0.6 毫米，先端圆钝；叶边尖部具多数不规则齿。叶中部细胞圆形，长 20–25 微米，宽 13–19 微米，胞壁略厚，三角体明显。腹瓣长卵形，膨起，长 0.2–0.3 毫米，宽 0.2 毫米；副体未见。腹叶近圆形，长 0.5 毫米，宽 0.6 毫米，上部 1/3 两裂，边缘具多数不规则长毛状齿，基部明显下延。

产安徽、台湾、湖南、广东和云南，多树干附生。朝鲜及日本有分布。

1. 植物体的一部分(腹面观，×7.5)，2. 枝的一部分，已去腹叶(腹面观，×15)，3.

图 361 日本毛耳苔(马 平绘)

叶尖部细胞(×105)，4. 腹叶(×30)，5. 雄枝(腹面观，×15)，6. 雌枝(腹面观，×7.5)。

30. 细鳞苔科 LEJEUNEACEAE
（吴鹏程）

植物体多柔弱，稀粗壮，黄绿色、灰绿色至褐绿色，稀紫褐色，部分属种略具光泽，相互交织呈紧密或疏松小片，或垂倾生长。茎不规则分枝、叉状分枝或羽状分枝；分枝有时再生小枝；假根透明，成束着生茎腹面或腹叶基部。叶蔽前式覆瓦状排列，椭圆形至卵状披针形；叶边多全缘，稀具齿，腹瓣卵形至披针形，齿多变异。叶细胞圆形至椭圆形，胞壁多具三角体及球状加厚，稀薄壁，稀具油胞，部分属种叶边分化无色透明细胞，或具不同的疣或刺状突起，细胞背面一般平滑，或具疣和刺疣状突起。腹叶圆形至船形，多两裂，裂瓣间开裂角度多变，部分属种无腹叶。雌雄同株或异株。蒴萼倒梨形至倒心脏形，具 2–10 脊。雄苞穗状；雄苞叶一般膨起，2–20 对。

约 80 属，热带、亚热带山区分布，仅少数属种见于温带。我国约 35 属。

1. 植物体具腹叶。
　2. 每一侧叶具一腹叶。
　　3. 叶尖部平展；蒴萼不具角 ·························· 15. **双鳞苔属 Diplasiolejeunea**
　　3. 叶尖部常成囊状；蒴萼具角 ·························· 16. **管叶苔属 Colura**
　2. 每两侧叶具一腹叶。
　　4. 腹叶全缘，不开裂，或上部具不规则齿。
　　　5. 蒴萼通常具6–10个脊或纵褶，少数具5个脊。
　　　　6. 腹叶肾形，全缘。
　　　　　7. 茎叶阔卵形或卵状椭圆形；腹瓣不沿叶边延伸。
　　　　　　8. 叶尖部全缘；腹叶基部两侧呈耳状 ·················· 1. **异鳞苔属 Tuzibeanthus**
　　　　　　8. 叶尖部齿或全缘；腹叶基部两侧不呈耳状 ·········· 4. **多褶苔属 Spruceanthus**
　　　　　7. 茎叶椭圆形，全缘；腹瓣沿叶边延伸。
　　　　　　9. 腹瓣前沿多具3–4个齿 ·················· 9. **瓦鳞苔属 Trocholejeunea**
　　　　　　9. 腹瓣前端具2个齿。
　　　　　　　10. 腹瓣狭长方形，前沿波状，尖部沿叶边长延伸 ······ 10. **耳鳞苔属 Schiffneriolejeunea**
　　　　　　　10. 腹瓣卵形，前沿不波曲，尖部沿叶边略延伸 ······ 11. **顶鳞苔属 Acrolejeunea**
　　　　6. 腹叶扇形，上部具齿 ·················· 5. **皱萼苔属 Ptychanthus**
　　　5. 蒴萼通常具2–5个脊或纵褶。
　　　　11. 蒴萼脊部具不规则冠状突起。
　　　　　12. 植物体长可达10厘米；腹叶上部浅两裂 ·········· 6. **尾鳞苔属 Caudalejeunea**
　　　　　12. 植物体一般不及5厘米；腹叶全缘 ·········· 12. **冠鳞苔属 Lopholejeunea**
　　　　11. 蒴萼脊部平滑。
　　　　　13. 叶基中央多分化成列油胞或假肋。
　　　　　　14. 腹叶近圆形，全缘；叶基中央具油胞 ·········· 8. **脉鳞苔属 Neurolejeunea**
　　　　　　14. 腹叶近圆形或圆卵形；叶基中央细胞呈假肋状 ······ 24. **密鳞苔属 Pycnolejeunea**
　　　　　13. 叶基中央不分化油胞或假肋。
　　　　　　15. 腹叶1/2–1/3两裂。
　　　　　　　16. 叶先端圆钝；叶细胞间密散生油胞 ·········· 26. **指鳞苔属 Lepidolejeunea**
　　　　　　　16. 叶先端锐尖；叶细胞间无油胞 ·········· 27. **齿鳞苔属 Stenolejeunea**
　　　　　　15. 腹叶全缘。

17. 蒴萼具4–5个脊。

18. 叶后缘不内卷；腹叶近圆形 ······························· 2. 原鳞苔属 **Archilejeunea**

18. 叶后缘强烈内卷；腹叶肾形 ····················· 13. 白鳞苔属 **Leucolejeunea**

17. 蒴萼具3个脊。

19. 腹叶扁圆形，上部具粗齿，阔度为茎直径的3倍以上 ·········· 3. 毛鳞苔属 **Thysananthus**

19. 腹叶近圆形，全缘，阔度为茎直径的3倍以下 ············· 7. 鞭鳞苔属 **Mastigolejeunea**

4. 腹叶开裂。

20. 蒴萼脊部呈角状或其它形状突起；每一叶片多具1至多个油胞。

21. 腹叶深两裂，裂片披针形，两裂瓣间超过45°度。

22. 植物体多规则羽状分枝；叶紧密排列；叶细胞壁等厚 ········· 18. 针鳞苔属 **Raphidolejeunea**

22. 植物体不规则羽状分枝；叶疏松排列；叶细胞薄壁，常具三角体及胞壁中部球状加厚。

23. 腹叶裂片多单列细胞；腹瓣角齿圆钝 ················· 19. 薄鳞苔属 **Leptolejeunea**

23. 腹叶裂片多两列细胞；腹瓣角齿常呈钩状 ············· 20. 角鳞苔属 **Drepanolejeunea**

21. 腹叶1/2两裂，裂片三角形，两裂瓣间多在10°度以下 ······· 21. 角萼苔属 **Ceratolejeunea**

20. 蒴萼脊部圆钝；叶片一般无油胞。

24. 叶尖部具长纤毛 ····································· 14. 日鳞苔属 **Nipponolejeunea**

24. 叶尖部多圆钝，无长纤毛。

25. 腹叶阔度为茎直径的3倍或3倍以上。

26. 叶近肾形，先端锐尖或圆钝 ····················· 22. 整鳞苔属 **Taxilejeunea**

26. 叶圆形至圆卵形，先端圆钝 ····················· 25. 唇鳞苔属 **Cheilolejeunea**

25. 腹叶阔度为茎直径3倍以下。

27. 叶分化透明白边；腹叶马鞍形，裂片宽阔圆钝 ··········· 17. 鞍叶苔属 **Tuyamaella**

27. 叶无分化边缘；腹叶近圆形，裂片先端锐尖。

28. 叶细胞壁无三角体；稀具油胞 ··················· 23. 直鳞苔属 **Rectolejeunea**

28. 叶细胞壁具三角体及中部球状加厚；一般无油胞。

29. 植物体细弱；腹叶阔度大于茎直径2倍或2倍以上 ······· 28. 细鳞苔属 **Lejeunea**

29. 植物体极纤细；腹叶与茎直径近于等阔 ············· 29. 纤鳞苔属 **Microlejeunea**

1. 植物体无腹叶。

30. 叶细胞平滑，一般无疣状突起。

31. 叶边多分化无色透明细胞；蒴萼扁平，近心脏形 ·········· 30. 片鳞苔属 **Pedinolejeunea**

31. 叶边一般不分化异形细胞；蒴萼膨起，倒梨形 ··········· 31. 残叶苔属 **Leptocolea**

30. 叶细胞具不同形状的疣状突起。

32. 叶多卵形；腹瓣约为背瓣长度的1/3 ················· 32. 疣鳞苔属 **Cololejeunea**

32. 叶狭披针形；腹瓣约为背瓣长度的2/3 ··············· 33. 小鳞苔属 **Aphanolejeunea**

1. 异鳞苔属 Tuzibeanthus Hatt.

体形稍大，疏松成片生长。茎规则羽状分枝至二回羽状分枝；横切面细胞壁厚，具明显三角体。叶覆瓦状蔽前式排列，先端圆钝，前缘基部耳状，后缘近于平直；腹瓣长约为背瓣的1/4。叶细胞多角形至椭圆形，胞壁三角体及中部球状加厚明显。腹叶全缘，基部两侧呈耳状。雌雄异株。雄苞着生主枝。雌苞着生主枝或小枝上；雌苞叶和雌苞腹叶全缘。蒴萼具10个脊。

1种，亚洲东部分布。我国有分布。

异鳞苔　　　　　　　　　　　　　　　　　图 362

Tuzibeanthus chinensis (St.) Mizut., Journ. Hattori Bot. Lab. 24: 151. f. 5: 18–26. 1961.

Ptychanthus chinensis St., Sp. Hepat. 4: 744. 1912.

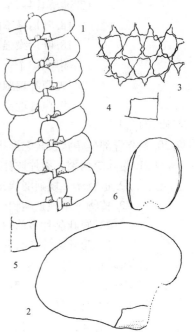

榄绿色，长达 3 厘米以上。茎横切面直径约 10 个细胞。叶疏松覆瓦状排列，卵状椭圆形，长约 1 毫米，宽 0.7 毫米，前缘基部具圆钝耳，先端趋狭而宽钝；叶边全缘。腹瓣近长方形，先端具钝尖。叶中部细胞长 25–30 微米，胞壁具三角体及中部球状加厚；每个细胞具 6–9 油体。腹叶近圆形，阔约为茎直径的 3 倍。

产陕西，生于海拔 500–1000 米的阴湿岩面或树干基部。日本有分布。

1. 植物体的一部分(腹面观，×8)，2. 茎叶(腹面观，×24)，3. 叶中部细胞(×180)，4-5. 腹瓣(×46)，6. 腹叶(×24)。

图 362 异鳞苔（吴鹏程绘）

2. 原鳞苔属　**Archilejeunea** (Spruce) Schiffn.

柔弱，暗绿色至褐绿色，稀疏生长。茎由厚壁细胞组成；不规则羽状分枝。叶覆瓦状蔽前式排列，卵形，尖部圆钝；叶边全缘；腹瓣略膨起，通常仅具单齿。叶细胞圆形至圆卵形，壁厚。腹叶圆形，全缘。雌苞着生短侧枝上。雌苞叶和雌苞腹叶全缘。蒴萼具 4–6 个脊。雄苞顶生短侧枝上。

3 种，南美洲和亚洲东部分布。我国有 2 种。

原鳞苔　　　　　　　　　　　　　　　　　图 363

Archilejeunea kiushiana (Horik.) Verd., Ann. Bryol. Suppl. 4: 46. 1934.

Lopholejeunea kiushiana Horik., Journ. Sci. Hiroshima Univ. Ser. b, Div. 2, 1: 129, f.8. 1932.

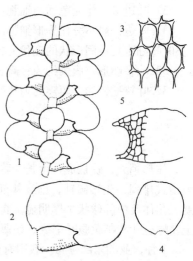

形细弱，黄绿色至褐绿色，常杂生于其它苔藓植物中。茎长约 1 厘米，连叶宽约 0.5 毫米；不规则羽状分枝。叶略呈覆瓦状排列，斜卵形，长 0.4–0.5 毫米，宽约 0.3 毫米，尖部圆钝，后缘内凹；叶边全缘；腹瓣卵形，长约为背瓣的 1/2，尖部平截或斜截，具 2–3 个细胞组成的角齿。叶细胞圆形至圆卵形，中部细胞长 10–15 微米，厚壁，三角体不明显。腹叶疏列，圆形，宽约为茎直径

图 363 原鳞苔（吴鹏程绘）

的 2–3 倍。雌雄同株异苞。雄苞顶生短枝；雄苞叶 2–5 对，膨起。雌苞顶生于短侧枝；雌苞叶与茎叶近似。蒴萼倒梨形，脊 4–6 个。

产海南和香港，生于海拔约 500 米的阴湿石上。日本有分布。

1. 植物体的一部分（腹面观，×36），2. 茎叶（腹面观，×72），3. 叶中部细胞（×260），4. 腹叶（×72），5. 腹瓣（×135）。

3. 毛鳞苔属 **Thysananthus** Lindenb.

体形小至中等大小，褐绿色至黄绿色，略具光泽，紧贴基质生长。茎由厚壁细胞组成；不规则羽状分枝。叶蔽前式覆瓦状排列，多具钝尖和齿；腹瓣长卵形，强烈膨起，尖部具 1–2 个齿。叶细胞三角体及胞壁中部强烈球状加厚；每个细胞具 2–3 个大形油体。腹叶多内凹，边缘具齿。雄苞顶生或着生短侧枝中部；雄苞叶与茎叶类似。雌苞顶生于主枝。蒴萼具 3 个脊，并常附 1–7 个小脊，脊部具冠状突起。

约 70 种，全世界热带、亚热带山区分布。我国有 3 种。

黄色毛鳞苔　　　　　　　　　　　　图 364

Thysananthus flavescens (Hatt.) Gradst., Trop. Bryol. 4: 13. 1991.

Archilejeunea flavescens Hatt., Bull. Tokyo Sci. Mus. 11: 95, f.60–61. 1944.

体形较小，榄绿色至黄绿色。茎长 1–2 厘米，连叶片宽约 1.2 毫米；稀少分枝。叶疏松至紧密覆瓦状排列，长卵形，内凹，长约 0.7 毫米，尖部圆钝，前缘基部略呈耳形，后缘内凹；腹瓣半圆筒形，约为背瓣长度的 1/2，前端斜截，角齿多长 2 个细胞，中齿缺失。叶中部细胞直径 20–25 微米，胞壁具三角体及中部球状加厚，每个细胞具 2–6 个油体。

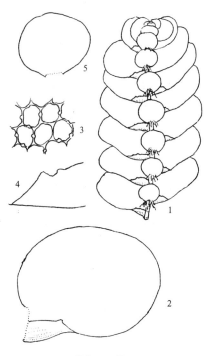

雌雄异株。雄苞多着生侧枝中部。雌苞顶生于主侧枝。蒴萼倒卵形，具 3–5 个脊，脊部平滑。弹丝棕色，单列螺纹加厚。

产香港，生于海拔约 400 米的具土岩面或叶面附生。日本有分布。

1. 植物体的一部分（腹面观，×18），2. 茎叶（腹面观，×60），3. 叶中部细胞（×350），4. 腹瓣（×250），5. 腹叶（×42）。

图 364 黄色毛鳞苔（吴鹏程绘）

4. 多褶苔属 **Spruceanthus** Verd.

体形中等大小至粗大，常垂倾生长。茎由强烈加厚的细胞组成，表皮细胞略小于内层细胞；不规则羽状分枝。叶阔卵形，锐尖或稀呈圆钝，前缘圆弧形，后缘略内凹；叶边仅尖部具少数粗齿；腹瓣椭圆形至圆扇形，基部趋狭，全缘。叶细胞圆形至圆卵形，具强烈三角体及胞壁中部球状加厚。腹叶近圆形，上部略内凹。雌苞顶生于主枝。雌苞叶略狭长而上部具多数粗齿。蒴萼具 5–10 个脊。

5 种，亚洲热带和亚热带及太平洋热带地区分布。我国有 3 种。

1. 植物体连叶片阔约 2.5 毫米；叶较宽而多圆钝；腹叶宽度约为茎直径的 3 倍 ········· 1. **变异多褶苔 S. polymorphus**
1. 植物体连叶片阔 3–4 毫米；叶较狭而锐尖；腹叶宽度约为茎直径的 4 倍 ···················· 2. **多褶苔 S. semirepandus**

1. 变异多褶苔 图 365

Spruceanthus polymorphus (S. Lac.) Verd., Ann. Bryol. Suppl. 4: 155. 1934.

Phragmicoma polymorphus S. Lac., Naturk. Tijdsch. V. Nederl. Indie 10: 396. 1856.

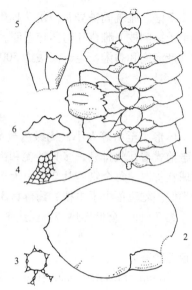

　　绿色至褐绿色，倾立，稀疏小片状生长。茎长 1–3 厘米，连叶片宽约 2.5 毫米，不规则疏羽状分枝。叶覆瓦状蔽前式排列，斜卵形，内凹，长约 1.5 毫米，阔 1–1.2 毫米，尖部钝圆；叶边稀全缘，尖部具少数粗齿；腹瓣长卵形，约为背瓣长度的 1/2 至 2/5，具 2–3 齿。叶细胞圆卵形，具强烈三角体及中部球状加厚，中部细胞长 20–25 微米。腹叶扁圆形，上部略内凹。雌苞叶阔舌形至阔卵形，尖部具多数粗齿。

蒴萼倒卵形，具 5–7 个脊。

　　产海南和香港，生于海拔 500–1000 米的阴湿岩面。日本及亚洲东南部有分布。

图 365　变异多褶苔（吴鹏程绘）

　　1. 植物体的一部分，具雌苞（腹面观，×14），2. 茎叶（腹面观，×15），3. 叶中部细胞（×280），4. 腹瓣（×30），5. 雌苞叶（×20），6. 蒴萼横切面（×20）。

2. 多褶苔 图 366

Spruceanthus semirepandus (Nees) Verd., Ann. Bryol. Suppl. 4: 153. 1934.

Jungermannia semirepandus Nees, Hepat. Javan. 39. 1830.

　　形稍大，黄绿色至褐绿色，稀疏生长。茎一般长 2–3 厘米，可达 7 厘米，连叶片宽 3–4 毫米；稀少分枝。叶长卵形，前缘圆弧形，后缘略内凹，具钝尖；叶边除叶尖外均全缘。叶细胞圆卵形，中部细胞长约 40 微米，具三角体及胞壁中部强烈加厚。腹瓣卵形，尖部齿粗而向上突出。雌苞顶生于主枝上。通常下侧具 1–2 新枝。雌苞叶长卵形，具多齿锐尖。腹瓣约为背瓣长度的 1/4，角齿锐尖。雌苞腹叶

阔椭圆形至近长方形，尖部内凹或浅两裂，具不规则粗齿。蒴萼倒卵形，多具 5 个脊，稀达 10 个，脊部平滑。孢蒴壁厚 2 层细胞，外层细胞壁具大形三角体，无胞壁中部球状加厚。弹丝长约 300 微米，透明或淡黄色，1–2 列螺纹加厚。孢子绿色，被细疣，直径约 50–80 微米。

　　产浙江、福建、海南和香港，生于海拔 1000 米左右的阴湿岩面或树干。日本、印度、印度尼西亚及菲律宾有分布。

图 366　多褶苔（吴鹏程绘）

　　1. 植物体的一部分（腹面观，×14），2. 茎叶（腹面观，×15），3. 腹瓣（×85），4. 蒴萼横切面（×22）。

5. 皱萼苔属 Ptychanthus Nees

植物体较粗大，黄褐色或深绿色，羽状分枝。叶卵形，先端锐尖或稍钝；叶边尖部常具齿；腹瓣纤小或近于退化。叶细胞壁具明显三角体及中部球状加厚。腹叶宽阔，尖部具齿，稀全缘。蒴萼侧生，倒梨形或粗棒形，通常具 10 个纵脊。雄苞着生枝中部，小穗状；雄苞叶 6–20 对。

约 30 种，热带和亚热带地区分布。我国有 1 种。

皱萼苔　　　　　　　　　　　图 367
Ptychanthus striatus (Lehm. et Lindenb.) Nees, Naturgesch. Eur. Leberm. 3: 212. 1838.

Jungermannia striata Lehm. et Lindenb. in Lehm., Nov. Stirp. Pug. 4: 16. 1832.

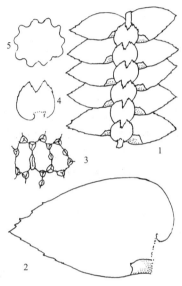

图 367 皱萼苔（吴鹏程绘）

褐绿色，略具光泽，长度多在 2 厘米以上；常规则羽状分枝。叶卵形，先端锐尖，前缘基部呈耳状；叶边尖部具疏粗齿；腹瓣近长方形，约为背瓣长度的 1/8。叶细胞胞壁中部球状加厚及三角体明显。腹叶近椭圆形，阔约为茎直径的 3–4 倍，上部具粗齿。雌雄同株。

产安徽、贵州、云南和西藏，生于海拔 800–1200 米的岩面或附生于树枝、树干

和叶面。日本、尼泊尔、缅甸及非洲有分布。

1. 植物体的一部分（腹面观，×14），2. 茎叶（腹面观，×21），3. 叶中部细胞（×240），4. 腹叶（×28），5. 蒴萼的横切面（×20）。

6. 尾鳞苔属 Caudalejeunea St.

体形稍粗，褐绿色，扁平贴生基质。茎长可达 15 厘米，连叶宽 1.5–2 毫米，不规则 1–2 回羽状分枝；横切面椭圆形，直径约 8 个细胞，皮层细胞一层，形大，髓部细胞 5–6 层，多卵圆形，具大形三角体；无萌枝；假根成束着生腹叶基部。叶蔽前式覆瓦状排列，卵状椭圆形，前缘圆弧形，后缘近于平直或略内凹，尖部圆钝或钝尖；腹瓣形小至中等大小，椭圆形至卵状椭圆形，多具 1–2 个齿，脊部膨起；叶边全缘。叶细胞卵圆形至椭圆形，具三角体及胞壁中部球状加厚。腹叶多圆形，宽度约为茎直径的 3 倍，上部浅两裂，具 2 齿。雌雄同株或异株。雄苞常顶生，穗状；雄苞叶 4–5 对；腹瓣约为背瓣长度的 1/2。雌苞着生短侧枝顶。雌苞叶明显大于营养叶，卵状椭圆形，上部渐尖，多具疏齿。雌苞腹叶圆卵形。蒴萼具 2 侧脊及 1 腹脊，侧面脊多具有不规则齿的翼状突起。

10 余种，多热带山区分布。我国有 2 种。

肾瓣尾鳞苔　　　　　　　　　图 368
Caudalejeunea reniloba (Gott.) St., Stud. Asiat. Jubuleae: 60. 1934.

Phragmicoma reniloba Gott., Ann. Mus. Bot. Lugal. Bot. 1: 308. 1863.

植物体稍粗壮，淡褐绿色或褐色，长约 2 厘米，宽 2 毫米，成片疏

松贴附于基质。茎疏羽状分枝或不规则分枝。茎叶长卵形，长约 1.2 毫米，宽 0.68 毫米，干燥时扭卷，

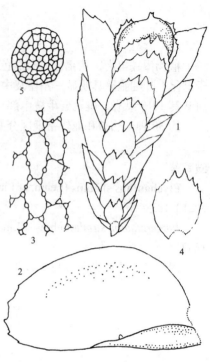

湿润时斜展，略向背面膨起，前缘阔弧形，基部呈圆弧形，先端较狭，具3-4个钝齿或全缘，后缘近于平直；叶近平滑或具细胞圆突；腹瓣狭椭圆形，约为背瓣长度的1/2，脊部近于平直，外沿斜截形，前沿多具4个齿，强烈内卷。叶细胞斜菱形，中部细胞宽约27微米，长约37微米，具明显三角体及胞壁中部球状加厚。腹叶近圆形，宽约为茎直径4倍。雌雄同株。雄苞着生茎顶，穗状；雄苞叶多达12对。雌苞着生于茎或枝顶。雌苞叶1-2对，上部具不规则粗齿。蒴萼阔倒卵形，具3个脊，侧面2个脊有不规则翼状突起。芽胞圆盘形，多细胞。

产海南和云南，多附生于常绿革质叶面，稀树干或树枝上生。印度、泰国、马来西亚、菲律宾、印度尼西亚、太平洋岛屿及澳大利亚有分布。

　　1. 雌枝(腹面观，×10)，2. 茎叶(腹面观，×36)，3. 叶中部细胞(×260)，4. 腹叶(×15)，5. 芽胞(×120)。

图 368 肾瓣尾鳞苔（吴鹏程绘）

7. 鞭鳞苔属 Mastigolejeunea (Spruce) Schiffn.

植物体形大，褐绿色；稀疏分枝或不规则羽状分枝。叶卵形或长舌形，前缘阔弧形，先端钝或锐尖；叶边全缘；腹瓣椭圆形或长卵形，具1-2齿。叶细胞椭圆形或卵形，厚壁，具明显三角体。腹叶大，倒心脏形或倒卵形，全缘。雌苞假侧生。蒴萼梨形，具3脊。雄苞着生枝顶端或枝中部。

约40种，世界热带地区分布。我国有3种。

耳基鞭鳞苔　　　　　　　　　　　　　　图 369 彩片44

Mastigolejeunea auriculata (Wils.) Schiffn., Nat. Pfl. 1 (3) : 129. 1895.

Jungermannia auriculata Wils., Drummond Mus. Amer. [Exsicc.] n. 170. 1841.

茎长1-2厘米；不规则分枝。叶密覆瓦状蔽前式排列，卵形，长可达1.5毫米，具钝尖，后缘内卷；叶边全缘；腹瓣长卵形至卵状长方形，具1-2钝齿。叶细胞长六角形，直径10-20微米，壁厚，具大三角体。腹叶宽度为茎直径的3倍，倒卵形，上部略内凹，全缘。雌雄同株。蒴萼倒卵形，具3个脊。

产台湾，阴湿石生或树干附生。美洲热带、亚热带

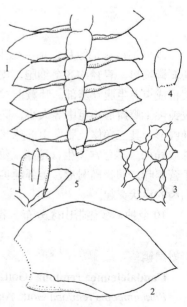

图 369 耳基鞭鳞苔（吴鹏程绘）

山区及澳大利亚有分布。

　　1. 植物体的一部分(腹面观，×16)，2. 茎叶(腹面观，×36)，3. 叶中部细胞(×390)，
4. 腹叶(×20)，5. 蒴萼(腹面观，×10)。

8. 脉鳞苔属　Neurolejeunea (Spruce) Schiffn.

　　体形纤弱，淡绿色，密羽状分枝或两回羽状分枝。叶倒卵形，先端近于圆形；腹瓣椭圆形，尖部斜截，角齿为刺状单细胞。叶细胞壁具明显三角体。腹叶近圆形，全缘。雌苞侧生。蒴萼心脏形。雄苞无柄，或着生小枝上呈穗状。

　　约8种，多见于中、南美洲及北美洲，少数种见于亚洲热带山区。我国有1种。

福建脉鳞苔　　　　　　　　　　　　　　　　图 370

Neurolejeunea fukiensis Chen et Wu, Acta Phytotax. Sin. 9 (3) : 227. f.8. 1964.

　　纤细，黄绿色，长约8毫米；不规则疏分枝。叶阔卵状匙形，长约0.43毫米，内凹，前缘呈强弧形，后缘略内凹，先端宽钝，基部狭窄；腹瓣卵形，约为背瓣长度的1/2，具由单细胞形成的锐齿。叶细胞圆六角形至椭圆形，中部细胞长约24微米，胞壁具三角体及中部球状加厚。腹叶近圆形，浅两裂。雌雄苞未见。

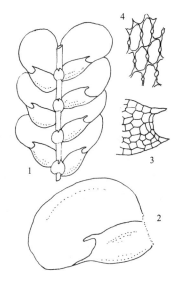

图 370 福建脉鳞苔 (吴鹏程绘)

　　我国特有，产福建，附生于常绿革质叶面。

　　1. 植物体的一部分(腹面观，×40)，2. 茎叶(腹面观，×68)，3. 腹瓣尖部(×136)，
4. 叶基部细胞(×345)。

9. 瓦叶苔属　Trocholejeunea Verd.

　　灰绿色至绿色，稀黄绿色，老时呈褐绿色，贴基质小片状生长。茎由薄壁细胞组成；不规则疏分枝。叶干燥时紧密蔽前式覆瓦状排列，圆卵形，湿润时倾立，前缘圆弧形，后缘近于平直，先端圆钝；腹瓣卵形，长约为背瓣的1/2，强烈膨起，前沿具3–10个齿。叶细胞圆形至圆卵形，胞壁具明显三角体及中部球状加厚。腹叶近圆形，全缘，宽约为茎直径的2–3倍。雌苞叶大于茎叶，斜卵形，无齿或略具缺刻。蒴萼倒梨形，具8–10个脊。弹丝棕色，具1–2列螺纹加厚。

　　4种，喜马拉雅地区及太平洋岛屿分布。我国有2种。

南亚瓦叶苔　　　　　　　　　　图 371　彩片45

Trocholejeunea sandvicensis (Gott.) Mizut., Misc. Bryol. Lichenol. 2 (12): 169. 1961.

Phragmicoma sandvicensis Gott., Ann. Sci. Nat. Ser. 4, 8: 344. 1857.

体形中等大小，灰绿色至榄绿色。茎长可达3厘米，不规则分枝。

叶干时紧贴，湿润时反曲，阔卵形，长约1毫米；叶中部细胞直径40–55微米；腹瓣约为背瓣长度的1/3–1/2，近半圆形，强烈膨起，前

沿具 4–5 个圆齿。蒴萼梨形，通常具 10 个脊。

产安徽、台湾、广东、香港、澳门、云南和西藏，生于海拔约 1000 米的树干或阴湿岩面。日本、朝鲜、印度、尼泊尔、越南及夏威夷有分布。

1. 植物体的一部分（腹面观，×25），2. 茎叶（腹面观，×52），3. 叶中部细胞（×195），4. 腹叶（×80），5. 蒴萼横切面（×18），6. 开裂的孢蒴，示弹丝着生裂瓣尖部（×15）。

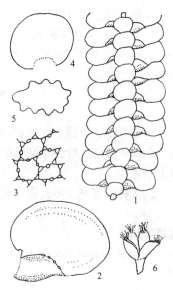

图 371 南亚瓦叶苔（吴鹏程绘）

10. 耳鳞苔属 Schiffneriolejeunea Verd.

植物体黄褐色，长达 3–5 厘米。叶紧密蔽前式覆瓦状排列，椭圆形，内凹，长约 1.2 毫米，前缘圆弧形，基部具小叶耳，后缘较平直，中部内凹，先端宽阔，圆钝；腹瓣狭椭圆形，前端斜展，具 1–2 个钝三角形齿，由 3–6 个细胞组成。叶细胞椭圆形，具强烈三角体加厚，稀胞壁中部球状加厚。腹叶阔椭圆形，约为茎直径的 3–5 倍，上部内凹，全缘。雌雄同株。雄苞着生短侧枝上；雄苞叶 6–7 对，紧密覆瓦状排列，腹瓣强烈膨起。雌苞着生茎顶。雌苞叶和雌苞腹叶均大于营养叶；雌苞叶背瓣和腹瓣具锐尖；雌苞腹叶长而具 2 钝齿。蒴萼倒梨形，具 3–5 个脊，脊部平滑。无性芽胞未见。

约 10 种，多亚洲热带地区分布。我国有 1 种。

阔叶耳鳞苔

图 372

Schiffneriolejeunea tumida (Nees) Gradst., Journ. Hattori Bot. Lab. 38: 335. 1974.

Ptychanthus tumidus Nees, Naturgesch. Eur. Leberm. 3: 213. 1838.

叶片密覆瓦状排列，阔椭圆形，长约 1–2 毫米，叶边全缘，前缘宽圆弧形，基部呈耳状，尖部圆钝，后缘略内凹；腹瓣长椭圆形，约为背瓣长度的 1/2，外沿斜截形，角齿钝，约由 3 个细胞组成，中齿锐尖，5–6 个细胞。叶细胞椭圆形，胞壁具大三角体和中部球状加厚。雌雄同株。雌苞顶生于茎。雌苞叶和雌苞腹叶全缘，锐尖。无萌枝产生。蒴萼倒梨形，具 3–4 脊，脊部平滑。

产台湾，多树干附生。日本及亚洲东南部有分布。

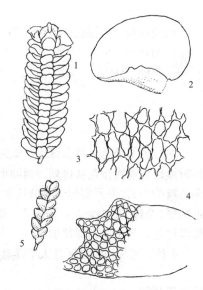

图 372 阔叶耳鳞苔（吴鹏程绘）

1. 雌株（腹面观，×7），2. 茎叶（腹面观，×24），3. 叶中部细胞（×210），4. 腹瓣（×120），5. 雄苞（×10）。

11. 顶鳞苔属 Acrolejeunea (Spruce) Schiffn.

植物体多中等大小，黄色至黄褐色，老时呈红褐色。茎平展或下垂，长 1–5 厘米，稀不规则分枝。叶卵状椭圆形，前缘宽圆弧形，后缘近于平直，先端圆钝，着生处较宽；叶边全缘。叶细胞椭圆形，三角体大，胞壁中部具球状加厚。腹瓣卵圆形，约为背瓣长度的 1/2–2/3，膨起，先端近于平截，角齿与中齿锐尖，由 2–4 个细胞组成，尖部略延伸。腹叶圆形，宽度约为茎直径的 2–4 倍。雌雄异株。雄苞着生短侧枝。雌苞着生侧枝顶端；雌苞叶大于营养叶，腹瓣长卵形，具明显角齿。蒴萼倒卵形，具 5 个脊，脊部圆钝，平滑，具短喙。芽胞未见。

10 余种，多亚洲热带和太平洋岛屿分布。我国有 2 种。

小顶鳞苔 图 373

Acrolejeunea pusilla (St.) Grolle et Gradst., Journ. Hattori Bot. Lab. 38: 332. 1974.

Archilejeunea pusilla St., Sp. Hepat. 4: 731. 1911.

与瓦鳞苔在外形上甚近似，灰绿色或褐绿色，长达 5 毫米，连叶片宽 0.75–0.8 毫米，不规则疏分枝；横切面直径宽 5–6 个细胞，叶覆瓦状蔽前式排列，卵形，与茎约呈 45° 展出，长 0.4–0.5 毫米，前缘强弧形，后缘近于平直，基部近平截，先端圆钝；腹瓣卵形，尖部斜截形，具 2–3 个细胞组成的角齿和中齿。叶细胞六角形至椭圆形，具明显三角体和胞壁中部球状加厚。腹叶近圆形，宽度达茎直径的 3 倍。雌苞顶生于短侧枝。雌苞叶为营养叶长度的 2 倍。蒴萼阔倒卵形，具 5 个脊，脊部平滑。

产台湾、香港和澳门，阴湿树干附生，稀叶面附生。日本有分布。

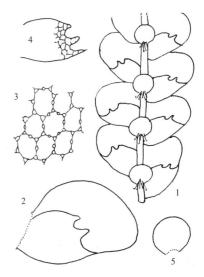

图 373 小顶鳞苔（吴鹏程绘）

1. 植物体的一部分（腹面观，×85），2. 茎叶（腹面观，×130），3. 叶中部细胞（×345），4. 腹瓣（×130），5. 腹叶（×85）。

12. 冠鳞苔属 Lopholejeunea (Spruce) Schiffn.

体形中等大小，暗绿色至褐绿色，老时呈紫褐色，略具光泽，紧贴基质生长。茎由厚壁细胞组成；一般呈不规则羽状分枝。叶密覆瓦状排列，阔卵形至椭圆形，尖部多圆钝，稀钝尖；叶边全缘；腹瓣卵形至阔卵形，多具单个钝齿，稀角齿呈舌形，中齿单细胞。叶细胞圆形，胞壁具强烈三角体及中部球状加厚。腹叶相互贴生或疏列。雌苞着生侧枝；雌苞叶多锐尖，具齿；雌苞腹叶全缘或具齿。蒴萼具 3–4 脊，脊部具冠状突起。

10 余种，热带亚热带林区树干或叶面附生。中国约 12 种。

褐冠鳞苔 图 374

Lopholejeunea subfusca (Nees) St., Hedwigia 29: 16. 1890.

Jungermannia subfusca Nees, Hepat. Javan 36. 1830.

纤弱，暗绿色至深黄褐色，稀疏生长。茎长 0.5–1 厘米，连叶宽约 1 毫米；不规则稀疏羽状分枝。叶阔卵形，长 0.5–0.7 毫米，尖部圆钝，前缘阔圆弧形，基部近于平截；腹瓣斜卵形，强烈膨起，具单细胞钝齿。叶中部细胞圆卵形，长 15–25 微米，三角体及胞壁中部球状加厚。

腹叶肾形，阔约为茎直径的3-4倍。蒴萼倒梨形，具4个脊，脊上具密冠状突起。

产安徽、台湾、福建和海南，生于海拔约1000米的岩面或叶面附生。亚洲南部及东部、太平洋岛屿、南北美洲及非洲有分布。

1. 植物体的一部分(腹面观，×16)，2. 茎叶(腹面观，×48)，3. 叶中部细胞(×270)，4. 雌苞(腹面观，×14)。

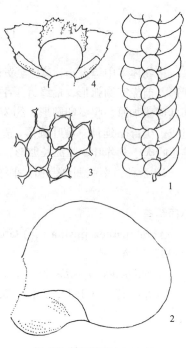

图 374 褐冠鳞苔（吴鹏程绘）

13. 白鳞苔属 **Leucolejeunea** Ev.

色泽灰绿色至黄绿色，柔薄，小片状交织生长。茎不规则羽状分枝。叶卵形，叶边全缘；腹瓣囊状，或半圆筒形，多具单齿。叶细胞三角体及胞壁中部球状加厚；油胞不分化。腹叶圆形或肾形，阔约为茎直径的3-5倍。雌苞顶生于侧枝。雌苞叶及雌苞腹叶全缘。蒴萼具4-5个脊，脊部平滑。雄苞顶生于短枝。

约20种，分布亚洲南部、美洲和非洲。我国有1种。

黄色白鳞苔　　　　　　　　　　图 375

Leucolejeunea xanthocarpa (Lehm. et Lindenb.) Ev., Torreya 7: 229. 1908.

Jungermannia xanthocarpa Lehm. et Lindenb., Pugillus Plant. 5: 8. 1833.

茎长2-3厘米，连叶宽约1.5毫米；不规则羽状分枝。叶阔椭圆形至圆形，长1-1.2毫米，阔0.9-1毫米，内凹；叶边全缘；腹瓣椭圆形，长约为背瓣的1/2，尖部截形，具2齿，仅角齿明显，中齿不明显，后缘沿叶边内卷。叶细胞圆六角形至圆形，胞壁具三角体及中部球状加厚。腹叶肾形，呈覆瓦状排列，长约0.3毫米，宽0.5毫米。雌雄同株异苞。雄苞顶生于短枝，雄苞叶3-7对，远小于营养叶。雌苞着生短侧枝，常具1-2蒴枝。雌苞叶与茎叶近

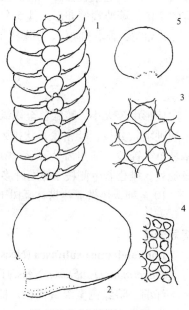

图 375 黄色白鳞苔（吴鹏程绘）

于等大，椭圆状卵形；叶边全缘。蒴萼倒卵形，具 5 个脊，脊部平滑。孢蒴呈球形，成熟时 4 瓣开裂，蒴壁厚 2 层细胞，外层细胞壁强烈不规则加厚。弹丝着生孢蒴裂瓣尖部，长约 300 微米，常具单列弱螺纹。孢子形大，直径可达 60 微米，表面被细疣。

产海南、香港和贵州，生于海拔约 800 米的树干或附生于常绿革质

叶面。日本、亚洲东南部、南美洲、北美洲及非洲有分布。

1. 植物体的一部分(腹面观，×18)，2. 茎叶(腹面观，×28)，3. 叶中部细胞(×190)，4. 腹瓣尖部细胞(×130)，5. 腹叶(×28)。

14. 日鳞苔属 Nipponolejeunea Hatt.

淡绿色或灰绿色，小片状生长。茎一般叉状分枝；横切面细胞壁厚，具大三角体，表皮细胞小于皮层细胞。叶覆瓦状蔽前式排列，阔卵形，叶边具长纤毛；腹瓣卵形，具双齿，齿常呈长毛状。叶细胞圆卵形，具大三角体。腹叶阔卵形，上部浅两瓣。雄苞着生主枝或侧枝上。雌苞着生主枝；雌苞叶 1–3 对，叶边全缘。蒴萼具 3 脊，脊部狭。弹丝具螺纹加厚。孢子直径约 50 微米。

2 种，亚洲东部山地分布。我国有 1 种。

日鳞苔 图 376

Nipponolejeunea pilifera (St.) Hatt., Bull. Tokyo Sci. Mus. 11: 125, f.76. 1944.

Pycnolejeunea pilifera St., Sp. Hepat. 5: 624. 1914.

植物体长可达 40 毫米，连叶宽 1.5 毫米。茎横切面椭圆形，直径为 6–8 个细胞。叶疏覆瓦状排列，卵形，长约 1 毫米，阔 0.8 毫米，前缘强弧形，后缘略内凹，尖部趋狭，具 1–5 长纤毛，稀无毛；腹瓣卵形，约为背瓣长度的 1/3–1/2，先端具 2 齿，角齿长约 3 个细胞，基部具单个大透明疣，中齿长毛状。叶细胞圆形至圆卵形，中部细胞直径约 25 微米，胞壁具明显三角体及中部球状加厚。雌雄异株。蒴萼倒梨形，具 3 脊，脊部圆钝，平滑。

产台湾，多附生于海拔 500–2000 米的树干。日本及朝鲜有分布。

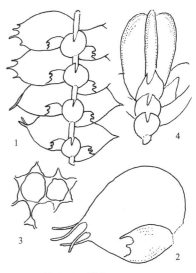

图 376 日鳞苔（吴鹏程绘）

1. 植物体的一部分(腹面观，×14)，2. 茎叶(腹面观，×20)，3. 叶中部细胞(×320)，4. 雌苞(腹面观，×14)。

15. 双鳞苔属 Diplasiolejeunea (Spruce) Schiffn.

形大，褐绿色，常疏生；分枝稀少。叶椭圆形，两侧不对称；叶边全缘；腹瓣卵形，尖部具 1–2 长齿。叶细胞厚壁，胞壁中部球状加厚及三角体明显。腹叶深两裂，裂片宽阔，每一侧叶具一腹叶。蒴萼长梨形，具 5 个脊。雄苞小穗状。

约 8 种，多南美洲、非洲及亚洲热带地区分布。我国有 3 种。

短枝双鳞苔 图 377

Diplasiolejeunea brachyclada Ev., Bull. Torrey Bot. Cl. 29: 216. 1912.

茎分枝长约 1 厘米。茎叶阔椭圆形，长达 1.5 毫米，前缘宽弧形，

后缘略内凹，尖部宽钝，基部着生处阔约 8 个细胞。叶细胞多角形至近于长方形，胞壁波状加厚，基部

细胞长约 70 微米。腹瓣椭圆形，约为背瓣长度的 2/5，角齿呈丁字形，中齿短钝。腹叶两裂，裂瓣直径达 8–9 个细胞，两瓣间呈约 90 度角开裂。

产台湾和海南，树干附生。波多黎各、圭亚那及牙买加有分布。

1. 植物体的一部分(腹面观，×16)，2. 茎叶(腹面观，×20)，3. 叶中部细胞(×175)，4. 腹瓣尖部(×142)，5. 蒴萼和雌苞叶(腹面观，×16)。

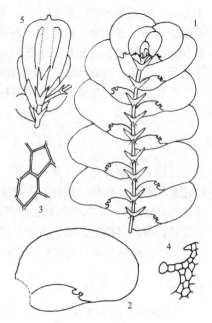

图 377 短枝双鳞苔 (吴鹏程绘)

16. 管叶苔属 Colura Dum.

纤小，多亮绿色或淡灰绿色，常呈簇状生长。茎常呈不规则羽状分枝；横切面由 7 个表皮细胞和三个髓部细胞组成，胞壁厚。叶卵状披针形，狭卵状披针形、卵状三角形，先端渐尖，基部狭窄；腹瓣瓣状，前沿内卷，上部愈合成囊，呈卵形、角状或细长管状。叶细胞六角形，薄壁，具三角体及胞壁中部球状加厚；油体细小，透明；油胞缺失。每一侧叶具一腹叶；纤小，深两裂。雌苞着生于长枝上，常具一萌枝。雌苞叶浅两裂，叶边具波曲；雌苞叶形小。蒴萼倒圆锥形，具 3–5 脊。雄苞无柄，雄苞叶数对。

约 30 种，主要分布世界热带地区。我国有 5 种。

细角管叶苔 图 378

Colura tenuicornis (Ev.) St., Sp. Hepat. 5: 942. 1916.

Colurolejeunea tenuicornis Ev., Trans. Connecticut Acad. 10: 455. 1900.

纤细，灰绿色，长 2–4 毫米；横切面圆形；假根稀少，无色；不规则疏分枝。叶披针形，稀疏着生，尖部呈细长角状，中部膨起，基部扭曲，长可达 1 毫米，宽约 0.2 毫米，着生处狭窄；叶边无齿。叶细胞六角形至多角形，直径 15–30 微米，壁薄。腹叶纤小，深两裂，约呈 150° 展出。雄苞通常着生于侧枝；雄苞叶 3–5 对，强烈膨起呈囊状。雌苞着生主侧枝，顶生。雌苞叶椭圆形至倒卵形，小于营养叶，尖部圆钝或呈斜截形；叶边全缘。

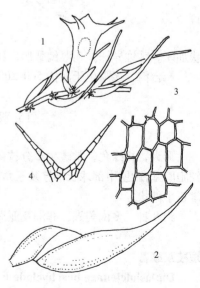

图 378 细角管叶苔 (吴鹏程绘)

雌雄异苞同株。蒴萼长圆筒形，具 5 个长尖脊。

产台湾、福建、广东及贵州，常叶面附生或着生枝上。日本、马来西亚、印度尼西亚、夏威夷、南美洲及马达加斯加有分布。

1. 植物体的一部分，示具雌苞（腹面观，×30），2. 茎叶（腹面观，×25），3. 叶中部细胞（×170），4. 腹叶（×80）。

17. 鞍叶苔属 **Tuyamaella** Hatt.

柔薄，紧密贴生基质，一般稀疏生长。茎不规则羽状分枝。叶蔽前式覆瓦状排列，椭圆形至阔卵形，前缘和叶尖分化透明细胞组成的边缘；腹瓣长卵形，角齿由 1–3 个细胞组成，中齿 1–2 个细胞，尖端细胞椭圆形，横生于尖部。叶细胞六角形，胞壁具小三角体及中部球状加厚。腹叶倒心脏形，1/2 开裂，裂瓣宽钝，雌雄同株异苞。蒴萼具 4 个脊。

单种属，产亚洲东部。我国有分布。

鞍叶苔   图 379

Tuyamaella molishii (Schiffn.) Hatt., Nat. Sci. Mus. Tokyo 15: 76. 1944.

Pycnolejeunea molishii Schiffn. ex Molisch, Pfl.–biol. in Japan 146. 1926.

种的特征同属。

产海南，常绿革质叶面附生。日本有分布。

1. 植物体的一部分（腹面观，×18），2. 茎叶（腹面观，×24），3. 叶中部细胞（×200），4. 腹瓣尖部（×90）。

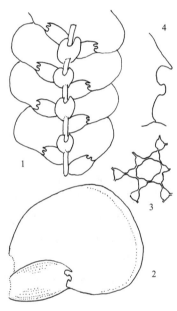

图 379 鞍叶苔（吴鹏程绘）

18. 针鳞苔属 **Raphidolejeunea** Herz.

体形纤弱，黄绿色或褐绿色；羽状分枝。叶倒卵形，两侧不对称，先端钝或锐尖；叶边全缘或具齿，腹瓣长卵形，角齿钩形。叶细胞六角形，厚壁，三角体及胞壁中部通常不加厚；油胞多 1–2 个，位于叶片近基部。腹叶纤小，裂瓣狭长刺状。蒴萼扁平耳形或具角喇叭形。雄苞着生短枝上，雄苞叶一般 3–4 对。

约 10 种，亚洲东南部和中美洲分布。我国有 3 种。

云南针鳞苔   图 380

Raphidolejeunea yunnanensis Chen, Feddes Repert. 58: 44, f.15. 1955.

茎 1–2 回羽状分枝。茎叶长卵形，先端渐尖，具不规则细齿。茎腹叶裂瓣尖部为 3–4 个单列细胞，呈 150–160 度角展出。蒴萼呈具角喇叭形，脊 5 个。

我国特有，产云南，附生于海拔 1000–1800 米林内叶面。

1. 植物体的一部分（腹面观，×30），2. 茎叶（腹面观，×90），3. 叶尖部细胞（×180），4. 腹叶（×120）。

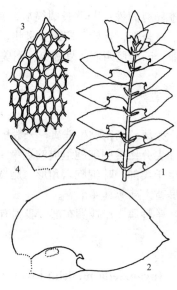

图 380 云南针鳞苔（吴鹏程绘）

19. 薄鳞苔属 Leptolejeunea (Spruce) Schiffn.

纤细，黄绿色至褐绿色；羽状分枝或不规则疏分枝。茎横切面圆形，表皮约 7 个细胞，包被 3 个髓部细胞，壁均厚；假根着生腹叶中央。叶长椭圆形或卵圆形，具钝尖；叶边全缘；腹瓣长卵形至长方形，角齿单细胞，圆钝；叶细胞具胞壁中部球状加厚及三角体；油胞单个或多个而散生于叶细胞间，黄色。腹叶纤小，船形。雌苞着生短侧枝顶端，无萌枝。雌苞叶和雌苞腹叶锐尖；叶边具疏齿。蒴萼具 5 个脊，顶部平截。雄苞小穗状，顶生于短侧枝上。

约 30 种，主要分布中南美洲、亚洲、非洲和大洋洲热带地区。我国约 10 种。

尖叶薄鳞苔 图 381

Leptolejeunea elliptica (Lehm. et Lindenb.) Schiffn., Nat. Pfl. 1 (3): 126. 1893.

Jungermannia elliptica Lehm. et Lindenb. in Lehm., Nov. Stirp. Pug. 5: 13. 1833.

茎不规则分枝至羽状分枝。茎叶多覆瓦状贴生或疏生，长椭圆形，具钝尖；腹瓣卵形，长约为背瓣长度的 2/5，角齿圆钝。叶细胞近圆形，胞壁具明显三角体和中部球状加厚，油胞圆形或椭圆形，每一叶片具多个至 10 个以上油胞，多散生。腹叶船形，宽 0.1–0.15 毫米，裂瓣呈针状，斜展，由 3–4 个单列细胞组成。雌雄同株。雄苞穗状。雌苞着生短侧枝。雌苞叶椭圆形，

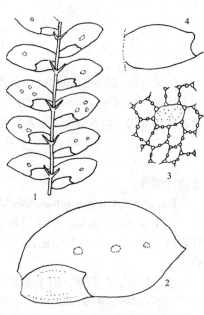

图 381 尖叶薄鳞苔（吴鹏程绘）

腹瓣舌状椭圆形，叶边全缘。雌苞腹叶两侧与雌苞叶相连，1/6两裂。蒴萼椭圆状倒卵形，顶端近于平截，5个脊呈角状。孢蒴卵圆形，具两层壁，胞壁不规则加厚，无色或浅棕色。弹丝数少，长120–200微米，无色，壁波状加厚。孢子形态不规则，褐绿色，被细疣。

产安徽、浙江、福建、江西、海南、贵州、云南和西藏，附生于海拔800–2100米地区的叶面。日本、印度及菲律宾有分布。

1. 植物体的一部分(腹面观，×18)，2. 茎叶(腹面观，×58)，3. 叶中部细胞(×340)，4. 腹瓣(×58)。

20. 角鳞苔属 Drepanolejeunea (Spruce) Schiffn.

体形纤细，柔弱，黄绿色，稀淡绿色或黄褐色；不规则分枝。叶多疏生而弯曲，三角状卵形、卵状椭圆形至披针形；叶边多具齿或锐齿；腹瓣卵形，强烈膨起，具1–2齿，角齿多呈钩形。叶细胞多角形、圆形或椭圆形，胞壁一般具三角体及胞壁中部球状加厚，有时表面具疣状突起，叶近基部有时分化1–2个油胞。蒴萼具5个呈刺状的脊。

约130种，世界热带和亚热带地区分布。我国约8种。

1. 叶先端具尾尖 ·· 1. **单齿角鳞苔 D. ternatensis**
1. 叶先端圆钝或锐尖 ·· 2. **粗齿角鳞苔 D. dactylophora**

1. 单齿角鳞苔 图 382

Drepanolejeunea ternatensis (Gott.) St., Sp. Hepat. 5 : 353. 1913.

Lejeunea ternatensis Gott. in Gott., Lindenb. et Nees, Synop. Hepat. 346. 1845.

纤弱，灰绿色，长约0.5厘米；不规则疏分枝。叶卵形至斜卵形，先端尾尖，长0.2–0.3毫米，前缘和后缘均呈弧形，前缘具1至多个尖齿；腹瓣卵形，角齿圆钝。叶细胞圆形至椭圆形，具三角体及胞壁中部球状加厚。腹叶略宽于茎直径，近2/3两裂，裂瓣长5个细胞，宽1–2个细胞。雌雄同株异苞。

产台湾和海南，生于海拔约500米地区的树干或叶面。日本、印度、印度尼西亚、澳大利亚和太平洋岛屿有分布。

1. 植物体的一部分(腹面观，×98)，2. 茎叶(腹面观，×150)，3. 叶边缘细胞(×360)，4. 腹叶(×280)。

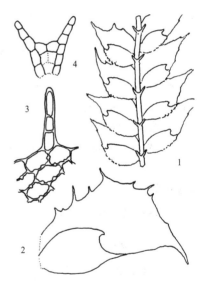

图 382 单齿角鳞苔（吴鹏程绘）

2. 粗齿角鳞苔 图 383

Drepanolejeunea dactylophora (Gott., Lindenb. et Nees) Schiffn., Nat. Pfl. 1, 3: 126, f. 60. 1895.

Lejeunea dactylophora Gott., Lindenb. et Nees, Nova Act. Caes. Leop.–Carol. 19, Suppl. 1: 473. 1843.

纤细，黄绿色，长可达10毫米，不规则疏羽状分枝。叶疏斜展，狭三角形，先端圆钝或锐尖，长0.15毫米；叶边具密粗齿，齿长2–4个细胞，基部宽1–2个细胞；腹瓣卵形，约为背瓣长度的1/2–2/3，角齿

呈钩状弯曲，中齿退化。叶细胞六角形，壁薄，三角体纤小，中部细胞长 8–15 微米；每一叶片具 2–3 个油体，多成列状散生。

产台湾和海南，附生于海拔约 1000 米地区的树干或叶面。日本、印度尼西亚及菲律宾有分布。

1. 植物体的一部分(腹面观，×98)，2. 茎叶(腹面观，×205)，3. 叶中部细胞(×298)，4. 腹叶(×180)。

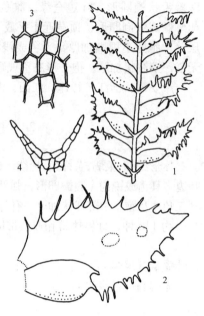

图 383　粗齿角鳞苔（吴鹏程绘）

21. 角萼苔属 Ceratolejeunea (Spruce) Schiffn.

植物体纤细，多深褐绿色；不规则分枝。叶椭圆形，两侧不对称；叶边全缘，稀尖部具齿；腹瓣小，卵形或椭圆形，角齿具短尖或呈刺状。叶细胞壁等厚。腹叶形大，两裂至中部。蒴萼梨形或椭圆形，具 4–5 个脊，脊部呈角状。雄苞纤小，无柄，雄苞叶数对。

约 60 种，多热带美洲分布。我国有 2 种。

中国角萼苔　　　　　　　　　　　图 384

Ceratolejeunea sinensis Chen et Wu, Acta Phytotax. Sin. 9 (3): 232, 5. 10. 1964.

纤弱，黄绿色，长约 5 毫米；不规则分枝。叶卵形，前缘阔弧形，基部覆茎，后缘内凹，先端圆钝；腹瓣卵形，膨起，约为背瓣长度的 1/3–1/4，具圆角齿。叶细胞六角形至椭圆形，基部细胞具强烈三角体及胞壁中部球状加厚。腹叶圆形，阔约为直径的 2 倍，上部近 1/2 开裂，裂瓣间呈 V 字形，基部着生成束透明假根。

中国特有，产云南，附生于海拔约 1300 米地区的叶面。

1. 植物体的一部分(腹面观，×22)，2. 茎叶(腹面观，×60)，3. 叶尖部细胞(×172)，4. 腹叶(×130)。

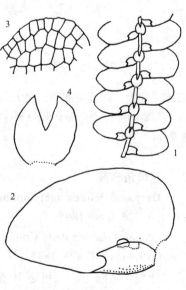

图 384　中国角萼苔（吴鹏程绘）

22. 整鳞苔属 Taxilejeunea (Spruce) Schiffn.

植物体中等大小，灰绿色或黄绿色，柔薄，常呈小片贴生。叶卵形，稀椭圆形至卵状三角形，先端圆钝或锐尖；腹瓣卵形或椭圆形，尖部常平截，角齿钝或尖，小或退化。叶细胞大而透明，薄壁。腹叶心脏形，1/2开裂。蒴萼椭圆形至圆柱形，平滑，或具5个脊。

约50种，主要分布中南美洲、非洲、大洋洲和亚洲热带地区。我国有4种。

吕宋整鳞苔　　　　　　　　　　　　　　图 385

Taxilejeunea luzonensis St., Sp. Hepat. 5: 506. 1914.

茎长可达3厘米以上；稀具长枝。叶阔卵形，长约1.3毫米，具圆钝尖，前缘基部圆形；腹瓣椭圆形，约为背瓣长度的1/4，角齿钝。叶中部细胞直径约27微米，具小三角体及胞壁中部球状中厚。茎腹叶阔度约为茎直径的5倍。蒴萼近倒梨形，尖部平截，具5脊。

产台湾，树干附生。菲律宾有分布。

1. 植物体的一部分(腹面观，×3)，2. 茎叶(腹面观，×60)，3. 叶尖部细胞(×240)，4. 腹瓣(×120)，5. 蒴萼和雌苞叶(腹面观，×32)。

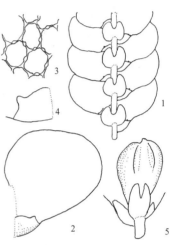

图 385 吕宋整鳞苔（吴鹏程绘）

23. 直鳞苔属 Rectolejeunea Ev.

纤细；密分枝。叶卵形或卵状椭圆形；叶边全缘；腹瓣卵形或卵状椭圆形，角齿钝或稀呈刺状。叶细胞壁厚，无三角体；稀具油胞。腹叶近圆形，尖部开裂。雌苞侧生或顶生。蒴萼梨形，具5个脊。雄苞无柄，稀着生枝顶，顶端常继续生长营养枝；雄苞叶2–8对。

约50种，主要分布中南美洲、亚洲，少数种见于非洲和大洋洲热带地区。我国有1种。

多根直鳞苔　　　　　　　　　　　　　　图 386

Rectolejeunea barbata Herz., Journ. Hattori Bot. Lab. 14: 49. 1955.

绿色，树干附生。茎不规则分枝。茎叶阔卵形，长约0.4毫米；叶边全缘。腹瓣卵状正方形，约为背瓣长度的1/3，具单个钝齿。叶细胞六角形，中部细胞直径20–22微米，壁薄，具小三角体和球状加厚。腹叶疏生，上部呈圆弧形开裂。雌苞侧生茎上。蒴萼长约0.4毫米，倒梨形。

我国特有，产台湾，树干附生。

1. 植物体的一部分(腹面观，×58)，2. 叶中部细胞（×360)，3. 腹叶（×120)，4. 蒴萼和雌苞叶(腹面观，×24)。

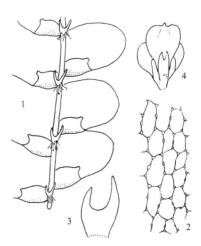

图 386 多根直鳞苔（吴鹏程绘）

24. 密鳞苔属 **Pycnolejeunea** (Spruce) Schiffn.

植物体淡绿色,紧贴基质生长。茎长 1–1.5 毫米,不规则疏分枝。叶阔椭圆形,前缘圆弧形,后缘近于平直,先端圆钝,基部狭窄;叶边全缘。叶细胞六角形至多角形,胞壁中部呈球状加厚,三角体小,每个细胞含 2–3 个椭圆形油体。叶基中央细胞狭长方形,呈假肋状。腹瓣卵形,膨起,角齿圆钝,单个细胞,常基部着生透明粘液细胞,中齿不明显。腹叶近圆形或圆卵形,宽度约为茎直径的 3 倍,上部 1/2 呈 V 字形开裂,全缘。雌雄同株。雄苞枝生;雄苞叶 2–3 对。雌苞着生短枝顶。雌苞叶 2–3 对,腹瓣呈长舌形,具锐尖。蒴萼倒梨形,具 5 个脊,脊部膨起,平滑。

约 150 种,热带山地分布。我国有 2 种。

多胞密鳞苔

图 387

Pycnolejeunea grandiocellata St., Sp. Hepat. 5: 624. 1914.

体形纤细,褐绿色。茎长约 5 毫米,连叶宽 1 毫米;假根稀少。茎叶覆瓦状排列,阔椭圆形,长 0.35–0.5 毫米,宽 0.3–0.35 毫米,前缘强弧形,尖部宽钝,基部近于平截,后缘突内凹。叶细胞圆形至椭圆形,叶边细胞 8–12 微米,中部细胞长 15–30 微米,宽 15–22 微米,具大三角体及胞壁中部小球状加厚;油胞 2–3 列,淡棕色。腹瓣卵形,膨起,约为背瓣长度的 1/3,

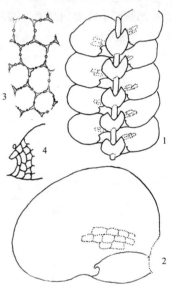

图 387 多胞密鳞苔(吴鹏程绘)

角齿与中齿均单细胞,透明疣着生中齿上方,脊部弓形,平滑。腹叶略贴生,宽约为茎直径的 3 倍,1/2 开裂,裂瓣间成 30°,裂瓣尖部呈三角形,各裂瓣外侧有时具 1–2 钝齿,基部狭窄。

产台湾,树干附生。日本及泰国有分布。

1. 植物体的一部分(腹面观, ×30), 2. 茎叶(腹面观, ×95), 3. 叶中部细胞(×280), 4. 腹瓣尖部(×140)。

25. 唇鳞苔属 **Cheilolejeunea** (Spruce) Schiffn.

纤弱至中等大小,绿色至灰绿色,成小片状交织生长。茎不规则羽状分枝。叶蔽前式覆瓦状排列或疏生,卵形至圆卵形,前缘圆弧形或半圆形,后缘略内凹或近于平直;腹瓣卵形,膨起,或近于长方形而扁平,角部具单圆齿或尖齿。叶细胞圆六角形至圆卵形,胞壁具三角体。腹叶圆形至肾形,阔约为茎直径的 2–4 倍,1/3–1/2 两裂。蒴萼倒梨形至倒心脏形,具 3–5 脊。雄苞具 2–4 对苞叶。

约 100 余种,热带和亚热带地区分布,稀见于欧洲和北美洲。我国约 15 种。

1. 腹瓣呈半圆筒形 .... 1. **瓦叶唇鳞苔 C. imbricata**
1. 腹瓣多呈卵形或长方形。
  2. 腹叶多疏生,圆形或圆卵形,阔约为茎直径的3倍 .... 2. **圆叶唇鳞苔 C. intertexta**
  2. 腹叶覆瓦状贴生,阔肾形,阔约为茎直径的4–5倍 .... 3. **阔叶唇鳞苔 C. trifaria**

1. 瓦叶唇鳞苔 图 388

Cheilolejeunea imbricata (Nees) Hatt., Misc. Bryol. Lichenol. 14: 1. 1957.

Jungermannia thymifolia Nees var. *imbricata* Nees, Enum. Pl. Crypt. Jav. 42. 1830.

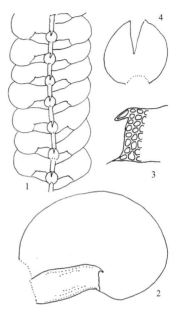

图 388 瓦叶唇鳞苔（吴鹏程绘）

色泽灰绿色至榄绿色，呈小片或杂生于其它苔藓植物中。茎长 1–2 厘米，连叶片阔约 1.5 毫米；不规则疏羽状分枝。叶阔椭圆形，前缘圆弧形，后缘中部略内凹，先端圆钝；腹瓣半圆筒形，角齿长 1–3 个细胞。叶中部细胞长 15–25 微米，具三角体及胞壁中部球状加厚。腹叶圆形，阔约为茎直径 2–3 倍，上部约 1/3 狭两裂。雌苞叶全缘。蒴萼倒梨形，具 4–5 个平滑脊部。

产安徽、台湾、福建、海南、贵州和云南，生于海拔 1000 米左右的岩面、树干和常绿革质叶面。日本及东南亚各国有分布。

1. 植物体的一部分(腹面观，×30)，2. 茎叶(腹面观，×95)，3. 腹瓣尖部(×160)，4. 腹叶(×110)。

2. 圆叶唇鳞苔 图 389

Cheilolejeunea intertexta (Lindenb.) St., Bull. Herb. Boiss. 5: 79. 1897.

Lejeunea intertexta Lindenb., Syn. Hepat. 379. 1845.

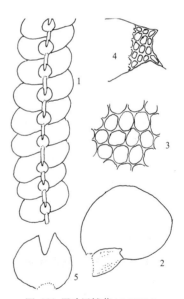

图 389 圆叶唇鳞苔（吴鹏程绘）

亮绿色或黄绿色，疏松着生基质。茎长约 1.2 厘米，连叶片阔 0.6 毫米；不规则疏分枝。叶覆瓦状排列，圆卵形，前缘圆弧形，后缘中部内凹；腹瓣卵形，长约为背瓣的 1/3，脊部呈弧形，尖部具单细胞锐齿。叶中部细胞圆形或圆卵形，长 20–25 微米，壁薄，具小而明显三角体。腹叶圆形，1/2 开裂，约成 30° 角。

产台湾和香港，生于低海拔的阴湿石上或树基。日本、斯里兰卡、印度尼西亚、

菲律宾、太平洋岛屿及非洲有分布。

1. 植物体的一部分(腹面观，×42)，2. 茎叶(腹面观，×125)，3. 叶中部细胞(×340)，4. 腹瓣尖部(×240)，5. 腹叶(×170)。

3. 阔叶唇鳞苔 图 390

Cheilolejeunea trifaria (Reinw., Bl. et Nees) Mizut., Journ. Hattori Bot. Lab. 27: 132. 1964.

Jungermannia trifaria Reinw., Bl. et Nees, Nova Acta Acad. Caes. Leop. Carol. 12: 226. 1824.

亮绿色至淡黄绿色，疏松贴生基质。茎长约 1 厘米；稀少分枝。叶密覆瓦状排列，阔卵圆形，前缘圆弧形，后缘中部强烈内凹，具宽

钝圆尖；腹瓣圆卵形，仅为背瓣长度的 1/4，强烈膨起，角齿锐尖。叶细胞疏松，透明，圆形，中部细胞长 15–25 微米，薄壁，具大形三角体。生殖苞不详。

产香港和海南，附生于海拔 200–2000 米的树干。日本、泰国、斯里兰卡、印度尼西亚、菲律宾、太平洋岛屿、美洲及非洲有分布。

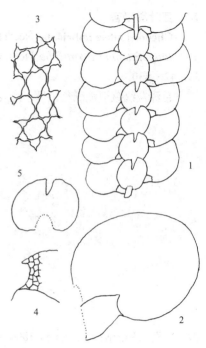

1. 植物体的一部分(腹面观，×45)，2. 茎叶(腹面观，×110)，3. 叶中部细胞(×480)，4. 腹瓣尖部(×170)，5. 腹叶(×60)。

图 390 阔叶唇鳞苔（吴鹏程绘）

26. 指鳞苔属 **Lepidolejeunea** Schust.

植物体稀少分枝。叶圆卵形，前缘圆拱形，后缘内凹，先端宽钝，基部着生处狭窄；叶边全缘。叶细胞六角形至多边形，壁薄，密散生多数油胞。腹瓣长约为背瓣的 1/3–1/6，方形或长方形，膨起，前缘圆弧形，先端角齿单细胞，锐尖，基部着生单个粘液细胞。腹叶扁圆形或肾形，宽度约为茎直径的 3–5 倍，上部 1/2–1/5 狭开裂。雌雄同株或异株。雌苞顶生短枝顶。雌苞叶略大于营养叶；雌苞腹叶阔舌形，宽度约为营养叶的 2 倍。蒴萼具 5 个脊，脊部平滑。

4 种，分布亚洲东南部和中南美洲。我国有 1 种。

散胞指鳞苔

图 391

Lepidolejeunea bidentula (Linn.) Schust., Beih. Nova Hedwigia 9: 139. 1963.

Jungermannia bidentula Linn., Sp. Pl. 2: 1132. 1753.

叶近圆形，长约 0.8 毫米，前缘圆弧形，基部近于平截，先端圆钝，后缘强内凹。腹瓣卵形，膨起，长约为背瓣的 1/6–1/3，角部具单齿，上具单个透明细胞。叶细胞六角形，壁薄，无三角体；油胞密散布于细胞间。腹叶近肾形，阔度约为茎直径的 3–5 倍，上部多狭开裂，油胞散列在腹叶细胞间。雌雄异株。

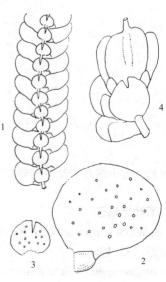

图 391 散胞指鳞苔（吴鹏程绘）

萌枝 1–2。未见芽胞。

产台湾，树干或常绿革质叶面生长。日本、新喀里多尼亚及中南美洲有分布。

1. 植物体的一部分(腹面观，×22)，2. 茎叶(腹面观，×60)，3. 腹叶(×58)，4. 雌苞(腹面观，×33)。

27. 齿鳞苔属 Stenolejeunea (Spruce) Schiffn.

淡绿色，长约 5 毫米。叶卵状三角形，前缘宽弧形，后缘圆弧形，先端锐尖，基部着生处宽；腹瓣约为背瓣长度的 1/3，卵形，稍膨起，角齿单细胞，基部常具单个透明细胞。叶细胞六角形至椭圆形，胞壁具中部球状加厚，三角体明显，每个细胞具多个油体。腹叶半圆形，1/2–1/3 深两裂，裂片呈三角形。雌雄异株。雌苞着生短侧枝顶。雌苞叶和雌苞腹叶均全缘。蒴萼具 5 个脊，侧面脊形大。

约 10 种，亚洲东南部分布。我国有 1 种。

蹄叶齿鳞苔　　　　　　　　　　　　　　图 392

Stenolejeunea apiculata (S. Lac.) Schust., Beih. Nova Hedwigia 9: 144. 1963.

Lejeunea apiculata S. Lac., Ned. Kruidk. Arch. 3: 421. "1854" 1855.

体形纤细，绿色。茎基部具长枝，平展，上部具短羽状分枝。茎叶略贴生或疏生，斜展，近卵形，长约 0.25 毫米，宽 0.23 毫米，前缘宽弧形，先端突呈长锐尖，有时略呈钩状，后缘中部内凹，基部着生处宽阔；叶边近全缘。叶细胞六角形，叶边细胞 12 微米，中部细胞 16–18 微米，基部细胞长约 25 微米，宽 20 微米，壁薄。腹瓣卵形，略膨起，约为背瓣长度的 1/3。尖部斜截形，

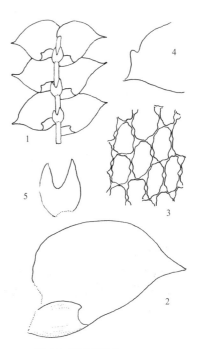

具单个圆齿，脊部呈弓形。腹叶疏生，近圆形至椭圆形，约 1/2 开裂，裂瓣锐尖，有时侧面具一小齿。雌雄异株。雌苞叶狭椭圆形，先端锐尖；腹瓣舌形，约为背瓣长度的 2/3，具锐齿。雌苞腹叶椭圆形，1/2 开裂，边缘具钝齿。

产台湾，生于海拔 400–2000 米的树干。日本、印度尼西亚及菲律宾有分布。

图 392 蹄叶齿鳞苔 (吴鹏程绘)

1. 植物体的一部分(腹面观，×38)，2. 茎叶(腹面观，×76)，3. 叶中部细胞(×460)，4. 腹瓣尖部(×130)，5. 腹叶(×115)。

28. 细鳞苔属 Lejeunea Libert.

体形柔弱，形小或纤细，绿色或黄绿色，不规则羽状分枝。叶紧密蔽前式覆瓦状排列，稀疏生，卵形、卵状三角形至椭圆形，稀具钝尖或略锐尖；叶边全缘；腹瓣形态及大小多形，长约背瓣的 1/4 至 1/2，尖部具 1–2 齿。叶细胞壁等厚，或薄壁而具三角体及胞壁中部球状加厚。腹叶多圆形，略宽于茎或约为茎直径的 3–4 倍。雌雄多同株，稀异株。蒴萼倒梨形，一般具 5 个脊。雄苞多呈穗状。

100 余种，世界各大洲均有分种。我国约有 10 种。

1. 腹叶与茎等宽，或为茎直径的2–3倍。
　2. 叶中央细胞虽大，但差异不明显。
　　3. 叶卵形，后缘近于平直；腹叶阔度约为茎直径的3倍 ·················· 1. 狭瓣细鳞苔 L. anisophylla
　　3. 叶长卵形，后缘内凹；腹叶阔度约为茎直径的2倍 ·················· 2. 弯瓣细鳞苔 L. curviloba
　2. 叶中央细胞明显大而疏松 ······································· 4. 小叶细鳞苔 L. parva
1. 腹叶宽度为茎直径的4倍 ·· 3. 黄色细鳞苔 L. flava

1. 狭瓣细鳞苔 图 393

Lejeunea anisophylla Mont., Ann. Sci. Nat., Bot., Ser. 2. 19 : 263. 1843.

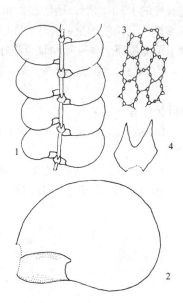

图 393 狭瓣细鳞苔（吴鹏程绘）

黄绿色，长达 1 厘米；稀不规则羽状分枝。叶相互贴生至疏覆瓦状排列，卵形，略膨起，长 0.35–0.45 微米，前缘阔弧形，后缘近于平直；腹瓣卵形，具单圆齿。叶中部细胞椭圆形，直径 20–25 微米，具三角体及胞壁中部球状加厚。雌雄同株异苞。蒴萼倒卵形，具 5 个脊。

产台湾和海南，生于海拔 1000 米左右的阴湿石上或树干。日本有分布。

　　1. 植物体的一部分（腹面观，×30），2. 茎叶（腹面观，×62），3. 叶中部细胞（×340），4. 腹叶（×68）。

2. 弯瓣细鳞苔 图 394

Lejeunea curviloba St., Sp. Hepat. 5: 774. 1915.

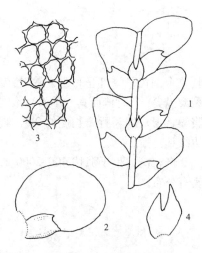

图 394 弯瓣细鳞苔（吴鹏程绘）

体形纤细，黄绿色，长约 3 毫米；稀不规则分枝。叶卵形至长卵形，后缘内凹，具钝尖；腹瓣卵形，长约为背瓣的 1/3。叶细胞六角形至椭圆形，中部细胞直径 17–28 微米，壁薄，具三角体和胞壁中部球状加厚。腹叶肾形，稀圆形。雌雄异株。

产香港和海南，生于海拔 1000 米左右的阔叶林内树干和阴湿石面藓类植物上。日本、朝鲜及菲律宾有分布。

　　1. 植物体的一部分（腹面观，×42），2. 茎叶（腹面观，×50），3. 叶中部细胞（×350），4. 腹叶（×80）。

3. 黄色细鳞苔 图 395

Lejeunea flava (Sw.) Nees, Naturg. Eur. Leberm. 3: 277. 1838.

Jungermannia flava Sw., Prodr. Fl. Ind. Occid. 144. 1788.

黄绿色，长可达 2 厘米；不规则近羽状分枝。叶椭圆状卵形至卵形，长 0.4–0.5 毫米，前缘阔弧形，

后缘内凹；腹瓣卵形，膨起，长约为背瓣的 1/4，具单钝齿。叶中部细胞椭圆形，直径 20–30 微米，具明显三角体及胞壁中部球状加厚。腹叶圆形，宽度一般为茎直径的 4 倍。

产福建、江西和海南，生于海拔 1000 米左右的阴湿石面，或附生于树干和叶面。亚洲东南部、欧洲、北美洲、中美洲及大洋洲有分布。

1. 植物体的一部分(腹面观，×22)，2. 茎叶(腹面观，×65)，3. 腹瓣(×125)，4. 腹叶(×65)。

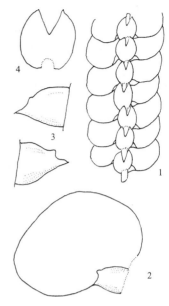

图 395 黄色细鳞苔 (吴鹏程绘)

4. 小叶细鳞苔

图 396

Lejeunea parva (Hatt.) Mizut., Misc. Bryol. Lichenol. 5: 178. 1971.

Microlejeunea rotundistipula St. fo. *parva* Hatt., Bull. Tokyo Sci. Mus. 11: 123, f. 75. 1944.

体形纤细，柔弱，黄绿色，长约 1–2 厘米；不规则疏分枝。叶疏生，卵形至卵状椭圆形，斜展，长 0.3–0.4 毫米，尖部钝端，略内曲；叶边全缘；腹瓣长约为背瓣的 1/2，卵形，强烈膨起，具单个角齿。叶中部细胞圆形至椭圆形，较大而疏松，直径 20–25 微米，具明显三角体加厚。腹叶圆形，宽为茎直径的 1.5–2 倍。

产香港和海南，附生于海拔 800–1500 米的树干或叶面。日本及朝鲜有分布。

1. 植物体的一部分(腹面观，×65)，2. 茎叶(腹面观，×120)，3. 叶尖部细胞(×280)，4. 叶中部细胞(×280)，5. 蒴萼和雌苞叶(腹面观，×40)。

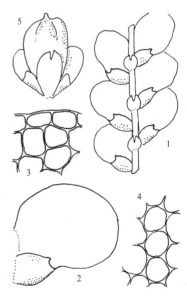

图 396 小叶细鳞苔 (吴鹏程绘)

29. 纤鳞苔属 Microlejeunea St.

纤弱，黄绿色，常杂生于其它苔藓植物中。茎稀分枝；腹面着生成束透明假根。叶椭圆形至卵形，一般与茎平行生长，先端圆钝或稍窄；叶细胞圆形至椭圆形，常具三角体。腹瓣卵形，强烈膨起，长约为叶背瓣的 1/2–3/5，一般角齿明显，中齿多退化。腹叶圆形，约 1/2 开裂，阔度略大于茎直径。蒴萼倒梨形，多具 5 个脊。

20 余种，亚热带和温带南部分布。我国有 5 种。

斑叶纤鳞苔   图 397

Microlejeunea ulicina (Tayl.) St., Hedwigia 29: 88. 1890.

Lejeunea punctiformis Tayl. in Gott., Lindenb. et Nees, Syn. Hepat. 767. 1847.

体形纤细。茎横切面外壁一般为 7 个细胞，中央髓部细胞 3–4 个。

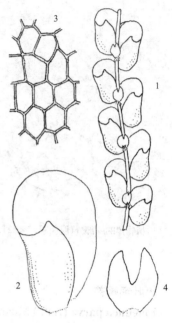

叶多不相互贴生，椭圆形，长 0.15–0.25 毫米，先端圆钝；腹瓣长约为背瓣的 1/2–3/4，卵形，强烈膨起，具单个齿。叶细胞直径 10–20 微米，壁等厚，具小三角体。

产安徽、台湾、福建、贵州和云南，附生于海拔 900–1300 米的树干或叶面，稀石生。日本、印度和斯里兰卡有分布。

图 397 斑叶纤鳞苔（吴鹏程绘）

1. 植物体的一部分(腹面观，×65)，2. 茎叶(腹面观，×160)，3. 叶中部细胞(×450)，4. 腹叶(×210)。

30. 片鳞苔属 Pedinolejeunea (Benedix) Chen et Wu

柔薄，宽阔，淡黄色或黄绿色，干燥时具弱光泽，常成小片状紧贴常绿阔叶树叶面生长。茎不规则羽状分枝；横切面具 1 个髓部细胞和约 5 个表皮细胞。叶一般紧密覆瓦状排列，阔卵形至椭圆状卵形，边缘多分化，透明；腹瓣多舌形，有时分叉或呈披针形，或尖部具齿，两齿间常具透明疣。叶细胞六角形，壁薄，基部细胞有时具小三角体，背面平滑；边缘细胞常长方形，无色，透明。雌雄异株。雄苞一般着生短侧枝上；雄苞叶 4～6 对，呈小穗状，腹瓣强烈膨起。精子器球形。雌苞着生短枝顶；雌苞叶通常一对，与茎叶同形。蒴萼倒卵形，近于扁平，侧面脊 2 个，腹面脊略膨起，平滑。芽胞圆盘形，多细胞，常着生叶片腹面。

约 10 余种，热带和亚热带南部山区分布。我国约 10 种。

狭瓣片鳞苔   图 398

Pedinolejeunea lanciloba (St.) Chen et Wu, Acta Phytotax. Sinica 9 (3): 266. 1964.

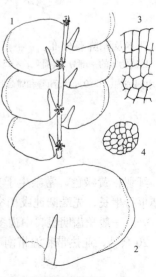

Cololejeunea lanciloba St., Hedwigia 34: 250. 1895.

植物体常灰绿色或黄绿色，长约 2 厘米，连叶宽 1.5 毫米。茎直径约 85 微米，不规则分枝；假根透明，成束着生茎腹面。茎叶近于圆形或圆卵形，长约 0.6 毫米，两侧略不对称，前缘阔弧形，基部钝圆形，蔽茎。后缘近于平直；叶边全缘，先端分化

图 398 狭瓣片鳞苔（吴鹏程绘）

2–3 列无色、透明、大形细胞，叶近基部不分化。腹瓣披针形，长约 0.22 毫米，斜展，顶端渐尖，常具一透明疣。雌雄同株。雌苞侧生短枝顶。蒴萼倒梨形，长约 0.8 毫米。

产台湾和云南，附生于海拔 1050 米左右的叶面。日本、亚洲南部 及夏威夷群岛有分布。

1. 植物体的一部分（腹面观，×16），2. 茎叶（腹面观，×32），3. 叶尖部细胞（×220），4. 芽胞（×120）。

31. 残叶苔属 **Leptocolea** (Spruce) Chen et Wu

绿色或黄绿色，柔薄，疏松贴生基质。茎不规则疏分枝。叶略呈覆瓦状排列或疏列，多椭圆形，稀卵状披针形，前缘圆弧形或阔弧形，后缘多内凹，先端圆钝或具钝尖，基部狭窄；腹瓣卵形，约为背瓣长度的 1/3–2/5。脊部呈弓形，前沿呈斜截形或平截，具双齿。叶细胞六角形、圆卵形或椭圆形，胞壁薄，常具三角体及胞壁中部球状加厚，表面平滑。雄苞着生侧枝上。雌苞着生短枝或长枝上。蒴萼倒卵形或长倒卵形，多具 3 脊，脊部多膨起。芽胞圆盘状，多细胞。

10 余种，热带和亚热带低山地区分布，少数种类见于欧洲和北美洲。我国约 10 种。

哥氏残叶苔　　　　　　　　　　　　　　　　　图 399
Leptocolea goebelii (Gott. ex Schiffn.) Ev., Bull. Torrey Bot. Club 38: 265. 1911.

Lejeunea goebelii Gott. ex Schiffn. in Goeb., Ann. Jard. Bot. Buiten. 7: 49. Pl. 5–6, 54. 1887.

茎连叶阔约 1–1.5 毫米。茎叶常覆瓦状贴生，斜展，椭圆形，长约 0.6 毫米，前缘阔弧形，后缘近于平直，先端圆钝；腹瓣卵形，约为背瓣长度的 1/3–2/5，前沿多斜截形，角齿一般由 2 个细胞成列斜出，中齿锐尖，为单个细胞；基部附体线形，由 1–3（–6）个透明细胞组成。蒴萼倒卵形，具 3–5 脊，脊部圆钝。

产台湾、广东和云南，多附生于海拔 1000 米左右的叶面。日本及印度尼西亚有分布。

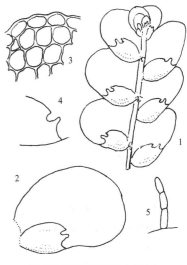

图 399 哥氏残叶苔（吴鹏程绘）

1. 植物体的一部分（腹面观，×65），2. 茎叶（腹面观，×60），3. 叶尖部细胞（×260），4. 腹瓣尖部（×90），5. 副体（×90）。

32. 疣鳞苔属 **Cololejeunea** (Spruce) Schiffn., s. str.

植物体纤细，灰绿色，稀疏生长或杂生于其它苔类植物间。茎不规则羽状分枝；横切面皮层为单个细胞，由 5 个表皮细胞所包围；腹面束生透明假根。叶疏生或覆瓦状排列，一般为椭圆形、卵形或其它形状，稀分化透明白边；腹瓣多卵形或卵状三角形等，脊部常具疣状突起，尖部通常具 2 个齿。叶细胞多呈六角形，壁薄，背面具单疣或其它疣状突起；油胞淡黄色，通常单个位于叶片近基部，或稀具多个成 1–2 列。雄苞一般着生枝顶。雌苞蒴萼倒梨形，脊多 5 个，具疣。

约 100 余种，热带和亚热带山地分布。我国有 20 余种。

1. 叶先端圆钝；叶边不具刺疣状突起。

2. 叶基部中央具淡黄色油胞。

  3. 腹瓣角齿与中齿不交叉或相邻。

    4. 角齿呈钩状；中齿常退化 ································· 1. 棉毛疣鳞苔 C. floccosa

    4. 角齿不呈钩状；中齿显著短于角齿 ················· 2. 列胞疣鳞苔 C. ocellata

  3. 腹瓣角齿与中齿交叉或相邻 ····················· 3. 多胞疣鳞苔 C. ocelloides

2. 叶基部中央无油胞 ······························· 4. 拟棉毛疣鳞苔 C. pseudofloccosa

1. 叶先端渐尖；叶边具刺疣状突起 ····················· 5. 刺疣鳞苔 C. spinosa

1. 棉毛疣鳞苔

图 400

Cololejeunea floccosa (Lehm. et Lindenb.) Schiffn., Conspect. Hepat. Archip. Indici 243.1898.

Jungermannia floccosa Lehm. et Lindenb., Pugil. Pl. 5: 26. 1833.

细柔，灰绿色或黄绿色，干燥时紧贴基质。茎长约5毫米，不规则羽状分枝。叶卵形，长0.3-0.4毫米，前缘强弧形，基部圆钝，后缘略内凹，先端圆钝；腹瓣卵形，约为背瓣长度的1/2，角齿呈钩状，长2-3个细胞，中齿小，不明显。叶细胞多角形至圆六角形，中部细胞长5-10微米，每个细胞背面具一粗圆疣，叶基中央具1-2列，每列4-5个油胞。蒴萼倒心脏形，具5个脊。

产台湾和海南，附生于海拔500米左右的叶面或树干。日本、印度尼西亚及菲律宾有分布。

1. 植物体的一部分(腹面观，×45)，2. 茎叶(腹面观，×60)，3. 叶中部细胞(×260)，4. 腹瓣尖部(×210)，5. 芽胞(×170)。

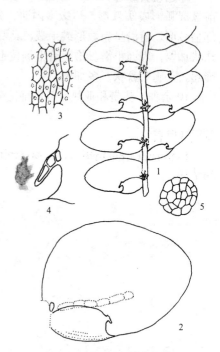

图 400 棉毛疣鳞苔(吴鹏程绘)

2. 列胞疣鳞苔

图 401

Cololejeunea ocellata (Horik.) Bened., Feddes Repert. Beih. 134: 38. 1953.

Leptocolea ocellata Horik., Journ. Hiroshima Univ. Ser. B, Div. 2, 1: 86. f. 11. 1932.

叶卵形，基部中央分化单列淡黄色油胞；每个叶细胞背面具一细疣；腹瓣角齿一般长2个细胞，中齿为单个细胞。

产台湾、福建和广东，附生于海拔1000-2500米的革质叶面。日本有分布。

1. 植物体的一部分(腹面观，×34)，2. 茎叶(腹面观，×60)，3. 叶尖部细胞(×172)，4. 腹瓣尖部(×310)。

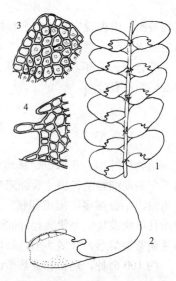

图 401 列胞疣鳞苔(吴鹏程绘)

3. 多胞疣鳞苔

图 402

Cololejeunea ocelloides (Horik.) Mizut., Journ. Hattori Bot. Lab. 24: 277. 1961.

Leptocolea ocelloides Horik., Journ. Sci. Hiroshima Univ. Ser. B, Div. 2, 2: 280, f. 60. 1934.

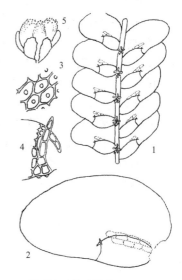

灰绿色，不规则羽状分枝。叶椭圆状卵形，长 0.25–0.35 毫米，基部中央分化 1–3 列，每列 4–6 个油胞；叶中部细胞长 8–12 微米，胞壁具明显三角体；腹瓣卵形，约为背瓣长度的 1/3–2/5，角齿与中齿常相互交叉。蒴萼一般具 3 个脊。

产台湾、福建、江西、广东和贵州，附生于海拔 1000 米左右的革质树叶面或树干。日本有分布。

图 402 多胞疣鳞苔（吴鹏程绘）

1. 植物体的一部分（腹面观，×34），2. 茎叶（腹面观，×47）；3. 叶中部细胞（×190），4. 腹瓣尖部（×160），5. 蒴萼和雌苞叶（腹面观，×38）。

4. 拟棉毛疣鳞苔

图 403

Cololejeunea pseudofloccosa (Horik.) Bened., Feddes Repert. 134: 36, Pl. 3, d, Pl. 9, h–k. 1953.

Leptocolea pseudofloccosa Horik., Journ. Sci. Hiroshima Univ. Ser. b, Div. 2, 1: 87, f. 12. 1932.

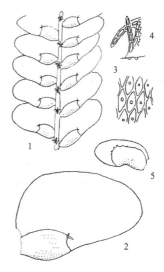

灰绿色，不规则羽状分枝或疏羽状分枝。叶长卵形至长椭圆形，长约 0.4 毫米；无油胞；每个叶细胞背面具单个细疣；腹瓣卵形，长约为背瓣的 1/3，角齿与中齿一般交叉。蒴萼具 5 个脊。

产台湾、福建、江西和云南，附生于海拔 1700–2800 米的常绿阔叶树叶面、蕨类及竹叶叶面。日本、印度、斯里兰卡和印度尼西亚有分布。

图 403 拟棉毛疣鳞苔（吴鹏程绘）

1. 植物体的一部分（腹面观，×28），2. 茎叶（腹面观，×72），3. 叶中部细胞（×210），4. 腹瓣尖部（×210），5. 雌苞叶（×35）。

5. 刺疣鳞苔

图 404

Cololejeunea spinosa (Horik.) Hatt., Bull. Tokyo Sci. Mus. 11: 102. 1944.

Physocolea spinosa Horik., Journ. Sci. Hiroshima Univ. Ser. b, Div. 2, 1:

70, f. 9. 1931.

黄绿色，疏松贴生基质。茎不规则疏分枝。叶疏覆瓦状或稀疏排列，卵形，先端多钝尖；叶边密被刺疣状突起；叶细胞背面具单个刺疣。腹瓣卵形，长约为背瓣的1/2–2/5；角齿长2个细胞，中齿短钝；脊部密被疣。蒴萼倒卵形；具3脊，脊部膨起，密被粗疣。

产台湾、福建、江西、广东、香港、海南和贵州，多附生于海拔500–1000米的常绿阔叶树、蕨类和灌木叶面，树干及阴湿岩面亦有生长。日本、印度、喜马拉雅地区及印度尼西亚有分布。

1. 植物体的一部分(腹面观，×30)，2. 茎叶(腹面观，×82)，3. 叶中部细胞(背面观，×420)，4. 腹瓣尖部(×150)，5. 蒴萼和雌苞叶(腹面观，×28)。

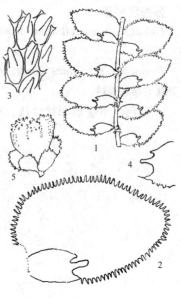

图 404 刺疣鳞苔（吴鹏程绘）

33. 小鳞苔属 Aphanolejeunea Ev.

体形极纤弱，灰绿色，稀少分枝。叶疏列，椭圆形或披针形，先端常圆钝或渐尖；叶边由细胞突出形成细齿或粗齿；腹瓣卵形，具1–2齿。叶细胞薄壁，背面具单个粗疣。腹叶缺失。蒴萼倒卵形，具4–5个脊。雄苞一般具2–3对苞叶。

约20种，热带和亚热带地区分布。我国有2种。

截叶小鳞苔   图 405

Aphanolejeunea truncatifolia Horik., Journ. Hiroshima Univ. Ser. B, Div. 2, 2: 284, f. 61.

极柔弱，灰白色，稀分枝。叶疏生，狭椭圆形至椭圆状披针形，先端渐尖，有时平截；叶边具粗疣状突起；腹瓣卵形，长约为背瓣长度的1/2–1/3，角齿单细胞，中齿由2个细胞组成。叶细胞六角形，壁薄，每个细胞具单粗疣。雌雄异株。雄苞着生短枝上，具2对雄苞叶。芽胞圆盘形。

产台湾和云南，附生于海拔约1500米的叶面。日本有分布。

1. 植物体(腹面观，×40)，2. 茎叶(腹面观，×130)，3. 叶中部细胞(×240)，4. 腹瓣尖部(×130)，5. 雄苞(腹面观，×75)，6. 芽胞(×170)。

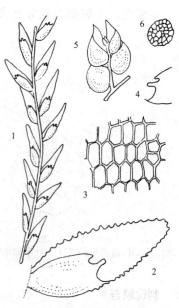

图 405 截叶小鳞苔（吴鹏程绘）

31. 小叶苔科 FOSSOMBRONIACEAE

(吴鹏程)

茎叶分化苔类，具两列斜生叶片的类型及呈叶状体的类型；腹面密生紫色假根。茎叶分化类型的叶片半圆形，叶边多全缘，波曲，基部相互连接。叶细胞大形，薄壁。雌雄同株，有时雌雄异株。精子器散生于茎背面，由雄苞叶部分覆盖。颈卵器成丛着生植株顶端，受精后形成大形假蒴萼(pseudoperianth)。孢蒴成熟后不规则开裂，裂瓣内层孢壁螺旋状加厚；无弹丝托。孢子形大，球形，直径25–50微米，具疣或网纹。

3属，温带和热带地区分布。我国有1属。

小叶苔属 Fossombronia Raddi

柔弱，单一或两叉分枝；腹面密生紫色的假根。叶两列，呈蔽后式排列，近于圆方形，斜列，前缘基部下延；叶边不规则波曲，常瓣裂。叶细胞形大，薄壁，近叶基部细胞为两至多层。精子器橙黄色，裸露或部分被雄苞叶包围。颈卵器顶生，受精后由大形钟状假蒴萼包被。孢蒴球形，具蒴柄，成熟后不规则或不完全四瓣开裂；蒴壁两层。孢子形大，圆球形、近圆球形或三角状圆球形，表面脊状突起形成不同网纹。弹丝通常两列螺纹加厚。

约50种，欧洲、亚洲和北美洲温热和热带地区分布。我国约5种。

1. 孢子远极面的脊一般不形成网纹 ·· 1. **纤小叶苔 F. pusilla**
1. 孢子远极面的脊形成大形网纹 ·· 2. **日本小叶苔 F. japonica**

1. 纤小叶苔

图 406

Fossombronia pusilla (Linn.) Dum., Rec. Obs. Tournay: 11. 1835.

Jungermannia pusilla Linn., Sp. Pl. 1136. 1753.

灰绿色，呈小片状生长。茎长达1厘米以上，单一或叉形分枝；腹面着生多数紫色假根。叶由基部椭圆状方形，向上呈阔肾形，形态多变，斜列；叶边全缘，或皱褶而瓣裂。叶细胞长六角形，透明，长约60微米，宽40微米，壁薄，内含多数叶绿体。雌雄同序异苞。假蒴萼钟形，口部波曲或深裂成瓣，裂瓣钝或锐尖。孢蒴内壁具半环状加厚。孢子红褐色，远极面栉片近于平行而不相连，直径38–64微米，边缘具多数刺状突起。弹丝长7–9微米，2–3列螺纹加纹。

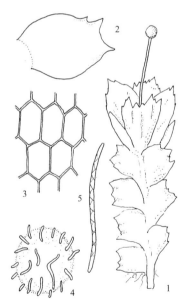

图 406 纤小叶苔 (吴鹏程绘)

产黑龙江、吉林、辽宁、四川、云南和西藏，生于海拔500米以下的田野和低山林地。喜马拉雅地区、日本、俄罗斯、欧洲及北美洲有分布。

1. 雌株的一部分(背面观，×12), 2. 叶(×12), 3. 叶中部细胞(×120), 4. 孢子(×380), 5. 弹丝(×240)。

2. 日本小叶苔   图 407

Fossombronia japonica Schiffn., Österreich. Bot. Zeitsch. 49:389. 1899.

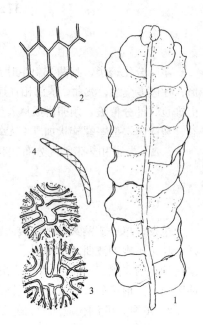

茎长达 10 毫米, 宽 1.5 毫米; 横切面直径约 10 个细胞; 假根紫红色, 密生茎腹面。叶阔舌形, 具皱褶, 4–5 瓣裂, 基部狭窄; 叶边全缘。叶细胞长六角形, 薄壁, 中部细胞长 40–65 微米, 阔约 40 微米, 每个中部细胞具 12–24 个油体; 叶基部细胞厚 3–4 层。雌雄同株。雌苞着生茎背面。孢蒴球形, 由假蒴萼包被。孢子直径 48–52 微米, 具 5–7 网纹, 脊片高可达 3 微米。弹丝退化,

圆柱形, 直径约 10 微米, 长达 60 微米, 具 2 列螺纹加厚。

产台湾和香港, 生于水稻田埂上。北美洲有分布。

1. 植物体的一部分(背面观, ×10), 2. 叶中部细胞(×120), 3. 孢子(×380), 4. 弹丝(×240)。

图 407 日本小叶苔(吴鹏程绘)

32. 壶苞苔科 BLASIACEAE
（吴鹏程）

叶状体阔带形，多回叉状分枝，具宽中肋，向两侧渐成单层细胞，边缘呈叶状瓣裂，腹面具两列不明显的绿色鳞片，裂瓣背面基部着生蓝藻。雄株形小，精子器卵形，具短柄，单个着生在叶状体腔内。颈卵器成丛着生叶状体顶端背面，受精后由纺缍形苞膜所包被。蒴被薄，膜质。幼嫩孢子体被封闭在叶状体内，在苞膜产生后伸出体外。孢蒴球形，具长柄。成熟后多4瓣开裂，稀成5–6瓣。蒴壁由3–4层细胞组成，外壁细胞辐射状加厚。弹丝两列螺纹加厚。芽胞具两个类型。

2属，温带地区分布。我国有1属。

壶苞苔属 Blasia Linn.

叶状体叉形分枝，两侧单层细胞，瓣裂，基部呈耳状；中肋明显；两侧各具一列鳞片。雌雄苞均着生叶状体背面。颈卵器裸露，受精后沉生于叶状体内，由菱形苞膜覆盖。蒴被薄，膜质。孢蒴卵形，具长柄，成熟后4–6瓣裂。弹丝两列螺纹加厚。孢子单细胞。

1种，欧洲和亚洲温带低地生长。我国有分布。

壶苞苔

图 408

Blasia pusilla Linn., Sp. Pl. 1138. 1753.

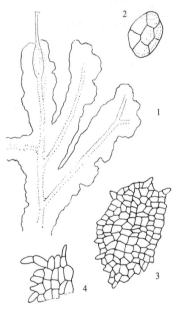

叶状体肉质，绿色至黄绿色，长1.5–2.5厘米，多回叉状分枝，边缘具不规则圆瓣，每瓣基部具二个圆形空隙，内生念珠藻（*Nostoc*），外面有黑色小孔，先端皱缩；中肋宽阔，腹面着生多数透明假根；腹面鳞片卵形，边缘具粗齿。雌雄异株。蒴柄长达2厘米。孢蒴卵形。孢子直径约40微米，黄褐色，具细疣。芽胞具两个类型：一类圆形或卵形，着生叶状体中肋背面壶状体内，另一类着叶状体背面尖部，呈星状。

产黑龙江、吉林、浙江和云南，生于低海拔林区小溪边、苗圃和湿土表。亚洲东部、欧洲及北美洲有分布。

1. 植物体，示左侧上具芽苞壶（背面观，×5），2. 着生于芽胞壶中的芽胞（×75），3-4. 着生植物体腹面的星状芽胞（×70）。

图 408 壶苞苔（吴鹏程绘）

33. 带叶苔科 PALLAVICINIACEAE
（吴鹏程）

叶状体宽阔带状，有时两岐分枝；中肋明显，与叶状体间具清晰界限；横切面中央有厚壁细胞组成的中轴。叶状体细胞单层，多边形，薄壁；假根着生中肋腹面。腹面鳞片单细胞。雌雄苞无特化生殖枝。雄苞2列至多列着生中肋背面。颈卵器群生。孢蒴通常圆柱形，成熟时不完全2–4瓣裂，内壁无半球状加厚。

1属，温带地区生长。我国有分布。

带叶苔属 Pallavicinia S. Gray

叶状体淡绿色，稀两歧分枝；中肋明显，向背腹面突出，具分化中轴；叶状体两侧细胞单层，边缘有时具纤毛。鳞片长2–3细胞，仅见于叶状体腹面尖部。雄苞2列至多列，着生中肋上。苞膜杯形。假蒴萼筒状，高于苞膜。蒴柄白色，纤长。孢蒴短圆柱形，2–4瓣开裂。弹丝2列螺纹加厚。孢子棕色，直径约25微米。

约30种，亚热带和温带山区分布。我国有5种。

1. 叶状体边缘具多个单细胞形成的纤毛 ·· 1. 长刺带叶苔 P. subciliata
1. 叶状体边缘具1–2个细胞形成的纤毛 ·· 2. 带叶苔 P. lyellii

1. 长刺带叶苔　　　　　　　　　　图 409 彩片46

Pallavicinia subciliata (Aust.) St., Mem. Herb. Boissier n. 11: 9. 1900.

Steetzia subciliata Aust., Bull. Torrey Bot. Cl. 6: 303. 1879.

淡绿色，略具光泽，长带状，有时两歧分枝，或从中肋腹面产生新枝，长2–3厘米，阔3–5毫米；中肋与叶状体间界限分明，向背腹面突出，具明显中轴。叶状体单层细胞，宽10多个细胞，不规则六角形，薄壁；边缘略波曲，具多数长3–6个单列细胞的纤毛。鳞片单细胞。雌雄异株。苞膜杯形，着生叶状体中肋背面；假蒴萼圆筒状，高于苞膜；蒴被高出于假蒴萼。蒴柄柔弱。孢蒴圆柱形。孢子棕褐色，直径约25微米。外壁具网纹。

产浙江、福建、湖南、四川和云南，生于海拔100–1000米的阴湿土壁或溪边具土石上。日本有分布。

1. 雌株(背面观，×1.5), 2. 叶状体的横切面(×12), 3. 叶状体横切面的一部分(×230), 4. 叶状体边缘细胞(×230)。

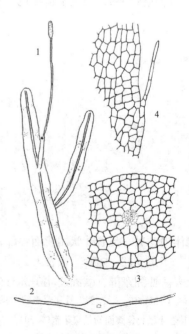

图 409 长刺带叶苔（吴鹏程绘）

2. 带叶苔　　　　　　　　　　图 410 彩片47

Pallavicinia lyellii (Hook.) Gray, Nat. Arr. Brit. Pl. 1: 685. 1821.

Jungermannia lyellii Hook., Brit. Jungerm., Pl.: 77. 1816.

叶状体阔带状，稀两歧分枝；长约2–3厘米，宽4–5毫米；中肋粗壮，常不贯顶，中轴分化；中肋两侧为单层细胞，宽10多个细胞，细胞均呈不规则六角形，胞壁薄；

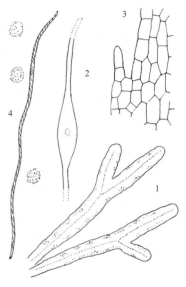

叶状体边缘不规则波曲，具1–2个细胞长的纤毛。鳞片圆形，单细胞，不规则着生叶状体腹面尖部。雌雄异株。苞膜着生叶状体背面；假蒴萼圆筒形。蒴柄透明，细长。孢蒴长圆柱形。

产浙江、福建和云南，生于低海拔阴湿土面或林边土壁。日本及欧洲有分布。

1. 叶状体（背面观，×4），2. 叶状体横切面的一部分（×50），3. 叶状体边缘细胞（×90），4. 弹丝和孢子（×140）。

图 410 带叶苔（吴鹏程绘）

34. 南溪苔科 MAKINOACEAE

（吴鹏程）

叶状体宽阔，深绿色，不规则两歧分枝，一般呈片状生长；无气室和气孔；边缘多明显波曲；中央色泽明显深于两侧；腹面密生红棕色假根；腹面鳞片细小，宽1个细胞，长数个细胞。叶状体表皮细胞薄壁，每个细胞内含5–15球形油体。雌雄异株。雌苞着生叶状体背面前端。蒴被筒状，尖端边缘具齿。蒴柄细长。成熟时由蒴被内伸出。孢蒴长椭圆形，成熟时一侧开裂。

1属，广布亚洲东南部及太平洋岛屿。我国有分布。

南溪苔属 Makinoa Miyake

叶状体暗绿色，长5–8厘米，两歧分枝；中肋宽，与叶状体界限不明显；两侧边缘波曲，全缘；假根红褐色，密生中肋腹面。鳞片细小，由数个线状细胞组成，着生叶状体腹面。雌雄异株。精子器多数，密生于叶状体先端半月形凹糟内。苞膜半圆形，边缘呈齿状，着生中肋背面。蒴被筒状。孢蒴长椭圆形，成熟后一侧纵裂。弹丝细长。孢子黄褐色，表面具细网纹。

1种，亚洲南部和东部及新几内亚分布。我国有分布。

南溪苔　　　　　　　　　　　　　图 411　彩片48

Makinoa crispata (St.) Miyake, Hedwigia 38: 202. 1899.

Pellia crispata St., Bull. Herb. 201. 1899.

种的性状同属。

产安徽、浙江和湖南，生于海拔150–1000米的阴湿土壁和岩面。日本、朝鲜、菲律宾、印度尼西亚及新几内亚有分布。

1. 雌株(背面观，×2)，2. 叶状体横切面的一部分(×70)。

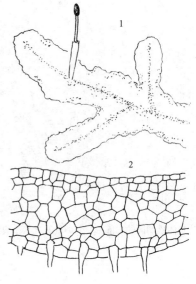

图 411　南溪苔（吴鹏程绘）

35. 绿片苔科（片叶苔科）ANEURACEAE
（吴鹏程）

叶状体质厚，多暗绿色至黄绿色，单一或羽状分枝或不规则分枝；无气室；细胞多层，内层细胞小于表皮细胞，一般呈六角形，薄壁；中肋与其它细胞无明显分界。雌雄苞均着生短侧枝上。雌苞无假蒴萼。蒴被形大，肉质，圆柱形或棒形，尖端具疣状突起。孢蒴椭圆形，成熟时4瓣裂。弹丝单列螺纹，着生于裂瓣尖端的弹丝托上。芽胞卵形，通常为2个细胞。

2属，热带和亚热带地区分布。我国有2属。

1.叶状体形大，宽可达5毫米以上；边缘强波曲；不规则分枝··1.绿片苔属 Aneura

1.叶状体形小，宽小于2毫米；边缘不强波曲；多羽状分枝··2.片叶苔属 Riccardia

1. 绿片苔属 Aneura Dum.

叶状体多暗绿色，有时呈黄绿色，常呈大片状生长，阔度可达5毫米以上；横切面中央厚10多层细胞，单一或不规则分枝，边缘厚1–3层细胞，多明显波曲；表皮细胞形小，六角形，内层细胞大于表皮细胞，均薄壁；无气孔和气室分化；无明显中肋。雌雄苞着生短侧枝上。假蒴萼缺失。蒴被（calyptra）形大，圆柱形或棒形，肉质，尖部多具疣。蒴柄细长。孢蒴椭圆状圆柱形，成熟时4瓣裂。弹丝具单列螺纹加厚，红棕色。芽胞多卵形，一般由2个细胞组成。

约100余种，欧洲、亚洲和北美洲湿热山区分布。我国有3种。

绿片苔 大片叶苔　　　　　　　　　　　　图 412 彩片49

Aneura pinguis (Linn.) Dum., Comm. Bot. 115. 1822.

Jungermannia pinguis Linn., Sp. Pl. 1: 1136. 1753.

暗绿色至黄绿色，成扁平片状生长，长2–3厘米，阔2–6厘米；单一或具少数不规则分枝，先端圆钝；边缘波曲，上倾，有时平展；横切面厚度可达10–12层细胞，表皮细胞小于内层细胞；腹面具多数假根。雌雄异株。雌枝着生叶状体基部。蒴被高约10毫米，圆筒形。孢蒴椭圆形，成熟时4瓣纵向开裂，尖部着生成束弹丝。

产安徽和云南，生长溪沟边土面或具土石面。广布全世界较温暖湿润山区。

1. 雌株（背面观，×1.5），2. 叶

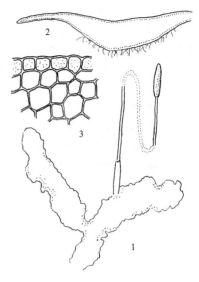

状体横切面的一部分（×16），3. 叶状体横切面背部的细胞（×120）。

图 412　绿片苔（吴鹏程绘）

2. 片叶苔属 Riccardia Gray

叶状体灰绿色至深绿色，不规则羽状分枝，或1–2回羽状分枝，宽0.5–1毫米，厚约6–7层细胞；边缘一般平展，厚1–3层细胞。表皮细胞明显小于内层细胞，不规则六角形，壁薄；无气孔和气室的分化。雌雄异株。蒴被筒状。蒴柄细长，柔弱。芽胞常着生叶状体尖部，1–2个细胞。

约30种，热带和亚热带地区分布。我国有10余种。

1. 叶状体多掌状分枝；背腹表皮细胞与内层细胞分化不明显；每个细胞具多数油体 ⋯⋯⋯ 2. 东亚片叶苔 R. miyakeana
1. 叶状体1–3回羽状分枝；背腹表皮细胞明显小于内层细胞；每个细胞具1–3个油体。
　　2. 叶状体横切面扁平椭圆形；油体为复合类型 ⋯⋯⋯⋯⋯⋯⋯⋯⋯⋯⋯⋯⋯ 1. 羽枝片叶苔 R. multifida
　　2. 叶状体横切面椭圆形至半圆形；油体为单个类型 ⋯⋯⋯⋯⋯⋯⋯⋯⋯⋯⋯⋯ 3. 南亚片叶苔 R. jackii

1.　羽枝片叶苔　　　　　　　　　　　图 413 彩片50

Riccardia multifida (Linn.) S. Gray, Nat. Arr. Brit. Pl. 1: 684. 1821.

Jungermannia multifida Linn., Sp. Pl. 2: 1136.1753.

叶状体暗绿色，长1–2厘米，阔0.5–1毫米，不规则2–3回羽状分枝；横切面扁平椭圆形，厚6–7层细胞，背腹面表皮细胞明显小于内层细胞。每个细胞内含1–3个圆形至纺锤形油体。幼茎或枝尖常密生芽胞。雌雄异株。雌苞顶生于短枝顶端。蒴柄长2毫米。孢蒴椭圆状卵形，成熟时棕黑色，长可达1.5毫米。孢子

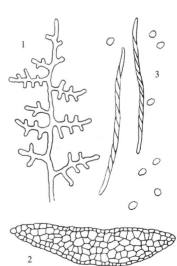

图 413　羽枝片叶苔（吴鹏程绘）

椭圆形，表面平滑，直径12微米。弹丝单列螺纹加厚。

产黑龙江、吉林、浙江、香港和云南，生于低海拔至2900米的阴湿土坡、溪边石上或腐木。日本、欧洲、北美洲及非洲有分布。

1. 叶状体(背面观，×6)，2. 叶状体的横切面(×30)，3. 弹丝和孢子(×340)。

2. 东亚片叶苔　　　　　　　　　　　　　　　图 414

Riccardia miyakeana Schiffn., Österr. Bot. Zeitschr. 49: 388. 1899.

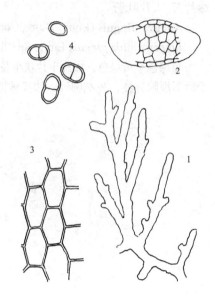

叶状体暗绿色，不透明，长1-2厘米，阔0.5-1毫米，不规则掌状分枝；横切面在茎上部及枝呈扁平椭圆形，厚可达6层细胞。表皮细胞与内层细胞分异不明显；内层细胞为不规则六角形，薄壁，直径30 – 60微米 x 80 – 140 微米。每个细胞具3–10多个小油体。无性芽胞密生叶状体前端背腹面，多为2个细胞相连，稀为单细胞，胞壁厚达5微米。

产香港，生于低海拔阴湿小溪沟边石上。日本有分布。

图 414 东亚片叶苔 (吴鹏程绘)

1. 叶状体(背面观，×3.5)，2. 叶状体的横切面(×38)，3. 叶状体背面细胞(×160)，4. 芽胞(×130)。

3. 南亚片叶苔　　　　　　　　　　　　　　　图 415

Riccardia jackii Schiffn., Denkschr. Kaiserl. Akad. Wiss., Math.–Naturwiss. Kl. 67: 165. 1898.

暗绿色，长1–4厘米，不规则1–2回羽状分枝；横切面扁平，茎上部及枝厚3–4层细胞；茎老时横切面椭圆形至半圆形，下部横切面厚10多层细胞。背腹面表皮细胞小于内层细胞。每个细胞具2–3个油体。假根着生叶状体尖部。

产香港，生于海拔约300米的水塘边土坡。日本及印度尼西亚（爪哇）有分布。

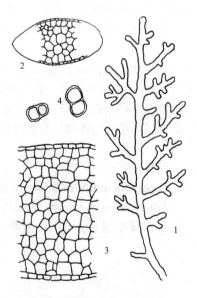

1. 叶状体(背面观，×1.5)，2. 叶状体的横切面(×38)，3. 叶状体横切面的一部分(×95)，4. 芽胞(×160)。

图 415 南亚片叶苔 (吴鹏程绘)

36. 叉苔科 METZGERIACEAE

（吴鹏程）

叶状体柔弱，狭带状，常叉形分枝，灰绿色或黄绿色；中肋明显，横切面呈椭圆形。叶状体为单层细胞，细胞多边形，薄壁；边缘和中肋腹面被长纤毛，稀叶状体背腹面被纤毛。鳞片为单细胞，着生中肋腹面。雌雄异株，稀同株。雄苞半球形，着生腹面短枝上。雌枝亦生于腹面，具苞膜及蒴被。孢蒴椭圆状卵形，成熟时4瓣开裂；弹丝成束着生裂瓣尖端的弹丝托上。

3属，广泛分布世界各地。我国有2属。

1. 叶状体不规则叉形分枝；纤毛着生叶状体边缘和中肋腹面 ·················· **1. 叉苔属 Metzgeria**
1. 叶状体不规则羽状分枝；纤毛着叶状体背、腹面、边缘和中肋腹面 ·············· **2. 毛叉苔属 Apometzgeria**

1. 叉苔属 Metzgeria Raddi

叶状体膜质，通常叉形分枝，稀羽状分枝，有时腹面生长新枝；中肋细弱，与叶状体分界明显；叶状体边缘及中肋腹面通常着生单细胞的长纤毛。雌枝由叶状体腹面伸出，倒心脏形被长纤毛的苞膜(involucre)及粗而肉质的蒴被(calyptra)组成。孢蒴具短柄，椭圆状卵形，成熟后4瓣裂，裂瓣由2层细胞组成，外层胞壁具球状加厚，内层细胞具不明显带状加厚。弹丝细长，具单列红棕色螺纹加厚，簇生于孢蒴裂瓣尖端。孢子球形，平滑或具细疣。无性芽胞盘形至线形。雄枝内卷，呈近球形。

100余种，世界各地分布。我国约10种。

1. 叶状体中肋腹面多宽4个细胞
　2. 叶状体腹面无纤毛；不产生芽胞 ······························· **1. 平叉苔 M. conjugata**
　2. 叶状体腹面有时具纤毛；常产生芽胞 ··························· **2. 叉苔 M. furcata**
1. 叶状体中肋腹面多宽2个细胞 ····································· **3. 钩毛叉苔 M. hamata**

1. 平叉苔　　　　　　　　　　　　图 416

Metzgeria conjugata Lindb., Acta Soc. Sci. Fenn. 10: 495. 1875.

叶状体长达3厘米，宽约2毫米，黄绿色，略透明，规则叉状分枝，两侧边缘向腹面弯曲，密生长刺状纤毛；中肋背面宽2个细胞，腹面宽3-5个细胞；叶状体细胞直径达50微米。雌雄同株。蒴被具多数纤毛。孢蒴卵状球形，红棕色。孢子直径21-28微米，被细疣。弹丝灰红棕色。

产黑龙江、吉林和云南，生于海拔达4000多米具土岩面，稀树基生长。广布世界各地。

1. 叶状体(背面观，×2.5)，2. 叶状体的一部分，示雄苞(腹面观，×21)，3.叶状体横切面的一部分(×140)，4.叶状体细胞(×180)。

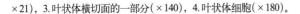

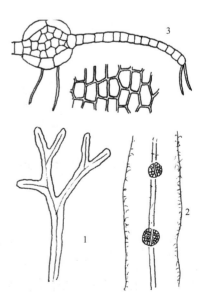

图 416 平叉苔（吴鹏程绘）

2. 叉苔

图 417 彩片51

Metzgeria furcata (Linn.) Corda, Opiz. Beitr. Naturgesch. 12: 654. 1829.

Jungermannia furcata Linn., Sp. Pl. 1136. 1753.

黄绿色或绿色，长可达2.5厘米，宽0.5–1毫米，不规则叉状分枝，两侧为单层细胞，边缘疏生单个长纤毛；中肋背面宽2个细胞，腹面一般宽4个细胞；中肋两侧叶状体细胞一般呈六角形，直径约30–40微米，胞壁角部略加厚。雌雄异株。精子器着生特化呈球形枝上。雌枝亦特化呈密被纤毛的苞膜，内藏的孢蒴外被梨形蒴被。蒴柄长1.5–2毫米。孢子褐黄色，直径18–23微米。弹丝暗红色。芽胞圆球形，多细胞，常着生叶状体边缘。

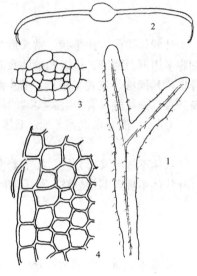

图 417 叉苔（吴鹏程绘）

产黑龙江、吉林和湖南，生于海拔约1000米的草丛下湿土面，常与其它苔藓植物混生。广布世界各地。

1.叶状体(背面观，×7)，2.叶状体的横切面(×48)，3.叶状体中肋的横切面(×160)，4.叶状体的边缘细胞(×140)。

3. 钩毛叉苔

图 418

Metzgeria hamata Lindb., Monogr. Metz. 25. 1877.

叶状体纤长，灰绿色、黄绿色至亮绿色，不规则叉状分枝，两侧边缘向腹面卷曲，纤毛成双并弯曲呈钩状；中肋背面和腹面均宽2个细胞。雌雄异株。雌枝边缘多具单个纤毛。

产黑龙江、吉林、四川、云南和西藏，生于低海拔至3000米以上的湿土及具土石面。分布世界各地。

1.叶状体(背面观，×1)，2.叶状体的一部分(腹面观，×16)，3.叶状体的中肋(腹面观，示钩状刺毛，×105)，4.叶状体中肋的横切面(×140)。

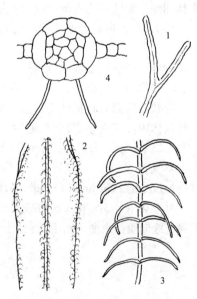

图 418 钩毛叉苔（吴鹏程绘）

2. 毛叉苔属 Apometzgeria Kuwah.

叶状体灰绿色至黄绿色，常疏松交织成大片生长；长可达3厘米，宽2毫米，不规则羽状分枝或不甚明显的叉状分枝；枝尖常渐尖或圆钝；中肋背腹面均圆凸。叶状体背腹面、叶边和中肋均密被长纤毛。叶状体细胞5–6角形，直径32–40微米，胞壁薄，角部略加厚。雌枝背腹面被长纤毛。雄枝仅腹面被纤毛。

1种，欧洲、亚洲和北美洲分布。我国有分布。

毛叉苔   图 419 彩片52

Apometzgeria pubescens (Schrank) Kuwah., Rev. Bryol. Lichenol. 34: 212. 1966.

Jungermannia pubescens Schrank, Prim. Fl. Salisb. 231. 1792.

叶边及叶状体背腹面均密被长纤毛；中肋横切面的表皮细胞和内部细胞不分化，均薄壁，背面及腹面宽5-12细胞。雌雄异株。雌枝短，着生叶状体中肋腹面。苞膜(involucre)外密被纤毛。

产安徽、湖北、四川和云南，生于海拔2400-4000米处，常与其它苔藓植物混生。亚洲东部、欧洲及北美洲有分布。

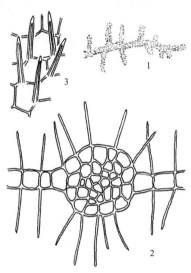

1. 叶状体的一部分（背面观，×1.5），2. 叶状体横切面的一部分（×150），3. 叶状体细胞（背面观，×280）。

图 419 毛叉苔（吴鹏程绘）

37. 溪苔科 PELLIACEAE
（吴鹏程）

叶状体带状，宽度不等，色泽多绿色或黄绿色，常叉状分枝，多成片相互贴生；横切面中部厚达10多层细胞；渐向边缘渐薄，为单层细胞；假根着生腹面中央。雌雄同株或异株。精子器呈棒状，多生于叶状体内前端。颈卵器着生叶状体背面袋形或圆形总苞内。孢蒴球形，成熟时四瓣纵裂，由两层细胞组成，外层细胞大。孢子绿色，单细胞或多细胞。弹丝具3-4列螺纹加厚。

1属，温带和亚热带山区生长。我国有分布。

溪苔属 Pellia Raddi

叶状体宽窄多形，叉状分枝或不规则分枝；边缘多波曲。叶状体表皮细胞形小，六角形，多具叶绿体，中部细胞无色，形大，有时胞壁加厚。叶状体尖部具单列细胞形成的鳞片。雌雄同株或异株。精子器隐生叶状体背面近中肋处，散生或成群。雌苞卵形或袋形，生于叶状体背面中肋处。孢蒴球形，成熟后高出于雌苞；蒴壁外层为大形细胞，内层为小形细胞。孢子球形，单细胞或多细胞。孢丝具3-4列螺纹加厚，着生于孢蒴内基部弹丝托上。

近10种，多温带分布，少数种生长亚热带地区。我国有3种。

1. 雌苞呈袋形；叶状体细胞常具紫红色边缘 ··· 1. **溪苔 P. epiphylla**

1. 雌苞呈杯形；叶状体细胞无紫红色边缘 ··· 2. **花叶溪苔 P. endiviaefolia**

1. 溪苔
图 420 彩片53

Pellia epiphylla (Linn.) Cord., Gen. Hepat., in Opiz (ed.), Beitr. Naturgesch. 12: 654. 1829.

Jungermannia epiphylla Linn., Sp. Pl. 2: 1135. 1753.

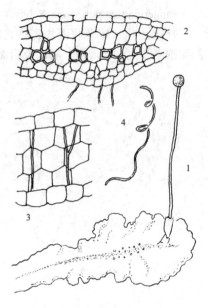

叶状体形大，黄绿色或深绿色，长2–4厘米，宽5–7毫米；多叉状分枝；中肋不明显；边缘呈波状。叶状体横切面中部厚8–12层细胞，边缘单层细胞宽达10多个；背腹面表皮细胞小，长方形，直径23–30毫米，中部细胞薄壁，直径80–100毫米，常具紫红色边缘；油体椭圆形，每个细胞含25–35个，雌雄同株。雌苞袋形。

产内蒙古和云南，生于海拔1300–2000米左右山涧溪边石壁或湿土上。喜马拉雅地区、日本、印度、欧洲及北美洲有分布。

1. 植物体(背面观，示雌苞和雄苞，后者隐生于叶状体中央，×3)，2.叶状体中央部分横切面(×80)，3.叶状体边缘横切面(×110)，4.弹丝(×95)。

图 420 溪苔（吴鹏程绘）

2. 花叶溪苔
图 421 彩片54

Pellia endiviifolia (Dicks.) Dum., Recueil Observ. Jungermannia 27. 1835.

Jungermannia endiviifolia Dicks., Pl. Crypt. Brit. 4: 19. 1801.

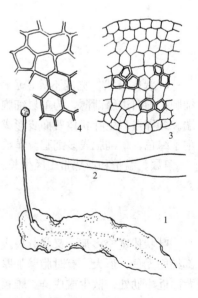

植物体呈带状，淡绿色或褐绿色，不规则叉状分枝，尖端常产生多数小裂瓣；横切面中央厚约8层，边缘为单层细胞。雌雄异株。雌苞杯形。蒴柄成熟时高出于雌苞，透明。孢蒴球形，4瓣开裂。孢子椭圆状卵形，多细胞，表面具疣，直径80–100微米。弹丝2列螺纹加厚。

产吉林、辽宁、四川和云南，生山区阴湿岩面或土上。日本、印度、欧洲及北美洲有分布。

1.雌株(背面观，×1.5)，2.叶状体横切面的一部分(×10)，3.叶状体中央部分横切面(×80)，4.叶状体背面细胞(×185)。

图 421 花叶溪苔（吴鹏程绘）

38. 单月苔科 MONOSOLENIACEAE

（吴鹏程）

叶状体带形，无气室分化，背面有无性芽胞杯；中肋不明显。雌托4–5瓣裂，裂瓣膨起，有柄；柄具两条假根沟。雄托小，无柄，着生叶状体背面。

1属，亚洲南部和东部地区生长。我国有分布。

单月苔属 Monosolenium Griff.

叶状体绿色、黄绿色或深绿色，长2–4厘米，宽4–7毫米；中肋不明显；横切面厚12–16个细胞；腹面鳞片细小，2–4列，狭三角体或披针形，具散生油胞。雌雄同株。雄托生于叶状体近尖部，雌托着生叶状体先端，具短柄；托柄长约2毫米，具2条假根沟。

1种，属的分布同科。我国有分布。

单月苔

图 422 彩片55

Monosolenium tenerum Griff., Not. Pl. Asiat. 2: 341. 1849.

叶状体不透明，绿色，无气室和同化组织分化；腹面鳞片狭窄，4列。雌雄同株。雌托圆盘形，着生叶状体先端，托柄长数毫米，具2条假根沟。雄托圆盘形，无柄。孢子成熟于早春。

产台湾、广东和云南，多生长农田湿土和花圃。日本及印度有分布。

1. 植物体的一部分(背面观，示左侧尖部的雌托和右侧尖部的雄托，×3.5), 2. 叶状体横切面的一部分(×80), 3. 腹面的鳞片(×80), 4. 蒴柄横切面(×14), 5. 弹丝(×190)。

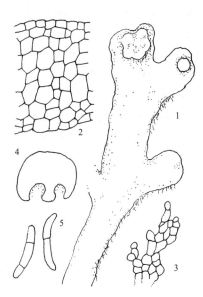

图 422 单月苔（吴鹏程绘）

39. 皮叶苔科 TARGIONIACEAE
（吴鹏程）

叶状体片状，分枝由腹面生长。气室大形，有营养丝；气孔单一，具6-10个保卫细胞。叶状体腹面有两列大形紫色鳞片。精子器着生叶状体短分枝顶部，呈小托盘状。颈卵器丛生叶状体前端，因叶状体继续生长而由背面转向腹面。蒴柄极短。孢蒴单生，由2片深红色苞膜所包被；孢蒴壁单层细胞，有不规则螺纹或半螺纹加厚。弹丝2-3列螺纹加厚，常具分枝。

1属，分布温暖湿润地区。我国有分布。

皮叶苔属 Targionia Linn.

较干旱地区成片土生，稀石生。叶状体呈带状，腹面分枝，背面表皮细胞5-6角形，薄壁，具明显三角体；具不明显由气室形成的网纹。每一气室具单一型的气孔，气孔由二列6-10个长卵形细胞组成。气室内具绿色丝状组织。叶状体腹面具二列暗紫色至紫色鳞片，呈半月形至狭长三角形，每一鳞片具一附片，边缘具粘液疣。雌雄同株，或异株。雌苞腹面生长。苞膜2瓣状，孢蒴成熟后不规则开裂。

约4种，欧洲及亚洲分布。我国有1种。

皮叶苔   图 423

Targionia hypophylla Linn., Sp. Pl. 1136. 1753.

淡绿色，长10-15毫米，稀假两歧分枝(pseudodichotomously furcate)；蒴枝由腹面生长；尖端楔形开裂；背面具不明显的由气室形成的网纹，表皮细胞5-6角形，壁薄，角部加厚。气孔单一，具2列细胞，每列由6-9个细胞组成。气室内具营养丝，顶细胞卵形。腹面具2列斜三角形鳞片，鳞片的顶端各具1个阔卵状披针形或三角形附片。雌雄同株。孢子体着生于叶状

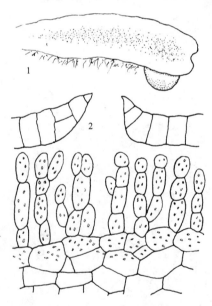

体先端。孢蒴球形。孢子直径约70微米，具细网纹。

产四川和云南，生于海拔约2800米的阴湿林地和石灰岩石上。欧洲地中海地区有分布。

1. 雌株(背面观，×5), 2. 叶状体横切面的一部分,示气孔及气室中的营养丝(×150)。

图 423 皮叶苔（吴鹏程绘）

40. 光苔科 CYATHODIACEAE

（吴鹏程）

叶状体质薄，两歧分枝，气室将叶状体分为背腹两层；气室单层，具简单气孔或气孔缺失；气孔由2-3列细胞组成。叶状体腹面鳞片细小，成二列，或缺失。雌雄同株或异株。雄株多变异。雌器苞常着生叶状体先端腹面。苞膜呈筒状或两瓣状；颈卵器一般稀少。葫柄细弱。孢葫球形，成熟时8瓣开裂，具小葫足。孢子圆球形，表面粗糙。弹丝纺锤形，3列螺纹加厚。

1属，多见于热带和亚热带山区。我国有分布。

光苔属 Cyathodium Kunze

属的特性同科。

约15种，亚洲南部、非洲中部和西部及中美洲分布。我国2-3种。

黄光苔

图 424 彩片56

Cyathodium aureo–nitens (Griffn.) Schiffn., Denkschr. Mat.– Nat. Cl. Kais. Akad. Wiss. Wien 67: 154. 1898.

Synhymenium aureo–nitens Griff., Icon. Pl. Asiat. 2: 344. 1849.

叶状体两歧分叉，黄绿色，弱光下呈萤光；长可达1厘米，阔约0.4厘米。气室内无营养丝，在叶状体背面具不规则排列的气孔，孔口由1-3列狭长细胞构成。雌雄异株。孢葫球形，成熟后顶端6-8瓣裂。弹丝具2列螺纹加厚。孢子形大，直径达68微米。

产云南，生于海拔2000米的湿土坡。印度、印度尼西亚、中美洲及非洲有分布。

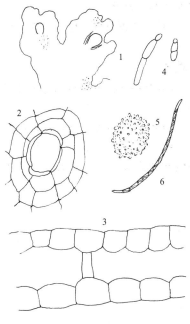

1. 雌株的一部分(腹面观 ×5)，2. 气孔(背面观，×12)，3. 叶状体横切面的一部分(×190)，4. 鳞片(×80)，5. 孢子(×180)，6. 弹丝(×60)。

图 424 黄光苔（吴鹏程绘）

41. 花地钱科 CORSINIACEAE

（汪楣芝）

植株为叶状体，通常1–2回不规则叉状分枝。叶状体背面表皮柔弱；具单层气室。叶状体横切面自中央向边缘渐薄；腹面基本组织较厚；中肋界限不明显。腹面鳞片小，披针形。雌雄同株或异株。雌雄生殖托均无柄，生于叶状体前端背面的中央。苞膜盾状。蒴被表面具突起，包裹着孢蒴。孢蒴成熟时伸出蒴被，不规则开裂。孢子球形。弹丝退化。

2属，热带或亚热带山区分布。中国有1属。

花地钱属 Corsinia Raddi

叶状体带状，不规则叉状分枝，中肋宽，分界不明显，两侧渐向边缘渐薄；背面具单层气室，内着生绿色丝状体；气孔单一；腹面鳞片无色透明，先端具披针形附片。精子器和颈卵器着生于叶状体背面中间凹陷处。苞膜不规则盾状，边缘不平滑，基部较狭窄，遮盖部分孢子体。蒴被包裹单生孢蒴。蒴柄短。孢子近于球形。弹丝球形或卵形。

2种，暖湿地区土生。中国有1种。

花地钱　　　　　　　　　　　　　　　　　　　图 425

Corsinia coriandrina (Spreng.) Lindb., Hepat. Utveckl. Helsingfors: 30. 1877.

Riccia coriandrina Spreng., Anleit. Kenntn. Gew. 3: 320. 1804.

植物体中等大小，呈带状，宽4–7毫米，长1–4厘米，灰绿色，具浅色波状边缘。叶状体背面表皮细胞透明，无三角体；腹面鳞片无色透明，边缘不平滑，附片常为披针形，有时具散生油细胞。雌雄同株或异株。雌雄生殖托均无柄。雄托常生于叶状体背面前端中央。雌托生于叶状体背面的中央。蒴被近于球形，表面具粗疣，包被孢蒴，无柄。苞膜盾状，略遮盖1至数个蒴被。孢蒴成熟时伸出蒴被，不规则开裂；蒴壁无加厚；蒴柄短。孢子直径100–140微米，表面具网纹。弹丝壁极薄，无螺纹加厚。

产云南，多生于阴湿土面。欧洲、非洲北部及北美洲有分布。

1.叶状体（×3），2.蒴被（×14），3.叶横切面的一部分（×18）。

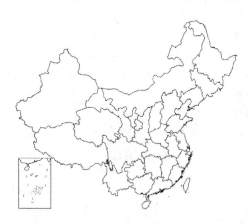

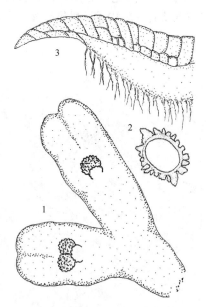

图 425 花地钱（汪楣芝、何 强绘）

42. 半月苔科 LUNULARIACEAE
（汪楣芝）

叶状体宽带形，绿色，略具光泽，顶端分枝或不规则叉状分枝。植株背面表皮细胞无色，胞壁厚。气室单层，气室内具绿色丝状体；气孔单一。叶状体横切面下部的基本组织较厚；中肋分界不明显。腹面鳞片具1个附片；附片基部卵圆形。芽胞杯狭弯月形。雌雄异株。雄托椭圆盘形，无柄。雌托退化；托柄长，一般生于叶状体背面前端的中间凹陷处。每一肉质苞膜内有1–3个孢子体。孢蒴由蒴被包裹，成熟时伸出蒴被，四瓣开裂。蒴柄短。孢子小，表面较平滑。弹丝细长，具2列螺纹加厚。

1属，世界各大洲均有分布。中国有分布。

半月苔属 Lunularia Adans.

植物体宽带形，宽5–13毫米，长2–5厘米，绿色，略具光泽，边缘常呈波状，顶端分枝或不规则叉状分枝。叶状体背面表皮细胞无色，胞壁较厚；气室单层，气室内有多数绿色丝状体；气孔单一，气孔口部周围由6–8个单层放射状细胞构成，3–5圈。横切面基本组织最厚部位约10多个细胞，胞壁薄；中肋分界不明显，两侧渐向边缘渐薄。腹面鳞片2列，偶有油细胞；先端具1个不规则椭圆形附片，基部收缩。雌雄异株。雄托椭圆盘形，生于叶状体背面中央凹陷处。雌托退化，具4个肉质圆筒形苞膜，呈十字形。雌托柄无假根沟，一般生于叶状体背面前端。每一苞膜内有1–3 (–4)个孢子体。孢蒴成熟时四瓣开裂。孢子近于球形，直径14–24微米，表面近于平滑。弹丝细长，具2列螺纹加厚。

1种，生于亚热带山地。中国有分布。

半月苔　　　　　　　　　　　　　　图 426 彩片57

Lunularia cruciata (Linn.) Dum. ex Lindb., Notiser Saellsk. Fauna Fl. Fenn. Foerhandl. 9: 298. 1868.

Marchantia cruciata Linn., Sp. Pl. 1137. 1753.

种的特征同属。

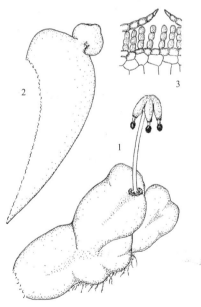

产台湾、湖南、四川、云南等地，生于阴湿岩石上或土面。欧洲、非洲北部、南北美洲、澳大利亚及新西兰有分布。

1. 叶状体（×4.5），2. 腹面鳞片（×25），3.叶横切面的一部分（×65）。

图 426 半月苔（汪楣芝、何　强绘）

43. 魏氏苔科 WIESNERELLACEAE

（汪楣芝）

植物体形大，亮绿色或暗绿色，或表面具纤毛，叉状或顶端分枝。叶状体背面具单层气室，内有绿色丝状体，或无气室而表皮密集排列着绿色乳头状突起；具简单气孔或气孔缺失。叶状体横切面下部基本组织为大形薄壁细胞。腹面鳞片半月形或退化。雌雄同株或异株。雄托内着生精子器。雌托半球形，5-10浅裂；托柄具2条假根沟。苞膜两瓣状，内含孢子体。蒴被包裹着孢蒴。孢蒴球形，成熟时伸出蒴被，4瓣开裂或不规则瓣裂；蒴壁细胞具环纹加厚。孢子较大，球形或为4分体形，表面具粗纹饰。弹丝细长，具多列螺纹加厚。

2属，热带及亚热带地区生长。中国有分布。

1. 叶状体背面表皮具乳头状突起的绿色细胞及多数纤毛；无气室和气孔 ·························· 1. **毛地钱属 Dumortiera**
1. 叶状体背面表皮细胞平滑，无纤毛；具单层气室和突起的气孔 ·························· 2. **魏氏苔属 Wiesnerella**

1. 毛地钱属 Dumortiera Nees

叶状体大形，一般宽1-2厘米，长2-15厘米，暗绿色，表面具长纤毛，叉状分枝，边缘略波曲。叶状体背面表皮由密集排列乳头状突起的细胞构成，无气室和气孔分化；中肋分界不明显。叶状体横切面下部基本组织厚可达12-16个细胞。腹面鳞片小，不规则或退化。雌雄同株或异株。雄托圆盘形，周围密生长刺状毛，托柄极短，精子器着生其内。雌托半球形，表面具多数纤毛，6-10瓣浅裂，孢子体着生在其下方。托柄长3-6厘米，具2条假根沟。每一雌托裂瓣下有一个两瓣形的苞膜，每对苞膜内有1个孢子体。孢蒴球形，外由蒴被包裹，成熟时孢蒴伸出，不规则4-8瓣裂；蒴壁具环纹加厚。孢子球形或不规则，直径30-40微米，表面具翅状脊纹。弹丝细长，22-28 (-34)微米，具2-5列螺纹加厚。

1种，溪边湿地生长。中国有分布。

毛地钱　　　　　　　　　　　　　图 427 彩片58

Dumortiera hirsuta (Sw.) Reinw., Bl. et Nees, Nova Acta Leop. Carol. 12: 410. 1824.

Marchantia hirsuta Sw., Nov. Gen. Sp. Pl. Prodr.: 145. 1788.

种的特征同属。

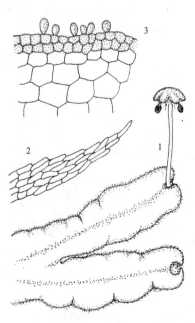

产安徽、浙江、台湾、福建、江西、湖南、广东、海南、广西、贵州、四川、云南和西藏，习生荫湿沃土上。广布于世界暖湿地区。

1. 叶状体(×1.5)，2. 腹面鳞片(×50)，3. 叶横切面的一部分(×70)。

图 427 毛地钱（汪楣芝、何 强绘）

2. 魏氏苔属 **Wiesnerella** Schiffn.

叶状体绿色，略具光泽，宽约1厘米，长2–5 (–8)厘米，表面平滑，边缘略波曲。背面气室单层，内有球形细胞构成的绿色营养丝；具单一气孔，一般由5–6个单层辐射状排列的细胞构成，呈4–5圈；中肋分界不明显，渐向边缘渐薄。横切面腹面基本组织高5–7个细胞。腹面鳞片透明，半月形，先端具近椭圆形附片，在中肋两侧各具1列。雌雄同株。雄托圆盘形，无托柄。雌托半球形，通常5–7浅裂，其下着生孢子体。托柄长1–4厘米，具2条假根沟。每一雌托裂瓣下具一个两瓣形苞膜，苞膜内有1个孢子体。孢蒴球形，由蒴被包裹，成熟时伸出，4瓣裂；蒴壁细胞具环纹加厚。孢子为4分体，一般直径30–40微米。弹丝具3列螺纹加厚。

1种，热带及亚热带地区生长。我国有分布。

魏氏苔 带叶魏氏苔 裸柄魏氏苔 　　　　　　　　　图 428

Wiesnerella denudata (Mitt.) St., Bull. Herb. Boissier 7: 382. 1899.

Dumortiera denudata Mitt., Journ. Proc. Linn. Soc. 5: 125. 1860.

种的特征同属。

产江苏、台湾、福建、四川、云南和西藏，多生于荫湿处沃土上。日本、朝鲜、喜马拉雅地区、印度、亚洲东南部及太平洋岛屿有分布。

1. 叶状体(×1.5)，2. 雌托柄横切面(×20)，3. 腹面鳞片(×25)，4. 叶横切面的一部分(×150)。

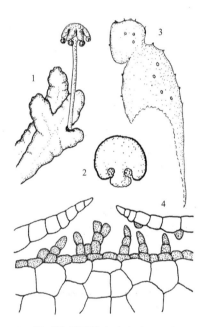

图 428 魏氏苔（汪楣芝、何 强绘）

44. 蛇苔科 CONOCEPHALACEAE

（汪楣芝）

叶状体宽或狭带形，绿色，多回叉状分枝。叶状体背面表皮细胞薄壁；具明显的气孔和气室，气室单层，内有营养丝，营养丝顶端常着生无色透明的长颈瓶形或梨形细胞；中肋分界不明显。腹面鳞片先端具1个近椭圆形附片。无芽胞杯。雌雄异株。雄托椭圆形，无柄。雌托长圆锥形，下方呈袋状苞膜，内着生孢子体。孢蒴长卵形，蒴壁具半环纹加厚。雌托柄长，具1条假根沟。孢子近球形。弹丝具螺纹加厚。

1属，多生长于亚热带地区。我国有分布。

蛇苔属 Conocephalum Hill.

叶状体小或大形，浅绿色至暗绿色，有时具光泽，多回叉状分枝。叶状体背面表皮细胞无色，薄壁；常具明显的气孔和多边形气室网纹；气室单层，内有绿色球形细胞的营养丝，气孔下方的营养丝顶端常着生无色透明的长颈瓶形或梨形细胞；气孔口部围绕6-7个细胞，5-8圈，呈放射状排列；中肋分界不明显，渐向边缘渐薄。叶状体横切面下部为基本组织，高约10个细胞。腹面鳞片弯月形，先端具1个近椭圆形附片。无芽胞杯。雌雄异株。雄托椭圆形，生于叶状体背面的前端，无托柄。雌托长圆锥形，边缘5-9瓣浅裂。每一裂瓣内的袋状苞膜内着生1个孢子体。孢蒴长卵形，成熟时伸出，不规则8瓣开裂；蒴壁具半环纹加厚。雌托柄长，具1条假根沟。孢子近球形，表面具粗及细密疣。弹丝具2-5列螺纹加厚。

2种，多生于亚热带地区阴湿土上。我国有分布。

1. 叶状体形大，深绿色，一般宽约1厘米；气室内具长颈瓶形无色细胞 ……………………………… 1. 蛇苔 C. conicum
1. 叶状体小形，浅绿色，宽度仅2-5毫米；气室内具梨形无色细胞 ……………………………… 2. 小蛇苔 C. japonicum

1. 蛇苔

图 429 彩片59

Conocephalum conicum (Linn.) Dum., Bull. Soc. Roy. Bot. Belgique 10: 296. 1871. 1872.

Marchantia conica Linn., Sp. Pl. 1,2: 1138. 1753.

叶状体宽带形，宽0.7-1.5厘米，长5-10厘米，偶有清香味，深绿色至暗绿色，有时具光泽。叶状体背面具明显气孔和多边形气室网纹，内绿色营养丝顶端常着生无色透明的长颈瓶形细胞；气孔单一，口部周围6-7个细胞，呈5-6圈；中肋分界不明显。叶状体横切面下部基本组织高约10-15个细胞。腹面鳞片弯月形，先端具1个椭圆形附片。雌雄异株。雌托长圆锥形，边缘5-9浅裂；雌托柄长3-7厘米，具1条假根沟。孢蒴成熟时不规则8瓣裂；蒴壁具半环纹加厚带。孢子表面具粗及细密疣。弹丝具2-5列螺纹加厚。

产黑龙江、吉林、辽宁、河北、山西、河南、甘肃、新疆、安徽、

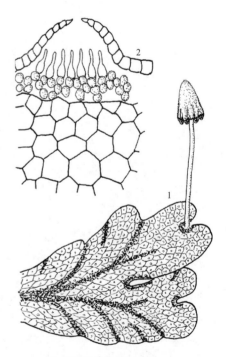

图 429 蛇苔（汪楣芝、何 强绘）

台湾、福建、江西、湖北、湖南、广东、广西、四川和云南，多小溪边
具土石上生长。北半球广泛分布。

1. 叶状体(×2)，2. 叶横切面的一部分(×120)。

2. 小蛇苔

图 430 彩片60

Conocephalum japonicum (Thunb.) Grolle, Journ. Hattori Bot. Lab.
55: 501. 1984.

Lichen japonicus Thunb., Fl. Jap.: 344. 1784.

叶状体小至中等大小，狭带状，宽2–5毫米，长1–3厘米，浅绿色。

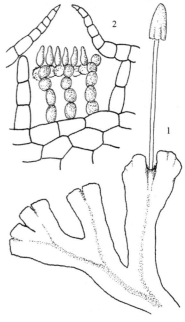

图 430 小蛇苔（汪楣芝、何 强绘）

叶状体背面常具明显气孔和多边形气室网纹；气室单层，内绿色营养丝顶端常着生无色透明的梨形细胞；气孔单一，口部周围由5–6圈，每圈6–7个细胞构成；中肋分界不明显。叶状体横切面下部基本组织高约4–8个细胞。腹面鳞片弯月形，先端具1个近椭圆形附片。雌雄异株。雌托长圆锥形，边缘5–9浅

裂；雌托柄长2–3厘米，具1条假根沟。孢蒴成熟时不规则8瓣裂；蒴壁具环纹加厚。孢子表面具粗及细两种密疣。弹丝具2–4列螺纹加厚。

产陕西、甘肃、浙江、台湾、福建、湖南、贵州、四川、云南和西藏，多路边、林边湿润土壁或草丛下生长。朝鲜、日本、喜马拉雅地区、亚洲东南部和俄罗斯有分布。

1. 叶状体(×3)，2. 叶横切面的一部分(×200)。

45. 疣冠苔科 AYTONIACEAE (Grimaldiaceae)

（汪楣芝）

叶状体小至中等大小，带状，灰绿色、浅绿色至深绿色；常叉状分枝，有时腹面侧生新枝。叶状体气室多层，常有片状次级分隔；气孔单一型，常突起；口部周围细胞单层，有的属种呈放射状排列；中肋分界不明显，渐向边缘渐薄。叶状体横切面下部基本组织细胞较大，薄壁。鳞片覆瓦状排列于腹面中肋两侧各1列，近半月形，有时具油细胞及粘液细胞疣；先端具1–3个附片，近披针形。雌雄同株或异株。雄托无柄，生于叶状体背面。雌托边缘深裂、浅裂、近于不开裂或退化；托柄具1条假根沟或缺失。雌托着生于叶状体中肋的背面或叶状体前端缺刻处；其下方着生苞膜，两瓣裂或膜状；有的属种具有假蒴萼，深裂呈披针形裂瓣状，内含1个孢子体。孢蒴多为球形，由蒴被包裹，成熟时伸出，盖裂或不规则开裂。孢子多为四分体型，表面具细疣、粗疣或网纹。弹丝具1–多列螺纹加厚。

5属，多亚热带山区生长。我国均有分布。

1. 叶状体质薄；腹面鳞片较小，近于三角形；雌托呈薄的圆盘形 ·························· **2. 薄地钱属 Cryptomitrium**

1. 叶状体一般质厚；腹面鳞片较大，近于半月形；雌托不呈薄的圆盘形。

　　2. 雌托下方具狭长裂片状假蒴苞 ·· 1. 花萼苔属 Asterella

　　2. 雌托下方无狭长裂片状假蒴苞。

3. 雌托柄具1条假根沟。

　　4. 雌托近于半球形，基部边缘近于不开裂 ·· 3. 疣冠苔属 Mannia

　　4. 雌托顶部略呈拱形，基部边缘深裂 ·· 5. 石地钱属 Reboulia

3. 雌托柄无假根沟 ·· 4. 紫背苔属 Plagiochasma

1. 花萼苔属 Asterella P. Beauv.

　　叶状体小至中等大小，呈带状，浅绿色至深绿色，质厚；多叉状分枝。叶状体背面表皮细胞有时具油细胞；气室多层；气孔单一，口部周围细胞单层，胞壁一般较薄。叶状体横切面有时具油细胞。腹面鳞片覆瓦状排列于中肋两侧各1列，近于半月形，常具油细胞及边缘有粘液细胞疣；先端一般具1个舌形至卵圆形附片，附片尖部常深裂，基部一般略收缩。雌雄同株或异株。雄托一般椭圆形，无柄，生于叶状体背面前端。雌托多半球形，边缘通常不裂；托下方有(2–) 3–4瓣痕，具深裂成狭长裂瓣的假蒴苞，多呈半球形或圆锥形鞘状；内含1个孢子体。雌托柄具1条假根沟；着生于叶状体中肋前端缺刻处。孢蒴球形，成熟时顶端1/3处不规则盖裂。孢子四分体形，表面常具细疣和网纹。弹丝长，具1–3列螺纹加厚。

　　80余种，亚热带地区山坡生长。我国有10余种。

1. 腹面鳞片的附片长不足10个细胞；雌托较小，直径小于3毫米。

　　2. 蒴柄上一般无狭长鳞毛；孢子表面具大网纹。

　　　3. 雌托生于主枝上；假蒴苞呈半球形或圆锥形鞘状，前端不呈喙状。

　　　　4. 气孔口部周围具6个细胞；雌托边缘浅裂 ··································· 1. 狭叶花萼苔 A. angusta

　　　　4. 气孔口部周围具6–8个细胞；雌托边缘不规则深裂 ···················· 3. 柔叶花萼苔 A. mitsumiensis

　　　3. 雌托常生于侧枝上；假蒴苞呈半球形鞘状，前端呈喙状 ··················· 5. 侧托花萼苔 A. mussuriensis

　　2. 蒴柄上具狭长鳞毛；孢子表面无大网纹。

　　　5. 气孔口部周围具6–8个细胞；雌托裂瓣明显 ···························· 2. 加萨花萼苔 A. khasiana

　　　5. 气孔口部周围具5–6个细胞；雌托近于不开裂 ························· 4. 多托花萼苔 A. multiflora

1. 腹面鳞片的附片长10余个细胞；雌托较大，直径超过3.5毫米 ·················· 6. 东亚花萼苔 A. yoshinagana

1. 狭叶花萼苔 　　　　　　　　　　图 431 彩片61

Asterella angusta (St.) Pande, Srivastava et Khan, Journ. Hattori Bot. Lab. 11: 8. 1954.

Fimbriaria angusta St., Sp. Hepat. 1: 104. 1899.

　　叶状体呈带形，宽2.5–3厘米，长约1.3厘米，一般灰绿色。叶状体背面表皮细胞5–6边形，胞壁厚，具三角体；气孔口部周围6个细胞，呈3圈；中肋分界不明显。腹面鳞片弯月形或狭镰刀形，先端具1个椭圆形附片，附片尖

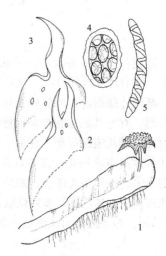

图 431 狭叶花萼苔（汪楣芝、何 强绘）

部有时深裂至近基部。雌雄异株。雌托圆盘形，边缘4–5浅裂；假蒴萼呈半球形鞘状。雌托柄长约2厘米。孢蒴球形，成熟时不规则盖裂。孢子直径55–65微米。弹丝长140–160微米，具单列螺纹加厚。

产云南和西藏，山区阴湿坡地上生长。喜马拉雅地区及印度有分布。

1. 叶状体(×4)，2-3. 腹面鳞片(×20)，4. 孢子(×230)，5. 弹丝(×230)。

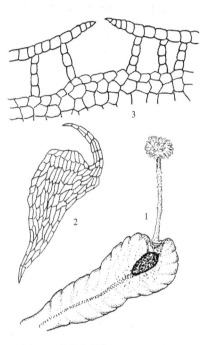

2. 加萨花萼苔 图 432

Asterella khasiana (Griff.) Grolle, Nepal Himalaya 1: 267. 1966.

Fimbriaria khasiana (Griff.) Mitt., Journ. Proc. Linn. Soc. London 5: 126. 1861.

叶状体呈带形，宽约2毫米，一般长约1.5厘米，深绿色至暗绿色，多回叉状分枝。气室1–2层；气孔口部周围6–7个细胞，呈规则放射状排列。腹面鳞片先端具1条狭长披针形附片，细胞狭长。雌雄同株或异株。雌托边缘不规则。假蒴萼裂瓣稍短，呈半球形鞘状。孢子无大形网纹，直径80–95微米。弹丝一般长230–240微米，具2螺纹加厚。

产四川和云南，于亚热带山地林边湿地生长。喜马拉雅地区有分布。

图 432 加萨花萼苔（汪楣芝、何 强绘）

1. 叶状体(×6)，2. 腹面鳞片(×16)，3. 叶横切面的一部分(×10)。

3. 柔叶花萼苔 图 433

Asterella mitsumiensis Shimizu. et Hatt., Journ. Hattori Bot. Lab. 8: 48. 1952.

叶状体狭带形，宽2–5毫米，一般长1–2.2厘米，浅绿色，叉状分枝。叶状体背面气室2–3层；气孔突出，口部周围细胞6–8个，呈2圈；中肋分界不明显。叶状体基本组织少，占叶状体厚度的1/2–1/3。腹面鳞片先端具1个舌形至卵圆形附片，边缘有时具粘液细胞疣。雌雄同株。雌托不规则盘形，边缘2–6裂；雌托柄长1–2.5毫米。假蒴萼呈半球形鞘状。孢子具网纹，直径56–66微米。弹丝直径9–12微米，长140–180微米，具1–3列螺纹加厚。

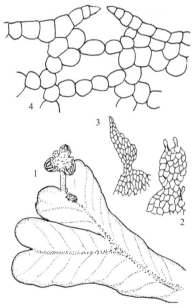

图 433 柔叶花萼苔（汪楣芝、何 强绘）

产四川和云南，生长于高山林缘或溪边湿润土面。日本有分布。

1. 叶状体(×8)，2-3. 腹面鳞片(×120)，4. 叶横切面的一部分(×180)。

4. 多托花萼苔

图 434

Asterella multiflora (St.) Pande, Srivastava et Khan, Journ. Hattori Bot. Lab. 11: 2. 1954.

Fimbriaria multiflora St., Sp. Hepat. 1: 124. 1899.

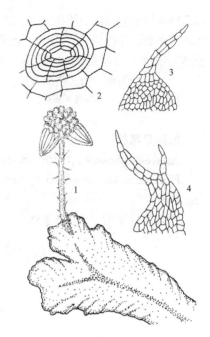

叶状体呈带形，宽2-3毫米，长1-1.5厘米。叶状体背面气室2-多层；气孔口部周围6-7个细胞，4-5圈，呈放射状排列。叶状体基本组织超过厚度的1/2。腹面鳞片先端具1条披针形附片，附片尖部常深裂，有时边缘具齿，裂瓣宽2-3个细胞，多数细胞狭长，附片基部一般略收缩。雌托圆拱形，顶部具多数突起，边缘近于不裂；雌托柄表面具棱，上面有多数狭长鳞毛。假蒴萼裂瓣呈长圆锥形鞘状。孢子不具大形网纹，直径50-60微米。弹丝一般长150-175微米，具1-2列螺纹加厚。

产四川和云南，于亚热带山区潮湿地区。喜马拉雅地区和印度有分布。

图 434 多托花萼苔（汪楣芝、何 强绘）

1. 叶状体(×5)，2. 叶背面细胞及气孔(×30)，3-4. 腹面鳞片(×30)。

5. 侧托花萼苔 紫蒴花萼苔

图 435

Asterella mussuriensis (Kashyap) Verd., Annales BryoLinn. 8: 156. 1935.

Fimbriaria mussuriensis Kashyap, Journ. Bombay Nat. Hist. Soc. 24: 345. 1916.

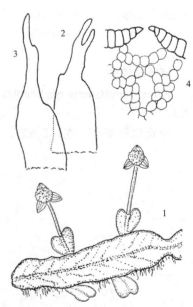

叶状体狭带形，宽2-5毫米，一般长1-2厘米，浅绿色，有时叶边紫色；叉状分枝。叶状体背面表皮细胞多边形，胞壁略厚，无三角体；气室2-3层；气孔口部周围细胞6-7个，一般1-3圈；中肋分界不明显。叶状体下部基本组织厚度占1/2。腹面鳞片先端具1个披针形附片，附片常深裂，有时边缘具齿，偶有基部略收缩。雌雄同株。雌托小，圆拱形，顶部具多数突起，边缘近于不裂；雌托柄长约1厘米，着生于叶状体侧枝上。假蒴萼呈半球形鞘状，前端呈喙状。孢子具网纹，直径70-100微米。弹丝长120-200微米，具2列螺纹加厚。

产四川、云南和西藏，生长于山区湿土面。喜马拉雅地区及印度有分布。

图 435 侧托花萼苔（汪楣芝、何 强绘）

1. 叶状体(×7)，2-3. 腹面鳞片(×30)，4. 叶横切面的一部分(×100)。

6. 东亚花萼苔 网纹花萼苔 图 436

Asterella yoshinagana (Horik.) Horik., Hikobia 1: 79. 1951.

Fimbriaria yoshinagana Horik., Sci. Rep. Tohoku Imp. Univ. ser. 4, Biol. 4: 395. 1929.

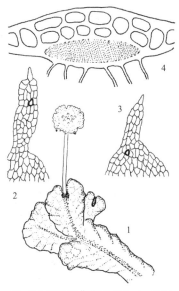

图 436 东亚花萼苔（汪楣芝、何　强绘）

叶状体狭带形，质较薄，宽约6毫米，一般长1.5–2.5厘米。叶状体背面表皮细胞多边形，薄壁，无三角体；气室2–多层；气孔口部周围7–8个细胞，呈3–4圈；中肋分界不明显。叶状体下部基本组织厚度约为1/2。腹面鳞片先端具1条多长舌形附片，具短尖，有时附片尖部深裂或边缘具齿，基部不收缩。雌托大，圆盘形，质略薄，顶部粗糙，边缘不规则浅裂；雌托

柄长0.7–1.6厘米。假蒴萼半球形鞘状，前端圆锥形。孢子具大形网纹，直径44–85微米。弹丝直径6–8微米，长200–230微米，具2列螺纹加厚。

产辽宁、台湾、四川和云南，生于1500–3600米山区。日本和喜马拉雅地区有分布。

1.叶状体(×5)，2-3.腹面鳞片(×40)，4.叶横切面的一部分(×150)。

2. 薄地钱属 Cryptomitrium Aust. ex Underw.

叶状体中等大小，质薄，较柔软，呈带形，绿色，有时腹面带紫红色；多叉状分枝。气室多层；气孔单一，口部周围细胞单层，薄壁；中肋分界不明显，渐向边缘渐薄。腹面鳞片细小，近于三角形。雌雄同株。雄托生于叶状体背面的中肋处。雌托圆盘状，质薄，边缘浅裂，下方常着生两瓣状苞膜，每一苞膜内含1个孢子体。雌托柄长，具1条假根沟，生于叶状体腹面的前端缺刻处。孢蒴球形，成熟时顶端1/3处不规则盖裂。孢子为四分体型，表面具脊状网纹。弹丝具螺纹加厚。

2种，亚热带山区分布。我国有1种。

喜马拉雅薄地钱 图 437

Cryptomitrium himalayense Kash., New Pytologist 14: 2. 1915.

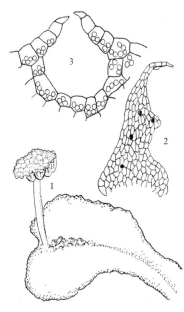

图 437 喜马拉雅薄地钱（汪楣芝、何　强绘）

叶状体质薄，较柔软，中等大小，呈带状，宽4–6毫米，长2–4厘米，绿色，有时腹面带紫红色，多回叉状分枝。气室多层；气孔单一型，口部周围3个细胞，呈1–3 (–4)圈，细胞单层，胞壁薄。腹面鳞片小，近于三角形。一般雌雄同株。雄托生于叶状体背面的中肋前端。雌托圆盘形，质薄，边缘3–7浅裂，下方具两瓣状苞膜，每对苞膜内各含1个孢子体。雌托柄长2–3

厘米，具1条假根沟，生于叶状体前端的缺刻处。孢蒴球形，成熟时顶端1/3处不规则盖裂。孢子四分体型，表面具脊状网纹，直径50–65微米。弹丝具3列螺纹加厚。

产四川，生于海拔3000米左右高山上。喜马拉雅地区有分布。

　　1.叶状体(×5)，2.腹面鳞片(×80)，3.气孔口部横切面(×250)。

3. 疣冠苔属 Mannia Opiz.

　　叶状体形小，呈带状，灰绿色至绿色，质厚；多叉状分枝。叶状体背面表皮细胞有时具油细胞；气室多层；气孔单一，有的属种明显突起；口部周围细胞单层；中肋分界不明显，渐向边缘渐薄。叶状体有时具油细胞。腹面鳞片于中肋两侧各1列，覆瓦状排列；形较大，近半月形，常具油细胞及边缘有粘液疣；先端多具1–2 (–3)个附片，呈披针形或狭长披针形。雌雄同株或异株。雄托无柄，生于叶状体背面前端。雌托近球形或半球形，基部通常浅裂或近于不开裂；下方具苞膜；苞膜内各含1个孢子体。雌托柄短或长，具1条假根沟，着生于叶状体中肋前端缺刻处。孢蒴球形，成熟时，顶端1/3处不规则盖裂。孢子四分体型，表面常具细疣及网纹，直径55–80微米。弹丝直径8–15微米，长200–300微米，具2–3 (–4)列螺纹加厚。

　　约10余种，多见温带山地生长。我国有4种。

1.叶状体背面无明显气室分隔；表皮细胞一般近于多边形或椭圆形，胞壁略厚或具三角体；雌托半球形。
　2.叶状体稍大，多数宽1.5–3.5毫米，长1–2.5厘米；背面表皮细胞壁薄，具明显三角体；气孔边缘细胞2–3圈，规则放射状排列；雌托顶部无粗疣状突起 ··· 1.无隔疣冠苔 M. fragrans
　2.叶状体略小，多数宽1.5–2毫米，长1–1.5厘米；背面表皮细胞壁稍厚，无明显三角体；气孔边缘细胞1圈，不规则；雌托顶部具粗疣状突起 ······································· 2.西伯利亚疣冠苔 M. sibirica
1.叶状体背面具明显气室分隔；表皮细胞一般为多边形，薄壁；雌托近于球形 ················ 3.疣冠苔 M. triandra

1. 无隔疣冠苔

图 438

Mannia fragrans (Balb.) Frye et Clark, Univ. Washington Publ. Biol. 6: 62. 1937.

Marchantia fragrans Balb., Mem. Acad. Sci. Turin, Sci. Phys., ser. 2, 7: 76. 1804.

叶状体呈带形，稍大，多数宽1.5–3.5毫米，长1–2.5厘米，有时叶边紫色。叶状体背面表皮细胞壁略厚，三角体大；气室2–3层；气孔口部周围细胞6–8个，一般2–3圈；中肋分界不明显。叶状体基本组织厚度约为1/2。腹面鳞片先端具1–3条狭披针形附片。雌雄同株。雌托半球形，边缘不整齐；下方具膨大的球形孢子体；雌托柄长(0.2–)0.4–1厘米。孢子具穴状网纹，直径60–80微米。弹丝直径10–22微米，长140–280微米，具2–3列螺纹加厚。

产黑龙江、吉林、陕西和云南，生长于山地阴湿土坡上。俄罗斯（远

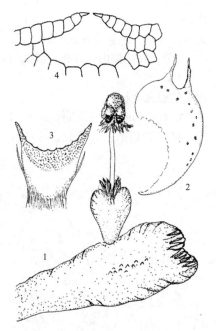

图 438 无隔疣冠苔（汪楣芝、何 强绘）

东地区）、欧洲及北美洲有分布。

1. 叶状体(×15)，2. 腹面鳞片(×60)，3. 叶横切面(×30)，4. 气孔口部横切面(×100)。

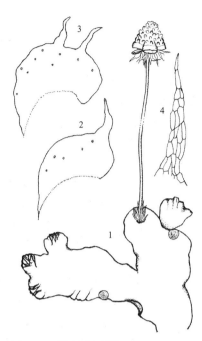

2. 西伯利亚疣冠苔　　　　　　　　图 439

Mannia sibirica (K. Muell.) Frye et Clark, Univ. Washington Publ. Biol. 6: 66. 1937.

Grimaldia pilosa Lindb. var. *sibirica* K. Muell., Rabenh. Krypt. Fl. 6 (1): 265. 1907.

叶状体狭带形，宽1.5–2毫米，长1–1.5厘米，叉状分枝。叶状体背面表皮细胞壁稍厚，无明显三角体；气室2–多层；气孔口部仅由5–7个细胞围绕。叶状体基本组织厚度约为1/2。腹面鳞片先端具1–2条披针形附片。雌雄同株。雌托盘形，边缘2–6裂；雌托柄长1–2.5毫米。假蒴萼呈半球形。孢子具网纹，直径55–65微米。弹丝直径9–12微米，长140–180微米，具1–3列螺纹加厚。

产黑龙江、内蒙古和陕西，多生长于山区林缘地

图 439　西伯利亚疣冠苔（汪楣芝、于宁宁绘）

面。俄罗斯（远东地区）、欧洲及北美洲有分布。

1. 叶状体(×6)，2-3. 腹面鳞片(×35)，4. 腹鳞片的附片(×80)。

3. 疣冠苔　小疣冠苔　　　　　　　图 440 彩片62

Mannia triandra (Scop.) Grolle, Taxon 32: 135. 1983.

Marchantia triandra Scop., Fl. Carn., ed. 2, 2: 354. 1772.

叶状体狭带形，宽2–5毫米，一般长1–2厘米，浅绿色，有时叶边紫色；叉状分枝。叶状体背面表皮细胞多边形，胞壁略厚，无三角体；气室2–3层；气孔口部周围细胞6–7个，一般1–3圈。叶状体基本组织厚度为1/2。腹面鳞片先端具1–2个狭带形附片，基部有时略收缩。雌雄同株。雌托小，圆盘形，顶部具多数突起，边缘近于不裂。雌托柄长约1厘米，着生于叶状体侧枝上。假蒴萼呈半球形，裂瓣前端聚成喙状。孢子具网纹，直径70–100微米。弹丝长120–200微米，具2列螺纹加厚。

产辽宁、四川和云南，生长于山地溪边。日本、欧洲及北美洲有分布。

1. 叶状体(×6)，2. 腹面鳞片(×100)，3. 叶横切面的一部分(×35)。

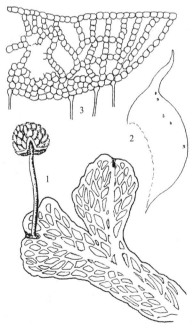

图 440　疣冠苔（汪楣芝、何　强绘）

4. 紫背苔属 **Plagiochasma** Lehm. et Lindenb.

叶状体小至中等大小，呈带形，一般绿色至深绿色，有时腹面带紫色，质厚；多叉状分枝。叶状体背面表皮有具油细胞；气室多层；气孔单一，有时明显突起，口部周围细胞单层；中肋分界不明显，渐向边缘渐薄。叶状体横切面有时具大形油细胞；下部基本组织较厚，细胞稍大，薄壁。腹面鳞片较大，近于半月形或披针形，带紫色，常具油细胞；先端多具1-3个披针形附片，附片基部有时明显收缩；着生于中肋两侧各1列，呈覆瓦状排列。

雌雄多同株。雄托无柄，生于叶状体背面中肋处。雌托常退化；下方有贝壳状苞膜，内含孢子体。一般雌托柄短，生于叶状体背面中肋的前端，柄上无假根沟。孢蒴球形，成熟时顶端1/3处不规则开裂或盖裂。孢子四分体型，表面常具细疣和网纹。弹丝无螺纹或具螺纹加厚。

16种，热带、亚热带及温带均有分布。我国7种。

1. 气孔口部小，周围仅1圈细胞，不呈规则放射状排列 ·· **5. 小孔紫背苔 P. rupestre**
1. 气孔口部较大，周围具多数弧形细胞，围绕2-数圈，呈放射状排列。
　2. 腹面鳞片先端具1个椭圆形附片 ······································· **1. 钝鳞紫背苔 P. appendiculatum**
　2. 腹面鳞片先端附片1-3个，不呈椭圆形。
　　3. 腹面鳞片先端具附片1-2个，呈宽披针形，一般边缘无齿 ···················· **3. 日本紫背苔 P. japonicum**
　　3. 腹面鳞片先端具1-3个附片，呈狭长披针形，边缘常具齿。
　　　4. 腹面鳞片先端狭披针形附片基部与中上部近于等宽，多具较小的狭长细胞 ········ **2. 紫背苔 P. cordatum**
　　　4. 腹面鳞片先端狭披针形附片基部宽度为中上部的2-多倍，具较宽的多边形细胞 ···························
　　　··· **4. 短柄紫背苔 P. pterospermum**

1.　钝鳞紫背苔

图 441

Plagiochasma appendiculatum Lehm. et Lindenb., Nov. Stirp. Pug. 4: 14. 1832.

叶状体带形，多数宽4.5–6毫米，长1–3厘米。叶状体背面表皮细胞薄壁，具明显三角体，有时具油细胞；气孔口部周围6–10个细胞，呈2–4圈放射状排列；中肋分界不明显。腹面鳞片先端具1个椭圆形附片，基部强烈收缩，边缘常具粘液细胞疣。雌雄同株。雌托退化；下方一般有2–4个贝壳状苞膜，每对苞膜内具孢子体；雌托柄长0.2–7毫米。孢子具略深的穴状网纹，直径68–87微米。弹丝直径8–17微米，长150–300微米，具2–3列螺纹加厚。

产台湾、四川和云南，生长于高山林缘湿润土面。喜马拉雅山区、亚洲东南部、中东地区及非洲西部有分布。

1-2. 腹面鳞片（×10），3. 叶背面细胞及气孔（×90），4. 叶横切面的一部分（×6.5），5. 气孔口部横切面（×80）。

图 441 钝鳞紫背苔（汪楣芝、何　强绘）

2. 紫背苔

图 442

Plagiochasma cordatum Lehm.et Lindenb. in Lehm., Nov. Min. Cogn. Stirp. Pugillus 4: 13. 1832.

叶状体带形，宽3.7–5.5毫米，一般长0.5–2.6厘米。叶状体背面表皮细胞薄壁，三角体大，有时具油细胞；气孔口部周围7–8个细胞，3–4圈，呈放射状排列；中肋分界不明显。腹面鳞片先端具1–2个宽披针形附片，基部一般不收缩，有时边缘具粘液疣。雌托退化；一般具1–3(–4)个苞膜，内有孢子体；雌托柄长0–6.3毫米。孢子具不规则弯曲宽脊，直径85–95微米。弹丝直径12–14微米，长200–330微米，无螺纹加厚。

产台湾、贵州、四川和云南，生山区湿土面。喜马拉雅地区、日本、阿富汗、欧洲和北美洲有分布。

1. 叶状体（×5），2–3. 腹面鳞片（×13），4. 腹面鳞片的附片（×40），5. 弹丝（×150）。

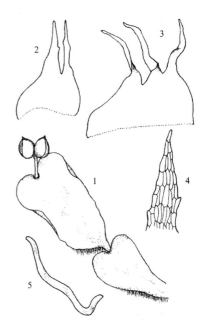

图 442 紫背苔（汪楣芝、于宁宁绘）

3. 日本紫背苔

图 443

Plagiochasma japonicum (St.) Mass., Mem. Accad. Agric. Verona, ser. 3, 73 (2): 47. 1897.

Aytonia japonicum St., Bull. Herb. Boissier 5: 84. 1897.

叶状体呈带形，宽3–5毫米，一般长0.5–2厘米。叶状体背面表皮细胞薄壁，具三角体，有时三角体膨大；气孔口部周围通常6–8个细胞，呈3–4圈；中肋分界不明显。腹面鳞片先端具1–2个卵状披针形附片，有时基部略收缩。雌托大，圆盘形，质略薄，顶部粗糙，边缘不规则浅裂；一般具1–2(–4)个苞膜，内有孢子体；雌托柄长0–5毫米。孢子具网纹，直径70–85微米。弹丝直径12–16微米，长180–300微米，具单螺纹或无螺纹加厚。

产河北、陕西和甘肃，山地、林边阴湿土岩面生

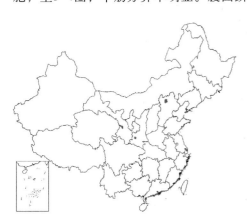

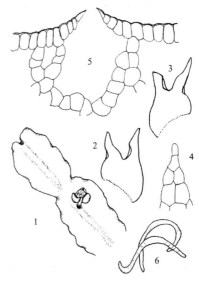

图 443 日本紫背苔（汪楣芝、于宁宁绘）

长。喜马拉雅地区、日本、朝鲜、印度、菲律宾和夏威夷有分布。

1. 叶状体（×3），2–3. 腹面鳞片（×10），4. 腹面鳞片的附片先端细胞（×150），5. 气孔及气室横切面（×120），6. 弹丝（×140）。

4. 短柄紫背苔

图 444

Plagiochasma pterospermum Mass., Mem. Accad. Agric. Verona, ser. 3, 73 (2): 46. 1897.

叶状体带形，宽2.9–4毫米，长0.5–2厘米。叶状体背面表皮细胞近卵

状方形或椭圆形，薄壁，三角体明显，有时具少数油细胞；气孔口部周围6–9个细胞，呈2–4圈放射状排

列；中肋分界不明显。腹面鳞片先端具1-3条狭披针形附片，有时边缘具粘液疣。雌托退化；一般具1-4个苞膜，内有孢子体。雌托柄长0-9毫米。孢子具深穴状网纹，直径70-85微米。弹丝直径12-16微米，长170-240微米，具2-4列螺纹加厚。

产陕西、台湾、四川和西藏，在山区阴湿坡地上生长。日本、喜马拉雅地区和菲律宾有分布。

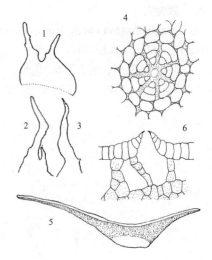

1. 腹面鳞片（×18），2-3. 腹面鳞片的附片（×45），4. 叶背面细胞及气孔（×130），5. 叶横切面（×15），6. 气孔及气室横切面（×130）。

图444 短柄紫背苔（汪楣芝、于宁宁绘）

5. 小孔紫背苔 （新拟名）紫背苔　　　图445 彩片63

Plagiochasma rupestre (Forst.) St., Bull. Herb. Boissier 6: 783. 1898.

Aytonia rupestre Forst., Char. Gen. Pl. : 148. 1775.

叶状体带形，宽3.3-5毫米，一般长1-3.5厘米。叶状体背面表皮细胞近于圆多边形，薄壁，具三角体，有时具油细胞；气孔小，口部周围具4-6个非异形细胞，不呈放射状排列；中肋分界不明显。腹面鳞片先端具1-2(-3)条披针形附片，基部略宽阔，有时边缘具粘液疣。雌托退化；一般具1-3个苞膜，内有孢子体；雌托柄长2-4毫米。孢子具深穴状网纹，直径70-85微米。弹丝直径12-14微米，长190-280微米，具2-3列螺纹加厚。

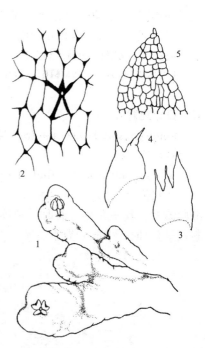

产吉林、陕西、台湾和云南，多生长于山区林缘路边。亚洲、欧洲、北美洲、南美洲、澳洲和非洲东南部有分布。

1. 叶状体（×3），2. 叶背面细胞及气孔（×200），3-4. 腹面鳞片（×8），5. 腹面鳞片的附片（×60）。

图445 小孔紫背苔（汪楣芝、于宁宁绘）

5. 石地钱属 Reboulia Raddi

叶状体中等大小，呈带形，宽(3-) 5-8毫米，长1-4厘米，绿至深绿色，质厚，干燥时边缘有时背卷，多叉状分枝。叶状体背面表皮细胞常具明显膨大的三角体，有时具油细胞；气室多层；气孔单一型，口部周围细胞单层，胞壁多较薄；中肋分界不明显，渐向边缘渐薄。叶状体横切面有时具油细胞。腹面鳞片在中肋两侧各1列，呈覆瓦状排列；形较大，近于半月形，带紫色，常具油细胞；先端多具1-3条狭长披针形附片。雌雄多同株。雄托无柄，生于叶状体背面前端。雌托半球形，边缘(4-) 5-7深裂；顶部平滑或凹凸不平，有时具气室与气孔；裂瓣下方有苞膜，内含1个孢子体。雌托柄长1–3厘米，柄上具1条假根沟；柄上或柄两端有时具多数狭长鳞毛，着生于叶状体中肋前端缺刻处。孢蒴球形，成熟时顶端1/3处不规则开裂；蒴壁无环纹加厚。孢子四分体型，表面常具细疣和网纹，直径60–90微米。弹丝直径10–12微米，长可达400微米，具2–3列螺纹加厚。

1种，多亚热带及温带山地生长。我国有分布。

石地钱

图 446 彩片64

Reboulia hemispherica (Linn.) Raddi, Opusc. Sci. Bologna 2: 357. 1818.

Marchantia hemispherica Linn., Sp. Pl. 1138. 1753.

种的特征同属。

产陕西、台湾、四川和云南，常生于林边阴湿土壁。广泛分布于世界各地。

1. 叶状体(×4.5)，2. 雌托的纵切面(×7)，3. 叶背面细胞及气孔(×200)，4-5. 腹面鳞片(×15)。

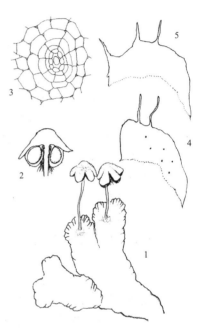

图 446 石地钱（汪楣芝、于宁宁绘）

46. 星孔苔科 (克氏苔科) **CLEVEACEAE** (Sauteriaceae)
（汪楣芝）

叶状体小至中等大小，带形，质厚，灰绿色、亮绿色或深绿色，干燥时边缘常背卷；叉状分枝，有时腹面着生新枝。叶状体背面表皮有时具油细胞；气室一般较大，多层，稀单层；具单一型气孔，口部周围细胞具放射状加厚的壁，常明显呈星状；中肋分界不明显，渐向边缘渐薄。叶状体横切面下部基本组织较厚，细胞稍大，薄壁。腹面鳞片近于三角形，无色透明或略带紫色，多散生，有的属种具油细胞和粘液细胞疣；先端的附片基部不收缩。雌雄同株或异株。精子器散生或群生于叶状体背面中肋处，精子器上方具1突起的口。雌托退化，一般具近于圆柱形或稍扁的裂瓣，裂瓣内具1–2个两瓣状的苞膜；每个苞膜含单个孢子体。雌托柄长或短，柄上具0–2条假根沟，着生于叶状体中肋的背面。孢蒴球形，生于杯形蒴被内，成熟时不规则开裂；蒴壁具环纹加厚。孢子球形，表面具疣。弹丝具螺纹加厚。

3属，生长于亚热带和温带山地。我国有2属。

1. 叶状体背面表皮及腹面鳞片无油细胞；雌托生于叶状体背面中肋处；雌托柄无假根沟 ·········
··· 1. 高山苔属 Athalamia
1. 叶状体背面表皮及腹面鳞片有时具油细胞；雌托生于叶状体先端缺刻处；雌托柄具1条假根沟 ·········
··· 2. 星孔苔属 Sauteria

1. 高山苔属 (克氏苔属) Athalamia Falconer

叶状体带状，质厚，灰绿色至亮绿色，略透明，腹面边缘有时呈浅粉红色至紫色；叉状分枝，有时腹面着生新枝。叶状体气室多层，多具绿色次级分隔，稀单层；气孔单一型；口部周围细胞呈1–2圈，具放射状加厚的壁，常形成星状；中肋分界不明显。叶状体渐向边缘渐薄，横切面下部基本组织较厚，细胞稍大，薄壁。腹面鳞片散生，近于呈三角形，无色透明或带紫色，先端附片多披针形，基部不收缩；一般不具粘液疣。叶状体与鳞片通常均无油细胞。雌雄同株或异株。精子器散生或群生于叶状体背面中肋处，每个精子器上方具突起的开口。雌托退化，一般具近于圆柱形裂瓣，内有1个两瓣状苞膜 (involucre)；每个苞膜内含单个孢子体。托柄无假根沟，着生于叶状体背面中肋处。孢蒴球形，成熟时不规则开裂；蒴壁具环纹加厚。孢子球形，表面具疣。弹丝具螺纹加厚。

约14种，多生长于山地湿润岩面。我国有5种。

1. 叶状体腹面鳞片宽卵形；雌托基部具明显多数狭长鳞片·········4. 托鳞高山苔 A. hylina
1. 叶状体腹面鳞片不呈宽卵形；雌托基部无明显多数狭长鳞片。
　2. 叶状体腹面均散生鳞片；孢蒴多向上方伸出 ··········· 2. 细疣高山苔 A. glauco–virens
　2. 叶状体腹面鳞片仅散生于中肋处；孢蒴一般向侧面伸出。
　　3. 叶状体背面表皮细胞近于椭圆形，三角体小或不明显；气孔口部周围具5个细胞；腹面鳞片的附片舌形或披针形，细胞较短，长度一般不及宽度的2倍 ··········· 1. 中华高山苔 A. chinensis
　　3. 叶状体背面表皮细胞多边形，具明显三角体；气孔口部周围具5–9个细胞；腹面鳞片的附片狭长披针形，细胞长，长度一般超过宽度2倍 ··········· 3. 小高山苔 A. nana

1. 中华高山苔 中华克氏苔　　　　　　　图 447
Athalamia chinensis (St.) Hatt., Journ. Hattori Bot. Lab. 12: 54. 1954.
Clevea chinensis St., Sp. Hepat. 6: 4. 1917.

叶状体带形，宽2–3毫米，长0.5–1厘米；背面表皮细胞多边形，壁薄，三角体小；气孔口部周围5个细胞；中肋分界不明显。腹面鳞片较均匀地散生于中肋处，鳞片先端具一披针形或舌形附片，细胞近方形或长方形。雌托退化；一般具1–3个裂瓣，常略纵向扁平，内具1个苞膜，含1个孢子体；雌托柄长1–4毫米。孢蒴球形。孢子

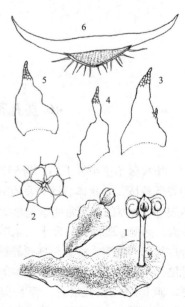

图 447 中华高山苔（汪楣芝、于宁宁绘）

表面具近半球形粗疣，直径56–70微米。弹丝直径8–10微米，长140–200微米，具2–3列螺纹加厚。

我国特有，产陕西和云南，山区湖边或溪边具土岩面生长。

2. 细疣高山苔 图 448

Athalamia glauco–virens Shim. et Hatt., Journ. Hattori Bot. Lab. 12: 56. fig. 10–11. 1954.

Athalamia glauco–virens fo. *subsessilis* Shim. et Hatt., Journ. Hattori Bot. Lab. 12: 58. fig. 11–12. 1954.

叶状体呈带状，淡绿色，边缘略带紫色，2–3回叉状分枝，宽1.5–3毫米，长0.5–1.2厘米。叶状体背面表皮细胞椭圆形至方卵形，壁薄，三角体小；气室2–3层；气孔口部周围5–9个细胞，略呈星状；中肋分界不明显。腹面鳞片紫红色，先端具1条狭披针形附片，较均匀地散布于整个叶状体腹面。叶状体与鳞片偶有油细胞。雌托退化；一般具1–3个圆柱形裂瓣，每裂瓣内具1个苞膜，含单个孢子体；雌托柄长0.6–3.5毫米。孢子表面具近半球形粗疣，其上具细密疣，直径32–60微米。弹丝直径8–12微米，长60–240微米，具2–4列螺纹加厚。

产吉林和山东，阴湿山地生长。日本有分布。

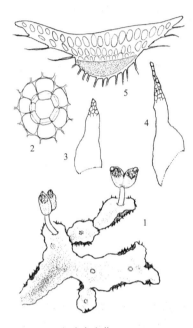

1. 叶状体(×8)，2. 叶背面细胞及气孔(×120)，3-5. 腹面鳞片(×100)，6. 叶横切面(×20)。

图 448 细疣高山苔（汪楣芝、于宁宁绘）

1. 叶状体(×3)，2. 叶背面细胞及气孔(×90)，3-4. 腹面鳞片(×75)，5. 叶横切面(×25)。

3. 小高山苔 图 449

Athalamia nana (Shim. et Hatt.) Hatt., Journ. Hattori Bot. Lab. 12: 56. 1954.

Gollaniella nana Shim. et Hatt., Journ. Hattori Bot. Lab. 9: 34. 1953.

带形，宽3–5毫米，长0.5–1厘米。叶状体背面表皮细胞多边形，壁薄，具明显三角体；气室2–3层；气孔口部周围5–9个细胞，略呈星状；中肋分界不明显。腹面鳞片散生于中肋处，先端具1条狭披针形附片。雌托退化；一般具1–3个明显扁圆柱形裂瓣，内具1个苞膜，含单个孢子体；雌托柄长0.5–2毫米。孢子表面具半球形粗疣，直径45–60微米。弹丝直径8–12微米，长80–230微米，具2–4列螺纹加厚。

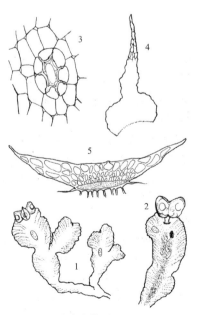

图 449 小高山苔（汪楣芝、于宁宁绘）

产黑龙江、吉林、四川和云南，高寒山地生长。日本有分布。

1-2. 叶状体(×2.5)，3. 叶背面细胞及气孔(×75)，4. 腹面鳞片(×30)，5. 叶横切面(×20)。

4. 托鳞高山苔 图 450

Athalamia hylina (Sommerf.) Hatt. in Shimizu, Journ. Hattori Bot. Lab. 12: 54. 1954.

Marchantia hylina Sommerf., Mag. Naturvid. 1: 284. 1833.

叶状体呈带状，灰绿色，叉状分枝，宽3-5毫米，长8-15毫米。叶状体背面表皮细胞4-6边形，薄壁；气室2-3层；气孔口部周围6-7个细胞，具星状加厚的壁；叶状体内有油细胞；中肋分界不明显。腹面鳞片白色，透明，宽卵形，先端具短披针形尖，散布于叶状体腹面。雌托具1-5个裂瓣，每裂瓣内具1个苞膜与孢子体；雌托基部具明显多数狭长鳞片。孢子表面具近球形粗疣，直径45-55微米。弹丝直径8-12微米，长160-220微米，具3-4列螺纹加厚。

产云南和西藏，多为高山地区生长。欧洲和北美有分布。

1. 叶状体(×6.5)，2. 叶背面细胞及气孔(×240)，3-4. 腹面鳞片(×35)，5. 叶横切面的一部分(×30)。

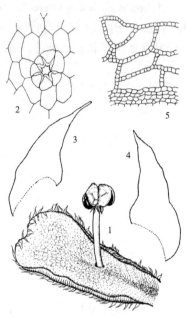

图 450 托鳞高山苔（汪楣芝、于宁宁绘）

2. 星孔苔属 Sauteria Nees

叶状体小形至中等大小，呈带形，灰绿色至深绿色；叉状分枝。叶状体背面表皮有时具油细胞；气室多层，少数为单层；具单一型气孔；口部周围细胞1-2圈，放射状厚壁成星状；中肋分界不明显，渐向边缘渐薄。叶状体横切面下部基本组织较厚，细胞稍大，薄壁；有时具油细胞。腹面鳞片散生，近三角形，无色透明或略带紫色，先端的附片不收缩，常有油细胞和粘液疣。雌雄同株。精子器散生或群生于叶状体背面中肋处，每1精子器上方具1突起的开口。雌托半球形、圆盘形或退化，一般有近于圆柱形裂瓣，内有1个两瓣状苞膜（involucre）；每1苞膜含单个孢子体。托柄具1条假根沟，着生于叶状体先端缺刻处。孢蒴球形，成熟时不规则开裂；蒴壁具环状螺纹加厚。孢子球形，表面具疣。弹丝具螺纹加厚。

约6种，一般生长高山坡地。我国3种。

星孔苔 图 451

Sauteria alpina (Nees) Nees, Naturg. Europ. Leberm. 4: 143. 1838.

Lunularia alpina Nees in Bisschoff et Nees, Flora 13: 399. 1830.

叶状体呈带形，宽3-6毫米，长0.5-1.7厘米，灰绿色；具1-2回叉状分枝。叶状体背面表皮细胞具三角体或缺失，有时具油细胞；气室2-3层，气孔口部周围有5-8个细胞，放射状加厚的壁呈星状。腹面鳞片散生；近于三角形，常带紫色，先端的附片不收缩，有时具油细胞和粘液疣。雌雄同株。精子器散生或群生于叶状体背面中肋处，每1精子器上方具一突起的口。雌托半球形或退化，一般有4-7个近于圆柱形裂瓣，内有1个两瓣状苞膜；每1苞膜含单个孢子体。托柄长0.5-1.5厘米，具1条假根沟，着生于叶状体先端缺刻处。孢蒴球形；蒴壁具环纹加厚。孢子球形，直径55-80微米，表面具近半球形粗疣。弹丝直径10-15(-20)微米，长120-280微米，具2-3列螺纹加厚。

产陕西、台湾、贵州和云南，生高寒湿润坡地。亚洲、欧洲及北美洲有分布。

1. 叶状体(×5)，2. 叶背面细胞及气孔(×140)，3-4. 腹面鳞片(×30)，5. 叶横切面的一部分(×60)。

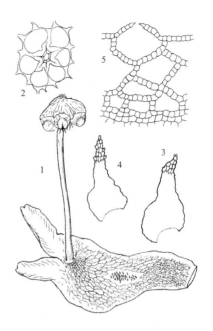

图 451 星孔苔（汪楣芝、于宁宁绘）

47. 地钱科 MARCHANTIACEAE

（汪楣芝）

叶状体多大形，稀形小，带状，灰绿色、绿色至暗绿色，多数质厚，常多回叉状分枝，有时自腹面着生新枝。叶状体背面气室1层或有时退化，常具绿色营养丝；烟突型气孔口部圆桶形，内下部背面观4个细胞排列常呈十字形；中肋分界不明显，叶状体渐向边缘渐薄；横切面下部基本组织厚，多为大形薄壁细胞，常有大形粘液细胞及小形油细胞。腹面鳞片近于半月形，常具油细胞；先端具1个心形、椭圆形或披针形附片，多数基部收缩，边全缘、具粗齿或齿突；一般在中肋两侧各具1-3列，呈覆瓦状排列。通常腹面密生平滑或具疣两种假根。叶中肋背面常着生杯状芽胞杯，边缘平滑或具齿；杯内着生具短柄的近扁圆形芽胞。雌雄异株或同株。雌、雄托伞形或圆盘形，均具长柄。托柄有2条假根沟，一般着生于叶状体背面中肋上或前端缺刻处。雄托边缘深或浅裂。雌托边缘常深裂，下方具多数两瓣状苞膜；内有数个假蒴萼，各含单个孢子体。孢蒴卵形，由蒴被包裹，成熟时伸出，不规则开裂，蒴壁具环纹加厚。孢子通常四分体型，表面具疣或脊状网纹。弹丝具螺纹加厚。

2属，广泛分布于温湿地区。我国有2属。

1. 叶状体背面具芽胞杯；腹面鳞片具油细胞，多4-6列；雌托边缘5-9瓣深裂 ⋯⋯⋯⋯⋯⋯ 1. **地钱属 Marchantia**
1. 叶状体无芽胞杯；腹面鳞片无油细胞，呈2列；雌托近于不开裂 ⋯⋯⋯⋯⋯⋯⋯⋯ 2. **背托苔属 Preissia**

1. 地钱属 Marchantia Linn.

叶状体多较大，稀形小，带状，灰绿色、绿色至暗绿色，多数质厚，干燥时边缘有时背卷，常多回叉状分枝，有时腹面着生新枝。叶状体背面气室较小或退化，常着生绿色营养丝；具烟突型气孔，口部呈圆桶形，下方4个细胞排列常呈十字形；中肋分界不明显，叶状体渐向边缘渐薄；横切面下部基本组织厚，多为大形薄壁细胞，常有大形粘液细胞及小形油细胞。腹面鳞片一般较大，近于半月形，有时呈紫色，常具油细胞；先端具1个心形、椭圆形或披针形附片，多数基部收缩，边缘具细齿或齿突；鳞片多4–6列呈覆瓦状排列。杯形芽胞杯着生于叶背面中肋处，边缘平滑或具齿，杯内着生具短柄的近扁圆形芽胞。雌雄异株或同株。雌、雄托伞形或圆盘形，均具长柄，一般着生于叶状体背面中肋或前端缺刻处。雌托边缘一般深裂，下方裂瓣间常具两瓣状苞膜，内有数个呈单列的假蒴萼，各含单个孢子体；托柄具2条假根沟。孢蒴卵形，由蒴被包裹，成熟时伸出后呈不规则开裂，蒴壁具环纹加厚。孢子通常四分体型，表面具疣或具脊的网纹。弹丝具螺纹加厚。

约45种，世界各地分布，多生于北温带。我国有16种。

1. 叶状体腹面鳞片的附片较大，扁卵形或宽三角形，一般宽15–20个细胞；芽胞杯边缘具三角形粗齿，宽约5个细胞；雄托圆盘形，边缘浅裂或近于不开裂。
  2. 腹面鳞片的附片边缘具密齿突；芽胞杯外壁平滑，边缘的粗齿上具多数细齿，有时为多细胞齿；雌托裂瓣长指状，呈放射状排列；雌托柄上无狭长鳞片 ··· 4. **地钱 M. polymorpha**
  2. 腹面鳞片的附片边全缘或具少数齿突；芽胞杯外壁常具疣突，边缘的粗齿上具少数细齿或齿突；雌托裂瓣近于扁平，不呈指状，向一侧伸展或呈两侧对称；雌托柄上常具狭长鳞片。
    3. 雌托裂瓣为楔形，向一侧伸展 ···················· 2. **粗裂地钱 M. paleacea**
    3. 雌托裂瓣卵圆形，左右对称 ············· 2 (附). **风兜地钱 M. paleacea** var. **diptera**
1. 叶状体腹面鳞片的附片略小，多为卵状披针形，一般宽度在15个细胞以下；芽胞杯边缘齿仅1–数个细胞；雄托边缘深裂呈星形或花瓣形。
  4. 腹面鳞片的附片小，多数宽5–6个细胞，边缘无齿或仅具齿突；雌托两侧对称或呈较大的不规则星形 ········
    ··· 5. **拟地钱 M. stoloniscyphulas**
  4. 腹面鳞片的附片稍大，多数宽约10个细胞；雌托两侧不对称，不呈较大的不规则星形。
    6. 腹面鳞片的附体具短尖，边缘有少数齿突 ··············· 3. **粗鳞地钱 M. papillata** subsp. **grossibarba**
    6. 腹面鳞片的附体具多个单列细胞长尖，边缘齿常弯曲 ···········1. **东亚地钱 M. emarginata** subsp. **tosana**

1. 东亚地钱   图 452 彩片65

Marchantia emarginata Reinw., Bl. et Nees subsp. **tosana** (St.) Bisch., Bryophyt. Biblioth. 38. 1989.

Marchantia tosana St., Bull. Herb. Boissier 5: 99. 1897.

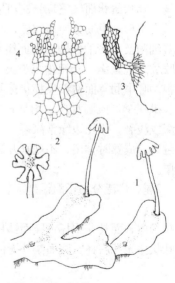

叶状体暗绿色，宽3–4毫米，单个枝条长1–3厘米；2–3回叉状分枝。具烟突式气孔，口部周围细胞一般4个，6–8圈呈桶形。腹面鳞片呈4列覆瓦状排列，紫色，弯月形；先端附片淡黄色，卵状披针形，钝尖或锐尖，边缘具多数弯长齿；常具大形粘液细胞及小形油细胞。芽

图 452 东亚地钱（汪楣芝、于宁宁绘）

胞杯表面平滑，边缘具1-3个单列细胞尖齿。雌雄异株。雄托星形，具4-6深裂瓣，托柄长0.2-1.2厘米。雌托5-7瓣深裂，裂瓣楔形，近于呈放射状排列；每一袋状苞膜内具1个孢子体；托柄长1-2厘米，具2条假根沟。孢子表面具不规则弯曲的宽脊状纹，直径15-25微米。

产台湾、广东、广西、四川和云南，生阴湿路边。日本有分布。

2. 粗裂地钱　　　　　　　　　　　　　　　图 453 彩片66

Marchantia paleacea Bertol., Opusc. Sci. (Bologna) 1: 242. 1817.

叶状体绿色至暗绿色，宽5-9毫米，长2-4厘米；叉状分枝。气孔烟突型，桶状口部多为4个细胞，高5-6个细胞。腹面鳞片带紫色，弯月形；先端附片宽卵形或宽三角形，多数具短钝尖，边缘具少数齿突；常具大形粘液细胞及油细胞；在叶状体腹面呈4列生长。芽胞杯外壁有时具疣突；边缘粗齿上具多数齿突。雌雄异株。雄托圆盘形，5-8瓣浅裂；托柄长0.5-1.5厘米。雌托(5-) 9 (-10)瓣深裂，裂瓣楔形；每一袋状苞膜内具1个孢子体；托柄长1-4厘米，具2条假根沟。孢子表面具网纹，直径22-35微米。弹丝直径6-8微米，具2列螺纹加厚。

产广东和云南，多生长于山坡林边。日本、喜马拉雅地区、亚洲东南部、巴布亚新几内亚、欧洲、北美洲及非洲北部有分布。

　　1. 叶状体(×3)，2. 叶背面细胞及气孔(×200)，3. 腹面鳞片(×20)，4. 芽胞杯口部一个齿(×120)，5.叶横切面的一部分(×150)。

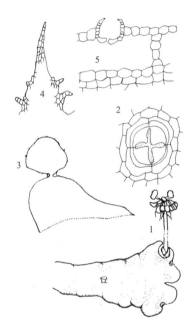

图 453 粗裂地钱（汪楣芝、于宁宁绘）

[附] 风兜地钱　图 454　**Marchantia paleacea** var. **diptera** (Nees et Mont.) Hatt., Journ. Hattori Bot. Lab. 18:79. 1957.——*Marchantia diptera* Nees et Mont., Montagne. Ann. Sci. Nat., Bot. Ser 2, 19: 243. 1843. 与模式变种的主要区别：雌托深裂，其中1对为大卵圆形裂瓣，近于呈两侧对称，其它裂瓣明显较小，向一侧伸展。产台湾、湖北、海南、四川和云南，生山地阴湿路边。日本及朝鲜有分布。

　　1.叶状体(×3)，2.叶背面细胞及气孔(×200)，3.腹面鳞片(×50)，4.芽胞杯口部的齿(×150)。

3. 粗鳞地钱　　　　　　　　　　　　　　　图 455

Marchantia papillata Raddi subsp. **grossibarba** (St.) Bisch., Crypt. Bryol. Lichenol. 10: 78. 1989.

Marchantia grossibarba St., Mem. Soc. Nat. Cherbourg 29: 221. 1894.

叶状体深绿色，宽2.5-5毫米，长0.5-1.5厘米，边缘带紫色，背面中央具一条中线；叉状分枝。气孔烟突型。腹面鳞片先端附片近于呈宽

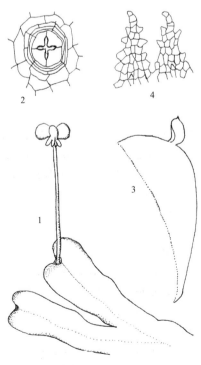

图 454 风兜地钱（汪楣芝、于宁宁绘）

1. 叶状体(×4)，2. 雌托(背面观，×6)，3. 腹面鳞片的一部分(×50)，4. 叶横切面的一部分(×60)。

三角形，具短尖，边缘具少数齿突；常具大形粘液细胞及油细胞。芽胞杯外壁有时具疣突；边缘粗齿上具多数齿突。雌雄异株。雄托6-8瓣深裂，托柄具2条假根沟和2层气室。雌托9-11瓣深裂，其中一裂瓣深裂至近基部，裂瓣楔形。孢子表面具不规则网纹，直径19-24微米。

产贵州、四川和云南，生长于山区阴湿路边。印度、尼泊尔、不丹、巴基斯坦、缅甸及泰国有分布。

1. 叶状体(×2.5)，2. 芽胞杯口部的齿(×150)，3. 腹面鳞片(×40)，4. 腹面鳞片的附片(×150)，5.叶横切面的一部分(×180)，6.气孔口部横切面(×25)。

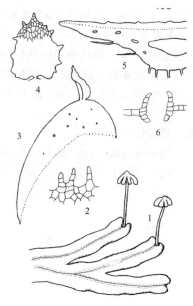

图 455 粗鳞地钱（汪楣芝、于宁宁绘）

4. 地钱 图 456 彩片67

Marchantia polymorpha Linn., Sp. Pl. 2: 1137. 1753.

叶状体深绿色，宽7-15毫米，长3-10厘米；多回叉状分枝。气孔烟突型，桶状口部具4个细胞，高4-6个细胞。腹面鳞片4-6列；紫色，弯月形；先端附片宽卵形或宽三角形，边缘具密集齿突；常具大形粘液细胞及油细胞。芽胞杯边缘粗齿上具多数齿突。雌雄异株。雄托圆盘形，7-8浅裂；托柄长1-3厘米。雌托6-10瓣深裂，裂瓣指状；托柄长3-6厘米。孢子表面具网纹，直径13-17微米。弹丝直径3-5微米，长300-500微米，具2列螺纹加厚。

产黑龙江、吉林、陕西、甘肃、安徽、福建、湖北、广西、贵州、四川、云南和西藏，生山坡路边湿润具土岩面。世界广布。

1. 叶状体(×2.5)，2. 腹面鳞片(×15)，3. 芽胞杯口部的一个齿(×80)，4. 叶横切面的一部分(×150)，5. 气孔及气室的横切面(×100)。

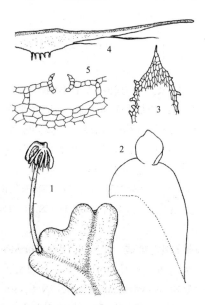

图 456 地钱（汪楣芝、于宁宁绘）

5. 拟地钱 图 457

Marchantia stoloniscyphulas (Gao et Chang) Piippo, Journ. Hattori Bot. Lab. 68:78. 1990.

Marchantiopsis stoloniscyphulas Gao et Chang, Bull. Bot. Res. 2 (4): 114. 1982.

叶状体暗绿色，宽约4毫米，长1-2厘米；叉状分枝或前端腹面着生新枝；气孔烟突型，桶状口部周围为4个细胞，高6个细胞。腹面鳞片紫

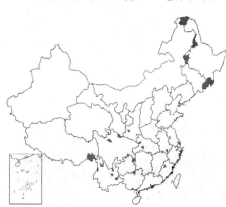

色，弯月形；先端附片小，近于菱形。芽胞杯小，倾斜生长；外壁表面粗糙；边缘具细齿。雌雄异株。雄托星形。雌托具上下2对卵圆形裂瓣，呈两侧对称；托柄具2条假根沟。

中国特有，产云南和西藏，多河边岩面生长。

1. 叶状体(×2.5), 2. 腹面鳞片(×80), 3. 腹面鳞片的附片(200), 4. 气孔及气室的横切面(×150)。

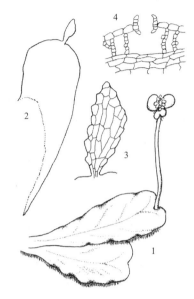

图 457 拟地钱（汪楣芝、于宁宁绘）

2. 背托苔属 **Preissia** Corda

叶状体较大，带形，宽5–15毫米，长2–4 (–10)厘米，一般浅绿色至深绿色，质略厚，干燥时边缘略波曲，常叉状分枝。叶状体背面气室较小或退化，有时具绿色营养丝；气孔烟突型，口部呈圆形，由4个细胞构成，高4–5个细胞，呈圆桶形；下方4个细胞常向中央弯曲，背面观呈十字形；中肋分界不明显；叶状体渐向边缘渐薄；横切面下部基本组织较厚，多为大形薄壁细胞。腹面鳞片一般较大，呈2列覆瓦状排列；近半月形，有时呈紫色，无油细胞；先端具1个细小披针形附片，基部不收缩。无芽胞杯。雌雄异株或同株。雌、雄托伞形或圆盘形，均具长柄，通常托柄具2条假根沟，一般着生于叶状体背面中肋处或前端缺刻处。雄托边缘多浅裂。雌托边缘近于不开裂，仅具4瓣痕，每瓣下方具单个两瓣形苞膜，内有2–3个假蒴萼，各含1个孢子体。雌托柄长1–2.5厘米。孢蒴卵形，由蒴被包裹，成熟时伸出，不规则6–7瓣裂，蒴壁具环纹或半环纹加厚。孢子近于球形，表面具网纹和脊状纹，直径45–80微米。弹丝直径8–9微米，长约250微米，具2–3列螺纹加厚。

1种，多温带地区生长。我国有分布。

背托苔

Preissia quadrata (Scop.) Nees, Naturg. Eur. Leberm. 4: 135. 1838.

Marchantia quadrata Scop., Fl. Carn., ed. 2, 2:355. 1772.

图 458 彩片68

种的特征同属。

产黑龙江、吉林、河北、新疆、四川和云南。日本、喜马拉雅地区、欧洲及北美洲有分布。

1. 叶状体(×2), 2. 叶背面细胞及气孔(×120), 3. 腹面鳞片(×15), 4. 气孔及气室的横切面(×120)。

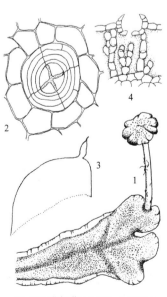

图 458 背托苔（汪楣芝、于宁宁绘）

48. 钱苔科 RICCIACEAE

（汪楣芝）

叶状体通常形小，卵状三角形、长卵状心形或呈带形；多紧密叉状分枝，呈放射状排列，形成圆形或莲座形群落，有时成片生长；潮湿土生或水面漂浮。叶状体背面具气室及少数不明显气孔，或具一层排列紧密的柱状细胞构成的同化组织，中央常凹陷呈沟槽；基本组织一般为多层细胞，腹面向下突起；少数种类着生腹面鳞片。通常具平滑与粗糙两种假根。雌雄同株或异株。精子器与颈卵器散生，埋于叶状体的组织中。孢蒴成熟时蒴壁破碎、腐失；蒴壁无环纹加厚。蒴柄和基足缺失。孢子一般呈四分体型，较大，直径40–150微米。弹丝缺失。

3属，多生长温热地区。我国有2属。

1. 叶状体腹面鳞片大，呈长剑形，边缘具齿；通常水面漂浮生长 .... 1. 浮苔属 Ricciocarpus
1. 叶状体腹面无大形鳞片；通常生长于土面 .... 2. 钱苔属 Riccia

1. 浮苔属 Ricciocarpus Corda

叶状体中等大小，长4–10毫米，宽4–10毫米，暗绿色或带紫色，一般呈三角状心形；叉状分枝；多漂浮于水面，有时土生。叶状体气室多层；背面表皮具不明显气孔，口部周围细胞不异形；中央常凹陷成沟。腹面具多数大形鳞片，长剑形，长约5毫米，边缘具齿。雌雄同株，有时异株。精子器与颈卵器散生，埋于叶状体的组织中。孢蒴成熟时蒴壁破碎、腐失；蒴壁无环纹加厚；无蒴柄和基足。孢子球形，较大，直径45–55微米，一般少见。弹丝缺失。染色体数目n=9。

1种，各地水面浮生。我国有分布。

浮苔　　　　　　　　　　　　　　　　　　　　　　　　图 459

Ricciocarpus natans (Linn.) Corda in Opiz, Beitr. Naturg. : 651. 1828.

Riccia natans Linn., Syst. Nat. 10: 1339. 1759.

种的特征同属。

产黑龙江、辽宁、安徽、台湾、广东、四川和云南，多漂浮于腐殖质或藻类丰富的湖、河、池水与稻田中。世界各大洲均有分布。

1. 叶状体（×8），2. 腹面鳞片（×5），3. 叶边缘横切面（×80）。

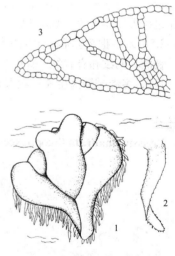

图 459 浮苔（汪楣芝、于宁宁绘）

2. 钱苔属 Riccia Linn.

叶状体多为灰绿色、鲜绿色至暗绿色，无光泽，三角状心形或长条形，多回叉状分枝，多呈圆盘状或扇形群落，有时相互重叠贴生或呈条状。叶一般无明显气孔，背具多层气室，常由单层绿色细胞间隔，或上部具排列紧密的柱状细胞构成的同化组织；中央常凹陷形成一条沟槽；叶下部基本组织横切面厚可达10多个细胞，腹面突起。腹面鳞片常形小或退化。假根胞壁具密疣或平滑。一般无粘液细胞与油细胞。多数雌雄同株。精子器和颈卵器散生，埋于叶状体组织中。孢蒴成熟时不规则开裂，蒴壁自行腐失。孢子较大，一般为四分体型，表面多具棘刺状网纹。无弹丝。

约80种，多生于溪边、田间及林缘阴湿土面。中国有20种。

1. 叶状体具2–3层气室。
 2. 叶状体一般宽度与长度相似，约1–4毫米 ·· 1. 片叶钱苔 **R. crystallina**
 2. 叶状体一般宽度不及1毫米。
  3. 叶状体狭长带形，长1–5厘米；分枝疏松，基部不相连；多数成片生长，不呈圆形群落；叶状体横切面宽度为厚度的3–4倍 ·· 2. 叉钱苔 **R. fluitans**
  3. 叶状体叉状三角形，长3–5毫米；密集叉状分枝，基部多连合；常呈圆形群落；叶状体横切面宽度为厚度的1.5–2倍 ·· 4. 稀枝钱苔 **R. huebeneriana**
1. 叶状体无气室分化。
 4. 叶状体横切面宽度为厚度的4–6倍 ·· 3. 钱苔 **R. glauca**
 4. 叶状体横切面宽度为厚度的1–3倍 ·· 5. 肥果钱苔 **R. sorocarpa**

1. 片叶钱苔

图 460

Riccia crystallina Linn., Sp. Pl. 2: 1138. 1753.

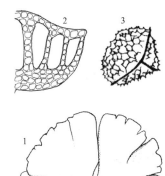
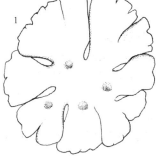

叶状体小形，常为蓝绿色，三角状心形；宽度与长度相等或宽度大于长度，多数长约1.5–4毫米，一般1–2回叉状分枝，常呈圆形群落，直径2.5厘米。叶状体背面为2–3层气室；横切面宽度为厚度的3–5倍。腹面鳞片缺失。雌雄同株。精子器和颈卵器散生，埋于叶状体组织中。孢蒴成熟时不规则开裂，蒴壁自行腐失，无环纹加厚。孢子较大，一般为四分体型，直径55–85微米，表面具棘刺状网纹，近极面亦具棘刺。无弹丝。

产吉林、辽宁和云南，多生于阴湿土面。欧洲、中美洲、南美洲、澳大利亚及非洲有分布。

图 460 片叶钱苔（江楣芝、于宁宁绘）

 1. 叶状体(×10)，2. 叶边缘横切面(×140)，3. 孢子(侧面观，×350)。

2. 叉钱苔

图 461 彩片69

Riccia fluitans Linn., Sp. Pl. : 1139. 1753.

叶状体细长带形，淡绿色，宽0.5–1 (–2)毫米，长1–5厘米；多回较规则的叉状分枝，常成片生长。叶状体先端呈楔形；背面表皮具不明显气孔；横切面气室2–3层；宽度为厚度的3–4倍。无腹面鳞片。多雌雄异株。精子器和颈卵器埋于叶状体组织中。孢蒴成熟时不规则开裂，蒴壁自行腐失。孢子四分体型，较大，直径50–80微米，表面具穴状低网纹。无弹丝。

产黑龙江、辽宁、安徽、台湾、江西、湖北、广东、广西、四川和云南，常生于湿润土面或水田中。世界各地广布。

1-2. 叶状体(1. ×2, 2. ×12)，3. 叶横切面的一部分(×100)。

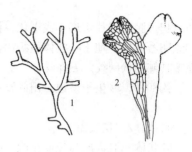

3. 钱苔　　　　　　　　　　　　　　图 462 彩片70

Riccia glauca Linn., Sp. Pl. 2: 1139. 1753.

叶状体形较小，宽1-3毫米，长0.3-1厘米，灰绿色，长三角形；规则2-3回叉状分枝，常呈圆形群落，直径1-2厘米。叶状体先端半圆形，中央具宽的浅沟槽；背面具一层排列紧密的柱状细胞构成的同化组织，顶细胞近于半圆形；无气室和气孔；横切面宽度为厚度的4-6倍。有时腹面具无色小形鳞片。雌雄同株。精子器和颈卵器埋于叶状体组织中。孢蒴成熟时不规则开裂，蒴壁自行腐失。孢子四分体型，直径80-95微米，表面具棘刺状网纹。无弹丝。

图 461 叉钱苔（引自《北美苔类志》）

产黑龙江、辽宁、安徽、台湾、广东、贵州、四川和云南，生长山地路边阴湿土面。日本、朝鲜、欧洲及北美洲有分布。

1. 叶状体(×5)，2. 叶横切面(×70)，3. 叶上表皮及邻近细胞的横切面(×130) 4. 孢子(近极面，×250)。

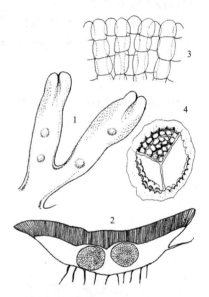

4. 稀枝钱苔　　　　　　　　　　　　图 463 彩片71

Riccia huebeneriana Lindenb., Nova Acta Phys.–Med. Acad. Caes. Leop.–Carol. 18 (1): 504. 1836.

叶状体形小，宽0.5-1毫米，长1.5-2 (-2)毫米，三角形，灰绿色，边缘呈紫色；2-3回密叉状分枝，一般基部连合，常呈圆形群落，直径约1厘米。叶状体先端圆楔形，中央具宽的浅沟槽；背面具2-3层气室；无气室和气孔；横切面宽度为厚度的1.5-2倍。有时腹面着生较大的紫色鳞片。雌雄同株。精子器和颈卵器埋于叶状体组织中。孢蒴成熟时不规则开裂，蒴壁自行腐失。孢子四分体型，直径60-80微米，表面具棘刺状网纹。无弹丝。

图 462 钱苔（汪楣芝、于宁绘）

产吉林、辽宁、广东和云南，山区阴湿土岩面生长。日本、朝鲜、印度、俄罗斯（西伯利亚）、欧洲、北美洲及非洲北部有分布。

1. 叶状体(×10)，2-3. 叶横切面 (2.×60, 3.×140)。

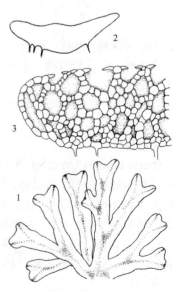

图 463 稀枝钱苔（汪楣芝、于宁绘）

5. 肥果钱苔 图 464

Riccia sorocarpa Bisch., Nova Acta Phys.–Med. Acad. Caes. Leop.–Carol. 17 (2): 1053. 1835.

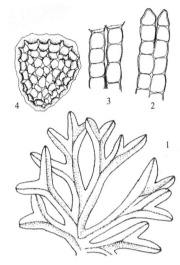

叶状体形较小，宽0.5–2毫米，长0.3–1厘米，灰绿色至暗绿色，近于呈三角形；2–3回叉状分枝，基部连合，常呈圆形群落，直径0.8–2厘米。叶状体先端略尖；背面具一层排列紧密的柱状细胞的同化组织，顶细胞近于呈圆形或梨形，有时平截；中央具1条沟槽。无气室和气孔。横切面宽度为厚度的2–3倍。腹面鳞片无色透明，常消失。雌雄同株。精子器和颈卵器埋于叶状体组织中。孢蒴成熟时不规则开裂，蒴壁自行腐失。孢子四分体型，直径75–90微米，表面具棘刺状网纹。

图 464 肥果钱苔（汪楣芝、于宁宁绘）

产吉林、辽宁、安徽、福建、江西、广东、四川和云南，生山地湿润土面。俄罗斯（西伯利亚）、欧洲、北美洲、墨西哥、澳大利亚及非洲北部有分布。

1. 叶状体(×4)，2-3. 叶上表皮及邻近细胞的横切面(×150)，4. 孢子(远极面×200)。

49. 角苔科 ANTHOCEROTACEAE

（吴鹏程）

配子体呈叶状体，绿色或暗绿色，不规则叉状分枝，边缘多波曲而深裂；横切面中央部分厚6–7层细胞，边缘为单层细胞；多无气室，稀具气室，腹面无鳞片。每个细胞具单个大形叶绿体或2–3个叶绿体。假根平滑。精子器成丛生长背面封闭的穴内。颈卵器孕育自叶状体背面组织内。孢蒴呈长角状，绿色，气孔和蒴轴多发育。孢子多圆锥形，具细疣至刺状疣。假弹丝单细胞，多细胞或细长丝状，稀具螺纹加厚。

5属，南北半球均有分布。我国有5属。

1.叶状体多层细胞；中肋分界不明显
  2. 每个叶状体细胞具单个叶绿体；孢蒴外壁具气孔；弹丝无螺纹加厚
    3.叶状体无气室，不在背面形成六角形网纹
      4.孢子黄绿色，外壁具小疣状突起 ····················· 1. **黄角苔属 Phaeoceros**
      4.孢子深褐色，外壁密被短刺状突起 ····················· 2. **角苔属 Anthoceros**
    3.叶状体具气室，在背面呈不规则六角形网纹 ····················· 3. **褐角苔属 Folioceros**
  2. 每个叶状体细胞具2–3个叶绿体；孢蒴外壁无气孔；弹丝具螺纹加厚 ····················· 4. **大角苔属 Megaceros**
1.叶状体单层细胞；中肋分界明显 ····················· 5. **树角苔属 Dendroceros**

1. 黄角苔属 Phaeoceros Prosk.

叶状体片状，表皮细胞具单个大形叶绿体；不规则叉状分枝；边缘不规则波曲；无气室分化。雌雄同株。孢蒴细长角状，基部具短筒状苞膜。孢子黄褐色，圆锥形，具细疣状突起。假弹丝由1–5个单列细胞形成。雄苞着生叶状体内。

约20种，热带低海拔山区分布。我国有5种。

黄角苔　　　　　　　　　　　　　　　图 465 彩片72

Phaeoceros laevis (Linn.) Prosk., Rapp. et Comm. VIII. Congr. Intern. Bot., Paris 14–16: 69. 1954.

Anthoceros laevis Linn., Sp. Pl. 1, 2: 1139. 1753.

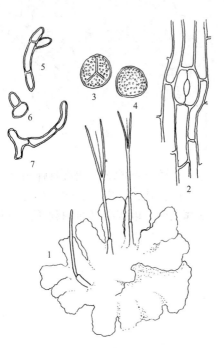

叶状体长1–3厘米，不规则两歧分枝；两侧为单层细胞，表面细胞直径30–70微米；中肋分界不明显，厚4–5层细胞，可多达6–8层细胞；无气室分化；假根多数，着生叶状体腹面中央。雌雄同株。孢蒴细长角形，可达2厘米以上，着生叶状体前端。孢子圆锥形，外壁具细疣。假弹丝1–4 (–5) 个细胞，多扭曲，分叉。精子器2–3个成群着生叶状体内空腔中。

产浙江、福建、香港、四川和云南，生于低海拔山区阴湿沟边。广布世界各地。

1. 雌株，示其中 2 个孢蒴已开始开裂(×25), 2. 孢蒴表面的气孔(×155), 3-4. 孢子(3. 向极面，×245；4. 远极面，×245), 5-7. 假弹丝(×165)。

图 465 黄角苔（吴鹏程绘）

2. 角苔属 Anthoceros Linn.

叶状体扁平贴生基质，黄绿色或暗绿色，近于呈圆形，背面具隆起褶皱，中央厚数层细胞，无明显中肋，具空腔；边缘波曲，不规则分裂或羽状分裂，体内着生有念珠藻(Nostoc)植物。雌雄多同株。精子器着生封闭的腔内。孢蒴长角状，基部由筒状苞膜所包围，胞壁常具气孔。孢子多黑褐色，外壁具不规则突起。假弹丝无螺纹加厚。

约数十种，南、北半球的温带和热带低地湿土生长。我国约7种。

角苔　　　　　　　　　　　　　　　图 466

Anthoceros punctatus Linn., Sp. Pl. 2: 1139. 1753.

交织成片生长，阔带状，灰绿色或黄绿色，老时呈黑色，宽5–12毫米；横切面中央厚8–12个细胞，背面皱褶状隆起，背面表皮细胞小于内层细胞，每个细胞具单个大形叶绿体；边缘不规则开裂，具波纹。雌雄同株。苞膜圆筒形，长3–4毫米。孢蒴细长角状，长1–2厘米。孢子棕褐色，密被刺状突起，直径约40微米。假弹丝1–3个细胞，不规则扭曲。

产吉林和浙江，生于阴湿土表和田沟边。亚洲南部、欧洲、北美洲、非洲及新喀里多尼亚有分布。

　　1. 雌株，示其中 1 个孢蒴已开始开裂(×2.5)，2. 孢蒴表面的气孔(×155)，3-4. 孢子(3. 向极面，×245；4. 远极面，×245)，5-6. 假弹丝(×165)。

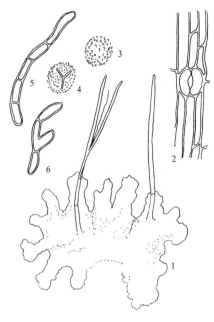

图 466 角苔（吴鹏程绘）

3. 褐角苔属 Folioceros Bharadw.

　　形大，深绿色，呈片状生长。叶状体多不规则开裂或羽状深裂，背面观因内部气室而形成不规则六角形花纹，中央部分厚达10层细胞，仅边缘为单层细胞；气室分大小不等数层，无气孔。孢蒴细长角状，基部由筒状苞膜包被。孢子黄褐色，表面具细疣。假弹丝细长，多为单个细胞，稀为2个细胞或分叉。

　　约15种，多亚洲东部分布。我国有3种。

褐角苔　　　　　　　　　　　　图 467 彩片73

Folioceros fusiformis (Mont.) Bharadw., Geophytology 1 (1) : 13. 1971.

Anthoceros fusciformis Mont., Ann. Sci. Nat. Paris Ser. 2, 20: 296. 1843.

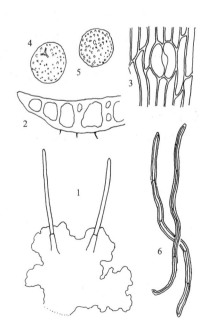

图 467 褐角苔（吴鹏程绘）

　　叶状体深绿色，质厚，长2-3厘米，阔4-5毫米，常深裂成宽阔圆钝裂片，背面表皮细胞六角形，每个细胞含一大形叶绿体；气室2-3层，无气孔。雌雄同株。孢蒴细长角状，长2-3厘米，基部包被圆筒状苞膜。孢子具细疣。假弹丝由1-2个细长细胞构成，常扭曲，稀分叉。

　　产香港、四川和云南，生于低海拔至2000米的林内湿地。日本、印度及印度尼西亚有分布。

　　1. 雌株(×3.5)，2. 叶状体横切面的一部分(×15)，3. 孢蒴表面的气孔(×155)，4-5. 孢子(4. 向极面，×245，5. 远极面，×245)。

4. 大角苔属 Megaceros Campb.

叶状体暗绿色，多成片贴生基质；不规则分枝，背面表皮细胞具多个大形叶绿体，细胞壁无三角体，每个细胞具多个叶绿体；边缘波曲。雌雄异株。孢蒴细长角状，无气孔。假弹丝具单列螺纹加厚。孢子单细胞，被细疣。

约50种，主要分布中南洲、北美洲、亚洲南部和大洋洲，我国有3种。

东亚大角苔　　　　　　　　　　图 468　彩片74

Megaceros flagellaris (Mitt.) St., Sp. Hepat. 5: 951. 1916.

Anthoceros flagellaris Mitt. in Seemann, Fl. Vitiensis: 419. 1871.

Megaceros tosanus St., Sp. Hepat. 6: 424. 1923.

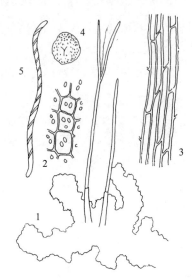

叶状体形大，暗绿色，具光泽，长达5厘米，阔5-8毫米；不规则叉状分枝，每个细胞内含1-2个叶绿体；边缘不规则分裂。雌雄同株或异株。孢蒴细长角状，由长筒状苞膜包围基部。孢子黄绿色，直径约30微米，表面具小突起。假弹丝单列螺纹加厚。

产福建，生于低海拔溪边具土岩面。日本有分布。

1. 雌株，示其中 1 个孢蒴已经开始开裂(×3.5)，2. 叶状体表面细

图 468 东亚大角苔（吴鹏程绘）

胞(×310)，3. 孢子(向极面，×245)，4. 假弹丝(×165)。

5. 树角苔属 Dendroceros Nees

叶状体不规则两歧分枝或近羽状分枝，暗绿色，单层细胞；边缘不规则浅裂；中肋界限明显，多层细胞。叶细胞薄壁或厚壁，三角体小或明显，每个细胞具一大形叶绿体。雌雄同株。苞膜着生叶状体中肋背面，圆筒形。孢蒴圆柱形，无气孔。孢子多细胞，表面具小颗粒状突起。假弹丝具单列螺纹加厚。

约60种，热带山地分布。我国有3种。

东亚树角苔　　　　　　　　　　　　图 469

Dendroceros tubercularis Hatt., Bot. Mag. Tokyo 58: 6. 1944.

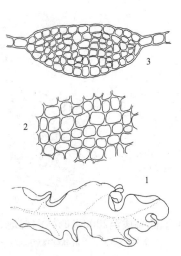

叶状体呈片状，具不规则两歧分枝；中肋粗壮，背面扁平，腹面圆凸，厚5-8个细胞。叶细胞六角形，三角体形小，每个细胞具一大形叶绿体。

产台湾和香港，生于低海拔溪边湿土或具土石面。日本有分布。

1. 叶状体(×3.5)，2. 叶状体尖部表面细胞(×260)，3. 叶状体中肋的横切面(×260)。

图 469 东亚树角苔（吴鹏程绘）

50. 短角苔科 NOTOTHYLADACEAE
（吴鹏程）

叶状体薄，叉状分枝，多层细胞；末端多瓣裂而仅单层细胞。精子器腔单生，精子器卵形，具短柄，每腔有2-4精子器。孢蒴长卵形，具短柄，蒴足形大，平横着生叶状体上，成熟时有时不开裂。蒴轴较短或缺失。蒴壁无气孔，两裂或不规则开裂。假弹丝为单列细胞，黄色，膨起，具螺纹或斜纹。孢子形大，四分孢子形，向极面具疣。

1属，分布北半球温带和热带山区。我国有分布。

短角苔属 Notothylas Sull.

属的特征同科。

约10种，欧洲和亚洲的温带和亚热带地区分布。我国有3种。

东亚短角苔　　　　　　　　　图 470

Notothylas levieri Schiffn. ex St., Sp. Hepat. 5: 1021. 1917.

叶状体绿色，直径1–1.5厘米，厚多层细胞，每个细胞具一大形叶绿体；边缘不规则开裂。雌雄同株。孢蒴横生，圆柱形，成熟时黑褐色。假弹丝不规则长方形，具螺纹加厚。孢子绿色，直径约40微米，被细疣。

产云南南部，生于海拔约500米的肥沃土上。印度有分布。

1. 雌株（×2.5），2. 叶状体表面细胞，示每个细胞含单个叶绿体（×105），3.孢蒴的纵切面（×42），4.孢子（向极面及远极面，×210），5.（×210）。

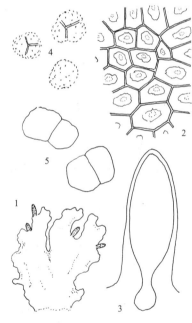

图 470 东亚短角苔（吴鹏程绘）

51. 泥炭藓科 SPHAGNACEAE
（黎兴江）

　　水湿或沼泽地区，森林洼地或山涧石坳中的丛生藓类。植物体淡绿色，干燥时呈灰白色或褐色，有时带紫红色。茎细长，单生或叉状分枝；具中轴，中轴细胞小形，黄色或红棕色；表皮细胞大形无色，有时具水孔及螺纹。茎顶短枝丛生，侧枝分短劲、倾立的强枝及纤长附茎下垂的弱枝；枝表皮细胞有时具水孔及螺纹。茎叶与枝叶常异形。茎叶一般较枝叶长大，稀较小，舌形、三角形或剑头形，叶细胞上的螺纹及水孔较少。枝叶长卵形、阔卵形或狭长披针形，单层细胞，由大形无色具螺纹加厚的细胞及小形绿色细胞相间交织构成。精子器球形，具柄，集生于头状枝或分枝顶端，每一苞叶叶腋间生一精子器，精子螺旋形，具2鞭毛。雌器苞由头状枝丛的分枝产生。孢蒴球形或卵形，成熟时棕栗色，具小蒴盖，干燥时蒴盖自行脱落，基鞘部延伸成假蒴柄。孢子四分型，外壁具疣及螺纹。原丝体片状。

　　1属，广布于世界各地，主产于北半球温带及寒带地区。

泥炭藓属 Sphagnum Linn.

　　属的特征同科。
　　约300余种，广泛分布于世界各大洲，尤以北半球寒温带分布最多。我国有46种。

1. 茎及枝条表皮细胞均具螺纹及水孔；枝叶呈阔卵状圆瓢形，先端圆钝。
　2. 枝叶绿色小细胞在叶横切面观呈狭长椭圆形，位于叶片中央，背、腹两面均由无色大细胞包被⋯⋯⋯⋯⋯⋯⋯⋯⋯⋯⋯⋯⋯⋯⋯⋯⋯⋯⋯⋯⋯⋯⋯ 10. **中位泥炭藓 S. magellanicum**
　2. 枝叶绿色小细胞在叶横切面观呈三角形，偏于叶片腹面，仅背面由无色大细胞所包被。
　　3. 枝叶无色细胞的侧壁上密生多数毛状纤维突起⋯⋯⋯⋯⋯⋯⋯ 6. **毛壁泥炭藓 S. imbricatum**
　　3. 枝叶无色细胞的侧壁平滑，无毛状突起。
　　　4. 茎叶短舌形(长为宽的1.5倍左右)，内凹；茎叶无色细胞通常无螺纹，或仅具不明显增厚痕迹⋯⋯⋯⋯⋯⋯⋯⋯⋯⋯⋯⋯⋯⋯⋯⋯⋯⋯⋯⋯⋯⋯⋯⋯⋯ 15. **泥炭藓 S. palustre**
　　　4. 茎叶长舌形(长为宽的2倍以上)，平展；茎叶无色细胞密被螺纹及水孔⋯⋯⋯⋯⋯⋯⋯⋯⋯⋯⋯⋯⋯⋯⋯⋯⋯⋯⋯⋯⋯⋯⋯⋯ 11. **多纹泥炭藓 S. multifibrosum**
1. 茎及枝条表皮细胞均无螺纹，稀具水孔；枝叶多呈长卵状披针形，先端多渐尖。
　5. 枝叶绿色细胞在叶的横切面观呈狭长椭圆形，位于叶片的中央。
　　6. 枝叶与茎叶的大小近于相等。
　　　7. 植株较坚挺；茎叶先端呈明显兜形，茎叶无色细胞腹面无明显对孔，先端无孔⋯⋯⋯⋯⋯⋯⋯⋯⋯⋯⋯⋯⋯⋯⋯⋯⋯⋯⋯⋯ 9. **加萨泥炭藓 S. khasianum**
　　　7. 植株较纤细，柔弱；茎叶先端不呈明显兜形，茎叶无色细胞腹面密生对孔⋯⋯ 14. **卵叶泥炭藓 S. ovatum**
　　6. 枝叶为茎叶的1–2倍或2倍以上。
　　　8. 植株粗壮，呈黄绿带紫红色，枝丛密集着生于茎上；枝叶为茎叶的4倍以上 ⋯⋯⋯⋯⋯⋯⋯⋯⋯⋯⋯⋯⋯⋯⋯⋯⋯⋯⋯⋯⋯⋯⋯ 2. **密叶泥炭藓 S. compactum**
　　　8. 植株纤细，呈淡绿或灰绿色；枝丛疏生；枝叶为茎叶1–2倍左右 ⋯⋯⋯⋯⋯⋯ 21. **偏叶泥炭藓 S. subsecundum**
　5. 枝叶绿色细胞在叶的横切面观呈三角形，位于叶片的背面或腹面。
　　9. 枝叶绿色细胞位于叶片腹面。
　　　10. 枝叶无色细胞不具螺纹⋯⋯⋯⋯⋯⋯⋯⋯⋯⋯⋯⋯⋯ 19. **丝光泥炭藓 S. sericeum**
　　　10. 枝叶无色细胞具螺纹。

11. 茎叶呈舌形或铲形。
 12. 茎叶分化边缘上狭，渐向下渐宽，在叶基部边宽不及叶基宽度的1/5 ·········
  ······························· **13. 秃叶泥炭藓 S. obtusiusculum**
 12. 茎叶分化边缘上狭，至中下部突趋阔，叶边宽度为叶基宽度的1/4–1/3。
  13. 茎叶呈短阔舌形，先端与叶基等宽，分化边宽达叶基宽度的1/3以上············
   ························· **5. 白齿泥炭藓 S. girgensohnii**
  13. 茎叶呈狭长舌形，先端渐尖，分化边宽为叶基宽度的1/4左右······· **18. 广舌泥炭藓 S. robustum**
11. 茎叶呈三角形。
 14. 茎叶无色细胞呈狭长菱形，具明显的螺纹及水孔············ **8. 暖地泥炭藓 S. junghuhnianum**
 14. 茎叶无色细胞呈短宽菱形，具分隔，无螺纹或仅先端细胞有稀疏螺纹痕迹。
  15. 茎叶从先端至基部均具狭分化边；枝叶呈阔卵状披针形，先端急尖，背仰·········
   ·························· **1. 拟尖叶泥炭藓 S. acutifolioides**
  15. 茎叶分化边上狭，至下部明显宽阔；枝叶呈狭卵状披针形，先端渐尖，内卷而平直伸展·······
   ··························· **12. 尖叶泥炭藓 S. nemoreum**
9. 枝叶绿色细胞位于叶片背面。
 16. 茎叶的分化边上狭，至中下部则渐宽。
  17. 茎叶呈三角形，先端急尖·························· **17. 喙叶泥炭藓 S. recurvum**
  17. 茎叶呈舌形或三角状舌形，先端圆钝。
   18. 枝叶先端渐尖，顶部多呈截形，且具多数齿········ **4. 长叶泥炭藓 S. falcatulum**
   18. 枝叶先端急尖，具仅由单细胞构成的芒状尖········ **16. 刺叶泥炭藓 S. pungifolium**
 16. 茎叶的分化边从顶至基部均狭窄。
  19. 茎叶呈卵状舌形；茎叶无色细胞具螺纹及水孔············ **22. 柔叶泥炭藓 S. tenellum**
  19. 茎叶呈三角形至舌形；茎叶无色细胞无纹孔，仅稀具分隔。
   20. 枝叶阔卵形，内凹，先端急尖，背仰。
    21. 植株较粗大；枝叶中部无色细胞腹面具大形角孔；雌雄同株，雌苞叶较小··········
     ··················· **20. 粗叶泥炭藓 S. squarrosum**
    21. 植株较纤细；枝叶中部无色细胞腹面具整齐的两列厚边对孔；雌雄异株，雌苞叶与枝叶同形
     ······················ **23. 细叶泥炭藓 S. teres**
   20. 枝叶狭卵形，先端渐尖，内卷，平直伸展。
    22. 茎叶宽大，枝叶与茎叶近于等长；枝叶无色细胞背面具角孔，腹面有时具中央圆孔·········
     ··················· **3. 拟狭叶泥炭藓 S. cuspidatulum**
    22. 茎叶小，枝叶约为茎叶长度的2倍；枝叶无色细胞背面具整齐的两列对孔，腹面为二列内孔
     ······················ **7. 垂枝泥炭藓 S. jensenii**

1. 拟尖叶泥炭藓　　　　　　　　　　　　　图 471

Sphagnum acutifolioides Warnst., Hedwigia 29: 192, Taf. 4, f. 4a, 4b;
Taf. 7, f.16. 1890.

  植物体较长大，高达15厘米，干燥时有光泽。茎皮部厚2–3层细
胞，薄壁，无纹孔；中轴黄红色。茎叶呈等腰三角形，基部阔0.7–0.8毫
米，长1.3–1.4毫米，先端狭钝，有锯齿；叶缘分化边狭，或基部稍宽
延。无色细胞在叶基部呈狭长菱形，在上部的呈短宽菱形，多数具分
隔，无螺纹，或背面先端有螺纹痕迹，腹面有多数不规则的膜孔。枝叶
呈阔卵状披针形，急尖，上部叶边内卷，先端钝，具齿，长1.4–1.7毫

米，阔0.6–0.8毫米，具分化狭边。无色细胞密被螺纹，腹面叶边具多数大而圆形的水孔，向中部渐少，背面上部具小形、下部具渐大的半椭圆形对孔，基部近边缘细胞上角具大形圆孔；绿色细胞在叶片横切面中呈等腰三角形，偏于叶片腹面，背面完全为无色细胞所包被。

产黑龙江、安徽、浙江、福建、江西、海南、四川和云南，多生于针叶林下沼泽地、岩面潮湿的薄土上，或生于岩洞口及沟边滴水石上。喜马拉雅山西北部及印度（阿萨姆）有分布。

1. 植物体（×0.65），2. 枝叶（×25.5），3. 茎叶（×25.5），4. 茎叶先端细胞（×145），5. 枝叶中部细胞（×145），6. 枝叶横切面的一部分（×145）。

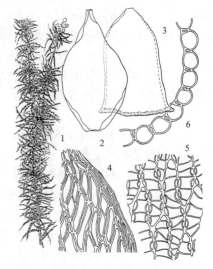

图 471 拟尖叶泥炭藓（引自《云南植物志》）

2. 密叶泥炭藓　　　　　　　　　　图 472

Sphagnum compactum Lam. et Cand., Fl. Franc., ed. 2, 2:443. 1805.

密集丛生，呈灰绿色、黄绿色或稍带紫红色。茎皮部具2–3层大形无色细胞，皮部细胞薄壁，具单孔；中轴黄棕色。茎叶细小，呈三角状舌形，长0.5–0.55毫米，基部宽0.6毫米，先端圆钝，内卷，常裂成无色的隧状；分化边缘下部广延；无色细胞菱形，多数无螺纹，腹面具膜孔。枝丛密集茎上，每丛具4–6枝，其中有2–3强枝，枝硬挺，粗短而钝端。枝叶阔卵圆形，长1.6–2.6毫米，宽0.8–1.6毫米，一般比茎叶大数倍，内凹成瓢形，先端呈兜形，叶边分化不明显，有时具微齿；无色细胞密被螺纹，并具侧边纵列螺纹形成的假水纹。腹面有2–3角隔对孔，背面具大形角孔；绿色细胞小，在枝叶横切面观呈卵形至椭圆形，偏于叶片背面，但背腹两面均为无色细胞所包被。雌雄同株。雌苞叶呈阔卵圆形或长卵圆形，内凹成瓢状，先端往往一向偏斜。孢子呈黄棕色。

产黑龙江、云南和西藏，多生于潮湿的林下或高山水湿岩石上。东亚、俄罗斯远东地区、欧洲、非洲、美洲及澳大利亚分布。

1. 植物体（×0.7），2. 枝叶（×14），3. 茎叶（×14），4. 枝叶中部细胞（×150），5. 茎叶中部细胞（×150），6. 茎叶基部边缘细胞（×150），7. 枝叶横切面的一部分（×150）。

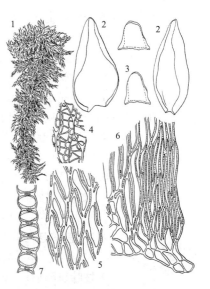

图 472 密叶泥炭藓（引自《云南植物志》）

3. 拟狭叶泥炭藓　　　　　　　　　图 473

Sphagnum cuspidatulum C. Müll., Linnaea 38: 549. 1874

植物体密集丛生，呈淡灰绿色或带褐色。茎粗壮，皮部具2–3层无色细胞，细胞狭长。茎叶呈广舌形，或三角状舌形，长0.7–1.6毫米，阔0.5–0.9毫米，先端圆钝，顶部边缘有时消蚀呈隧状，两侧具狭分化边；无色细胞较短宽，通常无螺纹，具分隔，腹面常具大形中央孔。每枝丛具4–6枝，有2–3强枝，枝端渐细，往往弓形下垂。枝叶整齐5列，呈卵状披针形，长0.8–1.3毫米，阔0.3–0.6毫米，先端渐尖，边狭分化，内

卷；无色细胞密被螺纹，腹面具多数大形角孔，背面具小形厚边角孔，基部有时亦具大形角孔；绿色细胞在叶片横切面观呈三角形，偏于叶片背面，腹面几乎全为大形无色细胞所包被。

产四川、云南和西藏，多生于海拔2500–3800米一带高山阴坡的针叶林地或潮湿的杜鹃林下。克什米尔地区、尼泊尔、印度、缅甸、泰国、马来西亚、菲律宾及印度尼西亚有分布。

1. 植物体(×0.7)，2-3. 枝叶(×22)，4. 茎叶(×22)，5. 枝叶中部细胞(背面观，×160)，6. 枝叶中部细胞(腹面观，×160)，7. 枝叶横切面(×160)。

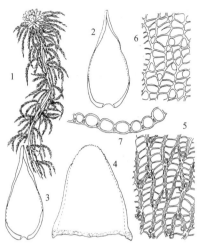

图 473 拟狭叶泥炭藓（引自《横断山区苔藓志》）

4. 长叶泥炭藓 镰叶泥炭藓

图 474

Sphagnum falcatulum Besch., Bull. Soc. Bot. France 32: 67. 1885.

植物体疏松丛生，呈淡灰绿色，略带棕褐色。茎及枝纤细；茎皮部具3细胞层，细胞厚壁；中轴黄色。茎叶呈长卵状等腰三角形，长约1.6毫米，宽约0.6毫米，先端渐狭，顶部圆钝，分化边缘上狭，向下渐广延，至基部每边宽为叶基宽度的1/4；无色细胞狭长菱形至虫形，密被纹孔，至基部细胞则无螺纹。枝丛4，2强枝。枝叶呈狭长卵状披针形，长1.3–1.7毫米，宽0.6毫米，先端渐尖，内卷近于呈筒状，顶部截形、具细齿，分化边从上至下均狭窄；无色细胞呈斜长菱形至蠕虫形，密被整齐螺纹，腹面具角隅水孔，背面具角孔，向下渐多角隅对孔；绿色细胞在枝叶横切面观呈卵状三角形，偏于叶背面，腹面全为无色大细胞所包被。雌雄异株，雌苞叶较大，基部阔卵状，向上成长披针形，先端兜形，无色细胞无明显螺纹。

产内蒙古、广西、云南和西藏，多生于海拔2500米以上高山沼泽地及水湿林地，稀见于林下腐殖土及沟边石上。澳大利亚、新西兰及南美洲有分布。

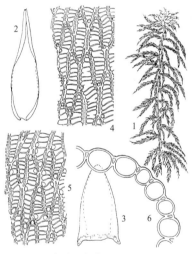

图 474 长叶泥炭藓（引自《云南植物志》）

1. 植物体(×0.8)，2. 枝叶(×16)，3. 茎叶(×16)，4. 枝叶中部细胞(×115)，5. 茎叶中部细胞(×115)，6. 枝叶横切面的一部分(×180)。

5. 白齿泥炭藓

图 475

Sphagnum girgensohnii Russ., Arch. Naturk. Liv–Ehst–Kurlands, Ser. 2, Biol. Naturk. 7: 124. 12–61, 1865.

茎及枝纤细而硬挺，多呈黄绿色，或带淡棕色，无光泽。茎皮部具3–4层大形无色细胞，每个表皮细胞具2–3大圆孔；中轴黄色。茎叶呈短阔舌形或剑头形，长0.9–1.14毫米，阔0.75–0.9毫米，先端钝圆而阔，顶部细胞消蚀而裂成不规则粗齿边，分化边缘上狭，至中部突趋宽阔，中下部两侧边缘分别宽达叶宽度的1/3以上；无色细胞在中下部较狭，上部者呈阔菱形，具多分隔，一般无纹孔。枝丛3–5，强枝2–3，倾立，渐尖或一向弯曲，或呈短而急尖。枝叶覆瓦状紧密排列，呈卵状披针

形，长1–1.3毫米，宽0.5–0.75毫米，干时挺立。无色细胞腹面上部具大而圆形无边的中央孔，常具假纤维分隔，背面具小前角孔，或具角隅厚边小孔，稀在下部具半椭圆形成列对孔；绿色细胞在枝叶横切面观呈梯形，偏于叶片腹面，通常两面均裸露。雌雄异株，雄枝着生精子器部分呈球状，淡棕色，雄苞叶小而短宽；雌苞叶较大，长卵状舌形。孢子黄棕色，平滑，直径约30–33微米。

产黑龙江、吉林、内蒙古、贵州、四川、云南和西藏，生于沼泽地、潮湿林地杜鹃灌丛下、竹林下、腐殖土上、塔头甸子上、岩面薄土上，在潮湿的针叶林地上往往形成大面积高位沼泽。朝鲜、日本、印度尼西亚（爪哇）、尼泊尔、印度北部、俄罗斯（高加索）、欧洲、北美洲及格陵兰岛有分布。

1. 植物体(×0.7)，2-3. 枝叶(×21)，4. 茎叶(×21)，5. 茎叶先端细胞(×110)，6. 枝叶中部细胞(×110)，7. 枝叶横切面的一部分(×160)。

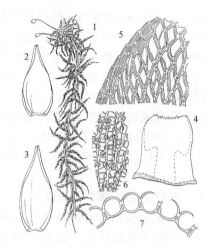

图 475 白齿泥炭藓（引自《云南植物志》）

6. 毛壁泥炭藓　　　　　　　　　　图 476

Sphagnum imbricatum Hornsch. ex Russ., Arch. Naturk. Liv–Ehst–Kurlands, ser. 2, Biol. Naturk. 7: 99. 1865.

植物体往往呈小片状疏丛生，高7–15厘米，呈深绿色、黄绿色或黄褐色。茎松软，皮部3–5层大形无色细胞，具螺纹及水孔；中轴黄褐色。茎叶呈短阔舌形，基部稍狭，长1–1.8毫米，宽0.8–1毫米，先端平展，顶部边缘细胞消蚀裂成不整齐的毛状；大形无色细胞无螺纹或疏具不明显螺纹。轮生枝丛具4枝，2强枝；枝叶呈覆瓦状密生，阔卵形或圆卵形，大于茎叶，

长1.5–2.5毫米，内凹成瓢形，先端内卷成兜状，尖部叶缘无色，具细齿，但不形成分化边缘。无色细胞密被螺纹，背面中上部具多数角隅对孔，腹面仅具单一上角孔，中下部腹面水孔大而少，细胞间内壁具密生的毛状纤维突起。枝叶绿色细胞在横切面观呈阔等腰三角形，偏于腹面，背腹面均裸露。雌雄异株；雄枝红褐色，雄苞叶长大，卵圆形。雌苞生于头状枝基部。孢子黄褐色，平滑。

原产黑龙江、吉林及内蒙古，多生于塔头沼泽或针叶林下潮湿的腐殖质土上。朝鲜、日本、印度北部、俄罗斯（高加索、西伯利

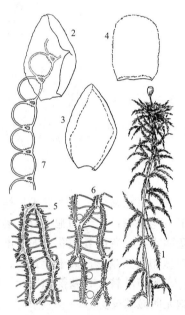

图 476 毛壁泥炭藓（引自《中国苔藓志》）

亚）、欧洲、北美及中南美洲有分布。

1. 植物体(×0.7)，2-3. 枝叶(×21)，4. 茎叶(×21)，5. 枝叶中部细胞(背面观，×160)，6. 枝叶中部细胞(腹面观，×160)，7. 枝叶横切面的一部分(×160)。

7. 垂枝泥炭藓　詹氏泥炭藓　　图 477

Sphagnum jensenii Lindb. f., Act. Soc. F. Fl. Fenn. 18 (3): 5, 13. 1899.

体形较粗大，高10–15厘米，淡绿带白色，顶枝丛往往呈深棕色。茎外层皮部具3–5层细胞，细胞大而排列疏松；中轴黄色。茎叶小，呈三角形或三角状舌形，长与宽几乎相等，均为0.8–1毫米，先端圆钝，

具齿或成毛状，分化叶边上狭，向下稍宽；无色细胞狭长蠕虫形，稀具分隔，无螺纹及水孔，或仅上部有螺纹，先端少数细胞背腹面均

具膜孔。枝丛4，强枝2，长约1.5–2厘米，倾立。枝叶成覆瓦状排列，

有的一向弯曲，呈狭卵状披针形，为茎叶长度的1倍以上，长约2.3毫米，阔0.5–0.9毫米，先端渐尖，顶端狭而钝，具齿，具由2–3列狭长线形细胞构成明显分化边；边全缘，内卷；无色细胞狭长蠕虫形，密被螺纹，腹面具小而圆形厚边水孔，背面具小圆孔或成列对孔；绿色细胞在叶片横切面呈三角形，偏于叶背面，腹面全由无色细胞所包被。雌雄异株；雄株呈锈棕色；雌苞叶卵圆形，具阔分化边。孢子淡黄色，平滑。

产黑龙江、吉林、辽宁、内蒙古、四川和云南，多生于沼泽地及针叶林地，或生于沟边潮湿的石壁上。日本、亚洲中部、俄罗斯远东地区、欧洲及北美洲有分布。

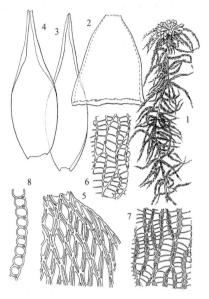

图 477 垂枝泥炭藓（引自《云南植物志》）

　　1. 植物体（×0.6），2. 茎叶（×13），3-4. 枝叶（×13），5. 茎叶尖端细胞（×145），6. 枝叶中部细胞（腹面观，×145），7. 枝叶中部细胞（背面观，×145），8. 枝叶横切面的一部分（×145）。

8. 暖地泥炭藓　　　　　　图 478 彩片75

Sphagnum junghuhnianum Dozy et Molk., Nat. Verh. K. Ak. Wet. Amsterdam, 2:8, f. 3, 1854.

　　体形较粗大，长约达10厘米，淡褐白色，或带淡紫色，干燥时具光泽。茎直立，细长，表皮无色细胞大，薄壁，具大形水孔。茎叶大，呈长等腰三角形，长约1.8毫米，基部阔约0.7–0.85毫米，上部渐狭，先端狭而钝，具齿，上部边内卷，狭分化边向下不广延。无色细胞狭长菱形，位于叶上部的细胞壁密被螺纹及水孔，基部疏被螺纹，背面多

具成列之半圆形对孔，腹面具多数大形圆孔。枝丛4–5，2–3强枝，倾立。枝叶大形，下部贴生，先端背仰，呈长卵状披针形，渐尖，长1.5–2毫米，宽0.8–0.9毫米，顶端钝，具细齿，具狭分化边，上部内卷。无色细胞长菱形，具多数膜褶及稍突出的螺纹，腹面基部及边缘有多数大而圆形的无边水孔，背面具半椭圆形厚边成列的对孔及大而圆形的水孔；绿色细胞在叶片横切面观呈三角形，位于叶片腹面，背面完全为无色细胞所包被。雌雄异株。雌苞叶较大，卵状披针形。孢蒴近球形。孢子散发后具狭口。孢子四分孢子形，赭黄色，具粗疣。

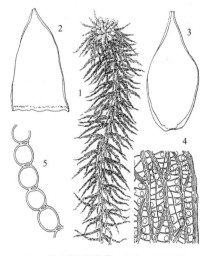

图 478 暖地泥炭藓（引自《云南植物志》）

　　产浙江、台湾、福建、江西、广东、海南、贵州、四川、云南和西藏，多生于温暖湿热的沼泽地、林地，树干基部及腐木上。在日本、印度尼西亚、菲律宾、马来西亚、泰国、印度及喜马拉雅地区均有分布。

　　1. 植物体（×0.7），2. 茎叶（×21），3. 枝叶（×21），4. 枝叶中部细胞（腹面观，×110），5. 枝叶横切面的一部分（×160）。

9. 加萨泥炭藓

图 479

Sphagnum khasianum Mitt., Journ. Linn. Soc. Bot. Suppl. 1: 156. 1859.

体形较细小，高3–7厘米，呈黄白带紫褐色，疏松丛生。茎皮部细胞单层，大形，薄壁，具水孔；中轴黄红色。茎叶呈三角状卵形，长1–1.2毫米，宽0.5–0.8毫米，叶先端圆钝，兜形具微齿；叶缘具狭分化边，边稍内卷；无色细胞不具分隔，中上部细胞或有时基部细胞均密被螺纹，腹面具上角小孔，背面具成列之对孔。枝丛3，2强枝，枝叶呈阔卵圆形，近于瓢形，内凹，边卷，长1–1.6毫米，宽0.6–1毫米，上部有时不对称，先端圆钝，具微齿；无色细胞呈狭长蠕虫形，背面密被整齐成列之对孔，腹面具上角小孔；绿色细胞在横切面观呈狭长方形，位于枝叶中部，壁极厚，背腹面均裸露。

产安徽、四川、云南和西藏，多生于沼泽地、潮湿林地、沟边湿土上或滴水岩面。喜马拉雅地区、印度北部、泰国等地有分布。

图 479 加萨泥炭藓（引自《横断山区苔藓志》）

　1. 植物体（×0.7），2. 茎叶（×33），3. 枝叶（×33），4. 枝叶尖端细胞（×215），5. 枝叶横切面的一部分（×330）。

10. 中位泥炭藓

图 480 彩片76

Sphagnum magellanicum Brid., Mus. Rec. 2 (1): 24.5f. 1. 1789.

植物体较粗壮，淡黄绿色，嫩枝尖端常带紫色，疏松丛生。茎皮部具3–5层大细胞，表层细胞疏被螺纹，每个细胞具1–4个小孔；中轴呈粉红或棕红色。每枝丛具4枝，2强枝，枝条表皮细胞具纹孔。茎叶呈舌形，长1–2毫米，宽0.7–0.8毫米，先端往往较阔，具分化白边，常内卷；叶中上部大形无色细胞密被螺纹，背面密被对孔，下部则具中央孔，螺纹不明显。枝叶呈卵圆形，长1.4–2毫米，阔1.1–1.3毫米，内凹，先端内曲呈兜形；无色细胞腹面具大形圆孔，背面则多为角隅厚边对孔；绿色细胞在枝叶横切面观呈椭圆形，位于叶片中部，背腹面全由无色细胞所包被。雌雄异株。雄枝往往带紫红色，雄苞叶大，阔卵形。孢子粉红色，外壁密被疣。

产黑龙江、吉林、辽宁、内蒙古、安徽、湖南、贵州、四川和云南，多生于沼泽地、高山杜鹃灌丛下、塔头水湿地。喜马拉雅地区、日本、俄罗斯（西伯利亚）、印度尼西亚、非洲南部、欧洲、马达加斯加岛、南北美洲均有分布。

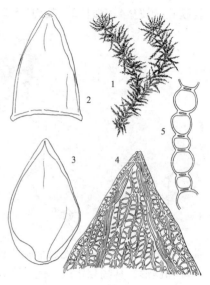
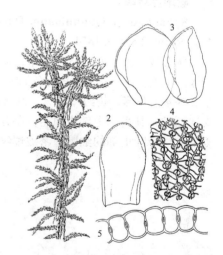

图 480 中位泥炭藓（引自《云南植物志》）

　1. 植物体（×0.8），2. 茎叶（×15），3. 枝叶（×15），4. 枝叶中部细胞（×110），5. 枝叶横切面的一部分（×170）。

11. 多纹泥炭藓

图 481 彩片77

Sphagnum multifibrosum X. J. Li et M. Zang, Acta Bot. Yunnanica 6(1): 77.1984.

体形粗壮，淡绿带黄色，高达10厘米以上，往往成大面积丛生。

茎及枝表皮细胞密被螺纹及水孔。茎叶扁平，长舌形（长为阔的2倍以上）；先端圆钝，顶端细胞往往消蚀成不规则锯齿状，叶缘具白边。茎叶无色细胞呈长菱形至蠕虫形，密被螺纹及水孔。枝叶阔卵状圆形，强烈内凹呈瓢状，先端圆钝，边内卷呈兜形。无色细胞呈不规则长菱形，密被螺纹，背面角隅处往往具半圆形对孔，腹面稀具孔；绿色细胞在枝叶横切面呈等腰三角形，偏于叶片腹面，背面全为无色细胞所包被。

产黑龙江、福建、贵州、四川、云南和西藏，生于海拔1800–3200米的山地沼泽地、高山杜鹃云杉林地及水湿的岩壁上。

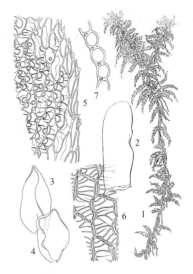

图 481 多纹泥炭藓（张大成绘）

1. 植物体(×0.6)，2. 茎叶(×17)，3-4. 枝叶(×17)，5. 茎叶中上部细胞(×130)，6. 枝叶中部细胞(×130)，7. 枝叶横切面的一部分(×85)。

12. 尖叶泥炭藓

图 482

Sphagnum nemoreum Scop., Fl. Carn. 2:305. 1772.

植物体疏松丛生，大小、色泽变异均较大，通常呈淡绿色，黄褐

色，带紫红色，干时无光泽。茎皮部2-4层细胞；中轴淡黄或浅红色。茎叶在同株上往往异形，一般下大上小，叶片呈长卵状等腰三角形，渐尖，上部边缘内卷，几呈兜形，长1-1.5毫米，基部宽0.4-0.7毫米；分化边缘上狭，下部明显宽阔。上部无色细胞阔菱形，多具分隔，下部细胞长菱形，分隔渐少，背腹面均具不明显大形膜孔。枝丛3-5枝，2-3强枝。枝叶卵状长披针形，上部叶边内卷，先端平钝，具齿，长0.9-1.4毫米，宽0.4-0.5毫米。无色细胞密被螺纹，腹面上部细胞上下角隅均具小孔，下部及边缘细胞具多数大圆孔，背面则密被半圆形厚边成列对孔，渐向下则孔渐大而壁渐薄；绿色细胞在叶横切面观呈三角形，偏于叶片腹面。雌雄杂株；雄株着生精子器部分带红色，雄苞叶短宽，急尖。雌苞叶较大，阔卵形，内凹呈瓢状。孢子淡黄色，壁平滑或具细疣。

产黑龙江、吉林、内蒙古、云南和西藏，多生于沼泽地、针叶林

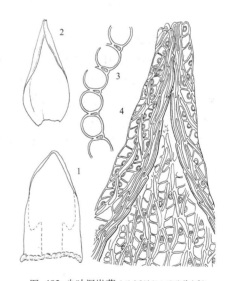

图 482 尖叶泥炭藓（引自《横断山区苔藓志》）

地或杜鹃灌丛下、潮湿腐殖土或塔头甸子上。在日本、印度北部、俄罗斯、欧洲、非洲及南北美洲有分布。

1. 茎叶(×24)，2. 枝叶(×24)，3. 枝叶横切面的一部分(×175)，4. 枝叶先端细胞(×115)。

13. 秃叶泥炭藓

图 483

Sphagnum obtusiusculum Lindb. ex Warnst., Hedwigia 29:196. 4f. 8, 7f. 13. 1890.

植株形体一般较纤细，往往呈灰白带紫红色。茎皮部具2–3层细胞，表皮细胞大形薄壁；中轴黄色或淡红色。茎叶呈等腰三角形，长1.1–1.4毫米，基部宽0.6–0.7毫米，先端圆钝，具不规则粗齿；分化边缘上狭，下部稍广延。茎叶无色细胞呈菱形，上部细胞常具分隔，通常无螺纹，稀被螺纹及水孔。枝丛多数4枝，具2强及2弱枝，呈狭长条形。枝叶呈密覆瓦状排列，先端倾立，长卵形或披针形，长1–1.5毫米，阔0.4–0.5毫米，中上部边缘内卷。枝叶无色细胞狭菱形，螺纹在背面往往部分消失，腹面具多数大形中央孔，背面中部有半椭圆形对孔；绿色细胞偏于叶片腹面，在枝叶横切面观呈三角形或梯形，背面为无色细胞所包被或裸露。

产黑龙江、新疆、江西、四川和云南，多生于沼泽地及潮湿的高山

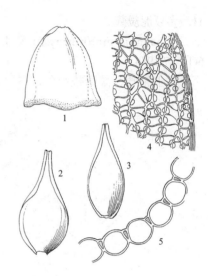

图 483 秃叶泥炭藓（引自《横断山区苔藓志》）

针叶林地。在南非及马达加斯加有分布。

1. 茎叶（×24），2-3. 枝叶（×24），4. 枝叶中上部边缘细胞（×120），5. 枝叶横切面的一部分（×180）。

14. 卵叶泥炭藓

图 484

Sphagnum ovatum Hampe in C. Müll., Linnaea 38: 546. 1874.

体形较纤细且柔软，淡绿带红色或呈铁锈色。茎表皮具单层大细胞；中轴红黄色。茎叶基部较狭窄，呈卵圆形或卵状舌形，长1–1.4毫米，基部阔0.6毫米，先端钝，边内卷。无色细胞均密被螺纹，无分隔，背面具成列小形厚边对孔，腹面仅上部细胞具角隅单孔。枝叶呈阔卵状瓢形，边缘强烈内凹，具狭分化边，先端稍钝。无色细胞与茎叶相似，密被纹孔，背面具多数成列厚边对孔，腹面具角隅对孔；绿色细胞在枝叶横切面观呈狭菱形或狭长三角形，位于中部，背腹面均为无色细胞所包被，或背面裸露。

产黑龙江、新疆、安徽、浙江、海南、广西、贵州、云南和西藏，多生于沼泽地、潮湿的针叶林地或常绿阔叶林地、林缘土坡或溪边滴水石上生长。尼泊尔、印度北部及泰国有分布。

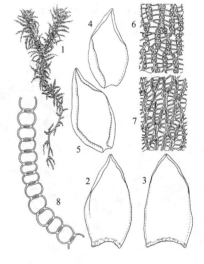

图 484 卵叶泥炭藓（引自《横断山区苔藓志》）

1. 植物体（×0.6），2-3. 茎叶（×19），4-5. 枝叶（×19），6. 枝叶中部细胞（背面观，×140），7. 枝叶中部细胞（腹面观，×140），8. 枝叶横切面的一部分（×285）。

15. 泥炭藓 大泥炭藓

图 485 彩片78

Sphagnum palustre Linn., Sp. Pl. 2: 1106, 1753.

植物体黄绿色或灰绿色，有时略带棕色或淡红色。茎直立，皮部

具3层细胞，表皮细胞具螺纹，每个细胞具3-9水孔；中轴黄棕色。茎叶阔舌形，长1-2毫米，基部阔0.8-0.9毫米，上部边缘细胞有时全部无色，形成阔分化边缘。无色细胞往往具分隔，枝叶稀具螺纹和水孔。枝丛3-5枝，其中2-3强枝，多向倾立。枝叶阔圆形，长约2毫米，阔1.5-1.8毫米，内凹，先端边内卷；无色细胞具中央大形圆孔，背面具半圆形边孔及角隅对孔。绿色

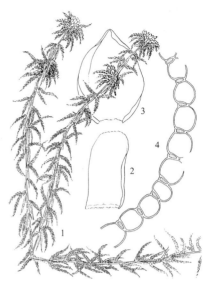

图 485 泥炭藓（引自《横断山区苔藓志》）

细胞在枝叶横切面中呈狭等腰三角形，或狭梯形，偏于叶片腹面，背面完全为无色细胞所包被，或稍裸露。雌雄异株。雄枝黄色或淡红色。雌苞叶阔卵形，长约5毫米，阔2.5-3毫米，叶缘具分化边，下部中间为狭形无色细胞，无螺纹及水孔；上部具两种细胞，无色细胞密被螺纹及水孔与枝叶同。孢子呈赭黄色。

产黑龙江、吉林、辽宁、安徽、浙江、台湾、福建、江西、湖南、广东、贵州、四川、云南和西藏，多生于沼泽地、潮湿林地及草甸土，有时也见于沟边湿土坡或岩壁上。菲律宾、印度尼西亚、泰国、印度、不丹、尼泊尔、日本、俄罗斯、欧洲、南北美洲及大洋洲广泛分布。

　　1. 植物体（×0.7），2. 茎叶（×20），3. 枝叶（×20），4.枝叶横切面的一部分（×150）。

16. 刺叶泥炭藓　　　　　　图 486　彩片79

Sphagnum pungifolium X. J. Li, Acta Bot. Yunnanica 15(2): 257. 1993.

体形较柔软，呈淡黄绿色，每枝丛具3-5枝。茎叶呈阔三角状舌形，先端圆钝，具粗齿；叶分化边上狭，中下部明显广延，基部分化边之宽度几达叶宽的1/3。无色细胞呈狭长菱形，无明显螺纹及水孔，仅上部细胞具少许分隔。枝叶呈阔卵圆形或长卵圆形，内凹，叶边上下均内卷，叶先端急尖，顶端尖锐；无色细胞密被螺纹，但水孔稀疏，仅叶上部细胞腹面具少数角孔，背面亦仅少数细胞具厚边小角孔；绿色细胞在枝叶横切面观几呈等边三角形，偏于叶背面，腹面为无色细胞所包被。

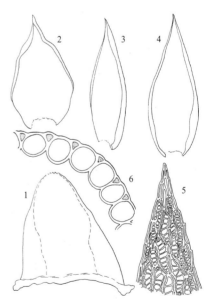

图 486 刺叶泥炭藓（引自《横断山区苔藓志》）

产云南，沿高黎贡山海拔3000-3200米一带高山针叶林下潮湿林地，以及林缘沼泽地上均成片丛生。为我国特有种，中国苔藓植物珍稀濒危物种之一。本种与长叶泥炭藓（S. falcatulum Besch.）较相似，其区别点在于：本种茎叶较宽大，呈阔三角状舌形；无色细胞不具螺纹及水孔；枝叶呈卵圆形，先端急尖，呈刺状锐尖；绿色细胞较宽大，横切面观呈等边三角形。

　　1. 茎叶（×22），2-4. 枝叶（×22），5. 枝叶尖部细胞（×115），6. 枝叶横切面的一部分（×335）。

17. 喙叶泥炭藓 图 487

Sphagnum recurvum P. Beauv., Prodr. Aethéog. 88. 1805.

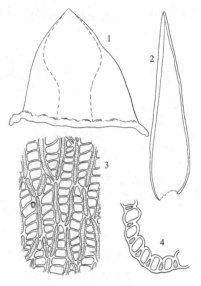

植物体纤长，高达20厘米，苍白或黄绿色，稀呈褐色。茎皮部具2-4层细胞，表皮细胞无水孔，往往与中轴无明显界线；中轴为绿色或黄绿色。茎叶较小，常呈等边三角形，长0.5-1毫米，基部宽与长几相等，先端急尖；叶分化边上狭，中下部极宽延。无色细胞无分隔，多数无纹孔，上部细胞往往具纤维状消蚀残痕。枝丛3-5条，1-2强枝，枝叶呈狭卵状披针形

图 487 喙叶泥炭藓 (引自《横断山区苔藓志》)

或狭披针形，强烈内凹成半圆筒状，长0.8-3毫米，宽0.3-1毫米，干燥时往往呈喙状弯曲，分化叶缘狭窄。无色细胞腹面具厚缘角孔，背面稀具角孔或边孔，近基部具大圆孔。绿色细胞在枝叶横切面观呈卵状三角形，偏于背面，腹面为无色细胞所包被。雌雄异株。雄枝锈褐色；雄苞叶长椭圆形，基部宽，先端具小尖头。雌苞叶大，呈阔卵圆形，先端急尖，分化边宽，基部几全为绿色细胞。孢子黄色，平滑或具细疣。

产黑龙江、吉林、辽宁、内蒙古、云南和西藏，多生沼泽地、针叶林下湿地或塔头甸子中，往往形成垫状藓丛。印度北部、尼泊尔、

日本、俄罗斯（西伯利亚）、欧洲、南北美洲及新西兰等地有分布。

1. 茎叶(×48)，2. 枝叶(×48)，3. 枝叶中部细胞(×200)，4. 枝叶横切面的一部分(×200)。

18. 广舌泥炭藓 图 488

Sphagnum robustum (Warnst.) Roell, Flora 69: 109. 1886 (III).

Sphagnum acutiforme Schlieph. et Warnst. var. *robustum* Warnst., Flora 67: 501, 605. 1884.

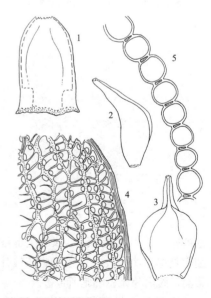

植物体淡绿色或黄色，粗硬或细柔，外形的大小及色泽变异甚大。茎皮部具2-4层细胞，表皮具水孔；中轴呈淡黄色或红色。茎叶阔舌形，长0.8-1.3毫米，基部阔0.6-0.9毫米，顶部圆钝，具微齿或略呈毛状，两侧分化边上狭，至基部突广延。无色细胞菱形，无纹孔或上部细胞略具螺纹及单一小孔。枝丛具4-5枝，2-3强枝。枝叶呈卵状披针形，干燥时叶尖向上稍背仰，长0.8-1.6毫米，阔0.5-0.9

图 488 广舌泥炭藓 (引自《横断山区苔藓志》)

毫米，先端渐尖或急尖，钝端具微齿；叶具分化边，叶边内卷；无色细胞腹面具多数圆孔，先端细胞上下角隅各具一小孔，背面往往成列半椭圆形对孔。绿色细胞在叶横切面观呈等腰三角形或梯形，偏于叶片腹面，两面均外露或背面为无色细胞所包被。雌雄杂株。雄枝着生精子器部分呈球

形，紫红色，雄苞叶与枝叶同形。雌枝上部苞叶阔卵圆形，钝端，下部几全为厚壁具小孔的绿色细胞，上部有两种细胞，但无色细胞无纹

孔，叶边分化不明显。孢子黄色，平滑。

产黑龙江、内蒙古、四川、云南和西藏，多生于针叶林下潮湿的腐殖土上，或生于沼泽地及林边或溪边水湿地上。日本、俄罗斯（远东地区及西伯利亚）、中欧山地、欧、亚、美三洲北部，及格陵兰岛有分布。

19. 丝光泥炭藓

图 489 彩片80

Sphagnum sericeum C. Müll., Bot. Zeit. 5: 481, 484. 1847.

植物体鲜绿带淡黄色，有绢丝光泽。茎皮部具2-3层细胞，壁厚，黄色，外壁无孔，内壁具小孔；中轴深黄色。茎叶呈等腰三角形，先端渐尖，具锐尖头，长1.14毫米，基部阔0.7毫米，两侧由狭长细胞构成上下等阔的分化边。无色细胞狭长菱形，具1-2次分隔，一般无螺纹，背面前端具小角孔。枝丛往往5-6枝，2-3强枝，较纤细，呈弓状下垂，长达3厘米。枝叶倾立，覆瓦状疏松排列，卵圆形，瓢状内凹，长1-1.4毫米，阔0.4-0.45毫米，先端急尖，侧边内卷，上下均具狭分化边及细锯齿。无色细胞在叶基部较长大，渐向上部者渐狭小，少数具分隔，通常无螺纹，细胞背面常具一前角小孔，叶先端往往全由厚壁绿色细胞构成；绿色细胞在横切面观呈梯形，黄色，厚壁，偏于叶片腹面，但背腹两面均不为无色细胞所包被。

产台湾和云南，多生于林下潮湿地上及林缘水草地上。马来西亚南

1. 茎叶(×51)，2-3. 枝叶(×51)，4. 枝叶中上部细胞(×140)，5. 枝叶横切面的一部分(×215)。

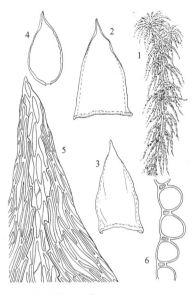

图 489 丝光泥炭藓（引自《横断山区苔藓志》）

部、印度尼西亚(苏门答腊及爪哇岛)、菲律宾及新几内亚等地有分布。

1. 植物体(×0.8)，2-3. 茎叶(×22)，4. 枝叶(×22)，5. 枝叶先端细胞(×220)，6. 枝叶横切面的一部分(×330)。

20. 粗叶泥炭藓

图 490 彩片81

Sphagnum squarrosum Crom. in Hopp., Bot. Zeit. Regensburg 2: 324. 1803.

体形较粗壮，黄绿色或黄棕色。茎皮部2-4层细胞，表皮细胞薄壁，常具水孔；中轴黄橙色或淡绿色。茎叶大，舌形，长1.6-1.7毫米，阔1-1.4毫米，先端圆钝，往往消融而破裂成齿状，叶缘具白色分化狭边。上部无色细胞阔菱形，无纹孔，有时具分隔；下部无色细胞狭长菱形，有时具螺纹痕迹，具大形水孔。每枝丛4-5枝，2-3强枝，粗壮，倾立。枝叶阔卵圆状披针形，内凹成瓢状，长2-2.3毫米，阔1-1.2毫米，先端渐狭，强烈背仰，边内卷，顶部钝头，具齿；无色细胞密被螺纹，上部细胞腹面具厚边小圆孔，中下部者具多数半椭圆形对孔；

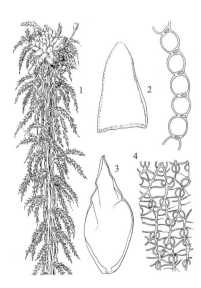

图 490 粗叶泥炭藓（引自《横断山区苔藓志》）

上部细胞背面具前角孔，中下部者具多数对孔，渐近基部孔数多。绿色细胞在枝叶横切面观呈梯形，偏于叶片背面，但背腹面均裸露。雌雄同株，雄枝绿色，雄苞叶较小于枝叶。雌枝往往延伸甚长；雌苞叶较大，阔舌形，纵长内卷。孢子黄色，具细疣。

产黑龙江、吉林、辽宁、内蒙古、四川和云南，分布于海拔2000–3500米林地，多生于林下积水处，塔头水湿地及沼泽中，偶见于阴湿林下腐木

上。朝鲜、日本、印度北部、俄罗斯（亚洲部分）、北非、欧洲及格陵兰等地有分布。

1. 植物体（×0.75），2. 茎叶（×15），3. 枝叶（×15），4. 枝叶中部细胞（×115），5. 枝叶横切面的一部分（×170）。

21. 偏叶泥炭藓

图 491 彩片82

Sphagnum subsecundum Nees ex Sturm., Deutschl. Fl. Abt. Ⅱ, Cryptog. 2(17): 3. 1819.

体形较粗大，高可达20厘米，灰绿色，或棕色，无光泽。茎皮部仅单层细胞；中轴较粗，黄色带深棕色。茎叶较小，三角状舌形或舌形，长0.5–1毫米，基部阔0.4–0.8毫米，先端圆钝，常呈无色隙状，分化边缘上狭，至下部稍广延。无色细胞稀具横向或纵向分隔，无螺纹或先端细胞具螺纹痕迹，腹面上部具圆形边孔，背面具少数角隅小孔，或具多数对孔。枝丛3–5枝，2–3强枝，枝端细柔。枝叶阔卵状披针形，长1–1.5毫米，阔0.5–0.6毫米，强烈内凹呈瓢形，左右不对称，先端呈镰刀形弯曲，具分化狭边，边内卷，顶端平钝具微齿。无色细胞腹面有角隅单一小孔，近叶缘者常具较多边孔，细胞背面常具多数小形厚边边孔。绿色细胞在枝叶横切面观呈狭长方形或长椭圆形，位于中部，背腹面均裸露。雌雄异株。雄枝棕色；雄苞叶卵形。雌苞叶呈卵状瓢形，先端平钝，具阔分化边。孢子黄色，具细疣。

产黑龙江、吉林、辽宁、内蒙古、安徽和云南，多生于沼泽地，阴湿

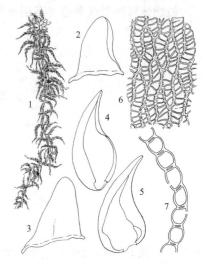

图 491 偏叶泥炭藓（引自《云南植物志》）

林地或塔头甸子中。朝鲜、日本、俄罗斯远东地区、尼泊尔、印度、缅甸、泰国、新几内亚、欧洲、北非、美洲及澳大利亚有分布。

1. 植物体（×0.8），2-3. 茎叶（×23），4-5. 枝叶（×23），6. 枝叶中部细胞（×175），7. 枝叶横切面的一部分（×310）。

22. 柔叶泥炭藓

图 492 彩片83

Sphagnum tenellum Ehrh. ex Hoffm., Deutschl. Fl., ed 2, 22. 1796.

植物体较细柔，灰绿色或黄棕色。茎皮部具2–3层大形无色细胞。茎叶呈等腰三角状舌形，长1–1.4毫米，基部阔0.5–0.6毫米，先端圆钝，具粗齿，两侧具狭分化边，基部趋宽阔。无色细胞上部或全部具螺纹，角隅水孔往往明显与枝叶相似。枝丛2–4枝，1–2强枝，枝叶阔卵形或长卵形，长1–1.5毫米，阔0.5–0.6毫米，内凹呈瓢形，先端截

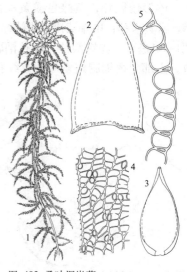

图 492 柔叶泥炭藓（引自《横断山区苔藓志》）

形，具齿，干时稍向一侧偏斜。无色细胞狭长菱形，密被螺纹，背面具上下角孔及厚边角隅对孔，腹面多角隅对孔。绿色细胞在枝叶横切面观呈三角形或梯形，偏于叶片背面，腹面全为无色细胞所包被，或部分裸露。雌雄杂株。雄苞叶与枝叶同形。雌苞叶较大，内卷，先端具齿；无色细胞螺纹稀少，水孔与茎叶同。孢蒴小。孢子硫磺色，平滑。

产黑龙江和云南，多生林下、溪边低湿地，或生于沼泽地及水草地上。日本、印度、中欧山地、西欧大西洋沿岸、非洲北部及北美洲有分布。

1. 植物体(×0.7)，2. 茎叶(×25)，3. 枝叶(×25)，4. 枝叶中部细胞(×105)，5. 枝叶横切面的一部分(×155)。

23. 细叶泥炭藓

图 493

Sphagnum teres (Schimp.) Aongstr. in Hartm., Handb. Skamd. Fl., ed. 8, 417. 1861.

Sphagnum quarrosum Crom. var. *teres* Schimp. Vers. Etwickl Tortm. 64. 1858.

植物体较纤细，黄绿色或淡棕色。茎叶较大，舌形，先端圆钝，具白色分化边，呈消蚀或锯齿状，两侧具狭分化边。无色细胞稀具螺纹及水孔。枝丛多5数，2–3强枝。枝叶呈卵圆状披针形，先端急尖，边内卷，稍背仰。无色细胞腹面上部具大形厚边角孔，向下渐成厚边对孔，背面上部具大形前角孔，渐向基部大形厚边圆孔渐增多。绿色细胞在枝叶横切面观呈梯形，偏于叶片背面。雌雄异株。雌苞叶呈长阔舌形。孢子灰棕色，具细疣。

产黑龙江、吉林、内蒙古、陕西、四川、云南和西藏，多生于林下低湿之腐殖土上、溪边沼泽地或水草地及塔头甸子水中。东喜马拉雅山区、日本、俄罗斯、欧洲、北美洲、格陵兰岛有分布。

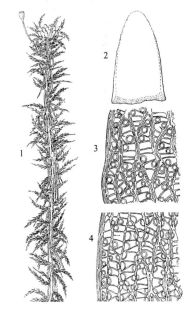

图 493 细叶泥炭藓（引自《云南植物志》）

1. 植物体(×0.8)，2. 茎叶(×19)，3. 枝叶中部边缘细胞(背面观，×145)，4. 枝叶中部边缘细胞(腹面观，×145)。

52. 黑藓科 ANDREAEACEAE
（汪楣芝）

植物体小形至中等大小，多红褐色、紫黑色或黑色，稀棕黄色、褐绿色，无光泽或略具光泽。茎直立，干时叶紧贴，覆瓦状排列，硬挺，湿时倾立；老枝叶常脱落。叶片卵形或椭圆状披针形，常内凹，具短或长尖；边缘有时内卷；中肋单一或缺失。叶中上部细胞小，卵形或卵方形，多数具乳头状突起或疣，常斜向或横向排列，多厚壁；中下部细胞渐长，近于长方形或不规则形，细胞壁常不规则加厚；有时叶边细胞较小，近方形。雌雄同株或异株。雌苞叶多长大，鞘状。孢蒴常为椭圆形，直立，成熟时中部4或5瓣不完全纵裂。蒴帽小，钟帽形。假蒴柄在孢蒴成熟时延伸，使孢蒴高出于雌苞叶。孢子一般棕黄色，表面具细密疣。

仅1属，常于高山寒地呈簇状生长。中国有分布。

黑藓属 Andreaea Hedw.

属的特征同科。

约95种。我国有4种。

1. 植物体较小，湿时带叶直径小于1.2毫米；叶片具披针形长钝尖；叶中上部细胞常具小乳头状疣·················
··· 1. 岩生黑藓 A. rupestris
1. 植物体稍大，湿时带叶直径大于1.2毫米；叶片具披针形短钝尖；叶中上部细胞具乳头状粗疣·················
··· 2. 东亚岩生黑藓 A. rupestris var. fauriei

1. 岩生黑藓 欧黑藓 丽江黑藓   图 494

Andreaea rupestris Hedw., Sp. Musc. Frond. 47. 1801.

Andreaea likiangensis Chen, Acta Phytotax. Sinica 7(2) : 96. 1958.

体形较细长，高达1–1.5 (–2)厘米，棕红色至红褐色，略具光泽，密集丛生呈垫状。茎直立或倾立，单一或分枝。叶片长卵状披针形，渐尖，茎中上部叶长0.6–0.75毫米，宽0.3–0.35毫米，有时略内凹，先端钝；叶边较平直，稍内卷；无中肋。叶上部细胞椭圆形或卵形，长8–40微米，宽4–20微米，边缘细胞常横向或斜向排列，较整齐，胞壁较厚，有时具波曲加厚，叶背面具乳头状突起；下部细胞狭长方形，长20–40微米，宽5–20微米，平滑。雌雄异株，稀同株。雌苞叶长大，内雌苞叶基部鞘状，有时上部具疣。孢蒴长椭圆形，暗褐色，成熟时4瓣纵裂达基部。孢子呈四分体，红棕色，直径约18微米，表面具细密疣。

产陕西、浙江、福建、云南和西藏，生于高山花岗岩石面。世界广泛分布。

1. 孢蒴（×25），2-4. 叶（×33），5-6. 叶尖部细胞(5. ×100，6. ×220)，7. 叶基部细胞(×150)，8.叶横切面的一部分（×220)。

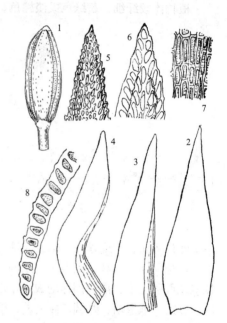

图 494 岩生黑藓（高　谦、汪楣芝绘）

2. 东亚岩生黑藓 东亚欧黑藓 疣黑藓   图 495

Andreaea rupestris Hedw. var. **fauriei** (Besch.) Takaki, Journ. Httori Bot. Lab. 11: 90. 1954.

Andreaea fauriei Besch., Ann. Sc. Nat. Bot. Ser. 7, 17 : 392. 1893.

Andreaea mamillosula Chen, Acta phytotax. Sinica 7(2) : 96. 1958.

植物体矮而略粗，高约0.6–1厘米，棕黄色、红棕色至红褐色，无光泽，密集丛生。茎单一或分枝，直立或倾立。叶片卵状披针形，具短尖，茎中上部叶长0.9–1.2毫米，宽0.35–0.4毫米，多内凹；叶边有时内

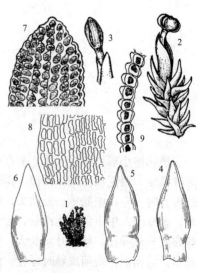

图 495 东亚岩生黑藓（高　谦、汪楣芝绘）

卷；无中肋，干燥时覆瓦状排列，一般抱茎，下部叶易碎，湿时倾立。叶上部细胞卵圆形或圆菱形，长8–16微米，宽4–8微米，背面具大乳头状突起，多斜向排列，胞壁厚，有时具波状加厚；向下细胞渐长，近于狭长方形，长25–40微米，宽2–5微米，细胞腔外突，但不呈乳头状；中间细胞具壁孔。雌雄同株。雌苞叶长舌形，卷呈筒状，内雌苞叶长达1.5–2毫米。假蒴柄粗，无色，长1.5–2毫米，高出于雌苞叶。孢蒴椭圆形，成熟时4瓣纵裂。孢子为四分体形，直径20–38微米，表面具细密疣。

产陕西、安徽、浙江和福建，多生于高山裸露花岗岩面。世界大部分地区有分布。

1-2.植物体(1.×1.5, 2.×8), 3.孢蒴(×8), 4-6.叶(×33), 7.叶尖部细胞(×220), 8.叶基部细胞(×220)。

53. 无轴藓科 ARCHIDIACEAE

(高　谦　吴玉环)

植物体矮小，纤细，柔弱，土生藓类。原丝体匍匐土表，多年生。茎单一或分枝，贴地生长或倾立，分枝直立，有中轴分化，基部有假根。叶片直立或倾立，茎基部叶小，向上呈长披针形，上部叶较大，由宽阔基部渐向上呈披针形；叶边平直，全缘；中肋细，长达叶尖，或突出于叶尖。叶上部细胞长方形或狭长方形，平滑；角细胞不分化，基部细胞短方形或短长方形。雌雄同株或异株。雌苞叶较大，基部鞘状，渐向上呈披针形尖。蒴柄极短，孢蒴隐生雌苞叶中，球形，由膨大的基足着生于茎顶，蒴壁单层细胞，柔薄，无气孔，无蒴轴。蒴盖和蒴齿均不分化。孢子数目少，形大，直径1–2毫米。成熟后孢蒴腐烂释放。

仅1属。中国有分布。

无轴藓属 Archidium Brid.

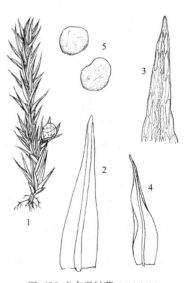

属的特征同科。

约26种，分布于温带地区。我国仅1种。

多态无轴藓　　　　　　　　　　　　　　图 496

Archidium ochioense Schimp. ex C. Müll., Syn. Musc. 2: 517. 1851.

植物体稀疏丛生，黄绿色或绿色，无光泽。茎直立或倾立，有时呈弓形弯曲，长2–30毫米，多单一不分枝，稀2–3次叉状分枝，基部有假根。叶片直立伸展，下部叶小，中上部叶大，基部宽，抱茎，向上呈卵披针形或狭长三角形，渐呈细尖，长0.5–1.7毫米，宽0.16–0.28毫米，平展；叶边平滑；中肋粗，长达叶尖或突出。叶中部细胞菱形或长轴形，宽9–14微米，长45–90微米，近中肋细胞狭长；基部细胞短长方形，长25–60微米，宽12–16微米，角部细胞方形或短长方形，宽11–16微米，长12–20微米。枝叶与茎叶相似，通常较短。雌雄同株。孢子体侧生，

图 496 多态无轴藓（于宁宁绘）

生于短侧枝上。雌苞叶卵形、长卵形至卵状披针形，具或长或短的叶尖，中肋及顶或突出。孢蒴球形，直径0.4毫米，无蒴柄，着生于短枝顶端，蒴壁单层细胞。蒴轴、蒴齿及蒴盖均不分化。孢子数少，每个孢蒴内含4–60个，一般为16个，圆三角状四分孢子体形，平滑。

产山东东部，生于山区或平原沙石土上或石缝中。日本、北美洲、中美洲、非洲及新喀里多尼亚有分布。

1. 植物体(×9)，2. 叶(×25)，3. 叶尖部细胞(×162)，4. 雌苞叶(×24)，5. 孢子(×48)。

54. 牛毛藓科 DITRICHACEAE

（曹　同　张娇娇　娄玉霞）

植物体多形小而纤细，密集丛生于土上或岩面。茎直立，单一或叉状分枝。叶多列，稀对生，多披针形或狭长披针形；中肋单一，粗壮，及顶或突出于叶尖。叶细胞多平滑，上部近方形或短长方形，基部长方形或狭长方形，角部细胞不分化。蒴柄长，直立。孢蒴多高出于雌苞叶，少数隐生，直立，稀倾立，表面平滑或具长纵褶。环带多分化。蒴齿常具基膜，两裂至基部，线形或狭披针形，表面具细疣。蒴盖圆锥形，或具长喙。蒴帽多兜形。孢子小，圆球形，表面具细疣。

24属，约180余种。我国有12属。

1. 植物体不呈扁平；叶多列生；蒴齿表面具细密疣。
  2. 叶片上部细胞长方形；孢蒴表面平滑。
    3. 蒴柄短，孢蒴隐生于雌苞叶内
      4. 蒴盖不分化；无蒴齿·· 1. 丛毛藓属 Pleuridium
      4. 蒴盖分化；具蒴齿
        5. 蒴齿发育；叶长披针形························· 3. 荷包藓属 Garckea
        5. 蒴齿缺失；叶卵形或卵圆形
          6. 植物体生叶后不呈穗状，无光泽；叶片先端圆钝；蒴帽钟形········ 2. 并列藓属 Pringleella
          6. 植物体生叶后呈穗状，具光泽；叶片先端具短尖；蒴帽兜形·········· 4. 高地藓属 Astomiopsis
    3. 蒴柄长，孢蒴高出于雌苞叶。
      7. 叶有明显鞘状基部，上部背仰，干时卷曲··········· 5. 毛齿藓属 Trichodon
      7. 叶无明显鞘状基部，上部不背仰，干时直立。
        8. 蒴齿发育正常·· 6. 牛毛藓属 Ditrichum
        8. 蒴齿不发育·· 7. 拟牛毛藓属 Ditrichopsis
  2. 叶片上部细胞近方形；孢蒴表面具纵褶。
    9. 植物体绿色，具蓝色光泽；叶边缘部分具两层细胞；孢蒴表面纵褶不明显，基部无颏突·········
    ··· 8. 石缝藓属 Saelania
    9. 植物体黄绿色；叶边缘单层细胞；孢蒴表面纵褶明显，基部有颏突·········
    ··· 9. 角齿藓属 Ceratodon

1. 植物体扁平；叶2列状；蒴齿表面多具纵斜纹。

   10. 叶无明显鞘状基部；无蒴齿分化·· **10. 立毛藓属 Tristichium**

   10. 叶具明显鞘状基部；有蒴齿分化·· **11. 对叶藓属 Distichium**

1. 丛毛藓属 **Pleuridium** Brid.

小形土生藓类，黄绿色，丛生。茎单一或稀疏叉状分枝，具分化中轴。叶直立或先端一向偏曲，干时不卷曲，基部叶小而疏生，顶叶大而丛生，由卵形或长卵形基部向上成狭长披针形尖或短尖；叶边平直，上部有时具齿；中肋单一，强劲，充满叶上部；叶中上部细胞近长菱形或长方形，基部细胞长方形，壁薄。雌雄同株，稀异株。蒴柄短，直立。孢蒴球形或卵形，稀长圆柱形，上部具短尖，多隐生于雌苞叶中。蒴盖不分化，无蒴齿。蒴盖兜形，覆盖孢蒴上部。孢子较小，表面具疣。

31种，多分布温带地区。我国有2种。

丛毛藓 图 497

Pleuridium subulatum (Hedw.) Rabenh., Deutschl. Krypt. Fl. 2(3) : 79. 1848.

Phascum subulatum Hedw., Sp. Musc. Frond. 19. 1801.

植物体矮小，黄绿色，丛生。茎高约0.5厘米，纤细，有分化中轴。基部叶片小而稀疏着生，上部叶大而丛生，直立并多向一边偏曲，从卵形或长卵形基部向上渐呈狭长披针形，长3.0–3.5毫米；叶缘平直或中部以上内卷，上部具齿突；中肋粗壮，近于占满整个叶上部。叶中上部细胞长方形至狭长方形，宽5微米，长13–20微米，薄壁；基部细胞长方形，宽5–7微米，长15–40微米，薄壁透明。雌雄同株。雌苞叶与上部茎叶同形，略长大。蒴柄短，直立。孢蒴隐于雌苞叶内，卵形或近球形。蒴盖不分化。蒴齿缺失。蒴帽兜形。

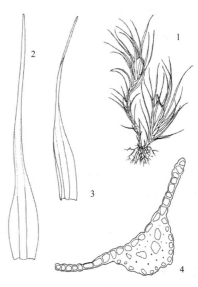

图 497 丛毛藓（于宁宁绘）

产上海，生于开阔低地土面。日本、欧洲及北美洲有分布。

1. 植物体（×7），2-3. 叶（×34），4. 叶中部横切面（×312）。

2. 并列藓属 **Pringleella** Card.

小形土生藓类。植株矮小，稀疏丛生。茎直立，单一，不分枝。叶干时贴茎，基部卵圆形，先端圆钝或具短尖；叶缘平直；中肋单一，平阔，及顶或至叶上部消失；叶上部细胞菱形，基部细胞长方形。雌雄同株。雌苞叶大，与茎叶异形，狭长披针形，叶细胞长形。孢蒴阔卵形，颈部粗短，无气孔。环带分化，常存。无蒴齿。蒴盖半球形，顶部具短喙。蒴帽钟形。孢子圆球形，表面具细疣。

3种。我国1种。

中华并列藓 图 498

Pringleella sinensis Broth., Symb. Sin. 4: 11. 1929.

植物体矮小，淡黄绿色，疏生。茎高仅2厘米，单一，直立，基部

具棕色假根。上部叶密生，下部叶小，稀疏生长。叶片干时贴生，内凹，下部叶小，向上渐大，卵形，

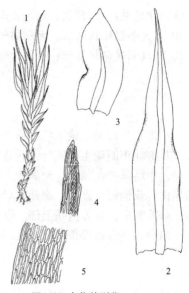

具短尖，长约0.66毫米；叶边平直，全缘；中肋单一，粗壮，至叶上部；叶上部细胞长方形或近菱形，基部细胞长方形。雌雄同株。雌苞叶大，与茎叶异形，狭披针形，长约1.9毫米，中肋突出于叶尖。蒴柄长约1毫米。孢蒴短卵形。环带分化，常存。蒴盖半球形，具短喙。孢子直径约20微米，圆球形，表面具细密疣。

我国特有，产云南，生于海拔2950米高山灌丛地上。

1. 植物体(×7)，2. 茎上部叶(×30)，3. 茎基部叶(×30)，4. 茎上部叶的叶尖部细胞(×185)，5. 叶基部细胞(×185)。

图 498 中华并列藓（于宁宁绘）

3. 荷包藓属 Garckea C. Müll.

暖地土生小形藓类，体矮小，黄绿色，稀疏丛生。茎细长，直立，单一不分枝。叶长披针形，干时贴茎，湿时倾立，上部叶密生，形大，近基部叶渐小，稀疏；叶边平直或卷曲；中肋单一，强劲，突出于叶尖；叶上部细胞狭长方形，基部细胞长方形。雌雄异株。蒴柄短。孢蒴隐生于雌苞叶中，长卵圆形，基部略宽阔。环带1–2列，成熟后卷落。蒴齿长披针形，基部具横脊，中下部具不规则穿孔，密被细密疣。

约5种，均分布温热地带。我国1种。

荷包藓

图 499 彩片84

Garckea phascoides (Hook.) C. Müll., Bot. Zeit. 3: 865. 1845.

Dicranum phascoides Hook., Misc. Bot. 1: 39. 1829.

体形细弱，黄绿色，疏松丛生。茎高1.0–1.5厘米，直立，单一不分枝，基部具假根。叶细长披针形，干时贴茎，湿时倾立，上部叶大而密集生，长达1.5–2毫米，下部叶疏生，趋小；叶边全缘，平直或上部内曲；中肋单一，粗壮，突出于叶尖。叶中上部细胞线形，长25–50微米，薄壁；基部细胞狭长方形，薄壁。雌雄异株。雌苞叶大，基部阔卵形，向上急狭成狭长披针形。蒴柄短。孢蒴隐生于雌苞叶中，长椭圆形或短圆柱形，基部宽，口部略收缩。环带由1–2列厚壁细胞组成，自行脱落。蒴齿长披针形，中上部淡黄色，具不规则穿孔或2–3裂，表面密被细疣；下部红褐色，具横脊，表面有疣。蒴盖圆锥形，具短喙。蒴帽小，钟形，基部开裂，仅覆盖孢蒴顶部。孢子圆球形，黄褐色，直径20–25微米，表面具规则细疣。

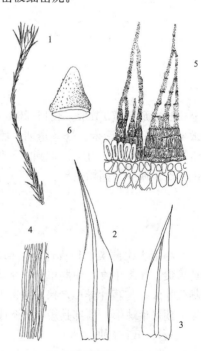

图 499 荷包藓（于宁宁绘）

产福建、广东、海南、广西、四川和云南，生于土面或高山土坡。日本、尼泊尔、不丹、印度南部、越南、泰国、斯里兰卡、马来西亚、印度尼西亚、菲律宾、新几内亚、澳大利亚、马达加斯加及中美洲有分布。

1. 植物体(×4)，2-3. 叶(×25)，4. 叶中部细胞(×231)，5. 蒴齿(×220)，6. 蒴帽(×34)。

4. 高地藓属 Astomiopsis C. Müll.

小形高山土壁生藓类。茎短小，单一，高仅2–3毫米，叶排列呈穗状，具光泽。叶小，紧密贴茎生长，内凹成莲瓣状圆卵形；叶缘平直，上部边缘具细齿；中肋单一，平直，在叶中上部消失。叶上部细胞不规则长方形，下部细胞方形至短长方形。雌雄同株。雌苞叶宽阔，紧贴茎。蒴柄短，孢蒴隐于雌苞叶中，卵圆形，成熟时略高出。环带分化，常存。蒴齿缺失。蒴盖具短斜喙。蒴帽小，兜形，仅覆盖孢蒴的一部分。

6种。我国有1种。

中华高地藓　　　　　　　　　　　　　　　图 500

Astomiopsis julacea (Besch.) Yip et Snider, Bryologist 101: 87. 1998.

Pleuridium julaceum Besch., Journ. Bot. (Morot) 12: 294. 1898.

植物体矮小，高仅3–6毫米，黄绿色，具光泽，稀疏丛生。茎单一，叶排列呈穗状。叶小，卵圆形，基部宽，长0.3–0.5毫米，宽0.3–0.4毫米，内凹成莲瓣状；叶边平直；中肋单一，消失于叶中上部。叶中上部细胞不规则长方形或菱形，宽11–13微米，长16–21微米；基部细胞长方形或方形，壁薄。雌苞叶长卵形或卵状披针形，先端尖；中肋突出成短尖。蒴柄短。

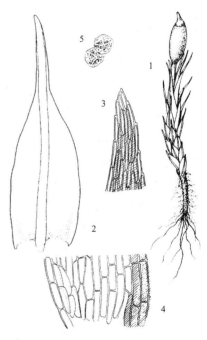

孢蒴隐生或略高出，椭圆形或长椭圆形。环带常存，由2–3列细胞组成。蒴盖具短斜喙。蒴帽小，兜形。孢子直径20–25微米，褐色，表面具疣。

产四川、云南和西藏，生于高山寒地石缝中。日本有分布。

1. 植物体(×2)，2. 叶(×60)，3. 叶尖部细胞(×200)，4. 叶基部细胞(×200)，5. 孢子(×300)。

图 500 中华高地藓（于宁宁绘）

5. 毛齿藓属 Trichodon Schimp.

植物体矮小，丛生，多见于高山寒地土面。茎单一，不分枝。叶基部鞘状，向上呈狭长披针形，干燥时上部卷缩，潮湿时倾立，上部背仰；叶缘平直或中下部一侧背卷，上部具小齿；中肋单一，及顶，近于占满叶上部。叶上部细胞短长方形，基部细胞长方形，均薄壁，无角部细胞分化。雌雄异株。蒴柄细长，直立。孢蒴长圆柱形，略倾垂，表面平滑。环带分化，由数列大形厚壁细胞组成，成熟时自行卷落。蒴齿有低基膜，2–3裂至近基部，长线形，表面具疣。蒴盖圆锥形，具细斜喙。

2种，零星散生于北半球高山寒地，中国有1种。

云南毛齿藓　　　　　　　　　　　　　　　　　图 501

Trichodon muricatus Herz., Hedwigia 65:148. 1925.

体形矮小，黄绿色，丛生。茎高0.8–1厘米，纤细，单一不分枝，基部具假根。叶干燥时上部卷缩，潮湿时上部背仰，基部略呈鞘状，狭长披针形，长2.3–3.0毫米；叶边平直，有时下部一侧背卷，上部具明显齿突；中肋单一，及顶或在叶先端前消失，几乎充满叶片上部；叶上部细胞短长方形或长方形，宽5–6微米，长11–12微米，薄壁；叶基部细胞长方形，宽6–15微米，长20–39微米，壁薄透明，角细胞不分化。雌雄异株。

中国特有，产广西、云南和西藏，生于高山地区土面。

1.植物体(×5)，2.叶(×32)，3. 叶尖部细胞(×252)，4.叶中部细胞(×294)，5.叶基部细胞(×232)。

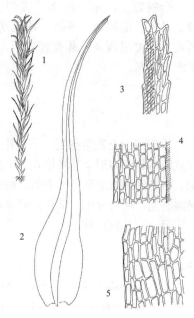

图 501 云南毛齿藓（于宁宁绘）

6. 牛毛藓属 Ditrichum Hampe

小形土生藓类，黄绿色，疏松丛生。茎单一或叉状分枝。叶披针形或卵状披针形，上部细长，多向一边偏曲；中肋单一，粗壮，突出于叶尖，常占满叶上部；叶边平滑或上部有齿。叶上部细胞短长方形或狭长方形；基部细胞长方形或狭长方形，薄壁，无角细胞分化。雌雄同株或异株。雌苞叶与茎叶同形，略大。蒴柄细长，直立。孢蒴长卵形或长圆柱形，直立，对称或弓形弯曲。环带分化。蒴齿单层，齿片16，两裂至近基部成线形，具低基膜，表面具细密疣。蒴盖圆锥形，具短钝喙。蒴帽兜形。孢子小，圆球形，表面平滑或具细疣。

约70种。中国约有8种。

1. 植物体细小，高度一般在1厘米以下；叶紧密着生，中上部不扭曲。
　　2. 孢蒴辐射对称，直立。
　　　　3. 叶上部细长；叶边平直；叶细胞长方形；雌雄同株······················1. 牛毛藓 D. heteromallum
　　　　3. 叶上部短宽；叶边背卷；叶细胞短矩形；雌雄异株······················2. 细叶牛毛藓 D. pusillum
　　2. 孢蒴不对称，倾立。
　　　　4. 蒴齿长0.4–0.9微米；雌雄同株·······························3. 黄牛毛藓 D. pallidum
　　　　4. 蒴齿仅0.08–0.1毫米；雌雄异株·······························4. 短齿牛毛藓 D. brevidens
1. 植物体粗壮，高达4–14厘米；叶疏松着生，中上部明显扭曲······················5. 扭叶牛毛藓 D. gracile

1. 牛毛藓　　　　　　　　　　　　　　　图 502

Ditrichum heteromallum (Hedw.) Britt., North Am. Fl. 15: 64. 1913.

Weissia heteromalla Hedw., Sp. Musc. Frond. 71. 1801.

植物体黄绿色，高约1厘米，稀疏丛生。茎单一，直立。叶干燥时贴茎，湿时略向一侧弯曲，基部卵形，向上成披针形，长2–3.5毫米；叶边平直；中肋单一，粗壮，及顶或突出叶尖。叶细胞呈长方形或狭长方形，宽3–5微米，长20–40微米，壁薄。雌雄异株。雌苞叶大，基部多呈鞘状。蒴柄长，直立，红褐色。孢蒴直立，对称。蒴齿线形，两裂至近基部，淡黄色，表面具不规则细疣。环带分化，由2列大形厚壁细胞组成。蒴盖圆锥形。孢子圆球形，直径10–12微米，黄色，表面

近于平滑。

产江西、广东、海南、广西、贵州、四川、云南和西藏，生于土上或岩面薄土。日本、朝鲜、欧洲及南北美洲有分布。

1. 植物体(×4)，2-3. 叶(×20)，4. 叶中部细胞(×210)，5. 蒴齿(×122)。

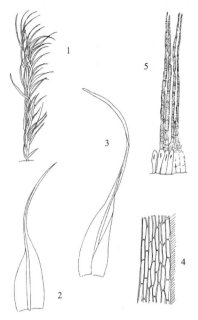

图 502 牛毛藓（于宁绘）

2. 细叶牛毛藓
图 503

Ditrichum pusillum (Hedw.) Hampe, Flora 50:182. 1867.

Didymodon pusillus Hedw., Sp. Musc. Frond. 104. 1801.

体形小，黄绿色或带褐色，稀疏丛生。茎高0.7–1厘米，直立，单一或稀疏分枝。叶干时贴茎，湿时向上倾立，基部叶小，上部叶大，长2.0–2.3毫米，基部卵形或阔卵形，向上渐尖呈披针形；中肋单一，强劲，突出于叶尖；叶边上部平直，中下部背卷。叶基部近边缘细胞长方形或短矩形，宽5–10微米，长13–26微米，近中肋细胞略长，薄壁；近上部细胞长方形，宽3–5微米，长10–20微米，薄壁。雌雄异株。雌苞叶与上部茎叶同

形，略大。蒴柄直立，有时扭曲，长5.0–7.0毫米，黄褐色。孢蒴长卵形或近卵形，轴射对称，平滑。蒴齿中上部淡黄色，下部黄褐色，两裂至近基部，狭披针形，中上部具细疣。蒴盖圆锥形，具短喙。孢子圆球形，直径16–18微米，黄褐色，表面具稀疏细疣。

产吉林、湖南、广东、海南、四川、云南和西藏，多生于潮湿土面或溪沟边土壁，有时见于岩缝间土上。欧洲、北美洲及非洲有分布。

1. 植物体(×2)，2. 叶(×45)，3. 叶尖部细胞(×300)，4. 叶中部细胞(×267)，5. 叶基部细胞(×235)。

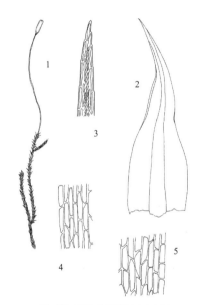

图 503 细叶牛毛藓（于宁绘）

3. 黄牛毛藓
图 504 彩片85

Ditrichum pallidum (Hedw.) Hampe, Flora 50: 182. 1867.

Trichostomum pallidum Hedw., Sp. Musc. Frond. 108. 1801.

植物体丛生，黄绿色或绿色，略具光泽。茎高0.5–1.0厘米，直立，多单一不分枝，基部具稀疏假根。叶呈簇状生，多一向弯曲，基部长卵形，向上渐成细长叶尖，先端具齿突；中肋基部宽阔、扁平，充满叶上部；叶基部近边缘3–5列细胞狭长方形，中肋两侧细胞长方形，薄壁；

叶上部细胞狭长方形，近中肋细胞长方形。雌雄同株。雌苞叶基部鞘状，略大于茎叶。蒴柄细长，黄色或红褐色。孢蒴长卵形，略向一侧弯曲，不对称，黄褐色，蒴口收缩。蒴齿黄褐色或淡黄色，两裂至基部，线形，略旋扭，表面具细密疣。环带分化，由2–3列长方形厚壁细胞组成。蒴盖圆锥形，具短喙。蒴帽兜形。孢子圆球形，直径16–20微米，黄褐色，表面具细密疣。

　　产山东、江苏、安徽、浙江、福建、江西、湖南、广东、贵州、云南和西藏，生于山地土坡或土壁上。日本、欧洲、北美洲及非洲中部有分布。

　　1. 植物体(×4)，2–3. 叶(×15)，4. 叶上部横切面的一部分(×255)，5. 叶角部细胞(×63)。

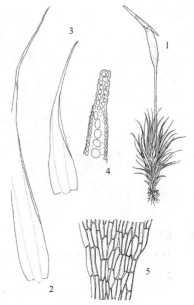

图 504 黄牛毛藓（于宁宁绘）

4. 短齿牛毛藓　　　　　　　　图 505

Ditrichum brevidens Nog., Journ. Jap. Bot. 20 (5): 255. 1994.

　　植物体密集丛生，黄绿色。茎高0.3–0.5厘米，直立，单一或稀疏分枝。叶干燥时贴茎，湿时倾立，茎上部叶大，长2.0–2.1毫米，向下渐小，基部阔卵形，向上渐成狭披针形，先端平滑；中肋单一，粗壮，及顶；叶缘平直。叶基部细胞长方形至短矩形，宽8–12微米，长20–40微米，薄壁，透明。叶上部细胞短长方形，宽5–7毫米，长13–26微米，薄壁。雌雄异株。雌苞叶与上部茎叶同形，略大。蒴柄黄色，直立，长约1厘米。孢蒴长圆柱形，直立，有时略向一侧倾斜，宽0.5–0.6毫米，长2.4毫米，黄褐色，蒴口略收缩。蒴齿短而不分裂，条形，长仅0.08–0.1毫米，红棕色，表面密被细疣。环带分化，由2列大形厚壁细胞组成。蒴盖圆锥形，具短斜喙。孢子球形，直径10–13微米，表面近于平滑。

　　中国特有，产台湾、四川和云南，生于海拔3500–4000米的高山草甸。

　　1. 植物体(×12)，2. 叶片(×36)，3. 叶中部边缘细胞(×264)，4. 蒴齿和环带(×200)。

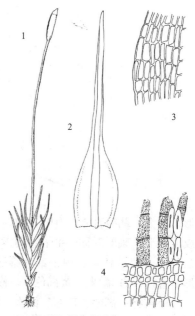

图 505 短齿牛毛藓（于宁宁绘）

5. 扭叶牛毛藓　　　　　　　　图 506

Ditrichum gracile (Mitt.) O. Kuntze, Rev., Gen. pl.2: 835. 1891.

Leptotrichum gracile Mitt., Kew Journ. Bot. 3: 335. 1851.

　　植物体细长，上部绿色或黄绿色，下部褐色，略具光泽，密集丛生。茎高4–14厘米，常叉状分枝，基部多密被红色毛状假根。叶长4–8毫米，干燥时向一侧弯曲，有时上部扭曲，湿时倾立，狭长披针形，从狭长基部向上成细长尖，先端平滑，具不规则齿；中肋单一，细长，突出于叶尖；叶边平直，上部多具齿。叶基部边缘2–3列细胞透明，线形，中肋两侧细胞短长方形至长方形，薄壁，有时略呈波状加厚；上

部细胞变化较大，一般呈4-6边形，宽5-6微米，长10-15微米，壁略加厚。雌雄异株。孢子体稀有。

产山西、陕西、青海、新疆、四川、云南和西藏，生于海拔1600-3800米的山地岩面薄土或林下土面，有时见于石壁。亚洲东部、俄罗斯、欧洲、北美洲及中南美洲有分布。

1. 植物体(×3/4)，2. 叶(×18)，3. 叶上部边缘细胞(×167)，4. 叶中部边缘细胞(×167)，5. 叶基部细胞(×167)。

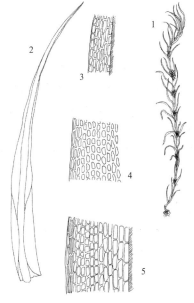

图 506 扭叶牛毛藓（于宁宁绘）

7. 拟牛毛藓属 Ditrichopsis Broth.

小形土生藓类，常成丛生长。茎矮小，直立，单一，基部具假根。叶干时贴茎，或上部扭曲，湿时倾立，基部长卵形，向上成狭长披针形，渐尖；叶缘平直，或上部略内曲；中肋扁宽，达叶尖部。叶基部细胞长方形，透明，壁薄；中上部细胞狭长方形。雌雄异株。雌苞叶与茎叶同形。蒴柄细长，直立，黄色。孢蒴圆柱形，直立。蒴盖具短直喙或不分化。蒴齿无。孢子大，黄褐色，具密疣。

2种。我国有分布。

闭蒴拟牛毛藓　　　　　　　　图 507

Ditrichopsis clausa Broth., Symb. Sin. 4:13. 1929.

体形纤细，矮小，黄绿色，高约1厘米。茎单一，直立。叶稀疏贴茎排列，湿时向上倾立，长1.9-2.5毫米，基部长卵形，向上渐成长披针形，具细长尖部；叶边平直；中肋扁宽，突出于叶尖。叶基部细胞壁薄，透明，长方形，边缘几列细胞狭长；叶中上部细胞狭长方形，壁薄。雌雄异株。雌苞叶与茎叶同形，较长大。蒴柄直立，长3-4毫米。孢蒴长圆柱形，长1.5毫米，向上收缩成直喙。无蒴盖和蒴齿分化。孢子黄褐色，直径24-26毫米，表面具细密疣。

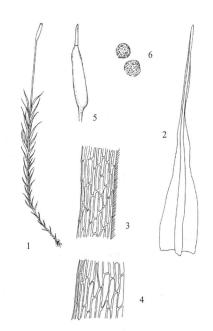

图 507 闭蒴拟牛毛藓（于宁宁绘）

产云南，生于山地土面。印度有分布。

1. 植物体(×5)，2. 叶(×30)，3. 叶中部细胞(×200)，4. 叶基部细胞(×167)，5. 孢蒴(×15)，6. 孢子(×167)。

8. 石缝藓属 Saelania Lindb.

植物体稀疏群生，多带蓝绿色光泽，基部具假根。茎高1-2厘米，多数分枝，茎下部叶较小，向上渐大，顶叶簇生，卵状披针形，渐尖，长1.2-2.0毫米，干燥时略扭曲；叶边平直，上部具齿突；中肋粗壮，单一，贯顶或突出于叶尖。叶细胞方形或短长方形，壁略厚。雌雄同株异苞。雌苞叶与茎叶同形。蒴柄细长，直立，黄色。孢蒴直立，圆柱形，干燥时有不明显纵褶。环带分化，由2-3列细胞组成。蒴齿具黄色低基膜，两裂达基部，狭披针形，中上部红褐色，具密疣。蒴盖具长喙，略偏曲。孢子黄绿色，圆球形，13-16微米，表面具细疣。

1种，分布于南北半球的温寒高山地带。我国有分布。

石缝藓 图 508

Saelania glaucescens (Hedw.) Broth. in Bom. et Broth., Herb. Mus. Fenn. 2: 53. 1894.

Trichostomum glaucescens Hedw., Sp. Musc. Frond. 112. 1801.

种的特征同属。

产黑龙江、吉林和陕西，生于土面或岩石缝中。日本、俄罗斯远东地区、欧洲中部和北部、北美洲、新西兰及南非有分布。

1.植物体(×4), 2-3.叶片(×38), 4.叶尖部细胞(×90)。

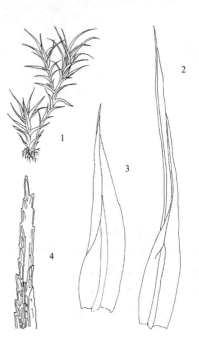

图 508 石缝藓（于宁宁绘）

9. 角齿藓属 Ceratodon Brid.

植物体密集丛生，绿色或黄绿色。茎直立，单一或具分枝。叶干燥时卷曲，披针形或卵状披针形；叶边背卷；中肋单一，粗壮，及顶或突出于叶尖；叶细胞宽短，近长方形。雌雄异株。雌苞叶高鞘状，向上成细长叶尖。蒴柄直立，细长。孢蒴倾立或近于直立，长卵形至长圆柱形，多有明显纵棱和沟，基部具小颏突。蒴齿具短基膜，齿片16，披针形，纵裂至近基部，基部具横纹，中上部具疣。环带分化，由2—3列厚壁细胞组成。蒴帽兜形。蒴盖短圆锥形。孢子小，圆球形，黄色，表面近于平滑。

4种。我国有2种。

角齿藓 图 509

Ceratodon purpureus (Hedw.) Brid., Bryol. Univ. 1:480. 1826.
Dicranum purpureum Hedw., Sp. Musc. Frond. 136. 1801.

植物体黄绿色或绿色，密集丛生。茎高0.8–2厘米，直立，单一或具少数短分枝，基部具假根。叶干燥时贴茎，略扭曲，湿时直立，披针形，渐尖；叶边背卷，上部具不规则齿；中肋单一，粗壮，及顶或突出于叶尖。叶中上部细胞近方形，壁略增厚；基部细胞短长方形，薄壁。雌雄异株。蒴柄直立，红褐色。孢蒴平展或倾斜，红棕色，宽卵形或长

卵形，表面具明显纵褶，基部具小颏突。环带分化。蒴齿16，披针形，两裂至近基部，具短基膜，边缘黄色透明，表面具不明显条纹，中上部有细疣。蒴盖圆锥形。蒴帽兜形。孢子小，黄色，直径11-13微米，表面平滑。

产黑龙江、吉林、辽宁、内蒙古、河北、陕西、新疆、江苏、四川、云南和西藏，生于各种基质的环境中，多长在干燥开阔土地上，有时见于岩面薄土、腐朽木根上，在森林火烧地常见。为世界广布种。

1. 雌株(×2)，2. 叶(×34)，3. 叶中部细胞(×190)，4. 孢蒴(湿时)(×7)，5. 孢蒴(干时)(×7)，6. 蒴齿(×200)。

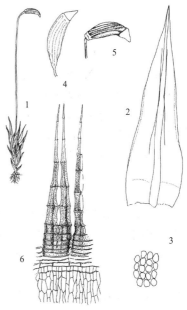

图 509 角齿藓（于宁宁绘）

10. 立毛藓属 **Tristichium** C. Müll

小形土生藓类，丛生，黄绿色。茎单一或稀疏分枝。叶贴茎排列，直立，基部阔卵形，略呈鞘状，向上呈狭长披针形；叶边平直；中肋单一，强劲，突出于叶先端。叶中上部细胞长多边形，平滑；基部细胞长方形，薄壁。雌苞叶高鞘状，长大，具长毛尖。蒴柄直立，较短。孢蒴略高出于雌苞叶，长卵形或卵圆形。蒴盖分化，具斜喙。无蒴齿。蒴帽兜形。孢子小，平滑。

3种。我国有1种。

中华立毛藓

图 510

Tristichium sinense Broth., Sitzungsber. Ak. Wiss. Wien Math. Nat. Kl. Abt. 1, 133: 560. 1924.

植物体黄绿色，矮小，丛生。茎高6-8毫米，单一，直立，无分化中轴。叶紧密贴茎，直立，茎下部叶小，上部叶渐大，基部长方形至阔卵形，略呈鞘状，向上渐尖；叶边平直，基部有时内曲；中肋粗壮，突出于叶尖。叶基部细胞长方形，薄壁，透明；中上部细胞不规则长多边形，壁略增厚。雌雄同株。雌苞叶高鞘状，具毛尖。蒴柄短，直立。孢蒴圆卵形，黄褐色，略高出于雌苞叶。无蒴齿。蒴帽短钝，具斜喙。蒴帽兜形。孢子黄色，圆球形，直径13-15微米，表面平滑。

我国特有，产四川和云南，生于阳坡岩面薄土或土生。

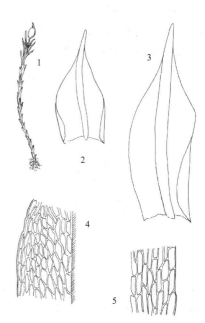

图 510 中华立毛藓（于宁宁绘）

1. 植物体(×5)，2-3. 叶(×37)，4. 叶上部边缘细胞(×226)，5. 叶基部细胞(×226)。

11. 对叶藓属 Distichium B. S. G.

植物体扁平，绿色或黄绿色，丛生。茎多单一，稀叉状分枝。叶两列状交互对生，基部鞘状抱茎，长卵形至卵形，向上收缩成短或长尖；叶边平直；中肋单一，扁宽，充满叶尖部。叶基部细胞短长方形至线形，透明，薄壁；上部细胞不规则方形或多边形。雌雄同株或异株。雌苞叶与茎叶同形，略大。蒴柄高出于雌苞叶，直立。孢蒴圆形或长圆柱形，直立，对称或倾立，不对称。蒴齿单层，齿片16，短披针形，不规则开裂，具穿孔，表面多具斜纹，或中上部有疣。环带分化。蒴帽兜形，平滑。蒴盖具短喙。孢子球形，表面具密疣。

约14种。中国5种。

1. 叶尖长，为鞘状基部长度的2-3倍。
　　2. 植物体较大，高2-8厘米；孢蒴直立，对称，圆柱形；孢子小，直径13-24微米……… 1. 对叶藓 D. capillaceum
　　2. 植物体较小，高1-2厘米；孢蒴卵形或短柱形，不对称；孢子大，直径30-60微米…………
　　…………………………………………………………………………………… 2. 斜蒴对叶藓 D. inclinatum
1. 叶尖短，与鞘状基部等长或略短……………………………………………… 3. 短柄对叶藓 D. brevisetum

1. 对叶藓　　　　　　　　　　　　　　图 511

Distichium capillaceum (Hedw.) B. S. G., Bryol. Eur. 2: 156. 1846.

Cynontodium capillaceum Hedw., Sp. Musc. Frond. 57. 1801.

体形细长，扁平，黄绿色或鲜绿色，具光泽，密集丛生。茎高2-8厘米，直立，或稀疏叉状分枝，基部多具红色假根。叶两列状，紧密排列，对生。叶基部高鞘状，向上突收缩成狭披针形，叶尖为鞘状基部长度的2-3倍；叶边平直，上部多具疣突；中肋单一，扁宽，充满叶尖部；叶基部细胞狭长方形，上部细胞不规则多边形。雌雄同株或异株。雌苞叶与茎叶同形。蒴柄直立，红棕色。孢蒴直立，长椭圆形，有时长卵形，对称。蒴齿单层，齿片16，短披针形，2裂达基部，红棕色或淡黄色，中上部具密疣，下部具纵斜纹。环带分化，由1-2列大形厚壁细胞组成。蒴盖圆锥形。蒴帽兜形，平滑。孢子黄褐色，圆球形，直径13-24微米，表面具粗密疣。

产黑龙江、吉林、内蒙古、河北、山西、陕西、甘肃、青海、新疆、云南和西藏，生于高山石灰岩缝或薄土上，有时见于潮湿砂石及冰川旁岩面。尼泊尔、朝鲜、日本、俄罗斯（西伯利亚）、

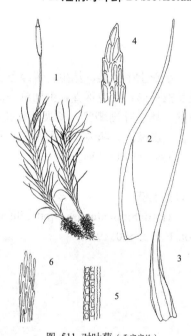

图 511 对叶藓（于宁宁绘）

欧洲、南北美洲、澳大利亚、新西兰、非洲及南极洲有分布。

1. 雌株（×3），2-3. 叶片（×13），4. 叶尖部细胞（×200），5. 叶中部细胞（×200），6. 叶基部细胞（×200）。

2. 斜蒴对叶藓　　　　　　　　　　　图 512

Distichium inclinatum (Hedw.) B. S. G., Bryol. Eur. 2: 157 194. 1846.

Cynontodium inclinatum Hedw., Sp. Musc. Frond. 58. 1801.

植物体较小，亮绿色或绿色，略具光泽，密集丛生。茎高1-2厘

米，直立，多稀疏分枝，基部有时有假根。叶两列状对生，排列紧密，长2-3毫米，鞘状基部向上突

成狭披针形，叶上部为鞘状基部的1-2倍；叶边平直，上部近于平滑或具疣突；中肋单一，扁平，近于充满叶尖部。叶基部细胞狭长，薄壁，上部细胞长方形或短长方形。雌苞叶与茎叶同形，略大。蒴柄直立，红棕色。孢蒴倾立，长卵形或卵形，不对称。蒴齿单层，齿片披针形，不规则2-3裂至近基部，具穿孔，表面有斜条纹，近于平滑无疣。环带分化。蒴盖圆锥形。蒴帽兜形，平滑。孢子大，圆球形，直径39-47微米，黄绿色，表面具细密疣。

产河北、山西、云南和西藏，生于高山岩面薄土和高山草甸土上。印度、亚洲中部、俄罗斯（高加索）、欧洲、北美洲及非洲北部有分布。

1. 雌株(×4), 2. 叶(×20), 3. 叶尖部细胞(×154), 4. 叶中部边缘细胞(×154), 5. 叶基部细胞(×112)。

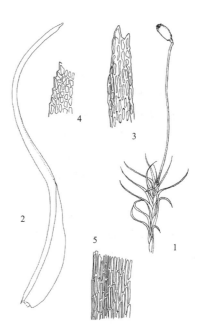

图 512 斜蒴对叶藓（于宁宁绘）

3. 短柄对叶藓

图 513

Distichium brevisetum C. Gao in C. Gao, G.–C. Zhang et T. Cao, Acta Bot. Yunnanica 3(4): 391. 1981.

体形细长，黄绿色，略具光泽，丛生。茎单一不分枝。叶两列状，长1.5-2.1毫米，基部鞘状，长卵形，向上收缩成短尖，尖部与鞘状基部等长或略短；叶缘平直，上部具疣突；中肋单一，扁宽，充满叶尖部。叶基部细胞狭长方形，薄壁；叶上部细胞不规则多边形。雌雄同株或异株。雌苞叶与茎叶同形，略长大。蒴柄直立，长0.3-0.4厘米。孢蒴直立，对称或不对称。蒴齿单层，黄色，短小，成对，不开裂，表面具纵条纹，无疣。环带分化。蒴盖圆锥形。

中国特有，产西藏，生于海拔4700-5500米寒地石缝或地上。

1. 雌株(×2.5), 2-3. 叶(×20), 4. 叶基部细胞(×150), 5. 蒴齿(×160)。

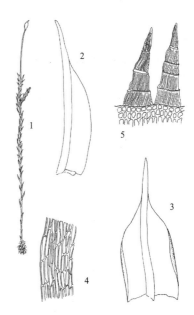

图 513 短柄对叶藓（于宁宁绘）

55. 虾藓科 BRYOXIPHIACEAE

（高　谦　吴玉环）

高寒地区植物，悬垂，石生。植物体鲜绿色或略带黄色，基部常呈黄褐色，具强光泽。茎长达5厘米，不分枝，或稀分枝，基部膨大呈球形，生有褐色假根；横切面呈椭圆形，略分化，表皮为单层厚壁小形细胞，中央具小形厚壁细胞构成的中轴，在表皮与中轴间为大形薄壁细胞。叶呈两列状，紧贴着生，茎下部叶小，上部叶大，长椭圆形或长披针形，渐向上叶尖细长或突出呈短尖，基部下延或不下延；叶边平直，全缘；中肋单一，多在叶片先端突出呈毛尖；背翅狭，高1-3列细胞。叶基部细胞长方形或不规则四边形，上部细胞短方形或不规则4-6边形，近边缘细胞狭长，上部形成近似分化的叶边。雌雄异株。生殖苞顶生，配丝线形。雌苞叶2-多数，长卵形，渐成细长芒状叶尖，尖部具不规则细齿。蒴柄短于雌苞叶，呈鹅颈状弯曲。孢蒴球形或倒卵形。无环带及蒴齿。蒴盖基部平凸，具斜弯喙，开裂后常与蒴轴相连。蒴帽兜形。孢子直径15-20微米，平滑，成熟于秋季。

1属，分布北半球寒温带地区。我国有分布。

虾藓属 Bryoxiphium Mitt.

属的特征同科。

4种。我国有1种及1变种。

虾藓　　　　　　　　　　　　　　　　　图 514

Bryoxiphium norvegicum (Brid.) Mitt., Journ. Linn. Soc. Bot. 12: 580. 1886.

Phyllogonium norvegicum Brid., Bryol. Univ. 2: 264. 1877.

密集丛生，绿色或黄绿色，具绢泽光。植物体扁平，长2-3厘米，基部膨大呈球形，被毛状假根。叶2列状，抱茎，覆瓦状排列，长椭圆形或披针形，先端渐尖或圆钝，具短钝尖；叶边平直，全缘；中肋单一，突出于叶尖；背翅为单列细胞或缺失。叶基细胞长方形，叶边具几列狭长形细胞。雌苞叶长披针形，尖部具齿突，背翅明显。孢蒴椭圆形或卵圆形。蒴齿及环带不分化。蒴盖开裂后与蒴轴相联，蒴轴长存。蒴盖具斜弯喙。蒴帽兜形。

产吉林东部、辽宁东部和内蒙古北部，生于断崖或巨岩上倒悬或倾垂生长。朝鲜、俄罗斯（远东地区）、欧洲及北美洲有分布。

1. 雌株（×1.5），2-3. 茎下部叶（×15），4. 雌苞叶（×15），5. 雌苞叶尖部（×15），6. 叶尖部细胞（×125），7. 叶基部细胞（×125）。

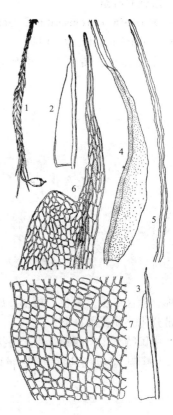

图 514 虾藓（阎宝英绘）

56. 细叶藓科 SELIGERACEAE

(高 谦 吴玉环)

植物体形小，散生，或植物体形大而簇生，单一或叉状分枝。叶片基部狭，向上宽或呈狭披针形；中肋粗，达叶尖终止或突出于叶尖呈毛状。叶细胞平滑，上部细胞短，下部细胞长方形或椭圆形，角细胞不分化或仅少数属略分化。雌雄同株或异株。蒴柄长，直立或弯曲。孢蒴多为圆梨形，高出于雌苞叶，直立，对称，蒴口开阔或干时收缩。蒴盖具喙。蒴齿16，长披针形，平滑，不开裂，或先端不规则开裂。孢子圆球形，数少。蒴帽兜形。

9属。中国有3属。

1. 植物体较小或中等，一般高1–7厘米；雌雄异株；雌苞芽状；叶角部细胞具色泽，并凸出 .... 1. 小穗藓属 Blindia
1. 植物体甚小，一般高度不超过5毫米，通常1–2毫米；雌雄同株；雄苞小，腋生；叶角部细胞不分化。
  2. 孢蒴干时有纵褶，环带分化单列细胞；蒴齿被疣或平滑；蒴帽狭锥形，有条纹 .... 2. 短齿藓属 Brachydontium
  2. 孢蒴干时平滑，环带不分化；蒴齿存在时均平滑；蒴帽短阔，兜形 .... 3. 细叶藓属 Seligeria

1. 小穗藓属 Blindia B. S. G.

植物体细小至中等大小，褐绿色或黄绿色，略具光泽或无光泽。茎直立或倾立，单一不分枝，稀叉状分枝，基部常裸露；横切面为圆形。叶周出，直立或略背仰，基部卵形或长椭圆形，渐上呈狭披针形，内凹；叶边平滑或有细齿突；中肋细，突出叶尖呈毛状，平滑。叶上部细胞方形或短方形或不规则，角细胞分化，厚壁，褐色，下部细胞虫形，厚壁。雌雄多异株。蒴柄高出于雌苞叶，直立或弯曲。孢蒴多平滑，干燥时不收缩，短柱形或梨形，有时基部呈短台状。无环带。蒴盖具短斜喙，平滑。齿片16，披针形，不分裂，有细疣，着生蒴口内下方。蒴帽兜形。

23种。中国有3种。

1. 茎高2–10厘米，叉状分枝；叶细长；叶细胞狭长方形或长矩形，有壁孔 .... 1. 小穗藓 B. acuta
1. 茎高0.5–2厘米，不分枝；叶短狭；叶细胞方形、长方形或短矩形 .... 2. 东亚小穗藓 B. japonica

1. 小穗藓 图 515

Blindia acuta (Hedw.) B. S. G., Bryol. Eur. 2: 19. 1846.

Weisia acuta Hedw., Sp. Musc. Frond. 85. 1801.

植物体密集丛生，基部棕绿色，上部黄绿色，略具光泽。茎直立，分枝或不分枝，高2–10厘米，仅基部具假根；横切面中轴不明显，外被大形厚壁黄色细胞，中央细胞色淡，薄壁。叶多列，下部叶短阔，上部叶狭长披针形，基部宽阔，渐上呈披针形；叶边平直，全缘，略内曲；中肋细弱，约占叶片基部宽度的1/5–1/7，突出叶尖呈毛

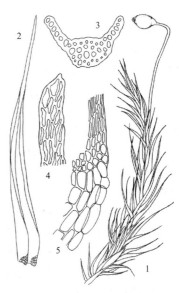

图 515 小穗藓（于宁宁绘）

状，尖部平滑。叶角部细胞分化明显，方形或短长方形，褐色；叶基部细胞短矩形，渐上呈狭长方形，厚壁，平滑。雌雄异株。雌苞叶基部略呈鞘状，渐上呈狭长披针形。蒴柄干燥时直立，湿时呈鹅颈状弯曲，长2-8厘米，黄棕色，与雌苞叶等长或长于雌苞叶。孢蒴略高出于雌苞叶，球形或卵形，台部明显，干燥时台部与壶部之间略溢缩，开裂后蒴口形大；蒴壁薄，外壁细胞形状不规则。环带不分化。蒴齿阔披针形，不分裂，常具穿孔，平滑，淡黄色。蒴盖基部平凸，具短斜喙。

产吉林、辽宁、河北、陕西、湖北、贵州和四川，生于岩面薄土或石缝中。俄罗斯（远东地区）、欧洲及北美洲有分布。

1.植物体（×4），2.叶（×29），3.叶上部的横切面（×200），4.叶尖部细胞（×200），5.叶基部边缘细胞（×133）。

2. 东亚小穗藓　　　　　　　　图 516

Blindia japonica Broth., Oefv. Finsk. Vet. Soc. Forh. 9: 4. 1921.

稀疏丛生，多生于路旁砂质土上，褐绿色，无光泽。茎矮，单一不分枝，高0.5-2厘米；横切面表皮细胞褐色，厚壁，基部几无假根。叶基部宽鞘状，渐向上呈披针形，茎基部叶小，上部叶大，长达2-2.5毫米；叶边平滑；中肋细，突出于叶尖。叶角部细胞大，薄壁，褐色；基部细胞短方形或不规则厚壁，上部细胞矩形。雌雄异株。雌苞叶不分化。蒴柄长约2毫米，干时直立，湿时鹅颈状弯曲。孢蒴倒卵形，蒴口大。蒴齿16，褐色，有横纹，无疣。孢子直径10-15微米。

产吉林和辽宁，岩面薄土或石缝生。日本有分布。

1.植物体（×11），2-3.叶（×5），4.叶尖部细胞（×250），5.叶基部边缘细胞（×250）。

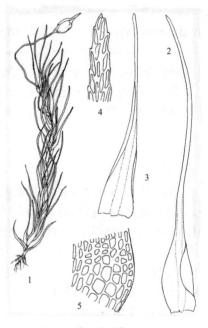

图 516 东亚小穗藓（于宁宁绘）

2. 短齿藓属 **Brachydontium** Fürnr.

植物体极小，黄绿色或褐绿色，成片散生。叶基部略狭，向上渐宽，或突呈长或短毛尖；叶边全缘；中肋粗，在叶尖突出呈毛状。叶细胞平滑，下部狭长方形，向上呈长方形或弯曲；角细胞不分化。雌雄同株。蒴柄长，黄色，或弯曲呈鹅颈状。孢蒴高出于雌苞叶，直立，对称，椭圆状短柱形，有纵条纹。环带分化，2-3列细胞。蒴盖具直喙。蒴齿16，甚短，透明，有细疣。孢子球形。蒴盖狭锥形，基部有3-5裂片，平滑或有纵褶。

3种，分布于北半球。我国有1种。

短齿藓　　　　　　　　图 517

Brachydontium trichodes (Web.) Fürnr., Flora Erg. 10 (2): 37. 1827.

Gymnostomum trichodes Web., Arch. Syst. Nat. 1(1): 124. 1904.

植物体甚小，黄褐色，无光泽。茎长1-2毫米，直立或倾立，多单一不分枝。叶直立，多列，有时呈假两列，干时不卷缩，长1-1.5(2)毫米，狭披针形；叶边全缘，有时在近中部具不规则齿突；中肋粗，突出

叶尖呈毛状。叶中部细胞色暗，近似方形，厚壁，平滑，下部呈短方形，有时呈六边状菱形，着生的基部细胞无色。蒴柄长2-2.5毫米，直立，黄色，干时上部旋扭。孢蒴长0.4-0.5毫米，短柱形，浅褐色或黄色，干燥时有纵褶。环带宽，由2-3列细胞构成，成熟时脱落。蒴盖具直喙，长0.3-0.3毫米。蒴齿短，宽披针形。

产四川南部，生于酸性阴湿岩石上。欧洲及北美洲有分布。

1. 植物体（×14），2. 叶（×51），3. 叶尖部细胞（×280），4. 叶基部近中肋细胞（×280）。

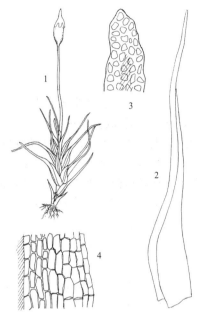

图 517 短齿藓（于宁宁绘）

3. 细叶藓属 Seligeria B. S. G.

植物体甚小，或较小，群生或簇生。茎直立，单一不分枝或叉状分枝。茎下部叶小，生于茎上部或顶端叶较大，披针形或狭披针形，具毛尖，基部叶长卵形或长阔披针形；中肋粗，达叶尖终止或突出于叶尖呈毛状。叶细胞平滑，上部短，长椭圆形或近似菱形，下部细胞长方形或线形，角细胞不分化。雌雄同株。蒴柄长或短，直立或弯曲，有时呈鹅颈状，黄色或黄褐色。孢蒴高出于雌苞叶，直立，粗短或近似球形，或卵形，常具短台部，平滑。有少数气孔。无环带分化。蒴盖锥形，具斜喙。蒴齿16，生于蒴口内下方，长披针形或先端平截，平滑。蒴帽兜形，平滑，褐色。孢子球状，褐色。

约20种。我国1种。

异叶细叶藓　　　　图 518

Seligeria diversifolia Lindb., Oefv. K. Vet. Foerh. 18: 281. 1861.

植物体细小，黄绿色，丛生。茎高约2毫米，直立，不分枝。叶片覆瓦状贴茎，下部叶小，阔披针形，上部叶长或有狭叶尖；叶边全缘；中肋粗，达叶尖终止或略突出于叶尖。叶细胞平滑，基部细胞长方形，上部细胞短或长方形。不育株叶阔短，生育株雌苞叶基部呈鞘状，短尖。蒴柄长，倾立或弧形弯曲，干时扭转。孢蒴卵形或长椭圆形，两侧略对称。

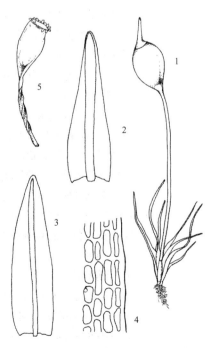

产四川南部，生于高山砂石质泥土上，常混生于其它藓类中。阿拉斯加、格陵兰、欧洲及俄罗斯（高加索）有分布。

1. 植物体（×27），2-3. 叶（×60），4. 叶边缘细胞（×220），5. 孢蒴（×30）。

图 518 异叶细叶藓（于宁宁绘）

57. 曲尾藓科 DICRANACEAE

(高 谦 李 微)

土生、石生、沼生或腐木生藓类，成大片丛生、小垫状或稀散生。茎直立，单一或叉状分枝。叶片多密生，基部宽阔或近于呈鞘状，上部披针形，常有毛状或细长具齿的叶尖；叶边平直或内卷；中肋长达叶尖，突出或消失于叶尖下部。叶基部细胞短或狭长矩形，上部细胞较短，呈方形或长椭圆形或线形，平滑或有疣或乳头，角细胞常分化，大形无色或红褐色，厚壁或薄壁。雌雄异株或同株。雄苞多呈芽状。蒴柄直立、鹅颈状弯曲或不规则扭曲，平滑。孢蒴圆柱形或卵形。蒴齿16，基部常有稍高的基膜，齿片中上部2–3裂，具加厚的纵条纹，上部有疣，少数平滑或全部具疣，稀齿片深2裂，内面常具加厚的横隔。蒴盖高圆锥形或具斜喙。蒴帽大，兜形，平滑。

55属。我国有32属。

1. 叶片横切面中央或散生绿色细胞；植物体干燥时呈灰绿色。
  2. 植物体较大；蒴帽兜形，全缘；叶片横切面的绿色细胞位于中部或偏于背部无色细胞之间；环带不分化 ·· ·· 14. **拟白发藓属 Paraleucobryum**
  2. 植物体较小；蒴帽帽形，边缘有缨络；叶片横切面的绿色细胞散生于无色细胞间；环带为2列细胞 ·········· ·· 15. **白氏藓属 Brothera**
1. 叶片横切面无绿色细胞；植物体呈绿色、黄绿色或暗绿色。
  3. 叶片角细胞分化，常形成无色大形或膨大的深棕色细胞。
    4. 中肋宽阔，叶片向叶边渐薄。
      5. 叶基部向上突呈细长毛尖；蒴帽长于孢蒴 ························ 13. **长帽藓属 Atractylocarpus**
      5. 叶基部向上渐呈细长毛尖；蒴帽短于孢蒴。
        6. 植物体纤细；叶中肋细，不超过叶基宽度的1/4；叶基细胞狭长，角细胞不分化。
          7. 蒴柄粗壮，不规则弯曲。
            8. 蒴齿不规则断裂 ·························· 6. **小毛藓属 Microdus**
            8. 蒴齿规则断裂达基部 ·························· 7. **小曲尾藓属 Dicranella**
          7. 蒴柄鹅颈状或规则弯曲。
            9. 叶中肋横切面有中央主细胞和背腹厚壁细胞；蒴帽边缘全缘。
              10. 叶片基部宽阔，向上急呈细毛尖状；孢蒴有气孔 ·················· 9. **拟扭柄藓属 Campylopodiella**
              10. 叶片基部鞘状，有短尖；孢蒴无气孔 ·················· 10. **小曲柄藓属 Microcampylopus**
            9. 叶中肋横切面中央有小细胞和周围薄壁细胞；蒴帽边缘有缨络 ······ 8. **扭柄藓属 Campylopodium**
      6. 植物体长大；叶中肋宽，一般超过叶基宽度的1/3；叶基细胞短阔，角细胞分化。
        11. 叶上部细胞短于下部细胞，厚壁；叶横切面有大形薄壁细胞 ··············· 11. **曲柄藓属 Campylopus**
        11. 叶上部细胞与下部细胞长短近似；叶横切面无大形薄壁细胞 ········· 12. **青毛藓属 Dicranodontium**
    4. 中肋不甚阔；叶片向叶边不渐薄。
      12. 叶具狭长无色细胞构成的叶边。
        13. 叶细胞平滑 ·························· 31. **锦叶藓属 Dicranoloma**
        13. 叶细胞有疣 ·························· 32. **白锦藓属 Leucoloma**
      12. 叶无狭长无色细胞构成的叶边。
        14. 叶基部宽阔鞘状，向上突呈狭披针形。
          15. 孢蒴凸背形，基部有骸突 ·················· 23. **曲背藓属 Oncophorus**
          15. 孢蒴圆柱形，基部无骸突。

16. 叶自鞘状基部向上呈长披针形；雌苞叶不高出；蒴齿不完全开裂至基部 ······················
·· 24. **合睫藓属 Symblepharis**

16. 叶自鞘状基部向上呈披针形；雌苞叶高出；蒴齿完全开裂至基部 25. **苞领藓属 Holomitrium**

14. 叶基部不呈鞘状，向上渐呈狭披针形。

17. 叶片角细胞明显分化。

18. 叶片干燥时卷缩。

19. 蒴齿分裂或先端略分裂，通常无纵条纹，具疣或平滑 ··········· 22. **卷毛藓属 Dicranoweisia**

19. 蒴齿中上部分裂，具纵长粗条纹 ··········· 28. **直毛藓属 Orthodicranum**

18. 叶片干燥时不卷缩或一向偏曲，稀不规则卷曲。

20. 孢蒴卵形或长卵形，基部有骸突，稀不明显 ··········· 27. **拟直毛藓属 Kiaeria**

20. 孢蒴长圆柱形，基部无骸突。

21. 植物体小；叶基部阔卵形，上部突呈芒状或狭披针形；孢蒴卵形，干燥时有8条纵褶；蒴齿干时呈放射状向外伸展 ··········· 26. **极地藓属 Arctoa**

21. 植物体较大；叶基部狭，渐上呈长披针形；孢蒴圆柱形，弓形弯曲或直立，干时无纵褶；蒴齿干时直立。

22. 植物体黄绿色；孢蒴直立，无蒴齿 ··········· 30. **无齿藓属 Pseudochorisodontium**

22. 植物体褐绿色；孢蒴弓形弯曲，具蒴齿 ··········· 29. **曲尾藓属 Dicranum**

17. 叶片角细胞不明显分化。

23. 叶细胞平滑；蒴柄呈鹅颈形弯曲 ··········· 18. **山毛藓属 Oreas**

23. 叶细胞具疣或乳头；蒴柄直立。

24. 孢蒴干燥时有纵褶 ··········· 19. **狗牙藓属 Cynodontium**

24. 孢蒴干燥时无纵褶。

25. 蒴齿不分裂 ··········· 20. **石毛藓属 Oreoweisia**

25. 蒴齿自先端开裂至中下部 ··········· 21. **裂齿藓属 Dichodontium**

3. 叶片角细胞不分化。

26. 叶上部细胞方形或短矩形。

27. 多属高山寒地垫状丛生藓类；叶细胞常有乳头；孢蒴有时有棱脊，无卵形或膨大的台部。

28. 叶细胞有疣；孢蒴无蒴齿 ··········· 16. **瓶藓属 Amphidium**

28. 叶细胞平滑；孢蒴有蒴齿 ··········· 17. **粗石藓属 Rhabdoweisia**

27. 多属暖地土壁稀疏群生藓类；叶细胞平滑；孢蒴平滑，有长柱形或膨大超过蒴壶长度1倍以上的台部。

29. 茎叶无鞘状基部，叶先端圆钝或具短尖；孢蒴台部短，蒴齿2裂达基部，有螺纹状条纹 ···············
·· 3. **威氏藓属 Wilsoniella**

29. 茎叶基部鞘状，叶尖细长；孢蒴台部发达，蒴齿具疣或纵斜条纹。

30. 蒴柄短；孢蒴直立；蒴盖不分化或不脱落 ··········· 1. **小烛藓属 Bruchia**

30. 蒴柄长；孢蒴倾斜；蒴盖脱落 ··········· 2. **长蒴藓属 Trematodon**

26. 叶上部细胞菱形、长六角形或线形。

31. 叶中肋细弱；叶细胞斜菱形或长六边形 ··········· 4. **昂氏藓属 Aongstroemia**

31. 叶中肋粗壮；叶细胞斜方形或短菱形 ··········· 5. **拟昂氏藓属 Aongstroemiopsis**

1. 小烛藓属 Bruchia Schwaegr.

植物体小，黄色或黄褐色。茎单一或稀疏分枝。上部叶丛集而形大，下部叶小，卵状披针形或狭长披针形；中肋单一，粗壮，长达叶先端或突出。叶上部细胞长方形至近方形，厚壁；基部细胞稀疏，透明，薄壁，角细胞不分化。雌雄同株或雌雄有序同苞。雌苞叶大于茎叶。蒴柄短，直立或略弯曲。孢蒴倒卵圆形或梨形，隐生或高出雌苞叶之上；蒴台部发达，为壶部长度的1/5至近于等长，具多数气孔。蒴盖和蒴齿不分化。蒴帽钟帽形，平滑或具疣突，基部具裂瓣。孢子大，直径20–50微米，肾形，具明显极面分化，表面纹饰具细疣、网纹或刺。

15种。我国有3种。

小烛藓   图 519

Bruchia vogesiaca Nestl. ex Schwaegr., Sp. Musc. Suppl. 2 (1): 91. 1824.

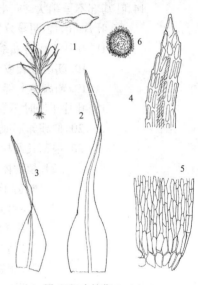

图 519 小烛藓（于宁宁绘）

体形小，黄绿色，高0.4–0.6厘米。茎单一，无中轴。叶长卵形基部向上成披针形，宽0.21–0.28毫米，长1.2–1.4毫米；叶边平直或上部具齿突；中肋及顶。叶上部细胞长方形或不规则长方形，宽8–11微米，长22–31微米；基部细胞长方形或狭长方形，宽8–13微米，长26–34微米，薄壁。雌雄同株。雌苞叶大，长达1.7毫米。蒴柄长约2.8毫米。孢蒴长圆柱形，高出于雌苞叶

之上，台部细长，为孢蒴长度的1/2或1/2以上。蒴盖和蒴齿不分化。

产福建，生于溪水边，土生。欧洲及北美洲有分布。

1. 植物体（×7），2-3. 叶（×31），4. 叶尖部细胞（×180），5. 叶基部细胞（×117），6. 孢子（×245）。

2. 长蒴藓属 Trematodon Michx.

植物体小，淡绿色或黄绿色，疏松丛生。茎直立，稀分枝。叶干燥时多卷曲，基部长卵形，鞘状抱茎，向上逐渐或急变窄成狭披针形；中肋强劲，单一，及顶或突出。叶上部细胞小，近方形或短长方形；中部细胞趋长；基部细胞长方形，薄壁，平滑，角部细胞不分化。雌雄同株。雌苞叶大于上部茎叶。蒴柄长，直立。孢蒴直立，有时上部略弯曲，长柱形，台部与壶部等长或达壶部的2–4倍，基部多具骸突。蒴齿单层；齿片16，狭披针形，上部分叉或具裂孔，齿片上部具细疣，下部具加厚的纵纹，稀缺失。蒴盖具斜长喙。蒴帽兜形，平滑。孢子直径20–30微米，圆球形，表面具疣。

约90种，南北半球温热带均有分布。我国有2种。

1. 蒴台部为壶部长度的2–4倍；叶向上渐窄成狭披针形；中肋不充满叶上部 ·················· 1. **长蒴藓 T. longicollis**
1. 蒴台部与壶部近于等长；叶向上急窄成长披针形；中肋充满叶上部 ·················· 2. **北方长蒴藓 T. ambiguus**

1. 长蒴藓   图 520 彩片86

Trematodon longicollis Michx., El. Bor. Amer. 2: 287. 1803.

体形小，绿色或黄绿色，高2.5–6毫米，松散丛生。茎单一或稀疏分枝，具中轴。叶干燥时卷曲，湿润时伸展，长1.7–3.6毫米，基部抱茎，卵形或长卵形，向上渐窄成披针形；叶边上部略外卷；中肋单一，及顶，不充满叶上部。叶中上部细胞短长方形至长方形，宽8–10微米，长18–34微米；基部细胞长方形，宽8–13微米，长39–91微米，稀疏，薄壁。雌雄同株。雌苞叶大于上部茎叶。蒴柄直立，黄色或黄褐色。孢蒴长圆柱形，3–7毫米，上部有时弯曲；台部为壶部长度的2–4倍，基部具骸突。蒴齿单层，狭披针形，分叉或具裂孔，上部具细疣，

中下部具加厚纵条纹。环带分化。蒴盖具细长斜喙。蒴帽兜形。孢子圆球形，直径约20微米，表面具疣。

产辽宁、山东、江苏、安徽，浙江、福建、江西、湖北、湖南、广东、海南、广西、贵州、四川、云南和西藏，生于土坡或平地土面。日本、朝鲜、喜马拉雅地区、印度南部、缅甸、斯里兰卡、菲律宾、印度尼西亚、新几内亚、欧洲、美国、古巴、墨西哥、南美洲、新西兰及南非有分布。

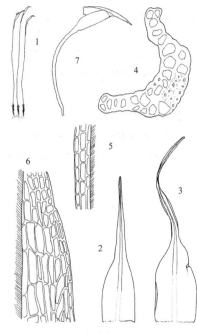

图 520 长蒴藓（于宁宁绘）

1. 植物体（×1），2-3. 叶（×17），4. 叶上部横切面（×385），5. 叶上部细胞（×250），6. 叶中部细胞（×250），7. 孢蒴（×5）。

2. 北方长蒴藓　　　　　　　　　　　　　图 521

Trematodon ambiguus (Hedw.) Hornsch., Flora 2: 88. 1919.

Dicranum ambiguum Hedw., Sp. Musc. 150. 1801.

植物体黄绿色，高5-7毫米，松散丛生。茎单一，具中轴。叶干燥时直立或略弯曲，湿润时直立伸展，长2.1-3毫米，基部长卵形，抱茎，向上急收缩成长披针形，先端钝；叶边平直；中肋单一，粗壮，充满叶片上部。叶上部细胞不规则长方形或多边形，宽5-7微米，长17-26微米；基部细胞长方形至狭长方形，薄壁，宽8-13微米，长40-90微米，近边缘数列为狭长细胞。雌雄同株。蒴柄黄色，直立。孢蒴短圆柱形，长2.5-4毫米，台部与壶部近于等长，基部具骸突。蒴齿单层；齿片狭披针形，具裂孔或分叉至下部，尖部具细疣，下部有加厚的纵条纹。环带分化。蒴帽兜形。蒴盖具长喙。孢子黄色，26-29微米，表面具高疣状突起。

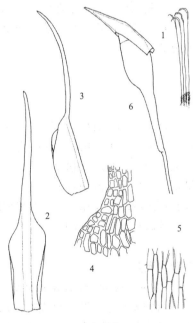

图 521 北方长蒴藓（于宁宁绘）

产黑龙江和云南，生于溪流边或湿处土上。日本、尼泊尔、缅甸、欧洲及北美洲有分布。

1. 植物体（×1），2-3. 叶（×51），4. 叶中部边缘细胞（×250），5. 叶基部细胞（×250），6. 孢蒴（×15）。

3. 威氏藓属　**Wilsoniella** C. Müll.

植物体纤细，淡黄色，稀疏丛生。茎单一或疏分枝。叶倾立，干燥时略卷缩，湿时伸展，柔薄，狭长披针形或近舌形，先端圆钝或渐尖；中肋单一，细弱，达叶尖或消失于叶尖下部；叶边平直。叶细胞疏松，薄壁，上部长菱形或长六边形，有时具前角突；基部细胞大，长方形。雌雄同株。雌苞叶与茎叶同形。蒴柄细长，黄色。孢蒴长椭圆形，有短台部。蒴齿单层，有低基膜，齿片2裂至基部，线形，表面有螺旋状斜列的粗条纹，具密疣。环带分化。蒴盖具斜长喙。蒴帽兜形。孢子黄色，具疣。

约9种，我国有1种和1变种。

南亚威氏藓 图 522

Wilsoniella decipiens (Mitt.) Alston in Dix., Journ. Bot. 68: 2. 1938.

Trematodon decipiens Mitt., Journ. Linn. Soc. Bot. Suppl. 1: 13. 1859.

细弱，黄绿色，无光泽。茎高1.5厘米。叶阔披针形，长3–3.5毫米，先端圆钝；叶边平展或不规则波曲，近先端有细齿，中下部全缘；中肋细，达叶尖下部消失。叶细胞线形或狭长椭圆形。雌雄同株。蒴柄细，长10–12毫米。孢蒴直立，褐色，有短台部。蒴齿2裂达基部，红褐色，上部具螺旋状条纹。蒴帽兜形。孢子直径16–20微米。

产台湾和海南，生于岩面薄土上。印度尼西亚、菲律宾和斯里兰卡有分布。

图 522 南亚威氏藓（于宁宁绘）

1. 植物体（×3），2-3. 叶（×15），4. 叶尖部细胞（×75），5. 叶基部细胞（×75）。

4. 昂氏藓属 Aongstroemia B. S. G.

体形纤细，黄绿色，略具光泽，疏松丛生。茎单一，或上部具细柔分枝。叶阔卵形或卵状长披针形，先端钝，常贴茎；中肋粗壮，达叶尖或在叶尖下部消失；叶边平直或略内曲，平滑或上部具稀齿突。叶上部细胞菱形或六边形；基部细胞大，长方形，薄壁。雌雄异株。雌苞叶多与茎叶异形，形大。蒴柄细长，直立。孢蒴卵圆形或圆柱形，两侧对称，直立，上部略收缩。蒴齿退失或着生于蒴口内面深处，披针形，不分裂或分裂，表面具不规则纵长纹和疣，上部螺纹加厚。蒴盖具长喙，与蒴轴同时脱落。蒴帽兜形。孢子小，圆球形。

约20种。我国有1种。

东亚昂氏藓 图 523

Aongstroemia orientalis Mitt., Trans. Linn. Soc. Ser. 2, 3: 154. 1891.

植物体纤细，黄绿色或带褐色，略具光泽。茎高4–7毫米，单一或上部具分枝，有分化中轴。叶阔卵形，长0.25–0.5毫米，宽0.2–0.4毫米，呈鳞片状贴茎排列，多向一侧倾立，先端钝；叶缘平直或上部内弯，上部具齿突；中肋单一，在叶尖下部消失或稍突出于叶尖。叶上部细胞菱形或不规则六边形，宽5–7微米，长6–9微米；基部细胞小，短长方形，宽5–8微米，长8–13微米。雌雄异株。雌苞叶大，从长椭圆形或卵圆形基部向上急收缩成长披针形。蒴柄细长，黄色，直立。孢蒴长圆柱形。无蒴齿分化。环带发育良好，由2列长椭圆形薄壁细胞组成。蒴盖圆锥形，具长喙。蒴帽兜形。孢子小，圆球形，直径9–11微米。

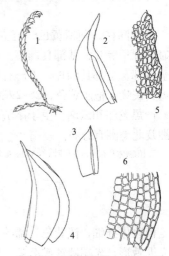

图 523 东亚昂氏藓（于宁宁绘）

产四川、云南和西藏，生于高山土坡或高山草地土上，或石生。日本、印度、尼泊尔、不丹、缅甸、菲律宾、印度尼西亚、俄罗斯、墨西哥及危地马拉有分布。

　　1. 植物体(×10)，2-4. 叶(×34)，5. 叶中部边缘细胞(×287)，6. 叶基部细胞(×287)。

5. 拟昂氏藓属 Aongstroemiopsis Fleisch.

植物体黄绿色，纤细，密集丛生。茎单一，中轴略分化。叶贴茎密集生长，基部卵形，内凹，向上成狭披针形，渐尖；叶缘平直，中肋宽，达叶尖。叶上部细胞不规则长方形或菱形，宽25–35微米，长20–30微米；基部细胞长方形至狭长方形，宽6–11微米，长40–65微米，薄壁，透明。雌雄同株。雄苞生于茎下部短枝上。雌苞叶大，具高鞘部，卷筒状，长达1.7毫米。蒴柄黄色，直立，2.5–3毫米。孢蒴直立，长圆柱形，长约1.5毫米。环带常存。无蒴齿分化。蒴盖短圆锥形。蒴帽兜形。孢子红褐色，圆球形，13–18微米，表面具密细疣。

单种属。我国有分布。

拟昂氏藓　　　　　　　　　图 524

Aongstroemiopsis julacea (Dozy et Molk.) Fleisch., Musc. Fl. Buitenzorg 1: 331. 1904.

Pottia julacea Dozy et Molk., Pl. Jungh. 3: 335. 1854.

种的特征同属。

产四川和西藏，生于林下土上。尼泊尔及印度尼西亚有分布。

　　1. 植物体(×5)，2-3. 叶(×70)，4. 叶上部细胞(×220)，5. 叶基部细胞(×220)。

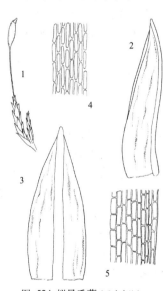

图 524 拟昂氏藓（于宁绘）

6. 小毛藓属 Microdus Schimp.

砂石质土生、小形藓类，散生，无光泽。茎直立，单一不分枝，基部有假根。叶片狭披针形；叶边狭，背卷，近尖部有微齿；中肋长达叶尖。叶细胞线形，渐向基部长方形或六边形，角细胞不分化。雌雄异株。雌苞叶与茎叶同形。蒴柄细长，直立，黄色。孢蒴小，直立，球形或短圆柱形。蒴齿不分裂，稀上部2裂，两面均具粗疣，基部有明显横隔。蒴盖长喙状。

约10种。我国有3种。

梨蒴小毛藓　　　　　　　　　　　　　　　　图 525

Microdus brasiliensis (Dub.) Thér., Bull. Herb. Boiss. Ser. 2, 7: 8. 278. 1907.

Weisia brasiliensis Dub., Men. Soc. Phys. Hist. Nat. Geneve 7: 412. 1836.

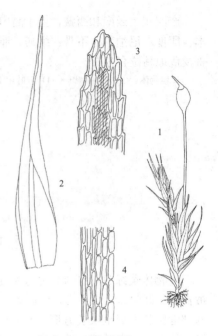

体形细小，黄绿色，有弱光泽，常形成小群落。茎直立，单一或叉状分枝，高达5–7毫米。叶密生，直立或偏曲，干燥时常卷缩，茎下部叶小，上部叶长大，长卵形基部渐向上呈狭长披针形，长达2.3毫米；叶边平直或略内曲，平滑；中肋粗，褐色，突出于叶先端。角细胞不分化，叶基部细胞长方形或狭菱形，向上渐短。雌雄异株。蒴柄黄色，直立，长5–7毫米。孢蒴卵形或椭圆形，长约0.7毫米，平滑。蒴齿短，常不规则开裂，近似平滑。蒴盖具斜长喙。孢子褐色，有细疣，直径14–18微米。

产海南、四川、云南和西藏，生于湿地或岩面薄土上。缅甸、印度、菲律宾及印度尼西亚有分布。

图 525 梨蒴小毛藓（于宁宁绘）

1. 植物体（×9），2.叶（×），3.叶尖部
细胞（×187），4.叶基部细胞（×163）。

7. 小曲尾藓属 Dicranella (C. Müll.) Schimp.

小形土生藓类，散生，稀密生，绿色、黄绿色或褐绿色。茎直立，下部有疏假根。叶片由茎基部向上渐宽大，直立、偏曲或背仰，披针形或阔披针形，基部常呈卵形或宽鞘状；中肋达叶尖前终止或突出叶尖呈芒尖。叶细胞方形或长方形，平滑。基部常阔长，上部常短或狭长，角细胞不分化。雌雄异株。雌苞叶常与茎上部叶相似。蒴柄单生，直立或弯曲。孢蒴长椭圆形或圆柱形，对称或不对称，直立或弯曲，有时基部有骸突，平滑或有褶，常有气孔。环带缺失或有1–2列细胞分化。齿片16，2裂达中部，有时上部不规则分裂，中下部常由疣形成的条纹。蒴盖具长喙，直立或斜立。孢子球形，平滑或有细疣。蒴帽兜形。

约100余种。我国有14种。

1. 叶多背仰。
　2. 中肋细弱，终止于叶先端 ·························· 8. **沼生小曲尾藓 D. palustris**
　2. 中肋粗壮，突出于叶先端。
　　3. 雌苞叶明显分化，基部阔鞘状。
　　　4. 植物体大；叶基部细胞短长方形或方形；孢蒴直立，干时有褶 ·········· 3. **南亚小曲尾藓 D. coarctata**
　　　4. 植物体较小；叶基部细胞长方形；孢蒴背凸，无褶 ·········· 6. **陕西小曲尾藓 D. liliputana**
　　3. 雌苞叶与茎叶同形，或长大。
　　　5. 叶基部细胞长方形；蒴柄红色 ·························· 5. **小曲尾藓 D. schreberiana**
　　　5. 叶基部细胞方形或短长方形；蒴柄黄色 ·········· 7. **细叶小曲尾藓 D. micro–divaricata**
1. 叶直立或偏曲。
　6. 中肋粗壮，突出于叶尖，或呈毛状。
　　7. 叶先端有齿；蒴柄黄色 ·························· 4. **多形小曲尾藓 D. heteromalla**

7. 叶先端无齿；蒴柄黄色或红色。

  8. 蒴柄红色 ·· 9. **偏叶小曲尾藓 D. subulata**

  8. 蒴柄黄色。

    9. 叶边平直；孢蒴平滑；环带2–3列细胞 ···················· 1. **华南小曲尾藓 D. austro–sinensis**

    9. 叶边常内卷；孢蒴干燥时具纵褶；环带单列细胞 ············· 2. **短颈小曲尾藓 D. cerviculata**

  6. 中肋细弱，终止于叶先端 ··· 10. **变形小曲尾藓 D. varia**

1. 华南小曲尾藓

图 526

Dicranella austro–sinensis Herz. et Dix., Hong Kong Natural. Suppl. 2: 3. l933.

植物体小，黄绿色，无光泽，疏丛生。茎直立，不分枝。叶片干时贴茎，湿时倾立，茎下部叶小，宽披针形，茎上部叶大，叶基部卵形，向上突呈短尖，先端钝；叶边有时具齿；中肋粗，终止于叶尖，背部平滑。叶细胞壁厚，中下部叶细胞阔长方形，上部叶细胞线形。雌雄异株。蒴柄长达8毫米，黄色。孢蒴短柱形或卵形，色淡。齿片2裂达中部，下部红褐色，由疣形成纵条纹。蒴盖圆锥形，具斜喙。环带分化，1–2列细胞。

我国特有，产广东和云南，见于沟边土上。

1. 植物体（×8），2. 叶（×24），3. 叶尖部细胞（×160），4. 叶中上部细胞（×300），5. 叶基部边缘细胞（×240）。

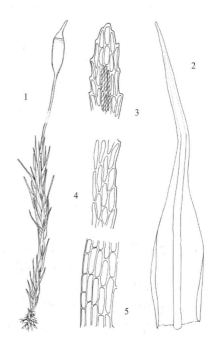

图 526 华南小曲尾藓（于宁绘）

2. 短颈小曲尾藓

图 527

Dicranella cerviculata (Hedw.) Schimp., Coroll. 13. 1855.

Dicranum cerviculata Hedw., Sp. Musc. Frond. 149. 1801.

体形小，黄褐色，无光泽。茎单一或叉状分枝。叶片倾立或一向偏曲，向上渐长大，由宽基部向上背仰，长约3毫米；叶边全缘或近尖部有齿；中肋突出于叶尖，占叶片基部宽度的1/2，上部背面平滑。叶上部细胞狭长方形，长宽比为1：7–1：5，基部细胞短。雌雄异株。蒴柄长8–10（15）毫米，黄色至黄褐色。孢蒴短卵形，基部有骹，干燥时开裂，背曲，有纵条纹。环带细胞单列，厚壁。齿片2裂达中部，基部有纵条纹。蒴帽长0.5–1毫

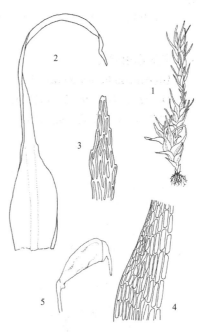

图 527 短颈小曲尾藓（于宁绘）

米，弯曲。孢子直径16-20微米，平滑或有细疣。

产浙江、湖北、广东和广西，生于湿砂石质土上，见于路边、沟边、开旷林下空地。日本、俄罗斯（远东地区）、欧洲及北美洲有分布。

3. 南亚小曲尾藓

图 528 彩片87

Dicranella coarctata (C. Müll.) Bosch et Lac., Bryol. Jav. 1: 84. 1858.

Aongstroemia coarctata C. Müll., Syn. Musc. Frond. 1: 431. 1848.

疏丛生，绿色。茎直立，不分枝，基部有疏假根；茎横切面圆形，由大形薄壁细胞组成，皮部有几层深色厚壁细胞。叶片背仰，基部宽鞘状，向上突成细长毛尖；叶边平直，全缘或尖端有齿突；中肋细，突出于叶先端，横切面有背厚壁细胞。叶细胞长方形，基部细胞短长方形，中上部细胞长约40-80微米，宽5-7微米，雌雄异株。雌苞叶略大于茎叶，基部鞘状。蒴柄直，黄褐色，长约1.5厘米。孢蒴卵圆形，直立或倾立，基部常有骸突，无气孔。环带单列细胞。蒴齿齿片2裂达中部，下部红色，有纵条纹，上部褐色，有疣。蒴盖圆锥形，具斜长喙，近于与孢蒴同长。蒴帽兜形。孢子球形，直径15-18微米，褐绿色，有疣。

产台湾、福建、江西、湖南、海南和云南，生于路旁、沟边或林边开旷湿砂质土上。日本、菲律宾、印度尼西亚、斯里兰卡及澳大利亚有分布。

1. 植物体(×9), 2. 叶(×25), 3. 叶尖部细胞(×190), 4. 叶中部边缘细胞(×120), 5. 孢蒴(×10)。

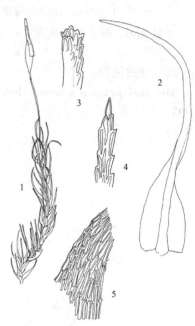

图 528 南亚小曲尾藓 (于宁宁绘)

1. 植物体(×5), 2. 叶(×26), 3-4. 叶尖部细胞(×125), 5. 叶中部边缘细胞(×150)。

4. 多形小曲尾藓

图 529

Dicranella heteromalla (Hedw.) Schimp., Coroll. 13. 1856.

Dicranum heteromallum Hedw., Sp. Musc. Frond. 128. 1801.

植物体小，黄绿色或暗绿色，有光泽，疏丛生。茎单一或叉状分枝，高1-4厘米。叶片2-3毫米，直立或偏曲，由宽基部向上渐呈细长叶尖；叶边中上部有齿突；中肋长，突出于叶尖，约占叶基宽度的1/3。叶细胞长方形，基部短长方形，中部狭长方形。雌雄异株。蒴柄长0.8-1.5厘米，黄褐色。孢蒴长约1.5毫米，直立或平列，平滑，短柱形，干燥时蒴口下部常收

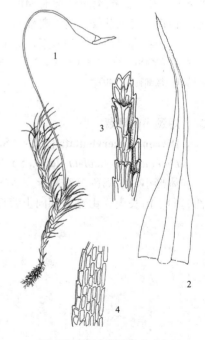

图 529 多形小曲尾藓 (于宁宁绘)

缩。齿片长约500微米，1/3-1/2开裂。环带细胞单列，或分化不明显。蒴盖长约1毫米，斜喙状。孢

子直径14–18微米，有细疣。

　　产黑龙江、吉林、安徽、浙江、台湾、湖北、湖南、海南和四川，生于林间、林边的腐木、树根部或沟边开旷的砂质土上。北半球广布。

5. 小曲尾藓　　　　　　　　　　　　　　　　图 530

Dicranella schreberiana (Hedw.) Hiff. ex Crum et Anderson, Moss. E. N. Amer. 1: 169. 1981.

Dicranum schreberianum Hedw., Sp. Musc. Frond. 144. 1801.

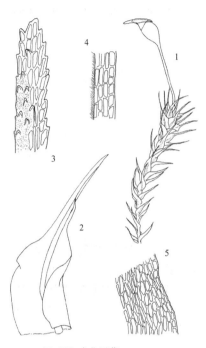

1. 植物体(×5), 2. 叶(×30), 3. 叶尖部细胞(×229), 4. 叶中部边缘细胞(×210)。

　　体形小，黄绿色，密丛生。茎直立，单一，稀叉状分枝，高1–1.5厘米。叶片湿时四散倾立，干时贴生，或偏曲，长达2.5毫米，从卵形鞘状基部，向上渐呈狭披针形；叶边平滑或先端有齿突；中肋细，终止于叶尖。叶细胞长方形，基部细胞长方形，中上部细胞狭长方或狭长卵形。雌雄异株或同株。蒴柄长达1厘米，红色。孢蒴倾立或平列，卵圆形，弯曲。环带缺失。蒴齿长，齿片2裂达中部，基部有纵条纹，上部有疣。孢子直径约17微米，有细疣。

　　产贵州和西藏，生于路边沟旁湿土上。俄罗斯、欧洲及北美洲有分布。

图 530 小曲尾藓（于宁宁绘）

　　1. 植物体(×5), 2. 叶(×24), 3. 叶尖部细胞(×245), 4. 叶中上部细胞(×245), 5. 叶中部边缘细胞(×190)。

6. 陕西小曲尾藓　　　　　　　　　　　　　　图 531

Dicranella liliputana (C. Müll.) Par., Ind. Bryol. Suppl. 117. 1900.

Aongstroemia liliputana C. Müll., Nuov. Giorn. Bot. Ital. n. ser. 5: 170. 1898.

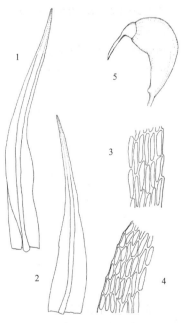

　　植物体细小，黄绿色，疏丛生。茎直立，不分枝，细弱。茎叶基部阔，向上背仰，从鞘状的长椭圆形基部向上呈狭披针形；叶边中部以上有齿突；中肋细，达叶尖并突出，尖部有钝齿。叶细胞长方形，基部细胞阔长方形，上部细胞狭长方形。雌雄异株。雌苞叶大，叶尖较细长。蒴柄短，黄色。孢蒴长卵形，穹形弯曲，基部有时有骸突。齿片2裂达中部，基部有纵条纹，红色。环带无。蒴盖基部圆锥形，向上具长斜喙。

　　产吉林和陕西，生于沟边、路旁湿土上或石缝湿土上。

图 531 陕西小曲尾藓（于宁宁绘）

　　1-2. 叶(×34), 3. 叶中部边缘细胞(×125), 4. 叶中部边缘细胞(×125), 5. 孢蒴(×37)。

7. 细叶小曲尾藓

图 532

Dicranella micro–divaricata (C. Müll.) Par., Ind. Bryol. Suppl. 11: 1900.

Aongstroemia micro–divaricata C. Müll., Nuov. Giorn. Bot. Ital. n. ser. 5: 171. 1898.

植物细小，黄绿色，疏丛生。茎单一，纤细。茎叶小，略背仰，基部短鞘状，向上呈狭披针形，叶尖有细齿；叶边平直；中肋细弱，突出于叶尖。叶细胞狭长方形或狭长椭圆形，较透明。雌雄异株。雌苞叶与茎叶相似，较狭长。蒴柄短，黄褐色。孢蒴稍背曲，长椭圆形，倾立。蒴盖圆锥形，具斜喙。齿片长，2裂达中部，或有穿孔，基部有纵条纹，红色。

中国特有，产陕西、浙江、四川和西藏，生于沟边，路旁湿土上。

1-2. 叶(×32)，3. 叶尖部细胞(×300)，4. 叶中部边缘细胞(×180)，5. 叶基部细胞(×200)。

图 532 细叶小曲尾藓（于宁宁绘）

8. 沼生小曲尾藓

图 533

Dicranella palustris (Dicks.) Crundw., Trans. Brit. Bryol. Soc. 4 (2): 247. 1962.

Bryum palustre Dicks., Pl. Crypt. Brit. Fasc. 4: 11. 1801.

体形纤长，绿色或黄绿色，无光泽，疏松丛生。茎直立或倾立，分枝或不分枝，长1-8厘米。叶疏生，基部卵形或阔卵形，向上背仰，渐尖，先端锐或圆钝，有时略内凹；叶边平直，全缘或尖部有齿突；中肋基部粗，渐上细，达叶尖终止，背部平滑。叶细胞薄壁，基部细胞长大，横壁薄，近先端细胞短，长椭圆形或方形，黄绿色。雌雄异株。蒴柄长1.5-1.8厘米，暗红色。孢蒴长椭圆形，对称，长达1.5毫米。蒴齿红棕色，齿片2裂达中部，有纵条纹。环带分化，单列细胞。蒴盖具斜喙。孢子直径达25微米，有细疣。

产吉林和辽宁，生于开旷的沼泽土上，常杂生于藓丛中。日本、俄罗斯、北美洲及欧洲有分布。

1. 植物体(×4)，2.叶(×23)，3.叶尖部细胞(×187)，4.叶中部边缘细胞(×90)，5.叶基部细胞(×80)。

图 533 沼生小曲尾藓（于宁宁绘）

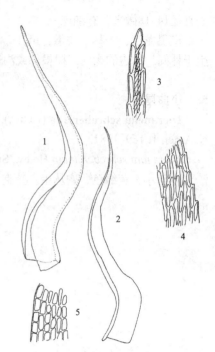

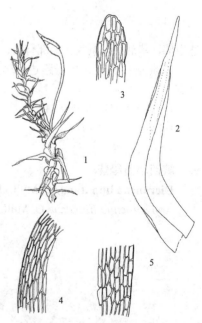

9. 偏叶小曲尾藓

图 534

Dicranella subulata (Hedw.) Schimp., Coroll. 13. 1855.

Dicranum subulatum Hedw., Sp. Musc. Frond. 128. 1801.

植物体较小，黄绿色。茎直立，单一或叉状分枝，高3-10（15）毫米。叶直立或偏曲，下部叶小，上部叶大，长达2毫米，渐向上呈长尖；叶边有时尖部有细齿；中肋约占基部宽度的1/5，突出于叶尖。叶基部细胞短长方形，中上部细胞长方形或不规则长椭圆形。雌雄异株。蒴柄长0.9-1.3厘米，红褐色。孢蒴长椭圆形或卵形，干时背曲。环带宽。蒴盖长达1毫米，具斜长喙。蒴齿齿片2裂达中部，基部红褐色，有纵条纹。孢子球形，有细疣。

产吉林、安徽、浙江、福建、海南、四川和西藏，生于路边砂石或沟边土上。日本及北美洲有分布。

1. 植物体（×5），2. 叶（×30），3. 叶尖部细胞（×435），4. 叶中部边缘细胞（×250），5. 叶基部细胞（×200）。

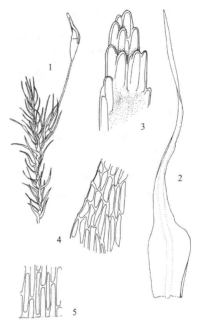

图 534 偏叶小曲尾藓（于宁宁绘）

10. 变形小曲尾藓　　　　　图 535 彩片88

Dicranella varia (Hedw.) Schimp., Coroll. 13. 1855.

Dicranum varium Hedw., Sp. Musc. Frond. 133. 1801.

疏丛生，暗绿色或亮绿色，上部黄绿色。茎单一，或叉状分枝，高达1.5厘米。叶片干时紧贴，湿时倾立或呈镰刀形弯曲，长达1-2毫米，从宽基部向上渐呈狭披针形，先端锐尖；叶边不规则内卷，全缘或尖部有齿；中肋细，约占叶基部宽度的1/5，终止于叶先端，背面平滑。叶基部细胞短长方形，中上部细胞长方形，胞壁一般等厚。雌雄异株。蒴柄0.8-1.5厘米，常红色。孢蒴短卵圆形，有时平列或弯曲。无环带。蒴盖圆锥形，具斜喙。齿片长，2裂达中部，下部有纵条纹。孢子直径16-20微米，有细疣。

产辽宁、江苏、浙江、江西、广东、广西、贵州、四川和云南，生于路边、沟边、溪边碱性的湿土，有时生于岩面薄土。日本、俄罗斯、

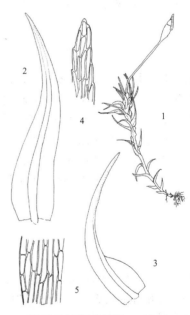

图 535 变形小曲尾藓（于宁宁绘）

欧洲及北美洲有分布。

1. 植物体（×7），2-3. 叶（×36），4. 叶尖部细胞（×187），5. 叶基部细胞（×135）。

8. 扭柄藓属 **Campylopodium** (C. Müll.) Besch.

细小，丛生。茎短小，单一，稀上部有短分枝。叶密集簇生，基部阔鞘状，向上突收缩呈狭长毛尖，直立或四散倾立；叶边平展，全缘；中肋与叶细胞界线明显，突出于顶端，在上部充满叶尖。叶角细胞不分化；

上部细胞短长方形，渐向下呈长菱形，鞘部为长方形，较透明。雌雄异株，稀异苞同株。蒴柄短，常鹅颈形弯曲，成熟后渐直立，或不规则扭曲。孢蒴直立或倾立，辐射对称，椭圆形，干燥时常有纵褶；台部短，有气孔。环带分化。蒴齿常纵裂至中下部，有纵长条纹，先端有疣。蒴盖具斜长喙。

约11种，广泛分布于热带和亚热带地区。我国有1种。

扭柄藓   图 536

Campylopodium medium (Dub.) Giese et Frahm., Acta Bot. Fenn. 131: 68. 1985.

Didymodon medius Dub. in Moritzi, Syst. Verz. Zoll. Pfl. 134. 1846.

植物矮小，纤细，黄绿色，有光泽，密或疏丛生。茎短，单一不分枝或叉状分枝，稀簇状分枝，高0.5–2.5厘米，横切面圆形，有小中轴，皮部黄褐色，细胞厚壁。叶片直立或倾立，基部阔鞘状，向上突呈细长毛状，有时无色透明；叶边平展，全缘；中肋细，突出于叶尖。叶上部细胞长方形，基部短圆菱形或短六边形，基部细胞狭长方形，壁薄，较透明。雌雄异株；雄株矮小。雌苞叶基部高鞘状，具长毛尖。蒴柄黄褐色，弧形或不规则弯曲。孢蒴悬垂、平列或倾立，长卵形，有短台部，干燥时有纵长褶，台部有气孔。蒴盖圆锥形，约为孢蒴长度的1/2，具斜长喙。蒴帽小，兜形，基部全缘。蒴齿红褐色，齿片2裂达中下部，上部有疣。孢子球形，直径15–18微米，有疣。

产台湾、云南和西藏，生于路边或开旷地土上。日本、菲律宾、印

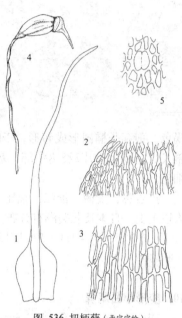

图 536 扭柄藓（于宁宁绘）

度尼西亚、泰国、新西兰、夏威夷及东非有分布。

1. 叶(×10), 2. 叶肩部细胞(×180), 3.叶中部边缘细胞(×180), 4.孢蒴(×10), 5. 气孔(×160)。

9. 拟扭柄藓属 Campylopodiella Card.

植物体甚小，有光泽，稀疏丛生。茎直立或倾立，单一或叉状分枝。叶片直立或略一向弯曲，从宽卵状的基部向上渐呈细长尖，内卷；叶边内曲；中肋细，长达叶尖，具中央假厚壁层，背腹两面由大形薄壁细胞包围。叶鞘部细胞长方形或长椭圆形，薄壁，透明，尖部细胞狭菱形，角细胞不分化。雌雄异苞同株。雌苞叶基部宽鞘状，向上突呈细长毛尖。蒴柄鹅颈状弯曲。孢蒴长卵形，薄壁，平滑。环带不分化或不明显。蒴齿2裂达中部。蒴帽兜形，基部有裂瓣。

2种。我国有1种。

拟扭柄藓   图 537

Campylopodiella tenella Card., Bull. Herb. Boiss. Ser. 2, 8: 90. f. 1. 1908.

体形细小，褐色，有光泽，疏丛生。茎直立，不分枝。叶片直立或四散倾立，稀一向偏曲，基部宽约0.2毫米，向上突呈狭披针形，基部约占叶长度的1/5；中肋褐色，充满叶尖，假厚壁层位于中央，背腹

面由大形薄壁细胞包围。叶基部细胞长方形或长椭圆形，透明，向上呈狭长方形。雌雄同株异苞。蒴柄鹅颈状弯曲，长约6毫米。孢蒴褐色，长椭圆形。蒴齿曲尾藓型。蒴

盖圆锥形，具直喙。蒴帽兜形，基部有裂瓣。

产云南和西藏，生于腐木或土壤上。尼泊尔有分布。

1. 植物体（×10），2. 叶（×26），3. 叶尖部（×205），4. 叶上部细胞（×130），5. 叶基部细胞（×130）。

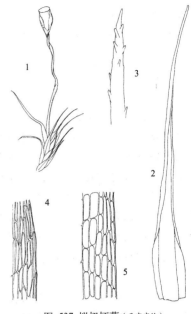

图 537 拟扭柄藓（于宁宁绘）

10. 小曲柄藓属 Microcampylopus (C. Müll.) Fleisch.

植物体形小，丛生或疏散丛生。茎短，直立，多单一。茎下部叶短小，向上渐长大，基部卵形，向上突呈狭披针形，叶尖有时透明；叶边平直，全缘；中肋粗壮，横切面中央有主细胞，背腹面有厚壁层和表皮细胞。叶鞘部细胞长方形，上部狭长方形，角细胞不分化。雌雄异株。蒴柄短，鹅颈形弯曲，干时不规则弯曲。

4种。我国有2种。

小曲柄藓

Microcampylopus khasianus (Griff.) Giese et Frahm, Lindbergia 11: 118. 1986.

Dicranum khasianum Griff., Calcutta Journ. Nat. Hist. 2: 496. 1842.

图 538

黄绿色或深绿色，丛生。植物体高5–10厘米，不育株稍矮。茎常分枝，基部有假根，下部叶小，上部叶大，叶基部卵形，渐上呈狭长披针形；叶边平直；中肋粗壮，占叶基宽度的1/3，突出叶尖呈毛状，横切面有中央大细胞，背腹有数层厚壁小细胞。叶基细胞短长方形，长30–40微米，宽8–10微米，上部细胞短长椭圆形，长10–14微米，宽6–8微米。

雌雄异株。雌苞叶基部鞘状，有短毛尖。蒴柄长2–3毫米，幼时弯曲呈鹅颈状，成熟时黄棕色或红褐色。孢蒴卵圆形，干时稍皱缩。无环带。蒴齿红褐色，基部有纵条纹，上部有细疣。蒴盖具斜长喙。蒴帽边缘平滑。孢子直径18–24微米，黄褐色或红褐色。

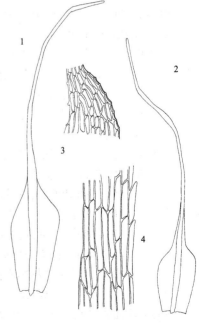

图 538 小曲柄藓（于宁宁绘）

产湖南和云南，生于高山开旷地土上。印度尼西亚、斯里兰卡、

缅甸及印度有分布。

1-2.叶(×15)，3.叶中部边缘细胞(×120)，4.叶基部细胞(×120)。

11. 曲柄藓属 Campylopus Brid.

植物体小或形大，棕黄色或红褐色，有光泽，稀光泽不明显，一般密丛生。茎密集叉状分枝或束状分枝，有时茎端产生纤长新枝。叶湿时倾立或直立，干时贴茎，不卷曲，顶端丛生叶有时一向偏曲，基部呈耳状，上部狭长披针形，有细长尖；叶边略内卷，全缘或仅尖端具齿；中肋平阔，上部常充满整个叶尖，横切面有大形主细胞，有或无背腹厚壁层。叶细胞方形或长方形，有时菱形或虫形，多数无壁孔，基部细胞疏松薄壁，无色透明；角细胞膨大，常呈棕色或红色。雌雄异株。雌苞叶与叶同形或略有分化。蒴柄常呈鹅颈形弯曲，成熟后直立。孢蒴辐射对称，椭圆形，有不明显纵纹或深沟。环带分化，由2-3列细胞构成。蒴齿中部以上2裂，具纵纹。蒴盖长圆锥形，有斜长喙。蒴帽兜形，一边绽裂，或钟形，基部有缨络或裂瓣。孢子黄绿色，常有细疣。

约100余种。我国有28种。

1.叶中肋横切面无厚壁层，腹面有大形薄壁细胞，背部为绿色大细胞。
  2.叶片横切中肋部分除腹面有大形薄壁细胞外，背面有大的同形绿色细胞，无拟厚壁层 ·················
  ··· 1. 疣肋曲柄藓 C. schwarzii
  2.叶片横切中肋部分除腹面有大形薄壁细胞外，背面有略小的绿色拟厚壁层。
    3.叶片弯曲，基部细胞狭长方形，上部细胞方形 ··············· 2. 拟脆枝曲柄藓 C. subfragilis
    3.叶片直立，基部细胞短长方形，上部细胞菱形或纺锤形，稀长方形。
      4.叶上部细胞短长方形 ·································· 3. 狭叶曲柄藓 C. subulatus
      4.叶上部细胞菱形或纺锤形 ···················· 4. 车氏曲柄藓 C. zollingeranus
1.叶中肋横切面有厚壁层。
  5.中肋横切面的厚壁层位于中肋背侧，腹面为大形薄壁细胞。
    6.叶先端有白毛尖。
      7.叶片的中上部细胞狭长虫形 ···················· 6. 长叶曲柄藓 C. atrovirens
      7.叶片中上部细胞纺锤形或椭圆形。
        8.叶片直立，披针形，有短叶尖；叶边平滑 ·············· 7. 黄曲柄藓 C. schmidii
        8.叶片狭长，有细长毛尖，镰刀形弯曲；叶边上部有齿·········· 11. 大曲柄藓 C. hemitrichus
    6.叶先端无白毛尖。
      9.植物体先端呈头状；芽胞呈束状生于叶腋 ·············· 10. 脆枝曲柄藓 C. fragilis
      9.植物体先端不呈头状；无芽胞。
        10.叶中肋横切面有拟厚壁层。
          11.叶片中上部细胞方形或短方形，基部细胞长方形 ·········· 5. 高山曲柄藓 C. schimperi
          11.叶片中上部细胞菱形或椭圆状纺锤形，基部细胞长方形或短长方形 .. 8. 毛叶曲柄藓 C. ericoides
        10.叶中肋横切面有厚壁层。
          12.叶片中上部细胞方形或长方形 ················ 9. 曲柄藓 C. flexuosus
          12.叶片中上部细胞菱形、椭圆形或长椭圆形 ·········· 12. 日本曲柄藓 C. japonicum
  5.中肋横切面的厚壁层位于中肋背腹两侧，中央有大形主细胞 ······ 13. 节茎曲柄藓 C. umbellatus

1. 疣肋曲柄藓　　　　　　　　　　图 539

Campylopus schwarzii Schimp., Musci Eur. Nov. Bryol. Eur. Suppl. fasc. 1–2(1): 1.1864.

丛生，细长，黄绿色或灰绿色，有光泽。茎高达2-8厘米，直立或倾立，单一或叉状分枝，横切

面皮部有2–3层厚壁细胞。叶直立，紧贴或直立，湿时倾立，长达4–7毫米，基部宽，渐上呈狭披针形，内卷呈管状，叶尖不为白毛尖；中肋宽，占基部宽度的3/4，横切面厚3–4层，无厚壁层，腹面具单层薄壁大细胞，背面具2–3层略厚壁的大细胞，中肋背面细胞突出，粗糙或略平滑。叶片角细胞薄壁，六边形，凸出成耳状，红褐色，胞壁不加厚，基部近中肋细胞阔长方形，长约30微米，宽8微米，近边缘细胞变狭，有5–7列线形细胞，中上部细胞短长方形。雌雄异株。

产台湾、江西、广东、海南、广西、四川、云南和西藏，林下土上或岩面薄土上，稀腐木生。日本、尼泊尔、印度、欧洲及北美洲有分布。

1. 植物体（×1），2. 叶（×17），3. 叶中部横切面（×125），4. 叶中部横切面的一部分（×300），5. 叶中部边缘细胞（×300），6. 叶基部细胞（×300）。

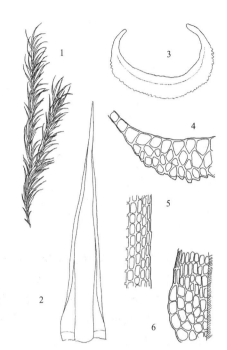

图 539 疣肋曲柄藓（于宁宁绘）

2. 拟脆枝曲柄藓　　　　　　　　图 540

Campylopus subfragilis Ren. et Card., Bull. Soc. R. Bot. Belg. 34(2): 59. 1896.

体形较小，绿色或黄绿色，有光泽，基部假根交织丛生。茎直立或倾立，褐色，分枝呈叉状或不分枝，先端常簇状生叶，多年生植株呈层次，高达2厘米。叶片紧贴，直立或倾立，湿时倾立，从略狭的基部渐向上呈管状狭披针形、叶尖无白毛尖，有齿突；中肋宽，浅褐色，约占基部宽度的2/3，横切面背面平滑，无厚壁层，充满叶尖。叶片角细胞不凸出，为数个分化不明显的长方形、厚壁褐色细胞构成，基部细胞薄壁，不规则长方形，长约60微米，宽15微米，中上部细胞小，壁较厚，菱形或纺锤形，浅褐色。雌雄异株。

产广西和云南，生于林下腐木上。尼泊尔及印度有分布。

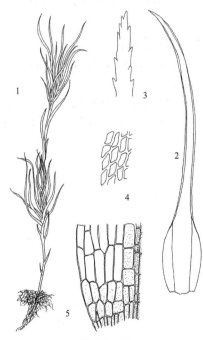

图 540 拟脆枝曲柄藓（于宁宁绘）

1. 植物体（×5），2. 叶（×15），3. 叶尖部（×100），4. 叶中部边缘细胞（×200），5. 叶基部细胞（×200）。

3. 狭叶曲柄藓　　　　　　　　图 541

Campylopus subulatus Schimp. in Rabenh., Bryoth. Eur. 9: 451. 1861.

植物体中等或形小，黄绿色或暗绿色，无光泽，丛生。茎直立或　　　倾立，多单一，稀叉状分枝，高达1–2厘米，基部有假根。叶片挺

硬，湿时直立，干时贴生，从宽披针形基部向上呈短尖；叶边直；中肋扁阔，为叶基部宽度的2/3，突出叶尖呈短尖，平滑或有细齿，有时尖部透明，中肋横切面中央有一列大形主细胞，腹面有一层薄壁大细胞，背面有拟厚壁层，无小形厚壁细胞，背面平滑。叶片角细胞分化明显，透明，叶基部近中肋细胞长方形，薄壁，透明，边缘有几列狭长形细胞，向上细胞趋短，上部细胞短方形，厚壁，或呈长方形或椭圆形。雌雄异株。孢蒴长椭圆形，蒴口收缩。不育植株顶端常有芽叶。

产广东、海南、四川和云南，生于林边路旁湿岩面或沙石质土上。亚洲南部、欧洲及北美洲有分布。

1. 植物体(×3)，2. 叶(×30)，3. 叶中部横切面(×117)，4. 叶尖部细胞(×117)，5. 叶中部边缘细胞(×117)，6. 叶基部细胞(×117)。

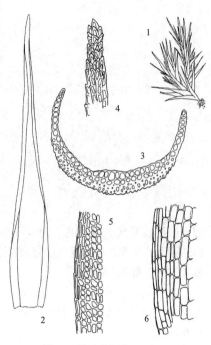

图 541 狭叶曲柄藓（于宁宁绘）

4. 车氏曲柄藓

图 542

Campylopus zollingeranus (C. Müll.) Bosch et Lac., Bryol. Jav. 1: 64, 77. 1858.

Dicranum zollingeranum C. Müll., Syn. 2: 599. 1851.

植物体坚挺，绿色，有光泽，密集丛生呈小垫状。茎直立或倾立，基部单一，向上叉状或簇状分枝，有稀假根，横切面为圆形。叶硬挺，直立、倾立，或镰刀形一侧偏曲，从基部渐向上呈披针形，上部边内卷成管状；中肋扁阔，约占基部宽度的1/2-2/3，达叶尖终止，背面平滑或粗糙，横切面腹面有大形薄壁细胞，主细胞大，略厚壁，背面有拟厚壁层。叶片角细胞不充分发育，薄壁，透明；排列疏，基部长方形，向边缘趋狭长，向上呈长方形或圆方形，壁等厚。雌雄异株。雄苞芽状，有多个精子器和隔丝；雄苞叶阔短。蒴柄黄色，长约1厘米，鹅颈状弯曲。孢蒴卵形，对称，干时不收缩。环带2列细胞。蒴盖为孢蒴长度的3/4，具斜长喙。蒴帽兜形，边平滑。蒴齿2裂达中部，透明，裂片有疣，基部有横条纹。孢子球形，褐绿色，直径10-14微米。

产四川和云南，生于林边路旁、沙石质土上。印度尼西亚有分布。

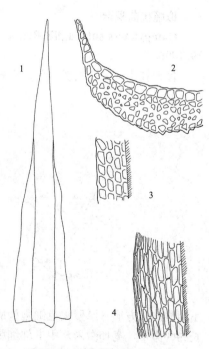

图 542 车氏曲柄藓（于宁宁绘）

1. 叶(×12)，2. 叶中部横切面的一部分(×320)，3. 叶中部细胞(×150)，4. 叶基部细胞(×160)。

5. 高山曲柄藓

图 543

Campylos schimperi Milde, Bot. Zeit. (Berlin) 22 Beil.: 113. 1864.

体形细小，黄绿色，有光泽，密集丛生呈小垫状。茎直立，密生叶，多叉状分枝。叶片直立，干时贴生，湿时倾立，从基部向上呈管状披针形，先端无毛尖或有短毛尖，长达2.5毫米；叶边全缘；中肋阔，约占叶片基部宽度的1/2－2/3，背面平滑，横切面腹面有一列薄壁大细胞，背面拟厚壁层细胞大，多绿色。叶片角细胞少或分化不明显，排列疏，薄壁，无色或带褐色；叶基部细胞长方形，近中肋细胞阔大，向边缘变狭，向上细胞呈短长方形。

产江西、广西、四川和云南，生于林下或路边土上、树干基部或腐本上。印度有分布。

1. 植物体（×3），2. 叶（×18），3. 叶中部横切面的一部分（×165），4. 叶尖部细胞（×165），5. 叶基部细胞（×165）。

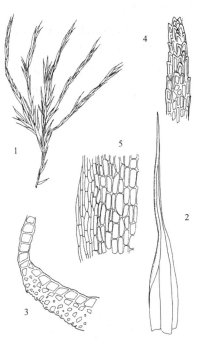

图 543 高山曲柄藓（于宁宁绘）

6. 长叶曲柄藓

图 544

Campylopus atrovirens De Not., Syll. Musc. Ital. 221. 1838.

体形粗大，下部黄绿色或黑绿色，上部油绿色，密集丛生。茎直立或倾立，单一或叉状分枝，高2–10厘米，常一向偏曲。叶直立，干时贴茎，湿时伸展，常一向偏曲，从宽基部渐向上呈狭披针形，有透明长毛尖；叶边内卷成管状；中肋褐色，占叶基宽度的1/2，突出叶尖成毛尖，横切面厚3–4层细胞，腹面两层大细胞，有背厚壁层，大小细胞均厚壁，背面粗糙或平滑。叶片角细胞呈半圆形，由大六边形薄壁细胞构成，深揭色；上部细胞长方形，近中肋细胞阔长方形，向边缘渐狭，稍薄壁，长约25微米，宽10微米，向上突成纺锤形或椭圆形，中上部细胞呈狭纺锤形，壁厚，有壁孔。雌雄异株。孢子体顶生。蒴柄鹅颈形弯曲，干燥时直立，长约7毫米。孢蒴卵状圆柱形，直径约0.8毫米。蒴齿2裂达中部，中下部有纵条纹。

产陕西、安徽、浙江、福建、江西、湖南、广东、广西、贵州、云南和西藏，生于林边、路旁岩面薄土或土壁上。尼泊尔、日本、欧洲及

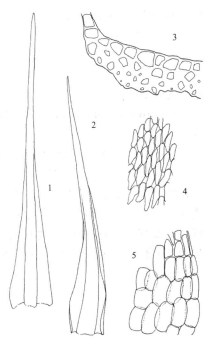

图 544 长叶曲柄藓（于宁宁绘）

北美洲有分布。

1-2. 叶（×20），3. 叶中部横切面的一部分（×264），4. 叶基部近边缘细胞（×196），5. 叶角细胞（×132）。

7. 黄曲柄藓　　　　　　　　　　　　　　　　　图 545

Campylopus schmidii (C. Müll.) Jaeg., Ber. Thatigk. St. Gall. Nat. Ges. 1870–1871: 439. 1872.

Dicranum schmidii C. Müll., Bot. Zeitung (Berlin) 11: 37. 1853.

植物体中等大小，黄绿色，下部暗褐色，具光泽，丛生。茎直立或倾立，多叉状分枝，高1–6厘米。叶片密生，干时直立，湿时倾立，稀偏曲，从基部渐上呈披针形，长3–7毫米，有时先端有短透明毛尖；上部边缘内卷呈管状；中肋粗，约占叶基宽度的1/3，叶尖突出呈短尖，横切面背部有拟背厚壁层，不平滑。叶片角细胞凸出，由六边形大细胞构成，近中肋细胞红褐色；基部细胞长方形，近中肋较宽，长约60微米，宽12微米，向叶边趋狭，中上部细胞狭六边形或纺锤形，厚壁。雌雄异株。雌苞叶长大，基部鞘状，直立。蒴柄呈鹅颈状弯曲，长达1厘米。孢蒴卵形，悬垂，蒴口狭。蒴盖具短喙。蒴帽兜形，边缘有缨络。孢子有疣，直径约15微米。

产台湾、福建、江西、广东、广西、贵州、四川和云南，生于林边地上或岩石上。日本、印度尼西亚、印度、斯里兰卡及新几内亚有分布。

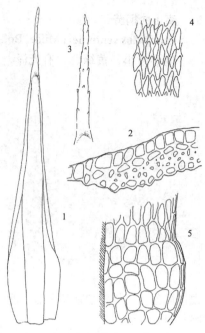

图 545 黄曲柄藓（于宁宁绘）

1. 植物体(×11)，2. 叶中部横切面的一部分(×300)，3. 叶尖部(×30)，4. 叶中部细胞(×231)，5. 叶基部细胞(×250)。

8. 毛叶曲柄藓　　　　　　　　　　　　　　　　　图 546

Campylopus ericoides (Griff.) Jaeg., Ber. S. Gall. Naturw. Ges. 1870–1871: 424. 1872.

Dicranum ericoides Griff., Calcutta Journ. Nat. Hist. 2: 499. 1842.

植物体褐绿色，具弱光泽，群集丛生。茎直立，常不分枝，长2厘米，红色，叶在茎上常簇生，基部生假根。叶直立，干燥时紧贴，有时先端略偏曲，长达6毫米，从宽的基部渐上呈披针形尖；叶边内卷成管状，尖部有齿；中肋为叶基宽度的1/3，突出于叶尖，横切面腹面有1–2层大形细胞，背部有厚壁层，背面有突起。叶片角细胞无色，略凸出，略大于其它细胞，长方形，叶基细胞短长方形，与角细胞有明显界线，叶中上部细胞短纺锤形，壁薄；叶边有1–2列透明细胞。

产福建、江西、广东、海南、贵州、四川和云南，生于腐木或树干基部。尼泊尔、缅甸、越南、泰国、斯里兰卡、菲律宾及印度尼西亚有分布。

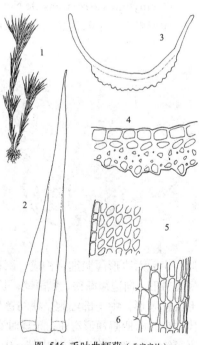

图 546 毛叶曲柄藓（于宁宁绘）

1. 植物体(×2.5)，2. 叶(×20)，3. 叶中部横切面(×125)，4. 叶中肋横切面的一部分(×375)，5. 叶中上部边缘细胞(×215)，6. 叶中部边缘细胞(×350)。

9. 曲柄藓 图 547

Campylopus flexuosus (Hedw.) Brid., Mant. Musc. 4: 71. 1819.

Dicranum flexuosus Hedw., Sp. Musc. Frond. 145. 18 f. 1–4. 1801.

植物体大小多变异，高1–10厘米，绿色或油绿色，有光泽，密集丛生。茎直立或倾立，叉状分枝，密被假根。叶片直立或紧贴，干燥时偏曲，约6毫米，从宽的基部渐向上呈狭披针形，中上部边缘内卷呈管状，无透明毛尖；叶边有齿；中肋约占叶基宽度的1/2，不充满叶尖，横切面有厚壁层，背面平滑，腹面有2层大形薄壁细胞。叶片角细胞褐色，薄壁，凸出呈半圆形；基部近中肋细胞长方形，长约16微米，宽11微米，向叶边缘趋狭，约为近中肋细胞宽度的1/2，中上部细胞短长方形，近中肋约为18×8微米，向边缘为短纺锤形，厚壁，叶边有1–2列狭长细胞。雌雄异株。

产浙江、福建、江西、广西和云南，生于土壤或岩石上。尼泊尔、俄罗斯（远东地区）、欧洲、北美洲、南美洲、澳大利亚、新西兰及马达加斯加有分布。

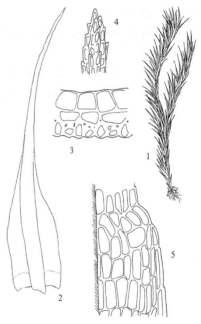

图 547 曲柄藓（于宁宁绘）

1. 植物体（×1.5），2. 叶（×24），3. 叶中肋横切面的一部分（×302），4. 叶尖部细胞（×250），5. 叶基部细胞（×150）。

10. 脆枝曲柄藓 纤枝曲柄藓 图 548

Campylopus fragilis (Brid.) B. S. G., Bryol. Eur. 1: 164. 90. 1847.

Dicranum fragile Brid., Journ. Bot. 1800 (2): 296. 1801.

植物体长达2厘米，黄褐色。茎直立，具分枝，基部有假根交织，先端有众多芽叶形成丛，上部芽叶易脱落。叶片直立，干时贴生，基部阔披针形，向上渐呈披针形长尖，易折断，长达4（5）毫米，先端有齿；叶边全缘，内卷；中肋宽，约占叶基宽度的1/2，下部背面平滑，上部有条状突起，中部横切面有中央主细胞，背面有较小的厚壁细胞层，腹面有一层大薄壁细胞。叶片基部细胞长方形或不规则长方形，薄壁，透明，角细胞不明显，中上部细胞长方形。

产台湾、海南、贵州和云南，生于林下、路边腐木、湿土上或岩面。日本、朝鲜、俄罗斯、欧洲及北美洲有分布。

1. 植物体（×2.5），2. 叶（×12），3. 叶中部中肋横切面的一部分（×264），4. 叶尖部

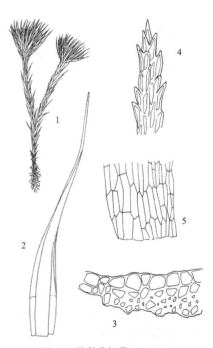

图 548 脆枝曲柄藓（于宁宁绘）

细胞（×180），5. 叶基部细胞（×180）。

11. 大曲柄藓 图 549

Campylopus hemitrichus (C. Müll.) Jaeg., Ber. S. Gall. Naturw. Ges. 1877–1878: 348. 1880.

Dicranum hemitrichum C. Müll., Linnaea 38: 553. 1874.

植物体形大，黄褐色，有弱光泽，密集丛生。茎直立，高达10厘米，常不分枝，稀叉状分枝，有假根。叶片干时贴生，湿时倾立，狭披针形，顶端叶略一向弯曲，长达12毫米，茎叶基部向上呈狭披针形，边缘内卷，先端有长毛尖，尖部有齿突；中肋约占叶基宽度的1/3–1/2，突出于先端，横切面腹面有一列透明大细胞，主细胞位于中央，稍小，背面一列狭小背厚壁细胞。叶片角细胞透明或淡色，方形或长方形，薄壁，向外凸出形成耳状，界线明显；叶基细胞方形，近中肋细胞阔大，向边缘渐呈线形，透明，向上细胞呈狭长椭圆形或短椭圆形。雌雄异株。蒴柄短，鹅颈状弯曲。孢蒴长卵形，干燥时有纵褶。

产浙江、福建和广东，生于土上或岩石薄土上。菲律宾及印度尼西亚有分布。

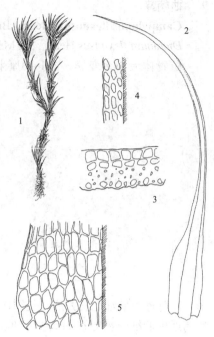

图 549 大曲柄藓（于宁宁绘）

1. 植物体（×1），2. 叶（×12），3. 叶中肋横切面的一部分（×300），4. 叶上部边缘细胞（×262），5. 叶基部细胞（×367）。

12. 日本曲柄藓 图 550 彩片89

Campylopus japonicum Broth., Hedwigia 38: 207. 1899.

植物体大小和色泽变化大，一般呈黄绿色，基部褐色，密丛生。茎直立或倾立，不分枝或分枝，高2–6（10）厘米，密被假根。叶片干燥时常一侧偏曲，长4–5（6）毫米，宽约0.6毫米，从宽基部向上渐呈披针形；叶边内卷，先端有齿，无透明毛尖；中肋扁阔，约占叶基宽度的1/3–1/2，突出于先端，背面近于平滑，横切面腹面有一列大形薄壁细胞，中间主细胞略小，背部有厚壁层；叶片角细胞为长方形，略大，红褐色，或略凸出；基部细胞长方形；叶边细胞渐狭长，向上呈狭纺锤形，厚壁，有壁孔，近先端细胞为长椭圆形，厚壁。

产陕西、台湾、福建、广东和四川，生于林地、石面、树干基部或腐木上。朝鲜及日本有分布。

1. 植物体（×2），2-3. 叶（×14），4. 叶横切面的一部分（×312），5. 叶尖部细胞

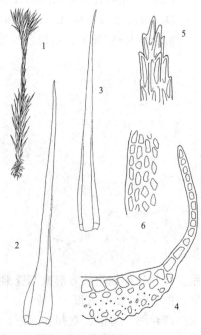

图 550 日本曲柄藓（于宁宁绘）

（×187），6. 叶中部边缘细胞（×250）。

13. 节茎曲柄藓 缨帽藓 中华缨帽藓　　　　　图 551 彩片90

Campylopus umbellatus (Schwaegr. et Gaud. ex Arnott) Par., Ind. Bryol. 264. 1894.

Thysanomitrium umbellatum Schwaegr. et Gaud. ex Arnott., Mem. Soc. Linn. Paris 5: 263. 1827.

植物体常粗壮，上部黄绿色，下部褐色或黑色，具弱光泽，密集丛生。茎直立或倾立，高 4–7（9）厘米，不育枝呈条状，生育枝先端簇生叶，多年生植株呈层状，密被假根。叶直立，干燥时贴生，湿时倾立，生于茎上部者呈绿色，生于茎下部者呈黑绿色，从狭的基部渐上呈卵状披针形，中下部最宽，先端有透明毛尖或不明显；叶边平滑，近尖端略内卷；中肋约占叶基宽度的1/3–1/2，于先端成毛尖，背面上部有2–4列1–3个细胞高的栉片，横切面有大形中央主细胞，背腹面均有厚壁层。叶片角细胞界线明显，不凸出或略凸出，长方形，薄壁；基部细胞长方形，中上部细胞为纺锤形或短虫形，厚壁。雌雄异株。雌雄苞均呈芽状。蒴柄短，长5–6毫米，下垂成鹅颈状，每个雌苞中生3–4个孢子体。蒴盖具圆锥形，具长喙。蒴齿2裂达基部，线形，有密疣。蒴帽兜形，边缘有缨络。

产安徽、浙江、台湾、福建、江西、湖北、湖南、广东、海南、广

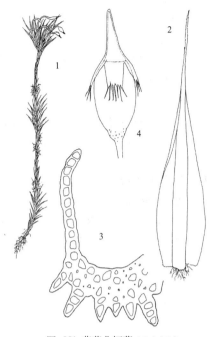

图 551 节茎曲柄藓（于宁宁绘）

西、贵州、四川、云南和西藏，生于林下岩石和土壤上。日本、朝鲜及印度尼西亚有分布。

1. 植物体（×1），2. 叶（×16），3. 叶中上部横切面的一部分（×148），4. 孢蒴（×15）。

12. 青毛藓属 Dicranodontium B. S. G

植物体密集丛生，一般个体稍大，常有光泽。茎单一或有分枝；中轴分化较弱，皮部常有2–3层厚壁褐色细胞。叶直立或呈镰刀形弯曲；基部宽，向上呈狭披针形，有细长毛尖；叶边内卷，多平滑；中肋平阔，约占基部宽度的1/3，上部充满叶尖，横切面背腹均有厚壁层。叶细胞为方形或长方形，有或无明显壁孔，基部近中肋细胞呈长方形或六边形，向叶边渐狭长，常有几列狭长形细胞；角细胞大，无色或黄褐色，厚壁或薄壁，常凸出呈耳状。雌雄异株。雄株常自成群落。雌苞叶基部鞘状，向上急狭呈细长叶尖。蒴柄在未成熟前多呈鹅颈状弯曲，成熟后挺立。孢蒴辐射对称，长卵形或椭圆形，平滑。环带不分化。齿片深2裂至近基部，背面基部有横纹，上部有纵斜纹，无疣；内面横隔不高出。蒴盖长圆锥形。蒴帽兜形，基部无缨毛。孢子黄绿色，有细疣。

约15种，我国有15种。

1. 植物体大，纤长，高达5（10）厘米。
　　2. 叶片长8–10毫米。
　　　　3. 植物体上部常落叶；叶片上部细胞单层 ················· **3. 青毛藓 D. denudatum**
　　　　3. 植物体一般不落叶；叶片上部细胞两层 ················· **8. 钩叶青毛藓 D. uncinatum**
　　2. 叶片长5（7）毫米。
　　　　4. 叶基部细胞较透明，有壁孔，叶边细胞狭长，虫形弯曲 ·············· **6. 孔网青毛藓 D. porodictyon**

  4. 叶片基部细胞色深，透明度差，无壁孔，叶边细胞狭长，不呈虫形弯曲 ········ **4. 山地青毛藓 D. didictyon**
1. 植物体小，纤细，高2–3（5）厘米。
  5. 叶片基部卵形，向上突呈细长披针形尖 ································ **1. 粗叶青毛藓 D. asperulum**
  5. 叶片基部长椭圆形，渐向上呈长披针形尖。
   6. 叶边平滑或近于平滑 ······································· **7. 云南青毛藓 D. tenii**
   6. 叶边或上部有明显齿。
    7. 茎皮部分化为表皮1层大细胞和里面的2–3层小形厚壁细胞 ········· **2. 丛叶青毛藓 D. caespitosum**
    7. 茎皮部不分化，仅为2–3层厚壁小形褐色细胞 ················· **5. 毛叶青毛藓 D. filifolium**

1. 粗叶青毛藓   图 552

Dicranodontium asperulum (Mitt.) Broth., Nat. Pfl.1(3): 336. 1901.

Dicranum asperulum Mitt., Journ. Linn. Soc. Bot. Suppl. 1: 22. 1859.

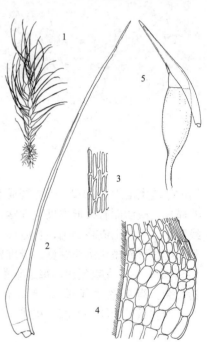

  体形较大，具弱光泽，黄绿色，下部有棕色假根交织，密集丛生。茎直立或倾立，高1–3（5）厘米，不分枝或叉状分枝，横切面皮部褐色，中轴有几个小形厚壁细胞，近中轴的大形细胞色淡。叶片干时一向偏曲，长达7毫米，基部阔长卵形，向上突收缩为披针形细长尖；叶边自基部开始有齿，叶尖有不规则齿；中肋扁阔，占基部宽度的1/4–1/3，突出叶先端呈毛状。叶片角细胞大，向外凸出或不凸，无色透明；叶基近中肋细胞方形或长方形，透明，边缘细胞狭长，向上近中肋细胞呈长方形，上部细胞长方形至狭长方形。

图 552 粗叶青毛藓（于宁宁绘）

  产台湾、海南、四川和云南，生于林下腐木或岩石上。尼泊尔、日本、北美洲及欧洲有分布。

  1. 植物体(×4)，2. 叶(×25)，3. 叶上部边缘细胞(×292)，4. 叶基部细胞(×125)，5. 孢蒴(×15)。

2. 丛叶青毛藓   图 553

Dicranodontium caespitosum (Mitt.) Par., Ind. Bryol. 337. 1896.

Dicranum caespitosum Mitt., Journ. Linn. Soc. Bot. Suppl. 1: 22. 1895.

  植物体褐绿色，有弱光泽，密集丛生。茎常叉状分枝，顶端明显成层，高达1.5厘米；横切面外层有一层大形细胞，向内为2–3层小形厚壁棕色细胞，中轴为几个小形透明厚壁细胞，皮部与中轴之间有几层大形透明细胞。叶片直立或呈镰刀形一向偏曲，茎基部叶小，向上渐大，长达7毫米，由长卵形基部，向上呈披针形；叶边内卷，平滑，尖部粗糙；中肋扁阔，占基部宽度的1/3–1/2，突出于叶片先端。叶细胞长方形或狭长方形，角细胞大，透明，不规则，柔弱，叶基部细胞短长方形，边缘细胞狭长形，中部为狭长方形。雌雄异株。雄株矮小。蒴柄棕色，

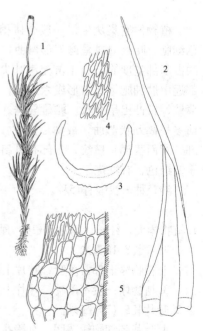

图 553 丛叶青毛藓（于宁宁绘）

鹅颈状弯曲，长约1厘米。孢蒴棕黄色，短圆柱形，湿时多平列，直径约0.8毫米，长约2毫米。蒴壁外层细胞长方形或不规则形，薄壁。蒴齿红褐色，齿片2裂近于达基部，背面有纵条纹，上部有细疣，长约0.4微米。孢子圆形，直径约14微米。

产广东、广西、四川、云南和西藏，生于湿土、岩面或腐木上。印度北部及尼泊尔有分布。

1. 植物体（×1.5），2. 叶（×10），3. 叶中部横切面（×150），4. 叶中上部边缘细胞（×150），5. 叶基部细胞（×150）。

3. 青毛藓

图 554

Dicranodontium denudatum (Brid.) Britt. in Williams, N. Am. Fl. 15: 151. 1913.

Dicranum denudatum Brid., Sp. Musc. 1: 184. 1806.

植物体形大，黄褐色，有弱绢光泽，基部有假根交织，密集丛生。

茎直立或倾立，分枝或不分枝，高1–10厘米；横切面圆形，中轴不明显，皮部有2–4层小形厚壁细胞。叶片干时扭曲，镰刀形偏曲，茎基部叶小，渐上长大，长2.5–8毫米，基部宽，向上呈狭长披针形；叶边内卷，全缘，平滑或1/2以上有齿突；中肋扁阔，占叶基部的1/3–1/2，尖部突出呈毛尖状。叶片角细胞凸出呈耳状，细胞大，无色或棕色；叶基部近中肋细胞阔短长方形，边缘狭长虫形，中部为长方形或虫形，上部细胞狭长方形或线形。雌雄异株。蒴柄长约1厘米，干时直立，湿时鹅颈状或不规则弯曲。孢蒴长约1.5毫米，长椭圆形。蒴盖圆锥形，具喙，近于与孢蒴等长。齿片2裂达中部，有粗纵条纹。孢子圆形，直径11–12微米。

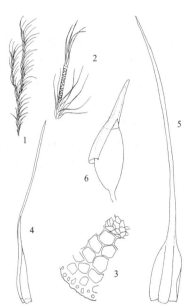

图 554 青毛藓（于宁宁绘）

产黑龙江、吉林、内蒙古、山东、浙江、台湾、福建、湖北、广东、广西、贵州、四川、云南和西藏，生于山区腐木、岩面薄土或土上。尼泊尔、印度、日本、俄罗斯、欧洲及北美洲有分布。

1. 植物体（×1.5），2. 小枝的一部分（×8），3. 茎横切面的一部分（×250），4-5. 叶（×20），6. 孢蒴（×17）。

4. 山地青毛藓

图 555 彩片91

Dicranodontium didictyon (Mitt.) Jaeg., Ber. S. Gall. Naturw. Ges. 1877–1878: 380. 1880

Dicranum didictyon Mitt., Journ. Linn. Soc. Bot. Supl. 1: 21. 1859.

植物棕黄绿色，具弱光泽，密集丛生。茎直立或倾立，高达4厘米；皮部有2–3层小形厚壁黄绿色细胞，中轴为几个厚壁无色细胞，皮部与中轴中间为几层大形黄色细胞。茎常不分枝，稀分枝，枝短。叶

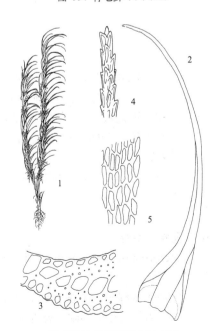

图 555 山地青毛藓（于宁宁绘）

直立或倾立，常一向偏曲，长达1.2毫米，茎下部叶小而宽，向上为细长披针形；叶边内卷，全缘，先端呈毛状，具细齿；中肋褐色，基部为叶宽度的1/3，突出于尖部呈毛尖状，有细齿。叶片角细胞不凸出，不规则4-6边形，薄壁，透明，与其它叶细胞界线明显；上部细胞方形、长方形或长椭圆形，基部近中肋细胞大，排列疏松，方形或长方六边形，边缘细胞狭长，色淡，向上细胞壁加厚，色加深，有稀壁孔，雌雄异株。雄株常较矮小。雌苞叶基部鞘状，上部有细长毛尖。蒴柄褐色，鹅颈状弯曲或不规则弯曲，长约6毫米，稍高出于雌苞叶，干燥时常扭转。孢蒴红褐色，卵形，长约2.2毫米，直径约1毫米。齿片红褐色，2裂达基部，细条状。

产海南、广西、贵州、四川、云南和西藏，生于林下树基、岩面或稀生于土上。日本、印度及缅甸有分布。

1. 植物体（×3/4），2. 叶（×17），3. 叶中肋横切面的一部分（×500），4. 叶尖部细胞（×200），5. 叶上部细胞（×200）。

5. 毛叶青毛藓　　　　　　　图 556

Dicranodontium filifolium Broth., Symb. Sin. 4: 20. I. f. l. 1929.

体形纤细，黄绿色，无光泽，密集丛生。茎直立或倾立，高约1厘米，被覆棕褐色假根，不分枝或稀分枝；横切面圆形，皮部有一层褐色厚壁细胞，中央有几个厚壁无色小细胞构成中轴，皮部与中轴之间为大形薄壁细胞，黄色。叶直立或干时卷曲，呈镰刀形偏曲，下部叶小，向上渐大，一般内卷呈管状，基部卵形，渐上呈狭披针形，长达6毫米，毛尖部有齿突；中肋扁阔，约占叶片基部的1/4，在叶先端突出呈毛状。叶细胞方形，或长方形，厚壁，基部近中肋细胞长方形，阔大，边缘细胞略狭长，向上细胞为方形或短长方形，厚壁；角细胞数少，凸出呈耳状，黄褐色或无色。

中国特有，产湖南、广东、贵州、四川、云南和西藏，生于常绿阔叶林树干基部。

1. 植物体（×3），2. 叶上部横切面的一部分（×300），3-4. 叶（×26），5. 叶基部细胞（×125）。

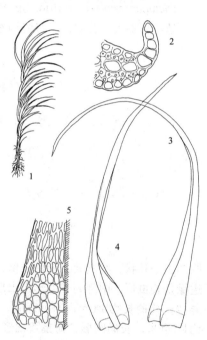

图 556 毛叶青毛藓（于宁宁绘）

6. 孔网青毛藓　　　　　　　图 557

Dicranodontium porodictyon Card. et Thér., Bull. Ac. Inst. Geogr. Bot. 21: 269. 1911.

植物体褐绿色，有弱光泽，密集丛生。茎直立；横切面不规则圆形，中轴为厚壁小形细胞，表皮为一层红褐色小细胞，中间为大形略厚壁的细胞。叶片基部卵形，向上呈狭长披针形，叶尖呈毛状，具细齿；

叶边略内卷，中上部有齿；中肋扁宽，约为叶片基部宽度的1/3，突出于叶尖。叶片角细胞易破碎，叶基部边缘有3-6列狭长细胞形成的叶边，中肋与叶边之间有长方形厚壁大细胞，壁孔明显，中上部为狭长细胞。雌雄异株。雌株细长，分枝多，雌苞假顶生。雄苞生于分枝顶端，有线状隔丝。雌苞叶基部鞘状，有短毛尖。蒴柄黄色，长约1厘米，成熟后直立。孢蒴短，直立，有短台部。蒴齿红色，齿片2裂，曲尾藓类型。孢子圆球，直径12-15微米。

产湖南、海南、贵州和西藏，生于林下或林边树干基部或土上。印度及夏威夷有分布。

1. 叶(×16)，2. 叶中部横切面的一部分(×450)，3. 叶尖部细胞(×190)，4. 叶基部细胞(×190)。

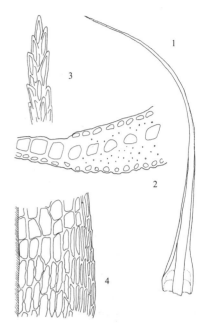

图 557 孔网青毛藓（于宁宁绘）

7. 云南青毛藓 图 558

Dicranodontium tenii Broth. et Herz., Hedwigia 65: 150. 1925.

植物体黄绿色，有弱光泽，密集丛生。茎高达2厘米，直立或倾立，不分枝或分枝簇生，有棕色假根；中轴弱分化，有几个小形细胞，皮部有1-2层厚壁褐色小细胞。叶直立或多一向偏曲，长4-5毫米，基部狭，向上阔椭圆形，中上部狭长披针形；叶缘上部内卷；中肋基部扁阔，约占叶片基部宽度的1/4-1/3，在叶尖突出呈毛尖状，具齿突。叶片角细胞方形或不规则六边形，透明，向上近中肋细胞长方形，叶边细胞狭长，中上部细胞为狭长方形或近似虫形。雌雄异株。雌苞叶基部卵形，鞘状，向上突呈长毛尖。蒴柄棕红色，长7毫米，不规则弯曲。孢蒴长椭圆形，长约1.5毫米，蒴口小，边缘淡红色。蒴齿单层，齿片2裂达基部，披针形，具横脊，下部有斜条纹，上部有疣。孢子小，直径约8微米，黄绿色，近于平滑。

中国特有，产海南、广西、四川、云南和西藏，生于树干基部或腐木或岩面上。

1-2. 叶(×11)，3. 茎横切面的一部分(×300)，4. 叶尖部细胞(×250)，5. 叶基部细胞(×126)。

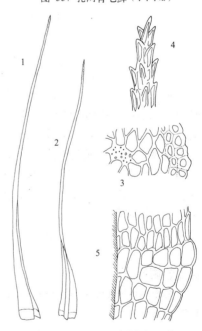

图 558 云南青毛藓（于宁宁绘）

8. 钩叶青毛藓 图 559

Dicranodontium uncinatum (Harv.) Jaeg., Ber. S. Gall. Naturw. Ges. 1877–1878: 380. 1880.

Thysanomitrium uncinatum Harv. in Hook., Icon. Pl. 1: 22. 1836.

体形大，黄绿色，带绢光泽，密集丛生。茎直立或倾立，不分枝或叉状分枝，高达7厘米，茎下部叶短小，上部叶大；横切面皮部有1-3层厚壁细胞，红褐色，中轴分化不明显。叶片直立或镰刀形偏曲或不规则扭曲，上部叶长达1.2厘米，基部宽，向上呈狭长披针形，内卷；叶边尖部有细齿；中肋扁阔，黄色至红褐色，占叶基部宽度的2/3以上，

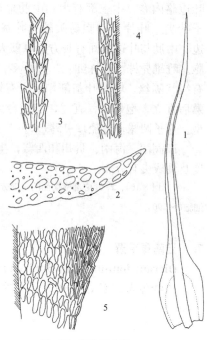

突出于先端呈毛状。叶片角细胞凸出呈耳状，细胞大，无色或略呈红褐色，基部近中肋细胞阔长方形，淡黄色，边缘有5–7列狭长线形细胞，厚壁，有壁孔，上部细胞狭长，厚壁，具前角突。雌雄异株。蒴柄长约1.5厘米，鹅颈形弯曲或直立，略高出于雌苞叶。孢蒴短圆柱形，褐色，直径约0.7毫米，长约2毫米。齿片红褐色，2裂近于达基部，具粗纵条纹，先端有疣。孢子圆形，淡黄色，直径约16–17微米。

产浙江、台湾、江西、广东、海南、广西、四川、云南和西藏，生于石壁、土壤、高山草地、腐木或树干基部。日本、缅甸、印度、越南、泰国、菲律宾及马来西亚有分布。

1. 叶（×11），2. 叶中上部横切面的一部分（×225），3. 叶尖部细胞（×183），4. 叶上部边缘细胞（×183），5. 叶基部细胞（×200）。

图 559 钩叶青毛藓（于宁宁绘）

13. 长帽藓属 Atractylocarpus Mitt.

植物体细小，褐绿色，有光泽，丛生。茎高0.4–2厘米，不分枝或分枝，直立或倾立。叶直立，或顶生叶略向一侧偏曲，基部阔卵形，略呈鞘状，上部狭长方形；叶边平滑，略内卷，上部近于呈管形，近尖部有前角突，形成疣状齿；中肋扁阔，上部充满叶片，具背腹厚壁层。叶角细胞单层，多数不甚发达，略透明；叶基部细胞薄壁，长方形或长五边形、长六边形，向边缘趋狭，上部细胞狭长。雌雄同株。雌苞叶基部鞘状，长卵形，有细中肋。蒴柄单生，直立，褐色。孢蒴长圆柱形，辐射对称，直立，平滑，红褐色，老时有纵沟，黑褐色。蒴齿2–3裂达基部，下部有纵斜条纹，上部有细疣。蒴帽大，兜形，基部有时狭窄，紧附于蒴柄上部，全缘。孢子棕黄色，有细疣。

本属约7种，多生于高山寒地腐木上。我国有2种。

高山长帽藓 梅氏藓   图 560

Actractylocarpus alpinus (Schimp. ex Mild.) Lindb., Bot. Not. 1886: 100. 1886.

Metzleria alpina Schimp. ex Mild., Bryol. Siles 75. 1869.

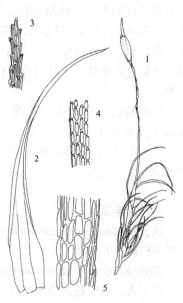

植物体小，高约1厘米，褐绿色，具弱光泽，密集丛生。茎直立，满被褐绿色假根，高4–6毫米，不分枝。叶直立，基部卵形，向上突成细长披针形，尖部平滑或有细疣状突起；中肋扁阔，充满叶尖，背部粗糙。叶角细胞方六边形，无色或

图 560 高山长帽藓（于宁宁绘）

具浅黄褐色；叶基部细胞透明，近中肋细胞长方形，向边缘趋狭长，上部细胞狭长，有前角突起。雌雄同株。雄苞生于植株中下部，芽状。蒴柄细长，直立，长6-8毫米。孢蒴直立，短柱形。蒴盖具斜长喙。蒴齿直立，齿片2-3裂达基部，中下部有斜纹，上部有细疣。蒴帽长兜形，基部全缘。孢子褐色，直径20-24微米，有细疣。

产云南和四川，高山草地湿土或腐木生。印度及欧洲有分布。

1. 植物体(×6)，2. 叶(×15)，3. 叶尖部细胞(×17)，4. 叶上部边缘细胞(×264)，5. 叶基部细胞(×357)。

14. 拟白发藓属 Paraleucobryum (Limpr.) Loeske

挺硬，灰绿色，有光择，密集丛生。叶淡绿色，直立或一向偏曲；中肋极宽，叶中部以上几乎全为中肋占满；横切面厚3-4层细胞，仅中央一列为绿色细胞，其他均为无色大细胞。叶细胞通常长方形或线形，仅叶基部可见叶细胞，具壁孔；角细胞分化明显，方形，薄壁，棕色。雌雄异株。内雌苞叶高鞘状。孢蒴直立，圆柱形，对称。蒴齿单层，齿片2裂，具纵纹和疣。蒴帽兜形，全缘。

4种。我国有4种。

1. 叶片阔披针形，具短叶尖，尖部平滑或具不明显齿；中肋横切面绿色细胞位于叶片中央 ·················· ······················· 1. 拟白发藓 P. enerve
1. 叶片狭长披针形，具细长叶尖，叶尖部有细齿；中肋横切面绿色细胞杂于叶片背面无色细胞间 ·················· ·····················2. 长叶拟白发藓 P. longifolium

1. 拟白发藓
图 561 彩片92

Paraleucobryum enerve (Thed.) Loeske, Hedwigia 47: 171. 1908.

Dicranum enerve Thed. in Hartm, Handb. Skand. Fl. 5: 393. 1849.

植物体密集丛生，灰绿色，有时绿色，具光泽。茎直立，多分枝，高3-10厘米，基部具褐色假根。叶周出，或顶端叶略偏曲，阔披针形；叶边中部以上内卷，全缘，平滑，尖部有不明显齿突；中肋极宽，占叶片基部的2/3以上，叶片的中上部全为中肋占满，横切面厚3-4层细胞，中央一列绿色细胞，背腹面为大形无色细胞所包围。叶片细胞单层，基部从中肋到边缘10-12列，薄壁，线形；角细胞2-3层，无色或褐色，近似耳状。雌雄异株。雌苞叶高鞘状，向上突成细短尖，尖部有齿。蒴柄长1.5-2厘米，棕黄色，成熟时变红棕色，直立。蒴盖细锥形，具喙，与孢蒴近于等长。齿片外侧具斜条纹，红棕色，上部黄棕色，有细疣，2裂达中部。孢子小，直径约16微米，黄绿色。

产吉林、陕西、浙江、四川、云南和西藏，生于林下腐木、树干基部或岩面，少数见于泥土上。北半球广布种。

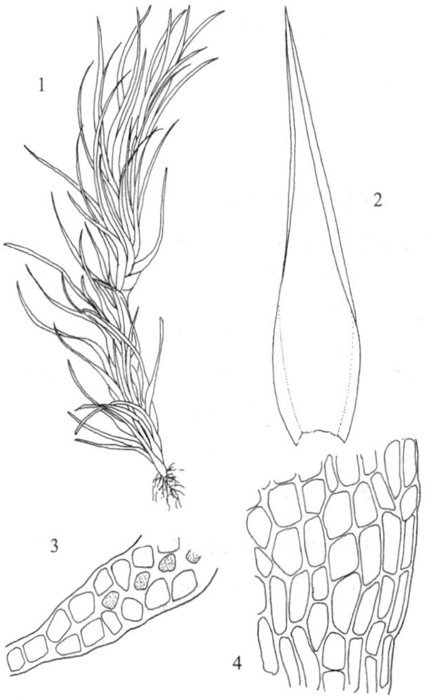

图 561 拟白发藓（于宁宁绘）

1. 植物体(×3)，2. 叶(×11)，3. 叶中部横切面的一部分(×135)，4. 叶基部细胞(×152)。

2. 长叶拟白发藓
图 562

Paraleucobryum longifolium (Hedw.) Loeske, Hedwigia 47: 171. 1908.

Dicranum longifolium Ehrh. ex Hedw., Sp. Musc. Frond. 130. 1801.

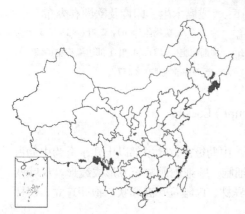

密集丛生或疏丛生，灰绿色或深绿色，具光泽。茎直立或倾立，略具褐色假根，高2-5（8）厘米。叶片周出，略一向镰刀形弯曲，长约8毫米，细长披针形；叶边内卷，尖部有细齿；中肋宽阔，占叶片基部的2/3以上，上部突出叶尖呈细毛尖，横切面绿色细胞位于背面，杂于无色细胞间。叶片细胞长方形，有壁孔，基部中肋至边缘宽10-15列细胞；角细胞分化明显，近似叶耳状，褐色，1-2层细胞。雌雄异株。蒴柄长1-2厘米，直立，黄褐色。孢蒴长椭圆形或圆柱形，黄绿色，平滑，外层蒴壁细胞形状不规则。齿片紫红色，上部黄色或无色，具疣。环带不分化。蒴盖长圆锥形，具喙，与孢蒴等长。孢子黄色，具细疣，成熟于夏末秋初。

产黑龙江、吉林、陕西、四川、云南和西藏，生于林下腐木、树干基部、岩面腐殖质上，稀见于土上。日本、印度、俄罗斯及北美洲有分布。

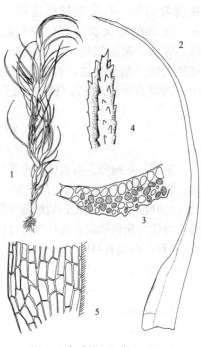

图 562 长叶拟白发藓（于宁宁绘）

1. 植物体（×4），2. 叶（×15），3. 叶基部横切面的一部分（×236），4. 叶尖部（×180），5. 叶基部细胞（×236）。

15. 白氏藓属 Brothera C. Müll.

植物体细小，灰绿色，有光泽，腐木生。叶直立，基部内卷，具小形叶耳，上部披针形或狭披针形；中肋扁阔，占叶基部宽度的1/3，尖部近于被中肋所充满，横切面细胞排列不规则。叶细胞无色，长纺锤形，薄壁，边缘细胞狭长，角部细胞分化不明显。雌雄异株。雌苞叶与营养叶同形。蒴柄直立或呈鹅颈状扭曲。孢蒴长卵形。环带2列细胞。齿片深2裂达基部，横脊不明显，基部具密疣，上部有斜条纹。蒴盖圆锥形，具喙。蒴帽兜形，边缘有裂片。不育枝顶端有时有丛生无性芽胞。

1种。我国有1种。

白氏藓 白叶藓 　　　　　　　　　　　图 563 彩片93

Brothera leana (Sull.) C. Müll., Gen. Musc. Fr. 259. 1900.

Leucophanes leanum Sull., Musci Allegh. 41. 1846.

体形小，灰绿色，有光泽，树干生或腐木生藓类。茎直立，不分枝或分枝，高达6毫米，基部有密假根。叶片直立，长达3-3.6毫米，基部强烈内卷呈管状，上部呈披针形，先端平滑；中肋扁阔，占叶基部的1/3-1/2，褐绿色，横切面具3层细胞，绿色细胞排列不规则。叶细胞

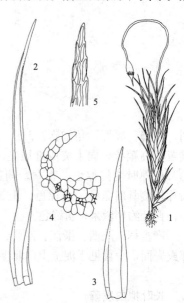

图 563 白氏藓（于宁宁绘）

长方形，薄壁，透明，近边缘细胞较狭长，单层；角细胞无色透明，分化不明显，短方形。雌雄异株。雌苞叶不分化。蒴柄长达8毫米，未成熟时呈鹅颈状弯曲，干燥时扭曲。孢蒴卵圆形，口小，长约1毫米，直径约0.5毫米。环带宽，自行脱落。齿片16，生于蒴口内下方，红褐色，由粗疣组成斜纹。孢子直径13–15微米，淡黄色、多平滑。不育株先端常着生丛生芽胞。

产黑龙江、吉林、河北、陕西、浙江、福建、江西、湖北、四川、云南和西藏，生于腐木、树干基部，稀生于岩面。日本、俄罗斯（远东地区）、印度及北美洲有分布。

1. 植物体（×6），2-3. 叶（×23），4. 叶中部横切面的一部分（×125），5. 叶尖部细胞（×208）。

16. 瓶藓属 Amphidium Schimp.

植物体密集丛生呈垫状，深绿色或黄绿色。茎单一或叉状分枝，具假根。叶干时卷缩或弯曲，湿时伸展，上部有时卷曲，狭长披针形；中肋单一，强劲，达叶尖。叶上部细胞小，不透明，圆方形或圆多边形，厚壁，具细密疣；基部细胞长方形，薄壁，平滑，透明。雌雄同株或异株。雌苞叶大，抱茎成鞘状。蒴柄短，直立。孢蒴内隐或略高出雌苞叶之上，直立，梨形或卵状梨形，有八条棕红色的纵长脊，脱盖后蒴口多宽大，呈瓶形。环带不分化，无蒴齿。蒴盖平凸，有短斜喙。蒴帽兜形，平滑。孢子小，圆球形，表面近于平滑。

约16种。我国有1种。

瓶藓

图 564

Amphidium lapponicum (Hedw.) Schimp., Coroll. Bryol. Eur. 39. 1859.

Anictangium lapponicum Hedw., Sp. Musc. Frond. 40. 1801.

植物体形小，高1–1.6厘米，黄绿色，密集丛生。茎单一或上部具短叉状分枝。叶干燥时卷曲，湿润时伸展，狭长披针形，长1.5–2.5毫米，先端锐尖；叶缘平直；中肋单一，强劲，达叶尖。叶上部细胞小，5–7微米，圆方形或圆多边形，厚壁，不透明，表面具细密疣；基部细胞长方形，薄壁，平滑，透明，宽6–8毫米，长13–26微米。雌雄同株。雌苞叶大于茎叶。

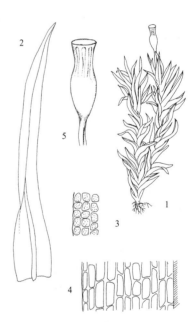

图 564 瓶藓（于宁宁绘）

1. 植物体（×4），2. 叶（×32），3. 叶上部细胞（×330），4. 叶基部细胞（×132），5. 孢蒴（×25）。

蒴柄短，直立，长约1毫米。孢蒴直立，黄褐色，梨形或卵状梨形，长约0.8毫米，干时具8条纵脊。无环带和蒴齿分化。

产陕西，潮湿岩面或岩面薄土上。日本、中亚地区、欧洲、北美洲、冰岛及格陵兰岛有分布。

17. 粗石藓属 Rhabdoweisia B. S. G.

体形矮小，绿色，丛生。茎单一或具少数分枝，下部常具稀疏假根。叶干燥时强烈皱缩，湿时伸展，狭长披针形，向上渐尖，先端多尖锐；叶边平直或中下部背卷；中肋单一，强劲，多数不及顶。叶上部细胞绿色，圆方形或圆多边形，壁薄或略增厚；叶基部细胞无色透明，长方形，薄壁，角细胞不分化。雌雄同株。雌苞叶与营养叶同形。蒴柄细长，直立，黄绿色。孢蒴小，卵圆形，直立，表面多具8条棕红色纵长脊。环带不分化。蒴齿单层，齿片不开裂，上部狭长披针形或披针形，有斜纹或平滑无疣，稀蒴齿缺失。蒴盖具斜长喙。蒴帽兜形，平滑。孢子小，具密疣。

约9种。我国有4种。

1. 植物体形小，高0.2-0.5厘米，叶上部边缘平滑或具细齿；蒴齿平滑，无纵斜纹 ······· 1. 微齿粗石藓 R. crispata
1. 植物体形稍大，高0.6-1厘米；叶上部边缘具粗锯齿；蒴齿具明显纵斜纹 ·············· 2. 中华粗石藓 R. sinensis

1. 微齿粗石藓　　　　　　　　　　　　　　　图 565

Rhabdoweisia crispata (Dicks. ex With.) Lindb., Act. Soc. Sc. Fenn. 10: 22. 1871.

Bryum crispatum Dicks. ex With., Syst. Arr. Brit. Pl. (ed. 4) 3: 816. 1801.

矮小丛生，绿色，高0.2-0.5厘米。茎单一或稀疏分枝，下部生假根，具中轴。叶干燥时强烈卷曲，湿润时倾立，狭长披针形，长1.8-2.8毫米，宽0.25-0.35毫米，向上渐尖；叶缘平直或中下部背曲，上部全缘或具细齿；中肋单一，强劲，在叶尖前消失。叶上部细胞绿色，圆方形或圆多边形，平滑，直径9-13微米，壁略增厚；基部细胞长方形，宽10-12微米，长26-39微米，薄壁，透明。雌雄同株。雌苞叶与上部茎叶同形。蒴柄细长，直立，黄绿色，长2-3毫米。孢蒴卵圆形，长0.5-1毫米，具8条明显红色纵长脊。环带未分化。蒴齿单层，齿片由宽基部向上成窄披针形，平滑，无纵条纹。蒴盖具斜长喙。蒴帽兜形，平滑。孢子直径13-18微米，褐色，表面密疣。

产吉林、辽宁、河北和云南，生于山区岩面或岩面薄土。日本、印度尼西亚、夏威夷、欧洲中部和北部、北美洲、中美洲及格陵兰岛有分布。

1. 植物体(×10)，2. 叶(×25)，3. 叶尖部细胞(×248)，4. 叶中部细胞(×300)，5. 孢蒴(干燥时)(×21)，6. 孢子(×275)。

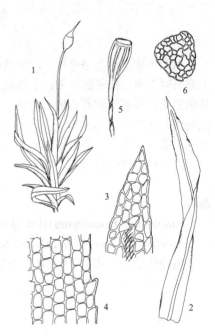

图 565 微齿粗石藓（于宁宁绘）

2. 中华粗石藓　　　　　　　　　　　　　　　图 566

Rhabdoweisia sinensis Chen, Feddes Repert. Sp. Nov. 58: 23. 1955.

植物体稍大，褐绿色，高约1厘米。茎多数具分枝，下部有假根，无中轴分化。叶干燥时卷曲，湿润时倾立，狭长披针形，长1.5-3.5毫米，向上渐尖；叶边平直，上部具齿；中肋单一，强劲，不及顶。叶上部细胞圆方形或圆多边形，直径11-18微米，平滑；基部细胞长方形，薄壁，透明，宽13-18微米，长39-65微米。雌雄同株。雌苞叶与茎叶同形。蒴柄细长，直立，长3-3.5毫米。孢蒴卵圆形，长0.3-0.5毫米，具棕红色纵脊。环带分化。蒴齿单层，不开裂，狭长披针形，具明显纵条

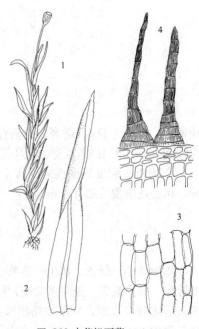

图 566 中华粗石藓（于宁宁绘）

纹。孢子直径约18微米，表面具细疣。

我国特有，产四川和西藏，生于土面。

1. 植物体(×4.5)，2. 叶(×25)，3. 叶基部细胞(×170)，4. 蒴齿(×187)。

18. 山毛藓属 Oreas Brid.

多年生，明显成层生长的高山藓类。茎纤细，叉状分枝。叶长披针形；叶边全缘。蒴柄黄色或油绿色。孢蒴卵圆形，干燥时具纵长条纹。蒴齿齿片有纵条纹，有穿孔或不规则开裂。孢子黑褐色。

单种属，广泛分布于欧洲、亚洲、北美洲的高山寒地。中国有分布。

山毛藓 图 567

Oreas martiana (Hoppe et Hornsch.) Brid., Bryol. Univ. 1: 383. 1826.

Weisia martiana Hoppe et Hornsch. in Hook., Musc. Exot. 2: 104. 1819.

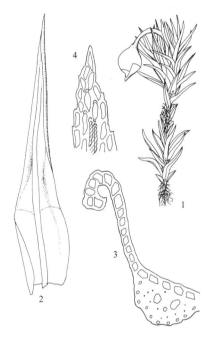

密集丛生，由褐色假根交织成垫状，藓丛明显逐年成层。茎高2–3厘米，直立，分枝，按年次密生假根。叶片长达3毫米，从宽的基部向上呈长披针形，直立；叶边全缘，内卷，仅尖部有粗齿；中肋细，色深，终止于先端或突出呈毛状尖。叶基部细胞长方形，近中肋细胞趋长宽，渐向边缘细胞呈短方形，上部细胞不规则方形，尖部细胞长。雌雄异株。雌苞叶长大，基部鞘状。蒴柄亮褐色，干燥时常呈鹅颈状。孢蒴卵形，对称，干燥时有明显纵条纹，褐色，悬垂，长约1–1.2毫米，直径约0.6毫米。蒴盖圆锥形，具长喙。蒴齿生于蒴口内下方，齿片宽披针形，2裂或不裂，有穿孔及纵条纹。孢子黑褐色，被粗疣，直径约22微米。

产陕西和四川，生于山区岩面薄土。日本、印度、欧洲、格陵兰及北美洲有分布。

图 567 山毛藓 (于宁宁绘)

1. 植物体(×10)，2. 叶(×23)，3. 叶下部横切面的一部分(×391)，4. 叶尖部细胞(×250)。

19. 狗牙藓属 Cynodontium Schimp.

高山寒地非钙质土生或石生，丛生或垫状生藓类。茎直立，不分枝或叉状分枝；横切面为三棱形，多数基部密生假根。叶干时扭卷或卷曲，湿时倾立，狭长披针形或狭披针形；叶自中部以下背卷或全背卷；中肋粗壮，多数不及叶尖即消失。叶上部细胞小方形或扁长方形，淡黄色，渐向叶角渐宽短，无明显分界。雌雄同株，稀异株。内雌苞叶多具短或长鞘部，呈管状。孢蒴多略垂倾，稀直立，有明显纵长脊，干时成纵沟，阔卵圆形或卵圆形，稀背曲。蒴齿多数2裂达中部以下，外面有纵长条纹，稀上部有斜纹，内面大多具疣，黄色，有突生的横隔。蒴盖短圆锥形，有斜喙。蒴帽常罩覆全蒴。孢子黄色或棕红色，近于平滑或有疣。

　　5种。我国有4种。

1.叶片两面乳头低，胞壁常部分突起；中肋背面仅上部有低疣。
　　2.叶片基部宽，向上呈披针形 ·· 1. 高山狗牙藓 C. alpestre
　　2.叶片宽披针形，叶边稍卷或卷曲不明显 ······························· 2. 假狗牙藓 C. fallax
1.叶片两面具高乳头；中肋背面上下均具刺状疣 ······················· 3. 狗牙藓 C. gracilescens

1. 高山狗牙藓　　　　　　　　　　　图 568

Cynodontium alpestre (Wahlenb.) Mild., Bryol. Siles. 51. 1869.

Dicranum alpestre Wahlenb., Fl. Lopp. 339. 21. 1812.

植物体密集丛生，绿色或褐绿色，高为1–4厘米。茎直立，下部有褐色假根交织，多分枝。叶片直立或倾立，干燥时卷缩，长1–1.3毫米，基部宽，向上呈短披针形，先端钝；叶边平直，上部有疣突形成不规则细齿；中肋细，达叶尖前终止，背面上部有疣。叶上部细胞圆形，或多边圆形，两面有乳头，下部细胞长方形，黄绿色，细胞角部不加厚。雌雄异苞同株。雄

苞芽状，生于植株下部。雌苞叶基部高鞘状，有细尖。蒴柄长5毫米，黄色。孢蒴直立，卵形，红褐色。蒴盖圆锥形，具喙。蒴齿红褐色，直立，齿片2裂达中部，有纵或斜条纹。蒴帽兜形，基部边缘平滑。孢子直径17–20微米，球状。

　　产吉林，生于岩面薄土或砂石土上。俄罗斯（西伯利亚和远东地区）、欧洲及北美洲有分布。

　　1.植物体(×6)，2-3.叶(×12)，4.叶尖部细胞(×225)，5.孢蒴(×16)。

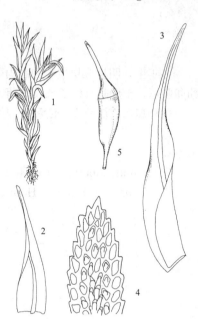

图 568 高山狗牙藓（于宁宁绘）

2. 假狗牙藓　　　　　　　　　　　图 569

Cynodontium fallax Limpr., Laubm. Deutschl. 1: 287. 1886.

植物体密丛生，黄绿色或褐黄绿色，常形成大片状。茎高达1–3（5）厘米，叉状分枝或不规则分枝。叶长披针形，常向一侧卷曲，长达5毫米；叶边平直，有细齿；中肋粗，达叶尖终止，背面上部有疣。叶基部细胞长方形，透明，上部细胞

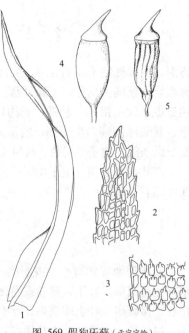

图 569 假狗牙藓（于宁宁绘）

短，不规则方形或六边形，背面有乳头，不透明，角细胞略分化为长方形。雌雄同株。蒴柄长约8毫米，黄色或黄褐色，直立。孢蒴呈短柱形或略背曲，或卵形，干燥时有纵条纹。蒴齿片状，不规则2–3裂达中下部，黄褐色，有疣和纵条纹。环带单列细胞，自行脱落。蒴盖圆锥形，具喙。孢子黄褐色，直径18–24微米。

产江西和云南，生于山区岩面薄土。俄罗斯（远东和西伯利亚）、

欧洲及北美洲有分布。

1.叶(×25), 2.叶尖部细胞(×211), 3.叶中部细胞(×142), 4.孢蒴(湿时)(×9), 5.孢蒴(干时)(×9)。

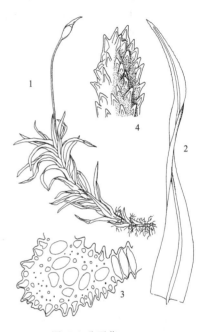

3. 狗牙藓　　　　　　　　　　　　　　图 570

Cynodontium gracilescens (Web. et Mohr) Schimp., Coroll. 12. 1856.

Dicranum gracilescens Web. et Mohr, Bot. Tascheb. 184. 1807.

植物体密集垫状丛生，绿色或深绿色，有时黄褐色，无光泽。茎直立，分枝或不分枝。叶直立或背仰，干时卷缩，基部宽，向上渐呈狭带形；叶缘平直，具乳头；中肋达叶尖终止。叶基部细胞长方形，色浅，无乳头，向上细胞趋短，方圆形，具粗长乳头。雌雄异株；内雌苞叶鞘状，尖部钝，上部细胞具乳头。蒴柄弧形弯曲，草黄色。孢蒴长卵形，具纵脊状突起，直立或倾立，有时悬垂。蒴盖具斜喙。蒴齿短，齿片2裂，上部透明，具疣突。环带由2列细胞构成。孢子褐色。

产黑龙江、吉林和四川，生于山区岩面薄土或腐殖土上，稀见于树基部。朝鲜、日本、俄罗斯、欧洲及北美洲有分布。

图 570 狗牙藓（于宁宁绘）

1.植物体(×4), 2.叶(×13), 3.叶中肋横切面的一部分(×300), 4.叶尖部细胞(×245)。

20. 石毛藓属 Oreoweisia (B. S. G.) De Not.

植物体柔弱，绿色或棕绿色，丛生。茎直立，多分枝，横切面三棱形，基部有假根。叶片倾立，干燥时皱缩，长卵形，剑头状舌形、披针形至狭披针形；叶边近尖端具细齿；中肋强，不及顶。叶细胞圆方形，两面具尖乳头，基部细胞长方形，平滑。雌雄同株。雌苞叶与茎叶相似。蒴柄直立。孢蒴直立，或略垂倾，卵圆形或长卵形，平滑。环带单列细胞，长存。蒴盖具短尖喙。孢子外壁具疣。

约18种。我国有4种。

疏叶石毛藓　　　　　　　　　　　　图 571

Oreoweisia laxifolia (Hook. f.) Kindb., Enum. Bryin. Exot. 69. 1888.

Grimmia laxifolia Hook. f. in Hook., Icon. Pl. Rar. 2: 194B. 1837.

密集丛生，柔弱，上部黄绿色，下部褐绿色，无光泽。茎直立，高达5厘米，叉状分枝；横切面呈三角形。叶片长舌状，直立或倾立，干燥时卷缩，长达2.5毫米，先端钝；叶边平展，上部有不规则齿；中肋细，终止于叶尖。叶基细胞长方形，透明，中上部细胞方形或不规则多边形，厚壁，两面具乳头，不透明。雌雄同株。雌苞叶与茎叶同形。蒴

柄直立，褐绿色，长5-10毫米。孢蒴长卵形或短柱形，直立，对称，红褐色。蒴盖圆锥形，具喙。蒴齿生于蒴口内，齿片黄色，透明，具不规则纵长条纹。孢子褐色，直径18-20微米，夏季成熟。

产辽宁、河北、广西、四川、云南和西藏，生于山区林下土上或石缝中，稀见于腐木上。日本、印度及克什米尔地区有分布。

1. 植物体(×5)，2. 叶(×30)，3. 叶中部横切面的一部分(×320)，4. 叶尖部细胞(×300)，5. 叶基部细胞(×167)。

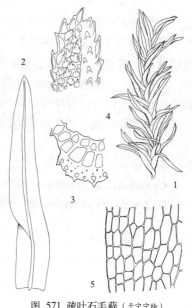

图 571 疏叶石毛藓（于宁宁绘）

21. 裂齿藓属 **Dichodontium** Schimp.

植物体低矮，黄绿色，下部常由假根交织，稀疏丛生。茎直立或倾立，叉状分枝；横切面呈三角形。叶片直立或倾立，干时多内卷或卷缩，基部略宽，近鞘状，上部披针状舌形；叶边平直，有齿突；中肋粗壮，消失于叶尖部。叶细胞近中肋呈长方形，边缘和上部细胞方形或六边圆形，两面均具乳头状突起。雌雄异株。雌苞叶与茎叶同形，雌苞叶稍大。孢蒴横列，稀近于直立，卵圆形，或近圆柱形，不对称，平滑。环带不分化。蒴齿基部相连，中部以上2-3裂，密生粗疣状纵长纹。蒴盖圆锥形，具粗喙。蒴帽兜形。孢子黄色，有粗密疣。茎上常生有多细胞的无性芽胞。

约3种。我国有1种。

裂齿藓

Dichodontium pellucidum (Hedw.) Schimp., Coroll. 12. 1856.

Dicranum pellucidum Hedw., Sp. Musc. Frond. 142. 1801.

图 572

体形多变异，黄绿色或暗绿色，散生或丛生呈垫状。茎高达4厘米，先端常有新生枝，下部有毛状假根。无性芽胞多生于茎上，长椭圆形或近球形或纺锤形，有时生于茎上生长的丝状体上。叶片阔披针形或舌形，长1-3毫米，直立或背仰，干燥时先端内卷呈半筒状，扭曲，先端钝；叶边平展，或下部内曲，上部有不规则的齿状突起；中肋粗壮，终止于尖部，上部背面有疣。叶中上部细胞圆方形，不透明，有乳头，下部细胞长方形，平滑，透明，角细胞不分化。雌雄异株。蒴柄长6-12毫米，直立，呈黄

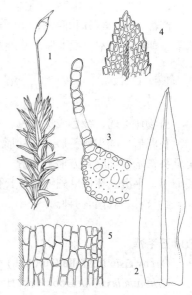

图 572 裂齿藓（于宁宁绘）

色。雌苞叶不分化。孢蒴倾立，卵形，或稍背曲，干燥时无纵褶。环带不分化。蒴盖圆锥形，具斜喙。

孢子球形，直径14-16微米。

产云南，林下岩面生。日本、巴基斯坦、俄罗斯（西伯利亚）、欧洲及北美洲有分布。

1. 植物体（×4），2. 叶（×27），3. 叶横切面的一部分（×312），4. 叶尖部细胞（×330），5. 叶基部细胞（×210）。

22. 卷毛藓属 Dicranoweisia Lindb. ex Mild.

体形纤细，密集垫状丛生。茎直立，多分枝，仅基部具假根。叶片干燥时卷缩，内卷，基部较长阔，上部披针形，渐尖或具细长尖；叶边全缘，近叶尖部内卷；中肋多数不及顶部。叶细胞小，方形，渐向基部呈长方形，角细胞分化，疏松，方形或长方形，常呈棕色。雌雄同株。内雌苞叶分化，鞘状。蒴柄直立，椭圆形、长卵形或圆柱形，辐射对称，平滑，老时皱缩。蒴齿着生蒴口深处，单一或尖部略分化，多数无条纹，平滑或具疣，或有高出的横脊。蒴盖有斜长喙。蒴帽兜形。孢子棕黄色或棕红色，外壁具疣突。常有无性芽胞。

约20种。我国有3种。

1. 叶片长3-3.5毫米；叶尖短，约为叶片长度的1/3-1/2；叶基部细胞短长方形 .... **1. 卷毛藓 D. crispula**
1. 叶片长达4.7毫米；叶尖细长，约与叶下部等长或长于叶片基部；叶基部细胞长方形 .... **2. 南亚卷毛藓 D. indica**

1. 卷毛藓 图 573

Dicranoweisia crispula (Hedw.) Lindb. ex Mild., Bryol. Siles. 49. 1869.

Weisia crispula Hedw., Sp. Musc. Frond. 86. 1801.

体形细弱，黄绿色或黑绿色，无光泽，密集丛生。茎高达1.1（2-4）厘米，具分枝，基部有假根。叶长达3.5毫米，干燥时强烈卷曲，湿时四散弯曲，基部长椭圆形，渐上呈披针形，上部内曲；叶边全缘，平展；中肋细，有背腹厚壁细胞层。叶片角细胞明显分化，黄褐色或褐色，叶基细胞长方形或线形，厚壁，向上呈短长方形或方形，胞壁加厚。生殖苞生于茎顶端或分枝顶端。雌苞叶分化，内雌苞叶鞘状，无毛尖。蒴柄直立，长7-14毫米，黄褐色。孢蒴短柱形或长卵形，干燥时有细皱纹。环带不分化。蒴盖长约1毫米，具喙。蒴齿齿片16，不分裂，有细疣，基部常平滑。孢子直径12-18微米，淡黄色。

产吉林、安徽、江西、四川、云南和西藏，生于峭壁、巨石缝中酸性砂石上，稀见于树基或腐木。朝鲜、日本、俄罗斯、欧洲及北美洲有

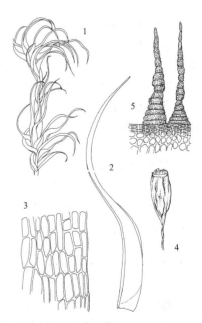

图 573 卷毛藓（于宁宁绘）

分布。

1. 植物体（×1），2. 叶（×24），3. 叶基部细胞（×295），4. 孢蒴（干燥时）（×12），5. 蒴齿（×100）。

2 南亚卷毛藓 图 574

Dicranoweisia indica (Wils.) Par., Ind. Bryol. 341. 1896.

Leptotrichum indicum Wils. ex Par., Ind. Bryol. 341. 1896.

植物体常散生，褐绿色，无光泽，茎直立或倾立，常不分枝，干燥时常一向弯曲或卷缩。叶片直立，长达4.7毫米，基部长椭圆形，渐向上呈细长毛尖；叶边全缘，上部内卷；中肋褐色，及顶。叶片角细胞

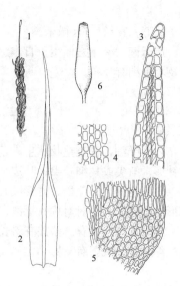

分化明显，方形或不规则方形，基部细胞长方形，近中肋细胞宽阔，向叶边渐狭，中上部细胞为方形或短长方形，尖部边缘具单列细胞。雌雄同株。雌苞叶直立，分化不明显。蒴柄长约1厘米，直立，顶生。孢蒴直立，卵形或短柱形。蒴齿曲尾藓形，湿时附于蒴口上。

产陕西、四川、云南和西藏，生于林下或林边岩面薄土，或稀生于树干基部。

1. 植物体(×1)，2. 叶(×13)，3. 叶尖部细胞(×300)，4. 叶中部细胞(×300)，5. 叶角部细胞(×100)，6. 孢蒴(×10)。

图 574 南亚卷毛藓（于宁宁绘）

23. 曲背藓属 Oncophorus (Brid.) Brid.

植物体中等大小或小形，黄绿色或鲜绿色，有光泽，密集丛生或垫状丛生。茎直立，中下部遍生假根，单一或分枝。叶片干时卷缩，湿时背仰，基部呈鞘状，上部渐狭呈长披针形； 叶边中部常内曲，有时波曲；中肋粗壮，长达叶片顶端或突出于叶尖。叶鞘部细胞长方形、透明，中部细胞不规则等轴形，上部为方形或圆角方形，叶边常为2层细胞。雌雄同株。雄苞侧生。雌苞叶鞘状，基部占叶长度的1/2，急尖。蒴柄直立，黄褐色。孢蒴长卵形，背曲，台部有颚突。环带不分化。蒴齿生于蒴口内深处，齿片常并列，基部相连，基膜2层细胞，上部2–3裂，外面具纵条纹，内面有横隔。蒴帽圆锥形，具斜喙。蒴帽兜形。孢子黄绿色，略具疣。

13种。我国有3种。

1. 植物体小；孢蒴直立 ·· 1. 卷叶曲背藓 O. crispifolius
1. 植物体大；孢蒴平展。
　2. 叶基宽，向上渐呈细长毛状叶尖 ··· 2. 大曲背藓 O. virens
　2. 叶基狭，向上突呈毛状叶尖 ··· 3. 曲背藓 O. wahlenbergii

1. 卷叶曲背藓 　　　　　　　　　　图 575

Oncophorus crispifolius (Mitt.) Lindb., Act. Soc. Sci. Fenn. 10: 229. 1872.

Didymodon crispifolius Mitt., Journ. Linn. Soc. Bot. 8: 148. 1864.

植物体小，深绿色或褐绿色，略具光泽，基部有假根，散生或呈小簇状。茎直立或倾立，高不超过1厘米，多不分枝。叶基部鞘状，向上呈狭披针形，长3–4毫米，干燥时卷缩；叶边全缘，上

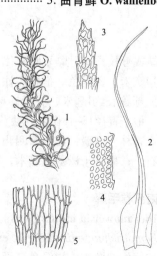

图 575 卷叶曲背藓（于宁宁绘）

部有齿突；中肋粗，终止于叶尖或稍突出。叶基部细胞长方形，透明，上部细胞小，方形，厚壁，有时为双层细胞，平滑。雌雄同株。蒴柄顶生，直立，长1–5毫米，褐色。孢蒴褐色，倾立，长椭圆形，不对称，基部有骸突。蒴齿着生于蒴口内深处。齿片披针形，红褐色，2裂达中部，中下部有纵条纹。

产安徽、福建和西藏，生于山区林下岩面或石缝中。朝鲜、日本及

俄罗斯（远东地区）有分布。

1. 植物体(×6), 2. 叶(×18), 3. 叶尖部细胞(×250), 4. 叶中部细胞(×300), 5. 叶基部细胞(×216)。

2. 大曲背藓　图 576

Oncophorus virens (Hedw.) Brid., Bryol. Univ. 1: 399. 1886.

Dicranum virens Hedw., Sp. Musc. Frond. 142. 1801.

体形稍大，绿色或褐绿色，具光泽，基部有密集红褐色假根。茎直立或倾立，不分枝或叉状分枝，横切面圆形。叶片长达4.5毫米，基部宽，向上渐呈狭披针形，直立或倾立，背仰，干燥时卷缩；叶边全缘，有狭卷边，尖部有齿突；中肋色深，基部宽，终止于叶尖或稍突出。叶基细胞不规则长方形，中上部细胞方形，尖部细胞大。雌雄同株。内雌苞叶直立，基部鞘状。蒴柄顶生，直立，长达2.3厘米，褐色。孢蒴褐色，圆柱形，背曲，基部有骸突，长约2.1毫米，直径0.8毫米，干时平滑。蒴齿红褐色，生于蒴口深处。

产河北、陕西、四川和西藏，生于山区林下湿石或腐木上。朝鲜、日本、俄罗斯、欧洲及北美洲有分布。

1. 植物体(×6), 2. 叶(×26), 3. 叶尖部细胞(×162), 4. 叶中部细胞(×250), 5. 孢蒴(×9)。

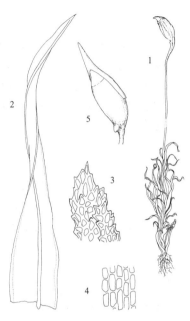

图 576 大曲背藓（于宁宁绘）

3. 曲背藓　图 577 彩片94

Oncophorus wahlenbergii Brid., Bryol. Univ. 1: 400. 1826.

密集丛生，黄绿色，基部褐绿色，有光泽。茎直立或倾立，高达5厘米，多分枝；横切面呈圆形。叶片长达8毫米，基部阔鞘状，向上突呈细长毛尖，干燥时卷缩；叶边平直，全缘，尖部有齿突；中肋色深，及顶或有短突出。叶基部阔长方形，透明，上部细胞小，短方形，厚壁，边缘细胞小方

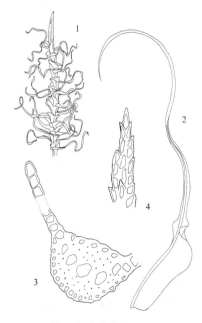

图 577 曲背藓（于宁宁绘）

形，尖部细胞长方形。雌雄同株。雌苞叶直立，基部鞘状。蒴柄顶生，直立，长约3厘米，褐色。孢

蒴长椭圆形，呈弓形弯曲，基部有骸突，黄褐色，干燥时平滑。蒴齿生于蒴口内部，红褐色。

　　产黑龙江、吉林、辽宁、内蒙古、河北、陕西、台湾、四川、云南和西藏，生于山区林下腐木，稀生于岩面薄土。朝鲜、日本、俄罗斯、印度、欧洲及北美洲有分布。

　　1.植物体(×6)，2.叶(×18)，3.叶下部横切面的一部分(×341)，4.叶尖部细胞(×244)。

24. 合睫藓属 Symblepharis Mont.

植物体多丛生，叶腋处具棕红色假根。叶基部鞘状，着生处狭，向上宽阔，呈阔卵形，有波纹，尖部细长，背仰，干时卷曲；中肋长达叶尖或突出。叶基部细胞长方形或狭长方形，透明，上部细胞小，方形，厚壁，角细胞不分化。雌雄同株，稀异株。雌苞叶高鞘状。蒴柄直立，常3-4个丛生。孢蒴短圆柱形，对称，平滑，干燥时无褶。蒴齿生于蒴口深处，齿片两两并列，上部常2裂，具纵列或斜列由密疣形成的条纹。蒴盖圆锥形，具斜喙。蒴帽兜形。孢子厚壁，平滑。

　　约10种。我国有3种。

1.叶细胞有壁孔；蒴柄短，略高出于雌苞叶；孢蒴为卵形或长卵形，蒴盖开裂后蒴齿背仰 ······························ 1. 南亚合睫藓 **S. reinwardtii**
1.叶细胞无壁孔；蒴柄长，明显高出于雌苞叶；孢蒴为长圆柱形，蒴盖开裂后蒴齿直立 ··· 2. 合睫藓 **S. vaginata**

1. 南亚合睫藓　　　　　　　图 578

Symblepharis reinwardtii (Dozy et Molk.) Mitt., Trans. R. Soc. Edinburgh. 31: 331. 1888.

Dicranum reinwardtii Dozy et Molk., Ann. Sc. Nat. Bot. Ser. 3, 2: 303. 1844.

体形粗大，黄绿色，下部褐色，多丛生于树干基部。茎直立或倾立，单一或分枝，高约3厘米，下部密生红褐色假根，干燥时叶片卷缩。叶片长约7毫米，基部鞘状，向上渐呈披针形细长叶尖，有时内卷呈管状；叶边基部波状，向上有齿突；中肋深色，基部宽，突出于尖部。叶鞘部细胞长方形，薄壁，上部细胞长方形或方形，壁孔明显或不明显。雌雄异株。雌苞叶直立，鞘状，有狭边。孢蒴顶生。蒴柄直立，长约7毫米，褐色，有光泽。孢蒴短柱形，褐色，直立，长约2.2毫米，直径约0.7毫米。蒴齿红褐色，曲尾藓型，干燥时背曲。蒴盖圆锥形，具喙。蒴帽兜形，全缘。孢子褐色，有细疣。

　　产台湾、广西、贵州、四川、云南和西藏，生于林下腐木或树干基部，稀见于石壁上。尼泊尔、缅甸、印度尼西亚及菲律宾有分布。

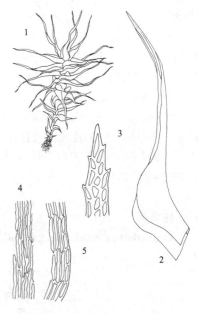

图 578 南亚合睫藓（于宁宁绘）

　　1. 植物体(×4)，2. 叶(×16)，3. 叶尖部细胞(×168)，4. 叶基部近中肋细胞(×168)，5. 叶基部边缘细胞(×168)。

2. 合睫藓　　　　　　　图 579 彩片95

Symblepharis vaginata (Hook.) Wijk et Marg., Taxon 8: 75. 1959.

Didymodon vaginatus Hook., Icon. Pl. Rar. 1: 18. f. 4. 1936.

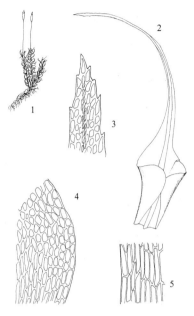

　　植物体小形，绿色或黄绿色，有光泽，密集丛生。茎直立或倾立，高5厘米，下部密被红棕色假根，上部丛状分枝。叶片基部鞘状，向上突呈狭长披针形，强烈背仰，长达8毫米，干燥时卷曲；叶边平直，仅尖部有细齿；中肋细，长达叶尖终止或突出于叶尖。叶基部细胞长方形，薄壁，透明，鞘上部细胞不规则方形或圆形，厚壁，叶上部细胞渐呈方形，厚壁，无壁孔。雌雄同株。蒴柄顶生，长约1厘米，常3-4个丛生。孢蒴短柱形，直立。蒴齿16，具粗疣形成的纵条纹。蒴盖圆锥形，具直喙。蒴帽兜形。

　　产黑龙江、吉林、辽宁、河北、陕西、台湾、福建、广东、海南、广西、四川、云南和西藏，生于林下或林边腐木、树基或岩面薄土。亚洲南部、南美洲及墨西哥有分布。

图 579 合睫藓（于宁绘）

　　1. 植物体（×3/4），2. 叶（×15），3. 叶尖部细胞（×227），4. 叶中部边缘细胞（×234），5. 叶基部边缘细胞（×150）。

25. 苞领藓属 Holomitrium Brid.

　　植物体形小，绿色或黄绿色，密集丛生。茎平卧、倾立或直立，基部密被棕红色假根。茎下部叶较小，渐上趋长大，上部叶簇生，基部鞘状，向上呈长披针形，卷曲或内曲；中肋长达叶尖或稀突出。叶细胞小，上部方圆形，壁厚，基部细胞长方形，角细胞分化，黄棕色。雌雄异株。雄株矮小，附于假根上成假雌雄同株。雌苞叶形大，高鞘状，上部具细毛尖，与孢蒴等长或长于孢蒴。蒴柄直立。孢蒴卵圆形或短柱形，对称或稍弯曲。无环带。蒴齿着生于蒴口内部。齿片两两并立，无条纹，具密疣，单一，中缝具不规则纵长孔隙，或不规则深纵裂。蒴盖具长喙。

　　约50种。我国有2种。

密叶苞领藓　格氏苞领藓

图 580

Holomitrium densifolium (Wils.) Wijk et Marg., Taxon 11: 221. 1962.

Symblepharis densifolia Wils., Kew Journ. Bot. 9: 292. 1857.

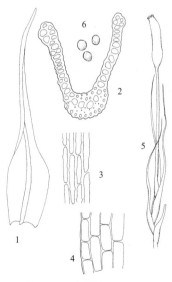

　　植物体绿色或黄绿色，无光泽，密集丛生。茎长达2厘米，上部倾立或直立，叉状分枝。叶片由基部向上明显趋大，长达3毫米，基部鞘状，长椭圆形，向上渐呈长尖；叶边平展，全缘；中肋基部褐色，上部色淡，终止于叶尖。叶基部细胞长方形，薄壁，中上部细胞形状不规则，厚壁。雌雄同株。雌苞叶明显分化，直立，通常长于蒴

图 580 密叶苞领藓（于宁绘）

柄。蒴柄直立，深褐色。孢蒴粗短，略背曲，口部稍狭。蒴齿生于蒴口内，曲尾藓形。孢子褐色，直径约10–11微米。

产安徽、台湾、福建、广东和广西，生于林下树干基部或石生。日本、缅甸、印度、泰国及菲律宾有分布。

1. 叶（×12），2. 叶中部横切面（×130），3. 叶基部近中肋细胞（×130），4. 叶基部边缘细胞（×130），5. 具雌苞叶的孢蒴（×4），6. 孢子（×187）。

26. 极地藓属 Arctoa B. S. G.

植物体细弱，绿色或黄绿色，具光泽，稀疏丛生。茎倾立或直立，假根稀疏生于茎上。叶片背仰或镰刀形一向偏曲，基部长卵形，略内凹，上部急狭成细长芒状叶尖；中肋细，突出于叶尖。叶角细胞分化，单层，基部细胞方形或长方形，中上部细胞狭长形，尖部细胞常2层。雌雄同株。雌苞叶基部鞘状，上部细长芒状。蒴柄黄色，直立，与雌苞叶等长。孢蒴倒卵形，略背曲，干燥或脱盖后蒴口下部收缩，具纵长沟。蒴齿干燥时背曲，湿时先端内曲，齿片上部2裂或不规则开裂，由粗疣相连成纵条纹。

5种。我国有2种。

北方极地藓 极地藓　　　　　　　　　　　　图 581

Arctoa hyperborean (Gunn. ex With.) B. S. G., Bryol. Eur. 1: 87, 157. 1846.

Bryum hyperboreum Gunn. ex With., Syst. Arr. Brit. Pl. 4, 2: 811. 1801.

稀疏丛生，深绿色或褐绿色，具弱光泽。茎倾立，长1–5厘米，2–3次分枝。叶片直立，中上部背仰或呈镰刀形一向偏曲，长3–5毫米，基部卵长形，向上呈披针形；叶边内曲，平滑；中肋细，基部为叶片宽度的1/8–1/6，长达叶尖并突出呈短尖，先端背面平滑。叶角细胞圆方形或短长方形，近中肋细胞狭长，中上部细胞短长方形或长方形，长为宽的1–2倍，胞壁厚，平滑。雌雄同株。雌苞叶基部长鞘状，向上呈短披针形尖。蒴柄长5–8毫米，明显长于雌苞叶。孢蒴卵形，有不明显的纵条纹，高出于雌苞叶之上，干燥或开裂后蒴口下部不收缩。蒴齿干燥时不背仰。齿片先端2裂达中部，外面有疣。蒴盖圆锥形，具斜喙。孢子直径约30微米，褐色，有细疣。

产吉林、四川和西藏，生于开旷或林边略湿的岩面或砂石地上。俄

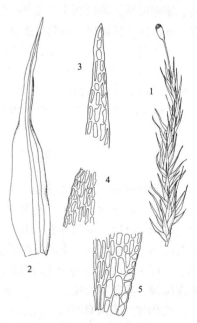

图 581 北方极地藓（于宁宁绘）

罗斯、欧洲及北美洲有分布。

1. 植物体（×6），2. 叶（×15），3. 叶尖部细胞（×80），4. 叶中部边缘细胞（×100），5. 叶基部细胞（×100）。

27. 拟直毛藓属 Kiaeria Hag.

密集丛生，深绿色或褐绿色，基部黑褐色，稀无光泽。茎倾立或直立，不分枝或多次叉状分枝。叶片基部狭卵形，向上呈狭披针形，内卷呈半管状；叶边全缘；中肋细，长达叶尖，多少突出于叶尖，上部背面平滑。叶片角细胞明显分化，圆方形，厚壁，红褐色，基部细胞短长方形或狭长方形，厚壁，中下部细胞有时有壁孔。雌雄异株。雌苞叶基部呈鞘状，较茎叶大。蒴柄直立，多红褐色。孢蒴卵形或短柱形，倾立，多背曲，基部多有明显骸突。蒴盖圆锥形，具斜喙。蒴齿曲尾藓形，齿片16，2裂达中下部。

约5种。我国有4种。

1. 叶片中上部细胞短长方形或方形，细胞腔略膨大；角细胞分化弱或分化不明显，色淡或不明显；孢蒴干燥时骸突不明显 ·· **1. 镰刀拟直毛藓 K. falcata**

1. 叶片中上部细胞长方形，平滑；角细胞明显分化，红褐色；孢蒴干燥时有骸突 ····· **2. 泛生拟直毛藓 K. starkei**

1. 镰刀拟直毛藓 图 582

Kiaeria falcata (Hedw.) Hag., K. Norsk. Vid. Selsk. Skrift. 1914 (l): 112. 1915.

Dicranum falcatum Hedw., Sp. Musc. Frond. 150. 32 f. 1–7. 1801.

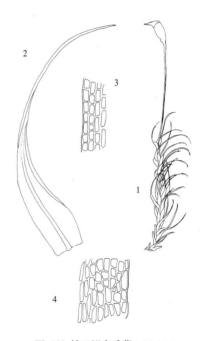

体形脆弱，黄绿色或褐绿色，有时黑绿色，稍具光泽，密或疏丛生。茎匍匐或倾立，分枝长1–5厘米，基部有假根。叶片一向偏曲，镰刀形或半圆形弯曲，长达3毫米，基部长卵形，向上呈狭披针形，叶尖半管状；叶边全缘，平滑或上部有细齿；中肋细弱，终止于叶尖，背面上部平滑。叶片角细胞分化不明显，不凸出成叶耳状，叶下部细胞长方形，中上部细胞短长方形或方形，叶边细胞常方形或短长方

图 582 镰刀拟直毛藓（于宁宁绘）

形，叶边细胞常方形或短长方形。雌雄同株。雌苞叶大，基部鞘状，向上突呈狭披针形叶尖。蒴柄长约1厘米，红褐色。孢蒴卵形或短柱形，弓形弯曲，基部有不明显的骸突。蒴盖圆锥形，具斜长喙。蒴齿齿片2–3裂达中部，背面有纵条纹和疣。孢子直径11–14微米，平滑。

产陕西、广西和西藏，生于山区花岗岩面或土上。日本、欧洲及北美洲有分布。

1. 植物体（×1/2），2. 叶（×26），3. 叶中部边缘细胞（×250），4. 叶基部细胞（×150）。

2. 泛生拟直毛藓 图 583

Kiaeria starkei (Web. et Mohr) Hag., K. Norsk. Vid. Selsk. Skrift. 1914 (1): 114. 1915.

Dicranum starkei Web. et Mohr, Bot. Taschenb. 189. 1807.

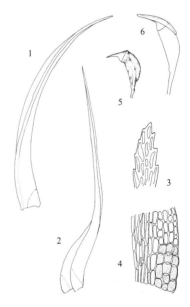

图 583 泛生拟直毛藓（于宁宁绘）

疏丛生，绿色或黄绿色至褐绿色，无光泽或有弱光泽。茎直立或倾立，高1–2（6）厘米，基部有假根交织。叶片直立或镰刀形弯曲，长2–4.5毫米，从宽的基部向上呈狭披针形，呈半管状；叶边平直，有时上部具2层细胞，有细齿；中肋细弱，突出于叶尖，不形成明显的背腹厚壁层。叶上部细胞通常为长方形，有时短方形，有时表面粗糙；叶下部细胞长方形，近中肋处趋长，有时有壁孔；角细胞分化明显，长椭

圆形，大形，薄壁。雌雄同株。雌苞叶大，长达4-5毫米，基部长鞘状，向上突呈毛尖。蒴柄长8-11（15）毫米，黄色，后期变为深红色。孢蒴卵状圆柱形，弯曲，长1.5-2毫米，基部有骸突。蒴盖圆锥形，具斜长喙。环带分化明显，2-3列细胞。蒴齿齿片2裂达中部，外面有纵条纹。孢子直径14-21微米，有细疣。

产黑龙江、吉林和四川，生于山区、地面或岩面薄土上。俄罗斯（远

东地区）、日本、欧洲及北美洲有分布。

1-2.叶（×34），3.叶尖部细胞（×187），4.叶角部细胞（×125），5.孢蒴（干燥时）（×7），6.孢蒴（湿润时）（×8）。

28. 直毛藓属 Orthodicranum (B. S. G.) Loeske

体形矮小、丛生。茎直立，密披假根。叶长披针形，干时向内弯曲；中肋宽厚，基部达叶片宽度的1/5-1/3，消失于叶尖下，背面上部具刺状突起，基部具中央主细胞和2列背厚壁细胞。叶片角细胞分化明显，为一层厚壁方形、褐色细胞，叶基部细胞长方形，厚壁，叶上部细胞短方形或不规则形。雌雄异株。内雌苞叶高鞘状。孢蒴直立，辐射对称，长柱形，干燥时有弱条纹。齿片具条纹和穿孔，2裂达中下部。

约7种。我国2种。

1. 植物体细小，具无性芽条；多生于针叶树干基部 ·················· 1. **鞭枝直毛藓 O. flagellare**
1. 植物体粗矮，不具无性芽条；多生于腐木或岩石上 ·················· 2. **直毛藓 O. montanum**

1. 鞭枝直毛藓 图 584

Orthodicranum flagellare (Hedw.) Loeske, Stud. Morph. Syst. Laubm. 85: 1901.

Dicranum flagellare Hedw., Sp. Musc. Frond. 130. 1801.

体形细小，鲜绿色或褐绿色，无光泽，密集丛生。茎直立，多分枝，高1-4厘米，全茎密被褐色假根；茎顶端常生束状无性芽条，芽条上生有鳞片状芽叶。叶片直立或向一侧偏曲，干燥时卷曲，披针形；叶边平直或内曲，中上部具齿；中肋粗，突出于叶尖。角细胞分化，由单层方形或长方形细胞构成，黄褐色；叶基细胞长方形，中上部细胞形小，方形或短矩形。雌雄异株。雌苞叶高鞘状，先端具齿。蒴柄直立，细弱，黄褐色，长0.5-1厘米。孢蒴直立，短柱形，具明显纵条纹。环带分化，由2列细胞构成。蒴齿生于蒴口内下方，齿片开裂达1/2以上，上部色淡，具疣，下部色深，具条纹。

产黑龙江和吉林，生于林下树干基部，稀见石生。朝鲜、日本、俄

罗斯（远东地区）、欧洲及北美洲有分布。

1.植物体（×4），2.叶（×37），3.叶上部边缘细胞（×190），4.叶中部细胞（×190），5.叶基部细胞（×130）。

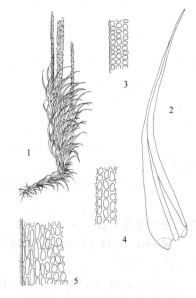

图 584 鞭枝直毛藓（于宁宁绘）

2. 直毛藓 图 585

Orthodicranum montanum (Hedw.) Loeske, Stud. Morph. Syst. Laubm. 85. 1910.

Dicranum montanum Hedw., Sp. Musc. Frond. 143. 1801.

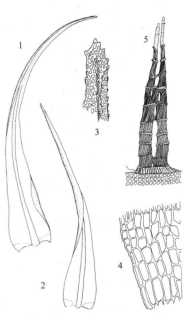

粗矮，柔软，鲜绿色或黄绿色，无光泽，密集垫状丛生。茎直立或倾立，高0.5-5厘米，基部具褐色假根。叶多直立，干时卷曲，长达3毫米，披针形，中上部卷成管状；叶边上部具不明显的齿突；中肋粗壮，约为叶片宽度的1/6-1/5，长达叶尖，背部具低疣。叶片角细胞分化明显，单层细胞，褐色；基部细胞长方形，或不规则形，上部细胞短，方形或短方形，厚壁，无壁孔。雌雄异株。雌苞叶基部鞘状，上部突成毛尖。蒴柄直立，长1-1.5厘米，黄褐色。孢蒴长柱形，辐射对称。孢子小，直径13-18微米，黄绿色，具细疣。

产黑龙江、吉林、内蒙古、河北、海南和西藏，生于林下腐木或树干基部，稀生于岩面上。朝鲜、日本、俄罗斯及欧洲有分布。

1-2.叶（×24），3.叶尖部细胞（×142），4.叶角部细胞（×142），5.蒴齿（×117）。

图 585 直毛藓（于宁绘）

29. 曲尾藓属 **Dicranum** Hedw.

丛生或密集丛生，绿色、褐绿色或黄绿色，有时呈鲜绿色，多具光泽。茎直立或倾立，不分枝或叉状分枝，基部具假根，有时全株被覆假根。叶片多列，直立或呈镰刀形一向偏曲，狭披针形，叶尖干燥时内卷呈筒形；叶边多有齿，稀平滑，单层或2层细胞；中肋细或略粗，与叶片细胞界线明显，终止于叶片先端或突出呈毛尖，中上部背面平滑、具疣或栉片。叶片角细胞明显分化，方形，厚壁或薄壁，无色或棕褐色，单层或多层，与中肋间常有一群无色大细胞；叶片中下部细胞多为长方形或线形，边缘多狭长，中上部部分种类为方形，多数为狭长方形。雌雄异株。雄株矮小，雄苞头状。内雌苞叶高鞘状，有短毛状尖。蒴柄直立，单生或多生。孢蒴圆柱形、直立或弓形弯曲，平滑。蒴齿单层，齿片2-3裂达中部，中下部深黄棕色，具纵斜纹，稀具粗疣，上部淡黄色，具细疣，稀蒴齿缺失。蒴盖基部高圆锥形，具直喙或斜喙。

约90种。我国有29种。

1. 植物体多褐绿色；叶片边缘或上部为2层细胞；孢蒴直立；叶片角细胞常为单层。
  2. 茎顶端有无性芽条 ·· **4. 马氏曲尾藓 D. mayrii**
  2. 茎顶端无无性芽条。
    3. 叶片上部易折断 ·· **5. 绿色曲尾藓 D. viride**
    3. 叶片上部不易折断。
      4. 叶片中肋背面上部和叶片细胞背面有齿或疣。
        5. 中肋及叶尖，但不突出 ······························· **2. 钩叶曲尾藓 D. hamulosum**
        5. 中肋及顶，在叶尖突出呈小尖 ······················· **1. 焦氏曲尾藓 D. cheoi**
      4. 叶片中肋背面上部和叶片细胞背面无齿或疣 ········· **3. 无褶曲尾藓 D. leiodontium**
1. 植物体多绿色或鲜绿色；叶片上部和边缘为单层细胞；孢蒴多弓形弯曲，平列或倾立，稀直立；叶片角细胞2至多层。
  6. 叶片细长，直立，挺硬，叶边全缘或近于全缘，叶基部细胞与角细胞界限不明显。

7. 中肋长达叶尖，突出呈毛尖状 ⋯⋯⋯⋯⋯⋯⋯⋯⋯⋯ 11. **折叶曲尾藓 D. fragilifolium**

7. 中肋终止于叶尖，多不突出呈毛尖状。

　8. 叶片先端锐尖，呈毛状 ⋯⋯⋯⋯⋯⋯⋯⋯⋯⋯ 10. **长叶曲尾藓 D. elongatum**

　8. 叶片先端钝头，无毛尖 ⋯⋯⋯⋯⋯⋯⋯⋯⋯ 13. **格陵兰曲尾藓 D. groenlandicum**

6. 叶片狭披针形或带状披针形，弯曲，不挺硬，叶边有齿或锐齿，叶基部细胞与角细胞界限明显。

　9. 叶上部和先端细胞等轴形或近似等轴形，短长方形、短长圆形或方形。

　　10. 叶片上部边缘2层细胞，具双列齿。

　　　11. 中肋细弱，叶角细胞厚3层 ⋯⋯⋯⋯⋯⋯⋯⋯ 8. **卷叶曲尾藓 D. crispifolium**

　　　11. 中肋粗壮，叶角细胞厚1~2层。

　　　　12. 植物体黄绿色，较长大；内雌苞叶有长毛尖；孢蒴倾立，无纵褶 ⋯⋯⋯⋯⋯⋯⋯⋯ 18. **细叶曲尾藓 D. muehlenbeckii**

　　　　12. 植物体褐绿色，较短小；内雌苞叶有短毛尖；孢蒴倾立或平列，弓形弯曲，有纵褶 ⋯⋯⋯⋯ 12. **棕色曲尾藓 D. fuscescens**

　　10. 叶片上部边缘单层细胞，具单列齿。

　　　13. 叶片狭披针形，先端狭长锐尖 ⋯⋯⋯⋯⋯⋯⋯ 23. **皱叶曲尾藓 D. undulatum**

　　　13. 叶片卵状披针形，先端短钝头 ⋯⋯⋯⋯⋯⋯⋯⋯ 22. **齿肋曲尾藓 D. spurium**

　9. 叶上部和先端细胞长轴形，长方形、狭长方形或椭圆形。

　　14. 叶片有横波纹。

　　　15. 叶片中肋终止于叶先端，叶边上部具单列齿，角细胞厚1~3层 ⋯⋯ 20. **波叶曲尾藓 D. polysetum**

　　　15. 叶片中肋突出于叶先端，叶边上部具双列齿，角细胞厚4~5层 ⋯⋯ 9. **大曲尾藓 D. drummondii**

　　14. 叶片无横波纹。

　　　16. 叶片先端钝，或有短尖；中肋及顶。

　　　　17. 叶片角细胞单层；中肋背面上部具不规则齿。

　　　　　18. 植物体小，深绿色；叶片较短，先端有密齿 ⋯⋯⋯⋯ 19. **东亚曲尾藓 D. nipponense**

　　　　　18. 植物体细长，褐绿色或鲜绿色；叶片狭长，先端具疏齿 ⋯⋯⋯⋯⋯ 7. **细肋曲尾藓 D. bonjeanii**

　　　　17. 叶片角细胞2~3层；中肋背面上部具2列栉片 ⋯⋯⋯⋯⋯⋯⋯ 21. **曲尾藓 D. scoparium**

　　　16. 叶片先端尖锐，有长尖；中肋突出于叶尖。

　　　　19. 叶边上部有2列齿 ⋯⋯⋯⋯⋯⋯⋯⋯⋯⋯⋯⋯⋯ 17. **多蒴曲尾藓 D. majus**

　　　　19. 叶边上部有单列齿。

　　　　　20. 叶片角细胞厚3~4层 ⋯⋯⋯⋯⋯⋯⋯⋯⋯ 6. **阿萨姆曲尾藓 D. assamicum**

　　　　　20. 叶片角细胞厚1~2层。

　　　　　　21. 叶片角细胞厚2层。

　　　　　　　22. 孢蒴直立或倾立 ⋯⋯⋯⋯⋯⋯⋯⋯⋯ 16. **硬叶曲尾藓 D. lorifolium**

　　　　　　　22. 孢蒴倾垂或平列 ⋯⋯⋯⋯⋯⋯⋯⋯⋯ 14. **日本曲尾藓 D. japonicum**

　　　　　　21. 叶片角细胞单层 ⋯⋯⋯⋯⋯⋯⋯⋯⋯ 15. **克什米尔曲尾藓 D. kashmirense**

1.　焦氏曲尾藓　　　　　　　　　　　　　　图 586

Dicranum cheoi Bartr., Ann. Bryol. 8: 18. 1936.

体形细长，黄绿色，中下部呈褐色，无光泽，疏松丛生。茎倾立，长达10厘米，新生茎枝出自前年雌苞中，形成多年生层次，下部偶有假根。叶片丛生，干燥时卷缩成螺旋状，湿时成镰刀形，从宽阔基部渐向上呈长披针形，长达7毫米；叶边2层细胞，具双列齿；中肋粗，突出于叶尖呈短尖，中上部背面有粗疣。叶上部细胞方形，厚壁、黄色，下部细胞狭长，壁孔明显，角细胞多数，方形，两层。雌雄异株。雌苞叶内卷，高鞘状，先端平截或突呈细毛尖，中肋突出。蒴柄长约2厘米，黄色。孢蒴直立，圆柱形，长达3.5毫米。蒴齿披针形，2~3

裂达中部，上都有稀疏疣，下部纵条纹不明显，横脊突出。环带明显，由2层厚壁细胞构成。孢子直径20微米，黄褐色，有疣。

中国特有，产贵州和西藏，生于高山林下岩面薄土上。

1. 植物体（×1），2. 叶（×13），3. 叶片上部的横切面（×187），4. 叶片基部横切面的一部分（×187）。

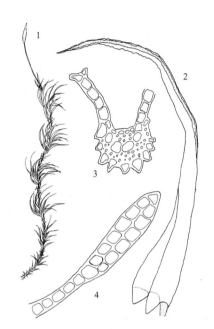

图 586 焦氏曲尾藓（于宁宁绘）

2. 钩叶曲尾藓

图 587

Dicranum hamulosum Mitt., Trans. Linn. Soc. Bot. Ser. 2, 3: 156. 1891.

体形中等大小，柔软，暗黄绿色，密丛生。茎高2–2.5厘米，单一或叉状分枝，下部有假根。叶片密生，干燥时卷缩，湿时倾立，从宽阔的基部渐向上呈狭披针形，上部内卷呈管状；叶边中部以上2层细胞，中上部有2列齿；中肋粗壮，终止于叶尖部，中部以上背面有锐齿，横切面中央有主细胞，背腹面有厚壁细胞层。叶片角细胞为单层大形薄壁细胞，少数为2层，在角细胞与中肋之间常有几列厚壁细胞；叶基部细胞狭长方形，叶有壁孔，中上部细胞渐短，上部为方形或不规则形，背面有时有低乳头。雌雄异株。雌苞叶鞘状，中肋突出呈毛尖。蒴柄红色，直立，长约1.2厘米。孢蒴短柱形，直立，辐射对称，干时略背曲。蒴齿狭披针形，基部宽，2裂达中部，先端有疣或疣不明显，中下部有不明显纵条纹。蒴盖长圆锥形，具直喙。蒴帽兜形，斜列。孢子淡黄色，有细疣，直径20–22微米。

产吉林、浙江和台湾，生于山区林下的红松、云杉或赤杨的树干基部。日本及俄罗斯有分布。

1. 植物体（×1），2. 叶（×12），3. 叶上部的横切面（×250），4. 叶基部横切面的一部分（×250），5. 叶角部细胞（×280）。

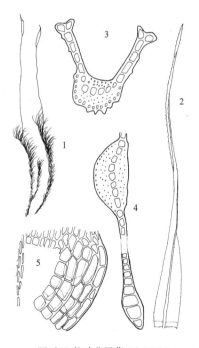

图 587 钩叶曲尾藓（于宁宁绘）

3. 无褶曲尾藓

图 588

Dicranum leiodontium Card., Bull. Herb. Boiss. Ser. 2, 7: 714. 1907.

植物体小，上部黄绿色，下部褐色，有光泽，丛生。茎直立或倾立，高2–2.5厘米，不规则叉状分枝，基部有假根交织。叶片密生，多呈镰刀形一向偏曲，干燥时常卷缩，从卵形基部向上渐呈细长叶尖；叶边上部有齿，中下部全缘；中肋粗壮，占叶片基部宽度的1/5–1/4，突出于

叶尖呈毛尖，上部背面有乳头，横切面有发达的背腹厚壁细胞。叶片角细胞为大形厚壁细胞，褐色；中下部叶细胞长方形或长椭圆形，厚壁，壁孔不明显；叶中部细胞方圆形，或不规则圆形，厚壁，有时背面有低乳头。雌雄异株。雌苞叶分化明显，内卷呈筒形，高鞘状，先端突成短毛尖。蒴柄草黄色，长1–1.2厘米。孢蒴直立，长卵形或短柱形，辐射对称，厚壁。蒴齿狭披针形，长约0.27毫米，2裂达中部，上部有疣，中下部有纵条纹。环带分化，通常为1列大形厚壁细胞。蒴盖直立，圆锥形。蒴帽兜形，先端粗糙。孢子球状，直径17–20微米，具细疣。

产吉林、新疆和西藏，生于山区阔叶林或针阔混交林下，腐木生，有时生于树干基部。朝鲜及日本有分布。

1. 植物体(×1)，2. 叶(×11)，3. 叶片上部横切面(×125)，4. 叶片基部横切面的一部分(×125)，5. 叶角细胞(×200)。

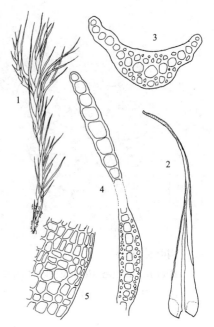

图 588 无褶曲尾藓（于宁宁绘）

4. 马氏曲尾藓 图 589

Dicranum mayrii Broth., Hedwigia 38: 207. 1899.

体形大，上部褐绿色，下部褐色或黑褐色。茎高达5厘米，顶端叶腋中常产生鞭状芽条。叶片干燥时强烈卷缩，自长宽椭圆形基部向上渐呈狭披针形叶尖，长4–5毫米，最宽处约0.7毫米；叶边上部有齿，近尖部具2层细胞；中肋粗壮，占叶基宽度的1/5–1/4，终止于叶尖，中上部有明显的乳头，横切面上有厚壁层。叶片角细胞明显，为单层大形细胞，叶下部细胞长方形，有壁孔，中部细胞方形或短长方形，上部细胞方形或圆方形，厚壁。雌雄异株。雌苞叶分化，基部阔卵形，具短毛尖，内卷呈筒状。蒴柄直立，黄色，长达1.5厘米。孢蒴直立，短圆柱形，辐射对称，干燥时不弯曲。蒴齿齿片狭披针形，基部平滑或有细纵条纹，中上部平滑或有细疣。环带2列细胞。蒴盖直立，具长喙。蒴帽兜形。孢子有细疣，直径21–25微米。

产黑龙江和台湾，生于云、冷杉树干基部，有时也生于岩面腐殖质上或倒木上。朝鲜及日本有分布。

1. 植物体(×1)，2. 叶(×12)，3. 叶片基部横切面的一部分(×125)，4. 叶片中部边缘细胞(×300)。

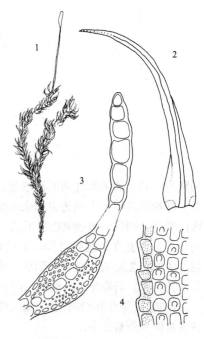

图 589 马氏曲尾藓（于宁宁绘）

5. 绿色曲尾藓 图 590

Dicranum viride (Sull. et Lesq.) Lindb., Hedwigia 2: 70. 1863.

Campylopus viridis Sull. et Lesq., Musc. Bor. Am. 18. 1856.

体形细小，鲜绿色或褐绿色，密集丛生。茎直立或倾立、不分枝或分枝，长达2厘米，红褐色。叶片硬挺，易脆析，干燥时不卷缩，顶生叶常大于下部叶，长约4毫米，宽约0.5毫米，从宽的基部向上渐呈细长毛尖，尖部有疣；叶边平滑；中肋粗壮，约为叶片基部宽度的1/3，在叶尖突出呈细长毛尖。叶片角细胞分化明显，黄褐色，大形，厚壁，与中肋之间常有几个无

色透明细胞相隔；叶基部细胞长方形，中上部细胞短长椭圆形，厚壁，无壁孔。雌雄异株。雌苞叶分化明显。孢子体单生。蒴柄草黄色，纤细，长达8毫米。孢蒴黄褐色；圆柱形，直立，干燥时有纵纹。蒴盖圆锥形，具直喙。蒴齿齿片宽披针形，长约0.2毫米，2裂达中部，上部有疣，中下部有纵条纹。环带不分化。孢子球形，有细疣，直径约24微米。

产贵州、四川和云南，生于针叶林或针阔混交林下，针叶树或阔叶落叶树干基部，稀见于岩面薄土。日本及北美洲有分布。

1-2.叶(×24)，3.叶片上部的横切面(×250)，4.叶片基部横切面的一部分(×187)。

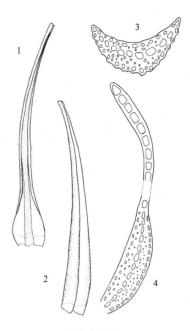

图 590 绿色曲尾藓（于宁宁绘）

6. 阿萨姆曲尾藓 图 591

Dicranum assamicum Dix., Journ. Bombay Nat. Hist. Soc. 39: 774. 1937.

体形粗壮，褐绿色，有光泽，密丛生。茎直立或倾立，单一或叉状分枝，高达8厘米，干燥时叶一向偏曲。狭长披针形，渐呈细长尖，内卷呈管状；叶边上部有齿突，中下部边缘平滑；中肋浅褐色，细弱，达叶尖前终止，上部背面有齿。叶片角细胞深红褐色，厚3层细胞，方形或长方形，与中肋间有一群薄壁透明细胞；叶下部细胞长方形，厚壁，有壁孔；叶中部细胞稍短，长约55微米，厚壁，有壁孔；上部细胞薄壁，无壁孔。雌雄异株。雌苞叶有高鞘部，具短尖。蒴柄桔黄色，直立，长达2.7厘米。孢蒴直立，短柱形，长约4.7毫米，桔黄褐色。蒴盖高圆锥形，具直喙。蒴齿齿片2裂达中部，上部无疣，下部无纵条纹。孢子褐色，有疣，直径21–23微米。

产四川和西藏，生于林下土壤、树干基部或腐木上。印度有分布。

1. 植物体(×2)，2 叶(×8)，3. 叶片上部的横切面(×240)，4. 叶片角部的横切面(×240)。

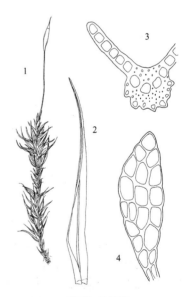

图 591 阿萨姆曲尾藓（于宁宁绘）

7. 细肋曲尾藓 图 592

Dicranum bonjeanii De Not. in Lisa, Elenc. Musch. Torino 29. 1837.

体形中等大小，鲜绿色或褐绿色，有光泽，密集丛生。茎高达6厘米，分枝或不分枝，下部具褐色假根。叶片多列，不一向偏曲或仅尖部

一向偏曲，干燥时卷缩，带状披针形，渐上呈细尖，上部具横波纹；叶边上部有齿突，单层细胞，下部平滑；中肋细弱，达叶尖，上部背面粗糙或近于平滑。叶片角细胞褐色，长方形，厚壁，边缘有几列狭长细胞；下部叶细胞狭长，长约100–125微米；叶中部细胞长方形，长70–85微米，宽8–9微米，有壁孔；上部细胞短，圆方形或六边形。雌雄异株。蒴柄细弱，长达3.5厘米，浅褐色。孢蒴卵状圆柱形，弓形弯曲，有时有骸突。蒴盖具斜喙。环带由1–2列细胞构成。孢子褐色、具疣，春末成熟。

产黑龙江、吉林和内蒙古，生于较干燥的针叶林、针阔混交林或趋向干枯的塔头甸子、砂质土、腐木或岩面薄土生。俄罗斯、欧洲及北美洲有分布。

1. 叶(×9)，2. 叶片中下部横切面的一部分(×187)，3. 叶角部的横切面(×187)，4. 叶尖部细胞(×375)，5. 叶中部边缘细胞(×187)。

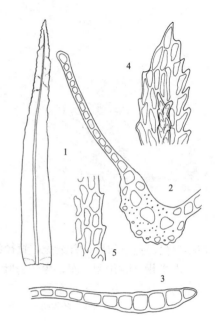

图 592 细肋曲尾藓（于宁宁绘）

8. 卷叶曲尾藓　　　　　　　　图 593

Dicranum crispifolium C. Müll., Bot. Zeit. 23: 349. 1864.

植物体形大，褐绿色，有弱光泽，密集丛生。茎直立或倾立，叉状分枝，高达7厘米，皮部红褐色。叶片狭长披针形，湿时一向偏曲，干燥时卷缩，中上部内卷呈管状；叶边上部有锐齿，下部平滑；中肋细弱，突出于叶尖，背面上部有齿。叶下部细胞褐色，狭长形，厚壁，有壁孔；中部细胞长方形，厚壁，有壁孔；上部细胞与中部细胞相同或稍短，稀背面有前角突，角细胞红褐色，方形、短长方形或六边形，略凸起，与中肋间常有无色透明细胞相隔。雌雄异株。雌苞叶高鞘状。蒴柄褐色，直立或弓形弯曲，长达5厘米。孢蒴深红褐色，短圆柱形，弓形弯曲，长约5毫米。蒴盖长圆锥形，具斜长喙。蒴齿黄褐色，长约0.6毫米，下部有条纹，上部有疣。孢子黄褐色，有疣，直径14–20微米。

产四川、云南和西藏，生于林下石上、腐殖质土、腐木上，稀生于树干基部。印度有分布。

1. 植物体(×1)，2. 叶(×8)，3. 叶基部中肋的横切面(×240)，4. 叶角部的横切面(×187)，5. 叶上部边缘细胞(×240)。

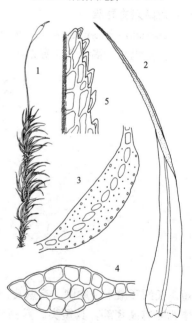

图 593 卷叶曲尾藓（于宁宁绘）

9. 大曲尾藓　　　　　　　　图 594

Dicranum drummondii C. Müll., Syn. Musc. Frond. 1: 356. 1848.

植物体形大，绿色，具光泽，疏丛生。茎直立或倾立，分枝，高达15厘米，被覆褐色假根。叶片多列着生，中上部一向弯曲，或略呈镰刀形弯曲，长达1.2厘米，宽达1.5毫米，基部收缩，向上渐呈宽披针形，

上部内卷呈管状，背面有低疣；叶边平直，上部为双层细胞，具两列细齿；中肋细，突出于叶尖，先端背面有锐齿，无栉片；角细胞厚4-5层，形大，褐色；叶基部细胞短矩形，厚壁，具壁孔；中上部细胞短，圆方形或不规则圆形，无壁孔，背面有低疣。雌雄异株。蒴柄2-3个，丛生，黄色，直立，长3-5厘米。孢蒴短柱形，倾立或平列，干燥时稍弓形弯曲，黄褐色。孢子直径14-18微米。成熟于夏季。

产吉林、陕西、贵州、四川和西藏，生于针叶林或针阔混交林下、土生或岩面薄土生。欧洲有分布。

1. 叶(×13)，2. 叶尖部边缘细胞(×244)，3. 叶上部细胞(×244)，4. 叶下部细胞(×244)。

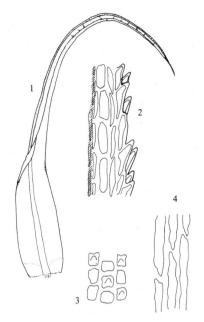

10. 长叶曲尾藓　　　　　　　　　　图 595

Dicranum elongatum Schleich. ex Schwaegr., Sp. Musc. Suppl. 1(1): 171. t. 43. 1811.

体形细长，下部深褐色，上部黄褐绿色，具光泽，常成垫状藓丛。茎直立，散生或倾立，单一或分枝，高达17厘米，密被褐色假根；常有多数细分枝，叶片直立，易折断，从宽阔的基部向上渐呈披针形，长约3毫米，宽0.4-0.5毫米，上部呈管状，稍向一侧弯曲；叶边全缘，或仅先端具不规则细齿；中肋粗，约占叶片基部宽度的1/5-1/4，达叶先端或有时突出于叶尖，背部平滑。叶中上部细胞不规则，圆形、三角形或长椭圆形，厚壁，无壁孔；角细胞大，方形或多边形，黄褐色；叶片中下部细胞狭长方形，两端圆角，有壁孔。雌雄异株。蒴柄长约1.5厘米，细弱，黄色或黄褐色。孢蒴直立，短圆柱形或长椭圆形，干时稍弯曲，黄褐色。蒴盖圆锥形，具长喙。蒴齿红褐色，齿片2-3裂达中部。孢子具细疣。成熟于秋季。

产吉林、内蒙古、河北、四川和云南，生于高山湿岩面，或生于泥炭藓、皱蒴藓等藓丛间，稀见于平原土生或腐木生。日本、俄罗斯、欧洲及北美洲有分布。

1. 植物体(×1)，2. 叶(×22)，3. 叶尖部细胞(×200)，4. 叶中部边缘细胞(×262)，5. 叶中部细胞(×262)。

图 594 大曲尾藓（于宁宁绘）

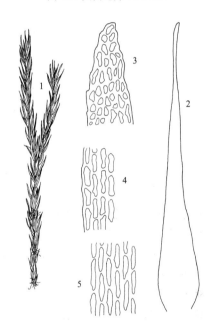

图 595 长叶曲尾藓（于宁宁绘）

11. 折叶曲尾藓 折叶直毛藓　　　图 596

Dicranum flagilifolium Lindb., Ofv. K. Sv. Vet. –Akad. Forh. 14: 125. 1857.

密集丛生垫状，绿色或草黄绿色，具弱光泽。茎细弱，直立，不分枝或稀分枝，高1-13厘米，中下部密被褐色假根。叶片密生，干燥时

紧贴，湿时直立或稍弯曲，从宽基部渐向上呈狭披针形细长毛尖；叶边无齿；中肋宽，约占叶片基部宽度的1/4，突出于先端呈细长毛尖。叶中下部细胞狭长方形，厚壁，有壁孔；中上部叶细胞短长方形，厚壁，壁孔不明显；角细胞大形，金黄色，方形或长方形，薄壁，与中肋之间有几列狭长细胞相隔。雌雄异株。蒴柄黄褐色，长1–2厘米。孢蒴弓形弯曲，干燥时有纵纹。环带明显分化。蒴齿披针形，中下部有明显纵条纹。蒴盖高圆锥形，具直喙，与壶部近于等长。孢子直径约24微米，有细疣。

产黑龙江、内蒙古和台湾，生于高寒地区沼泽湿地、树基或湿岩面。日本、俄罗斯、欧洲及北美洲有分布。

1. 植物体（×4），2-3. 叶（×16），4. 叶上部边缘细胞（×140），5. 叶基部上方细胞（×140）。

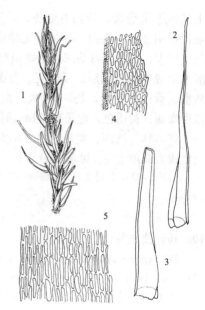

图 596 折叶曲尾藓（于宁宁绘）

12. 棕色曲尾藓 图 597

Dicranum fuscescens Turn., Musc. Hib. Spic. 60, f. 1. 1804.

植物体褐色或深褐色，无光泽或具弱光泽，密集小丛状。茎直立或倾立，高达5厘米，不分枝或从基部分枝，中下部密被褐色假根。叶片湿时常一向偏曲，干燥时卷缩，狭披针形，从基部向上渐呈细长叶尖，上部呈龙骨状，长达6毫米；叶片上部双层细胞，叶边有锐齿；中肋细，约占叶片基部宽度的1/7–1/6，突出于叶尖，上部背面有疣或齿。角细胞明显，为多边形或近似方形，长30–50微米，宽8–9微米，褐色，薄壁，单层；中下部叶细胞长方形，厚壁，无壁孔；中部叶细胞长方圆形，不规则形，长12–15微米，宽5–8微米，厚壁，无壁孔；上部细胞与中部相似，较短。雌雄异株。内雌苞叶高鞘状，长达5毫米。孢子体单生。蒴柄长1.2–2.5厘米，黄褐色或红褐色。孢蒴短圆柱形，干燥时弓形弯曲。蒴盖长圆锥形，具斜喙，与壶部近于等长。蒴齿红褐色，上部不规则2–3裂达中部，中下部有条纹，上部有疣。孢子直径15–20微米。

产黑龙江、吉林、辽宁、内蒙古、贵州和西藏，生于林下或林边树干基部，腐木、岩面薄土上。朝鲜、日本、俄罗斯及欧洲有分布。

1. 植物体（×3），2. 叶（×18），3. 叶片上部的横切面（×200），4. 叶片角部横切面（×200）。

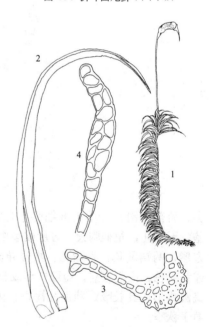

图 597 棕色曲尾藓（于宁宁绘）

13. 格陵兰曲尾藓 图 598 彩片96

Dicranum groenlandicum Brid., Musc. Rec. Suppl. 4: 68. 1819.

体形细长，黄绿色或褐绿色，具光泽，密集丛生。茎单一或分枝，高3–12厘米，下部被覆假根。叶挺硬，干时紧贴于茎，湿时展开，长约3毫米，宽0.6–0.8毫米，从基部向上呈长披针形，上部常呈管状；叶边

平滑，单层细胞；中肋细，占叶片基部宽度的1/10–1/9，背面平滑，终止于叶尖。叶上部细胞短椭圆形或方圆形，均厚壁，有壁孔；中下部细胞狭长圆角形；角细胞发达，为一群圆方形褐色细胞。雌雄异株。蒴柄长达1.5厘米，细弱，黄色。孢蒴短柱形，干时略弯曲。蒴盖圆锥形，具长喙。孢子直径20–28微米，具细疣。

产黑龙江、吉林、内蒙古和云南，生于林下湿地、湿岩面或岩面薄土，稀生于腐木上。日本、俄罗斯、欧洲及北美洲有分布。

1. 叶（×30），2. 叶片横切面的一部分（×260），3. 叶尖部细胞（×140），4. 叶角细胞（×200）。

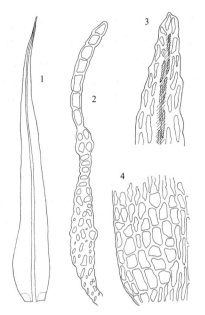

图 598 格陵兰曲尾藓（于宁宁绘）

14. 日本曲尾藓

图 599 彩片97

Dicranum japonicum Mitt., Trans. Linn. Soc. Bot. ser. 2, 3: 155. 1891.

体形大，黄绿色或褐绿色，无光泽。茎高达5厘米，单一或稀叉状分枝，密被假根，叶片疏生或上部密生，干燥时呈镰刀形弯曲，湿时略伸展，长达7–10毫米，披针形，上部呈龙骨状；叶上部边缘有粗锐齿，不内曲；中肋细弱，突出于叶尖呈短毛尖，上部背面有2列粗齿。叶片角细胞褐色，长约50微米，宽约20微米，薄壁；叶基部细胞狭长方形，长约100微米，宽约

10微米，有壁孔；上部细胞长六边形，长约60微米，宽9微米。雌雄异株。孢子体单生。内雌苞叶高鞘状，有长毛尖。蒴柄黄色或红褐色，干时扭转。孢蒴长圆柱形，弓形弯曲。蒴盖狭长喙状。蒴齿长约0.7毫米，红褐色，2裂达中部，中下部有纵条纹，上部有疣；内侧有粗疣。孢子14–20微米。

产黑龙江、吉林、内蒙古、河南、陕西、江苏、安徽、浙江、台湾、福建、江西、湖南、广东、贵州、四川、云南和西藏，生于林下、潮湿林边腐殖质上或岩石薄土上。日本、朝鲜及俄罗斯有分布。

1. 植物体（×1.5），2. 叶（×9），3. 叶片角部的横切面（×120），4. 叶片上部边缘细胞（×120）。

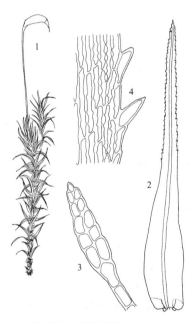

图 599 日本曲尾藓（于宁宁绘）

15. 克什米尔曲尾藓

图 600

Dicranum kashmirense Broth., Acta Soc. Sc. Fenn. 24 (2): 9. 1899.

体形较小，褐绿色，具弱光泽或无光泽。茎单一或叉状分枝，红褐色，高约1.2厘米。叶片密生，披针形，上部叶长达4.5毫米，潮湿时呈镰刀形弯曲，干燥时扭曲；叶边上部有齿；中肋褐色，细弱，约占叶片基部宽度的1/10，突出于叶先端，上部背面有齿。叶片角细胞向两侧凸出，红褐色，方形或长方形，厚壁，形大，与中肋间有几列无色细胞相隔；基部细胞短长方形，壁中等厚，有微壁孔；上部叶片细胞小，长约

80微米，宽10微米，褐色。雌雄异株。雌苞叶基部高鞘状，有短尖。蒴柄红褐色，长2–2.5厘米，干燥时扭转。孢蒴短柱形、红褐色，直立。蒴盖圆锥形，具直喙。蒴齿红褐色，齿片2裂达中部，基部有纵条纹，先端具细疣。孢子褐色，有细疣，直径16.5–20微米。

产湖南、广西和四川，生于林内树干基部。克什米尔地区有分布。

1. 叶(×12), 2. 叶基部横切面的一部分(×225), 3. 叶尖部(×225), 4. 叶中下部细胞(×175)。

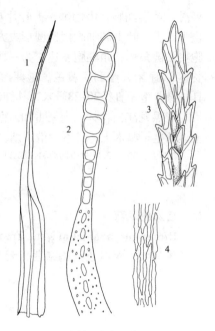

图 600 克什米尔曲尾藓（于宁宁绘）

16. 硬叶曲尾藓 图 601

Dicranum lorifolium Mitt., Journ. Linn. Soc. Bot. Suppl. 1: 15. 1859.

体形中等大小，红褐色，有光泽，密集或疏丛生。茎倾立，稀直立，长达5厘米，叉状分枝，基部有疏假根。叶常呈镰刀形一向偏曲，基部宽，渐向上呈狭披针形，长达1.1厘米；叶边内曲，中下部平滑，上部有锐齿；中肋细弱，消失于叶先端，稀突出，背面上部有齿。叶片角细胞大，深红褐色，稍向外凸出；叶基部细胞狭长方形，厚壁，有壁孔；中上部细胞短小，胞壁加厚。雌雄异株。蒴柄直立，褐色，长达3厘米。孢蒴柱形，直立或倾立，长约5毫米。蒴盖具直喙。蒴齿为典型曲尾藓类型，有纵条纹。孢子直径20–25微米，浅褐色，具细疣。

产甘肃、福建、贵州、云南和西藏，生于林下或灌丛下的树干基部或腐本上。尼泊尔、不丹及克什米尔地区有分布。

1. 植物体(×1/2), 2. 叶(×12), 3. 叶基部的横切面(×160), 4. 叶尖部细胞(×130), 5. 叶中部边缘细胞(×12)。

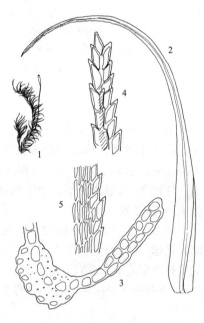

图 601 硬叶曲尾藓（于宁宁绘）

17. 多蒴曲尾藓 图 602

Dicranum majus Smith, Fl. Brit. 1202. 1804.

体形高大，绿色或黄绿色或深绿色，具光泽。茎直立或倾立，长5–8厘米，下部被覆褐色或灰褐色假根。叶多列，一向镰刀形弯曲，尖端有时呈钩形，从宽的基部向上渐呈长披针形，长达1厘米，最宽处约1毫米，上部常内卷成管状；叶边有不规则锐齿，背面上部有不规则齿；中肋细弱，突出于叶尖呈短毛尖，上部背面有齿。叶片角细胞

浅褐色，厚3–5层细胞，与中肋之间有无色细胞相隔；叶中下部细胞狭长卵形，渐上较短，狭短长方形，厚壁，具壁孔。雌雄异株。雌苞叶基部呈鞘状，中肋突出呈短毛状。蒴柄黄色或黄褐色，长2.5–3厘米，1–5丛生。孢蒴圆柱形，弓形

弯曲，黄绿色或褐色。环带不分化。蒴盖圆锥形，具长喙。蒴帽兜形。孢子直径约20微米，有细疣。

产黑龙江、吉林、内蒙古、台湾、湖北、湖南、广西、贵州和西藏，常见于红松林、针阔混交林或阔叶林下腐木、土壤或岩面薄土上。朝鲜、日本、印度、欧洲及北美洲有分布。

1. 叶(×7)，2. 叶尖(×90)，3. 叶中部边缘细胞(×200)，4. 叶基近中部细胞(×135)，5. 叶基部细胞(×120)。

18. 细叶曲尾藓

图 603

Dicranum muehlenbeckii B. S. G., Bryol. Eur. 1: 142. f. 78. 1847.

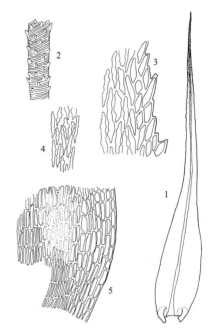

图 602 多蒴曲尾藓（于宁宁绘）

小垫状，黄绿色或褐绿色，不具光泽或具弱光泽，中下部密生褐色假根。茎直立或倾立，高2–4厘米，单一或叉状分枝。叶片直立或倾立，顶端叶常一向弯曲，干燥时卷缩，湿时舒展，基部卵形，向上呈披针形，无波纹；叶边上部有齿，厚边，内卷，下部平滑；中肋粗壮，约为叶基部宽度的1/5–1/4，突出于叶尖，背面上部具钝齿。叶片角细胞两层，长方形或六边形，深褐色；叶基部细胞长矩形，厚壁，有壁孔；叶中上部细胞短矩形或不规则圆形，背面有低疣或前角突，厚壁。雌雄异株。蒴柄长2–2.5厘米，黄褐色或红棕色。孢蒴单生，圆柱形，背曲，有时具不明显骼突。齿片2裂达中下部，红褐色，背面中下部有条纹。环带狭窄，自行脱落。孢子具疣。

产吉林、浙江、四川和西藏，习见于落叶松林下或沼泽地的腐殖质或岩面薄土。朝鲜、俄罗斯、欧洲及北美洲有分布。

1. 叶(×13)，2. 叶尖部细胞(×225)，3. 叶中部边缘细胞(×225)，4. 叶基部细胞(×120)。

19. 东亚曲尾藓 日本曲尾藓

图 604

Dicranum nipponense Besch., Ann. Sc. Nat. Bot. Ser. 7, 17: 332. 1893.

体形中等大小，深绿色，有弱光泽。茎直立或叉状分枝，高达2–5厘米。叶片贴生或四散伸展，顶端叶一向弯曲，披针形，上部呈龙骨状，长约7毫米，茎下部叶阔短，长约5毫米；叶边1/3以上有密粗齿，齿由单细胞构成，叶边下部平滑；中肋细弱，终止于叶尖前，背面有2–3列锐齿。叶片角细胞褐色，长方形，长45–80微米，宽25–40微米，薄壁；叶下部细胞狭长，长120–150微米，宽16–22微米，薄壁，有壁孔；叶中部细胞疏，长方形，65–85×13–18微米，壁厚，有壁孔；叶上部细胞狭长方形或纺锤形，短小。雌雄异株或杂株。孢子体单生。雌苞叶高鞘状，有短毛尖。蒴柄长2–4厘米，红褐色。孢蒴圆柱形，弓形弯

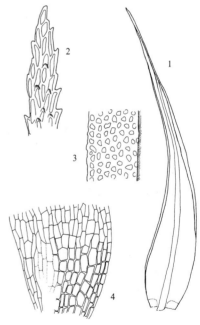

图 603 细叶曲尾藓（于宁宁绘）

曲，褐色；有气孔。蒴盖圆锥形，具喙。蒴齿齿片长约0.7毫米，2裂达中下部，下部有纵条纹，上部有疣，红褐色或黄褐色。蒴帽兜形。孢子直径16–20微米。

产吉林、江苏、湖北、湖南、贵州和四川，生于林下岩面薄土、

林地或腐木上。朝鲜及日本
有分布。

　　1. 植 物 体 (×3/4), 2-3. 叶
(×7.5), 4. 叶尖部 (×90), 5. 叶中
上部边缘细胞 (×187)。

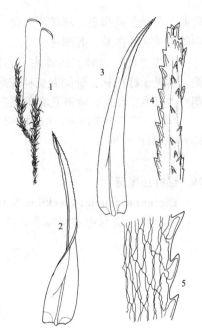

图 604 东亚曲尾藓（于宁宁绘）

20. 波叶曲尾藓　　　　　　　　　　　　　　图 605

Dicranum polysetum Sw., Monthl. Rev. 34: 538. 1801.

植物体中等大小，上部黄绿褐色，下部黑褐绿色，有光泽，密丛生。茎直立或倾立，高达10厘米，基部叉状分枝，全株密被假根。叶直立或四散倾立，披针形，具长叶尖，长达1厘米，不规则镰刀形弯曲或干燥时皱缩，上部有强波纹；叶边上部有粗齿；中肋细弱，突出于叶尖，背面上部有2列粗齿，呈栉片状。叶上部细胞短长方形，长约50微米，宽约9微米，薄壁，

有明显壁孔；叶中部细胞长六边形，长约70微米，宽约8微米，薄壁，有壁孔；角细胞六边形或方形、薄壁，厚2层细胞，长约60微米，宽4微米；下部近中肋细胞薄壁。雌雄异株。蒴柄直立，2-5丛生，红褐色，常扭转。孢蒴圆柱形，弓形弯曲，长2.5-3毫米。蒴盖与孢蒴近于等长。蒴齿披针形，长约0.6毫米，深红褐色，背面有纵条纹，腹面平滑。孢子直径20-28微米。蒴帽兜形，长约7微米。

　　产黑龙江、吉林、内蒙古和西藏，生于林下或沼泽地腐殖土、腐木或岩面薄土上。朝鲜、俄罗斯、欧洲及北美洲有分布。

　　1. 植物体 (×3/4), 2-3. 叶 (×7.5), 4. 叶尖部 (×90), 5. 叶角部的横切面 (×90)。

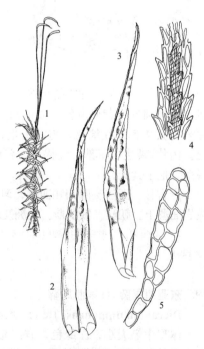

图 605 波叶曲尾藓（于宁宁绘）

21. 曲尾藓　　　　　　　　　　　　　　图 606

Dicranum scoparium Hedw., Sp. Musc. Frond. 126. 1801.

密丛生，黄褐色，上部色淡，下部色深。茎直立或倾立，高达10厘米，多不分枝，稀叉状分枝。茎叶干燥时稍扭转，披针形，渐上呈狭披针形，内卷呈管状，长达1厘米；叶边上部有齿突或单细胞齿，下部叶边平滑，内曲；中肋细弱，突出于叶尖，背面上部有2-3列栉片，栉片上有粗齿。叶片角细胞长方形，长42-65微米，宽约16-25微米，厚2层细胞，叶基部细胞长方形，长85-120微米，宽8-10微米，有壁孔；叶中部细胞长方形，上部细胞长六边形，薄壁，有壁孔。雌雄异株或杂株。

孢子体单生。内雌苞叶长达1厘米，高鞘状，有短尖。蒴柄长2-3厘米，红褐色，干时扭转。孢蒴长圆柱形，长约2.5毫米，褐色，干燥时弓形弯曲。蒴盖长达0.3毫米。蒴齿长约0.5毫米，红褐色，下部有粗

条纹，上部有疣，淡褐色。孢子直径16–20微米。蒴帽长约5.0毫米。

产黑龙江、吉林、内蒙古、河北、陕西、新疆、安徽、浙江、福建、江西、湖北、湖南、贵州、四川、云南和西藏，生于林下腐木、岩面薄土，或腐植质土。日本、朝鲜、俄罗斯、欧洲及北美洲有分布。

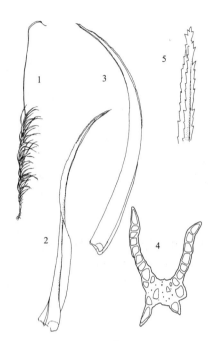

图 606 曲尾藓（于宁宁绘）

1. 植物体（×3/4），2-3. 叶（×8），4. 叶上部的横切面（×150），5. 叶尖部（×41）。

22. 齿肋曲尾藓
图 607

Dicranum spurium Hedw., Sp. Musc. Frond. 141. 1801.

体形粗壮，黄绿色，无光泽，密集丛生。茎直立或倾立，高达3.5厘米以上，多分枝。叶片常呈簇状在茎上着生，潮湿时伸展，干燥时卷缩，卵状披针形，长达5.8毫米，具短叶尖；叶边内曲或平展，上部有齿突，下部平滑；中肋浅褐色。长达叶尖，背面粗糙或有疣。叶片角细胞弱，深棕色，方形或短长方形；基部细胞长方形，长约80微米，宽14微米，有壁孔；上部细胞不规则多边形，壁厚，有壁孔；尖部细胞狭长方形。雌雄异株。蒴柄常侧生，浅褐色，长达2.3厘米。孢蒴褐色，倾立，略背曲，基部有小骹突，有气孔，干燥时有纵褶和不规则褶。蒴齿深褐色，2–3裂达中部，中下部有条纹，上部有疣。孢子浅褐色，直径20–22.4微米。

产吉林和内蒙古，生于高山草甸或沼泽泥炭土上。朝鲜、俄罗斯、欧洲及北美洲有分布。

1. 植物体（×2），2. 叶（×10），3. 叶上部横切面的一部分（×210），4. 叶角部的横切面（×210）。

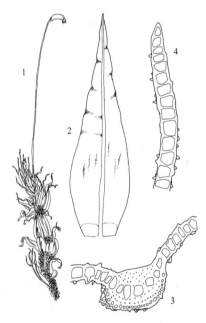

图 607 齿肋曲尾藓（于宁宁绘）

23. 皱叶曲尾藓 贝氏曲尾藓
图 608

Dicranum undulatum Schrad. ex Brid., Journ. f. Bot. 1800 (2): 294. 1801.

植物体细长，黄褐绿色，无光泽或有弱光泽，密集丛生。茎直立或倾立，高3–15厘米，不分枝或叉状分枝，密被褐色假根。叶片直立，或先端略一向弯曲，狭披针形，长5–8毫米，中上部具横波纹；叶边平直，上部具锐齿，中下部平滑；中肋细，及顶，稀略突出，背面上部有疣或钝齿，中部有低疣。叶片角细胞两层，长方形、六边形或近似方形，长40–60微米，宽20–35微米，橙褐色；中下部细胞狭长方形，厚壁，壁孔不明显；中部细胞长方形或长椭圆形，不规则，长12（25）微米，宽5（8）微米，厚壁，有稀疏壁孔；叶上部细胞有时不规则长方形或方形，有低乳头。雌雄异

株。内雌苞叶具高鞘部，先端圆钝或平截，有短尖。孢蒴单生。蒴柄长2–2.5厘米，黄褐色，稍扭曲。孢蒴倾立或平列，圆柱形，长约2毫米。环带为2列小形细胞。蒴盖具斜长喙。蒴齿长约0.45毫米，红褐色，中下部有条纹，上部有疣。孢子直径16–20微米。

产黑龙江、吉林和内蒙古，生于高位沼泽的泥炭土或腐殖质上，稀生于腐木或岩面薄土上。俄罗斯、欧洲及北美洲有分布。

1. 植物体（×1），2–3. 叶（×10），4. 叶中部边缘细胞（×187），5. 叶基部细胞（×90）。

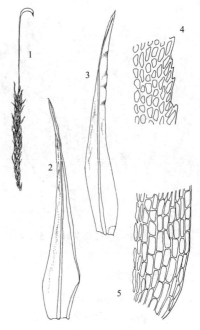

图 608 皱叶曲尾藓（于宁宁绘）

30. 无齿藓属 Pseudochorisodontium (Broth.) C. Gao, D. Vitt, X. Fu et T. Cao

植物体中等大小或形大，高4–10厘米，黄绿色或褐绿色，疏或密丛生。茎直立，不分枝或密丛状分枝；具中轴。叶片疏或密丛生，基部宽大，鞘状抱茎，向上突成披针形叶尖。叶细胞方形或六边形，基部细胞长方形，厚壁或具壁孔，常具单个粗疣；角细胞明显，厚2–5（6）层细胞。雌雄异株。雌苞顶生。蒴柄黄色，稀红褐色。孢蒴直立，长圆柱形。蒴盖具直喙，无蒴齿或发育弱，蒴帽兜形，斜列。孢子球形，平滑或具细疣。

约8种。中国有7种。

1. 叶片基部宽阔，渐向上呈披针形；叶边具齿或锐齿。
　　2. 叶片中下部阔卵形，向上突呈狭披针形叶尖 ·· 1. 韩氏无齿藓 P. hokinense
　　2. 叶片中下部阔带形，向上渐呈披针形叶尖 ·· 4. 四川无齿藓 P. setschwanicum
1. 叶片基部卵形，向上急呈狭长披针形；叶边全缘或近于平滑。
　　3. 叶片角细胞厚2层，叶中上部细胞长椭圆形 ·· 2. 无齿藓 P. gymnostomum
　　3. 叶片角细胞厚3–4层，叶中上部细胞短圆方形或不规则形 ·· 3. 多枝无齿藓 P. ramosum

1. 韩氏无齿藓 　　　　　　　　　　　　　　图 609

Pseudochorisodontium hokinense (Besch.) C. Gao, D. Vitt, X. Fu et T. Cao, Moss Fl. China 1: 224. 1999.

Dicranum gymnostomum Mitt. var. *hokinense* Besch., Ann. Sc. Nat. Ser. 7, 15: 51. 1892.

植物体形大，黄绿色，无光泽，密集丛生。茎直立或倾立，单一或叉状分枝，高达4厘米；基部密被假根。叶密生，长达6毫米，从宽的基部向上渐呈狭披针形，上部呈镰刀形弯曲，中部以上背面有疣，叶边平直，中上部明显具齿，中下部平滑；中肋中等粗，突出于叶尖呈短尖，

中部背面粗糙，上部背面有齿。叶片角细胞发达，黄褐色，厚3层细胞；叶基部细胞狭长方形，厚壁，近中肋有明显壁孔；叶中上部细胞方形或不规则形，厚壁，具壁孔，背面有高疣。雌雄异株。雌苞叶基部高鞘状，向上突呈毛尖。孢蒴单生。蒴柄长达1.5厘米，黄褐色，直立。孢蒴直立，圆柱形。蒴盖高圆锥形，具直喙。蒴齿缺失。孢子黄褐色，直径20–25微米，近于平滑。

中国特有，产四川、云南和西藏，生于林下树干基部或岩面薄土上。

1. 叶(×9)，2. 叶中上部横切面的一部分(×218)，3. 叶角细胞的横切面(×218)，4. 叶尖部细胞(×25)，5. 叶中上部边缘细胞(×160)。

2. 无齿藓　　　　　　　　　　　　　　图 610

Pseudochorisodontium gymnostomum (Mitt.) C. Gao, D. Vitt, X. Fu et T. Cao, Moss Fl. China 1: 223. 1999.

Dicranum gymnostomum Mitt., Journ. Proc. Linn. Bot., Suppl. 1: 14. 1859.

体形略大，绿色或褐绿色，具弱光泽。茎直立或倾立，高约4厘米。叶披针形，向一侧偏曲。长约0.8厘米，基部宽约1.2毫米，上部内卷；叶边上部有齿突，中下部平滑；中肋细弱，突出于叶尖，背面上部平滑或有齿突。角细胞深红褐色，膨起，厚2–3层细胞；叶中部细胞厚壁，不规则圆形，约29×12微米，边缘细胞狭长；叶基部细胞长方形，厚壁，有明显壁孔；叶上部细胞狭长，厚壁，有前角突。雌雄异株。雌苞叶高鞘状，长约0.9厘米，有短尖。蒴柄褐色，直立，干时扭曲。孢蒴直立，圆柱形，浅褐色，长约2.0毫米。蒴盖高圆锥形，具直喙。无蒴齿。

产贵州、四川、云南和西藏，生于林下湿土上。印度有分布。

1. 叶(×8)，2. 叶角细胞的横切面(×189)，3. 叶尖部细胞(×163)，4. 叶基部细胞(×189)。

3. 多枝无齿藓　　　　　　　　　　　图 611

Pseudochorisodontium ramosum (C. Gao et Aur) C. Gao, D. Vitt, X. Fu et T. Cao, Moss Fl. China 1: 227. 1999.

Dicranum ramosum C. Gao et Aur, Bull. Bot. Lab. N. –E. Forest. Inst. 7: 97. 1980.

体形中等大小，黄绿色或暗绿色，下部暗绿色，有光泽。茎直立或倾立，多次叉状分枝，稀不分枝，中下部被覆稀疏假根。叶片密生，基部卵形，向上突收缩呈狭长尖，湿润时伸展，干燥时稍扭曲，基部收缩，中部宽阔；叶边平直，稀有齿突；中肋宽阔，约为叶基部宽度的1/10–1/6，突出于叶尖呈毛状，上部背面平滑或有低疣，横切面主细胞

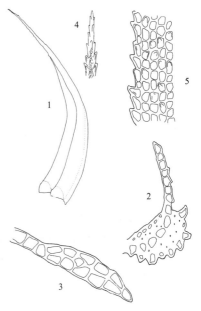

图 609 韩氏无齿藓（于宁宁绘）

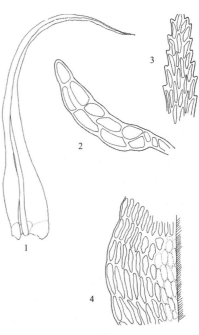

图 610 无齿藓（于宁宁绘）

排列不整齐，主细胞的背腹面均分化有副细胞。叶上部细胞不整齐，多边形或不规则长椭圆形，平滑；叶下部细胞长椭圆形或不规则形，细胞壁加厚，有明显壁孔；角细胞发达，黄褐色，方形或长方圆形，通常由3–4层细胞构成。

产西藏，生于岩面薄土或高山土上。

1. 植物体(×1)，2. 叶(×9)，3. 叶中部中肋的横切面(×200)，4. 叶角部细胞(×230)。

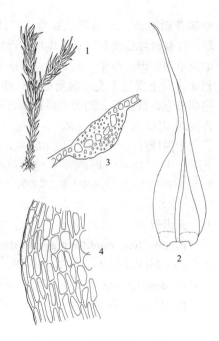

4. 四川无齿藓

图 612

Pseudochorisodontium setschwanicum (Broth.) C. Gao, D. Vitt, X. Fu et T. Cao, Moss Fl. China 1: 229. 1999.

图 611 多枝无齿藓（于宁宁绘）

Dicranum setschwanicum Broth., Symb. Sin. 4: 26. 1929.

植物体中等大小，黄绿色，有光泽。茎直立或倾立，高达5厘米，单一或稀叉状分枝，下部有褐色假根。叶片密生，从宽的基部向上呈狭长披针形，镰刀形弯曲，长达7毫米，背部有疣突；叶边略内卷，上部有明显齿，单层细胞，下部平滑；中肋粗，突出于叶先端，上部背面有齿。叶中上部细胞不规则三角形、方形或纺锤形；叶基部细胞长方形，厚壁，有明显壁孔；角细胞明显，方形、短长方形或六边形，厚4-5层细胞，褐色，厚壁，与中肋之间有一群无色细胞相隔。雌雄异株。雌苞叶鞘状，外雌苞叶毛尖长，平滑。孢子体单生。蒴柄细弱，红褐色，长达1.5厘米。孢蒴直立，圆柱形，褐色，长达4毫米。蒴盖高圆锥形，具直喙。蒴齿缺失。

中国特有，产四川和西藏，生于高山矮林或灌丛内。

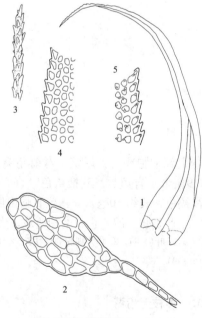

1. 叶(×12)，2. 叶基部横切面的一部分(×189)，3. 叶尖部(×42)，4. 叶中上部细胞腹面观(×163)，5. 叶中上部细胞背面观(×163)。

图 612 四川无齿藓（于宁宁绘）

31. 锦叶藓属 Dicranoloma (Ren.) Ren.

体形粗壮，坚挺，绿色，有光泽，丛生。茎直立或倾立，不分枝或分枝，多数有中轴分化。叶片直立或一向偏曲或呈镰刀形弯曲，从阔披针形基部向上呈毛尖状或管状细长尖；叶边常分化2至多列线形细胞，中上部有齿，稀全缘；中肋细弱，长达叶尖或突出，背面上部常有齿。叶片基部细胞长方形或狭长形，上部细胞短，厚壁，有或无壁孔；角细胞方形或圆形，厚壁，褐色或黄褐色。假雌雄同株。雌苞叶分化，基部鞘状，有毛尖。蒴柄长，均高出于雌苞叶。孢蒴直立或背曲，长圆柱形或长椭圆形，辐射对称。蒴齿单层，发育完全；齿片2裂达中部，中下都有纵纹或斜纹，上部有疣。蒴盖具长喙。蒴帽兜形。

约90种。我国有6种。

1. 植物体直立，多不分枝，光泽甚强；叶片直立，有长尖，叶边平滑 ························ 2. **直叶锦叶藓 D. blumii**
1. 植物体倾立，多分枝，光泽一般；叶片多弯曲或镰刀形偏曲，叶边多具齿或齿突。
　　2. 植物体大，通常高10厘米以上；叶片上部细胞排列不整齐，无壁孔或壁孔不明显 ····· 1. **大锦叶藓 D. assimile**
　　2. 植物体中小形，通常高不超过10厘米；叶片中上部细胞排列整齐，多有壁孔。
　　　　3. 叶片中上部通常易折断 ·· 4. **脆叶锦叶藓 D. fragile**
　　　　3. 叶片上部通常不易折断·· 3. **长蒴锦叶藓 D. cylindrothcium**

1. 大锦叶藓　　　　　　　　　　　　　　　图 613

Dicranoloma assimile (Hampe) Par., Ind. Bryol. 2, 2: 24. 1904.

Dicranum assimile Hampe, Icon. Musc. 24. 1844.

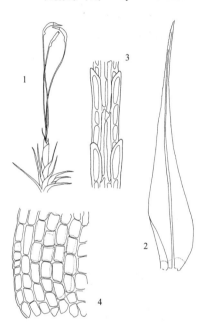

体形大，黄绿色，有光泽，丛生。茎倾立，稀直立，高达10（15）厘米，多分枝；中轴分化。叶片直立或一向偏曲呈镰刀形，基部阔，向上渐呈狭披针形；叶边平直，上部有粗齿；中肋细弱，突出叶尖呈毛尖状，背面上部有两列栉片。叶片中上部细胞短长椭圆形或方形，均有壁孔；叶边分化数列线形透明细胞，角细胞分化明显，大形，厚壁，褐色；叶基部细胞长方形，雌雄异株。雌苞叶分化，基部鞘状。蒴柄长约1.5厘米。孢蒴长柱形，弓形弯曲。蒴盖锥形，具长喙。

产浙江、台湾、福建、海南、贵州和西藏，生于林下树干基部、腐木或岩面腐殖质上。菲律宾、印度尼西亚、马来西亚及巴布亚新几内亚有分布。

1. 植物体(×2)，2. 叶(×9)，3. 叶近尖部细胞(×158)，4. 叶角细胞(×158)。

图 613 大锦叶藓（于宁宁绘）

2. 直叶锦叶藓　　　　　　　　　　　　　图 614

Dicranoloma blumii (Nees) Par., Ind. Bryol. 2, 2: 25. 1904.

Dicranum blumii Nees, Nov. Ac. Leop. Car. 11(1): 131, 15f. 1. 1823.

体形大，高6–10厘米，苍绿色或黄绿色，有光泽。茎直立或倾立，不分枝；中轴分化。叶片直立，先端一侧偏曲，从阔基部向上呈狭披针形，叶尖毛状，约为叶

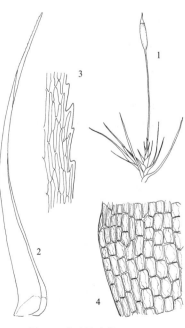

图 614 直叶锦叶藓（于宁宁绘）

片长度的1/2；叶边上部平滑；中肋红褐色，坚挺，突出于先端，平滑。叶细胞线形或短长方形，胞壁厚，平滑或有壁孔；角细胞分化明显，约占叶基宽度的2/3；叶边分化3–10列狭长形透明细胞，雌雄异株。蒴柄草黄色，直立，长达1.5厘米。孢蒴短或长圆柱形，老时弓形弯曲。蒴盖具长喙。

产台湾、福建、湖南、四川、云南和西藏，生于林下树干基部或腐

木上。菲律宾、马来西亚、印度尼西亚、巴布亚新几内亚及新喀里多尼亚有分布。

1. 植物体(×2)，2. 叶(×85)，3. 叶上部边缘细胞(×189)，4. 叶角细胞(×189)。

3.　长蒴锦叶藓　　　　　　　　图 615

Dicranoloma cylindrothecium (Mitt.) Sak., Bot. Mag. Tokyo 65: 256. 1952.

Dicranum cylindrothecium Mitt., Trans. Linn. Soc. Bot. Ser. 2, 3: 157. 1891.

植物体中等大小，黄褐色，有光泽。茎直立或倾立，单一，不分枝或分枝；中轴分化。叶片直立，干燥时略弯曲，从宽披针形基部向上渐呈细尖，长达7毫米；叶中上部边内卷，有整齐齿；中肋纤细，突出于叶尖，背面上部平滑。叶中部细胞长方形，长70–90微米，宽8.5–12微米，有壁孔，近尖部稍短，中下部细胞线形；角细胞方形或六边形，分化达中肋两侧，厚壁。雌雄异株或假异株。雄株形小，生于雌株基部。内雌苞叶分化，阔卵状，有长毛尖。蒴柄弯曲，褐色，长1.2–1.5厘米。孢蒴直立，卵形或长椭圆形，黄褐色，干燥时不弯曲，基部有气孔。蒴盖圆锥形，具长喙。环带为一列细胞。蒴齿长披针形，2裂达中部，橘红色，下部有条纹，上部有黄色疣。孢子直径14–17微米。

产浙江、台湾、福建和广西，生于林下树干基部或腐木上。朝鲜、日本及俄罗斯有分布。

1. 植物体(×1)，2 叶(×17)，3. 叶中部边缘细胞(×175)，4. 叶角细胞(×140)。

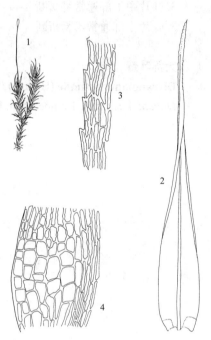

图 615 长蒴锦叶藓（于宁宁绘）

4.　脆叶锦叶藓　　　　　　　　图 616

Dicranoloma fragile Broth., Nat. Pfl. 2, 10: 209. 1924.

体形较小，高1–2（3）厘米，有光泽。茎直立或倾立，分枝或稀不分枝；中轴分化。叶片长约5毫米，从宽的基部向上呈披针形，干燥时基部有褶，上部易折断；叶边平直，中上部有明显粗齿；中肋粗，横切面有主细胞和背腹厚壁细胞层，突出于叶尖，背面有齿。叶细胞

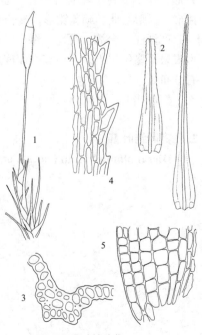

图 616 脆叶锦叶藓（于宁宁绘）

方形或短长方形，胞壁不加厚，近基部趋狭长；叶边下部分化1–2（3）列狭长透明细胞；角细胞凸出呈耳状，厚壁。雌雄异株。蒴柄草黄色，长达1.5厘米。孢蒴直立，短柱状，长2–3毫米，红褐色，干时有纵褶。蒴齿红褐色，曲尾藓型，先端有疣。孢子亮褐色，椭圆形。

产安徽、浙江、福建、湖南、广东、广西、海南、贵州、四川、云南和西藏，生于林下树干基部或腐木上，稀生于岩面腐殖质上。尼泊尔、不丹、印度、越南及菲律宾有分布。

1. 植物体（×3），2 叶（×10），3. 叶中下部中肋的横切面（×184），4. 叶上部边缘细胞（×184），5. 叶角细胞（×184）。

32. 白锦藓属 Leucoloma Brid.

植物体多纤细，柔软，灰绿色或黄绿色，有光泽。茎棕红色，干时常呈黑色，无假根；多分枝。叶片直立、倾立或呈镰刀形弯曲，基部阔卵形，渐上呈狭长披针形；叶边上部略内卷，尖部近于成管状；中肋细弱，突出于叶尖。叶片角细胞形大，无色透明，或呈棕色；叶边细胞狭长，透明，厚壁，形成明显分化的宽边；近中肋细胞小，圆形或长方形，具疣。雌雄异株。内雌苞叶分化。孢蒴直立，短柱形，对称。环带2列细胞。蒴盖具长喙。蒴齿单层，齿片披针形，常开裂达中部。孢子球形。蒴帽兜形。雄株小，生于雌株基部。

约100种。我国有2种。

柔叶白锦藓 图 617 彩片98

Leucoloma molle (C. Müll.) Mitt., Journ. Linn. Soc. Bot. Suppl. 1: 13. 1959.

Dicranum molle C. Müll., Syn. 1: 345. 1848.

植物体较大，灰绿色或黄灰绿色，丛生。茎高达5厘米，倾立，多分枝，下部叶片常脱落。叶片倾立，干燥时紧贴茎上，从阔直的基部向上呈细长尖；叶边内卷，中肋挺硬，达叶尖并突出呈毛尖，有齿突。叶片中上部细胞方形或圆方形，5–7×3–4微米，有几个细疣，下部细胞无疣，方形或长方形透明，角细胞方形或短长方形，褐色，厚壁；叶上部边缘分化1列线形透明细胞，中部有15–20列细胞，基部约25列。雌雄异株。雌苞叶基部呈鞘状，有毛尖。孢蒴短柱形。蒴柄短，略高出于雌苞叶。

产台湾、广东、海南和广西，生于热带常绿林下树干或腐木上。日本、菲律宾、印度尼西亚及越南有分布。

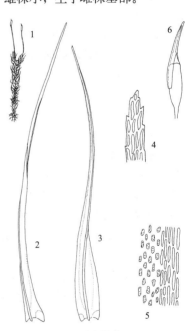

图 617 柔叶白锦藓（于宁绘）

1. 植物体（×1），2–3. 叶（×17），4. 叶尖部细胞（×200），5. 叶中部细胞（×297），6. 孢蒴（×4）。

58. 白发藓科 LEUCOBRYACEAE

（林邦娟）

植物体灰绿色或灰白色，稀疏或紧密垫状丛生。茎直立，单一或分枝。叶多列，肥厚；中肋宽阔，叶片近于全部由中肋所占，或具中央加厚细胞束，由2–10层大形而具圆形壁孔的无色细胞和内部具1–3列多边形的小形绿色细胞组成。叶细胞单层；无色透明，基部多列，向上逐渐减少。雌雄异株或假雌雄同株。蒴柄单生，直立。孢蒴直立，上部无疣状突起。环带不分化。蒴齿通常16，齿片披针形，不分裂或2裂至中部，外部有纵条纹或密疣，有时具高出的横脊。蒴盖圆锥形，具长喙。蒴帽多兜形，有时近于呈钟帽形。孢子细小。

约11属。中国有4属。

1. 叶片有中央厚壁细胞束构成的中肋 ·· 1. 白睫藓属 Leucophanes
1. 叶片中肋无中央加厚细胞束。
  2. 中肋绿色细胞分背、腹面和中央3层排列 ·································· 2. 拟外网藓属 Exostratum
  2. 中肋绿色细胞单层，位于中央。
    3. 叶片上部绿色细胞横切面呈四边形；蒴齿16 ···················· 3. 白发藓属 Leucobryum
    3. 叶片上部绿色细胞横切面呈三角形；蒴齿8 ················ 4. 八齿藓属 Octoblepharum

1. 白睫藓属 Leucophanes Brid.

体形柔软，细长，灰白色或黄白色，疏松或密集丛生。茎直立，黄褐色至深红色，稀分枝。叶片干时略弯扭，湿时直立或背仰，狭披针形或阔披针形，叶基部或叶片多内凹呈龙骨状，上部扁平，常具刺状尖端；叶边上部具单或双齿；具中央厚壁细胞束构成的中肋贯顶或短突出，背部平滑或具粗疣；绿色细胞横切面呈四边形，单层，位于两层无色细胞间，叶细胞狭长方形，多位于叶基边缘部分。雌雄异株。孢蒴直立。蒴柄长0.3–1.5厘米，平滑。齿片16，披针形，具疣，具短的前齿层。蒴盖具长喙。蒴帽兜形。孢子直径10–20微米。

25种，分布于热带地区。我国2种。

1. 叶片上部深内凹；中肋背部具刺或疣 ·································· 1. 刺肋白睫藓 L. glaucum
1. 叶片上部扁平；中肋背部平滑 ·································· 2. 白睫藓 L. octoblepharioides

1. 刺肋白睫藓

图 618 彩片99

Leucophanes glaucum (Schwaegr.) Mitt., Journ Linn. Soc. 1: 125. 1859.

Syrrhopodon glaucus Schwaegr., Sp. Musc. Suppl. 2 (2): 103. 1827.

Leucophanes albescens C. Müll., Bot. Zeit. 22 : 347. 1864.

植物体小，黄绿色或灰白色，密集丛生。茎高0.5–1厘米，直立，单一，少分枝，基部叶片疏松排列，顶部叶密集丛生。叶长0.5厘米，基部长卵形，上部阔披针形，深内凹，先端锐尖，干时扭曲；中肋背部具刺或

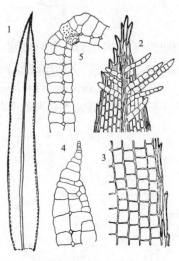

图 618 刺肋白睫藓（林邦娟、汪楣芝绘）

疣；叶边多有小锯齿，上部锯齿常成对；叶边细胞4–6列，由狭长、透明、加厚的细胞构成明显分化边。叶尖常具无性芽胞。蒴柄长约9毫米。

产台湾和海南，生于林下树干和岩石上。日本、印度、泰国、越南、马来西亚、印度尼西亚、菲律宾、新几内亚、热带太平洋岛屿及澳

大利亚有分布。

1. 叶（×20），2. 叶尖部细胞，示中肋着生多个芽胞（×120），3. 叶下部细胞（×150），4-5.叶横切面的一部分（×120）。

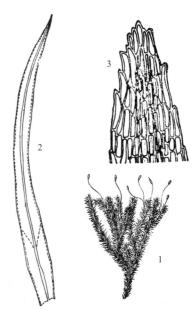

2. 白睫藓 图 619

Leucophanes octoblepharioides Brid., Bryol. Univ. 1: 763. 1827.

植物体高达3.5厘米，灰绿色，密集或疏松丛生。茎直立，单一，少分枝。叶片密集，直立展出或倾立，干时有时扭曲，易脱落，狭披针形，长5–8毫米，宽0.3–0.6毫米，上部扁平，下部较狭，略呈龙骨状凸出，先端钝尖；中肋背部平滑或近于平滑；叶边具3–4列线形、透明细胞，上部具小齿，基部全缘，胞壁薄，上部细胞呈短方形，基部细胞不规则多角形或长方形。叶尖常具无性芽胞。

产台湾、广东、海南和云南，生林下腐木或岩面上。日本、印度、缅甸、越南、泰国、马来西亚、斯里兰卡、印度尼西亚、菲律宾、新几内亚、太平洋岛屿及澳大利亚有分布。

图 619 白睫藓（林邦娟、汪楣芝绘）

1. 雌株（×1），2. 叶（×15），3. 叶尖部细胞（×200）。

2. 拟外网藓属 Exostratum L. T. Ellis

体形纤细，柔弱，灰绿色，密集丛生。茎直立，少分枝，假根多生于茎基部、叶腋或叶尖。叶呈3行排列或四散排列，干时不皱缩，基部透明，略呈鞘状，向上逐渐狭长呈披针形，鞘部边缘具毛或疣突；中肋厚而阔，背部圆凸，腹部内凹，两面具疣，横切面具3层绿色细胞（中央及背、腹面各1层）和4–8层无色细胞；叶片下部具多列细胞，上部仅1–2列，中部具数列加厚并具疣的分化细胞，中部叶细胞四方形或六边形，上部和基部叶细胞较短，近方形。雌雄异株。蒴柄细长，红色，无疣，干时旋扭。孢蒴直立，长椭圆形，红褐色，平滑。蒴齿齿片16，狭披针形，有中缝或穿孔，具疣。蒴盖具斜喙。蒴帽兜形，全缘。孢子具细疣。

4种，分布世界热带地区。我国有1种。

拟外网藓 图 620

Exostratum blumii (Nees ex Hampe) L. T. Ellis, Lindbergia 11: 25. 1985.

Syrrhopodon blumii Nees ex Hampe, Bot. Zeitung. 5 : 921. 1874.

植物体柔软，灰绿色，密集丛生。茎直立，稀少分枝，高1–1.5厘米。叶片呈3列状，长3–4毫米，上部狭长披针形，中部略内卷，基部鞘状，抱茎；中肋阔而厚，直达叶尖，背部强凸出，腹部内凹，背腹部均具疣，横切面无厚壁层。叶上部细胞仅1–2列，中部边缘具数列加厚并具疣的分化细胞，基部叶细胞多列，近于平滑，绿色细胞3层（中部及

背腹部各1层）。

产台湾和海南，生树干或树基表土上。日本、印度、越南、马来西亚、斯里兰卡、印度尼西亚、新加坡、菲律宾、新喀里多尼亚、澳大利亚及非洲有分布。

1. 植物体（×1），2. 枝条的一部分（×3），3. 叶（×24），4. 叶尖部细胞（×130），5. 叶鞘部边缘细胞（×130），6. 叶基部边缘细胞（×130），7. 叶中部横切面（×300）。

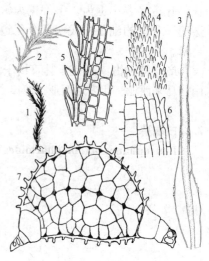

图 620 拟外网藓（李植华、汪楣芝绘）

3. 白发藓属 Leucobryum Hampe

植物体灰绿色或褐绿色，紧密或疏松垫状丛生。茎直立，单一或分枝，高0.5–20厘米。叶片密集紧贴或倾立，有时上部弯曲，狭披针形、披针形或近管状，基部长卵形或椭圆形，呈鞘状，向上先端尖锐或具短尖头，常着生假根；中肋宽，扁平，先端几全为中肋所占，具2–8层无色、大形细胞和中间1层四边形绿色小细胞。叶细胞单层，无色，透明，狭长形，基部多列，角部细胞极少分化，叶边细胞线形；叶边全缘或先端具齿。雌雄异株或假雌雄同株。雌苞叶鞘状，具长尖。孢子体顶生或侧生，有时丛生。蒴柄直立，细长。孢蒴近圆柱形，不对称，不规则弯曲，常具疣状隆地。蒴齿具16个齿片，齿片裂至中部，裂片披针形，内面具明显横隔，外面具密疣。蒴盖基部圆锥形，上部具长喙。蒴帽兜形。孢子小或大，具细疣。

110种，分布于世界各地。我国有10种和1变种。

1. 叶片基部具叶耳 ·· 1. 耳叶白发藓 L. sanctum
1. 叶片基部不具叶耳。
  2. 叶尖背部粗糙或具疣。
    3. 叶片背部粗糙和具波纹 ·· 2. 绿色白发藓 L. chlorophyllosum
    3. 叶片背部具规则疣突，不具波纹或具波纹和疣。
      4. 叶片背部具规则疣突，不具波纹 ·· 3. 粗叶白发藓 L. boninense
      4. 叶片背部具规则粗疣或刺状疣，具波纹。
        5. 植物体小；叶长度在4.5毫米以下 ······································ 4. 弯叶白发藓 L. aduncum
        5. 植物体粗大；叶长于4.5毫米。
          6. 叶片镰刀状弯曲，背部具规则排列的粗疣 ·························· 5. 爪哇白发藓 L. javense
          6. 叶片不呈镰刀状弯曲，背部具规则的波纹和刺状疣 ············ 6. 疣叶白发藓 L. scabrum
  2. 叶尖背部平滑。
    7. 叶片具光泽，狭披针形，干时扭曲或弯扭 ································ 7. 狭叶白发藓 L. bowringii
    7. 叶片不具光泽，披针形，干时直立。
      8. 叶片长于1厘米；近叶基横切面中部无色细胞2层 ···················· 8. 白发藓 L. glaucum
      8. 叶片短于1厘米；近叶基横切面中部无色细胞2–4层 ················ 9. 桧叶白发藓 L. juniperoideum

1. 耳叶白发藓 图 621

Leucobryum sanctum (Brid.) Hampe, Linnaea 13: 42. 1839.

Dicranum glancum Hedw. var. *sanctum* Brid., Bryol. Univ. 1: 811. 1827.

植物体粗壮，灰绿色，具多数柔软、扭曲的分枝。茎直立，高达10厘米，连叶宽达1厘米。叶片近兜形，长约5.5–6.5毫米，宽约1–1.5毫米，基部阔椭圆形，向上逐渐变狭，成披针形或近管状叶尖，先端锐尖或具短尖头，叶先端背部具疣；中肋达叶尖，近叶基部横切面中间具1列绿色细胞，背部1层无色细胞，腹部1–2层无色细胞；叶片基部具3–4列方形或线形叶细胞，角部具大形、透明、方形细胞构成的叶耳。雌雄异株。

产广东和海南，生林下薄土上。印度、柬埔寨、泰国、马来西亚、印度尼西亚、菲律宾、新几内亚及斐济有分布。

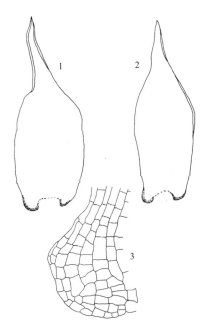

图 621 耳叶白发藓（林邦娟、汪楣芝绘）

1-2. 叶（×10），3. 叶基部细胞（×80）。

2. 绿色白发藓 图 622

Leucobryum chlorophyllosum C. Müll., Syn. Musc. Fron. 2: 535. 1851.

体形细小，灰绿色，密集丛生。茎矮，高仅0.5–1厘米，直立，单一或少分枝。叶片密集于茎的顶端，长2–4毫米，宽0.5–1毫米，狭卵状披针形，先端背部略具波纹，全缘，干时略弯曲，湿时直立伸展；中肋直达叶尖；绿色细胞方形，基部绿色细胞背腹侧各具1–2层无色细胞，上部绿色细胞背腹侧仅1层无色细胞；叶无明显分化边缘，基部具3–7列狭长形叶细胞。雌雄异株。

产浙江、福建、江西、湖南、广东、海南、广西、贵州、四川和云南，生林下树干基部或石上。越南、泰国、斯里兰卡、印度尼西亚、菲律宾及新几内亚有分布。

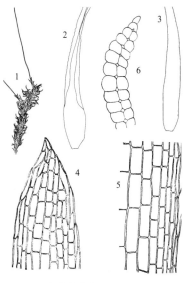

图 622 绿色白发藓（林邦娟、汪楣芝绘）

1. 雌株（×1），2-3. 叶（×25），4. 叶尖部细胞（×130），5. 叶基部边缘细胞（×130），6. 叶横切面的一部分（×100）。

3. 粗叶白发藓 图 623 彩片100

Leucobryum boninense Sull. et Lesq., Proc. Amer. Acad. Arts Sc. 4: 277. 1859.

植物体柔软，灰绿色，紧密丛生或垫状丛生。茎直立，单一或分

枝，高1-5厘米，宽1厘米。叶片直立展出，干时不旋扭，略呈镰刀状弯曲，长4-7毫米，宽1.5毫米，狭至阔披针形，基部长卵形，先端近管状，锐尖或钝短尖；中肋先端背部具疣，中间一层绿色细胞，背腹面各具2-3层无色细胞；叶片上部边缘具1-2列线形叶细胞，近基部具4-8列狭长方形或线形叶细胞。雌雄异株。

产台湾、福建、湖南、广东、香港、海南、广西、贵州和四川，生林下树干、树基和潮湿石上。日本有分布。

1. 植物体（×2），2-5. 叶（×20），6. 叶尖部细胞（×150），7. 叶基部边缘细胞（×150），8. 叶基部横切面的一部分（×100）。

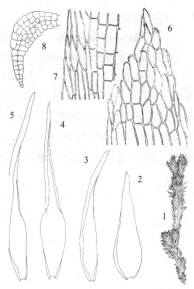

图 623 粗叶白发藓（林邦娟、汪楣芝绘）

4. 弯叶白发藓　　　　　　　　　　图 624

Leucobryum aduncum Dozy et Molk., Pl. Jungh. 3: 319. 1854.

植物体灰绿色至黄绿色，密集丛生。茎高1-2厘米，多分枝，干时常向一侧弯曲。叶片密集，多呈5列状排列，长约4.5毫米，镰刀形弯曲，基部卵形至长椭圆形，向上逐渐狭长呈披针形或管形，先端锐尖，经常着生假根，背部有多数排列整齐的刺疣和波纹；中肋横切面中间具1层绿色细胞，上部无色细胞在背腹侧各1层，基部无色细胞背腹面各2-3层；叶细胞线形至长方形，上部1-2列，基部4-6列。雌雄异株。

产安徽、福建、江西、广东、海南、广西、贵州和云南，生林下树干和湿石上。尼泊尔、印度、柬埔寨、越南、泰国、马来西亚、印度尼西亚、菲律宾及新几内亚有分布。

1. 雌株（×0.5），2-4. 叶（×10），5. 叶尖部细胞（×100），6. 叶基部边缘细胞（×100），7-8. 叶横切面的一部分（×90）。

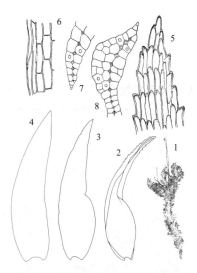

图 624 弯叶白发藓（林邦娟、汪楣芝绘）

5. 爪哇白发藓　　　　　　　　图 625　彩片101

Leucobryum javense (Brid.) Mitt., Journ. Linn. Soc. Bot. Suppl. 1: 25. 1859.

Sphagnum javense Brid., Muscol. Recent. 2 (1): 27. Pl. 5. f. 3. 1798.

体形粗壮，上部灰绿色，基部黄褐色，簇生或垫状丛生。茎高达6厘米以上，直立，单一或分枝。叶密集，常呈镰刀状弯曲，长约1厘米，宽约2毫米，基部

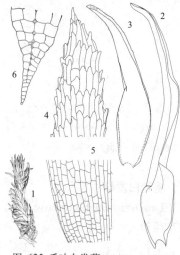

图 625 爪哇白发藓（林邦娟、汪楣芝绘）

阔卵形，上部阔披针形，先端深内凹，具锐尖或钝短尖，背部具规则排列的粗疣；中肋横切面中间绿色细胞层的背腹面各具1层或2-3层无色细胞；叶片上部边缘具2-3列线形叶细胞，基部叶细胞4-6列，长方形或近方形。雌雄异株。

产安徽、浙江、台湾、福建、江西、湖南、广东、海南、广西和云南，生于阔叶林土坡、岩面或树干上。日本、印度、柬埔寨、老挝、越南、泰国、斯里兰卡、马来西亚、印度尼西亚、菲律宾及新几内亚有分布。

1. 植物体(×1)，2-3. 叶(×6)，4. 叶尖部细胞(×60)，5.叶基部边缘细胞(×60)，6.叶横切面的一部分(×75)。

6. 疣叶白发藓
图 626

Leucobryum scabrum Lac., Ann. Mus. Bot. Lugd. Bat. 2: 292. 1866.

体形较粗大，灰绿色，紧密丛生。茎直立，单一或分枝，高3-5厘米。叶片直立展出，长5-8毫米，基部阔卵形或长卵形，向上渐呈狭管形或披针形，先端锐尖，上半部背面具规则波纹和刺状疣；中肋中间具1层四方形绿色细胞，背腹面各具1-3层无色细胞；叶边缘上部具1-2列狭长形叶细胞，基部具5-6列狭长形叶细胞。雌雄异株。

产安徽、浙江、台湾、福建、江西、广东、海南、广西、四川和云南，生林下树干和薄土上。日本、泰国及马来西亚有分布。

1. 植物体(×0.5)，2-3. 叶(×6)，4.叶尖部细胞(×100)，5.叶中部横切面的一部分(×100)。

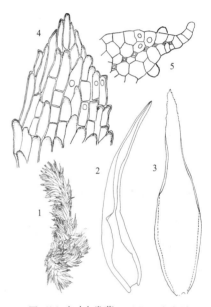

图 626 疣叶白发藓（林邦娟、汪楣芝绘）

7. 狭叶白发藓
图 627 彩片102

Leucobryum bowringii Mitt., Journ. Linn. Soc. Bot. Suppl. 1:26. 1859.

植物体灰绿色，具光泽，疏或密集丛生。茎直立，单一或分枝，高1-2厘米。叶片密集，干时多卷曲，易脱落，上部狭长披针形，基部长卵形或长椭圆形，先端多呈管状；中肋几乎占满叶先端，背部平滑，中间1层方形、绿色细胞，背腹侧各具1-2层无色细胞；叶细胞线形或长方形，上部仅1-2列，基部5-9（或12）列，胞壁加厚，具壁孔。雌雄异株。蒴柄红色，长达2厘米。孢蒴倾斜或平展。齿片16，中间开裂，具细疣。无环带。蒴盖圆锥形，具长喙。蒴帽兜形。

产安徽、浙江、台湾、福建、江西、湖北、湖南、广东、香港、海南、广西、贵州、四川、云南和西藏，生于阔叶林下树干或岩面。越南、泰国、斯里兰卡、印度尼西亚、菲律宾及新几内亚有分布。

1. 植物体(×1)，2-3. 叶(×10)，4.叶尖部细胞(×100)，5. 叶基部边缘细胞(×100)，6.叶横切面的一部分(×80)。

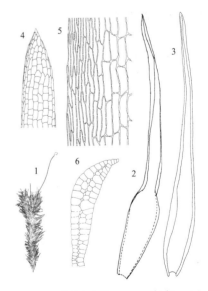

图 627 狭叶白发藓（林邦娟、汪楣芝绘）

8. 白发藓

图 628

Leucobryum glaucum (Hedw.) Aongstr. in Fries, Summ. Veg. Scand. 1: 94. 1846.

Dicranum glaucum Hedw., Sp. Musc. Frond. 135. 1801.

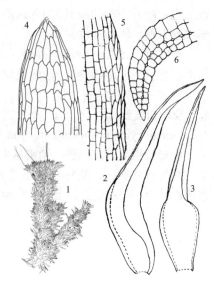

图 628 白发藓（林邦娟、汪楣芝绘）

体形粗壮，灰白色至灰绿色，密集垫状丛生。茎直立，单一或分枝，高达20厘米。叶片密生，直立展出或略向一侧弯曲，长4-8毫米，基部长卵形，向上呈披针形或管状叶尖，先端锐尖或钝短尖头；中肋背部平滑，中间1层绿色细胞，背腹面各2-3（或4）层无色细胞；叶全缘，边缘具2-3列线形细胞，基部叶细胞方形或长方形，5-9列。雌雄异株。蒴柄纤细，长2-3厘米，红褐色。孢蒴卵形，弓形弯曲。蒴盖具长喙。

产辽宁、河南、浙江、台湾、福建、江西、湖南、广东、海南、广西、贵州、四川、云南和西藏，生于针阔叶混交林和阔叶林下。广泛分布于北半球温带和寒带地区。

1. 植物体(×1), 2-3. 叶(×12), 4. 叶尖部细胞(×80), 5. 叶基部边缘细胞(×80), 6. 叶基部横切面的一部分(×95)。

9. 桧叶白发藓

图 629 彩片103

Leucobryum juniperoideum (Brid.) C. Müll., Linnaea 18: 689. 1845.

Dicranum juniperoideum Brid., Bryol. Univ. 1: 409. 1826.

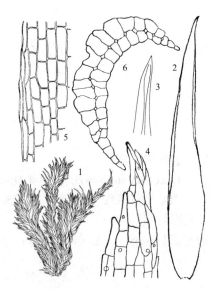

图 629 桧叶白发藓（林邦娟、汪楣芝绘）

植物体灰绿色，密集垫状丛生。茎直立或分枝，高2-3厘米。叶片卵状披针形，干时略皱缩，湿时直立展出或略呈镰刀状弯曲，长5-7毫米，宽1-2毫米，基部卵形，稍短于上部，上部狭披针形，有时内卷呈管状，叶边全缘；中肋背部平滑，中央1层绿色细胞，腹面无色细胞1-2层，背面无色细胞3-4层；叶边具2-3列线形细胞，长40-45微米，宽3-5微米，基部具方形或长方形细胞5-10列。雌雄异株。

产江苏、浙江、台湾、福建、江西、湖北、湖南、广东、香港、海南、四川和云南，生于阔叶林下树干或土坡上。日本、朝鲜、亚洲东南部、新几内亚、土耳其、俄罗斯（高加索）、欧洲及马达加斯加有分布。

1. 植物体(×1.5), 2. 叶(×18), 3. 叶尖部(×25), 4. 叶尖部细胞(×150), 5. 叶基部边缘细胞(×130), 6. 叶的横切面(×180)。

4. 八齿藓属 Octoblepharum Hedw.

植物体灰白色或灰绿色，疏松或密集丛生。茎矮，单一或稀分枝。叶直立展出或背仰，干时扭曲，基部长卵形，略呈鞘状，上部呈长舌形，扁平或圆柱状三角形，先端圆钝，具短尖头；叶边全缘或先端具稀锯齿；中肋阔而厚，几乎占满全叶片，横切面背部凸出，绿色细胞单层，位于中央或偏背面，上部绿色细胞三角形，基部绿色细胞呈四边形，无色细胞2–10层；叶细胞小，上部仅1–2列，基部较明显。雌雄同株或雌雄异株。蒴柄顶生或侧生。孢蒴直立，卵圆形或圆柱形，对称。蒴齿8或16，阔披针形，中缝开裂或具穿孔。蒴盖圆锥形，具斜长喙。蒴帽兜形，全缘。

10种，主要分布世界热带和亚热带地区。我国1种。

八齿藓

图 630 彩片104

Octoblepharum albidum Hedw., Sp. Musc. Frond. 50. 1801.

体形小，灰绿色，略具光泽，密集丛生。茎矮小，高0.5–1厘米，少分枝。叶直立展出或背仰，长4–6毫米，扁平，基部长卵形，上部长舌形或细长带形，先端圆钝，具短尖；中肋背凸，绿色细胞单层，位于中央，叶片上部的绿色细胞三角形，基部的绿色细胞四方形，无色细胞近背侧为1–4层，腹侧为2–5层；叶细胞小，仅呈现于中肋基部两侧。雌雄同株。蒴柄长约4毫米，黄色，平滑。孢蒴直立，圆柱形。齿片8，黄色，阔披针形，具中缝。蒴盖圆锥形，具斜长喙。蒴帽兜形，全缘，平滑。

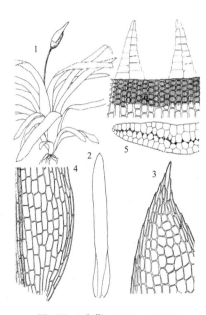

图 630 八齿藓（郭木森、汪楣芝绘）

1. 植物体（×8），2. 叶（×10），3. 叶尖部细胞（×85），4. 叶基部细胞（×65），5. 叶中部横切面（×100），6. 蒴齿（×120）。

产台湾、广东、香港、海南、广西和云南，生于阔叶林树干上，尤以苏铁和棕榈树干、叶腋处习见。印度、缅甸、越南、泰国、马来西亚、印度尼西亚、菲律宾、澳大利亚、非洲及美国有分布。

59. 凤尾藓科 FISSIDENTACEAE

（李植华）

植物体小形至中等大小，稀形大，绿色至深绿色或略呈红褐色，丛集，土生，石生，稀为树生或水生。茎多直立，单一或少数具不规则分枝；中轴分化或不分化；腋生透明结节分化或缺失；假根基生或腋生，平滑或具疣。叶互生，排成扁平2列，由三部分组成，（1）鞘部 — 位于叶的基部，呈鞘状而抱茎，（2）前翅 — 在鞘部前方，为中肋的近轴扁平部分和（3）背翅 — 在鞘部和前翅的相对一侧，即中肋的远轴扁平部分；中肋单一，常达叶尖或于叶尖稍下处消失，罕为不明显或退失；叶无分化边缘，或由狭长而厚壁细胞所成的边，通常厚仅1层（稀多层）。叶细胞为不规则的多边形至圆形，等径或狭长，平滑，具乳头状突起或具单疣至多疣；叶横切面厚度为1层细胞，有时2至多层细胞。雌雄异株或同株。雌苞顶生或腋生；通常雌苞叶和雄苞叶分化。蒴柄通常长，有时极短至隐没。孢蒴直立，对称或倾立，弯曲而不对称；环带缺失。蒴盖圆锥形，具长或短喙。蒴齿单层，齿片16条，红色至略带红色，上部通常2裂，具螺纹加厚或具结节，稀无蒴齿。蒴帽兜形或盔形，通常平滑。孢子细小，球形，平滑或具细疣。

1属，全世界热带至温带分布。我国有分布。

凤尾藓属　Fissidens Hedw.

属的特征同科。

约450种。我国有50种。

1. 叶无中肋 ……………………………………………………………… 1. 透明凤尾藓 F. hyalinus
1. 叶具中肋。
　2. 叶柔弱；前翅细胞较大，长达40–50微米 ………………………… 2. 暖地凤尾藓 F. flaccidus
　2. 叶多少坚挺；前翅细胞较小，长不及20微米，稀叶鞘的上端极不对称。
　　3. 叶边至少部分具分化边缘。
　　　4. 叶边分化。
　　　　5. 孢蒴弯曲，不对称 …………………………………………… 3. 拟小凤尾藓 F. tosaensis
　　　　5. 孢蒴直立或近于直立，对称。
　　　　　6. 叶鞘基部细胞长达42微米，远长于前翅及背翅基部细胞（长9–21微米）；腋生透明结节明显 ……
　　　　　　…………………………………………………………………………………… 4. 车氏凤尾藓 F. zollingeri
　　　　　6. 叶鞘基部细胞长仅及21微米，稍长于前翅及背翅基部细胞（长5–14微米）；腋生透明结节缺失或略分化。
　　　　　　7. 通常有不育茎和能育茎的分化；雌雄基生同株；雌苞叶远大于其下部的茎叶 ……………………
　　　　　　……………………………………………………………………………………… 5. 直叶凤尾藓 F. curvatus
　　　　　　7. 通常无不育茎和能育茎的分化；生殖苞着生形式各异；雌苞叶与茎叶无明显区分。
　　　　　　　8. 分化边缘无色；背翅基部不下延 ………………………… 6. 小凤尾藓 F. bryoides
　　　　　　　8. 老叶的分化边缘呈黄色；背翅基部稍下延 …………………7. 黄边凤尾藓 F. geppii
　　　4. 叶分化的边缘仅见于茎叶和雌苞叶的鞘部。
　　　　9. 叶细胞平滑 ………………………………………………… 8. 多形凤尾藓 F. diversifolius
　　　　9. 叶细胞具疣。
　　　　　10. 叶细胞具单个细疣，稀2个
　　　　　　11. 叶急尖；前翅细胞长9–21微米，薄壁，疣不明显 ……… 9. 微疣凤尾藓 F. schwabei
　　　　　　11. 叶狭急尖；前翅细胞长3.5–9微米，稍厚壁，疣明显 ……… 10. 齿叶凤尾藓 F. crenulatus
　　　　　10. 叶细胞具多个疣。
　　　　　　12. 蒴柄较粗糙；雄苞生于叶腋 ………………………… 11. 糙柄凤尾藓 F. hollianus
　　　　　　12. 蒴柄平滑；雄苞顶生于能育茎基部的短枝上。
　　　　　　　13. 叶均紧密排列，上部叶狭披针形至线状披针形。
　　　　　　　　14. 腋生透明结节极明显；雌雄基生同株；有能育茎和不育茎的分化 ……………………
　　　　　　　　……………………………………………………………… 12. 拟狭叶凤尾藓 F. kinabaluensis

14. 腋生透明结节不明显；雌雄同株异苞；无能育茎和不育茎的分化 ··············
·· 13. 狭叶凤尾藓 **F. wichurae**

13. 近基部的叶稀疏排列，上部叶长椭圆状披针形至披针形。
15. 叶先端急尖；中肋及顶至短突出 ·············· 14. 锡兰凤尾藓 **F. ceylonensis**
15. 叶先端圆钝；中肋在叶尖下消失。
16. 叶鞘不对称；蒴齿湿时直立 ·················· 15. 短肋凤尾藓 **F. gardneri**
16. 叶鞘多少对称；蒴齿湿时内曲 ················· 16. 微凤尾藓 **F. minutus**

3. 叶无分化边缘。
17. 叶前翅边缘有数列浅色而平滑的细胞构成浅色边缘，与内方的细胞明显区别。
18. 叶披针形；中肋及顶，浅色边缘宽3–4列细胞；蒴柄长5–8毫米 ··········17. 卷叶凤尾藓 **F. dubius**
18. 叶狭披针形；中肋突出；浅色边缘宽1–3列细胞；蒴柄长不及2毫米····· 18. 异型凤尾藓 **F. anomalus**
17. 叶边细胞通常与内方细胞无明显区别，若分化，由宽1–2列、厚多层细胞构成深色边缘。
19. 叶边深色，厚2–4层细胞。
20. 腋生透明结节极明显；背翅基部圆形 ·············· 19. 爪哇凤尾藓 **F. javanicus**
20. 无腋生透明结节；背翅基部楔形 ··················· 20. 大凤尾藓 **F. nobilis**
19. 叶边与其他叶细胞无区别。
21. 植物体常生于水湿环境中；叶基明显下延。
22. 叶干时多少卷缩；前翅厚1层细胞；中肋清晰，沿中肋两侧常有1列不规则的四方形或长方
形、平滑而略透明的细胞 ··························· 21. 二形凤尾藓 **F. geminiflorus**
22. 叶干时平展；前翅厚1–6层细胞；中肋不清晰；中肋两侧的细胞与其他叶细胞无区别。
23. 叶较透明，前翅厚1–4层细胞；中肋上半部的表面常见2列长方形的主细胞 ··············
·· 22. 延叶凤尾藓 **F. perdecurrens**
23. 叶不透明，前翅厚1–6层细胞；中肋上半部的表面不见2列长方形的主细胞 ··············
·· 23. 大叶凤尾藓 **F. grandifrons**
21. 植物体不生于水湿环境中；叶基不明显下延。
24. 植物体极细小，茎连叶高0.8–1.7毫米；叶鞘边缘具细锯齿或细圆齿··············
·· 24. 锐齿凤尾藓 **F. serratus**
24. 植物体较大，茎连叶高3毫米以上；叶鞘边缘近全缘。
25. 腋生透明结节极明显 ························· 25. 黄叶凤尾藓 **F. crispulus**
25. 腋生透明结节不明显。
26. 叶鞘细胞角隅具3–4个疣 ························· 26. 南京凤尾藓 **F. teysmannianus**
26. 叶鞘细胞角隅无疣。
27. 前翅细胞平滑或略具乳头状突起。
28. 中肋在叶尖下6–9个细胞处消失 ·············· 27. 广东凤尾藓 **F. guangdongensis**
28. 中肋及顶至短突出。
29. 中肋在鞘部以上通常曲折；背翅基部稍下延；叶细胞壁较薄 ·········· 28. 拟粗肋凤尾藓 **F. ganguleei**
29. 中肋在鞘部以下较平直；背翅基部不下延；叶细胞多少厚壁。
30. 叶披针形；前翅细胞长10–24微米，中等厚壁；雌雄同株同苞（雌雄杂株）··············
·· 29. 粗肋凤尾藓 **F. pellucidus**
30. 叶披针形至狭披针形；前翅细胞厚壁至甚厚壁，长8–13微米；雌雄异株。
31. 叶先端多为短尖，稀为钝急尖；前翅细胞长11–21微米，壁清晰··············
·· 30. 网孔凤尾藓 **F. polypodioides**
31. 叶先端钝急尖；前翅细胞长10–13微米，壁不清晰·················· 31. 垂叶凤尾藓 **F. obscurus**

27.前翅细胞具疣或具明显的乳头状突起。

  32.蒴柄侧生或基生；雌苞叶远小于茎叶 ·················· **32. 鳞叶凤尾藓 F. taxifolius**

  32.蒴柄顶生；雌苞叶不分化或不明显分化。

    33.植物体较大；茎连叶高10–50毫米，宽2–5毫米；中肋及顶 ·············· **33. 内卷凤尾藓 F. involutus**

    33.植物体较小；茎连叶高3–7毫米，宽2.5–3毫米；中肋通常终止于叶尖下数个细胞。

      34.叶先端急尖 ··················· **34. 曲肋凤尾藓 F. oblongifolius**

      34.叶先端通常短尖至阔急尖 ··················· **35. 裸萼凤尾藓 F. gymnogynus**

1. 透明凤尾藓

图 631

Fissidens hyalinus Hook. et Wils. in Hook., Journ. Bot. (Hooker) 3: 89. f. 2. 1840.

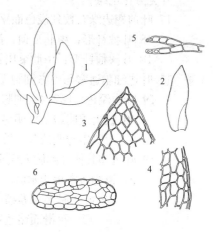

体形极细小，柔弱，灰绿色，疏松丛生。茎单一，连叶高1.2–3.2毫米，宽0.8–3毫米；无腋生透明结节；中轴不分化。叶2–5对，紧密排列，上部叶远大于下部叶，长椭圆状披针形至长椭圆状卵形，长0.6–1.4毫米，宽0.2–0.6毫米，先端急尖，背翅基部圆形；叶鞘近于为叶长度的1/2；叶边全缘，由1–2列狭长细胞构成；无中肋。前翅细胞四方形至不规则六边形，长35–87微米，平滑，薄壁；鞘部细胞与前翅细胞相似。

产吉林、台湾和云南，常生于湿石上或林地边土坡阴处。日本、印

图 631 透明凤尾藓（李植华、汪楣芝绘）

度及北美洲有分布。

  1. 植物体（×13），2. 叶（×15），3. 叶尖部细胞（×65），4. 叶鞘基部细胞（×65），5. 叶横切面的一部分（×65），6. 茎横切面（×150）。

2. 暖地凤尾藓

图 632 彩片105

Fissidens flaccidus Mitt., Trans. Linn. Soc. London 23: 56. 6f. 18. 1860.

体形极细小。茎单一，连叶高2.4–3.7毫米，宽1.8–2毫米；无腋生透明结节；中轴不分化。叶4–7对，上部叶长椭圆状披针形，长1.2–2

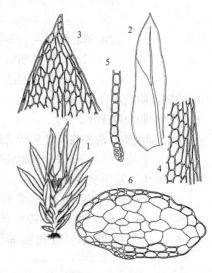

毫米，宽0.3–0.4毫米，先端急尖，背翅基部楔形；叶鞘为叶全长的1/2–3/5，对称；中肋远离叶尖消失；叶边全缘；叶边全分化，在前翅和背翅处由2–3列细胞组成，至背翅基部时分化边缘渐不明显，叶鞘处的分化边缘较宽，由2–5列细胞组成，横切面厚1–3层细胞。前翅和背翅细胞菱形至椭圆状卵圆形，

图 632 暖地凤尾藓（李植华、汪楣芝绘）

长40–50微米，薄壁，背翅和鞘部的上部细胞与前翅细胞相似，但基部细胞较长，长可达94微米。

产台湾、广东、香港、海南和广西，生于阴湿的石上或土上。日

本、尼泊尔、印度、斯里兰卡、缅甸、越南、印度尼西亚、菲律宾、巴布亚新几内亚、澳大利亚、非洲及美洲有分布。

　　1. 植物体(×10), 2. 叶(×20), 3. 叶尖部细胞(×150), 4. 叶鞘部边缘细胞(×150),

5. 叶横切面的一部分(×180), 6. 茎横切面(×200)。

3. 拟小凤尾藓

图 633　彩片106

Fissidens tosaensis Broth., Ofvers. Forh. Finska Vetensk.–Soc. 62A (9): 5. 1921.

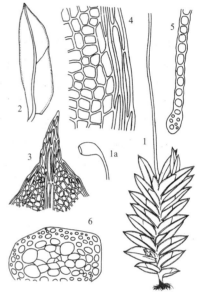

图 633 拟小凤尾藓（李植华、汪楣芝绘）

　　植物体极细小，绿色至褐色。茎通常单一，连叶高2.6–5毫米，宽1.8–3.5毫米；腋生透明结节不明显或缺失；中轴稍分化。叶4–9对，中部及上部叶长椭圆状披针形至卵圆状披针形，长1.3–1.6毫米，宽0.4–0.5毫米，先端急尖；背翅基部圆形至楔形，稀略下延；鞘部为叶全长的1/2–3/5，对称或稍不对称；叶边先端通常具细锯齿，其余近全缘；分化边缘宽阔，在前翅宽1–2列细胞，在鞘部宽2–5列细胞，叶横切面厚1–3层细胞；中肋粗壮，及顶至短突出。前翅和背翅细胞方形至六边形，长7–14微米，壁稍厚，平滑；鞘部细胞与前翅和背翅细胞相似，但近中肋基部，鞘部细胞则趋大而长。雌雄同株异苞。雄苞芽状，常生于茎叶的叶腋。雌苞多生于茎叶的叶腋，偶生于茎顶；雌苞叶不明显分化。蒴柄长6–8.3毫米，平滑。孢蒴弯曲，不对称；蒴壶长0.6–0.8毫米；蒴壁细胞方形至长方形，薄壁至部分厚壁，角隅加厚。蒴齿线形，长0.2–0.3毫米，基部宽38微米。蒴盖长约0.5毫米，具长喙。蒴帽盔状，长约0.5毫米。孢子直径7–12微米。

　　产陕西、甘肃、江苏、浙江、福建、广东、香港、海南、四川和云南，生于海拔30–3150米的部分阴蔽湿土或湿石上。日本有分布。

　　1. 植物体(×8), 2. 叶(×10), 3. 叶尖部细胞(×150), 4. 叶鞘部边缘细胞(×300), 5. 叶横切面的一部分(×220), 6. 茎横切面(×140)。

4. 车氏凤尾藓

图 634

Fissidens zollingeri Mont., Ann. Sci. Nat. Bot. ser. 3, 4: 114. 1845.

　　体形极细小。茎通常单一，稀分枝，连叶高1.8–2.3毫米，宽1.4–2.5毫米；腋生透明结节明显；中轴不分化。叶4–7对，最下部叶远小于上部叶；中部至上部叶长椭圆状披针形至披针形，长1.2–1.5毫米，宽0.2–0.3毫米，先端近于渐尖；背翅基部圆至宽楔形；鞘部为叶全长的1/2；叶边近于全缘；边缘全分化，除鞘部的下半段宽3–4列细胞，其余均宽1–2列细胞；中肋亮黄色，粗壮，短突

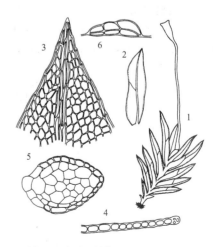

图 634 车氏凤尾藓（李植华、汪楣芝绘）

出。前翅和背翅细胞为不规则的六边形，长9-21微米，薄壁，平滑；鞘部基部细胞远大于前翅和背翅细胞，长达42微米，宽18微米。雌雄同株。蒴柄长2-3.3毫米，平滑。孢蒴直立，对称；壶部长约0.6毫米。

产江苏、台湾、广东和海南，生于海拔750米处半阴蔽而潮湿的石上。广布于亚洲西南部、大洋洲及美洲。

5. 直叶凤尾藓
图 635

Fissidens curvatus Hornsch., Linnaea 15: 148. 1841.

细小，紧密丛生，能育茎高约1.5毫米，连叶宽0.8毫米，具叶3对。不育茎连叶高1-4毫米，宽0.6-1毫米，具叶4-16对；腋生透明结节稍分化；中轴不分化。能育茎的上部叶及雌苞叶远大于下部叶，狭披针形，长0.5-1.4毫米，宽0.15-2毫米，先端狭急尖；不育茎的叶相似，披针形，长0.8-1毫米，宽0.1-0.2毫米，急尖；背翅基部楔形；鞘部为叶全长的1/2-2/3，叶边全缘，分化边缘在前翅宽2-3列细胞，在鞘部宽3-7列细胞，横切面厚1-2层细胞；中肋短突出。前翅和背翅细胞方形至不规则六边形，长7-16微米，薄壁，鞘部近基部细胞较长，可达21微米。基生同株。雄苞极小，芽状。颈卵器顶生，长约240微米。蒴柄长3.5-4.6毫米，平滑。孢蒴圆柱形，直立，对称，蒴壶长0.45-0.6毫米。蒴齿长约0.2毫米，基部宽32微米。

产陕西、香港、云南、四川和西藏，生于海拔达3100米处局部阴蔽而潮湿的石上。日本、缅甸、印度及非洲有分布。

1. 植物体(×15), 2-3. 叶(×20), 4. 叶尖部细胞(×180), 5. 叶前翅边缘细胞(×180), 6. 叶鞘部边缘细胞(×180), 7. 叶横切面的一部分(×180), 8. 茎横切面(×125)。

6. 小凤尾藓
图 636

Fissidens bryoides Hedw., Sp. Musc. Frond. 153. 1801.

细小。茎通常不分枝，连叶高1.5-5.6毫米，宽1.3-2.4毫米；腋生透明结节不明显；中轴稍分化。叶4-6对，上部叶长椭圆状披针形，长0.8-2毫米，宽0.3-0.5毫米，急尖，背翅基部楔形；中肋及顶或在叶尖稍下处消失；叶鞘约为叶全长的1/2-3/5，通常略不对称，分化边缘通常极明显，在前翅宽1-3列细胞，在叶鞘处宽3-6列细胞，厚1-3层细

1. 植物体(×10), 2. 叶(×12), 3. 叶尖部细胞(×160), 4. 叶横切面的一部分(×40), 5. 茎横切面(×100), 6. 腋生透明细胞(×100)。

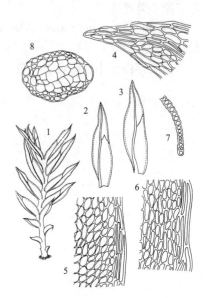

图 635 直叶凤尾藓（李植华、汪楣芝绘）

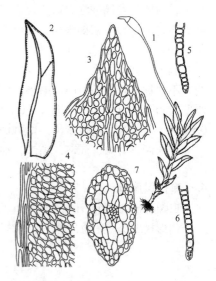

图 636 小凤尾藓（李植华、汪楣芝绘）

胞。前翅及背翅的细胞为方形至六边形，长5-12微米，略厚壁，平滑；叶鞘细胞与前翅及背翅细胞相似，但近中肋基部细胞较大而长。雌雄同株。雄苞芽状，腋生于茎叶。雌苞生于茎顶，颈卵器长约245微米；雌苞叶与茎叶相似，但

较长。蒴柄长1.8–7.5毫米，平滑。孢蒴对称，壶部长0.25–0.8毫米。蒴盖圆锥形，具喙，长0.35–0.6毫米。

产黑龙江、内蒙古、河北、陕西、新疆、山东、江苏、浙江、台湾、江西、湖北、广西、贵州、四川、云南和西藏，生于平地至海拔3600米的土上或石上。广布于北半球及南美洲。

1. 植物体(×5.5)，2. 叶(×25)，3. 叶尖部细胞(×200)，4. 叶前翅边缘细胞(×200)，5-6. 叶横切面的一部分(×200)，7. 茎横切面(×200)。

7. 黄边凤尾藓 图 637

Fissidens geppii Fleisch., Musci Fl. Buitenzorg 1: 26. 1904.

体形细小，不分枝，连叶高4.8–8.2毫米，宽1.8–2.2毫米，无腋生透明结节；中轴不明显。叶6–13对，通常紧密排列，下部叶细小，中部以上叶披针形，长1.4–1.6毫米，宽0.3–0.5毫米，急尖；背翅基部楔形，略下延；中肋粗壮，黄褐色，不及顶至及顶；叶边除叶尖具细锯齿外，其余均全缘；叶鞘约为叶全长的2/3，略对称；分化边缘明显，在老叶呈黄色，几达叶尖，前翅处宽2–3列细胞，在背翅宽1–3列细胞，在叶鞘宽4–5列细胞，横切面通常厚2–3层（稀为4–5层）细胞。前翅和背翅细胞方形至不规则的六边形，长7–14微米，稍厚壁，平滑；叶鞘细胞与前翅和背翅细胞相似，但近中肋基部的细胞较长，壁较厚。雌雄混生同苞；雌苞叶长约2.5毫米，宽0.5毫米；颈卵器顶生。蒴柄长3.5–4毫米，平滑。孢蒴直立，对称，壶部长0.5–0.6毫米。蒴壁外层细胞近方形至近长方形，角隅略增厚。蒴齿长约0.2毫米，基部宽42微米。蒴盖具喙，长约0.4毫米。孢子直径10.5–21微米。

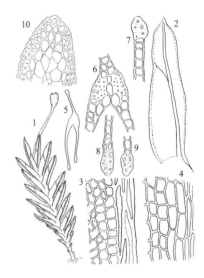

图 637 黄边凤尾藓（李植华、汪楣芝绘）

产台湾、香港、广西和云南，生于林下沟谷湿石上。朝鲜、日本、印度及印度尼西亚有分布。

1. 植物体(×6)，2. 叶(×30)，3. 叶前翅边缘细胞(×350)，4. 叶鞘部细胞(×350)，5-9. 叶横切面(5. ×130，6-9 ×230)，10. 茎横切面(×135)。

8. 多形凤尾藓 图 638 彩片107

Fissidens diversifolius Mitt., Journ. Proc. Linn. Soc. Bot. Suppl. 1: 140. 1859.

体形细小，黄绿色。能育茎通常单一，连叶高约3.3毫米，宽1.3毫米；腋生透明结节不明显；中轴不分化。叶5–9对，下部叶细小，鳞片状，疏松排列；上部叶远大于下部叶且紧密排列，长椭圆状卵形，长1.2–1.5毫米，宽0.2–1毫米，先端急尖或钝急尖，鞘部为叶全长的2/3-4/5，不对称；叶边近全缘；分化边缘在茎上部叶片的鞘部上半部宽1–2列细胞，在下半部宽2–3列细胞；背翅基部宽楔形至圆形；中肋粗壮，消失于叶尖下。前翅和

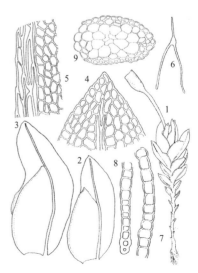

图 638 多形凤尾藓（李植华、汪楣芝绘）

背翅细胞方形至不规则的六边形，长5–10微米，平滑，稍厚壁；鞘部细胞大于前翅和背翅细胞，尤以近中肋基部的细胞形大。雌雄同株异苞。雄苞顶生于短枝上。雌苞顶生于茎上。蒴柄长2.5–3毫米。孢蒴直立或倾斜，对称，壶部长0.4–0.6毫米。蒴盖圆锥形，长约0.2毫米。孢子直径22–32微米。

产贵州和四川，生于潮湿的石上或土上。日本、印度及缅甸有分布。

9. 微疣凤尾藓

图 639

Fissidens schwabei Nog. in Herz. et Nog., Journ. Hattori Bot. Lab. 14: 58. 1955.

植物体细小，黄绿色。茎连叶高1.5–2.7毫米，宽1.5–1.8毫米，通常单一，有时具1–2分枝；腋生透明结节不明显，由几个长椭圆形而透明的细胞组成；中轴不分化。叶3–8对，排列较紧密；上部叶长椭圆状披针形，长1.1–1.2毫米，宽0.2–0.3毫米，先端窄急尖；背翅基部楔形；鞘部为叶全长的1/2，近于对称；叶边除鞘部为全缘外，其余均具细锯齿；分化边缘除最基部的叶外，见于

大部分叶的鞘部，在鞘部上半段由宽1列而透明的细胞组成，在鞘部下半段宽2–4列细胞；中肋较粗壮，通常带黄色，短突出。叶细胞方形至六边形，薄壁，稍具乳头状突起，前翅细胞长9–12微米，鞘部基部细胞长达21微米。雌雄异苞。雌苞叶与茎叶相似，但较长。蒴柄长2.5–3.2毫米，平滑。孢蒴短圆柱形，直立，对称，壶部长约0.6毫米，宽3.5毫米。蒴齿长约0.21毫米，基部宽35微米。蒴帽钟形，长约0.42毫米，近于平滑。孢

1. 植物体(×8)，2-3.叶(×24)，4.叶尖部细胞(×240)，5.叶鞘部细胞(×240)，6-8.叶横切面(6.×36，7-8.×300)，9.茎横切面(×150)。

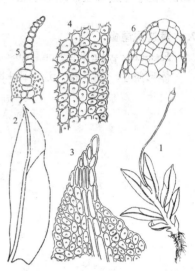

图 639 微疣凤尾藓（李植华、汪楣芝绘）

子直径7–10微米，平滑。

产台湾和广东，生于林中土上，稀生于陡峭石壁上。日本及巴布亚新几内亚有分布。

1. 植物体(×10)，2.叶(×30)，4.叶尖部细胞(×300)，4.叶前翅边缘细胞(×300)，5.叶横切面的一部分(×150)，6.茎横切面(×150)。

10. 齿叶凤尾藓

图 640　彩片108

Fissidens crenulatus Mitt., Journ. Proc. Linn. Soc. Bot. Suppl. 1: 140. 1859.

体形细小，绿色。茎单一，稀分枝，连叶高1.8–2.5毫米，宽1.2–1.8毫米；无腋生透明结节；中轴不分化。叶6–9对，除最基部的叶外，各叶的大小近于相等；中部以上叶披针形，长0.6–1.2毫米，宽0.2–0.3毫米，急尖；背翅基部圆形至楔形；鞘部为叶全长的1/2–3/5，对称至略不对称；叶边具细锯齿；分化边缘见于中部以上各叶及雌苞叶的鞘部，宽1–4列细胞，厚1层

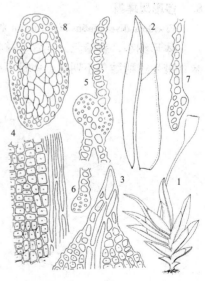

图 640 齿叶凤尾藓（李植华、汪楣芝绘）

细胞，略厚壁；中肋粗壮，突出或偶尔及顶。前翅及背翅细胞方形、圆六角形至椭圆状长方形，长3.5–9毫米，具高出的乳头突起或具单疣，壁稍厚。雌雄同株异苞。雄苞芽状，腋生。雌苞顶生于茎上，稀腋生或生于短侧枝的顶部。雌苞叶比茎叶略长而狭，但侧枝的雌苞叶远小于茎叶。蒴柄长1.5–2.3毫米，稍粗糙。孢蒴圆柱形，直立，对称，壶部长0.3毫米。蒴齿长0.1–0.2毫米，基部宽28–32微米。蒴盖长0.2–0.3毫米，具长喙。孢子直径11–16微米。

产广东、香港、海南和云南，喜生于平地至海拔750米处的常绿阔

叶林下石上，有时亦生于土上。日本、尼泊尔、印度、缅甸、越南、马来西亚、菲律宾及巴布亚新几内亚有分布。

1. 植物体(×10)，2. 叶(×25)，3. 叶尖部细胞(×250)，4. 叶前翅边缘细胞(×250)，5-7. 叶横切面的一部分(×250)，8. 茎横切面(×150)。

11. 糙柄凤尾藓

图 641

Fissidens hollianus Dozy et Molk., Bryol. Jav. 1: 4, t. 4. 1855.

体形细小，绿色至黄绿色。茎通常单一，连叶高2.4–4.3毫米，宽0.8–1.7毫米；无腋生透明结节；中轴不分化。叶6–12对，紧密排列，最下部叶远小于其它叶；中部以上的叶大小几相等，披针形至长椭圆状披针形，长0.8–1毫米，宽0.2–0.3毫米，急尖；背翅基部圆形；鞘部为叶全长的1/2–3/5；叶边近于全缘，分化边缘通常仅见于雌苞叶鞘部的下半段，宽2–5列细胞；

中肋淡黄褐色，及顶至突出。前翅及背翅细胞方形至不规则六边形，长5–6微米，薄壁，不透明，具多个细疣；鞘部细胞与前翅和背翅细胞相似，但近中肋基部的细胞较长而壁较厚，疣较少。雌雄异苞同株。雌苞叶大于茎叶，长约1.3毫米，背翅基部楔形。

产台湾、广东和海南，生于阴湿环境中的树干或石上。日本、泰国、缅甸、越南、马来半岛、印度尼西亚、菲律宾及巴布亚新几内亚有分布。

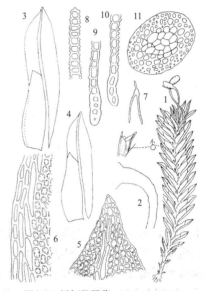

图 641 糙柄凤尾藓（李植华、汪楣芝绘）

1. 植物体(×7)，2. 蒴柄(×30)，3-4. 叶(×22)，5. 叶尖部细胞(×210)，6. 叶前翅边缘细胞(×210)，7-10.叶横切面(7.×25, 8-10.×270)，11. 茎横切面(×140)。

12. 拟狭叶凤尾藓

图 642

Fissidens kinabaluensis Iwats., Journ. Hattori Bot. Lab. 32: 269. 1969.

植物体细小，黄绿色。茎单一，连叶高2.2– 3毫米，宽1.5–2.5毫米；腋生透明结节极明显；中轴不分化。叶5–15对，紧密排列，平展，干时不卷缩，基部几对叶较小，中部以上叶片较大，狭披针形，长1.2–1.8毫米，宽0.2–0.3毫米，先端锐尖；背翅基部楔形；鞘部为叶全长

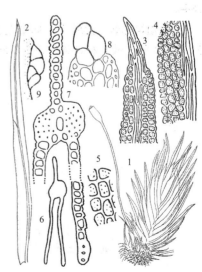

图 642 拟狭叶凤尾藓（李植华、汪楣芝绘）

的2/3，近对称；叶边全缘；分化边缘贯达整个鞘部，在鞘部上段宽1–2列细胞，下段宽3–4列细胞，横切面厚一层细胞；中肋粗壮，黄褐色，短突出。前翅和背翅细胞方形至不规则六边形，长3.5–10.5微米，薄壁，不透明，具细密疣，鞘部细胞与前翅和背翅细胞相似，但近中肋基部的细胞则较大。

产广东、香港和云南，生于半荫蔽处潮湿土壤上。印度尼西亚有分布。

13. 狭叶凤尾藓　　　　　　　　　　图 643

Fissidens wichurae Broth. et Fleisch., Hedwigia 38: 127. 1899.

体形细小，黄绿色，丛集成垫状生长。茎单一，连叶高1.8–3毫米，宽1.5–2.5毫米；腋生透明结节极明显；中轴不明显分化。叶5–10对，紧密排列，中部以上叶狭披针形，长1.6–1.8毫米，宽0.2–0.3毫米，先端狭急尖；背翅基部楔形；鞘部为叶全长的3/5，近于对称；中肋粗壮，亮黄褐色，短突出；前翅和背翅近于全缘；叶鞘部边缘分化，在鞘部上半段由一列细胞组成，下半段由2–3列细胞组成，最基部处则由5–6列方形至短的长椭圆形而薄壁的细胞组成。前翅和背翅细胞方形至不规则的六边形，长3.5–10.5微米，壁薄，不透明，多疣；鞘部细胞与前翅和背翅细胞相似，基部近中肋处的细胞较大而壁厚，疣较少而形大。

产台湾、广东和云南，常生于海拔200–450米处的林下土上。印度

1. 植物体（×9），2. 叶（×40），3. 叶尖部细胞（×260），4. 叶前翅边缘细胞（×260），5–6. 叶横切面（5. ×115，6. ×375），7. 腋生透明细胞（×90），8. 茎横切面（×225）。

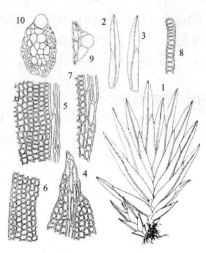

图 643 狭叶凤尾藓（李植华、汪楣芝绘）

尼西亚、马来西亚及巴布亚新几内亚有分布。

1. 植物体（×14），2–3. 叶（×9），4. 叶尖部细胞（×180），5. 叶鞘部细胞（×180），6. 叶前翅边缘细胞（×180），7. 叶鞘基部细胞（×180），8. 叶横切面（×160），9. 腋生透明细胞（×50），10. 茎横切面（×50）。

14. 锡兰凤尾藓　　　　　　　图 644 彩片109

Fissidens ceylonensis Dozy et Molk., Ann. Sci. Nat. Bot. ser. 3, 2: 304. 1844.

植物体细小，黄绿色，丛集生长。能育茎和不育茎混生于同一藓丛中。茎单一或分枝，连叶高2.3–5毫米，宽1.4–1.5毫米；无腋生透明结节或略有分化；中轴不分化。叶7–10对，最基部的叶小，疏生；其余叶远大于基部叶，排列较紧密，长椭圆状披针形，长0.2–0.8毫米，宽0.2–0.3毫米，急尖至阔急尖，能育茎的叶背翅基部楔形，不育茎的叶背翅基部圆至楔形；鞘部为叶全长的3/5–2/3，对称至近对称；叶边全缘；分化边缘通常仅见

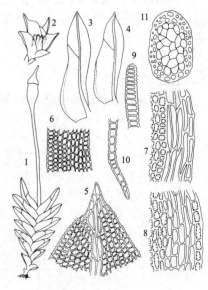

图 644 锡兰凤尾藓（李植华、汪楣芝绘）

于上部叶和雌苞叶鞘部的下半段，宽2–6列细胞，厚1层细胞，其外缘具一列方形至长方形而被疣的细胞，不育茎的叶分化边缘通常弱或缺失；中肋淡黄色，及顶或稍突出。前翅及背翅细胞方形至圆六边形，长7–8微米，不透明，具多个细疣，薄壁；鞘部细胞与前翅和背翅细胞相似，但较大，近中肋基部的细胞平滑而厚壁。雌苞生于主茎顶端，稀顶生于侧面短枝上。雌苞叶分化，披针形。蒴柄长2–2.5毫米，平滑。孢蒴对称，直立。孢蒴圆柱形，长0.4–0.5毫米；蒴壁细胞方形，薄壁，角隅明显加厚。蒴齿长约0.2毫米，基部宽32微米。蒴盖具长喙，长0.4毫米。蒴帽盔状，长约0.3毫米。孢子直径11–12微米。

产台湾、广东、香港、海南、广西和云南，生于平地至海拔670米

处的林中路边土坡上，罕为石生。尼泊尔、印度、斯里兰卡、泰国、越南、马来西亚、新加坡、印度尼西亚、菲律宾及新西兰有分布。

1. 植物体（×11），2. 雄苞（×22），3-4. 叶（×22），5. 叶尖部细胞（×200），6. 叶上部边缘细胞（×200），7. 叶鞘上部边缘细胞（×200），8. 叶鞘下部边缘细胞（×200），9-10. 叶横切面的一部分（×200），11. 茎横切面（×140）。

15. 短肋凤尾藓

图 645

Fissidens gardneri Mitt., Journ. Linn. Soc. Bot. 12: 593. 1869.

植物体黄绿色，疏松丛集。茎通常单一，稀分枝，连叶高1.5–4毫米，宽0.9–1.4毫米；无腋生透明结节；中轴不分化。叶6–11对，基部叶鳞片状，疏生；上部叶排列紧密，长椭圆状披针形至披针形，长0.77–1.1毫米，宽0.2–0.26毫米，先端圆钝，稀急尖；背翅基部楔形，边缘具细齿，鞘部为叶全长的1/2–2/3，不对称；中肋通常亮黄褐色，在叶尖前消失，末端有时短

分叉。前翅和背翅细胞方形至六边形，长3.4–10.5微米，具多个细疣，薄壁；鞘部细胞与前翅及背翅细胞相似；分化边缘通常仅见于上部叶鞘部下半段或无分化边缘。

产山东、台湾、广东、香港、广西、四川和云南，生于海拔达1180米处的湿石或树皮上。日本、尼泊尔、印度、斯里兰卡、泰国、老挝、菲律宾、非洲及美洲有分布。

1. 植物体（×3.5），2-3. 叶（×110），4. 叶上部边缘细胞（×250），5. 叶具疣细胞（×500），6. 叶横切面的一部分（×250），7. 茎横切面（×240）。

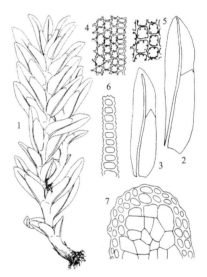

图 645 短肋凤尾藓（李植华、汪楣芝绘）

16. 微凤尾藓

图 646 彩片110

Fissidens minutus Thwait. et Mitt., Journ. Linn. Soc. Bot. 13: 323. 1873.

体形微小。茎单一，连叶高约5毫米，宽1.5毫米；腋生透明结节不分化；中轴缺失。叶6–8对，上部叶舌形，长0.7–1.1毫米，宽0.2–0.25毫米，先端圆钝，稀急尖；背翅基部楔形；叶边具细齿；分化边缘厚一层细胞，通常仅见于上部叶或雌苞叶叶鞘的下半段；叶鞘为叶全长的1/2–2/3，略对称；中肋在叶尖下消失。前翅和背翅细胞方形至多边形，长3.5–8（–10）微米，具多个细疣，薄壁；鞘部细胞与前翅及背翅细胞相似。

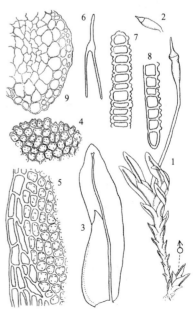

图 646 微凤尾藓（李植华、汪楣芝绘）

产台湾和香港，生于常绿阔叶林中的湿石上。印度、印度尼西亚、马来西亚、非洲及美洲有分布。

1. 植物体(×9), 2-3. 叶(×40), 4. 叶尖部细胞(×360), 5. 叶前翅边缘细胞(×360), 6. 叶鞘部边缘细胞(×360), 7-9. 叶横切面(7.×70, 8-9.×180), 10. 茎横切面(×180)。

17. 卷叶凤尾藓

图 647 彩片111

Fissidens dubius P. Beauv., Prodr. Aethéogam. 57. 1805.

植物体绿色至带褐色。茎单一，稀分枝，连叶高10–50微米，宽3.5–5毫米；无腋生透明结节；中轴明显分化。叶13–58对，排列较紧密；最下部叶细小，中部以上各叶远大于下部叶，披针形，长3.2–3.5毫米，宽0.7–0.8毫米，干时明显卷曲，先端急尖至狭急尖；背翅基部圆形至略下延；鞘部为叶全长的3/5–2/3，对称至稍不对称；叶边在近先端处有不规则的齿，其余各处具细圆齿至锯齿，由3–5列厚壁而平滑的细胞构成厚度为1层（稀2层）细胞的浅色边缘，在前翅和背翅远比在鞘部明显；中肋粗壮，及顶。前翅和背翅细胞通常圆六边形，稀椭圆状卵圆形，长10–11微米，具明显的乳头状突起，不透明，前翅厚1层细胞，稀2层细胞；鞘部细胞与前翅和背翅细胞相似，但乳头状突起较少。叶生雌雄异株。雄株细小，长约1毫米，生于雌株叶的鞘部。雌苞腋生。雌苞叶远小于茎叶，卵圆状披针形，长1–1.3毫米。蒴柄侧生，长5–8毫米，平滑。孢蒴稍倾斜，不对称，长0.8–1.4毫米；蒴壁细胞方形至长椭圆形，纵壁较厚，横壁较薄。蒴齿长0.5–0.6毫米。蒴盖具长喙，长约1.6毫米。蒴帽钟形，长约1.6毫米。

产黑龙江、吉林、辽宁、内蒙古、山东、陕西、甘肃、江苏、安徽、浙江、台湾、福建、江西、湖北、湖南、广东、香港、广西、贵州、四川、云南和西藏，生于海拔200–1700米处林中溪边湿石上，偶

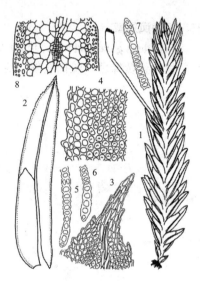

图 647 卷叶凤尾藓（李植华、汪楣芝绘）

生于树干和土上。朝鲜、日本、尼泊尔、印度、斯里兰卡、印度尼西亚、菲律宾、巴布亚新几内亚、非洲、欧洲及美洲有分布。

1. 植物体(×3), 2. 叶(×11), 3. 叶尖部细胞(×100), 4. 叶上部边缘细胞(×160), 5-7. 叶横切面(×100), 8. 茎横切面(×65)。

18. 异型凤尾藓

图 648

Fissidens anomalus Mont., Ann. Sci. Nat. Bot. ser. 2, 17: 252. 1842.

绿色至带褐色，密集丛生。茎单一或分枝，连叶高14–50毫米，宽4.5–5.3毫米；无腋生透明结节；中轴分化。叶15–53对，最基部叶小，上部叶远大于下部叶，且排列较紧密，中部以上各叶狭披针形，长3.1–3.7毫米，宽0.7–0.8毫米，干时明显卷曲，先端狭急尖；背翅基部圆形，稀略下延；鞘部为叶全长的1/2–3/5，对称至稍不对称；叶尖有不规则的齿，其余部分具细圆齿至锯齿；叶边由1–3列平滑、厚壁而浅色的细胞构成的边缘；中肋粗壮，突出。前翅和背翅细胞方形、

圆形至不规则六边形，长7–11微米，角隅加厚，具明显的乳头状突起，不透明；前翅厚1层细胞；鞘部细胞与前翅和背翅细胞相似，但近中肋基部的细胞较大而壁较厚，乳头状突起较不明显。叶生雌雄异株。雄株细小，高0.9–1.1毫米，生于雌株叶的鞘部；茎叶细小，长约0.5毫米，由1列细胞构成不明显的浅色边缘；中肋远离叶尖消失。雄苞顶生于主茎或基部短侧枝上。雌苞腋生。雌苞叶卵圆状披针形至狭披针形，长约0.9毫米。蒴柄短，长仅1.5–2毫米，平滑。孢蒴直立，对称；长0.7–1毫米；蒴齿长0.3–0.5毫米，基部宽88–98微米，上部具螺纹加厚及突起的节瘤，中部具粗疣，下部具细密疣。蒴盖具长喙，长0.5–0.8毫米。蒴帽钟形，长约1.3毫米。

产山东、陕西、台湾、福建、湖北、广西、贵州、四川和云南，生于海拔1500–2500米林下溪边湿石上，有时亦生于树干和土上。尼泊尔、印度、斯里兰卡、缅甸、泰国、越南、印度尼西亚及菲律宾有分布。

1. 植物体（×3），2. 叶（×7.5），3. 叶尖部细胞（×100），4. 叶前翅边缘细胞（×100），5. 叶鞘部边缘细胞（×100），6-8. 叶横切面（6.×33，7-8.×150），9. 茎横切面（×100）。

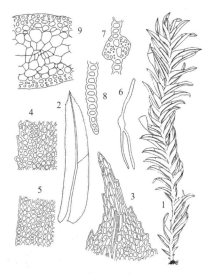

图 648 异型凤尾藓（李植华、汪楣芝绘）

19. 爪哇凤尾藓　　　　　　　　　　图 649　彩片112

Fissidens javanicus Dozy et Molk., Bryol. Jav. 1: 11. 1855.

植物体绿色、黄绿色至褐色。茎单一，连叶高8–18毫米，宽2.3–4毫米，上部的叶腋常具新生枝；腋生透明结节极明显；中轴稍分化。叶18–38对，紧密排列；中部和上部的叶披针形至狭披针形，长2–2.7毫米，宽0.3–0.45毫米，先端渐尖，叶的上半部常具皱纹；背翅基部通常圆形；鞘部为叶全长的1/2，上部对称至稍不对称；前翅和背翅形成宽2–3列细胞、厚2–3层细胞的边缘；鞘部的边缘宽2–3列细胞，厚一层细胞；中肋粗壮，稍突出于叶尖。前翅和背翅细胞近等径，7–9微米，厚壁，具乳头状突起；鞘部细胞与前翅和背翅细胞相似，但较大而厚壁，轮廓清晰。

产台湾、福建、广东、香港、海南、云南和西藏，生于海拔600–1400米处的常绿阔叶林中潮湿的泥土或石上。日本、尼泊尔、印度、斯里兰卡、缅甸、泰国、马来西亚、印度尼西亚、菲律宾及巴布亚新几内亚有分布。

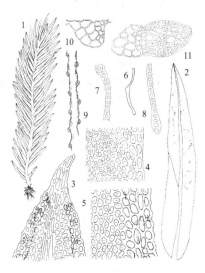

图 649 爪哇凤尾藓（李植华、汪楣芝绘）

1. 植物体（×4），2. 叶（×15），3. 叶尖部细胞（×180），4. 叶前翅边缘细胞（×180），5. 叶鞘部细胞（×180），6-8. 叶横切面（6.×6，7-8.×135），9-10. 腋生透明细胞（9.×9，10.×160），11. 茎横切面（×100）。

20. 大凤尾藓　　　　　　　　　　图 650　彩片113

Fissidens nobilis Griff., Calcutta Journ. Nat. Hist. 2: 505. 1842.

植物体绿色至带绿色。茎单一，连叶高18–60毫米，宽5.5–10毫

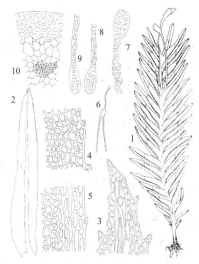

图 650 大凤尾藓（李植华、汪楣芝绘）

米；无腋生透明结节；中轴明显分化。叶14–26对，基部叶细小而疏离，中部以上叶远较基部叶为大，密生，披针形至狭披针形，长4.7–5.5毫米，宽1–1.2毫米，先端急尖；背翅基部楔形，下延；鞘部为叶全长的1/2，对称至近对称；叶边上半部具不规则的齿，下半部近全缘，由厚2–3层厚壁而平滑的细胞构成宽2–5列细胞的深色边缘；中肋粗壮，及顶。前翅及背翅细胞方形至六边形，壁稍厚，平滑，有时具尖的乳头状突起，长7–14微米；鞘部细胞与前翅和背翅细胞相似，但近于平滑。雌雄异株。雌苞在中、上部叶腋生；雌苞叶狭披针形至狭披针形，长2.5–2.8毫米。蒴柄侧生，长约6.5毫米，平滑。孢蒴稍倾斜，不对称，长1.3–1.4毫米；蒴壁细胞长方形至不规则的长方状六边形，纵壁略厚于横壁。蒴齿长约0.4毫米，基部宽100微米。蒴盖具喙，长0.4–1.3毫米。孢子直径11–18微米。

产江苏、浙江、台湾、福建、江西、湖北、湖南、广东、香港、海南、广西、贵州、四川和云南，生于海拔200–1600米处林下溪旁湿石或土上。朝鲜、日本、尼泊尔、印度、斯里兰卡、缅甸、泰国、越南、马来西亚、印度尼西亚、菲律宾、巴布亚新几内亚及斐济有分布。

1. 植物体(×2), 2. 叶(×7), 3. 叶尖部细胞(×140), 4. 叶前翅边缘细胞(×140), 5. 叶鞘部边缘细胞(×140), 6-9. 叶横切面(6. ×14, 7-9. ×140), 10. 茎横切面(×80).

21. 二形凤尾藓

图 651 彩片114

Fissidens geminiflorus Dozy et Molk., Pl. Jungh. 316. 1854.

体形中等大小至较大形，绿色至深绿色。茎匍匐，单一或分枝，

连叶高8–42毫米，宽2.7–3.1毫米；腋生透明结节分化而不甚明显；中轴不分化。叶16–52对，通常排列疏松，干时卷曲；下部叶常腐烂；中部以上叶披针形至狭披针形，长1.8–2.5毫米，宽0.3–0.4毫米，急尖；背翅基部楔形，稀为圆形，明显下延；鞘部为叶全长的1/2–3/5，对称至稍不对称；叶边具细齿；中肋粗壮，及顶，中肋两侧各具一列较大而不规则方形至长方形、平滑、略透明的细胞。前翅和背翅细胞方形至椭圆状六边形，长7–13微米，细胞壁稍厚，具乳头状突起，不透明；鞘部细胞与前翅和背翅细胞相似，但较大，壁较厚，乳头状突起较不明显；除近中肋处外，前翅、背翅和鞘部均为单层细胞。雌雄异株。雌苞芽状，腋生；雌苞叶明显分化。

产江苏、安徽、浙江、台湾、福建、广东、香港、海南、四川和云南，常生于海拔200–1400米常绿阔叶林下湿石上。日本、菲律宾及印度

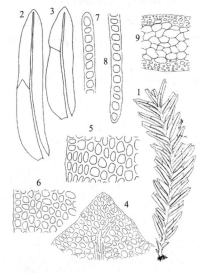

图 651 二形凤尾藓 (李植华、汪楣芝绘)

尼西亚有分布。

1. 植物体(×8), 2. 叶(×20), 3. 叶尖部细胞(×200), 4. 叶前翅边缘细胞(×200), 5. 叶鞘部边缘细胞(×200), 6-9. 叶横切面(6. ×35, 7-9. ×160), 10. 腋生透明细胞(×250), 11. 茎横切面(×70).

22. 延叶凤尾藓

图 652

Fissidens perdecurrens Besch., Journ. Bot. (Morat.) 12: 293. 1898.

植物体中等大小至较大形，深绿色，匍匐，坚挺。茎单一或分枝，连叶高12–35毫米，宽3–3.3毫米；具腋生结节，但较小而不透明；皮部细胞小而厚壁，中轴不分化。叶

20-24对，排列紧密，基部叶小；中部以上叶远较基部叶为大，狭披针形，长1.6-2.3毫米，宽0.3毫米，先端急尖；背翅基部楔形，下延；鞘部为叶全长的1/2或更短，常对称；叶边具细齿；中肋粗壮，不透明，及顶或终止于叶尖下数个细胞；在中肋的上半部，透过表面细胞可见2列大形、长方形至狭长方形的主细胞；在横切面，前翅和背翅的边缘厚1-2层细胞，近中肋处厚3-4层细胞，鞘部多为单层细胞。前翅和背翅细胞方形至不规则六边形，长7-11微米，略具乳头状突起，稍厚壁；鞘部细胞与前翅和背翅细胞相似，但近基部的细胞壁较厚，乳头状突起较不明显。雌雄异株。雌苞腋生；雌苞叶分化，狭披针形。

产浙江、台湾、福建、江西、湖北、湖南、贵州、四川和云南，生于海拔700-1500米常绿阔叶林下湿石或潮湿的峭壁上。日本有分布。

1. 植物体（×3），2. 叶片（×10），3. 叶尖部细胞（×160），4. 叶前翅边缘细胞（×250），5. 叶鞘部边缘细胞（×250），6-9. 叶横切面（6-8.×55，9.×150），10. 腋生透明细胞（×80），11. 茎横切面（×150）。

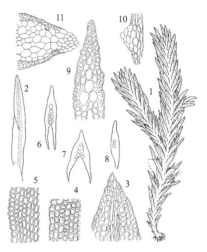

图 652 延叶凤尾藓（李植华、汪楣芝绘）

23. 大叶凤尾藓

图 653 彩片115

Fissidens grandifrons Brid., Muscol. Recent. Suppl. 1: 170. 1806.

体形中等大小至大形，匍匐，深绿色，老时带褐色，坚挺。茎单一或分枝，连叶高16-86毫米，宽2.5-3毫米，具腋生透明结节；皮部细胞小而厚壁，中轴不分化。叶13-83对，紧密排列，干时亦坚挺；最下部叶细小，中部以上叶披针形至剑状披针形，长2.8-3.5毫米，宽0.4-0.5毫米，先端钝至急尖；背翅基部楔形，下延；鞘部为叶全长的1/2，对称；叶边具细齿；中肋粗壮，不透明，终止于叶尖前数个细胞；在横切面，前翅和背翅的边缘厚1-2层细胞，近中肋处厚3-6层细胞，鞘部细胞多1层；前翅近叶边的细胞较小而壁薄，近中肋的细胞较大而壁较厚。前翅和背翅细胞方形至六边形，长7-11微米，平滑，细胞壁稍厚至厚壁；鞘部细胞与前翅和背翅细胞相似，但近基部的细胞则较大而壁较厚。雌雄异株。雌苞腋生。蒴柄长18-21毫米，平滑。孢蒴直立至平列，对称，圆柱状，长1.1-1.6毫

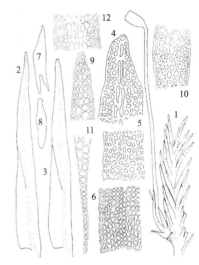

图 653 大叶凤尾藓（李植华、汪楣芝绘）

米。蒴齿长约0.43毫米，基部宽114微米。孢子直径14-25微米。

产河北、山西、陕西、甘肃、青海、浙江、台湾、湖北、广西、贵州、四川、云南和西藏，生于林下沟边湿石或沉水的岩石上，可达海拔2100米处。朝鲜、日本、尼泊尔、印度、非洲及美洲有分布。

1. 植物体（×3），2-3. 叶（×13），4. 叶尖部细胞（×150），5. 叶前翅边缘细胞（×120），6. 叶鞘部边缘细胞（×140），7-11. 叶横切面（7-8.×30，9-11.×150），12. 茎横切面（×50）。

24. 锐齿凤尾藓 图 654

Fissidens serratus C. Müll., Bot. Zeitung (Berlin) 5: 804. 1847.

体形细小，疏松丛生。茎单一，连叶高0.5–1.7毫米，宽0.5–1.7毫米；腋生透明结节不明显；中轴不分化。叶2–5对，紧密排列，上部叶披针形，长0.5–0.7毫米，宽0.1–0.2毫米，先端钝至急尖；前翅基部圆形至楔形，或消失于基部稍上处；鞘部为叶全长的1/2，不对称；前翅边缘具细齿，鞘部边缘具明显而不规则的锐齿；中肋粗壮，亮黄色，终止于叶尖下数个细胞，常把叶分成不相等的两部分；前翅细胞方形至六边形，壁稍厚，长8–11微米，中央具明显的单疣；鞘部上端的细胞与前翅细胞相似，中部细胞较大，下部的细胞平滑，长方形，长达18微米。雌雄基生同株。

产台湾和香港，生于常绿阔叶林下树干基部。日本、印度尼西亚、菲律宾、澳洲、非洲及美洲有分布。

1. 植物体（×14），2-3.叶（×28），4.叶尖部细胞（×270），5.叶前翅边缘细胞（×270），6.叶鞘部边缘细胞（×270），7-8.叶横切面（7.×10，8.×280），9.茎横切面（×280）。

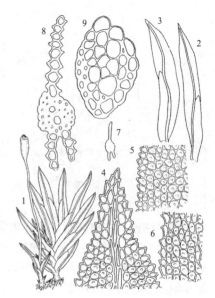

图 654 锐齿凤尾藓（李植华、汪楣芝绘）

25. 黄叶凤尾藓 图 655 彩片116

Fissidens crispulus Brid., Musc. Rec. Suppl. 4: 187. 1819.

植物体细小，丛集。茎单一或分枝，连叶高5.5–12毫米，宽2–2.5毫米，干时叶尖卷曲；腋生透明结节极明显；中轴不分化。叶10–24对，通常排列较紧密，有时松散排列；中部至上部叶披针形至狭披针形，长1.5–1.8毫米，宽0.3–0.4毫米，先端阔急尖；背翅基部圆形至楔形；鞘部为叶全长的1/2–3/5；叶边具细齿至细圆齿；中肋及顶或终止于叶尖下数个细胞。前翅和背翅细胞圆方形至圆六边形，长7–11微米，具乳头状突起，不透明；鞘部细胞与前翅和背翅细胞相似，但基部细胞乳头状突起较少，细胞较大而壁较厚。雌雄异株。雌苞顶生；雌苞叶比茎叶狭而长。蒴柄长3.4–4.3毫米，平滑。孢蒴通常直立，对称，短圆柱形，长0.5–0.6毫米。蒴齿长0.2–0.3毫米，基部宽23微米。蒴盖具长喙，长0.5–0.6毫米。蒴帽钟形，长约0.7毫米。

产山东、江苏、浙江、台湾、福建、湖南、广东、香港、海南、四川和云南，常生于平地至海拔950米处的林中土上或石上。广布于古热带地区。

1. 植物体（×9），2-3.叶（×16），4.叶尖部细胞（×220），5.叶前翅边缘细胞（×220），6.叶鞘部边缘细胞（×220），7-10.叶横切面（7.×60，8-10.×260），11.腋生透明细胞（×13），12.茎横切面（×140）。

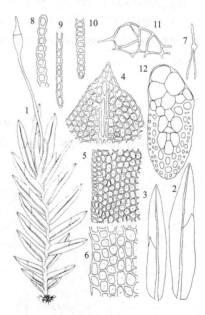

图 655 黄叶凤尾藓（李植华、汪楣芝绘）

26. 南京凤尾藓

图 656

Fissidens teysmannianus Dozy et Molk., Pl. Jungh. 317. 1854.

体形中等大小。雌株的茎单一至略具分枝，连叶高达3厘米或更长，宽3毫米；无腋生透明结节；皮层细胞小而厚壁，中轴不分化。叶通常50对以上，多紧密排列；成熟叶披针形，长1.5–2.25毫米，宽0.35–0.5毫米，先端急尖，背翅基部圆形，不下延；鞘部约为叶全长的1/2；中肋粗壮，及顶，叶边具细齿。前翅细胞圆六边形至圆方形，长7–10微米，具乳头状突起，角隅常具不明显的单疣；鞘部细胞与前翅细胞相似，但稍大，乳头状突起较不明显，角隅处的疣更为明显。雌雄异株。雄株较雌株为小，连叶高10毫米，宽3毫米；精子器腋生，芽状，长约0.4毫米。

产山东、江苏、浙江、台湾、福建、江西、湖南、广东、香港、海南、贵州、四川和云南，生于海拔20–3000米处的阔叶林内土上或石上，稀见于树干上。日本、朝鲜、印度尼西亚及马来西亚有分布。

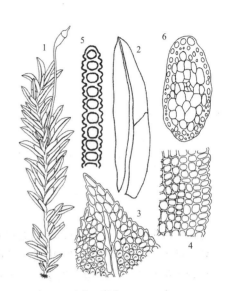

图 656 南京凤尾藓（李植华、汪楣芝绘）

1. 植物体(×4)，2. 叶(×18)，3. 叶尖部细胞(×120)，4. 叶前翅边缘细胞(×120)，5. 叶横切面的一部分(×34)，6. 茎横切面(×80)。

27. 广东凤尾藓

图 657

Fissidens guangdongensis Iwats. et Z. H. Li, Acta Bot. Fennici 129: 35. 1985.

体形细小，红褐色，稀疏丛生。茎单一，连叶高2.3–4.5毫米，宽1.4–1.8毫米；无腋生透明结节；中轴不分化。叶4–10对，下部叶极小，疏松排列，上部叶远大于下部叶，排列紧密，长椭圆状披针形至披针形，长0.9–1.5毫米，宽0.3–0.4毫米，急尖；背翅基部楔形；鞘部为叶全长的1/3–1/2，不对称；叶边具细齿至近于全缘；中肋粗壮，远离叶尖前消失，上端有时具短的分叉。前翅和背翅细胞方形、圆方形至椭圆形，长10–18微米，厚壁，平滑至稍具乳头状突起，细胞中央常具核状的透明点；鞘部上半段细胞与前翅细胞相似，但近中肋处的细胞较大而长。雌苞叶的鞘部宽阔，上端不与前翅相连接。

产浙江、香港和海南，生于海拔670米处的林中路边土壁。日本有

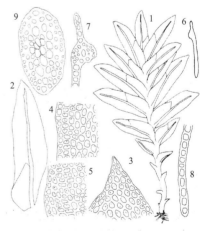

图 657 广东凤尾藓（李植华、汪楣芝绘）

分布。

1. 植物体(×15)，2. 叶(×20)，3. 叶尖部细胞(×120)，4. 叶前翅边缘细胞(×120)，5. 叶鞘部边缘细胞(×120)，6-8. 叶横切面(6.×45，7-8.×120)，9. 茎横切面(×120)。

28. 拟粗肋凤尾藓

图 658

Fissidens ganguleei Nork. in Gang., Mosses East. India 2: 527. 1971.

体形细小，绿色。茎单一，连叶高2.5–4毫米，宽1.5–2.2毫米；

腋生透明结节不明显；中轴稍分化。叶3–5对，下部叶细小，排列疏松；上部叶远大于下部叶，长椭圆状披针形，长0.6–1毫米，宽0.2–0.3毫米，先端急尖；背翅基部楔形；鞘部为叶全长的1/2–3/5，不对称，上端不与前翅相连接；叶边具细齿；中肋粗壮，及顶，常在鞘部上端与中肋交接处弯曲而把叶分成不相等的两部分。前翅和背翅细胞方形至不规则的六边形，长7–15微米，壁稍厚，平滑，细胞腔内常具细胞核状的透明区；鞘部细胞与前翅及背翅细胞相似。雌苞顶生于主茎上；雌苞叶狭长，鞘部约为叶全长的1/3。蒴柄长约8毫米，平滑。蒴帽长圆锥形，长约0.6毫米。

产四川峨眉山和云南，常生于常绿阔叶林下树干基部，海拔可达2400米处。日本、尼泊尔及印度有分布。

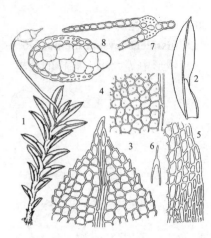

图 658 拟粗肋凤尾藓（李植华、汪楣芝绘）

1. 植物体(×10)，2.叶(×23)，3.叶尖部细胞(×200)，4.叶前翅边缘细胞(×200)，5.叶鞘部边缘细胞(×200)，6-7.叶横切面(6.×45，7.×200)，8.茎横切面(×200)。

29. 粗肋凤尾藓   图 659 彩片117

Fissidens pellucidus Hornsch., Linnea 15: 146. 1841.

植物体细小，稀疏生，通常褐色至红褐色。茎单一，连叶高2.4–5.2毫米，宽1–2.1毫米；无腋生透明结节；中轴稍分化。叶4–12对，基部叶细小，松散排列；上部叶远大于基部叶，紧密排列，披针形，长0.7–1.4毫米，宽0.2–0.3毫米，先端急尖至狭急尖；背翅基部楔形至圆形；鞘部为叶全长的1/2，不对称；叶边具细圆齿至不规则的锯齿；中肋粗壮，及顶至短突出。前翅及背翅细胞方形至不规则的六边形，长10–24微米，厚壁，透明，平滑；鞘部细胞与前翅及背翅细胞相似，但近基部的细胞较狭长。雌雄异株。雌苞叶与茎叶不同，鞘部上端圆形，与前翅分离，鞘部上端细胞狭长，呈不规则的菱形，厚壁。蒴柄长2.5–2.9毫米，平滑。孢蒴直立，对称，卵圆形，长0.4–0.5毫米。蒴壁细胞具乳头状突起。蒴齿长0.18毫米，基部宽36微米，上部具螺旋状加厚，下部密被微疣。蒴盖圆锥形，具喙，长约0.4毫米。

产浙江、台湾、福建、广东、香港、海南和云南，生于平地至海拔1800米处林中沟谷旁土上或石上。日本、尼泊尔、印度、斯里兰卡、缅甸、泰国、越南、马来西亚、新加坡、菲律宾及南美洲有分布。

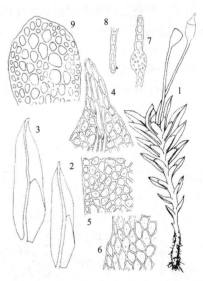

图 659 粗肋凤尾藓（李植华、汪楣芝绘）

1. 植物体(×9)，2-3.叶(×20)，4.叶尖部细胞(×125)，5.叶前翅边缘细胞(×125)，6.叶鞘部边缘细胞(×125)，7-8.叶横切面(×125)，9.茎横切面(×160)。

30. 网孔凤尾藓

图 660 彩片118

Fissidens polypodioides Hedw., Sp. Musc. Frond. 154. 1801.

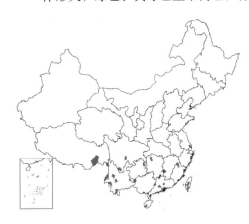

体形大，绿色、黄绿色至带褐色，稀疏丛生。茎单一或分枝，连叶高27–72毫米，宽6–6.8毫米；无腋生透明结节；中轴明显分化。叶23–58对，最基部的叶极小，排列较稀疏；中部以上叶远大于基部叶，密生，长椭圆状披针形，长3.6–4.1毫米，宽1–1.1毫米，先端通常短尖，偶为阔急尖；背翅基部圆形；鞘部为叶全长1/2，对称至稍不对称；叶边在近叶尖处具粗齿，其余部分具细齿；中肋粗壮，通常终止于叶尖下数个细胞，稀及顶。前翅和背翅细胞方形至六边形，长11–21微米，平滑至具乳头状突起，壁稍厚；鞘部细胞与前翅和背翅细胞相似，但较大而壁厚，尤以近中肋基部的细胞为甚。雌雄异株。雌苞通常顶生于短侧枝上。雌苞叶分化，较茎叶短而狭，急尖，背翅基部楔形，鞘部细胞远长于前翅和背翅细胞。

产台湾、福建、江西、湖南、广东、香港、海南、广西、贵州、四川、云南和西藏，生于海拔450–3100米处常绿阔叶林中土上或陡峭石壁上。日本、印度、尼泊尔、缅甸、泰国、越南、马来西亚、菲律宾、巴布

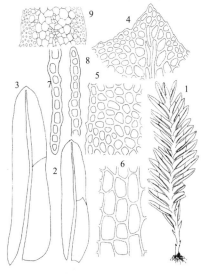

图 660 网孔凤尾藓 (李植华、汪楣芝绘)

亚新几内亚及美洲有分布。

1. 植物体(×2)，2-3. 叶(×8)，4. 叶尖部细胞(×150)，5. 叶前翅边缘细胞(×150)，6. 叶鞘部边缘细胞(×150)，7-8. 叶横切面的一部分(×200)，9. 茎横切面(×100)。

31. 垂叶凤尾藓

图 661

Fissidens obscurus Mitt., Journ. Proc. Linn. Soc. Bot. Suppl. 1: 138. 1859.

体形中等大小，绿色、暗绿色至褐色，密集丛生。茎匍匐，连叶长18–50毫米，宽3.2–5毫米；通常由叶腋长出少数分枝，分枝的基部和茎的腹面常具假根；无腋生透明结节；中轴不分化。叶18–43对，排列较稀疏，干时卷曲，湿时稍向下弯垂；中部以上叶披针形，长约3.6毫米，宽0.75毫米，先端阔急尖；背翅基部圆形至阔楔形；鞘部为叶全长的1/2–3/5，稍不对称；叶边除先端稍具细圆齿外，其余近全缘；中肋粗壮，但界限不清晰，终止于叶尖下数个细胞。前翅和背翅细胞不规则的方形、短长方形至六边形或圆形，壁厚，长10–13微米，不透明，平滑；鞘部细胞与前翅和背翅细胞相似，但壁较厚，近基部及沿中肋的细胞较长。雌雄异株。颈卵器顶生。雌苞叶狭披针形，无分化边缘，长3.7毫米，宽0.5毫米。孢子体未见。

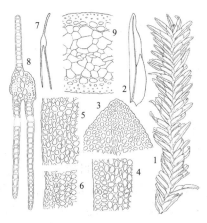

图 661 垂叶凤尾藓 (李植华、汪楣芝绘)

产广西、云南和西藏，生于常绿阔叶林下湿石或沙质土上。日本、尼泊尔及印度有分布。

1. 植物体(×3.5)，2. 叶(×5)，3. 叶尖部细胞(×120)，4. 叶前翅边缘细胞(×150)，5. 叶鞘部边缘细胞(×150)，6. 叶鞘基部边缘细胞(×150)，7-8. 叶横切面(7.×20,8.×100)，9. 茎横切面(×150)。

32. 鳞叶凤尾藓

图 662

Fissidens taxifolius Hedw., Sp. Musc. Frond. 155. Pl. 39. f. 1–5. 1801.

植物体中等大小，密丛生。茎单一，稀分枝，连叶高4.5–16毫米，宽2–4.6毫米；无腋生透明结节；皮部细胞小而厚壁，中轴不明显。叶6–17对，紧密排列；中部以上的叶卵圆状披针形，长1.6–3.3毫米，宽0.5–0.8毫米，先端急尖至短尖；背翅基部圆形，有时阔楔形；鞘部为叶全长的1/2–3/5，稍不对称；叶边具细齿；中肋粗壮，及顶至短突出。前翅和背翅细胞圆六边形至六边形，长7–11微米，薄壁，具乳头状突起，不透明；鞘部细胞与前翅和背翅细胞相似，但壁较厚，乳头状突起更高，近中肋基部的细胞则较大。雌雄异株。雌苞侧生；雌苞叶分化，狭披针形，长约1.3毫米。蒴柄长11–16毫米。孢蒴平列至斜出，不对称，弯曲，干时口部收缩，长0.56–0.63毫米，具明显突出的节瘤。蒴盖具长喙。孢子直径10–18微米。

产黑龙江、吉林、辽宁、陕西、江苏、安徽、浙江、台湾、江西、湖南、广东、广西、贵州、四川、云南和西藏，生于海拔620–2530米处阔

叶林或针阔叶混交林下土上，稀石生。广布于世界各地。

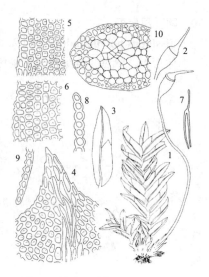

图 662 鳞叶凤尾藓（李植华、汪楣芝绘）

1. 植物体（×5），2. 孢蒴（×5），3. 叶（×8），4. 叶尖部细胞（×180），5. 叶前翅边缘细胞（×180），6. 叶鞘部边缘细胞（×180），7-9. 叶横切面（7.×20，8-9.×170），10. 茎横切面（×130）。

33. 内卷凤尾藓 羽叶凤尾藓

图 663

Fissidens involutus Wils. ex Mitt., Journ. Proc. Linn. Soc. Bot. Suppl. 1: 138. 1859.

体形中等大小至大形，黄色至褐色。茎坚挺，单一或分枝，连叶高10–50毫米，宽2–5毫米；无腋生透明结节或结节形小；中轴稍分化。叶16–25对，湿时叶尖常内卷；下部叶常腐烂，中部以上叶披针形，长1.3–4毫米，宽0.3–1毫米，先端急尖；背翅基部圆形；鞘部为叶全长的1/2–3/5，稍不对称；叶边具细锯齿至细圆齿。叶尖细胞平滑，厚壁，形成一浅色的区域。前翅及背翅细胞方形至圆六边形，长3.5–7微米，薄壁，具明显的乳头状突起，不透明；鞘部细胞与前翅及背翅细胞相似，但近中肋基部的细胞较大而平滑，壁较厚。雌雄异株。雌苞叶不明显分化，较茎叶狭而短。

产陕西、江苏、安徽、浙江、台湾、福建、江西、湖北、湖南、广东、广西、贵州、四川、云南和西藏，生于海拔900–2700米潮湿石上，有时亦生于沙质土上。日本、尼泊尔、印度、缅甸、泰国、越南及菲律宾有分布。

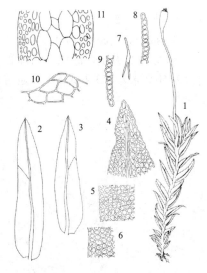

图 663 内卷凤尾藓（李植华、汪楣芝绘）

1. 植物体（×5），2-3. 叶（×18），4. 叶尖部细胞（×170），5. 叶前翅边缘细胞（×170），6. 叶鞘部边缘细胞（×170），7-9. 叶横切面（7.×30，8-9.×200），10. 腋生透明细胞（×100），11. 茎横切面（×150）。

34. 曲肋凤尾藓

图 664 彩片119

Fissidens oblongifolius Hook. f. et Wils., London Journ. Bot. 3: 547. 1844.

植物体细小，黄绿色至暗绿色，密丛生。茎单一或分枝，连叶高3.3-7毫米，宽2.5-3毫米；无腋生透明结节；中轴稍分化。叶4-12对，基部的叶细小而稀疏，上部的叶较大而排列紧密；中部以上叶狭披针形，长1.6-2.8毫米，宽0.2-0.3毫米，先端急尖；背翅基部楔形或稀为圆形；鞘部约为叶全长的1/2，不对称；叶边具细齿；中肋粗壮，曲折，终止于叶尖下数个细胞。前翅和背翅细胞圆形或圆六边形，7-15微米，壁略厚，除叶尖最前端外，均具明显的乳头状突起；鞘部细胞与前翅和背翅细胞相似，但乳头状突起较小，壁较厚。雌雄异苞同株。雄苞腋生。雌苞顶生。蒴柄长约6毫米，平滑。孢蒴直立至斜立，对称或稍不对称，长椭圆状卵形，长约0.4毫米。蒴齿长约0.3毫米，基部宽35微米。蒴盖具长喙，长约0.45毫米。蒴帽钟形，长约1毫米。孢子直径10-14微米。

产福建、广东、香港、海南、四川和西藏，生于海拔350-2700米常绿阔叶林下阴湿土壤上，偶为石生。日本、马来西亚、西南太平洋地区、澳大利亚、新西兰、中南美洲、墨西哥及非洲西部热带地区有分布。

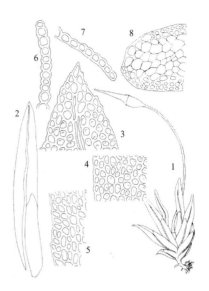

图 664 曲肋凤尾藓（李植华、汪楣芝绘）

1. 植物体(×7)，2. 叶(×15)，3. 叶尖部细胞(×175)，4. 叶前翅边缘细胞(×175)，5. 叶鞘部边缘细胞(×175)，6-7. 叶横切面(×170)，8. 茎横切面(×45)。

35. 裸萼凤尾藓

图 665 彩片120

Fissidens gymnogynus Besch., Journ. Bot. (Morat.) 12: 292. 1898.

体形小至中等大小，黄绿色至带褐色。茎通常不分枝，有时基部具少数分枝，连叶高7-16毫米，长1.8-3.6毫米；无腋生透明结节；中轴稍分化。叶9-25对，排列较紧密，干时明显卷曲；最基部的叶细小，近中部的叶大；中部以上叶舌形至披针形，长1.8-2.1毫米，宽0.3-0.5毫米，具小短尖至急尖；背翅基部圆形至楔形；鞘部为叶全长的1/2-3/5，不对称；叶边稍具锯齿至细圆齿；中肋粗壮，通常终止于叶尖下数个细胞。叶尖细胞圆菱形，平滑而厚壁，形成一较明亮的区域，前翅和背翅细胞六边形至圆六边形，长10-14微米，具乳头状突起，不透明；鞘部细胞六边形，壁较厚而且轮廓清晰。雌雄根生异株。雌苞叶分化不明显。蒴柄长约2.3毫米，红褐色。孢蒴直立，对称，圆柱形，长约1.1毫米。

产吉林、山东、陕西、江苏、安徽、浙江、福建、江西、湖北、广东、香港、海南、广西、贵州、四川、云南和西藏，生于海拔260-3400米树干或林中石上，稀土生。朝鲜及日本有分布。

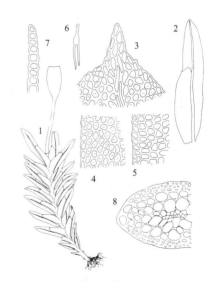

图 665 裸萼凤尾藓（李植华、汪楣芝绘）

1. 植物体(×7)，2. 叶(×12)，3. 叶尖部细胞(×170)，4. 叶前翅边缘细胞(×170)，5. 叶鞘部边缘细胞(×170)，6-7. 叶横切面(6.×30，7.×250)，8. 茎横切面(×120)。

60. 花叶藓科 CALYMPERACEAE

（林邦娟）

植物体小或粗壮，聚生或丛生。茎直立，单一或多次叉形分枝，稀有横茎（如匍网藓属），基部通常密被红棕色假根。叶片群集，具明显鞘部，常具1–多列黄色或无色透明、狭长细胞构成明显的分化边缘，或具1至多层细胞，有时呈栉片状加厚的肥厚边缘；叶边常有锯齿或毛状刺，稀全缘；中肋单一，多粗壮，常在叶尖前消失或突出于叶尖外，上部常着生多数无性芽孢（有时着生于中肋中部），背部常有粗疣或粗棘状刺，稀见于腹面，横切面具中央主细胞和背腹厚壁层，背腹细胞有时分化，无副细胞。叶片上部细胞小，绿色，圆形、圆方形或圆六边形，常有疣，多数沿网状细胞边缘下延，叶鞘近中肋两侧的细胞大，方形、长方形，薄壁具壁孔，无色透明，形成网状的细胞，有时近叶边细胞间分化1–多列黄色、长形、厚壁细胞构成的嵌条 (teniola)，嵌条往往延伸入上部绿色细胞中。雌雄异株，稀雌雄同株。雄苞多侧生，芽孢形，有多数细长配丝。雌苞叶退化或与叶片近似。蒴柄多细长，直立。雌苞多顶生。孢蒴直立，圆柱形。环带缺失。蒴齿退失或单层，齿片16，披针形，具粗疣，多数发育不全或退化。蒴盖具斜喙。蒴帽兜形，常覆盖全蒴，稀小或中等大小。孢子小，常粗糙。

5属，分布热带和亚热带地区。我国有3属。

1. 植物体具匍匐的主茎，支茎直立；叶片有宽阔分化边缘 ·························· 1. 匍网藓属 Mitthyridium
1. 植物体主茎直立；叶片分化边缘较窄或不分化。
　2. 叶片无明显分化边缘，具胞壁较厚的细胞构成的嵌条 ·························· 2. 花叶藓属 Calymperes
　2. 叶片具较窄分化边缘，无嵌条 ·························· 3. 网藓属 Syrrhopodon

1. 匍网藓属 Mitthyridium Robins.

植物体群集丛生，黄绿色，基部棕褐色。主茎匍匐横展，密生假根；支茎直立，常有纤细的长鞭状枝。叶多列，长椭圆形至长披针形；中肋多达顶，横切面有1列中央主细胞、背腹厚壁细胞层和腹细胞，无背细胞；叶边具单层无色透明的线形细胞构成宽阔分化边缘，绿色细胞较小，不规则方形或多边形，平滑或有疣；基部由无色、大形细胞构成明显鞘部。雌雄异株。孢子体着生短枝的顶端。孢蒴长卵形或圆柱形。蒴齿单层，齿片16。蒴盖圆锥形，有斜长喙。蒴帽兜形。

30–40种，主要分布热带低海拔地区。我国2种。

1. 叶片披针形至阔渐尖，基部具明显宽阔鞘部；网状细胞顶端平截形 ·························· 1. 匍网藓 M. fasciculatum
1. 叶片近长椭圆形，先端具钝尖，基部不具明显鞘部；网状细胞顶端近圆形 ·················· 2. 黄匍网藓 M. flavum

1. 匍网藓　　　　　　　　　　　　　　图 666

Mitthyridium fasciculatum (Hook. et Grev.) Robins., Phytologia 32: 433. 1975.

Syrrhopodon fasciculatus Hook. et Grev., Edinburg Journ. Sci. 3: 225. 1825.

植物体黄绿色，基部棕褐色，高达3厘米。主茎匍匐横生，基部密被红棕色假根；侧枝直立展出，干时略弯曲。叶片湿时倾生，干时镰刀状弯曲，长约2.5–3毫米，阔披针形，上部渐狭，鞘部阔大，具芽孢的叶片先端圆钝；分化边缘近于达叶尖，鞘部以上边缘有微齿，先端具锯

齿；中肋贯顶或略突出叶尖。叶片绿色细胞近圆方形，多疣，网状细胞与绿色细胞呈平截形相嵌，网状细胞长方形，中肋两侧各有20多列。蒴柄橙红色，长4–5毫米。孢蒴长卵形，有短台部。芽孢着生于叶片中肋腹面上部。

产海南，生于海拔600–1000米林下树干或腐木上。广布于泛热带地区、亚洲热带地区、澳大利亚、非洲及中南美洲有分布。

1. 植物体(×0.6)，2. 叶(×14)，3. 叶尖部细胞(×130)，4. 叶鞘部细胞(×130)，5. 叶中部细胞(×400)，6. 芽孢(×130)，7. 叶横切面(×145)。

2. 黄匐网藓 图 667 彩片121

Mitthyridium flavum (C. Müll.) Robins., Phytologia 32: 433. 1975.

Syrrhopodon flavus C. Müll., Bot. Zeit. 13: 763. 1855.

体形较纤细，灰黄绿色，密集丛生。主茎匐匐横生，长约2厘米，具单向生长的多数短枝，短枝长约5毫米；茎尖端有明显的鞭状枝。叶片干时扭卷，长2–3毫米，从阔短抱茎的基部向上延伸呈长椭圆形，具突尖；分化边缘在叶尖附近消失，在鞘部边细胞约10列，叶片上部仅1–3列，叶片中部以上边缘有细胞齿突；中肋在叶尖消失。叶片绿色细胞圆方形，有1–3个小疣，胞壁略增厚，网状细胞与绿色细胞交界处近圆形，网状细胞不规则长方形，在中肋两侧各15–20列。

产海南和云南，生于海拔550–720米林下树干或树基上。亚洲东南部、澳大利亚、巴布亚新几内亚及非洲有分布。

1. 植物体(×1.5)，2. 叶(×20)，3. 叶尖部细胞(×140)，4. 叶鞘部边缘细胞(×150)。

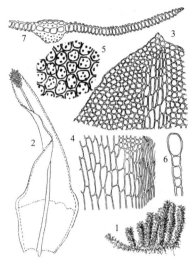

图 666 匐网藓（林邦娟、汪楣芝绘）

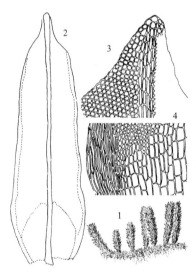

图 667 黄匐网藓（林邦娟、汪楣芝绘）

2. 花叶藓属 Calymperes Sw. ex F. Web.

植物体群集丛生。茎直立，高可达5厘米，单一或稀多次分枝。叶片长椭圆状披针形至狭披针形，叶基多具鞘部；中肋横切面具1列中央主细胞、背腹厚壁层和背、腹细胞，尖端常密生芽孢；绿色细胞单层，细小，具疣，近边缘细胞间常分化2–5列由长方形、黄色、胞壁较厚的细胞组成的嵌条(teniola)，鞘部由大形、无色透明网状细胞构成。雌雄异株，稀同株。蒴柄直立。孢蒴顶生，直立，长圆柱形。蒴齿退化。蒴盖圆锥形，具短喙。蒴帽钟形，近于罩覆全蒴，有皱褶。

约200多种，多生于热带和亚热带林内树干上。我国有11种。

1. 叶片狭披针形 ·· 1. **花叶藓 C. lonchophyllum**
1. 叶片长椭圆形至披针形，渐尖。
  2. 叶具嵌条。
    3. 网状细胞腹面具乳头；芽孢生于突出中肋的周围 ····························· 2. **圆网花叶藓 C. erosum**

3. 网状细胞平滑；芽孢着生于突出中肋的腹面。

    4. 芽孢着生于具芽孢叶片的兜状尖部；网状细胞与绿色细胞交界处呈平截形 ·······················

    ······························ 3. **兜叶花叶藓 C. moluccense**

    4. 芽孢不着生于叶片兜状尖部；网状细胞与绿色细胞交界处呈锐尖形或圆形。

        5. 植物体粗壮；叶上部具粗齿；网状细胞与绿色细胞交界处呈圆形；嵌条明显，多呈现在叶鞘近边处

        ······························ 4. **海岛花叶藓 C. tahitense**

        5. 植物体较小；叶全缘或具细齿；网状细胞与绿色细胞交界处呈不规则尖角形；嵌条消失于叶片中部

        ······························ 5. **梯网花叶藓 C. afzelii**

2. 叶不具嵌条。

    6. 叶片基部较阔，上部渐尖；中肋长突出；叶边具粗齿或重齿 ················ 6. **剑叶花叶藓 C. fasciculatum**

    6. 叶片舌形或长披针形；中肋及顶或短突出；叶边全缘。

        7. 具芽孢叶片中肋突出，芽孢着生突出的中肋尖部，无兜状叶尖；网状细胞与绿色细胞交界处平截······

        ······························ 7. **细叶花叶藓 C. tenerum**

        7. 中肋多及顶，具芽孢叶片先端呈兜形，芽孢着生兜状叶尖；网状细胞与绿色细胞交界处呈近圆形 ······

        ······························ 8. **拟兜叶花叶藓 C. graeffeanum**

1. 花叶藓 图 668

Calymperes lonchophyllum Schwaegr., Sp. Musc. Frond., Suppl. 1, 2: 333. 1816.

植物体暗绿色，簇状丛生。茎短，高约1.2厘米，基部密被红棕色假根。叶片成束，干时旋扭，湿时展出，长约1厘米，宽0.3–0.6毫米，鞘部短阔，约为叶片长度1/8–1/6，上部狭披针形，有短尖；叶边有明显锯齿；中肋粗壮，多呈芒状突出叶尖外，横切面背面呈半圆形凸出。叶上部细胞绿色，不规则四边形，胞壁较厚，多平滑或有细疣，边缘细胞2–3层，不透明，无嵌条；网状细胞限于鞘部，方形或长方形，沿中肋两侧约6–10列，近边缘细胞薄壁，透明，不规则菱形；中肋尖端往往着生多数芽孢。

产台湾、香港和海南，生于海拔480–900米林下树干和石上。泛热带地区有分布。

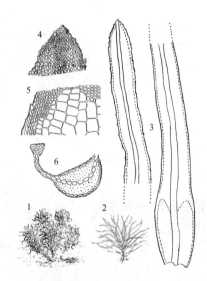

图 668 花叶藓（林邦娟、汪楣芝绘）

1-2. 植物体(1. ×1.5, 2. ×2)，3. 叶(×15)，4. 叶尖部细胞(×100)，5. 叶鞘部边缘细胞(×100)，6. 叶横切面(×100)。

2. 圆网花叶藓 图 669 彩片122

Calymperes erosum C. Müll., Linnaea 21: 182. 1848.

群集丛生。植物体上部黄绿色，基部黑褐色，被红棕色假根。茎直立，单一或分枝，高达2厘米。叶片干时卷曲，偏向一侧，湿时倾立，长4–5毫米，边缘有细齿突，鞘状基部稍阔，上部长舌形；中肋甚粗壮，常突出叶尖外，突出部分四周着生芽孢，横切面背面圆凸，有4–7个中央主细胞和背腹厚壁层，背、腹细胞大形；叶边有疣突。叶片绿色细胞圆方形，有多数小疣，网状细胞达叶片鞘部，呈圆拱形与绿色细胞相接，网状细胞方形至长方形，沿中肋两侧8–12列，近顶部的网状细胞常具乳头突，鞘部边缘细胞近菱形，中间有2–4列厚壁、黄色细胞构成的

嵌条，由基部向上延伸，近叶尖消失。

产广东、香港、海南、广西和云南，生于海拔700-1000米林下树干或石上。泛热带地区广布。

1-2. 植物体（1.×1，2.×2.5），3. 叶（×15），4. 叶尖部及芽孢（×75），5. 叶鞘部边缘细胞（×75），6. 叶横切面（×200），7. 叶中部细胞（×300）。

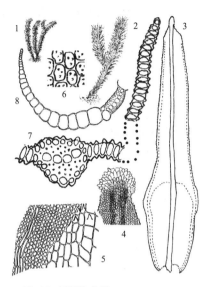

图 669 圆网花叶藓（林邦娟、汪楣芝绘）

3. 兜叶花叶藓 图 670

Calymperes moluccense Schwaegr., Sp. Musc. Frond., Suppl. 1, 2: 334. 1816.

Calymperes cucullatum P. J. Lin, Acta Phytotax. Sin. 17(1): 96. 1979.

植物体黄绿色，丛集，紧贴呈垫状。茎高约2厘米，基部密被褐色假根。叶片二型，干时一向弯曲，湿时直立展出，长约4毫米，由宽阔、卵形或倒卵形的鞘部渐向上成阔匙形，营养叶顶端圆钝具短尖，具芽孢叶片顶端呈兜形，上部边缘内卷，近于平滑或具疏齿；中肋近达叶尖或直达兜形叶尖内，在兜形叶尖中肋腹面着生多数的芽孢，中肋横切面具6-8个中央主细胞和腹厚壁层，背腹细胞较大；绿色细胞圆形或不规则多角形，背面具单个尖疣，腹面具乳头突，嵌条在叶片上部不明显，仅1-2列细胞，鞘部上有7列嵌条细胞，网状细胞长方形，近边缘的细胞较短，与绿色细胞交界处呈平截或圆形。

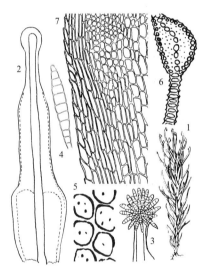

图 670 兜叶花叶藓（林邦娟、汪楣芝绘）

产香港和海南，生于海拔550-720米林下树干或树基。泛热带地区有分布。

1. 植物体（×4），2. 叶（×15），3. 叶尖部及芽孢（×20），4. 芽孢（×60），5. 叶中部细胞（×85），6. 叶横切面（×110），7. 叶鞘部边缘细胞（×150）。

4. 海岛花叶藓 图 671

Calymperes tahitense (Sull.) Mitt., Journ. Linn. Soc. Bot. 10: 172. 1868.

Syrrhopodon tahitensis Sull., U. S. Expl. Exp. Wilkes Musci 6. 1860.

体形粗壮，深绿色至褐色。茎直立，高达4厘米。叶干时旋扭，湿时倾立，长披针形，长约5-7毫米，鞘部短，与上部同宽，具三角状加厚齿边；中肋近叶尖消失，顶端圆钝，有齿突；绿色细胞近圆方形，小而密，背部平滑，腹面有细疣，网状细胞中肋两侧约12-15列，嵌条显著，连贯全叶或仅呈现于鞘部。

产台湾、香港和海南，生于海拔70–180米林下树干、树基或石上。印度、马来西亚、大洋洲及非洲热带地区有分布。

1-2. 植物体(1.×1, 2.×2)，3-4. 叶(×10)，5. 叶尖部细胞(×75)，6. 叶鞘部边缘细胞(×100)。

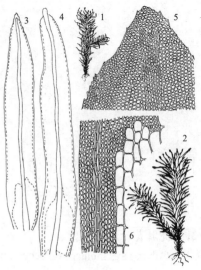

图 671 海岛花叶藓（林邦娟、汪楣芝绘）

5. 梯网花叶藓　　　　　　　　　图 672

Calymperes afzelii Swartz, Jahrb. Gewächsk. 1: 3. 1818.

植物体深绿色，簇生。茎高约1厘米，有时分叉，基部密被假根。叶密生，干时略扭卷，长4–5毫米，鞘部狭倒卵形，上部阔披针形，内凹，先端渐尖，具芽孢叶先端近兜形，腹面着生多数芽孢；叶边有细胞齿突；中肋达叶尖或突出叶尖外。叶片绿色细胞近方形，薄壁，有细疣，在中肋两侧各有6–10列网状细胞，嵌条宽约3–4列细胞，鞘部以上嵌条仅1–2列细胞，近叶片中部消失，绿色细胞与网状细胞交界处呈不规则梯形。

产广东、香港、海南和云南，生于海拔170–1250米林下溪边树干、树基或石上。泛热带地区有分布。

1-2. 植物体(1.×0.5, 2.×1.5)，3. 叶(×15)，4. 叶鞘部边缘细胞(×140)。

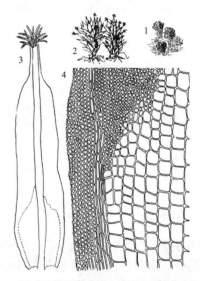

图 672 梯网花叶藓（林邦娟、汪楣芝绘）

6. 剑叶花叶藓　　　　　　　　　图 673

Calymperes fasciculatum Dozy et Molk., Bryol. Jav. 1: 50. 1856.

密集丛生，深绿色。茎单一，粗硬，高1–2厘米。叶片基部稍阔，向上阔至狭披针形，渐尖，长约6毫米，上部边缘加厚，具重齿；中肋长突出，腹面先端具多数纺锤形芽孢；绿色细胞短方形，厚壁，平滑或具小疣，无嵌条，网状细胞与绿色细胞交界处有时不明显。

产台湾、广东、香港、海南、广西和云南，生于海拔600–1540米林下树干、树基或石上。日本、缅甸、斯里兰卡及大洋洲有分布。

1-2. 植物体(1.×0.5, 2.×2)，3. 叶(×25)，4. 叶尖部及芽孢(侧面观，×20)，5. 叶中部边缘细胞(×300)，6. 叶基部边缘细胞(×200)，7. 叶中部细胞(×600)。

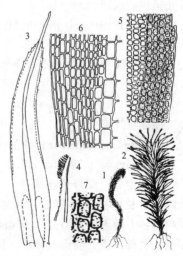

图 673 剑叶花叶藓（林邦娟、汪楣芝绘）

7. 细叶花叶藓

图 674

Calymperes tenerum C. Müll., Linnaea 37: 174. 1872.

植物体灰绿色,密集。茎短,高0.5-1厘米。叶片干时多向一侧弯曲,湿时倾立,叶长椭圆形,渐尖,长2-3毫米;全缘;中肋粗壮,及顶,具芽胞叶片中肋突出。叶片绿色细胞不规则四边形,背面疣不明显,腹面呈乳头突,网状细胞少,限于叶片基部,与绿色细胞交界处呈直角形或圆方形,中肋两侧仅具网状细胞

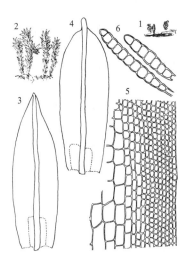

图 674 细叶花叶藓(林邦娟、汪楣芝绘)

4-6列,无嵌条。芽胞常呈球状聚生于突出中肋顶端。

产台湾、广东、香港、海南和云南,生于低海拔林下树干上。广布于泛热带地区。

1-2. 植物体(1.×1, 2.×2), 3-4. 叶(×25), 5. 叶鞘部边缘细胞(×140), 6. 芽胞(×130)。

8. 拟兜叶花叶藓

图 675

Calymperes graeffeanum C. Müll., Journ. Mus. Gldeffroy 3 (6): 64. 1874.

植物体灰绿色,密集丛生。茎短,分叉,高0.5-1.5厘米,干时多弯曲,湿时倾立。叶片长达2.5-4毫米,营养叶长披针形,具芽胞叶片先端渐尖,具兜形叶尖,芽胞着生兜内;叶边近全缘,有时鞘部边缘具微齿;中肋贯顶。叶绿色细胞方形,不透明,背面平滑或具单疣,

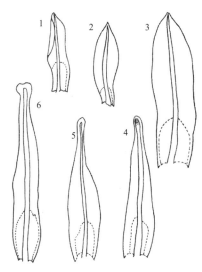

图 675 拟兜叶花叶藓(林邦娟、汪楣芝绘)

腹面乳头突,无嵌条,网状细胞与绿色细胞交界处呈阔或狭弧形。

产海南和云南,生于海拔160-200米林下树干或石上。马来西亚、

澳大利亚、大洋洲及热带非洲有分布。

1-3. 植物体(×20), 4-6. 叶(尖部具芽胞, ×20)。

3. 网藓属 **Syrrhopodon** Schwaegr.

体形纤细至粗壮,密集丛生。茎多直立,无中轴,多分枝,下部密被假根。叶干时常呈螺旋形卷缩,通常有鞘状基部,上部狭长披针形或狭长舌形;叶边常明显分化,多由无色透明或稍呈黄色的1-多列狭长细胞组成,或为多层细胞或呈栉片状加厚,全缘或具齿,稀具刺状毛;中肋顶端常着生多细胞的芽胞,背面常具粗疣或棘状刺。叶片绿色细胞方形,平滑或具疣,鞘部阔大,网状细胞大形,多限于鞘部内,无嵌条。蒴柄不甚长。孢蒴顶生,直立,圆柱形。蒴齿发育或退失,齿片16,披针形,具细疣。蒴盖具长喙。蒴帽多兜形。

约200多种,分布于热带和亚热带地区。我国18种。

1.叶片无透明细胞构成的分化边。

 2.假根深红色；网状细胞与绿色细胞分界明显，绿色细胞背腹面具多疣 ………………………… 1. 网藓 S. gardneri

 2.假根棕色；网状细胞逐渐嵌入绿色细胞中，分界不明显；绿色细胞背面平滑，腹面具乳头突 ………………………………………………………………………………………… 2. 日本网藓 S. japonicus

1.叶片上部具由狭长透明细胞构成的分化边。

 3.上部叶细胞背部平滑或具单疣。

  4.叶片上部细胞多数平滑或背部有细疣，有时近叶边内侧的细胞背部有刺疣 ………… 3. 陈氏网藓 S. chenii

  4.叶片上部细胞具明显单疣，近叶边内侧细胞不具刺疣。

   5.叶片鞘部明显，边缘具4-8条长而弯曲的纤毛 ………………………… 4. 鞘刺网藓 S. armatus

   5.叶片不具鞘部，边缘近平滑或尖端具微齿 ………………………… 5. 拟网藓 S. parasiticus

 3.上部叶细胞背部具多疣或星状疣。

  6.叶片长披针形或狭长披针形。

   7.叶边近全缘；中肋不呈红色，上部背面具钩状刺 ………………… 6. 巴西网藓 S. prolifer

   7.叶片先端和鞘部上方叶边具细齿；中肋常呈红色，背面平滑 ………… 7. 红肋网藓 S. flammeo–nervis

  6.叶片阔披针形或长舌形。

   8.叶分化边缘长达叶尖；芽胞着生绿色细胞与网状细胞交界处中肋腹面 ………………………………………………………………………………………… 8. 暖地网藓 S. tjibodensis

   8.叶分化边缘远离叶尖消失；芽胞着生中肋先端 ………………… 9. 鞘齿网藓 S. trachyphyllus

1. 网藓　　　　　　　　　　　　　　　　　　　　图 676

Syrrhopodon gardneri (Hook.) Schwaegr., Sp. Musc. Frond. Suppl. 2, 1: 110. 1824.

Calymperes gardneri Hook., Musci Exot. 2: 146. 1819.

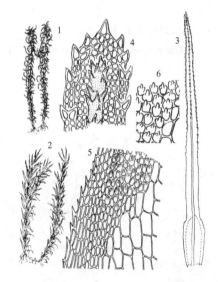

图 676 网藓（林邦娟、汪楣芝绘）

植物体深绿色，基部密被深红色假根，密集丛生。茎高1-3厘米。叶片干时卷曲，湿时直立，长3-5毫米，上部狭披针形，基部较阔；叶边具齿，上部具三角形加厚的重齿，鞘部为锐齿，基部具微齿；中肋粗壮，近达叶尖，先端背面有疣。叶片绿色细胞圆方形，背腹面均具多疣，网状细胞在中肋两

侧各具10列，呈三角形嵌入绿色细胞中。

　　产台湾、江西、广东、香港、海南和云南，生于海拔700-2100米林下树干、腐木和石上。泛热带地区有分布。

1-2. 植物体(1. 干燥时，2. 湿润时)
(×1)，3. 叶(×13)，4. 叶尖部细胞(×160)，
5. 叶基部细胞(×160)，6. 叶细胞(×300)。

2. 日本网藓　　　　　　　　　图 677 彩片123

Syrrhopodon japonicus (Besch.) Broth., Nat. Pfl. 10: 233. 1924.

Calymperes japonicum Besch., Journ. Bot. (Morot) 12: 296. 1898.

体形粗壮，坚挺，黄绿至墨绿色，群集丛生。茎高3-4厘米，基部密被褐色假根。叶片干时弯曲，湿时直立展出，长0.5-1厘米，鞘部呈长倒卵形，约为叶片长度的1/6-1/8，上部狭长披针形，具多层细胞构成的厚边，具对齿，鞘部边缘单层细胞，具小锯齿；中肋粗壮，腹面中部具小疣，上部具粗疣。叶

片绿色细胞近方形，背面具低矮小疣，腹面具乳头突，网状细胞在鞘部逐渐插入绿色细胞中，界限不明显。

产浙江、台湾、福建、江西、湖南、广东、香港、海南、广西、四川和云南，生于海拔520–2100米林下树干、树基、腐木、石上或土坡。朝鲜、日本、印度、马来西亚及大洋洲西部有分布。

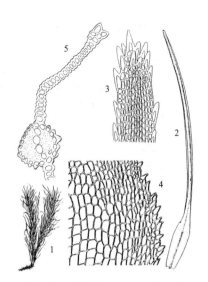

1. 植物体(×1)，2. 叶(×7)，3. 叶尖部(×300)，4. 叶鞘部边缘细胞(×80)，5. 叶横切面(×160)。

图 677 日本网藓（唐安科、汪楣芝绘）

3. 陈氏网藓　　　　　　　　　　图 678
Syrrhopodon chenii Reese et P. J. Lin, Bryologist 92: 186. 1989.

体形极小，黄绿色，疏松丛生。茎长，分叉，被紫红色假根，高仅3–5毫米。叶片干时卷曲，湿时叶边内卷，狭披针形或狭带形，基部略宽，长4–5毫米；中肋背部平滑或具刺，腹面刺疏。叶片绿色细胞透明，近方形，多平滑，仅叶边背面有时具几个长刺疣，网状细胞与绿色细胞交界处呈尖角形，由狭长细胞构成的分化边缘消失于叶先端；叶上部边缘平滑，下部具纤毛。芽胞甚少，着生于中肋顶端腹面。

中国特有，产广东和广西。

1-2. 叶(×10)，3. 叶鞘部边缘细胞(×65)，4-5. 叶横切面(×65)。

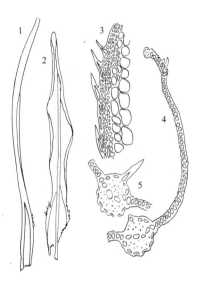

图 678 陈氏网藓（张桂芝、汪楣芝绘）

4. 鞘刺网藓　　　　　　　　　图 679 彩片124
Syrrhopodon armatus Mitt., Journ. Proc. Linn. Soc. Bot. 7: 151. 1863.

体形矮小，暗褐绿色，密集丛生。茎短，分叉，高仅5毫米；假根深红色。叶片干时螺旋状卷曲，湿时倾立，长1.5–3毫米，鞘部稍阔大，上部长椭圆形至长舌形，边缘内卷，透明分化边远离叶尖消失；鞘部边缘有4–8条长而弯曲的纤毛，长达

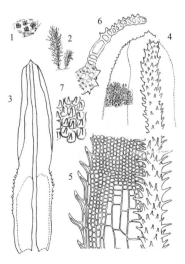

图 679 鞘刺网藓（林邦娟、汪楣芝绘）

63微米；中肋长达叶尖，背腹面均有长棘刺。叶片绿色细胞圆方形，具单一长疣，网状细胞形大，中肋两侧各有4-5列，与绿色细胞交界处呈圆弧形。中肋顶端有时着生少数棒形多细胞的芽孢。

产台湾、广东、香港、海南、四川和云南，生于树干或石上。日本、马来西亚、澳大利亚、新西兰、新喀里多尼亚、夏威夷岛及非洲有分布。

1-2. 植物体(1.×0.4, 2.×1)，3. 叶(×2.5)，4. 叶尖部(背面观，×140)，5. 叶鞘部(背面观，×120)，6. 叶横切面(×260)，7. 叶中部细胞(×500)。

5. 拟网藓   图 680

Syrrhopodon parasiticus (Sw. ex Brid.) Besch., Ann. Sci. Nat. Bot. ser. 8, 1: 298. 1896.

Bryum parasiticum Sw. ex Brid., Musc. Rec. 2 (3): 54. 1803.

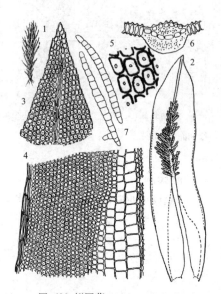

植物体黄绿色，细小，单一，或疏松聚生。茎短，少分枝，高约1.5厘米，基部密被红褐色假根。叶片干时镰刀状弯曲，湿时展出，龙骨状内凹，长约3-4毫米，披针形，先端渐尖，叶边近全缘，上部边缘强烈内卷，先端具微齿。具芽孢叶片狭，芽孢多，线形，着生于叶片中肋中部的腹面；中肋粗壮，直达叶尖或稍突出；叶片绿细胞圆方形，单疣，网状细胞方形或长方形，与绿色细胞交界处呈锐角形，分化边缘消失于叶片尖部。

产海南和云南，生于林下树干。泛热带地区有分布。

图 680 拟网藓 (林邦娟、汪楣芝绘)

1. 植物体(×2.5)，2. 叶(×13)，3. 叶尖部细胞(×120)，4. 叶鞘部边缘细胞(×120)，5. 叶中部细胞(×400)，6. 叶横切面(×140)，7. 芽孢(×120)。

6. 巴西网藓   图 681 彩片125

Syrrhopodon prolifer Schwaegr., Sp. Musc. Frond. Suppl. 2, 2: 99, t. 180. 1827.

体形纤细，灰绿色或黄绿色。茎长3-5毫米，被深红色假根。叶干时卷曲，湿时展出，基部稍阔，向上延伸呈阔线形，长2-4毫米，近全缘，分化边缘直达叶尖；中肋达叶尖或稍突出于叶尖外，背面上部具钩形刺。叶片绿色细胞不透明，圆方形，具细小而低矮多疣，鞘部约占叶片长度的1/5-1/3，网状细胞与绿色细胞交界处呈梯形，沿中肋向上伸展。

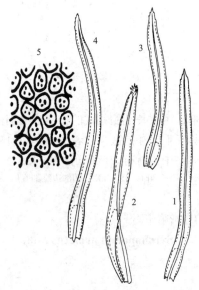

图 681 巴西网藓 (林邦娟、汪楣芝绘)

产台湾和海南，生于海拔约1000米的潮湿阔叶林树基。泛热带地区有分布。

1-4. 叶(×12)，5. 叶中部细胞(×600)。

7. 红肋网藓 图 682

Syrrhopodon flammeo−nervis C. Müll., Linnaea 38: 557. 1874.

植物体灰绿色，老时呈黄绿色至红棕色。茎高3–5厘米，常匍匐生长，有直立枝，假根深红色。叶片干时卷曲，湿时倾立，长4–5毫米，鞘部较阔，抱茎，约为叶片长度的1/4–1/3，上部叶片狭长披针形至线形，龙骨状内凹；叶边内卷，有狭长、透明的分化边缘，仅鞘部上方边缘和叶尖具少数微齿；中肋直达叶尖或稍突出，下部或有时上部呈红色，尖端背面有少数疣突，横切面具6–8个中央主细胞，背、腹厚壁细胞层和小形背、腹细胞。叶片绿色细胞壁厚，圆方形或长椭圆形，具单一疣或近星状疣，网状细胞达鞘部上方，与绿色细胞交界处呈圆弧形，中肋两侧各有网状细胞6–8列。中肋腹面上部往往着生芽孢，芽孢具弱疣。

产海南和广西，生于海拔700–1000米林下树干和树基上。日本、泰国、马来西亚、印度尼西亚及菲律宾有分布。

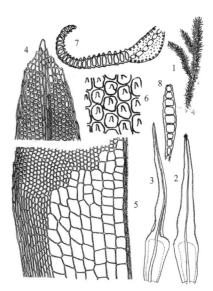

图 682 红肋网藓（林邦娟、汪楣芝绘）

1. 植物体(×0.4)，2-3. 叶(×10)，4. 叶尖部细胞(×85)，5. 叶鞘部细胞(×85)，6. 叶中部细胞(×300)，7. 叶横切面(×160) 8. 芽孢(×300)。

8. 暖地网藓 图 683

Syrrhopodon tjibodensis Fleisch., Musci Fl. Buitenzorg 1: 209. 1904.

植物体黄绿色。茎高1–2.5厘米，基部密被多数红褐色假根。叶片长2–4毫米，阔0.4–0.7毫米，干时卷缩，湿时直立或倾立，鞘部较上部略宽，约占叶片长度的1/3–2/5，上部阔披针形，内凹，边全缘或尖端稍有几个细胞齿突，由2–3列狭长、透明细胞构成明显的分化边，长达叶尖；中肋较粗壮，达叶尖，横切面具4–6个中央主细胞和背、腹厚壁细胞层，无背细胞，腹细胞较大。叶片绿色细胞圆方形，多疣，网状细胞达鞘部上方，与绿色细胞交界处呈圆弧形，中肋两侧有网状细胞8–12列。叶片常着生由4–8个细胞构成的棍形或纺锤形无性芽孢，位于叶片腹面网状细胞与绿色细胞交接处的中肋上。

产海南和云南，生于海拔约1000米林下树干上。印度及马来西亚有

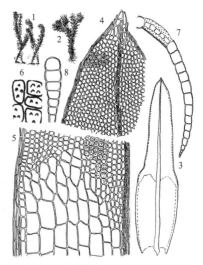

图 683 暖地网藓（林邦娟、汪楣芝绘）

分布。

1-2. 植物体(×1)，3. 叶(×14)，4. 叶尖部细胞(×100)，5. 叶鞘部细胞(×100)，6. 叶中部细胞(×400)，7. 叶下部横切面(×100) 8. 芽孢(×100)。

9. 鞘齿网藓 图 684

Syrrhopodon trachyphyllus Mont., Syll. Gen. Sp. Crypt. 47. 1856.

植物体深绿色至黄褐色。茎柔弱，高仅1厘米，基部密被红褐色

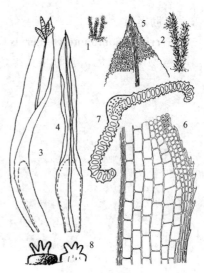

假根。叶密生，基部稍阔，上部长舌形，干时卷曲，具短尖，狭分化边缘远离叶尖消失，鞘部上方边缘常具短齿；中肋达叶尖，平滑，横切面具4个中央主细胞和背腹厚壁层，无背细胞，约有4个小形腹细胞。叶片绿色细胞圆方形，直径约8-12微米，多疣，网状细胞限于叶鞘部，与绿色细胞交界处呈尖角形，中肋两侧有网状细胞5-7列，胞壁稍厚，壁孔明显。中肋先端往往着生多细胞芽孢或假根。

产台湾、广东、香港和海南，生于海拔680-800米林下树干、树基和腐土上。日本、斯里兰卡、印度尼西亚、马来西亚及大洋洲西部有分布。

1-2. 植物体(1.×1，2.×2)，3-4. 叶(×23)，5. 叶尖部细胞(×180)，6. 叶鞘部细胞

图 684 鞘齿网藓（林邦娟、汪楣芝绘）

(×110)，7. 叶横切面(×210)，8. 叶中部细胞(×600)。

61. 大帽藓科 ENCALYPTACEAE

（曹　同　娄玉霞　施春蕾）

植物体密集生长或呈疏松垫状。茎单一或稀疏分枝。叶片干燥时卷缩，潮湿时倾立，多舌形或匙形，先端圆钝，具短尖，或具细长透明毛尖；叶边平直或下部背卷，稀内卷；中肋多突出于叶尖或在叶尖部消失；叶中上部细胞不规则圆方形，具细密疣或平滑；基部细胞长方形，近边缘数列细胞狭长方形，薄壁。雌雄同株，稀雌雄异株。雌苞叶与茎叶同形。蒴柄直立。孢蒴圆柱形，直立，表面平滑或具明显纵长条纹。蒴盖具长直喙。蒴齿单层、两层或退化。蒴帽大，钟形，覆盖整个孢蒴，黄褐色，具光泽，表面平滑或上部具疣，基部多瓣裂。

2属。中国有1属。

大帽藓属 Encalypta Hedw.

植物体小片状丛生，上部绿色至黄绿色，下部褐色。茎单一或稀分枝。叶干燥时强烈卷曲，潮湿时倾立，舌形或卵状披针形，先端圆钝，突出成小尖或具透明长毛尖；叶边平直，内卷或下部背卷；中肋及顶，突出于叶尖或在叶尖前消失。叶中上部细胞不规则圆形，两面具细密疣，不透明；基部中肋两侧细胞长方形，具明显红褐色增厚横壁；基部近边缘数列细胞长方形，薄壁。雌雄同株，稀雌雄异株。雌苞叶与茎叶同形。蒴柄直立。孢蒴长卵形，圆柱形或长圆柱形，多数直立，表面平滑或具明显纵长条纹。环带由数列厚壁细胞组成或不分化。蒴齿单层、两层或退化。蒴帽大，覆盖整个孢蒴，长圆柱形，具长或短钝喙，表面平滑或上部具疣，基部近于平直或具多数裂瓣。孢子较大，具明显极面分化，表面具不规则细疣或粗棒状纹饰，稀近于平滑。

约33种。中国有8种。

1. 叶片先端具透明长毛尖。
　　2. 孢蒴狭长梨形，基部粗，向上渐收缩成小蒴口；无蒴齿；叶上部两侧边缘内卷 ····················
　　　·· 2. 拟烟杆大帽藓 E. buxbaumioida
　　2. 孢蒴圆柱形，基部窄，蒴口不明显收缩；蒴齿单层，发育良好；叶上部边缘平直 ····················
　　　··· 4. 尖叶大帽藓 E. rhaptocarpa
1. 叶片先端钝，或具不透明短尖。
　　3. 蒴帽喙部细长，为全长的1/2–2/3；孢子具放射状皱褶，表面近于平滑 ··········· 3. 大帽藓 E. ciliata
　　3. 蒴帽喙部粗短，为全长的1/4–1/3；孢子表面具粗疣
　　　4. 中肋在叶尖前消失；先端蒴齿单层，发育良好 ···························· 5. 西藏大帽藓 E. tibetana
　　　4. 中肋突出于叶尖；无蒴齿
　　　　5. 叶上部渐宽，先端具长尖或短尖；孢子表面具不规则细疣 ············ 1. 高山大帽藓 E. alpina
　　　　5. 叶上部圆钝而较宽，先端具短尖；孢子表面具粗疣 ·················· 6. 钝叶大帽藓 E. vulgaris

1. 高山大帽藓　　　　　　　　　　　　　图 685

Encalypta alpina Smith in Smith et Sowerby, Engl. Bot. 20：149. 1805.

　　植物体较大，黄绿色，下部呈褐色，密集丛生。茎高1–3厘米，单一或稀分枝。叶干燥时略扭曲，潮湿时倾立，长2.8–3.5毫米，从鞘状基部向上收缩成披针形，先端具不透明短尖；叶边平直；中肋粗壮，单一，突出于叶尖。叶上部细胞不规则圆方形，具细密疣，不透明；叶基部中肋两侧细胞长方形，具红褐色增厚横壁；叶边数列细胞长方形，壁略增厚。雌雄同株。蒴柄红褐色，长7–10毫米，直立，干燥时上部扭曲。孢蒴直立，长圆柱形，长约4毫米，表面平滑。无蒴齿。环带不分化。蒴盖具长直喙。蒴帽大，狭长钟形，黄褐色，覆盖整个孢蒴，基部具三角形裂瓣。孢子圆球形，直径30–33微米，表面具不规则细密疣。

　　产内蒙古、河北、陕西和西藏，生于岩面薄土或高山地区土上，稀见于沼泽地。日本、蒙古、亚洲中部、欧洲、北美洲、格陵兰岛及冰岛有分布。

　　1. 雌株（×2.5），2. 叶（×15），3. 叶上部细胞（×165），4. 叶基近中肋细胞（×165），5. 孢蒴（×12），6. 蒴帽（×10）。

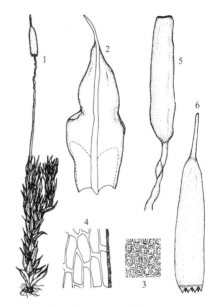

图 685 高山大帽藓（曹　同绘）

2. 拟烟杆大帽藓　　　　　　　　　　　　图 686

Encalypta buxbaumioida T. Cao, C. Gao et X. L. Bai, Acta Bryol. 2：1, 1990.

　　植物体矮小，绿色或黄绿色，丛生。茎高6–7毫米，多单一。叶干燥时略卷缩，潮湿时倾立，阔长卵形或长卵形，先端具毛状尖；上部两

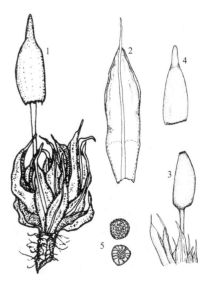

图 686 拟烟杆大帽藓（曹　同绘）

侧叶边明显内曲；中肋单一，突出于叶尖。叶上部细胞不规则方形或长方形，具细密疣，不透明；叶基部中肋两侧细胞长方形，具黄色增厚横壁；边缘3-5列细胞狭长方形，薄壁。雌雄同株。蒴柄短，长约2毫米，红褐色，直立。孢蒴直立，或稍倾立，基部宽大，向上渐收缩成狭长梨形，蒴口小，黄褐色，表面平滑。无蒴齿和环带分化。蒴盖具细长喙。蒴帽大，钟形，黄白色，覆盖整个孢蒴，喙部短钝，基部不规则开裂。孢子圆球形，直径31-34微米，近极面具幅射状纵褶，中间具不规则细密疣，远极面表面具规则粗圆疣。

中国特有，产内蒙古，生于干燥土面。

1. 雌株(×9), 2. 叶(×15), 3. 孢蒴及茎尖部叶(×8), 4. 蒴帽(×7), 5. 孢子(×150)。

3. 大帽藓 图 687 彩片126

Encalypta ciliata Hedw., Sp. Musc. Frond. 61. 1801.

植物体密集丛生，绿色或黄绿色。茎高0.5-3厘米，单一或具分枝，基部具假根。叶干燥时强烈卷缩或旋扭，潮湿时倾立，长3-6毫米，长卵圆形至舌形，渐成短尖；叶边中下部两侧背卷，略呈波状；中肋单一，粗壮，及顶或突出成刺状短尖。叶上部细胞圆方形，具细密疣，不透明；基部中肋两侧细胞长方形，具褐色明显增厚的横壁；基部近边缘数列细胞狭长方形，薄壁。雌雄同株。蒴柄直立，黄色或黄褐色，长5-12毫米，干燥时扭曲。孢蒴直立，长圆柱形，口部有时收缩，表面平滑，无纵条纹。蒴齿单层，齿片短披针形，先端圆钝，上部淡黄色，具稀细疣，中下部褐色，具细密疣。环带不分化。蒴盖具长直喙。蒴帽大，钟形，覆盖整个孢蒴，表面多平滑，喙部细长，为全长的1/2-2/3，基部边缘具长三角形的裂瓣。孢子黄色，直径32-35微米，表面近于平滑，有少数不规则皱褶。

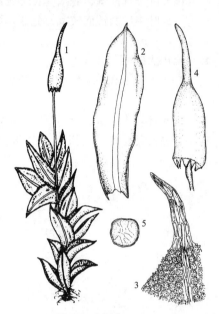

图 687 大帽藓（曹 同绘）

产黑龙江、吉林、内蒙古、河北、陕西、青海、新疆、四川、云南和西藏，生于石灰岩石缝或石面土生，亦见于林下或草甸中土面。日本、巴布亚新几内亚、伊朗、欧洲、北美洲、南美洲及非洲有分布。

1. 雌株(×5), 2. 叶(×12), 3. 叶尖部细胞(×110), 4. 蒴帽(×12), 5. 孢子(×275)。

4. 尖叶大帽藓 图 688

Encalypta rhaptocarpa Schwaegr., Sp. Musc. Suppl. 1 (1): 56. 1811.

丛生，绿色或黄绿色。茎高约1厘米，单一，无分化中轴。叶干燥时卷缩，潮湿时倾立，长卵形，向上渐锐，先端具长刺状尖；叶边平直或下部略背卷；中肋粗壮，及顶。叶上部细胞圆方形，直径8-11微米，具细密疣，不透明；叶基中肋两侧细胞长方形，具褐色明显增厚的横

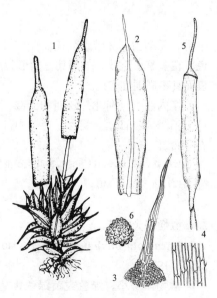

图 688 尖叶大帽藓（曹 同绘）

壁；近边缘数列细胞狭长方形，薄壁。雌雄同株。蒴柄红褐色，长6–7毫米，上部干燥时扭曲。孢蒴直立，长圆柱形，表面具纵直条纹，有时近于平滑。蒴齿单层，齿片披针形，淡黄色，表面具细密疣。环带分化，由2列厚壁细胞组成。蒴盖具长直喙。蒴帽大，覆盖整个孢蒴，钟形，喙部短钝，基部具不规则裂瓣。孢子直径24–26微米，表面具粗疣状纹饰。

产内蒙古、河北、山西、甘肃、云南和西藏，生于土坡或石面土生，稀见于低湿地。日本、夏威夷岛、亚洲北部和中部、欧洲、北美洲及格陵兰岛有分布。

1. 雌株(×5), 2. 叶(×15), 3. 叶尖部细胞(×50), 4. 叶基部细胞(×160), 5. 孢蒴(×12) 6. 孢子(×250)。

5. 西藏大帽藓　图 689

Encalypta tibetana Mitt., Journ. Proc. Linn. Soc. Suppl. Bot. 1:42. 1895.

植物体矮小，上部绿色，下部褐色。茎高5–7毫米，单一。叶干燥时略扭曲，潮湿时直立，近舌形，上部渐尖，先端圆钝，长1.7–2.3毫米；叶边平直；中肋单一，在叶尖前消失。叶上部细胞不规则圆方形，具细密疣；叶基部中肋两侧细胞长方形，横壁红棕色，略增厚；近边缘3–4列细胞狭长方形，薄壁。雌雄同株。蒴柄直立，长约3.5毫米。孢蒴长卵形，直立，长约1毫米，口部略收缩，表面具明显纵向条纹。蒴齿单层，齿片披针形，上部透明，中下部黄色，具穿孔，表面有细疣。蒴盖具长直喙。蒴帽钟形，覆盖及整个孢蒴，金黄色或黄褐色，喙部短，约为全长的1/3，基部无明显裂瓣。孢子圆球形，直径31–34微米，表面具规则粗柱状疣。

中国特有，产新疆和西藏，生于海拔4000–5000米高山土坡或冰川边土上。

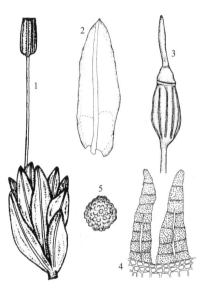

图 689 西藏大帽藓（曹 同绘）

1. 雌株(×10), 2. 叶(×15), 3. 孢蒴(×12), 4. 蒴齿(×150), 5. 孢子(×275)。

6. 钝叶大帽藓　图 690

Encalypta vulgaris Hedw., Sp. Musc. Frond. 60. 1801.

体形矮小，上部绿色，下部褐黄色。茎高约1厘米，单一。叶柔弱，干燥时略卷曲，潮湿时倾立，长3.5毫米，长舌形或近匙形，基部收缩，先端钝，稀具小尖突；叶边平直；中肋粗壮，在叶先端前消失。叶中上部细胞不规则圆方形，具细密疣；叶基部中肋两侧细胞长方形，具褐色增厚的横壁；近边缘数列细胞狭长方形，薄壁。雌雄同株。蒴柄黄色，长2–3毫米，直立。孢蒴圆柱形，口部略收缩，表面具明显纵直条纹。无蒴齿。环带不分化。蒴帽钟形，覆盖整个孢蒴，喙部短钝，约

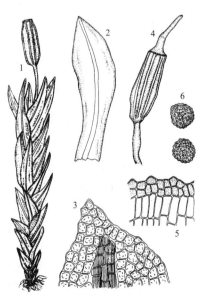

图 690 钝叶大帽藓（曹 同绘）

为全长的1/4—1/3，基部无裂瓣。孢子圆球形，褐色，直径28–31微米，表面具粗疣。

产青海和西藏，生于高山草甸土上。巴基斯坦、印度、亚洲中部、俄罗斯（西伯利亚地区）、欧洲、北美洲、大洋洲及非洲有分布。

1.雌株(×5)，2.叶(×12)，3.叶尖部细胞(×158)，4.孢蒴(×12)，5.孢蒴口部(×158) 6.孢子(×250)。

62. 丛藓科 POTTIACEAE

（黎兴江）

植物体矮小丛生。茎直立，单一，稀叉状分枝或成束状分枝。叶多列，干燥时多皱缩，稀紧贴茎上，潮湿时伸展或背仰，多呈卵状、三角状或狭披针形，稀呈阔卵圆形、椭圆形或舌形，先端多渐尖或急尖，稀圆钝；叶边全缘，稀具微齿，平展，背卷或内卷；中肋多粗壮，长达叶尖或稍突出于叶尖，稀在叶尖稍下处消失。叶细胞呈多角状圆形、方形或多边形，具疣或乳头突起，稀平滑无疣；叶基部细胞往往分化呈长方形，多平滑而透明。雌雄异株或同株。孢蒴多呈卵形、长卵状圆柱形，稀球形，多直立，稀倾斜或下垂，蒴壁平滑。蒴齿单层，稀缺如，常具基膜，齿片16条，稀32条，多呈狭长披针形或线形，直立或向左旋扭，多被细疣。蒴盖呈圆锥形，先端具长尖喙。蒴帽多兜形。孢子细小。

87属，多分布温带地区，少许属种分布寒地或热带。着生岩石、林地，及钙质土或墙壁上。我国有36属。

1.叶多呈舌形或剑头形；叶细胞较大；中肋仅背部具厚壁细胞束。
　2.叶剑头形或狭长倒卵状舌形；叶基细胞小，呈短矩形；蒴齿缺失 ⋯⋯⋯⋯⋯⋯⋯⋯ 26. **舌叶藓属 Scopelophila**
　2.叶阔卵圆形或阔剑头形；叶基细胞较大，呈宽大的长方形；具蒴齿。
　　3.叶片腹面上半部中肋处突生成丛的绿色丝状体或片状体。
　　　4.叶中肋自叶尖突出成叶片长度1–2倍的带刺的长毛尖，叶腹面自中肋处突出2–4片绿色的栉片 ⋯⋯⋯⋯⋯
　　　⋯⋯⋯⋯⋯⋯⋯⋯⋯⋯⋯⋯⋯⋯⋯⋯⋯⋯⋯⋯⋯⋯ 24. **盐土藓属 Pterygoneurum**
　　　4.叶中肋不突出叶尖，或稍突出成白色平滑的细短毛尖，叶腹面自中肋处突出多数成丛的绿色丝状体。
　　　　5.茎不具中轴；中肋不突出叶尖，或稍突出但不成白色毛尖 ⋯⋯⋯⋯⋯⋯ 1. **芦荟藓属 Aloina**
　　　　5.茎具中轴；中肋突出叶尖成白色毛尖 ⋯⋯⋯⋯⋯⋯⋯⋯ 7. **流梳藓属 Crossidium**
　　3.叶片腹面不具绿色丝状体。
　　　6.叶细胞多具粗疣，不透明，孢腔轮廓不清晰；蒴齿有基膜，齿片32，线形，向左旋扭。
　　　　7.植物体较高大，长可达12厘米；叶中肋突出成长毛状；蒴齿具高的筒状基膜 ⋯⋯⋯⋯⋯⋯⋯
　　　　⋯⋯⋯⋯⋯⋯⋯⋯⋯⋯⋯⋯⋯⋯⋯⋯⋯⋯⋯⋯⋯⋯ 28. **赤藓属 Syntrichia**
　　　　7.植物体较矮小，高不超过2厘米；叶中肋短突出；蒴齿基膜较低而不明显 ⋯⋯⋯ 31. **墙藓属 Tortula**
　　　6.叶细胞多平滑，稀具疣而透明，孢腔轮廓清晰；蒴齿缺失，或具蒴齿而无基膜。
　　　　8.中肋长达叶尖，且多突出呈毛尖状；有蒴齿。

9. 叶片卵状披针形；叶细胞多具马蹄形小疣；孢蒴倾立，齿片披针形，规则2裂 ……………… …………………………………………………………………………… **8. 链齿藓属 Desmatodon**

9. 叶片阔卵状圆形；叶细胞薄壁无疣；孢蒴直立，蒴齿长线形 …………… **13. 卵叶藓属 Hilpertia**

8. 叶中肋至叶尖前即消失或突出于叶尖；蒴齿缺如或仅具齿片而不开裂。

10. 植株极矮小，呈小芽状，黄绿带银白色；叶片呈阔卵圆形或心脏形。

11. 叶片阔卵状椭圆形，中肋突出于叶尖；叶细胞具疣；蒴柄极短；无蒴盖及蒴齿的分化 ……… ………………………………………………………………………………… **20. 球藓属 Phascum**

11. 叶片心状阔卵形，中肋消失于叶尖稍下处；叶细胞平滑无疣；蒴柄长；蒴齿分化 …………… …………………………………………………………………………… **27. 石芽藓属 Stegonia**

10. 植株较细长不呈芽状，鲜绿色或暗绿色；叶片呈狭卵圆形或剑头状舌形。

12. 叶片呈卵圆状披针形，叶基阔；叶基细胞呈宽大的长方形。

13. 叶片狭卵状披针形，质薄，叶基角部具长的耳状下延；中肋在叶尖稍下处即消失 ……… ………………………………………………………………………… **6. 陈氏藓属 Chenia**

13. 叶片卵圆状披针形，质厚，叶基平直无耳状下延；中肋突出叶尖呈芒状 ………… ………………………………………………………………………… **22. 丛藓属 Pottia**

12. 叶片呈剑头状狭长舌形；叶基细胞呈狭短矩形 ………………… **34. 小墙藓属 Weisiopsis**

1. 叶片呈长披针形；叶细胞较小；叶中肋背面及腹面均具厚壁细胞束。

14. 叶多呈狭长披针形，叶边多内卷；叶基细胞明显分化。

15. 叶边不明显内卷；叶基分化的无色细胞沿叶边两侧向上延伸。

16. 叶基呈阔卵状，向上渐尖呈披针形；叶缘基部波状内折，中上部有锯齿 ……………… ………………………………………………………………… **21. 侧出藓属 Pleurochaete**

16. 叶呈狭卵状长披针形；叶边全缘，无波纹，无锯齿

17. 叶基阔大，鞘状抱茎；叶中肋往往突出叶尖呈刺状；蒴齿直立 ……………… …………………………………………… **23. 拟合睫藓属 Pseudosymblepharis**

17. 叶基狭，不抱茎；叶中肋不突出叶尖；蒴齿旋扭 ………… **30. 纽藓属 Tortella**

15. 叶边明显内卷，叶基分化的无色细胞不沿叶边两侧向上延伸。

18. 叶片具两层细胞，腹面细胞有乳头状突起 ………………… **29. 反扭藓属 Timmiella**

18. 叶片具单细胞层，叶细胞具疣或平滑。

19. 叶细胞壁具多个细小的马蹄状疣；蒴齿无基膜，齿片短，不分裂，且常缺失 ……… …………………………………………………………………… **35. 小石藓属 Weissia**

19. 叶细胞壁满被粗圆疣；蒴齿具基膜，齿片往往纵长2裂

20. 茎往往呈叉状分枝；叶片呈卵状或椭圆状披针形 ………… **32. 毛口藓属 Trichostomum**

20. 茎直立单生不分枝；叶片呈线状狭长披针形 ………… **33. 托氏藓属 Tuerckheimia**

14. 叶多呈长卵形或卵状披针形，叶边不内卷；叶基细胞无明显分化。

21. 叶边平直或略内曲；蒴盖喙部长于孢蒴壶部。

22. 植株密集丛生，密被假根；叶多狭长披针形或线形；孢蒴侧生。

23. 叶片呈披针形；叶基细胞无明显分化 ………… **2. 丛本藓属 Anoectangium**

23. 叶片呈狭长披斜形；叶基细胞有分化 ………… **19. 大丛藓属 Molendoa**

22. 植株疏丛生，仅基部被疏假根；叶卵状或椭圆状披针形；孢蒴顶生。

24. 叶上部细胞具多个细疣。

25. 茎先端逐年萌生新枝；叶片上部细胞具细密疣，但疣不突出叶边 ……………… ………………………………………………………………… **11. 净口藓属 Gymnostomum**

25. 茎直立多分枝；叶片上部细胞具多个突出的大圆疣 ………… **15. 立膜藓属 Hymenostylium**

24. 叶细胞均平滑无疣。

26. 叶三列；中肋先端呈长刺状突出；叶细胞不规则多角形，壁特厚；叶下部由线形细胞构成明显分化边；蒴齿缺如 ·· **25. 仰叶藓属 Reimersia**

26. 叶多列；中肋不突出叶尖；叶细胞多呈方形或矩圆形；叶无分化边；具蒴齿。

27. 植株较粗大；叶基上部边缘具微齿 ····························· **10. 艳枝藓属 Eucladium**

27. 植株较细小；叶边上下均全缘。

28. 植物体较纤长（高3-4厘米）；叶片呈卵状披针形；叶上部细胞呈正方形，胞壁较薄 ···· ··· **12. 圆口藓属 Gyroweisia**

28. 植物体极矮小（高仅约2毫米）；叶片呈长卵状舌形；叶上部细胞多角状圆形，胞壁厚 ··· **18. 芦氏藓属 Luisierella**

21. 叶边内曲或背卷；蒴盖喙部短于孢蒴壶部。

29. 叶上部细胞呈5-6角形，密被粗疣；叶基细胞分化明显，呈狭长方形或线形 ················ ·· **17. 薄齿藓属 Leptodontium**

29. 叶上部细胞呈圆形、方形或短矩形，被疏细疣或平滑；叶基细胞呈短矩形，无明显分化。

30. 叶片呈舌形或剑头形；叶细胞多具乳头；蒴齿缺失 ············· **16. 湿地藓属 Hyophila**

30. 叶片呈披针形或卵圆形；叶细胞多具疣；蒴齿常存。

31. 叶边具粗齿 ··· **5. 红叶藓属 Bryoerythrophyllum**

31. 叶边全缘，或仅先端具微齿。

32. 叶片多呈卵状或披针状舌形，叶边平直；叶基较宽，细胞略有分化 ···· **14. 石灰藓属 Hydrogonium**

32. 叶片多呈披针形，叶边背卷；叶基较狭，细胞无明显分化。

33. 叶细胞密被粗疣；雌苞叶长大，具圆筒形高鞘部；蒴齿缺失 ······ **4. 美叶藓属 Bellibarbula**

33. 叶细胞平滑无疣或被细疣；雌苞叶短小，不具鞘部；具细长蒴齿。

34. 叶多呈卵圆形或长椭圆形，先端急尖，叶基细胞明显分化，长且透明；叶腋毛细胞全透明 ··· **3. 扭口藓属 Barbula**

34. 叶呈披针形，先端渐尖；叶基细胞无明显分化，呈短矩形，绿色，不透明；叶腋毛的基细胞呈黄褐色 ·· **9. 对齿藓属 Didymodon**

1. 芦荟藓属 Aloina Kindb.

植物体二年生，矮小，呈芽苞状，密集丛生。茎短小，单生。叶厚而硬，干时卷缩，老时呈红棕色，卵圆形，基部具明显阔大的鞘部，叶先端渐尖或圆钝，常内卷成兜形；叶边全缘，内卷；中肋平而阔，长达叶尖，稀突出叶先端呈芒状，上部着生多数绿色分枝的丝状体，每一分枝先端细胞壁增厚。叶细胞呈不规则扁长方形，壁厚，平滑，绿色；叶缘细胞往往无色。雌雄异株或杂株。雌苞叶与叶同形，仅稍长大。蒴柄细长，红色或紫红色。孢蒴直立，长卵状圆柱形。环带常存。蒴齿长，具短基膜，齿片32，线形，无节而具细密疣，向左旋扭。蒴盖圆锥形。蒴帽兜形。孢子小，黄绿色，多平滑，稀具疣。

约10种，多分布于温带及寒温带地区，喜着生石灰岩及碱性土上。我国有2种。

斜叶芦荟藓　　　　　　　　　　　　　　　　　　图 691

Aloina obliquifolia (C. Müll.) Broth., Nat. Pfl. 1 (3): 428. 1902.

Barbula obliquifolia C.Müll., Nuovo Giorn. Bot. Ital. n. s. 5: 178. 1898.

体形细小，高约3毫米。茎短，直立，疏被叶。叶片长约2毫米，干燥时卷曲，阔卵圆形，内凹，先端渐尖，向内卷成兜形。叶基阔，呈鞘状抱茎；叶边全缘，内卷；中肋长，突出叶尖呈芒状，红色。叶细胞呈扁长方形或椭圆形，壁特厚。雌雄异株，蒴柄长约2.2毫米，下部红色，上部黄棕色。蒴齿线形，红色，2-3回向左旋扭。环带由2-3列细胞构成，成熟后自行卷落。

中国特有，产内蒙古、陕西和云南，多生于林地、岩石、石缝、土壁及土墙上。

1. 植物本（×1.3），2. 叶（×29），3. 叶先端细胞（×220），4. 孢蒴（×14）。

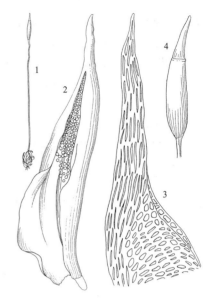

图 691 斜叶芦荟藓（仿陈邦杰）

2. **丛本藓属** Anoectangium Schwaegr.

植物体纤细，鲜绿色或黄绿色，紧密丛生。茎直立，高约2–4厘米，稀分枝，基部常丛生假根。叶斜展，多狭长披针形，先端常旋扭；中肋强劲，长达叶尖。叶细胞圆形或多角形，每个细胞具数个圆疣；叶基部细胞稍分化，呈长方形，有时透明。雌雄异株。雌苞叶较长，基部呈鞘状。孢蒴长倒卵形。蒴盖先端具长斜啄。蒴帽兜形。孢子棕黄色，平滑无疣。

约56种，多分布世界各地温暖而潮湿的山区或冷凉地区，常见于岩面薄土。我国有7种。

1. 叶片干燥时直立，贴于茎上 ·· 1. 丛本藓 A. aestivum
1. 叶片干燥时卷曲。
　2. 植株纤细，叶片狭长披针形，先端狭长渐尖 ·············· 2. 扭叶丛本藓 A. stracheyanum
　2. 植株较粗壮，叶片阔披针形，先端较短宽渐尖 ············· 3. 卷叶丛本藓 A. thomsonii

1. **丛本藓**　　　　　　　　　　　　　　　　　图 692

Anoectangium aestivum (Hedw.) Mitt., Journ. Linn. Soc. Bot. 12: 175. 1869.

Gymnostomum aestivum Hedw., Sp. Musc. Frond. 32, 2f. 4–7. 1801.

体形纤细，鲜绿色，往往密集丛生呈垫状。茎直立，高3–4厘米。叶密生，披针形，先端渐尖，向背凸呈龙骨状；叶缘具圆钝齿；中肋粗壮，长达叶先端稍下处消失，不突出叶尖。叶细胞密被粗疣；基部细胞呈长方形，稀具疣；近中肋处细胞平滑。蒴柄长0.5–1.5厘米，

图 692 丛本藓（引自《云南植物志》）

黄色。孢蒴呈长圆柱形或狭倒卵形。蒴齿缺失。孢子暗黄色，平滑。

产黑龙江、辽宁、陕西、山东、四川、云南和西藏，多生于高山地带的碱性岩石，或岩面薄土上。喜马拉雅西部、克什米尔地区、日本、菲律宾、欧洲、北美洲有分布。

2. 扭叶丛本藓　　　　　　　　　　　　　　　图 693

Anoectangium stracheyanum Mitt., Journ. Linn. Soc. Bot. Suppl. 1: 31.1859.

植株黄绿色，密丛生。茎直立，纤细，高仅1厘米左右，不分枝或在茎顶分枝。叶干时卷曲，潮湿时向上伸展，呈狭长披针形，先端渐

尖；叶边平展，全缘；中肋粗壮，长达叶尖，先端往往呈刺状突出。叶细胞呈不规则方形或多边状圆形，壁稍增厚，具粗大圆形疣。蒴柄长约5毫米。孢蒴直立，呈长圆柱形。蒴盖具斜喙。

产河北、山西、陕西、安徽、浙江、台湾、福建、江西、湖南、广东、四川、云南和西藏，多生于岩石或岩面薄土上，石缝中或滴水石壁上，及海拔5000米左右的冰川石上或高寒地区草甸上。日本、尼泊尔、缅甸及印度有分布。

1. 植物体(×17), 2. 孢蒴(×17), 3-5. 叶(×43), 6. 叶先端细胞(×495), 7. 叶的横切面(×420)。

3. 卷叶丛本藓　　　　　　　　　　　　　　　图 694

Anoectangium thomsonii Mitt., Journ. Linn. Soc. Bot. Suppl. 1: 31.1859.

植株较粗壮，上部黄绿色，下部黄褐色，密被褐色假根。茎直立，高2-5厘米，具叉状分枝。叶干燥时卷缩，潮湿时倾立，披针形，先端渐尖；叶边平展，全缘；中肋粗壮，长达叶尖或稍突出。叶上部细胞呈多角状圆形，壁厚，具数个大圆疣；基部细胞呈短矩形，平滑。雌雄异株。雌苞叶短小。蒴柄长约7-15毫米。孢蒴圆形或圆柱形，蒴口大。蒴齿缺如。蒴盖圆锥形，先端具斜长喙。

产黑龙江、吉林、河北、河南、陕西、安徽、浙江、福建、江西、

1. 植物体(×8), 2-3. 叶(×42), 4. 叶先端细胞(×420), 5. 叶近基部边缘细胞(×420), 6.叶片横切面(×420), 7. 茎横切面(×180)。

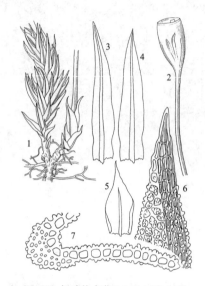

图 693 扭叶丛本藓（引自《云南植物志》）

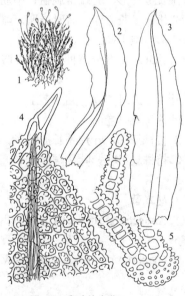

图 694 卷叶丛本藓（张大成绘）

贵州、四川、云南和西藏，多生于石壁、墙壁、林地、土坡及岩面薄土上。日本、俄罗斯远东地区、缅甸、尼泊尔及印度有分布。

1. 植物体(×0.9), 2-3. 叶(×58), 4. 叶先端细胞(×585), 5. 叶横切面的一部分(×480)。

3. 扭口藓属 Barbula Hedw.

　　植株矮小，纤细，绿色或带红棕色，往往密集丛生，或呈紧密垫状。茎直立，叉状分枝，基部密生假根。叶干时紧贴，湿时散列，有时背仰，呈卵圆形、卵状或三角状至狭披针形，先端渐尖或急尖，往往由1个或少数细胞形成刺状尖；叶边全缘，整齐背卷；中肋粗壮，长达叶尖或在叶尖稍下处消失。叶上部细胞形小，多角状圆形或方形，壁稍增厚，不透明，往往具各式多个疣，细胞间界限不清，基部细胞长大，多矩形，平滑。叶腋毛由4–10个以上细胞组成，均无色透明。雌雄异株，雌苞叶与营养叶同形。孢蒴直立，稀稍倾立，卵状圆柱形，稀稍弯曲。蒴齿细长，齿片呈线形，多呈螺形左旋，稀直立，密被细疣。蒴盖圆锥形，先端具长啄。蒴帽兜形。孢子小，多黄绿色，稀红棕色，多平滑。有时叶腋或叶面着生无性繁殖的芽胞。

　　约100余种，在南北半球温暖地区分布，多生于钙质土或石灰岩上。我国有10余种。

1.叶片多呈卵状披针形，叶边平直；叶基细胞多分化。
　　2.叶基细胞略有分化，但不沿叶两侧边上延；叶细胞具多个马蹄形小疣 ················ 3. 狄氏纽口藓 B. dixoniana
　　2.叶基细胞明显分化之大细胞沿叶的两侧边上延；叶细胞具单个大形突出的乳头。
　　　3.叶片较狭长，长卵状披针形，雌苞叶与叶同形，先端渐尖，狭长高出 ················ 1. 钝叶纽口藓 B. chenia
　　　3.叶片较短阔，椭圆状舌形；内雌苞叶与枝叶异性，呈鞘状卷成筒状，先端钝 ················
　　　··· 2. 卷叶纽口藓 B. convoluta
1.叶片多呈披针形，叶边背卷；叶基细胞无明显分化。
　　4.叶片先端圆钝或具短尖头；叶细胞密被多个细疣；蒴齿近于直立 ····················· 4. 小纽口藓 B. indica
　　4.叶片先端渐尖，叶细胞具少数大形马蹄形疣；蒴齿细长，向左旋钮 ················ 5. 扭口藓 B. unguiculata

1. 钝叶扭口藓 钝叶扭毛藓　　　　　　　　　图 695

Barbula chenia Redfearn et B. C. Tan, Trop. Bryol. 10: 65.1995.

　　植株矮小，黄绿色。茎直立，高约7毫米，单一，稀分枝。叶干时皱缩，湿时倾立，舌状披针形，先端渐狭，圆钝；叶缘呈波状；中肋粗壮，长达叶尖。叶细胞呈多角状圆形，两面均具突出的乳头；基部细胞呈长方形，无色透明。雌苞叶长大。蒴柄细，长约2厘米，呈红色。孢蒴直立，圆柱形。蒴齿细长，2–3次左旋。蒴盖圆锥形，具斜长啄。孢子黄色，平滑。

　　中国特有，产黑龙江、辽宁、内蒙古、北京、福建、湖南、广东、四川、云南和西藏，多生于林缘或路边土坡、岩石或岩面薄土上。

　　1. 植物体(×2), 2. 叶(×30), 3. 雌苞叶及蒴柄(×13), 4. 蒴齿(×13), 5. 叶中部细胞(×215)。

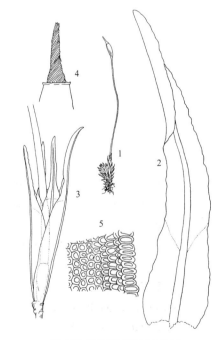

图 695 钝叶扭口藓（仿陈邦杰）

2. 卷叶扭口藓 扭毛藓　　　　　　　　　图 696

Barbula convoluta Hedw., Sp. Musc. Frond. 120. 1801.

　　体形细小，黄绿色，密集丛生。茎直立，高不及1厘米，基部密

被假根，多具分枝。叶片呈长椭圆状舌形，干时皱缩，潮湿时伸展，倾立，先端阔，圆钝；叶缘稍呈波状，略背卷；中肋粗壮，在叶尖稍下处即消失。叶上部细胞多角形，具细疣；基部细胞呈不规则长方形，平滑透明。内雌苞叶管状高出，鞘状抱蒴柄，先端钝，不同于营养叶。蒴柄细长，长达2厘米以上，呈黄红色。孢蒴倾立，呈细长卵形。蒴盖圆锥形，具长喙。

产陕西和西藏，多生于岩石上或岩面薄土。日本有分布。

1. 植物体(×2)，2. 叶(×44)，3. 雌苞叶及蒴柄(×20)。

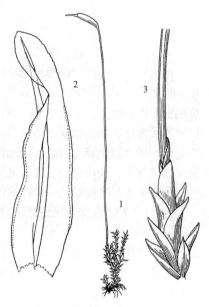

图 696 卷叶扭口藓（仿陈邦杰）

3. 狄氏扭口藓　狄氏石灰藓　　　　　图 697

Barbula dixoniana (P. C. Chen) Redfearn et B. C. Tan, Trop. Bryol. 10: 66. 1995.

Hydrogonium dixonianum P. C. Chen, Hedwigia 80: 250, 49 f. 3–6 1941.

植株较柔软，疏松丛生。叶长卵状或披针状舌形，上部较阔，先端圆钝；叶边全缘，有时下部背卷；中肋粗壮，长达叶尖稍下处即消失。叶细胞规则4–6边形，壁薄，具多个小马蹄形疣；基部细胞呈不规则长方形，壁薄，平滑、透明。雌苞叶分化，卵状披针形，基部较阔，先端渐尖。叶腋常具多细胞组成的线状无性芽胞。

中国特有，产河南、四川、云南和西藏，多生于岩石、石缝、岩面薄土或林缘土坡。

1-2. 叶(×60)，3. 叶中部细胞(×265)，4. 叶腋毛(×265)。

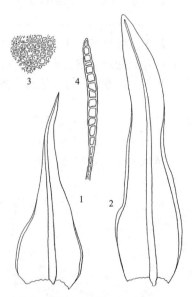

图 697 狄氏扭口藓（引自《云南植物志》）

4. 小扭口藓　　　　　图 698 彩片127

Barbula indica (Hook.) Spreng. in Steud., Nomencl. Bot. 2: 72. 1824.

Tortula indica Hook., Musci Exot. 2: 135. 1819.

体形细小，丛生。茎直立，长约0.5毫米，单一不分枝。叶片干时皱缩且旋扭，潮湿时伸展，长卵状舌形，先端圆钝；叶边全缘，多平展；中肋粗壮，长达叶尖，背面具突出的粗疣。叶细胞呈4–6边形，胞壁薄，密被细疣；叶基细胞呈长方形，平滑而透明。蒴柄细长。孢蒴直立，长卵状圆柱形。蒴齿细长，直立，密被细疣。蒴盖圆锥形，具斜长

喙。叶腋具多细胞构成的无性芽胞。

产河南、江苏、台湾、福建和广东，多生于岩石、林地、土坡以及墙上。印度、菲律宾及印度尼西亚（爪哇）有分布。

1. 植物体（×3.5），2. 叶（×52），3. 叶先端细胞（×380），4. 无性芽胞（×380）。

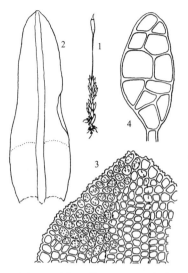

图 698 小扭口藓（引自《中国苔藓志》）

5. 扭口藓

图 699 彩片128

Barbula unguiculata Hedw., Sp. Musc. Frond. 118. 1801.

植株纤细，柔软，绿色带暗褐色，疏松丛生。茎直立，高0.5–4厘米，多具分枝。叶干燥时卷缩，湿时倾立，卵状舌形，或舌状阔披针形，先端钝且较平展；叶边全缘，中下部背卷；中肋粗壮，长达叶尖或突出成小尖头。叶上部细胞4–6边形，薄壁，具多个小马蹄形疣；基部细胞长方形，壁稍厚，稀被疣。蒴柄呈红褐色，长1–1.5厘米。孢蒴直立，圆柱形。蒴齿细长，常3–4回向左旋扭，齿片线形，密被疣。蒴盖圆锥形，具直喙。

产吉林、辽宁、河北、山东、山西、河南、陕西、甘肃、新疆、江苏、安徽、浙江、台湾、福建、江西、湖北、湖南、四川、云南和西藏，多生于岩面、岩缝、岩面薄土、林地，草地、草甸土、林缘及沟边土壁上。日本、印度、俄罗斯远东地区、欧洲、北非洲、美洲及大洋洲有分布。

1. 植物体（×0.75），2-3. 叶（×25），4. 叶先端细胞（×250），5. 叶基部细胞（×200）。

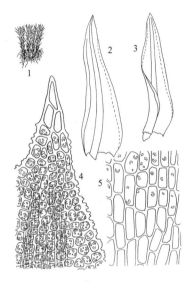

图 699 扭口藓（引自《云南植物志》）

4. 美叶藓属 **Bellibarbula** Chen

植株短小，密集丛生。茎直立，不规则分枝。叶干时贴茎，卵圆形，上部渐狭，顶端圆钝或渐尖；叶边全缘，背卷；中肋粗壮，长达叶尖部以下消失，背部具粗疣。叶上部细胞呈多角状圆形，基部细胞较大，不规则长方形，细胞壁增厚，密被多个粗疣。雌雄异株。雌苞叶鞘状，具短尖；细胞菱形，平滑无疣。蒴柄细长。孢蒴直立，椭圆状圆柱形，台部明显。蒴齿缺如。蒴盖具短尖或长喙。蒴帽兜形。

2种。我国均有分布。

美叶藓

图 700

Bellibarbula kurziana Hampe ex P. C. Chen, Hedwigia 80: 5, 223. 38f. 1–5. 1941.

植株呈暗绿色带红褐色，密集丛生。茎直立，高约2.5厘米，具分枝。叶干时呈覆瓦状贴生，湿时伸展，卵形，先端渐狭，圆钝；叶边全缘，背卷；中肋粗壮，在叶尖稍下处消失，背面具粗疣。叶细胞呈多角状圆形至椭圆形；胞壁增厚，每个细胞具多个粗圆疣；基部细胞

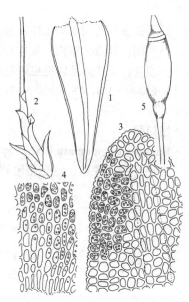

无明显分化，仅稍长大。孢蒴基部具明显的台部。蒴帽圆锥形，先端粗钝。

产青海和西藏，多生于林缘或沟边岩石、岩面薄土或林地，偶见于树干上。印度有分布。

1. 叶（×34），2. 雌苞叶及蒴柄（×12），3. 叶先端细胞（×250），4. 叶基部细胞（×250），5. 孢蒴（×15）。

图 700 美叶藓（仿陈邦杰）

5. 红叶藓属 Bryoerythrophyllum Chen

植株较粗壮，幼时呈黄绿色，后期渐显红褐色，散生或疏丛生。茎单一或具分枝，密被叶；叶干时紧贴，卷缩或扭曲，湿时直立或背仰，呈长卵形，长椭圆形或狭长披针形，先端渐尖或圆钝呈舌状，稀剑头形；叶边平展或中下部背卷，上部常具不规则粗钝齿，稀全缘；中肋粗壮，先端稍细，在叶尖部消失或突出叶尖具小尖头。叶中上部细胞呈圆形至方形或不规则五至六边形，每一细胞具数个圆形、马蹄形或环状粗疣；基部细胞较长大，呈不规则长方形，平滑，常带红色；有的种类叶缘细胞呈红棕色，疣稀疏而透明，形成明显的分化边。雌雄多异株。蒴柄直立，成熟时红色。孢蒴短圆柱形，黄褐色，老时呈红色。环带分化。蒴齿短，直立；齿片呈线形，密被细疣。蒴盖具斜长喙。蒴帽兜形。多数种类叶腋着生球形芽孢。

约72种，广泛分布于南、北半球的温带及热带山区。我国有13种及2变种。

1. 叶片先端圆钝 ·····················2. 钝头红叶藓 B. brachystegium
1. 叶片先端渐尖，或叶尖虽稍钝，但具小尖头。
  2. 叶边全缘，背卷。
    3. 叶片狭长，呈长卵状披针形，先端狭长 ·····················4. 大红叶藓 B. rubrum
    3. 叶片较短阔，先端较钝，具短尖 ·····················5. 云南红叶藓 B. yunnanense
  2. 叶边仅下部全缘，背卷，上部多平展，且有锯齿。
    4. 叶边中上部具粗锯齿（由几个细胞突出而形成）；中肋较细，至叶尖稍下部即消失 ·····················
    ·····················1. 高山红叶藓 B. alpigenum
    4. 叶边中上部具微齿（由细胞壁上的疣突形成），近于无齿；叶中肋粗壮，长达叶尖 ·····················
    ·····················3. 无齿红叶藓 G. gymnostomum

1. 高山红叶藓

图 701 彩片129

Bryoerythrophyllum alpigenum (Vent.) P. C. Chen, Hedwigia 80: 257. 1941.

Didymodon alpigens Vent. in Jur., Laubm.– Fl. Oesterr. – Ung. 98. 1882.

植株疏松丛生，深绿带红棕色。茎直立，高2–4厘米。叶呈长卵状

披针形，基部阔，先端渐尖；叶边中下部背卷，中上部具不规则的粗齿；中肋粗壮，长达叶尖稍下处消失。叶片细胞呈4–6边形，胞壁薄，呈红色，具多数圆形、

马蹄形或圆环状的疣；叶基细胞分化呈长方形，多平滑，透明。蒴柄长约2厘米。孢蒴直立或稍倾斜，长圆柱形。蒴齿红色，狭披针形，密被疣。蒴盖具短喙。孢子红色，平滑。

产陕西、四川、云南及西藏，多生于阴湿岩石，林地，树干基部或林缘及沟边土壁上。巴基斯坦、克什米尔地区、俄罗斯（高加索）、欧洲、北美洲及澳大利亚有分布。

1. 植物体 (×1.8)，2. 叶 (×28)，3. 叶先端细胞 (×200)，4. 孢蒴 (×12)，5. 蒴盖 (×12)。

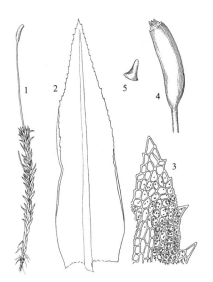

图 701 高山红叶藓（引自《横断山区苔藓志》）

2. 钝头红叶藓 图 702

Bryoerythrophyllum brachystegium (Besch.) Saito, Journ. Jap. Bot. 47: 14. 1972.

Gymnostomum brachystegium Besch., Journ. Bot. (Morot.) 12: 281. 1898.

植株密集丛生，上部黄绿色，下部红褐色。茎直立，高约1.5厘米，下部密被假根。叶干燥时紧贴茎上且皱缩，湿时倾立，卵状披针形，上部背仰，基部宽鞘状抱茎，向上渐尖，顶端圆钝；叶边全缘，下部稍背卷；中肋粗壮，长达叶尖稍下处消失。叶细胞呈多边状圆形，壁稍厚，具多个圆形或新月形细疣，叶基部细胞呈长方形，平滑，透明。

产内蒙古、台湾、湖北、四川、云南及西藏，多生于岩石，石缝，岩面薄土，林地，树干以及倒木上。日本有分布。

1. 叶 (×46)，2. 叶先端细胞 (×370)。

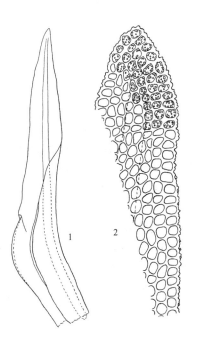

图 702 钝头红叶藓（引自《横断山区苔藓志》）

3. 无齿红叶藓 图 703

Bryoerythrophyllum gymnostomum (Broth.) P. C. Chen, Hedwigia 80: 5. 255. 51 f. 1–4. 1941.

Didymodon gymnostomus Broth., Symb. Sin. 4: 39. 1929.

植株短小，黄绿色或红棕色，密集丛生。茎直立，高约0.7–1厘米，单一或具分枝，基部密被假根。叶干时卷缩，湿时倾立，卵状披针形，先端渐尖；叶边全缘，背卷；中肋长达叶尖。叶细胞呈4–6边形，胞壁薄，密被圆形或新月形细疣，叶先端少数细胞平滑；叶基细胞呈不规则

长方形，平滑。蒴柄长约8毫米。孢蒴直立，圆柱形，红棕色。

产吉林、内蒙古、河北、河南、江苏、四川、云南及西藏，多生于岩石、岩面薄土、林地或土坡上。印度有分布。

1. 植物体(×3.4)，2. 叶(×50)，3. 叶先端细胞(×365)，4. 叶基部细胞(×365)。

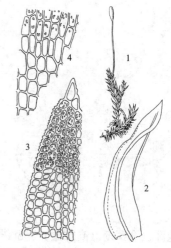

图 703 无齿红叶藓（引自《横断山区苔藓志》）

4. 大红叶藓 图 704

Bryoerythrophyllum rubrum (Jur. ex Geh.) P. C. Chen, Hedwigia 80: 5. 259. 1941.

Didymodon rubber Jur. ex Geh., Rev., Bryol. 5: 28. 1878.

体形纤细，黄绿色，疏丛生。茎直立，密被叶。叶干时卷缩，湿时倾立，狭长卵状披针形，基部呈鞘状抱茎，先端具狭长尖；叶无分化边，全缘，背卷；中肋粗壮，长达叶尖。叶上部细胞绿色，呈多角状圆形；基部细胞较长大，无色透明。雌苞叶无分化。蒴柄直立，紫红色。孢蒴短圆柱形，多黄褐色。蒴齿直立，齿片线形，密被疣。蒴盖具斜长喙。蒴帽兜形。

产河北、陕西、台湾及云南，多生于阴湿岩壁、墙壁、井口边及林地。俄罗斯（高加索）及欧洲有分布。

1. 叶，2. 叶先端细胞，3. 叶中部细胞。

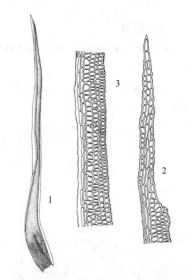

图 704 大红叶藓（仿 Zander）

5. 云南红叶藓 图 705

Bryoerythrophyllum yunnanense (Herz.) P. C. Chen, Hedwigia 80: 5. 259. 52f. 3–5. 1941.

Erythrophyllum yunnanense Herz., Hedwigia 65: 152. 1925.

植株粗壮，暗绿带红褐色。茎高约1–2厘米，直立，单一或具叉状分枝。叶狭卵状披针形，先端渐尖；叶边中下部全缘，背卷，先端具不规则粗疣；中肋粗壮，长达叶尖稍下处消失。叶上部细胞多角状圆形，壁稍增厚，具多个圆形或马蹄形细疣；叶基部细胞呈长方形，平滑，透明，形成明显分化的叶基。

产山西、陕西、湖北、四川、云南及西藏，多生于阴湿的岩石、林地、灌丛地和河滩地上。印度（大吉岭）有分布。

1. 植物体(×2.4)，2. 叶(×36)，3. 叶先端细胞(×260)。

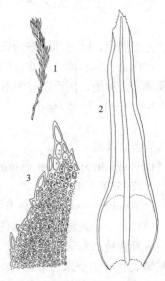

图 705 云南红叶藓（引自《横断山区苔藓志》）

6. 陈氏藓属 Chenia Zand.

植物体细小，黄绿带褐色。茎短而细，长不及1厘米，多单生，稀分枝。叶片贴生，细柔，干时旋扭，湿时伸展，卵状披针形、舌形或匙形，先端宽急尖，具小尖头；叶缘略卷，具不规则细齿；中肋粗壮，长达叶尖稍下处消失。叶片上部细胞呈不规则多角形，薄壁，平滑，无疣；叶下部细胞呈长方形。雌雄异株。蒴柄细长，红褐色。孢蒴直立，卵状圆柱形或圆球形。蒴齿线状或缺失。蒴盖短圆锥形。蒴帽兜形或盔形。孢子小。无性芽胞根生，呈多细胞的圆球形。

3种。多生于高寒地潮湿林地或沟边石上。我国仅1种。

陈氏藓 耳叶丛藓　　　　　　　　　　　　图 706

Chenia leptophalla (C. Müll.) Zand., Bull. Buffalo Soc. Nat. Sci. 32: 258. 1993.

Phascum leptophyllum C. Müll., Flora 71: 6. 1888.

茎较纤细，长约1厘米。叶疏生，多呈狭长卵状披针形，质薄，叶基角部常具耳状下延，先端渐尖或急尖，具小尖头；叶边下部全缘，上部具不规则细齿；中肋粗壮，长达叶尖稍下部消失。叶上部细胞呈4-6边形，薄壁，平滑；基部细胞呈长方形。孢蒴呈圆球形。蒴盖短圆锥形，与蒴轴相连。蒴齿缺失。孢子小，壁平滑或具细疣。

产吉林、陕西及西藏，多生于阴湿林地，或溪边岩石上。日本、印度、欧洲及北美洲有分布。

1. 植物体(×3.8), 2. 叶(×32), 3. 叶先端细胞(×245), 4. 叶基部细胞(×245)。

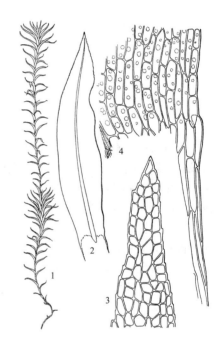

图 706 陈氏藓（张大成绘）

7. 流梳藓属 Crossidium Jur.

体形极矮小，高约3-5毫米，疏丛生。茎细小，直立。叶呈覆瓦状平贴，阔卵形，或卵圆形，内凹，先端急尖或渐尖；叶边全缘，内卷；中肋细，突出叶尖成白色长毛状，在叶片腹面上部，从中肋处隆起多数成丛、具分枝的绿色丝状体。叶上部细胞扁卵圆形，胞壁厚，近叶尖部细胞呈菱形；叶基细胞长方形，胞壁薄。雌雄同株或异株。雌苞叶一般与叶同形，内雌苞叶较小。蒴柄直立，细长。孢蒴长卵形，直立或稍弯曲。环带由3列细胞组成，宿存或成熟后自行脱落。蒴齿基膜低，齿片32条，长线形，具疣，多向左旋扭，稀直立。蒴盖圆锥形，具短斜喙。蒴帽兜形。孢子细小，黄绿色，孢壁平滑。

约6种，多分布于北温带的干燥碱性土地区。在南半球的新西兰及秘鲁也有分布。我国有1种。

绿色流苏藓　　　　　　　　　　　　图 707

Crossidium squamiferum (Viv.) Jur., Laubm. Fl. Oesterr.–Ung. 127. 1882.

Barbula squamifera Viv., Ann. Bot. 1(2): 191. 1804.

种的特征同属。

产内蒙古、甘肃及四川，多生于干燥地区的石灰岩或钙质土上。

蒙古、南亚、西亚、俄罗斯、北非、欧洲、美洲北部及大洋洲有分布。

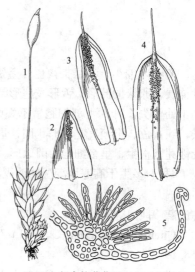

1.植物体(×5.5), 2-4.叶(×23), 5.叶片横切面(×82)。

图 707 绿色流苏藓（引自《中国苔藓志》）

8. 链齿藓属 Desmatodon Brid.

植株矮小，疏丛生。茎短，单生，稀分枝。叶干时略皱缩，湿时倾立，常内折，阔卵圆形、狭长倒卵圆形或长椭圆状舌形；叶边多全缘，上部平展，有时具细齿，下部稍背卷，有时具明显的分化边缘；中肋长达叶尖或突出呈短刺芒状，或呈长毛状，平滑或具疣。叶细胞较大，排列疏松，整齐，呈4–6边形或菱形，薄壁，或稍带圆形而壁略增厚，背腹两面均密被马蹄形或圆环形细疣，基部细胞较长大，呈不规则长方形，平滑，透明。雌雄同株。雄苞具棒槌状配丝。雄苞叶与一般叶同形。蒴柄长，直立，旋扭或呈鹅颈状弯曲。孢蒴具矮基膜，齿片短而平，披针形，常2–3裂，具细密疣，直立或一次左旋。蒴盖圆锥形，具斜喙。蒴帽兜形，平滑。孢子大，黄色或红棕色，具粗疣。

约36种，在南北半球的温带及寒带地区有分布。我国有10种。

1.叶边上部具细齿；孢蒴平列或垂倾。
　　2.叶边先端疏被细齿；叶上部细胞呈4–6边形，壁薄；无芽胞 ············· 1. 狭叶链齿藓 D. cernuus
　　2.叶边先端密被尖齿；叶上部细胞呈多角状圆形，壁厚；具多数芽胞 ············· 2. 芽胞链齿藓 D. gemmascens
1.叶边全缘；孢蒴直立或稍倾立。
　　3.叶长椭圆状舌形，先端圆钝；叶细胞具马蹄形或圆环状细疣。
　　　　4.中肋自叶尖突出呈长毛状；孢蒴直立 ············· 3. 链齿藓 D. latifolius
　　　　4.中肋在近叶尖处即消失，不突出叶尖；孢蒴平列或垂倾 ············· 4. 泛生链齿藓 D. laureri
　　3.叶卵形，先端渐尖；叶细胞的疣不规则 ············· 5. 北地链齿藓 D. leucostoma

1. 狭叶链齿藓   图 708

Desmatodon cernuus (Hüb.) B. S. G., Bryol. Eur. 2: 58. 134. 1843.

Dermatodon cernuus Hüb., Muscol. Germ. 117. 1833.

植物体矮小，疏丛生，基部密被棕色假根。叶狭长卵状披针形，先端渐尖；叶边全缘，下部背卷，上部平展；中肋细长，长达叶尖部消失。叶细胞呈多角状圆形，具数个圆环状或马蹄形细疣。蒴柄细长，长约1.5–2厘米。孢蒴圆球形，倾立或平列。

产江苏、广东、云南和西藏，多生于林地上以及林缘、路边或溪边土坡上。中亚、俄罗斯（西伯利亚东部）、中欧、北欧（斯堪的纳维亚

半岛）及北美有分布。

1. 植物体(×2)，2. 叶(×30)，3. 叶先端细胞(×215)，4. 孢蒴(×13)。

2. 芽胞链齿藓　　　　　　　　　　图 709

Desmatodon gemmascens P. C. Chen, Hedwigia 80: 297. 1941.

体形粗壮，高约0.7–2厘米，密被假根，呈黄棕色，疏丛生。茎直立，稀分枝，长约2厘米。叶呈倒卵圆形，基部狭，先端阔，急尖，具小尖头；叶缘具明显分化的狭边，下部全缘，稀背卷，上部具细尖齿；中肋长达叶尖。叶细胞呈多角状圆形，胞壁厚，具数个不规则细疣。叶腋或叶片上具多数由多细胞组成的芽胞，有时无性繁殖的芽胞在茎或叶上即萌发成幼植物体。

产河北、广东、四川、云南及西藏，多生于林地、树干及林缘土坡上。日本、尼泊尔及印度北部有分布。

1. 植物体(×2)，2-3. 叶(×24)，4. 叶先端细胞(×255)，5. 无性芽胞(×255)。

3. 链齿藓　　　　　　　　　　　　图 710

Desmatodon latifolius (Hedw.) Brid., Mant. Musci 86. 1819.

Dicranum latifolium Hedw., Sp. Musc. Frond. 140. 1801.

植株矮小，疏丛生。叶呈长椭圆状舌形，先端圆钝，平展；叶边明显分化；中肋细长，突出叶尖呈长毛状。叶上部细胞4–6边形，具数个马蹄形或圆环状细疣；叶基部细胞较长大，疏生细疣或平滑。蒴柄细长。孢蒴直立，圆柱形。蒴齿直立，齿片披针形，2–3裂，具细疣。

产黑龙江、吉林、河北、陕西、江苏、台湾、四川及西藏，多生于背阴石上、石缝、洞穴、岩面薄土、墙壁或林地上。印度北部、中亚、西亚、俄罗斯远东地区、欧洲、北非及北美洲有分布。

1. 植物体(×1)，2. 叶(×22)，3. 叶先端细胞(×285)。

4. 泛生链齿藓　　　　　　　　　　图 711

Desmatodon laureri (Schultz.) B. S. G., Bryol. Eur. 2: 59. 135. 1843.

Trichostomum laureri Schultz., Flora 10: 163. 1827.

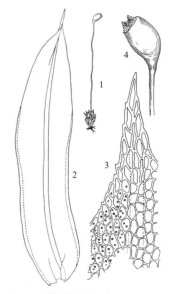

图 708 狭叶链齿藓（引自《中国苔藓志》）

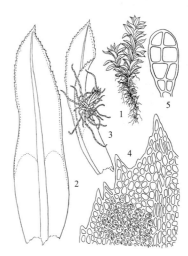

图 709 芽胞链齿藓（引自《横断山区苔藓志》）

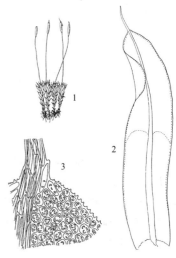

图 710 链齿藓（仿陈邦杰）

植物体密集丛生，绿色，基部有黄棕色假根。茎直立，高约1–2厘米，单一或具分枝。叶片干时卷缩，湿时开展，长椭圆状舌形，先端急尖，具小尖头；叶边下部背卷，先端平展，具微齿；中肋长达叶尖。叶细胞较大，排列疏松，不规则多边形，胞壁薄，密被马蹄形细疣；叶基细胞长方形，平滑，无色透明；叶缘常由2–3列黄色线形的厚壁细胞组成分化边缘。蒴柄长2–3厘米，黄红色。孢蒴平列或下垂，呈倒卵状圆柱形，壁呈黄绿带褐色，具疣。

产河北、陕西、浙江、湖南、广东、四川及云南，多生于沟边或林缘石壁、岩面薄土、林地、灌丛下或路边土坡上。亚洲北部、欧洲、南非及北美有分布。

1. 植物体(×1.5)，2. 叶(×25)，3. 叶先端细胞(×490)。

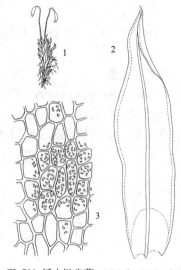

图 711 泛生链齿藓 （引自《云南植物志》）

5. 北地链齿藓　　　　　　　　　图 712

Desmatodon leucostoma (R. Brown) Berggr., Pl. Itin. Suec. Polar. Coll. 34. 1874.

Barbula leucostoma R. Brown, Chlor. Melvill. 40. 1823.

植株暗绿带红棕色，疏丛生。叶片呈卵圆形，稍内凹，具纵皱纹，先端具短芒状尖；叶边全缘，具分化叶边；中肋粗壮，长达叶尖。叶细胞4–6边形，壁薄，具多数马蹄形或工字形等不规则的疣；基部细胞呈长方形，平滑。孢蒴卵状短圆柱形，蒴齿具矮基膜，齿片短而细，向左旋。

产吉林、内蒙古、陕西、新疆及西藏，多生于阴湿的岩面、沟旁土

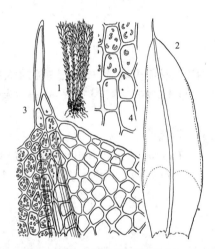

图 712 北地链齿藓（张大成绘）

坡上、林地或树干上。俄罗斯（西伯利亚）、中亚、西亚、欧洲及北美洲有分布。

1. 植物体(×1.5)，2. 叶(×21)，3. 叶先端细胞(×250)，4. 叶近基部细胞(×250)。

9. 对齿藓属 Didymodon Hedw.

植物体暗绿带棕色，密集丛生。茎直立，棕色。叶片呈卵圆形，先端渐尖；叶边狭背卷，上部疏具齿；中肋多长达叶尖或稍突出，稀在叶尖稍下处消失。叶中上部细胞呈圆形、圆方形或菱形，胞壁薄，分界明显，平滑或具矮而大的钝圆疣；叶基细胞呈不规则的矩圆形。叶腋毛由3–4个细胞组成，基部细胞深褐色，上部细胞均无色透明。雌雄同株。蒴柄多右旋。蒴盖具长喙。蒴帽兜形。孢子褐绿色。无性芽孢由8个以下细胞构成。

约250余种，在南、北半球的寒、温带分布。我国有20余种。

1. 叶细胞壁平滑或具单疣；叶中肋细弱，长不及顶，在叶尖下消失 ⋯⋯⋯⋯⋯⋯ 8. **溪边对齿藓 D. rivicolus**

1. 叶细胞壁稀平滑，均具多个细疣；中肋粗壮，长达叶尖或稍突出。

 2. 叶片较宽短，阔卵圆形、长卵圆形或舌形，先端圆钝 ⋯⋯⋯⋯⋯⋯ 6. **黑对齿藓 D. nigrescens**

 2. 叶片较狭长，呈卵状、三角状或狭披针形，先端渐尖。

  3. 叶片湿时背仰；叶细胞壁不规则强烈增厚。

   4. 叶基特宽大，呈三角状心形，向上呈狭长披针形；叶基细胞呈狭长蠕虫形，壁间穿孔处明显突出而胞壁呈波状 ⋯⋯⋯⋯⋯⋯⋯⋯⋯⋯⋯⋯⋯⋯⋯⋯⋯⋯⋯⋯⋯⋯⋯⋯⋯⋯ 5. **大对齿藓 D. giganteus**

   4. 叶卵状披针形；叶基细胞呈长方形，壁平直无明显壁孔。

    5. 叶片呈三角状狭披针形；常具多细胞组成的无性芽孢 ⋯⋯⋯⋯⋯⋯ 7. **硬叶对齿藓 D. rigidulus**

    5. 叶片呈卵状阔披针形；不具无性芽孢。

     6. 叶基细胞无明显分化，呈短矩形；蒴齿较长，3次以上左旋 ⋯⋯⋯⋯ 4. **北地对齿藓 D. fallax**

     6. 叶基细胞明显分化呈狭长方形；蒴齿较短，一次左旋 ⋯⋯⋯⋯ 10. **土生对齿藓 D. vinealis**

  3. 叶片湿时斜展；叶细胞壁不强烈增厚。

7. 叶片呈三角状、心状披针形或狭披针形；中肋突出叶尖呈刺芒状；叶细胞多呈方形或多角形，排列整齐 ⋯⋯⋯⋯⋯⋯⋯⋯⋯⋯⋯⋯⋯⋯⋯⋯⋯⋯⋯⋯⋯⋯⋯⋯⋯⋯⋯⋯⋯⋯⋯⋯ 3. **长尖对齿藓 D. ditrichoides**

7. 叶片呈卵状披针形；中肋不突出叶尖；叶细胞呈3–5角形，排列不整齐。

 8. 叶阔卵状或长卵状披针形，先端宽渐尖，叶平展，叶边背卷不明显 ⋯⋯⋯⋯ 9. **短叶对齿藓 D. tectorum**

 8. 叶狭卵状披针形，先端狭长呈线状；叶边明显背卷。

  9. 叶片先端往往细长且扭曲，顶部膨大且向腹面折合成鹅颈状；叶片上部细胞呈整齐的方形或多角形，平滑无疣 ⋯⋯⋯⋯⋯⋯⋯⋯⋯⋯⋯⋯⋯⋯⋯⋯⋯⋯ 1. **鹅头叶对齿藓 D. anserino–capitatus**

  9. 叶片先端呈细长线形，但不扭曲，不膨大；叶片上部细胞呈3–5角形，胞壁不规则增厚，具1–2个细疣⋯⋯⋯⋯⋯⋯⋯⋯⋯⋯⋯⋯⋯⋯⋯⋯⋯⋯⋯⋯⋯⋯⋯⋯ 2. **尖叶对齿藓 D. constrictus**

1.　鹅头叶对齿藓 鹅头叶组口藓　　图 713

Didymodon anserino–capitatus (X. J. Li) Zand., Bull. Buffalo Soc. Nat. Sci. 32: 162. 1993.

Barbula anserino–capitata X. J. Li, Act. Bot. Yunnanica 3(1): 103. 1981.

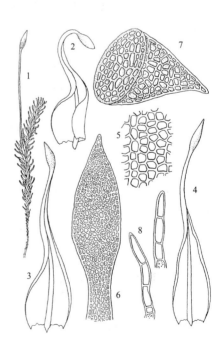

  体形纤细，暗绿带棕色，疏丛生。茎直立，高约1–1.8厘米，单一或具叉状分枝，密被叶。叶片干时卷曲，潮湿时伸展，中下部呈卵状披针形，上部纤细，先端膨大，弯曲下垂，呈鹅头颈形，常易断落；叶边全缘，下部背卷；中肋粗壮，长达叶尖。叶片细胞单层，呈方形或不规则多角形；叶基细胞较长大，呈矩形，薄壁，叶细胞均平滑无疣。叶尖膨大处由多层细胞构成，似无性芽胞状。

  我国特有，产西藏，多生于阴湿的岩石、河谷边岩面薄土上。

图 713 鹅头叶对齿藓（引自《云南植物志》）

  1. 植物体（×1.5），2-4. 叶（×28），5. 叶中部细胞（×340），6. 叶先端细胞（×130），7. 叶先端膨大部分横切面（×340），8. 叶腋毛（×220）。

2. 尖叶对齿藓 尖叶纽口藓　　　　　图 714 彩片130

Didymodon constrictus (Mitt.) Saito, Journ. Hattori Bot. Lab. 39: 514. 1975.

Barbula constricta Mitt., Journ. Linn. Soc. Bot. Suppl. 1: 33. 1859.

植株黄绿带红棕色，密集丛生。茎直立，单一，稀分枝，高1–2.5

厘米。叶密生，基部阔，卵状长披针形，先端狭长披针形；叶边全缘，背卷；中肋粗壮，长达叶尖部；叶上部细胞呈3–5角状圆形，胞壁不规则增厚，具1至多个疣；基部细胞呈长方形，平滑，薄壁，透明。雌雄异株。蒴柄红色，长约2厘米。孢蒴呈圆柱形。蒴盖圆锥形，先端具斜喙。蒴齿长，呈线形，多次向左旋扭。孢子绿色，具细疣。

产吉林、辽宁、内蒙古、河北、山西、陕西、安徽、台湾、福建、江西、湖北、广西、四川、云南及西藏，多生于阴湿的岩面、岩石缝中或岩面薄土、河谷及溪边流水所经石上，林地和草甸土生，林下或林缘土壁上也常见。日本、尼泊尔、印度、巴基斯坦、缅甸、印度尼西亚及菲律宾有分布。

1-2. 叶（×53），3. 叶中部细胞（×535），4. 叶先端细胞（×535），5. 叶片横切面（×215），6. 叶腋毛（×215），7. 孢蒴（×19）。

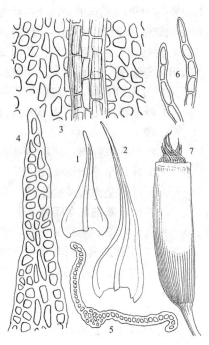

图 714 尖叶对齿藓（引自《云南植物志》）

3. 长尖对齿藓 长尖纽口藓　　　　　图 715

Didymodon ditrichoides (Broth.) X. J. Li et S. He, Moss Flora of China, 2: 160. 2001.

Barbula ditrichoides Broth., Sitzungsber. Ak. Wiss. Wien. Math. Nat. Kl. 133: 566. 1924.

植株黄绿色，紧密丛生。茎直立，高约2–5厘米，多单一，稀分枝。叶干燥时紧贴茎上，湿时倾立，呈三角状-阔卵圆状披针形；叶边全缘，背卷；中肋突出叶尖呈刺芒状，带红褐色。叶片上部细胞呈不规则方形带圆形，壁稍厚，具单一细疣；基部细胞呈不规则的长方形，多平滑，透明。

中国特有，产辽宁、内蒙古、山西、河南、陕西、青海、新疆、江苏、安徽、浙江、台湾、福建、江西、湖北、湖南、贵州、四川、云南

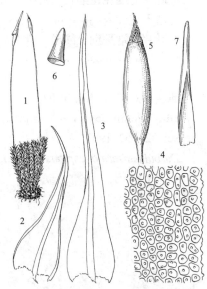

图 715 长尖对齿藓（引自《横断山区苔藓志》）

及西藏，多生于林下或林缘岩石、土壁，灌丛下，沟边或路旁石缝中或岩面薄土上、也见于墙角下或树干基部。

1. 植物体（×2.1），2-3. 叶（×36），4. 叶中部边缘细胞（×380），5. 孢蒴（×16），6. 蒴盖（×16），7. 蒴帽（×16）。

4. 北地对齿藓 北地纽口藓 图 716

Didymodon fallax (Hedw.) Zand., Phytologia 41: 28. 1978.

Barbula fallax Hedw., Sp. Musc. 120. 1801.

植物体黄绿带红褐色，疏丛生。茎直立，高3–5厘米，多具分枝。叶干时卷缩，湿时背仰，阔卵状或三角状披针形，先端渐尖；叶边全缘，背卷；中肋粗壮，长达叶尖，呈红褐色。叶片上部细胞多呈多角状圆形，胞壁增厚，具1至多个小圆疣；基部细胞短矩形，多平滑。

产内蒙古、河北、河南、陕西、新疆、上海、台湾、湖北、四川、云南及西藏，多生于阴湿的岩石、岩面薄土、林地或林缘、路边及沟边土壁上。南亚、中亚及亚洲东北部、欧洲、北非及北美洲有分布。

1. 植物体（×12.5），2-3. 叶（×28），4. 叶中部细胞（×400），5. 孢蒴（×12.5）。

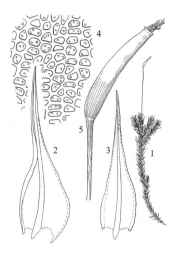

图 716 北地对齿藓（引自《云南植物志》）

5. 大对齿藓 大纽口藓 图 717 彩片131

Didymodon giganteus (Funck.) Jur., Laubm. –Fl. Oesterr.–Ung. 102. 1882.

Barbula gigantea Funck., Flora 15:483. 1832.

植物体高大，高可达12–20厘米，暗绿带红褐色，疏松丛生。茎直立，多分枝。叶干时皱缩，湿时强烈背仰，叶基呈三角状阔卵圆形，向上渐狭呈披针形；叶边全缘，下部背卷，上部略呈波状；中肋细长，至叶尖消失，呈红褐色。叶细胞壁不规则强烈增厚，上部细胞呈3–5角状星形，每个细胞具1至2个小圆疣；基部细胞呈狭长方状蠕虫形，胞壁特厚，壁孔明显，侧壁呈波状，平滑，无疣。

产河南、陕西、四川、云南及西藏，多生于阴湿岩面、石缝中、岩面薄土、腐木及高山草甸土上。印度北部、日本、欧洲及北美洲有分布。

1. 叶（×29），2. 叶先端细胞（×415），3. 叶中部细胞（×415），4. 叶近基部细胞（×415）。

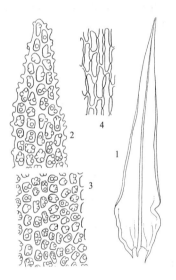

图 717 大对齿藓（引自《云南植物志》）

6. 黑对齿藓 黑纽口藓 图 718

Didymodon nigrescens (Mitt.) Saito, Journ. Hattori Bot. Lab. 39: 510. 1975.

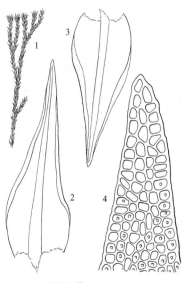

图 718 黑对齿藓（引自《横断山区苔藓志》）

Barbula nigrescens Mitt., Journ. Linn. Soc. Bot. Suppl. 1: 36. 1859.

植物体呈暗绿带黑色至红棕色，成垫状紧密丛生。茎直立，高1–2厘米，多具分枝。叶干时紧贴于茎上，湿时倾立，叶基较阔，卵状或长卵状披针形，具纵长皱褶；叶边全缘，明显背卷；中肋粗壮，长达叶尖，暗棕色。叶上部细胞多角状圆形，壁增厚，具不明显的大疣；基部细胞长方形，壁厚，平滑或具单一粗疣。雌雄异株，雌苞叶较长大。蒴柄细长，暗红色。孢蒴直立，黑红色，呈圆柱形。蒴盖圆锥形，具短喙。

产陕西、新疆、江苏、浙江、台湾、江西、四川、云南及西藏，多生于高山林下、岩石、岩缝中、高山冰川附近流石滩或草甸土上。印度、日本及北美洲有分布。

1. 植物体(×19)，2-3.叶(×37)，4.叶先端细胞(×425)。

7. 硬叶对齿藓 硬叶纽口藓 图 719

Didymodon rigidulus Hedw., Sp. Musc. Frond. 104. 1801.

植物体密集丛生。茎直立，高约1–2厘米，具叉状分枝。叶湿时背仰，三角状或卵状披针形，先端渐尖；叶边全缘，背卷；中肋粗壮，长达叶尖。叶上部细胞呈多角状圆形，厚壁，多疣；基部细胞稍长，呈矩形，平滑。常具多细胞构成的无性芽孢。

图 719 硬叶对齿藓（引自《中国苔藓志》）

产内蒙古、河北、陕西、甘肃、青海、江苏、四川、云南及西藏，多生于高山岩石、石隙、冰碛石、草甸土、林地、林缘或沟边石壁或土坡上。俄罗斯（西伯利亚）、中亚、西亚、欧洲、北非及美洲有分布。

1. 植物体(×2)，2-3.叶(×40)，4.无性芽孢(×64)。

8. 溪边对齿藓 溪边纽口藓 图 720

Didymodon rivicolus (Broth.) Zand. in T. Kop., C. Gao, J.–S. Lou et Jarvinen, Ann. Bot. Fennici 20: 222. 1983.

Barbula rivicola Broth., Symb. Sin. 4: 41. 1929.

植物体黄绿色，密集丛生。茎直立，高达4厘米，具叉状分枝。叶干燥时贴生茎上，湿时伸展；长卵形，先端阔，渐尖；叶边全缘，背卷；中肋粗壮，长至叶尖稍下处消失。叶上部细胞呈多角状圆形，壁增厚，每个细

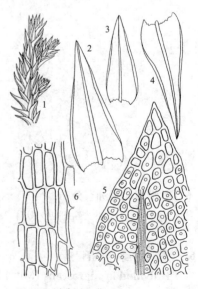

图 720 溪边对齿藓（引自《云南植物志》）

胞具单一大疣；基部细胞呈不规则长方形，平滑，稀具疣。雌苞叶较长大，基部抱茎。蒴柄长约1.5厘米，红色。孢蒴直立，圆柱形，黄棕色。蒴齿直立，齿片呈披针形，上部不规则开裂，密被细疣。蒴盖圆柱形，具短喙。

我国特有，产吉林、河北、陕西、甘肃、贵州、四川、云南及西藏，多生于海拔3000米以上高山林地、高山灌丛，林缘或沟边土坡，也见于林下腐木上。

1. 枝条(×9.5)，2-4. 叶(×36)，5. 叶先端细胞(×510)，6. 叶近基部细胞(×510)。

9. 短叶对齿藓 短叶纽口藓 图 721

Didymodon tectorum (C. Müll.) Saito, Journ. Hattori Bot. Lab. 39: 517. 1975.

Barbula tectorum C. Müll., Nuovo Giorn. Bot. Ital., n. ser. 3: 101. 1896.

植物体绿色，稍带黄棕色，常密集丛生。茎直立，高2-3.5厘米，稀分枝。叶干时贴茎，湿时斜伸，呈卵状披针形，先端渐尖；叶边全缘，稍背卷；中肋粗壮，长达叶尖。叶上部细胞呈不规则的3-6角状圆形，胞壁厚，具单个圆疣；基部细胞较大，呈不规则的长方形，薄壁，平滑且透明。雌苞叶较

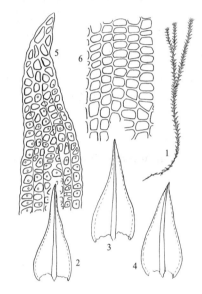

图 721 短叶对齿藓 (引自《云南植物志》)

长大。蒴柄红色，长约2厘米。孢蒴卵状圆柱形，黄褐色。蒴齿细长，向左扭旋。蒴盖圆锥形，具长喙。

我国特有，产辽宁、内蒙古、河北、山西、河南、陕西、甘肃、江苏、安徽、浙江、江西、贵州、四川、云南及西藏，多生于高山林地、林缘及沟边岩石、石缝、土壁、土墙及屋顶上，也见于高山灌丛地、草甸土及河滩地上。

1. 植物体(×1.5)，2-4. 叶(×34)，5. 叶先端细胞(×480)，6. 叶近基部细胞(×480)。

10. 土生对齿藓 土生纽口藓 图 722

Didymodon vinealis (Brid.) Zand., Phytologia 41: 25. 1978.

Barbula vinealis Brid., Bryol. Univ. 1: 830. 1827.

植物体黄绿色，疏丛生。茎直立，高1-2厘米。叶潮湿时背仰，基部宽卵状，向上渐狭，呈披针形，中下部多具纵长皱褶；叶边全缘，背卷；中肋粗壮，长达叶尖。叶细胞呈不规则的多角状圆形，壁稍增厚，具多个细疣；基部细胞稍长。蒴柄细长，红色。孢蒴圆柱形，直立。蒴齿细长，向左一回扭旋。

产辽宁、内蒙古、河北、山西、陕西、甘肃、江苏、浙江、

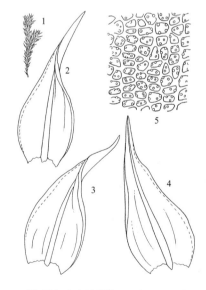

图 722 土生对齿藓 (引自《云南植物志》)

贵州、四川、云南及西藏，多生于海拔2000米左右的林地、岩石上及土坡上。尼泊尔、印度、阿尔及利亚、突尼斯、俄罗斯（高加索及西伯利亚）、欧洲、北非及北美洲有分布。

1.植物体(×1.5)，2-4.叶(×33.5)，5.叶中部细胞(×480)。

10. 艳枝藓属 Eucladium B. S. G.

植物体密集丛生，上部暗绿色，下部呈黄绿或黄棕色。茎直立，具五棱，具多回叉状分枝，密集成束状。叶片潮湿时直展，干时叶尖稍内曲，基部较阔，上部渐狭，呈狭披针形，先端圆钝，平展；叶边上部全缘，近叶基上方有粗锯齿；中肋粗壮，长达叶尖。叶上部细胞小，圆方形，厚壁，具疣，绿色；叶基部细胞较长大，不规则长方形，细胞壁薄，透明，边缘细胞呈狭长线形。雌雄异株。雌苞叶稍长大。蒴柄细长，直立。孢蒴直立，呈长椭圆状圆柱形。环带由一列厚壁细胞构成，宿存。蒴齿黄棕色，略左旋，每1齿片2-3深裂达中部，并具不规则裂孔，内外均密被细疣。蒴盖半球形，顶部具斜长喙。蒴帽兜形。孢子淡黄色，壁平滑。

2种，分布于南北半球的温带地区，多生于山地石灰岩上或砂石上。我国有1种。

艳枝藓　　　　　　　　　　　　　　　　　图 723

Eucladium verticillatum (Hedw.) B. S. G.，Bryol. Eur. 1:93. 1846.

　　Weissia verticillata Hedw. in Brid., Journ. Bot. (Schrader). 1800 (1) : 283. 1801.

　　种的特征同属。

　　我国特有，产陕西及新疆，生于岩石或岩面薄土上。

　　1. 植物体，2-3. 叶，4. 叶先端细胞，5. 叶中部细胞。

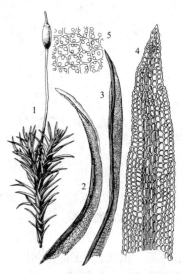

图 723 艳枝藓 (仿 Zander)

11. 净口藓属 Gymnostomum Nees et Hornsch.

植物体密集丛生，每年自先端萌生新枝，逐年向上生长，多年后往往形成高大的垫状。茎直立，稀分枝。叶湿时倾立，干燥时向内卷曲，呈长椭圆状披针形或狭长披针形；叶边平展，全缘；中肋粗壮，长不达叶尖即消失。叶上部细胞较小，呈多角状圆形或方形，具密疣；下部细胞呈不规则的长方形，平滑，无色透明或略带黄色。雌雄异株。雌苞叶基部略成鞘状。蒴柄细长。孢蒴直立，呈卵状长圆柱形。蒴齿缺失。蒴盖易脱落，或与蒴轴相连。蒴帽狭兜形，具长斜喙。孢子黄棕色，平滑或具细密疣。

约21种，分布于南北半球的温带地区，多生于山区石灰岩上，或生于墙壁上。我国有7种。

1. 植株细小，黄绿带黑色；叶片较短，近于呈舌形 ·· 2. 净口藓 G. calcareum
1. 植株较粗大，鲜绿色；叶片较狭长，呈披针形或卵状披针形。
　2. 叶片基部狭长条形；叶细胞壁较薄，具数个圆疣 ························· 1. 铜绿净口藓 G. aeruginosum
　2. 叶片基部呈阔卵圆形；叶细胞壁特厚，平滑无疣 ························· 3. 厚壁净口藓 G. laxirete

1.　铜绿净口藓 石生净口藓　　　　　　　　图 724

Gymnostomum aeruginosum Sm., Fl. Brit. 3: 1163. 1804.

植株密集丛生，高2-3厘米，多呈鲜绿色或铜绿色。茎直立，

稀具分枝。叶片狭长，往往呈狭披针形，先端圆钝；叶边平展，全缘；中肋粗壮，长不及叶尖。叶上部细胞多角状圆形，每个细胞具多个细疣；基部细胞呈不规则的椭圆状长方形，平滑。

产江苏、浙江、台湾、广东、四川、云南及西藏，多生于海拔3000–4000米以上高山地区的石灰岩或石缝中，也见于岩面薄土或石灰墙上。日本、菲律宾、中亚、西亚、欧洲、北非、北美及中美洲有分布。

1. 植物体（×1.8），2-3. 叶（×37），4. 叶先端细胞（×420），5. 叶近基部细胞（×420）。

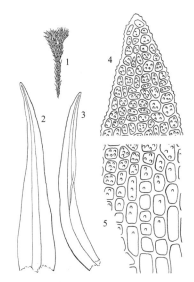

图 724 铜绿净口藓（引自《横断山区苔藓志》）

2. 净口藓 钙土净口藓 灰岩净口藓　　　　　　图 725

Gymnostomum calcareum Nees et Hornsch., Bryol. Germ. 1:153. 10f. 15. 1823.

植物体细小，呈暗黄绿带黑色。茎直立，高不及1厘米。叶较短，长椭圆状披针形或舌形，先端圆钝；叶边全缘，平展；中肋粗壮，长不及叶尖，在叶尖稍下处消失；叶片上部细胞圆形至方形，壁稍增厚，具多数细圆疣；基部细胞长方形，薄壁，平滑，无疣，透明。蒴柄细长。孢蒴卵形。

产内蒙古、河北、陕西、江苏、广东、广西、四川、云南及西藏，多见于高寒山区石灰岩上，生于岩面、冰碛岩石下、石灰泉流水岩面、岩缝，或岩面薄土上。印度北部、西亚、欧洲、非洲、美洲及大洋洲有分布。

1. 植物体（×1.8），2-5. 叶（×36），6. 叶先端细胞（×420），7. 叶近基部细胞（×420）。

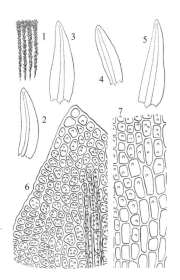

图 725 净口藓（引自《横断山区苔藓志》）

3. 厚壁净口藓　　　　　　图 726

Gymnostomum laxirete (Broth.) P. C. Chen, Hedwigia 80 : 57. 1941.

Hymenostylium laxirete Broth., Symb. Sin. 4: 32. 1929.

植物体密集丛生。茎直立，高约3–6厘米，往往具叉状分枝，密生叶。叶片基部阔卵圆形，向上趋狭，呈披针形，先端渐尖，顶部圆钝；叶边平展，全缘；中肋粗壮，长达叶尖稍下部即消失。叶上部细胞呈圆形或长椭圆状多角形，细胞壁特厚，排列不整齐；叶基部细胞较长大，呈较规则的长椭圆状长方形或多角形，细胞壁也明显增厚，全部细胞壁

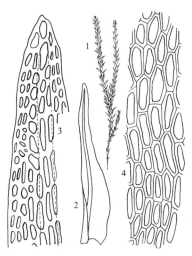

图 726 厚壁净口藓（引自《云南植物志》）

均平滑无疣。

中国特有，产云南丽江，生于石灰岩上，也见于岩面薄土上。

1. 植物体(×1.5)，2. 叶(×33)，3. 叶先端细胞(×465)，4. 叶基部细胞(×465)。

12. 圆口藓属 Gyroweisia Schimp.

植物体矮小，鲜绿色，往往密集丛生于石灰岩上。茎直立，单一或苫生分枝。叶干时平贴，不皱缩，湿时略背仰，呈披针形，先端渐尖，常圆钝；边缘平直；中肋细，不突出叶尖，由同形细胞构成，长不及叶尖即消失。叶上部细胞较小，呈正方形至多角形，平滑或具疣及乳头突起，下部细胞呈不规则的长方形。雌雄异株。雌苞叶基部呈鞘状。孢蒴圆柱形。环带阔。蒴齿长披针形，常开裂成两片，具密疣，有时不发育或完全退失。蒴盖圆锥形，具斜喙。蒴帽狭长兜形。孢子黄色，具细疣。

约14种，主要分布温带及热带山区。我国有2种。

云南圆口藓

图 727

Gyroweisia yunnanensis Broth., Symb. Sin. 4: 31. 1929.

植株细小，高不及0.8厘米，黄绿色，密集丛生。茎高仅0.5毫米，单一，密被叶。叶基阔，上部渐狭，呈披针形；叶边平直，全缘；中肋粗壮，长达叶尖稍下处即消失。叶上部细胞呈方形至多角形，壁稍增厚，平滑无疣；下部细胞呈长方形，壁薄，平滑。蒴柄长2–3厘米。孢蒴直立，椭圆状圆柱形。蒴齿短，密被细疣。孢子圆形，平滑。

我国特有，产辽宁、湖北、云南及西藏，生于2000–3000米左右林下石灰岩或岩面薄土上，也见于温泉边或高山冰川石上。

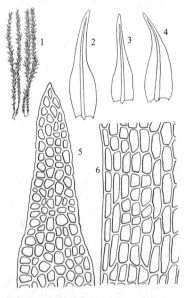

图 727 云南圆口藓（引自《云南植物志》）

1. 植物体(×1.6)，2-4. 叶(×33)，5. 叶先端细胞(×380)，6. 叶基部细胞(×380)。

13. 卵叶藓属 Hilpertia Zand.

植物体细小，呈黄绿色或褐绿色，疏丛生。茎直立，单生，稀分枝。叶片覆瓦状排列，干燥时贴茎，潮湿时斜展。叶片呈阔卵形，近于圆形，强烈内卷，几卷成圆筒状，先端急尖，具毛状透明的长尖；中肋细长，突出叶尖。叶细胞多角形，薄壁，无疣，或上部边缘细胞具疣；基部细胞长方形，薄壁透明，无疣。雌雄同株。蒴柄粗长。孢蒴直立，卵状圆柱形。蒴齿长线形，32条，扭曲。蒴盖长圆锥形。蒴帽兜形，平滑。孢子褐色，具细疣。

本属有2种，多分布于欧洲，我国仅1种。

卵叶藓 图 728

Hilpertia velenovskyi (Schiffn.) Zand., Phytologia 65: 429. 1989.

Tortula velenovskyi Schiffn., Nova Acta Acad. Caes. Leop.–Carol. German. Nat. Cur. 58(7): 480. 1893.

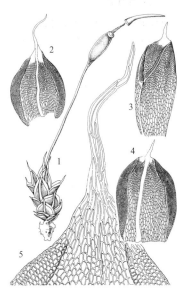

植物体小，高6–10毫米，呈褐绿色或黄绿色，密集或疏丛生。茎直立，稀分枝。叶呈阔卵形或圆形，长约0.5–0.75毫米，先端急尖，具毛状透明的长尖；叶边强烈内卷；中肋细长突出叶尖。上部叶细胞多角形，薄壁透明；基部细胞长方形，透明无疣。雌雄同株。孢蒴直立，卵状圆柱形。蒴齿线形。蒴盖长圆锥形。孢子小，10–12微米，黄褐色，具细疣。

产内蒙古及青海，多生于干燥的土坡。俄罗斯、捷克、匈牙利、波兰及南斯拉夫有分布。

图 728 卵叶藓（仿 Zander）

1.植物体，2-4.叶，5.叶先端细胞。

14. 石灰藓属 **Hydrogonium** (C. Müll.) Jaeg.

植物体多灰绿色，密集丛生。茎直立或倾立，单一或具分枝。叶干时多紧贴，稀卷缩，呈三角状至卵状披针形，或舌形，先端渐尖或圆钝，尖部平展或略呈兜形；叶边平直，有时背卷，多全缘，稀近尖部具微齿；中肋粗壮，长达叶尖或稍突出。叶上部细胞疏松，多呈整齐的4-6角形，壁薄，平滑，稀具细疣；基部细胞较长大，呈整齐的长方形，平滑且透明。雌雄异株。雌苞叶与营养叶几同形。蒴齿左旋或直立。蒴盖具长尖直喙。常具多样的无性芽胞。

约35种，主要分布于亚热带及热带地区。我国有18种。

1. 植物体挺硬；叶片呈披针形。
  2. 叶片先端渐尖；叶细胞均平滑 ·················· 1. 砂地石灰藓 **H. arcuatum**
  2. 叶片先端或多或少圆钝；叶上部细胞均具疣。
    3. 叶片中肋突出叶尖 ·························· 8. 暗色石灰藓 **H. sordidum**
    3. 叶片中肋不突出叶尖。
      4. 叶中肋粗壮；叶片尖端全缘；叶细胞壁厚；有星芒状的无性芽胞 ·········· 3. 疣叶石灰藓 **H. gangeticum**
      4. 叶中肋细弱；叶片先端边缘有锯齿；叶细胞壁薄；无性芽胞缺如 ·········· 4. 细叶石灰藓 **H. gracilentum**
1. 植物体较柔弱；叶片多呈舌形。
  5. 叶中肋自叶片先端突出呈小尖头 ·················· 7. 拟石灰藓 **H. pseudo–ehrenbergii**
  5. 叶中肋不突出叶先端。
    6. 叶片较宽，呈卵状舌形 ·························· 6. 爪哇石灰藓 **H. javanicum**
    6. 叶片较狭，呈披针状舌形。
      7. 叶片较平，无纵长皱褶；叶细胞壁薄而柔 ·········· 2. 石灰藓 **H. ehrenbergii**
      7. 叶片具纵长褶皱；叶细胞壁厚 ·················· 5. 褶叶石灰藓 **H. inflexum**

1. 砂地石灰藓

图 729

Hydrogonium arcuatum (Griff.) Wijk et Marg., Taxon 7: 289. 1958.

Barbula arcuata Griff., Calcutta Journ. Nat. Hist. 2: 491. 1842.

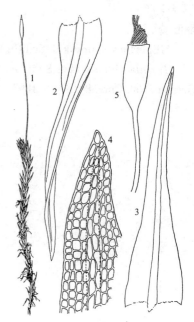

植株挺硬，密集丛生。茎直立，稀分枝，下部密被褐色假根。叶倾立，卵状或三角状狭披针形；先端渐尖；叶边全缘，平展或稍背卷；中肋粗壮，向上渐细，至叶尖稍下处消失。叶细胞呈4-5边形，排列整齐，壁薄，平滑无疣；基部细胞稍长大，呈不规则的狭长方形，薄壁，平滑而透明。

图 729 砂地石灰藓（仿陈邦杰）

产吉林、辽宁、河北、河南、陕西、江苏、安徽、浙江、台湾、湖南、贵州、四川、云南及西藏，生于岩壁、岩洞、林缘、河边土壁、河滩、林地及树干基部附生。日本、尼泊尔、印度、菲律宾及印度尼西亚有分布。

1.植物体(×2.4)，2-3.叶(×36)，4.叶先端细胞(×260)，5.孢蒴(×16)。

2. 石灰藓

图 730

Hydrogonium ehrenbergii (Lor.) Jaeg., Ber. Thaetigk. St. Gall. Naturw. Ges. 1877–1878: 405. 1880.

Trichostomum ehrenbergii Lor., Abh. Konigl. Akad. Wiss. Berlin 1867: 25. 4 f. 1–6, 5f. 7–19. 1868.

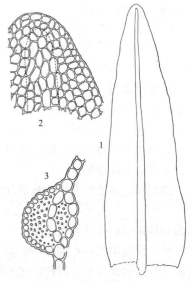

体形柔软，鲜绿色，高4-8厘米。叶干时皱缩，湿时倾立，卵状舌形，先端圆钝，有时稍呈兜形；叶边全缘，平展；中肋粗壮，长达叶尖稍下部。叶中上部细胞呈4-6角形，薄壁，平滑无疣；基部细胞较长大，透明。蒴柄红色，长达2厘米。孢蒴直立，呈卵状圆柱形。蒴齿细长，齿片线形，向左一次旋扭。

图 730 石灰藓（仿陈邦杰）

产山东、山西、河南、陕西、福建、贵州、四川、云南及西藏，生于海拔500-3000米以上地区溪边岩石或土壁上，稀见于高山冰川地石上。尼泊尔、巴基斯坦、印度、西亚、欧洲、北非及美洲北部有分布。

1.叶(×36)，2.叶先端细胞(×235)，3.叶横切面的一部分(×235)。

3. 疣叶石灰藓

图 731

Hydrogonium gangeticum (C. Müll.) P. C. Chen, Hedwigia 80: 235, 237. 1941.

Barbula gangetica C. Müll., Linnaea 37: 177. 1872.

植物体丛生，灰绿色。叶干时卷缩，湿时伸展，叶基阔，向上渐狭，呈等腰三角形状披针形或舌形，先端钝；叶边全缘，中下部

稍背卷；中肋粗壮，长达叶尖。叶片上部细胞呈不规则的多角形，胞壁薄，每个细胞具1–2个小圆疣；叶基细胞稍长大，平滑而透明。蒴柄细长。孢蒴呈狭长圆柱形。具多数无性芽胞，一般呈星芒状或三叉状，由多细胞构成。

产四川、云南及西藏，生于海拔500–800米低热河谷地区江河边或溪边石上、岩面薄土或土坡上。孟加拉有记录。

1. 叶（×38），2. 叶先端细胞（×270），3. 无性芽胞（×160）。

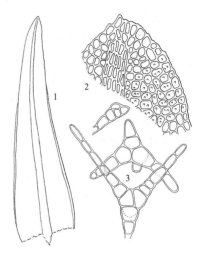

图 731 疣叶石灰藓（引自《横断山区苔藓志》）

4. 细叶石灰藓

图 732

Hydrogonium gracilentum (Mitt.) P. C. Chen, Hedwigia 80: 237.44f. 1, 2, 1941.

Barbula gracilenta Mitt., Journ. Proc. Linn. Soc., Bot. Suppl. 1: 35. 1859.

体形挺硬，密集丛生。叶呈三角状披针形或卵状披针形，先端渐尖；叶边中下部全缘，明显背卷，先端具微齿；中肋细弱，长达叶尖。叶中上部细胞呈4–6角形，壁薄，平滑无疣；基部细胞稍长大，呈不规则长方形。

产辽宁、河南、云南及西藏，生于海拔1000米以上的林下岩石或林缘土坡上。印度及巴基斯坦有分布。

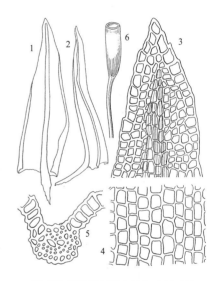

图 732 细叶石灰藓（引自《云南植物志》）

1-2. 叶（×38），3. 叶先端细胞（×380），4. 叶基部细胞（×380），5. 叶横切面的一部分（×380），6. 孢蒴（×16）。

5. 褶叶石灰藓

图 733

Hydrogonium inflexum (Duby) P. C. Chen, Hedwigia 80: 249. 49f. 1, 2. 1941.

Tortula inflexa Duby in Moritzi, Syst. Verz. Zoll. Pfl. 133. 1846.

植物体暗绿色，高约3厘米，疏丛生。茎直立，单一或具叉状分枝，基部密被假根，上部疏生叶。叶片干时皱缩，湿时伸展，倾立，基部阔，先端亦较宽，椭圆状或披针状舌形，顶端钝，具小尖头，叶片中下部具明显的纵皱褶；叶边全缘，平展。叶片上部细胞呈方形或多角形，平滑，无疣，或稀具细疣；叶基细胞较长大，平滑而透明。雌雄异株。蒴柄红色，长1–1.5厘米。孢蒴呈圆柱形。蒴盖圆锥形，具长喙。

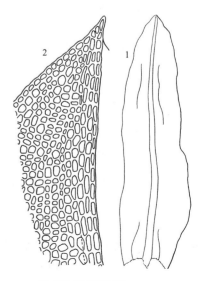

图 733 褶叶石灰藓（仿陈邦杰）

蒴齿基膜低，齿片狭长，具疣，向左二次旋扭。

产福建、广东及西藏，生于阴湿的土坡、溪沟边土壁或岩面薄土上。在印度尼西亚（爪哇）有分布。

1. 叶（×26），2. 叶先端细胞（×265）。

6. 爪哇石灰藓　　　　　　　　　　　　　图 734

Hydrogonium javanicum (Dozy et Molk.) Hilp., Beih. Bot. Centralbl. 50 (2): 632. 6c. 1933.

Barbula javanica Dozy et Molk., Ann. Sci. Nat., Bot. ser. 3, 2: 300. 1844.

植株黄绿色，密集丛生。茎直立，短小，高仅0.5–1厘米，多具叉状分枝。叶干时覆瓦状贴生，湿时倾立，呈卵状舌形；叶边中下部平展，先端略内凹或呈兜状，具微齿；中肋粗壮，长达叶尖。叶细胞呈不规则的方形—多角形，壁厚，多平滑无疣，稀具不明显的细疣。

产福建、海南、云南及西藏，多生于阴湿的岩石、土壁上、林缘、溪边土坡以及林地。印度、巴基斯坦、尼泊尔、缅甸、印度尼西亚有分布。

1. 叶（×33），2. 叶先端细胞（×355）。

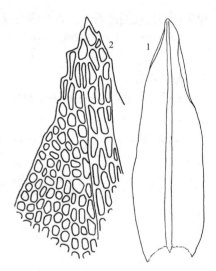

图 734　爪哇石灰藓（仿陈邦杰）

7. 拟石灰藓　　　　　　　　　　　　　图 735

Hydrogonium pseudo–ehrenbergii (Fleisch.) P. C. Chen, Hedwigia 80: 242. 47f. 2–5. 1941.

Barbula pseudo–ehrenbergii Fleisch., Musci Fl. Buitenzorg 1: 356. 1904.

植株柔软，疏松丛生。叶呈狭卵形或三角形，先端渐狭，顶圆钝；叶边全缘，先端背卷；中肋粗壮，长达叶尖。叶细胞呈规则的4–6边形，排列整齐，细胞壁薄，每个细胞具一至多个细疣，基部细胞稍长大，呈不规则长方形，平滑且透明。

产北京、陕西、福建、广东、贵州、四川及西藏，生于润湿的岩壁、土坡、林地或竹林下以及墙壁上。尼泊尔、印度、菲律宾及印度尼西亚（爪哇）有分布。

1. 叶（×34），2. 叶先端细胞（×410）。

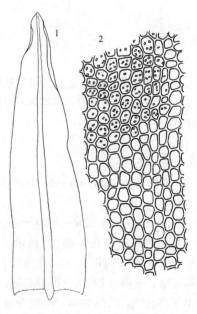

图 735　拟石灰藓（仿陈邦杰）

8. 暗色石灰藓　　　　　　　　　　　图 736

Hydrogonium sordidum (Besch.) P. C. Chen, Hedwigia 80: 239. 455. 4–5. 1941.

Barbula sordida Besch., Bull. Soc. Bot. France 41: 80. 1894.

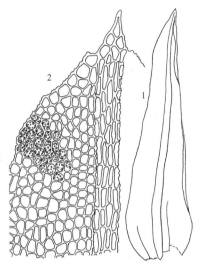

植物体密集丛生，灰绿色。茎直立，密被叶。叶片干燥时皱缩，潮湿时伸展，呈卵状阔披针形，下部多具纵长皱褶，先端宽且圆钝，具小尖头；叶边全缘，平展或稍背卷；中肋粗壮，长达叶尖，背面具明显突出的粗疣。叶上部细胞呈4–6角形，胞壁薄，每个细胞具多个不规则细疣；叶基部细胞较大，呈狭长方形。

图 736 暗色石灰藓（仿陈邦杰）

1. 叶（×38），2. 叶先端细胞（×280）。

产浙江、福建、广东、四川及云南，生于海拔1000–3000米阴湿的林下，多见于岩石、土坡、或沟边石壁及草地上。越南有分布。

15. 立膜藓属 Hymenostylium Brid.

植物体高约5–8厘米，绿色带褐色，密集丛生。茎直立，多分枝。叶干时贴茎，湿时向上伸展或背仰；叶片狭长，呈狭披针形或舌形，先端渐尖或圆钝；叶边全缘；中肋及顶或在叶尖下部消失。叶中上部细胞呈不规则方形，细胞壁上具多个突出的圆疣；基部细胞呈长方形，薄壁，透明。雌雄异株。蒴柄细长，黄褐带红色。孢蒴卵状圆球形。蒴盖圆锥形，先端具细长尖喙。蒴帽兜形。孢子褐色，被细疣。

约9种。我国有1种、3变种。

立膜藓　钩喙净口藓　　　　　　　图 737

Hymenostylium recurvirostrum (Hedw.) Dix., Rev. Bryol. Lichenol. 6: 96. 1934.

Gymnostomum recurvirostrum Hedw., Sp. Musc. Frond. 33. 1801.

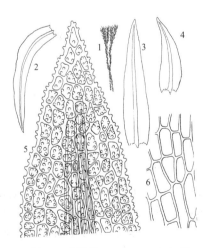

植株密集丛生。茎直立，往往密具分枝。叶披针形，先端渐尖；中肋长达叶尖下，但不突出。叶上部细胞多角状圆形至矩圆形，壁稍增厚，每个细胞壁具多个突出圆疣，在叶缘及中肋处，因有突出的高疣而呈粗糙的微齿状，叶基部细胞呈不规则的长方形，平滑。蒴柄细长。孢蒴直立，圆卵形。蒴齿缺失。蒴盖圆锥形，具斜长喙。

图 737 立膜藓（引自《横断山区苔藓志》）

产内蒙古、河北、河南、江苏、浙江、台湾、福建、四川、云南及西藏，多生于石灰岩面或岩缝中，稀见于高山林地、树干基部及西藏高原冰川石上。日本、尼泊尔、印度、巴基斯坦、俄罗斯、欧洲、北非及美洲有分布。

1.植物体(×1.7)，2-4.叶(×34)，5.叶先端细胞(×400)，6.叶基部细胞(×400)。

16. 湿地藓属 Hyophila Brid.

　　植物体矮小，密集丛生。茎直立，稀分枝。叶干燥时内卷，长椭圆状舌形，先端圆钝，具小尖头；叶边全缘或先端具微齿；中肋粗壮，长达叶尖或稍突出。叶上部细胞小，呈长方-多边状圆形，具细疣或平滑；基部细胞长方形，平滑透明。雌雄异株。雌苞叶较小，或与营养叶同形。蒴柄细长，直立。孢蒴直立，长圆柱形。环带分化，自行卷落。无蒴齿。蒴盖圆锥形，先端有狭长喙。蒴帽兜形。孢子形小，壁平滑。

　　约115种，主要分布于亚热带至热带，多生于润湿的土上及岩石上。我国有7种。

1. 叶边上部有明显的锯齿 ·· 1. 卷叶湿地藓 H. involuta
1. 叶边近于全缘。
　　2. 叶细胞近于圆形，壁强烈增厚 ·································· 2. 湿地藓 H. javanica
　　2. 叶细胞多角状方形，壁较薄。
　　　3. 叶卵状舌形，基部较阔，较短；具无性芽孢 ············· 3. 芽孢湿地藓 H. propagulifera
　　　3. 叶匙形，基部较长；不具无性芽孢 ······················· 4. 匙叶湿地藓 H. spathulata

1.　卷叶湿地藓 欧洲湿地藓　　　　　　　图 738 彩片132

Hyophila involuta (Hook.) Jaeg., Ber. Thaetigk. St. Gall. Naturw. Ges. 1871–72: 354. 1873.

Gymnostomum involutum Hook., Musci Exot. 2: 154. 1819.

　　植物体高约1.2厘米，密集丛生。叶干燥时向内卷曲，潮湿时伸展，长椭圆状舌形，叶基较阔，先端圆钝，具小尖头；叶边下部稍具波曲，上部具明显的锯齿；中肋粗壮，长达叶尖。叶中上部细胞3-5角状圆形，壁稍厚，无疣，仅腹面略具乳头状突起。蒴柄长1-1.5厘米。孢蒴直立，长圆柱形。无蒴齿。蒴盖呈圆锥形，先端具长喙。孢子圆形，壁平滑。

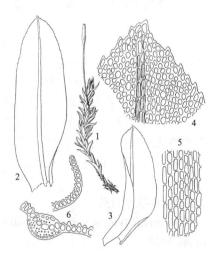

图 738 卷叶湿地藓（引自《横断山区苔藓志》）

　　产吉林、辽宁、河北、河南、山东、江苏、台湾、福建、江西、湖北、广东、海南、广西、四川、云南及西藏，广泛生于海拔1000-3000米的林地、林缘或沟边的石灰岩、土坡或墙壁上。日本、印度、尼泊尔、缅甸、越南、印度尼西亚、俄罗斯（远东地区）、欧洲、南北美洲及大洋洲有分布。

　　1.植物体(×1.6)，2-3.叶(×25)，4.叶先端细胞(×180)，5.叶基部细胞(×180)，6.叶片横切面(×165)。

2.　湿地藓 爪哇湿地藓　　　　　　　图 739

Hyophila javanica (Nees et Blum.) Brid., Bryol. Univ. 1: 761. 1827.

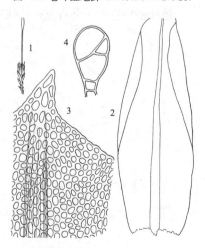

图 739 湿地藓（引自《横断山区苔藓志》）

Gymnostomum javanicum Nees et Blume, Nova Acta Phys.–Med. Acad. Caes. Leop.–Carol. Nat. Cur. 11 (1): 129. 12f: 2. 1823.

体形细小，丛生。茎直立，不分枝，长不及1厘米。叶片干燥时内卷，椭圆状舌形，先端圆钝，具小尖头；叶边全缘；中肋粗壮，长达叶尖。叶中上部细胞较小，多角状近圆形，细胞壁特厚，平滑无疣；叶基部细胞较大，长方形。蒴柄细长，直立。孢蒴长圆柱形，直立。蒴齿缺失。蒴盖圆锥形，先端具长喙。

产河北、河南、江苏、福建、海南、四川及云南，多生于沟边或墙脚阴湿的岩石、土壁和林下岩面薄土上。印度尼西亚（爪哇）有分布。

1. 植物体(×2.2), 2. 叶(×33), 3. 叶先端细胞(×240), 4. 无性芽孢(×240)。

3. 芽胞湿地藓

图 740

Hyophila propagulifera Broth., Hedwigia 38: 212. 1899.

植物体细小，高仅约5毫米，呈黄绿色。茎直立，单一，上部密被叶，下部密被假根。叶片干燥时向内呈螺旋状卷曲，潮湿时伸展，呈卵状舌形，先端急尖；叶缘上部具微齿，下部全缘；中肋粗壮，长达叶尖。叶上部细胞呈圆形至六角形，具乳头突；叶基细胞较大，呈长方形，平滑。在叶腋密生多数球形或卵状由多细胞组成的无性芽胞。

产江苏、广东及云南，生于海拔1000–2000米的林地、林缘及沟边岩石上，或土壁上。日本有分布。

1. 叶(×48), 2. 叶先端细胞(×365), 3. 无性芽孢(×365)。

图 740 芽胞湿地藓（仿陈邦杰）

4. 匙叶湿地藓

图 741

Hyophila spathulata (Harv.) Jaeg., Ber. Thaetigk. St. Gall. Naturw. Ges. 1871–72: 353. 1873.

Gymnostomum spathulatum Harv. in Hook., Icon. Pl. 1: 17f. 1. 1836.

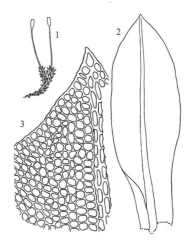

植物体矮小，丛生，绿色或褐绿色。茎直立，高约1.5厘米，单一或分枝。叶长约1.4毫米，叶基狭，向上渐宽呈匙形，先端急狭，具小尖头；叶边平展，近于全缘或仅下部具微齿；中肋较细，长达叶尖部消失。叶片上部细胞小，呈4–6角形，细胞壁薄；基部呈短矩形，呈

图 741 匙叶湿地藓（仿陈邦杰）

半透明状。蒴柄直立，黄色。孢蒴较小，椭圆状圆柱形，直立，红棕色。蒴盖圆锥形，具直立长喙。蒴

齿缺如。

产江苏、浙江、福建、湖南、广西及云南，多生于海拔1000-2500米的林地、林缘岩面、土壁或石灰墙上。尼泊尔及印度尼西亚（爪哇）

有分布。

1. 植物体（×2.4），2. 叶（×36），3. 叶先端细胞（×285）。

17. 薄齿藓属 Leptodontium (C. Müll.) Hampe ex Lindb.

植物体较粗壮，疏丛生。茎直立，高3-5厘米，具叉状分枝或成丛分枝。叶疏生，干时扭转贴生茎上或皱缩，湿时倾立或背仰，长椭圆形或长卵状披针形，先端阔，急尖；叶边下部全缘，稍背卷，上部平展，具细齿；中肋粗壮，在叶尖稍下处消失。叶中上部细胞呈4-6边形或多角状圆形，壁薄或稍厚，具多个圆形细疣；基部细胞稍长大，平滑无疣，黄色或透明。雌雄异株。雌苞叶较长大，基部呈鞘状。蒴柄细长，有时多数丛生。孢蒴长圆柱形，直立或稍弯曲。环带具多列细胞，自行卷落。蒴齿无基膜，齿片纵长两裂，具疣及纵斜纹；稀具前齿层。蒴盖圆锥形，有长喙。孢子黄色，具细疣。

约46种，多分布温带至热带地区。我国有5种。

1. 植株较矮小或纤细；叶片呈卵圆形，先端急尖，不背仰；上部边缘具细齿 ·············· 1. 齿叶薄齿藓 L. handelii
1. 植株较粗大；叶片呈卵状或椭圆状长披针形，卷曲的先端背仰；上部边缘具不规则的粗钝齿。
　　2. 叶细胞较大，直径约20微米，密被突出的星状疣 ···················· 2. 疣薄齿藓 L. scaberrimum
　　2. 叶细胞较小，直径不超过10微米，胞壁具多个小圆疣 ···················· 3. 薄齿藓 L. viticulosoides

1. 齿叶薄齿藓 韩氏薄齿藓　　　　　　　　图742

Leptodontium handelii Thér., Ann. Crypt. Exot. 5: 171. 1932.

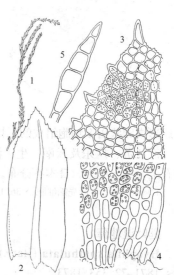

植株纤细，黄绿色，疏丛生。茎高1.5-2厘米，具分枝，基部密被假根。叶干时贴生茎上，湿时倾立，呈椭圆状或卵状舌形，先端急尖或圆钝，具短尖头；叶边下部全缘，上部具粗齿；中肋粗壮，在叶尖下消失。叶细胞呈4-6边形，薄壁，排列整齐，具多个小圆疣。

产四川、云南及西藏，多生于林地上及腐木上，也见于林缘石壁及土坡上。印度北部有分布。

1. 植物体（×2.5），2. 叶（×38），3. 叶先端细胞（×275），4. 叶基部细胞（×275），5. 无性芽孢（×275）。

图 742 齿叶薄齿藓（引自《横断山区苔藓志》）

2. 疣薄齿藓　　　　　　　　图743 彩片133

Leptodontium scaberrimum Broth., Symb. Sin. 4: 36. 1929.

植物体疏丛生，呈亮绿带黄色。茎多单一，直立或倾立，高3厘米。叶干时贴生茎上，潮湿时背仰，卵状披针形，先端短渐尖，长约4毫米；叶边下部背卷，上段具不规则的细锯齿；叶中肋粗壮，在叶尖稍下处消失，背面具密疣。叶上部细胞呈多角状圆形或方形，直径约20微米，密被不规则的星状疣；叶基部细胞较长大，平滑无疣。

我国特有，产河南、贵州、四川及云南，生于海拔2000–3000米的林缘岩石或土壁上。

1. 叶中部边缘细胞（×700）。

3. 薄齿藓 粗叶薄齿藓 图 744 彩片134

Leptodontium viticulosoides (P. Beauv.) Wljk et. Marg., Taxon 9: 51. 1960.

Neckera viticulosoides P. Beauv., Prodr. Aetheogam. 78. 1805.

植物体疏丛生。茎直立或倾立，长约10厘米，具不规则分枝，有纵长密被红棕色平滑而多分枝的地上茎。叶片干时直伸，湿时具弯曲的龙骨状皱褶，叶基较狭，呈卵状披针形，先端渐尖；叶缘具狭的卷边，仅上半部具不规则的锯齿；中肋较细，在叶尖稍下处即消失。叶细胞壁厚，呈圆形或不规则的长方状多角形，密被疣；基部细胞较长大。雌苞叶较一般叶长大。

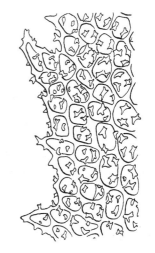

图 743 疣薄齿藓（引自《横断山区苔藓志》）

蒴柄长1.5–2厘米，直立，黄红色。孢蒴呈长卵状圆柱形。环带由5–6列细胞组成。蒴盖具长斜喙。蒴齿呈线状，较短。

产贵州及云南，多生于海拔1800–2500米的林地或树干上。尼泊尔，印度北部及不丹有分布。

1. 植物体（×1.8），2. 叶（×18），3. 叶先端细胞（×200），4. 叶基部细胞（×200）。

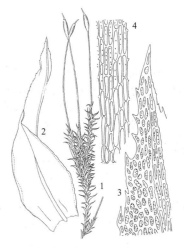

图 744 薄齿藓（引自《横断山区苔藓志》）

18. 芦氏藓属 Luisierella Thér. et P. Varde

植物体极矮小，高仅约2毫米，成束聚生。茎极短，单生。叶簇生于茎上部，呈狭长椭圆形或长舌形，先端圆钝；叶边全缘，略内卷；中肋长达叶尖稍下处即消失。叶中上部细胞呈多角状圆形，壁稍加厚，腹面具一个大而明显的乳头突起，在叶缘处即似小圆突齿；叶基部细胞分化呈宽大的不规则长方形，薄壁而透明。雌雄异株。蒴柄长约2–5毫米。孢蒴直立，长圆柱形。蒴齿齿片呈线形，或退化，或缺失。蒴盖锥形，具尖喙。蒴帽兜形，平滑。孢子小，亮褐色，平滑。

2种，我国记录有1种。

短茎芦氏藓 短茎圆口藓 图 745

Luisierella barbula (Schwaegr.) Steere, Byologist 48: 84. 1945.

Gymnostomum barbula Schwaegr., Sp. Musc. Suppl. 2(2): 77, 175. 1826.

植物体矮小，高仅为1.5厘米，密集丛生。茎单生，稀具分枝，密被叶。叶片干燥时卷曲，潮湿时斜向伸展，呈披针状长舌形，先端圆钝；叶边近于全缘，或稍呈波状；中肋粗壮，长不及叶尖，在叶先端以下消失。叶片上部细胞呈多角状圆形，胞壁增厚，半透明，具不太明显的乳头突起；叶基部细胞呈不规则的长方形，形较大，且壁薄而透明。基叶较小。雌苞叶无分化。蒴

柄直立，长约6毫米。孢蒴直立，长卵状圆柱形，弯曲。蒴口环带为单列细胞。蒴盖具短而粗的喙。蒴齿直立，齿片上密被疣。孢子圆球形，平滑。

产江苏、福建及云南，多生于岩面、石缝中或岩面薄土上，有时也附生于树干。印度尼西亚（爪哇）热带山地有分布。

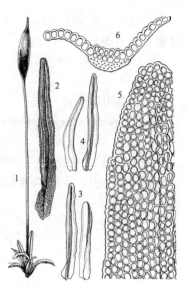

1. 植物体(×5)，2-4. 叶(2. ×40，3-4. ×25)，5. 叶先端细胞(×400)，6. 叶横切面(×400)。

图 745 短茎芦氏藓（仿 Zander）

19. 大丛藓属 Molendoa Lindb.

植物体较粗大，鲜绿或黄绿色，疏松丛生。茎直立，高3-15厘米，易折断，稀具叉状或侧生小分枝；横断面呈三角形，有大形薄壁细胞构成的中轴。叶基部阔大，呈鞘状，上部狭长披针形，潮湿时倾立，干时卷缩；中肋强劲，长达叶尖。叶上部细胞呈不规则的多角形至方形，绿色，厚壁，具多个单疣；基部细胞渐成长方形，平滑或无色透明。雌雄异株。蒴柄细长。孢蒴呈倒卵形。蒴盖具斜长喙，常与蒴轴相连。蒴帽兜形。孢子黄棕色，平滑或具密疣。

约20种，多生于潮湿林下岩石上，常见于石灰岩壁及岩洞附近。我国有3种及2变种。

1. 叶基部较宽，呈鞘状；叶边缘具细锯齿 ·· 1. 大丛藓 **M. hornschuchiana**
1. 叶基较狭，不呈鞘状；叶边缘平滑无齿。
　2. 茎高达5厘米；叶狭披针形 ··· 2. 高山大丛藓 **M. sendtneriana**
　2. 茎高1-2厘米；叶线形 ··························· 2（附）. 云南高山大丛藓 **M. sendtneriana var. yunnanensis**

1. 大丛藓 毛氏藓
图 746

Molendoa hornschuchiana (Hook.) Lindb. ex Limpr., Laubm. Deutschl. 1: 248. 1886.

Hedwigia hornschuchiana Hook., Musci Exot. 2: 103. 1819.

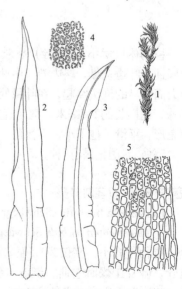

体形较粗壮，鲜绿或棕绿色，疏松丛生。茎高约4-10厘米或更高，多具直立的疏分枝。叶密生，基部较阔，呈鞘状，向上狭长呈狭披针形，先端渐尖；叶边上部近于全缘，基部边缘有细锯齿；中肋粗壮，长达叶尖或在先端稍下处即消失。叶上部细胞壁厚，不规则的多

图 746 大丛藓（引自《横断山区苔藓志》）

角状圆形，每个细胞壁上具数个圆形单疣；叶基部细胞呈多角状长方形，多平滑无疣。孢子体侧生。蒴柄短。孢蒴呈倒卵形。蒴盖具长斜喙。蒴齿缺如。

产山西、陕西、江西、湖南、四川及云南，生于海拔3000米以上针叶林地、岩石及土坡。俄罗斯、欧洲及北非有分布。

1. 植物体(×1.7)，2-3. 叶(×30)，4. 叶中部细胞(×300)，5. 叶基部边缘细胞(×300)。

2. **高山大丛藓** 高山毛氏藓   图 747

Molendoa sendtneriana (Bruch et Schimp.) Limpr., Laubm. Deutschl. 1: 250. 1886.

Anoectangium sendtnerianum Bruch et Schimp. in B. S. G., Bryol. Eur. 1: 91. 39. 1846.

植物体粗壮，鲜绿色，疏松丛生。茎高达5厘米。叶基部狭缩，向上呈狭披针形，先端渐尖；叶边全缘；中肋粗壮，长达叶尖或稍突出，呈锐尖头，叶上部细胞不规则多角状圆形，每个细胞具数个圆形单疣；基部细胞较透明，呈长方形，多平滑。

产吉林、山西、陕西、甘肃、江苏、安徽、浙江、台湾、福建、江西、广东、四川、云南及西藏，生于海拔500米至3000米以上各林带地上、岩石、林缘石壁、岩面薄土或土坡上。日本、印度、中亚、俄罗斯（高加索、西伯利亚）及美国（阿拉斯加）有分布。

1. 植物体(×1.5)，2-3. 叶(×33)，4. 叶先端细胞(×330)，5. 叶基部边缘细胞(×330)。

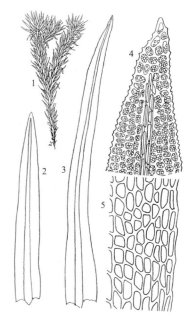

图 747 高山大丛藓（引自《云南植物志》）

出。叶上部细胞呈不规则圆形至多角形，疏被不明显的细疣或平滑无疣。我国特有，产内蒙古、河北、河南、山西、陕西、新疆、安徽、江西、四川、云南及西藏，生于海拔2500–4500米的高山林地、岩面、杜鹃灌丛下、高山草甸土、冰川地上或沼泽地上。

[附] 云南高山大丛藓　云南毛氏藓　**Molendoa sendtneriana** var. **yunnanensis** (Broth.) Gyoerffy in Thér., Bull. Soc. Sc. Nancy ser. 4, 2: 704. 1–4. 1926.——*Molendoa yunnanensis* Broth., Akad. Wiss. Wien Sitzangsber., Math.–Naturwiss. Kl., Abt. !, 131: 209. 1922.　与模式变种的差别在于：植株较短小，高仅1–2厘米；叶较短小，呈线形，先端急尖；中肋不突

20. **球藓属 Phascum** Hedw.

植物体极小，绿色或黄绿色，疏丛生。茎直立，单生或具分枝。叶集于茎顶呈莲座状，长卵圆形或倒卵圆形，先端急尖，具小尖头；叶边全缘；中肋突出叶尖呈芒刺状。叶上部细胞呈圆方形或短菱形，胞壁薄，多具1至几个马蹄形的疣；叶缘2–3列细胞平滑无疣；叶基细胞呈长方形，平滑，透明。雌雄同株。蒴柄极短。孢蒴圆球形，隐生于雌苞叶内。无环带、蒴齿及蒴盖的分化。孢子黄褐色，具密疣。

1种，多生于高寒山地，分布于北温带及寒带地区。我国有分布。

球藓   图 748

Phascum cuspidatum Hedw., Sp. Musc. Frond. 22. 1801.

植物体绿色或黄绿色，疏散丛生。茎单一，直立，高2–4毫米。叶

干燥时紧贴或稍卷曲，潮湿时直展，长卵圆形；叶边全缘，中下

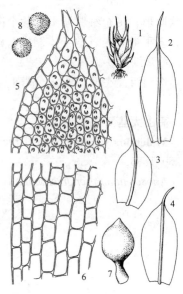

部稍背卷；中肋粗壮，自叶尖突出，呈平滑而透明的长毛尖。叶上部细胞圆方形，壁薄，常具1-2个马蹄形的细疣；叶缘2-3列细胞往往平滑无疣。蒴柄极短。孢蒴隐没于雌苞叶中，球形或椭圆形，先端钝尖，无蒴盖及蒴齿。孢子棕黄色，密被细疣。

产内蒙古、河北、甘肃、新疆及西藏，多生于白桦林及栎林地、向阳的土坡、岩面薄土或岩缝中。在蒙古、俄罗斯 (西伯利亚)、中亚、欧洲、北非及北美洲有分布。

1. 植物体(×12), 2-4. 叶(×26), 5. 叶先端细胞(×260), 6. 叶基部边缘细胞(×260), 7. 孢蒴(×26), 8. 孢子(×260)。

图 748 球藓 (引自《内蒙古苔藓植物志》)

21. 侧出藓属 Pleurochaete Lindb.

体形较粗壮，稀疏丛生。茎直立，皮部不发达，具分化中轴，单一或具分枝。叶密生或丛集枝端，干时扭缩，湿时背仰，基部阔大成鞘状，上部渐狭成披针形；叶边呈波状，稍内曲，自尖部以下至中部有锯齿；中肋强劲，先端略突出叶尖。叶片上部细胞呈多角状圆形，胞壁两面均密被疣；基部细胞较长大，呈长方形，薄壁透明，平滑无疣，沿叶边两侧向上延伸，形成明显分化的"V"形叶基。雌雄异株。孢子体着生于侧生短枝顶部。蒴柄长，直立。孢蒴直立，长卵状圆柱形。环带由蒴壁细胞构成，成熟后自行散落。蒴齿具短基膜，齿片32枚，被疣，长而左旋。蒴帽呈狭长圆锥形。

5种，分布于南北半球的暖热地区，多生于石灰岩上或钙质土上。我国仅1种。

侧出藓　　　　　　　　　　　　　　图 749

Pleurochaete squarrosa (Brid.) Lindb., Oefv. Foerh. Kongl. Svenska Vetensk.–Akad. 21: 253. 1864.

Barbula squarrosa Brid., Bryol. Univ. 1: 833. 1827.

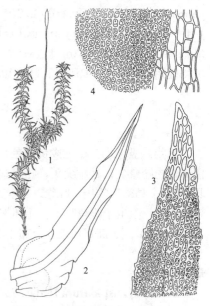

植物体粗壮，高约3-6厘米。茎直立，往往叉状分枝，具芽状的小短枝。叶密集，潮湿时背仰，干时皱缩，叶基阔，呈鞘状，向上渐狭成披针形；叶缘波曲，上部有细锯齿；中肋粗壮，长达叶尖，并稍突出。叶上部细胞呈多角状不规则圆形，密被疣；叶基部及下部边缘细胞明显分化成长方形，较长大，平滑无疣，透明。孢蒴特征同属。

产河北、河南、台湾、四川及云南，生于海拔1500-3000米林地、

图 749 侧出藓 (仿陈邦杰)

林缘岩面或土壁上。喜马拉雅山脉西南部、西亚、俄罗斯（亚洲地区）、欧洲、北非及北美洲有分布。

1. 植物体（×2.4），2. 叶（×28），3. 叶先端细胞（×215），4. 叶基部边缘细胞（×215）。

22. 丛藓属 Pottia (Reichenb.) Ehrh. ex Fürnr.

植物体矮小，密集丛生。茎直立，常短小，单一，稀分枝。叶多丛生于茎顶端，呈卵圆形、倒卵圆形或椭圆形，先端剑头形或舌形，具短尖头或毛状长尖，稀圆钝；叶边平直或略内卷；中肋长达叶尖或稍突出。叶上部细胞呈4-6边形，常两面具疣，稀平滑；基部细胞长方形，平滑。雌雄同株或异株。雌苞叶与叶同形。蒴柄细长或短。孢蒴圆球形或倒卵形。蒴盖圆锥形，有时与蒴轴相连而不脱落。蒴齿不发育或缺如，或具16枚不规则的短齿片。蒴帽兜形。孢子黄棕色，具疣。

约60种，多生长于温带及暖热地区。我国有4种。

1. 叶片呈阔卵圆形，蒴齿退化，齿片甚短，不规则 ·· 1. 短齿丛藓 P. intermedia
1. 叶片呈长倒卵圆形；蒴齿发育较好，齿片较长，呈披针形 ·················· 2. 具齿丛藓 P. lanceolata

1. 短齿丛藓 图 750

Pottia intermedia (Turn.) Fürnr., Flora 12, 2. (Erg.2): 13. 1829.

Gymnostomum intermedium Turn., Muscol. Hibern. Spic. 7. pl. 1: f. a–c. 1804.

体形矮小，丛生。茎直立，长约5毫米，稀具分枝。叶覆瓦状排列，基部阔，阔卵状披针形，先端渐尖，顶端具长毛尖；叶边全缘，稍内卷；中肋粗壮，长达叶尖且突出，腹面具不规则的矮栉片。叶上部细胞呈4-6边形，背腹两面均密被细疣；基部细胞较长大，呈长方形，平滑无疣。蒴柄细长，长约5-7毫米。孢蒴直立，倒卵形。齿片短，不规则，密被疣。蒴盖圆锥形。

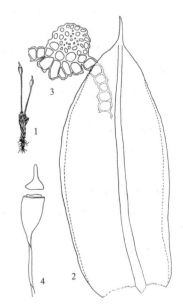

图 750 短齿丛藓（仿陈邦杰）

产福建及四川，生于墙壁、背阴石上或土上。日本、欧洲、北美洲及澳大利亚有分布。

1. 植物体（×2.1），2. 叶（×32），3. 叶片横切面的一部分（×230），4. 孢蒴（×14）。

2. 具齿丛藓 图 751

Pottia lanceolata (Hedw.) C. Müll., Syn. Musc. Frond. 1: 548. 1849.

Encalypta lanceolata Hedw., Sp. Musc. Frond. 63. 1801.

密集丛生的小形藓类，茎长约1厘米。叶密集，卵圆形或倒卵形，先端急尖，具短尖头；叶边全缘，平展，具明显的分化边；中肋粗壮，突出叶尖呈芒刺状；叶细胞4-6边形，薄壁，平滑。蒴柄长约1.5厘米。孢蒴卵形。蒴齿齿片短，直立，呈披针形，密被细疣。蒴盖圆锥形，具短直喙。蒴帽兜形。

产内蒙古及西藏。多生于背阴的林地或岩石上。日本、西亚、欧

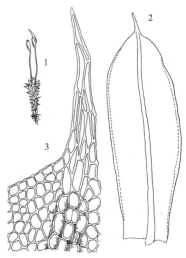

图 751 具齿丛藓（仿陈邦杰）

洲、北非及北美洲有分布。

1. 植物体(×1.9)，2. 叶(×29)，3. 叶先端细胞(×210)。

23. 拟合睫藓属 Pseudosymblepharis Broth.

体形较高大，疏松丛生。茎直立，高3-8厘米，下部稀分枝，上部枝叶密生。叶干时皱缩，湿润时四散扭曲，基部较宽，呈鞘状，向上渐狭，呈狭长披针形，先端渐尖；叶边平直，全缘；中肋粗壮，长达叶尖或突出呈刺芒状。叶上部细胞绿色，呈不规则多角形，细胞壁上具数个粗疣；下部细胞呈方形至长方形，平滑，无色透明，沿叶缘两侧向上延伸，呈明显分化的边缘。雌雄异株。蒴柄细长。孢蒴直立，呈圆柱形。蒴齿单层，齿片短披针形，直立，黄色，具细疣。

约9种，主要分布于印度至太平洋地区及中美洲，多生于湿热地带的林地。我国有4种。

1. 叶中肋突出叶先端较长，呈长刺芒状 ·· 1. 狭叶拟合睫藓 P. angustata
1. 叶中肋略突出叶先端，呈小尖头状 ·· 2. 细拟合睫藓 P. duriuscula

1. 狭叶拟合睫藓 图 752

Pseudosymblepharis angustata (Mitt.) Hilp., Beih. Bot. Centralbl. 50 (2): 676. 1933.

Tortula angustata Mitt., Journ. Proc. Linn. Soc., Bot., Suppl. 1: 128. 1859.

植物体鲜绿或黄绿色，疏松丛生。叶干时强烈卷缩，呈狭长披针形，先端渐尖；叶边平展，全缘；中肋细长，先端突出叶尖呈芒刺状。叶细胞薄壁，呈4-6边形，密被多个圆形突出的疣；叶基部细胞稍有分化，呈长方形，胞壁厚，多平滑无疣。

产宁夏、安徽、浙江、台湾、湖南、广东、广西、贵州、四川、云南及西藏，生于海拔1800-3500米林地、阴湿的岩石或岩面薄土上。日本、印度、缅甸、印度尼西亚等国有分布。

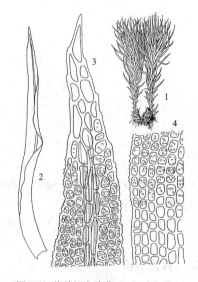

图 752 狭叶拟合睫藓（引自《云南植物志》）

1. 植物体(×8)，2. 叶(×35)，3. 叶先端细胞(×510)，4. 叶近基部边缘细胞(×510)。

2. 细拟合睫藓 图 753

Pseudosymblepharis duriuscula (Mitt.) P. C. Chen, Hedwigia 80: 153, 15f. 11. 1941.

Tortula duriuscula Mitt., Journ. Proc. Linn. Soc., Bot., Suppl. 1: 27. 1859.

植物体鲜绿色或黄绿色，疏松丛生。茎直立，稀分枝。叶狭长披针形，干燥时卷曲，叶先端渐尖；叶边平展，全缘；中肋细长，先端突出叶尖，呈短尖头。叶上部细胞呈多角状圆形，每个细胞具多个圆疣；叶基部细胞稍有分化，呈较长大的长方形，胞壁平滑无疣。

产陕西、浙江及四川，生于林地、林下石上、阴湿岩壁，或瀑布下岩面上。斯里兰卡有分布。

1. 植物体(×4)，2. 叶(×26)，3. 叶中部细胞(×435)，4. 叶近基部边缘细胞(×435)。

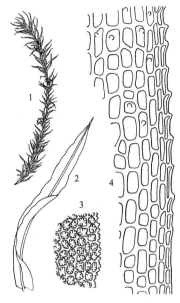

图 753 细拟合睫藓（引自《中国苔藓志》）

24. 盐土藓属 Pterygoneurum Jur.

植物体细小，黄绿色，呈鳞茎状小片丛生。茎极短，稀分枝。叶干时覆瓦状紧贴，湿时伸展；叶片呈卵形、椭圆形或短舌状，内凹成瓢状，叶边全缘；中肋粗壮，突出叶尖成长毛状；叶腹面上部中肋处着生2-4列绿色的栉片。叶上部细胞呈不规则多角形，壁薄，具少数C形疣；基部细胞长方形，薄壁，平滑。雌雄同株。蒴柄粗短，孢蒴直立，呈椭圆状短圆柱形。蒴盖锥形，具粗长直喙、蒴帽兜形，平滑。孢子大，褐色，具疣。

本属约12种，多分布于北温带及寒带地区。我国有2种。

盐土藓　　　　　　　　　　　　图 754

Pterygoneurum subsessile (Brid.) Jur., Laubm–Fl. Oest.–Ungarn. 96. 1882.

Gymnostomum subsessile Brid., Muscol. Recent. Suppl. 1: 35. 1806.

植物体银白色或黄色，密集丛生。茎直立，单一或基部分枝，高2-4毫米。叶片长卵形或椭圆形，强烈内凹；中肋粗壮，突出叶尖，呈透明具齿的长毛尖，腹面上半部中肋上着生2-4列绿色的栉片。叶片上部细胞圆方形或椭圆形，平滑或背面具马蹄形细疣；基部细胞圆方形或长方形，薄壁平滑。雌雄同株。蒴柄短。孢蒴隐没于雌苞叶中，呈半球形或球形，黄棕色。无环带及蒴齿。蒴帽圆锥形，下部具裂。

产内蒙古及河北。多生于山区岩面薄土、树基及土墙上。蒙古、俄罗斯、中亚、欧洲、北非及北美洲有分布。

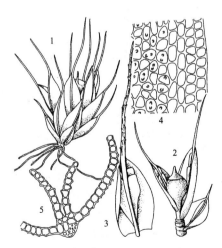

图 754 盐土藓（引自《内蒙古苔藓植物志》）

1-2. 植物体(×10)，3. 叶(×20)，4. 叶上部边缘细胞(×200)，5. 叶上部横切面(×35.5)。

25. 仰叶藓属 Reimersia P. C. Chen

植物体稀疏交织丛生。茎直立，单一或具叉状分枝。叶疏生，呈3列状，干时直展，湿时背仰，内折；叶基部呈阔卵状，向上呈狭长披针形，基部稍狭而下延，先端渐尖；叶边全缘；中肋粗壮，突出叶尖呈刺芒状。叶细胞平滑无疣，透明，胞壁不规则增厚，上部细胞呈方形或不规则菱形；下部细胞狭长，呈蠕虫形，近叶缘胞腔趋狭，近于呈线形。孢蒴直立，长卵形。蒴齿缺如。蒴盖圆锥形，先端具长喙。蒴帽兜形。

本属仅1种，多生于热带及亚热带林地。我国有分布。

仰叶藓 芮氏藓　　　　　　　　　　　　　　图 755

Reimersia inconspicua (Griff.) P. C. Chen, Hedwigia 80: 62. 9. 1941.

Gymnostomum inconspicuum Griff., Calcutta Journ. Nat. Hist. 2: 480. 1842.

种的特征同属。

产山东、台湾、贵州、四川、云南及西藏，生于海拔2000米以下的低热河谷林下有滴水流经的岩石上。尼泊尔、印度北部及菲律宾有分布。

1. 植物体(×0.8), 2. 叶(×36), 3. 叶先端细胞(×390), 4. 叶近基部边缘细胞(×390)。

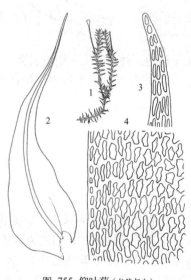

图 755 仰叶藓（仿陈邦杰）

26. 舌叶藓属 Scopelophila (Mitt.) Lindb.

体形柔软，密集丛生，基部密被黄棕色假根。茎直立，粗壮，多逐年苗生新枝。叶干时平展或具纵褶，长椭圆状舌形或剑头形；中肋细，长达叶尖或在叶尖稍下处消失。叶中上部细胞呈不规则多角形，壁稍增厚，无疣；基部细胞较长大，薄壁，平滑。雌雄异株。孢蒴直立，长卵形或长椭圆状圆柱形。蒴齿缺失。蒴盖呈圆锥形，具长喙。蒴帽兜形。

约17种，多分布于热带及亚热带地区。我国有2种。

1. 茎直立，稀分枝；叶狭长椭圆状披针形，先端急尖呈剑头形 ·················· 1. **剑叶舌叶藓** S. cataractae
1. 茎多具叉状分枝；叶倒卵状或阔椭圆状舌形，先端阔而圆钝 ·················· 2. **舌叶藓** S. ligulata

1. **剑叶舌叶藓** 剑叶藓　　　　　　　图 756 彩片135

Scopelophila cataractae (Mitt.) Broth., Nat. Pfl. 1(3): 436. 1902.

Weissia cataractae Mitt., Journ. Linn. Soc., Bot. 12: 135. 1869.

植物体较柔软，紧密丛生，基部密被黄棕色假根。茎直立，稀分枝。叶狭长椭圆状披针形，基部狭缩，先端急尖，呈剑头形；叶边全缘，下部稍背卷，中上部平展；中肋细长，在叶尖稍下处消失。叶中上部细胞呈多角形，壁薄而平滑；基部细胞较长大，壁薄，透明。孢蒴细圆柱形，蒴口小。

产辽宁、陕西、甘肃、江苏、安徽、台湾、福建、江西、湖南、广西、四川、云南及西藏，多生于河谷边林地、岩石、岩面薄土、石穴或石缝处，在沟谷边沙石上也有生长。朝鲜、日本、尼泊尔、印度、印度尼西亚及菲律宾有分布。

　　1. 叶(×31)，2. 叶先端细胞(×240)。

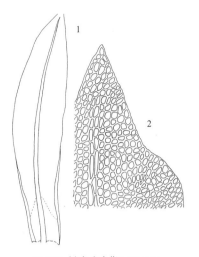

图 756 剑叶舌叶藓（仿陈邦杰）

2. 舌叶藓　　　　　　　　　　　　　　图 757

Scopelophila ligulata (Spruce) Spruce, Journ. Bot. 19: 14. 1881.

Encalypta ligulata Spruce, Musci Pyren. 331. 1847.

植物体暗绿色，老时呈暗褐色，密集丛生。茎高可达5厘米，易破碎，单一或具叉状分枝，下部密被红棕色假根。叶干燥时皱缩，潮湿时倾立，长椭圆状或倒卵状舌形，多具纵褶，先端较阔，顶部圆钝，叶基较狭；叶边全缘，多平展，下部稍内卷，具不太明显的分化叶边；中肋长达叶尖稍下处消失。叶细胞平滑而透明，上部细胞小，呈4–6边形，直径仅5–8微米。蒴柄长5毫米。孢蒴直立，呈卵状。蒴盖具短喙状尖。蒴齿缺如。

产辽宁、安徽、浙江、台湾、贵州、四川及云南，生于阴湿的岩石、墙壁、土坡以及林地。日本、喜马拉雅西北部、菲律宾、印度尼西亚（爪哇）、欧洲、北非及南北美洲有分布。

　　1. 植物体(×2)，2. 叶(×31)，3. 叶先端细胞(×220)，4. 叶片横切面的一部分(×220)。

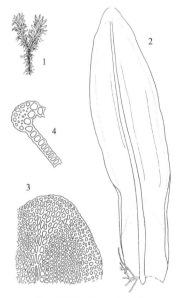

图 757 舌叶藓（仿陈邦杰）

27. 石芽藓属　Stegonia　Vent.

植株短小，鲜绿色带银白色，疏丛生。茎长约2毫米，单生，稀分枝。叶密集覆瓦状排列，呈芽苞状，心脏形或阔倒卵圆形，常内凹成瓢状，基部较狭；叶边全缘，无分化边；中肋细长，在叶尖稍下处消失。叶上部细胞呈菱形或六角形，壁稍厚，平滑；基部细胞短矩形，平滑无疣。雌雄异苞同株。蒴柄细长，黄棕色，长约2–2.5厘米。孢蒴卵状长圆柱形，具短台部。蒴齿直立，齿片16条，呈长披针形，不分裂或不规则纵裂，密被粗疣。蒴盖短圆锥形，具斜喙。孢子红棕色，有疣。

2种，分布北半球温带、寒带及高山地区。我国有1种。

石芽藓　　　　　　　　　　　　　　图 758

Stegonia latifolia (Schwaegr.) Vent. ex Broth., Laubm. Fennosk. 145. 1923.

Weissia latifolia Schwaegr. in Schultes, Reise Glockner 2: 665. 1804.

种的特征同属。

产河北、甘肃、新疆及西藏，多生于高山岩石、石缝以及石质土

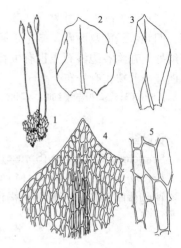

中。克什米尔地区、俄罗斯（西伯利亚，高加索）、欧洲、北美洲有分布。

1. 植物体(×2.5)，2-3. 叶，4. 叶先端细胞，5. 近叶基部细胞。

图 758 石芽藓（引自《中国藓类植物属志》）

28. 赤藓属 Syntrichia Brid.

体形较粗壮，幼时绿色，老时往往成红棕色。茎叉形分枝，基部常密被假根。叶干时旋扭，湿时平展，舌形或剑头形，先端钝，或具短尖头，基部半鞘状；中肋粗壮，红褐色，突出叶尖成白色长毛尖或短刺尖，背面及尖端常具刺。叶上部细胞圆方形，密生马蹄形疣；基部细胞长方形；叶缘几列细胞狭长，形成明显分化叶边。雌雄同株。蒴柄高出。孢蒴直立，长圆柱形。蒴齿具高基膜，齿片线形，32枚，向左旋扭。蒴盖具斜长喙。蒴帽兜形。孢子小，具细疣。

约150种，分布于温、寒带各地，多生于石灰岩或钙质土上。我国有5种。

1. 叶片边缘强烈背卷；叶中肋背面具粗的刺状齿，中肋突出的芒状尖上具粗而密的刺状齿 ·· 2. 山赤藓 S. ruralis
1. 叶片边缘平展或下部稍卷曲；叶中肋背面平滑，中肋突出的芒状尖平滑或疏被细小刺。
  2. 叶中肋突出的长毛尖无色透明，疏被小尖刺；叶片中上部细胞呈5–6角形，胞壁薄 ·· 1. 长尖赤藓 S. longimucronata
  2. 叶中肋突出的毛尖呈红棕色，不透明，平滑无齿；叶片中上部细胞呈多角状圆形，胞壁较厚 ·· 3. 高山赤藓 S. sinensis

1. 长尖赤藓 长尖叶墙藓   图 759

Syntrichia longimucronata (X. J. Li) Zand., Bull. Buffalo Soc. Nat. Sci. 32: 269. 1993.

Tortula longimucronata X. J. Li, Acta Bot. Yunnanica 3 (1): 107–109. f.4. 1981.

植株粗壮，疏丛生，幼时呈鲜绿色，老时呈红棕色。叶狭长卵圆形，或长椭圆状舌形，先端圆钝，叶基呈鞘状，叶边全缘；中肋细长，突出叶尖呈长芒状，毛尖长达叶片的1/2或更长，多无色透明，

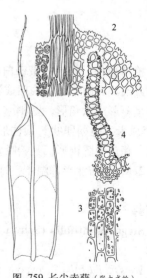

图 759 长尖赤藓（张大成绘）

或下部稍带红棕色，先端疏生透明刺状齿。叶细胞呈4–6角形，胞壁上密被突出的马蹄形、工字形或不规则的粗疣。叶下部细胞较长大，呈长方形，平滑透明，形成明显分化的鞘部。蒴柄细长，红色。孢蒴呈长圆柱形，立直。蒴齿基膜矮，齿片线形，密被细疣，向左旋扭。

中国特有，产陕西、新疆及西藏，生于石壁、河滩地、林地或牧草

地上。

1. 叶（×20），2. 叶先端细胞（×270），3. 叶近基部细胞（×270），4. 叶片横切面的一部分（×270）。

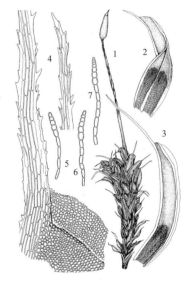

图 760 山赤藓（仿 Zander）

2. 山赤藓 山墙藓 土生墙藓 图 760

Syntrichia ruralis (Hedw.) Web. et Mohr, Index Mus. Pl. Crypt. 2. 1803.

Barbula ruralis Hedw., Sp. Musc. Frond. 121. 1801.

植物体黄绿色，老时呈红棕色，高5–8厘米，疏丛生。茎直立或倾立。叶片呈倒卵状匙形，下部较狭而长，成鞘状，上部较阔，渐尖，具龙骨状突起；叶边强烈背卷，由疣状突起形成细圆齿；中肋先端突出叶尖呈无色透明的毛尖，密被刺状齿，基部密被假根。叶片上部细胞呈圆形至多角形，背

腹两面均密被马蹄形疣；叶中部以下及至基部细胞呈狭长方形或六角形；叶基往往具黄色纵条纹。蒴柄长1–2厘米，呈红色。孢蒴直立，长卵状圆柱形。环带由2–3列细胞构成，成熟后卷落。蒴齿基膜高达齿长度的1/2 – 1/3，齿片线形，红色，具疣，向左旋扭。

产内蒙古、河北、甘肃、江苏及西藏，生于林地、灌丛下、阴湿的岩石或土坡上。印度北部、俄罗斯（西伯利亚）、阿尔及利亚、突尼斯、中亚、欧洲、美洲及澳大利亚有分布。

1. 植物体，2-3. 叶，4. 叶先端细胞，5-7. 侧丝。

3. 高山赤藓 中华墙藓 图 761

Syntrichia sinensis (C. Müll.) Ochyra, Fragm. Florist. Geobot. 37. 213. 1992.

Barbula sinensis C. Müll., Nuovo Giorn. Bot. Ital., n. ser. 3: 100. 1896.

植株暗绿带红棕色，高2–3厘米。茎直立，稀叉状分枝。叶长倒卵圆形；叶边全缘；中肋单一，突出叶尖呈毛状，红棕色，平滑无刺。叶细胞呈多角状圆形，密被马蹄形及圆形细疣。雌雄同

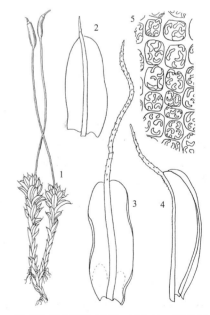

图 761 高山赤藓（引自《云南植物志》1. 仿陈邦杰）

株。蒴柄长1–1.5厘米。孢蒴直立，圆柱形。蒴齿具高基膜，齿片长线形，向左旋扭。

产内蒙古、河北、陕西、青海、新疆、江苏、江西、四川、云

南及西藏，生于高山林地、灌丛、草甸土、树干、腐木、阴湿的岩石、石缝处及岩面薄土上。中亚、北亚、欧洲、北非及北美洲有分布。

1. 植物体(×2.5)，2-4. 叶(×20)，5. 叶中部细胞(×490)。

29. 反纽藓属 Timmiella (De Not.) Limpr.

植物体鲜绿或暗绿色，疏松丛生。茎长约1厘米，单一，稀分枝。叶多丛生茎顶，干时内卷，旋扭，湿时平展，长披针形或舌状披针形，先端急尖；尖部边缘具微齿；中肋粗壮，下宽上狭，长达叶尖部稍下处消失。叶上部细胞呈多角状圆形，除叶缘外均为两层细胞，腹面一层具明显的乳头状突起；叶下部细胞单层，长方形，平滑。雌雄同株或异株。雌苞叶与叶同形。蒴柄细长。孢蒴长圆柱形，直立或略倾斜。蒴齿具矮的基膜，齿片细长线形，密被细疣，直立或右旋。蒴盖圆锥形，具长直喙。蒴帽兜形。孢子黄褐色，密被细疣。

约14种，分布南北半球的温暖地区。我国有2种。

小反纽藓   图 762

Timmiella diminuta (C. Müll.) P. C. Chen, Hedwigia 80: 176. 1941.

Trichostomum diminutum C. Müll., Nuovo Giorn. Bot. Ital., n. ser. 5: 177. 1898.

植物体密集丛生，上部锈绿色，下部密被假根，呈污棕色，高约1厘米。茎单一或束状分枝。叶片呈长披针状舌形，干燥时卷缩，叶先端往往卷成筒状；叶边中下部全缘，仅尖部具细齿；中肋宽，长达叶尖。叶片中上部细胞双层，呈多角状圆形，内层细胞具乳头状突起。雌雄异株。孢蒴直立，圆柱形，具明显的台部，黄绿色，老时呈棕色。蒴柄细，长约1厘米，干燥时常弯曲。环带由2列细胞构成。齿片直立，上部具疣。蒴盖长圆柱形，喙直立。

中国特有，产黑龙江、辽宁、河北、山东、山西、河南、陕西、

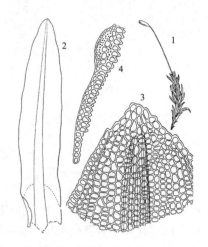

图 762 小反纽藓（引自《横断山区苔藓志》）

甘肃、江苏、安徽、四川、云南及西藏，生于海拔1500-4000米的林地、岩石、林缘土壁或墙壁上。

1. 植物体(×2)，2. 叶(×25)，3. 叶先端细胞(×235)，4. 叶片横切面的一部分(×235)。

30. 纽藓属 Tortella (Lindb.) Limpr.

植物体往往大片丛生。茎直立，多具分枝。叶倾立或背仰，干时强烈卷缩，狭长披针形或狭带形，先端狭长渐尖；叶边平展或稍具波状，全缘或先端具微齿；中肋下部粗壮，渐向尖部渐细，长达叶尖或稍突出。叶上部细胞绿色，呈4-6角形或稍圆，两面均具密疣；基部细胞明显分化呈狭长方形，平滑无疣，无色，透明，与上部绿色细胞分界明显，沿叶边上延形成"V"形明显分化的角部。雌雄异株。蒴柄细长。孢蒴直立或倾立，长卵状圆柱形。蒴齿单层，基膜低，齿片32，细长线形，具疣，常向左螺旋状扭曲。蒴盖长圆锥形。孢子黄褐色，外壁平滑，无疣。

约56种，大多分布在南北温带至亚热带，寒带亦有少许种分布，多生于岩石上或钙质土壤上。我国有3种。

1. 叶片较短，呈披针形，散生于茎上；叶先端具两层细胞，叶尖硬挺，易折断 ·············· 1. **折叶纽藓 T. fragilis**

1.叶片较狭长，呈狭披针形，常成簇集生于茎顶；叶片先端仅单层细胞，叶尖柔软，不易折断 ……………………
……………………………………………………………………………………… 2. 长叶纽藓　**T. tortuosa**

1. 折叶纽藓　图 763

Tortella fragilis (Hook. et Wils.) Limpr., Laubm. Deutschl. 1: 606. 1888.

Didymodon fragilis Hook. et Wils. in Drumm., Musci Amer., Brit. N. Amer. 127. 1828.

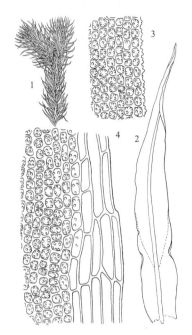

植物体挺硬，黄绿带棕色，常密集丛生。茎直立，高2–6厘米，不分枝，常密被黄棕色假根。叶倾立，披针形，先端狭长，渐尖，由2–3层细胞构成，叶尖硬而易折断；叶边全缘，平滑；中肋粗壮，突出叶尖呈刺芒状。叶上部细胞呈4–6角形，壁薄，具数个疣；基部细胞明显分化，呈长方形，平滑，无色，透明，分化细胞往往沿叶边向上延伸与上部细胞间形成明

图 763 折叶纽藓（引自《横断山区苔藓志》）

显的"V"形分界线。本种往往借断折的叶尖进行营养繁殖。

产内蒙古、河北、河南、陕西、甘肃、新疆、福建、湖北、湖南、贵州、四川、云南及西藏，生于海拔2000米以上林下岩石、腐木、林缘岩面或土坡、高山流石滩或沼泽地上。日本、俄罗斯（高加索、西伯利亚）、欧洲及北美洲有分布。

1. 植物体(×1.8)，2.叶(×18)，3.叶中部细胞(×435)，4.叶近基部细胞(×435)。

2. 长叶纽藓　纽藓　图 764

Tortella tortuosa (Hedw.) Limpr., Laubm. Deutschl. 1: 604. 1888.

Tortula tortuosa Hedw., Sp. Musc. Frond. 124. 1801.

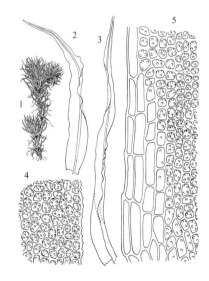

植物体高大，密集丛生。茎直立，具分枝。叶狭长披针形，在茎顶常密集丛生，柔软，细胞单层，干时多卷曲；中肋较细，长达叶尖稍下处消失。叶上部细胞呈4–6角形，具数个单疣；基部细胞分化呈长方形，平滑无疣，透明，分化细胞沿叶边向上延伸，呈明显的"V"形分界线。

产河南、山西、陕西、

图 764 长叶纽藓（引自《横断山区苔藓志》）

缝处或岩面薄土、林地或沼泽地，也附生于腐木或树干上。日本、尼泊尔、印度、巴基斯坦、西亚、中亚、俄罗斯（高加索）、欧洲、北非及美洲有分布。

1. 植物体(×1.5)，2-3.叶(×15)，4.叶中部细胞(×355)，5.叶近基部细胞(×355)。

甘肃、宁夏、新疆、江苏、安徽、浙江、台湾、福建、江西、湖北、广东、四川、云南及西藏，生于海拔600–3000米的各林带阴湿的岩面、石

31. 墙藓属 Tortula Hedw.

植物体矮小而粗壮，幼时鲜绿色，老时呈红棕色。茎单一，稀叉状分枝，基部多具红棕色假根。叶干时旋扭，略皱缩，湿时伸展，卵圆形、倒卵圆形或舌形，先端圆钝，具小尖头或渐尖，基部有时呈鞘状；叶边全缘，常背卷；中肋粗壮，红棕色，多突出叶尖呈短刺状或白色长毛尖，先端及背面有时具刺状齿，稀不及叶尖即消失。叶上部细胞呈多角形至圆形，密被多数新月形、马蹄形或圆环状疣，稀平滑无疣；基部细胞呈长方形，无色，透明，平滑无疣；叶缘有时具狭长、黄色或棕色细胞构成的分化边。雌雄同株。蒴柄细长。孢蒴长圆柱形，直立或略倾立。蒴齿具矮或高的基膜，齿片32，呈狭长线形或不规则的披针形，密被细疣，1-4次左旋，稀直立。蒴盖圆锥形，具长喙。蒴帽兜形。孢子小，黄绿色或黄棕色，平滑或疏生细疣。

约259种，广布于南北半球的温带及暖热带地区，在高山寒地也有分布，多生于石灰岩及钙质土上。我国有14种。

1. 叶中肋较细，长达叶尖即消失。
　　2. 植物体较短壮，高约3-5毫米；叶边上下均背卷；蒴齿具矮的基膜 ·················· 1. **长蒴墙藓 T. leptotheca**
　　2. 植物体较纤长，高约2-3厘米；叶边仅中下部稍背卷；蒴齿无基膜 ·················· 5. **云南墙藓 T. yunnanensis**
1. 叶中肋较粗壮，长达叶尖且突出呈短刺状或长毛状。
　　3. 叶缘无明显分化的叶边。
　　　　4. 叶片呈长卵状椭圆形，叶边缘明显背卷；蒴柄细长，长约20-25毫米 ·················· 2. **泛生墙藓 T. muralis**
　　　　4. 叶片呈倒卵状舌形，叶边平展；蒴柄短，长仅5毫米 ·················· 3. **平叶墙藓 T. planifolia**
　　3. 叶缘由1-4列细胞强烈增厚、形成明显分化的黄色叶边 ·················· 4. **墙藓 T. subulata**

1. 长蒴墙藓　　　　　　　　　　　　　　　　图 765

Tortula leptotheca (Broth.) P. C. Chen, Hedwigia 80: 301. 74. 1941.

Aloina leptotheca Broth., Nat. Pfl. 1 (3): 428. 1902.

植物体密集丛生，高约3-5毫米。茎直立，具分枝，上部绿色，基部黄棕色。下部叶较小，上部叶较长大，呈卵状披针形，或长匙形，先端钝渐尖；叶边全缘，中上部卷边；中肋较细，长达叶尖，但不突出；叶缘由厚壁、具疣的3-4列黄色细胞构成分化边。叶细胞呈多角状圆形，胞壁较厚，呈绿色，背腹两面均密被疣；叶基细胞较长大，呈长方形，平滑而透明。蒴柄长约0.8-1厘米，下部红色，上端带黄色。孢蒴直立，长椭圆状圆柱形，长2-3毫米，具明显的短台部，暗棕色。蒴齿基膜矮，齿片短，呈线状，稍扭旋。

产福建、广东及云南，生于海拔1800-3000米的林地或沟边湿土

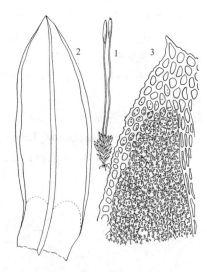

图 765 长蒴墙藓（引自《云南植物志》）

上。日本有分布。

　　1. 植物体（×1.7），2. 叶（×23），3. 叶先端细胞（×315）。

2. 泛生墙藓　　　　　　　　　　　　　　　　图 766

Tortula muralis Hedw., Sp. Musc. Frond. 123. 1801.

植物体黄绿带红棕色，高5-15毫米，疏丛生，基部密被假根。

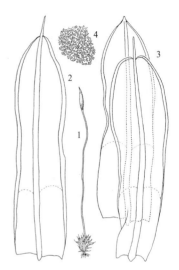

叶长卵状舌形，先端圆钝，具短尖头；叶边全缘，明显背卷；中肋粗壮，突出叶尖呈短刺毛状，无色或呈黄棕色。叶上部细胞呈多角状圆形，背腹面均具马蹄形密疣，不透明；下部细胞呈长方形或六角形，无色透明。蒴柄高1–2厘米。孢蒴直立，长圆柱形，或略弯曲。蒴齿细长，向左旋扭。

产吉林、辽宁、内蒙古、河北、河南、陕西、新疆、江苏、安徽、浙江、台湾、福建、江西、湖北、湖南、四川、云南及西藏，生于海拔1600–3000米以上的林地、竹林下、林缘及沟边的石灰岩、岩面薄土及墙壁上。日本、俄罗斯（远东地区）、欧洲、北非、美洲有分布。

1. 植物体（×2.3），2-3. 叶（×35），4. 叶中部细胞（×375）。

图 766 泛生墙藓（仿陈邦杰）

3. 平叶墙藓 图 767

Tortula planifolia X. J. Li, Acta Bot. Yunnanica 3 (1): 109. 1981.

植株矮小，粗壮，暗绿色，老时带红棕色。茎长不及1厘米，多具分枝。叶倒卵状舌形，先端阔，圆钝，具细短尖头，叶基较狭长，呈鞘状；叶边全缘，平展。叶上部细胞呈4–6边形，薄壁，排列整齐，背腹面均具多数半月形细疣；基部细胞明显分化，呈长方形，疏生细疣或平滑而透明；叶尖由单列（2–3个）狭长而透明的细胞组成。蒴柄较短，长仅5毫米。孢蒴直立，呈圆柱形。蒴齿具矮的基膜；齿片细长线形，密被细疣，向左旋扭。孢子黄色，平滑。

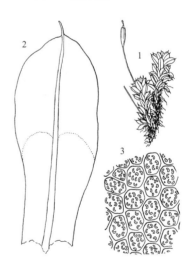

图 767 平叶墙藓（引自《中国苔藓志》）

中国特有，产云南及西藏，生于林下石上。

1. 植物体（×3.3），2. 叶（×33），3. 叶中部细胞（×315）。

4. 墙藓 狭叶墙藓 图 768

Tortula subulata Hedw., Sp. Musc. Frond. 122. 27f. 1–3. 1801.

植物体粗壮，丛生，高约1–3厘米。茎直立，单一，稀分枝，密被叶。下部叶片呈长披针形，先端叶成莲座状密集，倒卵圆形，或狭长匙形，先端渐尖，基部有时弯曲；叶缘由1–4列狭长、胞壁强烈增厚的细胞形成黄色分化边，稀具齿；中肋粗壮，长达叶尖且突出成小尖头。叶上部细胞呈4–6边形，背腹两面均密被马蹄形疣；叶基细胞呈长方形，无色

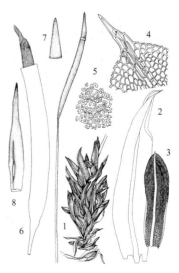

图 768 墙藓（仿 Zander）

透明。蒴柄长1–2.5厘米，呈紫色。孢蒴直立，长圆柱形，长约8毫米。环带自行卷落。蒴齿线形，向左旋扭。

产河北、河南、甘肃及新疆，生于背阴岩石或林地。土耳其、俄罗斯（高加索）、欧洲、北非及北美洲有分布。

1.植物体（×5），2-3.叶（×25），4.叶先端细胞（×200），5.叶中部细胞（×200），6-8.孢蒴、蒴盖及蒴帽（×8）。

5. 云南墙藓　　　　　　　　　　　图 769

Tortula yunnanensis P. C. Chen, Hedwigia 80: 299. 73. 1941.

植物体纤细，暗绿带黄棕色，密集丛生。茎高约2–3厘米，呈叉状分枝；叶疏生，卵状舌形，先端圆钝，有时具短尖；叶边全缘，下部稍卷；中肋粗壮，长达叶尖，背面平滑。叶上部细胞呈4–6边形，薄壁，具多个马蹄形细疣，叶基细胞较长大，平滑，无明显分化。蒴柄细长。孢蒴直立，圆柱形，红棕色。蒴齿直立，较短，不规则披针形，密被细疣。

我国特有，产内蒙古、陕西、福建、广西、云南及西藏，生于海拔2000–3000米以上的林地、岩石、岩面薄土、有水流经过的石面或墙壁上。

1.植物体（×2.9），2-3.叶（×38），4.叶先端细胞（×260），5.叶片横切面（×260）。

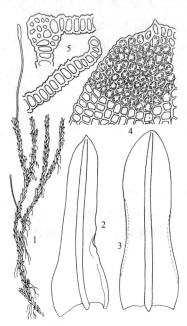

图 769 云南墙藓（仿陈邦杰）

32. 毛口藓属 Trichostomum Hedw.

植物体疏松或密集丛生。茎直立，单一或叉状分枝。叶卵状、长椭圆状或狭披针形，先端急尖或渐尖，略呈兜形、叶缘内卷，常呈波曲或具微齿；中肋粗壮或细长，往往突出叶尖，成小尖头或仅长达叶尖即消失。叶上部细胞多角状圆形或方形，胞壁稍厚，密被数个大圆疣；基部细胞稍长，呈不规则的长方形，平滑，透明。雌雄异株。雌苞叶与营养叶大致同形。蒴柄长。孢蒴直立或倾立，长卵状圆柱形，台部短，稀弯曲。环带常存，由3–5列细胞构成。蒴齿具短基膜或无基膜，齿片直立，线形，单一或纵裂为2，有粗斜纹或纵纹，平滑或具疣。蒴盖圆锥形，先端具短喙。蒴帽兜形。孢子黄色或红棕色，有粗疣，稀平滑。

约129种，多分布于北半球温带及暖热地区。我国有8种。

1.叶卵状披针形或舌形，具宽的叶基；叶边向内卷曲。

  2.叶边仅内卷而不波曲；叶尖不呈兜形 ·· 1. 毛口藓 **T. brachydontium**

  2.叶边呈波状卷曲；叶尖明显内凹，呈兜形 ·· 2. 皱叶毛口藓 **T. crispulum**

1.叶长椭圆状匙形，具长而狭的叶基；叶边平展 ·· 3. 阔叶毛口藓 **T. platyphyllum**

1. 毛口藓　　　　　　　　　　　图 770

Trichostomum brachydontium Bruch in F. A. Müll., Flora 12: 393. 3. 1829.

植物体黄绿色，疏松丛生。茎直立，高2–3厘米。叶干燥时

卷缩，呈狭长披针形，先端钝，具短尖头；叶边全缘，内卷；中肋粗壮，突出叶尖。叶片中上部细胞呈圆形至方形，胞壁密被多个圆疣，基部细胞长方形，呈黄色，平滑，无疣。雌雄异株。蒴柄长1–1.2厘米。孢蒴长椭圆状卵形。蒴盖圆锥形，具喙。蒴齿直立，齿片往往成不规则的2–3开裂。

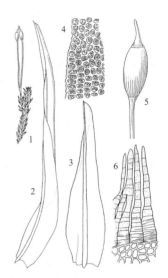

图 770 毛口藓（引自《云南植物志》）

产黑龙江、吉林、辽宁、河北、河南、山西、陕西、甘肃、江苏、安徽、浙江、福建、广东、贵州、四川、云南及西藏，生于海拔100–1500米的林地、林下岩石、林缘、沟边岩面薄土或草地上。日本、俄罗斯（亚洲部分）、西亚、欧洲、非洲及美洲有分布。

1. 植物体（×2），2-3. 叶（×28），4. 叶中部边缘细胞（×335），5. 孢蒴（×13.5），6. 蒴齿（×205）。

2. 皱叶毛口藓

图 771

Trichostomum crispulum Bruch in F. A. Müll., Flora 12: 395. f. 4. 1829.

植物体黄绿色，疏松丛生。茎直立，高1–3厘米，密被叶。叶片干燥时卷缩，呈狭长披针形；先端急尖，顶部圆钝，具小尖头，叶基部宽鞘状，平展，先端明显内凹，呈兜形，中上部边缘内卷，呈波状；中肋粗壮，长达叶尖且稍突出。叶片中上部细胞长方形，密被粗圆疣；下部细胞长方形，薄壁，平滑。雌雄异株。蒴柄呈红色。孢蒴直立，呈圆柱形。蒴盖锥形，具短斜喙。环带常存，由3–5

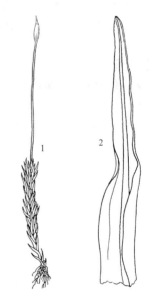

图 771 皱叶毛口藓（引自《云南植物志》）

列细胞构成。蒴齿直立，齿片2纵裂，具疣。孢子红棕色，密被疣。

产辽宁、陕西、江苏、浙江、福建、江西、广西、四川及云南，生于海拔1500–2000米的林地、岩石、岩面薄土或林缘草地上。朝鲜、日本、俄罗斯（远东地区及高加索）、阿尔及利亚、突尼斯、西亚、欧洲、北非及美洲北部有分布。

1. 植物体（×3），2. 叶（×44）。

3. 阔叶毛口藓

图 772

Trichostomum platyphyllum (Broth. ex Ihs.) P. C. Chen, Hedwigia 80: 166. 20. 1941.

Tortella platyphylla Broth. ex Ihs., Cat. Mosses Japan 65. 1929.

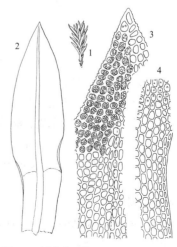

图 772 阔叶毛口藓（引自《横断山区苔藓志》）

植物体暗绿色或锈绿色，密集丛生。茎直立，高达1.2厘米，具分枝，密被叶。叶片干燥时卷缩，潮湿时舒展倾立，呈长椭圆状匙形，有时内折，先端急尖或稍钝，叶基狭窄；叶缘平展；中肋粗壮，长达叶尖。叶上部细胞呈多角形，胞壁密被圆疣，不透明；基部细胞呈短矩形，平滑而透明。雌雄同株。蒴柄长5-7毫米。孢蒴呈卵状圆柱形，黄色。蒴齿短，齿片不裂，具疣。

产辽宁、江苏、浙江、四川及西藏，生于潮湿的岩石、岩面薄土或针阔混交林地，也见于林缘及溪边砂质土上。日本有分布。

1.植物体(×2.4), 2.叶(×24), 3.叶先端细胞(×260), 4.叶近基部细胞(×260)。

33. 托氏藓属 Tuerckheimia Broth.

植物体暗绿色，密集丛生。茎直立，单生，稀分枝。叶干时紧贴，湿时伸展，狭披针形，或长椭圆状披针形，先端狭长，渐尖或急尖，具小尖头；叶缘平而全缘；中肋长达叶尖或突出。叶上部细胞小，呈不规则的方形或短矩形，壁厚，具疣；基部细胞长方形，透明，无疣。雌雄异株。

4种，多生于钙质土上。我国仅1种。

线叶托氏藓　　　　　　　　　　　　　　　　　图 773

Tuerckheimia svihlae (Bartr.) Zand., Bull. Buffalo Soc. Nat. Sci. 32: 94. 1993.

Trichostomum svihlae Bartr., Rev. Bryol. Lichenol. 8: 27. 1878.

种的描述同属。

产吉林、陕西、江苏、浙江、福建、江西、四川、云南及西藏，多生于钙质土上。朝鲜、日本、印度及缅甸有分布。

1. 植物体(×4), 2-3. 叶(×10), 4.叶先端细胞(×100), 5.叶中部细胞(×200), 6.叶横切面的一部分(×100)。

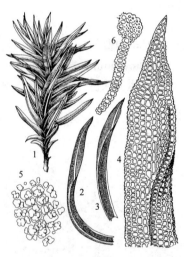

图 773 线叶托氏藓 (仿 Zander)

34. 小墙藓属 Weisiopsis Broth.

植物体细小，密集丛生。茎短小，单一或具逐年萌生新枝。叶片干时卷缩，湿时伸展，倾立，椭圆状或卵状舌形，基部两侧往往具皱褶，上部平展，先端圆钝，或具小尖头；叶边全缘，平展；中肋长达叶尖稍下处消失，从横切面观，中肋仅具背厚壁层。叶上部细胞较小，呈4-6边形，胞壁平滑或具疣，有时具乳头突起；基部细胞较长大，平滑无疣。雌雄同株。蒴柄黄色，细长。孢蒴直立，长圆柱形。环带成熟后自行脱落。蒴齿短，直立，平滑或具疣。蒴盖呈圆锥形，具直长喙。蒴帽兜形。

约8种，多分布于亚洲及非洲的热带与亚热带地区。我国有2种。

褶叶小墙藓　　　　　　　　　　　　　　　　　图 774

Weisiopsis anomala (Broth. et Par.) Broth., Oefv. Foerh. Finsk. Vet.–Soc. Foerh. 62A (9): 9. 1921.

Hyophila anomala Broth. et Par. in Card., Bull. Herb. Boissier Ser. 2, 7: 717. 1907.

植物体形小，绿色或黄绿色，密集丛生。茎直立，长约1.5厘米，基部密被假根，上部密生叶，下部叶较小。叶片呈狭长椭圆状舌形，基部两侧具深褶，先端圆钝；叶边全缘，平展；中肋长达叶尖渐消失。叶片上部细胞较小，不规则多边形，胞壁较薄，具乳头突；叶基细胞较长大，黄色，平滑。蒴柄长约7毫米。孢蒴直立，卵状圆柱形。齿片线状，直立，密被细疣。

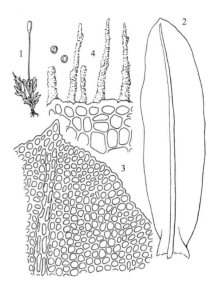

产吉林、辽宁、河北、山东、江苏、安徽、浙江、福建、广东、云南及西藏，生于海拔800–2000米林地、树干基部或腐木上，也见于岩石、岩洞口或石缝中。朝鲜及日本有分布。

图 774 褶叶小墙藓（仿陈邦杰）

1. 植物体(×2.5)，2. 叶(×35)，3. 叶先端细胞(×270)，4. 蒴齿与孢子(×270)。

35. 小石藓属 Weissia Hedw.

植物体形小，鲜绿色或黄绿色，密集丛生。茎短小，单一或具分枝，叶簇生枝顶，干时皱缩，基部稍宽，长卵圆形、披针形或狭长披针形，先端狭长，渐尖，或急尖，具小尖头；叶边平展或内卷；中肋粗壮，长达叶尖或突出成刺状。叶上部细胞较小，呈多角状圆形，两面均密被细疣，基部细胞明显分化呈长方形，薄壁，平滑，透明。雌雄同株或雌雄异株，雌苞叶多与一般叶同形，基部略呈鞘状。孢蒴隐生，或高出于雌苞叶，呈卵状柱形或短圆柱形。蒴齿常缺如，或正常发育，或形成膜状封闭蒴口，齿片正常者成长披针形，具横脊并具疣。蒴盖呈短圆锥形，具斜长喙，有的蒴盖完全不分化，呈闭蒴形式。蒴帽兜形。孢子黄色或棕红色，具细密疣。

约131种，广布于南北半球各地。我国有6种。

1. 叶多散生茎上；孢蒴有蒴盖及蒴壶的分化，成熟后开裂成蒴口；蒴柄细长。
  2. 具蒴齿，齿片短且分离；叶片上部细胞具粗疣 ································· 1. 小石藓 **W. controversa**
  2. 蒴齿缺如；叶片上部细胞密被细疣 ··· 2. 缺齿小石藓 **W. edentula**
1. 叶多成簇集生茎顶；孢蒴不开口，无蒴盖及蒴壶的分化，或稍有分化但不开裂；蒴柄甚短 ········
  ·· 3. 东亚小石藓 **W. exserta**

1. 小石藓

图 775

Weissia controversa Hedw., Sp. Musc. Frond. 67. 1801.

植物体矮小，绿色或黄绿色。茎单一或具分枝。叶狭长披针形，先端渐尖；叶缘内卷，全缘；中肋粗壮，突出叶尖呈芒刺状。叶片上部细胞呈多角状圆形，细胞壁薄，每个细胞壁上具数个粗疣；基部细胞呈长方形，平滑，透明。蒴柄长5-8毫米。孢蒴直立，卵状圆柱形。齿片短，密被疣。

产黑龙江、吉林、辽宁、内蒙古、山东、河南、陕西、新疆、江苏、安徽、浙江、台湾、福建、江西、湖北、湖南、广东、海南、广西、贵州、四川、云南及西藏，生于海拔1800–3000米以上林地或树干

基部、林缘或溪边的岩石或土壁上。日本、印度、越南、菲律宾、印度尼西亚、欧洲、非洲、美洲及大洋洲有分布。

1. 植物体(×2)，2-3. 叶(×30)，4. 叶先端细胞(×350)，5. 叶近基部细胞(×350)。

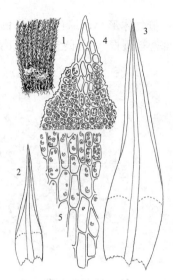

图 775　小石藓（引自《横断山区苔藓志》）

2.　缺齿小石藓　　　　　　　　　图 776

Weissia edentula Mitt., Journ. Proc. Linn. Soc. Bot. Suppl. 1: 27. 1859.

植物体密集丛生，呈暗绿色。茎直立，常具叉状分枝，高约1厘米，密被叶。叶片干燥时呈波状皱曲，潮湿时直立或倾立，长约3毫米，叶基较宽，向上狭缩成披针形，先端渐尖；叶边全缘，不强烈内卷；中肋粗壮，长达叶尖，自叶先端突出成小尖头。叶中上部细胞小，不规则长方形，无色透明，平滑无疣。蒴柄直立，长约6毫米。孢蒴卵状圆柱形，长约1毫米。蒴齿缺如。

产吉林、河南、陕西、江苏、安徽、浙江、台湾、福建、湖南、广东及云南，生于海拔600–2500米的林地、树干基部，林缘或沟边岩石或土壁上。越南、菲律宾及大洋洲有分布。

1-3. 叶(×20)，4. 叶先端细胞(×100)，5. 孢蒴(×15)，6. 蒴盖(×15)。

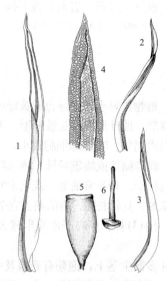

图 776　缺齿小石藓（仿 Zander）

3.　东亚小石藓　　　　　　　　　图 777

Weissia exserta (Broth.) P. C. Chen, Hedwigia 80: 158. 1941.

Astomum exsertum Broth., Hedwigia 38: 212. 1899.

植物体鲜绿色带褐色，密集丛生。茎直立，高4–10毫米，多具分枝。叶干燥时皱缩，潮湿时斜向直展，呈狭长披针形；中肋粗壮，长达叶尖或稍突出。叶细胞呈多角状圆形，壁稍增厚，每个细胞具多个细马蹄状疣，基部细胞呈短矩形，平滑。雌苞叶在枝顶丛集成莲座状。蒴柄长1–2厘米。孢蒴直立，长椭圆状卵形。

产黑龙江、吉林、辽宁、河北、山西、陕西、江苏、安徽、浙江、台湾、福建、江西、湖南、广东、广西、海南、四川、云南及西藏，生于海拔1000–2000米的林地、树皮或腐木上、林缘的石壁或土壁上。日本及印度西北部有分布。

1. 植物体(×2)，2. 叶(×27)，3. 叶先端细胞(×355)。

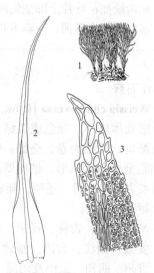

图 777　东亚小石藓（引自《横断山区苔藓志》）

63. 缩叶藓科 PTYCHOMITRIACEAE
（曹　同　郭水良）

植物体暗绿色至黑绿色，常在岩面呈簇生长。茎直立或倾立，单一或稀疏分枝。叶多列，干燥时强烈卷缩，湿时舒展倾立，披针形或狭长披针形；叶边平直，全缘或边缘中上部具齿；中肋单一，强劲，在叶尖前消失或稍突出，横切面具中央主细胞和背腹厚壁层。叶中上部细胞小，圆方形或近长方形，壁增厚，有时略成波状加厚，多数平滑；叶基部细胞长方形，壁薄，有时稍呈波状加厚。雌雄同株。雄苞芽胞形。雌苞叶与茎叶同形。蒴柄长，直立或湿时扭曲。孢蒴直立，对称，卵圆形或长椭圆形。环带多数分化。蒴齿单层，狭披针形或线形，不规则2-3 裂达近基部，表面具细密疣。蒴盖圆锥形，具长直喙。蒴帽大，钟帽形，基部有裂瓣。孢子球形，表面具细疣或近于平滑。

4属。中国有2属。

1. 植物体极细小，高不超过3毫米；叶狭披针形，基部略宽于中上部；蒴柄湿润时扭曲；蒴帽平滑 ······
······ 1. 小缩叶藓属 Campylostelium

1. 植物体一般高1厘米以上；叶多披针形，基部宽阔；蒴柄湿润时直立；蒴帽具纵褶······
······ 2. 缩叶藓属 **Ptychomitrium**

1. 小缩叶藓属 Campylostelium Bruch et Schimp.

植物体极细小，绿色至黄绿色，稀疏丛生。茎直立，单一或分枝。叶干燥时卷曲或扭曲，湿润时平直伸展，狭披针形，基部略宽，上部略呈龙骨状内凹，先端尖；中肋单一，强劲及顶；叶边平直，全缘。叶上部细胞方形或近方形，厚壁；中部细胞近长方形至短长方形，厚壁；基部细胞短长方形至长方形，透明，薄壁，边缘数列细胞长方形。雌雄同株。雌苞叶大于茎叶。蒴柄细长，黄色，干燥时近于直立，湿润时扭曲。孢蒴直立，近黄色，短圆柱形，基部收缩，表面平滑。环带发育，由厚壁细胞组成。蒴齿单层，齿片狭披针形，红褐色，上部具疣，下部近于平滑。蒴帽近帽形，平滑。孢子小，球形，平滑。

2种，中国1种。

小缩叶藓

图 778

Campylostelium saxicola (Web. et Mohr) Bruch et Schimp. in B.S.G., Bryol. Eur. 2:27. 1846.

Dicranum saxicola Web. et Mohr, Bot. Taschenbuch 167: 466. 1807.

体形细小，高2.0–2.8毫米，绿色至黄绿色，直立，单一。叶狭披针形，具略宽基部，干燥时稀扭曲，湿润时直立伸展，长1.2–2.4毫米，上部龙骨状内凹，先端尖；中肋单一，强劲，及顶或消失于叶尖下；叶边平直，全缘。叶上部细胞长方形或近方形，宽7.5–10微米，壁厚，叶边由2-3层细胞组成；中部细胞近

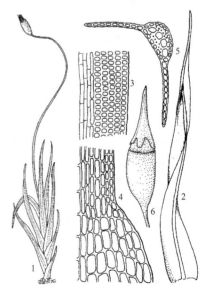

图 778 小缩叶藓（何　强绘）

方形至短长方形，厚壁；基部细胞短长方形至长方形，透明，壁薄，边缘有数列长方形细胞。雌雄同株。雌苞叶大于茎叶。蒴柄细长，长4–7毫米，黄色，干燥时直立或近于直立，湿润时扭曲。孢蒴直立，近黄色，短圆柱形，长0.4–0.6毫米，基部收缩，表面平滑。环带发育良好，由厚壁细胞组成。蒴齿狭披针形，红褐色，下部近于平滑，上部具密疣。孢子圆球形，直径约10微米，表面平滑。

产吉林和台湾，生于阴暗潮湿的火山石，日本、欧洲及北美洲有分布。

1. 植物体一部分（×10），2. 叶（×60），3. 叶上部细胞（×300），4. 叶基部细胞（×300），5. 叶横切面的一部分（×300），6. 孢蒴（×60）。

2. 缩叶藓属 Ptychomitrium Fürnr.

植物体绿色或暗绿色，簇状生长。茎直立或倾立，单一或稀分枝，基部有假根，具分化中轴。叶干燥时皱缩，内卷或扭曲，湿时伸展倾立，披针形或卵状披针形；叶缘平直，平滑或上部有齿突或粗锯齿；中肋单一，强劲，达叶尖前消失。叶中上部细胞小，圆方形或近方形，厚壁，有时细胞壁略呈波状加厚；基部细胞长方形，壁薄或呈波状加厚。雌雄同株。雄苞通常着生在雌苞下方。雌苞叶与茎叶同形。蒴柄直立。孢蒴直立，卵圆形或长椭圆形，表面平滑。环带多数分化，由数列厚壁细胞组成。蒴齿细长，线形或披针形，2–3不规则纵裂至近基部，表面具细密疣。蒴盖圆锥形，具细长尖喙。蒴帽大，钟帽形，覆盖全部或大部分孢蒴，表面具纵褶，平滑无毛，基部有裂瓣。孢子圆球形，表面近于平滑或具细疣。

约54种。我国有10种。

1. 叶边全缘；蒴帽覆盖至孢蒴基部。
　　2. 叶基部窄长，狭披针形；有环带分化 ································· 1. 中华缩叶藓 P. sinense
　　2. 叶基部阔卵形，向上呈披针形；无环带分化 ················· 2. 东亚缩叶藓 P. fauriei
1. 叶上部边缘具齿；蒴帽仅覆盖至孢蒴中部。
　　3. 叶宽舌形或长卵形，先端较钝。
　　　　4. 叶舌形，基部狭窄；孢蒴长柱形；蒴齿长，2裂 ············· 3. 齿边缩叶藓 P. dentatum
　　　　4. 叶长卵形，基部宽阔；孢蒴圆卵形；蒴齿短，3裂 ············· 4. 威氏缩叶藓 P. wilsonii
　　3. 叶基部卵形或长椭圆形，向上成狭披针形，先端尖锐。
　　　　5. 叶中部和基部细胞不规则波状加厚。
　　　　　　6. 植株粗壮，高9–16厘米，叶片上部干燥时强烈扭曲 ············· 6. 扭叶缩叶藓 P. tortula
　　　　　　6. 植株中等大小，高2–6厘米，叶片上部干燥时卷曲 ············· 8. 台湾缩叶藓 P. formosicum
　　　　5. 叶中部和基部细胞壁等厚。
　　　　　　7. 植株中等大小，高3厘米以下；蒴柄短，小于7毫米 ············· 5. 狭叶缩叶藓 P. linearifolium
　　　　　　7. 植株粗壮，高3–5 (–7) 厘米；蒴柄长，大于10毫米 ············· 7. 多枝缩叶藓 P. gardneri

1. 中华缩叶藓　　　　　　　　　　图 779

Ptychomitrium sinense (Mitt.) Jaeg., Ber. S. Gall. Naturw. Ges. 1872–73 : 104. 1874.

Glyphomitrium sinense Mitt., Journ. Proc. Linn. Soc., Bot. 8: 149. 1864.

体形矮小，高0.2–1.1厘米，绿色或褐绿色，常成小圆形簇状藓丛。茎单一或稀分枝。叶干燥时强烈卷缩，湿时倾立伸展，先端略内弯，狭披针形，基部阔平，上部略内凹，长2–4.1毫米；中肋强劲，在叶尖前消失；叶缘平直，无齿。叶上部细胞常不透明，圆方形至近方形，8–12微米，细胞壁略厚；叶基部细胞短长方形至长方形，宽8–12微米，长13–26微米，壁薄，透明。雌雄同株，雄苞着生雌苞下方。雌苞叶与茎

叶同形，略小。蒴柄长2–9毫米，直立。黄褐色。孢蒴直立，长椭圆形或长圆柱形，长1–2.5毫米。蒴齿单层，淡黄色，短狭披针形，先端钝，两裂近于达基部，表面具密疣。蒴盖具长直喙。蒴帽钟形，覆盖至孢蒴基部，表面具纵褶，基部有裂片。孢子黄绿色，直径13–18微米，表面具细密疣。

产黑龙江、吉林、辽宁、河北、山东、河南、陕西、江苏、浙江、湖北和湖南，生于花岗石岩面。朝鲜、日本及北美洲有分布。

1. 植物体一部分（×6），2. 叶（×25），3. 叶中部细胞（×300），4. 叶基部细胞（×300），5. 叶横切面的一部分（×300），6. 带蒴帽的孢蒴（×25）。

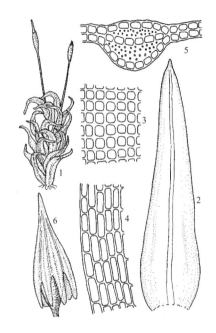

图 779 中华缩叶藓（何 强绘）

2. 东亚缩叶藓 图 780

Ptychomitrium fauriei Besch., Journ. de Bot. 12: 297. 1898.

植物体高约1厘米，暗绿色或黑绿色，呈不规则簇状。茎单一或稀分枝。叶干燥时略扭曲，湿时倾立，从卵形基部向上急收缩成狭披针形，上部长内凹和龙骨状背凸，先端钝或略尖，长2.8–3.5毫米；中肋单一，在叶尖前消失；叶缘平直，无齿。叶上部细胞小，不透明，不规则圆方形，5–6微米，厚壁；中部细胞短长方形，壁增厚；基部近边缘细胞大，长方形，薄

壁；中肋两侧细胞长方形至狭长方形。雌雄同株。雌苞叶与茎叶同形。蒴柄直立，红褐色，3–4毫米，上部扭曲。孢蒴直立，长卵形至长柱形，黄褐色，长约1毫米。蒴齿单层，长线形，两裂至近基部，表面具细疣。环带分化不明显。

产安徽、浙江、云南和西藏，生于高山岩石面。朝鲜及日本有分布。

1. 植物体一部分（×6），2. 叶（×25），3. 叶中部细胞（×300），4. 叶基部近中肋细胞（×300），5. 叶基部近边缘细胞（×300）。

3. 齿边缩叶藓 图 781 彩片136

Ptychomitrium dentatum (Mitt.) Jaeg., Ber. S. Gall. Naturw. Ges. 1872–73 : 102. 1874.

Glyphomitrium dentatum Mitt., Journ. Proc. Linn. Soc., Bot. 8: 149. 1864.

植物体簇生，绿色或黄绿色，高1–3厘米。茎直立或倾立，多叉状分枝。叶干燥时略卷曲，湿时伸展倾立，舌形或阔披针形，长3–4.5毫米，上部呈龙骨状突起，先端多尖锐，有时钝；中肋强劲，在叶尖前消失；叶缘平直或中下部狭背卷，中上部具多细胞构成的尖齿。叶中上部细胞常不透明，圆方形或近方形，直径8–10微米，略增厚；叶

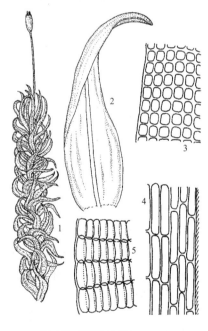

图 780 东亚缩叶藓（何 强绘）

基部细胞长方形至短长方形，薄壁，透明。雌雄同株，雄苞常见于雌苞下方。雌苞叶与茎叶同形。蒴柄直立，黄褐色。孢蒴直立，长椭圆形，长约2毫米。蒴齿红褐色，细长，狭披针形，两裂近于达

基部，表面具细密疣。环带不分化。蒴盖具长喙。蒴帽钟形，表面具纵皱褶，基部有裂片。孢子黄绿色，直径10–13微米，表面具细疣。

产河南、山西、青海、安徽、浙江、福建、江西、湖南、广西和四川，生于岩石面或岩面薄土。日本有分布。

1. 植物体一部分（×6），2. 叶（×25），3. 叶尖部细胞（×300），4. 叶横切面一部分（×300）。

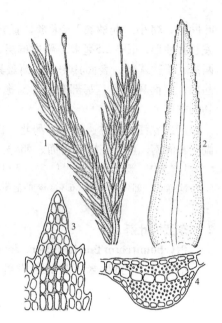

图 781 齿边缩叶藓（何　强绘）

4. 威氏缩叶藓　　　　　　　　图 782

Ptychomitrium wilsonii Sull.et Lesq., Proc. Am. Ac. Arts Sci. 4: 277. 1859.

植物体高1–1.5厘米，上部绿色，下部黑绿色，簇生。茎单一或上部叉状分枝。干燥时松散扭曲，湿时倾立，卵状披针形或卵状舌形，先端粗钝，上部略呈龙骨状突起，长3.9–4.1毫米；中肋单一，强劲，达叶尖或在叶尖前消失；叶缘平直，中上部具不规则多细胞锯齿。叶上部细胞不透明，圆方形或近方形，直径10–13微米，壁略增厚；叶基部细胞长方形，薄壁，透明，近角部细胞常呈褐色。雌雄同株，雄苞常见于雌苞下方。雌苞与茎叶同形。蒴柄直立，黄色，长4–5毫米。孢蒴直立，卵圆形，黄褐色，长约1.5毫米。蒴齿单层，披针形，3裂至近基部，表面具细密疣。环带不分化。蒴盖具长直喙。蒴帽钟形，覆盖至孢蒴中下部，基部具裂片。孢子球形，表面具细疣。

产江苏、安徽、浙江、福建、江西、湖南、广东和广西，生于中海拔山地岩面。日本有分布。

1. 植物体一部分（×6），2. 叶（×25），3. 叶尖部细胞（×300），4. 叶基部细胞（×300），5. 叶横切面的一部分（×300）。

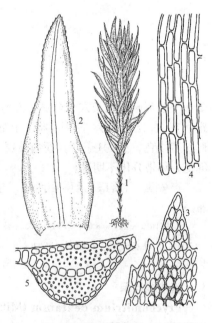

图 782 威氏缩叶藓（何　强绘）

5. 狭叶缩叶藓　　　　　　图 783 彩片137

Ptychomitrium linearifolium Reim. in Reim. et Sak., Jahrb. 64: 539. 1931.

体形粗壮或中等大小，高3厘米，绿色或黄绿色。茎单一或叉状分枝。叶干燥时上部卷曲，湿时倾立，基部卵形，向上成狭披针形，先端窄而尖锐，上部龙骨状突起，下部内凹；中肋单一，强劲，近于达叶尖或在叶尖下消失；叶中下部边缘略背卷，上部具不规则多细胞锯齿。上部细胞不透明，圆方形或近方形，直径8–10微米，壁略增厚；叶基部细胞长方形，近边缘细胞略

狭长，薄壁，透明。雌雄同株。雄苞常见于雌苞下方。雌苞叶与茎叶同形。蒴柄直立，黄色，长4–5毫米。孢蒴直立，椭圆形至长椭圆形，黄褐色，长1.5–2毫米。蒴齿单层，红褐色，狭长披针形，2裂至下部，有穿孔，表面具细密疣。环带不分化。蒴盖具长直喙。蒴帽钟形，覆盖至孢蒴中部，基部有裂片。孢子球形，表面近于平滑或具细疣。

产河北、山西、陕西、安徽、浙江、福建、江西、湖北、湖南和云南，生于山地岩面。日本有分布。

1. 植物体一部分(×6)，2. 叶(×25)，3. 叶基部细胞(×300)，4. 叶横切面的一部分(×300)，5. 孢蒴(×20)，6. 蒴齿(×300)。

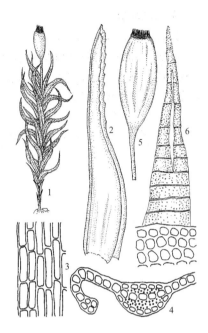

图 783 狭叶缩叶藓（何 强绘）

6. 扭叶缩叶藓 图 784

Ptychomitrium tortula (Harv.) Jaeg., Ber. S. Gall. Naturw. Ges. 1872–73: 105. 1874.

Didymodon tortula Harv. in Hook., Icon. Pl. Rar. Thaetigk. St. Gallischen Naturwiss. Ges. 1872–73: 105. 1874.

体形粗壮，高达9–15厘米，绿色或红褐色。茎分枝，基部常裸露，叶密集于茎上部。叶干燥时上部强烈扭曲，湿时倾立，上部弯曲，基部宽长卵形，具明显纵褶，向上成披针形，茎上部叶长5.5–7.0毫米；中肋单一，强劲，向上渐细，近于达叶尖或在叶尖前消失；叶缘中下部有时背卷，上部具不规则多细胞齿。叶上部细胞不规则方形，直径6–8微米，壁略增厚；叶中部细胞长方形，壁强烈波状加厚；叶基部细胞狭长方形，胞壁强烈波状加厚。雌雄同株。雌苞叶与茎叶同形，略大。蒴柄直立，黄色或红褐色，长5–7毫米，上部扭曲。孢蒴常2–4个丛生，直立，长椭圆形，黄褐色。蒴齿单层，黄褐色，狭长披针形，2裂至中下部，

有时具穿孔，表面密布细疣。环带不分化。蒴帽钟形，覆盖至孢蒴中部，基部具裂片。孢子球形，表面近于平滑。

产四川、云南和西藏，生于高山地区岩面或土生。喜马拉雅地区、尼泊尔、印度及不丹有分布。

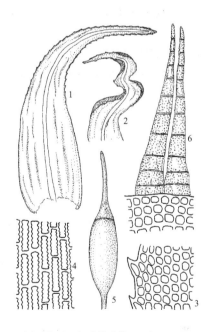

图 784 扭叶缩叶藓（何 强绘）

1. 叶(×25)，2. 叶片尖部(干燥时)(×25)，3. 叶上部边缘细胞(×300)，4. 叶基部细胞(×300)，5. 孢蒴(×20)，6. 蒴齿(×300)。

7. 多枝缩叶藓

图 785 彩片138

Ptychomitrium gardneri Lesq., Mem. Calif. Acad. Sci. 1: 16. 1868.

植物体粗壮，高3-5厘米，有时达7厘米，上部绿色或黄绿色，下部黑褐色，丛生。茎上部具多数分枝，常向一侧倾立。叶干燥时扭曲，湿时倾立，基部宽，阔长卵形，向上呈披针形，龙骨状背凸，先端具阔尖，长4.5-5.5毫米；中肋单一，强劲，达叶尖或在叶尖前消失；叶缘中下部背卷，上部具多细胞不规则齿。叶上部细胞近方形，直径6-8微米，壁略增厚；叶中部细胞短长方形，叶基部近边缘细胞短而大，长方形，薄壁，透明；近中肋细胞狭长方形，雌雄同株。雌苞叶与茎叶同形。蒴柄直立，长15-20微米，黄色或黄褐色，上部扭曲。孢蒴直立，长椭圆形，黄色或黄褐色。蒴齿单层，短披针形，2至3裂至近基部，表面具细疣。环带分化，由1-2列细胞组成。蒴盖具长直喙。蒴帽钟形，覆盖至孢蒴中下部，基部有裂瓣。孢子球形，黄褐色，直径10-14微米，具密疣。

产湖南、贵州、四川、云南和西藏，生于岩石面或岩面薄土。日本

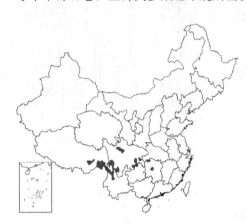

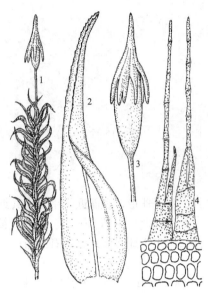

图 785 多枝缩叶藓（何 强绘）

及北美洲有分布。

　　1. 植物体一部分（×6），2. 叶（×25），3. 带蒴帽的孢蒴（×25），4. 蒴齿（×300）。

8. 台湾缩叶藓

图 786

Ptychomitrium formosicum Broth. et Yas., Ann. Bryol. 1: 16. 1928.

体形中等大小，高2-6厘米，上部黄绿色，下部暗绿色至棕褐色，松散丛生。茎分枝，基部常裸露，向上叶密集，茎中轴分化良好。叶片干燥时卷曲，湿时倾立，基部宽长卵形，向上成披针形，向背面突起，长5.5-7.0毫米，长5.0-5.5毫米，中肋单一，强劲，近于达叶尖或在叶尖前消失；叶中下部一侧边缘常背卷，上部具不规则多细胞齿。叶上部细胞不规则方形，直径5-8微米，壁略增厚；叶中部细胞短长方形，长10-15微米，宽5-7微米，细胞壁呈波状；叶基部近边缘细胞短长方形至椭圆状长方形，长15-26微米，宽8-10微米，细胞壁薄，平直，基部近中肋细胞长方形至狭长方形，长30-40微米，宽8-10微米，细胞壁波状。雌雄同株。雌苞叶与上部茎叶同形。蒴柄直立，黄褐色，长（8）10-15毫米，上部扭曲。孢蒴常直立，长椭圆形，黄褐色，长1.3-1.5毫米。蒴齿单层，黄褐色，狭

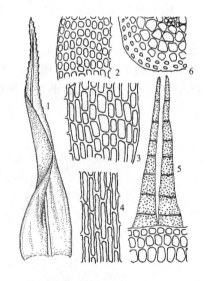

图 786 台湾缩叶藓（何 强绘）

长披针形，2裂至基部，表面密布细疣；环带分化。蒴帽钟形，覆盖至孢蒴中部，基部具裂片。孢子球形，表面具细疣。

产台湾，生于石上。日本有分布。

　　1. 叶(×25)，2. 叶上部边缘细胞(×300)，3. 叶基部近边缘细胞(×300)，4. 叶基部
近中肋细胞(×300)，5. 蒴齿(×300)，6. 茎横切面的一部分(×300)。

64. 紫萼藓科 GRIMMIACEAE
（曹　同　娄玉霞　安　丽）

　　植物体深绿色或黄绿色，多生于裸露岩石或砂土上，属多年生旱生藓类。茎直立或倾立，两叉分枝或具多数分枝，基部具假根。叶多列密生，稀呈覆瓦状排列，干燥时有时扭曲，披针形、狭长披针形，稀卵圆形，先端常具白色透明毛尖，或圆钝；叶缘平直或背卷，稀内凹；中肋单一，强劲，达叶尖或在叶端前消失。叶中上部细胞小，圆方形或不规则方形，壁厚，常不透明，平滑或具疣，胞壁有时呈波状加厚；叶基部细胞短长方形或长方形，壁薄或不规则波状加厚；角部细胞多不分化。雌雄同株或异株。雌苞叶与茎叶同形，略大。蒴柄长短不一，直立或弯曲。孢蒴隐生或高出，直立或倾立，圆球形至长圆柱形。环带有时分化。蒴盖多具长或短喙。蒴壁上部平滑，基部具气孔。蒴齿单层，齿片16，披针形或线形，多不规则2–4裂，有时具穿孔，表面多具密疣。蒴帽钟形或兜形。孢子小，圆球形，多数表面具疣。

　　12属。主要分布寒温地区，也见于亚热带高海拔山区。中国有6属。

1. 蒴帽大，钟帽形，覆盖孢蒴的大部分，表面具纵褶；植物体矮小，细弱；叶上部强烈内卷，近于成筒状。
　　2. 叶上部强烈内卷成筒状，先端无白色透明毛尖 ·· **1. 旱藓属 Indusiella**
　　2. 叶上部平展，先端具白色透明毛尖。
　　　　3. 叶阔倒卵形，中肋两侧平滑无褶；植物体干燥时紧密贴生，具光泽 ·········· **2. 缨齿藓属 Jaffueliobryum**
　　　　3. 叶披针形，中肋两侧具明显纵褶；植物体干燥时不紧密贴生，无光泽 ·············· **3. 筛齿藓属 Conscinodon**
1. 蒴帽小，钟形或兜形，覆盖蒴盖或孢蒴的部分，表面平滑；植物体中等大小或粗壮；叶上部内凹或呈龙骨状向背面突起。
　　4. 茎单一或具叉状分枝；基部细胞方形至长方形，胞壁平直或略波状加厚；蒴齿多披针形，不开裂或上部两裂。
　　　　5. 蒴轴脱落时不与蒴盖相连；蒴帽较大，覆盖蒴盖和孢蒴的部分；环带多数分化 ····· **4. 紫萼藓属 Grimmia**
　　　　5. 蒴轴脱落时与蒴盖相连；蒴帽小，仅覆盖蒴盖的部分；环带不分化 ·················· **5. 连轴藓属 Schistidinm**
　　4. 茎具多数短分枝；基部细胞线形，胞壁强烈波状加厚，具壁孔；蒴齿细长，两裂至基部 ·······························
　　··· **6. 砂藓属 Racomitrium**

1. 旱藓属 Indusiella Broth. et C. Müll.

　　体形小，挺硬，高7–9毫米，上部黑绿色，下部褐色，密集生长。茎直立，上部分枝，具分化中轴。叶干燥时挺硬，贴茎排列，湿润时向上伸展，基部鞘状，上部叶边强烈内卷呈筒状，先端圆钝；中肋单一，强劲，及顶，基部平宽，占叶宽度的1/3–1/4；叶缘基部平直，上部强烈内卷，内卷部分细胞2层，背面为小形厚壁细胞，不规则方形；腹面为大形薄壁细胞，不规则方形或长方形；基部细胞大，方形或长方形，略透明，壁平直，稍厚。雌雄同株。雌苞叶与茎叶相似。蒴柄短，直立。孢蒴直立，高出于雌苞叶，近球形或或阔卵形，表

面平滑。蒴齿披针形，上部不规则2－3裂，中部有时具穿孔，表面具密疣。环带分化，由2列长方形厚壁细胞组成。蒴盖具短钝喙。蒴帽大，钟帽状，覆盖孢蒴的大部分，具纵褶，平滑。孢子球形，直径9–12微米，黄褐色，表面有疣。

单种属。中国有分布。

旱藓   图 787

Indusiella thianschanica Broth. et C. Müll., Bot. Centralbl. 75 (11): 322. 1898.

种的形态特征同属。

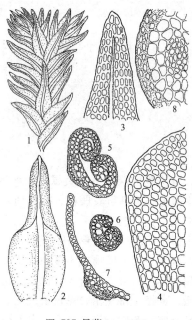

产内蒙古、新疆和西藏，生于干旱高山地区的干燥、裸露岩石面或岩面薄土。蒙古、俄罗斯（高加索），美国（阿拉斯加）及北非（乍得）有分布。

1. 植物体一部分(×10)，2. 叶(×25)，3. 叶尖部细胞(×300)，4. 叶基部细胞(×300)，5-7. 叶横切面的一部分(×300)，8. 茎横切面的一部分(×300)。

图 787 旱藓（何 强绘）

2. 缨齿藓属 Jaffueliobryum Thér.

植物体小，灰绿色，密丛生。茎直立，分枝多，密生叶后常呈圆条状。叶干燥时紧密覆瓦状排列，湿润时展开，卵形或椭圆形，先端急狭收缩成细长白色毛尖；叶缘平直或基部内卷；中肋单一，粗壮，突出叶尖成毛状。叶基部细胞长方形或近方形；上部细胞方形或不规则多边形，厚壁，平滑，具叶绿体，有的种边缘具数列白色透明细胞。雌雄同株。蒴柄短于孢蒴，直立。孢蒴隐生于雌苞叶内，卵形或阔椭圆形。蒴帽大，钟状，几乎覆盖全孢蒴，有纵褶，无毛，基部具裂瓣。蒴齿披针形，上部3–4裂，有穿孔，具密疣。孢子小，球形，黄色，表面近于平滑。

3种。中国1种。

缨齿藓   图 788

Jaffueliobryum wrightii (Sull.) Thér., Rev. Bryol. n. s. 1: 193. 1928.

Coscinodon wrightii Sull. in Sull. et Lesq., Musci Hepat. U. S. (Repr.) 132. 1856.

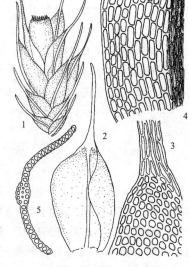

植物体小，高0.5–2.0厘米，上部黄绿色，下部褐色，密集丛生呈垫状。茎直立，具多数分枝，中轴分化。叶片薄，略透明，干燥时贴茎呈密覆瓦状排列，湿润时倾立，长卵形，内凹，

图 788 缨齿藓（何 强绘）

基部向上急收缩成近圆形上部，先端白色透明毛尖短于叶片长度；中肋单一，突出于叶尖；叶缘平直。叶上部中肋两侧细胞不规则方形或圆六边形，黄绿色，具叶绿体，壁厚；近边缘3-4列细胞不规则长方形，透明，薄壁；基部细胞短长方形或长方形，略透明，薄壁。雌雄同株。雌苞叶明显大于茎叶。蒴柄直立，短于孢蒴。蒴齿披针形，上部分裂，下部具不规则穿孔，表面具疣。环带分化，由厚壁细胞组成。蒴盖具短钝喙。蒴帽大，钟状，几乎覆盖孢蒴大部分，具纵褶，基部有裂瓣。孢子球形，直径7-9微米，表面具细疣。

产内蒙古、新疆和西藏，生于海拔1200-4500米干旱高山地区岩面薄砂土或开阔山坡上。蒙古、俄罗斯（西伯利亚）、美国、墨西哥及玻利维亚有分布。

1. 带孢蒴植物体的一部分（×10），2. 叶（×25），3. 叶尖部细胞（×300），4. 叶基部细胞（×300），5. 叶的横切面（×300）。

3. 筛齿藓属 Coscinodon Spreng.

体形矮小，黄绿色或褐绿色，因多具白色毛尖而常呈灰白色，密集丛生。茎具分枝和分化的中轴。叶披针形，龙骨状背凸，中肋两侧具由2层细胞组成的纵褶，先端具长的白色透明毛尖；叶缘平直；中肋单一，强劲及顶。叶上部细胞形小，不规则方形，厚壁；基部细胞短长方形，具厚的横壁。雌雄异株。雌苞叶明显大于茎叶，无纵褶。蒴柄短，直立。孢蒴隐生或高出于雌苞叶。蒴齿上部不规则开裂，具多数穿孔，表面有疣。环带不分化。蒴盖具短喙。蒴帽钟状，覆盖孢蒴上部，具纵褶。孢子小，近于平滑。

约8种。我国有1种。

小孔筛齿藓 筛齿藓   图 789

Coscinodon cribrosus (Hedw.) Spruce, Ann. Mag. Nat. Hist. Ser. 2, 3: 491. 1849.

Grimmia cribrosa Hedw., Sp. Musc. Frond. 76. 1801.

植物体矮小，高仅0.5-1.0厘米，绿色至黑绿色，上部因叶先端细长毛尖而带灰白色，密集丛生。茎单一或稀疏分枝，具分化的中轴。叶干燥时密集生长，湿润时向上展开，披针形，长1.5-3.0毫米，上部龙骨状向背面凸起，先端具细长带细齿的白色透明毛尖，中肋两侧有明显的纵褶；叶边全缘，平直；中肋强劲，及顶，由近于同形细胞组成；上部细胞两层，不透明，不规则圆方形，宽10-12微米，壁厚；中部细胞圆方形，宽10-15微米，壁厚；基部中肋两侧细胞长方形，宽10-12微米，长25-50微米，壁薄而平滑；基部边缘两侧3-4列细胞长方形，透明，宽9-11微米，长25-40微米，纵壁厚，横壁加厚。

产陕西和台湾，生于海拔2700-3700米的山崖上。日本、俄罗斯、印度、克什米尔地区、北美洲、格陵兰及非洲北部有分布。

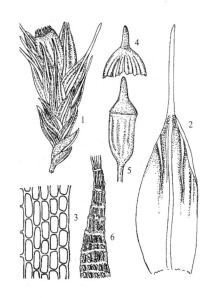

图 789 小孔筛齿藓（何 强绘）

1. 带孢蒴植物体的一部分（×10），2. 叶（×25），3. 叶基部细胞（×300），4. 蒴帽（×10），5. 孢蒴（×10），6. 蒴齿（×300）。

4. 紫萼藓属 Grimmia Hedw.

    植物体多呈深绿色或紫黑色，密集垫状或疏松丛生。茎直立，稀疏分枝或具多数叉状分枝。叶干燥时多疏松贴生，有时扭曲，湿时伸展，卵形、卵状披针形，或长披针形，上部内凹或向背部呈龙骨状突起，先端多有白色透明毛尖；叶边平直或背卷；中肋单一，粗壮，及顶或在先端前消失。叶上部细胞小，不规则方形或短长方形，1至3（4）层，不透明，胞壁多增厚，基部近边缘细胞近方形至长方形，薄壁或具明显加厚的纵壁；中肋两侧细胞长方形，壁薄或波状加厚。雌苞叶多大于茎叶。雌雄同株或异株。蒴柄长或短于孢蒴，直立或弯曲。孢蒴直立或垂倾，隐生或高出于雌苞叶，近球形或长卵形，有时呈圆柱形，表面平滑或具纵褶。蒴齿单层，齿片16，稀退失，披针形至狭披针形，上部不规则开裂，具穿孔，表面具密疣。环带多数分化，由长方形或长方形厚壁细胞组成。蒴盖具短钝或细长喙。蒴帽较小，覆盖孢蒴上部，钟帽形或兜形。孢子圆球形，直径7–16微米，表面多具细疣。

    约100种，多生于高山岩石面或岩面薄土上。我国有23种。

1. 蒴柄短于孢蒴；孢蒴隐生于雌苞叶中；叶具白色透明毛尖。
  2. 植物体大，高于2–3厘米；蒴柄直立；孢蒴长卵形，对称；具蒴齿 ·················· 2. **毛尖紫萼藓 G. pilifera**
  2. 植物体小，高不及1.5厘米；蒴柄弯曲；孢蒴近球形，不对称；无蒴齿 ·············· 16. **无齿紫萼藓 G. anodon**
1. 蒴柄长于孢蒴；孢蒴高出于雌苞叶；叶具白色透明毛尖，或毛尖缺失。
  3. 蒴柄湿润时直立；孢蒴直立，表面平滑。
    4. 叶先端无白色透明毛尖。
      5. 叶上部呈强烈龙骨状突起，先端稍尖锐，叶边一侧背卷；常具鞭状细枝 ········ 3. **韩氏紫萼藓 G. handelii**
      5. 叶上部内凹，先端圆钝；叶边平直；无鞭状细枝。
        6. 叶长披针形；基部近边缘细胞长方形；植物体大，高近3厘米 ················ 8. **厚边紫萼藓 G. unicolor**
        6. 叶卵圆形至阔卵圆形；基部近边缘细胞近方形；植物体矮小，高仅1厘米 ··············
             ··· 11. **钝叶紫萼藓 G. limprichtii**
    4. 叶先端具白色透明毛尖。
      7. 叶内凹；中肋扁平。
        8. 叶中上部细胞平滑或近于平滑。
          9. 植物体粗壮，高达3.0厘米；叶基部卵圆形，向上成披针形，上部细长 ······ 7. **卵叶紫萼藓 G. ovalis**
          9. 植物体矮小，高仅1.5厘米；叶长卵形或长卵状披针形，上部短 ········· 9. **阔叶紫萼藓 G. laevigata**
        8. 叶中上部细胞具明显单一疣状突起 ·································· 10. **粗疣紫萼藓 G. mammosa**
      7. 叶龙骨状向背面突起；中肋背部凸起。
        10. 叶下部两侧边缘平直。
          11. 叶基部近边缘细胞长方形或狭长方形，壁薄；蒴帽钟帽形；环带发育良好；雌雄同株 ··············
            ··· 5. **卷边紫萼藓 G. donniana**
          11. 叶基部近边缘细胞方形或短长方形，具明显厚横壁；蒴帽兜形；无环带；雌雄异株··············
            ··· 6. **高山紫萼藓 G. montana**
        10. 叶下部一侧边缘背卷。
          12. 植物体黄绿色或绿色；叶先端具长白毛尖；雌雄同株；叶基部两侧细胞具波状壁··············
            ··· 1. **近缘紫萼藓 G. longirostris**
          12. 植物体多呈红褐色；叶先端无毛尖或具极短白毛尖；雌雄异株；叶基部中肋两侧细胞具平直壁.
            ··· 4. **长枝紫萼藓 G. elongata**
  3. 蒴柄湿润时弯曲；孢蒴平列或下弯，表面具纵褶。

13.叶上部细胞除边缘外为单层；中肋背部平直。

    14.叶先端白色透明毛尖粗短，多短于叶片长度的1/4；蒴柄短，干燥时扭曲 ································

                                  ·······························12. **尖顶紫萼藓 G. fuscolutea**

    14.叶先端白色透明毛尖长，多长于叶片长度的1/2以上；蒴柄长，强烈弓形弯曲

        15.叶长披针形，先端毛尖基部不下延，平滑；基部中肋两侧细胞壁平直········

                              ·····························13. **垫丛紫萼藓 G. pulvinata**

        15.叶披针形，先端毛尖基部下延，具粗齿突；基部中肋两侧细胞波状加厚········

                              ·····························14. **北方紫萼藓 G. decipiens**

13.叶上部细胞2–3（4）层，具明显疣突；·························15. **直叶紫萼藓 G. elatior**

---

1. 近缘紫萼藓　　　　　　　　　　　　　　　图 790

Grimmia longirostris Hook., Musci Exot. 1: 62.1818.

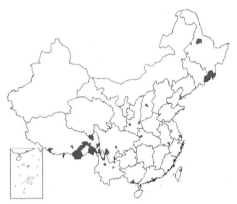

植物体绿色、黄绿色，有时褐绿色或近黑色，密集丛生。茎高达3厘米。稀疏分枝，具分化的中轴。叶覆瓦状排列，干燥时直立贴茎，湿润时倾立，基部卵形，向上呈披针形，龙骨状背凸，先端多具白色透明毛尖；中下部叶缘一侧背卷；中肋单一，及顶或突出于叶尖。叶上部细胞两层，不规则圆方形，壁略呈波状增厚；基部中肋两侧细胞长方形，胞壁明显波状加厚；基部近边缘细胞长方形，透明，横壁明显厚于纵壁。雌苞叶大于茎叶，多具白色毛尖。雌雄同株。雄苞常见于枝上。蒴柄直立。黄色或黄褐色，长短变化较大，2.0厘米–5.0厘米，干燥时扭曲。孢蒴略高出于雌苞叶，直立，长卵形至长柱形，黄褐色。蒴齿单层，直立，披针形，黄褐色或红褐色，上部不规则2–3裂，具穿孔，表面具细疣，下部具稀疏疣或近于平滑。环带发育良好，由2–3列厚壁细胞组成。蒴帽钟帽形，基部具裂瓣。蒴盖具细长喙或斜缘。孢子圆球形，直径9–12微米，黄绿色，表面具疣。

产黑龙江、吉林、山西、陕西、安徽、台湾、湖北、广西、四川、云南和西藏，多生于高海拔地区开阔干燥山坡或亚高山林带的裸露花岗岩上。喜马拉雅地区、日本、巴布亚新几内亚、俄罗斯、欧洲、格陵兰

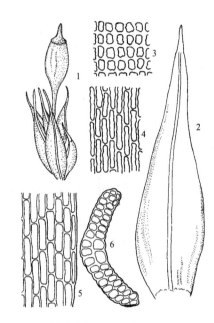

图 790 近缘紫萼藓（何　强绘）

岛、冰岛、北美洲和非洲北部有分布。

   1. 带孢蒴植物体的一部分（×10），2. 叶（×25），3. 叶中部细胞（×300），4. 叶基部近中肋细胞（×300），5. 叶基部近边缘细胞（×300），6. 叶的横切面（×300）。

---

2. 毛尖紫萼藓　　　　　　　　图 791 彩片139

Grimmia pilifera P. Beauv., Prodr. 58. 1805.

体形粗壮，上部黄绿色或绿色，下部深绿或近黑色，稀疏成片丛生。茎高3–4(5)厘米，倾立，挺硬，稀疏叉状分枝，中轴不分化。叶干燥时挺硬，直立，稀疏贴生，湿润时倾立，基部卵形，向上急收缩成披针形或长披针形，明显向背面凸起，先端具透明白色毛尖，具齿突，有时呈黄褐色；叶全缘，中下部背卷，上部由两层细胞组成；中肋单一，

强劲，及顶。叶上部细胞两侧不透明，不规则方形，宽5–8微米，胞壁波状加厚；中部细胞方形至短长方形，宽7–9微米，长7–15微米，薄壁，基部中肋两侧细胞长方形，胞壁波状加厚。雌雄异株。雌苞叶

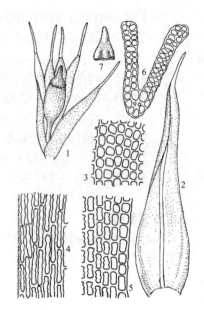

明显大于茎叶，具长透明毛尖。蒴柄短，直立。孢蒴直立，隐生于雌苞叶内，长卵形。蒴齿单层，披针形，红褐色，上部不规则2–3裂，中部具穿孔，表面具细密疣，上部密，下部较稀疏。环带发育良好，由2–3列厚壁细胞组成。蒴盖具长直喙或斜喙。蒴帽钟帽状，基部5–6瓣裂。孢子球形，黄绿色，表面具疣。

产黑龙江、吉林、辽宁、河北、山东、陕西、江苏、安徽、浙江、福建、江西、湖南、四川、云南和西藏，生于不同海拔裸露、光照强烈的花岗岩石上或林下石上。日本、朝鲜、印度、俄罗斯（西伯利亚）及北美洲有分布。

图 791 毛尖紫萼藓（何 强绘）

1. 带孢蒴植物体的一部分（×10），2. 叶（×25），3. 叶中部细胞（×300），4. 叶基部近中肋细胞（×300），5. 叶基部近边缘细胞（×300），6. 叶的横切面（×300），7. 蒴帽（×10）。

3. 韩氏紫萼藓　　图 792

Grimmia handelii Broth., Sitzuagsber. Ak. Wiss. Wien Math. Nat. Kl. 133：1924.

体形细长，上部黄绿色，下部深绿色或近黑色，稀疏丛生。茎稀疏叉状分枝，具分化中轴。叶干燥时贴生，略扭曲，湿润时倾立，披针形，长1.7–2.2毫米，上部龙骨状背凸，先端尖锐，无透明毛尖；叶边一侧狭背卷，另一侧平直；中肋强劲，单一，及顶或在先端前消失。叶中上部细胞除边缘外单层，不规则方形，直径约5微米，壁厚，略呈波状；基部近边缘细胞长

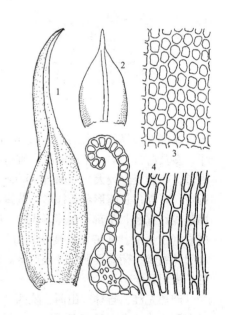

方形，透明，宽7–9微米，长23–46微米，壁薄；基部中肋两侧细胞长方形，宽5–7微米，长35–46微米，壁平直。主茎基部常生长纤细嫩枝，嫩枝上叶小，圆卵形，贴茎生长，先端具钝尖。雌雄异株。

产四川和云南，生于海拔4300–4500米高山岩面。尼泊尔有分布。

图 792 韩氏紫萼藓（何 强绘）

1-2. 叶（×25），3. 叶中部细胞（×300），4. 叶基部细胞（×300），5. 叶横切面的一部分（×300）。

4. 长枝紫萼藓　　图 793

Grimmia elongata Kaulf. in Sturm, Deutschl. Fl. 2 (15): 14. 1816.

植物体密集丛生呈垫状，常呈红褐色。茎高约2厘米，叉状分枝，具略分化的中轴。叶干燥时贴茎，上部略扭曲，湿润时倾立，基部窄卵形，向上呈披针形，长1.6–2.0毫米，上部龙骨状背凸，先端无或具极短白色透明毛尖；叶边一侧狭

背卷，一侧平直；中肋单一，强劲，及顶，近基部较窄。叶上部细胞除边缘外单层，不规则方形至短长方形，宽7–9微米，壁增厚；中部细胞长方形，明显波状加厚；基部细胞长方形，近于透明，细胞壁薄而平直。雌雄异株。雌苞叶与茎叶相似，略大，基部宽阔。蒴柄直立，黄白色，长1.5–1.8微米，干燥时上部扭曲。孢蒴黄褐色，直立，长卵形至椭圆形。蒴齿单层，披针形，上部黄白色，下部黄褐色，上部具粗密疣，下部近于平滑。环带由2–3列圆六边形厚壁细胞组成。蒴帽钟形或兜形。蒴盖具突起的钝喙。孢子黄色，11–14微米，表面具细密疣。

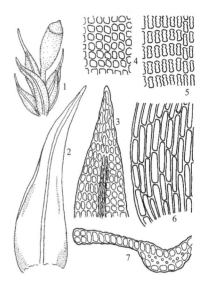

图 793 长枝紫萼藓（何 强绘）

产吉林、河北、台湾和西藏，生于海拔2100–3740米高山地区裸露岩石或干燥开阔的山坡石面。日本、印度北部、尼泊尔、北美洲及格陵兰有分布。

1. 带孢蒴植物体的一部分（×10），2. 叶（×25），3. 叶尖部细胞（×300），4. 叶上部细胞（×300），5. 叶中部细胞（×300），6. 叶基部细胞（×300），7. 叶横切面的一部分（×300）。

5. **卷边紫萼藓**　　　　　　　　　图 794

Grimmia donniana Sm., Engl. Bot. 18: 1259. 1804.

体形小，深绿或近黑色，常呈小形密集垫状。茎高1.0厘米左右，稀疏叉状分枝，具分化的中轴。叶干燥时贴生，略卷曲，湿润时伸展，基部卵形，向上呈长披针形，长1.7–2.4毫米，上部明显龙骨状背凸，先端具细长平滑的透明白色毛尖；叶边两侧平直，上部两层细胞；中肋单一，及顶。叶上部部分细胞两层，圆方形，宽7–9微米，壁略呈波状加厚；中部细胞长方形，壁波状；基部中肋两侧细胞长方形至短长方形，略透明，壁平直，略厚；基部近叶边细胞透明，长方形，宽9–11微米，长35–70微米，薄壁。雌苞叶与茎叶同形。雌雄同株，雄苞通常着生老茎基部的分枝上。蒴柄直立，黄褐色，干燥时向上扭曲。孢蒴黄褐色，直立，略高出于雌苞叶，卵形或近椭圆形。蒴齿单层，披针形，黄色，上部具密疣，下部具疏疣。环带由2–3列方形或短长方形厚壁细胞组成。蒴盖具短钝喙。蒴帽小，钟帽状。孢子圆球形，9–10微米，表面具细疣。

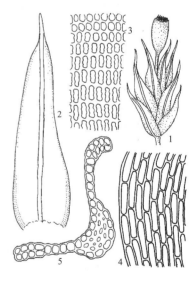

图 794 卷边紫萼藓（何 强绘）

产西藏，生于高海拔山区的裸露花岗岩石上。日本，印度，俄罗斯，欧洲，南北美洲，非洲北部及南极洲有分布。

1. 带孢蒴植物体的一部分（×10），2. 叶（×25），3. 叶中上部细胞（×300），4. 叶基部细胞（×300），5. 叶的横切面（×300）。

6. 高山紫萼藓 图 795

Grimmia montana Bruch et Schimp. in B.S.G., Bryol. Eur. 3: 128.1845.

植物体小，上部绿色或深绿色，下部深褐色或近黑色，密集丛生呈垫状。茎高不及1.5厘米，稀疏叉状分枝，具略分化的中轴。叶干燥时直立，湿润时伸展，基部卵形，向上呈披针形，长1.7–2.4毫米，上部龙骨状背凸，先端具长而有刺的透明白色毛尖；叶边两侧平直，上部两层细胞；中肋单一，强劲，及顶。叶上部细胞部两层，不透明，不规则圆方形，直径5–7微米，

壁加厚；基部近边缘细胞方形或短长方形，略透明，横壁明显厚于纵壁；基部中肋两侧细胞长方形，具加厚平直或稍波状的壁。雌苞叶大于茎叶，先端具长毛尖。雌雄异株。蒴柄直立，黄色。孢蒴高出于雌苞叶，直立，卵椭圆形，红褐色。蒴齿单层，披针形，红褐色，上部不规则开裂和具穿孔，表面具密粗疣。环带无或略分化。蒴帽兜形。蒴盖具短斜喙。孢子圆球形，黄色，近于平滑。

产黑龙江、吉林、安徽、广西和西藏，生于海拔500–4700米的花岗岩石或岩面薄土上。朝鲜、欧洲及北美洲有分布。

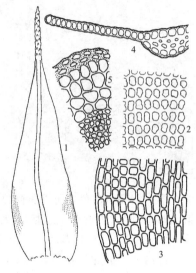

图 795 高山紫萼藓（何 强绘）

1. 叶（×25），2. 叶上部细胞（×300），
3. 叶基部细胞（×300），4. 叶横切面一部分
（×300），5. 茎横切面的一部分（×300）。

7. 卵叶紫萼藓 图 796

Grimmia ovalis (Hedw.) Lindb., Acta Soc. Sci. Fenn.10: 75. 1871.

Dicranum ovale Hedw., Sp. Musc. Frond. 140. 1801.

植物体粗壮，挺硬，上部绿色或黄绿色，下部深褐色，稀疏丛生。茎高达3厘米，叉状分枝，具明显分化的中轴。叶干燥时直立，湿润时倾立，基部卵形，向上呈披针形，长2.4–3.3毫米，上部内凹，不呈龙骨状背凸，先端多有长而具齿的白色透明毛尖；叶缘平直或略内凹；中肋单一，强劲，基部宽，向上渐窄，及顶。叶上部细胞2层，稀3层，不透明，不规则方形，

宽5–7微米，壁厚；中部细胞略长，具波状加厚壁；基部近边缘细胞方形至短长方形，有时透明，横壁厚；基部中肋两侧细胞长方形，胞壁略呈波状或强烈波状。雌苞叶大于茎叶，透明，有时具黄褐色的毛尖。雌雄异株。蒴柄直立，长度变化较大，多为4–7毫米，黄色或黄褐色。孢蒴直立，高出于雌苞，黄褐色，卵形，口部窄，长约1.5–2.5毫米。蒴齿

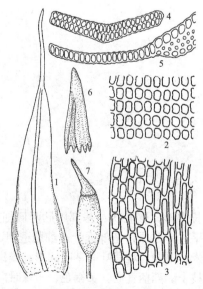

图 796 卵叶紫萼藓（何 强绘）

单层，披针形至狭披针形，上部不规则2–3裂并有穿孔，表面具粗密

疣，下部近于平滑。环带发育良好，由3-4列厚壁细胞组成。蒴盖具长斜喙。蒴帽兜形，基部具裂瓣。孢子圆球形，黄色，12-14微米，表面具细疣。

产黑龙江、吉林、陕西、新疆、四川、云南和西藏，生于海拔2200-3300米的高山地区岩面，稀见于岩面薄土上。尼泊尔、印度、巴基斯坦、俄罗斯（西伯利亚）、欧洲、北美洲、澳大利亚及非洲有分布。

1. 叶（×25），2. 叶中部细胞（×300），3. 叶基部细胞（×300），4-5. 叶横切面一部分（×300），6. 蒴帽（×15），7. 孢蒴（×15）。

8. 厚边紫萼藓 图 797

Grimmia unicolor Hook. ex Grev., Scott. Crypt. Fl.3: 123. 1825.

体形中等大小，上部黄绿色，下部深绿色或近黑色，密集丛生。茎高达3厘米，直立，叉状分枝，具分化的中轴。叶干燥时直立，湿润时倾立，从宽阔基部向上呈披针形或长披针形，长1.7-2.2毫米，上部内凹，先端圆钝，略呈兜形，无白色透明毛尖；叶边平直，全缘；中肋单一，扁平，在叶尖下消失。叶上部细胞不规则圆形，宽5-7微米，大部分为两层，不透明，胞壁强烈波状加厚；基部近边缘细胞长方形，壁平直；基部中肋两侧细胞长，具波状加厚壁。雌苞叶与茎叶同形，略大。雌雄异株。蒴柄直立，黄色至黄褐色。孢蒴直立，高出于雌苞叶，圆柱形，干燥时表面有时具纵褶，湿时平滑。蒴齿披针形，红褐色，上部不规则2-3裂，中部具穿孔，表面具疣。环带分化，由2-3列厚壁细胞组成。蒴盖具短钝喙。蒴帽钟帽状，基部具裂瓣。孢子圆球形，黄色，表面平滑或具细疣。

产吉林、陕西和西藏，生于裸露岩石上，有时生长在沿溪流的石面。印度、亚洲中部、欧洲及北美洲有分布。

1. 带孢蒴植物体一部分（×10），2. 叶（×25），3. 叶中部细胞（×300），4. 叶基部细胞（×300），5. 叶的横切面（×300）。

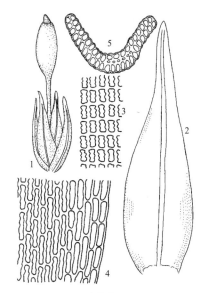

图 797 厚边紫萼藓（何 强绘）

9. 阔叶紫萼藓 图 798

Grimmia laevigata (Brid.) Brid., Bryol. Univ. 1: 183. 1826.

Campylopus laevigatus Brid., Musc. Recent. Suppl. 4: 76. 1819.

体形小，挺硬，深绿色或深褐色，密集丛生。茎高1.5厘米，多数单一，具分化的中轴。叶干燥时贴茎，长1.5-2.9毫米，先端具长而带齿的透明白色毛尖，下部叶小，无毛尖或具短毛尖；叶边平直，全缘；中肋细弱，基部宽，在叶尖前消失。叶上部细胞两层，不透明，直径5-7微米，不规则圆方形，厚壁；基部近叶边细胞近方形，横壁明显厚于纵壁；基部中肋两侧细胞长方形。雌苞叶与茎叶同形。雌雄异株。蒴柄黄褐色，直立，长1.7-2.0毫米，干燥时上部卷曲。孢蒴红褐色，长卵形，表面近于平滑。蒴齿直立，披针形，红褐色，上部不规则开裂，具穿

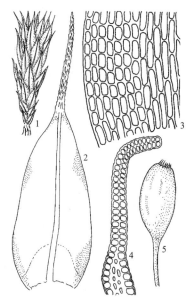

图 798 阔叶紫萼藓（何 强绘）

孔，表面具密疣。环带由2-3列长方形厚壁细胞组成。蒴盖具短喙。蒴帽钟帽形。孢子圆球形，黄色，7-9微米，近于平滑。

产河北、陕西、甘肃、浙江、四川、云南和西藏，生于高海拔地区干燥裸露花岗岩或岩面薄土上。蒙古、印度、巴基斯坦、斯里兰卡、欧洲、新西兰、塔斯马尼亚、北美洲及非洲有分布。

　　1. 植物体的一部分(×6)，2. 叶(×25)，3. 叶基部细胞(×300)，4. 叶横切面的一部分(×300)，5. 孢蒴(×15)。

10. 粗疣紫萼藓　　　　图 799

Grimmia mammosa Gao et Cao in Gao, Zhang et Cao, Acta Bot. Yunnanica 3 (4)：1981.

植物体细小，挺硬，深绿色或黑绿色，密集丛生呈圆垫状。茎高1.5厘米，稀疏叉状分枝，无分化中轴。叶干燥时贴茎，湿润时伸展，长1.6-2.0毫米，阔披针形或卵状披针形，上部内凹但不呈龙骨状背凸，先端具带齿的白色透明毛尖；茎下部叶小而无毛尖；叶缘平直，中部以上具疣状突起；中肋扁宽，基部为叶宽度的1/3，向上变窄，达叶尖。叶中上部细胞两层，不透明，圆方形，宽5-7微米，每个细胞具明显粗疣，疣直径达4-5微米；基部细胞方形或短方形，宽9-14微米，长7-12微米，带黄色，横壁厚于纵壁。雌雄异株。雌苞叶与上部茎叶同形，但具长毛尖。蒴柄长，直立，达4毫米。孢蒴直立，高出于雌苞叶，卵形或长柱形，口部窄。蒴齿单层，齿片基部宽，披针形，有时上部两裂，表面具密疣。

产云南和西藏，生于海拔2500-3000米的高山地区裸露岩石或岩面薄土上。尼泊尔、不丹、印度及马拉威有分布。

　　1. 植物体的一部分(×6)，2-3. 叶(×25)，4. 叶中部细胞(×300)，5. 叶基部细胞(×300)，6-7. 叶横切面的一部分(×300)。

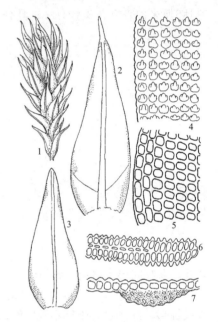

图 799 粗疣紫萼藓 (何　强绘)

11. 钝叶紫萼藓　　　　图 800

Grimmia limprichtii Kern, Rev. Bryol. 24: 56. 1897.

体形纤细，上部深绿色或黑褐色，下部淡褐色或褐色，密集丛生。主茎高仅1厘米，直立，多数叉状分枝，具分化的中轴。叶干燥时直立，湿润时伸展，长卵形，内凹呈兜状，长0.7-1.4毫米，先端圆钝，无白色毛尖；叶边平直，全缘；中肋单一，在叶尖前消失。叶中上部细胞两层，不透明，圆方形，宽5-7微米，具波状加厚的壁；基部边缘细胞方形或短方形，宽12-14微米，壁平直，略增厚；基部中肋两侧细胞

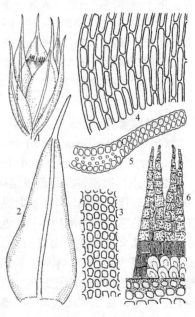

图 800 钝叶紫萼藓 (何　强绘)

长方形至狭长方形，宽7–9微米，长15–21微米，具加厚平直或略波状胞壁；角部细胞分化，较大，宽14–16微米，长约21微米。

产四川和西藏，生于海拔4500–5000米高山干燥裸露岩石或岩面薄土上。欧洲（阿尔卑斯山）有分布。

图 801

12. 尖顶紫萼藓

Grimmia fuscolutea Hook., Musc. Exot. 1: 63. 1818.

植物体上部黄绿色，下部褐色或深褐色，密集丛生，常呈圆垫状。茎叉状分枝，具分化的中轴。叶干燥时略扭曲，湿润时伸展，基部卵形，向上渐呈披针形，长1.6–2.2毫米，上部龙骨状背凸，先端具平滑的白色透明毛尖；叶边一侧或两侧背卷；中肋单一，强劲。叶上部细胞除叶边外单层，细胞形状变化较大，不规则方形或长方形，宽4–8微米，长5–23微米，具强烈

波状加厚壁；基部近边缘细胞长方形，宽7–9微米，长23–96微米，具平直薄壁；基部中肋两侧细胞长方形，壁平直。雌苞叶大于茎叶，具白色长毛尖。雌雄同株。雄苞常见于雌苞下方。蒴柄弯曲，干燥时扭曲，略高出于雌苞叶。孢蒴卵球形或长卵形，长1.1–1.2毫米，平滑或干燥时具皱褶。蒴齿披针形，红褐色，上部具穿孔，表面具粗密疣。环带发育良好，由数列长方形厚壁细胞组成。蒴帽钟帽状。蒴盖具钝喙。孢子圆球形，11–13微米，表面具规则排列的细疣。

产吉林、云南、四川和西藏，生于海拔2300–5300米高山地区裸露岩石或岩面薄土上。尼泊尔、日本、印度、俄罗斯、欧洲、南北美洲及非洲北部有分布。

1. 带孢蒴植物体的一部分(×10)，2. 叶(×25)，3. 叶上部细胞(×300)，4. 叶中部细胞(×300)，5. 叶基部细胞(×300)，6. 叶横切面的一部分(×300)，7. 蒴齿(×300)。

13. 垫丛紫萼藓

图 802

Grimmia pulvinata (Hedw.) Sm., Engl. Bot. 24: 1728. 1867.

Fissidens pulvinatus Hedw., Sp. Musc. Frond. 158. 1801.

密集小垫状生长，高1.5–2.0厘米，上部黄绿色下部褐色。茎叉状分枝，具分化的中轴。叶干燥时直立，湿润时伸展，长披针形，长2.2–3.1毫米，上部略呈龙骨状背凸，先端具细长具齿的白色透明毛尖，约为叶

1. 雌苞(×15)，2. 叶(×25)，3. 叶中部细胞(×300)，4. 叶基部细胞(×300)，5. 叶的横切面(×300)，6. 蒴齿(×300)。

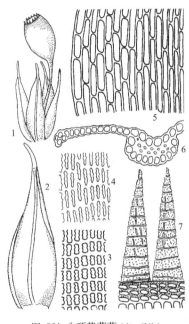

图 801 尖顶紫萼藓（何 强绘）

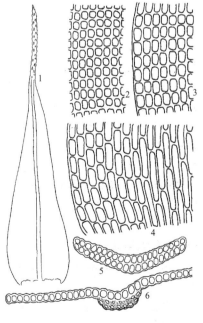

图 802 垫丛紫萼藓（何 强绘）

长度的1/2-1倍；叶边一侧或两侧狭背卷；中肋单一，突出于叶尖。叶上部细胞除边缘外为单层，圆方形，宽5-7微米，胞壁略波状加厚；中部细胞方形至短长方形，壁平直；基部细胞短长方形至长方形，具平直薄壁。雌苞叶大于茎叶，具细长毛尖。雌雄同株，雄苞位于雌苞下方。蒴柄长，明显弓状弯曲，平列或下垂，椭圆形，干燥时具8条明显纵褶。蒴齿具穿孔，表面具密疣。环带分化，由数列长形厚壁细胞组成。蒴帽钟帽状。蒴盖具短直或略斜喙。

产台湾和西藏，生于山坡上或裸露岩石上。印度、巴基斯坦、土耳其、欧洲、北美洲、澳大利亚、新西兰及非洲有分布。

1. 叶（×25），2. 叶上部细胞（×300），3. 叶中部边缘细胞（×300），4. 叶基部细胞（×300），5-6. 叶的横切面一部分（×300）。

14. 北方紫萼藓　　　　　　图 803

Grimmia decipiens (Schultz.) Lindb. in Hartm., Handb. Skand. Fl. 8: 283. 1861.

Trichostomum decipiens Schultz., Prodr. Fl. Starg. Suppl. 70. 1819.

体形粗壮，上部黄绿色或绿色，下部褐色或近黑色，密集或稀疏丛生。茎高达3厘米，叉状分枝，具分化中轴。叶干燥时直立，湿润时向上展出，披针形至阔披针形，长3.1-3.6毫米；上部龙骨状背凸，先端具长白色透明毛尖，毛尖长达0.7-1.3毫米，基部下延，具粗齿突；叶边一侧或两侧背卷；中肋单一，强劲，突出于叶尖。叶上部细胞部分两层，不规则短长方形，宽5-7微米，长7-12微米，具波状加厚壁；中部细胞长方形，胞壁强烈波状加厚；基部中肋两侧细胞狭长方形，具波状壁；基部近边缘细胞短，长方形或短长方形，横壁明显厚于纵壁。雌雄异株，雄苞常见于雄苞下方。蒴柄长，弓状弯曲，干燥时卷曲。孢蒴下垂，椭圆形，表面有8条纵褶。蒴齿单层，披针形，黄褐色，不规则2-3裂至中部并具穿孔，上部具粗密疣，下部疣稀疏或近于平滑。环带分化，由长方形厚壁细胞组成。蒴帽钟帽状。蒴盖具细长直或略斜的喙。孢子圆球形，12-16微米，黄褐色，表面具疣。

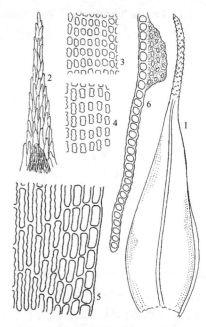

图 803 北方紫萼藓（何　强绘）

产吉林、江苏、浙江和云南，生于花岗岩石或裸露山坡石壁上。欧洲、北美洲及南美洲（阿根廷）有分布。

1. 叶（×25），2. 叶尖部细胞（×300），3. 叶上部细胞（×300），4. 叶中部细胞（×300），5. 叶基部细胞（×300），6. 叶横切面的一部分（×300）。

15. 直叶紫萼藓　　　　　　图 804

Grimmia elatior Bruch ex Bals. et De Not., Mem. R. Acc. Sc. Torino 40: 340. 1838.

植物体粗壮，挺硬，上部黄绿色，下部深褐色或近黑色，稀疏丛生成大片生长。茎高达5-6厘米，倾立，多数叉状分枝，具分化的中轴。

叶干燥时贴生，湿润时展开，基部长卵形或卵形，向上呈长披针形，长2.8-4.0毫米，上部明显龙骨状背

凸，先端具平滑或有疏齿的白色透明毛尖；叶边一侧强烈背卷，另一侧平直；中肋单一，粗壮，突出于叶尖。叶上部细胞2-3(4)层，不透明，圆方形，宽7-9微米，厚壁，具不规则疣；叶中部细胞近方形或短长方形，波状加厚；基部细胞长方形，中肋两侧细胞明显强烈波状加厚，边缘细胞趋短，壁平直或略呈波状。雌苞叶与茎叶同形，具长透明毛尖。雌雄异株。蒴柄弓形弯曲，长2-3毫米，黄褐色。孢蒴平列或下倾，椭圆形，红褐色，干燥时具8-10条纵褶。蒴齿单层，齿片狭披针形，上部不规则2-3裂，具多数穿孔，近黄色，具稀疣，下部红褐色，近于平滑。环带发育，由3-4列厚壁细胞组成。蒴盖具钝直喙。蒴帽钟帽形。

产河北、河南、陕西、甘肃、新疆和福建，生于非钙性岩石或岩面薄土上。俄罗斯、欧洲及北美洲有分布。

1. 叶(×25)，2. 叶上部细胞(×300)，3. 叶中部细胞(×300)，4. 叶基部细胞(×300)，5. 叶横切面的一部分(×300)，6. 蒴齿(×300)。

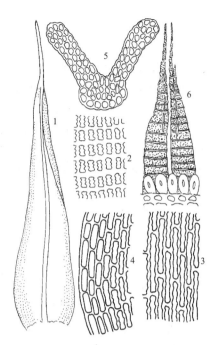

图 804 直叶紫萼藓（何 强绘）

16. 无齿紫萼藓

图 805

Grimmia anodon Bruch et Schimp. in B.S.G., Bryol Eur. 3: 110. 1845.

植物体矮小，高仅1.5厘米，上部深绿色或褐色，下部褐色或深褐色，密集丛生。茎叉状分枝，具分化的中轴。叶干燥时直立，湿润时向上倾立，易碎，长1.2-1.9毫米，上部叶较大，宽长卵形，略内凹，先端尖，有具齿的白色透明毛尖，下部叶小，长披针形或披针形，先端钝，无或有短白色毛尖；叶边平直，全缘；中肋单一，强劲，在叶尖下消失。叶上部细胞单层或部分具两层，圆方形，宽7-10微米，壁加厚；基部细胞狭长方形，透明，壁薄而平直。雌苞叶与茎叶同形。雌雄异株。蒴柄细，弯曲，短于孢蒴。孢蒴小，隐生，近球形，一侧膨大，口部宽阔。蒴齿缺失。环带不分化。蒴盖平凸，具短喙。蒴帽钟帽形，具裂瓣，平滑。孢子圆球形，直径8-11微米，黄褐色，表面具规则细疣。

产西藏，生于干燥裸露的碱性岩石上。印度、巴基斯坦、俄罗斯、欧洲、南北美洲及非洲有分布。

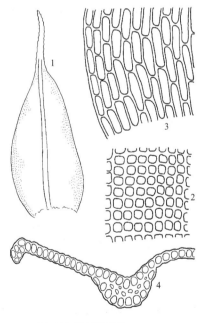

图 805 无齿紫萼藓（何 强绘）

1. 叶(×25)，2. 叶中部细胞(×300)，3. 叶基部细胞(×300)，4. 叶横切面的一部分(×300)。

5. 连轴藓属 Schistidium Brid.

植物体绿色或黄绿色，有时红褐色。茎多倾立，具多数叉状分枝。叶干燥时贴茎生长，湿润时伸展，披针形至卵状披针形，上部龙骨状背凸，先端无或有白色透明毛尖；叶边一侧或两侧背卷，有时上部由两层细胞组成；中肋单一，强劲及顶或在先端前消失，背部有时具疣。叶上部细胞方形或不规则方形，多单层，壁加厚，有时呈波状，平滑无疣；基部细胞短，近方形或短长方形，具略波状加厚的壁。雌苞叶明显大于茎叶，基部宽阔。雌雄同株。蒴柄短于孢蒴，直立。孢蒴直立，隐于雌苞叶中，近球形至长卵形，表面平滑。蒴齿单层，齿片16，发育良好，稀退化，披针形至狭披针形，上部有时不规则开裂，具穿孔，表面具密疣。无环带分化。蒴盖具短钝喙，与蒴轴相连。蒴帽小，兜形或钟帽形，仅覆盖蒴盖部分。孢子圆球形，黄绿色，表面平滑或具疣。

约57种。我国有7种。

1. 叶阔卵形或阔卵状披针形，先端无白色透明毛尖。
  2. 叶阔卵形，强烈内凹，呈兜状，先端圆钝；孢子小，11–13微米 ·························· 1. 陈氏连轴藓 S. chennii
  2. 叶阔卵状披针形，上部龙骨状背凸，先端渐尖；孢子大，15–19微米 ················· 4. 溪岸连轴藓 S. rivulare
1. 叶披针形或卵披针形，先端有白色透明毛尖。
  3. 中肋背部平滑无疣；植物体多为绿色至黄绿色，密集垫状生长 ················· 2. 圆蒴连轴藓 S. apocarpum
  3. 中肋背部具明显疣状突起；植物体多为红褐色，稀疏丛生 ················· 3. 粗疣连轴藓 S. strictum

1. 陈氏连轴藓

图 806

Schistidium chenii (Lin) Cao, Gao et Zhao, Journ. Hattori Bot. Lab. 71: 69.1992.

Grimmia chenii Lin, Biol. Bull. Tunghai Univ. 60: 747. 1984.

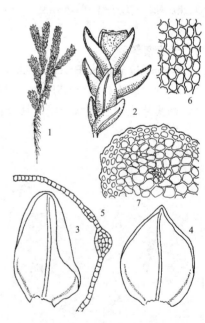

图 806 陈氏连轴藓 (何 强绘)

茎具分化中轴。叶覆瓦状排列，干燥时直立，湿时倾立，阔卵形，强烈内凹呈兜状，长1.6–2.8毫米，先端圆纯；叶边略内卷，上部两层；中肋单一，细弱，在叶尖前消失。叶中上部细胞单层或部分两层，圆方形，8–12微米，薄壁；基部边缘细胞近方形至短长方形，宽9–10微米，长10–13微米，壁薄；基部中肋两侧细胞长方形，宽8–10微米，长13–26微米，壁略增厚。雌雄同株。雌苞叶大于茎叶。蒴柄短于孢蒴，直立。孢蒴隐生，宽卵形，直立，开裂后口部宽广。蒴齿单层，齿片短披针形，红褐色，上部具疣和不规则穿孔，下部细疣规则排列。蒴盖具短钝喙，与蒴轴相连。环带不分化。孢子黄绿色，11–13微米，表面具细疣。

中国特有，产新疆和西藏，生于海拔3100–5450米近冰山或溪边湿

石面。

1. 植物体(×2)，2. 具孢蒴的枝条(×10)，3-4. 叶(×30)，5. 叶横切面的一部分(×100)，6. 叶中部细胞(×200)，7. 茎横切面的一部分(×100)。

2. 圆蒴连轴藓 图 807

Schistidium apocarpum (Hedw.) Bruch et Schimp. in B.S.G., Bryol. Eur. 3: 99. 1845.

Grimmia apocarpa Hedw., Sp. Musc. Frond. 76. 1801.

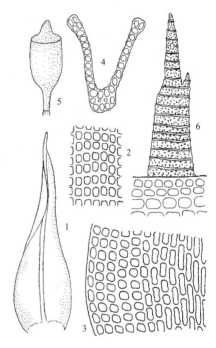

体形中等大小，绿色或深绿色，密集丛生呈垫状。茎倾立，多数分枝，具分化的中轴。叶干燥时直立，湿润时倾立，基部卵形，向上呈披针形，上部龙骨状背凸，先端具白色透明毛尖；叶边一侧或两侧背卷，上部两层；中肋强劲，在叶尖前消失，背面平滑。叶上部细胞不规则圆方形，宽5–7微米，多为单层；基部近边缘细胞方形至短长方形，壁略波状加厚；基部中肋两侧细胞短长方形至长方形，壁平直。雌苞叶明显大于茎叶，阔卵形。雌雄同株。蒴柄短，黄绿色，直立。孢蒴隐生，直立，椭圆形或长卵形，口部宽阔。蒴齿红褐色，齿片披针形，上部具穿孔，表面具密疣。环带不分化。蒴盖具短钝喙。蒴帽小，兜状。孢子小，直径7–11微米，表面具细疣。

产黑龙江、台湾、湖北、贵州、四川和西藏，喜生于碱性基质岩石间，也见于酸性石上。喜马拉雅山区、日本、俄罗斯（西伯利亚、高加索地区）、欧洲、南北美洲、澳大利亚、新西兰及非洲有分布。

图 807 圆蒴连轴藓（何 强绘）

1. 叶（×25），2. 叶中部细胞（×300），3. 叶基部细胞（×300），4. 叶的横切面（×300），5. 孢蒴（×20），6. 蒴齿（×300）。

3. 粗疣连轴藓 图 808

Schistidium strictum (Turn.) Loeske ex O.Mart., K. Svensk. Vet. AK. Nat. 14: 110.1956.

Grimmia stricta Turn., Muscol. Hibern. Spic. 20. pl. 2, f. 1. 1804.

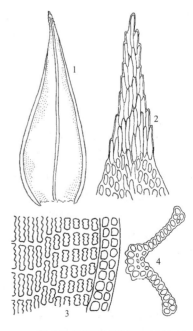

植物体纤细，上部红色或红褐色，下部红褐色或深褐色，稀疏丛生。茎高达8厘米，具多数分枝和发育良好的中轴。叶干燥时直立，湿润时倾立，卵状披针形或披针形，上部龙骨状背凸，长2.2–3.1毫米，先端具极短或长而具齿的白色透明毛尖；叶边两侧背卷，上部两层；中肋及顶，背面具明显疣状突起。叶上部细胞单层或部分为两层，不规则方形或短长方形，直径5–7微米，壁稍厚，呈波状；基部近边缘细胞长方形至短长方形，壁均匀加厚；中肋两侧细胞长方形，壁加厚，平直或略呈波状。雌苞叶大于

图 808 粗疣连轴藓（何 强绘）

茎叶。雌雄同株。蒴柄短于孢蒴，直立。孢蒴隐生，红褐色，长卵形，直立，对称。蒴齿披针形，红褐色，上部具穿孔，表面具密疣。环带不分化。蒴帽小，兜形。蒴盖具斜短喙。孢子小，黄色，直径9–11微米。

产黑龙江、吉林、辽宁、内蒙古、河北、陕西、浙江、台湾、云南、四川和西藏。日本、印度、喜马拉雅地区、亚洲中部、俄罗斯（西伯利亚）、欧洲、北美洲、危地马拉及夏威夷有分布。

1.叶(×25)，2.叶尖部细胞(×300)，3.叶基部细胞(×300)，4.叶的横切面(×300)。

4. 溪岸连轴藓　　　　　　　　图 809

Schistidium rivulare (Brid.) Podp., Beih. Bot. Centralbl. 28 (2): 207. 1911.

Grimmia rivularis Brid., Journ. Bot. (Schrader). 1800 (1): 276. 1801.

体形中等大小至粗壮，上部绿色或黄绿色，下部深褐色或黑褐色，常呈大形松散藓丛。茎高达6厘米，分枝多，具分化中轴。叶干燥时贴茎，湿润时伸展，卵形或卵状披针形，常向一侧偏斜，不对称，先端无白色毛尖；叶边两侧背卷，全缘或上部有不规则细齿；中肋在叶尖前消失，背面凸起。叶上部细胞单层或部分为两层，圆方形或近圆形，直径7–9微米，厚壁；基

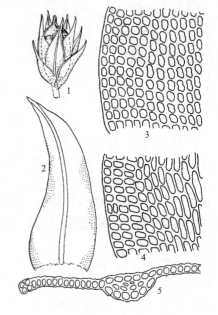

部近边缘细胞方形或近方形，基部中肋两侧细胞长方形。雌苞叶明显大于茎叶。雌雄同株。蒴柄短于孢蒴，直立，长约0.5毫米。孢蒴隐生，深褐色，半球形，直立，对称，长约1.0毫米，口部宽阔。蒴齿单层，齿片披针形，红褐色，上部具穿孔和密疣，下部有疏疣。环带不分化。蒴帽兜形。蒴盖具斜喙。孢子较大，15–19微米。

产黑龙江、吉林、辽宁、河北、陕西和浙江，生于高山地区溪边石面。欧洲、北美洲、新西兰及澳大利亚有分布。

图 809 溪岸连轴藓（何　强绘）

1.带胞叶的的孢蒴(×10)，2.叶(×25)，3.叶中部边缘细胞(×300)，4.叶基部细胞(×300)，5.叶横切面的一部分(×300)。

6. 砂藓属 **Racomitrium** Brid.

植物体常呈大片密集生长或稀疏丛生，黄绿色、深绿色或褐绿色。主茎横生或倾立；无分化中轴，具多数侧生短分枝。叶干燥时贴生，有时略扭曲或向一侧偏斜，湿时倾立，卵状披针形或长披针形，上部多龙骨状背凸，先端多数有白色透明毛尖。叶边多背卷，单层或两层细胞；中肋单一，粗壮，及顶或在先端前消失。叶细胞多单层，上部细胞不规则方形或短长方形，基部细胞狭长方形，胞壁强烈波状加厚，平滑或具粗密疣；角部细胞有时分化，由数列大形薄壁细胞或单列平直透明细胞组成。雌雄异株。雌苞顶生或生于侧枝顶端。蒴柄长，直立。孢蒴直立，高出于雌苞叶，卵圆形或圆柱形，表面平滑。蒴齿单层，齿片16，线形或狭披针形，两裂至基部，表面具密疣。环带分化。蒴盖具细长喙。蒴帽长帽形，基部瓣裂。孢子小，圆球形，表面多具细疣。

约80种。中国有23种。

1.叶先端无白色透明毛尖，稀具极短透明毛尖；叶细胞壁具细密疣。

2.植物体具密集规则短分枝；叶中部细胞长方形或狭长方形；中肋细弱，不及顶 ⋯⋯5. **丛枝砂藓 R. fasciculare**

2. 植物体具稀疏不规则长分枝；叶中部细胞方形或近方形；中肋粗壮，及顶 ······**6. 黄砂藓 R. anomodontoides**

1. 叶先端具白色透明毛尖；叶细胞平滑或具粗疣。

  3. 叶细胞具明显粗疣。

    4. 植物体细长，具多数密短分枝；叶狭长披针形 ····················· **4. 长枝砂藓 R. ericoides**

    4. 植物体稍粗，分枝一般稀疏；叶卵状披针形至卵状椭圆形。

      5. 叶上部向背面强烈突起，先端具短透明毛尖；中肋及顶，先端不分叉 ·········· **2. 东亚砂藓 R. japonicum**

      5. 叶上部内凹，略向背面突起，先端具长透明毛尖；中肋至叶中上部，先端常分叉 ············

      ·· **3. 砂藓 R. canescens**

  3. 叶细胞多数平滑，稀具疣状突起。

    6. 叶先端白色毛尖具粗密疣，基部长下延 ················ **1. 白毛砂藓 R. lanuginosum**

    6. 叶先端白色毛尖平滑无疣，基部不下延或略下延

      7. 叶基角部细胞分化，为褐色大形细胞。

        8. 叶边两侧部分背卷；植物体粗大；叶一向偏斜 ················ **7. 偏叶砂藓 R. subsecundum**

        8. 叶边两侧从基部至先端背卷；植物体较小；叶略偏斜，不对称 ······ **8. 喜马拉雅砂藓 R. himalayanum**

      7. 叶基角部细胞不明显分化，一侧边缘具单列透明细胞。

9. 叶先端透明白色毛尖为叶长度的1-3倍 ················ **9. 长毛砂藓 R. albipiliferum**

9. 叶先端透明白色毛尖短于叶长度或无毛尖。

  10. 叶先端无毛尖；叶上部边缘细胞2层；叶边一侧基部背卷 ········ **10. 兜叶砂藓 R. cucullatulum**

  10. 叶先端透明白色毛尖短；叶上部边缘细胞单层；叶边两侧从基部至上部背卷 ················

  ·· **11. 异枝砂藓 R. heterostichum**

1. **白毛砂藓**　　　　　　　　　　图 810 彩片140

Racomitrium lanuginosum (Hedw.) Brid., Mant. Musc. 79. 1819.

Trichostomum lanuginosum Hedw., Sp. Musc. Frond. 109. 1801.

体形粗壮，褐绿色，有时因白色透明毛尖而显灰绿色，大片疏松

丛集生长。茎匍匐，高6-8厘米，具多数叉状分枝。叶干燥时时常向一侧偏斜，湿润时倾立，基部长卵形，向上呈披针形，向背面突起，先端具白色透明毛尖，边缘密被粗疣和斜齿；叶边一侧背卷；中肋单一，强劲，及顶。叶细胞平滑无疣，胞壁强烈波状加厚；上部细胞长方形，宽4-6微米，长12-23

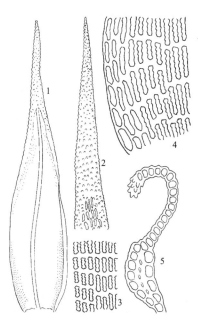

微米；中部细胞长方形，宽4-5微米，长16-32微米；基部细胞长方形或狭长方形，宽3-4微米，长23-46微米；近平直边缘一侧常见有一列长方至狭长方形细胞，薄壁，透明。

产吉林、安徽、台湾和西藏，生于高山地区岩石或砂地山坡上。世界广布。

1.叶(×25), 2.叶尖部细胞(×300), 3.叶中部细胞(×300), 4.叶基部细胞(×300), 5.叶横切面的一部分(×300)。

图 810 白毛砂藓 (何 强绘)

2. 东亚砂藓　　　　　　　　　　　　　　　图 811 彩片141

Racomitrium japonicum Dozy et Molk., Musc. Frond. Ined. Archip. Indici 5: 130.1847.

植物体挺硬，有时粗壮，上部绿色或黄绿色，下部褐色，常呈疏松片状生长。茎直立，单一或有少数分枝，无发育的中轴。叶干燥时略扭曲或呈螺旋状贴茎，湿润时舒展，多向背部弯曲，阔卵形或长卵形，向上急收缩成短尖，上部内凹，略具纵褶或波纹，先端白色透明毛尖短，有粗齿，平滑无疣，有时无毛尖；叶两侧边缘从基部至叶尖背卷；中肋单一，粗壮，为叶长度的4/5–5/6，在叶尖前消失。叶上部细胞圆方形或近方形，宽7–9微米，长5–7微米，胞壁波状加厚，具细疣；中部细胞短长方形或长方形，胞壁波状加厚，具疣；基部细胞长方形，壁强烈波状加厚，具较大粗疣；角部细胞分化明显，黄色，约20多个，短长方形至长方形，平滑，壁平直。蒴柄长，直立，红褐色，约15毫米。孢蒴红褐色，直立，长卵形。蒴齿线形，两裂至基部，红褐色，表面具密疣。蒴盖具斜长喙。

产黑龙江、吉林、辽宁、河南、陕西、江苏、安徽、浙江、福建、江西、湖南、贵州、四川和云南，生于低海拔地区的岩面、岩面薄土

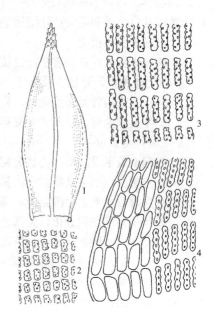

图 811 东亚砂藓（何 强绘）

和砂地，有时见于石壁或近树基地上。日本、朝鲜、越南、俄罗斯（西伯利亚东南部）及澳大利亚有分布。

1.叶(×25)，2.叶上部细胞(×300)，3.叶基部细胞(×300)，4.叶角部细胞(×300)。

3. 砂藓　　　　　　　　　　　　　　　　　图 812

Racomitrium canescens (Hedw.) Brid., Mant. Musc. 78. 1819.

Trichostomum canescens Hedw., Sp. Musc. Frond. 111. 1801.

体形粗壮，上部绿色或黄绿色，下部褐色，密集或稀疏丛生。茎倾立，长7–8厘米，具少数不规则分枝，无分化中轴。叶干燥时贴茎，湿润时伸展，卵形至阔卵状披针形，从卵状基部向上成短而略龙骨状背凸的上部，先端具白色透明毛尖，毛尖长，有疣；两侧叶缘有细齿，从基部至上部背卷；中肋为叶长度的2/3(3/4)，先端常分叉。叶中上部细胞圆方形或短方形，宽7–9微米，长7–11微米，具粗疣，胞壁波状；基部细胞长方形至狭长方形，强烈波状，具密疣；角部细胞明显分化，由10–15个方形或短长方形平滑薄壁细胞组成。雌雄异株。蒴柄深褐色，直立，约长15毫米。

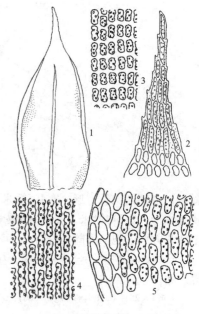

图 812 砂藓（何 强绘）

孢蒴卵形或长卵形，直立，红褐色。蒴齿细长线形，红褐色，两裂至基部，表面密被细疣。

产黑龙江、吉林、内蒙古和陕西，生于高山地区岩石或砂土山坡上。日本、欧洲及北美洲有分布。

4. 长枝砂藓

图 813　彩片142

Racomitrium ericoides (Hedw.) Brid., Musc. Recent. Suppl. 4: 78. 1819.

Trichostomum canescens Hedw. var. *ericoides* Hedw., Sp. Musc. Frond. 111. 1801.

体形细长，上部黄绿色，下部褐色，松散大片生长。茎匍匐，长3–10厘米，具羽状或近羽状分枝，分枝短，稀疏或密集，无分化中轴。

茎叶干燥时疏散排列，湿润时伸展，卵披针形，向上渐尖，向背面突起，下部多具纵褶，先端具扭曲的白色透明毛尖；枝叶干燥时密集排列，扭曲，有时具波纹，湿润时倾立或背曲，狭长披针形，从狭长基部向上渐成扭曲的细长上部，上部呈龙骨状向背面突起，下部具纵褶，先端白色透明毛尖长而扭曲；叶两侧边缘背卷；中肋单一，粗壮，在叶尖前消失。叶上部细胞方形或短长方形，宽4–6微米，长6–12微米，胞壁波状，具疣；中部细胞长方形，具疣和波状壁；基部细胞长形，强烈波状，具疣；角部细胞分化，由15–20个大形长方形或短长方形薄壁细胞组成。雌雄异株。雌苞叶小于茎叶。蒴柄长，直立，深褐色，长约15毫米。孢蒴直立，圆柱形，深褐色，长约5毫米。蒴齿线形，长达1.0毫米，红褐色，两裂至基部，表面具细疣。

产吉林、内蒙古、陕西、甘肃、台湾、江西、湖北、贵州、四川、云南和西藏，生于海拔1150–3740米的高山岩石上，有时见于山区林地。日本、欧洲及北美洲有分布。

1.叶(×25)，2.叶上部细胞(×300)，3.叶基部细胞(×300)，4.叶角部细胞(×300) 5.蒴齿(×300)。

5. 丛枝砂藓

图 814　彩片143

Racomitrium fasciculare (Hedw.) Brid., Mant. Musc. 80.1891.

Trichostomum fasciculare Hedw., Sp. Musc. Frond. 110. 1801.

体形中等大小，上部黄绿色或绿色，下部褐绿色或褐色，大片稀疏丛生。主茎倾立，长达5–6厘米，具多数密集近羽状的短分枝。叶干燥时贴茎，湿润时倾立，叶基部长卵形，向上渐收缩成披针形，内凹，有时略扭曲，先端尖锐，具疣状突起，无白色透明毛尖；叶边两侧背卷；

1.叶(×25)，2.叶尖部细胞(×300)，3.叶中部细胞(×300)，4.叶基部近中肋细胞(×300)，5.叶基部近边缘细胞(×300)。

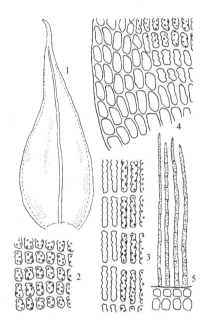

图 813　长枝砂藓（何　强绘）

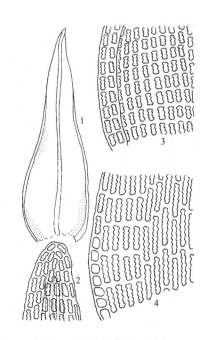

图 814　丛枝砂藓（何　强绘）

中肋粗壮，单一，在叶尖前消失。叶中上部细胞长方形或狭长方形，宽4-6微米，长15-35微米，胞壁波状加厚，具密圆疣；基部细胞狭长方形，胞壁强烈波状加厚；基部一侧具单列长方形细胞，壁平直或略波状，透明。雌雄异株。雌苞叶长卵形，上部稍短。蒴柄长，直立，5-10毫米。孢蒴长圆柱形。蒴齿线披针形，两裂近达基部，表面具密疣。蒴盖具长直喙。蒴帽钟帽形，基部具裂瓣。孢子圆球形，表面有细疣。

产辽宁和西藏，生于高海拔砂土坡或岩石上。日本、俄罗斯（西伯利亚地区）、欧洲、北美洲、南美洲南部及新西兰有分布。

1. 叶（×25），2. 叶尖部细胞（×300），3. 叶中部边缘细胞（×300），4. 叶基部细胞（×300）。

6. 黄砂藓

图 815 彩片144

Racomitrium anomodontoides Card., Bull. Herb. Boiss. Ser. 2, 8: 335. 1908.

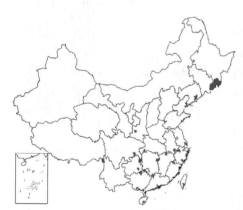

体形稍粗，上部黄绿色，下部褐色或深褐色，稀疏大片丛生。茎匍匐或倾立，长7-8厘米，具稀疏不规则长分枝。叶干燥时常贴茎，湿润时伸展，披针形至长披针形，从卵形或阔卵形基部向上渐成狭长上部，长4.5-5.0毫米，基部具纵褶，上部内凹，略向背面突起，先端尖，有齿突；叶缘两侧从基部至上部背卷；中肋细弱，基部宽，在叶尖下消失。中上部细胞长方形，宽5-7微米，长12-30微米，壁波状，具密疣，常中部分叉；基部细胞长方形或狭长方形，强烈波状；角部细胞不分化，叶边具一列短长方形至长方形、透明细胞，壁薄而平直。雌雄异株。雌苞叶小于茎叶，长卵形。蒴柄长，红褐色，平滑，干燥时上部扭曲。孢蒴圆柱形，褐色；蒴齿单层，长线形，两裂至基部，表面具密疣。蒴盖具长喙。蒴帽钟帽状。孢子黄色，直径14-20微米，表面具密疣。

产黑龙江、吉林、辽宁、陕西、安徽、浙江、台湾、福建、江西、湖北、湖南、广东、海南、广西、贵州、四川和云南，生于海拔700-3080米高山岩石或岩面薄土上，有时见于溪边湿石。日本、菲律宾、印度尼西亚及夏威夷有分布。

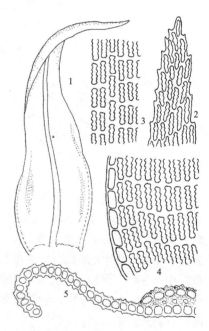

图 815 黄砂藓（何 强绘）

1. 叶（×25），2. 叶尖部细胞（×300），3. 叶中部细胞（×300），4. 叶基部细胞（×300），5. 叶横切面的一部分（×300）。

7. 偏叶砂藓

图 816

Racomitrium subsecundum (Hook. et Grev.) Mitt., Kew Journ. Bot. 9: 324. 1857.

Trichostomum subsecundum Hook. et Grev. in Hook., Icon. Pl. Rar. 1: 17. f. 5. 1836.

植物体较粗，上部黄绿色或褐绿色，下部褐色或深褐色，疏松丛生。茎匍匐或向上倾立，高7-8厘米，多具不规则分枝，有时近羽状分枝；无分化的中轴。叶干燥时贴茎，湿润时明显向一侧偏斜，卵披针形或长披针形，长2.6-4.0毫米，上部向背面突起，先端具扭曲的白色透明毛尖，具齿突或近于平滑；叶边一侧宽背卷至叶长度的1/2-3/4，另一侧略背卷或平直；中肋粗壮，基部宽阔，向上渐窄，达叶尖或在叶先端前消失。叶中上部细胞单层，长方形，宽3-6微米，长10-23微米，胞壁波状，平滑无疣；基部

细胞长方形至线形，胞壁波状加厚；叶角部细胞明显分化，通常桔红色，由2-4列长方形或近方形大形薄壁细胞组成。雌雄异株。雌苞叶与茎叶相似，卵形，先端钝，无白色透明毛尖。蒴柄红褐色，上部常扭曲。孢蒴长卵形或长圆柱形，红褐色。蒴齿线形，红褐色，两裂达基部，表面具密疣。环带发育

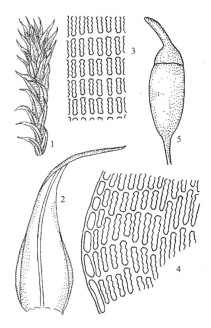

图 816 偏叶砂藓（何　强绘）

良好，由2-3列厚壁细胞组成。蒴盖具长喙。蒴帽小，兜形。孢子小，直径约2微米。表面具细疣。

　　产陕西、台湾、贵州、四川、云南和西藏，生于海拔1600-4600米高山岩面或岩面薄土上，有时也着生砂地。尼泊尔、不丹、印度、斯里兰卡、印度尼西亚、新几内亚及中美洲有分布。

　　1.植物体的一部分(×6), 2.叶(×25), 3.叶中部细胞(×300), 4.叶基部细胞(×300), 5.孢蒴(×20)。

8. 喜马拉雅砂藓　　　　　　　　　　　　　　图 817

Racomitrium himalayanum (Mitt.) Jaeg., Ber. S. Gall. Naturw. Ges. 1872–1873: 97.1874.

Grimmia himalayana Mitt., Journ. Proc. Linn. Soc., Bot., Suppl. 1: 45. 1859.

　　植物体形小至中等大小，上部黄绿色，下部深褐色，疏松丛生。茎倾立，高2-4厘米，不规则分枝，无分化中轴。叶干燥时贴茎，湿润时倾立，基部卵形或长卵形，向上渐收缩成披针形，长2.5-3.3毫米，先端具扭曲下延的白色透明毛尖，有时无毛尖；叶边两侧从基部至上部

均背卷；中肋粗壮，在叶尖前消失。叶中上部细胞长方形至狭长方形，宽5-7微米，长12-36微米，胞壁波状，平滑；基部细胞长方形，胞壁平滑；角部细胞略分化，桔黄色，由一列3-5个大形直壁细胞组成，内侧1-3列细胞具波状壁。雌雄异株。雌苞叶略小于茎叶，长卵形，先端尖锐但无透明毛尖。蒴柄黄

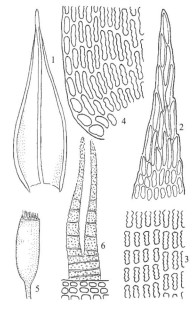

图 817 喜马拉雅砂藓（何　强绘）

褐色，干燥时扭曲。孢蒴直立，长卵形或长圆柱形。蒴齿长披针形至线形，褐色，两裂至基部，表面具密疣。蒴盖具长直喙。环带分化，由2列厚壁细胞组成。蒴帽小，钟帽形。孢子黄绿色或黄褐色，

11–15微米，表面具细疣。

产贵州、四川、云南和西藏，生于海拔3400–3700米高山岩面。印度、尼泊尔、不丹及欧洲中部有分布。

9. 长毛砂藓　　　　　　　　　　　　图 818

Racomitrium albipliferum C. Gao et T. Cao in C. Gao, G. Z. Zhang et T. Cao, Acta Bot. Yunnanica 3 (4): 396. 1981.

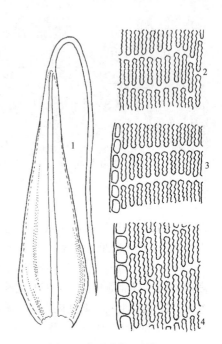

1.叶(×25), 2.叶尖部细胞(×300), 3.叶中部细胞(×300), 4.叶基部细胞(×300), 5.孢蒴(×10), 6.蒴齿(×300)。

植物体形小至中等大小，上部黄绿色，下部深褐色，具白色长毛尖时多呈灰白色，疏松丛生。茎匍匐，高2–5(6)厘米，具稀疏不规则分枝；无分化中轴。叶干燥时贴茎，湿润时倾立，狭披针形，基部狭卵形，渐向上收缩成细长白色透明毛尖，毛尖为叶长的1–3倍，平滑无齿；叶边一侧背卷占叶长度的3/4以上，另一侧略背卷；中肋长，及顶，基部宽阔，向上变细。叶细胞单层，长方形，强烈波状加厚，平滑，细胞腔窄；中上部细胞宽4–5微米，长11–23微米；基部细胞4–5微米，长20–46微米；叶边基部具一列黄色透明、由20–30个方形或长方形、薄壁细胞组成。

产四川和西藏，生于海拔300–4700米的岩石间和崖壁上。尼泊尔及不丹有分布。

1.叶(×25), 2.叶上部细胞(×300), 3.叶中部细胞(×300), 4.叶基部细胞(×300)。

图 818 长毛砂藓（何　强绘）

10. 兜叶砂藓　　　　　　　　　　　　图 819

Racomitrium cucullatulum Broth., Symb. Sin.4: 47. 1929.

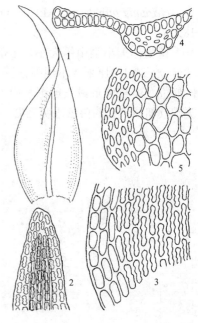

植物体矮小，褐色，丛生。茎长3–5厘米，具不规则分枝或近羽状分枝。叶干燥时贴茎生长，湿润时倾立，卵状披针形，长1.7–2.3毫米，上部内凹，先端常无白色透明毛尖，或上部叶具短而平滑毛尖；叶边一侧宽背卷至叶长度的3/4，另一侧窄背卷至叶长度的1/2或平直；中肋粗壮，背面凸出，突出于叶尖。叶中上部细胞部分两层，短长方形或长方形，宽6–8微米，长7–25微米，胞壁波状加厚；基部细胞长方形，胞壁强烈波状加厚；叶角部细胞由小群黄褐色薄壁细胞组成，边缘具6–12个单列细胞，壁平直。雌苞叶湿时反曲，基部阔卵形，先端尖锐，无毛尖。蒴

图 819 兜叶砂藓（何　强绘）

柄直立，长3.0-5.5毫米。孢蒴长圆柱形，长1.6-1.8毫米。蒴齿狭披针形，长约360微米，两裂至基部，表面具密疣。蒴盖具斜长喙。孢子直径约12微米。

产广西、四川、云南和西藏，生于高山林下或草甸石上。印度有分布。

11. 异枝砂藓

图 820

Racomitrium heterostichum (Hedw.) Brid., Mant. Musc.79. 1819.

Trichostomum heterostichum Hedw., Sp. Musc. Frond. 109. 1801.

植物体上部黄绿色，下部深褐色或黑褐色，具白色毛尖时呈灰白色，密集垫状丛生。主茎长达8-10厘米，具多数密集长和短分枝。叶干燥时贴生，湿润时倾立，卵状披针形，长2.5-3.5毫米，有时向一侧偏斜，先端白色透明毛尖细长，常具刺状齿突，基部有时下延；叶缘两侧背卷；中肋粗壮，及顶，基部略宽。叶细胞单层，胞壁波状或强烈波状加厚；中上部细胞方形或长方形，宽8-10微米，长10-20微米；基部细胞长方形或狭长方形，宽10微米，长15-35微米；角部细胞分化不明显，由3-10个稍大、略呈波状加厚的细胞组成。雌苞叶卵形，具短毛尖。蒴柄长，直立，长4-8毫米。孢蒴长圆柱形，长1.5-3.0毫米。蒴齿狭披针形，两裂至基部，表面具密疣。蒴盖具长喙。蒴帽钟帽形，基部具裂瓣。孢子圆球形，直径14-17微米。

产吉林、陕西、台湾和四川，生于低地或低海拔山区岩面。日本、欧洲西部、北美洲及非洲北部有分布。

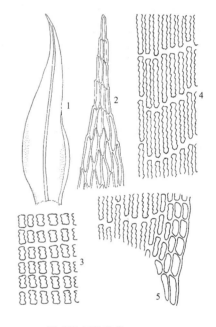

图 820 异枝砂藓（何 强绘）

1. 叶(×25), 2.叶尖部细胞(×300), 3.叶中部细胞(×300), 4.叶基部细胞(×300), 5.叶角部细胞(×300)。

1. 叶(×25), 2.叶尖部细胞(×300), 3.叶基部细胞(×300), 4.叶横切面的一部分(×300), 5.茎横切面的一部分(×300)。

65. 天命藓科 EPHEMERACEAE

（黎兴江 张大成）

一年生土生藓类，体形极细小，往往具常存的原丝体，呈绿色，深入土面下或广布于土壤表面，可与茎叶同样进行光合作用。茎极短，多无中轴分化。叶稀少，基叶较短小，上部叶狭长，呈卵状披针形或狭披针形，先端细长渐尖；叶边下部全缘，上部有锯齿；中肋细长，不明显或缺如。叶上部细胞狭长方形，或不规则狭长菱形，基部细胞较宽大，长方形。多雌雄异株。雄株植物体极细小，呈芽苞形。雌株也甚小，蒴柄极短或不发育。孢蒴隐生于雌苞叶内，呈圆球形或椭圆形，台部不发达，表皮有时具气孔。蒴轴往往在孢蒴成熟时即消失。孢子较大，呈圆球形，黄色或棕黄色，外壁常具疣，稀平滑。

3属。我国有1属。

夭命藓属 **Ephemerum** Hampe

植物体细小，原丝体极发达，往往成大片生于潮湿土表。茎短而细。基叶小，呈卵状披针形，上部叶片呈狭长披针形，或线状披针形；中肋单一，长达叶尖。叶中上部细胞呈不规则的长菱形，基部细胞较宽大，薄壁，呈长方形。雌雄异株，稀杂株。无配丝。蒴柄甚短。孢蒴圆球形，先端具短尖头；蒴轴在成熟时消失。蒴盖不分化。蒴帽圆锥形，基部裂为数片，或仅一面开裂。孢子较大，呈圆球形，直径达80微米，外壁具粗疣。

约34种，分布世界各地。我国有2种。

尖顶夭命藓 图 821

Ephemerum apiculatum P. C. Chen, Contr. Inst. Biol. Natl. Centr. Univ. 1: 4. 1943.

体形极细小，高仅2.5–3毫米。茎细而短，长约1毫米。基叶小，呈卵状披针形，长约1.1毫米，宽约0.3毫米，上部叶片呈狭披针形，长约2.3毫米，宽约0.4毫米；中肋长达叶尖。叶片上部细胞呈不规则狭长菱形，长40–70毫米，宽10–14毫米；叶先端细胞多具前角突；叶边缘细胞往往两层；基部细胞较宽大，薄壁，长方形，长50–82微米，宽12–20微米。雌雄异株。蒴柄甚短，长仅0.3毫米。孢蒴圆球形，先端具圆形短尖头。无蒴盖分化。蒴帽小圆锥形。孢子较大，圆球形，直径25–32微米，外壁密被粗疣。

中国特有，产江苏、江西和四川，生于潮湿的土坡或阴湿的石壁上。

1. 植物体(×8.5)，2-3. 叶(×26)，4. 叶先端细胞(×195)，5. 叶中部细胞(×195)，

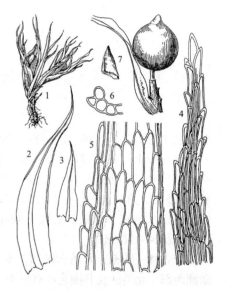

图 821 尖顶夭命藓（引自《中国苔藓志》）

6.叶边缘的横切面(×280)，7. 孢蒴与蒴帽(×45)。

66. 葫芦藓科 FUNARIACEAE
（黎兴江　张大成）

矮小土生藓类，往往在土表疏丛生。茎直立，单生，稀分枝；多具分化中轴。茎基部丛生假根。叶多丛集

于茎顶，且顶叶较大，往往呈莲座状、卵圆形、倒卵形或长椭圆状披针形，质柔薄，先端急尖或渐尖，具小尖头或细尖头；叶缘平滑或有锯齿，往往具分化的狭边；中肋细弱，往往在叶尖稍下处消失，稀长达叶顶部或突出叶尖。叶细胞排列疏松，不规则的多角形，稀呈菱形，基部细胞多狭长方形，细胞壁薄，平滑无疣。雌雄多同株，生殖苞顶生。雄苞盘状，生于主枝顶，除具多数精子器外，往往具棒槌形配丝。雌苞常生于侧枝上。雌苞叶与一般叶片同形。蒴柄细长，直立或上部弯曲。孢蒴多呈梨形或倒卵形，直立、倾立或向下弯曲。蒴齿两层、单层或缺如，多具环带。外齿层的齿片与内齿层的齿条相对排列；齿片16枚，多向右旋转。蒴盖多呈半圆状突起，稀呈喙状或不分化。蒴帽兜形，稀冠形。孢子中等大小，平滑或具疣。

约11属，常见于林地、林缘土坡、田边地角及房前屋后，在山林火烧迹地上生长尤好。我国有5属。

1. 叶片覆瓦状排列，叶缘由狭长黄色细胞构成明显分化的狭边；中肋自叶尖成毛状突出 ·······························
·· 1. **拟短月藓属 Brachymeniopsis**
1. 叶片四向散列，叶缘无分化边，或仅边缘细胞稍狭长，但不呈黄色；中肋不突出叶尖，或仅突出成小尖头。
　2. 孢蒴较短宽，呈碗状或半圆球形，台部小而不明显；蒴齿缺如 ·················· 4. **立碗藓属 Physcomitrium**
　2. 孢蒴较长，呈梨形或肾形，台部较长而明显；蒴齿或多或少发育良好。
　　3. 孢蒴多立直，对称；环带缺如；蒴齿单层 ························· 2. **梨蒴藓属 Entosthodon**
　　3. 孢蒴多弯曲下垂、垂倾或倾立，不对称；具环带；蒴齿两层，稀内层发育不良 ········· 3. **葫芦藓属 Funaria**

1. 拟短月藓属 **Brachymeniopsis** Broth.

体形矮小，高约4-6毫米，疏丛生。茎直立，单一，短小，长不及1毫米，基部疏生假根。叶在茎上密集，呈覆瓦状排列，卵圆状披针形，先端渐尖；叶边全缘，平直，不卷；中肋粗壮，自叶尖突出成芒刺状。叶细胞薄壁，上部细胞呈长椭圆状多边形，长约21-40微米，宽12-14微米，向基部细胞渐成长方形，长约45-60微米，宽约16微米，边缘细胞狭长，呈狭长方形，形成不明显分化的无色透明边缘。雌雄异胞同株。蒴柄橙红色，粗壮，长约2-2.5毫米。孢蒴直立，对称，呈长倒卵形。环带永存。蒴齿缺如。蒴盖小，呈圆锥形，先端钝凸。蒴帽钟帽状，仅罩复胞蒴上部，平滑，无毛。孢子黄色，球形，平滑。

我国特有属，仅1种，产于云南省丽江地区。

1. 拟短月藓　　　　　　　　图 822

Brachymeniopsis gymnostoma Broth., Symb. Sin. 4:48. pl.l. f. 13. 1929.

种的特征同属所列。

产云南，生于低洼草地及钙质土上。

1. 植物体(×5), 2. 叶(×35), 3. 叶先端细胞(×160), 4. 孢蒴(×21)。

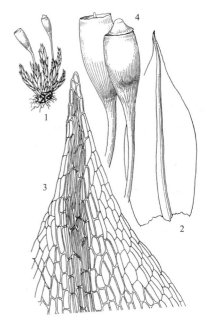

图 822 拟短月藓（张大成绘）

2. 梨蒴藓属 Entosthodon Schwaegr.

植物体细小，呈黄绿色，疏散丛生。茎直立，单生，基部疏生假根。叶多集生于茎先端，干时皱缩，湿时伸展，呈卵状、倒卵状、椭圆状或线状披针形，先端渐尖或急尖；叶边下部全缘，上部具细齿；中肋多在叶尖下部即消失，稀长达叶尖。叶中上部细胞呈不规则的长菱形或多边形，叶基部细胞呈长方形或狭长方形，边缘细胞往往呈狭长方形或线形，有时稍带黄色，形成分化的叶边。雌雄同株异苞。蒴柄细长，黄色。孢蒴直立，对称，呈倒梨形，多具明显的长台部，环带缺如。蒴齿缺如，或单层，或发育不良。蒴盖锥形，先端凸出，稀具小尖头。蒴帽兜形。

150余种。我国有3种。

1. 叶片较短宽，先端急尖，叶缘具细圆齿；孢蒴台部较短 ·· 1. 钝叶梨蒴藓 E. buseanus
1. 叶片较狭长，先端狭长，渐尖，往往具细长芒状尖头，叶缘上部具粗齿；孢蒴台部较长，近于与壶部等长 ··
·· 2. 尖叶梨蒴藓 E. wichurae

1. 钝叶梨蒴藓　　　　　　　　图 823 彩片145

Entosthodon buseanus Dozy et Molk., Bryol. Jav. 1: 31. pl. 22. f. 1–23. 1855.

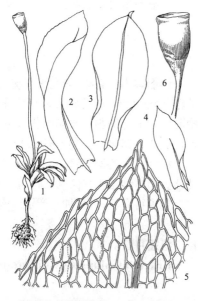

植物体黄绿色，疏散丛生。茎直立，单生，不分枝或自基部分枝，长约4–5毫米，呈红褐色。茎下部叶小，疏生，上部叶长大，呈宽卵状或椭圆状披针形，长约1.5–2.5毫米，宽约1–1.2毫米，叶先端宽，急尖；叶边上部具细齿，下部全缘；中肋长达叶尖稍下处消失。叶上部细胞呈长椭圆状五或六角形，长约40–50微米，宽约20–25微米，叶边1–2列细胞呈狭长

菱形或线形，叶基部细胞呈狭长方形，长约70–110微米，宽约20–22微米。雌雄同株。蒴柄细长，呈黄色，长约8–10毫米。孢蒴直立，倒梨形，长约1.5毫米，台部较短而不明显。环带缺如。蒴齿缺如。蒴盖圆盘状，先端凸起。

产河北和云南，多生于林下或林缘土壁、阴湿的路边或沟边土地上。东亚及东南亚地区有分布。

　　1. 植物体(×5)，2-4. 叶(×19)，5. 叶先端细胞(×105)，6. 孢蒴(×13)。

图 823 钝叶梨蒴藓（引自《云南植物志》）

2. 尖叶梨蒴藓　　　　　　　　图 824

Entosthodon wichurae Fleisch., Musci Fl. Buitenzorg 2: 481. 1904.

植物体鲜绿色，高约4–6毫米，疏丛生。茎直立，不分枝，基部密生假根，下部叶较小，疏生，先端的叶较大，集生成花苞状，干燥时卷曲，潮湿时伸展，呈椭圆状披针形，或倒卵状披针形，长约2.2–4毫米，

宽约0.5–0.8毫米，先端渐尖，往往形成细长的芒状尖头；叶边下部全缘，上部具粗齿；中肋单一，长达叶尖下即消失。叶细胞薄壁，透明，基部细胞呈狭长方形，叶上部细胞呈狭长多边形或不规则长菱形；叶边细胞往往呈线形，形成略分化的边。雌雄同株。蒴柄细长，黄色，长约11–18毫米。孢蒴直立，呈长梨形，长约2–3毫米，蒴口比蒴壶的直径小，台部较细长。无环带。蒴齿缺如。蒴盖圆锥状，先端稍凸起。

产河北和云南，多生于林缘及路边土坡、草地或洞隙边具薄土的岩壁上。尼泊尔及印度有分布。

1. 植物体（×5），2-4.叶（×18.5），5.叶先端细胞（×100），6.叶中部细胞（×100），7.孢蒴（×13）。

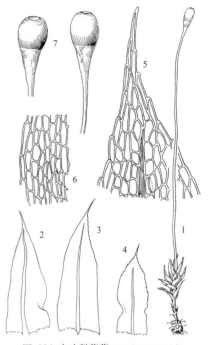

图 824 尖叶梨蒴藓（引自《云南植物志》）

3. 葫芦藓属 Funaria Hedw.

一年至二年生，矮小丛集土生藓类。茎短而细。叶多丛集成芽苞形，卵圆形、舌形、倒卵圆形、卵状披针形或椭圆状披针形，先端渐尖或急尖；叶边缘平滑或具细齿；中肋及顶或稍突出，稀在叶尖稍下处消失。叶细胞呈长方形或椭圆状菱形，叶基细胞稍狭长，有时叶缘细胞呈狭长方形，构成明显分化的边缘。雌雄同株。雄苞呈花苞形，顶生。雌苞生于雄苞下的短侧枝上，当雄枝萎缩后即成为主枝。孢蒴长梨形，对称或不对称，往往弯曲呈葫芦形，直立或垂倾，大多具明显台部。蒴齿两层、单层或缺如；外齿层齿片呈狭长披针形，橙红色或棕红色，向左斜旋；内齿层等长或略短，黄色，具基膜或有时缺如，齿条与齿片相对着生。蒴盖圆盘状，平顶或微凸，稀呈钝端圆锥形。蒴帽往往呈兜形而膨大，先端具长喙。孢子圆球形，棕黄色，外壁具细密疣或粗疣。

约180余种。中国有8种。

1. 孢蒴下垂或垂倾。
  2. 孢蒴台部长，蒴口大，外齿层齿片具横脊；叶片较宽大，长约5毫米，宽1.8毫米 ⋯⋯⋯⋯⋯⋯⋯⋯⋯⋯⋯⋯⋯⋯⋯⋯⋯⋯⋯⋯⋯⋯⋯⋯ 2. **葫芦藓 F. hygromitrica**
  2. 孢蒴台部短，蒴口小，外齿层齿片横脊不清楚，叶片较短小，约2–0.7毫米 ⋯⋯ 3. **小口葫芦藓 F. microstoma**
1. 孢蒴直立或倾立。
  3. 叶片多狭长，呈卵圆状或狭披针形，稀呈椭圆形；中肋长达叶尖 ⋯⋯⋯⋯⋯⋯⋯⋯ 1. **狭叶葫芦藓 F. attenuata**
  3. 叶片多短宽，呈椭圆形、卵圆形或倒卵圆形；中肋多在叶尖稍下处即消失 ⋯ 4. **刺边葫芦藓 F. muehlenbergii**

1. 狭叶葫芦藓

图 825

Funaria attenuata (Dicks.) Lindb., Not. Sallsk. Fauna Fl. Fenn. Forh. 11: 633. 1870.

Bryum attenuatum Dicks., Fasc. Pl. Crypt. Brit. 4: 10. f. 8. 1801.

体形矮小，高约1.5–2厘米。茎直立，短而细。叶干时卷曲，多呈拳卷状，湿时倾立，基部宽，

向上渐狭，呈卵状披针形，或狭长三角状披针形，长1.8-2毫米，宽0.3-0.5毫米，先端渐尖；叶边全缘；中肋强劲，长达叶尖，往往突出于叶尖呈短尖头。叶细胞呈长方形，基部细胞稍狭长。雌雄同株异苞。蒴柄细长，禾秆色。孢蒴直立或倾立，梨形，长约1.5-2毫米，多不对称，壶部较粗大，台部稍细，干时蒴壁具明显皱纹。环带发育。蒴盖呈圆盘状，先端稍突起。蒴齿两层，外齿层齿片具横脊，内齿层基膜低。蒴帽兜形，先端具短喙。

产黑龙江、吉林、内蒙古、河北、陕西、江苏、浙江、福建、江西、海南、四川、云南和西藏，生于林缘路边土壁、民房土墙壁上、田边地角或苗圃地。巴基斯坦、欧洲、北非及北美洲有分布。

1. 植物体(×2.3)，2. 叶(×15)，3. 叶先端细胞(×125)，4. 叶中部细胞(×125)，5. 孢蒴(×10)。

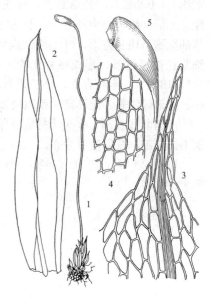

图 825 狭叶葫芦藓 (引自《云南植物志》)

2. 葫芦藓   图 826 彩片146

Funaria hygromitrica Hedw., Sp. Musc. Frond. 172. 1801.

植物体丛集或成大面积散生，呈黄绿带红色。茎长1-3厘米，单一或自基部分枝。叶往往在茎先端簇生，干时皱缩，湿时倾立，呈阔卵圆形、卵状披针形或倒卵状圆形，长约4-5毫米，宽约1.2-1.8毫米，先端急尖；叶边全缘，两侧边缘往往内卷；中肋及顶或突出。叶细胞薄壁，呈不规则长方形或多边形，向基部细胞增大且延伸成狭长方形。雌雄同株异苞。发育初期雄苞顶生，呈花蕾状，雌苞则生于雄苞下的短侧枝上，当雄枝萎缩后即转成主枝。蒴柄细长，淡黄褐色，长约2-5厘米；下部直立，先端弯曲。孢蒴梨形，不对称，多垂倾，长约3-4.5毫米，具明显的台部，蒴壁干时有纵沟。蒴齿两层，外齿层齿片与内齿层齿条对生，均呈狭长披针形。蒴盖圆盘状，顶端微凸。蒴帽兜形，先端具细长喙，形似葫芦瓢状。孢子圆球形，黄色，透明。

我国各省区均产，为世界各洲均有分布的泛生种。

1. 植物体(×2.5)，2. 叶(×17)，3. 叶中部细胞(×140)，4. 孢蒴(×11)。

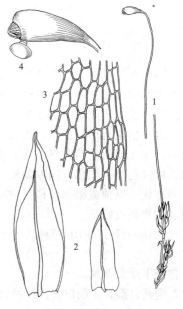

图 826 葫芦藓 (张大成绘)

3. 小口葫芦藓   图 827

Funaria microstoma Bruch ex Schimp., Flora 23: 850. 1840.

体形小，褐绿带棕红色，高约2-2.5厘米，疏丛生。茎单生。叶干时皱缩，湿时倾立，卵圆状披针形或倒卵圆形，先端渐尖，顶部具单细胞的细尖头；叶边全缘；中肋单一，长达叶尖。叶细胞薄壁，长方形或椭圆状矩形，叶基部细胞呈狭长方形。雌雄异苞同株。蒴柄细长，棕黄色，往往扭曲，先端向下弯曲，长15-20毫米。孢蒴垂倾，呈倒梨形，不对称，长约2-3毫米，台部较短且不明显，蒴壁具明显的纵沟，蒴口

小，直径约3-4毫米。蒴齿两层；外齿层齿片横脊不清楚；内齿层齿条短，长度仅为齿片的1/2。环带发育。蒴盖圆盘状，先端微突。蒴帽兜形，先端具细长尖头。

产黑龙江、吉林、内蒙古、陕西、新疆、江苏、安徽、贵州、四川、云南和西藏，多生于高寒地区林地、平原地区林地、草地、土坡、岩壁、树基或林间倒木上。印度、欧洲、北美洲、北非及澳大利亚有分布。

1. 植物体(×2.8)，2-3. 叶(×26)，4. 叶中部细胞(×195)，5. 孢蒴(×12)。

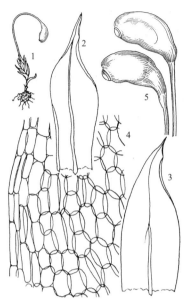

图 827 小口葫芦藓（引自《云南植物志》）

4. 刺边葫芦藓 图 828

Funaria muehlenbergii Turn., Ann. Bot. (Konig et Sims) 2: 198. 1804.

体形细小，高约2.5-5毫米，稀疏丛生。茎单生。叶多集生于茎先端，呈莲座状，椭圆状、卵状或倒卵状披针形，长约1.2-3毫米，宽约0.5-1毫米，先端多为狭长渐尖，成芒状尖头；叶边下部全缘，上部具微齿；中肋粗壮，长达叶尖，少数在叶尖稍下处消失。叶上中部细胞呈长方形，不规则椭圆状或多角状长方形，叶基细胞较长大，狭长方形，胞壁薄而透明。雌雄同株。蒴柄红褐色，长约0.8-1.5毫米。孢蒴倾立或平列，不对称，呈不规则梨形，长约1.2-2毫米，具长而明显的台部，蒴口特大，直径约1毫米。蒴盖圆盘状，稍凸出。环带不分化。蒴齿两层；外齿层齿片狭长披针形，红褐色；内齿层低。孢子圆球形。

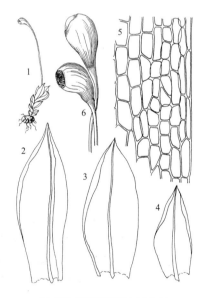

产黑龙江、吉林、辽宁、山西、陕西、新疆、江苏、贵州、四川和云南，多生于林地、路边、溪边土坡、或生于岩缝及墙壁上。俄罗斯（远东地区）、欧洲及北美洲有分布。

1. 植物体(×2)，2-4. 叶(×19)，5. 叶中部细胞(×140)，6. 孢蒴(×8.5)。

图 828 刺边葫芦藓（张大成绘）

4. 立碗藓属 Physcomitrium (Brid.) Brid.

植物体细小，淡绿色或深绿色，疏丛生。茎单生，短而直立。叶片柔薄，干时多皱缩，潮湿时往往倾立，长倒卵形、卵圆形、卵状或长舌状披针形，先端渐尖或急尖，多数不具分化边缘，或下部具不明显的分化边；叶上部边缘常具细齿，下部叶边多平滑；中肋粗壮，单一，长达叶尖或在叶先端稍下处消失，稀突出叶尖部。叶细胞排列疏松，不规则方形或长方形，叶基部细胞稍长大，长方形或狭长方形，胞壁薄。雌雄同株。蒴柄细长，顶生。孢蒴直立，对称，近于圆球形或短梨形，台部极短而粗。环带由小形细胞组成而常存，或较阔大而自行卷落。无蒴齿。蒴盖平凸，呈盘形，或有时具或长或短的喙状尖，当蒴盖脱落后，孢蒴呈开口的碗状。蒴帽具直立长尖，幼时覆罩全蒴，成熟时下部分瓣成钟帽形，仅被覆蒴的上部。孢子较大，常具粗疣或刺状突。

约90余种。我国有9种。

1. 叶边近于全缘。
　　2. 植物体中等大小，高8–14毫米；中肋绿色，突出叶尖成小尖头；蒴盖圆锥形，先端具较细长的尖喙··········
　　··· 1. 江岸立碗藓 **P. courtoisii**
　　2. 植物体极细小，高仅2–5毫米；中肋黄色，长达叶尖；蒴盖圆锥形，先端具短而圆的突起······················
　　··· 2. 红蒴立碗藓 **P. eurystomum**
1. 叶边上部具细圆齿或钝锯齿。
　　3. 植物体中等大小，高约8–15毫米；叶中上部的细胞呈狭长椭圆状六角形或狭长方形，叶基部细胞呈狭长方
　　　形或线形 ·· 3. 中华立碗藓 **P. sinensi–sphaericum**
　　3. 植物体极细小，高仅3–5毫米；叶中上及下部细胞均呈长方形或六角形 ··················4. 立碗藓 **P. sphaericum**

1. **江岸立碗藓**　　　　　　　　　　　　　　图 829

Physcomitrium courtoisii Par. et Broth., Rev., Bryol. 36: 9. 1909.

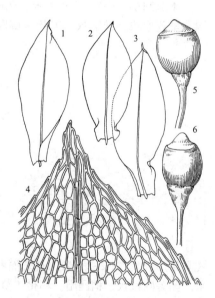

图 829 江岸立碗藓（张大成绘）

体形较大，稀疏丛生。茎单生，直立，全株高约8–14毫米。叶疏生，圆卵形或卵状披针形，先端渐尖，叶基宽，且内卷；叶边全缘；中肋单一，绿色，突出叶尖成小尖头。叶基部细胞长方形，向上细胞渐趋短，呈短矩形或近于菱形，近叶边的细胞狭长，形成分化叶边。雌雄同株。蒴柄细长，长约8–10毫米，呈黄色。孢蒴长约1毫米，蒴口部直径1.1–1.2毫米。蒴齿缺失。蒴盖圆锥形，顶端具较细长的喙。

中国特有，产辽宁、安徽、江苏、浙江、江西、湖南、贵州、四川和云南，生于潮湿的林地、草地、苗圃，以及沟边湿地上。

1-3. 叶（×19），4. 叶先端细胞（×90），5-6. 孢蒴（×19）。

2. **红蒴立碗藓**　尖叶立碗藓　广口立碗藓　　　图 830 彩片147

Physcomitrium eurystomum Sendtn., Denkschr. Bayer. Bot. Ges. Regensburg 3: 142. 1841.

植物体直立，不分枝，稀疏或稍密集丛生，高约2–5毫米，鲜绿色或黄绿色，基部密被褐色假根。叶多集于先端呈莲座状，长卵圆形或长椭圆形，茎下部的叶较小，长约1.5毫米，宽0.8毫米，茎先端的叶较长大，长约4毫米，宽1.3毫米，先端渐尖；叶边全缘；中肋带黄色，长达叶尖。叶片中部细胞呈长六角形或长椭圆状六角形。蒴柄细长，长约5–11毫米，浅黄至红褐色。孢蒴球形或椭圆状球形，蒴台部短。蒴盖圆锥形，顶部圆突，开裂后蒴口较小。蒴帽钟形，下部往往瓣裂，先

端具细长尖。孢子呈不规则圆球形，外壁深褐色，密被细刺状突起。

产黑龙江、内蒙古、山东、江苏、安徽、浙江、台湾、福建、广东、贵州、四川、云南和西藏，多生于潮湿山地、沟谷边、农田边以及庭院内土壁阴湿处。印度、日本、俄罗斯（远东地区）、中亚、欧洲及非洲有分布。

1. 植物体(×5.5)，2-4. 叶(×21)，5. 叶先端细胞(×95)，6. 叶近基部细胞(×95)，7. 孢蒴(×17.5)。

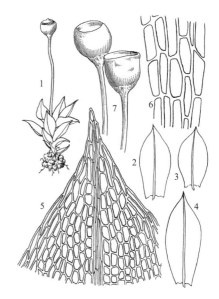

图 830 红蒴立碗藓（张大成绘）

3. 中华立碗藓
图 831

Physcomitrium sinensi–sphaericum C. Müll., Nuovo Giorn. Bot. Ital., n. ser., 5: 160. 1898.

植物体疏丛生，黄绿色，高8-15毫米。叶集生茎上部，卵圆状披针形，或长椭圆状披针形，长1-1.5毫米，宽0.3-0.5毫米，叶先端渐尖，叶边下部全缘，中上部有明显的锯齿；中肋长达叶尖，往往具突出的小尖头。叶中上部细胞呈不规则长方形，下部细胞狭长方形，近叶边细胞狭长，往往呈菱形至线形。蒴柄橙红色，长约2-4毫米。孢蒴红褐色，长1-1.2毫米，口部直径约0.7-1毫米，有明显的蒴台部。

中国特有，产黑龙江、陕西、江苏、浙江、四川和云南，多生于潮湿林地、草地、路边土壁及土墙上。

1. 植物体(×6)，2-5. 叶(×26)，6. 叶中部细胞(×105)，7. 叶近基部细胞(×105)。

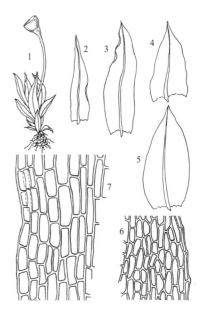

图 831 中华立碗藓（引自《云南植物志》）

4. 立碗藓 球蒴立碗藓
图 832 彩片148

Physcomitrium sphaericum (Ludw.) Fürnr. in Hampe, Flora 20: 285. 1837.

Gymnostomum sphaericum Ludw. in Schkuhr, Deutschl. Krypt. Gew. 2 (1): 26. f. 11b. 1810.

植物体疏丛生，淡绿色，高3-5毫米。茎下部叶较小，椭圆形或卵圆形，长约1毫米，宽0.6-0.8毫米，上部的叶较大，长约4毫米，宽约1.2毫米，呈椭圆形、倒卵形或匙形，叶先端渐尖；叶边多全缘，或上部疏被钝齿；中肋长达叶尖，或具突出的小尖头。叶中上部细胞呈五边形或六边形或椭圆状长方形，近叶边的细胞稍狭长，无分化的叶边，下部细胞呈不规则长方形。蒴柄红褐色，长2-3毫米。孢蒴呈半球形，红褐色。蒴盖脱落后呈碗状，口部直径为0.7-1毫米，具短

的台部。蒴盖圆锥形，先端具短喙。蒴帽基部瓣裂，长约1.2毫米。孢子黑褐色，圆球形，壁上密被小的刺状突起。

产吉林、江苏、福建、四川和西藏，常生于林地、路边及沟边湿土上，也见于田边地角、潮湿墙壁、土壁或花盆土上。日本、俄罗斯（远东地区）、欧洲及北美洲有分布。

1. 植物体(×4.5)，2-4. 叶(×17)，5. 叶先端细胞(×80)，6. 孢蒴(×17)。

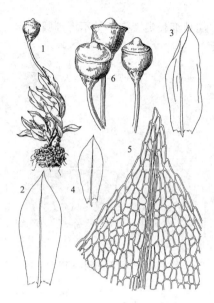

图 832 立碗藓（引自《中国苔藓志》）

67. 光藓科 SCHISTOSTEGACEAE

（曹 同 娄玉霞）

植物体细小，绿色，扁平，习生于阴暗处的藓丛。假根发育良好，常存，在黑暗处发出亮绿色荧光。主茎单一，直立，不分枝。生殖枝细长，下部裸露，上部具小叶。叶扁平对生，向外伸展，椭圆形至椭圆状披针形，两侧略不对称，先端尖锐，基部下延；无中肋；叶边平直，全缘。叶细胞长菱形至菱形，平滑，薄壁，具略分化的边缘。生殖枝叶4-5列聚生于顶端，小于茎叶，披针形。雌雄异株，雌株和雄株共生于同一假根上。蒴柄细长，略扭曲。孢蒴小，卵形或近球形，直立，对称，表面平滑。环带缺失。无蒴齿。蒴帽小，兜形。孢子小，球形，表面平滑。

单属科，全世界仅一种。多生长在阴暗湿润的洞穴，能发出亮绿色的荧光。

光藓属 Schistostega Mohr

属的特征同科。

光藓   图 833

Schistostega pinnata (Hedw.) Web. et Mohr, Index Mus. Pl. Crypt. 2. 1803.

Gymnostomum pennatum Hedw., Sp. Musc. Frond. 31. 1801.

植物体细小，扁平，高4-8毫米，淡绿色，稀疏丛生于暗处。假根发达，常存，在暗处发出亮绿色荧光。主茎单一，直立，不分枝。叶扁平对生，向外伸展，长0.4-0.9毫米，椭圆形或椭圆状披针形，两侧

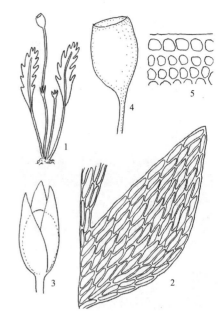

略不对称，先端尖锐，基部下延；无中肋；叶边平直，全缘。叶细胞长菱形至菱形，长52–160微米，宽14–28微米，薄壁，透明，平滑，无疣，叶边细胞不明显分化。生殖枝叶成簇4–5列生于顶端，明显小于营养叶，长0.6–0.8毫米，披针形，无中肋；叶边全缘，不分化；叶细胞长菱形，薄壁。雌雄异株。雌雄株共生于同一假根上。蒴柄直立，长3–4毫米，略扭曲。孢蒴卵形至近球形，长0.3–0.4毫米，直立，两侧对称，表面平滑。环带不分化。无蒴齿。孢子圆球形，直径约10微米，表面平滑。

产吉林，生于海拔1540米左右暗针叶林中分化岩石缝中暗处。北半球温带地区，包括欧洲北部和中西部、俄罗斯西伯利亚地区、日本和北美洲有分布。

1. 植物体一部分(×10)，2. 叶细胞(×400)，3. 雌苞(×25)，4. 孢蒴(×25)，5. 孢蒴壁细胞(×400)。

图 833 光藓 (何 强绘)

68. 壶藓科 SPLACHNACEAE

(高 谦 吴玉环)

着生于富氮土壤、动物粪便或遗体上，密集丛生或呈小簇状生长。茎柔弱，具大形中轴，基部密具假根，常在茎顶端生殖苞下生新枝。叶柔弱，阔卵形，先端钝或具长尖；边缘具齿或平滑；中肋多不及顶。叶细胞大，排列疏松，薄壁，长方形或六边形，平滑。雌雄多同株，稀雌雄异株。雄株矮小，雄苞呈头状或盘状，精子器长棒状。蒴柄直立。孢蒴多具长或膨大具色台部，气孔多数，形大。环带不分化。蒴齿单层，齿片16，具明显中脊，有长纵纹和细密疣。蒴轴长存。蒴盖凸出，稀不分化。

7属。我国有6属。

1. 植物体形小；蒴盖分化；蒴帽小，不覆罩全蒴。

2. 孢蒴台部短。

3. 叶上部细有细疣；孢蒴无蒴齿 ·············· 1. **疣壶藓属 Gymnostomiella**

3. 叶细胞平滑；孢蒴有蒴齿 ·· 2. **短壶藓属 Splachnobryum**
2. 孢蒴台部长。
  4. 孢蒴台部不膨大 ··· 4. **小壶藓属 Tayloria**
  4. 孢蒴台部膨大。
    5. 叶片常有狭长尖；孢蒴台部略大于壶部 ······················· 5. **并齿藓属 Tetraplodon**
    5. 叶先端常圆钝或有短尖头；孢蒴台部膨大 ····················· 6. **壶藓属 Splachnum**
1. 植物体较大；蒴盖不分化；蒴帽形大，覆罩全蒴 ······················· 3. **隐壶藓属 Voitia**

1. 疣壶藓属 Gymnostomiella Fleisch.

约6种。我国1种。

长肋疣壶藓   图 834

Gymnostomiella longinervis Broth., Philipp. Journ. Sci. 13: 205. 1918.

体形细小，柔弱，密集丛生。茎直立，长达8毫米，基部生假根，中下部叶疏生，先端丛集。叶片直立，长舌形，上部内凹，基部稍狭，先端圆钝，长达0.8毫米；叶边平滑；中肋细弱，黄色，终止于叶尖。叶细胞疏松，薄壁，4–6边形，中部细胞16–20微米，有粗疣，基部细胞长方形，平滑，黄色。雌雄异株。雌苞叶形大，略呈鞘状，内雌苞叶细胞近于平滑。蒴柄粗，黄色。孢蒴卵形，棕红色，厚壁。无蒴齿。蒴盖圆锥形，具长喙。蒴帽狭长兜形，罩覆蒴盖上。

产江苏、台湾和广西，生于林下或林边路旁湿土上。日本及菲律宾有分布。

1. 植物体一部分(×30)，2-3. 叶(×50)，4. 叶中上部细胞(×600)，5. 叶基部细胞(×600)。

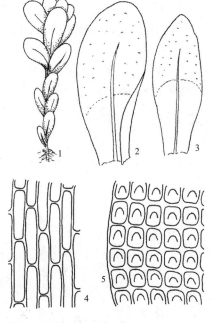

图 834 长肋疣壶藓（何 强绘）

2. 短壶藓属 Splachnobryum C. Müll.

体形纤细，绿色或褐绿色，密集丛生呈小垫状。茎直立，单一或叉状分枝。叶疏生，倾立，舌形或长椭圆形，先端圆钝或具小尖头，稀狭长而具短尖；叶边平滑；中肋细，远离叶尖消失；叶细胞排列疏松，薄壁，平滑。雌雄异株。雄株矮，雄苞芽状顶生，无配丝。雌苞叶与营养叶同形。蒴齿单层，齿片呈狭长披针形，有稀疏疣。蒴帽兜形。

约26种，分布热带及亚热带地区。我国有2种。

1. 叶长舌形；中肋消失于叶尖 ······································· 1. **长叶短壶藓 S. obtusum**

1. 叶阔卵圆形；中肋贯顶 ··· 2. 大短壶藓 S. aquaticum

1. 长叶短壶藓　　　　　　　　　　　　图 835

Splachnobryum obtusum (Brid.) C. Müll., Verh. K. K. Zool.– Bot. Ges. Wien 19: 504. 1869.

Weissia obtusa Brid., Muscol. Recent. Suppl. 1: 118. 1806.

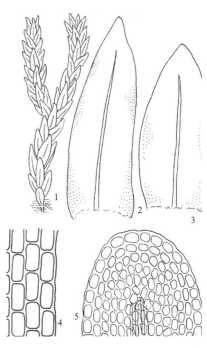

图 835 长叶短壶藓 (何　强绘)

体形矮小，暗绿色，密丛生。茎高0.5–1.5厘米，单生，稀叉状分枝。叶疏生，下部叶小，干时皱缩，湿时伸展，舌形，先端圆钝，长1–1.5毫米，宽0.4–0.6毫米；叶边平直，全缘；中肋细长，达叶尖前消失。叶细胞透明，排列疏松，薄壁，上部短六边形或椭圆形，边缘细胞近于方形，下部细胞长方形。雌雄异株。雄苞顶生或侧生。孢子体单生。蒴柄长5–7毫米，黄色。孢蒴短柱状，无或有短台部。蒴齿短，生于蒴口内下方，有疣。蒴帽小，兜形。孢子直径15–21微米，有细疣。

产云南南部，生于湿腐木或湿土上。印度尼西亚及欧洲有分布。

1. 植物体一部分（×30），2-3. 叶（×50），4. 叶先端边缘细胞（×400），5. 叶基部边缘细胞（×400）。

2. 大短壶藓　　　　　　　　　　　　图 836

Splachnobryum aquaticum C. Müll., Linnaea 40: 291. 1876.

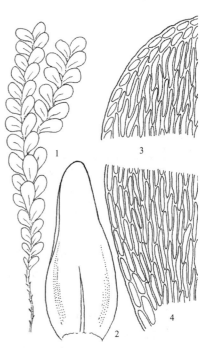

图 836 大短壶藓 (何　强绘)

植物体纤长，暗绿色或鲜绿色，密集丛生。茎直立，不分枝或叉状分枝，基部有假根。叶疏生，阔舌形或卵形，先端圆钝；叶边平滑；中肋细，长约达叶片的1/2处。叶细胞排列疏松，薄壁，平滑。雌雄异株。雌苞叶与茎叶同形。蒴柄细长。孢蒴长卵形或长柱形。蒴齿单层，齿片披针形，齿片仅有稀疏栉片，具疣。蒴帽兜形。

中国特有，产云南南部，生于热带地区湿土上。

1. 植物体一部分（×10），2. 叶（×50），3. 叶先端边缘细胞（×300），4. 叶基部边缘细胞（×300）。

3. 隐壶藓属 Voitia Hornsch.

蒴盖不分化。蒴帽形大，覆盖整个孢蒴及蒴柄。生于含氮较丰富的基质、动物尸体和粪便上。
3种，生于北极附近的寒冷地区和温带高山上。我国1种。

隐壶藓　　　　　　　　　　　　　　　　　图 837

Voitia nivalis Hornsch.,Voitia Systylio. Nov. Musc. Fr. Gen. 5: 1. 1818.

体形柔软，黄绿色，密集丛生。茎细长，逐年茁生新枝或叉状分枝。叶片干燥时皱缩，紧贴茎上，湿时倾立，内凹，通常长卵形，有细长尾尖；叶边全缘；中肋强劲，上部细弱，在叶尖部消失或突出呈短尖。叶细胞疏松，薄壁，常成规则六边形，渐向叶基部呈长方形。雌雄同株异苞。蒴柄细长。孢蒴直立或略倾立，长卵圆形，上部渐成细长斜尖；台部短，不明显。蒴盖不分化。蒴帽罩覆全蒴，平滑，孢蒴成熟时蒴帽一侧开裂成兜形。孢子小，淡黄色，平滑。

产黑龙江、甘肃、云南和西藏，生于高山寒地和北极地区，常见于鸟兽粪便上。日本、俄罗斯、欧洲及北美洲有分布。

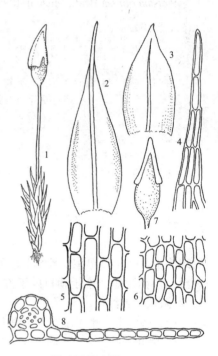

1. 植物体一部分（×6），2-3. 叶（×50），4. 叶尖部细胞（×300），5. 叶中部细胞（×300），6.叶基部细胞（×300），7.叶横切面的一部分（×300），8. 带蒴帽的孢蒴（×8）。

图 837 隐壶藓（何　强绘）

4. 小壶藓属 Tayloria Hook.

多密集丛生，绿色或黄绿色。茎直立，不分枝或分枝，基部常密被假根。叶密生，茎上部叶大，潮湿时直立或倾立，干燥时皱缩，卵形、舌形或剑头形，先端圆钝或具长尖；叶缘平滑，或有齿；中肋不及叶尖消失，或突出成毛状或刺状尖。叶细胞排列疏松，多边形或短矩形，渐向基部趋长大。雌雄同株，稀异株。孢蒴多直立，常具与壶部等长或稍长于壶部的台部。齿片16，阔披针形，有时两两并列。蒴盖多圆锥形。蒴帽基部常分裂成瓣，平滑或具黄色纤毛。

约40余种。我国有9种。

1. 植物体小；叶全缘或略具齿突。
　2.叶先端渐尖，具细长尖或小钝尖 ·················· 1. 尖叶小壶藓T. acuminata
　2.叶先端圆钝。
　　3. 植物体高不及1厘米；蒴柄长度不超过1厘米 ············· 2. 高山小壶藓 T. alpicola
　　3. 植物体高1.5–3厘米；蒴柄长达2–5厘米 ··············· 4. 舌叶小壶藓 T. lingulata
1. 植物体较大；叶边具齿或长齿。
　4.叶片中肋终止于叶尖前 ····························· 5. 齿边小壶藓T. serrata
　4.叶片中肋突出，呈毛尖状。

5. 蒴帽有毛 ··· 3. 南亚小壶藓 **T. indica**

5. 蒴帽平滑或有粗疣。

　　6. 叶片背仰；蒴帽平滑 ··· 6. 仰叶小壶藓 **T. squarrosa**

　　6. 叶片不背仰；蒴帽有粗疣 ··· 7. 平滑小壶藓 **T. subglabra**

1.　尖叶小壶藓　　　　　　　　　　　　　　　　图 838

Tayloria acuminata Hornsch., Flora 8: 78. 1825.

植物体鲜绿色或黄绿色，疏散群生。茎直立，高0.5–1厘米，下部生假根，红褐色。叶片直立，披针形，渐尖，干时皱缩，湿时伸展，长2–3毫米，内凹呈龙骨形；叶边平滑或有时有齿；中肋黄绿色或带红色，消失于叶尖前。叶上部细胞薄壁，圆六边形，宽40–45微米，长60–120微米，排列疏松，透明，边缘具1–2列狭长方形大细胞；叶基部细胞长方形，长宽之比为3–4:1。雌雄同株。蒴柄长0.6–1.5厘米，深黄色。孢蒴倾立或直立，长圆柱形，台部细长，无环带。蒴盖拱顶形。蒴齿16，生于蒴口内下方，有细疣。孢子直径15–18微米。

产山西、四川和西藏，生于富氮湿土或动物粪便上。欧洲及北美洲有分布。

　　1. 植物体一部分（×8），2-3. 叶（×30），4. 叶尖部细胞（×100），5. 叶基部细胞（×100）

图 838 尖叶小壶藓（何　强绘）

2.　高山小壶藓　　　　　　　　　　　　　　　　图 839

Tayloria alpicola Broth., Symb. Sin. 4: 49. 1929.

体形矮小，细弱，淡绿色或黄绿色，疏散群生。茎直立，常不分枝，不育枝高达5毫米，生育枝1毫米，上部叶密，下部叶疏，基部生假根，红褐色。叶片异形，舌形，茎下部叶小，短阔，渐上叶趋大，中上部宽，先端圆钝，基部略收缩，长约2毫米；叶边平滑，或有钝齿；中肋细弱，达叶尖前消失。叶上部细胞圆六边形，基部细胞方形或长方形，沿叶边一列细胞狭长方形。雌雄异株。雌苞叶不分化。蒴柄长约0.5厘米，细弱，黄色。孢蒴小，壶部大，台部略短细，干燥时收缩呈纺锤状，蒴壁外层细胞横壁加厚，台部有气孔。蒴盖小，钟形。孢子直径约40微米，有粗疣。

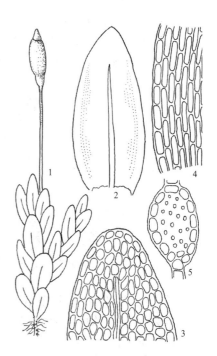

图 839 高山小壶藓（何　强绘）

产四川、云南和西藏，生于湿土上。尼泊尔有分布。

1. 植物体一部分（×20），2. 叶（×30），3. 叶先端细胞（×100），4. 叶基部细胞（×100），

5. 叶中肋的横切面（×100）。

3. 南亚小壶藓

图 840 彩片149

Tayloria indica Mitt., Journ. Proc. Linn. Soc. Bot., Suppl. 1: 57. 1959.

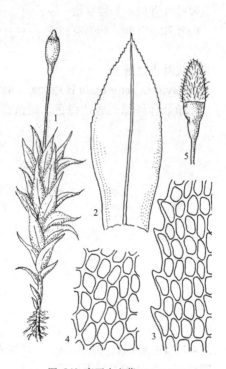

体形较粗大，黄绿色或褐绿色，密集丛生。茎直立，高达2.5厘米，常在基部分枝，假根着生茎中下部。叶倾立，舌形，先端具短锐尖，干时皱缩，下部叶小，上部叶大，长2.5-5毫米，宽1-1.5毫米；叶边平直，具1-2细胞构成的齿；中肋粗，突出叶先端呈小锐尖。叶上部细胞圆六边形，下部细胞长方形，中部细胞45-90×20-30微米，薄壁。雌雄同株。雄苞生于侧短枝上，芽状。雌苞顶生。蒴柄长0.5-1.5厘米。孢蒴直立。蒴帽被毛。孢子直径15-25微米。

产广西、四川、云南和西藏，生于山区林下动物粪便或小动物尸体上。日本及印度有分布。

1. 植物体一部分（×10），2. 叶（×30），3. 叶上部边缘细胞（×200），4. 叶中部细胞（×200），5. 带蒴帽的孢蒴（×15）。

图 840 南亚小壶藓（何 强绘）

4. 舌叶小壶藓

图 841

Tayloria lingulata (Dicks.) Lindb., Musci Scand. 19. 1879.

Splachnum lingulatum Dicks., Pl. Crypt. Brit. 4: 4. 1801.

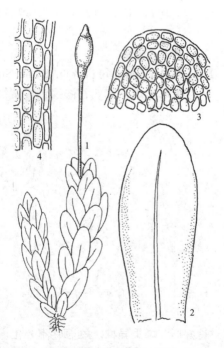

植物体鲜绿色、黄绿色或褐绿色，群生或密集丛生。茎直立，下部密被假根，高1-3厘米，不分枝或叉状分枝。叶片直立或倾立，覆瓦状排列，茎上下部叶等大，舌形，柔弱，长2-3毫米，先端圆钝，中部宽，上下部较狭；叶边平展，全缘，有时略内曲；中肋达叶尖前消失。叶上部细胞大，4-6边形，薄壁。雌雄异株。蒴柄桔黄色，长2.5-4厘米。孢蒴直立，对称，壶部球形，台部短于壶部，较壶部狭，开裂后蒴轴常突出。环带不分化。蒴盖高拱顶形，有短尖。蒴齿16，生于蒴口内下方，有细疣。孢子平滑，直径25-45微米。

产内蒙古，生于山区湿土或含氮丰富的岩面薄土。俄罗斯、欧洲及

图 841 舌叶小壶藓（何 强绘）

北美洲有分布。

1.植物体一部分（×10），2.叶（×50），3.叶先端细胞（×100），4.叶基部细胞（×100）。

5. 齿边小壶藓 图 842

Tayloria serrata (Hedw.) B.S.G., Bryol. Eur. 3: 204. 1844.

Splachnum serratum Hedw., Sp. Musc. Frond. 53. 1801.

植物体鲜绿色或黄绿色，密集丛生。茎直立，高0.5–2.5厘米，单一不分枝，或稀叉状分枝。叶片直立，柔弱，长椭圆形，长3–4毫米，干燥时皱缩，基部略收缩，先端渐呈钝尖；叶边平展，上部具细胞突出形成的齿突；中肋长，终止于叶尖前。叶细胞大，排列稀疏，透明，长六边形，薄壁，下部细胞长方形。雌雄同株异苞。生殖苞中无隔丝。蒴柄直立，长0.7–2厘米，干燥时旋扭，桔

黄色或红色。孢蒴壶部圆柱形，长1–2厘米，台部细，与壶部近于等长。蒴盖短圆锥形，开裂后蒴轴常突出蒴口。环带不分化。蒴齿16，生于蒴口内下方。孢子小，直径9–12微米，平滑。蒴帽无毛。

产四川，生于高山地区鸟粪便或小动物尸体上。俄罗斯、欧洲、北美洲及非洲东部有分布。

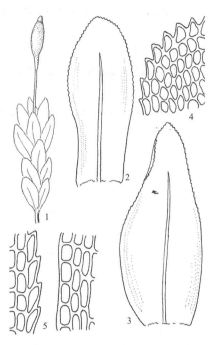

图 842 齿边小壶藓（何 强绘）

1.植物体一部分（×8），2-3.叶（×30），4.叶先端边缘细胞（×100），5.叶中部边缘细胞（×100），6.叶基部细胞（×100）。

6. 仰叶小壶藓 图 843

Tayloria squarrosa (Hook.) Kop., Ann. Bot. Fenn. 11: 43. 1974.

Splachnum squarrosa Hook., Trans. Linn. Soc. Bot. London, Bot. 9: 308. 1808.

体形中等大小，干燥时挺硬，褐绿色，群生或密集丛生，常与其他苔藓形成群落。茎直立，高1–3厘米，从基部分枝，中下部有褐色假根。叶片长2–4毫米，宽0.8–1.5毫米，干时不规则皱缩，舌形，具短锐尖，先端常背仰；叶边平展，中上部有1–3个细胞形成的锐齿；中

肋粗，突出叶尖呈刺状小尖。叶细胞5–6边形，基部近长方形，中部细胞长40–80微米，宽24–32微米，薄壁，透明。雌雄同株异苞。雌苞叶与茎叶同形。蒴柄直立，桔黄色，长1–1.5厘米。孢蒴短圆柱形，壶部粗，长于台部。蒴帽有毛。孢子直径10–12微米。

产云南，生于高山含氮丰富土上或动物粪便上。尼泊尔及印度有分布。

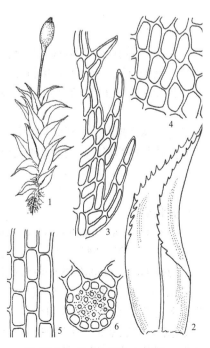

图 843 仰叶小壶藓（何 强绘）

1. 植物体一部分（×8），2. 叶（×30），3. 叶上部边缘细胞（×200），4. 叶中部细胞（×200），5. 叶基部细胞（×200），6. 叶中肋的横切面（×200）。

7. 平滑小壶藓

图 844 彩片150

Tayloria subglabra (Griff.) Mitt., Journ. Proc. Linn. Soc. Bot., Suppl. 1: 57. 1859.

Orothodon subglabra Griff., Calcutta Journ. Nat. Hist. 2: 483. 1842.

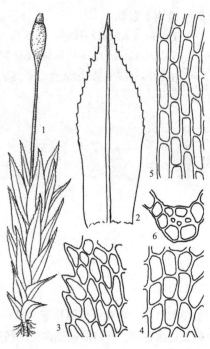

图 844 平滑小壶藓（何　强绘）

植物体小，暗绿色，群生或与其他苔藓形成群落。茎直立，高1–1.5厘米，从基部分枝，或常不分枝，基部密被褐色假根。叶片倾立，狭舌形或先端渐尖，长2–4毫米，宽0.7–1.1毫米；叶边平展，中部以上有1–3个细胞形成的锐齿；中肋长达叶尖或突出呈锐短尖。叶细胞5–6边形，基部近长方形，中部细胞长50–110微米，宽20–50微米，薄壁，透明。雌雄异苞同株。雌苞叶与茎叶同形。蒴柄直立，黄色，长0.8–1.5厘米。孢蒴短圆柱形，长1.5–2毫米，台部短于壶部。蒴帽有粗疣。孢子直径15–25微米。

产云南和西藏，生于高山动物粪便或尸体上，或树干上。尼泊尔、不丹及印度有分布。

1. 植物体一部分（×8），2. 叶（×30），3. 叶上部边缘细胞（×200），4. 叶中部细胞（×200），5. 叶基部细胞（×200），6. 叶中肋的横切面（×200）。

5. 并齿藓属 Tetraplodon B. S. G.

植物体形小。雌雄同株或异株。雄株常纤细，雄苞芽胞形。叶多数具长尖。孢蒴台部大于壶部，并有不同色泽。蒴盖分化。蒴帽小，圆锥形。

约12种，分布寒地和高山上。我国有2种。

1. 叶片长椭圆形，向上渐成长毛尖，全缘；孢蒴红色，成熟后呈暗红色，高出于雌苞叶 … 1. 并齿藓 **T. mnioides**
1. 叶片狭长椭圆形，向上渐呈细长毛尖，上部边缘有不规则齿；孢蒴褐色，隐生于雌苞叶中 ……………………………………………………………………………… 2. 狭叶并齿藓 **T. angustatus**

1. 并齿藓

图 845 彩片151

Tetraplodon mnioides (Schwartz et Hedw.) Bruch et Schimp. in B. S. G., Bryol. Eur. 3: 125. 1844.

Splachnum mnioides Schwartz et Hedw., Sp. Musc. Frond. 51. 1801.

植物体密集丛生，上部黄绿色，高1–4(8)厘米。茎基部有褐色假根。叶密生，直立，长椭圆形，向上突呈狭长毛尖，干燥时扭转，长2–5毫米；叶边全缘；中肋细长，消失于叶尖。叶上部细胞方形或圆六边形。雌雄异株。蒴柄坚挺，褐红色，转扭，长3(10)–30(60)毫米。孢蒴红色，后期暗红色；壶部长1–1.5毫米；台部长为壶部的2倍，长2–3.5毫米，明显粗于壶部。环带仅

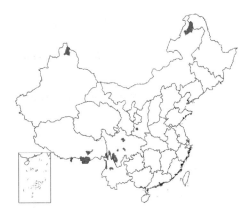

一列小细胞。蒴帽圆锥形。孢子直径9–12微米。

产内蒙古、陕西、新疆、四川、云南和西藏，生于鸟粪便上或腐败的尸体上。日本、俄罗斯、欧洲及北美洲有分布。

1. 植物体一部分(×8)，2-3. 叶(×50)，4. 叶中部细胞(×200)，5. 叶基部细胞(×200)。

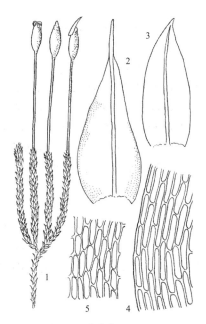

图 845 并齿藓 (何 强绘)

2. 狭叶并齿藓

图 846 彩片152

Tetraplodon angustatus (Hedw.) Bruch et Schimp. in B. S. G., Bryol. Eur. 3: 214. 1844.

Splachnum angustatum Hedw., Sp. Musc. Frond. 51. 1801.

体形小，黄绿色至褐绿色，密集簇状生。茎细弱，高2–8厘米，叶稀疏着生。叶直立扭曲，柔弱，长4–7.5毫米，狭长椭圆形，向上渐成细长叶尖，叶尖常扭转；叶边有不规则的齿；中肋细弱，突出于叶尖呈毛状。叶上部细胞不规则长方形或六边形。雌雄异株。蒴柄长2–4毫米，褐色。孢蒴不高出或

稍高出于雌苞叶，长1.5–2.2毫米，褐色；台部长度为壶部的2倍。环带不分化。蒴盖半球形或圆锥形。孢子9–10微米。

产黑龙江、内蒙古、四川和云南，生于鸟兽粪便土上或小动物尸体上。常见于高山针叶林地。俄罗斯、欧洲及北美洲有分布。

1. 植物体一部分 (×8)，2-3. 叶(×30)，4. 叶尖部细胞(×200)，5. 叶中部边缘细胞(×200)，6. 叶基部细胞(×200)。

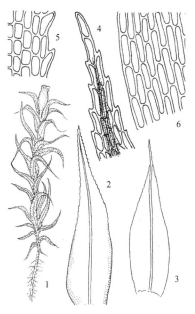

图 846 狭叶并齿藓 (何 强绘)

6. 壶藓属 **Splachnum** Hedw.

沼泽湿地、稀疏群生藓类，多见于兽类和小动物遗体或粪便上。茎柔软，淡黄色，单一或在生殖苞下苗生新枝，基部有红褐色假根。叶片柔薄，稀疏排列，干燥时皱缩，老时带红色；倒卵形，渐尖或急尖；叶边平滑，或尖部有锯齿；中肋细柔，不及叶尖即消失。叶细胞疏松，薄壁，六边形，平滑。雌雄同株，或雌雄异株。蒴柄细长，左旋。孢蒴小，直立，卵状倒圆柱形，红棕色，台部较壶部肥大，色泽亦不相同，在孢蒴成熟后仍自行膨大，倒卵状圆锥形，多数紫红色，或黄色，干燥时皱缩。蒴齿由3层组织构成，齿基部相连、两齿片并列，吸湿性极强，湿时成圆锥状聚合，干时背仰。蒴盖圆凸形，多数具喙，易脱落。蒴帽圆锥形，罩覆蒴盖上，一侧开裂。孢子形小，黄色，平滑。

约118种，我国有5种。

1. 孢蒴台部膨大呈伞形或裙形，平滑 ·· 1. 黄壶藓 S. luteum
1. 孢蒴台部膨大呈圆球形或筒形，干燥时具皱纹。
  2. 孢蒴台部膨大呈筒形，明显粗于壶部，粉红色或浅紫红色 ·············· 2. 大壶藓 S. ampullaceum
  2. 孢蒴台部呈球形或近似梨形，略粗于壶部，绿色或暗紫色。
    3. 叶边有不整齐的齿或多细胞齿 ··· 3. 卵叶壶藓 S. sphaericum
    3. 叶边全缘，或有不明显齿突 ··· 4. 壶藓 S. vasculosum

1. 黄壶藓　　　　　　　　　　　图 847

Splachnum luteum Hedw., Sp. Musc. Frond. 56. 1801.

植物体高1.5-3.5厘米。茎短，生叶后呈莲座状。叶柔弱，长卵圆形，长5-6毫米，上部突或渐呈细长叶尖；叶边平滑或上部有齿突；中肋达叶尖部消失。雌雄异株。蒴柄长2-15厘米，黄色或桔红色。孢蒴壶部褐红色，长1-1.5毫米；台部呈伞形，直径4.5-11毫米，鲜黄色，平滑。蒴盖半球形。蒴齿两齿相并列，桔褐色。孢子直径7-9微米，近似球形。

产黑龙江、内蒙古和新疆，生于腐败的动物遗体形成的土壤上。俄罗斯（远东地区）、欧洲及北美洲有分布。

1. 植物体一部分（×5），2. 叶（×20），3. 叶中上部边缘细胞（×200），4. 孢蒴（×8）。

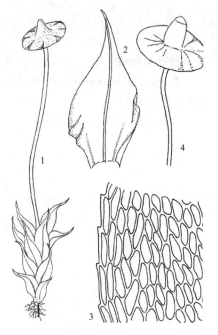

图 847 黄壶藓（何 强绘）

2. 大壶藓　　　　　　　　　图 848 彩片153

Splachnum ampullaceum Hedw., Sp. Musc. Frond. 53. 1891.

体高1-2(4)厘米。叶片柔弱，生于茎顶端，长披针形或狭长卵形，长3.5-4毫米，渐成狭长叶尖；叶边上部有刺状齿；中肋基部粗，达叶尖前消失。叶细胞大，薄壁，排列疏松，六边形。雌雄异株。蒴柄长1.5-6.5厘米，扭卷，红色或红褐色。孢蒴壶部长1-1.2毫米，黄褐色；台部膨大，直径为壶部的2-3倍，粉红色。蒴盖半球形。蒴齿淡褐色，两齿片相并列。孢子直径7-9.5微米，近似球形。

产黑龙江、内蒙古、四川和云南，生于鸟兽粪便土上或遗体土上。

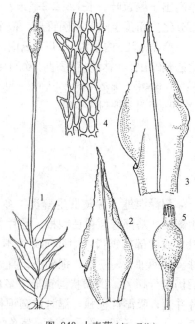

图 848 大壶藓（何 强绘）

日本、俄罗斯、欧洲及北美洲有分布。

　　1. 植物体一部分（×4），2-3 叶（×20），4. 叶中上部边缘细胞（×200），5. 孢蒴（×8）。

3. 卵叶壶藓　　　　　　　　　　　　图 849

Splachnum sphaericum Hedw., Sp. Musc. Frond. 53. 1801.

植物体高0.5-3厘米。茎柔弱，上部叶大，集生于茎顶。叶片阔卵形，长约3.5毫米，基部狭，中部最宽，向上突成短尖；叶边全缘或上部有齿突；中肋细，达叶尖部终止。叶片上部细胞六边形，或不规则形，基部细胞长方形，薄壁；叶边有1-2列黄色狭长方形细胞。雌雄异苞同株或雌雄异株。蒴柄长达2厘米，细弱，下部黄褐色，上部黄色。孢蒴壶部圆柱形，台部倒卵形或椭圆形，上部红褐色，下部成熟后呈红黑色。蒴齿深暗黄色。蒴盖小，平凸形。蒴帽常早期脱落。孢子成熟于夏末。

　　产内蒙古，生于含氮丰富的基质上，有时生于腐木上。蒙古、俄罗斯（远东地区及西伯利亚）、欧洲及北美洲有分布，为北半球广布种。

　　1. 植物体一部分（×6），2. 叶（×50），3. 叶中上部边缘细胞（×200）。

图 849 卵叶壶藓（何　强绘）

4. 壶藓　　　　　　　　　　图 850 彩片154

Splachnum vasculosum Hedw., Sp. Musc. Frond. 53. 1801.

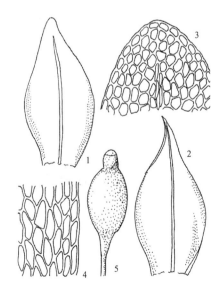

植物体形小，绿色或黄绿色，密集或稀疏丛生。茎直立，不分枝或分枝，中下部具多数假根。叶疏生，干燥时卷缩，茎叶渐上趋大。基部狭窄，向上呈阔倒卵形，先端钝或锐尖，上部叶具长尖；叶边全缘，平滑，或仅先端具不明显齿突；中肋基部粗壮，向上渐细，茎下部叶片的中肋及顶，茎上部叶片的中肋常达细长毛状叶尖内。叶细胞大，排列疏松，多边形或短长方形，薄壁。雌雄异株。蒴柄长1-5厘米，红褐色，具光泽。孢蒴壶部呈短圆柱形，黄褐色，台部长大，后期极度膨大，达蒴壶部直径的3倍以上，呈球形，暗紫红色。齿片两两并立，干燥时沿蒴壁下垂。蒴盖平凸形，成熟开裂后常与蒴轴相连。春末夏初成熟。

　　产内蒙古和四川，生于高寒地区沼泽地，见于鸟兽粪便上或小动物尸体上。俄罗斯、欧洲及北美洲有分布，为北半球广布种。

图 850 壶藓（何　强绘）

　　1-2. 叶（×50），3. 叶先端边缘细胞（×200），4. 叶基部细胞（×200），5. 孢蒴（×10）。

69. 长台藓科 OEDIPODIACEAE

（高　谦　吴玉环）

植物体丛集至疏松成束生长，高0.5–2厘米；原丝体叶状。茎单一或叉状分枝。茎基部叶小而疏生，上部叶大而密集生长，叶尖部圆钝；叶边平展或稍波曲，上部全缘，基部具纤毛；中肋单一，基部宽，消失于叶片上部。叶细胞圆六角形至长方形。雌雄混生同株。孢蒴近球形，具长颈部。蒴齿与环带缺失。蒴帽兜形。孢子被密疣。

仅1属。我国有分布。

长台藓属 **Oedipodium** Schwaegr.

体形矮小，柔弱，灰绿色或鲜绿色，稀疏丛集。茎直立，不分枝或叉状分枝，高1–2厘米，无中轴，基部有假根。叶疏生，阔倒卵圆形，下部叶小，上部叶长约3毫米；叶边全缘，平滑，基部有单细胞毛；中肋粗，达叶上部终止，由同形薄壁细胞构成。叶细胞疏松，薄壁，平滑，基部细胞短长方形，中部细胞圆六边形，直径40–70微米，叶边有一列小形长方形细胞。雌雄同株。雄苞大，芽状。蒴柄长约1厘米，淡褐色。孢蒴卵形，直立，下部有长台部，台部为壶部长度的2–3倍，有气孔。环带和蒴齿均不分化。蒴盖圆拱形。孢子直径13–16微米，外壁上有疣。

1种。我国有分布。

长台藓　　　　　　　　　　　　　　　　　图 851

Oedipodium griffithianum (Dicks.) Schwaegr., Sp. Musc. Frond., Suppl. 2(1): 15. 1823.

Bryum griffithianum Dicks., Pl. Crypt. Brit. Fasc. 4: 8. 1801.

种的特征同属。

产内蒙古东部，生于高寒地区岩缝或岩面薄土上。日本及欧洲有分布。

1. 植物体一部分（×30），2. 叶（×50），3. 叶先端边缘细胞（×300），4. 叶中部细胞（×100），5. 叶基部细胞（×100）。

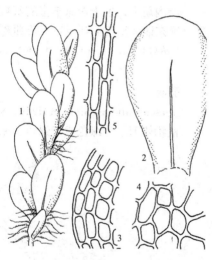

图 851 长台藓（何　强绘）

70. 四齿藓科 TETRAPHIDACEAE

（黎兴江　张大成）

体形纤细，密集丛生或散生，呈淡绿色、暗绿色或带红棕色，无光泽。原丝体呈丝状，易凋萎，或呈片状及棍棒状，往往宿存，聚生于植株周围。茎直立，单一，稀具分枝。叶疏生，呈3-5列，阔卵状或长卵状披针形，先端急尖或渐尖；叶边全缘或具小圆齿；中肋单一，长达叶中上部或在叶尖稍下处消失，有时细弱或缺如。叶中上部细胞绿色，多角状圆形或不规则菱形，六角形或长方形，叶基部细胞呈狭长方形，胞壁均平滑。雌雄异苞同株，生殖苞顶生。雄苞呈花盘状，具丝状配丝。雌苞呈芽状，无配丝。雌苞叶较茎叶长大，呈卵状披针形。蒴柄细长，直立或中部折曲。孢蒴呈长圆柱形或卵状柱形，直立，对称，蒴壁平滑。环带缺如。蒴齿由多层细胞构成，成熟后裂成4片，齿片成等腰三角状披针形，外层细胞壁厚，内层干缩成纵纹。具蒴轴，与蒴盖不相连。蒴盖呈圆锥形。蒴帽往往具纵长皱褶，无毛，基部成瓣状深裂。

2属，分布于泛北极地区。我国有2属。

1. 原丝体呈丝状；茎高约1厘米或近2厘米；叶中肋粗壮；孢蒴长圆柱形；具无性芽胞杯 … 1. **四齿藓属 Tetraphis**
1. 原丝体形成原丝体叶；茎高约2毫米；叶中肋细弱；孢蒴卵状短圆柱形；无性芽胞杯缺失 ……………………
……………………………………………………………………………………… 2. **小四齿藓属 Tetrodontium**

1. 四齿藓属 Tetraphis Hedw.

植株纤细，绿色带红棕色，密集丛生。茎直立，细长。叶疏生，多呈3列，下部叶呈阔卵形，先端急尖；上部叶呈长椭圆状披针形，先端渐尖；叶边全缘；中肋粗壮，长近于达叶尖。叶上中部细胞呈多角状圆形，细胞角部增厚，叶基部细胞渐长，呈不规则长方形。雌雄异苞同株，孢子体顶生。内雌苞叶较狭长，呈狭披针形。蒴柄细长。孢蒴圆柱形，直立，对称或略弯曲，蒴托缺失。无环带。蒴齿呈狭长等腰三角形，着生于蒴口加厚边内部深处，呈黄棕色。蒴盖圆锥形。蒴帽具纵长褶，覆盖孢蒴的大部。雄苞顶生。原丝体呈线状，柔细而易凋萎。具无性繁殖的芽胞。

4种，均分布寒带及北温带地区，广泛生于高山针叶林下的倒腐木或枯立木及腐烂的树桩上。我国有2种。

四齿藓　　　　　　　　　　　　　图 852

Tetraphis pellucida Hedw., Sp. Musc. Frond. 43. pl. 7, f. 1:a–f. 1801.

纤细，往往成纯群落密集丛生。茎直立，单生，长12–18(23)毫米，往往下部裸露，叶集生于茎上部，下部叶疏生，干燥时紧贴于茎上，呈阔卵圆形或长椭圆形，先端急尖；叶边全缘；上部叶较长大，呈长卵状披针形，先端急尖或渐尖，长约1.5–2.2毫米，宽约0.5–1毫米；叶边全缘，平展或向背面弯曲；中肋粗壮，长达叶先端，在叶背面凸出。叶片上中部细胞呈多角状圆形，壁薄而角部增厚，叶基角部细胞较长，呈不规则长方形。蒴

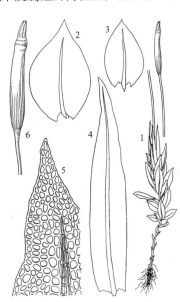

图 852 四齿藓（张大成绘）

柄直立，平滑，长约10-16毫米。孢蒴细长，圆柱形，长约3-4毫米，略弯曲；蒴口部增厚。蒴齿棕色。蒴盖长圆锥形，长约1毫米。环带缺失。蒴帽棕色，长约2-2.5毫米，上部粗糙，下部平滑，具褶，基部瓣裂。孢子小，平滑。不育枝顶端往往着生芽胞，丛集呈盘状，由4个心脏形的叶呈花苞状包围。

产黑龙江、吉林、辽宁、内蒙古、陕西、新疆、四川、云南和西藏，多生于高山针叶林下的倒腐木或腐烂的树桩上，稀见于林地。朝鲜、日本、俄罗斯（西伯利亚）、欧洲及北美洲有分布。

1. 植物体（×5.5），2-3. 叶（×21），4. 雌苞叶（×21），5. 叶先端细胞（×150），6. 孢蒴（×11）。

2. 小四齿藓属 Tetrodontium Schwaegr.

体形细小，暗绿带棕色，呈芽苞状。茎极短，直立，纤细，仅具几枚叶。茎下部叶呈鳞片状，上部叶较长大，阔卵圆形或长卵圆形，顶部雌苞叶呈长卵状披针形；叶边均全缘，或具细圆齿；中肋较细弱，长达叶片中上部或缺如。茎叶及雌苞叶中上部细胞均为不规则菱形、多角形或长方形，叶基部细胞呈狭长方形。雌雄异苞同株。蒴柄直立，细长，平滑。孢蒴卵状圆柱形，直立，对称，呈暗棕色。蒴齿4枚，齿片呈长等腰三角形，着生于蒴口内深处。蒴盖圆锥形。蒴帽呈长圆锥形，顶部呈黄褐色，基部深瓣裂且宽大。孢子圆形。原丝体形成多数原丝体叶，成片状、棍棒状或不规则蠕虫形，先端圆钝，往往由多层细胞组成，一般成丛聚生于植株周围。

2种，多分布于北极、高山或亚高山地区。我国有分布。

小四齿藓 图 853

Tetrodontium brownianum (Dicks.) Schwaegr., Sp. Musc. Feons., Suppl. 2, 1(2): 102. 1824.

Bryum brownianum Dicks., Fasc. Pl. Crypt. Brit. 4: 7. pl. 10. f. 16. 1801.

植株细小，呈小芽胞状，暗绿带褐色，稀疏丛生。茎直立，长1.5-2毫米，仅具几枚细小叶。叶片呈卵状或阔卵状圆形；叶边近于全缘，或顶部具小圆齿；中肋细，长达叶尖稍下处消失。叶片上中部细胞呈不规则菱形、多角形或长方形；叶基细胞呈长方形。孢子体顶生。蒴柄细长，直立或略弯曲，长7-15毫米。孢蒴呈倒卵状圆柱形，长1.6-2毫米。蒴盖圆锥形，长0.5-0.6毫米。蒴齿呈长三角形。蒴帽锥形，深瓣裂，基部宽大，长约2-3毫米，呈黄棕色。孢子圆形，绿色，平滑。原丝体叶聚生于植株周围，长2-4毫米，宽0.2-0.3毫米，由1-5层细胞组成。染色体n=8。

产四川，多生于高山地区潮湿而阴暗的岩缝或洞穴处，或生于积水的岩壁下。日本、欧洲及北美洲有分布。

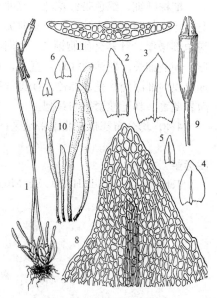

图 853 小四齿藓（张大成绘）

1. 植物体（×4），2-7. 叶（×21），8. 叶先端细胞（×155），9. 孢蒴（×14），10. 原丝体叶（×25），11. 原丝体叶横切面（×225）。

71. 真藓科 BRYACEAE

（张大成　黎兴江）

植物体多年生，较细小，丛生。茎直立，短或较长，单一或分枝，基部多具密集假根。叶多列（稀三列），茎下部叶多稀疏而小，顶部叶多大而密集，卵圆形、倒卵圆形、长椭圆形至长披针形，稀狭披针形；边缘平滑或上部具齿，多形成由虫形细胞构成的分化边缘；中肋多强劲，长达叶中部以上或及顶，具突出的芒状小尖头；叶细胞单层，稀见边缘分化为双层或三层，叶基部细胞多长方形，明显大于上部细胞，中上部细胞呈菱形，长六角形、狭长菱形至线形或蠕虫形。部分种类常形成叶腋生或根生无性芽胞。雌雄同株或异株，生殖苞多顶生。蒴柄细长。孢蒴多垂倾、倾立或直立，多呈棒槌形至梨形，稀近圆球形；台部明显分化。蒴齿多两层，多发育良好，少数种外齿层发育不全或退失。蒴盖圆锥形，顶部常具短尖喙。蒴帽兜形。孢子小，平滑或具疣。

约16属。我国有11属，多分布于林地、高山、平原及丘陵或房前屋后湿润的阴蔽环境，常见于较阴湿的城市旧屋房顶及路边土壁。

1. 外齿层缺失 ·· 1. **缺齿藓属 Mielichhoferia**
1. 外齿层发育良好。
　2. 内齿层及外齿层均分离着生，不形成基膜及齿毛 ············ 2. **直齿藓属 Orthodontium**
　2. 内齿层及外齿层下部相连，内齿层具基膜，常具齿毛。
　　3. 叶较狭，披针形或狭披针形；叶细胞呈线形至狭菱形。
　　　4. 叶长披针形或狭披针形，叶尖较短宽，不被中肋充满。
　　　　5. 外齿层齿片较狭，不开裂 ······························ 3. **丝瓜藓属 Pohlia**
　　　　5. 外齿层齿片较宽，往往两裂至中部 ·············· 4. **拟丝瓜藓属 Pseudopohlia**
　　　4. 叶狭披针形，上部具细长而近于由中肋充满的叶尖 ······· 9. **薄囊藓属 Leptobryum**
　　3. 叶较宽，长椭圆形、卵状长椭圆形、卵圆形或椭圆形；叶细胞呈六角形，长椭圆形或长菱形。
　　　6. 茎长而细，叶紧贴于茎上呈柔荑花序状；叶片呈卵圆形或长椭圆形；孢蒴梨形或长梨形，孢蒴台部至蒴柄渐细 ··· 5. **银藓属 Anomobryum**
　　　6. 茎多样性，不呈柔荑花序状或呈柔荑花序状；叶片阔心脏形；孢蒴圆球形，台部明显粗大。
　　　　7. 孢蒴不对称，呈鹅颈状，蒴口多或少偏斜，内齿层齿条长于外齿层 ········ 8. **平藓藓属 Plagiobryum**
　　　　7. 孢蒴对称，梨形至棒槌形，蒴口不偏斜，内外齿层等长或内齿层短于外齿层。
　　　　　8. 茎上叶明显稀疏排列，2–3列斜列于茎上 ············ 6. **小叶藓属 Epipterygium**
　　　　　8. 茎上叶密生或茎上部密生，排成多列。
　　　　　　9. 孢蒴直立或倾斜 ································ 7. **短月藓属 Brachymenium**
　　　　　　9. 孢蒴平列或下垂。
　　　　　　　10. 植物体无匍匐茎，茎直立，枝密集；茎上下部的叶近于同形，均匀着生 ·· 10. **真藓属 Bryum**
　　　　　　　10. 植物体主茎匍匐，支茎直立；下部叶小，呈鳞片状疏生，顶部叶长大，集生呈花状 ··········
　　　　　　　······································· 11. **大叶藓属 Rhodobryum**

1. 缺齿藓属 Mielichhoferia Nees et Hornsch.

植物体小形至中等大小，茎上叶密被或略稀疏，干时直立紧贴，湿时倾展。叶长椭圆形至狭披针形，先端急尖至渐尖；叶边全缘或上部具细齿；中肋粗壮或细弱，长达叶近尖部或突出呈芒状。叶中部细胞线形至狭菱形，薄壁或厚壁；近边缘细胞较狭；角部细胞一般无分化。雌雄异株，雌苞生于茎基部。雌苞叶较大，内部叶较小。孢蒴倾斜至平列，长圆柱形至梨形，具大台部，台部具气孔；具环带。蒴齿单层，外齿层齿片多缺失；内齿层基膜低，齿条基部宽，上部狭长。蒴帽兜形。雄苞顶生。

约90种。我国有4种。

1. 叶中肋明显贯顶，突出叶尖呈长芒状 ·································· 1. 喜马拉雅缺齿藓 **M. himalayana**
1. 叶中肋消失于叶尖下部或及顶 ····································· 2. 中华缺齿藓 **M. sinensis**

1. 喜马拉雅缺齿藓
图 854

Mielichhoferia himalayana Mitt., Journ. Linn. Soc. Bot. Suppl. 1: 65. 1859.

体形柔弱，丛生或簇生。茎叉状分枝，下面具深褐色假根。上部叶披针形或卵状披针形；叶边狭背曲，顶部边缘具稀疏细齿或全缘；中肋贯顶，呈长芒状。叶细胞疏松排列，狭菱形。雌雄异株。蒴柄长约1厘米。孢蒴短梨形至长梨形。蒴盖圆锥形。蒴齿不规则线形，无色透明。孢子球形。

产西藏，多生于高山岩面薄土。喜马拉雅西部地区有分布。

1-4. 叶（×18.5），5. 叶先端细胞（×140），6. 叶基部细胞（×140），7. 孢蒴（×8）。

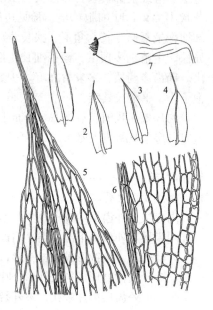

图 854 喜马拉雅缺齿藓（引自《中国苔藓志》）

2. 中华缺齿藓
图 855

Mielichhoferia sinensis Dix., Hongkong Nat. Suppl. 2: 15. 7. 1933.

植物体柔弱，上部黄绿色，下部呈褐色，无光泽，紧密簇生。茎高10-15毫米，直立，单一或叉状分枝，下部具褐色假根。叶近覆瓦状贴茎，呈长椭圆形至卵圆形，不明显龙骨状，基部无下延，顶部渐尖，长0.8-1.2毫米；叶边平或背卷，全缘；中肋在叶尖部消失或不明显贯顶。叶中部细胞狭长菱形或六角形，叶基细胞狭长方形，大小与中部细胞近同，叶缘分化1-3列线形薄壁细胞。雌雄异株。蒴柄长约8毫米，上部弯曲。孢蒴梨形或长梨形，台部明显，干时皱缩，蒴口小于壶部。蒴盖半球形，顶部圆钝。环带常存。蒴齿单层。孢子球形。

产甘肃、云南和西藏，多生于山地岩面薄土。尼泊尔有分布。

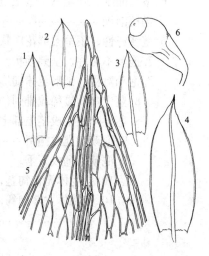

图 855 中华缺齿藓（引自《中国苔藓志》）

1-4. 叶（×26），5. 叶先端细胞（×195），6. 孢蒴（×12）。

2. 直齿藓属 **Orthodontium** Schwaegr.

　　植物体稀疏或密集丛生，绿色，黄绿色至黄褐色，无光泽或具光泽。茎直立，单一，叉状分枝或自基部分枝，下部具密集假根。叶干时直展、弯曲或旋扭，湿时呈龙骨状，多狭长披针形至长椭圆状披针形；叶边平展，全缘或上部具细齿；中肋在叶尖稍下处消失或贯顶。叶细胞线形，狭六角形至长六角形。雌雄有序同苞或雌雄同株异苞。蒴柄细长或较短，黄色。孢蒴直立或近直立，对称，褐色或黄褐色，卵形、卵状梨形或近长圆柱形；台部明显或较短，干时平滑或具皱缩至不规则纵沟；蒴壁细胞薄壁。蒴齿两层；外齿层齿片细长或宽短，黄褐色或无色透明；内齿层齿条狭长，等长或稍不整齐，基膜低或无。蒴盖多具斜长喙，稀无。环带缺如。蒴帽兜形。孢子球形。

　　6种。我国有一种。

具边直齿藓　　　　　　　　　　　　　　　　　图 856

Orthodontium lignicolum (Broth .) D. C. Zhang, Flora Yunnanica 18. 2002.

Funaria lignicola Broth., Symb. Sin 4: 48. 1929.

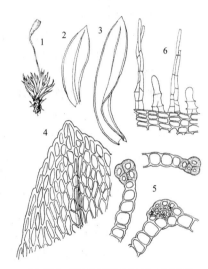

图 856　具边直齿藓（引自《中国苔藓志》）

　　植物体高4–6 毫米。根生芽胞具2–5细胞。叶长2.5–4.5 毫米；叶边中上部具细圆齿；中肋在叶尖稍下处消失。叶中部细胞长六角形，近尖部细胞较短；叶基细胞明显较大而稍稀疏，呈狭长方形至近方形；叶边细胞明显分化(1)2–3 列狭长厚壁细胞。雌雄有序同苞。蒴柄长5–8 毫米，上部稍曲折。孢蒴近直立，长梨形或卵圆形；台部明显，具气孔，干时皱缩。环带缺如。蒴齿两层；外齿层齿片较短，无色透明；内齿层齿条淡黄褐色，线形，下部具不明显穿孔，上部相连；无基膜。蒴盖圆锥形，顶部圆钝或具不明显的凸起。孢子球形，具疣。

　　产四川、云南和西藏，多生于原始林下腐木上。

　　1. 植物体(×2.2)，2-3. 叶(×18)，4. 叶先端细胞(×135)，5. 叶横切面的一部分(×205)，6. 蒴齿(×205)。

3. 丝瓜藓属 **Pohlia** Hedw.

　　植物体中等大小或形小，直立。茎下部叶小而稀，上部叶多较大，在顶部密集，干时较硬挺，狭长椭圆形至狭披针形，急尖至渐尖；叶边平展至背卷，上部具细齿；中肋粗壮，至叶尖稍下部或贯顶，背部明显突出。叶中部细胞狭菱形至线形，薄壁，近叶基部细胞多宽短，近叶边细胞趋狭，但不形成分化边缘。雌雄有序同苞或雌雄异株。蒴柄长，干时弯曲。孢蒴倾斜、平列或下垂，梨形、长圆形或长棒状，具明显的台部，气孔常存。环带分化或缺失。蒴齿两层，等长，齿毛发育良好或缺失。孢子粗糙。

　　约120种。中国约30种。

　　1. 植物体不育枝常具叶腋生无性芽胞。
　　　2. 无性芽胞长丁字形，长锥形至线形。

3. 无性芽胞线形或蠕虫形，先端无叶原基 ┄┄┄┄┄┄┄┄┄┄┄┄┄┄┄┄┄┄┄┄┄┄┄┄ 9. **异芽丝瓜藓 P. leucostoma**

3. 无性芽胞狭丁字形，先端具叶原基 ┄┄┄┄┄┄┄┄┄┄┄┄┄┄┄┄┄┄┄┄┄┄┄┄ 14. **卵蒴丝瓜藓 P. proligera**

2. 无性芽胞卵圆形或圆柱形。

4. 芽胞形大，长卵圆形、倒卵形至圆柱形，叶原基多于5个 ┄┄┄┄┄┄┄┄┄┄┄ 3. **林地丝瓜藓 P. drummondii**

4. 芽胞形小，褐色或黄绿色，无叶原基或叶原基不超过3个。

5. 无性芽胞黄绿色，叶原基多不超过3个，线形，明显长于芽胞 ┄┄┄┄┄┄ 6. **纤毛丝瓜藓 P. hisae**

5. 无性芽胞褐色，卵圆形，无叶原基。有时伴有呈丝状的无性芽胞 ┄┄┄ 9. **异芽丝瓜藓 P. leucostoma**

1. 植物体不育枝叶腋缺无性芽胞。

6. 植物体具根生呈念珠状无性芽胞 ┄┄┄┄┄┄┄┄┄┄┄┄┄┄┄┄┄┄┄┄┄┄┄┄ 11. **念珠丝瓜藓 P. lutescens**

6. 植物体无根生无性芽胞。

7. 植物体明显具光泽；叶干时多硬挺。

8. 蒴齿明显具疣。

9. 叶卵状披针形，下部叶明显小，顶部叶(雌苞叶)明显狭，外观呈缨状 ┄┄┄┄┄ 1. **泛生丝瓜藓 P. cruda**

9. 叶披针形至狭披针形，茎上部叶与下部叶近于同形，外观不呈缨状 ┄┄┄┄ 2. **小丝瓜藓 P. crudoides**

8. 蒴齿透明无疣 ┄┄┄┄┄┄┄┄┄┄┄┄┄┄┄┄┄┄┄┄┄┄┄┄ 7. **明齿丝瓜藓 P. hyaloperistoma**

7. 植物体无光泽，或略具光泽；叶干时不硬挺。

10. 叶在枝条上多稀疏排列；孢蒴梨形 ┄┄┄┄┄┄┄┄┄┄┄┄┄┄┄┄┄┄┄┄ 5. **疣齿丝瓜藓 P. flexuosa**

10. 叶在茎上多密集排列；孢蒴长棒形、卵形或短圆柱形。

11. 叶在茎上近于等长；孢蒴长棒形，台部明显，约为壶部长度的1/2。

12. 植物体无光泽，暗绿色；孢子外壁具细疣 ┄┄┄┄┄┄┄┄┄┄┄ 4. **丝瓜藓 P. elongata**

12. 植物体略具光泽，黄绿色；孢子外壁具不规则粗疣 ┄┄┄┄┄┄ 10. **拟长蒴丝瓜藓 P. longicollis**

11. 叶在茎上渐向上渐大；孢蒴卵形、短圆柱形或近梨形，壶部明显短于台部。

13. 孢蒴卵形至短梨形 ┄┄┄┄┄┄┄┄┄┄┄┄┄┄┄┄┄┄┄┄┄┄ 8. **美丝瓜藓 P. lescuriana**

13. 孢蒴短圆柱形至近梨形。

14. 植物体暗绿色，形小；雌苞叶宽短或稍长，但不狭 ┄┄┄┄┄┄┄┄┄ 12. **多态丝瓜藓 P. minor**

14. 植物体黄绿色，中等大小；雌苞叶明显狭长 ┄┄┄┄┄┄┄┄┄ 13. **黄丝瓜藓 P. nutans**

1. 泛生丝瓜藓　　　　　　　　　　　　　　　　图 857

Pohlia cruda (Hedw.) Lindb., Musc. Scand. 18. 1879.

Mnium crudum Hedw., Sp. Musc. Frond. 189. 1801.

丛生，绿色，淡黄绿色至灰绿色，具明显光泽。茎高0.6–3厘米以上，直立，近红色。下部叶阔卵状披针形至卵状长椭圆形，急尖或渐尖，中部叶狭长圆卵状披针形，上部叶长披针形或狭披针形；叶缘平展，上部具细圆齿；中肋明显在叶尖部以下消失，下部红色。叶中部细胞线形至近蠕虫形，薄壁，叶上部和较下部细胞较短于叶中部细胞。雌雄异株，稀见雌雄有序同苞。蒴柄长10–20毫米，曲折。孢蒴多倾立至平列或下垂，长椭

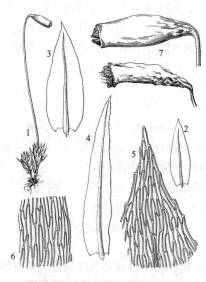

图 857 泛生丝瓜藓（引自《中国苔藓志》）

圆状梨形或棒形，台部不明显。内齿层基膜约为外齿层长度的1/3，齿条明显穿孔，齿毛2-3。

　　产黑龙江、吉林、辽宁、内蒙古、河北、山东、山西、陕西、新疆、江苏、安徽、浙江、台湾、广东、贵州、四川、云南和西藏，多生于山区林下及高山灌丛、腐木、腐殖质土及湿地岩面薄土或土生。亚洲东部、非洲南部、北美洲、大洋洲及南极州有分布。

　　1. 植物体(×1.7)，2-4. 叶(×15)，5. 叶先端细胞(×85)，6. 叶中部边缘细胞(×85)，7. 孢蒴(×7)。

2. 小丝瓜藓　　　　　　　　　图 858

Pohlia crudoides (Sull. et Lesq.) Broth., Nat. Pfl. 1(3): 548. 1903.

Bryum crudoides Sull. et Lesq., Proc. Amer. Acad. Arts 4: 279. 1859.

　　植物体硬挺，黄绿色或黄褐色，具明显光泽，丛集。茎高约20-30毫米，直立，单一。叶干时紧贴于茎，湿时倾展，下部叶稀少而小，上部叶密集，呈长披针形，顶部渐尖，长2-2.8毫米；叶边不明显背曲，中上部具细齿；中肋强，长达叶近尖部。叶中部细胞线形或蠕虫形，顶部细胞略短，叶基细胞稍大，方形或长方形，叶边细胞不分化。

　　产吉林、陕西、青海、新疆、台湾、四川、云南和西藏，多见于高山林地和岩面薄土。为北半球广布种。

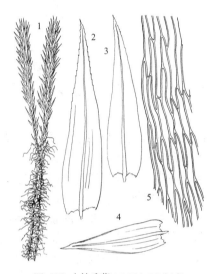

图 858 小丝瓜藓 (引自《中国苔藓志》)

　　1. 植物体(×2.8)，2-4. 叶(×21)，5. 叶中部边缘细胞(×225)。

3. 林地丝瓜藓　　　　　　　　图 859

Pohlia drummondii (C. Müll.) Andr. in Grout, Moss Fl. N. Am. 2. 196. 1935.

Bryum drummondii C. Müll., Bot. Zeitung. (Berlin) 20: 328. 1862.

　　体形纤细，下部褐色，上部黄绿色或暗绿色，无光泽，稀疏丛集。茎高0.8-2厘米，直立，无分枝或具分枝，稀具鞭状枝，基部具深褐色假根。叶干时紧贴，湿时伸展，长椭圆状披针形至披针形，罕见卵状披针形，龙骨状，长0.5-1.6毫米；叶边上部具细齿；中肋纤细，在叶尖下消失。叶中部细胞线形，薄壁，基部细胞长方形。无性芽胞叶腋单生，稀少，每植株通常具

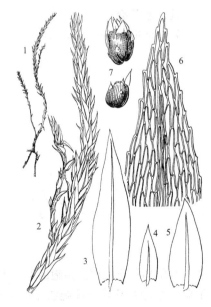

图 859 林地丝瓜藓 (张大成绘)

欧洲及南北美洲有分布。

　　1. 植物体(×2.6)，2. 枝(×10)，3-5. 叶(×36)，6. 叶先端细胞(×190)，7. 芽胞(×22)。

1-3芽胞，芽胞卵圆形至柱形，红色至深褐色，叶原基黄绿色，生于芽胞中上部。稀见未脱落芽胞在茎上生成鞭状枝，下部具疏假根。

　　产吉林、辽宁、四川和云南，生于高山流石滩、灌丛及石面薄土。

4. 丝瓜藓

图 860　彩片155

Pohlia elongata Hedw., Sp. Musc. Frond. 171. 1801.

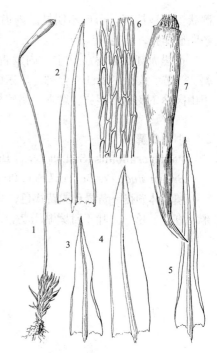

植物体丛生，绿色或黄绿色，无光泽或略具光泽，高0.6–20毫米。茎直立，常在基部生有新生枝，基部具假根，下部叶披针形，上部叶披针形至狭披针形，长1.5–5毫米；叶边中下部常背卷，上部具细齿；中肋粗壮，至叶尖部。叶中部细胞近线形，薄壁至稍厚壁；基部细胞长方形。雌雄有序同苞。蒴柄长1–4厘米。孢蒴倾立或平列，棒缍形或长梨形，长3–6毫米，台部较壶部细，等长或长于壶部。蒴齿两层；外齿层黄褐色，具疣；内齿层基膜高度为外齿层的1/2至1/4，齿条无穿孔，齿毛1–2或缺失。蒴盖圆锥形，具细尖喙。

产黑龙江、吉林、内蒙古、河北、山东、山西、陕西、新疆、上海、安徽、台湾、福建、湖北、香港、广西、贵州、四川、云南和西藏，生于林下路边或沟边土上。日本、亚洲中南部、欧洲及北美洲有分布。

图 860　丝瓜藓（引自《中国苔藓志》）

1. 植物体（×2.8），2-5. 叶（×24），6. 叶中部边缘细胞（×175），7. 孢蒴（×11）。

5. 疣齿丝瓜藓

图 861

Pohlia flexuosa Hook., Icon. Pl. Rar., 1: 19, 1836.

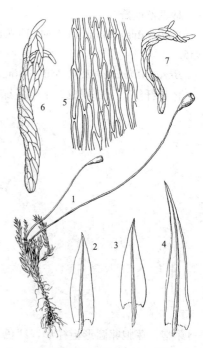

植物体丛集或稀疏丛集，直立，绿色、黄绿色至褐色，高1–2厘米或更高，下部具褐色假根，多具新生枝条。叶稍密集，干时曲折或扭曲，湿时直展，披针形，长1.3–2.2毫米；叶边平展，时有向背部反曲，上部具细齿；中肋达叶近尖部，红褐色。叶细胞狭，稍厚壁或薄壁，线形或近线形，叶尖及基部细胞稍短于中部。芽胞稀见，少数，绿色或褐色，棒槌状，宽3–5细胞，细胞在芽体上螺旋状扭曲伸长，上部具2–4个叶原基。雌雄异株。有时见雄株混生于具孢蒴的植物体中。雄苞叶较小。雌苞叶细长，稍曲折，通常长2–4厘米，近红色或红褐色。孢蒴倾立，平列至垂倾，梨形或卵状梨形，台部短，干时台部明显皱缩变狭，口部相对小于壶部。蒴齿两层；内齿层基膜稍低，齿条线形，具狭的穿孔，齿毛残留或缺失。蒴盖圆锥形，明显具喙。

产新疆、江苏、安徽、浙江、台湾、福建、江西、湖南、广东、

图 861　疣齿丝瓜藓（张大成绘）

广西、贵州、四川、云南和西藏，生于林地地表、土生或岩面薄土及土壁，在环境较干的土壁上多生有大量无性芽胞。亚洲东南部及美洲大部分地区有分布。

1. 植物体（×2.5），2-4. 叶（×21.5），5. 叶中部边缘细胞（×235），6-7. 芽胞（×96）。

6. 纤毛丝瓜藓 图 862

Pohlia hisae T. Kop. et J. S. Lou, Hikobia 9 (4) 1986.

植物体绿色、黄绿色或近褐绿色，疏松丛集生。茎高0.5–1.5毫米，下部褐色或红褐色。叶密集着生茎上，下部叶稍小，斜展，卵状披针形或披针形，多少呈龙骨状；叶边近全缘，上部具细圆齿；中肋强，长达叶尖或在叶尖下部消失。叶细胞狭长菱形，渐向边缘呈近线形，但不形成明显的分化边缘。芽胞不规则卵圆形，或长椭圆形。叶原基生于芽胞顶端，1–2（稀3）个，多数长度为芽胞的二倍以上，平直伸展或扭曲。

我国特有，产四川、云南和西藏，生于林下路边土坡及土壁。

1. 植物体（×5.5），2-3. 叶（×23），4. 叶中部边缘细胞（×255），5-8. 芽胞（×70）。

图 862 纤毛丝瓜藓（张大成绘）

7. 明齿丝瓜藓 图 863

Pohlia hyaloperistoma Zhang, Li et Higuchi, Acta Phytotax. Sinica 40 (2): 176. 2002.

植物体丛生，绿色、黄绿色或微暗红褐色，具光泽。茎直立，高约10毫米，单一或基部分枝。叶干时贴茎或略皱缩，湿时倾展，长披针形；叶边略背曲，中上部具粗齿；中肋粗壮，达叶近顶部。叶中部细胞线形，叶基细胞长方形，无分化边缘。雌雄同株同序。蒴柄硬挺，长12–18毫米。孢蒴深褐色，倾立至平列或稍下垂，长梨形或棒槌形，台部明显短于壶部，干时皱缩，蒴口略小于壶部。蒴盖圆锥形，顶部无或明显凸起。蒴齿两层；外齿层较宽，顶端圆钝，常在横隔处断裂，淡橙黄色，平滑，透明无疣；内齿层长于外齿层，齿条狭而细长，与外齿层同色，中上部具狭穿孔，齿毛残缺，基膜极低，高度仅为蒴齿的1/6。孢子球形。

我国特有，产吉林、陕西、新疆、云南和西藏，多生于高山潮湿的腐木上。

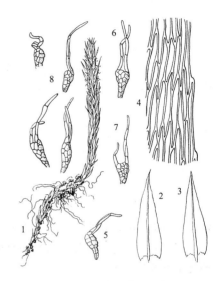
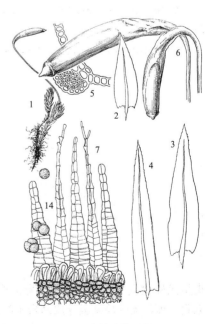

图 863 明齿丝瓜藓（张大成绘）

1. 植物体（×2），2-4. 叶（×16.5），5. 叶横切面的一部分（×180），6. 孢蒴（×8），7. 蒴齿与孢子（×120）。

8. 美丝瓜藓　　　　　　　　　图 864

Pohlia lescuriana (Sull.) Ihs., Cat. Moss. Japan: 19. 1929.

Bryum lescurianum Sull., Mem. Amer. Acad. Arts, n. s. 4: 171. 1849.

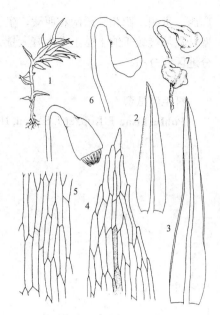

图 864 美丝瓜藓（仿 Noguchi）

植物体多密集丛生，细小，暗绿色，高一般不过5毫米。茎直立。下部叶多狭小，披针形，上部叶狭披针形，长达2毫米；叶边中上部背曲，上部具细齿；中肋达叶的近尖部消失。叶中部细胞线形，薄壁，叶尖部细胞稍短，近边缘稍狭。雌雄异株。蒴柄长6-20毫米。孢蒴褐色，卵形至短梨形，台部短于壶部，干时明显收缩，倾立至下垂。内齿层齿条具明显穿孔，齿毛1-3。

产吉林、江苏、浙江、贵州和西藏，林下土生。日本、俄罗斯、欧洲及北美洲有分布。

1. 植物体（×8.8），2-3. 叶（×30），4. 叶先端细胞（×220），5. 叶中部细胞（×220），6. 潮湿时的孢蒴（×13.5），7. 孢蒴（干时，×13.5）。

9. 异芽丝瓜藓　　　　　　　　　图 865

Pohlia leucostoma (Bosch et Lac.) Fleisch., Musci Fl. Buitenzorg 2: 514, 59. 1904.

Brachymenium leucostomum Bosch et S. Lac., Bryol. Jav. 1: 142. 1860.

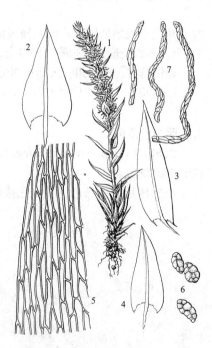

图 865 异芽丝瓜藓（引自《中国苔藓志》）

植物体丛集，直立，绿色、黄绿色或褐色，下部具褐色假根，土生。茎细长。叶柔软，干时扭曲，湿时伸展，在茎上稀疏排列，卵状披针形或长披针形，长1-2毫米，渐上叶变小；叶边平或近于平展，全缘或先端具细圆齿；中肋下延，上部近顶。叶细胞狭长，薄壁，边缘细胞略狭。无性芽胞多密集生或稀疏生于枝上部叶腋，卵圆形、线形或蠕虫形芽胞混生，宽2个细胞，顶部无叶原基或叶原基极不明显。

产台湾、广西、云南和西藏，多见于林下路边土坡、土壁或岩面薄土上。日本、尼泊尔、印度、印度尼西亚及夏威夷群岛有分布。

1. 植物体（×5.8），2-4. 叶（×22），5. 叶中部细胞（×240），6-7. 芽胞（×95）。

10. 拟长蒴丝瓜藓　　　　图 866 彩片156

Pohlia longicollis (Hedw.) Lindb., Musc. Scand. 18. 1879.

Webera longicollis Hedw., Sp. Musc. Frond. 169. 1801.

植物体黄绿色，多具光泽，密集丛生。茎直立，长1.5-5厘米，

基部具假根。叶着生于茎上部，由下向上叶渐趋大，下部叶长椭圆状披针形；叶缘多平直或稍背曲，尖部具齿；中肋多消失于叶近尖部。叶中部细胞线形，薄壁。雌雄同株。蒴柄长0.8–2(3)厘米，孢蒴棒槌形，台部约为壶部长度的1/3，蒴盖短圆锥形。蒴齿两层；外齿层齿片上部具粗疣；内齿层齿条与外齿层齿片近于等长，具疣，中部具穿孔，齿毛2条，常残留或发育良好。孢子球形。

产黑龙江、吉林、辽宁、内蒙古、山东、台湾、四川、云南和西藏，生于林地及岩面薄土。日本、亚洲中部、俄罗斯、欧洲及北美有分布。

1–2.叶(×20)，3.叶先端细胞(×170)，4.叶中部细胞(×170)，5.孢蒴(×6.5)。

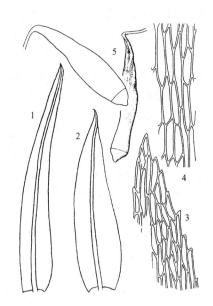

图 866 拟长蒴丝瓜藓（引自《中国苔藓志》）

11. 念珠丝瓜藓 图 867

Pohlia lutescens (Limpr.) Lindb. f., Acta Soc. Sc. Fenn. 1899.

Webera lutescens Limpr., Laubm. Deutschl. 2: 270. 1892.

植物体绿色、淡黄绿色或褐绿色，高0.5–2.5厘米，丛集生长。茎直立，褐色至近红色，下部叶小而稀，上部叶较密集。叶阔卵圆状披针形，渐尖；叶中上部边缘具细齿；中肋消失于叶上部。叶中部细胞长80–150微米，宽6–10(14)微米。雌苞叶狭长披针形至线形。雌雄异株。根生似念株状无性芽胞，常见下部叶腋伴有相同根生无性芽胞。无性芽胞褐色，不规则球形，表面具点状凸起。

产陕西、四川、云南和西藏，生于林下，路边等潮湿的粘土上。欧洲有分布。

1.植物体(×1.7)，2–4.叶(×15)，5.叶先端细胞(×110)，6.叶基部细胞(×110)，7.叶横切面的一部分(×110)，8.根生芽胞(×160)。

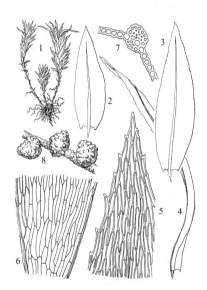

图 867 念珠丝瓜藓（张大成绘）

12. 多态丝瓜藓 矮生丝瓜藓 尖叶丝瓜藓 图 868

Pohlia minor Schleicher ex Schwaegr., Sp. Musc. Suppl.1(2): 70.1816.

体形纤细，无光泽，密集丛集或稀疏与其它藓类混生。茎通常单一或在基部分枝，连同孢子体高达30毫米。叶干时紧贴，湿时直展，卵状披针形或披针形，渐尖，除雌苞叶外通常不超过1毫米，边缘多一侧卷曲，另一侧稍背卷，上部具细齿；中肋粗壮，长达叶尖部。叶中部细胞狭六角形至蠕虫形，基部细胞长方形。雌雄有序同苞，稀雌雄异序。雌苞叶狭披针形，长达1.5毫米，边缘强烈背卷。蒴柄长4–20毫米，常弯曲。孢蒴倾斜或低垂，长棒形至长梨形，成熟后长可达7毫米。蒴齿两层；内外齿层等长，内齿层齿条线形，明显狭于外齿层齿片，无或具狭的穿孔，基膜低，高不及外齿层的1/3，无齿毛。

产黑龙江、吉林、辽宁、内蒙古、陕西、青海、新疆、上海、贵州、四川、云南和西藏，生于高海拔地区或山地林下灌丛，近水边流石滩、土面或岩面薄土。日本、印度及欧洲有分布。

1. 植物体(×3.2)，2–3. 叶(×46.5)，4. 叶先端细胞(×300)，5. 叶横切面的一部分(×300)。

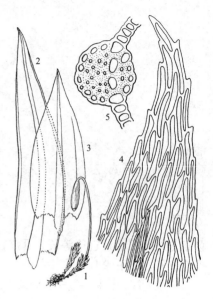

图 868 多态丝瓜藓（张大成绘）

13. 黄丝瓜藓　　　　　　　图 869

Pohlia nutans (Hedw.) Lindb., Musci Scand. 18. 1879.

Webera nutans Hedw., Sp. Musc. Frond. 168. 1801.

植物体深绿色至黄褐色，无光泽，稀疏或丛集生。茎长约5毫米，通常单一，或基部分枝，湿时叶多扭曲。下部叶卵状披针形，渐上趋大，上部叶长披针形，长1.5–3毫米，叶尖部或多或少旋转；边缘多少向背面弯曲，中上部边缘具细齿；中肋粗壮，上部稍弯曲，背部明显凸起呈龙骨状，达近尖部或不明显贯顶。叶中部细胞狭菱形，多少厚壁。雌雄有序同苞。蒴柄长1.5–2.5厘米，黄橙色。孢蒴干时多下垂，短棒形，台部短于壶部，干时皱缩。内齿层基膜高度为外齿层的1/2，齿条具强穿孔或开裂；齿毛2–3，与齿条等长，具节瘤或附片。

产吉林、辽宁、内蒙古、陕西、新疆、上海、浙江、台湾、广东、贵州、四川、云南和西藏，生于高海拔山林下腐殖质上，常见于岩面薄土藓丛中。亚洲东部、北美洲、大洋洲、非洲南部及南极州有分布。

1. 植物体(×2.4)，2–4. 叶(×20)，5. 叶中部细胞(×215)，6. 孢蒴(×9.5)。

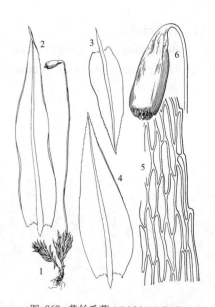

图 869 黄丝瓜藓（引自《中国苔藓志》）

14. 卵蒴丝瓜藓　　　　　　　图 870

Pohlia proligera (Kindb. ex Limpr.) Lindb. ex Arn., Bot. Not. 54. 1894.

Webera proligera Kindb. ex Limpr., Forh. Vidensk.–Selsk. Kristiania 1888 (6): 30. 1888.

植物体高约20毫米，丛集，直立，黄绿色。茎单一或稀分枝。叶干时扭曲，湿时伸展，长披针形，急尖，基部稍狭，长1.5–2.0毫米，渐上趋小；叶缘平展，先端具细圆齿；中肋达叶近尖部。叶细胞线形，薄壁，上部细胞略短，基部细胞与上部细胞近同形。无性芽胞多见于新生枝中上部，常丛集生于枝上部叶腋，线形或蠕虫形，宽两个细胞，具1–3个叶原

基。雌雄异株。蒴柄长约30毫米。孢蒴垂倾，长梨形。

产黑龙江、吉林、辽宁、内蒙古、山东、陕西、新疆、江苏、安徽、浙江、福建、江西、湖南、广东、广西、贵州、四川和云南，生于岩面薄土及林下路边土生。北半球广泛布种。

1. 植物体(×2.6)，2-3. 叶(×22)，4. 叶中部细胞(×240)，5. 孢蒴(×10.4)，6. 芽胞(×98)。

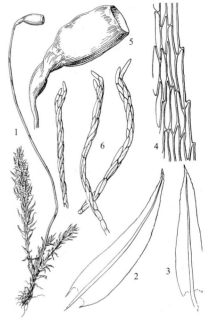

图 870 卵蒴丝瓜藓（张大成绘）

4. 拟丝瓜藓属 Pseudopohlia Williams

植物体丛集。茎直立，由生殖苞下分枝，分枝丛出，等长。叶干时紧贴于茎，湿时倾立，阔披针形或披针形，基部稍下延；叶边上部具齿，略外卷；中肋近贯顶。叶上部细胞狭长菱形或线形，基部细胞较大，角细胞分化不明显，方形。雌雄异株。孢蒴直立，卵圆形。蒴齿两层；内外齿层等长，外齿层齿片16，成对并列着生，具疣；内齿层基膜高，齿毛发育良好。

1种。我国有分布。

拟丝瓜藓　　　　　　　　　　图 871

Pseudopohlia bulbifera Williams, Bull. New York Bot. Gard. 8: 346, 172. 1914.

体形较高，绿色，稍具光泽，丛集。茎直立，上部具新生枝，嫩枝上部多纤细，连同新生枝高约2厘米，叶腋具多个褐色卵圆形具短柄的芽胞，或顶部具细长小叶。茎叶和新生枝叶直立，狭长，渐尖，长1.5-2毫米；叶边狭外卷，顶部具细齿；中肋稍强，顶部稍扭曲。叶上部细胞长轴形，基部细胞疏松，呈长方形。雌苞叶较大，长2.5毫米，基部宽，具尖头，叶边明显背卷。蒴柄直立，紫色，上部稍扭曲，长3-4厘米。孢蒴直立或下倾，长4毫米，椭圆形，台部明显短于壶部，蒴口小。蒴盖圆锥

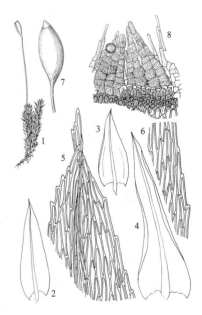

图 871 拟丝瓜藓（引自《中国苔藓志》）

形，顶部凸起。环带常存。蒴齿两层；外齿层齿片16，呈两片相连，具疣；内齿层齿条上部具纵向条纹，灰白色或淡黄色，基膜淡黄色，低矮，平滑，齿毛成对相连。孢子肾形，具粗疣。

产云南和西藏，生于林下土上。东南亚地区有分布。

1. 植物体(×1.9)，2-4. 叶(×19)，5. 叶先端细胞(×180)，6. 叶中部细胞(×180)，7. 孢蒴(×7.6)，8. 蒴齿(×120)。

5. 银藓属 Anomobryum Schimp.

植物体细长，黄绿色，多具光泽。茎多单一，具中轴。叶干燥或湿时均贴茎，呈覆瓦状，长椭圆形或椭圆形，内凹，叶尖钝至圆钝；叶边平直，全缘；中肋强，达叶中上部至近尖部。叶中部细胞线形至菱状六角形，薄壁，边缘细胞狭，不形成明显的分化边。孢子体近似于真藓属。

约45种。我国有4种。

1. 腋生绿色或暗绿色芽胞；叶原基发育完全 ···························· 1. 银藓 A. julaceum
1. 腋生多数红褐色芽胞；叶原基不明显或发育不全 ············ 2. 芽胞银藓 A. gemmigerum

1. 银藓 图 872

Anomobryum julaceum (Schrad. ex Gartn., Meyer et Scherb.) Schimp., Syn. Musc. Eur. 382. 1860.

Bryum julaceum Schrad. ex Gartn., Meyer et Scherb., Oekon. Fl. Wetterau 3 (2): 97. 1802.

体形细长，黄绿至灰绿色，具弱光泽。茎长达10–40毫米，枝条多单一。叶干时紧贴，湿时呈柔荑花序状，卵圆形或长椭圆状卵圆形，内凹，急尖或略圆钝；边缘平直，全缘；中肋强，贯顶或近顶。叶中部细胞蠕虫形或线状至长菱状六角形，近边缘渐尖，上部细胞较短，下部细胞长方形。雌雄异株。雌苞叶长而尖。孢蒴长梨形。

产吉林、辽宁、内蒙古、山西、陕西、台湾、广东、海南、四川、云南等地，土生或岩面薄土生。世界广布种。

1. 植物体(×2)，2-3. 叶(×29)，4. 叶先端细胞(×130)，5. 叶基部细胞(×130)，6-8. 芽胞(×70)。

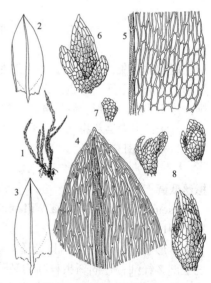

图 872 银藓（引自《中国苔藓志》）

2. 芽胞银藓 图 873

Anomobryum gemmigerum Broth., Philipp. Journ. Sc. 5 (2C): 149. 1910.

外形与 *A. julaceum* 相近似，不育枝叶腋常具众多红褐色无性芽胞，数十个至成百个丛集着生。孢蒴短梨形。在缺乏芽胞和孢蒴的情况下两种很难区别。

产吉林、辽宁、河北、陕西、甘肃、江西、贵州、四川、云南和西

藏，生于岩面薄土或土上。尼泊尔及菲律宾有分布。

　　1. 植物体(×1.7)，2-3. 叶(×24)，4. 叶先端细胞(×105)，5. 叶基部细胞(×105)，6. 孢蒴(×7)，7. 芽胞(×60)。

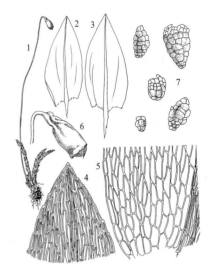

图 873　芽胞银藓（引自《中国苔藓志》）

6. 小叶藓属 Epipterygium Lindb.

　　植物体形小，稀疏丛生。不育枝叶3–4列，2侧生及1–2背生，侧生叶平展，卵状长椭圆形至倒卵形，基部狭，下延，尖短；叶缘平，全缘或上部具细齿，背部叶小而狭；中肋近红色，达叶尖部。叶细胞稀疏，薄壁，长菱形至六角形，叶缘细胞线形，明显分化。能育枝叶较少分化。雌雄异株。孢蒴倾立或垂倾，卵球形，具短而粗的台部。环带宽，不常存，内齿层具高基膜，具穿孔，齿毛具小节瘤。

　　约18种。我国仅1种。

小叶藓　　　　　　　　　　　　　　图 874

Epipterygium tozeri (Grev.) Lindb., Oefv. Svensk. Vet. Akad. Foerh. 21: 576. 1865.

Bryum tozeri Grev., Scott. Crypt. Fl. 5: 285. 1827.

植物体近红色至灰绿色。茎高达5毫米（不育枝或雄性枝长可达10毫米），除顶部外，叶稀疏排列，背部叶1–2列，形小，长椭圆形，急尖，长约1毫米；侧生叶两列，形大，椭圆形，长约2毫米；叶边平直，上部具稀齿；中肋红褐色，粗壮，向上渐细，达叶长度的3/4处或更长。侧生叶中部细胞疏松，长菱形至六角形，壁薄，边缘细胞线形，1–3列。蒴柄长7–10毫米，黄色。孢蒴平

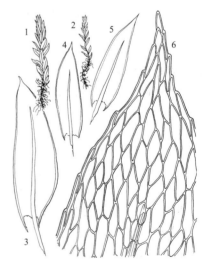

图 874　小叶藓（引自《中国苔藓志》）

列或倾立，梨形至长梨形，褐色，台部短于壶部，干时强烈收缩，具气孔。环带常存。外齿层黄色，具细疣；内齿层基膜达外齿层齿片长度的2/3，齿条不具穿孔，齿毛短。雄苞顶生，4–5个簇生。

　　产河北、陕西、甘肃、浙江、台湾、福建、广东、四川、云南和西

藏，生于路边树下潮湿及荫蔽处，土面或岩面薄土。日本、朝鲜、喜马拉雅地区、印度、伊朗、欧洲、北美洲及非洲北部有分布。

　　1-2. 植物体(×2.3)，3-5. 叶(×19)，6. 叶先端细胞(×105)。

7. 短月藓属 Brachymenium Schwaegr.

体形细小至稍大，黄绿色、灰绿色或褐色，疏松或密集丛生。植株直立，基部苔生新生枝，多等长。叶多密生于枝的顶部，下部叶稀疏，卵圆形、卵状披针形或舌形，渐尖或具狭长尖；中助多强劲，达叶尖部或突出叶尖呈芒状。叶细胞菱形、六角形或长菱形，基部细胞多长方形。雌雄异株或雌雄同株。蒴柄长，直立或稍弯曲。孢朔多直立或倾立，稀横列或下垂，梨形、卵形或棒槌形，台部多明显，气孔多数。环带分化。蒴齿两层；外齿层齿片长披针形，基部多棕色，上部透明无色，具疣；内齿层基膜达齿片长度的1/2—1/3，折叠状，多少具疣，齿条常发育不完全，齿毛多缺失。蒴盖小，圆锥状凸起，具小尖头或不明显。孢子圆形，具疣。

约80种，多分布暖热地区。我国有14种。

1. 体形较大，顶部明显丛集大形叶；叶呈长椭圆形、舌形、匙形或宽卵圆形，长度多大于2.5毫米。
  2. 叶上部边缘1-3列细胞，分化不明显。
    3. 孢蒴长度明显小于4.5毫米 ·················· 2. 宽叶短月藓 B. capitulatum
    3. 孢蒴长度通常大于4.5毫米 ·················· 6. 短月藓 B. nepalense
  2. 叶上部边缘3-6列细胞，明显分化 ·················· 4. 饰边短月藓 B. longidens
1. 体形小；叶在顶部不明显丛集，呈卵状披针形、圆三角状披针形至狭长椭圆状披针形，长度不超过2.5毫米。
  4. 叶片干或湿时呈密集覆瓦状排列。
    5. 植物体细弱；叶中肋呈强而直的芒尖；叶中部细胞狭菱形至近蠕虫形，角部细胞明显分化 ··················
    ·················· 1. 尖叶短月藓 B. acuminatum
    5. 植物体粗壮；叶中肋呈扭曲的芒尖；叶中部细胞菱形至六角形，角部细胞不明显分化 ··················
    ·················· 7. 粗肋短月藓 B. systylium
  4. 叶片干或湿时不呈密集覆瓦状排列。
    6. 叶卵圆状披针形；中肋贯顶，突出呈长芒状 ·················· 3. 纤枝短月藓 B. exile
    6. 叶狭卵状披针形；中肋近贯顶或略突出，不呈芒状 ·················· 5. 砂生短月藓 B. muricola

1. 尖叶短月藓

图 875

Brachymenium acuminatum Harv. in Hook., Icon. Pl. Rar. 1: 19. 1836.

体形小，灰黄绿色，密集丛生。茎短，具数个新生枝，直立或倾立，高可达5毫米，基部具假根。叶多列，湿时密集覆瓦状，干时近覆瓦状，卵圆状披针形，明显呈龙骨状，长约1毫米；叶边平直，全缘或上部具细齿；中助强，贯顶呈芒状。叶细胞壁薄，角部细胞明显分化，方形或略长方形，渐上成狭菱形，近顶部细胞多呈蠕虫形，壁厚。雌苞叶三角状披针形，稍大于枝叶。蒴柄直立，长0.8-2厘米。孢蒴直立或稍倾立，梨形或卵圆形，台部稍短，蒴口小。蒴盖短圆锥形，具不明显的突起。内齿层基膜高度达外齿层齿片的1/2，齿条残缺。

产北京、云南和西藏，生于土面或岩面薄土。亚洲东南部、澳大利

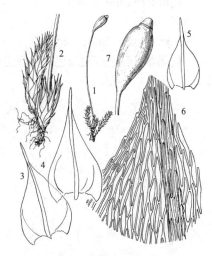

图 875 尖叶短月藓 (张大成绘)

西部、非洲南部及中南美洲有分布。

　　1. 植物体 (×2.5), 2. 枝 (×9.8), 3-5. 叶 (×36), 6. 叶先端细胞 (×155), 7. 孢蒴 (×9.8).

2. 宽叶短月藓 图 876

Brachymenium capitulatum (Mitt.) Kindb., Enum. Bryin. Exot. 86. 1889.

Bryum capitulatum Mitt., Journ. Linn. Soc., Bot. 22: 306. 1886.

体形中等大小，高约1厘米，上部绿色，下部褐色。茎直立，叶密生，下部具红色假根，具2个以上的新生枝，顶部似莲花状，下部叶较少，干时扭曲贴茎。叶卵圆状匙形，长2.5–4毫米，渐尖；叶边由基部向上背卷，上部平滑或具小齿；中肋粗壮，呈芒状突出于叶尖，基部微红色，上部黄绿色。叶细胞壁薄，斜长方形，基部细胞长方形，边缘细胞分化，1–3列。蒴柄直立，长2–2.5厘米。孢蒴直立，卵圆形，长2.5–4 毫米，蒴口狭小。外齿层齿片披针形，上部具透明密集的疣，内齿层仅存基膜。孢子具粗疣。

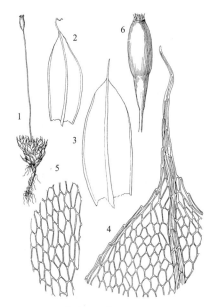

图 876 宽叶短月藓（引自《中国苔藓志》）

产台湾、广东、云南和西藏，生于树干及岩面薄土。尼泊尔、印度北部、不丹、巴布亚新几内亚及非洲有分布。

1. 植物体(×1.9)，2-3. 叶(×19)，4. 叶先端细胞(×120)，5. 叶中部细胞(×120)，6. 孢蒴(×7.5)。

3. 纤枝短月藓 图 877 彩片157

Brachymenium exile (Dozy et. Molk.) Bosch et Lac., Bryol. Jav. 1:139 1860.

Bryum exile Dozy et Molk., Ann. Sci. Nat., Bot., Ser. 3, 300. 1840.

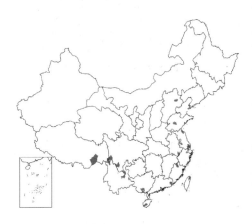

植物体形小，黄绿色或淡褐绿色，密集丛生或稀疏丛集，有时与其他藓类混生，新生枝直立，上部叶稍大，密集，高约5毫米。叶倾立，卵圆状披针形至披针形，长约1毫米，稍呈龙骨状；叶边全缘，平直或下部稍背曲；中肋贯顶呈芒状。叶细胞壁稍厚，上部边缘具一列不明显的长方形细胞，叶中部细胞菱形或长六角形，基部细胞方形或长方形。雌雄异株。孢蒴通常直立，梨形或卵圆形，近台部稍大。蒴盖圆锥形。外齿层发育良好，内齿层基膜高约为外齿层的1/2，齿条及齿毛败育。

产河北、山东、江苏、安徽、台湾、福建、广东、海南、广西、贵

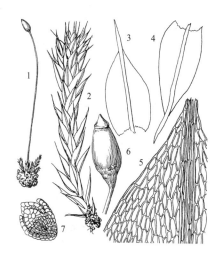

图 877 纤枝短月藓（张大成绘）

州、四川、云南和西藏，生于路边土上或岩面薄土。亚洲东南部、日本、太平洋岛域、中南美洲、马达加斯加及南非有分布。

1. 植物体(×2.7)，2. 枝(×10.5)，3-4. 叶(×38)，5. 叶先端细胞(×165)，6. 孢蒴(×10.5)，7. 芽胞(×96)。

4. 饰边短月藓　　　　　　　　图 878

Brachymenium longidens Ren. et Card., Bull. Soc. R. Bot. Belg. 41 (1): 63. 1905.

植物体小片稀疏群集。茎直立，通常具两个似花状的新生枝，下部具红色的假根。茎下部的叶小，上部叶大，斜展，干时旋转，呈长椭圆状匙形，渐尖，长约3.8毫米；叶边下部2/3背卷，边缘2-5列细胞明显分化，上部边缘具长的单细胞齿；中肋基部红色，贯顶突出呈芒状。叶上部细胞菱形，中部细胞棱状六角形，基部细胞短长方形。孢蒴长卵圆形，通常长大于4毫米，顶部口小。蒴盖小。

产安徽、广东、四川和云南，多见于树干上。印度及喜马拉雅地区有分布。

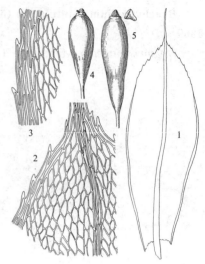

图 878 饰边短月藓（引自《云南植物志》）

1. 叶（×18），2. 叶先端细胞（×110），3. 叶中部细胞（×110），4-5. 孢蒴（×7）。

5. 砂生短月藓　　　　　　　　图 879

Brachymenium muricola Broth., Sitzungsber. Ak. Wiss. Wien Math. Nat. Kl. 131: 213. 1923.

体形柔弱，绿色或淡黄褐色，密集丛生或簇生。新生枝多数直立，高不超过5毫米，下部叶稍小而稀疏，上部叶渐密集。叶在茎上倾立，干湿变化不大，枝叶上部呈龙骨状，狭卵状披针形，长0.7-1.2毫米，下部狭背曲，全缘；中肋纤细，近叶尖或贯顶具短尖；边缘无分化。叶中部细胞菱形至长椭圆状六角形，基部细胞稀疏，长方形。雌雄异株。雌苞叶三角状披针形。蒴柄纤细。孢蒴直立，椭圆形，暗棕色。环带宽。蒴盖短圆锥形，具尖喙。内齿层齿条及齿毛残缺，基膜约为外齿层齿片高度的1/2。孢子平滑或具细疣。

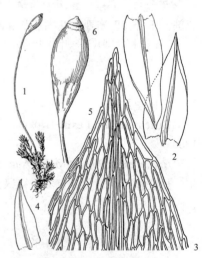

图 879 砂生短月藓（张大成绘）

我国特有，产四川、云南和西藏，多生于砂土上。

1. 植物体（×3.2），2-4. 叶（×32），5. 叶先端细胞（×195），6. 孢蒴（×13）。

6. 短月藓　　　　　　　　图 880 彩片158

Brachymenium nepalense Hook. in Schwaegr., Sp. Musc. Suppl. 2 (1): 131, 1824.

体形多强壮，中等大小，黄绿色至深绿色，群集丛生。茎直立，新生枝多数，高可达2厘米。基部具红褐色假根。叶多丛集生于枝的顶端，呈莲花状。下部叶稀而小，干时皱缩，旋扭，长椭圆状舌形、长椭圆状匙形或卵状长椭圆形，渐尖；叶边除上部具齿外，多全缘，

背卷；中肋粗壮，呈长芒状，下部及叶基呈红褐色。叶中部细胞多壁薄，菱形至六角形，基部渐呈长方形或近方形，叶边上部分化1–3列狭长细胞。雌雄同株异序。雌苞叶较短而狭。雄苞叶短圆形。蒴柄直立或稍弯曲。孢蒴直立，梨形至近棒形，长约3.5–5.5毫米。台部粗。蒴盖圆锥形。外齿层齿片披针形，具疣；内齿层无或具残存齿条，淡黄褐色。孢子具细疣。

产黑龙江、吉林、辽宁、内蒙古、河北、山东、河南、陕西、甘肃、上海、安徽、浙江、台湾、福建、广东、广西、四川、云南和西藏，多见于树干上。日本、亚洲东南部、非洲、毛里求斯、马达加斯加和新几内亚有分布记录。

1. 植物体(×2.1)，2-3.叶(×21)，4.叶先端细胞(×130)，5.叶中部细胞(×130)，6.孢蒴(×8.5)。

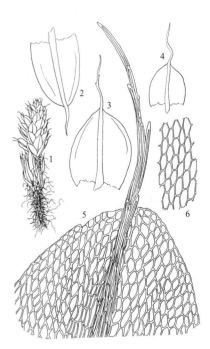

图 880 短月藓（引自《云南植物志》）

7. 粗肋短月藓 图 881

Brachymenium systylium (C. Müll.) Jaegr., Ber. St. Gall. Naturw. Ges. 1873–74: 117.1875.

Bryum systylium C. Müll., Syn. Musc. Frond. 1: 320. 1848.

体形小，高4–20毫米，上部黄绿色或绿色，下部褐色，密集丛生。

叶干时呈覆瓦状排列，湿时略倾立。叶长约1–2毫米，长椭圆形至卵圆形，上部钝或渐尖；叶边全缘或上部具细圆齿，不分化；中肋粗，突出呈长而扭曲的芒状尖，透明，常具小尖齿。叶中部细胞菱形至长椭圆状六角形，厚壁，下部细胞方形至长方形。无性芽胞不常见。雌雄异株。

产四川、云南和西藏，生于林下土上或岩面薄土。印度、斯里兰卡、印度尼西亚、南非及美洲有分布。

1. 植物体(×9.5)，2-4.叶(×34)，5.叶先端细胞(×145)，6.叶中部细胞(×145)。

图 881 粗肋短月藓（引自《云南植物志》）

8. 平蒴藓属 Plagiobryum Lindb.

植物体形小，丛生。叶多覆瓦状排列，卵圆形至卵状长椭圆形；叶边平直，全缘；中肋及顶或达叶近尖部。叶中部细胞疏松，六角形，多薄壁，近边缘狭，但不形成分化边缘，近叶基部细胞稀疏。雌雄异株。蒴柄短，直立或扭曲。孢蒴棒形至梨形，多弯曲，具长的台部，蒴口常斜生，具气孔及环带。蒴齿两层；外齿层短于内齿层，齿片狭披针形，具疣；内齿层基膜略高，齿条线形至披针形，具穿孔。齿毛缺失。

约6种，多分布于高寒地区。我国有4种。

1. 植物体绿色或褐绿色；叶在茎上不呈明显的覆瓦状排列，中肋贯顶 ·························· 1. 尖叶平蒴藓 **P. demissum**
1. 植物体银灰色或灰绿色；叶在茎上呈明显覆瓦状排列，中肋终止于叶尖下部 ·················· 2. 平蒴藓 **P. zierii**

1. **尖叶平蒴藓**　　　　　　　　　　　　　图 882

Plagiobryum demissum (Hook.) Lindb., Öfv. K. Vet. Ak. Förh. 19: 606.1863.

Bryum demissum Hook., Musci Exot. 2: 16, f. 99. 1819.

丛生，绿色，高约5毫米。茎单一或在基部分枝，枝条短。叶卵状披针形或披针形，呈龙骨状，顶部急尖；上部叶中肋贯顶；叶边缘平直或背曲，全缘。叶中部细胞狭六角形至长方形，叶边细胞无明显分化或形成2–3列较狭的细胞。蒴柄长约15毫米，上部稍曲折。孢蒴鹅颈状下垂，不对称，台部长于壶部或与壶部近相等，蒴口斜。蒴盖圆锥形。蒴齿两层；内齿层长于外齿层。孢子球形，深褐色，具大而粗糙的疣。

图 882 尖叶平蒴藓（张大成绘）

产辽宁、内蒙古、山东、陕西、新疆、贵州、云南和西藏，生于林下、灌丛及草垫。为北半球广布种。

1. 植物体(×2.2)，2-4. 叶(×31.5)，5. 叶先端细胞(×135)，6. 孢蒴(×9.2)。

2. **平蒴藓**　　　　　　　　　　　　　图 883

Plagiobryum zierii (Dicks. ex Hedw.) Lindb., Oefv. K. Vet. Ak. Foerh. 19: 606. 1863.

Bryum zierii Dicks. ex Hedw., Sp. Musc. Frond. 182. 1801.

植物体银灰色或灰绿色，高约8毫米，丛生。茎单一或基部分枝。叶干时覆瓦状紧贴于茎，卵圆状心形至心形，明显呈龙骨状，顶部呈尾状尖；叶边缘平展，全缘，不分化。叶中部细胞疏松，多角形至长方形，壁薄，上部细胞略透明，叶基细胞呈方形或长方形。蒴柄长约8毫米，稍曲折。孢蒴长棒形，平列或稍下垂，不对称，台部长于壶

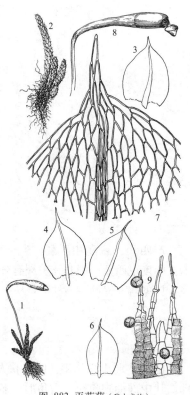

图 883 平蒴藓（张大成绘）

部，干时皱缩，蒴口斜。蒴盖圆锥形。蒴齿两层；内齿层略长于外齿层。孢子球形或椭圆形，黄褐色，具细疣。

产辽宁、内蒙古、山东、陕西、新疆、广东、贵州、四川、云南和西藏，生于原始林下树桩、岩壁缝隙或高山灌丛下土面。亚洲大部分地区、俄罗斯、欧洲、北美洲和非洲有分布。

1. 植物体(×2)，2. 植物体(×7)，3-6. 叶(×46.5)，7. 叶尖部细胞(×205)，8. 孢蒴及蒴盖(×13.3)，9. 蒴齿及孢子(×205)。

9. 薄囊藓属 Leptobryum (B.S.G.) Wils.

植物体细长。茎直立，基叶小而疏生，披针形，顶叶长而丛集，狭长披针形；中肋宽阔，充满狭长的尖部或不及尖部消失。叶细胞线形，基部细胞长方形。雌雄同株或异株。蒴柄细长。孢蒴梨形，下垂，具光泽。蒴齿为真藓类型。

约3-4种。我国有2种。

薄囊藓 图 884

Leptobryum pyriforme (Hedw.) Wils., Bryol. Brit. 219. 1855.

Webera pyriformis Hedw., Sp. Musc. Frond. 169. 1801.

植物体黄绿色至绿色，丛集。茎高1.5-3厘米。下部叶较小，上部叶狭长；叶边缘平直，尖部具细齿；中肋宽，除下部占叶面宽度的1/2至1/3外，叶中上部几乎全为中肋。叶细胞线形，在基部呈不规则的方形或长方形。蒴柄细，长1.5-2.5毫米。孢蒴梨形或长梨形，平列或倾垂，台部明显，蒴壁薄。蒴齿两层；内齿层齿条及齿毛均发育。孢子球形。

产黑龙江、吉林、内蒙古、河北、山东、山西、新疆、江苏、台湾、福建、海南、云南和西藏，生于林下溪边湿润处，亦见于苗圃花盆

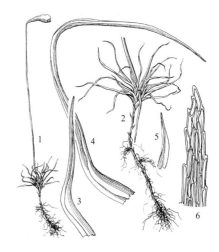

图 884 薄囊藓（引自《云南植物志》）

中。为世界广布种。

1. 植物体(×2.5)，2. 植物体(×6)，3-5. 叶(×21)，6. 叶先端细胞(×155)。

10. 真藓属 Bryum Hedw.

植物体单一或具少数分枝，下部叶小而稀疏，上部叶大而密集。叶卵圆形，椭圆形或披针形，急尖，渐尖或具锐尖头，稀钝尖；边缘具细齿至全缘，下部或全部背卷或背曲，常具明显的分化边缘，中肋通常强壮，贯顶或在叶尖下部消失。叶细胞多数菱状六角形，薄壁；近边缘细胞较狭；下部细胞较大，长六角形至长方形。雌雄异株，雌雄同株异序或雌雄同株混生。雌胞顶生。雌苞叶小，侧丝常众多。蒴柄长。孢蒴倾斜或下垂，大多数具蒴台，至蒴柄渐细。蒴盖凸形，圆锥状，具细尖或脐状突起至圆钝。蒴齿两层；外齿层齿片狭披针形，渐尖，下部具细密疣；内齿层基膜较高，齿条通常与外齿层相等，龙骨状突起，常具穿孔，齿毛具节瘤。孢子小，多粗糙。蒴帽兜形。雄苞顶生。

约500余种。我国约50种。

1. 植物体银白色（叶上部透明） .... 5. **真藓 B. argenteum**

1. 植物体不呈银白色。

 2. 植物体雌雄同株异序。

  3. 内齿层发育良好；孢子小，直径约20微米 ·············· 17. **黄色真藓 B. pallescens**

  3. 齿毛不发育或残留；孢子大，直径在25–40微米以上 ·············· 22. **垂蒴真藓 B. uliginosum**

 2. 植物体雌雄异株或同序混生。.

  4. 叶尖部圆钝，或具钝尖头。

   5. 叶尖钝，具不规则钝齿，强烈内凹，具明显宽的分化边缘 ········ 7. **韩氏真藓 B. blandum** ssp. **handelii**

   5. 叶尖圆钝，顶部一列长方形细胞形成的边缘细胞贯穿于叶尖 ·············· 12. **圆叶真藓 B. cyclophyllum**

  4. 叶通常尖部急尖或渐尖。

   6. 叶边缘无分化或不明显分化。

    7. 孢蒴台部膨大，略粗于壶部或近于等大。

     8. 叶长椭圆状披针形至披针形；孢蒴长椭圆形，台部膨大，明显，或略粗于壶部 ··············
     ·· 11. **蕊形真藓 B. coronatum**

     8. 叶卵状长椭圆形或披针形，常伴有叶腋生芽胞；孢蒴卵圆形或短广椭圆形，台部与壶部等粗或略
     细于壶部 ···································· 13. **双色真藓 B. dichotomum**

    7. 孢蒴台部细长，明显小于壶部。

     9. 叶长椭圆状披针形至披针形；叶细胞狭菱形或近线形。

      10. 叶边平展或不明显背曲。

       11. 中肋及顶，略突出于叶尖 ·············· 2. **高山真藓 B. alpinum**

       11. 中肋贯顶，不突出于叶尖 ·············· 3. **毛状真藓 B. apiculatum**

      10. 叶边明显背卷 ·············· 18. **近高山真藓 B. paradoxum**

     9. 叶较宽阔；叶细胞阔菱状六角形至六角形。

      12. 叶中肋近于及顶或贯顶，稍具短尖。

       13. 叶广椭圆形或长椭圆状舌形；叶细胞形大，叶尖凹 ·············· 10. **柔叶真藓 B. cellulare**

       13. 叶卵圆形或卵状披针形；叶细胞形小，叶尖平 ·············· 14. **沼生真藓 B. knowltonii**

      12. 叶中肋明显贯顶成芒尖。

       14. 叶边缘强背卷；叶细胞斜列 ·············· 20. **弯叶真藓 B. recurvulum**

       14. 叶边缘平展，略背曲；叶细胞近于纵向排列 ·············· 23. **云南真藓 B. yuennanense**

   6. 叶边缘明显分化。

    15. 植物体通常中等大小或小形，不呈明显的莲座状；叶边全缘，或上部具细圆齿。

     16. 叶仅在尖部具细圆齿；叶细胞长宽比为1: 1–2 ·············· 19. **拟三列真藓 B. pseudotriquetrum**

     16. 叶近全缘，叶细胞长宽比大于1: 2。

      17. 叶倒卵圆形、长椭圆形或舌形 ·············· 9. **细叶真藓 B. capillare**

      17. 叶卵状披针形或长椭圆状披针形。

       18. 中肋在叶尖下消失或贯顶突出短尖。

        19. 叶边具1–2列分化细胞，叶上下同色 ·············· 16. **灰黄真藓 B. pallens**

        19. 叶边具2–4列分化细胞，基部具膨大的，红褐色细胞 ····21. **球蒴真藓 B. turbinatum**

       18. 叶中肋贯顶，具长尖。

        20. 植物体雌雄异株；孢蒴长椭圆状梨形；孢子直径约10微米 ··············
        ·· 8. **丛生真藓 B. caespiticium**

        20. 植物体雌雄同序混生；孢蒴棍棒形；孢子直径约20微米 ··············
        ·· 15. **刺叶真藓 B. lonchocaulon**

        21. 叶边一层细胞，近下部边缘叶细胞逐渐变狭 ·············1. **狭网真藓 B. algovicum**

21. 叶边常两层细胞，近上部边缘叶细胞突趋狭 ················ 4. **极地真藓 B. arcticum**

15. 植物体大，通常能育的茎上呈莲座状；叶边明显具齿。 ················ 6. **球形真藓 B. billarderi**

1. **狭网真藓** 钙土真藓   图 885 彩片159

Bryum algovicum Sendt. in C. Müll., Syn. 2: 569. 1851.

植物体上部黄绿色，下部褐色，密集丛生或簇生。茎长约10毫米。

叶干时不明显旋扭，湿时略贴茎或斜展，长椭圆形至卵圆形，急尖或渐尖，长达2–3毫米；叶边全缘或上部具细圆齿；中肋突出叶尖呈长芒状，平滑或具小齿，下部红褐色。叶中部细胞长椭圆状六角形或长椭圆形，壁薄，上部细胞多厚壁，下部细胞呈长方形，薄壁，多近红色，近叶边细胞一般较狭，边缘分化不明显或具2–4列线形细胞。蒴柄长10–30毫米，平直或弯曲，红褐色。孢蒴长梨形至长卵圆形，干时垂倾，湿时下垂呈鹅颈状，长2–3.5毫米，深褐色。蒴口明显小于壶部，外齿层齿片黄褐色；内齿层齿条常贴附于外齿层齿片，多残缺。蒴盖圆锥形，先端近喙状。孢子表面粗糙。

产内蒙古、陕西、青海、新疆、安徽、贵州、四川、云南和西藏，生于高山草垫、灌丛、路边、岩面薄土或土生。北极及北半球高海拔地

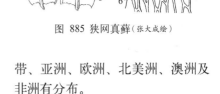

图 885 狭网真藓（张大成绘）

带、亚洲、欧洲、北美洲、澳洲及非洲有分布。

1. 植物体(×2.7)，2-5. 叶(×23)，6. 叶中部细胞(×255)，7. 孢蒴(×23)。

2. **高山真藓**   图 886

Bryum alpinum Huds. ex With., Syst. Arrang. Brit. Pl. 4, 3: 824. 1801.

丛生，通常呈红色、黄绿色或亮黄褐色，具光泽。茎直立，高5–10

毫米。茎叶稍显硬挺，倾立或直展，干湿变化不大，卵状披针形，呈明显龙骨状，长约2毫米；叶边背卷，全缘或在近叶尖部具齿突；中肋粗，略突出于叶尖。叶中部细胞呈狭菱形，厚壁，基部细胞长方形，边缘细胞渐狭，但不形成明显的分化边。雌雄异株。孢蒴长梨形，深红色，长约3毫米，下

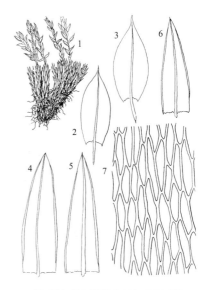

图 886 高山真藓（引自《云南植物志》）

垂，台部渐狭。蒴齿发育良好，齿毛2–3。

产黑龙江、吉林、辽宁、内蒙古、山东、山西、陕西、新疆、四川、云南和西藏，多生于山地林间岩面薄土、地表及树干上。亚洲东南部、欧洲、美洲及非洲有分布。

1. 植物体(×2.3)，2-6. 叶(×19)，7. 叶中部细胞(×215)。

3. 毛状真藓 矮枝真藓　紫肋真藓　　　　　　　图 887

Bryum apiculatum Schwaegr., Sp. Musc. Suppl. 1(2): 102. 72. 1816.

　　植物体高5–20毫米，上部黄绿色，下部近红色，多具光泽，丛生或松散丛生。茎细长，多分枝，假根上偶见梨形芽胞。叶长椭圆状披针形至披针形，明显呈龙骨状，顶部渐尖；叶边多狭背曲，全缘，近尖部具小钝齿；中肋达顶或贯顶，但不突出。叶近尖部细胞略短，中部细胞狭菱形，长54–94微米，宽11–15微米，叶边细胞不明显分化，基部细胞呈长方形。孢蒴台部细长。

　　产山东、山西、台湾、广东、四川、云南和西藏，生于林地、山地路边石壁上。南北半球泛热带地区的湿地多有分布。

　　1. 植物体（×2.3），2-3. 叶（×19.6），4. 叶中部细胞（×215），5-6. 根生芽胞（×144）。

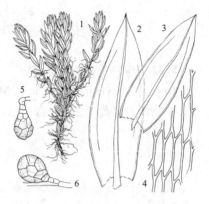

图 887 毛状真藓（张大成绘）

4. 极地真藓 西川真藓　　　　　　　　　　图 888

Bryum arcticum (R. Brown) B. S. G., Bryol. Eur. 4: 154, f. 335. 1846.

Pohlia arctica R. Brown, Chlor. Melvill. 38. 1823.

　　植物体长约5厘米，稀分枝，丛生。茎叶卵圆形至长披针形，长达1.7毫米，急尖，基部红色；叶边多全缘，背曲；中肋贯顶，下部红色。枝叶覆瓦状排列，卵圆形，内凹。叶中上部细胞六角形，薄壁，近边缘细胞狭，不明显分化1–2列线形细胞，下部细胞长方形。雌雄同序混生。蒴柄长7–10毫米，红褐色。孢蒴下垂，棒槌形至长梨形，长1.5–2.2毫米，台部稍短于壶部，具气孔。外齿层齿片黄褐色；内齿层基膜高约为外齿层的1/2，齿条狭或发育不全，齿毛短或缺失。

　　产黑龙江、吉林、辽宁、内蒙古、河北、山东、山西、安徽、四川和西藏，生于高山林缘、湿地或岩面薄土。亚洲、欧洲、北美洲及靠近北极地区有分布。

　　1. 植物体（×8.7），2-6. 叶（×19），7. 叶中部细胞（×170），8-9. 孢蒴（×8.7）。

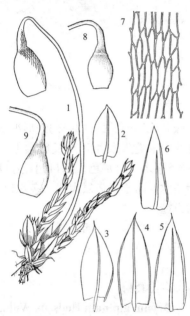

图 888 极地真藓（仿 H.Ochi）

5. 真藓 银叶真藓　　　　　　　　图 889 彩片160

Bryum argenteum Hedw., Sp. Musc. Frond. 181. 1801.

　　植物体银白色至淡绿色，多具光泽，疏松丛生或成团簇生。茎长

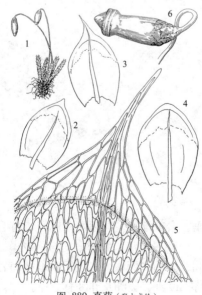

图 889 真藓（张大成绘）

度多变。叶干湿时均覆瓦状排列于茎上，宽卵圆形或近圆形，先端具长细尖或短渐尖及钝尖，长0.5–1毫米，上部无色透明，下部呈淡绿色或黄绿色；叶边全缘；中肋近绿色，在叶尖下部消失或达叶尖部。叶中部细胞长椭圆形或长椭圆状六角形，常延伸至顶部，薄壁或两端厚壁，上部细胞较大，无色透明，多薄壁，下部细胞六角形或长方形，薄壁或厚壁，边缘不明显分化1–2列狭长方形细胞。蒴柄长10–20毫米，孢蒴俯垂或下垂，卵圆形或长椭圆形，成熟后呈红褐色，台部不明显。外齿层上部透明，下部橙色；内齿层基膜达外齿层高度的1/2，齿条具大的穿孔；齿毛通常2–3，短于齿条，具小疣。

产黑龙江、吉林、辽宁、内蒙古、河北、山东、山西、河南、陕西、新疆、江苏、安徽、浙江、台湾、福建、江西、湖北、湖南、广东、海南、广西、贵州、四川、云南和西藏，生于阳光充足的岩面、土坡、沟谷、林地焚烧后的树桩、老村屋顶及阴沟边缘等地。世界广布。

1. 植物体(×2.3)，2-4. 叶(×32)，5. 叶先端细胞(×180)，6. 孢蒴(×15)。

6. 球形真藓　比拉真藓　截叶真藓　　图 890 彩片161

Bryum billarderi Schwaegr., Sp. Musc. Suppl. 1: 115. 1816.

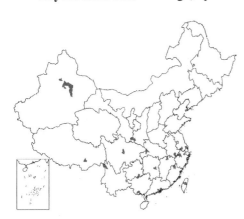

体形多大，茎高可达20毫米以上。叶在茎上均匀排列或下部叶较稀疏，上部叶多密集，呈莲花状。干时旋扭或不规则皱缩，长约2毫米，广椭圆形，长椭圆形至倒卵圆形，急尖至短渐尖；叶边由下至上部2/3处明显背卷，全缘，上部具钝齿；中肋长达叶尖或突出叶尖呈短芒状，黄绿色或近褐色。叶中部细胞长六角形，边缘细胞3–4列，下部5–6列边缘细胞呈线形，薄壁至稍厚壁。孢子体罕见。

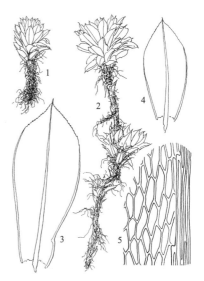

图 890 球形真藓（引自《云南植物志》）

产陕西、新疆、江苏、安徽、浙江、台湾、福建、江西、湖北、湖南、香港、广西、贵州、四川、云南和西藏，多见于岩面、溪边、腐木及腐殖质上。广布于热带及南北半球温带地区。

1-2. 植物体(×2.2)，3-4. 叶(×11)，5. 叶中部细胞(×175)。

7. 韩氏真藓　　　　　　　　　　　　　图 891

Bryum blandum subsp. **handelii** (Broth.) Ochi, Journ. Jap. Bot. 43. 484. 1968.

Bryum handelii Broth., Symb. Sin. 4: 58. 1929.

体形粗大，丛生，通常长10–30毫米，黄绿色、黄褐色或红褐色，下部褐色，具明显绢丝光泽。枝多略扁平。叶松散贴于茎，舌形至长卵圆形，顶部具钝尖，明显呈龙骨状，尖部易开裂；叶边平直，全缘，上部具细齿；中肋细长，在叶尖下部消失。叶上部细胞较宽而短，中部细

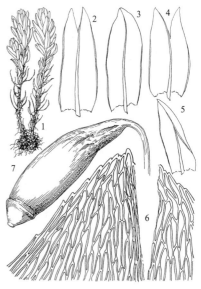

图 891 韩氏真藓（引自《云南植物志》）

胞狭菱形，薄壁，渐向边缘趋狭，形成2-5列虫形细胞，略厚壁，但分化不明显。蒴柄长约30-40毫米。孢蒴平列或倾垂，长约4.5毫米。蒴齿发育完全；内齿层齿条中上部具狭穿孔；齿毛2-3。孢子球形。

产陕西、台湾、湖北、四川、云南和西藏，生于高山溪边、沼泽中突起的石面和常年流水的岩壁石隙。日本及喜马拉雅地区有分布。

1. 植物体(×2)，2-5. 叶(×9.3)，6. 叶先端细胞(×145)，7. 孢蒴(×9.2)。

8. 丛生真藓

图 892　彩片162

Bryum caespiticium Hedw., Sp. Musc. Frond. 1801.

植物体淡黄色，上部略具光泽，长达10毫米。叶干时紧贴于茎，不扭曲，椭圆状卵形至椭圆形，叶边中部略向背曲，全缘；中肋基部略带红色，顶部突出呈长芒尖。叶中部细胞长六角形，薄壁，近叶边缘细胞趋狭，上部细胞与中部细胞近似，下部细胞六角形；叶边分化。雌雄异株。蒴柄暗褐色，长1.5-2.5毫米。孢蒴长椭圆形至梨形，台部粗，深红褐色。蒴盖突起，顶部具细尖喙。内齿层基膜高约为外齿层齿片的1/2，齿条具穿孔；齿毛细长。

产黑龙江、吉林、辽宁、内蒙古、河北、山东、山西、河南、陕西、新疆、江苏、安徽、浙江、台湾、湖北、广东、贵州、四川、云南和西藏，生于林下、草丛、路边土生及岩面薄土。世界广布。

1. 植物体(×2.6)，2-4. 叶(×23.5)，5. 叶中部细胞(×155)，6. 孢蒴(×10)。

图 892　丛生真藓（张大成绘）

9. 细叶真藓

图 893　彩片163

Bryum capillare Hedw., Sp. Musc. Frond. 182. 1801.

植物体深绿色或墨绿色，近于无光泽。茎长达10毫米，幼时常见根生球形无性芽胞，红褐色。叶干时皱缩，扭曲，湿时伸展，下部叶卵圆形或长椭圆形，急尖，上部叶倒卵形、长椭圆形或舌形，中部宽阔，长1.4-3毫米，向上具短尖，无下延；叶边平直或下部狭背曲，上部多全缘或具细齿；中肋突出叶尖呈芒状。叶中上部细胞长椭圆状六角形或菱形，薄壁，下部细胞大于上部细胞，长六角形至长方形，叶边1-2列细胞线形，形成不

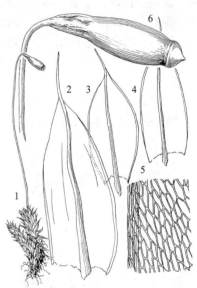

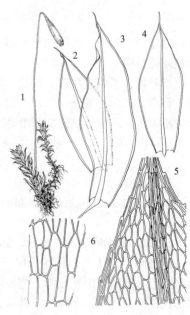

图 893　细叶真藓（引自《云南植物志》）

明显略黄色的分化边缘。雌雄异株。蒴柄长短不一，长可达25毫米，扭曲，红褐色。孢蒴干或湿时均垂倾或平列，狭长椭圆形至近棒槌形，红褐色，台部明显，短于壶部。蒴盖具喙状突起。外齿层齿片下部橙色或褐色；内齿层基膜长达外齿层齿片的2/3，齿条具大的穿孔；齿毛2–4，与齿条等长。

产吉林、辽宁、内蒙古、山东、山西、陕西、新疆、江苏、上海、安徽、浙江、台湾、福建、江西、湖北、广东、广西、贵州、四川、云南和西藏。生于土面、岩面薄土及高山流石滩上。世界广布。

1. 植物体（×2.1），2-4. 叶（×19.3），5. 叶先端细胞（×130），6. 叶基部细胞（×130）。

10. 柔叶真藓

图 894 彩片164

Bryum cellulare Hook. in Schwaegr., Sp. Musc. Suppl. 3(1): 214. 1927.

植物体黄绿色至红色。茎短，下部叶略小而稀，上部叶稍大而密，卵圆形或长椭圆状披针形，长0.8–1.5毫米，钝尖或顶部具小急尖；叶边平展，全缘；中肋在叶尖下部消失或达顶。叶中上部细胞稀疏，菱形或长六角形，壁薄，边缘由1–2列不明显狭菱形细胞构成的分化边，下部细胞长方形。雌雄异株。孢蒴倾立至平列，干时皱缩，梨形，红褐色，台部明显短于蒴壶。外齿层齿片具不明显的疣，上部透明；内齿层基膜低，齿条线形，稍短于外齿层，齿毛缺失。蒴盖圆锥形，顶部具短尖头。

产山东、陕西、新疆、江苏、安徽、浙江、台湾、福建、广东、贵州、四川、云南和西藏。生于湿润土面或岩面薄土或钙化土。分布南北半球热带至较高海拔的温带湿地。

1. 植物体（×2.7），2. 枝（×11），3-4. 叶（×28.5），5. 叶先端细胞（×110）。

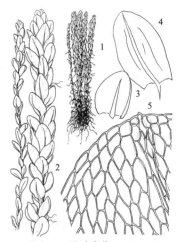

图 894 柔叶真藓（张大成绘）

11. 蕊形真藓

图 895 彩片165

Bryum coronatum Schwaegr., Sp. Musc. Suppl. 1(2): 103, 71. 1816.

密集丛生，长约5毫米，黄绿色，无光泽，下部暗褐色。茎叶覆瓦状排列，披针形至卵状披针形，长达1.7毫米；叶边由上至下背卷，全缘；中肋粗壮，褐色，具长芒状尖。枝叶三角状披针形。叶中部细胞菱形至长六角形，薄壁，边缘细胞狭长方形，薄壁，不明显分化，下部细胞长方形。蒴柄长10–35毫米，红褐色。孢蒴干时或湿时均垂倾，长椭圆形，长1.2–2毫米，红褐色，稍具光泽，台部膨大，粗于壶部。蒴盖圆锥形，尖部具小凸起。外齿层齿片具细疣；内齿层基膜长达齿片长度的1/2，齿条短于齿片，具大的穿孔；齿毛1–2，稍短于齿条。孢子具细疣。

产山东、陕西、江苏、台湾、广东、云南和西藏，多生于喜光的沙质土及岩面薄土。北半球热带和暖温带地区广布。

1. 植物体（×2.1），2-3. 叶（×16），4. 叶中部细胞（×135），5-6. 孢蒴（×12）。

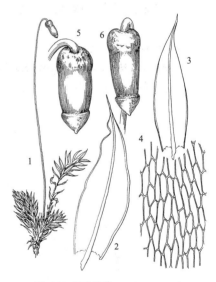

图 895 蕊形真藓（引自《云南植物志》）

12. 圆叶真藓　　　　　　　　　　图 896

Bryum cyclophyllum (Schwaegr.) B. S. G., Bryol. Eur. 4: 133, 370. 1839.

Mnium cyclophyllum Schwaegr., Sp. Musc. Frond. Suppl. 2, 2 (2): 160. pl. 194. 1827.

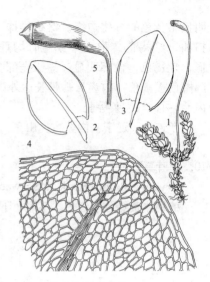

图 896 圆叶真藓（张大成绘）

柔弱，高约2厘米，稀可达4厘米，灰绿色、黄色或褐色，稀疏丛生。茎单一或新生枝呈叉状分枝。叶不密生，干时外展及旋扭，湿时倾立，长约2–2.2毫米，长椭圆状卵圆形至椭圆形，顶部圆钝，基部较狭，不明显下延；叶边平展，全缘；中肋达叶尖下部。叶上部细胞长椭圆状菱形，薄壁，边缘具数列虫形细胞，形成不明显的分化边。雌雄异株。孢蒴下垂，长倒卵形。外齿层下部具黄色，上部透明；内齿层基膜长度为外齿层的1/2，齿条具大的穿孔；齿毛2–3，与齿条等长。

产吉林、辽宁、内蒙古、山东、河南、陕西、新疆、江苏、安徽、广西、贵州、四川、云南和西藏，林下土生。广布于北半球大部分地区。

1. 植物体（×2.5），2-3. 叶（×25.5），4. 叶先端细胞（×170），5. 孢蒴（×14.5）。

13. 双色真藓　多色真藓　　　　　图 897

Bryum dichotomum Hedw., Sp. Musc. Frond. 183. 1801.

植物体深绿色，高约5毫米。叶腋常伴有具叶原基的无性芽胞。

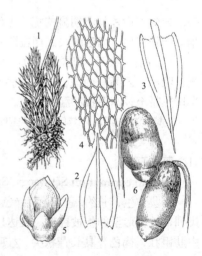

图 897 双色真藓（引自《云南植物志》）

叶干时紧贴而不扭曲，湿时倾立，长椭圆状披针形，渐尖，基部不下延；叶边平展，上部全缘或具细齿，下部略背卷；中肋粗，上下近相等，突出于叶尖。叶中部细胞长方形或菱状六角形，壁稍厚，近边缘稍狭，但不形成明显的分化边，基部细胞长方形或近方形。雌雄异株。雌苞叶狭披针形。蒴柄长达20毫米。孢蒴下垂，椭圆形，红褐色，具稍膨大的台部，干时皱缩。外齿层齿片具细疣，下部褐色；内齿层齿条宽，与外齿层等长，具大的穿孔；齿毛1–3，与齿条等长。孢子壁稍粗糙。

产内蒙古、山东、陕西、甘肃、新疆、江苏、安徽、台湾、广东、贵州、四川、云南和西藏，生于光照充裕的林缘、土坡、岩面薄土、路边及建筑物周围，为较耐旱藓类。世界广布。

1. 植物体（×5.3），2-3. 叶（×21），4. 叶中部细胞（×150），5. 芽胞（×25），6. 孢蒴（×9.6）。

14. 沼生真藓　　　　　　　　　　图 898

Bryum knowltonii Barnes, Bot. Gaz. 14: 44. 1889.

密集丛生，黄绿色至褐色。茎具稍密集的假根，高5–10毫米，

常具叉状的新生枝。叶干时直立或不明显扭曲，湿时展开，椭圆形至卵圆形，长2–2.5毫米，急尖或短渐尖，基部不下延；叶边全缘，基部背卷或稍背曲；中肋粗壮，近顶至及顶，下部红色。中上部细胞长椭圆状菱形，厚壁，渐向边缘呈长而狭的细胞，分化不明显。雌雄同序混生。蒴柄长12–25毫米。孢蒴下垂，长1.5–2.5毫米，梨形，具短而明显的台部。蒴齿近褐黄色，基部近红色，齿毛常残留或2–3条。蒴盖圆锥形，具细尖喙。孢子具细疣。

产黑龙江、山东、陕西、新疆、浙江和西藏，生于草丛中。亚洲大部分地区、欧洲及北美洲有分布。

1.叶(×36)，2.叶先端细胞(×185)，3.孢蒴(×9.4)，4.蒴齿内齿层(×185)。

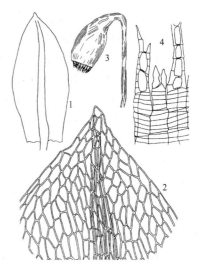

图 898 沼生真藓 (仿H. A. Crum & L. E. Anderson)

15. 刺叶真藓　　　　　　　　　　　　图 899

Bryum lonchocaulon C. Müll., Flora 58: 93 1875.

植物体黄绿色，上部略具光泽，下部褐色。茎高约5毫米。叶干时略扭曲，椭圆状披针形，顶部渐尖，长约2.5毫米；叶边缘由上至下背卷；中肋突出呈芒状。叶中部细胞长菱形，略厚壁，下部细胞长方形，略大，叶边细胞明显分化，雌雄同序。蒴柄长10–18毫米。孢蒴长梨形至棒槌形，红褐色，台部略短于壶部。蒴齿两层；内齿层略短于外齿层，齿条具大的穿孔；齿毛2–3。蒴盖圆锥形，顶部乳头状突起。孢子具不明显的疣。

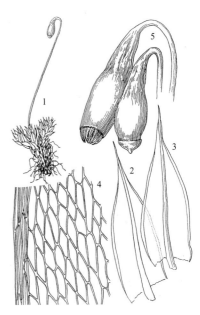

图 899 刺叶真藓 (引自《云南植物志》)

产黑龙江、吉林、辽宁、内蒙古、山东、山西、河南、陕西、新疆、江苏、浙江、江西、贵州、四川、云南和西藏，生于高山草丛和土生。为北半球高寒地区植物。

1.植物体(×3)，2–3.叶(×21)，4.叶中部边缘细胞(×170)，5.孢蒴(×10)。

16. 灰黄真藓　　　　　　　　　　　　图 900

Bryum pallens Sw., Monthl. Rev. London 34: 538. 1801.

植物体散生或丛集，通常绿色至褐色或呈红色，高达5–10毫米以上，下部多具假根。茎红色，多分枝。下部叶稀疏排列，上部叶稍大而密集，干时直或稍扭曲，卵圆形至长卵圆形，短渐尖，长1.5–2.2毫米；

叶边稍背曲，全缘。枝叶卵状长椭圆形，长达1.2毫米；中肋细长，至叶近尖部或贯顶。叶中部细胞疏松六角形，下部细胞长方形或六角形，近叶边1–2列线形细胞构成分化边缘，薄壁。雌雄异株。蒴柄长约20毫米，红褐色，上部曲折。孢蒴长梨形，长4–4.5毫米，台部与壶部等长。外齿层下部呈淡黄色，上部透明；内齿层基膜高达外齿层的1/2，齿条具穿孔；齿毛2，与齿条等长。蒴盖圆锥形。

产辽宁、内蒙古、山东、陕西、新疆、上海、安徽、湖南、贵州、四川、云南和西藏，生于潮湿林下、路边和土生。广布北半球及南半球高海拔地区。

1. 植物体(×1.9), 2.叶(×15), 3.叶先端细胞(×115), 4.叶中部边缘细胞(×115).

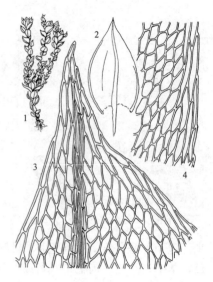

图 900 灰黄真藓（张大成绘）

17. 黄色真藓 西藏真藓　　　　　　　　　图 901

Bryum pallescens Schleich. ex Schwaegr., Sp. Musc. Suppl. 1(2): 107. 1816.

植物体黄绿色，上部略具光泽，下部褐色，紧密丛生。茎长达10毫米，微红色。叶密集，干时紧贴于茎，无明显扭曲，下部叶卵状披针形，上部叶椭圆状披针形，渐尖，长达2.5毫米；叶边由上至下背卷或背曲；中肋突出呈长芒状尖，基部稍具红色。叶中部细胞长六边形，下部细胞长方形至长六角形，边缘细胞狭，分化不明显或较明显。雌雄同株异序。蒴柄长25–30毫米，扭曲，略呈红褐色。孢蒴下垂至平列，棒状至椭圆状梨形，长约3.5毫米，台部短于壶部，干时明显收缩。外齿层下部橙色，具疣；内齿层基膜高达外齿层的1/2，齿条具大的穿孔；齿毛2–3，稍短于齿条。蒴盖圆锥形。

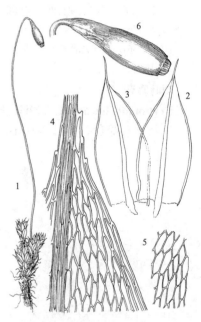

图 901 黄色真藓（引自《云南植物志》）

产黑龙江、吉林、辽宁、内蒙古、河北、山东、山西、河南、陕西、新疆、上海、安徽、浙江、台湾、福建、江西、广东、贵州、四川、云南和西藏，生于流石滩地、路边、草丛和土上。北半球温带高纬度地区、新西兰及南美洲高海拔或高纬度地区有分布。

1. 植物体(×2.3), 2-3.叶(×19), 4.叶先端细胞(×140), 5.叶中部细胞(×140), 6. 孢蒴(×9).

18. 近高山真藓　　　　　　　　　图 902 彩片166

Bryum paradoxum Schwaegr., Sp. Musc. Suppl. 3(1): t. 244a 1827.

植物体黄绿色，下部呈黑色，无光泽。茎高达10毫米。叶干时紧贴，披针形或长椭圆状披针形，渐尖，下部叶长约1.7毫米，上部叶长达2.8毫米；叶边狭背卷，上部边缘具细齿；中肋突出呈短芒状，下部及基部多呈红褐色。叶中上部细胞狭六角形，薄壁或略显厚壁；下部细胞方形至六角形，疏松，红褐色，略厚壁；叶边细胞略狭，不明显分化

呈线形，壁薄。雌雄异株。蒴柄长10–20毫米，弯曲，红褐色。孢蒴长梨形至棒形，垂倾，红褐色；台部稍短于壶部。外齿层下部橙色，上部透明；内齿层齿条具大穿孔，基膜达外齿层长度的2/3；齿毛2–3，与齿条等长。孢子多平滑。

产辽宁、山东、河南、陕西、甘肃、安徽、台湾、贵州、云南和西藏，生于林缘、山地路边、岩面薄土或土上。日本、朝鲜、印度、尼泊尔、斯里兰卡及南北美洲有分布。

1. 植物体（×2.4），2-3. 叶（×20），4. 叶先端细胞（×90），5. 叶中部细胞（×150），6. 叶横切面的一部分（×190），7. 孢蒴（×9）。

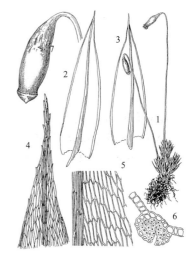

图 902 近高山真藓（引自《云南植物志》）

19. 拟三列真藓 大叶真藓   图 903

Bryum pseudotriquetrum (Hedw.) Gaertn., Meyer et Schreb., Oek. Fl. Wetterau 3: 102 1802.

Mnium pseudotriquetrum Hedw., Sp. Musc. Frond. 191. 1801.

粗大，黄色或深绿色，下部深褐色，簇生或丛生。茎通常长达10–30毫米以上，密被假根。叶密集或稀疏着生，干时不明显旋扭，下部叶卵圆形，上部叶长椭圆状披针形或卵状披针形，长达2.7毫米，基部呈红色；叶上部边缘具齿或全缘，背卷；中肋贯顶或略突出于叶尖。叶中部细胞菱状六角形，薄壁，基部细胞长方形或长六角形，不明显厚壁；叶边细胞在顶部分化1–3列，下部4–5列，雌雄异株。蒴柄长20–30毫米。孢蒴平列至垂倾，棒状，长约3毫米；台部短于壶部，基部渐细。外齿层下部橙色；内齿层基膜高达外齿层的1/2，齿条具大的穿孔；齿毛2–3，与齿条等长。

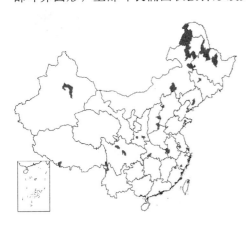

产黑龙江、吉林、辽宁、内蒙古、河北、山东、山西、陕西、新疆、江苏、安徽、浙江、台湾、福建、湖北、四川、云南和西藏，多生于林下岩面薄土。广布南北半球温带地区。

1. 植物体（×1.9），2-4. 叶（×19），5. 叶先端细胞（×120），6. 叶中部细胞（×120），7. 叶横切面的一部分（×273），8. 孢蒴（×7.6）。

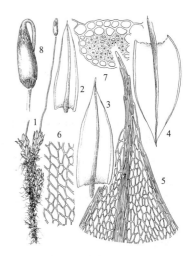

图 903 拟三列真藓（引自《云南植物志》）

20. 弯叶真藓 金黄真藓   图 904

Bryum recurvulum Mitt., Journ. Linn. Soc. Bot. Suppl. 1:74. 1859.

植物体高10–20毫米。叶干时紧贴，不旋扭，长椭圆形至椭圆形，短渐尖，兜状，长约2.5毫米；叶边背曲，多全缘；中肋多贯顶，具短尖头。叶中部细胞菱形或狭菱形，壁稍厚，下部细胞近长方形，红色；叶边由2–3列线形细胞组成。雌苞叶三角状披针形，长达1.2毫米。蒴柄长12–22毫米，弯曲。孢蒴干时垂倾至平列，梨形，具短台部。外齿层黄褐色；齿毛3。蒴盖圆锥形，具尖喙。

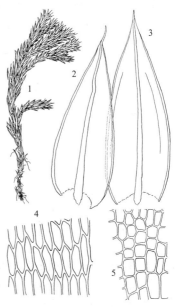

图 904 弯叶真藓（引自《云南植物志》）

产吉林、山东、山西、陕西、新疆、安徽、台湾、四川、云南和西藏，生于石灰质林地和林下地面。日本、不丹、泰国及印度尼西亚有分布。

1. 植物体(×2.6)，2-3. 叶(×26)，4. 叶中部细胞(×160)，5. 叶近基部细胞(×160)。

21. 球蒴真藓 湿地真藓　　　　　　　　　　　　　　　图 905

Bryum turbinatum (Hedw.) Turn., Musc. Hib. 127 1804.

Mnium turbinatum Hedw., Sp. Musc. Frond. 191. 1801.

黄绿色或黄褐色，下部褐色，无光泽，高达15-40毫米。叶干时紧贴，湿时倾立，阔长椭圆状披针形至卵圆状三角形，长达3毫米，顶部渐尖，基部略下延；叶边平展或略背曲；中肋及顶或贯顶。叶边除基部外，明显分化2-4列线形细胞，基部细胞明显膨大，红褐色，与上部细胞常具明显的界限。雌雄异株。蒴柄长25-50毫米。孢蒴垂倾，棒形至长梨形，长约4毫米，深褐色。内外齿层发育完全；齿毛3-4。

产内蒙古、河北、山西、河南、陕西、新疆、江苏、浙江、贵州、云南和西藏，多生于高山溪边。北半球及非洲南部高海拔地区有分布。

1. 植物体(×1)，2-3. 叶(×13)，4. 叶中部细胞(×150)，5. 孢蒴(×6.5)。

图 905 球蒴真藓（引自《云南植物志》）

22. 垂蒴真藓　　　　　　　　　　　　　　　　　图 906

Bryum uliginosum (Brid.) B. S. G., Bryol. Eur., 4: 88, 339. 1839.

Cladodium uliginosum Brid., Bryol. Univ. 1: 841. 1827.

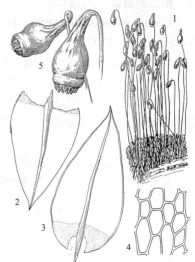

植物体稀疏或密集丛生，绿色，黄绿色或褐色，高约1厘米。茎有时叉状分枝。叶干时不贴茎，湿时直展，上部叶长达5毫米，顶端长渐尖，基部不下延；叶边多全缘；中肋多及顶。叶细胞较疏，长六角形或短菱形，薄壁；边缘数列细胞线形，呈黄褐色，两层至多层。雌雄同株异序。蒴柄细长。孢蒴平列或下垂，长棒形至梨形；台部与壶部等长或短于壶部，蒴口多斜生，蒴齿黄褐色；内齿层齿条宽；齿毛缺或残留。

产内蒙古、河北、河南、山西、陕西、新疆、江苏、浙江、云南、贵州、四川和西藏。生于土面或岩面薄土。北半球温带高山地区、南美

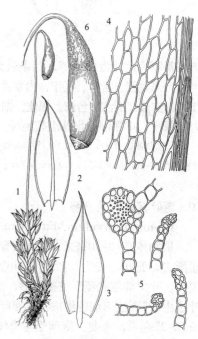

图 906 垂蒴真藓（张大成绘）

洲及新西兰有分布。

1. 植物体(×2.4)，2-3. 叶(×14)，4. 叶中部细胞(×150)，5. 叶横切面的一部分 （×150），6. 孢蒴(×6.6)。

23. 云南真藓

图 907

Bryum yuennanense Broth., Sitzungsber. Ak. Wiss. Wien Math. Nat. Kl. 133: 570. 1924.

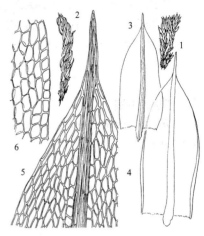

图 907 云南真藓（引自《云南植物志》）

体形中等大小，深褐色，密集丛生。茎直立，近于不分枝，高达2厘米。叶干时贴茎，不明显旋扭，湿时倾立，扁平或呈不明显兜状，长椭圆形、卵圆状披针形或心形，长约2毫米；叶边下部背曲，全缘；中肋粗壮，突出叶尖呈短芒。叶中部细胞六角形或短菱形，薄壁或略加厚，近基部细胞长方形；叶边细胞略狭，不形成分化边缘。

我国特有，产安徽、浙江、四川、云南和西藏，生于江边土坡或生于岩面薄土上。

1. 植物体(×2.2)，2. 干燥时的植物体(×4)，3-4. 叶(×22.5)，5. 叶先端细胞(×140)，6.叶中部边缘细胞(×140)。

11. 大叶藓属 Rhodobryum (Schimp.) Hampe

植物体稀疏丛生，具匍匐横茎；支茎直立。叶在茎顶部密集着生呈莲座状。茎基部叶小，鳞片状，紧贴于茎下部。茎上部叶长椭圆状卵形至长椭圆状匙形，尖部宽阔，具小急尖或渐尖，稍内凹或呈龙骨状；叶上部边缘具明显粗齿，下部全缘，明显背卷；中肋下部较宽，渐上变细，贯顶或近叶尖部消失。叶中上部细胞呈长菱形或六角形；近叶边缘细胞呈狭长方形。雌雄异株。孢子体常聚生于顶部，具长柄。孢蒴平列或下垂，圆柱形，台部短或不明显，具气孔。蒴盖半圆形，具小尖喙。环带形大。外齿层齿片16，狭披针形，具细疣；内齿层齿条16，狭披针形，具细疣，与外齿层等长，中央具穿孔，基膜高达外齿层长度的2/3，齿毛2–3。孢子形小。

约30余种，我国有4种。

1. 叶缘具双齿 ·· 1. **暖地大叶藓 R. giganteum**
1. 叶缘具单齿 ·· 2. **狭边大叶藓 R. ontariense**

1. 暖地大叶藓

图 908 彩片167

Rhodobryum giganteum (Schwaegr.) Par., Ind. Bryol. 1116. 1898.

Mnium giganteum Schwaegr., Sp. Musc. Frond., Suppl. 2 (2) 120. f. 158. 1826.

稀疏丛集，鲜绿色或深绿色。叶在茎顶部呈莲座状，长舌形至匙形，上部明显宽于下部，先端渐尖，基部叶渐小；叶上部边缘平展或波曲，具双齿，下部边缘强烈背卷；中肋下部明显粗，渐上变细，长达叶尖部。叶中部细胞长菱形，叶边细胞不明显分化。雌雄异株。蒴柄长。孢蒴长棒形，台部不明显。孢子透明，无疣。

产陕西、甘肃、安徽、浙江、台湾、福建、江西、湖北、湖南、广东、广西、贵州、四川、云南和西藏，生于林下草丛中、湿润腐殖质土或阴湿岩面薄土上。日本、夏威夷群岛、马达加斯加及南非有分布。

1-2. 植物体(×1.5)，3. 叶(×4.8)，4. 叶中部边缘细胞(×150)，5. 叶横切面的一部分(×110)。

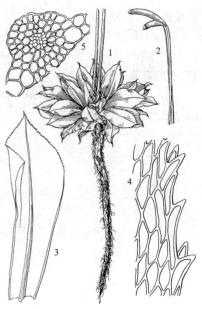

图 908 暖地大叶藓（张大成绘）

2. 狭边大叶藓

图 909 彩片168

Rhodobryum ontariense (Kind.) Kindb., Europ. Northamer. Bryin. 2: 346. 1897.

Bryum ontariense Kindb., Bull. Torrey Bot. Club 16: 96. 1889.

叶长舌形，上部稍宽于下部；上部边缘平展，具齿，下部背卷；叶边细胞分化不明显；中肋长及叶尖或贯顶，横切面中部具马蹄形或近方形的厚壁细胞束，背部仅具一列大形表皮细胞。

产吉林、辽宁、山西、陕西、安徽、台湾、湖北、湖南、广东、广西、贵州、四川、云南和西藏，生于林下湿润地表、腐殖质及岩面薄土上。北半球温带及非洲有分布。

1. 植物体(×1.5)，2. 叶(×4.9)，3. 叶中部边缘细胞(×155)，4. 叶横切面的一部分(×115)。

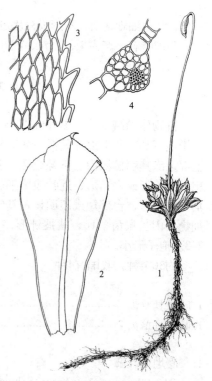

图 909 狭边大叶藓（张大成绘）

72. 提灯藓科 MNIACEAE

（黎兴江 臧 穆）

植物体疏松丛生，鲜绿色或暗绿色，高约2–10厘米。茎直立或匍匐，基部被假根；不孕枝多呈弓形弯曲或匍匐；生殖枝直立；少数种类茎顶具丛出、纤细的鞭状枝。叶多疏生，稀簇生于枝顶，湿时伸展，干时皱缩或螺旋状扭卷，多卵圆形、椭圆形或倒卵圆形，稀长舌形或披针形，先端渐尖、急尖或圆钝，叶基狭收缩或下延；叶缘具分化狭边或无分化边，具单列或双列锯齿，稀全缘；中肋单一，粗壮，长达叶尖或在稍下处消失，背面先端具刺状齿或平滑。叶细胞多呈5–6边形，矩形或近圆形，稀呈菱形，胞壁多平滑，稀具疣或乳头状突起。雌雄异株或同株，生殖苞顶生，孢子体多单生，稀多数丛出。蒴柄多细长，直立。孢蒴多垂倾，平展或倾立，稀直立，呈卵状圆柱形、稀球形。蒴齿两层；外齿层齿片厚，披针形；内齿层齿条披针形，具穿孔，基膜高；齿毛2–3条，具节瘤，有时齿条及齿毛缺失。蒴盖拱圆盘形或圆锥形，多具直立或倾斜的喙。蒴帽呈兜形或勺形，平滑，稀被毛。孢子具粗或细的乳头状突起。

12属，多生于温湿地带或亚热带地区。我国有8属。

1. 叶缘有锯齿。
 2. 叶细胞具乳头或疣状突起；茎先端具分枝或生殖苞丛出鞭状枝 ················· 8. 疣灯藓属 Trachycystis
 2. 叶细胞平滑，不具乳头或疣；茎先端不具分枝或鞭状枝丛。
  3. 植物体较细小，直立；叶边多具双列锯齿(仅*Mnium stellare*例外，仅具单列锯齿) ······ 3. 提灯藓属 Mnium
  3. 植物体较长大，多匍匐生长；叶边多具单列锯齿。
   4. 叶细胞较小，呈圆形、六角形或长方形；叶中肋单一，不分叉；往往具斜向生长的枝与茎 ················
    ·· 5. 匐灯藓属 Plagiomnium
   4. 叶细胞大，呈菱形；叶中肋具分叉；无斜向生长的枝与茎 ················ 6. 拟真藓属 Pseudobryum
1. 叶边全缘。
 5. 叶细胞呈菱形或六角形，整齐的斜向排列；假根具疣；外齿层短，内齿层相连呈圆穹形顶 ················
  ·· 1. 北灯藓属 Cinclidium
 5. 叶细胞或多或少呈等轴形，呈圆形、多角形或不规则形，不呈整齐斜向排列；假根平滑；内齿层不相连呈圆穹形顶。
  6. 叶边细胞2–多层；茎及叶中肋多呈红色；茎上各处均密被假根 ················7. 毛灯藓属 Rhizomnium
  6. 叶边细胞均为单层；茎及叶中肋多呈绿色；假根仅着生于茎基部。
   7. 叶中肋背面具厚壁细胞束；孢蒴平列或垂倾 ················ 2. 曲灯藓属 Cyrtomnium
   7. 叶中肋背面不具厚壁细胞束；孢蒴丛出，直立 ················ 4. 立灯藓属 Orthomnion

1. 北灯藓属 Cinclidium Sw.

植物体丛生，整株密被假根，呈黄绿带红棕色。茎直立，先端往往具多数分枝，茎下部叶疏生，上部叶密集，有时在先端成莲座状。叶片呈倒卵圆形、圆形或椭圆形，稀呈阔卵形，基部狭窄，先端渐尖，具圆钝短尖；叶边全缘，有分化的狭边；中肋及顶或长达叶尖前即消失。叶细胞疏松，扁圆形、矩形或多边形，成整齐的斜行排列，近中肋处较大；胞壁具不明显的角部加厚，有壁孔；叶基细胞长方形，叶缘几列细胞狭长而厚壁。孢子体单生。蒴柄长。孢蒴下垂，呈卵形或长卵形。环带呈片状自行散落。蒴齿两层。外层齿较短，齿片短截形，边缘不整齐；内齿层高出，橙黄色，基膜低，无齿毛，齿条狭长，先端具带孔的膜，使齿条彼此相连呈圆穹形。蒴盖半球形。蒴帽圆锥形，易脱落。孢子大小异型。

约5种，多分布温带或南部高寒山区，生于沼泽及湿地。我国有2种。

北灯藓　　　　　　　　　　　　　　　　　　图 910

Cinclidium stygium Sw. in Schrad., Journ. Bot. 1801(1): 27, f.2.1803.

疏松丛生，呈棕褐色。茎直立，密被假根，单一，疏分枝。叶疏生，呈阔椭圆形，或近圆形，长约5.5厘米，宽约3.5厘米，先端急尖，具小尖头，叶基急狭窄，下延部分宽短；叶边全缘，具2-5列狭长厚壁细胞构成的分化边，红褐色；中肋粗壮，红褐色，长达叶尖并突出。叶细胞等轴形，多呈菱形或多边形，成整齐的斜向排列，直径为(20)30-50(60)微米。雌雄同株同苞，孢子体单生。蒴柄长约3-6厘米，黄褐色。孢蒴悬垂，椭圆状倒梨形，具短的台部。孢子壁具细疣。

产吉林、新疆和云南，多生于高寒山区、沼泽及湿石生。俄罗斯（伯力地区）、欧洲及美洲有分布。

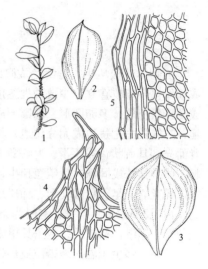

图 910 北灯藓（引自《中国苔藓志》）

1. 植物体(×2.9)，2-3.叶(×18)，4.叶先端细胞(×155)，5.叶中部边缘细胞(×155)。

2. 曲灯藓属 Cyrtomnium Holmen

体形较细小，呈淡绿色，疏松丛生。茎单一，直立，高约20毫米，基部具假根。叶疏生，在茎两侧排列成扁平的二列，阔卵状圆形，平展，先端急尖，具小尖头，基部急收缩，不下延；叶边平展，全缘，由2-3列黄色、线形细胞组成分化的边；叶中肋单一，稍弯曲，长达叶尖稍下处消失，自横切面观背腹两面均具厚壁细胞束(stereid)。叶细胞单层，先端及基部细胞较小，中部细胞呈不规则六角形，略成斜向排列，胞壁薄，稀角部加厚。

2种，分布东亚、欧洲及北美洲。我国有1种。

蕨叶曲灯藓　　　　　　　　　　　　　　　　　图 911

Cyrtomnium hymenophylloides (Hüb.) Nyh. ex T. Kop., Ann. Bot. Fennici 5: 143. 1968.

Mnium hymenophylloides Hüb., Musc. Germ. 416. 1833.

种的描述同属。

产甘肃和新疆，生于潮湿的林地、路旁或沟边阴湿地上。俄罗斯和北美洲有分布。

1-2.叶，3.叶中部细胞，4.叶中部边缘细胞。

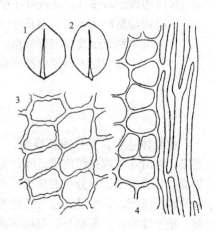

图 911 蕨叶曲灯藓（仿 T. Koponen）

3. 提灯藓属 **Mnium** Hedw.

体形纤细，直立丛生，呈淡绿或深绿带红色，常成小片纯群落。茎直立，单生，稀具分枝，基部着生假根。叶片着生于茎基部的往往呈鳞片状，渐向上叶渐大，顶叶往往较长大而丛生成莲座状，卵圆形或卵状披针形，干时皱缩或卷曲，湿时平展，倾立；叶缘常由一列或多列厚壁而狭长的细胞构成分化边缘，边具双列或单列锯齿；中肋单一，长达叶尖或在叶尖稍下处消失。叶细胞多呈5-6边形，稀呈矩形或菱形，有时因角隅加厚而近于圆形。雌雄异株，稀同株。孢子体单生，稀丛生。蒴柄高出，粗壮，橙色。孢蒴倾立或下垂，稀直立，通常呈长卵形，有时弯曲。蒴齿两层；内外齿等长，外齿层齿片棕红色，披针形，渐尖；内齿层橘红色，基膜为内齿层长度的1/2，有时具穿孔；齿条披针形，多急尖，齿毛发育，多具节瘤。蒴盖圆锥形，先端具喙。孢子较大，黄色或绿色，孢壁粗糙或具明显疣状突起。

约10余种，主要分布东南亚地区，约有10余种，我国有9种。

1. 植物体较粗壮；叶片具横波纹；叶细胞呈斜长方形至斜长菱形，排成整齐的斜列 ·············
··· 4. 刺叶提灯藓 **M. spinosum**
1. 植物体较细小；叶片无横波纹；叶细胞呈4–6角形或带圆形，不成整齐的斜列。
  2. 叶片中肋背面具刺状齿。
    3. 叶片呈狭卵圆形或长卵状披针形，两侧对称；叶边具长锐锯齿 ·············· 3. 长叶提灯藓 **M. lycopodioides**
    3. 叶片呈阔卵圆形或圆形，先端多具长尖头，两侧往往不对称；叶边具短钝锯齿 ·············
··· 5. 偏叶提灯藓 **M. thomsonii**
  2. 叶片中肋背面平滑无齿。
    4. 叶片干燥时不皱缩；叶细胞壁薄，角部不增厚；雌雄同株 ·············· 1. 异叶提灯藓 **M. heterophyllum**
    4. 叶片干燥时明显皱缩；叶细胞壁角部增厚；雌雄异株 ·············· 2. 平肋提灯藓 **M. laevinerve**

1. 异叶提灯藓

图 912

Mnium heterophyllum (Hook.) Schwaegr., Sp. Musc. Suppl. 2 (2): 22, t. 159. f. 1–10. 1826.

Bryum heterophyllum Hook., Trans. Linw. Soc. London 9: 318. 1808.

植物体纤细，多亮绿，稀呈暗绿色，高1.5–2厘米，疏松丛生。茎红色，直立，单一，稀具分枝。叶异型，茎下部叶呈卵圆形，先端渐尖，长2–3毫米，宽1–1.2毫米；叶边全缘，分化边不明显。茎中上部叶呈长卵圆状披针形，长3–4毫米，宽0.5–0.9毫米，先端渐尖，叶基稍下延；叶边略分化，具双列尖锯齿；中肋红色，长达叶尖稍下部消失。叶细胞中等大小，约每平方毫米具1100–1500个细胞，呈不规则多角形；叶缘2–3列细胞稍分化呈斜长方状线形。雌雄同株。蒴柄细，长1–1.5厘米。孢蒴垂倾或平展，呈卵状圆柱形。

产黑龙江、吉林、内蒙古、河北、陕西、甘肃、江苏、浙江、台湾、四川和西藏，多生于林下树基或岩面，荫蔽的土坡或腐木上。日本、朝鲜、印度、尼泊尔、巴基斯坦、俄罗斯（远东地区）、欧洲及北美洲有分布。

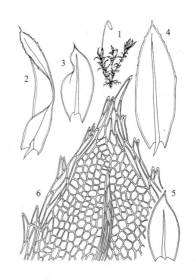

图 912 异叶提灯藓（引自《中国苔藓志》）

1. 植物体（×0.7），2-5. 叶（×18），6. 叶先端细胞（×145）。

2. 平肋提灯藓 图 913

Mnium laevinerve Card., Bull. Soc. Bot. Geneve Ser. 2, 1: 128. 1909.

植物体纤细，暗绿带红棕色，疏松丛生。茎直立，红色，长1.5–1.7厘米，疏具小分枝，基部密被红棕色假根。叶卵圆形，渐尖；叶缘具分化的狭边，具双列尖锯齿；中肋红色，长达叶尖，背面平滑，无刺状突起。叶细胞呈不规则多角形，或稍带圆形，胞壁薄，仅角部加厚；叶缘2–3列细胞分化呈斜长方形或线形。孢子体单生。蒴柄黄红色，长约1.5厘米。孢蒴长椭圆形，平展或垂倾，其他特征同属所列。

产黑龙江、吉林、辽宁、内蒙古、河北、河南、山西、陕西、甘肃、新疆、江苏、浙江、台湾、福建、江西、广西、贵州、四川、云南、西藏等省区，多生于林地、土坡、岩石、树干或腐木上。不丹、印度北部、菲律宾、朝鲜、日本及俄罗斯（远东地区）有分布。

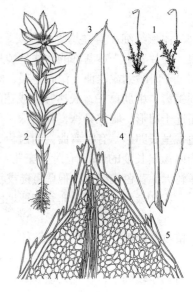

图 913 平肋提灯藓（引自《云南植物志》）

1. 植物体(×0.7)，2. 植物体(×2.8)，3-4. 叶(×18)，5. 叶先端细胞(×90)。

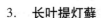

3. 长叶提灯藓 图 914

Mnium lycopodioides Schwaegr., Sp. Musc. Suppl. 2 (2): 24. pl. 160, f. 1–9. 1826.

体形较纤细，暗绿色，高3–5厘米，疏松丛生。茎直立，红色，稀分枝。叶疏生，干燥时卷曲，呈长卵状披针形，长3–5毫米，宽1.2–1.5毫米，叶基较狭，先端渐尖；叶缘具明显分化的狭边，带红色，上下均具双列尖齿；中肋红色，长达叶尖，背面上部具刺状齿。叶细胞中等大小，每平方毫米约具1500–2500个细胞，呈不规则多角形，或稍带圆形，细胞壁薄，角部稍增厚；叶缘2–3列细胞分化呈蠕虫形或线形。雌雄异株。蒴柄细，长2–3厘米。孢蒴倾立，呈卵状圆柱形，长4–5毫米，直径1.6–2.2毫米，蒴口大。

产黑龙江、吉林、辽宁、内蒙古、河北、河南、山西、陕西、新疆、山东、安徽、浙江、台湾、福建、江西、湖北、广西、贵州、四川、云南和西藏，多生于1500–3000米一带的林地，林缘沟边或路边土坡、岩壁或岩面薄土，也见于草地、树根及腐木上。印度、尼泊尔、越南、阿富汗、日本、俄罗斯、瑞士、芬兰、挪威及北美州有分布。

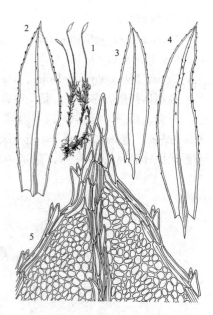

图 914 长叶提灯藓（引自《云南植物志》）

1. 植物体(×0.7)，2-4. 叶(×18.4)，5. 叶先端细胞(×90)。

4. 刺叶提灯藓　　　　　　　　　　　　　　　图 915

Mnium spinosum (Voit) Schwaegr., Sp. Musci Suppl. 1 (2): 130. 1816.

Bryum spinosum Voit in Sturm., Deutschl. Fl., Abt. II, Cryptog. 11 (16): ic. 1811.

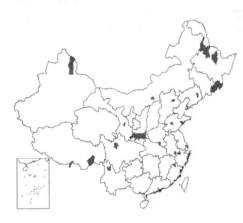

植物体较粗壮，暗绿色带红棕色，高2.5-5厘米。茎直立，无分枝，基部具红棕色假根。叶多簇生于茎上部，干时皱缩，潮湿时伸展，呈长卵圆形，长4-6毫米，宽2-3.5毫米，具整齐横波纹，基部稍狭，先端渐尖；叶缘明显分化，中上部边具长尖的双列齿；中肋粗壮，长达叶尖，背面上部具明显的刺状齿。叶细胞呈斜长方状多角形，往往自中肋向叶缘呈整齐的斜列；叶缘3-4列细胞分化呈狭长线形。雌雄异株。孢子体往往多个丛生于茎顶。蒴柄红黄色，长1-1.5厘米。孢蒴下垂，呈卵状圆柱形。蒴齿及蒴盖特征均同属所列。

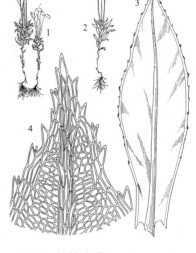

图 915　刺叶提灯藓（引自《云南植物志》）

产黑龙江、吉林、辽宁、内蒙古、河北、河南、陕西、甘肃、新疆、山东、安徽、浙江、福建、四川、云南和西藏，生于高山林带的林地、林缘岩面薄土、枯树根和腐木上。朝鲜、日本、印度、尼泊尔、蒙古及俄罗斯（伯力地区）、法国、德国、加拿大及美国有分布。

1-2. 植物体（×0.8），3. 叶（×19.5），4. 叶先端细胞（×95）。

5. 偏叶提灯藓　　　　　　　　　　　　　　　图 916

Mnium thomsonii Schimp., Syn. Musc. Eur. 2: 485. 1876.

植物体较粗壮，高3-5厘米。茎红色，直立，无分枝。叶密生，卵圆形，两侧不对称，往往向一侧偏卷，长4.5-6毫米，宽1.2-1.8毫米，叶基稍下延，先端渐尖，具长尖头；叶缘具明显增厚的分化边，并具双列长尖锯齿。叶细胞较小，每平方毫米具3200-4000个细胞，呈多角形、方形或稍带圆形；叶缘3-4列细胞分化呈蠕虫形或线形。孢子体单生，蒴柄粗壮，长1.5-2.2厘米。孢蒴直立或倾立，呈卵状椭圆形，长5-6毫米，直径约2.1-2.3毫米。

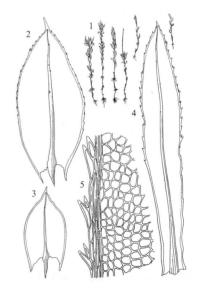

图 916　偏叶提灯藓（引自《云南植物志》）

产黑龙江、吉林、辽宁、内蒙古、河北、河南、陕西、甘肃、新疆、山东、安徽、浙江、台湾、福建、江西、湖北、湖南、广西、贵州、四川、云南和西藏，生于林地、林缘及沟边土坡、草地及石砾地上。日本、朝鲜、印度西北部、尼泊尔、蒙古、俄罗斯（伯力地区）有分布。

1. 植物体（×0.8），2-4. 叶（×17），5. 叶中部边缘细胞（×95）。

4. 立灯藓属 Orthomnion Wils.

植物体疏松丛生，呈深绿色，老时带红棕色。茎匍匐或斜展，密被红棕色假根。枝条直立，单一，下部疏生假根，上部密被叶片。叶干时皱缩卷曲，湿时平展，呈卵圆形、倒卵形或阔剑头形，基部狭缩，先端圆钝或急尖，具小尖头；叶边全缘，具明显或不明显分化的狭边；中肋基部粗壮，向上渐细，多至叶尖稍下处即消失，稀长达叶尖或稍突出。叶细胞排列疏松，多呈椭圆状六边形，细胞渐向叶基者渐狭长；叶分化边由一至数列狭长方形细胞组成。雌雄异株。雌苞叶与叶同形，仅较小。孢子体数个丛生。蒴柄黄色，直立，高出于雌苞叶。孢蒴直立，椭圆状球形，蒴台部短，蒴口小，红棕色，平滑。无环带。蒴齿两层；外齿层白色，齿片呈狭长披针形，先端钝，具密疣；内齿层短，仅具基膜，齿条及齿毛均缺失。蒴盖呈圆锥形，先端具短而直的尖喙。蒴帽呈长兜形，多被长纤毛，或早脱落。

9种，多分布于东亚及东南亚地区，习生于温热林下，多附生于树干或腐木上。我国有7种。

1. 叶片无明显分化的叶边；叶边有锯齿 ·· 3. 挺枝立灯藓 O. handelii
1. 叶片具明显分化的叶边；叶边全缘。
　2. 叶片先端圆钝；中肋长达叶中部或中上部 ···························· 2. 柔叶立灯藓 O. dilatatum
　2. 叶片先端渐尖或急尖，具明显的小尖头；中肋长达叶尖稍下处消失。
　　3. 植株细小；叶边厚，具双层细胞，易破裂；蒴帽被毛 ············· 1. 南亚立灯藓 O. bryoides
　　3. 植株较粗大；叶边薄，仅单层细胞，不易破裂；蒴帽裸露 ········· 4. 裸帽立灯藓 O. nudum

1. 南亚立灯藓　立灯藓　　　　　　　　　　图 917

Orthomnion bryoides (Griff.) Norkett., Trans. Brit. Bryol. Soc. 3: 445. 1958.

Orthotrichum bryoides Griff., Calcutta Journ. Nat. Hist. 2: 486. 1842.

体形较粗壮，横茎上密被假根。茎直立，单生，长2–3厘米，下部密被假根，疏生叶，上部密被叶。叶干时强皱缩，湿时伸展，呈阔卵圆形或倒卵圆形；中肋多长达叶尖，且往往具短尖突。叶细胞椭圆状六角形，细胞壁不规则增厚，具明显壁孔；叶缘分化3–5列狭长梭形或线形细胞，构成明显分化的叶边。雌雄异株。孢子体多双出。蒴柄细长，长达0.7–1.3厘米，蒴帽呈长兜形，中上部密被长毛。

产湖北、四川、云南和西藏，多生于海拔600–2000米林地、岩壁、树干或腐木上。印度、尼泊尔、缅甸、越南和泰国有分布。

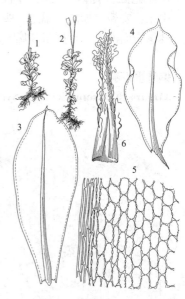

图 917　南亚立灯藓（引自《云南植物志》）

1-2. 植物体（×0.8），3-4. 叶（×19），5. 叶中部边缘细胞（×160），6. 蒴帽（×12）。

2. 柔叶立灯藓　双灯藓　　　　　　　　　　图 918　彩片169

Orthomnion dilatatum (Mitt.) P. C. Chen, Feddes Repert. 58: 25. 1955.

Mnium dilatatum Wils. ex Mitt., Journ. Proc. Linn. Soc., Suppl. 1: 143. 1859.

植物体粗壮，密被黄棕色假根。营养枝匍匐，长3–4厘米；生

殖枝直立，长约1.5厘米，叶多集生于茎上部。叶片呈阔卵圆形或近圆

形，长约5毫米，宽3-4毫米，顶部圆钝，基部狭缩；边全缘，具分化的狭边；中肋长达叶片中上部。叶细胞呈5-6角形，胞壁往往不规则增厚；叶缘2列细胞分化呈窄长方形，顶部边缘细胞无明显分化。孢子体往往2-5个簇生于枝顶，蒴柄长1-1.2厘米。孢蒴直立。蒴帽无毛。

产陕西、安徽、浙江、台湾、福建、湖北、广东、海南、四川、云南和西藏，多生于海拔1000-2500米林地、岩石、树干基部及枯树枝上。日本、印度、尼泊尔、斯里兰卡、越南、马来西亚、印度尼西亚及菲律宾有分布。

1. 植物体(×0.9)，2.叶(×22)，3.叶中部边缘细胞(×185)。

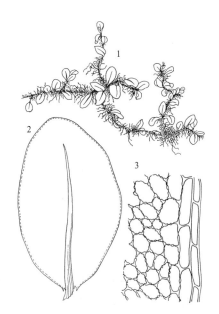

图 918 柔叶立灯藓 (引自《云南植物志》)

3. 挺枝立灯藓 挺枝提灯藓 图 919

Orthomnion handelii (Broth.) T. Kop., Ann. Bot. Fennici 17: 42. 1980.

Mnium handelii Broth., Symb. Sin. 4: 61. 1929.

体形较粗壮，暗绿带褐色，无光泽，疏松丛生。茎匍匐，稀具叶，密被假根。分枝单生，直立，长约4-6厘米，粗壮，上下均密被黄棕色假根。叶集生于枝条上部，干时卷缩，湿时伸展，下部叶呈阔卵状椭圆形，中上部叶呈长椭圆状舌形，长

3-6毫米，宽1.9毫米，叶基较阔，无明显下延，顶部急尖；叶缘平展，无分化边，叶边中上部具密而细的钝齿；中肋平滑，基部粗壮，向上渐细，长不及顶，消失于叶中上部。叶细胞呈圆六角形，具多数明显的细胞壁孔，呈波状增厚；近叶缘及叶基细胞略有分化，往往呈长六角状椭圆形。雌雄异株。

我国特有，产内蒙古、山西、陕西、新疆、浙江、四川、云南和西藏，多生于海拔1800-3000米林地、岩面薄土、岩壁、树干基部或枯倒

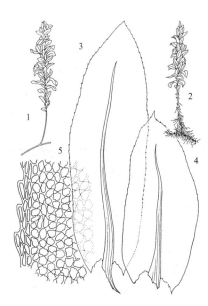

图 919 挺枝立灯藓 (引自《云南植物志》)

木上。

1-2.植物体(×0.8)，3-4.叶(×15)，5.叶中部边缘细胞(×95)。

4. 裸帽立灯藓 多蒴立灯藓 图 920

Orthomnion nudum Bartr., Ann. Bryol. 8:11. 1936.

植物体较粗壮。茎横卧，长约4厘米，密被褐色假根。枝直立。叶疏生，干时卷缩，潮湿时伸展，呈卵圆状椭圆形，长约7毫米，宽约3毫米，先端渐尖或急尖；叶边全缘，具较宽的黄色分化边；中肋下部

粗壮，向上渐细，长达叶尖下部即消失。叶细胞较大，呈5-6角形，壁较薄，具明显壁孔；叶缘3-5列

细胞分化呈长梭形或线形。内雌苞叶呈狭长披针形,先端渐尖,中肋长达叶尖。孢子体往往多个丛生枝顶。蒴柄平滑,长8–10毫米。孢蒴直立,呈卵状圆球形。蒴齿两层;外齿层齿片呈狭长披针形,密被灰白色粗疣;内齿层仅具基膜,呈橘红色,高仅达齿片长度的1/3。蒴盖呈圆锥形,先端具粗短斜喙。蒴帽呈长半圆筒状兜形,外壁平滑无毛。孢子褐色,直径25–28毫米,孢壁上具疣。

我国特有,产贵州、四川、云南和西藏,生于海拔2000–3600米林下或路边的岩面薄土或树干上。

图 920 裸帽立灯藓 (引自《云南植物志》)

1. 植物体上部,示具多个孢蒴(×6.6), 2-3. 叶(×16), 4.叶先端细胞(×80)。

5. 匐灯藓属 Plagiomnium T. Kop.

植物体较粗大,多呈淡绿色。茎平展,由基部簇生匍匐枝,或由茎端产生鞭状枝;匍匐枝呈弓形弯曲,随处生假根;鞭状枝端常下垂,亦可着土产生假根。生殖枝直立,基叶较小而呈鳞片状,顶叶较大而往往丛集成莲座形;鞭状枝中部的叶较大,渐向上或向下均较小。叶卵圆形、倒卵形、长椭圆形或带状舌形。干时多皱缩或卷曲,湿时平展,倾立或背仰,叶基较狭而下延,先端渐尖或圆钝;叶缘多具分化边,具齿或全缘;中肋单一,长达叶尖,或在叶尖稍下部即消失。叶细胞短轴形,多呈5-6边形,稀长方形或菱形,有时具角隅加厚而近于圆形;往往叶缘具1-4列狭长线形细胞。多雌雄异株,稀同株。孢子体的形态及构造与提灯藓属相同。

25种,湿带和亚热带地区分布。我国有17种。

1. 叶片呈长椭圆状舌形或狭长带状舌形,多具横波纹。
  2. 植株较粗壮,高可达6厘米,呈树状,直立枝端尾状弯曲;叶呈带状长舌形,叶缘密被长尖齿;中肋粗壮
  ·· 2. 皱叶匐灯藓 P. arbusculum
  2. 植株较细小,高约2厘米,不呈树状;叶呈长椭圆状舌形,叶缘具疏钝齿;中肋细长
    3. 雌雄异株;叶片中肋两侧各具一列方形、排列整齐的大形细胞;叶细胞不透明,排列不整齐 ·················
    ·· 6. 侧枝匐灯藓 P. maximoviczii
    3. 雌雄同株;叶片中肋两侧无明显的大形细胞;叶细胞透明,排列整齐 ··········· 8. 钝叶匐灯藓 P. rostratum
1. 叶片呈卵圆形、倒卵圆形或椭圆形,不具横波纹。
  4. 叶片呈卵圆形或阔卵圆形,先端渐尖或急尖。
    5. 叶缘具由1–2个细胞构成的长锐齿;叶细胞较大,薄壁,透明,呈5–6角形 ·····5. 日本匐灯藓 P. japonicum
    5. 叶缘锯齿短钝,由一个细胞构成;叶细胞较小。胞壁角隅增厚,呈不规则圆形。
      6. 叶片阔卵圆形;叶细胞呈多角状圆形,胞壁角隅加厚 ······················ 1. 尖叶匐灯藓 P. acutum
      6. 叶片卵圆形或卵状披针形;叶细胞呈不规则的多角形,胞壁薄 ············· 3. 匐灯藓 P. cuspidatum
  4. 叶片呈椭圆形,先端圆钝。
    7. 植株较粗大;叶片较大,呈椭圆形,先端圆钝;中肋不及顶,叶细胞较大(达70×120微米),叶缘1-4列细胞呈长方形,构成不明显的分化边 ················· 9. 大叶匐灯藓 P. succulentum

7. 植株较纤细；叶片较小，呈卵状椭圆形，先端急尖；中肋及顶或突出成小尖头；叶细胞较小，（小于 45×65微米），叶缘多列细胞呈狭长线形，构成明显的分化边。

  8. 叶边均具齿；叶细胞呈斜长多边形或椭圆形，常排列成规则的弧形 ·············· **7. 多蒴匐灯藓 P. medium**

  8. 叶边全缘，稀具微齿；叶细胞呈不规则圆形，排列不整齐。

   9. 叶细胞呈椭圆状斜长方形，细胞壁角部增厚 ·············· **4. 全缘匐灯藓 P. integrum**

   9. 叶细胞呈不规则的多角形，细胞壁薄，角部不增厚 ·············· **10. 圆叶匐灯藓 P. vesicatum**

1. 尖叶匐灯藓

图 921

Plagiomnium acutum (Lindb.) T. Kop., Ann. Bot. Fennici 12: 57. 1975.

Mnium acutum Lindb., Contr. Fl. Crypt. As. 10: 227. 1873.

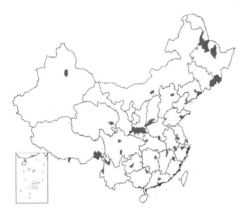

植物体疏松丛生，多呈鲜绿色。茎匍匐，营养枝匍匐或呈弓形弯曲，疏生叶，着地部位密生黄棕色假根；生殖枝直立，高2-3厘米，叶多集生于上部，下部疏生小分枝，小枝斜伸或弯曲。叶干时皱缩，潮湿时伸展，呈卵状阔披针形、菱形或狭披针形，长约5毫米，宽约3毫米，叶基狭缩，先端渐尖；叶缘具明显的分化边，中上部具单列锯齿；中肋平滑，长达叶尖。叶细胞呈不规则的多边形，细胞壁薄。雌雄混生同苞。孢子体单生，具红黄色长蒴柄，长2-3厘米，孢蒴下垂，呈卵状圆柱形。

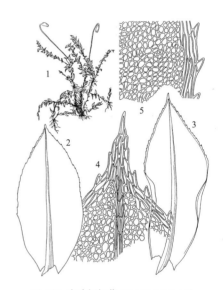

图 921 尖叶匐灯藓（引自《云南植物志》）

广泛产我国南北各省区，尤以西南和东北山林地区为多，多生于海拔600-2000米的低山沟谷地及林地、林缘土坡、草地或河滩地上。缅甸、印度北部、尼泊尔、不丹、越南、朝鲜、日本、俄罗斯（伯力地区及萨哈林岛）、蒙古及中亚有分布。

  1. 植物体(×0.7), 2-3. 叶(×16.5), 4. 叶先端细胞(×85), 5. 叶中部边缘细胞(×85)。

2. 皱叶匐灯藓 皱叶提灯藓 树形走灯藓

图 922

Plagiomnium arbusculum (C. Müll.) T. Kop., Ann. Bot. Fennici 5:146. 1968.

Mnium arbuscula C. Müll., Nuovo Giorn. Bot. Ital., n. s., 5: 161. 1898.

体疏松丛生。主茎匍匐，密被褐色假根；支茎直立，高5-8厘米，下部疏生假根，上部密被叶，生殖茎顶簇生叶成莲座状，且往往在茎先端簇生多数小枝，呈小树状；不育茎单生，先端往往成尾状弯曲，不分生小枝。叶干时皱缩，湿时伸

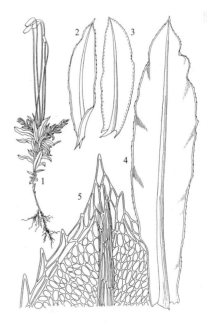

图 922 皱叶匐灯藓（引自《云南植物志》）

展，狭长卵形，或带状舌形；茎叶较大，长约6–9毫米，宽1.5–3毫米，小枝叶较小（其长与宽均不及茎叶的1/2），具明显横波纹，基部狭缩，角部稍下延，先端急尖或渐尖；叶缘明显分化，近于全具密而尖的锯齿，齿由1–2个细胞构成；中肋粗壮，长达叶尖。叶细胞较小，呈多角状不规则圆形，胞壁角部均加厚；叶缘2–3列细胞呈斜长方形至线形。孢子体顶生，往往多个丛出。蒴柄长约3.5–4.5厘米。孢蒴垂倾，呈长卵状圆柱形。

产黑龙江、吉林、内蒙古、河北、河南、山西、陕西、甘肃、青

海、浙江、湖南、广东、海南、贵州、四川、云南和西藏，生于高寒的林地、林缘及沟边阴湿地上。尼泊尔、缅甸及印度北部有分布。

1. 植物体(×0.7)，2-4. 叶(×18)，5. 叶先端细胞(×90)。

3. 匐灯藓 尖叶提灯藓　　　图 923 彩片170

Plagiomnium cuspidatum (Hedw.) T. Kop., Ann. Bot. Fennici 5: 146. 1968.

Mnium cuspidatum Hedw., Sp. Musc. Frond. 192. pl. 45. 1801.

植物体暗绿或黄绿色，无光泽，疏松丛生。茎及营养枝均匐匐生长或呈弓形弯曲，疏生叶，在着地的部位均丛生黄棕色假根。叶阔卵圆形，或近于菱形，长约5毫米，宽约3毫米，叶基狭缩，基角部往往下延，先端急尖，具小尖头；叶缘具明显的分化边，叶边中上部多具单列锯齿，仅枝上幼叶的叶边近于全缘；中肋平滑，长达叶尖，且稍突出。叶细胞壁薄，仅

角部稍增厚，呈多角状不规则的圆形。生殖枝直立，高约2–3厘米，叶多集生于上段，较狭长，呈长卵状菱形或披针形。雌雄异株。蒴柄红黄色，长约2–3厘米。孢蒴呈卵状圆柱形，往往下垂。

产黑龙江、吉林、辽宁、四川、云南和西藏，多见于山区林地及海拔2000–3000米林缘土坡、草地、沟谷边或河滩地上。印度北部，日本、俄罗斯（伯力地区及萨哈林岛）、中亚、欧洲、非洲、北美洲及中美洲有分布。

1. 植物体(×0.4)，2-4. 叶(×18)，5. 叶中部边缘细胞(×90)。

4. 全缘匐灯藓　　　　　　图 924

Plagiomnium integrum (Bosch et S. Lac.) T. Kop., Hikobia 6:57. 1972.

Mnium integrum Bosch et S. Lac. in Dozy et Molk., Bryol. Jav. 1: 153. pl. 122. 1861.

植物体疏松丛生；主茎匐匍，密被黄棕色假根，稀被叶；支茎直立，高1.5–2.5厘米，下部具假根，上部密被叶。叶片干时皱缩，湿时伸展，阔卵圆形－长卵圆形，长3.5–6毫米，宽2.5–3.2厘米，先端急尖，顶部具小尖头，基部收缩；叶缘具分化的狭边，全缘，稀具疏而钝的微齿；中肋粗壮，长达叶尖。叶细胞椭圆状六角形或斜长方形，

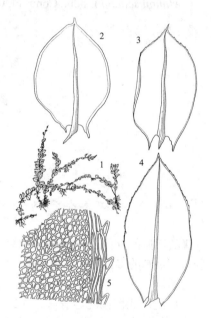

图 923 匐灯藓（引自《云南植物志》）

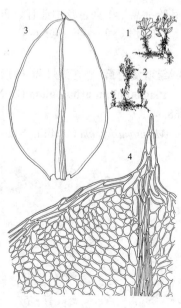

图 924 全缘匐灯藓（引自《云南植物志》）

每平方毫米约具1000个细胞，胞壁薄，角部稍增厚。雌雄异株。蒴柄长约1–1.5厘米，孢蒴呈卵状长圆柱形，直立或倾立。

产黑龙江、吉林、河北、山西、陕西、甘肃、新疆、安徽、浙江、台湾、福建、江西、湖北、湖南、广东、贵

州、四川、云南和西藏，多生于林地、林缘、沟边土坡及腐殖土上。缅甸、不丹、印度北部，尼泊尔、日本、马来西亚、印度尼西亚（爪哇、苏门答腊）及菲律宾有分布。

1–2. 植物体（×0.4），3. 叶（×21），4. 叶先端细胞（×110）。

5. 日本匐灯藓 日本提灯藓 日本走灯藓 图 925

Plagiomnium japonicum (Lindb.) T. Kop., Ann. Bot. Fennici 5:146. 1968.

Mnium japonicum Lindb., Contr. Fl. Crypt. As. 226. 1873.

体形较粗壮，呈暗绿色。茎匍匐，密被红棕色假根，生殖枝直立，高2–2.5厘米，下段被红棕色假根，上段生叶；不孕枝呈弓形弯曲，长达8厘米，其上疏被叶。叶干时皱缩，潮湿时伸展，多阔倒卵圆状菱形，长5–7毫米，宽约3.2毫米，叶基狭缩，稍下延，先端急尖，顶端具略弯的长尖头，叶缘具分化的狭边，中上部具长尖锯齿，齿往往呈钩状弯曲，多由2个细胞构成；中肋粗壮，长不及顶，往往在叶尖稍下处消失。叶细胞较大，排列疏松，呈不规则5–6角形；叶边中下部的3–5列细胞分化呈斜长方形，上部边缘仅1–2列细胞稍有分化。雌雄异株。孢子体单生或2–3个丛出。蒴柄长约3–4厘米。孢蒴悬垂，呈长卵形，长约4毫米，直径约2毫米，稍偏斜。

产黑龙江、吉林、辽宁、河北、陕西、山东、江苏、安徽、浙江、台湾、福建、江西、湖北、贵州、四川、云南和西藏，多生于海拔2000–3000米的暗针叶林下、阴湿林下、林缘沟边及土坡。朝鲜、日本、尼泊尔、印度东北部及俄罗斯（伯力地区）有分布。

1. 植物体（×0.6），2–3. 叶（×15.5），4. 叶先端细胞（×80），5. 叶中部边缘细胞（×80）。

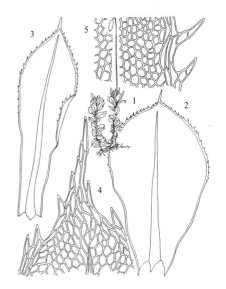

图 925 日本匐灯藓（引自《云南植物志》）

6. 侧枝匐灯藓 侧枝提灯藓 侧枝走灯藓 图 926

Plagiomnium maximoviczii (Lindb.) T. Kop., Ann. Bot. Fennici 5:147. 1968.

Mnium maximoviczii Lindb., Contr. Fl. Crypt. As. 224. 1872.

体形疏松丛生。主茎横卧，密被棕色假根。支茎直立，高1–1.8厘米，基部密生假根，先端簇生叶，呈莲座状。枝条纤细，自茎中下部侧生，往往斜出或弯曲，长约0.8–1.2厘米。茎叶干时皱缩，潮湿时伸展，

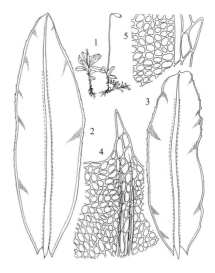

图 926 侧枝匐灯藓（引自《云南植物志》）

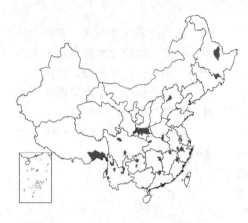

长卵状或长椭圆状舌形，长5–8毫米，宽1.6–2.5毫米，具数条横波纹，叶基狭缩，稍下延，先端急尖或圆钝，具小尖头；叶缘具明显的分化边，密被细锯齿；中肋粗壮，长达叶尖。叶细胞较小，呈多角状不规则圆形，胞壁角部稍加厚；叶基部细胞呈长矩形，叶缘中下部2–4列细胞呈斜长方形，先端边缘细胞分化不明显；中肋两侧各具1列特大的整齐细胞，呈四方形或五角形，比一般叶细胞大2–4倍。雌雄异株。孢子体往往多个丛出。蒴柄长1.5–3.5厘米。孢蒴平展或下垂，呈卵状长圆柱形，长2.8–4毫米，蒴盖圆锥形，先端具长尖喙。

产黑龙江、吉林、河北、河南、陕西、甘肃、江苏、安徽、浙江、台湾、福建、江西、湖北、湖南、广东、贵州、四川、云南和西藏，多生于沟边水草地、林地或林缘阴湿地。朝鲜、日本、印度北部及俄罗斯（伯力地区）有分布。

1. 植物体（×0.7），2-3. 叶（×17），4. 叶先端细胞（×85），5. 叶中部边缘细胞（×85）。

7. 多蒴匐灯藓 多蒴提灯藓 长尖走灯藓 图 927

Plagiomnium medium (Bruch et Schimp.) T. Kop., Ann. Bot. Fennici 5: 146. 1968.

Mnium medium Bruch et Schimp. in B. S. G., Bryol. Eur. 4: 196. pl. 389. 1838.

植物体疏松丛生。主茎匍匐，密被黄棕色假根；不孕枝匍匐，往往呈弓形弯曲，其上疏生叶，着地处簇生假根。生殖枝直立，下部密被假根，上部密生叶。叶片干时略皱缩，湿时伸展，呈阔卵圆形，长5–7毫米，宽3.8–4.2毫米，叶基狭缩，稍下延，先端急尖，顶部具稍扭曲的长尖；叶缘具由3–4列窄长细胞构成的分化边，上下均具锐齿；中肋粗壮，长达叶尖。叶细胞较大，呈多角状圆形–椭圆形，胞壁角部明显加厚。雌雄同株，混生同苞。孢子体往往多个丛出。蒴柄长3–4厘米，下部红色，上部带黄红色。孢蒴下垂，卵状圆柱形，长3–4.5毫米。

产黑龙江、吉林、内蒙古、山西、陕西、新疆、江苏、安徽、江西、广东、云南和西藏，生于林下及林缘阴湿地上。日本、朝鲜、印度西北部、巴基斯坦、蒙古、俄罗斯（萨哈林岛、伯力地区）、欧洲及北美洲有分布。

1. 植物体（×0.8），2. 叶（×20.4），3. 叶先端细胞（×170），4. 叶中部边缘细胞（×170）。

8. 钝叶匐灯藓 图 928

Plagiomnium rostratum (Schrad.) T. Kop., Ann. Bot. Fennici 5:147. 1968.

Mnium rostratum Schrad., Bot. Zeitung (Regensburg) 1: 79. 1802.

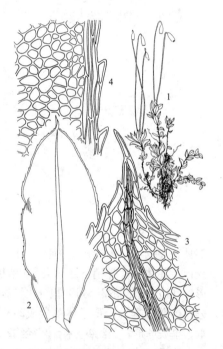

图 927 多蒴匐灯藓（引自《云南植物志》）

体形纤细，疏松丛生。主茎横卧，密被假根；营养枝匍匐或弓形弯曲，长约3-5厘米，着地处簇生假根，疏生叶。生殖枝直立，高2-4厘米，基部着生假根，先端集生叶。叶干燥时皱缩，潮湿时伸展，卵状舌形或椭圆形，叶基狭缩，稍下延，先端圆钝，具小尖头，具横波纹；叶缘具由3-5列狭长细胞构成明显分化的狭边，中上部具单列细胞构成的钝齿；中肋粗壮，长达叶尖。营养枝上的叶较小，呈卵状圆形，叶边近于全缘。叶细胞较大，多角状椭圆形，胞壁角部稍加厚。雌雄混生同株。孢子体单生或丛出。蒴柄长1.5-3厘米。孢蒴垂倾或悬垂，长卵状圆柱形，长2.5-3毫米。

产黑龙江、吉林、辽宁、内蒙古、河北、河南、山西、陕西、甘肃、新疆、山东、江苏、安徽、浙江、台湾、福建、江西、湖北、湖南、广东、广西、贵州、四川、云南和西藏，多生于林地、阴湿岩面或林缘土坡上。印度西北部、缅甸、欧洲、北非、北美洲、南美洲及澳洲有分布。

1. 植物体(×0.4)，2-4. 叶(×20)，5. 叶中部边缘细胞(×100)。

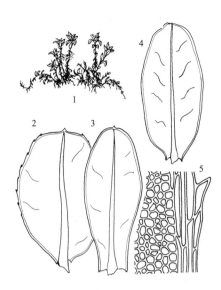

图 928 钝叶匍灯藓（引自《中国苔藓志》）

9. 大叶匍灯藓 大叶提灯藓 大叶走灯藓   图 929 彩片171

Plagiomnium succulentum (Mitt.) T. Kop., Ann. Bot. Fennici 5: 147. 1968.

Mnium succulentum Mitt., Journ. Proc. Linn. Soc. Bot., Suppl. 1: 143. 1895.

体形较粗壮，亮绿色或褐绿色，疏松丛生。茎匍匐，疏被叶，密生假根；不孕枝匍匐或倾立，长约4厘米、疏被叶，下段往往密被假根。生殖枝直立，高约1.5厘米，基部着生假根。叶椭圆形，先端圆钝，具小尖头；叶缘具不明显分化的狭边，中上部具疏细钝齿，齿由1-2个小细胞构成，幼叶边近于全缘；中肋长达叶先端，消失于叶尖下。叶细胞较大，呈斜长5-6角形，或近于长方形，壁薄，排列整齐，往往从叶缘至中肋排成平行的斜列；近叶缘的1-2列细胞宽大，呈不规则的五角形；叶边的1-3列细胞分化呈线形。雌雄同株。孢蒴平展或下垂。

产黑龙江、吉林、辽宁、河南、山西、陕西、甘肃、山东、江苏、安徽、浙江、台湾、福建、江西、湖北、湖南、广东、海南、广西、贵州、四川、云南和西藏，多生于海拔500-2000米地带的阔叶林下、林缘土

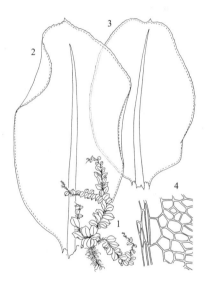

图 929 大叶匍灯藓（引自《云南植物志》）

坡、路边及沟边湿地上。朝鲜、日本、印度南部及东北部、尼泊尔、不丹、缅甸、越南、泰国、印度尼西亚、菲律宾及马来西亚有分布。

1. 植物体(×0.6)，2-3. 叶(×10)，4. 叶中部边缘细胞(×80)。

10. 圆叶匍灯藓 圆叶提灯藓 圆叶走灯藓   图 930 彩片172

Plagiomnium vesicatum (Besch.) T. Kop., Ann. Bot. Fennici 5: 147. 1968.

Mnium vesicatum Besch., Ann. Sci. Nat., Ser. 7, 17: 345. 1893.

植物体绿色或黄绿色，疏丛生。茎及分枝均匍匐，长约4-6厘米，密被黄棕色假根，疏被叶。叶干时皱缩，阔卵状椭圆形，长4-8毫米，宽2-3毫米，叶基紧缩，先端圆钝，具小尖头；叶缘由3-4列狭长细胞构成明显的分化边，先端具密而钝的微齿，中下部边全缘；中肋粗壮，长达叶尖。叶细胞较大，每平方毫米约具800个细胞，呈不规则的多角形，胞壁薄。雌雄异株。

产黑龙江、吉林、辽宁、内蒙古、河北、河南、山西、陕西、甘肃、新疆、山东、江苏、安徽、浙江、台湾、福建、江西、湖北、湖南、广东、贵州、四川、云南和西藏，生于海拔600-2500米的林地、灌丛下、沟边及林缘土坡。日本、朝鲜、俄罗斯（伯力地区及萨哈林岛）及欧洲有分布。

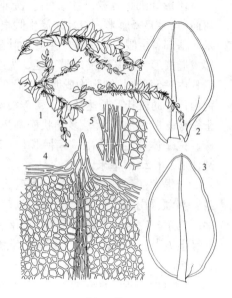

图 930　圆叶匐灯藓（引自《云南植物志》）

1.植物体(×0.8)，2-3.叶(×19.5)，4.叶先端细胞(×100)，5.叶中部边缘细胞(×100)。

6. 拟真藓属 Pseudobryum (Kindb.) T. Kop.

植物体丛生，深绿色，不育茎及生殖茎均直立，高可达5-8(10)厘米，多不分枝，基部密被红棕色假根，上部疏生叶。叶片呈阔椭圆形、卵状矩圆形或近于圆形，干燥时皱缩，潮湿时伸展，先端圆钝，基部急缩，稍下延，叶缘无明显分化的边，中上部具单列锯齿；中肋长达叶尖稍下处消失。叶细胞呈斜长菱形或六边形，薄壁，角部不增厚；边缘细胞单层，呈斜长方形，无明显分化。雌雄异株。蒴柄直立，红棕色。孢蒴平展或垂倾，卵状圆柱形。蒴盖圆锥形。

本属我国仅有1种。

拟真藓 北地提灯藓　　　　　　　　　　　图 931

Pseudobryum cinclidioides (Hüb.) T. Kop., Ann. Bot. Fennici 5: 147. 1968.

Mnium cinclidioides Hüb., Muscol. Germ. 416. 1833.

体形较粗壮，暗绿带褐色，疏松丛生。茎直立，高约6-8厘米，无分枝，下部密被假根。叶疏生，干时稍卷缩，椭圆形或卵状矩圆形，长4-8毫米，宽3-5毫米，叶基狭缩，顶部圆钝；叶边具细钝齿，由叶缘细胞的上角部突出而形成，无分化叶边，或叶缘1-3列细胞斜长方形，形成不明显的分化边；中肋粗壮，长达叶尖稍下处即消失。叶细胞呈整齐的狭长菱

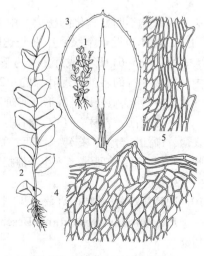

图 931　拟真藓（引自《中国苔藓志》）

形，薄壁。雌雄异株。孢子体单生，蒴柄细长，5-6厘米，呈橙黄色。孢蒴悬垂，卵圆形。蒴盖圆锥形，顶部具短喙。

产黑龙江、吉林和内蒙古，多生于冷湿的沼泽地、水沟边，以及针叶林下、桦木林下阴湿的林地。蒙古、印度东北部、日本、俄罗斯（伯力地区、堪察加半岛）、欧洲和北美洲有分布。

1. 植物体（×0.6），2. 植物体（×5），3. 叶（×16），4. 叶先端细胞（×100），5. 叶中部边缘细胞（×100）。

7. 毛灯藓属 Rhizomnium (Broth.) T. Kop.

植物体密集丛生；茎直立，红色或红棕色，多不具分枝，全株均密被棕褐色假根，茎下部由绒毛状假根包被。叶片多呈阔卵圆形、倒卵圆形或近于圆形，先端圆钝，基部狭缩；叶边全缘，具明显或不太明显的分化边；中肋粗壮，长达叶尖或在叶片中上部即消失。叶细胞多呈规则的5-6角形，稀呈矩形或近于圆形，胞壁均匀增厚，或角隅处加厚，多具明显的壁孔；叶边一至数排细胞分化呈长方形或不规则的狭长菱形。孢子体的形态构造同提灯藓属。

约14种。我国有12种。

1. 叶片呈倒卵圆状匙形；中肋细长贯顶；叶细胞呈不规则长方形，长约为宽的二倍；孢蒴干时具纵长皱纹 ·····
·· 3. 小毛灯藓 R. parvulum
1. 叶片呈椭圆形、阔倒卵形，或近于圆形；中肋在叶尖部即消失，或稀长及顶；叶细胞为等轴的5-6角形，或近于圆形；孢蒴干时不具纵长皱纹。
　2. 叶片呈阔椭圆形、阔倒卵形至圆形，往往具横波纹；叶先端圆钝，无小尖头 ······················
·· 2. **大叶毛灯藓 R. magnifolium**
　2. 叶片呈椭圆形或倒卵圆形，平展，无波纹；叶先端往往具小尖头。
　　3. 叶往往集生茎顶，且向下垂倾；叶缘细胞不规则增厚，具明显的壁孔；叶细胞较长大，呈5-6角形或矩圆形 ··· 1. 薄边毛灯藓 R. horikawae
　　3. 叶疏生，倾立；叶缘细胞无明显的壁孔；叶细胞较小，呈规则的正六角形或圆形。
　　　4. 叶分化边缘较窄，由1-2列斜长方形细胞构成，叶基不下延 ············· 4. 拟毛灯藓 R. pseudopunctatum
　　　4. 叶分化边缘较宽，由3-4列长线形细胞构成，叶基长下延 ················· 5. 毛灯藓 R. punctatum

1. **薄边毛灯藓** 毛灯藓 薄边提灯藓　　　　　　图 932
Rhizomnium horikawae (Nog.) T. Kop., Journ. Hattori Bot. Lab. 34:380. 1971.

Mnium horikawae Nog., Trans. Nat. Hist. Soc. Taiwan 24: 290. 1934.

体形粗壮，挺硬，绿色，无光泽，密集丛生。茎粗，单生，直立，高3-6厘米，基部密被褐色假根。叶往往集生茎顶，向下垂倾，湿时伸展，扁平，无波纹，呈阔倒卵圆形或阔椭圆形，长约7毫米，阔约5毫米，叶基狭缩，不下延，先端圆钝，具短尖头；叶边平展，全缘，不增厚，稍带黄色；

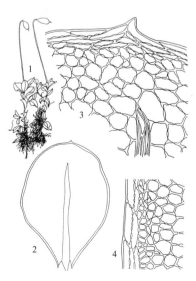

图 932 薄边毛灯藓（引自《云南植物志》）

中肋粗壮，长达叶先端下部即消失，稍带黄色；叶细胞透明，六角形，一般近中肋处细胞较大，近周边细胞趋小，近叶缘的数列细胞特小，其面积往往仅为中部细胞的1/4–1/7；叶缘的3–5列细胞分化呈斜长菱形至线形，孢壁往往不规则增厚，具明显壁孔。雌雄异株。孢子体单生。蒴柄细，长约1.8–4厘米。孢蒴平展或垂倾，呈卵状圆柱形，长3–4毫米，直径1.3–1.5毫米。

产台湾、贵州、四川、云南和西藏，分布于高海拔的云杉、冷杉及铁杉林地、腐木及林缘土坡上。印度及尼泊尔有分布。

1. 植物体(×0.9)，2. 叶(×22)，3. 叶先端细胞(×180)，4.叶中部边缘细胞(×180)。

2. 大叶毛灯藓   图 933

Rhizomnium magnifolium (Horik.) T. Kop., Ann. Bot. Fennici 10:14. 1973.

Mnium magnifolium Horik., Journ. Bot. 11: 503. f. 4–5. 1935.

植物体粗壮，高约2.5–4厘米，多呈暗绿色带红棕色，具光泽。茎直立，密被假根。叶疏生，团扇状圆形，具横波状皱纹，长4–7毫米，宽3–4.5毫米，基部收缩，先端圆钝，无小尖头；叶边全缘，具狭分化边；中肋粗壮，长达叶片中上部，稀至顶。叶细胞较大，呈规则的5–6角形，细胞壁薄或角部稍加厚，一般近中肋的细胞较大，近边缘细胞趋小，叶缘1–2列细胞为特大斜长方形，形成分化明显的狭边。雌雄异株，孢子体单生。蒴柄细长。孢蒴平展或垂倾，卵状圆柱形。

产黑龙江、吉林、陕西、台湾、福建、四川、云南和西藏，多生于高海拔的云杉和冷杉林下、杜鹃-冷杉林地、高山灌丛草甸地和岩面薄土上。朝鲜、日本、印度西北部、尼泊尔、俄罗斯（伯力地区及萨哈林岛）、欧洲及北美洲有分布。

1-2. 叶(×0.9)，3. 叶先端细胞(×85)，4. 叶中部边缘细胞(×85)，5. 叶中部细胞(×140)。

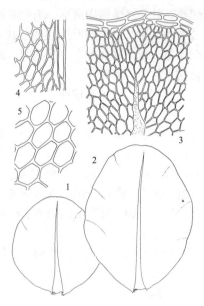

图 933 大叶毛灯藓（引自《云南植物志》）

3. 小毛灯藓   图 934

Rhizomnium parvulum (Mitt.) T. Kop., Ann. Bot. Fennici 10: 265. 1973.

Mnium parvulum Mitt., Trans. Linn. Soc. London, Bot. 3: 168. 1891.

体形甚细小，疏松丛生。茎直立，长不超过3–5毫米，无分枝，基部密被假根。叶疏生，干时稍皱缩，阔匙形或倒卵圆形，长约1.5毫米，宽约1毫米，下部渐狭缩，先端圆钝，具短钝尖

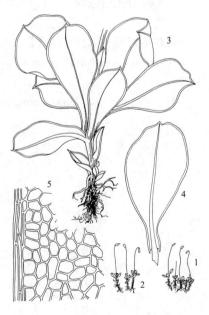

图 934 小毛灯藓（引自《云南植物志》）

头；叶边全缘，具分化的狭边；中肋粗壮，红色，长达叶尖。叶细胞较小，每平方毫米约具1000–1500个细胞，呈整齐的六角形至长方形，叶缘2–4列细胞分化呈线形。雌雄异株。孢子体单生。蒴柄长1.2–1.5厘米。孢蒴平展或垂倾，卵形，长约0.8毫米，直径约0.3–0.5毫米。蒴盖拱圆形，先端具长约0.02毫米的细喙。

产陕西、江苏、台湾、四川和云南，生于林地、腐殖土、林缘岩壁或岩面薄土上。日本、印度西北部及俄罗斯（伯力地区）有分布。

1-2. 植物体(×0.9)，3. 植物体(×22)，4.叶(×22)，5.叶中部边缘细胞(×185)。

4. 拟毛灯藓 拟扇叶提灯藓 图 935

Rhizomnium pseudopunctatum (Bruch et Schimp.) T. Kop., Ann. Bot. Fennici 5: 143. 1968.

Mnium pseudopunctatum Bruch et Schimp., London Journ. Bot. 2: 669. 1843.

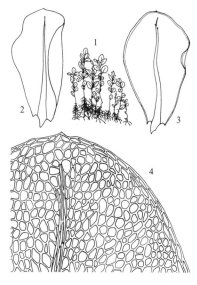

植物体疏松丛生。茎直立，不分枝，高约2厘米，基部密被假根，上部疏生叶。叶片干时稍皱缩，呈阔倒卵圆形，基部狭缩，不下延，叶尖圆钝，无明显的小尖头；叶边全缘，具单层不明显分化的狭边；中肋粗壮，长不及顶，消失于叶尖下。叶细胞呈多角状圆形，胞壁厚，角部特增厚；叶缘2列细胞分化呈斜长方形。孢子体单生，孢蒴近于圆球形。

产吉林、辽宁、新疆、浙江、台湾、贵州和四川，多生于高山林下冷湿的沼泽地、草甸，或阴湿的岩面薄土上。俄罗斯(西伯利亚、萨哈林岛)、中欧、北欧、英国、瑞士、美国（阿拉斯加）及格陵兰均有分布。

图 935 拟毛灯藓（引自《中国苔藓志》）

1. 植物体(×0.7)，2-3.叶(×18.5)，4.叶先端细胞(×155)。

5. 毛灯藓 扇叶提灯藓 图 936 彩片173

Rhizomnium punctatum (Hedw.) T. Kop., Ann. Bot. Fennici 5.143. 1968.

Mnium punctatum Hedw., Sp. Musc. Frond. 193. 1801.

体形较粗壮，高约2.5–4厘米，多呈暗绿色带红棕色，具光泽。茎

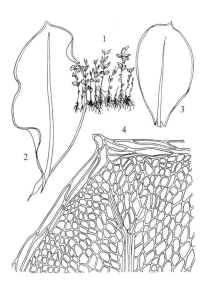

直立，稀分枝，下部密被假根。叶疏生，质厚，干燥时不卷缩，略具波状皱纹，呈阔倒卵形、阔椭圆形，长4–7毫米，宽3.5–4.5毫米，基部缩小，基角部下延，顶部圆钝，具小尖头；叶边全缘，具由3–4列长线形细胞构成的宽分化边；中肋粗壮，长达叶中上部，稀至先端。叶细胞较大，每平方米约具

图 936 毛灯藓（引自《中国苔藓志》）

300–600个细胞，5–6边形，胞壁薄，仅角部稍加厚，一般近中肋的细胞较大，叶边细胞趋小。雌雄异株。孢子体单生。蒴柄长约1.8–4厘米。孢蒴平展或垂倾，呈卵球形，长3–4毫米，直径1.3–1.5毫米。

产黑龙江、吉林、辽宁、内蒙古、河南、陕西、安徽、浙江、台湾、贵州、四川、云南和西藏，多生于阴湿的林地、林下树干基部、岩面薄土、林缘或沟边土坡上。朝鲜、日本、俄罗斯(萨哈林岛、西伯利亚)、印度、德国、丹麦、捷克斯洛伐克、美国（阿拉斯加）、加拿大、格陵兰及非洲北部有分布。

1. 植物体(×0.7), 2–3. 叶(×17), 4. 叶先端细胞(×145)。

8. 疣灯藓属 Trachycystis Lindb.

植物体纤细，暗绿色，多数丛生。茎直立，高约2–5厘米；茎顶部往往丛生多数细枝或鞭状枝；干燥时枝叶多皱缩，且向一侧弯曲。位于茎下部的叶形小，疏生，上部的叶较长大，多密集。叶片呈卵状披针形或长椭圆形，先端渐尖；叶边明显或不明显分化，往往具多数刺状齿；中肋粗壮，长达叶尖，背面具单或双齿，先端往往具多数刺状齿；叶细胞呈圆形－方形或多角形，胞壁上下两面均具疣或乳头突起，或平滑；叶缘细胞同形或稍狭长。一般枝叶与茎叶同形，鞭状枝上的叶较小，呈鳞片状。雌苞叶无分化。雌雄异株。孢子体顶生。蒴齿两层，等长；外齿层棕红色，齿片呈披针形，渐尖，内齿层橙红色，基膜高达蒴齿长度的1/2；齿条披针形，渐尖，具穿孔，先端多纵裂；齿毛3条，多具节瘤。蒴盖圆盘状，先端具短尖喙，有粗疣。

有3种。我国有3种。

1. 植物体较细小（高在3厘米以下），单生或自茎顶丛出多数细枝；叶干燥时卷曲；叶细胞具单个乳头突起 ·· 1. 疣灯藓 T. microphylla
1. 植物体较粗大（高约5厘米），往往具多数小分枝；叶干燥时平展，叶细胞不具疣或乳头 ··· 2. 树形疣灯藓 T. ussuriensis

1. **疣灯藓** 疣胞提灯藓　　　　图 937 彩片174

Trachycystis microphylla (Dozy et Molk.) Lindb., Not. Sallsk. Fauna Fl. Fenn. Forh. 9:80. 1868.

Mnium microphyllum Dozy et Molk., Musci Frond. Ined. Archip. Ind. 2: 26. 1846.

植物体纤细，茎高1–1.5(3) 厘米，单生或自茎顶丛出多数细枝，干燥时往往向一侧弯曲。枝及茎上部的叶均呈长卵圆状披针形，长约1–2毫米，宽约0.6毫米，先端渐尖，叶基宽大；叶缘分化边不明显，细胞单层，上部具单列细齿；中肋长达叶尖，先端背面具数枚刺状齿。叶细胞较小，每平方毫米约具6000个细胞，呈多角状圆形，胞壁薄，两面均具大而短的单疣或乳头状突起；叶缘细胞近于同形或呈短矩形，平滑无疣。茎下部的叶较小，疏生，往往异形，多呈卵状三角形；叶边多全缘。孢子体的形态特征同属所列。

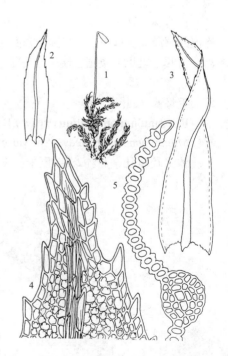

图 937 疣灯藓（引自《云南植物志》）

产黑龙江、吉林、辽宁、河南、陕西、新疆、山东、江苏、安徽、浙江、台湾、福建、江西、湖北、湖南、广东、广西、贵州、四川和云南，多生于海拔2000–3000米林下、林缘土坡及岩面薄土上。朝鲜、日本及俄罗斯（伯力地区）有分布。

1. 植物体（×1.1），2-3. 叶（×28），4. 叶先端细胞（×140），5. 叶横切面的一部分（×240）。

2. **树形疣灯藓** 树形提灯藓 无边提灯藓 图 938 彩片175

Trachycystis ussuriensis (Maack et Regel) T. Kop., Ann. Bot. Fennici 14: 206. 1977.

Mnium ussuriense Maack et Regel in Regel, Mem. Acad. Imp. Sci. Saint–Petersbourg, ser. 7, 4 (4): 182. 1861.

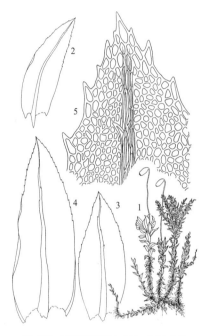

体形较粗壮，呈暗绿–黄绿色，往往密集丛生。枝条干燥时多呈羊角状弯曲。生殖枝直立，高2–3厘米，先端往往丛生多数小分枝；营养枝呈弓形弯曲或斜展，长3–4厘米。叶密生，干时卷曲，潮湿时伸展，长卵圆形或阔卵圆形，长2.5–3.5毫米，宽1–1.3毫米，叶基阔，稍下延，先端渐尖；叶缘无明显的分化边，中上部具单列尖锯齿；中肋粗壮，长达叶尖部，下段挺直，上段略呈波状弯曲，背面疏被刺状齿突。叶细胞较小，每平方毫米约5000–6000个细胞，呈多角状圆形，胞壁厚，叶缘细胞呈方形或长方形，无明显分化。雌雄异株。孢子体单生。蒴柄黄红色，长2–2.5厘米。孢蒴卵状圆柱形，平展或垂倾，长2.5–3.5毫米。蒴齿及其他形态特征同属所列。

产黑龙江、吉林、辽宁、内蒙古、河北、河南、山西、陕西、甘肃、新疆、山东、安徽、台湾、湖北、湖南、广东、广西、贵州、四川、云南和西藏，生于海拔2800米的高山针叶林下，多见于南坡的云

图 938 树形疣灯藓（引自《云南植物志》）

杉、铁杉及高山栎林地、岩石，或林缘土坡上。朝鲜、日本、蒙古及俄罗斯（伯力地区及萨哈林岛）有分布。

1. 植物体（×0.7），2-4. 叶（17.4），5. 叶先端细胞（×90）。

73. 桧藓科 RHIZOGONIACEAE

（黎兴江）

植物体常丛集群生，基部密生假根，外形似针叶树幼苗，为润湿砂地生藓类。茎具分化中轴，直立，通常不分枝，无匍匐枝或鞭状枝。叶散生茎上，基部叶较小，上部叶较大，呈长披针形，或狭披针形；叶边平展，具分化边缘，有单齿或双齿；中肋粗壮，消失于叶尖部，稀突出叶尖，背部常有刺状齿；叶细胞小，呈圆形或六角形，稀长六边形，疏松，平滑，稀具乳头。雌雄异株，稀同株。生殖苞芽胞形，基生或侧生，有线形配

丝。外雌苞叶小，内雌苞叶较大。蒴柄长，直立，稀较短。孢蒴直立，倾立或平列，卵形或长圆柱形，有短台部，有时凸背或弯曲，多平滑。蒴齿两层，稀单层。蒴盖具斜喙。蒴帽兜形。孢子形小。

7属，主要分布南半球暖热地带，多树生或土生。我国有1属。

桧藓属 Pyrrhobryum Mitt.

植物体常粗挺，绿色，稍带红棕色，基部密生假根，成密集群生的山地砂土藓类。茎直立，或弯曲蔓生，外形似小形松柏科植物的幼苗，单生或多数丛集。叶狭长披针形；边缘多加厚，具单列齿或双列齿；中肋粗壮，具中央主细胞及背腹厚壁层，背部常具齿；叶细胞同形，厚壁，圆方形或六边形。雌雄异株，稀同株。孢子体多数单生。蒴柄高出。孢蒴棕色，长卵形，有时隆背或呈圆柱形，具短台部，有时具纵长褶纹。环带相当发育，不易脱落。蒴齿两层。外齿层齿片基部常相连；上部披针形，渐尖；黄色或棕黄色；内齿层无色或黄色，具细疣，基膜高约为齿片长的1/2，齿条披针形，具裂缝或孔隙；齿毛较短，有节瘤。蒴帽兜形。蒴盖具短喙或长喙。孢子形小。

约27种，分布暖热地区的树干或砂石上。我国有3种。

1. 雌生殖苞及雄生殖苞均着生于茎的中部；叶片较狭长，呈狭披针形，长8–11毫米 ………1. 大桧藓 P. dozyanum
1. 雌生殖苞及雄生殖苞均着生于茎的基部；叶片较短宽，呈披针形，长3–6毫米 ………2. 阔叶桧藓 P. latifolium

1. 大桧藓　　　　　　　　　　图 939 彩片176

Pyrrhobryum dozyanum (S. Lac.) Mar., Cryptog. Bryol. Lichenol. 1: 70. 1980.

Rhizogonium dozyanum S. Lac., Ann. Bot. Lugduno–Batavum 2: 295. pl. 9. 1866.

体形粗壮，黄绿色或褐绿色，有时红棕色，密集丛生。茎高5–8厘米，直立，有时倾立，单生或呈束状分枝，全株密被褐色假根。叶密生，狭披针形，长8–11毫米，宽约1毫米，先端渐尖；叶边分化，具多层细胞，基部平滑，中上部具双列锐齿；中肋粗壮，长达叶尖，背面上部具刺状齿突。叶细胞呈4–6边形，壁厚，基部细胞常带黄色。雌雄异株。雌苞叶长4–6毫米，基部鞘状，上部急狭呈长披针形。蒴柄着生于茎中部，长3–4厘米，黄褐色。孢蒴圆柱形，常背曲，长约3毫米。蒴盖具喙。环带分化。外齿层齿片披针形，上部有粗疣；内齿层发育完全。蒴帽兜形。孢子直径13–18毫米，具密疣。

产山西、安徽、浙江、台湾、福建、江西、湖南、广东、海南、广西、贵州、四川、云南和西藏，多生于低山林下的潮湿地、树基凹地或岩面薄土上。朝鲜、日本、印度尼西亚有分布。

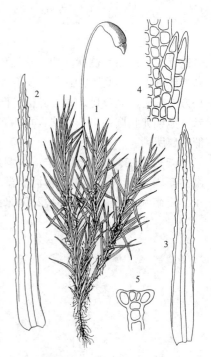

图 939　大桧藓（引自《云南植物志》）

1. 植物体（×1.6），2-3. 叶（×12.3），4. 叶中部边缘细胞（×260），5. 叶边的横切面（×260）。

2. 阔叶桧藓　　　　　　　　　　图 940

Pyrrhobryum latifolium (Bosch et S. Lac.) Mitt., Journ. Linn. Soc. Bot. 10: 175. 1868.

Rhizogonium latifolium Bosch et S. Lac., Bryol. Jav. 2: 2. pl. 133. 1861.

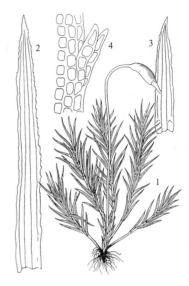

植物体较小，绿色或褐绿色，小垫状群生。茎直立或倾立，高3–5厘米，不分枝或从基部分枝，假根仅生于植株基部。叶密集着生，直立或倾立，披针形，长3–6毫米，宽约0.6毫米，叶先端渐尖；叶边分化，厚3–4层细胞，中上部具双列锐齿；中肋粗，长达叶尖终止。叶细胞多边状圆形，基部细胞2–3层，黄褐色。雌雄异株。蒴柄生于茎基部，与前种明显区别。孢蒴短圆柱形，台部细，平列或倾垂。雌苞叶狭披针形，边有锐齿。蒴齿两层，发育完全。

产浙江、台湾、福建、湖南、广东、广西、海南、四川、云南和西藏，多生于热带及亚热带林下的树干或腐木上。日本、越南、马来西亚、菲律宾、印度尼西亚有分布。

图 940　阔叶桧藓（引自《云南植物志》）

1.植物体(×1.7)，2-3.叶(×12.7)，4.叶中部边缘细胞(×270)。

74. 树灰藓科 HYPNODENDRACEAE

（黎兴江）

植物体粗大，强劲。茎具分化中轴，由薄壁细胞组成的基本组织，和多层厚壁细胞的深色皮部。主茎呈根茎状横生，假根密生；支茎木质化，直立，单生，常有假根，上部呈树形分枝，稀羽状分枝。叶多列，叶片单层细胞，仅少数种类的叶片边缘有2层细胞，卵状披针形或狭披针形，通常两侧对称，不下延；上部边缘具粗锐齿，有时具双列齿；中肋单一，强劲，长达叶尖或突出叶尖外，背部多具刺状齿。叶细胞狭长，背部有时具疣状突起，稀长六边形，平滑，叶基细胞较短，壁厚而具壁孔，角细胞有时分化。枝叶与茎叶同形或异形。雌雄异株。生殖苞着生支茎及分枝上。雄苞盘形。雌苞生短枝顶端。蒴柄粗长，直立，红色，平滑。孢蒴卵圆形、长卵圆形或圆柱形，直立、平列或下垂，干时多有皱褶；有明显台部。环带分化。蒴齿两层；外齿层齿片长披针形或狭长披针形；内齿层与外齿层完全分离，黄色，基膜高出，齿条与齿片等长，阔披针形，齿毛3–5，有节瘤。蒴盖圆锥形，具缘，稀无尖喙。蒴帽兜形，复罩蒴盖，平滑。孢子小形。

4属，分布亚洲热带及太平洋群岛。我国有1属。

树灰藓属 Hypnodendron (C. Müll.) Lindb. ex Mitt.

体形较大，绿色或棕绿色，有光泽，硬挺，疏生。主茎横生；支茎直立，下部无叶，密生假根；渐上有小形疏列的叶，上部丛生羽状分枝和树形分枝，稀扁平分枝。叶片基部小，呈三角状或卵状披针形，上部狭长渐尖，紧贴或四散背仰；枝叶基部不下延，内凹，无纵褶；背面的叶有时异形，通常卵圆形或卵状披针形，急尖或渐尖；边缘仅基部略卷，上部有不规则的尖锐锯齿，常具双列齿；中肋不及叶尖即消失，或稍突出于叶尖，背部有刺状粗齿。叶细胞狭长方形，薄壁，稀背部有前角突，基部细胞较短而具壁孔。雌雄同株。内雌苞叶具鞘状基部，急狭成细长尖。蒴柄长。孢蒴长圆柱形，有明显皱褶，干时皱缩，直立、平列或下垂，湿时略弯曲。蒴盖圆锥形，具长喙。蒴帽兜形。

约30种。我国有2种。

小叶树灰藓

图 941

Hypnodendron vitiense Mitt. in Seemann, Flora Vitiensis 401. 1873.

植物体黄绿色带金黄色，高约6–8厘米，基部密被假根。茎中下部

疏被叶，枝条集生于上部，多次分枝呈树状。茎叶紧贴茎上，三角状阔披针形，长约2.5毫米，宽1.5毫米，叶基平截，不下延，先端急尖或急狭具长尖；叶缘上部具微齿，下部全缘；中肋细弱，长达叶尖。枝叶较大，阔卵圆状披针形，长约4.5毫米，宽2毫米，叶基狭，两侧不对称而偏斜，但不下延，先端

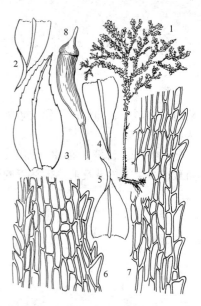

宽，呈钝急尖；叶缘平展，几全部具1列，稀2列粗齿；中肋在叶尖稍下处消失，背面上段疏被刺状尖齿。在小枝的腹面往往具1–2列较小的叶，长约1.5毫米，宽0.3–5毫米。叶片中上部细胞呈不规则的狭长方形或近于线形，长约30–40微米，宽4–5微米；叶基角部细胞较宽大，呈长方形或多角形，长80–60微米，宽20–30微米，壁较厚，有壁孔。雌雄异株。蒴柄红棕色，长3–5厘米。孢蒴长圆柱形。蒴盖圆锥形，具长喙。孢子直径约15微米，壁平滑。

产台湾和海南，多生于热带雨林的树干，稀着生岩壁上。日本、印度、印度尼西亚、菲律宾、大洋洲及澳大利亚有分布。

图 941 小叶树灰藓 (引自《中国苔藓志》)

1. 植物体(×1.6)，2-5. 茎叶与枝叶(×19.6)，6. 枝叶中部边缘细胞(×195)，7. 茎叶中部边缘细胞(×195)，8. 孢蒴(×19.6)。

75. 皱蒴藓科 AULACOMNIACEAE
（黎兴江）

植物体丛生，深绿带褐色，密被假根。茎直立，具小形细胞构成的分化中轴，及疏松基本组织和明显的皮部；通常在顶端生殖苞下有1–3茁生枝，有时由老茎产生新枝。叶多列，顶叶较大，内凹，卵状长披针形或狭长披针形；无分化边缘，上部具齿，中肋通常不及叶尖即消失。叶细胞小，呈多角状圆形，厚壁，多数具疣。

雌雄异株或同株。生殖苞顶生。雄苞芽胞形或盘形。雌苞叶异形。孢子体单生。蒴柄高出。孢蒴倾立，稀直立，长卵形或圆柱形，有短台部及纵长加厚纵壁。气孔显型，多着生台部。环带常存。蒴齿通常两层，构造与真藓属相似。蒴帽狭长，兜形，具长喙，一侧开裂，易脱落。蒴盖圆锥形，有时具长喙。孢子形小。

2属，分布高寒冻原及水湿地区。我国有1属。

皱蒴藓属 Aulacomnium Schwaegr.

多丛生。茎枝密被假根，通常黄绿色，为高寒沼泽地湿生藓类。茎因逐年苗生新枝而呈丛生枝形。叶密生，干时紧贴或一向偏曲，湿时倾立，长卵圆形、披针形或狭长披针形，先端渐尖或圆钝；边缘大多背卷；中肋强，不及叶尖即消失。叶细胞腔小，壁厚，角隅强烈加厚，圆形或圆3-6边形，具中央单粗疣。雌雄异株，稀同株。雄苞芽胞形，有线形配丝，或盘形而有棒槌形配丝。雌苞叶异形。蒴柄高出。孢蒴下垂，长卵形或长圆柱形，有短台部而凸背，具8列深色厚壁细胞构成的纵纹，干时成纵褶。环带2-4列细胞，成熟后自行脱落。蒴齿两层。外齿层齿片狭长披针形，有细长尖，黄色或棕红色；内齿层薄，无色透明，基膜高出；齿条细长，披针形，纵裂；齿毛发育，纤细，有细节瘤。蒴盖圆锥形，具直或斜喙。常有无性芽胞群生于茎端芽胞柱上。

约10种。我国有4种。

1. 叶片呈长卵圆形，先端钝；叶基部细胞单层，呈多角状圆形，具疣，与上部细胞近于同形 ⋯⋯⋯⋯
⋯⋯⋯⋯⋯⋯⋯⋯⋯⋯⋯⋯⋯⋯⋯⋯⋯⋯⋯⋯⋯⋯⋯⋯⋯⋯⋯⋯⋯⋯⋯ 1. 异枝皱蒴藓 A. heterostichum
1. 叶片呈狭舌状或长椭圆状披针形，先端渐尖；叶基部细胞2-3层，呈长方形，平滑无疣，与上部细胞异形 ⋯⋯
⋯⋯⋯⋯⋯⋯⋯⋯⋯⋯⋯⋯⋯⋯⋯⋯⋯⋯⋯⋯⋯⋯⋯⋯⋯⋯⋯⋯⋯⋯⋯⋯ 2. 皱蒴藓 A. palustre

1. 异枝皱蒴藓 图 942

Aulacomnium heterostichum (Hedw.) B. S. G., Bryol. Eur. fasc. 10. t.403. 1841.

Arrhenopterum heterostichum Hedw., Sp. Musc. Frond. 198. t. 46. f. 1–9. 1801.

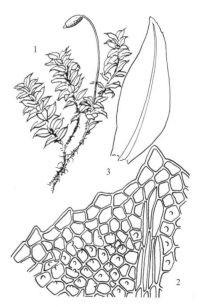

图 942 异枝皱叶藓 (引自《中国苔藓志》)

植物体黄绿色，疏丛生。茎倾立，单一或分枝，高2-3厘米，基部密被假根。叶密生，干时不卷曲，长卵圆形或椭圆形，内凹，先端圆钝，基部不下延，长1.8-3毫米，宽1-1.4毫米；叶缘平展，上部具多细胞粗齿；中肋强劲，不弯曲，长达叶尖下部终止。叶上部细胞不规则圆形，或4-6角形，厚壁，具低而小的疣或平滑，下部细胞与上部细胞同形。雌雄同株。蒴柄直立，长1-1.5厘米。孢蒴倾立，圆柱形，长2.5-3毫米，稍弯曲，干燥时具纵褶。蒴齿发育正常；内齿层基膜高达蒴齿的1/2。蒴盖圆锥形，具短喙。孢子褐色，具密疣。

产黑龙江、吉林、辽宁、内蒙古、河南、陕西、甘肃、湖北、湖南、贵州和四川，多生于针叶林下潮湿林地、石砂或岩面薄土上，稀生于腐木。日本、朝鲜、俄罗斯（西伯利亚）及北美洲东北部有分布。

1. 植物体(×3.2), 2. 叶(×26), 3. 叶先端细胞(×255)。

2. 皱蒴藓

图 943 彩片177

Aulacomnium palustre (Hedw.) Schwaegr., Sp. Musci Suppl. 3(1): 216. 1827.

Mnium palustre Hedw., Sp. Musc. Frond. 188. 1801.

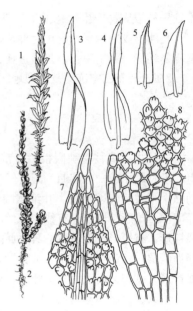

体形较粗大，绿色或黄绿色，基部假根交织密集丛生。茎直立或倾立，高达10–15厘米，具分枝，多有无性芽。叶片密覆瓦状着生，披针形或阔披针形，先端渐尖，顶端钝，基部稍宽大，略下延；叶边全缘或上部有钝齿，中部内卷；中肋细，达叶尖下终止。叶细胞圆六边形或不规则圆形，角部略加厚，具单一高疣；基部具2–3层细胞，长方形，薄壁，平滑，有时呈褐色。雌雄异株。孢蒴倾立，长卵形，老时具纵长条纹，台部短，黄色或黄褐色，干燥时收缩。蒴盖圆凸形，先端具短喙。植株先端常具芽苞柱。

产黑龙江、吉林、辽宁、内蒙古、陕西、新疆、湖北、四川、云南和西藏，生于林下沼泽地或开旷沼泽地，也生于草地、水边或潮湿石缝中。日本、朝鲜、蒙古、俄罗斯（远东地区、西伯利亚）、不丹、尼泊尔、印度、非洲、欧洲、美洲、澳大利亚及新西兰有分布。

图 943 皱蒴藓（引自《中国苔藓志》）

1-2. 植物体（×2.5），3-6. 叶（×20），7. 叶先端细胞（×200），8. 叶基部细胞（×200）。

76. 寒藓科 MEESIACEAE

（黎兴江）

植物体多密集丛生，绿色或黄绿色。茎直立，具分化中轴，在生殖苞下常茁生新枝；茎枝随处多着生假根。叶3–8列，倾立或背仰，长卵圆形或披针形；无分化边缘，叶尖有微齿，稀全部具齿；中肋强劲，不及叶尖即消失。叶细胞壁较厚，圆形、方形或六边形，平滑或具乳头；叶基细胞薄壁，狭长方形，常无色。雌雄同株或异株。雄苞盘形，有棒槌形配丝。雌苞有线形配丝。蒴柄细长，直立。孢蒴直立，有长的台部，长弯梨形，凸背，具斜生小蒴口。环带细胞小形，1–2列，自行脱落。蒴齿两层。内外齿层等长或外齿层较短；外齿层齿片基部有时相连，钝端或平截；内齿层具低的基膜，齿条线形，有穿孔；齿毛退失。蒴盖短圆锥形，钝端。蒴帽小，兜形，平滑，易脱落。孢子具疣。

3属，多寒地沼泽生藓类。我国有2属。

1. 叶片直立或稍背仰；叶细胞两面均平滑，无乳头突起；内齿层齿条为外齿层齿片长度的二倍或更长 ·· 1. **寒藓属 Meesia**
1. 叶片上部强烈背仰；叶细胞两面均具明显乳头突起；内齿层齿条与外齿层齿片等长 ····· 2. **沼寒藓属 Paludella**

1. 寒藓属 Meesia Hedw.

植物体密集或疏散丛生，绿色或黄绿色，下部棕色。茎直立，常分枝，基部生假根。叶2列或多列，干燥时卷缩，潮湿时直立或稍背仰，卵圆状披针形或狭披针形，先端钝或急尖，基部不下延或稍下延；叶缘平直或背卷，全缘或具齿；中肋基部宽，达叶尖或在叶尖稍下处消失。叶上部细胞方形或长方形，薄壁，平滑，基部细胞长方形。雌雄异株或同株。蒴柄细长，红棕色。孢蒴倾立或平列，长梨形，略弯曲。蒴齿两层，外齿层短于内齿层，齿片极短，先端钝；内齿层基膜低，齿条为齿片长度的2倍以上，狭披针形，龙骨状，具狭穿孔，齿毛短或发育不全。蒴盖半球形或钝圆锥形。环带狭或发育不全。孢子大，具细疣。

约10种，分布北温带北部及南部高山地带。我国有3种。

1. 叶片多全缘；雌苞叶狭长；雌雄同株 ·· 1. 寒藓 **M. longiseta**
1. 叶片上部边缘有不明显的细锯齿；雌苞叶不明显狭长；雌雄异株 ··················· 2. 三叶寒藓 **M. triquetra**

1. 寒藓
图 944

Meesia longiseta Hedw., Sp. Musc. Frond. 173. 1801.

藓丛高8–10厘米，上部褐色或黄绿色，下部常呈黑褐色，疏丛生。茎直立，常不分枝，叶片6–8列，均匀疏生。叶片基部下延，干燥时卷缩，直立或背仰，卵状披针形，渐尖，或先端圆钝；叶缘平直，全缘，或有时具不明显齿突或边缘略内卷；中肋细，达于叶尖终止。叶细胞壁薄，平滑，上部短长方形，基部长方形，叶缘细胞狭长。雌雄同株。蒴柄长8–10厘米，直立，红褐色。孢蒴长约5毫米，弯梨形，具长台部，黄褐色。齿片短钝；齿条披针形。蒴盖小，短圆锥形。环带2列细胞，蒴盖开裂时脱落。孢子直径30–40微米，黄褐色，具密疣。

产黑龙江、内蒙古和山西，多生于沼泽地、潮湿林地或草地上。俄罗斯（远东地区及西伯利亚）、欧洲及北美洲有分布。

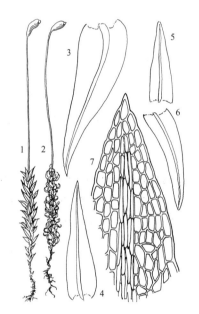

图 944 寒藓（引自《中国苔藓志》）

1-2. 植物体（×2.5），3-6. 叶（×20），7. 叶先端细胞（×200）。

2. 三叶寒藓
图 945

Meesia triquetra (Linn. ex Richt.) Aongstr., Nov. Acta Roy. Soc. Sci. Upsal. 12: 357. 1844.

Mnium triquetrum Linn. ex Richt., Codex Bot. Linn. 1045. 1840.

稀疏丛生，或交织成垫状丛生，黄色或黄绿色，有时深绿色或褐绿色，基部常呈黑褐色。茎直立，不分枝或具1–3分枝，叶呈三列着生，密被褐色假根。叶片长2.5–3.5毫米，宽1–1.5毫米，基部下延，阔卵圆状披针形，龙骨状背凸，中上部背仰；叶缘平直，具明显锯齿；中肋粗壮，达叶尖终止或略突出于叶尖部。叶片先端细胞小，方形或短长方形，或不规则形，绿色；基部细胞长方形，薄壁，无色透明。雌雄异

株。蒴柄长8–10厘米，直立，红褐色。孢蒴长4–6毫米，台部与壶部等长，干燥时弯曲，长弯梨形，黄褐色。环带细胞2列。蒴齿两层；外齿层齿片仅为内齿层长度的1/4，黄色，先端钝，彼此相连；基膜低矮；齿条长线形，尖部相连。蒴盖短圆锥形。孢子直径30–45微米，黄褐色，具密疣。

产黑龙江、吉林和内蒙古，多生于沼泽地、草甸及水湿的草地上。蒙古、俄罗斯（远东地区，西伯利亚）、欧洲、北美洲及澳大利亚有分布。

1-2.植物体(×2.3)，3-4.叶(×18)，5.叶中部边缘细胞(×180)。

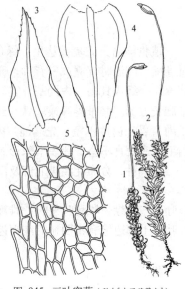

图 945 三叶寒藓（引自《中国苔藓志》）

2. 沼寒藓属 Paludella Brid.

1种，属的特征同种所列，多分布于北寒温带的高山或平原。我国有分布。

沼寒藓 图 946

Paludella squarrosa (Hedw.) Brid., Sp. Musc. 3: 74. 1817.

Bryum squarrosum Hedw., Sp. Musc. Frond. 186. 1801.

植物体密集丛生，假根交织，呈垫状，高8–15厘米，鲜绿色或黄绿色，下部常呈褐色。茎直立，单一，或上部分枝，密被褐色假根。叶五列着生，基部下延，长卵圆状披针形，先端渐尖，上部背仰，尖部弯曲，长1–2毫米，中部宽0.5–1毫米；叶缘中下部略背卷，中部以上平直，具不规则的细锯齿；中肋细弱，消失于叶尖。叶片上部细胞圆形、六边形，两面均具乳头，中部细胞椭圆形，基部细胞长方形，薄壁透明，角部细胞趋短。雌雄异株。雄苞叶阔卵形，尖部短背仰。雌苞叶长于茎叶，直立或尖部背仰，叶缘背卷。蒴柄长3–6厘米，细弱，红色。孢蒴长卵形，长4–5毫米，略背曲，台部短，黄褐色，成熟后变红褐色。环带由2列细胞构成。蒴齿两层；外齿层齿片16，长披针形，浅黄色；内齿基膜为齿片高的1/5，色淡；齿条线披针形，与齿片等长或略短于齿片，具穿孔；齿毛短，或缺如。孢子小，黄色，具细疣；成熟于夏季。蒴盖高圆突，具小尖。

产黑龙江、吉林、内蒙古和云南，多生于寒地沼泽或塔头沼泽

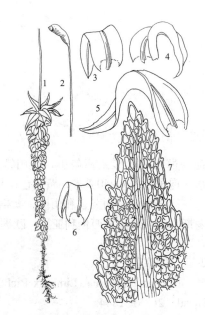

图 946 沼寒藓（引自《中国苔藓志》）

地。蒙古、俄罗斯（远东地区、西伯利亚）、欧洲、非洲及北美洲有分布。

1-2.植物体(×3.8)，3-6.叶(×18)，7.叶先端细胞(×180)。

77. 珠藓科 BARTRAMIACEAE

（臧　穆　黎兴江）

植物体密集丛生，密被假根成垫状。茎具分化中轴。生殖苞下常有1-2分枝。叶5-8列，紧密排列，呈卵状披针形，基部通常不下延，呈鞘状，先端狭长，稀有纵褶；边缘不分化，上部边缘及中肋背部均具齿；中肋强劲，不及叶尖，或稍突出如芒状。叶细胞圆方形、长方形，稀狭长方形，通常壁较厚，但无壁孔，背腹面均有乳头，稀平滑，基部细胞同形或阔大，透明，通常平滑，稀有分化的角细胞。雌雄同株或异株。生殖苞顶生，稀因苞生新芽而成为假侧生。雄苞芽胞形或盘形；配丝多数线形或棒槌形。雌苞叶较大而同形。孢子体单生，稀2-5丛生。蒴柄多高出。孢蒴直立或倾立，稀下垂，通常球形，稀有明显的台部，多数凸背，口斜，有深色的长纵褶，稀对称而平滑。蒴齿两层，稀单层，或部分退失。外齿层齿片短披针形，棕黄色，或红棕色，平滑或具疣；内齿层较短，褶叠形，基膜占蒴齿长的1/4-1/2；齿条上部有穿孔，成熟后全部开裂；齿毛1-3，有时不发育或全退失。蒴盖小，短圆锥形，稀具喙，干时平展，中部隆起。蒴帽小，兜形，平滑，易脱落。孢子大，圆形，椭圆形或肾形，具疣。

10属。我国有6属。

1. 茎不呈三棱形；叶细胞多具乳头突起。
　2. 植物体无顶生丛枝；茎表皮细胞小形。
　　3. 叶贴生，基部不呈鞘状；孢蒴无纵褶 ·· 1. **刺毛藓属 Anacolia**
　　3. 叶倾立，或虽贴生，基部呈鞘状；孢蒴有纵褶 ····························· 2. **珠藓属 Bartramia**
　2. 植物体有顶生丛枝；茎表皮细胞大形。
　　4. 孢蒴长卵形，台部长 ·· 4. **长柄藓属 Fleischerobryum**
　　4. 孢蒴多呈球形，台部短。
　　　5. 叶散列，或背仰，有纵长褶；叶细胞线形 ··································· 3. **热泽藓属 Breutelia**
　　　5. 叶贴生，直立或略倾立，不背仰，无纵长褶或具浅褶；叶细胞较阔，长方形 ······· 5. **泽藓属 Philonotis**
1. 茎三棱形；叶细胞平滑 ·· 6. **平珠藓属 Plagiopus**

1. 刺毛藓属 Anacolia Schimp.

植物体粗挺，黄绿色，密集丛生。茎直立，单一或分枝，无丛生枝，横切面呈8棱形，表面有粗糙疣。叶8列，干时紧贴，湿时直立，倾立或一向偏斜，基部呈卵圆状瓢形，两侧各有纵褶，先端细长，狭披针形；边缘中部以下背卷，上部具细尖齿；中肋强，长达叶尖或突出叶尖如芒刺状，背部多有疣状突。叶细胞形小，厚壁，不透明，通常方形，渐向基部渐长，但基部近边缘细胞仍为方形。雌雄异株。雌苞顶生或假侧生，芽胞形。雌苞叶较狭。蒴柄短，长不超过1厘米，直立，稀弯曲。孢蒴直立或略倾斜，整齐，近球形，无纵纹或皱褶。干时稍皱缩。蒴齿通常完全退失，稀部分齿片残存。蒴盖甚小，凸盘形，钝尖。孢子肾形，具疣。

约6种，分布温带地区。我国有2种。

中华刺毛藓　　　　　　　　　　　　　　图 947

Anacolia sinensis Broth., Sitzungsber AK. Wiss. Wien, Math. Nat. Kl. Abt. 1, 133: 570, 1924.

体形粗壮，高3-5厘米，黄绿色至深绿色，往往成片生长。叶紧密排列，硬而向上挺立，基部阔，平截，有纵褶纹，中上部急尖变细，呈长芒状，披针形；边缘有齿；中肋长，突出呈芒状，直展或多弯曲。茎中上部叶片较长大，茎基部叶片较短小。叶细胞长方形，壁较厚，疣多见于细胞的中上部。叶基部细胞短方形，壁薄、透明、平滑无疣。孢蒴近圆球形。蒴柄短，红褐色。

产广西、四川和云南，生于高山带的流水或近水湿的岩面和土表。尼泊尔及印度有分布。

1. 植物体(×3.3), 2-3. 叶(×24.6), 4.叶先端细胞(×200), 5.叶中部细胞(×200)。

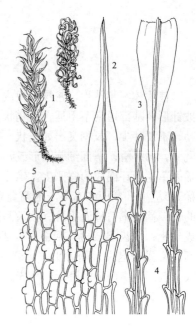

图 947 中华刺毛藓（引自《中国苔藓志》）

2. 珠藓属 Bartramia Hedw.

常密集丛生，形成纯群落。茎直立，单一，或分枝，无丛生枝；茎，枝密被假根。叶8列，呈卵状披针形或狭披针形，基部半鞘状，上部渐狭或急成长尖；上部边缘具齿，具2层细胞；中肋强劲，背部多齿，长达叶尖消失或突出呈长芒状。叶尖和中部细胞形小，壁厚，方形，背腹面均有乳头，基部细胞长方形，壁薄，平滑或透明。雌雄同株或异株。雌苞顶生，有小形苞叶及线形配丝。孢蒴多倾立，凸背，斜口，近于球形，台部不发达，有纵纹，干时皱缩多褶。蒴齿两层，稀单层或缺如。外齿层的齿片外表有回折中缝，内面有横隔，内齿层的齿毛有时不发育或缺如。蒴盖小，圆锥形或短圆锥形。孢子肾形或球形，有疣。

本属约110钟，分布温湿地区，热带见于高山和丘陵。我国有6种。

1. 蒴柄短，侧生；孢蒴隐生于枝叶内 ·· 1. 亮叶珠藓 B. halleriana
1. 蒴柄长，顶生；孢蒴高出于枝叶外。
　2. 叶较短，叶基明显呈鞘状 ·· 2. 直叶珠藓 B. ithyphylla
　2. 叶狭长，叶基不呈鞘状 ·· 3. 梨蒴珠藓 B. pomiformis

1. **亮叶珠藓 挪威珠藓 掫蒴珠藓**　　　　　　　图 948 彩片178
Bartramia halleriana Hedw., Sp. Musc. Frond. 164. 1801.

植物体上部暗黄绿色，下部密被棕色绒毛状假根，高2–10厘米，被叶枝宽约1厘米。干燥时茎叶端及叶鞘扭曲，湿时多背仰，基部短阔，呈半鞘状，上部线形，先端锐尖；边缘具粗齿，基部边平滑，反卷；中肋突出呈芒刺状，背面具齿状刺。叶细胞略加厚，上部短方形，具疣，下部细胞长方形，叶边细胞稍短，基部呈黄褐色。雌雄同株。孢蒴假侧生于分枝上，1–2个着生。蒴柄短于叶片，长约4毫米，红色。孢蒴球形，倾斜，橙黄色，直径约2毫米，具深纵皱褶。蒴齿两层；外齿层深红色，内齿层淡黄色。孢子球形，具疣。

产黑龙江、吉林、辽宁、内蒙古、河北、陕西、新疆、江苏、安徽、浙江、台湾、福建、江西、湖北、贵州、四川、云南和西藏，多生于海拔2200-4000米的树干和岩石上。日本、印度、欧洲、美洲、大洋州及非洲有分布。

1. 植物体(×3.4), 2-3. 叶(×26), 4. 叶近尖部边缘细胞(×210), 5. 叶近基部细胞(×210)。

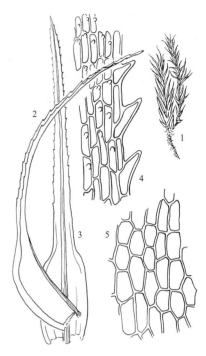

图 948 亮叶珠藓（引自《中国苔藓志》）

2 直叶珠藓 图 949 彩片179

Bartramia ithyphylla Brid., Musci Rec. 2(3): 132. 1803.

植物体棕绿色或黄绿色，基部往往呈灰绿色，密集丛生。茎红褐色，被有交织的红色假根，直立，稀分枝。叶片近直立，基部鞘状，无色透明，向上渐狭，呈狭披针形；叶缘平或微卷呈半管状，具锐齿；中肋宽，长达叶尖。叶片上部细胞狭长方形，边缘2-3层，具疣；叶基部细胞长方形，平滑，无色。雌雄异株。孢蒴倾立，球形，背凸，褐色，具光泽，纵条纹色深，干燥时具明显的沟槽。蒴盖小，平凸形。内齿层短于外齿层，深绿色，具低基膜。孢子褐色，具长疣。

产黑龙江、吉林、辽宁、内蒙古、河南、陕西、新疆、安徽、浙江、台湾、福建、广西、贵州、四川和云南，多生于砂质粘土或岩石表面。喜马拉雅地区、印度、日本、俄罗斯、大洋州、欧洲、美洲及非洲有分布。

1. 植物体(×2.9), 2.3. 叶(×22), 4. 叶中部边缘细胞(×170), 5. 叶基部细胞(×170)。

3. 梨蒴珠藓 图 950 彩片180

Bartramia pomiformis Hedw., Sp. Musc. Frond. 164. 1801.

植物体密集丛生。茎直立或倾立，单一或分枝，高2-5厘米，密被棕色假根。叶8列着生，干燥时弯曲，潮湿时伸展，狭披针形，基部

直立，向上渐成细长叶尖，长3-5毫米，基部宽0.5-0.6毫米；叶缘具单列齿；中肋长达叶尖，上部背面具刺状齿。叶上部细胞单层，边缘2层，短长方形，壁加厚，两面具乳头，基部细胞不规则长方形，平滑透明。雌雄同株。蒴柄直立，红棕色，长0.8-1.5厘米。孢蒴球形，倾立，蒴口小，表面具纵长

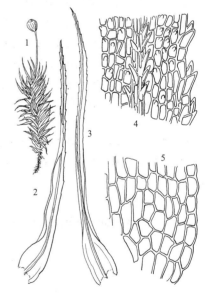

图 949 直叶珠藓（引自《中国苔藓志》）

褶。蒴齿两层；外齿层齿片披针形，红棕色，具细疣；内齿层短于外齿层，淡黄色，基膜低，齿条短，无齿毛。蒴盖圆锥形。孢子棕黄色，具粗疣。

产黑龙江、吉林、辽宁、内蒙古、河北、河南、陕西、新疆、安徽、浙江、台湾、福建、江西、湖北、湖南、广东、贵州、四川和云南，生于落叶松、白桦等混交林下阴湿土壤、岩石或腐木上。日本、俄罗斯、欧洲、美洲、新西兰及非洲有分布。

1.植物体(×3)，2-3.叶(×38)，4.叶先端细胞(×215)，5.叶基部细胞(×215)。

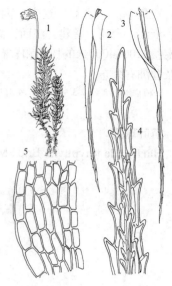

图 950 梨蒴株藓（引自《中国苔藓志》）

3. 热泽藓属 Breutelia Schimp.

体形粗壮，稀疏或密集群生。茎多长大，常在生殖苞下有多数丛集茁生枝，或不规则多次分枝，稀单一或仅少数分枝。叶片基部常有纵褶，披针形或狭长披针形；叶缘有单列齿，稀全缘；中肋细长，多数突出叶尖。叶细胞多数厚壁，呈不规则狭长方形，稀短方形，或多角形，通常具疣，基部边缘多具1-2列疏松长方形细胞。雌雄异株。雄苞盘形，雄苞叶较宽大，直立，往往集成莲座状。雌苞叶较小，直立，细胞无疣。蒴柄粗短或较长，稀弯曲。孢蒴球形或阔卵形，倾立或悬垂，稀近于直立，干燥时具纵褶。蒴齿两层；内齿层常较短，多数具疣，齿毛不发达或退失。蒴盖小，平凸，有短喙。

约50种。我国有4种。

1. 植物体长，粗壮，高约10–20厘米；叶片阔卵状披针形，叶基不呈鞘状 ················· 1. **大热泽藓 B. arundinifolia**
1. 植物体较短小，柔韧，多短于6–10厘米以下；叶片三角状披针形，叶基呈鞘状 ···· 2. **仰叶热泽藓 B. dicranacea**

1. 大热泽藓   图 951

Breutelia arundinifolia (Duby) Fleisch., Musci Fl. Buitenzorg 2: 630, f. 120. 1904.

Hypnum arundinifolium Dudy in Morittzi, Syst. Verz. 131. 1846.

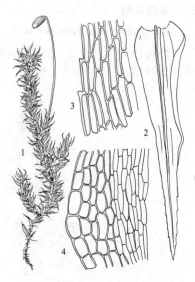

体大形，黄绿色，有绢泽光，单一或多次分枝。枝长20厘米，粗壮，柔韧，被叶枝的阔度达12毫米，枝常被假根。茎和枝的横切面多棱，有中轴。叶片阔卵状披针形，长约8毫米，阔1.5毫米，基部阔，中上部渐细，有多条纵长褶纹；叶缘具齿，叶先端齿成刺状。叶尖

图 951 大热泽藓（引自《中国苔藓志》）

细胞蠕虫状，中部细胞狭长方形，壁厚，背面有疣，基部边缘细胞大形而透明，壁薄。雌雄同株。蒴柄长3－5厘米，粗0.3毫米。孢蒴卵圆形，长约5毫米，宽3毫米，平列或下垂。干后有纵条纹。蒴齿两层。孢子近圆形，被疣。

产浙江、台湾、广东、广西、贵州和云南，生热带和亚热带地区

的树干。日本、印度尼西亚、菲律宾、印度及澳大利亚有分布。

1. 植物体(×3.2)，2. 叶(×24)，3. 叶中部细胞(×192)，4.叶基部细胞(×192)。

2. 仰叶热泽藓
图 952　彩片181

Breutelia dicranacea (C. Müll.) Mitt., Musci Ind. Or.: 64. 1859.

Bartramia dicranacea C. Müll., Bot. Zeitung (Berlin) 11: 57. 1853.

体形略粗壮，黄绿色。茎近于直立，高约6厘米，有分枝，密被叶片。叶三角状至阔披针形，中上部渐尖，先端狭长，但不呈芒尖，具纵长褶皱，基部平截，呈鞘状。叶边上部具齿，中下部全缘。叶细胞狭长方形、长方形、线形或长斜方形，疣多位于细胞的上端，壁较厚。

产广西、贵州、四川和云南，生于高山带的灌丛和树枝上。尼泊尔和印度有分布。

1. 植物体(×2.8)，2-3.叶(×18.6)，4.叶先端细胞(×165)，5.叶基部细胞(×165)。

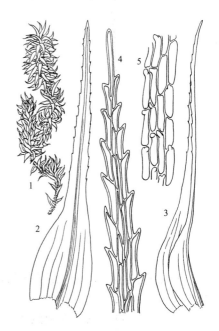

图 952　仰叶热泽藓（引自《中国苔藓志》）

4. 长柄藓属 （佛氏藓属）　**Fleischerobryum** Loeske

体形粗大，黄绿色，成熟后红棕色，稀疏丛生。茎直立，多次分枝，密被假根。干燥时枝尖多钩状下弯。叶稀疏排列，倾立或一向偏斜，基部卵圆形，上部渐狭呈披针形，具长尖；叶缘略内卷，除基部外均具粗锯齿；中肋长，消失于叶尖或突出叶尖。叶细胞长方形，疏松，薄壁或略加厚，近于平滑或有单疣位于细胞中央，渐向叶基细胞渐成阔菱形，叶缘细胞渐成狭长方形。雌雄异株。雌苞叶与叶同形。蒴柄细长，直立或上部弯曲。孢蒴顶生，垂倾或平列，长卵形，红棕色，有长颈部，平滑，干时具纵褶。环带不分化。蒴齿两层；外齿层齿片披针形，渐尖，外面有回折中缝，内面有横隔；内齿层有基膜，棕黄色，齿条上部两裂，齿毛1-2。蒴盖平凸，有粗短尖。蒴帽兜形，具长喙。孢子圆肾形，有疣。

4种，分布亚洲南部湿热地区。我国有2种。

长柄藓
图 953

Fleischerobryum longicolle (Hampe) Loeske, Morph. Syst. Stud. Laubm. 127. 1910.

Bartramia longicollis Hampe in C. Müll., Syn. Musci Frond. 1: 478. 1848.

植物体粗大，黄绿色，有绢泽光。茎长达5厘米以上，多单一，有中轴，基部被假根。叶片卵状长披针形，上部渐细，基部宽阔，有纵褶，基部抱茎，中部略内卷，上部平直，背仰；中肋长达叶尖或突出。中部细胞狭长方形或菱形，腹面疣位于中上部，背面平滑，中部细胞长

方形，基部细胞壁薄、大形、透明，叶基近中肋细胞狭长方形。孢蒴梨形，蒴口小。

产陕西、台湾、贵州、四川和云南，多生于潮湿的岩石上。日本、印度及菲律宾有分布。

1. 植物体（×2.8），2-3. 叶（×13.6），4. 叶先端细胞（×190），5. 叶基部细胞（×190）。

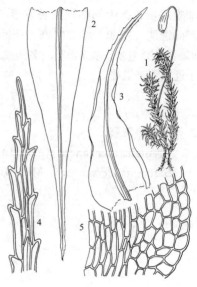

图 953 长柄藓（引自《中国苔藓志》）

5. 泽藓属 Philonotis Brid.

润湿土生或石生。植物体形小或大形，密集丛生。茎有明显分化的中轴及疏松单层细胞的皮部；通常叉形分枝，常在生殖苞下生出多数苗生芽条。叶倾立或一侧偏斜，干时紧贴茎上，茎多红色，假根密集，叶片长卵形，渐尖，稀圆钝，稀基部有纵褶；叶缘具粗或细锯齿，单层细胞，中肋强劲，常突出叶尖外，稀在叶尖下消失。叶尖及中部细胞短或长方形，或呈菱形，稀薄壁，5-6边形，多数具前角突或乳头，稀在细胞后角有疣，少数种类叶尖细胞平滑，或呈乳头突起，叶基细胞较大，疏松。雌雄异株，稀同株。雄苞芽胞形或盘形，有棒状配丝。孢子体单生。蒴柄长，直立。孢蒴倾立或平列，近于球形，不对称，有纵褶，台部短，口部宽大。蒴齿两层；外齿层齿片具明显中缝及横纹；内齿层的齿条常2裂，有斜纵纹或具疣；齿毛不甚发达。蒴盖多数平凸，或短圆锥形，具短喙。蒴帽兜形，易脱落。

170余种。我国约21种。

1. 叶中肋在叶尖下消失，或仅达叶尖。
  2. 叶先端急尖或渐尖。
    3. 叶片不具龙骨状突，中肋粗壮或较细，背部无刺 ·············· 2. 垂蒴泽藓 P. cernua
    3. 叶片具龙骨状突，中肋粗壮，背部有疣突或刺 ·············· 3. 偏叶泽藓 P. falcata
  2. 叶片狭披针形，或三角披针形。
    4. 叶片卵状椭圆形或三角状披针形。
      5. 叶片三角状披针形，叶边平展 ·············· 1. 珠状泽藓 P. bartramioides
      5. 叶片卵状椭圆形，叶边卷曲 ·············· 4. 密叶泽藓 P. hastata
    4. 叶片狭披针形。
      6. 叶片尖部渐细；中肋长达尖部 ·············· 5. 毛叶泽藓 P. lancifolia
      6. 叶片尖部狭披针形，细长；中肋消失于叶片近尖部 ·············· 8. 斜叶泽藓 P. secunda
1. 叶中肋突出于叶尖。
  7. 叶片狭三角状披针形或狭披针形，上部渐呈细尖 ·············· 6. 柔叶泽藓 P. mollis
  7. 叶片卵状披针或披针形，上部渐尖，无细长尖。
    8. 叶片细胞的疣突位于细胞的上下两端 ·············· 10. 细叶泽藓 P. thwaitesii

8.叶片细胞的疣突仅位于细胞的上端。
　9.叶片狭披针形，叶耳上部抱茎 ································· 9. **齿缘泽藓 P. seriata**
　9.叶片三角状披针形，叶耳仅基部抱茎
　　10.叶边强烈内卷 ···································· 7. **卷叶泽藓 P. revoluta**
　　10.叶边平展，或中部略内卷 ············· 11. **东亚泽藓 P. turneriana**

1. **珠状泽藓**　　　　　　　　　　　　　　　　图 954

Philonotis bartramioides (Griff.) Griffin et Buck, Bryologist 92: 376. 1989.

Weissia bartramioides Griff., Calcutta Journ. Nat. Hist. 2: 489.1842.

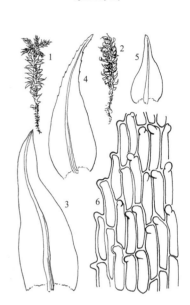

图 954 珠状泽藓（引自《中国苔藓志》）

1-2. 植物体（×2.2），3-5.叶（×32.6），6.叶近尖部细胞（×260）。

植物体直立，绿色或翠绿色，高约2–4厘米，顶端丛生分枝。叶片阔披针形至阔三角形，直立至略背仰。枝端叶片较小，中下部叶片较大，平展；叶边不全卷，上部略有齿，中下部全缘；中肋平直或略弯曲。叶顶端细胞长菱形，中部细胞方形至长方形，前角突位于细胞顶端，叶基细胞方形或圆多角形，透明。雌雄同株。孢蒴圆形，直立，有纵条纹，红褐色。蒴柄长1.5–2厘米。

产陕西、台湾、福建、湖南、贵州、四川和云南，生于有滴水的岩石或潮湿土壤上。印度及欧洲有分布。

2. **垂蒴泽藓**　　　　　　　　　　　　　　　　图 955

Philonotis cernua (Wils.) Griffin et Buck, Bryologist 92: 376. 1989.

Glyphocarpa cernua Wils., Hooker's Journ. Bot. Kew Gard. Misc. 3: 383. 1841.

植物体直立，绿色或深绿色，密集垫状丛生，顶部丛生分枝，基部叶多脱落。枝上密生棕褐色假根。叶片分两种类型，茎上端的叶片呈长卵状披针形，中下端叶片呈阔卵状披针形，有齿，中下部近全缘；中肋粗壮，黄色。叶上部细胞阔菱形、长方形，中下部呈方形至多角方形，疣位于细胞上端。孢蒴悬垂，圆形或梨形，壁有纵褶。蒴柄长2–4厘米，红色。

产台湾、海南、贵州和云南，生于有滴水的岩石或水边土壤上。印度有分布。

1-2. 植物体（×3），3-4.叶（×21.8），5.叶先端细胞（×175），6.叶基部细胞（×175）。

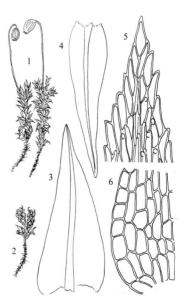

图 955 垂蒴泽藓（引自《中国苔藓志》）

3. 偏叶泽藓

图 956

Philonotis falcata (Hook.) Mitt., Journ. Linn. Soc. Bot. Suppl. 1: 62. 1859.

Bartramia falcata Hook., Trans. Linn. Soc. London 9: 317. 1808.

植物体较纤细，黄绿色或绿色，高2–5厘米，密集丛生，基部被红褐色假根。叶片呈卵状三角形，长达2.5毫米，呈镰刀状或钩状弯曲，基部阔，呈龙骨状凸起，先端渐尖；叶边背卷，具微齿；中肋粗壮及顶，背部凸出。叶细胞长方形，疣位于细胞上端，上部细胞较长，中部细胞近方形至近圆多角形，基部细胞短而宽阔，透明。

产内蒙古、河南、陕西、甘肃、宁夏、山东、江苏、浙江、台湾、福建、湖北、广东、贵州、四川、云南和西藏，多生于3000米上下的高山沼泽地。朝鲜、日本、菲律宾、尼泊尔、印度、非洲及夏威夷群岛有分布。

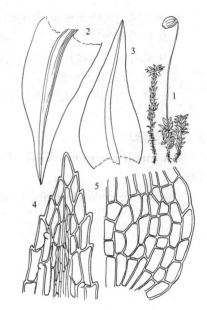

图 956 偏叶泽藓（引自《中国苔藓志》）

1. 植物体（×3.2），2–3. 叶（×26.5），4. 叶先端细胞（×210），5. 叶基部细胞（×210）。

4. 密叶泽藓

图 957 彩片182

Philonotis hastata (Duby) Wijk et Marg., Taxon 8: 74. 1959.

Hypnum hastatum Duby in Moritzi, Syst. Verz. 132. 1846.

体形较纤细，柔软，黄绿色，有光泽。茎高2–4厘米，下部密被棕褐色假根。叶覆瓦状着生，倾立，椭圆状或卵状披针形、长卵圆形或近三角形，先端渐尖，基部平截，阔1–0.3毫米；叶边平展，或略内卷，上部有齿，中下部近平滑，中部叶边有时具双层细胞；中肋粗壮，及顶或不及顶。叶片上部细胞近方形或菱形，中部及下部细胞近长方形至多角形。基部细胞长约40–20微米，较透明，未见疣状突起。孢蒴圆球形或卵圆形。

产江苏、浙江、台湾、福建、广东、海南、云南和西藏，多生于潮湿的土壤或高山沼泽地。日本、菲律宾、印度尼西亚、马达加斯加及夏威夷有分布。

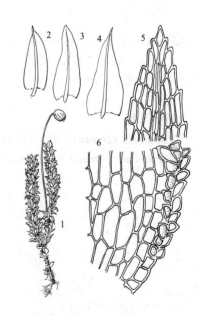

图 957 密叶泽藓（引自《中国苔藓志》）

1. 植物体（×3.5），2–4. 叶（×18），5. 叶先端细胞（×210），6. 叶基部细胞（×210）。

5. 毛叶泽藓

图 958 彩片183

Philonotis lancifolia Mitt., Journ. Linn. Soc. 8: 151. 1865.

植物体密集丛生，绿色，黄绿色，高2–4厘米。叶倾立，排列紧密，卵状披针形，先端渐尖，基部卵形；叶边略内卷，上部有齿。

叶尖细胞长方形或狭菱形，中下部细胞长方形或方形，长35–45微米，宽4–6微米，腹面观疣位于细胞上端，背面观疣位于细胞下端。孢蒴卵圆形，红褐色，长2–2.5毫米，平列。

产黑龙江、吉林、辽宁、内蒙古、河南、山东、江苏、安徽、浙江、台湾、福建、湖南、广东、海南、广西、贵州、四川和云南，多生于潮湿的土壤或高山沼泽地。日本、朝鲜、印度及印度尼西亚有分布。

1. 植物体（×3.8），2-3. 叶（×28），4. 叶先端细胞（×225），5. 叶基部细胞（×225）。

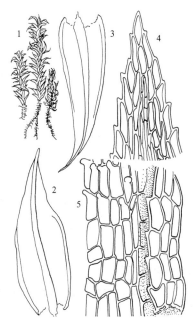

图 958 毛叶泽藓（引自《中国苔藓志》）

6. 柔叶泽藓　　　　　　　　　　　图 959

Philonotis mollis (Dozy et Molk.) Mitt., Journ. Linn. Soc. Bot. Suppl. 1: 60. 1859.

Bartramia mollis Dozy et Molk., Ann. Sci. Nat., Bot., Ser. 3, 2: 300. 1844.

体形纤细，高约2厘米，有丝质光泽。叶片排列紧密，狭卵形或狭披针形，长约3毫米，宽0.35毫米，顶端具芒状长尖；叶边平展或微内卷，尖部具齿；中肋突出叶尖。中上部细胞长菱形或长方形，长55–65微米，宽9–13微米，腹面观疣位于细胞的上端，背面观疣位于细胞的下端，叶基细胞大，透明，长30–55微米，宽9–14微米。孢蒴圆球形至梨形，长4–5毫米。孢子直径25–35微米，壁粗糙。

产浙江、台湾、福建、广东、贵州和云南，多生于潮湿的土壤或积水的沼泽地。日本、印度、越南、菲律宾及印度尼西亚有分布。

1. 植物体（×3.4），2-4. 叶（22.6），5. 叶先端细胞（×200），6. 叶中部细胞（×200），7. 叶基部细胞（×200）。

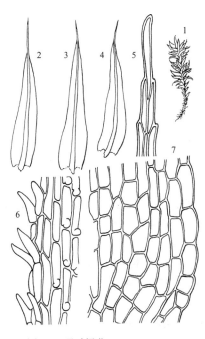

图 959 柔叶泽藓（引自《中国苔藓志》）

7. 卷叶泽藓　　　　　　　　　　　图 960

Philonotis revoluta Bosch et Lac., Bryol. Jav. 1: 158. 1861.

植物体绿色，直立，高达3厘米，密集生长。叶片稀疏排列，背仰，卵状披针形，或三角状披针形，长约1.5毫米，宽0.3毫米，顶端具细长尖；叶边明显内卷。叶上部细胞狭长方形或线形，中下部细胞阔长方形，长多角形，腹面观疣位于细胞的上端，背面观疣位于细胞的下端。孢蒴卵圆形，长2.3–2.8毫米，

直径1.5-20毫米。成熟后多红褐色，平列。孢子黄褐色，直径16-21微米，壁具疣。

产辽宁、河南、陕西、山东、安徽、浙江、台湾、福建、江西、湖北、广东、海南、广西、四川和云南，生于高山带的滴水石上、河岸边或岩缝中。日本、印度、菲律宾及印度尼西亚有分布。

1. 植物体(×4)，2-3. 叶(×27.5)，4. 叶先端细胞(×240)，5. 叶基部细胞(×240)。

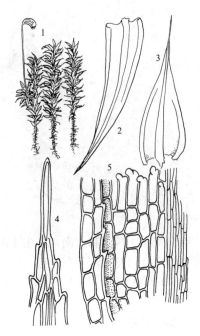

图 960 卷叶泽藓（引自《中国苔藓志》）

8. 斜叶泽藓 图 961

Philonotis secunda (Dozy et Molk.) Bosch. et S. Lac., Bryol. Jav. 1: 156. 1861.

Bartramia secunda Dozy et Molk., Pl. Jungh. 3: 332. 1854.

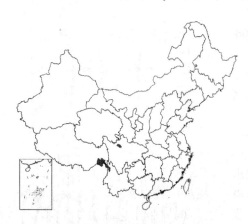

植物体细长，柔软，弯曲，长2-8厘米，丛集成垫状。茎中上部叶片绿色，无光泽，基部茎表密被棕褐色假根。叶片狭披针形或长三角形，先端渐尖，略向一侧偏斜，或向一侧弯曲，长1-1.5毫米，具长尖；中肋基部粗。叶细胞线形至长菱形，壁厚，疣多位于细胞上端；基部中央细胞较宽大，呈长方形或方形。孢蒴卵圆球形或圆球形，橙色，平列。

产台湾、四川、云南和西藏，生于潮湿的岩石或河边。印度尼西亚有分布。

1. 植物体(×3.3)，2-4. 叶(×25)，5. 叶先端细胞(×200)，6. 叶中部细胞(×200)，7. 叶基部细胞(×200)。

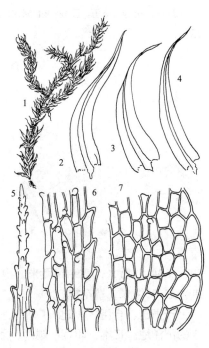

图 961 斜叶泽藓（引自《中国苔藓志》）

9. 齿缘泽藓 图 962

Philonotis seriata Mitt., Journ. Linn. Soc. Bot. Suppl. 1: 63. 1859.

植物体绿色或黄绿色，密集丛生或疏松丛生呈垫状。茎高6-15厘米，基部密生褐色假根。茎顶部常具1至多次分叉小枝。叶直立着生，阔卵状或三角状披针形，先端渐尖，有时呈镰刀形一向弯曲，基部平截，叶缘内卷，上部有齿，其余全缘；中肋粗壮，红色，背部有刺状齿。叶细胞长方形，菱形，长20-40微米，宽7-9微米，疣位于叶细胞的上部和下部。下部叶细胞的疣多见于胞腔中部。

产黑龙江、山西、山东、安徽、江西、贵州和西藏，生于潮湿的岩石、河岸和溪边。蒙古、朝鲜、日本、欧洲、非洲北部及北美洲有分布。

1. 植物体(×3.7), 2-3. 叶(×22), 4. 叶先端细胞(×180), 5. 叶基部细胞(×180)。

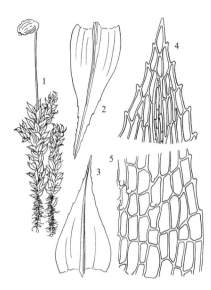

图 962 齿缘泽藓（引自《中国苔藓志》）

10. 细叶泽藓

图 963 彩片184

Philonotis thwaitesii Mitt., Proc. Journ. Linn. Soc. Bot. Suppl. 1: 60. 1859.

植物体较小，高仅1–2厘米，黄绿色，有光泽，基部分枝，下部密被假根。叶片紧贴于茎上，湿时直立，披针形或长三角形，背仰，长约0.8毫米，宽0.35毫米，具长尖，基部阔而平截；叶边内卷，有齿；中肋粗壮，长达叶尖，突出成长芒状。叶片上部细胞长方形至线形，基部细胞呈方形至长方形，

腹面观疣位于细胞上端，背面观无疣状突起。孢蒴近圆球形，蒴口位于孢蒴顶端。蒴柄长10–20毫米，红色。

产吉林、山西、陕西、山东、江苏、安徽、浙江、台湾、福建、湖南、广东、海南、广西、贵州、四川、云南和西藏，生于潮湿的岩石上、溪边或河滩地上。日本、朝鲜及印度有分布。

1. 植物体(×3.7), 2-4. 叶(×26), 5. 叶先端细胞(×265), 6. 叶基部细胞(×265)。

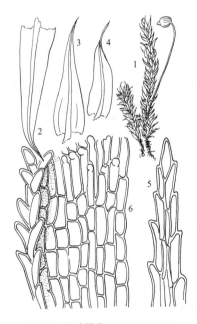

图 963 细叶泽藓（引自《中国苔藓志》）

11. 东亚泽藓

图 964 彩片185

Philonotis turneriana (Schwaegr.) Mitt., Journ. Linn. Soc. Bot. Suppl. 1: 62. 1859.

Bartramia turneriana Schwaegr., Sp. Musc. Frond., Suppl. 3 (1): 238. 1828.

体形纤细，黄绿色或淡绿色，略有光泽。茎长约3厘米，基部密生假根，近顶端多次分枝，枝长约2–3毫米。叶片在茎上紧密贴生，呈狭三角状披针形，基部稍阔，平截，先端渐尖，具狭长尖；叶边有齿；中肋粗壮，长达叶尖，背面有齿突。中上部细胞狭长方形至长方形，长35–45微米，宽4–4.5微米，壁薄，腹面观疣位于细胞上端，背面疣状突起不明显。孢蒴近圆球形至椭圆形，长1.3–2毫米，成熟后平列。孢子20–25微米。

产吉林、新疆、山东、江苏、安徽、台湾、福建、江西、湖北、湖

南、广东、广西、贵州、四川、云南和西藏。生于潮湿的岩石、土坡，溪边或河滩地上。日本、朝鲜、菲律宾、印度尼西亚及夏威夷有分布。

　　1. 植物体(×3), 2-4. 叶(×23), 5. 叶先端细胞(×180), 6. 叶中部细胞(×180), 7. 叶基部细胞(×180)。

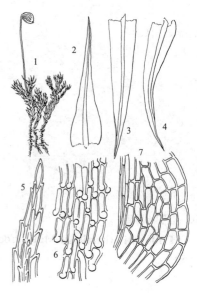

图 964　东亚泽藓（引自《中国苔藓志》）

6. 平珠藓属 Plagiopus Brid.

　　体形细长，密集丛生，高山寒地藓类。茎直立或倾立，基部单一，上部叉形分枝或成丛分枝，中下部密被假根；横切面呈三角形，中轴不明显，皮部细胞无色。叶散列或背仰，干时扭旋，近于卷曲，单细胞层，仅叶基及部分边缘具2层细胞，有纵纹；基部不呈鞘状，狭披针形或细长披针形，具长尖，尖部明显内卷；叶边下部背卷，具双列尖齿；中肋强，消失于叶尖部，背部具疣状突起，近尖端有齿。叶细胞厚壁，无壁孔，方形或长方形，平滑，无乳头突起，基部细胞较长，基部近中肋处细胞长且胞壁特薄，近边缘则细胞渐短，近于呈方形。雌雄同株或异株。蒴柄高出，紫红色。孢蒴直立，干时略倾斜，球形，略背凸，棕色，具纵皱纹。蒴齿两层；外齿层齿片平滑；内齿层较短，淡黄色，齿条无穿孔；齿毛单一，有时不发育。蒴盖小，短圆锥形。孢子多肾形，有粗疣。

　　3种。分布北半球寒冷及高山地区，多生石灰岩上。我国有2种。

寒地平珠藓　　　　　　　　　　　　图 965

Plagiopus oederiana (Sw.) Crum et Anderson, Moss. East. North America 1: 636. 1981.

　　Bartramia oederiana Sw., Journ. Bot. (Schrader) 2: 180. 1802.

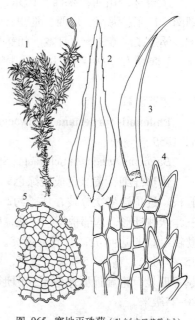

植物体高约5-10厘米，绿色或黄褐色，下部密被绒状假根。叶片狭披针形，常呈折合状，基部卵圆形，先端渐尖；叶缘有双列齿；中肋粗壮，长达叶尖下消失。中上部细胞近方形，长14-20微米，宽6-8微米，基部细胞较短阔，无疣状突起。孢蒴椭圆形，长1-2毫米，有纵条纹，倾立或平列。蒴齿两

图 965　寒地平珠藓（引自《中国苔藓志》）

层，黄色；外齿层齿片平滑或有疣；内齿层基膜高出，齿毛单一。孢子椭圆形，18–20微米 × 24–26微米，孢壁有疣，褐色。

产吉林、辽宁、陕西、新疆、四川、云南和西藏，生于高山潮湿的岩石上和溪边近水湿处。日本、欧洲、格陵兰、加拿大及美国有分布。

1. 植物体（×3.3），2-3. 叶（×25），4. 叶中部边缘细胞（×200），5. 茎横切面的一部分（×66）。

78. 木毛藓科 SPIRIDENTACEAE

（臧 穆）

植物体长大，硬挺，黄绿色，略有光泽，稀疏群集，着生于树干上。略有光泽。茎具分化中轴，皮部细胞多层，深色而厚壁。主茎短，根茎状，具棕色假根。支茎甚长，匍匐或垂悬，单一或稀疏不规则分枝；无鳞毛。叶密生，多列，基部鞘状，上部披针形或狭长披针形，渐尖；鞘部单细胞层，叶片上部2层细胞，边缘由2至多层细胞构成厚边；中肋达叶片上部，强劲，多突出叶尖外，背面上部有齿。叶细胞平滑，短或长方形。雌雄异株。雄株较细柔，雄苞腋生，芽胞形。雌苞生短枝顶部，有时在短枝基部生假根。雌苞叶小。蒴柄短。孢蒴直立或略倾立；台部短，厚壁，有气孔。环带不分化。蒴齿两层，等长。外齿层齿片干时螺旋状内卷；内齿层基膜高出，齿条狭披针形；齿毛缺如。蒴盖圆锥形，具斜喙。蒴帽兜形，平滑。孢子细小。

2属。我国有1属。

木毛藓属 Spiridens Nees

植物体粗大，强劲。茎高达30厘米，单一或不规则羽状分枝，有时具纤细长枝。叶片基部鞘状抱茎，上部披针形，渐尖或呈细长毛状尖，倾立或散列；叶边平直，鞘部以上有密尖齿；中肋突出于叶尖。叶先端细胞小，呈多边不规则形，厚壁，渐向基部渐长，厚壁，有壁孔，鞘部细胞狭长方形，薄壁。雌雄异株。蒴柄短。孢蒴略倾斜，长卵形，不对称，稍弯曲，平滑。蒴盖高圆锥形，有斜喙。蒴齿两层，等长。外齿层齿片外面有回折中缝，内面有横隔，干时齿片基部向外平展，而齿片尖部内卷。内齿层齿条有高的基膜，折叠形；齿毛有时缺如。

约9种。我国有1种。

木毛藓 图 966

Spiridens reinwardtii Nees, Nov. Act. Ac. Leop. Car. 11(1): 143. 17A. 1823.

种的描述同属。

产台湾，生于林中树干上。菲律宾、印度尼西亚、新加坡及新西兰有分布。

1. 植物体（×0.7），2-3. 叶（×16），4. 叶先端细胞（×160），5. 叶中部细胞（×160）。

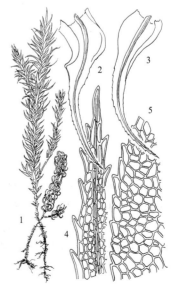

图966 木毛藓（引自《中国苔藓志》）

79. 美姿藓科 TIMMIACEAE
（臧　穆）

植物体深绿色，稀疏群生。茎直立或倾斜，基部密生假根；单一或叉形分枝。叶8列，叶片基部半鞘状，上部卵状长披针形或狭披针形，四面散列或背仰，干时直立或卷曲；叶边内卷，不分化，上部有深锯齿；中肋强劲，在叶尖消失，尖端背面有齿。叶细胞小，4-6边状圆形，腹面具尖乳头状突起，鞘部细胞狭长方形，近边缘趋狭，无色透明，平滑或于背面有疣。雌雄异株或同株。雄苞在雌雄同株时与雌苞着生同一枝的顶端，1-3苞相连，配丝线形。孢子体单生。蒴柄长。孢蒴倾立，平列或近于垂悬，长卵形，棕色，台部短，厚壁，平滑或有不明显的皱纹，干时有纵长皱褶。环带有分化，成熟后自行卷落。蒴齿两层，等长，干燥时向外弯曲，平展。外齿层齿片阔披针形，基部相连，渐尖，扁平而薄，外面基部黄色，具点状横纹，上部无色，有粗疣状纵纹，中缝和横隔均明显；内齿层黄色，64条，基膜高，平滑，略呈折叠形，有横纹，齿毛线形。蒴盖半圆锥形，具短尖。蒴帽细长，兜形，有时留存。孢子黄色，平滑。

1属。我国有分布。

美姿藓属 Timmia Hedw.

属的特征同科。

约8种，分布高寒地区钙质土或石上，或生于沼泽地区及粘土复被的木桩上。我国有4种。

1. 叶片基部细胞呈橙色，不透明，具多疣；雌雄异株 .... 1. **南方美姿藓 T. austriaca**
1. 叶片基部细胞无色或浅黄色，或带褐色，常具不明显的疣；雌雄同株 .... 2. **美姿藓 T. megapolitana**

1. **南方美姿藓**　　　　　　　　　　　　　　　图 967

Timmia austriaca Hedw., Sp. Musc. Frond. 176. 1801.

体形较大，高约5-12厘米，呈绿色或黄绿色。茎直立，多单一，基部丛生假根。叶硬挺，湿润时伸展或略背仰，干时强烈卷曲，呈狭卵状或狭披针形，叶基鞘状；叶边上部有锯齿；中肋强劲，长达叶尖，背面先端或多或少具刺状齿。叶片上部细胞小，不规则多角形，腹面具乳头突起，背面平滑，基部细胞呈不规则长方形，橙色，不透明，具多个疣。雌雄异株。

蒴柄细，长20-40毫米。孢蒴呈椭圆状圆柱形，垂倾。蒴盖圆锥形，长约3-4毫米。蒴帽兜形。孢子黄色。

产山西、新疆、四川、云南和西藏，多生于高山林地、岩面薄土或潮湿的钙质土上。日本、南亚、俄罗斯、欧洲及北美洲有分布。

1. 植物体（×1.6），2-4. 叶（×19），5. 叶先端细胞（×190），6. 叶中部细胞（×190）。

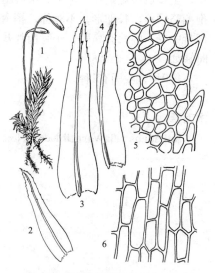

图 967　南方美姿藓（引自《中国苔藓志》）

2. 美姿藓

图 968

Timmia megapolitana Hedw., Sp. Musc. Frond. 175. 1801.

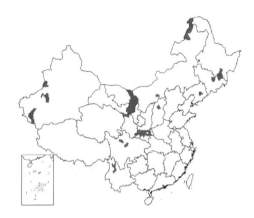

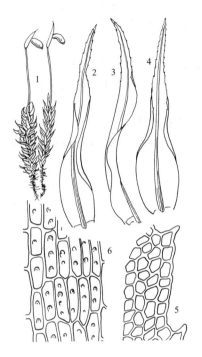

植物体稀疏丛生，深绿色。茎直立，高2–4厘米。叶干燥时内卷成管状，潮湿时伸展，卵状披针形，基部呈鞘状，先端急尖，长5–8毫米；叶缘平展，上部具多细胞构成的粗齿；中肋粗壮，长达叶尖，背面上部具刺状疣。叶上部细胞圆方形或六边形，直径8–13微米，胞壁角部稍加厚，腹面呈乳头状突起，基部细胞狭长方形，背面具2–5个乳头状疣，近边缘细胞狭长方形。雌雄同株。蒴柄长，紫红色。孢蒴椭圆形，红褐色，背曲，倾立或平列，有时垂倾。蒴盖低圆锥形。蒴齿两层；齿毛发达，具节瘤。孢子淡黄色，具疣。

产吉林、辽宁、内蒙古、山西、陕西、甘肃、新疆、四川和云南，生于高山林下、潮湿的沟边或草地上，或沼泽边的润湿岩石上。日本、蒙古、俄罗斯（远东地区、西伯利亚）、欧洲及北美洲有分布。

图 968 美姿藓（引自《中国苔藓志》）

1. 植物体（×1.8），2-4. 叶（×21），5. 叶中部边缘细胞（×220），6. 叶基部细胞（×220）。

80. 树生藓科 ERPODIACEAE

（汪楣芝）

植物体形小，树生，匍匐生长。茎不规则分枝或近于羽状分枝。叶3–4列，常具腹叶与背叶，多异型，常呈扁平生长。叶片卵状披针形，边全缘，无中肋；叶细胞平滑或具疣，角部细胞略有分化。雌雄同株。生殖苞无配丝或稀少。雌苞一般生于短枝顶端。雌苞叶稍大。孢蒴卵形或圆柱形。蒴齿缺失或仅具外齿层。蒴帽兜形或钟形，常具纵褶。孢子通常大形，表面具疣。

5属，多东亚地区分布。我国有3属。

1. 叶细胞具细疣。
  2. 背叶与腹叶近于同形 ·································· 1. 苔叶藓属 Aulacopilum
  2. 背叶与腹叶明显异形 ·································· 2. 细鳞藓属 Solmsiella
1. 叶细胞平滑 ·································· 3. 钟帽藓属 Venturiella

1. 苔叶藓属 **Aulacopilum** Wils.

植物体绿色至暗绿色，匍匐着生树干上。茎多不规则羽状分枝。叶卵形；无中肋，一般不对称，先端圆钝、渐尖或具急尖，叶边全缘，覆瓦状排列；背叶与腹叶近于同形，背叶小。叶中上部细胞近于六边形、菱形或近方形，表面常具细密疣；角部细胞近长方形。雌雄同株。雄苞叶少数，卵形，隔丝少数或无。雌苞叶稍长，直立。蒴柄略长。孢蒴卵形，稍伸出苞叶；蒴齿多退失。蒴帽钟状，罩覆整个孢蒴或孢蒴上部，平滑或具纵褶。孢子表面具细密疣。

　　7种，主产温热地区。我国有2种。

东亚苔叶藓

Aulacopilum japonicum Broth. ex Card., Bull. Soc. Bot. Geneve ser. 2, 1: 131. 1909.

图 969

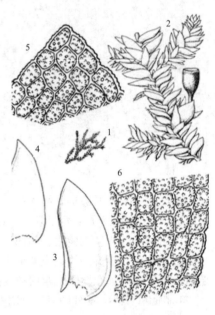

　　植物体小，多数长约1厘米，深绿色至暗绿色，贴生于树上。茎不规则分枝，腹面着生稀疏假根。背叶与腹叶近于同形，干时扁平覆瓦状排列，湿时稍伸展。腹叶卵状披针形，略不对称，稍内凹，具短尖；背叶较对称，具钝或锐尖；叶边全缘。叶中上部细胞多为六边形，每个细胞具15-20个细小密疣，壁胞略薄；下部细胞稍宽；角部细胞近方形。雌雄同株。雌苞顶生于短枝上。雌苞叶稍长。内雌苞叶最大，长卵形，先端圆钝。蒴柄短。孢蒴长卵形，无蒴齿，略高出苞叶。蒴帽钟形，具细纵皱褶，罩覆整个孢蒴。孢子表面具细密疣。

图 969　东亚苔叶藓（郭木森、汪楣芝绘）

　　1-2. 植物体(1.×1, 2.×17), 3. 背叶(×40), 4. 腹叶(×40), 5. 叶尖部细胞(×200), 6.叶基部细胞(×200)。

　　产河北、江苏、福建和湖北，生于林下树上。日本及朝鲜有分布。

2. 细鳞藓属 Solmsiella C. Müll.

　　植物体一般纤细，黄绿色、绿色、暗绿色至褐色，紧贴树上。茎匍匐，不规则至近于羽状分枝，常扁平。茎叶与枝叶相似，干时覆瓦状排列，湿时伸展。叶片卵形、椭圆形或稍长，一般不对称，先端圆钝或具尖；少数种类具明显背、腹叶分化。叶中上部细胞近于短方形、六边形、菱形或卵形，平滑或具疣；基部边缘细胞稍小或略宽、长。有时背叶长舌形或狭卵状，常具尖。雌雄同株。雌苞着生短枝顶端。雌苞叶卵形或椭圆形，具钝尖或锐尖。蒴柄短或稍长。孢蒴卵形或圆柱形，常略高出苞叶。蒴齿常退失。蒴帽兜形或钟状，有时具纵褶，多罩覆孢蒴的上部。孢子球形，表面具细疣。

　　16种，主要分布于美洲和亚洲热带地区。我国有1种。

细鳞藓

图 970

Solmsiella biseriata （Aust.）Steere, Bryologist 37: 100. 1935.

Lejeunea biseriata Aust., Proc. Acad. Nat. Sci. Philadelphia 21: 225. 1870.

　　植物体形小，绿色至灰绿色，紧贴基质，稀疏生长。茎匍匐，不规则分枝，枝条短，扁平，腹面有少数假根。背叶、腹叶异形，在茎两侧各2列。腹叶近于卵圆形，先端圆钝，两侧不对称，基部略内折；背叶较小，长舌形，有时钝尖。叶中上部细胞圆六边形，具粗密疣。雌雄同

株。雌苞顶生于短枝上。雌苞叶稍大，卵状披针形，先端圆钝。蒴柄稍长，略高出苞叶。孢蒴圆柱形，无蒴齿。蒴帽兜形或僧帽形，罩覆孢蒴上部，有时具纵褶。孢子小，表面具细疣。

产台湾、广东和贵州，生于林中树上。印度、泰国、斯里兰卡、爪哇、澳大利亚、坦桑尼亚、北美洲及中南美洲有分布。

1-2. 植物体(1. × 1.5, 2. × 10), 3. 侧叶(× 55), 4. 腹叶(× 55), 5. 叶尖部细胞(× 300), 6. 叶基部细胞(× 300)。

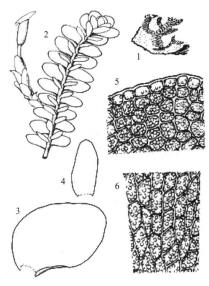

图 970 细鳞藓（郭木森、汪楣芝绘）

3. 钟帽藓属 Venturiella C. Müll.

植物体小形，一般深绿色至暗绿色，贴生于树上。茎长1–2.5 cm，匍匐，不规则分枝，常具稀疏褐色假根。叶密集着生，干时覆瓦状排列；背、腹叶分化。腹叶卵状或长卵状披针形，内凹，常具无色透明毛状尖；背叶略小；叶边全缘，有时近尖部具齿突；无中肋。叶中上部细胞近于六边形或菱形，平滑无疣，胞壁薄；角部细胞常呈扁方形或长方形；叶尖细胞狭长。雌雄同株。雄苞于茎上侧生。雌苞着生分枝顶端。雌苞叶较大，卵状披针形，内凹，有时细长毛尖。蒴柄短。孢蒴卵形，有时隐没于苞叶之中。蒴齿单层，狭披针形，常成对着生。蒴盖扁圆锥形，具短喙。蒴帽钟形，具宽纵褶，几乎罩覆全蒴。孢子球形，表面具细密疣。

1种，多生于北温带。中国有分布。

钟帽藓   图 971

Venturiella sinensis (Vent.) C. Müll., Nuov. Giorn. Bot. Ital. n. ser. 4: 262. 1897.

Erpodium sinense Vent. in Rabenh., Bryoth. Eur. 25: 1211. 1873.

种的特征同属。

产吉林、辽宁、河北、山东、山西、河南、陕西、甘肃、江苏、安徽、浙江、福建、湖北、湖南和四川，生于树干或树枝上。日本、朝鲜及北美洲有分布。

1. 植物体(× 1.5), 2-3. 叶(× 40), 4. 叶尖部细胞(× 250), 5. 叶基部细胞(× 200)。

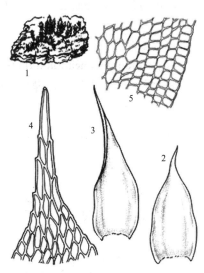

图 971 钟帽藓（郭木森、汪楣芝绘）

81. 高领藓科 GLYPHOMITRIACEAE
（汪楣芝）

植物体小形至中等大小，一般树生。叶片多呈龙骨状对折，干时伸展、抱茎或扭曲，湿时倾立；叶边全缘，有时下部略背卷；中肋单一，强劲，达叶中部或突出。叶细胞多厚壁，基部细胞近于长方形。一般雌雄同株。雌苞叶大形，鞘状环抱蒴柄，有时高出蒴柄。蒴柄较短。孢蒴有时隐没于苞叶内。孢子较大。

1属，产东亚暖湿地区。我国有分布。

高领藓属 Glyphomitrium Brid.

植物体小形至中等大小，绿色、棕绿色至深褐色，多生于树上。茎直立或倾立，多分枝，基部常有棕色假根。叶片长舌形、剑形、披针形或狭长形，常呈龙骨状对折，先端披针形尖或急尖，干时伸展、抱茎或扭曲，湿时倾立；多数种类叶边全缘，有时下部略背卷；中肋单一，强劲，达叶中部以上或突出叶尖。叶细胞近方形、六边形、椭圆形或不规则，少数种类具疣或乳凸；叶基部细胞渐呈长方形。一般雌雄同株。雌苞常生于枝茎顶端。雌苞叶少，大形，通常鞘状，似筒环抱蒴柄，有时高出蒴柄，中肋单一，细弱。蒴柄常直立。孢蒴卵形、长卵形或圆柱形，有时隐没于苞叶内。蒴齿单层，齿片16，披针形，常两两并列。蒴盖圆锥形，具长或短喙。蒴帽钟形，罩覆整个孢蒴。孢子近球形或卵形，表面具密疣。

10种，主产东亚地区。我国有6种。

1. 植物体短于2厘米；叶片干时先端不强烈卷曲。
  2. 植物体一般长1.5厘米，少分枝；内雌苞叶长7毫米 ·················· 1. 尖叶高领藓 G. acuminatum
  2. 植物体通常短于1厘米，多分枝；内雌苞叶长3毫米。
    3. 孢子由多细胞构成 ·· 2. 暖地高领藓 G. calycinum
    3. 孢子为单细胞构成 ·· 3. 短枝高领藓 G. humillimum
1. 植物体通常长于2.5厘米；叶片干时叶先端常强烈卷曲 ·················· 4. 卷尖高领藓 G. tortifolium

1. 尖叶高领藓

图 972

Glyphomitrium acuminatum Broth., Symb. Sin. 4: 66. 1929.

植物体长约1.5厘米，绿色、棕绿色至深褐色。茎匍匐，单一或具分枝，常有棕色假根。叶片狭长披针形，龙骨状，具披针形尖头，干时叶伸展或略扭曲；叶边全缘，有时略背卷；中肋单一，达叶尖或突出；叶细胞近方形或不规则，胞壁厚；叶基部细胞渐长，成卵状长方形，胞壁略薄。雌雄同株。雌苞生于枝茎顶端。雌苞叶长大，略呈鞘状，环抱蒴柄呈筒形，具长尖或钝尖，中肋细弱，单一；内雌苞叶通常高出孢蒴。蒴柄长2-3毫米。孢蒴长卵形。蒴齿单层，齿片一般为宽披针形，棕红色，中缝常具

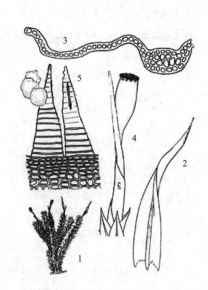

图 972 尖叶高领藓（何 强、汪楣芝绘）

穿孔，16片，常两两并列，干时通常背仰。蒴帽钟形，具纵列细沟槽，罩覆孢蒴。孢子一般卵形或不规则，表面具粗密疣。

中国特有，产四川、云南和西藏，生树干或树枝上，有时见于岩面。

1. 植物体(×3)，2. 叶(×30)，3. 叶横切面(×300)，4. 孢蒴和雌苞叶(×23)，5. 蒴齿和孢子(×200)。

2. 暖地高领藓　　　　　　　　　图 973

Glyphomitrium calycinum (Mitt.) Card., Rev. Bryol. 40: 42. 1913.

Macromitrium calycinum Mitt., Journ. Linn. Soc. Bot. Suppl. 1: 49. 1859.

植物体长0.5-1厘米，绿色、黄绿色至褐色，密集簇生。茎匍匐，多分枝，密被叶片，常具棕色假根。叶片狭长披针形，常龙骨状，基部略下延，干时叶片扭曲；叶边背卷；中肋单一，粗壮，突出于叶尖；叶中部细胞近方形或不规则，叶基部细胞近长方形，胞壁薄。雌雄同株。雌苞顶生于枝茎。

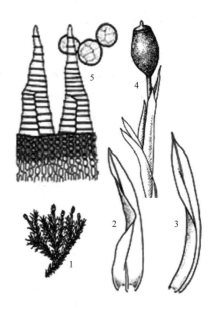

雌苞叶大，具鞘部，先端长急尖，卷成筒状，环抱蒴柄；中肋细弱，达叶尖部。蒴柄长1.5-3毫米。孢蒴圆柱形。蒴齿单层，齿片披针形，16片，干时多数不背仰。蒴帽钟形，有细纵褶，罩覆孢蒴。孢子由多细胞构成，球形、卵形或椭球形，表面具细密疣。

产台湾、江西和贵州，生湿热林中树上。斯里兰卡有分布。

1. 植物体(×2)，2-3. 叶(×15)，4. 孢蒴和雌苞叶(×9)，5. 蒴齿和孢子(×130)。

图 973 暖地高领藓（郭木森、汪楣芝绘）

3. 短枝高领藓　　　　　　　　　图 974

Glyphomitrium humillimum (Mitt.) Card., Rev. Bryol. 40: 42. 1913.

Aulacomitrium humillimum Mitt., Trans. Linn. Soc. Bot. ser. 2, 3: 161. 1891.

植物体小，长约5毫米，绿色、棕绿色至深褐色，一般树生。主茎匍匐，支茎常分枝，直立或倾立，密集丛生，多具棕色假根。叶片狭长披针形，约长1.8毫米，常呈龙骨状；干时叶常一向旋扭或略伸展，抱茎，湿时倾立；叶边全缘，偶有双层细胞，有时稍背卷；中肋粗壮，单一，近叶尖处消失或突出于叶尖。叶细胞近方形、卵形或不规则，厚壁；叶基部细胞近方形、长方形或不规则，胞壁稍厚。雌雄同株。雌苞生于枝茎顶端。雌苞叶长2-4毫米，略呈鞘状，环抱蒴柄呈筒形，具长尖或钝尖；内雌

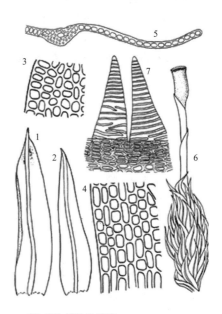

图 974 短枝高领藓（何　强、汪楣芝绘）

苞叶长可达7毫米以上，宽约2毫米，有时高于孢蒴；中肋细弱，单一，近叶尖部消失。蒴柄直立，长1.5–3毫米。孢蒴长卵形或圆柱形，对称，基部常具气孔，直立。蒴口部细胞扁形，高6–8排细胞，壁稍厚。蒴齿单层，齿片长披针形，多棕红色，16片，常两两并列，外侧平滑，具横隔，干时通常背仰。蒴盖扁圆锥形，具喙。蒴帽钟形，基部收缩，具细纵列沟槽，罩覆孢蒴。孢子球形，表面具细密疣。

产福建、江西、四川和云南，多生于树上，有时见于岩面。日本、朝鲜及俄罗斯东南部有分布。

1-2. 叶（×40），3. 叶中部细胞（×180），4. 叶基部细胞（×150），5. 叶横切面（×90），6. 孢蒴和部分枝条（×15），7. 蒴齿（×450）。

4. 卷尖高领藓 　　　　　　　　　　　图 975

Glyphomitrium tortifolium Jia, Wang et Y. Liu in Liu Y., Jia et Wang, Acta Phytotax. Sin. 43 (3): 278. 2005.

植物体粗壮，高2.5–3.2厘米，密被叶片，多分枝，簇生，上部黄绿色或暗绿色，下部褐色。叶片长卵状披针形，龙骨状，长4–6毫米，先端长渐尖；叶边全缘，一侧略外卷；中肋粗壮，达叶尖部或突出，干时叶扭曲，先端常强烈卷曲。叶中部细胞近方形或不规则，胞壁厚；基部细胞近长方形，胞壁稍薄。雌雄同株。雌苞生于枝茎顶端。内雌苞叶长椭圆形，渐尖或突呈芒尖，明显鞘状，一般卷成筒状；叶边全缘；中肋细弱，常突出叶尖。蒴柄长约5毫米。孢蒴长卵形，稍不对称。蒴齿宽披针形。蒴帽钟形，具细纵褶，罩覆孢蒴。孢子近球形，表面具密疣。

中国特有，产湖南和四川，多生于树上或岩面。

1. 植物体（×2），2. 叶（×25），3. 叶基部细胞（×130），4-5. 叶中部横切面（4.×35，5.×120），6. 内雌苞叶（×15），7. 孢蒴和雌苞叶（×5），8. 蒴齿（×90）。

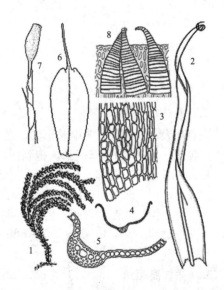

图 975 卷尖高领藓（郭木森、汪楣芝绘）

82. 木灵藓科 ORTHOTRICHACEAE
（贾　渝）

多树生、稀石生的藓类，常呈垫状或片状密丛集。茎无中轴，皮部细胞厚壁，表皮细胞形小；直立或匍匐延伸，有短或较长、单一或分叉的枝，满被假根。叶多列，密集，干时紧贴茎上，螺旋形卷扭，湿时倾立或背仰；通常呈卵状长披针形或阔披针形，稀舌形；叶边多全缘；中肋达叶尖或稍突出。叶片上部细胞圆形或4–6边形，基部细胞多数长方形或狭长方形。雌雄同株或异株，稀叶生雌雄异株（即雄株细小，着生于大形雌株的叶上）。雌苞叶多略分化，稀呈高鞘状。孢蒴顶生，隐生于雌苞叶内或高出，直立，对称，卵形或圆柱形，稀呈梨形。环带常存。蒴齿多数两层，有时具前齿层，稀完全缺失；外齿层齿片外面具细密横纹，多有疣；内面有稀疏横隔；内齿层薄壁，基膜不发达，齿条8或16，线形或披针形，稀缺失。蒴盖平凸或圆锥形，有直长喙。蒴帽兜形，平滑或圆锥状钟形，平滑或有纵褶，或被棕色毛，稀呈帽形而有分瓣。

14属，分布世界各地。我国有8属。

1. 茎较短而直立，近于两歧分枝，常成丛生长。
  2. 叶基部细胞与上部细胞同形，通常呈方形或短长方形；蒴帽兜形，无纵褶。
    3. 植物体稍大，常丛生；茎叉形分枝；叶干时常卷曲，湿时常背仰；叶细胞小而厚壁；雌苞叶略分化，不呈鞘状；孢蒴长卵形 ·· 1. 变齿藓属 Zygodon
    3. 植物体细小，散生；茎短小，常单一，稀分枝；叶干时紧贴，叶尖扭转，但不卷曲；叶细胞疏松薄壁；雌苞叶鞘状，高出；孢蒴短梨形 ·· 2. 刺藓属 Rhachithecium
  2. 叶基部细胞较上部细胞长，通常呈长方形或狭长形；蒴帽钟形，常有纵褶。
    4. 叶基近中肋处细胞和边缘细胞相同，薄壁或厚壁，常有疣或乳头，稀平滑；蒴帽钟形，有明显纵褶和多数纤毛 ·· 3. 木灵藓属 Orthotrichum
    4. 叶基近中肋处细胞和边缘细胞通常厚壁，平滑；蒴帽钟帽形，基部瓣裂，有少数纤毛 ········· 4. 卷叶藓属 Ulota
1. 茎纤长，延伸而匍匐横展，近于羽状分枝，常成大片生长。
  5. 植物体干时呈绿色或暗绿色；叶细胞排列不整齐或不明显成行排列；蒴帽基部无裂瓣。
    6. 叶片干燥时皱缩或卷缩。
      7. 枝叶干时皱缩，呈一向扭曲；叶细胞多边形，近于同形；蒴帽兜形，无纵褶及纤毛；孢子大形，多细胞 ·· 5. 木衣藓属 Drummondia
      7. 枝叶干时卷缩，向内卷曲；叶细胞圆形或方形，基部细胞长方形；蒴帽钟形，常有纵褶及棕黄色毛；孢子为单细胞 ·· 6. 蓑藓属 Macromitrium
    6. 叶片干燥时直立 ·· 8. 直叶藓属 Macrocoma
  5. 植物体干时呈火红色；叶细胞斜椭圆形，明显成行排列；蒴帽基部有裂瓣 ············· 7. 火藓属 Schlotheimia

1. 变齿藓属 Zygodon Hook. et Tayl.

体形纤细，疏松或丛集着生的树生藓类。茎直立或螺旋状生长，单一或叉形分枝，密生棕红色假根。叶干时紧贴，常扭转或卷曲，湿时斜出或背仰，多数披针形或长披针形，有长尖，或长舌形而有钝尖；叶边平展，全缘，或近尖端处有齿；中肋粗，在叶尖处消失，稀突出叶尖外。叶细胞圆形，或4–6边形，通常厚壁，两面均有单疣或平滑，渐向基部渐成长方形，无色透明。雌雄异株或同株，稀杂株。雌苞叶不分化，无明显鞘部。蒴柄长，黄色。孢蒴狭长卵形，蒴口具明显纵褶及纵沟，台部约为壶部长度的1/2或等长。环带分化，常存留，老时才脱落。蒴齿两层、单层（仅有内齿层）或缺失。外齿层齿片16，两两并列，外面有宽间隔的横脊，基部有密疣集合成的横纹，上部有密疣；内齿层由8或16条齿条构成。蒴盖扁圆锥形，有斜长喙。蒴帽小，兜形，早落，通常平滑，稀被纤毛。孢子有疣。常有无性芽胞，自茎或叶产生。

约90种，世界各地均有分布，主要分布于南美洲。我国有4种。

1.　南亚变齿藓　　　　　　　　　　图 976

Zygodon reinwardtii (Hornsch.) Braun in B.S.G., Bryol. Eur. 3: 41. 1838.

Syrrhopodon reinwardtii Hornsch., Nova Acta Acad. Caes. Leop. Carol. German. Nat. Cur. 14 (2): 700. 1829.

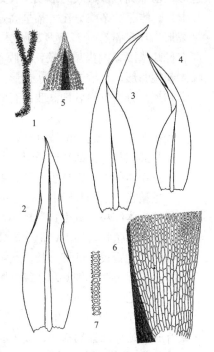

图 976 南亚变齿藓（于宁宁绘）

植物体上部鲜绿色或黄绿色，下部色暗，具密假根，成疏松簇生。茎高可达2厘米，不规则分枝，横切面中部细胞大而薄壁，外层细胞小而厚壁。叶片干燥时不规则扭曲或弯曲，呈疏松螺旋状着生，湿润时伸展，有时背仰，外曲，具波纹，长(1.5–)2–2.5毫米，尖部锐尖，基部下延；叶边上部具尖锐齿，下部全缘，常背卷；中肋在叶尖下消失，平滑。叶上部细胞宽6–2微米，不规则圆形至椭圆状六边形，中等加厚，每个细胞具3–6个小圆疣；基部近中肋处的细胞狭长方形，平滑，向边缘细胞趋短，椭圆状方形。雌雄混生同株或异株。蒴柄长(4–)8–13毫米。孢蒴长1.5–2.5毫米，成熟时呈卵状纺锤形或卵状椭圆形，老时和干燥时椭圆形或圆柱形，有时稍弯曲，有8条明显的条纹，颈部收缩，具多数气孔。蒴盖具长喙。蒴齿无或具8个残片。蒴帽钟形，平滑。孢子直径18–25微米，具粗疣。

产四川和云南，多树干附生。印度尼西亚、美洲、大洋洲及非洲有分布。

1. 植物体(×1)，2–4. 叶(×30)，5. 叶尖部细胞(×115)，6. 叶基部细胞(×115)，7. 叶横切面的一部分(×225)。

2.　钝叶变齿藓　　　　　　　　　　图 977

Zygodon obtusifolius Hook., Musci Exot. 2:159,.1819.

橄榄绿色、暗绿色，上部常呈黄绿色，下部褐色或黑色，呈密集垫状生长。茎直立，高可达2.5厘米，硬挺，不规则分枝，具假根；横切面的细胞同形，薄壁。叶片干燥时紧贴或内曲，湿润时伸展，狭舌形或卵状舌形，长0.6–1毫米，尖部圆钝；叶边上部平展，下部背卷，全缘；中肋粗，在叶尖部下消失，背面被小疣。叶上部细胞厚壁，圆形至

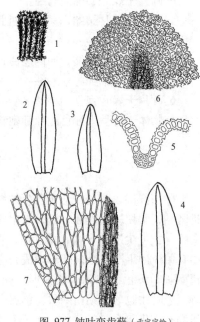

图 977 钝叶变齿藓（于宁宁绘）

圆方形，具疣，基部细胞壁不加厚，平滑，近中肋处呈长方形，边缘有2-3列方形细胞。雌苞叶较营养叶长，具狭的尖部，边缘平展。雌雄异株。蒴柄直立，长2.5-4.5毫米。孢蒴直立，长梨形，长0.7-1.4毫米，干燥或成熟时具8列条纹。蒴盖圆锥形，具短喙。蒴齿两层；外齿层齿片发育良好，成熟时直立，老时背卷或背曲，具疣；内齿层齿条8或16，短于外齿层，内曲，下部具垂直的条纹，上部具条纹或粗疣，具低

基膜。蒴帽钟形，平滑。孢子直径8-13微米，圆形，平滑。

产云南，树干附生或岩面着生。斯里兰卡、墨西哥、巴西、新西兰、澳大利亚及非洲中部有分布。

1. 植物体(×1.5)，2-4. 叶(×45)，5. 叶横切面的一部分(×225)，6. 叶尖部细胞(×300)，7. 叶基部细胞(×300)。

3. 绿色变齿藓

图 978

Zygodon viridissimus (Dicks.) Brid. Bryol. Univ., 1: 592. 1826.

Bryum viridissimum Dicks., Pl. Crypt. Brit. 4: 9. 1801.

植物体鲜绿色或暗绿色，假根稀少或无。叶腋处着生芽胞。由5-10个细胞组成。茎高可达1.5厘米，叉状分枝，直立。叶片倾立至平展，干燥时卷曲，湿润时伸展，尖部背曲，长1-2毫米，下部常卷曲，渐向上常具短尖（长1-2个细胞）；叶边平展，全缘；中肋在叶尖下部消失，向背面突起。叶细胞圆形至圆方形，厚壁，两面具密细疣，基部近中肋处细胞平滑，长方形，薄壁，向边缘的细胞渐短。雌雄异株。蒴柄长4-7毫米，黄色。孢蒴狭梨形，具纵沟，黄褐色，蒴壁无条纹，或具略分化的条纹。蒴盖具斜长喙。蒴齿无，偶存在，具低的具疣的基膜。蒴帽平滑。孢子棕色，具疣，直径11-14微米。

产河北、四川、云南和西藏，腐木着生。北半球北部地区有分布。

1. 具孢蒴的枝条(×8)，2-3. 叶(×18)，4. 叶尖部细胞(×184)，5. 蒴齿(×98)，6. 孢子(×276)。

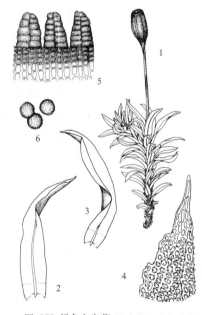

图 978 绿色变齿藓（郭木森、于宁宁绘）

2. 刺藓属 Rhachithecium Broth. ex Le Jolis

体形纤小，稀疏群生的树生藓类。茎无中轴，短小，直立，单一或少有分枝，基部有假根。叶干时紧贴茎上，湿时倾立，基部卵形或长卵形，上部剑头形，钝端，有小尖，尖部内曲；叶边平直，全缘；中肋强，不及叶尖消失。叶细胞疏松，薄壁，圆方形或六边形，平滑，边缘细胞较小，基部细胞长方形，无色透明。雌雄同株。雌苞叶较长大，有高鞘部，上部短披针形，钝端，有短尖；中肋不及叶尖。蒴柄稍高出于雌苞叶，略弯曲，干时旋扭，平滑。孢蒴直立，卵形，蒴口小，台部略粗，有8条纵脊，台部有气孔。环带阔，自然散落。

蒴齿单层，齿片16，两两并列，阔披针形，平滑，有横脊。蒴盖圆锥形，有短斜喙。蒴帽阔兜形，罩覆蒴壶上部，尖部粗糙，基部有时具裂瓣，易脱落。孢子大形。

6种，分布温暖地区。我国有1种。

刺藓　　　　　　　　　　　　　　　　　　　图 979

Rhachithecium perpusillum (Thwait. et Mitt.) Broth., Nat. Pfl. 1(3):1199. 1909.

Zygodon perpusillus Thwait. et Mitt., Journ. Linn. Soc. Bot. 13:303. 1873.

植物体纤细，黄绿色，呈疏松垫状，具红色绒毛状假根。茎长不超过3毫米，直立，单一或具稀疏分枝，下部叶片小，上部叶片密集而大，直立至倾立，内凹，上部呈龙骨状，叶尖部圆钝或短渐尖；叶边平展，全缘；中肋强，消失于叶尖下部。叶细胞平滑，疏松，圆形至圆方形，宽19-20微米，厚壁，基部较透明，薄壁，长方形，近边缘处细胞短长方形至方形。蒴柄直立，平滑，高约2毫米。孢蒴直立或倾斜，卵状圆柱形，对称，棕色，干燥时有8条色带。蒴盖具短喙。蒴齿16条，在基部成对相连，披针形，深红棕色，具横条纹。孢子大，平滑，圆形至椭圆形，直径约16微米。

产四川和云南，多树干附生。印度、斯里兰卡、非洲、墨西哥及巴西有分布。

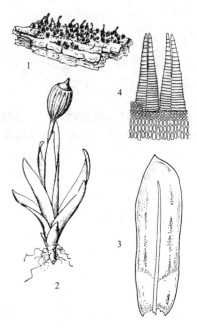

图 979 刺藓（于宁宁绘）

1. 植物的着生生态(×1)，2. 雌株 (×15)，3. 叶(×28)，4. 蒴齿(×90)。

3. 木灵藓属 Orthotrichum Hedw.

植物体黑色、褐色、橄榄绿色、绿色和黄绿色，稀呈淡灰绿色，密集簇生至疏松垫状生长，着生树干、灌丛、岩面和岩壁上。茎通常高1-2厘米，稀5-6厘米，个别种类高达13厘米，直立或倾生，叉形或成簇分枝，基部有假根；横切面的表皮细胞小，红褐色，厚壁；无中轴分化。叶干时不皱缩，直立而紧贴茎上，卵形、椭圆形至卵状披针形，长0.6-6毫米，锐尖或圆尖，有时具钝尖，稀具毛尖。叶边背卷或背曲，稀平展或内曲，常全缘。中肋强，单一，在近叶尖处消失。叶细胞通常单层，部分种类为双层；角部细胞近于不分化；上部叶细胞圆方形或等径多边形，通常长7-15微米，稀长达30微米，胞壁多少加壁，每个细胞具1-3个分叉或不分叉的疣，稀平滑，渐向基部渐成长方形，边缘细胞略短小。芽胞有时着生叶片或稀生于假根上，圆柱形、棒形，稀球形。雌雄同株，稀异株。雌苞叶不分化。蒴柄向左扭曲，长约15毫米。孢蒴隐生、稍伸出或明显高出于雌苞叶，球形或圆柱形，长0.7-3.0毫米，在近蒴柄处收缩，平滑，具8或16条纵纹，有时收缩于孢蒴口部。无环带；气孔显型或隐型，位于孢蒴的中部和下部。蒴齿两层，稀单层或缺失；外齿层齿片8、16或缺失。具疣或横纹，干燥时外卷、背曲或直立；内齿层齿条8、16或缺失，宽三角形，与外齿层同高，有时下部相连形成基膜。孢子球形，直径9-45微米，具疣，褐色。蒴帽大，钟形，具长喙或短喙，具毛或裸露，具纵褶或平滑，基部不开裂。

约110种，分布于世界各地，主产温带，在热带和亚热带地区局限于山区。我国有10余种。

1. 蒴齿干燥时背卷或内卷。
  2. 孢蒴气孔显型。
    3. 叶边背卷或背曲；叶细胞壁规则；蒴齿两层；芽胞有或无。
      4. 叶细胞疣单一或分叉，不呈C形；内齿层齿条与外齿层齿片不等宽。
        5. 孢蒴高出于雌苞叶。
          6. 孢蒴远高出于雌苞叶 ·· 1. **中国木灵藓 O. hookeri**
          6. 孢蒴稍高出于雌苞叶。
            7. 外齿层齿片具网格和穿孔 ·································· 4. **暗色木灵藓 O. sordidum**
            7. 外齿层齿片全缘 ··· 5. **黄木灵藓 O. speciosum**
        5. 孢蒴隐生或仅部分高出于雌苞叶。
          8. 孢蒴干燥时至少上部具纵沟；内齿层齿条狭披针形 ········· 2. **毛帽木灵藓 O. dasymitrium**
          8. 孢蒴干燥时平滑；内齿层齿条宽 ······················· 3. **条纹木灵藓 O. striatum**
      4. 叶细胞疣为C形；内齿层齿条与外齿层齿片等宽 ·············· 6. **小木灵藓 O. exiguum**
    3. 叶边直立，内卷或内曲；叶细胞壁不规则；蒴齿两层或缺失；芽胞丰富······ 7. **钝叶木灵藓 O. obtusifolium**
  2. 孢蒴气孔隐型。
    9. 内齿层顶部不相连，具纹饰或无纹饰。
      10. 叶干燥时尖部强烈扭曲，中部常呈龙骨状。
        11. 叶片披针形或卵状披针形；雌苞叶具钝尖 ··············· 8. **丛生木灵藓 O. consobrium**
        11. 叶片狭披针形；雌苞叶具锐尖 ·················· 10. **粗柄木灵藓 O. subpumilum**
      10. 叶干燥时直立，多呈波状，基部呈龙骨状 ············· 9. **折叶木灵藓 O. griffithii**
    9. 内齿层顶部融合成不完全半球形，被疣和疣状脊 ········· 11. **美孔木灵藓 O. callistomum**
1. 蒴齿干燥时直立或倾立。
  12. 气孔显型 ················· 12. **球蒴木灵藓东亚亚种 O. macounii** subsp. **japonicum**
  12. 气孔隐型。
    13. 孢蒴高出雌苞叶外 ··································· 13. **木灵藓 O. anomalum**
    13. 孢蒴隐于雌苞叶内 ·································· 14. **拟木灵藓 O. ibukiense**

1. 中国木灵藓

图 980 彩片186

Orthotrichum hookeri Wils. ex Mitt., Journ. Linn. Soc. Bot. Suppl. 1: 48. 1859.

疏松丛生，下部棕色至近黑色，上部橄榄绿色至黄绿色。茎高1–3.5厘米，单一或分枝，整个茎上密生叶；假根只存在于茎的基部；干燥时叶片直立或卷曲，基部卵形，上部长渐尖或锐尖，长2.3–3.8毫米，宽0.5–0.9毫米，上部常呈龙骨状突起，略有波纹；中肋达叶尖下部；叶边内卷。叶基部细胞长方形或菱形，厚壁，具壁孔，长15–64微米，宽4.5–16微米，在近基部处细胞趋宽短，叶基部边缘细胞近长方形；角部细胞有时分化成大形、红色细胞，充满整个叶基部；上部

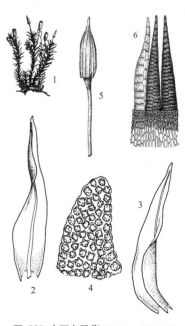

图 980 中国木灵藓（郭木森、于宁绘）

叶细胞圆长方形或圆方形，长4.5–15.5微米，宽4.5–12.5微米，厚壁，每个细胞具1–2个单疣或分叉的疣；叶尖细胞渐狭长。雌雄同株异苞。雌苞叶不分化。孢蒴长卵形至圆柱形，干燥时平滑或略具纵褶，高出于雌苞叶。蒴柄长1.5厘米。蒴齿两层；前齿层有时存在；外齿层具8对蒴齿，成熟后有时分裂成16对，橙色，干燥时卷曲，外面具密疣，里面具开裂的疣（openly papillose），中线具疣状纹饰；内齿层齿条16片，与外齿层等高，橙色或黄色，外侧近于平滑，内侧具高而分叉的疣和蠕虫状曲线。蒴帽钟状，具纤毛。孢子球形，棕色，具疣，37–53微米。

产新疆、四川、云南和西藏，树干或灌丛上生长，稀见于岩面。尼泊尔、不丹及印度有分布。

1. 植物体（×1.5），2–3. 叶（×26），4. 叶尖部细胞（×380），5. 具蒴帽的孢蒴（×7），6. 蒴齿的一部分（×100）。

2. 毛帽木灵藓　　　　　　　图 981

Orthotrichum dasymitrium Lewinsky, Bryobrothera 1: 169. 1992.

茎单一，高2.5厘米，下部棕色，上部黄棕色至黄色，叉状分枝，密被叶片；假根仅存茎的基部。叶直立或干燥时稍卷曲，披针形至卵状披针形，锐尖或短渐尖，上部常呈龙骨状，长3.1–3.3毫米，宽0.7–1.0毫米，稍具波纹基部多下延；中肋在叶尖下部消失；叶边全缘，叶中部至下部背卷。

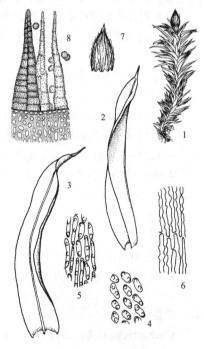

叶上部细胞圆方形至短矩形，长8–19微米，宽8–16微米，每个细胞具1或2个单疣或分叉疣；叶基部细胞长菱形，近中肋处的细胞长方形，近叶边细胞长方形，厚壁，稍具壁孔，平滑，长35–53(–78)微米，宽6–13微米。雌雄同株异苞。雌苞叶与营养叶同形。孢蒴卵圆形，半隐生，干燥时仅蒴口下部具褶皱，分化一圈小形薄壁细胞，及8圈小形厚壁细胞。孢蒴中部气孔显型。蒴齿两层；未见前蒴齿；外齿层齿片8对，干燥时弯曲，成熟时少数开裂成16，呈黄色，披针形至三角形，具不规则的腐蚀的边缘，黄色，外层薄而平滑，内层厚而被疣，中缝弯曲。蒴帽圆锥状椭圆形，多具疣，顶部具黄色纤毛。孢子球形，具明显疣，黄棕色，直径约22微米。

我国特有，产陕西、甘肃、四川和西藏，着生于树干。

1. 带孢蒴的枝条（×4），2–3. 叶（×13），4. 叶上部细胞（×200），5. 叶中部细胞（×200），6. 叶角部细胞（×200），7. 蒴帽（×6），8. 蒴齿及孢子（×130）。

图 981 毛帽木灵藓（郭木森、于宁宁绘）

3. 条纹木灵藓　　　　　　　图 982 彩片187

Orthotrichum striatum Hedw., Sp. Musc. Frond. 163.1801.

密集丛生，高约1.5厘米，下部棕色或暗橄榄绿色，上部黄褐色至黄绿色。茎叉状分枝，假根生于基部，有些假根向上生长至茎上部。叶干燥时直立或稍扭曲并紧密贴生，少数茎顶部的叶具扭曲的尖部，卵状披针形，具长尖，长2.1–2.8毫米，宽0.5–0.9毫米，有时在中部呈龙骨

状；中肋达叶尖下部；叶边全缘，背卷或内卷。叶基部细胞长方形至菱形，厚壁，平滑或具壁孔，平滑，长15–50微米，宽4.5–9微米；基部边缘细胞短但不形成叶耳；叶上部细胞小，有时不规则，等径，厚壁，具1–2个单疣，稀具分叉的低疣；雌雄同株异苞。雌苞叶不分化。孢蒴椭圆形至卵圆形，隐于雌苞叶内，干燥时上部具纵脊，口部下不收缩，近蒴柄渐变狭。孢蒴壁细胞不分化，仅蒴口下的细胞小而厚壁；气孔显型，存在于孢蒴的中部。蒴齿两层，无前蒴齿；外齿层齿片16，披针形，橘色或黄色，干燥时外卷，外侧下部具网状疣，上部具细疣，内侧上部具高而细的网状纹饰；内齿层齿条16，达外齿层高度的2/3，黄色或近透明，披针形，具不规则的边缘，外面除边缘较厚外，平滑，里面被复合疣覆盖。蒴帽钟形至圆锥状椭圆形，多少具皱褶，密被纤毛。孢子球形，明显具疣，直径31–35微米。

产吉林、四川和西藏，多生于树干。巴基斯坦、北美洲、欧洲及北非洲有分布。

1. 具孢蒴的枝条(×5)，2. 叶(×10)，3. 叶中部细胞(×350)，4. 雌苞叶中部细胞(×350)，5. 蒴齿和孢子(×250)。

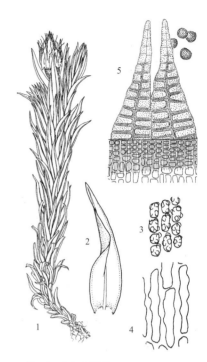

图 982 条纹木灵藓（郭木森、于宁宁绘）

4. 暗色木灵藓 图 983

Orthotrichum sordidum Sull. et Lesq. in Aust., Musci Appal. 30. 1870.

植物体形小，下部褐色，上部黄绿色至绿色，密集垫状簇生。茎高达2厘米，单一或多少具分枝，密被叶片；假根生于茎基部。叶片干燥时直立并紧贴茎上，披针形至卵状披针形，急尖或短渐尖，有时在近尖部呈龙骨状，长2.2–2.6毫米，宽0.5–0.8毫米；中肋在近尖部处消失；叶边全缘，近于全部卷曲。叶基部细胞长方形或菱形，具中等厚的壁，有时稍具壁孔，平滑，长22–68微米，宽6–15微米，沿叶基部边缘细胞短；叶上部细胞呈不规则圆形，近方形，长6–12.5微米，宽6–15.5微米，厚壁，每个细胞具2个分叉的疣。雌雄混生同苞。雌苞叶不分化。蒴柄极短或稍高出于雌苞叶。孢蒴椭圆形至椭圆状圆柱形，干燥时具纵沟，蒴口下稍收缩，上部具8条黄色的带及8条灰绿色的带相间；气孔显型，位于孢蒴的中部和下部。蒴齿两层，前蒴齿常存在；外齿层齿片8对，中缝具穿孔，近尖部孔呈格状，橙色或淡褐色，齿片外侧近基部处具中等大小的疣，有时在近尖部处疣融合成短的纺锤状线形，干燥时外卷；内齿层齿条8，与外齿层等高或为外齿层高度的2/3，基部分离，透明，外面平滑。蒴帽钟形，稍具纵褶，被覆透明纤毛。孢子直径22–25微米，具中等大小的疣。

产内蒙古和吉林，通常树生，偶尔生于岩面。日本、朝鲜、北美洲及格林兰有分布。

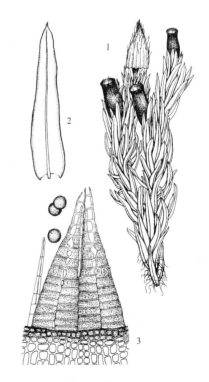

图 983 暗色木灵藓（郭木森、于宁宁绘）

1. 具孢蒴的枝条(×6)，2. 叶(×12)，3. 孢子和蒴齿的一部分(×125)。

5. 黄木灵藓
图 984

Orthotrichum speciosum Nees, Deutschl. Fl. 2 (3): 5. 1819.

多垫状簇生，下部褐色，上部黄绿色至绿色。茎高可达1厘米，叉状分枝，密被叶片；假根仅生于茎基部。叶片干燥时直立贴茎，卵状披针形，具短尖至长尖，有时上部呈龙骨状，基部有时呈耳状，长2.0–3.5毫米，宽0.5–0.8毫米；中肋消失于叶尖下；叶边全缘，近于全背卷。叶基部细胞长方形或菱形，厚壁，具壁孔，平滑，长18–40微米，宽4–9微米，近叶边细胞趋短；叶上部细胞呈不规则圆形，等径至多少变长，长6–15微米，宽6–11微米，厚壁，每个细胞具1–2低而不分叉的疣。雌雄混生同苞。雌苞叶不分化。蒴柄极短或稍高出于雌苞叶。孢蒴圆柱形，蒴壁细胞均一，或蒴口下部分化8条橙色厚壁细胞形成的带；气孔显型，位于孢蒴下部。蒴齿两层；前蒴齿不存在；外齿层齿片8对，成熟时不分裂，干燥时外卷，黄白色，外侧具密集的单一和分叉的疣，齿片内侧近基部的疣融合成蠕虫状线形，近尖部多有明显不规则的疣；内齿层齿条8，近于与外齿层等长，基部不愈合，黄色，两面具明显的疣，有时沿胞壁具密疣。蒴帽钟形，平滑，具疏毛至顶部。孢子17–20微米，具中等大小的疣。

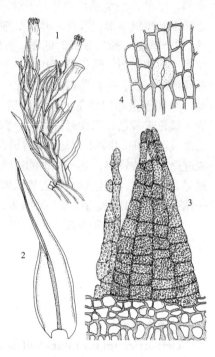

图 984 黄木灵藓（于宁宁绘）

产吉林和新疆，多生于树干。北半球温带有分布。

1. 具孢蒴的枝条（×8），2. 叶（×17），3. 蒴齿（×236），4. 气孔（×240）。

6. 小木灵藓
图 985

Orthotrichum exiguum Sull., Man. Bot. No. N. U. States 2: 633. 1858.

混生于其它苔藓植物中或呈疏松垫状，下部棕色，上部暗绿色。茎高3–5毫米，单一或稀少分枝，外观呈棍棒状；假根仅存在于茎的基部。叶片直立，干燥时紧贴，披针状椭圆形至椭圆形，具圆形叶尖或小尖，长0.6–1.0毫米，宽0.2–0.4毫米，平展，基部下延；中肋在叶尖下消失；叶边全缘，平展或仅上部稍微背卷。叶基部细胞近于等径，薄壁，平滑，长12.5–15.5微米，宽7.5–12.5微米；叶下延部分的细胞方形至菱形，近叶边的细胞趋短，有时叶边细胞具前角突；上部细胞圆方形，膨大，长7.5–15.5微米，宽9.0–15.5微米，薄壁，每个细胞有高而分叉的疣。叶片

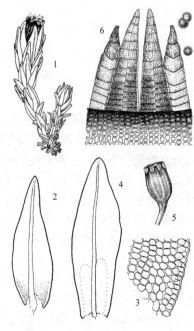

图 985 小木灵藓（郭木森、于宁宁绘）

表面有时着生狭棍棒状芽胞，棕色。雌雄同株异苞。雌苞叶大于茎叶。孢蒴椭圆状圆柱形，干燥时形成明显的纵沟，口部不收缩；外壁细胞明显分化8条棕色条纹，8条黄色条纹相间隔，气孔显型，分布于孢蒴基部。蒴齿两层，常具低的前齿层；外齿层齿片8，稀开裂成16，干燥时背卷，外面黄色，基部密具疣，尖部具透明疣，里面覆盖细疣；内齿层齿条8片，披针形，钝尖，弯曲，与外齿层等宽，高度为外齿层的2/3，透明，被细疣。蒴盖具短钝喙。蒴帽短圆锥形，具纵褶，表面有细胞突起形成的前角突，被少数透明短毛。孢子球形，黄色，具细疣，直径16–20微米。

产江西和四川，树干附生。日本及欧洲有分布。

1. 具孢蒴的枝条(×15)，2. 叶(×78)，3. 叶基部细胞(×250)，4. 雌苞叶(×78)，5. 孢蒴(×15) 6. 蒴齿和孢子(×250)。

7. 钝叶木灵藓 图 986

Orthotrichum obtusifolium Brid., Musci Rec. 2 (2): 23. 1801.

密集垫状，形小，下部黑褐色，上部绿色至黄绿色。茎高可达1厘米，稀少分枝；基部有零散的假根。叶片直立，干燥时紧贴茎，卵形或卵状披针形，尖部圆钝，长1.0–1.6毫米，宽0.4–0.8毫米；中肋狭窄，消失于叶尖下部。叶基部细胞长方形至方形，薄壁，平滑，长20–50微米，宽10–15微米；叶片上部细胞近于等径，厚壁，12–18微米，具单疣。芽胞棍棒状或圆柱形，着生叶片表面。雌雄异株。雌苞叶不分化。孢蒴隐生或稍突出，椭圆形或椭圆状圆柱形，干燥时纵沟几乎贯穿整个孢蒴；外壁细胞分化成4–6个细胞宽的条纹；气孔突出，着生孢蒴的中部。蒴齿两层，无前齿层；外齿层齿片8对，干燥时背卷，基部有明显而均匀的疣；内齿层齿条8，线形，与外齿层等长，被疣，具明显的中线。蒴帽圆锥形或钟形，无纵褶，无毛或仅有少数的毛，上半部具疣。孢子具细密疣，直径14–20微米。

产黑龙江、内蒙古、新疆、江西、四川和云南，着生树干。日本、印度、亚洲中部和北部、美洲及欧洲中部或北部有分布。

1. 具孢蒴的枝条(×15)，2. 叶(×28)，3. 叶片横切面的一部分(×270) 4. 叶中部细胞(×190)，5. 蒴齿(×388)。

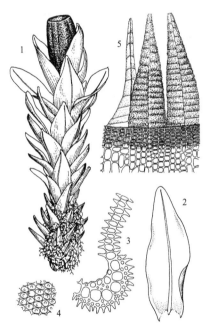

图 986 钝叶木灵藓 (郭木森、于宁宁绘)

8. 丛生木灵藓 图 987

Orthotrichum consobrium Card., Bull. Herb. Boiss. Ser. 2, 8: 336. 1908.

散生或呈丛生长，下部褐色或黑色，上部橄榄绿色至深绿色。茎高可达1厘米，单一或叉状分枝；基部具假根；叶片贴生，直立或干燥时稍扭曲，披针形或有时基部卵形，渐上呈披针形，锐尖，长1.5–2.1毫米，宽0.3–0.5毫米；中肋在近叶尖处消失；叶边全缘，平展或一侧狭背

卷，有时仅下部卷曲。叶基部细胞短，长方形或菱形，中等加厚，无壁孔，平滑，长20-45微米，宽9-13微米，沿基部边缘或角部趋短，近方形，但不形成明显的耳部；上部叶细胞圆方形或短长方形，有时不规则，长9-13微米，宽6-13微米，中等加厚，每个细胞具1-2个不分叉的单疣。雌雄同苞混生。雌苞叶不分化。孢蒴卵状球形或短圆柱形，干燥时具深纵沟，口部下收缩不明显；外壁细胞在上部分化8条黄色的带，其细胞多厚壁，另有8条透明的带相间；气孔隐生，分布于孢蒴下部，多被副保卫细胞覆盖。蒴齿两层，有时具低的前齿层；外齿层齿片8对，黄色，干燥时外卷，外面具细而均匀的疣，里面具细横纹；内齿层8条，不相连，透明或白黄色，与外齿层同高，外面平滑，里面粗糙。蒴盖具短斜喙。蒴帽圆锥形，具16条深而近于平滑的纵褶，无毛。孢子球形具细疣，直径16-22微米。

产甘肃、江苏、安徽、湖南和云南，多生树上，稀见于岩面。日本及朝鲜有分布。

1. 植物着生树皮上的生态(×4/5)，2. 具孢蒴的枝条(×12)，3-4. 叶(×30)，5. 叶尖部细胞(×330)，6. 叶中部细胞(×330)。

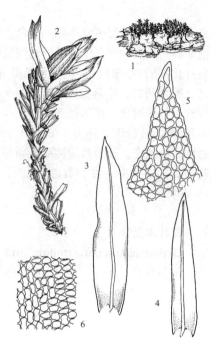

图 987 丛生木灵藓（郭木森、于宁宁绘）

9. 折叶木灵藓

图 988

Orthotrichum griffithii Mitt. ex Dix., Journ. Bot. 49: 140. 513. f. 2. 1911.

植物体疏松或密集呈垫状生长，下部棕色，上部黄褐色至黄绿色。

茎高0.5-1.0厘米，上部多具分枝；基部具多数假根，有时在茎上部成束。叶片干燥时直立，多有波纹和卷曲，披针形，渐尖或有时具长尖呈龙骨状，长2.1-2.6毫米，宽0.5-0.8毫米；叶边全缘，上部平展；中肋细弱，在叶尖下消失。叶基部细胞长方形至长菱形，多加厚，无壁孔，平滑，长21-52微米，宽6-15微米；角部细胞不分化，有时叶角部有少数近方形的细胞；叶上部细胞呈不规则圆形，排列规则，长9-15微米，宽9-15微米，中等厚壁，具疣，每个细胞具1-2个单一或分叉的疣；沿叶边的细胞不明显分化。雌雄同苞混生。雌苞叶多大于营养叶。蒴柄极短。孢蒴湿润时呈梨形至椭圆形，干燥时呈圆柱形，外壁细胞明显分化8条具4个细胞宽的橙色带和具6个细胞宽的透明带；气孔隐型，分布于孢蒴基部。蒴齿两层，前齿层发育良好；外齿层齿片8对，有时成熟时成16片，绿色，干时背卷，外面具密集的颗粒疣，内面具线形排列的疣；内齿层齿条8，与外齿层等长，基部愈合，透明，外面具横脊，内面有颗粒状疣。蒴帽圆锥形，不具明显的皱褶，具疣。孢子球形，具粗疣，黄褐色，直径15-19微米。

产四川和云南，生于树上和灌丛。印度及不丹有分布。

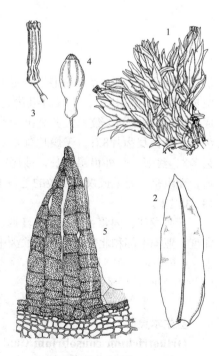

图 988 折叶木灵藓（于宁宁绘）

1. 植物体的一部分(×7)，2. 叶(×16)，3. 孢蒴(干时)(×8)，4. 孢蒴(湿时)(×8)，5. 蒴齿(×200)。

10. 粗柄木灵藓 图 989

Orthotrichum subpumilum Bartr. ex Lewinsky, Journ. Hattori Bot. Lab. 72: 59. 1992.

植物体形小，下部橄榄绿色至棕色，上部橄榄绿色、亮橄榄绿色或黄绿色。密集丛生。茎高约1.0厘米，仅有小枝条；基部具多数的假根。叶直立贴生，干燥时有时扭曲，狭披针形，具锐尖或短渐尖，长1.5–2.8毫米，宽0.3–0.6毫米，平展或呈龙骨状；中肋消失于尖部下；叶边全缘，平展或略具波纹。叶基部细胞短长方形或菱形，薄壁，平滑，长18–37(–80)微米，宽7–15微米；基部细胞不分化；叶上部细胞圆方形至短长方形，长6–18微米，宽6–15微米，胞壁中等加厚，具疣，每个细胞具1–2个低疣，叶的细胞不明显分化。雌雄同苞混生。雌苞叶类似于茎叶。蒴柄粗。孢蒴椭圆状圆柱形，隐生或略高出于雌苞叶，干燥时上部具深的纵沟，口部下收缩。外壁明显分化8条黄色的带和8条灰白色的带相间隔；气孔隐生，位于孢蒴下部。蒴齿两层；未见前齿层；外齿层齿片8对，成熟时不分裂成16片，外卷，有时在近尖部呈格状，外齿层外面基部具细疣，尖部形成条纹，内面基部具细条纹，近尖部平滑或具疣；内齿层齿条8片，透明，平滑，内面具细。蒴帽圆锥状椭圆形，具纵褶，被纤毛，毛上具疣。孢子球形，具细疣，黄棕色，直径17–22微米。

图 989 粗柄木灵藓（于宁宁绘）

产安徽和江西，树皮上着生。欧洲、北美洲及非洲北部有分布。

1. 植物体的一部分(×17), 2. 叶(×11), 3. 叶横切面的一部分(×168), 4. 蒴齿(×236)。

11. 美孔木灵藓 图 990

Orthotrichum callistomum Flischer ex B.S.G., Bryol. Eur. 3: 77. 224. 1850.

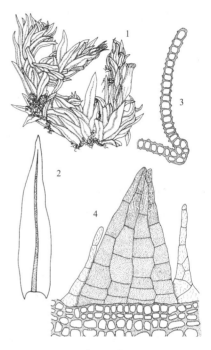

成丛生长或呈垫状，下部棕色，上部黄棕色至稍橄榄绿色。茎高2厘米，叉状分枝，密被叶片；假根仅存在于茎的基部。叶片干燥时贴茎生长或近于直立，有时近茎顶部的叶部分卷曲，由卵形基部向上渐成披针形长尖，茎基部的叶长1.7–2.0毫米，宽0.4–0.6毫米，茎上部的叶长3.4–4.0毫米，宽0.7–0.9毫米；叶边全缘，近于平展，或叶基至叶尖下背卷或内卷；中肋狭窄，消失于叶尖下。叶基部细胞线形，厚壁，稍具壁孔，平滑，长15–40微米，宽4.5–6微米，沿叶基部边缘及叶基角部细胞趋宽短，近于成正方形至短长方形，长6–14微米，宽6–11

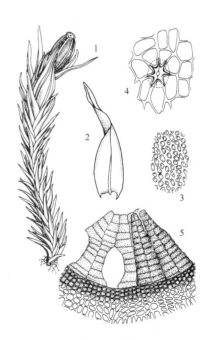

图 990 美孔木灵藓（于宁宁绘）

微米，厚壁，每个细胞具1–3个疣或分叉疣。雌雄同株异苞。雌苞叶与茎上部的叶无分化。蒴柄长约1厘米。孢蒴卵圆形或干燥时呈圆柱形，半隐生，蒴口下部不明显收缩，外壁分化8条纵贯整个孢蒴的棕色带，其细胞纵向壁比横向壁厚，8条灰黄色的带与其相间；气孔隐型，约1/2由突出的附属细胞覆盖。蒴齿两层，有时存在低前齿层；外齿层齿片8对，红棕色，干燥时卷曲，外面具密而均匀的疣直至基部，在里面近尖部具有疣的横隔；内齿层齿条8片，与外齿层等高，在近尖部融合成不完全的半球形，外面多少被疣和疣状脊覆盖，在内侧具短蠕虫形中缝和疣。蒴盖低圆锥形，具短而近于直立的喙。蒴帽圆锥形或圆锥状

卵圆形。孢子球形，明显具疣，直径12–15微米。

产四川和云南，生于海拔2500–4000米山地林中树上。尼泊尔及欧洲阿尔卑斯山有分布。

1. 具孢蒴的枝条（×7），2. 叶（×12），3. 叶中部近中肋细胞（×149），4. 气孔（×221），5. 蒴齿（×129）。

12. 球蒴木灵藓东亚亚种　　　　　　图 991

Orthotrichum macounii Aust. subsp. **japonicum** Iwats., Journ. Hattori Bot. Lab. 21: 240. 1959.

植物体疏松丛生，下部暗褐色至黑色，上部黄褐色至橄榄绿色。茎高约4厘米，基部不分枝至上部叉状分枝，有时下部无叶；假根仅生于茎基部。叶干燥时直立，紧贴，卵状披针形，具长尖，少数茎顶部的叶具扭曲的尖部，长3.2–3.6毫米，宽0.7–0.8毫米，有时中部呈龙骨状；中肋达叶尖下部；叶边全缘，卷曲。叶基部细胞长方形至菱形，平滑，具明显的壁孔，长30–75微米，宽6–11微米；叶边细胞趋短，角部细胞有时分化成小的红褐色的耳部；上部细胞圆方形，长9–16微米，宽7–16微米，厚壁，具1–2个高疣或分叉的疣。雌雄同株异苞。雌苞叶不分化。孢蒴圆柱形至卵状圆柱形，高出于雌苞叶，平滑；蒴壁细胞不分化或在孢蒴口部下稍分化成8条短带；气孔显型，生于孢蒴下部。蒴齿两层，前齿层有时存在；外齿层齿片8对，干燥时直立或外倾，黄色，外面近于平滑，里面密疣覆盖；内齿层齿条8，狭披针形，与外齿层等高，淡黄色，具粗疣。蒴盖扁平圆锥形，具长直喙。蒴帽钟形，密被卷曲纤毛。孢子球形，被细疣，金黄色或金黄绿色，直径18–22微米。

产四川和西藏，见于岩面。日本、印度及尼泊尔有分布。

图 991 球蒴木灵藓东亚亚种（于宁宁绘）

1-2. 叶（×20），3. 叶中部细胞（×300），4. 叶基部细胞（×200），5. 孢蒴（干时的状态）（×10），6. 孢蒴（湿时的状态）（×10）。

13. 木灵藓　　　　　　　　　　　图 992 彩片188

Orthotrichum anomalum Hedw., Sp. Musc. Frond. 162. 1801.

多呈密集垫状，下部褐色或黑色，上部暗绿色。茎高0.7–2.0厘米，叉状分枝；基部有假根。叶片干燥时直立贴生，披针形或狭卵状披针形，具锐尖，长1.9–2.6毫米，宽0.5–0.8毫米；中肋在近叶尖处消失；叶边全缘，中部背卷或内卷。叶基部细胞长方形或长菱形，中等加厚，无壁孔，平滑，叶边基部和角部细胞近方形，近基部细胞常趋

大，呈棕色；上部叶细胞圆方形或短长形，长6–12微米，宽6–11微米，厚壁，每个细胞具1–2个不分叉的单疣。雌雄混生同苞。雌

苞叶不分化。孢蒴椭圆状圆柱形或圆柱形，高出于雌苞叶，干燥时上部具8或16条深纵沟；气孔隐生，着生于孢蒴中部。蒴齿单层，具前齿层；外齿层齿片8对，成熟时分裂成16个，黄色或红色，干燥时直立，上部具垂直的条纹，下部具水平的条纹，有时具散生的疣或密被疣；内齿层未见。蒴盖具短喙。

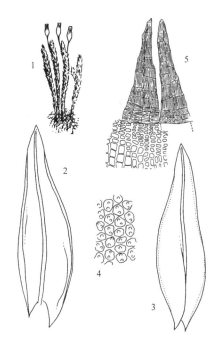

图 992　木灵藓（于宁绘）

蒴帽椭圆状圆锥形或圆锥形，被纵褶，具有疣的纤毛。孢子球形，具粗糙或分叉的疣，直径12--17微米。

产内蒙古、河北、新疆、四川、云南和西藏，多生于岩面，偶树生。日本、巴基斯坦、印度及阿富汗有分布。

1.植物体（×1.5），2-3.叶（×15），4.叶中部细胞（×270），5.蒴齿（×87）。

14. 拟木灵藓　　　　　　　　　　　　　　图 993

Orthotrichum ibukiense Toy., Journ. Jap. Bot. 14: 620. 2. 1938.

植物体呈疏松垫状，下部褐色或灰褐色，上部褐绿色至暗橄榄绿色。茎高达1.5厘米，叉状分枝；基部密生假根。叶干燥时直立贴生，披针形或狭卵状披针形，具锐尖或圆锐尖，长2.5-3.0毫米，宽0.7-0.9毫米；中肋强，在近叶尖处消失；叶边全缘，内曲或内卷。叶基部细胞长方形或长菱形，中等

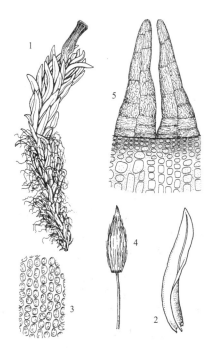

图 993　拟木灵藓（郭木森、于宁绘）

加厚，无壁孔，偶具壁孔，平滑，长33-85微米，宽9-16微米，沿叶边基部和角部细胞趋短，近方形；上部叶细胞不规则圆形、方形或短长形，长7-16微米，宽6-13微米，厚壁，每个细胞具1-2个分叉或不分叉的单疣。雌雄混生同苞。雌苞叶不分化。孢蒴椭圆状圆柱形或圆柱形，干燥时孢蒴具8条与其等长的深纵沟，有时在近口部有8条短的纵沟；外壁细胞明显分化成暗黄色和红色相间分布的带；气孔隐生，分布于孢蒴下部。蒴齿单层，具前齿层；外齿层齿片8对，成熟时分裂成16片，黄色，干燥时基部变暗，直立，外面具细条纹，里面平滑；内齿层未见。孢子具粗糙或分叉的疣，直径约19微米。

产河北和四川，生长土面。日本有分布。

1.具孢蒴的枝条（×6），2.叶（×10），3.叶中部细胞（×183），4.带蒴帽的孢蒴（×6），5.蒴齿（×158）。

<h1 style="text-align:center">4. 卷叶藓属 Ulota Mohr</h1>

小形垫状簇生，树生、稀石生藓类。茎匍匐，生殖枝直立；茎、枝均密被假根。叶干时卷缩并旋扭，湿时倾立或背仰，狭披针形，基部较阔；叶边内卷，全缘；中肋强，在叶尖下部消失；叶上部细胞六边形，基部细胞狭长方形，黄色，近边缘处有多列方形、薄壁、无色细胞构成的分化边缘。雌雄同株，稀异株。雌苞叶不分化，或略分化。蒴柄长，高出雌苞叶外。孢蒴直立，对称，有8条纵褶，干时突起如脊状；气孔生于台部。环带宿存。蒴齿通常两层；内齿层具8条齿毛，稀16或缺失。蒴盖平凸或呈扁圆锥形，具长而直的喙。蒴帽圆锥状钟形，有10–16条粗纵褶，基部绽裂，被多数金黄色毛，稀平滑。叶尖常有叶状无性芽胞。

约40种。我国有5种。

1. 叶披针形或狭披针形，长2–3毫米；孢子直径22–25微米 ·· 1. **卷叶藓 U. crispa**
1. 叶卵状披针形，长可达5毫米；孢子直径约33微米 ·· 2. **大卷叶藓 U. robusta**

1. 卷叶藓　　　　　　　　　　　　图 994

Ulota crispa (Hedw.) Brid., Mant. Musci. 112. 1819.

Orthotrichum crispum Hedw., Sp. Musc. Frond. 162. 1801.

体形小、圆而密集的簇生，上部黄绿色，下部色较深。茎高0.5–2.0厘米，稀疏分枝。叶片干燥时强烈卷曲，湿润时伸展，披针形或狭披针形，先端急尖或渐尖，基部宽而内凹，长2–3毫米；叶边平直或背卷；中肋强劲，终止于叶尖下部。叶基部近中肋处细胞为狭矩形至长方形，叶边4–10列细胞短矩形，透明，横向壁加厚；上部细胞圆形至卵圆形，直径8–10微米，具单疣或马蹄形疣。雌苞叶近于不分化。孢蒴椭圆状圆柱形，高出于雌苞叶，具8条脊，有一细长的颈部，外壁细胞分化，沿纵脊呈长方形，气孔多生于壶部的下方。蒴盖具短喙。环带棕色。蒴齿两层；外齿层齿片16，三角状披针形，8对，齿片上部具细疣，常在近顶端具穿孔，干燥时外扭，长约0.2毫米；内齿层齿条8，平滑，透明，较外齿层短。孢子具细疣，直径22–25微米。

产安徽、浙江、台湾、福建、江西、湖北和四川，生于树干和树枝上。亚洲东部、欧洲及南北美洲有分布。

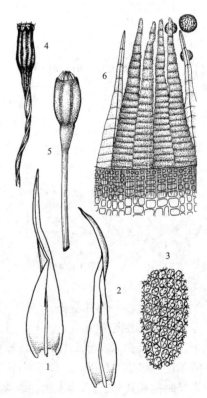

图 994 卷叶藓（郭木森、于宁宁绘）

1-2. 叶（×13），3. 叶中部细胞（×220），4. 孢蒴（干燥时）（×8），5. 孢蒴（湿时）（×8），6. 蒴齿和孢子（×129）。

2. 大卷叶藓　　　　　　　　　　　　图 995

Ulota robusta Mitt., Journ. Linn. Soc. Bot. Suppl. 1: 49. 1859.

丛生，叉状分枝或单一不分枝，高约2厘米。叶片密集着生，倾立、硬挺，干燥时强烈卷曲，自卵状基部向上渐成狭披针形，长约5毫米，基部宽约0.9毫米；叶边有时背卷，全缘；中肋消失于叶尖或叶

尖稍下处。叶细胞圆方形，厚壁，宽约9.6微米，顶部有疣；中部叶细胞有时长方形，长约11微米；基部细胞壁甚厚，长约77微米，宽约11微米，稀具疣。基部边缘约有2列平滑、薄壁细胞组成的分化边，细胞呈长方形或菱状长方形，长约31微米，宽约11微米。孢蒴生于主茎或侧枝，直立或弯曲，长约6

毫米，干燥时扭曲，多直立，卵状圆柱形，具狭的台部，长约2毫米，直径约0.7毫米，成熟时具8条纵纹。外齿层齿片8对，红棕色片，具密疣；内齿层不清楚。蒴帽具毛。孢子红棕色，具疣，直径约32微米。

产四川和西藏，树干附生。亚洲东南部有分布。

1. 植物体的一部分(×2)，2. 叶(×10)，3. 叶尖部细胞(×150)，4. 叶基部边缘细胞(×150)，5. 叶基部近中肋细胞(×150)，6. 蒴齿(×100)。

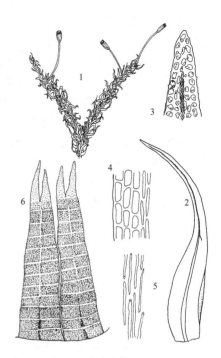

图 995 大卷叶藓（于宁宁绘）

5. 木衣藓属 Drummondia Hook.

纤长，平展，丛集成片，通常树生、稀石生藓类。茎匍匐，密生，具直立而等长分枝；枝单一或继续分枝，随处生棕色假根。叶干时直立，紧贴茎上或螺形一向扭转，湿时倾立或散列，长卵形、披针形或狭长披针形，具长尖或略钝；叶边平直；中肋稍粗，在叶尖部消失；叶细胞圆多边形，平滑，基部近中肋处细胞稍大。雌雄同株或异株。雌苞叶同形或略长，舌状卷筒形，钝端。蒴柄长。孢蒴卵形，薄壁，脱盖后易皱缩。环带不分化。蒴齿单层。齿片短截，不分裂，有密横隔，平滑。蒴盖圆锥形，有斜喙。蒴帽兜形，平滑。孢子多细胞，圆形或长卵形，多细胞，绿色，平滑或有粗疣。

6种。我国有1种。

中华木衣藓　　　　　　　　图 996

Drummondia sinensis C. Müll., Nuov. Giorn. Bot. Ital. n.s. 3: 105. 1896.

植物体暗绿色至橄榄绿色，垫状。主茎匍匐着生，长可达14厘米，着生有多数直立而末端分叉的枝条，高0.5–1.5厘米。茎叶与枝叶不明显分化，抱茎，多扭曲，长1.5–2.0毫米，卵状披针形，向上渐尖；边缘上部有时为两层细胞。枝叶直立，贴生，干燥时稍扭曲，湿润时伸展或平直伸展，椭圆形

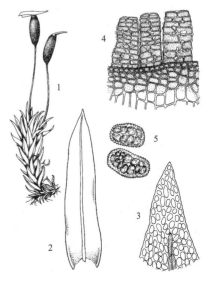

图 996 中华木衣藓（郭木森、于宁宁绘）

至舌状披针形，渐尖，有时突出成小芒状尖，或锐尖，内凹呈龙骨状，长(1.5)1.8–2.5毫米；叶边直立，全缘，近尖部处常两层细胞；中肋在叶尖下部消失。叶上部细胞宽6–13微米，椭圆状圆形至方圆形，平滑，厚壁；基部细胞长方形，数少，在边缘处方形。雌苞叶椭圆形或卵状椭圆形，具锐尖，长方形基部细胞约占叶片长度的1/2。雌雄异株。蒴柄长4.0–8.7毫米。孢蒴狭椭圆形至椭圆形，成熟时平滑，老时皱缩，棕色，外壁细胞排列疏松，厚壁，不规则六边形，在口部有2–4列有色近于长方形的细胞；气孔多数，位于孢蒴的颈部。蒴齿单层，齿片16，常形成一低的基膜，平滑，前齿层通常存在。蒴帽平滑，钟形。孢子球形，直径50–70微米，或长方形，长45–84微米，宽30–50微米。

产吉林、河北、河南、陕西、江苏、安徽、福建、江西、湖南、四川和云南，生于树干、稀岩面生长。日本、印度及俄罗斯有分布。

1. 具孢蒴的枝条(×3)，2. 叶(×19)，3. 叶尖部细胞(×202)，4. 蒴齿(×79)，5. 孢子(×202)。

6. 蓑藓属 Macromitrium Brid.

多大片树生或石生藓类，植物体通常大形，平展，常暗绿色或棕褐色。茎匍匐蔓生，随处有棕红色假根，具多数直立或蔓生、长或短的分枝；枝单一或簇生。叶直立或背仰，干时紧贴茎上或卷曲皱缩，或一向卷扭，披针形、卵状披针形或长舌形，钝端或渐尖，或有长尖，基部略内凹或有纵褶；中肋粗，在叶尖处消失或稍突出，稀突出成毛状尖。叶上部细胞圆方形、或圆六边形，平滑或具疣，基部细胞长方形，常厚壁，胞腔较狭，平滑或细胞侧壁有疣，中肋附近细胞常薄壁，疏松而无色透明，形成不同细胞群，有时基部细胞呈圆形，稀叶细胞狭长方形。雌雄同株、异株，或假同株。雌苞叶长大或与叶同形。蒴柄长，稀甚短，有时粗糙。孢蒴近于球形或长卵圆形；有气孔。蒴齿两层或单层，稀缺失；如为单齿层，齿片披针形，乳白色或棕红色，有粗或细疣；如系双齿层，则内层常为较低有疣而愈合的基膜，外层有时具退化的齿片。蒴盖圆锥形，有细长直喙。蒴帽钟形，有纵褶，罩覆全蒴，被纤毛，下部绽裂成瓣。孢子常不等大，具疣。

约300种，分布温暖地区。我国有8种。

1. 蒴齿缺失 ··· 2. 缺齿蓑藓 M. gymnostomum
1. 蒴齿存在，齿片狭披针形。
　　2. 叶片尖部钝或圆钝；叶细胞壁薄 ··· 3. 钝叶蓑藓 M. japonicum
　　2. 叶片渐尖或锐尖；叶细胞壁薄或厚。
　　　3. 叶细胞壁薄；蒴帽长，完全覆盖孢蒴 ··· 4. 长帽蓑藓 M. tosae
　　　3. 叶细胞壁厚；蒴帽短，稍覆盖孢蒴。
　　　　4. 蒴柄长于10毫米 ·· 5. 长柄蓑藓 M. reinwardtii
　　　　4. 蒴柄不及10毫米。
　　　　　5. 叶片多渐尖；叶细胞黄色，具细疣；叶基部细胞狭长方形 ············· 1. 福氏蓑藓 M. ferriei
　　　　　5. 叶片锐尖；叶细胞具明显疣；叶基部细胞长方形或近于狭长方形 ·········· 6. 黄肋蓑藓 M. comatum

1. 福氏蓑藓
图 997

Macromitrium ferriei Card. et Thér., Bull. Acad. Int. Geogr. Bot. 18: 250. 1908.

植物体褐绿色，或下部黑褐色，上部黄绿色，密集片状生长。主茎匍匐，分枝密集；枝直立，短而单一，尖部圆钝，长可达1.5厘米，上部常具几个短枝。叶片密着生。茎叶背仰或直展，椭圆状披针形，黄色，长1–1.5毫米，宽0.2–0.4毫米，渐尖，明显呈龙骨状，基部褐黄色；叶边背曲；中肋达叶尖。叶中部细胞透明，具1至数个粗疣，六边

形或长方形，长8–12微米，宽5–6.5微米，厚壁；基部细胞近线形，长15–20微米，宽4–5微米。枝叶干燥时卷缩，湿润时伸展，黄色，椭圆状披针形、椭圆状披针形或

卵状披针形，长约2.5毫米，宽约0.5毫米，圆钝至渐尖，龙骨状，在基部具皱褶，叶尖平直或略内弯，基部褐黄色；叶边近于全缘或具疣状小圆齿；中肋黄褐色，达叶尖部。叶片中部细胞呈六边形，直径6.5–8.5–10微米，胞壁薄，具角隅加厚，具3–5个细疣，不透明。雌雄异株。孢子体生于枝上近顶端处。

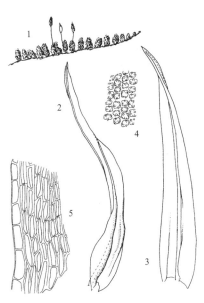

图 997 福氏蓑藓（于宁宁绘）

内雌苞叶椭圆状披针形。蒴柄直立，平滑，长7–10毫米，稀3毫米，棕色。孢蒴直立，卵状椭圆形或椭圆形，长1.2–1.4–1.6毫米，干燥时略收缩。蒴盖为具喙的圆锥形。蒴齿单层，齿片线形至披针形，尖部圆钝，具细密疣，长达0.15毫米。蒴帽兜形，常基部开裂，长2–3毫米，被多数褐黄色纤毛。孢子圆形，具细疣，直径15–22–32微米。

产江苏、安徽、浙江、台湾、福建、江西、海南、广西、四川、云南和西藏，生于树干，树枝或岩面。日本及朝鲜有分布。

1. 植物体（×1），2-3. 叶片（×28），4. 叶中部细胞（×270），5. 叶基部边缘细胞（×270）。

2. **缺齿蓑藓**　　　　　　　　　　图 998

Macromitrium gymnostomum Sull. et Lesq., Proc. Amer. Acad. Arts Sc. 4: 78. 1859.

密集丛生，黑褐色或红褐色，幼枝呈黄色。茎长，叶片疏松着生，密被棕色假根；枝条直立，单一，长可达5毫米，具短小枝条，顶端圆钝。茎叶基部呈椭圆形，向上渐呈狭披针形，龙骨状，长可达1.2毫米；中肋黄棕色，达叶尖部。叶中部细胞透明，长方形，厚壁，平滑；上部细胞略不透明，圆形，具不明显的疣。枝叶干燥时卷曲，狭披针形或卵状披针形，长1.3–2.0毫米，宽0.25–0.3毫米，龙骨状突起，锐尖或渐尖，下部黄色或透明，上部多不透明；叶边中部略背卷；中肋黄褐色或黄色。叶片中部和上部细胞不透明，圆形或圆六边形，直径3–4.5微米，胞壁厚，具3–4个疣；基部细胞狭长方形，长10–20微米，不均匀加厚，平滑。雌雄异株。内雌苞叶卵状披针形，渐尖。蒴柄平滑，长5–8毫米，稀3毫米，棕色。孢蒴直立，椭圆状圆柱形，长1.5–2.0毫米，棕色，深皱褶，干燥时口部收缩。蒴盖为具喙的圆锥形，长可达0.65毫米。蒴齿缺失。蒴帽兜形，长1.7–2.0毫米，稀仅1.5毫米，基部多开裂和具皱褶，无纤毛，上部黄色或棕色。孢子圆形，具细疣，直径20–28微米。

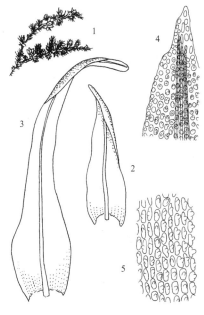

图 998 缺齿蓑藓（郭木森、于宁宁绘）

产广西、贵州、四川和云南，树干或岩面生长。日本及朝鲜有分布。

1. 植物体（×1），2. 茎叶（×28），3. 枝叶（×28），4. 叶尖部细胞（×201），5. 叶中下部细胞（×201）。

3. 钝叶蓑藓

图 999 彩片189

Macromitrium japonicum Dozy et Molk., Ann. Sci. Nat. 3: 311. 1844.

植物体紧密，暗绿色垫状，下部黑褐色，顶部黄绿色。茎匍匐；分枝直立，钝端，单一，长可达10毫米，茎叶背卷，从三角状卵形的基部，渐向上收缩成椭圆状披针形的尖部，尖端略内卷，基部宽阔，黄褐色，呈明显龙骨状，长1-2毫米，宽0.35-0.4毫米；中肋粗，达叶尖下部。叶中部细胞圆六边形，壁极厚，具2-4个疣，稀平滑；下部细胞长方形，厚壁，平滑。枝叶干燥时内曲或内卷，湿润时伸展，但尖部仍内曲，舌形或长舌形，锐尖、钝尖或宽圆，基部无色，多有纵褶，长1.5-2.25毫米，宽0.25-0.4毫米；叶边背卷；中肋粗，黄棕色，达叶尖下部。叶中部细胞方形或六边形，7-9-12微米，薄壁，具几个小疣，基部细胞无色，长方形，厚壁，平滑。雌雄异株。孢子体生于枝上，内雌苞叶卵状披针形或卵状椭圆形，渐尖，龙骨状。蒴柄直立，平滑，黄棕色，2-4毫米，有时长达6毫米。孢蒴直立，卵形、卵状椭圆形或球形，干燥时收缩，长0.8-1.5毫米，黄棕色。蒴盖圆锥形，高0.5-0.7毫米，具斜喙。蒴齿单层，齿片近于线形，尖部钝，具密疣。蒴帽兜形，长1.5-2毫米，常基部开裂，具纵褶，被多数纤毛。孢子近球形或卵形，具密疣，直径20-30微米。

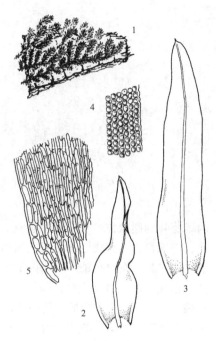

图 999 钝叶蓑藓（郭木森、于宁宁绘）

产陕西、山东、四川和云南，树干或岩面生长。日本有分布。

1. 植物体的着生生态（×112），2. 茎叶（×21），3. 枝叶（×21），4. 叶中部边缘细胞（×155），5. 叶基部细胞（×155）。

4. 长帽蓑藓

图 1000

Macromitrium tosae Besch., Journ. Bot. 12: 299. 1898.

密集垫状，下部黑褐色，上部黄绿色。茎长；枝条直立，单一，长可达5毫米。茎叶黄色，干燥时伸展，卵状椭圆形，具狭小尖，龙骨状，长达1.5毫米；叶边下部背卷；中肋达叶尖下部，黄色。叶中部细胞透明，圆形，直径6.5-8.5微米，略膨大，厚壁；基部细胞狭长方形，长12-15微米，宽3-4微米，厚壁，黄色。枝叶干燥时内卷，舌形或椭圆形，长2-2.5毫米，宽0.3-0.4毫米，龙骨状，下部具纵褶，叶尖内曲，具小芒状锐尖或圆尖。雌苞生于枝端。内雌苞叶椭圆形，具针状尖，长达2.5毫米；中肋弱，叶尖下消失；叶细胞狭椭圆形，厚壁，平滑。蒴柄长约6毫米，平滑。孢蒴直立，椭圆形，棕色，干燥时具槽，长1.5毫米。蒴盖圆锥形，具喙。蒴帽兜形，黄棕色，长达3.5毫米，具黄棕色毛。孢子圆形，具细疣，直径30-40微米。

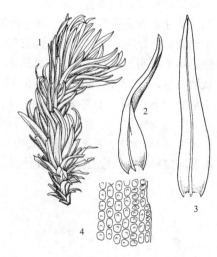

图 1000 长帽蓑藓（郭木森、于宁宁绘）

产福建和云南，生长树干或岩面。日本有分布。

1. 植物体（×5），2-3. 枝叶（×17），4. 叶中边缘细胞（×183）。

5. 长柄蓑藓

图 1001

Macromitrium reinwardtii Schwaegr., Sp. Musci Suppl. 2: 69. 1826.

植物体形成密集垫状，下部暗绿色，顶部黄绿色。茎长达10厘米，顶端钝；枝条直立，单一或具少数分枝，长可达5毫米。茎叶背仰，卵状三角形或椭圆状披针形，长0.7–1.5毫米，宽0.35–0.4毫米，叶尖部直立，渐尖或狭披针形，呈龙骨状；基部红棕色；叶边背卷；中肋粗，消失于近叶尖下，黄棕色。叶中部细胞不透明，方六边形，直径5–6.5微米，角隅加厚，具3–5个小疣；下部细胞透明，黄色，线形，长10–20微米，宽3–4微米，厚壁，无疣。枝叶干燥时多螺旋状排列，扭曲，湿润时伸展，舌形或卵状披针形，长1–1.5微米，宽0.3–0.45微米，钝尖或具短尖，呈龙骨状突起，下部具纵褶。雌雄异株。多不规则，被粗疣，雌苞顶生。内雌苞叶狭披针形，具细尖；中肋细，在近叶尖部下消失，下部具纵褶，长达1.5毫米。蒴柄直立，长10–15毫米，平滑，棕色。孢蒴直立，椭圆形，具深槽，干燥时在口部尤其明显。蒴齿细，长达0.15毫米，具基膜。蒴盖圆锥形，具喙。

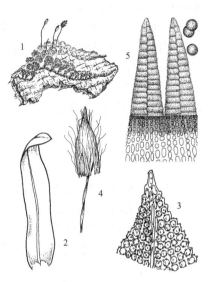

图 1001 长柄蓑藓（郭木森、于宁宁绘）

产海南、广西、四川和云南，着生树干和枝上。日本、菲律宾及印度尼西亚（爪哇）有分布。

1. 植物体(×2)，2. 叶(×17)，3. 叶尖部细胞(×275)，4. 带蒴帽的孢蒴(×5)，5. 蒴齿和孢子(×129)。

6. 黄肋蓑藓

图 1002

Macromitrium comatum Mitt., Trans. Linn. Soc. Bot. London, Ser. 2, 3: 163.

植物体呈密集簇生，黄绿色，下部黑褐色。主茎常裸露，上部纤细，具稀少分枝。枝条直立，密生叶片，末端钝，长约1厘米，有时具少数小枝。茎叶湿润时倾立，黄色，卵状披针形，长1.2–1.5毫米，宽0.3–0.5毫米，叶尖锐尖，内曲，呈龙骨状；中肋达叶尖部，黄色或黄棕色。枝叶干燥时卷缩，湿润伸展或多少背曲，近于狭卵状椭圆形，长2–3毫米，宽0.5–0.6

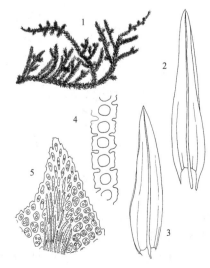

毫米，尖部狭锐尖，圆钝或渐尖，多内曲，呈龙骨状，下部具纵褶；叶边平直或一侧背曲；中肋达叶尖，黄棕色。叶中部细胞透明，六角形，长10–13微米，胞壁薄，强烈膨大，具多个小疣，或单个大尖疣或分叉疣；叶上部和中部细胞在形态和疣的形态上类似；下部细胞长方形或狭长方形，长12–20微米，宽4–6微米，胞壁厚，黄棕色，平滑。雌

图 1002 黄肋蓑藓（于宁宁绘）

雄异株。雌苞侧生于枝条上。内雌苞叶卵状椭圆形，渐尖，长约2.5毫米，龙骨状突起，中肋在叶尖较远处消失。蒴柄高2-3毫米，稀高达5毫米，平滑。孢蒴椭圆状圆柱形，棕色，长1.8毫米，宽0.7毫米，干燥时稍具纵褶。外齿层齿片狭披针形，先端圆钝，密生疣，透明，长约0.25毫米。蒴帽钟形，具纵褶，长2.0-2.5毫米，密生黄色纤毛。孢子直径25-43微米，具细疣。蒴盖具喙，长0.4-0.5毫米。

产陕西、海南、四川和云南，多生于树干。日本及朝鲜有分布。

1. 植物体(×1)，2-3. 叶(×18)，4. 叶横切面的一部分(×135)，5. 叶尖部细胞(×412)。

7. 火藓属 Schlotheimia Brid.

纤细或大形，干燥时呈火红色或铁锈色，平展成片的暖地石生或树生藓类。茎匍匐伸展，随处产生假根，有多数直立或倾立的分枝；枝单一或再分枝。叶直立或背仰，干时紧贴，常呈螺旋状一向扭转，往往上部具横波纹，多长舌形，具小短尖，有时呈披针形，具长尖；叶边多全缘；中肋稍突生，有时成芒状。叶基部细胞狭长方形、薄壁，上部细胞圆形或菱形，常加厚，近于平滑。假雌雄同株。雌苞叶不分化或较长大，具小尖或有芒。蒴柄直立，稀弯曲，有时极短。孢蒴直立，卵形或圆柱形，对称，平滑或有沟槽。环带不分化。蒴齿两层；外齿层齿片厚，狭长披针形，钝端，有密横脊和疣，沿中缝纵裂，红色，干时向外背曲；内齿层齿条较短而狭，淡色，有纵长纹，有时退失。蒴盖半圆球形，具细长喙。蒴帽钟形，无纵褶，稀具毛，有时帽尖粗糙，基部通常有分瓣，多罩覆全蒴。

约130种，分布热带和亚热带地区。我国有3种。

1 叶尖圆钝，具短尖，尖部通常长80毫米或稍短 ·················· 1. **南亚火藓 S. grevilleana**
1 叶尖锐尖，具长尖，尖部长160-200微米 ······················ 2. **小火藓 S. pungens**

1. 南亚火藓
图 1003

Schlotheimia grevilleana Mitt., Journ. Linn. Soc. Bot. Suppl. 1: 53. 1859.

植物体较粗壮，黄棕色，具光泽。主茎匍匐，着生直立的枝条，长约6毫米，基部具假根。叶片密集着生，直立，干燥时多螺旋状扭曲，卵状披针形，长约1.92毫米，中部宽约0.74毫米，上部细胞菱形或斜卵形，长5-8微米，胞壁稍加厚，平滑，基部细胞趋长，具壁孔；叶边平展，全缘；中肋达叶尖部，稍突出。雌苞叶长2.5-3毫米，具短尖。蒴柄直立，长4-6毫米，平滑。孢蒴圆柱形，平滑或略具细沟，长2.5-3毫米。蒴帽具光泽，覆盖达孢蒴基部，顶部粗糙，基部开裂。

产浙江、安徽、福建、海南、四川和云南，多见于倒木上。印度、斯里兰卡、菲律宾及非洲中南部有分布。

1. 具孢蒴的枝条(×4)，2.叶(×18)，3.叶尖部细胞(×153)，4.叶基部细胞(×170)。

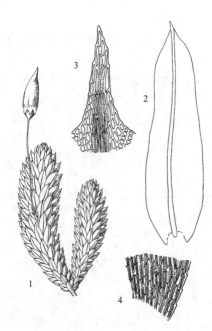

图 1003 南亚火藓 (郭木森、于宁宁绘)

2. 小火藓

图 1004

Schlotheimia pungens Bartr., Ann. Bryol. 8: 14. 1935.

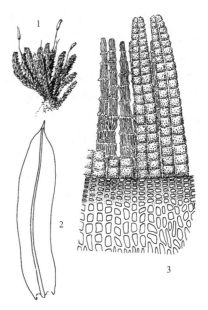

体形粗壮，红色，具光泽，密集簇生。主茎平展，纤细，具密分枝；枝条直立，长约2厘米，基部具红色假根。枝上密生叶片，干燥时螺旋状卷曲，湿润时伸展，椭圆状舌形，呈龙骨状，尖部形成一小尖，长3–3.5毫米，具横波纹；叶边平展，尖部有小圆齿；中肋褐色，突出于叶尖。叶细胞菱形，厚壁，黄色，基部细胞线形。雌苞叶与茎叶相似。蒴柄直立，长3–4毫米。孢蒴圆柱形，褐色，干燥时收缩，长约1.5毫米。蒴盖具长喙。蒴帽上部粗糙。蒴齿外齿层齿片具疣；内齿层齿条黄色，具中线。孢子直径12–15微米。

中国特有，产浙江、台湾、福建、江西、海南、广西、贵州、四川和西藏，多树干生长。

图 1004 小火藓（郭木森、于宁宁绘）

1. 植物体（×1），2. 叶（×15），3. 蒴齿（×90）。

8. 直叶藓属 **Macrocoma** (C. Müll.) Grout

植物体纤细，平展蔓生。茎匍匐，疏生羽状分枝；枝较细。叶干时直立，紧贴茎上，卵状披针形，渐尖，基部卵形；叶边全缘，平展；中肋不及叶尖即消失。叶上部细胞圆方形，厚壁，平滑或有低疣，基部细胞狭卵形。雌雄同株。蒴柄长约5mm。孢蒴直立，球形或短圆柱形，蒴口较小。蒴齿两层。蒴盖圆锥形。蒴帽钟形，具毛。

约11种，热带和亚热带地区分布。我国有1亚种。

细枝直叶藓

图 1005

Macrocoma tenue (Hook. et Grev.) Vitt subsp. **sullivantii** (C. Müll.) Vitt, Bryologist 83: 413. 1980.

Macromitrium sullivantii C. Müll., Bot. Zeitung. 20: 361. 1862.

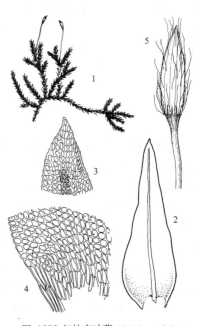

植物体纤细，褐色或橄榄绿色，幼枝部分呈绿色，有时呈密集片状。主茎匍匐，分枝不规则，通常有多数直立的短分枝，有时分枝平展，长约1厘米。叶片干燥时直立贴茎，湿润时伸展，呈龙骨状，长0.7–1.3毫米，披针形或卵状披针形，先端锐尖，稀呈宽渐尖，老叶片稀有狭钝尖；叶边平展，上部全缘，下部背卷，边缘具细胞突起；中

图 1005 细枝直叶藓（郭木森、于宁宁绘）

肋明显，在叶尖部下消失，有时背部生假根。叶上部细胞宽(5–) 6–10(–13)微米，厚壁，近中肋处细胞大，近边缘处小，圆方形，平滑；叶尖下部细胞扁平，中部细胞膨起；基部细胞壁强烈突起呈乳头状，边缘细胞圆形或椭圆形，长达22微米。雌雄混生同苞。雌苞叶长于营养叶，具锐尖。蒴柄长(2.5–)4–6.5(–8)毫米。孢蒴高出于雌苞叶，成熟时椭圆状圆柱形或纺锤形，长1.3–2.4毫米，老时呈卵状纺锤形，上部稍有脊，在1/3处起皱；外壁细胞不分化或稍分化；气孔显型，分布于颈部和下部。蒴齿平滑或具疣，具高的黄白色或白色的基膜。蒴帽具毛，具纵褶，暗黄色，钟形，常开裂。孢子直径 25–42 微米，具细疣。

产台湾、江西、湖北、四川、云南和西藏，多树干附生。日本、朝鲜、印度、斯里兰卡、墨西哥及南美洲有分布。

1. 植物体(×1.5)，2. 叶(×52)，3. 叶尖部细胞(×225)，4. 叶基部细胞(×225)，5. 具蒴帽的孢蒴(×10)。

83. 卷柏藓科 RACOPILACEAE

（汪楣芝）

体形纤细至较粗大，绿色、暗绿色、黄绿色至褐色，常交织生长。茎横切面呈椭圆形，腹面常密生假根；羽状或不规则分枝；叶常异形，干时常背卷或扭曲，湿时伸展；侧叶较大，2列，卵形或长卵形，多数两侧不对称；叶边全缘或具齿，有时具分化的边缘；中肋单一，略粗壮，突出叶尖呈芒状或近尖部消失。叶细胞卵圆形、近方形或不规则形，平滑或具单疣，排列紧密或疏松，基部细胞一般略长大。背叶似2列，通常左右交错倾斜排列，较小，近于对称，长三角形或呈卵状披针形，叶边平滑或具齿；中肋单一，多粗壮，常突出叶尖呈长芒尖。雌雄异株或同株异苞。雄苞顶生。雌苞着生短枝上。雌苞叶常呈鞘状。蒴柄较长，棕红色，平滑，坚挺。孢蒴圆柱形或长卵形，一般直立、略弯曲或横生，干时常具纵褶，台部短，气孔显型。环带常自行脱落。蒴齿两层：外齿层齿片狭披针形，具横隔，常有细密疣；内齿层基膜较高，齿条透明，具横隔，有时具细密疣，中缝常具穿孔，齿毛一般2–3条。蒴盖近半球形，多具长喙。蒴帽长兜形或钟形，平滑或略具纤毛，基部有时浅裂。孢子多球形，表面具细疣。染色体数目多n=20或21。

2属，分布于温热地区。我国有1属。

卷柏藓属 Racopilum P. Beauv.

纤细至中等大小，绿色、暗绿色、黄绿色至褐色，腹面常密生红棕色假根，匍匐交织群生。茎羽状分枝或不规则分枝。叶异形。侧叶2列，较大，多长卵形或椭圆形，一般不对称，渐尖或具急尖，干时多背卷或略扭曲，湿时伸展。叶上部边缘有时具齿；中肋单一，较强劲，常突出叶尖呈芒状，有时长可达叶的1倍左右。叶细胞平滑或具单疣，近方形、六角形或不规则形，排列紧密或疏松，有时基部细胞略长。背叶略小，通常左右交错倾斜排列，长卵形或三角状披针形，近于对称，排列稀疏；中肋突出叶尖呈长芒状；叶边有时具齿。多雌雄异株，稀雌雄同株。雌苞叶基部卵形，上部具急狭尖或渐尖，中肋多突出呈长芒状。蒴柄长，棕红色。孢蒴长圆柱形或长卵形，直立、略弯曲或横生，表面常具明显的纵褶，台部略收缩。环带常自行脱落。蒴齿两层：内外齿层一般等长。蒴盖圆拱形，具长喙。蒴帽兜形或钟形。孢子一般球形，表面具细疣。

54种，多分布热带、亚热带地区。我国约6种。

1. 叶边具单细胞齿或齿突；植物体带叶宽不足4毫米。

　　2. 叶细胞多少具疣 ··· 1. 疣卷柏藓 **R. convolutaceum**

　　2. 叶细胞平滑

　　　　3. 孢蒴倾力或横生；齿条不具穿孔，齿毛、齿条等长；叶多呈绿色 ·············· 2. 薄壁卷柏藓 **R. cuspidigerum**

　　　　3. 孢蒴直立；齿条具穿孔，齿毛缺失或发育不良；叶一般黄棕色 ················ 3. 直蒴卷柏藓 **R. orthocarpum**

1. 叶边常有多细胞粗齿；植物体带叶宽超过4毫米 ······································ 4. 粗齿卷柏藓 **R. spectabile**

1.　疣卷柏藓　　　　　　　　　　图 1006

Racopilum convolutaceum (C. Müll.) Reichdt. in Fenzl, Reise Oest. Freg. Novara, Bot. 1(3) : 194.1870.

　　Hypopterygium convolutaceum C. Müll., Syn. 2:13. 1850.

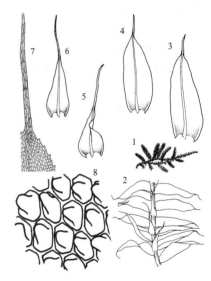

体形较小，绿色至暗绿色。不规则分枝，宽0.1–0.25毫米；横切面厚壁细胞1–2层，中间薄壁细胞约占3/4。侧叶多长卵形，两侧不对称，长1–1.8毫米，干时略扭曲；叶上部边缘常具细齿或齿突；中肋单一，较强劲，突出叶尖呈芒状，有时达叶长度的1倍左右。叶细胞近长椭圆形或不规则形，常具疣，基部细胞略长，稍疏松。背叶较小，长卵状或三角状披针形，两侧近于对称；中肋突出叶尖呈长芒状或毛尖；叶边有时具齿突。

图 1006 疣卷柏藓（郭木森、汪楣芝绘）

1. 植物体(×1)，2. 枝条的一部分(×15)，3-4. 侧叶(×20)，5-6. 背叶(×20)，7. 叶尖部细胞(×100)，8. 叶中部细胞(×450)。

产台湾、广西、四川、云南和西藏，生于海拔约1000米的岩面或树干。亚洲东南部、澳大利亚、新西兰、智利及太平洋岛屿有分布。

2.　薄壁卷柏藓　毛尖卷柏藓　　　　图 1007

Racopilum cuspidigerum (Schwaegr.) Aongstr., Oefv. K. Vet. Ak. Foerh. 29 (4): 10. 1872.

　　Hypnum cuspidigerum Schwaegr. in Gaud., Freyc.: Voyage Aut. Monde Oranie Phys. Bot. 229. 1828.

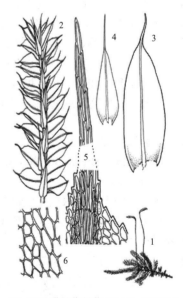

体形小至中等大小，绿色至褐绿色。茎羽状或不规则分枝，宽0.1–0.5毫米。侧叶为长卵形，长1.5–2毫米，两侧不对称，渐尖，叶上部边缘常具细齿或齿突；中肋单一，强劲，常突出叶尖呈芒状。叶细胞平滑，近方形、六角形或不规则形，一般5.6–9微米×5.6–13微米，有

图 1007 薄壁卷柏藓（郭木森、汪楣芝绘）

时基部细胞略长，排列稍疏松。背叶多较小，一般为长卵形、心脏状或三角状披针形，两侧近于对称，稀疏排列；中肋突出叶尖呈长芒状或毛状；有时叶边具细齿或齿突。通常雌雄异株。雌苞叶基部卵形，上部具急狭尖或渐尖，中肋突出呈长芒状。蒴柄长1.5–2.5厘米，棕红色。孢蒴长圆柱形或长卵形，长约3–4毫米，倾立或横生，常具明显的纵褶，台部略收缩。蒴齿两层：内外齿层等长；外齿层齿片长披针形，外侧下部具横脊及横纹，上部具细疣；内齿层基膜较高，折叠呈龙骨状，齿条略宽，沿中缝有连续穿孔，齿毛多2–3条，常具节瘤。蒴帽兜形。孢子一般球形，直径10–15微米，表面具细疣。

3. 直蒴卷柏藓　　　　　　　　　图 1008

Racopilum orthocarpum Wils. ex Mitt., Journ. Linn. Soc. Bot. suppl. 1: 136. 1859.

植物体中等大小，黄绿色。茎不规则羽状分枝，直径0.3–0.4毫米，

横切面厚壁细胞多层，中央薄壁细胞约占1/2。侧叶多长卵形，不对称，约1.3–1.5毫米×0.5–0.8毫米，上部渐尖或具急尖，干时一般背卷，湿时伸展；叶上部边缘常具细齿或齿突；中肋单一，较强劲，常突出叶尖呈芒状。叶细胞平滑，近方形、六角形或不规则形，一般15–17微米×8–9微米，有时基部细胞略长，疏松。背叶多较小，一般为长卵形、心脏状或三角状披针形，两侧近于对称，排列疏松；中肋突出叶尖呈长芒状或毛状；叶边有时具齿。雌雄常异株。雌苞叶基部卵形，上部具急狭尖或渐尖，中肋突出呈长芒状。蒴柄长1.2–1.5厘米，棕红色。孢蒴长圆柱形或长卵形，长2–3毫米，直立，具明显纵褶，台部略收缩。蒴齿两层：内外齿层等长；外齿层齿片长披针形，外侧下部具横脊及横纹，上部具细疣，内侧具横隔；内齿层基膜较高，一般折叠形，齿条略宽，沿中缝有连续穿孔，齿毛2–3条，常具节状横隔。孢子一般球形，表面具细疣。

4. 粗齿卷柏藓　　　　　　　　　图 1009

Racopilum spectabile Reinw. et Hornsch., Nov. Act. Ac. Caes. Leop. Car. 14 (2): 721. 1829.

体形较粗大，黄绿色或棕黄色，背腹扁平，不规则分枝，常生于岩面或树上。老茎具中轴，宽约0.35毫米（湿时0.5毫米），横切面厚壁细胞层略薄，约 40微米；湿时连叶宽一般超过4毫米。侧叶长卵状披针形，两侧不对称，长约2.5毫米（芒状尖长约0.4毫米），一般宽1毫米；背叶长约2–3毫米（除0.8–1毫米芒状尖），长卵状或三角状披针形，近于对称，具狭长尖；叶上部边缘具尖齿或多细胞粗齿；中肋粗

产台湾、广东、广西、贵州、四川、云南和西藏，生于海拔1000米左右的岩石及树干。喜马拉雅地区、印度、日本、亚洲东南部、巴布亚新几内亚、太平洋岛屿、澳大利亚、北美及中南美洲有分布。

1. 植物体(×2), 2. 枝条的一部分(×14), 3. 侧叶(×20), 4. 背叶(×20), 5. 叶尖部细胞(×250), 6. 叶中部细胞(×250)。

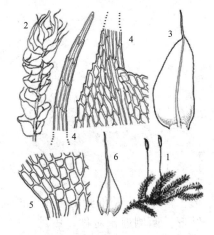

图 1008 直蒴卷柏藓（郭木森、汪楣芝绘）

产广西和云南，生于岩面或树上。东喜马拉雅地区、斯里兰卡、缅甸及越南有分布。

1. 植物体(×3), 2. 枝条的一部分(干时)(×10), 3. 侧叶(×25), 4. 叶尖部细胞(×250), 5. 叶基部细胞(×250), 6. 背叶(×25)。

壮，突出叶尖呈芒状。叶细胞平滑，六边形、近方形或长方形，有时不规则，基部细胞多略大或长。雌雄异株或异苞同株。雌苞叶三角状披针形。蒴柄较长，坚挺。孢蒴长圆柱形，直立或略弯曲，台部

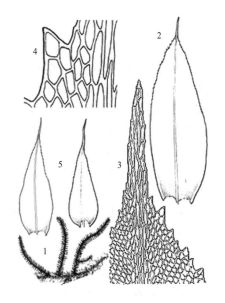

短，气孔显型。蒴齿两层：外齿层齿片具横隔或具细密疣；内齿层基膜较高；具齿毛。孢子一般球形，表面具细疣。

产台湾、广西和云南，生于海拔1000-2000米的林中树干。菲律宾、印度尼西亚、巴布亚新几内亚及太平洋部分岛屿有分布。

1. 植物体(×0.5)，2. 侧叶(×10)，3.叶尖部细胞(×80)，4.叶边粗齿(×260)，5. 背叶(×10)。

图 1009 粗齿卷柏藓（郭木森、汪楣芝绘）

84. 虎尾藓科 HEDWIGIACEAE

（汪楣芝）

植物体一般粗大、硬挺，灰绿色、暗绿色或黄绿色；老时棕黄色或黑色，稀具红棕色，无光泽，直立或先端倾立，稀枝条垂倾，不规则分枝或羽状分枝，常交织成片，密集丛生，岩面或树生。茎不规则分枝；无中轴；横茎与茎下部叶多腐朽或呈鳞片状，有时呈芽条形；有的属种具鞭状枝；假根较少。叶干时常紧贴，呈覆瓦状排列，湿时倾立或背仰，质坚挺，通常宽卵形，多内凹，部分属种具纵褶，常具长或短的披针形白尖；叶边多全缘，有时略背卷；叶基部略下延；一般无中肋（仅蔓枝藓属*Bryowijkia* Nog.为单中肋，长达叶片中部以上）。叶上部细胞略小，卵圆形、近方形、线形或不规则，常厚壁，具疣；下部细胞渐大，或平滑，基部细胞多为长方形；角部细胞有时近方形，常带橙黄色。雌雄多同株。雌苞于新枝上侧生。雌苞叶一般较长，有时具纤毛。蒴柄短或长。孢蒴多卵形或圆柱形，有时具台部，多对称，常具纵褶，一般隐生于雌苞叶中。环带不分化。蒴齿缺失或仅具外齿层（仅蔓枝藓属*Bryowijkia* Nog.齿片不规则）。蒴盖微凸或呈圆锥形，稀呈扁平形，一般平滑，具喙。蒴帽钟形，平滑。孢子常较大，直径为20-40微米，多为四分体，表面具疣或具长条形纹饰。

5属。我国有3属。

1. 茎不规则分枝，匍匐生长，先端常倾立；叶无中肋；蒴齿缺失。
　　2. 叶具同色或透明的细尖；叶细胞具多数小疣；雌苞叶边缘不具纤毛；蒴柄长，孢蒴高出于雌苞叶 ⋯⋯⋯⋯⋯⋯⋯⋯⋯⋯⋯⋯⋯⋯⋯⋯⋯⋯⋯⋯⋯⋯⋯⋯⋯⋯⋯⋯⋯⋯⋯⋯⋯⋯⋯⋯⋯ **1. 赤枝藓属 Braunia**
　　2. 叶具短或长的透明尖；叶细胞具1-2个粗疣或叉状疣；雌苞叶边缘常具长纤毛；蒴柄短，孢蒴多隐生于雌苞叶中 ⋯⋯⋯⋯⋯⋯⋯⋯⋯⋯⋯⋯⋯⋯⋯⋯⋯⋯⋯⋯⋯⋯⋯⋯⋯⋯⋯⋯⋯⋯⋯⋯⋯ **2. 虎尾藓属 Hedwigia**
1. 茎规则二回至多回羽状分枝，常平展生长，有时垂倾；叶中肋单一；蒴齿单层 ⋯⋯⋯⋯⋯ **3. 蔓枝藓属 Bryowijkia**

1. 赤枝藓属　Braunia　B. S. G.

体形稍硬挺，绿色、黄绿色至棕褐色，或带紫红色。主茎匍匐；支茎直立或倾立，先端常呈棒形，不规则或规则羽状分枝，有时具鞭状枝，常交织成片。叶干时密集紧贴，湿时伸展或背仰，一般为长卵形或椭圆形，具短尖或长尖，有时具纤细透明毛尖；叶边全缘，多数种类背卷；中肋缺失。叶细胞较小，不整齐方形或不规则形，背腹面均具多数疣，近基部细胞渐长，基部中央常具狭长方形细胞，厚壁，多具壁孔，角细胞一般不分化，或稍带棕红色。雌雄同株异苞，稀为同苞。雌苞叶较大，长椭圆形或长卵形，具长或短尖，多具纵皱褶。蒴柄长，直立，高出于雌苞叶。孢蒴长卵形至圆柱形，直立或略弯，表面平滑或具纵皱褶。蒴齿一般缺失。蒴盖圆锥形至略凸，具长或短喙，有时具细疣。蒴帽兜形，平滑。孢子小至大形，表面具粗或细疣。

约23种，分布于南北半球温热地区。我国有2种。

云南赤枝藓　　　　　　　　　　　图 1010

Braunia delavayi Besch., Ann. Sc. Nat. Bot. Ser. 7, 15: 71. 1892.

体形稍硬挺，黄绿色至褐色；支茎长1–3厘米，多倾立，先端常呈棒形，不规则或规则羽状分枝，常交织成片，有时具鞭状枝。叶干时密集紧贴，湿时伸展或背仰，卵形，1.2–2毫米×0.7–1毫米，具短尖或长尖，有时尖部呈毛状；叶边全缘，下部有时稍背卷；中肋缺失。叶细胞近方形或不规则形，宽4–6.5微米，长4–18微米，背腹面均具多数粗疣，厚壁，基部中央细胞

渐呈狭长方形，宽5–6微米，长50–75微米，壁极厚，常具壁孔，角部细胞一般不分化。雌雄同株异苞。雌苞叶较大，长椭圆形或长卵形，具长或短尖，多具纵皱褶。蒴柄长，直立，高出于雌苞叶。孢蒴卵圆形，长1.5毫米，宽1毫米，直立，具弱皱褶，口部强烈收缩呈壶形，具明显台部。蒴齿缺失。蒴盖圆锥形，具短喙。蒴帽细长，兜形，平滑。孢子小至大形，表面具粗或细疣。

产云南和西藏，生于海拔2000–3000米的岩面或树上。喜马拉雅地

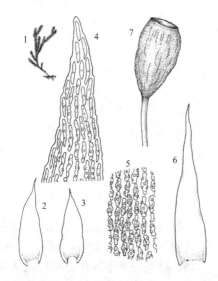

图 1010 云南赤枝藓（郭木森、汪楣芝绘）

区亦有分布。

　　1. 植物体（×1），2–3. 叶（×10），4. 叶尖部细胞（×230），5. 叶中部细胞（×230），6. 内雌苞叶（×10），7. 孢蒴（×8）。

2. 虎尾藓属　Hedwigia　P. Beauv.

体硬挺，多灰绿色，有时呈深绿色、棕黄色至黑褐色。支茎直立或倾立，不规则分枝，不具鞭状枝。叶干时覆瓦状紧贴，湿润时背仰，卵状披针形，内凹，具长或短的披针形尖，尖部多透明或白色，具密刺状齿；叶边全缘，有时略背卷；中肋缺失。叶上部细胞卵状方形至椭圆形，具粗疣或叉状疣；基部细胞方形、长方形或不规则长方形，常具多疣；有时角部细胞分化。雌雄同株异苞。雄苞较小，芽胞状。雌苞侧生。雌苞叶较大，长椭圆状披针形，上部边缘常具透明纤毛。蒴柄短。孢蒴近球形，隐没于雌苞叶中。蒴齿缺失。蒴盖稍凸，多红色，具短喙。蒴帽小，兜形，仅罩覆蒴盖，易脱落。孢子多黄色，球形，表面具条形纹饰。染色体数目一般 $n=11$。

3种，分布于南北温带。我国1种。

虎尾藓   图 1011 彩片190

Hedwigia ciliata (Hedw.) Ehrh. ex P. Beauv., Prodr. Aethéog. 60. 1805.

Anictangium ciliatum Hedw., Spec. Musc. Frond. 40. 1801.

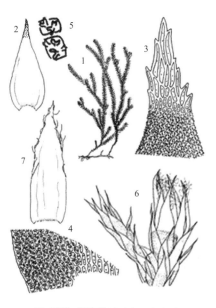

硬挺，灰绿色、深绿色至黑褐色。支茎直立或倾立，不规则分枝，一般长3–5厘米。叶干时覆瓦状贴生，湿时倾立。叶卵状披针形，略内凹，长1.3–2.3毫米，上部具长或短的披针形宽尖部，多透明，具齿；叶边全缘，有时略背卷；中肋缺失。叶上部细胞近方形至卵圆形，8–18毫米×8毫米，具1–2个粗疣或叉状疣；基部细胞方形至不规则长方形，具多疣，向下渐平滑；角部细胞有时分化。雌雄同株异苞。雌苞侧生。雌苞叶较大，上部边缘具透明纤毛。蒴柄短。孢蒴球形，隐生于雌苞叶中。蒴齿缺失。蒴盖稍凸，平滑，具喙。蒴帽小，兜形。孢子球形，直径20–30微米，表面具虫形纹饰。染色体数目一般n=11。

产内蒙古、陕西、甘肃、安徽、湖北、四川、云南和西藏，多生于海拔1000米以上的裸岩面。全世界广泛分布。

图 1011 虎尾藓（郭木森、汪楣芝绘）

1. 植物体（×1），2.叶片（×12），3.叶尖部细胞（×150），4.叶基部细胞（×150），5.叶中部细胞（×450），6.雌株的一部分（×9）7.内雌苞叶（×12）。

3. 蔓枝藓属 Bryowijkia Nog.
(*Cleistostoma* Brid.)

植物体较大，略硬挺，交织蔓生，常垂倾。茎2–3回密羽状分枝，干时先端略向腹面卷曲。叶湿时倾立或向一侧偏斜；茎叶较疏，卵状披针形，略内凹，具纵褶，基部稍下延，有长或短尖；叶边平滑，下部有时背卷；中肋达叶中部以上。叶细胞长卵形或线形，具细密疣，角部细胞分化明显，短方形，数列，黄色，平滑。枝叶密生，长卵形，急尖，具纵长褶；叶边分化。雌雄异株。雌苞顶生。雌苞叶长披针形；中肋较长，近叶尖部消失；叶细胞具疏疣或平滑。孢蒴有时双生。蒴柄极短。孢蒴球形，表面棕色，平滑，完全隐没于雌苞叶中。蒴齿单层；外齿层齿片长，不规则，中脊不明显，横脊大小不一；内齿层缺失。蒴盖小，稍凸，具短喙。蒴帽易脱落。孢子一般球形，绿色或棕色，具细疣；在孢蒴内，单细胞和多细胞的孢子常混生，有时孢子在孢蒴内萌发。

1种，我国有分布。

蔓枝藓   图 1012 彩片191

Bryowijkia ambigua (Hook.) Nog., Journ. Hattori Bot. Lab. 37: 241. 1973.

Pterogonium ambiguum Hook., Trans. Linn. Soc. London 9: 310. 1808.

种的特征同属。

产四川、云南和西藏，常生于海拔1850–3000米的岩面、树干或树

枝上。喜马拉雅地区、印度
北部、缅甸、泰国和越南有
分布。

　　1. 植物体(×0.3), 2. 雌株的
一部分(×5), 3-4. 叶(×20), 5. 叶
尖部细胞(×350), 6. 叶基部细胞
(×350), 7. 孢蒴及蒴盖(×10)。

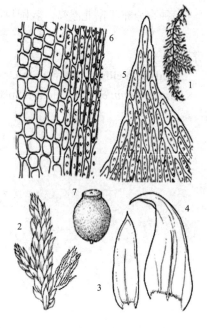

图 1012 蔓枝藓（郭木森、汪楣芝绘）

85. 隐蒴藓科 CRYPHAEACEAE
（张满祥）

　　纤细或粗壮，疏松或丛集的树生或石生藓类。主茎匍匐横生；支茎直立或蔓生，不规则分枝，或羽状分枝，稀具假鳞毛。叶干燥时覆瓦状贴生，潮湿时倾立，叶基部卵圆形，略下延，先端渐尖，具短尖或长尖，略内凹；叶边全缘或近尖部具齿；中肋单一，不及叶尖即消失。叶细胞卵形、椭圆形或菱形，厚壁，平滑，叶基部细胞长菱形或近线形，稀具壁孔。雌雄异苞同株。雄苞芽苞形，侧生。雌苞生短枝顶端。雌苞叶直立，内雌苞叶多具高鞘部。蒴柄短。孢蒴直立，长卵形。环带分化。蒴齿多为两层；外齿层齿片披针形；内齿层基膜低，齿条线形或狭长披针形，稀折叠形或具穿孔。蒴盖圆锥形，具短喙。蒴帽小，钟形或兜形，表面粗糙，稀平滑。孢子中等或大形。

　　13属，分布温带地区。中国有6属。

1. 主茎短，支茎不呈树形分枝；叶细胞六边形或短菱形；孢蒴常隐没于雌苞叶内；蒴帽大，圆锥状帽形。
　　2. 叶片上部边缘不具粗齿。
　　　　3. 植物体具不规则成簇状分枝；中肋长达叶片中部消失；蒴齿单层 ················ **2. 顶隐蒴藓属 Schoenobryum**
　　　　3. 植物体羽状分枝或不规则羽状分枝；中肋长达叶片中部以上消失；蒴齿两层。
　　　　　　4. 孢蒴长卵形或长圆柱形；孢子形小，直径约50微米以下，具细疣 ·············· **1. 隐蒴藓属 Cryphaea**
　　　　　　4. 孢蒴近于球形；孢子形大，直径约75微米，平滑 ·············· **3. 球蒴藓属 Sphaerotheciella**
　　2. 叶片上部边缘具粗齿 ·· **4. 毛枝藓属 Pilotrichopsis**
1. 主茎长，支茎呈树形或不规则羽状分枝；叶细胞长菱形；孢蒴略高出于雌苞叶；蒴帽小，兜形 ················
·· **5. 残齿藓属 Forsstroemia**

1. 隐蒴藓属 **Cryphaea** Mohr et Weber

植物体小形或中等大小，黄绿色或带褐色。主茎短；支茎垂倾或倾立，不规则分枝或不规则羽状分枝。叶干燥时覆瓦状排列，潮湿时倾立，卵形或长卵形，具短尖或长尖，或具披针形尖；叶边常背卷，全缘或尖部有齿；中肋单一，长可达叶片中部以上消失。叶上部细胞卵形或卵圆形，厚壁，叶下部及基部细胞近线形或长菱形，具壁孔，角部细胞方形或菱形。雌雄异苞同株。内雌苞叶多长卵形，中肋常突出于叶尖。蒴柄短。孢蒴隐生于雌苞叶中，长卵形或长圆柱形，棕红色。蒴齿两层，淡黄色；外齿层齿片狭长披针形，外面有密横脊；内齿层齿条线形，与齿片等长，无齿毛。蒴盖圆锥形，有短尖。蒴帽圆锥形，上部多粗糙，稀平滑。孢子细小。

约50种，分布温热地区。我国有4种。

1. 茎叶阔卵圆形，先端急尖；内雌苞叶叶边缘细胞为绿色，中肋不达叶尖 .... **1. 卵叶隐蒴藓 C. obovatocarpa**
1. 茎叶卵状披针形，先端渐尖；内雌苞叶叶边缘细胞无色透明，中肋突出叶尖成芒状 ·· **2. 中华隐蒴藓 C. sinensis**

1. 卵叶隐蒴藓 　　　　　　　　　　　图 1013

Cryphaea obovatocarpa Okam., Bot. Mag. Tokyo 25: 135. 1911.

黄绿色，长约4厘米。茎直立，上部具多数分枝；有假鳞毛。茎叶干燥时覆瓦状排列，潮湿时倾立，阔卵圆形，先端急尖，基部稍下延，内凹，长2.2–2.4毫米；叶边缘上部具细圆齿，下部全缘；中肋单一，达叶长度的2/3。枝叶与茎叶相似，形较小。叶细胞椭圆形或六角形，常具前角突，厚壁，长8–10微米；中部细胞长10–12微米，近基部细胞狭长，角部细胞略分化。雄苞单生于分枝腋部。雌苞着生于茎和枝的一侧。内雌苞叶椭圆形，先端

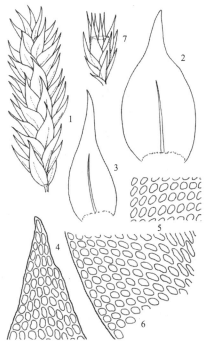

渐尖，内凹，边缘背卷，上部具小圆齿，中肋长不达叶尖。孢蒴倒卵形，蒴壁细胞长方形或不规则长方形，具密疣。环带为一列。蒴齿两层；外齿层齿片线形，具疣；内齿层长于外齿层。蒴盖圆锥形，圆钝，平滑。孢子直径45–50微米，具疣。

产台湾和云南西部，生于海拔1750–2300米的山地林下树干或树枝上。日本有分布。

图 1013 卵叶隐蒴藓（何　强绘）

1. 枝（×10），2. 茎叶（×50），3. 枝叶（×50），4. 叶尖部细胞（×450），5. 叶中部细胞（×450），6. 叶基部细胞（×450），7. 雌苞（×10）。

2. 中华隐蒴藓 　　　　　　　　　　图 1014

Cryphaea sinensis Bartr., Ann. Bryol. 8: 15. 1935.

直立，易折断；稀疏羽状分枝，长约1厘米；具假鳞毛。茎叶卵圆状披针形，长1.4–2毫米，先端渐尖，基部下延，内凹；叶边略背卷，尖端具小圆齿；中肋长达叶尖消失。叶细胞狭长方形，具前角突，叶边细胞方形或短方形，2–5列，角部细胞分化，方形。枝叶与茎叶近似；中肋消失于叶上部。雌雄异苞同株。内雌苞叶较大，长椭圆形，急成狭长尖，中肋突出叶尖

呈芒状，尖端具钝齿。蒴柄长0.25毫米。孢蒴长卵形，褐色。蒴齿两层；外齿层齿片狭长披针形，腹面近于平滑，背面具疣；内齿层膜状。蒴帽小，帽形，平滑。

中国特有，产甘肃、贵州和四川，生于海拔1000–3000米的林下树干或岩面。

1.植物体(×1), 2.叶(×50), 3.叶边缘细胞(×450), 4.叶中部细胞(×450) 5.雌苞叶(×50), 6.孢蒴(×50), 7.朔齿(×300)。

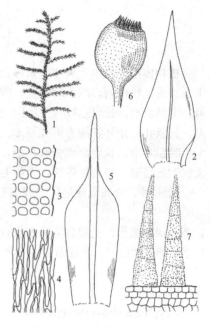

图 1014 中华隐蒴藓（何 强绘）

2. 顶隐蒴藓属 Schoenobryum Dozy et Molk.

体形纤细，绿色或黄绿色，老时常带褐色，无光泽。支茎上倾，具不规则成簇分枝，不育枝单一或疏生。叶干燥时覆瓦状排列，潮湿时直立开展，卵圆形，先端急尖或具狭尖；叶边全缘或尖端具细齿；中肋消失于叶片中部。叶细胞卵圆形，厚壁，具细疣，近中肋处细胞较长，角部细胞圆形。雌雄异苞同株。内雌苞叶具高鞘部，基部透明，尖端突成锥状；中肋弱，长达叶尖；鞘部细胞薄壁。孢蒴长卵圆形，具蒴台，淡褐色，隐生于雌苞叶中。蒴齿单层；齿片长披针形，白色，不透明，具密疣和横脊；无内齿层。蒴盖圆锥形。蒴帽钟形，表面粗糙，边缘具裂片。孢子直径20–25微米。

约6种，分布热带和亚热带地区。我国有1种。

凹叶顶隐蒴藓   图 1015

Schoenobryum concavifolium (Griff.) Gang., Moss. East. India Adjacent Reg. 2 (5): 1209. 1976.

Orthotrichum concavifolium Griff., Calcutta Journ. Nat. Hist. 2: 400. 1842.

黄绿色，疏松成簇生长。支茎长2–5厘米，直立，具长或短不规则分枝，分枝上叶密生，干燥时呈圆条形；无中轴。叶卵圆形，基部趋狭抱茎，具短尖 或长尖，内凹，无纵褶；叶边全缘，有时尖端具细齿；中肋长达叶片上部消失，顶端常分叉。叶细胞不规则卵圆形或椭圆形，直径9–12微米，

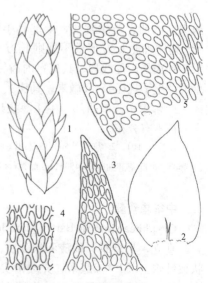

图 1015 凹叶顶隐蒴藓（何 强绘）

基部细胞较长,角细胞横列,厚壁,平滑。内雌苞叶匙形。阔卵圆形或尖部平截,中肋突出呈芒状尖。蒴柄短。孢蒴生于分枝顶端,卵圆形,基部具显型气孔;环带一列。蒴齿单层,齿片16,披针形,尖端渐狭,腹面具粗疣,无横脊,背面具中脊。蒴盖圆锥形,具短尖。蒴帽小,钟状,具疣。孢子带绿色,具细疣,直径21–27微米。

产四川、云南和西藏,生于海拔580–2750米的林下树干或岩面。尼泊尔、印度、斯里兰卡、印度尼西亚、菲律宾及巴布亚新几内亚有分布。

1. 枝(×10), 2. 叶(×50), 3. 叶尖部细胞(×450), 4. 叶中部细胞(×450), 5. 叶基部细胞(×450)。

3. 球蒴藓属 Sphaerotheciella Fleisch.

体形细长,黄绿色,交织成片生长。主茎匍匐,叶片多脱落,被多数红棕色假根;支茎垂倾或倾立,具不规则羽状分枝。叶干燥时紧密覆瓦状排列,潮湿时倾立,卵圆形或长椭圆形,略内凹,上部急尖;叶边全缘,基部背卷,上部具细齿;中肋消失于叶中部上方。叶细胞长卵形或长菱形,厚壁,叶基近中肋处细胞狭长卵形,角细胞方形。雌雄异苞同株。雌苞着生短枝上;内雌苞叶长卵形。孢蒴近球形,隐生于雌苞叶中。蒴齿通常两层,稀单层,直立,淡黄色,稀黄色 具疣。外齿层齿片狭披针形或披针形,密生栉片,无横隔;内齿层齿条线形,常与齿片等长,有时附生于齿片内侧,无齿毛。蒴帽兜形,一侧开裂。孢子多数,平滑,直径约75微米。

单种属,多生于山地林下树干上。我国有分布。

球蒴藓　　　　　　　　　　　　图 1016

Sphaerotheciella sphaerocarpa (Hook.) Fleisch., Hedwigia 55: 282. 1904.

Neckera sphaerocarpa Hook., Trans. Linn. Soc. 9: 312. 1808.

形态特征同属。

产云南和西藏,生于海拔2000–3800米的林下树枝上。印度北部、尼泊尔及不丹有分布。

1. 茎叶(×50), 2. 枝叶(×50) 3. 叶尖部细胞(×450), 5. 叶基细胞(×450), 6. 茎横切面的一部分(×450)。

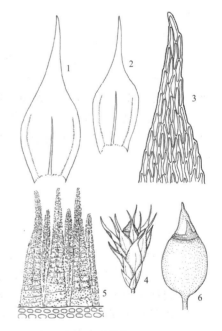

图 1016 球蒴藓(何　强绘)

4. 毛枝藓属 Pilotrichopsis Besch.

硬挺,大形,纤长,黄褐色,成束悬垂生长。茎、枝纤长,不规则稀疏分枝;枝纤长或弯曲。叶干燥时紧贴,潮湿时倾立,基部卵圆形,略下延,上部阔披针形;叶边下部略背卷,上部有粗齿;中肋消失于叶尖。叶细胞长椭圆形,基部细胞近中肋处近线形,叶角部细胞成扁椭圆形或扁方形,排列较整齐;胞壁等厚。雌雄异苞同株。雌苞着生短枝顶端,基部雌苞叶形小,渐上较大而成长披针形;中肋消失于叶尖。孢蒴隐生于雌苞叶中,长卵形,淡棕色。蒴齿两层,淡黄色;外齿层齿片长披针形,外面具横脊,上部具粗疣;内齿层齿条线形，齿毛不发育。蒴盖圆锥形，具短尖。蒴帽兜形，干时易脱落。

3种，分布亚洲东部。我国2种。

毛枝藓   图 1017 彩片192

Pilotrichopsis dentata (Mitt.) Besch., Journ. Bot. 13: 38. 1899.

Dendropogon dentatus Mitt., Trans. Linn. Soc. Bot. Ser. 2, 3: 170. 1891.

暗绿色或褐绿色，无光泽。主茎匍匐；支茎长约12厘米，悬垂生长，羽状分枝；分枝长约2厘米，单一；无中轴。叶干燥时紧贴，潮湿时倾立，基部卵圆形，略下延，上部阔披针形，渐尖，长约2.5毫米；叶边上部具粗齿，下部背卷；中肋单一，长达叶尖。叶细胞厚壁，中部细胞长菱形或椭圆形，长14–17微米，宽5–6.5微米，平滑，基部近中肋处细胞近线形，近叶角部渐成排列整齐的方形细胞群。雌雄异苞同株。雌苞生于枝上。内雌苞叶狭长椭圆形，渐尖，长约4毫米，上部边缘具粗齿；中肋细弱，长达叶尖。孢蒴长卵形，褐色，隐生于雌苞叶中，长1.5–2毫米。外齿层齿片狭披针形，淡黄色，上部具粗疣。蒴盖圆锥形。环带分化。蒴帽圆锥形，被短毛。孢子椭圆形，直径40–80微米，被细疣。

产安徽、浙江、福建、江西、湖南、广西、贵州和西藏，生于海拔950–2000米的常绿阔叶林下树干、树枝、腐木或岩面薄土上。日本及菲律宾有分布。

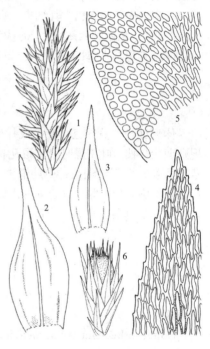

图 1017 毛枝藓（何　强绘）

1. 枝（×10），2. 茎叶（×50），3. 枝叶（×50），4. 叶尖部细胞（×450），5. 叶基部细胞（×450），6. 雌苞（×10）。

5. 残齿藓属 Forsstroemia Lindb.

体形纤细或粗壮，黄绿色或黄褐色。主茎贴生于基质上；假鳞毛稀少，披针形或线形，腋毛高多个细胞。支茎稀疏羽状分枝；无中轴。叶干燥时疏松贴生，覆瓦状排列，潮湿时直立展出，长卵形，具短尖，或卵圆形，具狭长尖，内凹；叶边略背卷，平展或近尖端有微齿；中肋细长或稍粗壮，单一或分叉，长达叶片中部或超过中部以上消失。叶细胞长菱形，胞壁等厚，角部细胞不规则六角形或近于方形，数多。枝叶较小，与茎叶近似。雌雄异苞同株，稀雌雄异株。内雌苞叶形大，有高鞘部，具狭长尖，无中肋。蒴柄短，或略高出于雌苞叶，红色，平滑。孢蒴隐生或高出于雌苞叶，直立，卵形或长卵形。环带缺失。蒴齿两层；外齿层齿片狭长披针形，上部具细密疣，有中缝和穿孔；内齿层不发育。蒴盖圆锥形，具短喙。蒴帽兜形，被直立毛，稀平滑。孢子带绿色，球形，具细疣，直径20–30微米。

约9种，世界各地分布。我国6种。

1. 叶细胞等轴形或长椭圆形；中肋单一。
　　2. 雌雄异株，孢子体稀见；叶卵圆形，具狭长尖 ·········· 1. **心叶残齿藓 F. cryphaeoides**
　　2. 雌雄同株，孢子体常见；叶卵圆形，渐尖 ·········· 2. **匍枝残齿藓 F. producta**
1. 叶片细胞菱形或狭长菱形；中肋细弱，单一或分叉。

3. 植物体密羽状分枝；叶长度小于2.8毫米；孢蒴常隐生于雌苞叶中 ·················· 3. **大残齿藓 F. neckeroides**

3. 植物体分枝不规则；叶长度大于2.8毫米；孢蒴常高出于雌苞叶 ·················· 4. **残齿藓 F. trichomitria**

1. **心叶残齿藓**　乌苏里残齿藓　东北残齿藓　　　　图 1018

Forsstroemia cryphaeoides Card., Bull. Soc. Bot. Geneve Ser. 2, 1: 132. 1909.

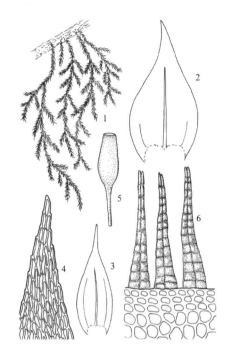

图 1018 心叶残齿藓（何　强绘）

1. 植物体（×1），2. 茎叶（×50），3. 枝叶（×50），4. 叶尖部细胞（×450），5. 孢蒴（×20），6. 蒴齿（×450）。

体形细弱，深绿色。支茎一般长1–2.5毫米，可长达10毫米，单一或无分枝。茎叶长椭圆状披针形，长0.7–0.9毫米，宽0.4–0.5毫米，先端渐尖，叶基下延，内凹，无纵褶；叶边全缘；中肋单一，长达叶片2/3。叶中部细胞椭圆形或卵圆状六角形，长9–13微米，宽6–7微米，厚壁，叶边缘细胞近方形，上部细胞不规则长方形或方形，角部细胞方形或长方形，横列。枝叶较小。雌雄异株。内雌苞叶直立，长约3毫米，基部宽，向上渐成细长尖。蒴柄长2–3毫米。孢蒴隐生或略高出于雌苞叶，椭圆状圆柱形或长卵形，长1.2–1.5毫米，宽0.5–0.7毫米，棕红色，平滑，无气孔。蒴齿两层；外齿层齿片狭长披针形，黄色透明，平滑或具疣；内齿层不发育。蒴盖长约0.6毫米。蒴帽兜形，平滑。孢子小形，直径14–35微米，具疣。

产辽宁、陕西、安徽和浙江，生于海拔630–1890米的林下树干或岩面薄土上。日本、朝鲜及俄罗斯东南部有分布。

2. **匍枝残齿藓**　中华残齿藓　中华残齿藓小叶变种　陕西残齿藓　硬叶残齿藓　　　　图 1019

Forsstroemia producta (Hornsch.) Par., Ind. Bryol. 498. 1896.

Pterogonium productum Hornsch., Linnaea 15: 138. 1841.

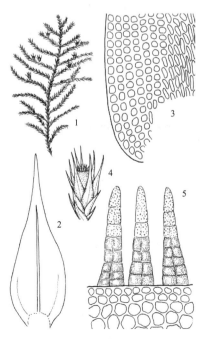

图 1019 匍枝残齿藓（何　强绘）

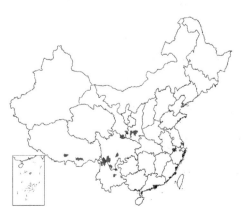

黄绿色。主茎匍匐，长1.5–2 厘米，具少数褐色假根，密羽状分枝；枝长约0.5厘米；无鞭状枝。茎叶与枝叶紧密覆瓦状排列，卵圆形，或基部呈卵圆形，上部渐狭或呈细尖而扭曲或呈急尖，一般长1.4毫米；叶边平展，全缘或仅尖部稀具不明显齿突；中肋粗壮，消失于叶中上部，通常上部分叉。叶尖细胞稍短或狭长，叶中部细胞短菱形，长12–18微米，宽8–13微米，厚壁，叶基中肋两侧细胞稍狭长。雌雄异苞同株，稀雌雄混生同苞。内雌苞叶披针形，先端渐尖或呈毛状，长2.1–4.1毫米。蒴柄长0.6–4.6毫米。孢蒴隐生至高出于雌苞叶。外齿层平滑或具疣，齿片有穿孔；内齿层残存或缺失。蒴盖平凸，具喙。蒴帽具疏或密毛。孢子直径15–35微米。

产陕西、甘肃、浙江、四川、云南和西藏，生于海拔630–2950米的林中、树干基部或树干上，稀见于岩面。美国东部、中南美洲、埃塞俄比亚、卢旺达、肯尼亚、坦桑尼亚、乌干达、南非及澳大利亚东部有分布。

1. 植物体(×1)，2. 叶(×50)，3. 叶基部细胞(×450)，4. 雌苞(×10)，5. 蒴齿(×450)。

3. 大残齿藓　　　　　图 1020

Forsstroemia neckeroides Broth., Rev. Bryol. Lichenol. 2: 7. 1929.

体形粗壮，黄绿色，具光泽，疏松簇生。支茎倾立，长可达10厘米，顶端常内曲，钝尖，密羽状分枝。枝长约2厘米，向上弯曲，无小分枝或稀有小分枝。叶阔长椭圆形，渐上具短尖，长1.3–2.8毫米，宽0.5–1.6毫米；叶边缘背卷，平滑或尖端具不明显细齿；中肋单一，基部较粗，渐上变细，长达叶片中部，稀具2短肋。叶细胞长六边形，厚壁，近中肋两侧细胞狭长，常具壁孔，上部细胞短菱形，角部细胞六边形，多列，排列整齐。雌雄异株。内雌苞叶长卵形，具细长尖。蒴柄长0.28–0.8毫米。孢蒴隐生于雌苞叶中。蒴齿两层；外齿层齿片短，具稀疏疣；内齿层残存或缺失。孢子直径15–40微米，具细疣。

产黑龙江、辽宁和云南，生于海拔1450–2600米的阔叶林下树干或石灰岩面。朝鲜及日本有分布。

1. 枝(×10)，2. 茎叶(×50)，3. 枝叶(×50)，4. 叶尖部细胞(×450)，5. 叶中部细胞(×450)，6. 叶基部细胞(×450)。

4. 残齿藓　　　　　图 1021

Forsstroemia trichomitria (Hedw.) Lindb., Oefv. K. Vet.Ak. Foerh. 19: 605. 1863.

Pterigynadrum trichomitria Hedw., Sp. Musc. Frond. 82. 1801.

体形粗壮，淡绿色，具光泽，密集成簇生长。支茎直立或倾立，长约7厘米；不规则分枝或呈羽状分枝。茎叶和枝叶披针形、卵状披针形、至近三角形，先端急尖或渐尖，有时具细尖。茎叶长1–3毫米，宽0.5–1.2毫米；中肋细弱，单一，长可达叶

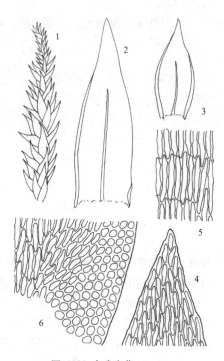

图 1020 大残齿藓（何　强绘）

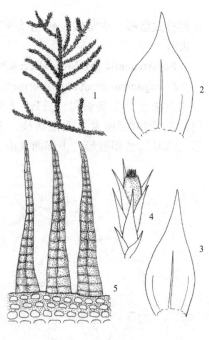

图 1021 残齿藓（何　强绘）

片中部，有时为双中肋。叶近尖部细胞长20–83微米，中部细胞长25–80微米，宽5.5–11微米，叶基近中肋处细胞较长。雌雄异苞同株，稀雌雄杂株。蒴柄长0.36–3毫米。孢蒴常高出于雌苞叶，圆球形或短圆柱形，台部有气孔，褐色。无环带。蒴齿两层；外齿层齿片披针形，有时尖部开裂，平滑，淡黄色；内齿层退失，基膜低。蒴盖短圆锥形。蒴帽兜形，被稀疏纤毛。孢子直径21–33微米，被细疣。

产黑龙江、吉林、河南、陕西、甘肃、广东和西藏，生于海拔850–2400米的树干或岩面。尼泊尔、日本、朝鲜、俄罗斯（远东地区）、北美东北部及南美洲有分布。

1. 植物体(×2)，2. 茎叶(×50)，3. 枝叶(×50)，4. 雌苞(×10)，5. 蒴齿(×450)。

86. 白齿藓科 LEUCODONTACEAE
(张满祥)

多树生或石生藓类，常成大片群落。植物体粗壮或纤细，绿色或黄绿色，具光泽。主茎匍匐；支茎倾立或弓形弯曲，圆条形，单一或有分枝；横切面圆形，中轴分化或不分化；无鳞毛或有假鳞毛。叶多列，倾立或一向偏曲，心脏状卵形或长卵形，上部渐成短尖或有细长尖；叶边平展或仅尖部具齿；中肋单一，常缺失，稀为双中肋。叶细胞多厚壁，平滑；上部细胞菱形，沿中部向下为长菱形，渐向边缘和基部渐成斜方形或扁方形。雌雄异株。蒴柄平滑。孢蒴直立，卵形、长卵形或长圆柱形，常无气孔和气室。环带分化。蒴齿两层；外齿层齿片披针形或狭长披针形，灰白色或黄色，外面有密横脊，多数具疣；内齿层基膜低，齿条常不发育或完全退失，无齿毛。蒴盖圆锥形，有斜喙。蒴帽兜形，平滑或有少数纤毛，孢子中等大或大形。染色体数目 n = 11。

约9属，分布温带地区。我国有5属。

1. 叶多具纵褶；叶细胞平滑无疣。
  2. 叶无中肋 ·········· 1. **白齿藓属 Leucodon**
  2. 叶具单中肋。
    3. 叶无明显叶耳；蒴齿齿片具条纹 ·········· 3. **单齿藓属 Dozya**
    3. 叶有明显深色叶耳；蒴齿齿片具疣 ·········· 4. **疣齿藓属 Scabridens**
1. 叶不具纵褶；叶上部细胞背面具前角突 ·········· 2. **拟白齿藓属 Felipponea**

1. 白齿藓属 Leucodon Schwaegr.

粗壮或纤细，绿色、黄绿色或褐绿色，常成稀疏或密集大片群落。主茎细长，匍匐；支茎上倾，弯曲或悬垂，稀疏或不规则分枝；横切面呈圆形，中轴分化或不分化。悬垂枝一般无中轴分化。稀具鞭状枝。无鳞毛；假鳞毛通常丝状或披针形，稀缺失。腋毛高3–7个细胞，平滑，基部具1–2 (–3) 个方形细胞，淡褐色，上部具 (1–) 2–4个无色透明长椭圆形细胞，有时呈褐色。茎叶长卵形或狭披针形，上部渐成短尖或细长尖，内凹，具纵褶；叶边平展或尖端具细齿；无中肋。叶中部细胞菱形、长菱形或线形，厚壁或胞壁波曲，叶角部细胞较短，具多列不规则方形或椭圆形细胞构成明显的细胞群。枝叶与茎叶近似。鞭状枝叶三角状披针形。雌雄异株。内雌苞叶形大，具高鞘部，上部具短尖。蒴柄较长。孢蒴卵形或长卵形，棕色。环带分化。蒴齿一般两层，白色，有时具前齿层；外齿层齿片狭披针形，被细疣或粗疣；内齿层退化或有时消失；前齿层1–3层。蒴盖圆锥形。蒴帽长兜形，黄色，平滑。孢子中等大小或大形，卵圆形或球形，平滑或有密疣。

约40种，各大洲均有分布，尤以南北温带地区种类较多。我国有16种。

1. 上升枝和支茎常弯曲；孢蒴黄色，台部具气孔；无前齿层；内齿层齿条低出；孢子直径16–30微米，薄壁 …… 1. 垂悬白齿藓 L. pendulus
1. 上升枝和支茎不弯曲；孢蒴褐色或黑褐色；内齿层膜状或残存；孢子直径大于24微米以上，厚壁。
  2. 茎不具中轴。
    3. 支茎发育良好，一般长于上升枝（约15厘米）…………………………… 2. **鞭枝白齿藓 L. flagelliformis**
    3. 支茎不发育或很少发育，一般短于上升枝。
      4. 茎叶狭披针形 …………………………………………………………… 3. **陕西白齿藓 L. exaltatus**
      4. 茎叶卵圆形或长卵形，具短尖或狭长尖 ……………………………… 4. **中华白齿藓 L. sinensis**
  2. 茎具中轴。
    5. 茎叶长4毫米以上；角部细胞占叶长度的1/8–1/7 ………………………… 5. **长叶白齿藓 L. subulatus**
    5. 茎叶长不超过4毫米，角部细胞占叶长度的1/3。
      6. 前齿层单层；叶腋常具无性芽 ……………………………………… 6. **白齿藓 L. sciuroides**
      6. 前齿层2–3层；叶腋不具无性芽 …………………………………… 7. **偏叶白齿藓 L. secundus**

1. **垂悬白齿藓**   图 1022

Leucodon pendulus Lindb., Acta Soc. Sc. Fenn.. 10: 273. 1872.

Leucodon radicalis Zhang, Acta Bot. Yunnanica 5: 386. 1983.

淡绿色或棕褐色，略具光泽。支茎长5–20厘米，密集分枝，悬垂而呈弧形弯曲，尖部钝或成细长尖；无中轴分化；具少数鞭状枝；腋毛高4–5个细胞，平滑，基部2个细胞方形，棕色，上部2–3个细胞长椭圆形，无色，透明。茎叶贴生，长2–2.5毫米，卵圆形，先端渐尖或成急尖，具纵褶，略内凹。叶中部细胞长54–70微米，角部细胞方形，平滑，常为叶长度的1/4–1/3。雌雄异株。内雌苞叶长可达4.5毫米，基部鞘状，具短尖。蒴柄黄色，长3–4毫米，平滑。孢蒴黄色或淡黄棕色，卵圆形，台部短，有气孔。蒴齿两层，白色，无前齿层。外齿层齿片16，披针形，有时具穿孔，下部平滑，上部具密疣；内齿层具高基膜和低中脊，被密疣。蒴帽兜形，平滑。孢子直径16–30微米，薄壁，平滑。

产黑龙江、吉林和陕西，生于海拔400–3500米的针叶林或针阔混交林下树干或树枝上。俄罗斯（远东地区）、日本及朝鲜有分布。

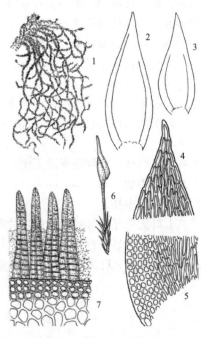

图 1022 垂悬白齿藓（何 强绘）

1. 植物体（×1.2），2. 茎叶（×40），3. 枝叶（×40），4. 叶尖部细胞（×300），5. 叶基部细胞（×300），6. 雌苞（×10），7. 蒴齿（×300）。

2. 鞭枝白齿藓

图 1023

Leucodon flagelliformis C. Müll., Nuovo Giorn. Bot. Ital. n. ser. 3: 112. 1896.

淡褐色或黄褐色，具少数鞭状枝。支茎纤长，长可达15厘米，密集分枝；无中轴分化；假鳞毛稀少，披针形；腋毛高4个细胞，平滑，基部2个细胞方形，淡褐色，上部2个细胞椭圆形，透明。茎叶干燥时紧贴或偏向一侧，潮湿时倾立，披针形，先端渐尖，具纵褶，略内凹，长2.8–3.3毫米；叶边平展，全缘或尖端具细齿。叶中部细胞长40–50微米，宽5微米，平滑，薄壁；叶基中部细胞具色泽，有壁孔，角部细胞占叶长度的1/5–1/7，方形。雌雄异株。内雌苞叶长约4毫米。蒴柄长7–10毫米，平滑，红褐色。孢蒴高出于雌苞叶外，卵状球形，红褐色，无气孔。蒴齿两层，白色，前齿层仅一层；外齿层齿片16，披针形，具穿孔或2裂，下部平滑，上部具稀疏疣；内齿层膜状，平滑。

中国特有，产河南、陕西和甘肃，生于海拔1000–3000米的林下树干或树枝，稀生于岩面。

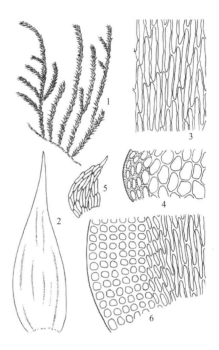

图 1023 鞭枝白齿藓（何 强绘）

1. 植物体（×2），2. 茎叶（×50），3. 叶中部细胞（×450），4. 叶基部细胞（×450），5. 假鳞毛（×450），6. 茎的横切面（×450）。

3. 陕西白齿藓

图 1024

Leucodon exaltatus C. Müll., Nuovo Giorn. Bot. Ital. n. ser. 3: 112. 1896.

植物体硬挺，大形，淡绿色。支茎长10–15厘米；无中轴。鞭状枝少数。假鳞毛狭披针形或披针形；腋毛高4–5个细胞，基部细胞2–3个，方形，褐色，上部2个细胞椭圆形，透明。茎叶卵状披针形，先端渐尖，具纵褶，直立或呈镰刀状一向弯曲，长3.7–4.5毫米；叶边平展，全缘或尖部具细齿。叶尖细胞狭菱形，长40–58微米，宽4–5微米，平滑，厚壁，中下部细胞线形，长40–60微米，宽4–5微米，具壁孔；角部细胞方形，占叶长度的1/4–1/7。雌雄异株。内雌苞叶舌状，具短尖，长约7毫米。蒴柄长0.8–1.0毫米，黄褐色，平滑。孢蒴圆柱形，红褐色，无气孔。环带分化。蒴齿两层；外齿层齿片长披针形，白色，具横脊，上部被粗密疣；内齿层短，膜状。孢子圆球形，直径40–50微米，具鸡冠状疣。

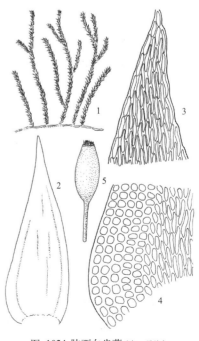

图 1024 陕西白齿藓（何 强绘）

中国特有，产陕西、甘肃、湖北、四川、云南和西藏，生于海拔1000-4450米的树干，稀见于岩面。中国特有。

1. 植物体(×2)，2. 茎叶(×50) 3. 叶尖部细胞(×450)，4. 叶基部细胞(×450)，5. 孢蒴(×15)。

4. 中华白齿藓

图 1025

Leucodon sinensis Thér., Bull. Ac. Int. Geogr. Bot. 18: 252. 1908.

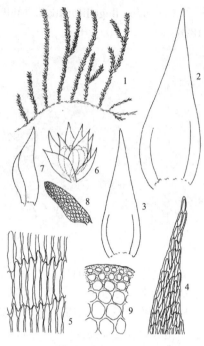

黄绿色或褐绿色。茎长约4厘米，无中轴；鞭状枝稀少；假鳞毛狭披针形。茎叶干燥时贴生，潮湿时倾立，卵状披针形，具长尖，长2.5-3.2毫米；叶边平展，仅尖端具细齿。叶细胞线形，上部细胞长32-41微米，宽4微米，平滑，薄壁，叶中部细胞长22-27微米，宽5微米，角部细胞方形，平滑，带红色，占叶长度的1/3。雌雄异株。内雌苞叶长7.1-7.5毫米，披针形，一般长达孢蒴基部或包被孢蒴。蒴柄长4-6毫米，平滑。孢蒴卵圆形，褐色，平滑，无气孔；蒴壁细胞六角形，粗糙。蒴齿两层，白色；外齿层齿片短披针形，被密疣；内齿层膜状，具密疣。蒴盖具短喙。孢子直径55-64微米，具细疣。

图 1025 中华白齿藓（何 强绘）

1. 植物体(×2)，2. 茎叶(×50)，3. 枝叶(×50)，4. 叶尖部细胞(×200)，5. 叶中部细胞(×600)，6. 雄苞(×50)，7. 雄苞叶(×50)，8. 精子器(×150)，9. 茎横切面的一部分(×450)。

产陕西、甘肃、安徽、浙江、福建、江西、湖北、湖南、贵州、四川和云南，生于海拔20-2550米的林下树干，稀生于岩面。日本及不丹有分布。

5. 长叶白齿藓

图 1026 彩片193

Leucodon subulatus Broth., Symb. Sin. 4: 75. 1929.

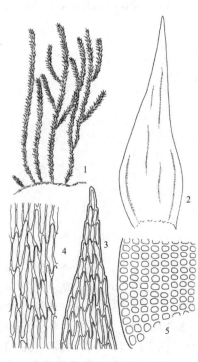

植物体上部黄色，下部淡黑褐色，支茎长3-4厘米；具中轴；鞭状枝和下垂枝均缺失。茎叶狭长披针形，渐尖，具纵褶，长3-4毫米；叶边全缘。叶细胞线形，厚壁，上部细胞长40微米，宽4微米；中部细胞长70微米，宽5微米，壁孔明显；角部细胞占叶长度的1/7-1/8，方形。蒴柄长约1.2厘米，黄褐色，平滑。孢蒴长圆柱形，黄褐色。蒴齿两层，白色；外齿层齿片披针形，被细疣，常开裂；内齿层退失。环带2列。孢子具细疣，直径56-64微米。

中国特有，产四川、云南和西藏，生于海拔1600-4350米的黄栎

图 1026 长叶白齿藓（何 强绘）

林、高山栎林和冷杉林树干或岩面。中国特有。

　　1. 植物体(×2)，2. 茎叶(×50)，3. 叶尖部细胞(×450)，4. 叶中部细胞(×450)，5. 叶基部细胞(×450)。

6. 白齿藓

图 1027

Leucodon sciuroides (Hedw.) Schwaegr., Sp. Musc. Suppl. 1: 1. 1816.

Fissidens sciuroides Hedw., Sp. Musc. Frond. 161. 1801.

　　黄绿色，支茎细弱，短穗状或向一侧弯曲，长1–4厘米；具多数分枝；具中轴。假鳞毛狭披针形或披针形；腋毛高4–5个细胞，平滑，基部2个细胞方形，淡褐色，上部2–3个细胞长椭圆形，透明。老茎叶腋常着生下垂枝。茎叶卵圆形，上部渐尖，稍具纵褶，内凹，长2–2.6毫米；叶边平展，下部全缘，尖端具细齿。叶细胞狭菱形，上部细胞平滑，有时具疣，厚壁，长13–25微米，宽4–5微米，上部边缘细胞平滑，叶中部细胞长24–35微米，宽5微米，叶基中部细胞具壁孔，角部细胞方形，占叶长度的1/2。雌雄异株。雌苞叶黄绿色，内卷。蒴柄长5–10毫米，平滑。孢蒴红褐色，卵圆形，无气孔。蒴齿两层，白色；前齿层仅一层，具密疣。外齿层齿片16，披针形；内齿层基膜低，被稀疏疣。蒴盖具短喙。孢子直径25–40微米，具细疣。

　　产黑龙江、内蒙古、河北、山东、山西、河南、陕西、甘肃、青

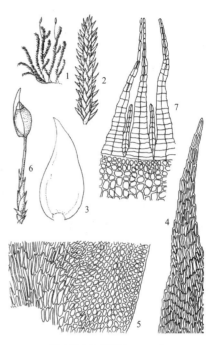

图 1027 白齿藓（何　强绘）

海、四川和云南，生于海拔980–2700米的林下岩面或树干。尼泊尔、日本、俄罗斯及欧洲有分布。

　　1. 植物体(×1.2)，2. 枝(×3)，3. 茎叶(×20)，4. 叶尖部细胞(×120)，5. 叶基部细胞(×120)，6. 雌苞(×10)，7. 蒴齿(×120)。

7. 偏叶白齿藓

图 1028

Leucodon secundus (Harv.) Mitt., Musc. Ind. Ori. 124. 1859.

Selerodontium secundum Harv., Hook. Icon. Pl. Rar. 1: 21. 1836.

　　植物体褐绿色，支茎长3–6厘米，具少数分枝；中轴分化。假鳞毛数少，披针形；腋毛高4–6个细胞，平滑，基部2–4个细胞为方形，淡褐色，上部2–3个细胞椭圆形，透明。茎叶干燥时偏向一侧或直立，基部阔卵形或狭卵形，渐尖，长2.8–3.5毫米，具纵褶，略内凹；叶边全缘或尖端具细齿。叶细胞长菱形或菱形，厚壁，中部细胞长19–35微米，宽5–8微米，平滑，叶基中部细胞线形，有壁孔，角部细胞占叶长度的（1/5）1/4–2/5，方形。雌雄异株。内雌苞叶大形，内卷。蒴柄

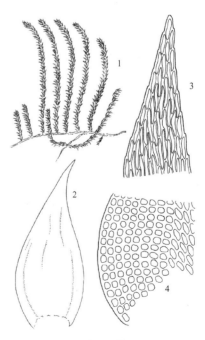

图 1028 偏叶白齿藓（何　强绘）

红褐色，长7-13毫米，平滑。孢蒴红褐色，卵状球形，平滑，无气孔。蒴齿两层，白色；外齿层齿片16，披针形，具密疣，常有穿孔；内齿层膜状，具疣；前齿层2-3层，具密疣。蒴盖具短喙。孢子具细疣，直径23-54微米。

产陕西、安徽、浙江、江西、湖南、四川、云南和西藏，生于海拔980-4000米的林下腐木、针阔混交林树干及岩面薄土上。尼泊尔及印度东部有分布。

1. 植物体（×2），2. 叶（×50），3. 叶尖部细胞（×450），4. 叶基部细胞（×450）。

2. 拟白齿藓属 Felipponea Broth.

植物体硬挺，粗壮，黄绿色或淡褐色，具绢丝光泽。主茎横卧或匍匐，具稀疏鳞片状小叶，密被黄褐色假根。具鞭状枝和向上直立或倾立的短支茎，单一，稀叉状分枝，成圆柱状；中轴分化或无中轴；无假鳞毛。叶覆瓦状排列，阔卵形，具短尖，无纵褶，内凹；叶边平展，全缘或仅尖端具细齿；无中肋。叶上部细胞长菱形，背面平滑或具前角突，厚壁，中部细胞短菱形或纺锤形，厚壁，叶边缘和叶基角部细胞方形。雌雄异株。孢蒴红褐色，圆柱形，直立，台部具气孔。蒴齿两层；外齿层齿片16，披针形，具密疣；内齿层膜状，被疣，或退化。蒴盖具长喙。孢子中等大小，具细疣。

3种，亚洲、南美洲和南非有分布。中国有1种。

1. **拟白齿藓** 阔叶白齿藓 卵叶白齿藓 卵叶白齿藓宽叶变种 图 1029
Felipponea esquirolii (Thér.) Akiyama, Journ. Jap. Bot. 63(8): 265. 1988.

Leucodon esquirolii Thér., Monde Pl. Ser. 2, 9: 22. 1907.

黄绿色或淡褐色，支茎穗状或圆柱状，长1-3厘米；具中轴。常有鞭状枝。腋毛高4-5个细胞，平滑，下部2个细胞方形，淡褐色，上部2-3个细胞长椭圆形，透明。假鳞毛稀少，披针形。叶干燥时紧贴，潮湿时倾立，阔卵圆形，具短尖，无纵褶，内凹；叶边平展，全缘或尖部具细齿；无中肋。叶上部细胞长菱形，背面具疣或前角突，稀平滑，厚壁，中部细胞短菱形，厚壁，叶基中部细胞线形，具不明显壁孔或无壁孔，角部细胞方形。雌雄异株。雌苞生于短枝上。蒴柄长10-11毫米，褐色，平滑。孢蒴红褐色，干燥时具纵褶，台部具气孔。蒴齿两层；外齿层齿片16，披针形，具密疣；内齿层退失。蒴盖圆锥形。孢子直径约35微米，具细疣。

产陕西、浙江、福建、湖南、广西、贵州、云南和西藏，生于海拔40-1980米的干燥岩面或树干。日本有分布。

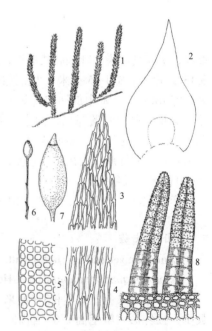

图 1029 拟白齿藓（何 强绘）

1. 植物体（×2），2. 叶（×50），3. 叶尖部细胞（×450），4. 叶中部细胞（×450），5. 叶上部边缘细胞（×450），6. 雌苞（×3），7. 孢蒴（×20），8. 蒴齿（×450）。

3. 单齿藓属 Dozya Lac.

主茎细长，匍匐生长。支茎直立，密集，有稀疏长分枝或较密短分枝。叶干燥时紧密覆瓦状排列，潮湿时倾立，基部卵圆形，向上呈狭长披针形，具狭长尖，基部略趋窄，内凹，具多数纵褶；叶边内曲，平滑；中肋细长，消失于叶尖，背部平滑。叶尖部细胞狭长椭圆形，沿中肋两侧向下细胞渐长，叶角部细胞多列，椭圆形，渐成方形或扁方形，厚壁，平滑无疣。雌雄异株。内雌苞叶大，有高鞘部，呈半筒形，上部有狭长尖，无中肋。蒴柄硬梃，平滑。孢蒴直立，长卵形，干时具纵褶。蒴齿单层；内齿层不发育，外齿层齿片披针形，尖端圆钝，黄色，平滑。蒴盖圆锥形，具短喙。蒴帽圆锥形，尖部平滑。孢子球形，有细密疣。

1种，亚洲特产。中国有分布。

单齿藓   图 1030

Dozya japonica Lac. in Miq., Ann. Musc. Bat. Luqd. Bot. 2: 296. 1866.

形态特征同属。

产黑龙江、吉林、辽宁、贵州、四川和云南，生于海拔800–2950米的林内树干。日本及朝鲜有分布。

1.植物体(×1), 2.叶(×50), 3.叶尖部细胞(×450), 4.叶基部细胞(×450), 5.孢蒴(×20)。

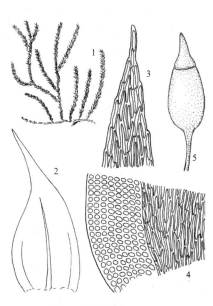

图 1030 单齿藓（何 强绘）

4. 疣齿藓属 Scabridens Bartr.

植物体常稀疏簇生，黄绿色或褐绿色，下部呈棕褐色。主茎横生，扭曲，易折断。支茎密集，直立，稍呈弓形弯曲，单一或有稀疏分枝。叶密生，干燥时倾立，不卷曲，长椭圆形，上部宽阔，渐成长尖，内凹，无纵褶，基部略窄，叶角部略呈耳状下延；叶边下部平滑，狭长背卷，上部边缘平展，有粗齿；中肋粗壮，褐色，长达叶中部消失。叶上部细胞菱形或线形，胞壁略加厚，基部细胞较狭长，红棕色，角部细胞分化，方形，厚壁，多列，呈红棕色。雌雄异苞同株。雌苞叶卵形，有短尖，上部边缘有齿突；无中肋。蒴柄细长，红色，平滑。孢蒴倒卵形，直立，棕色，干时无条纹。蒴齿单层；内齿层不发育；外齿层齿片披针形，基部平滑透明，上面被粗密疣。蒴盖圆锥形，有短喙。蒴帽圆锥形，一侧开裂。孢子棕色，具疣。

1种，中国特有。

中华疣齿藓   图 1031

Scabridens sinensis Bartr., Ann. Bryol. 8: 16. 1936.

形态特征同属。

中国特有，产贵州、四川和云南，生于海拔1500–3000米林下树干上。

1.植物体(×1), 2.茎叶(×50), 3.枝叶(×50), 4.叶尖部细胞(×450), 5.叶基部细胞(×450), 6.雌苞(×10), 7.蒴齿(×450)。

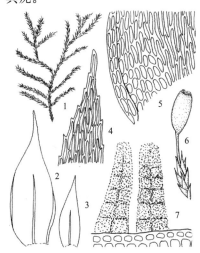

图 1031 中华疣齿藓（何 强绘）

87. 稜蒴藓科 PTYCHOMNIACEAE
（汪楣芝）

体形稍粗，黄绿色，稍具光泽。主茎匍匐，被假根；支茎丛出，上倾或倾立，稀疏分枝；假鳞毛有时存在。叶阔卵形或长卵形，锐尖或呈细长尖，稀钝端，常有纵褶；叶边上部多具齿；中肋2，短弱或缺失。叶细胞椭圆形或长方形，壁多厚而具壁孔，平滑或有前角突，角部细胞卵圆形，基部细胞呈橙黄色。雌雄异株，稀雌雄异苞同株或假雌雄同株。雌苞着生短枝上；雌苞叶具高鞘部和披针形尖。蒴柄细长，平滑。孢蒴直立或稍弯曲而倾立，卵形或长椭圆形，具8条稜脊。蒴齿两层。外齿层齿片外面具明显横纹，内面有横脊，或齿片基部连合而外面平滑，内面横隔低或不明显；内齿层齿条阔披针形，与齿片等长或退化，齿毛有时发育。蒴盖圆锥形，具斜长喙。蒴帽兜形。

7属，多分布热带地区。中国仅1属。

直稜藓属 Glyphothecium Hampe

植物体形大或纤长，稀疏树干生长。主茎匍匐；支茎单一，倾立，稀少分枝；密生狭长披针形或线形假鳞毛。叶干时及湿润时均倾立，阔卵形，两侧具纵褶，具披针形尖，先端多扭曲，基部略下延；叶边尖部具粗齿，下部背卷；中肋2，短弱或不明显。叶上部细胞椭圆形，中部及基部细胞椭圆形至长方形，厚壁，具壁孔，基部细胞趋长方形，呈橙红色，胞壁强烈加厚。雌雄异株。内雌苞叶基部抱茎，具披针形尖。蒴柄直立，红棕色。孢蒴卵圆形至椭圆形，有稜脊。蒴齿两层；外齿层齿片披针形，黄色，透明，平滑，外面近基部有横纹，内面有不明显横隔；内齿层齿条短而狭，常不完整，基膜高。蒴盖圆锥形，具斜长喙。孢子棕色，平滑。

4种，主要分布南半球。中国1种。

直稜藓

图 1032

Glyphothecium sciuroides (Hook.) Hampe, Linnaea 30: 637. 1859.

Leskea sciuroides Hook., Musci Exot. 2: 175. 1819.

体形稍粗，淡黄绿色，光泽不明显。支茎丛出，多单一，倾立，稀分枝；假鳞毛狭披针形或线形。叶密生，倾立，干燥时不贴生，阔卵形，具少数纵褶，先端狭窄成短披针形，多扭曲，基部两侧略下延；叶边基部背卷，尖部具齿；中肋2，不明显。叶细胞椭圆形，壁极厚，具明显壁孔，基部细胞趋长方形，橙红色，胞壁强烈加厚，角部细胞圆方形。雌雄异株。内雌苞叶卵状披针形。蒴柄长达1厘米，红棕色。孢蒴椭圆形，具稜脊。蒴齿两层。孢子棕色，平滑。

产台湾和云南，生于湿热山地树干或岩面。亚洲东南部及大洋洲有分布。

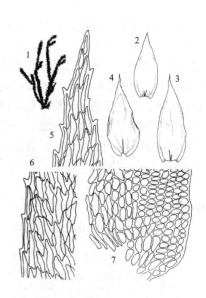

图 1032 直稜藓（杨丽琼、汪楣芝绘）

1. 植物体（×0.8），2-4. 叶（×13），5. 叶尖部细胞（×300），6. 叶中部细胞（×300），7. 叶基部细胞（×300）。

88. 毛藓科 PRIONODONTACEAE

（贾　渝）

热带树生藓类，植物体较粗壮，大形，有时具光泽，稀疏群生。主茎匍匐延伸，密生棕色假根；支茎直立，单一，或有多数不规则密分枝，上部无假根，无鳞毛；中轴分化，甚小，皮部为厚壁细胞层，内含大形薄壁细胞层。叶密集，干时紧贴或卷缩，湿时倾立，叶基长卵形，上部披针形，具短尖，或狭长渐尖，内凹，或有波纹；叶边平展，平滑，或有粗大不规则齿；中肋单一，长达叶尖或不及叶尖即消失。叶上部细胞圆方形或椭圆形，有时呈长方形，平滑或有疣，下部细胞渐长，呈长椭圆形或狭长方形，平滑，角细胞分化，由多列椭圆形或方形细胞群所组成。雌雄异苞同株或雌雄异株，雄株与雌株同形。雄苞腋生，粗大芽形。雌苞生于短枝顶端。雌苞叶分化。孢蒴直立，对称，平滑，无棱脊，台部有显型气孔。环带分化。蒴齿两层，或仅外齿层发育。外齿层齿片外面有回折中缝，横脊不突出，具粗密疣；内齿层基膜低，齿毛不发育。蒴盖圆锥形，有短斜喙。蒴帽兜形。孢子中等大小。

3属，主产亚洲、南美洲及非洲南部。我国1属。

台湾藓属 Taiwanobryum Nog.

体形较粗大，黄绿色，略有光泽，稀疏群生。主茎细长，匍匐横生，单一或有少数分枝；支茎稀疏，直立或悬垂；中轴不分化；有稀少分枝，顶端圆钝，稀鞭状延伸。叶干时紧贴，湿时倾立，基部长卵圆形，稍内凹，略有纵褶，上部狭长披针形，有纵皱纹；叶边下部平滑，略背卷，上部平展，有粗齿；中肋细长，在叶尖前消失。叶细胞长六边形或狭长方形，不规则，渐向基部细胞渐长而阔，边缘及角部细胞狭小，壁厚，平滑，胞壁常波状加厚。雌雄异株。内雌苞叶鞘部长卵形，上部狭长披针形，有细长尖。蒴柄细长，黄色，具乳头。孢蒴直立，长卵形，平滑，黄色。蒴齿单层，仅外齿层发育，齿片狭长披针形，有粗或细密疣。孢子球形，黄棕色，有细密疣。

2种，主要分布热带亚洲。我国1种。

台湾藓　　　　　　　　图 1033 彩片194

Taiwanobryum speciosum Nog., Trans. Nat. Hist. Soc. Formosa 26: 143. 1936.

种的特征同属。

产台湾和广西，生于树干。日本及菲律宾有分布。

1. 植物体（×0.5），2-3. 叶（×12），4. 叶尖部细胞（×135），5. 叶基部细胞（×135）。

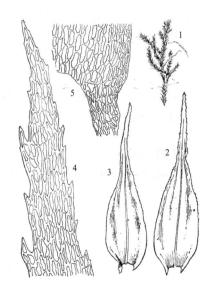

图 1033 台湾藓（仿野口璋）

89. 金毛藓科 MYURIACEAE

（贾　渝）

树生暖地藓类，多粗壮，分枝密而交织丛集，稀悬垂群生，常具金黄色或铁锈色光泽。茎横切面圆形，无分化中轴，有透明基本组织和长形周边细胞。主茎横生，匍匐；支茎常直立或倾立，单出或有分枝；分枝钝尖；无鳞毛。叶密集覆瓦状排列，基部圆形或卵圆形，不下延，上部突狭或渐成长尖；叶边下部平滑，上部常有齿；无中肋。叶细胞狭长菱形，厚壁，平滑，常有壁孔；角细胞分化，圆形，棕黄色。雌雄异株。雌苞顶生于侧生短枝上，有线形隔丝。雌苞叶分化。蒴柄细长，平滑。孢蒴长卵形，直立，对称，平滑；气孔稀少，显型。环带不分化。蒴齿两层；外齿层齿片阔披针形，有细长尖，黄色，透明，平滑，中缝有不连续大小不等的穿孔，内面有稀疏横隔；内齿层仅有不高出的基膜。蒴盖圆锥形，有斜长喙。蒴帽兜形，平滑。孢子不规则球形，有细密疣。

5属。我国有2属。

1. 叶具长尖；叶片角细胞多棕色，厚壁；孢蒴内齿层具低基膜 ················· **1. 金毛藓属 Oedicladium**
1. 叶具短尖；叶片角细胞多透明，薄壁；孢蒴内齿层一般退化或缺失 ················· **2. 圆孔藓属 Palisadula**

1. 金毛藓属 Oedicladium Mitt.

植物体多粗壮，密丛集，柔软，金黄色、黄绿色或红棕色，具光泽。主茎匍匐，被稀疏假根；支茎密生，直立或倾立，一回分枝或稀少短分枝，或为长叉状分枝。叶片干燥时覆瓦状排列，湿润时近于直立，长卵形或长披针形，强烈内凹，多数无纵褶，上部突狭窄或渐成狭长细尖；叶边平展，上部具粗齿或细齿，背曲。叶细胞常厚壁，狭长菱形，平滑，有显明壁孔，近基部细胞较疏松；角细胞多分化，棕色，厚壁，近于方形。雌雄异株。雌苞叶甚小，直立；内雌苞叶带形或长披针形，有狭长尖，无分化角细胞。蒴柄细长，平滑。孢蒴直立，长卵形，有短台部，蒴壁薄，平滑，棕色。蒴齿两层。外齿层淡黄色，齿片披针形，先端有细尖，横脊密集，平滑，透明，中缝有长穿孔；内齿层基膜低，无齿条。蒴盖扁圆锥形，具细长斜喙。蒴帽兜形，平滑。孢子黄棕色，有密疣。

本属约12种，分布于亚洲暖地。我国有2种。

1. 叶角部细胞不分化明显；叶边尖部全缘 ················· **1. 脆叶金毛藓 O. fragile**
1. 叶角部细胞分化明显；叶边尖部具齿 ················· **2. 红色金毛藓 O. rufescens**

1. 脆叶金毛藓　　　　　　　　图 1034 彩片195

Oedicladium fragile Card., Beih. Bot. Centralbl. 19 (2): 113. 1905.

植物体大，灰绿色至黄绿色，下部常为褐色。主茎匍匐，纤细；横切面的皮层细胞厚壁。假根具疣。假鳞毛叶状，形态上多不规则，边缘具刺状齿。主茎上的叶片小而长，呈三角状，具长渐尖，长1–1.8毫米；中肋缺失。支茎直立或斜展，稀疏分枝，密集着生叶片，长8–25毫米，连叶宽3–4毫米。叶片披针形，渐上成一狭长尖，长4–7毫米，叶边具细齿或全缘，在中部或下部明显内卷，尖部有时断裂。叶细胞狭六边形，长40–70微米，宽5–8微米，胞壁厚，具壁孔；角部具少数透明的细胞，易破裂而残留于茎上；在角细胞上方有一群红棕色短细胞。叶腋常具棕色、丝状而具疣的芽胞。雌雄异株。雄苞和雌苞常着生于支茎，稀生于主茎。雌苞叶狭披针形，长2–3毫米。蒴柄长10–12毫米。孢蒴直立，对称。气孔生于孢蒴基部。蒴齿两层；外齿层透明，平滑，齿片中缝具孔；内齿层退化或缺失。孢子直径15–31微米，具细疣。

产香港和海南，生于树干、腐木或岩面。越南及菲律宾有分布。

1.植物体（×1.2），2.茎横切面的一部分（×180），3.叶（×8），4.叶中部细胞（×180），5.叶基部细胞（×180），6.蒴齿和孢子（×125）。

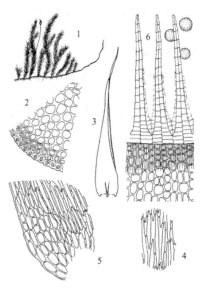

图 1034 脆叶金毛藓（郭木森、于宁绘）

2. 红色金毛藓　图 1035

Oedicladium rufescens (Reinw. et Hornsch.) Mitt., Journ. Linn. Soc. Bot. 10: 195. 1869.

Leucodon rufescens Reinw. et Hornsch., Nov. Act. Acad. Car. Leop. 14 (2): 712. 1829.

体形大，灰绿色或褐绿色，密集着生成疏松垫状。主茎上着生小叶片；横切面皮层由厚壁细胞组成；假根具疣；假鳞毛叶状，具明显的刺状细齿。支茎密集，斜出或直立，长10–40毫米；分枝有或无，连叶片直径为2.5–3.5毫米。茎叶卵形，深内凹，向上急狭成一长尖，长2–3.2毫米，宽0.5–1毫米；叶边近于全缘或上部具弱细齿。叶细胞长六边形，长40–65微米，宽5–6微米；胞壁明显加厚，具壁孔，平滑，常有网状加厚；角部由一群大形、透明、薄壁细胞组成，上面的细胞宽短，褐色，壁极厚而区别于其它细胞。枝上部叶片常具有疣的丝状芽胞。雌雄异株。雄苞和雌苞生于支茎上，稀生于主茎上。雌苞叶披针形，边缘具弱细齿。蒴柄长12–17毫米。孢蒴直立而对称，近球形，气孔生于孢蒴基部。蒴齿两层；外齿层齿片16，透明，平滑，沿中缝有穿孔；内蒴齿退化或缺失。蒴盖具长喙。蒴帽兜形。孢子直径28–40微米，具细疣。

产广东和广西，生树干。斯里兰卡、菲律宾、马来西亚、新喀里多里亚及澳大利亚有分布。

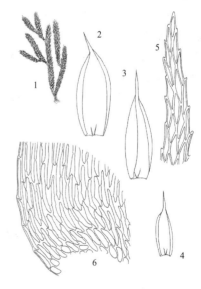

图 1035 红色金毛藓（于宁绘）

1.植物体（×1.2），2-4.叶（×14），5.叶尖部细胞（×140），6.叶基部细胞（×140）。

2. 圆孔藓属 Palisadula Toy.

植物体黄绿色至褐色，形成紧密的垫状而附着于基质上；横茎匍匐生长，茎短而直立，经常在横茎末端水平状伸展，极少分枝；假根具疣，横切面无中轴；假鳞毛叶状，边缘具刺状小齿；横茎上的叶片小于主茎上的叶片。茎叶细胞狭六边形，平滑，壁多少加厚，常具壁孔；角细胞数少，透明，薄壁；叶上部细胞变短，多少厚壁，褐色。芽胞丝状，具疣，常生于枝条上部的叶片。雌雄异株。雄苞和雌苞通常生于横茎上，极少生于主茎。蒴柄长8–12毫米，平滑。孢蒴直立，对称。蒴齿两层；外齿层透明，齿片呈网状构造；内齿层退化或缺失。蒴帽兜形。

本属有2种，分布亚洲东部。中国有1种。

金黄圆孔藓

图 1036 彩片196

Palisadula chrysophylla (Card.) Toy., Acta Phytotax. Geobot. 6: 171. 1937.

Pylaisia chrysophylla Card., Beih. Bot. Centralbl. 19: 131. 1905.

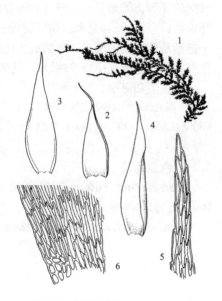

植物体小，通常形成紧密的垫状而贴生于基质上，上部绿色至黄绿色，下部褐色；主茎匍匐生长；横切面皮层细胞小，厚壁，假根具疣；假鳞毛叶状，稀少，边缘具刺状小齿。支茎直立，由主茎末端延生，短茁，长2-5 (10) 毫米，连叶宽1-1.5毫米；边缘具细齿，中肋短。叶卵形，具短尖。叶细胞狭六边形，长25-50微米，宽5-8微米，胞壁多少加厚，常具壁孔；角细胞透明，形大，薄壁，近叶基的细胞常厚壁，褐色。芽胞丝状，具疣，常生于支茎上部的叶片上。雌雄异株。雄苞和雌苞生于横茎上，极少生于支茎上。雌苞叶披针形，叶边具明显的齿，长可达1.5毫米。蒴柄长8-11毫米。孢蒴短圆柱形，直立，对称。外齿层透明、齿片阔披针形，呈网状构造；内齿层退化至缺失。蒴盖具长喙。蒴帽兜形，长约2毫米。孢子直径26-36微米，具细疣。

图 1036 金黄圆孔藓（郭木森、于宁宁绘）

产福建、江西、香港、海南和广西，生岩面、树干或腐木上。日本有分布。

1. 植物体(×1)，2. 茎叶(×25)，3-4. 枝叶(×25)，5. 叶尖部细胞(×180)，6. 叶基部细胞(×180)。

90. 扭叶藓科 **TRACHYPODACEAE**
（吴鹏程）

体形甚纤细至粗壮，黄绿色至褐绿色，稀鹅黄色或黑褐色，多无光泽，成片密集生长或疏松生长。主茎贴生基质；支茎密集或稀疏至1-2回羽状分枝，稀不规则成层或树形分枝。叶干燥时疏生，少数背仰，披针形至卵状披针形，尖部常扭曲，具纵褶或横波纹，少数具叶耳；叶边多具细齿或粗齿；中肋单一，纤细。叶细胞六角形至线形，具单疣、多疣或密细疣，稀平滑，叶边细胞稀异形。孢蒴球形或圆柱形。蒴齿两层；齿毛发育或缺失。孢子多具疣，直径可达45微米。

6属，全球热带、亚热带地区分布。我国有5属。

1. 叶上部明显背仰，基部抱茎 ·· 3. **拟木毛藓属 Pseudospiridentopsis**
1. 叶上部不背仰，基部不抱茎。
  2. 茎常呈羽状分枝；茎叶与枝叶明显异形 ·································· 1. **异节藓属 Diaphanodon**
  2. 茎一般不规则分枝；茎叶与枝叶不明显异形。

3. 叶细胞具密细疣 ·· 4. 扭叶藓属 Trachypus
3. 叶细胞具单疣、中央成列疏疣或多个细疣。
　　4. 叶细胞长度与宽度比多为6：1，胞壁薄 ·································· 2. 绿锯藓属 Duthiella
　　4. 叶细胞长度与宽度比可达10：1，胞壁多厚，基部细胞壁具壁孔 ················ 5. 拟扭叶藓属 Trachypodopsis

1. 异节藓属 Diaphanodon Ren. et Card.

　　形大，黄绿色至褐绿色，常交织成片生长。支茎倾立，密1–2回羽状分枝，有时呈层状；无鳞毛着生。茎叶与枝叶异形。茎叶阔卵状披针形；叶边具钝齿；中肋粗壮，达叶近尖部。叶细胞长菱形至六角形，具单疣，角部细胞近方形。枝叶明显小于茎叶，卵形，内凹。蒴柄高出。上部具乳头。孢蒴近于呈球形，老时红棕色。蒴齿两层；基膜低，齿毛缺失。

　　1种，亚洲南部和喜马拉雅地区分布。我国有分布。

异节藓　　　　　　　　　　　　　　　　　　图 1037
Diaphanodon blandus (Harv.) Ren. et Card., Bull. Soc. Roy. Bot. Belg.
38 (1): 23. 1900.

Neckera blanda Harv., London Journ. Bot. 2:14.1840

种的特征同属。

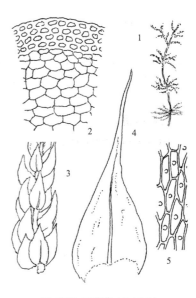

　　产四川、云南和西藏，生于海拔1300–2600米的林下树干和岩面。尼泊尔、缅甸、印度、斯里兰卡及印度尼西亚有分布。

　　1. 植物体的一部分（×0.7），2. 茎横切面的一部分（×215），3. 枝（×7），4. 茎叶（×25），5. 叶中部细胞（×215）。

图 1037 异节藓（吴鹏程绘）

2. 绿锯藓属 Duthiella C. Müll.

　　多柔软，绿色至暗绿色，无光泽，多扁平成片生长。主茎匍匐，不规则羽状分枝。茎叶卵状披针形至阔卵状披针形，基部有时具小叶耳；叶边上部具粗齿；中肋单一，细弱。叶细胞菱形至长菱形，稀呈方形，薄壁，具单疣或多个细疣。枝叶与茎叶近似，但形小。雌苞侧生支茎或枝上。孢蒴长卵形，略呈弓形。蒴齿内齿层齿毛3，具结节。

　　6种，亚洲南部和东部分布。我国有5种。

1. 每一叶细胞具多个细疣 ·· 1. 软枝绿锯藓 D. flaccida
1. 每一叶叶胞具单个细疣
　　2. 茎叶尖部不明显扭曲；叶边细胞形大 ······································· 2. 台湾绿锯藓 D. formosana
　　2. 茎叶尖部常扭曲；叶边细胞无明显分化 ···································· 3. 美绿锯藓 D. speciosissima

1. 软枝绿锯藓 图 1038

Duthiella flaccida (Card.) Broth., Nat. Pfl. 1 (3): 1010. 1908.

Trachypus flaccidus Card., Beih. Centralbl. 19 (2): 117. 1905.

柔弱，黄绿色至暗绿色，无光泽。茎不规则羽状分枝。叶干燥时平横伸展，卵状阔披针形，长1–5毫米；叶边具细齿；中肋达叶片上部。叶细胞长六角形至狭长菱形，每个细胞具2–6个细疣，胞壁略厚，角部细胞近方形。蒴柄深褐色，长可达3厘米。孢蒴长圆柱形。

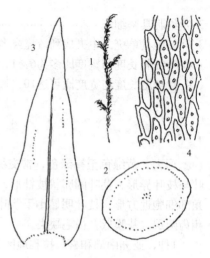

图 1038 软枝绿锯藓（吴鹏程绘）

产甘肃、浙江、台湾、广西、贵州、四川和云南，生于海拔1300–3000米的山地具土岩石面。日本、印度、菲律宾及新几内亚有分布。

1. 植物体(×0.7), 2. 茎横切面(×62), 3. 茎叶(×25), 4. 叶中部边缘细胞(×215)。

2. 台湾绿锯藓 图 1039

Duthiella formosana Nog., Trans. Nat. His. Soc. Formosa 24: 469. 1934.

体形稍粗大，扁平，绿色至棕绿色。支茎不规则羽状分枝。叶卵状披针形，具弱纵褶，基部两侧具小叶耳，尖部扭曲不明显；叶边上部具明显锐齿。叶细胞长六角形，基部细胞趋狭长，背腹面均具单疣；叶边细胞狭长，明显分化，平滑无疣。

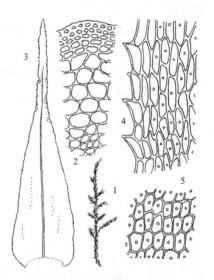

图 1039 台湾绿锯藓（吴鹏程绘）

产四川、云南西北部和西藏东南部，生于海拔2100–3700米的林地和树基。日本有分布。

1. 植物体(×0.5), 2. 茎横切面的一部分(×210), 3. 茎叶(×38), 4. 叶中部边缘细胞(×160), 5. 叶中部近中肋的细胞(×160)。

3. 美绿锯藓 图 1040

Duthiella speciosissima Broth. ex Card., Bull. Soc. Bot. Geneve, Ser. 2, 5: 317. 1913.

体形稍粗，暗绿色至黄绿色，略具光泽；不规则分枝；密被叶片。叶阔卵状披针形，基部具小叶耳，上部扭曲；叶边具明显齿；中肋细弱，长达叶尖下。叶细胞菱形至长卵形，每个细胞具单疣，边缘细胞狭长，平滑，角部细胞近长方形。蒴柄长约5厘米。

产甘肃、河南、安徽、湖北、江西、海南、重庆和四川，生于海拔

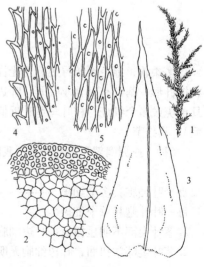

图 1040 美绿锯藓（吴鹏程绘）

800–1000米的林地和林下石壁。日本有分布。

    1. 植物体(×0.5), 2. 茎横切面的一部分(×160), 3. 茎叶(×20), 4. 叶中部边缘细胞(×160), 5. 叶基部细胞(×160)。

3. 拟木毛藓属 Pseudospiridentopsis (Broth.) Fleisch.

    体形粗壮，黄绿色至褐绿色，有时呈黑褐色，具强绢泽光，常大片状疏松生长。茎匍匐伸展，尖部上倾；不规则疏羽状分枝，钝端。叶阔卵状披针形，长可达8毫米，上部明显背仰，基部抱茎，具明显叶耳；叶边具不规则粗齿；中肋消失于叶尖下。叶细胞卵形至长菱形，胞壁强烈加厚，每个细胞具单粗疣，基部细胞长方形至线形，平滑。蒴柄细长。孢蒴卵圆形。

    1种，喜马拉雅地区和亚洲东南部分布。我国有分布。

拟木毛藓   图 1041

Pseudospiridentopsis horrida (Mitt. ex Card.) Fleisch., Musci Fl. Buitenzorg 3: 730. 1908.

Meteorium horridum Mitt. ex Card., Beit. Bot. Centralbl.19, 2: 118. 1905.

种的特征同属。

产浙江、贵州、云南和西藏，生于海拔800–2200米的林地树干、土坡和具土岩面。日本、不丹、尼泊尔、印度及菲律宾有分布。

    1. 植物体(×0.7), 2. 茎的横切面(×12), 3. 茎叶(×18), 4. 枝叶(×12), 5. 叶中部细胞(×230), 6.叶基部细胞(×230)。

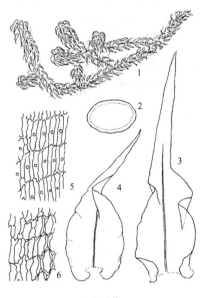

图 1041 拟木毛藓（吴鹏程绘）

4. 扭叶藓属 Trachypus Reinw. et Hornsch.

    纤细至中等大小，黄绿色至褐绿色，有时呈鹅黄色或带黑褐色，无光泽，密片状生长。支茎密不规则羽状分枝或不规则分枝；有时具鞭状枝。叶卵状披针形至披针形，具弱纵褶，尖部常扭曲；叶边具细齿；中肋单一，细弱。叶细胞菱形或线形，沿胞壁密被细疣。蒴柄具刺疣。孢蒴球形或卵形。蒴齿齿毛未发育。蒴盖具细长喙。蒴帽被黄色纤毛。

    5种，亚洲热带和亚热带山地、非洲、中南美洲和太平洋岛屿分布。我国有3种。

1. 植物体较粗；茎叶卵状披针形 ·· **1. 扭叶藓 T. bicolor**

1. 植物体纤细；茎叶多狭披针形 ·· **2. 小扭叶藓 T. humilis**

1. 扭叶藓

图 1042 彩片197

Trachypus bicolor Reinw. et Hornsch., Nov. Acta Leop. Can.14, 2, Suppl. 708. 1829.

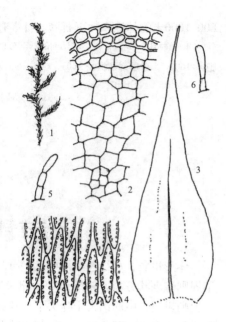

体形一般稍粗，绿色至褐绿色，有时呈鹅黄色和黑色，无光泽，密集或疏松生长。支茎密羽状分枝或不规则疏羽状分枝。叶卵状披针形或阔卵状披针形，长达5毫米，尖部有时偏曲或具透明白尖，常具弱纵褶；叶边全缘或具细齿；中肋细弱，达叶片上部。叶细胞六角形至线形，胞壁厚，沿胞壁具多数细疣。枝叶小于茎叶，形态近似。

产安徽、浙江、江西、湖南、贵州、四川、云南和西藏，生于海拔1100–3200米的林中树干和阴湿岩面。亚洲、中南美洲和大洋洲有分布。

1. 植物体(×0.5)，2. 茎横切面的一部分(×160)，3. 茎叶(×32)，4. 叶中部细胞(×160)，5-6. 腋毛(×58)。

图 1042 扭叶藓（吴鹏程绘）

2. 小扭叶藓

图 1043

Trachypus humilis Lindb., Acta Soc. Sc. Fenn. 10: 230. 1872.

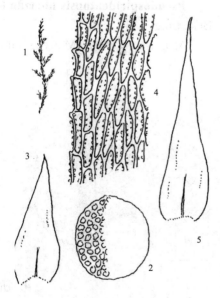

纤细，黄绿色或褐绿色，稀呈黑色，无光泽，呈密集片状或垫状。支茎多密羽状分枝，常具鞭状枝。茎叶卵状披针形，长达2毫米，有时具透明白尖，具弱纵褶或平展；叶边具细齿；中肋单一，细弱。叶细胞六角形至线形，胞壁厚，沿胞壁具细密疣。枝叶短小。

产安徽、浙江、云南和西藏，生于海拔1100–3700米的林中树干或岩面。朝鲜、日本、亚洲热带及澳大利亚有分布。

1. 植物体(×0.5)，2. 茎的横切面(×98)，3. 茎叶(×32)，4. 叶中部边缘细胞(×160)，5. 枝叶(×32)。

图 1043 小扭叶藓（吴鹏程绘）

5. 拟扭叶藓属 Trachypodopsis Fleisch.

粗大，绿色至褐绿色，无光泽或略具光泽。支茎不规则羽状分枝或不规则稀疏分枝。叶疏松着生，卵状披针形至阔卵状披针形，上部多扭曲，具纵纹，基部宽阔，具叶耳或大叶耳；叶边上部具粗齿；中肋单一，消失于叶片上部。叶细胞长菱形至六角形，上部细胞壁等厚，基部细胞长卵形，胞壁强烈加厚，具明显壁孔，叶边细胞有时略分化，具单疣或平滑。枝叶小而狭长。雌雄异株。蒴柄细长。孢蒴圆球形。蒴齿两层；内齿层短，齿条有穿孔，齿毛不发育。

5种，主要分布亚洲和中美洲。我国有4种。

1. 植物体粗大；叶基两侧叶耳大而内卷 ·· 1. **大耳拟扭叶藓 T. auriculata**

1. 植物体中等大小；叶基两侧叶耳小而不内卷 ························· 2. **卷叶拟扭叶藓 T. serrulata** var. **crispatula**

1. 大耳拟扭叶藓　　　　　　　　　图 1044

Trachypodopsis auriculata (Mitt.) Fleisch., Hedwigia 45: 67.1906.

Trachypus auriculatus Mitt., Journ. Linn. Soc. Bot. Suppl. 1: 129. 1859.

粗壮，褐绿色至褐色，具暗光泽，疏松丛集生长。支茎稀不规则羽状分枝。叶阔卵状披针形，长可达5毫米，具多数深纵褶，叶基具大而卷曲的叶耳；叶边齿粗或细；中肋单一，消失于叶尖下方。叶细胞狭长卵形至线形，具单疣或平滑；基部细胞胞壁强烈加厚，具明显壁孔；叶边细胞不分化。雌苞着生支茎上部。蒴柄长达2厘米。孢蒴圆球形。蒴盖具短斜喙。

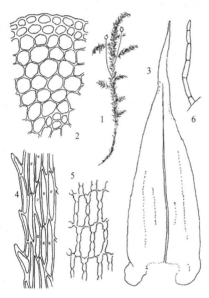

图 1044 大耳拟扭叶藓（吴鹏程绘）

产台湾、海南、广西、四川、云南和西藏，生于海拔1300–3100米的林中树干及林地。印度和斯里兰卡有分布。

1. 雌株(×0.5)，2. 茎横切面的一部分(×210)，3. 茎叶(×20)，4. 叶中部边缘细胞(×160)，5. 叶基部细胞(×160)，6. 腋毛(×160)。

2. 卷叶拟扭叶藓　　　　　　　　　图 1045 彩片198

Trachypodopsis serrulata (P. Beauv.) Fleisch. var. **crispatula** (Hook.) Zant., Blumea 9 (2): 521. 1959.

Hypnum crispatulum Hook., Trans. Linn. Soc. London 9: 321. 1808.

体形中等或稍粗壮，榄绿色至褐绿色，略具暗光泽，常呈大片疏松生长。支茎不规则羽状分枝或叉状分枝。叶疏松着生茎上，有时一向偏曲，卵状披针形或阔卵状披针形，叶上部多强烈扭曲，长可达4毫米，多具明显纵褶，基部具小叶耳；叶边具粗齿或细齿；中肋单一，达叶片上部。叶细胞六角形至线形，具单疣；叶边细胞稍狭长，不形成分化边缘；基部细胞壁厚而具壁孔。蒴齿齿毛不发育。

图 1045 卷叶拟扭叶藓（吴鹏程绘）

产湖北、四川、云南和西藏，生于海拔1300–3100米的林中树干、阴湿岩面及土面。老挝、尼泊尔、缅甸、印度、菲律宾、印度尼西亚及中美洲有分布。

1. 植物体(×0.5)，2. 茎的横切面(×95)，3. 茎叶(×19)，4. 叶中部边缘细胞(×160)，5. 叶基部边缘细胞(×160)。

91. 蕨藓科 PTEROBRYACEAE

（贾　渝）

　　热带、亚热带藓类，多大形，粗壮或坚挺，稀疏或密集群生，或垂倾生长，具光泽。茎横切面无中轴分化，常分化厚壁具壁孔的基本组织和长形周边细胞。主茎细长而匍匐，有稀疏假根或鳞叶；支茎单一，或不规则分枝、羽状或树形分枝，分枝直立或在平横生长时分层垂倾。叶干时紧贴或常扭曲，不甚卷缩，基部阔卵形，不下延，稀心形下延，上部圆钝或有长尖，或呈狭长披针形，渐尖或有细长毛状尖。叶细胞近线形，多平滑，稀有前角突，近基部处细胞疏松，角细胞有时分化或呈棕色。多雌雄异株。雌雄生殖苞均着生枝上。雌苞叶分化。蒴柄红色，多平滑。孢蒴隐生或高出雌苞叶之外，卵圆形，直立，对称，蒴壁平滑；气孔稀少，显型或缺失。环带多不分化。蒴齿两层。外齿层齿片披针形，外面横脊不常发育，或呈不规则加厚，具横纹或有疣，内面有横隔；内齿层多退化，基膜低，或具线形、稀呈折叠状的齿条；齿毛多缺失。蒴盖圆锥形，有短尖喙。蒴帽小，兜形或帽形。孢子多大形，具疣。

　　27属，分布热带和亚热带山地。我国有14属。

1. 主茎根茎状，密被假根；外齿层齿片外面发育正常，稀平滑；内齿层不贴附于外齿层，有基膜及齿条。
　2. 支茎基部密生背仰的基叶，上部两侧有扁平分枝；无鳞毛或有鳞毛；叶片中肋单一，或分叉。
　　3. 植物体有细长鳞毛；孢蒴长圆柱形 ··· **1. 粗柄藓属 Trachyloma**
　　3. 植物体无鳞毛；孢蒴卵形或球形。
　　　4. 叶卵形；孢蒴多长卵形 ··· **2. 山地藓属 Osterwaldiella**
　　　4. 叶心脏形或卵状舌形；孢蒴多球形。
　　　　5. 茎具假鳞毛；茎叶具尾尖或渐尖；蒴柄细长 ··························· **9. 长蕨藓属 Penzigiella**
　　　　5. 茎无鳞毛或假鳞毛；茎叶上部狭舌形；蒴柄极短，近于无柄 ············ **14. 湿隐蒴藓属 Hydrocryphaea**
　2. 支茎多单出，分枝稀疏而不规则，有时叶片平列；无鳞毛；叶片具双中肋，短弱或缺失。
　　6. 叶片干燥时疏松着生；内雌苞叶较小；孢蒴略高出于雌苞叶；蒴帽兜形 ········ **3. 美蕨藓属 Endotrichella**
　　6. 叶片干燥时多紧贴；雌苞叶鞘状；孢蒴全部隐生于雌苞叶内；蒴帽冠形 ············ **4. 绳藓属 Garovaglia**
1. 主茎细长，仅有稀疏假根，裸露或仅有疏列、常碎裂的基叶；支茎无鳞毛；外齿层齿片外面常不规则加厚，平滑；内齿层变异甚大，贴附于外齿层，齿条常缺失。
　7. 叶无中肋，或具2短中肋。
　　8. 叶具明显叶耳；角细胞不分化 ··· **11. 小蔓藓属 Meteoriella**
　　8. 叶不具叶耳；角细胞分化。
　　　9. 叶片渐上成短尖。
　　　　10. 叶中肋多单一，长达叶片中部，稀双中肋 ························· **7. 拟蕨藓属 Pterobryopsis**
　　　　10. 叶中肋多2，短弱或缺失，稀单中肋 ······················· **12. 瓢叶藓属 Symphysodontella**
　　　9. 叶片上部突狭窄而成细长急尖 ··· **13. 拟金毛藓属 Eumyuriopsis**
　7. 叶具单中肋。
　　11. 叶片具叶耳 ·· **5. 耳平藓属 Calyptotheium**
　　11. 叶片不具叶耳。
　　　12. 叶片略内凹；角细胞不分化或略分化 ································· **6. 蕨藓属 Pterobryon**
　　　12. 叶片强烈内凹；角细胞明显分化。
　　　　13. 孢蒴卵圆形，常高出于雌苞叶外 ································· **8. 小蕨藓属 Pireella**
　　　　13. 孢蒴卵形，隐没于雌苞叶内 ··································· **10. 滇蕨藓属 Pseudopterobryum**

1. 粗柄藓属 Trachyloma Brid.

植物体粗壮，坚挺，稀疏或成层丛集生长，鲜绿色，具强光泽。主茎匍匐生长，随处有鳞状小叶，密被棕色假根；支茎深褐色，基部被稀疏鳞叶，上部有倾立的两侧单出、或羽状的扁平分枝；鳞毛细长。叶八列着生，背腹面叶片多紧贴，有时向左右侧倾斜，两侧叶片多倾立，长卵形，两侧不对称，先端有短尖或钝尖；叶边平展，上部具锐齿；中肋甚短，单一或分叉，常缺失。叶细胞线形，平滑，近基部细胞短而排列疏松，有不明显壁孔，有时具色泽，角细胞不分化。枝叶小于茎叶。雌雄异株。内雌苞叶小于茎叶，具长鞘部，有纵褶，渐上呈披针形。蒴柄细长，平滑。孢蒴直立，长圆柱形，蒴壁平滑，淡棕色。环带不分化。蒴齿两层。外齿层齿片16，狭长披针形，无色，外面横脊密集，有密疣，内面横隔不明显；内齿层齿条16，与齿片等长，透明，有密疣，基膜稍高出，齿毛短，有节瘤。蒴盖斜圆锥形。蒴帽兜形，平滑。营养繁殖常有叶腋着生的线形、棕色、多细胞的芽胞。蒴帽勺形，有稀疏的毛或无毛。孢子圆球形，绿色，有细疣，直径12–18微米。

本属5种，分布亚洲热带及大洋洲暖地。中国有1种。

南亚粗柄藓

图 1046 彩片199

Trachyloma indicum Mitt., Journ. Linn. Soc. Bot. Suppl. 1: 91. 1859.

体形粗壮，黄绿色，具光泽，主茎粗，具假根；支茎坚挺，长可达10厘米以上，上部羽状分枝；茎基部有卵状披针形的鳞毛。枝上的叶片疏松，背仰，上部叶片渐大；支茎上的叶片小于主茎叶，常平展，卵形，具长尖，长约2.4毫米，宽约0.96毫米；叶边平展，上部有细齿；中肋缺失，或细弱。

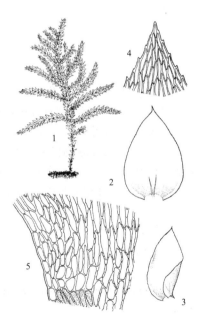

叶细胞狭菱形，厚壁，平滑，长约54微米，宽约8微米，基部细胞趋短宽，呈方形。孢子体着生于短侧枝上。雌苞叶狭长。蒴柄直立，长约1.4厘米。孢蒴直立，圆柱形，长约5毫米。蒴齿高约1毫米；外齿层齿片狭披针形，具疣；内齿层齿条较外齿层狭窄，基膜低，具疣。蒴帽小，开裂，被单个细胞形成的纤毛。孢子细小。

图 1046 南亚粗柄藓（郭木森、于宁宁绘）

产台湾和海南，附生于树干。广泛分布于热带地区。

1.植物体(×3.4)，2-3.叶片(×7)，4.叶尖部细胞(×140)，5.叶基部细胞(×168)。

2. 山地藓属 Osterwaldiella Fleisch. ex Broth.

体形细长而通常悬垂生长，棕绿色，略具光泽。主茎匍匐；支茎细长延伸，下垂，多羽状分枝。茎叶干时不甚卷缩，心状卵形，倾立，内凹，两侧略不对称，无纵褶，上部急尖，狭长而扭曲；叶边平展，具锐齿；中肋柔弱，在叶片中部消失。叶细胞线形，每个细胞具一细疣，叶角部细胞膨起，由多数方形厚壁细胞组成。枝叶较小，有短尖。雌雄异株。内雌苞叶直立，基部鞘状，渐上突成狭长尖。蒴柄长约3毫米，红棕色，略粗糙。孢蒴直立，长卵形。

1种，亚洲南部山地生长。我国有分布。

山地藓   图 1047

Osterwaldiella monostricta Fleisch. ex Broth., Nat. Pfl. 11:130. 1925.

种的特征同属。

产四川和西藏。印度有分布。

1. 植物体的一部分(×1.2), 2. 茎叶(×15), 3. 枝叶(×15), 4. 叶基部细胞(×90), 5. 孢蒴和雌苞叶(×5)。

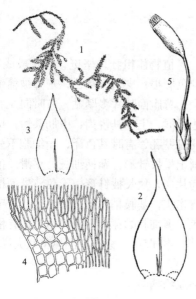

图 1047 山地藓（郭木森、于宁宁绘）

3. 美蕨藓属 **Endotrichella** C. Müll.

植物体较粗壮，黄绿色，交织成片生长。支茎密集，细长，横生或倾立，有时基部常裸露或有稀疏鳞叶，略呈扁平，单一或有不规则分枝；枝端钝头。茎叶常倾立或背仰，长卵形，渐上成狭长尖，多内凹，有纵长褶，基部略狭；叶边具齿，略背卷；中肋2，有时不明显或缺失。叶细胞平滑，线形或阔菱形，近基部细胞较疏松，有壁孔，角部细胞有时分化。雌雄异枝。蒴柄短，直立，平滑。孢蒴长卵形或圆柱形，略高出，稀隐生于雌苞叶内。蒴齿两层，具疣。蒴盖圆锥形，具斜喙。蒴帽兜形，平滑。

约40种，多分布于亚洲热带地区。我国有1种。

南亚美蕨藓   图 1048

Endotrichella elegans (Dozy et Molk.) Fleisch. in Broth., Nat. Pfl. 1(3): 585, 782. 1906.

Endotrichum elegans Dozy et Molk., Ann. Sci. Nat. Bot. ser. 32 : 303. 1844.

支茎长可达5–10厘米以上，单一或分叉，鲜绿色，具光泽，下部褐色。叶片疏松着生，倾立，干燥时扭曲并向上部卷缩，宽卵形，具深纵褶，向上呈长渐尖，长可达7毫米，宽约2.2毫米；叶边下部背卷，上部平直且有粗齿；中肋短弱。叶细胞菱形，具壁孔，宽8–10微米，长度可达宽度的6–10倍，疏松，近基部处趋短，但不形成分化的角部细胞。蒴柄长1–2毫米。孢蒴

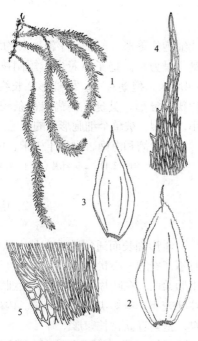

图 1048 南亚美蕨藓（郭木森、于宁宁绘）

稍高出于雌苞叶，椭圆状圆柱形，褐色，长约2毫米。蒴齿外齿层齿片具疣，中缝多开裂；内齿层齿条纤细，与外齿层等高，基膜极低。蒴盖圆锥形，具短喙。

产台湾、广东、海南、广西、云南和西藏，生树干、土面、岩面或石壁。越南、菲律宾、印度尼西亚及大洋洲（加罗林群岛）有分布。

1. 植物体（×1.2），2. 茎叶（×7），3. 枝叶（×7），4. 叶尖部细胞（×72），5. 叶基部细胞（×72）。

4. 绳藓属 Garovaglia Endl.

体形粗壮或粗大，多硬挺。主茎细长，叶脱落，匍匐横生，在分枝处常有丛生假根；支茎密生，倾立，基部有时裸露，但多密被叶片，略呈扁平形，单一或有稀疏而不规则的分枝；枝端圆钝。茎叶卵圆形，有短尖或突狭成细长尖，干燥时紧贴，或近于背仰，湿润时倾立，内凹，有纵长褶；叶边平直，多具粗齿；中肋2，或缺失。叶细胞线形或近线形，近基部细胞排列疏松，壁孔极明显，角部细胞常分化。假雌雄异苞同株。内雌苞叶基部高鞘状，有狭长叶尖。孢蒴完全隐生于雌苞叶内，卵形或长卵形，棕色，平滑。蒴齿两层；外齿层齿片披针形，淡黄色或棕红色，中脊深开裂，具疣，内面横隔细弱；内齿层基膜不高出，齿条与外齿层齿片近于等长，披针形，有节瘤及细疣。蒴盖近于扁平，有短直喙。蒴帽钟形，多瓣开裂，平滑。孢子形状不规则。

约20种，多热带地区分布。我国有3种。

1. 叶片宽卵形，具骤尖；孢蒴隐生于雌苞叶中 ·· 1. **绳藓 G. plicata**
1. 叶片卵形、狭卵形或披针形，渐尖；孢蒴隐生或伸出 ·························· 2. **背刺绳藓 G. powellii**

1. 绳藓 图 1049

Garovaglia plicata (Brid.) Bosch et Lac., Bryol. Jav. 2: 79. 1863.

Esenbeckia plicata Brid., Bryol. Univ. 2: 754. 1827

主茎密生假根。支茎粗，直立或弯曲，末端黄绿色，下部褐色，长可达8厘米，通常单一，偶有短分枝，连叶宽6–8毫米。叶密集着生，卵状披针形，具急尖，有纵褶；长约4.5毫米，宽约2.25毫米，倾立；叶边尖部多少具细齿。叶细胞具壁孔，叶尖部细胞长约54微米，宽约11.6微米，叶中部细胞长约84微米，宽约11.6微米，下部细胞渐宽短。雌苞生于极短的侧枝上。蒴柄隐于雌苞叶中。孢蒴椭圆状圆柱形，长约2毫米，直径约1.2毫米。蒴盖圆锥形。蒴齿两层，内齿层齿条线形。蒴帽小形，钟状。

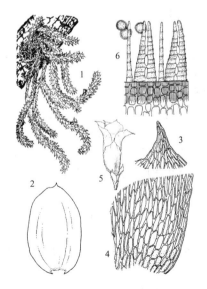

图 1049 绳藓（郭木森、于宁宁绘）

产海南和云南，生树干。印度北部、印度尼西亚（苏门达腊、爪哇）及斯里兰卡有分布。

1. 植物体（×3.4），2. 叶片（×5），3. 叶尖部细胞（×90），4. 叶基部细胞（×90），5. 带有雌苞叶的孢蒴（×4），6. 蒴齿的一部分和孢子（×90）。

2. 背刺绳藓 图 1050

Garovaglia powellii Mitt., Journ. Linn. Soc. Bot. 10: 169. 1868.

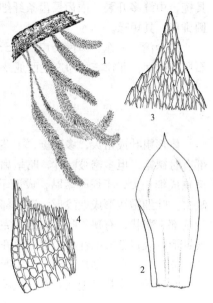

植物体绿色或黄绿色，茎长可达12厘米。叶片多少硬挺，纵褶明显，无皱纹，卵形至狭卵形，锐尖或渐尖，上部具细齿；弱的双中肋；叶片背面具多或少的刺；叶细胞为不规则的线形，长60–150微米，宽8–15微米，细胞壁中等至强地加厚；角部细胞透明，下延部分细胞黄色，细胞壁强烈加厚。内雌苞叶急尖，长或短尖。孢蒴隐生或伸出，长1.5–2.7毫米，宽1.0–1.5毫米。外齿层有或无疣，通常分裂成裂片状，裂片长200–350微米。孢子具疣，直径20–60微米。蒴盖具短喙。蒴帽钟形，平滑或粗糙。

产海南和云南，生树干上。亚洲和大洋洲热带地区有分布。

图 1050 背刺绳藓（于宁绘）

1.植物体(×1)，2.叶(×6)，3.叶尖部细胞(×142)，4.叶基部边缘细胞(×142)。

5. 耳平藓属 Calyptothecium Mitt.

体形粗大，具绢丝光泽，交织成大片，常悬垂生长。主茎匍匐伸展，密被红棕色假根，具小形疏列而紧贴的鳞叶，有时有鞭状枝。支茎下垂，多具稀疏不规则分枝，有时呈密集规则分枝或羽状分枝；稀有鳞毛。叶疏松或密集四向倾立，扁平排列，多卵形或舌状卵形，两侧不对称，尖部短阔，具横波纹，常有纵长皱褶；叶边全缘，或上部具细齿；单中肋，长达叶片中部或在叶尖下消失，稀缺失。叶细胞薄壁或厚壁，有壁孔，平滑，近尖部细胞狭菱形，基部细胞疏松，红棕色，角部细胞不明显分化。雌雄异株。孢蒴隐生于雌苞叶内，卵形或长卵形。蒴齿两层。蒴盖圆锥形，有短喙。蒴帽帽形，仅罩覆蒴盖，基部多瓣开裂，或一侧开裂，平滑或具毛。孢子形大，具细疣。一般染色体数目n=8。

约40种，分布热带、亚热带地区。我国有7种。

1.叶片长舌形 .... 3. 带叶耳平藓 C. phyllogonioides
1.叶片卵形、椭圆形或心脏形。
  2.叶片柔软，扁平，具极少芽胞或无芽胞。
    3.植物体呈不规则的稀疏叉状分枝 .... 1. 急尖耳平藓 C. hookeri
    3.植物体呈羽状分枝 .... 2. 羽枝耳平藓 C. pinnatum
  2.叶片硬挺，不扁平，具多数芽胞 .... 4. 芽胞耳平藓 C. auriculatum

1. 急尖耳平藓 图 1051

Calyptothecium hookeri (Mitt.) Broth., Nat. Pfl. 1(3):839. 1906.

Meteorium hookeri Mitt., Musci Ind. Or.: 86. 1859.

植物体形大，密集成片着生于树干和树枝上。茎红色；枝条下垂，长10–30厘米，分枝稀疏而短，小枝长约1厘米。叶片长6–7毫米，

宽2.5-3毫米，尖端圆钝或钝尖，具小叶耳；叶边具细齿；中肋单一，细弱，长达叶片中部。叶细胞长菱形，平滑，有时中部细胞偶尔有1或2个疣，基部细胞有明显壁孔，叶基中部细胞呈红色，在近尖部的细胞长约46微米，宽7.5微米，叶中部细胞长42微米，宽6微米。叶耳部细胞深褐色，宽短。雌苞

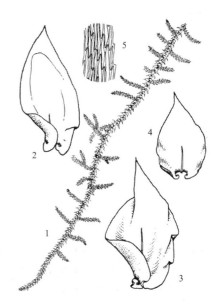

着生短侧枝上。雌苞叶直立，内雌苞叶大于外雌苞叶，具长尖。蒴柄甚短，直立。孢蒴隐生于雌苞叶内，直立，卵形，长约1.5毫米，直径约1毫米。蒴盖具喙。蒴齿前齿层甚短；外齿层齿片披针形，中部以下相连；内齿层齿条线形，中部以下相连，短于齿片。孢子卵形，直径15-20微米。

产甘肃、台湾、福建、江西、四川、云南和西藏，树生或石上生长。日本、尼泊尔、缅甸、印度及泰国有分布。

1.植物体(×1/2)，2-4.叶片(×10)，5.叶中部边缘细胞(×180)。

图 1051 急尖耳平藓（于宁宁绘）

2. 羽枝耳平藓
图 1052

Calyptothecium pinnatum Nog., Trans. Nat. His. Soc. Formosa 24: 417. 1934.

体形粗壮，黄绿色，具光泽。支茎悬垂，羽状分枝，长可达11厘米。叶片干燥时背曲，心脏形，上部渐尖，内凹，长约2.1毫米，宽约1.6毫米，叶耳不明显，有纵褶；叶边具细齿；中肋单一，消失于叶中部以上。叶细胞狭菱形，具壁孔，中等加厚，长约50微米，宽7微米；叶基部细胞稍宽，角部细胞不分化，深褐色而宽。雌苞生于短侧枝上。雌苞叶长而窄，具长尖。孢蒴球状卵形，隐生于

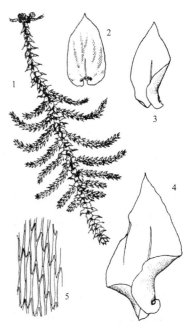

雌苞叶内，长约1.5毫米，直径约1.2毫米，具气孔。前齿层高约为外齿层的1/2；外齿层齿片披针形，具垂直的中缝；内齿层齿条线形，无龙骨状突起，高于外齿层，无基膜。蒴盖具喙，长约0.8毫米。孢子具细疣，直径25-50微米。

产四川和云南，生树干。尼泊尔、缅甸及印度有分布。

1.植物体(×1)，2-4.叶片(×8)，5.叶中部细胞(×180)。

图 1052 羽枝耳平藓（郭木森、于宁宁绘）

3. 带叶耳平藓

图 1053

Calyptothecium phyllogonioides Nog. et Li, Journ. Jap. Bot. 63 (4): 144. 1988.

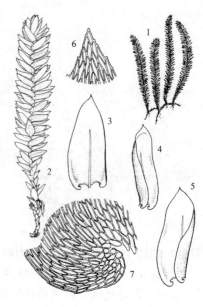

植物体形小，黄绿色或灰绿色，略具光泽。主茎匍匐，被小叶；支茎直立，红色，长约3厘米，连叶宽约5毫米，平展，通常单一，稀分枝。茎叶扁平排列，卵状舌形，平展，具宽锐尖，基部具叶耳；侧面叶强烈内凹或对折；叶边近于全缘或尖部具小齿；中肋单一，纤细，达叶片1/2以上。叶中部细胞线形，两端尖，薄壁，长80–95微米；叶上部细胞趋短。

中国特有，产海南和云南，生树干。

图 1053 带叶耳平藓（郭木森、于宁宁绘）

1. 植物体（×3/4），2. 植物体的一部分（×5），3-5. 叶片（×14），6. 叶尖部细胞（×125），7. 叶基部细胞（×125）。

4. 芽胞耳平藓

图 1054

Calyptothecium auriculatum (Dix.) Nog., Journ. Hattori Bot. Lab. 47: 314. 1980.

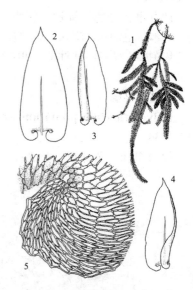

Pterobryopsis auriculata Dix., Journ. Bombay Nat. Hist. Soc. 39: 782. 1937.

植物体粗壮，长7–15厘米，羽状分枝。叶片密生，背仰，内凹，顶部呈兜形，长约2.7毫米，宽约1.1毫米，基部具明显叶耳；枝上部叶片边缘内卷，有时顶部具弱齿；中肋单一，有时顶端分叉，长达叶片的2/3处。叶细胞线形，具壁孔，多长约52微米，宽8微米，角部细胞分化不明显，耳部细胞较其它细胞短，透明。枝条上部叶片基部常着生大量芽胞。

产云南，生树干。印度有分布。

图 1054 芽胞耳平藓（郭木森、于宁宁绘）

1. 植物体（×1/2），2-4. 叶片（×7），5. 叶基部细胞（×125）。

6. 蕨藓属 Pterobryon Hornsch.

体形粗大，绿色，有时呈淡黄色或黄褐色，分枝密集而常呈树形，稀疏或密丛集生长。主茎匍匐伸展，密被棕色假根；支茎横展或悬垂，有稀疏小形背仰的基叶，上部有密集而规则的羽状分枝；分枝多倾立，密被叶片，背腹略呈扁平，单出，或再疏生小枝。枝叶倾立，长卵形或卵状披针形，有短尖或长尖，略内凹，具明显纵褶；叶边尖部多具锐齿；中肋单一，不及叶尖或近叶尖部消失。叶细胞不甚加厚，平滑，具微弱壁孔，线形或狭长六边形，基部细胞较疏松，棕色，角细胞不分化，或近于分化。小枝叶形较小。雌雄异株。内雌苞叶基部为鞘状，渐上呈急尖或狭长尖。孢蒴隐于雌苞叶内，多为阔卵形，棕色。蒴齿两层。有时具前齿层；外齿层淡黄色，齿片狭长披针形，平滑，中脊不明显，内面横隔甚低；内齿层贴附于外齿层，有时发育不完全，柔薄，透明，易破损，无齿条。蒴盖扁平或圆锥形，有短直喙。蒴帽纤小，冠形，平滑。孢子圆形，有细密疣。

约7种，分布热带及亚热带山区。我国2种。

树形蕨藓

图 1055

Pterobryon arbuscula Mitt., Trans. Linn. Soc. London Bot. Ser. 2, 3: 171. 1891.

体形大，黄褐色至褐绿色，略具光泽。主茎匍匐；支茎平卧或悬垂，长约7厘米，中轴不分化，皮层由7–8列小而厚壁细胞组成；枝条等长，长约2厘米，先端圆钝。芽胞腋生，纺锤形，褐色，长80–120微米。茎叶狭披针形，由椭圆状卵形基部，向上急尖或渐尖，通常长约2.5毫米，宽约0.8毫米，干燥时具纵褶；叶边平展，上部有细齿，下部全缘；中肋单一，长达叶尖部。枝叶与茎叶相似。叶上部细胞长20–25微米，宽6–7微米，胞壁多加厚且具壁孔；中部细胞长六边形或近于线形，长约27微米，宽约6微米，薄壁；角部细胞不分化。雌苞叶大，椭圆形，急狭成长尖，内凹，常有纵褶，叶边具细齿。孢蒴隐生，卵形至近球形，棕色，长1.0–1.2毫米，宽0.8–0.9毫米。蒴盖具短尖。蒴齿两层。外齿层齿片稀疏，狭披针形，长0.20–0.25毫米，透明，平滑；内齿层基膜低，齿条线形，常断裂。孢子具细疣，直径20–30微米。

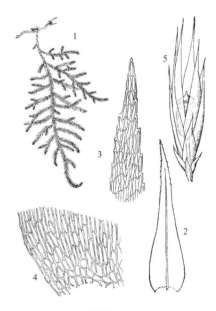

图 1055 树形蕨藓（郭木森、于宁绘）

产浙江、台湾、广西和云南，附生树干。日本及朝鲜有分布。

1. 植物体（×1），2. 枝叶（×10），3. 叶尖部细胞（×170），4. 叶基部细胞（×170），5. 雌苞（×7）。

7. 拟蕨藓属 **Pterobryopsis** Fleisch.

植物体细长或粗壮，具光泽，交织群生。主茎匍匐；支茎倾立或下垂，不规则分枝或树形分枝，有时具鞭状枝，或呈尾状延伸，或有圆条形短钝或等长的分枝。叶干时覆瓦状排列或疏松贴生，卵形，渐上成短尖，稀急尖，强烈内凹；叶边全缘或近尖部具细齿；中肋单一，长达叶片中部，稀双中肋或完全缺失。叶细胞菱形或狭长菱形，平滑，近基部细胞疏松，红棕色，有壁孔，角部细胞常分化，厚壁。雌雄异株。蒴柄短，或稍长。孢蒴多高出于雌苞叶。蒴齿两层。蒴盖圆锥形，有短喙。

约30种，分布热带、亚热带地区。我国有5种。

1. 植物体无鞭状枝。
  2. 叶尖勺形 ·· 1. **南亚拟蕨藓 P. orientalis**
  2. 叶尖扁平 ·· 2. **大拟蕨藓 P. scabriuscula**
1. 植物体具鞭状枝 ··· 3. **粗茎拟蕨藓 P. crassicaulis**

1. 南亚拟蕨藓

图 1056 彩片200

Pterobryopsis orientalis (C. Müll.) Fleisch., Hedwigia 59: 217. 1917.

Neckera orientalis C. Müll., Bot. Zeit. 14: 437. 1856.

植物体黄绿色或深绿色，直立，羽状分枝和树形分枝，高约6厘米。叶密覆瓦状排列，倾立至直展，内凹，具纵褶，尖部渐尖，呈兜形，长约2.88毫米，宽约1.28毫米；叶边平，上部具弱齿；中肋单一，不及叶片长度的1/2。叶细胞线形，厚壁，叶尖下部细胞具壁孔，长约54微米，宽4微米；角部细胞长方形，深红棕色。雌雄异株。雌苞着生短侧枝上。雌苞叶直立，较狭窄。蒴柄直立，长约4.5毫米。孢蒴直立，卵状圆柱形，长约2.5毫米，直径约1毫米。蒴齿外齿层发育良好，透明，平滑；内齿层齿条线形，与外齿层等长。

产陕西、甘肃、四川和云南，生树干或岩面。尼泊尔、印度、缅甸、泰国、印度尼西亚及越南有分布。

1. 植物体的一部分（×3），2. 主枝叶（×12），3. 枝叶（×12），4. 叶中部细胞（×150），5. 蒴齿（×108）。

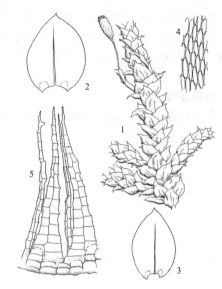

图 1056 南亚拟蕨藓（于宁宁绘）

2. 大拟蕨藓

图 1057

Pterobryopsis scabriuscula (Mitt.) Fleisch., Hedwigia 45: 60. 1905.

Meteorium scabriusculum Mitt., Proc. Linn. Soc. Suppl. 1: 85. 1859.

体形粗壮，黄绿色，有光泽。主茎匍匐，羽状分枝，有时扁平，末端圆钝，长达10厘米。叶密生，覆瓦状平展，卵状心形，内凹，上部有纵褶。茎叶长2.5–3毫米，宽1.2–17毫米；叶边平展，尖部有细齿；中肋单一，达叶片的2/3–3/4处，常在顶部分叉，有时在基部有一短肋。枝叶长约2.18毫米，宽约1.47毫米，具短尖。叶细胞菱形至狭长菱形，壁不加厚，尖部细胞长38.5微米，宽10微米，中部细胞长65微米，宽10微米。叶基部细胞长方形至方形，角细胞大而红棕色。雌苞生于短侧枝上。雌苞叶直立，狭窄。蒴柄直立，长3–5毫米。孢蒴直立，卵状圆柱形，长2–3毫米，直径1–1.3毫米。外齿层齿片狭披针形，具细尖，灰色，平滑；内

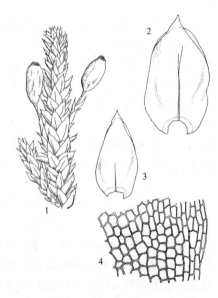

图 1057 大拟蕨藓（于宁宁绘）

齿层齿条线形，与外齿层等长。孢子球形，具疣，直径30–42微米。

产云南，生树干。印度有分布。

1. 植物体的一部分（×3），2. 主枝叶（×10），3. 枝叶（×10），4. 叶基部细胞（×126）。

3. 粗茎拟蕨藓

图 1058

Pterobryopsis crassicaulis (C. Müll.) Fleisch., Hedwigia 45: 57. 1905

Neckera crassicaulis C. Müll., Syn. 2: 132. 1851.

支茎直立，卷曲，长达6厘米，单一或稀少分枝，上部黄绿

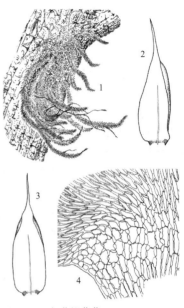

色，下部棕色，具光泽，连叶宽6-8毫米，常具细长尾尖。叶片倾立，椭圆状圆形，深内凹，平滑，长约4毫米，具细长毛尖；叶边宽卷曲，上部具细齿，下部平展，全缘；中肋单一，达叶片中部。叶细胞线形，壁厚，具壁孔，平滑；叶基角部细胞明显分化。雌苞叶卵状披针形，长约6.5毫米，渐成一长毛尖。蒴柄短。孢蒴椭圆状圆柱形，长约2毫米，外壁细胞壁薄，六角形。蒴齿灰黄色，透明，平滑；内齿层缺失。蒴盖圆锥形，具短喙。

产海南和广西，生树干或倒木上。斯里兰卡及印度尼西亚有分布。

1. 植物体着生树干上的生态（×1/2），2-3. 叶（×8），4. 叶基部细胞（×190）。

图 1058 粗茎拟蕨藓（郭木森、于宁宁绘）

8. 小蕨藓属 Pireella Card.

体形细长，黄绿色，略具光泽，稀疏群生。主茎细长，匍匐横展，随处有成束的假根。支茎下部不分枝，有密集而紧贴的大形基叶，上部两侧具密短分枝；分枝倾立，近于等长，密被叶片而成圆条形，单出或再分枝呈扁平羽状，先端钝头或细弱。茎基叶卵形，先端急尖；叶边全缘；中肋缺失。茎叶近于呈两列状着生，倾立，基部心形，渐上呈卵状披针形，有长尖；叶边平展，全缘，仅尖部有不明显细齿；中肋长达叶尖，或近于突出。枝叶形较小，卵状披针形，短尖部有粗齿或细齿；中肋近于突出。雌雄异株。内雌苞叶直立，卵状披针形或长披针形，有长尖，常卷扭。蒴柄多细长，直立，或略呈弓形，上部粗糙，红色。孢蒴常高出于雌苞叶，直立，圆卵形，棕色。蒴齿两层；外齿层淡黄色，稀呈红色，齿片三角状披针形，尖端常两两相连，基部分离或完全分离，内面平滑无横隔；内齿层与外齿层相附，为一高出的透明薄膜所构成，成熟后破裂。蒴轴粗，肉质。蒴盖细小，有长喙。蒴帽兜形，有纤毛，稀平滑。孢子大形，绿色，平滑，形态多变。芽胞透明，棒状，近于圆柱形。

约10余种，多分布南美地区。中国1种。

台湾小蕨藓　　　　　　　　　　　　　图 1059

Pireella formosana Broth., Over. Av. Finska Vetenskaps. Soc. Forb. 62: 23. 1919–1920.

植物体黄绿色，略具光泽，呈疏松垫状生长。主茎匍匐，弯曲，具红色假根。茎基叶疏松着生，椭圆状卵形，急狭成一中等长的尖，内凹，基部黄褐色，长约0.8毫米，宽约0.45毫米；叶边上部具不规则的细齿。支茎稀疏，呈树形或密羽状分枝，

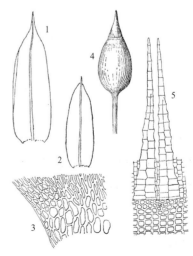

图 1059 台湾小蕨藓（郭木森、于宁宁绘）

高达6厘米；茎横切面椭圆形，具中轴，皮部由7-8层小形厚壁细胞组成，髓部细胞六边形，无色厚壁。枝条斜生，扁平伸展，多等长，平均长约1厘米，单一或有小分枝。茎基叶密生而不呈扁平状，椭圆形，向上急狭成一长毛尖；无中肋，叶边全缘。支茎叶斜展，长椭圆形，具披针形尖，内凹，基部黄褐色，长2.3-2.7毫米，宽0.7-0.9毫米，叶边全缘，仅尖部具细齿；中肋单一，达叶尖部。叶细胞线形，薄壁，在细胞角上具前角突；叶中部细胞长40-50微米，宽3-4微米，尖部细胞趋宽短，胞壁厚，平滑；叶基部细胞长方形，壁厚，黄褐色，略具壁孔；角部细胞，排列疏松，短长方形、方形或不规则六边形，胞壁黄褐色，略具壁孔。枝叶与支茎叶相似，形小，尖部无细齿，中肋达叶尖部。孢子体生于支茎和枝上。内雌苞叶狭椭圆形，具短尖；中肋细，达叶尖。蒴柄红褐色，干燥时稍扭曲，平滑，长约12毫米。孢蒴直立，卵形，平滑。蒴盖具长喙，平滑。外齿层齿片16，狭披针形，平滑，黄色；内齿层齿条线形，透明，平滑。孢子圆形或椭圆形，黄褐色，具细疣，直径15-30微米。

中国特有，产台湾，生于树皮上。

1. 主枝叶(×15)，2. 枝叶(×15)，3. 叶基部细胞(×180)，4. 孢蒴(×8)，5. 蒴齿(×144)。

9. 长蕨藓属 Penzigiella Fleisch.

植物体中等大小，亮绿色至红棕色。主茎匍匐延伸，有棕色假根。支茎长，短或悬垂，无鳞毛，但具假鳞毛。茎叶与枝叶近似，疏覆瓦状排列，干燥时略扭曲，潮湿时平展，卵形，具尾尖至渐尖；叶边具细齿；叶细胞厚壁，中部细胞狭椭圆形，平滑；中肋单一。鞭状枝偶尔存在，着生于茎和枝的腋处。叶片与雌苞叶近似。雌雄异株。雌雄苞着生茎和枝腋处。蒴柄较长，直立。孢蒴球形。蒴齿两层。

仅1种。我国有分布。

长蕨藓

图 1060

Penzigiella cordata (Hook.) Fleisch., Hedwigia 45:87. 1906.

Neckera cordata Hook., Icon. Pl. Rar. 1:22. 1986.

茎纤长；横切面具中轴，髓部细胞透明而薄壁，皮部由数层红色或褐色的厚壁细胞组成；具短羽状分枝。茎叶宽卵形至卵状披针形，长0.63-1.71毫米，宽1.0-1.9毫米，具尾状尖至渐尖；叶边平展，下部全缘或具齿；中肋长达叶片的3/4处。叶基部边缘细胞方形至长方形，长3.7-10.0微米，宽15.0-30.0微米；基部内侧细胞长方形；叶中部细胞狭椭圆形，宽5.0-6.5微米，长15.0-50.0微米。枝叶与茎叶类似，小于茎叶。雌苞叶披针形。蒴柄长3-6毫米。孢蒴长1.0-1.2毫米，宽1.0-1.2毫米。孢蒴外壁细胞厚壁，方形至长方形；气孔位于孢蒴颈部。外齿层齿片长312-368微米，具细疣，沿中缝具穿孔，内齿层长280-360微米，被细疣，具穿孔。孢子粗糙，直径15-20微米。

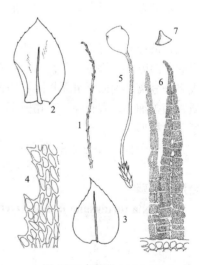

图 1060 长蕨藓 (于宁宁绘)

产云南，多岩面生长。尼泊尔、缅甸、不丹、印度及泰国有分布。

1. 鞭状枝(×6)，2. 茎叶(×15)，3. 枝叶(×15)，4. 叶中上部边缘细胞(×375)，5. 孢蒴(×6)，6. 蒴齿(×180)，7. 蒴盖(×6)。

10. 滇蕨藓属 **Pseudopterobryum** Broth.

植物体稀疏丛集。主茎匍匐延伸；支茎密被叶片，下部单一，上部密集树状两回羽状分枝。茎叶长卵状披针形，具狭长尖，基部狭窄，内凹，有纵褶；叶边略背曲，上部具细齿；中肋单一，细弱，长达叶片上部。叶细胞线形，平滑，角部细胞多数，小而呈方形或菱形，略膨起。枝叶较小，强烈内凹。雌雄异株。孢蒴隐生于雌苞叶内，卵形。蒴齿两层。蒴盖圆锥形，具斜喙。蒴帽圆锥形，有疣，基部绽裂，边缘有细齿。

2种，多高海拔山区分布。中国特有。

滇蕨藓 图 1061

Pseudopterobryum tenuicuspes Broth., Symb. Sin. 4: 80. 3.f.5–8. 1929.

支茎长5–8厘米，上部密集二回羽状分枝。叶片具一个狭长尖，长约2.7毫米，宽约0.66毫米；中肋不及叶片中部。

中国特有，产四川、云南和西藏，习生树干或石壁。

1. 植物体着生树干上的生态 (×2/5)，2. 茎叶(×14)，3-5. 枝叶 (×14)，6.叶基部细胞(×160)。

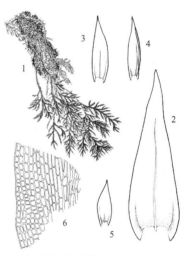

图 1061 滇蕨藓（郭木森、于宁宁绘）

11. 小蔓藓属 **Meteoriella** Okam.

体形较粗壮，硬挺，具绢丝光泽，成片悬垂蔓生。主茎匍匐；支茎密生，长而下垂并具疏羽状分枝。叶阔卵形，强烈内凹，上部突狭窄成急短尖或长尖，基部叶耳明显，抱茎；叶边平展，近于全缘；中肋2，长达叶片中下部。叶细胞线形，厚壁，平滑，壁孔明显，角部细胞不分化。雌雄异株。蒴柄弯曲，高出于雌苞叶。孢蒴近于圆球形，蒴口小。蒴齿单层。

1种，亚洲东部特有。我国有分布。

小蔓藓 图 1062

Meteoriella soluta (Mitt.) Okam., Journ. Coll. Sci. Imp. Univ. Tokyo 36 (7): 18. 1915.

Meteorium solutum Mitt., Journ. Linn. Soc. Bot. Suppl. 1: 158. 1859.

种的特征同属。

产安徽、台湾、江西、贵州、四川和云南，生树干或岩面。日本、印度北部及越南有分布。

1-2. 叶片(×10)，3. 叶中部细胞 (×116)，4. 雌苞叶和孢子体(×5)，5. 蒴齿(×116)。

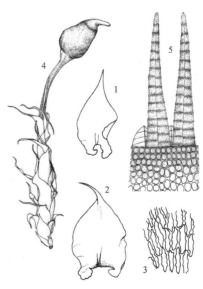

图 1062 小蔓藓（郭木森、于宁宁绘）

12. 瓢叶藓属 Symphysodontella Fleisch.

树生藓类。主茎匍匐，褐绿色，具光泽，具稀疏假根和鳞片状小叶；支茎稀疏分枝、羽状分枝或不规则树形分枝，或具下垂枝，有时具鞭状枝，无鳞毛；横切面呈圆形或卵形，无中轴。茎叶稀疏或密生，长卵形或卵状披针形，渐尖，平展或具纵褶，内凹；中肋2，短弱或缺失，或为单中肋，较短。叶细胞平滑，卵形或线形，基部细胞较宽，有壁孔，角部细胞小，具色泽。雌雄异株，稀雌雄同株。蒴柄短或较长，平滑或粗糙。孢蒴长卵形，直立。蒴齿两层。环带不分化。蒴盖圆锥形。蒴帽小，帽状。孢子大，球形或卵形，有疣。

9种，主产亚洲东南部。我国有1种。

扭尖瓢叶藓
图 1063

Symphysodontella tortifolia Dix., Journ. Bomb. Nat. Hist. Soc. 39: 782. 1937.

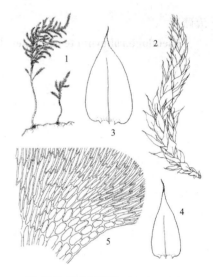

植物体坚挺，黄色或橄榄绿色，具光泽。支茎长达8厘米，树形分枝或二回羽状分枝。茎叶疏松着生，卵形，具长渐尖，长约3.52毫米，宽1.28毫米，有时叶基具两短肋。枝叶密集着生，长约3.2毫米，宽约1.28毫米，具长尖，平展至背仰，具纵褶，尖部扭曲；叶边上部具细齿，下部卷曲；中肋单一，长达叶片中部以上。叶上部细胞壁稍加厚，线形，长约57微米，宽约8微米，叶下部细胞稍薄，具壁孔；角部细胞分化，长方形，深褐色，长约46微米，宽约20微米。芽胞腋生，纺锤形，褐色，长80–120微米。

产四川和云南，生树干。印度有分布。

图 1063 扭尖瓢叶藓（郭木森、于宁宁绘）

1. 植物体（×112），2. 小枝（×5），3. 茎中上部叶片（×7），4. 枝叶（×7），5. 叶基部细胞（×367）。

13. 拟金毛藓属 Eumyurium Nog.

体形稍粗壮，硬挺，黄绿色或茶褐色，略具光泽，疏松丛集成片生长。主茎匍匐，着生稀疏假根；支茎垂倾，1–2回不规则羽状分枝，干燥时枝尖稍内卷。叶湿润时倾立，干燥时疏松贴生，阔卵形，强烈内凹，上部突狭成细长毛尖，常具少数浅纵褶；叶边内卷，近于全缘；中肋2，短弱。叶细胞线形，具壁孔，叶角部细胞方形，浅黄棕色，胞壁强烈加厚，具明显壁孔。雌雄异株。雌苞侧生枝上，雌苞叶披针形。蒴柄细长，棕黄色。孢蒴长卵形。蒴齿两层；外齿层淡黄色，齿片披针形，上部具细疣，近基部有横纹；内齿层透明，柔薄，齿毛不发育。蒴盖圆锥形，具斜长喙。蒴帽兜形。孢子黄色，圆形至椭圆形，具细疣。

1种，亚洲东部生长。中国有分布。

拟金毛藓
图 1064

Eumyurium sinicum (Mitt.) Nog., Journ. Hattori Bot. Lab. 2: 65. 1947.

Oedicladium sinicum Mitt., Trans. Linn. Soc. London Bot. ser. 2,3: 11. 1891.

植物体主茎匍匐，长约10厘米，稀疏被叶。茎横切面椭圆形，直径0.3–0.2毫米；中轴分化不明显，皮层由3–4列小形、厚壁细胞组成。支茎直立或渐上倾，长约4.0厘米，扭曲，尖部圆钝或锐尖，单一或具

少数分枝。叶干燥时紧贴，长2.2–3.2毫米，宽椭圆形，基部狭，上部具一短尖，明显内凹，具2条深纵沟；叶边直立或宽内曲，全缘或上部具细齿；中肋细，短弱，分叉，稀单一。叶尖部细胞长菱形，长35–50微米，宽4.0–5.5微米，胞壁厚，有壁孔；叶中部细胞线形，长40–70微米，宽4.0–5.5微米，胞壁厚，具壁孔；叶基中央细胞狭长卵形，厚壁，具壁孔；角部细胞短。内雌苞叶椭圆形，具毛状尖，无中肋。蒴柄长6–8毫米，红棕色，明显扭曲，平滑。孢蒴直立，椭圆形，长1.5–2.0毫米。蒴盖圆锥形，具长斜喙。外齿层齿片狭长披针形，无穿孔，黄色，具密疣；内齿层与外齿层粘连在一起。蒴帽勺形，裸露。孢子直径15–30微米，具密疣。

产云南，生树上。日本有分布。

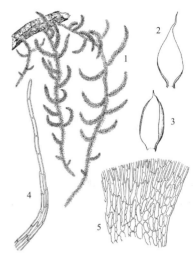

图 1064 拟金毛藓（郭木森、于宁宁绘）

1. 植物体（×112），2. 茎叶（×7），3. 枝叶（×7），4. 叶尖部细胞（×129），5. 叶基部细胞（×129）。

14. 湿隐蒴藓属 **Hydrocryphaea** Dixon

淡绿色或深绿色，主茎匍匐着生，假根依附于基质。支茎直立至倾立，长4.5–10.5厘米，不规则分枝；茎中轴缺失；髓部细胞透明、薄壁；皮部细胞棕色、厚壁，3–6层；无鳞毛和假鳞毛。茎叶干燥时近于卷曲，湿时伸展，卵状舌形，基部呈椭圆形，略下延，近基部处内凹，尖部锐尖至圆钝，长2.0–2.3毫米，宽0.80–0.95毫米；叶边具细齿，平展，下部全缘，近基部处内卷；中肋单一，强劲，达叶片近尖部。叶细胞厚壁；基部边缘细胞长方形，偶呈方形；基部内侧细胞长方形，两端呈斜形，宽6.5–10微米，长25–33微米；中部细胞椭圆形至菱形，长10–15微米，宽5–7.5微米；枝叶与茎叶相似。老茎或老枝上有时生长鞭状枝；鞭枝叶类似于正常枝叶。雌雄异株。内雌苞叶披针形，长达4毫米。蒴柄极短。孢蒴球形，直径1.25毫米。蒴齿两层；外齿层齿片狭披针形，外面具疣，内面平滑，长5–6毫米；内齿层齿条线形，被疣，基膜缺失。蒴盖圆锥形。孢子单细胞，近于平滑，直径25–40微米。

1种，分布亚洲东南部。我国有分布。

湿隐蒴藓

图 1065 彩片201

Hydrocryphaea wardii Dix., Journ. Bot. 69: 4, Pl. 595. figs. 3a–e. 1931.

种的特征同属。

产云南，生石上。印度及越南有分布。

1. 植物体（×0.5），2–3. 叶（×32），4. 叶基部的横切面（×25），5. 叶尖部细胞（×250）。

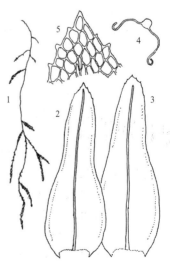

图 1065 湿隐蒴藓（吴鹏程绘）

92. 蔓藓科 METEORIACEAE
（吴鹏程）

　　热带和亚热带藓类，纤细或粗壮，黄绿色、褐绿色或具黑色，多呈暗光泽，一般呈束状下垂。主茎匍匐；支茎长或短，具不规则分枝或不规则羽状分枝；着生少数假鳞毛和腋毛。叶覆瓦状或扁平着生，形多异，一般呈阔椭圆形或卵状披针形，基部宽阔，一些属种具小或大叶耳，有纵褶或波纹，叶尖部常突收缩成短尖或长毛尖；叶边具细齿或粗齿；中肋单一，纤细，消失于叶上部，稀分叉或缺失。叶细胞卵形、菱形至线形，上部细胞多薄壁，基部细胞壁多强烈加厚，壁孔明显，角部细胞多呈不规则方形，每个细胞具单粗疣、细疣或成列的细疣，少数属种胞腔内壁密被细疣。雌苞侧生。内雌苞叶一般呈卵状狭披针形。蒴柄长或短，平滑或粗糙。孢蒴长卵形或圆柱形。蒴齿两层；齿毛缺失或退化。蒴盖圆锥形。蒴帽兜形或帽形，多被纤毛。孢子具疣。梁色体数目n=10。

　　20属，全球赤道南北30º纬度间分布。我国有18属。

1. 叶干燥时多紧贴茎和枝，多内凹。
　2. 叶细胞具单疣，稀无疣。
　　3. 叶上部渐狭成毛尖 ·· 2. **毛扭藓属 Aerobryidium**
　　3. 叶上部圆钝，突收缩成长或短尖。
　　　4. 植物体暗绿色；叶具长中肋；叶细胞具单粗疣 ······················· 10. **蔓藓属 Meteorium**
　　　4. 植物体多黄绿色；叶中肋短弱；分叉或缺失；叶细胞平滑 ········· 11. **新悬藓属 Neobarbella**
　2. 叶细胞具多疣。
　　5. 叶基具形大及不规则粗齿的叶耳；叶细胞多疣，着生胞壁 ········· 6. **隐松箩藓属 Cryptopapillaria**
　　5. 叶基不具形大及不规则粗齿的叶耳；叶细胞多疣，位于胞腔 ······· 14. **松箩藓属 Papillaria**
1. 叶干燥时多不紧贴茎和枝，不内凹。
　6. 叶上部背仰或波曲。
　　7. 茎和枝较粗；叶细胞平滑或具疣 ··· 9. **粗蔓藓属 Meteoriopsis**
　　7. 茎和枝较细；叶细胞具成列细疣 ··· 17. **反叶藓属 Toloxis**
　6. 叶上部不背仰或波曲。
　　8. 植物体较粗大，连叶片宽度一般在3毫米以上。
　　　9. 植物体多黄绿色；茎和枝上叶排列呈圆条形。
　　　　10. 叶细胞卵形，每个细胞具单疣；蒴柄高出于雌苞叶 ·············· 5. **垂藓属 Chrysocladium**
　　　　10. 叶细胞线形，每个细胞具1–3疣；蒴柄不高出于雌苞叶 ·········· 16. **多疣藓属 Sinskea**
　　　9. 植物体多灰绿色或淡绿色；茎和枝上叶呈扁平螺旋状排列。
　　　　11. 叶基两侧具大叶耳 ·· 13. **耳蔓藓属 Neonoguchia**
　　　　11. 叶基两侧不具大叶耳，稀有小叶耳。
　　　　　12. 叶中部细胞线形，胞壁薄而等厚 ································ 1. **气藓属 Aerobryum**
　　　　　12. 叶中部细胞卵形至长卵形，胞壁强烈加厚，具明显壁孔 ········· 3. **灰气藓属 Aerobryopsis**
　　8. 植物体较细，连叶片宽度一般不超过3毫米。
　　　13. 叶无中肋或具2短肋；叶细胞平滑或具单疣 ····························· 7. **无肋藓属 Dicladiella**
　　　13. 叶具中肋；叶细胞具多个疣，稀具单疣。
　　　　14. 叶细胞透明。
　　　　　15. 茎和枝扁平被叶 ·· 15. **假悬藓属 Pseudobarbella**
　　　　　15. 茎和枝不扁平被叶。

16. 每一叶细胞具单个细疣；环带不分化 ·· 4. **悬藓属 Barbella**
16. 每一叶细胞具2–3个细疣；环带由二列小形厚壁细胞组成 ··········· 12. **新丝藓属 Neodicladiella**
14. 叶细胞不透明。
17. 叶多扁平排列；叶细胞疣位于胞腔中央；蒴帽兜形，具纤毛 ····················· 8. **丝带藓属 Floribundaria**
17. 叶不呈扁平排列；叶细胞疣沿胞壁生长；蒴帽便帽形，无纤毛 ··················· 18. **细带藓属 Trachycladiella**

1. 气藓属 **Aerobryum** Dozy et Molk.

体形粗壮，绿色或黄绿色，具明显绢泽光。支茎悬垂，长达10厘米以上；不规则疏羽状分枝。叶疏松倾立或近于横展，阔卵形或心脏状卵形，具短尖；叶边具细齿；中肋纤细，达叶片中部。叶细胞线形，平滑，角部细胞无分化。雌雄异株或假雌雄异苞同株。蒴柄红棕色，上部弯曲。孢蒴卵形或长卵形，台部细。环带分化，宽阔。蒴齿两层；内齿层齿毛2–3，具节瘤。蒴帽兜形，具疏毛。

1种，主要分布亚洲南部山区。我国有分布。

气藓   图 1066

Aerobryum speciosum Dozy et Molk., Ned. Kruick. Arch. 2 (4): 280. 1851.

种的特征同属。

产广东、广西、四川、云南和西藏，生于海拔1100–3600米的林中树干和岩面。日本、越南、印度、泰国、斯里兰卡、菲律宾及巴布亚新儿内亚有分布。

1. 植物体(×0.5), 2. 支茎叶(×15), 3.叶中部细胞(×160), 4.孢蒴和雌苞叶(×3)。

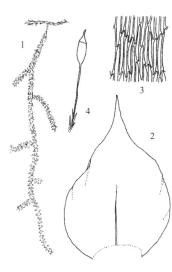

图 1066 气藓 (吴鹏程绘)

2. 毛扭藓属 **Aerobryidium** Fleisch. ex Broth.

较粗壮或略细，绿色至褐绿色，略具光泽。支茎悬垂，多不规则羽状分枝。叶长卵形至卵状披针形，通常具扭曲毛状尖；叶边近全缘或具细齿；中肋细弱，消失于叶片中部以上。叶细胞菱形至线形，具单疣。雌雄异株。蒴柄有时具疣。孢蒴卵形或长卵形。蒴齿两层；外齿层具横纹和密疣；内齿层齿条具细疣，齿毛短或退化。蒴帽兜形，具少数纤毛。

4种，主要见于亚洲东南部。我国有3种。

1. 枝连叶宽一般不及3毫米；枝叶毛尖长度不及叶片长度的1/2 ···················· 1. **卵叶毛扭藓 A. aureo–nitens**
1. 枝连叶多宽3–4毫米；枝叶毛尖长度为叶片长度的1/2或超过1/2 ·················· 2. **毛扭藓 A. filamentosum**

1. 卵叶毛扭藓   图 1067

Aerobryidium aureo–nitens (Schwaegr.) Broth., Nat. Pfl. 1 (3): 820. 1906.

Hypnum aureo–nitens Schwaegr., Sp. Musci 3 (1): 221. 1827.

多绿色或黄绿色，略具光泽。支茎长约10厘米；枝连叶宽一般不及3毫米。叶卵状披针形，长约3毫

米，急尖或渐尖，呈毛状，尖部不及叶长度的1/2。叶中部细胞菱形至长菱形，长30–45微米，具单疣。蒴柄长8–12毫米，粗糙。孢蒴卵形或长卵形。蒴齿两层；内齿层齿毛一般退化。孢子球形，直径15–20微米，具细密疣。

产四川和云南，生于海拔1350–2800米的山地岩面或树干。喜马拉雅地区、印度、缅甸、泰国及斯里兰卡有分布。

1. 植物体(×0.5)，2. 茎的横切面(×27)，3. 支茎叶(×16)，4. 叶中部边缘细胞(×160)，5. 叶中部细胞(×160)。

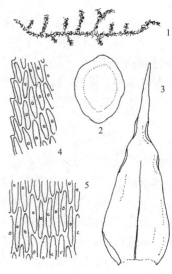

图 1067 卵叶毛扭藓（吴鹏程绘）

2. 毛扭藓 图 1068

Aerobryidium filamentosum (Hook.) Fleisch., Nat. Pfl. 1 (3): 821. 1906.

Neckera filamentosa Hook., Musci Exot. 2: 158. 1819.

稍粗壮，绿色或黄绿色，有时呈棕黑色，具光泽。支茎不规则疏羽状分枝；枝连叶宽3–4毫米，略扁平。茎叶椭圆状披针形，内凹，长可达5毫米，常具波状扭曲的毛状尖，尖部长度有时超过叶长度的1/2；叶边具细齿；中肋达叶中部以上。叶中部细胞长菱形至线形，长50–70微米，中央具单疣。雌雄异株。蒴柄上部粗糙。孢蒴长卵形。孢子直径20–25微米。具密疣。

产台湾、云南和西藏，生于海拔800–2700米的山地岩面或树干。喜马拉雅地区、越南、印度、缅甸、泰国、马来西亚、斯里兰卡、印度尼西亚及菲律宾有分布。

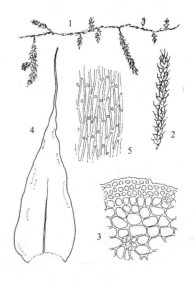

图 1068 毛扭藓（吴鹏程绘）

1. 植物体(×0.5)，2. 枝(×1.5)，3. 茎横切面的一部分(×160)，4. 枝叶(×16)，5. 叶中部细胞(×160)。

3. 灰气藓属 Aerobryopsis Fleisch.

体形大或中等大小，灰绿色或黄绿色，有时呈黑褐色，具光泽。支茎下垂；分枝短钝，疏而不规则。茎叶一般扁平贴生，向外展出，阔卵形或卵状椭圆形，基部呈心脏形，上部渐尖或具细长扭曲的尖部；叶边具细齿；中肋细长，一般达叶上部。叶细胞菱形、长菱形至线形，每个细胞具单疣，胞壁多厚而具明显壁孔，角部细胞方形或近于方形。枝叶与茎叶近似，多宽展出。雌雄异株。内雌苞叶基部呈鞘状，具短或长尖。蒴柄略粗糙。孢蒴椭圆状圆柱形，具台部。蒴齿两层；内齿层齿条与外齿层齿片等长，具穿孔，齿毛缺失，基膜低。蒴帽兜形，平滑。

14种，全世界热带和亚热带地区分布。我国有8种。

1. 体形粗大；茎叶阔卵形，向上渐尖或成毛尖 ⋯⋯⋯⋯⋯⋯⋯⋯⋯⋯ 3. 大灰气藓 **A. subdivergens**
1. 体形中等大小；茎叶卵状椭圆形，多具扭曲毛尖。
　　2. 茎明显扁平被叶；茎叶不强烈内凹 ⋯⋯⋯⋯⋯⋯⋯⋯⋯⋯ 4. 灰气藓 **A. longissima**
　　2. 茎不明显扁平被叶；茎叶强烈内凹或略内凹。
　　　3. 茎叶不强列内凹；叶尖略扭曲 ⋯⋯⋯⋯⋯⋯⋯⋯⋯ 1. 膜叶灰气藓 **A. membranacea**
　　　3. 茎叶强烈内凹；叶尖明显扭曲 ⋯⋯⋯⋯⋯⋯⋯⋯⋯ 2. 扭叶灰气藓 **A. parisii**

1. 膜叶灰气藓　　　　　　　　　　图 1069

Aerobryopsis membranacea (Mitt.) Broth., Nat. Pfl. 1 (3): 819. 1906.

Meteorium membranaceum Mitt., Journ. Linn. Soc. Bot. Suppl. 1: 88. 1859.

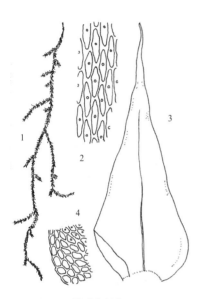

体形中等大小，黄绿色。支茎长可达10厘米，不规则疏分枝或不规则羽状分枝，连叶宽约1毫米。茎叶卵状椭圆形，基部一侧常内褶，内凹，先端渐尖呈毛状扭曲；叶边具细齿，上部常波曲；中肋单一，消失于叶尖下。叶细胞狭长椭圆形至狭长菱形，长15–20微米，每个细胞中央具单疣，叶角部细胞近于呈方形，平滑，胞壁略加厚。枝叶与茎叶近似，上部多扭曲。

产云南，生于林下岩石和树枝上。印度和泰国有分布。

1. 植物体（×0.5），2. 茎叶（×40），3. 叶中部细胞（×180），4. 叶基角部细胞（×180）。

图 1069 膜叶灰气藓（吴鹏程绘）

2. 扭叶灰气藓　　　　　　　　　　图 1070 彩片202

Aerobryopsis parisii (Card.) Broth., Nat. Pfl. 1 (3): 820. 1906.

Meteorium parisii Card., Beih. Bot. Centralbl. 19: 121. f.19. 1905.

体形柔软，灰绿色或黄绿色，略具光泽。主茎和支茎不扁平被叶；支茎长达10厘米以上，不规则稀疏羽状分枝。茎叶卵状椭圆形，内凹，向上

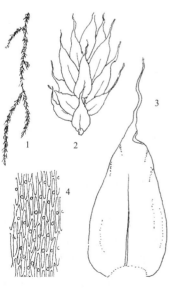

渐狭成扭曲的披针形毛尖；叶边强烈波曲，下部具齿，上部近于全缘；中肋达叶上部。叶细胞长六角形，长25–30微米，上部细胞具单疣。雌苞着主枝上。内雌苞叶椭圆形，具细尖；中肋近于贯顶。蒴柄上部粗糙。孢蒴椭圆形；外齿层齿片具横列的细疣。孢子球形，具细疣，直径12–15微米。

图 1070 扭叶灰气藓（吴鹏程绘）

产浙江、台湾和福建，生于海拔500–950米的林中树干及灌木上。日本及菲律宾有分布。

1. 植物体(×0.5)，2. 枝的一部分(×9)，3. 茎叶(×16)，4. 叶中部细胞(×160)。

3. 大灰气藓 图 1071

Aerobryopsis subdivergens (Broth.) Broth., Nat. Pfl. 1 (3): 820. 1906.

Meteorium subdivergens Broth., Hedwigia 38: 227. 1899.

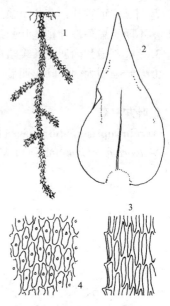

图 1071 大灰气藓（吴鹏程绘）

体形粗大，灰绿色，老时呈黑色，具绢泽光。茎稀疏不规则羽状分枝，扁平被叶，连叶宽5毫米。茎叶阔卵形，长3–4毫米，渐尖或呈毛尖，着生处狭窄；叶边上部具细齿；中肋细弱，达叶上部。叶细胞长菱形至狭菱形，具单粗疣，基部细胞胞壁强加厚，具明显壁孔，平滑无疣。雌苞着生枝上。蒴柄长约1.5厘米，上部粗糙。孢子球形，直径15–20微米，具细密疣。

产浙江、台湾和海南，生于海拔500–700米的林中树枝或阴湿岩面。日本有分布。

1. 植物体(×0.5)，2. 叶(×16)，3. 叶中部边缘细胞(×160)，4. 叶中部细胞(×160)。

4. 灰气藓 图 1072

Aerobryopsis longissima (Dozy et Molk.) Fleisch., Hedwigia 44: 305. 1905.

Neckera longissima Dozy et Molk., Ann. Sci. Nat. Bot. ser. 3, 2: 313. 1844.

植物体形较小，黄绿色，老时呈黑色，具光泽。支茎不规则疏羽状分枝。茎叶相互贴生，卵状椭圆形，向上成披针形，有时尖部扭曲，长约3毫米，基部着生处狭窄；叶边具细齿；中肋单一，不及叶片上部。叶细胞线形，扭曲，中部细胞长约30微米，具单疣，叶基部细胞近狭长方形，胞壁厚，具壁孔。枝叶狭长。内雌苞叶椭圆形，具锐尖，中肋不明显。蒴柄细长，上部粗糙。孢蒴椭圆状圆柱形，略呈弓形弯曲。蒴齿外齿层齿片具细疣，基部疣垂直排列；内齿层齿条具穿孔。孢子直径约15微米。

产台湾和广西，生于700–2000米热带、亚热带山地沟谷树枝和岩面。喜马拉雅地区、越南、斯里兰卡、印度、印度尼西亚、菲律宾、新

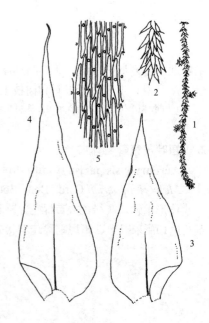

图 1072 灰气藓（吴鹏程绘）

几内亚和太平洋岛屿有分布。

1. 植物体(×0.5)，2. 枝的一部分(×6)，3. 茎叶(×30)，4. 枝叶(×30)，5. 叶中部细胞(×160)。

4. 悬藓属 Barbella Fleisch.

纤细，柔弱，黄绿色，具弱光泽。主茎匍匐；支茎基部扁平被叶，上部悬垂生长，稀少短分枝。茎叶干时贴生，湿润时疏展，卵状椭圆形、卵形或椭圆形，上部成披针形尖或毛状尖；叶边具细齿；中肋细弱，达叶片中部。叶细胞线形至长菱形，每个细胞具单个细疣，薄壁，基部细胞长方形或方形，胞壁加厚。枝叶与茎叶近似，形略小。雌苞着生茎或枝上。蒴柄平滑或粗糙。孢蒴椭圆形或椭圆状圆柱形。蒴齿内外齿层等长，或内齿层稍短，基膜高出。蒴帽帽形，基部瓣裂，或呈兜形，平滑或被纤毛。

5种，亚洲、北美洲和大洋洲分布。我国有5种。

1. 茎叶卵状披针形，多不具毛尖 ··· 1. 悬藓 B. compressiramea
1. 茎叶椭圆状披针形或卵椭圆状披针形，常具毛尖 ················· 2. 鞭枝悬藓 B. flagellifera

1. 悬藓

图 1073

Barbella compressiramea (Ren. et Card.) Fleisch., Nat. Pfl. 1 (3): 824. 1906.

Meteorium compressirameum Ren. et Card., Bull. Soc. Roy. Bot. Belg. 38: 27. 1899.

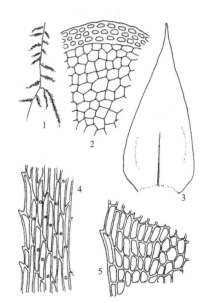

黄绿色，略具光泽，主茎密羽状分枝。茎叶卵状披针形，上部渐尖，长约2毫米；叶边具细齿；中肋单一，消失于叶片中部。叶细胞线形，长约60微米，中央具单个细疣，薄壁，叶基及角部细胞近长方形，透明。枝叶卵状椭圆形。孢蒴椭圆形。外齿层齿片狭披针形，密被疣；内齿层齿条具穿孔。孢子直径15-20微米。

产台湾和云南，生于海拔2000-3000米的林中树干和枝上。尼泊尔、印度、缅甸和菲律宾有分布。

1. 植物体(×0.5)，2. 茎横切面的一部分(×160)，3. 叶(×16)，4. 叶中部细胞(×160)，

图 1073 悬藓（吴鹏程绘）

5. 叶基部细胞(×160)。

2. 鞭枝悬藓

图 1074 彩片203

Barbella flagellifera (Card.) Nog., Journ. Jap. Bot. 14: 28, f.3. 1938.

Meteorium flagelliferum Card., Beih. Bot. Centralbl. 19: 120, f.18. 1906.

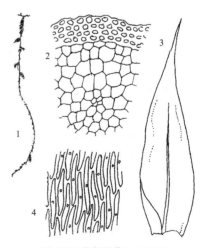

纤细，暗绿色或黄绿色，无光泽。支茎基部扁平被叶，渐成细长下垂的枝。茎叶椭圆状披针形或卵椭圆状披针形，常具毛尖，扭曲。叶中部细胞线形或狭长菱形，长55-70微米，具单

图 1074 鞭枝悬藓（吴鹏程绘）

疣。枝叶狭而具细长毛尖。蒴柄长可达3毫米，平滑。蒴齿外齿层齿片灰白色，被细密疣。孢子直径约15微米。

产台湾、广西和贵州，生于海拔1000–2000米的林中树枝和灌木上。越南、缅甸、印度、泰国、斯里兰卡、印度尼西亚及菲律宾有分布。

1. 植物体(×0.5)，2. 茎横切面的一部分(×240)，3. 叶(×20)，4. 叶中部细胞(×160)。

5. 垂藓属 Chrysocladium Fleisch.

体形较粗，一般为黄绿色，有时呈橙黄色或黑褐色，具弱光泽。支茎下垂，稀疏不规则羽状分枝。茎叶阔卵形至卵状心脏形基部向上呈披针形，常背仰，基部呈耳状，一般抱茎；叶边齿尖锐；中肋单一，细长，消失于叶上部。叶中部细胞长菱形至线形，中央具单粗疣，基部细胞壁孔明显。雌雄异株。蒴柄表面具乳头状密疣。蒴蒴长卵形，长约2毫米。蒴齿两层；外齿层齿片狭披针形，具横脊及细密疣；内齿层齿条具粗疣，齿毛退失。蒴盖圆锥形，具斜长喙。蒴帽兜形，多具疏或密纤毛。孢子球形，具密疣，直径15–20微米。染色体数目n=11。

1种，亚洲南部分布。我国广泛分布。

垂藓　　　　　　　　　　　　　　　　　图 1075

Chrysocladium retrorsum (Mitt.) Fleisch., Musci Fl. Buitenzorg 3: 829. 1908.

Meteorium retrorsum Mitt., Journ. Linn. Soc. Bot. Suppl. 1: 90. 1859.

种的特征同属的描述。

产浙江、台湾、福建、湖南、广东、海南、广西、贵州、四川、云南和西藏，生于海拔500–3000米的山地岩面或树干。日本、越南、印度、斯里兰卡及菲律宾有分布。

1. 植物体(×0.5)，2. 茎的横切面(×26)，3. 茎横切面的一部分(×225)，4. 茎叶(×12)，5. 叶中部边缘细胞(×220)，6. 孢蒴(×10)。

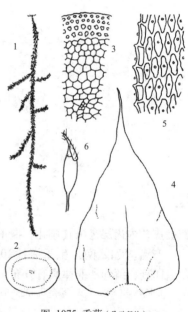

图 1075　垂藓（吴鹏程绘）

6. 隐松萝藓属 Cryptopapillaria Menzel

植物体柔弱或稍硬挺，灰绿色，无光泽。支茎下垂。茎叶常贴生，阔卵形，具较宽叶尖，叶基心脏形，两侧多具叶耳；中肋单一，消失于叶中部或略超过中部。叶细胞狭长菱形至线形，密细疣位于胞壁两侧。雌雄异株。蒴柄短而粗糙。孢蒴卵形，隐生于雌苞叶内。蒴齿两层；内齿层具低基膜。蒴帽僧帽形，被纤毛。染色体数目n=10。

5种，分布世界湿热山地。我国有3种。

扭尖隐松萝藓　扭尖松萝藓　　　　　　　图 1076

Cryptopapillaria feae (Fleisch.) Menzel, Willdenowia 22: 181. 1992.

Papillaria feae Fleisch., Musci Fl. Buitenzorg 3: 761. 1907.

体形稍粗，暗绿色，有时带黑色，略具光泽。支茎被叶呈圆条形，钝端。茎叶卵状椭圆形至长卵

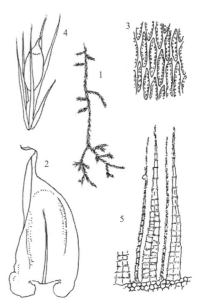

状椭圆形，长约2毫米，具多数不规则纵褶，基部两侧具明显叶耳；叶边多波曲；中肋达叶片2/3处。叶细胞狭长菱形至线形，长约25微米，沿纵壁具密细疣；叶基中央细胞平滑，透明。雌苞着生枝上；雌苞叶狭长披针形，具深纵褶。孢蒴卵圆形。

产海南和云南，生于海拔600-1500米的山地林中树干、树枝或岩面。喜马拉雅地区、印度、越南、缅甸及泰国有分布。

1. 植物体（×0.5），2. 茎叶（×16），3. 叶中部细胞（×235），4. 雌苞（×10），5. 蒴齿（×175）。

图 1076 扭尖隐松箩藓（吴鹏程绘）

7. 无肋藓属 Dicladiella Buck

体形稍大，一般呈绿色至黄绿色，略具光泽。支茎羽状分枝或不规则分枝，稍硬挺，疏松或密生，扁平被叶；枝端呈鞭状。茎叶三角状披针形至长卵状披针形，具长毛尖；叶边具齿；中肋多缺失，稀不明显。枝叶与茎叶相似，狭窄。叶中部细胞长六角形或线形，具单疣或无疣；角部细胞短而明显分化。叶腋纤毛短，由短而透明细胞组成。雌雄异株。蒴柄平滑。孢蒴卵形或长卵形。环带分化。蒴齿两层；内齿层齿毛常缺失。蒴帽钟形，罩覆孢蒴上部。

2种，亚洲热带、太平洋岛屿和大洋洲分布。我国有1种。

无肋藓 无肋悬藓　　　　　　　　图 1077

Dicladiella trichophora (Mont.) Redfearn et Tan, Trop. Bryol. 10: 66. 1995.

Isothecium trichophorum Mont., Ann. Sci. Nat. Bot. 2, 19: 238. 1843.

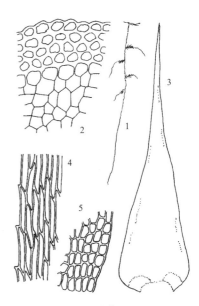

支茎不规则羽状分枝；枝一般呈扁平形，钝端或渐尖而呈鞭枝状。叶长三角状或长椭圆状披针形，长约3毫米，略内凹，叶边平直或稍波曲，全缘或具齿；中肋多缺失，稀具不明显或细弱单一中肋。枝叶与茎叶近似，支茎尖部叶片常具长毛尖。叶中部细胞线形，长100-120微米，通常平滑；角部细胞方形，壁稍厚，具壁孔。叶腋纤毛一般由4个透明细胞组成。蒴柄短，平滑。孢蒴卵形至长卵形。环带由1-2列小形细胞组成。蒴齿两层；齿

图 1077 无肋藓（吴鹏程绘）

毛退化或缺失。孢子球形，直径23-30微米，具细密疣。

产台湾、四川、云南和西藏，生于海拔800–2200米的山地林中树枝上。日本、喜马拉雅地区、印度、泰国、斯里兰卡、印度尼西亚、菲律宾、新几内亚及澳大利亚有分布。

1. 植物体（×0.5），2. 茎横切面的一部分（×240），3. 茎叶（×40），4. 叶中部边缘细胞（×160），5. 叶基角部细胞（×160）。

8. 丝带藓属 Floribundaria Fleisch.

体形细弱或稍粗，黄棕色至黄褐色，无光泽。支茎疏分枝或不规则羽状分枝，多扁平被叶。茎叶卵状披针形或披针形，多具细长毛尖，基部稍宽；叶边具细齿或粗齿；中肋纤弱，单一，达叶中部以上。叶细胞常不透明，菱形至线形，薄壁，一般具多个疣，位于细胞中央，稀成两列或散生。叶基角部细胞略分化。枝叶略小于茎叶。雌雄异株。蒴柄平滑，常弯曲。孢蒴椭圆形。蒴齿两层；内齿层齿条具穿孔，基膜高，齿毛缺失。蒴帽兜形，被毛或无毛，基部开裂。

18种，热带和亚热带南部分布。我国有5种。

1. 叶细胞通常具1–2个疣 ··· 2. 假丝带藓 P. pseudofloribunda
1. 叶细胞具多疣
　2. 叶细胞疣位于中央，成单列 ································· 1. 丝带藓 F. floribunda
　2. 叶细胞疣成两列或散生 ································· 3. 疏叶丝带藓 F. walkeri

1. 丝带藓　　　　　　　　　　　　　　图 1078

Floribundaria floribunda (Dozy et Molk.) Fleisch., Hedwigia 44: 302.1905.

Leskea floribunda Dozy et Molk., Ann. Sci. Nat. ser. 3,2: 310.1844.

细弱，黄绿色至橙黄色，无光泽。支茎长可达10厘米；不规则羽状分枝。茎叶阔卵状披针形；叶边具细齿；中肋单一，消失于叶片中部以上。叶细胞较透明，中部细胞近于呈线形，长35–45微米，中央具3–6个呈单列细疣。枝叶与茎叶近似。雌雄异株。内雌苞叶无中肋。蒴柄长约2毫米，顶端粗糙。孢蒴短圆柱形或卵状椭圆形。孢子直径约15微米。

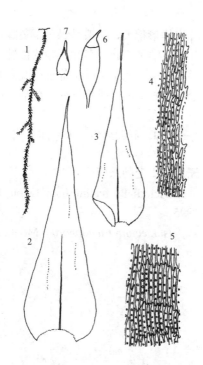

产台湾、四川和云南，生于海拔1700–2500米的山地林中树枝、叶面及阴湿石壁上。日本、喜马拉雅地区、印度、泰国、斯里兰卡、印度尼西亚、菲律宾、新几内亚、大洋洲和非洲有分布。

1. 植物体（×0.5），2. 枝叶（×52），3. 茎叶（×52），4. 叶中部边缘细胞（×245），5. 叶基部细胞（×245），6. 孢蒴（×10），7. 蒴帽（×10）。

图 1078 丝带藓（吴鹏程绘）

2. 假丝带藓　　　　　　　　　　　　图 1079

Floribundaria pseudofloribunda Fleisch., Hedwigia 44: 302. 1905.

体形稍粗，黄橙色至灰绿色，略具光泽。茎具分化中轴。支茎不规则羽状分枝。茎叶卵状披针形，长可达2毫米，尖部有时扭曲；叶边具细齿；中肋单一，消失于叶片

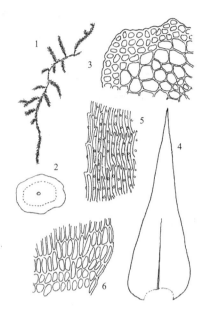

上部。叶细胞线形，中部细胞长25-30微米，每个细胞具1-2个细疣，叶边细胞多平滑。枝叶小而狭。雌苞着生枝上；雌苞叶10多枚。内雌苞叶具细长毛尖。蒴柄平滑。

产台湾、广西、贵州和四川，生于海拔700-2000米的山地林中树干、树枝或石上。印度、泰国、马来西亚、印度尼西亚、菲律宾及新几内亚有分布。

1. 植物体(×0.5)，2. 茎的横切面(×70)，3. 茎横切面的一部分(×160)，4. 茎叶(×22)，5. 叶中部边缘细胞(×160)，6. 叶基角部细胞(×160)。

图 1079 假丝带藓（吴鹏程绘）

3. 疏叶丝带藓 图 1080

Floribundaria walkeri (Ren. et Card.) Broth., Nat. Pfl. 1 (3): 822. 1906.

Papillaria walkeri Ren. et Card., Bull. Soc. Roy. Bot. Belg. 34 (2): 70. 1896.

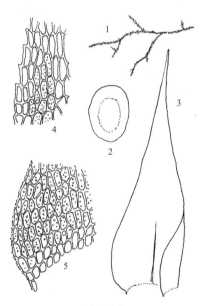

体纤弱，黄绿色，无光泽。支茎疏不规则羽状分枝，扁平被叶。茎叶卵状披针形，上部渐尖，基部狭窄；叶边具细齿和疣。叶细胞多不透明，狭长菱形至线形，长约30微米，具呈两列状细疣；角部细胞长方形或近于呈方形，平滑无疣。

产云南和西藏，生于海拔800-2600米的山地林中树枝或腐枝上。老挝、喜马拉雅地区、印度及菲律宾有分布。

1. 植物体(×0.5)，2. 茎的横切面(×70)，3. 叶(×32)，4. 叶中部边缘细胞(×160)，5. 叶基角部细胞(×160)。

图 1080 疏叶丝带藓（吴鹏程绘）

9. 粗蔓藓属 **Meteoriopsis** Fleisch. ex Broth.

体形一般粗壮，黄绿色至褐色，略具光泽或无光泽。支茎不规则羽状或不规则分枝；分枝疏松或密集，先端钝或渐尖。叶三角状披针形或卵圆状披针形，上部常背仰，具短尖或长尖，基部抱茎；叶边有时波曲，具齿；中肋细弱，达叶片中部或近叶尖。叶细胞长菱形或线形，多具单疣，或2-3个疣；基部细胞趋短，有时具壁孔。雌雄异株。蒴柄短，平滑。孢蒴卵形或长卵形。环带分化，常存。蒴齿两层。蒴盖具直喙或斜喙。蒴帽兜形，平滑或具纤毛，基部瓣裂。孢子具细密疣。

3种，分布亚洲热带和亚热带地区及大洋洲。我国有3种。

1. 叶多呈卵圆状披针形，常具细长尖，强烈背仰 ························· 1. **反叶粗蔓藓 M. reclinata**
1. 叶多呈三角状披针形，尖部渐尖，有时略背仰 ·················· 2. **波叶粗蔓藓 M. undulata**

1. 反叶粗蔓藓 陕西粗蔓藓 台湾粗蔓藓 图 1081 彩片204

Meteoriopsis reclinata (C. Müll.) Fleisch. in Broth., Nat. Pfl. 1 (3): 826. 1906.

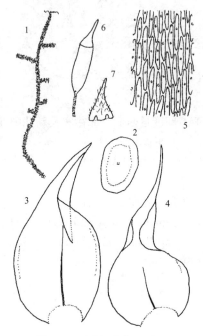

Pilotrichum reclinatum C. Müll., Bot. Zeit. 12: 572. 1853.

体形较粗壮，黄绿色或黄褐色，略具光泽。支茎不规则分枝；分枝略呈圆条形，先端钝。茎叶卵圆状披针形，长2–3.5毫米，内凹，背仰，具短或长尖，基部抱茎；叶边齿粗或细，有时波曲；中肋单一，细弱，达叶中部。叶中部细胞长菱形至线形，一般中央具单个乳头状疣，稀2个；基部细胞一般具壁孔。雌雄异株。蒴柄短，平滑。孢蒴长卵形。蒴齿两层；齿毛退失。蒴帽兜形，具多数纤毛。

产台湾、福建、广东、四川和云南，生于海拔130–3600米的亚高山林区及石灰岩地区。越南、尼泊尔、不丹、印度、缅甸、泰国、马来西亚、印度尼西亚、菲律宾、斯里兰卡、巴布亚新几内亚、太平洋岛屿及澳大利亚有分布。

图 1081 反叶粗蔓藓（吴鹏程绘）

1. 植物体(×0.5)，2. 茎的横切面(×70)，3-4. 叶(×21)，5. 叶中部细胞(×160)，6. 孢蒴(×10)，7. 蒴帽(×10)。

2. 波叶粗蔓藓 图 1082

Meteoriopsis undulata Horik. et Nog., Journ. Sci. Hiroshima Univ. Ser. b. Div. 2, 3: 16, f.4. 1936.

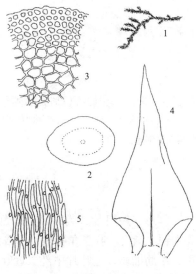

体形稍小，黄色至黄褐色，无光泽。支茎一回羽状分枝；枝密被叶，连叶宽约1.5毫米，钝端。叶近于三角状披针形，长约1.8毫米，基部略抱茎；叶边具细齿；中肋达叶中部以上。叶中部细胞长菱形至线形，长20–60微米，每个细胞具1–2个细疣，下部细胞有时具2–3个疣。雌雄异株。雌苞叶狭披针形。

产台湾和广西，生于林下。日本有分布。

图 1082 波叶粗蔓藓（吴鹏程绘）

1. 植物体(×0.5)，2. 茎的横切面(×70)，3. 茎横切面的一部分(×160)，4. 叶(×16)，5. 叶中部细胞(×160)。

10. 蔓藓属 **Meteorium** Dozy et Molk.

多粗大，暗绿色至褐绿色，一般无光泽。支茎密或稀疏不规则分枝至不规则羽状分枝；具中轴。茎叶干时覆瓦状排列，阔卵状椭圆形至卵状三角形，上部多呈兜状内凹，突收缩成短或长毛尖，近基部趋宽，成波曲叶耳，具长短不一的纵褶；叶边内曲，全缘；中肋单一，消失于叶片中部至上部。叶细胞卵形、菱形至线形，胞壁厚，常具壁孔，每个细胞背腹面各具一圆粗疣，叶耳细胞椭圆形至线形，基部细胞胞壁强烈加厚，具明显壁孔，平滑无疣。雌雄异株。蒴柄密被疣。孢蒴卵形至卵状椭圆形。蒴齿两层；内外齿层等长，齿条脊部具穿孔。蒴帽兜形，被长纤毛。

约37种，亚洲南部、东部和大洋洲分布。我国有5种。

1. 叶上部渐尖，呈披针形尖或毛尖。
  2. 植物体暗绿色，多具黑色色泽；茎叶和枝叶疏松着生；叶细胞长卵形至线形 ·········· 2. 蔓藓 **M. polytrichum**
  2. 植物体灰绿色；茎叶和枝叶紧密贴生；叶细胞多圆卵形 ······················ 3. 细枝蔓藓 **M. papillarioides**
1. 叶上部平截或圆钝，突收缩成短或长毛尖
  3. 茎叶和枝叶干燥时紧密覆瓦状排列，阔椭圆形，上下近于等宽 ···················· 1. 川滇蔓藓 **M. buchananii**
  3. 茎叶和枝叶干燥时相互贴生或略疏松，长椭圆形，基部宽阔······················ 4. 粗枝蔓藓 **M. subpolytrichum**

1. **川滇蔓藓** 布氏蔓藓   图 1083 彩片205

Meteorium buchananii (Brid.) Broth., Nat. Pfl. 1 (3): 818. 1906.

Isothecium buchananii Brid., Bryol. Univ. 2: 363. 1827.

植物体灰绿色，稀老时呈黑色，无光泽。支茎稀疏不规则羽状分枝。茎叶干燥时覆瓦状排列，阔椭圆形至阔卵形，上部圆钝，兜形，具短锐尖，基部宽阔，有时呈耳状；叶边内卷，全缘或上部边缘具细齿或粗齿；中肋消失于叶片中部。叶中部细胞狭长菱形，胞壁强烈不规则加厚，具单粗疣。枝叶小而狭。内雌苞叶椭圆状披针形。孢子直径15–20微米。

产甘肃、山东、江苏、浙江、四川、云南和西藏，生于海拔20–2000米的山地树干和树枝上。尼泊尔、印度及泰国有分布。

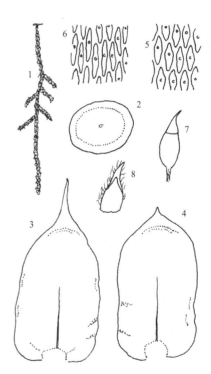

图 1083 川滇蔓藓 (吴鹏程绘)

  1. 植物体 (×0.5)，2. 茎的横切面 (×52)，3-4. 叶 (×30)，5. 叶中部细胞 (×18)，6. 叶基部细胞 (×180)，7. 孢蒴 (×1)，8. 蒴帽 (×10)。

2. **蔓藓**   图 1084

Meteorium polytrichum Dozy et Molk., Musci Fr. Ined. Archip. Ind. 6: 161. 1848.

硬挺，暗绿色至深绿色，老时具黑色，无光泽。支茎长可达10厘米以上。茎叶卵形至椭圆状卵形，叶基两侧呈耳状，略具波曲，向上渐呈短毛尖，具深纵褶；叶边具细齿

或全缘；中肋达叶上部。叶细胞不透明，中部细胞线形，长可达40微米以上，中央具单疣，叶基部细胞较短，无疣。雌苞着生枝上。蒴柄长达7毫米，表面粗糙。

产安徽、浙江和福建，生于海拔1000米左右的山地林中树干和树枝上。越南、印度、斯里兰卡、印度尼西亚、菲律宾、新几内亚及澳大利亚有分布。

1. 植物体(×0.5)，2. 枝(×2.5)，3. 叶(×30)，4. 叶尖部细胞(×180)，5. 叶中部边缘细胞(×180)。

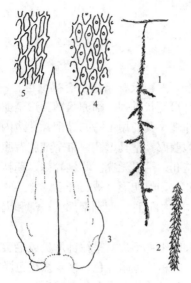

图 1084 蔓藓（吴鹏程绘）

3. 细枝蔓藓
图 1085

Meteorium papillarioides Nog., Journ. Jap. Bot. 13: 788, f.2. 1937.

硬挺，暗绿色至黄绿色，老时一般不呈黑色，无光泽。支茎悬垂，先端锐尖。茎叶干燥时紧贴茎上，卵形至长卵形，具不规则纵褶，基部呈小耳状，上部渐尖至披针形，有时扭曲；叶边具细齿；中肋消失于叶上部。叶细胞卵形至菱形，具单粗疣，中肋基部两侧细胞斜长方形。

产河南、浙江、江西、福建、湖南、广西、四川、云南和西藏，生于海拔400—1800米的丘陵、山地阴湿岩面上。日本有分布。

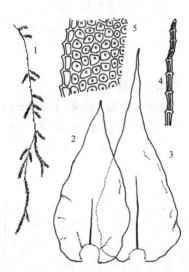

图 1085 细枝蔓藓（吴鹏程绘）

1. 植物体(×0.5)，2-3. 叶(×30)，4. 叶尖部细胞(×102)，5. 叶中部边缘细胞(×220)。

4. 粗枝蔓藓 凹尖蔓藓
图 1086 彩片206

Meteorium subpolytrichum (Besch.) Broth., Nat. Pfl. 1(3): 818.1906.

Papillaria subpolytricha Besch., Ann.Sci. Nat. Bot. Ser. 7, 15:73.1892.

体形粗而硬挺，暗绿色至褐绿色，无光泽。支茎不规则分枝；枝钝端。茎叶疏松覆瓦状排列，阔卵状椭圆形，内凹，尖部圆钝而突收缩呈细长毛尖，其长度约为叶长度的1/3，基部两侧近于

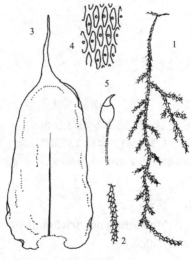

图 1086 粗枝蔓藓（吴鹏程绘）

呈耳状，不规则皱缩；叶边具细齿；中肋达叶片上部。叶中部细胞线形，长可达40微米，基部细胞长方形或长椭圆形，胞壁强烈加厚，壁孔明显。

产台湾和西藏，生于海拔1000–2500米的山地林中树干及腐木上。

菲律宾有分布。

　　1. 植物体(×0.5), 2. 枝(×2), 3. 叶(×30), 4. 叶中部细胞(×180), 5. 孢蒴(×10)。

11. 新悬藓属　Neobarbella Nog.

体形较细，淡黄绿色，略具光泽。茎有分化中轴；支茎不规则密羽状分枝。茎叶椭圆形至长椭圆形，强烈内凹，先端突收缩成细长毛尖；叶边略内卷，上部具细齿；中肋短弱，分叉，或缺失。叶细胞线形，胞壁薄，平滑；角部细胞近方形，胞壁强烈加厚。雌雄异株或雌雄异苞同株。内雌苞叶基部呈鞘状，上部呈披针形。孢蒴卵形或椭圆形。蒴齿两层；外齿层透明，具细疣；内齿层透明，齿条线形，齿毛不发育。

1种，亚洲热带和亚热带山区分布。我国有分布。

新悬藓　南亚拟貓尾藓　齿叶新悬藓　　　　　　　图 1087

Neobarbella comes (Griff.) Nog., Journ. Hattori Bot. Lab. 3: 73. 1948.

Neckera comes Griff., Calcutta Journ. Nat. Hist. 3: 71. 1843.

种的特性同属。

产福建、广西、云南和西藏，生于海拔约2000米的山地林中树干上。喜马拉雅地区、印度、斯里兰卡、印度尼西亚及菲律宾有分布。

　　1. 植物体(×0.5), 2. 茎横切面的一部分(×175), 4. 叶中部细胞(×160), 5. 叶基角部细胞(×160)。

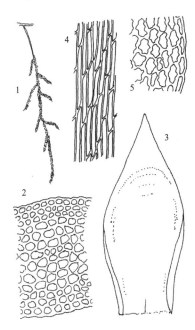

图 1087 新悬藓（吴鹏程绘）

12. 新丝藓属　Neodicladiella (Nog.) Buck

体形纤弱，多黄绿色，略具光泽。支茎悬垂，稀具短分枝。茎叶狭卵状披针形；叶边上部具细齿；中肋细弱，消失于叶片中部。叶细胞线形，具2–3个细疣，胞壁薄；叶基角部细胞近于呈方形，平滑。枝叶明显小于茎叶。雌雄异株。蒴柄略粗糙。孢蒴具环带。蒴齿两层；齿片具穿孔。蒴帽僧帽形，平滑。

1种，亚洲东部和北美东部分布。我国有分布。

新丝藓　多疣悬藓　　　　　　　　　图 1088

Neodicladiella pendula (Sull.) Buck, Journ. Hattori Bot. Lab. 75: 62. 1994.

Meteorium pendulum Sull. in Gray, Man. Bot. No. U.S., 2: 681. 1856.

种的特征同属。

产安徽和浙江，生于海拔约1000米左右的山地林中树枝、灌木或草本上。日本、美国东部及墨西哥有分布。

1. 植物体着生树枝上的生态(×0.5)，2. 叶(×12)，3. 叶中部细胞(×160)，4. 叶基角部细胞(×160)，5. 孢蒴(×10)。

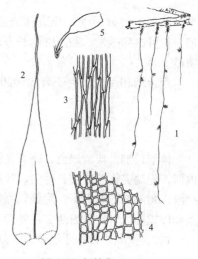

图 1088 新丝藓（吴鹏程绘）

13. 耳蔓藓属 Neonoguchia Lin

体形较粗，绿色至暗褐色，略具光泽。支茎悬垂，不规则羽状分枝。茎叶卵状披针形或椭圆状披针形，渐上成长尖，具弱纵褶，基部两侧呈明显圆形耳；中肋单一，消失于叶上部；叶边具齿或近于全缘。叶中部细胞线形，长40–70微米，具单疣，壁厚，具壁孔。枝叶略小。叶腋纤毛由3个透明细胞及褐色基部细胞组成。雌雄异株。

1种，仅限于中国分布。

耳蔓藓 耳叶新野口藓　　　　　　　　图 1089

Neonoguchia auriculata (Copp. ex Thér.) S. H. Lin, Yushania 5 (4): 27. 1988.

Aerobryopsis auriculata Copp. ex Thér., Bull. Soc. Sci. Nancy, ser. 4, 2 (6): 711. 1926.

种的特征同属。

中国特有，产台湾和云南，生于海拔1800–3000米的山地林中树干或岩面上。

1. 植物体(×0.5)，2. 叶(×30)，3. 叶中部细胞(×210)，4. 雌苞(×125)。

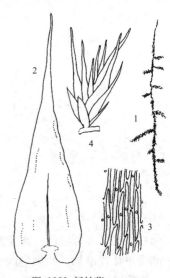

图 1089 新丝藓（吴鹏程绘）

14. 松萝藓属 Papillaria (C. Müll.) C. Müll.

较硬挺，青绿色，无光泽。支茎密分枝或疏分枝。叶干时紧贴茎和枝上，卵形或卵状披针形，稀具毛尖，基部两侧常具波状抱茎叶耳；少数种类叶边具不规则粗齿，近基部边缘呈波状；中肋稍粗，达叶中部或上部。叶细胞多不透明，卵形至六角形，具成列密疣，胞壁不规则加厚，叶基耳部细胞菱形至狭菱形，平滑。雌雄异株。内雌苞叶狭披针形。蒴柄平滑或粗糙。孢蒴椭圆形或卵形。蒴齿两层；齿片16，密被疣；内齿层齿条线形，具穿孔。蒴帽僧帽形；被长纤毛。

约46种，主要分布全世界热带山区。我国有1种。

曲茎松萝藓 图 1090

Papillaria flexicaule (Wils.) Jaeg., Ber. S. Gall. Naturw. Ges. 1875–
1876: 271. 1877.

Meteorium flexicaule Wils. in Hook. f., Fl. Nov. Zel. 2: 101. 1854.

体形较细，灰绿色至褐绿色，无光泽。茎具中轴分化。支茎长可达20厘米，不规则羽状分枝。茎叶干燥时贴生，长椭圆状卵形，基部阔心脏形；叶边全缘，稀上部具细齿；中肋透明，长达叶片2/3处。叶细胞长六角形或椭圆形，不透明，中部细胞长10–15微米，密被细疣，胞壁厚，叶基角部细胞椭圆形至方形，斜列。枝叶明显小于茎叶。

产台湾，生于海拔1500米以上的山地林中树干和树枝上。印度、斯里兰卡、菲律宾、印度尼西亚、新几内亚、大洋洲及南美洲南部有分布。

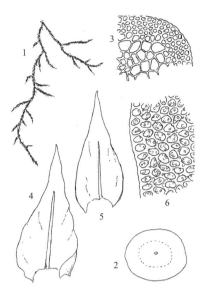

图 1090 曲茎松萝藓（吴鹏程绘）

1. 植物体（×0.5），2. 茎的横切面（×54），3.茎横切面的一部分（×160），4-5.叶（×16），6.叶中部边缘细胞（×160）。

15. 假悬藓属 Pseudobarbella Nog.

体形细柔至中等大小，黄绿色至黄褐色，略具光泽。支茎悬垂，疏分枝或密分枝，扁平被叶。茎叶干燥或湿润时均扁平展出，卵状披针形至椭圆状披针形；叶边具粗齿或细齿；中肋纤细，达叶片中上部。叶细胞线形，具单疣至多个成列细疣，薄壁，角部细胞方形至长方形。枝叶与茎叶近似，较宽短。雌雄异株。雌苞着生支茎或枝上。蒴柄上部粗糙。孢蒴椭圆状圆柱形。环带分化。蒴齿两层；内外齿层等长，或齿条略短。

8种，主要分布亚洲东南部。我国有4种。

1. 茎叶由狭椭圆形至卵形基部，向上成锐尖或毛尖 ⋯⋯⋯⋯⋯⋯⋯⋯⋯⋯⋯⋯⋯⋯ **1. 短尖假悬藓 P. attenuata**
1. 茎叶由卵形至卵状心脏形基部，向上成阔披针形或狭披针形尖部 ⋯⋯⋯⋯⋯⋯⋯⋯⋯⋯ **2. 假悬藓 P. levieri**

1. 短尖假悬藓 图 1091 彩片207

Pseudobarbella attenuata (Thwait. et Mitt.) Nog., Bull. Nat. Sci. Mus. (Tokyo) 16: 312. 1973.

Meteorium attenuata Thwait. et Mitt., Journ. Linn. Soc. Bot. 13: 316. 1873.

体形中等大小，黄绿色至黄褐色，具光泽。支茎密分枝，连叶宽3–4毫米。茎叶由狭椭圆形至卵形基部向上成狭锐尖或毛尖，长达3毫米；叶边中上部具细齿；中肋达叶上部。叶细胞线形，长70–90微米，具单疣；角部

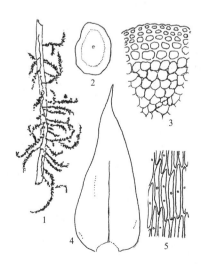

图 1091 短尖假悬藓（吴鹏程绘）

细胞方形至长方形。孢蒴圆柱形。孢子直径20–30微米。

产台湾和云南，生于海拔600–2700米的丘陵、山地林中树枝上。日本、越南、泰国、马来西亚、斯里兰卡、印度尼西亚及菲律宾有分布。

1. 植物体着生树枝上的生态(×0.5)，2. 茎的横切面(×52)，3. 茎横切面的一部分(×160)，4. 叶(×16)，5. 叶中部细胞(×160)。

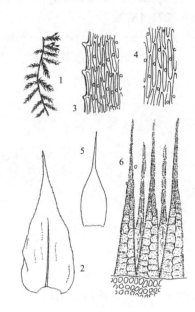

2. 假悬藓

图 1092 彩片208

Pseudobarbella levieri (Ren. et Card.) Nog., Journ. Hattori Bot. Lab. 3: 86, f.36. 1948.

Meteorium levieri Ren. et Card., Bull. Soc. Belg. 41 (1): 78. 1902.

黄绿色至黄褐色，具光泽。支茎密不规则羽状分枝。叶扁平展出，茎叶心脏状狭披针形，略内凹，具少数不规则纵褶；叶边上部具粗齿，下部具细齿；中肋消失于叶片中部。叶细胞线形，具单疣；基部细胞长方形或方形，平滑。枝叶与茎叶近似，稍宽。内雌苞叶狭披针形。孢蒴具台部。孢子直径约20微米。

产福建、台湾和云南，生于海拔1600–1900米的山地林中树枝及岩面。日本和喜马拉雅地区有分布。

图 1092 假悬藓（吴鹏程绘）

1. 植物体的一部分(×0.5)，2. 叶(×16)，3. 叶中部边缘细胞(×160)，4. 叶中部细胞(×160)，5. 雌苞叶(×16)，6. 蒴齿(×175)。

16. 多疣藓属 Sinskea Buck

体形纤长，黄绿色至棕黄色，有时呈黑褐色，无光泽。主茎横展；支茎多悬垂，不规则分枝。茎叶长卵状至心脏状披针形，有时略背仰；叶边具细齿或锐齿；中肋达叶中部消失。叶细胞狭长菱形至线形，具1–3个成列细疣或稀具多疣，壁厚，常具壁孔。叶腋纤毛多由5个透明狭长细胞组成。雌雄异株。孢蒴卵形，隐生于雌苞叶内。环带分化。蒴齿两层。蒴帽平滑。孢子具细密疣。染色体数目多为n=11。

2种，分布亚洲东南部和大洋洲。我国有2种。

小多疣藓　多疣垂藓

图 1093

Sinskea flammea (Mitt.) Buck, Journ. Hattori Bot. Lab. 75: 64. 1994.

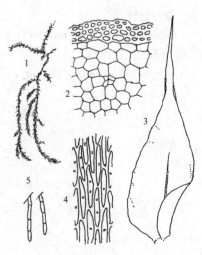

Meteorium flammeum Mitt., Journ. Linn. Soc. Bot. Suppl. 1: 88. 1859.

棕黄色至黄褐色，无光泽。支茎不规则分枝。茎叶长卵状披针形，长约3.5毫米，常具毛尖；叶上部边缘一般具粗齿；中肋细长，达叶片中部。叶中部细胞线形，长

图 1093 小多疣藓（吴鹏程绘）

40–60微米，一般具2–3个细疣，厚壁，角部细胞宽短。雌雄异株。孢蒴卵形，略高出于雌苞叶。蒴齿两层；内齿层齿毛退化。孢子直径约55微米。

产台湾、广西、四川和云南，生于海拔1600–3000米的山地林中树枝上。尼泊尔、印度及泰国有分布。

1. 植物体(×0.5)，2. 茎横切面的一部分(×210)，3. 叶(×16)，4. 叶中部细胞(×235)，5. 腋毛(×160)。

17. 反叶藓属 Toloxis Buck

体柔弱，黄绿色，无光泽。支茎具羽状分枝。叶密生，倾立；茎叶卵状披针形，具宽基部，两侧叶耳明显；叶边强波曲。叶细胞椭圆状菱形至线形，具一列细疣，耳部细胞菱形或长方形。枝叶与茎叶近似。叶腋纤毛具单个褐色基部细胞及成列透明短细胞。雌雄异株。蒴柄短而粗糙。蒴齿两层；内齿层齿条线形，具穿孔，齿毛缺失，基膜高出。

3种，主要分布亚洲东南部和东部。我国有1种。

扭叶反叶藓　扭叶松箩藓　　　　　　　图 1094

Toloxis semitorta (C. Müll.) Buck, Bryologist 97 (4) : 436. 1994.

Neckera semitorta C. Müll., Syn. 2: 671. 1851.

黄绿色，老时带黑色；支茎长可达20厘米，扭曲。茎叶长约2毫米，上部渐尖，尖部多扭卷，基部具大形波状圆叶耳，具数条深纵褶；叶基部边缘具不规则粗齿；中肋消失于叶中部上方。叶中部细胞狭长菱形，长30–35微米，中央具单列多数小疣。

产台湾和广东，生于海拔2500–3000米的山地林中树干或倒木上。喜马拉雅地区、印度、缅甸、泰国、印度尼西亚、斯里兰卡及菲律宾有分布。

1. 植物体(×0.5)，2. 茎的横切面(×52)，3. 枝(×2)，4. 叶(×58)，5. 叶中部细胞(×160)，6. 叶耳部细胞(×160)。

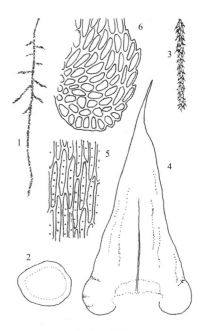

图 1094 扭叶反叶藓（吴鹏程绘）

18. 细带藓属 Trachycladiella (Fleisch.) Menzel

较硬挺，多黄绿色至黄褐色，无光泽。支茎具稀疏不规则羽状分枝。茎叶卵状披针形至卵三角状披针形，有时具毛状尖，多波曲；叶边具细齿；中肋细弱，消失于叶片中部以上。叶上部细胞菱形，下部细胞线形，沿两侧胞壁具密细疣，叶边缘细胞有时平滑。叶腋纤毛由少数细胞组成。雌雄异株。蒴柄略粗糙。孢蒴具环带。蒴齿两层；内齿层齿条具脊及穿孔，齿毛退化。染色体数目n=6。

2种，喜马拉雅地区及亚洲东南部分布。我国有2种。

1. 叶片多扁平着生茎和枝上；茎叶边缘细胞常透明无疣 ·························· 1. **细带藓 T. aurea**
1. 叶片多呈圆条状着生茎和枝上；茎叶边缘细胞均具密疣 ·························· 2. **散生细带藓 T. sparsa**

1. 细带藓 橙色丝带藓

图 1095

Trachycladiella aurea (Mitt.) Menzel in Menzel et Schultze–Motel, Journ. Hattori Bot. Lab. 75: 75. 1994.

Meteorium aureum Mitt., Journ. Linn. Soc. Bot. Suppl. 1: 89. 1859.

较硬挺，黄绿色至橙黄色，有时略呈红色，无光泽。支茎多扁平被叶，不规则疏分枝。茎叶长卵状披针形至卵三角状披针形，常具波纹和弱纵褶，基部两侧略下延；叶边具细齿，下部常波曲；中肋细弱，透明。叶细胞长菱形至线形，不透明，沿胞壁具密疣，中部细胞长30–35微米，边缘上部细胞常透明，无疣。蒴柄长约2毫米，平滑。孢蒴长椭圆形。蒴齿两层；内齿层齿毛缺失。孢子被细疣，直径约20微米。

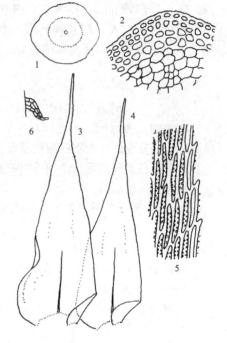

产浙江、台湾、福建、四川和云南，生于海拔700–2500米的丘陵、山地林中树枝及阴湿岩面上。日本、喜马拉雅地区、缅甸、印度尼西亚及菲律宾有分布。

图 1095 细带藓（吴鹏程绘）

1. 茎的横切面(×52)，2. 茎横切面的一部分(×210)，3-4. 叶(×25)，5. 叶中部边缘细胞(×160)，6. 假鳞毛(×160)。

2. 散生细带藓 散生丝带藓

图 1096

Trachycladiella sparsa (Mitt.) Menzel in Menzel et Schultze–Motel, Journ. Hattori Bot. Lab. 75: 78. 1994.

Meteorium sparsum Mitt., Journ. Linn. Soc. Bot. Suppl. 1: 158. 1859.

黄绿色至深绿色，无光泽。支茎稀疏分枝。茎叶阔卵状披针形，具毛状扭曲细尖；叶边具细齿，波曲；中肋消失于叶片中部；叶细胞线形至长菱形，密被疣，中部细胞长约30微米，边缘细胞均具疣，角部细胞方形或近方形。蒴柄长约1.5毫米，平滑。蒴帽下部深裂5–6瓣。

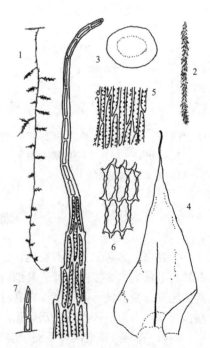

产福建、贵州、云南和西藏，生于海拔350–900米的丘陵、山地林中树枝或阴湿岩面上。老挝、尼泊尔、不丹、印度、缅甸及泰国有分布。

图 1096 散生细带藓（吴鹏程绘）

1. 植物体(×0.5)，2. 枝(×3)，3. 茎的横切面(×52)，4. 叶(×23)，5. 叶中部细胞(×160)，6. 叶基部细胞(×160)，7. 假鳞毛(×105)。

93. 带藓科 PHYLLOGONIACEAE

（贾　渝）

丛集群生，灰绿色、黄绿色至浅绿色，具明显光泽。主茎匍匐伸展，常仅具少数鳞片状叶；支茎多扁平或圆条形，单一或不规则疏分枝，直立或垂倾，偶有假鳞毛，有时具鞭状枝。茎横切面具透明的基本组织及周边细胞，无中轴。叶长卵圆形或长舌形，略平展、内凹或对折，两侧对称或不对称，呈扁平两列状，具短尖或细长尖；叶边全缘或具细齿；中肋单一或2条，长或细弱，稀缺失。叶细胞一般线形，平滑，薄壁，角细胞明显分化为方形或不规则长菱形，常深色，厚或薄壁。有时具多细胞的梭形或棒槌形的无性芽胞。雌雄异株。雌、雄生殖苞均呈芽苞状。雌苞叶略小。蒴柄常较短，多平滑。孢蒴卵球形，棕色或浅棕色，有时略具台部，直立，常隐生于雌苞叶中。环带不分化。蒴齿1-2层；外齿层齿片长披针形，外面具回折中脊和横隔，有横纹或细疣，常具穿孔，里面具密横隔；内齿层常缺失或仅有不发育的基膜；有时具前齿层。蒴盖圆锥形，具短或长喙。蒴帽大，兜形或钟形，有时具稀疏纤毛。孢子球形或多角形，大小不一，多具细或粗疣。

4属，热带和亚热带分布。我国有1属。

兜叶藓属 （崛川苔属）Horikawaea Nog.

植物体灰绿色、黄绿色至浅绿色，具光泽。主茎匍匐，有少数鳞片状叶，具平滑假根；支茎扁平或圆条形，不分枝或稀疏不规则分枝，稀具丝状假鳞毛，有时具鞭状枝。茎具透明的薄壁细胞和周边的厚壁细胞；中轴不分化。叶长卵圆形或长舌形，尖短或细长，略平展、内凹或对折，对称或不对称，常多列，而呈扁平两列状；叶边全缘或具细齿；中肋单一，较长，稀分叉，或中肋2，短弱，有时缺失。叶细胞多长蠕虫形，平滑，壁薄或厚；角细胞方形或不规则长方形，深色，壁厚或薄，一般具壁孔。无性芽胞，棕色，多簇生叶腋，梭形或棒槌形。雌雄异株。

本属3种，我国均有分布。

兜叶藓　崛川苔　带藓　　　　　　　图 1097 彩片209

Horikawaea nitida Nog., Journ. Hiroshima Univ. B (2), Bot. 3: 47. 1937

植物体灰绿色至浅黄绿色，具光泽，丛集群生。主茎长3-5厘米，匍匐延伸，具少数鳞片状叶；支茎扁平，长1-2厘米，单一或稀疏不规则分枝，多垂倾，稀有丝状假鳞毛，有时具鞭状枝。茎具透明的薄壁细胞和周边的厚壁细胞，无中轴。叶长卵圆形或长舌形，长2.5-3毫米，宽0.6-1毫米，略平展、内凹或对折，两侧对称或不对称，具短尖或稍长尖，常呈扁平两列；叶边全缘或具细齿；中肋单一，稀分叉，或短弱双肋，有时缺失。叶细胞一般狭长蠕虫形，长65-130微米，宽4-5微米，平滑，薄壁；角细胞多方形或不规则长方形，常长20-55微米，宽15-30微米，深色，一般厚壁，常具壁孔。有时叶腋处簇生棕色棒槌形的无性芽胞。雌雄异株。雌苞叶近圆形，具急尖。

产台湾、云南和西藏，多生于林下树干或石灰岩面。印

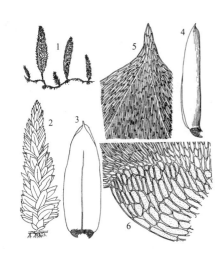

图 1097 兜叶藓（郭木森、汪楣芝绘）

度（阿萨姆）及越南有分布。

1. 植物体（×0.6），2. 枝条（×2），3-4. 叶（×12），5. 叶尖部细胞（×100），6. 叶基部细胞（×100）。

94. 平藓科　NECKERACEAE

（吴鹏程）

体形多数粗大，少数属植物体短小，黄绿色至褐绿色，具强绢泽光或弱光泽，疏松丛集生长。主茎匍匐，密被假根。支茎直立或倾立，1–3回羽状分枝；一般无中轴分化。叶扁平着生，舌形、长卵形、匙形至圆卵形，常具横波纹，叶尖多圆钝或具短尖，叶基一侧内折或具小瓣，两侧多不对称；叶尖部边缘具粗齿或全缘；中肋单一或具2短肋，稀无中肋。叶细胞菱形至线形，平滑，稀具疣。雌雄多异株或同株。孢蒴侧生于茎或枝上；隐生于雌苞叶内或高出于雌苞叶。蒴齿两层；外齿层齿片狭披针形，常有穿孔，外面有疣或横纹，稀平滑；内齿层齿条披针形，齿毛常缺失，基膜常发育良好。

约10属，主要分布热带和亚热带山区。我国有6属。

1. 植物体少分枝或不规则分枝，稀呈羽状分枝，具强光泽。
　2. 茎叶多阔卵形至阔舌形；中肋单一 ·· 2. 扁枝藓属 Homalia
　2. 茎叶多圆形至圆卵形；中肋缺失 ·· 3. 拟扁枝藓属 Homaliadelphus
1. 植物体多1–2回羽状分枝或树形分枝，具弱光泽。
　3. 支茎直立或垂倾，呈扁平树形分枝，稀为不规则羽状分枝 ·················· 4. 树平藓属 Homaliodendron
　3. 支茎下垂或倾立，不呈树形分枝。
　　4. 叶上部宽阔。
　　　5. 叶多具不规则纵纹，先端一般圆钝，突成小尖；中肋单一，粗壮 ·········· 1. 波叶藓属 Himanthocladium
　　　5. 叶平展或具横波纹，先端平截或圆钝；中肋单一，细弱，或短而分叉 ·········· 6. 拟平藓属 Neckeropsis
　　4. 叶上部一般趋狭窄 ·· 5. 平藓属 Neckera

1. 波叶藓属　Himanthocladium (Mitt.) Fleisch.

形体稍大或中等大小，暗绿色或黄绿色，略具光泽。支茎直立或倾立，疏分枝或密集羽状分枝，稀呈不规则树形；假鳞毛披针形。叶疏松着生而不紧贴，多列或8列，多阔卵状舌形，尖部宽钝，多具小尖，常有横波纹；叶边上部常有齿；中肋单一，粗壮，达叶上部。叶细胞不规则圆方形至长方形，中部及基部细胞长菱形或狭长菱形，胞壁厚，常波状加厚。蒴柄短，平滑。孢蒴略高出于雌苞叶。蒴齿两层；外齿层齿片多平滑，或具细疣，横脊高出；内齿层齿条有穿孔，具粗疣，齿毛不发育。蒴帽一侧开裂，被疏毛。孢子球形或近球形，平滑或具疣。

约20种，热带和亚热带南部山区分布。我国有3种。

小波叶藓　　　　　　　　　　图 1098 彩片210

Himantocladium plumula (Nees) Fleisch., Musci Fl. Buitenzorg 3: 889, f.156. 1907.

Pilotrichum plumula Nees in Brid., Bryol. Univ. 2: 759. 1827.

灰绿色，具弱光泽。支茎长可达6厘米，不规则羽状分枝；枝长约1厘米，扁平被叶。茎叶基部椭圆状卵形，长约2毫米，上部短舌形，先端具锐短尖，具不规则波纹；

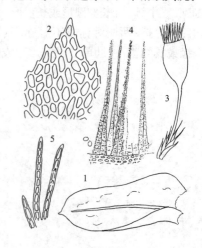

图 1098 小波叶藓（吴鹏程绘）

叶边尖部具齿；中肋粗壮，消失于叶片尖部下。叶尖部细胞圆卵形或六角形，直径8–12微米，胞壁厚，中部细胞长10–15微米。雌雄混生同苞。蒴柄长约1.5毫米。孢蒴卵状圆柱形，高出于雌苞叶。蒴齿两层；外齿层齿片披针形；内齿层齿条线形。孢子绿色，具细疣，直径约15微米。

产台湾和海南，生于海拔约1000米树干。日本南部、印度尼西亚、菲律宾及新喀里多尼亚有分布。

　　1. 茎叶(×22)，2. 叶尖部细胞(×235)，3. 开裂的孢蒴和雌苞叶(×8)，4. 蒴齿和孢子(左侧，×80)，5. 假鳞毛(×135)。

2. 扁枝藓属 Homalia (Brid.) B.S.G.

黄绿色至褐绿色，具绢泽光。主茎匍匐，老时叶片脱落；无分化中轴；支茎羽状分枝或不规则分枝，有时分枝渐细而呈尾尖状；无假鳞毛。叶扁平贴生，呈覆瓦状，阔卵形至阔舌形，无波纹，尖部圆钝，基部狭而一侧略内褶；叶边仅尖部具细齿；中肋单一，消失于叶片上部，稀短弱或为短双中肋。叶细胞多六边形，叶基中部细胞狭长方形，厚壁，一般无壁孔。雌雄同株或异株。蒴柄细长，平滑。孢蒴长卵形。环带分化。蒴齿两层；外齿层齿片披针形，淡黄色，尖部透明，外面密被横条纹或斜纹；内齿层黄色，齿条呈折叠状，齿毛退化。蒴盖圆锥形。蒴帽兜形，平滑。孢子平滑，直径11–16微米。

7种，亚热带和温带山地分布。我国有1种及2变种。

1. 分枝一般不呈尾尖状；叶中肋仅及叶中部 ·························· 1. 扁枝藓 H. trichomanoides
1. 分枝渐呈尾尖状；叶中肋可达叶上部 ··········· 1（附）. 日本扁枝藓 H. trichomanoides var. japonica

1. 扁枝藓

图 1099 彩片211

Homalia trichomanoides (Hedw.) Brid., Bryol. Univ. 2: 812. 1827.

Leskea trichomanoides Hedw., Sp. Musc. Frond. 231. 1801.

体形中等大小，黄绿色，具光泽。支茎横切面呈椭圆形，皮部由2–4层小形厚壁细胞组成；单一或不规则分枝，枝短钝。茎叶椭圆形，略呈弓形弯曲，具钝尖或锐尖；叶边一侧常内褶，上部具细齿；中肋达叶中部，稀分叉。叶上部细胞方形至菱形，直径6–12微米，中部细胞长六角形至椭圆形，长30–40微米。枝叶小，与茎叶同形。雌雄异苞同株。

产黑龙江、河北、陕西、山东、上海、浙江、台湾、福建、湖北、湖南、广东、四川和云南，生于海拔1000米左右树干或背阴岩面。日本有分布。

[附] 日本扁枝藓 Homalia trichomanoides (Hedw.) Brid. var. **japonica** (Besch.) He in He et Enroth, Novon 5: 334. 1995.—*Homalia japonica* Besch., Journ. de Bot. (Morot.) 13: 39. 1899.与原变种的区别：支茎不规则分枝；枝尖呈尾状，可形成新植株。茎叶长椭圆形，上部略宽；中肋消失于叶片的2/3处。叶上部细胞直径5–8微米。雌雄异株。产辽宁、浙江、湖北

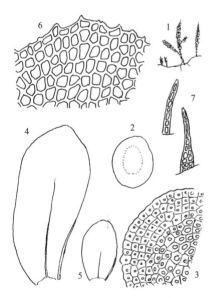

图 1099 扁枝藓（吴鹏程绘）

和海南，生于海拔1600–1750米树干或阴湿石上。日本有分布。

　　1. 植物体(×0.5)，2. 茎的横切面(×42)，3. 茎横切面的一部分(×225)，4. 茎叶(×22)，5. 枝叶(×22)，6. 叶尖部细胞(×210)，7. 假鳞毛(×135)。

3. 拟扁枝藓属 Homaliadelphus Dix. et P. Varde

植物体中等大小，黄绿色至褐绿色，具明显光泽。支茎不规则短羽状分枝。叶紧密贴生，圆形至圆卵形，基部腹面具狭椭圆形瓣；叶边全缘或具细齿；中肋无。叶细胞方形至菱形，基部中央细胞狭长菱形，多具壁孔。雌雄异株。内雌苞叶椭圆状狭舌形。蒴柄平滑。孢蒴椭圆形或圆柱形。蒴齿两层；外齿层齿片披针形，淡黄色，透明；内齿层齿条狭披针形，具低基膜。蒴盖圆锥形。蒴帽被纤毛。孢子具细疣。

2种，热带和亚热带林区分布。我国有1种及1变种。

1. 茎叶长约1.5毫米，卵圆形至椭圆形 ·· 1. 拟扁枝藓 H. targionianus
1. 茎叶长约1毫米，圆形至圆卵形 ······························· 1(附). 圆叶拟扁枝藓 H. sharpii var. rotundatus

1. 拟扁枝藓 图 1100 彩片212

Homaliadelphus targionianus (Mitt.) Dix. et P. Varde, Rev. Bryol. n. ser. 4: 142. 1932.

Neckera targionianus Mitt., Musci Ind. Or. 117.1859.

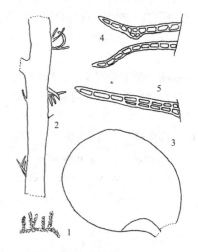

图 1100 拟扁枝藓（吴鹏程绘）

主茎紧贴基质；中轴不分化。支茎稀分枝。叶4列状扁平贴生，卵圆形至卵状椭圆形，两侧不对称，长约1.5毫米，腹侧基部一般具舌状瓣；叶边全缘；中肋缺失。叶细胞方形至菱形，基部细胞长菱形至菱形，壁孔明显。雌苞着生短侧枝上。蒴柄一般不超过5毫米。孢蒴圆柱形。

产山东、上海、浙江、安徽、台湾、福建、江西、湖北、贵州、四川和云南，生于海拔450–3600米树干。日本、印度及泰国有分布。

1.植物体(×0.5), 2.茎的一部分，示簇生的假鳞毛(×26), 3.茎叶(×28), 4-5.假鳞毛(×140)。

[附] **圆叶拟扁枝藓 Homaliadelphus sharpii** (Williams) Sharp var. **rotundatus** (Nog.) Iwats., Bryologist 61: 75. f. 28. 35. 1958.—*Homaliadelphus targionians* (Mitt.) Dix. et P. Varde var. *rotundatus*. Nog., Journ. Hattori Bot. Lab. 4: 27. 1950. 与原变种的区别：体形较小，绿色至黄绿色，具绢泽光泽。支茎不规则疏分枝。茎叶扁平紧密贴生，圆形，稀略呈圆卵形，长0.8–1.0毫米，前端宽圆钝，基部一侧多具半月形瓣，着生处狭窄；叶边全缘。叶上部细胞圆方形至多角形，壁等厚，下部细胞椭圆形至卵形，胞壁强烈加厚。产甘肃、福建和云南，生于海拔360–2050米树干及阴湿岩面。日本有分布。

4. 树平藓属 Homaliodendron Fleisch.

体形阔大，稀小形，黄绿色或褐绿色，具绢泽光。支茎直立或倾立，1–3回扁平羽状分枝成树形至扇形；横切面呈圆形或椭圆形，无分化中轴，皮层具多层厚壁细胞，髓部薄壁。茎叶卵形至阔舌形，尖部圆钝或锐尖；叶边全缘，或尖部具细齿至粗齿；中肋单一，一般不达叶上部。叶细胞圆方形至卵状菱形，胞壁等厚，下部细胞长方形至长椭圆形，胞壁波状加厚。枝叶明显小于茎叶，长度约为茎叶的1/2，与茎叶近似或异形。雌雄异株。内雌苞叶卵状披针形。蒴柄细长。孢蒴卵形。蒴齿外齿层齿片狭披针形，具疣和横纹；内齿层的齿条具穿孔，齿毛缺失。蒴盖圆锥形。蒴帽兜形，多被纤毛。

20余种，主要分布亚洲热带和亚热带地区，少数种类亦见于澳大利亚。我国有8种。

1. 叶阔舌形或卵状舌形，先端宽阔圆钝；叶边仅具细齿。
  2. 植物体高1–2厘米，1–2回羽状分枝 ·················· 1. 小树平藓 H. exiguum
  2. 植物体高可达5–10厘米，2–3回羽状分枝 ·········· 3. 钝叶树平藓 H. microdendron
1. 叶扇形、椭圆状舌形至阔卵状椭圆形，具锐尖或钝尖；叶尖部边缘多具不规则粗齿
  3. 叶细胞一般具粗疣 ·································· 4. 疣叶树平藓 H. papillosum
  3. 叶细胞平滑。
    4. 茎叶长度与宽度近似，呈扇形 ··················· 2. 树平藓 H. flabellatum
    4. 茎叶长度明显大于宽度，卵状椭圆形 ············· 5. 刀叶树平藓 H. scalpellifolium

1. 小树平藓

图 1101 彩片213

Homaliodendron exiguum (Bosch et Lac.) Fleisch., Musci Fl. Buitenzorg 3: 897, f. 156. 1908.

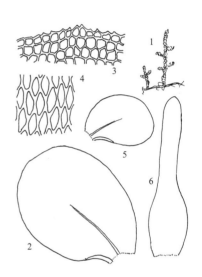

图 1101 小树平藓 (吴鹏程绘)

叶(×20), 6. 内雌苞叶(×45)。

Homalia exiguum Bosch et Lac., Bryol. Jav. 2: 55. 175. 1862.

体形小，黄绿色至灰绿色，具绢丝状光泽，稀疏成片生长。支茎直立至倾立，长1–2厘米，疏羽状分枝，分枝末端常呈尾尖状。茎叶多卵状舌形，两侧不对称，先端圆钝，基部一侧内折；中肋单一，达叶中部以上。叶细胞六

角形至菱形，中部细胞长约15微米，壁等厚。枝叶明显小于茎叶。雌雄异株？内雌苞叶椭圆状舌形，尖部具齿。蒴柄长超过1毫米。孢蒴卵形。外齿层齿片具密疣；内齿层齿条具脊和疣。孢子直径13–18微米。

安徽、福建、江西、湖北、广东、海南、贵州、四川和云南，生于海拔550–1850米树干及阴湿岩面。日本、亚洲东南部及澳大利亚有分布。

1. 植物体(×1), 2. 茎叶(×40), 3. 叶尖部细胞(×235), 4. 叶中部细胞(×235), 5. 枝

2. 树平藓

图 1102 彩片214

Homaliodendron flabellatum (Sm.) Fleisch., Hedwigia 45: 74. 1906.

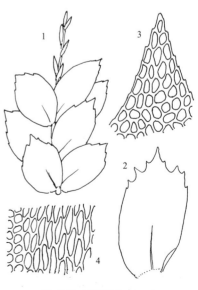

图 1102 树平藓 (吴鹏程绘)

Hookeria flabellata Sm., Trans. Linn. Soc. 9: 280. 1808.

形体大，灰绿色至黄绿色，具光泽。支茎2–3回羽状分枝；假鳞毛披针形。茎叶扇形至椭圆状舌形，长可达3毫米，两侧不对称，具短钝尖；叶边上部具不规则粗齿；中肋达叶上部，有时上部分叉。叶

细胞六角形至多边形，近基部细胞长达50微米，具壁孔。枝叶阔匙形至倒卵形；中肋短弱。雌苞着生主侧枝上。雌苞叶具狭长尖。孢蒴卵形。外齿层齿片狭披针形，具细疣；内齿层齿条与齿片近似，具低基膜。孢子直径12–15微米。

产海南和云南，多生于海拔700–1000米岩面。亚洲东南部广布。

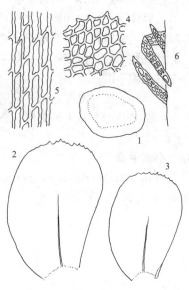

1. 枝和芽条的一部分（×16），2. 茎叶（×20），3. 叶尖部细胞（×235），4. 叶基部近中肋细胞（×235）。

3. 钝叶树平藓　　　图 1103　彩片215

Homaliodendron microdendron (Mont.) Fleisch., Hedwigia 45: 78. 1906.

Hookeria microdendron Mont., Ann. Sc. Nat. Bot. ser. 2, 19: 240. 1843.

体大形，黄绿色至灰绿色，具强光泽。支茎2–3回扁平羽状分枝呈扇形；假鳞毛条状。茎叶紧密贴生，阔舌形，多两侧不对称，长达2.5毫米，叶基趋窄，一侧狭内褶；叶边全缘，尖部具不规则细齿；中肋细弱，达叶中部以上。叶细胞方形、多角形至长菱形，中部细胞长25–35微米，薄壁。雌雄异株。蒴柄长可达2毫米。孢蒴长圆柱形。孢子直径13–17微米，被细疣。

产海南和云南，生于海拔600–1500米树干或阴湿石壁。日本、印度、越南、印度尼西亚及菲律宾有分布。

图 1103　钝叶树平藓（吴鹏程绘）

1. 茎的横切面（×75），2. 茎叶（×20），3. 枝叶（×20），4. 叶尖部细胞（×235），5. 叶基部近中肋细胞（×235），6. 着生茎上的假鳞毛（×108）。

4. 疣叶树平藓　　　图 1104　彩片216

Homaliodendron papillosum Broth., Sitzungsber Akad. Wiss. Wien Math. Nat. K. Abt. 1, 131: 216. 1923.

体形中等大小，灰绿色至黄绿色，光泽不明显。支茎上部1–3回羽状分枝；假鳞毛披针形。茎叶卵形至舌形，两侧不对称，长可达3毫米，先端钝，具小尖和粗齿；中肋粗壮，达叶2/3处或叶尖下。叶细胞不规则六角形至短菱形，壁厚，背面常具单个粗疣。枝叶小而与茎叶近似。雌雄异株？蒴柄长2–3毫米，平滑。孢蒴卵形或长卵形。环带缺失。蒴齿发育良好。孢子直径15–22微米。

产安徽、江西、贵州和云南，生于海拔650–2200米树干。尼泊尔、不丹及越南北部有分布。

1. 植物体（×0.5），2. 茎的横切面（×35），3. 茎横切面的一部分（×160），4. 茎基叶（×12），

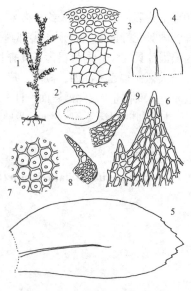

图 1104　疣叶树平藓（吴鹏程绘）

5. 茎叶（×20），6. 叶尖部细胞（×215），7. 叶中部细胞（×215），8-9. 假鳞毛（×108）。

5. 刀叶树平藓

图 1105

Homaliodendron scalpellifolium (Mitt.) Fleisch., Hedwigia 45: 75. 1906.

Neckera scalpellifolia Mitt., Journ. Linn. Soc. Bot. Suppl. 1: 119. 1859.

大形，黄绿色至暗绿色，具光泽，常大片生长。支茎倾立，长可达10厘米，1–3回扁平羽状分枝，常呈圆扇形；横切面呈椭圆形，皮层由8–12层厚壁细胞组成。茎叶阔卵状椭圆形，常两侧不对称而呈刀形，叶基趋窄，一侧内褶；叶边尖部具不规则粗齿；中肋单一，细弱，达叶中部。叶细胞菱形至长六角形，中部细胞长约50微米，胞壁呈波状加厚。枝叶与茎叶外形上近似。雌雄异株。蒴柄略高出于雌苞叶，略粗糙。孢蒴卵形；内齿层齿条线形，具穿孔。蒴帽兜形，被纤毛。孢子直径约15微米，具细疣。

产安徽、浙江、福建、四川和云南，生长海拔1100–3600米溪边岩面和树干。尼泊尔、印度、越南、老挝、泰国、斯里兰卡、印度尼西亚、菲律宾及新喀里多尼亚有分布。

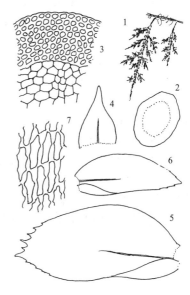

图 1105 刀叶树平藓 (吴鹏程绘)

1. 植物体悬垂生长的生态 (×0.5)，2. 茎的横切面(×75)，3. 茎横切面的一部分(×160)，4. 茎基叶(×10)，5. 茎叶(×15)，6. 枝叶(×15)，7. 叶中部细胞(×235)。

5. 平藓属 Neckera Hedw.

体形中等大小至大形，黄绿色至褐绿色，具弱绢泽光。支茎倾立或下垂，一回羽状分枝或稀二回羽状分枝；分枝钝端或渐尖，少数种类形成鞭状枝。叶片一般呈8列状扁平着生，阔卵形至卵状长舌形，具横波纹或不规则波纹，少数种类无波纹；中肋单一或短弱分叉。叶细胞卵形至菱形，下部细胞线形或长方形，壁厚而具明显壁孔，角部细胞近方形至卵形。雌苞多着生支茎；内雌苞叶基部呈鞘状。孢蒴隐生或高出于雌苞叶。齿毛常缺失。蒴帽兜形，具少数纤毛。

约70种，亚洲、欧洲和北美洲热带至温带地区分布。我国有18种。

1. 茎一般被多数假鳞毛；茎叶基部两侧边缘背卷或内卷 ·················· 9. **四川平藓 N. setschwanica**
1. 茎一般被疏假鳞毛；茎叶基部多腹侧边缘内卷，稀两侧边均内卷。
　　2. 蒴柄细长，高出于雌苞叶。
　　　3. 植物体长度多不及5厘米；茎叶阔卵形，中肋2，短弱 ················· 4. **曲枝平藓 N. flexiramea**
　　　3. 植物体长度达5厘米或5厘米以上；茎叶卵状舌形，中肋单一，长达叶中部以上。
　　　　4. 叶多呈卵状舌形，两侧边缘常内卷；内雌苞叶上部突趋窄呈狭带形 ·········· 2. **齿叶平藓 N. crenulata**
　　　　4. 叶多呈长卵状舌形，一般仅一侧边缘内卷；内雌苞叶上部不突趋窄呈狭带形 . 8. **多枝平藓 N. polyclada**
　　2. 蒴柄短，隐生于雌苞叶内。
　　　5. 茎叶扁平贴生，无波纹。
　　　　6. 叶卵形至长卵形；中肋单一，一般达叶中部以上 ················· 5. **短肋平藓 N. goughiana**
　　　　6. 叶阔卵形至长卵状舌形；中肋2，短弱，稀单一 ················· 1. **阔叶平藓 N. borealis**
　　　5. 茎叶不扁平贴生，多具强波纹。
　　　　7. 叶基两侧长下延 ················· 3. **延叶平藓 N. decurrens**

7. 叶基两侧不呈长下延。

　　8. 叶卵形，强烈膨起，波纹不规则 ·················· **6. 矮平藓 N. humilis**

　　8. 叶椭圆形或长舌形，不强烈膨起，具明显横波纹。

　　　9. 叶具二短肋；内雌苞叶披针形 ·················· **7. 平藓 N. pennata**

　　　9. 叶具单中肋；多长达叶中部以上；内雌苞叶狭长披针形 ·········· **10. 短齿平藓 N. yezoana**

1. 阔叶平藓　　　　　　　　　　　　图 1106

Neckera borealis Nog., Journ. Hattori Bot. Lab. 16: 124. 1956.

　　体形中等大小，黄绿色至灰绿色，具弱光泽，呈扁平片状生长。支茎不规则羽状分枝，枝尖常呈鞭枝状；假鳞毛着生枝条基部。茎叶阔卵形至阔舌形，有时一向偏曲，具钝尖，基部一侧常内褶；叶边尖部具细齿；中肋为双中肋或单一，短弱。叶上部细胞菱形至狭菱形，基部细胞狭长方形，角部细胞长方形，厚壁。枝叶狭而呈长卵形至狭舌形。蒴柄甚短。孢蒴椭圆状卵形。蒴齿两层；内层呈膜状。孢子直径12–18微米。

　　产陕西、甘肃、青海和四川，生于海拔3000米左右树基或石壁。日本北部及俄罗斯远东地区有分布。

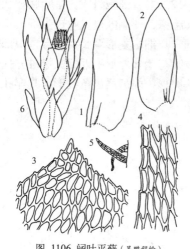

图 1106 阔叶平藓（吴鹏程绘）

　　1. 茎叶(×18)，2. 枝叶(×18)，3. 叶尖部细胞(×270)，4. 叶中部边缘细胞(×270)，5. 假鳞毛(×90)，6. 雌苞(×25)。

2. 齿叶平藓　　　　　　　　　　　　图 1107

Neckera crenulata Harv. in Hook., Icon. Pl. Rar. 1: 21. 1836.

　　植物体较硬挺，黄绿色，略具光泽，疏松成片生长。支茎密羽状分枝，长可达8厘米。茎叶卵状舌形，具不规则强波纹，长可达3毫米以上，内凹，具钝尖；叶边上部具粗齿；中肋消失于叶片2/3处。叶细胞六角形至狭长六角形，胞壁强加厚，中部细胞长45–60微米，基部细胞狭长卵形，胞壁波状加厚，具壁孔。枝叶较小，长椭圆形，长1–1.7毫米，尖部圆钝。雌雄异株。内雌苞叶披针形。蒴柄长5–12毫米。蒴齿齿条中脊具穿孔。孢子直径约30微米。

　　产台湾、云南和西藏，生于海拔1800–3100米林内树干。缅甸、泰国及菲律宾有分布。

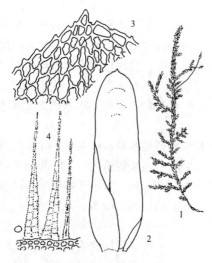

图 1107 齿叶平藓（吴鹏程绘）

　　1. 雌株(×0.5)，2. 茎叶(×14)，3. 叶尖部细胞(×235)，4. 蒴齿和孢子(×105)。

3. 延叶平藓　　　　　　　　　　　　图 1108

Neckera deurrens Broth., Symb. Sin. 4: 86. 1929.

　　植物体纤长，黄绿色，具光泽。支茎长可达7厘米，不规则羽

状分枝。茎叶卵状椭圆形，向上渐尖，内凹，具多数横波纹，基部狭窄，两侧明显下延，叶边全缘或上部具细齿；中肋2，短弱，或单一，长达叶片中部。叶细胞卵形、菱形至狭长卵形，中部细胞长40–50微米，基部细胞具壁孔。枝叶卵形，具锐尖。雌雄异株。雌苞叶具狭披针形尖。孢蒴隐生。

中国特有，产湖南、贵州和云南，生于海拔约1000米林内树干和阴岩面。

1.茎叶(×14)，2.枝叶(×14)，3.小枝叶(×14)，4.叶尖部细胞(×225)，5.叶中部细胞(×225)，6.叶基部细胞(×225)。

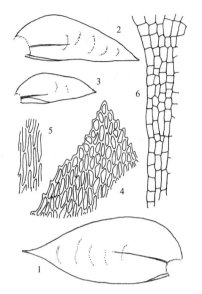

图 1108 延叶平藓（吴鹏程绘）

4. 曲枝平藓 图 1109

Neckera flexiramea Card., Bull. Soc. Bot. Geneve Ser. 2, 3: 277. 1911.

中等大小，灰绿色，呈疏松小片状生长。支茎多垂倾，扭曲，具稀疏短分枝。茎叶平展，不紧贴，卵形至卵状椭圆形，上部渐尖，两侧明显不对称，有时向一侧偏曲，长约1–1.5毫米，具少数横波纹；叶边上部具细齿；中肋2，短弱，稀单一。叶上部细胞卵状椭圆形；中部细胞近线形，长30–40微米，胞壁等厚。雌雄异株。蒴柄细长，高出于雌苞叶。孢蒴卵形至卵状椭圆形。蒴盖具斜喙。外齿层齿片线形，具密疣。内齿层缺失。孢子直径25–35微米。

产安徽、广西和四川，生于海拔950–1370米林内树干或阴岩面。日本及朝鲜有分布。

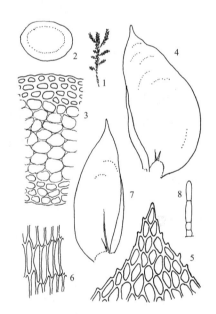

1.植物体(×0.5)，2.茎的横切面(×62)，3.茎横切面的一部分(×180)，4.茎叶(×18)，5.叶尖部细胞(×225)，6.叶中部细胞(×225)，7.枝叶(×18)，8.腋毛(×90)。

图 1109 曲枝平藓（吴鹏程绘）

5. 短肋平藓 图 1110

Neckera goughiana Mitt., Journ. Proc. Linn. Soc., Bot. Suppl. 1: 120. 1859.

体形较小，长2–3厘米；不规则1–2回疏羽状分枝。茎横切面近圆形，皮层细胞3层，厚壁，髓部细胞薄壁，中轴不明显。茎叶卵形至长卵形，稀呈长舌形，长1–1.2毫米，平展，无波纹，先端呈钝尖；叶边上部具细齿；中肋单一，消失于叶上部，稀为2短肋。叶细胞卵形至长六角形，基部中央细胞狭长菱形，胞壁等厚。雌雄异株。内雌苞叶狭长

披针形。

产甘肃、河南和江西，生于低海拔树干和石面。日本及印度有分布。

1. 植物体(×0.5)，2. 茎叶(×18)，3. 枝叶(×18)，4. 叶尖部细胞(×235)，5. 叶基部细胞(×235)，6. 假鳞毛(×90)。

6. 矮平藓　　　图 1111

Neckera humilis Mitt., Trans. Linn. Soc. London Bot. Ser. 2, 3: 174. 1891.

稀少分枝，长3-5厘米，呈疏松小片状生长。茎横切面椭圆形，皮层细胞厚壁，3-4层，髓部细胞大形、薄壁；无中轴。假鳞毛披针形，有时簇生；叶腋透明毛为单列细胞。茎叶阔卵形至卵状椭圆形，明显内凹，上部渐尖，横波纹不规则；叶边具细齿；中肋单一，细弱，多消失于叶片中部。叶上部细胞卵形至菱形，中部细胞近长卵形，长约40微米，胞壁强烈加厚，

具角部加厚，叶基角部细胞方形。雌雄异苞同株。内雌苞叶卵状长披针形。孢蒴隐生于雌苞叶内。外齿层齿片披针形，平滑；内齿层齿条细弱，长约为齿片的1/2。蒴盖圆锥形。蒴帽具少数纤毛。

产江苏、安徽和浙江，生于低海拔树干和土表。日本及朝鲜有分布。

1. 植物体(×0.5)，2. 茎的一部分，示着生假鳞毛(×6)，3-4. 茎叶(×15)，5. 叶中部细胞(×155)，6. 叶基部细胞(×155)。

7. 平藓　　　图 1112 彩片217

Neckera pennata Hedw., Sp. Musc. Frond. 200. 1801.

中等大小，黄绿色至褐绿色，略具光泽，常成大片状生长。支茎疏或密扁平羽状分枝，钝端。茎叶阔长椭圆状披针形至舌形，长可达3毫米，两侧明显不对称，具多数强波纹；叶边具细齿；中肋2，短弱。叶细胞椭圆状菱形至线形，胞壁薄，中部细胞长40-50微米，基部细胞胞壁略加厚。雌苞隐生于苞叶内。蒴齿发育良好。孢子直径约20微米。

产黑龙江、陕西、新疆、安徽、浙江、台湾、四川、云南和西藏，生于海拔1000-3800米林内树干或阴湿岩面。北半球广布，澳大利亚及新西兰有分布。

1. 植物体(×1)，2. 茎叶(×18)，3. 叶尖部细胞(×120)，4. 叶中部细胞(×120)，5. 孢蒴(×10)。

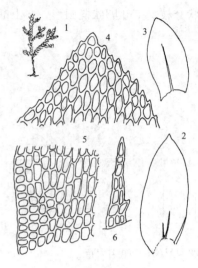

图 1110 短肋平藓（吴鹏程绘）

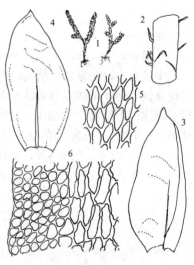

图 1111 矮平藓（吴鹏程绘）

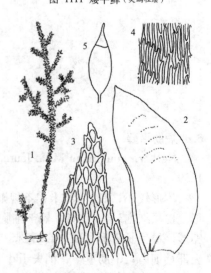

图 1112 平藓（吴鹏程绘）

8. 多枝平藓

图 1113

Neckera polyclada C. Müll., Nuov. Giorn. Bot. Ital. n. ser. 3: 114. 1896.

体形粗大，灰绿色，略具光泽。支茎长达7厘米以上，密羽状分枝或疏分枝，尖部常呈尾尖状。茎叶卵状长舌形，内凹，上部具少数波纹，先端宽钝；叶边基部一侧内褶，尖部具钝齿；中肋单一，达叶片近尖部。枝叶长约为茎叶的1/2，较小而狭窄。叶上部细胞菱形或椭圆形，厚壁，中部细胞线形至狭长卵形，胞壁波状加厚。孢蒴隐生。

产陕西、甘肃、安徽和四川，生于海拔约1000米石壁或树干。日本有分布。

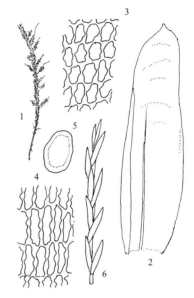

1. 植物体(×0.5)，2. 茎叶(×18)，3. 叶中部细胞(×235)，4. 叶基部细胞(×235)，5. 茎的横切面(×42)，6. 鞭状枝(×6)。

图 1113 多枝平藓（吴鹏程绘）

9. 四川平藓

图 1114

Neckera setschwanica Broth., Sitzungsber Ak. Wiss. Wien. Math. Nat. Kl. Abt. 1, 131: 215. 1923.

体形中等大小，黄绿色至褐绿色。支茎不规则羽状分枝；密被狭披针形假鳞毛。茎叶长卵形，具明显横波纹，向上呈阔披针形尖，基部一侧内褶，另一侧为背曲；叶边仅尖部具齿；中肋单一，达叶2/3处。叶尖部细胞长菱形，壁稍厚，中部细胞狭长卵形，胞壁强烈加厚，具明显壁孔，直径约长40微米，宽7微米；叶基角部细胞方形，厚壁，红棕色。常着生多细胞丝状芽胞。

中国特有，产四川、云南和西藏，生于海拔2600-3200米林内岩面。

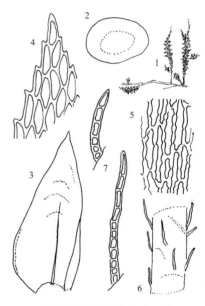

图 1114 四川平藓（吴鹏程绘）

1. 植物体(×0.5)，2. 茎的横切面(×52)，3. 茎叶(×18)，4. 叶尖部细胞(×235)，5. 叶中部细胞(×235)，6. 茎的一部分，示着生假鳞毛(×30)，7. 假鳞毛(×235)。

10. 短齿平藓

图 1115 彩片218

Neckera yezoana Besch., Ann. Sc. Nat. Bot. Ser. 7, 17: 358. 1893.

粗大，灰绿色至褐绿色，常成密集生长。支茎长可达5厘米，密羽状分枝，钝端。叶疏松生长，不相互紧贴；茎叶卵状椭圆形至卵状舌形，具不规则波纹，先端锐尖或具宽小尖，内凹；叶边尖部具齿；中肋单一，消失于叶片2/3处。叶细胞菱形至狭长菱形，厚壁，具壁孔；角部细胞圆卵形至长椭圆形，胞壁角部加厚。雌雄异胞同株。雌苞着生支茎上。内雌苞叶卵状狭披针形。孢蒴隐生于雌苞叶内。蒴齿两层。孢子直径25-40微米。

产陕西、安徽、浙江、湖北、湖南、贵州、四川和西藏，生于海拔2100–2400米林内树干。朝鲜及日本有分布。

1. 植物体(×0.5)，2. 茎叶(×18)，3. 叶尖部细胞(×270)，4. 叶中部细胞(×270)，5. 雌苞(×15)，6. 假鳞毛(×90)。

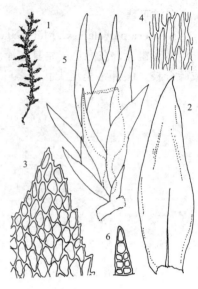

图 1115 短齿平藓（吴鹏程绘）

6. 拟平藓属 Neckeropsis Reichardt.

形体小或较粗大，多黄绿色至暗绿色，具光泽。支茎可达10厘米以上，倾立或下垂，稀分枝或短羽状分枝，钝端。茎叶一般阔舌形，具强横波纹，先端平截或圆钝，或具小钝尖，基部狭窄，有时具小圆耳，一侧内褶；叶边具细齿或全缘；中肋单一，粗壮，稀短弱。叶细胞多角形至长菱形，近基部细胞近于呈线形，胞壁等厚至具壁孔。枝叶与茎叶略异形。雌雄混生同苞。雌苞着生短枝顶。蒴柄极短。孢蒴卵形至短圆柱形。蒴齿两层；外齿层齿片披针形，具细疣；内齿层多少透明，具疣。孢子球形，浅黄色至褐色。

30种，主要分布亚洲热带和亚热带地区，少数种类见于北美洲南部。我国有8种。

1. 叶平展，一般无波纹。
　2. 叶边缘细胞分化 ··· 1. **具边拟平藓 N. boniana**
　2. 叶边缘细胞不分化。
　　3. 叶片紧密贴生，具强绢泽光；中肋纤细。消失于叶片2/3处 ··········· 4. **光叶拟平藓 N. nitidula**
　　3. 叶片不紧密贴生，具弱绢泽光；中肋粗壮，消失于叶片尖部 ········· 5. **舌叶拟平藓 N. semperiana**
1. 叶具强横波纹。
　4. 雌苞叶长约1.5毫米；叶中肋达叶长度的1/3左右 ··················· 2. **东亚拟平藓 N. calcicola**
　4. 雌苞叶长约4.5毫米；叶中肋一般不及叶长度的1/4 ··············· 3. **截叶拟平藓 N. lepineana**

1. 具边拟平藓　　　　　　　　　　　　图 1116

Neckeropsis boniana (Besch.) Touw et Ochyra, Lindbergia 13: 101. 1987.

Porotrichum bonianum Besch., Bull. Soc. Bot. France 34: 97. 1887.

狭长，黄绿色，光泽不明显，疏松成片生长。支茎倾立，长可达4厘米，稀少分枝；横切面无中轴，均由厚壁细胞组成。茎叶长椭圆形，两侧略不对称，先端钝尖；叶边尖部具细齿；中肋单一，粗壮，消失于叶尖部。叶细胞多角形、六角形至近长方形，厚壁，边缘除叶尖外分化2–3列、狭长方形细胞。

产云南，附生于海拔约600米林中树干。印度尼西亚（爪哇）有分布。

1. 植物体（×0.5），2. 茎的一部分（×10），3. 茎的横切面（×75），4. 茎横切面的一部分（×225），5. 茎叶（×22），6. 叶尖部细胞（×235），7. 腋毛（×235）。

2. 东亚拟平藓　　　　　　　　　　　　　图 1117

Neckeropsis calcicola Nog., Journ. Hattori Bot. Lab. 16: 124. 1956.

粗壮，淡绿色至黄绿色，略具光泽。支茎下垂，长可达10厘米，具稀疏短枝。叶阔舌形，上下近于等宽，先端平截，多具小尖头，具多数强横波纹；中肋细弱，达叶片中部，稀短而分叉；叶边尖部具细齿。叶细胞椭圆形至长菱形，胞壁厚。孢蒴略高出于雌苞叶，卵状椭圆形。蒴帽兜形，被少数纤毛。孢子直径约15微米。

产湖北和云南，生于海拔600–3600米的林中树干及阴湿岩面。日本有分布。

1. 植物体悬垂生长的生态（×0.5），2. 茎的横切面（×50），3. 茎横切面的一部分（×225），4. 茎叶（×22），5. 叶尖部细胞（×235），6. 叶基部细胞（×235）。

3. 截叶拟平藓　　　　　　　　　　图 1118 彩片219

Neckeropsis lepineana (Mont.) Fleisch., Musci Fl. Buitenzorg 3: 879. 155. 1908.

Neckera lepineana Mont., Ann. Sc. Nat. 107. 1845.

粗大，淡黄绿色至褐色，略具光泽。支茎垂倾，疏生不规则羽状分枝。叶阔舌形，先端平截至略圆钝，具强横波纹；叶边尖部具不规则齿；中肋2，一般短弱。叶细胞六角形至长菱形，厚壁。孢蒴隐生雌苞叶内，卵状椭圆形。

产云南，生于海拔1700–2100米的林中树干和岩面。

广布非洲、亚洲及太平洋的岛屿。

1. 植物体悬垂生长的生态（×0.7），2. 茎叶（×18），3. 叶尖部细胞（×210），4. 叶中部细胞（×210），5. 枝叶（×10）。

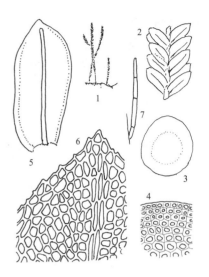

图 1116 具边拟平藓（吴鹏程绘）

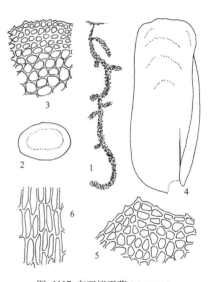

图 1117 东亚拟平藓（吴鹏程绘）

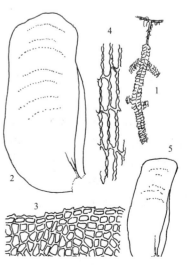

图 1118 截叶拟平藓（吴鹏程绘）

4. 光叶拟平藓 图 1119

Neckeropsis nitidula (Mitt.) Fleisch., Musci Fl. Buitenzorg 3: 882. 1908.

Homalia nitidula Mitt., Journ. Linn. Soc. Bot. 8: 155. 1864.

淡绿色至灰绿色，具强光泽。支茎扁平被叶，疏分枝至羽状分枝，先端圆钝，稀呈鞭状枝。茎叶阔舌形或倒卵形，两侧不对称，尖部常圆钝，具小钝尖；叶边具细齿；中肋细弱，达叶片中部，稀短弱而分叉。叶细胞菱形至长卵形，中部细胞长20-45微米，厚壁，或薄壁具厚角，有时具壁孔。孢蒴隐生雌苞叶内，卵形或长卵形。

产云南，生于海拔约1800米的林中树干。日本及朝鲜有分布。

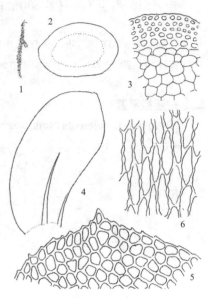

图 1119 光叶拟平藓（吴鹏程绘）

1. 植物体(×0.5)，2. 茎的横切面(×75)，3. 茎横切面的一部分(×225)，4. 茎叶(×22)，5.叶尖部细胞(×235)，6.叶基部细胞(×235)。

5. 舌叶拟平藓 图 1120 彩片220

Neckeropsis semperiana (Hampe ex C. Müll.) Touw, Blumea 9 (2): 414, Pl. 18. 1962.

Neckera semperiana Hampe ex C. Müll., Bot. Zeit. 20: 381. 1862.

植物体黄绿色，具弱光泽，疏松小片状生长。支茎稀疏不规则羽状分枝；横切面直径约0.2毫米，椭圆形，由4-5层厚壁小细胞和多层透明薄壁髓部细胞组成；无中轴分化。腋毛由2个黄色细胞和3个透明毛细胞组成。假鳞毛多为3-4个厚壁细胞。茎叶阔舌形，长约2毫米，两侧不对称，基部略收缩，先端圆钝至平截，具小尖头；叶边仅上部具细齿；中肋消失于叶尖下方。

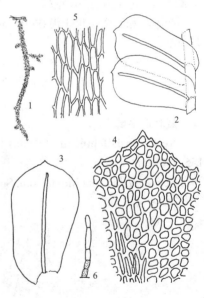

图 1120 舌叶拟平藓（吴鹏程绘）

叶尖部细胞六角形至多角形，厚壁，中部细胞长菱形，长10-30微米，近基部细胞近线形至狭菱形，胞壁等厚。枝叶与茎叶同形，约为茎叶长度的2/3。雌雄异株。内雌苞叶长舌形。蒴柄长约1毫米。孢蒴卵形。蒴盖圆锥形，具长斜喙。

产海南和广西，生于海拔150-700米的阴石壁。越南及菲律宾有分布。

1. 植物体(×0.5)，2. 叶着生茎上的形式(×14)，3. 茎叶(×22)，4. 叶尖部细胞(×235)，5. 叶中部细胞(×235)，6. 腋毛(×90)。

95. 木藓科 THAMNOBRYACEAE
(吴鹏程)

多树干或腐木生，稀着生背阴岩面。形体大，粗挺，黄绿色至褐绿色，无光泽或具光泽。常呈片生长。主茎匍匐，密具红棕色假根；支茎直立或倾立，上部树形分枝或1–2回羽状分枝。茎基叶鳞片状，贴生支茎下部。茎叶卵形至卵状椭圆形，具钝尖或披针形尖，稀呈圆钝尖，多内凹，稀平展或具少数波纹；叶边下部全缘，上部具齿；中肋粗壮，长达叶片近尖部，稀背面具刺。叶细胞六角形至多边形，壁厚，叶下部细胞长方形至六角形，胞壁有时波状加厚。雌雄异株。蒴柄细长，平滑或稍粗糙。蒴齿两层。外齿层齿片披针形；内齿层齿条与外齿层等长，基膜高出。

4属，北半球亚热带至热带山区为主，少数种类分布温带和大洋洲。我国有3属。

1. 植株高度一般在5厘米以上，多具光泽；茎叶尖阔钝，多具粗齿 ························· 1. **木藓属 Thamnobryum**
1. 植株高度一般在5厘米以下（仅指国产种），无光泽；茎叶尖趋狭，呈锐尖或披针形尖。
　2. 茎上多具假鳞毛；枝尖一般不弯曲 ···························· 2. **羽枝藓属 Pinnatella**
　2. 茎上无假鳞毛；枝尖多弯曲 ···························· 3. **弯枝藓属 Curvicladium**

1. 木藓属 Thamnobryum Nieuwl.

粗壮，硬挺，多黄绿色，具弱光泽，疏松丛集生长。支茎直立，上部呈树形分枝，或1–2回羽状分枝。茎叶阔卵形至卵状椭圆形，常内凹；叶边上部具齿；中肋粗壮，长达叶片上部，背面尖部有时突出成刺。叶细胞多呈六角形至圆多角形，厚壁，叶基中央细胞狭长方形，部分种类胞壁波状加厚。枝叶与茎叶近似，一般较狭小。雌雄异株。蒴柄细长。孢蒴椭圆形或卵状椭圆形，具台部。蒴齿两层；内外齿层等长，齿毛呈线形。蒴帽兜形，平滑。

约40种，欧洲、亚洲、北美洲和大洋洲分布。我国有4种。

1. 茎叶强烈内凹；中肋背面前端多具刺 ························· 1. **匙叶木藓 T. subseriatum**
1. 茎叶内凹；中肋背面前端平滑或具刺 ························· 2. **南亚木藓 T. subserratum**

1. 匙叶木藓

图 1121

Thamnobryum subseriatum (Mitt. ex S. Lac.) Tan, Brittonia 41: 42. 1989.

Thamnium subseriatum Mitt. ex S. Lac., Ann. Mus. Bot. Lugd. Bat. 2: 299. 1866.

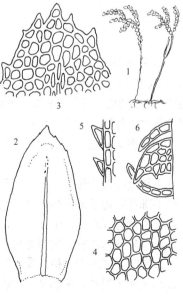

体形粗壮，暗绿色或褐绿色，多呈疏松大片状生长。主茎匍匐；支茎直立，上部呈羽状分枝或不规则树形分枝。茎叶阔卵形，长2–3毫米，强烈内凹；叶边尖部具疏粗齿；中肋粗壮，近于达叶尖部，背面常具刺。叶细胞菱形至六角形，长12–20微米，厚壁。雌苞多着生植

图 1121 匙叶木藓（吴鹏程绘）

株近顶端。蒴柄长达2厘米以上。孢蒴椭圆形，略弯曲。蒴齿两层；外齿层齿片披针形，下部具条纹，上部具细疣；内齿层基膜高出。孢子直径10–12微米。

产台湾和湖北，生于海拔1700–2400米的树干基部和岩面。日本、朝鲜及俄罗斯（远东地区）有分布。

1. 植物体(×0.5), 2. 茎叶(×20), 3. 叶尖部细胞(×235), 4. 叶中部细胞(×235), 5. 叶中肋背面的刺状突起(侧面观，×108), 6. 假鳞毛(×108)。

2. 南亚木藓

图 1122

Thamnobryum subserratum (Hook.) Nog. et Iwats., Journ. Hattori Bot. Lab. 36: 470. 1972.

Neckera subserrata Hook., Icon. Pl. Rar. 1: t. 21. 1836.

大形，硬挺，暗绿色至褐绿色。支茎上部不规则分枝至树形分枝；假鳞毛线形，或片形。茎叶阔卵形至卵形，强烈内凹；叶边尖部具不规则粗齿；中肋近叶尖部消失，背面上部平滑，稀具刺。叶细胞圆六角形至多角形，基部中央细胞长方形至长椭圆形，有时胞壁波状加厚。枝叶狭卵形。雌雄同株。雌苞叶长披针形。蒴柄细长，约2厘米。孢蒴卵形，略呈弓形弯曲。

产浙江、湖北、湖南、四川和云南，生于海拔650–1800米的阴湿石上或树干。日本、喜马拉雅地区、印度、斯里兰卡、印度尼西亚及菲律宾有分布。

1. 植物体(×0.5), 2. 茎的横切面 (×105), 3. 茎叶(×20), 4. 枝叶(×20), 5. 叶上部边缘细胞(×235), 6. 假鳞毛(×75)。

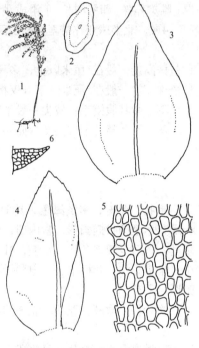

图 1122 南亚木藓（吴鹏程绘）

2. 羽枝藓属 Pinnatella Fleisch.

体形大或中等大小，稀小形，多黄绿色或褐绿色，无光泽。支茎直立或倾立，上部1–2回扁平羽状分枝；假鳞毛披针形，有时成簇生长。茎叶卵形至长卵形，稀呈阔舌形，内凹；叶边仅尖部具少数齿；中肋粗壮，消失于叶片近尖部，稀为2短肋。叶细胞圆多角形、菱形或椭圆形，壁厚，基部中央细胞长方形至狭长椭圆形，厚壁至波状加厚。枝叶一般短小，多呈卵形。雌雄异株。蒴柄略粗糙。孢蒴卵形；蒴齿两层。

约15种，分布亚洲东南部、非洲南部和中南美洲。我国有8种。

1. 叶下部近叶边分化多列由长方形细胞组成的嵌条 ·· 2. **异胞羽枝藓 P. alopecuroides**
1. 叶下部近叶边不分化异形细胞组成的嵌条。
　2. 叶两侧近于对称；中肋单一，长达叶片上部。
　　3. 茎叶基部宽阔，尖部宽短 ·································· 1. **羽枝藓 P. ambigua**
　　3. 茎叶基部相对较狭，尖部狭长 ························· 4. **东亚羽枝藓 P. makinoi**
　2. 叶两侧不对称；中肋单一，或分叉而短弱 ·········· 3. **卵叶羽枝藓 P. anacamptolepis**

1. 羽枝藓

图 1123 彩片221

Pinnatella ambigua (Bosch et Lac.) Fleisch., Hedwigia 45: 81. 1906.

Thamnium ambiguum Bosch et Lac., Bryol. Jav. 2: 72. 1863.

体形短小，稀纤长，黄绿色，疏松丛集。主茎匍匐；支茎直立或倾立，不规则羽状分枝；有时枝条尖端延伸成鞭枝状，长可达4厘米；假鳞毛披针形或成片状。茎叶卵形至近三角状卵形，内凹，叶边尖部具齿突；中肋粗壮，消失于叶上部。叶上部细胞圆六角形或多角形，壁薄，平滑，叶边细胞较小，近基部细胞长方形。枝叶长卵形。雌苞着生枝上。内雌苞叶狭披针形。蒴柄上部具疣。孢蒴卵形。

产台湾、海南、广西、云南和西藏，生于海拔约1000米山林中树干。不丹、缅甸、印度尼西亚及菲律宾有分布。

1. 植物体(×0.5), 2. 茎基叶(×14), 3. 茎叶(×90), 4. 枝叶(×60), 5. 叶尖部细胞(×235), 6. 叶基部细胞(×235), 7. 孢蒴, 蒴盖及蒴齿已脱落(×15)。

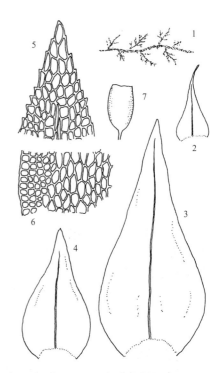

图 1123 羽枝藓（吴鹏程绘）

2. 异胞羽枝藓

图 1124 彩片222

Pinnatella alopecuroides (Hook.) Fleisch., Hedwigia 45: 84. 1906.

Hypnum alopecuroides Hook., Icon. Pl. Rar. 1: 24. 1836.

硬挺，黄绿色至褐绿色。支茎羽状分枝或不规则羽状分枝，长达2厘米以上。茎叶疏松贴生或内卷，阔卵状披针形；叶边尖部具疏齿；中肋达叶尖下消失。叶细胞圆六角形至圆方形，厚壁，自尖部以下近边缘分化成数列狭长方形细胞的嵌条。雌苞着生短侧枝上。蒴柄长约1厘米。孢蒴圆卵形。

产云南，生于海拔1600米树干。缅甸、印度、泰国、越南、斯里兰卡、巴布亚新几内亚、澳大利亚及新喀里多尼亚有分布。

1. 植物体(×0.5), 2. 茎的横切面(×52), 3. 茎基叶(×14), 4. 茎叶(×28), 5. 枝叶(×28), 6. 叶中部细胞(×360), 7. 叶基部细胞(×360), 8. 蒴盖已脱落的孢蒴(×15)。

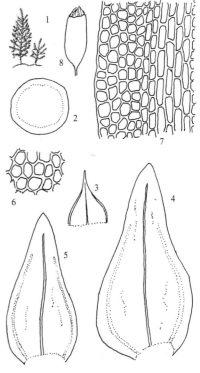

图 1124 异胞羽枝藓（吴鹏程绘）

3. 卵叶羽枝藓

图 1125

Pinnatella anacamptolepis (C. Müll.) Broth., Nat. Pfl. 1(3): 857. 1906.

Neckera anacamptolepis C. Müll., Syn. 2: 663. 1851.

体形中等大小至较粗壮，绿色至黄绿色，略具光泽，疏松丛集生

长。支茎长可达5厘米，上部密二回羽状分枝；常具披针形假鳞毛。茎叶多长卵形，两侧不对称，一侧基部常内折；叶边全缘；中肋单一，仅及叶中部或上部，有时中肋短而分叉。叶细胞卵状六角形，厚壁，叶基中部细胞狭长椭圆形，胞壁多波状加厚。枝叶约为茎叶长度的1/2，卵形，内凹。

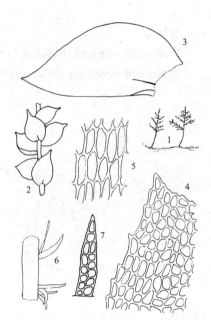

产台湾、广东、海南和西藏，生于海拔800–1500米林中树干。日本、越南、泰国、印度尼西亚、马来西亚、菲律宾、斯里兰卡及巴布亚新几内亚有分布。

1. 植物体(×0.5)，2. 枝的一部分(×25)，3. 茎叶(×18)，4. 叶尖部细胞(×235)，5. 叶中部细胞(×235)，6. 着生茎上的假鳞毛(×30)，7. 假鳞毛(×112)。

图 1125 卵叶羽枝藓 (吴鹏程绘)

4. 东亚羽枝藓　　　　　　　　　图 1126

Pinnatella makinoi (Broth.) Broth., Nat. Pfl. 1(3): 858. 1906.

Porotrichum makinoi Broth., Hedwigia 38: 227. 1899.

体大形，绿色至褐绿色，近于无光泽。支茎直立或倾立，一般长约5厘米，上部1–2回密羽状至树形分枝；茎叶卵形至阔卵形，具锐尖，强烈内凹；叶边上部具齿；中肋粗壮，长达近叶尖处。叶细胞椭圆形至菱形，长5–12微米，角部细胞短而呈方形，厚壁。枝叶与茎叶近于同形，但狭小。

产浙江、台湾和云南，生于低海拔阴湿岩面或树干。日本、越南及菲律宾有分布。

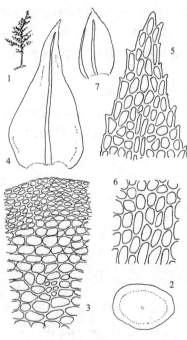

1. 植物体(×0.5)，2. 茎的横切面(×62)，3. 茎横切面的一部分(×210)，4. 茎叶(×18)，5. 叶尖部细胞(×235)，6. 叶中部细胞(×235)，7. 小枝叶(×18)。

图 1126 东亚羽枝藓 (吴鹏程绘)

3. 弯枝藓属 **Curvicladium** Enroth

植物体较粗壮，暗绿色，老时呈褐绿色，无光泽，呈疏松片状生长。主茎匍匐；支茎直立，长达10厘米以上；横切面呈卵形或近圆形，由5–7层小形厚壁细胞和大形薄壁的髓部组成；中轴分化；1–2回近羽状分枝。茎和枝尖常呈弓形弯曲。假鳞毛无。腋毛具4–5个细胞，基部2个细胞短而具色泽。茎基叶三角形，叶边狭内卷。茎叶疏松贴生，卵状舌形，叶尖钝；叶边尖部具粗齿，基部狭内卷；中肋单一，粗壮，不及叶尖部。叶尖部细胞卵形至不规则形，长10–15微米，基部细胞椭圆形至长方形，长约20微米，胞壁等厚或具壁孔。雌雄异株。

雌苞侧生于茎，有时着生主枝。内雌苞叶阔卵形。蒴柄长约10毫米，上部具乳头突起。孢蒴卵形至近圆柱形，长1.2–1.7毫米。蒴齿两层；外齿层齿片16，披针形，密被疣；内齿层齿条狭披针形，密被尖疣，齿毛有时缺失。蒴帽被疏纤毛。孢子直径13–25微米，具细疣。

1种，主要分布喜马拉雅地区。我国有分布。

弯枝藓

图 1127

Curvicladium kruzii (Kindb.) Enroth, Ann. Bot. Fennici 30: 110. 1993.

Thamnium kurzii Kindb., Hedwigia 41: 246. 1902.

种的描述同属。

产云南，生于海拔1800–2500米的树干或树桩上。尼泊尔、不丹、印度及泰国有分布。

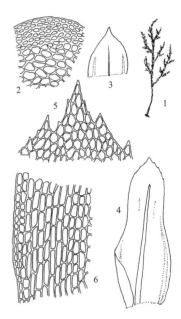

1. 植物体(×0.5)，2. 茎横切面的一部分(×180)，3. 茎基叶(×24)，4. 茎叶(×24)，5.叶尖部细胞(×290)，6.叶基部细胞(×290)。

图 1127 弯枝藓（吴鹏程绘）

96. 细齿藓科 LEPTODONTACEAE

(吴鹏程)

体形小或近中等大小，黄绿色或褐绿色，不具光泽，呈稀疏小片状生长。主茎横展，具多数鳞毛；支茎单一，或一回羽状分枝。叶阔椭圆形，内凹，具不规则波纹；叶边全缘，上部具细齿；中肋粗壮，达叶片上部。叶细胞圆方形至长方形，厚壁，近叶基部细胞呈长椭圆形。雌雄异株或雌雄同株异苞。蒴齿两层；内齿层发育不全。

3属，亚洲东部和南部地区生长。我国有分布。

尾枝藓属 Caduciella Enroth

黄绿色，或呈褐绿色，无光泽。主茎匍匐，叶片多脱落；支茎一般倾立，甚少分枝或一回羽状分枝，尖部常呈尾尖状；假鳞毛披针形，常成簇生长。茎叶阔卵形至阔长卵形，内凹，具不规则横波纹；叶边近全缘；中肋单一，消失于叶片上部，有时分叉。叶细胞圆六角形或圆方形，具乳头，基部细胞近长椭圆形至长方形，壁厚，无壁孔。孢子体不详。

2种，亚洲南部和东部暖湿地区分布。我国有2种。

尾枝藓 图 1128

Caduciella mariei (Besch.) Enroth, Journ. Bryol. 16: 611. 1991.

Neckera mariei Besch., Ann. Sc. Nat. Bot. Ser. 7, 2: 93. 1885.

形小，多黄绿色。支茎高约2厘米；单一或一回羽状分枝；假鳞毛披针形，成簇生长；枝尖常着生鞭状枝。叶扁平着生茎上，阔卵形，长约1.8毫米，具少数不规则波纹；叶边具细齿；中肋粗壮，尖部常分叉。叶细胞圆六角形至圆方形，胞壁厚，近基部细胞长椭圆形，长约10微米。

产云南，生于海拔约1000米的阴湿树干。菲律宾有分布。

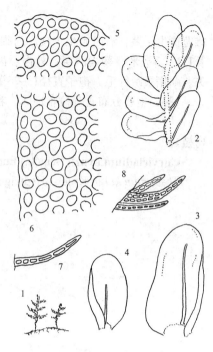

1. 植物体(×0.5)，2. 枝的一部分(×18)，3. 茎叶(×18)，4. 枝叶(×18)，5. 叶尖部细胞(×265)，6. 叶中部边缘细胞(×265)，7-8. 假鳞毛(×85)。

图 1128 尾枝藓（吴鹏程绘）

97. 船叶藓科 LEMBOPHYLLACEAE
(吴鹏程)

多树干附生，稀岩面生长。体形粗壮或形稍小，硬挺，黄绿色或暗绿色，具暗光泽。主茎横展，密被棕红色假根。支茎倾立或直立，上部有时呈弓形弯曲；树形分枝或不规则羽状分枝；无鳞毛或具稀少片状鳞毛。茎横切面多圆形，有疏松的基本组织和厚壁的周边细胞分化，中轴不明显或缺失。茎叶匙形至倒长卵形，稀近圆形；叶边上部多具细齿或粗齿；中肋短弱，稀单一，达叶中部。叶细胞六角形、菱形至线形，壁厚或薄，角部细胞小而呈圆形或方形。雌雄异株或假雌雄同株。蒴柄细长。孢蒴卵形至圆柱形，平展，或略呈弓形弯曲。蒴齿两层；外齿层齿片具密横条纹；内齿层基膜高出，齿条与齿毛发育良好。蒴帽兜形，平滑。

14属，多分布温带及亚热带地区。我国有3属。

1. 叶尖圆钝或具短尖；蒴齿齿片外面无横条纹。
　2. 茎叶圆卵形，上部具粗齿；蒴帽覆被孢蒴大部分 ························· 1. 船叶藓属 Dolichomitra
　2. 茎叶长卵形，上部具细齿；蒴帽覆被孢蒴上部 ·········· 2. 拟船叶藓属 Dolichomitriopsis
1. 叶尖狭长；蒴齿齿片外面具横条纹 ··· 3. 猫尾藓属 Isothecium

1. 船叶藓属 Dolichomitra Broth.

体形粗壮，绿色至黄绿色，具绢泽光。支茎直立，下部被鳞片状茎基叶，上部呈树形分枝；分枝尖部圆钝，常弯曲。茎叶阔卵形或圆卵形，强烈内凹，尖部具粗齿；中肋单一，上部常分叉。叶细胞狭菱形，至线形；角部细胞方形。雌雄异株。孢蒴长圆柱形，台部粗短。蒴齿两层；外齿层齿片狭披针形，基部相互连合，具疣；内齿层齿条披针形，与齿片近于等长，齿毛缺失。蒴帽狭长兜形，覆盖及孢蒴基部及蒴柄。

1种，东亚特有。我国有分布。

船叶藓 图 1129

Dolichomitra cymbifolia (Lindb.) Broth., Nat. Pfl. 1(3): 868. 1907.

Isothecium cymbifolium Lindb., Acta Soc. Fennici 10: 231. 1872.

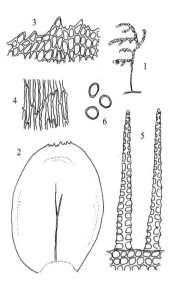

种的特征同属。

产安徽、浙江和贵州，生于海拔1500–1800米山林中树根或岩石上。朝鲜及日本有分布。

1. 植物体(×0.5), 2. 茎叶(×22), 3. 叶尖部细胞(×275), 4. 叶基部中央细胞(×275), 5. 蒴齿(×245), 6. 孢子(×275)。

图 1129 船叶藓（吴鹏程绘）

2. 拟船叶藓属 Dolichomitriopsis Okam.

形体较小或中等大小，绿色至黄绿色，具弱光泽。支茎直立至倾立，下部被鳞片状茎基叶，上部不规则羽状分枝；分枝尖部常呈匍枝状。叶卵形至圆卵形，内凹，具钝尖或锐尖；叶边近于全缘或具细齿；中肋单一，消失于叶片中部，上部常分叉。叶细胞狭菱形至线形，角部细胞方形或近方形，厚壁。雌雄异株。孢蒴长卵形，红棕色。蒴齿两层；外齿层齿片狭披针形，基部相互连合，被细疣；内齿层无齿毛，基膜高约为外齿层的1/6，无齿毛。蒴盖圆锥形，具细喙。蒴帽兜形，覆盖及孢蒴基部。

3–4种，均分布亚洲东部。我国有1种。

尖叶拟船叶藓 图 1130

Dolichomitriopsis diversiformis (Mitt.) Nog., Journ. Jap. Bot. 22: 83. 1948.

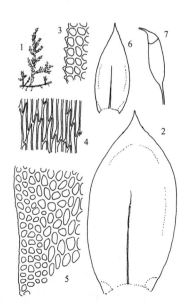

Hypnum diversiformis Mitt., Linn. Soc. London Bot. ser. 2, 3: 185. 1891.

体形中等大小，多灰绿色，略具光泽。疏松丛集生长。支茎不规则分枝。茎叶卵形，内凹，具短锐尖；叶边尖部具细齿；中肋达叶上部的2/3处。叶细胞卵形至线形，中部细胞长30–40微米，角部细胞近方形，厚壁。枝叶椭圆形至卵形。蒴柄细长，可达1.8厘米，红棕色。孢蒴圆柱形，长约3毫米。孢子直径约15微米。

图 1130 尖叶拟船叶藓（吴鹏程绘）

产安徽、浙江和贵州，生于海拔1000-1300米山林中树干或阴湿岩面。朝鲜及日本有分布。

1. 植物体(×0.5)，2. 茎叶(×32)，3. 叶尖部边缘细胞(×275)，4. 叶基部中央细胞（×275)，5. 叶基角部细胞(×275)，6. 枝叶(×12)，7. 孢蒴(×6)。

3. 猫尾藓属 Isothecium Brid.

外形略粗或中等大小，绿色至淡棕色，略具光泽。支茎上部树形分枝至不规则羽状分枝；分枝多稍弯曲而锐尖。茎叶倾立，卵状披针形至长卵状披针形，强烈内凹，具短尖或长尖；叶边上部具齿；中肋单一，消失于叶片上部。叶细胞菱形至线形，厚壁；角部细胞4-6边形至近方形，膨起，有时具两层细胞。雌雄多异株。内雌苞叶基部呈鞘状，具长尖。孢蒴直立或平列，卵形或长椭圆形。环带分化。蒴齿两层；外齿层黄色，外面具横条纹，齿片披针形。内齿层透明或淡黄色，齿条与外齿层等长，披针形，齿毛通常发育。

约20种，多温带山区分布。我国有1种。

异猫尾藓

图 1131

Isothecium subdiversiforme Broth., Hedwigia 38: 237. 1899.

灰绿色，略具光泽，疏松丛集生长。支茎上部不规则羽状分枝。上部茎叶长卵形，内凹，先端渐尖或钝尖，两侧基部膨起；叶边上部具粗齿；中肋达叶片上部，上部常分叉。叶中部细胞线形至蠕虫形，长20-30微米；角部细胞长椭圆形，胞壁强烈加厚，具壁孔，雌雄异株。蒴柄细长，长1-1.5厘米，平滑。孢蒴圆柱形，棕褐色。蒴齿两层；内齿层基膜高，齿毛1-2，短弱。孢子直径12-17微米。

产台湾和湖南，生于海拔700-1000米山林中树干或岩面。日本有分布。

1. 植物体(×0.5)，2. 茎叶(×20)，3. 叶尖部细胞(×235)，4. 叶中部细胞(×235)，5. 叶基角部细胞(×235)。

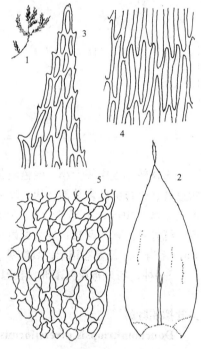

图 1131 异猫尾藓（吴鹏程绘）

98. 水藓科 FONTINALIACEAE

（吴鹏程）

水生藓类，暗绿色，无光泽，根着基质，上部随水漂动。茎不规则分枝或近于羽状分枝。叶多呈三列状，阔卵形至狭披针形，先端钝至渐尖，内凹或尖部呈兜形，脊部突起，基部略下延，或呈耳状；叶边全缘，或尖部具齿；中肋缺失，或单一，贯顶或长突出。叶上部细胞椭圆状六角形至线形，平滑，下部细胞宽短，多具壁孔和色泽；角细胞有时分化。雌雄异株。雌苞着生茎或主枝。内雌苞叶具鞘部。蒴柄甚短或细长。孢蒴隐生或高出于雌苞叶，卵形至圆柱形。蒴齿两层；外齿层齿片16，狭披针形，暗红色至褐色，尖部有时成对相连；内齿层齿条上部呈格状。蒴盖短圆锥形，或具喙。蒴帽钟形或兜形。孢子绿色，平滑或具细密疣。

3属，温带分布。我国有2属。

1. 孢蒴隐生于雌苞叶内；蒴帽圆锥形；叶无中肋 ·· 1. 水藓属 Fontinalis
1. 孢蒴高出于雌苞叶；蒴帽兜形；叶具中肋 ·· 2. 弯刀藓属 Dichelyma

1. 水藓属 **Fontinalis** Hedw.

属的特征参阅科的描述。主要征状为叶无中肋，蒴帽呈圆锥状钟形。

20种，主要分布温带地区。我国2种

1. 水藓 大水藓   图 1132 彩片223

Fontinalis antipyretica Hedw., Sp. Musc. Frond. 298. 1801.

形体稍粗，绿色至暗绿色，无光泽，根着水生。茎长可达30厘米以上，不规则羽状分枝。茎叶三列生，椭圆状卵形至长卵形，先端圆钝至锐尖，基部狭，脊部明显而呈对折状；叶边全缘。叶细胞菱形至长菱形，壁薄；叶基中部细胞狭长菱形至线形。孢蒴卵形，长约2毫米。蒴齿两层；外齿层齿片尖部相连或分离，脊部具穿孔；内齿层齿条上部呈格状。孢子直径15–20微米。

产内蒙古和新疆，生于溪中流动水中的岩石或树根。日本、亚洲中部和北部、欧洲、北美洲、格陵兰及非洲有分布。

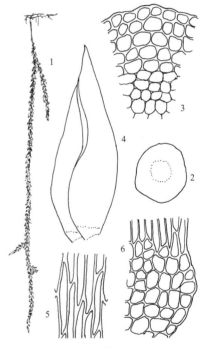

1. 植物体(×0.5)，2. 茎的横切面(×75)，3. 茎横切面的一部份(×225)，4. 茎叶(×22)，5. 叶中部细胞(×235)，6. 叶基角细胞(×235)。

图 1132 水藓 (吴鹏程绘)

2. 弯刀藓属 **Dichelyma** Myrin

植物体纤长，黄绿色至暗绿色，呈束状生长溪流或湿土上。茎长可达10厘米以上；无中轴分化；不规则分枝。叶多呈三列状，常一向偏曲；茎叶与枝叶近似，卵状披针形或狭披针形，具细长尖，上部多一向弯曲；叶边全缘，仅尖部具齿；中肋达叶尖或近叶尖部，稀突出于叶尖。叶细胞狭菱形至线形，平滑，基部细胞趋短。雌雄异株。雌苞叶长椭圆形；叶边全缘；中肋一般缺失。蒴柄短或高出于雌苞叶。孢蒴卵状圆柱形，无气孔。蒴齿两层；外齿层齿片狭披针形，褐色，具疣；中缝具穿孔；内齿层齿条线形，多长于外齿层，尖部常相连呈网状。蒴盖具斜喙。蒴帽兜形。孢子圆球形。

6种，温带山区溪涧或溪边树基及湿土生。我国有1种。

网齿弯刀藓

图 1133

Dichelyma falcatum (Hedw.) Myrin, K. Svensk. Vet. Ak. Handel. 1832: 274. 1833.

Fontinalis falcata Hedw., Sp. Musc. Frond. 299. 1801.

体形细长, 黄绿色至暗绿色, 呈疏束状生长。茎横切面呈椭圆形或圆形, 由5-6层小形厚壁具橙红色的皮层细胞和约10层大形透明薄壁细胞组成, 无中轴。茎不规则分枝或叉状分枝。茎叶基部卵状椭圆形, 渐上成披针形, 长3-5毫米, 多褶合而脊部突起, 尖部多弯曲; 叶边仅尖部具细齿; 中肋单一, 贯顶或突出于叶尖。叶上部细胞长卵形至长菱形, 常具前角突起, 中部细胞近线形, 薄壁, 基部细胞椭圆形至近方形, 呈淡黄色, 胞壁强烈加厚。雌雄异株。蒴柄长10-15微米。孢蒴椭圆状圆柱形。蒴齿两层, 黄褐色; 外齿层齿片密被刺疣; 内齿层齿条相连呈具孔网状圆锥形。蒴盖具斜喙。孢子表面平滑或粗糙, 直径12-14微米。

产新疆, 生于海拔约2000米的湿土上。欧洲及北美洲有分布。

1. 植物体(×0.5), 2. 茎的横切面(×60), 3. 茎的上部叶(×18), 4. 叶尖部细胞

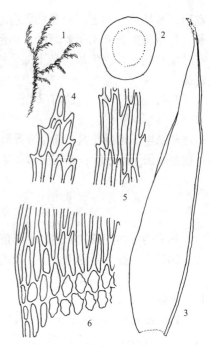

图 1133 网齿弯刀藓 (吴鹏程绘)

(×210), 5. 叶中部边缘细胞(×210), 6. 叶基角部细胞(×210)。

99. 万年藓科 CLIMACIACEAE

(汪楣芝)

植物体形粗大, 硬挺, 绿色或暗绿色, 常成片生长。主茎粗, 根状横展, 密被棕色假根; 支茎直立, 下部无分枝, 主茎和支茎下部叶呈鳞片状, 紧贴生长; 支茎上部1-多回树状分枝, 枝条呈圆条形, 先端多尾尖状。茎叶与枝叶异形; 茎叶一般为宽卵形, 枝叶为卵状披针形; 叶边全缘或具齿, 先端宽钝或锐尖, 基部两侧多少呈耳状; 中肋单一, 粗壮, 消失于叶尖下, 有的种类枝叶中肋背面前端具锐齿。叶细胞狭菱形或线形, 基部细胞较大, 渐呈方形, 有时透明。雌雄异株。蒴柄细长, 红棕色。孢蒴长卵形或长圆柱形, 直立或倾立。蒴齿两层; 外齿层齿片狭长披针形, 棕红色, 外侧具密横纹; 内齿层齿条淡黄色, 折叠而有连续穿孔, 基膜高, 长于齿片或与齿片等长; 齿毛不发育。蒴盖圆锥形, 具长或短喙。蒴帽长兜形。孢子球形, 平滑或具疣。

2属, 温带林区生长。中国有分布。

1. 支茎上部为1-2回树形分枝, 枝条略粗; 小枝叶基部常不下延; 叶角部细胞不规则方形或长方形, 壁稍厚; 孢蒴内齿层基膜低 ·· 1. **万年藓属 Climacium**
1. 支茎上部多回分枝, 枝条较细; 小枝叶基部常下延; 叶角部细胞大形, 透明, 壁薄; 孢蒴内齿层基膜较高 ··· 2. **树藓属 Pleuroziopsis**

1. 万年藓属 Climacium Web. et Mohr

体形粗大，绿色或暗绿色，略具光泽，有时成片状生长。支茎下部单一，直立，被覆鳞片状叶；上部呈1–2回树形分枝，常着生具分枝的线形假鳞毛。茎叶与枝叶异形。茎叶宽卵形，略内凹，先端圆钝，具短突尖，基部宽阔，全缘；中肋单一，消失于叶上部。枝叶长卵状披针形，先端略宽，基部宽阔成耳状，略下延，上部边缘具粗齿；中肋长达叶的2／3处消失，背面上部常具少数粗刺。叶细胞狭菱形或虫形，薄壁；基部细胞大，厚壁并具明显壁孔；角部细胞方形或长方形。雌雄异株。内雌苞叶具高鞘部，上部突狭窄成细长尖。蒴柄细长，紫红色。孢蒴长卵形或长圆柱形，直立，老时呈棕红色。蒴齿两层：外齿层齿片狭长披针形，深橙红色，外面有密横隔；内齿层淡黄色，齿条线形，具细疣，脊部具穿孔，基膜低，齿毛不发育。蒴盖圆锥形，具喙。蒴帽兜形。孢子红褐色，表面具细疣。

3种，见于北温带山地。中国有2种。

1. 植株上部枝条近于直立或倾立，先端通常粗钝；枝叶基部叶耳不明显，中肋背面平滑 ……………………………………………………………………………………… 1. 万年藓 C. dendroides
1. 植株上部枝条近于横生，先端呈尾状尖；枝叶基部具明显叶耳，中肋背面前端常具齿 ……………………………………………………………………………………… 2. 东亚万年藓 C. japonicum

1. 万年藓　　　　　　　　　　　图 1134 彩片224

Climacium dendroides (Hedw.) Web. et Mohr, Naturh. Reise Sweden: 96. 1804.

Leskea dendroides Hedw., Sp. Musc. Frond. 228. 1801.

体形粗壮，绿色至黄绿色，略具光泽。主茎匍匐，横展，密被红棕色假根；支茎直立，长6–8厘米，叶紧密覆瓦状贴生茎上；上部多分枝，枝条直立或倾立，密被叶，先端较钝。茎下部叶阔卵形，先端具钝尖，无纵褶，全缘；中肋不及叶尖消失。茎上部叶长卵形，具长纵褶，先端宽钝，边缘具齿。枝叶狭长舌形至卵状披针形，具长纵褶，上部宽钝至锐尖；基部

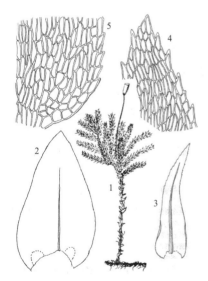

圆钝，叶缘上部具齿；中肋消失于叶尖下。叶尖部细胞六角形，中部细胞蠕虫形至狭长六角形，壁薄，基部细胞疏松，透明。雌苞着生支茎上部。内雌苞叶长卵形，突具长锐尖。蒴柄长2–3厘米，平滑。孢蒴长圆柱形或椭圆状圆柱形。蒴齿两层：外齿层齿片狭长披针形，被细密疣；内齿层齿条长于外齿层齿片，基膜低，具中缝穿孔，齿毛不发育。蒴盖长圆锥形。孢子直径15–20微米。

产黑龙江、吉林、辽宁、四川、云南和西藏，多林下湿润肥沃土上

图 1134 万年藓（汪楣芝、张大成绘）

生长。北半球温带地区广布，南达新西兰。

1. 植物体(×1)，2. 茎叶(×8)，3. 枝叶(×10)，4. 枝叶尖部细胞(×100)，5. 枝叶基部细胞(×100)。

2. 东亚万年藓　　　　　　　　图 1135 彩片225

Climacium japonicum Lindb., Acta Soc. Sc. Fenn. 10: 232. 1872.

粗大，绿色、深绿色至黄绿色，略具光泽。主茎匍匐横生，密

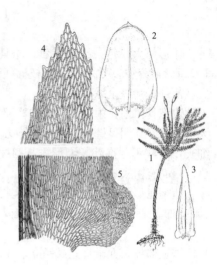

被红棕色假根；横切面近于圆形，中轴分化，皮部3–4层小形厚壁细胞及中央大形薄壁细胞。支茎直立，长6–10厘米，上部枝条多横生，向一侧偏曲；分枝先端常渐细而呈尾尖状。茎叶阔卵形，先端圆钝；叶边全缘；中肋细长，消失于近叶顶端。枝叶卵状披针形，纵褶多数，基部两侧具明显叶耳；叶上部边缘具粗齿，下部常波曲；中肋尖端背面常具少数棘刺。茎叶中部细胞近于呈虫形。雌苞着生支茎上部；内雌苞叶长卵形，具披针形长细尖。孢蒴长圆柱形，多呈弓形弯曲。蒴齿两层：外齿层齿片细长披针形，具横隔，上部密被细疣；内齿层齿条长于外齿层，狭长披针形，多具中缝；齿毛常退化成单个细胞。蒴盖圆锥形。孢子直径约15微米，表面具细疣。

产黑龙江、吉林、辽宁、陕西、甘肃、安徽、湖北和四川，山地林下有时成片散生。日本、朝鲜及俄罗斯有分布。

图 1135 东亚万年藓（郭木森、汪楣芝绘）

1. 植物体(×0.5)，2. 茎叶(×7)，3. 枝叶(×7)，4. 枝叶尖部细胞(×80)，5. 枝叶基部细胞(×80)。

2. 树藓属 Pleuroziopsis Kindb.

粗大，树形，绿色至黄绿色，老时褐绿色，具弱光泽。主茎匍匐横展，着生棕色假根。支茎下部单一，直立，密被鳞片状叶，上部2–多回羽状分枝，近茎顶部枝条趋短；分枝圆条形；鳞毛具分枝。茎叶阔卵形，内凹，先端具细尖，基部略下延；叶边全缘；中肋消失于叶上部。枝叶长卵形，尖钝，基部具长下延；叶边上部具粗齿；中肋不及叶尖即消失。叶上部细胞狭长菱形至长虫形，壁等厚，基部细胞方形或长方形；角部细胞形大，透明，薄壁，排列疏松。雌雄异株。雌苞着生茎顶。内雌苞叶具高鞘部，中肋长达叶中部。蒴柄红棕色，长可达3厘米。孢蒴卵形或长卵形，弓形弯曲，淡褐色。蒴齿两层；外齿层齿片狭长披针形，棕红色，外面密集低横脊及横纹，内面有密横隔；内齿层齿条与外齿层等长，淡黄色，狭披针形，具细疣，脊部明显，具穿孔，齿毛未发育。蒴盖圆锥形，具短喙。蒴帽兜形。孢子绿色，平滑。

1种，分布北太平洋地区。中国有分布。

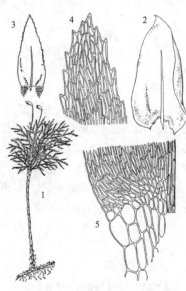

树藓   图 1136

Pleuroziopsis ruthenica (Weinm.) Kindb., Canad. Rec. Sc. 6: 19. 1894.

Hypnum ruthenicum Weinm., Bull. Soc. Imp. Natural. Moscou 18 (4): 485. 1845.

种的特征同属。

产黑龙江、吉林和西藏，生于寒冷针叶林林地。日本、朝鲜及俄罗斯有分布。

1. 植物体(×0.5)，2. 茎叶(×20)，3. 枝叶(×30)，4. 枝叶尖部细胞(×150)，5. 枝叶基部细胞(×150)。

图 1136 树藓（郭木森、汪楣芝绘）

100. 油藓科 HOOKERIACEAE

（林邦娟）

植物体形小至中等大小，多柔弱，有时具光泽。茎直立或匍匐横生，不规则分枝或羽状分枝。叶4-8列，腹叶和背叶紧贴，侧叶散生，叶片卵状舌形、卵状披针形、卵形或长卵形，叶边平展，平滑或有齿；中肋单一或成双，稀缺失。叶细胞通常阔菱形或六边形，平滑或具疣，基部细胞稍长大，常深色，角细胞不分化，叶边有时具狭长细胞。雌雄同苞同株，或雌雄异株。蒴柄细长，平滑或具疣。孢蒴多倾立或平列，通常对称。蒴齿两层；外齿层齿片狭长披针形，外面有疣或横纹；内齿层有疣，基膜高或低，齿毛不甚发育或完全消失。蒴盖圆锥形，有细长喙。蒴帽钟形，基部有短裂片或流苏，稀具毛。孢子细小或中等大小。

27属，多分布于世界温热地区。我国有9属。

1. 中肋单一。
  2. 叶片扁平，异形；叶上部细胞圆六角形或多边形；外齿层具条纹 ·················· 1. 黄藓属 Distichophyllum
  2. 叶片不扁平，同形；叶上部细胞菱形或椭圆形；外齿层密被疣 ·················· 2. 小黄藓属 Daltonia
1. 中肋2，粗壮、短弱或缺失。
  3. 中肋粗而长达叶片中部。
    4. 叶边明显分化；叶上部细胞圆六角形，直径大于30微米 ·················· 3. 圆网藓属 Cyclodictyon
    4. 叶边不分化或略分化；叶上部细胞长菱形或菱形，若为六角形，直径小于30微米。
      5. 茎直立；叶边略分化，全缘；外齿层具疣 ·················· 4. 假黄藓属 Actinodontium
      5. 茎匍匐；叶边不分化，具微齿或锯齿；外齿层具横隔。
        6. 植物体绿色或黄绿色；中肋长达叶近尖部；叶细胞圆六角形至短菱形 ······· 5. 强肋藓属 Callicostella
        6. 植物体多黄绿色；中肋达叶中部；叶细胞长纺锤形 ·················· 6. 拟油藓属 Hookeriopsis
  3. 中肋短弱，或缺失。
    7. 叶片具明显分化边缘 ·················· 7. 毛柄藓属 Calyptrochaeta
    7. 叶片不具分化边缘。
      8. 叶边全缘；叶细胞阔卵形，大而疏松，直径达18微米 ·················· 8. 油藓属 Hookeria
      8. 叶边具锯齿；叶细胞不规则菱形至短线形，直径小于18微米 ·················· 9. 灰果藓属 Chaetomitriopsis

1. 黄藓属 Distichophyllum Dozy et Molk.

体形多柔弱，黄绿色，有时具光泽，密集成片贴生。茎扁平，常倾立或垂倾，少分枝，基部或全株被稀疏棕色假根。叶6-8列，异形，背叶常较小，背腹叶紧贴，侧叶较大，斜列，长卵形、舌形或匙形，尖端圆钝或具短尖，稀具长毛尖；叶边平展或波曲，全缘；中肋单一，达叶近尖部或中部；叶细胞平滑，圆形或阔六角形，基部细胞较长而大。雌雄同株异苞。雌苞叶小，舌形或卵状披针形，无分化边缘，无中肋。蒴柄细长，棕红色，平滑或具疣。孢蒴直立或下倾，卵形或长卵形，具明显台部，平滑。蒴齿两层；外齿层齿片狭披针形，外面具密条纹或中央凹沟，内面有突起的横隔；内齿层有细疣，基膜高，齿条宽，中缝具穿孔，无齿毛。蒴盖圆锥形，具长喙。蒴帽圆锥状帽形，平滑或粗糙，先端有时具纤毛，基部常成流苏状。孢子细小。

约100种。我国有13种。

1. 叶片呈明显龙骨状突起 ·················· 1. 凸叶黄藓 D. carinatum
1. 叶片不呈龙骨状突起。
  2. 叶先端收缩呈毛尖或短尖，长约100微米 ·················· 2. 尖叶黄藓 D. cuspidatum

2. 叶先端圆钝，具细尖、急尖、渐尖或小突尖，先端长度不超过100微米。
  3. 植物体小；叶长度不及2.5毫米。
    4. 叶尖圆钝，无芒或细尖。
      5. 叶上部边缘的细胞明显小于近中肋的细胞 ························· **3. 钝叶黄藓 D. mittenii**
      5. 叶上部边缘的细胞不小于近中肋的细胞。
        6. 叶细胞大而疏松，宽达18微米 ··················· **4. 黑茎黄藓 D. subnigricaule**
        6. 叶细胞小而排列紧密，宽小于18微米 ············· **5. 万氏黄藓 D. wanianum**
    4. 叶急尖、渐尖或具短尖。
      7. 叶边宽阔，宽度为20–50微米，由2–4列厚壁、长方形至线形细胞构成。
        8. 叶上部近边缘的3–5列细胞较小 ··················· **6. 卷叶黄藓 D. cirratum**
        8. 叶上部近边缘细胞不分化或仅1–2列细胞较小 ·········· **7. 厚角黄藓 D. collenchymatosum**
      7. 叶边狭窄，宽度为10–20微米，由1–2（3）列薄壁至略加厚的狭长方形至线形的细胞构成 ······
              ··· **8. 东亚黄藓 D. maibarae**
  3. 植物体大；叶长度多大于2.5毫米 ························· **9. 波叶黄藓 D. osterwaldii**

1. 凸叶黄藓   图 1137

Distichophyllum carinatum Dix. et Nichols., Rev. Bryol. 36: 24. 1909.

植物体较小，浅黄绿色，丛生。叶卵状披针形，长1–1.5毫米，宽1毫米，具短尖，上部呈龙骨状向背部凸起，常对折，干时螺旋状扭曲；中肋近于达叶尖。叶细胞形大，六角形，长36–45微米，宽15–18（22）微米，薄壁，基部细胞长方形，边缘具1–2列薄壁、线形细胞。蒴柄长1厘米，平滑。蒴帽钟形。芽孢丝形。

产四川，附生于潮湿石灰岩上。日本中部及欧洲西部有少量分布。系濒危藓类。

1-3. 叶（×23.5），4. 叶尖部细胞（×57.5），5. 雌苞叶（×23.5）。

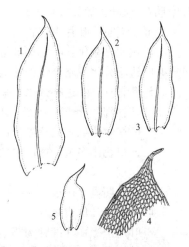

图 1137 凸叶黄藓（林邦绢、郭木森、王庆华绘）

2. 尖叶黄藓   图 1138

Distichophyllum cuspidatum (Dozy et Molk.) Dozy et Molk., Musci Frond. Ined. Archip. Indidi 4: 101. 1846.

Hookeria cuspidata Dozy et Molk., Ann. Sci. Nat., Bot., Ser. 3, 2: 305. 1844.

植物体密集丛生。茎直立，高1.5厘米，连叶片宽4毫米。叶略具波形，干时扭曲，长椭圆形至阔舌形，有时呈倒披针形，长3–4毫米，宽1毫米，上部内凹，先端收缩呈长毛尖，长达150–300微米；叶边全缘，由2–3（5）列厚壁、线形的细胞组成，基部有时呈波状；中肋长达叶片的2/3处。叶上部细胞圆六角形，直径18–40微米，常角隅加厚，基部细胞短长方形，长34–56微米，宽14–20微米。雌苞叶较小，长仅1毫米。

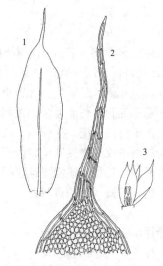

图 1138 尖叶黄藓（林邦绢、郭木森、王庆华绘）

孢子体侧生。蒴柄多平滑，长约5毫米。孢蒴卵状球形，直立或下倾。

产台湾和海南，生于海拔800-1300米的山地林下、树干、树枝或腐木上。印度、越南、泰国、斯里兰卡、马来西亚、印度尼西亚、菲律宾及新几内亚有分布。

1. 叶(×12)，2. 叶尖部细胞(×57.5)，3. 雌苞叶和颈卵器(×12)。

3. 钝叶黄藓　　　　　　　　图 1139

Distichophyllum mittenii Bosch et S. Lac., Bryol. Jav. 2: 25. 1861.

密集贴生，扁平，具光泽。茎平卧或直立，高2厘米，连叶宽4毫米。叶片干时略具皱纹或波纹，基部较窄，上部呈匙形或阔卵形，长3-4，宽2毫米，尖端宽阔，圆钝，具小尖头，叶尖长15微米；中肋粗壮，近于达叶尖；叶边全缘，由1-2列薄壁、线形细胞形成分化边缘。叶细胞六角形，直径15-22微米，略具角隅加厚，叶上部近边缘数列细胞较小（直径9-15微米），基部细胞长方形，长67-90（110）微米，宽27-33微米。孢子体侧生。蒴柄长1厘米，表面粗糙。孢蒴卵形，孢壁细胞角隅强加厚。

产台湾、海南和西藏，生于海拔1000-1650米的山地林下阴湿处石上或腐木上。日本、越南、柬埔寨、泰国、斯里兰卡、马来西亚、印度尼西亚、菲律宾及新几内亚有分布。

1. 叶(×10.5)，2. 叶尖部细胞(×63.5)，3. 叶中部细胞(×63.5)，4. 叶基部细胞(×63.5)。

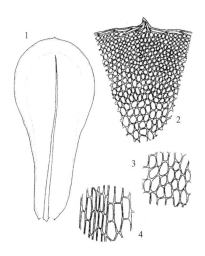

图 1139 钝叶黄藓（林邦绢、郭木森、王庆华绘）

4. 黑茎黄藓　　　　　　　　图 1140

Distichophyllum subnigricaule Broth., Philip. Journ. Sci. 31: 289. 1926.

密集丛生。茎黑褐色，长1-2厘米，连叶宽4毫米。叶片干时略旋扭，阔倒卵形或匙形，长约1-2毫米，宽0.5-0.8毫米，先端圆钝，稀具小尖；叶边具1-2列薄壁、线形细胞；中肋短弱，仅达叶片中部。叶细胞不分

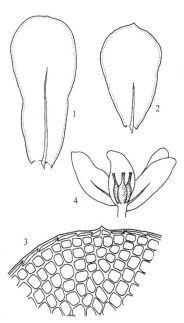

图 1140 黑茎黄藓（林邦绢、郭木森、王庆华绘）

化，圆六边形，疏松，直径34–45（67）微米，薄壁。雌苞侧生，雌苞叶阔卵形，长0.5毫米，急尖或钝尖。

产海南和云南，生于海拔900–1400米林内腐木上。马来西亚、印度尼西亚及菲律宾有分布。

1-2. 叶（×23.5），3. 叶尖部细胞（×110），4. 雌苞（×23.5）。

5. 万氏黄藓　　　　　　　　　　　　　　　　　图 1141

Distichophyllum wanianum B. C. Tan et P. J. Lin, Trop. Bryol. 10: 57. 1995.

体形细小，簇生。茎高1.6厘米，连叶宽2毫米。叶片干时强皱缩或卷曲，湿时平展，阔匙形，基部狭长，叶尖圆钝，有时具小尖头，长2–2.5毫米，宽1–1.2毫米；叶边平展，上部波状，由1–3列厚壁、线形细胞构成明显分化边缘；中肋单一，长达叶上部。叶尖细胞较小，宽仅9–13微米，中部细胞方形至多边形，宽11–13（18）微米，基部细胞长方形，长33–45（67）微米，宽11–12微米。雌苞叶小，长椭圆形至匙形，具明显小尖头，有中肋。孢子体侧生。蒴柄长0.5–1厘米，上部具弱疣，下部平滑。孢蒴长椭圆形，长2–2.25毫米。

中国特有，产广东、海南和云南，生于海拔100–2300米密林内的树枝、树基和岩面薄土上。

1-2. 叶（×13），3. 叶尖部细胞（×62.5），4. 叶基部细胞（×62.5），5. 孢蒴（×13）。

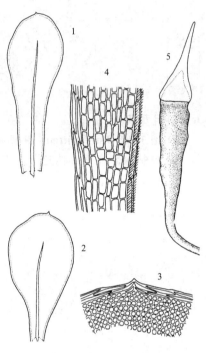

图 1141　万氏黄藓（林邦绢、郭木森、王庆华绘）

6. 卷叶黄藓　　　　　　　　　　　　　　　　　图 1142

Distichophyllum cirratum Ren. et Card., Rev. Bryol. 23: 104. 1896.

植物体细小至中等大小，垫状丛生。茎平卧，长2–3（6）厘米，连叶片宽2–5毫米，不规则分枝。叶疏列，干时皱缩或扭曲，卵形、长椭圆形至舌形，长2–2.5毫米，宽0.5–1毫米，先端钝或具短尖；叶边全缘，波曲，具明显分化边缘；中肋强，单一，长达叶片中部。叶细胞六角形至多边形，宽18–22微米，近叶边的3–5列细胞较小，直径仅11–18微米。

产海南和广西，生于林下岩面薄土上。泰国及马来西亚有分布。

1-2. 叶（×21），3. 叶尖部细胞（×100），4. 叶中部细胞（×100）。

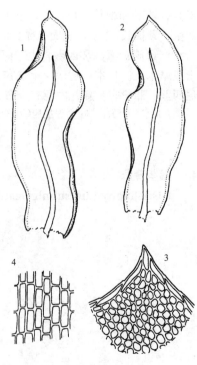

图 1142　卷叶黄藓（林邦绢、郭木森、王庆华绘）

7. 厚角黄藓 图 1143 彩片226

Distichophyllum collenchymatosum Card., Bull. Soc. Bot. Genive, ser. 2, 3: 278. 1911.

体形细小至中等大小，密集丛生。茎常不规则分枝，枝扁平，长1–3（6）厘米，连叶片宽3–5毫米。叶干时皱缩而卷曲，长卵形至阔舌形，长1.5–3毫米，宽1毫米，具短尖或渐尖，尖长20–50微米；叶边全缘，平展或具波纹；中肋达近叶尖。叶细胞大，圆六角形，直径为（27）34–56微米，薄壁而角部略加厚，近同形，仅叶尖和边缘细胞略小，基部细胞方形，叶边具2–3列线形、薄壁细胞。雌苞叶狭长椭圆形，长约1毫米。孢蒴侧生，卵形，长约1–1.5毫米。蒴柄长1–1.5厘米，平滑。芽孢分枝而呈丝状，着生叶片中肋的基部。

产浙江、台湾、福建、湖南、广东、香港、海南、广西、贵州和云南，生于海拔200–1200米林下或路边湿石和腐木上。日本、朝鲜及菲律宾有分布。

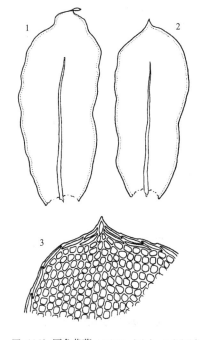

图 1143 厚角黄藓 （林邦绢、郭木森、王庆华绘）

1-2. 叶（×23.5），3. 叶尖部细胞（×110）。

8. 东亚黄藓 图 1144

Distichophyllum maibarae Besch., Journ. Bot. 13: 40. 1899.

植物体密集成片贴生，体形变化较大。叶片干时皱缩或略具波纹，阔长卵形，长1–2（2.6）毫米，宽0.8–2毫米，侧叶和顶叶较大，长或短舌形，叶先端圆钝，具急尖或短渐尖，有时具细齿；叶边平展，全缘，具1–3列线形细胞构成的分化边缘；中肋单一，近达叶尖。叶上部细胞近六角形，长11–18（–23）微米，宽11–13（–18）微米，中部细胞方形至圆六角形，长16–34微米，宽11–16（23）微米，薄壁，基部细胞长方形。孢子体侧生。蒴柄长8–9（15）毫米，平滑。孢蒴长椭圆形，长1毫米，有强皱褶的蒴台。蒴帽钟形，基部具长毛。孢子8–10微米，平滑或具弱疣。

产浙江、台湾、福建、江西、湖南、广东、香港、海南、广西、贵州、四川和云南，生于海拔400–2500米林下湿土、溪边崖壁石上或腐木上。印度、马来西亚及中南半岛有分布。

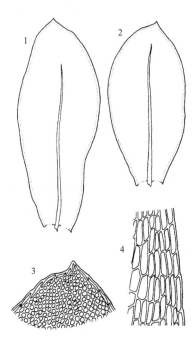

图 1144 东亚黄藓 （林邦绢、郭木森、王庆华绘）

1-2. 叶（×25），3. 叶尖部细胞（×125），4. 叶基部细胞（×125）。

9. 波叶黄藓 图 1145

Distichophyllum osterwaldii Fleisch., Musci Fl. Buitenzorg 3: 994. 1908.

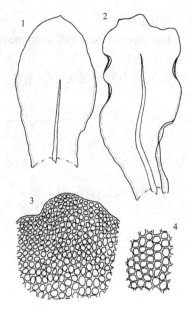

体形中等大小至大形，疏松丛生。茎直立，高1.5–3厘米，疏列叶，扁平，连叶片宽4毫米。叶片干时具强波纹并扭曲，舌形、倒卵形或匙形，基部较窄，长1.5–3毫米，宽1–1.5毫米，先端宽阔，圆钝；叶边具弱齿或全缘，下部具1–2列狭长细胞构成明显的分化边缘；中肋细，长达叶片3/4处。叶近中肋细胞圆六角形，直径（18）23–33微米，近叶边缘和叶尖的细胞较小，基部细胞短长方形，长38–45（67）微米，宽11–23微米。孢子体侧生。蒴柄长0.5–1厘米，密被粗疣。孢蒴卵状球形至长椭圆形，长1毫米。

产台湾、福建和广西，生于海拔约1700米林下石上。日本、马来西亚、印度尼西亚及菲律宾有分布。

图 1145 波叶黄藓（林邦绢、郭木森、王庆华绘）

1-2.叶（×22），3.叶尖部细胞（×110），4.叶中部细胞（×110）。

2. 小黄藓属 Daltonia Hook. et Tayl.

体形纤弱，小形至中等大小，绿色至黄褐色，多具光泽，密集丛生。茎匍匐或倾立，单一或分枝，基部密生褐色假根。叶片卵形或披针形，渐尖或具短尖；叶边近全缘；中肋单一，有时呈龙骨状，近达叶尖。叶细胞平滑，上部细胞纺锤形或菱形，基部细胞较长，边缘细胞线形，厚壁，浅黄色。雌雄混生同株，或异苞同株。雌苞叶小，中肋不明显或缺失。蒴柄细长，干时扭曲，红色。孢蒴卵形或长卵形；蒴齿两层；外齿层齿片长披针形，有密疣，具中脊；内齿层有密疣，基膜低，齿条狭长线形，呈龙骨状，中缝有穿孔。蒴盖圆锥形，具细长喙。蒴帽圆锥状帽形，基部具长缨络边。孢子有疣。

约54种。中国3种。

狭叶小黄藓 图 1146

Daltonia angustifolia Dozy et Molk., Ann. Sci. Nat. Bot. Ser. 3, 2: 302. 1844.

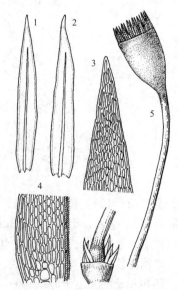

植物体小，干时褐色，丛生，稀成片。茎单一，直立或基部分枝，长4–6毫米，横切面外层具色泽，内层细胞透明，无色，无中轴分化。叶干时扭曲，湿时直立展出，狭披针形至阔披针形，长1.5–2毫米，宽0.25–0.5毫米，渐尖，具明显分化边缘；中肋单一，有时呈龙骨

图 1146 狭叶小黄藓（林邦绢、郭木森、王庆华绘）

状突起，近达叶尖；叶细胞平滑，长卵形、纺缍形至狭菱形，长22-33微米，宽7-10微米，厚壁，尖端细胞较短，基部细胞长而较疏松，叶边由2-3（4）列线细胞组成。雌苞叶小，卵形，长0.2毫米，无中肋。雌雄同株同苞。蒴柄侧生，长3-5毫米，红色，下部平滑，上部粗糙。孢蒴卵形，长1-1.25毫米，先端下倾或直立。内齿层与外齿层等长，具密疣。蒴帽钟形，仅覆盖蒴盖的喙部，基部边缘具长纤毛。孢子直径10-11微米。

产台湾、贵州和四川，生于海拔约1900米林下树干或树枝上，稀附生石上。亚洲东部及澳大利亚有分布。

1-2. 叶（×21.5），3. 叶尖部细胞（×65），4.叶基部细胞（×65），5.已开启的孢蒴和雌苞叶。

3. 圆网藓属 Cyclodictyon Mitt.

植物体纤长，柔弱，黄绿色，无光泽，扁平片状生长。茎匍匐横生，不规则分枝，有稀疏簇生假根。叶异形，不对称，5-8列，腹叶和背叶贴茎，侧叶较大，直立或斜展，干时皱缩或略卷曲，叶片卵圆形，内凹，急尖或渐尖，先端有细齿，具明显分化边缘；中肋2，长达叶片中部以上；叶细胞平滑，疏松，圆六角形至短菱形，边缘具1-3列透明、狭长细胞。雌雄异苞同株或雌雄异株。雌苞叶小。蒴柄平滑。孢蒴卵形或长卵形，台部短。蒴齿两层；外齿层齿片狭长披针形，外面中央具凹沟，有密横条纹，内面有横隔；内齿层有疣，具齿毛。蒴盖圆锥形，有长喙。蒴帽圆锥状帽形，有短裂瓣。孢子小。

约100种，主要分布新热带地区和非洲。我国1种。

南亚圆网藓

Cyclodictyon blumeanum (C. Müll.) O. Kuntze, Rev. Gen. Pl. 2: 835. 1891.

Hookeria blumeana C. Müll., Syn. Musc. Frond. 2: 676. 1851.

图 1147

植物体片状贴生，浅绿色。茎不规则分枝，主枝长1.5-1.7厘米，连叶片宽2-2.5毫米，横切面具透明薄壁细胞，无分化中轴。叶片扁平排列，干时皱缩，卵形至长卵形，长1.5-1.7毫米，宽0.5-0.8毫米，急尖、渐尖或具短尖；叶边平展，仅先端具齿，分化边缘明显；中肋2，长达叶片3/5处。叶细胞大，圆形、卵状六角形至短菱形，长45-67（78）微米，宽27-31微米，薄壁，平滑，基部细胞呈长方形。雌苞叶小，卵形，渐尖，无中肋。雌雄异苞同株。

产台湾和海南，生于海拔约800米的林下溪边腐木或石上。马来西亚、太平洋岛屿及澳大利亚有分布。

1-3. 叶（×13），4.叶尖部细胞（×132.5），5.叶基部细胞（×132.5）。

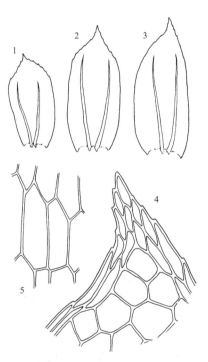

图 1147 南亚圆网藓
（林邦绢、郑培中、郭木森、王庆华绘）

4. 假黄藓属 Actinodontium Schwaegr.

体形细小，柔弱，黄色或黄绿色，常具光泽，密集丛生。茎扁平，单一或疏分枝。叶片干时卷曲，湿时倾立，长披针形，内凹或呈折合状，渐尖；叶边全缘，无明显分化边缘，基部内卷或波曲；中肋2，不等长，达叶片中部或超过叶片中部。叶细胞薄壁，平滑，长菱形或纺缍形，上部细胞长六角形，基部细胞短而阔，边缘细胞较狭。雌雄多同株。蒴柄细长，直立，平滑。孢蒴直立，卵状圆柱形。蒴齿两层；外齿层齿片狭长披针形，中脊明显，具密横脊和密疣。蒴盖圆穹形，有直长喙。蒴帽僧帽状，基部有多数细长裂瓣。孢子具密疣。

7种。我国1种。

皱叶假黄藓

图 1148

Actinodontium rhaphidostegum (C. Müll.) Bosch et S. Lac., Bryol. Jav. 2: 37. 1862.

Hookeria rhaphidostega C. Müll., Syn. Musc. Frond. 2: 677. 1851.

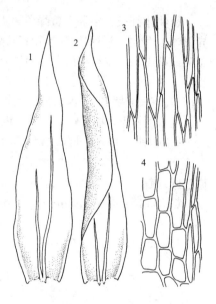

形小，柔软，黄绿色，群生。茎高1.5厘米。叶片密集，干时皱缩，湿时直立展出，长披针形，渐尖，长3–5毫米，宽0.5–1毫米；叶边全缘，无明显分化边，叶下部常内卷；中肋2，近于达叶片中部。叶细胞长菱形，长80–125微米，宽15–21微米，先端细胞长六角形，基部细胞长方形。蒴柄平滑，长4–6毫米。孢蒴卵状圆柱形，长1–1.5毫米。外齿层具疣。蒴帽钟帽形，基部开裂。

产台湾，生于林下树上、石上。马来西亚、印度尼西亚及菲律宾有分布。

图 1148 皱叶假黄藓
（林邦绢、郑培中、郭木森、王庆华绘）

1. 叶(×13)，2. 雌苞叶(×13)，3. 叶上部细胞(×132.5)，4. 叶基部细胞(×132.5)。

5. 强肋藓属 Callicostella (C. Müll.) Mitt.

植物体多纤细、柔弱，中等大小，浅黄色、深绿色至黄褐色，密集丛生。茎匍匐生长，近羽状分枝，密被假根。叶异型，腹叶和背叶斜列，紧贴，侧叶较大而斜立，干时皱缩，湿时平展，阔卵形至长披针形，先端圆钝或突短尖，上部有齿；中肋2，粗壮，直达叶尖，背面具刺或平滑。叶细胞卵状六角形或不规则多边形，具疣或平滑，基部细胞较长，多平滑。蒴柄侧生，细长，平滑或具弱疣。孢蒴平展或下倾，卵状圆柱形，两侧不对称，台部长而粗，口部强烈收缩。蒴齿两层；外齿层齿片狭长披针形，外面中央有宽凹沟，具密条纹，内面有突出的横隔；内齿层基膜高，齿条披针形，呈折叠状，无齿毛。蒴盖圆锥形，具细长喙。蒴帽钟形，基部有短裂瓣。孢子细小。

约100种，分布南美洲、非洲及热带亚洲。我国2种。

1. 叶片细胞具疣 ·· 1. 强肋藓 C. papillata
1. 叶片细胞无疣 ·· 2. 无疣强肋藓 C. prabaktiana

1. 强肋藓   图 1149 彩片227

Callicostella papillata (Mont.) Mitt., Journ. Linn. Soc. Bot. Suppl. 1:136. 1859.

Hookeria papillata Mont., London Journ. Bot. 3: 632. 1844.

植物体成片贴生，浅黄色、深绿色至深褐色。茎匍匐生长，近羽状分枝，假根密生；支茎长3–5厘米。叶片卵形至长舌形，长1.5–2毫米，

宽0.4–0.7毫米，尖端宽阔或突渐尖，有时具短尖；叶边平展，上部具齿；中肋2，粗壮，近于达叶尖，背面上部具刺。叶细胞卵状六边形，直径13–16微米，胞壁略加厚，基部细胞长方形至长椭圆形，长22–35（45）微米，宽13–16微米，背叶和侧叶细胞均具单疣，腹叶细胞多平滑。雌苞叶小于营

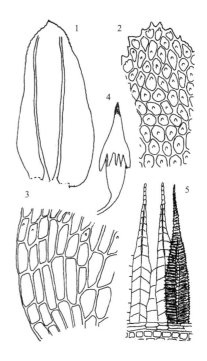

养叶，卵状披针形，渐尖，平滑，无中肋。蒴柄长1–2厘米，平滑或具细疣。孢蒴卵形至圆柱形，平展或下垂，长0.1–1.5厘米，口部强烈收缩。蒴齿两层；外齿层齿片具横条纹，中沟宽。蒴盖圆锥形，具长喙。蒴帽钟形，基部具长裂片。孢子圆形，直径15–18微米。

产台湾、广东、香港、海南、云南和西藏，生于海拔50–970米林下阴湿树根、土面、石上、腐木和树干上。泛热带地区分布。

1. 叶(×21)，2. 叶尖部细胞(×215)，3. 叶基部细胞(×215)，4. 带蒴帽的孢蒴(×5.5)，5. 蒴齿(×5.5)。

图 1149 强肋藓
（林邦绢、郑培中、郭木森、王庆华绘）

2. 无疣强肋藓   图 1150

Callicostella prabaktiana (C. Müll.) Bosch et S. Lac., Bryol. Jav. 2: 40. 1862.

Hookeria prabaktiana C. Müll., Syn. Musci Frond. 2: 678. 1851.

植物体近似强肋藓，仅叶细胞无疣。孢子直径11–13微米，较小于前种而区分。

产广东和海南，生于海拔175–350米林下溪边石上、沙土或树干上。马来西亚有分布。

1-2. 叶(×21)，3. 叶尖部细胞(×215)，4. 叶基部细胞(×215)。

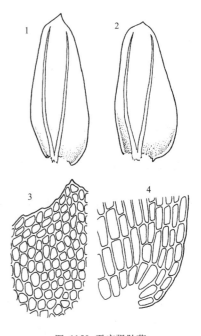

图 1150 无疣强肋藓
（林邦绢、郑培中、郭木森、王庆华绘）

6. 拟油藓属 Hookeriopsis (Besch.) Jaeg. et Sauerb.

植物体中等大小至大形，绿色、黄色，老时红棕色，常具光泽。茎匍匐横生，不规则多次分枝；枝条扁平。叶异形，两侧稍不对称，形成背、腹和侧面扁平排列，干时易断裂，侧叶多卵状长椭圆形，阔急尖至渐尖，有时具短尖头；腹叶和背叶紧贴，斜列，小于侧叶，多渐尖，无分化边缘，先端多有齿；中肋2，长达叶片中部。叶细胞卵形或狭菱形，基部细胞较长，平滑或胞壁具孔纹。雌苞叶小，基部阔卵形，上部具狭长尖。蒴柄细长，红色，平滑。孢蒴倾列或平列，长卵形，棕色。蒴齿两层；外齿层齿片狭长披针形，棕红色，中部有阔沟，具密条纹，内面有突出的横隔；内齿层黄色，有细疣，基膜高出，齿条披针形，无齿毛。蒴盖圆锥形，具细长喙。蒴帽钟形，基部有短裂瓣。孢子细小。

约100种，主要分布于非洲及美洲中部和南部。中国1种。

并齿拟油藓 图 1151

Hookeriopsis utacamundiana (Mont.) Broth., Nat. Pfl. 1 (3): 942. 1907.

Hookeria utacamundiana Mont., Ann. Sci. Nat., Bot., Ser. 2, 17: 247. 1842.

植物体片状贴生，浅绿色至红褐色。茎匍匐，长3-7厘米，连叶宽3-4毫米。叶片扁平排列，异形，背叶和腹叶小于侧叶，干时扭曲，侧叶多长卵形，两侧不对称，长1.5-2毫米，宽1毫米，先端阔短尖至渐尖；叶边不明显分化，具不规则重齿或单齿，基部一侧内褶；中肋2，长达叶片中部，先端具刺。叶细胞狭菱形，长56-90微米，宽13-16微米，尖端细胞较短，基部细胞近长方

形，壁薄，平滑或有时具孔纹。雌苞叶小，卵形，渐尖，边缘齿少。蒴柄侧生，长2-3厘米，红褐色。孢蒴平列，长1-1.5毫米。蒴盖圆锥形。蒴帽钟形。孢子圆形，直径8-10微米，具弱疣。

产台湾、广东、香港、广西、贵州和云南，生于海拔400-2400米丘陵或山地密林下地面、树基或腐木上。广泛分布于亚洲东部和太平洋岛屿。

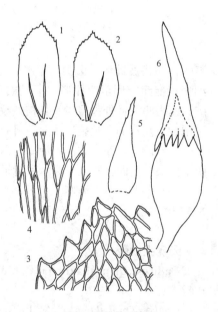

图 1151 并齿拟油藓
（林邦娟、郑培中、郭木森、王庆华绘）

1-2. 叶（×10），3. 叶尖部细胞（×137），4. 叶基部细胞（×137），5. 雌苞叶（×10）；6. 带蒴帽的孢蒴（×10）。

7. 毛柄藓属 Calyptrochaeta Desv.

植物体深绿色或褐绿色，常有光泽，疏松集生。茎单一或分叉，扁平，上部叶腋经常密集棕色、丝状芽孢，基部具棕色假根。叶片6列，异形，茎、枝基部叶片排列疏松，上部叶片密集，背、腹叶紧贴，斜生，卵形，短渐尖；侧叶散生，大而两侧不对称，基部较窄，上部卵形或倒卵形，短尖；叶边具多数锐齿；中肋分叉，短而不等长。叶细胞疏松，平滑，上部细胞菱形或纺锤形，基部细胞长方形；叶边2-5列细胞狭长、黄色。雌苞叶小。蒴柄侧生，密被刺状毛。孢蒴小，平展或下垂，卵形，具长台部。蒴齿两层；外齿层齿片披针

形，外面中央具槽，内面有突出横隔；内齿层齿条有细密疣，基膜高；齿毛不发育。蒴盖圆锥形，具长喙。蒴帽钟形，边缘有多数长纤毛。孢子细小。

约30种，中南美洲和澳大利亚—太平洋地区是两大分布中心。中国2种。

柔叶毛柄藓

图 1152 彩片228

Calyptrochaeta japonica (Card. et Thér.) Iwats. et Nog., Journ. Hattori Bot. Lab. 46: 236. 1979.

Eriopus japonicus Card. et Thér., Bull. Acad. Int. Géogr. Bot. 17: 2. 1907.

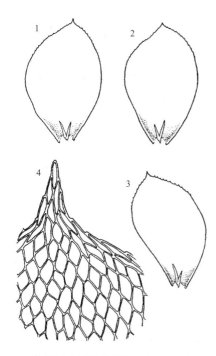

植物丛集，绿色，干时黄绿色。茎单一或分枝，具扁平、干时扭曲的叶片，长3厘米。叶多异形，侧叶较大，长卵形，长2–3毫米，宽1–1.8毫米，背、腹叶较小，阔卵形，先端急尖或短尖；中肋2，短弱。叶细胞平滑，短卵形至菱形，长34–56微米，宽27–34微米，薄壁，基部细胞较长；叶边平展，具细齿，由1–2列狭长细胞构成分化边缘。雌苞叶小，卵形，长约1毫米，具长尖。

产台湾、福建、湖南、海南、广西和贵州，生于海拔580–2300米林下沙土、石上、潮湿墙上和树基。日本有分布。

1-3.叶（×7），4.叶尖部细胞（×95）。

图 1152 柔叶毛柄藓（郭木森、王庆华绘）

8. 油藓属 Hookeria Smith

植物体柔弱，扁平贴生，灰绿色，具光泽。茎单一或具疏分枝。叶多列，背、腹叶斜列，紧贴，侧叶与茎和枝相垂直；背叶两侧对称，侧叶不对称，卵形、阔披针形至披针形，具阔短尖或渐尖；叶边平展，全缘，不分化或仅具1列狭长细胞；无中肋。叶细胞疏松，薄壁，透明，菱形、卵状六边形至短方形。雌雄异苞同株。蒴柄红色或橙红色，平滑。孢蒴平列或下垂，长卵形。环带发达，易脱落。蒴齿两层；外齿层齿片披针形，橙黄色，具细疣，内面密生凸出的横隔；内齿层黄色，具细疣，齿条狭，中间有穿孔，齿毛缺失。蒴盖圆锥形，具直喙。蒴帽钟形，基部分瓣。孢子细小。芽孢多着生叶片尖端。

约10种。我国1种。

尖叶油藓

图 1153 彩片229

Hookeria acutifolia Hook. et Grev., Edinburgh Journ. Sci. 2: 225. 1825.

植物体柔弱，扁平、灰绿色。茎长2–3（5）厘米，单一，稀分枝。叶异型，干时略皱缩，湿时平展，卵形、阔披针形或披针形，长4–7毫米，宽2–4毫米，先端阔急尖或渐尖，常着生芽孢或假根；中肋缺失。叶细胞大，透明，卵状六边形或短方形，长94–188微米，宽40–60微米，叶尖细胞较短。雄苞芽苞状。雌苞侧生，雌苞叶较小，卵状披针形。蒴柄长1–2厘米，黄色或红褐色，平滑。孢蒴长卵形，平列或下垂，长1–2毫米。蒴盖具长喙。蒴帽钟形。孢子直径12–16微米，具细疣。

产江苏、安徽、浙江、台湾、福建、江西、湖南、广东、香港、海南、广西、贵州、四川、云南和西藏，生于海拔550–2500米林下荫湿地面、石壁和腐木上。亚洲、

北美洲东部和西北部沿海地区、南美洲北部及非洲有分布。

1. 叶（×10），2. 叶尖部细胞，示着生多个芽孢（×137），3. 孢蒴（×4）。

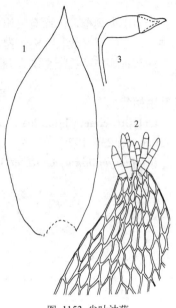

图 1153 尖叶油藓
（林邦绢、郑培中、郭木森、王庆华绘）

9. 灰果藓属 Chaetomitriopsis Fleisch.

植物体纤长，密集生长，黄绿色，具光泽。茎匍匐于基质上，密生假根，1–2回羽状分枝。茎叶稀疏排列，阔卵形，具长尖，背仰；叶边有细齿。枝叶近似，有短尖或长尖；叶边齿近于达叶基部；中肋2，不等长或缺失；叶细胞狭菱形，有前角突疣。雌雄异苞同株。内雌苞叶有皱褶，具细长尖。蒴柄长2–3厘米。孢蒴圆柱形，下垂。蒴齿两层；外齿层齿片披针形，外面有横条纹，中脊细弱，内面有少数突出横隔；内齿层橙黄色，有细疣，基膜高，齿条披针形。蒴盖半球形，有短喙。蒴帽兜形，有稀疏长毛。孢子中等大小，球形。

1种，分布东南亚和大洋洲。中国有分布。

灰果藓　　　　　　　　　　　图 1154

Chaetomitriopsis glaucocarpa (Reinw. ex Schwaegr.) Fleisch., Musci Fl. Buitenzorg 4: 1372. 1923.

Hypnum glaucocarpon Reinw. ex Schwaegr., Sp. Musc. Frond., Suppl. 3, 1 (2): 228a. 1828.

体形纤长，黄绿色。茎长达10厘米。茎叶与枝叶近似，长0.7–0.8毫米，宽0.4毫米。叶细胞狭菱形，长28–32微米，宽4–6微米，有前角突疣。

产云南和西藏，生于林下树干或树根上。印度、越南、老挝、泰国、印度尼西亚、菲律宾及新几内亚有分布。

1. 雌株（×1），2. 枝的一部分（×4），3–4. 叶（×19），5. 叶中部边缘细胞（×75），6. 蒴齿（×41）。

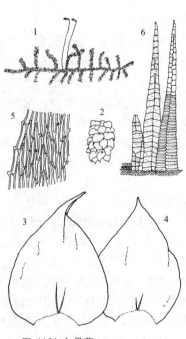

图 1154 灰果藓（吴鹏程、王庆华绘）

101. 刺果藓科 SYMPHYODONTACEAE

(林邦娟)

植物体纤细至大形，黄绿色至金黄色，老时呈红棕色。主茎匍匐，长达20厘米；支茎伸展或悬垂，不规则羽状分枝或二至三回羽状分枝。茎叶覆瓦状排列，紧贴或扁平着生。茎叶与枝叶近似或异形，扁平或内凹，有时干时具波纹，卵形至长卵形、长披针形或舌形，叶尖平截或圆钝，具细尖、急尖或渐尖；叶边平或略内折，上部具细齿或规则至不规则粗齿，下部近全缘或全缘，基部略下延；中肋2，不等长，长可达叶片中部。叶尖细胞长菱形，中部细胞狭长菱形，常具前角突，角细胞略分化，呈圆方形或六角形，细胞壁稍加厚。雌雄异株。蒴柄细长，紫红色，上部粗糙或具疣，基部平滑。孢蒴直立，长卵形或圆柱形，外壁具棘状刺或密疣。环带分化，由2–5行小而厚壁的方形细胞构成。蒴齿两层；外齿层齿片黄色，长披针形，上部具密疣，内面具横隔；内齿层齿条具细疣，基膜低。蒴盖圆锥形，具长直喙。蒴帽兜形，平滑。孢子球形，直径12–20微米，黄色至黄褐色，具细或粗疣。

1属，热带山区分布。中国1属。

刺果藓属 Symphyodon Mont.

形态特征同科。我国5种。

1. 矮刺果藓

图 1155

Symphyodon pygmaeus (Broth.) He et Snider, Bryobrothera 1:285. 1992.

Homalia pygmaea Broth., Nat. Pfl. 1 (3): 849. 1906.

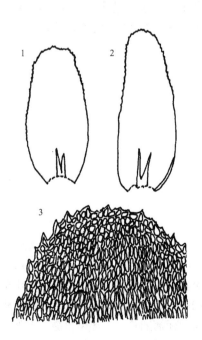

体形中等大小，黄绿色，具光泽。主茎匍匐，2–3回羽状分枝，长3.5–5厘米。叶片近同形，茎叶较小，长1–1.2毫米，宽0.4–0.5毫米，长卵形至舌形，先端圆或平截；叶边上部具粗齿，下部具细齿或近全缘；中肋2，不等长，达叶近中部。叶尖细胞较短，中部细胞线形，长40–50微米，宽3–4微米，前角突弱，角细胞近方形或短长方形。雌雄异株。蒴柄长1–1.3厘米，上部粗糙，下部平滑。孢蒴直立，长卵形，长1.9–2毫米，具密疣。环带由1列大形细胞构成。蒴盖具长喙。

产海南和云南，附生于雨林内树枝上。尼泊尔、印度、泰国、夏威夷、马达加斯加及非洲东部有分布。

图 1155 矮刺果藓（何 思、林邦绢、王庆华绘）

1. 茎叶（×40），2. 枝叶（×40），3. 叶尖部细胞（×400）。

2 刺果藓

图 1156

Symphyodon perrottetii Mont., Ann. Sci. Nat. Bot., Ser. 2, 16: 279. 1841.

植物体中等至粗大，黄绿色，老时略带褐色或红色，具光泽。茎匍匐，长达10厘米，1-2回羽状分枝。叶片紧贴，茎叶与枝叶略分化，茎叶较大，长2-22毫米，宽0.8-0.9毫米，长卵形或长椭圆状披针形，阔渐尖；叶边具锯齿或小齿。枝叶较小，干时多少具波纹，长卵形至长椭圆状披针形，长1.1-1.3毫米，宽0.35-0.45毫米，先端狭渐尖；叶边上部具大形细胞构成的规则粗齿，下部近全缘，先端及基部边缘常内折；中肋2，不等长，达叶中部以上。叶尖细胞略短，中部细胞线形，长40-50微米，宽3-5微米，具明显前角突，角细胞长方形，胞壁加厚。雌雄异株。蒴柄长约1.2-1.6厘米，红棕色，上部具疣，下部平滑。孢蒴直立，长圆柱形，长2.8-3毫米，外壁具密刺，刺长达75微米。环带由3-4列小细胞构成。蒴盖圆锥形，具长喙，有时具刺。蒴齿两层；外齿层齿片长0.4-0.5毫米，平滑或具疣；内齿层齿条退化，仅长0.1-0.15毫米；基膜不明显。孢子直径约17微米，具疣。

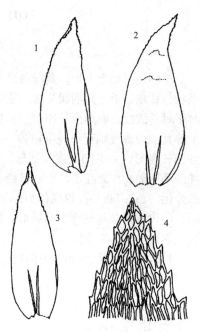

图 1156 刺果藓（何 思、林邦绢、王庆华绘）

产台湾、海南、广西和云南，附生于雨林内树枝、叶面和潮湿石面。广布于东南亚各地区。

1-3. 叶（×20），4. 叶尖部细胞（×200）。

102. 白藓科 LEUCOMIACEAE

（贾 渝 李植华）

体形纤细，较柔弱，多具光泽，稀疏交织生长。茎匍匐横展，稀悬垂生长，间断着生成束状假根；不规则分枝或近于羽状分枝；无鳞毛。叶干时皱缩，湿时平展，长卵圆形，渐上呈披针形，具短尖或长尖，两侧略不对称，基部稍狭，叶边全缘；无中肋，稀具不明显短双中肋。叶细胞疏松，长菱形、狭长六边形或线形，基部细胞较短，角细胞不分化，薄壁。雌雄同株、雌雄异株或雌雄同株异苞，雌苞叶基部较阔，上部突成短尖，全缘。蒴柄细长，上部略粗糙，下部平滑，红色。孢蒴卵形或长卵形，平列或近于垂倾；气孔显型。环带常存。蒴齿两层；外齿层齿片狭长披针形，中央有狭而透明的纵沟，外面具密横脊和横纹，内面有密横隔；内齿层齿条折叠形，中缝无穿孔或有连续穿孔，无齿毛或不甚发育，有密疣，基膜稍高出。蒴盖圆锥形，有短或细长喙。蒴帽兜形，平滑，稀有疏毛，基部全缘或有裂瓣。孢子细小，近于平滑。

3属，热带及亚热带地区分布。中国1属。

白藓属 Leucomium Mitt.

植物体短小至纤长，黄绿色，具光泽。茎不规则分枝至羽状分枝。叶贴茎生长至倾立，多卵状披针形，内凹；叶边全缘；中肋多缺失。叶细胞一般狭长菱形，壁薄。雌苞着生短侧枝。孢蒴圆柱形，多平列。蒴齿两层；齿片与齿条均呈披针形，基膜高出。孢子棕色，透明。

约5种，分布亚洲南部、中南美洲、澳大利亚和非洲南部。中国1种。

白藓　　　　　　　　　　　　　　　　　　　图 1157

Leucomium strumosum (Hornsch.) Mitt., Journ Linn. Soc. Bot. 12: 502. 1869.

Hookeria strumosa Hornsch., Fl. Bras. 1(2): 69. 1840.

植物体湿时叶片排列紧密，干时叶片疏松，常多少卷曲，叶片色泽较暗，披针形，渐尖，长1.5–2毫米。蒴柄长8–18毫米，弯曲，顶部具疣。孢蒴约长0.8毫米。蒴盖与蒴壶等长。孢子直径约8–10微米。蒴帽具毛。

产海南、云南和西藏，生于林地、岩面、土表、树干或腐木上。泛热带地区有分布。

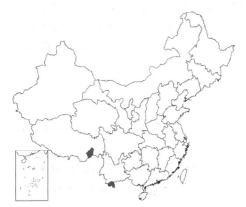

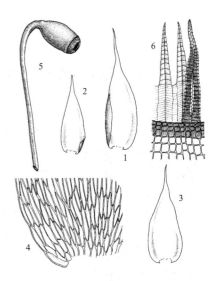

1. 茎叶(×9)，2-3.枝叶(×9)，
4. 叶基部细胞(×46)，5. 孢蒴(×9)，
6. 蒴齿(×63)。

图 1157 白藓（郭木森、于宁宁绘）

103. 孔雀藓科 HYPOPTERYGIACEAE
（贾 渝）

习生林地、腐殖土面、树干或树基。植物体常小形至中等，较柔弱，淡黄绿色至暗绿色，一般无光泽，多成片倾立或垂倾贴生。主茎纤长，平横伸展，具褐色假根；支茎单一或具稀疏分枝，上部多呈扁平羽状或扁平树形分枝，似鸟尾状或孔雀开屏形。茎横切面为卵形或圆形，外壁为小形厚壁有色细胞，内面由大形薄壁细胞组成；多数具直径较粗的中轴。叶三列。侧叶两列，扁平排列，卵形或长卵形，稀为卵状披针形，左右不对称；常有分化边缘。茎腹面中央具一列小而近圆形的腹叶；中肋一般单一，由同形细胞组成，有时分叉。叶细胞等轴形，多数平滑，角细胞不分化。雌雄异株或雌雄异苞同株。孢蒴高出，多倾立或下垂，稀直立；基部显型气孔稀少。蒴齿两层；外齿层偶有退失，齿片多具密横条纹，中脊回折，内面横隔发育良好；内齿层有折叠基膜和齿条。蒴盖具喙。蒴帽钟帽形或圆锥形，平滑。孢子微小，表面一般具细疣。染色体数目多为n=9或18。

6属，主要分布热带或亚热带地区。中国有4属。

1. 植物体支茎1–2回羽状分枝，外观呈扁平树形或孔雀开屏形；蒴柄细长；孢蒴长椭圆形或梨形，稀球形，横展或下垂。
  2. 侧叶长舌形；中肋及顶或稍突出；叶细胞多具疣及角隅加厚 ················· 1. 雀尾藓属 Lopidium
  2. 侧叶一般卵形，中肋不及顶；叶细胞无疣，无角隅加厚。
    3. 支茎呈扇形；叶片具分化的边缘 ················· 2. 孔雀藓属 Hypopterygium
    3. 支茎呈羽状分枝；叶片不具分化的边缘 ················· 3. 树雉尾藓属 Dendrocyathophorum
1. 植物体支茎单一或有稀疏不规则分枝，外观不呈扁平树形或孔雀开屏形；蒴柄短；孢蒴长卵形或球形，一般直立 ················· 4. 雉尾藓属 Cyathophorella

1. 雀尾藓属 Lopidium Hook. f. et Wils.

树干或具土岩面匍匐生长，植物体主茎纤长。支茎与主茎垂直，单一或规则羽状分枝，黄绿色或暗绿色，无光泽。支茎无分化中轴。侧叶卵状舌形，左右不对称，多为钝端，具刺状尖；中肋强，近叶尖处消失。叶细胞小，卵形或圆形，常有单个明显的乳头状疣，厚壁，具角隅加厚。腹叶小，三角形或卵状披针形，两侧对称，具细长尖，近于全缘。雌雄同株或雌雄异苞同株。内雌苞叶基部椭圆形，渐上成狭长尖，叶边近于全缘；中肋强劲，达叶尖或稍突出于叶尖。蒴柄短，上部具细乳头疣。孢蒴直立或略垂倾。环带不分化。蒴齿两层。外齿层齿片狭长披针形，外侧上部具疣，下部有密横条纹；内齿层基膜低，齿条狭披针形，无齿毛。蒴帽兜形。孢子细小，具细疣。

约16种，分布温热地区。中国有3种。

1. 叶片边缘全部分化 ················· 2. 爪哇雀尾藓 L. struthiopteris
1. 叶片边缘仅部分分化。
  2. 叶细胞角隅强烈增厚 ················· 1. 东亚雀尾藓 L. nazeense
  2. 叶细胞角隅稍增厚 ················· 3. 毛枝雀尾藓 L. trichocladon

1. 东亚雀尾藓   图 1158 彩片230

Lopidium nazeense (Thér.) Broth., Nat. Pfl. 2, 11: 271. 1925.

Hypopterygium nazeense Thér., Bull. Ac. Int. Geogr. Bot. 19:17. 1909.

植物体黄绿色或暗绿色，无光泽。主茎纤长，多于树干上匍匐贴生；支茎具规则羽状分枝；无分化中轴。侧叶舌形，两侧不对称，长1.0–2.2毫米，阔0.2–0.5毫米，先端具短尖；中肋及顶；叶边近于全缘，下部常由1–2列狭长细胞构成分化边。叶细胞多卵圆形，一般直径7–15微米，胞壁角隅明显增厚。腹叶小，卵状披针形，两侧对称，有细长尖；叶边近于全缘。雌雄异苞同株或雌雄同株。内雌苞叶长，基部椭圆形，渐上呈狭长尖。蒴柄较短，上部具乳头状疣。孢蒴直立或略倾垂。环带不分化。蒴齿两层；外齿层齿片狭长披针形，外侧上部具疣，下部具密横条纹；内齿层

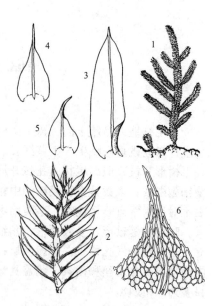

图 1158 东亚雀尾藓（郭木森、于宁绘）

齿条狭长，无齿毛。蒴帽兜形。孢子细小，具细疣。

产台湾、海南和西藏，多着生于树干、土上或石面。日本有分布。

1. 植物体（×1），2. 枝的一部分（×15），3. 侧叶（×29），4-5. 腹叶（×29），6. 侧叶尖

部细胞（×173）。

2. 爪哇雀尾藓 图 1159

Lopidium struthiopteris (Brid.) Fleisch., Musci Fl. Buitenzorg 3:1073. 1908.

Hypnum struthiopteris Brid., Muscol. Recent. Suppl. 2: 87. 1812.

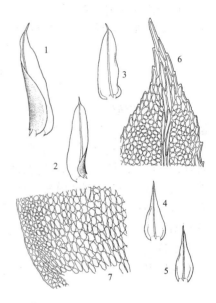

体形纤小，黄绿色或暗绿色，无光泽。支茎多规则羽状分枝；无分化中轴。侧叶卵状舌形，两侧不对称，长1-1.5毫米，阔0.3-0.5毫米，先端短渐尖至锐尖；叶边略内卷，明显分化，除先端具不规则的细齿外，近于全缘；中肋及顶。叶细胞不规则圆形，直径11-14微米，具明显壁孔，角隅强烈增厚。腹叶小，卵状披针形，两侧对称，长0.6-1.2毫米，阔0.2-0.4毫米，具细长尖，全缘，边缘略分化。内雌苞叶长，基部椭圆形，渐成狭长尖，近于全缘。雌雄异株。蒴柄上部具乳头状细疣。孢蒴直立或略倾垂。环带不分化。蒴齿两层；外齿层齿片披针形，外侧上部有疣，下部有密横条纹；内齿层齿条狭长，无齿毛。蒴帽兜形。孢子表面具细疣。

产台湾和海南，通常树生。日本、菲律宾、印度尼西亚、马来西

图 1159 爪哇雀尾藓（郭木森、于宁宁绘）

亚、斯里兰卡、新几内亚及新喀里多尼亚有分布。

1-3. 侧叶（×18），4-5. 腹叶（×18），6. 侧叶尖部细胞（×180），7. 侧叶基部细胞（×180）。

3. 毛枝雀尾藓 图 1160

Lopidium trichocladon (Bosch et Lac.) Fleisch., Musci Fl. Buitenzorg 3:1069. 1908.

Hypopterygium trichocladon Bosch et Lac., Bryol. Jav. 2:9. t. 138. 1861.

植物体黄绿色或暗绿色，无光泽。主茎纤长，多于树干匍匐贴生；支茎规则羽状分枝；无分化中轴。侧叶舌形，两侧不对称，长1.0-2.2毫

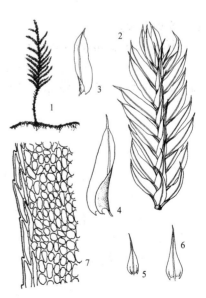

米，阔0.2-0.5毫米，先端具短尖；中肋及顶；叶边近于全缘，下部常由1-2列狭长细胞构成的分化边缘。叶细胞多卵圆形，一般直径7-15微米，胞壁角隅明显增厚。腹叶小，卵状披针形，两侧对称，有细长尖，叶边近于全缘。雌雄异苞同株或雌雄同株。内雌苞叶基部椭圆形，渐上呈狭长尖，近于全缘；

图 1160 毛枝雀尾藓（郭木森、于宁宁绘）

中肋强，消失于叶尖或稍突出于叶尖。蒴柄上部具乳头状疣。孢蒴直立或略倾垂。环带不分化。蒴齿两层；外齿层齿片狭长披针形，外侧上部具疣，下部具密横条纹；内齿层齿条狭长，无齿毛。蒴帽兜形。孢子细小，具细疣。

产台湾和海南，着生树干或石上。日本、越南、老挝、柬埔寨、泰国、马来西亚、菲律宾及印度尼西亚有分布。

1. 植物体(×1), 2. 枝的一部分(×14), 3-4. 侧叶(×18), 5-6. 腹叶(×18), 7. 侧叶中部边缘细胞(128)。

2. 孔雀藓属 **Hypopterygium** Brid.

主茎匍匐横生，常成片贴生，有棕色假根。支茎下部直立，具稀疏鳞叶或裸露无叶，少数种类密被棕色假根，上部倾立，1-2回或稀3回羽状分枝，常呈孔雀开屏形。侧叶阔卵形、椭圆形或卵状舌形，两侧不对称；多数有狭长细胞构成的分化边缘，上部常具齿；中肋单一，在叶尖下部消失。叶细胞菱形或卵状六边形，疏松排列，平滑，薄壁或加厚，基部细胞渐长，排列疏松。腹叶紧贴，阔卵形或卵形，两侧对称，有长尖，具分化的边缘。雌雄异苞同株或雌雄异株。内雌苞叶基部略长或呈鞘状，上部具长尖，叶边全缘。蒴柄一般细长，平滑，有时稍扭曲。孢蒴卵圆形或长卵形，平展或垂倾。环带宽，易脱落或常存。蒴齿两层；外齿层外面具弱中脊和密横纹；内齿层基膜高，齿条宽，齿毛2-3，发育完整。蒴帽平滑，兜形或圆锥形。孢子小。芽胞多数，常着生枝上。

约60种，分布于热带、亚热带地区。中国有7种。

1. 叶片细胞略透明；叶边全缘或具细齿 ………………………………………… 4. 黄边孔雀藓 **H. flavo–limbatum**
1. 叶片细胞极透明；叶边齿较大。
   2. 腹叶阔心脏形；中肋仅及叶片中部 ………………………………………… 3. 南亚孔雀藓 **H. tenellum**
   2. 腹叶卵圆形；中肋于叶片近顶部消失或稍突出于叶尖。
      3. 侧叶中肋近于及顶；叶片中部细胞较短；孢蒴及蒴柄红色 ………………… 1. 东亚孔雀藓 **H. japonicum**
      3. 侧叶中肋多达叶片的2/3处；叶片中部细胞较长；孢蒴及蒴柄赤褐色。
         4. 腹叶具刺状长尖 …………………………………………………………… 2. 拟东亚孔雀藓 **H. fauriei**
         4. 腹叶尖短 ………………………………………………………………… 5. 台湾孔雀藓 **H. formosanum**

1. 东亚孔雀藓

图 1161 彩片231

Hypopterygium japonicum Mitt., Journ. Linn. Soc. Bot. 8:155. 1864.

疏松丛集；主茎横生，密被假根；支茎下部直立，上部倾立，呈扁平树状分枝，高约3-4厘米，连叶宽约3毫米。侧叶阔卵形，两侧略不对称，长0.9-1.6毫米，顶端具短锐尖；叶边由1-2列狭长细胞构成明显的分化边缘，上部具微齿；中肋单一，长达叶片的3/5处。叶细胞菱状六边形，长18-25微米，阔11-14微米。腹叶近圆形，先端具短尖；叶边由1-2列狭长细胞构成分化边缘，近于全缘；中肋于叶尖下消失或及顶。蒴柄直立，长约1.5厘

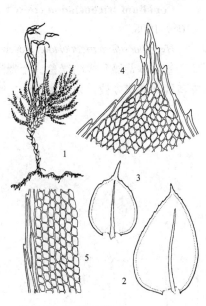

图 1161 东亚孔雀藓 (郭木森、于宁宁绘)

米。孢蒴长椭圆形，长约2.8毫米，倾立。蒴盖圆锥形，具长喙。

产陕西、安徽、台湾、福建、江西、重庆、广西、贵州和云南，生于腐木、树干、岩面或土面。日本及朝鲜有分布。

1. 雌株(×1.5), 2. 侧叶(×14), 3. 腹叶(×14), 4. 侧叶尖部细胞(×104), 5. 侧叶中部边缘细胞(×104)。

2. 拟东亚孔雀藓

图 1162 彩片232

Hypopterygium fauriei Besch., Ann. Sci. Nat. Bot. Ser. 7, 17: 391. 1893.

主茎匍匐；支茎上部倾立，扁平树形分枝，黄绿色，高达4–5厘米，连叶宽约3毫米；支茎基部叶疏生，螺旋状排列，叶腋着生褐色茸毛状假根。侧叶覆瓦状贴生，干燥时略皱缩，湿时倾立，长卵形或阔卵形，两侧不对称，长约1.2毫米，阔约0.6毫米；叶边由1–2列狭长细胞构成分化边缘，前缘由顶端至叶基多具齿；中肋达叶片2/3处。叶细胞菱状六边形，长22–40微米，阔13–20微米。腹叶扁圆形或卵圆形，两侧对称，具细长尖；叶边缘分化，具微齿；中肋不及顶。蒴柄长2–3厘米，上部呈鹅颈状弯曲。孢蒴一般红褐色，卵形，不对称，横展或垂倾。蒴盖具长喙。

产黑龙江、浙江、广东、广西、贵州、四川和云南，着生于树干或岩面。朝鲜、日本及北美洲西部有分布。

图 1162 拟东亚孔雀藓（郭木森、于宁绘）

1-2. 侧叶(×14), 3-4. 腹叶(×14), 5. 侧叶尖部细胞(×127), 6. 侧叶中部边缘细胞(×127)。

3. 南亚孔雀藓

图 1163 彩片233

Hypopterygium tenellum C. Müll., Bot. Zeit. 12: 557. 1854.

主茎横生，支茎高3厘米，暗黄绿色，下部直立，上部具密集分枝。茎侧叶阔卵形，两侧不对称，长约2毫米，阔约1.5毫米，先端急短尖；叶边由1–2列狭长细胞构成分化的边缘，具较大的齿，多数达叶片中部以下；中肋于近叶片中部消失；叶细胞菱状多边形，长20–40微米，阔15–20微米。腹叶阔心脏形，两侧对称，先端急尖；由1列狭长细胞构成分化边缘；中肋仅及叶片中部。蒴柄长约0.7–1.5厘米，顶部弯曲。孢蒴垂倾，卵形或卵圆形。蒴盖具细长喙，与孢蒴等长。

产台湾、香港、海南和云南，生于岩面、树干或倒木上。日本、越南、斯里兰卡、菲律宾、印度尼西亚、新几内亚、新喀里多尼亚及非洲有分布。

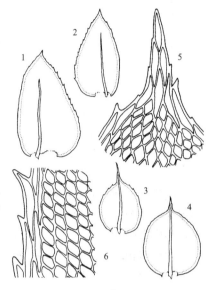

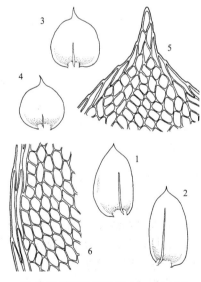

图 1163 南亚孔雀藓（郭木森、于宁绘）

1-2. 侧叶(×16), 3-4. 腹叶(×16), 5. 侧叶尖部细胞(×194), 6. 侧叶中部边缘细胞(×194)。

4. 黄边孔雀藓

图 1164

Hypopterygium flavo–limbatum C. Müll., Syn. 2:10. 1850.

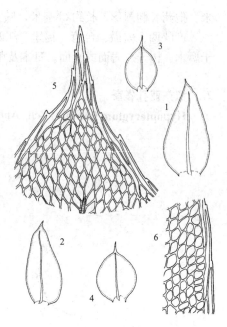

体形中等大小，黄绿色。主茎匍匐，密被假根；支茎高2-3厘米，基部直立，具稀疏叶片，上部规则羽状分枝。侧叶阔卵形，平展，两侧不对称，长约1.4毫米，阔约0.8毫米，先端短尖；叶边由1-2列狭长细胞构成分化边缘，全缘或先端具微齿；中肋于叶片3/5处消失。叶细胞菱状六边形，长约25微米，阔约11微米。腹叶近圆形，先端呈芒尖；由1-2列长形细胞构成分化边缘。蒴柄直立，顶部弯曲，长约1.8厘米。孢蒴圆柱形，长约1.3毫米，直径约1毫米。

产广西和云南，生于岩面、树干和土面。喜马拉雅地区有分布。

1-2. 侧叶（×16），3-4. 腹叶（×16），5. 侧叶尖部细胞（×194），6. 侧叶中部边缘细胞（×194）。

图 1164 黄边孔雀藓（郭木森、于宁绘）

5. 台湾孔雀藓

图 1165

Hypopterygium formosanum Nog., Trans. Nat. Hist. Soc. Formosa 26:148. 3f. 9–13. 1936.

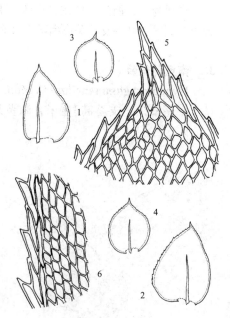

植物体主茎匍匐横生；支茎稀疏丛集，黄绿色或绿色，无光泽，高3-5厘米，上部呈扁平树状分枝。茎侧叶长卵形，两侧不对称，长约1.2毫米，阔约0.8毫米，先端具短尖；叶边由1-2列狭长细胞构成分化边缘，具粗齿；中肋达叶片的2/3处。叶细胞菱状六边形，长约22微米，阔11微米，较透明。腹叶小，阔卵形，两侧对称，具短细尖；叶边分化，上部具微齿；中肋细弱，多近顶部消失。蒴柄顶部弯曲。孢蒴短圆柱形，倾垂。蒴齿外齿层齿片长披针形；内齿层基膜高出，齿条具细疣，齿毛发育。蒴盖短圆锥形。蒴帽兜形，平滑。

产吉林和台湾，生于岩石或土上。亚洲东部有分布。

1-2. 侧叶（×16），3-4. 腹叶（×16），5. 侧叶尖部细胞（×194），6. 侧叶中部边缘细胞（×194）。

图 1165 台湾孔雀藓（郭木森、于宁绘）

3. 树雉尾藓属 Dendrocyathophorum Dix.

植物体柔弱，黄绿色，无光泽。主茎匍匐横生，有稀疏鳞片状叶，密被棕色假根。支茎下部单一，有稀疏小形叶片，上部不规则羽状分枝，呈扁平形，枝端钝。茎侧叶密集，阔卵形，两侧不对称，渐尖；叶边上部具齿，边缘不分化；中肋单一，短弱，或分叉。叶细胞长六边形，薄壁，基部细胞较阔大。腹叶阔卵形，两侧对称，具披针形尖；叶边上部具齿；中肋单一，短弱。枝叶与茎叶相似，形较小。雌雄异苞同株。雌苞叶倒卵状披针形，全缘；无中肋。蒴柄细长，平滑，直立。孢蒴红棕色，平列或下垂。蒴齿两层；外齿层齿片披针形，外侧下方具密横纹，上部具细疣；内齿层基膜高出，与外齿层齿片等长，齿条披针形，呈折叠状，具疣。蒴盖圆锥形，具斜喙。蒴帽兜形。孢子球形，表面具密疣。

本属仅1种。

树雉尾藓　　　　　　　　　　　　　　　图 1166

Dendrocyathophorum paradoxum (Broth.) Dix., Journ. Bot. 75:126. 1937.

Hypopterygium paradoxum Broth. in Card., Hedwigia 40: 291. 1901.

体形柔弱，高达2−5厘米，连叶宽1−1.5厘米；主茎与支茎基部具绒毛状的棕色假根。支茎下部单一，有稀疏小形叶片，上部不规则羽状分枝，呈扁平形，斜展。叶片3列，疏松排列，干燥时卷曲。侧叶2列，卵状披针形，两侧不对称，渐尖，长3毫米，宽1.2毫米，叶边上部具明显锯齿。叶细胞长菱形，壁薄，具壁孔，下部细胞渐宽短，基部两列狭长细胞构成分化边缘，其它部分边缘分化不明显。腹叶1列，阔卵形或椭圆形，两侧对称，具尾状长尖；中肋短，单一，或分叉。雌苞叶小而狭窄。蒴柄长6−8毫米。蒴齿两层。

产重庆、四川、云南和西藏，生于岩面或薄土上。日本、印度、越南、泰国、菲律宾及巴布亚新几内亚有分布。

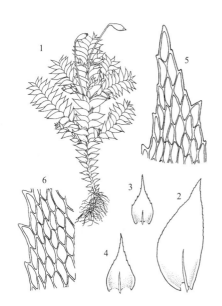

图 1166 树雉尾藓（郭木森、于宁宁绘）

1. 雌株（×2.5），2. 侧叶（×8），3-4. 腹叶（×8），5. 侧叶尖部细胞（×102），6. 侧叶中部边缘细胞（×102）。

4. 雉尾藓属 Cyathophorella (Broth.) Fleisch.

植物体细长。主茎短，匍匐生长，具多数假根。支茎平横展出，单一或稀分枝；枝端呈尾尖状；叶腋常具单列细胞构成的芽胞。侧叶卵形或卵状披针形，上部常具锐齿；中肋短，单一、有时分叉或完全缺失。叶细胞卵形或长六边形，平滑，薄壁，常有壁孔；叶边具狭长细胞构成的分化边缘。腹叶紧贴茎上，阔卵形或卵圆形，全缘或尖部具齿；中肋短或缺失。雌雄异株。内雌苞叶下部鞘状。孢蒴卵圆形。蒴齿两层；外齿层齿片披针形，具不明显的回折中脊，透明，外侧具细密疣，内侧具短横隔；内齿层基膜高出，齿条狭披针形，无齿毛。蒴帽覆盖长喙，边缘具裂瓣，表面略粗糙，有时具毛。

约20种，分布于温湿地区。中国有8种。

1.叶边不具大形刺状齿。

　2.叶边全缘 ·· **1. 短肋雉尾藓 C. hookeriana**

　2.叶边具齿。

　　3.植物体小形，高不及0.75厘米，黄绿色；中肋短 ··················· **3. 小雉尾藓 C. intermedia**

　　3.植物体较大，高约2厘米，色泽暗；中肋缺失或中肋极不明显 ··············· **5. 九州雉尾藓 C. kyusyuensis**

1.叶边具大形刺状齿。

　4.叶片边缘分化明显 ··· **2. 粗齿雉尾藓 C. tonkinensis**

　4.叶片边缘分化不明显 ··· **4. 刺叶雉尾藓 C. subspinosa**

1. 短肋雉尾藓

图 1167 彩片234

Cyathophorella hookeriana (Griff.) Fleisch., Musci Fl. Buitenzorg 3: 1094. 1908.

Neckera hookeriana Griff., Notul. Pl. As. 2: 48. f. 2a. 1849.

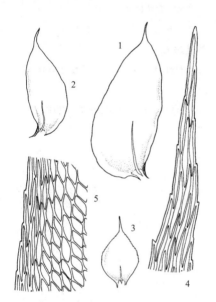

图 1167 短肋雉尾藓（郭木森、于宁宁绘）

体形小，黄绿色，高 2.5厘米，稀少分枝。枝端呈尾状尖，顶端叶腋间常着生多数红褐色、常具分枝的芽胞，基部被绒毛状假根。叶三列。侧叶2列，卵状披针形，两侧不对称，长约4.5毫米，宽约2毫米；叶边全缘，由3列狭长细胞组成；中肋单一，短弱。叶细胞菱形，多具壁孔。腹叶小，卵圆形，对称，边缘具皱褶。蒴柄长1.4厘米。孢蒴圆柱形，长约2.9毫米。

产安徽、浙江、台湾、福建、江西、广东、海南、广西、四川、云南和西藏，生于树干、腐木、岩面和土坡上。日本、老挝、菲律宾等国有分布。

1-2. 侧叶(×8)，3. 腹叶(×8)，4. 侧叶尖部细胞(×137)，5. 侧叶中部边缘细胞(×137)。

2. 粗齿雉尾藓

图 1168

Cyathophorella tonkinensis (Broth. et Par.) Broth., Nat. Pfl. 11: 278. 1925.

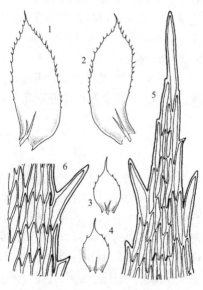

图 1168 粗齿雉尾藓（郭木森、于宁宁绘）

Cyathophorum tonkinense Broth. et Par., Rev. Bryol. 35: 46. 1908.

主茎横展，具绒毛状假根。支茎直立或倾立，通常不分枝，有时在近顶部分枝，一般高约6 厘米，宽约1厘米；枝的顶部有时产生成束的桔红色丝状芽胞。叶片平展，侧叶卵圆形，两侧稍不对称，长约4.8毫米，宽约1.9毫米，渐尖；叶边形成分化边缘，无色透明，具齿，近基部消失。腹叶卵形，渐尖，长约2.7毫米，宽约1.4毫米；中肋短，常分叉。叶细胞菱形；叶尖部齿长达150微米；近基部边缘的细胞渐狭长。雌苞叶小而窄。蒴柄短，长约2毫米。孢蒴圆柱形，长约2.6毫米。蒴齿两层，发育正常。孢子具疣，直径约30微米。

产台湾、广东、海南、广西和云南，生于树干、树基、岩面和土

上。日本、越南、泰国和喜马拉雅地区有分布。

1-2. 侧叶（×5），3-4. 腹叶（×5），5. 侧叶尖部细胞（×116），6. 侧叶中部边缘细胞（×116）。

3. 小雉尾藓 图 1169

Cyathophorella intermedia (Mitt.) Broth., Nat. Pfl. 2, 11: 277. 1925.

Cyathophorum intermedium Mitt., Musci Ind. Or.: 148. 1859.

植物体主茎横生，具短的绒毛状假根；支茎直立，一般不分枝；枝长约0.75厘米，宽约0.8厘米，黄绿色，枝尖呈尾状；有时枝条的顶部产生成束的丝状芽胞。侧叶卵状披针形，两侧不对称，长2.6毫米，宽1毫米，渐上成一狭长尖；叶上部边缘具不明显的齿。腹叶卵状披针形，两侧对称，长1.4毫米，宽0.9毫米；中肋单一，短弱，常分叉。叶细胞呈不规则菱形，基部细胞为短菱形；叶片基部边缘分化两列线形细胞。

产台湾和四川，生于土面。喜马拉雅地区有分布。

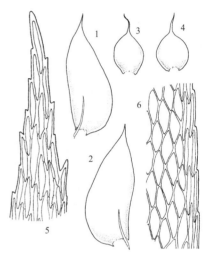

图 1169 小雉尾藓（郭木森、于宁绘）

1-2. 侧叶（×7），3-4. 腹叶（×7），5. 侧叶尖部细胞（×127），6. 侧叶中部边缘细胞（×127）。

4. 刺叶雉尾藓 图 1170

Cyathophorella subspinosa Chen, Feddes Repert. 58: 31. 1955.

体形粗壮，坚挺，暗绿色。主茎横生；支茎一般单一，仅顶部分枝，枝顶呈尾尖状。叶片密生，常着生线状芽胞。叶片干时皱缩，湿时平展，披针形，基部趋狭，两侧不对称，长约5毫米，宽约1.5毫米；边缘具由1-3个不规则细胞构成的刺状齿；中肋弱，单一或分叉。叶细胞卵状多边形，叶边细胞变狭长。腹叶小，两侧对称，中肋缺失。

中国特有，产福建、广东、海南、广西和云南，生于岩面。

1-2. 侧叶（×5），3-4. 腹叶（×5），5. 侧叶尖部细胞（×127），6. 侧叶中部边缘细胞（×127）。

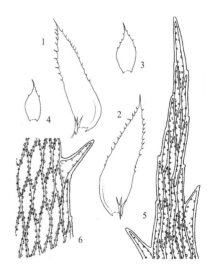

图 1170 刺叶雉尾藓（郭木森、于宁绘）

5. 九州雉尾藓   图 1171

Cyathophorella kyusyuensis Horik. et Nog., Journ. Sc. Hrioshima Univ. Ser. B, 2(3): 25. 2. 1936.

植物体纤细，色泽较暗，丛集生长。支茎单一，枝尖部渐细，长约2厘米，宽约5.5毫米。枝干时上部弯曲。侧叶干时扭曲，湿时平展，卵圆形，具长渐尖，两侧不对称，长约3.5毫米，宽约1.5毫米。腹叶椭圆形或卵圆形，尖部较长，长约2.5毫米，宽1.5毫米；边缘具不规则由1-2个细胞构成的齿；中肋纤细。芽胞数多，常着生枝的上部，绿色，呈具分枝的棒状体，长约0.9毫米。

产浙江、台湾和福建，生于树干或树阴下岩面。日本有分布。

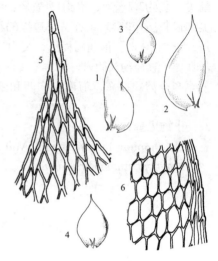

图 1171 九州雉尾藓（郭木森、于宁宁绘）

1-2. 侧叶(×5), 3-4. 腹叶(×5), 5. 侧叶尖部细胞(×127), 6. 侧叶中部边缘细胞 (×127)。

104. 鳞藓科 THELIACEAE
（高　谦　吴玉环）

体形较细弱，黄绿色，无光泽或具弱光泽，密丛集生长。茎匍匐，先端常倾立，不规则一回羽状分枝，或不规则丛集分枝，枝条被叶常呈圆条状。叶匙形或卵圆状兜形，先端圆钝或具小尖；叶边单层，内曲，全缘，或具毛或齿；中肋短弱，单一或分枝，或不明显至缺失。叶细胞卵形或长椭圆形，多数背面具单一粗疣。雌雄异株。雌苞着生茎上；雌苞叶分化。蒴柄短或中等长，细弱，平滑，红色或红褐色。孢蒴直立，长卵形，稀背曲而倾立或平列；蒴壁气孔稀少，显型。蒴齿两层；内外齿层多等长，或内齿层退化；外齿层基部连合，齿片狭长披针形，上部色淡，中脊呈回折形，横脊明显，有时具分化边；内齿层黄色，透明，基膜高出，齿条细长条形，中缝有穿孔。（鳞藓属蒴齿发育不全，齿毛呈细长条状或完全缺失。）蒴盖扁圆锥形，具短喙。蒴帽兜形，平滑。孢子细小。

3属。我国有2属。

1. 植物体稀疏不规则分枝；叶覆瓦状排列，卵圆状瓢形，具小尖或圆钝；中肋不明显或单一；孢蒴卵形，直立 ·················· **1. 小鼠尾藓属 Myurella**

1. 植物体不规则羽状分枝；叶倾立，长卵形或具狭长毛尖；中肋分叉或缺失；孢蒴卵形，倾立 ·················· **2. 粗疣藓属 Fauriella**

1. 小鼠尾藓属 Myurella B.S.G.

植物体纤细，鲜绿色或暗绿色，小垫状或疏松丛集生长。茎倾立或直立，不规则分枝、叉状分枝或束状分枝；多具束状假根；枝钝端，常具鞭状枝；无鳞毛。叶覆瓦状排列，卵圆形，先端急尖、渐尖或圆钝；叶边内曲，全缘，平滑或具不规则齿；中肋单一、分叉或缺失。叶细胞细小，胞壁略厚，具不明显壁孔，椭圆形或菱形，基部细胞长方形或方形，平滑或有前角突或具单粗疣。雌雄异株。内雌苞叶红棕色，长披针形，渐尖，叶边平展，具齿。蒴柄长1—2厘米。孢蒴卵形或短圆柱形，黄棕色，直立。环带分化。蒴齿两层、等长；外齿层齿片长披针形，黄色或淡黄色，尖端色淡，中脊回折状，横脊明显；内齿层基膜高，淡黄色，有细疣；齿条长披针形，齿毛线形，短于齿条。蒴盖圆锥形，具短钝喙。蒴帽小，兜形。

4种。中国有3种。

1. 植物体紧密丛集生长，呈小垫状；叶卵圆形或长椭圆形，紧密覆瓦状排列，先端圆钝，稀具短尖 ……………
………………………………………………………………………… 1. 小鼠尾藓 M. julacea
1. 植物体稀疏丛集生长，不呈垫状；叶瓢形，松散覆瓦状排列，先端有短毛尖。
  2. 叶片背面具低矮疣；叶边有细齿，叶尖短 ………………… 3. 细枝小鼠尾藓 M. tenerrima
  2. 叶背面具粗刺状疣；叶边有粗长齿，叶尖长1–4个细胞 ………… 2. 刺叶小鼠尾藓 M. sibirica

1. 小鼠尾藓

图 1172

Myurella julacea (Schwaegr.) B.S.G., Bryol. Eur. 6: 41. 1853.

Leskea julacea Schwaegr. in Schultes, Reise Glockner 2: 363. 1804.

植物体鲜绿色，干燥时黄绿色，具弱光泽，密丛集呈垫状。茎匍匐，上部倾立，分枝直立或倾立。叶片卵圆形或长椭圆形，深内凹，长0.4–0.5毫米，宽0.3–0.35毫米，先端圆钝或有小尖；叶边内曲，平滑或有细齿；中肋不明显，或具2短肋。叶细胞短轴型，上部细胞呈菱形或长椭圆形，下部细胞短而呈长椭圆形，背面平滑或有低疣，角部细胞短方形或方形。雌雄异株。雌苞叶狭卵形，渐呈短尖，色淡。蒴柄长达1.5厘米，红褐色。孢蒴短柱形或长卵形。蒴盖圆拱形。蒴齿两层，内外齿层等长；外齿层齿片狭披针形，有明显横纹；内齿层齿条发达，齿毛2–3条。孢子直径10–14微米，具细疣。芽胞腋生，棒锤形，成簇生长。

产吉林、河北、内蒙古、甘肃和西藏，生于高寒地区砂质土或湿石上。北温带地区广泛分布。

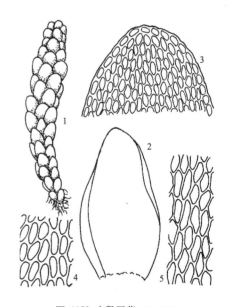

图 1172 小鼠尾藓（何 强绘）

1. 植物体(×15), 2. 叶(×50), 3. 叶先端细胞(×300), 4. 叶中上部细胞(×300), 5. 叶下部细胞(×300)。

2 刺叶小鼠尾藓

图 1173

Myurella sibirica (C. Müll.) Reim., Hedwigia 76: 292. 1937.

Hypnum sibirica C. Müll., Syn. 2: 418. 1851.

植物体黄绿色，疏松丛集生长。茎匍匐，先端上倾，呈细长

鞭状，不规则疏分枝。叶卵状瓢形，内凹，先端渐呈细长毛尖，长达0.5毫米，宽约0.3–0.45毫米，基部收缩；叶边有粗齿，内曲；中肋缺失，或具单一或分叉的短中肋。叶细胞短轴形，上部常为菱形或六边形，基部短长椭圆形，角部细胞长方圆形或方形，上部细胞背面具单个疣状突起。蒴柄细弱，红褐色。孢蒴长椭圆形或倒卵形，直立。蒴盖圆拱形。

产辽宁、河北、陕西、四川和西藏，俄罗斯、欧洲、日本及北美洲有分布。

1. 植物体(×15)，2. 叶(×50)，3. 叶尖部细胞(×300)，4. 叶中部边缘细胞(×300)。

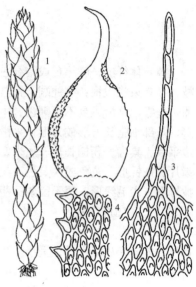

图 1173 刺叶小鼠尾藓（何　强绘）

3. 细枝小鼠尾藓　　　　　　　　　　图 1174

Myurella tenerrima (Brid.) Lindb., Musci Scand. 37. 1879.

Pterigynandrum tenerrima Brid., Muscol. Recent. Suppl. 4: 132. 1819.

疏松丛集，黄绿色或鲜绿色，具弱光泽。茎匍匐，纤细；分枝不规则，常呈弧形弯曲。叶呈覆瓦状排列，莲瓣状内凹，长达0.6毫米，宽约0.3毫米，阔卵形，先端突收缩呈短毛状尖，多扭曲；叶边内曲，具细齿；中肋缺失，或具不明显的单一或分叉的短中肋。叶细胞宽短，上部常为等轴形，呈六边形，直径约9–10微米，下部细胞不规则形，角部细胞方形或长方形，胞

壁略加厚，背面具不等形的粗疣。雌苞叶阔披针形，基部鞘状。蒴柄长1–1.5厘米，红褐色。孢蒴直立，倒卵形或短圆柱形。环带由2列细胞组成，成熟后自行卷落。孢子直径12–16微米，具细疣。

产内蒙古、新疆和青海，生于高寒地区砂质土或湿石上。俄罗斯、欧洲及北美洲有分布。

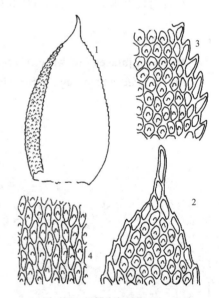

图 1174 细枝小鼠尾藓（何　强绘）

1. 叶(×50)，2. 叶尖部细胞(×300)，3. 叶中上部边缘细胞(×300)，4. 叶中部细胞(×300)。

2. 粗疣藓属　Fauriella Besch.

纤细，柔弱，淡黄绿色或淡黄色，无光泽，或稍具弱光泽。茎匍匐或倾立，有稀疏束状假根，具不规则羽状分枝；鳞毛稀少，披针形或近于呈片状。叶卵形、莲瓣形或瓢形，内凹，先端有时具毛状尖；叶边内卷，具粗齿或细齿；中肋缺失或具两短肋。叶细胞长椭圆形或菱形，具单个高疣，基部细胞狭长，角部常有几个方形细胞。蒴柄细长。孢蒴小，卵形，老时常平列，红褐色。环带分化。蒴齿两层，等长；外齿层齿片长披针形，

黄色，具回折中脊，有明显横脊；内齿层黄色，基膜高出，具穿孔，齿毛3，短于齿条。蒴盖圆锥形。

4种。中国有3种。

1. 体形纤细，柔弱；叶片呈鳞片状，具短急尖；叶细胞短椭圆形 ························ 1. 小粗疣藓 **F. tenerrima**
1. 体形稍硬；叶紧密覆瓦状着生，渐呈短尖；叶细胞宽长椭圆形 ··················· 2. 粗疣藓 **F. tenuis**

1. 小粗疣藓 图 1175

Fauriella tenerrima Broth., Akad. Ak. Wiss. Wien. Math. Nat. Kl. Abt. 1, 131: 217. 1923.

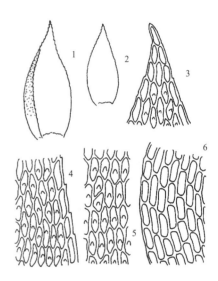

体形纤细，淡绿色或带黄色，具光泽，平展成片生长。茎匍匐，不规则稀疏分枝，枝条不等长。叶疏生，干燥时贴茎，湿时倾立，卵形，内凹，具短尖；叶边有细胞突出形成的细齿；中肋缺失。叶细胞圆菱形，壁略厚，背面有一大圆疣，基部细胞短，长方形，角部细胞短方形。未见孢子体。

产安徽、湖南、广西和贵州，常生于阔叶林下岩面、树干或腐木上。日本有分布。

图 1175 小粗疣藓（何 强绘）

1-2. 叶（×50），3. 叶尖部细胞（×300），4. 叶中上部边缘细胞（×300），5. 叶中部细胞（×300），6. 叶基部细胞（×300）。

2. 粗疣藓 图 1176

Fauriella tenuis (Mitt.) Card. in Broth., Nat. Pfl. 11: 282. 1925.

Heterocladium tenue Mitt., Trans. Linn. Soc. London, Bot. 3: 176. 1891.

密集丛生呈小垫状，淡绿色或黄淡绿色，无光泽。茎分枝纤细而不等长，先端钝。叶呈覆瓦状着生，卵圆形，渐尖，内凹；叶边内卷，具细胞突出的细齿；中肋缺失或具短中肋。叶细胞圆菱形，长18–25微米，宽约5微米，壁略加厚，背面具单个大乳头突起，角部细胞方形。雌雄异株。蒴柄长1–1.5厘米，红褐色。孢蒴小，倾立或平列，开裂后背部弯曲，下垂。蒴盖圆锥形。环带不分化。蒴齿两层；外齿层齿片披针形，中脊折叠状，横脊明显，上部有疣，中下部有密横纹；内齿层与外齿层等长，具1–2条齿毛。孢子直径10–13微米。蒴帽兜形。

产吉林、浙江和安徽，生于林下树干或腐木上。日本有分布。

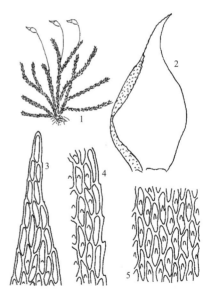

图 1176 粗疣藓（何 强绘）

1. 植物体（×15），2. 叶（×100），3. 叶尖部细胞（×300），4. 叶中部边缘细胞（×300），5. 叶中部细胞（×300）。

105. 碎米藓科 FABRONIACEAE
(高　谦　吴玉环)

植物体细弱或甚纤细，鲜绿色或亮绿色，多数有光泽。茎匍匐，一回或两回分枝，分枝直立或倾立，多数无鳞毛。叶密集，干时紧贴，湿时倾立，稀一向偏斜，卵形或卵状披针形，略内凹，多具长毛尖，无皱褶，基部不下延；中肋单一，短而细弱，稀中肋缺失。叶细胞多数长方形，平滑，薄壁，叶基部两侧的细胞方形或扁方形。雌雄异株或雌雄同株。孢蒴高出，直立，卵形或圆柱形，台部粗短，薄壁，气孔生于台部。环带常存，少数自行脱落。蒴齿单层或两层。外齿层的齿片平展，未脱盖前成对排列，外面具稀疏横脊，内面无横隔，稀齿片退失；内齿层缺失或齿条为披针形；有时基膜呈折叠状。蒴盖扁圆锥形，钝尖或有喙。蒴帽小，兜形，平滑，稀具疏毛。孢子细小。

10余属。我国有10属。

1. 植物体柔弱，具光泽，不呈规则羽状分枝；叶细胞较大，多呈长菱形，角细胞常为数列分化明显的方形细胞构成。
  2. 叶片中肋短而细，或不明显 (仅白翼藓属例外)；蒴齿两层、单层或缺失。
    3. 叶边具齿或毛状齿；内齿层缺失 ·························· 1. 碎米藓属 Fabronia
    3. 叶边全缘；蒴齿两层或单层。
      4. 叶片阔披针形，具疣；齿条毛状 ·················· 3. 反齿藓属 Anacamptodon
      4. 叶片狭披针形，具横纹；齿条龙骨状 ·················· 4. 无毛藓属 Juratzkaea
  2. 叶片中肋长达中部；蒴齿两层，或内齿层发育不全，稀内齿层缺失。
    5. 叶片具长中肋 ·· 9. 柔齿藓属 Habrodon
    5. 叶片无中肋或甚微弱。
      6. 叶边平直；蒴齿仅具外齿层，内齿层缺失 ·················· 2. 白翼藓属 Levierella
      6. 叶边常内卷；蒴齿两层 ·································· 5. 小绢藓属 Rozea
1. 植物体挺硬，无光泽或稍具光泽，多呈较规则的羽状分枝；叶细胞短小，多呈六边形或椭圆形，角细胞分化不明显，仅较短而近于方形。
  7. 叶片具单中肋，长达中部以上。
    8. 蒴齿两层，齿片外面具密横纹 ·················· 6. 旋齿藓属 Helicodontium
    8. 蒴齿两层，齿片外面具疣 ·················· 7. 附干藓属 Schwetschkea
  7. 叶片无中肋 ·································· 8. 拟附干藓属 Schwetschkeopsis

1. 碎米藓属 Fabronia Raddi

植物体细弱，鲜绿色或亮绿色，稀暗绿色，具光泽，平铺交织生长。茎分枝不规则，多数枝条生叶片呈圆条形，少数呈匍枝状。叶疏生或覆瓦状排列，有时一向弯曲，卵形或卵状披针形，多具毛状叶尖；叶边平滑或具粗齿，有时具长毛；中肋多短弱，有时不明显。叶细胞呈长菱形或长六边形，叶角部细胞多为方形，稀不分化。雌雄同株。内雌苞叶鞘状，具细长尖，边缘具齿或毛；无中肋。蒴柄短或稍细长，黄色，平滑。孢蒴直立，倒卵形或梨形，台部短，干时收缩成半球形，脱盖后蒴口大，亮棕色。蒴齿单层，稀缺失。齿片对水湿极敏感，潮湿时内卷，干时背仰，成对相连，阔舌形，钝尖，棕色，有时中缝绽裂或具穿孔，具纵列细密疣。蒴盖短圆锥形，或圆穹形，具小尖或短喙。

约95种。我国有10种。

1. 叶边具齿，为细胞前角突出形成的锐齿。
  2. 叶片短，阔卵形。
    3. 孢蒴具蒴齿 .... 2. 八齿碎米藓 **F. ciliaris**
    3. 孢蒴无蒴齿 .... 3. 东亚碎米藓 **F. matsumurae**
  2. 叶片长，阔披针形 .... 6. 毛尖碎米藓 **F. rostrata**
1. 叶边具长齿或纤毛，由1–多个细胞形成不规则的齿。
  4. 叶片中肋背部具长刺。
    5. 叶片披针形；叶边齿由1–2个细胞构成；叶细胞无前角突 .... 1. 狭叶碎米藓 **F. angustifolia**
    5. 叶片卵形；叶边齿为单细胞；叶细胞具前角突 .... 5. 陕西碎米藓 **F. schensiana**
  4. 叶片中肋背部无刺 .... 4. 碎米藓 **F. pusilla**

1. 狭叶碎米藓 图 1177

Fabronia angustifolia Gao et Fu in Wu (ed.), Flora Bryophyt. Sin. 88. 2002.

植物体纤细，黄绿色，具弱光泽。茎匍匐，长3–5毫米，尖部倾立，不规则分枝；分枝长1–2毫米。叶片于茎下部疏生，上部覆瓦状排列，基部宽，渐上呈披针形，具细长毛尖，长0.3–0.6毫米，宽0.1–0.15毫米；叶边平展，边缘有2–5个细胞组成具分枝的长纤毛；中肋细长，达叶长度的3/4或及顶，背部有长刺。叶基部细胞方形或长方形，从中肋至叶边仅3–4列细胞，叶上部细胞狭长，近中上部细胞呈线形或狭菱形，约30×95微米。雌雄异苞同株。雄苞多数着生短侧枝上；雄苞叶边缘具短毛。雌苞着生于侧短枝上；雌苞叶基部宽阔，边缘毛稀少。蒴柄细长，黄绿色，长1–1.5毫米。孢蒴卵形，开裂后呈短柱形，蒴口开阔，无蒴齿和环带。蒴帽圆拱形，具短钝喙。孢子直径20–25微米，平滑。

中国特有，产西藏中部，生于高寒山区岩面或树干上。

1. 植物体一部分（×40），2-3. 叶（×100），4. 叶上部边缘细胞（×500），5. 叶中部细胞（×300），6. 叶基部细胞（×500）。

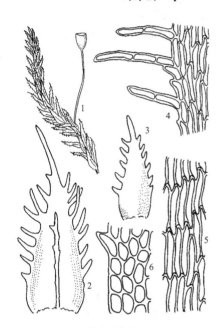

图 1177 狭叶碎米藓（何 强绘）

2. 八齿碎米藓 图 1178

Fabronia ciliaris (Brid.) Brid., Bryol. Univ. 2: 171. 1827.

Hypnum ciliare Brid., Sp. Musc. 2: 155. 1812.

体形纤细，黄绿色，有光泽。茎匍匐，不规则分枝；分枝短，倾立。叶片卵状阔披针形，先端突呈细毛尖；叶边有不规则细胞突出的短齿；中肋细弱，不及叶中部，背面平滑无齿。叶细胞菱形，角部细胞方形，均薄壁。雌雄异苞同株。孢蒴小，开裂后呈杯状，蒴齿单层，披针形，有疣。孢子透明，12–15微米。

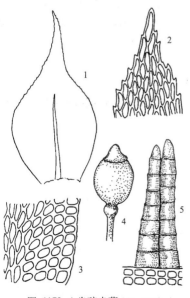

图 1178 八齿碎米藓（何 强绘）

产吉林、河北、浙江、湖南、广西、云南和西藏，生于低山阔叶树干、树皮裂缝中。日本及朝鲜有分布。

1. 叶(×100)，2. 叶尖部细胞(×150)，3. 叶基部细胞(×150)，4. 孢蒴(×80)，5. 蒴齿(×400)。

3. 东亚碎米藓 图 1179

Fabronia matsumurae Besch., Journ. de Bot. 13: 40. 1899.

植物体细小，绿色，具光泽，稀疏丛集生长。茎匍匐伸展，不规则分枝；枝直立。叶片螺旋状着生，直立，常呈假两列着生，卵形，渐尖，尖部黄色；叶缘平直，中部以上有不整齐锐齿；中肋单一，终止于叶中部。叶细胞大，基部短，角部为方形，排列整齐，上部呈菱形，均薄壁。雌雄同株。雌苞叶鞘状，叶尖成毛状，叶缘上部具齿。蒴柄长4-7毫米，黄棕色，干燥时扭曲。孢蒴卵圆形，具短粗台部。蒴盖平凸形，具乳头状凸起。蒴齿缺失。蒴帽兜形，平滑。

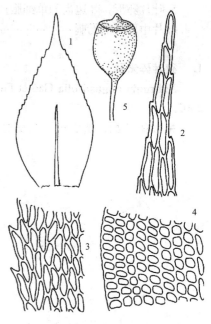

图 1179 东亚碎米藓（何 强绘）

产黑龙江、吉林、内蒙古、河北、山东、陕西、湖北、云南和西藏，生于潮湿岩面薄土或树干上。日本及俄罗斯（远东地区）有分布。

1. 叶(×100)，2. 叶尖部细胞(×250)，3. 叶上部边缘细胞(×250)，4. 叶基部细胞(×250)，5. 孢蒴(×80)。

4. 碎米藓 图 1180

Fabronia pusilla Raddi, Atti Acc. Sc. Siena 9: 231. 1808.

植物体柔弱，黄绿色，有光泽。茎匍匐，先端倾立，1-2回不规则分枝，分枝倾立或直立，先端钝；假根散生。叶片密覆瓦状排列或倾立，干燥时不紧贴，卵状披针形，渐上呈细长尖，长约0.5毫米，宽约0.15毫米；叶边平直，具毛状齿，齿长1-2个细胞；中肋单一，细

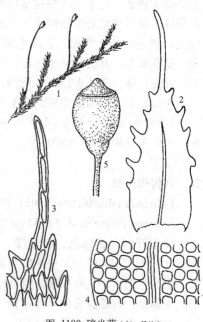

图 1180 碎米藓（何 强绘）

弱，达叶片中部，背部平滑。叶上部细胞狭长菱形或狭长椭圆形，长25–40微米，宽约7微米，基部细胞方形或长方形，角部细胞方形。雌雄同株异苞。雌苞生于短侧枝上。雌苞叶阔披针形。蒴柄长约4毫米，黄棕色。孢蒴卵形；内齿层不发育，外齿层齿片披针形。孢子直径14–15微米，具细疣。

产云南和西藏，生于林下树干或湿石上，有时生于腐木上。印度、

不丹、中亚地区、俄罗斯、欧洲南部及非洲有分布。

1. 植物体(×15)，2. 叶(×100)，3. 叶尖部细胞(×400)，4. 叶基部细胞(×400)，5. 孢蒴(×80)。

5. 陕西碎米藓　　　　　　　　图 1181

Fabronia shensiana C. Müll., Nuov. Giron. Bot. Ital. n. ser. 4: 262. 1897.

体形细小，柔弱，褐绿色或绿色，有弱光泽，密集生长。茎匍匐，不规则分枝；分枝直立，假根呈束状。叶片基部卵状，向上渐尖或急尖，具毛尖，长达300微米；叶边平展，自角部向上有毛状齿，齿长达200微米；中肋粗壮，终止于叶尖，背部有几个长刺。叶角部细胞方形，9–10×12–14微米，叶中部细胞菱形，9–11×43–52微米。雌雄同株。雌苞叶上部有长齿。蒴柄长3–5毫米，黄色。孢蒴倒卵形，开裂后呈杯状，台部粗。蒴盖平凸形。蒴齿齿片两片并列，上部有细疣，下部有纵条纹。孢子直径14–16微米，平滑。

中国特有，产陕西和云南，生于海拔3600米的石缝中。

1–2. 叶(×100)，3. 叶上部边缘细胞(×400)，4. 叶中部细胞(×400)，5. 叶基部细胞(×400)，6. 孢蒴(×80)。

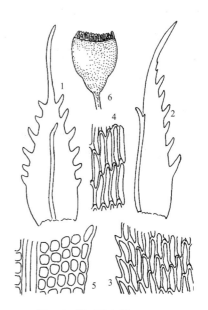

图 1181 陕西碎米藓（何　强绘）

6. 毛尖碎米藓　　　　　　　　图 1182

Fabronia rostrata Broth., Symb. Sin. 4: 92. 1929.

植物体柔弱，黄绿色，具弱光泽，密集成片生长。茎匍匐，具褐色假根，不规则密分枝；分枝直立，长达3毫米，先端钝。

叶干时覆瓦状排列，湿时倾立，长卵形，略内凹，渐向上成毛尖；叶边平直，有细胞突出的细齿；中肋细弱，终止于叶片中部，背面无刺。叶上部细胞长椭圆形或菱形，角部具数列方形或长方形细胞。雌雄异株。蒴柄长达5毫米，细弱，红褐色。孢蒴小，卵形，无蒴齿。蒴盖穹形，具粗喙。

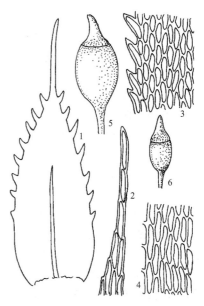

图 1182 毛尖碎米藓（何　强绘）

中国特有，产云南，生于林下岩面或树干。

1. 叶(×100)，2. 叶尖部细胞(×400)，3. 叶上部边缘细胞(×400)，4. 叶中部细胞(×400)，5-6. 孢蒴(×80)。

2. 白翼藓属 Levierella C. Müll.

纤细，柔弱，绿色，老时呈黄绿色，无光泽，疏松交织生长。主茎匍匐伸展，叶疏生，假根褐色；分枝不规则，小枝常呈束状生长；枝端钝，干燥时弯曲。叶呈短阔披针形或卵形，渐上成短尖，绿色；叶边平直，上部有细齿；中肋单一，达叶片中部消失。叶细胞长椭圆形或菱形，角部有多列方形细胞。雌雄异苞同株。内雌苞叶直立，淡绿色，基部呈鞘状，渐上成披针形。蒴柄细长，直立，黄色。孢蒴直立，短圆柱形，黄棕色，台部短。环带宽阔，成熟时自形脱落。蒴齿着生于蒴口内部深处；外齿层齿片狭长披针形，黄色，平滑，中脊呈之字形，横脊疏生；内齿层缺失齿毛和齿条。蒴盖圆锥形，具短喙。

2种。我国有1种。

白翼藓　　　　　　　　　　　　　　　　　　图 1183

Levierella fabroniacea C. Müll., Bull. Soc. Bot. Ital. 73. 1897.

植物体纤细，柔弱，绿色，老时呈黄绿色，无光泽，疏松交织生长。主茎匍匐，具稀疏基叶，顶端成束状分枝；枝条短，扁平密被叶片，钝头，干时常弯曲。基叶较小，倾立，淡绿色，质薄。叶卵状披针形，有狭长尖；叶边上部有齿；中肋单一，长达叶片中部。叶细胞长卵形，叶角部细胞多列，方形。雌雄异苞同株。内雌苞叶直立，淡绿色，基部呈高鞘状，上部披针形，有细长尖。蒴柄细长，直立，黄色。孢蒴直立，圆柱形，黄棕色，蒴台短。环带宽，成熟后自行卷落。蒴齿着生于蒴口内面深处；外齿层齿片狭长披针形，黄色，平滑，具回折中脊和疏生的横脊，内面无横隔；内齿层缺失。

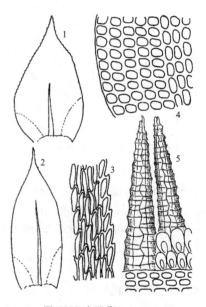

图 1183 白翼藓（何 强绘）

中国特有，产四川和云南，生于温热地区树干或石生。

1-2. 叶(×100)，3. 叶上部边缘细胞(×400)，4. 叶基部细胞(×400)，5. 蒴齿(×400)。

3. 反齿藓属 Anacamptodon Brid.

体形纤细，深绿色，老时黄绿色或棕绿色、具光泽，密集交织生长。茎匍匐，具多数假根；枝条短，单一，或稀疏分枝；分枝直立或倾立，密被叶片。叶直立，常一向偏斜，卵形，内凹，向上渐呈长尖；叶边平展，全缘；中肋粗壮，长达叶片中部。叶细胞绿色，长菱形或六边形，基部细胞方形。雌雄异苞同株。内雌苞叶细长，渐尖，基部不呈鞘状；中肋细弱。蒴柄细长，直立，粗壮，紫红色，干时成螺旋状扭转。孢蒴直立，卵形，台部粗短，干时蒴口下部内缢。环带宽，常存。蒴齿两层，着生蒴口内面深处。外齿层齿片常成对相连，湿时直立，干时反卷，阔披针形，棕色，具疣，内面具疏横隔。内齿层基膜缺失，齿条短于齿片，线形，棕色，近于平滑。蒴盖基部圆锥形，具直喙或斜喙。蒴帽兜形。

约10种。我国有3种。

1. 植物体较粗壮；叶中肋长达叶尖 ·· 1. 柳叶反齿藓 A. amblystegioides
1. 植物体细弱；叶中肋消失于叶片中部 ·· 2. 阔叶反齿藓 A. latidens

1. 柳叶反齿藓　　　　　　　　　　　　　　图 1184

Anacamptodon amblystegioides Card., Bull. Soc. Bot. Geneve Ser. 2, 3: 279. 1891.

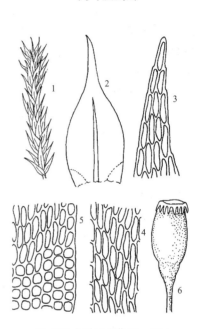

体形细弱，黄绿色或绿色。茎匍匐伸展，先端上仰，不规则分枝，枝短。叶片干燥时不紧贴，湿时四散倾立，阔卵状披针形，渐呈长尖；叶边平直，全缘或有微齿突；中肋粗，通常消失于叶尖。叶细胞长椭圆形，渐向基部趋短，角部有数列方形细胞。孢蒴小，短圆柱形。蒴盖短圆锥形，具短喙。蒴齿两层。

产吉林、新疆、台湾和云南，生于阔叶林树干基部。日本有分布。

1. 植物体一部分(×15)，2. 叶(×30)，3. 叶尖部细胞(×300)，4. 叶中部细胞(×300)，5. 叶基部细胞(×300)，6. 孢蒴(×20)。

图 1184 柳叶反齿藓（何　强绘）

2. 阔叶反齿藓　　　　　　　　　　　　　　图 1185

Anacamptodon latidens (Besch.) Broth., Nat. Pfl. 1 (3): 906. 1907.

Schwetschkea latidens Besch., Journ. Bot. (Morot) 13: 41. 1899.

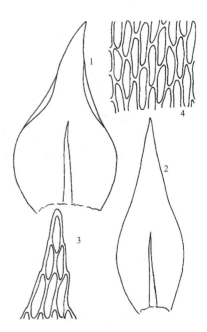

体形纤细，深绿色，老时黄绿色或棕色，具光泽。茎匍匐伸展，全茎被假根，多次不规则分枝；枝短，直立或倾立。叶密生，直立，有时向一侧偏曲，内凹，卵形基部渐上成披针形叶尖；叶边平直，全缘；中肋粗，达叶中部或上部终止。叶细胞叶绿体多，长菱形或六边形，有时不规则形，基部长方形。雌雄同株。内雌苞叶长，无鞘状基部，渐尖。蒴柄长约5毫米，直立，红褐色，干燥时呈螺旋状扭转。孢蒴直立，椭圆形，具短台部，干燥时蒴口下部收缩。环带宽，由3-4列细胞构成。蒴齿两层。齿片宽披针形，干燥时背曲，灰褐色，具密疣。齿条短于齿片，不呈龙骨状，红褐色，平滑。蒴盖圆锥形，具直喙。

图 1185 阔叶反齿藓（何　强绘）

产吉林、辽宁、新疆和云南，生于阔叶林或针阔混交林下树干或石面。日本有分布。

1-2.叶(×80)，3.叶尖部细胞(×400)，4.叶中部细胞(×400)。

4. 无毛藓属 Juratzkaea Lor.

体形中等，细弱，黄绿色或鲜绿色，具光泽，丛集生长。茎长1-3.5厘米，不规则四散分枝；枝条粗，常单一，横切面皮部具2-3层小形厚壁细胞，内部细胞形大，薄壁，无中轴；假鳞毛片状。茎叶与枝叶同形，卵状披针形，渐尖，平展或略内凹，直立或倾立，基部不下延；叶边平直，全缘；中肋单一，细弱，消失于叶片中部。叶中上部细胞长纺锤形或狭长形，角部细胞方形，多列。雌雄同株。雌苞叶椭圆形，渐尖，尖部平滑或有小齿。蒴柄细长，直立，棕红色，平滑。孢蒴直立，短圆柱形，黄棕色或红棕色。蒴盖短圆锥形。环带不分化。蒴齿两层；外齿层齿片披针形，具明显回折中缝，中下部具细疣形成的横纹，上部有疣，齿条与齿片等长，有稀疣，无齿毛。蒴帽兜形，平滑。孢子球形，有细疣。

3种。我国有1种。

中华无毛藓　　　　　　　　　　　　　　　　　　　图 1186

Juratzkaea sinensis Fleisch. ex Broth., Nat. Pfl. 2, 11: 290. 1925.

细弱，绿色，具绢丝光泽。茎匍匐，有稀疏假根；枝条细长，单一或近于呈羽状分枝。叶干燥时疏松覆瓦状排列，卵状披针形，内凹，叶尖近于成毛状；叶边平展，全缘，上部有齿突；中肋细弱，长达叶片中部。叶细胞狭长卵形，角细胞由数行方形细胞组成。雌雄异苞同株。内雌苞叶近于直立，基部鞘状，向上成披针形，全缘，无中肋。蒴柄短，带红色。孢蒴直立，圆柱形，棕色。环带不分化。蒴齿两层；外齿层齿片披针形，黄色，外面具密横纹，内面被横隔；内齿层黄色，平滑，基膜低，齿条与齿毛退化。蒴盖圆锥形，钝尖。

中国特有，产江苏、上海、云南和西藏，生于林下附生树干或石上。

1-2.叶(×30)，3.叶尖部细胞(×300)，4.叶上部边缘细胞(×300)，5.叶中部细胞

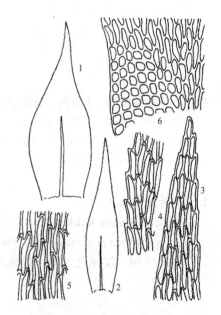

图 1186 中华无毛藓（何　强绘）

(×300)，6.叶基部细胞(×300)。

5. 小绢藓属 Rozea Besch.

体形纤细或略粗壮，柔弱，绿色、浅黄绿色或红棕色，具光泽，成片生长。茎匍匐，叉状或簇状分枝；枝条密集，直立或倾立，先端钝。枝叶干燥时覆瓦状贴生，有时稍呈一向偏曲，湿时直立或倾立，长卵形或阔卵状披针形，内凹，两侧常有纵长褶，具短急尖或长尖；叶边背卷，尖部具齿；中肋单一，长达叶中部消失。叶细胞长椭圆形或狭长菱形，多数平滑，稀有疣或前角突，基部细胞较短，排列疏松。雌雄同株或异株。内雌苞叶淡绿色，阔披针形，具毛尖；中肋短弱。蒴柄细长，直立，红色。孢蒴直立，长圆柱形，红棕色，具短台部。环带缺失。蒴齿两层；外齿层齿片披针形，黄色，外面具明显回折中脊，下部有密横纹，内面横隔明显；内齿层淡黄色，平滑，基膜低，稀高出，齿条狭披针形，与外层齿片等长，呈折叠形，齿毛短弱。蒴盖圆锥

形，具斜喙。孢子细小。

7种。我国有3种。

翼叶小绢藓   图 1187

Rozea pterogonioides (Harv.) Jaeg., Ber. S. Gall. Naturw. Ges. 1876.

Leskea pterogonioides Harv. in Hook., Icon. Pl. Rar. 1: 24. 1836.

植物体纤细，黄绿色，稍具光泽。茎长达1.2厘米，匍匐，不规则分枝；枝短，圆条形，假根呈束状着生。叶干时紧贴，湿时倾立，长卵形或狭卵形，常内凹，有纵褶；叶边上部平直，有时背曲，上部有齿；中肋单一，达叶上部终止。叶细胞长菱形，角部细胞方形，排列疏松，薄壁。雌雄异株。蒴柄长达1厘米，直立，红褐色。孢蒴直立，卵形，台部短。蒴盖具短斜喙。蒴齿两层；齿片与齿条等长，齿毛缺失。

产云南、四川和西藏，生于海拔1900–3700米的林下树干基部。尼泊尔、不丹及印度有分布。

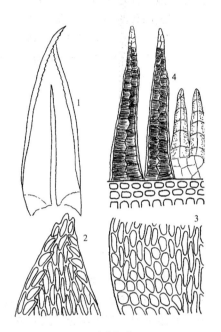

图 1187 翼叶小绢藓（何 强绘）

1. 叶片(×20)，2. 叶尖部细胞(×300)，3. 叶基部细胞(×300)，4. 蒴齿一部分（×300）。

6. 旋齿藓属 Helicodontium (Mitt.) Jaeg.

植物体纤细，柔弱，暗绿色，无光泽。茎匍匐，具稀疏假根，不规则分枝；枝短，前端倾立，有时长而弯曲，横切面圆形。叶片干燥时紧贴，湿时倾立，卵状披针形，渐上呈短尖；叶边平展，全缘，有时上部具齿；中肋细弱，消失于叶片中上部。叶细胞长椭圆形或长六边形，角部有数列方形细胞。内雌苞叶基部鞘状。雌雄同株。蒴柄短，长5–10毫米，细弱，红褐色，干燥时扭曲，平滑或具疣。孢蒴卵形或短圆柱形，干燥时蒴口下部收缩。环带常存。蒴齿两层；外齿层齿片披针形，黄褐色，具回折中缝；内齿层仅具齿条，与齿片等长，具细疣，基膜低。

约26种，多分布于南美洲和非洲。我国有2种。

大旋齿藓   图 1188

Helicodontium robustum (Toy.) Shin, Sci. Rep. Kagoshima Univ. 32: 85. 1954.

Schwetschkea robusta Toy., Acta Phytotax. Geob. 6: 176. 1937.

体形纤细，黄绿色或暗绿色，无光泽，平展交织成片生长。茎匍匐，先端上仰，不规则分枝；分枝短，直立或倾立，稀再分枝，假根疏生；枝叶干燥时贴生，卵状披针形，渐呈锐尖，长达1–1.7毫米；叶边平直，具细胞突出形成的细齿；中肋单一，细弱，达叶片2/3处终止。叶细胞狭长卵形，长45–75微米，宽6–8微米，平滑，尖部细胞短菱形，角部具数列方形细胞，与其他叶细胞有明显界限。雌雄同株异苞。蒴柄

长5-7毫米，表面具乳头状突起。孢蒴卵形，略倾立。蒴齿两层；内外齿层等长；外齿层齿片披针形，上部具疣，中下部具密横纹；内齿层无齿毛。孢子直径10-15微米。蒴帽兜形。

产云南和四川，生于阔叶林下树干或腐木上。日本有分布。

1. 叶(×30)，2. 叶尖部细胞(×300)，3. 叶上部边缘细胞(×300)，4. 叶中部细胞(×300)，5. 叶基部细胞(×300)，6. 孢蒴(×20)。

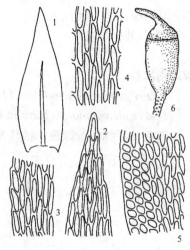

图 1188 大旋齿藓（何 强绘）

7. 附干藓属 Schwetschkea C. Müll.

植物体纤细或甚纤细，绿色，稍具光泽，交织成片生长。茎细长，匍匐，具束状假根，多呈规则羽状分枝；分枝短，直立或倾立，干时常弯曲。叶密生，卵状披针形，叶尖细长，干时直立，有时一向弯曲，湿时倾立；叶边平展，有由细胞突出而成的细齿；中肋细，达叶片中部。叶细胞长六边形，叶角部由多数方形或短方形细胞构成。雌雄异苞同株。内雌苞叶卵状披针形，向上急狭成细长尖。蒴柄细弱，干时螺旋状旋扭，红棕色，上部粗糙或平滑。孢蒴直立，对称，长卵形，干时蒴口下部内缢。环带分化。蒴齿两层；外齿层齿片长披针形，黄棕色，下部具疏生横脊，平滑，上部具疣；内齿层基膜低，或稍高出，齿条与齿片等长或稍短，狭披针形，呈折叠状，有细疣，无齿毛。蒴盖半圆球形，具斜长喙。孢子中等大小。

约23种。我国有5种。

1. 植物体纤细，枝长3-4毫米；蒴柄红褐色 ⋯⋯⋯⋯⋯⋯⋯⋯⋯⋯⋯⋯⋯⋯⋯⋯⋯⋯⋯⋯⋯⋯⋯ 1. **华东附干藓 S. courtoisii**

1. 植物体较粗，枝长4-5毫米；蒴柄黄褐色 ⋯⋯⋯⋯⋯⋯⋯⋯⋯⋯⋯⋯⋯⋯⋯⋯⋯⋯⋯⋯⋯⋯⋯ 2. **东亚附干藓 S. matsumurae**

1. 华东附干藓   图 1189

Schwetschkea courtoisii Broth. et Par., Rev. Bryol. 35: 127. 1908.

植物体纤细，黄绿色或褐绿色，平卧生长。茎纤细，匍匐，不规则分枝；枝较短，长3-4毫米，多数倾立，渐尖。叶片干燥时展出，呈一向偏曲，卵状披针形或披针形，渐尖；枝叶小，卵形，突出短尖，长1.2-1.2毫米，宽0.5-0.8毫米；叶边平直，全缘或上部具齿；中肋细弱，长达叶片中部。叶中部细胞长六边形，长约20微米，宽约10微米，角部有数列扁方形细胞，薄壁，平滑。雌雄异苞同株。雌苞叶直立，卵状披针形，急尖，中肋及顶。蒴柄细弱，直立，长2-3厘米。

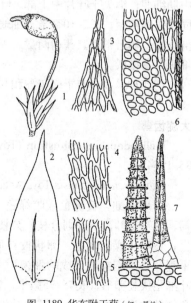

图 1189 华东附干藓（何 强绘）

孢蒴卵形，略弯曲。蒴盖具弯喙。蒴齿两层，内外齿层等长。孢子直径 18微米。

中国特有，产江苏、上海和贵州，生于树干上。

1. 孢蒴和雌苞叶(×15)，2. 叶(×30)，3. 叶尖部细胞(×200)，4. 叶上部边缘细胞 (×200)，5. 叶中部细胞(×200)，6. 叶基部细胞(×200)，7. 蒴齿(×200)。

2. 东亚附干藓 图 1190

Schwetschkea matsumurae Besch., Journ. de Bot. 13: 40. 1899.

体形纤细，黄绿色，有弱光泽。茎匍匐，不规则分枝；枝条倾立，长3–5毫米。叶长披针形，基部狭，中部阔，渐向上呈锐长尖；叶边平直，常有前角突；中肋细弱，达叶片中上部。叶细胞六边状菱形，长40–65微米，宽8–13微米，薄壁，尖部细胞狭长，角部细胞方形。雌雄异苞同株。蒴柄长2–3毫米，平滑。外齿层齿片披针形，有细疣。孢子直径18–30微米。

产江苏、福建、湖南、四川和云南，生于阔叶林下或针阔混交林下树干上。日本有分布。

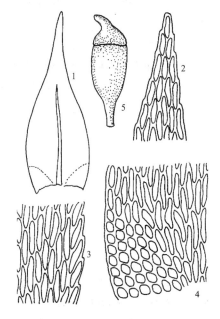

1. 叶(×25)，2. 叶尖部细胞(×300)，3. 叶上部边缘细胞(×300)，4. 叶基部细胞 (×300)，6. 孢蒴(×25)。

图 1190 东亚附干藓 (何 强绘)

8. 拟附干藓属 Schwetschkeopsis Broth.

体形纤细，挺硬，绿色或黄绿色，稍具光泽。茎匍匐伸展，羽状分枝或不规则羽状分枝；分枝较短，直立或较长而倾立，密被叶片呈圆条形，单一或具短分枝。鳞毛稀疏，披针形或线形。枝叶干时呈覆瓦状贴生，湿时直立或倾立，卵状披针形，内凹，上部渐尖；叶边平直，有细齿；中肋缺失。叶细胞狭长六边形或长椭圆形，背面具弱前角突，下部细胞短而疏生，叶片角部有数列扁方形细胞。雌雄异株或同株。内雌苞叶基部鞘状，向上渐成披针形或毛状尖。蒴柄细长，干时卷扭，橙黄色。孢蒴直立，卵圆形，辐射对称或稍不对称，具短台部。蒴齿两层，等长；外齿层齿片披针形，黄色，外面具回折形中脊，下部具密横纹，内面具横隔；内齿层透明，基膜高约为齿条的1/3，平滑；齿条宽，中央具穿孔，密被细疣；齿毛退化。蒴盖基部圆锥形，上部具短或长喙。

4种，分布于亚洲及北美洲。中国有2种。

拟附干藓 图 1191 彩片235

Schwetschkeopsis fabronia (Schwaegr.) Broth., Nat. Pfl. 1 (3): 878. 1907.

Helicodontium fabronia Schwaegr., Sp. Musc. Suppl. 3(2): 294. 1830.

植物体纤细，硬挺，绿色或黄绿色，稍具光泽。茎匍匐，密被假根，多呈规则的羽状分枝；枝条短，直立或较长而倾立，密被叶片，有时再生短分枝。鳞毛稀疏，披针形，稀呈线形。枝叶干时贴生，湿时直

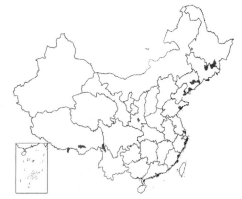

立或倾立，卵状披针形，内凹，上部渐尖；边缘具细齿；中肋缺失。叶细胞长六边形，背面前角稍呈疣状突起；角部细胞数列，方形。雌雄异株或雌雄同株。内雌苞叶基部呈鞘状，向上渐成长毛尖。蒴柄细长，弯曲，干时扭卷，橙黄色。孢蒴直立，卵圆形，辐射对称或稍不规则，台部短。蒴齿两层，等长。外齿层齿片披针形，黄色，外面具回折中脊，有密横纹，内面被横隔；内齿层透明，基膜高约为齿片的1/3，平滑，齿条宽，折叠形，中央具裂缝状穿孔，被细疣，齿毛退化。蒴盖基部圆锥形，上部具短或长斜喙。

产黑龙江、吉林、辽宁、山东、陕西、云南和西藏，生于阔叶林下树干上。朝鲜、日本及北美洲有分布。

1-2.叶(×30)，3.叶尖部细胞(×300)，4.叶中部边缘细胞(×300)，5.叶基部细胞(×300)。

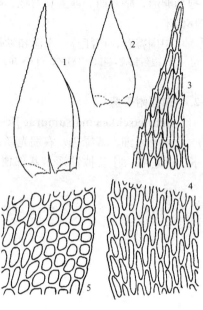

图 1191 拟附干藓（何 强绘）

9. 柔齿藓属 **Habrodon** Schimp.

植物体纤细，无光泽，交织成小片状生长。茎匍匐，不规则分枝；分枝短而直立。叶片干燥时呈覆瓦状排列，湿时倾立，略背仰，卵形，内凹，上部急尖或渐呈短尖；叶边平直，全缘或稀具细齿；中肋缺失或仅基部略有痕迹。叶细胞长卵形、菱形或狭长椭圆形，叶基部细胞阔，角部有数列扁方形细胞。雌雄异株。内雌苞叶直立，具狭长尖，边缘常有粗齿。蒴柄细长，黄褐色或紫红色。孢蒴直立，长卵圆形，口部干时不缢缩，台部短，干时具纵长褶。环带为3–4列细胞，稀由单列细胞组成，成熟后自行卷落。蒴齿单层，内层层完全缺失；外齿层齿片仅在脱落前彼此尖端相连，狭披针形，节片明显，纵脊和横脊均高出，无细疣，内面有横纹，常为黄色。蒴盖圆锥形，具短直钝喙。蒴帽直立，兜形。营养繁殖为梭形多细胞的芽孢。

7种。我国有1种。

柔齿藓　　　　　　　　　　　　图 1192

Habrodon perpusillus (De Not.) Lindb., Oefv. K. Vet. Ak. Foerh. 20: 401. 1863.

Pterogonium perpusillum De Not., Musc. Ital. Sp. 84. 1838.

体形纤细，绿色，近于无光泽，交织成小片状生长。茎细长，匍匐，不规则分枝；分枝短而直立。叶干时紧贴或呈覆瓦状排列，湿时倾立，略背仰，基部卵形或卵圆形，内凹，上部有细长尖；叶边平展，略有突齿；中肋缺失或仅基部略有痕迹；叶细胞卵圆形或长

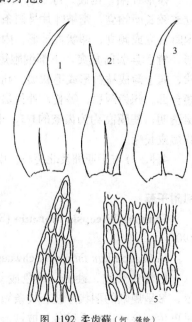

图 1192 柔齿藓（何 强绘）

菱形，渐向叶边及叶角部成斜列菱形或方形。雌雄异株。内雌苞叶直立，鞘部不分化，有狭长尖，边缘常有粗齿。蒴柄细长，黄色或紫红色，干时旋扭。孢蒴直立，长卵圆形，对称，口部干时不缢缩，台部短，干后有纵长褶。环带3–4列细胞，稀由单列细胞组成，成熟后自行卷落。蒴齿两层；内层蒴齿完全缺失或发育不完全；外齿层齿片着生口部内方深处，仅脱盖前彼此尖部略相连，狭长披针形，节片分隔明显，纵脊和横脊均高出，无细疣，有横纹，通常黄色。蒴盖圆锥形，有短直钝喙。蒴帽直立，兜形。

产辽宁、四川和西藏，生于树干或岩石上。亚洲西部、欧洲、北美洲及北非有分布。

1-3.叶(×30)，4.叶尖部细胞(×300)，5.叶基部细胞(×300)。

106. 薄罗藓科 LESKEACEAE

（曹　同　娄玉霞　张娇娇　王文和）

植物体多纤细，交织成小片状生长。茎匍匐，分枝密，多不规则，直立或倾立；鳞毛缺失或稀少而不分枝。茎叶和枝叶近于同形，卵形或卵状披针形；中肋粗壮，多数单一，长达叶片中部或尖部，稀较短或缺失。叶细胞多等轴形，稀长方形或长卵形，平滑或具单疣。雌雄同株。雌苞生于茎上。雄苞常着生于枝端。蒴柄长，直立，平滑或粗糙具疣。孢蒴多数直立，有时倾立，两侧不对称；气孔显型。蒴齿两层；外齿层齿片披针形或短披针形，具横隔或脊；内齿层多变化，具基膜，齿条或齿毛常发育不完全。蒴帽兜形，通常平滑，稀具毛。蒴盖钝圆锥形，具短喙。孢子圆球形，细小。

约20属。中国有9属。

1. 植物体挺硬；蒴齿内齿层明显长于外齿层 ·· 1. **异齿藓属 Regmatodon**
1. 植物体多纤细，柔弱；蒴齿内外齿层等长或内齿层稍短。
　2. 叶中肋单一，仅及叶中部以下或分叉，稀缺失；叶细胞近圆形或短菱形 ········ 5. **假细罗藓属 Pseudoleskeella**
　2. 中叶中肋单一，长达叶中部以上；叶细胞菱形或长菱形。
　　3. 蒴齿内齿层的齿条退化。
　　　4. 植物体细小；叶无纵褶；叶细胞多圆六边形或菱形 ······························· 2. **细枝藓属 Lindbergia**
　　　4. 植物体粗大；叶常有纵褶；叶细胞近长菱形 ································· 8. **褶藓属 Okamuraea**
　　3. 蒴齿内齿层的齿条常存。
　　　5. 孢蒴弓形倾立，不明显辐射对称，台部明显；齿毛发育完全 ·············· 7. **拟草藓属 Pseudoleskeopsis**
　　　5. 孢蒴直立，辐射对称；台部不明显；齿毛发育不完全或缺失。
　　　　6. 蒴齿内齿层齿条形状不规则。
　　　　　7. 植物体较硬；叶卵状披针形，具明显皱褶；叶细胞短 ················· 4. **细罗藓属 Leskeella**
　　　　　7. 植物体柔弱；叶三角状披针形，无明显皱褶；叶细胞长 ········· 9. **拟柳叶藓属 Orthoamblystegium**
　　　　6. 蒴齿内齿层齿条形状规则。
　　　　　8. 雌雄同株；叶急尖或略渐尖；叶细胞多等轴形，平滑或具疣 ·············· 3. **薄罗藓属 Leskea**
　　　　　8. 雌雄异株；叶渐尖；叶细胞菱形或近于线形，多具前角突起 ·········· 6. **多毛藓属 Lescuraea**

1. 异齿藓属 Regmatodon Brid.

植物体干时挺硬，绿色或黄绿色，无光泽或略具光泽，稀疏或密集成片生长。茎匍匐，具多数不规则分枝或羽状分枝；枝条短，有时呈鞭状；鳞毛稀少或缺失。茎叶小，具短尖；枝叶干时覆瓦状排列，湿时倾立，长卵形或卵状披针形，略内凹，尖部背仰；叶边全缘或上部具稀齿；中肋单一，达叶中部或稍长。叶细胞厚壁，菱形，角部细胞不分化，叶基部边缘有一至数列较小而近于方形的细胞。雌雄同株。内雌苞叶直立，细长，渐尖。蒴柄长，红棕色，平滑或有粗疣，内齿层基膜低，齿条长约为外齿层齿片的2-3倍，渐尖，呈折叠状，中缝具穿孔。蒴盖圆锥形，先端圆钝。孢子球形，表面有粗疣。

约16种，中国有4种。

1. 异齿藓 图 1193

Regmatodon declinatus (Hook.) Brid., Bryol. Univ. 2: 294. 1827.

Pterogonium declinatum Hook., Trans. Linn. Soc. London 9: 309. 1808.

体形细小，挺硬，褐绿色，无光泽。主茎匍匐；支茎直立或倾立，具不规则分枝，枝不等长，弧状弯曲。叶长卵形，渐尖，尖部短，叶边平直或略内卷，平滑无齿；中肋粗壮，达叶中部或中部以上。叶细胞厚壁，不规则菱形或长方形，基部两侧具数列方形或扁方形细胞。雌雄同株。内雌苞叶基部鞘状，向上呈毛状尖，全缘。蒴柄长，直立，红棕色、具疣。孢蒴直立，对称，圆柱形，蒴口收缩。蒴齿两层；外齿层短，长约0.2毫米，齿片先端钝，黄色，具多数横膈；内齿层齿条对折，淡黄色，长0.4-0.45毫米，有疣及小穿孔。蒴盖具圆钝喙。蒴帽勺形，长约2毫米。孢子圆球形，直径22-25微米，棕色，具密粗疣。

产浙江、福建、海南、广西、贵州、四川和西藏，生于林下的树干和石上。尼泊尔及印度有分布。

1-2. 叶(×30), 3. 叶尖部细胞(×300), 4. 叶基部细胞(×300), 5. 孢蒴(×20), 6. 蒴齿(×300)。

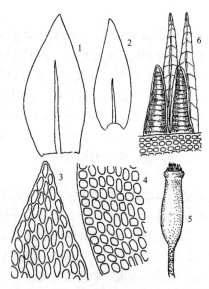

图 1193 异齿藓（何 强绘）

2. 多蒴异齿藓 图 1194

Regmatodon orthostegius Mont., Ann. Sc. Nat. Bot. Ser. 2, 17: 248. 1842.

植物体挺硬，上部黄绿色，下部褐绿色，密集生长。主茎匍匐，长约2厘米，具不规则分枝，分枝不等长，圆条状，末端略弯。叶片卵

形，渐尖，尖部短；叶边略背卷，全缘，平滑无齿；中肋单一，消失于叶片中部。叶细胞厚壁，中上部细胞菱形或圆四边形，基部边缘有一列至数列细胞呈扁方形。雌雄异株。雌苞叶基部鞘状，向上呈毛状尖。蒴柄红棕色，表面平滑，直立。孢蒴圆柱形，直立，有时2-3个簇生。蒴齿两层；外齿层短于内齿层，齿片短披针形，长0.15厘米，具横纹；内齿层齿条长约0.3厘米，无基膜。蒴盖圆锥形，先端圆钝。孢子圆球形，直径约30微米，具密粗疣。

产四川、云南和西藏，生于树干基部。印度及泰国有分布。

1-2. 叶(×25)，3. 叶尖部细胞(×300)，4. 叶基部细胞(×300)，5. 孢蒴(×20)，6. 蒴齿(×100)。

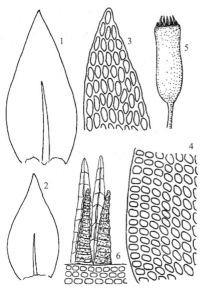

图 1194 多蒴异齿藓（何 强绘）

2. 细枝藓属 **Lindbergia** Kindb.

体形细弱，鲜绿色或棕绿色，无光泽。茎细长，多不规则分枝；鳞毛稀少或缺失。叶干燥时覆瓦状排列，湿润时倾立，卵形或卵状披针形，稍内凹，基部略下延；叶边平展，多全缘，稀上部有不明显的细齿；中肋单一，粗壮，消失于叶尖下部。叶细胞薄壁，排列疏松，卵圆形或近于不规则菱形，平滑或具单疣；叶边细胞较小，方形或扁方形，基部有数列方形`或扁方形细胞。雌雄同株。内雌苞叶较大。蒴柄直立。孢蒴长卵形，直立，稀弯曲，蒴口小。环带有时分化。蒴齿两层；外齿层齿片披针形，略呈黄色，基部常相连，先端钝，无条纹，表面具疣；内齿层具细疣，基膜稍高出，齿毛与齿条缺失。蒴盖圆锥形，先端圆钝。孢子圆形或卵形，有粗疣。

约17种，均为树生藓类。我国有5-6种。

1. 叶细胞平滑无疣 ··· 1. 中华细枝藓 L. sinensis
1. 叶细胞具疣。
   2. 叶片卵形，向上渐成长尖；叶细胞具单个圆疣 ····················· 2. 细枝藓 L. brachyptera
   2. 叶片三角状卵形；叶细胞具马蹄状疣 ····························· 3. 阔叶细枝藓 L. brevifolia

1. 中华细枝藓
图 1195

Lindbergia sinensis (C. Müll.) Broth., Nat. Pfl. 1(3): 993. 1907.

Schwetschkea sinensis C. Müll., Nuovo Giorn. Bot. Ital., n. ser. 3: 111. 1896.

体形细弱，绿色或黄绿色，成小片状生长。主茎平卧，具不规则分枝。叶干燥时密集覆瓦状排列，湿时倾立；茎叶阔卵形或三角状阔卵形，基部心形，先端急尖或渐尖；枝叶卵形；叶边平直，全缘；中肋单一，稍粗，达叶中上部。叶中部细胞多边形或圆方形，厚壁，平滑；基部边缘细胞扁方形。雌雄同株。雌苞叶基部长卵形，向上渐尖。蒴柄黄棕色，直立。孢蒴直立，圆柱形，蒴口干时略收缩。蒴齿单层；齿片短披针形，淡黄褐色，先端钝，具横隔，表面具密疣。蒴盖钝圆锥形。孢

子圆球形，褐色，20–25微米，表面有密疣。

中国特有，产黑龙江、辽宁、河北、陕西、江苏、福建、云南和西藏，生于树干上。

1-2. 叶(×25)，3. 叶尖部细胞(×300)，4. 叶中部细胞(×300)，5. 叶基部细胞(×300)，6. 蒴齿(×200)。

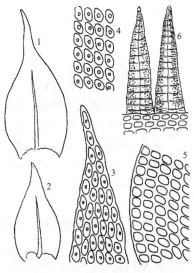

图 1195 中华细枝藓（何 强绘）

2. 细枝藓 图 1196

Lindbergia brachyptera (Mitt.) Kindb., Eur. N. Am. Bryin. 1:13. 1897.

Pterogonium brachyptera Mitt., Journ. Proc. Linn. Soc., Bot. 8: 37. 1864.

植物体中等大小，暗绿色或褐色，无光泽，平铺生长。茎匍匐，长可达2–3厘米，具多数假根和不规则分枝；分枝细弱，平直伸展或有时弯曲，长约1厘米，先端渐尖；鳞毛少。叶干燥时贴茎生长，或向一侧偏曲，湿润时伸展，阔卵形或长卵形，渐成长尖；叶边平直，平滑无齿，有时基部边缘略背卷；中肋单一，粗壮，达叶长度的2/3。叶细胞厚壁，中上部细胞圆多边形，每个细胞具单疣，基部两侧有数列扁形细胞。雌雄同株。蒴柄直立，长5–7毫米。孢蒴直立，短圆柱形。蒴齿单层，淡黄色，齿片阔披针形，具疣。蒴盖圆锥形，具钝喙。

产辽宁、四川、云南和西藏，生于林下树干。日本、欧洲及北美洲有分布。

1-2. 叶(×40)，3. 叶尖部细胞(×300)，4. 叶中部细胞(×300)，5. 叶基部细胞(×300)，6. 蒴齿(×300)。

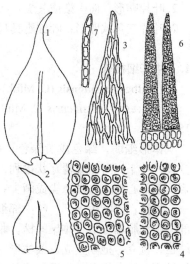

图 1196 细枝藓（何 强绘）

3. 阔叶细枝藓 图 1197

Lindbergia brevifolia (Gao) Gao in Li, Bryofl. Xizang 307. 1985.

Lindbergia ovata Gao, Acta Bot. Yunnanica 3 (4): 399. 1981.

植物体中等大小，黄绿色或褐绿色，略具光泽，平铺生长。主茎匍匐，长1–2厘米，紧贴基质，分枝不规则，长短不一；鳞毛由单列或数列细胞组成。叶片干燥时贴茎覆瓦状排列，湿时背

图 1197 阔叶细枝藓（何 强绘）

仰，基部阔卵形，向上突成细尖；叶边平直，全缘；中肋粗壮，达叶尖部终止。叶细胞圆多边形，直径10-15微米，基部每个细胞两面有一个高马蹄形疣。雌雄同株。雌苞叶多呈鞘状，上部急成细尖，透明。蒴柄直立，红褐色。孢蒴直立，长卵形。蒴齿单层，仅具外齿层，齿片长披针形，长0.3毫米，下部具横隔，表面有细密疣。蒴盖具短粗喙。孢子大，直径25-40微米，褐色，表面有密疣。

中国特有，产云南和西藏，生于树干上。

1-2.叶（×40），3.叶尖部细胞（×300），4.叶中部细胞（×300），5.叶基部细胞（×300），6.蒴齿（×250），7.假鳞毛（×300）。

3. 薄罗藓属 **Leskea** Hedw.

体形甚纤细，深绿色或暗绿色，无光泽。茎匍匐，有稀疏假根，具羽状或不明显的羽状分枝；分枝短，倾立或直立；鳞毛稀少，细长形或短披针形，稀缺失。叶干燥时紧贴茎生长，湿时直立或倾立，有时略向一侧偏曲，叶基心脏形或卵形，渐上呈短尖或长尖，常有短皱褶；叶边常背卷，全缘或近叶尖有细齿；中肋单一，粗壮，不达叶尖即消失。叶细胞薄壁，上部圆形或六边形，有单疣，稀具2个至多疣；中部细胞多为菱形，基部细胞近方形。雌雄同株异苞。内雌苞叶基部呈鞘状，叶尖长短不一。蒴柄细长。孢蒴直立，长圆柱形，有时稍弯曲或垂倾，薄壁。环带分化，自行脱落。蒴齿两层；外齿层齿片细长形，有长尖，无分化边缘，淡黄色，外面的基部具横纹，上部具疣；内齿层淡黄色，具细疣，基膜低，齿条细长，折叠形，与齿片等长或较短，齿毛发育不全。蒴盖圆锥形。孢子小，表面具细疣。

约24种。我国有6-7种。

1. 植物体较大；叶卵形，向一侧明显偏斜；鳞毛多；叶细胞具单疣；中肋背面平滑 ········ 1. **薄罗藓 L. polycarpa**
1. 植物体细小；叶卵状披针形，向上渐尖，不偏斜或略向一侧偏斜；鳞毛少；叶细胞平滑；中肋背面粗糙 ······
········ 2. **粗肋薄罗藓 L. scabrinervis**

1. 薄罗藓
图 1198

Leskea polycarpa Ehrh. ex Hedw., Sp. Musc. Frond. 225. 1801.

植物体密集或疏松，绿色或暗绿色。茎匍匐，近于羽状分枝；鳞毛披针形或宽披针形。叶干燥时紧贴茎生长，卵形，长1.0-1.6毫米，向一侧明显偏斜，下部具两纵褶；叶边平直，全缘，有时上部具小齿，基部略背卷；中肋单一，粗壮，消失于叶尖。叶细胞圆多边形或阔椭圆形，7-10微米，壁薄，两面各具单个低疣；叶基部边缘细胞扁长方形，宽10-12微米，薄壁。雌雄同株。蒴柄直立，长约1厘米。孢蒴直立，圆柱形。蒴齿两层；外齿层齿片下面具横纹；内齿层具低基膜，无齿毛。蒴盖圆锥形。孢子直径9-13微米，具不明显疣。

产新疆、台湾和西藏，多生于树基或石上。日本、俄罗斯、欧洲及北美洲有分布。

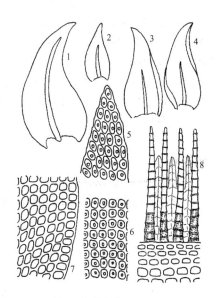

图 1198 薄罗藓（何 强绘）

1-4.叶（×40），5.叶尖部细胞（×300），6.叶中部细胞（×300），7.叶基部细胞（×300），8.蒴齿（×250）。

2. 粗肋薄罗藓 图 1199

Leskea scabrinervis Broth. et Par., Rev. Bryol. 33: 26. 1906.

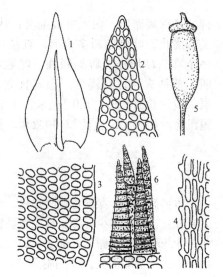

体形细小，绿色或黄绿色，平卧生长。主茎匍匐，长1-2厘米，具短而密的一回或两回分枝，倾立，小枝往往呈弧状弯曲。茎叶卵状披针形，长1.0毫米，宽0.4毫米，平展，上部偏斜或略向一侧偏斜；叶边全缘；中肋粗壮，达叶尖下终止，背面粗糙。枝叶和茎叶同形；中肋略细。叶中部细胞圆六边形，7-10微米，薄壁；叶缘细胞略扁平。内雌苞叶披针形，基部半鞘状；中肋粗，突出成长尖。蒴柄长约5毫米。孢蒴直立，长柱形。蒴盖具短喙。蒴齿两层；外齿层齿片披针形，两裂近基部，表面具粗疣；内齿层齿条短披针形，表面疣细。

中国特有，产河南、上海和福建，生于树皮或土生。

图 1199 粗肋薄罗藓（何 强绘）

1. 叶（×40），2. 叶尖部细胞（×300），3. 叶基部细胞（×300），4. 叶肋侧面观（（×300），5.孢蒴（×20），6.蒴齿（×300）。

4. 细罗藓属 **Leskeella** (Limpr.) Loeske

植物体纤细，深绿色或棕色，无光泽，密集交织成小片状。主茎匍匐，具短分枝，着生棕红色成束的假根；无鳞毛。叶干时覆瓦状排列，湿时直立或一向偏斜，基部呈心脏形或长卵形，常有两条纵褶；叶边下部略背卷，上部平展，全缘；中肋粗，单一，长达叶上部。叶上部细胞圆形或六边形，平滑，壁略厚，近中部细胞椭圆形，角部细胞方形。枝叶较小，叶边平展，中肋短弱。雌雄异株。内雌苞叶直立。孢蒴直立，少数略弯曲，圆柱形或长圆柱形。环带常存，自行脱落。蒴齿两层；外齿层齿片短披针形，有分化边缘，外面有横纹或斜纹，先端有疣或平滑；内齿层黄色，具细疣，基膜高出，齿条形状不规则，多数呈披针形或狭长披针形，折叠状；齿毛缺失，少数发育不完全。蒴盖短圆锥形，有斜喙。孢子小，红棕色，有细密疣。

约5种。我国有1种。

细罗藓 图 1200

Leskeella nervosa (Brid.) Loeske, Moosfl. Harz. 255. 1903.

Pterigynandrum nervosum Brid., Sp. Musc. Recent. Suppl. 1: 132. 1806.

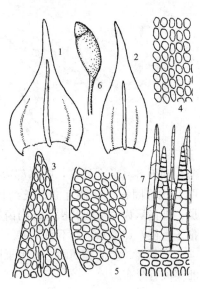

体形纤细，绿色或褐绿色，无光泽，茎匍匐，长达3-4厘米，具假根；无鳞毛；分枝密，不规则分枝或近于呈羽状分枝，倾立。叶片干燥时覆瓦状排列，湿润时伸展；茎叶基部卵状心形，向上突成细长尖，下部常有少数纵褶；叶边下部略背卷；中肋粗壮，达叶尖部或2/3处

图 1200 细罗藓（何 强绘）

终止。叶上部细胞圆四边形或六边形，中部细胞椭圆形，基部细胞近于方形。枝叶略狭小，中肋较细弱。雌雄异株。蒴柄直立，长约1.3厘米，红色。孢蒴短圆柱形，直立或倾立。蒴盖短圆锥形，具斜喙。孢子直径12–17微米，褐色，具细疣。

产黑龙江、吉林、河北、山东、陕西、新疆、四川、云南和西藏，生于树干、林下湿石或湿腐殖质上。日本、欧洲、北美洲及格林兰岛有分布。

1-2.叶（×40），3.叶尖部细胞（×300），4.叶中部细胞（×300），5.叶基部细胞（×300），6.孢蒴（×20），7.蒴齿（×300）。

5. 假细罗藓属 Pseudoleskeella Kindb.

植物体纤细，柔软或硬挺易碎，深绿色或棕色，无光泽或略具光泽。茎纤细，匍匐，具规则或不规则羽状分枝；假鳞毛狭条形或披针形。茎叶干时覆瓦状排列，湿时倾立，基部心脏形，略下延，上部急狭成长尖；叶边基部平直或背卷，两侧具纵褶，全缘；中肋单一，长达叶中部或不等分叉，有时甚短或完全缺失。叶中部以上细胞长椭圆形或菱形，基部边缘细胞扁方形，壁略厚。枝叶较小，渐尖。雌雄异株，内雌苞叶基部半鞘状，向上渐狭成长尖，中肋短或无。蒴柄细长。孢蒴倾立，长圆柱形，弯曲，红棕色，干时蒴口下部内缢。环带分化。蒴齿两层；外齿层的齿片狭披针形，黄色，有分化的边缘，外面有密横纹，内面有密横隔；内齿层淡黄色，具细疣，基膜高出，齿条与齿片等长，稍细，折叠形；齿毛2条，短于齿片，有时发育不完全或缺失。蒴盖基部圆锥形，向上成斜喙。孢子小，黄绿色或绿色，近于平滑。

约8种。我有3种。

1.叶片中肋达叶中部以上，单一或顶端分叉；分枝较短，顶端常弯曲；齿毛发育良好 ······················ ··· 1. **假细罗藓 P. catenulata**
1.叶片中肋不及叶中部，多下部分叉；分枝疏且长；齿毛发育不完全 ·················· 2. **瓦叶假细罗藓 P. tectorum**

1. 假细罗藓

图 1201

Pseudoleskeella catenulata (Brid. ex Schrad.) Kindb., Eur. N. Am. Bryin. 1:48. 1897.

Pterigynandrum catenulatum Brid. ex Schrad., Journ. Bot. (Schrader) 1801 (1): 195: 1803.

植物体柔弱，深绿色或黄绿色，稀疏或密集蔓生。茎匍匐，呈不规则羽状分枝；分枝短，末端弯曲；假鳞毛小，狭披针形。叶内凹呈瓢状，自心形或卵形的基部向上渐成短尖；中肋终止于叶中部以上，单一，有时顶端分叉。叶细胞平滑，中部细胞不规则短菱形，基部两侧近边缘细胞方形或扁方形，近中肋细胞为长方形。雌雄异株。蒴柄长达1.5厘米，黄褐色。孢蒴倾立，背曲，黄褐色或略呈红色。蒴齿两层；外齿层齿片狭披针形；内齿层有发育良好的齿毛。孢子圆球形，16–18微米，表面具细疣。

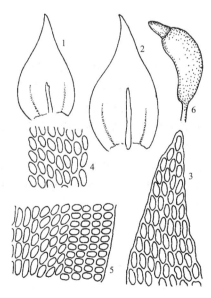

图 1201 假细罗藓（何　强绘）

产辽宁、内蒙古和新疆，多附生于岩石上，有时也见于腐木和树干上。日本、格陵兰岛、欧洲及北美洲有分布。

1-2.叶(×40),3.叶尖部细胞(×300),4.叶中部细胞(×300),5.叶基部细胞(×300),6.孢蒴(×350)。

2. 瓦叶假细罗藓　　　　　　　　　　　图 1202

Pseudoleskeella tectorum (Brid.) Kindb. , Eur. N. Am. Bryin. 1:48. 1897.

Hypnum tectorum Funck ex Brid., Bryol. Univ. 2: 582. 1827.

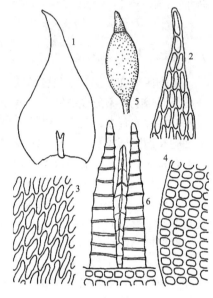

体形纤细，硬挺，绿色或黄绿色，老时褐绿色，无光泽。茎匍匐，具不规则分枝。叶三角状卵形，由宽卵形基部向上突成细尖或钝尖，具两条不明显纵褶；中肋短，从基部或中部分叉，不及叶中部消失；叶边平直，全缘。叶细胞小，不规则圆方形或短菱形，平滑，角部细胞扁方形，呈向上斜

列。雌雄异株。雌苞叶从较宽的基部向上成细尖。蒴柄直立，长8–13毫米。孢蒴直立或略倾斜，圆柱形。环带分化，由1至2列细胞组成。蒴齿两层，外齿层狭披针形，红棕色，具横隔，表面近于平滑；内齿层齿条脊部呈龙骨状，齿毛缺失。孢子直径20–25微米，表面有密疣。

产黑龙江、吉林、辽宁、内蒙古、河北、新疆、四川和云南，生于岩石、腐木或树干上。俄罗斯（远东地区）、欧洲及北美洲有分布。

图 1202 瓦叶假细罗藓（何　强绘）

1.叶(×40),2.叶尖部细胞(×300),3.叶中部细胞(×300),4.叶基部细胞(×300),5.孢蒴(×20),6.蒴齿一部分(×300)。

6. 多毛藓属 Lescuraea B.S.G.

植物体纤细柔弱，鲜绿色或黄绿色，略具光泽，成片生长。主茎匍匐，具规则或不规则少数分枝；枝上密生叶，直立或弯曲，顶端钝；鳞毛密生或稀疏，短丝状或三角状披针形。茎叶基部卵状长方形，向上渐尖；叶缘平直或背卷，上部具细齿或圆齿；中肋粗壮，单一，长达叶尖或在叶尖消失。叶细胞壁薄，长轴形或长方形，上部细胞背面通常具前角突起，角细胞方形或扁方形。枝叶和茎叶相似，略狭小。雌雄异株。内雌苞叶大于茎叶，长鞘状，细长，全缘，中肋短。雄苞生于茎或枝上。蒴柄长，直立，平滑。孢蒴直立，对称或倾斜而不对称。环带分化。蒴齿两层；外齿层齿片狭长披针形，基部相连，下部具横纹，表面平滑或具疣；内齿层膜质，平滑或具细疣，基膜高或低，齿毛通常缺失。蒴盖圆锥形，具短而直立的喙。孢子中等大小，具疣。

约40种，中国6种。

1. 植物体中等到大形；叶细胞等轴形或菱形；孢蒴倾立；内齿层基膜高，齿条与齿片等长 ………………………………………………………………………… 1. 弯叶多毛藓 L. incurvata
1. 植物体小；叶细胞长菱形或近线形；孢蒴直立，内齿层基膜低，齿条短于齿片 …… 2. 石生多毛藓 L. saxicola

1. 弯叶多毛藓 图 1203

Lescuraea incurvata (Hedw.) Lawt. , Bull. Torr. Bot. Cl. 84: 290. 1957.

Lesicea incurvata Hedw., Sp. Musc. Frond. 216. 1801.

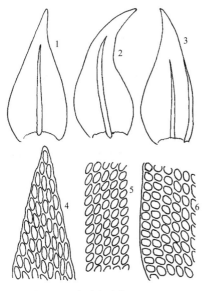

图 1203 弯叶多毛藓 (何 强绘)

1-3. 叶 (×40), 4. 叶 尖 部 细 胞 (×300), 5. 叶中部细胞 (×300), 6. 叶基部细胞 (×300)。

体形中等大小,无光泽,密集生长。茎扭曲,长达3厘米;分枝稀疏或密,近于呈羽状;鳞毛披针形,密生于茎上,枝上稀少。茎叶干燥时贴茎排列,明显向一侧偏曲,湿润时斜生,倒卵状披针形,急尖或渐成短尖,内凹;叶缘背卷,先端具细齿;中肋粗壮,近于贯顶,背部具小齿。叶中部细胞在性状和大小上变化较大,圆六边形-长椭圆形,具前角突,壁稍薄,上部细胞长,基部细胞六边形,薄壁,角部细胞近方形,薄壁。枝叶与茎叶相似。雌雄异株。内雌苞叶长椭圆形,渐尖,中肋弱。蒴柄棕褐色。孢蒴倾斜,倒卵状长椭圆形,蒴齿两层;外齿层齿片披针形,下半部具密条纹,上部具细疣,横隔高;内齿层和外齿层等长,齿条披针形,成折叠状,具密疣;齿毛缺失。孢子圆球形,直径9-15微米。

产内蒙古、四川、云南和西藏,生于高海拔的湿润地面、岩石或树基上。日本、欧洲及北美洲有分布。

2. 石生多毛藓 图 1204

Lescuraea saxicola (B.S.G.) Mild., Bryol. Siles 288. 1869.

Lescuraea striata var. *saxicola* Schimp. in B. S. G., Bryol. Eur. 5: 103, t. 459. 1851.

植物体密集生长。茎匍匐,羽状分枝,枝弯曲或直立;鳞毛数少,三角形至披针形。茎叶干燥时紧贴,卵状披针形,渐狭,急尖或具短尖,宽0.4毫米,内凹,近于无褶;叶缘背卷;中肋粗壮,达叶顶。叶中部细胞长菱形至近线形,薄壁,具前角突,下部和叶边细胞略短,基部细胞长方形,角部细胞扁方形,宽8-13微米。枝叶略小于茎叶。雌雄异株。内雌苞叶卵状长椭圆形,向上渐狭,中肋短,全缘。蒴柄长,直立,棕色。孢蒴直立,长椭圆形至圆柱形。蒴齿两层;外齿层齿片披针形,黄色,下面具横纹,上部近于平滑,横隔不明显;内齿层短于外齿层,平滑,齿条线形,易碎。蒴盖长圆锥形。孢子圆球形,直径10-15微米。

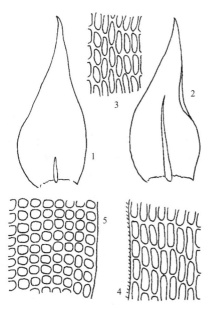

图 1204 石生多毛藓 (何 强绘)

产新疆、台湾和湖南。日本、朝鲜、欧洲及北美洲有分布。

1-2. 叶(×40)，3. 叶中部细胞(×300)，4. 叶基部近中肋的细胞(×300)，5. 叶基部近边缘细胞(×300)。

7. 拟草藓属 **Pseudoleskeopsis** Broth.

植物体较粗壮，绿色或黄绿色，有时呈棕绿色，无光泽。茎匍匐，有稀疏假根；分枝密，短而钝；鳞毛稀疏，狭披针形。叶干时疏松贴生，略向一侧偏斜，湿时直立或倾立，卵形或长卵形，基部稍下延，顶端多圆钝；叶边平展，具钝齿或细齿；中肋粗，长达叶尖下，稍扭曲。叶细胞卵圆形或斜菱形，平滑或有细疣，下部细胞渐成短长方形，角细胞方形或扁方形。雌雄同株。内雌苞叶直立，淡绿色，狭长披针形。蒴柄细长。孢蒴倾立或平列，两侧不对称，长卵形或长柱形，稍呈弓状弯曲，台部明显。环带分化。蒴齿两层；外齿层齿片狭长披针形，黄色，外面有密横纹，具分化边缘，内面有多数横隔；内齿层淡黄色，具细疣，基膜高出，折叠形，齿条与齿片等长，有狭长穿孔或裂缝；齿毛1–2条，发育完全。蒴帽兜形。蒴盖圆锥形，有短而钝的喙。孢子小，有细疣。

约8种。中国有2种。

拟草藓　　　　　　　　　　　　　图 1205 彩片236

Pseudoleskeopsis zippelii (Dozy et Molk.) Broth., Nat. Pfl. 1 (3):1003. 1907

Hypnum zippelii Dozy et Molk., Ann. Sci. Nat. Bot., ser. 3, 2: 310. 1844.

植物体暗绿色，幼嫩部分黄绿色，硬挺，平卧生长。茎匍匐，长达3–4厘米，分枝不规则，常呈束状，干燥后稍下弯。茎叶干燥时疏松贴茎生长，湿时伸展，三角状卵形，上部边缘具圆齿；中肋粗壮，贯顶。枝叶阔卵形，干燥时内弯或略向一侧偏斜扭曲，湿时倾立，钝端，叶边平展，常有齿突；中肋在叶尖消失。叶中上部细胞圆六边形或菱形，基部边缘细胞近方形，中肋两侧细胞短长方形。雌雄同株，内雄苞叶披针形。蒴柄长1.5–2厘米，红棕色。孢蒴倾立，倒卵形至长椭圆形，具短而明显的台部，干时蒴口略缢缩。蒴齿两层，等长；外齿层齿片披针形，具横隔，近于平滑；内齿层齿毛2条，发育良好，基膜高，齿条折叠形。有时在同一个雌苞中着生2个孢子体。孢子圆球形，直径20–25微米，表面具细疣。

产辽宁、江苏、安徽、浙江、福建、湖南、广东、香港、海南、广西、贵州和云南，生湿润的岩石或树干上，常见于溪流边湿岩石上。日本、朝鲜、菲律宾及泰国有分布。

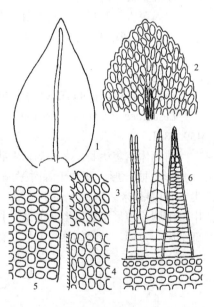

图 1205 拟草藓 (何　强绘)

1. 叶(×40)，2. 叶尖部细胞(×300)，3. 叶中部细胞(×300)，4. 叶基部近中肋部细胞(×300)，5. 叶基部近边缘细胞(×300)，6. 蒴齿(×300)。

8. 褶藓属 Okamuraea Broth.

植物体绿色或黄绿色，略具光泽，平展生长。主茎匍匐，贴基质部分具束状假根；分枝不规则或呈束状，较密集生长，直立或弯曲，呈圆条形，渐尖，有时分支末端呈鞭状。叶干时疏松贴茎，湿时倾立，卵状披针形，内凹，基部略下延，两侧有纵长褶，叶尖狭长；叶边全缘，基部边缘背卷；中肋单一，粗壮，长达叶片中部以上。叶细胞菱形或长菱形，壁略厚，无疣，角细胞多数，近于呈方形。雌雄异株。内雌苞叶小于茎叶，基部呈鞘状，上部急尖。蒴柄长，直立，红色，平滑。孢蒴直立或略垂倾，长卵形，蒴口不收缩。环带不分化。蒴齿两层；外齿层齿片16，狭长披针形，基部常相连，外面无条纹，两侧有分化的边缘，被密疣，内面有密横隔；内齿层透明，具细疣，基膜高出，无齿条和齿毛。蒴盖短，具喙。蒴帽被疏毛。孢子卵圆形，有密疣。

约4种。中国有2种、1变种和1变型。

1. 植物体分枝短，先端圆钝，枝顶具无性芽孢或新生枝；叶基部卵形，向上渐尖 ············
·· 1. 短枝褶藓 O. brachydictyon
1. 植物体分枝长，先端尖细，常具鞭状枝；叶卵状披针形，先端常有长尖 ············· 2. 长枝褶藓 O. hakoniensis

1. 短枝褶藓 图 1206

Okamuraea brachydictyon (Card.) Nog., Journ. Hattori Bot. Lab. 9: 10. 1953.

Brachythecium brachydictyon Card., Beih. Bot. Centralbl. 17: 34. 1904.

体形较小，褐绿色或黄绿色，稍具光泽。主茎匍匐，长达3–4厘米，具多数假根密集的短分枝；分枝直立或倾立。叶密生，先端钝尖，有时枝先端有簇生芽孢的短枝，无鞭状枝。叶片卵形或卵状披针形，具纵褶，向上渐尖；叶边平直，全缘；中肋细弱，一般达叶片2/3处终止。叶中部细胞椭圆形，长12–19微米，宽8–10微米，胞壁较厚，上部细胞略长，基部细胞短，长8.5–11微米，有时和角部细胞同形，角部细胞方形或近于方形。小枝叶与茎叶同形，但较小。

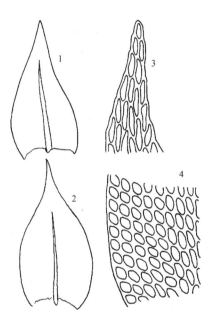

图 1206 短枝褶藓（何　强绘）

产吉林、辽宁、浙江、湖北、广东和四川，生于岩石或树干上。日本及朝鲜有分布。

1-2.叶(×40), 3.叶尖部细胞(×300), 4.叶基部细胞(×300)。

2. 长枝褶藓 图 1207

Okamuraea hakoniensis (Mitt.) Broth., Nat. Pfl. 1(3): 1133, 1908.

Hypnum hakoniensis Mitt., Trans. Linn. Soc. London Bot. 3: 185. 1891.

植物体较长，密集生长。茎匍匐，长达7厘米，分枝长1–2厘米，有

少而短的鞭状枝。叶卵形或长卵形，具明显纵褶，向上成狭尖或披针形尖；叶边平直，全缘；中肋单一，细弱，达叶中部以上。叶中部细胞长椭圆形，壁较厚，顶端细胞略狭长，基部细胞短，壁厚，椭圆形或近于方形，角部细胞近方形。内雌苞叶狭长披针形或长椭圆形。蒴齿两层；外齿层齿片披针形，具横隔，表面具细疣；内齿层基膜高，无齿条和齿毛分化。蒴盖具斜长喙。蒴帽具疏长毛。

产黑龙江、吉林、辽宁、安徽、浙江、湖北、广西、贵州、四川和西藏，多生于树干或石面。日本及不丹有分布。

1-2. 叶(×40)，3. 叶尖部细胞(×300)，4. 叶中部细胞(×300)。

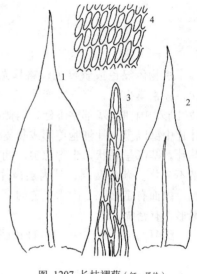

图 1207 长枝褶藓（何 强绘）

9. 拟柳叶藓属 Orthoamblystegium Dix. et Sak.

植物体细长，深绿色，上部黄绿色，匍匐生长。主茎长，略呈一回羽状分枝；分枝长达5毫米，干燥时先端弯曲；鳞毛少，披针形。茎叶狭披针形，从卵状三角形基部向上渐成披针形；叶边略背卷；中肋粗，黄色，平滑，近叶尖终止或突出于叶尖。叶细胞长菱形或近线形，平滑或有前角突起，角部有少数长方形细胞。雌雄异株。雌苞生于茎上。蒴柄平滑，褐色，长达1厘米。孢蒴直立，褐色，长圆柱形至短圆柱形。环带由厚壁细胞组成。蒴齿两层；外齿层披针形，具细疣；内齿层不发达，基膜低。孢子圆形或椭圆形，直径14–18微米。

单种属，东亚特有。我国有分布。

拟柳叶藓   图 1208

Orthoamblystegium spurio–subtile (Broth. et Par.) Kanda et Nog., Misc. Bryol. Lichenol. 9:135. 1982.

Amblystegium spurio–subtile Broth. et Par., Rev. Bryol. 31: 94. 1904.

种的特征同属的描述。

产西藏，生于树基或石上。日本及朝鲜有分布。

1. 植物体(×10)，2-3. 叶(×40)，4. 叶尖部细胞(×300)，5. 叶中上部边缘细胞(×300)，6. 叶中部细胞(×300)，7. 叶基部细胞(×300)。

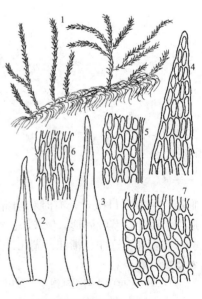

图 1208 拟柳叶藓（何 强绘）

107. 牛舌藓科 ANOMODONTACEAE

（吴鹏程）

植物体倾立或匍匐，亮绿色或黄绿色，老时呈褐绿色，疏松丛集或交织生长。主茎横展；支茎直立或倾立，不规则羽状分枝或不规则分枝，尖部有时卷曲，常着生细长鞭状枝；中轴分化或缺失；鳞毛一般缺失。茎叶与枝叶近于同形，干燥时贴茎或卷曲，基部卵形或椭圆形向上呈舌形或披针形，有少数横波纹；叶边平展或波曲，具细齿或细疣状突起，稀具不规则粗齿；中肋单一，消失于叶片上部或近尖部。叶细胞圆六角形、菱形或卵状菱形，胞壁薄，平滑或具多数细疣或单个疣。叶基中央细胞长大而透明。枝叶与茎叶近似。雌雄异株。雌苞叶通常基部呈鞘状，上部渐尖或成披针形。蒴柄细长。孢蒴卵形至卵状圆柱形。蒴盖圆锥形。蒴齿内齿层齿条一般发育良好，或退化，或缺失。蒴帽兜形。孢子密被细疣。

7属，主要分布世界温带和亚热带地区。我国有4属。

1. 植物体相对较小或纤细；叶干燥时多贴茎，舌形或阔卵形。
　　2. 茎叶与枝叶多阔卵形；叶细胞平滑 ·················· 3. 瓦叶藓属 Miyabea
　　2. 茎叶与枝叶呈阔舌形；叶细胞具密疣，稀单疣。
　　　3. 植物体多黄绿色；叶上部宽阔，尖部多圆钝 ·················· 1. 牛舌藓属 Anomodon
　　　3. 植物体多深绿色；叶上部狭窄，多具锐尖 ·················· 2. 多枝藓属 Haplohymenium
1. 植物体较粗大；叶干燥时多卷曲，阔披针形或卵状披针形·················· 4. 羊角藓属 Herpetineuron

1. 牛舌藓属 Anomodon Hook. et Tayl.

多粗大，稀形小，黄绿色，老时呈暗绿色，疏松或密集成片生长。主茎匍匐；支茎直立或倾立，常萌生匍匐枝；无鳞毛。叶干燥时贴茎，或尖部卷曲；茎叶与枝叶近于同形，由阔卵形基部向上呈阔舌形，先端多圆钝，稀锐尖或具齿，基部两侧有时具小叶耳；叶边常波曲；中肋多消失于叶片近尖部。叶细胞六角形或近圆六角形，胞壁等厚，具多数粗疣，个别种类具单尖疣，叶基中肋两侧细胞长方形或长椭圆形，透明。雌雄异株。雌苞叶基部呈鞘状。蒴柄细长。孢蒴卵形至圆柱形。蒴齿外齿层淡黄色或黄褐色，具密疣；内齿层灰白色，齿毛短弱，退化或缺失。蒴盖圆锥形。蒴帽平滑，稀上部具疣。

20余种，欧洲、亚洲、北美洲和北非洲分布。我国有7种、2亚种及2变种。

1. 叶卵形，具锐尖 ·················· 5. 尖叶牛舌藓 A. giraldii
1. 叶长舌形，具宽阔钝尖。
　　2. 叶基部两侧具小叶耳 ·················· 3. 皱叶牛舌藓 A. rugelii
　　2. 叶基部两侧无小叶耳
　　　3. 叶尖圆钝，无齿
　　　　4. 茎叶长2.5–6毫米；叶中部细胞直径10–22微米；孢蒴内齿层齿条长度为外齿层齿片的2/3 ··················
　　　　·················· 1. 牛舌藓 A. viticulosus
　　　　4. 茎叶长约2毫米；叶中部细胞直径5–15微米；孢蒴内齿层齿条退化 ·················· 2. 小牛舌藓 A. minor
　　　3. 叶尖具不规则粗齿 ·················· 4. 齿缘牛舌藓 A. dentatus

1. 牛舌藓　　　　　　　　　　　　　　图 1209 彩片237

Anomodon viticulosus (Hedw.) Hook. et Tayl., Musc. Brit. 79: 22. 1818.

Neckera viticulosus Hedw., Sp. Musc. Frond. 209. 1801.

形体大，暗黄绿色至棕色，丛集成片。支茎长可达10厘米；枝疏生，长1–3厘米；中轴分化。茎叶椭圆状长舌形，长2.5–6毫米；叶边具疣状突起；中肋近于贯顶；叶中部细胞圆六角形至六角形，直径10–22微米，具密疣。枝叶略小于茎叶。雌雄异株。雌苞叶卵状披针形。蒴柄平滑。孢蒴卵状圆柱形。蒴齿内齿层齿条长约为外齿层齿片的2/3，基膜低。蒴盖具喙。孢子具疣，直径约15微米。

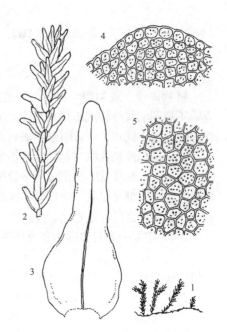

产吉林、山西、陕西、台湾、湖北、四川和云南，生于海拔约1500米的山区石壁和具土岩面。俄罗斯（西伯利亚）、日本、朝鲜、越南、印度、巴基斯坦、欧洲及北非洲有分布。

1.植物体(×0.5)，2.枝(×4)，3.茎叶(×45)，4.叶尖部细胞(×375)，5.叶中部细胞(×375)。

图 1209 牛舌藓（吴鹏程绘）

2. 小牛舌藓　　　　　　　　　图 1210 彩片238

Anomodon minor (Hedw.) Fürnr., Bot. Not. 1865: 196. 1865.

Neckera viticulosa Hedw. var. *minor* Hedw., Sp. Musc. Frond. 210. 48. f. 6–8. 1801.

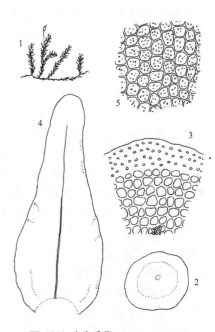

体形纤细，淡绿色，老时呈褐色，疏松丛集生长。支茎直立或倾立，多不规则羽状分枝。茎叶尖部宽钝，长约2毫米；叶边略具齿；中肋顶端常分叉，消失于叶尖下；叶中部细胞圆方形至六角形，直径5–15微米，每个细胞具密疣。雌雄异株。雌苞叶卵状狭披针形。孢蒴长卵形。蒴齿外齿层齿片黄褐色，具粗疣状突起，上部透明；内齿层齿条退化。蒴帽平滑。孢子直径20–30微米，具细疣。

产内蒙古、河北、陕西、河南、湖北、重庆、四川、云南和西藏，生于海拔750–2700米背阴具土岩面。日本、朝鲜、尼泊尔、不丹及印度有分布。

图 1210 小牛舌藓（郭木森、吴鹏程绘）

1.雌株(×1)，2.茎的横切面(×45)，3.茎横切面的一部分(×235)，4.茎叶(×45)，5.叶中部细胞(×375)。

3. 皱叶牛舌藓　　　　　　　　　图 1211

Anomodon rugelii (C. Müll.) Keissl., Ann. Naturh. Hofmus. Wien 15: 214. 1900.

Hypnum rugelii C. Müll., Syn. Musc. Frond. 2: 473. 1851.

中等大小或形小，黄绿色至黄褐色，<u>丛集生长</u>。支茎倾立，不规则羽状分枝；中轴缺失。茎叶长1–2.5毫米，基部两侧具小圆耳，叶尖圆钝，稀具小尖；叶边全缘，稀上部具细齿；中肋背面平滑或具疣；叶中部细胞直径5–15微米，具5–10个疣。枝叶狭卵状披针形。雌雄异株。蒴齿内齿层常短或缺失。孢子直径10–25微米。

产吉林、辽宁、浙江、湖北、广东、四川和云南，生于海拔约1300米林内树干，稀具土岩面。日本、朝鲜、越南、印度、俄罗斯（高加索和西伯利亚）、欧洲及北美洲有分布。

1. 雌株(×1)，2. 茎叶(×30)，3. 叶尖部细胞(×375)，4. 叶基部细胞(×375)，5. 孢蒴(×8)。

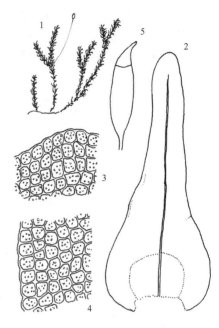

图 1211 皱叶牛舌藓（郭木森、吴鹏程绘）

4. 齿缘牛舌藓

图 1212

Anomodon dentatus Gao, Fl. Musc. Chinae Bor. Orient. 380, f. 170. 1977.

体形大，深绿色。支茎长4–8厘米；中轴不分化。叶阔卵形基部向上呈狭舌形，尖部具多个粗齿，长1.5–3毫米；中肋消失于叶尖下；叶细胞近方形，中部细胞直径7–10微米，每个细胞具多疣。

我国特有，产吉林和陕西，生于海拔约1500米的林下石壁。

1. 植物体(×1)，2. 茎叶(×45)，3. 叶尖部细胞(×320)，4. 叶基部细胞(×320)。

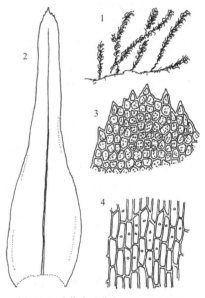

图 1212 齿缘牛舌藓（郭木森、吴鹏程绘）

5. 尖叶牛舌藓

图 1213

Anomodon giraldii C. Müll., Nuov. Giorn. Bot. Ital. n. ser. 3: 117. 1896.

暗黄绿色至绿色，略具光泽，疏松交织成片。主茎匍匐，具鞭状枝；支茎直立或倾立，不规则羽状分枝，尖部呈尾尖状；中轴未分化。茎叶覆瓦状贴生，阔卵形，具锐尖；叶边全缘，稀尖部具少数细齿；中肋近于贯顶；叶中部细胞菱形至卵形，厚壁，具多数粗疣。雌雄异株。雌苞叶卵状披针形。孢蒴圆柱形。内齿层退化，基膜约为齿片长度的1/2。

产安徽、湖北和四川，生于海拔800-1100米的具土岩面。俄罗斯（西伯利亚）、日本及朝鲜有分布。

1. 雌株(×1), 2. 茎叶(×30), 3. 小枝叶(×32), 4. 叶中部细胞(×375), 5. 孢蒴(×8)。

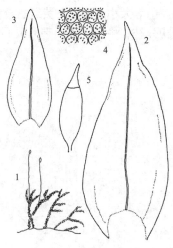

图 1213 尖叶牛舌藓（郭木森、吴鹏程绘）

2. 多枝藓属 Haplohymenium Dozy et Molk.

体形纤细，多黄绿色至褐绿色，垂倾，疏松片状生长。茎匍匐生长；无鳞毛；中轴分化或不分化；不规则羽状分枝或不规则分枝。茎叶与枝叶近于同形，卵状舌形或卵状披针形，尖部锐尖或圆钝；叶边具细齿或圆疣状突起，尖部稀具齿；中肋单一，多消失于叶片上部；叶细胞六角形或圆六角形，薄壁，具多数粗疣，叶基中肋两侧细胞较长而透明。雌雄同株。蒴柄长1.5-5毫米。孢蒴卵形。蒴齿内齿层较短，平滑，仅具低基膜。蒴帽兜形，基部开裂，稀具疏毛。

约8种，多温带或亚热带山区分布。我国有6种。

1. 植物体具鞭状枝；茎叶尖部具齿 ·· 1. 鞭枝多枝藓 H. flagelliforme
1. 植物体一般不具鞭状枝；茎叶尖部无齿
　2. 枝叶上部狭披针状舌形 ·· 2. 台湾多枝藓 H. formosanum
　2. 枝叶上部短舌形或短披针状舌形
　　3. 枝叶长约1毫米 ··· 3. 暗绿多枝藓 H. triste
　　3. 枝叶一般长0.5毫米以下 ·· 4. 拟多枝藓 H. pseudo-triste

1. 鞭枝多枝藓　　　　　　　　　　图 1214

Haplohymenium flagelliforme Savicz, Notulae Syst. Inst. Crypt. Hort. Bot. Petropol. 1(7) : 98. 1922.

外形纤细，成疏松小片状生长。茎不规则分枝；枝稀少，呈鞭枝状；中轴不分化。茎叶心脏形，具短尖；叶边上部多具齿；中肋消失于叶尖下部；叶中部细胞圆六角形，具多疣，直径7-15微米。枝叶与茎近似，湿润时有时背仰。

产内蒙古和湖北，附生

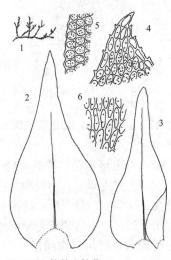

图 1214 鞭枝多枝藓（郭木森、吴鹏程绘）

于树干。俄罗斯（西伯利亚）及日本有分布。

1. 植物体(×0.5)，2. 茎叶(×50)，3. 枝叶(×50)，4. 叶尖部细胞(×360)，5. 叶中部边缘细胞(×360)，6. 叶基部中央细胞(×360)。

2. 台湾多枝藓 图 1215

Haplohymenium formosanum Nog., Trans. Nat. Hist. Soc. Formosa 26: 43. 1936.

甚纤细，黄绿色，老时呈暗黄绿色，疏松交织生长。茎多规则羽状分枝；中轴分化。茎叶卵状披针形；中肋消失于叶片中部；叶边具密疣。雌苞叶中部细胞圆六角形，直径5-15微米，具3至多个疣。狭卵状披针形。蒴柄长5毫米。孢子具细疣状突起。枝叶湿时背仰，上部常扭曲。雌雄异株。

我国特有，产台湾和四川，附生于树干。

1. 植物体(×0.5)，2. 枝(×8)，3. 茎叶(×75)，4. 枝叶(×105)，5. 叶尖部细胞(×375)，6. 叶基部细胞(×375)。

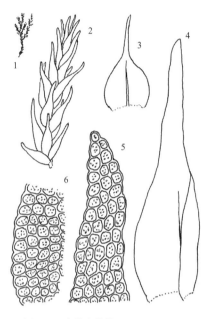

图 1215 台湾多枝藓（郭木森、吴鹏程绘）

3 暗绿多枝藓 图 1216

Haplohymenium triste (Cés.) Kindb., Rev. Bryol. 26: 25. 1899.

Leskea triste Cés. in De Not., Syll.: 67. 1838.

甚纤细，黄绿色至褐绿色，疏松交织生长。茎常不规则羽状分枝；中轴分化。茎叶干燥时倾立，基部卵形至阔卵形，向上呈短舌形或披针形尖；叶边具密疣状突起；中肋达叶中部或上部；叶中部细胞直径约10微米，每个细胞具多数密疣状突起。雌雄异株。蒴柄细长，约1.5毫米。孢蒴卵形。蒴齿外齿层齿片淡黄褐色，上部两裂，具疣。孢子直径达30微米，具密细疣。

产内蒙古、新疆、安徽、台湾、湖北和西藏，生于海拔600-1000米的林中树干或石面。俄罗斯（西伯利亚）、日本、朝鲜、夏威夷、欧洲及北美洲有分布。

1. 植物体(×0.5)，2. 茎叶(×55)，3. 小枝叶(×55)，4. 叶中部细胞(×250)，5. 内雌苞叶(×25)，6. 孢蒴(×8)，7. 蒴帽(×15)。

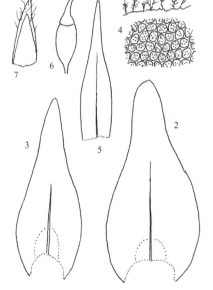

图 1216 暗绿多枝藓（郭木森、吴鹏程绘）

4 拟多枝藓 图 1217

Haplohymenium pseudo–triste (C. Müll.) Broth., Nat. Pfl. 1 (3) : 986 . 1907 .

Hypnum pseudo–triste C. Müll.,

Bot. Zeit. 13: 786. 1855.

甚纤细，疏松交织成片。茎不规则分枝或不规则羽状分枝；中轴分化。茎叶由阔卵形基部向上呈短披针形，长约0.3-0.6毫米；叶边具密疣状突起；中肋达叶上部。叶中部细胞圆菱形至六角形，直径6-12微米，具2个至多个疣。雌雄异株。孢蒴卵形。蒴齿外齿层齿片与暗绿多枝藓近似。

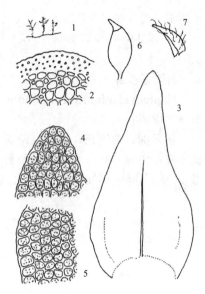

图 1217 拟多枝藓（吴鹏程绘）

产台湾和四川，生于海拔约500米树干，稀石生。日本、亚洲东南部、大洋洲及非洲南部有分布。

1. 植物体(×0.5)，2. 茎横切面的一部分(×320)，3. 茎叶(×32)，4. 叶尖部细胞(×375)，5. 叶基部细胞(×375)，6. 孢蒴(×5)，7. 蒴帽(×8)。

3. 瓦叶藓属 Miyabea Broth.

纤细，硬挺，暗绿色，无光泽。支茎树形分枝或不规则羽状分枝；中轴不分化；鳞毛缺失。茎叶与枝叶近似，干燥时覆瓦状排列，卵形或阔卵形，锐尖；叶边仅尖部具疏粗齿；中肋单一，消失于叶中上部；叶中部细胞菱形、六角形。枝叶略小。雌雄异株。蒴柄纤细。孢蒴卵形。蒴齿内齿层缺失；外齿层齿片16，平滑或具疣。蒴盖具长喙。蒴帽兜形。孢子近于球形，密被细疣。

3种，分亚洲东部。我国均有分布。

1. 植物体多规则羽状分枝 ··· **1. 羽枝瓦叶藓 M. thuidioides**
1. 植物体多不规则羽状分枝 ··· **2. 瓦叶藓 M. fruticella**

1. 羽枝瓦叶藓

图 1218

Miyabea thuidioides Broth., Oefv. Finsk. Vet. Soc. Foerh. 62: 32. 1921.

植物体稍大，黄绿色至淡黄褐色，疏松丛集。支茎可达10厘米，规则羽状分枝；中轴不分化。茎叶卵形至阔卵形，长约1.5毫米，内凹；叶边仅上部具疏齿；中肋消失于叶片1/2-2/3处。叶中部细胞菱形至圆方形，长10 12微米，胞壁强烈加厚，基部细胞平滑，稀略具突起。

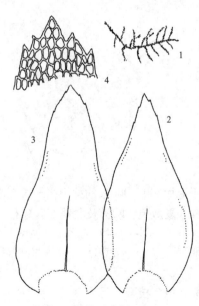

图 1218 羽枝瓦叶藓（吴鹏程绘）

产河南和浙江，多林内树干附生。日本有分布。

1. 植物体(×1)，2-3.叶(×52)，4.叶尖部细胞(×320)。

2. 瓦叶藓
图 1219

Miyabea fruticella (Mitt.) Broth., Nat. Pfl. 1 (3): 985. 1907.

Lasia fruticella Mitt., Trans. Linn. Soc. London 2, 3: 173. 1891.

支茎规则羽状分枝或不规则羽状分枝。茎叶阔卵形，具锐尖，长约1毫米；叶边仅尖部具少数疏齿；中肋消失于叶片中部。叶细胞直径4-10微米，胞壁等厚，基部细胞近六角形，厚壁。枝叶卵形。雌苞叶狭卵形至披针形。蒴柄平滑，长约1毫米。孢蒴红褐色。孢子直径25-40微米。

产内蒙古、安徽、台湾和湖北，生于海拔约1000米的林中树干或阴岩面。日本及朝鲜有分布。

1. 植物体(×1)，2. 茎横切面的一部分(×320)，3. 茎叶(×52)，4. 叶中部细胞(×320)，5. 枝叶(×32)，6. 孢蒴(×5)。

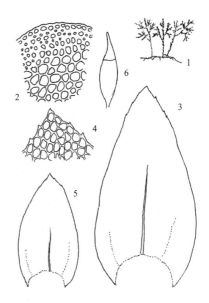

图 1219 瓦叶藓（吴鹏程绘）

4. 羊角藓属 Herpetineuron (C. Müll.) Card.

体形多粗壮，稀中等大小，黄绿色至褐绿色，疏松丛集生长。主茎匍匐，常具匍匐枝；支茎直立至倾立，不规则疏分枝，干燥时枝尖多向腹面卷曲。茎叶卵状披针形或阔披针形，具多数横波纹，上部渐尖；叶边上部具不规则粗齿；中肋粗壮，尖部扭曲，消失于近叶尖部；叶细胞六角形，厚壁，平滑。枝叶与茎叶近似，较小而狭窄。雌雄异株。蒴柄红棕色。孢蒴卵状圆柱形。蒴齿外齿层齿片披针形，中缝具穿孔，被密疣；内齿层灰白色，齿条短线形，密被疣。蒴帽平滑。

1种，亚洲、南美洲、北美洲、大洋洲及非洲等地均有分布。广布于我国南北各地。

羊角藓
图 1220 彩片239

Herpetineuron toccoae (Sull. et Lesq.) Card., Beih. Bot. Centralbl. 19 (2): 127. 1905.

Anomodon toccoae Sull. et Lesq., Musci Bor. Amer. : 52. 1856.

种的特征同属。

产黑龙江、内蒙古、山东、安徽、江苏、台湾、湖南、重庆和云南，生于海拔500-1000米阴湿石壁或岩面。日本、朝鲜、菲律宾、印度尼西亚、泰国、印度、斯里兰卡、南美洲、北美洲、新喀里多尼亚及非洲有分布。

1. 植物体(×0.5)，2. 枝(×3)，3. 茎叶(×35)，4. 叶尖部细胞(×375)，5. 叶中部细胞(×375)，6. 孢蒴和蒴帽(×6)。

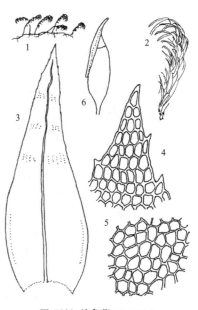

图 1220 羊角藓（吴鹏程绘）

108. 羽藓科 THUIDIACEAE
(吴鹏程)

多匍匐交织成片，体形细弱至粗壮，暗绿色、黄绿色或褐绿色，稀呈灰绿色，无光泽。茎不规则分枝或1–3回羽状分枝；多具鳞毛，单一或分枝，稀呈片状。茎叶与枝叶异形，或近于同形而大小相异，干时贴茎或略皱缩，湿润时倾立，卵形、长卵形、圆卵形或卵状三角形，上部渐尖或呈毛尖；叶边全缘、具细齿或粗齿，或具疣状突起；中肋多单一，达叶片上部，有时突出于叶尖，稀短弱而分叉。叶细胞多六角形或圆多角形，厚壁，表面具单疣、多疣或密细疣，稀平滑，基部细胞长方形，多平滑。雌雄同株或同株异苞。雌苞叶通常呈卵披针形，少数属种上部边缘具长纤毛。蒴柄细长，平滑或具疣状突起。孢蒴多卵形。环带常分化。蒴齿两层；内齿层的齿条和齿毛多发育。孢子球形。蒴盖有时具长喙。蒴帽兜形。稀具纤毛。

19属，多分布温带及暖温带，少数种见于热带。我国有14属。

1. 植物体细弱；叶片中肋2, 短弱或不明显。
  2. 叶细胞具单疣或多疣 ·· 2. **异枝藓属 Heterocladium**
  2. 叶细胞平滑。
    3. 叶呈卵形或阔卵形；叶细胞等轴形 ··································· 1. **叉羽藓属 Leptopterigynandrum**
    3. 叶呈长卵形或阔卵形，稀为卵状三角形或卵状披针形；叶细胞近于呈蠕虫形 ·············
    ··· 3. **薄羽藓属 Leptocladium**
1. 植物体形大或粗壮，少数属种纤细；叶片中肋单一，多长达叶片上部，稀突出叶尖。
  4. 植物体不规则羽状分枝；鳞毛多单一；茎叶与枝叶近于同形，大小相异。
    5. 叶细胞多不透明，具单疣或多疣 ··· 5. **麻羽藓属 Claopodium**
    5. 叶细胞较透明，具单疣 ·· 6. **小羽藓属 Haplocladium**
  4. 植物体规则羽状分枝；鳞毛单一或分枝；茎叶与枝叶多异形。
    6. 植物体较粗壮、硬挺；羽状分枝多一回。
      7. 叶细胞具多个疣 ·· 10. **硬羽藓属 Rauiella**
      7. 叶细胞具单疣。有时平滑。
        8. 叶边具粗齿或基部具长纤毛。
          9. 茎叶基部宽阔；叶细胞具粗刺疣 ······················· 12. **毛羽藓属 Bryonoguchia**
          9. 茎叶基部呈卵形；叶细胞具单个圆疣 ····················· 13. **沼羽藓属 Helodium**
        8. 叶边仅尖部具粗齿。
          10. 植物体分枝长约0.5厘米；齿条与齿毛均缺失 ·················· 4. **虫毛藓属 Boulaya**
          10. 植物体分枝长约1厘米；齿条发育。
            11. 植物体不具光泽；叶纵褶较少；叶细胞具疣 ········· 11. **山羽藓属 Abietinella**
            11. 植物体具光泽；叶具多数纵褶；叶细胞平滑 ······· 14. **锦丝藓属 Actinothuidium**
    6. 植物体较细或形大、柔软；羽状分枝不规则，或2–3回羽状分枝。
      12. 植物体多形大；蒴柄平滑 ··· 9. **羽藓属 Thuidium**
      12. 植物体细弱；蒴柄上部密被疣、刺或平滑。
        13. 茎叶多具毛尖；蒴盖具长喙；蒴帽钟形 ······················ 7. **鹤嘴藓属 Pelekium**
        13. 茎叶多具钝尖；蒴盖圆锥形；蒴帽兜形 ················ 8. **细羽藓属 Cyrto–hypnum**

1. 叉羽藓属 **Leptopterigynandrum** C. Müll.

纤细,黄绿色至褐绿色,无光泽,干燥时硬挺,交织成片生长。茎叶与枝叶不明显分化,干燥时呈覆瓦状排列,多为卵形、长卵形至阔卵形,尖部多一向偏曲;叶边全缘;中肋2,短弱。叶细胞六角形至长卵形,角部细胞多数,多呈方形。雌雄异株?蒴柄纤细,长约1厘米。孢蒴长卵形。蒴齿两层;内齿层齿毛缺失。蒴盖圆锥形。

约7种,分布亚洲东部、喜马拉雅地区及南美洲。我国有4种。

1. 叶多长卵形;叶细胞菱形或长卵形 ················ 1. **卷叶叉羽藓 L. incurvatum**
1. 叶多阔卵形;叶细胞六角形或近方形 ················ 2. **叉羽藓 L. austro–alpinum**

1. 卷叶叉羽藓   图 1221

Leptopterigynandrum incurvatum Broth., Sitzunsber. Ak. Wiss. Wien Math. Kl. Abt. 1, 133: 577. 1924.

纤细,硬挺,暗黄绿色,无光泽,密集片状生长。茎上部倾立,具羽状分枝。叶干燥时覆瓦状排列,多长卵形,上部呈阔披针形尖,干燥时略向一侧偏曲;叶边全缘,近基部略卷曲;中肋2,短弱。叶细胞菱形,胞壁厚,叶基角部细胞方形或近圆形。枝叶较狭而小。雌雄异株。内雌苞叶披针形;中肋不明显。蒴柄长约1厘米,橙红色。孢蒴椭圆形,直立。外齿层齿片平滑,上部具结节;内齿层无齿毛。

产青海、四川和云南,生于海拔2800–4200米的林中树干和岩面。亚洲东部其它地区有分布。

1. 植物体(×0.5), 2. 枝的一部分(×12), 3. 茎叶(×50), 4. 叶尖部细胞(×90), 5. 叶基部细胞(×90)。

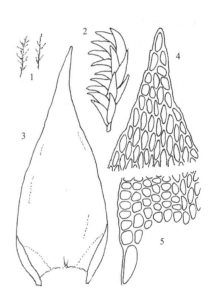

图 1221 卷叶叉羽藓(吴鹏程绘)

2. 叉羽藓   直茎叉羽藓   图 1222

Leptopterigynandrum austro–alpinum C. Müll., Hedwigia 36: 114. 1897.

体形纤细,稍硬挺,黄绿色,紧密成片生长。茎匍匐伸展,长达5厘米以上,近于呈羽状分枝。叶阔卵形,具狭披针形尖部,呈强烈一向偏曲;叶边近全缘;中肋多短弱。叶细胞六角形或近于呈方形,胞壁角部略加

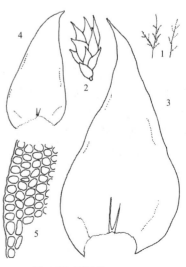

图 1222 叉羽藓(吴鹏程绘)

厚。孢子体不详。

　　产青海、四川和云南，生于海拔2900–4500米的林中树干或含石灰质岩面。俄罗斯（西伯利亚）及蒙古国有分布。

1.植物体(×0.5)，2.枝的一部分(×8)，3.茎叶(×50)，4.枝叶(×50)，5.叶基角部细胞(×90)。

2. 异枝藓属 Heterocladium B. S. G.

　　纤细至中等大小，暗绿色或黄绿色，交织成小片状生长。茎不规则分枝至羽状分枝；假鳞毛呈片状。茎叶与枝叶异形。茎叶心状卵形，略下延，渐上成细尖；叶边具细齿；中肋2，纤弱，或单一。叶上部细胞多角形至六角形，中部细胞呈长方形，基部细胞小而呈方形；胞壁平滑，或具1至数个细疣。枝叶阔卵形，具锐尖。雌雄异株。孢蒴长圆柱形，平展或下垂。蒴齿两层；内齿层齿毛1–3条。蒴盖圆锥形。蒴帽平滑。

　　约6种，分布亚洲东部、北美洲和非洲温带地区。我国有1种。

狭叶异枝藓　　　　　　　　　　　　　　　图 1223

Heterocladium angustifolium (Dix.) Watanabe, Journ. Jap. Bot. 35: 261. 1960.

Rauia angustifolia Dix., Rev. Bryol. Lichenol. 7: 111. 1934.

　　茎稀疏羽状分枝。茎叶椭圆状卵披针形或三角状披针形，渐尖，长0.40–0.45毫米，阔约0.1毫米；叶边具齿；中肋不明显。叶中部细胞直径3–4微米，厚壁，平滑。枝叶短卵状披针形，长约0.15微米。雌苞叶卵状披针形，具鞘部。蒴齿外齿层齿片披针形，红棕色，上部被密疣，下部具条纹；内齿层淡黄色，具脊，基膜约为蒴齿长度的1/2，齿毛短。孢子直径约12微米。

　　中国特有，产辽宁，树干附生。

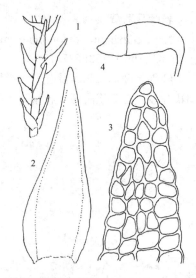

图 1223 狭叶异枝藓（引自《中国藓类植物属志》）

1.枝的一部分(×48)，2.茎叶(×225)，3.叶尖部细胞(×580)，4.孢蒴 ×35)。

3. 薄羽藓属 Leptocladium Broth.

　　纤细，硬挺，黄绿色，密交织生长。茎不规则羽状分枝；枝单一，钝端。茎叶与枝叶近于同形。茎叶覆瓦状排列，卵形或长卵形，具短尖，长可达0.5毫米；叶边全缘；中肋2，短弱。叶细胞平滑，或略具前角突起，角部细胞近于呈方形。枝叶卵形。雌雄异苞同株。内雌苞叶狭长披针形；中肋不明显。蒴柄长约1厘米，成熟时呈红棕色。孢蒴椭圆形，褐色。蒴齿外齿层齿片阔披针形，具横纹。蒴盖钝圆锥形。

　　1种，我国特有。

薄羽藓   图 1224

Leptocladium sinense Broth., Symb. Sin. 4: 97. 3f. 13. 1929.

种的描述同属。

中国特有，产云南西北部，生于海拔3800–4050米的岩面。

1. 植物体（×0.5），2. 茎叶（×50），3. 小枝叶（×50），4. 叶尖部细胞（×155），5. 叶基部细胞（×155），6. 内雌苞叶（×38），7. 齿片（×100）。

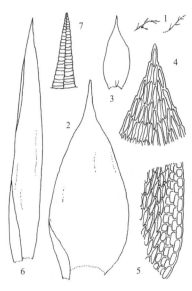

图 1224 薄羽藓（吴鹏程绘）

4. 虫毛藓属 **Boulaya** Card.

较粗大，黄绿色、绿色至棕绿色，疏松片状生长。茎规则羽状分枝；中轴末分化；鳞毛披针形至线形，多分枝。茎叶与枝叶异形。茎叶阔心脏形，上部披针形，一向偏曲；叶边具齿；中肋单一。叶细胞菱形至卵形，厚壁，多具单个尖疣。枝叶卵形至长卵形。雌雄异株。雌苞叶基部鞘状，具狭长披针形尖。蒴柄细长，平滑。孢蒴卵形，直立。蒴齿的外齿层齿片披针形，上部透明，具细疣；内齿层长度为外齿层的1/2，齿条与齿毛缺失。蒴盖具喙。蒴帽兜形。

2种，见于亚洲东部。我国1种。

虫毛藓   图 1225

Boulaya mittenii (Broth.) Card., Rev. Bryol. 39: 2. 1912.

Thuidium mittenii Broth., Hedwigia 38: 246. 1899.

种的特性参阅属的描述。

产黑龙江和西藏，生于海拔1000–3100米的山地树基及岩面。俄罗斯（远东地区）、日本及朝鲜有分布。

1. 植物体（×1），2. 茎叶（×20），3. 枝叶（×20），4. 叶尖部细胞（×180），5. 叶基部细胞（×180）。

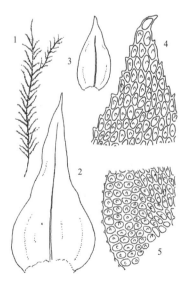

图 1225 虫毛藓（郭木森、吴鹏程绘）

5. 麻羽藓属 **Claopodium** (Lesq. et Jam.) Ren. et Card.

细弱或中等大小，翠绿色或黄绿色，无光泽，疏松交织成小片状生长。茎匍匐，不规则分枝或羽状分枝，稀具疣；中轴缺失。茎叶与枝叶近于同形。茎叶卵状披针形，或三角状卵形至披针形；叶边有时略背卷，具齿；中肋粗，消失于叶尖或稍突出。叶细胞菱形至长卵形，多不透明，具单粗疣或多个细疣，边缘细胞多长而平滑，基部细胞透明。枝叶较短而小。雌雄异株。蒴柄平滑或粗糙。孢蒴长卵形。蒴齿两层。内外齿层等长，齿毛2–3条。具节瘤。蒴盖具长喙。蒴帽兜形。

　　8种，亚洲、欧洲、美洲和大洋洲分布。我国有7种。

1. 叶边多向背面卷曲 ·· 2. 大麻羽藓 C. assurgens
1. 叶边多平展。
　　2. 叶细胞具多数细疣 ·· 4. 多疣麻羽藓 C. pellicinerve
　　2. 叶细胞具单疣。
　　　3. 枝叶卵形，具钝尖；叶边细胞无明显分化 ································ 1. 细麻羽藓 C. gracillimum
　　　3. 枝叶阔披针形，具狭尖；叶边细胞多分化 ························· 3. 狭叶麻羽藓 C. aciculum

1. 细麻羽藓　　　　　　　　　　　图 1226

Claopodium gracillimum (Card. et Thér.) Nog., Journ. Hattori Bot. Lab. 27: 33. 1964.

Diaphanodon gracillimum Card. et Thér., Bull. Acad. Inst. Geogr. Bot. 18: 2. 1908.

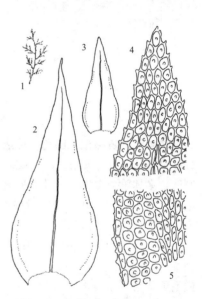

甚纤细，黄绿色至绿色，常与其它藓类植物混生。茎长约1.5厘米，不规则羽状分枝；中轴分化；鳞毛少。茎叶多卵形，尖短钝；叶边具细齿；中肋消失于叶片近尖部。叶细胞六角形至菱形，长12–20微米，壁薄，具单个细疣。枝叶小而短。

　　产台湾、广东、海南和四川，生于海拔500–1900米的阴湿草丛下和具土岩面。日本南部有分布。

图 1226　细麻羽藓（郭木森、吴鹏程绘）

　　1. 植物体(×1), 2. 茎叶(×90), 3. 枝叶(×75), 4. 叶尖部细胞(×180), 5. 叶基部细胞(×180)。

2. 大麻羽藓　斜叶麻羽藓　　　图 1227 彩片240

Claopodium assurgens (Sull. et Lesq.) Card., Bull. Soc. Bot. Geneve ser. 2,3: 283. 1911.

Hypnum assurgens Sull. et Lesq., Proc. Amer. Acad. Art. Sci. 4: 279. 1859.

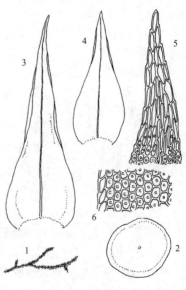

形稍大，柔软，多黄绿色至翠绿色，呈疏松片状生长。茎长达5厘米，不规则羽状分枝；中轴分化；鳞毛缺失。茎叶与枝叶明显分化。茎叶干时常卷曲，卵形至卵

图 1227　大麻羽藓（郭木森、吴鹏程绘）

状三角形基部，向上呈狭披针形；叶边中上部多背卷；中肋多贯顶。叶中部细胞卵形至圆方形，具单个中央粗疣。枝叶约为茎叶长度的1/2。雌雄异株。蒴柄红棕色，被细疣状突起。孢蒴圆柱形。内外齿层近于等长，齿毛多2条。蒴盖具细长喙。孢子直径约12–17微米，被细疣。

产陕西、福建、台湾、广东、海南、香港、四川和云南，生于海拔580–2500米的林中树根、湿土和阴湿岩面。日本、印度及印度尼西亚有分布。

1. 植物体（×1），2. 茎的横切面（×180），3. 茎叶（×70），4. 枝叶（×70），5. 叶尖部细胞（×180），6. 叶中部边缘细胞（×360）。

3. 狭叶麻羽藓 　图 1228 彩片241

Claopodium aciculum (Broth.) Broth., Nat. Pfl. 1 (3): 1009. 1908.

Thuidium aciculum Broth., Hedwigia 30: 245. 1899.

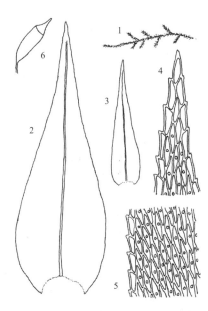

纤细，翠绿色至黄绿色，多交织成小片状。茎长1–2厘米，不规则羽状分枝；中轴分化；无鳞毛。叶多疏松生长。茎叶披针形至卵状披针形；叶边具齿；中肋细长，近于贯顶。叶细胞长卵形至菱形，薄壁，中央具单圆疣。雌雄异株。孢子直径约10–15微米。

产陕西、江苏、福建、

图 1228 狭叶麻羽藓（郭木森、吴鹏程绘）

台湾、海南和香港，生于海拔70–2000米的阴湿土面及具土岩面。日本、朝鲜及老挝有分布。

1. 植物体（×1），2. 茎叶（×105），3. 小枝叶（×75），4. 叶尖部细胞（×180），5. 叶基部细胞（×180），6. 孢蒴（×4）。

4. 多疣麻羽藓　拟毛尖麻羽藓　疣茎麻羽藓 　图 1229

Claopodium pellucinerve (Mitt.) Best, Hedwigia 3: 19. 1900.

Leskea pellucinerve Mitt., Journ. Linn. Soc. Bot. Suppl. 1: 130. 1859.

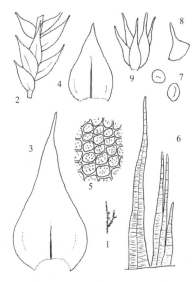

纤细至中等大小，黄绿色至褐绿色，与其它藓类或单独成小片生长。茎长可达5厘米，不规则羽状分枝；中轴分化；茎与枝上密被细疣。茎叶与枝叶异形。茎叶基部卵形至心脏形，渐上呈毛状尖；叶边密被细疣；中肋细弱，消失于叶片中部或上部，背面具疣。叶细胞多角形至近椭圆形，薄壁，每

个细胞密被10多个细疣。枝叶椭圆形，具锐尖。雌雄异株。雌苞叶具长毛尖。孢蒴卵形。孢子直径15–20微米，具细疣。

图 1229 多疣麻羽藓（吴鹏程绘）

产内蒙古、陕西、湖北、四川和云南，生于海拔1600–3400米的树基和阴岩面。日本、朝鲜、巴基

斯坦及印度有分布。

1. 植物体(×0.5), 2. 枝的一部分(×10), 3. 茎叶(×65), 4. 枝叶(×65), 5. 叶中部细胞(×180), 6. 藓齿(×100), 7. 孢子(×450), 8. 藓盖(×10), 9. 幼嫩雌苞(×13)。

6. 小羽藓属 **Haplocladium** (C. Müll.) C. Müll.

中等大小至较纤细，多黄绿色，老时呈褐绿色，疏松交织小片状生长。茎羽状分枝至不规则羽状分枝；鳞毛多变化。茎叶与枝叶异形。茎叶卵形，具短或长披针形尖；叶边平展或略背卷；中肋单一，不及叶尖或略突出于叶尖。叶细胞不规则方形、卵形至菱形，厚壁，具单个圆疣或前角突起。枝叶明显小于茎叶。雌雄同株异苞。藓柄细长，平滑。孢藓圆形至长圆柱形，多平展，藓壁具气孔。环带发育。藓齿两层；齿毛2–3条，具节瘤。藓帽圆锥形，具短喙。藓帽平滑。

约7种，分布全世界温带地区，少数种见于非洲。我国有5种。

1. 茎叶与枝叶具细长尖。
   2. 叶细胞疣多位于细胞中央 ·· 1. **细叶小羽藓 H. microphyllum**
   2. 叶细胞疣多位于细胞前端 ·· 2. **狭叶小羽藓 H. angustifolium**
1. 茎叶与枝叶具短尖 ··· 3. **东亚小羽藓 H. strictulum**

1. 细叶小羽藓

图 1230 彩片242

Haplocladium microphyllum (Hedw.) Broth., Nat. Pfl. 1 (3): 1007. 1907.

Hypnum microphyllum Hedw., Sp. Musc. Frond. 269. 1801.

Claopodium integrum Chen in S. T. Li, Investig. Alp. For. W. Sich. 423. 1963.

中等大小，黄绿色或绿色，常呈大片状生长。茎长可达5厘米以上，规则羽状分枝；中轴分化；鳞毛密生茎上。茎叶阔卵形基部渐上成狭披针形尖；叶边具齿；中肋一般消失于叶尖下。叶中部细胞六角形至卵形，长5–20微米，具单个尖疣。枝叶卵形，具披针形尖。雌雄异苞同株。藓柄细长，平滑，红棕色，长可达2厘米以上。孢藓弓形弯曲，干燥时口部下方收缩。藓齿两层，发育良好。孢子直径约15微米，具细疣。

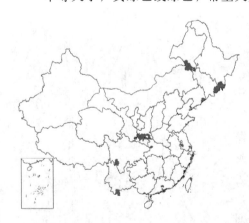

产吉林、辽宁、内蒙古、陕西、江苏、台湾、湖北、广东、四川和云南，生于海拔560–2800米的林下、树基和倒木上。日本、朝鲜、印度、俄罗斯、欧洲和北美洲有分布。

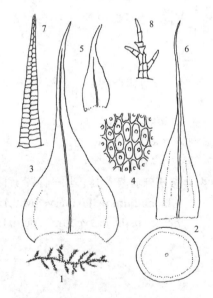

图 1230 细叶小羽藓（吴鹏程绘）

1. 植物体(×1), 2. 茎的横切面(×180), 3. 茎叶(×35), 4. 叶中部细胞(×180), 5. 小枝叶(×20), 6. 内雌苞叶(×20), 7. 齿片(×100), 8. 鳞毛(×380)。

2. 狭叶小羽藓

图 1231

Haplocladium angustifolium (Hampe et C. Müll.) Broth., Nat. Pfl. 1 (3): 1008. 1907.

Hypnum angustifolium Hampe et C. Müll., Bot. Zeit. 13: 88. 1855.

体形和叶形与细叶小羽藓甚近似，但中肋常突出叶尖。叶细胞有时呈狭菱形，具前角突。蒴齿与细叶小羽藓近似。

产吉林、辽宁、内蒙古、山西、陕西、江苏、上海、浙江、福建、台湾、湖北、四川和云南，生于海拔400–3000米的倒木、树基和城墙上。俄罗斯（西伯利亚）、日本、朝鲜、缅甸、越南、喜马拉雅地区、印度、巴基斯坦、欧洲及非洲有分布。

1. 雌株（×1），2. 茎的横切面（×180），3. 茎叶（×35），4. 叶中部细胞（×180），5. 小枝叶（×35），6. 内雌苞叶（×20），7. 孢蒴（×5）。

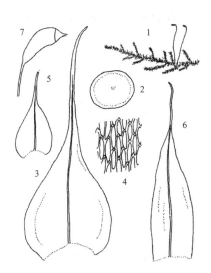

图 1231 狭叶小羽藓（吴鹏程绘）

3. 东亚小羽藓

图 1232

Haplocladium strictulum (Card.) Reim., Hedwigia 76: 199. 1937.

Thuidium strictulum Card., Beih. Bot. Centralbl. 17: 29. 1904.

形小，或中等大小，暗绿色或深褐色，疏松交织生长。茎常规则羽状分枝；中轴分化；鳞毛密生，多分枝。茎叶卵形或卵状三角形，具短披针形尖，具少数纵褶；中肋较粗，多长达叶近尖部，背面具刺状疣。叶中部细胞菱形至多角形，厚壁，每个细胞具单个前角疣。孢蒴长圆柱形，老时呈弓形。孢子直径约15微米，具细疣。

产辽宁和内蒙古，石生。日本及朝鲜有分布。

1. 枝的一部分（×30），2. 茎的横切面（×180），3. 茎叶（×75），4. 叶中部边缘细胞（×360），5. 枝叶（×60），6. 鳞毛（×380）。

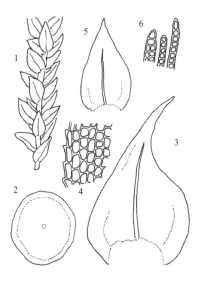

图 1232 东亚小羽藓（引自《中国藓类植物属志》）

7. 鹤嘴藓属 Pelekium Mitt.

纤细，黄绿色或绿色，老时呈褐色，呈小片状生长。茎规则二回羽状分枝；中轴分化；鳞毛密生，线形至披针形，稀分枝。茎叶与枝叶异形。茎叶由阔卵形或三角状卵形基部向上呈披针形；叶边多全缘；中肋常突出叶尖呈毛状。叶细胞六角形或椭圆形，具单细疣。枝叶不规则排列或呈二列状，卵形或卵状三角形；叶边具齿；中肋消失于叶片上部。叶细胞具单疣或多个细疣。雌雄异株或雌雄同株异苞，蒴柄具长刺疣。孢蒴圆柱形，平列或下垂。蒴齿两层；外齿层齿片16；内齿层齿毛一般2条。蒴盖具长喙。蒴帽钟形，基部瓣裂。

约5种，分布亚洲热带地区。我国有2种。

鹤嘴藓　　　　　　　　　　　　　　　　　　图 1233

Pelekium velatum Mitt., Journ. Linn. Soc. 10: 176. 1868.

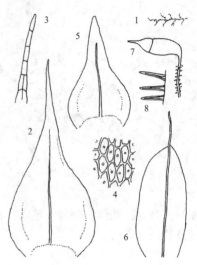

茎叶中肋背面常具疣。叶中部细胞长六边形，长约15微米，宽8微米，厚壁，每一叶细胞具单疣。枝叶细胞亦具单疣。孢子直径约15微米，具疣。

产台湾，生于海拔约1000米的阴湿石面。泰国、印度、印度尼西亚、菲律宾、新几内亚及太平洋岛屿有分布。

1. 植物体（×0.5），2. 茎叶（×80），3. 叶尖部细胞（×360），4. 叶中部细胞（×360），5. 枝叶（×80），6. 雌苞叶（×20），7. 孢蒴（×10），8. 蒴柄上的刺疣（×180）。

图 1233 鹤嘴藓（郭木森、吴鹏程绘）

8. 细羽藓属 **Cyrto-hypnum** Hampe

　　细小，柔弱，黄绿色至暗绿色，与其它藓类混生或呈小片状。茎长度一般不及5厘米，1–2回羽状分枝或不规则分枝；中轴多数分化；鳞毛密生或疏生，长1–10个细胞，稀分枝，顶端平截或尖锐，少数种的茎被疣。茎叶与枝叶异形，或大小有明显差异。茎叶多疏生，基部宽阔，向上呈披针形，有时上部背仰；叶边多具细齿或粗齿，部分种类背卷；中肋粗壮，多不及叶尖，背部常有突起。叶细胞六角形至菱形，背腹面均具单尖疣、细疣或多数细疣。枝叶一般小而短钝。雌雄异苞同株或雌雄异株？雌苞叶全缘或具齿，稀具少数长纤毛。蒴柄长可达2.5厘米，平滑或少数种类具疣、乳头，或上部粗糙。孢蒴卵形至卵状椭圆形。蒴齿灰藓型。蒴盖圆锥形。蒴帽兜形。孢子直径10–20微米，平滑或具细疣。

　　约25种，多见于热带或亚热带林区。我国有10种。

1. 茎叶尖部多呈披针形；叶细胞具单疣。
　　2. 鳞毛长可达10个细胞；内雌苞叶不具纤毛；蒴柄平滑 ·································· **2. 多毛细羽藓 C. vestitissimum**
　　2. 鳞毛长具2–6个细胞；内雌苞叶常具齿或纤毛；蒴柄不平滑。
　　　　3. 茎叶具短披针形尖部；内雌苞叶上部边缘具长纤毛；蒴柄密被疣 ··········· **3. 纤枝细羽藓 C. bonianum**
　　　　3. 茎叶具狭长披针形尖部；内雌苞叶叶边多具细齿；蒴柄上部具细密疣 ··········· **5. 红毛细羽藓 C. versicolor**
1. 茎叶尖部不呈披针形；叶细胞具单疣或多个细疣。
　　4. 茎和枝上被鳞毛和细疣 ································ **1. 多疣细羽藓 C. pygmaeum**
　　4. 茎和枝仅被鳞毛 ································ **4. 密毛细羽藓 C. gratum**

1. 多疣细羽藓　　　　　　　　　　　　图 1234

Cyrto-hypnum pygmaeum (Schimp.) Buck et Crum, Contr. Univ. Mich. Herb. 17: 67. 1990.

Thuidium pygmaeum Schimp. in B. S. G., Bryol. Eur. 5: 162. 1852.

　　纤细，暗绿色至黄绿色，交织成小片状。茎规则二回羽状分枝；茎密被疣和鳞毛；鳞毛尖端具2–4个疣。茎叶三角状卵形；边缘具齿，背卷；中肋消失于叶片上部；叶中部细胞直径5–12微米，每个细胞具3–8个疣。枝叶卵形至三角形。雌雄异苞同株。雌苞叶上部具齿。蒴柄平滑。孢蒴椭圆状卵形；内齿层齿毛2。孢子直径约10微米。具细疣。

产辽宁和河北，生于海拔900–1000米的石上。日本、朝鲜及北美洲有分布。

1. 雌株（×0.5），2. 茎的一部分，示密被疣状突起（×45），3. 茎叶（×135），4. 枝叶（×135），5. 叶中部细胞（×220），6. 内雌苞叶（×40），7. 孢蒴，蒴盖已脱落（×10）。

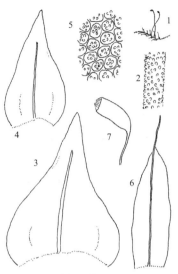

图 1234 多疣细羽藓（郭木森、吴鹏程绘）

2. 多毛细羽藓 图 1235

Cyrto–hypnum vestitissimum (Besch.) Buck et Crum, Contr. Univ. Mich. Herb. 17: 65. 1990.

Thuidium vestitissimum Besch., Ann. Sc. Nat. Bot. ser. 7, 15: 79. 1892.

柔弱，暗绿色至黄绿色，长可达5厘米。茎规则二回羽状分枝；鳞毛密生茎与枝上，线形，多分枝，顶端细胞具多疣。茎叶三角形，具短尖；叶边具齿，中肋达叶长度的4/5，背面具疣；叶中部细胞直径8–20微米，每个细胞具单疣。枝叶三角形至三角状卵形。雌雄异苞同株。蒴柄平滑。孢蒴卵形至卵状圆柱形；蒴齿齿毛不发育。孢子直径10–15微米。

产湖北和台湾，生于海拔1500–2500米的湿石上。俄罗斯（西伯利亚）、日本、喜马拉雅地区及印度有分布。

1. 植物体（×0.5），2. 茎的一部分，示密被鳞毛（×35），3-4. 鳞毛（×190），5. 茎叶（×115），6. 叶中部细胞（×220），7. 内雌苞叶（×60），8. 孢蒴（×12）。

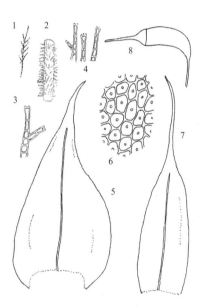

图 1235 多毛细羽藓（郭木森、吴鹏程绘）

3. 纤枝细羽藓 图 1236

Cyrto–hypnum bonianum (Besch.) Buck et Crum, Contr. Univ. Mich. Herb. 17: 65. 1990.

Thuidium bonianum Besch., Bull. Soc. Bot. France 34: 98. 1887.

纤弱，长2–3厘米；鳞毛长3–6个细胞，稀分枝，尖部平截，稀锐尖；假鳞毛披针形。茎叶具短尖；中肋达叶片3/4处，背面具弱疣；叶中部细胞直径5–15微米，具单

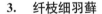

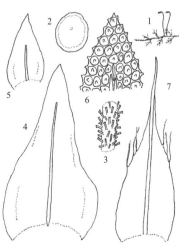

图 1236 纤枝细羽藓（郭木森、吴鹏程绘）

个细疣。枝叶常二列状排列，卵形。内雌苞叶上部具数条长纤毛。蒴柄密被疣。

产台湾和云南，生于海拔约1000米的石上。日本、越南及泰国有分布。

4. 密毛细羽藓 图 1237

Cyrto–hypnum gratum (P. Beauv.) Buck et Crum, Contr. Univ. Mich. Herb. 17: 65. 1990.

Hypnum gratum P. Beauv., Prodr. Aetheogam. 64. 1805.

纤细，灰绿色、黄绿色至暗绿色，长达4厘米。茎二回羽状分枝；鳞毛线形，有时分枝，密生茎和枝基部。茎叶卵状披针形或三角状披针形；中肋背面具前角突起；每个叶细胞具单个尖疣或2–4个细疣。内雌苞叶具长芒状尖，上部边缘具8–10个单列细胞组成的纤毛。蒴柄密被前角突疣。孢蒴卵形至短圆柱形；齿毛1–3。蒴盖长达1毫米。孢子直径10–20微米。

产海南和云南，海拔800–1150米的湿土、石灰岩面及树生。亚洲东部和东南部、大洋洲、非洲中西部及马达加斯加有分布。

1. 雌株(×1)，2. 茎叶(×115)，3. 叶中部细胞(×220)，4. 内雌苞叶(×18)，5. 蒴齿(×115)，6. 蒴柄的一部分，示被密疣(×80)。

1. 植物体(×0.5)，2. 茎的横切面(×70)，3. 茎的一部分，示密被鳞毛(×40)，4. 茎叶(×115)，5. 枝叶(×115)，6. 叶尖部细胞(×180)，7. 内雌苞叶(×60)。

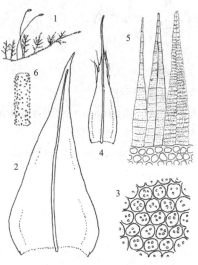

图 1237 密毛细羽藓（郭木森、吴鹏程绘）

5. 红毛细羽藓 图 1238

Cyrto–hypnum versicolor (Hornsch. ex C. Müll.) Buck et Crum, Contr. Univ. Mich. Herb. 17: 68. 1990.

Hypnum versicolor Hornsch. ex C. Müll., Syn. 2: 494. 1851.

较细小，长达4厘米，稀疏或密二回羽状分枝；鳞毛长2–6个细胞，尖端一般平截，稀锐尖和分叉；假鳞毛片状。茎叶由心脏状三角形基部向上呈披针形；叶细胞具单尖疣。内雌苞叶具细齿，稀具少数纤毛。蒴柄上部具密细疣。孢子直径10–17微米。

产福建、广东和云南，生于海拔约1000米的倒木或腐木，或阴石面及湿土上。非洲中部、南部

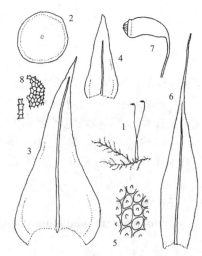

图 1238 红毛细羽藓（郭木森、吴鹏程绘）

及马达加斯加有分布。

1. 雌株(×1)，2. 茎的横切面(×60)，3. 茎叶(×115)，4. 枝叶(×115)，5. 叶中部细胞(×220)，6. 内雌苞叶(×40)，7. 孢蒴，蒴盖已脱落(×10)，8. 鳞毛和假鳞毛(×110)。

9. 羽藓属 **Thuidium** B. S. G.

体形大，稀纤细，绿色、黄绿色或灰绿色，无光泽，多疏松交织成大片状。茎匍匐伸展，尖部略倾立，一般2–3回羽状分枝；鳞毛密生茎或枝上，由单列或多列细胞组成，常分枝。茎叶与枝叶异形，或大小相异。茎叶卵形或卵状心脏形，多具披针形尖，常具纵褶；中肋不及顶，稀突出于叶尖；叶细胞六角形至多角形，胞壁等厚，具单疣、星状疣或多数疣。枝叶卵形或长卵形，内凹。雌苞叶具细长尖，有时叶边具纤毛。蒴柄细长，平滑，稀具密疣。孢蒴卵状圆柱形，倾立至平列。蒴齿两层，黄棕色；内齿层齿毛2–4，多具节瘤，稀退化。蒴帽平滑，稀被纤毛。

约60种，多分布温带和亚热带地区，部分种类仅见于亚洲东部。我国有11种。

1. 茎叶具狭长披针形尖部；内雌苞叶边缘多具长纤毛，少数无纤毛而仅具齿。
　　2. 每个叶细胞多具2–4个疣或单个星状疣 ·································· 2. **短肋羽藓 T. kanedae**
　　2. 每个叶细胞多具单疣。
　　　　3. 茎叶顶端通常由6–10个单列细胞组成毛尖；内雌苞叶上部叶边具多数长纤毛 ····· 1. **大羽藓 T. cymbifolium**
　　　　3. 茎叶顶端通常由3–5个单列细胞组成毛尖；内雌苞叶上部叶边具齿 ·················· 3. **绿羽藓 T. assimile**
1. 茎叶尖部较短而宽；内雌苞叶边缘多具齿，少数种具长纤毛。
　　4. 叶细胞具星状疣或2–3个疣，稀具单疣。
　　　　5. 茎中轴不分化；茎叶卵状三角形，具短阔披针形尖部 ·················· 4. **灰羽藓 T. pristocalyx**
　　　　5. 茎中轴分化；茎叶阔卵形，具短尖 ·········· 5. **拟灰羽藓 T. glaucinoides**
　　4. 叶细胞具单个尖疣 ················· 6. **细枝羽藓 T. delicatulum**

1. 大羽藓

图 1239 彩片243

Thuidium cymbifolium (Dozy et Molk.) Dozy et Molk., Bryol. Jav. 2: 115. 1867.

Hypnum cymbifolium Dozy et Molk., Ann. Sci. Nat. Bot. ser. 3, 2: 306. 1844.

大形，鲜绿色至暗绿色，常交织成大片状生长。茎长可达10厘米，规则二回羽状分枝；中轴分化；鳞毛密生茎和枝上，常具分枝。茎叶三角状卵形，向上突成狭长披针形，顶端由6–10个单列细胞组成毛尖；叶边背卷或背曲；中肋长达叶尖部；叶中部细胞菱形至椭圆形，直径约5–20微米，具单个刺疣。枝叶卵形至长卵形。雌雄异株。内雌苞叶边缘具长纤毛。孢蒴圆柱形。蒴齿两层；内齿层齿毛2–3，基膜高约为蒴齿的1/2。孢子直径约20微米。

产全国各山区，生于海拔500–2100米林地、腐木、树基和阴湿具土岩面。世界各地广布。

　　1.植物体(×1)，2.茎叶(×70)，3.茎叶尖部细胞(×380)，4.茎叶中部细胞(×380)，5.枝叶(×70)，6.鳞毛(×380)，7.内雌苞叶(×10)。

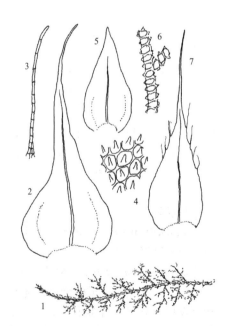

图 1239 大羽藓（郭木森、吴鹏程绘）

2. 短肋羽藓

图 1240

Thuidium kanedae Sak., Bot. Mag. Tokyo 57: 345. 1943.

通常大形，长达10厘米以上，规则二回羽状分枝；鳞毛密生茎与枝上。茎叶三角状卵形至三角形，叶尖披针形，具由3–10个单列细胞组成的毛状尖；叶边平展至背卷，具齿；叶中部细胞卵状菱形至椭圆形，具2–4个疣或单个星状疣。内雌苞叶上部具多数长纤毛。孢蒴长圆柱形。

蒴齿与大羽藓近似。孢子直径15–20微米，被细疣。

产辽宁、浙江、台湾、湖北、湖南、贵州和四川，生于海拔800–1200米的林地、倒木和阴湿石上。日本及朝鲜有分布。

1. 茎叶（×75），2. 枝叶（×15），3. 叶中部细胞（×380），4. 鳞毛（×380），5. 外雌苞叶（×15）。

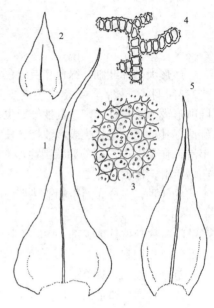

图 1240 短肋羽藓（郭木森、吴鹏程绘）

3. 绿羽藓　　　　　　图 1241 彩片244

Thuidium assimile (Mitt.) Jaeg., Ber. S. Gall. Naturn. Ges. 1876–1877: 260. 1878.

Leskea assimilis Mitt., Musci Ind. Or.: 133. 1859.

粗大或稍细弱，黄绿色，规则多回羽状分枝；鳞毛丝状，常叉状分枝，或呈片状。茎叶卵状披针形，一般具3个至多个由单列细胞组成的透明尖；叶边下部多背卷，具齿；中肋消失于叶尖下。叶细胞直径约7微米，具单疣。内雌苞叶狭披针形，具齿，无纤毛。

产吉林、内蒙古、陕西、青海、河南、湖北、贵州、四川和云南，生于海拔1000–3200米的林地或树干。俄罗斯（西伯利亚）、日本、欧洲及北美洲有分布。

1. 茎叶（×75），2. 枝叶（×75），3. 枝叶尖部细胞（×380），4. 枝叶中部细胞（×380），5. 鳞毛（×380），6. 内雌苞叶（×15）。

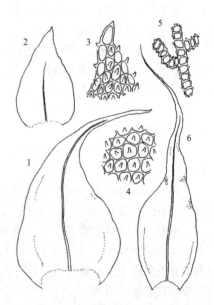

图 1241 绿羽藓（郭木森、吴鹏程绘）

4. 灰羽藓　　　　　　图 1242

Thuidium pristocalyx (C. Müll.) Jaeg., Ber. S. Gall. Naturw. Ges. 1876–1877: 257. 1878.

Hypnum pristocalyx C. Müll., Bot. Zeit. 12: 573. 1854.

形大，淡黄绿色或暗绿色，规则羽状分枝；鳞毛稀少，披针形或线形。茎叶卵形至三角状卵形，具钝尖，长可达1.5毫米；中肋消失于叶片2/3处。叶中部细胞卵形至菱形，厚壁，长约5–20微米，每个细胞中央具星状疣。枝叶卵形至阔卵形。雌雄异株。雌苞叶狭卵状披针；叶边尖部具齿，下部全缘。蒴柄长可达5厘米。孢蒴长圆柱形。孢子直径约15微米，具细疣。

产浙江、台湾、江西、广东、海南和云南，生于海拔300–1400米的低山林地、石壁和树基。日本、朝鲜、菲律宾、印度尼西亚、马来西

亚、斯里兰卡及印度有分布。

1. 植物体(×0.5), 2. 茎叶(×75), 3. 小枝叶(×60), 4. 叶中部细胞(×380), 5. 内雌苞叶(×15), 6. 孢蒴, 蒴盖已脱落(×5)。

5. 拟灰羽藓 南亚羽藓 　　　　　　　　　图 1243 彩片245

Thuidium glaucinoides Broth., Philipp. Journ. Sci. C. 3: 26. 1908.

粗大，淡黄绿色至淡褐绿色，规则二回羽状分枝；枝长约5–10毫米；中轴分化；鳞毛密生茎和枝上。茎叶阔卵形至卵状三角形，具短披针形尖，长约0.8–1毫米；叶边具齿；中肋达叶3/4处，背面具刺状疣。叶中部细胞长卵形至椭圆形，具单疣或2–3个疣。枝叶卵形至阔卵形。雌雄异株。内雌苞叶披针形，具长毛尖；叶边具齿。

产福建、台湾、广东、香港、广西和云南，生于海拔250–1400米的林地、腐木、草丛及阴湿石上。日本、缅甸、泰国、越南、马来西亚、印度尼西亚、菲律宾及南太平洋有分布。

1. 植物体(×0.5), 2. 茎叶(×75), 3. 叶中部细胞(×380), 4. 小枝叶(×60), 5. 内雌苞叶(×15), 6. 孢蒴, 蒴盖已脱落(×5)。

6. 细枝羽藓 　　　　　　　　　　　　　　图 1244

Thuidium delicatulum (Hedw.) Mitt., Journ. Soc. Bot. 12: 578. 1869.

Hypnum delicatulum Hedw., Sp. Musc. Frond. 250. 1801.

大形，黄绿色至淡褐绿色，规则多回羽状分枝，枝长5–15毫米；中轴分化；鳞毛密被，披针形或线形。茎叶三角状卵形，具披针形尖，长约1毫米；中肋消失于叶近尖部，背面具少数疣状突起；叶中部细胞椭圆形至卵状菱形，直径6–15微米，每个细胞具单疣。枝叶卵形，具短尖，内凹，中肋达叶片4/5处。雌雄异株。内雌苞叶边缘具长纤毛。

产山西和陕西，生于海拔约2000米的腐殖土或湿地。日本、朝鲜、欧洲、北美洲及中南美洲有分布。

1. 植物体(×1), 2. 茎叶(×75), 3. 小枝叶(×50), 4. 叶尖部细胞(×380), 5. 内雌苞叶(×15), 6. 孢蒴(×4)。

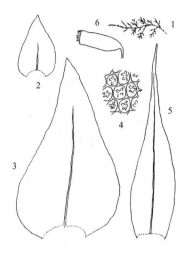

图 1242 灰羽藓（郭木森、吴鹏程绘）

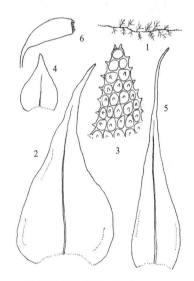

图 1243 拟灰羽藓（郭木森、吴鹏程绘）

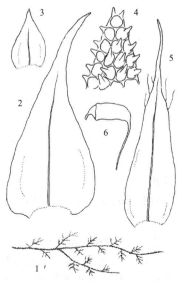

图 1244 细枝羽藓（郭木森、吴鹏程绘）

10. 硬羽藓属 **Rauiella** Reim.

纤细，褐绿色或黄绿色，无光泽，疏松交织生长。茎规则羽状分枝；中轴不分化；鳞毛多数，线形或卵形，常分叉，尖部具多个疣状突起。茎叶与枝叶异形。茎叶基部卵形或心脏形，具狭披针形尖；叶边全缘或具细齿；中肋粗，不达叶尖。叶细胞椭圆形至圆方形，厚壁，具2至多疣。枝叶卵形至卵状三角形，具锐尖。雌苞叶披针形，叶边具细齿，无纤毛。蒴柄长达1厘米以上，红棕色或黄褐色，平滑。孢蒴长卵形至圆柱形。环带分化。蒴齿两层；齿毛2-3。孢子近球形，密被细疣。蒴帽兜形。

约10余种，分布亚洲东部、北美洲、中南美洲和非洲中部温带山区。我国有1种。

东亚硬羽藓　硬羽藓 图 1245

Rauiella fujisana (Par.) Reim., Hedwigia 76: 287. 1937.

Thuidium fujisanum Par., Index Bryol. 6: 1281. 1897.

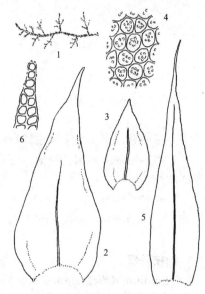

纤细，干时较硬挺，暗绿色或绿色。茎羽状分枝；鳞毛密生。茎叶三角形至三角状卵形，向上突成披针形尖；中肋达叶上部，背部具尖疣状突起；叶中部细胞具2-6个疣。枝叶卵形至三角状卵形。内雌苞叶狭长披针形，具细长毛尖。孢蒴圆柱形。

产吉林、内蒙古、河北和陕西，生于海拔1000-1200米的树干基部，稀腐木或岩面。日本及朝鲜有分布。

1. 植物体(×1)，2. 茎叶(×90)，3. 枝叶(×90)，4. 叶中部细胞(×380)，5. 内雌苞叶(×38)，6. 鳞毛(×380)。

图 1245 东亚硬羽藓（郭木森、吴鹏程绘）

11. 山羽藓属 **Abietinella** C. Müll.

外形多变异，一般较粗大而硬挺，黄绿色，无光泽，丛集成片状生长。茎倾立，一回羽状分枝；鳞毛密被，多分枝。枝多钝端，有时呈尾尖状。茎叶与枝叶异形。茎叶心脏状卵形，上部呈披针状，具多数纵褶；叶边具粗齿；中肋粗壮，达叶片上部；叶细胞卵状六角形至菱形，具单粗疣。枝叶短小。雌雄异株。内雌苞叶卵状披针形，具多数长纵褶。蒴柄平滑。孢蒴圆柱形，弓形弯曲。环带分化。内外齿层近于等长，齿毛缺失。蒴盖圆锥形。蒴帽兜形。

2种，温带林区分布。中国有2种。

山羽藓 图 1246

Abietinella abietina (Hedw.) Fleisch., Musci Fl. Buitenzorg 4: 1497. 1922.

Hypnum abietinum Hedw., Sp. Musc. Frond. 353. 1801.

粗壮，倾立或直立，长可达10厘米，规则羽状分枝；枝长度可达1厘米；中轴分化；鳞毛披针形至线形，具分枝。茎叶阔卵形，渐上呈披针　形，具少数深纵褶，长约1.5毫米；中肋背部具疣。叶中部细胞长10-12微米，厚壁，每个细胞具单疣。枝叶干时贴生，卵形至阔卵形，内

凹。孢蒴长2–3毫米。

产黑龙江、吉林、内蒙古、山西、甘肃、陕西、青海、新疆、湖北、四川和云南，生于海拔1300–3600米的向阳针叶林林地和干燥岩面。日本、朝鲜、俄罗斯（萨哈林）、欧洲及北美洲有分布。

1. 植物体（×1），2. 茎叶（×50），3. 枝叶（×50），4. 叶中部细胞（×260），5. 叶横切面的一部分（×260），6. 孢蒴（×8）。

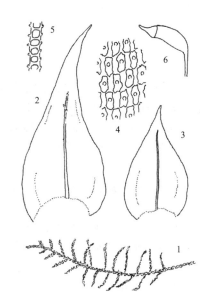

图 1246 山羽藓（郭木森、吴鹏程绘）

12. 毛羽藓属 **Bryonoguchia** Iwats. et Inoue

形大，黄绿色至亮绿色，疏松交织成片生长。茎匍匐，规则二至三回羽状分枝；中轴不分化；鳞毛披针形至线形，分枝尖端常具疣状突起。茎叶与枝叶异形。茎叶干燥时扭曲，卵形或心脏状卵形，具短尖或披针形尖；叶边全缘或具粗齿，基部常着生鳞毛；中肋背面具少数疣或鳞毛；叶中部细胞菱形至椭圆形，厚壁，具单疣。枝叶三角状卵形，内凹。内雌苞叶椭圆状披针形，上部具长纤毛。蒴柄平滑。孢蒴圆柱形，平列。内齿层基膜高达1/2，齿毛2–3。蒴盖圆锥形。蒴帽兜形。孢子直径10–15微米，具细疣。

2种，亚洲东部地区分布。我国有2种。

毛羽藓

图 1247 彩片246

Bryonoguchia molkenboeri (Lac.) Iwats. et Inoue, Misc. Bryol. Lichenol. 5 (7): 107. 1970.

Thuidium molkenboeri Lac., Ann. Musc. Bot. Lugd. –Batav. 2: 298. 1866.

形体较大，长可达10厘米，分枝呈鞭枝状，常具多数假根。茎叶阔卵形，具披针形尖，有少数纵褶；中肋消失于叶片上部；叶中部细胞菱形至椭圆形，长约20微米，每个细胞具单尖疣。枝叶具短尖。

产吉林和西藏，生于海拔3000米的林地、倒木或湿地面。日本、朝鲜及俄罗斯（远东地区）有分布。

1. 植物体（×1），2. 茎叶（×50），3. 叶中部细胞（×180），4. 枝叶

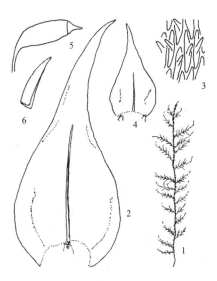

图 1247 毛羽藓（郭木森、吴鹏程绘）

（×50），5. 孢蒴（×5），6. 蒴帽（×5）。

13 沼羽藓属 **Helodium** Warnst.

较粗壮，绿色或黄绿色，无光泽或略具光泽，丛集成片生长。茎单一或分叉，具规则羽状分枝；鳞毛密集，单列细胞或分叉。茎叶卵状披针形或心脏状披针形，向上突成披针形尖，具弱纵褶；叶边有时内卷，基部平滑或具长纤毛；中肋长达叶尖部。叶中部细胞椭圆状六角形，或长卵状六角形，具单个疣。枝叶与茎叶同形，但明显小于茎叶。雌雄多异苞同株。内雌苞叶披针形，部分种类叶边具齿或纤毛。蒴柄平滑。孢蒴卵状圆柱形，呈弓形或平展。蒴齿两层；齿片黄褐色，齿毛3。蒴帽平滑。

4种，分布欧洲、亚洲和北美洲温带山地。我国有2种。

1. 茎叶心脏形，具细长多弯曲的披针形叶尖，近基部边缘具纤毛 ·········· 1. **东亚沼羽藓 H. sachalinense**
1. 茎叶椭圆形，具披针形叶尖，近基部边缘无纤毛 ·········· 2. **狭叶沼羽藓 H. paludosum**

1. 东亚沼羽藓
图 1248

Helodium sachalinense (Lindb.) Broth., Nat. Pfl. 1 (3): 1018. 1908.

Thuidium sachalinense Lindb., Acta Soc. Sci. Fenn. 10: 244. 1872.

体形稍小，黄绿色或绿色，交织生长。茎的中轴分化；不规则羽状分枝；鳞毛披针形或线形，不规则分枝。茎叶干燥时贴茎生长，叶基心脏形、卵形或三角形，向上突成披针形尖，长1.5–2毫米，近基部边缘具少数纤毛；中肋消失于叶上部。叶细胞菱形或圆卵形，长约15微米，宽8微米，厚壁，每个细胞具单疣。枝叶卵形，具细长尖。雌雄异株。内雌苞叶边缘具齿或纤毛。孢蒴圆柱形。孢子直径约15微米。

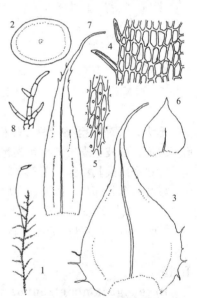

图 1248 东亚沼羽藓（郭木森、吴鹏程绘）

产黑龙江、吉林、辽宁、内蒙古和新疆，生于海拔1600–1900米的针叶林地、沼泽地或腐木。日本、朝鲜及俄罗斯（萨哈林）有分布。

1. 雌株（×1），2. 茎的横切面（×180），3. 茎叶（×48），4. 叶中部边缘细胞（×190），5. 叶基部细胞（×180），6. 枝叶（×40），7. 内雌苞叶（×12），8. 鳞毛（×180）。

2. 狭叶沼羽藓
图 1249

Helodium paludosum (Aust.) Broth., Nat. Pfl. 1 (3): 1019. 1908.

Elodium paludosum Aust., Musc. Appalach. 306. 1870.

较粗壮，黄绿色至黄褐色，疏松成片生长。茎规则羽状分枝；中轴不分化；鳞毛常分枝。茎叶椭圆形至卵形，渐上成披针形，长约1–1.5毫米，略具纵褶；叶边具细齿；中肋消失于叶上部。叶中部细胞狭长六角形或阔虫形，长15–30微米，每个细胞上方具一细疣。雌苞叶卵状披针形。

产黑龙江、吉林和内蒙古，生于高山林地或沼泽地。俄罗斯（西伯

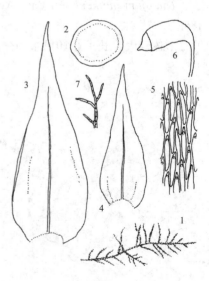

图 1249 狭叶沼羽藓（郭木森、吴鹏程绘）

利亚）、日本及北美洲有分布。

    1. 植物体(×1)，2. 茎的横切面(×90)，3. 茎叶(×35)，4. 枝叶(×35)，5. 叶尖部细胞(×270)，6. 孢蒴(×6)，7. 鳞毛(×180)。

14. 锦丝藓属 **Actinothuidium** (Besch.) Broth.

    极粗大，硬挺，多黄绿色，略具光泽，丛集大片状生长。茎直立至倾立，密集一回羽状分枝；鳞毛密生，多分枝；红棕色假根常着生下部。茎叶阔心脏形，向上成披针形，常一向偏曲，具多条纵褶；叶边上部略背卷，具粗齿；中肋消失于叶上部；叶中部细胞菱形至长六角形，无疣状突起，略具前角突，胞壁薄而透明。枝叶形小而短，强烈内凹。雌雄异株。蒴柄长可达5厘米。孢蒴长圆柱形，略呈弓形弯曲。环带分化。蒴齿两层；内外齿层近于等长，基膜高出；齿毛3。

    1种，产喜马拉雅山区及其周边地区。我国有较广分布。

锦丝藓   图 1250 彩片247

Actinothuidium hookeri (Mitt.) Broth., Nat. Pfl. 1 (3): 1019. 1908.

Leskea hookeri Mitt., Journ. Linn. Soc. Bot. suppl. 1: 132. 1859.

    体形大小多变异；枝尖多呈尾尖状；叶上部边缘具粗齿；叶细胞平滑。

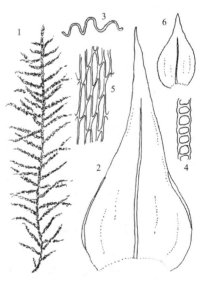

    产吉林、河北、四川、云南和西藏，生于海拔800–5500米的云杉、冷杉或杂木林林地，稀树干或石生。尼泊尔及印度北部有分布。

    1. 植物体(×1)，2. 茎叶(×50)，3. 叶的横切面(×20)，4. 叶横切面的一部分(×180)，5. 叶中部细胞(×120)，6. 小枝叶(×15)。

图 1250 锦丝藓（吴鹏程绘）

109. 柳叶藓科 AMBLYSTEGIACEAE

(吴玉环　高　谦)

　　喜水生生境。植物体纤细或较粗壮，疏松或密集丛生，略具光泽。茎倾立或直立，稀匍匐横生，不规则分枝或不规则羽状分枝。茎横切面圆形或椭圆形，中轴无或有，皮层细胞常为小形厚壁细胞，有时皮层细胞膨大透明。鳞毛多缺失，常具丝状或片状假鳞毛。茎叶平直或镰刀形弯曲，基部阔椭圆形或卵形，少数种类略下延，上部披针形、圆钝、急尖或渐尖；叶边全缘或略具齿，中肋通常单一或分叉，稀为二短肋或完全缺失。叶中部细胞阔长方形、六边形、菱形或狭长虫形，多平滑，少数具疣或前角突；叶基部细胞较宽短，细胞壁常加厚或具孔；多数种类有明显分化的角部细胞，小或膨大，薄壁或厚壁，无色或带颜色。枝叶与茎叶同形，常较小，中肋较弱。雌雄同株或异株，雌雄苞多生于茎顶。内雌苞叶与营养叶异形，直立，长披针形，有时具褶。蒴柄红色或红棕色，平滑。孢蒴圆柱形或椭圆形，倾立或平列，有时背部弓形弯曲。蒴齿两层，为灰藓型蒴齿；外齿层齿片外面有横纹，近尖端有高出的脊，上部具疣，内面具横隔；内齿层基膜高出，齿条常开裂，齿毛1–4，具节瘤或节条。蒴盖基部圆锥形，具喙。蒴帽兜形，平滑。孢子细小，球形，具疣。

　　39属，广泛分布于北温带地区。我国有19属。

1. 叶片边缘由2–5层细胞组成 ··· 1. 厚边藓属 Sciaromiopsis
1. 叶片边缘单层细胞。
　2. 茎具多数鳞毛。
　　3. 叶角部细胞分化明显，薄壁，无色，形成明显叶耳 ············· 3. 牛角藓属 Cratoneuron
　　3. 叶角部细胞不分化 ·· 15. 类牛角藓属 Sasaokaea
　2. 茎无鳞毛或稀具假鳞毛。
　　4. 植物体粗壮，长10–20厘米；羽状分枝或近羽状分枝。
　　　5. 叶片镰刀形弯曲；中肋单一；叶尖渐尖。
　　　　6. 植物体常水生；假鳞毛少；孢蒴长椭圆形或椭圆形，弯曲；齿毛2–3。
　　　　　7. 叶片尖部不具齿 ··· 11. 镰刀藓属 Drepanocladus
　　　　　7. 叶片尖部具齿 ··· 12. 范氏藓属 Warnstorfia
　　　　6. 植物体多旱生；假鳞毛多；孢蒴椭圆形，有时直立；齿毛1–3 ······ 13. 三洋藓属 Sanionia
　　　5. 叶片直立或镰刀形弯曲；中肋缺失或具2短肋，有时中肋单一；叶尖圆钝或具小尖，稀渐尖。
　　　　8. 叶片具单中肋。
　　　　　9. 叶片尖端圆钝，具小尖 ·································· 2. 曲茎藓属 Callialaria
　　　　　9. 叶片尖端圆钝，不具小尖 ······························ 16. 湿原藓属 Calliergon
　　　　8. 叶片具2条短中肋或中肋不明显。
　　　　　10. 叶片角部细胞不分化或分化不明显 ······················ 14. 蝎尾藓属 Scorpidium
　　　　　10. 叶片角部细胞膨大，透明，形成明显叶耳 ·············· 17. 大湿原藓属 Calliergonella
　　4. 植物体常细弱，长0.5–5厘米(水灰藓属一些种类长达15厘米)；分枝不规则。
　　　11. 假鳞毛丝状或片状；叶具锐尖；叶尖细胞较叶中部细胞长。
　　　　12. 茎叶直立或稍平展；叶中部细胞短轴形。
　　　　　13. 植物体大，长2–5厘米，有时达15厘米；茎具中轴；齿毛1–3。
　　　　　　14. 植物体小；假鳞毛片状；叶中部细胞长20–50微米；角部细胞多数，扁长方形或长方形。
　　　　　　　15. 中肋细弱，达叶片中部或叶尖；叶中部细胞长，长方形或长菱形 ·········
　　　　　　　··· 4. 柳叶藓属 Amblystegium
　　　　　　　15. 中肋长，达叶尖或突出于叶尖；叶中部细胞短，菱形 ······ 6. 湿柳藓属 Hygroamblystegium

14. 植物体大；假鳞毛丝状或片状；叶中部细胞长50–120微米，薄壁；角部细胞少，长方形 ·····
·· 7. **薄网藓属 Leptodictyum**

13. 植物体细小，长1–1.5厘米；茎无中轴；齿毛单一 ·················· 5. **细柳藓属 Platydictya**

12. 茎叶向外伸展；叶中部细胞长轴形。

16. 叶平展；假根不具疣。

17. 假鳞毛丝状或片状；中肋短，单一，分叉或具双中肋；叶边明显具齿；齿毛具节瘤··········
·· 8. **细湿藓属 Campylium**

17. 假鳞毛片状，形态各异；中肋长，单一；叶边齿不明显；齿毛具附属物 ·······················
·· 9. **拟细湿藓属 Campyliadelphus**

16. 叶背仰；假根具疣 ·································· 10. **偏叶藓属 Campylophyllum**

11. 假鳞毛片状，少或无；叶尖钝，叶尖细胞较叶中部细胞短 ················ 18. **水灰藓属 Hygrohypnum**

1. 厚边藓属 **Sciaromiopsis** Broth.

植物体纤细或粗壮，硬挺，绿色或棕绿色，略具光泽。茎匍匐伸展，不规则分枝；分枝略长展，上部直立或倾立，不分枝，或不规则羽状分枝。茎横切面为椭圆形，具中轴；皮层细胞2–3层，厚壁。叶倾立或向一侧偏曲，基部卵形，略下延，上部渐成长尖，长1.7–2.2毫米，宽2.5–3.8毫米；叶边平展，上部有细齿；中肋粗壮，达叶尖或突出成短尖。叶细胞长菱形，长20–70微米，宽4–10微米，薄壁，叶基着生处细胞疏松，角部细胞疏松六边形，膨大；叶边细胞狭长，多层，形成明显分化的边缘。

单种属。

中华厚边藓　　　　　　　　　　　　图 1251

Sciaromiopsis sinensis (Broth.) Broth., Sitzungsber. Ak. Wiss. Wien Math. Nat. Kl. Abt. 1, 133: 580. 1924.

Sciaromium sinense Broth., Sitzungsber. Ak. Wiss. Wien Math. Nat. Kl. Abt. 1, 131: 218. 1922.

形态特征同属。

中国特有，产贵州、四川、云南和西藏，溪流间水生。

1. 植物体(×2)，2. 茎横切面的一部分(×84)，3. 茎叶(×13)，4. 枝叶(×13)，5.叶基部细胞(×84)。

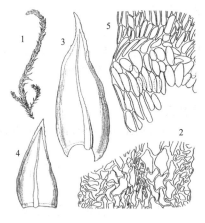

图 1251 中华厚边藓（吴玉环、冯金环、王庆华绘）

2. 曲茎藓属 **Callialaria** Ochyra

体柔弱，黄绿色或褐绿色。茎弯曲，长达15厘米，匍匐或倾立，不规则分枝或羽状分枝；横切面圆五边形，中轴小，皮层细胞2–3层，黄褐色，厚壁。无鳞毛，假鳞毛叶状，渐尖。茎叶疏松覆瓦状排列，宽卵形或卵状披针形，向上突趋窄成一长尖，长0.9–1.3毫米，宽0.4–0.6毫米，平展，叶边上部具齿；中肋单一，终止于叶先端。叶细胞平滑或具前突，长菱形，长35–50微米，宽7.5微米；角部细胞分化明显，长方形或卵形，无色或黄褐色，膨大，薄壁。枝叶与茎叶同形，较小，平展或稍卷曲，叶缘具齿，中肋止于叶片中部。雌雄异株。

单种属。

曲茎藓 图 1252

Callialaria curvicaulis (Jur.) Ochyra, Journ. Hattori Bot. Lab. 67: 219. 1989.

Hypnum curvicaule Jur., Verh. Zool. Bot. Ges. Wien 14: 103. 1864.

形态特征同属。

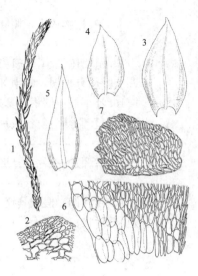

产黑龙江、吉林、辽宁、云南和西藏,喜钙质,生于高海拔湿草原地域。印度、尼泊尔、蒙古、俄罗斯、欧洲、北美洲及大洋洲有分布。

1. 植物体(×4), 2. 茎横切面的一部分(×62), 3-4. 茎叶(×13), 5. 枝叶(×13), 6. 叶基部细胞(×62), 7. 假鳞毛(×62)。

图 1252 曲茎藓(吴玉环、冯金环、王庆华绘)

3. 牛角藓属 Cratoneuron (Sull.) Spruce

体形中等或大形,柔软或较硬挺,有时粗壮,暗绿色、绿色或黄绿色,无光泽。茎倾立或直立,有时匍匐或漂浮;羽状分枝,少数不规则羽状分枝,稀不分枝,常密布褐色假根;分枝短,在干燥时略呈弧形弯曲;鳞毛片状,多数或稀少,不分枝。茎叶疏生,直立或略弯曲,宽卵形或卵状披针形,上部常急尖;多数叶边具粗齿;中肋粗壮,达叶尖部或突出于叶尖。叶细胞薄壁,长六边形,长为宽的2-4倍;叶角部细胞分化明显,强烈凸出,无色或带黄色,薄壁或厚壁。枝叶与茎叶同形,较短窄。雌雄同株。蒴柄长3-4厘米,红褐色。孢蒴长柱形,红褐色。蒴齿两层;外齿层齿片狭披针形;内齿层基膜高出,齿条有裂缝状穿孔;齿毛2-3,密被疣,具节瘤。蒴盖具圆锥形短尖。孢子15-18微米,表面粗糙。

仅1种。我国有分布。

牛角藓 图 1253

Cratoneuron filicinum (Hedw.) Spruce, Cat. Musc. Amaz. And. 21. 1867.

Hypnum filicinum Hedw., Sp. Musc. Frond. 285. 1801.

形态特征同属。

产黑龙江、吉林、辽宁、内蒙古、河北、山东、山西、河南、陕西、甘肃、青海、新疆、江苏、安徽、台湾、湖北、湖南、四川、云南和西藏,喜钙质和水湿的生境。日本、尼泊尔、不丹、印度、巴基斯坦、俄罗斯(高加索)、欧洲、北美洲、中南美洲、北非及新西兰有分布。

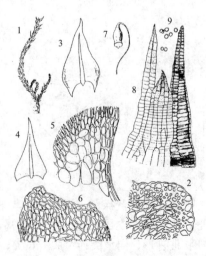

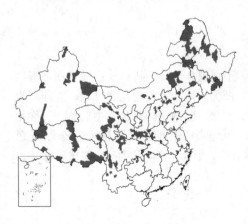

1. 植物体(×2.5), 2. 茎横切面的一部分(×82), 3. 茎叶(×13), 4. 枝叶(×13), 5. 叶基部细胞(×82), 6. 鳞毛(×82), 7. 孢蒴(×5), 8. 蒴齿(×120), 9. 孢子(×120)。

图 1253 牛角藓(吴玉环、冯金环、王庆华绘)

4. 柳叶藓属 Amblystegium B.S.G.

植物体纤细，绿色或黄绿色，有时呈棕黄色，无光泽或略有光泽。茎匍匐，下部簇生假根；不规则分枝或羽状分枝；中轴小；假鳞毛片状。茎叶倾立，卵状披针形，具长尖；叶边平展，全缘或仅在叶尖具明显或不明显的齿；中肋单一，长达叶片中部或中部以上。叶中部细胞菱形或六边形，基部细胞短长方形，排列疏松，有时角部细胞较少，方形。雌雄异株。内雌苞叶披针形，具长尖或纵褶，中肋单一，强劲。蒴柄细长，干燥时扭转。孢蒴长圆柱形，拱形弯曲。环带分化。蒴齿两层；外齿层齿片横脊突出；内齿层齿条有狭穿孔，上部具疣，齿毛1–2 (–3)，具节瘤或节条。孢子小，具细疣。

约20种。中国有2种。

1. 中肋细弱，达叶片长度的1/2–2/3，不扭曲 ·· 1. **柳叶藓 A. serpens**
1. 中肋长达叶尖，上部常扭曲 ··· 2. **多姿柳叶藓 A. varium**

1. 柳叶藓   图 1254

Amblystegium serpens (Hedw.) B.S.G., Bryol. Eur. 6: 53. 1853.

Hypnum serpens Hedw., Sp. Musc. Frond. 268. 1801.

体形细小，绿色或黄绿色，密交织成片生长。茎匍匐；叶稀疏着生，不规则分枝；横切面圆形，中轴小，皮层细胞壁较薄，1–2层；假鳞毛小，叶状。茎叶直立或向外倾立，卵状披针形，长0.5–0.8毫米，宽0.3毫米；中肋细弱，单一，平直，达叶片的1/2–2/3处终止；叶缘平展，具细齿。叶中部细胞长菱形或长椭圆形，长15–30微米，宽8–10微米，上部细胞较长，基部细胞较宽，长方形，角部细胞数多，方形。枝叶与茎叶同形，较窄小。

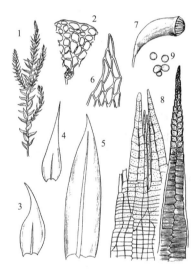

图 1254 柳叶藓（吴玉环、冯金环、王庆华绘）

雌雄同株。内雌苞叶长披针形，急成短尖。蒴柄红色，细弱，长1–3厘米。孢蒴红褐色，长圆柱形，倾立，弓形弯曲。内齿层齿条近于不开裂，齿毛1–3，与齿条等长，具节瘤。环带由1–3列细胞构成。蒴盖圆锥形，具小尖。孢子直径12–16微米，具细疣。

产黑龙江、吉林、辽宁、内蒙古、河北、山东、陕西、甘肃、青海、新疆、江苏、浙江和云南，生于树基、腐木和湿土上。日本、朝鲜、巴基斯坦、印度、俄罗斯、欧洲、美洲、北非及新西兰有分布。

1. 植物体(×2)，2. 茎横切面的一部分(×82)，3. 茎叶(×13)，4. 枝叶(×13)，5. 雌苞叶(×13)，6. 假鳞毛(×82)，7. 孢蒴(×3)，8. 蒴齿(×120)，9. 孢子(×20)。

2. 多姿柳叶藓   图 1255

Amblystegium varium (Hedw.) Lindb., Musci Scand. 32. 1879.

Leskea varia Hedw., Sp. Musc. Frond. 216. 1801.

植物体形小，黄色或棕绿色，稀疏成片生长。茎匍匐，长2–5厘米，不规则分枝；横切面圆形，中轴小，皮层细胞小，厚壁；假鳞毛小，叶状。茎叶直立，长卵形或卵状披针形，长1.6–1.2毫米，宽约0.5毫米，渐尖，叶基稍下延；叶缘稍具齿；中肋达叶尖，上部常扭曲。叶中部细胞菱形，壁较厚，长20–35微米，宽7–9微米，上部细

胞较窄，基部细胞较大，角部细胞短方形，分化不明显。枝叶小于茎叶。雌雄异株。内雌苞叶平直，披针形，具纵褶。蒴柄细长，干燥时扭转。孢蒴长圆柱形，拱形弯曲。内齿层齿条龙骨状，齿毛1–2，长于齿条，具节瘤。孢子球形，直径9–12微米，具细疣。

产黑龙江、吉林、内蒙古、河北、新疆和云南，生于低海拔土壤、岩石和树干基部。日本、印度、欧洲、俄罗斯(高加索)、北美洲、北非及澳大利亚有分布

1. 植物体(×5), 2. 茎横切面的一部分(×100), 3. 茎叶(×15), 4. 枝叶(×15), 5. 叶中部细胞(×100), 6.叶基部细胞(×100), 7.假鳞毛(×100)。

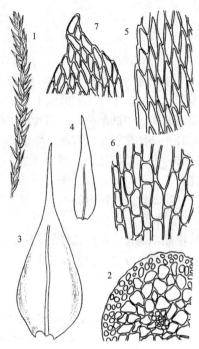

图 1255 多姿柳叶藓 (吴玉环、冯金环、王庆华绘)

5. 细柳藓属 **Platydictya** Berk.

植物体甚纤细，淡绿色或深绿色，无光泽。茎不规则分枝；随处有假根固着基质上；假鳞毛丝状或片状；茎横切面圆形，无中轴。茎叶直立，披针形或狭披针形；叶边平展，全缘或具齿；中肋单一，极短，不明显。叶细胞菱形或长六边形，角部细胞数多，常为扁长方形。雌雄同株或异株。内雌苞叶平直，披针形，具长尖，中肋分叉。蒴柄纤细，干燥时扭转，橙黄色或紫色。孢蒴多数直立，长卵形或圆柱形，对称或略呈弓形，稀倾立。环带分化。蒴齿两层；齿毛多数单一或发育不全，有时缺失，稀1–3，具节瘤。孢子小，平滑或具疣。

约7种。中国有2种。

1. 叶缘具齿 ·· 1. 细柳藓 **P. jungermannioides**
1. 叶缘无齿 ·· 2. 小细柳藓 **P. subtilis**

1. 细柳藓   图 1256

Platydictya jungermannioides (Brid.) Crum, Michigan Bot. 3: 60. 1964.

Hypnum jungermannioides Brid., Sp. Musc. 2: 255. 1812.

体形细小，柔弱，深绿色或黄绿色，密集丛生。茎长约1–1.5厘米，叶稀疏着生；不规则分枝。茎叶直立，平直或稍弯曲，卵状披针形或披针形，长0.2–0.35毫米，宽0.06–0.09毫米，渐尖；叶缘平直，具齿，基部

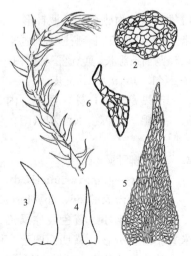

图 1256 细柳藓 (吴玉环、冯金环、王庆华绘)

齿密；中肋无或极不明显。叶中部细胞菱形，长20–40 微米，宽6–7 微米，上部细胞菱形，长宽比为3–4：1，角部细胞正方形或长方形，与基部细胞界限不明显。

产内蒙古、山西、江苏、云南和西藏，生岩石、土壤和树基上，喜钙质阴湿生境。日本、俄罗斯（高加索）、欧洲及北美洲有分布。

1. 植物体(×20)，2. 茎的横切面(×200)，3. 茎叶(×50)，4. 枝叶(×50)，5. 茎叶细胞(×100)，6. 假鳞毛(×200)。

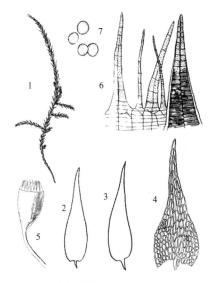

2. 小细柳藓

图 1257

Platydictya subtilis (Hedw.) Crum, Michigan Bot. 3: 60. 1964.

Leskea subtilis Hedw., Sp. Musc. Frond. 221. 1801.

植物体细小，深绿色或黄绿色，稍硬，稀疏生长。茎匍匐，长约1毫米，不规则分枝；横切面圆形，无中轴，皮层细胞小，1–2层，厚壁；假鳞毛丝状或叶状。茎叶直立，卵状披针形，长约0.3毫米，宽约 0.15毫米，渐上成钝尖；叶缘具细齿或平滑；中肋单一或不明显。叶中部细胞短菱形或长菱形，长8–16微米，宽约7–8微米，厚壁，上部细胞较短窄，基部细胞短长方形，角部细胞数多，近方形。枝叶与茎叶同形，较短窄。

产黑龙江、内蒙古和陕西，生于树干基部。日本、印度、不丹、俄罗斯 (高加

图 1257 小细柳藓（吴玉环、冯金环、王庆华绘）

索)、欧洲及北美洲有分布。

1. 植物体(×7)，2. 茎叶(×50)，3. 枝叶(×50)，4. 茎叶细胞(×100)，5. 孢蒴(×7)，6. 蒴齿(×120)，7. 孢子(×70)。

6. 湿柳藓属 Hygroamblystegium Loeske

植物体挺硬，深绿色或黄绿色，无光泽。茎不规则分枝；无鳞毛。叶直立，或一向弯曲，基部卵形或长椭圆形，渐成阔披针形；全缘或具齿；中肋粗壮，达叶尖终止，或突出于叶尖。叶细胞壁厚，长菱形或长六边形，角细胞阔短，方形或长方形。雌雄同株。

约20种。中国有2种。

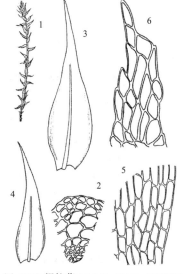

湿柳藓

图 1258

Hygroamblystegium tenax (Hedw.) Jenn., Man. Moss W. Pennsylv. 277. 39. 1913.

Hypnum tenax Hedw., Sp. Musc. Frond. 277. 1801.

植物体小，深绿色或黄绿色，挺硬或细弱。茎不规则分枝。茎叶直立，卵形或卵状披针形，稍弯曲，长1–1.5 毫米，渐尖；中肋基部宽30–70 微米，黄色，消失于叶片尖部，有时贯顶或突

图 1258 湿柳藓（吴玉环、冯金环、王庆华绘）

出于叶尖。叶细胞菱形或长菱形，长宽比为2–3：1，叶基着生处细胞膨大，带黄色，成2–3列。枝叶弯曲，长披针形，长0.5–0.8毫米。

产辽宁、河南、山西和陕西，生于高山溪流中或溪流边岩石或土上。印度、俄罗斯（高加索）、欧洲、北美洲及北非有分布。

7. 薄网藓属 Leptodictyum (Schimp.) Warnst.

体形大小多变异，黄绿色或绿色，稀疏生长。茎匍匐，不规则分枝；茎横切面圆形，中轴小；假鳞毛丝状或片状。茎叶直立，长卵形，上部渐成披针形；中肋单一，止于叶尖以下，有时中肋末端扭曲。叶中部细胞长菱形或菱形；角部细胞分化。雌雄同株或雌雄异株。内雌苞叶中肋单一，粗壮，达于叶尖。蒴柄细长，干燥时扭转，带红色或紫色。孢蒴长圆柱形，倾立，背部弯曲，干燥时或孢子散发后蒴口内缢。环带分化。蒴齿两层；齿毛2–3，常具节瘤和节条。蒴盖圆锥形，具短尖。孢子9–19微米，具细疣。

约8种。中国有2种。

1. 雌雄同株；中肋顶端扭曲；叶细胞长六边形 ·· 1. **曲肋薄网藓 L. humile**
1. 雌雄异株；中肋平直；叶细胞长菱形 ·· 2. **薄网藓 L. riparium**

1. 曲肋薄网藓　　　　　　　　　　图 1259

Leptodictyum humile (P. Beauv.) Ochyra, Fragm. Flor. Geobot. 26 (2–4, Suppl.): 385. 1981.

Hypnum humile P. Beauv., Prodr. Atheog. 65. 1805.

植物体细弱，绿色或黄绿色，疏松成丛生长。茎匍匐，长2.5–3.5厘米，稀疏不规则分枝；横切面圆形，中轴小，皮层细胞1–2层，小形，厚壁。茎叶直立，卵状三角形，急成小尖，叶基不下延，长约1.3毫米，宽约0.4毫米；叶片平展，叶缘平滑或稍具齿；中肋单一，基部宽约40微米，达叶片1/2–3/4处，有时弯曲。叶上部细胞平滑，长菱形，长30–60微米，宽8–10微米，角部细胞细胞大，正方形或长方形。雌雄同株。内雌苞叶卵形，渐成长尖。蒴柄长2–2.5厘米，平滑，弯曲。孢蒴长圆柱形，长2毫米，平列，弓形弯曲。蒴盖圆锥形，具短尖。环带分化，内齿层齿毛2–3，短于齿条，具疣和节瘤。孢子直径15–19微米，具疣。

产黑龙江、吉林、辽宁、内蒙古、江苏、江西和西藏，生于潮湿土壤上。日本、俄罗斯、欧洲及北美洲有分布。

2. 薄网藓　　　　　　　　　　　图 1260

Leptodictyum riparium (Hedw.) Warnst., Krypt. Fl. Brandenburg 2: 878. 1906.

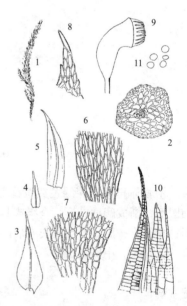

1. 植物体(×5), 2. 茎横切面的一部分(×100), 3. 茎叶(×15), 4. 枝叶(×15), 5. 叶基部细胞(×100), 6. 假鳞毛(×100)。

图 1259 曲肋薄网藓 (吴玉环、冯金环、王庆华绘)

1. 植物体(×5), 2. 茎的横切面(×62), 3. 茎叶(×10), 4. 枝叶(×10), 5. 雌苞叶(×25), 6. 茎叶中部细胞(×62), 7. 茎叶基部细胞(×62), 8. 假鳞毛(×62), 9. 孢蒴(×25), 10. 蒴齿(×120), 11. 孢子(×62)。

Hypnum riparium Hedw., Sp. Musc. Frond. 241. 1801.

体形粗壮，黄色或绿色，稀疏丛生。茎匍匐，长5–10厘米；不规则分枝。叶片直立或倾立，形态变化大，平展或稍弯曲，长2.5–4.0毫米，宽0.5–0.8毫米，长披针形，稀为卵状披针形；叶边全缘；中肋单一，细弱，达叶片1/2–3/4处终止。叶中部细胞短菱形或长菱形，薄壁，长60–80微米，宽9–12微米，基部细胞长方形，排列疏松，角部细胞分化不明显，长方形。枝叶与茎叶同形，较小。雌雄异株。内雌苞叶中肋粗壮，长达叶尖。蒴柄红色，长10–30厘米。孢蒴长1–2.5毫米，橘黄色，弓形弯曲。蒴盖圆锥形，具钝尖。孢子直径9–13微米，具细疣。

产黑龙江、吉林、辽宁、内蒙古、河北、河南、陕西、新疆、江苏、浙江、贵州和云南，生于溪流或沼泽地边缘，有时半沉水生长。日本、朝鲜、俄罗斯、欧洲、北美洲、非洲及大洋洲有分布。

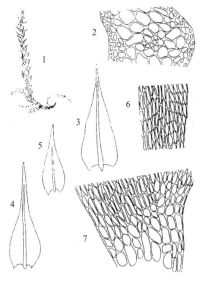

图 1260 薄网藓（吴玉环、冯金环、王庆华绘）

1. 植株体（×3），2. 茎横切（×125），3–4. 茎叶（×19），5. 枝叶（×19），6. 叶中部细胞（×125），7. 叶基部细胞（×125）。

8. 细湿藓属 **Campylium** (Sull.) Mitt.

植物体细小，绿色、黄色或棕色。茎单一或不规则分枝或规则分枝；横切面皮层细胞1–2层，形小、厚壁；中轴小；假鳞毛小，片状、披针形或三角形；假根分布于叶片中肋处。茎叶密布茎上，基部卵状心形或宽三角形，向上渐成长尖，长1.0–3.0毫米，内卷，平滑，叶尖扭转，叶缘平直，具齿；单中肋，分叉或具2中肋，不超过叶片中部。叶中部细胞线形，细胞末端具前角突；基部细胞较短，厚壁，具孔；角部细胞膨大，透明，长方形，分化明显，叶基不下延。枝叶较窄小。雌雄同株。内雌苞叶披针形，平直，具褶，中肋长，止于叶片中部以下。蒴帽兜形，无疣。蒴柄红色。孢蒴平列，椭圆形，干燥时蒴口内缢。环带分离。蒴齿两层；外齿层基部具横纹，上部具疣；内齿层基膜高出，上部具疣，下部平滑，齿毛1–4，与齿条等长，具节瘤。孢子10–24微米，具疣。

约30种。中国有3种。

1. 叶具2短肋 ·· **1. 粗毛细湿藓 C. hispidulum**
1. 叶具单一中肋，消失于叶片2/3处 ·· **2. 粗肋细湿藓 C. squarrulosum**

1. 粗毛细湿藓
图 1261

Campylium hispidulum (Brid.) Mitt., Journ. Linn. Soc. Bot. 12: 631. 1869.

Hypnum hispidulum Brid., Sp. Musc. 2: 198. 1812.

体形细弱，亮绿色或黄色。茎匍匐，不规则分枝；横切面椭圆形，中轴小，皮层细胞小，厚壁，1–2层；假鳞毛叶状。茎叶背仰，长约0.8毫米，宽0.3–0.5毫米，基部宽卵形或心形，向上突成长披针形尖；中肋缺失或具短肋；叶缘平展，具细齿。叶中部细胞短，长18–35微米，宽5–6微米，角部细胞方形。雌雄同株。内雌苞叶长披针形，叶尖丝状。蒴柄短，长1.5–2.5厘米。孢蒴长圆柱形，长1.0–1.5毫米，多弯曲。齿片龙骨状，具疣；内齿层齿毛2–3，与齿条等长。蒴盖圆锥形，渐成短尖。孢子直径10–13微米，具细疣。

产黑龙江、吉林、辽宁、内蒙古、河北、山西、陕西、青海、新疆、浙江、湖北、云南和西藏，生于含碱性的土壤、岩石、沼泽和树基。日本、欧洲及北美洲有分布。

1. 植物体(×5)，2. 茎的横切面(×125)，3. 茎叶(×30)，4. 枝叶(×30)，5. 雌苞叶(×19)，6. 叶中部细胞(×125)，7. 叶基部细胞(×125)，8. 假鳞毛(×125)，9. 孢蒴(×10)，10. 蒴齿(×120)，11. 孢子(×125)。

2. 粗肋细湿藓

图 1262

Campylium squarrulosum (Besch. et Card.) Kanda, Journ. Sci. Hiroshima Univ. Ser. B. Div. 2. Bot. 15: 258. 1975.

Amblystegium squarrulosum Besch. et Card., Bull. Soc. Bot. Geneve, Ser. 2, 5: 320. 1913.

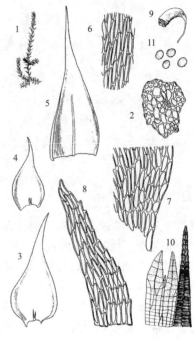

图 1261 粗毛细湿藓（吴玉环、冯金环、王庆华绘）

体形细弱，黄色或褐色，密集生长。茎匍匐或倾立，长1–3厘米；不规则分枝；横切面圆形，中轴小，皮层细胞小，2–4层，厚壁；假鳞毛小，叶状或丝状。茎叶基部卵状三角形或三角形，向上突成短尖，长0.6–0.9毫米，宽约0.5毫米，内卷；叶缘具细齿，上部反卷；中肋单一，少分叉，达叶片中部。叶中部细胞长15–25微米，宽3–6微米，壁较厚，上部细胞宽短，近中肋处细胞厚壁，具壁孔；角部细胞小而多，圆形或正方形。雌雄异株。内雌苞叶卵状披针形，渐成一短尖，具纵褶，中肋单一或分叉，达于叶片中部或中部以上。蒴柄红色，长1.5–2厘米。孢蒴红色，长圆柱形，长1.8–2厘米，弓形弯曲。齿条龙骨状，齿毛2，与齿片等长，具节瘤。孢子直径15–18微米，具疣。

产辽宁，生于腐木上。日本及朝鲜有分布。

1. 植物体(×5)，2. 茎横切面的一部分(×100)，3. 茎叶(×15)，4. 枝叶(×15)，5. 叶尖部细胞(×100)，6. 叶中部细胞(×100)，7. 叶基部细胞(×100)，8. 假鳞毛(×100)。

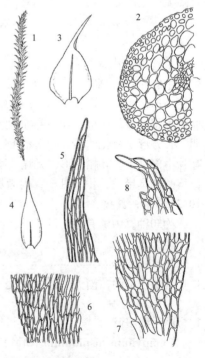

图 1262 粗肋细湿藓（吴玉环、冯金环、王庆华绘）

9. 拟细湿藓属 **Campyliadelphus** (Kindb.) Chopra

植物体形小或中等大小，绿色，带黄色或金黄色，干燥时有光泽。茎匍匐，有时倾立或直立，不规则或规则的羽状分枝；横切面皮层细胞2–3层，形小，厚壁，中轴小；假鳞毛片状，宽卵形、三角形或披针形；假根分布于叶片基部。茎叶直立或稍弯曲，从卵状心形或三角状心形向上渐尖或急尖，常扭转；叶缘近于平滑；

中肋单一，止于叶片中部或达叶尖，有时分叉，或具2短肋。叶细胞狭长方形或线形，细胞末端圆钝；基部细胞长方形或短线形，厚壁，具孔；角部细胞小，数多，宽长方形或长方形，厚壁，无明显界限。枝叶与茎叶同形，较窄小。雌雄异株。内雌苞叶直立，披针形，具褶，中肋单一，达于叶尖或突出叶尖。蒴柄长，红色。孢蒴平列，椭圆形，干燥时蒴口内缢。环带分离。蒴帽圆锥形。蒴齿两层；外齿层齿片基部具横纹，上部具疣和齿；内齿层发育完全，基膜高出，齿毛1–3，与齿条等长。孢子8–20微米，具疣。

3种。中国有3种。

1. 叶具两短中肋 ⋯⋯⋯⋯⋯⋯⋯⋯⋯⋯⋯⋯⋯⋯⋯⋯⋯⋯⋯⋯⋯⋯⋯⋯⋯⋯⋯⋯ 1. 仰叶拟细湿藓 C. stellatus
1. 叶中肋单一或分叉，消失于叶尖或叶中部以上。
　　2. 叶片急尖；角部细胞常不膨大或仅稍膨大；中肋不分叉 ⋯⋯⋯⋯⋯⋯⋯⋯ 2. 拟细湿藓 C. chrysophyllus
　　2. 叶片渐尖；角部细胞膨大，透明；中肋有时分叉 ⋯⋯⋯⋯⋯⋯⋯⋯ 3. 阔叶拟细湿藓 C. polygamus

1. 仰叶拟细湿藓　　　　　　图 1263

Campyliadelphus stellatus (Hedw.) Kanda, Journ. Sci. Hiroshima Univ. Ser. B, Div. 2. Bot. 15: 269. 1975.

Hypnum stellatum Hedw., Sp. Musc. Frond. 280. 1801.

植物体粗壮，高达5–10 厘米，黄色或褐绿色，具光泽，密集或稀疏丛生。茎直立或倾立，不规则分枝；横切面椭圆形，中轴小，皮层细胞小，厚壁，2–3层；假鳞毛形态多异，叶状。茎叶背仰，卵形或卵状三角形，长2–2.5 毫米，宽0.8–1 毫米，渐上成细长扭曲叶尖，叶缘平滑无齿；中肋2，短弱。叶中部细胞长50–70 微米，宽3–5 微米，厚壁，具壁孔，角部细胞明显分化，近方形，无色或淡褐色。雌雄同株。内雌苞叶长披针形，突成长尖或狭披针形叶尖，具纵褶。蒴柄红色，长2–3 厘米。孢蒴褐色，长柱形，平列。内齿层齿条龙骨状，齿毛2–3，与齿条等长。孢子直径14–17微米，具微疣。

产黑龙江、吉林、内蒙古、河南、甘肃、青海、新疆、江西、湖北、四川和云南，生于沼泽边湿土或潮湿岩面。日本、朝鲜、欧洲、北美洲、北非及大洋洲有分布。

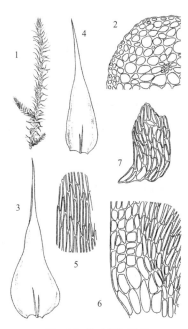

图 1263 仰叶拟细湿藓
(吴玉环、冯金环、王庆华绘)

1. 植物体(×3), 2. 茎横切面的一部分
(×125), 3. 茎叶(×19), 4. 枝叶(×19), 5. 叶中部细胞(×125), 6. 叶基部细胞(×125), 7. 假鳞毛(×125)。

2. 拟细湿藓　　　　　　图 1264

Campyliadelphus chrysophyllus (Brid.) R. S. Chopra, Taxon. Indian Mosses 443. 1975.

Hypnum chrysophyllum Brid., Musc. Rec. 2(2): 84. 1801.

体形细小，绿色、黄绿色或褐绿色，带光泽，稀疏或密集丛生。茎匍匐，长5–10 厘米，不规则分枝；横切面圆形，中轴小，皮层细胞小，3–4层，厚壁或外层细胞膨大；假鳞毛形态变化大，叶状。茎叶背仰，长心状卵形或披针形，尖部细长，长1.2–1.5 毫米，宽约0.6 毫米；叶边全缘或仅基部具不明显齿突；中肋单一，达于叶片中部或中部以上。叶细胞虫形，长为宽的6–10倍，角部细胞为一群短长方形厚壁细胞。雌雄异株。内雌苞叶稍具纵褶，中肋细弱，达于叶片中部或中部以上。蒴柄红色，弓形弯曲。孢蒴红色，长柱形，倾立或平列。内齿层齿条龙骨状，齿毛2-3，与外齿层齿片等长，具节瘤或节条。环带由2列细胞构成。孢子直径14-16微米，具细疣。

产黑龙江、吉林、辽宁、内蒙古、河北、山东、山西、河南、陕西、安徽、江西、湖北、贵州、云南和西藏，喜生于钙质岩面、湿土、腐木和树基。日本、朝鲜、印度、俄罗斯(高加索)、欧洲、北美洲、墨西哥及北非有分布。

1. 植物体(×3)，2. 茎横切面的一部分(×125)，3. 茎叶(×19)，4. 枝叶(×19)，5. 叶中部细胞(×125)，6.叶基部细胞(×125)，7. 假鳞毛(×125)。

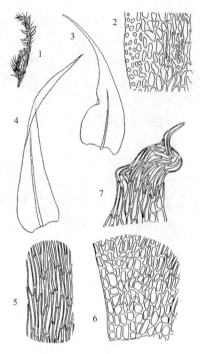

图 1264 拟细湿藓（吴玉环、冯金环、王庆华绘）

3. 阔叶拟细湿藓　　　　　　　　　图 1265

Campyliadelphus polygamus (B.S.G.) Kanda, Journ. Sci. Hiroshima Univ. Ser. B. Div. 2. Bot. 15: 263. 1975.

Amblystegium polygamum B.S.G., Bryol. Eur. 6: 60. 572. 1853.

体形粗壮，黄色或金黄色，具光泽。茎匍匐或直立，长2-6厘米，不规则分枝；横切面椭圆形，中轴小，皮层细胞1-2层，厚壁；假鳞毛叶状，多为三角形。叶片宽披针形，长2-3毫米，宽0.8-1.0毫米，渐成一长尖；叶缘平滑；中肋细弱，单一或分叉，达叶片1/3-1/2处。叶上部细胞线形，中部细胞线形，长40-80微米，宽6-8微米，基部细胞壁稍厚，具壁孔，角部细胞长圆形，膨大，形成明显黄色的叶耳。雌雄异株。内雌苞叶长披针形，具纵褶，中肋单一，常短而分叉。达叶片中部。蒴柄长3-4厘米，弯曲。孢蒴圆柱形，强烈弯曲。内齿层齿条长，龙骨状。下部平滑或具微疣，上部具密疣；齿毛2-3，短于外齿层齿片，具节瘤和节条。孢子直径18-20微米，具疣。

产黑龙江、吉林、辽宁、内蒙古、河北、山东、山西、河南、陕西、甘肃、新疆、江苏、江西、湖北、湖南、四川和西藏，生于湿土上。日本、俄罗斯 (西伯利亚)、欧洲、北美洲、北非、大洋洲及南极洲有分布。

1. 植物体(×3)，2. 茎横切面的一部分(×125)，3. 茎叶(×19)，4. 枝叶(×19)，5.

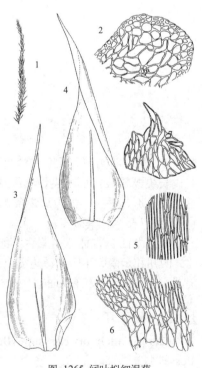

图 1265 阔叶拟细湿藓
（吴玉环、冯金环、王庆华绘）

叶中部细胞(×125)，6.叶基部细胞(×125)，7.假鳞毛(×125)。

10. 偏叶藓属 Campylophyllum (Schimp.) Fleisch.

体形细弱，金黄色，具光泽，密集交织生长，茎匍匐，长2–5厘米，近羽状分枝，枝短，顶端钝；假鳞毛少，丝状或叶状。茎叶从卵状基部向上收缩成披针形，叶尖部细长，背仰，长0.6–0.8毫米，宽约0.5毫米；叶缘上部具齿。叶中部细胞线形，长为宽的4–8倍，基部细胞黄色，矩形，厚壁，角部细胞方形或长方形，厚壁，黄色。枝叶与茎叶同形，较小。雌雄同株。内雌苞叶长披针形，具长褶，基部鞘状，叶尖细，上部具齿，中肋短或无。蒴柄红色，长1.5–2厘米。孢蒴1.5–1.8毫米，长圆柱形，弓形弯曲。内齿层齿条龙骨状，齿毛2–3，具节瘤。孢子直径10–14微米，具疣。

单种属。

偏叶藓

图 1266

Campylophyllum halleri (Sw. ex Hedw.) Fleisch., Nov. Guinea 12 Bot. 2: 123. 1914.

Hypnum halleri Sw. ex Hedw., Sp. Musc. 279. 1801.

形态特征同属。

产吉林、辽宁、内蒙古、河北、山东、四川和云南，多生于高山和亚高山地带林下，碱性湿润岩面，日本、印度、俄罗斯（高加索）、欧洲及北美洲有分布。

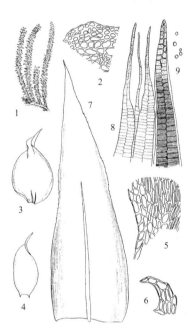

1. 植物体(×3)，2. 茎横切面的一部分(×125)，3. 茎叶(×19)，4. 枝叶(×19)，5. 叶基部细胞(×125)，6. 假鳞毛(×125)，7. 雌苞叶(×19)，8. 蒴齿(×30)，9. 孢子(×50)。

图 1266 偏叶藓（吴玉环、冯金环、王庆华绘）

11. 镰刀藓属 Drepanocladus (C. Müll.) Roth

植物体通常较粗壮，绿色、黄绿色或棕色，略具光泽。茎匍匐、倾立或直立，不规则分枝或规则羽状分枝；假鳞毛片状。茎叶常为镰刀形弯曲或钩状弯曲，多内凹，常具纵褶，披针形或卵状披针形，叶尖短或狭长，叶基稍下延；叶缘平直；中肋单一，达叶片中部或叶尖，少数突出叶尖。叶中部细胞线形，平滑；基部细胞较短宽，多加厚，具壁孔；角部细胞常明显分化，无色透明，薄壁，有时带颜色，厚壁，多数形成明显叶耳，稀角部细胞不分化。雌雄异株，稀雌雄同株。内雌苞叶直立，长披针形，具纵长皱褶。蒴柄细长。孢蒴倾立或平列，卵形，拱形弯曲，干燥时或孢子散发后蒴口内缢。环带分化。蒴盖圆锥形，具短喙。蒴齿两层，齿毛2–4，具节瘤。孢子黄色或棕黄色，平滑。

约20种。中国有7种。

1. 角部细胞分化明显。
　2. 基部细胞稀具壁孔；角部细胞数多，绿色或黄色，多少薄壁 ·························· 1. **镰刀藓 D. aduncus**
　2. 基部细胞明显具壁孔；角部细胞数少，带棕色，厚壁。
　　3. 中肋粗壮；角部细胞厚壁，带黄色 ························· 2. **粗肋镰刀藓 D. sendtneri**

　　3. 中肋较细；角部细胞壁较薄，通常无色 ·· 3. **细肋镰刀藓 D. tenuinervis**

1. 角部细胞分化不明显或不分化。

　　4. 茎无中轴和透明皮层；叶片细胞薄壁，壁孔略分化 ···························· 4. **漆光镰刀藓 D. vernicosus**

　　4. 茎具中轴和透明皮层；叶片细胞厚壁，具壁孔 ·································· 5. **扭叶镰刀藓 D. revolvens**

1. 镰刀藓

图 1267 彩片248

Drepanocladus aduncus (Hedw.) Warnst., Beih. Bot. Centralbl. 13: 400. 1903.

Hypnum aduncum Hedw., Sp. Musc. Frond. 295. 1801.

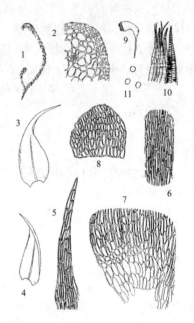

藓丛柔弱，黄绿色。茎长10–20 厘米，不规则分枝或羽状分枝；横切面圆形，中轴小，皮层细胞小，1–2层，加厚或薄壁，膨大；假鳞毛少，叶状。茎叶形态变化较大，卵状披针形，多数呈镰刀形弯曲，长1–3毫米，宽0.5–0.8毫米；叶边内卷，全缘；中肋单一，细弱或粗壮，达叶片中上部。叶细胞线形，长为宽的10–20倍，基部细胞较宽短，长菱形，具壁孔或无，角部

细胞明显分化，膨起，黄色或透明。枝叶较窄小，弯曲。雌雄异株。蒴柄长约2.5 厘米。孢蒴长2–2.5 毫米。环带分化。孢子直径为16 微米，具疣。

图 1267 镰刀藓（吴玉环、冯金环、王庆华绘）

　　产黑龙江、吉林、辽宁、内蒙古、甘肃、青海、新疆、浙江、云南和西藏，多生于沼泽地。日本、印度、俄罗斯、欧洲、北美洲、北非及大洋洲有分布。

　　1. 植物体(×2)，2. 茎横切面的一部分(×82)，3. 茎叶(×13)，4. 枝叶(×13)，5. 叶尖部细胞(×82)，6. 叶中部细胞(×82)，7. 叶基部细胞(×82)，8. 假鳞毛(×82)，9. 孢蒴(×4)，10. 蒴齿(×20)，11. 孢子(×82)。

2. 粗肋镰刀藓

图 1268

Drepanocladus sendtneri (Schimp.) Warnst., Beih. Bot. Centralbl. 13: 400. 1903.

Hypnum sendtneri Schimp., Verh. Naturh. Ver. Rheinl. Ser. 3, 21: 117. 1864.

湿水生或半沉水生，植物体粗壮，黄绿色或黄褐色，倾立或直立。茎长达30厘米，匍匐，倾立或直立，羽状分枝或不规则分枝；具中轴，无透明皮层。叶片镰

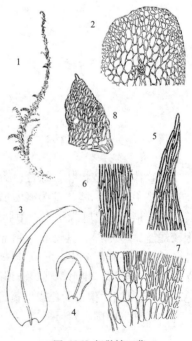

图 1268 粗肋镰刀藓
（吴玉环、冯金环、王庆华绘）

刀形弯曲，卵状披针形，渐尖，内凹，有时具纵褶，长1.5–2.5毫米，

宽0.4-1.0毫米；叶边近平滑；中肋强劲，基部宽约80-100微米，常达叶尖。叶中部细胞线形，宽7-9微米，基部细胞棕色，厚壁，具壁孔，角部细胞少，长方形，壁厚，具壁孔，形成叶耳或不形成突出的叶耳。雌雄异株。雌苞叶长椭圆形，具纵褶。蒴柄3-4厘米，紫色。孢蒴弯曲，长椭圆形。孢子直径12-17微米，具疣。

产黑龙江、内蒙古和云南，生于钙质沼泽和湖泊中，湿水生或半沉

水。日本、欧洲、美洲、大洋洲及北非有分布。

1. 植物体(×3)，2. 茎横切面的一部分(×62.5)，3. 茎叶(×9.5)，4. 枝叶(×9.5)，5. 叶尖部细胞(×62.5)，6. 叶中部细胞(×62.5)，7. 叶基部细胞(×62.5)，8. 假鳞毛(×62.5)。

3. 细肋镰刀藓

图 1269

Drepanocladus tenuinervis Kop., Memoranda Soc. Fauna Flora Fennica 53: 9. 1977.

植物体大形，长达30厘米，棕色或带黑色。茎不规则羽状分枝，密被叶。茎叶长3-4毫米，宽0.8-1.2毫米，从卵状基部向上渐成一长尖，常镰刀形弯曲，内卷；叶缘平滑；中肋细弱，基部宽30-50微米，终止于叶尖部。叶中部细胞长虫形，长75-150微米，宽约5微米，基部细胞较短，厚壁，具壁孔，角部细胞明显分化，薄壁，形成叶耳或不形成叶耳。

产黑龙江、内蒙古、云南和西藏，半沉水生于湖泊中。欧洲有分布。

1. 植物体(×6)，2. 茎叶(×19)，3. 枝叶(×19)，4. 叶中部细胞(×125)，5. 叶基部细胞(×125)，6. 假鳞毛(×125)。

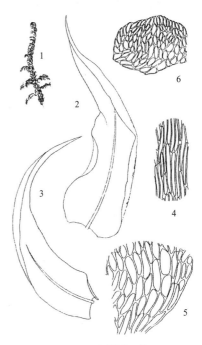

图 1269 细肋镰刀藓
（吴玉环、冯金环、王庆华绘）

4. 漆光镰刀藓

图 1270

Drepanocladus vernicosus (Mitt.) Warnst., Beih. Bot. Centralbl. 13: 402. 1903.

Stereodon vernicosus Mitt., Journ. Linn. Soc. Bot. 8: 43. 1864.

植物体中等或粗壮，绿色或棕色，有时带红色。茎羽状分枝，顶端弯曲；假根少，着生于中肋基部；茎横切面圆形，无中轴，皮层细胞1-2层，小而厚壁；假鳞毛少，片状，较宽。茎叶内卷，基部卵形，向上渐成长或短尖；基部平直，上部弯曲，略具褶；叶边全缘，仅尖部有时具齿；中肋单一，达叶片中部以上。叶中部细胞长30-130微米，宽4-7微米，扭曲，薄壁，稀厚壁，有孔；基部细

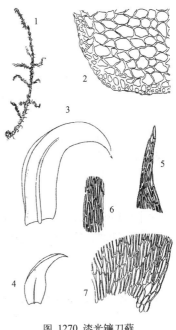

图 1270 漆光镰刀藓
（吴玉环、冯金环、王庆华绘）

胞较宽，壁厚，具壁孔；角部细胞不分化，叶基几不下延。枝叶较小。雌雄异株。

产黑龙江、吉林、内蒙古、甘肃和四川。日本、俄罗斯及北美洲有分布。

5. 扭叶镰刀藓 图 1271

Drepanocladus revolvens (Sw.) Warnst., Beih. Bot. Centralbl. 13: 402. 1903.

Hypnum revolvens Sw., Monthl. Rev. 34: 538. 1801.

体形中等或粗壮，绿色、棕色或红色。茎稀疏分枝或不规则分枝；横切面圆形，中轴小，具透明皮层；假鳞毛片状，较宽；假根少，分布于中肋基部。茎叶内卷，从卵形或卵状披针形基部渐成长尖；基部平直，上部弯曲，略具褶；叶边全缘，仅尖部有时具齿；中肋单一，达叶中部以上。叶中部细胞线形，长60–130 微米，宽4–8 微米，细胞末端尖锐，薄壁或厚壁，有孔；基部细胞较宽，壁厚，具壁孔；角部细胞2–10个，无色，透明，膨大，无明显界限。枝叶较小。雌雄同株。

产吉林、内蒙古、山西和新疆。日本、俄罗斯、欧洲及南北美洲有分布。

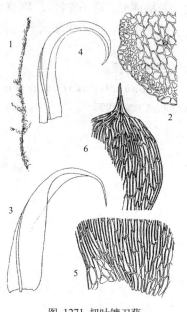

图 1271 扭叶镰刀藓
（吴玉环、冯金环、王庆华绘）

1. 植物体(×4)，2. 茎横切面的一部分(×82)，3. 茎叶(×14)，4. 枝叶(×14)，5. 叶尖部细胞(×82)，6.叶中部细胞(×82)，7. 叶基部细胞(×82)。

1. 植物体(×4)，2. 茎横切面的一部分(×82)，3. 茎叶(×14)，4. 枝叶(×14)，5. 叶基部细胞(×82)，6. 假鳞毛(×82)。

12. 范氏藓属 Warnstorfia (Broth.) Loeske

植物体中等大小或形大，绿色、黄绿色或红棕色，规则或近于规则羽状分枝。茎匍匐或直立，常漂浮于水中；横切面圆形，中轴小，皮层细胞1–4层，厚壁；假鳞毛片状。茎叶直立或镰刀形弯曲，形状多变，卵状披针形，具长叶尖，无褶；叶边具齿；中肋单一，长达叶片中部以上或达叶尖，稀突出于叶尖。叶中部细胞线形，扭曲，叶尖有几个宽短的无色细胞；基部细胞较宽；角部细胞方形或长方形，膨大，常排成列，形成明显叶耳。枝叶与茎叶同形，窄小。雌雄同株或异株。内雌苞叶卵状披针形，无褶，中肋单一。蒴柄棕红色，扭曲。孢蒴长椭圆形，平列，无环带分化。蒴齿两层；齿毛2–3，与齿条等长，具节瘤。孢子大，具密疣。

10种。中国有2种。

1.叶片中肋粗壮，长达叶尖或突出于叶尖；雌雄异株 ························· 1. 范氏藓 W. exannulata
1.叶片中肋细弱，达叶中部或叶中部以上；雌雄同株 ························· 2. 浮生范氏藓 W. fluitans

1. 范氏藓 图 1272

Warnstorfia exannulata (B.S.G.) Loeske in Nitardy, Hedwigia 46: 6. 1907.

Hypnum exannulatus B.S.G., Bryol. Eur. 6: 110. 1854.

密丛集生长，绿色、黄褐色或紫色。茎长达25 厘米，规则羽状分枝或不规则羽状分枝，枝呈镰刀形

弯曲，稀尖部平直；横切面近圆形，中轴小，皮层薄壁细胞较本属其他

种小，圆六边形，薄壁，表皮细胞加厚或透明膨大。茎叶形态变化较大，常镰刀形弯曲，卵状披针形，长1.5–3毫米，宽0.4–1毫米；叶边平展，或稀尖部内卷，近全缘或具齿突；中肋粗壮，基部宽60–100 um，长达叶尖或止于叶尖前，稀突出叶尖。叶细胞线形，中部细胞长25–55微米，宽3.5–8微米；叶角部具明显叶耳，由矩形或长方形的大形无色薄壁细胞或褐色厚壁细胞构成，1–2列。枝叶较短小，长1.5–1.8毫米，宽0.3–0.4毫米。雌雄异株。蒴柄长3–7厘米。孢蒴长2–3毫米。无环带。蒴盖圆锥形，具小尖。蒴齿齿片无穿孔；齿毛2–3。孢子直径12–18微米，具疣。

产黑龙江、吉林、内蒙古、青海、新疆、贵州、四川和云南，生于沼泽地或高山林区溪流中，常半水生或水生。日本、印度、尼泊尔、俄罗斯（高加索）、欧洲、北美洲、新西兰及北非有分布。

1. 植物体(×4)，2. 茎横切面的一部分(×33)，3. 茎叶(×7)，4. 枝叶(×7)，5. 叶中部细胞(×33)，6. 叶基部细胞(×33)，7. 假鳞毛(×33)。

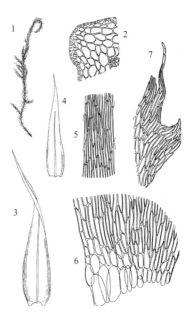

图 1272 范氏藓
（吴玉环、冯金环、王庆华绘）

2. 浮生范氏藓   图 1273

Warnstorfia fluitans (Hedw.) Loeske, Morphol. Syst. Laubmoose 202. 1910.

Hypnum fluitans Hedw., Sp. Musc. Frond. 296. 1801.

体形中等大小，柔弱，疏松，黄绿色或褐绿色。植物体因生境不同而多变异。茎长达20厘米，匍匐，倾立或水中固着浮生，近羽状分枝；茎横切面圆形，中轴小，皮层细胞1–2层，加厚；假鳞毛小。枝条变化较大，长达3厘米，顶端多呈勾形或镰刀形弯曲，少数直展。茎叶直立，长2.5–3.5毫米，宽0.3–0.4毫米，狭披针形，渐上成细长叶尖，叶基部稍窄；叶边平展，具齿；中肋单一，黄色或黄褐色，基部宽35–40微米，达叶片长度的2/3–3/4。叶细胞线形，长为宽的15–30倍，叶尖分化几个较短宽的透明细胞，背部有时生有假根。叶基部细胞近中肋处常加厚，具壁孔，角部细胞较大，长椭圆形或长方形，形成叶耳或不形成明显叶耳。枝叶与茎叶同形，较窄短。雌雄同株。雌

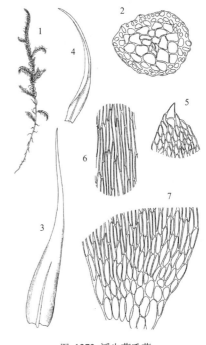

图 1273 浮生范氏藓
（吴玉环、冯金环、王庆华绘）

苞叶卵状披针形，无褶；中肋达叶中部；叶缘平滑或上部具圆齿。蒴柄红棕色，长4–6厘米，弯曲。孢蒴长卵形，弓形弯曲。无环带。内齿层齿片龙骨状，上部具疣。齿毛2–3，具疣与节瘤。孢子直径20–25

微米，具疣。

产黑龙江、吉林、内蒙古和陕西，生于高山湖泊、沼泽和塔头甸子，常漂浮于水中。日本、朝鲜、印度、俄罗斯、欧洲、北美洲、新西兰及北非有分布。

1. 植物体（×4），2. 茎的横切面（×33），3. 茎叶（×7），4. 枝叶（×7），5. 假鳞毛（×33），6. 叶基部细胞（×33），7. 叶中部细胞（×33）。

13. 三洋藓属 Sanionia Loeske

稀疏平展或密集丛生，黄色或绿色，具光泽。茎长5–10厘米，稀疏近羽状分枝或不规则分枝，末端小枝成弧形弯曲；茎横切面长椭圆形，中轴小，皮层细胞小，正方形或六边形，厚壁，3–4层。假鳞毛大而多，叶状。茎叶长3.5–5毫米，宽约0.6毫米，镰刀形弯曲，有皱褶，基部渐上成细长尖；叶边内卷，上部具齿；中肋细弱，终止于叶中部或上部。叶细胞线形，长为宽的8–15倍，基部细胞较宽，长方形，厚壁，具壁孔，角部细胞小，多边形，薄壁，分化明显。枝叶小而窄。雌雄同株。雌苞叶长披针形，具纵褶，中肋单一，细弱。蒴柄红棕色，长2–3厘米。孢蒴长柱形，弓形弯曲，倾立或直立。环带分化，由2–3层细胞构成。内齿层齿条瓣裂，透明，上部具疣；齿毛短，有时与外齿层齿片等长，1–2（–3），常具节瘤。蒴盖圆锥形。孢子直径12–18微米，具疣。

3种。中国有1种。

三洋藓   图 1274

Sanionia uncinata (Hedw.) Loeske, Hedwigia 46: 309. 1907.

Hypnum uncinatum Hedw., Sp. Musc. Frond. 289. 1801.

种的形态特征同属。

产黑龙江、吉林、辽宁、内蒙古、河北、山西、陕西、甘肃、青海、新疆、台湾、湖北、四川、云南和西藏，生于土壤、岩石、腐木和树基，少见于沼泽。日本、印度、尼泊尔、巴基斯坦、欧洲、俄罗斯、美洲、非洲、大洋洲及南极洲有分布。

1. 植物体（×4），2. 茎横切面的一部分（×120），3. 叶（×20），4. 叶基部细胞（×120），5. 孢蒴（×6），6. 蒴齿（×30），7. 孢子（×120）。

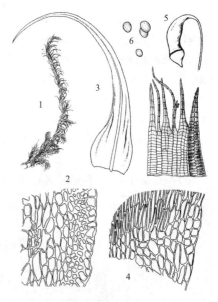

图 1274 三洋藓
（吴玉环、冯金环、王庆华绘）

14. 蝎尾藓属 Scorpidium (Schimp.) Limpr.

植物体中等大小或形大，黄绿色、棕红色或红黑色，疏松丛生。茎匍匐或倾立，不规则分枝或近羽状分枝；假根少，棕红色，着生叶片中肋基部；茎横切面圆形，中轴小，皮层细胞厚壁，部分细胞膨大透明；假鳞毛宽，片状，稀少。茎叶直立或镰刀形弯曲，常内凹成兜形，宽卵形，具小尖，上部常弯曲；叶近于全缘，仅叶尖有时具齿；中肋2，短弱。叶中部细胞线形，平滑，末端圆钝；基部细胞较宽短，胞壁厚，具壁孔；角部细胞多少分化，无色透明，形成扁三角形区域，界限不明显，叶基近于不下延。枝叶较小。雌雄异株。内雌苞叶稍内凹，卵状披针形，具褶，中肋单一，止于叶片上部，或具2短中肋。蒴帽兜形。蒴柄长，扭转。孢蒴椭圆形，平列，弯曲。外壁细胞长方形或正方形，薄壁或厚壁。环带分化。蒴齿两层；内齿层齿毛2–5，发育完全，具节瘤。孢子12–21微米，具细疣。

　　4种。中国有2种。

1. 叶片或茎枝顶端的叶片镰刀形弯曲；角部细胞透明，膨大·· 1. **蝎尾藓 S. scorpioides**
1. 叶片覆瓦状排列或直立，平直或稍弯曲；角部细胞短矩形或近方形，透明，不膨大··························
·· 2. **大蝎尾藓 S. turgenscens**

1. 蝎尾藓　　　　　　　　　图 1275

Scorpidium scorpioides (Hedw.) Limpr., Laubm. Deutschl. 3: 571. 1899.

Hypnum scorpioides Hedw., Sp. Musc. Frond. 295. 1801.

体形粗壮，绿色、黄色、棕色或呈红色，长达25毫米，直立或平展，不等羽状分枝，具光泽。茎叶覆瓦状排列，宽卵形，一向弯曲，强烈内凹，顶端具小尖，长2-3毫米；中肋2，短弱或缺失。叶上部细胞线形，宽7-10微米，基部细胞较短宽，壁厚，具壁孔，角部细胞透明、薄壁、膨大。

产西藏，生于湖泊中或沼泽湿地上。俄罗斯、欧洲及北美洲有分布。

　　1. 植物体(×3)，2. 茎横切面的一部分(×125)，3. 茎叶(×38)，4. 枝叶(×38)，5. 叶基部细胞(×125)。

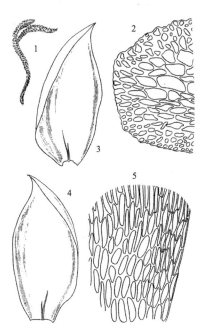

图 1275 蝎尾藓（吴玉环、冯金环、王庆华绘）

2. 大蝎尾藓　　　　　　　　图 1276

Scorpidium turgenscens (T. Jens.) Loeske, Verh. Bot. Ver. Brandenburg 46: 199. 1905.

Hypnum turgenscens T. Jens., Vid. Medd. Naturh. For. Kjoebenh. 1858 (1–4): 63. 1858.

体形粗壮，黄褐色，长达20厘米，具光泽。茎直立，稀分枝。叶片直立或稀疏覆瓦状排列，宽卵形，具小尖，长2-3毫米；叶边内卷；中肋2，细弱，约为叶长度的1/3。叶上部细胞线形，长7-10微米，厚壁，基部细胞宽短，厚壁，具壁孔，角部细胞小，长方形或近方形，厚壁。

产云南，生于湖泊或沼泽湿地。俄罗斯、欧洲及北美洲有分布。

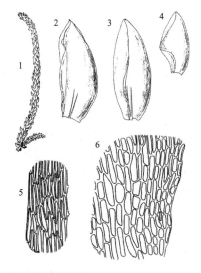

图 1276 大蝎尾藓（吴玉环、冯金环、王庆华绘）

　　1. 植物体(×6)，2-3. 茎叶(×9)，4. 枝叶(×9)，5. 叶中部细胞(×125)，6. 叶基部细胞(×125)。

15. 类牛角藓属 Sasaokaea Broth.

　　植物体较粗大，长10–20 厘米，黄绿色，稍具光泽，稀疏丛生。茎匍匐，羽状分枝或近羽状分枝；横切面中轴小，皮层细胞4–5层，厚壁；鳞毛密布，有时着生叶基部边缘，丝状，有分枝；假鳞毛小，叶状。茎叶卵状披针形或心状卵形，稍呈镰刀形弯曲，长3–4 毫米，宽1–1.5 毫米，渐成短尖或钝尖，稍不对称；中肋强劲，长达叶3/4处；叶边下部全缘，上部具齿。叶中部细胞线形，长30–120 微米，宽3–8 微米，上部细胞较短，具小乳突，基部细胞有时厚壁，稍有壁孔，角部细胞极少分化。枝叶较窄。

　　1种。中国有分布。

类牛角藓　　　　　　　　　　　　　图 1277

Sasaokaea aomoriensis (Par.) Kanda, Journ. Sci. Hiroshima Univ., Ser. B, Div. 2, Bot. 16: 74. 1976.

　　Hypnum aomoriense Par., Rev. Bryol. 31: 94. 1904.

　　种的特征同属。

　　产台湾，生于沼泽边缘。日本有分布。

　　1. 植物体(×1)，2. 茎横切面的一部分(×120)，3. 茎叶(×10)，4. 枝叶(×10)，5. 叶中部细胞(×60)，6. 叶基部细胞(×60)，7. 假鳞毛(×60)。

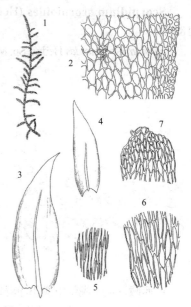

图 1277 类牛角藓
（吴玉环、冯金环、王庆华绘）

16. 湿原藓属 Calliergon (Sull.) Kindb.

　　体形较粗壮，中等大小或形大，绿色、黄绿色或棕红色，略具光泽，稀疏成片生长。茎直立或匍匐，分枝稀疏，不规则或近规则羽状分枝，幼枝常直而钝；茎具中轴，皮层细胞小而厚壁，1–3层；假鳞毛片状。茎叶倾立或覆瓦状排列，长卵形、卵形或近圆形，略内凹，尖端圆钝；中肋单一，长达叶尖。叶中部细胞线形，在叶尖部近中肋处常具短而透明、排列疏松的细胞；角部细胞由大形透明细胞构成，膨大成叶耳状。枝叶较窄小。雌雄同株或异株。内雌苞叶具单中肋。蒴柄细长，干燥时扭转，红色或紫色。孢蒴倾立或平列，长卵形或长圆柱形，多拱形弯曲。环带常缺失或分化不明显。蒴齿两层；内齿层基膜高出，齿毛2–3，具节瘤。蒴盖短圆锥形，顶部圆钝或具短尖。蒴帽兜形。孢子直径12–18微米，具细疣。

　　6种。中国有5种。

1.叶片中肋长达叶尖。
　　2.叶片长卵状舌形；角部细胞界限不明显 ···································· 1. 湿原藓 **C. cordifolium**
　　2.叶片三角状卵舌形；角部细胞界限明显。
　　　　3. 植物体较细弱，高约30 厘米；叶角部细胞常及叶中肋两侧 ·············· 2. 大叶湿原藓 **C. giganteum**
　　　　3. 植物体较粗壮，高35–50 厘米；叶角部细胞不及叶中肋两侧 ············ 3. 圆叶湿原藓 **C. megalophyllum**
1.叶片中肋不达叶尖，于叶3/4处消失 ·· 4. 草黄湿原藓 **C. stramineum**

1. 湿原藓 图 1278

Calliergon cordifolium (Hedw.) Kindb., Canad. Rec. Sc. 6 (2): 72. 1894.

Hypnum cordifolium Hedw., Sp. Musc. Frond. 254. 1801.

植物体柔软，绿色或黄绿色，稀疏丛生。茎直立或倾立；横切面圆形或六边形，表皮细胞小，厚壁，2–3层；稀疏不规则分枝，枝短；茎和枝先端尖锐。茎叶疏生，直立，卵状心形，长1.8–3.5毫米，宽1–1.6毫米，先端钝，常内曲成兜形；叶缘平滑；中肋单一，达叶尖前端终止。叶细胞虫形或狭六边形，长为宽的10–20倍，在尖部近中肋处常有一些短而透明，排列疏松的细胞（称为原始细胞），长为宽的4–6倍；叶尖细胞短卵形或菱形；角细胞为一群薄壁无色细胞，达叶中肋两侧，凸出成叶耳状。雌雄同株。蒴柄长4–7毫米，红色。孢蒴长2–3毫米，长圆柱形，弯曲。无环带分化。蒴盖凸圆锥形，蒴齿黄褐色；内齿层齿条穿孔窄，齿毛发育，2–3条，具节瘤。孢子13–18微米，粗糙。

产黑龙江、吉林、辽宁、内蒙古、山东、新疆和西藏，常见于沼泽和湖泊，喜湿度稳定、pH中性的基质。日本、尼泊尔、格陵兰、俄罗斯、欧洲、北美洲及大洋洲有分布。

1. 植物体(×2)，2.茎横切面的一部分(×50)，3.茎叶(×10)，4-5.枝叶(×10)，6.叶中部细胞(×60)，7.叶中部细胞(×60)，8.假鳞毛(×60)。

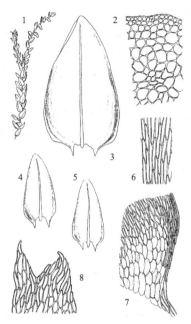

图 1278 湿原藓（吴玉环、冯金环、王庆华绘）

2. 大叶湿原藓 图 1279 彩片249

Calliergon giganteum (Schimp.) Kindb., Canad. Rec. Sc. 6 (2): 72. 1894.

Hypnum giganteum Schimp., Syn. 642. 1860.

体形柔软，深绿色或黄绿色，具光泽，稀疏丛生。茎直立，长达30厘米；横切面圆形或六边形，表皮细胞小，厚壁，2–3层；羽状分枝。茎和枝先端尖锐。茎叶疏生，直立，长1.5–3.0毫米，宽1.5–2.5毫米，卵状心脏形，先端钝或呈兜形；叶缘平滑；中肋单一，达于叶尖前终止。叶细胞狭菱形，叶角部为一群方形或短方形、无色透明的大形细胞，凸出成叶耳状。枝叶窄小。雌雄异株。蒴柄红色。孢蒴长约2.5毫米，长圆柱形，弯曲，无环带分化。蒴盖圆锥形，具短尖。蒴齿黄褐色；内齿层齿条穿孔窄，齿毛发育，2–4条，具节瘤。孢子13–17微

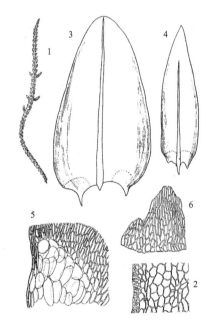

图 1279 大叶湿原藓
（吴玉环、冯金环、王庆华绘）

米，表面粗糙。

产黑龙江、吉林、内蒙古和新疆，习生典型泥炭沼泽地。俄罗斯、欧洲及北美洲有分布。

1. 植物体(×2)，2.茎横切面的一部分(×100)，3.茎叶(×30)，4.枝叶(×30)，5.叶基部细胞(×100)，6.假鳞毛(×100)。

3. 圆叶湿原藓 图 1280

Calliergon megalophyllum Mikut., Bryoth. Balt. Bog. 34. 1908.

植物体甚粗大，深绿色，具光泽。茎长35-50 厘米；横切面圆形或五边形，皮层细胞小，2-3层，厚壁；稀疏规则羽状分枝。茎叶宽卵状心形，长5-6 毫米，宽4-5 毫米，叶尖钝，基部强烈收缩，稍下延；叶中部细胞长40-70 微米，宽约5 微米；叶角部细胞大而透明；中肋单一，细弱，长达叶尖或消失于叶片4/5处。枝叶较小，卵状心脏形。

产黑龙江和内蒙古，常与镰刀藓混生于富养化湖泊中。欧洲、俄罗斯及北美洲有分布。

1. 植物体（×1），2. 茎横切面的一部分（×40），3. 茎叶（×9），4. 枝叶（×9），5. 叶中部细胞（×40），6. 叶基部细胞（×40），7. 假鳞毛（×80）。

4. 草黄湿原藓 图 1281

Calliergon stramineum (Dicks. ex Brid.) Kindb., Canad. Rec. Sc. 6 (2): 72. 1894.

Hypnum stramineum Dicks. ex Brid., Musc. Rec. 2 (2): 172. 1801.

体形细长，柔弱，黄绿色或草黄绿色，带光泽，稀疏生长，有时混生于泥炭藓中。茎长10-20 厘米，直立或倾立；不分枝或分枝极少。茎叶长舌形，呈覆瓦状贴茎，长2-2.5 毫米，宽0.7-0.9 毫米，先端钝，兜形，具弱纵褶，叶基下延；叶缘平滑；中肋单一，长达叶片3/4-5/6处。叶上部细胞菱形或短方形，中部细胞长为宽的8-15倍，叶基部细胞较中部细胞短，角部细胞无色，薄壁，与其它细胞界限明显。

产黑龙江、吉林、内蒙古和陕西，常生于泥炭沼泽，有时杂生于泥炭藓丛中间。日本、欧洲、俄罗斯及北美洲有分布。

1. 植物体（×2），2. 茎横切面的一部分（×120），3. 茎叶（×20），4. 枝叶（×20），5. 叶基部细胞（×120），6. 假鳞毛（×120）。

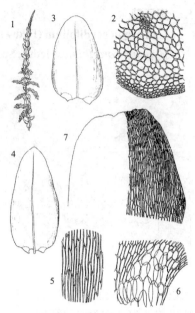

图 1280 圆叶湿原藓
（吴玉环、冯金环、王庆华绘）

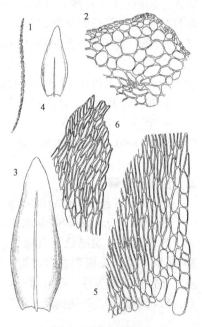

图 1281 草黄湿原藓
（吴玉环、冯金环、王庆华绘）

17. 大湿原藓属 Calliergonella Loeske

体形粗壮，绿色或黄绿色，具光泽，稀疏成片生长。茎近于羽状分枝，横切面椭圆形，中轴小，皮层细胞膨大，透明；假鳞毛片状。茎叶倾立，基部略狭而下延，向上成阔长卵形或镰刀状披针形，顶端渐尖或圆钝，具小尖；叶边全缘或具齿；中肋2，短弱或缺失。叶中部细胞线形，近基部细胞宽短，具壁孔；角部细胞分化明显，疏松透明，薄壁，由一群明显膨起的细胞组成叶耳。枝叶较茎叶窄小。雌雄异株。内雌苞叶阔披针形，具纵褶，无中肋。蒴柄细长，紫红色。孢蒴长圆柱形，平列，干燥时或孢子释放后呈弓形弯曲。环带分化。蒴齿两层；齿毛2-4。蒴盖短圆锥形。蒴帽兜形。孢子大，具密疣。

2种。中国有分布。

1. 叶片宽椭圆形，先端圆钝，具小尖；叶边无齿 ······································· 1. 大湿原藓 **C. cuspidata**
1. 叶片披针形，具锐尖；叶边具齿 ······································· 2. 弯叶大湿原藓 **C. lindbergii**

1. 大湿原藓 图 1282

Calliergonella cuspidata (Hedw.) Loeske, Hedwigia 50: 248. 1911.

Hypnum cuspidatum Hedw., Sp. Musc. Frond. 254. 1801.

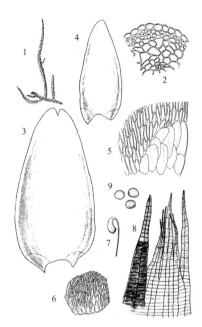

体形中等或大形，长达10厘米，绿色或黄绿色，带光泽，稀疏丛生。茎近羽状分枝，枝和茎顶端渐尖；茎横切面椭圆形，中轴小，表皮细胞较大，具明显的透明皮层细胞；假鳞毛大，稀少。茎叶阔椭圆形或心状长椭圆形，长2-3毫米，宽1-1.5毫米，上部兜形，顶端钝，具小尖；叶边全缘；中肋2，短弱或缺失。叶中部细胞线形，长约90微米，宽4.5微米；基部细胞宽短，加厚；角部细胞，界限明显，薄壁，透明，形成明显叶耳。

枝叶较小，渐尖成短尖。雌雄异株。雌苞叶宽长披针形。孢蒴红褐色，短柱形，强烈弓形弯曲。长约50微米，宽30微米。蒴齿两层；外齿层齿片橘红色，上部透明，具疣；内齿层齿条黄色，上部密被疣；齿毛3-4，较齿条短，具节条。蒴盖圆凸形。孢子直径17-22微米，具疣。

产黑龙江、吉林、辽宁、内蒙古、陕西、四川、云南和西藏，生于酸性沼泽、潮湿草原。日本、印度、尼泊尔、不丹、俄罗斯、欧洲、北美洲、大洋州和北非有分布。

1. 植物体(×2)，2. 茎横切面的一部分(×62)，3. 茎叶(×19)，4. 枝叶(×19)，5. 叶基部细胞(×62)，6. 假鳞毛(×62)，7. 孢蒴(×3)，8. 蒴齿(×120)，9. 孢子(×125)。

图 1282 大湿原藓
（吴玉环、冯金环、王庆华绘）

2. 弯叶大湿原藓 图 1283

Calliergonella lindbergii (Mitt.) Hedenas, Lindbergia 16: 167. 1990.

Hypnum lindbergii Mitt., Journ. Bot. 2: 123. 1864.

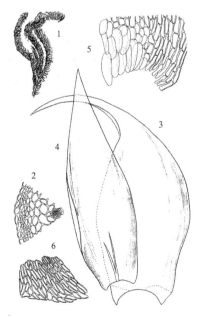

柔弱，淡绿色、黄色或褐色，有光泽。茎直立，不规则分枝；茎横切面圆形或椭圆形，中轴小，表皮被覆无色薄壁透明细胞；假鳞毛叶状。叶片一向钩形或镰刀形弯曲，阔卵状披针形，长1-2.5毫米；叶缘平展或略内曲，全缘或上部具细齿；中肋2。叶细胞线形，壁薄，中部细胞长为宽的10-15倍，角部细胞为一群大而圆形的薄壁透明细胞，突出成叶耳状，无色或黄色。雌雄异株。雌苞叶长，直立，有纵褶。蒴柄长2.5-4厘米，红褐色。孢蒴倾立或平列，弓形，不对称，长2-3毫米。蒴盖基部圆锥形，具短尖。齿毛2-4。孢子13-22微米，具疣。

产黑龙江、吉林、辽宁、内蒙古、陕西、安徽、浙江、江西、湖

图 1283 弯叶大湿原藓
（吴玉环、冯金环、王庆华绘）

北、四川和云南，生于湿土、腐殖质、沼泽、草甸子或林下溪旁。日

本、俄罗斯、欧洲及北美洲有分布。

1.植物体(×4)，2.茎横切面的一部分(×60)，3.茎叶(×20)，4.枝叶(×20)，5.叶

基部细胞(×60)，6.假鳞毛(×60)。

18. 水灰藓属 Hygrohypnum Lindb.

植物体中等大小，多绿色或黄绿色，有时带红色或金黄色，多具光泽，匍匐成片生长。茎细长，匍匐，假根稀疏或无，老茎基部常无叶片；分枝稀疏或不规则分枝；茎常具中轴，皮层细胞小形厚壁或透明膨大；假鳞毛片状，较少或缺失。叶四散倾立或呈覆瓦状排列，有时向一侧弯曲，卵状披针形或阔卵形，尖端圆钝或具小尖；叶边平展，全缘或具齿；中肋短而细，常不等分叉，稀单一而不分叉或长达叶尖。叶中部细胞为狭长方形或虫形，尖端圆钝，近叶尖细胞较短而呈菱形；角部细胞呈方形或长方形，透明或呈黄色。雌雄同株，稀雌雄异株。内雌苞叶长披针形，具褶。蒴柄红色，干燥时扭转。孢蒴椭圆形，拱形弯曲，干燥时或孢子散发后内缢。环带分化。蒴齿两层；齿毛（1）–2–4。蒴盖扁圆锥形，有短尖。蒴帽兜形。孢子大，具疣。

约30种。中国有7种。

1.中肋单一或分叉，长达叶片中部以上。
  2.茎横切面不具透明皮层；中肋不分叉 ·· 3. **水灰藓 H. luridum**
  2.茎横切面具透明皮层；中肋分叉 ·· 5. **褐黄水灰藓 H. ochraceum**
1.中肋2，短弱，不达叶片中部。
  3.叶片阔长椭圆形或披针形。
    4.叶片阔长椭圆形 ·· 1. **扭叶水灰藓 H. eugyrium**
    4.叶片披针形 ·· 2. **长枝水灰藓 H. fontinaloides**
  3.叶片圆形 ·· 4. **圆叶水灰藓 H. molle**

1. 扭叶水灰藓

图 1284

Hygrohypnum eugyrium (B.S.G.) Broth., Nat. Pfl. 1 (3): 1040. 1908.

Limnobium eugyrium B.S.G., Bryol. Eur. 6: 73. 1855.

植物体绿色、黄绿色或棕绿色，具光泽。茎匍匐，长达5厘米，不规则分枝，基部常裸露无叶；茎中轴小，皮层细胞小，2–3层，厚壁，有时部分细胞较大，壁较薄；无假鳞毛。茎叶密生，宽披针形，直立或一向镰刀形弯曲，渐尖，先端钝，常呈半筒状，长1.5–1.7毫米，宽约0.5毫米；中肋2，短弱，终止于叶中部；叶缘先端具齿。叶中部细胞蠕虫形，长约50微米，宽4微米，尖部细胞较短，叶基着生处细胞黄色，厚壁具壁孔，角部细胞突膨大，薄壁，无色或黄色，形成明显叶耳。枝叶细长，一向弯曲。雌雄同株。内雌苞叶直立，渐尖。蒴柄长2–3厘米，红色。孢蒴黄褐色。内齿层齿条龙骨状，齿毛2–3，与齿条等长，具节瘤。环带由3列细胞构成。蒴盖圆锥形，具短尖。孢子直径20–22微米，具疣。

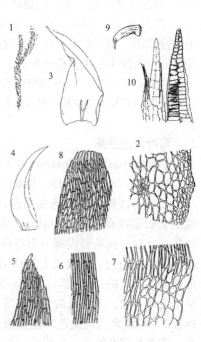

图 1284 扭叶水灰藓
（吴玉环、冯金环、王庆华绘）

产黑龙江、吉林、辽宁、内蒙古、陕西、江苏、安徽、浙江、湖北、湖南、贵州和西藏，生于林间溪旁石上。日本、欧洲及北美洲有分布。

1. 植物体(×2)，2. 茎横切面的一部分(×120)，3. 茎叶(×20)，4. 枝叶(×20)，5.

叶尖部细胞(×120)，6. 叶中部细胞(×120)，7. 叶基部细胞(×120)，8. 假鳞毛(×120)，9. 孢蒴(×8)，10. 蒴齿(×60)。

2. 长枝水灰藓 图 1285

Hygrohypnum fontinaloides Chen, Rep. Spec. Nov. Regn. Veg. 58: 32. 1955.

植物体细长，鲜绿色或深绿色，半水生或漂浮水生，基部固着于基质，少水时则着生地面。茎长达25 厘米，细长，不规则分枝，枝长短不齐，茎和老枝下部叶早脱落，无假根。茎叶与枝叶同形，呈覆瓦状着生，下部叶由于水的冲击常撕裂，长椭圆状卵形，先端圆钝，内凹；叶边内卷，平滑；中肋短，细弱，分叉，终止于叶中部。叶中部细胞线形，长24–30 微米，宽3.6–4.8 微米，基部细胞，长48–65 微米，宽4.8–7.2 微米，角部细胞短方形。

中国特有，产黑龙江、辽宁和内蒙古，生于溪边或流动的沼泽边，或石生、腐木生或树基生。

1. 植物体(×0.6)，2. 枝(×6)，3. 茎横切面的一部分(×125)，4-6. 枝叶(×25)，7. 叶尖部细胞(×106)，8. 叶基部细胞(×106)。

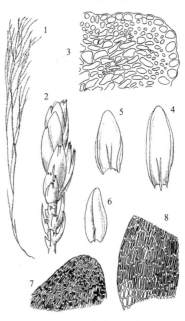

图 1285 长枝水灰藓
（吴玉环、冯金环、王庆华绘）

3. 水灰藓 图 1286

Hygrohypnum luridum (Hedw.) Jenn., Man. Moss. West Pennsylv. 287. 1913.

Hypnum luridum Hedw., Sp. Musc. Frond. 291. 1801.

体形小，绿色，杂有黄绿色或黑绿色。茎不规则分枝，横切面中轴小，皮层细胞厚壁，3–4层；枝渐尖。无假鳞毛。叶多列密生，直立或一向镰刀形弯曲；茎叶卵形，长1–1.5 毫米，宽0.4–0.6 毫米，略弯曲，叶尖钝，具小锐尖；中肋单一，达叶片中部以上，或不达中部，有时分叉，叶缘内卷，全缘。叶中部细胞长菱形，长30–35 微米，宽5–6 微米，上部细胞较短，角部细胞小而多，正方形，无色或带黄色。枝叶与茎叶同形。雌雄同株。内雌苞叶长披针形。蒴柄红色，长1.5–2 厘米。孢蒴长卵形，倾立。内齿层齿条龙骨状，齿毛2–3，具节瘤，上部具疣，短于齿片。

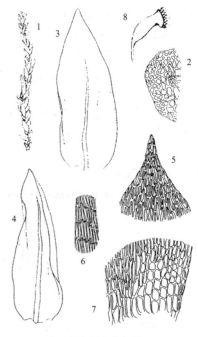

图 1286 水灰藓
（吴玉环、冯金环、王庆华绘）

环带小。蒴盖圆锥形，具钝短尖。孢子直径16–18 微米，具疣。

产吉林、辽宁、内蒙古、河北、山东、山西、陕西、甘肃、青海、新疆、江苏、湖北、四川、云南和西藏，生于山涧钙质湿石上。日本、印度、俄罗斯（高加索）、欧洲及北美洲有分布。

1. 植物体(×4)，2. 茎横切面的一部分(×166)，3-4. 枝叶(×25)，5. 叶尖部细胞(×166)，6. 叶中部细胞(×166)，7. 叶基部细胞(×166)，8. 孢蒴(×12)。

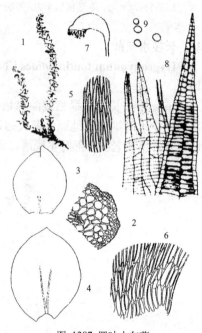

图 1287 圆叶水灰藓
（吴玉环、冯金环、王庆华绘）

4. 圆叶水灰藓　　　　　　　图 1287

Hygrohypnum molle (Hedw.) Loeske, Moosfl. Harz. 320. 1903.

Hypnum molle Hedw., Sp. Musc. Frond. 273. 1801.

体形小，粗硬，绿色或黄绿色，具光泽。茎匍匐，不规则分枝，枝长约2-3厘米。叶直立，上部背仰，长0.8-2毫米，宽约0.9毫米，椭圆形或近心形，叶尖宽钝；叶边全缘或近尖部具齿；中肋2，细弱，达叶长度的1/4-3/4。叶中部细胞线形，长45-60微米，宽3-4微米，叶缘和叶尖细胞较短，基部近中肋处细胞较宽，厚壁，具壁孔；角部细胞变化较大，近方形或短矩形，形成小而带灰色或黄色的不明显区域。雌雄同株。蒴柄红棕色，长1.2-1.5厘米。孢蒴棕红色，长柱形，拱形弯曲。内齿层齿条龙骨状，齿毛1-2，短于齿条或与齿条等长，具节瘤。无环带。蒴盖圆锥形，具疣。孢子小，直径为11-13微米，具密疣。

产吉林、辽宁、陕西、新疆、福建、江西和云南，生于山涧溪流中岩石上。印度、俄罗斯（高加索、西伯利亚）、格陵兰、欧洲及北美洲有分布。

1. 植物体(×4)，2. 茎横切面的一部分(×125)，3. 枝叶(×12)，4. 茎叶(×12)，5. 茎叶中部细胞(×125)，6. 茎叶基部细胞(×125)，7. 孢蒴(×12)，8. 蒴齿(×76)，9. 孢子(×150)。

5. 褐黄水灰藓　　　　　　　图 1288

Hygrohypnum ochraceum (Turn. ex Wils.) Loeske, Moofl. Harz. 321. 1903.

Hypnum ochraceum Turn. ex Wils., Bryol. Brit. 400. 58. 1855.

体形中等，长达10厘米，黄绿色，疏松生长。茎匍匐，基部常裸露无叶，稀疏不规则分枝，有时顶部弯曲；中轴小，具透明皮层；假鳞毛少，叶状。茎叶形态变化较大，常呈镰刀形弯曲，长约

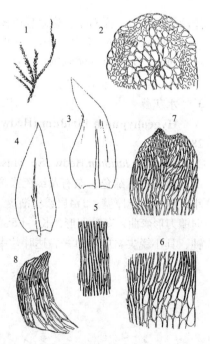

图 1288 褐黄水灰藓
（吴玉环、冯金环、王庆华绘）

2毫米，宽约0.8毫米，宽卵形、长椭圆状舌形或披针形，向上渐成长或短的钝尖，尖部常成匙状内凹，

或被撕裂，上部常卷成半筒状；中部强劲，分叉，达于叶片中部终止；叶边全缘，或尖部具细齿。叶中部细胞蠕虫形，长60–70 微米，宽6–7 微米，厚壁，近尖部细胞较短，近基部细胞较大，角部细胞明显分化，为大而透明的长方形细胞。枝叶与茎叶同形，有时较茎叶大。雌雄异株。内雌苞叶长，渐尖。蒴柄红棕色，长1.2–1.7 厘米，细弱，弯曲。孢蒴长椭圆形。齿片龙骨状，齿毛2–3，具节瘤，近于平滑。环带由2–3列细胞构成。蒴盖圆锥形。孢子直径13–18 微米，具细疣。

产黑龙江、吉林、内蒙古、山东、山西、陕西和西藏，生于山涧溪流中水速较急的岩石上。日本、朝鲜、俄罗斯、欧洲及北美洲有分布。

1. 植物体(×2)，2. 茎横切面的一部分(×120)，3. 茎叶(×20)，4. 枝叶(×20)，5. 叶中部细胞(×120)，6. 叶基部细胞(×120)，7-8. 假鳞毛(×120)。

110. 青藓科 BRACHYTHECIACEAE
（王幼芳　胡人亮）

植物体纤细或粗壮，略具光泽，疏松或紧密交织成片。茎多匍匐或斜生，不规则或规则羽状分枝；无鳞毛，假鳞毛大多缺失。叶紧贴或直立伸展，或略呈镰刀状偏曲，宽卵形至披针形，常具皱褶，先端渐尖、少数锐尖或圆钝；中肋单一，多达叶中部，稀背面先端具刺。叶细胞大多呈菱形至线形，平滑或背部具前角突起，基部角细胞近方形，有时形成明显的角部分化。雌苞侧生，雌苞叶分化。蒴柄长，平滑或粗糙。孢蒴卵球形或长椭圆状圆柱形，下倾至横生，甚少直立，颈部短而不明显，大多具无功能性的气孔。环带常分化。蒴盖圆锥形，具钝或小尖喙。蒴齿两层；外齿层齿片16，狭披针形，基部常愈合，呈红色，下部常具条纹和横脊；内齿层通常游离，多与齿片等长，齿条龙骨状，常呈线形，基膜高，齿毛发达，少数退化或缺失。蒴帽兜形，平滑无毛。孢子圆球形。

约20属。我国有12属。

1. 枝圆条形，先端渐尖呈鼠尾状；叶圆形或匙形，强烈内凹 ………………………… 8. 鼠尾藓属 Myuroclada
1. 枝尖不呈鼠尾状；叶通常不呈圆形，不强烈内凹。
    2. 常生于湿地、沼泽，直立生长；叶倾立，具多数深纵褶，腹面中肋处生多数假根 …………………………………………………………………………………………… 2. 毛青藓属 Tomenthypnum
    2. 土生、石生，大多匍匐生长；叶平展，或具2–4皱褶，腹面中肋处不生长假根。
        3. 叶具明显分化的角部；雌苞叶数多，背卷；蒴盖具短喙 ………………… 5. 青藓属 Brachythecium
        3. 叶角部细胞分化或少分化；雌苞叶数少，直立伸展；蒴盖具长喙。
            4. 枝叶背面中肋末端常具1至多个刺状突起。
                5. 叶疏生；蒴柄多粗糙 …………………………………………… 9. 尖喙藓属 Oxyrrhynchium
                5. 叶密生；蒴柄多平滑 …………………………………………… 10. 美喙藓属 Eurhynchium
            4. 枝叶背面中肋先端不具刺状突起。
                6. 中肋粗壮；叶细胞背面常具明显的前角突 …………………………… 6. 燕尾藓属 Bryhnia
                6. 中肋不粗壮或纤细；叶细胞不具前角突。
                    7. 叶呈三角状披针形；角部细胞壁强烈增厚；孢蒴直立，对称。
                        8. 枝叶基部着生处心脏形，或耳形；外齿层齿片具条纹；内齿层齿条及齿毛略发育。
                            9. 叶基部近中肋处细胞无壁孔 ………………………… 1. 斜蒴藓属 Camptothecium

1. 斜蒴藓属 Camptothecium B. S. G.

体形稍大或中等，绿色或黄绿色，具光泽，紧密交织生长。茎匍匐或直立，不规则羽状分枝。枝叶倾立，卵状至三角状披针形，具多数纵长褶皱，先端渐狭成长尖；叶基部边缘全缘，中部以上具细齿；中肋单一，长达叶尖。叶中部细胞线形，基部细胞卵圆形或方形。雌雄异株，内雌苞叶较长，有芒状尖。蒴柄细长，粗糙，略扭曲。孢蒴垂倾或平列，长卵形或长圆柱形，有时略弯曲。环带分化。蒴齿两层，等长。外齿层齿片狭长披针形，外侧密生横隔；内齿层近于完全分离，基膜低，齿条宽，中缝具穿孔，齿毛发育完整，有节瘤。蒴盖圆锥形，具短喙。孢子棕黄色，被疣。

3种。中国有2种。

耳叶斜蒴藓　　　　　　　　　　　　　　　图 1289

Camptothecium auriculatum (Jaeg.) Broth., Nat. Pfl. 2, 11: 353. 1925.

Brachythecium auriculatum Jaeg., Ber. S. Gall. Naturw. Ges. 1876–77: 340. 1878.

体形稍粗，长约10 厘米，匍匐或直立，不规则密分枝。茎叶长卵状披针形，长1.89–2.2毫米，宽0.68–0.81 毫米，先端渐狭，圆钝，常偏曲，叶基部下延，卵形或成耳状，具深褶皱；叶缘上部具粗齿，基部全缘；中肋纤细，达叶中部或中部以上。枝叶宽卵状长披针形，从三角状卵形的基部向上渐成锥状叶尖，基部呈心形或耳状，具褶皱；叶边常具细齿。叶中部细胞线形，末端锐尖，长35–52微米，宽5–8 微米，角部细胞分化不达中肋，长矩形，壁略增厚，疏松。蒴柄具疣，长约1–1.5 厘米。孢蒴长椭圆形，下垂。

产陕西、甘肃、新疆、浙江、江西、四川、云南和西藏，生于土

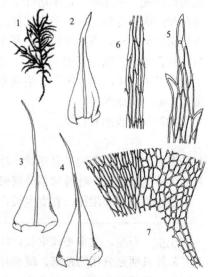

图 1289 耳叶斜蒴藓（王幼芳、王庆华绘）

表、石上或树干。日本有分布。

1. 植物体(×1), 2. 茎叶(×19), 3-4. 枝叶(×19), 5. 枝叶尖部细胞(×292), 6. 叶中部细胞(×292), 7.叶基部细胞(×200)。

2. 毛青藓属 Tomenthypnum Loeske

体形较粗壮，黄绿色至黄褐色，挺硬。茎匍匐，羽状分枝；枝直立，密被金黄褐色绒毛。茎叶与枝叶

同形，长披针形，挺硬，倾立或略偏曲，具强纵褶，长1.53–2.07毫米，宽0.36–0.57毫米，具细长毛尖；叶全缘；中肋细长，止于叶长度的3/4–4/5处，背面生有密集分枝的假根。叶上部细胞线形，长50–59微米，宽3.5–5微米，壁略增厚，叶基部细胞较短而宽，具壁孔；角部细胞甚少分化。雌雄异株，雌苞叶直立，狭披针形，具褶皱或条纹。蒴柄细长，红色，平滑。孢蒴长椭圆状圆柱形，橙褐色，下倾至平展，颈部短小，弯曲，两侧不对称，蒴口下部干燥时收缩。环带由3列细胞组成。蒴盖圆锥形，具尖喙。蒴齿外齿层齿片披针形，暗红褐色，下部具细横条纹，上部具疣，具边缘和横隔；内齿层黄褐色，具细疣，与外齿层齿片等长，齿条呈龙骨状，基膜较高，齿毛具3–4个节瘤。蒴帽平滑。

单种属。

毛青藓　　　　　　　　　　　　　　图 1290

Tomenthypnum nitens (Hedw.) Loeske, Deutschl. Bot. Monatschr. 20: 82. 1911.

Hypnum nitens Hedw., Sp. Musc. Frond. 255. 1801.

种的特征同属。

产黑龙江、辽宁、内蒙古和新疆。生于林下湿地或沼泽，常与其它藓类混生。主要分布北温带寒冷地区。

1. 植物体(×1)，2-3. 茎叶(×19)；4-5. 枝叶(×19)；6. 叶中部细胞(×292)；7.叶基部细胞(×292)。

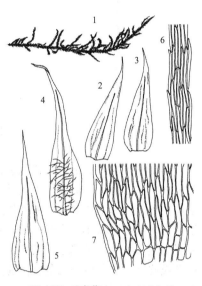

图 1290 毛青藓（王幼芳、王庆华绘）

3. 同蒴藓属 Homalothecium B. S. G

体形纤细至稍粗，黄褐色或绿色，干燥时具光泽，交织呈垫状。茎匍匐，枝密生；常具假鳞毛。枝常弯曲或直立。叶覆瓦状排列，宽卵形或披针形，先端锐尖或渐尖，常具2–4条皱褶；叶边全缘或具细齿；中肋单一，达叶长度的2/3。叶上部细胞线形或狭菱形，平滑或有时背部具不明显的前角突；叶基近中肋的细胞宽短，黄色，具壁孔，角部细胞小，近方形，有时呈短矩圆形。雌雄异株。雌苞叶长披针形。蒴柄较长，红色或橙红色，干时扭曲。孢蒴直立或下倾，矩圆状卵形至矩圆状圆柱形。环带分化。蒴齿外齿层齿片披针形，下部具横条纹，具分化边，背部具宽的横脊；内齿层具低矮或中等高度的基膜，齿条宽阔，龙骨状，具穿孔，齿毛具节瘤或齿毛缺失。蒴盖圆锥形，具斜喙。蒴帽兜形，平滑。

约10种。我国有2种。

白色同蒴藓　　　　　　　　　　　图 1291

Homalothecium leucodonticaule (C. Müll.) Broth., Nat. Pfl. 1 (3): 1135. 1908.

Ptychodium leucodonticaule C. Müll., Nuov. Giorn. Bot. Ital. n. ser. 4: 268. 1897.

植物体稍粗，黄绿色，略具光泽，紧密交织生长。茎匍匐，密集分枝，干燥时紧密覆瓦状，潮湿时直立伸展。枝圆条形，枝端圆钝或渐尖。茎叶宽卵状三角形，长2.25–2.45毫米，宽0.8–1.2毫米，常具2至多条纵褶，基部截形，先端锐尖；叶基部全缘，中部以上具细齿，先端

齿较明显；中肋长达叶先端。叶中部细胞线形，长52-70微米，宽4-5微米；角部细胞分化达中肋，方形或多边形，壁厚，不透明。枝叶与茎叶同形，略小。

产河南、江苏、浙江、安徽、江西、福建、湖南、云南和西藏，生于林下薄土。日本及朝鲜有分布。

1. 植物体(×1), 2. 枝叶(×19), 3. 茎叶(×19), 4. 叶尖部细胞(×200), 5. 叶中部细胞(×200), 6. 叶基部细胞(×200)。

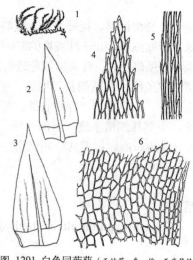

图 1291 白色同蒴藓（王幼芳、朱　俊、王庆华绘）

4. 褶叶藓属 Palamocladium C. Müll.

体形略显粗壮，绿色、黄绿色，具光泽，干燥时稍挺硬，疏松交织生长。主茎匍匐，着生假根；不规则羽状分枝，枝上倾。叶倾立，干燥时常略镰刀状弯曲，披针形至卵状披针形，基部圆钝，向上渐狭成长尖，多具皱褶；先端边缘通常具齿，基部具细齿；中肋单一，达叶先端下。叶细胞长椭圆形、线形或虫形，壁厚，常具壁孔；角部细胞较小，方形，分化明显。雌雄异株。雌苞叶长披针形，先端渐尖或急呈细尖。蒴柄长，红色，平滑。孢蒴直立，长椭圆状圆柱形，颈部短，平滑。环带分化。外齿层齿片披针形，具疣，下部具横条纹，无横脊或略具横脊；内齿层黄色，具高基膜，齿条龙骨状，具细疣，齿毛发育、缺失或退化。蒴盖具长喙，基部圆锥形。蒴帽无毛。

4种。中国有2种。

褶叶藓   图 1292

Palamocladium nilgheriense (Mont.) C. Müll., Flora 82: 465. 1896.

Isothecium nilgheriense Mont., Ann. Sc. Nat. Bot. Ser. 2, 17: 246. 1842.

体形粗壮，黄绿色，具光泽，紧密交织生长。茎匍匐，密集分枝；

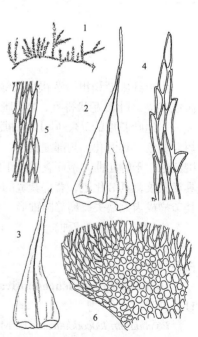

枝长约3厘米，枝端渐尖，直立或弯曲，单一或再分枝。茎叶与枝叶同形，长卵状披针形，长1.9-2.3毫米，宽0.7-0.9毫米，具长尖，干燥时具多数纵褶，叶基部近于心形；叶边平直，先端具粗齿，中部细齿，基部全缘；中肋纤细，消失于叶先端。叶中部细胞线形，长48-65微米，宽5-6微米，基部近中肋处有几列椭

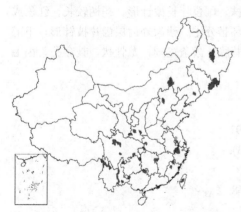

圆形细胞，角部细胞小，呈圆形或多边形，壁厚，形似松散的细胞团。雌雄异株。雌苞叶披针形。蒴柄长1.2-1.6厘米，平滑，红棕色。孢蒴直立，长椭圆状圆柱形。蒴齿两层；外齿层齿片黄色或褐色，先端具疣，下部具条纹；内齿层齿条与外层齿片等长，基膜高，齿毛发育。蒴盖具

图 1292 褶叶藓（王幼芳、朱　俊、王庆华绘）

斜喙。蒴帽兜形，无毛。

产黑龙江、吉林、辽宁、内蒙古、河北、陕西、江苏、安徽、浙

江、台湾、福建、湖北、湖南、广西、贵州、四川和云南，常生于岩面或树基。日本、朝鲜及菲律宾有分布。

细胞(×200)，6.叶基部细胞(×200)。

1. 植物体(×1)，2. 枝叶(×19)，3. 茎叶(×19)，4. 叶尖部细胞(×200)，5. 叶中部

5. 青藓属 Brachythecium B. S. G.

植物体平展，绿色、黄绿色或淡绿色，常具光泽，交织成片生长。茎匍匐，有时倾立、直立，或呈弧形弯曲；规则羽状分枝或不规则羽状分枝。茎叶与枝叶异形或同形。茎叶宽卵形、卵状披针形或三角状心脏形，先端急尖或渐尖，基部呈心脏形，下延或不下延。叶边下部全缘或上部有齿；中肋单一，细弱或强劲，长达叶中部以上，稀近叶尖。叶中部细胞长菱形或线形，平滑；基部细胞较短，排列疏松，近方形或矩形。枝叶多呈披针形或阔披针形。雌雄同株或异株，内雌苞叶较长，具细长尖。蒴柄平滑或有疣。孢蒴倾立或平横，少数直立，椭圆形，少数呈弓形弯曲，环带分化。蒴齿两层，等长。外齿层齿片下部有横纹，上部有疣，具密生横隔；内齿层齿条披针形，具穿孔，齿毛具节瘤。蒴盖圆锥形，圆钝或具短喙。孢子细小，黄色或棕黄色，平滑或具疣。

约100余种。我国有43种。

1. 茎叶和枝叶中肋长达叶尖或近叶尖。
  2. 中肋长达叶先端，及顶 ·· 12. **长肋青藓 B. populeum**
  2. 中肋不达叶先端。
    3. 叶平展，不具纵褶 ·· 3. **曲枝青藓 B. dicranoides**
    3. 叶内凹，具纵褶。
      4. 茎叶呈三角形，基部平截 ·································· 14. **羽状青藓 B. propinnatum**
      4. 茎叶呈阔披针形，基部心脏形 ·································· 18. **褶叶青藓 B. salebrosum**
1. 茎叶和枝叶中肋长达叶中部或略超过叶中部。
  5. 植物体形小，长2–4厘米以下。
    6. 茎叶和枝叶镰状偏曲 ·· 19. **绒叶青藓 B. velutinum**
    6. 茎叶和枝叶不呈镰状偏曲。
      7. 叶基截形 ·· 15. **青藓 B. pulchellum**
      7. 叶基心脏形。
        8. 叶先端锐尖。
          9. 叶基不膨大，下延不明显 ·································· 7. **同枝青藓 B. homocladum**
          9. 叶基膨大，下延 ·································· 16. **溪边青藓 B. rivulare**
        8. 叶先端渐尖或急尖。
          10. 叶先端急尖。
            11. 叶基不下延，角部细胞分化不明显 ·················· 5. **圆枝青藓 B. garovaglioides**
            11. 叶基下延，角部细胞分化明显 ·················· 6. **粗枝青藓 B. helminthocladum**
          10. 叶先端渐尖、长渐尖或呈长毛尖。
            12. 茎叶先端扭曲 ·································· 8. **皱叶青藓 B. kuroishicum**
            12. 茎叶先端不扭曲。
              13. 叶先端背仰 ·································· 2. **勃氏青藓 B. brotheri**
              13. 叶先端不背仰 ·································· 9. **柔叶青藓 B. moriense**
  5. 植物体中等大小至形大，长4厘米以上。
    14. 茎叶平展，叶先端短渐尖，叶基不下延。
      15. 具叶的枝扁平 ·· 1. **灰白青藓 B. albicans**

1. 灰白青藓

图 1293

Brachythecium albicans (Neck. ex Hedw.) B. S. G., Bryol. Eur. 6: 23. 553. 1853.

Hypnum albicans Neck. ex Hedw., Sp. Musc. Frond. 251. 1801.

体形中等大小，长4–5 厘米，灰绿色或黄绿色，略具光泽，疏松交织成片。茎匍匐或斜生，枝长0.7–1.0 厘米，圆条形，干燥时叶不紧贴。茎叶卵状披针形，长1.53–1.71毫米，宽0.45–0.61 毫米，叶基下延不明显，先端渐尖或锐尖；叶边全缘。枝叶潮湿时伸展，长卵形至卵状披针形，略具褶皱，先端锐尖或渐尖；叶边全缘或先端具细齿，叶基下延不明显；中肋长达叶中部或中部以上。叶上部和中部细胞狭菱形，长40–80微米，宽5–7 微米，角部细胞近于方形，分化达中肋。雌雄异株。蒴柄长1.5–2.2 厘米，红褐色，平滑。孢蒴长1–1.5 毫米，矩圆形，不对称，垂倾或平展。

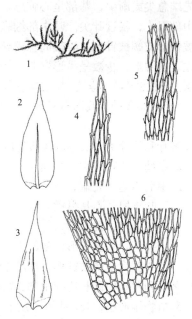

图 1293 灰白青藓（王幼芳、王庆华绘）

环带由2列细胞组成。齿毛2–3。蒴盖圆锥形，具短尖。孢子具细疣。

产陕西、四川、云南和西藏，生于石上、树干和水边。美国、加拿大、俄罗斯（高加索地区）、格陵兰、欧洲及新西兰有分布。

1. 植物体(×0.5)，2–3. 叶片(×19)，4. 叶尖部细胞(×200)，5. 叶中部细胞(×200)，6. 叶基部细胞(×100)。

2. 勃氏青藓

图 1294

Brachythecium brotheri Par., Ind. Bryol. 2: 139. 1904.

茎匍匐，稀疏或密分枝。枝单一，或具小分枝。茎叶干燥或潮湿时均倾立或背卷，阔卵形，长1.35–1.94毫米，宽0.56–0.86毫米，具皱褶，先端常扭曲，具狭长叶尖，基部阔心形，下延；叶边全缘或具稀疏齿；中肋细弱，止于叶中部。枝叶潮湿时或干燥时均倾立，阔披针形，先端略扭曲，叶基阔心脏形，下延；基部边缘常背卷，上部具齿，下部具细齿；中肋长达叶片的1/2至2/3处。叶中部细胞线形，长45–80微米，宽7–9微米，薄壁；角部细胞膨大，长矩形或六角形，薄壁。雌苞叶披针

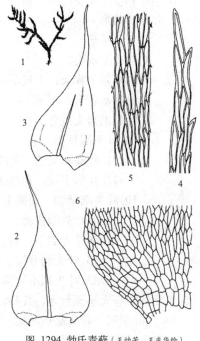

图 1294 勃氏青藓（王幼芳、王庆华绘）

形，无中肋，背卷。蒴柄短，粗糙。孢蒴垂倾，长椭圆形至卵形。蒴齿两层，内外齿层等长，齿毛2。蒴盖长圆锥形，具短喙。

产河北、陕西、四川和云南，土生和岩面生。日本有分布。

1. 植物体(×1)，2. 茎叶(×38)，3. 枝叶(×38)，4. 叶尖部细胞(×400)，5. 叶中部细胞(×400)，6. 叶基部细胞(×200)。

3. 曲枝青藓　　　　　　　　　　　　图 1295

Brachythecium dicranoides C. Müll., Nuov. Giorn. Bot. Ital. n. s. 5: 201. 1898.

植物体暗绿色，平铺交织生长。茎叶紧密覆瓦状排列，湿润时直立伸展。茎叶和枝叶同形。枝叶略小，常呈一侧偏曲，长卵形，内凹，长1.40–2.10毫米，宽0.6–0.8毫米，基部下延，先端常，渐尖，毛状；叶缘至叶尖部略内卷；中肋渐尖，达叶先端消失。叶细胞长30–42微米，宽7–9微米，角部细胞分化近于达中肋，疏松，多边形或长方形，薄壁。

中国特有，产陕西和西藏，土生。

1. 植物体(×1)，2. 茎叶(×38)，3. 枝叶(×38)，4. 叶尖部细胞(×400)，5. 叶中部细胞(×400)，6. 叶基部细胞(×200)。

4. 多枝青藓　　　　　　　　　　　　图 1296

Brachythecium fasciculirameum C. Müll., Nuov. Giorn. Bot. Ital. n. s. 4: 269. 1897.

体形稍大，规则羽状分枝，长6–8.5厘米。枝干燥时叶紧贴呈圆条形，长0.7–2厘米。茎叶阔卵形至三角状披针形，长1.20–1.60毫米，宽0.4–1毫米，内凹，先端形成长毛尖。枝叶卵状披针形，内凹，基部略下延，内卷，有2至多条纵褶。茎叶与枝叶叶边均全缘；中肋细长，达叶中部以上；角部细胞方形、多边形或矩形，分化达中肋。枝叶中部细胞狭菱形，长54–75微米，宽7微米。

中国特有，产吉林、辽宁、陕西、广西、四川和云南，常生于石上和树基。

1. 植物体(×1)，2. 茎叶(×50)，3. 枝叶(×50)，4. 叶中部细胞(×580)，5. 叶基部细胞(×250)。

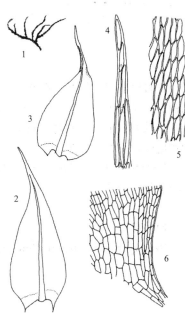

图 1295 曲枝青藓（王幼芳、王庆华绘）

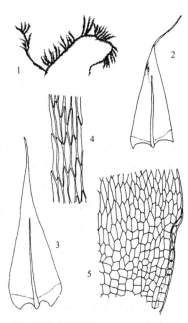

图 1296 多枝青藓（王幼芳、王庆华绘）

5. 圆枝青藓

图 1297

Brachythecium garovaglioides C. Müll., Nuov. Giorn. Bot. Ital. n. s. 4: 270. 1897.

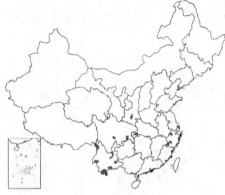

植物体形大，淡黄绿色。主茎匍匐，不规则分枝；叶在茎或枝上排列疏松，枝略扁平，单一或上部具少数小枝。茎叶长卵形至长椭圆形，上部常具不规则纵褶；急成长毛尖，长2.5–3.5毫米，宽0.9–1.4毫米，内凹；上部边缘具细齿，基部全缘；中肋纤细，达叶中部以上。枝叶与茎叶同形，略小。叶中部细胞线形，长100–165微米，末端锐尖，角部细胞矩形，分化达中肋。

产陕西、浙江、福建、湖北、四川和云南，常生于树干、石面、土壁和地面。日本有分布。

1. 植物体(×1)，2. 叶片(×24)，3. 叶中部细胞(×400)，4. 叶尖部细胞(×400)，5. 叶基部细胞(×200)。

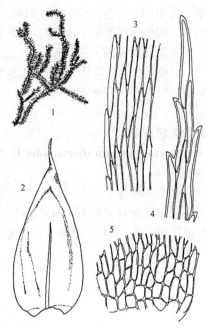

图 1297 圆枝青藓（王幼芳、王庆华绘）

6. 粗枝青藓

图 1298

Brachythecium helminthocladum Broth. et Par., Rev. Bryol. 31: 63. 1904.

体形中等大小，黄绿色，不规则多回分枝。枝密生叶，圆条形。茎叶干燥时紧贴茎，潮湿时伸展，阔卵形至长卵形，长1.8–2.6毫米，内凹，略具褶皱；先端急尖或渐尖，形成毛状叶尖；叶基略下延；叶缘平直，上部具细齿，下部全缘；中肋延伸近叶中部。枝叶大于茎叶，长卵形或矩圆状卵形，叶尖常扭曲。叶中部细胞近于线形，长53–75微米，宽7–8微米，末端圆钝，薄壁；角部细胞分化明显，细胞略膨大，长六角形至矩形。雌苞叶背卷。蒴柄平滑。孢蒴狭矩圆形至圆柱形。蒴盖圆锥形。蒴齿两层；内齿层较外齿层短。

产黑龙江、辽宁、内蒙古、陕西、浙江、安徽、贵州、四川和云南，生于岩石、土面或树基。日本有分布。

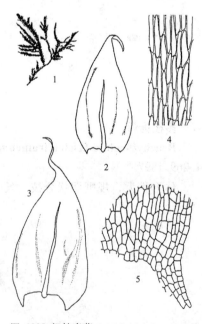

图 1298 粗枝青藓（王幼芳、朱俊、王庆华绘）

1. 植物体(×1)，2. 茎叶(×38)，3. 枝叶(×38)，4. 叶中部细胞(×400)，5. 叶基部细胞(×200)。

7. 同枝青藓

图 1299

Brachythecium homocladum C. Müll., Nuov. Giorn. Bot. Ital. n. s. 3: 126. 1896.

植物体长3.5–5厘米，黄绿色，具光泽，大片交织生长。茎

和枝呈圆条形。枝长2–2.5厘米，末端渐尖，向一侧偏曲。茎叶椭圆状卵形，紧密覆瓦状排列，湿润时伸展，长1.76–2.0毫米，内凹，叶基明显下延，叶先端略偏曲，钝尖；叶边尖部具细齿；中肋基部宽，向上渐尖，至叶的1/2–3/4处消失。枝叶与茎叶同形，略狭窄；叶中部和基部边缘常内卷。叶尖部细胞菱形，中部细胞长57–60微米，宽6–8微米，长菱形至线形，末端锐尖，角部细胞方形至矩形，分化至中肋。

中国特有，产陕西，生于岩面薄土。

1. 植物体（×1），2. 茎叶（×38），3. 枝叶（×38），4. 叶尖部细胞（×400），5. 叶中部细胞（×545），6. 叶基部细胞（×250）。

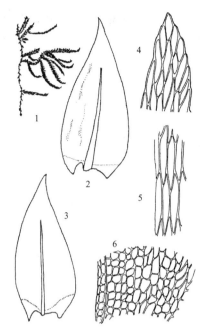

图 1299 粗枝青藓（王幼芳、王庆华绘）

8. 皱叶青藓　　　　　　　　　　图 1300

Brachythecium kuroishicum Besch., Ann. Sc. Nat. Bot. Ser. 7, 17: 373. 1893.

体形纤细，长5–7厘米，不规则分枝。茎叶卵状三角形，长1–1.6毫米，内凹，具褶皱，先端急尖，常扭曲呈鹅颈状，基部阔心形；叶边缘平直，全缘；中肋达叶中部。枝叶卵状披针形或狭披针形，叶尖毛状，直立或偏曲。叶中部细胞斜菱形或近线形，长45–60微米，宽6–8微米，末端圆钝，壁薄；基部细胞方形或矩形，形成明显的角部。雌雄异株。雌苞叶披针形，无中肋。蒴柄长0.8–1厘米，平滑。孢蒴垂倾或近于直立，矩圆形或矩圆柱形，具明显的台部。蒴齿两层；内齿层与外齿层等长，齿条具宽阔的穿孔、齿毛短。蒴盖圆锥形，具短喙。

产内蒙古、陕西、福建、贵州、四川和云南，常生于路边石上、土表或树干。日本有分布。

1. 植物体（×1），2. 茎叶（×38），3. 枝叶（×38），4. 茎叶中部细胞（×400），5. 枝叶中部细胞（×400），6. 叶基部细胞（×200）。

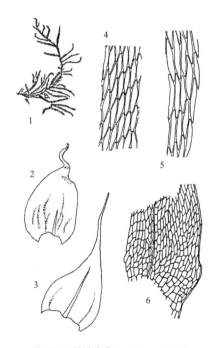

图 1300 皱叶青藓（王幼芳、王庆华绘）

9. 柔叶青藓　　　　　　　　　　图 1301

Brachythecium moriense Besch., Ann. Sc. Nat. Bot. Ser. 7, 17: 375. 1893.

植物体长4–5厘米以上，主茎柔弱，不规则羽状分枝；枝长短不一，长的分枝可达2厘米以上。茎叶干燥时紧贴，卵形或三角状卵形，长1.5–1.8毫米，先端急尖成长毛尖，无褶皱或稀内凹；叶上部边缘具圆钝齿；中肋达叶中部。枝叶卵状披针形，小于茎叶，内凹；中肋达叶中部或超过叶中部。叶中部细胞狭菱形或近于线形，长55–80微米，宽7–10微米，末端圆钝，薄壁；角部细胞分化明显，方形或矩形，延伸至中肋。雌苞叶长2毫米，披针形，具毛状叶尖。蒴柄长1.0–1.5厘米，平滑。孢蒴卵形至长椭圆形，悬垂。

产河北、陕西、江西、云南和西藏，常生于石上或土上。日本有分布。

1. 植物体（×1），2. 茎叶（×38），3. 枝叶（×38），4. 叶中部细胞（×400），5. 叶基部细胞（×200）。

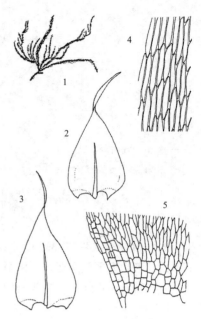

图 1301 柔叶青藓（王幼芳、朱 俊、王庆华绘）

10. 疣柄青藓

图 1302

Brachythecium perscabrum Broth., Symb. Sin. 4: 107. 1929.

体形纤细，黄绿色，略具光泽，交织生长。茎长约2厘米，不规则羽状分枝；枝长1厘米左右，单一或再分枝。茎叶阔卵形，长1–1.4毫米，先端常扭曲，叶基明显下延；中肋强劲，近于达叶尖；角部细胞分化明显，由边缘延伸至中肋。枝叶卵状披针形，叶基强烈收缩，略下延，先端渐呈毛状；叶边全缘；叶中部细胞线形，长70–86微米。蒴柄长1.5–1.8厘米，具疣。孢蒴椭圆形，弓形弯曲，栗色。蒴齿两层；外齿层齿片上部具横列或斜列的细条纹；内齿层有发达的基膜，齿条与齿毛等长。

中国特有，产内蒙古和云南，石壁生长。

1. 植物体（×1），2. 茎叶（×60），3. 枝叶（×60），4. 叶基部细胞（×255），5. 蒴齿（×128）。

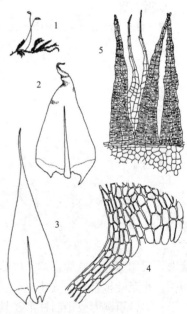

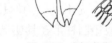

图 1302 疣柄青藓（王幼芳、杨丽琼、王庆华绘）

11. 羽枝青藓

图 1303

Brachythecium plumosum (Hedw.) B. S. G., Bryol. Eur. 6: 8. t. 537. 1853.

Hypnum plumosum Hedw., Sp. Musc. Frond. 257. 1801.

植物体淡绿色，略具光泽。主茎匍匐，羽状分枝或不规则羽状分枝；枝直立，单一，密生叶。茎叶直立伸展，卵状披针形，先端渐尖，长1.80–1.85毫米，内凹，具2条纵褶；叶边平直，全缘或上部具细齿；中肋略超出叶中部。枝叶干燥时倾立，卵状披针形，渐成一细长尖，内凹，基部收缩，常有2条弧形褶皱。茎叶中部细胞线形，长80–90微米，宽7–8微米，薄壁；基部细胞较短而宽，矩形；角部细胞分化明显，方形或短矩形。雌雄异株。雌苞叶披针形。孢蒴悬垂，长椭圆形。蒴齿两层，等长；齿片长0.5

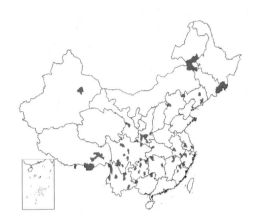

毫米；齿条穿孔宽，齿毛丝状，具节瘤。蒴盖圆锥形。

产黑龙江、吉林、辽宁、内蒙古、河北、山东、陕西、甘肃、新疆、江苏、安徽、浙江、福建、江西、湖北、湖南、广西、贵州、四川、云南和西藏，生于土表、岩面薄土或树干。北半球广泛分布。

1. 植物体(×1)，2-3. 茎叶(×38)，4. 枝叶(×38)，5. 叶基部细胞(×400)，6. 叶尖部细胞(×400)，7. 叶中部细胞(×400)。

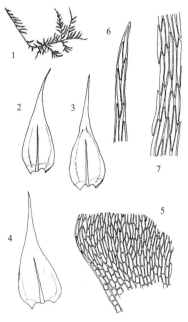

图 1303 羽枝青藓（王幼芳、杨丽琼、王庆华绘）

12. 长肋青藓 图 1304

Brachythecium populeum (Hedw.) B. S. G., Bryol. Eur. 6: 7. t. 535. 1853.

Hypnum populeum Hedw., Sp. Musc. Frond. 270. 1801.

暗绿色，略具光泽。茎匍匐，羽状分枝；枝斜倾，单一，干燥时多少圆条形，渐尖。茎叶卵状三角形，先端渐尖，长1.4-1.6毫米，平展或内凹，略具褶皱，叶基平截；叶边全缘或具细齿；中肋粗壮，达叶尖。枝叶狭披针形，最宽处近叶基部，基部心脏形或截形。叶中部细胞长斜菱形或近线形，长36-55微米，宽6-7微米，角部细胞近于方形至矩形，壁略增厚。雌雄异株。雌苞叶披针形，中肋弱。蒴柄长1-1.5厘米，红褐色，上部粗糙，下部平滑。孢蒴长椭圆形，红褐色。外齿层齿片长0.45毫米，与内齿层齿条和齿毛等长。蒴盖圆锥形，具短喙。

产吉林、辽宁、河北、河南、陕西、新疆、山东、安徽、浙江、江西、湖北、湖南、四川和西藏，生岩面薄土。亚洲及欧洲广泛分布。

1. 植物体(×1)，2-4. 叶片(×38)，5. 叶中部细胞(×400)，6. 叶基部细胞(×200)。

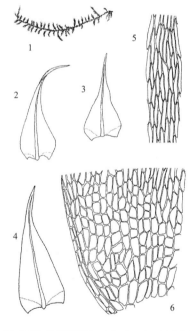

图 1304 长肋青藓（王幼芳、杨丽琼、王庆华绘）

13. 匍枝青藓 图 1305

Brachythecium procumbens (Mitt.) Jaeg., Ber. S. Gall. Naturw. Ges. 1876–77: 341. 1879.

Hypnum procumbens Mitt., Journ. Linn. Soc. Bot. Suppl. 1: 70. 1859.

植物体纤细或中等大小，黄绿色，略具光泽，紧密交织生长。主茎匍匐，弯曲，不规则斜生枝；枝单一或具分枝，圆条形。叶覆瓦状排列，直立伸展。茎叶阔卵形，内凹，具褶皱，先端具短毛尖。枝叶卵圆形至卵状披针形，长1.30–1.70毫米，宽0.54–0.72毫米，叶基下延，

具狭长尖；上部边缘具齿；中肋单一，达叶长度的2/3或3/4。叶中部细胞菱形至长菱形，长45–65微米，宽6–8微米；基部细胞排列疏松，角部细胞膨大，方形至矩形。雌雄异株。孢子体生于主茎。雌苞叶狭长，直立，先端背卷。蒴柄扭

曲，平滑，长约2厘米。孢蒴椭圆状圆柱形，背曲，斜倾。蒴盖短圆锥形。

产陕西、新疆、安徽、江西、云南和西藏，生于石灰岩岩面。朝鲜、日本及尼泊尔有分布。

1. 植物体(×1)，2. 茎叶(×38)，3. 枝叶(×38)，4. 叶中部细胞(×400)，5. 叶基部细胞(×100)。

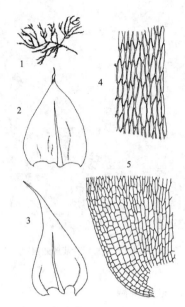

图 1305 匍枝青藓（王幼芳、杨丽琼、王庆华绘）

14. 羽状青藓　　　　　　　　　　　图 1306

Brachythecium propinnatum Redf., Tan et S. He, Journ. Hattori Bot. Lab. 79: 184. 1996.

体形中等大小，深绿色或黄绿色，具光泽，紧密成片生长。茎匍匐，长3–5厘米，稀疏生褐色假根；枝长0.7–1.5厘米，密生叶，连叶枝直径约1毫米，单一或再分枝，先端渐尖。叶干燥时紧贴，潮湿时伸展。茎叶卵状三角形，具多条纵长深褶，基部宽阔下延，近于心脏形，先端渐尖呈毛状，长1.85–2.25毫米，宽0.68–0.86毫米；叶边全缘或具微齿，基部反卷；中肋达叶长度的4/5或消失于叶尖。叶中部细胞线形，末端尖锐，长65–90微米，宽5微米；基部细胞排列疏松，角部细胞矩形或方形，透明。枝叶较小，卵状披针形，具较少褶皱，基部心脏形。雌苞叶披针形，先端具长毛尖；全缘；中肋不明显。蒴柄红色，长1.5–2厘米，平滑。

产吉林、陕西、安徽和四川，生于石灰岩岩面。日本有分布。

1. 植物体(×1)，2. 枝叶(×38)，3-4. 茎叶(×38)，5. 叶中部细胞(×400)，6. 叶基部细胞(×200)。

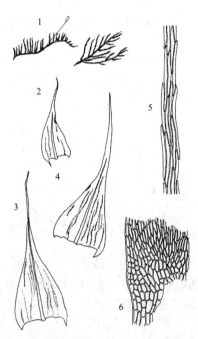

图 1306 羽状青藓（王幼芳、杨丽琼、王庆华绘）

15. 青藓　　　　　　　　　　　　　图 1307

Brachythecium pulchellum Broth. et Par., Rev. Bryol. 31: 63. 1904.

体形甚小，具光泽，匍匐。主茎长约2厘米，稀疏分枝；枝单一，长约0.5厘米，密生叶。茎叶披针形至卵状披针形，先端渐尖或具长毛尖，内凹，叶基平截或略下延，具褶皱；叶中、下部边缘具细齿，上部近于全缘；中肋达叶中部。枝叶狭卵状披针形，略不对称，叶基狭窄，先端渐尖；中肋达叶中部以上。叶中部细胞狭菱形，末端钝，多少呈蠕虫形，长40–60微米，宽5-6微米，薄壁；角部细胞分化明显，矩形或六角形。雌苞叶披针形，无中肋。蒴柄长1.5–2.0厘米，平滑。孢蒴悬

垂，椭圆状圆柱形。

产黑龙江、吉林、辽宁、内蒙古、陕西、山东、湖北、湖南、贵州、四川和云南，生于树干和岩面。日本有分布。

1. 植物体(×1)，2. 茎叶(×38)，3-4. 枝叶(×38)，5. 叶中部细胞(×400)，6. 叶基部细胞(×400)。

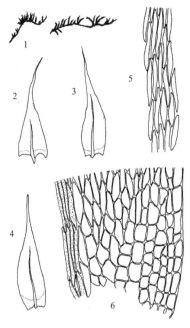

图 1307 青藓（王幼芳、杨丽琼、王庆华绘）

16. 溪边青藓 图 1308

Brachythecium rivulare B. S. G., Bryol. Eur. 6: 17. t. 546. 1853.

体形大，茎弯曲，枝斜出，长可达5-10厘米，渐尖。茎叶干燥时贴茎，潮湿时伸展，阔卵形，长1.5-2.1毫米，宽1.1-1.20毫米，先端宽阔，锐尖，基部明显下延，内凹，平展或略具褶皱；叶边全缘或中部以上具小圆齿；中肋较弱，达叶中部或略超过叶中部。枝叶卵形，较小于茎叶，长1-1.7毫米。叶中部细胞线形，末端尖锐，长80-120毫米，宽5-10微米，薄壁；角部细胞膨大，矩圆形或长六角形，薄壁，形成明显宽阔的角部。雌雄异株或同株。雌苞叶无中肋，基部平截，先端渐尖。蒴柄红褐色，具疣。孢蒴垂倾，长圆柱形，无蒴台。外齿层与内齿层等长；齿条具穿孔，齿毛2，略短于齿条。蒴盖圆锥形，具短喙，褐色。

产黑龙江、吉林、辽宁、内蒙古、河北、河南、陕西、新疆、安徽、浙江、福建、湖北、四川和云南，生于岩面、溪边石上。亚洲、欧洲、南美洲及北美洲有分布。

1. 植物体(×1)，2. 茎叶(×24)，3. 枝叶(×24)，4. 叶基部细胞(×128)，5. 雌苞叶(×24)，6. 孢蒴(×40)。

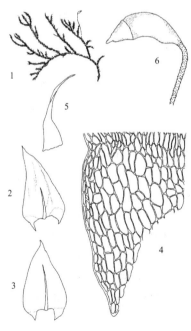

图 1308 溪边青藓（王幼芳、王庆华绘）

17. 卵叶青藓 图 1309

Brachythecium rutabulum (Linn. ex Hedw.) B. S. G., Bryol. Eur. 6: 15, t. 543. 1853.

Hypnum rutabulum Linn. ex Hedw., Sp. Musc. Frond. 276. 1801.

体形稍大，主茎长5-8厘米或更长；分枝密集，单一或具小分枝，枝端渐尖。茎叶阔卵形，长为1.85-2.16毫米，宽0.95-1.67毫米，具狭而短的叶尖，基部阔心脏形，略下延，内凹，具褶皱；叶边具细圆齿，或近于全缘；中肋细弱，达叶长度的2/3。叶中部细胞阔菱形，长43-60微米，宽9-10微米，先端略锐尖，薄壁；近基部细胞疏松，菱形，壁略增厚，角部细胞方形至矩圆形。枝叶卵形至卵状披针形，先端渐尖。雌雄异株。蒴柄长1.5–2.0厘米，具疣。孢蒴卵形至倒卵形，悬垂，褐色；内齿层与外齿层等长。蒴盖锥形，具短喙。

产辽宁、陕西、安徽、浙江、湖北、湖南、贵州、四川、云南和西藏，生于树干、岩面和土表。喜马拉雅地区、俄罗斯、欧洲、叙利亚、阿尔及利亚及北美洲有分布。

1. 植物体(×1)，2. 枝叶(×38)，3. 茎叶(×38)，4. 叶尖部细胞(×400)，5. 叶中部细胞(×400)，6. 叶基部细胞(×100)。

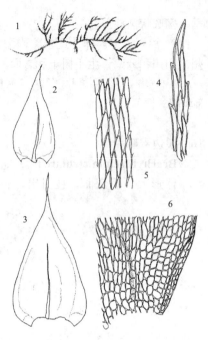

图 1309 卵叶青藓（王幼芳、王庆华绘）

18. 褶叶青藓

图 1310

Brachythecium salebrosum (Hoffm. ex Web. et Mohr) Schimp., Bryol. Europ. 6 : 20. 1853.

Hypnum salebrosum Hoffm. ex Web. et Mohr, Bot. Taschenbuch 312. 1807.

植物体粗大，黄绿色，略具光泽，紧密交织生长。茎匍匐，长3–5厘米，随处生棕色假根；羽状分枝，枝长短不一，弯曲向上生长。叶紧密排列，呈圆条形。茎叶宽卵状披针形，长1.8–1.9毫米，宽0.6–0.8毫米，先端渐尖成毛状，叶基宽阔，略下延，具2条深褶皱；叶边平直，全缘或先端具微齿；中肋纤细，超过叶长度的3/4或近于达叶尖。枝叶狭窄，长卵状披针形，

叶基收缩；中肋近于达叶尖处。叶中部细胞线形，长70–88微米，宽7–9微米；基部细胞排列疏松，角部细胞近于方形或矩形。蒴柄长1.6–2.0厘米，纤细，红色，平滑。孢蒴长圆柱形，2.8–3毫米，弓状弯曲。蒴齿两层；齿片上部具疣，下部具横条纹；齿条具细疣，具穿孔。

中国特有，产陕西、四川和云南，生于石上或土表。

1. 雌株(×1)，2–3. 叶(×38)，4. 叶基部细胞(×200)。

19. 绒叶青藓

图 1311

Brachythecium velutinum (Linn. ex Hedw.) B. S. G., Bryol. Eur. 6: 52. 1853.

Hypnum velutinum Linn. ex Hedw., Sp. Musc. Frond. 272. 1801.

体形纤细，黄绿色，略具光泽，紧密交织生长。茎匍匐，柔弱，长约2厘米，密集分枝；枝直立，短小，长0.4–1.0厘米，单一，先端钝，密生叶。茎叶卵状披针

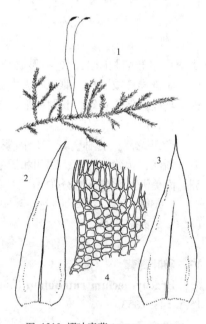

图 1310 褶叶青藓（吴鹏程、王庆华绘）

形，长0.95–1.23毫米，直立伸展，具不规则褶皱，先端渐尖；叶边具细齿；叶基宽阔，不下延或略下延；中肋细弱至叶中部消失。枝叶较狭窄，平展，少褶皱，呈镰状弯曲；叶边具明显锯齿。叶中部细胞线形，长104–148微米，宽8–9微米；角部细胞方形至椭圆形，分化

少，远不达中肋。蒴柄长约1厘米，具疣。孢蒴椭圆状圆柱形。蒴齿两层；内齿层齿条上部具疣，基膜高出，齿毛3，节瘤明显。

产吉林、辽宁、内蒙古、陕西、河南、山西、新疆、江苏、安徽、浙江、湖北、广西、贵州、四川、云南和西藏，常生于林下土表。亚洲、欧洲、非洲及美洲有分布。

1. 植物体(×1)，2. 茎叶(×25)，3. 枝叶(×25)，4. 叶尖部细胞(×292)，5. 叶基部细胞(×292)，6. 孢蒴(×12)，7. 蒴盖(×12)。

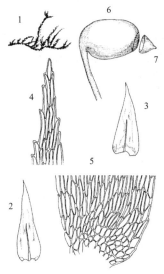

图 1311 绒叶青藓（王幼芳、王庆华绘）

6. 燕尾藓属 **Bryhnia** Kaur.

植物体纤细至中等大小，黄绿色或深绿色，略具光泽，紧密或疏松交织成片。茎匍匐，枝端向上斜倾，近于羽状分枝或少数种呈树状分枝。茎叶较枝叶略大，阔卵形或卵状披针形，先端锐尖、急尖或细长渐尖，叶基下延；叶边上部均被齿；中肋较粗壮，止于叶先端之下。叶上部细胞短椭圆状菱形至菱形，背部具前角突起，基部细胞较宽阔，角部细胞分化。雌雄异株。雌苞叶较大，基部宽阔，先端扭曲，呈毛尖。蒴柄长。孢蒴长椭圆状圆柱形，有时略弯曲，平滑，基部具少数小形气孔；外齿层齿片褐色至红褐色，下部具横条纹，上部色淡，具疣和横脊；内齿层淡黄褐色，基膜高，齿条呈龙骨状，具穿孔，具疣和节瘤。环带狭窄，分化明显。蒴盖圆锥形，具斜生的短喙。蒴帽无毛，或具疏毛。孢子球形。

约12种。中国有5种。

1. 叶卵形，先端锐尖，褶皱少；叶边中部以上具细齿 ⋯⋯⋯⋯⋯⋯⋯⋯⋯⋯⋯⋯⋯⋯ 1. **短枝燕尾藓 B. brachycladula**
1. 叶卵状披针形，先端渐尖，具2至多条纵褶；叶边全具齿。
  2. 茎叶基部收缩，略内凹；中肋达叶中部以上 ⋯⋯⋯⋯⋯⋯⋯⋯⋯⋯⋯⋯ 2. **燕尾藓 B. novae−angliae**
  2. 茎叶基部宽阔，不内凹；中肋长达叶尖 ⋯⋯⋯⋯⋯⋯⋯⋯⋯⋯⋯⋯ 3. **密枝燕尾藓 B. serricuspis**

1. 短枝燕尾藓   图 1312

Bryhnia brachycladula Card., Bull. Soc. Bot. Genève. Ser. 2, 4: 379. 1912.

体形中等大小，长6-10厘米，黄绿色，略具光泽。茎匍匐，不规则分枝；枝常单一，分枝少，圆条形。茎叶阔卵形，长1.22-1.30毫米，宽0.72-0.92毫米，先端锐尖或具小尖头，叶基略下延，内凹，具少数褶皱；叶边基部全缘，中部以上具细齿；中肋粗壮，达叶中部以

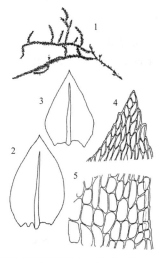

图 1312 短枝燕尾藓（王幼芳、杨丽琼、王庆华绘）

上。枝叶和茎叶同形，略小。叶上部细胞较短，阔菱形，中部细胞狭菱形或近线形，长47–58微米，宽6–9 微米，末端圆钝，薄壁，背部略具前角突；角部细胞分化明显，膨大，长六角形、椭圆形至矩圆形，壁略厚，无壁孔。雌苞叶披针形，无中肋。蒴柄褐色。蒴盖圆锥形。蒴帽黄色，平滑。

产陕西、安徽、云南和西藏，生于石面或土坡。日本有分布。

1. 植物体(×1)，2. 茎叶(×38)，3. 枝叶(×38)，4. 叶尖部细胞(×400)，5. 叶基部细胞(×400)。

2. 燕尾藓 　　　　　　图 1313
Bryhnia novae–angliae (Sull. et Lesq.) Grout，Bull. Torr. Bot. Cl. 25: 229. 1898.

Hypnum novae–angliae Sull. et Lesq., Musc. Bor. Am. 1: 73. 1856.

植物体形大，长6–8 厘米，匍匐，近于不规则羽状分枝或稀疏分枝。茎叶干燥时常扭曲，阔卵形，长1.17–1.58毫米，宽0.54–1.0 毫米，先端急狭成长尖，有时扭曲；叶基略下延，内凹，具两条纵褶；叶边具细齿或微齿；中肋较强劲，达叶中部以上。枝叶与茎叶同形，较小，卵状披针形，具褶皱；叶缘具细齿；中肋末端有时具不明显刺状突起。叶中部细胞狭菱形，长45–63微米，宽9–11 微米，薄壁，常有质壁分离的现象，叶基角部有明显界限，细胞膨大而透明，呈矩形至圆六角形。雌苞叶披针形，先端狭长，渐尖，无中肋。蒴柄红褐色，孢蒴椭圆状圆柱形。

产吉林、河北、陕西、新疆、江苏、安徽、福建、江西、湖北、湖南、四川、云南和西藏，生于石面、树干基部或土表。亚洲、欧洲及北美洲有分布。

1. 植物体(×1)，2-3. 茎叶(×38)，4. 枝叶(×38)，5. 叶尖部细胞(×400)，6. 叶中部细胞(×400)，7. 叶基部细胞(×200)。

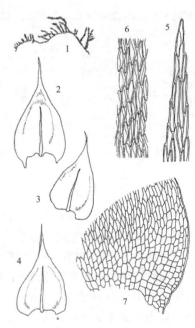

图 1313 燕尾藓（王幼芳、王庆华绘）

3. 密枝燕尾藓 　　　　　　图 1314
Bryhnia serricuspis (C. Müll.) Y. F. Wang et R. L. Hu, Acta Phytotax. Sin. 41 (3): 272. 2003.

Eurhynchium serricuspis C. Müll., Nuov. Giorn. Bot. Ital. n. s. 5: 197. 1898.

体形大，长6–8 厘米，淡绿色，疏松交织生长。主茎匍匐，柔弱；分枝密集，近于羽状，纤细，末端尾状渐尖，枝长0.5–1 厘米。茎叶排列疏松，阔卵状披针形，

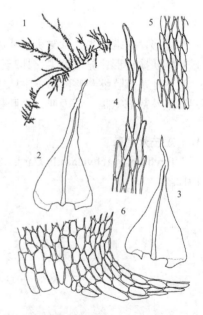

图 1314 密枝燕尾藓（王幼芳、杨丽琼、王庆华绘）

长1.30–1.54毫米，宽0.58–0.76 毫米，先端具长尖，叶基收缩，明显

下延；中肋发达，达叶尖，但不及顶；叶上部边缘具齿，下部具微齿。叶先端细胞呈狭菱形，中部细胞菱形，长24–39微米，宽4–6微米；角部细胞分化明显，椭圆形，不延伸至中肋。枝叶卵状披针形，叶先端较短，具齿。

中国特有，产内蒙古和陕西，生于溪边石面和树基。

1. 植物体(×1)，2. 枝叶(×38)，3. 茎叶(×38)，4. 叶尖部细胞(×400)，5. 叶中部细胞(×400)，6. 叶基部细胞(×400)。

7. 毛尖藓属 **Cirriphyllum** Grout

体形纤细或略粗壮，淡黄绿色或深绿色，大多具光泽，交织成片生长。茎匍匐至上倾，不规则分枝至近于规则羽状分枝；枝直立，呈圆条形或多少呈穗状。叶干燥时常覆瓦状排列，椭圆形或卵形，有时呈披针形，深内凹，无或略具褶皱，渐尖或急成长毛尖，叶基多少下延；叶边平直，全缘或具细齿；中肋单一，达叶长度的1/2–2/3。叶上部细胞线形，平滑；角部细胞方形至短矩形。雌雄异株。雌苞叶急成尖成一狭长的先端，基部呈鞘状。蒴柄长，多粗糙。孢蒴下倾至横生，长椭圆形至椭圆状圆柱形，不对称；外齿层齿片披针形，下部具横条纹，上部具疣和横脊；内齿层基膜高，具细疣，齿条龙骨状，具穿孔，齿毛具节瘤。环带分化。蒴盖圆锥形，具小尖头或长喙。蒴帽无毛。

约10种。我国有2种。

匙叶毛尖藓　　　　　　　　图 1315　彩片250

Cirriphyllum cirrosum (Schwaegr.) Grout, Bull. Torrey Bot. Cl. 25: 223. 1898.

Hypnum cirrosum Schwaegr. in Schultes, Reise Glockner 365. 1804.

茎不规则羽状分枝；枝直立伸展，单一。叶覆瓦状排列，长椭圆形，内凹，长2.30–2.70毫米，宽0.77–1毫米，略具褶皱，先端波曲，突趋窄成一细长毛尖；叶边上部具粗齿；中肋延伸至叶中部或中部以上。枝叶与茎叶同形，略小。叶中部细胞线形，末端圆钝，多少呈蠕虫状，长85–103毫米，宽6–8微米，薄壁；角部细胞六角形或长方形，排列疏松，分化明显。孢蒴长椭圆状圆柱形，倾立，不对称。蒴柄长1.5厘米，均被密疣。

产吉林、内蒙古、山西、陕西、甘肃、新疆、浙江、贵州、四川、云南和西藏，生于树干、石灰岩面、土表和腐木上。日本、俄罗斯、土

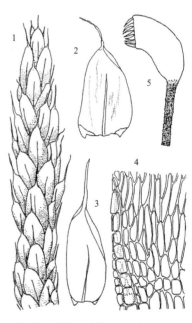

图 1315 匙叶毛尖藓（王幼芳、王庆华绘）

耳其及北美有分布。

1. 枝(×24)，2. 茎叶(×38)，3. 枝叶(×38)，4. 叶基部细胞(×400)，5. 孢蒴(×17)。

8. 鼠尾藓属 **Myuroclada** Besch.

体形大，鲜绿色，疏松成片长生。茎匍匐，随处生假根。枝直立或倾立，密被覆瓦状排列的叶，先端渐尖，呈鼠尾状。枝叶圆形或阔椭圆形，强烈内凹，基部心形，略下延，先端圆钝，有时具小尖头；叶边近于全缘，有时上部具细齿；中肋单一，渐尖，达叶中部。叶中部细胞菱形或长菱形，角部细胞长方形或六角形，壁薄或略增厚。雌苞叶卵状披针形，具小尖头。蒴柄长1–3厘米，红褐色，平滑。孢蒴倾立，长椭圆形，呈弓形

弯曲，红褐色，老时转黑色，具气孔及环带。外齿层齿片狭披针形，具细疣，基部具条纹；内齿层与外齿层等长，齿条龙骨状，上部毛状，具穿孔，齿毛2，较短。蒴盖具长斜喙。蒴帽兜形。孢子表面粗糙。

1种，温带地区广布。中国有分布。

鼠尾藓   图 1316

Myuroclada maximowiczii (Borszcz.) Steere et Schof., Bryologist 59: 1. 1956.

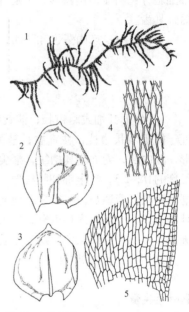

Hypnum maximowiczii Borszcz. in Maximowicz, Prim. Fl. Amur. 467. 1859.

种的特征同属。

产黑龙江、吉林、辽宁、陕西、江苏、浙江、江西、四川和云南，生于水沟旁石壁和岩面薄土。日本、朝鲜、俄罗斯、欧洲及北美洲有分布。

1. 植物体(×1), 2. 茎叶(×38),
3. 枝叶(×38), 4. 叶中部细胞(×400), 5. 叶基部细胞(×200)。

图 1316 鼠尾藓（王幼芳、杨丽琼、王庆华绘）

9. 尖喙藓属 Oxyrrhynchium (B.S.G.) Warnst.

体形中等大小，多纤细，稀粗壮，干燥时柔软或较硬挺，绿色或棕绿色。茎匍匐，具中轴；规则分枝。叶疏生至稍密集，茎叶和枝叶异形或仅大小有差异。茎叶直立至倾立，卵形，具长或短尖，略内凹；叶边具粗齿或细齿；中肋单一，达叶中部以上或近于达叶尖，背部末端具刺状突起。叶细胞线形，胞壁略厚；角部细胞短长方形，壁厚。枝叶椭圆形，渐尖或急尖，叶基不对称；叶边具粗齿；中肋末端成明显突起。雌雄异株，稀同株或杂株。雌苞叶先端突收缩成一长而反卷的毛尖。蒴柄长，红色，粗糙，稀平滑。孢蒴倾立至平列，卵形。环带分化。蒴齿两层，等长。蒴盖具长喙。蒴帽平滑无毛。孢子小，多数平滑，稀具疣。

7种。中国有5种。

1. 枝着生叶片呈圆条形；叶阔椭圆形；叶中部细胞菱形至近线形 ·· 1. **宽叶尖喙藓 O. hians**
1. 枝着生叶片扁平；叶狭椭圆形；叶中部细胞线形。
  2. 叶长椭圆形，叶边全具粗齿 ··· 2. **疏网尖喙藓 E. laxirete**
  2. 叶卵形，叶边上部具齿，下部近于平滑 ·· 3. **密叶尖喙藓 E. savatieri**

1. 宽叶尖喙藓   图 1317

Oxyrrhynchium hians (Hedw.) Lac., Ann. Mus. Bot. Lugd. Bat. 2: 299. 1866.

Hypnum hians Hedw., Sp. Musc. Frond. 272. 1801.

植物体形小，坚挺，不具光泽。主茎匍匐，常具稀疏分枝。枝单一，密生叶，略呈圆条形。茎叶稀疏，阔椭圆形，长约1.65毫米，宽1.0毫米，先端锐尖，具小尖头，基部略呈心形；叶边略背卷；中肋达叶尖下，先端背面具刺或缺失。枝叶狭椭圆形，长1.4毫米，宽0.7毫米，

渐尖；叶边具齿；中肋达叶尖下，先端背部亦具齿突。叶中部细胞长54–56微米，宽4–6 微米，长菱形或近线形，两端尖锐，薄壁；叶基部细胞长方形，壁略厚。雌苞叶披针形，具背卷的叶尖，无中肋。蒴柄红褐色，粗糙。孢蒴垂倾，红褐色，外齿层齿片狭披针形，黄色。蒴盖具长喙。

产黑龙江、吉林、辽宁、河南、陕西、山东、江苏、浙江、江西、湖北、贵州、四川和云南，生于土表、石面或树干。日本、俄罗斯及北美洲有分布。

1. 植物体(×1)，2-3. 茎叶(×38)，4. 枝叶(×38)，5. 叶尖部细胞(×400)，6. 叶中部细胞(×400)，7. 叶基部细胞(×400)。

2. 疏网尖喙藓

图 1318

Oxyrrhynchium laxirete Broth. in Card., Bull. Soc. Bot. Genève Ser. 2. 4: 380. 1912.

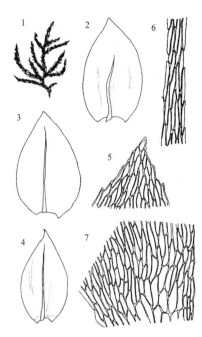

图 1317 宽叶尖喙藓（王幼芳、杨丽琼、王庆华绘）

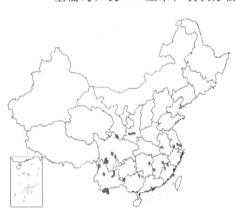

茎匍匐，长4–6 厘米；羽状分枝，枝扁平。茎叶疏生，长椭圆形，长0.92–1.04毫米，宽0.41–0.43 毫米，先端具小尖头；叶最宽处在中部或略低于中部处；叶边具齿；中肋粗壮，延伸至叶尖，先端背部具刺。枝叶与茎叶同形，略小。叶中部细胞线形，长52–80微米，宽4–6 微米；基部细胞渐宽，角部细胞长方形，分化明显。雌苞叶无中肋，背卷。蒴柄粗糙。

产陕西、江苏、安徽、福建、江西、湖南、广西、四川、云南和西藏。生于岩面薄土、林下土表。日本及朝鲜有分布。

1. 枝(×24)，2-3. 叶(×38)，4. 叶中部细胞(×400)，5. 叶基部细胞(×400)。

3. 密叶尖喙藓

图 1319 彩片251

Oxyrrhynchium savatieri Schimp. ex Besch., Ann. Sci. Nat. Bot. Ser. 7. 17: 378. 1893.

植物体纤细，淡绿色，具光泽，紧密交织生长。茎密集羽状分枝；枝扁平，末端钝，长0.5–1厘米。茎叶和枝叶同形，卵状披针形，长0.81–0.92毫米，宽0.28–0.44毫米，最宽处在叶基部；叶边平直，具细齿；中肋消失于叶尖，末端具刺状突起。

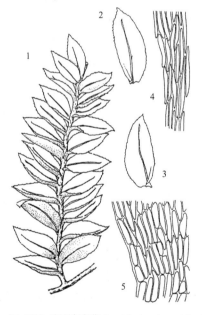

图 1318 疏网尖喙藓（王幼芳、杨丽琼、王庆华绘）

叶中部细胞线形，长47–95微米，宽4.5–5微米；角部细胞分化少，椭圆形至矩形。蒴柄长1–1.5厘米，粗糙，具疣，呈红褐色。孢蒴平展，圆柱形，干燥时口部强烈收缩。外齿层齿片上部具疣，下部具横条纹；内齿层具细疣。

产黑龙江、河南、陕西、新疆、山东、安徽、浙江、江西、湖北、湖南、广西、贵州、四川、云南和西藏，常生于土表、树基或岩面。日本有分布。

1. 植物体(×1)，2. 茎叶(×38)，3. 枝叶(×38)，4. 叶尖部细胞(×292.5)，5. 叶中部细胞(×292.5)，6. 叶边缘细胞(×292.5)，7. 叶基部细胞(×292.5)。

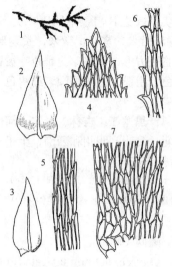

图 1319 密叶尖喙藓（王幼芳、杨丽琼、王庆华绘）

10. 美喙藓属 Eurhynchium B.S.G.

体形纤细或稍粗壮，淡绿色或深绿色，干燥时常具光泽，疏松或紧密交织生长。茎匍匐或倾立，不规则羽状分枝或呈树形；枝圆条形或扁平。茎叶和枝叶同形或异形；茎叶阔卵形或近于呈心脏形，内凹，常具褶皱，先端短渐尖、阔渐尖或具长尖，叶基略下延或明显下延；中肋达叶中部以上，背部先端常具刺状突起。叶细胞平滑，线形或近线形，基部细胞较宽短，角部细胞分化，方形或矩圆形。枝叶先端有时扭曲，叶尖部细胞常较中部细胞短，通常呈短菱形。雌苞叶长，基部鞘状，上部呈毛状，背仰。蒴柄长，粗糙或平滑。孢蒴下弯或平展，卵状圆柱形至圆柱形，颈部具气孔。外齿层齿片下部具横条纹，先端具疣，具分化的边缘或具横脊；内齿层具细疣与齿片等长，基膜高，齿条披针形，先端渐尖，龙骨状，具穿孔，齿毛多发育，具节瘤或附片。蒴帽平滑。

约50种。我国有10种。

1. 植物体树形分枝；叶肾形或宽卵状心形；叶中部细胞长菱形 ·············· **1. 树状美喙藓 E. arbuscula**
1. 植物体不呈树形分枝；叶卵状披针形至椭圆形；叶中部细胞线形 ·············· **2. 扭尖美喙藓 E. kirishimense**

1. 树状美喙藓   图 1320

Eurhynchium arbuscula Broth., Nat. Pfl. 1157. f. 816. 1909.

体形大，淡绿色至深绿色。主茎粗壮；分枝多，枝直立或倾立，枝上再产生多数羽状分枝，外观呈树形。茎叶疏生，长1.26–1.44毫米，宽0.9–1.13毫米，肾形或半圆形，略具褶皱，先端急尖成毛尖；叶边具细齿，基部略背卷；中肋纤细，达叶尖。叶中部细胞长菱形，长20–37微米，宽5–7微米，末端圆钝。枝叶阔心状卵形，长0.95–1.0毫米，宽0.63–0.72毫米，具短小尖；叶边具齿；中肋达叶尖下，背部先端具

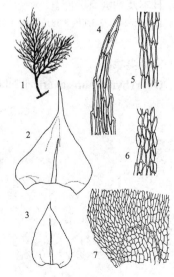

图 1320 树状美喙藓（王幼芳、杨丽琼、王庆华绘）

刺。叶中部细胞菱形，长20–25微米，宽6–7微米；基部细胞壁略增厚，角部细胞数多，圆形至多边形，透明，明显分化。雌苞叶披针形，先端明狭长尖，无中肋。蒴柄长2.5–3.0厘米，粗糙，成熟后呈黑色。孢蒴平列，卵状球形，台部收缩。外齿层齿片狭披针形；内齿层与外齿层等长，基膜高度约为齿条的1/2，具穿孔，齿毛2–3，短于齿条，具节瘤。蒴盖具长斜喙。孢子平滑。

产浙江、湖南、四川、云南和西藏，生于松林下腐木、岩面或土

2. 扭尖美喙藓 图 1321

Eurhynchium kirishimense Tak., Journ. Hattori Bot. Lab. 16: 34. f. 41. 1–10. 1956.

体形中等大小，长3–5厘米，密集垫状生长。茎匍匐，疏生叶；分枝少，呈圆条形，枝端渐尖。枝叶略呈覆瓦状排列，潮湿时伸展。茎叶和枝叶同形，茎叶略小，卵状披针形至长椭圆形，先端渐尖，常扭曲，内凹，长1.3–1.71毫米，宽0.61–0.77毫米；叶边具粗齿；中肋纤细，达叶长度的3/4–2/3，末端形成一尖刺。叶中部细胞线形，薄壁，长130–190微米，宽6微米，角部细胞分化不明显，矩圆形或近方形。蒴柄长1–1.2厘米，上部平滑，下部稀具疣。孢蒴倾立，长卵状球形。

产辽宁、山西、陕西、福建、湖南、广东、贵州和四川，生于岩

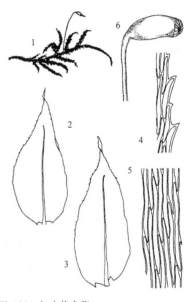

表。日本有分布。

1. 植物体(×1), 2. 茎叶(×38), 3. 枝叶(×38), 4. 叶尖部细胞(×400), 5. 茎叶中部细胞(×400), 6. 枝叶中部细胞(×400), 7. 叶基部细胞(×100)。

图 1321 扭尖美喙藓（王幼芳、杨丽琼、王庆华绘）

面、树干或腐木。日本有分布。

1. 植物体(×1), 2-3. 叶片(×35), 4. 叶边缘细胞(×400), 5. 叶中部细胞(×400), 6. 孢蒴(×12)。

11. 长喙藓属 Rhynchostegium B. S. G.

体形纤细至粗壮。茎匍匐，多呈不规则分枝。茎叶与枝叶近于同形，卵状披针形至阔卵形，或椭圆形，常内凹，先端渐尖，具长毛尖，或钝或具小尖头；叶边全缘或具齿；中肋延伸至叶中部或超过叶中部，先端背部无刺状突起。叶中部细胞狭长菱形至线形；角部细胞较短阔，呈矩形或方形。雌雄同株。雌苞叶基部呈鞘状，上部狭长，具毛尖。蒴柄红色，平滑。孢蒴倾立或平展，卵圆形，稍呈拱形弯曲，或呈规则的长圆柱形，干燥时口部收缩。蒴齿两层；外齿层齿片下部具横条纹，上部具疣，内面有横隔；内齿层基膜高，齿条披针形，具裂缝，齿毛具节瘤。蒴盖圆锥形，具喙。蒴帽平滑。孢子黄绿色，平滑或具细疣。

约130种。中国有10余种。

1. 叶圆形、卵形或卵状披针形；叶边均具齿或中部以上具齿。
  2. 叶卵形至卵状披针形，先端渐尖。
    3. 叶卵状披针形；叶细胞线形，长宽比约15:1 ·················· **1. 斜枝长喙藓 R. inclinatum**
    3. 叶卵形；叶细胞长菱形，长宽比约7:1 ·················· **2. 卵叶长喙藓 R. ovalifolium**
  2. 叶圆形至卵圆形，先端锐尖或具小尖头 ·················· **4. 水生长喙藓 R. riparioides**
1. 叶卵状披针形至阔卵状披针形；叶边具稀疏齿 ·················· **3. 淡叶长喙藓 R. pallidifolium**

1. 斜枝长喙藓

图 1322

Rhynchostegium inclinatum (Mitt.) Jaeg., Ber. S. Gall. Naturw. Gas. 1876–77: 366. 1878.

Hypnum inclinatum Mitt., Journ. Linn. Soc. Bot. 8: 152. 1864.

植物体匍匐，暗绿色，羽状分枝。枝条扁平。茎叶卵形至卵状披针形，长 1.50–1.90 毫米，宽 0.50–0.65 毫米；叶边均具齿，近基部齿小；中肋达叶长度的 3/4。枝叶小于茎叶，卵状披针形，先端锐尖，有时扭曲；叶边均具齿；中肋达叶长度的 3/4。叶中部细胞线形，长 70–80 微米，宽 4–6 微米，末端锐尖；叶基细胞排列疏松，呈矩圆形或六角形。雌苞叶披针形。蒴柄长 1.5–2 厘米。孢蒴垂倾，椭圆形，褐色；外齿层齿片呈三角状披针形；内齿层齿毛 2。蒴盖具弯曲的喙。孢子平滑。

产河南、陕西、安徽、广西、贵州、云南和西藏。生于树干或土表。日本有分布。

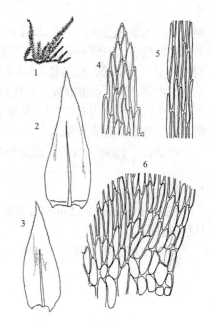

图 1322 斜枝长喙藓（王幼芳、王庆华绘）

1. 植物体（×1），2. 枝叶（×38），3. 茎叶（×38），4. 叶尖部细胞（×400），5. 叶中部细胞（×400），6. 叶基部细胞（×400）。

2. 卵叶长喙藓

图 1323

Rhynchostegium ovalifolium Okam., Journ. Coll. Sc. Imp. Univ. Tokyo 38 (4): 94. 1916.

体形粗壮，淡绿色。茎匍匐，不规则分枝；枝密生叶，钝端。茎叶阔卵形，长 1.58–1.90 毫米，宽 0.81–1.17 毫米，先端具小尖头，稀扭曲；叶边具齿，基部边缘略背卷；中肋达叶长度的 2/3。枝叶较小于茎叶，卵形。叶中部细胞长菱形，长 50–80 微米，宽 9–13 微米，细胞常质壁分离；角部细胞分化不明显，矩圆形和长矩形，排列疏松，横跨叶基，壁略增厚。雌苞叶披针形。蒴柄细长。外齿层齿片与内齿层齿条等长，齿毛 2。

产陕西、四川和云南，生于岩面。日本有分布。

1. 植物体（×1），2. 茎叶（×38），3. 枝叶（×38），4. 叶尖部细胞（×400），5. 叶基部细胞（×400）。

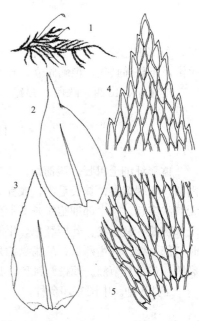

图 1323 卵叶长喙藓（王幼芳、杨丽琼、王庆华绘）

3. 淡叶长喙藓

图 1324

Rhynchostegium pallidifolium (Mitt.) Jaeg., Ber. S. Gall. Naturw. Ges. 1876–77: 369. 1878.

Hypnum pallidifolium Mitt., Journ. Linn. Soc. Bot. 8: 153. 1864.

体形中等大小，匍匐交织生长。茎疏生叶，紧密或稀疏分枝；枝扁平着生叶片，长约1厘米，单一或具少数小枝。茎叶阔卵状披针形，先端渐尖，长2.16–3.15毫米，宽1.08–1.22毫米；上部边缘具疏齿；中肋达叶长度的1/2–2/3。枝叶长椭圆形，先端有时扭曲；叶缘具疏齿；中肋延伸至叶长度的

2/3。叶中部细胞线形，长110–175微米，宽8–10微米，叶基部细胞呈矩圆形，排列疏松。雌苞叶披针形，略具褶皱。蒴柄弯曲，红褐色。孢蒴斜倾，椭圆形；外齿层齿片披针形；内齿层齿条与齿毛等长。

产黑龙江、吉林、河南、陕西、甘肃、新疆、江苏、安徽、浙江、江西、湖北、广东、香港、贵州、四川、云南和西藏，生于岩面薄土和树基。日本有分布。

1. 植物体（×1），2-3. 叶（×38），4. 叶尖部细胞（×400），5. 叶中部细胞（×400），6. 叶基部细胞（×200）。

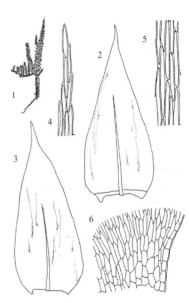

图 1324 淡叶长喙藓（王幼芳、王庆华绘）

4. 水生长喙藓　　　　图 1325　彩片252

Rhynchostegium riparioides (Hedw.) Card. in Tourret, Bull. Soc. Bot. France 60: 231. 1913.

Hypnum riparioides Hedw., Sp. Musc. 242. 1801.

植物体暗绿色。茎匍匐，叶稀疏生长，有时露裸无叶；稀疏分枝，枝直立或倾立，单一或具少数小枝，枝上叶密生。茎叶和枝叶同形，枝叶略小。叶阔卵形至近圆形，长1.32–1.58毫米，宽0.77–1.40毫米，先端具小尖头，圆钝，基部收缩，略背卷；叶边均具细齿，平展或波状皱褶；中肋达叶中部

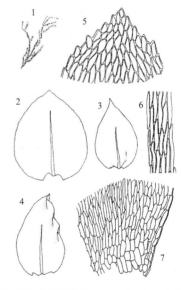

图 1325 水生长喙藓（王幼芳、杨丽琼、王庆华绘）

形，具短而弯曲的喙。蒴帽兜形。

产吉林、辽宁、陕西、江苏、浙江、湖北、湖南、广东、广西和四川，生于石上。广泛分布北半球。

1. 植物体（×1），2. 茎叶（×19），3-4. 枝叶（×19），5. 叶尖部细胞（×200），6. 叶中部细胞（×200），7. 叶基部细胞（×100）。

以上。叶上部细胞较短，斜菱形，中部细胞线形至狭菱形，长68–100微米，宽6–7微米，壁薄，角部细胞长矩圆形至椭圆形。雌雄同株。雌苞叶披针形，中肋明显。蒴柄长1厘米，平滑，红褐色。孢蒴垂倾，椭圆形，深绿色。外齿层与内齿层等长；齿条具穿孔，齿毛短。蒴盖圆锥

12. 细喙藓属 Rhynchostegiella (B. S. G.) Limpr.

植物体纤细或中等大小，绿色或黄绿色，具光泽，匍匐成片生长。茎柔弱，具多数假根，不规则分枝或

近于羽状分枝；枝短，密生叶，叶在枝上扁平排列，潮湿时倾立，茎叶和枝叶同形或异形。茎叶长卵形或长椭圆形；枝叶狭长披针形，略内凹；叶边全缘或上部具微齿；中肋单一，消失于叶中部或近于达叶尖。叶中部细胞线形；角部细胞分化或略分化，方形或矩形。雌雄同株。雌苞叶狭长披针形，先端呈毛状，有时背仰。蒴柄细长，红色，扭曲。孢蒴直立或平展，卵圆形或圆柱形。蒴齿两层；外齿层齿片基部具横条纹，平滑或上部具疣，内面具横隔；内齿层基膜高，齿条披针形，有穿孔，齿毛具节瘤。蒴盖圆锥形，具长喙。

约50种。中国有2种。

光柄细喙藓　　　　　　　　　　　　　　图 1326

Rhynchostegiella laeviseta Broth., Symb. Sin. 4: 109. 1929.

植物体纤细，黄绿色，具光泽，紧密交织生长。茎匍匐，长2–3厘米，密被褐色假根；羽状分枝。枝长0.9–1.1厘米，单一或分枝。茎叶倾立，长卵状披针形，长1.65–2.12毫米，宽0.46–0.57毫米，渐尖；叶边平直，全缘，先端具细齿；中肋纤细，消失于叶中部以上。叶中部细胞线形或长菱形，长63–90微米，宽6–8微米。枝叶狭披针形，先端具细齿。中部细胞长56–87毫米，宽4.5–6.0微米；角部细胞分化，方形至矩圆形，数少而小。蒴柄平滑。

中国特有，产陕西、新疆、浙江、江西、湖南、四川和云南，生于树干、土表和石上。

1. 植物体(×1), 2-3. 茎叶(×38), 4. 枝叶(×38), 5. 叶中部细胞(×400), 6. 叶基

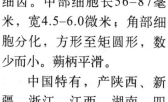

图 1326 光柄细喙藓（王幼芳、杨丽琼、王庆华绘）

部细胞(×400)。

111. 绢藓科 ENTODONTACEAE

（王幼芳　胡人亮）

喜生于树干，岩面或土壤表面。植物体常具光泽，交织成片。茎匍匐或倾立，规则分枝，密生叶；无鳞毛；具中轴。茎叶与枝叶同形，对称或稍不对称，卵形或卵状披针形，少数呈狭披针形，先端钝或具长尖；中肋多2条，少数种类无中肋或中肋超过叶中部。叶中部细胞菱形至线形，平滑，角部细胞数多，方形。雌雄同株或异株。雄苞呈芽状，较小。雌苞生于短小雌枝上。蒴柄长0.5–4厘米，平滑。孢蒴直立，对称，有时略弯曲，稍不对称；环带分化或缺失。蒴齿两层，或齿条退化至消失。外齿层齿片狭披针形或阔披针形，黄色至红褐色，生于孢蒴口部之下，外壁背面具疣或条纹，甚少为平滑，具回折中缝或穿孔；内齿层基膜不发达，齿条多呈线形，齿毛缺失或退化。孢子形小，直径不超过55微米。

6属，中国有5属。

1. 植物体细小；枝条圆条形，叶紧密排列呈鼠尾状。

  2. 叶角细胞多列，排列紧密；无中肋或具2短肋 ·· 1. 赤齿藓属 Erythrodontium

  2. 叶角细胞3—4列，排列较疏松；中肋2，呈叉状 ·································· 2. 叉肋藓属 Trachyphyllum

1. 植物体较大、中等大小或细小；枝条不呈鼠尾状。

  3. 叶三角状披针形，叶基截形；中肋不分化；蒴齿单层 ···························· 3. 斜齿藓属 Mesonodon

  3. 叶多呈卵形或卵状披针形；中肋2；蒴齿两层。

    4. 孢蒴长圆柱形至椭圆形；叶平展或略内凹，先端钝或渐尖 ·················· 4. 绢藓属 Entodon

    4. 孢蒴近圆球形；叶强烈内凹，先端急尖，具一短尖头 ··················5. 螺叶藓属 Sakuraia

1. 赤齿藓属　Erythrodontium Hampe

　　体形纤小，挺硬，呈绿色或黄绿色，稀棕色，稍具绢丝光泽。茎匍匐，规则羽状分枝。枝上密生叶，呈鼠尾状。叶干燥时紧密覆瓦状排列，阔卵形或长卵形，内凹，先端急尖，具小尖头或渐尖；中肋2，短弱或消失。叶细胞平滑，长椭圆形或狭长菱形，叶基部细胞渐分化成圆形、方形或扁方形。雌雄异苞同株，稀雌雄异株。雌苞叶淡绿色，下部成鞘状，上部呈狭披针形。蒴柄细长，红色或黄色。孢蒴直立，长圆柱形，黄棕色。环带不分化。蒴齿着生蒴口内面深处；外齿层齿片阔披针形；内齿层无高出的基膜。蒴盖基部圆锥形，具长喙。孢子小，具粗疣。

　　约25种，分布于温暖地带。我国1种。

穗枝赤齿藓

图 1327 彩片253

Erythrodontium julaceum (Hook. ex Schwaegr.) Par., Ind. Bryol. 436. 1896

Neckera julaceum Hook. ex Schwaegr., Sp. Musc. Frond. Suppl. 1.3 (1) : 245. 1828.

　　植物体挺硬，具光泽，紧密丛集，多为附生。主茎匍匐，长达8厘米或更长。枝密集而短小，直立。叶密覆瓦状排列，卵形，内凹，长约1.6毫米，宽0.8毫米，先端急尖成小尖头；叶全缘，仅先端具微齿；无中肋。叶细胞平滑，长椭圆形至线形，基部由卵状矩形细胞组成，沿两侧叶边向上伸展。孢子体生于主茎或主枝上。蒴柄直立，长约1.3–1.8厘米，干燥时呈螺旋状扭曲。孢蒴卵状圆柱形。蒴齿两层，于蒴口内侧着生；外齿层红色，齿片16，宽披针形，下部具横条纹，上部具纵长条纹。蒴盖圆锥形，具短喙。蒴帽兜形。孢子绿色，具粗疣，直径为20–30微米。

　　产陕西、甘肃、浙江、湖南、广东、海南、广西、四川和云南，生于海拔500～3650米的林地岩石和树干。印度、越南、斯里兰卡、印度尼西亚及菲律宾有分布。

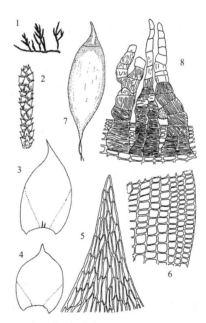

图 1327 穗枝赤齿藓（胡人亮、王幼芳、王庆华绘）

　　1. 植物体(×1)，2. 枝(×29)，3-4. 枝叶(×21)，5. 叶尖部细胞(×210)，6. 叶基部细胞(×210)，7. 孢蒴(×29)，8. 蒴齿(×210)。

2. 叉肋藓属 **Trachyphyllum** Gepp.

植物体纤细至一般大小，稍挺硬，黄色至褐色，呈大片生长。主茎匍匐；枝短、圆条形，先端钝，干燥时弯曲。叶内凹；中肋2，分叉。叶细胞长椭圆形或菱形，先端或中部具疣；角细胞分化明显，方形至扁方形。孢子体不常见，蒴柄纤长。孢蒴横生，长卵形。蒴齿两层。

12种。我国1种。

叉肋藓　　　　　　　　　　　　　　图 1328

Trachyphyllum inflexum (Harv.) Gepp. in Hiern, Cat. Welw. Afr. 2: 299. 1901.

　　Hypnum inflexum Harv. in Hook., Icon. Pl. Rar. 1: 24. f. 6. 1836.

　　植物体较纤细，黄绿色至暗绿色，呈大片生长。主茎匍匐，不规则分枝；枝短，圆条形，直立或倾立，干燥时弯曲。叶密生，干燥时紧贴茎上，卵状心形，内凹，先端急尖，具小尖头；叶边多平滑；中肋短，分叉。叶中部细胞长菱形，先端细胞具疣，叶基中部细胞卵状矩形，角部细胞下延，由少数较大的方形细胞组成。蒴柄纤细，黄褐色，长约1.5厘米，平滑，直立，先端弯曲。孢蒴卵形，横生。蒴齿两层；外齿层齿片下部具横纹，上部具疣；内齿层具发达的基膜，齿条狭窄，齿毛2，短于齿条。蒴盖长圆锥形。

产安徽、浙江、四川、云南和西藏，生于海拔700～4000米山地林下岩石或树干。尼泊尔、印度、缅甸、泰国、柬埔寨、越南、印度尼西亚、摩洛哥、菲律宾、澳大利亚、昆士兰、新卡里多尼亚及马达加斯加有分布。

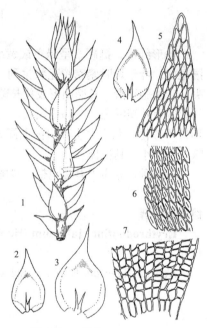

图 1328 叉肋藓（王幼芳、王庆华绘）

1. 植物体（×24），2-4. 叶（×60），5. 叶尖部细胞（×290），6. 叶中部细胞（×290），7. 叶基部细胞（×290）。

3. 斜齿藓属 **Mesonodon** Hampe

体形粗壮或中等大小，具光泽，疏松交织生长。主茎匍匐，不规则羽状分枝。枝直立，粗壮，先端钝。叶卵状披针形，先端渐尖，具褶皱；中肋无。叶细胞线形，角细胞矩形至方形，沿叶边向上延伸。蒴柄长，平滑。孢蒴直立，卵状圆柱形。外齿层齿片具条纹；内齿层退化。

约10种，分布于环热带、亚热带地区。我国1种。

黄色斜齿藓　　　　　　　　　　　　图 1329

Mesonodon flavescens (Hook.) Buck, Journ. Hattori Bot. Lab. 48: 115. 1980.

Pterogonium flavescens Hook., Musc. Ex. 1: 155. 1819.

植物体黄绿色或褐色，具光泽，紧密交织。茎匍匐，不规则羽状分枝；枝短，斜生或直立，密生叶呈圆条形。叶覆瓦状排列，湿时伸展，干燥时紧贴，具皱褶，卵状披针形，内凹，具短尖；叶边平直；

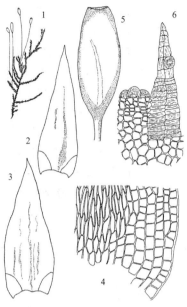

中肋无。叶细胞狭菱形，叶基两侧细胞明显分化，矩形或方形。孢子体生于主茎上。蒴柄平滑。孢蒴直立，卵状圆柱形。蒴齿两层；外齿层齿片下部具条纹，着生蒴口内；内齿层齿条不发达，线状。蒴盖圆锥形。蒴帽兜形。孢子具疣。

产安徽、云南和西藏，多生于树干，稀见于岩石表面。东南亚温暖地带、中南美洲、大洋洲及非洲有分布。

1. 雌株(×1/3)，2-3. 叶(×38)，4. 叶基部细胞(×124)，5. 孢蒴(×24)，6. 蒴齿(×124)。

图 1329 黄色斜齿藓（王幼芳、王庆华绘）

4. 绢藓属 Entodon C. Müll.

植物体中等大小至粗壮，绿色或黄绿色，具光泽，片状扁平生长。茎匍匐或倾立，规则羽状分枝或近羽状分枝。枝较短，圆条形或扁平。叶卵形、披针形或椭圆形，先端钝或渐尖，内凹，叶基不下延；叶边平直，或基部略背卷，全缘或上部具细齿；中肋2，一般短弱。叶细胞线形，通常叶先端细胞较短；角细胞呈矩形或方形，在叶基两侧形成明显分化，有时延伸至叶中肋处。雌雄同株，少数异枝。雄苞小，呈芽状。雄苞叶阔卵形，内凹；全缘或具微齿，上部边缘内卷；无中肋。雌苞叶披针形至长椭圆状披针形，基部鞘状。蒴柄长。孢蒴直立，对称，圆柱形。蒴齿着生蒴口内侧；外齿层齿片狭披针形，外侧具条纹或疣；内齿层具低的基膜，齿条线形，与齿片等长或略短。蒴盖圆锥形，具喙。蒴帽兜形，平滑无毛。孢子球形，具疣。

140余种，分布世界各大洲。我国28种和2变种。

1. 蒴柄黄色至黄褐色；环带缺失 (少数具环带)。
　2. 植物体形大，长可达10厘米；叶长达2.9–3.0毫米，宽1.9–2.0毫米 ⋯⋯⋯⋯⋯⋯⋯⋯⋯⋯ 15. 薄叶绢藓 E. scariosus
　2. 植物体形小或中等大小，长不超过5厘米，(少数可达8厘米)；叶长约2.5毫米，
　　宽1.1毫米。
　　3. 叶狭长，长与宽比为4–5:1 ⋯⋯⋯⋯⋯⋯⋯⋯⋯⋯⋯⋯⋯⋯⋯⋯⋯⋯⋯⋯ 2. 长叶绢藓 E. longifolius
　　3. 叶较阔，长与宽比为2–3:1。
　　　4. 叶中肋缺失；角细胞多膨大，或不膨大。
　　　　5. 叶角部不膨大，细胞方形 ⋯⋯⋯⋯⋯⋯⋯⋯⋯⋯⋯⋯⋯⋯⋯⋯⋯⋯ 5. 锦叶绢藓 E. pylaisioides
　　　　5. 叶角部明显膨大，细胞长方形 ⋯⋯⋯⋯⋯⋯⋯⋯⋯⋯⋯⋯⋯⋯⋯⋯ 6. 异枝绢藓 E. divergens
　　　4. 叶具2条或长或短的中肋；角细胞不膨大。
　　　　6. 叶先端急尖，具狭长的尖头 ⋯⋯⋯⋯⋯⋯⋯⋯⋯⋯⋯⋯⋯⋯⋯ 3. 贡山绢藓 E. kungshanensis
　　　　6. 叶先端渐尖或钝或具小尖头。
　　　　　7. 叶先端锐尖或渐尖 ⋯⋯⋯⋯⋯⋯⋯⋯⋯⋯⋯⋯⋯⋯⋯⋯⋯⋯ 1. 长柄绢藓 E. macropodus
　　　　　7. 叶先端钝或稍钝，具小尖头 ⋯⋯⋯⋯⋯⋯⋯⋯⋯⋯⋯⋯⋯⋯ 4. 钝叶绢藓 E. obtusatus
1. 蒴柄红色或紫褐色至栗色；具环带 (少数缺失)。
　8. 叶角部由2层方形细胞组成 ⋯⋯⋯⋯⋯⋯⋯⋯⋯⋯⋯⋯⋯⋯⋯⋯⋯⋯⋯⋯ 7. 厚角绢藓 E. concinnus

8. 叶角部由单层细胞组成。
  9. 带叶的茎和枝呈扁平状。
    10. 叶强烈内凹，先端圆钝 ·· 8. 密叶绢藓 **E. compressus**
    10. 叶略内凹，先端不圆钝。
      11. 茎叶和枝叶异形 ··· 11. 亚美绢藓 **E. sullivantii**
      11. 茎叶和枝叶同形。
        12. 外齿层齿片有由细疣排列成的横条纹或斜条纹 ·············· 10. 绢藓 **E. cladorrhizans**
        12. 外齿层齿片基部2–3节片具横条纹，以上均为纵条纹 ············· 13. 亮叶绢藓 **E. aeruginosus**
  9. 带叶的茎和枝不呈扁平状。
    13. 枝端钝；枝叶椭圆形 ·· 9. 娇美绢藓 **E. pulchellus**
    13. 枝端锐尖；枝叶宽卵形或卵状披针形。
      14. 叶中肋发达，粗壮，近于达叶中部 ·································· 12. 横生绢藓 **E. prorepens**
      14. 叶中肋较细弱，短小，不及叶片中部 ······························ 14. 深绿绢藓 **E. luridus**

1. 长柄绢藓

图 1330 彩片254

Entodon macropodus (Hedw.) C. Müll., Linnaea 18: 707. 1845

Neckera macropodus Hedw., Sp. Musc. Frond. 207. 1801.

植物体扁平，淡绿色至黄绿色，有时呈褐色，具光泽。茎长5厘米以上，匍匐，稀疏羽状分枝。茎及枝扁平被叶。叶椭圆形、披针形或椭圆状卵形，长2.0–2.2毫米，宽0.9–1.2毫米，先端具一短而宽的小尖头；叶边具微齿。枝叶与茎叶相似，均具两条短中肋，但枝叶较狭，先端具锐齿。雌雄同株。蒴柄黄色，长0.8–3.5厘米。孢蒴直立，圆柱形，长2–4毫米，淡褐色。无环带。蒴齿两层；外齿层齿片狭披针形，基部3–4节片具横条纹，以上呈纵行或斜行的条纹，基部呈深褐色，向上渐成淡黄色；内齿层齿条线形，与外齿层齿片等长，具纵纹或斜纹。蒴盖具短而斜的喙。孢子球形，具细疣，直径为10–15微米。

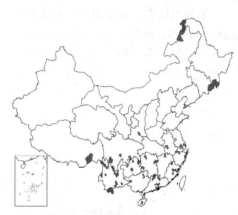

产黑龙江、吉林、内蒙古、陕西、江苏、安徽、浙江、福建、江西、湖南、广东、香港、海南、广西、贵州、四川、云南和西藏，生于海拔700–2600米的山地林中树干、树基、腐木或岩石上，稀生于土面。日本、尼泊尔、印度北部、缅甸、老挝、越南及美洲有分布。

1. 蒴齿(×140)，2. 孢蒴(×9)，3. 枝叶(×9)，4. 茎叶(×9)，5. 叶尖部细胞(×140)，6. 叶基部细胞(×60)。

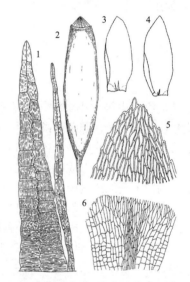

图 1330 长柄绢藓（胡人亮、王幼芳、王庆华绘）

2. 长叶绢藓

图 1331

Entodon longifolius (C. Müll.) Jaeg., Ber. St. Gall. Naturw. Ges. 1876–77: 295.1878.

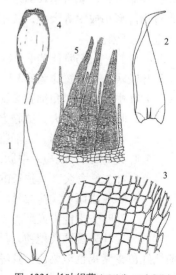

图 1331 长叶绢藓（王幼芳、王庆华绘）

Neckera longifolia C. Müll., Syn. 2: 60. 1850.

植物体黄绿色至绿色，具光泽，交织成片生长。茎长3–5 厘米，不规则羽状分枝。枝长0.5–1.0 厘米，密生叶，带叶的茎和枝呈扁平状。茎叶与枝叶同形，狭长形，长2.0–2.5 毫米，宽0.4–0.5 毫米，长与宽的比例为4–5:1。叶中部细胞线形，叶尖部细胞较短；角细胞数多，方形。

产湖南、广东、广西、贵州、云南和西藏，生于海拔600–2200米山地林中树干。印度有分布。

1.茎叶（×38），2.枝叶（×38），3.叶基部细胞（×400），4.孢蒴（×24），5.蒴齿（×400）。

3. 贡山绢藓   图 1332

Entodon kungshanensis Hu, Journ. Shanghai Normal Univ. Nat. Sci. 1: 102. 1979.

植物体绿色，具光泽，交织成片生长。茎长达5厘米以上，不规则羽状分枝，带叶的茎及枝扁平。枝长1–4厘米。茎叶长椭圆状卵形，长2.9–3.1毫米，宽1.0–1.5毫米，强烈内凹，先端具一狭长尖；中肋2，短弱。蒴柄黄色，长约1厘米，平滑。孢蒴直立，长椭圆状圆柱形。环带缺失。蒴齿着生蒴口内侧；外齿层齿片狭披针形，基部6–7节片具横纹，中部5–6节片具纵行或斜行的条纹，最上部4节片具疣；内齿层发育不完全，仅见残片。蒴盖圆锥形，具喙。

产湖北和云南，生于海拔1100–3100米的山地林下树干。

1.植物体（×1），2.茎叶（×9），3.枝叶（×9），4.叶基部细胞（×124），5.孢蒴（×9），6.蒴齿（×124），7.内齿层齿条（×124）。

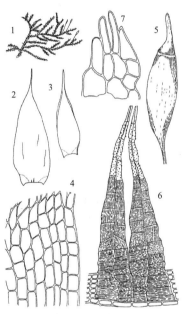

图 1332 贡山绢藓（胡人亮、王幼芳、王庆华绘）

4. 钝叶绢藓   图 1333

Entodon obtusatus Broth., Sitzungsber. Akad. Wien Math. Natur. Kl. Abt. 1,131: 216. 1922.

体形小，黄绿色，具光泽，交织成片。茎长约2厘米，分枝稀疏；枝扁平，疏生叶，背部叶呈舌形，先端急尖具小尖头或略钝；侧面叶卵状舌形或长椭圆形，先端钝，长0.8–1.0毫米，宽0.5–0.6毫米；叶边上部具微齿；中肋2，不明显或缺失。叶中

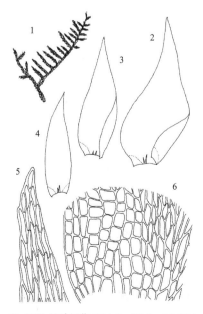

图 1333 钝叶绢藓（胡人亮、王幼芳、王庆华绘）

部细胞线形，向上渐趋短，叶基角部由多数方形或矩形细胞组成。蒴柄黄色，长1.3–1.5厘米。孢蒴长椭圆状圆柱形。蒴齿两层；外齿层齿片狭披针形，基部3–4节片具横条纹或斜条纹，上部节片为纵条纹，最先端的1–2节片平滑；内齿层齿条平滑，较齿片短。蒴盖圆锥形，具喙。

产吉林、陕西、浙江、台湾、福建、湖南、香港、海南、四川和云南，生于林内树干。日本及印度有分布。

1. 植物体（×1），2. 茎叶（×37），3-4. 枝叶（×37），5. 叶尖部细胞（×140），6. 叶基部细胞（×140）。

5. 锦叶绢藓 　　　　　　　图 1334

Entodon pylaisioides Hu et Wang, Journ. Bryol. 11: 249. 1980.

植物体黄绿色，具光泽，交织成片。茎匍匐，长3–6厘米；枝扁平。茎叶长椭圆状披针形，渐尖；长2.1–2.4毫米，宽0.5–0.7毫米；叶边全缘；中肋缺失。叶中部细胞线形，长60–80微米，宽8–10微米；角细胞数多，方形或矩形。蒴柄黄色，长8–10毫米。孢蒴直立。环带缺失。外齿层齿片三角状披针形，具纵条纹，最先端3–4节片平滑；内齿层齿条平滑，线形。

我国特有，产江西和西藏，附生树干或岩面。

1-3. 叶（×9），4. 叶尖部细胞（×150），5. 叶基部细胞（×150），6. 孢蒴（×18），7. 蒴齿（×150）。

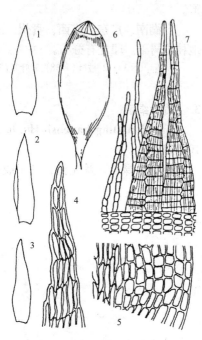

图 1334　锦叶绢藓（王幼芳、王庆华绘）

6. 异枝绢藓 　　　　　　　图 1335

Entodon divergens Broth., Symb. Sin. 4: 113. 1929.

体形粗，黄绿色，具光泽。茎纤长，匍匐，长2–3厘米，密生叶。茎叶椭圆形，内凹，基部收缩，先端渐狭，长2.4–2.8毫米，宽0.5–0.7毫米；叶边全缘；无中肋。枝叶长1.0–1.5厘米。叶中部细胞线形，长20微米，宽2微米，角细胞方形，数多。蒴柄黄色，长1.5–2.0厘米。孢蒴长椭圆状圆柱形。外齿层齿片三角状披针形，均具纵条纹；内齿层齿条线形，具疣。环带缺失。蒴盖圆锥形，具钝喙。

我国特有，产江西、云南和西藏，附生于树干。

1. 植物体（×2），2. 茎叶（×20），3. 枝叶（×20），4. 叶尖部细胞（×140），5. 叶基部细胞（×140），6. 孢蒴（×10），7. 蒴齿（×140）。

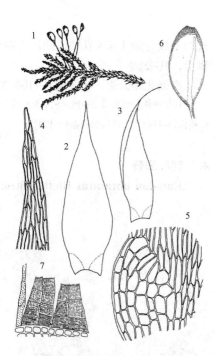

图 1335　异枝绢藓（王幼芳、王庆华绘）

7. 厚角绢藓 图 1336

Entodon concinnus (De Not.) Par., Ind. Bryol. 2: 103. 1904

Hypnum concinnum De Not., Mem. R. Acc. Sci. Torino 39: 220. 1836.

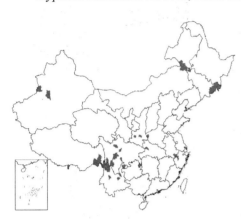

植物体粗壮，黄色或褐绿色，具光泽，交织成大片生长。茎匍匐，长达10厘米，羽状分枝。枝大多单一，长1.0–1.5厘米，稍弯曲，先端急尖或渐尖。叶在茎和枝上呈螺旋状排列，潮湿时伸展，内凹，先端钝或具小尖头；叶全缘，基部反卷，先端内卷呈兜状。叶中部细胞线状虫形；角部不透明，由2层方形细胞组成。蒴柄红褐色。孢蒴圆柱形；外齿层齿片狭披针形，基部褐色，向上部渐淡，基部4–5节片具横列或斜列的条纹，其余具疣；内齿层齿条线形，与齿片等长，平滑。环带由3列细胞组成。蒴盖圆锥形，具喙。蒴帽兜形。孢子球形，直径14–17微米。

产吉林、内蒙古、河南、陕西、新疆、安徽、浙江、湖北、贵州、四川、云南和西藏，生于海拔1600–4200米的山地林下土坡、树干或石面。北美洲及欧洲有分布。

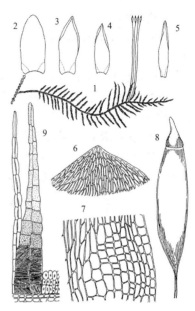

图 1336 厚角绢藓（胡人亮、王幼芳、王庆华绘）

1. 植物体（×1），2-3. 茎叶（×9），4-5. 枝叶（×9），6. 叶尖部细胞（×124），7. 叶基部细胞（×124），8. 孢蒴（×9），9. 蒴齿（×124）。

8. 密叶绢藓 图 1337

Entodon compressus C. Müll., Linnaea 18: 707. 1844.

植物体暗绿色或橄榄绿色，有时呈黄绿色或亮绿色，具光泽。茎匍匐，长2–3厘米，近羽状分枝。具叶的茎和枝扁平。枝长8–10毫米，宽1毫米。茎叶长椭圆形，强烈内凹，长1.5–1.8毫米，宽0.8毫米，先端钝；中肋2，短弱，有时缺失。叶中部细胞线形，长60–65微米，宽5.0–5.5微米，向上渐短；角细胞透明，方形，数多，由叶边延伸至中肋处。枝叶与茎叶相似，但较狭小。内雌苞叶长椭圆状披针形，渐尖，具高鞘部，全缘。蒴柄长0.7–1.5厘米，红褐色。孢蒴椭圆形或卵状球形，长约2.5毫米。外齿层齿片线形，长0.4–0.5毫米，基部宽0.05毫米，密被疣；内齿层齿条线形，具密疣，较齿片短。环带发达，高2–3细胞。蒴盖圆锥形，具喙。蒴帽兜形。孢子圆球形，直径18–29微米，具细疣。

产黑龙江、吉林、辽宁、内蒙古、河北、陕西、新疆、江苏、浙江、福建、江西、广东、广西、贵州、四川和云南，多生于海拔300–1900米丘陵或山地林中树干、

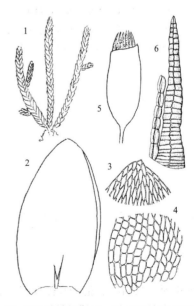

图 1337 密叶绢藓（马 平、吴鹏程、王庆华绘）

树枝、岩面或土坡。东亚各国及美国有分布。

1. 植物体（×1），2. 茎叶（×30），3. 茎叶尖部细胞（×124），4. 茎叶基部细胞（×124），5. 孢蒴（×30），6. 蒴齿（×124）。

9. 娇美绢藓

图 1338

Entodon pulchellus (Griff.) Jaeg., Ber. S. Gall. Naturw. Ges.1867–77: 294. 1878.

Neckera pulchellus Griff., Cal. Journ. Nat. Hist. 3: 66. 1843.

植物体黄绿色，具光泽。主茎匍匐，羽状分枝；枝短小，直立，枝上密生叶呈圆条形。枝叶阔卵状披针形，强烈内凹；中肋2，短弱；叶边平滑或先端具微齿。叶中部细胞线形；角细胞矩形至方形。雌雄同株。孢子体生主茎上。蒴柄红褐色，长约1.3 厘米。孢蒴直立，圆柱形，长2–3.2毫米。蒴齿两层；外齿层齿片具疣；内齿层齿条线形，平滑，较齿片略短。环带发育。蒴盖圆锥形，具喙。孢子直径约17 微米。

产福建和云南。生于海拔400–2100米丘陵或山地土坡或石面。印度有分布。

1. 植物体(×1), 2-3. 叶(×19), 4. 叶基部细胞(×124), 5. 孢蒴 (×12), 6. 蒴齿(×124)。

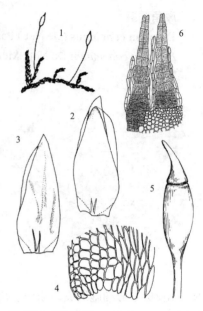

图 1338 娇美绢藓（胡人亮、王幼芳、王庆华绘）

10. 绢藓

图 1339

Entodon cladorrhizans (Hedw.) C. Müll., Linnaea 18: 707. 1844.

Neckera cladorrhizans Hedw., Sp. Musc. Frond. 207. 1801.

植物体黄绿色，有时呈黄褐色，具光泽。叶在茎及枝上扁平排列。茎叶平展，阔长椭圆形，长约2 毫米，先端锐尖。枝叶与茎叶同大，同形。叶中部细胞线形，角细胞数多，呈方形或矩形。蒴柄长7–20 毫米，橙褐色或深红色。孢蒴长椭圆状圆柱形，长2 毫米，深褐色。蒴齿两层；外齿层齿片具细疣，稀具条纹；内齿层齿条平滑。环带由2–3列分化的细胞所组成。蒴盖呈圆锥形，具斜喙。孢子直径13–20 微米，具粗疣或细疣。

产黑龙江、吉林、内蒙古、安徽、浙江、福建、江西、湖南、广西、四川、云南和西藏，生于海拔500–2900米丘陵、山地的岩面。亚洲东部、欧洲及北美洲有分布。

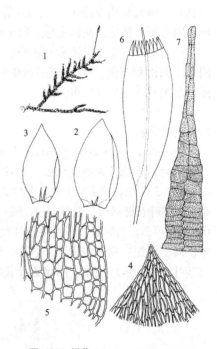

图 1339 绢藓（胡人亮、王幼芳、王庆华绘）

1. 植物体(×1), 2. 茎叶(×28), 3. 枝叶(×28), 4. 叶尖部细胞(×250), 5. 叶基部细胞(×250), 6. 孢蒴(×28), 7. 蒴齿(×250)。

11. 亚美绢藓

图 1340

Entodon sullivantii (C. Müll) Lindb., Acta Soc. Sci. Fenn. 10: 233. 1873.

Neckera sullivantii C. Müll., Synop. Musci 2: 65. 1851.

植物体呈绿色，具光泽，交织成片生长。茎匍匐，长3–7 厘米，

不规则分枝或近羽状分枝；枝长5–15毫米，渐尖。茎叶卵状披针形，内凹，长1.8–2.0毫米，宽1毫米，先端锐尖，具圆齿，基部略收缩；中肋2，短而强劲。叶中部细胞线形，长约50微米，宽6微米；角细胞方形或矩形，透明，数多。枝叶较茎叶狭，先端具锐齿。蒴柄长1.5–2.5厘米，红褐色至橙色。孢蒴圆柱形，长2–3毫米。蒴齿两层；外齿层齿片狭披针形，基部节片具横纹，向上具纵条纹，并转为不规则的条纹；内齿层齿条线形，较齿片略短，呈淡黄色，平滑。环带由2–3列厚壁细胞组成。蒴盖锥形，具喙。孢子圆球形，直径12–14微米，具细疣。

产黑龙江、辽宁、河南、江苏、安徽、浙江、江西、湖南、广东、广西、贵州、四川、云南和西藏，多生于海拔400–2700米的丘陵、山地林下地面、树干基部或岩面。日本及北美洲有分布。

1. 茎叶(×28)，2. 枝叶(×28)，3. 叶基部细胞(×250)，4. 孢蒴(×28)，5. 蒴齿(×250)。

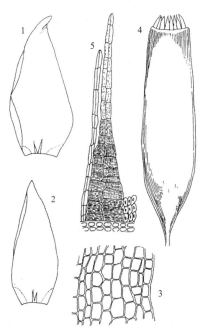

图 1340 亚美绢藓（胡人亮、王幼芳、王庆华绘）

12. 横生绢藓

图 1341

Entodon prorepens (Mitt.) Jaeg., Ber. St. Gall. Naturw. Ges. 1876–77: 264. 1878

Stereodon prorepens Mitt., Journ. Linn. Soc. Bot. Suppl. 1: 107. 1859.

植物体黄绿色，具光泽，交织成片。茎匍匐，长2–3厘米，羽状分枝；枝长0.5–1.0厘米，密生叶，呈圆条状。茎叶长卵形，长1.3毫米，宽0.7毫米，内凹；中肋2，明显。枝叶卵状披针形，先端渐尖，略钝，中肋2，强劲，达叶长度的1/2–1/3；叶边全缘或先端具微齿。叶中部细胞线形，长55–77微米，宽6–8微米；角细胞数多，方形或矩形，沿叶边高15–20个细胞。蒴柄红色，长约1.1厘米，直立。孢蒴直立或稍倾斜，卵形至长卵形，长1.0–2.2毫米。外齿层齿片狭披针形，具细疣排列成的横纹、斜纹或纵纹，或散生的细疣；内齿层齿条较齿片略短，平滑。环带由数列厚壁细胞组成。蒴盖圆锥形，具喙。

产吉林、内蒙古、陕西、安徽、江西、福建、湖北、湖南、广东、

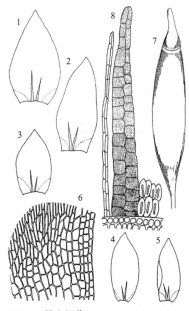

图 1341 横生绢藓（胡人亮、王幼芳、王庆华绘）

广西、四川和云南，常生于海拔3000米以下丘陵、山地的石上或土面。印度有分布。

1-2. 茎叶(×18)，3-5. 枝叶(×18)，6. 叶基部细胞(×52)，7. 孢蒴(×45)，8. 蒴齿(×124)。

13. 亮叶绢藓　　　　　　　　　　图 1342

Entodon aeruginosus C. Müll., Nuov. Gion. Bot. Ital. n. ser. 5: 192. 1898.

植物体黄绿色，具光泽，交织成片。茎匍匐，不规则羽状分枝。枝短小，略扁平或多少呈圆条状。茎叶长椭圆形，内凹，长2.0–2.5毫米，宽0.5–1.2毫米，渐尖或先端具小尖头；叶边基部略内卷，全缘；中肋2，短弱或缺失。叶中部细胞线形。雌苞叶较小，基部稍呈鞘状，上部渐尖。蒴柄红色，直立，长1.5–2.0厘米。孢蒴圆柱形，褐色，长2.0–2.5毫米。蒴齿两层；外齿层齿片狭披针形，基部3–4节片具横纹，向上突成纵纹，或由疣排列成的纵纹或斜纹，先端1–2节片平滑。蒴盖圆锥形，具喙。

产黑龙江、吉林、内蒙古、河北、山西、陕西、甘肃、新疆、安徽、江西、广东、贵州、四川和云南，生于海拔1400–3500米的山地林下石上。

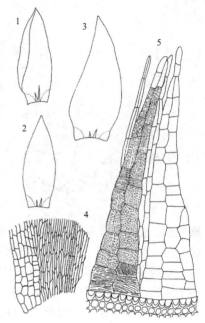

图 1342 亮叶绢藓（胡人亮、王幼芳、王庆华绘）

1–2. 枝叶（×9），3. 茎叶（×9），4. 叶基部细胞（×52），5. 蒴齿（×124）。

14. 深绿绢藓　　　　　　　图 1343 彩片255

Entodon luridus (Griffth) Jaeg., Ber. St. Gall. Naturv. Ges. 1876–77: 294. 1878.

Neckera luridus Griffith, Calcutta Journ. Nat. Hist. 3: 66. 1843.

体形粗壮，绿色或黄绿色，有时呈红褐色，略具光泽，疏松交织成片生长。茎匍匐，长可达15厘米，近羽状分枝。枝长2–2.5厘米，先端急尖或渐尖，密生叶，叶干燥时紧贴，潮湿时伸展。茎叶长椭圆形，先端略钝，具小尖头；叶边全缘或具微齿，略背卷。叶中部细胞线形，向上渐短；角细胞方形，透明，近中肋细胞未分化。蒴柄红色或红褐色，长1.5–2.0厘米。孢蒴黄褐色至栗色，长椭圆状圆柱形，长2.5–3.0毫米。外齿层齿片狭披针形，基部具横条纹，向上突成斜纹或纵纹，先端1–2节片平滑。环带由2–3列厚角细胞组成。

产黑龙江、辽宁、内蒙古、河北、河南、陕西、安徽、浙江、福建、湖南、广东、广西、贵州、四川和云南，生于海拔300–3000米的丘陵、山地林中树干或岩面。朝鲜、日本及俄罗斯远东地区有分布。

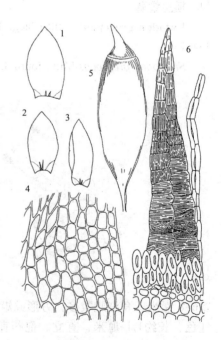

图 1343 深绿绢藓（胡人亮、王幼芳、王庆华绘）

1. 茎叶（×9），2–3. 枝叶（×9），4. 叶基部细胞（×124），5. 孢蒴（×9），6. 蒴齿（×124）。

15. 薄叶绢藓

图 1344

Entodon scariosus Ren. et Card., Bull. Soc. R. Bot. Belg. 34 (2): 75. 1895.

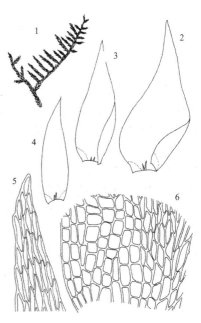

植物体淡黄色，具光泽，交织成片生长。茎匍匐，疏松羽状分枝，带叶的枝扁平。叶平展，宽 1.6–3.0毫米，基部宽阔，向上突收缩呈毛状尖；中肋2，短或缺失；叶缘平直，具不明显的细齿，有时背卷或内折。叶中部细胞线形，角细胞数多，方形。茎叶和枝叶近同形。雌雄同株。雌苞叶基部鞘状，先端渐狭成钻状。蒴柄黄色，长 1.0–1.5 厘米。孢蒴直立，长椭圆状圆柱形。

产安徽、湖北、四川和云南，生于岩面。印度有分布。

1. 植物体(×1)，2. 茎叶(×12)，3-4. 枝叶(×12)，5. 叶尖部细胞(×124)，6. 叶基部细胞(×124)。

图 1344 薄叶绢藓（胡人亮、王幼芳、王庆华绘）

5. 螺叶藓属 Sakuraia Broth.

植物体中等大小或稍粗，黄绿色，有时呈红色，具光泽，疏松交织成片生长。茎匍匐，长可达10 厘米，密不规则分枝；枝长0.5–1.5 厘米，先端渐尖或钝。茎叶卵形至长椭圆形，长1.40–1.55毫米，宽0.50–0.55 毫米，内凹，先端具长尖；叶基部收缩；叶边全缘；中肋2，短弱，达叶长度的1/5。叶中部细胞线形，角细胞方形，数多，沿叶缘向上伸展，但未达中肋。枝叶与茎叶同形，稍大，内凹。蒴柄红褐色，长1.4–2.5 厘米。孢蒴通常呈卵形或长椭圆形，红褐色。蒴齿两层；外齿层齿片呈狭披针形，内、外均具疣；内齿层齿条线形，淡黄色，具疣。环带由2–3 (4)列厚壁细胞组成，黄褐色。蒴口深红褐色。蒴盖圆锥形，具喙。蒴帽兜形。孢子27–44×45–57 微米，形状不规则，具疣。

1种。我国有分布。

螺叶藓

图 1345

Sakuraia conchophylla (Card.) Nog., Journ. Jap. Bot. 26: 52. f. 1–4. 1951.

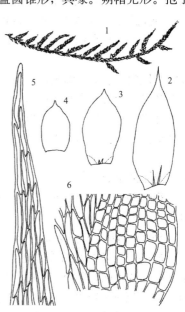

Entodon conchophyllus Card., Bull. Soc. Bot. Genève Sér. 2, 3: 286. 1911.

种的特征同属。

产安徽、浙江、江西、湖北、四川和云南，生于山地林中树干上。东亚特有。

1. 植物体(×1)，2. 茎叶(×12)，3-4. 枝叶(×12)，5 叶尖部细胞(×210)，6. 叶基部细胞(×210)。

图 1345 螺叶藓（胡人亮、王幼芳、王庆华绘）

112. 硬叶藓科 STEREOPHYLLACEAE
（李登科）

植物体纤细或粗壮，暗绿色或黄绿色，具光泽，稀疏或密集成片生长。茎匍匐，扁平或圆柱形，单一或具少数不整齐的分枝。枝端扁平或圆钝。茎横切面中部细胞小，厚壁。棕色假根密集叶腋部，平滑。假鳞毛丝状或少数呈小叶状。叶披针形或卵圆形，对称或不对称，尖部圆钝或具短尖，平展或内凹，叶边全缘或尖部具细齿，叶基部不下延；中肋单一，长达叶片的1/3至3/4。叶上部细胞菱形或狭长菱形，薄壁或厚壁，平滑或具单疣，稀细胞未端具疣状突起，叶基角部数列细胞分化呈方形或不规则的短矩形，不对称分布在中肋的两侧，透明或不透明。雌雄异苞同株，稀雌雄异株。内雌苞叶较小，基部呈鞘状，上部具短尖或长尖。蒴柄短或细长，直立，干燥时有时卷扭，平滑。孢蒴直立或倾立，卵状拱背形，台部短，蒴口下部在干燥时往往内缢，外壁细胞排列疏松，薄壁或厚壁。环带存在或脱落。蒴齿两层。外齿层齿片呈狭长披针形，有边，外面具中脊，下部密被横纹，上部具斜纹或具细疣。内齿层透明，基膜高或低；齿条短于齿片或等长，披针形，呈龙骨状；齿毛单一或退化。蒴盖圆锥形，具短喙或斜喙。蒴帽兜形，平滑。孢子圆形或椭圆形，有细疣。

6属，分布热带至亚热带地区。我国有1属。

拟绢藓属 Entodontopsis Broth.

植物体形小或中等大小，淡绿色或黄绿色，具光泽，稀疏或密集。茎长1～3厘米，扁平或圆条形，单一或稀分枝；茎横切面中轴细胞小，厚壁。假根着生茎腹面。鳞毛稀少，丝状。茎叶和枝叶相似，紧密或稀疏排列，潮湿时直立展开，覆瓦状排列，干燥时略扭曲，有时稍向一边偏斜，椭圆状披针形，椭圆形、卵形或卵状披针形，有时舌形，渐尖、急尖或钝尖，对称或不对称，不下延，边缘平或内凹；中肋单一，长达叶的1/2–1/3。叶细胞宽纺缍形或长菱形，薄壁，无壁孔，多数平滑，稀有前角突起；角细胞明显分化，由数行方形或长方形细胞组成，不等分布在中肋两侧。雌雄异苞同株。雄苞分散在茎上；雄苞叶钝，无中肋。雌苞着生茎的基部；雌苞叶上部渐尖，全缘或具细齿，具中肋或无中肋。蒴柄平滑，直立或扭曲，橙红色或红褐色。孢蒴直立或微弯，圆柱形、椭圆形或卵形，平滑，赤黄色或褐色，干时在蒴口下收缩。环带2～3列，常脱落。蒴齿两层。外齿层齿片外侧下部具横纹，上部具疣，在内侧具明显或不明显的突起；内齿层齿条平滑或具疣，基膜高或低，龙骨具穿孔；齿毛1～3，有时退化，短于齿条。蒴盖圆锥形，具短喙。蒴帽兜形，平滑，裸露，易脱落。孢子球形，具疣。

约18种，分布热带至亚热带地区。我国5种。

1. 叶具短尖，急尖或渐尖；叶尖边缘不具乳头状突起。
 2. 叶多呈舌形，先端宽钝 ·· 1. 异形拟绢藓 E. pygmaea
 2. 叶多呈长卵形，先端锐尖 ·· 2. 尖叶拟绢藓 E. anceps
1. 叶尖部圆钝；叶尖边缘具乳头状突起 ·· 3. 舌叶拟绢藓 E. nitens

1. 异形拟绢藓 图 1346

Entodontopsis pygmaea (Par. et Broth.) Buck et Ireland, Nova Hedwigia 41:105. 1985.

Stereophyllum pygmaeum Par. et Broth. in Par., Rev. Bryol. 34: 48. 1907.

体形小，黄绿色或深绿色，有光泽，扁平生长。主茎匍匐，不规则分枝，枝平展，侧叶不对称。叶扁平展出，干燥时覆瓦状排列，长舌形，尖部钝或具短尖，长1.4–1.8毫米，宽0.5–0.75毫米，侧叶基部一侧内卷，基部略下延；叶边近于全缘；中肋单一，达叶中部。叶细胞长

75–85微米，宽7–8微米，近尖部细胞短，角细胞分化，由短长方形细胞组成，沿叶边向上延伸。孢子体从分枝基部伸出。雌苞叶直立，具狭窄尖部。蒴柄细长，直立，少数微弯，红色，平滑。孢蒴直立或倾斜，卵状圆柱形。蒴齿两层。

产云南南部，生于海拔550–600米地带的腐木或树干。印度、尼泊尔、泰国及越南有分布。

1.雌株(×1)，2-3.叶(×36)，4.叶中部细胞(×360)，5.叶基部细胞(×360)，6.孢蒴(×32)。

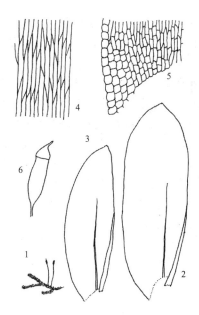

图 1346 异形拟绢藓（吴鹏程绘）

2. 尖叶拟绢藓 图 1347

Entodontopsis anceps (Bosch et Lac.) Buck et Ireland, Nova Hedwigia 41:103. 1985.

Hypnum anceps Bosch et Lac., Bryol. Jav. 2: 161. 260. 1867.

体形纤细或略大，黄绿色，具光泽，树干附生。主茎匍匐，不规则疏松分枝；横切面呈椭圆形，无中轴，基本组织大而薄壁，外层细胞较小而厚壁。枝短钝，带叶的枝扁平。叶疏松覆瓦状排列，背叶两侧对称，侧叶两列，略大而两侧不对称，倾立，椭圆形，基部较狭，稍下延，内凹，长1.5–2毫米，宽0.5–0.8毫米；叶边尖部具细齿；中肋柔弱，达叶中部。叶中部细胞薄壁，平滑，长菱形，长57–96微米，宽7–8微米，尖部细胞较短，基部细胞宽。角部细胞不规则正方形或长方形，具明显壁孔。雌雄同株。雄苞着生于雌苞附近，花苞状。雌苞生于分枝上；雌苞叶卵状披针形，具狭长尖，上部边缘具齿。蒴柄红色，平滑，上部旋扭。孢蒴对称，直立，长卵形，颈部明显。蒴齿着生蒴口上方；外齿层干时背仰，阔披针形，钝尖，中缝之字形，上部具疣，背面有横纹；内齿层有疏细疣，基膜为内齿层长度的1/3以上，齿条短于齿片，中缝具穿孔，齿毛缺失。蒴盖小，基部圆锥形，具短斜喙。蒴帽平滑，兜形。孢子圆形至椭圆形，具细疣。

产海南和云南南部，生于海拔400–550米地带的林内树皮上。印度、斯里兰卡、泰国、越南、印度尼西亚及菲律宾有分布。

1.雌株(×1)，2.茎的横切面(×80)，3.茎叶(×42)，4.叶中部细胞(×310)，5.叶基部细胞(×310)，6.雌苞叶(×25)。

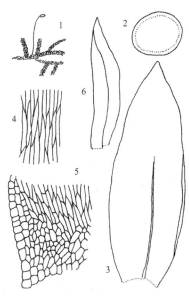

图 1347 尖叶拟绢藓（吴鹏程绘）

3. 舌叶拟绢藓 图 1348

Entodontopsis nitens (Mitt.) Buck et Ireland, Nova Hedwigia 41: 104. 1985.

Stereophyllum nitens Mitt., Trans. Linn. Soc. London 23: 51. 1860.

植物体纤细，黄绿色，具光泽。分枝扁平。叶湿时伸展，干燥时贴生，先端圆钝，长1.6–1.7毫米，宽0.7–0.8毫米；叶缘基部一侧背卷，具少数疣状突起，近于平滑；中肋单一，在叶1/2处消失。叶细胞狭长，多数长菱形，长40–42微米，宽7–8微米，部分顶端细胞的尖部具疣状突起；叶边细胞较大，长57微米，宽8微米；基部细胞较大，具色泽；角细胞分化，膨大。孢子体着生分枝上。雌苞叶直立，狭窄。蒴柄直立或弯曲，细长，平滑。孢蒴下垂或平列，卵圆形至圆柱形，蒴口下狭窄。蒴齿两层。齿片基部具明显横纹，尖部具疣；内齿层齿条与外齿层齿片等长，较宽，龙骨状，透明。

产台湾和云南南部，生于海拔500–600米的石灰岩或腐木上。印度及越南有分布。

1-2. 叶(×50)，3. 叶尖部细胞(×310)，4. 叶基部细胞(×310)，5. 孢蒴，蒴盖已脱落(×20)。

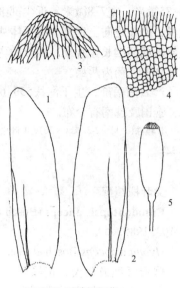

图 1348 舌叶拟绢藓（吴鹏程绘）

113. 棉藓科 PLAGIOTHECIACEAE

（李登科）

植物体纤细或形稍大，多具光泽，松散或密集交织成片。茎多匍匐，不规则分枝，有时具鞭状枝；分枝多扁平；无鳞毛。茎叶和枝叶相似，椭圆形、披针形或宽卵形，先端圆钝、急尖或渐尖，有时内凹，背面和腹面叶多两侧对称，通常直立或紧贴；侧面叶通常较大，两侧不对称，基部内折；中肋2，分叉，不等长，少数缺失。叶细胞椭圆形、菱形或长菱形，平滑和富含叶绿体；角细胞稍短而阔，明显分化，由1~8列长方形或方形细胞组成，有时明显下延。雌雄异苞同株或雌雄异株。雄苞呈花苞状，较小。雌苞着生于短的生殖枝上。内雌苞叶小，直立，渐尖，基部呈鞘状。蒴柄细长，直立或弯曲，平滑，一般呈红色。孢蒴直立、倾斜或平列，卵球形、椭圆形或圆柱形，不对称，干时口部不收缩。环带多数存在。蒴盖圆锥形，具斜喙。蒴齿两层。齿片16，披针形，多基部相连，具横细条纹，腹面有横隔；内蒴齿分离，具高基膜，齿条龙骨状，齿毛发育或缺失。蒴帽兜形，平滑，无毛。孢子球形，黄绿色，平滑或有细密疣。

1属，主要分布于寒温带。我国有分布。

棉藓属 Plagiothecium B.S.G.

体形纤细或中等大小，一般扁平，绿色或黄绿色，具光泽，疏松或密集成片扁平状生长。茎匍匐或上倾；不规则分枝；无鳞毛。茎和枝叶倾立，椭圆形至卵圆形，或卵圆形至披针形，无纵褶，间有波纹，多数明显扁平，通常不对称，急尖或渐尖，基部下延；叶边通常外卷，全缘或尖部具稀齿；中肋2，分叉，不等长，经常达叶长度的1/3–1/2，有时极短或缺失。叶细胞平滑，狭长菱形或长菱形，薄壁，基部细胞短而宽，基部边缘具少数几列疏松长方形细胞，角细胞排列疏松，薄壁透明，角部常狭下延。雌苞叶中等大小，具鞘状基部，尖部展开。蒴柄细长，平滑，成熟时微红。孢蒴近直立、下垂或平列，对称或不对称，椭圆形或圆柱形，有短台部，平滑，干燥时具皱纹或褶。环带分化。台部具气孔。蒴齿两层。外齿层齿片狭长披针形，黄色，下部具横纹，透明，上部具疣；内齿层透明，具疣和高基膜，齿条呈龙骨状，齿毛具节瘤。常由茎及叶上产生芽胞进行无性繁殖。芽胞圆柱形或纺缍形，单列细胞。

约90种，主要分布于寒温带。我国产16种。

1. 植物体形大；叶具强横波纹 ·· 13. **波叶棉藓 P. undulatum**
1. 植物体形小或中等大小；叶无横波纹或具弱的横波纹。
　2. 叶基部宽下延，由长方形及球形或圆形细胞组成，末端不呈三角形 ·················· 1. **棉藓 P. denticulatum**
2. 叶基部狭下延，由长方形及狭长方形细胞组成，末端大多呈三角形。
　3. 叶扁平展开，明显不对称，具弱横波纹 ·································· 4. **扁平棉藓 P. neckeroideum**
　3. 叶不呈扁平展开，对称或不对称，无明显横波纹。
　　4. 叶小，两侧明显对称，向一侧弯曲。
　　　5. 叶卵圆形，具褶；雌雄异株 ·· 5. **台湾棉藓 P. formosicum**
　　　5. 叶卵状披针形，不具褶；雌雄同株 ······························ 6. **光泽棉藓 P. laetum**
　　4. 叶较大，两侧对称，向一侧不明显弯曲。
　　　6. 茎无中轴 ·· 7. **小叶棉藓 P. latebricola**
　　　6. 茎具中轴或中轴不明显。
　　　　7. 叶基下延，由透明细胞群组成 ·································· 2. **直叶棉藓 P. euryphyllum**
　　　　7. 叶基下延，由不透明细胞群组成。
　　　　　8. 分枝通常不呈圆条状,平卧,多少扁平 ···················· 3. **弯叶棉藓 P. curvifolium**
　　　　　8. 分枝通常呈圆条状或近圆条状，向上倾或直立。
　　　　　　9. 植物体无光泽 ·· 12. **垂蒴棉藓 P. nemorale**
　　　　　　9. 植物体具光泽。
　　　　　　　10. 叶尖透明 ·· 11. **阔叶棉藓 P. platyphyllum**
　　　　　　　10. 叶尖不透明。
　　　　　　　　11. 叶阔卵状披针形或长舌状披针形 ·············· 10. **长喙棉藓 P. succulentum**
　　　　　　　　11. 叶阔椭圆形或椭圆状卵形。
　　　　　　　　　12. 分枝外观略呈圆条状；叶尖微偏向一侧；叶长度与宽度不等，长1.3–2.0毫米，宽
　　　　　　　　　　0.6–1.0毫米 ·· 9. **圆条棉藓 P. cavifolium**
　　　　　　　　　12. 分枝通常不呈圆条状或近圆条状；叶尖不偏向一侧；叶的长度和宽度近于相等，长
　　　　　　　　　　1.40–1.50毫米，宽1.2–1.29毫米 ·················· 8. **圆叶棉藓 P. paleaceum**

1.　棉藓　　　　　　　　　　　　　　　图 1349

Plagiothecium denticulatum (Hedw.) B.S.G., Bryol. Eur. 5:190.1851.

Hypnum denticulatum Hedw., Sp. Musc. 237. 1801.

植物体柔弱，黄绿色或绿色，有时深绿色，通常具光泽，密集或疏松片状生长。茎背腹扁平，长5厘米以上，倾立，少数匍匐，不规则分枝，密被叶；横切面椭圆形，中轴不明显，皮层细胞厚15–20微米，表皮细胞壁薄。叶平展，通常略内凹，多两侧明显不对称，逐

渐或突狭窄成短的、背仰的尖部，长1.0–2.0毫米，宽0.6–0.9毫米，基部宽，下延，由长方形细胞和多数圆形、膨大的细胞组成；叶边有时狭背曲，尖部有微齿，下部全缘；中肋细，多数分叉，稀达叶中部。叶中部细胞线形至狭长菱形，长80–120微米，宽10–15微米，近尖部细胞较短窄，基部细胞较宽短，约25微米，多具壁孔。叶腋常着生丝状芽胞。雌雄同株或异株。雌苞

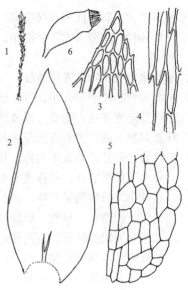

叶卵圆形至披针形，突狭窄成短尖。蒴柄红褐色。孢蒴倾立至平列，背曲，干时多具褶。环带分化。气孔在蒴壶的基部。蒴齿特征同属，齿毛2条，具节瘤。蒴盖圆锥形，具短喙。孢子具细疣或近于平滑。

产吉林、内蒙古、陕西、江西和西藏，生于海拔1500－3090米的土表、岩面或腐木上。日本、俄罗斯、欧洲及北美洲有分布。

1. 植物体（×0.5），2. 茎叶（×48），3. 叶尖部细胞（×260），4. 叶中部细胞（×260），5. 叶基部下延细胞（×260）。

图 1349 棉藓（吴鹏程绘）

2. 直叶棉藓　　　　图 1350

Plagiothecium euryphyllum (Card. et Thér.) Iwats., Journ. Hattori Bot. Lab. 33: 348. 1970.

Isopterygium euryphyllum Card. et Thér., Bull. Acad. Geogr. Int. Bot. 18: 1111. 1908.

体形中等大小，浅绿色或黄绿色，略具光泽，松散片状生长。茎匍匐，不规则分枝；横切面直径约0.4毫米，中轴发育，皮层细胞薄壁，近中央细胞厚壁。枝匍匐或倾立，扁平。叶两侧略不对称，卵圆形至椭圆形，尖部宽短，急尖，干时略皱缩，近叶尖多具横波纹，长1.3-2.4毫米，宽0.8-1.18毫米，基部具透明短下延，由长方形细胞组成透明的角部，明显与其它较厚壁的基部细胞截然不同；中肋2条，分叉，较粗壮，末端达叶的中部以上。叶中部细胞线形，薄壁，长80-140微米，宽5-7微米，近基部细胞褐色，较宽和厚壁，具壁孔，近叶尖部细胞较短。叶腋常着生由3-4细胞构成的无性芽胞。雌雄异株。雌苞叶卵圆形，向上渐狭窄成短急尖，紧包蒴柄；中肋强或弱。雄苞芽状。蒴柄红褐色，或有时上部黄褐色。孢蒴倾立或平列，椭圆形或圆柱形，平滑，通常直立和近于对称。环带发育，具2列细胞。气孔在颈部显露。孢蒴外层细胞长方形。蒴齿特征同属。齿毛2-3，具疣。蒴盖圆锥形，具短喙。孢子具细疣。

产江苏、安徽、浙江、台湾、福建、江西、湖南、香港和贵州，生于海拔800－1900米地带的岩面或树干基部。日本及朝鲜有分布。

1. 植物体（×0.5），2. 茎横切面的一部分（×210），3. 茎叶（×22），4. 叶中部细胞（×170），5. 叶基部细胞（×170），6. 芽胞（×260）。

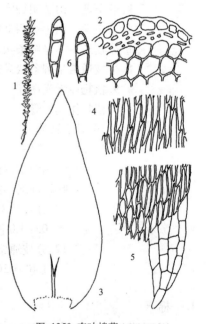

图 1350 直叶棉藓（吴鹏程绘）

3. 弯叶棉藓　　　　图 1351

Plagiothecium curvifolium Schlieph. ex Limpr., Laubm. Deutschl. 3:269. 1897.

植物体黄绿色或绿色，具明显的光泽，通常密集生长。茎匍匐，横切面椭圆形，中轴不明显，皮层细胞透明、薄壁；不规则分枝，枝长

0.5–1.5厘米，扁平。叶扁平，卵圆形，渐狭窄成短锐尖，多两侧明显不对称，基部以上1/3处较宽，长1–1.5毫米，宽约0.5毫米；叶边平展或狭背卷，全缘或尖部具少数齿，角部由2–4列透明、长方形和三角形的薄壁细胞组成；中肋叉状，细弱。叶中部细胞线形，长80–160微米，宽6–8微米，尖部细胞短，基部细胞宽短，通常具壁孔。雌雄同株。雌苞叶卵圆形，具短尖，中肋不明显。蒴柄红色或红褐色。孢蒴通常平列，圆柱形，背曲。蒴盖圆锥形，具短喙。环带发育，2列。齿毛2–3，具节瘤。孢子直径9–13微米。

产江苏、浙江、福建和湖南，生于海拔100－2700米土表。日本、欧洲、非洲及北美洲有分布。

1. 植物体(×0.5)，2. 茎横切面的一部分(×170)，3. 茎叶(×38)，4. 叶中部细胞(×170)，5.叶基部细胞(×170)，6. 已开启的孢蒴(×7)。

4. 扁平棉藓

图 1352 彩片256

Plagiothecium neckeroideum B.S.G., Bryol. Eur. 5: 195. 1851.

外形与平藓属(*Neckera*)的种类十分相似，通常具伸展的叶，明显扁平。茎匍匐，长10厘米，具少数的假根；横切面椭圆形，无中轴，中央细胞透明、薄壁；不规则疏分枝。腹面与背面叶两侧明显不对称，或对称，侧面叶两侧明显不对称，卵圆形至披针形，先端急尖至渐尖，长1.5–2.3毫米，宽0.9–1.3毫米，上部具弱的横波纹，基部一侧明显下延；叶边平展，全缘，尖部具

图 1351 弯叶棉藓 (吴鹏程绘)

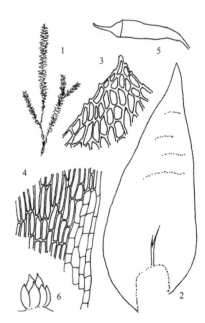

明显的齿；中肋2条，一般达叶长1/3–1/4。叶细胞线形，长70–100微米，宽5–7微米，薄壁，基部细胞较宽，宽18微米，透明，薄壁。叶尖部通常具丝状的繁殖体或假根。雌雄异株。内雌苞叶透明，基部鞘状，卵圆形至披针形，尖部明显急尖。蒴柄微红色，长15–20毫米。孢蒴近于直立或倾斜。环带完全发育，2–3列。蒴齿特征同属所述；齿毛2，丝状，无节瘤。蒴盖圆锥形，渐尖。孢子球形，近于平滑。

产陕西、安徽、浙江、台湾、福建、江西、贵州、四川、云南和西藏，生于海拔100－2660米地带的树干基部、腐木、岩面或土表。尼泊尔、印度、泰国、印度尼西亚、菲律宾、日本、俄罗斯及欧洲有分布。

1. 植物体(×0.5)，2. 茎叶(×25)，3. 叶尖部细胞(×250)，4. 叶基部细胞(×250)，5.孢蒴(×7)，6. 幼芽(×35)。

图 1352 扁平棉藓 (吴鹏程绘)

5. 台湾棉藓

图 1353

Plagiothecium formosicum Broth. et Yas., Rev. Bryol. 53:3. 1926.

体形小至中等大小，柔软，黄绿色或灰绿色，略具光泽，密集生长。茎匍匐；横切面直径约0.2毫米，中轴小，皮层细胞薄壁；不规

则分枝，分枝长0.5-1.0厘米，扁平披叶。叶柔弱，通常具褶，卵圆形，长1.3-1.6毫米，宽0.5-0.55毫米，逐渐狭窄成急尖，两侧明显不对称，通常呈弓形弯曲，基部向上1/3至1/4处最宽，角部狭窄下延，具长方形或狭窄三角形薄壁细胞；中肋叉状，不等长；叶边平直或狭背曲，全缘或有时近叶尖有少数齿。叶中部细胞线形，长80-130微米，宽5-7微米，近尖部细胞较宽短，基部细胞具壁孔，角细胞4列，常膨大，多长方形和三角形。叶尖部常具假根或生殖芽。雌雄异株。雌苞叶卵圆形，具短尖，多皱褶，紧包蒴柄的基部。孢蒴倾立或平列，短圆柱形。环带完全发育，具2列分离的细胞。气孔少，着生于颈部。蒴齿两层。齿毛2，有节瘤。蒴盖圆锥形，具短尖喙。孢子平滑。

产陕西、台湾、福建、四川、云南和西藏，生于海拔2700－3350米地带土表或腐木上。

1. 植物体(×0.5)，2. 茎横切面的一部分(×170)，3. 茎叶(×42)，4. 叶基部细胞(×170)，5. 孢蒴(×8)。

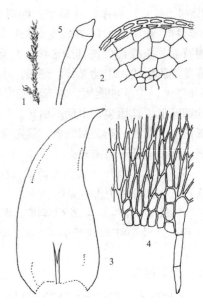

图 1353 台湾棉藓（吴鹏程绘）

6. 光泽棉藓 图 1354

Plagiothecium laetum B. S. G., Bryol. Eur. 48. 1851.

植物体淡绿色或黄绿色，具光泽。茎长2厘米，平展，略呈圆条状。叶覆瓦状排列，稀疏松，直立或倾立，通常具弱横波纹，有时呈镰刀状偏向一侧，先端向基部弯曲，长0.7-1.7毫米，宽0.3-1.2毫米，椭圆状卵形或卵状披针形，狭渐尖，通常不对称；叶边平展，或近叶尖部狭背曲，通常全缘，有时尖部有细齿。叶细胞平滑，基部细胞壁有壁孔，中部细胞长90-160微米，宽4-10微米，角部下延部分呈三角形，由1-3列垂直的长方形细胞组成，末端为单个细胞。芽胞为3-6个细胞。雌雄同株。常具孢子体。蒴柄长1-1.6厘米，橙色、褐色或微红色。孢蒴直立或倾垂，成熟时浅褐色或赤黄褐色，干时平滑，稀具皱纹。

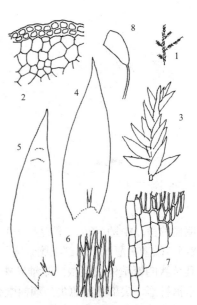

图 1354 光泽棉藓（吴鹏程绘）

产吉林、内蒙古、陕西、云南和西藏，生于海拔1500-3250米林下土表、树干或腐木上。俄罗斯、欧洲中部及北美洲有分布。

1. 植物体(×0.5)，2. 茎横切面的一部分(×170)，3. 枝(×10)，4-5. 叶(×38)，6. 叶中部细胞(×170)，7. 叶基部细胞(×170)，8. 已开启的孢蒴(×7)。

7. 小叶棉藓 图 1355

Plagiothecium latebricola B. S. G., Bryol. Eur. 5:184. 1851.

体形小，纤细，鲜绿色或黄绿色，具光泽。茎和枝平卧或倾立；茎横切面无中轴。叶密集或疏松，通常略扁平，尖部常略偏向一侧，内凹，长0.8-1.2毫米，宽0.3-0.5毫米，卵状披针形，渐上成狭急尖；叶边全

缘，平展，近基部狭背卷；中肋短，分叉或缺失。叶中部细胞线形，长70-120微米，宽4-6微米。叶尖常着生绿色线形的芽胞。雌雄异株。蒴柄长8-12毫米。孢蒴直立，对称，长1-1.2毫米，平滑。环带狭窄。蒴盖圆锥形，具斜细尖。齿毛缺失或不发育。孢子平滑或具稀疣。

产陕西和四川，生于海拔2700米的林下腐木上。日本、欧洲及北美洲有分布。

1. 茎的横切面（×248），2. 茎叶（×6），3. 叶中部细胞（×248），4. 叶基部细胞（×248），5. 内雌苞叶（×62），6. 孢蒴（×9）。

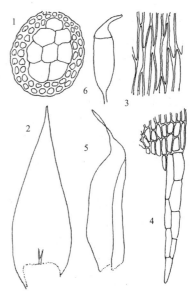

图 1355 小叶棉藓（吴鹏程绘）

8. 圆叶棉藓　　　　　　　　　　　图 1356

Plagiothecium paleaceum (Mitt.) Jaeg., Ber. S. Gall. Naturw. Ges. 1876. 452. 1878.

Stereodon paleaceus Mitt., Musc. Ind. Or. 103. 1859.

体形纤细，柔软，绿色，具光泽。茎匍匐，具假根，长达1-1.2厘米；不规则分枝；常具着生小叶的鞭状枝。茎叶与枝叶同形，倾立，无纵褶和横波纹；茎腹面叶及背面叶向左右斜展，与侧叶紧贴；侧叶不对称，阔椭圆形，长1.49-1.54毫米，宽1.25-1.29毫米，先端锐尖；叶边平展或略内曲，全缘；中肋短，分叉，在叶中部以下中止。叶细胞长菱形，中部细胞长80-130微米，宽11-14微米，基部细胞较短而宽，薄壁，透明，叶基部下延部分由长方形和方形细胞所组成。雌雄异株。雌苞叶多着生假根，内雌苞叶直立，基部呈高鞘状，向内卷曲，无皱褶；中肋缺失。蒴柄红色。孢蒴直立，圆柱形。蒴齿两层。外齿层的齿片狭长披针形，黄色，尖部具细疣，外面具横条纹，内部具多数横隔；内齿层与外齿层分离，齿条较宽，龙骨形，基膜稍高出，齿毛缺失。

产陕西、四川、云南和西藏，生于海拔3000-3100米的土表或岩面。印度有分布。

1. 雌株（×0.5），2. 茎叶（×20），3. 叶尖部细胞（×150），4. 叶中部细胞（×150），5. 叶基部细胞（×150），6. 蒴齿（×98）。

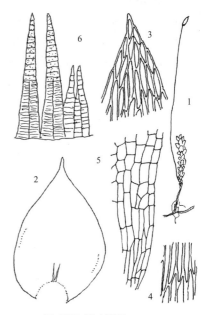

图 1356 圆叶棉藓（吴鹏程绘）

9. 圆条棉藓　　　　　　　　　图 1357 彩片257

Plagiothecium cavifolium (Brid.) Iwats., Journ. Hattori Bot. Lab. 33:260. 1970.

Hypnum cavifolium Brid., Bryol. Univ. 2: 556. 1827.

体形小至中等大小，淡绿色或黄绿色，常具明显光泽。茎横切面圆柱形或略呈椭圆形，具中轴，髓部细胞薄壁；不规则分枝；分枝倾立或直立，密集，多少呈圆条状，近枝端常扁平。叶覆瓦状排列，两侧近

于对称，或有时略不对称，卵圆形或椭圆形，长1.3–2.0毫米，宽0.6–1.0毫米，明显内凹，向上突急尖或渐尖，通常尖部后弯，基部狭窄下延，由2–3列长方形或线形细胞组成；全缘或在尖部具明显的齿；中肋2条，较短，达叶的中部。叶细胞线形，长60–120微米，宽8–12微米，先端细胞较宽短，基部细胞略增厚。叶腋常着生多数芽胞。雌雄异株。雄株与雌株相似。雌苞叶卵圆形，具短尖，紧贴蒴柄基部。蒴柄下部红褐色，上部黄色。孢蒴直立或倾立，直立或呈弓形，常具皱纹或条纹。环带分化。气孔在颈部显示。蒴外壁细胞方形，不明显厚壁。蒴齿两层；齿毛1–3，具节瘤。孢子具疣。

产吉林、内蒙古、山东、陕西、甘肃、安徽、浙江、福建、湖南、香港、四川、云南和西藏，生于海拔900–3200米的林下土表、岩面或腐木上。尼泊尔、日本、朝鲜、俄罗斯、欧洲及北美洲有分布。

1. 植物体(×0.5)，2. 茎横切面的一部分(×170)，3. 茎叶(×26)，4. 叶中部细胞(×170)，5.叶基部下延细胞(×170)。

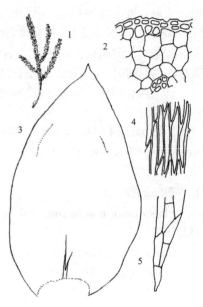

图 1357 圆条棉藓（吴鹏程绘）

10. 长喙棉藓　　　　　　　　　　　　图 1358

Plagiothecium succulentum (Wils.) Lindb., Th. Tries. Bot. Not. 43. 1865.

Hypnum sacculentum Wils., Bryol. Brit. 407. 1855.

体形粗壮，有光泽，深绿色或黄绿色。主茎匍匐或倾立。叶多两侧对称，有时具纵褶，内凹，基部卵圆形，向上呈长舌状披针形，渐狭成细尖，或背仰的尖，长2–3毫米，宽1.0–1.3毫米；叶边平展或略背曲，多全缘，或近尖部具齿突；中肋2，分叉，基部宽。叶细胞薄壁，叶中部细胞长菱形，长120–200微米，宽12–18微米，基部细胞较宽短，叶基角部由长方形和线形细胞组成。雌雄同株。孢子直径12–14微米，近于平滑。叶腋常具丛生的芽胞。

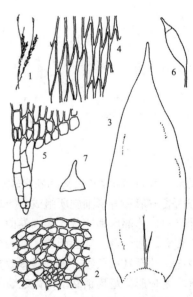

图 1358 长喙棉藓（吴鹏程绘）

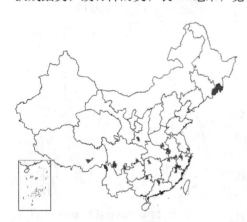

产吉林、河南、陕西、安徽、浙江、福建、江西、湖南、广东、广西、四川、云南和西藏，生于海拔1200–3500米的林下土表、岩面或树干。欧洲有分布。

1.雌株(×0.5)，2. 茎横切面的一部分(×150)，3. 茎叶(×35)，4. 叶中部细胞(×150)，5.叶基部细胞(×150)，6. 孢蒴(×6)，7. 蒴盖(×10)。

11. 阔叶棉藓　　　　　　　　　　　　图 1359

Plagiothecium platyphyllum Moenk., Laubm. Eur. 866: 207b. 1927.

植物体片状生长，绿色或深绿色，具光泽。茎匍匐或倾立；不规则分枝。茎和枝被叶呈扁平状。叶卵形至卵状披针形，长2–2.5毫米，宽1–1.4毫米，两侧对称或略不对称，扁平，有时稍具褶；叶边下部全缘，近尖端具齿；中肋2，不等长，可达叶中部。叶中部细胞长80–120

微米，宽10—14微米，近叶尖细胞较短，薄壁，透明，叶基部下延由1—3列细胞组成，透明至灰绿色，圆形或长方形。雌雄异苞同株。蒴柄长20—30毫米。孢蒴圆柱形，背曲，具不明显条纹，干时蒴口下部收缩。蒴齿两层；齿毛2—3。蒴盖圆锥形，具短喙。孢子具疣或近于平滑。

产陕西、安徽、四川和云南，生于海拔1400—3460米林下土表、岩面、腐木或树干基部。日本及欧洲有分布。

1. 雌株(×0.5)，2. 茎叶(×22)，3. 叶中部细胞(×170)，4. 叶基部细胞(×170)，5. 已开启的孢蒴(×9)。

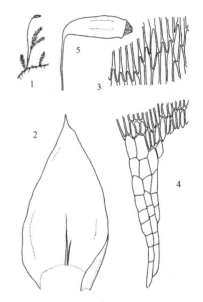

图 1359 阔叶棉藓（吴鹏程绘）

12. 垂蒴棉藓 图 1360

Plagiothecium nemorale (Mitt.) Jaeg., Ber. S. Gall. Naturw. Ges. 1876–77: 451. 1878.

Stereodon nemorale Mitt., Journ. Linn. Soc. Bot. Suppl. 1: 104. 1859.

体形中等大小，暗绿色或黄绿色，通常无光泽。茎横切面圆形，中轴发育，皮层细胞薄壁；不规则分枝。分枝大部分上倾，长1.5—3.0厘米，干时连叶宽5毫米。叶干时常强烈皱缩或不皱缩，卵圆形，两侧多数对称，略内凹，长2.4—3.5毫米，宽1.1—1.6毫米，渐狭成小尖，叶基部狭下延，由长方形和线形细胞组成；叶边平展，稀反曲，近于全缘，先端具少数不明显的齿；中肋2，基部宽，常达叶中部，或中部以上。叶中部细胞长六边形或长菱形，长60—100微米，宽15—25微米，先端细胞较短，基部细胞较宽。叶尖上常着生多数丝状芽胞。雌雄异株。雌苞叶卵圆形，具短尖，紧抱蒴柄基部。蒴柄褐色，下部微红色。孢蒴圆柱形，倾立或平列，通常弓形，干时平滑。环带完全分化。蒴齿两层；齿毛2—3，具高的疣。蒴盖圆锥形，具喙。孢子稀具疣。

产吉林、内蒙古、陕西、江苏、安徽、浙江、台湾、福建、江西、广东、香港、四川、云南和西藏，生于海拔150—3500米土表或岩面。印度、锡金、日本、朝鲜、俄罗斯、欧洲及非洲有分布。

1. 雌株(×0.5)，2. 茎叶(×12)，3. 叶中部细胞(×170)，4. 叶基部细胞(×170)，5. 孢蒴(×9)，6. 芽胞(×150)。

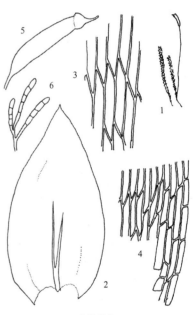

图 1360 垂蒴棉藓（吴鹏程绘）

13. 波叶棉藓 图 1361 彩片258

Plagiothecium undulatum (Hedw.) B. S. G., Bryol. Eur. 48. 1851.

Hypnum undulatum Hedw., Sp. Musc. Frond. 242. 1801.

体形较大，浅绿色或灰白色，有时黄绿色，无光泽或略具光泽。茎长达10厘米以上，扁平，有时直立而呈圆条状。叶覆瓦状排列，长2—5毫米，宽1—2.3毫米，卵形至卵状披针形，少数呈椭圆状披针形，急尖

至渐尖，内凹，略对称，近叶先端具明显横波纹；叶边平展，全缘或近叶先端具粗齿或细齿；中部细胞长96–175微米，宽7–11微米，叶基下延部分呈三角形，由1–3列长方形细胞组成，胞壁具壁孔。雌雄异株。蒴柄暗红褐色。孢蒴倾立至下垂，弓形，或有时直立，成熟时，浅褐色至赤黄褐色，干时在蒴口下收缩，具皱纹。齿毛2–3。环带成熟时脱落。

产东北西北部、云南和西藏，生于海拔1500–3600米的林下土表。俄罗斯、欧洲及北美洲有分布。

1. 雌株(×0.5)，2. 茎叶(×18)，3. 枝叶(×18)，4. 叶中部细胞(×170)，5. 叶基部细胞(×170)，6. 孢蒴(×7)。

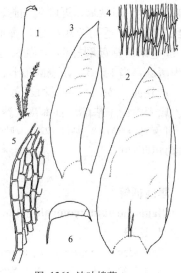

图 1361 波叶棉藓（吴鹏程绘）

114. 锦藓科 SEMATOPHYLLACEAE
（贾 渝）

体形纤细或粗壮，柔软或硬挺，黄色、黄绿色、绿色或黄棕色，多有绢丝光泽，交织成片生长。茎横切面多呈圆形，无中轴分化，有疏松而厚壁的基本组织，周围有2至多层小形厚壁细胞。主茎匍匐横展，倾立或直立，多不规则分枝，稀呈羽状分枝；枝圆条形或呈扁平。茎叶与枝叶多同形，稀略有差异，两侧对称，无纵长皱褶，各属之间的叶形变化较大；中肋2，甚短或完全退失。叶细胞多狭长菱形，平滑或具疣，叶片角部细胞分化明显。雌雄异苞同株或雌雄异株，稀雌雄混生同苞，雌雄杂株或叶生（雄苞）异株。雄苞芽状，形小。雌苞着生于茎或枝的顶端。孢蒴倾立或悬垂，卵圆形或长卵圆形，常不对称，薄壁；台部稍发育，具显型气孔。环带常不分化。蒴齿多数两层，稀内齿层缺失；外齿层齿片开裂至基部，形式变化较大，外面多具横纹，稀平滑，内面多具横隔；内齿层与外齿层分离（花锦藓属除外），基膜高，齿条多呈狭长披针形，折叠如龙骨状，稀呈线形，多具齿毛。蒴盖圆锥形，具长或短喙。蒴帽多兜形，平滑无毛。

35属，分布热带及亚热带地区。中国有23属。

1. 叶片角细胞多单列，稀多列，多呈椭圆形，稀呈方形或长方形，一般较上部的细胞膨大；蒴齿的齿条与齿片等长或稍短，有时内齿层缺失。
  2. 植物体稍粗壮，1–2回羽状分枝，有时叉形分枝或稀呈树状分枝；茎叶与枝叶稍异形；蒴柄平滑；孢蒴多倾立，对称，蒴齿的齿条较宽。
    3. 植物体枝条末端形成明显的鞭状繁殖枝 ·························· 7. **鞭枝藓属 Isocladiella**
    3. 植物体枝条末端无鞭状繁殖枝。
      4. 叶基下延 ··· 2. **拟疣胞藓属 Clastobryopsis**
      4. 叶基不下延。
        5. 植物体具多数假根 ·· 3. **牛尾藓属 Struckia**
        5. 植物体仅有稀疏假根。

　　　6. 植物体有少量不规则的长枝；叶长卵圆形，急尖；蒴齿的齿条宽而短，无齿毛 ·····················
　　　　　　　　　　　　　　　　　　　　　　　　　　　　　　　·····················**4. 厚角藓属 Gammiella**

　　　6. 植物体无长枝，仅有不规则的短枝；叶卵状披针形，渐尖；蒴齿齿条较窄，与齿片等长，有齿毛。
　　　　7. 植物体多附生于树皮上，有稀疏假根；蒴齿内齿层基膜低，齿毛短；蒴盖顶端圆钝 ·················
　　　　　　　　　　　　　　　　　　　　　　　　　　　　　　·····················**5. 拟金灰藓属 Pylaisiopsis**

　　　　7. 植物体多着生于腐木上，常密被鳞毛；蒴齿内齿层基膜较高，齿毛发育；蒴盖顶部具短斜喙 ··
　　　　　　　　　　　　　　　　　　　　　　　　　　　　　·····················**6. 腐木藓属 Heterophyllium**

2. 植物体较纤细，多不规则1回羽状分枝，稀2回羽状分枝；茎叶与枝叶同形；蒴柄有时稍粗糙；孢蒴直立、
　　倾立或悬垂，有时稍拱曲；蒴齿的齿条较窄或缺失。
　　8. 茎上往往具线形无性芽胞；叶角细胞通常为数列，呈卵形、椭圆形或长方形，与上部细胞的形态虽有分
　　　　化，但不特别膨大；蒴齿内齿层的基膜不高；蒴盖多具短喙 ·····················**1. 疣胞藓属 Clastobryum**
　　8. 茎上不具无性芽胞；叶角细胞多单列，呈卵形或长椭圆形，往往特别膨大，多黄色，稀形小而透明；蒴
　　　　齿内齿层的基膜多较高；蒴盖多具长喙。
1. 叶片角细胞数列，方形或长方形，排列疏松整齐，不膨大；孢蒴直立；蒴齿的齿条2-3倍长于齿片 ·············
　　　　　　　　　　　　　　　　　　　　　　　　　　　　　　　　　·····················**23. 丝灰藓属 Giraldiella**
　9. 叶细胞平滑。
　　10. 植物体不规则的2-3回羽状分枝；茎叶和枝叶异形 ·····················**9. 刺枝藓属 Wijkia**
　　10. 植物体规则分枝；茎叶和枝叶同形，仅大小不同。
　　　　11. 叶片急狭，趋狭窄或成毛状尖。
　　　　　　12. 叶片弯曲，基部具宽鞘部；蒴帽大，钟状 ·····················**16. 裂帽藓属 Warburgiella**
　　　　　　12. 叶片直立外倾，有时稍弯曲，基部无宽鞘部；蒴帽小，兜形 ········**18. 狗尾藓属 Rhaphidostichum**
　　　　11. 叶片锐尖或渐成长尖。
　　　　　　13. 外层齿片无条纹 ·····················**11. 花锦藓属 Chionostomum**
　　　　　　13. 外层齿片具条纹。
　　　　　　　　14. 叶舌形，边缘分化，具不规则锐齿 ·····················**10. 拟金枝藓属 Pseudotrismegistia**
　　　　　　　　14. 叶卵状或椭圆状披针形，无分化边缘，全缘或具锯齿。
　　15. 角细胞少，4-5个，不形成连续的一列达叶中肋。
　　　　16. 植物体红色或紫棕色，无芽胞；叶强烈内凹 ·····················**12. 拟小锦藓属 Hageniella**
　　　　16. 植物体绿色或黄棕色，叶腋有芽胞；叶内凹 ·····················**15. 毛锦藓属 Pylaisiadelpha**
　　15. 角细胞超过6个，形成连续的一列并达叶中肋。
　　　　17. 叶尖有齿；孢蒴外壁细胞无角隅加厚，沿纵向壁加厚 ·····················**14. 小锦藓属 Brotherella**
　　　　17. 叶尖全缘或具微齿；孢蒴外壁细胞具角隅加厚。
　　　　　　18. 叶平展或稍内凹，边缘平展或稍卷曲；角细胞小，卵形或椭圆形 ········**17. 锦藓属 Sematophyllum**
　　　　　　18. 叶强烈内凹，边缘内卷；角细胞大，常弯曲，呈肾形 ·····················**19. 顶胞藓属 Acroporium**
　9. 叶细胞具疣、前角突或壁孔。
　　19. 叶细胞具成列的疣。
　　　　20. 叶片披针形，呈镰刀状弯曲 ·····················**8. 细锯齿藓属 Radulina**
　　　　20. 叶片卵形，多具短尖 ·····················**21. 麻锦藓属 Taxithelium**
　　19. 叶细胞具单疣或具壁孔。
　　　　21. 叶片长卵状舌形 ·····················**22. 扁锦藓属 Glossadelphus**
　　　　21. 叶片渐尖。
　　　　　　22. 叶上部呈兜形，尖部有时收缩成长尖；角细胞常厚壁 ·····················**13. 拟刺疣藓属 Papillidiopsis**
　　　　　　22. 叶内凹，尖部渐成毛尖；角细胞薄壁 ·····················**20. 刺疣藓属 Trichosteleum**

1. 疣胞藓属 **Clastobryum** Dozy et Molk.

纤细，或稍粗壮，柔软，黄绿色、稀呈红色或红棕色，常具光泽。茎细长，匍匐，具簇生的假根；不规则密羽状分枝，有时具狭长的鞭状枝。枝条短或较长，直立或倾立，稀垂倾，圆条形，有时呈扁平形，枝顶的叶腋产生具粗疣的无性芽胞。叶疏松或密集排列，狭卵形，内凹，无皱褶，具短尖或呈卵状披针形，渐尖；中肋缺失；叶细胞狭长菱形，角细胞稍膨大，厚壁，紫红色。雌雄异株。内雌苞叶披针形，有长毛状尖。蒴柄细，扭卷，紫红色。孢蒴直立，长卵圆形。环带缺失。蒴齿两层。外齿层齿片干燥时背卷，披针形，平滑，内面具低横隔；内齿层在蒴口处平展，基膜低；齿条短，且不规则。蒴盖顶端具短而弯的喙。孢子形状不规则，黄绿色，有密疣。

约13种，多分布亚洲和美洲热带地区。我国有1种。

三列疣胞藓 图 1362

Clastobryum glabrescens (Iwats.) Tan, Iwats. et Norris, Hikobia 11: 151. 1992.

Tristichella glabrescens Iwats., Bull. Nat. Sci. Mus., Ser. B, Bot. 3: 17. f.2–3. 1977.

植物体常附生树枝上成垫状。主茎平卧，长1–2厘米，向上产生直立的枝条，长约1厘米。叶片在茎上呈明显的三列状排列，卵状披针形，长1–1.5毫米，船形，叶片上半部内凹，渐尖；上部边缘具细齿，下部具较粗的齿，部分叶片的尖部扭曲。叶细胞线形，长60–80微米，宽约5微米，平滑，有时具前角突，壁孔稀少，叶边缘细胞渐短；角细胞卵圆形，厚壁，带紫红色。枝条上部叶腋处具无性繁殖的芽条，平滑。雌雄同株。雌苞叶大，卵状披针形，边缘有明显的齿。蒴柄直立，长1–2毫米，平滑。孢蒴卵形至圆柱形，长约2毫米。蒴盖具短喙。

产台湾和广西，附生树上。日本、菲律宾及印度尼西亚（婆罗洲）

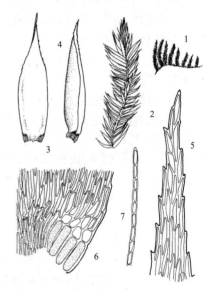

图 1362 三列疣胞藓（郭木森、于宁宁绘）

有分布。

1. 植物体(×1)，2. 小枝(×10)，3-4. 枝叶(×36)，5. 叶尖部细胞(×200)，6. 叶基部细胞(×200)，7. 芽胞(×100)。

2. 拟疣胞藓属 **Clastobryopsis** Fleisch.

植物体黄绿色或红色。主茎匍匐生长；枝条平展，柔弱，丝状芽胞常聚生于枝条的顶端。叶卵状披针形，全缘，基部下延；角细胞明显分化，由一群有色或透明的细胞组成，稀透明，方形或长方形，多为厚壁细胞。蒴柄直立或稍扭曲，平滑。孢蒴卵形。外齿层细胞沿纵壁加厚，中缝有穿孔；内齿层齿条呈线形，基膜低。

6种，分布热带和亚热带地区。中国有3种。

1. 植物体纤细；叶长不及2毫米，宽约1.5毫米；叶边平展或狭内卷 ·········1. 拟疣胞藓 **C. planula**

1. 植物体较粗；叶长度达2.5毫米，宽约2毫米；叶边叶尖部强烈内卷 ·········2. **短肋拟疣胞藓 C. brevinervis**

1. 拟疣胞藓

图 1363 彩片259

Clastobryopsis planula (Mitt.) Fleisch., Musci Fl. Buitenzorg 4: 1180. 1923.

Stereodon planulus Mitt., Journ. Linn. Soc. Bot. Suppl. 1: 111. 1859.

植物体匍匐，成垫状。茎多分枝，直立，枝条平展。茎叶和枝叶阔卵形或卵状披针形，长超过2.0毫米，基部下延，具短尖；中肋短弱，有时极不明显；茎叶边缘卷曲，长1.33–1.82毫米；宽0.28–0.42毫米。枝叶平展，边缘具弱齿。叶细胞狭菱形或菱形，长30–45微米；叶角部由一群膨大、方形或长方形、薄壁或厚壁的细胞组成，向上渐成狭长菱形。枝条顶部叶腋

处具丰富的芽胞，芽胞多平滑，由8–12个细胞组成。雌苞叶狭披针形，渐尖。孢子体一般生主茎上。蒴柄长5–10 (–15)毫米。孢蒴小，近于球形或卵圆形，长不及1毫米，倾斜或平列；外壁细胞不加厚或稍角隅加厚。蒴盖圆锥形，具短喙。蒴齿两层；外齿层齿片披针形，具密疣；内齿层齿条线形，具疣。

产福建、广西、贵州、四川、云南和西藏，多见于树干。印度北部、尼泊尔、日本、印度尼西亚（爪哇）及菲律宾有分布。

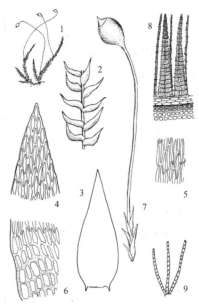

图 1363 拟疣胞藓（于宁宁绘）

1. 雌株（×1），2. 枝的一部分（×7），3. 叶片（×20），4. 叶尖部细胞（×120），5. 叶中部细胞（×120），6. 叶基部细胞（×120），7. 雌孢子体（×7），8. 蒴齿（×50），9. 芽胞（×120）。

2. 短肋拟疣胞藓

图 1364

Clastobryopsis brevinervis Fleisch., Musci Fl. Buitenzorg 4: 1185. 1923.

茎短，平展，上部螺旋状上倾；长达15毫米，无分枝；芽胞长1.2–1.5毫米，多生长于茎和枝的中上部及叶腋。叶片披针形，渐尖，长约2.5毫米，宽约0.6毫米，具深纵褶，上部呈半筒形；叶边多内卷；中肋单一，达叶片中部。叶中部细胞线形，长50–65微米，宽4.0–4.5微米，上部细胞较短，厚壁，

下部细胞短，角部明显下延，有时下延部分可达整个叶片长度的1/4，角细胞长15–25微米，宽9–15微米。

产广西和贵州，树枝着生。日本及印度尼西亚有分布。

1. 植物体着生树枝上的生态（×1），2. 茎叶（×25），3-5. 枝叶（×25），6. 叶尖部细胞（×250），7. 叶中部细胞（×250），8. 叶基部细胞（×250），9. 芽胞（×100）。

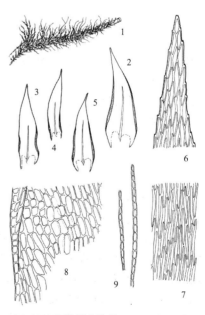

图 1364 短肋拟疣胞藓（郭木森、于宁宁绘）

3. 牛尾藓属 Struckia C. Müll.

植物体粗壮，较柔软，灰绿色，具银色光泽。茎匍匐，密生红色成簇的假根，具不规则的分枝；枝条密集，直立，呈圆条形，末端渐细，有时呈鞭枝状。叶干燥时覆瓦状紧贴，湿润时直立或倾立，卵形，尖部狭长或近于呈毛状；叶边基部稍内曲，上部具细齿或全缘；中肋2，较短。叶细胞狭长菱形或线形，角细胞分化多列，呈方形，透明。雌雄异苞同株。内雌苞叶直立，基部鞘状，向上渐狭呈披针形。蒴柄细，红色或橙黄色，干燥时往往扭曲。孢蒴直立，卵圆形，台部短，有气孔。环带宽，成熟后自行卷落。蒴齿单层（内齿层一般缺失），外齿层齿片狭披针形，较短，带黄色，密被疣，分节甚长，中缝有时具穿孔。蒴盖圆锥形，顶端圆钝。孢子被密疣。

2种。我国有1种。

牛尾藓

图 1365

Struckia argentata (Mitt.) C. Müll., Arch. Ver. Freund. Naturg. Mecklenburg 47: 129. 1893.

Hypnum argentatum Mitt., Journ. Linn. Soc. Bot. Suppl. 1: 77. 1859.

植物体中等大小，灰绿色，具光泽，成矮的垫状生长。主茎匍匐，

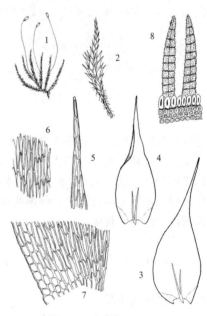

具红色的假根；枝条末端渐细。枝叶倾立，卵状披针形，内凹，向上渐尖，成尾尖状，长约1.6毫米，宽约0.67毫米；叶边近于全缘；中肋短，分叉。叶细胞线形，尖部细胞长约80微米，宽约7微米，中部细胞长约80微米，宽约8微米，基部细胞不规则长方形，排列疏松。雌雄同株。孢蒴生于枝基部。雌苞叶与营养叶

类似，直立。蒴柄直立，长约2厘米。孢蒴直立至弯曲，卵状圆柱形。蒴帽小，圆锥形。蒴齿单层，外齿层高约200微米，具疣，有中缝。环带分化。孢子直径约25微米，具粗疣。

产福建和云南，树枝着生。尼泊尔及印度有分布。

图 1365 牛尾藓（于宁宁绘）

1. 雌枝(×1)，2. 小枝(×3)，3. 茎叶(×20)，4. 枝叶(×20)，5. 叶尖部细胞(×100)，6. 叶中部细胞(×100)，7. 叶角部细胞(×100)，8. 蒴齿(×150)。

4. 厚角藓属 Gammiella Broth.

体形粗壮，柔软，黄绿色，具光泽，呈疏松片状生长。茎匍匐，有少数不规则匍匐的长枝及稍呈规则羽状的短枝。枝圆条形，末端钝，往往向下弯曲。叶干燥时呈覆瓦状紧贴，湿润时近于直立，长卵形，内凹，基部稍下延，上部急狭呈长毛尖；叶边平展，仅尖部稍内曲，全缘或尖部有微齿；中肋2，甚短或缺失。叶细胞狭长，平滑；基部细胞较宽短，棕黄色；角细胞多列，黄色，方形，厚壁，稍透明，形成大形稍内凹而明显分化的角部。雌雄异苞同株。内雌苞叶直立，卵状披针形，上部渐狭成长毛状，近于全缘；无中肋。蒴柄细，红色，平滑，干燥时往往扭卷。孢蒴直立，圆柱形，具短台部，薄壁。环带窄，成熟后留存。蒴齿两层；外齿层齿片阔披针形，钝头，黄色，下部平滑，尖部具细疣，内面密生横隔；内齿层透明，具细疣，基膜不高出，齿条宽短，尖端钝，折叠成龙骨形，齿毛缺失。蒴盖圆锥形，具钝尖。

6种，多生于树干上。中国有4种。

1. 植物体大，被叶茎宽超过1.25毫米；叶片长约1.25毫米，强烈内凹 .... 2. **厚角藓 G. pterogonioides**
1. 植物体小，被叶茎宽不及1毫米；叶片长小于1.25毫米，平展或稍内凹。
  2. 叶卵圆形至卵状椭圆形，长不及0.75毫米，具短尖至钝尖 .... 1. **小厚角藓 G. ceylonensis**
  2. 叶披针形，长超过0.75毫米，具短尖至长尖 .... 3. **狭叶厚角藓 G. tonkinensis**

1. 小厚角藓

图 1366

Gammiella ceylonensis (Broth.) Tan et Buck, Journ. Hattori Bot. Lab. 66: 318. 1989.

Clastobryum ceylonense Broth. in Herz., Hedwigia 50: 137. 1910.

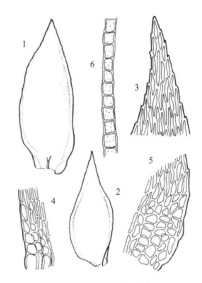

图 1366 小厚角藓（于宁绘）

植物体形小，黄色至棕色，成片紧密着生。茎匍匐，长约10毫米；叶片直立，卵圆形至椭圆形，长不超过1毫米，宽0.15-0.2毫米，内凹，钝尖、急尖至短尖；叶边上部具稀疏齿。叶细胞狭纺锤形至长菱形，长20-45微米，宽4-9微米；角细胞方形，厚壁，透明。雌雄同株。雌苞叶椭圆状披针

形，长1-1.25毫米，渐尖，边缘具锯齿。

产广西、云南和西藏，腐木或树干上生长。斯里兰卡、马来西亚及非洲有分布。

1. 茎叶（×53），2. 枝叶（×53），3. 叶尖部细胞（×150），4-5. 叶基部细胞（×150），6. 芽孢（×187）。

2. 厚角藓

图 1367

Gammiella pterogonioides (Griff.) Broth., Nat. Pfl. 1 (3): 1067. 1908.

Pleuropus pterogonioides Griff., Cal. Journ. Nat. Hist. 3: 274. 1842.

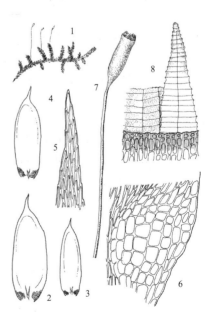

图 1367 厚角藓（郭木森、于宁绘）

植物体大，疏松。主茎匍匐，不规则分枝；枝条长约10毫米，宽1.25-2毫米。叶片覆瓦状排列，直立，有时弯曲，卵圆形至椭圆状披针形，长1.25-1.75毫米，内凹，具弱纵褶，叶尖急狭或具短尖；叶边全缘，狭卷曲，近尖部处具细齿。叶细胞狭菱形至长线形，长50-70毫米，向尖部渐趋短；角细胞有色

或透明，方形或长方形，厚壁。雌苞叶大而直立，狭披针形，渐尖。蒴柄细，长超过1厘米。孢蒴未见。

产四川和云南，生于腐木和石缝中。喜马拉雅地区、越南、老挝及柬埔寨有分布。

1. 雌株（×1），2. 茎叶（×20），3-4. 枝叶（×20），5. 叶尖部细胞（×250），6. 叶基

部细胞（×250），7. 孢蒴（×10），8. 蒴齿（×190）。

3. 狭叶厚角藓　　　　　　　　　　　图 1368

Gammiella tonkinensis (Broth. et Par.) Tan, Bryologist 93: 433. 1990.

Clastobryum tonkinensis Broth. et Par., Rev. Bryol. 35: 47. 1908.

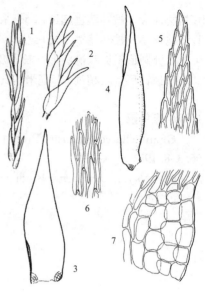

植物体成垫状。茎及枝长而细，有时长达3厘米。枝条长2.7-4.6毫米，连叶宽2-2.9毫米。枝叶扁平，披针形，长1-1.5毫米，渐尖，宽0.1-0.3毫米；叶边平展，具微齿或近于全缘。叶细胞长菱形至线形，两端锐尖；上部细胞长75-90微米，宽14-16微米；中下部细胞长85-110微米，宽8-12微米；角部细胞数多，长方形，厚壁，形成有色的同形细胞群。

图 1368 狭叶厚角藓（于宁宁绘）

产台湾、广东、香港、广西和云南，生于土面或岩石上。日本、越南、老挝、柬埔寨、菲律宾及印度尼西亚有分布。

1. 植物体的一部分（干时）（×23），2. 植物体一部分（湿时）（×23），3-4. 枝叶（×35），5. 叶尖部细胞（×230），6. 叶中部细胞（×230），7. 叶基部细胞（×230）。

5. 拟金灰藓属 Pylaisiopsis Broth.

体形粗壮，硬挺，麦秆色或黄褐色，略具光泽。茎纤长，匍匐，有稀疏假根，不规则分枝；枝条短而直立，或稍长而弯曲。叶密生，多向倾立，卵状披针形，具狭长尖；叶边不卷曲，近于全缘；中肋2，其短。叶细胞狭长菱形，近基部的细胞较宽短，多棕黄色，角细胞多列，方形。雌雄异苞同株。内雌苞叶直立，基部呈高鞘状，上部急尖，成狭长毛尖，全缘。蒴柄细长，红色，干时卷扭。孢蒴直立，粗卵圆形，厚壁，棕色。环带不分化。蒴齿两层；外齿层齿片狭长披针形，外面有粗横脊，无条纹，仅尖部具疣；内齿层与外齿层分离，基膜低，齿条与外齿层齿片等长，较宽，上部往往两裂；齿毛甚短。蒴盖短圆锥形，顶端钝。孢子形大。

1种，分布亚洲东部。中国有分布。

拟金灰藓　　　　　　　　　　　图 1369

Pylaisiopsis speciosa (Mitt.) Broth., Nat. Pfl. 1 (3) : 1232. 619. 1909.

Stereodon speciosus Mitt., Journ. Linn. Soc. Bot. Suppl. 1: 95. 1859.

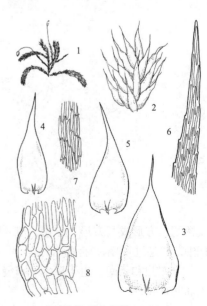

植物体粗壮，黄绿色至棕色，具光泽，呈垫状。主茎匍匐，分枝不规则或呈弓形。叶片密集生长于茎上，内凹，阔卵状披针形，具一长而狭窄的尖部，长3-4.1毫米，宽0.7-0.9毫米；叶边全缘；中肋2，短弱。叶细胞线形，厚壁，尖部细胞长约58微米，宽约5微米，基部细胞长约75微米，宽约9微米，

图 1369 拟金灰藓（于宁宁绘）

角部细胞透明，向边缘渐成短方形，长约39微米，宽约9微米。雌雄同株。雌苞叶直立，狭长。蒴柄多少直立，平滑，长约2.3厘米。孢蒴直立，卵圆形。蒴盖短圆锥形。蒴齿两层；外齿层齿片下部具中缝，急狭成细尖；内齿层齿条与外齿层等高，有时顶端开裂，基膜低；齿毛短。

产云南和西藏，附生树干。喜马拉雅东部地区有分布。

1. 雌株（×112），2. 枝的一部分（×5），3. 茎叶（×10），4-5. 枝叶（×10），6. 叶尖部细胞（×120），7. 叶中部细胞（×120），8. 叶基部细胞（×120）。

6. 腐木藓属 Heterophyllium (Schimp.) Kindb.

植物体较粗壮，绿色、黄绿色或棕绿色，具光泽。茎多匍匐伸展；具多数鳞毛；常有不明显的羽状分枝。叶倾立，或向一侧弯曲，卵状披针形，稍内凹，具长尖；中肋短弱或缺失。叶细胞线形；基部细胞带黄色，角细胞疏松，常膨大成方形或长方形，黄色或黄棕色，形成内凹而有明显界线的角部。雌雄异苞同株或雌雄异株。孢蒴直立或倾立，对称或稍弯曲。环带稍明显分化。蒴齿两层；外齿层齿片狭长披针形，外面具横条纹，内面具明显的横隔；内齿层黄色或透明，基膜高出，齿条较宽，齿毛发育良好。蒴盖圆锥形，具短斜喙。

约30种，热带和亚热带地区分布。中国1种。

腐木藓

图 1370

Heterophyllium affine (Mitt.) Fleisch., Musci Fl. Buitenzorg 4: 1177. 1923.

Stereodon affinis Mitt., Journ. Linn. Soc. Bot. 12: 533. 1869.

植物体成垫状，近于羽状分枝至不规则分枝，枝条短或长，长1-3厘米，多少扁平；假鳞毛发育良好，大而呈叶状，深裂。叶直立至倾立，有时弯曲，宽披针形至卵状椭圆形，渐成毛状尖；叶边全缘，仅叶尖部有齿。叶细胞长菱形至线形；角细胞多数，方形或长方形，厚壁，有色。雌苞叶与营养叶等大，卵状披针形，具纵褶，尖部有齿；角部略分化。蒴柄长超过4厘米，平滑。孢蒴椭圆形至圆柱形，长约1.25毫米，倾斜至弓形。蒴盖圆锥形。

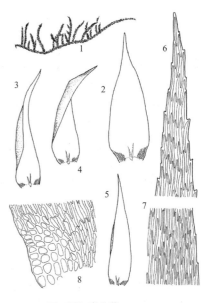

图 1370 腐木藓（于宁宁绘）

1. 植物体（×112），2. 茎叶（×28），3-5. 枝叶（×56），6. 叶尖部细胞（×250），7. 叶中部细胞（×250），8. 叶基部细胞（×250）。

产台湾、福建、湖南、海南、广西和四川，多着生树干、岩面或石上。广泛分布于亚洲、中南美洲、北美洲及太平洋岛屿。

7. 鞭枝藓属 Isocladiella Dix.

植物体主茎长而匍匐，无中轴分化；近于密集羽状分枝；枝条直立至上倾；假鳞毛丝状。枝叶覆瓦状排列，卵形，强烈内凹；中肋短或缺失。叶片中部细胞长菱形，平滑或偶尔有不明显的疣；角部由一群方形和长方形的具壁孔的细胞组成。蒴柄长而细，平滑。孢蒴椭圆形，稍微弓形；外壁细胞角隅加厚，方形至长方形，薄壁。蒴盖具长喙。蒴齿外齿层齿片线状披针形，具密集细疣；内齿层基膜低，齿条线形，具密细疣，无齿毛。蒴帽钟形，平滑。

有2种，分布亚洲和大洋洲地区。中国有1种。

鞭枝藓　　　　　　　　　图 1371 彩片260

Isocladiella surcularis (Dix.) Tan et Mohamed, Cryptogamie, Bryol. Lichenol. 11: 37. 1990.

Acroporium surculare Dix., Bull. Torr. Bot. Cl. 7: 258. 4 f. 11. 1924.

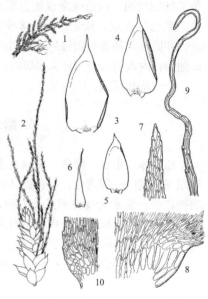

图 1371 鞭枝藓（于宁宁绘）

体形小，匍匐，无中轴；假鳞毛线形；枝条密生，直立，有时呈弓形，近于羽状分枝，长5–15毫米，宽1.5毫米，常具多数呈尾状的鞭状枝；鞭枝细，通常长达5毫米，具小而内凹的叶片。枝叶阔卵圆形，锐尖，通常明显内凹，两侧对称，长0.6–1.1毫米，宽0.24–0.30毫米，叶基狭窄，不下延；叶边全缘；中肋极短或缺失。叶中部细胞狭纺锤形，长50–70微米。宽3–5

微米，胞壁中等加厚，平滑，偶具弱疣；基部成方格状，由大约10个方形或长方形的厚壁细胞组成，常褐色。雌雄异株。雌苞叶鞘部向上成长毛尖，往往扭曲，具明显的锯齿。蒴柄细，红棕色，平滑。孢蒴椭圆形，略呈弓形。环带不分化。蒴齿两层；外齿层齿片16，狭披针形，上部具密疣；内齿层基膜低，齿条线形，稍短于外齿层，具疣；无齿毛。蒴盖具长喙。蒴帽勺状，平滑。孢子具细疣，直径13–18微米。

产福建、江西、广东、香港、海南、广西、贵州和云南，多树干附生。

日本、越南、老挝、柬埔寨、斯里兰卡、马来西亚及澳大利亚有分布。

　　1. 植物体（×1.5），2. 具鞭状枝枝条（×8），3. 茎叶（×28），4-5. 枝叶（×28），6. 鞭状枝叶片（×28），7. 枝叶叶尖部细胞（×250），8. 枝叶叶基部细胞（×250），9. 鞭状枝叶尖部细胞（×250），10. 鞭状枝叶基部细胞（×250）。

8. 细锯齿藓属 **Radulina** Buck et Tan

植物体中等大小，纤细，柔薄，多暗色、绿色至金黄色。茎匍匐生长，不规则分枝，枝条常螺旋状生长，先端尾部弯曲；假鳞毛叶状；腋毛具一个短的、棕色基细胞和一个长的、透明顶细胞。叶片镰刀状弯曲，披针形或者少数呈卵状披针形，渐尖，内凹；叶边平展，上部具细齿，下部具细齿至全缘；无中肋，稀具短双中肋。叶细胞长六边形至线形，加厚至厚壁，多少具壁孔，一列或两列疣；角细胞膨大，最外侧的细胞厚壁。雌雄异株。蒴柄细长，红色，上部具疣，下部平滑。孢蒴倾斜至平列，外壁细胞短方形，具强烈角隅加厚；无环带。蒴齿两层；外齿层齿片外面具狭沟，下部具横脊，上部具疣；内齿层具高基膜，齿条具脊状突起及穿孔，与外齿层等高，齿毛单一，粗壮。蒴盖具斜长喙。蒴帽钟形，裸露，上部粗糙。孢子中等大小，具细疣。

4种，分布旧世界热带地区。中国有1种。

弯叶细锯齿藓　　　　　　图 1372

Radulina hamata (Dozy et Molk.) Buck et Tan, Acta Bryolichenol. Asiatica 1: 10. 1989.

Hypnum hamatum Dozy et Molk., Ann. Sc. Nat. Bot. ser. 3, 2:307. 1844.

垫状，灰绿色或棕黄色，稍具光泽。茎匍匐，多分枝；枝条长2–3毫米。叶片狭披针形，弯曲，内凹，基部卵状披针形，向上渐成长尖，

长1.5–2毫米，宽0.2–0.3毫米；叶边平展，上部具明显齿。叶细胞线形，长50–70微米，宽6–8微米，壁薄至厚壁，具单列的疣，基部细胞稍有壁孔，角部具2–3个大而薄

壁透明的细胞。雌苞叶向上突成长尖，具锐齿。蒴柄长1–1.75厘米，上部具疣，下部平滑。孢蒴卵圆形，水平状弯曲。蒴盖具长喙。

产海南和云南，生于腐木及低海拔的腐殖土上。日本有分布。

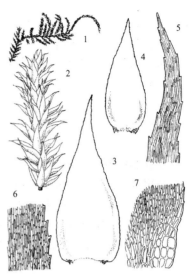

1. 植物体(×3/4)，2. 小枝(×10)，3. 茎叶(×40)，4. 枝叶(×40)，5. 叶尖部细胞(×180)，6. 叶中部边缘细胞(×180)，7. 叶基部细胞(×180)。

图 1372 弯叶细锯齿藓（于宁宁绘）

9. 刺枝藓属 **Wijkia** (Mitt.) Crum

体形纤细或粗壮，稍硬挺，淡绿色或黄绿色，有时呈棕黄色，具光泽，通常交织成片生长。茎匍匐，有稀疏假根，不规则1–2回羽状分枝；枝平展或倾立，有时稍弯曲；茎及枝尖均平直而锐尖；稀有鳞毛。叶干燥时紧贴，潮湿时直立或倾立。茎叶呈阔卵圆形，内凹，渐尖或上部急狭成长毛状；叶边全缘或上部具细齿；中肋2，甚短或缺失。叶细胞狭长菱形，薄壁，通常平滑，稀具单疣，或背面具前角突，叶基细胞常呈金黄色，厚壁，有壁孔，角部有1列明显分化的细胞，形大，长椭圆形，呈金黄色或棕黄色，有时透明，其余为少数小形、薄壁而透明的短轴形细胞。枝叶较小，渐尖，叶边具锐齿。雌雄异株或叶生（雄苞）异株。内雌苞叶直立，基部成鞘状，上部具细长尖。蒴柄细长，紫色，平滑。孢蒴圆柱形，稍拱曲。环带分化。蒴齿两层；外齿层齿片外面下部有横纹，上部有疣，内面有高出的横隔；内齿层具折叠的基膜，齿毛1–2，与齿条等长。蒴盖基部圆锥形，上部具短或长喙，稀圆钝及具短尖。孢子常不规则圆形，黄绿色，平滑。

约29种，多亚洲热带地区分布。中国有4种。

1. 茎叶向上渐成狭长弯曲的叶尖 ⋯⋯⋯⋯⋯⋯⋯⋯⋯⋯⋯⋯⋯⋯⋯⋯⋯⋯⋯⋯⋯⋯ 1. 弯叶刺枝藓 **W. deflexifolia**
1. 茎叶向上急狭成长尖，尖部平直或扭曲。
  2. 植物体较小；茎叶的尖部相对较短，仅为叶片长度的1/2且具齿 ⋯⋯⋯⋯⋯ 2. 角状刺枝藓 **W. hornschuchii**
  2. 植物体较大；茎叶的尖部长，近于与叶片等长且全缘 ⋯⋯⋯⋯⋯⋯⋯⋯⋯3. 毛尖刺枝藓 **W. tanytricha**

1. 弯叶刺枝藓   图 1373 彩片261

Wijkia deflexifolia (Ren. et Card.) Crum, Bryologist 74: 171. 1971.

Acanthocladium deflexifolium Ren. et Card., Bull. Soc. Bot. Belg. 41 (1): 92. 1905.

体形较粗壮，不规则2–3回羽状分枝，垫状。枝条末端呈尾尖状，棕绿色。茎叶倾立，宽卵形至椭圆状卵形，渐尖，内凹，长1–2毫米；叶边平展，全缘或下部具细齿，近尖部有细齿。枝叶小，卵状披针形，内凹，急尖至短渐尖。叶细胞线形，长40–60微米，厚壁；角细胞大而薄壁，3–4个。雌苞叶大，长渐尖，上部有齿。蒴柄长达3厘米。孢蒴平列，卵状椭圆形，长约2毫米。蒴盖圆锥形至具长喙。蒴齿两层，内齿

层具2–3齿毛。孢子直径15–20微米。

产浙江、台湾、福建、海南、广西、贵州、四川、云南和西藏，着生腐木、树干或树枝上。喜马拉雅地区、印度、越南、老挝、柬埔寨及菲律宾有分布。

1. 雌株（×1/2），2–3. 茎叶（×25），4–5. 枝叶（×25），6. 叶尖部细胞（×250），7. 叶基部细胞（×250），8. 孢蒴（×10），9. 蒴齿（×100）。

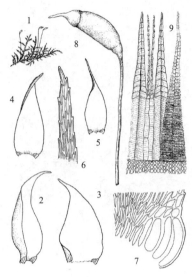

图 1373 弯叶刺枝藓（郭木森、于宁宁绘）

2. 角状刺枝藓　　　　　　　　　　　　　　图 1374

Wijkia hornschuchii (Dozy et Molk.) Crum, Bryologist 74: 172. 1971.

Hypnum hornschuchii Dozy et Molk., Ann. Sc. Nat. Ser. 3, 2: 307.1844.

Hageniella hattoriana Tan, Bryologist 93 (4): 433. 1990.

垫状，绿色至黄棕色，多少具光泽，2–3回羽状分枝；枝条长而细。茎叶直立，椭圆状卵形或倒卵形，长1毫米，内凹，常急狭成一短而具齿的尖，长170–225微米，基部收缩；叶边平展或卷曲，上部具微齿。枝叶小且基部较茎叶狭，内凹，叶尖短。叶细胞线形至蠕虫形，长75–135微米，薄壁，近尖部处趋短，近基部处呈椭圆形，厚壁；角细胞少、膨大、透明或稍呈黄色，有一个大的薄壁细胞。雌苞叶披针形，渐尖，具细齿或粗齿。蒴柄平滑，长约1.75毫米。孢蒴斜列，椭圆形或近圆柱形，长约2毫米，略呈弓形，外壁纵向加厚。

产安徽、浙江、台湾、福建、江西、湖北、湖南、广东、广西、贵州、四川、云南和西藏，生石上或腐木上。日本有分布。

1. 植物体（×1），2. 茎叶（×54），3. 枝叶（×54），4. 叶尖部细胞（×271），5. 叶基部细胞（×271）。

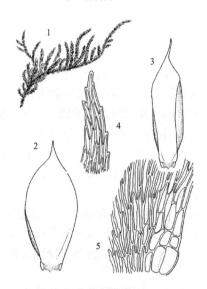

图 1374 角状刺枝藓（于宁宁绘）

3. 毛尖刺枝藓　　　　　　　　　　　　　　图 1375

Wijkia tanytricha (Mont.) Crum, Bryologist 74: 174. 1971.

Acanthocladium tanytrichum Mont., Ann. Sci. Nat. Bot. Ser. 3, 4: 88. 1845.

体形粗壮，具光泽，不规则分枝，交织成片生长。主茎匍匐，无中轴，1–2回羽状分枝，末端多弯曲。叶干时紧贴茎上，湿时倾立；茎叶大而疏松，卵圆形，全缘，先端急尖，呈长尾状扭曲，长约1.4微米，宽0.9微米；中肋2，甚

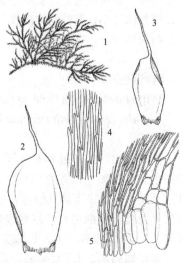

图 1375 毛尖刺枝藓（郭木森、于宁宁绘）

短弱。叶细胞线形，长约76微米，宽6微米；叶基有一列明显膨大金黄色细胞。枝叶紧密覆瓦状着生，小而渐尖；叶边中下部具齿，尖部全缘。雌雄异株。孢子体着生主茎上。蒴柄细长，紫红色，长约3厘米。孢蒴圆柱形，斜生。蒴齿两层；内齿层具1-2齿毛。蒴盖具长喙。

产台湾、广东、广西、四川、云南和西藏，树干或腐木生长。印度北部、越南及印度尼西亚有分布。

1. 植物体（×2），2. 茎叶（×39），3. 枝叶（×39），4. 叶中部细胞（×275），5. 叶基部细胞（×275）。

10. 拟金枝藓属 Pseudotrismegistia Akiyama et Tsubota

较粗壮，硬挺，多呈黄绿色，具光泽。主茎长展，往往呈弓形，直立或倾立，密被假根；支茎直立，下部单一，上部具羽状或成簇的分枝；枝条粗短；鳞毛稀疏。叶干燥时贴生或疏松贴生，潮湿时直立或倾立；茎叶基部卵形，向上渐狭成披针状舌形，或渐狭成长毛尖，尖部常扭曲；叶边下部稍卷曲，上部内曲且具粗齿；中肋2，甚短或缺失。叶细胞长轴形，厚壁，上部细胞较短阔，有明显前角突，叶边细胞多列，无前角突，形成阔分化边缘，下部细胞较长，平滑，叶基细胞呈黄棕色，角部细胞明显分化，一般较大，呈金黄色或黄棕色，在膨大细胞群之上往往有少数小形短细胞。枝叶较小，渐尖，边缘具锐齿。多雌雄异株，稀叶生（雄苞）异株。内雌苞叶直立，狭长披针形，上部边缘具锐齿。蒴柄粗且长，紫色。孢蒴大，平列，往往呈拱背形。环带分化。蒴盖基部圆锥形，顶部具长喙。

约12种，多亚洲南部分布。中国有1种。

波叶拟金枝藓

图 1376

Pseudotrismegistia undulata (Broth. et Yas.) Akiyama et Tsubota, Acta Phytotax. Geobot. 52: 86. 2002.

Trismegistia undulata Broth. et Yas., Rev. Bryol. 53: 4. 1926.

植物体大，相互交织成片生长。主茎匍匐，长达5厘米，不规则分枝；枝条短至长，长达3厘米，宽约2毫米。叶片倾立，稍弯曲，椭圆状披针形至舌形，上部明显狭窄，具强的波纹和宽的叶尖；叶边下部具细齿，上部具锐粗齿。叶细胞纺锤形至长菱形，长45-50 (-80)微米，宽4-7微米，近叶边和叶尖处趋宽短。角部细胞数多，膨大，透明或有色，厚壁，成数列。

产台湾、海南、广西和云南，着生于树干或枯木上。越南、老挝及柬埔寨有分布。

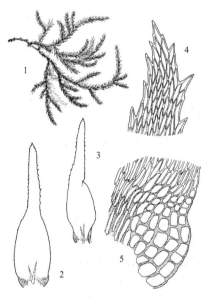

图 1376 波叶拟金枝藓（郭木森、于宁绘）

1. 植物体（×0.7），2. 茎叶（×15），3. 枝叶（×15），4. 叶尖部细胞（×270），5. 叶基部细胞（×270）。

11. 花锦藓属 Chionostomum C. Müll.

体形较粗壮或柔软，淡绿色或黄绿色，或黄棕色，具光泽，交织成片生长。茎蔓生，匍匐；密被假根；稍规则的羽状分枝；枝条直立，钝端，较短而不分枝或较长而有稀疏的分枝。叶密生，干燥时疏松贴生，潮湿时直立或倾立，有时略呈一向弯曲，长椭圆形，匙状内凹，具短披针形尖；叶边稍卷曲，全缘；中肋2，短弱或缺失。叶细胞平滑，上部细胞菱形，下部细胞较长而窄；叶基细胞较短且有壁孔，金黄色；叶角部有一列膨大、透明或棕黄色细胞，其上方具少数较小而近于方形的细胞，构成明显分化的角部。雌雄异苞同株。内雌苞叶直立，披针形，边缘卷曲，平滑。蒴柄细长，红色，平滑。孢蒴直立或稍倾立，长圆柱形；外齿层齿片具明显分化的边缘，内面密被横隔；内齿层贴附于外齿层，基膜低，齿条线形，与外齿层齿片近于等长，具疣；齿毛缺失。蒴盖基部圆锥形，顶部具细长喙。蒴帽兜形小，平滑。孢子小。

3种，分布于亚洲东南部。中国有2种。

花锦藓
图 1377

Chionostomum rostratum (Griff.) C.Müll., Linnaea 36: 21. 1869.

Neckera rostrata Griff., Calcutta Journ. Nat. Hist. 3: 70. 1843.

植物体中等大小，成垫状生长。茎紧密而不规则分枝；分枝短，长不及10毫米。叶干时疏松直立，湿时倾立，椭圆形至披针形，急尖至短渐尖，深内凹，有时具纵褶，长不及2毫米；叶边全缘，上部约1/3以上卷曲，近尖部具微齿。叶细胞狭长方形至线形，长65–110微米，近尖部成狭菱形，薄壁，平滑；角部为一列膨大有色细胞，其上方有少数透明而稍膨大的方形至长方形细胞。雌苞叶小，狭披针形。雌雄同株。蒴柄长7–15毫米，平滑。孢蒴圆柱形，长达2毫米，直立。蒴盖具长喙。

产海南、广西和云南，一般着生树枝上。斯里兰卡、印度、越南、老挝、柬埔寨及马来西亚有分布。

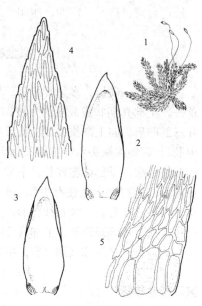

图 1377 花锦藓（于宁宁绘）

1. 植物体（×1.5），2-3. 枝叶（×18），4. 叶尖部细胞（×285），5. 叶基部细胞（×285）。

12. 拟小锦藓属 Hageniella Broth.

体形纤细，具光泽，紧密垫状生长。主茎匍匐；枝条直立或螺旋状生长。叶片卵圆形或椭圆形，具狭窄的基部，先端锐尖至渐尖；叶边具细齿。叶细胞线形，大多数细胞的顶部具疣或粗糙，角细胞分化，具泽色；中肋缺失，或具短弱的双中肋。蒴柄直立，长而细。蒴齿两层；内齿层具高基膜和透明并与外齿层等高的齿条。环带不分化。蒴盖具短喙。

6种，亚洲热带地区分布。我国有2种。

拟小锦藓
图 1378

Hageniella sikkimensis Broth., Oefv. Finsk. Vet. Soc. Foerh. 52 Afd. A(7): 4. 1910.

植物体纤细，具光泽，黄棕色至紫色，扁平交织生长。茎不规则分枝，枝长10毫米。叶片多少密生，扁平，宽卵圆形至卵圆形，内凹，钝尖至宽急尖，基部趋狭，长约0.7毫米，宽约0.35毫米；叶片平展，尖部具锯齿。叶细胞线形，平滑，长40–55微米，宽不超过5微米；角细胞为一列透明、膨大的细胞。蒴柄纤细，直立，高约1.3厘米。孢蒴小，卵形，下垂；无环带。蒴齿两层；外齿层高约0.2毫米，齿片外面除尖部外具横条纹；内齿层透明，基高膜，稍短于外齿层。蒴盖具短喙。孢子小。

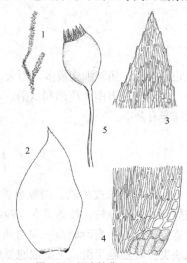

图 1378 拟小锦藓（于宁宁绘）

产云南，生于岩面。印度有分布。

1. 植物体的一部分(×1)，2. 叶片(×50)，3. 叶尖部细胞(×150)，4. 叶基部细胞(×150)，5. 孢蒴(×22)。

13. 拟刺疣藓属 Papillidiopsis Buck et Tan

植物体细小至大形，疏松垫状。主茎匍匐生长；支茎不规则疏松羽状分枝，扁平，常具鞭状枝；无中轴；假鳞毛叶状；腋毛具短棕色的基细胞和2–3个长而透明的细胞组成。主茎上的叶片紧贴，卵状披针形，渐尖；枝叶倾立，常呈明显的五列状排列，卵状披针形至椭圆状披针形，强烈内凹，基部狭窄，尖部急狭成短尖，稀呈长尖、钝尖至锐尖；叶边具细齿，有时上部多外卷，下部全缘，平展；无中肋或具短双中肋。叶细胞线形或虫形，在尖部趋短，加厚或厚壁，具壁孔，上部细胞具单疣；角部细胞膨大，椭圆形，薄壁，具色泽，上方有小的薄壁细胞。蒴柄有时细长而红色，或平滑，但通常上部粗糙。孢蒴卵形，倾斜至悬垂；外壁细胞强烈角隅加厚；无环带。蒴盖具长斜喙。蒴齿两层；外齿层外侧具弯曲的中缝，下部具横脊，上部具粗疣；内齿层具高基膜，齿条具龙骨状突起，有穿孔，齿毛1–2。孢子中等大小，具疣。蒴帽钟形，平滑。

7种，多亚洲分布。中国有3种。

疣柄拟刺疣藓　　　　　　　　　　　　　　　　图 1379

Papillidiopsis complanata (Dix.) Buck et Tan, Acta Bryolichen. Asiatica 1: 12. 1989.

Acroporium complanata Dix., Bull Torr. Bot. Cl. 51: 256. 4F. 15. 1924.

植物体较大，具光泽，垫状。枝条长达15毫米。叶片紧密贴生或稍偏曲，椭圆状披针形，内凹，叶尖约占整个叶片长度的1/5；叶片平展，上部约1/3外卷或内卷，下部全缘，尖部具微齿。叶细胞长线形，长90–112微米，厚壁，具壁孔，于尖部处趋短或呈卵形。雌苞叶较营养叶小，卵状披针形，渐尖，钝或具锯齿；叶细胞线形，常具疣。蒴柄长达10毫米，上部平滑，下部具疣。孢蒴椭圆状卵形，倾斜；外壁细胞角隅加厚，稍具乳突。

产广东，树干或腐木上着生。日本、越南、柬埔寨、老挝、马来西亚和非洲有分布。

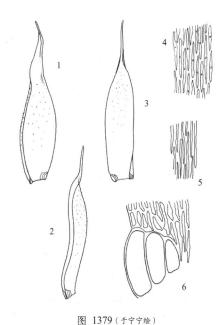

图 1379（于宁宁绘）

1-3. 叶(×22)，4. 叶上部细胞(×125)，5. 叶下部细胞(×125)，6. 叶基部细胞(×187)。

14. 小锦藓属 Brotherella Loeske ex Fleisch.

纤细或较粗壮，黄绿色或深绿色，稀略呈棕绿色，具光泽。茎匍匐，密分枝。叶一向弯曲，近镰刀形，基部长卵圆形，内凹，具长尖；叶边稍卷曲，上部具细齿；中肋多缺失。叶细胞菱形或狭长菱形，基部呈黄色，角细胞膨大，金黄色，其上方有少数短小的细胞，多透明。雌雄异株，稀雌雄异苞同株或叶生雄苞异株。内雌苞叶具长皱褶，尖端具长毛尖；上部边缘有细齿。孢蒴长卵圆形，多倾立，稍弯曲或呈圆柱形；环带在孢蒴成熟后仍留存。蒴齿两层；外齿层齿片狭披针形，外面具横条纹，内面具横隔；内齿层黄色，基膜较高，齿毛往往退化。蒴盖圆锥形，具短或较长的尖喙。孢子中等大小。

约50种，热带和亚热带山区分布。中国有7种。

1. 茎叶基部宽，尖部强烈弯曲 ·· 2. 曲叶小锦藓 B. curvirostris
1. 茎叶中部或基部上方宽，尖部直立或弯曲。
  2. 植物体扁平 ··· 3. 南方小锦藓 B. henonii
  2. 植物体不呈扁平。
    3. 植物体纤细，茎连叶宽不超过1毫米；叶多弯曲，狭卵形、卵形或卵状披针形，不内凹，叶片除叶尖外长度不超过1.5毫米 ························· 1. 赤茎小锦藓 B. erythrocaulis
    3. 植物体粗壮，茎连叶宽超过1毫米；叶多倾立，椭圆形至宽披针形，强烈内凹，叶片除叶尖外长度超过1.75毫米 ························· 4. 弯叶小锦藓 B. falcata

1. 赤茎小锦藓 图 1380

Brotherella erythrocaulis (Mitt.) Fleisch., Musci Fl. Buitenzorg 4: 1245. 1923.

Stereodon erythrocaulis Mitt., Musci Ind. Or.: 97. 1859.

体形中等大小至大形，棕绿色，呈垫状。主茎匍匐，常呈红色，长约5厘米，连叶宽约2毫米；羽状分枝或不规则羽状分枝，平展；分枝等长，长0.5–1厘米。茎叶宽卵圆形，长约1毫米，阔约0.75毫米，近基部最宽，具明显弓形弯曲的叶尖；叶边下部全缘，尖部有少数小齿。叶细胞狭椭圆形至线形，长55–70微米；角细胞少，多2–3个，稍膨大至膨大，有色泽。雌苞叶长2–3毫米，披针形，长渐尖，尖部稍有齿。蒴柄平滑，长1–1.5厘米。孢蒴椭圆形至椭圆状圆柱形，长1.5–2毫米，倾斜或稍弯曲。蒴盖具长喙。

产浙江、台湾、福建、江西、广东、广西、贵州、四川、云南和西藏，阴湿石上生长。印度及喜马拉雅地区有分布。

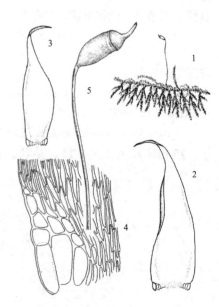

图 1380 赤茎小锦藓（郭木森、于宁宁绘）

1. 植物体（×3/5），2. 茎叶（×45），3. 枝叶（×45），4. 叶基部细胞（×385），5. 孢蒴（×10）。

2. 曲叶小锦藓 图 1381

Brotherella curvirostris (Schwaegr.) Fleisch., Nova Guinea 12 (2): 120. 1914.

Neckera curvirostris Schwaegr., Spec. Musc. Suppl. 3 (1): 230b. 1828.

植物体中等大小至粗壮，成垫状。主茎匍匐，长可达5厘米，连叶宽约2毫米，羽状或近于羽状分枝，平展；枝条等长，长0.5-1厘米。茎叶宽卵圆形，长约1毫米，宽0.75毫米，基部最宽，具强烈弓形的叶尖；枝叶卵状披针形，长超过1毫米，宽约0.5毫米，渐成长尖，弯曲；叶下部边缘全缘，尖部具少数小齿。叶细胞狭椭圆形至线形，长55-70微米；角细胞少，稍膨大至膨大，具色泽，相连的细胞有时膨大。雌苞叶大，长约2-3毫米，披针形，长渐尖，尖部齿较明显。蒴柄平滑，长1-2.5厘米。孢蒴椭圆形至圆柱形，长1-2毫米，稍不对称。蒴盖圆锥形至长喙形。蒴齿两层；内齿层长于外齿层，外齿层内面具横脊；内齿层外面具稀疏小疣。

产四川、云南和西藏，生岩面或树干上。喜马拉雅地区、印度、越南、老挝及柬埔寨有分布。

1. 植物体(×1)，2. 茎横切面的一部分(113)，3. 茎叶(×25)，4. 枝叶(×25)，5. 叶基部细胞(×275)。

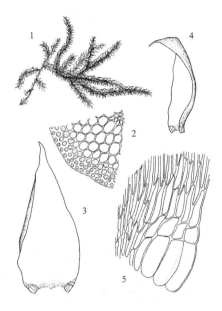

图 1381 曲叶小锦藓（郭木森、于宁宁绘）

3. 南方小锦藓
图 1382

Brotherella henonii (Duby) Fleisch., Nova Guinea 12 (2): 120. 1914.

Hypnum henonii Duby, Flora 60: 93. 1877.

植物体黄棕色，呈紧密垫状。茎匍匐，近于羽状分枝，连叶宽约1-2毫米；枝条短，长达10毫米，平展。茎叶直立外倾，长约2毫米，椭圆状披针形，先端收缩成一短或长的尖，多数直立，有时有弯曲；叶尖有不规则的齿，枝叶较茎叶窄，长约1.75毫米，稍弯曲，内凹，渐尖，终止于一具齿的钝尖；叶边上部边缘有齿。叶细胞线形，长90-120微米；角部细胞膨大，具色泽。雌苞叶卵状披针形，长达2.5毫米，长渐尖，具微齿直至下部，尖部具锐齿。雄苞叶内有配丝。蒴柄长，平滑，长2.5-3厘米。孢蒴椭圆形至圆柱形，长约2毫米，倾斜。蒴盖具长喙。

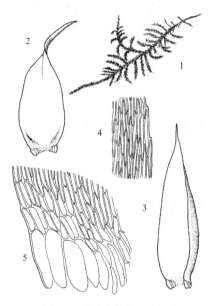

图 1382 南方小锦藓（于宁宁绘）

产浙江、福建、江西、湖南、广东、广西、贵州、四川、云南和西藏，生于岩面、土坡、树干和腐木上。日本及朝鲜有分布。

1. 植物体(×1)，2-3. 叶片(×33)，4. 叶中部细胞(×308)，5. 叶基部细胞(×308)。

4. 弯叶小锦藓
图 1383

Brotherella falcata (Dozy et Molk.) Fleisch., Nov. Guinea 12 (2): 120. 1914.

Leskea falcata Dozy et Molk., Ann. Sc. Nat. Bot. Ser. 3, 2: 310. 1844.

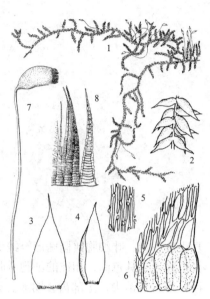

体形大，多成疏松垫状生长，常悬挂树枝上。主茎匍匐伸展，长达5厘米，近于羽状分枝；枝条略扁平或不扁平。茎叶大，直立至紧贴茎上，椭圆状披针形，强烈内凹，干燥时具纵褶，收缩成一长尖；叶边全缘或尖部有细齿。枝叶较茎叶窄，叶尖细长；全缘或从中部至尖部具细齿。叶细胞线形至长纺锤形，长110–135微米；角细胞数多，大形，常成两列，有色泽。

雌苞叶小或稍大于营养叶，长约 (1.25)2–2.25毫米，渐成狭长毛尖，有细齿。蒴柄长，平滑，可达2厘米。孢蒴椭圆状圆柱形，长不及2毫米；外壁细胞长方形，纵向壁薄或厚。蒴盖具长喙。

产台湾、福建、广东、海南、广西、贵州、四川、云南和西藏，着生树枝或石上。日本、越南、泰国及马来西亚有分布。

1. 植物体（×1/2），2. 枝的一部分（×5），3. 茎叶（×14），4. 枝叶（×14），5. 叶中部

图 1383 弯叶小锦藓（于宁宁绘）

细胞（×150），6. 叶基部细胞（×150），7. 孢蒴（×6），8. 蒴齿（×40）。

15. 毛锦藓属 **Pylaisiadelpha** Card.

植物体纤细，交织生长。主茎匍匐伸展，排列紧密，羽状分枝；枝短而直立。叶片镰刀形弯曲，呈卵状披针形，向上渐形成具齿的长尖；中肋缺失。叶细胞线形，角细胞分化。雌雄异株。孢蒴直立或稍弯曲。蒴柄长。蒴齿发育正常，基膜较低；无齿毛。蒴盖具长喙。

4种，常生于干旱环境中的树干基部至上部。中国2种。

弯叶毛锦藓

图 1384

Pylaisiadelpha tenuirostris (Bruch et Schimp. ex Sull.) Buck, Yushania 1(2): 11. 1984.

Leskea tenuirostris Bruch et Schimp. ex Sull. in Gray, Man. Bot. N. U. States 668. 1848.

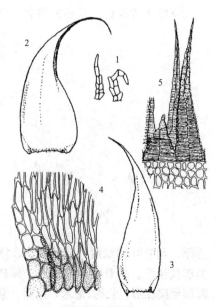

柔软，绿色至棕色；分枝纤细，不规则或规则，平卧。叶片强烈弯曲，椭圆状披针形，长约1毫米，内凹，长渐尖；叶下部边缘内卷，上部全缘或具齿。叶细胞线形，长50–70 微米，宽3–4微米，角细胞膨大，上部相连细胞稍膨大，黄色。雌苞叶大，卵状披针形，为营养叶长度的3倍，叶尖长而渐尖，上部齿不规则；叶基细胞具色泽，稍膨大，薄壁。蒴柄长约2厘米，平滑。孢蒴直立，椭圆状圆柱形，长近2毫

图 1384 弯叶毛锦藓（于宁宁绘）

米。外层蒴齿类似灰藓型，内齿层具高基膜，无齿毛。蒴盖具长喙。

产黑龙江、吉林、内蒙古、陕西、安徽、浙江、福建、江西、湖北、广东、四川、云南和西藏，生于树干。日本、美国东部及墨西哥有分布。

1. 假鳞毛(×85)，2. 茎叶(×48)，3. 枝叶(×48)，4. 叶基部细胞(×255)，5. 蒴齿(×126)。

16. 裂帽藓属 **Warburgiella** C. Müll. ex Broth.

体形小，具光泽，密集生长。茎长而扭曲，匍匐，不规则分叉至羽状分枝；横切面无分化的中轴；假鳞毛叶状。茎叶与枝叶相似，向一侧偏曲或卷曲，通常内凹，狭椭圆形至长卵圆状披针形，近顶端具齿，下部齿少；无中肋或具短的双中肋。叶细胞狭长椭圆形至线形，平滑或先端细胞具单疣，基部细胞黄色，膨大，呈圆卵形，透明。雌雄异苞同株。雌苞叶与营养叶相似。蒴柄纤细，红色，平滑或上部具疣，长2–3.5厘米。孢蒴平展或悬垂，成熟后颈上有颏突，蒴口下部收缩，外壁细胞无角隅加厚。蒴齿两层，发育完全；外齿层齿片的外面具深沟，下部具横纹，上部具疣；内齿层具高基膜，齿条龙骨状，具穿孔，齿毛成对生，具小节瘤。无环带。蒴盖具细喙。蒴帽大，兜形至钟形，完全覆盖孢蒴，基部具多数裂瓣，平滑。孢子具细疣。

20种。中国有1种。

裂帽藓　　　　　　　　　　　　　　　　　　　图 1385

Warburgiella cupressinoides C. Müll. ex Broth., Monsunia 1: 176. 1900.

植物体柔软，黄绿色，略具光泽，密丛集生长。茎匍匐着生，密不规则羽状分枝；枝条尖部呈钩形。叶一向偏曲，长卵形，内凹，干时皱缩，湿时斜展，尖端渐成长细尖，稍扭曲，长约2毫米，宽约0.3毫米；叶边基部全缘，上部明显具齿；中肋缺失。叶细胞线形，宽4–5微米，长为宽的8–10倍，平滑或先端具单疣，角部细胞3–4个，膨大成长卵圆形，金黄色。枝条近顶端处叶片的细胞具明显的单疣，中下部叶片的细胞平滑。雌雄异株。雌苞叶具长毛尖，尖部具细齿。蒴柄长1.5–2.0厘米，红色，平滑，顶部弯曲。孢蒴平展，圆柱形。外齿层齿片宽披针形，具横隔。

产台湾、广西和云南，腐木上着生。越南、老挝、柬埔寨及马来西亚有分布。

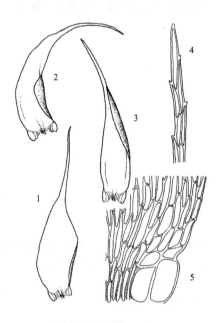

图 1385 裂帽藓（于宁宁绘）

1. 茎叶(×56)，2-3. 枝叶(×56)，4. 叶尖部细胞(×330)，5. 叶基部细胞(×330)。

17. 锦藓属 **Sematophyllum** Mitt.

体形纤细或粗壮，具光泽，多密集交织生长。茎匍匐，具不规则分枝或羽状分枝。叶四向倾立，有时上部叶略呈一向偏曲，卵形或长椭圆形，稍内凹，顶部有时钝或具短宽尖，有时急尖或渐尖，尖部成长毛状；中肋不明显或完全缺失。叶尖部细胞菱形或长椭圆形，平滑，中部细胞狭长菱形，角细胞较长而膨大，构成明显分化的角部。雌雄异苞同株，稀雌雄异株。内雌苞叶较长，尖部呈毛状。蒴柄细长，红色，平滑。孢蒴直立或平列，卵圆形或长卵圆形。蒴齿两层；外齿层齿片狭长披针形，外面具横条纹，内面具明显的横隔；内齿层黄色，基膜高，齿条与齿片等长，在中缝处成龙骨形；齿毛1–2，短于齿条，有时退化。蒴盖基部拱圆形，具针状长喙。孢子不规则球形，黄绿色，平滑或近于平滑。

约150种，分布温热地区。中国有3种。

1. 叶多呈披针形至卵状披针形，具细长尖；叶上部细胞长卵形至线形 ························ 1. **橙色锦藓 S. phoeniceum**
1. 叶多呈卵圆形至宽披针形，具细尖至钝尖，有时为短细尖；叶上部细胞圆形或菱形，少数为长卵形 ············
·· 2. **羽叶锦藓 S. subpinnatum**

1. 橙色锦藓 　　　　　　　　　图 1386 彩片262

Sematophyllum phoeniceum (C. Müll.) Fleisch., Musci Fl. Buitenzorg 3: 1266. 1923.

Hypnum phoeniceum C. Müll., Flora 61: 85. 1878.

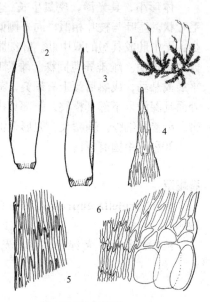

植物体具光泽，簇生。主茎匍匐生长，向上具直立生长的枝条。叶片直立至稍偏斜，披针形或狭披针形，长1–1.25毫米，内凹，具长渐尖至细尖；叶边全缘，平展或稍内卷，尖部具小圆齿。叶细胞狭长卵形至线形，长65–80微米，宽2–4微米，中部细胞渐狭长，角细胞膨大。雌雄同株。雄苞叶小，狭披针形。雌苞叶卵状披针形，渐呈长尖，近于全缘。蒴柄长不及7毫米。孢蒴卵圆形，倾斜。外齿层齿片规则；内齿层缺失，呈碎片状。蒴盖具细长喙。

图 1386 橙色锦藓（于宁宁绘）

产江苏、浙江、台湾、福建、江西、湖南、广东、香港、海南、广西、四川、云南和西藏，着生腐木或树干上。印度、越南、老挝、柬埔寨及非洲有分布。

1. 雌株（×2），2-3.叶（×30），4.叶尖部细胞（×250），5.叶中部边缘细胞（×250），6.叶基部细胞（×250）。

2. 羽叶锦藓 　　　　　　　　　图 1387 彩片263

Sematophyllum subpinnatum (Brid.) Britt., Bryologist 21: 28. 1918.

Leskea subpinnata Brid., Sp. Musc. 2: 54. 1812.

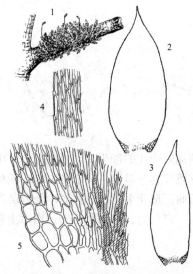

体形纤细或粗壮，黄褐色，稍具光泽，簇生成垫状。叶干时紧贴茎上，湿时倾立，宽卵圆形至卵状披针形，长1–1.5毫米，宽0.5–0.75毫米，基部较窄，尖部钝，具二短中肋；叶细胞长菱形，角细胞方形，数目较少。

图 1387 羽叶锦藓（郭木森、于宁宁绘）

产浙江、台湾、福建、广东、香港、海南、广西、贵州和云南，喜岩面、土生和树干生长。泛热带至亚热带地区广布。

1. 植物体着生树枝上的生态（×1），2. 茎叶（×33），3. 枝叶（×37），4. 叶中部边缘细胞（×220），5. 叶基部细胞（×220）。

18. 狗尾藓属 **Rhaphidostichum** Fleisch.

体形较粗壮,稍具光泽,密集交织生长。茎匍匐,不规则羽状分枝;枝条倾立或直立。叶多列,近于扁平排列,直立或倾立,卵形或长椭圆形,匙状内凹,急尖,叶尖宽短,或呈狭长披针形至长毛状;叶边尖部具微齿;中肋缺失。叶细胞狭长菱形,胞壁厚,有时具壁孔,平滑或具疣,叶基部细胞稍短,角部具一列较长而膨大呈椭圆形的细胞,透明或带黄色,其上方有少数较短小的细胞,构成明显分化的角部。雌雄同株或雌雄异株,稀雌雄杂株。蒴柄细长,下部平滑,上部具乳头突起。孢蒴小,垂倾或悬垂,长卵形或长圆柱形。蒴齿两层;外齿层齿片狭长披针形,外面具明显的回折中缝,中、下部具横纹,上部较透明,具疣,内面具明显的横隔;内齿层基膜较高,齿条与齿片近于等长,在中缝处成龙骨形;齿毛1-2,稍短于齿条。蒴盖基部拱圆形,上部具细长喙。孢子较小,平滑。

约30多种,旧热带地区分布。中国有2种。

细狗尾藓　　　　　　　　　　　　　　　　图 1388

Rhaphidostichum bunodicarpum (C. Müll.) Fleisch., Musci Fl. Buitenzorg 4: 1309. 1923.

Hypnum bunodicarpum C. Müll., Bot. Jahrb. 5: 85. 1883.

植物体黄绿色,具光泽。茎匍匐,密集分枝;枝条逐年生长,长达5毫米,连叶宽不及2毫米。叶片覆瓦状排列至倾立,卵状披针形,长达2毫米,宽0.5毫米,向上成一长尖,内凹;叶边全缘,尖部具微齿。叶细胞线形或纺锤形,长40-60微米,宽3-4.5微米,平滑,近基部细胞短而具壁孔,角细胞薄壁、膨大,具色泽。

产海南,树干着生。印度尼西亚(婆罗洲)、菲律宾、新几内亚及大洋洲有分布。

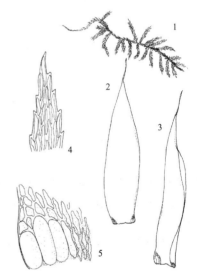

图 1388 细狗尾藓 (于宁宁绘)

1. 植物体(×1/2), 2-3. 叶片(×25), 4. 叶尖部细胞(×250), 5. 叶基部边缘细胞(×250)。

19. 顶胞藓属 **Acroporium** Mitt.

体形纤细或较粗壮,稀挺硬,略具光泽,交织成片生长。茎匍匐,假根疏生或缺失;枝条密集,倾立或直立,多呈羽状排列;茎及枝条的尖端往往由于叶片紧密贴生而呈芽条状细尖。叶多列,披针形或长卵形,直立或倾立,有时明显向一侧偏斜,内凹,叶基近于呈心脏形。叶片角部细胞狭长菱形,多平滑,稀有疏生的小疣,壁厚而具壁孔,角部1列细胞较长而膨大,透明或呈黄色,稀暗褐色,构成内凹而明显分化的角部。雌雄异株,具矮雄株,稀雌雄同株。内雌苞叶直立,基部呈鞘状,上部急狭或渐尖。蒴柄细长,上部多具乳头状突起,稀平滑。孢蒴直立或倾立,卵形或长圆柱形,台部短;外壁细胞有时具乳头突起。蒴齿两层;外齿层齿片披针形,外面具回折中缝,中、下部具横条纹,上部具疣,有分化的边缘,内面具明显突出的横隔;内齿层黄色,基膜高出,齿条与齿片等长,较宽,在中缝处内折成龙骨状;齿毛单一,较短,有时退化。蒴盖基部拱圆形,上部具细长喙。孢子往往大小不等,黄绿色,球形,有细密疣。

约75种,分布热带及亚热带地区。中国有7种。

1. 叶片披针形至狭披针形，具长尖，常弯曲，基部狭心脏形 ·············· 4. 疣柄顶胞藓 A. strepsiphyllum
1. 叶片宽卵形至卵状椭圆形，具细长尖至短尖，基部阔心脏形。
  2. 植物体形小；叶片短于2毫米；蒴柄短于15毫米 ················ 2. 心叶顶胞藓 A. secundum
  2. 植物体形大；叶片长于2毫米；蒴柄长于15毫米。
    3. 植物体呈紧密垫状；雌雄同苞异株 ··············· 1. 密叶顶胞藓 A. condensatum
    3. 植物体疏松，雌雄同株或异株 ··············· 3. 厚壁顶胞藓 A. stramineum

1. 密叶顶胞藓

图 1389

Acroporium condensatum C. Müll. ex Bartr., Philip. Journ. Sci. 68: 335. 1939.

植物体具光泽，呈紧密垫状。枝直立，高达4厘米。叶紧密贴生至倾立，卵状椭圆形，急尖至短渐尖，内凹；叶边全缘，卷曲。叶细胞线形，长45-68微米，叶基角部具一列膨大、长椭圆形细胞。雌雄同苞异株。雌苞叶宽卵形，急狭成短尖。蒴柄短，长10-15毫米，平滑，具成列的疣。孢蒴卵形，长不及1毫米。

产台湾、海南、广西和云南，多生长树枝及树干基部。菲律宾有分布。

1. 植物体(×1/2)，2-3. 叶(×23)，4. 叶尖部细胞(×275)，5. 叶基部细胞(×275)。

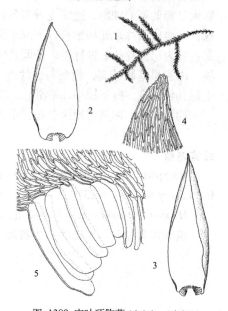

图 1389 密叶顶胞藓（郭木森、于宁宁绘）

2. 心叶顶胞藓

图 1390 彩片264

Acroporium secundum (Reinw. et Hornsch.) Fleisch., Musci Fl. Buitenzorg 4: 1283. 1923.

Leskea secunda Reinw. et Hornsch., Nov. Act. Ac. Caes. Leop. Car. 14 (2) (Suppl.): 717. 1829.

体形小，低矮垫状生长或多分枝。叶卵状披针形，长1-1.25毫米，内凹，急尖或短渐尖。叶细胞线形，长40-65微米，厚壁，具壁孔。雌雄异株。雌苞叶由阔卵形基部向上急狭成长尖。

蒴柄长15毫米，具疣。孢蒴倒卵形，长约1毫米。

产台湾、广东、海南、广西和云南，树干附生。日本、越南、老挝、柬埔寨、马来半岛、菲律宾及印度尼西亚有分布。

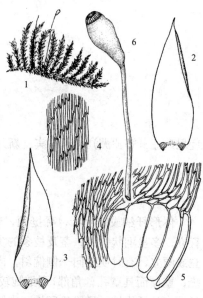

图 1390 心叶顶胞藓（郭木森、于宁宁绘）

1. 植物体(×1)，2-3. 叶(×20)，4. 叶中部细胞(×180)，5. 叶基部细胞(×180)，6. 孢蒴(×14)。

3. 厚壁顶胞藓   图 1391

Acroporium stramineum (Reinw. et Hornsch.) Fleisch., Musci Fl. Buitenzorg 4: 1301. 1923.

Leskea straminea Reinw. et Hornsch., Nov. Act. Ac. Caes. Leop. Car. 14 (2): 8. 1829.

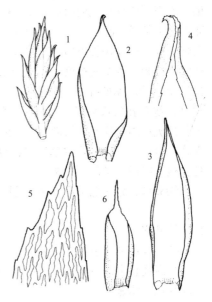

图 1391 厚壁顶胞藓（于宁宁绘）

体形中等大小至大形，不规则分枝成垫状，或相互交织生长。枝平展，匍匐或直立，长1–3厘米，叶阔卵形至卵状椭圆形，长1.5–2毫米，宽0.5–0.75毫米，倾立。枝末端的叶常弯曲，叶急尖至短渐尖，有时呈钩状，叶基阔心脏形。叶细胞线形，长55–80微米，胞壁强烈加厚，具壁孔，近尖部和基部细胞趋短；角部细胞除边缘细胞外，常厚壁。雌苞叶具锐齿，由宽鞘部向上突成短尖或长尖。蒴柄长15–25微米，具疣。

产台湾、广东和海南，树干附生。越南、老挝、柬埔寨、斯里兰卡、马来西亚及大洋洲有分布。

1. 枝的一部分（×10），2-3. 叶（×24），4. 叶尖部（×90），5. 叶尖部细胞（×300），6. 雌苞叶（×22）。

4. 疣柄顶胞藓   图 1392

Acroporium strepsiphyllum (Mont.) Tan in Touw, Journ. Hattori Bot. Lab. 71: 353. 1992.

Hypnum strepsiphyllum Mont., London Journ. Bot. 3: 632. 1844.

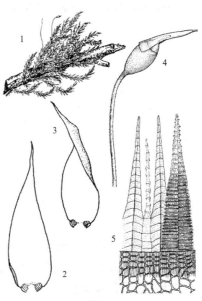

图 1392 疣柄顶胞藓（郭木森、于宁宁绘）

体形细小至大形，不规则分枝，呈疏松垫状或交织成片生长。枝条长达2.5厘米。叶片倾立，椭圆状披针形，常弯曲，长2–3毫米，宽0.2–0.3毫米，具长尖。叶细胞线形，长45–70微米，厚壁，壁孔明显。雌苞叶急狭成短或长尖，边缘鞘部有微齿。蒴柄长15毫米以上，下部平滑，上部有疣。

产台湾、广东、海南和云南，多着生树干基部。热带亚洲及大洋州有分布。

1. 植物体着生树枝上的生态（×1/2），2-3. 叶（×15），4. 孢蒴（×7），5. 蒴齿的一部分（×113）。

20. 刺疣藓属 **Trichosteleum** Mitt.

植物体纤细或较粗壮，绿色或黄绿色，稀呈黄色或棕黄色，无光泽或稍具光泽。茎匍匐伸展，具簇生假根；不规则密分枝或近羽状分枝。枝单一或有稀疏短分枝，枝端略钝。叶披针形、长披针形或长椭圆形，稀呈卵形，上部成狭长尖，直立或倾立，有时一向偏曲，内凹，无皱褶；叶边多卷曲，上部具细齿；中肋缺失。叶细胞长椭圆形或狭长菱形，通常薄壁，稀厚壁，具单疣，叶基细胞黄色，厚壁，具壁孔，角部有少数膨大呈长椭圆形细胞，透明或黄色，明显分化小而不内凹的角部。雌雄异苞同株。内雌苞叶直立，尖部狭长，边缘有锯齿，无中肋。蒴柄纤细，顶部弯曲，上部多粗糙，稀平滑。孢蒴多悬垂，形小，不对称；外壁细胞强烈角隅加厚，常有乳头状突起。无环带。蒴齿两层；外齿层齿片狭披针形，外面具"之"字形脊，下部具横条纹，上部具疣；内面具明显的横隔，上部向侧面突出；内齿层齿条与齿片等长，黄色，基膜高，具疣，中缝处成龙骨状，有穿孔，齿毛通常单1，具节瘤，有时退化。蒴盖基部拱圆形，具狭长喙。蒴帽勺形，平滑或上部稍粗糙。孢子圆形，绿色，具疣。

约85种，分布热带及亚热带地区。中国有5种。

1. 叶片具疣。
   2. 叶多为短尖，边缘常卷曲；雌苞叶具疣 ·· 1. 垂蒴刺疣藓 **T. boschii**
   2. 叶渐成长尖，或渐狭成细长尖；雌苞叶疣明显 ································· 4. 长喙刺疣藓 **T. stigmosum**
1. 叶片疣不明显。
   3. 叶形大，内凹，具细长尖，稀具长毛尖 ··· 2. 全缘刺疣藓 **T. lutschianum**
   3. 叶形小至中等大小，平展，稍内凹，具短尖 ··································· 3. 绿色刺疣藓 **T. singapurense**

1. 垂蒴刺疣藓

图 1393 彩片265

Trichosteleum boschii (Dozy et Molk.) Jaeg., Ber. S. Gall. Naturw. Ges. 1876–1877: 421. 1878.

Hypnum boschii Dozy et Molk., Ann. Sc. Nat. Bot. Ser. 3, 2: 306. 1844.

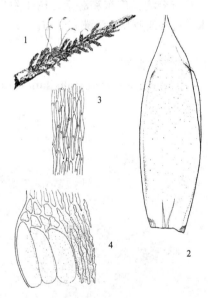

体形多变，棕色，稍具光泽，密丛生。茎不规则分枝，长达10毫米。茎叶和枝叶倾立，卵状至椭圆状披针形，长1–1.5毫米，宽0.25–0.5毫米，内凹，渐尖或急尖，叶边下部平展，上部背卷，尖部具微齿至粗齿。叶细胞菱状线形，长50–70微米，薄壁至厚壁，稍具壁孔，具小或大的疣；角细胞膨大，常有色泽。雌苞叶椭圆状披针形，长尖至尾尖，上部有齿；叶细胞具明显疣。蒴柄长不及10毫米，顶部具疣，下部平滑。孢蒴小，常下垂，孢蒴外壁平滑或具乳头突起。

产台湾、福建、广东、香港、海南和广西，着生树干和岩石上。热带亚洲及大洋洲有分布。

图 1393 垂蒴刺疣藓（于宁宁绘）

1. 植物体着生树枝上的生态(×3/4)，2. 叶片(×45)，3. 叶中部细胞(×250)，4. 叶角细胞(×250)。

2. 全缘刺疣藓

图 1394

Trichosteleum lutschianum (Broth. et Par.) Broth., Nat. Pfl. 1(3): 1238. 1909.

Rhaphidostegium lutschianum Broth. et Par., Bull. Herb. Boiss. Ser. 2, 2: 931. 1902.

丛生，黄棕色，不规则分枝，枝条粗壮，长1–1.5厘米，连叶宽

1–1.5毫米。叶倾立,卵圆形、椭圆形至阔披针形,长1.5–2毫米,强烈内凹,具长尖至锐尖,稍扭曲;叶边全缘,有时尖部具微齿。叶细胞椭圆形至线形,长65–80(90)微米,稀尖部细胞呈短椭圆形,稍具疣至平滑;角部细胞大,薄壁,有色或透明。雌苞叶椭圆状披针形,细胞平滑。雌雄异株。蒴柄长约1厘米,平滑。孢蒴椭圆形,倾立,长1–1.25毫米。

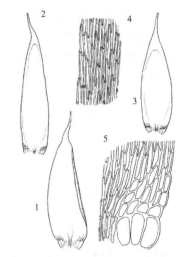

图 1394 全缘刺疣藓(郭木森、于宁绘)

产江西、湖南、广东、香港、海南、广西、贵州和四川,树干着生。日本有分布。

1. 茎叶(×33), 2-3.枝叶(×33), 4.叶中部边缘细胞(×270), 5.叶基部细胞(×270)。

3. 绿色刺疣藓　　　　　　　　　图 1395

Trichosteleum singapurense Fleisch., Hedwigia 44: 325. 1905.

与*T. boschii*相似,亮绿色。枝条连叶宽约0.75毫米。叶卵形至卵状披针形,急尖至渐尖,长1.20–1.40毫米,宽0.40–0.50毫米;叶边平展,有时上部背卷,具微齿。叶细胞长菱形或长线形,上部细胞长26–41微米,宽6–8微米,中部细胞长52–81微米,宽4.5–6.88微米,下部细胞长54–68微米,厚壁,具单疣;角部细胞,膨大,透明。雌苞叶椭圆状披针形,具微齿,疣不明显,蒴柄长约1毫米,上部具不明显的疣,下部平滑。孢蒴圆柱形,长约1.31毫米,直径约0.73毫米。蒴齿长约44微米。

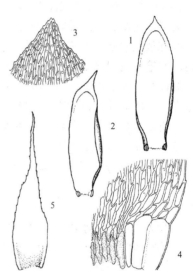

图 1395 绿色刺疣藓(郭木森、于宁绘)

产香港和海南,岩面生长。非律宾有分布。

1-2.叶(×28), 3.叶尖部细胞(×220), 4.叶基部细胞(×220), 5.雌苞叶(×19)。

4. 长喙刺疣藓　　　　　　　　　图 1396

Trichosteleum stigmosum Mitt., Journ. Linn. Soc. Bot. 10: 181. 1868.

低丛生或簇生,亮绿色或棕色。茎匍匐,不规则分枝;枝条直立,长4–10毫米,连叶宽1–1.25毫米。茎叶和枝叶紧贴至倾立,椭圆状披针形,长1–2毫米,宽约0.5毫米,强烈内凹,向上呈长渐尖至长尾尖,弯曲;叶边平展,有时尖部稍背卷。叶细胞椭圆状线形,有时呈纺锤形,长20–55微米,宽4–6.5微米,厚壁,具单疣;角细胞多2个,形大,薄壁,有色。雌苞叶小于营养叶,披针形,具长尖;叶细胞具明显疣。蒴

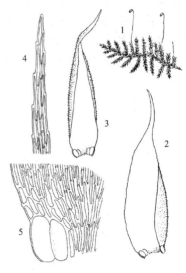

图 1396 长喙刺疣藓(郭木森、于宁绘)

柄长约12毫米，平滑。孢蒴卵圆形，长约1毫米，悬垂。蒴盖具长喙。

产福建、江西、广东、香港、海南和广西，多树干或腐木生长。菲律宾、巴布亚新几内亚及大洋洲有分布。

1. 雌株(×1)，2. 茎叶(×54)，3. 枝叶(×54)，4. 叶尖部细胞(×330)，5. 叶基部细胞(×330)。

21. 麻锦藓属 Taxithelium Spruce ex Mitt.

纤细或稍粗壮，平铺交织生长，绿色、黄色或带灰白色，无光泽或略具光泽。茎匍匐，具较规则羽状分枝；枝较短，扁平，尖端略钝或成细尖；鳞毛缺失。叶多列，紧密着生，稍内凹，侧叶稍不对称，卵圆形或长卵圆形，具短尖，或呈卵状长披针形，具短或长毛状尖；叶边具细齿，稀全缘，有时上部具粗齿；中肋缺失。叶细胞狭长菱形，具多个单列细疣，稀仅具前角突起或近于平滑，叶基细胞较短，排列疏松；角细胞分化明显。雌雄异苞同株或雌雄异株，稀雌雄杂株。内雌苞叶直立，基部卵形或披针形，向上急尖或渐尖，顶端呈狭长披针形。蒴柄细长，多平滑。孢蒴稍倾斜，拱背状卵圆形，台部短。环带留存。蒴齿两层；外齿层齿片基部愈合，上部披针形，棕黄色，外面中下部具横条纹，尖部透明且具疣，内面具数条突出的横隔；内齿层基膜高出，齿条阔披针形，具疣，折叠成龙骨状，中缝有连续穿孔，齿毛多单一，稀2条，通常短于齿条。蒴盖拱状圆锥形，顶部稍尖或圆钝。孢子不规则圆形，棕色，平滑。

约100种，分布亚热带及热带地区。中国有4种。

尼泊尔麻锦藓　　　　　　　　　　　图 1397

Taxithelium nepalense (Schwaegr.) Broth., Monsunia 1: 51. 1899.

Hypnum nepalense Schwaegr., Sp. Musc. Suppl. 3 (1): 226. 1828.

树干或树基附生，体形粗壮，黄绿色，密集垫状生长，无光泽或稍具光泽。主茎匍匐，具不规则长短不等的枝条。枝条通常圆条形，有时略扁平。叶密生，直立展出，阔卵圆形，具锐尖，强烈内凹，长约1.15毫米，宽约0.45毫米；叶边近尖部有弱细齿；无中肋。叶细胞纺锤形，长约38微米，宽6微米，具明显单列疣，叶基部细胞与上部细胞同形，疣较大；角细胞平滑，长方形，不膨大。孢子体生于主茎。蒴柄直立，长约1.7厘米，平滑。孢蒴卵形，倾斜至平列，稍弯曲，干燥时蒴口下收缩，长约1.28毫米，直径约0.5毫米。蒴齿灰藓型。蒴盖圆锥形，具尖喙。蒴帽钟形。孢子直径13–18微米。

产香港和海南，习生腐木或树干上。缅甸、泰国、马来西亚、印度尼西亚（爪哇）、新几内亚、斐济、塔斯马尼亚及非洲中部有分布。

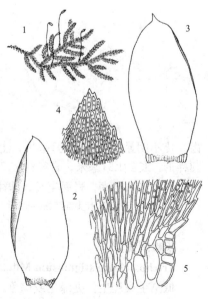

图 1397 尼泊尔麻锦藓（郭木森、于宁宁绘）

1. 雌株(×4/5)，2-3. 叶(×36)，4. 叶尖部细胞(×385)，5.叶基部细胞(×385)。

22. 扁锦藓属 **Glossadelphus** Fleisch.

多纤细，稀粗壮，绿色或黄绿色，略具光泽。茎匍匐，长而具簇生的假根，通常略呈规则羽状分枝；枝条短，多扁平形。叶长卵状舌形，尖部多圆钝，稀锐尖，两侧多不对称，侧面的叶较宽，内凹，背腹面的叶较狭；叶边全缘或有齿；中肋2，短弱或缺失。叶细胞狭长，具前角突，或具1至数个疣。雌雄异株，稀雌雄异苞同株。内雌苞叶披针形，多渐尖。蒴柄细长，平滑，稀上部具疣。孢蒴倾立，拱背状卵圆形，台部短。环带分化。蒴齿两层；外齿层齿片基部愈合，上部披针形，外面具横条纹，尖部具疣，透明，内面具多数突出的横隔；内齿层基膜高出，黄色，齿条具疣，中缝有连续穿孔，齿毛1-2，短于齿条。蒴盖基部圆锥形，具短直喙。蒴帽兜形。孢子绿色，平滑或有疣。

约60种，多分布亚洲温暖地区。中国有3种。

1. 舌叶扁锦藓

图 1398 彩片266

Glossadelphus lingulatus (Card.) Fleisch., Musci Fl. Buitenzog 4: 1352. 1923.

Taxithelium lingulatum Card., Beih. Bot. Centralbl. 19 (2): 136. f. 27. 1905.

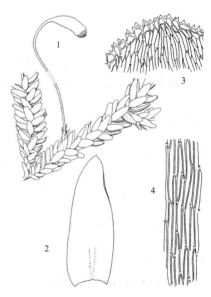

图 1398 舌叶扁锦藓（于宁宁绘）

植物体暗绿色，无光泽。茎平卧，长达5厘米；近于羽状分枝。枝长3-5毫米，连叶宽约2毫米。茎叶卵形、舌形或多变，呈对折状，尖部平截、圆钝或微凹，长1.2毫米，宽0.6毫米；叶边上部有粗齿，每个齿由一个具前角突的三角形厚壁细胞组成；中肋2，短弱。叶中部细胞线形，两端锐尖，长55-80微米，宽4.0-4.5微米，薄壁，每个细胞的末端有一个疣；上部细胞的形态类似于中部细胞，但疣大，且常分叉，叶片下部细胞线形，透明；角部细胞多大于内侧细胞，薄壁，透明。内雌苞叶披针形，上部边缘具明显的齿，齿常长而分叉。蒴柄长22-25毫米，有时弯曲，平滑，红棕色。孢蒴平列至悬垂，椭圆形，呈弓形。外齿层齿长达0.5毫米；内齿层基膜长度为外齿层的1/3。蒴盖长约0.75毫米。孢子直径6-10微米。

产海南，习生岩面薄土上。日本及印度尼西亚（爪哇）有分布。

1. 雌株(×6), 2. 枝叶(×40), 3. 叶尖部细胞(×300), 4. 叶中部细胞(×460).

2. 锐齿扁锦藓

图 1399

Glossadelphus glossoides (Bosch et Lac.) Fleisch., Musci Fl. Buitenzorg 4: 1358. 1923.

Hypnum glossoides Bosch et Lac., Bryol. Jav. 2: 146, 243. 1866.

柔弱，黄绿色，略具光泽，呈疏松垫状。主茎匍匐，着生短羽状分枝。主茎叶与支茎叶形态有异，较狭窄，具长尖。枝叶疏松排列，卵状椭圆形，具圆钝尖，长约0.6毫米，宽0.3毫米；叶上部边缘有锐齿；中肋2，短弱。叶细胞狭菱形，长约19微米，宽4微米，具尖疣；基部细胞疏松，透明，近方形，长约17微米，宽9微米。孢子体生于主茎上。蒴柄直立，长约2厘米，顶部弯曲。孢蒴卵状圆柱形，弯曲。蒴齿两层；齿毛通常2，短弱。蒴盖圆钝。孢子平滑，直径10–12微米。

产云南，生于树干基部。泰国、印度尼西亚及新几内亚有分布。

1. 雌株（×3/4），2. 小枝（×7），3. 叶（×112），4. 叶尖部细胞（×215），5. 叶中部细胞（×215），6. 叶基部细胞（×215），7. 孢蒴（×7）。

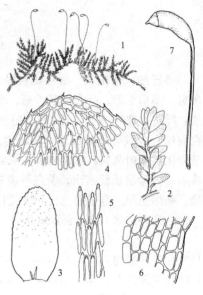

图 1399 锐齿扁锦藓（于宁宁绘）

23. 丝灰藓属 **Giraldiella** C. Müll.

植物体较粗壮，绿色，具明显绢丝光泽。茎匍匐，具不规则的分枝；枝条短，往往密集，直立或倾立，带叶枝条呈圆条形，末端圆钝。枝叶干燥时紧贴，稍向一侧偏斜，湿润时倾立，长椭圆形，强烈内凹，上部渐呈短尖；叶边全缘，基部稍内卷；中肋2，短弱。叶细胞线形，叶角细胞方形，透明，构成明显分化的角部。雌雄异苞同株。内雌苞叶直立，基部呈半鞘状，上部具狭长尖，叶边全缘，角细胞不分化。蒴柄红色，细长，直立，干时上部扭曲。孢蒴直立或稍倾立，长椭圆形，辐射对称，干燥时蒴壁具不明显的纵长条纹。环带不分化。蒴齿两层；外齿层齿片呈狭长披针形，棕黄色，外面不具横条纹，上部有密刺状疣，内面具低而密的横隔；内齿层淡黄色，具疣，基膜高出，齿条长披针形，不透明，密被疣，折叠中缝具穿孔；齿毛单一。蒴盖基部圆锥形，具斜喙。孢子黄色，有细密疣。

1种，仅见于中国。

丝灰藓　　　　　　　　　　　　图 1400

Giraldiella levieri C. Müll., Nouv. Giorn. Bot. Ital. n. ser. 5: 191. 1898.

叶片长2.2–2.5毫米，宽0.5–0.8毫米。叶细胞长85–105微米，宽6–10微米。雌苞叶长2.0–2.5毫米，宽0.6–0.8毫米。内齿层齿条明显高于外齿层齿片。孢子圆形，直径21–24微米。

中国特有，产陕西、甘肃、江西、湖南、海南、贵州、四川、云南和西藏，附生于树枝或竹枝上。

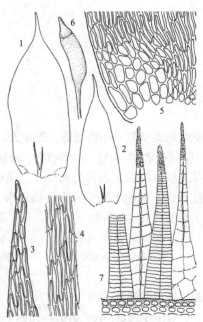

1. 茎叶（×50），2. 枝叶（×50），3. 叶尖部细胞（×450），4. 叶中部细胞（×450），5. 叶基部细胞（×450），6. 孢蒴（×20），7. 蒴齿（×300）。

图 1400 丝灰藓（何　强绘）

115. 灰藓科 HYPNACEAE

(张满祥)

体形纤细或粗壮，多密集交织成片生长。茎多匍匐生长，稀直立，具规则羽状分枝或不规则分枝；横切面圆形或椭圆形，中轴分化或不明显分化，皮层细胞大形，包被多层厚壁细胞；鳞毛多缺失。茎叶和枝叶多为同形，稀异形；横生，长卵圆形、卵圆形或卵状披针形，具长尖，稀短尖，常一向弯曲呈镰刀状，稀平展或具褶；双中肋短或不明显。叶细胞长轴形，少数细胞为长六边形，平滑，稀具疣；角细胞多数，分化，透明，膨大，或由一群方形或长方形细胞组成。雌雄异株或雌雄异苞同株，生殖苞侧生；雌苞叶分化。蒴柄长，多平滑。孢蒴直立或平列，卵圆形或圆柱形。环带分化。蒴齿两层；外齿层齿片披针形，有细长尖，外面多数有横脊，内面有横隔；内齿层基膜高出，齿条宽，齿毛分化，有节瘤。蒴盖圆锥形，有短喙。蒴帽兜形，多数平滑。孢子小形，黄色或棕黄色，平滑或有密疣。

约60余属，分布世界各地，习见于多种基质上。中国有25属。

1. 茎叶与枝叶同形或略有分化，多数两侧对称。
　2. 叶细胞菱形或线形，角细胞明显分化，由多数小形细胞组成；孢蒴多对称，直立；蒴齿常退失；齿毛不发育或不完整。
　　3. 孢蒴直立。
　　　4. 叶角细胞数少，与叶细胞界线明显 ┄┄┄┄┄┄┄┄┄┄┄┄┄┄┄┄┄┄ 1. **平锦藓属 Platygyrium**
　　　4. 叶角细胞数多，与叶细胞无明显界线 ┄┄┄┄┄┄┄┄┄┄┄┄┄┄┄ 2. **金灰藓属 Pylaisiella**
　　3. 孢蒴倾立或平列。
　　　5. 植物体多细弱；叶边全缘或仅尖端有细齿；中肋2，短弱，基部相连或单一，或无中肋 ┄┄┄┄┄┄
　　　┄┄┄┄┄┄┄┄┄┄┄┄┄┄┄┄┄┄┄┄┄┄┄┄┄┄┄┄┄┄┄┄┄┄ 3. **毛灰藓属 Homomallium**
　　　5. 植物体硬挺；叶边缘上部具细齿；中肋2，短弱，基部分离或无中肋 ┄┄┄┄┄ 4. **美灰藓属 Eurohypnum**
　2. 叶细胞线形或长菱形，角细胞不明显分化，或仅有少数大形细胞；孢蒴常弯曲，多垂倾或倾立；蒴齿常完整，齿毛发育。
　　6. 茎、枝呈圆条形，有时叶片外观似两行排列，但带叶枝条不呈扁平形。
　　　7. 植物体不规则分枝 ┄┄┄┄┄┄┄┄┄┄┄┄┄┄┄┄┄┄┄┄┄┄ 13. **长灰藓属 Herzogiella**
　　　7. 植物体常呈羽状分枝。
　　　　8. 茎、枝无假鳞毛；叶多数在尖端具微齿，稀全缘。
　　　　　9. 孢蒴倾立；蒴齿两层；叶片不具深纵褶，叶尖端具细齿；叶细胞壁不强烈加厚 ┄┄┄┄┄┄
　　　　　┄┄┄┄┄┄┄┄┄┄┄┄┄┄┄┄┄┄┄┄┄┄┄┄┄┄┄┄┄┄┄┄┄ 5. **灰藓属 Hypnum**
　　　　　9. 孢蒴直立；蒴齿单层；叶片具明显深纵褶，叶边全缘；叶细胞壁强烈加厚 ┄┄┄┄┄┄
　　　　　┄┄┄┄┄┄┄┄┄┄┄┄┄┄┄┄┄┄┄┄┄┄┄┄┄┄┄ 6. **拟硬叶藓属 Stereodontopsis**
　　　　8. 茎、枝有假鳞毛；叶边全缘 ┄┄┄┄┄┄┄┄┄┄┄ 7. **假丛灰藓属 Pseudostereodon**
　　6. 茎、枝常呈扁平形。
　　　10. 叶细胞线形。
　　　　11. 角细胞明显分化 ┄┄┄┄┄┄┄┄┄┄┄┄┄┄┄┄┄┄┄ 9. **偏蒴藓属 Ectropothecium**
　　　　11. 角细胞不分化
　　　　　12. 假鳞毛丝状；芽胞呈纺锤形 ┄┄┄┄┄┄┄┄┄┄┄┄┄┄ 10. **同叶藓属 Isopterygium**
　　　　　12. 假鳞毛片状；芽胞缺失 ┄┄┄┄┄┄┄┄┄┄┄┄┄┄ 11. **鳞叶藓属 Taxiphyllum**
　　　10. 叶细胞较短，不呈线形。
　　　　13. 叶细胞卵圆形或菱形，具前角突起 ┄┄┄┄┄┄┄┄ 8. **短菱藓属 Ectropotheciella**

13. 叶细胞长菱形或长六边形，平滑。

14. 植物体无假鳞毛；叶细胞长六边形，角细胞不分化 ·························· 12. 明叶藓属 Vesicularia

14. 植物体常有假鳞毛；叶细胞长菱形，角细胞略有分化 ·················· 14. 粗枝藓属 Gollania

1. 茎叶和枝叶异形，多数两侧不对称。

15. 植物体多细弱，稀疏羽状分枝；叶无纵长深褶，叶边均具齿 ··················· 15. 梳藓属 Ctenidium

15. 植物体多粗壮，大形，密羽状分枝；叶具纵长深褶，叶边仅上部具齿 ·················· 16. 毛梳藓属 Ptilium

1. 平锦藓属 Platygyrium B. S. G.

绿色或棕黄色，具光泽，多树生藓类。茎匍匐，不规则羽状分枝；分枝短，单一，稀再分枝。茎叶和枝叶相似。叶密集，干燥时覆瓦状排列，潮湿时倾立，卵状披针形或长披针形，基部略下延，上部锐尖；叶边全缘，背卷；中肋2，短弱或不明显。叶细胞平滑，叶尖细胞菱形，向下渐成狭长菱形，角细胞方形。雌雄异株。内雌苞叶具长尖。蒴柄长，紫红色，平滑。孢蒴直立，辐射对称，圆柱形。环带由2-4列细胞组成，常存。蒴齿两层；外齿层齿片狭长披针形，黄褐色，具宽边，外面有高出的横脊，无条纹；内齿层黄色，平滑，无基膜或略高出，齿条狭长线形，中缝有穿孔或裂缝。蒴盖圆锥形，有短斜喙。蒴帽兜形，几罩覆全蒴，平滑。孢子小形，黄色，有细疣。无性芽条着生枝端。

4种。我国1种。

平锦藓

图 1401

Platygyrium repens (Brid.) B. S. G., Bryol. Eur. 5: 98, 458. 1851.

Pterigynandrum repens Brid., Sp. Musc. 1: 131. 1806.

植物体纤细，黄绿色。茎匍匐，不规则分枝；枝圆条形，叶腋密生多数繁殖小枝。叶密生，干燥时紧贴，潮湿时倾立，长卵圆状披针形，内凹，先端短，渐尖，长1-1.4毫米，宽0.3-0.4毫米；叶边平展；无中肋。叶细胞长菱形，上部细胞长26-53微米，宽5-6.0微米，角细胞少数，方形。蒴柄红棕色，长10-14毫米。孢蒴直立，圆柱形，长1.2-2.5毫米。孢子黄绿色，具细疣，直径12-14微米。

产黑龙江、吉林、辽宁、内蒙古和四川西南部，生于海拔1200-3700米的高山或平原地带林下腐木、树干或河岸边。蒙古、日本、俄罗斯、欧洲、北美洲及非洲等地有分布。

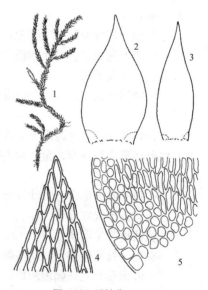

图 1401 平锦藓（何 强绘）

1. 植物体一部分(×3), 2. 茎叶(×80), 3. 枝叶(×80), 4. 叶尖部细胞(×600), 5. 叶基部细胞(×600)。

2. 金灰藓属 Pylaisiella Kindb. ex Grout

体形纤细或中等大小，黄色、淡绿色或深绿色，多具光泽。茎匍匐，以假根固着于基质上；不规则分枝或近于羽状分枝；分枝短，直立，尖部通常弯曲。茎叶和枝叶形小，干燥时紧贴，潮湿时倾立，卵状披针形或长椭圆状披针形，具短尖或长尖，先端渐尖；叶边全缘或上部有齿；中肋2，短弱或无中肋；叶细胞线形或菱形，角细胞方形，多数。雌雄异苞同株。内雌苞叶长卵形或披针形，叶尖具齿。蒴柄细长，平滑。孢蒴直立，辐射对称，卵形或长圆柱形。环带分化或缺失。蒴齿两层；外齿层齿片狭长披针形，淡色或黄色，有多数密横条纹，内面具横隔；内齿层基膜低，齿条狭长披针形，与齿片等长或稍短，齿毛不发育。蒴盖圆锥形，具短喙。蒴帽兜形，罩于孢蒴上部，平滑。孢子球形，橙黄色，有密疣。

约30余种，分布温带地区，多树生，稀石生。中国有8种。

1. 内齿层齿条离生 ·· 1. 金灰藓 P. polyantha
1. 内齿层齿条附着于齿片上。
  2. 叶片角细胞多数，7–10列，方形或不规则多角形 ···················· 2. 东亚金灰藓 P. brotheri
  2. 叶片角细胞数少，5–8列，方形或短长方形 ·························· 3. 北方金灰藓 P. selwynii

1. 金灰藓

图 1402

Pylaisiella polyantha (Hedw.) Grout, Bull. Torrey Bot. Club. 23: 229. 1896.

Leskea polyantha Hedw., Sp. Musc. Frond. 229. 1801.

植物体较小，平展，绿色或黄绿色，稍具光泽。茎不规则分枝或近羽状分枝；分枝干燥时常弯曲，具叶枝呈圆条形。叶密生，干燥时紧贴，潮湿时伸展，卵状披针形，先端渐成细长尖，内凹，长0.9–1.4毫米，宽0.3–0.5毫米；叶边平滑或尖端具细齿；中肋2，短弱。叶细胞狭长菱形，角细胞数少，5–8列，方形，沿叶边向上延伸。雌雄同株。蒴柄直立，红褐色，长6–10毫米。孢蒴直立，圆柱形，长1.3–2.0毫米。蒴齿两层；外齿层齿片狭长披针形，黄褐色，基部具条纹，中上部具疣；内齿层基膜低，齿条狭长披针形，无穿孔或具狭裂缝，具疣，有时顶端2裂，与齿片等长或稍长于齿片，常完全分离，或2/3以上分离，无齿毛。蒴盖圆锥形，具短尖。环带分化。孢子黄绿色，直径13–18微米，具细疣。

产黑龙江、吉林、辽宁、内蒙古、河北、山西、河南、陕西、甘肃、安徽、江西、贵州、四川、云南和西藏，生于海拔1000–3680米地带，常绿阔叶林、落叶阔叶林或针叶林下腐木、树干基部或树皮上，稀

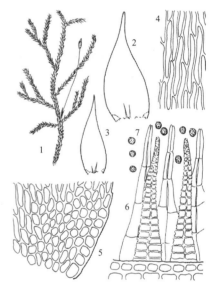

图 1402 金灰藓（何 强绘）

生于岩面或石灰岩及腐殖质土上。蒙古、日本、朝鲜、俄罗斯、欧洲、北美及北非有分布。

1. 植物体一部分（×3），2. 茎叶（×80），3. 枝叶（×80），4. 叶上部细胞（×800），5. 叶基部细胞（×800），6. 蒴齿（×200），7. 孢子（×200）。

2. 东亚金灰藓

图 1403

Pylaisiella brotheri (Besch.) Iwats. et Nog., Journ. Jap. Bot. 48: 217. 1973.

Pylaisia brotheri Besch., Ann. Sc. Nat. Bot. Ser. 7, 17: 369. 1893.

体形纤细或粗壮，密集平展，黄绿色，稍有光泽。茎匍匐，不规则分枝或羽状分枝；分枝短，干燥时向内弯曲，被叶后呈圆条形。叶密生，镰刀状一向弯曲；茎叶卵状披针形，内凹，基部宽，向上渐呈细长尖，长1.2–1.4毫米，宽0.5–0.6毫米；叶边平滑；中肋2，短弱或无中肋。叶细胞线形，平滑，角细胞多数，7–14列，小方形或不规则多角

形，沿叶边向上延伸。枝叶狭披针形，渐尖。雌雄异苞同株。蒴柄红褐色，长8-15毫米。孢蒴直立，长卵形，长约1.5毫米。蒴齿两层；外齿层齿片狭长披针形，下部具横条纹，上部平滑；内齿层齿条中下部附着于齿片上，上部分离，基膜低，齿条与齿片等长，被密疣，无穿孔，无齿毛。蒴盖圆锥形。孢子黄色，直径26-29微米，具细疣。

产吉林东南部、内蒙古北部、河北西部、陕西西南部、江西北部、湖南西北部、四川、云南和西藏东南部。生于海拔560-3710米地带的针阔混交林下腐木和树干上。日本及朝鲜有分布。

1. 枝(×20)，2. 茎叶(×40)，3. 枝叶(×40)，4. 叶中部细胞(×450)，5. 叶基部细胞(×450)，6. 孢蒴(×10)，7. 茎横切面的一部分(×450)。

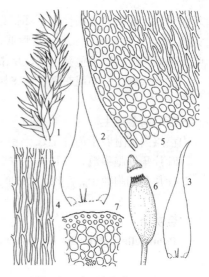

图 1403 东亚金灰藓（何　强绘）

3. 北方金灰藓　　　　　　　　　　　　　图 1404

Pylaisiella selwynii (Kindb.) Crum, Steere et Anderson, Bryologist 67 (2) : 164. 1964.

Pylaisia selwynii Kindb., Ottawa Nat. 2: 156. 1889.

体形较纤细，绿色或黄绿色，稍具光泽，匍匐生长。茎不规则羽状分枝，干燥时常弯曲。叶密生，茎叶与枝叶同形，干燥时紧贴，潮湿时伸展，卵状披针形，先端宽，渐尖，长0.8-1.1毫米，宽0.3-0.46毫米；叶边平滑，或先端有细齿；中肋短，2条或无中肋；叶细胞线形，角细胞多数，方形，10-20列。蒴柄棕红色，长6-12毫米。孢蒴直立，圆柱形，长1-2毫米，干时皱缩。蒴齿两层；外齿层齿片狭长披针形，淡黄色，平滑或有时具疣；内齿层基膜低，齿条长于齿片，常沿中缝处分裂并附着在齿片上，具疣，无齿毛。蒴盖圆锥形，具短斜喙。孢子黄绿色，直径15-19微米，具细疣。

产黑龙江、吉林、内蒙古、河北和云南，生于海拔1150-2650米的山地林下树干上。蒙古、朝鲜、北美洲及欧洲有分布。

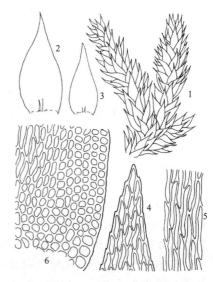

图 1404 北方金灰藓（何　强绘）

1. 枝(×20)，2. 茎叶(×40)，3. 枝叶(×40)，4. 叶尖部细胞(×450)，5. 叶中部细胞(×450)，6. 叶基部细胞(×450)。

3. 毛灰藓属 Homomallium (Schimp.) Loeske

植物体细弱，平展，绿色或黄绿色，稍具光泽。茎匍匐，不规则分枝或近于规则羽状分枝；分枝短，直立或弓形弯曲；具假鳞毛。叶倾立或一向弯曲，卵圆形或长披针形，内凹；叶边平展，全缘或尖端具明显细齿；中肋2，细弱，或缺失或单一。叶细胞狭长菱形或线形，平滑或有前角突，角细胞明显分化，形小而方，近叶边处向上延伸。雌雄同株。内雌苞叶直立，无纵褶。蒴柄细长，红色。孢蒴倾立或平列，长卵形，弯曲，蒴口下方缢缩。环带分化。蒴齿两层；外齿层齿片长披针形，有回折中缝，横脊有密横纹，内面有横隔；内齿层有高基膜，齿条披针形，折叠而有穿孔，齿毛2-3条，有疣和节瘤。蒴盖圆凸，具短尖喙。蒴帽兜形。孢子红棕色，有细疣。

约8种，习见于温寒地区岩石和树干上。我国有7种。

1. 叶阔卵状披针形，先端急狭成短尖 ·· 1. **东亚毛灰藓 H. connexum**
1. 叶狭卵状披针形或卵状披针形，先端渐尖。
  2. 角细胞多数，较大，疏松，沿叶边一列细胞15–30个，透明 ··············· 2. **华中毛灰藓 H. plagiangium**
  2. 角细胞少数，小形，沿叶边一列细胞8–15个，不透明 ························· 3. **毛灰藓 H. incurvatum**

1. 东亚毛灰藓
图 1405

Homomallium connexum (Card.) Broth., Nat. Pfl. 1 (3) : 1027. 1908.

Amblystegium cennexum Card., Beih. Bot. Cent. 17: 39. 1934.

体形细弱，黄绿色或深绿色。茎匍匐，羽状分枝或不规则分枝，枝顶端有时具鞭状枝；分枝直立或弯曲，长约0.5厘米，钝尖或渐尖。茎叶和枝叶相似，阔卵状披针形或卵圆状披针形，内凹，具短尖或长尖，长1.0–1.4毫米，宽0.4–0.55毫米，基部略带红褐色；叶边平展或背卷，全缘或具齿；中肋2，稀单一或上部分叉，常为叶长度的1/3–1/2；叶中部细胞六角形或狭菱形，长20–30（稀40）微米，宽4–6微米，平滑或有时具前角突，角细胞方形，多数，6–10列，沿叶边20–30个，不透明。雌雄异株。内雌苞叶长卵状披针形。孢蒴红褐色或紫色，平列，长1.5–2.0毫米，宽0.6–0.8毫米，长卵形，黄褐色或黑褐色，干燥时口部弓形弯曲或收缩。齿毛1–3条。蒴盖具短尖。孢子被细疣，直径13–17微米。

产内蒙古、山西、陕西、宁夏、新疆、安徽、浙江、湖北、湖南、四川、云南和西藏，生于海拔450–4300米的山地林下腐木、树干或岩面薄土。日本、朝鲜及俄罗斯（远东地区）有分布。

1. 植物体一部分(×1)，2. 茎叶(×50)，3. 枝叶(×50)，4. 叶尖部细胞(×450)，5. 叶基部细胞(×450)，6. 孢蒴(×8)，7. 雌苞叶(×50)。

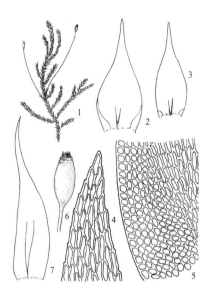

图 1405 东亚毛灰藓（何 强绘）

2. 华中毛灰藓
图 1406

Homomallium plagiangium (C. Müll.) Broth., Nat. Pfl. 1 (3) : 1027.

Pylaisia plagiangia C. Müll., Nuov. Giorn. Bot. Ital. n. ser. 4: 266. 1897.

植物体细长，淡绿色。茎匍匐，不规则分枝；枝细长，长约4毫米。茎叶和枝叶稍同形，卵圆状披针形或长卵圆状披针形，先端渐尖，长1–1.2毫米，宽0.3–0.4毫米；叶边平展，下部稀背卷，上部近于全缘；中肋2或无中肋。叶细胞狭菱形，平滑，中部细胞长40–60微米，宽5–6微米，角细胞多数，较大，疏松，方形，透明，5–7列，沿叶边缘15–30个。雌苞叶大，基部较宽，具长尖。蒴柄短或细长，红色。孢蒴小，直立或平列，圆柱形。蒴齿两层；外齿层齿片长披针形，淡黄色，有回折中

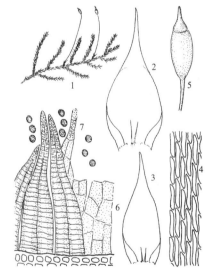

图 1406 华中毛灰藓（何 强绘）

缝，横脊密；内齿层基膜高出，齿毛不发育。蒴盖圆凸，具短而尖的喙。孢子具细疣。

产河北、山西、陕西和西藏，生于海拔950–4950米的山地林下树

干、腐木或岩面，有时也见于石灰岩上。俄罗斯（远东地区）有分布。

1. 植物体一部分（×1），2. 茎叶（×50），3. 枝叶（×50），4. 叶中部细胞（×450），5. 孢蒴（×10），6. 蒴齿（×300），7. 孢子（×300）。

3. 毛灰藓　　　　　　　　　　　　　　　图 1047

Homomallium incurvatum (Brid.) Loeske, Hedwigia 46: 314. 1907.

Hypnum incurvatum Brid., Musc. Rec. 2 (2): 119. 1869.

体形纤细，绿色，黄绿色或褐绿色，稍具光泽。茎匍匐，具假根，羽状分枝或不规则分枝；分枝长约5厘米，常弯曲，分枝顶端稀具鞭状枝。茎叶和枝叶相似，狭卵状披针形，内凹，先端渐狭成长尖，长1.0–1.4毫米，宽0.25–0.4毫米；叶边平滑；中肋2，短弱。叶中部细胞狭长菱形，长40–60微米，稀70微米，宽3–4微米，平滑，角细胞少数，由小方形细胞组成，4–7

列，沿叶边8–15个，不透明。内雌苞叶长卵状披针形，具长尖，稍具纵褶，中肋不明显。蒴柄长1.2–2厘米，橙红色或褐黄色。孢蒴平列，长1.5–1.8毫米，宽0.7–0.8毫米，褐黄色或褐色，弓形弯曲。齿毛1–3。孢子直径12–15微米，具细疣。

产黑龙江、内蒙古、河北、甘肃、新疆、江西、贵州、四川、云南和西藏，生于海拔178–4300米的云杉林、落叶松林、白桦林、栎林下岩面、树干或腐木上。蒙古、日本、俄罗斯、克什米尔地区、欧洲及北美洲有分布。

1. 茎叶（×50），2. 枝叶（×50），3. 叶尖部细胞（×450），4 叶基部细胞（×450），5.

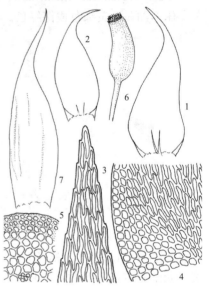

图 1407 毛灰藓（何　强绘）

茎横切面的一部分（×300），6. 孢蒴（×8），7. 雌苞叶（×50）。

4. 美灰藓属 Eurohypnum Ando

植物体稍粗壮，灰绿色或黄绿色，疏松交织成片状。茎横切面椭圆形，中轴分化明显，皮层细胞厚壁，小形，3–4层；不规则分枝，分枝干燥时呈圆柱形，长短不等。茎叶和枝叶相似，密生，干燥时紧贴，潮湿时展出，阔卵形或卵状长椭圆形，内凹，上部渐尖或急狭成短尖；叶边平展，下部背卷，上部具细齿；中肋2，不明显，或无中肋；叶中部细胞线形，长40–60微米，宽3–4微米，角细胞多数，近方形或直角形，横向排列。雌雄异株。内雌苞叶披针形，具长尖，上部具细齿，中肋2或不明显。蒴柄长约2厘米，向右旋转。孢蒴近于直立或倾立，长椭圆形。蒴齿外齿层齿片阔披针形，淡黄色，外面具横脊，上面无色透明，具疣，内面具横隔；内齿层齿条龙骨状，透明，具细疣，裂缝具穿孔，齿毛单一或发育不完全，具节瘤。蒴盖具短斜喙。环带2列。孢子具细疣。

1种，多生于亚洲温寒地区，林间空旷地岩面和断岩岩壁上，稀见于树干。我国有分布。

美灰藓　　　　　　　　　　　　　　　　图 1408

Eurohypnum leptothallum (C. Müll.) Ando, Bot. Mag. (Tokyo) 79:　761. 1966.

Cupressina leptothalla C. Müll., Nuov. Giorn. Bot. Ital. n. ser. 3 : 119. 1896.

种的形态特征同属。

产黑龙江、吉林、内蒙古、河北、山东、山西、河南、陕西、甘肃、新疆、青海、江苏、安徽、江西、湖北、贵州、四川、云南和西藏，生于海拔170–5400米的平原或高山地带的竹林、油松林、云杉林、常绿落叶针阔混交林、高山草甸等岩面薄土上，稀生于树根、树干或腐木上。蒙古、日本、朝鲜及俄罗斯有分布。

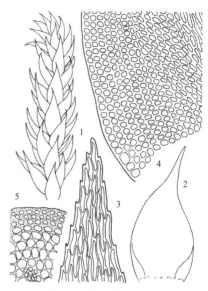

图 1408 美灰藓 (何 强绘)

本种在我国青海为麝所喜食，同时又是青麸杨寄生肚倍蚜虫越冬寄主。

1. 枝(×10)，2. 叶(×40)，3. 叶尖部细胞(×450)，4. 叶基部细胞(×450)，5. 茎横 切面的一部分(×450)。

5. 灰藓属 Hypnum Hedw.

植物体纤细或粗壮，黄绿色、金黄色或带红色，具光泽，常交织成大片生长。茎不规则或规则羽状分枝，分枝末端呈钩状或镰刀状；中轴分化或缺失，表皮细胞有时形大和透明；假鳞毛披针形或卵圆形，稀呈丝状，有时无假鳞毛。叶直立或多数呈两列镰刀状一向偏斜或卷曲，基部有时下延，多内凹，卵状披针形或基部呈心脏形，上部呈披针形，具短尖或细长尖；叶边平展或背卷，全缘或上部具齿；中肋2，短弱，完全缺失或较长。叶细胞线形，多数平滑无疣，稀具前角突，基部细胞多厚壁，有明显壁孔，有时黄色或褐色，角细胞明显分化，方形或多边形，膨大，透明。雌雄异株或雌雄异苞同株。内雌苞叶有明显纵褶或平展。蒴柄细长，平滑，干燥时多数扭转。孢蒴倾立或平列，有时近于直立或稍下垂，长卵形或圆柱形，略弯曲，稀直立，多数平滑。蒴齿两层：外齿层齿片基部愈合，狭长披针形，16枚，黄色或褐色，透明，有明显的回折中缝，横脊间有条纹，上部锐尖，常具疣，边缘常分化；内齿层黄色，透明，具疣，基膜高出，齿条折叠状，披针形，中缝有连续穿孔，齿毛1–3，细长，具疣和节瘤。环带1–3列或无环带。蒴盖圆锥形，具长或短的喙。蒴帽兜形，平滑，无毛。孢子绿色，具疣。

约60余种，分布温带地区，生于多种不同的基质上，常构成大片群落。我国有21种。

1. 茎表皮细胞不分化，形小，在不同程度上为厚壁。
    2. 角细胞分化明显，多数，方形 (6–15列细胞)。
        3. 植物体中等大小；叶卵状披针形或长椭圆状披针形，具细长尖；叶边全背卷 ···· **3. 卷叶灰藓 H. revolutum**
        3. 植物体小或形大；叶阔椭圆形或广椭圆状披针形，具短尖；叶边内曲 ················ **4. 灰藓 H. cupressiforme**
    2. 角细胞不分化或稀分化 (6列细胞以下)。
        4. 植物体纤细，小形。
            5. 雌雄异苞同株。茎、枝上着生多数假鳞毛；叶边近于全缘；角细胞方形，薄壁 ·····················
            ··· **1. 多鳞毛灰藓 H. recurvatum**
            5. 雌雄同株或雌雄异株。茎、枝上假鳞毛数少；叶边缘上部具细齿；角细胞方形或长方形，厚壁 ········
            ··· **2. 黄灰藓 H. pallescens**

4. 植物体粗壮，形大或中等大小。

　　6. 植物体规则稀疏羽状分枝或二回羽状分枝；孢蒴长约4毫米，为灰藓属植物中孢蒴最长的一种 ……………
………………………………………………………………………………… 6. **长蒴灰藓 H. macrogynum**

　　6. 植物体规则或不规则羽状分枝；孢蒴小于3.5毫米以下。

　　　7. 茎叶阔椭圆状披针形，长1.6–2.5毫米。枝叶狭窄，环形弯曲，长1.3–1.8毫米；枝叶中部细胞50–80
微米；孢蒴基部圆形，干燥时口部以下不收缩；蒴盖具短喙 …………………… 10. **南亚灰藓 H. oldhamii**

　　　7. 茎叶基部心脏形，渐上阔披针形，长1.8–3毫米；枝叶阔披针形，长1.4–2.1毫米；枝叶中部细胞
40–60微米；孢蒴基部狭窄，干燥时口部以下收缩；蒴盖圆钝，圆锥形 ····· 5. **大灰藓 H. plumaeforme**

1. 茎表皮细胞分化明显，大形，透明，薄壁。

　　8. 植物体形小，纤细，常交织成垫状；茎表皮细胞大形，透明，外壁甚薄，干燥时常撕裂 …………
……………………………………………………………………………………… 7. **弯叶灰藓 H. hamulosum**

　　8. 植物体中等大小，交织成片状；茎表皮细胞大形，外壁非薄壁。

　　　9. 雌雄异株或杂株；叶具细长尖，叶边全缘，平滑；角细胞不内凹，由一个大形透明薄壁细胞和3–4个较
小的方形细胞构成 …………………………………………………………… 8. **尖叶灰藓 H. callichroum**

　　　9. 雌雄同株异苞；叶尖渐尖；叶边中下部平滑，尖端具明显细齿；角细胞内凹，由几个方形或长椭圆形透
明薄壁细胞构成 ……………………………………………………………… 9. **多蒴灰藓 H. fertile**

1. 多鳞毛灰藓 图 1409

Hypnum recurvatum (Lindb. et Arn.) Kindb., Enum. Bryin Exot. 100. 1891.

Stereodon recurvatus Lindb. et Arn., K. Svensk. Vet. Ak. Handel. 23 (10) : 149. 1890.

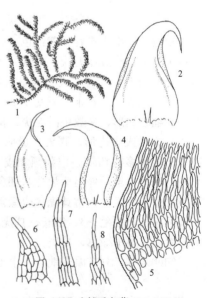

图 1409 多鳞毛灰藓（何 强绘）

植物体纤细，小形，黄色，淡绿色或黄褐色，<u>丛集生长</u>。茎匍匐，稀直立，长3–5厘米，具多数假根。茎横切面圆形或阔椭圆形，不透明，中轴稍发育；多规则羽状分枝，稀2–3回羽状分枝；假鳞毛多数，狭披针形或丝状，稀分枝，着生茎和枝上。茎叶卵状披针形或长椭圆状披针形，长0.7–1.3毫米，宽0.3–0.45毫米，镰刀状一向弯曲，内凹，具细长尖，叶基近心脏形，稍下延；叶边

平展或下部背卷，有时叶边背卷达2/3以上，全缘或具微齿；中肋细弱或缺失。叶中部细胞30–50微米，或40–60微米，厚壁，基部细胞较短，有壁孔，有时带淡黄色，角细胞近于方形，薄壁，边缘4–10列细胞。枝叶较小。雌雄同株异苞。内雌苞叶直立，长椭圆状披针形，具褶，全缘；中肋不明显。蒴柄黄褐色或红褐色，长7–15毫米。孢蒴黄褐色或褐色，直立或稍倾立，长椭圆形或圆柱形，长1–2毫米，干燥时蒴口下部收缩，蒴齿发育正常，内齿层齿毛2–3，稀1条。蒴盖圆锥形，具短喙。环带2列。孢子直径12–16微米，具细疣。夏季到秋季成熟。

产陕西、云南和西藏，生于海拔1600–3700米地带的桦木林、冷杉林、云杉林、杜鹃林下岩面上或灌木丛中。蒙古、俄罗斯（西伯利亚）、芬兰、德国及美国有分布。

1.植物体一部分（×1），2.茎叶（×60），3-4.枝叶（×60），5.叶基部细胞（×400），6-8.假鳞毛（×400）。

2. 黄灰藓 图 1410

Hypnum pallescens (Hedw.) P. Beauv., Prodr.: 67. 1805.

Leskea pallescens Hedw., Sp. Musc. Frond. 219. 1801.

体形小，纤细，暗绿色、黄褐色或黄绿色，紧密交织成片生长。茎匍匐，长2–5厘米，稀更长、假根多数。茎横切面阔椭圆形，不透明，中轴稍发育；羽状分枝，部分为二回羽状分枝；分枝扁平或近长圆柱形，长2–4毫米，稀6毫米，多少弯曲；假鳞毛少数，披针形。叶镰刀状弯曲，稀直立，卵圆状披针形，内凹，不下延，尖端渐尖，具细长尖或狭窄突成细短尖。

茎叶长0.6–1.1毫米，宽0.4–0.6毫米；边缘上部具细齿，下部近于全缘，背卷；中肋细弱，稀单中肋。叶中部细胞长30–50微米，宽4–5微米，具不明显前角突，基部细胞较宽，黄色，角细胞近方形或正方形，多数，边缘8–15列，稀20列，近于不透明。枝叶渐狭窄，叶尖具明显细齿。雌雄同株。内雌苞叶直立，长椭圆状披针形，具细长尖，有纵褶；中肋细弱或明显，双中肋，稀单中肋。蒴柄黄褐色或红黄色，长0.7–1.5厘米。孢蒴黄褐色或栗色，倾立或平列，稀近于直立，长椭圆形或近于圆筒形，长1–2.3毫米，弓形弯曲，干燥时蒴口下部收缩。蒴齿发育正常，齿毛2–3。环带1–2列。蒴盖圆锥形，具较长斜喙。孢子直径14–18微米，被细疣。染色体数目 n = 11。夏季到秋天成熟。

产黑龙江、吉林、辽宁、内蒙古、陕西、甘肃、新疆、四川、云南和西藏，生于海拔1250–3500米的山地阔叶林、针阔混交林、杜鹃林、

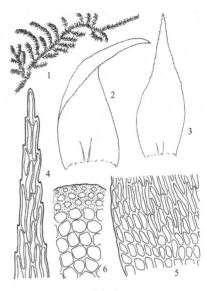

图 1410 黄灰藓（何 强绘）

云杉林、冷杉林、白桦林下岩面薄土、土坡、腐木及树干基部。克什米尔地区、日本、朝鲜、俄罗斯（远东地区、西伯利亚、高加索）、欧洲及北美洲有分布。

1. 植物体一部分（×2），2. 茎叶（×50），3. 枝叶（×50），4. 叶尖部细胞（×450），5. 叶基部细胞（×450），6. 茎横切面的一部分（×450）。

3. 卷叶灰藓 图 1411

Hypnum revolutum (Mitt.) Lindb., Oefv. K. Vet. Ak. Foerh. 23: 542. 1867.

Stereodon revolutus Mitt., Journ. Linn. Soc. Bot. Suppl. 1: 97. 1859.

植物体中等大小，黄绿色或黄褐色。茎匍匐，直立或近于直立，长3–5厘米。茎横切面椭圆形；中轴稍发育，表皮细胞不增大，但外壁稍薄，干燥时向内凹陷；规则羽状分枝；分枝扁平或近圆柱形，长3–7毫米，假鳞毛披针形或卵圆形。叶稍弯曲成镰刀形，茎叶与枝叶同形，卵状披针形或长椭圆状披针形，先端具细长

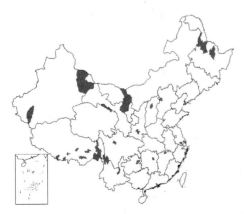

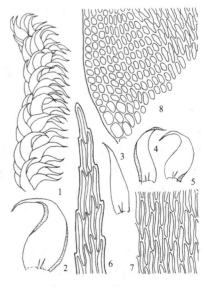

图 1411 卷叶灰藓（何 强绘）

尖，内凹，具纵褶，长1.4–1.6毫米，宽0.5–0.7毫米；叶边基部至叶尖均背卷；中肋明显，稀缺失。叶中部细胞较短，长30–50微米，宽4–5微米，薄壁或厚壁，基部细胞较宽，厚壁，有壁孔，无色或淡黄色，角细胞近方形，多数，边缘8–15列细胞，基部通常有少数较大的方形透明细胞。雌雄异株。内雌苞叶直立，长椭圆状披针形，具纵褶；叶边近全缘；中肋不明显。蒴柄黄褐色或红褐色，长1–2厘米。孢蒴黄褐色或褐色，倾立或平列，长椭圆状圆柱形，弓形弯曲，长2–3毫米，干燥时口部以下收缩。蒴盖圆锥形。环带2列，稀3列。内齿层齿毛2–3。孢子直径12–15微米，近于平滑。夏季到秋季成熟。染色体数目n＝14。

产黑龙江、内蒙古、河北、山西、陕西、新疆、青海、江苏、江

西、湖南、贵州、四川、云南和西藏，生于海拔1500–5000米的落叶松林、云杉林、冷杉林、黄栎林、杜鹃林地、草甸、灌丛、岩面薄土、树根、树干及腐木上。蒙古、俄罗斯、欧洲及北美洲有分布。

1. 枝（×10），2. 茎叶（×30），3-5. 枝叶（×30），6. 叶尖部细胞（×450），7. 叶中部细胞（×450），8. 叶基部细胞（×450）。

4. 灰藓 柏枝灰藓 欧灰藓　　图 1412

Hypnum cupressiforme Linn. ex Hedw., Sp. Musc. Frond. 219. 1801.

体形中等大小，绿色、黄绿色、褐色或黑褐色，有光泽，成片生长。茎细长，匍匐或倾立，长约10厘米；横切面圆形，有中轴，表皮细胞小形，厚壁；不规则或规则羽状分枝；假鳞毛片状或披针形，稀少。叶密生，呈假两列状，长椭圆形或广椭圆状披针形，有时呈狭披针形，内凹，镰刀状弯曲，

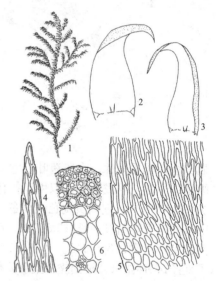

图 1412 灰藓（何 强绘）

少数直立，无纵褶，长1.6–2.2毫米，宽0.5–0.8毫米；叶边内曲，全缘，平滑或尖端具细齿；中肋2，短弱或不明显。叶细胞狭长菱形，薄壁或厚壁，中部细胞长29–40微米，宽3.0–4.3微米，基部细胞宽短，厚壁，有壁孔，黄色；角细胞分化明显，多数，方形或多边形，小形，无色或黄褐色，厚壁，边缘6–15列细胞。枝叶与茎叶同形。雌雄异株。蒴柄长1–3厘米，红色。孢蒴直立或倾立，圆柱形，多呈弧形弯曲。环带2列。蒴齿正常，齿毛较长，1–2条。蒴盖基部圆柱形，具喙状尖。孢子直径12–20微米，具细疣。夏季到秋季成熟。染色体数目n＝10。

产黑龙江、吉林、辽宁、内蒙古、山西、陕西、甘肃、新疆、安徽、江西、湖南、贵州、四川、云南和西藏，生于海拔410–4000米的云杉林、松林、桦木林、落叶松林、冷杉林、山楂林、高山栎林、椴树林等林地、岩面薄土、树干、树枝和腐木上。日本、朝鲜、蒙古、俄罗斯、印度、欧洲、非洲、北美洲、南美洲及大洋洲有分布。

1. 植物体（×2），2. 茎叶（×40），3. 枝叶（×40），4. 叶尖部细胞（×300），5. 叶基部细胞（×300），6. 茎横切面的一部分（×450）。

5. 大灰藓 多形灰藓 羽枝灰藓　　图 1413 彩片267

Hypnum plumaeforme Wils., London Journ. Bot. 7: 277. 1848.

体形大，黄绿色或绿色，有时带褐色。茎匍匐，长可达10厘米；

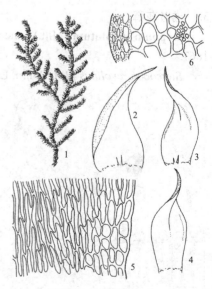

图 1413 大灰藓（何 强绘）

横切面圆形，皮层细胞厚壁，4–5层，中部细胞较大，薄壁；中轴稍发育，红褐色；规则或不规则羽状分枝；分枝平展或倾立，扁平或近圆柱形，长可达1.5厘米；假鳞毛少数，黄绿色，丝状或披针形。茎叶基部不下延，阔椭圆状或近心脏形，渐上阔披针形，渐尖，尖端一向弯曲，长1.8–3.0毫米，宽0.65–1.0毫米，上部具纵褶；叶边平展，尖端具细齿；中肋2，短弱。叶细胞线形，厚壁，基部细胞短，胞壁加厚，黄褐色，有壁孔；角细胞大，薄壁，透明，无色或带黄色，上部有2–4列较小、近方形细胞。枝叶与茎叶同形，小于茎叶。雌雄异株。雌苞叶直立，阔披针形，具长尖，有纵褶，叶缘平直，具细齿；中肋不明显。蒴柄黄红色或红褐色，长30–50毫米。孢蒴长圆柱形，弓形背曲，黄褐色或红褐色，长2.5–3.0毫米。蒴齿发育完全，齿毛2–3，与齿片等长。环带由2–3列细胞构成。

蒴盖圆锥形，短钝。孢子小，直径12–18微米，春末至夏季成熟。染色体数目 n =10。

产黑龙江、吉林、辽宁、河北、河南、陕西、江苏、安徽、浙江、福建、江西、湖南、广东、海南、广西、贵州、四川、云南和西藏，生于海拔50–4400米的竹林、冷杉林、云杉林、黄栎林、高山栎林、杜鹃林、铁杉林、高山柳林、桦木林等林下腐木、树干、树枝、岩面薄土、石壁、石缝、草丛及沙土上。尼泊尔、越南、日本、朝鲜、菲律宾及俄罗斯（远东地区）有分布。

1. 植物体(×2), 2. 茎叶(×50), 3–4. 枝叶(×50), 5. 叶基部细胞(×300), 6. 茎横切面的一部分(×450)。

6. 长蒴灰藓 图 1414

Hypnum macrogynum Besch., Ann. Sci. Nat. Bot. ser. 15: 91. 1892.

植物体较粗壮，有时具光泽。茎长约8厘米，规则稀疏羽状分枝，稀二回羽状分枝；枝长1.7厘米，尖端渐尖；横切面皮层细胞3层，厚壁，黄褐色，中部细胞较大，壁较厚，具壁孔；中轴有分化。茎叶镰刀状一向弯曲，阔椭圆状披针形，具小尖，叶基近于心脏形，具纵褶，长1.7毫米，宽0.6–0.9毫米；叶边平展，稀下部背卷，近于全缘或尖端有细齿；中肋2，短弱。叶基细胞黄褐色，角细胞分化不明显，由一列大而透明的细胞和近边缘2–3列小的方形细胞所组成。枝叶小，长1–1.5毫米，宽0.4–0.6毫米，下部边缘有时背卷。雌雄异株。内雌苞叶披针形，具细长尖，有纵褶，上部边缘平展或有细齿，无中肋。蒴柄长可达4.7厘米，红褐色。孢蒴圆柱形，红褐色，倾立，长约4毫米，干燥时稍弯曲。蒴盖圆锥形。环带2–3列。

产江西、广东、贵州、四川、云南和西藏，生于海拔940–4500米的山地栎林、华山松林、云杉林、竹林、冷杉林、落叶松林、

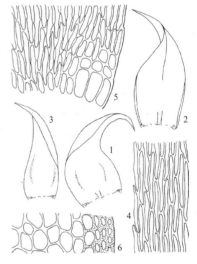

图 1414 长蒴灰藓（何 强绘）

杜鹃林、红桦林下树干、树基部和腐木、草甸和岩面薄土上。尼泊尔、不丹、缅甸及印度北部有分布。

1–2. 茎叶(×50), 3. 枝叶(×50), 4. 叶中部细胞(×450), 5. 叶基部细胞(×450), 6. 茎横切面的一部分(×450)。

7. 弯叶灰藓 图 1415

Hypnum hamulosum B. S. G., Bryol. Eur. 6: 96, 590. 1854.

体形纤细，柔弱，黄绿色，稍具光泽，密集交织成垫状。茎匍

匐，长约3厘米；横切面表皮细胞大形，透明，外壁极薄，干燥时常撕裂，中轴稍发育；规则或不规则羽状分枝，分枝扁平，长3-5毫米；假鳞毛少数，着生于分枝基部，披针形。茎叶强烈弯曲成镰刀形，阔椭圆状披针形或卵状披针形，具长尖，长1.4-1.8毫米，宽0.5-0.7毫米，叶边平展，全缘或上部具细齿，有时下部背卷；中肋2，短弱或无中肋。叶细胞线形，中部细胞长39-80微米，宽3-5微米，基部细胞长椭圆形，有时具壁孔，稍带黄色，角细胞少数或分化不明显，方形或多角形，无色透明。枝叶与茎叶相似。雌雄异株或雌雄异苞同株。内雌苞叶具纵褶。蒴柄长1.2-2.0厘米，黄色或红色。孢蒴圆柱形，倾立或平列，稍弯曲，橘黄色，干燥时口部以下收缩，平滑，长1.5-2.5毫米。环带2列。蒴盖圆锥形，尖端钝。蒴齿黄色，内齿层齿毛2条。孢子褐绿色，具细疣，直径14-16微米。春季到夏季成熟。

产黑龙江、吉林东、辽宁、内蒙古、陕西、甘肃、新疆、江苏、安徽、浙江、江西、湖北、湖南、四川、贵州、云南和西藏，生于海拔1000-4800米地带杂木林、松林、杜鹃林、冷杉林、箭竹林、云杉林、

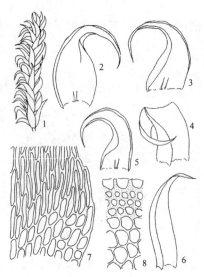

图 1415 弯叶灰藓（何　强绘）

白桦林、落叶松林下树干、岩面、石缝、山顶部裸岩和草甸中。日本、俄罗斯（西伯利亚）、欧洲及北美洲有分布。

1. 枝（×10），2-4. 茎叶（×40），5-6. 枝叶（×40），7. 叶基部细胞（×350），8. 茎横切面的一部分（×350）。

8. 尖叶灰藓

图 1416

Hypnum callichroum Brid., Bryol. Univ. 2: 631. 1827.

植物体柔弱，绿色或黄绿色，稍具光泽，密集交织成片。茎匍匐，倾立或直立；横切面表皮细胞大形，薄壁，透明，具中轴；规则羽状分枝，分枝短，常弓形弯曲；假鳞毛片状或披针形。茎叶阔椭圆状披针形，镰刀状弯曲，长1.6-1.8毫米，宽0.7-0.8毫米，基部狭窄，下延，先端渐成细长尖，内凹，稍具纵褶，叶边平直，全缘；中肋2，短弱或不明显。叶细胞狭长菱形，中部细胞长47-80微米，宽4-5微米，基部细胞较短，厚壁，角细胞分化明显，少数，长椭圆形或长方形，无色或黄褐色，向外凸出。雌雄异株或杂株。蒴柄长1.5-2厘米，红色。孢蒴倾立或平列，常稍弯曲，圆柱形。环带3-4列。蒴盖圆锥形。孢子直径16-18微米，绿色，近于平滑。夏季成熟。染色体数目n=10。

产黑龙江、吉林、内蒙古、河北、河南、陕西、宁夏、新疆、江苏、贵州、四川、云南和西藏，生于海拔700-3990米的山地红松林、桦木林、云杉林、杜鹃林、落叶松林下岩面、土壤、腐木及树

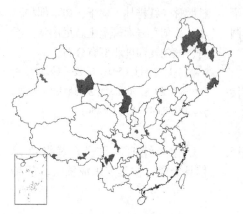

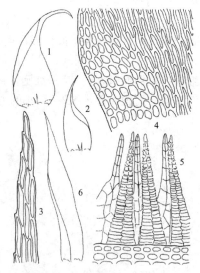

图 1416 尖叶灰藓（何　强绘）

干上。日本、俄罗斯、欧洲及北美洲有分布。

1. 茎叶（×20），2. 枝叶（×20），3. 叶尖部细胞（×450），4. 叶基部细胞（×450），5. 蒴齿（×150），6. 雌苞叶（×20）。

9. 多蒴灰藓 果灰藓

图 1417

Hypnum fertile Sendtn., Denkschr. Bot. Ges. Regensburg 3: 147. 1841.

体形中等大小，黄绿色或棕黄色，稍具光泽，平展，交织成片状生长。茎匍匐，长达10厘米；横切面表皮细胞大形，薄壁；分枝近羽状，不等长；假鳞毛叶状。叶密生，扁平排列，阔椭圆状披针形或椭圆状披针形，镰刀状一向弯曲，长1.5–2毫米，宽0.7–0.8毫米，基部不下延，内凹，无纵褶或稍有纵褶，先端渐成细长尖；叶边略背卷，中下部全缘，平滑，仅尖端具细齿；中肋2，或无中肋。叶中部细胞线形，长39–64微米，宽2–3微米，基部细胞短，具壁孔，黄色，角细胞分化，方形或长圆形，常由少数透明薄壁细胞构成。枝叶与茎叶相似，较小。雌雄同株异苞。雌苞叶直立，具细长尖，具纵褶。蒴柄长1–2厘米，红棕色，干燥时下部向右旋转，上部向左旋转。孢蒴倾立或平列。长圆柱形，长1.5–2.0毫米。蒴齿发育正常，内齿层齿毛2–3条。蒴盖圆锥形。孢子黄褐色，直径10–13微米，具稀疏细疣。春末夏季成熟。染色体数目 n =11 。

产黑龙江、吉林、内蒙古、贵州、云南和西藏，生于海拔3100米

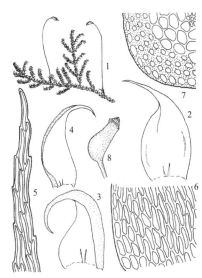

图 1417 多蒴灰藓（何 强绘）

地带针阔混交林下土壤、岩面、腐木或树干基部。日本、俄罗斯、欧洲、非洲及北美洲有分布。

1. 雌株（×2），2-3. 茎叶（×50），4. 枝叶（×50），5. 叶尖部细胞（×450），6. 叶基部细胞（×450），7.茎横切面的一部分（×450），8.孢蒴（×8）。

10. 南亚灰藓

图 1418

Hypnum oldhamii (Mitt.) Jaeg., et Sauerb., Ber. S. Gall. Naturw. Ges. 1877-1878: 331. 1880.

Stereodon oldhamii Mitt., Journ. Linn. Soc. Bot. 8: 154. 1865.

体形中等大小，黄绿色或褐绿色。茎匍匐，长约8厘米；横切面皮层细胞多4层，厚壁，黄褐色，中部细胞大，透明，多厚壁；中轴略有分化或有时不分化；规则羽状分枝，分枝短，扁平，长4–7毫米；假鳞毛稀少，披针形或卵圆状披针形。茎叶镰刀状偏向一侧或近于呈环形弯曲，卵圆状披针形或三角状披针形，长1.6–2.5毫米，宽0.45–0.7毫米，具长尖；叶边平展，尖端具细齿；中肋2，稀不明显。叶中部细胞线形，厚壁，叶基细胞具色泽或无色；角细胞凹入，由几个大形透明细胞和上部少数近方形细胞组成。枝叶纤细，狭窄，具长尖，环形弯曲。雌雄异株。雌苞叶披针形，具细长尖，上部具细齿，有纵褶。蒴柄红褐色，长约1.5–3.0厘米。孢蒴

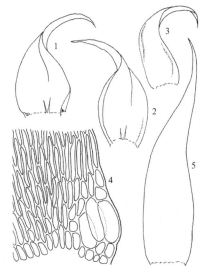

图 1418 南亚灰藓（何 强绘）

红褐色或栗色，卵圆状圆柱形或长椭圆状圆柱形，直立或有时口部以下多少呈弓形弯曲，平滑，干燥时口部以下不收缩，长1.5–2.0毫米。蒴盖具短喙。环带2列。内齿层齿

毛1–2条。孢子直径18–25微米，具细疣。春季成熟。染色体数目 n = 7.

产安徽、浙江、福建、江西、广东、海南、广西、贵州、四川、云南和西藏，生于海拔570–4500米处常绿阔叶林、松林、云杉林、杜鹃林下岩壁、土壤、腐殖质土、树干、树枝及溪流潮湿地区。日本及朝鲜有分布。

1–2. 茎叶（×80），3. 枝叶（×80），4. 叶基部细胞（×450），5. 雌苞叶（×20）。

6. 拟硬叶藓属 Stereodontopsis Williams

植物体疏松中等大小，黄绿色。茎匍匐或直立，具褐色假根；不规则羽状分枝，具多数鞭状枝。叶镰刀状一向弯曲，卵状披针形，稍具纵褶；叶边全缘或尖端具细齿；无中肋；叶细胞长线形，角细胞疏松，方形或圆六角形。雌雄异株。内雌苞叶直立，无纵褶，卵状披针形，渐呈毛状尖；全缘或尖端具细齿。蒴柄长约1.5厘米，上部具疣。孢蒴直立，近于对称，圆柱形。蒴齿单层，狭披针形，具纵隔，中脊和横隔有细疣。蒴帽密生长毛。

2种。我国1种。

粗拟硬叶藓　　　　　　　　　　　　图 1419

Stereodontopsis pseudorevoluta (Reim.) Ando, Hikobia 3(4): 295. 1963.

Hypnum pseudorevolutum Reim., Hedwigia 71: 64. 1931.

体形较粗壮，带褐色。茎匍匐，长约4厘米，或纤长；横切面卵圆形或椭圆形，皮层细胞2–4层，形小，厚壁，带褐色，中部细胞大形，疏松，透明，无中轴；假鳞毛小，披针形；不规则分枝或稀疏羽状分枝；分枝长0.5–1.0厘米，常弯曲。茎叶卵状披针形或长椭圆状披针形，先端渐尖，内凹，镰刀状一向弯曲，长2.5–3.0毫米，宽0.65–0.75毫米；叶边均背卷，全缘，或叶上部具不明显细齿；中肋2，短弱，基部分离。叶中部细胞长线形，长40–60微米，宽约2微米，强厚壁，具壁孔，叶基部细胞带褐色，角细胞疏松，透明或带褐色，近于圆方形，厚壁。枝叶小于茎叶，中部细胞长30–50微米，宽1.2–1.5微米，强厚壁。

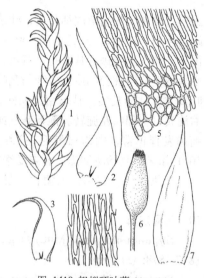

图 1419 粗拟硬叶藓（何 强绘）

产福建，生于海拔700米左右的林下岩面、土壤或茶树上。日本有分布。

1. 枝（×10），2. 茎叶（×30），3. 枝叶（×30），4. 叶中部细胞（×450），5. 叶基部细胞（×450），6. 孢蒴（×8），7. 雌苞叶（×30）。

7. 假丛灰藓属 Pseudostereodon (Broth.) Fleisch.

植物体粗壮，硬挺，金黄色或褐绿色，具光泽；密集交织成片。茎匍匐，无假根，有 2–3向上倾立的主枝，密集而有规则的羽状分枝；假鳞毛仅生于新枝附近。茎叶镰刀状一向偏斜，基部心脏形，上部阔披针形，渐成细长尖；叶边全缘；中肋不等分叉，长达叶片中部或具2短中肋。叶细胞线形，平滑，基部细胞渐成长方形，常黄棕色，角细胞多数，圆方形，棕黄色。雌雄异株。蒴柄细长，橙红色，干时扭转。孢蒴倾立，长卵形。蒴齿灰藓属型。

1种，生高山寒地石上。中国有分布。

假丛灰藓　　　　　　　　　　　　　　　图 1420

Pseudostereodon procerrimum (Mol.) Fleisch., Musci Fl. Buitenzorg 4: 1376. 1923.

Hypnum procerrimum Mol., Flora 49: 458. 1866.

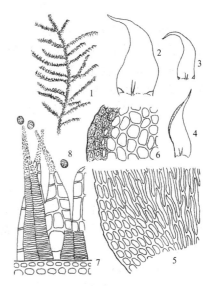

植物体密羽状分枝，枝近于等长。茎横切面椭圆形，皮层细胞3-4层，厚壁，中部细胞较大，无中轴分化；假鳞毛生于分枝基部，阔卵形，边缘具细齿。茎叶和枝叶同形，阔长卵圆形，无褶，渐上呈披针形，具细长尖，长1.4-1.9毫米，宽0.5-0.7毫米；叶边平滑。叶细胞长线形，厚壁，略有壁孔，平滑，角细胞明显分化，方形或不规则多边形，透明。

图 1420 假丛灰藓（何　强绘）

1. 植物体一部分（×2），2. 茎叶（×30），3-4. 枝叶（×30），5. 叶基部细胞（×450），6. 茎横切面的一部分（×450），7. 蒴齿（×150），8. 孢子（×150）。

产黑龙江、吉林、内蒙古、陕西、甘肃、新疆、青海、四川、云南和西藏，生于海拔1200-4800米的山地针阔混交林下岩面、土壤、草丛、树干基部、树干及腐木上。蒙古、俄罗斯、欧洲及北美洲有分布。

8. 短菱藓属 Ectropotheciella Fleisch.

体形纤细，疏松，扁平，黄绿色或暗绿色，无光泽。茎匍匐；无中轴分化；一回羽状分枝，分枝较短，单一，扁平；有时具鞭状枝。茎叶小，直立。枝叶内凹，倾立或平展，卵状披针形，渐尖；叶边具钝齿；中肋2。叶细胞短菱形，具尖锐前角突。雌雄异株。雌苞叶具长纤毛状齿。蒴柄长约1厘米，平滑。孢蒴卵圆形，直立。环带易脱落。蒴齿单层，齿片无横隔。蒴盖短，具直立喙。孢子平滑。

2种，分布热带和亚热带地区。我国1种。

短菱藓　　　　　　　　　　　　　　　图 1421

Ectropotheciella distichophylla (Hampe) Fleisch., Musci Fl. Buitenzorg 4: 1418. 1923.

Hypnum distichophyllum Hampe in Dozy et Molk., Bryol. Jav. 2: 167. 1866.

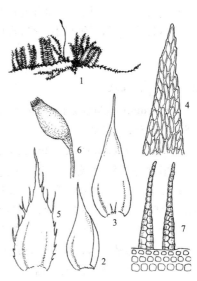

体形纤细，深黄绿色，疏松片状生长。茎匍匐，长可达5厘米，密羽状分枝，分枝长约6毫米。叶稀疏扁平排列，呈两列状，卵状披针形，内凹，先端渐尖，长约0.8毫米；叶边平直，具齿突；中肋2。叶细胞短菱形，长3-4微米，宽5-6微米，具明显前角突，壁厚。茎叶与

图 1421 短菱藓（何　强绘）

枝叶相似。雌雄异株。雌苞叶叶边具毛状齿。蒴柄直立，紫红色，平滑，长约0.7厘米。孢蒴小，卵圆形，直立或稍倾立，台部短而明显，干燥时口部以下收缩。蒴齿单层，齿片狭披针形，渐尖，褐色。环带2列。蒴盖具短喙。孢子小，圆球形，平滑。

产台湾和海南，生于林下岩面。泰国、菲律宾、印度尼西亚及非洲有分布。

1. 雌株（×1），2. 茎叶（×40），3. 枝叶（×40），4. 叶尖部细胞（×350），5. 雌苞叶（×40），6. 孢蒴（×8），7. 蒴齿（×150）。

9. 偏蒴藓属 Ectropothecium Mitt.

植物体纤细或粗壮，黄绿色或棕绿色，具光泽。茎匍匐，稀悬垂，仅在密集时倾立或直立；具成束假根；单一或规则羽状分枝，枝倾立，多呈扁平形，通常短而单一；无鳞毛或稀具披针形或细长形鳞毛。叶略呈一向偏斜或呈镰刀形，常有背叶，侧叶或腹面叶的分化。茎叶卵形或倒卵状披针形，两侧多不对称，叶基不下延；中肋2，短弱或缺失。叶细胞线形，有时具明显前角突，叶基细胞短而宽，角细胞少数，形小，正方形或长方形。雌雄异苞同株或雌雄异株，稀雌雄杂株。内雌苞叶阔披针形，渐尖或突成细长尖。蒴柄细长。孢蒴平直或下垂，卵形、壶形或长圆柱形，干时蒴口常收缩，有时外壁具粗糙乳头状突起。蒴齿两层；外齿层齿片狭长披针形，外面具横脊和条纹，边缘多不分化，内面具横隔；内齿层基膜高出，齿条折叠或呈狭条形，齿毛2-4。环带分化。蒴盖大，平凸或圆锥形，有短尖或短喙。蒴帽平滑，被单细胞纤毛。孢子细小，通常平滑。

近200种，分布热带和亚热带地区，多树生、石生或林地生长。我国有17种。

1. 枝叶与茎叶同形，枝叶扁平排列，两侧略不对称或略呈镰刀形一向偏斜；叶细胞长菱形，含多数叶绿体；茎叶角细胞不明显分化；蒴柄长1-2厘米。
  2. 植物体纤细，不规则分枝；叶细胞狭长菱形，平滑；蒴柄长1.2-1.6厘米 ………… **2. 淡叶偏蒴藓 E. dealbatum**
  2. 植物体粗壮或稍粗壮；羽状分枝或不规则分枝；叶细胞线形，平滑或具前角突；蒴柄长1.3厘米以下。
    3. 植物体不规则分枝或羽状分枝；茎叶卵圆状披针形，先端急尖，两侧常不对称，中肋分叉，为叶长度的1/5-1/4；叶细胞具前角突或平滑 …………………………………………………………… **1. 平叶偏蒴藓 E. zollingeri**
    3. 植物体密羽状分枝；茎叶阔卵圆状长椭圆形，具长尖；中肋为叶长度的1/3；叶细胞平滑 ………………………………………………………………………………………………… **3. 密枝偏蒴藓 E. wangianum**
1. 枝叶与茎叶常异形，枝叶常有侧叶与背叶分化，两侧近于对称，常呈镰刀形；叶细胞线形，含叶绿体少；茎叶角细胞明显分化；蒴柄长2.5-3.5厘米。
  4. 植物体形大，粗壮；茎叶卵圆状披针形，具短尖；叶基部以上边缘具细齿或锐齿 ·· **4. 偏蒴藓 E. buitenzorgii**
  4. 植物体小形，较纤细；茎叶卵圆状椭圆形，尖端圆钝，具小尖；叶边缘上部具细齿 ………………………………………………………………………………………………… **5. 蕨叶偏蒴藓 E. aneitense**

1. 平叶偏蒴藓

图 1422 彩片268

Ectropothecium zollingeri (C. Müll.) Jaeg., Ber. S. Gall. Naturw. Ges. 1877–1878: 272. 1880.

Hypnum zollingeri C. Müll., Syn. 2: 241.1851.

植物体黄绿色或暗绿色，无光泽。茎匍匐，不规则分枝或羽状分枝；中轴分化，皮层细胞小，厚壁；假鳞毛小叶状，基部宽2-7个细胞。茎叶直立开展或微弯曲，卵圆状披针形，先端急尖，常不对称，长1.0-1.5毫米，宽0.35-0.5毫米，基部不下延；叶边平展，上部具细齿；中肋2，基部呈叉状，为叶长度的1/5-1/4，稀短而不明显。叶中部细胞线形，长50-80微米，宽3-5微米，多平滑或背面具前角突，角细胞近方形，常具2-8个较大的无色透明细胞。枝叶小于茎叶。雌雄异苞同株。

内雌苞叶长可达1.5毫米，阔披针形，先端渐尖，近尖端具细齿；中肋不明显；中部细胞薄壁。蒴柄黄褐色或暗褐色，长10–13毫米，平滑。孢蒴平列或倾垂，卵状圆柱形，不对称，干燥时口部收缩，长1.0–1.3毫米，宽0.5–0.8毫米。环带分化。蒴齿两层，发育正常；齿毛2，短于齿片。蒴盖具短喙。孢子圆球形，直径12–16微米。

产江苏、安徽、浙江、台湾、福建、江西、湖南、广东、海南、贵州、四川、云南和西藏南部，生于海拔200–2840米的林下树基、树干或腐木上，有时也生于岩面和土上。尼泊尔、印度、日本、泰国、老挝、马来西亚、印度尼西亚、新几内亚、新喀里多尼亚、斐济及科威特有分布。

1. 枝(×10)，2. 茎叶(×50)，3-4. 枝叶(×50)，5. 叶尖部细胞(×450)，6. 叶基部细胞(×450)，7. 孢蒴(×10)。

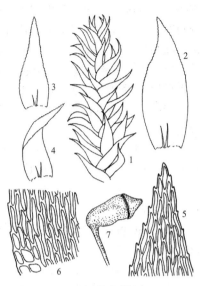

图 1422 平叶偏蒴藓（何 强绘）

2. 淡叶偏蒴藓 图 1423

Ectropothecium dealbatum (Reinw. et Hornsch.) Jaeg., Ber. S. Gall. Naturw. Ges. 1877–1878: 264. 1880.

Hypnum dealbatum Reinw. et Hornsch., Nov. Act. Ac. Car. Leop. Caes. 14 (2) : 729. 1829.

体形纤细，黄绿色。茎匍匐，不规则分枝，分枝扁平。叶直立开展或略弯向一侧，长约1.4毫米，卵圆状披针形，上部急尖或渐尖，具宽而短的钝尖；叶边中部以上具细齿；中肋2，短弱。叶细胞狭长菱形，平滑，基部细胞长方形，角细胞近方形。雌雄同株异苞。孢子体生于主茎上。蒴柄细弱，红色，长1.2–1.6厘米，直立，顶端弯曲。孢蒴平列或垂倾，卵圆形，长约0.8毫米。蒴齿两层，发育正常。蒴盖圆锥形，具短喙。孢子小，圆球形，具细疣。

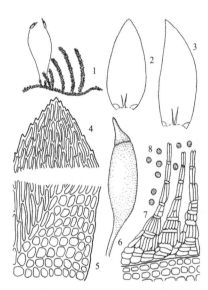

图 1423 淡叶偏蒴藓（何 强绘）

产湖南南部和广东北部，生于海拔800米左右林地树干或岩面。印度、印度尼西亚及菲律宾有分布。

1. 雌株(×1)，2-3. 叶(×40)，4. 叶尖部细胞(×450)，5. 叶基部细胞(×450)，6. 孢蒴(×8)，7. 蒴齿(×300)，8. 孢子(×300)。

3. 密枝偏蒴藓 图 1424

Ectropothecium wangianum Chen, Sunyatsenia 6: 192. 1941.

体形稍粗壮，淡绿色，具光泽。茎匍匐，密羽状分枝；分枝近于等长，长约7毫米。茎叶干燥时开展，阔卵圆状长椭圆形，内凹，尖端弯曲，具长尖，有细齿，长约0.7毫米，宽约0.3毫米；中肋2，为叶长度的1/3。叶上部细胞线形，壁稍厚，基部细胞疏松，平滑，角细胞少数，

较小，方形或长方形，透明。枝叶与茎叶相似，较小。雌雄同株异苞。雌苞叶具褶，先端突成毛尖，边缘上部具钝齿。蒴柄长约12毫米，红色。孢蒴卵圆状长椭圆形，下倾，长约1毫米。蒴齿齿片外面具橙黄色横条纹，中间有黄色龙骨状突起；齿毛2，纤细，着生于短基膜上。孢子直径10-12微米，褐色，近于平滑。

产海南和西藏南部，生于海拔950-1100米林下岩面、沙地或腐木上。

1. 枝(×10)，2. 叶(×50)，3. 叶尖部细胞(×450)，4. 叶中部细胞(×450)，5. 叶基部细胞(×450)，6. 茎横切面的一部分(×450)，7. 假鳞毛(×450)。

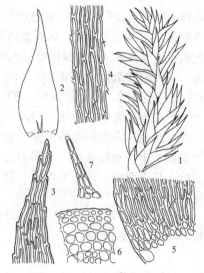

图 1424 密枝偏蒴藓（何 强绘）

4. 偏蒴藓

图 1425

Ectropothecium buitenzorgii (Bel.) Mitt., Journ. Linn. Soc. Bot. 10: 180. 1868.

Hypnum buitenzorgii Bel., Voy. Ind. Or. Bot. 2 (Crypt.) 2: 94. 1835.

体形稍粗，黄绿色或带褐色，具光泽。茎匍匐，规则羽状分枝；横切面椭圆形，皮层细胞较小，2-4层，厚壁，中部细胞带色。枝端钝，扁平。茎叶较大，角细胞有分化，由透明大形细胞构成。枝叶镰刀状弯曲，常具褶，卵圆状披针形，内凹，尖端渐狭，长约1.6毫米；叶边上部具锐齿，近基部具细齿；中肋2，短弱或无中肋。叶细胞线形或狭菱形，宽5-7微米，角细胞近方形，小而分化不明显。雌雄异株。雌苞叶先端渐尖，具锐齿。蒴柄长2.5-3.5厘米，红色。孢蒴垂倾，卵圆形。蒴盖圆凸，具短喙。

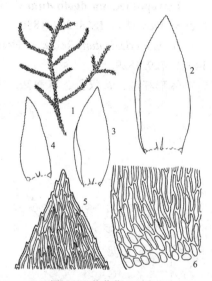

产浙江、台湾、福建、广东和云南，生于海拔470-650米亚热带树干、岩面及土上。印度及印度尼西亚有分布。

1. 植物体(×2)，2. 茎叶(×40)，3-4. 枝叶(×40)，5. 叶尖部细胞(×400)，6. 叶基部细胞(×400)。

图 1425 偏蒴藓（何 强绘）

5. 蕨叶偏蒴藓

图 1426

Ectropothecium aneitense Broth. et Watts., Soc. N. S. Wales 49: 1915.

植物体淡绿色，具光泽。茎匍匐伸展，不规则羽状分枝；表皮细胞形小，厚壁，中轴分化。茎叶椭圆形，尖部宽钝，内凹，长约1.5毫米；叶边全缘；中肋2，短弱，约为叶长度的1/8。枝叶明显小于茎叶，钝而渐尖，内凹。叶中部细胞长约80微米，叶基部细胞近于方形或不规则长方形。

产广东和云南南部，生于海拔650-1200米林下树干，稀见于林地。太平洋的新赫布里底岛有分布。

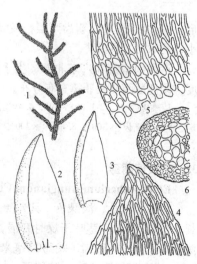

图 1426 蕨叶偏蒴藓（何 强绘）

1. 植物体一部分(×2)，2. 茎叶(×50)，3. 枝叶(×50)，4. 叶尖部细胞(×450)，5. 叶基部细胞(×450)，6. 茎横切面的一部分(×450)。

10. 同叶藓属 **Isopterygium** Mitt.

茎匍匐，皮层细胞小，厚壁，中轴略有分化；假鳞毛丝状；假根着生近叶基腹面；不规则分枝。茎叶和枝叶相似，基部长椭圆形、卵状长椭圆形，向上渐狭或突趋狭，卵圆状披针形，基部略下延，背面叶和腹面叶两侧对称，侧面叶，两侧略不对称；叶边平展，上部具齿或全缘；中肋不明显，短弱或缺失。叶中部细胞线形，薄壁，尖部细胞较短，叶下部细胞宽短；角细胞小或不分化。雌雄异苞同株或雌雄异株。内雌苞叶长椭圆状阔披针形。蒴柄直立，平滑。孢蒴倾立或平列，长卵圆形，常有较长台部。蒴齿两层：外齿层齿片基部愈合，中脊或横脊均相当发育，上部具疣，边缘常分化，无色透明，内面有密横隔；内齿层有高基膜，齿条折叠形，无穿孔，具疣，齿毛1–2，稀3，较短于齿条。蒴盖具短喙。蒴帽狭兜形，平滑。孢子小，平滑或近于平滑。芽胞通常存在，线形。

约170种，多生于热带和亚热带地区，腐木或树干基部，稀石生。我国约有14种。

1. 分枝上无芽胞。
  2. 雌雄异株；不规则分枝或羽状分枝；叶边具齿。
    3. 植物体通常色淡；叶卵圆状披针形，先端急尖或渐尖，具长尖，长约1.2毫米，宽约0.25毫米；叶边上部具细齿 ⋯⋯⋯⋯⋯⋯⋯⋯⋯⋯⋯⋯⋯⋯⋯⋯⋯⋯⋯⋯⋯ 1. 淡色同叶藓 **I. albescens**
    3. 植物体黄绿色；叶卵圆状披针形，先端宽短，渐尖，长约1.34毫米，宽约0.58毫米；叶边全具细齿 ⋯⋯⋯⋯⋯⋯⋯⋯⋯⋯⋯⋯⋯⋯⋯⋯⋯⋯⋯⋯⋯⋯⋯⋯⋯⋯⋯⋯⋯⋯⋯⋯⋯⋯ 2. 齿边同叶藓 **I. serrulatum**
  2. 雌雄同株异苞；分枝密集或规则羽状分枝；叶边全缘，平滑 ⋯⋯⋯⋯⋯ 4. 纤枝同叶藓 **I. minutirameum**
1. 分枝上具芽胞 ⋯⋯⋯⋯⋯⋯⋯⋯⋯⋯⋯⋯⋯⋯⋯⋯⋯⋯⋯⋯⋯⋯⋯⋯ 3. 芽胞同叶藓 **I. propaguliferum**

1. 淡色同叶藓   图 1427 彩片269

Isopterygium albescens (Hook.) Jaeg., Ber. S. Gall. Naturw. Ges. 1876–1877: 433. 1878.

     Hypnum albescens Hook. in Schwaegr, Sp. Musc. Suppl. 3 (1) : 226. 1828.

     体形纤细，色淡，具光泽；不规则分枝；假鳞毛丝状。茎扁平被叶，叶疏松排列，卵圆状披针形，先端急尖或渐尖，具长尖，长约1.2毫米，宽约0.25毫米，内凹；叶边上部具细齿；中肋2，短

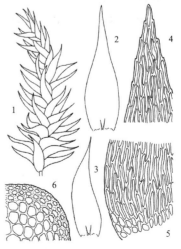

图 1427 淡色同叶藓（何 强绘）

弱或不明显。叶中部细胞线形，长65–80微米，宽3.5–4微米，厚壁，叶上部细胞与中部细胞相似，叶尖有一列长方形带褐色的厚壁细胞，叶下部细胞宽短，带褐色，厚壁；角细胞不明显分化。雌雄异株或雌雄同株异苞。内雌苞叶长约2毫米，具毛状尖。蒴柄长15–20毫米，直径约0.15毫米，红褐色。孢蒴平列或垂倾，台部较长，褐色，长1.3–1.5毫米，宽0.6–0.7毫米。蒴齿齿毛2，较短。孢子直径8–10微米，多少具疣。

产浙江、台湾、福建、江西、广东、海南、贵州、云南和西藏，生

于海拔120–2900米的林下路边土上和树干。日本、尼泊尔、印度及印度尼西亚有分布。

1. 枝（×20），2-3. 叶（×50），4. 叶尖部细胞（×450），5. 叶基部细胞（×450），6. 茎横切面的一部分（×450）。

2. 齿边同叶藓　　　　　　图 1428

Isopterygium serrulatum Fleisch., Musci Fl. Buitenzorg 4: 1433. 1923.

植物体黄绿色，具光泽。茎匍匐或上倾，不规则分枝；枝扁平，有时成簇生长。叶卵圆状披针形，内凹，长约1.34毫米，宽约0.58毫米，先端宽短，渐尖；叶边平展。叶上部和下部均具细齿；中肋2，短弱，有时不明显。叶细胞狭长菱形，长约70微米，宽约8微米；基部细胞不规则长方形，长约31微米，宽约19微米。雌雄异株。孢子体着生分枝基部。蒴柄纤细，直立，长约2毫米。孢蒴平列或垂倾，卵状圆柱形，长约1.6毫米，直径0.77毫米。蒴盖圆锥形，具长喙。

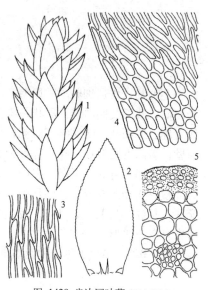

图 1428 齿边同叶藓（何　强绘）

产江苏、安徽、江西、湖南、广东、云南和西藏，生于海拔650–2100米的林下河谷边土上、岩面、树干及树基。印度有分布。

1. 枝条一部分（×10），2. 叶（×50），3. 叶中部细胞（×450），4. 叶基部细胞（×450），5. 茎横切面的一部分（×450）。

3. 芽胞同叶藓　　　　　　图 1429

Isopterygium propaguliferum Toy., Acta Phytotax. Geobot. 7: 106. 1938.

体形中等大小，黄绿色，具光泽。茎匍匐，近羽状分枝。分枝较短，直立或倾立，单一；芽胞着生枝上，直立，棍棒状，长40–65微米，多数丛集于枝顶。叶直立展出，卵圆形或卵状披针形，突趋狭成细尖，长0.7–1.0毫米，宽0.3–0.35毫米，内凹；叶边平直，具细齿，基部常背卷，

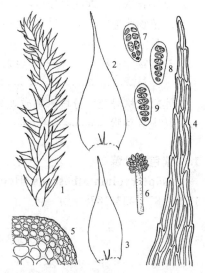

图 1429 芽胞同叶藓（何　强绘）

无中肋。叶中部细胞线形，长40–50微米，宽4–4.5微米，厚壁，多具壁孔；叶上部细胞与中部细胞相似，叶下部细胞较宽，厚壁，叶尖部为一列椭圆形或长方形、稍具壁孔、透明的厚壁细胞，角细胞形小，长方形或长椭圆形。蒴柄长15–20毫

米。孢蒴平列或垂倾，圆柱形，长约1.7毫米，宽0.63毫米。齿毛单一。蒴盖具短尖。

产福建、海南、广西和云南，生于海拔600–850米的林下腐木和树皮上，稀见于林地。日本及越南有分布。

4. 纤枝同叶藓   图 1430 彩片270

Isopterygium minutirameum (C. Müll.) Jaeg., Ber. S. Gall. Naturw. Ges. 1876–1877: 434. 1878.

Hypnum minutirameum C. Müll., Syn. 2: 689. 1851.

体形纤细，黄绿色或褐绿色，具光泽。茎匍匐，扁平，规则羽状分枝；假鳞毛丝状。分枝短。叶阔披针形，渐尖，具细长尖。长0.8–1.2毫米，宽约1毫米，内凹；叶边全缘，平滑，或仅叶尖部具不明显细齿；中肋2，短弱或不明显。叶上部细胞较宽，叶尖端细胞为1列或2列长椭圆形宽短的细胞，平滑；叶中部细胞线形，长80–90微米，宽4–4.5微米，薄壁；叶基细胞长方形或方形，角细胞不分化。雌雄同株异苞。内雌苞叶具较长叶鞘，先端渐尖，直立，长可达1毫米。蒴柄纤细，直立，长约1厘米。孢蒴圆柱形，具蒴台，两侧略不对称，平列或垂倾，长1–1.3毫米，宽0.5–0.6毫米。蒴齿发育正常。蒴盖圆锥形，具尖喙。孢子直径9–12微米，具稀疏疣。

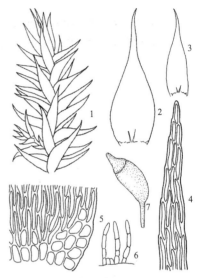

图 1430 纤枝同叶藓（何 强绘）

1. 枝条一部分(×20), 2. 茎叶(×50), 3. 枝叶(×50), 4. 叶尖部细胞(×450), 5. 叶基部细胞(×450), 6. 假鳞毛(×450), 7. 孢蒴(×15)。

产浙江、台湾、福建、江西、广西、四川、云南和西藏，生于海拔550–3950米的林下树枝、树干、腐木、岩面及土上。日本、印度、斯里兰卡、马来西亚、菲律宾及印度尼西亚有分布。

11. 鳞叶藓属 Taxiphyllum Fleisch.

植物体柔弱或稍粗壮，扁平，鲜绿色，具光泽，交织成片生长。茎多分枝；枝平展，生叶枝扁平。叶外观近于两列状着生，长卵形，具短尖或长尖；叶边均具细齿；中肋2，短弱或缺失。叶细胞长菱形，常有前角突。雌雄异株。内雌苞叶长卵形，急狭成芒状尖。蒴柄细长。孢蒴直立或平列，长卵形，有长台部。蒴齿两层；外齿层齿片外面具纵褶和横脊，下部黄色，有横纹，上部透明，具疣，内面横隔高出；内齿层淡黄色，平滑，呈折叠形，齿毛2，与齿片等长，有节瘤。蒴盖具长喙。蒴帽兜形，平滑。

约30种，分布温带地区。我国约14种。

1. 叶稀疏扁平排列。
   2. 植物体大形，稍具光泽；叶稀疏覆瓦状排列，中肋较长；叶中部细胞长100–130微米，角细胞不分化 ……1. **互生叶鳞叶藓 T. alternans**
   2. 植物体形小，具光泽；叶覆瓦状排列，中肋不明显；叶中部细胞长85–100微米，角细胞分化，方形或长方形 ……………………………………………………………………………………………………2. **凸尖鳞叶藓 T. cuspidifolium**
1. 叶密集扁平排列。

3. 茎叶和枝叶与茎、枝成直角状伸展；叶边上部具粗齿 ⋯⋯⋯⋯⋯⋯⋯⋯⋯⋯⋯ 4. 陕西鳞叶藓 **T. giraldii**

3. 茎叶和枝叶与茎、枝成斜角状伸展；叶边上部具细齿 ⋯⋯⋯⋯⋯⋯⋯⋯⋯⋯⋯ 3. 鳞叶藓 **T. taxirameum**

1. 互生叶鳞叶藓

图 1431

Taxiphyllum alternans (Card.) Iwats., Journ. Hattori Bot. Lab. 26: 67. 1963.

Isopterygium alternans Card., Beih. Bot. Centrabl. 17: 37. 1904.

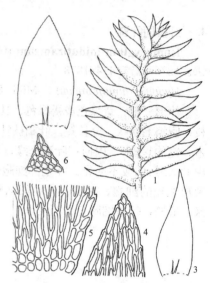

图 1431 互生叶鳞叶藓（何 强绘）

体形稍粗，绿色或黄绿色。茎长可达10厘米，无长分枝；假鳞毛三角形，具长尖。叶稀疏覆瓦状排列，卵圆形或卵圆状长椭圆形，先端急尖或具短尖，长约3.5毫米，宽约1.3毫米，略内凹；叶边全缘，仅中上部具细齿；中肋相对较长，为叶长1/3，分叉。叶中部细胞狭长菱形，长100–130微米，宽9–12微米，叶上部细胞较短，菱形，厚壁，叶下部细胞狭长方形，或长椭圆形，宽短，叶尖细胞较大，长65–85微米，宽12–16微米，长方形，壁稍厚，角细胞不分化。

产河南、陕西、甘肃、贵州和云南，生于海拔560–1010米地带，林下湿土、岩面、腐木及树干基部。日本、朝鲜及北美洲东部有分布。

1. 枝条一部分（×10），2. 茎叶（×25），3. 枝叶（×25），4. 叶尖部细胞（×350），5. 叶基部细胞（×350），6. 假鳞毛（×350）。

2. 凸尖鳞叶藓

图 1432

Taxiphyllum cuspidifolium (Card.) Iwats., Journ. Hattori Bot. Lab. 28: 220. 1965.

Isopterygium cuspidifolium Card., Bull. Soc. Bot. Geneve ser. 4: 387. 1912.

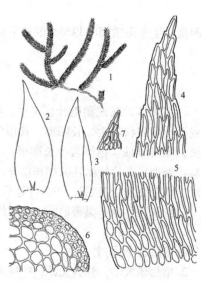

图 1432 凸尖鳞叶藓（何 强绘）

淡绿色，稍粗，具光泽。茎较短，平展；多羽状分枝，密被叶；假鳞毛三角形或披针形，尖端具长尖。叶卵圆形或长椭圆形，先端具突尖或细长尖，稍内凹，长约2.5毫米，宽约0.9毫米，两侧不对称；叶边中上部具细齿；中肋短弱。叶中部细胞线形或狭菱形，长80–100微米，宽6–8微米，上部细胞较短，角细胞方形，数少。雌雄异株。

产山东、台湾、湖北、湖南、广东、四川和云南，生于海拔130–3000米的林地、腐殖质土、石灰岩及岩面薄土上。日本及北美洲有分布。

1. 植物体（×2），2-3. 茎叶（×40），4. 叶尖部细胞（×450），5. 叶基部细胞（×450），6. 茎横切面的一部分（×450），7. 假鳞毛（×350）。

3. 鳞叶藓

图 1433 彩片271

Taxiphyllum taxirameum (Mitt.) Fleisch., Musci Fl. Buitenzorg 4: 1435. 1923.

Stereodon taxirameum Mitt., Journ. Linn. Soc. Bot. Suppl. 1: 105. 1859.

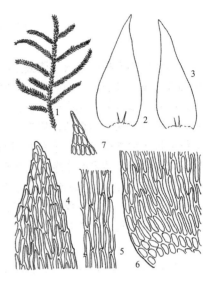

图 1433 鳞叶藓（何 强绘）

体形中等大小，黄绿色或黄褐色，稍具光泽。茎匍匐，分枝少；假鳞毛三角形。茎叶和枝叶斜展，呈两列状扁平排列，卵圆状披针形，先端宽，渐尖，基部一侧常内折，两侧不对称，略下延，内凹，长约1.8毫米，宽约0.6毫米；叶边具细齿；中肋2，短弱或不明显。叶尖部细胞长椭圆形或菱形，长15–20微米，中部细胞狭长菱形，长40–50微米，宽4–4.5微米，上部细胞较短，线形或狭菱形，角细胞数少，方形或长方形。雌雄异株。蒴柄长8–10毫米，红褐色，细弱。孢蒴长椭圆形，长1.3–1.5毫米，平列，两侧不对称，干燥时口部以下收缩。 蒴齿下部褐色，上部色淡；内齿层齿条无穿孔，齿毛1–3。孢子直径11–13微米，具细疣或近于平滑。染色体数目 n = 8 或12。

产黑龙江、吉林、辽宁、内蒙古、河北、山东、河南、陕西、甘肃、宁夏、江苏、安徽、浙江、台湾、福建、江西、湖北、湖南、广东、海南、广西、贵州、四川、云南和西藏，生于海拔160–3000米的针阔混交林下土上和岩面，也见于树干或腐木上。尼泊尔、印度、斯里兰卡、日本、朝鲜、菲律宾、北美东部、中南美洲及澳大利亚有分布。

1. 植物体一部分（×2），2-3. 叶（×50），4. 叶尖部细胞（×450），5. 叶中部细胞（×450），6. 叶基部细胞（×450），7. 假鳞毛（×450）。

4. 陕西鳞叶藓

图 1434

Taxiphyllum giraldii (C. Müll.) Fleisch., Musci Fl. Buitenzorg 4: 1435. 1923.

Plagiothecium giraldii C. Müll., Nuov. Giorn. Bot. Ital. n. ser. 3: 114. 1896.

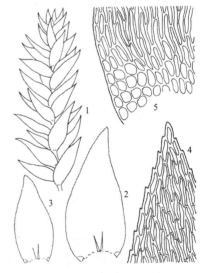

图 1434 陕西鳞叶藓（何 强绘）

体形中等大小，扁平，暗绿色，具光泽。茎匍匐，长3–6厘米，不规则分枝；分枝长短不等，顶端钝。茎叶和枝叶密生，与茎、枝成直角向两侧伸展，呈扁平状；叶阔卵状披针形，两侧不对称，渐尖，具短尖头，略内凹；叶边上部具粗齿；中肋2，不等长，可达叶片1/3处或不明显。叶细胞狭菱形，不透明，有前角突，薄壁，基部细胞较短，长椭圆形，角细胞数少，方形。

产黑龙江、辽宁、河北、山东、河南、陕西、甘肃、云南和西藏，生于海拔30–2900米的林下岩面薄土或土壤，有时也生于树干基部或树干。日本有分布。

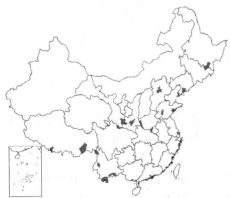

1. 枝条一部分（×10），2. 茎叶（×40），3. 枝叶（×40），4. 叶尖部细胞（×350），5. 叶基部细胞（×350）。

12. 明叶藓属 Vesicularia (C. Müll.) C. Müll.

体形纤细或稍粗，淡绿色或深绿色，平展成小片状。茎匍匐，有稀疏假根或成束假根；单一或规则分枝，稀羽状分枝；枝通常较短而呈扁平形，倾立。茎横切面扁圆形，无中轴分化，仅具疏松薄壁基本组织，皮层细胞较小而厚壁，但不构成厚壁层。叶密集排列，略有背面叶、侧面叶和腹面叶的分化，侧面叶倾立或略向一侧偏斜，稀镰刀状一向弯曲，基部不下延，阔卵圆形、卵圆形或长披针形，具短尖、长尖或毛状尖；叶边平展，全缘或仅尖部有明显齿；中肋2，短弱或缺失。叶细胞疏松，卵形、六边形或近于菱形六边形，平滑，有一列狭长细胞构成不明显的边缘；角细胞不分化。背面叶和腹面叶较小。雌雄异苞同株。内雌苞叶直立，卵形或基部较长而有狭长尖。蒴柄细长，平滑。孢蒴平列或垂倾，卵形、长卵形或壶形，干时下部常缢缩。环带分化。蒴齿两层；外齿层齿片狭长披针形，褐黄色，外面有明显横脊，内面横隔略高出；内齿层齿条黄色，平滑或具疣，中缝具穿孔，齿毛1-3，略短于齿条，平滑。蒴盖平凸或圆锥形，有短尖，稀有短喙。蒴帽狭兜形。孢子多数，平滑。

约130种，分布热带和亚热带地区。我国约15种。

1. 叶卵圆状披针形或阔卵状披针形，具急尖或长尖。
  2. 植物体密羽状分枝 ·· 1. 长尖明叶藓 V. reticulata
  2. 植物体羽状分枝 ·· 3. 海南明叶藓 V. hainanensis
1. 叶近圆形或阔卵圆形，具短尖 ·· 2. 明叶藓 V. montagnei

1. 长尖明叶藓

图 1435 彩片272

Vesicularia reticulata (Dozy et Molk.) Broth., Nat. Pfl. 1 (3): 1904. 1908.

Hypnum reticulatum Dozy et Molk., Ann. Sc. Nat. Bot. Ser. 3, 2: 309. 1844.

黄绿色或暗绿色，多少具光泽。茎匍匐，密羽状分枝。叶有时扁平排列。茎叶阔卵圆形，突成狭长尖，长1.3–1.8毫米，宽0.3–0.35毫米；叶上部边缘具细齿；中肋短，细弱。叶中部细胞椭圆状六角形或菱状六角形，长50–80微米，宽15–20微米，薄壁，叶边有一列狭长形细胞；角部细胞与中部细胞相似，狭长菱形。枝叶与茎叶相似。雌雄同株异苞。内雌苞叶阔披针形，渐尖，具长尖。蒴柄长约1.5毫米，黄褐色。蒴齿两层，发育正常，长约0.35毫米。蒴盖有短喙。孢子直径8–10微米。

产陕西、台湾、福建、广东、海南、贵州、云南和西藏，生于海拔600–3100米的林下树干基部、腐木、土壤或岩面。日本、菲律宾、印度、泰国、马来半岛、印度尼西亚及土耳其有分布。

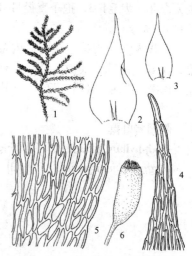

图 1435 长尖明叶藓（何　强绘）

1. 植物体一部分（×1.5），2. 茎叶（×20）
3. 枝叶（×20），4. 叶尖部细胞（×200），5. 叶基部细胞（×200），6. 孢蒴（×10）。

2. 明叶藓　南亚明叶藓

图 1436 彩片273

Vesicularia montagnei (Bel.) Broth., Nat. Pfl. 1 (3) : 1094. 1908.

Pterygophyllum montagnei Bel., Voyag. Ind. Or. Bot. 2 (Crypt.) : 85. 1835.

体形中等大小，暗绿色。茎匍

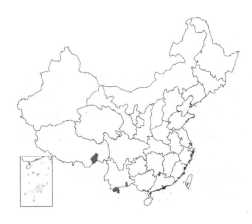

匍匐，不规则分枝或近于羽状分枝；分枝长约5毫米，生叶后多少扁平。背面叶阔卵圆形或卵圆形，具短尖，长0.9–1.0毫米，宽0.35–0.6毫米，侧面叶阔卵圆形，具长尖，长约1.5毫米；叶边全缘；无中肋。叶中部细胞扁六角形，长40–60微米，宽12–18微米，薄壁；叶边缘有一列狭长菱形细胞。侧面叶具长尖，长约1.2毫米，宽约0.6毫米。枝叶与茎叶相似，通常具短钝尖。雌雄异苞同株。内雌苞叶狭披针形，具狭长尖。蒴柄长12–15毫米。孢蒴垂倾，长卵圆形，具细台部，长约1毫米，褐色，干燥时口部收缩。蒴齿发育正常，桔褐色。蒴盖具喙。孢子直径9–12微米，一般平滑。

产台湾、湖南、云南和西藏，生于海拔600–1800米的林下树干或岩面。日本、印度、斯里兰卡、泰国、越南、印度尼西亚、菲律宾及澳大利亚有分布。

1-2. 茎叶（×20），3. 枝叶（×20），4. 叶尖部细胞（×300），5. 叶中部细胞（×300），6. 叶基部细胞（×300），7. 茎横切面的一部分（×300），8. 孢蒴（×8）。

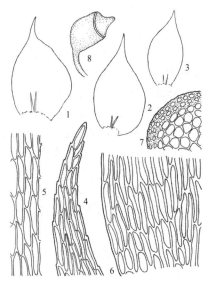

图 1436 明叶藓（何 强绘）

3. 海南明叶藓

图 1437 彩片274

Vesicularia hainanensis Chen, Sunyatsenia 6: 193. 1941.

体形较粗，柔软，淡绿色，稍具光泽，丛集成小片。茎匍匐，长4–6厘米，连叶宽约1.4毫米，具少数束状褐色假根；羽状分枝。分枝长可达1厘米。叶干燥时紧贴，内凹，两侧不对称，基部狭椭圆形或阔椭圆形，尖端长，渐狭，长约1毫米，宽约0.5毫米；叶边平展，上部具细齿；中肋2，较短或无中肋。叶细胞菱形或六角形，基部细胞长方形，角细胞不明显。雌雄同株异苞。雄苞着生枝上。蒴柄长1.0–1.5厘米，平滑，橙红色。孢蒴下垂，卵圆状长椭圆形，长约1.3毫米。蒴盖基部圆锥形，具短喙。蒴齿两层；外齿层齿片狭披针形，中部以上透明，具疣，内面密被横隔，淡黄色；内齿层齿条与外齿层齿片等长，齿条具龙骨状突起，基膜高约140微米，具穿孔，平滑；齿毛1–2，短而透明，具疣。孢子直径约10微米，褐绿色，平滑或具疣。

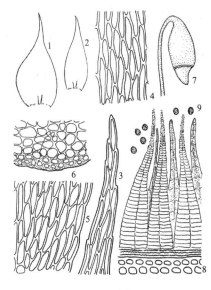

图 1437 海南明叶藓（何 强绘）

产海南和西藏，生于海拔650–900米的林地或岩面薄土上。

1. 茎叶（×20），2. 枝叶（×20），3. 叶尖部细胞（×200），4. 叶中部细胞（×200），5. 叶基部细胞（×200），6. 茎横切面的一部分（×200），7. 孢蒴（×10），8. 蒴齿（×300），9. 孢子（×300）。

13. 长灰藓属 Herzogiella Broth.

植物体淡绿色或黄绿色，有光泽，疏松或群集。茎匍匐；横切面椭圆形，表皮细胞形大，薄壁；无鳞毛；无芽胞。分枝不规则，伸展或直立上倾。茎叶和枝叶形小，平展，卵圆状披针形或长椭圆状披针形，渐成细尖，基部下延或不下延；叶边平展，1/3–1/2以上具细齿；中肋2，短弱。叶细胞线形，平滑，角细胞稀少或多数，透明，薄壁。雌雄异苞同株。内雌苞叶基部鞘状，上部边缘背卷，急狭成细长有齿叶尖。蒴柄细长，平滑。孢蒴下垂或平列，长椭圆形或圆柱形，略弯曲，口部以下缢缩，干时具纵褶。环带分化。蒴齿两层；外齿层齿片披针形，黄色或黄褐色，外面具回折中缝，或密横脊，内面有突出的横隔，上部透明，具疣；内齿层齿条狭长披针形，中缝有穿孔，透明，具疣，基膜高出，齿毛1–3。蒴盖圆锥形，有短喙。蒴帽兜形，平滑。孢子球形，褐黄色，有细疣。

本属5种，多分布于北温带较温和地区。中国5种。

1. 叶阔卵状披针形，先端具短尖，叶基略下延，角细胞由1个或少数透明大形细胞组成 ··············
·· 1. 卵叶长灰藓 H. seligeri
1. 叶卵圆形，先端渐尖，具细长尖，叶基明显下延；角细胞由多数透明大形细胞组成 ··············
·· 2. 明角长灰藓 H. striatella

1. 卵叶长灰藓

图 1438

Herzogiella seligeri (Brid.) Iwats., Journ. Hattori Bot. Lab. 33: 374. 1970.

Leskea seligeri Brid., Musc. Rec. 2: 47. 1801.

体形中等大小，绿色。茎匍匐；表皮细胞小形，薄壁，具中轴；腋生毛3–4个细胞。分枝不规则，稀疏，长可达2厘米。叶阔卵状披针形，镰刀状一向弯曲，长1.2–2毫米，宽0.4–0.7毫米，叶基略下延；中肋2，短弱；叶边具细齿。叶细胞线形，长70–95微米，宽6–7微米，基部细胞较短，角细胞略分化，数少，方形、短长方形，有时为圆形或卵圆形。雌雄异苞同株。雌苞叶长1.3–1.5毫米。蒴柄长约2.2厘米。孢蒴长2–2.3毫米，弯曲或平列。蒴齿两层；外齿层齿片上部具疣，背面具横脊，腹面具横隔和疣；内齿层齿条无穿孔，有基膜，齿毛具节瘤。蒴盖圆锥形，孢子直径14微米。

产广东和海南，生于海拔700米左右的林下树枝上。欧洲、北美洲

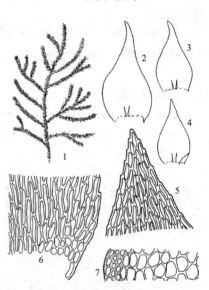

图 1438 卵叶长灰藓（何 强绘）

及非洲有分布。

1. 植物体(×2)，2. 茎叶(×40)，3-4. 枝叶(×40)，5. 叶尖部细胞(×450)，6. 叶基部细胞(×450)，7. 茎横切面的一部分(×450)。

2. 明角长灰藓

图 1439

Herzogiella striatella (Brid.) Iwats., Journ. Hattori Bot. Lab. 33: 374. 1970.

Leskea striatella Brid., Bryol. Univ. 2: 762. 1827.

体形中等大小，淡绿色或黄褐色，密集群生。茎表皮细胞薄壁。分枝上升或倾立。叶密生，倾立

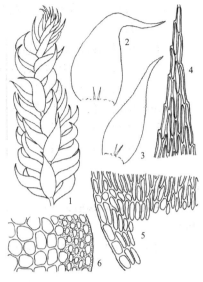

或稀扁平，卵圆形，先端渐尖，有时基部抱茎，长1.2-1.8毫米，内凹，叶基明显下延，干燥时有时具不明显纵褶；叶边中部以上具细齿；中肋2，短弱或不明显。叶细胞线形，基部下延部分有2-4列、无色或红色长方形薄壁细胞群。雌雄异苞同株。雌苞叶直立。蒴柄长12-17毫米。孢蒴长1.5-2毫米，近于直立或倾立。蒴齿色淡，黄褐色。齿毛1-2。孢子直径11-15微米，具细疣或近于平滑。

产陕西、安徽、江西和四川，生于海拔940-4000米的冷杉林、云杉林林地、岩面、树干或腐木。亚洲东部和北部、加拿大、美国及欧洲有分布。

图 1439 明角长灰藓（何 强绘）

1.枝(×10)，2.茎叶(×50)，3.枝叶(×50)，4.叶尖部细胞(×450)，5.叶基部细胞 (×450)，6.茎横切面的一部分(×450)。

14. 粗枝藓属 Gollania Broth.

植物体形大，粗壮，黄绿色或黄褐色，有光泽。茎匍匐，有时近于直立；无中轴或有中轴分化。分枝不规则或羽状分枝；假鳞毛披针形或卵形，稀三角形，渐尖或钝尖。生叶茎扁平或近圆柱形，稀呈圆柱形。茎叶常有分化（背面叶、侧面叶和腹面叶），背面叶直立，或镰刀状弯曲，卵圆形，长椭圆形或狭披针形，具短尖或长尖，基部略下延或下延较长，内凹或平展；叶边基部背卷，稀上部至基部均背卷，具粗齿或细齿，下部全缘，稀上部全缘；中肋2，长或短，基部分离或相连。叶中部细胞线形，薄壁或厚壁，稀具壁孔，叶基部细胞较大，壁厚，有时具壁孔，稀带色，角细胞分化，短方形或圆六边形。侧面叶镰刀状弯曲，尖端渐尖。腹面叶镰刀状弯曲，较宽，尖端渐狭，具短中肋。枝叶较小，狭窄。雌雄异株。雌苞和雄苞着生于主茎上，雄苞稀着生于枝上。雄苞叶卵状披针形，无中肋。内雌苞叶长椭圆状披针形，具毛状尖，有齿，通常叶尖背仰；中肋一般不明显；叶细胞线形，薄壁或厚壁，稀具壁孔，蒴柄细长，平滑，下部常向左旋转，干燥时上部向右旋转。孢蒴平列，有短台部，卵形或长柱形，平滑，干燥时口部下方缢缩。蒴齿两层；外齿层齿片狭长披针形，外面下部黄色，有密横纹，具疣，上部白色透明，内面有横隔，有透明边缘；内齿层淡黄色，基膜不高出，齿条折叠，具疣，常有狭长穿孔，齿毛2-4，细长，无色，有密疣和及节瘤。蒴盖圆锥形，有短尖。蒴帽兜形。孢子黄棕色，平滑或具细疣。

约20种，多见于亚洲东部，常生于较干燥的针叶林林地。我国15种。

1. 茎叶不分化或略分化；被叶茎呈圆条形；叶倾立，上部边缘近于全缘 ·········· **2. 菲律宾粗枝藓 G. philippinensis**
1. 茎叶明显分化（背面叶、侧面叶和腹面叶）；被叶茎扁平；叶弯向一侧，叶边上部具细齿。
  2. 背面叶阔卵状披针形，先端急尖，具短尖 ······························ **4. 多变粗枝藓 G. varians**
  2. 背面叶卵状披针形或长卵圆状披针形，具长尖。
    3. 角细胞明显分化，多于8列细胞。
      4. 叶边除叶尖外均背卷。
        5. 背叶长1.8-2.0毫米，宽0.7-0.9 毫米，直立或稍呈镰刀状弯曲；中肋为叶长1/6-1/4；叶中部细胞薄壁，无壁孔 ······························ **1. 陕西粗枝藓 G. schensiana**

5. 背叶长2.7–2.9毫米，宽0.6–0.75毫米，强镰刀状弯曲；中肋为叶长1/4–1/3；叶中部细胞厚壁，具壁孔 ·· 8. 密枝粗枝藓 G. turgens

4. 叶边平展或仅基部背卷。

6. 中肋为叶长度的1/2；叶中部细胞厚壁，具前角突 ··················· 3. 大粗枝藓 G. robusta

6. 中肋为叶长度的1/6–1/5；叶中部细胞薄壁，平滑 ····················· 6. 粗枝藓 G. neckerella

3. 角细胞略分化，少于8列细胞。

7. 背叶叶尖具明显横皱纹 ··· 5. 皱叶粗枝藓 G. ruginosa

7. 背叶叶尖无横皱纹 ··· 7. 阿里粗枝藓 G. arisanensis

1. 陕西粗枝藓

图 1440

Gollania schensiana Dix. ex Higuchi, Journ. Hattori Bot. Lab. 59: 29. 1985.

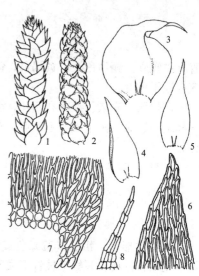

图 1440 陕西粗枝藓（何　强绘）

1. 被叶茎背面观（×5），2. 被叶茎腹面观（×5），3. 茎叶（×20），4–5. 枝叶（×20），6. 叶尖部细胞（×450），7. 叶基部细胞（×450），8. 假鳞毛（×200）。

体形中等大小，淡黄绿色或淡褐绿色，稍具光泽。茎匍匐，长约6厘米；横切面椭圆形；假鳞毛披针形；不规则分枝或羽状分枝。茎和枝稍呈圆条形，分枝长约1厘米，长短不等。茎叶稍偏向一侧，基部宽2–6细胞；背叶阔椭圆状披针形，略弯向一侧，内凹，渐尖或具长尖，基部近于心脏形，略下延，稍具纵褶，长1.8–2.0毫米，宽0.7–0.9毫米；叶边平展，上部具细齿，下部全缘；中肋2，短弱，为叶长1/6–1/4，通常基部分离。叶中部细胞线形，薄壁，平滑，长50–70微米，宽3–4微米；角细胞明显分化，8–10列。腹面叶叶尖平展。枝叶较小，长1.3–1.5毫米，宽0.35–0.5毫米。雌雄异株。

产河南、陕西、甘肃和四川，生于海拔960–3100米的侧柏林、松林、桦木林和杉林下岩面。不丹、尼泊尔及印度北部有分布。

2. 菲律宾粗枝藓

图 1441

Gollania philippinensis (Broth.) Nog., Acta Phyt. Geobot. 20: 241. 1962.

Elmeriobryum philippinense Broth., Nat. Pfl. 2, 11: 202. 1925.

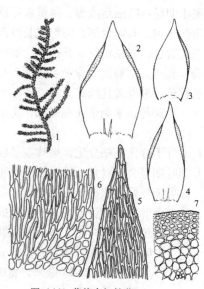

图 1441 菲律宾粗枝藓（何　强绘）

植物体中等大小，深黄绿色或淡褐绿色，稀金黄色。茎平展，长可达7厘米；横切面圆形；假鳞毛三角形，基部宽5–11个细胞。不规则分枝或羽状分枝。被叶茎圆柱形；分枝长短不等，长约1厘米。茎叶不明显分化；背叶直立，稀略弯曲或叶尖背仰，阔卵圆状披针形，强烈内凹，向上突呈短尖，基部近于心脏形，稍下延，长1.4–1.6毫米，宽0.6毫米；叶边平展，基部以上明显背卷，全缘；中肋2，细弱，为叶长1/5–1/4，基部分离。叶中部细胞线形，长40–55微米，宽2–3微米，厚壁，平滑，角细胞中等大小，稀明显分化，3–5列，高6–8个细胞。腹叶尖部平展。枝叶小，长1–1.2毫米，宽0.3–.0.5毫米。内雌苞叶尖部背仰，中肋1–2，胞壁厚，有壁孔。蒴柄长3.5–4.5厘米。孢蒴平列，卵圆形，略弯曲，长1.5–2.2毫米，直径1–1.2毫米。内齿层齿毛2。孢子直径16–25微米。

3. 大粗枝藓

图 1442

Gollania robusta Broth., Sitzungsber. Akad. Wiss. Wien Math. Nat. Kl. Abt. 1, 133: 582. 1924.

体形粗壮，淡黄色或淡褐绿色。茎匍匐或稍直立，长可达7厘米；

横切面椭圆形；假鳞毛披针形，基部宽3–8个细胞；不规则分枝或羽状分枝。分枝近圆条形，不等长，长约1厘米。茎叶分化；背叶直立或略弯向一侧，阔椭圆状披针形，基部近心脏形，向上渐狭，具细长尖，长2.7–3.5毫米，宽1.1–1.7毫米；叶边平展或略背卷，上部具细齿；中肋2，长达叶片1/3–1/2，通常基部相连。叶中部细胞线形，厚壁，长35–65微米，宽2–3微米，稀具前角突，角细胞明显分化，8–10列，高8–12个细胞。腹叶尖部平展。枝叶形小，长1.9–2.4毫米，宽1–1.4毫米。内雌苞叶尖部背卷或背仰，无中肋，叶细胞薄壁。蒴柄长2–2.5厘米，桔红色。孢蒴卵圆形，平列。

产河南、陕西、安徽、台湾、湖北、贵州、四川、云南和西藏，生于海拔1000–4460米地带常绿和落叶阔叶林、红松林、云杉林、落叶松

4. 多变粗枝藓

图 1443

Gollania varians (Mitt.) Broth., Nat. Pfl. 1 (3): 1055. 1908.

Hylocomium varians Mitt., Trans. Linn. Soc. London Bot. Ser. 2, 3:183. 1891.

体形中等大小，淡黄绿色，有时淡红色。茎平展，长达4厘米；横切面椭圆形；假鳞毛披针形，基部宽4–8个细胞。分枝不规则或羽状分枝，圆条形，长短不等，长约1.5厘米。茎叶有分化；背叶直立或略弯曲，阔卵圆状披针形，

产浙江、台湾、江西、四川和云南，生于海拔700–3600米的温带和寒带森林中岩面，稀见于土壤上。菲律宾有分布。

1. 植物体（×1），2. 茎叶（×30），3-4. 枝叶（×30），5. 叶尖部细胞（×450），6. 叶基部细胞（×450），7. 茎横切面的一部分（×450）。

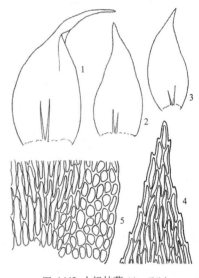

图 1442 大粗枝藓（何 强绘）

林下石壁、岩面、土壤、腐木或树干上。

1. 茎叶（×20），2-3. 枝叶（×20），4. 叶尖部细胞（×450），5. 叶基部细胞（×450）。

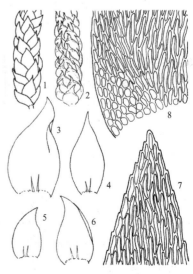

图 1443 多变粗枝藓（何 强绘）

叶基稍下延，具短而钝的尖端，长1.3–1.6毫米，宽0.7–0.9毫米。内雌苞叶尖部背仰，无中肋。叶细胞薄壁。蒴柄长2–2.5厘米。孢蒴平列，卵球形，稍弯曲，长1.7–1.8毫米，宽1.1–1.2毫米。孢子具细疣。

产河南、陕西、甘肃、浙江、湖北、四川和云南，生于海拔700–4300米的针阔混交林或高山砾石荒漠的岩面、腐殖质土及腐木上。日本

及朝鲜有分布。

1. 被叶茎背面观（×5），2. 被叶茎腹面观（×5），3. 茎叶（×30），4-6. 枝叶（×30），7. 叶尖部细胞（×450），8. 叶基部细胞（×450）。

5. 皱叶粗枝藓　　　　图 1444

Gollania ruginosa (Mitt.) Broth., Nat. Pfl. 1 (3): 1055. 1908.

Hyocomium ruginosum Mitt., Trans. Linn. Soc. London Bot. Ser. 2, 3: 178. 1891.

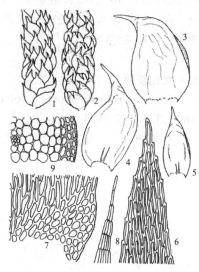

图 1444 皱叶粗枝藓（何　强绘）

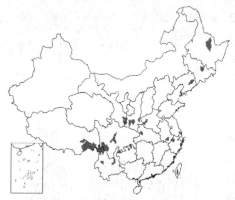

体形中等大小或小形，淡黄绿色或淡褐绿色，具光泽。茎平展，扁平被叶，长可达6厘米；横切面圆形；假鳞毛披针形，尖端呈丝状，基部宽3–7个细胞。分枝规则或不规则羽状，枝近于呈圆条形，长短不等，长可达1厘米。茎叶有分化；背叶略弯向一侧，狭长卵圆状披针形，具长尖，叶基近心脏形，常下延，具纵褶，尖部具横皱纹，长1–2毫米，宽0.35–1毫米；叶边平展或背卷，上部具不规则细齿；中肋2，为叶长度的1/4–1/3，一般在基部分离。叶中部细胞线形，长50–70微米，宽3–5微米，厚壁，具前角突，角细胞略分化，3–5列，高4–6个细胞。腹叶尖端具明显横皱纹。枝叶较小，长1–1.6毫米，宽0.3–0.5毫米。内雌苞叶尖部背仰，无中肋，胞壁厚。蒴柄长3.5–6厘米。孢蒴平列或垂倾，卵状圆柱形，长1.8–2.0毫米，直径0.9–1.2毫米。内齿层具2–3条齿毛。孢子直径13–21微米。

产黑龙江、吉林、辽宁、河南、陕西、甘肃、安徽、浙江、台湾、湖北、贵州、四川、云南和西藏，生于海拔600–4200米的暖温带或寒温带林内岩面、沙土、腐殖质土、树干和腐木上。日本、朝鲜、印度西北部、不丹及俄罗斯有分布。

1. 被叶茎背面观（×5），2. 被叶茎腹面观（×5），3-4. 茎叶（×18），5. 枝叶（×18），6. 叶尖部细胞（×200），7. 叶基部细胞（×200），8. 假鳞毛（×200），9. 茎横切面的一部分（×150）。

6. 粗枝藓　平叶粗枝藓　　　　图 1445

Gollania neckerella (C. Müll.) Broth., Nat. Pfl. 1 (3): 1055. 1908.

Hylocomium neckerella C. Müll., Nuov. Giorn. Bot. Ital. n. ser. 3: 127. 1896.

体形粗壮，淡黄绿色或淡褐色，具光泽。茎匍匐，长可达8厘米；横切面圆形；被叶茎扁平；假鳞毛披针形，基部宽2–9个细胞；不规则分枝或羽状分枝。枝扁平，分枝等长，长约1.5厘米。背叶弯曲，卵状

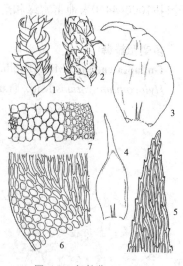

图 1445 粗枝藓（何　强绘）

披针形，强烈内凹，具狭长尖，基部心脏形，长2.2–2.5毫米，宽1–1.2毫米；叶基边缘背卷。上部具不规则细齿，下部近于全缘；中肋2，短弱，为叶长度的1/6–1/5，常分离。叶中部细胞线形，长30–50微米，宽3–5微米，薄壁，平滑或具前角突；角细胞分化明显，5–7列，高10–14个细胞。腹叶尖端平展。枝叶小形，长1.3–1.6毫米，宽0.4–0.6毫米。内雌苞叶尖部背仰，具纵褶，无中肋。蒴柄长3–4.5厘米。孢蒴平列，卵圆形，长2.2–2.5毫米。直径1–1.2毫米。内齿层具2–3（4）条齿毛。孢子直径16–19微米。

7. 阿里粗枝藓　　　　　　　　　　　　图 1446

Gollania arisanensis Sak., Bot. Mag. Tokyo 46: 507. 1932.

体形较细，淡黄绿色或淡褐绿色，具光泽。茎匍匐，长约3厘米；被叶茎近于圆柱形或扁平；横切面椭圆形；假鳞毛披针形，基部宽4–6个细胞。不规则分枝或羽状分枝。枝近于圆条形，长短不等，长约1厘米。背叶略镰刀状弯曲，卵状披针形，微内凹，中部较宽，渐呈长尖，叶基部下延较短，长1.8–2毫米，宽0.3–0.4毫米；叶边全背卷，上部具不规则细齿；中肋2，为叶长1/4，通常基部分离。叶中部细胞线形，长50–70微米，宽3–4微米，薄壁，平滑，角细胞稍有分化，4–6列，高3–4个细胞。腹叶尖部具波纹。枝叶狭小，长1.3–1.5毫米，宽0.2–0.3毫米。内雌苞叶尖端背仰，中肋2，短弱或不明显，蒴柄长1–1.3毫米，黄褐色，常扭转。孢蒴圆柱形，平列，台部短，平滑。蒴齿两层，发育正常。孢子黄绿色，圆球形，直径20–24微米，具细疣。

产陕西、台湾和四川，生于海拔700–1840米栎林、杉林和桦木林下土上，稀见于树干。

1.被叶茎背面观（×8），2.被叶茎腹面观（×8），3.茎叶（×20），4.枝叶（×20），5.叶尖部细胞（×350），6.叶基部细胞（×350），7.假鳞毛（×300），8.茎横切面的一部分（×400）。

8. 密枝粗枝藓　　　　　　　　　　　　图 1447

Gollania turgens (C. Müll.) Ando, Bot. Mag. Tokyo 79: 769. 1966.

Cupressima turgens C. Müll., Nuov. Giorn. Bot. Ital, n. ser. 5: 196. 1896.

植物体中等大小，淡绿色或淡黄色，有时具光泽。茎匍匐，长可达7厘米；横切面椭圆形；假鳞毛披针形，基部宽5–7个细胞。分枝规则密集羽状，有时稀疏分枝。枝扁平，长约1厘米。背叶镰刀状弯向一侧，狭披针形，具狭长尖，基部近于心脏形，具纵褶，长2.7–2.9毫米，宽0.6–0.75毫米；叶边平展，有时下部和上部略背卷，叶尖具不规则细齿；中肋2，粗壮，基部离生，为叶长1/4–1/3。叶中部细胞线形，

产黑龙江、河南、陕西、甘肃、湖北、四川、云南和西藏。日本有分布。

1.被叶茎背面观（×3），2.被叶茎腹面观（×3），3.茎叶（×20），4.枝叶（×20），5.叶尖部细胞（×300），6.叶基部细胞（×300），7.茎横切面的一部分（×250）。

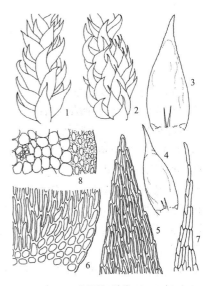

图 1446　阿里粗枝藓（何　强绘）

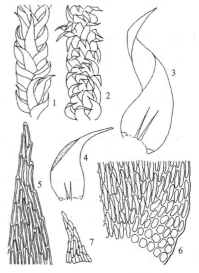

图 1447　密枝粗枝藓（何　强绘）

长60–80微米，宽2–3微米，厚壁，有壁孔，平滑；角细胞明显分化，6–8列，高8–10个细胞。腹叶尖平展。枝叶狭披针形，长1.6–2毫米，

宽0.35–0.45毫米。内雌苞叶叶尖背曲或背仰；中肋2或不明显。蒴柄长2.5–3厘米。孢蒴平列，圆柱形，略弯曲，长2.2–2.8毫米。孢子直径18–22微米。

产山西、陕西、四川和云南，生于海拔1800–3730米的栎林、桦木林、杜鹃林、箭竹林、云杉林下岩面、腐殖质土、腐木及树干上。尼泊尔、日本、俄罗斯、加拿大及美国有分布。

1. 被叶茎背面观(×8)，2. 被叶茎腹面观(×8)，3. 茎叶(×25)，4. 枝叶(×25)，5. 叶尖部细胞(×200)，6. 叶基部细胞(×200)，7. 假鳞毛(×160)。

15.　梳藓属 Ctenidium (Schimp.) Mitt.

植物体纤细或粗壮，匍匐或倾立，稀近于直立；茎横切面圆形或阔椭圆形，中轴略有分化，皮层细胞较小，厚壁，3–5层；假根红褐色，具细疣。分枝规则羽状或不规则羽状，稀疏或密集，平展，在幼嫩枝末端常有稀疏假鳞毛，呈小叶状，三角形或狭三角形，稀卵圆形，具短尖或长尖，边缘多少具细齿；腋生毛稀疏，由(2) 3–4个短而透明细胞组成，顶端细胞长于下部细胞。叶紧密排列，倾立，呈镰刀状一向偏斜，基部多为阔心脏形，较宽而下延，无纵褶或稍有纵褶，上部急狭成披针形；叶边具齿；中肋2，短或不明显。叶细胞线形，多数有明显前角突，角细胞由方形或长方形细胞群组成，有时膨大。枝叶卵披针形，较狭窄。雌雄异株，稀雌雄杂株。内雌苞叶直立，基部长卵形，上部急狭成细长尖，鞘部有多细胞组成的毛。蒴柄细长，红色，平滑或近于平滑。孢蒴倾立或平列，卵形或长卵形、弓形弯曲。环带分化，自行脱落。蒴齿两层：外齿层齿片基部愈合，长披针形，外面下部橙色，渐上呈金黄色，有密横脊，上部无色透明，具疣，内面有突出的横隔，边缘有突出的黄色或淡色的边；内齿层黄色，具疣，基膜低，齿条狭长披针形，中缝有连续的穿孔，齿毛2–3，细长而带有节瘤。蒴盖长圆锥形，锐尖或钝尖。蒴帽多数有毛。孢子棕黄色，近于平滑。

30余种，分布世界温暖地区，常见于树干或岩面上。我国11种。

1. 茎叶中部细胞具明显前角突。
　　2. 茎叶通常强镰刀状弯曲；枝尖常钩状弯曲；角细胞长方形，排列整齐；蒴柄长约2.5厘米 ⋯⋯⋯⋯⋯⋯⋯⋯⋯⋯⋯⋯⋯⋯⋯⋯⋯⋯⋯⋯⋯⋯⋯⋯⋯⋯⋯⋯⋯⋯⋯⋯⋯⋯⋯ 1. 梳藓 C. molluscum
　　2. 茎叶不呈镰刀状弯曲或略弯曲；枝尖不呈钩状弯曲；角细胞方形或长方形，多少不规则排列；蒴柄长1–1.5 厘米 ⋯⋯⋯⋯⋯⋯⋯⋯⋯⋯⋯⋯⋯⋯⋯⋯⋯⋯⋯⋯⋯⋯⋯ 4. 羽枝梳藓 C. pinnatum
1. 茎叶中部细胞平滑，无前角突或具不明显前角突。
　　3. 茎叶两侧不对称，干燥时扭曲 ⋯⋯⋯⋯⋯⋯⋯⋯⋯⋯⋯⋯⋯⋯⋯⋯ 5. 毛叶梳藓 C. capillifolium
　　3. 茎叶两侧对称，干燥时展出或稍弯向一侧。
　　　　4. 茎长约3厘米；茎叶中部细胞长40–50微米 ⋯⋯⋯⋯⋯⋯⋯⋯⋯⋯ 2. 弯叶梳藓 C. lychnites
　　　　4. 茎长3–5厘米；茎叶中部细胞长70–80微米 ⋯⋯⋯⋯⋯⋯⋯ 3. 斯里兰卡梳藓 C. ceylanicum

1.　梳藓　　　　　　　　　　　　　　图 1448

Ctenidium molluscun (Hedw.) Mitt., Journ. Linn. Soc. London Bot. 12: 509. 1869.

Hypnum molluscum Hedw., Sp. Musc. Frond. 289. 1801.

小形或中等大小，黄绿色或黄褐色，稍具光泽。茎匍匐，长约3厘米，规则羽状分枝；分枝密集，多水平伸展，尖端钩状弯曲，长约0.8厘米；假鳞毛三角状披针形。茎叶强镰刀状弯曲，卵圆状披针形或三角状披针形，长1.5–1.7毫米，宽0.7–0.8毫米，具细长尖，叶基心脏形，长下延；叶边平展，常稍具皱纹或基部稍背卷，上下部均具细齿；中肋2，为叶长的1/4。叶中部细胞线形，长40–50微米，宽4–5

微米，常具前角突，厚壁；角细胞明显分化，短方形，厚壁，具壁孔。枝叶强镰刀状弯曲，狭卵状披针形，长1–1.4毫米，宽0.2–0.3毫米，具长尖。雌雄异株。内雌苞叶直立，阔卵圆状或三角状披针形，上部边缘具细齿；中肋1–2，或不明显，约为叶长1/2。蒴柄长约2.5厘米，红褐色，平滑，有时略扭转。

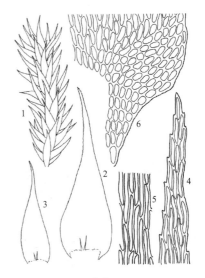

图 1448 梳藓（何 强绘）

孢蒴卵圆形或椭圆形，近于直立或平列，长1–1.4毫米，宽0.6–0.8毫米，略弯曲。蒴盖具短喙。孢子直径11–16微米。

产黑龙江、吉林、辽宁、内蒙古、新疆、江西、湖南、广东、贵州、四川、云南和西藏，生于海拔700–3400米的针叶林下岩面、花岗岩、树干、树枝、腐木或枯枝落叶上，稀见于林地。日本、俄罗斯、欧洲、北美洲及非洲北部有分布。

1. 枝（×10），2. 茎叶（×30），3. 枝叶（×30），4. 叶尖部细胞（×300），5. 叶中部细胞（×300），6. 叶基部细胞（×300）。

2. 弯叶梳藓 图 1449

Ctenidium lychnites (Mitt.) Broth., Nat. Pfl. 1 (3): 1048. 1908.

Stereodon lychnites Mitt., Journ. Linn. Soc. Bot. Suppl. 1: 114. 1859.

体形中等大小或大形，黄绿色，有时带褐色。茎匍匐，长约3厘米，

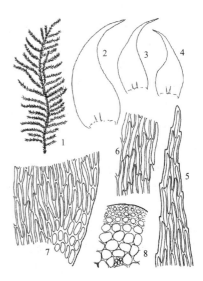

图 1449 弯叶梳藓（何 强绘）

近于羽状分枝；枝密集，有时上倾，长可达0.6厘米；假鳞毛三角形。茎叶尖部稀向外伸展或呈镰刀状弯曲或不弯曲，卵圆状披针形或三角状披针形，长1.6–1.9毫米，宽0.7–0.8毫米，渐尖，具长尖，叶基心脏形，稍下延，略具纵褶；叶边平展，略背卷，稀具微波纹，具细齿；中肋2，短弱，为叶长1/4。叶细胞长线形，

立或平列，卵圆形或椭圆形，稍弯曲，长1.5–2.3毫米。蒴盖具短喙。孢子直径10–15微米。

产浙江、台湾、福建和云南，生于海拔200–1800米的林下薄土。印度及斯里兰卡有分布。

1. 植物体（×1.5），2. 茎叶（×40），3-4. 枝叶（×40），5. 叶尖部细胞（×300），6. 叶中部细胞（×300），7. 叶基部细胞（×300），8. 茎横切面的一部分（×350）。

中部细胞长40–50微米，宽3–4微米，有时具前角突，厚壁；角细胞分化，长方形或椭圆形，厚壁。枝叶稍扁平，卵圆状披针形，略呈镰刀状弯曲，长1.2–1.4毫米，宽3–5毫米，具长尖。雌雄异株。内雌苞叶直立，有时上半部弯曲，阔卵状披针形或三角状披针形，稀具纵褶，上部具齿；中肋2，为叶长1/4，或不明显。蒴柄长约2.5厘米，橙红色，平滑。孢蒴倾

3. 斯里兰卡梳藓 图 1450

Ctendium ceylanicum Card. ex Fleisch., Musci Fl. Buitenzorg 4: 1462. 1922

体形中等大小，黄绿色或褐绿色，具光泽。茎匍匐或稍倾立，长约5厘米；羽状分枝或近羽状分枝，密集，长约1厘米，平列开展或稍倾立，弯曲；假鳞毛阔三角形，具短尖。茎叶伸展或弯曲，阔卵状披针形或卵圆状披针形，弱镰刀状弯曲，长1.2-1.6毫米，宽0.5-0.8毫米，渐尖，具长尖，基部心脏形，长下延；叶边平展，上部背卷，略具波纹，具细齿；中肋2，为叶长1/5-1/4。叶中部细胞长70-80微米，宽2.5-4微米，无前角突；角细胞长方形或椭圆形，较长，稀菱形，稍具壁孔。枝叶扁平，阔卵圆状披针形，略镰刀状弯曲，长0.9-1.2毫米，宽0.3-0.5毫米；边缘上部背卷。雌雄异株，稀雌雄杂株。内雌苞叶直立，阔卵状披针形，突呈狭长尖，上部边缘具细齿，中肋2，有时基部分离。蒴柄长1-1.2厘米，红褐色，多平滑。孢蒴平列，椭圆形或圆柱形，稍弯曲，长约0.9毫米。蒴盖具长喙。孢子直径17-25微米。

产四川西部，生于海拔2450米的林区。斯里兰卡有分布。

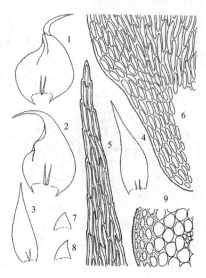

图 1450 斯里兰卡梳藓（何 强绘）

1-2.茎叶（×25），3-4.枝叶（×25），5.叶尖部细胞（×450），6.叶中部细胞（×450），7-8.假鳞毛（×25），9.茎横切面一部分（×450）。

4. 羽枝梳藓 图 1451

Ctenidium pinnatum (Broth. et Par.) Broth., Nat. Pfl. 1 (3): 1073. 1908.

Stereodon pinnatus Broth. et Par., Bull. Herb. Boiss. Ser. 2, 2: 991. 1902.

植物体细小，淡黄绿色。茎匍匐，长1.5-2.5厘米；羽状分枝或近于羽状分枝，分枝密集，平展，疏松弯曲，长0.4-0.6厘米；假鳞毛三角形或近于三角形。茎叶伸展或略呈镰刀状弯曲，阔卵状披针形，长1-1.4毫米，宽0.7-0.8毫米，尖端渐尖，有时扭转，基部心脏形，下延部分较长，稀具纵褶；叶边平展，上部背卷，有时稍具波纹，边缘均具细齿；中肋2或不明显，为叶长度的1/5。叶中部细胞长40-50微米，宽4-5微米，具前角突，厚壁；角细胞方形或长方形，厚壁，下延部分角细胞明显分化，长方形。枝叶扁平，叶镰刀状弯曲，阔卵状披针形，长0.8-1毫米，宽0.3-0.4毫米，具短尖。雌雄异株。内雌苞叶直立，卵状披针形或三角状披针形，稀具扭曲的长尖，上部边缘具微齿；中肋单一或分叉，为叶长度的1/3。蒴柄长1-1.5厘米，红褐色，平滑。孢蒴平列，卵圆形或椭圆形，长约1毫米，宽约0.5毫米，蒴盖具短喙。孢子直径14-18微米。

产浙江、台湾、江西、贵州和西藏，生于海拔1080-

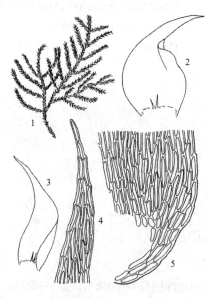

图 1451 羽枝梳藓（何 强绘）

3600米的林下树干或腐木上，稀生于岩面薄土。日本有分布。

1.植物体一部分（×2），2.茎叶（×50），3.枝叶（×50），4.叶尖部细胞（×300），5.叶基部细胞（×300）。

5. 毛叶梳藓

图 1452

Ctenidium capillifolium (Mitt.) Broth., Nat. Pfl. 1 (3): 1048. 1908.

Hyocomium capillifolium Mitt., Trans. Linn. Soc. London Bot. Ser. 2, 3: 177. 1891.

体形中等大小或形大，粗壮，淡黄绿色。茎匍匐或略倾立，长约3厘米；羽状分枝或近羽状分枝，分枝密集，倾立，稀平展，长约1厘米；假鳞毛狭三角形或阔卵圆形。茎叶直立，稀略展出，狭卵圆状披针形或阔三角状披针形，长1.6–2毫米，宽0.5–0.8毫米，两侧常不对称，渐尖，具长尖，有时尖部扭曲，基部近心脏形，常内凹，下延部分短而渐狭，有时具纵褶；叶边平展，上部微背卷，具细齿；中肋2，为叶长度的1/5。叶中部细胞线形，长60–70微米，宽4–5微米，稀具壁孔，厚壁；角细胞略分化，长方形或方形，厚壁，下延部分角细胞长方形，分化不明显。枝叶长1.4–1.7毫米，宽0.3–0.5毫米，狭卵状披针形或三角状披针形，两侧不对称，渐狭而具长尖，通常尖端扭曲。雌雄异株。内雌苞叶直立或上部弯曲，阔卵状披针形，稀具纵褶，尖长而扭转，上部边缘具微齿；中肋2，分离着生，稀呈叉状，为叶长度的1/3。蒴柄黄色或红褐色，长约2厘米，多平滑。孢蒴卵圆形或圆柱形，平列或弯曲，长1.2–1.5毫米。蒴盖具短喙。孢子直径11–16微米。

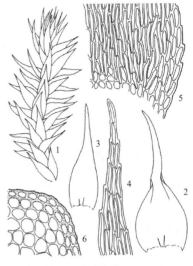

图 1452 毛叶梳藓（何 强绘）

产江苏、安徽、浙江、福建、台湾、江西、湖南、广东、贵州、四川和云南，生于海拔400–2200米的林下树干、腐木、岩面或石灰岩上，也生于林地。日本及朝鲜有分布。

1. 枝（×10），2. 茎叶（×50），3. 枝叶（×50），4. 叶尖部细胞（×300），5. 叶基部细胞（×300），6. 茎横切面的一部分（×450）。

16. 毛梳藓属 **Ptilium** De Not.

体形粗壮，硬挺，黄绿色或淡绿色，具光泽，疏松成片交织。茎倾立或直立，无假根，末端弯曲，单一或分叉，扁平密羽状分枝；分枝倾立或近于平列，镰刀状弯曲，近茎端趋短，近茎基枝尖有时生假根；假鳞毛多数，狭披针形。叶密集，镰刀形或螺旋形弯曲，上部狭长披针形，有多数深纵褶，基部阔卵形，不下延；叶边平展，中部以上有细齿；中肋2，短弱或缺失。叶细胞线形或虫形，平滑，基部细胞较阔短，胞壁略厚，有明显壁孔；角细胞分化明显，方形或短菱形。雌雄异株。内雌苞叶直立，淡色，有深长纵褶，下部略呈鞘状，上部急狭成长尖；尖部有齿，鞘部边缘无毛；无中肋。蒴齿两层；外齿层齿片长披针形，基部相连，外面下部橙黄色，有狭边缘和横条纹，渐上呈黄色，有粗密疣，内面有粗横隔，突出于边缘外；内齿层黄色，基膜高出，有刺疣，齿条狭披针形，中缝有穿孔，齿毛2–4，透明，有节瘤。蒴盖半圆形，具粗短而有疣的喙。孢子绿色，具疣。

2种，分布北温带针叶林内。我国1种。

毛梳藓

图 1453 彩片275

Ptilium crista–castrensis (Linn. ex Hedw.) De Not., Cronac. Briol. Ital. 2: 178. 1867.

Hypnum crista–castrensis Linn. ex Hedw., Sp. Musc. Frond. 287. 1801.

植物体密集交织成垫状，淡绿色或黄绿色，稍具光泽。茎匍匐，长5–15厘米，密羽状分枝；分枝平展；假鳞毛狭披针形。茎叶与枝叶异形。茎叶阔卵状三角形，向上渐呈披针形，叶尖较长，强烈背仰，

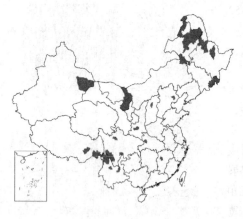

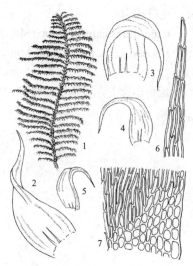

或向背面弯曲，具多数深纵褶，长2–3毫米，宽0.8–1.2毫米；叶边上部具齿；中肋2，达叶中部消失。叶细胞线形，角细胞少，仅由几个方形或长椭圆形细胞组成。枝叶狭卵状披针形，具深纵褶，呈镰刀状一向弯曲；中肋不明显。雌雄异株。蒴柄红棕色，长1.5–2.5厘米。孢蒴倾立或平列，长卵形，干燥时弓形弯曲，长2–2.5毫米。蒴齿发育正常。蒴盖圆锥形，先端钝。环带1–2列细胞。

产黑龙江、吉林、内蒙古、河北、山西、陕西、新疆、台湾、江西、湖北、四川、云南和西藏，生于海拔1100–4200米的针叶林、针阔混交林、杜鹃林下，喜沼泽地或溪边腐殖质土、岩面、腐木及树干上。蒙古、朝鲜、日本、俄罗斯、尼泊尔、印度北部、不丹、欧洲及北美洲有分布。

图 1453 毛梳藓（何 强绘）

1. 植物体(×1), 2-3. 茎叶(×20), 4-5. 枝叶(×20), 6. 叶尖部细胞(×300), 7. 叶基部细胞(×300)。

116. 塔藓科 HYLOCOMIACEAE
（贾 渝）

体形中等至大形，坚挺，多粗壮，少数纤细，绿色、黄绿色至棕黄色，常略具光泽，稀疏或密集交织成片。茎匍匐，有时带赤色；支茎多倾立，有时弓状弯曲，不规则分枝或规则2–3回羽状分枝，常明显分层；茎横切面一般具中轴及大形的薄壁细胞和较小的表皮细胞；茎、枝上具枝状鳞毛或小叶状假鳞毛，部分属、种无鳞毛；常具棕色假根。茎叶与枝叶常异形，倾立、背仰或向一侧偏斜，基部常抱茎。茎叶卵状披针形、阔卵状披针形或三角状心形，有时具纵褶或横皱褶，稀内凹，上部渐尖、急尖至圆钝，叶边上部多具齿，有时基部略背卷；中肋单一、2条或不规则分叉，强劲或细弱，长达叶片中部以上或不达中部即消失。叶细胞线形或长蠕虫形，长与宽一般为5–16:1，平滑或背面具疣或前角突，略厚或薄壁，角部细胞分化，一般短宽，常呈方形或近方形。雌雄异株。雌苞仅着生茎上，蒴柄细长，棕红色，平滑。孢蒴卵形或长卵形，倾立、横生或垂倾，外壁细胞有时略厚壁，基部常具显型气孔。蒴齿两层；外齿层齿片深色，狭长披针形，常具分化的淡色边缘，外面具横脊，下部脊间有横纹、网纹或细疣，上部通常为细密疣；内齿层齿条披针形，淡黄色，基膜较高，齿毛1–4，有时缺失。蒴盖短圆锥形，常具喙。蒴帽兜形或帽形，平滑。孢子球形，直径8–25微米，黄色，表面具细疣或近于平滑。

12属，多分布温带或亚热带高山林地。中国有10属。

1. 枝、茎上常具鳞毛。
　2. 茎叶具强烈皱褶；枝叶多具单中肋 ·· 2. **星塔藓属 Hylocomiastrum**

2. 茎叶无皱褶或具极少数皱褶；枝叶多具双中肋或无肋。

  3. 支茎上具分层的规则2-3回羽状分枝，无中轴；叶细胞常具前角突；鳞毛的分枝多数由两列细胞构成 ⋯⋯
⋯⋯⋯⋯⋯⋯⋯⋯⋯⋯⋯⋯⋯⋯⋯⋯⋯⋯⋯⋯⋯⋯⋯⋯⋯⋯ **1. 塔藓属 Hylocomium**

  3. 支茎不规则分枝或不规则羽状分枝，具中轴；叶细胞平滑；鳞毛的分枝多数由一列细胞构成 ⋯⋯⋯⋯⋯
⋯⋯⋯⋯⋯⋯⋯⋯⋯⋯⋯⋯⋯⋯⋯⋯⋯⋯⋯⋯⋯⋯⋯⋯ **3. 假蔓藓属 Loeskeobryum**

1. 枝、茎上无鳞毛。

  4. 叶先端常圆钝或呈钝尖。

    5. 植物体常羽状分枝，枝先端不呈尾尖状；叶阔心脏形或三角形，不内凹或稍内凹；具强单肋、双肋或无
中肋，有时分叉；角细胞不明显分化 ⋯⋯⋯⋯⋯⋯⋯⋯⋯⋯ **5. 新船叶藓属 Neodolichomitra**

    5. 植物体不规则分枝，枝先端常呈尾尖状；叶长卵形，明显内凹；具短弱双肋；角细胞红褐色，明显分化
⋯⋯⋯⋯⋯⋯⋯⋯⋯⋯⋯⋯⋯⋯⋯⋯⋯⋯⋯⋯⋯⋯⋯ **6. 赤茎藓属 Pleurozium**

  4. 叶先端一般不圆钝。

    6. 茎叶具强烈皱褶，镰刀状弯曲；茎叶与枝叶均具长单中肋 ⋯⋯⋯⋯⋯⋯ **7. 垂枝藓属 Rhytidium**

    6. 茎叶不强烈皱褶，有时仅尖部镰刀状弯曲；茎叶与枝叶多为双中肋。

      7. 植物体大形；茎叶排列紧密，一般宽超过1毫米。

        8. 茎叶卵状披针形或三角状披针形，尖较长 ⋯⋯⋯⋯⋯ **4. 拟垂枝藓属 Rhytidiadelphus**

        8. 茎叶心脏形，具短尖 ⋯⋯⋯⋯⋯⋯⋯⋯⋯⋯ **9. 南木藓属 Macrothamnium**

      7. 植物体略小；茎叶排列疏松，一般宽不足0.8毫米。

        9. 茎叶最宽处于叶基部；具明显长下延 ⋯⋯⋯⋯⋯⋯⋯ **8. 薄壁藓属 Leptocladiella**

        9. 茎叶最宽处于叶中部；一般不具长下延 ⋯⋯⋯⋯⋯ **10. 薄膜藓属 Leptohymenium**

1. 塔藓属 Hylocomium B. S. G.

    体形中等大小至大形，较坚挺，黄绿色、橄榄绿、黄色至棕红色，色泽暗或略具光泽，疏松交织生长。主茎平展，多2-3回羽状分枝，树形或有明显层次，有时带红色；横切面具大形厚壁细胞及皮部小形厚壁细胞，无中轴；主茎和主枝上密被鳞毛，小枝上鳞毛稀疏。茎叶与枝叶异形。茎叶卵圆形或阔卵圆形，略内凹，通常抱茎，多数具长而扭曲的披针形尖，有时为短急尖，基部略收缩，有时稍背卷；叶边多具齿，有时全缘；中肋2，短弱，不等长，稀中肋缺失。叶细胞线形，不规则，长与宽的比为7-12:1，壁薄或稍厚，略具壁孔，背面的上方常具明显的疣或前角突；基部细胞稍短宽，黄褐色，一般厚壁，常略具壁孔；角细胞通常不分化。枝叶小，卵状披针形或卵形，有时强烈内凹，具短尖、披针形尖或圆钝。雌雄异株。内雌苞叶狭卵状披针形。蒴柄细长，棕红色，有时略旋扭。孢蒴卵形，常具明显台部，基部具气孔。环带分化，由1-2列大形细胞构成。蒴齿两层：外齿层齿片狭长披针形，黄褐色，具分化的浅色边缘，外面具横脊，上部具细密疣，基部稍连合；内齿层齿条淡黄色，平滑，基膜高，具横隔，中缝具多数穿孔；齿毛2-4，上部常具节瘤。蒴帽圆锥形，具斜长喙。孢子小，直径10-18微米，黄色，表面具细疣。

    1种，广泛分布于北半球温暖及寒冷地区。我国有分布。

塔藓 阿拉斯加塔藓　　　　　　　图 1454 彩片276

Hylocomium splendens (Hedw.) B. S. G., Bryol. Eur. 5: 173. 1852.

Hypnum splendens Hedw., Sp. Musc. Frond. : 262. 1801.

    种的特征同属。

    产新疆、台湾、四川、云南和西藏，常在海拔2300 m 以上的林地成片生长。亚洲东部至中部、欧洲、冰岛、格陵兰、北美西部、新西兰及北非有分布。

1.植物体(×1)，2.鳞毛(×190)，3.茎叶(×28)，4.枝叶(×28)，5.叶中部细胞(×285)。

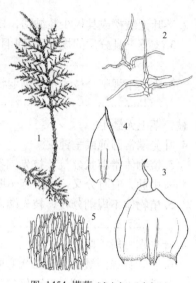

图 1454 塔藓（郭木森、于宁宁绘）

2. 星塔藓属 Hylocomiastrum Fleisch. ex Broth.

植物体中等至大形，绿色、黄绿色至棕绿色，无光泽或有时略具光泽，疏松交织成片生长。主茎匍匐横生；支茎多不规则羽状分枝或1–2回羽状分枝；横切面中轴分化；鳞毛在茎和枝上密生，常着生在叶片基部和中肋上，分叉，由多列细胞组成；假鳞毛大，或呈披针形而边缘具齿；假根偶生于枝端。茎叶与枝叶近于同形或异形。茎叶倾立或平展，宽卵圆形、卵状三角形或卵圆形，一般上部渐尖，无或稍有下延，稍内凹，具深纵褶；叶边基部背卷，稀平展，上部具刺状齿，下部具粗齿或细齿；中肋强劲，单中肋、双中肋或稀具三中肋，一般达叶片长度的1/3至3/4，有时末端具刺。叶中部细胞狭椭圆形或蠕虫形，长与宽的比例为6–12∶1，平滑，细胞壁多加厚；基部细胞趋宽，橙黄色，厚壁，具壁孔；角细胞不分化。枝叶平展，宽卵圆形或卵状披针形；中肋单一，达叶片的1/2至3/4处。雌雄异株。雌苞着生主茎上。蒴柄长，黄色或红色，平滑。孢蒴倾斜至平列，不对称，卵球形，无颈部，棕色或红棕色，气孔显形，位于孢蒴基部。蒴盖圆锥形。蒴齿两层；外齿层齿片黄色，披针形，常具淡色边缘，外侧具不规则横脊，脊间下部有横纹或不规则网纹，上部具细疣；内齿层齿条披针形，与外齿层齿片等高，基膜高约为内齿层齿条的1/2，中缝具狭穿孔，齿毛1–3，有节瘤。孢子球形，11–20微米，黄色，表面具细疣或近于平滑。蒴帽兜形，平滑，无毛。

3种。我国有分布。

1. 茎叶三角形或心脏形，枝叶阔卵形具急尖；中肋强劲 ┈┈┈┈┈┈┈┈┈┈┈┈ 1. 喜马拉雅星塔藓 H. himalayanum
1. 茎叶、枝叶均为阔卵状披针形；中肋细弱 ┈┈┈┈┈┈┈┈┈┈┈┈┈┈┈┈ 2. 星塔藓 H. pyrenaicum

1. 喜马拉雅星塔藓　喜马拉雅塔藓　　　　　　　图 1455

Hylocomiastrum himalayanum (Mitt.) Broth., Nat. Pfl. 2, 11: 486. 1925.

Stereodon himalayanum Mitt., Journ. Linn. Soc. Bot. Suppl. 1:113. 1859.

植物体一般暗绿色，略具光泽。支茎红色，略粗，具中轴；鳞毛细胞一般较短，假鳞毛小叶状，具不规则叉状齿。分枝呈2–3回羽状，枝先端呈细尖状，倾立，常呈单向生长，长可达15厘米以上。茎叶与枝叶近于同形或异形；茎叶心脏形，枝叶阔卵状披针形，具纵皱褶，边缘

常具多细胞组成的粗齿；中肋单一，强劲，达叶中部以上。叶细胞不规则线形，多具前角突，基部细胞渐宽短，常具壁孔。内雌苞叶卵状披针形，无中肋及皱褶。孢蒴卵形，有时具短台部，横生或倾立。蒴盖圆锥形，具短喙。孢子直径9-16微米。

产台湾、四川、云南和西藏，常生于高山针叶林或阔叶林下，稀着生于具土的岩面。喜马拉雅地区、日本及朝鲜有分布。

1. 植物体(×3/5)，2. 鳞毛(×180)，3. 茎叶(×28)，4. 枝叶(×28)，5. 叶中上部边缘细胞(×180)。

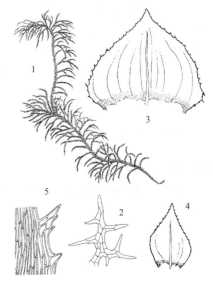

图 1455 喜马拉雅星塔藓（郭木森、于宁宁绘）

2. 星塔藓 山地塔藓 图 1456

Hylocomiastrum pyrenaicum (Spruce) Fleisch. ex Broth., Nat. Pfl. 2, 11: 487. 1925.

Hypnum pyrenaicum Spruce, Musci Pyren. : 4. 1847.

体形大，长可达10厘米，坚挺，绿色、深绿色至棕绿色，常具光泽。支茎多倾立，具中轴，表皮细胞厚壁，假根少数；茎上有时具分枝鳞毛，鳞毛细胞略短，先端呈细长尾尖。分枝不规则，枝条粗壮，圆条形，先端呈细尾尖状。茎叶与枝叶异形；茎叶阔卵状披针形，长约2毫米，宽约1毫米，略内凹，稀具纵褶；叶边有时具锐齿，基部略下延；中肋单一，强劲，达叶片上部。叶中部细胞长不规则形，长30-35微米，宽4.5-5.5微米，常具前角突，基部细胞稍短宽，角细胞略膨大。枝叶小，卵状披针形。雌雄异株。蒴柄细长，长1.5-3厘米，棕红色。孢蒴卵形，通常倾立。环带不分化。蒴齿两层；外齿层齿片橙黄色，狭长披针形，外侧具横脊，下部脊间有横纹或不规则网纹，上部具细疣；内齿层与外齿层齿片等长，齿条披针形，淡黄色，具横隔，略平滑，基膜较高，中缝具穿孔，齿毛1-3。蒴盖圆锥形，具短喙。蒴帽兜形，平滑。孢子球形，直径12-16微米，表面具细疣。

产吉林、陕西、四川和西藏，多生于潮湿的林地或岩面。朝鲜、日本、俄罗斯(西伯利亚、勘察加)、中亚地区、欧洲、冰岛、北美洲(阿拉斯加、阿留申群岛)及非洲北部有分布。

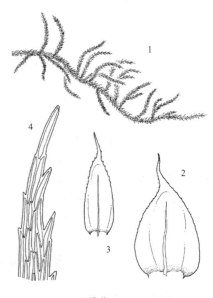

图 1456 星塔藓（郭木森、于宁宁绘）

1. 植物体(×3/4)，2. 茎叶(×13)，3. 枝叶(×13)，4. 叶尖部细胞(×270)。

3. 假蔓藓属 Loeskeobryum Fleisch. ex Broth.

形大而粗壮，黄绿色、金黄色、暗绿色或褐绿色，具光泽，疏松交织生长。主茎平展至弓形倾立，不规则1-2回羽状分枝或规则二回羽状分枝，横切面中轴为小形薄壁细胞组成，包被大形薄壁组织，外面由小形厚壁细胞组成；鳞毛密生茎上；假鳞毛与鳞毛无形态上的分化。枝条顶部偶生假根。茎叶与枝叶异形；茎叶平展或背仰，基部阔心脏形，向上呈卵圆形或宽卵圆形，渐尖或急狭成一细尖，有时尖部弯曲，内凹，干燥时稍具纵褶或波纹；叶边平展，基部宽内曲，上部具粗齿或细齿，下部稀有锐齿；中肋2，不及叶片长度的1/3，常极短弱。叶中部细胞狭椭圆形至线形，长与宽的比例为5–12：1，平滑，胞壁多少加厚，具壁孔；基部细胞狭长，金黄色；角细胞不分化；叶片耳部细胞小，长方形或菱形。枝叶平展，卵圆形至椭圆状披针形，渐狭而成锐尖。雌雄异株。雌苞生于主茎。蒴柄长，红棕色，平滑，扭曲。孢蒴倾斜或平列，不对称，淡棕色或红棕色，椭圆形；颈部具显型气孔。环带1–2列大形细胞。蒴盖具斜喙。蒴齿两层；外齿层齿片披针形，外面具不规则的斜横纹，其上具疣；内齿层黄色，具疣，基膜高为齿条高度的1/3至1/2，齿条与齿片等高，具穿孔，齿毛2–3，具小节瘤。孢子直径10–25微米，表面具细疣。蒴帽兜形，平滑，无毛。

2种，多分布北温带。我国有分布。

假蔓藓 短喙塔藓　　　　　　　　　　　图 1457

Loeskeobryum brevirostre (Brid.) Fleisch. ex Broth., Nat. Pfl. 2, 11: 483. 1925.

Hypnum rutabulum L. ex Hedw. var. *brevirostre* Brid., Musc. Rec. 2 (2): 162. 1801.

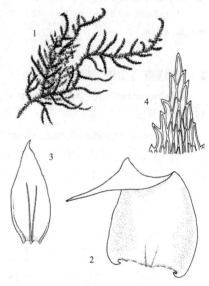

图 1457 假蔓藓（郭木森、于宁宁绘）

植物体中等大小，色暗，绿色、黄绿色或褐色，呈疏松交织的垫状。主茎横展，支茎弓形，不规则叉状分枝和近于二回羽状分枝，基部不分枝；鳞毛密生，小而色淡。茎叶干燥时疏松直立或倾立，湿润时倾立，长2.2–3.0毫米，宽圆卵形，或近于卵形，基部多少呈鞘状，向上渐尖，叶尖扭曲，具皱褶，下部具纵褶；叶边平展，上部具粗齿，近基部处具细齿；中肋2，长度多变，达叶片长度的1/3至1/2。叶细胞长椭圆形，平滑，壁薄，基部细胞具壁孔。枝叶较小于茎叶，卵状披针形，不抱茎。蒴柄细而扭曲。孢蒴长2.0–2.5毫米，红棕色。蒴盖长1.0–1.4毫米，喙粗。孢子直径15–20微米，具细疣。

产陕西、安徽、台湾及四川，着生岩面、树枝或腐木上。日本、俄罗斯(高加索)、欧洲、北美洲、中美洲至太平洋地区及北非有分布。

1. 植物体(×3/4)，2. 茎叶(×22)，3. 枝叶(×22)，4. 叶尖部细胞(×154)。

4. 拟垂枝藓属 Rhytidiadelphus (Lindb. ex Limpr.) Warnst.

体形大或中等大小，多粗壮，硬挺，灰绿色、绿色至黄绿色，多具光泽，通常疏松成片群生。支茎单一或不规则1–2回羽状分枝，有时分枝较少；枝条短钝或纤长，枝先端常纤细或粗壮，有时略向下弯曲；假鳞毛仅见于茎上枝的着生处。叶多列，紧密排列，一般茎叶与枝叶异形。茎叶卵状或阔卵状披针形或心状披针形，先端常背仰或向一侧弯曲，多具明显纵长皱褶或无皱褶；叶边全缘或具齿；中肋2，长达叶片中部以上。叶细胞线形，背部常有前角突，基部细胞常宽短，壁略加厚，多具壁孔，常带红褐色，有时角部细胞略分化。枝叶多为卵状披针形，叶边全缘或具细齿；中肋2，多短弱。雌雄异株。内雌苞叶较小，鳞片状，常背仰或具长毛尖，一般无皱褶，中肋缺失。蒴柄细长。孢蒴多卵形，较短，略弯曲，稀具短台部。蒴齿两层；外齿层齿片狭披针形，橘红色，具横脊，中下部常具分化的浅色边缘，外侧具横纹，上部常具疣；内齿层棕黄色，基膜稍高，具横隔，齿条常具几个连续卵圆形穿孔，齿毛1–3。蒴帽圆锥形，具短喙，或呈兜形，平滑。孢子球形，表面具细疣，直径11–24微米。

4种，多高山寒地针叶林下生长。我国有分布。

1. 叶片不具纵褶或仅在基部具纵褶；叶背面平滑 ··· 1. 反叶拟垂枝藓 R. squarrosus
1. 叶片具纵褶；叶背面具疣状小齿 ··· 2. 拟垂枝藓 R. triquetrus

1. 反叶拟垂枝藓 图 1458

Rhytidiadelphus squarrosus (Linn. ex Hedw.) Warnst., Krypt. Fl. Brandenburg 2: 918, 926. 1906.

Hypnum squarrosum Linn. ex Hedw., Sp. Musc. Frond. : 281. 1801.

体大形，常粗壮，柔软，鲜绿色或黄绿色，干燥时常呈灰绿色，多具光泽，疏松垫状生长。

主茎高可达15厘米，顶端倾立或逐年向上生长，呈稀疏而不规则的二回羽状分枝；茎和枝均为橘红色。茎叶通常不密集着生，长2.5-3.2毫米，心脏状卵形或圆形，在基部呈明显的鞘状，向上急狭成细长尖，尖部背仰或背倾，无纵褶；叶上部边缘具细齿，中下部具波状细齿；中肋达叶长度的1/4。叶细胞线形，壁薄，平滑；角细胞多少膨大，灰白色，椭圆形。枝叶较茎叶小，通常密集着生，不平展。蒴柄长17-33毫米。孢蒴长1.8-2.5毫米。蒴齿齿毛3。孢子直径11-17微米，具细疣。

产吉林和四川，着生腐殖土上。日本、朝鲜、俄罗斯（西伯利亚）、欧洲、北美洲（阿拉斯加）、太平洋岛屿、新西兰及北非有分布。

1. 植物体(×3/5), 2. 茎叶(×16), 3. 枝叶(×16), 4. 叶尖部细胞(×154)。

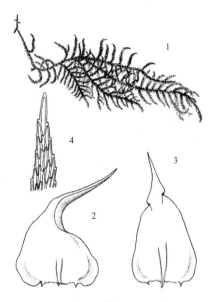

图 1458 反叶拟垂枝藓（郭木森、于宁宁绘）

2. 拟垂枝藓 图 1459

Rhytidiadelphus triquetrus (Hedw.) Warnst., Krypt. Fl. Brandenburg 2: 920. 1906.

Hypnum triquetrum Hedw., Sp. Musc. Frond. : 256. 1801.

植物体茎呈红棕色，萌生多数新分枝，长可达10厘米以上，密集着生叶片，上部羽状分枝。枝条平列，密生叶片，先端具小尾尖或圆钝。茎叶斜生而多平展，向上渐成一狭锐尖，基部卵圆形，长约3.0毫米，宽约1.5毫米，直立或稍向外弯；叶边上部具粗齿，下部具细齿或小圆齿；中肋2，近于平行，纤细，长达叶片中部。枝叶倾立，卵状披针形，渐尖，直立。叶中部细胞线形，长38-45微米，宽4-5微米，胞壁多少加厚，稍具壁孔；上部细胞的背腹面均具一高疣，有些疣大而呈

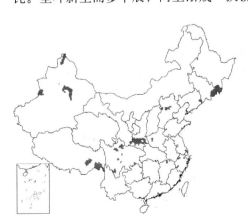

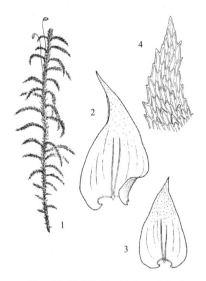

图 1459 拟垂枝藓（郭木森、于宁宁绘）

刺状；基部细胞短，长方形，具壁孔，无疣；角部细胞不分化，小而近于长方形。内雌苞叶狭披针形，尖部渐狭，长约4.5毫米，全缘，中肋缺失。蒴柄长15-18毫米。孢蒴平列或悬垂，椭圆形，红棕色。蒴盖圆锥形，具小喙。外齿层齿片长约0.75毫米，黄棕色，上部黄色；内齿层齿条线状披针形，与齿片等

高，沿中缝具大的穿孔；齿毛3。孢子直径12–16微米。

产吉林、辽宁、河北、河南、陕西、甘肃、新疆、浙江、江西、四川、云南和西藏，习生腐木、腐殖土或土面。朝鲜、日本、俄罗斯、欧洲、北美洲及非洲有分布。

1. 植物体（×3/5），2. 茎叶（×10），3. 枝叶（×10），4. 叶尖部细胞（×274）。

5. 新船叶藓属 Neodolichomitra Nog.

体形大至中等大小，硬挺，粗壮至略细，绿色、黄绿色至褐绿色，具光泽，疏松成片生长。主茎匍匐；支茎直立或倾立，棕红色，具中轴，表皮为4–5层小形的厚壁细胞；无鳞毛；常2–3回不规则羽状分枝。枝条横展或倾立，通常渐尖，具少数片状假鳞毛。茎叶与枝叶异形。茎叶多较大，近圆形、阔心脏形或卵圆状披针形，常内凹，尖部圆钝、短至长尖，有时稍内曲；叶边全缘至具粗齿；中肋单一、分叉、至双中肋，短弱或达叶片中部以上。叶细胞长蠕虫形至线形，有时具前角突，基部细胞渐短，常有壁孔，多呈红棕色，角细胞略分化。枝叶小，多为宽卵状披针形至心脏状披针形，具钝尖、短尖至稍长尖。雌雄异株。内雌苞叶鞘状，突具细长尖，无中肋及皱褶。蒴柄细长。孢蒴背曲，口部宽。环带分化，蒴壁细胞不规则形，厚壁。蒴齿两层；外齿层齿片狭长披针形，具横脊，浅色边缘略分化，外面具密横纹，尖部常具细疣；内齿层齿条棕黄色，基膜高约为内齿层齿条的1/2，具横隔，中缝常具狭穿孔，齿毛1–3条，具细疣。蒴盖具短喙。蒴帽圆锥形。蒴帽兜形，平滑。孢子球形，表面具细疣，直径10–19微米。

1种。我国有分布。

新船叶藓　　　　　　　　　　　图 1460

Neodolichomitra yunnanensis (Besch.) T. Kop., Hikobia 6 (1–2): 53. 1971.

Hylocomium yunnanense Besch., Ann. Sci. Nat. Bot. Ser. 7,15: 93. 1892.

Macrothamnium cucullatophyllum Gao et Aur, Bull. Bot. Lab. North–E, Forest. Inst. 7: 99. 1980.

种的特征同属。

产陕西、甘肃、台湾、海南、贵州、四川和云南，喜生林下腐木和岩面。日本有分布。

1. 植物体（×4/5），2. 茎叶（×9），3-4. 枝叶（×9），5. 叶中部边缘细胞（×206）。

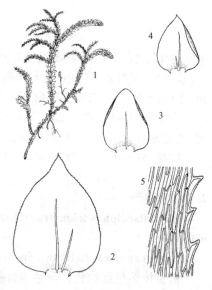

图 1460 新船叶藓（郭木森、于宁宁绘）

6. 赤茎藓属 Pleurozium Mitt.

植物体硬挺，多黄色，具光泽，匍匐，疏松成片生长。茎具不规则羽状分枝，先端常倾立，多锐尖。叶长卵圆形，内凹，有时具纵长褶，密生或稀疏覆瓦状排列；叶基部边缘常略内曲，尖部圆钝或具小短尖，具细齿或齿突；中肋2，或退化。叶细胞线形或长菱形，多略厚壁，平滑，基部细胞渐短，壁厚，具壁孔，角细胞近方形，常呈橙红色。雌雄异株。蒴柄细长，棕红色。孢蒴长卵形或近长圆柱形，台部有时明显，倾立或略垂倾。环带不分化。蒴齿两层；外齿层齿片狭长披针形，具横脊，略具分化的浅色边缘，外面具细密网纹，尖部常具细疣；内齿层齿条棕黄色，基膜稍高，具横隔，中缝常具多数连续穿孔，齿毛1–3。蒴盖圆锥形，具短喙。蒴帽兜形，平滑。孢子球形，表面具细疣，直径10–20微米。

1种，分布温寒地区。我国有分布。

赤茎藓

图 1461 彩片277

Pleurozium schreberi (Brid.) Mitt., Journ. Linn. Soc. Bot. 12: 537. 1869.

Hypnum schreberi Brid., Musc. Rec. 2 (2): 88. 1801

本种叶细胞及角细胞分化似绢藓属*Entodon*植物，其茎红色，具中轴，枝条硬挺，孢蒴不直立，且内蒴齿齿毛发育良好，与绢藓属植物相区分。

产青海、四川、云南和西藏，喜生岩面或树干基部。日本、朝鲜、俄罗斯（远东地区及西伯利亚）、欧洲、南美洲及北美洲有分布。

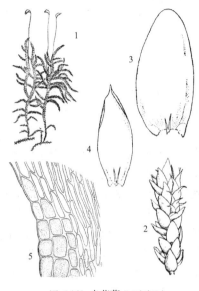

1. 雌株（×3/5），2. 小枝（×6），3. 茎叶（×14），4. 枝叶（×14），5. 叶基部细胞（×146）。

图 1461 赤茎藓（于宁宁绘）

7. 垂枝藓属 **Rhytidium** (Sull.) Kindb.

体形一般较粗壮，硬挺，绿色、黄绿色、褐绿色或棕黄色，略具光泽，长5–13厘米，疏生或密集成片生长。茎圆条形；主茎直立或倾立，腹面或基部常具棕色假根；支茎倾立斜生，多不规则一回羽状分枝；先端略一向弯曲；横切面具疏松的基本组织、多层小形厚壁细胞组成的表皮和分化的中轴；仅茎上具稀疏的假鳞毛。茎叶长卵状披针形，略内凹，先端渐尖，常镰刀状一向偏曲，基部有时略下延；具多数纵纹及纵褶；叶边缘常具细齿；中肋单一，一般达叶中部以上。叶细胞线形或蠕虫形，厚壁，上部细胞背腹面均具明显前角突或粗疣，叶基部近中肋两侧细胞长方形，常具壁孔；角细胞明显分化为多数小方形或不规则形，沿叶缘向上延伸。雌雄异株。雌苞着生于短枝顶端，内雌苞叶狭长卵状披针形，上部具齿，先端具细长尖，无中肋。蒴柄细长，红褐色，平滑。孢蒴长卵形，直立、倾立或向下弯。蒴齿两层；外齿层齿片16，狭长披针形，橙黄色，外面具横脊，两侧均分化有透明的边缘，中脊平直或呈回折形，上部具细疣，基部愈合，里面具密横隔；内齿层基膜高出，齿条披针形，浅黄色，中缝有连续穿孔，齿毛一般2条，长线形或具结节。环带多分化。蒴盖高圆锥形。蒴帽兜形，平滑或具少数纤毛。孢子球形，较小，黄色，表面具细疣。

1种。我国有分布。

垂枝藓

图 1462 彩片278

Rhytidium rugosum (Ehrth. ex Hedw.) Kindb., Bih. Kongl. Svensk. Vet. Ak. Handl. 7(9): 15. 1883.

Hypnum rugosum Ehrth. ex Hedw., Sp. Musc. Frond. : 293. 1801.

种的特征同属。

产吉林、内蒙古、河北、宁夏、青海、台湾、四川、云南和西藏，多着生岩面、林地或腐殖土上。喜马拉雅地区、日本、朝鲜、俄

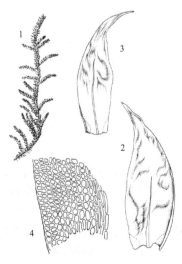

图 1462 垂枝藓（于宁宁绘）

罗斯（西伯利亚及远东地区）、欧洲、北美洲及南美洲有分布。

1. 植物体（×3/5），2. 茎叶（×14），3. 枝叶（×14），4. 叶基部细胞（×196）。

8. 薄壁藓属 **Leptocladiella** Fleisch.

体形小至中等大小，橄榄绿色至黄绿色，略具光泽。主茎匍匐横生；横切面表皮细胞透明、形大、薄壁，中央为薄壁细胞，无中轴。支茎直立或略弯，1–2回羽状分枝，着生有短的弓形小枝；无鳞毛；假鳞毛披针形。茎叶与枝叶异形。茎叶干燥时紧贴于茎上，湿润时伸展，宽卵圆形或卵圆形，略内凹，渐尖或急狭呈渐尖，有时基部略呈耳状，具弱纵褶，明显狭下延；叶边平直或基部背卷，有时全缘或上部具细齿；中肋2，短弱，达叶片长度的1/6至1/3。叶细胞线形，扭曲，平滑，上部细胞的壁略加厚，基部细胞渐短，壁略厚；角细胞明显分化，多膨起，透明而排列疏松，下延部分由长方形的透明细胞组成。枝叶较茎叶小，卵形、卵状椭圆形或卵状披针形，锐尖或渐尖，基部下延。雌雄异株。雌苞着生于主茎。蒴柄细长，红棕色，平滑。孢蒴近于直立或倾斜，椭圆状球形；基部具显型气孔。环带不分化。蒴盖具短喙。蒴齿两层；外齿层齿片披针形，黄色，有分化的边缘，外面具横脊；内齿层淡黄色，具疣，基膜高为内齿层的1/3至1/2，齿条中缝无穿孔或具狭穿孔，齿毛单一或退化。孢子球形，表面具细疣，12–18微米。

2种。中国有分布。

1. 茎叶尖部不呈镰刀状弯曲，基部明显下延；枝叶狭卵状披针形 ·· 1. **薄壁藓** L. psilura
1. 茎叶尖部略呈镰刀状弯曲，基部略下延；枝叶卵圆形，具短急尖 ······················· 2. **纤枝薄壁藓** L. delicatulum

1. 薄壁藓 大角薄膜藓 光南木藓 图 1463

Leptocladiella psilura (Mitt.) Fleisch., Musci Fl. Buitenzorg 4: 1205. 1923.

Stereodon psilurus Mitt., Journ. Linn. Soc. Bot. Suppl. 1: 112. 1859.

植物体一般树形。分枝长3–10毫米，多少呈弓形，具少数小枝。茎叶干燥时覆瓦状紧贴茎上，卵形或椭圆状卵形，锐尖或急狭呈渐尖，长约1.5毫米，宽约0.65毫米，基部狭下延，内凹，稍具纵褶；叶边上部具小圆齿；中肋细长，常在基部分叉。叶中部细胞线形，长55–65微米，宽5–8微米，薄壁，末端具一小疣；基部细胞渐短；角细胞极大，长25–40微米，宽14–20微米，长方形或方形，分化明显。枝叶较小于茎叶，椭圆形，锐尖，内凹；叶边上具锐齿；中肋单一且常分叉，末端具小刺。蒴柄纤细，长可达3厘米。孢蒴倾斜，椭圆状圆柱形，不对称，长约2毫米，直径约0.75毫米。外齿层齿片下部具横纹，上部具密疣；内齿层齿条宽披针形。

产四川、云南和西藏，着生于土面。尼泊尔、印度及缅甸有分布。

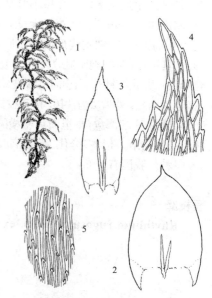

图 1463 薄壁藓（郭木森、于宁绘）

1. 植物体（×1），2. 茎叶（×27），3. 枝叶（×27），4. 叶尖部细胞（×252），5. 叶中部细胞（×252）。

2. 纤枝薄壁藓 纤枝南木藓

图 1464

Leptocladiella delicatula (Broth.) Rohrer, Journ. Hattori Bot. Lab. 59: 266. 1985.

Macrothamnium delicatulum Broth., Symb. Sin. 4: 131 1929.

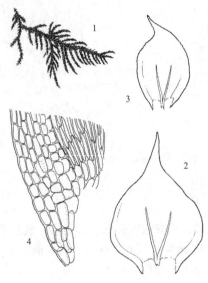

体形柔弱，黄绿色或淡绿色，具光泽。主茎纤细而长，弓形伸展，密羽状分枝或二回羽状分枝，基部无分枝。枝条通常呈弓形，长1-2厘米。茎叶干燥时紧贴，近于圆形，具披针形小尖，尖部背仰，基部下延，长0.9毫米，宽0.7毫米，具纵褶；叶边背曲，上部具细齿；中肋长，常在基部分叉。叶中部细胞线形，稍呈蠕虫状，35-45×4-4.5微米，薄壁，末端具前角突；

图 1464 纤枝薄壁藓（郭木森、于宁宁绘）

基部细胞长方形，胞壁较中部细胞稍厚，略具壁孔；角细胞大，长方形，胞壁柔弱。枝叶干燥时紧贴，宽卵形或近于圆形，锐尖，基部具长下延，0.7×0.5毫米；叶边背曲，上部具粗齿；中肋长，常分叉；末端常具大的刺。

产四川、云南和西藏，常生于树上。尼泊尔、印度及缅甸有分布。

1. 植物体（×1），2. 茎叶（×10），3. 枝叶（×10），4. 叶基部细胞（×192）。

9. 南木藓属 Macrothamnium Fleisch.

植物体中等大小至大形，黄绿色或黄褐色，色暗或略具光泽，疏松或紧密垫状生长。主茎常长而匍匐；支茎常弓形弯曲，有时近于呈树形，不规则或规则的1-3回羽状分枝，中轴分化不明显，中央由小的薄壁细胞及大形薄壁细胞和小形厚壁细胞，皮层不分化，稀有大形薄壁而透明的细胞；无鳞毛；假鳞毛三角形或披针形。茎叶和枝叶异形。茎叶心脏形、肾形或阔卵形，具钝尖、锐尖或渐尖，基部常为心脏形，下延或不下延，多内凹，偶尔具不明显的纵褶；叶边基部背卷，上部具细齿，下部具粗齿；中肋2，达叶片长度的1/4至1/2，有时不明显。叶中部细胞狭椭圆形至线形，平滑或稀具细疣，基部具壁孔或略具壁孔；角细胞不分化至明显膨大。枝叶较茎叶紧密着生，卵圆形或椭圆形，锐尖或短渐尖，不下延或稍下延；中肋较弱。雌雄异株。雌苞生于主茎。蒴柄长，平滑，红色。孢蒴直立或稍倾斜，对称，常具短台部，干燥时在孢蒴口部下收缩，有时具不规则纵褶；基部具显型气孔。环带为2-3列小形细胞，有时缺失。蒴盖圆锥形。蒴齿两层；外齿层黄色、橙黄色，基部为红棕色，齿片披针形，常具浅色边缘，外面具横纹或不规则的横纹，中缝穿孔稀少；内齿层黄色，平滑或具疣，基膜为内齿高度层的1/4至1/2，齿毛2-4，具节瘤或缺失。蒴帽兜形，平滑，无毛。孢子球形，表面具细疣，直径8-33微米。

5种，多分布热带或亚热带林区。我国有4种。

1. 茎叶基部明显下延 ┈┈┈┈┈┈┈┈┈┈┈┈┈┈┈┈┈┈┈┈┈┈┈ 1. 爪哇南木藓 M. javense
1. 茎叶基部一般不下延 ┈┈┈┈┈┈┈┈┈┈┈┈┈┈┈┈┈┈┈┈┈ 2. 南木藓 M. macrocarpum

1. 爪哇南木藓

图 1465

Macrothamnium javense Fleisch., Hedwigia 44: 311. 1905.

体形稍粗壮，每年新生枝条呈弓形状平展，外形呈树形，长可达

10厘米。枝条尖部具小尖。茎叶干燥时平展，基部心脏形或半圆

形，具宽尖或钝尖，尖部多背仰，角部长下延，抱茎，内凹，宽与长约为1.5毫米；叶边上部具尖齿；中肋2。叶中部细胞线形，长30-40微米，宽4-5微米，薄壁；基部细胞疏松；角细胞大而多数，长方形或不规则形，膨大，壁薄。枝叶干燥时覆瓦状排列，卵形或卵状椭圆形，具宽锐尖；中肋不明显。内雌苞叶椭圆状披针形，具长毛尖，上部具齿，无中肋。蒴柄长约4.5毫米，扭曲。孢蒴平列，椭圆形，长约2.7毫米。外齿层齿片长约0.6毫米；内齿层齿条与外齿层等长，龙骨状，具穿孔；齿毛长。孢子直径15-20微米。

产四川、云南和西藏，树干生长。斯里兰卡、菲律宾、马来西亚及巴布亚新几内亚有分布。

1. 植物体(×1/2)，2. 茎叶(×23)，3. 枝叶(×23)，4. 叶尖部细胞(×192)。

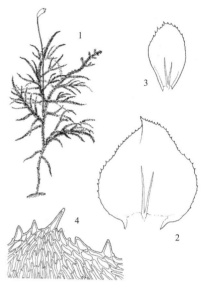

图 1465 爪哇南木藓（郭木森、于宁绘）

2. 南木藓

图 1466

Macrothamnium macrocarpum (Reinw. et Hornsch.) Fleisch., Hedwigia 44: 308. 1905.

Hypnum macrocarpum Reinw. et Hornsch., Nov. Act. Leop. Car. 14 (2) (Suppl.): 725. 41. 1829.

匍匐生长，多分枝，长可达10厘米；中轴稍有分化；羽状分枝，枝条长10-20毫米，干燥时多弯曲。末端常有鞭状小枝；假鳞毛贝壳状。茎叶平展或多少背仰，近于呈圆形，钝尖或宽锐尖，基部阔心脏形；中肋2，短弱，常不明显。枝叶较茎叶小，阔椭圆形，钝尖，干燥时常对折。叶片中部细胞线形，长40-50微米，宽4.0-4.5微米，具壁孔；基部细胞长方形，短而局部加厚；角细胞常疏松排列，长方形。雌雄异株。雌苞生于主茎。内雌苞叶狭披针形，常具毛尖，边缘上部具少数刺状齿。蒴柄长可达5厘米，干燥时扭曲。孢蒴倾斜或平列，椭圆状圆柱形，不对称，长2.0-3.2毫米。蒴盖具小尖。蒴齿两层；外齿层齿片狭披针形，橘红色，上部呈线形，常具细疣，下部具横纹，黄色；内齿层齿条狭披针形，龙骨状，与外齿

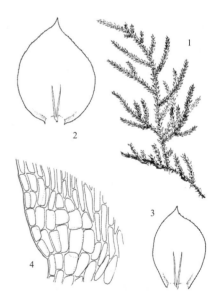

图 1466 南木藓（郭木森、于宁绘）

层齿片等高；齿毛2-3，具节瘤。孢子直径10-13微米。

产安徽、浙江、台湾、福建、江西、广西、贵州、云南和西藏，着生岩面、腐木和树皮上。喜马拉雅地区、日本、泰国、斯里兰卡、菲律宾、印度尼西亚及夏威夷有分布。

1. 植物体(×1/2)，2. 茎叶(×20)，3. 枝叶(×20)，4. 叶基部细胞(×256)。

10. 薄膜藓属 Leptohymenium Schwaegr.

体形一般中等大小，较细，硬挺，黄色至褐绿色，略具光泽。主茎匍匐伸展，有时呈弓形或倾立，常1–3回不规则羽状分枝，具稀疏短分枝；枝呈圆条形；常具鞭状枝；无鳞毛。茎叶与枝叶相似或异形；茎叶阔卵形或卵圆形，有时略下延，常具纵褶，具短尖或披针形尖，部分种类尖部略弯；叶边上部具细齿，基部有时内卷；中肋2，长达叶片中部或较短。叶细胞线形，有时略具前角突，角细胞短方形，薄壁，透明。枝叶小，或为长卵状披针形，有时稍内凹，具双中肋。雌雄异株。内雌苞叶基部呈鞘状，向上渐尖。蒴柄细长，有时略扭曲。孢蒴卵形或长圆柱形，台部短，淡棕色。环带不分化。蒴齿两层；外齿层齿片狭披针形，棕黄色，具横脊，外面无横条纹；内齿层基膜稍高，齿条具回折中缝，有狭穿孔，黄色，具横隔，上部常具细疣；齿条略长于齿片。蒴盖圆锥形，具短喙。蒴帽兜形，平滑。孢子球形，表面具细疣，直径17–25微米。部分种的染色体数目n=7或10。

2种，多分布于喜马拉雅及邻近地区。我国有2种。

薄膜藓

图 1467

Leptohymenium tenue (Hook.) Schwaegr., Sp. Musc. Suppl. 3 (1): 246 c. 1828.

Neckera tenuis Hook., Trans. Linn. Soc. London 9: 315. 1808.

体形粗壮，硬挺，褐绿色，具光泽，呈密集垫状。主茎匍匐伸展，硬挺，长1.5–2.0厘米。支茎直立或螺旋状上升，常近于树形分枝，高1.5–3.0厘米。枝条基部叶片极少或缺失，上部密被叶。叶片倾立或平展，椭圆状披针形或卵状披针形，长约1.47毫米，宽约0.74毫米，内凹，尖部短锐尖；叶边近尖部具细齿；中肋短。叶细胞长菱形，长约38微米，宽约7微米，细胞两端突起形成前角突；角细胞分化，不规则长方形，透明；基部近中肋的细胞短，不规则长方形。蒴柄细长直立，长2.5–3.0厘米。孢蒴对

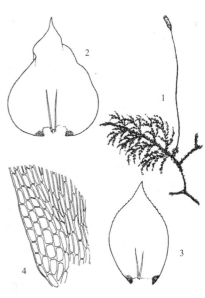

图 1467 薄膜藓（郭木森、于宁宁绘）

称，卵状圆柱体，长3–4毫米，直径1–1.5毫米。蒴盖圆锥形，具短喙，有时弯曲。

产四川、云南和西藏，生于树干上。喜马拉雅地区、缅甸、泰国、菲律宾、墨西哥及危地马拉有分布。

1. 植物体（×2/3），2. 茎叶（×27），3. 枝叶（×27），4. 叶基部细胞（×255）。

117. 短颈藓科 DIPHYSCIACEAE

(汪楣芝)

体形矮小，稀中等大小，灰绿色至暗绿色，高0.4–2 (–4)厘米，丛集或稀疏散生于阴湿岩面或土壁，有时着生腐木上。茎直立，多单一，稀分枝；无中轴；基部密生假根；原丝体不常存，常具盾形的绿色同化组织。叶长舌形、长剑形或阔带形，具钝或锐尖，有时基部略宽；干时倾立、贴生、略卷曲或强烈卷曲，湿时伸展；叶边多全缘，有时具细齿或齿突；中肋宽阔，强劲，几乎占满叶片，一般突出于叶尖或近叶尖部消失，叶基部杂生一层绿色细胞。叶细胞单层至多层、卵形、近方形，或不规则多角形，有些种类背腹面均具疣，厚壁，基部细胞略长，平滑，透明。雌雄异株或异苞同株，顶生。雄株略小，雄苞内有多数具短柄的精子器和线形配丝。雌苞顶生，雌苞内具多数颈卵器和较短的配丝。雌苞叶短或长，长卵圆形或长剑形；中肋单一，突出叶尖呈长芒状。蒴柄极短。孢蒴斜卵圆形，两侧对称，隐生于雌苞叶内，台部不分化，蒴壁具两列气孔。环带分化或不分化。蒴齿单层或两层，呈白色膜状折叠的圆锥筒形，常具细疣。蒴盖圆锥形或钟形，具粗或细的喙，常易脱落。蒴帽小，平滑，近于圆锥形或钟形，罩于蒴盖的喙上。孢子形小，表面具细密疣。染色体数目为n=8或9。

1属。中国有分布。

短颈藓属 (厚叶藓属) **Diphyscium** Mohr (Theriotia, Muscoflorschuetzia)

属的特征同科。

15种。我国有6种。

1. 叶上部横切面不呈椭圆形或三角形；中肋界限明显。
　　2. 叶细胞具疣或乳突。
　　　　3. 多数叶片中部宽度小于0.4毫米 ·· 1. 短颈藓 **D. foliosum**
　　　　3. 多数叶片中部宽度为5–8毫米 ·· 2. 东亚短颈藓 **D. fulvifolium**
　　2. 叶细胞平滑 ·· 4. 卷叶短颈藓 **D. mucronifolium**
1. 叶上部横切面呈椭圆形或三角形；中肋界限不明显。
　　4. 叶片长超过4毫米；内雌苞叶隐生于雌苞内，先端具纤毛 ····················· 3. 厚叶短颈藓 **D. lorifolium**
　　4. 叶片小，长约1毫米；内雌苞叶突出于雌苞，先端无纤毛 ··················· 5. 小短颈藓 **D. satoi**

1. 短颈藓　腐木短颈藓

图 1468

Diphyscium foliosum (Hedw.) Mohr, Ind. Musc. Pl. Crypt. 3. 1803.

Buxbaumia foliosa Hedw., Sp. Musc. Frond. 166. 1803.

植株矮小，深绿色至暗绿色，有时呈黄褐色，极少分枝，散生或群集于岩石上或地面。茎一般高1–2毫米，密集着生叶片。叶长舌形，上部常略呈兜状，长2–4.5毫米，宽0.3–0.5毫米，具披针形尖、小突尖或钝尖，干时

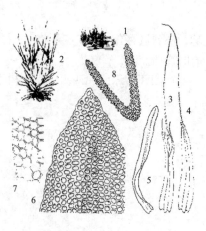

图 1468 短颈藓　(郭木森、汪楣芝绘)

稍卷曲，湿时伸展，叶缘无齿，中肋强劲，不达叶尖。叶中上部细胞卵圆形或卵状方形，两层，背腹面具粗疣或细疣，胞壁略厚；基部细胞渐长，方形、矩形、多边形或不规则形，平滑，透明，薄壁。雌雄异株。雌苞顶生，雌苞叶长大，直立，长卵状披针形，常为膜质，先端具少数裂片，有时全缘；中肋粗壮，突出于叶尖呈长芒状，芒上部有时具细刺。蒴柄极短。孢蒴斜卵形，不对称，黄绿色至棕色，口部狭窄，隐生于雌苞叶内。蒴齿两层；外齿层齿片不明显或缺失；内齿层齿条愈合呈折叠的圆锥筒形，多为白色膜状，具细密疣，脊16。环带分化。蒴盖长圆锥形，顶端略狭。蒴帽为长圆锥形，罩覆蒴盖上。孢子一般黄色，具

细密疣。

产台湾、湖南和四川，散生或群集于林下岩面、倒木或林地。日本、俄罗斯（高加索地区）、欧洲、格陵兰岛及北美有分布。

1-2. 雌株（1.×1，2.×5），3. 内雌苞叶（×12），4. 雌苞叶（×12），5. 叶（×12），6. 叶尖部细胞（×100），7.叶基部细胞（×100），8.叶的横切面（×120）。

2. 东亚短颈藓

图 1469 彩片279

Diphyscium fulvifolium Mitt., Trans. Linn. Soc. London Bot. 2, 3: 143. 1891.

植株高0.5-2厘米，单生，极少分枝，鲜绿色、深绿色至暗绿色，有时呈黄褐色。叶多长舌形，具短突尖，一般长于5毫米，宽约1毫米，干时略卷缩，湿时伸展；叶边近于全缘或凹凸不平；中肋强劲，突出叶尖或近叶尖部消失。叶中上部细胞卵状方形或不规则形，大小不一，多为两层，背腹面均具粗疣及细疣，厚壁；基部细胞渐长，矩形或狭长方形，透明，平滑，薄壁。雌苞顶生；雌苞叶数多，直立，长卵状披针形或长剑形，常呈膜状，先端多数具纤毛，有时具裂片；中肋突出叶尖，呈长芒状，芒上有时具细刺。蒴柄极短。孢蒴斜卵形，隐生于雌苞叶中，长4-5毫米，粗2.5毫米，不对称，黄绿色至深棕色，口部狭窄。蒴齿两层；外齿层齿片不明显或缺失；内齿层齿条连合呈折叠的圆锥筒形，多呈白色膜状，具细密疣，近口部渐窄，脊16。环带分化。蒴盖钟形，长约2毫米，顶端稍钝。蒴帽长钟形，长1-1.5毫米，罩覆蒴盖。孢子一般黄色，9-12微米，具细密疣。染色体数目多n=9。

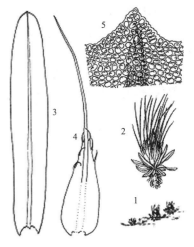

图 1469 东亚短颈藓（郭木森、汪楣芝绘）

产江苏、安徽、浙江、台湾、福建、江西、湖北、湖南、广东、广西、贵州、四川和云南，散生或群集于具土岩面、朽木或林地。日本、朝鲜及菲律宾有分布。

1-2. 雌株（1.×1，2.×4），3. 叶（×32），4. 内雌苞叶（×20），5. 叶尖部细胞（×150）。

3. 厚叶短颈藓　厚叶藓

图 1470

Diphyscium lorifolium (Card.) Magombo, Novon 12: 502. 2002.

Theriotia lorifolia Card., Beih. Bot. Centralbl. 17: 8. 1904.

体矮小，灰绿色至暗绿色，有时略具光泽，常丛生。茎高3-5毫米。叶一般密集簇生，干时倾立或稍内卷，基部卵圆形，上部为带状披针形，横切面呈三角形或圆形，长可达12毫米，先端圆钝，常易折断；叶边有时具齿；中肋甚宽，几乎占满叶片，横切面表面一层绿色细胞，中间为无色细胞，内杂生一层绿色细胞。叶细胞多层，基部中肋两侧为单层细胞，不规则形，略长，透明，排列较疏松，上部细胞短方形或

扁方形。雌雄多异株。雌苞叶略小而薄，阔舌形；叶边具齿，上部边缘具多数密长毛；中肋较细，突出叶尖呈长芒状；叶细胞透明，薄壁。孢蒴斜卵形，不对称，近口部略窄。孢蒴隐没于雌苞叶中。环带不分化。蒴齿外齿层退化；内齿层膜质，白色，高出，呈折叠圆锥筒状，表面具疣。蒴盖圆锥形，钝尖或具短喙，稍弯曲。蒴帽小，与蒴盖近于同形。孢子细小，球形，具细密疣。

产吉林和辽宁，散生或群集于林下潮湿岩面。日本、朝鲜及克什米尔地区有分布。

1-2. 雌株(1.×1, 2.×6), 3. 叶(×25), 4. 内雌苞叶(×23), 5. 叶中上部的横切面(×150), 6. 叶下部横切面(×150)。

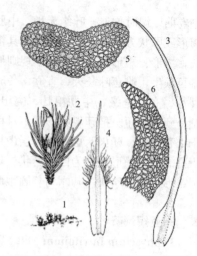

图 1470 厚叶短颈藓（郭木森、汪楣芝绘）

4. 卷叶短颈藓　台湾短颈藓　　　图 1471

Diphyscium mucronifolium Mitt. in Dozy et Molk., Bryol. Javanica 1: 35. 1855.

绿色至深绿色，多高1厘米左右，单生，或群集于岩面或林地。茎一般仅1-2厘米，密集着生叶片。叶长勺形，中下部窄，基部有时呈卵形，具披针形尖，干时稍卷曲，湿时伸展；叶边全缘；中肋略宽阔，强劲，突出于叶尖。叶中上部细胞卵状方形、卵圆形或不规则形，一般直径9-12微米，厚壁，多为两层，背腹面平滑无疣；基部细胞渐长，长矩形或线形，平滑，透明，壁薄。雌雄异株。雌苞顶生。雌苞叶长大，直立，长卵状披针形，常为膜质，先端具细裂片及毛状裂片；中肋粗壮，突出叶尖呈长芒状，芒尖平滑。孢蒴斜卵形，不对称，黄绿色至浅褐色，口部狭窄。蒴齿两层；外齿层齿片不明显或缺失；内齿层的齿条相连呈折叠的圆锥筒形，多白色膜状，具细密疣，脊16。环带分化。蒴盖长圆锥形，顶端稍钝。蒴帽圆锥形，仅罩覆蒴盖。孢子一般黄色，直径9-12微米，具细密疣。染色体数目一般n=8或9。

产台湾、福建、海南、四川和云南，散生或群集于林下岩面或腐木上。日本、斯里兰卡、印度、东南亚地区及美国有分布。

1. 雌株(×10), 2. 叶(×20), 3. 内雌苞叶(×14), 4. 叶尖部细胞(×140)。

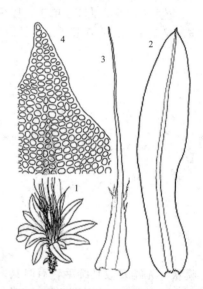

图 1471 卷叶短颈藓（郭木森、汪楣芝绘）

5. 小短颈藓　　　图 1472

Diphyscium satoi Tuzibe in Nakai, Iconogr. Pl. As. Or. 2: 114. 1937.

矮小，绿色至暗绿色，一般高5毫米，通常单生，极少分枝。叶稀疏着生，长1.0-1.5毫米，长卵状披针形或近三角形，先端圆钝，湿时伸展，干时略内曲；叶边全缘；中肋强劲，宽阔，突出于叶尖。叶中上部细胞卵圆形、卵形或不规则形，背腹面平滑，一般两层，壁厚，基部细

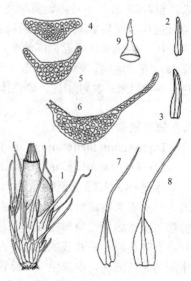

图 1472 小短颈藓（赵建成、汪楣芝绘）

胞渐长，近于呈多边形，平滑，略透明。雌雄异株。雄株形小，中肋突出。雌苞顶生，雌苞叶长卵状披针形，先端全缘或具突起；中肋突出叶尖呈长芒状，芒尖长2–3毫米。蒴柄极短。孢蒴斜卵形，灰绿色至褐色，长3.0–3.2毫米，粗1.3–1.4毫米，两侧不对称，蒴口狭窄。蒴齿两层；外齿层齿片不明显或缺失；内齿层齿条相连呈折叠的圆锥筒形，脊16，白色膜质，具细密疣。环带分化。蒴盖长钟形。蒴帽长圆锥形，长0.5–0.7毫米，仅罩于蒴盖喙部。孢子黄色，直径10–13微米，具细密疣。

产吉林和台湾，散生或群集于冷杉林下裸露的火山岩面。日本及朝鲜有分布。

1. 雌株(×10)，2-3. 叶(×30)，4-6. 叶的横切面(×130)，7-8. 雌苞叶(×24)，9. 蒴盖及蒴帽(×12)。

118. 烟杆藓科 BUXBAUMIACEAE
（汪楣芝）

林下腐木、林地或火烧迹地上成片生长，或单个散生。原丝体常存，绿色，具分枝，常成片交织。配子体极度退化，孢子体发达并高度分化。雌雄异株。雄株甚小，高度不超过0.5毫米，蚌壳状，多透明，着生于原丝体上。精子器多球形。雌株略大，高约1毫米，浅色至赤褐色，具无色透明的假根。营养叶退化，雌苞叶极小而少，薄膜状，阔卵形或卵状披针形，通常无色透明或仅基部带绿色，长不及1毫米，边缘常有分瓣或具纤毛，无中肋；叶细胞单层，长方形至卵状六边形。孢子体一般高1–2厘米。蒴柄粗壮，硬挺，红棕色，具密疣，长不及15毫米，蒴足棒槌形，一般基部膨大，埋于茎内。密生无色假根。孢蒴棕红色至灰黄色，扁卵形或长卵状锥形，多数不对称，上部常稍倾立，有的种类具明显背腹分化，背面有时近平截，近于横生或斜生，常似烟斗状。蒴口略窄，具短台部，气孔显型。孢蒴内的孢子组织及蒴轴周围均具气室，并具多数横列片状的绿色组织。环带分化。蒴齿两层；外齿层短，由1–4层有横隔的齿片组成；内齿层多白色，膜质，纵长褶叠，呈圆锥筒状，上部收缩，一般具16条褶，外面具横条纹及密疣，脊部有时棕色。蒴盖长圆锥形，先端常圆钝。蒴帽小，圆锥形，平滑，仅罩于蒴盖尖端。孢子球形，直径5–15微米，表面具细疣。染色体数目多为n=8，有时n=7。

1属。中国有分布。

烟杆藓属 Buxbaumia Hedw.

属的特征同科。

11种。中国产2种。

1. 孢蒴近于卵状圆锥形，不明显背腹分化，无斑点 ⋯⋯⋯⋯⋯⋯ 1. 筒蒴烟杆藓 B. minakatae

1. 孢蒴扁卵形，明显背腹分化，背面略平，常具斑点 ⋯⋯⋯⋯⋯⋯ 2. 花斑烟杆藓 B. punctata

1. 筒蒴烟杆藓 圆蒴烟杆藓 图 1473

Buxbaumia minakatae Okam., Bot. Mag. Tokyo 25: 30. f. 1. 1911.

配子体的茎、叶极度退化，着生于常存的绿色分枝的原丝体上。雌雄异株。雄株形极小，雌苞叶不规则卵圆形，蚌壳状。雌株稍大，高不及1毫米。叶阔卵形或卵状披针形，薄而柔弱，透明，边缘具纤毛，无中肋。叶细胞单层，长方形或长卵形。孢子体发达，一般高约10毫米。蒴柄棕红色，常具粗密疣，硬挺，长2.5–5毫米，直立或稍弯曲。蒴足棒槌形，深埋于茎内。

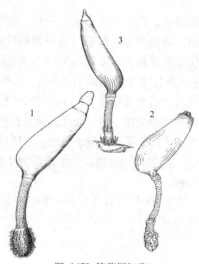

图 1473 筒蒴烟杆藓
(引自《日本藓类植物志》《北美藓类植物志》)

孢蒴黄褐色至褐色，卵状圆柱形，长3–5毫米，粗1.5–2毫米，无脊及背腹分化，倾立，台部不明显，具气孔；蒴口稍窄，直径约1毫米。环带分化。蒴齿两层；外齿层退化，具横纹；内齿层白色膜状，连合成纵长扇形皱褶，呈圆锥形，具16条脊，被细疣，长约0.5毫米。蒴盖长圆锥形，长约1毫米，顶端圆钝。蒴帽细长钟形，长约0.8毫米，平滑，仅罩于蒴盖上部。孢子球形，直径一般10–15微米，表面具细疣。

产吉林、陕西和台湾，生于林地或林下腐木上。日本、朝鲜、俄罗斯及北美洲有分布。

1. 孢蒴(具蒴盖及蒴帽)(×6)，2. 孢蒴(具蒴齿)(×6)，3. 孢蒴(具蒴盖)(×6)。

2. 花斑烟杆藓 图 1474

Buxbaumia punctata Chen et Lee, Acta. Phytotax. Sinica 9 (3): 277. pl. 19. 1964.

雌雄异株。雄株极小，高约0.15毫米，叶近于卵圆形，呈蚌壳状，着生于原丝体上；精子器球形，常单生。雌株稍大，高0.55毫米。叶阔卵圆形或卵状披针形，长不及1毫米，一般5–8片，薄而柔软，无色透明，边缘具纤毛；无中肋。叶细胞单层，长方形或长卵圆形。颈卵器顶生，一般2–4个。孢子体高8–15毫米。蒴柄粗壮，硬挺，长2.5–5毫米，直立，或稍弯曲，棕

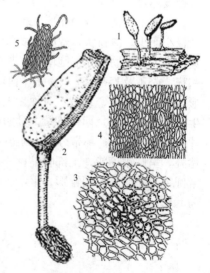

图 1474 花斑烟杆藓 (郭木森、汪楣芝绘)

红色，具密疣。孢蒴棕红色至褐色，一般呈长卵形，斜生，长4–8.5毫米，粗1–2.7毫米，不对称，具明显背腹分化，背面较平，具多数棕红色斑点，下部收缩呈短台部；具气孔。环带分化。蒴齿两层；外齿层较短，退化；内齿层白色膜状，呈纵长褶扇状的锥筒形，蒴齿16，具细疣。蒴盖圆锥形，顶端圆钝。蒴帽短，仅罩覆于蒴盖上部。孢子球形，直径一般5–9微米，表面具细疣。

产陕西、四川、云南和西藏，多生于高山林地或林下腐木上。喜马拉雅山区亦有分布。

1. 孢蒴(在腐木上)(×1.7)，2. 孢蒴(具蒴齿)(×8)，3. 孢蒴背面(细胞及斑点)(×70)，4. 孢蒴基部(细胞及气孔)(×60)，5. 雌苞叶(×60)。

119. 金发藓科 POLYTRICHACEAE
（汪楣芝、吴鹏程）

　　一年或多年生长，体形多粗壮，硬挺，稀形小，嫩绿色，深绿色或褐绿色，稀呈红棕色，多丛集成大片或贴阴湿土生，少数属种原丝体长存。茎稀少分枝或上部呈树形分枝。茎具中轴，外层为厚壁细胞，髓部薄壁细胞包围中轴。叶在茎下部多脱落，上部密集，由近于鞘状基部向上多突成阔披针形或长舌形，横切面一般多层细胞。稀为单层细胞，腹面一般具多数纵列的栉片，背面常有棘刺；叶边常具齿；叶细胞近卵圆形或方形，少数属的叶边细胞分化，鞘部细胞呈长方形或扁方形，多透明。雌雄异株，稀雌雄同株。雄苞多呈盘状，有时中央再生萌枝。孢蒴多数顶生，卵形、圆柱形，常具4–6棱，稀为球形或扁圆形，常具气孔。蒴柄单生或簇生。蒴口常具蒴膜。蒴齿单层，32片或64片，稀16片或缺失，由细胞形成，常红棕色。蒴帽兜形、长圆锥形或钟形，常被金黄色纤毛。孢子球形或卵形，被疣。染色体数多为n=7、14或21。

　　17属，主要分布温带地区，少数种类产热带。我国有8属。

1. 叶腹面栉片着生中肋上或缺失。
　　2. 叶具明显横波纹；叶边细胞分化，一般具尖齿 ·································· 1. 仙鹤藓属 Atrichum
　　2. 叶无明显横波纹；叶边细胞不分化，全缘或具不规则齿。
　　　　3. 叶边不透明；栉片发育良好，常生长于叶片及中肋上 ·················· 2. 小赤藓属 Oligotrichum
　　　　3. 叶边透明，细胞薄壁；栉片仅生长于中肋上或缺失 ·················· 8. 拟赤藓属 Psilopilum
1. 叶腹面除叶边外满布栉片。
　　4. 植物体上部近于呈树形分枝 ································ 4. 树发藓属 Microdendron
　　4. 植物体上部不呈树形分枝。
　　　　5. 孢蒴扁卵形或扁圆形 ···························· 3. 异蒴藓属 Lyellia
　　　　5. 孢蒴圆柱形，或具钝棱的圆柱形。稀呈球形。
　　　　　　6. 孢蒴通常无气孔，台部不明显 ·················· 5. 小金发藓属 Pogonatum
　　　　　　6. 孢蒴通常有气孔，台部明显
　　　　　　　　7. 蒴膜肉质 ························ 6. 拟金发藓属 Polytrichastrum
　　　　　　　　7. 蒴膜薄膜状 ···················· 7. 金发藓属 Polytrichum

1. 仙鹤藓属 Atrichum P. Beauv.

　　体形小至中等大小，嫩绿色、绿色或暗绿色，丛集成片生长。茎直立，稀少分枝；具中轴；基部多密生棕红色假根。叶剑形或长舌形，常具多数横波纹，背面有斜列棘刺，先端钝尖或锐尖；叶边常波曲，一般具双齿；中肋粗壮，常达叶尖或突出于叶尖；栉片多数，呈纵列密布叶片腹面。叶细胞多圆方形或六边形，下部细胞呈长方形；叶边细胞分化1–3列狭长细胞。雌雄异株。稀雌雄同株。蒴柄细长。孢蒴长圆柱形，单生或多个簇生。蒴齿单层，齿片32，棕红色。蒴盖圆锥形，具长喙。蒴帽兜形。孢子具细疣。

　　约20种，多分布温带地区。我国有6种。

1. 植物体高可达2–8厘米；叶腹面栉片发育，高3–6个细胞。
　　2. 孢蒴多单生。
　　　　3. 叶中部细胞直径多大于18微米；叶腹面栉片高1–3个细胞 ·············· 1. 小仙鹤藓 A. crispulum
　　　　3. 叶中部细胞直径多16微米以下；叶腹面栉片高可达7个细胞 ·············· 2. 小胞仙鹤藓 A. rhystophyllum
　　2. 孢蒴多2–5丛生 ···························· 3. 多蒴仙鹤藓 A. undulatum var. gracilisetum

1. 植物体形小，高一般不超过1厘米；叶腹面栉片退化，无栉片或高不及3个细胞 ·····························
·· 4. 东亚仙鹤藓 A. yakushimense

1. 小仙鹤藓
图 1475

Atrichum crispulum Schimp. ex Besch., Ann. Sci. Nat. Bot. Ser. 7, 17: 351. 1893.

体形较大，高可达8厘米，绿色至暗绿色，丛集生长。叶干燥时强烈卷曲，狭长舌形，背面具少数斜列的棘刺。叶中部细胞近六边形，直径18–26微米；叶边缘分化1–3列狭长形细胞；中肋腹面栉片2–6列，高1–3个细胞。雌雄异株。孢子球形，黄绿色，直径12–16微米，具细疣。

产辽宁、浙江、广西、贵州、四川、云南和西藏，生于海拔1700–3100米的林地。朝鲜、日本和泰国有分布。

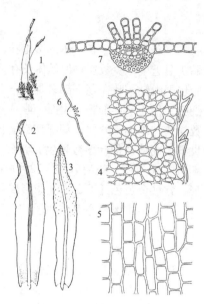

图 1475 小仙鹤藓（郭木森、汪楣芝绘）

1. 雌株(×0.5)，2-3. 叶(2.腹面观，3.背面观，×8.5)，4. 叶中部边缘细胞(×230)，5. 叶基部细胞(×160)，6-7.叶的横切面(6.×20，7.×100)。

2. 小胞仙鹤藓
图 1476

Atrichum rhystophyllum (C. Müll.) Par., Ind. Bryol. Suppl. 17. 1900.

Catharinea rhystophyllum C. Müll., Nuov. Giorn. Bot. Ital. n. ser. 3: 93. 1896.

体形小，高一般不及2厘米。叶背面具棘刺；叶中部细胞直径12–16微米；叶边狭长细胞1–2列；腹面栉片4–6列，高2–7个细胞。孢子球形，直径12–30微米，表面具细疣。

产湖南、四川、云南和西藏，海拔1800–2500米的岩面薄土和草丛下生长。日本及朝鲜有分布。

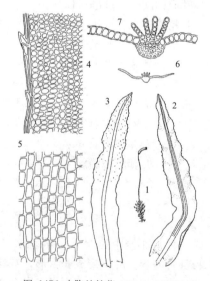

图 1476 小胞仙鹤藓（郭木森、汪楣芝绘）

1. 雌株(×0.6)，2-3. 叶(2.腹面观，3.背面观，×10)，4. 叶中部边缘细胞(×200)，5. 叶基部细胞(×220)，6-7. 叶的横切面(6.×30，7.×140)。

3. 多蒴仙鹤藓
图 1477 彩片280

Atrichum undulatum (Hedw.) P. Beauv var. **gracilisetum** Besch., Ann. Sc. Nat. Bot. Ser 7, 17: 351. 1893.

植物体高1–2厘米。叶长达8毫米，背面具斜列棘刺；叶中部细胞直径17–25微米；叶边狭长细胞1–3列；腹面栉片4–5列，高3–6个细胞。孢

蒴长圆柱形，2–5个簇生。孢子直径10–17微米，表面具细疣。

产黑龙江、吉林、辽宁、四川和云南，生于海拔1700–2700米

的林地或岩面。喜马拉雅地区、日本及朝鲜有分布。

1. 雌株(×0.5)，2-3. 叶(2. 腹面观，3. 背面观)(×8.5)，4. 叶中部边缘细胞(×70)，5. 叶基部细胞(×160)，6-7. 叶的横切面(6.×20，7.×115)。

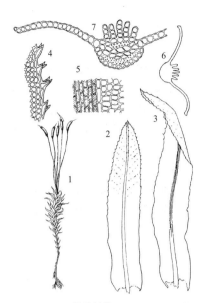

图 1477 多蒴仙鹤藓（郭木森、汪楣芝绘）

4. 东亚仙鹤藓 图 1478

Atrichum yakushimense (Horik.) Mizut., Journ. Jap. Bot. 31: 119. 1956.

Catharinea yakushimensis Horik., Bot. Mag. Tokyo 50: 560. f. 38. 1936.

植物体高0.5-1厘米。叶长约1毫米，最宽处在中部以上，背面棘刺散生；叶边狭长细胞1-2列；腹面栉片退化，或仅高1-3个细胞。蒴柄长2-3厘米。孢蒴长圆柱形。孢子球形，直径12-16微米，表面被细疣。

产安徽和云南，生于潮湿林地或岩面。日本有分布。

1. 雌株(×0.6)，2-3. 叶(2. 背面观，3. 腹面观，×1)，4. 叶中部边缘细胞(×125)，5. 叶基部细胞(×100)，6-7. 叶的横切面(6.×20，7.×130)。

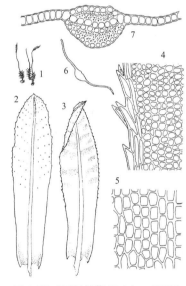

图 1478 东亚仙鹤藓（郭木森、汪楣芝绘）

2. 小赤藓属 Oligotrichum Lam. et Cand.

体形矮小，黄绿色、褐绿色或褐红色，丛集生长。茎无明显中轴分化，基部具多数假根。叶卵形至卵状披针形，无明显鞘部，内凹，干时贴茎或强烈卷曲；叶边全缘或具疏齿；中肋粗，多长达叶尖，稀呈芒状，腹面中上部密生纵列波状栉片，背面具短梳状栉片或棘刺。叶细胞单层，中部细胞卵圆形、方形或不规则形，基部细胞近于长方形，胞壁厚。雌雄异株。孢蒴圆柱形或长卵形，直立或倾立；有内外气室，蒴轴具四纵长的翅状突起。蒴齿32，色淡。蒴盖短圆锥形。蒴帽兜形，具稀疏或密纤毛。

27种，主要分布温带高寒山地。我国有7种。

1.叶背腹面均具栉片。

2.叶卵状阔披针形；叶边一般平展·· **1. 高栉小赤藓 O. aligerum**

2. 叶披针形；叶边上部多内卷······················· 2. 花栉小赤藓 **O. crossidioides**
1. 叶背面栉片少或无。
  3. 植物体干燥时叶常一向偏曲·················· 3. 镰叶小赤藓 **O. falcatum**
  3. 植物体干燥时叶不呈一向偏曲。
   4. 叶腹面栉片5-6列，高3-6个细胞·········· 4. 半栉小赤藓 **O. semilamellatum**
   4. 叶腹面栉片多3-8列，高5-8个细胞·········· 5. 台湾小赤藓 **O. suzukii**

1. 高栉小赤藓   图 1479

Oligotrichum aligerum Mitt., Journ. Linn. Soc. London 8: 48. 1865.

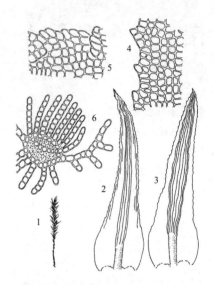

植物体高0.5-1.5厘米，褐绿色至褐红色，多丛集生长。茎无明显中轴。叶卵状阔披针形，长达3.5毫米；叶边具粗钝齿；中肋腹面纵列6-9片波状栉片，高5-10个细胞；叶背面具多数高2-5个细胞的栉片及刺。叶中部细胞卵圆形或近方形，直径10-15微米，基部细胞近长方形。孢蒴卵状圆柱形；蒴齿色淡，32片。孢子球形，直径10-13微米，具细疣。

图 1479 高栉小赤藓（郭木森、汪楣芝绘）

产吉林、台湾、云南和西藏，生于海拔1600-3700米的林地或岩面。日本及北美洲有分布。

 1. 植物体(×1)，2-3. 叶(2. 背面观，3. 腹面观，×15)，4. 叶中部边缘细胞(×130)，5. 腹面栉片(侧面观，×130)，6. 叶横切面的一部分(×100)。

2. 花栉小赤藓   图 1480

Oligotrichum crossidioides Chen et Wan ex Xu et Xiong, Acta Bot. Yunnanica 6 (2): 179. 1984.

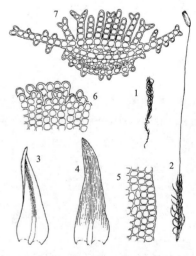

体高1-1.5厘米，褐绿色至褐红色。叶卵状披针形，长2.5-3.5毫米；叶边全缘；中肋腹面栉片8-11列，高4-6个细胞；叶背面栉片密布，高1-3个细胞。叶中部细胞卵状方形，直径8-10微米。孢子直径12-15微米，具细疣。

  中国特有，产云南和西藏，生于海拔3000-3700米的林地或岩面。

图 1480 花栉小赤藓（郭木森、汪楣芝绘）

 1. 植物体(1. 干时 ×1.5)，2. 湿时(×5)，3-4. 叶(3. 腹面观，4. 侧面观，×13)，5. 叶中部边缘细胞(×200)，6. 腹面栉片(侧围观)，(×200)，7. 叶的横切面(×200)。

3. 镰叶小赤藓   图 1481

Oligotrichum falcatum Steere, Bryologist 61: 115. f. 118. 1958.

  植物体高可达5厘米。叶卵状披针形，常一向弯曲而强烈内凹；

叶边具细齿；中肋腹面密生10–15列栉片，扭曲，高3–5个细胞；叶背面仅具少数栉片或棘刺。叶中部细胞卵状方形，直径7–18微米，基部细胞近长方形。

产西藏，生于海拔4500米左右的潮湿草甸中。喜马拉雅地区、俄罗斯（西伯利亚）及北美洲有分布。

1. 植物体(×6)，2. 叶(2. 腹面观，3. 背面观，×6)，4. 叶尖部细胞(×120)，5. 叶基部细胞(×120)，6. 叶的横切面(×50)，7. 腹面栉片(腹面观，×35)。

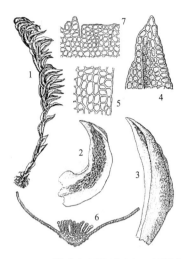

图 1481 镰叶小赤藓（郭木森、汪楣芝绘）

4. 半栉小赤藓 图 1482

Oligotrichum semilamellatum (Hook. f.) Mitt., Journ. Linn. Soc. Bot. Suppl. 1: 150. 1859.

Polytrichum semilamellatum Hook. f. in Hook., Icon. Pl. Rar. 2: 194A. 1837.

体高1–3厘米。茎中轴不明显。叶披针形，尖部边缘常内曲；叶边上部具不规则齿；中肋腹面具5–6列波状栉片，高3–6个细胞；叶背面上部具高1–3个细胞的栉片。叶中部细胞卵方形，直径10–15微米。孢子直径9–15微米。

产云南，生于海拔2500米左右的林地。喜马拉雅地区有分布。

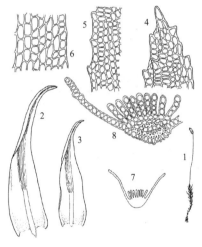

图 1482 半栉小赤藓（郭木森、汪楣芝绘）

1. 植物体(×1)，2-3. 叶(2. 腹面观，×14)，4. 叶尖部细胞(侧面观，×90)，5. 叶中部边缘细胞(×90)，6. 叶基部细胞(×120)，7-8. 叶的横切面(7.×7，8.×70)。

5. 台湾小赤藓 图 1483

Oligotrichum suzukii (Broth.) Chuang, Journ. Hattori Bot. Lab. 37: 430. 1973.

Pogonatum suzukii Broth., Ann. Bryol. 1: 26. 1928.

体形小，高0.5–1厘米。叶阔披针形，由基部向上渐尖，长1–1.5毫米；叶边具圆齿；中肋腹面具3–8列平直栉片，高达5–8个细胞；叶背面栉片和棘刺稀少。叶中部细

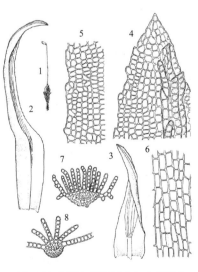

图 1483 台湾小赤藓（郭木森、汪楣芝绘）

胞卵圆形、卵方形或不规则形，直径8–15微米。蒴帽顶部具少数纤毛。孢子直径约14微米。

中国特有，产台湾，生于海拔1600–2700米的湿润林地。

1. 植物体(×2)，2-3. 叶(2. 侧面观，3. 腹面观，×16)，4. 叶尖部细胞(背面观，

×150)，5. 叶中部边缘细胞(×150)，6. 叶基部细胞(×150)，7-8. 叶的横切面(7. 叶中部，8. 叶下部，×120)。

3. 异蒴藓属 Lyellia R. Brown

体形中等大小至大形，较粗挺，多暗绿色，丛集生长。茎稀少分枝，下部叶脱落，上部密生叶片，干燥时强烈卷曲。叶基部卵形，上部狭长披针形；叶边具单齿或双齿；中肋粗壮，长达叶尖；叶腹面上部密被2–4个细胞高的栉片。叶中部细胞卵形，厚壁，常为两层。雌雄异株。蒴柄粗挺。孢蒴扁卵形或扁圆形，具脊，呈背腹面或左右对称；蒴口收缩；蒴齿缺失；气孔生孢蒴基部。蒴盖圆锥形。蒴帽小，兜形。孢子球形或卵形，表面具细疣。染色体数目一般n=7。

7种，温带高山林区生长。我国有2种。

1. 植物体形较大，高可达7厘米；孢蒴扁卵形，呈背腹分化 ·· **1. 异蒴藓 L. crispa**
1. 植物体高一般不超过5厘米；孢蒴扁圆形，呈左右对称 ······································· **2. 宽果异蒴藓 L. platycarpa**

1 异蒴藓 扁蒴藓　　　　　　　　　图 1484 彩片281

Lyellia crispa R. Brown, Trans. Linn. Soc. London 12 (2): 562. 1819.

体形中等至大形，高3–7厘米，暗绿色，多丛集生长。茎稀少分枝。叶干燥时强烈卷曲，上部狭长披针形，一般为双层细胞，腹面密生高2–4个细胞的20–30列栉片；叶边具单齿或双齿；中肋达叶尖，背面上方常具齿。雌雄异株。孢蒴扁卵形，呈背腹分化，蒴口上方具环状棱脊；无蒴齿。蒴盖圆锥形，喙呈钩状弯曲。蒴帽兜形，平滑，仅罩覆蒴盖喙部。

产云南和西藏，生于海拔900–2500米的湿润林地或石上。喜马拉雅东部及北美洲有分布。

1. 雌株(干时，×0.5)，2-3. 叶(×5)，4. 叶尖部(×30)，5. 叶中部边缘细胞(×100)，6. 叶基部细胞(×100)，7-8. 叶的横切面(7. ×30，8. ×100)，9. 孢蒴(×4.5)，10. 孢蒴基部气孔(×60)。

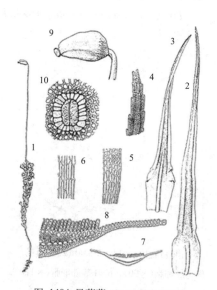

图 1484 异蒴藓 (郭木森、汪楣芝绘)

2. 宽果异蒴藓 宽果扁蒴藓 小异蒴藓　　　　图 1485

Lyellia platycarpa Card. et Thér., Arch. Bot. 1: 67. 1927.

体形较小，一般不及5厘米。叶腹面上部密生高3–5个细胞、呈20–25列栉片；叶边齿小；中肋长达叶尖，背面尖部具粗齿。孢蒴扁圆形，呈左右对称。孢子直径10–17微米，具细疣。

产陕西、四川、云南和西藏，生于海拔2600–3600米的湿润林地或岩面。我国特有。

1. 雌株(干时, ×1), 2. 叶(×10), 3. 叶中部边缘细胞(×100), 4. 叶基部细胞(×100),
5-6. 叶横切面的一部分(5. ×50, 6. ×80), 7. 孢蒴基部气孔(×60)。

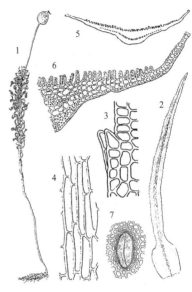

图 1485 宽果异蒴藓 (郭木森、汪楣芝绘)

4. 树发藓属 **Microdendron** Broth.

多大形, 粗壮, 高3–10厘米, 暗绿色, 直立, 丛集或散生。茎下部裸露, 上部具多数近于等长的分枝; 横切面具明显分化的中轴。叶多卵状披针形, 干燥时强烈卷曲; 叶边具粗齿; 中肋长达叶尖, 背面尖部具粗棘刺。叶片腹面除基部外密被纵列栉片, 20–40列, 高一般2个细胞, 稀达5个细胞。雌雄异株。雄苞花盘状。孢蒴长圆柱形; 齿片32。蒴盖圆锥形, 具短喙。蒴帽密被金黄色纤毛。孢子球形, 直径8.5–15微米, 具细疣。染色体数目n=7。

1种, 喜马拉雅地区及中国西南部特有。

树发藓　　　　　　　　　　　图 1486 彩片282

Microdendron sinense Broth., Symb. Sin. 4: 137. 1929.

种的特征同属.

产四川、云南和西藏, 生于海拔3000–4150米的高山阴湿林地。不丹有分布。

1. 雌株(干时, ×1), 2. 叶(×25), 3. 叶尖部(×130), 4. 叶中部边缘细胞(×180), 5. 叶横切面的一部分(×180)。

图 1486 树发藓 (郭木森、汪楣芝绘)

5. 小金发藓属 **Pogonatum** P. Beauv.

体形多中等大小, 稀矮小或粗大, 通常密集成片生长, 少数种类原丝体长存而营养体缺失。茎直立, 稀分枝; 具中轴; 上部密被叶片, 下部叶多脱落, 具红棕色假根。叶干燥时贴茎或卷曲, 卵状披针形, 一般为2层细胞, 少数种类叶边亦为2层细胞; 叶边具粗齿或细齿; 中肋贯顶, 或突出于叶尖; 叶片腹面密被纵列的栉片，顶细胞多分化，稀栉片少或缺失。叶上部细胞近于同形、多角形或方形，叶鞘部细胞透明，单层，多长方形。雌雄同株或异株。雌苞叶略分化。蒴柄硬挺，一般长2–3厘米。孢蒴多圆柱形，稀具多个不明显的脊，台部不明显，蒴齿通常32片。蒴盖具喙。蒴帽兜形，被密长纤毛。染色体数n=7或14。

约52种，多见于世界温带山区，少数种分布热带。我国有18种。

1. 配子体退化；原丝体常存。
　2. 内雌苞叶中肋粗壮；蒴柄平滑 ··· 1. **苞叶小金发藓 P. spinulosum**
　2. 内雌苞叶中肋短弱；蒴柄密被疣 ··· 2. **穗发小金发藓 P. camusii**
1. 配子体发育良好；原丝体不常存。
　3. 叶腹面栉片低矮，或仅着生中肋或中肋两侧。
　　4. 植物体高度一般不及6厘米；叶干燥时强烈卷曲；腹面栉片高2–6个细胞 ·····················
　　 ··· 5. **川西小金发藓 P. nudiusculum**
　　4. 植物体高可达10厘米；叶干燥时扭曲或略卷曲；腹面栉片高1–2个细胞 ····· 15. **南亚小金发藓 P. proliferum**
　3. 叶腹面栉片高，除叶鞘部及叶边外密被纵列的栉片。
　　5. 叶或基部叶的鞘部具不规则齿或毛。
　　　6. 植物体高2–4厘米；叶长1–3毫米；腹面栉片顶细胞不分化，单个 ······ 4. **半栉小金发藓 P. subfuscatum**
　　　6. 植物体高可达10厘米；叶长约1.2厘米；腹面栉片顶细胞不分化，单个或成双 ·····················
　　　 ··· 13. **暖地小金发藓 P. fastigiatum**
　　5. 叶或基部叶的鞘部全缘。
　　　7. 叶边细胞双层。
　　　　8. 植物体高可达10厘米。
　　　　　9. 叶腹面栉片顶细胞多成双，被细密疣 ·················· 11. **东北小金发藓 P. japonicum**
　　　　　9. 叶腹面栉片顶细胞单个，平滑 ······················ 12. **刺边小金发藓 P. cirratum**
　　　　8. 植物体高一般仅5厘米，稀达10厘米。
　　　　　10. 叶腹面栉片高3–5个细胞，顶细胞单个或成双，或下部细胞成双 ·····················
　　　　　 ··· 3. **双珠小金发藓 P. pergranulatum**
　　　　　10. 叶腹面栉片高2–4个细胞，顶细胞单个 ················· 14. **扭叶小金发藓 P. contortum**
　　　7. 叶边细胞单层。
　　　　11. 叶腹面栉片顶细胞成双，呈瓶状 ······················ 6. **小口小金发藓 P. microstomum**
　　　　11. 叶腹面栉片顶细胞单个，不呈瓶状。
　　　　　12. 栉片顶细胞方形或圆卵形，厚壁。
　　　　　　13. 叶边全缘，栉片顶细胞无明显色泽，平滑 ··········· 9. **全缘小金发藓 P. perichaetiale**
　　　　　　13. 叶边具粗齿；栉片顶细胞淡棕色，密被粗疣 ··········· 10. **疣小金发藓 P. urnigerum**
　　　　　12. 栉片顶细胞椭圆形或圆方形，薄壁。
　　　　　　14. 栉片顶细胞多宽度大于长度 ····················· 7. **东亚小金发藓 P. inflexum**
　　　　　　14. 栉片顶细胞长度大于宽度 ······················· 8. **硬叶小金发藓 P. neesii**

1. 苞叶小金发藓

图 1487 彩片283

Pogonatum spinulosum Mitt., Journ. Linn. Soc. London 8: 156. 1864.

体形小，散生于成片绿色原丝体上。茎高约2毫米；无中轴分化。叶呈鳞片状，腹面无栉片，紧密贴生，近尖部具不规则齿或粗齿；中肋达叶尖。雌雄异株。雌苞叶披针形或狭椭圆形，叶边全缘；中肋突出于叶尖或不及顶。蒴柄长可达4厘米以上。孢蒴圆柱形，外壁细胞具圆锥形乳头。蒴齿狭长椭圆形或披针形，基膜与齿片近于等长。蒴盖圆锥形，具短直喙。蒴帽密被纤毛。孢子平滑，直径约11–12微米。

产黑龙江、吉林、山东、河

南、湖北、安徽、江苏、浙江、福建、江西、湖南、广西、四川和云南，生于海拔800–2200米的林边土壁、山坡土壁和林地。日本、朝鲜及菲律宾有分布。

1. 雌株(×1.5)，2. 茎基部叶片(×15)，3. 叶尖部细胞(×100)，4. 内雌苞叶(×15)。

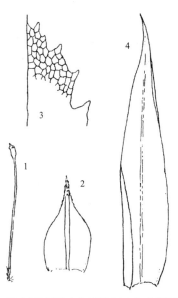

图 1487 苞叶小金发藓（郭木森、汪楣芝绘）

2. 穗发小金发藓 穗发藓　　　图 1488

Pogonatum camusii (Thér) Touw, Journ. Hattori Bot. Lab. 60: 26. 1986.

Rhacelopodopsis camusii Thér., Monde Pl. Ser. 2, 9: 22. 1907.

原丝体常存。茎叶卵形，或卵状三角形至卵状披针形；叶边上部具粗齿；中肋细弱；腹面无栉片。叶细胞长方形或不规则六角形，胞壁薄。蒴柄多扭曲，密被疣。孢蒴短圆柱形，具多个圆钝脊，长约2毫米。蒴齿约36，齿片阔舌形。蒴盖具短喙。蒴帽兜形，被金黄色纤毛。孢子平滑，直径约8微米。

产台湾和海南，生于海拔约1000米的林边阴湿土壁。日本及菲律宾有分布。

1. 雌株(×3)，2. 茎基部叶片(×15)，3. 内雌苞叶(×15)，4. 内雌苞叶尖部细胞(×100)。

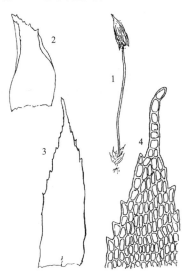

图 1488 穗发小金发藓（吴鹏程、汪楣芝绘）

3. 双珠小金发藓　　　图 1489

Pogonatum pergranulatum Chen, Feddes Report. 58 (1/3) : 34. 1955.

体形中等大小。茎高可达5厘米。叶卵状披针形；叶边具粗齿，厚两层细胞；腹面栉片高3–5个细胞，顶细胞单个或成双，或下部细胞双生。蒴柄高4–5厘米。孢蒴短圆柱形，长3毫米。蒴盖具长斜喙。

中国特有，产四川、云南和西藏，生于海拔2000–4100米的高山林下或路边。

1. 雌株(×1)，2. 叶(×10)，3-5. 叶横切面的一部分(3.×40，4-5.×200)，6. 腹面栉片(侧面观，×200)。

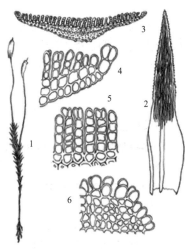

图 1489 双珠小金发藓（陈邦杰、汪楣芝绘）

4. 半栉小金发藓 图 1490 彩片284

Pogonatum subfuscatum Broth., Symb. Sin. 4: 134. 1929.

茎高2-4厘米。基部叶阔卵形至卵状阔披针形；叶边具不规则细齿或粗齿；中肋粗壮，突出于叶尖，背面具多个粗齿；栉片着生叶腹面上部，多高3-4个细胞，顶细胞不分化。上部叶片卵状阔披针形。雌雄异株。蒴柄长2厘米。孢蒴圆柱形，长约2毫米。

产台湾、四川、云南和西藏，生于海拔2800-4200米的针阔混交林林地。亚洲南部有分布。

1. 雌株(×1)，2. 叶(×15)，3. 叶中部边缘细胞(×350)，4. 叶基部细胞(×350)，5. 腹面栉片(侧面观，×200)，6. 叶横切面的一部分(×200)，7. 茎基部叶片(×15)，8. 茎基部叶边缘细胞(×350)。

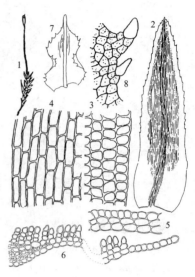

图 1490 半栉小金发藓 (郭木森、汪楣芝绘)

5. 川西小金发藓 图 1491

Pogonatum nudiusculum Mitt., Musc. Ind. Or. 153. 1859.

植物体中等大小，高约3厘米。茎上部叶卵状披针形，长达7毫米；叶边尖部具锐齿；中肋突出于叶尖，背面上部具刺；叶腹面中肋两侧栉片高2-6个细胞，顶细胞横切面呈圆形，平滑。叶细胞多角形至长方形。孢蒴圆柱形，胞壁平滑。蒴齿32片，具棕色条纹。孢子圆球形，透明，直径7-10微米。

产台湾、贵州、四川、云南和西藏，生于海拔2500-4300米的山坡和林下土坡。尼泊尔、不丹、印度、斯里兰卡及菲律宾有分布。

1. 植物体(×1)，2. 叶(背面观，×7)，3. 叶中部边缘细胞(×130)，4. 叶横切面的一部分(×120)。

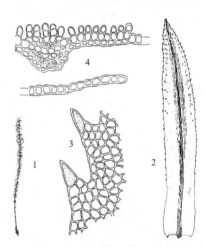

图 1491 川西小金发藓 (郭木森、汪楣芝绘)

6. 小口小金发藓 图 1492 彩片285

Pogonatum microstomum (R. Br. ex Schwaegr.) Brid., Bryol. Univ. 2: 745. 1827.

Polytrichum microstomum R. Br. ex Schwaegr., Sp. Musc. Suppl. 2 (2): 10. 1826

体形高约5厘米左右，稀形小。叶阔卵圆状披针形，上部有时内卷；中肋红棕色，背面上部具刺；腹面栉片高2-5个细胞，顶细胞形

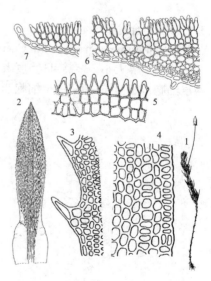

图 1492 小口小金发藓 (汪楣芝、张大成绘)

大，为双瓶状细胞，顶端厚壁。孢蒴一般单生，有时2-3个着生于同一雌苞，长圆柱形。蒴盖具长喙。孢子直径8-15微米。

产四川、云南和西藏，生于海拔3000-4400米的林地及土坡，稀着生具土石上。喜马拉雅地区及亚洲南部有分布。

1. 植物体(×1)，2. 叶(×15)，3. 叶中部边缘细胞(×100)，4. 叶鞘部边缘细胞(×100)，5. 腹面栉片(侧面观，×300)，6-7.叶横切面的一部分(×200)。

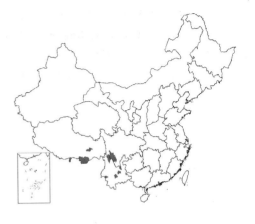

7. 东亚小金发藓 小金发藓 图 1493

Pogonatum inflexum (Lindb.) Lac., Ann. Mus. Bot. Lugd. Bat. 4: 308. 1869.

Polytrichum inflexum Lindb., Nat. Saellsk. F. Fl. Fenn. Foerh. 9: 100. 1868.

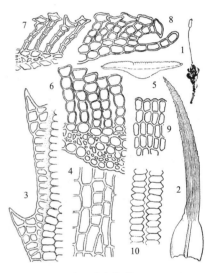

体形中等，嫩时呈灰绿色，常大片丛集。茎长可达3厘米。叶卵状阔披针形，干燥时卷曲；叶边上部具粗齿；中肋常呈红色，腹面栉片高4-6个细胞，顶细胞横切面呈扁方形或椭圆形，中央常内凹，宽度多大于长度。雌雄异株。孢蒴圆柱形。中部较粗。孢子平滑，直径8-10微米。

产安徽、福建、湖北、广西、四川和云南，生于海拔110-1800米的山区阴湿林地或土坡。日本及朝鲜有分布。

1. 植物体(×1)，2.叶(×6)，3.叶中部边缘细胞(×200)，4.叶基部细胞(×200)，5-8.叶横切面的一部分(5.×40，6-8.×200)，9-10.腹面栉片(9.侧面观，10.腹面观，×200)。

图 1493 东亚小金发藓 (仿 T. Osada)

8. 硬叶小金发藓 爪哇小金发藓 小叶小金发藓 图 1494 彩片286

Pogonatum neesii (C. Müll.) Dozy, Bryol. Jav. 1: 40. 36. 1856.

Polytrichum neesii C. Müll., Syn. 2: 563. 1851.

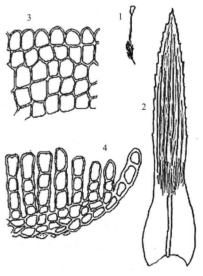

体形稍小，高1-2厘米。叶干燥时内曲，长4-5毫米；叶边具锐齿；中肋常呈绿色，栉片高3-4个细胞，稀达6个细胞，顶细胞呈椭圆形或圆方形，顶端圆钝。孢蒴短圆柱形，外壁具乳头。孢子平滑，直径约12微米。

产台湾、海南、贵州和云南，生于海拔1300-1900米的林地和树基。朝鲜及日本有分布。

1. 雌株(×1)，2. 叶(×10)，3.腹面栉片(侧面观，×250)，4. 叶横切面的一部分(×250)。

图 1494 硬叶小金发藓 (汪楣芝、吴鹏程绘)

9. 全缘小金发藓 四川小金发藓

图 1495 彩片287

Pogonatum perichaetiale (Mont.) Jaeg., Ber. S. Gall. Naturw. Ges. 1873–1874: 257. 1875.

Polytrichum perichaetiale Mont., Ann. Sc. Nat. Ser. 2, 17: 252. 1842.

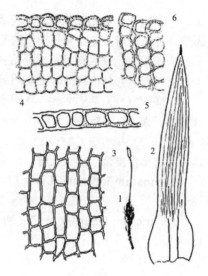

体形小，高约1.5厘米。叶干燥时内曲，基部呈卵形，向上呈披针形，长达9毫米；叶边全缘；中肋突出于叶尖。栉片高4–7个细胞，顶细胞形大，横切面近于呈方形，平滑，胞壁强烈加厚。孢蒴卵状圆柱形，长约4毫米。孢子直径6–10微米。

产四川、云南和西藏，生于海拔3100–4500米的林地、草甸或岩面薄土。尼泊尔、不丹及印度有分布。

图 1495 全缘小金发藓（汪楣芝、吴鹏程绘）

1. 植物体（×1），2. 叶（×15），3. 叶鞘部细胞（×300），4. 腹面栉片（侧面观，×300），5. 栉片顶细胞（腹面观，×300）。

10. 疣小金发藓

图 1496

Pogonatum urnigerum (Hedw.) P. Beauv., Prodr. 84. 1805.

Polytrichum urnigerum Hedw., Sp. Musc. Frond. 100, Pl. 22, f. 5–7. 1801.

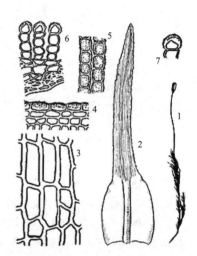

体形中等大小，高5–12厘米。茎上部有时具分枝。叶卵状披针形，长约6毫米；叶边有时内曲，且粗齿；中肋背部具少数粗齿；叶腹面栉片高4–6个细胞，顶细胞圆形至卵形，明显大于下部细胞，胞壁加厚，具粗疣。雌雄异株。蒴柄长达3厘米。孢蒴圆柱形，胞壁具乳头状突起。孢子直径10–15微米。

图 1496 疣小金发藓（仿 T. Osada）

产吉林、辽宁、河北、陕西、甘肃、安徽、浙江、江西、河南、湖北、贵州、四川、云南和西藏，生于海拔290–4000米的较干燥、向阳林地或石壁上。广布北半球。

1. 植物体（×1），2. 叶（×10），3. 叶基部细胞（×250），4. 腹面栉片（侧面观，×250），5. 栉片顶细胞（腹面观，×250），6. 叶横切面的一部分（×250），7. 栉片顶细胞横切面（×300）。

11. 东北小金发藓

图 1497

Pogonatum japonicum Sull. et Lesq., Proc. Am. Ac. Arts Sci. 4: 278. 1859.

体形粗壮。茎通常长8–10厘米，稀达10厘米以上，有时上部具少数分枝。叶干燥时强烈卷曲或扭曲，卵状狭长披针形；叶边具锐齿，上部

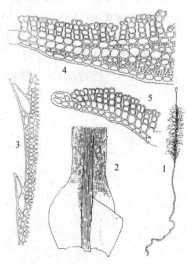

图 11497 东北小金发藓（汪楣芝仿）

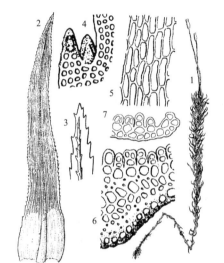

厚两层细胞；中肋背面具多数粗刺；叶腹面栉片高3–6个细胞，顶细胞多成双，并具细密疣。孢蒴长卵形至短圆柱形，外壁被乳头突起。蒴齿64片，红棕色。孢子直径8–12微米。

产黑龙江、吉林和辽宁，生于海拔1000–1400米的针叶林林地或倒木上。日本、朝鲜及俄罗斯（远东地区）有分布。

1. 植物体（×0.5），2. 叶（×5），3. 叶片下部（×25），4. 叶中部边缘细胞（×150），5. 叶横切面的一部分（×250）。

12. 刺边小金发藓

图 1498 彩片288

Pogonatum cirratum (Sw.) Brid., Acta Bot. Fennica 138: 32. 1989.

Polytrichum cirratum Sw., Journ. f. Bot. 1800. (2) : 176. 4. 1802.

体形大。茎高5–10厘米。叶卵状披针形，干燥时卷曲；叶边上部具粗齿，厚两层细胞；中肋背面具粗刺；叶腹面栉片高1–2个细胞，顶细胞不分化，圆形。孢蒴卵形，蒴壁平滑。蒴齿32片，基膜低。孢子直径8–10微米。

产台湾、香港、海南、四川和云南，生于海拔500–3200米的林地或具土岩面。日本、菲律宾、马来西亚及西里伯斯有分布。

1. 雌株（×1），2. 叶（×10），3. 叶尖部细胞（×20），4. 叶中部边缘细胞（×250），5. 叶基部细胞（×250），6-7. 叶横切面的一部分（×250）。

图 1498 刺边小金发藓（汪楣芝仿）

13. 暖地小金发藓 多枝小金发藓

图 1499

Pogonatum fastigiatum Mitt., Musc. Ind. Or. 154. 1859.

植物体多粗壮，黄绿色。茎长可达10厘米，上部有时分枝。叶干燥时扭卷，卵状披针形，长约1.2厘米；叶边基部常具长齿或纤毛；中肋贯顶，背面具齿状突起；叶腹面栉片高1–3个细胞，顶细胞不明显分化，有时成双。孢蒴圆柱形；蒴齿32片。孢子圆球形，直径5–11微米。

产陕西、台湾、福建、江西、湖南、广西和四川，生于海拔300–2200米的林下或稀具土石上。尼泊尔、锡金、不丹、印度及缅甸有分布。

1. 植物体（×1），2. 叶（×8），3. 叶尖部（背面观，×30），4. 叶中部边缘细胞（×250），5. 叶中部细胞（背面观，×250），6. 叶基部细胞（×250），7. 叶横切面的一部分（×150）。

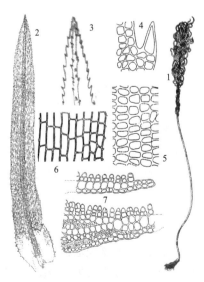

图 1499 暖地小金发藓（汪楣芝仿）

14. 扭叶小金发藓

图 1500 彩片289

Pogonatum contortum (Menz. ex Brid.) Lesq., Mem. Cal. Ac. Sc. 1: 27. 1868.

Polytrichum contortum Menz. ex Brid., Journ. f. Bot. 1800 (2): 287. 1801.

体形大，暗绿色。茎长5–10厘米。叶干燥时强烈卷曲；叶边具粗齿，两层或单层细胞；中肋近于贯顶，背面上部具齿；叶腹面栉片高2–4个细胞，顶细胞略大于下部细胞。蒴柄细长，长2–3厘米。孢蒴狭卵形，长约2.5毫米；蒴齿32片。孢子直径8–12微米。

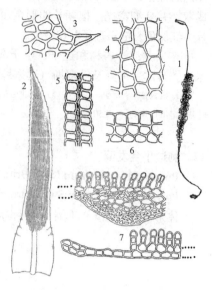

图 1500 扭叶小金发藓（汪楣芝仿）

产广东、海南、广西和四川，生于林边。俄罗斯（远东地区）及北美洲西部有分布。

1. 雌株(×1)，2. 叶(×6.5)，3. 叶中部边缘细胞(×240)，4. 叶鞘的中间细胞(×240)，5. 栉片顶细胞(腹面观，×270)，6. 栉片(侧面观，×270)，7. 叶横切面的一部分(×170)。

15. 南亚小金发藓

图 1501 彩片290

Pogonatum proliferum (Griff.) Mitt., Musc. Ind. Or. 152. 1859.

Polytrichum proliferum Griff., Cal. Journ. Nat. Hist. 2: 475. 1842.

植物体较粗大，褐绿色。茎上部稀分枝，高可达10厘米。叶质薄，干燥时扭曲或略卷曲，长1.2–1.8厘米，具锐尖；叶边齿尖，仅单层细胞；中肋棕色，背面尖部具齿；叶腹面栉片少，仅着生中肋腹面，高1–2个细胞，卵圆形，薄壁。叶上部细胞不规则六角形，基部细

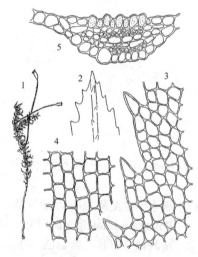

图 1501 南亚小金发藓（吴鹏程、汪楣芝绘）

胞长方形至方形。蒴柄长2–4个细胞。孢蒴长卵形至圆柱形，长3–5毫米；蒴齿齿片32片。孢子直径9–14微米。

产台湾、广西、贵州和云南，生于海拔1200–2500米的林下或林边。尼泊尔、不丹、缅甸、泰国、越南、印度及菲律宾有分布。

1. 雌株(×0.6)，2. 叶尖部(背面观，×22)，3. 叶中部边缘细胞(×130)，4. 叶基部细胞(×130)，5. 叶横切面的一部分(×100)。

6. 拟金发藓属 Polytrichastrum G. Sm.

植物体形小至大形，稀少分枝。茎上部叶密生，下部裸露或叶呈鳞片状。叶基部常呈鞘状抱茎，向上成披针形；叶边全缘或具齿；中肋一般贯顶，稀突出叶尖呈芒状；叶腹面栉片多数，顶细胞多分化。雌雄异株。孢蒴圆柱形，或具4–6钝棱，常有台部；蒴壁具气孔。蒴齿一般64片，少数呈32–35片。盖膜肉质。蒴盖具喙。蒴

帽兜形，密被纤毛。孢子球形或卵圆形，多具细疣。染色体数目n=7或14，稀n=6。

13种，主要分布温带山区。我国有7种。

1. 植物体高可达10厘米左右。
  2. 栉片细胞高5–8个；顶细胞明显分化，具疣 ⋯⋯⋯⋯⋯⋯⋯⋯⋯⋯⋯⋯ 1. 拟金发藓 **P. alpinum**
  2. 栉片细胞高4–7个；顶细胞不明显分化，平滑。
    3. 叶尖芒状；栉片顶细胞圆球形 ⋯⋯⋯⋯⋯⋯⋯⋯⋯⋯⋯ 3. 台湾拟金发藓 **P. formosum**
    3. 叶尖不呈芒状；栉片顶细胞梨形 ⋯⋯⋯⋯⋯⋯⋯⋯⋯ 6. 黄尖拟金发藓 **P. xanthopilum**
1. 植物体高2–6厘米。
  4. 孢蒴具4–5钝棱；腹面栉片顶细胞多平截 ⋯⋯⋯⋯⋯⋯⋯ 4. 多形拟金发藓 **P. ohioense**
  4. 孢蒴无钝棱；腹面栉片顶细胞呈梨形。
    5. 栉片顶细胞明显大于下部细胞，尖端加厚 ⋯⋯⋯⋯⋯⋯ 2. 厚栉拟金发藓 **P. emodi**
    5. 栉片顶细胞略大于下部细胞，尖端具莓状疣 ⋯⋯⋯⋯ 5. 莓疣拟金发藓 **P. papillatum**

1. 拟金发藓 高山金发藓 高山小金发藓 高山拟金发藓 短叶金发藓

图 1502

Polytrichastrum alpinum (Hedw.) G. Sm., Mem. New York Bot. Gard. 21 (3): 37. 1971.

Polytrichum alpinum Hedw., Sp. Musc. Frond. 92. 1801.

体形中等大小至大形，高可达10厘米。茎常具分枝。叶卵状狭长披针形，长3.5–7.5毫米，鞘部明显；叶边具长尖齿；中肋背面尖部具刺状齿；叶腹面栉片24–40列，高5–8个细胞，顶细胞明显大于下部细胞，卵圆形，具密粗疣。孢蒴圆柱形，长3–6毫米，无台部。蒴齿一般32–40片。孢子直径18–24微米，具细疣。

产吉林、内蒙古、河北、青海、四川、云南和西藏，生于海拔550–4600米的林下或路边土坡。广布世界温带地区。

1.雌株(×0.6), 2.叶(×6), 3.叶中部边缘细胞(×100), 4.叶基部细胞(×150), 5.叶的横切面(×40), 6.栉片(侧面观，×150), 7.栉片横切面(×150), 8.栉片顶细胞横切面(×250)。

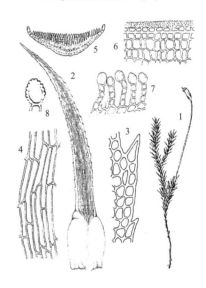

图 1502 拟金发藓（陈邦杰、汪楣芝绘）

2. 厚栉拟金发藓 厚栉金发藓

图 1503

Polytrichastrum emodi G. Sm., Journ. Hattori Bot. Lab. 38: 633. 1974.

体形小，一般高2–3厘米。叶长4–7毫米，具红棕色芒状尖部；腹面栉片一般20–35列，高5–6个细胞，顶细胞膨大，梨形，尖部加厚，鞘部上方常具无色透明边缘。孢蒴卵状圆柱形，台部收缩。蒴齿无色透明，一般32片。孢子球形，直径9–12微米，具细疣。

产云南和西藏，生于海拔3400–3700米的林地或路边。喜马拉雅地

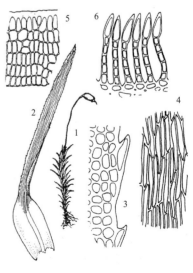

图 1503 厚栉拟金发藓（郭木森、汪楣芝绘）

区有分布。

1. 雌株(×0.7), 2. 叶(×9), 3. 叶中部边缘细胞(×150), 4. 叶基部细胞(×150), 5. 栉片(侧面观, ×240), 6. 栉片横切面的一部分(×240)。

3. 台湾拟金发藓
图 1504 彩片291

Polytrichastrum formosum (Hedw.) G. Sm., Mem. New York Bot. Gard. 21 (3): 37. 1971.

Polytrichum formosum Hedw., Sp. Musc. Frond. 92. 1801.

植物体中等大小至大形, 稀高达15厘米。叶卵状披针形, 鞘部宽阔, 叶边具尖齿; 中肋背面常具刺, 尖端呈芒状; 腹面栉片35-65列, 高4-6个细胞, 顶细胞无明显分化, 卵形。孢蒴具四棱, 台部小。蒴齿约60片。孢子球形, 直径10-16微米, 被细疣。

产四川、云南和西藏, 生于海拔2700-3800米的林地。日本、俄罗斯、欧洲、阿留申申群岛、北美洲及非洲北部有分布。

1. 雌株(×1), 2. 叶(×6), 3. 叶尖(×30), 4. 叶中部边缘(×150), 5. 叶基部细胞(×150), 6-8. 叶横切面(6.×50, 7-8.×200), 9-11. 栉片(侧面观, ×250)。

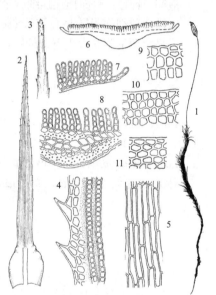

图 1504 台湾拟金发藓（汪楣芝仿）

4. 多形拟金发藓　多形金发藓
图 1505

Polytrichastrum ohioense (Ren. et Card.) G. Sm., Mem. New York Bot. Gard. 21 (3): 37. 1971.

Polytrichum ohioense Ren. et Card., Rev. Bryol. 12: 11. 1885.

体形中等大小, 高3-6厘米。叶鞘部明显; 腹面栉片约35列, 高4-5个细胞, 顶细胞多横列, 中央内凹, 有时锐尖或变形。孢蒴长约4毫米, 具4-5钝棱, 台部略收缩。蒴齿64片。孢子球形, 直径8-10微米。

产黑龙江、辽宁、四川和云南, 生于海拔1000-2000米的林地或路边。日本、俄罗斯(萨哈林岛)、欧洲及北美洲有分布。

1-2. 雌株(×0.5), 3. 叶(×6.5), 4. 叶尖部(×40), 5. 叶中部边缘(×130), 6. 叶基部细胞(×130), 7. 栉片(侧面观, ×200), 8-10. 叶横切面的一部分(8.×40, 9-10.×160)。

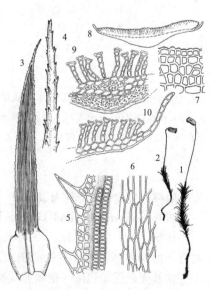

图 1505 多形拟金发藓（汪楣芝仿）

5. 莓疣拟金发藓 莓疣高山金发藓 图 1506

Polytrichastrum papillatum G. Sm., Journ. Hattori Bot. Lab. 38: 633. 1974.

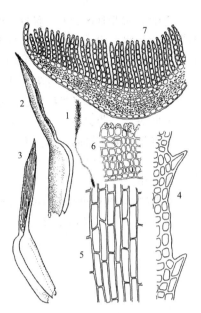

体形较小，高约2厘米。叶卵状披针形，基部呈鞘状；腹面栉片30–40列，一般高5–6个细胞，顶细胞呈梨形，尖部密被密，呈草莓状。孢蒴短圆柱形，基部收缩。蒴齿约40片。孢子一般球形，直径10–12微米，被疣。

产西藏，生于海拔4700米左右具土岩面。喜马拉雅地区有分布。

1. 植物体(×1)，2-3. 叶(×10)，4. 叶中部边缘(×250)，5. 叶基部细胞(×250)，6. 栉片(侧面观，×200)，7. 叶横切面的一部分(×130)。

图 1506 莓疣拟金发藓 (郭木森、汪楣芝绘)

6. 黄尖拟金发藓 图 1507

Polytrichastrum xanthopilum (Wils. ex Mitt.) G. Sm., Mem. New York Bot. Gard. 21 (3): 37. 1971.

Polytrichum xanthopilum Wils. ex Mitt., Journ. Linn. Soc. Bot. Suppl. 1: 156. 1859.

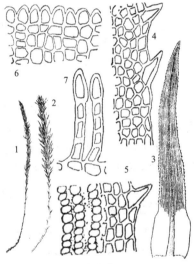

植物体高3–9厘米。茎稀少分枝。叶长5–10毫米；中肋背面常有刺状齿；腹面栉片20–50列，高4–7个细胞，顶细胞黄色，梨形，尖部加厚。孢蒴长约5毫米，具4–5钝脊，台部明显。蒴齿一般64片。孢子直径11–13微米，具细疣。

产四川、云南和西藏，生于海拔3000–4500米的高山林地。喜马拉雅地区及北美洲有分布。

1-2. 植物体(1. 干时，2. 湿时，×0.5)，3. 叶(×15)，4-5. 叶中部边缘(×240)，6. 栉片(侧面观，×240)，7. 栉片横切面的一部分(×240)。

图 1507 黄尖拟金发藓 (陈邦杰、汪楣芝绘)

7. 金发藓属 **Polytrichum** Hedw.

植物体中等大小至大形，硬挺，多丛集生长。茎稀少分枝，基部密生棕色假根。叶干燥时不强烈卷曲，稀贴茎，鞘部明显；叶边上部具齿或全缘，常向内卷曲，边缘有时透明；中肋粗壮，有些种类突出叶尖呈芒状，背面上部有时具大棘刺；叶片腹面密被纵列栉片，顶细胞因种类而异。叶上部细胞卵圆形或近于方形，有时为双层；鞘部细胞长方形或狭长方形。雌雄多异株。雄苞花盘状，中央常再萌生新枝。孢蒴形稍大，棱柱形、圆柱形或球形，基部分化台部，具气孔。蒴齿一般64片、32片或32片以上。盖膜薄。蒴帽兜形，密被纤毛。蒴柄硬挺。孢子多球形，被细密疣。染色体数目n=7，或n=6、14或21。

40种，温带林区分布，稀见于亚热带山地。我国有7种。

1. 叶上部边缘不内卷；腹面栉片顶细胞横切面近于呈马鞍形，中央内凹 .... 1. 金发藓 P. commune
1. 叶上部边缘内卷；腹面栉片顶细胞横切面近于呈梨形。
   2. 植物体多着生林地；叶尖常具芒；孢蒴具4–5脊。
      3. 叶尖短，芒尖多呈红棕色；栉片顶细胞短梨形 .... 2. 桧叶金发藓 P. juniperinum
      3. 叶尖长，芒尖多呈白色；栉片顶细胞长梨形 .... 3. 毛尖金发藓 P. piliferum
   2. 植物体多着生岩面；叶尖不具芒；孢蒴近球形 .... 4. 球蒴金发藓 P. sphaerothecium

1. 金发藓

图 1508 彩片292

Polytrichum commune Hedw., Sp. Musc. Frond. 88. 1801.

体形大，长可达30厘米以上，环境条件不良时高仅3厘米左右。

茎一般不分枝。叶卵状披针形，基部抱茎，长7–12毫米；叶边具锐齿，上部不强烈内卷；中肋突出叶尖呈芒状。叶腹面栉片30–50列，高5–9个细胞；顶细胞宽阔，内凹。雌雄异株。蒴柄长4–8厘米。孢蒴长2.5–5毫米，具4棱，台部明显，具气孔。蒴齿64片。孢子球形，直径9–12微米，具细疣。

产吉林、内蒙古、四川和云南，生于海拔1200–3000米的林地。广布全世界。

1. 植物体(×1), 2. 叶(×7), 3. 叶中部边缘细胞(×200), 4. 叶基部细胞(×200), 5-7. 叶的横切面(5.×45, 6-7.×200), 8-9. 栉片(8. 侧面观, 9. 腹面观, ×250), 10. 孢蒴(×6)。

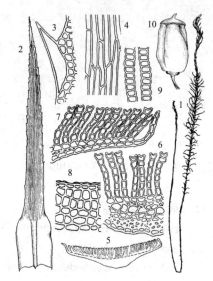

图 1508 金发藓（汪楣芝仿）

2. 桧叶金发藓

图 1509 彩片293

Polytrichum juniperinum Hedw., Sp. Musc. Frond. 89. 1801.

体形中等大小至大形，高2–10厘米。叶卵状披针形，叶边全缘，上部强烈内卷；中肋突出叶尖呈红棕色芒状；腹面栉片20–38列，一般高6–7个细胞，顶细胞横切面呈圆梨形，尖部厚壁。叶上部边缘细胞扁方形；鞘部细胞狭长方形。孢蒴四棱柱形。蒴盖具长喙。孢子球形，直径8–12微米，具细疣。

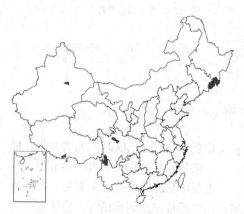

产吉林、新疆、四川、云南和西藏，生于海拔650–4300米的湿润林地或沼泽地。朝鲜、日本、俄罗斯（远东地区）、印度、欧洲、北美洲、南美洲、太平洋及非洲有分布。

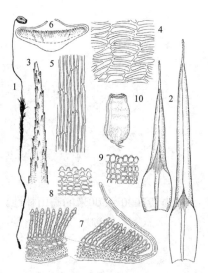

图 1509 桧叶金发藓（汪楣芝仿）

1. 雌株(×1), 2. 叶(×25), 3. 叶尖部(×40), 4. 叶鞘部细胞(×150), 5. 叶基部细胞(×150), 6-7. 叶的横切面(6.×40, 7.×100), 8-9. 栉片(侧面观, ×180), 10. 孢蒴(×4.5)。

3. 毛尖金发藓 图 1510

Polytrichum piliferum Schrad. ex Hedw., Sp. Musc. Frond. 90. 1801.

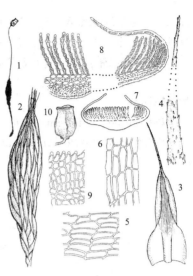

体形中等大小，高2-5厘米。叶长3-6毫米；叶边具细齿或全缘，上部强烈内卷；中肋粗壮，突出叶尖呈白芒；腹面栉片25-35列，高6-8个细胞，顶细胞横切面长梨形，尖端强加厚。孢蒴具4-5个脊，台部略分化。孢子多球形，直径8-12微米，被细疣。

产吉林、新疆和西藏，生于海拔2300-4300米的林地及路边土坡。朝鲜、日本、俄罗斯（远东地区）、欧洲、北美洲、南美洲、太平洋及非洲有分布。

图 1510 毛尖金发藓（汪楣芝仿）

1-2. 雌株(1.×1, 2.×7), 3. 叶(×30), 4. 叶尖部(×50), 5-6. 叶鞘部细胞(×125), 7-8. 叶的横切面(7.×40, 8.×100), 9. 栉片(侧面观, ×100), 10. 孢蒴(×4)。

4. 球蒴金发藓 球蒴小金发藓 图 1511

Polytrichum sphaerothecium (Besch.) C. Müll., Gen. Musc. Fr. 176. 1900.

Pogonatum sphaerothecium Besch., Ann. Sci. Nat. Ser. 7, Bot. 17: 353. 1893.

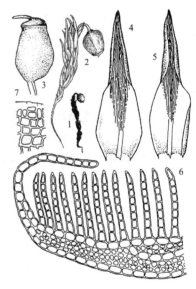

植物体形小，高1-2厘米。茎横切面呈三角形。叶阔卵形，具短披针形尖，干燥时常贴茎，叶边全缘，上部常内卷；中肋背部平滑或具少数细齿；腹面栉片约30列，高6-11个细胞，顶细胞近梨形；叶鞘部细胞方形至狭长方形。雌雄同株。蒴柄较短，仅5-9毫米。孢蒴近球形；蒴齿常超过32片，基膜约占齿片长度的1/3。蒴盖具短喙。孢子球形，直径12-17微米，具细密疣。

产吉林，生于海拔1200-2400米的岩面。日本、朝鲜及阿留申群岛

图 1511 球蒴金发藓（郭木森、汪楣芝绘）

有分布。

1-2. 雌株(1.×2, 2.×6), 3. 孢蒴(×15), 4-5. 叶(×40), 6. 叶的横切面(×180), 7. 栉片(侧面观, ×180)。

8. 拟赤藓属 Psilopilum Brid.

植物体形小，一般成片生长于土面，有时散生。茎多数单一，高0.5-2厘米，通常直立。叶片卵形至卵状披针形，强烈内凹呈兜状，边全缘或具不规则齿，尖部钝或具小突尖，基部鞘状明显或不明显，中肋狭窄，强劲，达叶近尖部或稍突出叶尖。叶细胞单层，中上部细胞长方形或不规则形，边缘常为斜菱形细胞，基部细胞渐长，有时基部边缘细胞狭长。叶腹面栉片少，一般7-15列，高可达12个细胞，生于中肋上，侧面观顶端全缘或具不规则齿，常具缺刻。雌雄异株。雄株先端花盘状。雌株稍大，雌苞叶与营养叶片相似，常稍大。蒴柄棕

红色，一般0.7-1.8厘米。孢蒴倒卵形，基部常收缩，多数弯曲，倾立、横列或垂倾。蒴齿32片。蒴帽无毛，有时具皱褶。孢子大，近球形，直径200-400微米。

2种，北温带宽阔的山地或草原生长。我国1种。

全缘拟赤藓　　　　　　　　　　　　　　图 1512

Psilopilum cavifolium (Wilson) I. Hagen, Bryologist 19: 70. 1916.

Polytrichum cavifolium Wilson in B. Seemann, Bot. Voy. Herald. 44. 1852.

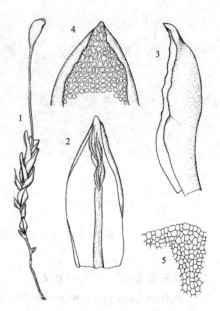

植物体矮小，一般土面生长，偶散生。茎直立，多单一，高0.6-1.5厘米。叶片卵形至卵状披针形，长2-3毫米，强烈内凹呈兜状，边全缘或近尖部具少数细齿，尖部钝或具小突尖，鞘状基部明显或不明显。叶细胞单层，中上部细胞长方形或不规则形，边缘常为斜菱形细胞，基部边缘细胞狭长。叶腹面栉片少，通常7-10列，高6-12个细胞，生于中肋上，侧面观顶端全缘，常具缺刻。雌雄异株。雌苞叶常稍大，长2.5-3.5毫米。蒴柄0.8-1.8厘米。孢蒴长倒卵形，基部收缩，常弯曲，倾立、横生或垂倾。蒴帽无毛，略具浅纵褶。孢子近球形，直径250-400微米。

产吉林长白山，山地或草原的土面生长。分布俄罗斯（西伯利亚）、北欧和北美。

图 1512 全缘拟赤藓（于宁宁、汪楣芝绘）

1. 叶状体 (×4.5), 2-3. 叶片 (×20), 4. 叶尖部细胞 (×150), 5. 栉片侧面观 (×200)。

本卷审校、图编、绘图、摄影及工作人员

审　　校　　吴鹏程　林　祁

图　　编　　吴鹏程　汪楣芝　贾　渝　林　祁（形态图）
　　　　　　林　祁（分布图）张　力　林　祁（彩片）

绘　　图　　(按绘图数量排列) 吴鹏程　马　平　张大成　于宁宁　何　强
　　　　　　汪楣芝　郭木森　王庆华　王幼芳　林邦娟　李植华　吴玉环
　　　　　　冯金环　杨丽琼　曹　同　胡人亮　朱　俊　高　谦　阎宝英
　　　　　　郑培中　何　思　唐安科　张桂芝　赵建成　陈邦杰

摄　　影　　(按彩片数量排列) 张　力　王立松　黎兴江　张大成　马文章

工作人员　　姜会强　何　强　于宁宁　王庆华

Contributors
(Names are listed in alphabetical order)

Revisers   Lin Qi and Wu Pengcheng

Graphic Editors   Jia Yu, Lin Qi, Wang Meizhi, Wu Pengcheng and Zhang Li

Illustrators   Cao Tong, Chen Bangjie, Feng Jinghuan, Gao Qian, Guo Museng, He Qiang, He Si, Hu Renliang, Li Zhihua, Lin Bangjuan, Ma Ping, Tang Anke, Wang Meizhi, Wang Qinghua, Wang Youfang, Wu Pengcheng, Wu Yuhuan, Yan Baoying, Yang Liqiong, Yu Ningning, Zhang Dacheng, Zhang Guizhi, Zhao Jiancheng, Zheng Peizhong and Zhu Jun

Photographers   Li Xingjiang, Ma Wenzhang, Wang Lisong, Zhang Dacheng and Zhang Li

Clerical Assistants   He Qiang, Jiang Huiqiang, Wang Qinghua and Yu Ningning

彩片1　圆叶裸蒴苔　*Haplamitrium mnioides*（张　力）

彩片2　长角剪叶苔　*Herbertus dicranus*（张　力）

彩片3　毛叶苔　*Ptilidium ciliare*（张　力）

彩片4　绒苔　*Trichocolea tomentella*（张　力）

彩片5　双齿鞭苔　*Bazzania bidentula*（张　力）

彩片6　喜马拉雅鞭苔　*Bazzania himalayana*（马文章）

彩片7　日本鞭苔　*Bazzania japonica*（张　力）

彩片8　白边鞭苔　*Bazzania oshimensis*（张　力）

彩片9　三裂鞭苔　*Bazzania tridens*（张　力）

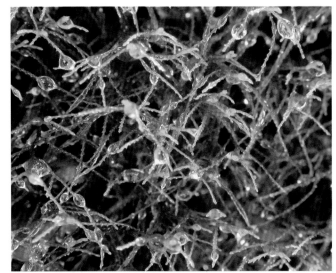

彩片10　细指叶苔　*Lepidozia trichodes*（张　力）

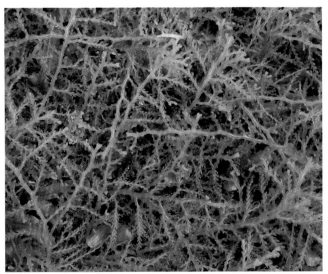

彩片11　硬指叶苔　*Lepidozia vitrea*（张　力）

彩片12　指叶苔　*Lepidozia reptans*（张　力）

彩片13　刺叶护蒴苔　*Calypogeia arguta*（张　力）

彩片14　小挺叶苔　*Anastrophyllum minutum*（张　力）

彩片15　全缘广萼苔　*Chandonanthus birmensis*（张　力）

彩片16　齿边广萼苔　*Chandonanthus hirtellus*（张　力）

彩片17　截叶叶苔　*Jungermannia truncata*（张　力）

彩片18　黄色假苞苔　*Notoscyphus lutescens*（张　力）

彩片19 大叶苔 *Scaphophyllum speciosum*
（王立松 黎兴江）

彩片20 刺边合叶苔 *Scapania ciliata*（张 力）

彩片21 柯氏合叶苔 *Scapania koponenii*（张 力）

彩片22 尼泊尔合叶苔 *Scapania nepalensis*（张 力）

彩片23 圆叶合叶苔 *Scapania rotundifolia*（张 力）

彩片24 四齿异萼苔 *Heteroscyphus argutus*（张 力）

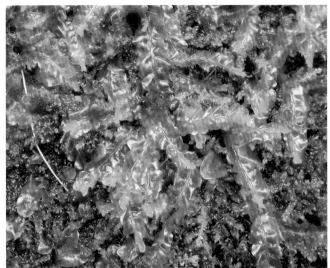

彩片25　南亚异萼苔　*Heteroscyphus zollingeri*（张　力）

彩片26　双齿异萼苔　*Heteroscyphus coalitus*（张　力）

彩片27　平叶异萼苔　*Heteroscyphus planus*（张　力）

彩片28　羽枝羽苔　*Plagiochila fruticosa*（张　力）

彩片29　福氏羽苔　*Plagiochila fordiana*（张　力）

彩片30　疏叶羽苔　*Plagiochila secretifolia*（马文章）

彩片31 柱萼苔 *Cylindrocolea recurvifolia*（张　力）

彩片32 阔叶歧舌苔 *Schistochila blumei*（张　力）

彩片33 大紫叶苔 *Pleurozia gigantea*（张　力）

彩片34 亮叶光萼苔 *Porella nitens*（张　力）

彩片35 毛边光萼苔 *Porella perrottetiana*（张　力）

彩片36 密叶耳叶苔 *Frullania siamensis*（张　力）

彩片37　云南耳叶苔　*Frullania yuenanensis*（张　力）

彩片38　顶脊耳叶苔　*Frullania phythanta*（张　力）

彩片39　达乌里耳叶苔　*Frullania davurica*（张　力）

彩片40　皱叶耳叶苔　*Frullania ericoides*（张　力）

彩片41　盔瓣耳叶苔　*Frullania muscicola*（张　力）

彩片42　湖南耳叶苔　*Frullania hunanensis*（张　力）

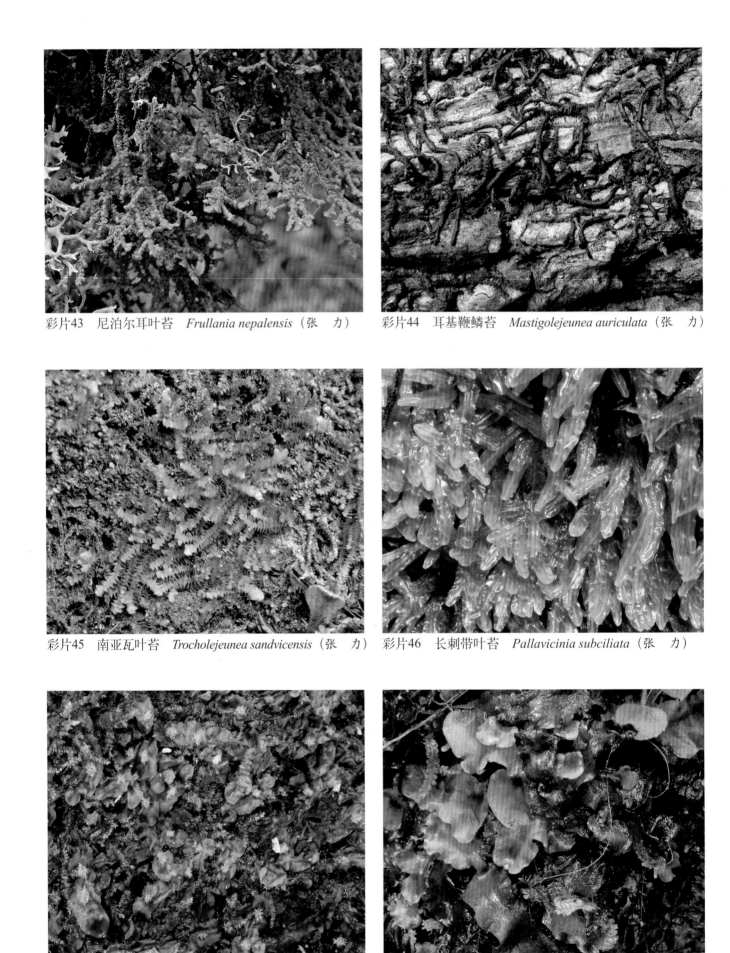

彩片43　尼泊尔耳叶苔　*Frullania nepalensis*（张　力）

彩片44　耳基鞭鳞苔　*Mastigolejeunea auriculata*（张　力）

彩片45　南亚瓦叶苔　*Trocholejeunea sandvicensis*（张　力）

彩片46　长刺带叶苔　*Pallavicinia subciliata*（张　力）

彩片47　带叶苔　*Pallavicinia lyellii*（张　力）

彩片48　南溪苔　*Makinoa crispata*（张　力）

彩片49　绿片苔　*Aneura pinguis*（张　力）

彩片50　羽枝片叶苔　*Riccardia multifida*（张　力）

彩片51　叉苔　*Metzgeria furcata*（张　力）

彩片52　毛叉苔　*Apometzgeria pubescens*（张　力）

彩片53　溪苔　*Pellia epiphylla*（张　力）

彩片54　花叶溪苔　*Pellia endiviifolia*（张　力）

彩片55　单月苔　*Monosolenium tenerum*（张　力）

彩片56　黄光苔　*Cyathodium aureo-nitens*（张　力）

彩片57　半月苔　*Lunularia cruciata*（张　力）

彩片58　毛地钱　*Dumortiera hirsuta*（张　力）

彩片59　蛇苔　*Conocephalum conicum*（张　力）

彩片60　小蛇苔　*Conocephalum japonicum*（张　力）

彩片61　狭叶花萼苔　*Asterella angusta*（王立松　黎兴江）

彩片62　疣冠苔　*Mannia triandra*（王立松　黎兴江）

彩片63　小孔紫背苔　*Plagiochasma rupestre*（张　力）

彩片64　石地钱　*Reboulia hemispherica*（张　力）

彩片65　东亚地钱　*Marchantia emarginata* subsp. *tosana*
（张　力）

彩片66　粗裂地钱　*Marchantia paleacea*（王立松　黎兴江）

彩片67　地钱　*Marchantia polymorpha*（张　力）

彩片68　背托苔　*Preissia quadrata*（张　力）

彩片69　叉钱苔　*Riccia fluitans*（张　力）

彩片70　钱苔　*Riccia glauca*（张　力）

彩片71　稀枝钱苔　*Riccia hubeneriana*（张　力）

彩片72　黄角苔　*Phaeoceros laevis*（张　力）

彩片73 东亚叶角苔 *Folioceros fusiformis*（张 力）

彩片74 东亚大角苔 *Megaceros flagellaris*（张 力）

彩片75 暖地泥炭藓 *Sphagnum junghuhnianum*（张 力）

彩片76 中位泥炭藓 *Sphagnum magellanicum*
（王立松 黎兴江）

彩片77 多纹泥炭藓 *Sphagnum multifibrosum*
（王立松 黎兴江）

彩片78 泥炭藓 *Sphagnum palustre*（王立松 黎兴江）

彩片79 刺叶泥炭藓 *Sphagnum pungifolium*
（王立松 黎兴江）

彩片80 丝光泥炭藓 *Sphagnum sericeum*
（王立松 黎兴江）

彩片81 粗叶泥炭藓 *Sphagnum squarrosum*（张 力）

彩片82 偏叶泥炭藓 *Sphagnum subsecundum*
（王立松 黎兴江）

彩片83 柔叶泥炭藓 *Sphagnum tenellum*
（王立松 黎兴江）

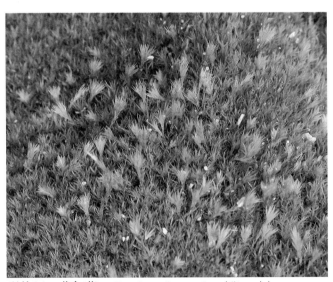

彩片84 荷包藓 *Garekea phascoides*（张 力）

彩片85　黄牛毛藓　*Ditrichum pallidum*（张　力）

彩片86　长蒴藓　*Trematodon longicollis*（张　力）

彩片87　南亚小曲尾藓　*Dicranella coarctata*（张　力）

彩片88　变形小曲尾藓　*Dicranella varia*（张　力）

彩片89　日本曲柄藓　*Campylopus japonicum*（张　力）

彩片90 节茎曲柄藓 *Campylopus umbellatus*（张 力）

彩片91 山地青毛藓 *Dicranodontium didictyon*（张 力）

彩片92 拟白发藓 *Paraleucobryum enerva*（张 力）

彩片93 白氏藓 *Brothera leana*（张 力）

彩片94 曲背藓 *Oncophorus wahlenbergii*
（王立松 黎兴江）

彩片95 合睫藓 *Symblepharis vaginata*（张 力）

彩片96　格陵兰曲尾藓　*Dicranum groenlandicum*
（王立松　张大成）

彩片97　日本曲尾藓　*Dicranum japonicum*（张　力）

彩片98　柔叶白锦藓　*Leucoloma molle*（张　力）

彩片99　刺肋白睫藓　*Leucophanes glaucum*（张　力）

彩片100　粗叶白发藓　*Leucobryum boninense*（张　力）

彩片101 爪哇白发藓 *Leucobryum javense*（张 力）

彩片102 狭叶白发藓 *Leucobryum bowringii*（张 力）

彩片103 桧叶白发藓 *Leucobryum juniperoideum*（张 力）

彩片104 八齿藓 *Octoblepharum albidum*（张 力）

彩片105 暖地凤尾藓 *Fissidens flaccidus*（张 力）

彩片106 拟小凤尾藓 *Fissidens tosaensis*（张 力）

彩片107　多形凤尾藓　*Fissidens diversifolius*（张　力）

彩片108　齿叶凤尾藓　*Fissidens crenulatus*（张　力）

彩片109　锡兰凤尾藓　*Fissidens ceylonensis*（张　力）

彩片110　微凤尾藓　*Fissidens minutus*（张　力）

彩片111　卷叶凤尾藓　*Fissidens dubius*（张　力）

彩片112　爪哇凤尾藓　*Fissidens javanicus*（张　力）

彩片113　大凤尾藓　*Fissidens nobilis*（张　力）

彩片114　二形凤尾藓　*Fissidens geminiflorus*（张　力）

彩片115　大叶凤尾藓　*Fissidens grandifrons*（张　力）

彩片116　黄叶凤尾藓　*Fissidens crispulus*（张　力）

彩片117　粗肋凤尾藓　*Fissidens pellucidus*（张　力）

彩片118　网孔凤尾藓　*Fissidens polypodioides*（张　力）

彩片119　曲肋凤尾藓　*Fissidens oblongifolius*（张　力）

彩片120　裸萼凤尾藓　*Fissidens gymnogynus*（张　力）

彩片121　黄匐网藓　*Mitthyridium flavum*（张　力）

彩片122　圆网花叶藓　*Calymperes erosum*（张　力）

彩片123　日本网藓　*Syrrhopodon japonicus*（张　力）

彩片124 鞘刺网藓 *Syrrhopodon armatus*（张 力）

彩片125 巴西网藓 *Syrrhopodon prolifer*（张 力）

彩片126 大帽藓 *Encalypta ciliata*（张 力）

彩片127 小扭口藓 *Barbula indica*（张 力）

彩片128 扭口藓 *Barbula unguiculata*（王立松 黎兴江）

彩片129 高山红叶藓 *Bryoerythrophyllum alpigenum*（张 力）

彩片130 尖叶对齿藓 *Didymodon constrictus*
（王立松　黎兴江）

彩片131 大对齿藓 *Didymodon giganteus*（张　力）

彩片132 卷叶湿地藓 *Hyophila involuta*（张　力）

彩片133 疣薄齿藓 *Leptodontium scaberrimum*（张　力）

彩片134 薄齿藓 *Leptodontium viticulosoides*（张　力）

彩片135 剑叶舌叶藓 *Scopelophila cataractae*（张　力）

彩片136　齿边缩叶藓　*Ptychomitrium dentatum*（张　力）

彩片137　狭叶缩叶藓　*Ptychomitrium linearifolium*
（张　力）

彩片138　多枝缩叶藓　*Ptychomitrium gardneri*（张　力）

彩片139　毛尖紫萼藓　*Grimmia pilifera*（张　力）

彩片140　白毛砂藓　*Racomitrium lanuginosum*
（王立松　黎兴江）

彩片141　东亚砂藓　*Racomitrium japonicum*（张　力）

彩片142 长枝砂藓 *Racomitrium ericoides*（张 力）

彩片143 丛枝砂藓 *Racomitrium fasciculare*（张 力）

彩片144 黄砂藓 *Racomitrium anomodontoides*（张 力）

彩片145 钝叶梨蒴藓 *Entosthodon buseanus*（张 力）

彩片146 葫芦藓 *Funaria hygromitrica*（张 力）

彩片147 红蒴立碗藓 *Physcomitrium eurystomum*
（张 力）

彩片148　立碗藓　*Physcomitrium sphaericum*（张　力）

彩片149　南亚小壶藓　*Tayloria indica*（张　力）

彩片150　平滑小壶藓　*Tayloria subglabra*
（王立松　张大成）

彩片151　并齿藓　*Tetraplodon mnioides*（张　力）

彩片152　狭叶并齿藓　*Tetraplodon angustatus*（张　力）

彩片153　大壶藓　*Splachnum ampullaceum*
（王立松　张大成）

彩片154　壶藓　*Splachnum vasculosum*
（王立松　张大成）

彩片155　丝瓜藓　*Pohlia elongata*（王立松　张大成）

彩片156　拟长蒴丝瓜藓　*Pohlia longicollis*
（王立松　张大成）

彩片157　纤枝短月藓　*Brachymenium exile*（张　力）

彩片158　短月藓　*Brachymenium nepalense*（张　力）

彩片159　狭网真藓　*Bryum algovicum*（王立松　张大成）

彩片160　真藓　*Bryum argenteum*（张　力）

彩片161　球形真藓　*Bryum billardieri*（张　力）

彩片162　丛生真藓　*Bryum caespiticium*（王立松　张大成）

彩片163　细叶真藓　*Bryum capillare*（张　力）

彩片164　柔叶真藓　*Bryum cellulare*（张　力）

彩片165　蕊形真藓　*Bryum coronatum*（张　力）

彩片167　暖地大叶藓　*Rhodobryum giganteum*（张　力）

彩片166　近高山真藓　*Bryum paradoxum*（王立松　张大成）

彩片168　狭边大叶藓　*Rhodobryum ontariense*（张　力）

彩片169　柔叶立灯藓　*Orthomnion dilatatum*（张　力）

彩片170　匍灯藓　*Plagiomnium cuspidatum*（张　力）

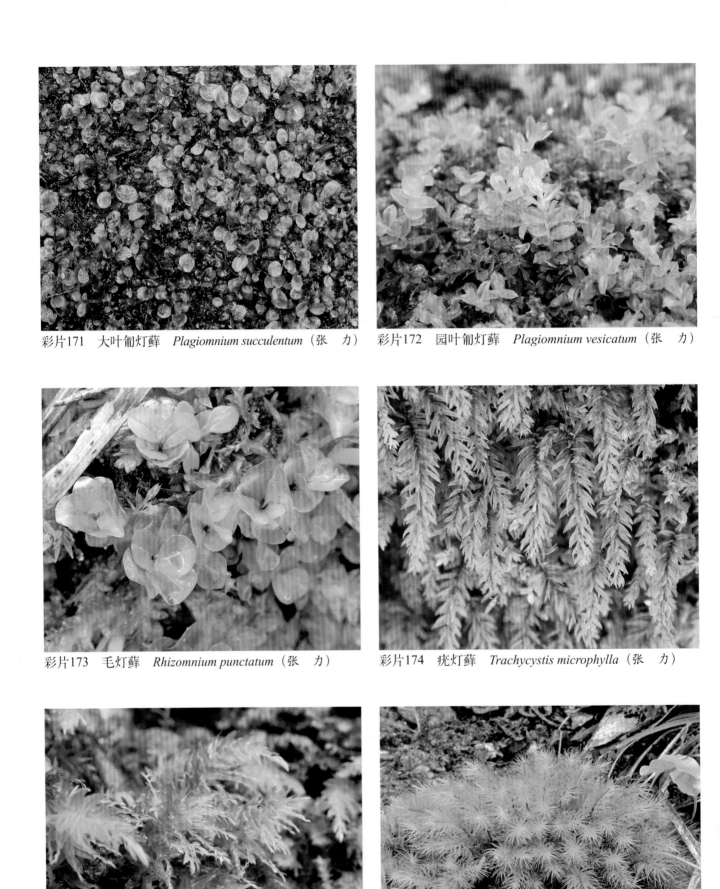

彩片171　大叶匍灯藓　*Plagiomnium succulentum*（张　力）　　彩片172　园叶匍灯藓　*Plagiomnium vesicatum*（张　力）

彩片173　毛灯藓　*Rhizomnium punctatum*（张　力）　　彩片174　疣灯藓　*Trachycystis microphylla*（张　力）

彩片175　树形疣灯藓　*Trachycystis ussriensis*（张　力）　　彩片176　大桧藓　*Pyrrhobryum dozyanum*（张　力）

彩片177　皱蒴藓　*Aulacomnium palustre*（张　力）

彩片178　亮叶珠藓　*Bartramia halleriana*（张　力）

彩片179　直叶珠藓　*Bartramia ithyphylla*
（王立松　黎兴江）

彩片180　梨蒴珠藓　*Bartramia pomiformis*（张　力）

彩片181　仰叶热泽藓　*Breutelia dicranacea*（张　力）

彩片182　密叶泽藓　*Philonotis hastata*（张　力）

彩片183　毛叶泽藓　*Philonotis lancifolia*（张　力）

彩片184　细叶泽藓　*Philonotis thwaitesii*（张　力）

彩片185　东亚泽藓　*Philonotis turneriana*（张　力）

彩片186　中国木灵藓　*Orthotrichum hookeri*（马文章）

彩片187　条纹木灵藓　*Orthotrichum striatum*（张　力）

彩片188　木灵藓　*Orthotrichum anomalum*（马文章）

彩片189　钝叶蓑藓　*Macromitrium japonicum*（张　力）

彩片190　虎尾藓　*Hedwigia ciliata*（张　力）

彩片191　蔓枝藓　*Bryowijkia ambigua*（张　力）

彩片192　毛枝藓　*Pilotrichopsis dentata*（张　力）

彩片193　长叶白齿藓　*Leucodon subulatus*（张　力）

彩片194　台湾藓　*Taiwanobryum speciosum*（张　力）

彩片195　脆叶金毛藓　*Oedicladium fragile*（张　力）

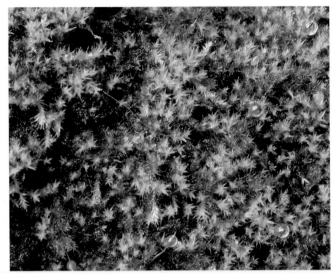

彩片196　金黄圆孔藓　*Palisadula chrysophylla*（张　力）

彩片197　扭叶藓　*Trachypus bicolor*（张　力）

彩片198　卷叶拟扭叶藓　*Trachypodopsis serrulata* var. *crispatula*（张　力）

彩片199　南亚粗柄藓　*Trachyloma indicum*（张　力）

彩片200　南亚拟蕨藓　*Pterobryopsis orientalis*（张　力）

彩片201　湿隐蒴藓　*Hydrocryphaea wardii*（张　力）

彩片202　扭叶灰气藓　*Aerobryopsis parisii*（张　力）

彩片203　鞭枝悬藓　*Barbella flagellifera*（王立松　黎兴江）

彩片204　反叶粗蔓藓　*Meteoriopsis reclinata*（张　力）

彩片205　川滇蔓藓　*Meteorium buchananii*（张　力）

彩片206　粗枝蔓藓　*Meteorium subpolytrichum*（张　力）　　彩片207　短尖假悬藓　*Pseudobarbella attenuata*（张　力）

彩片208　假悬藓　*Pseudobarbella levieri*（张　力）　　彩片209　兜叶藓　*Horikawaea nitida*（张　力）

彩片210　小波叶藓　*Himantocladium plumula*（张　力）　　彩片211　扁枝藓　*Homalia trichomanoides*（张　力）

彩片212　拟扁枝藓　*Homaliadelphus targionianus*
（张　力）

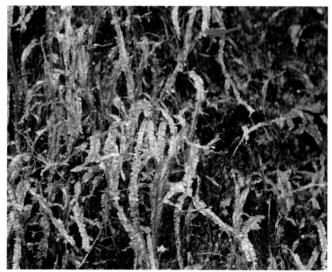

彩片213　小树平藓　*Homaliodendron exiguum*（张　力）

彩片214　树平藓　*Homaliodendron flabellatum*（张　力）

彩片215　钝叶树平藓　*Homaliodendron microdendron*
（张　力）

彩片216　疣叶树平藓　*Homaliodendron papillosum*
（张　力）

彩片217 平藓 *Neckera pennata*（张 力）

彩片218 短齿平藓 *Neckera yezoana*（张 力）

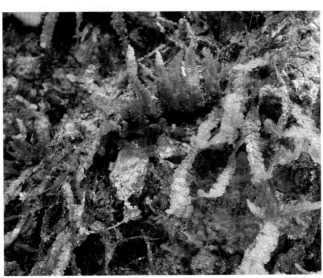

彩片219 截叶拟平藓 *Neckeropsis lepineana*（张 力）

彩片220 舌叶拟平藓 *Neckeropsis semperiana*（张 力）

彩片221 羽枝藓 *Pinnatella ambigua*（张 力）

彩片222 异胞羽枝藓 *Pinnatella alopecuroides*（张 力）

彩片223 水藓 *Fontinalis antipyretica*（张 力）

彩片224 万年藓 *Climacium dendroides*（张 力）

彩片225 东亚万年藓 *Climacium japonicum*（张 力）

彩片226 厚角黄藓 *Distichophyllum collenchymatosum*（张 力）

彩片227 强肋藓 *Callicostella papillata*（张 力）

彩片228 柔叶毛柄藓 *Calyptrochaeta japonica*（张 力）

彩片229　尖叶油藓　*Hookeris acutifolia*（张　力）

彩片230　东亚雀尾藓　*Lopidium nazeense*（张　力）

彩片231　东亚孔雀藓　*Hypopterygium japonicum*（张　力）

彩片232　拟东亚孔雀藓　*Hypopterygium fauriei*（张　力）

彩片233　南亚孔雀藓　*Hypopterygium tenellum*（张　力）

彩片234　短肋雉尾藓　*Cyathophorella hookeriana*
（张　力）

彩片235　拟附干藓　*Schwetschkeopsis fabronia*（张　力）　　彩片236　拟草藓　*Pseudoleskeopsis zipelii*（张　力）

彩片237　牛舌藓　*Anomodon viticulosus*（张　力）

彩片238　小牛舌藓　*Anomodon minor*（张　力）

彩片239　羊角藓　*Herpetineuron toccoae*（张　力）

彩片240　大麻羽藓　*Claopodium assurgens*（张　力）

彩片241　狭叶麻羽藓　*Claopodium aciculum*（张　力）

彩片242　细叶小羽藓　*Haplocladium microphyllum*
（张　力）

彩片243　大羽藓　*Thuidium cymbifolium*（张　力）

彩片244　绿羽藓　*Thuidium assimile*（张　力）

彩片245　拟灰羽藓　*Thuidium glaucinoides*（张　力）

彩片246　毛羽藓　*Bryonoguchia molkenboeri*（张　力）

彩片247　锦丝藓　*Actinothuidium hookeri*（张　力）

彩片248　镰刀藓　*Drepanocladus aduncus*（张　力）

彩片249　大叶湿原藓　*Calliergon giganteum*（张　力）

彩片250　匙叶毛尖藓　*Cirriphyllum cirrhosum*（张　力）

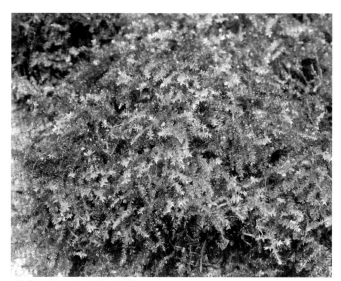

彩片251　密叶美喙藓　*Oxyrrhynchium savatieri*（张　力）

彩片252　水生长喙藓　*Rhynchostegium riparioides*
（张　力）

彩片253　穗枝赤齿藓　*Erythrodontium julaceum*（张　力）

彩片254　长柄绢藓　*Entodon macropodus*（张　力）

彩片255　深绿绢藓　*Entodon luridus*（张　力）

彩片256　扁平棉藓　*Plagiothecium neckeroideum*（张　力）

彩片257　圆条棉藓　*Plagiothecium cavifolium*（张　力）

彩片258　波叶棉藓　*Plagiothecium undulatum*（张　力）

彩片259　拟疣胞藓　*Clastobryopsis planula*（张　力）

彩片260　鞭枝藓　*Isocladiella surcularis*（张　力）

彩片261　弯叶刺枝藓　*Wijkia deflexifolia*（马文章）

彩片262　橙色锦藓　*Sematophyllum phoeniceum*（张　力）

彩片263　羽叶锦藓　*Sematophyllum subpinnatum*（张　力）

彩片264　心叶顶胞藓　*Acroporium secundum*（张　力）

彩片265　垂蒴刺疣藓　*Trichosteleum boschii*（张　力）

彩片266　舌叶扁锦藓　*Glossadelphus lingulatus*（张　力）

彩片267　大灰藓　*Hypnum plumaeforme*（张　力）

彩片268　平叶偏蒴藓　*Ectropothecium zollingeri*（张　力）

彩片269　淡色同叶藓　*Isopterygium albescens*（张　力）

彩片270　纤枝同叶藓　*Isopterygium minutirameum*（张　力）

彩片271　鳞叶藓　*Taxiphyllum taxirameum*（张　力）

彩片272　长尖明叶藓　*Vesiccularia reticulata*（张　力）

彩片273　明叶藓　*Vesicularia montagnei*（张　力）

彩片274　海南明叶藓　*Vesicularia hainanensis*（张　力）

彩片275　毛梳藓　*Ptilium crista-castrensia*
（王立松　黎兴江）

彩片276　塔藓　*Hylocomium splendens*（王立松　黎兴江）

彩片277　赤茎藓　*Pleurozium schreberi*（张　力）

彩片278　垂枝藓　*Rhytidium rugosum*（张　力）

彩片279　东亚短颈藓　*Diphyscium fulvifolium*（张　力）

彩片281　异蒴藓　*Lyellia crispa*（王立松　张大成）

彩片280　多蒴仙鹤藓　*Atrichum undulatum* var. *gracilisetum*（张　力）

彩片282　树发藓　*Microdendron sinense*（张　力）

彩片283　苞叶小金发藓　*Pogonatum spinulosum*（张　力）

彩片284　半栉小金发藓　*Pogonatum subfuscatum*
（张　力）

彩片285　小口小金发藓　*Pogonatum microstomum*
（王立松　张大成）

彩片286　硬叶小金发藓　*Pogonatum neesii*（张　力）

彩片287　全缘小金发藓　*Pogonatum perichaetiale*
（张　力）

彩片288　刺边小金发藓　*Pogonatum cirratum*（张　力）

彩片289　扭叶小金发藓　*Pogonatum contortum*（张　力）

彩片290　南亚小金发藓　*Pogonatum proliferum*
（王立松　张大成）

彩片291　台湾拟金发藓　*Polytrichastrum formosum*
（张　力）

彩片292　金发藓　*Polytrichum commune*（张　力）

彩片293　桧叶金发藓　*Polytrichum juniperinum*（张　力）